Beilsteins Handbuch der Organischen Chemie

Beilsteins Handbuch der Organischen Chemie

Vierte Auflage

Gesamtregister

**für das Hauptwerk und die
Ergänzungswerke I, II, III und IV**

Die Literatur bis 1959 umfassend

Herausgegeben vom
Beilstein-Institut für Literatur der Organischen Chemie
Frankfurt am Main

Formelregister für Band 6

Isocyclische Hydroxy-Verbindungen

$$C_1 - C_{14}$$

Springer-Verlag Berlin Heidelberg New York 1982

Hinweis für Benutzer

Dieser Registerband enthält alle im Band 6 des Hauptwerks sowie der Ergänzungs-
werke I, II, III und IV abgehandelten Verbindungen. Der Registerband — E III 6,
9. Teilband — der ausschliesslich die im Band 6 des E III beschriebenen Verbin-
dungen enthält, wird deshalb aus dem Vertrieb genommen.

Note for Users

This index volume contains all compounds dealt with in Volume 6 of the Basic
Series and in Volume 6 of the Supplementary Series E I, E II, E III and E IV.
The subvolume E III 6/9, being an index dealing exclusively with those compounds
described in Volume 6 of E III will be discontinued.

ISBN 3-540-12021-1 (in zwei Bänden) Springer-Verlag Berlin Heidelberg New York
ISBN 0-387-12021-1 (in two Volumes) Springer-Verlag New York Heidelberg Berlin

© by Springer-Verlag Berlin Heidelberg 1982
Library of Congress Catalog Card Number: 22—79
Printed in Germany

Satz, Druck und Bindearbeiten: Universitätsdruckerei H. Stürtz AG, 8700 Würzburg
2151/3130-543210

Formelregister

Das vorliegende Register enthält jeweils einen Namen der im Band 6 des Haupt⸗ werks sowie der Ergänzungswerke I, II, III und IV abgehandelten Verbindungen mit Ausnahme der Namen von Salzen, deren Kationen aus Metall-Ionen, Metall⸗ komplex-Ionen oder protonierten Basen bestehen, und von Additionsverbindun⸗ gen. Von quartären Ammonium-Salzen, tertiären Sulfonium-Salzen usw. sowie Organometall-Salzen wird nur das Kation aufgeführt. Darüber hinaus sind diejenigen Verbindungen aus anderen Bänden erfasst, die systematisch zu den im Band 6 abgehandelten isocyclischen Hydroxy-Verbindungen gehören.

Die im Hauptwerk und in den Ergänzungswerken I, II und III verwendeten, zum Teil nach veralteten Nomenklaturprinzipien gebildeten Rationalnamen sind durch die heute im Ergänzungswerk IV gebrauchten, den IUPAC-Regeln entspre⸗ chenden Namen ersetzt worden. Zur Erleichterung der Auffindung solcher Verbin⸗ dungen, die in früheren Serien des Handbuchs andere Namen erhalten haben, sind den Seitenzahlen, die sich auf das Hauptwerk und die Ergänzungswerke I, II und III beziehen, kleine Buchstaben beigefügt, die die Stelle auf der betreffenden Seite näher kennzeichnen, an der die Verbindung abgehandelt ist. So bedeutet z.B. der Buchstabe a hinter einer Seitenzahl, dass die Verbindung im 1. Artikel auf der angegebenen Seite abgehandelt ist; entsprechend verweist b auf den 2., c auf den 3. Artikel, usw.

Im Formelregister sind die Verbindungen entsprechend dem System von *Hill* (Am. Soc. **22** [1900] 478)

1. nach der Anzahl der C-Atome,
2. nach der Anzahl der H-Atome,
3. nach der Anzahl der übrigen Elemente

in alphabetischer Reihenfolge angeordnet. Isomere sind in Form des „Register⸗ namens" (s. u.) in alphabetischer Reihenfolge aufgeführt. Verbindungen unbekannter Konstitution finden sich am Schluss der jeweiligen Isomeren-Reihe.

Die im Register aufgeführten Namen („Registernamen") unterscheiden sich von den im Text verwendeten Namen im allgemeinen dadurch, dass Substitutions⸗ präfixe und Hydrierungsgradpräfixe hinter den Stammnamen gesetzt („invertiert") sind, und dass alle zur Konfigurationskennzeichnung dienenden genormten Präfixe und Symbole (s. „Stereochemische Bezeichnungsweisen") weggelassen sind.

Der Registername enthält demnach die folgenden Bestandteile in der angegebe⸗ nen Reihenfolge:

1. den Register-Stammnamen; dieser setzt sich zusammen aus
   a) dem Stammvervielfachungsaffix (z.B. Bi in [1,2′]Binaphthyl),
   b) stammabwandelnden Präfixen [1],
   c) dem Namensstamm (z.B. Hex in Hexan; Pyrr in Pyrrol),
   d) Endungen (z.B. an, en, in zur Kennzeichnung des Sättigungszustandes von Kohlenstoff-Gerüsten; ol, in, olidin zur Kennzeichnung von Ringgröße und

Sättigungszustand bei Heterocyclen; ium, id zur Kennzeichnung der Ladung
eines Ions),

e) dem Funktionssuffix zur Kennzeichnung der Hauptfunktion (z.B. -säure,
   -carbonsäure, -on, -ol),

f) Additionssuffixen (z.B. oxid in Äthylenoxid, Pyridin-1-oxid).

2. Substitutionspräfixe *, d.h. Präfixe, die den Ersatz von Wasserstoff-Atomen
   durch andere Atome oder Gruppen („Substituenten") kennzeichnen (z.B.
   Äthyl-chlor in 2-Äthyl-1-chlor-naphthalin; Epoxy in 1,4-Epoxy-p-menthan).

3. Hydrierungsgradpräfixe   (z.B.   Hydro   in   1,2,3,4-Tetrahydro-naphthalin;
   Dehydro in 15,15'-Didehydro-β,β-carotin-4,4'-diol).

4. Funktionsabwandlungssuffixe (z.B. -oxim in Aceton-oxim; -methylester in
   Bernsteinsäure-dimethylester; -anhydrid in Benzoesäure-anhydrid).

---

[1] Zu den stammabwandelnden Präfixen gehören:

Austauschpräfixe * (z.B. Oxa in 3,9-Dioxa-undecan; Thio in Thioessigsäure),

Gerüstabwandlungspräfixe (z.B. Cyclo in 2,5-Cyclo-benzocyclohepten; Bicyclo in Bicyclo-
[2.2.2]octan; Spiro in Spiro[4.5]decan; Seco in 5,6-Seco-cholestan-5-on; Iso in Isopentan),

Brückenpräfixe * (nur in Namen verwendet, deren Stamm ein Ringgerüst ohne Seitenkette
bezeichnet; z.B. Methano in 1,4-Methano-naphthalin; Epoxido in 4,7-Epoxido-inden [zum
Stammnamen gehörig im Gegensatz zu dem bedeutungsgleichen Substitutionspräfix Epoxy]),

Anellierungspräfixe (z.B. Benzo in Benzocyclohepten; Cyclopenta in Cyclopenta[a]phen-
anthren),

Erweiterungspräfixe (z.B. Homo in D-Homo-androst-5-en),

Subtraktionspräfixe (z.B. Nor in A-Nor-cholestan; Desoxy in 2-Desoxy-hexose).

* Verzeichnis der in systematischen Namen verwendeten Substitutionspräfixe, Austausch-
präfixe und Brückenpräfixe s. Sachregister für Band 6 S. V – XXXVI.

Formula Index

The following index contains the names of compounds dealt with in Volume 6 of the Basic Series and the corresponding Supplementary Series I, II, III and IV, with the exception of salts whose cations are formed by metal ions, complex metal ions or protonated bases; addition compounds are likewise omitted. For quartern‑ ary ammonium salts, tertiary sulfonium salts and organometallic salts only the cations are listed. Those compounds furthermore which are covered by the scheme of Volume 6 are also here compiled from other Volumes.

The nomenclature used in the Basic Series and in Supplementary Series I, II and III, when based on trivial or unsystematic usage, has been corresponding replaced by the IUPAC nomenclature in use in Supplementary Series IV. To facili‑ tate the location of such compounds which received different names in the earlier series of the Handbook, the page numbers of the original references in the Basic Series and the Supplementary Series I, II and III are suffixed with small letters, which indicate the position of the compound on the page in question. Thus letter "a" after a page number shows that the compound is dealt with in the first entry on the page, "b" and "c" refer to second and third entries respectively and so on.

Compounds are listed in the Formula Index using the system of *Hill* (Am. Soc. **22** [1900] 478), following:

1. the number of Carbon atoms,
2. the number of Hydrogen atoms,
3. the number of other elements

in alphabetical order. Isomers are listed in the alphabetical order of their Index Names (see below), and isomers of undetermined structure are located at the end of the particular isomer listing.

The names used in the index (Index Names) are different from the systematic nomenclature used in the text only insofar as Substitution and Degree-of-Unsatu‑ ration Prefixes are placed after the name (inverted), and all configurational prefixes and symbols (see "Stereochemical Conventions") are omitted.

The Index Names are comprised of the following components in the order given:

1. the Index-Stem-Name; this is in turn made up of:
   a) the Parent-Multiplier (e.g. bi in [1,2′]Binaphthyl),
   b) Parent-Modifying Prefixes [1],
   c) the Parent-Stem (e.g. Hex in Hexan; Pyrr in Pyrrol),
   d) endings (e.g. an, en in, defining the degree of unsaturation in the hydrocarbon entity; ol, in, olidin, referring to the ring size and degree of unsaturation of heterocycles; ium, id, indicating the charge of ions),
   e) the Functional-Suffix, indicating the main chemical function (e.g. -säure, -carbonsäure, -on, -ol),
   f) the Additive-Suffix (e.g. oxid in Äthylenoxid, Pyridin-1-oxid).

2. Substitutive Prefixes *, i.e., prefixes which denote the substitution of Hydrogen atoms with other atoms or groups (substituents) (e.g. äthyl and chlor in 2-Äthyl-1-chlor-naphthalin; epoxy in 1,4-Epoxy-*p*-menthan).

3. Hydrogenation-Prefixes (e.g. hydro in 1,2,3,4-Tetrahydro-naphthalin; dehydro in 15,15′-Didehydro-*β,β*-carotin-4,4′-diol).

4. Function-Modifying Suffixes (e.g. -oxim in Aceton-oxim; -methylester in Bern≠ steinsäure-dimethylester; -anhydrid in Benzoesäure-anhydrid).

---

[1] Parent-Modifying Prefixes include the following:

Replacement Prefixes * (e.g. oxa in 3,9-Dioxa-undecan; thio in Thioessigsäure),

Skeleton Prefixes (e.g. cyclo in 2,5-Cyclo-benzocyclohepten; bicyclo in Bicyclo[2.2.2]octan; spiro in Spiro[4,5]decan; seco in 5,6-Seco-cholestan-5-on; iso in Isopentan),

Bridge Prefixes * (only used for names of which the Parent is a ring system without a side chain; e.g. methano in 1,4-Methano-naphthalin; epoxido in 4,7-Epoxido-inden [used here as part of the Stem-name in preference to the Substitutive Prefix epoxy]),

Fusion Prefixes (e.g. benzo in Benzocyclohepten; cyclopenta in Cyclopenta[*a*]phen≠ anthren),

Incremental Prefixes (e.g. homo in *D*-Homo-androst-5-en),

Subtractive Prefixes (e.g. nor in *A*-Nor-cholestan; desoxy in 2-Desoxy-hexose).

* For a list of the Substitutive, Replacement and Bridge Prefixes, see: Gesamtregister, Subject Index for Volume 6, pages V – XXXVI.

C₁

[CH₃Cd]⁺
Methylcadmium(1+) **6** IV 271, 3224
[CH₃Hg]⁺
Methylquecksilber(1+) **6** III 1068
[CH₃Sn]³⁺
Zinn(3+), Methyl- **6** IV 2154, 4241

C₂

[C₂H₅Hg]⁺
Äthylquecksilber(1+) **6** III 537, 675,
    687, 723, 736, 741, 761, 789, 798,
    816, 1068, 1906 a, 2921, 3298, 3321,
    4305, 5390, IV 760, 1465
[C₂H₆Au]⁺
Gold(1+), Dimethyl- **6** III 977
[C₂H₆Ga]⁺
Gallium(1+), Dimethyl- **6** IV 545, 822,
    1466, 3297
[C₂H₆Sn]²⁺
Zinn(2+), Dimethyl- **6** IV 2154

C₃

C₃H₆O
Cyclopropanol **6** III 3 a, IV 3
[C₃H₇Hg]⁺
Propylquecksilber(1+) **6** III 1068
[C₃H₉Ge]⁺
Germanium(1+), Trimethyl- **6** IV 270
[C₃H₉Sn]⁺
Zinn(1+), Trimethyl- **6** II 169 b

C₄

C₄H₂ClNO₂
Acryloylisocyanat, 2-Chlor- **6** IV 2285
C₄H₄F₄O
Cyclobutanol, 2,2,3,3-Tetrafluor- **6** IV 4
C₄H₈O
Äther, Cyclopropyl-methyl- **6** III 3 b
Cyclobutanol **6** 4 a, I 3 a, II 3 a,
    III 4 b, IV 3
Methanol, Cyclopropyl- **6** 4 b, I 3 b,
    II 3 b, III 4 f, IV 4
C₄H₈O₂
Cyclobutan-1,2-diol **6** IV 5187
Cyclopropanol, 1-Hydroxymethyl-
    6 IV 5187

[C₄H₉Hg]⁺
Butylquecksilber(1+) **6** III 1068
[C₄H₉Sn]³⁺
Zinn(3+), Butyl- **6** IV 2154
[C₄H₁₀Au]⁺
Gold(1+), Diäthyl- **6** III 968
[C₄H₁₀Pb]²⁺
Blei(2+), Diäthyl- **6** III 816

C₅

C₅H₂D₈O₂
Cyclopropan, 1,1,2,2-Tetradeuterio-3,3-bis-
    [dideuterio-hydroxy-methyl]-
    6 IV 5192
C₅H₃ClF₄O
Äther, [2-Chlor-3,3,4,4-tetrafluor-cyclobut-
    1-enyl]-methyl- **6** IV 191
C₅H₃F₅O
Äther, Methyl-[pentafluor-cyclobut-1-enyl]-
    6 IV 191
C₅H₄F₆O
Methanol, [1,2,2,3,3,4-Hexafluor-
    cyclobutyl]- **6** IV 19
C₅H₆D₄O
Cyclopentanol, 2,2,5,5-Tetradeuterio-
    6 IV 6
C₅H₆F₄O
Äther, Methyl-[2,2,3,3-tetrafluor-
    cyclobutyl]- **6** III 4 d, IV 4
Cyclobutanol, 2,2,3,3-Tetrafluor-1-methyl-
    6 IV 18
Methanol, [2,2,3,3-Tetrafluor-cyclobutyl]-
    6 III 9 e, IV 19
C₅H₇ClO
Cyclopent-2-enol, 2-Chlor-
    6 IV 194
—, 3-Chlor- **6** III 204 a
C₅H₇NS
Methylthiocyanat, Cyclopropyl-
    6 II 3 c
C₅H₈Br₂O₂
Cyclopentan-1,2-diol, 3,4-Dibrom-
    6 IV 5189
—, 3,5-Dibrom- **6** 739 e, III 4056 a
C₅H₈Cl₂O
Äther, Äthyl-[2,2-dichlor-cyclopropyl]-
    6 IV 3
C₅H₈Cl₂O₂
Cyclopentan-1,3-diol, 2,2-Dichlor-
    6 III 4058 a, IV 5192

$C_5H_8N_2O_3$
Allophansäure-cyclopropylester
　6 III 4 a

C_5H_8O
Äther, Cyclopropyl-vinyl- 6 III 3 f
Cyclopent-2-enol 6 III 203 b, IV 193
Cyclopent-3-enol 6 IV 194
Methanol, Cyclobut-1-enyl- 6 IV 194

$C_5H_8O_2$
Cyclopent-3-en-1,2-diol 6 III 4125 e,
　IV 5274
Cyclopent-4-en-1,3-diol 6 III 4127 e,
　IV 5274
Cyclopent-2-enylhydroperoxid
　6 III 203 e
Essigsäure-cyclopropylester 6 IV 3

$C_5H_8O_3$
Cyclopent-4-en-1,2,3-triol 6 IV 7317

$C_5H_8O_3S$
Cyclopenta[1,3,2]dioxathiol-2-oxid,
　Tetrahydro- 6 IV 5188

C_5H_8S
Cyclopent-2-enthiol 6 III 204 c

C_5H_9BrO
Cyclobutanol, 1-Brommethyl-
　6 IV 7982
Cyclopentanol, 2-Brom- 6 III 8 b
Methanol, [1-Brom-cyclobutyl]-
　6 IV 7982

C_5H_9ClO
Äther, [2-Chlor-äthyl]-cyclopropyl-
　6 III 3 d
Cyclobutanol, 1-Chlormethyl-
　6 II 4 l, IV 19
Cyclopentanol, 2-Chlor- 6 5 c, II 4 b,
　III 7 j, IV 15
Methanol, [1-Chlor-cyclobutyl]-
　6 IV 19

C_5H_9ClS
Cyclopentanthiol, 2-Chlor- 6 IV 18

$C_5H_9Cl_3OSi$
Silan, Trichlor-cyclopentyloxy- 6 IV 14

C_5H_9DO
Cyclopentanol, 1-Deuterio- 6 IV 6
－, 2-Deuterio- 6 IV 6

C_5H_9IO
Cyclopentanol, 2-Jod- 6 III 8 c

$C_5H_9NO_2$
Carbamidsäure-cyclopropylmethylester
　6 III 4 g
Salpetrigsäure-cyclopentylester
　6 I 3 g, IV 14

$C_5H_9NO_3$
Salpetersäure-cyclopentylester 6 IV 14

$C_5H_9N_3O$
Cyclopentanol, 2-Azido- 6 IV 15

C_5H_9O
Cyclopentyloxyl 6 IV 6

$C_5H_{10}O$
Äthanol, 1-Cyclopropyl- 6 I 4 d, II 5 a,
　III 9 f, IV 20
－, 2-Cyclopropyl- 6 IV 20
Äther, Äthyl-cyclopropyl- 6 III 3 c
Cyclobutanol, 1-Methyl- 6 I 4 a, II 4 k,
　IV 18
Cyclopentanol 6 5 a, I 3 d, II 3 d,
　III 4 h, IV 5
Methanol, Cyclobutyl- 6 5 d, I 4 c,
　II 4 m, III 9 c, IV 19
－, [1-Methyl-cyclopropyl]-
　6 III 10 b, IV 20

$C_5H_{10}OS$
Cyclopentanol, 2-Mercapto-
　6 IV 5189

$C_5H_{10}O_2$
Äthan-1,2-diol, Cyclopropyl-
　6 II 743 e
Cyclobutanol, 1-Hydroxymethyl-
　6 739 g, II 743 d, III 4058 d,
　IV 5192
Cyclopentan-1,2-diol 6 739 c, I 369 e,
　II 742 e, 743 b, III 4053, IV 5187
Cyclopentan-1,3-diol 6 III 4057 b
Cyclopentylhydroperoxid 6 IV 13
Cyclopropan, 1,1-Bis-hydroxymethyl-
　6 I 370 b, IV 5192
－, 1,2-Bis-hydroxymethyl-
　6 IV 5193

$C_5H_{10}O_2S$
Sulfon, Cyclobutyl-methyl- 6 IV 4

$C_5H_{10}O_4$
Cyclopentan-1,2,3,4-tetraol
　6 IV 7671

$C_5H_{10}S$
Cyclopentanthiol 6 II 4 c, III 8 d,
　IV 15

$C_5H_{11}BO_4$
Borsäure, Cyclopentan-1,2-diyldioxo-
　dihydroxo- 6 II 743

$[C_5H_{11}Hg]^+$
Pentylquecksilber(1+) 6 III 106

C_6

C₆HBr₃INO₃

Phenol, 2,4,6-Tribrom-3-jod-5-nitro-
 6 II 238 k

C₆HBr₃I₂O

Phenol, 2,3,5-Tribrom-4,6-dijod-
 6 II 203 f

−, 2,4,6-Tribrom-3,5-dijod-
 6 II 203 j

−, 3,4,5-Tribrom-2,6-dijod-
 6 II 203 h

C₆HBr₃N₂O₅

Phenol, 2,4,6-Tribrom-3,5-dinitro-
 6 263 a, II 252 d, III 872 f

−, 3,4,5-Tribrom-2,6-dinitro-
 6 II 252 b

C₆HBr₄ClO

Phenol, 2,3,4,5-Tetrabrom-6-chlor-
 6 II 196 j

−, 2,3,4,6-Tetrabrom-5-chlor-
 6 II 197 a, III 766 h

−, 2,3,5,6-Tetrabrom-4-chlor-
 6 II 197 b

C₆HBr₄FO

Phenol, 2,3,4,6-Tetrabrom-5-fluor-
 7 III 535 c

C₆HBr₄IO

Phenol, 2,3,4,6-Tetrabrom-5-jod- 6 II 202 b

C₆HBr₄NO₃

Phenol, 2,3,4,6-Tetrabrom-5-nitro-
 6 248 k, II 236 j

C₆HBr₅O

Phenol, Pentabrom- 6 206 e, I 108 j,
 II 197 d, III 766 i, IV 1069

C₆HClN₄O₉

Phenol, 3-Chlor-2,4,5,6-tetranitro-
 6 293 d

C₆HCl₂I₃O

Phenol, 3,5-Dichlor-2,4,6-trijod- 6 II 204 e

C₆HCl₂N₃O₇

Phenol, 3,5-Dichlor-2,4,6-trinitro-
 6 292 d, I 141 f

C₆HCl₃N₂O₅

Phenol, 2,4,6-Trichlor-3,5-dinitro-
 6 II 249 h

C₆HCl₄IO

Phenol, 2,3,4,6-Tetrachlor-5-jod-
 6 I 110 l, III 783 k

−, 2,3,5,6-Tetrachlor-4-jod-
 6 I 110 n

C₆HCl₄NO₃

Phenol, 2,3,4,6-Tetrachlor-5-nitro-
 6 II 232 b

−, 2,3,5,6-Tetrachlor-4-nitro-
 6 III 842 e

C₆HCl₅O

Phenol, Pentachlor- 6 194 b, I 104 f,
 II 182 h, III 731 b, IV 1025

C₆HCl₅S

Thiophenol, Pentachlor- 6 IV 1642

C₆HCl₆OPS

Dichlorothiophosphorsäure-O-[2,3,4,6-
 tetrachlor-phenylester] 6 IV 1024

C₆HD₄NO₃

Phenol, 2,3,4,5-Tetradeuterio-6-nitro-
 6 IV 1249

C₆HD₅O₂

Resorcin, 2,4,6,O,O′-Pentadeuterio-
 6 III 4303 c

C₆HF₅O

Phenol, Pentafluor- 6 IV 782

C₆HI₃N₂O₅

Phenol, 2,3,5-Trijod-4,6-dinitro-
 6 III 873 c

−, 2,4,6-Trijod-3,5-dinitro-
 6 III 873 c

C₆HN₅O₁₁

Phenol, Pentanitro- 6 293 f, II 284 c

C₆H₂BrClINO₃

Phenol, 2-Brom-4-chlor-3-jod-6-nitro-
 6 III 853 a

C₆H₂BrClN₂O₅

Phenol, 2-Brom-3-chlor-4,6-dinitro-
 6 III 872 c

−, 5-Brom-3-chlor-2,4-dinitro-
 6 II 250 f, IV 1387

C₆H₂BrCl₂NO₃

Phenol, 2-Brom-4,6-dichlor-3-nitro-
 6 III 847 f

−, 6-Brom-2,4-dichlor-3-nitro-
 6 III 847 g

C₆H₂BrCl₃O

Phenol, 2-Brom-3,4,6-trichlor-
 6 III 752 d

−, 3-Brom-2,4,5-trichlor-
 6 III 752 f

−, 3-Brom-2,4,6-trichlor- 6 202 b,
 I 106 c, II 188 b, III 752 g

−, 4-Brom-2,3,6-trichlor-
 6 III 752 i

−, 6-Brom-2,3,4-trichlor-
 6 III 752 e

C₆H₂BrCl₃O₂

Hydrochinon, 2-Brom-3,5,6-trichlor-
 6 853 h

$C_6H_2BrN_3O_7$
Phenol, 3-Brom-2,4,5-trinitro- **6** ‚II 283 e
—, 3-Brom-2,4,6-trinitro- **6** 292 f,
II 283 f

$C_6H_2Br_2ClIO$
Phenol, 2,4-Dibrom-3-chlor-6-jod-
6 III 785 i
—, 2,6-Dibrom-3-chlor-4-jod-
6 III 786 a
—, 4,6-Dibrom-3-chlor-2-jod-
6 III 785 h

$C_6H_2Br_2ClNO_3$
Phenol, 2,4-Dibrom-3-chlor-6-nitro-
6 III 849 i
—, 2,6-Dibrom-4-chlor-3-nitro-
6 III 850 a
—, 4,6-Dibrom-3-chlor-2-nitro-
6 III 849 h

$C_6H_2Br_2Cl_2O$
Phenol, 2,3-Dibrom-4,6-dichlor-
6 II 191 f
—, 2,4-Dibrom-3,6-dichlor-
6 III 758 i
—, 2,6-Dibrom-3,4-dichlor-
6 III 759 d
—, 3,4-Dibrom-2,6-dichlor-
6 II 190 k, III 759 e
—, 3,5-Dibrom-2,4-dichlor-
6 II 191 b
—, 3,5-Dibrom-2,6-dichlor-
6 II 191 d
—, 3,6-Dibrom-2,4-dichlor-
6 II 191 f
—, 4,6-Dibrom-2,3-dichlor-
6 III 759 b

$C_6H_2Br_2Cl_2O_2$
Hydrochinon, 2,5-Dibrom-3,6-dichlor-
6 854 d, I 417 l
—, 2,6-Dibrom-3,5-dichlor- **6** 854 f

$C_6H_2Br_2FNO_3$
Phenol, 2,4-Dibrom-3-fluor-6-nitro-
6 III 849 f
—, 2,6-Dibrom-3-fluor-4-nitro-
6 III 849 g
—, 4,6-Dibrom-3-fluor-2-nitro-
6 III 849 e

$C_6H_2Br_2INO_3$
Phenol, 2,4-Dibrom-3-jod-6-nitro-
6 III 853 b
—, 2,6-Dibrom-3-jod-4-nitro-
6 III 853 c

$C_6H_2Br_2N_2O_5$
Phenol, 2,4-Dibrom-3,6-dinitro-
6 III 872 d
—, 2,6-Dibrom-3,4-dinitro-
6 III 872 e
—, 3,5-Dibrom-2,4-dinitro- **6** II 251 c
—, 3,5-Dibrom-2,6-dinitro-
6 262 e, II 251 c
—, 3,6-Dibrom-2,4-dinitro-
6 IV 1387

$C_6H_2Br_3ClO$
Phenol, 2,3,4-Tribrom-6-chlor-
6 II 195 i, III 765 c
—, 2,3,6-Tribrom-4-chlor-
6 II 195 c, III 765 d
—, 2,4,6-Tribrom-3-chlor-
6 II 195 g, III 765 f
—, 3,4,6-Tribrom-2-chlor-
6 II 195 e, III 765 e

$C_6H_2Br_3ClO_2$
Hydrochinon, 2,3,5-Tribrom-6-chlor-
6 854 i
Resorcin, 2,4,6-Tribrom-5-chlor-
6 II 821 c

$C_6H_2Br_3FO$
Phenol, 2,4,6-Tribrom-3-fluor- **6** III 765 a

$C_6H_2Br_3IO$
Phenol, 2,4,6-Tribrom-3-jod- **6** III 786 c
—, 3,4,6-Tribrom-2-jod- **6** III 786 b

$C_6H_2Br_3IO_2$
Resorcin, 2,4,6-Tribrom-5-jod- **6** II 821 j

$C_6H_2Br_3NO_3$
Phenol, 2,3,4-Tribrom-6-nitro-
6 248 c, II 235 n, III 850 d
—, 2,3,6-Tribrom-4-nitro-
6 III 851 a
—, 2,4,6-Tribrom-3-nitro- **6** 248 f,
I 124 b, II 236 b, III 850 f
—, 3,4,6-Tribrom-2-nitro-
6 II 235 l, III 850 c

$C_6H_2Br_3NO_4$
Resorcin, 2,4,6-Tribrom-5-nitro- **6** 826 i

$C_6H_2Br_4O$
Hypobromigsäure-[2,4,6-tribrom-
phenylester] **6** II 194 n
Phenol, 2,3,4,5-Tetrabrom- **6** III 766 b
—, 2,3,4,6-Tetrabrom- **6** 206 b,
II 196 e, III 766 e

$C_6H_2Br_4O_2$
Brenzcatechin, 3,4,5,6-Tetrabrom-
6 786 e, II 788 f, III 4261 e,
IV 5624

C₆H₂Br₄O₂ (Fortsetzung)
Hydrochinon, 2,3,5,6-Tetrabrom-
    6 854 k, II 848 e, III 4440 c
Resorcin, 2,4,5,6-Tetrabrom- 6 822 f,
    II 821 e, III 4340 d
C₆H₂Br₄Se
Benzolselenenylbromid, 2,4,6-Tribrom-
    6 III 1115 g
C₆H₂ClIN₂O₅
Phenol, 3-Chlor-2-jod-4,6-dinitro-
    6 III 873 b
C₆H₂ClI₃O
Phenol, 3-Chlor-2,4,6-trijod- 6 II 204 c
C₆H₂ClN₃O₇
Phenol, 3-Chlor-2,4,5-trinitro- 6 II 283 b
—, 3-Chlor-2,4,6-trinitro-
    6 292 a, II 283 c, III 973 e, IV 1461
C₆H₂Cl₂I₂O
Phenol, 3,6-Dichlor-2,4-dijod- 6 IV 1085
C₆H₂Cl₂N₂O₅
Phenol, 2,4-Dichlor-3,5-dinitro- 6 261 a
—, 2,4-Dichlor-3,6-dinitro- 6 261 a
—, 3,5-Dichlor-2,4-dinitro-
    6 II 248 h
—, 3,6-Dichlor-2,4-dinitro-
    6 II 249 b, IV 1386
—, 4,6-Dichlor-2,3-dinitro- 6 261 a
C₆H₂Cl₂N₃O₈P
Dichlorophosphorsäure-picrylester
    6 IV 1461
C₆H₂Cl₃FO
Phenol, 2,4,6-Trichlor-3-fluor-
    6 III 729 c
C₆H₂Cl₃IO
Phenol, 2,3,5-Trichlor-4-jod- 6 209 h
—, 2,3,6-Trichlor-4-jod- 6 209 h,
    I 110 i
—, 2,4,6-Trichlor-3-jod- 6 I 110 g,
    III 783 i
C₆H₂Cl₃NO₃
Phenol, 2,3,5-Trichlor-4-nitro- 6 242 e
—, 2,3,6-Trichlor-4-nitro-
    6 242 e, II 231 m
—, 2,4,6-Trichlor-3-nitro-
    6 242 b, III 842 d
—, 3,4,6-Trichlor-2-nitro-
    6 III 842 a
C₆H₂Cl₄O
Phenol, 2,3,4,5-Tetrachlor- 6 II 182 b,
    III 729 e, IV 1020
—, 2,3,4,6-Tetrachlor- 6 193 d,
    II 182 d, III 729 f, IV 1021

—, 2,3,5,6-Tetrachlor- 6 II 182 f,
    III 730 i, IV 1025
C₆H₂Cl₄O₂
Brenzcatechin, 3,4,5,6-Tetrachlor-
    6 784 b, I 389 l, II 787 e, III 4253 b,
    IV 5620
Hydrochinon, 2,3,5,6-Tetrachlor-
    6 851 c, I 417 h, II 846 d, III 4436 b,
    IV 5775
Resorcin, 2,4,5,6-Tetrachlor- 6 820 g,
    II 819 d
C₆H₂Cl₄S
Thiophenol, 2,3,4,6-Tetrachlor-
    6 IV 1641
—, 2,3,5,6-Tetrachlor- 6 IV 1641
C₆H₂Cl₄S₂
Benzol-1,3-disulfenylchlorid, 4,6-Dichlor-
    6 I 411 h
C₆H₂Cl₅OP
Phosphin, Dichlor-[2,4,5-trichlor-phenoxy]-
    6 IV 992
—, Dichlor-[2,4,6-trichlor-phenoxy]-
    6 IV 1016
C₆H₂Cl₅OPS
Dichlorothiophosphorsäure-O-
    [2,4,5-trichlor-phenylester] 6 IV 996
— O-[2,4,6-trichlor-phenylester]
    6 IV 1018
C₆H₂Cl₅O₂P
Dichlorophosphorsäure-[2,4,5-trichlor-
    phenylester] 6 IV 994
— [2,4,6-trichlor-phenylester]
    6 IV 1017
C₆H₂Cl₅O₄P
Phosphorsäure-mono-pentachlorphenyl-
    ester 6 196 o
C₆H₂D₄O
Phenol, 2,4,6,O-Tetradeuterio-
    6 III 537 b
C₆H₂D₄O₂
Hydrochinon, 2,3,5,6-Tetradeuterio-
    6 IV 5717
Resorcin, 4,6,O,O'-Tetradeuterio-
    6 III 4303 b
C₆H₂FI₂NO₃
Phenol, 3-Fluor-2,4-dijod-6-nitro-
    6 III 853 g
C₆H₂FI₃O
Phenol, 3-Fluor-2,4,6-trijod- 6 III 791 e
C₆H₂FN₃O₇
Phenol, 3-Fluor-2,4,6-trinitro- 6 II 283 a

$C_6H_2F_4O_2$
Hydrochinon, 2,3,5,6-Tetrafluor-
  6 IV 5766
$C_6H_2IN_3O_7$
Phenol, 3-Jod-2,4,6-trinitro- 6 II 283 i
$C_6H_2I_2N_2O_5$
Phenol, 2,4-Dijod-3,6-dinitro- 6 IV 1387
$C_6H_2I_3NO_3$
Phenol, 2,4,6-Trijod-3-nitro- 6 II 239 d,
  III 853 i
$C_6H_2I_4O$
Phenol, 2,3,4,5-Tetrajod- 6 IV 1088
−, 2,3,4,6-Tetrajod- 6 IV 1089
$C_6H_2I_4O_2$
Hydrochinon, 2,3,5,6-Tetrajod-
  6 I 417 n
$C_6H_2N_4O_9$
Phenol, 2,3,4,6-Tetranitro- 6 292 j, I 141 h,
  II 284 a, III 973 g
$C_6H_2N_4O_{10}$
Resorcin, 2,3,5,6-Tetranitro- 6 833 f
$C_6H_3BrClIO$
Phenol, 2-Brom-6-chlor-4-jod-
  6 I 111 d
−, 4-Brom-2-chlor-6-jod- 6 II 201 f
$C_6H_3BrClNO_2S$
Benzolsulfenylbromid, 4-Chlor-2-nitro-
  6 I 162 f
$C_6H_3BrClNO_2Se$
Benzolselenenylbromid, 4-Chlor-2-nitro-
  6 IV 1794
$C_6H_3BrClNO_3$
Phenol, 2-Brom-3-chlor-4-nitro-
  6 III 847 d
−, 2-Brom-3-chlor-6-nitro-
  6 III 847 b
−, 2-Brom-4-chlor-6-nitro-
  6 245 c, II 234 d, III 846 i
−, 2-Brom-6-chlor-4-nitro-
  6 245 e, III 847 e
−, 4-Brom-2-chlor-5-nitro-
  6 III 847 c
−, 4-Brom-2-chlor-6-nitro-
  6 245 b, II 234 c, III 846 g
−, 4-Brom-5-chlor-2-nitro-
  6 III 846 f
−, 5-Brom-4-chlor-2-nitro-
  6 III 846 h
$C_6H_3BrCl_2O$
Phenol, 2-Brom-4,6-dichlor- 6 201 j,
  II 187 i, III 751 d
−, 3-Brom-2,6-dichlor- 6 III 751 h
−, 4-Brom-2,5-dichlor- 6 III 752 a

−, 4-Brom-2,6-dichlor- 6 202 a,
  I 106 b, II 187 k, III 752 b
$C_6H_3BrCl_2O_2$
Hydrochinon, 2-Brom-3,5-dichlor-
  6 853 d
−, 3-Brom-2,5-dichlor- 6 853 f,
  III 4437 f
Resorcin, 2-Brom-4,6-dichlor-
  6 821 c, III 4338 b
−, 4-Brom-2,6-dichlor- 6 III 4338 c
$C_6H_3BrCl_3IO$
Phenol, 2-Brom-6-chlor-4-dichlorjodanyl-
  6 I 111 e
$C_6H_3BrFNO_3$
Phenol, 2-Brom-4-fluor-6-nitro-
  6 III 846 d
−, 2-Brom-6-fluor-4-nitro-
  6 III 846 e
−, 4-Brom-2-fluor-6-nitro-
  6 III 846 c
$C_6H_3BrF_2O$
Phenol, 2-Brom-4,6-difluor- 6 IV 1058
$C_6H_3BrINO_3$
Phenol, 2-Brom-4-jod-6-nitro- 6 III 852 l
−, 2-Brom-6-jod-4-nitro- 6 250 e
−, 4-Brom-2-jod-6-nitro- 6 250 d,
  I 124 g
$C_6H_3BrI_2O$
Phenol, 2-Brom-4,6-dijod- 6 III 788 e
−, 4-Brom-2,6-dijod- 6 II 202 n,
  III 788 h
$C_6H_3BrI_2O_3$
Phloroglucin, 2-Brom-4,6-dijod-
  6 1105 i
$C_6H_3BrN_2O_4S$
Benzolsulfenylbromid, 2,4-Dinitro-
  6 IV 1772
$C_6H_3BrN_2O_4Se$
Benzolselenenylbromid, 2,4-Dinitro-
  6 III 1122 h, IV 1799
$C_6H_3BrN_2O_5$
Phenol, 2-Brom-4,6-dinitro- 6 261 f,
  I 128 l, II 250 a, III 871 f
−, 3-Brom-2,4-dinitro- 6 II 249 j
−, 3-Brom-2,6-dinitro- 6 II 250 c
−, 4-Brom-2,6-dinitro- 6 262 b,
  I 129 a, II 250 d, III 872 a
−, 5-Brom-2,4-dinitro- 6 261 d,
  II 249 k, III 871 e
$C_6H_3BrN_2O_6$
Resorcin, 2-Brom-4,6-dinitro- 6 829 h,
  I 405 i, II 825 b, III 4354 a

$C_6H_3BrN_2O_6$ (Fortsetzung)

Resorcin, 4-Brom-2,6-dinitro- **6** I 405 h,
III 4353 j

—, 5-Brom-2,4-dinitro- **6** III 4353 i

$C_6H_3Br_2ClO$

Phenol, 2,4-Dibrom-3-chlor- **6** II 189 i,
III 757 f

—, 2,4-Dibrom-6-chlor- **6** 203 e,
II 189 k, III 758 b

—, 2,6-Dibrom-4-chlor- **6** I 107 c,
II 190 a, III 758 f

—, 3,4-Dibrom-5-chlor- **6** II 190 e

—, 3,5-Dibrom-2-chlor- **6** II 190 g

—, 3,5-Dibrom-4-chlor- **6** II 190 i

$C_6H_3Br_2ClO_2$

Hydrochinon, 3,5-Dibrom-2-chlor-
6 II 847 j

Resorcin, 2,4-Dibrom-6-chlor-
6 821 j, III 4339 f

—, 4,6-Dibrom-2-chlor- **6** 821 i,
III 4339 h

$C_6H_3Br_2Cl_2IO$

Phenol, 2,6-Dibrom-4-dichlorjodanyl-
6 I 111 g

$C_6H_3Br_2Cl_2O_2P$

Dichlorophosphorsäure-[2,4-dibrom-
phenylester] **6** IV 1063

$C_6H_3Br_2FO$

Phenol, 2,4-Dibrom-5-fluor- **6** III 757 b

—, 2,4-Dibrom-6-fluor- **6** III 757 c,
IV 1065

—, 2,6-Dibrom-4-fluor- **6** III 757 d,
IV 1065

$C_6H_3Br_2IO$

Phenol, 2,4-Dibrom-6-jod- **6** II 201 i,
III 784 l, IV 1082

—, 2,6-Dibrom-4-jod- **6** I 111 f,
III 785 e

$C_6H_3Br_2IO_2$

Resorcin, 2,4-Dibrom-6-jod- **6** III 4342 b

$C_6H_3Br_2NO_2Se$

Benzolselenenylbromid, 4-Brom-2-nitro-
6 III 1122 c

$C_6H_3Br_2NO_3$

Phenol, 2,3-Dibrom-5-nitro- **6** II 234 h

—, 2,3-Dibrom-6-nitro- **6** III 848 e

—, 2,4-Dibrom-5-nitro- **6** 248 a,
III 848 f

—, 2,4-Dibrom-6-nitro- **6** 246 b,
I 123 g, II 234 g, III 848 b

—, 2,5-Dibrom-4-nitro- **6** III 849 a

—, 2,6-Dibrom-4-nitro- **6** 247 a,
I 123 i, II 234 j, III 849 b,
IV 1366

—, 3,6-Dibrom-2-nitro- **6** 245 g,
III 847 h, IV 1365

$C_6H_3Br_2NO_4$

Resorcin, 2,4-Dibrom-6-nitro- **6** 826 f,
I 404 i, II 823 d, III 4350 e

—, 4,6-Dibrom-2-nitro- **6** 826 d,
III 4350 c

$C_6H_3Br_2NO_5$

Benzen-1,2,4-triol, 3,6-Dibrom-5-nitro-
6 IV 7350

—, 5,6-Dibrom-3-nitro- **6** IV 7350

$C_6H_3Br_2N_3O$

Phenol, 2-Azido-4,6-dibrom- **6** IV 1462

$C_6H_3Br_3O$

Phenol, 2,3,4-Tribrom- **6** II 192 a

—, 2,3,5-Tribrom- **6** 203 g, II 192 c,
III 759 k

—, 2,4,5-Tribrom- **6** II 192 e,
III 760 c

—, 2,4,6-Tribrom- **6** 203 i, I 107 e,
II 192 g, III 760 f, IV 1067

—, 3,4,5-Tribrom- **6** II 195 a

$C_6H_3Br_3O_2$

Brenzcatechin, 3,4,5-Tribrom-
6 785 k, III 4260 b

—, 3,4,6-Tribrom- **6** III 4261 b

Hydrochinon, 2,3,5-Tribrom- **6** 854 h,
II 848 a, III 4439 h, IV 5785

Resorcin, 2,4,6-Tribrom- **6** 822 a, I 403 h,
II 820 i, III 4340 a, IV 5688

$C_6H_3Br_3O_3$

Benzen-1,2,4-triol, 3,5,6-Tribrom-
6 1090 h, II 1072 f

Phloroglucin, 2,4,6-Tribrom- **6** 1105 a,
I 547 i, II 1079 h, III 6309 d

Pyrogallol, 4,5,6-Tribrom- **6** 1085 g,
I 540 j, II 1069 f, IV 7336

$C_6H_3Br_3S$

Benzolsulfenylbromid, 2,5-Dibrom-
6 II 303 a

Thiophenol, 2,4,6-Tribrom- **6** III 1054 a

$C_6H_3ClFNO_3$

Phenol, 4-Chlor-5-fluor-2-nitro-
6 III 840 h

$C_6H_3ClF_2O$

Phenol, 2-Chlor-4,5-difluor- **6** IV 881

—, 2-Chlor-4,6-difluor- **6** IV 882

—, 3-Chlor-2,4-difluor- **6** IV 882

—, 4-Chlor-2,5-difluor- **6** IV 882

—, 4-Chlor-3,5-difluor- **6** IV 882

$C_6H_3ClF_2O$ (Fortsetzung)
Phenol, 5-Chlor-2,4-difluor- **6** IV 882

$C_6H_3ClF_6O$
Äther, [2-Chlor-3,3,4,4,5,5-hexafluor-
cyclopent-1-enyl]-methyl- **6** IV 192

$C_6H_3ClINO_3$
Phenol, 4-Chlor-2-jod-6-nitro- **6** I 124 f
—, 4-Chlor-5-jod-2-nitro-
6 III 852 k

$C_6H_3ClI_2O$
Phenol, 2-Chlor-4,6-dijod- **6** I 111 o,
II 202 h, III 787 d
—, 3-Chlor-2,4-dijod- **6** III 787 b
—, 4-Chlor-2,6-dijod- **6** I 112 d,
II 202 j, III 787 i

$C_6H_3ClI_2O_2$
Resorcin, 4-Chlor-2,6-dijod- **6** III 4343 a

$C_6H_3ClN_2O_4S$
Benzolsulfenylchlorid, 2,4-Dinitro-
6 II 316 d, III 1101 f, IV 1772

$C_6H_3ClN_2O_4Se$
Benzolselenenylchlorid, 2,4-Dinitro-
6 IV 1798

$C_6H_3ClN_2O_5$
Phenol, 2-Chlor-3,6-dinitro- **6** II 248 c
—, 2-Chlor-4,6-dinitro- **6** 259 f,
I 128 i, II 247 g, III 870 h, IV 1386
—, 3-Chlor-2,4-dinitro- **6** II 247 b,
III 870 d
—, 3-Chlor-2,6-dinitro- **6** II 248 d,
III 870 j
—, 4-Chlor-2,3-dinitro- **6** 259 b
—, 4-Chlor-2,5-dinitro- **6** II 248 a
—, 4-Chlor-2,6-dinitro- **6** 260 c,
I 128 j, II 248 f, III 871 a, IV 1386
—, 5-Chlor-2,4-dinitro- **6** 259 c,
I 128 e, II 247 c, IV 1385

$C_6H_3ClN_2O_6$
Resorcin, 2-Chlor-4,6-dinitro- **6** 829 d
—, 4-Chlor-2,6-dinitro- **6** IV 5698

$C_6H_3Cl_2FO$
Phenol, 2,4-Dichlor-3-fluor- **6** IV 958
—, 2,4-Dichlor-5-fluor- **6** IV 959
—, 2,4-Dichlor-6-fluor- **6** IV 959
—, 2,5-Dichlor-4-fluor- **6** IV 959
—, 2,6-Dichlor-4-fluor- **6** III 715 k,
IV 959
—, 3,5-Dichlor-4-fluor- **6** IV 960
—, 4,5-Dichlor-2-fluor- **6** IV 960

$C_6H_3Cl_2F_2O_2P$
Dichlorophosphorsäure-[2,4-difluor-
phenylester] **6** IV 780

$C_6H_3Cl_2IO$
Phenol, 2,4-Dichlor-5-jod- **6** III 782 b
—, 2,4-Dichlor-6-jod- **6** II 200 l,
III 781 k
—, 2,6-Dichlor-4-jod- **6** I 110 c

$C_6H_3Cl_2IO_2$
Resorcin, 2,4-Dichlor-6-jod- **6** III 4341 f
—, 4,6-Dichlor-2-jod- **6** III 4341 e

$C_6H_3Cl_2I_3O$
Phenol, 2-Dichlorjodanyl-4,6-dijod-
6 I 112 g
—, 4-Dichlorjodanyl-2,6-dijod-
6 I 112 g

$C_6H_3Cl_2NO_2S$
Benzolsulfenylchlorid, 2-Chlor-4-nitro-
6 II 314 e
—, 4-Chlor-2-nitro- **6** I 162 e,
II 313 i, III 1081 a

$C_6H_3Cl_2NO_3$
Phenol, 2,4-Dichlor-3-nitro- **6** II 230 j,
III 841 d
—, 2,4-Dichlor-5-nitro- **6** II 230 k,
IV 1359
—, 2,4-Dichlor-6-nitro- **6** 241 b,
I 122 h, II 230 g, III 841 c, IV 1358
—, 2,5-Dichlor-4-nitro- **6** 241 g,
II 231 b, IV 1360
—, 2,6-Dichlor-4-nitro- **6** 241 h,
I 122 e, II 231 e, III 841 i, IV 1361
—, 3,4-Dichlor-2-nitro- **6** II 229 c
—, 3,5-Dichlor-2-nitro- **6** II 229 e
—, 3,5-Dichlor-4-nitro- **6** I 122 j,
II 231 g
—, 3,6-Dichlor-2-nitro- **6** II 229 g,
IV 1358
—, 4,5-Dichlor-2-nitro- **6** IV 1358

$C_6H_3Cl_2NO_3S$
Phenol, 2,4-Dichlor-3-mercapto-6-nitro-
6 IV 5704

$C_6H_3Cl_2NO_4$
Resorcin, 2,4-Dichlor-6-nitro- **6** III 4349 h

$C_6H_3Cl_2N_2O_6P$
Dichlorophosphorsäure-[2,4-dinitro-
phenylester] **6** IV 1383

$C_6H_3Cl_3F_2O$
Äther, Methyl-[2,4,5-trichlor-3,3-difluor-
cyclopenta-1,4-dienyl]- **6** IV 338

$C_6H_3Cl_3I_2O$
Phenol, 2-Chlor-4-dichlorjodanyl-6-jod-
6 I 112 a
—, 2-Chlor-6-dichlorjodanyl-4-jod-
6 I 112 a

$C_6H_3Cl_3NO_3PS$

Dichlorothiophosphorsäure-O-[2-chlor-
  4-nitro-phenylester] **6** IV 1357
– O-[3-chlor-4-nitro-phenylester]
  6 IV 1358

$C_6H_3Cl_3O$

Phenol, 2,3,4-Trichlor- **6** II 179 h,
  III 716 b
–, 2,3,5-Trichlor- **6** II 180 a,
  III 716 f
–, 2,3,6-Trichlor- **6** 190 f, II 180 c,
  III 716 h, IV 962
–, 2,4,5-Trichlor- **6** II 180 e,
  III 717 d, IV 962
–, 2,4,6-Trichlor- **6** 190 i, I 103 l,
  II 181 a, III 722 b, IV 1005
–, 3,4,5-Trichlor- **6** II 181 e,
  III 729 a

$C_6H_3Cl_3O_2$

Brenzcatechin, 3,4,5-Trichlor- **6** 783 h,
  I 389 k, IV 5620
–, 3,4,6-Trichlor- **6** IV 5620
Hydrochinon, 2,3,5-Trichlor- **6** 850 g,
  II 846 c, III 4435 g, IV 5775
Resorcin, 2,4,6-Trichlor- **6** 820 d,
  III 4336 b, IV 5686

$C_6H_3Cl_3O_3$

Benzen-1,2,4-triol, 3,5,6-Trichlor-
  6 1089 f, II 1072 e
Phloroglucin, 2,4,6-Trichlor- **6** 1104 e
Pyrogallol, 4,5,6-Trichlor- **6** 1084 k,
  IV 7334

$C_6H_3Cl_3S$

Benzolsulfenylchlorid, 2,4-Dichlor-
  6 IV 1617
–, 2,5-Dichlor- **6** II 299 h
Thiophenol, 2,3,4-Trichlor- **6** III 1045 c
–, 2,4,5-Trichlor- **6** III 1045 e,
  IV 1635
–, 2,4,6-Trichlor- **6** III 1045 h

$C_6H_3Cl_4IO$

Phenol, 2,4-Dichlor-5-dichlorjodanyl-
  6 III 782 c
–, 2,6-Dichlor-4-dichlorjodanyl-
  6 I 110 d

$C_6H_3Cl_4OP$

Phosphin, Dichlor-[2,4-dichlor-phenoxy]-
  6 IV 938
–, Dichlor-[2,5-dichlor-phenoxy]-
  6 IV 948
–, Dichlor-[3,4-dichlor-phenoxy]-
  6 IV 956

$C_6H_3Cl_4OPS$

Dichlorothiophosphorsäure-O-[2,4-dichlor-
  phenylester] **6** IV 941
– O-[2,5-dichlor-phenylester]
  6 IV 948
– O-[3,4-dichlor-phenylester]
  6 IV 956

$C_6H_3Cl_4O_2P$

Dichlorophosphorsäure-[2,4-dichlor-
  phenylester] **6** IV 939
– [2,5-dichlor-phenylester]
  6 IV 948

$C_6H_3D_3O$

Phenol, 2,4,6-Trideuterio- **6** IV 548

$C_6H_3FI_2O$

Phenol, 2-Fluor-4,6-dijod- **6** IV 1084
–, 4-Fluor-2,6-dijod- **6** III 786 l

$C_6H_3FN_2O_5$

Phenol, 2-Fluor-4,6-dinitro- **6** III 869 e
–, 3-Fluor-2,4-dinitro- **6** II 246 d
–, 3-Fluor-2,6-dinitro- **6** II 247 a
–, 4-Fluor-2,6-dinitro- **6** I 128 c,
  III 870 b
–, 5-Fluor-2,4-dinitro- **6** II 246 e

$C_6H_3F_2NO_3$

Phenol, 2,4-Difluor-6-nitro- **6** IV 1347

$C_6H_3F_3O$

Phenol, 2,3,4-Trifluor- **6** IV 781
–, 2,3,5-Trifluor- **6** IV 781
–, 2,4,5-Trifluor- **6** IV 781
–, 2,4,6-Trifluor- **6** IV 781

$C_6H_3IN_2O_5$

Phenol, 2-Jod-4,6-dinitro- **6** 263 f, I 129 c,
  II 252 g, III 872 h, IV 1387
–, 3-Jod-2,6-dinitro- **6** II 252 i
–, 4-Jod-2,3-dinitro- **6** 263 d
–, 4-Jod-2,5-dinitro- **6** 263 g,
  II 252 h
–, 4-Jod-2,6-dinitro- **6** 264 a,
  II 252 j, III 873 a
–, 5-Jod-2,4-dinitro- **6** II 252 f

$C_6H_3I_2NO_3$

Phenol, 2,4-Dijod-6-nitro- **6** 250 f, I 124 i,
  II 238 l, III 853 d, IV 1368
–, 2,6-Dijod-4-nitro- **6** 250 g,
  I 124 j, II 239 a, III 853 e,
  IV 1368

$C_6H_3I_2NO_4$

Resorcin, 2,4-Dijod-6-nitro- **6** III 4351 c

$C_6H_3I_3O$

Cyclohexa-2,5-dienon, 2,4,6-Trijod-
  6 II 204 a
Phenol, 2,3,5-Trijod- **6** 211 k, IV 1085

$C_6H_3I_3O$ (Fortsetzung)

Phenol, 2,4,6-Trijod- **6** 211 n, I 112 f,
   II 203 k, III 788 j, IV 1085

—, 3,4,5-Trijod- **6** IV 1088

$C_6H_3I_3O_2$

Resorcin, 2,4,6-Trijod- **6** 823 a, II 822 a,
   III 4343 b, IV 5689

$C_6H_3N_3O_6S$

Thiophenol, 2,4,6-Trinitro- **6** 344 e,
   II 316 e

$C_6H_3N_3O_7$

Phenol, 2,3,5-Trinitro- **6** I 129 e

—, 2,3,6-Trinitro- **6** 265 a, I 129 g,
   II 253 e

—, 2,4,5-Trinitro- **6** 265 b, II 253 f,
   IV 1388

Picrinsäure **6** 265 c, I 129 j, II 253 i,
   III 873 e, IV 1388

$C_6H_3N_3O_8$

Picrylhydroperoxid **6** 291 j, III 973 a

Styphninsäure **6** 830 f, I 405 k, II 825 c,
   III 4354 b, IV 5699

$C_6H_3N_3O_9$

Phloroglucin, 2,4,6-Trinitro- **6** 1106 h,
   II 1080 b, III 6309 h, IV 7372

$C_6H_3N_5O_5$

Phenol, 2-Azido-4,6-dinitro- **6** III 974 a

$C_6H_4AsClO_2$

Benzo[1,3,2]dioxarsol, 2-Chlor- **6** IV 5606

$C_6H_4BBrO_2$

Benzo[1,3,2]dioxaborol, 2-Brom-
   6 IV 5612

$C_6H_4BClO_2$

Benzo[1,3,2]dioxaborol, 2-Chlor-
   6 IV 5612

$C_6H_4BCl_2NO_3$

Boran, Dichlor-[2-nitro-phenoxy]-
   6 IV 1269

$C_6H_4BiClS_2$

Benzo[1,3,2]dithiabismol, 2-Chlor-
   6 IV 5651

C_6H_4BrClO

Phenol, 2-Brom-3-chlor- **6** II 187 a,
   III 749 d

—, 2-Brom-4-chlor- **6** III 749 f

—, 2-Brom-5-chlor- **6** III 750 a

—, 3-Brom-2-chlor- **6** III 750 b

—, 3-Brom-4-chlor- **6** III 750 c

—, 3-Brom-5-chlor- **6** II 187 d

—, 4-Brom-2-chlor- **6** II 187 g,
   III 750 i

—, 4-Brom-3-chlor- **6** III 751 c, IV 1059

—, 5-Brom-2-chlor- **6** III 750 g

$C_6H_4BrClO_2$

Brenzcatechin, 4-Brom-5-chlor-
   6 III 4257 a

Hydrochinon, 2-Brom-5-chlor-
   6 853 a, III 4437 e

—, 2-Brom-6-chlor- **6** 853 c, II 847 a

Resorcin, 2-Brom-4-chlor- **6** III 4337 b

—, 4-Brom-2-chlor- **6** III 4337 d

—, 4-Brom-6-chlor- **6** III 4337 g

C_6H_4BrClS

Benzolsulfenylchlorid, 3-Brom- **6** IV 1649

—, 4-Brom- **6** IV 1656

Thiophenol, 2-Brom-4-chlor- **6** IV 1656

$C_6H_4BrCl_2IO$

Phenol, 3-Brom-4-dichlorjodanyl-
   6 I 111 a

$C_6H_4BrCl_2OPS$

Dichlorothiophosphorsäure-O-[4-brom-
   phenylester] **6** IV 1055

C_6H_4BrFO

Phenol, 2-Brom-3-fluor- **6** II 186 l

—, 2-Brom-4-fluor- **6** IV 1057

—, 4-Brom-2-fluor- **6** IV 1057

C_6H_4BrIO

Phenol, 2-Brom-4-jod- **6** I 110 p

—, 3-Brom-2-jod- **6** III 784 d

—, 3-Brom-5-jod- **6** II 201 c

—, 4-Brom-2-jod- **6** III 784 e

—, 5-Brom-2-jod- **6** III 784 h

$C_6H_4BrIO_2$

Resorcin, 4-Brom-6-jod- **6** III 4342 a

$C_6H_4BrNO_2S$

Benzolsulfenylbromid, 2-Nitro-
   6 I 158 a, III 1063 a, IV 1676

Thiophenol, 2-Brom-4-nitro- **6** IV 1732

—, 4-Brom-2-nitro- **6** 342 d, II 314 i

$C_6H_4BrNO_2Se$

Benzolselenenylbromid, 2-Nitro-
   6 III 1118 b

—, 3-Nitro- **6** III 1120 c

—, 4-Nitro- **6** III 1121 d

$C_6H_4BrNO_3$

Phenol, 2-Brom-3-nitro- **6** III 844 j

—, 2-Brom-4-nitro- **6** 244 j, I 123 e,
   II 233 l, III 845 f, IV 1364

—, 2-Brom-5-nitro- **6** 244 i, II 233 k,
   III 845 c

—, 2-Brom-6-nitro- **6** 244 a, I 123 c,
   II 233 f, III 844 h

—, 3-Brom-2-nitro- **6** II 232 e,
   III 842 h, IV 1362

—, 3-Brom-4-nitro- **6** II 234 a,
   III 846 a, IV 1365

C₆H₄BrNO₃ (Fortsetzung)

Phenol, 3-Brom-5-nitro- **6** 244 g, II 233 h

—, 4-Brom-2-nitro- **6** 243 b, I 123 a,
II 232 g, III 842 i, IV 1363

—, 4-Brom-3-nitro- **6** 244 f, III 845 a,
IV 1364

—, 5-Brom-2-nitro- **6** 243 f, II 233 d,
III 844 c

C₆H₄BrNO₃Se

Benzolselenensäure, 4-Brom-2-nitro-
6 IV 1794

C₆H₄BrNO₄

Brenzcatechin, 3-Brom-5-nitro-
6 790 g, I 393 b

—, 4-Brom-5-nitro- **6** III 4271 c

Resorcin, 2-Brom-5-nitro- **6** II 823 c

—, 4-Brom-6-nitro- **6** IV 5695

C₆H₄BrNO₅

Pyrogallol, 4-Brom-6-nitro- **6** 1086 k

—, 5-Brom-4-nitro- **6** 1086 k

C₆H₄BrO₂P

Benzo[1,3,2]dioxaphosphol, 2-Brom-
6 IV 5598

C₆H₄Br₂O

Phenol, 2,3-Dibrom- **6** II 188 g, III 753 c

—, 2,4-Dibrom- **6** 202 c, I 106 g,
II 188 h, III 753 d, IV 1061

—, 2,5-Dibrom- **6** III 755 g

—, 2,6-Dibrom- **6** 202 g, I 106 m,
II 189 d, III 755 h, IV 1064

—, 3,4-Dibrom- **6** 203 a, III 756 f

—, 3,5-Dibrom- **6** 203 b, II 189 f,
III 756 g, IV 1065

C₆H₄Br₂OS

Phenol, 2,6-Dibrom-4-mercapto-
6 864 k

C₆H₄Br₂O₂

Brenzcatechin, 3,4-Dibrom- **6** III 4257 c

—, 3,5-Dibrom- **6** 785 b

—, 4,5-Dibrom- **6** 785 d, II 788 e,
III 4257 j, IV 5622

Cyclohex-2-en-1,4-dion, 5,6-Dibrom-
6 III 4438 a, IV 5783, **7** 574 f,
II 546 b

Hydrochinon, 2,5-Dibrom- **6** 853 j,
II 847 c, III 4438 b

—, 2,6-Dibrom- **6** 853 l, I 417 j,
II 847 g, III 4439 f, IV 5784

Resorcin, 2,4-Dibrom- **6** 821 d, III 4338 d,
IV 5688

—, 4,6-Dibrom- **6** 821 e, II 820 f,
III 4338 e, IV 5688

C₆H₄Br₂O₃

Phloroglucin, 2,4-Dibrom- **6** I 547 g,
IV 7370

Pyrogallol, 4,6-Dibrom- **6** 1085 e, I 540 g,
II 1068 i, III 6273 e, IV 7335

C₆H₄Br₂S

Thiophenol, 2,4-Dibrom- **6** IV 1657

—, 2,5-Dibrom- **6** II 302 h,
IV 1657

C₆H₄Br₂Se

Benzolselenenylbromid, 4-Brom-
6 III 1115 d

C₆H₄Br₃O₄P

Phosphorsäure-mono-[2,4,6-tribrom-
phenylester] **6** III 764 h

C₆H₄ClDO

Phenol, 4-Chlor-O-deuterio- **6** IV 822

C₆H₄ClFO

Phenol, 2-Chlor-4-fluor- **6** IV 879

—, 2-Chlor-5-fluor- **6** IV 880

—, 2-Chlor-6-fluor- **6** IV 880

—, 3-Chlor-2-fluor- **6** IV 880

—, 3-Chlor-4-fluor- **6** IV 880

—, 4-Chlor-2-fluor- **6** IV 881

—, 4-Chlor-3-fluor- **6** IV 881

C₆H₄ClFO₃S

Fluoroschwefelsäure-[4-chlor-phenylester]
6 III 698 a

C₆H₄ClIO

Phenol, 2-Chlor-4-jod- **6** I 109 l,
IV 1080

—, 2-Chlor-5-jod- **6** III 780 d

—, 3-Chlor-2-jod- **6** III 779 a

—, 3-Chlor-4-jod- **6** III 781 j

—, 3-Chlor-5-jod- **6** II 200 g

—, 4-Chlor-2-jod- **6** III 779 b

—, 4-Chlor-3-jod- **6** III 780 a

—, 5-Chlor-2-jod- **6** III 779 h

C₆H₄ClIO₂

Resorcin, 4-Chlor-6-jod- **6** III 4341 d

C₆H₄ClNO₂S

Benzolsulfenylchlorid, 2-Nitro-
6 I 157 d, II 308 c, III 1062 f, IV 1676

—, 3-Nitro- **6** IV 1687

—, 4-Nitro- **6** I 160 g, III 1077 e,
IV 1717

Thiophenol, 2-Chlor-4-nitro- **6** IV 1729

—, 2-Chlor-6-nitro- **6** IV 1726

—, 4-Chlor-2-nitro- **6** 341 d, II 312 f,
III 1078 f, IV 1722

C₆H₄ClNO₂S₂

Disulfan, Chlor-[2-nitro-phenyl]-
6 II 307 e

C₆H₄ClNO₂Se
Benzolselenenylchlorid, 2-Nitro-
  6 III 1118 a

C₆H₄ClNO₃
Phenol, 2-Chlor-3-nitro- **6** 239 g, III 837 c
−, 2-Chlor-4-nitro- **6** 240 e, II 228 j,
  III 839 c, IV 1353
−, 2-Chlor-5-nitro- **6** 240 b,
  III 838 h, IV 1353
−, 2-Chlor-6-nitro- **6** 239 e, II 228 f,
  III 837 a
−, 3-Chlor-2-nitro- **6** II 226 c,
  III 834 f
−, 3-Chlor-4-nitro- **6** 240 i, II 229 a,
  III 840 e, IV 1357
−, 3-Chlor-5-nitro- **6** 239 l
−, 4-Chlor-2-nitro- **6** 238 b, I 122 c,
  II 226 e, III 834 h, IV 1348
−, 4-Chlor-3-nitro- **6** 239 i, III 837 g,
  IV 1352
−, 5-Chlor-2-nitro- **6** 238 g, II 227 h,
  III 836 f

C₆H₄ClNO₃Se
Benzolselenensäure, 4-Chlor-2-nitro-
  6 IV 1792

C₆H₄ClNO₄
Brenzcatechin, 4-Chlor-5-nitro-
  6 III 4270 g, IV 5630
Resorcin, 4-Chlor-2-nitro- **6** 825 i
−, 4-Chlor-6-nitro- **6** III 4348 g,
  IV 5694

C₆H₄ClNO₅S
Chloroschwefelsäure-[2-nitro-phenylester]
  6 III 805 c
− [4-nitro-phenylester] **6** III 831 a

C₆H₄ClO₂P
Benzo[1,3,2]dioxaphosphol, 2-Chlor-
  6 II 785 b, III 4243 g, IV 5598,
  27 809 d

C₆H₄ClO₂PS
Benzo[1,3,2]dioxaphosphol-2-sulfid,
  2-Chlor- **6** II 786 d, IV 5602

C₆H₄ClO₃P
Benzo[1,3,2]dioxaphosphol-2-oxid,
  2-Chlor- **6** II 786 a, III 4244 e,
  IV 5602, 27 809 e

C₆H₄Cl₂FO₂P
Dichlorophosphorsäure-[4-fluor-phenylester]
  6 IV 778

C₆H₄Cl₂I₂O
Phenol, 2-Dichlorjodanyl-4-jod-
  6 I 111 k

−, 4-Dichlorjodanyl-2-jod-
  6 I 111 k

C₆H₄Cl₂NO₃PS
Dichlorothiophosphorsäure-O-[4-nitro-
  phenylester] **6** IV 1343

C₆H₄Cl₂NO₄P
Dichlorophosphorsäure-[2-nitro-phenylester]
  6 IV 1266
− [3-nitro-phenylester] **6** IV 1278
− [4-nitro-phenylester] **6** IV 1332

C₆H₄Cl₂O
Phenol, 2,3-Dichlor- **6** I 102 m, III 699 g,
  IV 883
−, 2,4-Dichlor- **6** 189 a, I 103 a,
  II 178 e, III 699 h, IV 885
−, 2,5-Dichlor- **6** 189 k, I 103 d,
  II 178 g, III 712 e, IV 942
−, 2,6-Dichlor- **6** 190 b, I 103 f,
  II 179 b, III 713 a, IV 949
−, 3,4-Dichlor- **6** 190 c, I 103 h,
  II 179 c, III 715 b, IV 952
−, 3,5-Dichlor- **6** 190 d, I 103 j,
  II 179 e, III 715 h, IV 957

C₆H₄Cl₂OS
Phenol, 2,6-Dichlor-4-mercapto- **6** 864 e

C₆H₄Cl₂O₂
Brenzcatechin, 3,4-Dichlor- **6** IV 5616
−, 3,5-Dichlor- **6** 783 d, IV 5616
−, 4,5-Dichlor- **6** 783 e, I 389 j,
  III 4252 b, IV 5617
Cyclohex-2-en-1,4-dion, 5,6-Dichlor-
  6 III 4434 b, 7 573 e, II 546 a
Hydrochinon, 2,3-Dichlor- **6** 849 i,
  II 845 b, III 4434 a, IV 5771
−, 2,5-Dichlor- **6** 850 a, II 845 e,
  III 4434 f, IV 5771
−, 2,6-Dichlor- **6** 850 c, I 417 g,
  II 845 h, III 4435 c, IV 5774
Resorcin, 4,6-Dichlor- **6** 820 b, I 403 f,
  II 819 c, III 4335 h, IV 5685

C₆H₄Cl₂O₂S
Chloroschwefligsäure-[4-chlor-phenylester]
  6 III 697 h
Hydrochinon, 3,5-Dichlor-2-mercapto-
  6 1092 h, III 6296 b

C₆H₄Cl₂O₂S₂
Hydrochinon, 2,6-Dichlor-3,5-dimercapto-
  6 1155 j

C₆H₄Cl₂O₃
Benzen-1,2,4-triol, 3,6-Dichlor-
  6 III 6284 a, IV 7345
−, 5,6-Dichlor- **6** IV 7346

$C_6H_4Cl_2O_3$ (Fortsetzung)

Pyrogallol, 4,6-Dichlor- **6** 1084 j,
III 6272 g, IV 7334

$C_6H_4Cl_2O_3S$

Chloroschwefelsäure-[2-chlor-phenylester]
6 III 680 a

– [4-chlor-phenylester] **6** III 698 b

$C_6H_4Cl_2O_4$

Benzen-1,2,4,5-tetraol, 3,6-Dichlor-
6 1156 h

$C_6H_4Cl_2O_4S_2$

Benzol, 1,4-Bis-chlorsulfinyloxy-
6 II 844 h

$C_6H_4Cl_2O_5S_2$

Thioschwefelsäure-S-[2,4-dichlor-
3,6-dihydroxy-phenylester] **6** 1092 i

$C_6H_4Cl_2O_8S_4$

Hydrochinon, 2,6-Dichlor-3,5-bis-
sulfomercapto- **6** 1155 k

$C_6H_4Cl_2S$

Benzolsulfenylchlorid, 2-Chlor-
6 IV 1576

–, 3-Chlor- **6** IV 1581

–, 4-Chlor- **6** II 298 i, IV 1609

Thiophenol, 2,3-Dichlor- **6** IV 1610

–, 2,4-Dichlor- **6** III 1041 d,
IV 1611

–, 2,5-Dichlor- **6** II 298 k,
III 1042 i, IV 1617

–, 2,6-Dichlor- **6** IV 1623

–, 3,4-Dichlor- **6** IV 1624

–, 3,5-Dichlor- **6** IV 1630

$C_6H_4Cl_2S_2$

Benzen-1,3-dithiol, 2,5-Dichlor-
6 II 830 k

–, 4,6-Dichlor- **6** I 410 i

Benzen-1,4-dithiol, 2,5-Dichlor-
6 IV 5848

$C_6H_4Cl_2Se$

Benzolselenenylchlorid, 4-Chlor-
6 III 1113 h

$C_6H_4Cl_3IO$

Phenol, 2-Chlor-4-dichlorjodanyl-
6 I 109 m

–, 2-Chlor-5-dichlorjodanyl-
6 III 780 e

$C_6H_4Cl_3OP$

Phosphin, Dichlor-[2-chlor-phenoxy]-
6 IV 805

–, Dichlor-[4-chlor-phenoxy]-
6 I 102 d, IV 867

$C_6H_4Cl_3OPS$

Dichlorothiophosphorsäure-O-[2-chlor-
phenylester] **6** IV 809

– O-[4-chlor-phenylester]
6 I 102 i, IV 875

$C_6H_4Cl_3O_2P$

2^5-Benzo[1,3,2]dioxaphosphol,
2,2,2-Trichlor- **6** II 786 c

Dichlorophosphorsäure-[2-chlor-
phenylester] **6** I 99 f, IV 807

– [4-chlor-phenylester] **6** 188 f,
I 102 f, II 178 c, III 698 j, IV 870

$C_6H_4Cl_3O_4P$

Phosphorsäure-mono-[2,4,5-trichlor-
phenylester] **6** IV 993

$C_6H_4Cl_4N_2O_8$

Hex-3-ensäure, 3,4,5,6-Tetrachlor-
2,2-dihydroxy-5,6-dinitro-
6 II 787 e

$C_6H_4Cl_4O_2P_2$

Benzol, 1,3-Bis-dichlorphosphinooxy-
6 819 e

–, 1,4-Bis-dichlorphosphinooxy-
6 849 a

$C_6H_4Cl_4O_2P_2S_2$

Benzol, 1,4-Bis-dichlorthiophosphoryloxy-
6 IV 5766

$C_6H_4Cl_4O_4P_2$

Benzol, 1,3-Bis-dichlorphosphoryloxy-
6 819 i, III 4332 f, IV 5682

–, 1,4-Bis-dichlorphosphoryloxy-
6 849 e, IV 5765

$C_6H_4Cl_5N_2OPS$

Diamidothiophosphorsäure-O-pentachlor⸗
phenylester **6** IV 1037

$C_6H_4Cl_6O_2Si_2$

Benzol, 1,3-Bis-trichlorsilyloxy-
6 III 4332 h

–, 1,4-Bis-trichlorsilyloxy-
6 III 4430 g

C_6H_4DIO

Phenol, O-Deuterio-2-jod-
6 IV 1070

–, O-Deuterio-4-jod- **6** IV 1074

$C_6H_4DNO_3$

Phenol, O-Deuterio-2-nitro- **6** III 798 a,
IV 1249

–, O-Deuterio-4-nitro- **6** IV 1282

$C_6H_4D_2O_2$

Hydrochinon, O,O'-Dideuterio-
6 III 4383 a

Resorcin, O,O'-Dideuterio-
6 III 4303 a

C_6H_4FIO
Phenol, 2-Fluor-4-jod- **6** IV 1080
−, 4-Fluor-2-jod- **6** IV 1080

$C_6H_4FNO_3$
Phenol, 2-Fluor-4-nitro- **6** III 633 i
−, 2-Fluor-6-nitro- **6** III 833 d,
    IV 1347
−, 3-Fluor-2-nitro- **6** II 225 c,
    III 832 e
−, 3-Fluor-4-nitro- **6** II 226 a,
    III 834 c
−, 3-Fluor-5-nitro- **6** III 833 f
−, 4-Fluor-2-nitro- **6** I 121 h
−, 5-Fluor-2-nitro- **6** II 225 e,
    III 833 b

$C_6H_4FNO_5S$
Fluoroschwefelsäure-[2-nitro-phenylester]
    6 III 805 b
− [3-nitro-phenylester] **6** III 811 b
− [4-nitro-phenylester] **6** III 830 i

$C_6H_4F_2O$
Phenol, 2,4-Difluor- **6** III 671 f, IV 778
−, 2,5-Difluor- **6** IV 780
−, 2,6-Difluor- **6** IV 780
−, 3,4-Difluor- **6** IV 780
−, 3,5-Difluor- **6** IV 780

$C_6H_4F_2O_2$
Hydrochinon, 2,5-Difluor- **6** IV 5766

$C_6H_4INO_3$
Phenol, 2-Jod-3-nitro- **6** II 237 i,
    IV 1366
−, 2-Jod-4-nitro- **6** 249 m, II 238 g,
    IV 1367
−, 2-Jod-5-nitro- **6** 249 k, II 238 f
−, 2-Jod-6-nitro- **6** 249 b, II 237 h,
    III 851 g
−, 3-Jod-2-nitro- **6** II 236 l,
    III 851 c
−, 3-Jod-4-nitro- **6** II 238 h,
    III 852 i
−, 3-Jod-5-nitro- **6** II 238 c
−, 4-Jod-2-nitro- **6** 248 l, II 237 a,
    III 851 e
−, 4-Jod-3-nitro- **6** 249 g, II 238 b
−, 5-Jod-2-nitro- **6** II 237 d

$C_6H_4I_2O$
Phenol, 2,4-Dijod- **6** 209 n, I 111 j,
    II 202 c, III 786 d, IV 1082
−, 2,5-Dijod- **6** 210 h, IV 1083
−, 2,6-Dijod- **6** 210 j, II 202 e,
    III 786 h
−, 3,4-Dijod- **6** 211 f, IV 1083
−, 3,5-Dijod- **6** 211 j, IV 1084

$C_6H_4I_2O_2$
Hydrochinon, 2,6-Dijod- **6** 856 d,
    III 4441 e
Resorcin, 4,6-Dijod- **6** II 821 l, III 4342 c

$C_6H_4N_2O_4S$
Thiophenol, 2,4-Dinitro- **6** 342 l, I 162 j,
    II 315 d, III 1088 i, IV 1733

$C_6H_4N_2O_4S_2$
Benzen-1,3-dithiol, 4,6-Dinitro-
    6 IV 5709

$C_6H_4N_2O_4Se$
Selenophenol, 2,4-Dinitro- **6** I 165 a

$C_6H_4N_2O_5$
Phenol, 2,3-Dinitro- **6** 251 c, I 125 c,
    II 239 e, III 854 e, IV 1369
−, 2,4-Dinitro- **6** 251 f, I 125 d,
    II 239 g, III 854 i, IV 1369
−, 2,5-Dinitro- **6** 256 h, I 127 d,
    II 244 i, III 866 f, IV 1383
−, 2,6-Dinitro- **6** 257 a, I 127 f,
    II 245 b, III 867, IV 1383
−, 3,4-Dinitro- **6** 257 d, I 127 j,
    II 246 a, III 868 d, IV 1384
−, 3,5-Dinitro- **6** 258 b, I 128 a,
    II 246 b, III 869 a, IV 1385
Resorcin, 2-Nitro-4-nitroso- **6** IV 5696

$C_6H_4N_2O_5S$
Phenol, 4-Mercapto-2,6-dinitro-
    6 IV 5838

$C_6H_4N_2O_5Se$
Benzolselenensäure, 2,4-Dinitro-
    6 III 1122 e, IV 1796

$C_6H_4N_2O_6$
Brenzcatechin, 3,4-Dinitro- **6** IV 5631
−, 3,5-Dinitro- **6** 791 a, I 394 b,
    II 793 j, IV 5631
−, 3,6-Dinitro- **6** IV 5632
−, 4,5-Dinitro- **6** III 4274 a
Hydrochinon, 2,6-Dinitro- **6** 858 d,
    I 418 i, II 850 j, III 4444 d,
    IV 5789
Resorcin, 2,4-Dinitro- **6** 827 d, I 404 j,
    II 823 g, III 4351 d, IV 5696
−, 4,6-Dinitro- **6** 828 d, I 405 c,
    II 824 a, III 4352 b, IV 5696

$C_6H_4N_2O_7$
Phloroglucin, 2,4-Dinitro- **6** IV 7371
Pyrogallol, 4,6-Dinitro- **6** 1087 e,
    II 1070 j, III 6274 i

$C_6H_4N_4O_3$
Phenol, 4-Azido-2-nitro- **6** 294 e

$C_6H_4O_3S$
Benzo[1,3,2]dioxathiol-2-oxid **6** II 784 l,
  19 394 d

$C_6H_4O_4S$
Benzo[1,3,2]dioxathiol-2,2-dioxid
  6 III 4240 f, IV 5597

$C_6H_5AsO_4$
Benzo[1,3,2]dioxarsol-2,4-diol **6** III 6272 d

$C_6H_5BCl_2O$
Boran, Dichlor-phenoxy- **6** IV 770

$C_6H_5BO_3$
Benzo[1,3,2]dioxaborol-2-ol **6** IV 5609

C_6H_5BrO
Phenol, 2-Brom- **6** 197 a, I 104 g,
  II 183 b, III 735 b, IV 1037
—, 3-Brom- **6** 198 e, I 105 a,
  II 184 b, III 738 e, IV 1042
—, 4-Brom- **6** 198 h, I 105 b,
  II 184 e, III 739 e, IV 1043

$C_6H_5BrO_2$
Brenzcatechin, 3-Brom- **6** III 4253 d,
  IV 5621
—, 4-Brom- **6** 784 g, II 787 f,
  III 4253 h, IV 5621
Hydrochinon, 2-Brom- **6** 852 j, II 846 f,
  III 4436 f, IV 5780
Resorcin, 2-Brom- **6** II 819 e, III 4336 c
—, 4-Brom- **6** 821 a, II 819 f,
  III 4336 d, IV 5687
—, 5-Brom- **6** II 820 a, IV 5687

$C_6H_5BrO_2S$
Bromoschwefligsäure-phenylester
  6 III 654 a

$C_6H_5BrO_3$
Pyrogallol, 4-Brom- **6** 1085 c, II 1068 c,
  IV 7335

$C_6H_5BrO_4S$
Schwefelsäure-mono-[4-brom-phenylester]
  6 II 186 g, III 748 d

C_6H_5BrS
Benzolsulfenylbromid **6** II 296 a,
  III 1029 g
Thiophenol, 2-Brom- **6** II 300 a,
  III 1046 e, IV 1647
—, 3-Brom- **6** III 1047 a, IV 1648
—, 4-Brom- **6** 330 g, I 150 l,
  II 300 g, III 1047 c, IV 1650

$C_6H_5BrS_2$
Benzen-1,2-dithiol, 4-Brom- **6** II 800 c

C_6H_5BrSe
Benzolselenenylbromid **6** II 319 f,
  III 1111 a

Selenophenol, 4-Brom- **6** 347 c, III 1114 f,
  IV 1784

$C_6H_5Br_2Cl_2OP$
Phosphoran, Dibrom-dichlor-phenoxy-
  6 180 e

$C_6H_5Br_2OP$
Phosphin, Dibrom-phenoxy-
  6 I 95 c, IV 701

$C_6H_5Br_2OPS$
Dibromothiophosphorsäure-*O*-phenylester
  6 I 96 j

$C_6H_5Br_2O_4P$
Phosphorsäure-mono-[2,4-dibrom-
  phenylester] **6** III 755 e

$C_6H_5ClF_4O$
Äther, Äthyl-[2-chlor-3,3,4,4-tetrafluor-
  cyclobut-1-enyl]- **6** IV 191

$C_6H_5ClN_2O_2S$
Benzolsulfensäure, 4-Chlor-2-nitro-, amid
  6 I 162 g, III 1081 b

C_6H_5ClO
Phenol, 2-Chlor- **6** 183 g, I 98 e,
  II 170 d, III 671 j, IV 782
—, 3-Chlor- **6** 185 d, I 99 g,
  II 172 o, III 681 b, IV 810
—, 4-Chlor- **6** 186 b, I 100 c,
  II 174 b, III 684, IV 820

C_6H_5ClOS
Phenol, 2-Chlor-4-mercapto- **6** III 4466 d
—, 3-Chlor-4-mercapto- **6** IV 5823

$C_6H_5ClO_2$
Brenzcatechin, 3-Chlor- **6** I 388 k,
  III 4249 f, IV 5613
—, 4-Chlor- **6** 783 a, I 389 d,
  II 787 b, III 4249 h, IV 5614
Hydrochinon, 2-Chlor- **6** 849 f, I 417 e,
  II 844 j, III 4432 a, IV 5767
Resorcin, 2-Chlor- **6** III 4333 a
—, 4-Chlor- **6** 819 j, II 818 i,
  III 4333 b, IV 5684
—, 5-Chlor- **6** II 819 a, IV 5684

$C_6H_5ClO_2S$
Chloroschwefligsäure-phenylester
  6 III 653 i

$C_6H_5ClO_3$
Pyrogallol, 4-Chlor- **6** 1084 g, III 6272 f,
  IV 7333

$C_6H_5ClO_3S$
Chloroschwefelsäure-phenylester
  6 III 655 a

$C_6H_5ClO_4S$
Schwefelsäure-mono-[2-chlor-phenylester]
  6 III 679 h, IV 804

$C_6H_5ClO_4S$ (Fortsetzung)

Schwefelsäure-mono-[3-chlor-phenylester]
6 II 174 a, III 683 k
— mono-[4-chlor-phenylester]
6 II 177 l, III 697 i, IV 865

C_6H_5ClS

Benzolsulfenylchlorid 6 II 295 e,
III 1029 f, IV 1564
Thiophenol, 2-Chlor- 6 326 a, III 1032 i,
IV 1570
—, 3-Chlor- 6 326 e, III 1034 a,
IV 1576
—, 4-Chlor- 6 326 i, I 149 a,
II 297 c, III 1034 f, IV 1581

$C_6H_5ClS_2$

Benzen-1,2-dithiol, 4-Chlor- 6 III 4288 b
Benzen-1,3-dithiol, 4-Chlor- 6 I 410 b,
IV 5708
Disulfan, Chlor-phenyl- 6 IV 1563

$C_6H_5ClS_3$

Benzen-1,3,5-trithiol, 2-Chlor- 6 I 548 d

C_6H_5ClSe

Benzolselenenylchlorid 6 III 1110 d
Selenophenol, 4-Chlor- 6 346 e, III 1112 i,
IV 1782

$C_6H_5Cl_2IO$

Phenol, 4-Dichlorjodanyl- 6 I 109 h

$C_6H_5Cl_2NS$

Benzolsulfensäure, 2,5-Dichlor-, amid
6 III 1044 c

$C_6H_5Cl_2OP$

Phosphin, Dichlor-phenoxy- 6 177 e,
I 95 a, II 165 c, IV 701

$C_6H_5Cl_2OPS$

Dichlorothiophosphorsäure-O-phenylester
6 181 d, I 96 h, II 167 h, III 664 d,
IV 757

$C_6H_5Cl_2O_2P$

Dichlorophosphorsäure-phenylester
6 179 e, I 95 h, II 166 e, III 660 e,
IV 737

$C_6H_5Cl_2O_4P$

Phosphorsäure-mono-[2,4-dichlor-
phenylester] 6 IV 938

$C_6H_5Cl_2PS$

Phosphin, Dichlor-phenylmercapto-
6 178 a

$C_6H_5Cl_2PS_2$

Dichlorodithiophosphorsäure-phenylester
6 181 i

$C_6H_5Cl_3OSi$

Silan, Trichlor-phenoxy- 6 II 169 a,
III 666 b

$C_6H_5Cl_3SSi$

Silan, Trichlor-phenylmercapto-
6 II 296 c

$C_6H_5Cl_4N_2OPS$

Diamidothiophosphorsäure-O-[2,3,4,6-
tetrachlor-phenylester] 6 IV 1025

$C_6H_5Cl_4OP$

Phosphoran, Tetrachlor-phenoxy-
6 IV 738

C_6H_5DO

Phenol, O-Deuterio- 6 III 537 a, IV 547

C_6H_5DS

Thiophenol, S-Deuterio- 6 IV 1466

C_6H_5FO

Phenol, 2-Fluor- 6 I 97 i, III 667 a,
IV 770
—, 3-Fluor- 6 I 97 k, II 169 g,
III 668 b, IV 772
—, 4-Fluor- 6 183 e, I 98 b,
II 170 b, III 669 c, IV 773

$C_6H_5FO_2$

Brenzcatechin, 3-Fluor- 6 IV 5613
—, 4-Fluor- 6 IV 5613

$C_6H_5FO_3S$

Fluoroschwefelsäure-phenylester
6 III 654 d

C_6H_5FS

Thiophenol, 4-Fluor- 6 III 1031 e,
IV 1567

$C_6H_5F_5O$

Äther, Äthyl-[2,3,3,4,4-pentafluor-cyclobut-
1-enyl]- 6 IV 191

C_6H_5IO

Phenol, 2-Jod- 6 207 a, I 109 a, II 198 b,
III 768 c, IV 1070
—, 3-Jod- 6 207 g, I 109 e, II 198 f,
III 771 l, IV 1073
—, 4-Jod- 6 208 b, I 109 g, II 198 g,
III 774 d, IV 1074

$C_6H_5IO_2$

Brenzcatechin, 4-Jod- 6 III 4262 d,
IV 5625
Hydrochinon, 2-Jod- 6 III 4440 e
Resorcin, 4-Jod- 6 822 i, II 821 g,
III 4341 a, IV 5688
—, 5-Jod- 6 II 821 h

C_6H_5IS

Thiophenol, 2-Jod- 6 III 1055 a
—, 3-Jod- 6 III 1055 b
—, 4-Jod- 6 335 d, I 152 j, II 303 g,
III 1055 d, IV 1659

C_6H_5NOS

Sulfan, Nitroso-phenyl- 6 II 296 b

$C_6H_5NO_2$
Phenol, 4-Nitroso- **6** II 205 f
$C_6H_5NO_2S$
Thiophenol, 2-Nitro- **6** 337 d, I 154 c,
II 303 l, III 1057 c, IV 1661
—, 3-Nitro- **6** 338 f, II 308 f,
IV 1680
—, 4-Nitro- **6** 339 e, I 159 b,
II 309 g, III 1067 g, IV 1687
$C_6H_5NO_2S_2$
Benzen-1,3-dithiol, 5-Nitro- **6** III 4370 e
$C_6H_5NO_2Se$
Selenophenol, 2-Nitro- **6** I 164 d
—, 4-Nitro- **6** I 164 i
$C_6H_5NO_3$
Phenol, 2-Nitro- **6** 213 c, I 113 b,
II 205 j, III 794, IV 1246
—, 3-Nitro- **6** 222 f, I 116 a,
II 212, III 805 i, IV 1269
—, 4-Nitro- **6** 226 f, I 117 h,
II 215 l, III 811 f, IV 1279
$C_6H_5NO_3Se$
Benzolselenensäure, 2-Nitro- **6** III 1116 h,
IV 1786
$C_6H_5NO_4$
Brenzcatechin, 3-Nitro- **6** 787 h, II 789 f,
III 4263 a, IV 5626
—, 4-Nitro- **6** 788 c, I 391 g,
II 790 c, III 4263 e, IV 5626
Hydrochinon, 2-Nitro- **6** 856 j, I 418 b,
II 848 h, III 4442 b, IV 5786
Resorcin, 2-Nitro- **6** 823 d, I 404 b,
II 822 b, III 4343 e, IV 5690
—, 4-Nitro- **6** 823 g, I 404 e,
II 822 c, III 4344 e, IV 5691
—, 5-Nitro- **6** 825 d, III 4347 b,
IV 5693
$C_6H_5NO_5$
Benzen-1,2,4-triol, 5-Nitro- **6** 1091 b,
III 6286 e
Phloroglucin, 2-Nitro- **6** 1106 a, I 547 k,
IV 7370
Pyrogallol, 4-Nitro- **6** 1086 a, III 6274 c,
IV 7336
—, 5-Nitro- **6** 1086 e, II 1070 c
$C_6H_5NO_5S_2$
Thioschwefelsäure-S-[2-nitro-phenylester]
6 IV 1676
— S-[3-nitro-phenylester]
6 IV 1687
$C_6H_5NO_5S_2Se$
Thioschwefelsäure, S-[2-Nitro-benzolselenenyl]-
6 III 1118 c

$C_6H_5NO_6S$
Schwefelsäure-mono-[2-nitro-phenylester]
6 II 211 j, III 805 a, IV 1265
— mono-[3-nitro-phenylester]
6 II 215 k, III 811 a, IV 1277
— mono-[4-nitro-phenylester]
6 II 225 a, III 830 e,
IV 1316
$C_6H_5NO_7S$
Schwefelsäure-mono-[2-hydroxy-5-nitro-
phenylester] **6** IV 5630
— mono-[4-hydroxy-2-nitro-
phenylester] **6** IV 5788
— mono-[4-hydroxy-3-nitro-
phenylester] **6** IV 5788
$C_6H_5N_3O$
Phenol, 2-Azido- **6** 293 g
—, 3-Azido- **6** 293 i, IV 1461
—, 4-Azido- **6** 294 a, IV 1461
$C_6H_5N_3O_2$
Hydrochinon, 2-Azido- **6** I 419 f,
III 4445 d
$C_6H_5N_3O_4S$
Benzolsulfensäure, 2,4-Dinitro-, amid
6 III 1102 a
$C_6H_5N_3O_4Se$
Benzolselenensäure, 2,4-Dinitro-, amid
6 IV 1799
$C_6H_5N_5O$
Phenol, 3-Pentazolyl- **6** IV 1462
—, 4-Pentazolyl- **6** IV 1462
C_6H_5O
Phenoxyl **6** IV 548
$C_6H_5O_2$
Phenoxyl, 4-Hydroxy-
6 IV 5715
$C_6H_5O_4P$
Benzo[1,3,2]dioxaphosphol-2-ol-2-oxid
6 IV 5599
$[C_6H_5Te]^+$
Phenyltellur(1+) **6** IV 1800
$C_6H_6BrO_4P$
Phosphorsäure-mono-[2-brom-phenylester]
6 III 738 d
— mono-[4-brom-phenylester]
6 II 186 h, III 748 f
$C_6H_6Br_3N_2OPS$
Diamidothiophosphorsäure-O-
[2,4,6-tribrom-phenylester]
6 IV 1069
$C_6H_6ClNO_2$
Phenol, 2-Chlor-5-hydroxyamino-
6 III 838 h

$C_6H_6ClO_4P$
Phosphorsäure-mono-[2-chlor-phenylester]
6 IV 806
– mono-[4-chlor-phenylester]
6 188 b, II 177 m, III 698 d,
IV 868
$C_6H_6Cl_3N_2OPS$
Diamidothiophosphorsäure-O-
[2,4,5-trichlor-phenylester] 6 IV 1000
– O-[2,4,6-trichlor-phenylester]
6 IV 1019
$C_6H_6F_4O_2$
Cyclobuten, 3,3,4,4-Tetrafluor-
1,2-dimethoxy- 6 III 4125 a
Essigsäure-[2,2,3,3-tetrafluor-cyclobutyl≠
ester] 6 III 4 e, IV 4
$C_6H_6NO_6P$
Phosphorsäure-mono-[2-nitro-phenylester]
6 IV 1266
– mono-[3-nitro-phenylester]
6 IV 1278
– mono-[4-nitro-phenylester]
6 237 e, I 121 c, III 831 c, IV 1327
$C_6H_6N_2O_2S$
Benzolsulfensäure, 2-Nitro-, amid
6 I 158 b, II 308 d, III 1063 b
–, 4-Nitro-, amid 6 I 160 h,
III 107 a
$C_6H_6N_2O_2Se$
Benzolselenensäure, 2-Nitro-, amid
6 IV 1788
$C_6H_6N_6O_{18}$
myo-Inosit, Hexa-O-nitro- 6 1197 b,
III 6931 e, IV 7925
scyllo-Inosit, Hexa-O-nitro- 6 IV 7925
C_6H_6O
Phenol 6 110, I 70, II 116 d, III 505,
IV 531
C_6H_6OS
Phenol, 2-Mercapto- 6 793 a, III 4276 b,
IV 5633
–, 3-Mercapto- 6 I 406 c, II 827 a
–, 4-Mercapto- 6 859 c, I 419 h,
III 4445 e, IV 5790
$C_6H_6OS_2$
Phenol, 2,4-Dimercapto- 6 II 1074 b
$C_6H_6OS_3$
Phenol, 2,4,6-Trimercapto- 6 II 1120 i
C_6H_6OSe
Phenol, 4-Hydroseleno- 6 III 4478 d
$C_6H_6O_2$
Brenzcatechin 6 759, I 378 d, II 764,
III 4187, IV 5557

Hydrochinon 6 836 j, I 413, II 832 c,
III 4374 c, IV 5712
Resorcin 6 796 b, I 398 e, II 802 d,
III 4292 f, IV 5658
$C_6H_6O_2S$
Hydrochinon, 2-Mercapto- 6 1091 i,
III 6292 e, IV 7353
Resorcin, 4-Mercapto- 6 IV 7350
–, 5-Mercapto- 6 III 6310 a
$C_6H_6O_2S_2$
Hydrochinon, 2,6-Dimercapto-
6 II 1120 e
Resorcin, 4,6-Dimercapto- 6 II 1121 g
$C_6H_6O_2S_3$
Resorcin, 2,4,6-Trimercapto- 6 II 1152 c
$C_6H_6O_3$
Benzen-1,2,4-triol 6 1087 h, I 541 g,
II 1071 e, III 6276 b, IV 7338
Phloroglucin 6 1092 j, I 545 d, II 1075 c,
III 6301 e, IV 7361
Pyrogallol 6 1071 b, I 535 g, II 1059 d,
III 6260, IV 7327
$C_6H_6O_3S$
Schwefligsäure-monophenylester
6 174 i, III 650 d
$C_6H_6O_3S_2$
Thioschwefelsäure-S-phenylester
6 III 1030 a, IV 1564
$C_6H_6O_4$
Benzen-1,2,3,4-tetraol 6 1153 b, III 6650 a,
IV 7683
Benzen-1,2,3,5-tetraol 6 1154 b, I 570 a,
III 6652 b, IV 7684
Benzen-1,2,4,5-tetraol 6 1155 l, I 570 e,
II 1120 k, III 6655 d, IV 7688
Cyclohex-2-en-1,4-dion, 2,3-Dihydroxy-
6 IV 7683
$C_6H_6O_4S$
Schwefelsäure-monophenylester
6 176 d, I 94 d, II 163 l, III 654 b,
IV 691
$C_6H_6O_4Se$
Selensäure-monophenylester 6 II 164 a
$C_6H_6O_5$
Benzenpentaol 6 1189 a
$C_6H_6O_5S$
Schwefelsäure-mono-[2-hydroxy-
phenylester] 6 781 f, III 4240 e,
IV 5596
– mono-[3-hydroxy-phenylester]
6 819 a, IV 5680

$C_6H_6O_5S$ (Fortsetzung)

Schwefelsäure-mono-[4-hydroxy-
  phenylester] **6** 848 i, II 844 i,
  III 4428 h, IV 5761

$C_6H_6O_5S_2$

Thioschwefelsäure-*S*-[2,5-dihydroxy-
  phenylester] **6** 1092 g, II 1073 f

$C_6H_6O_6$

Benzenhexaol **6** 1198 f, I 592 g, II 1161 c,
  III 6938 a

$C_6H_6O_6S$

Schwefelsäure-mono-[2,3-dihydroxy-
  phenylester] **6** 1084 f

– mono-[2,6-dihydroxy-phenylester]
  6 1084 f

$C_6H_6O_8S_2$

Benzol, 1,3-Bis-sulfooxy- **6** 819 d
–, 1,4-Bis-sulfooxy- **6** III 4429 b

$C_6H_6O_{14}S_8$

Hydrochinon, 2,3,5,6-Tetrakis-sulfomercapto-
  6 1199 d

C_6H_6S

Thiophenol **6** 294 f, I 142 e, II 284 e,
  III 974 b, IV 1463

$C_6H_6S_2$

Benzen-1,2-dithiol **6** I 397 e, II 799 g,
  III 4286 c, IV 5651
Benzen-1,3-dithiol **6** 834 g, I 408 d,
  II 829 f, III 4366 e, IV 5705
Benzen-1,4-dithiol **6** 867 g, I 422 e,
  II 854 h, III 4472 g, IV 5840

$C_6H_6S_3$

Benzen-1,3,5-trithiol **6** 1107 h, I 548 a,
  III 6311 e, IV 7372
Trisulfan, Phenyl- **6** IV 1563

$C_6H_6S_4$

Tetrasulfan, Phenyl- **6** IV 1563

C_6H_6Se

Selenophenol **6** 345 c, I 164 a, II 317 d,
  III 1104 b, IV 1777

$C_6H_6Se_2$

Benzen-1,3-diselenol **6** III 4373 i
Benzen-1,4-diselenol **6** III 4489 d

C_6H_6Te

Tellurophenol **6** I 165 f, II 322 f

$C_6H_7BO_4$

Borsäure, Brenzcatechinato-dihydroxo-
  6 III 4196, IV 5610

$C_6H_7BrCl_4O$

Cyclohexanol, 2-Brom-3,4,5,6-tetrachlor-
  6 IV 70

$C_6H_7ClO_2$

Cyclohexa-3,5-dien-1,2-diol, 4-Chlor-
  6 IV 5524

$C_6H_7Cl_2N_2OPS$

Diamidothiophosphorsäure-*O*-[2,4-dichlor-
  phenylester] **6** IV 941

– *O*-[3,4-dichlor-phenylester]
  6 IV 957

$C_6H_7Cl_5O$

Cyclohexanol, 2,3,4,5,6-Pentachlor-
  6 IV 68

$C_6H_7N_5O_{15}$

Cyclohexan, 1,2,3,4,5-Pentakis-nitryloxy-
  6 1188 c

$C_6H_7O_3PS$

Thiophosphorsäure-*O*-phenylester
  6 180 l

$C_6H_7O_4P$

Phosphorsäure-monophenylester
  6 178 c, I 95 d, II 165 d, III 657 a,
  IV 708

$C_6H_7O_5P$

Phosphorsäure-mono-[2-hydroxy-
  phenylester] **6** 782 a, III 4244 d,
  IV 5599

– mono-[3-hydroxy-phenylester]
  6 III 4332 b

– mono-[4-hydroxy-phenylester]
  6 III 4429 d, IV 5761

$C_6H_8Cl_2O_2$

Cyclohex-2-en-1,4-diol, 5,6-Dichlor-
  7 II 546 a

$C_6H_8Cl_3N_4OPS$

Dihydrazidothiophosphorsäure-*O*-
  [2,4,5-trichlor-phenylester] **6** IV 1004

$C_6H_8Cl_4O$

Cyclohexanol, 2,2,6,6-Tetrachlor- **6** IV 68
–, 2,3,5,6-Tetrachlor- **6** IV 68

$C_6H_8Cl_4O_2$

Cyclohexan-1,2-diol, 3,4,5,6-Tetrachlor-
  6 IV 5203
Inosit-tetrachlorhydrin **6** II 749 h

$C_6H_8Cl_5OP$

Phosphin, Dichlor-[1-trichlormethyl-
  cyclopentyloxy]- **6** IV 89

$C_6H_8NO_2PS$

Amidothiophosphorsäure-*O*-phenylester
  6 181 e, I 96 k

$C_6H_8NO_3P$

Amidophosphorsäure-monophenylester
  6 180 f, I 95 i, III 661 d

C_6H_8O

Cyclobutanol, 1-Äthinyl- **6** IV 339

$C_6H_8O_2$
Cyclohexa-3,5-dien-1,2-diol **6** IV 5523
$C_6H_8O_5S$
Cyclohexansulfonsäure, 3,5-Dioxo-
    6 II 812
$C_6H_8O_7P_2$
Diphosphorsäure-monophenylester
    6 IV 752
$C_6H_8O_8P_2$
Benzol, 1,3-Bis-phosphonooxy-
    6 III 4332 e, IV 5682
—, 1,4-Bis-phosphonooxy-
    6 849 c, III 4430 e, IV 5765
$C_6H_9BrClN_4OPS$
Dihydrazidothiophosphorsäure-O-[5-brom-
    2-chlor-phenylester] **6** IV 1059
C_6H_9BrO
Cyclohex-2-enol, 2-Brom- **6** IV 198
C_6H_9ClO
Cyclohex-2-enol, 2-Chlor- **6** III 208 a,
    IV 198
—, 3-Chlor- **6** IV 198
$C_6H_9ClO_2$
Chlorokohlensäure-cyclopentylester
    6 IV 8
$C_6H_9ClO_3$
Quercitan-chlorhydrin **6** 1187
$C_6H_9Cl_3O$
Cyclopentanol, 1-Trichlormethyl-
    6 III 54 e
Propan-2-ol, 1,1,1-Trichlor-2-cyclopropyl-
    6 IV 94
$C_6H_9FO_2$
Fluorokohlensäure-cyclopentylester
    6 IV 8
C_6H_9NOS
Cyclopentanol, 2-Thiocyanato- **6** IV 5191
C_6H_9NS
Cyclopentylthiocyanat **6** IV 17
$C_6H_9N_2OP$
Phosphin, Diamino-phenoxy- **6** IV 702
$C_6H_9N_2OPS$
Diamidothiophosphorsäure-O-phenylester
    6 181 h, I 97 b, IV 759
— S-phenylester **6** III 1030 b
$C_6H_9N_2O_2P$
Diamidophosphorsäure-phenylester
    6 180 k, III 662 e, IV 751
$C_6H_9N_2O_3P$
Hydrazidophosphorsäure-monophenylester
    6 I 96 b

$C_6H_9N_3O_9$
Cyclohexan, 1,2,3-Tris-nitryloxy-
    6 IV 7311
$C_6H_9O_3P$
2,8,9-Trioxa-1-phospha-adamantan
    6 IV 7311
$C_6H_9O_3PS$
2,8,9-Trioxa-1-phospha-adamantan-1-sulfid
    6 IV 7312
$C_6H_9O_4P$
2,8,9-Trioxa-1-phospha-adamantan-1-oxid
    6 IV 7312
$C_6H_{10}B_2O_8$
scyllo-Inosit, $O^1,O^3,O^5;O^2,O^4,O^6$-Bis-
    [hydroxy-λ^4-boranyl]- **6** IV 7927
$C_6H_{10}BrNO_2$
Salpetrigsäure-[2-brom-cyclohexylester]
    6 III 44 d, IV 70
$C_6H_{10}BrNO_3$
Salpetersäure-[2-brom-cyclohexylester]
    6 III 44 e, IV 70
$C_6H_{10}Br_2O$
Cyclohexanol, 2,3-Dibrom- **6** III 44 h
$C_6H_{10}Br_2O_2$
Cyclohexan-1,2-diol, 3,4-Dibrom-
    6 II 746 f, III 4070 d
Cyclohexan-1,4-diol, 2,3-Dibrom-
    6 III 4084 b
$C_6H_{10}Br_2O_4$
Cyclohexan-1,2,3,4-tetraol, 5,6-Dibrom-
    6 1151 a
Cyclohexan-1,2,3,5-tetraol, 4,6-Dibrom-
    6 III 6645 b, IV 7673
Cyclohexan-1,2,4,5-tetraol, 3,6-Dibrom-
    6 III 6646 c
$C_6H_{10}ClNO_2$
Salpetrigsäure-[2-chlor-cyclohexylester]
    6 III 41 g, IV 66
$C_6H_{10}ClNO_3$
Salpetersäure-[2-chlor-cyclohexylester]
    6 III 42 a, IV 66
$C_6H_{10}ClN_4OPS$
Dihydrazidothiophosphorsäure-O-[2-chlor-
    phenylester] **6** IV 809
$C_6H_{10}Cl_2O$
Methanol, [1-Chlor-2-chlormethyl-
    cyclobutyl]- **6** 9 e
$C_6H_{10}Cl_2O_2S$
Chloroschwefligsäure-[2-chlor-cyclohexyl≠
    ester] **6** III 41 e
$C_6H_{10}Cl_2O_3S$
Chloroschwefelsäure-[2-chlor-cyclohexyl≠
    ester] **6** III 41 f

$C_6H_{10}Cl_2O_4$
Inosit-dichlorhydrin **6** I 568 c, II 1117 d
$C_6H_{10}INO_2$
Salpetrigsäure-[2-jod-cyclohexylester]
  6 III 45 f
$C_6H_{10}INO_3$
Salpetersäure-[2-jod-cyclohexylester] **6** III 45 g
$C_6H_{10}N_2O_4$
Cyclohexan, 1,2-Bis-nitrosyloxy-
  6 IV 5200
—, 1-Nitroso-2-nitryloxy- **6** IV 71
Cyclohexen-nitrosat **5** 64 a, II 40 a
$C_6H_{10}N_2O_5$
Salpetersäure-[2-nitro-cyclohexylester]
  6 III 46 d, IV 71
— [3-nitro-cyclohexylester] **6** IV 71
— [4-nitro-cyclohexylester] **6** IV 71
— [1-nitromethyl-cyclopentylester]
  6 IV 91
$C_6H_{10}N_2O_6$
Cyclohexan, 1,2-Bis-nitryloxy- **6** IV 5200
$C_6H_{10}O$
Äther, Cyclopent-2-enyl-methyl- **6** IV 193
Bicyclo[3.1.0]hexan-3-ol **6** IV 201
Cyclohex-2-enol **6** 48 f, I 35 h, II 60 c,
  III 205 f, IV 196
Cyclohex-3-enol **6** 49 a, II 61 a, III 209 a,
  IV 200
Cyclopentanol, 2-Methylen- **6** IV 201
Cyclopent-2-enol, 2-Methyl- **6** III 209 d
Methanol, Cyclopent-1-enyl- **6** II 61 d,
  III 209 f, IV 201
$C_6H_{10}OS_2$
Dithiokohlensäure-O-cyclobutylester-
  S-methylester **6** III 4 c
$C_6H_{10}O_2$
Ameisensäure-cyclopentylester **6** III 6 e
Cyclohex-2-en-1,4-diol **6** III 4130 a,
  IV 5275
Cyclohex-3-en-1,2-diol **6** III 4128 e,
  IV 5275
Cyclohex-4-en-1,2-diol **6** IV 5276
Cyclohex-2-enylhydroperoxid **6** III 207 a,
  IV 197
Cyclopent-2-enol, 5-Hydroxymethyl-
  6 IV 5277
Cyclopent-2-enylhydroperoxid, 2-Methyl-
  6 IV 200
Essigsäure-cyclobutylester **6** IV 4
— cyclopropylmethylester **6** IV 4
$C_6H_{10}O_3S$
Benzo[1,3,2]dioxathiol-2-oxid, Hexahydro-
  6 IV 5199

$C_6H_{10}O_4$
Cyclohex-5-en-1,2,3,4-tetraol
  6 1153 a, III 6648, IV 7675
Quercitan **6** 1187
$C_6H_{10}O_4S$
Benzo[1,3,2]dioxathiol-2,2-dioxid,
  Hexahydro- **6** IV 5199
$C_6H_{10}S$
Cyclohex-2-enthiol **6** III 208 f, IV 199
$C_6H_{11}BO_3$
Benzo[1,3,2]dioxaborol-2-ol, Hexahydro-
  6 II 744
Cyclopenta[1,3,2]dioxaborol-2-ol,
  3a-Methyl-tetrahydro- **6** II 749 i
$C_6H_{11}BrO$
Cyclohexanol, 2-Brom- **6** II 13 d, III 42 c,
  IV 69
Cyclopentanol, 1-Brommethyl- **6** IV 7983
Methanol, [1-Brom-cyclopentyl]-
  6 IV 7983
—, [1-Brommethyl-cyclobutyl]-
  6 IV 93
$C_6H_{11}BrO_3$
Cyclohexan-1,2,3-triol, 5-Brom-
  6 IV 7311
$C_6H_{11}BrO_5$
Cyclohexan-1,2,3,4,5-pentaol, 6-Brom-
  6 1188 f, I 585 a, III 6875 d,
  IV 7884
$C_6H_{11}ClO$
Cyclohexanol, 2-Chlor- **6** 7 d, II 12 c,
  III 39 f, IV 64
—, 4-Chlor- **6** II 12 g, III 42 b,
  IV 68
Cyclopentanol, 1-Chlormethyl- **6** IV 87
—, 2-Chlor-1-methyl- **6** II 14 i,
  III 54 c, IV 87
—, 2-Chlor-5-methyl- **6** III 55 d
Hypochlorigsäure-cyclohexylester **6** IV 53
— [1-methyl-cyclopentylester] **6** IV 87
Methanol, [1-Chlor-cyclopentyl]- **6** IV 92
—, [2-Chlor-cyclopentyl]- **6** III 57 c
—, [1-Chlor-2-methyl-cyclobutyl]-
  6 9 d
Propan-2-ol, 2-[1-Chlor-cyclopropyl]-
  6 II 16 a
$C_6H_{11}ClO_2$
Cyclohexan-1,2-diol, 3-Chlor- **6** III 4070 c
Cyclohexan-1,3-diol, 2-Chlor- **6** II 747 l
$C_6H_{11}ClO_2S$
Chlorschwefligsäure-cyclohexylester
  6 III 35 f

$C_6H_{12}O_2$ (Fortsetzung)
Cyclohexan-1,4-diol **6** 741 a, I 370 i,
    II 747 m, 748 c, III 4080 b,
    IV 5209
Cyclohexylhydroperoxid **6** IV 53
Cyclopentan-1,2-diol, 1-Methyl-
    6 II 749 i, III 4084 c, IV 5212
−, 3-Methyl- **6** III 4085 a
−, 4-Methyl- **6** IV 5212
Cyclopentanol, 1-Hydroxymethyl-
    6 741 f, III 4085 e, IV 5212
−, 2-Hydroxymethyl- **6** II 750 a,
    III 4085 f, IV 5213
−, 2-Methoxy- **6** III 4054 b
Cyclopentylhydroperoxid, 1-Methyl-
    6 IV 86
Cyclopropanol, 1-[α-Hydroxy-isopropyl]-
    6 IV 5214
$C_6H_{12}O_2S$
Sulfon, Cyclopentyl-methyl- **6** IV 16
$C_6H_{12}O_3$
Cyclohexan-1,2,3-triol **6** 1068 c, I 533 d,
    534 c, II 1058 a, III 6249 a,
    IV 7309
Cyclohexan-1,2,4-triol **6** III 6250 c
Cyclohexan-1,3,5-triol **6** 1068 d, III 6250 g
$C_6H_{12}O_3S$
Methansulfonsäure-cyclopentylester **6** IV 14
Schwefligsäure-cyclopentylester-methylester
    6 IV 14
$C_6H_{12}O_4$
Betit **6** 1151 b
Cyclohexan-1,2,3,4-tetraol **6** III 6643,
    IV 7671
Cyclohexan-1,2,3,5-tetraol **6** III 6644 f,
    IV 7672
Cyclohexan-1,2,4,5-tetraol **6** III 6645 d,
    IV 7673
$C_6H_{12}O_4S$
Methansulfonsäure-[2-hydroxy-cyclopentyl≠
    ester] **6** IV 5189
Schwefelsäure-monocyclohexylester
    6 III 35 g, IV 54
$C_6H_{12}O_5$
Cyclohexan-1,2,3,4,5-pentaol **6** 1186 b,
    I 584 c, II 1151 a, III 6872,
    IV 7882
$C_6H_{12}O_6$
allo-Inosit **6** III 6923 a, IV 7919
chiro-Inosit **6** 1192 c, 1193 b, I 587 e,
    II 1157 b, III 6925 c, IV 7920
cis-Inosit **6** III 6922 a, IV 7919
epi-Inosit **6** III 6922 b, IV 7919

muco-Inosit **6** III 6925 b, IV 7920
myo-Inosit **6** 1194 b, I 588, II 1158 b,
    III 6923 b, IV 7919
neo-Inosit **6** III 6925 a, IV 7919
scyllo-Inosit **6** 1197 d, I 592 b, II 1160 c,
    III 6926 a, IV 7920
Isoinosit **6** I 591 c
Pseudoinosit **6** I 592 a
$C_6H_{12}O_8S_2$
Cyclohexan, 1,2-Bis-sulfooxy- **6** II 745 e,
    III 4068 d, IV 5200
$C_6H_{12}O_{24}S_6$
myo-Inosit, Hexa-*O*-sulfo- **6** IV 7925
$C_6H_{12}S$
Cyclohexanthiol **6** 8 b, I 6 n, II 14 f,
    III 46 e, IV 72
Cyclopentanthiol, 1-Methyl- **6** III 54 f,
    IV 91
−, 2-Methyl- **6** IV 91
Methanthiol, Cyclopentyl- **6** III 57 d
Sulfid, Cyclopentyl-methyl- **6** II 4 d,
    IV 16
$C_6H_{12}S_2$
Cyclohexan-1,2-dithiol **6** III 4074 c
$C_6H_{12}Se$
Cyclohexanselenol **6** I 7 b
Methanselenol, Cyclopentyl- **6** IV 93
$C_6H_{13}NO$
Hydroxylamin, *O*-Cyclohexyl- **6** IV 54
$C_6H_{13}O_3P$
Phosphonsäure-monocyclohexylester
    6 IV 56
$C_6H_{13}O_4P$
Phosphorsäure-monocyclohexylester
    6 III 36 e, IV 58
$C_6H_{13}O_5P$
Phosphorsäure-mono-[2-hydroxy-
    cyclohexylester] **6** IV 5201
−   mono-[3-hydroxy-cyclohexylester]
    6 IV 5209
$C_6H_{13}O_9P$
chiro-Inosit, O^3-Phosphono- **6** III 6932 d
myo-Inosit, O^1-Phosphono- **6** III 6931 f
−, O^2-Phosphono- **6** I 590 a,
    II 1159 g, III 6932 b, IV 7925
−, O^4-Phosphono- **6** III 6932 f
−, O^5-Phosphono- **6** III 6932 c
scyllo-Inosit, *O*-Phosphono- **6** III 6932 e
$[C_6H_{14}Ge]^+$
Germanium(2+), Dipropyl- **6** IV 270
$C_6H_{14}O_8P_2$
Cyclohexan, 1,3-Bis-phosphonooxy-
    6 IV 5209

$C_6H_{14}O_{12}P_2$
myo-Inosit, O^1,O^2-Diphosphono-
6 II 1159 h, III 6933 e
−, O^1,O^6-Diphosphono- 6 III 6934 c
−, O^4,O^5-Diphosphono-
6 III 6934 a
$[C_6H_{14}Sn]^{2+}$
Zinn(2+), Dipropyl- 6 IV 1466
$[C_6H_{15}Ge]^+$
Germanium(1+), Triäthyl- 6 IV 1466,
2015, 2079, 2633, 4312
$C_6H_{15}O_{15}P_3$
myo-Inosit, Tri-O-phosphono- 6 I 590 b,
II 1159 i
$[C_6H_{15}Pb]^+$
Blei(1+), Triäthyl- 6 III 977,
IV 6056
$[C_6H_{15}Sn]^+$
Zinn(1+), Triäthyl- 6 IV 545, 1466,
2015, 2079, 2097, 2154, 2633, 4312
$C_6H_{16}O_{18}P_4$
myo-Inosit, O,O'-Bis-trihydroxydiphosphoryl-
6 I 591 a
−, Tetra-O-phosphono- 6 I 590 c,
II 1159 j
$C_6H_{17}O_{21}P_5$
myo-Inosit, Penta-O-phosphono-
6 I 590 d, II 1160 a
$C_6H_{18}O_{24}P_6$
chiro-Inosit, Hexa-O-phosphono-
6 II 1158 a
myo-Inosit, Hexa-O-phosphono-
6 1197 c, I 590 e, II 1160 b,
III 6935, IV 7927

C_7

C_7Cl_8O
Äther, Pentachlorphenyl-trichlormethyl-
6 IV 1033
$C_7H_2Br_2Cl_5O_2P$
Dichlorophosphorsäure-[2,4-dibrom-
6-trichlormethyl-phenylester]
6 361 d
$C_7H_2Br_3ClO_2$
Chlorokohlensäure-[2,4,6-tribrom-
phenylester] 6 III 764 c
$C_7H_2Br_3F_3O$
Phenol, 2,4,6-Tribrom-3-trifluormethyl-
6 IV 2075

$C_7H_2Br_3NSe$
Phenylselenocyanat, 2,4,6-Tribrom-
6 III 1115 e
$C_7H_2Cl_2F_3NO_3S$
Sulfoxid, [2,4-Dichlor-6-nitro-phenyl]-
trifluormethyl- 6 III 1086 g
−, [2,5-Dichlor-4-nitro-phenyl]-
trifluormethyl- 6 III 1087 c
−, [4,5-Dichlor-2-nitro-phenyl]-
trifluormethyl- 6 III 1086 d
$C_7H_2Cl_2F_3NO_4S$
Sulfon, [2,4-Dichlor-6-nitro-phenyl]-
trifluormethyl- 6 III 1086 h
−, [2,5-Dichlor-4-nitro-phenyl]-
trifluormethyl- 6 III 1087 d
−, [3,4-Dichlor-5-nitro-phenyl]-
trifluormethyl- 6 IV 1730
−, [4,5-Dichlor-2-nitro-phenyl]-
trifluormethyl- 6 III 1086 e
$C_7H_2Cl_4OS$
Chlorothiokohlensäure-O-[2,4,6-trichlor-
phenylester] 6 III 726 i
$C_7H_2Cl_5I_2O_2P$
Dichlorophosphorsäure-[2,4-dijod-
trichlormethyl-phenylester]
6 364 h
$C_7H_2Cl_6O$
Äther, Chlormethyl-pentachlorphenyl-
6 IV 1030
−, Trichlormethyl-[2,4,6-trichlor-
phenyl]- 6 IV 1010
Phenol, 2,3,4,6-Tetrachlor-5-dichlormethyl-
6 382 g
$C_7H_2Cl_6OS$
Methansulfensäure, Trichlor-,
[2,4,5-trichlor-phenylester]
6 IV 992
$C_7H_2Cl_7O_2P$
Dichlorophosphorsäure-[2,4-dichlor-
6-trichlormethyl-phenylester]
6 360 d
$C_7H_2F_3N_3O_7$
Phenol, 2,4,6-Trinitro-3-trifluormethyl-
6 IV 2079
$C_7H_2N_2O_7S$
Benz[1,3]oxathiol-2-on, 4-Hydroxy-
5,7-dinitro- 6 IV 7353
$C_7H_2N_4O_6S$
Picrylthiocyanat 6 345 b, III 1103 j,
IV 1776
$C_7H_2N_4O_6Se$
Picrylselenocyanat 6 III 1122 i

C$_7$H$_3$BrClI$_3$O
Anisol, 3-Brom-5-chlor-2,4,6-trijod-
6 II 205 c

C$_7$H$_3$BrClN$_3$O$_7$
Anisol, 3-Brom-5-chlor-2,4,6-trinitro-
6 II 283 h

C$_7$H$_3$BrCl$_2$N$_2$O$_5$
Anisol, 2-Brom-4,6-dichlor-3,5-dinitro-
6 II 250 i
—, 4-Brom-2,6-dichlor-3,5-dinitro-
6 II 251 b

C$_7$H$_3$BrCl$_3$NO$_3$
Anisol, 3-Brom-2,4,6-trichlor-5-nitro-
6 II 234 f

C$_7$H$_3$BrCl$_4$O
Anisol, 2-Brom-3,4,5,6-tetrachlor-
6 II 188 d
—, 3-Brom-2,4,5,6-tetrachlor- 6 II 188 f
—, 4-Brom-2,3,5,6-tetrachlor-
6 III 753 a
Phenol, 4-Brommethyl-2,3,5,6-tetrachlor-
6 406 d, IV 2146

C$_7$H$_3$BrCl$_4$S
Sulfid, [2-Brom-4-chlor-phenyl]-trichlormethyl-
6 IV 1657

C$_7$H$_3$BrF$_3$NO$_2$S
Sulfid, [4-Brom-3-nitro-phenyl]-trifluormethyl-
6 IV 1732

C$_7$H$_3$BrI$_3$NO$_3$
Anisol, 3-Brom-2,4,6-trijod-5-nitro-
6 I 125 a

C$_7$H$_3$BrN$_2$O$_2$S
Phenylthiocyanat, 2-Brom-4-nitro-
6 III 1088 c
—, 2-Brom-5-nitro- 6 III 1087 i
—, 4-Brom-2-nitro- 6 II 314 j
—, 4-Brom-3-nitro- 6 II 315 c,
IV 1732

C$_7$H$_3$BrN$_2$O$_2$SSe
Selan, [4-Brom-2-nitro-phenyl]-thiocyanato-
6 IV 1795 b

C$_7$H$_3$BrN$_2$O$_2$Se
Phenylselenocyanat, 4-Brom-2-nitro-
6 III 1122 a

C$_7$H$_3$BrN$_2$O$_2$Se$_2$
Diselan, [4-Brom-2-nitro-phenyl]-cyan-
6 IV 1795

C$_7$H$_3$BrN$_2$O$_3$S
Phenol, 2-Brom-6-nitro-4-thiocyanato-
6 IV 5836

C$_7$H$_3$Br$_2$ClI$_2$O
Anisol, 3,5-Dibrom-2-chlor-4,6-dijod-
6 II 203 b

—, 3,5-Dibrom-4-chlor-2,6-dijod-
6 II 203 e

C$_7$H$_3$Br$_2$ClN$_2$O$_5$
Anisol, 2,4-Dibrom-6-chlor-3,5-dinitro-
6 II 251 k
—, 2,6-Dibrom-4-chlor-3,5-dinitro-
6 II 251 m
—, 3,4-Dibrom-5-chlor-2,6-dinitro-
6 II 251 g
—, 3,5-Dibrom-2-chlor-4,6-dinitro-
6 II 251 f
—, 3,5-Dibrom-4-chlor-2,6-dinitro-
6 II 251 i

C$_7$H$_3$Br$_2$Cl$_2$IO
Anisol, 3,5-Dibrom-2,4-dichlor-6-jod-
6 II 201 m
—, 3,5-Dibrom-2,6-dichlor-4-jod-
6 II 201 o

C$_7$H$_3$Br$_2$Cl$_2$NO$_3$
Anisol, 2,3-Dibrom-4,6-dichlor-5-nitro-
6 II 235 i
—, 2,5-Dibrom-4,6-dichlor-3-nitro-
6 II 235 i
—, 3,4-Dibrom-2,6-dichlor-5-nitro-
6 II 235 g
—, 3,5-Dibrom-2,4-dichlor-6-nitro-
6 II 235 e
—, 3,5-Dibrom-2,6-dichlor-4-nitro-
6 II 235 k
Cyclohexa-2,5-dienon, 2,5-Dibrom-
3,6-dichlor-4-methyl-4-nitro-
6 407 f, II 385 e

C$_7$H$_3$Br$_2$Cl$_3$O
Anisol, 3,4-Dibrom-2,5,6-trichlor-
6 III 759 h
—, 3,5-Dibrom-2,4,6-trichlor-
6 II 191 k

C$_7$H$_3$Br$_2$F$_3$O
Phenol, 2,4-Dibrom-5-trifluormethyl-
6 IV 2074
—, 2,4-Dibrom-6-trifluormethyl-
6 III 1271 e
—, 2,6-Dibrom-4-trifluormethyl-
6 III 1382 c

C$_7$H$_3$Br$_2$F$_3$OS
Phenol, 2,6-Dibrom-4-trifluormethyl-
mercapto- 6 IV 5834

C$_7$H$_3$Br$_2$F$_3$O$_3$S
Phenol, 2,6-Dibrom-4-trifluormethansulfonyl-
6 IV 5816

C$_7$H$_3$Br$_2$I$_3$O
Anisol, 3,5-Dibrom-2,4,6-trijod-
6 II 205 e

$C_7H_3ClN_2O_2Se_2$
Diselan, [4-Chlor-2-nitro-phenyl]-cyan-
6 IV 1794

$C_7H_3ClN_2O_3S$
Phenol, 2-Chlor-6-nitro-4-thiocyanato-
6 IV 5836

$C_7H_3Cl_2F_3O$
Äther, [2,4-Dichlor-phenyl]-trifluormethyl-
6 IV 906
Phenol, 2,4-Dichlor-3-trifluormethyl-
6 IV 2070
−, 2,6-Dichlor-3-trifluormethyl-
6 IV 2070

$C_7H_3Cl_2F_3OS$
Sulfoxid, [2,4-Dichlor-phenyl]-trifluormethyl-
6 III 1042 c

$C_7H_3Cl_2F_3O_2S$
Sulfon, [2,4-Dichlor-phenyl]-trifluormethyl-
6 III 1042 d
−, [2,5-Dichlor-phenyl]-trifluormethyl-
6 III 1044 a
−, [3,4-Dichlor-phenyl]-trifluormethyl-
6 IV 1629

$C_7H_3Cl_2F_3S$
Sulfid, [2,4-Dichlor-phenyl]-trifluormethyl-
6 III 1042 b
−, [2,5-Dichlor-phenyl]-trifluormethyl-
6 III 1043 h
−, [3,4-Dichlor-phenyl]-trifluormethyl-
6 III 1044 h

$C_7H_3Cl_2I_3O$
Anisol, 3,5-Dichlor-2,4,6-trijod-
6 II 205 a

$C_7H_3Cl_2N_3O_7$
Anisol, 3,5-Dichlor-2,4,6-trinitro-
6 292 e

$C_7H_3Cl_3F_2O$
Äther, [Chlor-difluor-methyl]-[2,4-dichlor-
phenyl]- 6 IV 906

$C_7H_3Cl_3N_2O_4S_2$
Disulfid, [2,4-Dinitro-phenyl]-trichlormethyl-
6 IV 1770

$C_7H_3Cl_3N_2O_5$
Anisol, 2,4,6-Trichlor-3,5-dinitro-
6 261 b, II 249 i
−, 3,4,5-Trichlor-2,6-dinitro-
6 II 249 g

$C_7H_3Cl_3O_2$
Ameisensäure-[2,4,5-trichlor-phenylester]
6 III 719 e
Chlorokohlensäure-[2,4-dichlor-phenylester]
6 III 705 a

$C_7H_3Cl_4IO$
Anisol, 2,3,4,5-Tetrachlor-6-jod-
6 II 201 b
−, 2,3,5,6-Tetrachlor-4-jod-
6 III 784 b

$C_7H_3Cl_4NO_2S$
Sulfid, [4-Chlor-2-nitro-phenyl]-trichlormethyl-
6 IV 1723

$C_7H_3Cl_4NO_3$
Anisol, 2,3,4,6-Tetrachlor-5-nitro-
6 II 232 c
−, 2,3,5,6-Tetrachlor-4-nitro-
6 II 232 d, III 842 f
Cyclohexa-2,5-dienon, 2,3,5,6-Tetrachlor-
4-methyl-4-nitro- 6 405 a, II 384 a

$C_7H_3Cl_4NO_4$
Cyclohexa-2,5-dienon, 2,3,5,6-Tetrachlor-
4-hydroxymethyl-4-nitro- 6 898 c

$C_7H_3Cl_4NO_4S$
Sulfon, [4-Chlor-2-nitro-phenyl]-
trichlormethyl- 6 IV 1723

$C_7H_3Cl_5O$
Äther, [2,4-Dichlor-phenyl]-trichlormethyl-
6 IV 907
Anisol, 2,3,4,5,6-Pentachlor- 6 195 a,
II 183 a, III 732 a, IV 1027
Benzylalkohol, 2,3,4,5,6-Pentachlor-
6 445 m, III 1559 b, IV 2599
Phenol, 2,3,5,6-Tetrachlor-4-chlormethyl-
6 405 c

$C_7H_3Cl_5OS$
Methansulfensäure, Trichlor-, [2,4-dichlor-
phenylester] 6 IV 937

$C_7H_3Cl_5O_2$
Hydrochinon, 2,3,5-Trichlor-6-dichlormethyl-
6 I 429 j

$C_7H_3Cl_5O_2S$
Sulfon, [2,4-Dichlor-phenyl]-trichlormethyl-
6 IV 1615
−, [2,5-Dichlor-phenyl]-trichlormethyl-
6 IV 1621
−, Methyl-pentachlorphenyl-
6 IV 1643

$C_7H_3Cl_5O_4S$
Methansulfonsäure, Pentachlorphenoxy-
6 IV 1030
Schwefelsäure-mono-[2,3,4,5,6-pentachlor-
benzylester] 6 IV 2600

$C_7H_3Cl_5S$
Sulfid, [2,4-Dichlor-phenyl]-trichlormethyl-
6 IV 1615
−, [3,4-Dichlor-phenyl]-trichlormethyl-
6 IV 1629

$C_7H_3Cl_5S$ (Fortsetzung)

Sulfid, Methyl-pentachlorphenyl-
6 IV 1643

$C_7H_3Cl_6O_2P$

Dichlorophosphorsäure-[4-chlor-
2-trichlormethyl-phenylester] 6 360 c

$C_7H_3D_5O$

Anisol, 2,3,4,5,6-Pentadeuterio- 6 IV 554

$C_7H_3F_3N_2O_5$

Phenol, 2,6-Dinitro-4-trifluormethyl-
6 IV 2153

$C_7H_3F_4NO_4S$

Sulfon, [4-Fluor-3-nitro-phenyl]-trifluormethyl-
6 IV 1722

$C_7H_3F_5O$

Anisol, 2,3,4,5,6-Pentafluor- 6 IV 782

$C_7H_3N_3O_4S$

Phenylthiocyanat, 2,4-Dinitro- 6 343 l,
I 163 d, II 316 a, IV 1760

$C_7H_3N_3O_4SSe$

Selan, [2,4-Dinitro-phenyl]-thiocyanato-
6 IV 1797 i

$C_7H_3N_3O_4S_2$

Disulfan, Cyan-[2,4-dinitro-phenyl]-
6 III 1101 e, IV 1770

$C_7H_3N_3O_4Se$

Phenylselenocyanat, 2,4-Dinitro-
6 I 165 c, II 322 d, III 1122 d, IV 1796

$C_7H_3N_3O_4Se_2$

Diselan, Cyan-[2,4-dinitro-phenyl]-
6 IV 1798

$C_7H_4BrClN_2O_5$

Anisol, 5-Brom-3-chlor-2,4-dinitro-
6 II 250 g

$C_7H_4BrClN_2O_6$

Phenol, 3-Brom-5-chlor-4-methoxy-
2,6-dinitro- 6 II 851 h

$C_7H_4BrClO_2$

Chlorokohlensäure-[4-brom-phenylester]
6 III 747 j

$C_7H_4BrCl_3O$

Anisol, 3-Brom-2,4,6-trichlor- 6 II 188 c,
III 752 h
−, 4-Brom-2,3,6-trichlor-
6 III 752 j

$C_7H_4BrCl_3S$

Sulfid, [4-Brom-phenyl]-trichlormethyl-
6 IV 1654

$C_7H_4BrF_3O$

Phenol, 2-Brom-5-trifluormethyl-
6 IV 2073
−, 4-Brom-3-trifluormethyl-
6 IV 2074

$C_7H_4BrF_3O_2S$

Sulfon, [4-Brom-phenyl]-trifluormethyl-
6 IV 1654

$C_7H_4BrF_3S$

Sulfid, [4-Brom-phenyl]-trifluormethyl-
6 IV 1654

C_7H_4BrNS

Phenylthiocyanat, 2-Brom- 6 III 1046 i
−, 4-Brom- 6 II 301 j, III 1051 f

C_7H_4BrNSe

Phenylselenocyanat, 4-Brom- 6 II 320 h,
III 1115 b

$C_7H_4BrN_3O_7$

Anisol, 3-Brom-2,4,6-trinitro- 6 292 g,
I 141 g

$C_7H_4Br_2ClIO$

Phenol, 3,5-Dibrom-4-chlor-2-jod-6-methyl-
6 II 337 g

$C_7H_4Br_2ClNO_3$

Anisol, 2,4-Dibrom-6-chlor-3-nitro-
6 II 235 c
−, 2,6-Dibrom-4-chlor-3-nitro-
6 II 235 b
−, 4,6-Dibrom-2-chlor-3-nitro-
6 II 235 c
Phenol, 3,5-Dibrom-2-chlor-4-methyl-
6-nitro- 6 III 1389 c
−, 3,5-Dibrom-2-chlor-6-methyl-
4-nitro- 6 III 1276 e
−, 3,5-Dibrom-4-chlor-2-methyl-
6-nitro- 6 III 1276 d

$C_7H_4Br_2Cl_2O$

Anisol, 2,3-Dibrom-4,6-dichlor-
6 II 191 g
−, 2,4-Dibrom-3,6-dichlor-
6 III 759 a
−, 3,4-Dibrom-2,6-dichlor- 6 II 191 a
−, 3,5-Dibrom-2,4-dichlor- 6 II 191 c
−, 3,5-Dibrom-2,6-dichlor- 6 II 191 e
−, 3,6-Dibrom-2,4-dichlor- 6 II 191 g
−, 4,6-Dibrom-2,3-dichlor-
6 III 759 c
Phenol, 2,4-Dibrom-6-dichlormethyl-
6 II 335 f
−, 2,5-Dibrom-3,6-dichlor-4-methyl-
6 407 f, III 1382 f
−, 3,5-Dibrom-2,4-dichlor-6-methyl-
6 II 335 d
−, 3,5-Dibrom-2,6-dichlor-4-methyl-
6 407 h

$C_7H_4Br_2Cl_2O_2$

Benzylalkohol, 2,5-Dibrom-3,6-dichlor-
4-hydroxy- 6 899 g

$C_7H_4Br_2Cl_2O_2S$
Sulfon, Dibrommethyl-[3,4-dichlor-phenyl]-
   6 IV 1628

$C_7H_4Br_2I_2O$
Phenol, 3,5-Dibrom-2,4-dijod-6-methyl-
   6 II 338 b

$C_7H_4Br_2N_2O_5$
Anisol, 3,5-Dibrom-2,4-dinitro- 6 II 251 d
—, 3,5-Dibrom-2,6-dinitro- 6 II 251 d
Phenol, 2,4-Dibrom-6-methyl-3,5-dinitro-
   6 II 342 c
—, 2,6-Dibrom-4-methyl-3,5-dinitro-
   6 II 392 d
—, 3,5-Dibrom-2-methyl-4,6-dinitro-
   6 II 342 a
—; 3,5-Dibrom-4-methyl-2,6-dinitro-
   6 II 392 f

$C_7H_4Br_2N_2O_6$
Phenol, 3,5-Dibrom-4-methoxy-2,6-dinitro-
   6 II 851 j

$C_7H_4Br_2N_6O$
Phenol, 2-Diazidomethyl-4,6-dibrom-
   6 II 342 e

$C_7H_4Br_3ClO$
Anisol, 2,3,6-Tribrom-4-chlor- 6 II 195 d
—, 2,4,6-Tribrom-3-chlor-
   6 II 195 h, III 765 g
—, 3,4,6-Tribrom-2-chlor- 6 II 195 f
Phenol, 2,6-Dibrom-4-[brom-chlor-methyl]-
   6 II 386 d
—, 2,3,5-Tribrom-4-chlor-6-methyl-
   6 II 336 g, III 1272 b
—, 2,3,5-Tribrom-6-chlor-4-methyl-
   6 III 1383 a
—, 2,4,5-Tribrom-3-chlor-6-methyl-
   6 III 1272 c
—, 2,4,6-Tribrom-3-chlormethyl-
   6 383 g
—, 3,4,5-Tribrom-2-chlor-6-methyl-
   6 II 336 i, III 1272 d

$C_7H_4Br_3ClO_2$
Phenol, 2,4,6-Tribrom-3-chlor-5-methoxy-
   6 II 821 d

$C_7H_4Br_3FO$
Anisol, 2,4,6-Tribrom-3-fluor-
   6 III 765 b

$C_7H_4Br_3IO$
Phenol, 2,4,6-Tribrom-3-jodmethyl-
   6 384 h
—, 3,4,5-Tribrom-2-jod-6-methyl-
   6 II 337 i

$C_7H_4Br_3IO_2$
Phenol, 2,4,6-Tribrom-3-jod-5-methoxy-
   6 II 821 k

$C_7H_4Br_3NO_3$
Anisol, 2,3,4-Tribrom-6-nitro-
   6 248 d, II 236 a, III 850 e
—, 2,4,6-Tribrom-3-nitro-
   6 II 236 c, III 850 g
—, 3,4,6-Tribrom-2-nitro-
   6 II 235 m, IV 1366
Cyclohexa-2,5-dienon, 2,3,6-Tribrom-
   4-methyl-4-nitro- 6 408 a, II 385 f
Phenol, 3,6-Dibrom-4-brommethyl-2-nitro-
   6 I 206 j
—, 2,3,5-Tribrom-4-methyl-6-nitro-
   6 414 d, II 391 a
—, 2,3,5-Tribrom-6-methyl-4-nitro-
   6 368 h, II 341 a
—, 2,4,5-Tribrom-6-methyl-3-nitro-
   6 I 180 d
—, 2,4,6-Tribrom-3-methyl-5-nitro-
   6 386 h, II 362 f
—, 3,4,5-Tribrom-2-methyl-6-nitro-
   6 368 g, II 340 j
—, 2,4,6-Tribrom-3-nitromethyl-
   6 386 i

$C_7H_4Br_3NO_4$
Phenol, 2,3,4-Tribrom-6-methoxy-5-nitro-
   6 III 4273 c
—, 2,4,6-Tribrom-3-methoxy-5-nitro-
   6 826 j

$C_7H_4Br_4N_2O_6$
Anhydrid, Salpetersäure-[2,3,4,5-tetrabrom-
   6-nitro-hepta-2,4-diensäure]-
   6 363 a, II 337 a
Cyclohexa-2,4-dienol, 2,3,4,5-Tetrabrom-
   6-methyl-6-nitro-1-nitryloxy-
   6 363 a, II 337 a

$C_7H_4Br_4O$
Anisol, 2,3,4,6-Tetrabrom- 6 II 196 f,
   III 766 f
Benzylalkohol, 2,3,4,5-Tetrabrom-
   6 IV 2605
Phenol, 2,4-Dibrom-6-dibrommethyl-
   6 II 337 b
—, 2,6-Dibrom-4-dibrommethyl-
   6 II 386 f
—, 2,3,4,5-Tetrabrom-6-methyl-
   6 362 f, I 177 f, II 337 a, III 1272 e
—, 2,3,4,6-Tetrabrom-5-methyl-
   6 383 h, I 191 i, II 358 h, III 1324 c
—, 2,3,5,6-Tetrabrom-4-methyl-
   6 409 d, I 205 b, II 386 e, III 1383 b

$C_7H_4Br_4O$ (Fortsetzung)

Phenol, 2,4,6-Tribrom-3-brommethyl-
 6 384 d

−, 2,3,4-Tribrom-6-brommethyl-
 6 363 d

−, 2,3,6-Tribrom-4-brommethyl-
 6 409 g

−, 3,4,6-Tribrom-2-brommethyl-
 6 363 d

$C_7H_4Br_4OS$

Phenol, 2,3,5,6-Tetrabrom-4-mercaptomethyl-
 6 901 k

$C_7H_4Br_4O_2$

Benzylalkohol, 2,3,4,5-Tetrabrom-
 6-hydroxy- 6 895 c

−, 2,3,5,6-Tetrabrom-4-hydroxy-
 6 900 c

Hydrochinon, 2,3,5-Tribrom-
 6-brommethyl- 6 876 h

Phenol, 2,3,4,5-Tetrabrom-6-methoxy-
 6 786 f, I 390 k, III 4262 a,
 IV 5625

−, 2,3,4,6-Tetrabrom-5-methoxy-
 6 II 821 f

−, 2,3,5,6-Tetrabrom-4-methoxy-
 6 III 4440 d

$C_7H_4Br_4O_3S$

Methansulfonsäure-[2,3,4,5-tetrabrom-
 phenylester] 6 206 d

− [2,3,4,6-tetrabrom-phenylester]
 6 206 d

$C_7H_4ClF_3O$

Äther, [2-Chlor-phenyl]-trifluormethyl-
 6 IV 794

−, [4-Chlor-phenyl]-trifluormethyl-
 6 IV 842

Phenol, 2-Chlor-5-trifluormethyl-
 6 IV 2068

−, 4-Chlor-3-trifluormethyl-
 6 IV 2069

$C_7H_4ClF_3O_2S$

Sulfon, [2-Chlor-phenyl]-trifluormethyl-
 6 III 1033 h

−, [4-Chlor-phenyl]-trifluormethyl-
 6 III 1038 i

$C_7H_4ClF_3S$

Sulfid, [2-Chlor-phenyl]-trifluormethyl-
 6 III 1033 e

−, [3-Chlor-phenyl]-trifluormethyl-
 6 III 1034 c

−, [4-Chlor-phenyl]-trifluormethyl-
 6 III 1038 f

$C_7H_4ClI_3O$

Anisol, 3-Chlor-2,4,6-trijod- 6 II 204 d

$C_7H_4ClNO_3S$

Chlorothiokohlensäure-O-[2-nitro-
 phenylester] 6 IV 1261

− S-[2-nitro-phenylester]
 6 IV 1669

$C_7H_4ClNO_4$

Chlorokohlensäure-[2-nitro-phenylester]
 6 III 804 b, IV 1258

− [3-nitro-phenylester] 6 I 117 e,
 II 215 b

− [4-nitro-phenylester] 6 I 120 h

C_7H_4ClNS

Phenylthiocyanat, 2-Chlor- 6 III 1033 g

−, 3-Chlor- 6 III 1034 e

−, 4-Chlor- 6 328 f, II 298 b,
 III 1038 h, IV 1601

C_7H_4ClNSe

Phenylselenocyanat, 2-Chlor- 6 II 319 g

−, 3-Chlor- 6 III 1112 h

−, 4-Chlor- 6 II 320 c, III 1113 f

$C_7H_4ClN_3O_7$

Anisol, 3-Chlor-2,4,5-trinitro-
 6 III 973 d

−, 3-Chlor-2,4,6-trinitro-
 6 292 b, II 283 d

$C_7H_4ClN_3O_8$

Phenol, 3-Chlor-5-methoxy-2,4,6-trinitro-
 6 III 4363 c

$C_7H_4Cl_2F_2O$

Äther, [Chlor-difluor-methyl]-[4-chlor-
 phenyl]- 6 IV 842

$C_7H_4Cl_2INS$

Phenylthiocyanat, 4-Dichlorjodanyl-
 6 III 1056 a

$C_7H_4Cl_2N_2O_5$

Äther, [5-Chlor-2,4-dinitro-phenyl]-
 chlormethyl- 6 IV 1385

Anisol, 2,3-Dichlor-4,6-dinitro-
 6 II 249 d

−, 2,4-Dichlor-3,6-dinitro- 6 260 g

−, 2,5-Dichlor-3,4-dinitro-
 6 II 249 f

−, 3,4-Dichlor-2,6-dinitro-
 6 II 249 e

−, 3,5-Dichlor-2,4-dinitro-
 6 II 248 i

−, 3,6-Dichlor-2,4-dinitro-
 6 II 249 c, III 871 d

−, 4,5-Dichlor-2,3-dinitro-
 6 II 249 f

$C_7H_4Cl_2N_2O_5$ (Fortsetzung)
Anisol, 4,6-Dichlor-2,3-dinitro-
6 260 g, II 249 f

$C_7H_4Cl_2N_2O_6$
Phenol, 3,5-Dichlor-4-methoxy-2,6-dinitro-
6 III 851 f

$C_7H_4Cl_2O_2$
Chlorokohlensäure-[2-chlor-phenylester]
6 II 172 c, III 678 e
– [4-chlor-phenylester] 6 II 177 c,
III 694 d

$C_7H_4Cl_3FO$
Äther, [4-Fluor-phenyl]-trichlormethyl-
6 IV 776
Anisol, 2,4,6-Trichlor-3-fluor-
6 III 729 d

$C_7H_4Cl_3FS$
Sulfid, [4-Fluor-phenyl]-trichlormethyl-
6 IV 1569

$C_7H_4Cl_3IS$
Sulfid, [4-Jod-phenyl]-trichlormethyl-
6 I 153 k

$C_7H_4Cl_3NO_2$
Carbamidsäure-[2,4,5-trichlor-phenylester]
6 IV 973

$C_7H_4Cl_3NO_2S$
Sulfid, [3-Nitro-phenyl]-trichlormethyl-
6 IV 1685
–, [4-Nitro-phenyl]-trichlormethyl-
6 I 160 a, IV 1709

$C_7H_4Cl_3NO_2S_2$
Disulfid, [2-Nitro-phenyl]-trichlormethyl-
6 IV 1674
–, [3-Nitro-phenyl]-trichlormethyl-
6 IV 1687
–, [4-Nitro-phenyl]-trichlormethyl-
6 IV 1717

$C_7H_4Cl_3NO_3$
Anisol, 2,3,4-Trichlor-6-nitro- 6 II 231 k
–, 2,3,5-Trichlor-6-nitro- 6 II 231 j
–, 2,3,6-Trichlor-4-nitro- 6 II 231 n
–, 2,4,6-Trichlor-3-nitro-
6 242 c, II 231 l
–, 3,4,6-Trichlor-2-nitro-
6 III 842 b
Cyclohexa-2,5-dienon, 2,3,6-Trichlor-
4-methyl-4-nitro- 6 404 e, II 383 j,
7 III 538 a

$C_7H_4Cl_3NO_3S$
Methansulfensäure, Trichlor-, [4-nitro-
phenylester] 6 IV 1315

$C_7H_4Cl_3NO_4$
Phenol, 2,3,4-Trichlor-5-methoxy-6-nitro-
6 IV 5694

$C_7H_4Cl_3NO_4S$
Sulfon, [2-Nitro-phenyl]-trichlormethyl-
6 IV 1670
–, [4-Nitro-phenyl]-trichlormethyl-
6 IV 1710

$C_7H_4Cl_4N_2O_6$
Cyclohexa-2,4-dienol, 2,3,4,5-Tetrachlor-
6-methyl-6-nitro-1-nitryloxy-
6 I 175 e, II 333 f

$C_7H_4Cl_4O$
Äther, Chlormethyl-[2,3,4-trichlor-phenyl]-
6 IV 960
–, Chlormethyl-[2,4,5-trichlor-
phenyl]- 6 IV 969
–, Chlormethyl-[2,4,6-trichlor-
phenyl]- 6 IV 1008
–, [2-Chlor-phenyl]-trichlormethyl-
6 IV 795
–, [4-Chlor-phenyl]-trichlormethyl-
6 IV 842
–, Dichlormethyl-[2,4-dichlor-phenyl]-
6 IV 903
Anisol, 2,3,4,5-Tetrachlor- 6 II 182 c
–, 2,3,4,6-Tetrachlor- 6 193 e,
II 182 e, III 730 a, IV 1021
–, 2,3,5,6-Tetrachlor- 6 II 182 g,
III 730 j
Benzylalkohol, 2,3,4,6-Tetrachlor-
6 445 l, IV 2599
–, 2,3,x,y-Tetrachlor- 6 IV 2599
Phenol, 2,3,4,5-Tetrachlor-6-methyl-
6 I 175 e
–, 2,3,4,6-Tetrachlor-5-methyl-
6 I 189 i, III 1320 b, IV 2071
–, 2,3,5,6-Tetrachlor-4-methyl-
6 404 g, III 1377 e, IV 2142
–, 2,4,6-Trichlor-3-chlormethyl-
6 IV 2071

$C_7H_4Cl_4OS$
Methansulfensäure, Trichlor-, [2-chlor-
phenylester] 6 III 679 g, IV 804
–, Trichlor-, [3-chlor-phenylester]
6 IV 819
–, Trichlor-, [4-chlor-phenylester]
6 IV 864

$C_7H_4Cl_4O_2$
Benzylalkohol, 2,3,5,6-Tetrachlor-
4-hydroxy- 6 898 c, IV 5918
Hydrochinon, 2,3,5-Trichlor-6-chlormethyl-
6 875 i

$C_7H_4Cl_4O_2$ (Fortsetzung)

Phenol, 2,3,4,5-Tetrachlor-6-methoxy-
6 III 4253 c, IV 5620

–, 2,3,5,6-Tetrachlor-4-methoxy-
6 III 4436 c

$C_7H_4Cl_4O_2S$

Sulfon, [4-Chlor-phenyl]-trichlormethyl-
6 IV 1601

–, Methyl-[2,3,5,6-tetrachlor-phenyl]-
6 IV 1641

$C_7H_4Cl_4S$

Sulfid, Chlormethyl-[2,4,5-trichlor-phenyl]-
6 IV 1637

–, [4-Chlor-phenyl]-trichlormethyl-
6 IV 1600

$C_7H_4Cl_4S_2$

Disulfid, [2-Chlor-phenyl]-trichlormethyl-
6 IV 1576

–, [4-Chlor-phenyl]-trichlormethyl-
6 IV 1609

Thiophenol, 2,3,5,6-Tetrachlor-
4-methylmercapto- 6 IV 5848

$C_7H_4Cl_5IS$

Sulfid, [4-Dichlorjodanyl-phenyl]-
trichlormethyl- 6 I 153 l

$C_7H_4Cl_5O_2P$

Phosphonsäure, [2,4,5-Trichlor-
phenoxymethyl]-, dichlorid 6 IV 970

$C_7H_4Cl_6O$

Norborn-5-en-2-ol, 1,4,5,6,7,7-Hexachlor-
6 IV 344

$C_7H_4Cl_6O_2$

Norborn-5-en-2,3-diol, 1,4,5,6,7,7-
Hexachlor- 6 IV 5524

$C_7H_4FI_2NO_3$

Anisol, 3-Fluor-2,4-dijod-6-nitro-
6 III 853 h

$C_7H_4FI_3O$

Anisol, 3-Fluor-2,4,6-trijod- 6 III 791 f

$C_7H_4FN_3O_7$

Anisol, 3-Fluor-2,4,6-trinitro- 6 III 973 c

$C_7H_4F_3IO_2S$

Sulfon, [4-Jod-phenyl]-trifluormethyl-
6 IV 1660

$C_7H_4F_3IS$

Sulfid, [4-Jod-phenyl]-trifluormethyl-
6 IV 1659

$C_7H_4F_3NO_2S$

Sulfid, [2-Nitro-phenyl]-trifluormethyl-
6 IV 1669

–, [3-Nitro-phenyl]-trifluormethyl-
6 III 1067 a, IV 1685

–, [4-Nitro-phenyl]-trifluormethyl-
6 III 1074 h, IV 1709

Thiophenol, 4-Nitro-2-trifluormethyl-
6 IV 2033

$C_7H_4F_3NO_3$

Phenol, 2-Nitro-3-trifluormethyl-
6 IV 2076

–, 2-Nitro-4-trifluormethyl- 6 IV 2150

–, 2-Nitro-5-trifluormethyl-
6 IV 2076

–, 3-Nitro-5-trifluormethyl-
6 III 1328 b

–, 4-Nitro-3-trifluormethyl-
6 III 1328 c

$C_7H_4F_3NO_4S$

Sulfon, [3-Nitro-phenyl]-trifluormethyl-
6 III 1067 d, IV 1686

–, [4-Nitro-phenyl]-trifluormethyl-
6 III 1075 e

$C_7H_4F_4O$

Äther, [4-Fluor-phenyl]-trifluormethyl-
6 IV 776

Anisol, 2,3,5,6-Tetrafluor- 6 IV 781

$C_7H_4F_4O_2S$

Sulfon, [4-Fluor-phenyl]-trifluormethyl-
6 IV 1569

$C_7H_4F_4S$

Sulfid, [4-Fluor-phenyl]-trifluormethyl-
6 IV 1569

C_7H_4INS

Phenylthiocyanat, 4-Jod- 6 II 303 h,
III 1055 i

$C_7H_4I_3NO_3$

Anisol, 2,4,6-Trijod-3-nitro- 6 251 b,
III 854 a

$C_7H_4N_2O_2S$

Phenylthiocyanat, 2-Nitro- 6 337 h,
I 155 j, II 306 d, III 1060 f,
IV 1670

–, 3-Nitro- 6 I 159 a, II 309 c,
III 1067 c, IV 1686

–, 4-Nitro- 6 340 c, I 160 b,
II 312 a, III 1075 b, IV 1709

$C_7H_4N_2O_2SSe$

Selan, [2-Nitro-phenyl]-thiocyanato-
6 III 1117 b

Sulfan, [2-Nitro-phenyl]-selenocyanato-
6 III 1062 b

$C_7H_4N_2O_2S_2$

Disulfan, Cyan-[2-nitro-phenyl]-
6 II 307 d, III 1061 g

C₇H₄N₂O₂Se

Phenylselenocyanat, 2-Nitro- **6** I 164 e,
II 321 d, III 1116 g, IV 1786

−, 3-Nitro- **6** I 164 g, II 321 g,
III 1120 a

−, 4-Nitro- **6** I 164 j, II 321 i,
III 1121 a, IV 1791

C₇H₄N₂O₂Se₂

Diselan, Cyan-[2-nitro-phenyl]- **6** IV 1788

C₇H₄N₂O₃S

Phenol, 2-Nitro-4-thiocyanato- **6** IV 5836

C₇H₄N₂O₆

Ameisensäure-[2,4-dinitro-phenylester]
6 I 126 h

C₇H₄N₄O₉

Anisol, 2,3,4,6-Tetranitro- **6** I 142 a

−, 2,3,5,6-Tetranitro- **6** 293 a,
I 142 b, II 284 b, III 973 h

Phenol, 3-Methyl-2,4,5,6-tetranitro-
6 388 e

Salpetersäure-[2,4,6-trinitro-benzylester]
6 III 1572 g

C₇H₄N₄O₁₀

Phenol, 3-Methoxy-2,4,5,6-tetranitro-
6 833 g

C₇H₅BrClIO

Anisol, 4-Brom-2-chlor-6-jod- **6** II 201 g

C₇H₅BrClNO₃

Anisol, 2-Brom-4-chlor-6-nitro-
6 III 847 a

Phenol, 2-Brom-4-chlor-3-methyl-6-nitro-
6 III 1329 d

−, 3-Brom-6-chlor-4-methyl-2-nitro-
6 III 1389 b

−, 4-Brom-2-chlor-3-methyl-6-nitro-
6 I 193 c

−, 6-Brom-2-chlor-3-methyl-4-nitro-
6 I 193 d

−, 6-Brom-4-chlor-3-methyl-2-nitro-
6 III 1329 c

C₇H₅BrCl₂NO₃P

Carbamidsäure, Dichlorphosphoryl-,
[4-brom-phenylester] **6** IV 1052

C₇H₅BrCl₂O

Äther, Brommethyl-[2,4-dichlor-phenyl]-
6 IV 897

Anisol, 2-Brom-4,6-dichlor- **6** II 187 j,
III 751 e

−, 3-Brom-2,6-dichlor- **6** III 751 i

−, 4-Brom-2,6-dichlor- **6** II 188 a

Phenol, 3-Brom-4,6-dichlor-2-methyl-
6 II 334 c

−, 4-Brom-2,6-dichlor-3-methyl-
6 I 191 c, III 1322 g

−, 6-Brom-2,4-dichlor-3-methyl-
6 III 1322 f

−, 2-Brommethyl-4,6-dichlor-
6 III 1271 b

−, 4-Brommethyl-2,6-dichlor-
6 II 384 h

C₇H₅BrCl₂O₂

Brenzcatechin, 4-Brom-3,5-dichlor-
6-methyl- **6** I 427 e

Hydrochinon, 2-Brom-3,6-dichlor-5-methyl-
6 I 429 l

C₇H₅BrD₂

Benzylbromid, α,α-Dideuterio- **6** IV 2230

C₇H₅BrI₂O

Anisol, 4-Brom-2,6-dijod- **6** II 202 o

C₇H₅BrN₂O₅

Anisol, 2-Brom-4,6-dinitro- **6** 262 a,
II 250 b, III 871 g

−, 4-Brom-2,6-dinitro- **6** 262 c,
II 250 e, III 872 b

−, 5-Brom-2,4-dinitro- **6** 261 e

Phenol, 2-Brom-3-methyl-4,6-dinitro-
6 I 194 h, II 363 g, III 1330 h

−, 3-Brom-6-methyl-2,4-dinitro-
6 I 181 h

−, 4-Brom-3-methyl-2,6-dinitro-
6 I 194 e, III 1330 d

−, 6-Brom-3-methyl-2,4-dinitro-
6 II 363 e, III 1330 f, IV 2078

C₇H₅BrN₂O₆

Phenol, 3-Brom-6-methoxy-2,4-dinitro-
6 I 395 d

C₇H₅BrN₂O₈S

Methansulfonsäure-[2-brom-4-hydroxy-
3,5-dinitro-phenylester] **6** IV 5790

C₇H₅Br₂ClO

Anisol, 2,4-Dibrom-3-chlor- **6** II 189 j,
III 757 g

−, 2,4-Dibrom-6-chlor- **6** II 189 l,
III 758 c

−, 2,6-Dibrom-4-chlor- **6** II 190 b

−, 3,4-Dibrom-2-chlor- **6** IV 1066

−, 3,4-Dibrom-5-chlor- **6** II 190 f

−, 3,5-Dibrom-2-chlor- **6** II 190 h

−, 3,5-Dibrom-4-chlor- **6** II 190 j

−, 4,5-Dibrom-2-chlor- **6** IV 1066

Phenol, 2,3-Dibrom-6-chlor-4-methyl-
6 III 1382 d

−, 2,6-Dibrom-4-chlor-3-methyl-
6 I 191 g, III 1323 d

C₇H₅Br₂ClO (Fortsetzung)

Phenol, 3,5-Dibrom-4-chlor-2-methyl-
6 II 335 b

–, 3,6-Dibrom-2-chlor-4-methyl-
6 407 d, III 1382 e

C₇H₅Br₂ClO₂S

Sulfon, [4-Chlor-phenyl]-dibrommethyl-
6 327 f, IV 1599

C₇H₅Br₂FO

Anisol, 2,6-Dibrom-4-fluor- 6 III 757 e

C₇H₅Br₂IO

Anisol, 2,4-Dibrom-3-jod- 6 III 785 b

–, 2,4-Dibrom-6-jod- 6 II 201 j

–, 2,6-Dibrom-4-jod- 6 III 785 f

–, 3,4-Dibrom-2-jod- 6 IV 1082

–, 4,5-Dibrom-2-jod- 6 IV 1082

Phenol, 2,6-Dibrom-4-jodmethyl-
6 411 c

C₇H₅Br₂NO₂S

Sulfid, [2,6-Dibrom-4-nitro-phenyl]-methyl-
6 IV 1733

C₇H₅Br₂NO₃

Anisol, 2,3-Dibrom-5-nitro- 6 II 234 i

–, 2,4-Dibrom-6-nitro- 6 246 c,
III 848 c

–, 2,6-Dibrom-4-nitro- 6 247 b,
II 234 k, III 849 c

–, 3,6-Dibrom-2-nitro- 6 III 847 i

Cyclohexa-2,5-dienon, 2,6-Dibrom-
4-methyl-4-nitro- 6 407 a, II 385 c

Phenol, 2-Brom-4-brommethyl-6-nitro-
6 414 c

–, 2-Brom-6-brommethyl-4-nitro-
6 368 d

–, 2,3-Dibrom-4-methyl-6-nitro-
6 I 206 i, II 390 h

–, 2,3-Dibrom-6-methyl-4-nitro-
6 I 180 c

–, 2,4-Dibrom-3-methyl-6-nitro-
6 386 f, I 193 e, II 362 d

–, 2,6-Dibrom-3-methyl-4-nitro-
6 386 g, I 193 g, II 362 e, III 1329 e

–, 3,4-Dibrom-2-methyl-6-nitro-
6 I 180 a

–, 3,4-Dibrom-6-methyl-2-nitro-
6 I 179 o

–, 3,6-Dibrom-4-methyl-2-nitro-
6 414 b, I 206 i, II 390 h

–, 2,4-Dibrom-6-nitromethyl-
6 368 e, IV 2013

C₇H₅Br₂NO₃S

Sulfoxid, Dibrommethyl-[2-nitro-phenyl]-
6 I 155 h

C₇H₅Br₂NO₄

Hydrochinon, 2,3-Dibrom-5-methyl-6-nitro-
6 877 h

–, 2,5-Dibrom-3-methyl-6-nitro-
6 877 h

Phenol, 2,3-Dibrom-4-methoxy-6-nitro-
6 II 850 i

–, 2,4-Dibrom-3-methoxy-6-nitro-
6 II 823 e, III 4350 f, IV 5695

–, 2,4-Dibrom-6-methoxy-3-nitro-
6 III 4273 a

–, 3,6-Dibrom-4-methoxy-2-nitro-
6 II 850 i

–, 4,5-Dibrom-2-methoxy-3-nitro-
6 III 4272 f

Resorcin, 2,4-Dibrom-5-methyl-6-nitro-
6 890 c

C₇H₅Br₂NO₄S

Sulfon, Dibrommethyl-[2-nitro-phenyl]-
6 I 155 i

–, Dibrommethyl-[4-nitro-phenyl]-
6 IV 1708

C₇H₅Br₂NO₅S

Methansulfonsäure-[2,6-dibrom-4-nitro-
phenylester] 6 IV 1366

C₇H₅Br₃N₂O₆

Cyclohexa-2,4-dienol, 2,4,5-Tribrom-
6-methyl-6-nitro-1-nitryloxy-
6 I 177 e, II 336 a

–, 4,5,6-Tribrom-2-methyl-6-nitro-
1-nitryloxy- 6 I 177 a, II 335 h

C₇H₅Br₃O

Anisol, 2,3,4-Tribrom- 6 II 192 b,
III 759 i, IV 1066

–, 2,4,5-Tribrom- 6 II 192 f,
IV 1067

–, 2,4,6-Tribrom- 6 205 a, I 108 a,
II 193, III 761, IV 1067

–, 3,4,5-Tribrom- 6 II 195 b

Benzylalkohol, 3,4,5-Tribrom- 6 IV 2605

Phenol, 2,4-Dibrom-6-brommethyl-
6 361 g, II 336 f, III 1272 a,
IV 2008

–, 2,6-Dibrom-4-brommethyl-
6 408 c, I 204 l, II 386 c

–, 2,3,4-Tribrom-5-methyl-
6 II 358 g

–, 2,3,4-Tribrom-6-methyl-
6 361 e, I 176 l, 177 c

–, 2,3,5-Tribrom-4-methyl-
6 II 386 a

–, 2,3,6-Tribrom-4-methyl-
6 408 a, II 385 f, III 1382 g

C₇H₅Br₃O (Fortsetzung)

Phenol, 2,3,6-Tribrom-5-methyl-
    6 II 358 g

−, 2,4,6-Tribrom-3-methyl-
    6 383 d, I 191 h, II 358 c, III 1324 a

−, 3,4,5-Tribrom-2-methyl-
    6 II 336 d

−, 3,4,6-Tribrom-2-methyl-
    6 I 177 e, II 335 i

C₇H₅Br₃O₂

Benzylalkohol, 2,3,5-Tribrom-4-hydroxy-
    6 899 i

−, 2,3,5-Tribrom-6-hydroxy-
    6 894 h

−, 2,4,6-Tribrom-3-hydroxy-
    6 896 i

−, 3,4,5-Tribrom-2-hydroxy-
    6 894 h

Brenzcatechin, 3,4,6-Tribrom-5-methyl-
    6 881 c, III 4522 c

Hydrochinon, 2,3,5-Tribrom-6-methyl-
    6 876 g, II 862 h

Phenol, 2,3,4-Tribrom-6-methoxy-
    6 786 a, I 390 j, III 4260 c

−, 2,3,5-Tribrom-4-methoxy-
    6 III 4440 a

−, 2,3,6-Tribrom-4-methoxy-
    6 II 848 b, III 4440 a

−, 2,4,6-Tribrom-3-methoxy-
    6 822 b, I 403 i, II 821 a, III 4340 b,
    IV 5688

Resorcin, 2,4,5-Tribrom-6-methyl-
    6 I 428 h

−, 2,4,6-Tribrom-5-methyl-
    6 888 h, II 877 e

C₇H₅Br₃O₂S

Sulfon, [4-Brom-phenyl]-dibrommethyl-
    6 331 f

−, Phenyl-tribrommethyl-
    6 313 c, IV 1538

C₇H₅Br₃O₃

Brenzcatechin, 3,4,5-Tribrom-6-methoxy-
    6 III 6273 f

Hydrochinon, 2,3,5-Tribrom-6-methoxy-
    6 III 6286 a

Resorcin, 2,4,6-Tribrom-5-methoxy-
    6 1105 b

C₇H₅Br₃S

Sulfid, Methyl-[2,4,6-tribrom-phenyl]-
    6 III 1054 b, IV 1658

C₇H₅ClF₂O

Äther, [Chlor-difluor-methyl]-phenyl-
    6 IV 629

C₇H₅ClF₄O

Äther, Allyl-[2-chlor-3,3,4,4-tetrafluor-
    cyclobut-1-enyl]- 6 IV 192

C₇H₅ClF₆O

Äther, Äthyl-[2-chlor-3,3,4,4,5,5-hexafluor-
    cyclopent-1-enyl]- 6 IV 192

C₇H₅ClI₂O

Anisol, 2-Chlor-4,6-dijod- 6 II 202 i,
    III 787 e

−, 3-Chlor-2,4-dijod- 6 III 787 c

−, 4-Chlor-2,6-dijod- 6 II 202 k,
    III 788 a

C₇H₅ClN₂O₅

Anisol, 2-Chlor-3,5-dinitro- 6 I 128 k,
    IV 1386

−, 2-Chlor-4,5-dinitro- 6 260 f

−, 2-Chlor-4,6-dinitro- 6 260 a,
    II 247 h, III 870 i

−, 3-Chlor-2,6-dinitro- 6 260 b,
    II 248 e

−, 4-Chlor-2,6-dinitro- 6 260 d,
    II 248 g, III 871 b

−, 4-Chlor-3,5-dinitro- 6 III 871 c,
    IV 1386

−, 5-Chlor-2,4-dinitro- 6 259 d,
    I 128 f, II 247 d, III 870 e, IV 1385

−, 6-Chlor-2,3-dinitro- 6 260 f

Phenol, 2-Chlor-6-methyl-3,4-dinitro-
    6 I 181 d

−, 3-Chlor-2-methyl-4,6-dinitro-
    6 I 181 b

−, 3-Chlor-6-methyl-2,4-dinitro-
    6 I 180 l

−, 4-Chlor-3-methyl-2,6-dinitro-
    6 I 194 d

−, 6-Chlor-2-methyl-3,4-dinitro-
    6 I 181 f

−, 6-Chlor-3-methyl-2,4-dinitro-
    6 387 c, IV 2078

C₇H₅ClN₂O₆

Phenol, 3-Chlor-5-methoxy-2,4-dinitro-
    6 III 4353 g

C₇H₅ClN₂O₆S

Carbamidsäure, Chlorsulfonyl-, [4-nitro-
    phenylester] 6 IV 1302

C₇H₅ClN₂O₈S

Methansulfonsäure, [5-Chlor-2,4-dinitro-
    phenoxy]- 6 IV 1386

C₇H₅ClN₄O₂S

Isothioharnstoff, S-[4-Chlor-phenyl]-
    N,N′-dinitroso- 6 I 149 n

C$_7$H$_5$ClOS
Chlorothiokohlensäure-O-phenylester
6 161 b, III 609 i
– S-phenylester 6 311 k
C$_7$H$_5$ClO$_2$
Chlorokohlensäure-phenylester 6 159 a,
I 88 h, II 157 b, III 608 d, IV 629
C$_7$H$_5$ClS$_2$
Chlorodithiokohlensäure-phenylester
6 313 a, II 292 k, III 1012 a
C$_7$H$_5$Cl$_2$FO
Äther, [Dichlor-fluor-methyl]-phenyl-
6 IV 629
Anisol, 2,6-Dichlor-4-fluor- 6 III 716 a
C$_7$H$_5$Cl$_2$IO
Äther, [2,4-Dichlor-phenyl]-jodmethyl-
6 IV 897
Anisol, 2,4-Dichlor-6-jod- 6 II 200 m
–, 2,6-Dichlor-4-jod- 6 III 783 g
–, 3,4-Dichlor-2-jod- 6 II 200 j
–, 3,5-Dichlor-4-jod- 6 IV 1081
–, 3,6-Dichlor-2-jod- 6 II 200 k
C$_7$H$_5$Cl$_2$NO$_2$
Anisol, 3,5-Dichlor-4-nitroso- 6 II 205 i
Carbamidsäure-[2,4-dichlor-phenylester]
6 IV 907
C$_7$H$_5$Cl$_2$NO$_3$
Äther, Chlormethyl-[4-chlor-2-nitro-
phenyl]- 6 IV 1349
–, Chlormethyl-[4-chlor-3-nitro-
phenyl]- 6 IV 1352
–, Chlormethyl-[5-chlor-2-nitro-
phenyl]- 6 IV 1351
Anisol, 2,3-Dichlor-6-nitro- 6 II 230 i
–, 2,4-Dichlor-6-nitro- 6 241 c,
II 230 h
–, 2,5-Dichlor-4-nitro- 6 II 231 c,
III 841 f, IV 1360
–, 2,6-Dichlor-4-nitro- 6 II 231 f,
III 841 j, IV 1361
–, 3,4-Dichlor-2-nitro- 6 240 j,
II 229 d
–, 3,5-Dichlor-2-nitro- 6 II 229 f
–, 3,5-Dichlor-4-nitro- 6 II 231 h
–, 3,6-Dichlor-2-nitro- 6 II 230 a
–, 4,5-Dichlor-2-nitro- 6 241 a,
II 230 b, III 840 i
Cyclohexa-2,5-dienon, 2,6-Dichlor-
4-methyl-4-nitro- 6 403 e, II 383 g,
7 III 537 d
Phenol, 2,3-Dichlor-6-methyl-4-nitro-
6 IV 2013

–, 2,4-Dichlor-3-methyl-6-nitro-
6 II 362 a
–, 2,6-Dichlor-3-methyl-4-nitro-
6 I 192 h, II 362 b, III 1328 h
–, 3,4-Dichlor-2-methyl-6-nitro-
6 IV 2013
–, 3,4-Dichlor-6-methyl-2-nitro-
6 I 179 g
–, 3,6-Dichlor-2-methyl-4-nitro-
6 I 179 i, IV 2013
C$_7$H$_5$Cl$_2$NO$_4$S
Carbamidsäure, Chlorsulfonyl-, [4-chlor-
phenylester] 6 IV 843
Sulfon, Chlormethyl-[4-chlor-3-nitro-
phenyl]- 6 IV 1728
–, Chlormethyl-[5-chlor-2-nitro-
phenyl]- 6 III 1082 g
–, [3,4-Dichlor-5-nitro-phenyl]-
methyl- 6 III 1087 b
C$_7$H$_5$Cl$_2$NO$_5$S
Methansulfonsäure-[2,6-dichlor-4-nitro-
phenylester] 6 IV 1362
C$_7$H$_5$Cl$_2$N$_3$O$_8$
Cyclohexa-2,4-dienol, 4,5-Dichlor-2-methyl-
6,6-dinitro-1-nitryloxy- 6 I 174 h,
II 333 b
C$_7$H$_5$Cl$_3$NO$_3$P
Carbamidsäure, Dichlorphosphoryl-,
[2-chlor-phenylester] 6 IV 795
–, Dichlorphosphoryl-, [4-chlor-
phenylester] 6 IV 844
C$_7$H$_5$Cl$_3$N$_2$O$_6$
Cyclohexa-2,4-dienol, 2,4,5-Trichlor-
6-methyl-6-nitro-1-nitryloxy-
6 I 175 d, II 333 e
–, 4,5,6-Trichlor-2-methyl-6-nitro-
1-nitryloxy- 6 I 175 b, II 333 d
C$_7$H$_5$Cl$_3$O
Äther, Chlormethyl-[2,4-dichlor-phenyl]-
6 IV 897
–, Chlormethyl-[2,5-dichlor-phenyl]-
6 IV 943
–, Chlormethyl-[2,6-dichlor-phenyl]-
6 IV 950
–, Chlormethyl-[3,4-dichlor-phenyl]-
6 IV 953
–, Chlormethyl-[3,5-dichlor-phenyl]-
6 IV 957
–, [4-Chlor-phenyl]-dichlormethyl-
6 IV 839
–, Phenyl-trichlormethyl- 6 IV 629
Anisol, 2,3,4-Trichlor- 6 II 179 i,
III 716 c

$C_7H_5Cl_3O$ (Fortsetzung)

Anisol, 2,3,5-Trichlor- **6** II 180 b

−, 2,3,6-Trichlor- **6** II 180 d,
III 717 a

−, 2,4,5-Trichlor- **6** II 180 f,
III 717 e, IV 963

−, 2,4,6-Trichlor- **6** 192 a, II 181 b,
III 723 a, IV 1005

−, 3,4,5-Trichlor- **6** II 182 a

Benzylalkohol, 2,3,6-Trichlor- **6** IV 2598

−, 2,4,5-Trichlor- **6** IV 2599

−, 3,4,5-Trichlor- **6** IV 2599

Phenol, 2,4-Dichlor-6-chlormethyl-
6 III 1268 k

−, 2,3,4-Trichlor-6-methyl-
6 I 175 b, III 1268 i

−, 2,3,5-Trichlor-4-methyl-
6 I 204 d

−, 2,3,6-Trichlor-4-methyl- **6** 404 e

−, 2,4,6-Trichlor-3-methyl-
6 I 189 e, II 356 j, III 1320 a,
IV 2070

−, 3,4,6-Trichlor-2-methyl-
6 I 175 d

$C_7H_5Cl_3OS$

Methansulfensäure, Trichlor-, phenylester
6 III 650 c, IV 689

Methansulfenylchlorid, Dichlor-phenoxy-
6 IV 634

Sulfoxid, [4-Chlor-phenyl]-dichlormethyl-
6 IV 1599

−, Phenyl-trichlormethyl- **6** III 1012 g

$C_7H_5Cl_3O_2$

Benzylalkohol, 2,3,5-Trichlor-6-hydroxy-
6 IV 5901

Brenzcatechin, 2,3,6-Trichlor-5-methyl-
6 881 a, II 867 f

−, 3,4,5-Trichlor-6-methyl-
6 872 d, I 427 b, II 859 d

Hydrochinon, 2,3,5-Trichlor-6-methyl-
6 875 f, III 4502 e, IV 5870

Phenol, 2,3,4-Trichlor-5-methoxy-
6 IV 5686

−, 2,3,4-Trichlor-6-methoxy-
6 783 i, III 4253 a, IV 5620

−, 2,3,5-Trichlor-6-methoxy-
6 IV 5620

−, 3,4,5-Trichlor-2-methoxy-
6 783 i

Resorcin, 2,4,5-Trichlor-6-methyl-
6 872 j

−, 2,4,6-Trichlor-5-methyl-
6 888 a, IV 5893

$C_7H_5Cl_3O_2S$

Sulfon, [4-Chlor-phenyl]-dichlormethyl-
6 IV 1599

−, Phenyl-trichlormethyl- **6** III 1013 c,
IV 1537

$C_7H_5Cl_3O_3$

Brenzcatechin, 3,4,5-Trichlor-6-methoxy-
6 IV 7335

−, 3,4,6-Trichlor-5-methoxy-
6 1089 h, III 6284 f

Hydrochinon, 2,3,5-Trichlor-6-methoxy-
6 III 6284 e, IV 7347

$C_7H_5Cl_3O_4S$

Methansulfonsäure, [2,3,4-Trichlor-
phenoxy]- **6** IV 960

−, [2,4,5-Trichlor-phenoxy]-
6 IV 969

−, [2,4,6-Trichlor-phenoxy]-
6 IV 1008

$C_7H_5Cl_3O_5S_2$

Methansulfonsäure, Dichlor-[4-chlor-
benzolsulfonyl]- **6** IV 1601

$C_7H_5Cl_3S$

Sulfid, Chlormethyl-[2,4-dichlor-phenyl]-
6 IV 1613

−, Chlormethyl-[2,5-dichlor-phenyl]-
6 IV 1620

−, Chlormethyl-[3,4-dichlor-phenyl]-
6 IV 1627

−, Phenyl-trichlormethyl- **6** III 1009 j

$C_7H_5Cl_3S_2$

Disulfid, Phenyl-trichlormethyl-
6 IV 1562

$C_7H_5Cl_4IO$

Anisol, 2,6-Dichlor-4-dichlorjodanyl-
6 III 783 h

$C_7H_5Cl_4O_2P$

Dichlorophosphorsäure-[2-dichlormethyl-
phenylester] **6** III 1268 h

− [2,4-dichlor-6-methyl-phenylester]
6 IV 2003

Phosphonsäure, [2,4-Dichlor-phenoxymethyl]-,
dichlorid **6** IV 900

−, Methyl-, chlorid-[2,4,5-trichlor-
phenylester] **6** IV 992

−, Trichlormethyl-, chlorid-
phenylester **6** IV 707

$C_7H_5Cl_4O_2PS$

Chlorothiophosphorsäure-O-methylester-
O'-[2,4,5-trichlor-phenylester]
6 IV 996

− O-methylester-O'-[2,4,6-trichlor-
phenylester] **6** IV 1017

$C_7H_5D_3O$
Äther, Phenyl-trideuteriomethyl-
  6 IV 553
Anisol, 2,4,6-Trideuterio- **6** IV 554
Phenol, 4-Trideuteriomethyl- **6** IV 2098

$C_7H_5FINO_3$
Anisol, 4-Fluor-2-jod-6-nitro- **6** III 852 j

$C_7H_5FI_2O$
Anisol, 4-Fluor-2,6-dijod- **6** III 787 a

$C_7H_5FN_2O_5$
Anisol, 2-Fluor-4,6-dinitro- **6** II 246 f,
  III 869 f
−, 3-Fluor-2,6-dinitro- **6** III 870 a
−, 4-Fluor-2,6-dinitro- **6** III 870 c
−, 5-Fluor-2,4-dinitro- **6** III 869 d

C_7H_5FOS
Fluorothiokohlensäure-O-phenylester
  6 IV 634

$C_7H_5FO_2$
Fluorokohlensäure-phenylester
  6 III 608 c

$C_7H_5F_2NO_3$
Anisol, 2,6-Difluor-4-nitro- **6** III 834 e

$C_7H_5F_3O$
Äther, Phenyl-trifluormethyl- **6** IV 629
Phenol, 2-Trifluormethyl- **6** III 1263 d
−, 3-Trifluormethyl- **6** I 187 k,
  II 355 a, III 1313 e, IV 2060
−, 4-Trifluormethyl- **6** III 1373 f

$C_7H_5F_3OS$
Phenol, 4-Trifluormethylmercapto-
  6 IV 5815

$C_7H_5F_3O_2$
Hydrochinon, 2-Trifluormethyl-
  6 III 4501 e
Resorcin, 5-Trifluormethyl- **6** III 4534 h,
  IV 5893

$C_7H_5F_3O_2S$
Sulfon, Phenyl-trifluormethyl- **6** III 1013 b

$C_7H_5F_3O_3S$
Phenol, 4-Trifluormethansulfonyl-
  6 IV 5816

$C_7H_5F_3S$
Sulfid, Phenyl-trifluormethyl- **6** III 1009 i,
  IV 1527
Thiophenol, 3-Trifluormethyl- **6** III 1335 i,
  IV 2086

$C_7H_5IN_2O_5$
Anisol, 2-Jod-3,5-dinitro- **6** 264 c
−, 2-Jod-4,5-dinitro- **6** 264 b
−, 2-Jod-4,6-dinitro- **6** III 872 i
−, 3-Jod-2,4-dinitro- **6** 263 i
−, 3-Jod-2,6-dinitro- **6** 263 i

−, 4-Jod-3,5-dinitro- **6** 264 d
−, 5-Jod-2,4-dinitro- **6** 263 e
Phenol, 2-Jod-3-methyl-4,6-dinitro-
  6 III 1331 a

$C_7H_5I_2NO_3$
Anisol, 2,4-Dijod-6-nitro- **6** IV 1368
−, 2,6-Dijod-4-nitro- **6** 250 h,
  II 239 b, III 853 f
Phenol, 2,4-Dijod-3-methyl-6-nitro-
  6 II 362 h

$C_7H_5I_2NO_5S$
Methansulfonsäure-[2,6-dijod-4-nitro-
  phenylester] **6** IV 1368

$C_7H_5I_3O$
Anisol, 2,4,6-Trijod- **6** 212 a, II 204 b,
  III 789 a, IV 1085
Phenol, 2,4,6-Trijod-3-methyl- **6** 385 a,
  I 191 j, III 1325 b, IV 2075

$C_7H_5I_3O_2$
Phenol, 2,4,6-Trijod-3-methoxy-
  6 III 4343 c, IV 5689
Resorcin, 2,4,6-Trijod-5-methyl-
  6 889 a, III 4536 d

C_7H_5NOS
Phenol, 4-Thiocyanato- **6** I 421 l, II 854 b,
  III 4462 f, IV 5815

$C_7H_5NO_2S$
Brenzcatechin, 4-Thiocyanato- **6** III 6296 g

C_7H_5NS
Phenylthiocyanat **6** 312 c, I 146 d,
  II 292 j, III 1011 b, IV 1536

$C_7H_5NS_2$
Disulfan, Cyan-phenyl- **6** II 295 b,
  III 1029 a

C_7H_5NSe
Phenylselenocyanat **6** II 319 a, III 1109 c

$C_7H_5N_3O_6$
Anisol, 2,4-Dinitro-5-nitroso- **6** II 253 c

$C_7H_5N_3O_6S$
Sulfid, [2,4-Dinitro-phenyl]-nitromethyl-
  6 IV 1757
−, Methyl-picryl- **6** 344 f

$C_7H_5N_3O_7$
Anisol, 2,3,4-Trinitro- **6** 264 e, I 129 d
−, 2,3,5-Trinitro- **6** 264 h, I 129 f,
  II 253 d, III 873 d
−, 2,4,5-Trinitro- **6** 129 h, II 253 g
−, 2,4,6-Trinitro- **6** 288, I 140 a,
  II 280, III 968 a, IV 1456
−, 3,4,5-Trinitro- **6** I 141 e
Benzylalkohol, 2,4,6-Trinitro- **6** I 224 q,
  II 426 m, III 1572 d

C₇H₅N₃O₇ (Fortsetzung)

Phenol, 3-Methyl-2,4,6-trinitro-
   6 387 e, I 194 i, II 363 h, III 1331 b,
   IV 2079

−, 6-Methyl-2,3,4-trinitro- 6 369 c

Salpetersäure-[2,4-dinitro-benzylester]
   6 III 1572 c, IV 2632

C₇H₅N₃O₇S

Sulfoxid, Methyl-picryl- 6 344 g

C₇H₅N₃O₈

Phenol, 2-Methoxy-3,4,6-trinitro-
   6 II 795 g

−, 2-Methoxy-3,5,6-trinitro-
   6 I 395 j

−, 3-Methoxy-2,4,6-trinitro-
   6 832 a, I 406 a, II 826 a

−, 6-Methoxy-2,3,4-trinitro-
   6 II 795 e

Resorcin, 5-Methyl-2,4,6-trinitro-
   6 890 f, IV 5895

C₇H₅N₅O₆S

Isothioharnstoff, S-Picryl- 6 II 317 b

C₇H₆BrClO

Äther, [4-Brom-phenyl]-chlormethyl-
   6 IV 1050

Anisol, 2-Brom-3-chlor- 6 II 187 b,
   III 749 e

−, 2-Brom-4-chlor- 6 II 187 c,
   III 749 g, IV 1058

−, 3-Brom-2-chlor- 6 IV 1058

−, 3-Brom-4-chlor- 6 III 750 d,
   IV 1058

−, 3-Brom-5-chlor- 6 II 187 e

−, 4-Brom-2-chlor- 6 II 187 h,
   III 751 a, IV 1059

−, 4-Brom-3-chlor- 6 IV 1059

−, 5-Brom-2-chlor- 6 III 750 h

Phenol, 2-Brom-4-chlor-5-methyl-
   6 I 191 b, III 1322 d

−, 2-Brom-4-chlor-6-methyl-
   6 II 334 b

−, 2-Brom-6-chlor-4-methyl-
   6 III 1380 g

−, 4-Brom-2-chlor-6-methyl-
   6 360 h

C₇H₆BrClO₂

Benzylalkohol, 4-Brom-2-chlor-3-hydroxy-
   6 III 4546 c

−, 5-Brom-3-chlor-2-hydroxy-
   6 III 4542 i

Hydrochinon, 2-Brom-3-chlor-5-methyl-
   6 876 d

−, 3-Brom-2-chlor-5-methyl-
   6 876 e

−, 3-Brom-5-chlor-2-methyl-
   6 876 e

−, 5-Brom-3-chlor-2-methyl-
   6 876 d, I 429 k

C₇H₆BrClO₂S

Sulfon, Brommethyl-[4-chlor-phenyl]-
   6 IV 1596

−, [4-Brom-phenyl]-chlormethyl-
   6 III 1051 d, IV 1652

C₇H₆BrClS

Sulfid, [2-Brom-4-chlor-phenyl]-methyl-
   6 II 302 e

−, [4-Brom-phenyl]-chlormethyl-
   6 IV 1652

C₇H₆BrFO

Anisol, 2-Brom-3-fluor- 6 III 748 h

−, 2-Brom-4-fluor- 6 IV 1057

−, 2-Brom-5-fluor- 6 III 749 a

−, 4-Brom-2-fluor- 6 III 749 b,
   IV 1057

−, 4-Brom-3-fluor- 6 III 749 c

C₇H₆BrFO₂S

Sulfon, Brommethyl-[4-fluor-phenyl]-
   6 IV 1568

C₇H₆BrIO

Anisol, 2-Brom-4-jod- 6 209 l

−, 2-Brom-6-jod- 6 III 784 j

−, 3-Brom-5-jod- 6 II 201 d

−, 4-Brom-2-jod- 6 209 j, IV 1082

−, 5-Brom-2-jod- 6 III 784 i

Phenol, 2-Brom-6-jod-4-methyl-
   6 III 1383 e

−, 4-Brom-2-jod-6-methyl-
   6 III 1272 h

C₇H₆BrIO₂

Benzylalkohol, 5-Brom-2-hydroxy-3-jod-
   6 III 4543 e

C₇H₆BrNOS

Thiocarbamidsäure-S-[4-brom-phenylester]
   6 IV 1654

C₇H₆BrNO₂

Anisol, 2-Brom-4-nitroso- 6 III 793 e

−, 3-Brom-4-nitroso- 6 III 793 f

C₇H₆BrNO₂S

Sulfid, [4-Brom-2-nitro-phenyl]-methyl-
   6 342 e, I 162 i

Toluol-3-sulfenylbromid, 4-Nitro-
   6 III 1339 c

Toluol-4-sulfenylbromid, 3-Nitro-
   6 I 215 a

$C_7H_6BrNO_2Se$

Toluol-3-selenenylbromid, 4-Nitro-
  6 IV 2092 g

Toluol-4-selenenylbromid, 3-Nitro-
  6 IV 2221 e

$C_7H_6BrNO_3$

Anisol, 2-Brom-3-nitro- 6 III 844 j

—, 2-Brom-4-nitro- 6 244 k, II 233 m,
  III 845 g

—, 2-Brom-5-nitro- 6 III 845 d,
  IV 1364

—, 2-Brom-6-nitro- 6 244 b, II 233 g,
  III 844 i

—, 3-Brom-2-nitro- 6 II 232 f,
  IV 1363

—, 3-Brom-4-nitro- 6 II 234 b,
  III 846 b

—, 3-Brom-5-nitro- 6 244 h, II 233 i

—, 4-Brom-2-nitro- 6 243 c, II 232 h,
  III 842 j

—, 4-Brom-3-nitro- 6 III 845 b,
  IV 1364

—, 5-Brom-2-nitro- 6 II 233 e,
  III 844 d

Phenol, 2-Brommethyl-4-nitro- 6 367 h

—, 2-Brom-4-methyl-3-nitro-
  6 III 1388 c

—, 2-Brom-4-methyl-5-nitro-
  6 III 1388 f

—, 2-Brom-4-methyl-6-nitro-
  6 413 f, I 206 h, II 390 a, III 1389 a

—, 2-Brom-5-methyl-4-nitro-
  6 III 1329 a

—, 2-Brom-6-methyl-4-nitro-
  6 367 f, I 179 k, II 340 h

—, 3-Brom-2-methyl-4-nitro-
  6 367 g

—, 3-Brom-2-methyl-6-nitro-
  6 367 e

—, 4-Brommethyl-2-nitro-
  6 413 i, II 390 d

—, 4-Brom-2-methyl-6-nitro-
  6 367 c, II 340 g

—, 4-Brom-3-methyl-2-nitro-
  6 I 192 i

—, 4-Brom-5-methyl-2-nitro-
  6 I 192 j, II 362 c

—, 5-Brom-2-methyl-4-nitro-
  6 I 179 m

—, 5-Brom-4-methyl-2-nitro-
  6 II 390 b

Salpetersäure-[4-brom-benzylester]
  6 IV 2603

$C_7H_6BrNO_3S$

Phenol, 2-Brom-4-methylmercapto-6-nitro-
  6 866 d

$C_7H_6BrNO_3Se$

Benzolselenensäure, 4-Brom-2-nitro-,
  methylester 6 IV 1794

Benzolselenenylbromid, 2-Methoxy-4-nitro-
  6 IV 5657

—, 4-Methoxy-2-nitro- 6 IV 5855

$C_7H_6BrNO_4$

Hydrochinon, 3-Brom-2-methyl-5-nitro-
  6 877 f

—, 5-Brom-2-methyl-3-nitro-
  6 877 f

Phenol, 2-Brom-5-methoxy-4-nitro-
  6 IV 5695

—, 2-Brom-6-methoxy-3-nitro-
  6 790 h, I 392 i, III 4271 a

—, 2-Brom-6-methoxy-4-nitro-
  6 790 f, I 393 c, III 4272 d

—, 4-Brom-2-methoxy-5-nitro-
  6 III 4271 d

—, 4-Brom-2-methoxy-6-nitro-
  6 790 d

—, 4-Brom-5-methoxy-2-nitro-
  6 III 4349 i, IV 5695

$C_7H_6BrNO_4S$

Phenol, 2-Brom-4-methansulfinyl-6-nitro-
  6 866 e

Sulfon, Brommethyl-[4-nitro-phenyl]-
  6 IV 1705

—, [4-Brom-phenyl]-nitromethyl-
  6 II 301 f

$C_7H_6Br_2O$

Anisol, 2,4-Dibrom- 6 202 d, I 106 h,
  II 188 i, III 753 e, IV 1061

—, 2,6-Dibrom- 6 I 106 n, III 756 a,
  IV 1064

—, 3,4-Dibrom- 6 II 189 e

—, 3,5-Dibrom- 6 203 c, I 107 a,
  II 189 g

Benzylalkohol, 2,4-Dibrom-
  6 II 423 k

—, 2,6-Dibrom- 6 II 423 l

—, 3,5-Dibrom- 6 II 424 a

Phenol, 4-Brom-2-brommethyl-
  6 361 b

—, 2,3-Dibrom-6-methyl-
  6 I 176 h

—, 2,4-Dibrom-3-methyl- 6 I 191 d,
  III 1323 a, IV 2074

—, 2,4-Dibrom-5-methyl- 6 I 191 e,
  II 357 k, III 1323 b

C₇H₆Br₂O (Fortsetzung)

Phenol, 2,4-Dibrom-6-methyl- **6** 360 j,
  I 176 j, II 334 e, III 1271 c

−, 2,5-Dibrom-4-methyl- **6** II 384 i,
  III 1381 d

−, 2,6-Dibrom-3-methyl- **6** III 1322 h

−, 2,6-Dibrom-4-methyl- **6** 406 f,
  I 204 h, II 385 c, III 1381 f

−, 3,5-Dibrom-2-methyl- **6** II 334 i

−, 3,5-Dibrom-4-methyl-
  6 II 385 b, III 1381 e

−, 3,6-Dibrom-2-methyl-
  6 I 176 k

C₇H₆Br₂OS

Phenol, 2,4-Dibrom-5-methylmercapto-
  6 I 408 b

−, 2,6-Dibrom-4-methylmercapto-
  6 864 l, I 422 b

−, 3,5-Dibrom-4-methylmercapto-
  6 IV 5834

C₇H₆Br₂O₂

Benzylalkohol, 2,4-Dibrom-5-hydroxy-
  6 III 4546 e

−, 2,6-Dibrom-4-hydroxy-
  6 II 884 a

−, 3,5-Dibrom-2-hydroxy-
  6 894 d, III 4542 j, IV 5903

−, 3,5-Dibrom-4-hydroxy-
  6 899 a, I 440 k

Brenzcatechin, 3,4-Dibrom-6-methyl-
  6 I 427 g

Hydrochinon, 3,5-Dibrom-2-methyl-
  6 876 f, III 4503 c

Phenol, 2,3-Dibrom-6-methoxy-
  6 IV 5622

−, 2,4-Dibrom-3-methoxy-
  6 II 820 c

−, 2,4-Dibrom-5-methoxy-
  6 IV 5688

−, 2,4-Dibrom-6-methoxy-
  6 III 4257 e

−, 2,5-Dibrom-4-methoxy-
  6 II 847 d, III 4438 c

−, 3,4-Dibrom-5-methoxy-
  6 II 820 e

−, 3,5-Dibrom-4-methoxy-
  6 IV 5784

−, 4,5-Dibrom-2-methoxy-
  6 785 e, I 390 h, III 4258 a,
  IV 5622

Resorcin, 2,4-Dibrom-5-methyl-
  6 IV 5894

−, 2,4-Dibrom-6-methyl-
  6 873 a, II 860 c

−, 4,6-Dibrom-5-methyl- **6** IV 5894

C₇H₆Br₂O₂S

Sulfon, Brommethyl-[4-brom-phenyl]-
  6 IV 1652

−, Dibrommethyl-phenyl-
  6 309 f, III 1008 d

−, [2,4-Dibrom-phenyl]-methyl-
  6 II 302 g

C₇H₆Br₂O₃

Benzen-1,2,4-triol, 3,5-Dibrom-6-methyl-
  6 IV 7374

−, 3,6-Dibrom-5-methyl- **6** IV 7375

Hydrochinon, 2,5-Dibrom-3-methoxy-
  6 III 6285 f

Phloroglucin, 2,4-Dibrom-6-methyl-
  6 1111 j

C₇H₆Br₂O₃S

Methansulfonsäure-[2,6-dibrom-phenylester]
  6 IV 1065

C₇H₆Br₂O₄S

Schwefelsäure-mono-[2,4-dibrom-5-methyl-
  phenylester] **6** II 358 b

C₇H₆Br₂S

Sulfid, [2,4-Dibrom-phenyl]-methyl-
  6 II 302 f

C₇H₆Br₄OS

Phenol, 2,4-Dibrom-5-[dibrom-methyl-
  λ^4-sulfanyl]- **6** I 408 c

C₇H₆ClFO

Anisol, 2-Chlor-3-fluor- **6** III 699 c

−, 2-Chlor-4-fluor- **6** IV 880

−, 2-Chlor-5-fluor- **6** III 699 d

−, 4-Chlor-2-fluor- **6** III 699 e, IV 881

−, 4-Chlor-3-fluor- **6** III 699 f

C₇H₆ClFO₂S

Sulfon, Chlormethyl-[4-fluor-phenyl]-
  6 IV 1568

C₇H₆ClFS

Sulfid, Chlormethyl-[4-fluor-phenyl]-
  6 IV 1568

C₇H₆ClIO

Anisol, 2-Chlor-4-jod- **6** III 781 a

−, 2-Chlor-6-jod- **6** III 779 j

−, 3-Chlor-2-jod- **6** II 199 j

−, 3-Chlor-4-jod- **6** IV 1081

−, 3-Chlor-5-jod- **6** II 200 h

−, 4-Chlor-2-jod- **6** II 199 l,
  III 779 c

−, 5-Chlor-2-jod- **6** II 200 c,
  III 779 i

$C_7H_6ClIO_2S$
Sulfon, Chlormethyl-[4-jod-phenyl]-
6 III 1055 h

C_7H_6ClIS
Sulfid, [4-Chlor-2-jod-phenyl]-methyl-
6 II 303 k

C_7H_6ClNOS
Thiocarbamidsäure-S-[2-chlor-phenylester]
6 III 1033 f, IV 1574
− S-[3-chlor-phenylester]
6 III 1034 d, IV 1580
− S-[4-chlor-phenylester]
6 III 1038 g, IV 1600

$C_7H_6ClNO_2$
Anisol, 2-Chlor-4-nitroso- 6 III 793 c
−, 3-Chlor-4-nitroso- 6 II 205 h,
III 793 d, IV 1245
Carbamidsäure-[2-chlor-phenylester]
6 II 172 d

$C_7H_6ClNO_2S$
Methanthiol, [2-Chlor-5-nitro-phenyl]-
6 III 1649 g
Sulfid, Chlormethyl-[2-nitro-phenyl]-
6 III 1060 d
−, Chlormethyl-[4-nitro-phenyl]-
6 IV 1704
−, [3-Chlor-4-nitro-phenyl]-methyl-
6 II 314 f
−, [4-Chlor-2-nitro-phenyl]-methyl-
6 341 e, II 312 g
−, [4-Chlor-3-nitro-phenyl]-methyl-
6 IV 1727
−, [5-Chlor-2-nitro-phenyl]-methyl-
6 II 314 a
Toluol-3-sulfenylchlorid, 4-Nitro-
6 III 1339 b
Toluol-4-sulfenylchlorid, 3-Nitro-
6 I 214 j

$C_7H_6ClNO_3$
Äther, Chlormethyl-[2-nitro-phenyl]-
6 IV 1256
−, Chlormethyl-[4-nitro-phenyl]-
6 IV 1296
Anisol, 2-Chlor-3-nitro- 6 239 h, III 837 d,
IV 1352
−, 2-Chlor-4-nitro- 6 240 f, I 122 g,
II 228 k, III 839 d, IV 1354
−, 2-Chlor-5-nitro- 6 240 c, II 228 i,
III 838 i, IV 1353
−, 2-Chlor-6-nitro- 6 I 122 f,
II 228 g, III 837 b, IV 1352
−, 3-Chlor-2-nitro- 6 238 a, I 122 b,
II 226 d, IV 1347

−, 3-Chlor-4-nitro- 6 II 229 b,
IV 1357
−, 3-Chlor-5-nitro- 6 240 a,
III 838 f, IV 1353
−, 4-Chlor-2-nitro- 6 238 c, I 122 d,
II 226 f, III 835 a, IV 1348
−, 4-Chlor-3-nitro- 6 III 838 a,
IV 1352
−, 5-Chlor-2-nitro- 6 239 a, I 122 e,
II 228 a, III 836 g, IV 1351
Benzylalkohol, 2-Chlor-5-nitro-
6 IV 2631
−, 2-Chlor-6-nitro- 6 452 j,
III 1572 a
−, 4-Chlor-2-nitro- 6 IV 2631
−, 4-Chlor-3-nitro- 6 IV 2631
−, 5-Chlor-2-nitro- 6 IV 2631
Carbamidsäure, Hydroxy-, [2-chlor-
phenylester] 6 II 172 f
−, Hydroxy-, [4-chlor-phenylester]
6 II 177 d
Phenol, 2-Chlormethyl-3-nitro- 6 III 1275 g
−, 2-Chlor-3-methyl-4-nitro-
6 I 192 f, III 1328 g
−, 2-Chlormethyl-4-nitro-
6 367 b, II 340 f, IV 2012
−, 2-Chlor-4-methyl-6-nitro-
6 413 b, III 1387 h
−, 2-Chlor-5-methyl-4-nitro-
6 I 192 g, II 361 g
−, 2-Chlor-6-methyl-3-nitro-
6 I 178 m
−, 2-Chlor-6-methyl-4-nitro-
6 366 h, I 179 b, III 1275 c
−, 3-Chlor-2-methyl-4-nitro-
6 367 a, IV 2012
−, 3-Chlor-2-methyl-6-nitro-
6 366 g, II 340 d
−, 3-Chlor-6-methyl-2-nitro-
6 II 340 b
−, 4-Chlormethyl-2-nitro- 6 413 c
−, 4-Chlor-2-methyl-6-nitro-
6 I 178 k, II 340 c
−, 4-Chlor-3-methyl-2-nitro-
6 IV 2076
−, 4-Chlor-5-methyl-2-nitro-
6 I 192 d, III 1328 f, IV 2077
−, 5-Chlor-2-methyl-4-nitro-
6 II 340 e, IV 2012
−, 5-Chlor-4-methyl-2-nitro-
6 II 389 j, IV 2151
−, 6-Chlor-2-methyl-3-nitro-
6 I 179 e

$C_7H_6ClNO_3S$

Benzolsulfensäure, 4-Chlor-2-nitro-,
methylester **6** I 161 k

Sulfoxid, [4-Chlor-3-nitro-phenyl]-methyl-
13 III 1332 b

$C_7H_6ClNO_3S_2$

Thiocarbamidsäure, Chlorsulfonyl-,
S-phenylester **6** IV 1536

$C_7H_6ClNO_3Se$

Benzolselenensäure, 4-Chlor-2-nitro-,
methylester **6** IV 1792

$C_7H_6ClNO_4$

Brenzcatechin, 5-Chlor-3-methyl-4-nitro-
6 I 427 n

Hydrochinon, 3-Chlor-2-methyl-5-nitro-
6 877 d

−, 5-Chlor-2-methyl-3-nitro-
6 877 d

Phenol, 2-Chlor-5-methoxy-4-nitro-
6 IV 5694

−, 3-Chlor-5-methoxy-2-nitro-
6 II 822 i, III 4348 e

−, 4-Chlor-5-methoxy-2-nitro-
6 I 404 h, IV 5694

−, 5-Chlor-2-methoxy-4-nitro-
6 I 392 h, IV 5630

−, 5-Chlor-3-methoxy-2-nitro-
6 III 4348 b

−, 6-Chlor-3-methoxy-2-nitro-
6 825 j

$C_7H_6ClNO_4S$

Carbamidsäure, Chlorsulfonyl-, phenyl=
ester **6** IV 632

Chloroschwefligsäure-[2-nitro-benzylester]
6 III 1565 c

−   [3-nitro-benzylester] **6** III 1567 a

−   [4-nitro-benzylester] **6** III 1571 f

Sulfon, [2-Chlor-5-nitro-phenyl]-methyl-
6 IV 1728

−, [4-Chlor-2-nitro-phenyl]-methyl-
6 I 161 e, III 1078 g

−, [4-Chlor-3-nitro-phenyl]-methyl-
6 III 1083 a

$C_7H_6ClNO_5$

Hydrochinon, 5-Chlor-2-methoxy-3-nitro-
6 IV 7350

−, 5-Chlor-3-methoxy-2-nitro-
6 IV 7350

$C_7H_6ClNO_5S$

Phenol, 4-Chlormethansulfonyl-2-nitro-
6 IV 5836

$C_7H_6ClNO_5S_2$

Thioschwefelsäure-S-[2-chlor-5-nitro-
benzylester] **6** III 1650 a

$C_7H_6ClNO_6S$

Methansulfonsäure, [4-Chlor-2-nitro-
phenoxy]- **6** IV 1350

−, [4-Chlor-3-nitro-phenoxy]-
6 IV 1352

−, [5-Chlor-2-nitro-phenoxy]-
6 IV 1352

$C_7H_6ClN_3O$

Anisol, 2-Azido-3-chlor- **6** II 284 d

$C_7H_6ClO_2P$

Benzo[1,3,2]dioxaphosphol, 2-Chlor-
5-methyl- **6** III 4519 f, IV 5881

$C_7H_6ClO_2PS$

Benzo[1,3,2]dioxaphosphol-2-sulfid,
2-Chlor-5-methyl- **6** III 4520 b

$C_7H_6ClO_3P$

Benzo[1,3,2]dioxaphosphol-2-oxid,
2-Chlormethyl- **6** IV 5599

$C_7H_6Cl_2NO_3P$

Carbamidsäure, Dichlorphosphoryl-,
phenylester **6** IV 633

$C_7H_6Cl_2NO_4P$

Dichlorophosphorsäure-[2-methyl-4-nitro-
phenylester] **6** IV 2011

$C_7H_6Cl_2NO_4PS$

Chlorothiophosphorsäure-O-[2-chlor-
4-nitro-phenylester]-O'-methylester
6 IV 1356

$C_7H_6Cl_2NO_5P$

Dichlorophosphorsäure-[2-methoxy-4-nitro-
phenylester] **6** IV 5630

$C_7H_6Cl_2N_2O_6$

Cyclohexa-2,4-dienol, 4,6-Dichlor-2-methyl-
6-nitro-1-nitryloxy- **6** I 174 g, II 332 g

$C_7H_6Cl_2O$

Äther, Chlormethyl-[2-chlor-phenyl]-
6 IV 790

−, Chlormethyl-[3-chlor-phenyl]-
6 IV 813

−, Chlormethyl-[4-chlor-phenyl]-
6 IV 834

Anisol, 2,3-Dichlor- **6** I 102 n, II 178 d

−, 2,4-Dichlor- **6** 189 b, I 103 b,
III 701 a, IV 885

−, 2,5-Dichlor- **6** 190 a, I 103 e,
II 179 a, III 712 f, IV 942

−, 2,6-Dichlor- **6** I 103 g, III 713 b,
IV 949

−, 3,4-Dichlor- **6** I 103 i, II 179 d,
III 715 c, IV 953

$C_7H_6Cl_2O_3S_2$ (Fortsetzung)
Methansulfonsäure, [3,4-Dichlor-
   phenylmercapto]- 6 IV 1627
$C_7H_6Cl_2O_4S$
Methansulfonsäure, [2,4-Dichlor-phenoxy]-
   6 IV 897
−, [2,5-Dichlor-phenoxy]- 6 IV 943
−, [2,6-Dichlor-phenoxy]- 6 IV 950
−, [3,4-Dichlor-phenoxy]- 6 IV 953
−, [3,5-Dichlor-phenoxy]- 6 IV 957
$C_7H_6Cl_2S$
Methanthiol, [2,4-Dichlor-phenyl]-
   6 IV 2782
−, [3,4-Dichlor-phenyl]- 6 IV 2785
Sulfid, Chlormethyl-[3-chlor-phenyl]-
   6 IV 1579
−, Chlormethyl-[4-chlor-phenyl]-
   6 III 1037 e, IV 1593
−, Dichlormethyl-phenyl- 6 IV 1521
−, [2,4-Dichlor-phenyl]-methyl-
   6 II 298 j, IV 1611
−, [2,5-Dichlor-phenyl]-methyl-
   6 II 299 a
−, [3,4-Dichlor-phenyl]-methyl-
   6 IV 1624
−, [3,5-Dichlor-phenyl]-methyl-
   6 IV 1630
Thiophenol, 2,4-Dichlor-3-methyl-
   6 III 1336 i
−, 2,4-Dichlor-5-methyl- 6 III 1337 b
$C_7H_6Cl_3IO$
Anisol, 2-Chlor-4-dichlorjodanyl- 6 III 781 b
−, 3-Chlor-2-dichlorjodanyl-
   6 II 199 k
−, 4-Chlor-2-dichlorjodanyl-
   6 II 199 m
−, 5-Chlor-2-dichlorjodanyl-
   6 II 200 d
$C_7H_6Cl_3O_2P$
2^5-Benzo[1,3,2]dioxaphosphol,
   2,2,2-Trichlor-5-methyl- 6 III 4520 a
Dichlorophosphorsäure-[4-chlor-3-methyl-
   phenylester] 6 III 1318 i, IV 2067
Phosphonsäure, [2-Chlor-phenoxymethyl]-,
   dichlorid 6 IV 792
−, [4-Chlor-phenoxymethyl]-,
   dichlorid 6 IV 835
$C_7H_6Cl_3O_3P$
Phosphinsäure, [2,4,5-Trichlor-
   phenoxymethyl]- 6 IV 969
$C_7H_6Cl_3O_4P$
Phosphonsäure, [2,4,5-Trichlor-
   phenoxymethyl]- 6 IV 969

−, [2,4,6-Trichlor-phenoxymethyl]-
   6 IV 1008
$C_7H_6Cl_4O$
Norborn-5-en-2-ol, 1,4,5,6-Tetrachlor-
   6 IV 344
$C_7H_6D_2O$
Benzylalkohol, α,α-Dideuterio- 6 IV 2229
C_7H_6FIO
Anisol, 2-Fluor-4-jod- 6 IV 1080
−, 3-Fluor-2-jod- 6 III 778 h
−, 3-Fluor-4-jod- 6 III 778 j
−, 4-Fluor-2-jod- 6 IV 1080
−, 5-Fluor-2-jod- 6 III 778 i
$C_7H_6FNO_2$
Anisol, 2-Fluor-4-nitroso- 6 III 793 a
−, 3-Fluor-4-nitroso- 6 III 793 b
−, 4-Fluor-2-nitroso- 6 IV 1245
−, 5-Fluor-2-nitroso- 6 III 792 f
$C_7H_6FNO_3$
Anisol, 2-Fluor-4-nitro- 6 II 225 h,
   III 834 a
−, 2-Fluor-6-nitro- 6 II 225 g,
   III 833 e, IV 1347
−, 3-Fluor-2-nitro- 6 II 225 d,
   III 833 a
−, 3-Fluor-4-nitro- 6 II 226 b,
   III 834 d
−, 3-Fluor-5-nitro- 6 III 833 g
−, 4-Fluor-2-nitro- 6 I 121 i,
   IV 1347
−, 5-Fluor-2-nitro- 6 I 122 a,
   II 225 f, III 833 c
Phenol, 2-Fluor-4-methyl-6-nitro-
   6 III 1387 f
$C_7H_6FNO_4S$
Sulfon, [4-Fluor-3-nitro-phenyl]-methyl-
   6 IV 1721
$C_7H_6F_2O$
Äther, Difluormethyl-phenyl- 6 IV 611
Anisol, 2,4-Difluor- 6 III 671 g
−, 2,6-Difluor- 6 III 671 i, IV 780
$C_7H_6F_2O_2$
Benzylalkohol, 3,5-Difluor-2-hydroxy-
   6 IV 5899
Phenol, 3,5-Difluor-4-methoxy-
   6 III 4431 f
$C_7H_6F_2S$
Sulfid, Difluormethyl-phenyl- 6 IV 1521
C_7H_6INOS
Thiocarbamidsäure-S-[4-jod-phenylester]
   6 IV 1660
$C_7H_6INO_2$
Anisol, 2-Jod-4-nitroso- 6 III 793 g

C**C₇H₆INO₂** (Fortsetzung)

Anisol, 3-Jod-4-nitroso- **6** III 793 h

C₇H₆INO₃

Anisol, 2-Jod-3-nitro- **6** IV 1366

−, 2-Jod-4-nitro- **6** 250 a, I 124 e,
   III 852 f

−, 2-Jod-5-nitro- **6** 249 l, III 852 b

−, 2-Jod-6-nitro- **6** 249 c, III 851 h

−, 3-Jod-2-nitro- **6** II 236 m,
   III 851 d

−, 3-Jod-4-nitro- **6** II 238 i

−, 3-Jod-5-nitro- **6** II 238 d

−, 4-Jod-2-nitro- **6** 249 a, I 124 c,
   II 237 b, III 851 f

−, 4-Jod-3-nitro- **6** 249 h, III 851 i

−, 5-Jod-2-nitro- **6** II 237 e

Phenol, 2-Jodmethyl-4-nitro- **6** 368 i

−, 2-Jod-4-methyl-6-nitro-
   6 I 206 l, IV 2152

−, 4-Jodmethyl-2-nitro- **6** 414 e

−, 4-Jod-2-methyl-6-nitro-
   6 I 180 e

C₇H₆INO₄

Benzylalkohol, 4-Hydroxy-3-jod-5-nitro-
   6 II 884 i

Phenol, 4-Jod-5-methoxy-2-nitro-
   6 827 a

−, 6-Jod-3-methoxy-2-nitro-
   6 826 o

C₇H₆I₂O

Anisol, 2,4-Dijod- **6** 210 a, I 111 l,
   II 202 d

−, 2,6-Dijod- **6** 210 k, III 786 i

−, 3,5-Dijod- **6** II 202 f, IV 1084

Phenol, 2,4-Dijod-6-methyl- **6** 364 e,
   I 177 i, III 1272 j, IV 2009

−, 2,6-Dijod-4-methyl- **6** 411 e,
   I 205 i, II 387 d, III 1383 g,
   IV 2148

C₇H₆I₂O₂

Benzylalkohol, 2-Hydroxy-3,5-dijod-
   6 895 i, III 4543 f

Phenol, 2,4-Dijod-5-methoxy- **6** III 4342 d

−, 2,4-Dijod-6-methoxy- **6** III 4262 h,
   IV 5625

−, 3,5-Dijod-2-methoxy- **6** IV 5625

−, 3,5-Dijod-4-methoxy- **6** III 4441 f,
   IV 5785

Resorcin, 2,4-Dijod-6-methyl- **6** III 4496 e

C₇H₆I₂O₂S

Sulfon, Dijodmethyl-phenyl- **6** 309 g

C₇H₆N₂O₃S

Thiocarbamidsäure-S-[3-nitro-phenylester]
   6 IV 1686

− S-[4-nitro-phenylester]
   6 IV 1709

C₇H₆N₂O₄

Carbamidsäure-[2-nitro-phenylester]
   6 IV 1258

− [4-nitro-phenylester] **6** II 224 a

Salpetrigsäure-[4-nitro-benzylester]
   6 IV 2626

C₇H₆N₂O₄S

Sulfid, [2,4-Dinitro-phenyl]-methyl-
   6 343 a, I 162 k, II 315 e, III 1088 j,
   IV 1733

−, Nitromethyl-[2-nitro-phenyl]-
   6 IV 1667

Thiophenol, 5-Methyl-2,4-dinitro-
   6 IV 2090

C₇H₆N₂O₄SSe

Benzolthioselenensäure, 2,4-Dinitro-,
   methylester **6** IV 1797

C₇H₆N₂O₄S₂

Disulfid, [2,4-Dinitro-phenyl]-methyl-
   6 IV 1767

C₇H₆N₂O₅

Anisol, 2,3-Dinitro- **6** 251 d, II 239 f,
   III 854 f, IV 1369

−, 2,4-Dinitro- **6** 254 a, I 126 a,
   II 241, III 858 a, IV 1372

−, 2,5-Dinitro- **6** 256 i, I 127 e,
   IV 1383

−, 2,6-Dinitro- **6** 257 b, I 127 g,
   II 245 c, III 868 a

−, 3,4-Dinitro- **6** 258 a, I 127 k,
   III 868 e, IV 1384

−, 3,5-Dinitro- **6** 258 c, I 128 b,
   II 246 c, III 869 b, IV 1385

Benzylalkohol, 2,4-Dinitro- **6** 453 d,
   II 426 j, IV 2631

−, 2,6-Dinitro- **6** I 224 p, II 426 l

−, 3,5-Dinitro- **6** IV 2632

Carbamidsäure, Hydroxy-, [3-nitro-
   phenylester] **6** II 215 c

Phenol, 2-Methyl-4,5-dinitro- **6** III 1278 d

−, 2-Methyl-4,6-dinitro- **6** 368 j,
   I 180 h, II 341 b, III 1276 f,
   IV 2014

−, 3-Methyl-2,4-dinitro- **6** II 363 a

−, 3-Methyl-2,6-dinitro- **6** 387 a,
   I 193 h, II 362 i, III 1329 f

−, 4-Methyl-2,3-dinitro- **6** 414 f,
   I 207 b, II 391 c, III 1389 d

C₇H₆N₂O₅ (Fortsetzung)

Phenol, 4-Methyl-2,5-dinitro- **6** I 207 b,
II 391 e

–, 4-Methyl-2,6-dinitro- **6** 414 h,
I 207 d, II 391 g, III 1390 b,
IV 2152

–, 4-Methyl-3,5-dinitro- **6** III 1389 g

–, 5-Methyl-2,4-dinitro- **6** I 193 j,
II 363 c, III 1329 g

–, 6-Methyl-2,3-dinitro- **6** I 180 g

Salpetersäure-[2-nitro-benzylester]
6 IV 2609

– [3-nitro-benzylester] **6** IV 2611

– [4-nitro-benzylester] **6** 452 h,
II 426 g, III 1571 g, IV 2627

C₇H₆N₂O₅S

Benzolsulfensäure, 2,4-Dinitro-,
methylester **6** IV 1764

Phenol, 4-Methylmercapto-2,6-dinitro-
6 867 a, IV 5838

Sulfoxid, [2,4-Dinitro-phenyl]-methyl-
6 I 163 a

Thiophenol, 4-Methoxy-3,5-dinitro-
6 IV 5838

C₇H₆N₂O₅Se

Benzolselenensäure, 2,4-Dinitro-,
methylester **6** III 1122 f, IV 1797

C₇H₆N₂O₆

Benzylalkohol, 2-Hydroxy-3,5-dinitro-
6 III 4544 c

Brenzcatechin, 4-Methyl-3,5-dinitro-
6 II 871 b

Hydrochinon, 2-Methyl-3,5-dinitro-
6 877 i

Phenol, 2-Methoxy-3,4-dinitro-
6 II 793 g

–, 2-Methoxy-3,5-dinitro-
6 I 394 d

–, 2-Methoxy-3,6-dinitro-
6 II 794 f

–, 2-Methoxy-4,5-dinitro- **6** I 394 i,
III 4274 b

–, 2-Methoxy-4,6-dinitro-
6 791 b, I 394 c, II 794 a, III 4273 h,
IV 5632

–, 3-Methoxy-2,6-dinitro-
6 827 e, I 404 k

–, 4-Methoxy-2,3-dinitro- **6** 857 i

–, 4-Methoxy-2,6-dinitro-
6 858 f, I 418 j, II 851 b, III 4444 e

–, 4-Methoxy-3,5-dinitro-
6 II 851 a, IV 5789

–, 5-Methoxy-2,4-dinitro-
6 828 e, I 405 d, III 4352 c

–, 6-Methoxy-2,3-dinitro- **6** I 393 j,
IV 5631

Resorcin, 4-Methyl-2,6-dinitro- **6** 873 c

–, 5-Methyl-2,4-dinitro-
6 890 d, IV 5895

C₇H₆N₂O₆S

Phenol, 4-Methansulfinyl-2,6-dinitro-
6 867 b, I 422 c

Sulfon, [2,4-Dinitro-phenyl]-methyl-
6 I 163 b, III 1089 a

C₇H₆N₂O₇

Resorcin, 4-Methoxy-2,6-dinitro-
6 1091 e

C₇H₆N₂O₇S

Methansulfonsäure-[2,4-dinitro-phenylester]
6 256 f, IV 1382

Phenol, 2-Methansulfonyl-4,6-dinitro-
6 II 799 f

C₇H₆N₂O₈S

Methansulfonsäure-[4-hydroxy-3,5-dinitro-
phenylester] **6** IV 5789

C₇H₆N₄O₂S

Isothioharnstoff, *N,N'*-Dinitroso-*S*-phenyl-
6 I 146 f

C₇H₆N₄O₃

Anisol, 2-Azido-4-nitro- **6** 294 d

C₇H₆N₄O₄S

Isothioharnstoff, *S*-[2,4-Dinitro-phenyl]-
6 II 316 b, III 1098 g

C₇H₆OS₂

Dithiokohlensäure-*O*-phenylester **6** 161 e

C₇H₆O₂

Ameisensäure-phenylester **6** 152 f, II 153 a,
III 595 b, IV 610

C₇H₆O₂S

Thiokohlensäure-*S*-phenylester **6** III 1009 g

C₇H₆O₃

Kohlensäure-monophenylester **6** 157 e,
I 88 b

Phenol, 2-Formyloxy- **6** III 4227 c

–, 4-Formyloxy- **6** III 4414 a

C₇H₇BO₂

Benzo[1,3,2]dioxaborol, 2-Methyl-
6 IV 5609

C₇H₇BO₃

Benzo[1,3,2]dioxaborol, 2-Methoxy-
6 IV 5610

C₇H₇BrN₂O

Isoharnstoff, *N*-Brom-*O*-phenyl-
6 IV 633

C₇H₇BrO

Anisol, 2-Brom- **6** 197 b, II 183 c,
    III 736, IV 1037
−, 3-Brom- **6** 198 f, II 184 c,
    III 738 f, IV 1043
−, 4-Brom- **6** 199 a, I 105 c,
    II 185 a, III 741, IV 1044
Benzylalkohol, 2-Brom- **6** 445 n, II 423 d,
    IV 2600
−, 3-Brom- **6** 446 d, II 423 f,
    III 1560 a, IV 2601
−, 4-Brom- **6** 446 f, II 423 g,
    III 1560 e, IV 2602
Phenol, 2-Brom-3-methyl- **6** II 357 c,
    III 1320 c, IV 2071
−, 2-Brom-4-methyl- **6** 405 f,
    II 384 e, III 1378 e, IV 2143
−, 2-Brom-5-methyl- **6** II 357 e,
    III 1320 e
−, 2-Brom-6-methyl- **6** 360 e,
    II 333 g, III 1269 a
−, 3-Brom-2-methyl- **6** 360 g
−, 3-Brom-4-methyl- **6** 405 e,
    II 384 b, III 1377 f, IV 2143
−, 3-Brom-5-methyl- **6** 382 i,
    II 357 f
−, 4-Brom-2-methyl- **6** 360 f,
    II 333 i, III 1269 c, IV 2006
−, 4-Brom-3-methyl- **6** I 190 b,
    II 357 i, III 1321 b, IV 2072
−, 5-Brom-2-methyl- **6** I 176 c,
    II 333 h

C₇H₇BrOS

Phenol, 2-Brom-4-mercapto-6-methyl-
    6 I 430 c
−, 2-Brom-6-mercapto-4-methyl-
    6 I 435 g
−, 2-Brom-5-methylmercapto-
    6 I 408 a
−, 4-Brom-3-methylmercapto-
    6 I 408 a
Sulfoxid, [4-Brom-phenyl]-methyl-
    6 II 300 i, III 1047 e

C₇H₇BrO₂

Benzylalkohol, 2-Brom-4-hydroxy-
    6 898 h
−, 2-Brom-5-hydroxy- **6** II 882 c,
    IV 5908
−, 3-Brom-4-hydroxy- **6** III 4551 b
−, 5-Brom-2-hydroxy- **6** 893 j,
    II 879 k, III 4541 g
Brenzcatechin, 3-Brom-5-methyl-
    6 I 432 i

−, 4-Brom-5-methyl- **6** IV 5882
Hydrochinon, 2-Brom-5-methyl-
    6 876 c, II 862 f, III 4502 h, IV 5870
−, 2-Brom-6-methyl- **6** 876 b,
    II 862 c, III 4502 f
Phenol, 2-Brom-4-methoxy- **6** II 846 h,
    IV 5780
−, 2-Brom-5-methoxy- **6** II 819 g,
    III 4336 e
−, 2-Brom-6-methoxy- **6** 784 f,
    III 4253 e, IV 5621
−, 3-Brom-4-methoxy- **6** II 846 g,
    IV 5780
−, 3-Brom-5-methoxy- **6** II 820 b
−, 4-Brom-2-methoxy- **6** 784 h,
    II 787 g, III 4254 b, IV 5621
−, 4-Brom-3-methoxy- **6** II 819 h
−, 5-Brom-2-methoxy- **6** I 390 b,
    III 4254 a
Resorcin, 4-Brom-5-methyl- **6** 888 c,
    III 4535 g, IV 5894

C₇H₇BrO₂S

Sulfon, Brommethyl-phenyl- **6** 304 g,
    III 1003 c
−, [2-Brom-phenyl]-methyl-
    6 III 1046 g, IV 1647
−, [3-Brom-phenyl]-methyl-
    6 II 300 f
−, [4-Brom-phenyl]-methyl-
    6 I 151 b, II 301 a, III 1048 a,
    IV 1650

C₇H₇BrO₃

Benzen-1,2,4-triol, 3-Brom-5-methyl-
    6 IV 7375
−, 3-Brom-6-methyl- **6** IV 7374
−, 6-Brom-5-methyl- **6** IV 7375
Hydrochinon, 2-Brom-6-methoxy-
    6 1090 g, III 6285 c
Phloroglucin, 2-Brom-4-methyl-
    6 1111 i

C₇H₇BrO₃S

Methanol, [4-Brom-benzolsulfonyl]-
    6 IV 1652
Methansulfonsäure-[4-brom-phenylester]
    6 201 h
Phenol, 4-Brommethansulfonyl-
    6 IV 5811

C₇H₇BrO₃S₂

Thioschwefelsäure-S-[4-brom-benzylester]
    6 IV 2793

C₇H₇BrO₄S

Methansulfonsäure, [4-Brom-phenoxy]-
    6 IV 1050

C₇H₇BrS

Methanthiol, [2-Brom-phenyl]- **6** IV 2789

—, [4-Brom-phenyl]- **6** 467 c,
IV 2790

Sulfid, [2-Brom-phenyl]-methyl-
6 II 300 b, III 1046 f, IV 1647

—, [3-Brom-phenyl]-methyl-
6 III 1047 b, IV 1648

—, [4-Brom-phenyl]-methyl-
6 330 h, I 151 a, II 300 h, III 1047 d,
IV 1650

Thiophenol, 2-Brom-4-methyl- **6** III 1435 f,
IV 2210

—, 3-Brom-4-methyl- **6** III 1435 f

—, 4-Brom-2-methyl- **6** IV 2031

—, 4-Brom-3-methyl- **6** 389 d,
III 1337 f, IV 2089

—, 5-Brom-2-methyl- **6** III 1283 g

C₇H₇Br₂IS

λ^4-Sulfan, Dibrom-[4-jod-phenyl]-methyl-
6 I 152 l

C₇H₇Br₂NO₂Se

λ^4-Selan, Dibrom-methyl-[3-nitro-phenyl]-
6 III 1119 a

C₇H₇Br₃S

λ^4-Sulfan, Dibrom-[4-brom-phenyl]-methyl-
6 II 301

C₇H₇ClF₄O

Äther, [2-Chlor-3,3,4,4-tetrafluor-cyclobut-
1-enyl]-propyl- **6** IV 192

C₇H₇ClNO₄P

Phosphonsäure, Methyl-, chlorid-[4-nitro-
phenylester] **6** IV 1324

C₇H₇ClN₂O

Isoharnstoff, N-Chlor-O-phenyl-
6 IV 633

C₇H₇ClN₂O₂S

Benzolsulfensäure, 4-Chlor-2-nitro-,
methylamid **6** III 1081 c

C₇H₇ClN₂S

Isothioharnstoff, S-[4-Chlor-phenyl]-
6 I 149 m, IV 1601

C₇H₇ClO

Äther, Chlormethyl-phenyl- **6** III 585 i,
IV 596

Anisol, 2-Chlor- **6** 184 a, I 99 a, II 171 a,
III 675 a, IV 785

—, 3-Chlor- **6** 185 e, I 100 a,
II 173, III 682 a, IV 811

—, 4-Chlor- **6** 186 c, I 101 a,
II 175, III 687 a, IV 822

Benzylalkohol, 2-Chlor- **6** 444 b, I 222 e,
II 422 n, III 1554 d, IV 2589

—, 3-Chlor- **6** 444 g, II 423 a,
III 1555 d, IV 2592

—, 4-Chlor- **6** 444 i, I 222 h,
II 423 b, III 1555 i, IV 2593

Hypochlorigsäure-benzylester **6** IV 2561

Phenol, 2-Chlor-3-methyl- **6** II 355 b,
III 1315 a, IV 2062

—, 2-Chlor-4-methyl- **6** 402 j,
II 383 a, III 1374 e, IV 2135

—, 2-Chlor-5-methyl- **6** I 187 l,
II 355 d, III 1315 b

—, 2-Chlor-6-methyl- **6** I 173 m,
II 332 a, III 1263 h, IV 1984

—, 3-Chlor-2-methyl- **6** 359 d,
III 1267 e, IV 2000

—, 3-Chlor-4-methyl- **6** 402 h,
III 1374 d

—, 4-Chlor-2-methyl- **6** 359 b,
I 174 b, II 332 d, III 1264 f,
IV 1987

—, 4-Chlor-3-methyl- **6** 381 n,
I 187 m, II 355 g, III 1315 d,
IV 2064

—, 5-Chlor-2-methyl- **6** I 174 a,
II 332 c, III 1263 i, IV 1986

C₇H₇ClOS

Benzolsulfenylchlorid, 2-Methoxy-
6 IV 5642

—, 4-Methoxy- **6** IV 5821

Phenol, 2-Chlor-4-methylmercapto-
6 III 4466 e

—, 3-Chlor-4-methylmercapto-
6 IV 5823

—, 5-Chlor-2-methylmercapto-
6 II 798 b

Sulfoxid, Chlormethyl-phenyl- **6** IV 1507

—, [3-Chlor-phenyl]-methyl-
6 IV 1576

—, [4-Chlor-phenyl]-methyl-
6 IV 1582

Thiophenol, 2-Chlor-4-methoxy-
6 IV 5823

—, 3-Chlor-4-methoxy- **6** IV 5827

—, 5-Chlor-2-methoxy- **6** II 798 c

C₇H₇ClO₂

Benzylalkohol, 2-Chlor-3-hydroxy-
6 III 4545 d

—, 3-Chlor-2-hydroxy- **6** II 879 h,
III 4540 a

—, 3-Chlor-4-hydroxy- **6** 902 b,
III 4550 f

—, 4-Chlor-2-hydroxy- **6** IV 5899

C₇H₇ClO₂ (Fortsetzung)

Benzylalkohol, 5-Chlor-2-hydroxy-
6 893 h, II 879 i, III 4540 b, IV 5900

Brenzcatechin, 5-Chlor-3-methyl-
6 I 426 f

Hydrochinon, 2-Chlor-3-methyl-
6 I 429 f

—, 2-Chlor-5-methyl- 6 875 b,
II 862 b, III 4501 g, IV 5869

—, 2-Chlor-6-methyl- 6 875 a,
III 4501 f, IV 5869

Phenol, 2-Chlor-4-methoxy- 6 IV 5767

—, 2-Chlor-6-methoxy- 6 IV 5613

—, 3-Chlor-2-methoxy- 6 I 389 a,
III 4249 g

—, 3-Chlor-4-methoxy- 6 IV 5767

—, 3-Chlor-5-methoxy- 6 II 819 b,
III 4335 c

—, 4-Chlor-2-methoxy- 6 I 389 f,
II 787 d, III 4250 b, IV 5614

—, 4-Chlor-3-methoxy- 6 I 403 c,
III 4333 c

—, 5-Chlor-2-methoxy- 6 783 b,
I 389 e, II 787 c, III 4250 a,
IV 5614

Resorcin, 4-Chlor-5-methyl- 6 I 438 c,
III 4534 i

C₇H₇ClO₂S

Chloroschwefligsäure-benzylester
6 III 1547 d

—   m-tolylester 6 III 1311 k

—   o-tolylester 6 III 1260 c

—   p-tolylester 6 III 1370 l

Sulfon, Chlormethyl-phenyl- 6 304 f,
III 1003 b, IV 1507

—, [2-Chlor-phenyl]-methyl-
6 III 1033 b

—, [3-Chlor-phenyl]-methyl-
6 III 1034 b, IV 1577

—, [4-Chlor-phenyl]-methyl-
6 II 297 e, III 1034 h, IV 1582

C₇H₇ClO₃

Benzen-1,2,4-triol, 3-Chlor-6-methyl-
6 I 548 k

—, 5-Chlor-3-methyl- 6 I 548 m

Hydrochinon, 2-Chlor-3-methoxy-
6 IV 7344

—, 2-Chlor-5-methoxy- 6 IV 7344

—, 2-Chlor-6-methoxy- 6 IV 7345

Resorcin, 2-Chlor-5-methoxy- 6 IV 7368

—, 4-Chlor-5-methoxy- 6 IV 7368

C₇H₇ClO₃S

Chloroschwefelsäure-m-tolylester 6 III 1312 c

—   p-tolylester 6 III 1371 d

Chloroschwefligsäure-[3-methoxy-
phenylester] 6 III 4331 e

Methanol, [4-Chlor-benzolsulfonyl]-
6 IV 1596

Methansulfonsäure, Chlor-, phenylester
6 IV 690

Phenol, 2-Chlor-4-methansulfonyl-
6 III 4466 f, IV 5826

—, 3-Chlor-4-methansulfonyl-
6 IV 5823

—, 4-Chlormethansulfonyl-
6 III 4461 a, IV 5811

—, 4-Chlor-2-methansulfonyl-
6 III 4280 a

C₇H₇ClO₃S₂

Methansulfonsäure, [4-Chlor-phenyl-
mercapto]- 6 IV 1593

Thioschwefelsäure-S-[2-chlor-benzylester]
6 III 1638 h

—   S-[4-chlor-benzylester]
6 III 1641 c

C₇H₇ClO₄

Benzen-1,2,4,5-tetraol, 3-Chlor-6-methyl-
6 III 6661 c

C₇H₇ClO₄S

Chloroschwefelsäure-[2-methoxy-
phenylester] 6 III 4240 i

Methansulfonsäure, [2-Chlor-phenoxy]-
6 IV 791

—, [3-Chlor-phenoxy]- 6 IV 813

—, [4-Chlor-phenoxy]- 6 IV 834

C₇H₇ClS

Methansulfenylchlorid, Phenyl-
6 IV 2762

Methanthiol, [2-Chlor-phenyl]- 6 III 1638 b,
IV 2766

—, [3-Chlor-phenyl]- 6 IV 2769

—, [4-Chlor-phenyl]- 6 466 b,
II 438 d, IV 2770

Sulfid, Chlormethyl-phenyl- 6 III 1002 d,
IV 1504

—, [2-Chlor-phenyl]-methyl-
6 III 1033 a, IV 1570

—, [3-Chlor-phenyl]-methyl-
6 IV 1576

—, [4-Chlor-phenyl]-methyl-
6 II 297 d, III 1034 g, IV 1581

Thiophenol, 2-Chlor-5-methyl- 6 III 1336 e

—, 3-Chlor-4-methyl- 6 III 1434 f

—, 3-Chlor-5-methyl- 6 IV 2087

—, 4-Chlor-2-methyl- 6 III 1283 b

—, 4-Chlor-3-methyl- 6 III 1336 f

C₇H₇ClS (Fortsetzung)

Thiophenol, 5-Chlor-2-methyl- **6** III 1282 k,
IV 2028

Toluol-2-sulfenylchlorid **6** IV 2027

Toluol-4-sulfenylchlorid **6** II 400 e,
III 1433 b, IV 2208

C₇H₇ClS₂

Disulfid, Chlormethyl-phenyl- **6** IV 1561

C₇H₇ClSe

Selenid, [4-Chlor-phenyl]-methyl-
6 IV 1782

C₇H₇Cl₂IO

Anisol, 2-Dichlorjodanyl- **6** 207 c,
II 198 d

−, 3-Dichlorjodanyl- **6** III 773 a

−, 4-Dichlorjodanyl- **6** 208 d,
III 775 a

Benzylalkohol, 2-Dichlorjodanyl-
6 IV 2605

−, 4-Dichlorjodanyl- **6** IV 2606

C₇H₇Cl₂NO₂Se

λ^4-Selan, Dichlor-methyl-[3-nitro-phenyl]-
6 III 1118 f

C₇H₇Cl₂OP

Phosphin, Benzyloxy-dichlor- **6** III 1549 a

−, Dichlor-*m*-tolyloxy- **6** II 354 i

−, Dichlor-*o*-tolyloxy- **6** I 173 e,
II 331 h, IV 1977

−, Dichlor-*p*-tolyloxy- **6** I 203 b,
IV 2129

C₇H₇Cl₂OPS

Dichlorothiophosphorsäure-*O*-*m*-tolylester
6 II 354 m

− *O*-*o*-tolylester **6** I 173 i

− *O*-*p*-tolylester **6** I 203 f, II 382 h,
IV 2132

C₇H₇Cl₂O₂P

Dichlorophosphorsäure-*m*-tolylester
6 IV 2057

− *o*-tolylester **6** III 1262 b,
IV 1980

− *p*-tolylester **6** 401 j, II 382 a,
IV 2130

Phosphin, Dichlor-[2-methoxy-phenoxy]-
6 I 388 f

−, Dichlor-[4-methoxy-phenoxy]-
6 III 4429 c

Phosphonsäure, Phenoxymethyl-,
dichlorid **6** IV 597

C₇H₇Cl₂O₂PS

Chlorothiophosphorsäure-*O*-[4-chlor-
phenylester]-*O*′-methylester **6** IV 875

Dichlorothiophosphorsäure-*O*-[2-methoxy-
phenylester] **6** IV 5604

− *O*-[3-methoxy-phenylester]
6 IV 5681

− *O*-[4-methoxy-phenylester]
6 IV 5762

C₇H₇Cl₂O₃P

Dichlorophosphorsäure-[2-methoxy-
phenylester] **6** 782 f, I 388 j,
III 4246 c, IV 5603

− [3-methoxy-phenylester]
6 IV 5680

− [4-methoxy-phenylester]
6 III 4429 e

Phosphinsäure, [2,4-Dichlor-phenoxymethyl]-
6 IV 899

C₇H₇Cl₂O₄P

Phosphonsäure, [2,4-Dichlor-phenoxymethyl]-
6 IV 899

−, [2,6-Dichlor-phenoxymethyl]-
6 IV 950

C₇H₇Cl₃NO₂PS

Amidothiophosphorsäure-*O*-methylester-
O′-[2,4,5-trichlor-phenylester]
6 IV 996

− *O*-methylester-*O*′-[2,4,6-trichlor-
phenylester] **6** IV 1018

C₇H₇Cl₃N₂O₈

Hex-3-ensäure, 3,5,6-Trichlor-
2,2-dihydroxy-4-methyl-5,6-dinitro-
6 II 859 d

−, 4,5,6-Trichlor-2,2-dihydroxy-
3-methyl-5,6-dinitro- **6** II 867 f

C₇H₇Cl₃O₂Si

Silan, Trichlor-[2-methoxy-phenoxy]-
6 III 4248 f

C₇H₇Cl₄O₂P

Phosphoran, Tetrachlor-[4-methoxy-
phenoxy]- **6** III 4429 f

C₇H₇DO

Anisol, 2-Deuterio- **6** IV 553

−, 3-Deuterio- **6** IV 553

−, 4-Deuterio- **6** IV 554

Benzylalkohol, α-Deuterio- **6** IV 2228

−, 2-Deuterio- **6** IV 2228

−, 3-Deuterio- **6** IV 2228

Phenol, *O*-Deuterio-2-methyl- **6** IV 1943

C₇H₇DO₂

Phenol, *O*-Deuterio-2-methoxy-
6 IV 5564

C₇H₇DS

Methanthiol, *S*-Deuterio-phenyl-
6 IV 2633

C₇H₇FO

Anisol, 2-Fluor- **6** II 169 e, III 667 b,
    IV 771
−, 3-Fluor- **6** III 668 c, IV 772
−, 4-Fluor- **6** I 98 c, III 669 d,
    IV 773
Benzylalkohol, 2-Fluor- **6** I 222 d,
    II 422 m
−, 3-Fluor- **6** III 1553 d, IV 2589
−, 4-Fluor- **6** IV 2589
Phenol, 2-Fluor-4-methyl- **6** IV 2133
−, 2-Fluor-6-methyl- **6** IV 1983
−, 3-Fluor-2-methyl- **6** III 1263 c
−, 3-Fluor-4-methyl- **6** III 1373 d,
    IV 2133
−, 4-Fluor-2-methyl- **6** IV 1983
−, 4-Fluor-3-methyl- **6** IV 2060
−, 5-Fluor-2-methyl- **6** IV 1983

C₇H₇FO₂

Phenol, 3-Fluor-4-methoxy- **6** III 4431 b
−, 5-Fluor-2-methoxy- **6** IV 5613

C₇H₇FO₂S

Sulfon, [4-Fluor-phenyl]-methyl-
    6 IV 1567

C₇H₇FO₃S

Fluoroschwefelsäure-o-tolylester
    6 III 1260 e

C₇H₇FS

Sulfid, [4-Fluor-phenyl]-methyl-
    6 IV 1567

C₇H₇IO

Anisol, 2-Jod- **6** 207 b, I 109 b, II 198 c,
    III 768 d, IV 1070
−, 3-Jod- **6** 208 a, I 109 f, III 772 a,
    IV 1073
−, 4-Jod- **6** 208 c, I 109 i, II 199 a,
    III 774 e, IV 1075
Benzylalkohol, 2-Jod- **6** II 424 c,
    III 1562 j, IV 2605
−, 3-Jod- **6** 447 g, II 424 e,
    III 1563 a, IV 2606
−, 4-Jod- **6** 447 h, II 424 f,
    III 1563 c, IV 2606
Phenol, 2-Jod-4-methyl- **6** 411 a, II 387 c,
    IV 2147
−, 2-Jod-5-methyl- **6** II 359 d,
    III 1324 f
−, 2-Jod-6-methyl- **6** IV 2008
−, 3-Jod-2-methyl- **6** 364 c
−, 3-Jod-4-methyl- **6** II 387 a
−, 4-Jod-2-methyl- **6** II 337 f,
    IV 2008
−, 4-Jod-3-methyl- **6** IV 2075

−, 5-Jod-2-methyl- **6** II 337 e

C₇H₇IOS

Sulfoxid, [4-Jod-phenyl]-methyl-
    6 I 152 l

C₇H₇IO₂

Anisol, 2-Jodosyl- **6** 207 c, III 769 a
−, 3-Jodosyl- **6** III 772 b
−, 4-Jodosyl- **6** 208 d, IV 1075
Benzylalkohol, 2-Hydroxy-5-jod-
    6 895 h, II 880 a, III 4543 d
−, 3-Hydroxy-2-jod- **6** III 4546 g
Hydrochinon, 2-Jod-6-methyl- **6** 876 k
Phenol, 3-Jod-4-methoxy- **6** IV 5785
−, 3-Jod-5-methoxy- **6** II 821 i
−, 4-Jod-2-methoxy- **6** 787 d, I 390 l,
    II 789 b
−, 5-Jod-2-methoxy- **6** 787 c
Resorcin, 4-Jod-5-methyl- **6** 888 j,
    IV 5894

C₇H₇IO₂S

Sulfon, Jodmethyl-phenyl- **6** 304 h,
    IV 1508
−, [2-Jod-phenyl]-methyl-
    6 I 152 h, II 303 c
−, [4-Jod-phenyl]-methyl- **6** IV 1659

C₇H₇IO₃

Anisol, 2-Jodyl- **6** 207 d
−, 4-Jodyl- **6** 208 e, II 199 b,
    III 775 c, IV 1075

C₇H₇IS

Sulfid, [2-Jod-phenyl]-methyl- **6** I 152 h,
    II 303 b
−, [3-Jod-phenyl]-methyl-
    6 I 152 i
−, [4-Jod-phenyl]-methyl-
    6 I 152 k, IV 1659
Thiophenol, 5-Jod-2-methyl- **6** I 182 b

[C₇H₇MgO₂S]⁺

Methylmagnesium(1 +), Benzolsulfonyl-
    6 IV 1560

C₇H₇NOS

Sulfid, Methyl-[4-nitroso-phenyl]-
    6 III 1057 b
Thiocarbamidsäure-O-phenylester
    6 161 c, III 609 j
−   S-phenylester **6** 312 a, I 146 a,
    III 1010 a, IV 1527

C₇H₇NO₂

Anisol, 2-Nitroso- **6** 212 f, III 791 g,
    IV 1245
−, 3-Nitroso- **6** I 113 a, III 792 b
−, 4-Nitroso- **6** 213 a, III 792 d,
    IV 1245

$C_7H_7NO_2$ (Fortsetzung)

Benzylalkohol, 2-Nitroso- **6** 447 i, I 222 k

Carbamidsäure-phenylester **6** 159 b, I 88 i,
II 157 c, III 608 e, IV 630

Salpetrigsäure-benzylester **6** 439 e,
III 1547 f, IV 2568

$C_7H_7NO_2S$

Methanthiol, [2-Nitro-phenyl]- **6** 467 i

—, [3-Nitro-phenyl]- **6** 468 g

—, [4-Nitro-phenyl]- **6** 469 d,
II 440 b

Sulfid, Methyl-[2-nitro-phenyl]-
6 337 e, I 154 d, II 304 a, III 1057 d,
IV 1661

—, Methyl-[3-nitro-phenyl]-
6 III 1064 i, IV 1680

—, Methyl-[4-nitro-phenyl]-
6 339 f, I 159 c, II 309 h, III 1068 a,
IV 1687

Thiocarbamidsäure-S-[4-hydroxy-
phenylester] **6** IV 5815

Thionylimid, N-Benzyloxy- **6** 443 p

Thiophenol, 2-Methyl-4-nitro- **6** III 1284 e

—, 2-Methyl-5-nitro- **6** IV 2032

—, 4-Methyl-2-nitro- **6** III 1437 g,
IV 2212

$C_7H_7NO_2Se$

Selenid, Methyl-[2-nitro-phenyl]-
6 III 1115 h, IV 1785

—, Methyl-[3-nitro-phenyl]-
6 III 1118 d, IV 1789

—, Methyl-[4-nitro-phenyl]-
6 III 1120 d, IV 1790

$C_7H_7NO_3$

Anisol, 2-Nitro- **6** 217, I 114 a, II 209 a,
III 798 b, IV 1249

—, 3-Nitro- **6** 224 a, I 116 b,
II 214 a, III 808, IV 1270

—, 4-Nitro- **6** 230, I 119 a, II 220 a,
III 816 a, IV 1282

Benzylalkohol, 2-Nitro- **6** 447 j, I 222 l,
II 424 g, III 1563 e, IV 2608

—, 3-Nitro- **6** 449 h, I 222 m,
II 424 h, III 1565 d, IV 2609

—, 4-Nitro- **6** 450 c, I 222 n,
II 424 j, III 1567 b, IV 2611

Carbamidsäure, Hydroxy-, phenylester
6 II 157 e, IV 633

Phenol, 2-Methyl-3-nitro- **6** 366 f, I 178 i

—, 2-Methyl-4-nitro- **6** 366 d,
II 339 h, III 1274 d, IV 2011

—, 2-Methyl-5-nitro- **6** 365 g,
II 339 e, III 1273 f, IV 2010

—, 2-Methyl-6-nitro- **6** 365 a, I 178 a,
II 338 d, III 1273 c, IV 2009

—, 3-Methyl-2-nitro- **6** 385 c,
II 359 f, III 1325 g, IV 2075

—, 3-Methyl-4-nitro- **6** 386 b, I 191 l,
II 361 c, III 1327 a, IV 2075

—, 3-Methyl-5-nitro- **6** 385 i,
II 361 a

—, 4-Methyl-2-nitro- **6** 412 a, I 206 a,
II 388 c, III 1384 e, IV 2149

—, 4-Methyl-3-nitro- **6** 411 g, I 205 j,
II 387 e, III 1384 b

—, 5-Methyl-2-nitro- **6** 385 e, I 191 k,
II 359 i, III 1326 d

—, 2-Nitromethyl- **6** IV 2012

Salpetersäure-benzylester **6** 439 f,
III 1547 g, IV 2568

$C_7H_7NO_3S$

Benzolsulfensäure, 2-Nitro-, methylester
6 I 156 f, III 1061 d, IV 1671

—, 4-Nitro-, methylester **6** I 160 c

Sulfoxid, Methyl-[2-nitro-phenyl]-
6 I 154 e

—, Methyl-[3-nitro-phenyl]-
6 IV 1680

—, Methyl-[4-nitro-phenyl]-
6 I 159 d, III 1068 b, IV 1688

Thiocarbamidsäure-S-[2,4-dihydroxy-
phenylester] **6** IV 7352

— S-[2,5-dihydroxy-phenylester]
6 1092 e

Thiophenol, 2-Methoxy-4-nitro-
6 II 798 i

$C_7H_7NO_3Se$

Benzolselenensäure, 2-Nitro-, methylester
6 III 1117 a, IV 1787

—, 4-Nitro-, methylester **6** III 1121 b

Selenoxid, Methyl-[3-nitro-phenyl]-
6 III 1118 e

Toluol-4-selenensäure, 3-Nitro-
6 IV 2219 g

$C_7H_7NO_4$

Benzylalkohol, 2-Hydroxy-3-nitro-
6 II 880 b

—, 2-Hydroxy-4-nitro- **6** IV 5904

—, 2-Hydroxy-5-nitro- **6** 895 j,
II 880 d, III 4543 g, IV 5904

—, 3-Hydroxy-4-nitro- **6** II 882 d

—, 4-Hydroxy-3-nitro- **6** 901 b,
II 884 b

—, 5-Hydroxy-2-nitro- **6** II 882 e

Brenzcatechin, 3-Methyl-5-nitro-
6 IV 5863

C₇H₇NO₄ (Fortsetzung)

Brenzcatechin, 4-Methyl-5-nitro-
  6 881 f, I 433 c, IV 5883

–, 5-Methyl-3-nitro- 6 881 d,
  II 868 i

Hydrochinon, 2-Methyl-3-nitro- 6 876 l

Phenol, 2-Methoxy-3-nitro- 6 II 789 h,
  III 4263 b

–, 2-Methoxy-4-nitro- 6 788 e,
  I 391 i, II 790 e, III 4264 b,
  IV 5627

–, 2-Methoxy-5-nitro- 6 788 d,
  I 391 h, II 790 d, III 4264 a,
  IV 5627

–, 2-Methoxy-6-nitro- 6 788 a,
  I 391 e, II 789 g, IV 5626

–, 3-Methoxy-2-nitro- 6 III 4344 a,
  IV 5690

–, 3-Methoxy-4-nitro- 6 824 b,
  II 822 e, IV 5691

–, 3-Methoxy-5-nitro- 6 825 e,
  III 4347 c

–, 4-Methoxy-2-nitro- 6 856 k,
  I 418 d, II 849 a, III 4442 d,
  IV 5786

–, 4-Methoxy-3-nitro- 6 I 418 c,
  II 848 i, III 4442 c, IV 5786

–, 5-Methoxy-2-nitro- 6 824 a,
  II 822 d, III 4345 a, IV 5691

Resorcin, 4-Methyl-2-nitro- 6 II 861 c,
  III 4496 g

–, 4-Methyl-6-nitro- 6 II 861 d,
  III 4496 h

–, 5-Methyl-2-nitro- 6 889 g,
  IV 5895

–, 5-Methyl-4-nitro- 6 889 b,
  IV 5895

C₇H₇NO₄S

Sulfon, Methyl-[2-nitro-phenyl]-
  6 I 154 f, II 304 b, III 1057 e,
  IV 1661

–, Methyl-[3-nitro-phenyl]-
  6 II 308 g, III 1065 a, IV 1681

–, Methyl-[4-nitro-phenyl]-
  6 I 159 e, II 309 i, III 1068 c,
  IV 1688

–, Nitromethyl-phenyl- 6 II 292 d

C₇H₇NO₄S₂Se

Thioanhydrid, Methansulfonsäure-[2-nitro-
  benzolselenensäure]- 6 III 1117 e

C₇H₇NO₄Se

Benzolselenensäure, 4-Methoxy-2-nitro-
  6 IV 5854

C₇H₇NO₅

Brenzcatechin, 3-Methoxy-4-nitro-
  6 III 6274 e

–, 3-Methoxy-6-nitro- 6 III 6274 d

Hydrochinon, 2-Methoxy-3-nitro-
  6 1090 k

–, 2-Methoxy-6-nitro- 6 III 6287 g

Resorcin, 4-Methoxy-6-nitro- 6 IV 7348

–, 5-Methoxy-2-nitro- 6 IV 7370

–, 5-Methoxy-4-nitro- 6 IV 7370

C₇H₇NO₅S

Amidoschwefelsäure, Phenoxycarbonyl-
  3 III 145 d

Methansulfonsäure-[4-nitro-phenylester]
  6 237 d, III 830 a

Phenol, 2-Methansulfonyl-4-nitro-
  6 II 799 d

–, 4-Methansulfonyl-2-nitro-
  6 IV 5835

C₇H₇NO₅SSe

Selenoschwefelsäure-Se-[2-nitro-benzylester]
  6 449 g, I 233 g

– Se-[3-nitro-benzylester] 6 450 b

– Se-[4-nitro-benzylester] 6 452 g

C₇H₇NO₅S₂

Thioschwefelsäure-S-[2-nitro-benzylester]
  6 449 f, I 231 e, II 439 g

– S-[3-nitro-benzylester] 6 450 a

– S-[4-nitro-benzylester]
  6 452 f, II 442 c, IV 2802

C₇H₇NO₆

Benzen-1,2,4,5-tetraol, 3-Methyl-6-nitro-
  6 1158 k

C₇H₇NO₆S

Methansulfonsäure, [2-Nitro-phenoxy]-
  6 IV 1256

–, [4-Nitro-phenoxy]- 6 IV 1296

Schwefelsäure-mono-[2-methyl-5-nitro-
  phenylester] 6 IV 2011

C₇H₇NS

Thioformimidsäure-phenylester 6 309 b

C₇H₇N₃O

Anisol, 2-Azido- 6 293 h

–, 3-Azido- 6 IV 1461

–, 4-Azido- 6 294 b, I 142 d, IV 1461

C₇H₇N₃O₂S

Sulfon, Azidomethyl-phenyl- 6 IV 1508

C₇H₇N₃O₃S

Harnstoff, [2-Nitro-benzolsulfenyl]-
  6 IV 1677

C₇H₇N₃O₄S

Benzolsulfensäure, 2,4-Dinitro-,
  methylamid 6 III 1102 b

$C_7H_7N_3S$
Sulfid, Azidomethyl-phenyl- **6** IV 1505
$C_7H_7N_5O$
Anisol, 4-Pentazolyl- **6** IV 1462
C_7H_7O
Benzyloxyl **6** IV 2229
$C_7H_7O_3P$
Benzo[1,3,2]dioxaphosphol, 2-Methoxy-
  6 III 4241 b
Benzo[1,3,2]dioxaphosphol-2-oxid,
  2-Methyl- **6** III 4241 a
–, 5-Methyl- **6** III 4519 e
$C_7H_7O_4P$
Benzo[1,3,2]dioxaphosphol-2-oxid,
  2-Methoxy- **6** II 785 d
C_7H_8BrISe
λ^4-Selan, Brom-jod-methyl-phenyl-
  6 II 317 e
C_7H_8BrNO
Hydroxylamin, O-[4-Brom-benzyl]-
  6 447 c
$C_7H_8BrO_3P$
Bromophosphorsäure-methylester-
  phenylester **6** IV 738
$C_7H_8BrO_4P$
Phosphonsäure, [4-Brom-phenoxymethyl]-
  6 IV 1050
Phosphorsäure-mono-[4-brom-benzylester]
  6 IV 2603
$C_7H_8Br_2OS$
Phenol, 4-[Dibrom-methyl-λ^4-sulfanyl]-
  6 I 420
$C_7H_8Br_2S$
λ^4-Sulfan, Dibrom-methyl-phenyl-
  6 I 143 b
$C_7H_8Br_2Se$
λ^4-Selan, Dibrom-methyl-phenyl-
  6 II 317 e, III 1104 e
C_7H_8ClNO
Hydroxylamin, O-[4-Chlor-benzyl]-
  6 445 e
$C_7H_8ClN_2O_4PS$
Amidothiophosphorsäure-O-[2-chlor-
  4-nitro-phenylester]-O'-methylester
  6 IV 1357
$C_7H_8ClO_2P$
Phosphonsäure, Methyl-, chlorid-
  phenylester **6** IV 707
$C_7H_8ClO_3P$
Chlorophosphorsäure-methylester-
  phenylester **6** IV 736
Phosphinsäure, [2-Chlor-phenoxymethyl]-
  6 IV 791

–, [4-Chlor-phenoxymethyl]-
  6 IV 835
$C_7H_8ClO_4P$
Phosphonsäure, [2-Chlor-phenoxymethyl]-
  6 IV 791
–, [3-Chlor-phenoxymethyl]-
  6 IV 813
–, [4-Chlor-phenoxymethyl]-
  6 IV 835
Phosphorsäure-mono-[4-chlor-benzylester]
  6 IV 2596
– mono-[4-chlor-3-methyl-
  phenylester] **6** III 1318 f
$C_7H_8Cl_2NO_2PS$
Amidothiophosphorsäure-O-[2,5-dichlor-
  phenylester]-O'-methylester **6** IV 948
$C_7H_8Cl_2O$
Cyclohex-2-enol, 4-Dichlormethylen-
  6 III 370 a
$C_7H_8Cl_2O_2Si$
Silan, Dichlor-methoxy-phenoxy-
  6 182 g
$C_7H_8Cl_2Se$
λ^4-Selan, Dichlor-methyl-phenyl-
  6 II 317 e
$C_7H_8Cl_3N_2O_2PS$
Hydrazidothiophosphorsäure-
  O-methylester-O'-[2,4,5-trichlor-
  phenylester] **6** IV 1003
$C_7H_8I_2Se$
λ^4-Selan, Dijod-methyl-phenyl-
  6 II 317 e
$[C_7H_8NO_3Se]^+$
Selenonium, Hydroxy-methyl-[3-nitro-
  phenyl]- **6** III 1119 b
$C_7H_8NO_5PS$
Thiophosphorsäure-O-methylester-O'-
  [4-nitro-phenylester] **6** IV 1335
– S-methylester-O-[4-nitro-
  phenylester] **6** IV 1335
$C_7H_8NO_6P$
Phosphorsäure-methylester-[4-nitro-
  phenylester] **6** IV 1327
$C_7H_8N_2O$
Isoharnstoff, O-Phenyl- **6** III 609 g
$C_7H_8N_2O_2$
Carbazidsäure-phenylester **6** I 89 d, IV 634
Isoharnstoff, O-[3-Hydroxy-phenyl]-
  6 III 4321 i
$C_7H_8N_2O_2S$
Benzolsulfensäure, 2-Nitro-, methylamid
  6 I 158 c, III 1063 c, IV 1676

$C_7H_8N_2O_2S$ (Fortsetzung)

Benzolsulfensäure, 4-Nitro-, methylamid
6 I 161 a

Isothioharnstoff, S-[2,5-Dihydroxy-phenyl]-
6 III 6295 b, IV 7356

Toluol-3-sulfensäure, 4-Nitro-, amid
6 III 1339 d

Toluol-4-sulfensäure, 3-Nitro-, amid
6 I 215 b

$C_7H_8N_2O_3$

Carbazidsäure-[2-hydroxy-phenylester]
6 775 n

− [3-hydroxy-phenylester]
6 817 b

− [4-hydroxy-phenylester]
6 847 a

Hydroxylamin, O-[4-Nitro-benzyl]-
6 II 426 h

$C_7H_8N_2O_3S$

Sulfoximid, S-Methyl-S-[4-nitro-phenyl]-
6 IV 1688

$C_7H_8N_2O_4S$

Carbamidsäure, Sulfamoyl-, phenylester
6 IV 633

$C_7H_8N_2S$

Isothioharnstoff, S-Phenyl- 6 I 146 e

$C_7H_8N_4O_2S$

Guanidin, [2-Nitro-benzolsulfenyl]-
6 IV 1677

−, [4-Nitro-benzolsulfenyl]-
6 IV 1718

C_7H_8O

Anisol 6 138, I 79, II 139, III 537 c,
IV 548

Benzylalkohol 6 428 i, I 217 f, II 403 f,
III 1445 d, IV 2222

Cyclohepta-2,4,6-trienol 6 IV 1939

m-Kresol 6 373 g, I 183 d, II 344 f,
III 1286 c, IV 2035

o-Kresol 6 349, I 169, II 322 j,
III 1233, IV 1940

p-Kresol 6 389 g, I 196 e, II 368 b,
III 1341 g, IV 2093

C_7H_8OS

Benzolsulfensäure-methylester 6 II 294 b,
IV 1560

Benzylalkohol, 2-Mercapto- 6 II 881 c

−, 4-Mercapto- 6 IV 5919

Methanol, Phenylmercapto- 6 III 1002 b,
IV 1503

Phenol, 2-Mercapto-5-methyl- 6 I 433 l

−, 3-Mercapto-4-methyl- 6 IV 5865

−, 4-Mercapto-2-methyl- 6 III 4507 c,
IV 5874

−, 2-Methylmercapto- 6 II 796 b,
III 4276 d, IV 5633

−, 3-Methylmercapto- 6 I 406 e,
III 4363 e, IV 5702

−, 4-Methylmercapto- 6 I 419 j,
III 4445 g, IV 5790

Sulfoxid, Methyl-phenyl- 6 II 287 b,
III 978 b, IV 1467

Thiophenol, 2-Methoxy- 6 793 b, II 796 a,
III 4276 c, IV 5633

−, 3-Methoxy- 6 833 i, I 406 d,
II 827 b, III 4363 d, IV 5701

−, 4-Methoxy- 6 859 d, I 419 i,
II 852 b, III 4445 f, IV 5790

$C_7H_8OS_2$

Benzen-1,3-dithiol, 4-Methoxy-
6 II 1074 c

Phenol, 2,4-Dimercapto-5-methyl-
6 II 1081 c

−, 2,4-Dimercapto-6-methyl-
6 II 1080 h, III 6315 f

−, 2,6-Dimercapto-4-methyl-
6 II 1082 a

$C_7H_8OS_3$

Phenol, 2,4,6-Trimercapto-3-methyl-
6 II 1122 b

C_7H_8OSe

Phenol, 2-Methylselanyl- 6 III 4288 f

−, 4-Methylselanyl- 6 III 4478 f

Selenophenol, 2-Methoxy- 6 III 4288 e

−, 3-Methoxy- 6 III 4372 c

−, 4-Methoxy- 6 III 4478 e,
IV 5851

Selenoxid, Methyl-phenyl- 6 II 317 e,
III 1104 d

$C_7H_8O_2$

Benzylalkohol, 2-Hydroxy- 6 IV 5896

−, 3-Hydroxy- 6 896 e, II 881 h,
III 4545 a, IV 5907

−, 4-Hydroxy- 6 897 e, II 882 i,
III 4546 h, IV 5909

Benzylhydroperoxid 6 IV 2561

Brenzcatechin, 3-Methyl- 6 872 a, I 426 b,
II 858 h, III 4492 e, IV 5860

−, 4-Methyl- 6 878 d, I 431 k,
II 865 c, III 4514 c, IV 5878

Hydrochinon, 2-Methyl- 6 874 d, I 428 j,
II 861 i, III 4498 c, IV 5866

Phenol, 2-Methoxy- 6 768, I 382,
II 776, III 4200, IV 5563

$C_7H_8O_2$ (Fortsetzung)

Phenol, 3-Methoxy- **6** 813 a, I 401,
    II 813 a, III 4303 d, IV 5662
−, 4-Methoxy- **6** 843 a, I 415,
    II 839 a, III 4383 c, IV 5717
Resorcin, 2-Methyl- **6** 878 c, II 865 b,
    III 4512 h, IV 5877
−, 4-Methyl- **6** 872 f, I 428 e,
    II 859 h, III 4495 d, IV 5864
−, 5-Methyl- **6** 882 c, I 437 c,
    II 875 f, III 4531 c, IV 5892
Salicylalkohol **6** 891 n, I 439 d, II 877 i,
    III 4537 c

$C_7H_8O_2S$

Hydrochinon, 2-Mercapto-5-methyl-
    6 III 6317 g, IV 7376
−, 2-Mercapto-6-methyl- **6** III 6315 d
−, 2-Methylmercapto- **6** I 544 e
Phenol, 4-Mercapto-2-methoxy-
    6 IV 7357
−, 3-Methansulfinyl- **6** I 407 a,
    III 4363 f, IV 5702
−, 4-Methansulfinyl- **6** III 4446 a,
    IV 5791
Resorcin, 5-Methylmercapto- **6** III 6310 b
Sulfon, Methyl-phenyl- **6** 297 b, I 143 c,
    II 287 c, III 978 c, IV 1468

$C_7H_8O_2S_2$

Thiophenol, 2-Methansulfonyl-
    6 IV 5651
−, 3-Methansulfonyl- **6** II 830 a,
    IV 5705
−, 4-Methansulfonyl- **6** III 4473 a,
    IV 5840

$C_7H_8O_3$

Benzen-1,2,4-triol, 3-Methyl- **6** IV 7374
−, 5-Methyl- **6** 1109 c
−, 6-Methyl- **6** III 6312 b,
    IV 7373
Benzylalkohol, 2,4-Dihydroxy- **6** III 6322 f
−, 2,5-Dihydroxy- **6** III 6322 g,
    IV 7380
−, 3,4-Dihydroxy- **6** II 1083 e
−, 3,5-Dihydroxy- **6** III 6326 a
Brenzcatechin, 3-Methoxy- **6** 1081 a,
    I 539, II 1065 a, III 6264 a,
    IV 7329
−, 4-Methoxy- **6** III 6277 b,
    IV 7338
Hydrochinon, 2-Methoxy- **6** 1088 b,
    I 542 b, II 1071 f, III 6277 a,
    IV 7338

Phloroglucin, 2-Methyl- **6** 1109 g, I 549 f,
    II 1081 f, III 6318 b, IV 7376
Pyrogallol, 4-Methyl- **6** I 548 h,
    IV 7372
−, 5-Methyl- **6** 1112 e, II 1081 i,
    III 6320 j, IV 7376
Resorcin, 2-Methoxy- **6** 1081 b, III 6264 b,
    IV 7329
−, 4-Methoxy- **6** 1088 a, I 542 a,
    III 6276 c, IV 7338
−, 5-Methoxy- **6** 1101 a, I 547 a,
    II 1078 a, III 6304, IV 7362

$C_7H_8O_3S$

Methanol, Benzolsulfonyl- **6** IV 1507
Methansulfonsäure-phenylester
    6 176 a, III 650 e, IV 689
Phenol, 2-Methansulfonyl- **6** III 4276 e,
    IV 5633
−, 3-Methansulfonyl- **6** I 407 b,
    III 4363 g, IV 5702
−, 4-Methansulfonyl- **6** I 420 a,
    III 4446 b, IV 5791
Schwefligsäure-methylester-phenylester
    6 III 650 f

$C_7H_8O_3SSe$

Selenoschwefelsäure-*Se*-benzylester
    6 439 c

$C_7H_8O_3S_2$

Methansulfonsäure, Phenylmercapto-
    6 IV 1504
Thioschwefelsäure-*S*-benzylester
    6 439 b, I 230 e, II 438 c, III 1636 c,
    IV 2763

$C_7H_8O_4$

Benzen-1,2,3,4-tetraol, 5-Methyl-
    6 1158 h
Benzen-1,2,3,5-tetraol, 4-Methyl-
    6 1158 h
Benzen-1,2,4-triol, 3-Methoxy- **6** III 6650 c
−, 5-Methoxy- **6** III 6655 e
Phloroglucin, 2-Methoxy- **6** 1154 c,
    II 1118 c, III 6652 c
Pyrogallol, 4-Methoxy- **6** III 6650 b

$C_7H_8O_4S$

Methansulfonsäure-[4-hydroxy-phenylester]
    6 III 4428 a
Methansulfonsäure, Phenoxy- **6** IV 596
Schwefelsäure-monobenzylester
    6 439 a, IV 2562
− mono-*m*-tolylester **6** II 354 e,
    III 1312 a, IV 2055
− mono-*o*-tolylester **6** 358 e,
    II 331 e, III 1260 d, IV 1976

C₇H₈O₄S (Fortsetzung)

Schwefelsäure-mono-*p*-tolylester
6 401 b, II 381 j, III 1371 a,
IV 2127

C₇H₈O₅S

Resorcin, 5-Methansulfonyloxy-
6 III 6308 h
Schwefelsäure-mono-[2-methoxy-
phenylester] 6 781 g, III 4240 g
– mono-[3-methoxy-phenylester]
6 819 b, III 4332 a
– mono-[4-methoxy-phenylester]
6 III 4429 a

C₇H₈O₆S₂

Methandisulfonsäure-monophenylester
6 III 651 f

C₇H₈S

Methanthiol, Phenyl- 6 453 f, I 224 r,
II 427 a, III 1573, IV 2632
Sulfid, Methyl-phenyl- 6 297 a, I 143 a,
II 287 a, III 978 a, IV 1466
Thiophenol, 2-Methyl- 6 370 a, II 342 f,
III 1279 c, IV 2014
–, 3-Methyl- 6 388 f, II 365 c,
III 1332 d, IV 2079
–, 4-Methyl- 6 416 b, I 207 g,
II 392 g, III 1391 e, IV 2153

C₇H₈S₂

Benzen-1,2-dithiol, 4-Methyl- 6 III 4530 c,
IV 5890
Benzen-1,3-dithiol, 4-Methyl- 6 873 e
–, 5-Methyl- 6 891 c
Benzen-1,4-dithiol, 2-Methyl- 6 IV 5877
Disulfan, Benzyl- 6 IV 2759
Methanthiol, [2-Mercapto-phenyl]-
6 IV 5906
Thiophenol, 2-Methylmercapto-
6 IV 5651
–, 3-Methylmercapto- 6 III 4366 f,
IV 5705
–, 4-Methylmercapto- 6 IV 5840

C₇H₈S₃

Benzen-1,3-dithiol, 4-Methylmercapto-
6 I 544 l
Benzen-1,3,5-trithiol, 2-Methyl-
6 I 549 i
Trisulfan, Benzyl- 6 IV 2761

C₇H₈Se

Methanselenol, Phenyl- 6 III 1650 c
Selenid, Methyl-phenyl- 6 345 d,
III 1104 c, IV 1777
Selenophenol, 2-Methyl- 6 III 1285 d
–, 3-Methyl- 6 III 1340 b

–, 4-Methyl- 6 427 h, III 1439 h,
IV 2216

C₇H₈Te

Tellurid, Methyl-phenyl- 6 III 1123 a

C₇H₉BrO

But-3-in-2-ol, 4-Brom-2-cyclopropyl-
6 IV 342
Norborn-2-en-7-ol, 5-Brom- 6 IV 347

C₇H₉ClNO₂PS

Amidothiophosphorsäure-*O*-[4-chlor-
phenylester]-*O'*-methylester 6 IV 875

C₇H₉ClO

But-3-in-2-ol, 4-Chlor-2-cyclopropyl-
6 IV 342

C₇H₉ClO₂

Essigsäure-[2-chlor-cyclopent-2-enylester]
6 IV 194
– [3-chlor-cyclopent-2-enylester]
6 III 204 b, IV 193

C₇H₉ClS

Sulfid, [4-Chlor-cyclopent-2-enyl]-vinyl-
6 IV 194

C₇H₉Cl₃N₃OPS

Thiophosphorsäure-hydrazid-methylamid-
O-[2,4,5-trichlor-phenylester]
6 IV 1004

C₇H₉F₃O₂

Essigsäure, Trifluor-, cyclopentylester
6 IV 7

C₇H₉NO

Hydroxylamin, *O*-Benzyl- 6 440 a, I 222 a,
III 1552 c, IV 2562

C₇H₉NO₃S

Amidoschwefligsäure, Benzyloxy-
6 443 o

C₇H₉NO₅S₂

Methansulfonsäure, Sulfamoyl-,
phenylester 6 I 94 a, III 652 c

C₇H₉N₅O₁₆

chiro-Inosit, O^2-Methyl-O^1,O^3,O^4,O^5,O^6-
pentanitro- 6 III 6931 d

C₇H₉O₃P

Phosphonsäure-methylester-phenylester
6 IV 702
– monobenzylester 6 III 1548 a,
IV 2570
Phosphonsäure, Methyl-, monophenyl-
ester 6 IV 702

C₇H₉O₃PS

Thiophosphorsäure-*O*-methylester-
O'-phenylester 6 IV 753
– *S*-methylester-*O*-phenylester
6 IV 753

C₇H₉O₄P

Phosphonsäure, Methyl-, mono-
[2-hydroxy-phenylester] **6** III 4241 a
−, Phenoxymethyl- **6** IV 597
Phosphorsäure-methylester-phenylester
6 IV 708
− monobenzylester **6** I 221 l,
   II 422 e, III 1549 b, IV 2572
− mono-*o*-tolylester **6** III 1260 h,
   IV 1979
− mono-*p*-tolylester **6** 401 e,
   IV 2129

C₇H₉O₅P

Phosphorsäure-mono-[2-methoxy-
phenylester] **6** 782 b, I 388 g,
III 4245 b

C₇H₁₀

Cyclohexa-1,3-dien, 1-Methyl-
6 III 211 e
−, 2-Methyl- **6** III 211 e

C₇H₁₀Br₂O

Norbornan-2-ol, 3,3-Dibrom- **6** IV 217

C₇H₁₀Br₂O₂

Norbornan-2,3-diol, 5,7-Dibrom-
6 IV 5279

C₇H₁₀ClNS

Cyclohexylthiocyanat, 2-Chlor-
6 III 53 c, IV 84 f

C₇H₁₀Cl₂O₂

Chlorokohlensäure-[2-chlor-cyclohexylester]
6 IV 65

C₇H₁₀Cl₃FS

Sulfid, [2-Chlor-cyclohexyl]-[dichlor-fluor-
methyl]- **6** IV 84

C₇H₁₀Cl₃NS

Thiocarbimidsäure, *N*-Chlor-, *S*-[2-chlor-
cyclohexylester]-chlorid **6** IV 84

C₇H₁₀Cl₄OS

Methansulfensäure, Trichlor-, [2-chlor-
cyclohexylester] **6** IV 66

C₇H₁₀Cl₄S

Sulfid, [2-Chlor-cyclohexyl]-trichlormethyl-
6 IV 84

C₇H₁₀Cl₅OP

Phosphin, Dichlor-[1-trichlormethyl-
cyclohexyloxy]- **6** IV 98

C₇H₁₀D₄O

Cyclohexanol, 2,2,6,6-Tetradeuterio-
1-methyl- **6** IV 95

C₇H₁₀INS

Cyclohexylthiocyanat, 2-Jod- **6** III 53 e

C₇H₁₀NO₃P

Amidophosphorsäure-monobenzylester
6 IV 2582

C₇H₁₀N₃O₄PS

Hydrazidothiophosphorsäure-
O-methylester-*O'*-[4-nitro-phenylester]
6 IV 1346

C₇H₁₀O

Äther, Cyclohexa-1,3-dienyl-methyl-
6 III 367 a, IV 338
−, Cyclohexa-1,4-dienyl-methyl-
6 III 367 b, IV 338
Bicyclo[3.2.0]hept-2-en-6-ol **6** IV 342
Bicyclo[3.2.0]hept-3-en-2-ol **6** IV 212
But-3-in-2-ol, 2-Cyclopropyl- **6** III 370 e,
IV 341
Cyclohepta-3,5-dienol **6** IV 339
2,6-Cyclo-norbornan-3-ol **6** IV 347
Cyclopentanol, 1-Äthinyl- **6** I 60 b,
III 370 d, IV 339
Methanol, Cyclohexa-2,5-dienyl-
6 IV 339
Norborn-2-en-7-ol **6** IV 346
Norborn-5-en-2-ol **6** III 370 f, IV 342

C₇H₁₀OS

Thioessigsäure-*S*-cyclopent-1-enylester
6 III 203 a

C₇H₁₀O₂

Ameisensäure-cyclohex-2-enylester
6 IV 197
2,6-Cyclo-norbornan-3,5-diol **6** IV 5527
Essigsäure-cyclopent-1-enylester
6 48 b, IV 192
− cyclopent-2-enylester
6 III 203 d, IV 193
Norborn-5-en-2,3-diol **6** IV 5524
Norborn-5-en-2,7-diol **6** IV 5527

C₇H₁₀O₈P₂

Toluol, 2,5-Bis-phosphonooxy- **6** IV 5869

C₇H₁₁BrO

Norbornan-2-ol, 3-Brom- **6** IV 216
Norbornan-7-ol, 2-Brom- **6** IV 217

C₇H₁₁BrO₂

Ameisensäure-[2-brom-cyclohexylester]
6 II 13 i
Essigsäure, Brom-, cyclopentylester
6 IV 7
Norbornan-2,3-diol, 5-Brom- **6** IV 5279
−, 7-Brom- **6** IV 5279

C₇H₁₁ClO

Äther, Äthyl-[2-chlor-cyclopent-2-enyl]-
6 IV 194

$C_7H_{11}ClO$ (Fortsetzung)
Äther, [2-Chlor-cyclohex-2-enyl]-methyl-
6 III 208 b
Cyclohex-2-enol, 2-Chlor-6-methyl-
6 III 213 b
Norbornan-2-ol, 7-Chlor- 6 IV 215
$C_7H_{11}ClOS$
Thioessigsäure-S-[2-chlor-cyclopentylester]
6 IV 18
$C_7H_{11}ClO_2$
Acetylchlorid, Cyclopentyloxy-
6 III 7 e
Chlorokohlensäure-cyclohexylester
6 II 11 i, III 29 e, IV 43
Essigsäure-[2-chlor-cyclopentylester]
6 IV 15
$C_7H_{11}Cl_3O$
Cyclohexanol, 1-Trichlormethyl-
6 III 60 d
$C_7H_{11}Cl_3S_2$
Disulfid, Cyclohexyl-trichlormethyl-
6 IV 82
$C_7H_{11}DO_2$
Essigsäure-[2-deuterio-cyclopentylester]
6 IV 7
$C_7H_{11}FO_2$
Fluorokohlensäure-cyclohexylester
6 IV 43
$C_7H_{11}F_3O$
Cyclohexanol, 3-Trifluormethyl-
6 II 22 d
$C_7H_{11}NOS$
Cyclohexanol, 2-Thiocyanato- 6 IV 5206
$C_7H_{11}NO_3$
Äther, Methyl-[6-nitro-cyclohex-1-enyl]-
6 II 60 b
Salpetersäure-[2]norbornylester 6 IV 215
$C_7H_{11}NS$
Cyclohexylthiocyanat 6 III 49 i, IV 76
$C_7H_{11}N_2OPS$
Diamidothiophosphorsäure-O-p-tolylester
6 II 382 j, III 1372 d
$C_7H_{11}N_2O_2P$
Diamidophosphorsäure-p-tolylester
6 III 1372 b
$C_7H_{11}N_2O_2PS$
Diamidothiophosphorsäure-O-[2-methoxy-
phenylester] 6 IV 5604
− O-[3-methoxy-phenylester]
6 IV 5681
− O-[4-methoxy-phenylester]
6 IV 5763

$C_7H_{12}BrNO_3$
Cyclohexanol, 1-[Brom-nitro-methyl]-
6 IV 99
$C_7H_{12}Br_2O$
Äther, [2,3-Dibrom-cyclohexyl]-methyl-
6 7 e
Cyclohexanol, 2-Brom-2-brommethyl-
6 IV 102
−, 2,3-Dibrom-2-methyl- 6 III 66 c
Methanol, [1,2-Dibrom-cyclohexyl]-
6 IV 109
$C_7H_{12}ClNO_2$
Carbamidsäure-[2-chlor-cyclohexylester]
6 IV 65
$C_7H_{12}ClNO_3$
Cyclohexanol, 1-[Chlor-nitro-methyl]-
6 IV 99
−, 2-Chlor-1-nitromethyl- 6 IV 99
$C_7H_{12}ClNO_4S$
Carbamidsäure, Chlorsulfonyl-, cyclohexyl=
ester 6 IV 44
$C_7H_{12}Cl_2NO_3P$
Carbamidsäure, Dichlorphosphoryl-,
cyclohexylester 6 IV 44
$C_7H_{12}Cl_2O$
Äther, [4-Chlor-cyclohexyl]-chlormethyl-
6 II 13 b
$C_7H_{12}Cl_2O_2$
Propan-1,2-diol, 2-[2,2-Dichlor-1-methyl-
cyclopropyl]- 6 IV 5226
$C_7H_{12}Cl_2S$
Sulfid, [2-Chlor-äthyl]-[2-chlor-cyclopentyl]-
6 III 9 b
−, [2-Chlor-cyclohexyl]-chlormethyl-
6 IV 83
$C_7H_{12}N_2O_3$
Allophansäure-cyclopentylester 6 I 3 f
$C_7H_{12}N_2O_4$
Cyclohexen-nitrosat, 1-Methyl-
5 67 a, I 34 a, II 43 a, III 199 a
$C_7H_{12}N_2S$
Isothioharnstoff, S-Cyclohex-2-enyl-
6 IV 200
$C_7H_{12}N_4O_2S$
Isothioharnstoff, S-Cyclohexyl-
N,N'-dinitroso- 6 III 50 b
$C_7H_{12}O$
Äthanol, 1-Cyclopent-1-enyl- 6 III 216 c,
IV 209
−, 2-Cyclopent-1-enyl- 6 IV 209
−, 2-Cyclopent-2-enyl- 6 II 62 a,
III 216 d, IV 210
Äther, Äthyl-cyclopent-1-enyl- 6 IV 192

C₇H₁₃BrN₂O
Isoharnstoff, *N*-Brom-*O*-cyclohexyl-
6 IV 45

C₇H₁₃BrO
Äther, [2-Brom-cyclohexyl]-methyl-
6 II 13 e, III 43 a
Cycloheptanol, 2-Brom- 6 IV 94
Cyclohexanol, 1-Brommethyl- 6 IV 7983
—, 2-Brom-1-methyl- 6 III 60 e
Methanol, [1-Brom-cyclohexyl]-
6 IV 7983
—, [2-Brom-cyclohexyl]- 6 III 78 f
—, [1-Brommethyl-cyclopentyl]-
6 IV 111

C₇H₁₃ClN₂O
Isoharnstoff, *N*-Chlor-*O*-cyclohexyl-
6 IV 45

C₇H₁₃ClO
Äther, [2-Chlor-cyclohexyl]-methyl-
6 III 41 a
—, Chlormethyl-cyclohexyl-
6 II 10 g
Cycloheptanol, 2-Chlor- 6 II 16 d,
III 58 g, IV 94
Cyclohexanol, 1-Chlormethyl- 6 IV 97
—, 2-Chlor-1-methyl- 6 III 60 b,
IV 96
—, 2-Chlor-2-methyl- 6 IV 101
—, 2-Chlor-4-methyl- 6 II 24 e
—, 2-Chlor-5-methyl- 6 13 e, 14 c,
II 22 f, III 72 b
—, 2-Chlor-6-methyl- 6 III 66 b
—, 3-Chlormethyl- 6 IV 104
—, 4-Chlormethyl- 6 III 75 j
Cyclopentanol, 1-Äthyl-2-chlor-
6 III 79 c
—, 1-[2-Chlor-äthyl]- 6 IV 109
Methanol, [1-Chlor-cyclohexyl]-
6 III 77 k, IV 107
—, [2-Chlor-cyclohexyl]- 6 III 78 a,
IV 108
—, [1-Chlor-3-methyl-cyclopentyl]-
6 III 82 a

C₇H₁₃ClO₂
Cyclohexanol, 2-Chlor-2-methoxy-
17 IV 1194

C₇H₁₃ClO₂S
Sulfon, [2-Chlor-cyclohexyl]-methyl-
6 IV 83

C₇H₁₃ClS
Sulfid, [2-Chlor-cyclohexyl]-methyl-
6 IV 82

—, Chlormethyl-cyclohexyl-
6 III 48 h

C₇H₁₃ClS₂
Cyclohexan, 1-Chlor-2-methyldisulfanyl-
6 IV 84

C₇H₁₃Cl₃OSi
Silan, Trichlor-[2-methyl-cyclohexyloxy]-
6 IV 101
—, Trichlor-[3-methyl-cyclohexyloxy]-
6 IV 104
—, Trichlor-[4-methyl-cyclohexyloxy]-
6 IV 106

C₇H₁₃IN₂O
Isoharnstoff, *O*-Cyclohexyl-*N*-jod-
6 IV 45

C₇H₁₃IO
Äther, [2-Jod-cyclohexyl]-methyl-
6 7 h, II 14 d, III 45 c, IV 71
Cycloheptanol, 2-Jod- 6 IV 95
Cyclohexanol, 2-Jod-1-methyl- 6 III 61 b
—, 2-Jod-4-methyl- 6 I 11 e
—, 2-Jod-5-methyl- 6 I 11 e
—, 3-Jodmethyl- 6 IV 104

C₇H₁₃NOS
Thiocarbamidsäure-*O*-cyclohexylester
6 III 30 b
— *S*-cyclohexylester 6 III 49 h,
IV 76

C₇H₁₃NO₂
Carbamidsäure-cyclohexylester 6 II 11 j,
III 29 f, IV 43
— [1-cyclopropyl-propylester]
6 III 58 a
Essigsäure, Cyclopentyloxy-, amid
6 III 7 f
Salpetrigsäure-[1-methyl-cyclohexylester]
6 III 60 a
— [2-methyl-cyclohexylester]
6 III 65 h
— [3-methyl-cyclohexylester]
6 III 71 k
— [4-methyl-cyclohexylester]
6 III 75 h

C₇H₁₃NO₃
Äthanol, 1-[2,2-Dimethyl-3-nitro-
cyclopropyl]- 6 III 82 f
Äther, Methyl-[2-nitro-cyclohexyl]-
6 IV 71
Cyclohexanol, 1-Methyl-2-nitro- 6 IV 98
—, 1-Nitromethyl- 6 III 61 c,
IV 98
Methanol, [1-Nitro-cyclohexyl]- 6 IV 109

C₇H₁₃N₄OPS
Dihydrazidothiophosphorsäure-
O-p-tolylester **6** II 382 k

C₇H₁₃O
Cycloheptyloxyl **6** IV 94
Cyclohexyloxyl, 1-Methyl- **6** IV 95

C₇H₁₃O₄P
2,4-Dioxa-3-phospha-bicyclo[3.3.1]nonan-
3-oxid, 3-Methoxy- **6** IV 5209

C₇H₁₄ClO₂P
Phosphonsäure, Methyl-, chlorid-
cyclohexylester **6** IV 57

C₇H₁₄Cl₂O₂Si
Silan, Äthoxy-dichlor-cyclopentyloxy-
6 IV 14

C₇H₁₄N₂O
Isoharnstoff, *O*-Cyclohexyl- **6** III 29 j

C₇H₁₄N₂OS
Isothioharnstoff, *S*-[2-Hydroxy-cyclohexyl]-
6 IV 5206

C₇H₁₄N₂S
Isothioharnstoff, *S*-Cyclohexyl-
6 III 50 a, IV 77
−, *S*-[1-Methyl-cyclopentyl]-
6 III 55 a

C₇H₁₄O
Äthanol, 1-Cyclopentyl- **6** II 25 b,
III 79 f, IV 110
−, 2-Cyclopentyl- **6** II 25 c, III 80 a,
IV 110
Äther, Äthyl-cyclopentyl- **6** 5 b, II 3 f,
III 6 a
−, Äthyl-[1-cyclopropyl-äthyl]-
6 IV 20
−, Cyclohexyl-methyl- **6** 6 a,
I 6 a, II 9 a, III 17 a, IV 26
−, Cyclopropyl-isobutyl- **6** IV 3
−, Methyl-[1-methyl-cyclopentyl]-
6 III 54 b
Butan-1-ol, 1-Cyclopropyl- **6** I 12 d,
III 82 d
Butan-2-ol, 2-Cyclopropyl- **6** 16 c, II 25 g,
III 82 e, IV 112
Butyraldehyd, 2-Äthyl-3-methyl-
6 III 2861 a
Cycloheptanol **6** 10 f, II 16 b, III 58 d,
IV 94
Cyclohexanol, 1-Methyl- **6** 11 a, I 8 a,
II 16 g, III 59 b, IV 95
−, 2-Methyl- **6** 11 c, I 8 c, II 16 h,
18 d, 19 c, III 61 f, IV 100
−, 3-Methyl- **6** 12 k, 13 f, I 9 h,
II 20 a, 21 b, III 67 e, IV 102

−, 4-Methyl- **6** 14 d, I 10 g, II 22 j,
III 73 b, IV 105
Cyclopentanol, 1-Äthyl- **6** 15 c, II 24 h,
III 79 b, IV 109
−, 2-Äthyl- **6** I 11 h, III 79 d
−, 3-Äthyl- **6** IV 109
−, 1,2-Dimethyl- **6** II 25 d, III 80 c,
IV 111
−, 1,3-Dimethyl- **6** 15 d, I 11 k,
II 25 e, III 81 c
−, 2,2-Dimethyl- **6** I 11 i, IV 111
−, 2,4-Dimethyl- **6** 15 f, IV 112
−, 2,5-Dimethyl- **6** 15 e, II 25 f
−, 3,3-Dimethyl- **6** III 80 b
Methanol, Cyclohexyl- **6** 14 f, I 11 f,
II 24 f, III 76 c, IV 106
−, [1-Methyl-cyclopentyl]- **6** IV 111
−, [2-Methyl-cyclopentyl]-
6 III 81 a
−, [3-Methyl-cyclopentyl]-
6 III 81 d
Propan-1-ol, 1-Cyclobutyl- **6** 15 g
−, 2-Cyclobutyl- **6** 16 a, I 12 b
−, 1-Cyclopropyl-2-methyl- **6** 16 d
Propan-2-ol, 2-Cyclobutyl- **6** 15 h, I 12 a,
III 82 c, IV 112

C₇H₁₄OS
Cyclohexanol, 3-Mercapto-3-methyl-
6 IV 5217
Cyclohexanthiol, 2-Methoxy- **6** IV 5204
Cyclopentanol, 2-Äthylmercapto-
6 IV 5190
Sulfoxid, Äthyl-cyclopentyl- **6** II 4 f
−, Cyclohexyl-methyl- **6** III 47 b,
IV 72

C₇H₁₄O₂
Äthan-1,2-diol, Cyclopentyl- **6** IV 5222
Äthanol, 2-Cyclopentyloxy- **6** III 6 b
Cyclobutanol, 1-[α-Hydroxy-isopropyl]-
6 IV 5225
Cycloheptan-1,2-diol **6** I 371 a, II 750 c,
III 4085 h, IV 5214
Cycloheptan-1,3-diol **6** IV 5216
Cycloheptan-1,4-diol **6** IV 5216
Cyclohexan-1,2-diol, 1-Methyl-
6 741 g, II 750 e, 751 a, III 4087 c,
IV 5216
−, 3-Methyl- **6** III 4088 e, IV 5218
−, 4-Methyl- **6** 741 h, II 751 b,
III 4089 b
Cyclohexan-1,3-diol, 4-Methyl- **6** IV 5219
−, 5-Methyl- **6** I 371 b

$C_7H_{14}O_2$ (Fortsetzung)

Cyclohexanol, 1-Hydroxymethyl-
  6 742 a, II 751 e, III 4090 b,
  IV 5219

−, 2-Hydroxymethyl- 6 III 4091 a,
  IV 5219

−, 3-Hydroxymethyl- 6 IV 5220

−, 4-Hydroxymethyl- 6 III 4092 b,
  IV 5221

−, 2-Methoxy- 6 740 c, II 745 a,
  746 b, III 4062 a, IV 5194

−, 3-Methoxy- 6 II 747 a, III 4078 b

−, 4-Methoxy- 6 II 748 d, 749 a,
  III 4081 c

Cyclohexylhydroperoxid, 1-Methyl-
  6 III 59 e, IV 96

Cyclopentan, 1,1-Bis-hydroxymethyl-
  6 IV 5223

−, 1,2-Bis-hydroxymethyl-
  6 IV 5224

−, 1,3-Bis-hydroxymethyl-
  6 IV 5225

−, 1,2-Dimethoxy- 6 III 4054 d

Cyclopentan-1,2-diol, 3-Äthyl- 6 III 4093 a

−, 1,2-Dimethyl- 6 III 4093 f,
  IV 5223

−, 1,5-Dimethyl- 6 III 4094 b

−, 3,5-Dimethyl- 6 IV 5225

−, 4,4-Dimethyl- 6 IV 5223

Cyclopentanol, 2-Äthoxy- 6 III 4054 e

−, 1-[1-Hydroxy-äthyl]- 6 IV 5222

−, 1-[2-Hydroxy-äthyl]- 6 IV 5222

−, 2-[2-Hydroxy-äthyl]- 6 III 4093 b,
  IV 5222

−, 3-[2-Hydroxy-äthyl]- 6 IV 5222

−, 2-Hydroxymethyl-2-methyl-
  6 IV 5224

−, 2-Methoxy-3-methyl- 8 IV 53

−, 2-Methoxy-5-methyl- 8 IV 53

$C_7H_{14}O_2S$

Sulfon, Äthyl-cyclopentyl- 6 IV 16

−, Cyclohexyl-methyl- 6 III 47 c,
  IV 72

$C_7H_{14}O_3$

Äthan-1,2-diol, [1-Hydroxy-cyclopentyl]-
  6 IV 7312

Cyclohexan-1,2-diol, 4-Hydroxymethyl-
  6 IV 7312

−, 3-Methoxy- 6 IV 7310

Cyclohexan-1,2,3-triol, 1-Methyl-
  6 III 6251 d

Cyclopentanol, 2,2-Bis-hydroxymethyl-
  6 III 6252 a

$C_7H_{14}O_3S$

Methansulfonsäure-cyclohexylester
  6 III 35 c

Schwefligsäure-cyclohexylester-methylester
  6 IV 53

$C_7H_{14}O_4S$

Methansulfonsäure-[2-hydroxy-cyclohexyl⹁
  ester] 6 III 4067 d

Schwefelsäure-mono-[2-methyl-cyclohexyl⹁
  ester] 6 12 j

− mono-[3-methyl-cyclohexylester]
  6 II 22 c

$C_7H_{14}O_5$

Cyclohexan-1,2,3,4,5-pentaol, 6-Methyl-
  6 IV 7884

Cyclohexan-1,2,3,5-tetraol, 5-Hydroxymethyl-
  6 IV 7885

$C_7H_{14}O_5S$

Schwefelsäure-mono-[2-methoxy-
  cyclohexylester] 6 III 4068 c

$C_7H_{14}O_6$

Cyclohexan-1,2,3,4,5,6-hexaol, 1-Methyl-
  6 I 592 d, II 1161 b, III 6936 a,
  IV 7927

chiro-Inosit, O^1-Methyl- 6 III 6926 f

−, O^2-Methyl- 6 III 6927 b

−, O^3-Methyl- 6 III 6927 d

myo-Inosit, O^1-Methyl- 6 III 6926 b

−, O^2-Methyl- 6 III 6926 e

−, O^4-Methyl- 6 III 6927 f

−, O^5-Methyl- 6 III 6927 c

scyllo-Inosit, O-Methyl- 6 IV 7921

$C_7H_{14}O_6S_2$

Cyclopentan, 1,2-Bis-methansulfonyloxy-
  6 IV 5189

−, 1,3-Bis-methansulfonyloxy-
  6 IV 5192

$C_7H_{14}O_7$

Cyclohexan-1,2,3,4,5,6-hexaol,
  1-Hydroxymethyl- 6 III 6991 a,
  IV 7963

$C_7H_{14}O_8S_2$

Cycloheptan, 1,2-Bis-sulfooxy- 6 III 4086 c

Cyclohexan, 4-Methyl-1,2-bis-sulfooxy-
  6 III 4089 b

$C_7H_{14}S$

Cycloheptanthiol 6 II 16 e

Cyclohexanthiol, 1-Methyl- 6 IV 100

−, 2-Methyl- 6 I 9 g, III 66 d

−, 3-Methyl- 6 13 c, I 10 f, II 22 g,
  III 72 c, IV 105

−, 4-Methyl- 6 I 11 d

Methanthiol, Cyclohexyl- 6 III 78 h

$C_7H_{14}S$ (Fortsetzung)

Methanthiol, [3-Methyl-cyclopentyl]-
6 III 82 b

Sulfid, Äthyl-cyclopentyl- 6 II 4 e,
IV 16

–, Cyclohexyl-methyl- 6 8 c, III 47 a,
IV 72

$C_7H_{15}O_3P$

Phosphonsäure, Methyl-, monocyclohexyl=
ester 6 IV 56

$C_7H_{15}O_4P$

Phosphorsäure-mono-[2-methyl-cyclohexyl=
ester] 6 III 65 i

– mono-[3-methyl-cyclohexylester]
6 III 72 a

$C_7H_{15}O_5P$

Phosphorsäure-[2-hydroxy-cyclohexylester]-
methylester 6 IV 5202

$C_7H_{19}O_{21}P_5$

chiro-Inosit, O^2-Methyl-O^1,O^3,O^4,O^5,O^6-
pentaphosphono- 6 IV 7927

C_8

$C_8Cl_8O_2$

Essigsäure, Trichlor-, pentachlorphenyl=
ester 6 IV 1031

$C_8Cl_{10}O_2$

Benzol, 1,2,4,5-Tetrachlor-3,6-bis-
trichlormethoxy- 6 IV 5777

C_8HCl_7O

Äther, [1,2-Dichlor-vinyl]-pentachlorphenyl-
6 IV 1030

$C_8H_2Cl_5FO_2$

Essigsäure, Fluor-, pentachlorphenylester
6 IV 1031

$C_8H_2Cl_5NO$

Acetonitril, Pentachlorphenoxy-
6 IV 1034

$C_8H_2Cl_6O_2$

Essigsäure, Chlor-, pentachlorphenylester
6 IV 1031

–, Trichlor-, [2,4,6-trichlor-
phenylester] 6 III 726 h, IV 1009

$C_8H_2Cl_8O_2$

Benzol, 1,4-Dichlor-2,5-bis-trichlormethoxy-
6 IV 5773

$C_8H_2N_4O_4S_2$

m-Phenylen-bis-thiocyanat, 4,6-Dinitro-
6 836 i, IV 5710

$C_8H_2N_4O_4Se_2$

m-Phenylen-bis-selenocyanat, 4,6-Dinitro-
6 IV 5712

$C_8H_3BrCl_4O_2$

Essigsäure-[3-brom-2,4,5,6-tetrachlor-
phenylester] 6 I 106 f

$C_8H_3Br_3ClF_3O$

Äther, [2-Chlor-1,1,2-trifluor-äthyl]-
[2,4,6-tribrom-phenyl]- 6 IV 1068

$C_8H_3Br_3N_2O_6$

Essigsäure-[2,4,6-tribrom-3,5-dinitro-
phenylester] 6 263 c

$C_8H_3Br_5O$

Phenol, 2,3,5,6-Tetrabrom-4-[2-brom-vinyl]-
6 562 j

$C_8H_3Br_5O_2$

Essigsäure-pentabromphenylester
6 206 f, I 108 o, III 768 b

$C_8H_3Br_7O$

Phenol, 2,3,5,6-Tetrabrom-4-[1,2,2-tribrom-
äthyl]- 6 474 f

–, 2,3,6-Tribrom-4,5-bis-
dibrommethyl- 6 483 g

$C_8H_3Cl_3O_2$

Keten, [2,4,5-Trichlor-phenoxy]- 6 IV 971

–, [2,4,6-Trichlor-phenoxy]-
6 IV 1009

$C_8H_3Cl_4FO_3$

Essigsäure, [2,3,5,6-Tetrachlor-4-fluor-
phenoxy]- 6 IV 1025

$C_8H_3Cl_4F_3O$

Äther, [2-Chlor-1,1,2-trifluor-äthyl]-
[2,4,6-trichlor-phenyl]- 6 IV 1009

$C_8H_3Cl_4IO_2$

Essigsäure-[2,3,4,6-tetrachlor-5-jod-
phenylester] 6 I 110 m, III 784 a

– [2,3,5,6-tetrachlor-4-jod-
phenylester] 6 I 110 o

$C_8H_3Cl_4NO_4$

Essigsäure-[2,3,5,6-tetrachlor-4-nitro-
phenylester] 6 III 842 g

$C_8H_3Cl_4NS_2$

Phenylthiocyanat, 5-Chlor-2-trichlormethyl=
mercapto- 6 IV 5655

$C_8H_3Cl_4N_3O_7$

Äthan, 1,1,1-Trichlor-2-[4-chlor-3,5-dinitro-
phenyl]-2-nitryloxy- 6 IV 3061

$C_8H_3Cl_5O$

Äther, [1,2-Dichlor-vinyl]-[2,4,5-trichlor-
phenyl]- 6 IV 970

–, Pentachlorphenyl-vinyl-
6 IV 1027

$C_8H_3Cl_5OS$
Sulfoxid, Pentachlorphenyl-vinyl-
  6 IV 1643
Thioessigsäure-S-pentachlorphenylester
  6 IV 1645
$C_8H_3Cl_5O_2$
Essigsäure-pentachlorphenylester
  6 196 b, IV 1031
Essigsäure, Dichlor-, [2,4,5-trichlor-
  phenylester] 6 IV 972
−, Trichlor-, [2,4-dichlor-phenylester]
  6 III 704 f
−, Trichlor-, [2,6-dichlor-phenylester]
  6 III 714 b
$C_8H_3Cl_5O_3$
Essigsäure, Pentachlorphenoxy-
  6 III 734 l, IV 1033
Kohlensäure-methylester-pentachlorphenyl≥
  ester 6 196 e
$C_8H_3Cl_5S$
Sulfid, Pentachlorphenyl-vinyl- 6 IV 1643
$C_8H_3Cl_7O$
Äther, [1,2,2,2-Tetrachlor-äthyl]-
  [2,4,5-trichlor-phenyl]- 6 III 719 d
$C_8H_3F_6NO_2S$
Sulfid, [4-Nitro-3-trifluormethyl-phenyl]-
  trifluormethyl- 6 III 1339 h
$C_8H_3N_3O_2SSe$
Benzol, 2-Nitro-1-selenocyanato-
  4-thiocyanato- 6 II 856 i
$C_8H_3N_3O_2S_2$
p-Phenylen-bis-thiocyanat, Nitro-
  6 II 855 e, III 4478 c, IV 5850
$C_8H_4BrCl_2FO_3$
Essigsäure, [2-Brom-3,5-dichlor-4-fluor-
  phenoxy]- 6 IV 1060
$C_8H_4BrCl_2NO_2S$
Acetonitril, [4-Brom-benzolsulfonyl]-
  dichlor- 6 I 151 i
$C_8H_4BrCl_3O_2$
Essigsäure-[3-brom-2,4,6-trichlor-
  phenylester] 6 I 106 d
Essigsäure, Brom-, [2,4,5-trichlor-
  phenylester] 6 IV 972
$C_8H_4BrCl_5O$
Äther, [2-Brom-äthyl]-pentachlorphenyl-
  6 III 732 c, IV 1027
$C_8H_4Br_2ClNO_2S$
Acetonitril, Dibrom-[4-chlor-benzolsulfonyl]-
  6 328 a
$C_8H_4Br_2INO_2S$
Acetonitril, Dibrom-[4-jod-benzolsulfonyl]-
  6 335 g

$C_8H_4Br_3NOS$
Phenol, 2,4,6-Tribrom-3-thiocyanatomethyl-
  6 897 c
$C_8H_4Br_3NO_2S$
Acetonitril, Dibrom-[4-brom-benzolsulfonyl]-
  6 331 g
$C_8H_4Br_4O$
Phenol, 2,6-Dibrom-4-[2,2-dibrom-vinyl]-
  6 IV 3777
−, 2,3,6-Tribrom-4-[2-brom-vinyl]- 6 562 h
$C_8H_4Br_4O_2$
Essigsäure-[2,3,4,5-tetrabrom-phenylester]
  6 III 766 d
− [2,3,4,6-tetrabrom-phenylester]
  6 206 c, II 196 i, III 766 g
$C_8H_4Br_4O_4$
Essigsäure, [2,3,4,5-Tetrabrom-6-hydroxy-
  phenoxy]- 6 787 a
$C_8H_4Br_6O$
Phenol, 2,3,5,6-Tetrabrom-4-[1,2-dibrom-
  äthyl]- 6 474 c
−, 2,3,6-Tribrom-4-[1,2,2-tribrom-
  äthyl]- 6 474 d
$C_8H_4Br_6O_2$
Äthanol, 2,2-Dibrom-1-[2,3,5,6-tetrabrom-
  4-hydroxy-phenyl]- 6 906 c
$C_8H_4ClI_3O_2$
Essigsäure, Chlor-, [2,4,6-trijod-
  phenylester] 6 III 790 b
$C_8H_4Cl_2F_2O_3$
Essigsäure, [2,4-Dichlor-phenoxy]-difluor-
  6 IV 905
$C_8H_4Cl_2INO_2S$
Acetonitril, Dichlor-[4-jod-benzolsulfonyl]-
  6 I 153 j
$C_8H_4Cl_2N_2O_7$
Essigsäure, [4,6-Dichlor-2,3-dinitro-
  phenoxy]- 6 IV 1386
$C_8H_4Cl_2O_2$
Keten, [2,4-Dichlor-phenoxy]- 6 IV 902
$C_8H_4Cl_2O_4$
Benzol, 1,3-Bis-chlorcarbonyloxy-
  6 II 817 h
−, 1,4-Bis-chlorcarbonyloxy-
  6 II 844 d
$C_8H_4Cl_3F_3O$
Äther, [2-Chlor-1,1,2-trifluor-äthyl]-
  [2,4-dichlor-phenyl]- 6 IV 904
$C_8H_4Cl_3IO_2$
Acetylchlorid, [2,4-Dichlor-5-jod-phenoxy]-
  6 III 783 e
Essigsäure-[2,3,6-trichlor-4-jod-phenylester]
  6 I 110 j

$C_8H_4Cl_3IO_2$ (Fortsetzung)
Essigsäure-[2,4,6-trichlor-3-jod-phenylester]
　6 I 110 h, III 783 j
$C_8H_4Cl_3NO$
Acetonitril, [2,4,5-Trichlor-phenoxy]-
　6 IV 984
－, [2,4,6-Trichlor-phenoxy]-
　6 III 727 g, IV 1012
$C_8H_4Cl_3NO_2S$
Acetonitril, Dichlor-[4-chlor-benzolsulfonyl]-
　6 I 149 l
$C_8H_4Cl_3NO_5$
Kohlensäure-[4-nitro-phenylester]-
　trichlormethylester 6 III 828 e
$C_8H_4Cl_3N_3O_7$
Äthan, 1,1,1-Trichlor-2-[3,5-dinitro-phenyl]-
　2-nitryloxy- 6 IV 3061
$C_8H_4Cl_4N_2O_5$
Äthanol, 2,2,2-Trichlor-1-[4-chlor-
　3,5-dinitro-phenyl]- 6 IV 3061
$C_8H_4Cl_4O$
Äther, [4-Chlor-phenyl]-trichlorvinyl-
　6 IV 837
－, [2,4-Dichlor-phenyl]-[1,2-dichlor-
　vinyl]- 6 IV 901
－, [2,5-Dichlor-phenyl]-[1,2-dichlor-
　vinyl]- 6 IV 943
－, [3,4-Dichlor-phenyl]-[1,2-dichlor-
　vinyl]- 6 IV 954
$C_8H_4Cl_4OS$
Sulfoxid, [2,5-Dichlor-phenyl]-[1,2-dichlor-
　vinyl]- 6 IV 1621
－, [3,4-Dichlor-phenyl]-[1,2-dichlor-
　vinyl]- 6 IV 1628
－, [3,5-Dichlor-phenyl]-[1,2-dichlor-
　vinyl]- 6 IV 1632
$C_8H_4Cl_4O_2$
Acetylchlorid, [2,4,5-Trichlor-phenoxy]-
　6 III 720 h, IV 980
－, [2,4,6-Trichlor-phenoxy]-
　6 III 727 c, IV 1012
Essigsäure-[2,3,4,6-tetrachlor-phenylester]
　6 193 g, III 730 g
Essigsäure, Chlor-, [2,4,5-trichlor-
　phenylester] 6 IV 972
－, Chlor-, [2,4,6-trichlor-phenylester]
　6 IV 1009
－, Dichlor-, [2,4-dichlor-phenylester]
　6 IV 904
－, Dichlor-, [2,6-dichlor-phenylester]
　6 III 714 a
－, Trichlor-, [2-chlor-phenylester]
　6 III 678 a

－, Trichlor-, [3-chlor-phenylester]
　6 III 683 c
－, Trichlor-, [4-chlor-phenylester]
　6 III 693 d, IV 839
$C_8H_4Cl_4O_2S$
Sulfon, [3,4-Dichlor-phenyl]-[1,2-dichlor-
　vinyl]- 6 IV 1628
－, [3,5-Dichlor-phenyl]-[1,2-dichlor-
　vinyl]- 6 IV 1633
$C_8H_4Cl_4O_3$
Benzo[1,3]dioxol-2-ol, 4,5,6,7-Tetrachlor-
　2-methyl- 6 IV 5621
Essigsäure, [2,3,4,5-Tetrachlor-phenoxy]-
　6 IV 1021
－, [2,3,4,6-Tetrachlor-phenoxy]-
　6 III 730 h, IV 1022
Kohlensäure-[4-chlor-phenylester]-
　trichlormethylester 6 III 694 a
Phenol, 2-Acetoxy-3,4,5,6-tetrachlor-
　6 IV 5621
$C_8H_4Cl_4S$
Sulfid, [2,5-Dichlor-phenyl]-[1,2-dichlor-
　vinyl]- 6 IV 1621
－, [3,4-Dichlor-phenyl]-[1,2-dichlor-
　vinyl]- 6 IV 1628
－, [3,5-Dichlor-phenyl]-[1,2-dichlor-
　vinyl]- 6 IV 1632
$C_8H_4Cl_4S_2$
Thiophenol, 2,3,5,6-Tetrachlor-
　4-vinylmercapto- 6 IV 5849
$[C_8H_4Cl_5HgO]^+$
Äthylquecksilber(1+), 2-Pentachlorphenoxy-
　6 IV 1035
$C_8H_4Cl_5IO_2$
Essigsäure-[2,3,6-trichlor-4-dichlorjodanyl-
　phenylester] 6 I 110 k
$C_8H_4Cl_5NO_3$
Acetohydroxamsäure, 2-Pentachlorphenoxy-
　6 IV 1034
$C_8H_4Cl_6NO_2P$
Amin, [Dichlor-(4-chlor-phenoxy)-acetyl]-
　trichlorphosphoranyliden- 6 IV 841
$C_8H_4Cl_6O$
Äther, [2,4-Dichlor-phenyl]-[1,2,2,2-
　tetrachlor-äthyl]- 6 III 704 c
－, [3,4-Dichlor-phenyl]-[1,2,2,2-
　tetrachlor-äthyl]- 6 III 715 f
$C_8H_4Cl_6O_2S_2$
Benzol, 1,4-Bis-trichlormethansulfinyl-
　6 869 e
$C_8H_4Cl_6S$
Sulfid, [2-Chlor-äthyl]-pentachlorphenyl-
　6 IV 1643

$C_8H_4Cl_6S_2$
Benzol, 1,3-Bis-trichlormethylmercapto-
6 I 409 h
—, 1,4-Bis-trichlormethylmercapto-
6 869 d, I 423 d

$C_8H_4F_6O$
Phenol, 3,5-Bis-trifluormethyl- 6 IV 3151

$C_8H_4F_6O_2S$
Sulfon, Trifluormethyl-[3-trifluormethyl-
phenyl]- 6 III 1336 a

$C_8H_4F_6O_4S_2$
Benzol, 1,3-Bis-trifluormethansulfonyl-
6 III 4368 b

$C_8H_4F_6S$
Sulfid, Trifluormethyl-[3-trifluormethyl-
phenyl]- 6 III 1335 j

$C_8H_4F_6S_2$
Benzol, 1,3-Bis-trifluormethylmercapto-
6 III 4368 a

$C_8H_4I_3NO_4$
Essigsäure-[2,4,6-trijod-3-nitro-phenylester]
6 III 854 c

$C_8H_4N_2SSe$
Benzol, 1-Selenocyanato-4-thiocyanato-
6 II 856 f, III 4489 c

$C_8H_4N_2S_2$
m-Phenylen-bis-thiocyanat 6 835 j,
IV 5707
p-Phenylen-bis-thiocyanat 6 II 854 j,
III 4475 c, IV 5847

$C_8H_5BrClF_3O$
Äther, [4-Brom-phenyl]-[2-chlor-
1,1,2-trifluor-äthyl]- 6 IV 1051

$C_8H_5BrCl_2OS$
Sulfoxid, [4-Brom-phenyl]-[1,2-dichlor-
vinyl]- 6 IV 1653

$C_8H_5BrCl_2O_2S$
Sulfon, [4-Brom-phenyl]-[1,2-dichlor-vinyl]-
6 IV 1653

$C_8H_5BrCl_2O_3$
Essigsäure, [2-Brom-4,6-dichlor-phenoxy]-
6 IV 1059
—, [4-Brom-2,5-dichlor-phenoxy]-
6 IV 1060
—, [5-Brom-2,4-dichlor-phenoxy]-
6 III 751 j

$C_8H_5BrCl_2S$
Sulfid, [4-Brom-phenyl]-[1,2-dichlor-vinyl]-
6 IV 1652

$C_8H_5BrCl_4O$
Äther, [2-Brom-äthyl]-[2,3,4,6-tetrachlor-
phenyl]- 6 III 730 c

Phenetol, 4-Brom-2,3,5,6-tetrachlor-
6 III 753 b

$C_8H_5BrF_2O_3$
Essigsäure, [2-Brom-4,6-difluor-phenoxy]-
6 IV 1058

$C_8H_5BrI_2O_2$
Essigsäure-[2-brom-4,6-dijod-phenylester]
6 III 788 g

$C_8H_5BrI_3NO_3$
Phenetol, 3-Brom-2,4,6-trijod-5-nitro-
6 I 125 b

$C_8H_5BrN_2O_3S$
Acetonitril, [4-Brom-benzolsulfonyl]-
hydroxyimino- 6 331 i

$C_8H_5BrN_2O_6$
Essigsäure-[2-brom-4,6-dinitro-phenylester]
6 I 128 m
— [4-brom-2,6-dinitro-phenylester]
6 I 129 b

C_8H_5BrO
Äther, Bromäthinyl-phenyl- 6 III 560 b

$C_8H_5Br_2ClO_2S$
Essigsäure, [2,4-Dibrom-3-chlor-
phenylmercapto]- 6 III 1053 f

$C_8H_5Br_2ClO_3$
Essigsäure, [2,4-Dibrom-6-chlor-phenoxy]-
6 IV 1066
—, [2,5-Dibrom-4-chlor-phenoxy]-
6 IV 1066
—, [2,6-Dibrom-4-chlor-phenoxy]-
6 IV 1066

$C_8H_5Br_2Cl_2IO_2$
Essigsäure-[2,6-dibrom-4-dichlorjodanyl-
phenylester] 6 I 111 i

$C_8H_5Br_2FO_3$
Essigsäure, [2,4-Dibrom-6-fluor-phenoxy]-
6 IV 1065
—, [2,6-Dibrom-4-fluor-phenoxy]-
6 IV 1065

$C_8H_5Br_2IO_2$
Essigsäure-[2,6-dibrom-4-jod-phenylester]
6 I 111 h

$C_8H_5Br_2IO_3$
Essigsäure, [2,4-Dibrom-6-jod-phenoxy]-
6 IV 1082

$C_8H_5Br_2NOS$
Phenol, 2,4-Dibrom-6-thiocyanatomethyl-
6 896 c
—, 2,6-Dibrom-4-thiocyanatomethyl-
6 901 j

$C_8H_5Br_2NO_2S$
Acetonitril, Benzolsulfonyl-dibrom-
6 311 c, I 145 i

C₈H₅Br₂NO₄
Essigsäure-[2,4-dibrom-6-nitro-phenylester]
　6 246 e, I 123 h
－ [2,6-dibrom-4-nitro-phenylester]
　6 247 d, I 124 a

C₈H₅Br₂NO₅
Essigsäure, [2,4-Dibrom-5-nitro-phenoxy]-
　6 IV 1365

C₈H₅Br₃I₂O
Phenol, 2,3,5-Tribrom-4,6-bis-jodmethyl-
　6 490 e
－, 2,3,6-Tribrom-4,5-bis-jodmethyl-
　6 483 i

C₈H₅Br₃N₂O₅
Phenetol, 2,4,6-Tribrom-3,5-dinitro-
　6 263 b

C₈H₅Br₃O
Äther, Phenyl-tribromvinyl- 6 150 i,
　III 588 a
Phenol, 2,4-Dibrom-6-[2-brom-vinyl]-
　6 I 277 h
－, 2,6-Dibrom-4-[2-brom-vinyl]-
　6 562 f
－, 2,3,6-Tribrom-4-vinyl- 6 562 d

C₈H₅Br₃OS
Thioessigsäure-S-[2,4,6-tribrom-phenylester]
　6 III 1054 d

C₈H₅Br₃O₂
Essigsäure-[2,4,6-tribrom-phenylester]
　6 205 f, I 108 h, II 194 l, III 764 b,
　IV 1068

C₈H₅Br₃O₃
Essigsäure, [2,4,5-Tribrom-phenoxy]-
　6 IV 1067
－, [2,4,6-Tribrom-phenoxy]-
　6 205 h, III 764 d, IV 1068
Phenol, 3-Acetoxy-2,4,6-tribrom-
　6 822 d

C₈H₅Br₃O₄
Resorcin, 5-Acetoxy-2,4,6-tribrom-
　6 1105 f

C₈H₅Br₅O
Phenetol, 2,3,4,5,6-Pentabrom- 6 I 108 l,
　II 198 a, III 767 b
Phenol, 2,4-Dibrom-6-[1,2,2-tribrom-äthyl]-
　6 I 234 e
－, 2,6-Dibrom-4-[1,2,2-tribrom-äthyl]-
　6 474 b
－, 2,3,5-Tribrom-4,6-bis-brommethyl-
　6 490 a
－, 2,3,6-Tribrom-4,5-bis-brommethyl-
　6 483 d

－, 2,4,5-Tribrom-3,6-bis-brommethyl-
　6 496 j
－, 2,4,6-Tribrom-3,5-bis-brommethyl-
　6 493 h
－, 2,3,6-Tribrom-4-[1,2-dibrom-äthyl]-
　6 473 i

C₈H₅Br₅O₂
Äthanol, 2,2-Dibrom-1-[2,3,5-tribrom-
　4-hydroxy-phenyl]- 6 905 k

C₈H₅ClF₂O
Äther, [2-Chlor-1,2-difluor-vinyl]-phenyl-
　6 IV 601

C₈H₅ClF₂O₂
Acetylchlorid, [2,4-Difluor-phenoxy]-
　6 IV 779

C₈H₅ClF₂O₃
Essigsäure, [2-Chlor-4,5-difluor-phenoxy]-
　6 IV 882
－, [2-Chlor-4,6-difluor-phenoxy]-
　6 IV 882
－, [3-Chlor-2,4-difluor-phenoxy]-
　6 IV 882
－, [4-Chlor-2,5-difluor-phenoxy]-
　6 IV 882
－, [4-Chlor-3,5-difluor-phenoxy]-
　6 IV 882
－, [5-Chlor-2,4-difluor-phenoxy]-
　6 IV 882

C₈H₅ClF₃NO₃
Äther, [2-Chlor-1,1,2-trifluor-äthyl]-
　[2-nitro-phenyl]- 6 IV 1256
－, [2-Chlor-1,1,2-trifluor-äthyl]-
　[3-nitro-phenyl]- 6 IV 1273
－, [2-Chlor-1,1,2-trifluor-äthyl]-
　[4-nitro-phenyl]- 6 IV 1298

C₈H₅ClF₄O
Äthanol, 2-Chlor-1-[2,4-difluor-phenyl]-
　2,2-difluor- 6 IV 3048
Äther, [2-Chlor-1,1,2-trifluor-äthyl]-
　[2-fluor-phenyl]- 6 IV 771
－, [2-Chlor-1,1,2-trifluor-äthyl]-
　[3-fluor-phenyl]- 6 IV 773
－, [2-Chlor-1,1,2-trifluor-äthyl]-
　[4-fluor-phenyl]- 6 IV 776

C₈H₅ClI₂O₂
Essigsäure-[2-chlor-4,6-dijod-phenylester]
　6 I 112 b, III 787 g
－ [4-chlor-2,6-dijod-phenylester]
　6 II 202 m, III 788 b

C₈H₅ClN₂O₃S
Acetonitril, [4-Chlor-benzolsulfonyl]-
　hydroxyimino- 6 328 c

$C_8H_5ClN_2O_3S$ (Fortsetzung)
Methylthiocyanat, [4-Chlor-2-nitro-
phenoxy]- 6 IV 1350 c

$C_8H_5ClN_2O_4S$
Sulfid, [2-Chlor-vinyl]-[2,4-dinitro-phenyl]-
6 IV 1740

$C_8H_5ClN_2O_6$
Essigsäure-[5-chlor-2,4-dinitro-phenylester]
6 I 128 h
Essigsäure, Chlor-, [2,4-dinitro-phenylester]
6 IV 1380

$C_8H_5ClN_2O_6S$
Sulfon, [2-Chlor-vinyl]-[2,4-dinitro-phenyl]-
6 IV 1740

$C_8H_5ClO_2$
Keten, [2-Chlor-phenoxy]- 6 IV 793
−, [4-Chlor-phenoxy]- 6 IV 838

$C_8H_5ClO_3$
Oxalsäure-chlorid-phenylester 6 II 156 i,
IV 621

C_8H_5ClS
Sulfid, Äthinyl-[2-chlor-phenyl]-
6 IV 1570
−, Äthinyl-[4-chlor-phenyl]-
6 IV 1586

$C_8H_5Cl_2FO$
Äther, [2,2-Dichlor-1-fluor-vinyl]-phenyl-
6 III 587 f, IV 601

$C_8H_5Cl_2FO_3$
Essigsäure, [2,4-Dichlor-3-fluor-phenoxy]-
6 IV 959
−, [2,4-Dichlor-5-fluor-phenoxy]-
6 IV 959
−, [2,4-Dichlor-6-fluor-phenoxy]-
6 IV 959
−, [2,5-Dichlor-4-fluor-phenoxy]-
6 IV 959
−, [2,6-Dichlor-4-fluor-phenoxy]-
6 IV 960
−, [3,5-Dichlor-4-fluor-phenoxy]-
6 IV 960
−, [4,5-Dichlor-2-fluor-phenoxy]-
6 IV 960
−, [2,4-Dichlor-phenoxy]-fluor-
6 IV 934

$C_8H_5Cl_2F_3O$
Äther, [2-Chlor-phenyl]-[2-chlor-
1,1,2-trifluor-äthyl]- 6 IV 794
−, [4-Chlor-phenyl]-[2-chlor-
1,1,2-trifluor-äthyl]- 6 IV 839
Anisol, 2,4-Dichlor-3-trifluormethyl-
6 IV 2070

−, 2,6-Dichlor-3-trifluormethyl-
6 IV 2070

$C_8H_5Cl_2IO_2$
Essigsäure-[2,4-dichlor-5-jod-phenylester]
6 III 782 e
− [2,4-dichlor-6-jod-phenylester]
6 II 201 a, III 782 a
− [2,6-dichlor-4-jod-phenylester]
6 I 110 e

$C_8H_5Cl_2IO_3$
Essigsäure, [2,4-Dichlor-5-jod-phenoxy]-
6 III 782 g, IV 1081
−, [2,4-Dichlor-6-jod-phenoxy]-
6 IV 1081

$C_8H_5Cl_2I_3O_2$
Essigsäure-[2-dichlorjodanyl-4,6-dijod-
phenylester] 6 I 112 i
− [4-dichlorjodanyl-2,6-dijod-
phenylester] 6 I 112 i

$C_8H_5Cl_2NO$
Acetonitril, [2,4-Dichlor-phenoxy]-
6 IV 921

$C_8H_5Cl_2NOS$
Methylisothiocyanat, [2,4-Dichlor-
phenoxy]- 6 IV 899 b
Methylthiocyanat, [2,4-Dichlor-phenoxy]-
6 IV 900 d
−, [2,5-Dichlor-phenoxy]-
6 IV 943 d
−, [3,4-Dichlor-phenoxy]-
6 IV 953 g

$C_8H_5Cl_2NO_2S$
Acetonitril, Benzolsulfonyl-dichlor-
6 I 145 h

$C_8H_5Cl_2NO_3$
Äther, [1,2-Dichlor-vinyl]-[4-nitro-phenyl]-
6 IV 1297

$C_8H_5Cl_2NO_4$
Essigsäure-[2,4-dichlor-6-nitro-phenylester]
6 241 e, IV 1358
− [2,5-dichlor-4-nitro-phenylester]
6 II 231 d, IV 1361
− [2,6-dichlor-4-nitro-phenylester]
6 IV 1362
− [3,5-dichlor-4-nitro-phenylester]
6 II 231 i

$C_8H_5Cl_2NO_5$
Essigsäure, [2,4-Dichlor-5-nitro-phenoxy]-
6 III 841 e, IV 1359
−, [2,4-Dichlor-6-nitro-phenoxy]-
6 IV 1359

$C_8H_5Cl_2NS$
Benzylthiocyanat, 2,4-Dichlor- 6 IV 2783

$C_8H_5Cl_3I_2O_2$

Essigsäure-[2-chlor-4-dichlorjodanyl-6-jod-
phenylester] **6** I 112 c

– [2-chlor-6-dichlorjodanyl-4-jod-
phenylester] **6** I 112 c

$C_8H_5Cl_3N_2O_5$

Äthan, 1,1,1-Trichlor-2-[4-nitro-phenyl]-
2-nitryloxy- **6** IV 3058

Äthanol, 2,2,2-Trichlor-1-[3,5-dinitro-
phenyl]- **6** IV 3061

Phenetol, 2,4,6-Trichlor-3,5-dinitro-
6 261 c

$C_8H_5Cl_3O$

Äther, [4-Chlor-phenyl]-[1,2-dichlor-vinyl]-
6 IV 837

–, [4-Chlor-phenyl]-[2,2-dichlor-vinyl]-
6 IV 825

–, Phenyl-trichlorvinyl- **6** 150 g,
IV 601

–, [2,4,5-Trichlor-phenyl]-vinyl-
6 IV 964

–, [2,4,6-Trichlor-phenyl]-vinyl-
6 III 724 e, IV 1006

$C_8H_5Cl_3OS$

Sulfoxid, [4-Chlor-phenyl]-[1,2-dichlor-
vinyl]- **6** IV 1596

Thioessigsäure, Dichlor-, S-[4-chlor-
phenylester] **6** IV 1599

$C_8H_5Cl_3O_2$

Acetaldehyd, [2,4,5-Trichlor-phenoxy]-
6 IV 970

–, [2,4,6-Trichlor-phenoxy]-
6 IV 1008

Acetylchlorid, [2,4-Dichlor-phenoxy]-
6 III 707 b, IV 915

–, [2,5-Dichlor-phenoxy]- **6** IV 944

–, [2,6-Dichlor-phenoxy]- **6** IV 951

Essigsäure-[2,3,6-trichlor-phenylester]
6 190 h; vgl. II 180 c, III 717 b

– [2,4,5-trichlor-phenylester] **6** III 719 f

– [2,4,6-trichlor-phenylester]
6 192 c, II 181 c, III 726 g

Essigsäure, Chlor-, [2,4-dichlor-
phenylester] **6** III 704 e, IV 904

–, Chlor-, [2,6-dichlor-phenylester]
6 III 713 e

–, Chlor-, [3,4-dichlor-phenylester]
6 IV 954

–, Dichlor-, [2-chlor-phenylester]
6 IV 794

–, Trichlor-, phenylester
6 154 a, II 154 f, IV 614

Phenol, 4-Trichlorvinyloxy- **6** 845 l

$C_8H_5Cl_3O_2S$

Essigsäure, [2,3,4-Trichlor-phenylmercapto]-
6 III 1045 d

–, [2,4,5-Trichlor-phenylmercapto]-
6 III 1045 f, IV 1637

–, [2,4,6-Trichlor-phenylmercapto]-
6 IV 1639

Sulfon, [4-Chlor-phenyl]-[1,2-dichlor-vinyl]-
6 IV 1596

–, Phenyl-trichlorvinyl- **6** IV 1512

Thioessigsäure, [2,4,5-Trichlor-phenoxy]-
6 IV 985

$C_8H_5Cl_3O_3$

Essigsäure, [2,3,4-Trichlor-phenoxy]-
6 III 716 d, IV 960

–, [2,3,5-Trichlor-phenoxy]-
6 IV 961

–, [2,3,6-Trichlor-phenoxy]-
6 IV 962

–, [2,4,5-Trichlor-phenoxy]-
6 III 720 c, IV 973

–, [2,4,6-Trichlor-phenoxy]-
6 192 i, III 726 j, IV 1011

–, [3,4,5-Trichlor-phenoxy]-
6 IV 1020

Kohlensäure-phenylester-trichlormethyl≠
ester **6** I 88 g, III 608 b

$C_8H_5Cl_3O_4$

Hydrochinon, 2-Acetoxy-3,5,6-trichlor-
6 1090 a

$C_8H_5Cl_3S$

Sulfid, [4-Chlor-phenyl]-[1,2-dichlor-vinyl]-
6 IV 1596

–, Phenyl-trichlorvinyl- **6** IV 1511

$[C_8H_5Cl_4HgO]^+$

Äthylquecksilber(1+), 2-[2,3,4,6-Tetrachlor-
phenoxy]- **6** IV 1023

$C_8H_5Cl_4IO$

Phenetol, 2,3,5,6-Tetrachlor-4-jod- **6** III 784 c

$C_8H_5Cl_4IO_2$

Essigsäure-[2,4-dichlor-5-dichlorjodanyl-
phenylester] **6** III 782 f

– [2,6-dichlor-4-dichlorjodanyl-
phenylester] **6** I 110 f

$C_8H_5Cl_4NO_3$

Äthanol, 2,2,2-Trichlor-1-[4-chlor-3-nitro-
phenyl]- **6** IV 3058

Phenetol, 2,3,5,6-Tetrachlor-4-nitro-
6 IV 1362

$C_8H_5Cl_4NO_4$

Cyclohexa-2,5-dienon, 2,3,5,6-Tetrachlor-
4-methoxymethyl-4-nitro- **6** 898 d

$C_8H_5Cl_5NO_2P$
Amin, [Dichlor-phenoxy-acetyl]-
trichlorphosphoranyliden- **6** IV 623

$C_8H_5Cl_5O$
Äthanol, 1-Pentachlorphenyl- **6** III 1689 a
—, 2,2,2-Trichlor-1-[2,4-dichlor-
phenyl]- **6** IV 3052
—, 2,2,2-Trichlor-1-[2,5-dichlor-
phenyl]- **6** IV 3052
—, 2,2,2-Trichlor-1-[3,4-dichlor-
phenyl]- **6** III 1689 d, IV 3052
Äther, [4-Chlor-phenyl]-[1,2,2,2-tetrachlor-
äthyl]- **6** III 692 f
—, Methyl-[2,3,4,5,6-pentachlor-
benzyl]- **6** III 1559 c, IV 2599
Phenetol, 2,3,4,5,6-Pentachlor-
6 195 b, III 732 b, IV 1027
Phenol, 2,4,6-Trichlor-3,5-bis-chlormethyl-
6 IV 3158
—, 3,4,5-Trichlor-2,6-bis-chlormethyl-
6 III 1738 j

$C_8H_5Cl_5OS$
Phenol, 2,3,5,6-Tetrachlor-4-[2-chlor-
äthylmercapto]- **6** IV 5832

$C_8H_5Cl_5O_2$
Äthanol, 2-Pentachlorphenoxy-
6 III 733 b, IV 1028
Benzol, 1,4-Dichlor-2-chlormethoxy-
5-dichlormethoxy- **6** IV 5773

$C_8H_5Cl_5O_2S$
Sulfon, [2-Chlor-äthyl]-[2,3,5,6-tetrachlor-
phenyl]- **6** IV 1642

$C_8H_5Cl_5O_3S$
Äthanol, 2-Pentachlorbenzolsulfonyl-
6 IV 1643

$C_8H_5Cl_5O_5S$
Schwefelsäure-mono-[2-pentachlorphenoxy-
äthylester] **6** IV 1029

$C_8H_5Cl_5S$
Sulfid, Äthyl-pentachlorphenyl-
6 III 1046 d, IV 1643

$C_8H_5FN_2O_7$
Essigsäure, [2-Fluor-4,6-dinitro-phenoxy]-
6 IV 1385
—, [4-Fluor-2,6-dinitro-phenoxy]-
6 IV 1385
—, [5-Fluor-2,4-dinitro-phenoxy]-
6 IV 1385

$C_8H_5F_3N_2O_5$
Anisol, 2,4-Dinitro-5-trifluormethyl-
6 III 1330 b
—, 2,4-Dinitro-6-trifluormethyl-
6 III 1278 f

—, 2,6-Dinitro-4-trifluormethyl-
6 IV 2153

$C_8H_5F_3O_2$
Essigsäure, Trifluor-, phenylester
6 IV 613

$C_8H_5F_3O_3$
Essigsäure, [2,3,4-Trifluor-phenoxy]-
6 IV 781
—, [2,3,5-Trifluor-phenoxy]-
6 IV 781
—, [2,4,5-Trifluor-phenoxy]-
6 IV 781
—, [2,4,6-Trifluor-phenoxy]-
6 IV 781

$C_8H_5F_3O_4S$
Essigsäure, Difluor-fluorsulfonyl-,
phenylester **6** IV 621

$C_8H_5F_5O$
Äthanol, 1-Pentafluorphenyl- **6** IV 3044
Phenetol, 2,3,4,5,6-Pentafluor- **6** IV 782

$C_8H_5IN_2O_3S$
Acetonitril, Hydroxyimino-[4-jod-
benzolsulfonyl]- **6** 335 i

$C_8H_5IN_2O_6$
Essigsäure-[2-jod-4,6-dinitro-phenylester]
6 III 872 j

$C_8H_5IN_2O_7$
Essigsäure, [4-Jod-2,5-dinitro-phenoxy]-
6 263 h

$C_8H_5I_2NO_4$
Essigsäure-[2,6-dijod-4-nitro-phenylester]
6 251 a

$C_8H_5I_2NO_4S$
Essigsäure, [2,6-Dijod-4-nitro-phenyl-
mercapto]- **6** IV 1733

$C_8H_5I_3O$
Äther, Phenyl-trijodvinyl- **6** III 588 c

$C_8H_5I_3O_2$
Essigsäure-[2,3,5-trijod-phenylester]
6 211 m
— [2,4,6-trijod-phenylester]
6 212 e, I 112 h

$C_8H_5I_3O_3$
Essigsäure, [2,4,6-Trijod-phenoxy]-
6 III 790 d, IV 1086

$C_8H_5NO_2S$
Carbamidsäure, Thiocarbonyl-, phenyl-
ester **6** 160 f
Sulfid, Äthinyl-[4-nitro-phenyl]-
6 IV 1693

$C_8H_5NO_4S$
Sulfon, Äthinyl-[4-nitro-phenyl]-
6 IV 1693

$C_8H_5NO_6$
Oxalsäure-mono-[2-nitro-phenylester]
   6 IV 1257
$C_8H_5N_3O_4S$
Acetonitril, [2,4-Dinitro-phenylmercapto]-
   6 IV 1761
Benzylthiocyanat, 2,4-Dinitro- 6 I 232 e
$C_8H_5N_3O_4Se$
Phenylselenocyanat, 5-Methyl-2,4-dinitro-
   6 IV 2092
$C_8H_5N_3O_5S$
Phenylthiocyanat, 4-Methoxy-3,5-dinitro-
   6 III 4472 c
$C_8H_5N_3O_6S$
Acetonitril, [2,4-Dinitro-benzolsulfonyl]-
   6 IV 1761
$C_8H_5N_3O_8$
Essigsäure-picrylester 6 291 h, I 141 d,
   II 282 g, III 972 b, IV 1460
$C_8H_6BrClN_2O_6$
Benzol, 1-Brom-3-chlor-2,5-dimethoxy-
   4,6-dinitro- 6 II 851 i
$C_8H_6BrClO_2$
Acetylchlorid, [4-Brom-phenoxy]-
   6 201 c, IV 1052
Chlorokohlensäure-[3-brom-4-methyl-
   phenylester] 6 III 1378 c
Essigsäure-[3-brom-5-chlor-phenylester]
   6 II 187 f
Essigsäure, Brom-, [4-chlor-phenylester]
   6 IV 839
—, Brom-chlor-, phenylester
   6 II 154 h
—, Chlor-, [2-brom-phenylester]
   6 IV 1040
—, Chlor-, [4-brom-phenylester]
   6 IV 1051
$C_8H_6BrClO_3$
Essigsäure, [2-Brom-4-chlor-phenoxy]-
   6 III 749 i, IV 1058
—, [4-Brom-2-chlor-phenoxy]-
   6 III 751 b, IV 1059
C_8H_6BrClS
Äthen, 1-Brom-2-[2-chlor-phenylmercapto]-
   6 IV 1570
Sulfid, [2-Brom-vinyl]-[2-chlor-phenyl]-
   6 IV 1570
$C_8H_6BrCl_2IO_2$
Essigsäure-[2-brom-4-dichlorjodanyl-
   phenylester] 6 I 111 c
$C_8H_6BrCl_3O$
Äthanol, 1-[2-Brom-phenyl]-2,2,2-trichlor-
   6 III 1692 c

—, 1-[4-Brom-phenyl]-2,2,2-trichlor-
   6 II 447 f, IV 3055
Äther, [2-Brom-äthyl]-[2,4,5-trichlor-
   phenyl]- 6 IV 963
—, [2-Brom-äthyl]-[2,4,6-trichlor-
   phenyl]- 6 I 104 b, III 723 d,
   IV 1005
Hypobromigsäure-[2,4,6-trichlor-
   3,5-dimethyl-phenylester] 7 III 543 b
$C_8H_6BrCl_3S$
Sulfid, [2-Brom-4-methyl-phenyl]-
   trichlormethyl- 6 III 1435 f
—, [3-Brom-4-methyl-phenyl]-
   trichlormethyl- 6 III 1435 f
$C_8H_6BrFO_2$
Essigsäure, Fluor-, [4-brom-phenylester]
   6 IV 1051
$C_8H_6BrFO_3$
Essigsäure, [2-Brom-4-fluor-phenoxy]-
   6 IV 1057
—, [4-Brom-2-fluor-phenoxy]-
   6 IV 1058
$C_8H_6BrF_3O$
Anisol, 2-Brom-4-trifluormethyl-
   6 IV 2146
—, 2-Brom-5-trifluormethyl-
   6 IV 2074
—, 4-Brom-3-trifluormethyl-
   6 IV 2074
$C_8H_6BrIO_2$
Essigsäure-[2-brom-4-jod-phenylester]
   6 I 111 b
— [3-brom-5-jod-phenylester]
   6 II 201 e
— [4-brom-2-jod-phenylester] 6 III 784 g
C_8H_6BrNOS
Methylthiocyanat, [4-Brom-phenoxy]-
   6 IV 1050 d
$C_8H_6BrNO_2S$
Acetonitril, [4-Brom-benzolsulfonyl]-
   6 332 d, II 302 a
Sulfid, [2-Brom-vinyl]-[4-nitro-phenyl]-
   6 IV 1690
$C_8H_6BrNO_2Se$
Selenid, [2-Brom-vinyl]-[3-nitro-phenyl]-
   6 IV 1789
—, [2-Brom-vinyl]-[4-nitro-phenyl]-
   6 IV 1790
$C_8H_6BrNO_3S$
Sulfoxid, [2-Brom-vinyl]-[4-nitro-phenyl]-
   6 IV 1691

$C_8H_6BrNO_4$

Essigsäure-[2-brom-4-nitro-phenylester]
6 I 123 f

− [2-brom-5-nitro-phenylester]
6 III 845 e

− [2-brom-6-nitro-phenylester]
6 I 123 d

− [3-brom-5-nitro-phenylester] 6 II 233 j
− [4-brom-2-nitro-phenylester] 6 I 123 b
− [5-brom-2-nitro-phenylester]
6 IV 1363

Essigsäure, Brom-, [2-nitro-phenylester]
6 I 115 f

−, Brom-nitro-, phenylester
6 IV 614

$C_8H_6BrNO_4S$

Essigsäure, Brom-[2-nitro-phenylmercapto]-
6 IV 1670

−, Brom-[4-nitro-phenylmercapto]-
6 IV 1713

−, [4-Brom-2-nitro-phenylmercapto]-
6 IV 1732

Sulfon, [2-Brom-vinyl]-[4-nitro-phenyl]-
6 IV 1692

$C_8H_6BrNO_4Se$

Oxid, Acetyl-[4-brom-2-nitro-benzolselenenyl]-
6 IV 1795

$C_8H_6BrNO_5$

Essigsäure, [2-Brom-4-nitro-phenoxy]-
6 IV 1364

Kohlensäure-[4-brom-2-nitro-phenylester]-
methylester 6 III 843 g

C_8H_6BrNS

Benzylthiocyanat, 2-Brom- 6 467 b
−, 4-Brom- 6 467 f

$C_8H_6Br_2ClIO$

Anisol, 3,5-Dibrom-4-chlor-2-jod-6-methyl-
6 II 337 h

$C_8H_6Br_2Cl_2O$

Anisol, 2,4-Dibrom-6-dichlormethyl-
6 II 335 g

−, 3,5-Dibrom-2,4-dichlor-6-methyl-
6 II 335 e

$C_8H_6Br_2Cl_2O_2$

Benzol, 1,3-Dibrom-4,6-dichlor-
2,5-dimethoxy- 6 II 847 l

Phenol, 2,5-Dibrom-3,6-dichlor-
4-methoxymethyl- 6 899 h

−, 2,4-Dibrom-6-dichlormethyl-
3-methoxy- 6 II 861 a

−, 2,6-Dibrom-4-dichlormethyl-
3-methoxy- 6 II 860 i

$C_8H_6Br_2FNO_2$

Essigsäure, [2,4-Dibrom-6-fluor-phenoxy]-,
amid 6 IV 1065

$C_8H_6Br_2I_2O$

Anisol, 3,5-Dibrom-2,4-dijod-6-methyl-
6 II 338 c

$C_8H_6Br_2N_2O_5$

Anisol, 2,4-Dibrom-6-methyl-3,5-dinitro-
6 II 342 d

−, 2,6-Dibrom-4-methyl-3,5-dinitro-
6 II 392 e

−, 3,5-Dibrom-2-methyl-4,6-dinitro-
6 II 342 b

$C_8H_6Br_2N_2O_6$

Benzol, 1,3-Dibrom-2,5-dimethoxy-
4,6-dinitro- 6 II 852 a

$C_8H_6Br_2O$

Äther, [1,2-Dibrom-vinyl]-phenyl-
6 III 587 g

−, [2,2-Dibrom-vinyl]-phenyl-
6 III 556 a

Phenol, 2,4-Dibrom-6-vinyl- 6 I 277 f
−, 2,6-Dibrom-4-vinyl- 6 562 b

$C_8H_6Br_2O_2$

Essigsäure-[2,4-dibrom-phenylester]
6 I 106 l, III 754 e

− [2,6-dibrom-phenylester]
6 IV 1064

− [3,5-dibrom-phenylester]
6 II 189 h

$C_8H_6Br_2O_2S$

Essigsäure, Brom-[4-brom-phenylmercapto]-
6 IV 1655

−, [2,4-Dibrom-phenylmercapto]-
6 IV 1657

−, [2,5-Dibrom-phenylmercapto]-
6 IV 1658

Sulfon, [1,2-Dibrom-vinyl]-phenyl-
6 IV 1512

$C_8H_6Br_2O_3$

Essigsäure, [2,4-Dibrom-phenoxy]-
6 III 754 j, IV 1063

−, [2,5-Dibrom-phenoxy]-
6 IV 1064

$C_8H_6Br_2S$

Sulfid, [1,2-Dibrom-vinyl]-phenyl-
6 IV 1511

$C_8H_6Br_3ClO$

Äthanol, 2,2,2-Tribrom-1-[2-chlor-phenyl]-
6 III 1693 b

−, 2,2,2-Tribrom-1-[3-chlor-phenyl]-
6 III 1693 f

$C_8H_6Br_3ClO$ (Fortsetzung)

Äthanol, 2,2,2-Tribrom-1-[4-chlor-phenyl]-
6 III 1694 a

Anisol, 2,3,5-Tribrom-4-chlor-6-methyl-
6 II 336 h

—, 3,4,5-Tribrom-2-chlor-6-methyl-
6 II 336 j

Hypochlorigsäure-[3,4,5-tribrom-
2,6-dimethyl-phenylester] 7 III 542 b

$C_8H_6Br_3ClO_2$

Benzol, 1,2,4-Tribrom-5-chlor-
3,6-dimethoxy- 6 II 848 d

$C_8H_6Br_3IO$

Anisol, 3,4,5-Tribrom-2-jod-6-methyl-
6 II 338 a

Phenol, 2,3,5-Tribrom-4-jodmethyl-
6-methyl- 6 490 d

$C_8H_6Br_3IO_2$

Benzylalkohol, 2,3,5-Tribrom-6-jodmethyl-
4-hydroxy- 6 910 b

$C_8H_6Br_3NO_2$

Essigsäure, [2,4,6-Tribrom-phenoxy]-,
amid 6 205 j

$C_8H_6Br_3NO_3$

Anisol, 2,4,5-Tribrom-6-methyl-3-nitro-
6 II 340 k

—, 2,4,6-Tribrom-3-methyl-5-nitro-
6 II 362 g

Cyclohexa-2,5-dienon, 2,3,5-Tribrom-
4,6-dimethyl-4-nitro- 6 489 g; vgl.
I 245 f

—, 2,3,6-Tribrom-4,5-dimethyl-4-nitro-
6 482 i; vgl. I 245 f

—, 2,4,5-Tribrom-3,6-dimethyl-4-nitro-
6 496 f, I 245 f

Phenetol, 2,3,4-Tribrom-6-nitro- 6 248 e

—, 2,3,6-Tribrom-5-nitro- 6 248 i

—, 2,4,5-Tribrom-3-nitro- 6 248 i

—, 2,4,6-Tribrom-3-nitro- 6 248 g

—, 3,4,5-Tribrom-2-nitro-
6 III 850 b

Phenol, 4-Äthyl-2,3,5-tribrom-6-nitro-
6 475 b

$C_8H_6Br_3NO_4$

Benzol, 1,2,3-Tribrom-4,5-dimethoxy-
6-nitro- 6 790 l, III 4273 d

—, 1,3,5-Tribrom-2,4-dimethoxy-
6-nitro- 6 826 k

Phenol, 3-Äthoxy-2,4,6-tribrom-5-nitro-
6 826 l

$C_8H_6Br_3O_3PS$

[1,3,2]Dioxaphospholan-2-sulfid, 2-[2,4,6-
Tribrom-phenoxy]- 6 IV 1069 b

$C_8H_6Br_4O$

Äthanol, 1-[2,3,4,5-Tetrabrom-phenyl]-
6 III 1694 b

Äther, [2-Brom-äthyl]-[2,4,6-tribrom-
phenyl]- 6 III 762 b

—, Phenyl-[1,1,2,2-tetrabrom-äthyl]-
6 154 d

—, Phenyl-[1,2,2,2-tetrabrom-äthyl]-
6 150 e

Anisol, 2,6-Dibrom-4-dibrommethyl-
6 II 386 g

—, 2,3,4,5-Tetrabrom-6-methyl-
6 363 b

—, 2,3,4,6-Tetrabrom-5-methyl-
6 384 b, II 359 b

Hypobromigsäure-[3,4,5-tribrom-
2,6-dimethyl-phenylester] 7 III 542 c

Phenol, 2-Äthyl-3,4,5,6-tetrabrom-
6 III 1658 j

—, 3-Äthyl-2,4,5,6-tetrabrom-
6 III 1663 b

—, 4-Äthyl-2,3,5,6-tetrabrom-
6 473 e, III 1670 a

—, 2,4-Dibrom-6-[1,2-dibrom-äthyl]-
6 471 g, I 234 c, III 1659 c

—, 2,6-Dibrom-4-[1,2-dibrom-äthyl]-
6 473 h

—, 2,3,6-Tribrom-4-[1-brom-äthyl]- 6 473 g

—, 2,3,5-Tribrom-4-brommethyl-
6-methyl- 6 489 k

—, 2,3,6-Tribrom-4-brommethyl-
5-methyl- 6 482 l

—, 2,3,6-Tribrom-5-brommethyl-
4-methyl- 6 483 b

—, 2,4,5-Tribrom-3-brommethyl-
6-methyl- 6 496 i

—, 2,4,5-Tribrom-6-brommethyl-
3-methyl- 6 496 h

$C_8H_6Br_4O_2$

Äthanol, 2-Brom-1-[2,3,5-tribrom-
4-hydroxy-phenyl]- 6 905 c

—, 2,2-Dibrom-1-[3,5-dibrom-
4-hydroxy-phenyl]- 6 905 h

Benzol, 1,2,3,4-Tetrabrom-5,6-dimethoxy-
6 786 g, II 788 g

—, 1,2,4,5-Tetrabrom-3,6-dimethoxy-
6 II 848 f

Benzylalkohol, 2,3,5-Tribrom-
4-brommethyl-6-hydroxy- 6 918 h

—, 2,3,5-Tribrom-6-brommethyl-
4-hydroxy- 6 909 f

Phenol, 2,6-Dibrom-4-dibrommethyl-
3-methoxy- 6 II 861 b

$C_8H_6Br_4O_2$ (Fortsetzung)

Phenol, 2,3,4,5-Tetrabrom-6-methoxymethyl-
   6 895 d

—, 2,3,5,6-Tetrabrom-4-methoxymethyl-
   6 900 d

$C_8H_6Br_4O_3S$

Äthanol, 2-[2,3,5,6-Tetrabrom-benzolsulfonyl]-
   6 IV 1658

C_8H_6ClFO

Äther, [2-Chlor-1-fluor-vinyl]-phenyl-
   6 III 587 c

$C_8H_6ClFO_2$

Acetylchlorid, [4-Fluor-phenoxy]-
   6 IV 777

Essigsäure, Chlor-, [2-fluor-phenylester]
   6 III 667 d

—, Fluor-, [4-chlor-phenylester]
   6 IV 839

$C_8H_6ClFO_3$

Essigsäure, [2-Chlor-4-fluor-phenoxy]-
   6 IV 880

—, [2-Chlor-5-fluor-phenoxy]-
   6 IV 880

—, [3-Chlor-2-fluor-phenoxy]-
   6 IV 880

—, [3-Chlor-4-fluor-phenoxy]-
   6 IV 881

—, [4-Chlor-2-fluor-phenoxy]-
   6 IV 881

—, [4-Chlor-3-fluor-phenoxy]-
   6 IV 881

$C_8H_6ClF_3O$

Äthanol, 1-[4-Chlor-phenyl]-2,2,2-trifluor-
   6 IV 3047

Äther, [2-Chlor-1,1,2-trifluor-äthyl]-phenyl-
   6 IV 614

Anisol, 2-Chlor-4-trifluormethyl-
   6 IV 2068

—, 4-Chlor-3-trifluormethyl-
   6 IV 2069

$C_8H_6ClF_3S$

Sulfid, [2-Chlor-1,1,2-trifluor-äthyl]-phenyl-
   6 IV 1523

$C_8H_6ClIO_2$

Essigsäure-[2-chlor-4-jod-phenylester]
   6 I 110 a

— [2-chlor-5-jod-phenylester] **6** III 780 g

— [3-chlor-5-jod-phenylester] **6** II 200 i

— [4-chlor-2-jod-phenylester] **6** III 779 f

Essigsäure, Chlor-jod-, phenylester
   6 II 155 a

$C_8H_6ClIO_3$

Essigsäure, [2-Chlor-4-jod-phenoxy]-
   6 III 781 i

—, [4-Chlor-2-jod-phenoxy]-
   6 III 779 g, IV 1080

C_8H_6ClNO

Acetonitril, [2-Chlor-phenoxy]- **6** IV 796

—, [3-Chlor-phenoxy]- **6** IV 816

—, [4-Chlor-phenoxy]- **6** IV 848

C_8H_6ClNOS

Acetonitril, [4-Chlor-benzolsulfinyl]-
   6 IV 1602

Methylthiocyanat, [2-Chlor-phenoxy]-
   6 IV 792 c

—, [3-Chlor-phenoxy]- **6** IV 814 b

—, [4-Chlor-phenoxy]- **6** IV 835 f

Phenylthiocyanat, 2-Chlor-6-methoxy-
   6 II 798 f

$C_8H_6ClNO_2S$

Acetonitril, [4-Chlor-benzolsulfonyl]-
   6 328 l, II 298 e, III 1039 a

Sulfid, [2-Chlor-vinyl]-[3-nitro-phenyl]-
   6 IV 1681

—, [2-Chlor-vinyl]-[4-nitro-phenyl]-
   6 IV 1690

$C_8H_6ClNO_3$

Oxalamidsäure-[4-chlor-phenylester]
   6 IV 841

Phenol, 4-Chlor-2-[2-nitro-vinyl]-
   6 IV 3773

$C_8H_6ClNO_3S$

Acetylchlorid, [2-Nitro-phenylmercapto]-
   6 IV 1670

Sulfoxid, [2-Chlor-vinyl]-[3-nitro-phenyl]-
   6 IV 1681

—, [2-Chlor-vinyl]-[4-nitro-phenyl]-
   6 IV 1690

Thioessigsäure, Chlor-, S-[4-nitro-
   phenylester] **6** IV 1709

$C_8H_6ClNO_4$

Acetylchlorid, [2-Nitro-phenoxy]-
   6 I 115 j, II 211 f

—, [3-Nitro-phenoxy]- **6** II 215 g

—, [4-Nitro-phenoxy]- **6** I 120 j,
   II 224 e

Chlorokohlensäure-[4-nitro-benzylester]
   6 452 c, IV 2615

Essigsäure-[2-chlor-3-nitro-phenylester]
   6 III 837 f

— [2-chlor-4-nitro-phenylester]
   6 240 h

— [2-chlor-5-nitro-phenylester]
   6 III 839 b

C₈H₆ClNO₄ (Fortsetzung)

Essigsäure-[3-chlor-5-nitro-phenylester]
6 II 228 h
– [4-chlor-2-nitro-phenylester]
6 238 e
– [4-chlor-3-nitro-phenylester]
6 239 k, III 838 d
Essigsäure, Chlor-, [2-nitro-phenylester]
6 I 115 e
–, Chlor-, [3-nitro-phenylester]
6 IV 1273
–, Chlor-, [4-nitro-phenylester]
6 III 223 g, IV 1298
–, Chlor-nitro-, phenylester
6 IV 614

C₈H₆ClNO₄S

Essigsäure, [4-Chlor-2-nitro-phenyl≠
mercapto]- 6 II 313 c, III 1080 f
–, [5-Chlor-2-nitro-phenylmercapto]-
6 III 1082 i
Sulfon, [4-Chlor-3-nitro-phenyl]-vinyl-
6 IV 1727
–, [2-Chlor-vinyl]-[3-nitro-phenyl]-
6 IV 1682
–, [2-Chlor-vinyl]-[4-nitro-phenyl]-
6 IV 1691

C₈H₆ClNO₄Se

Oxid, Acetyl-[4-chlor-2-nitro-benzolselenenyl]-
6 IV 1792

C₈H₆ClNO₅

Essigsäure, [2-Chlor-4-nitro-phenoxy]-
6 IV 1355
–, [4-Chlor-2-nitro-phenoxy]-
6 IV 1350
–, [4-Chlor-3-nitro-phenoxy]- 6 III 838 e

C₈H₆ClNO₆S

Essigsäure, [4-Chlor-2-nitro-benzolsulfonyl]-
6 II 313 d, III 1080 g

C₈H₆ClNS

Benzylthiocyanat, 2-Chlor- 6 IV 2768
–, 3-Chlor- 6 IV 2770
–, 4-Chlor- 6 466 e

C₈H₆ClNS₂

Methylthiocyanat, [4-Chlor-phenyl≠
mercapto]- 6 IV 1595 c

C₈H₆ClN₃O₂S

Sulfon, [2-Azido-vinyl]-[4-chlor-phenyl]-
6 IV 1584

C₈H₆ClN₃O₇

Äthan, 2-Chlor-1-[2,4-dinitro-phenyl]-
1-nitryloxy- 6 IV 3060
–, 2-Chlor-1-[3,5-dinitro-phenyl]-
1-nitryloxy- 6 IV 3060

Phenetol, 3-Chlor-2,4,6-trinitro- 6 292 c

C₈H₆ClN₃O₈

Benzol, 1-Chlor-3,5-dimethoxy-
2,4,6-trinitro- 6 II 826 c

C₈H₆Cl₂F₂O

Äthanol, 2-Chlor-1-[4-chlor-phenyl]-
2,2-difluor- 6 IV 3049
Äther, [2,2-Dichlor-1,1-difluor-äthyl]-
phenyl- 6 III 599 b, IV 614

C₈H₆Cl₂F₂S

Sulfid, [1,2-Dichlor-1,2-difluor-äthyl]-
phenyl- 6 IV 1523

C₈H₆Cl₂INO₂

Essigsäure, [2,4-Dichlor-5-jod-phenoxy]-,
amid 6 III 783 f

C₈H₆Cl₂I₂O₂

Essigsäure-[2-dichlorjodanyl-4-jod-
phenylester] 6 I 111 m
– [4-dichlorjodanyl-2-jod-
phenylester] 6 I 111 m

C₈H₆Cl₂N₂O₅

Acetohydroxamsäure, 2-[2,4-Dichlor-
5-nitro-phenoxy]- 6 IV 1360

C₈H₆Cl₂N₂O₆

Benzol, 1,3-Dichlor-2,5-dimethoxy-
4,6-dinitro- 6 II 851 g

C₈H₆Cl₂N₂O₈S

Methansulfonsäure-[3,5-dichlor-4-methoxy-
2,6-dinitro-phenylester] 6 IV 5790

C₈H₆Cl₂N₂O₈S₂

Benzol, 1,2-Bis-[chlorsulfonyl-carbamoyloxy]-
6 IV 5585

C₈H₆Cl₂O

Äther, [2,4-Dichlor-phenyl]-vinyl-
6 III 702 b, IV 888
–, [1,2-Dichlor-vinyl]-phenyl-
6 IV 601

C₈H₆Cl₂OS

Sulfoxid, [2-Chlor-phenyl]-[2-chlor-vinyl]-
6 IV 1570
–, [4-Chlor-phenyl]-[2-chlor-vinyl]-
6 IV 1583
Thioessigsäure, Chlor-, S-[4-chlor-
phenylester] 6 IV 1599

C₈H₆Cl₂O₂

Acetaldehyd, [2,4-Dichlor-phenoxy]-
6 IV 901
Acetylchlorid, [2-Chlor-phenoxy]-
6 II 172 j, IV 796
–, [4-Chlor-phenoxy]- 6 II 177 h,
IV 846
Chlorokohlensäure-[4-chlor-2-methyl-
phenylester] 6 III 1265 i

$C_8H_6Cl_2O_2$ (Fortsetzung)
Chlorokohlensäure-[5-chlor-2-methyl-
phenylester] 6 III 1264 e
Essigsäure-[2,4-dichlor-phenylester]
6 189 d, III 704 d
– [2,5-dichlor-phenylester]
6 IV 943
– [2,6-dichlor-phenylester] 6 III 713 d
– [3,5-dichlor-phenylester] 6 II 179 g
Essigsäure, Chlor-, [2-chlor-phenylester]
6 III 677 g
–, Chlor-, [3-chlor-phenylester]
6 IV 814
–, Chlor-, [4-chlor-phenylester]
6 I 101 i
–, Dichlor-, phenylester 6 153 c,
I 87 e, II 154 d, IV 614
$C_8H_6Cl_2O_2S$
Essigsäure, [2,3-Dichlor-phenylmercapto]-
6 IV 1610
–, [2,4-Dichlor-phenylmercapto]-
6 I 150 j, III 1042 e, IV 1615
–, [2,5-Dichlor-phenylmercapto]-
6 330 e, II 299 e
–, [2,6-Dichlor-phenylmercapto]-
6 IV 1623
–, [3,4-Dichlor-phenylmercapto]-
6 I 150 k, IV 1629
–, [3,5-Dichlor-phenylmercapto]-
6 IV 1633
Sulfon, [2-Chlor-phenyl]-[2-chlor-vinyl]-
6 IV 1570
–, [3-Chlor-phenyl]-[2-chlor-vinyl]-
6 IV 1577
–, [4-Chlor-phenyl]-[2-chlor-vinyl]-
6 IV 1583
–, [1,2-Dichlor-vinyl]-phenyl-
6 IV 1512
Thioessigsäure, [2,4-Dichlor-phenoxy]-
6 IV 921
$C_8H_6Cl_2O_3$
Ameisensäure-[2,4-dichlor-phenoxymethyl-
ester] 6 IV 896
Chlorokohlensäure-[4-chlor-2-methoxy-
phenylester] 6 III 4252 a
Essigsäure, Dichlor-phenoxy- 6 IV 621
–, [2,3-Dichlor-phenoxy]- 6 IV 883
–, [2,4-Dichlor-phenoxy]-
6 III 705 b, IV 908
–, [2,5-Dichlor-phenoxy]-
6 III 712 g, IV 944
–, [2,6-Dichlor-phenoxy]-
6 III 714 h, IV 950

–, [3,4-Dichlor-phenoxy]-
6 III 715 g, IV 954
–, [3,5-Dichlor-phenoxy]-
6 III 715 j, IV 958
Kohlensäure-dichlormethylester-phenylester
6 I 88 f
Phenol, 4-Acetoxy-2,5-dichlor- 6 IV 5773
$C_8H_6Cl_2O_3S$
Essigsäure, [2,4-Dichlor-benzolsulfinyl]-
6 III 1042 f
$C_8H_6Cl_2O_4$
Essigsäure, [2,4-Dichlor-5-hydroxy-
phenoxy]- 6 IV 5685
–, [2,4-Dichlor-6-hydroxy-phenoxy]-
6 IV 5617
–, [3,5-Dichlor-2-hydroxy-phenoxy]-
6 IV 5617
$C_8H_6Cl_2O_4S$
Essigsäure, [2,4-Dichlor-benzolsulfonyl]-
6 III 1042 g, IV 1616
$C_8H_6Cl_2S$
Sulfid, [2-Chlor-phenyl]-[2-chlor-vinyl]-
6 IV 1570
–, [3-Chlor-phenyl]-[2-chlor-vinyl]-
6 IV 1577
–, [4-Chlor-phenyl]-[2-chlor-vinyl]-
6 IV 1583
–, [3,4-Dichlor-phenyl]-vinyl-
6 IV 1625
–, [1,2-Dichlor-vinyl]-phenyl-
6 III 1005 h, IV 1511
$C_8H_6Cl_3FO$
Äthanol, 2,2-Dichlor-1-[4-chlor-phenyl]-
2-fluor- 6 IV 3049
$[C_8H_6Cl_3HgO]^+$
Äthylquecksilber(1+), 2-[2,4,6-Trichlor-
phenoxy]- 6 IV 1015
$C_8H_6Cl_3IO$
Äther, [2-Jod-äthyl]-[2,4,5-trichlor-phenyl]-
6 IV 964
Phenetol, 2,3,5-Trichlor-4-jod- 6 209 i
–, 2,3,6-Trichlor-4-jod- 6 209 i
$C_8H_6Cl_3IO_2$
Benzol, 1,2,4-Trichlor-5-jod-3,6-dimethoxy-
6 856 b
Essigsäure-[2-chlor-4-dichlorjodanyl-
phenylester] 6 I 110 b
– [2-chlor-5-dichlorjodanyl-
phenylester] 6 III 780 h
$C_8H_6Cl_3IO_3$
Benzol, 1,2,4-Trichlor-5-jodosyl-
3,6-dimethoxy- 6 856 c

C₈H₆Cl₃IS

Sulfid, [5-Jod-2-methyl-phenyl]-trichlormethyl-
6 I 182 d

C₈H₆Cl₃NO

Acetimidsäure, 2,2,2-Trichlor-, phenylester
6 II 154 g

C₈H₆Cl₃NO₂

Carbamidsäure, Methyl-, [2,4,5-trichlor-
phenylester] 6 IV 973
—, Methyl-, [2,4,6-trichlor-
phenylester] 6 IV 1010
Essigsäure, [2,3,4-Trichlor-phenoxy]-,
amid 6 IV 961
—, [2,3,5-Trichlor-phenoxy]-, amid
6 IV 961
—, [2,3,6-Trichlor-phenoxy]-, amid
6 IV 962
—, [2,4,5-Trichlor-phenoxy]-, amid
6 III 721 a, IV 980
—, [2,4,6-Trichlor-phenoxy]-, amid
6 III 727 d, IV 1012
—, [3,4,5-Trichlor-phenoxy]-, amid
6 IV 1020

C₈H₆Cl₃NO₃

Acetohydroxamsäure, 2-[2,4,5-Trichlor-
phenoxy]- 6 IV 984
—, 2-[2,4,6-Trichlor-phenoxy]-
6 IV 1012
Äthanol, 2,2,2-Trichlor-1-[3-nitro-phenyl]-
6 IV 3058
—, 2,2,2-Trichlor-1-[4-nitro-phenyl]-
6 IV 3058
Phenetol, 2,3,6-Trichlor-4-nitro-
6 243 a, II 232 a

C₈H₆Cl₃NO₃S

Äthanol, 2,2,2-Trichlor-1-[4-nitro-
phenylmercapto]- 6 IV 1705
Essigsäure, Benzolsulfonyl-dichlor-,
chloramid 6 311 b

C₈H₆Cl₃NO₄

Benzol, 1,2,3-Trichlor-4,5-dimethoxy-
6-nitro- 6 790 c
—, 1,2,3-Trichlor-4,6-dimethoxy-
5-nitro- 6 IV 5695

C₈H₆Cl₃NO₅S

Carbamidsäure, [2,4,6-Trichlor-
phenoxysulfonyl]-, methylester
6 IV 1015

C₈H₆Cl₃O₃PS

[1,3,2]Dioxaphospholan-2-sulfid, 2-[2,4,5-
Trichlor-phenoxy]- 6 IV 996 b
—, 2-[2,4,6-Trichlor-phenoxy]-
6 IV 1017 g

C₈H₆Cl₄NO₃P

Amidophosphorylchlorid, [Dichlor-
phenoxy-acetyl]- 6 IV 623

C₈H₆Cl₄O

Äthanol, 2,2,2-Trichlor-1-[2-chlor-phenyl]-
6 III 1686 d, IV 3050
—, 2,2,2-Trichlor-1-[3-chlor-phenyl]-
6 III 1687 c, IV 3050
—, 2,2,2-Trichlor-1-[4-chlor-phenyl]-
6 III 1687 g, IV 3050
Äther, [2-Chlor-äthyl]-[2,4,5-trichlor-
phenyl]- 6 III 723 c, IV 963
—, [2-Chlor-phenyl]-[1,2,2-trichlor-
äthyl]- 6 IV 792
—, [1,2-Dichlor-äthyl]-[2,4-dichlor-
phenyl]- 6 IV 900
—, Phenyl-[1,1,2,2-tetrachlor-äthyl]-
6 IV 614
Anisol, 2,3,4,5-Tetrachlor-6-methyl-
6 I 176 a
Hypochlorigsäure-[2,4,6-trichlor-
3,5-dimethyl-phenylester] 6 IV 3158
Phenetol, 2,3,4,6-Tetrachlor- 6 193 f,
III 730 b
—, 2,3,5,6-Tetrachlor- 6 III 731 a
Phenol, 2,3,4-Trichlor-5-chlormethyl-
6-methyl- 6 II 454 h
—, 2,3,4-Trichlor-6-chlormethyl-
5-methyl- 6 II 454 h

C₈H₆Cl₄OS

Methansulfensäure, Trichlor-, [4-chlor-
2-methyl-phenylester] 6 IV 1999
—, Trichlor-, [4-chlor-3-methyl-
phenylester] 6 IV 2066

C₈H₆Cl₄O₂

Äthanol, 2-[2,3,4,6-Tetrachlor-phenoxy]-
6 III 730 e
—, 2,2,2-Trichlor-1-[3-chlor-
4-hydroxy-phenyl]- 6 IV 5932
Benzol, 1,4-Dichlor-2,5-bis-chlormethoxy-
6 IV 5773
—, 1,4-Dichlor-2-dichlormethoxy-
5-methoxy- 6 IV 5773
—, 1,2,3,4-Tetrachlor-5,6-bis-
hydroxymethyl- 6 IV 5954
—, 1,2,3,4-Tetrachlor-5,6-dimethoxy-
6 784 d, IV 5620
—, 1,2,3,5-Tetrachlor-4,6-dimethoxy-
6 IV 5687
—, 1,2,4,5-Tetrachlor-3,6-dimethoxy-
6 851 d, II 846 e, III 4436 d
Phenol, 4-Äthoxy-2,3,5,6-tetrachlor-
6 IV 5776

$C_8H_6Cl_4O_2$ (Fortsetzung)
Phenol, 2,3,5,6-Tetrachlor-4-methoxymethyl-
  6 898 d

$C_8H_6Cl_4O_2S$
Äthanol, 2-[2,3,5,6-Tetrachlor-4-hydroxy-
phenylmercapto]- **6** IV 5832
Sulfon, [4-Chlor-2-methyl-phenyl]-
trichlormethyl- **6** IV 2030
–, Phenyl-[1,2,2,2-tetrachlor-äthyl]-
  6 IV 1510

$C_8H_6Cl_4O_3S$
Äthanol, 2-[2,3,5,6-Tetrachlor-benzolsulfonyl]-
  6 IV 1642

$C_8H_6Cl_4S$
Sulfid, [2-Chlor-äthyl]-[2,4,6-trichlor-
phenyl]- **6** III 1046 a
–, Phenyl-[1,1,2,2-tetrachlor-äthyl]-
  6 III 1009 e
–, Phenyl-[1,2,2,2-tetrachlor-äthyl]-
  6 IV 1509

$C_8H_6Cl_4S_2$
Benzol, 1,5-Dichlor-2,4-bis-chlormethyl-
mercapto- **6** IV 5708
–, 1,2,4,5-Tetrachlor-3,6-bis-
methylmercapto- **6** IV 5848
Thiophenol, 4-Äthylmercapto-
2,3,5,6-tetrachlor- **6** IV 5848

$C_8H_6Cl_5IO_2$
Benzol, 1,2,4-Trichlor-5-dichlorjodanyl-
3,6-dimethoxy- **6** 856 c

$C_8H_6Cl_5IS$
Sulfid, [5-Dichlorjodanyl-2-methyl-phenyl]-
trichlormethyl- **6** I 182 e

$C_8H_6Cl_5NS$
Äthylamin, 2-Pentachlorphenylmercapto-
  6 IV 1646

$C_8H_6Cl_5O_2P$
Dichlorophosphorsäure-[2-methyl-
6-trichlormethyl-phenylester] **6** 485 e

$C_8H_6Cl_6O$
Methanol, [1,4,5,6,7,7-Hexachlor-norborn-
5-en-2-yl]- **6** III 374 f, IV 358

$C_8H_6FIO_3$
Essigsäure, [2-Fluor-4-jod-phenoxy]-
  6 IV 1080
–, [4-Fluor-2-jod-phenoxy]-
  6 IV 1080

$C_8H_6FNO_5$
Essigsäure, [2-Fluor-4-nitro-phenoxy]-
  6 IV 1347
–, [4-Fluor-2-nitro-phenoxy]-
  6 IV 1347

–, [5-Fluor-2-nitro-phenoxy]-
  6 IV 1347

$C_8H_6F_2O_2$
Essigsäure, Fluor-, [4-fluor-phenylester]
  6 IV 775

$C_8H_6F_2O_3$
Essigsäure, [2,4-Difluor-phenoxy]-
  6 IV 779
–, [2,5-Difluor-phenoxy]- **6** IV 780
–, [2,6-Difluor-phenoxy]- **6** IV 780
–, [3,4-Difluor-phenoxy]- **6** IV 780
–, [3,5-Difluor-phenoxy]- **6** IV 780

$C_8H_6F_3NOS$
Thiocarbamidsäure, Trifluormethyl-,
S-phenylester **6** IV 1528

$C_8H_6F_3NO_2$
Carbamidsäure-[3-trifluormethyl-
phenylester] **6** IV 2062
Carbamidsäure, Trifluormethyl-,
phenylester **6** IV 631

$C_8H_6F_3NO_3$
Anisol, 2-Nitro-4-trifluormethyl-
  6 III 1387 g, IV 2150
–, 3-Nitro-5-trifluormethyl-
  6 IV 2076
–, 4-Nitro-3-trifluormethyl-
  6 III 1328 d, IV 2076

$C_8H_6F_3NO_3S$
Sulfoxid, [4-Methyl-2-nitro-phenyl]-
trifluormethyl- **6** III 1438 g

$C_8H_6F_3NO_4S$
Sulfon, [4-Methyl-2-nitro-phenyl]-
trifluormethyl- **6** III 1438 h
–, Methyl-[2-nitro-4-trifluormethyl-
phenyl]- **6** III 1439 c

$C_8H_6F_3NO_5S$
Benzol, 1-Methoxy-2-nitro-4-trifluor-
methansulfonyl- **6** IV 5836

$C_8H_6F_4O$
Äthanol, 1-[2,4-Difluor-phenyl]-2,2-difluor-
  6 IV 3044
–, 1-[2,5-Difluor-phenyl]-2,2-difluor-
  6 IV 3044
Äther, Phenyl-[1,1,2,2-tetrafluor-äthyl]-
  6 III 598 f

$C_8H_6F_4O_2$
Benzol, 1,2,4,5-Tetrafluor-3,6-dimethoxy-
  6 IV 5767

$C_8H_6F_4O_4S_2$
Essigsäure, [Tetrafluor-cyclobut-1-en-
1,2-diyldimercapto]-di- **6** IV 5274

$C_8H_6N_2O_3SSe$ (Fortsetzung)

Selan, [4-Methoxy-2-nitro-phenyl]-
thiocyanato- **6** IV 5854 f

$C_8H_6N_2O_3Se$

Phenylselenocyanat, 2-Methoxy-4-nitro-
6 IV 5657

–, 4-Methoxy-2-nitro- **6** IV 5854

$C_8H_6N_2O_3Se_2$

Diselan, Cyan-[4-methoxy-2-nitro-phenyl]-
6 IV 5855 a

$C_8H_6N_2O_4S$

Acetonitril, [3-Nitro-benzolsulfonyl]-
6 II 309 e

$C_8H_6N_2O_5$

Oxalamidsäure-[4-nitro-phenylester]
6 IV 1300

Phenol, 2-Nitro-6-[2-nitro-vinyl]-
6 I 277 l

$C_8H_6N_2O_5S$

Acetaldehyd, [2,4-Dinitro-phenylmercapto]-
6 IV 1758

$C_8H_6N_2O_5S_2$

Disulfan, Acetyl-[2,4-dinitro-phenyl]-
6 IV 1770

$C_8H_6N_2O_6$

Cyclobutabenzen, 1,2-Bis-nitryloxy-
1,2-dihydro- **6** IV 6320

Essigsäure-[2,4-dinitro-phenylester]
6 255 m, I 127 a, III 866 b,
IV 1380

– [3,5-dinitro-phenylester]
6 258 e

$C_8H_6N_2O_6S$

Anhydrid, [2,4-Dinitro-benzolsulfensäure]-
essigsäure- **6** IV 1767

Essigsäure, [2,4-Dinitro-phenylmercapto]-
6 343 m, I 163 e, III 1099 i,
IV 1760

$C_8H_6N_2O_6S_2$

Essigsäure, [2,4-Dinitro-phenyldisulfanyl]-
6 IV 1771

$C_8H_6N_2O_6Se$

Anhydrid, [2,4-Dinitro-benzolselenensäure]-
essigsäure- **6** III 1122 f, IV 1797

Essigsäure, [2,4-Dinitro-phenylselanyl]-
6 II 322 e

$C_8H_6N_2O_7$

Essigsäure, [2,4-Dinitro-phenoxy]-
6 256 b, I 127 b, II 244 g

–, [3,5-Dinitro-phenoxy]- **6** 259 a

Phenol, 2-Acetoxy-4,6-dinitro-
6 II 794 d, IV 5632

–, 4-Acetoxy-2,6-dinitro- **6** I 418 k,
II 851 c, III 4445 c

$C_8H_6N_2O_8$

Brenzcatechin, 3-Acetoxy-4,6-dinitro-
6 II 1071 a

$C_8H_6N_2O_8S$

Essigsäure, [2,4-Dinitro-benzolsulfonyl]-
6 I 163 f

$C_8H_6N_4O_4S$

Sulfon, [2-Azido-vinyl]-[4-nitro-phenyl]-
6 IV 1692

$C_8H_6N_4O_7S$

Thiocarbimidsäure-O-methylester-
S-picrylester **6** IV 1775

$C_8H_6N_4O_9$

Äthan, 1-[2,4-Dinitro-phenyl]-2-nitro-
1-nitryloxy- **6** III 1696 g

Phenetol, 2,3,5,6-Tetranitro- **6** 293 b,
I 142 c

Salpetersäure-[2,4,6-trinitro-phenäthylester]
6 I 239 c

$C_8H_6N_4O_{10}$

Phenol, 3-Äthoxy-2,4,5,6-tetranitro-
6 833 h

Salpetersäure-[2-picryloxy-äthylester]
6 III 971 b, IV 1460

$C_8H_6N_4O_{11}$

Phenol, 2,4,6-Trinitro-3-[2-nitryloxy-
äthoxy]- **6** III 4363 a

C_8H_6O

Äther, Äthinyl-phenyl- **6** 145 h, III 560 a,
IV 565

Phenol, 2-Äthinyl- **6** III 2735 a,
IV 4063

$C_8H_6O_2$

Keten, Phenoxy- **6** IV 606

$C_8H_6O_2S$

Sulfon, Äthinyl-phenyl- **6** IV 1486

C_8H_6S

Sulfid, Äthinyl-phenyl- **6** IV 1486

C_8H_6Se

Selenid, Äthinyl-phenyl- **6** IV 1779

$C_8H_7BrCl_2O$

Äthanol, 2-Brom-1-[2,4-dichlor-phenyl]-
6 III 1691 g

–, 2-Brom-1-[2,5-dichlor-phenyl]-
6 III 1691 h

–, 2-Brom-1-[2,6-dichlor-phenyl]-
6 III 1692 a

–, 2-Brom-1-[3,4-dichlor-phenyl]-
6 III 1692 b

Äther, [2-Brom-äthyl]-[2,4-dichlor-phenyl]-
6 IV 886

C₈H₇BrCl₂O (Fortsetzung)

Äther, [2-Brom-äthyl]-[2,5-dichlor-phenyl]-
　6 IV 942

Anisol, 3-Brom-4,6-dichlor-2-methyl-
　6 II 334 d

—, 4-Brommethyl-2,6-dichlor-
　6 IV 2146

Phenol, 2-Brom-4,6-dichlor-3,5-dimethyl-
　6 III 1762 e

—, 3-Brom-4,5-dichlor-2,6-dimethyl-
　6 III 1739 d

—, 4-Brom-2,6-dichlor-3,5-dimethyl-
　6 III 1762 d, IV 3159

C₈H₇BrCl₂O₃

Phenol, 3-Brom-4,5-dichlor-2,6-dimethoxy-
　6 II 1068 e

C₈H₇BrF₂S

Sulfid, [2-Brom-1,1-difluor-äthyl]-phenyl-
　6 IV 1523

C₈H₇BrI₂O

Phenetol, 2-Brom-4,6-dijod- 6 III 788 f

—, 4-Brom-2,6-dijod- 6 II 202 p

Phenol, 4-Brom-2,6-dijod-3,5-dimethyl-
　6 III 1763 h

C₈H₇BrN₂O₄S

Essigsäure, [4-Brom-benzolsulfonyl]-
　hydroxyimino-, amid 6 331 h

Sulfid, [2-Brom-äthyl]-[2,4-dinitro-phenyl]-
　6 II 315 g

C₈H₇BrN₂O₅

Äthan, 2-Brom-1-[4-nitro-phenyl]-
　1-nitryloxy- 6 IV 3059

Anisol, 4-[Brom-dinitro-methyl]-
　6 416 a

Phenetol, 4-Brom-2,6-dinitro- 6 262 d

C₈H₇BrN₂O₅S

Sulfoxid, [2-Brom-äthyl]-[2,4-dinitro-
　phenyl]- 6 II 315 i

C₈H₇BrN₂O₆

Benzol, 1-Brom-3,5-dimethoxy-2,4-dinitro-
　6 830 d

—, 1-Brom-4,5-dimethoxy-2,3-dinitro-
　6 792 g, I 395 c

—, 2-Brom-4,5-dimethoxy-1,3-dinitro-
　6 I 395 e

—, 3-Brom-1,2-dimethoxy-4,5-dinitro-
　6 I 395 f

—, 3-Brom-1,5-dimethoxy-2,4-dinitro-
　6 830 d

Phenol, 3-Äthoxy-2-brom-4,6-dinitro-
　6 830 a

—, 3-Brom-4-methoxy-5-methyl-
　2,6-dinitro- 6 II 862 i

C₈H₇BrO

Äther, [4-Brom-phenyl]-vinyl- 6 IV 1047

—, [1-Brom-vinyl]-phenyl-
　6 III 587 b

—, [2-Brom-vinyl]-phenyl-
　6 144 f, III 555 d, IV 562

C₈H₇BrOS

Acetaldehyd, [4-Brom-phenylmercapto]-
　6 IV 1653

Thioessigsäure-S-[2-brom-phenylester]
　6 IV 1647

— S-[4-brom-phenylester]
　6 IV 1654

C₈H₇BrO₂

Bromkohlensäure-benzylester 6 II 419 k

Essigsäure-[2-brom-phenylester] 6 198 a

— [3-brom-phenylester]
　6 198 g, III 739 c

— [4-brom-phenylester]
　6 200 d, III 747 a, IV 1051

Essigsäure, Brom-, phenylester
　6 154 b, I 87 f, III 599 c

C₈H₇BrO₂S

Essigsäure, Brom-phenylmercapto-
　6 IV 1548

—, [2-Brom-phenylmercapto]-
　6 IV 1647

—, [3-Brom-phenylmercapto]-
　6 IV 1649

—, [4-Brom-phenylmercapto]-
　6 331 l, IV 1655

Sulfon, [1-Brom-vinyl]-phenyl- 6 IV 1512

—, [2-Brom-vinyl]-phenyl- 6 IV 1477

C₈H₇BrO₂Se

Essigsäure, [4-Brom-phenylselanyl]-
　6 II 320 i

C₈H₇BrO₃

Essigsäure, [2-Brom-phenoxy]-
　6 198 b, III 737 g, IV 1040

—, [3-Brom-phenoxy]- 6 III 739 d

—, [4-Brom-phenoxy]- 6 200 j,
　III 747 k, IV 1052

C₈H₇BrO₄S

Essigsäure, [4-Brom-benzolsulfonyl]-
　6 332 a

C₈H₇BrS

Sulfid, [2-Brom-vinyl]-phenyl- 6 IV 1476

C₈H₇BrS₃

Trithiokohlensäure-mono-[4-brom-
　benzylester] 6 II 438 g

C₈H₇BrSe

Selenid, [2-Brom-vinyl]-phenyl- 6 IV 1779

C$_8$H$_7$Br$_2$ClO

Anisol, 3,5-Dibrom-4-chlor-2-methyl-
  6 II 335 c

Phenetol, 2,4-Dibrom-3-chlor-
  6 III 758 a

—, 2,4-Dibrom-6-chlor- 6 III 758 d

—, 2,6-Dibrom-3-chlor- 6 III 758 e

—, 2,6-Dibrom-4-chlor- 6 I 107 d

—, 3,5-Dibrom-2-chlor- 6 III 758 g

—, 3,5-Dibrom-4-chlor- 6 III 758 h

Phenol, 2,4-Dibrom-6-chlor-3,5-dimethyl-
  6 III 1762 f

—, 2,6-Dibrom-4-chlor-3,5-dimethyl-
  6 II 465 a, III 1762 g

—, 3,5-Dibrom-4-chlor-2,6-dimethyl-
  6 III 1739 f

C$_8$H$_7$Br$_2$ClO$_2$

Benzol, 1,3-Dibrom-4-chlor-2,5-dimethoxy-
  6 II 847 k

C$_8$H$_7$Br$_2$ClO$_3$

Phenol, 3,4-Dibrom-5-chlor-2,6-dimethoxy-
  6 II 1069 c

C$_8$H$_7$Br$_2$IO

Phenetol, 2,4-Dibrom-3-jod- 6 III 785 c

—, 2,4-Dibrom-6-jod- 6 II 201 k,
  III 785 a

—, 2,6-Dibrom-3-jod- 6 III 785 d

—, 3,5-Dibrom-2-jod- 6 III 784 k

—, 3,5-Dibrom-4-jod- 6 III 785 g

C$_8$H$_7$Br$_2$NO$_3$

Phenetol, 2,4-Dibrom-6-nitro-
  6 246 d, III 848 d

—, 2,5-Dibrom-4-nitro- 6 246 h

—, 2,6-Dibrom-4-nitro- 6 247 c

—, 3,5-Dibrom-2-nitro- 6 247 e

—, 3,5-Dibrom-4-nitro- 6 247 e,
  III 849 d

—, 3,6-Dibrom-2-nitro- 6 246 a

Phenol, 4-Äthyl-2,3-dibrom-5-nitro-
  6 474 h

—, 4-Äthyl-2,5-dibrom-3-nitro-
  6 474 h

—, 4-[1,2-Dibrom-äthyl]-2-nitro-
  6 IV 3027

—, 2,4-Dibrom-3,5-dimethyl-6-nitro-
  6 III 1766 f

—, 2,5-Dibrom-3,4-dimethyl-6-nitro-
  6 III 1731 f

—, 2,5-Dibrom-3,6-dimethyl-4-nitro-
  6 I 246 f, III 1776 c

—, 2,6-Dibrom-3,5-dimethyl-4-nitro-
  6 III 1766 d

—, 3,5-Dibrom-2,4-dimethyl-6-nitro-
  6 491 c

C$_8$H$_7$Br$_2$NO$_3$S

Essigsäure, Benzolsulfonyl-brom-,
  bromamid 6 319 i

C$_8$H$_7$Br$_2$NO$_4$

Benzol, 1,2-Dibrom-4,5-dimethoxy-3-nitro-
  6 790 k, III 4272 g

—, 1,3-Dibrom-2,4-dimethoxy-5-nitro-
  6 826 g, II 823 f, III 4351 a

—, 1,5-Dibrom-2,4-dimethoxy-3-nitro-
  6 826 e, III 4350 d

Phenol, 3-Äthoxy-2,6-dibrom-4-nitro-
  6 826 h

—, 3,6-Dibrom-4-methoxymethyl-
  2-nitro- 6 I 440 m

C$_8$H$_7$Br$_2$NO$_4$S

Sulfon, [Dibrom-nitro-methyl]-*p*-tolyl-
  6 III 1421 h

C$_8$H$_7$Br$_3$N$_2$O$_6$

Cyclohexa-2,4-dienol, 2,4,5-Tribrom-
  3,6-dimethyl-6-nitro-1-nitryloxy-
  6 I 246 a

—, 2,4,5-Tribrom-3,6-dimethyl-
  6-nitrosyloxy-1-nitryloxy- 6 I 246 a

C$_8$H$_7$Br$_3$O

Äthanol, 2-Brom-1-[3,5-dibrom-phenyl]-
  6 III 1692 f

—, 1-[2,4,6-Tribrom-phenyl]-
  6 III 1692 d

—, 1-[3,4,5-Tribrom-phenyl]-
  6 III 1692 e

—, 2,2,2-Tribrom-1-phenyl-
  6 476 e, III 1692 g

Äther, [2-Brom-äthyl]-[3,5-dibrom-phenyl]-
  6 IV 1065

—, Phenyl-[1,1,2-tribrom-äthyl]-
  6 III 599 f

—, Phenyl-[1,2,2-tribrom-äthyl]-
  6 150 d

Anisol, 2,6-Dibrom-4-brommethyl-
  6 409 a

—, 2,3,5-Tribrom-4-methyl-
  6 II 386 b

—, 2,3,6-Tribrom-4-methyl-
  6 II 385 g

—, 2,4,6-Tribrom-3-methyl-
  6 II 358 d, III 1324 b

—, 3,4,5-Tribrom-2-methyl-
  6 II 336 e

—, 3,4,6-Tribrom-2-methyl-
  6 II 336 b

Phenetol, 2,3,4-Tribrom- 6 III 759 j

$C_8H_7Br_3O$ (Fortsetzung)

Phenetol, 2,3,5-Tribrom- **6** 203 h,
   III 760 a

−, 2,3,6-Tribrom- **6** III 760 b

−, 2,4,6-Tribrom- **6** 205 b, II 194 a,
   III 762 a

−, 3,4,5-Tribrom- **6** III 764 i

Phenol, 3-Äthyl-2,4,6-tribrom- **6** IV 3019

−, 4-Äthyl-2,3,6-tribrom-
   6 473 b, III 1669 i

−, 2,6-Dibrom-4-[1-brom-äthyl]-
   6 473 d

−, 2,6-Dibrom-4-brommethyl-
   3-methyl- **6** 482 k

−, 2,3,4-Tribrom-5,6-dimethyl-
   6 480 h, 499 b, I 239 i

−, 2,3,5-Tribrom-4,6-dimethyl-
   6 489 g, I 242 d, II 461 c

−, 2,3,6-Tribrom-4,5-dimethyl-
   6 482 i, I 240 h, III 1730 e

−, 2,4,5-Tribrom-3,6-dimethyl-
   6 496 f, I 245 f, III 1774 f

−, 2,4,6-Tribrom-3,5-dimethyl-
   6 493 f, II 465 b, III 1763 a

−, 3,4,5-Tribrom-2,6-dimethyl-
   6 485 j, III 1739 g

$C_8H_7Br_3OS$

Phenol, 3,6-Dibrom-4-brommethyl-
   2-methylmercapto- **6** I 436 g

$C_8H_7Br_3O_2$

Äthanol, 2-Brom-1-[3,5-dibrom-4-hydroxy-
   phenyl]- **6** 904 m

−, 1-[2,3,5-Tribrom-4-hydroxy-
   phenyl]- **6** 904 i

−, 2-[2,4,6-Tribrom-phenoxy]-
   6 I 108 b, III 763 a

Benzol, 1,2,3-Tribrom-4,5-dimethoxy-
   6 786 b, III 4260 d

−, 1,2,5-Tribrom-3,4-dimethoxy-
   6 III 4261 c

−, 1,3,4-Tribrom-2,5-dimethoxy-
   6 II 848 c

−, 1,3,5-Tribrom-2,4-dimethoxy-
   6 I 403 j, II 821 b

Benzylalkohol, 2,3,5-Tribrom-4-hydroxy-
   6-methyl- **6** 909 b

−, 2,3,6-Tribrom-4-hydroxy-3-methyl-
   6 913 g

Cyclohexa-2,4-dienon, 2,4,5-Tribrom-
   6-hydroxy-3,6-dimethyl- **6** I 246 a

Hydrochinon, 2-Äthyl-3,5,6-tribrom-
   6 902 d

Phenol, 2,3,4-Tribrom-6-methoxymethyl-
   6 894 i

−, 2,3,5-Tribrom-6-methoxy-4-methyl-
   6 II 868 b

−, 2,3,6-Tribrom-4-methoxymethyl-
   6 899 j

−, 3,4,6-Tribrom-2-methoxymethyl-
   6 894 i

$C_8H_7Br_3O_2Se$

Essigsäure, [Dibrom-(4-brom-phenyl)-
   λ^4-selanyl]- **6** II 321 a

$C_8H_7Br_3O_3$

Phenol, 2,3,5-Tribrom-4,6-bis-
   hydroxymethyl- **6** 1117 k

−, 2,3,6-Tribrom-4,5-bis-
   hydroxymethyl- **6** 1115 b

−, 3,4,5-Tribrom-2,6-dimethoxy-
   6 II 1069 g, III 6273 g, IV 7336

$C_8H_7Br_3S$

Sulfid, Äthyl-[2,4,6-tribrom-phenyl]-
   6 III 1054 c

$C_8H_7Br_5O_2Se$

Essigsäure, [Tetrabrom-(4-brom-phenyl)-
   λ^6-selanyl]- **6** II 321 b

$C_8H_7ClF_2O$

Äthanol, 2-Chlor-2,2-difluor-1-phenyl-
   6 IV 3047

−, 2-Chlor-2-fluor-1-[4-fluor-phenyl]-
   6 IV 3047

Äther, [2-Chlor-1,1-difluor-äthyl]-phenyl-
   6 III 598 i, IV 613

$C_8H_7ClF_2S$

Sulfid, [2-Chlor-2,2-difluor-äthyl]-phenyl-
   6 IV 1469

$C_8H_7ClI_2O$

Anisol, 4-Chlormethyl-2,6-dijod-
   6 III 1384 a

Phenetol, 2-Chlor-4,6-dijod- **6** III 787 f

−, 4-Chlor-2,6-dijod- **6** II 202 l

Phenol, 4-Chlor-2,6-dijod-3,5-dimethyl-
   6 III 1763 f, IV 3160

$C_8H_7ClNO_5PS$

[1,3,2]Dioxaphospholan-2-sulfid,
   2-[2-Chlor-4-nitro-phenoxy]-
   6 IV 1356 c

$C_8H_7ClN_2O_3$

Allophansäure-[2-chlor-phenylester]
   6 II 172 e

$C_8H_7ClN_2O_4S$

Essigsäure, [4-Chlor-benzolsulfonyl]-
   hydroxyimino-, amid **6** 328 b

Sulfid, [2-Chlor-äthyl]-[2,4-dinitro-phenyl]-
   6 II 315 f, III 1089 c, IV 1734

$C_8H_7ClN_2O_4S_2$

Disulfid, [2-Chlor-äthyl]-[2,4-dinitro-phenyl]- **6** IV 1767

$C_8H_7ClN_2O_5$

Äthan, 2-Chlor-1-[3-nitro-phenyl]-1-nitryloxy- **6** IV 3057

−, 2-Chlor-1-[4-nitro-phenyl]-1-nitryloxy- **6** IV 3058

Äthanol, 2-Chlor-1-[2,4-dinitro-phenyl]- **6** IV 3060

−, 2-Chlor-1-[3,5-dinitro-phenyl]- **6** IV 3060

Anisol, 4-[Chlor-dinitro-methyl]- **6** 415 d

−, 3-Chlormethyl-2,4-dinitro- **6** IV 2078

−, 3-Chlor-6-methyl-2,4-dinitro- **6** III 1279 a

−, 5-Chlormethyl-2,4-dinitro- **6** IV 2078

Phenetol, 4-Chlor-2,6-dinitro- **6** 260 e

−, 5-Chlor-2,4-dinitro- **6** 259 e, II 247 e, III 870 f

Phenol, 4-Chlor-3,5-dimethyl-2,6-dinitro- **6** III 1767 d

$C_8H_7ClN_2O_5S$

Benzolsulfensäure, 2,4-Dinitro-, [2-chlor-äthylester] **6** IV 1765

Sulfoxid, [2-Chlor-äthyl]-[2,4-dinitro-phenyl]- **6** II 315 h

$C_8H_7ClN_2O_6$

Äthanol, 2-[5-Chlor-2,4-dinitro-phenoxy]- **6** III 870 g

Benzol, 1-Chlor-2,4-dimethoxy-3,5-dinitro- **6** II 824 f

−, 1-Chlor-3,5-dimethoxy-2,4-dinitro- **6** II 824 e, III 4353 f

−, 2-Chlor-4,5-dimethoxy-1,3-dinitro- **6** IV 5633

−, 3-Chlor-1,5-dimethoxy-2,4-dinitro- **6** II 824 g, III 4353 h, IV 5698

$C_8H_7ClN_2O_6S$

Sulfon, [2-Chlor-äthyl]-[2,4-dinitro-phenyl]- **6** IV 1734

C_8H_7ClO

Äther, [2-Chlor-phenyl]-vinyl- **6** IV 786

−, [3-Chlor-phenyl]-vinyl- **6** IV 812

−, [4-Chlor-phenyl]-vinyl- **6** III 689 h, IV 825

−, [1-Chlor-vinyl]-phenyl- **6** III 587 a

Oxiran, [4-Chlor-phenyl]- **6** I 236 i, **17** IV 401

Phenol, 2-[2-Chlor-vinyl]- **6** 560 g, II 519

C_8H_7ClOS

Acetaldehyd, [4-Chlor-phenylmercapto]- **6** IV 1597

Acetylchlorid, Phenylmercapto- **6** 314 b, III 1014 b, IV 1538

Chlorothiokohlensäure-S-benzylester **6** IV 2679

Sulfoxid, [2-Chlor-vinyl]-phenyl- **6** IV 1477

Thioessigsäure-S-[2-chlor-phenylester] **6** 326 b

− S-[3-chlor-phenylester] **6** 326 f

Thioessigsäure, Chlor-, S-phenylester **6** III 1009 d, IV 1523

$C_8H_7ClOS_2$

Dithiokohlensäure-O-[4-chlor-benzylester] **6** III 1557 e

$C_8H_7ClO_2$

Acetaldehyd, [2-Chlor-phenoxy]- **6** IV 793

−, [3-Chlor-phenoxy]- **6** IV 814

−, [4-Chlor-phenoxy]- **6** IV 837

Acetylchlorid, Phenoxy- **6** 162 d, I 89 j, II 158 a, III 613 c

Chlorokohlensäure-benzylester **6** 437 h, III 1485 e, IV 2278

− m-tolylester **6** 379 m

− o-tolylester **6** 356 b

− p-tolylester **6** 398 g, II 380 c, IV 2116

Essigsäure-[2-chlor-phenylester] **6** 185 b, IV 794

− [3-chlor-phenylester] **6** 185 g, III 683 b

− [4-chlor-phenylester] **6** 187 c, II 176 g, III 693 c, IV 839

Essigsäure, Chlor-, phenylester **6** 153 b, I 87 d, II 154 b, III 598 g

$C_8H_7ClO_2S$

Essigsäure, Chlor-phenylmercapto- **6** 319 g

−, [2-Chlor-phenylmercapto]- **6** 326 c, II 296 g, III 1033 i

−, [3-Chlor-phenylmercapto]- **6** 326 h, II 297 b

−, [4-Chlor-phenylmercapto]- **6** 328 h, I 150 c, II 298 c, III 1038 j, IV 1601

Sulfon, [2-Chlor-vinyl]-phenyl- **6** IV 1477

C₈H₇ClO₂Se

Essigsäure, [2-Chlor-phenylselanyl]-
6 II 320 a

–, [4-Chlor-phenylselanyl]-
6 II 320 d, IV 1783

C₈H₇ClO₃

Chlorokohlensäure-[2-methoxy-phenylester]
6 776 n, I 386 f

Essigsäure, Chlor-, [2-hydroxy-phenylester]
6 II 783 i

–, [2-Chlor-phenoxy]- 6 II 172 g,
III 678 f, IV 796

–, [3-Chlor-phenoxy]- 6 III 683 e,
IV 816

–, [4-Chlor-phenoxy]- 6 187 g,
II 177 e, III 694 e, IV 845

Kohlensäure-chlormethylester-phenylester
6 I 88 e

Phenol, 4-Acetoxy-2-chlor- 6 849 g,
I 417 f

–, 4-Acetoxy-3-chlor- 6 849 g, I 417 f

C₈H₇ClO₃S

Acetylchlorid, Benzolsulfonyl- 6 315 c

Äthensulfonsäure-[4-chlor-phenylester]
6 IV 865

Essigsäure, [2-Chlor-benzolsulfinyl]-
6 I 148 h

–, [4-Chlor-benzolsulfinyl]-
6 IV 1602

C₈H₇ClO₄

Essigsäure, [2-Chlor-4-hydroxy-phenoxy]-
6 IV 5769

–, [4-Chlor-2-hydroxy-phenoxy]-
6 IV 5615

–, [5-Chlor-2-hydroxy-phenoxy]-
6 IV 5615

C₈H₇ClO₄S

Essigsäure, [4-Chlor-benzolsulfonyl]-
6 328 i, IV 1602

C₈H₇ClS

Sulfid, [2-Chlor-vinyl]-phenyl- 6 IV 1476

C₈H₇ClS₂

Dithioessigsäure, Chlor-, phenylester
6 IV 1523

C₈H₇ClS₃

Trithiokohlensäure-mono-[4-chlor-
benzylester] 6 II 438 e

C₈H₇Cl₂IO

Äther, [2,4-Dichlor-phenyl]-[2-jod-äthyl]-
6 IV 886

Phenetol, 2,4-Dichlor-6-jod- 6 II 200 n

–, 3,5-Dichlor-4-jod- 6 IV 1081

Phenol, 2,4-Dichlor-6-jod-3,5-dimethyl-
6 IV 3159

C₈H₇Cl₂IO₂

Äthanol, 2-[2,4-Dichlor-5-jod-phenoxy]-
6 IV 1081

Benzol, 1,2-Dichlor-3-jod-4,5-dimethoxy-
6 IV 5625

Essigsäure-[2-dichlorjodanyl-phenylester]
6 III 771 c, IV 1071 g

– [3-dichlorjodanyl-phenylester]
6 III 773 h

– [4-dichlorjodanyl-phenylester]
6 I 109 k, IV 1077 g

C₈H₇Cl₂NO

Acetimidsäure, 2,2-Dichlor-, phenylester
6 II 154 e

C₈H₇Cl₂NOS

Essigsäure, [2,4-Dichlor-phenylmercapto]-,
amid 6 IV 1615

–, [2,5-Dichlor-phenylmercapto]-,
amid 6 IV 1622

–, [3,4-Dichlor-phenylmercapto]-,
amid 6 IV 1629

–, [3,5-Dichlor-phenylmercapto]-,
amid 6 IV 1633

C₈H₇Cl₂NO₂

Carbamidsäure, Methyl-, [2,4-dichlor-
phenylester] 6 IV 907

Essigsäure, [2,3-Dichlor-phenoxy]-, amid
6 IV 883

–, [2,4-Dichlor-phenoxy]-, amid
6 III 707 c, IV 915

–, [2,5-Dichlor-phenoxy]-, amid
6 IV 944

–, [2,6-Dichlor-phenoxy]-, amid
6 IV 951

–, [3,4-Dichlor-phenoxy]-, amid
6 IV 954

–, [3,5-Dichlor-phenoxy]-, amid
6 IV 958

C₈H₇Cl₂NO₃

Acetohydroxamsäure, 2-[2,4-Dichlor-
phenoxy]- 6 IV 921

–, 2-[2,5-Dichlor-phenoxy]-
6 IV 945

–, 2-[3,4-Dichlor-phenoxy]-
6 IV 954

Essigsäure, [2,4-Dichlor-5-hydroxy-
phenoxy]-, amid 6 IV 5685

Phenetol, 2,4-Dichlor-6-nitro-
6 241 d, IV 1358

–, 2,5-Dichlor-4-nitro- 6 III 841 g

–, 2,6-Dichlor-4-nitro- 6 242 a

$C_8H_7Cl_2NO_3$ (Fortsetzung)
Phenetol, 4,5-Dichlor-2-nitro- **6** III 841 a
$C_8H_7Cl_2NO_4$
Äthanol, 2-[2,4-Dichlor-5-nitro-phenoxy]-
   6 IV 1359
Benzol, 1,2-Dichlor-3,4-dimethoxy-5-nitro-
   6 790 a, IV 5631
—, 1,2-Dichlor-4,5-dimethoxy-3-nitro-
   6 IV 5631
—, 2,3-Dichlor-1,5-dimethoxy-4-nitro-
   6 IV 5694
$C_8H_7Cl_2OPS$
Thiophosphonsäure, [2-Phenoxy-vinyl]-,
   dichlorid **6** IV 688
$C_8H_7Cl_2O_2P$
Phosphonsäure, [2-Phenoxy-vinyl]-,
   dichlorid **6** IV 687
$C_8H_7Cl_3N_2O$
Acetamidin, 2-[2,4,6-Trichlor-phenoxy]-
   6 III 727 h
$C_8H_7Cl_3N_2O_2$
Essigsäure, [2,4,5-Trichlor-phenoxy]-,
   hydrazid **6** IV 985
$C_8H_7Cl_3O$
Äthanol, 2,2-Dichlor-1-[2-chlor-phenyl]-
   6 III 1685 h
—, 2,2-Dichlor-1-[4-chlor-phenyl]-
   6 III 1685 i
—, 1-[2,3,4-Trichlor-phenyl]-
   6 IV 3049
—, 1-[2,3,6-Trichlor-phenyl]-
   6 III 1685 f
—, 1-[2,4,5-Trichlor-phenyl]-
   6 IV 3049
—, 1-[2,4,6-Trichlor-phenyl]-
   6 III 1685 g
—, 2,2,2-Trichlor-1-phenyl-
   6 476 c, I 237 a, II 447 b, III 1686 a,
   IV 3049
Äther, [1-Chlor-äthyl]-[2,4-dichlor-phenyl]-
   6 IV 900
—, [2-Chlor-äthyl]-[2,4-dichlor-
   phenyl]- **6** III 701 c, IV 886
—, Chlormethyl-[2,4-dichlor-6-methyl-
   phenyl]- **6** IV 2002
—, [2-Chlor-phenyl]-[1,2-dichlor-
   äthyl]- **6** IV 792
—, [4-Chlor-phenyl]-[1,2-dichlor-
   äthyl]- **6** IV 836
—, Phenyl-[1,1,2-trichlor-äthyl]-
   6 IV 614
Anisol, 2,3,4-Trichlor-6-methyl-
   6 III 1268 j

—, 2,4,6-Trichlor-3-methyl-
   6 I 189 f, II 356 k
Phenetol, 2,3,6-Trichlor- **6** 190 g;
   vgl. II 180 c
—, 2,4,5-Trichlor- **6** II 180 g,
   IV 963
—, 2,4,6-Trichlor- **6** 192 b, I 104 a,
   III 723 b
Phenol, 2-Chlor-4,6-bis-chlormethyl-
   6 IV 3137
—, 4-Chlor-2,6-bis-chlormethyl-
   6 III 1738 i
—, 2,6-Dichlor-3-chlormethyl-
   4-methyl- **6** IV 3106
—, 4,6-Dichlor-3-chlormethyl-
   2-methyl- **6** IV 3098
—, 2,3,4-Trichlor-5,6-dimethyl-
   6 II 454 g
—, 2,3,5-Trichlor-4,6-dimethyl-
   6 II 460 d
—, 2,3,6-Trichlor-4,5-dimethyl-
   6 IV 3106
—, 2,4,5-Trichlor-3,6-dimethyl-
   6 II 467 j, IV 3169
—, 2,4,6-Trichlor-3,5-dimethyl-
   6 III 1761 j, IV 3158
$C_8H_7Cl_3OS$
Äthanol, 1-[2,4,6-Trichlor-phenylmercapto]-
   6 III 1046 b
—, [2,4,6-Trichlor-phenylmercapto]-
   6 III 1046 b
Methansulfensäure, Trichlor-, *m*-tolylester
   6 IV 2055
—, Trichlor-, *o*-tolylester **6** IV 1976
—, Trichlor-, *p*-tolylester **6** III 1370 f,
   IV 2127
Sulfoxid, [2-Chlor-äthyl]-[2,4-dichlor-
   phenyl]- **6** III 1041 f
—, [2-Chlor-äthyl]-[2,5-dichlor-
   phenyl]- **6** III 1042 k
$C_8H_7Cl_3O_2$
Äthanol, 2,2,2-Trichlor-1-[4-hydroxy-
   phenyl]- **6** II 886 h, III 4567 f
—, 2,2,2-Trichlor-1-phenoxy-
   6 III 586 f
—, 2-[2,4,5-Trichlor-phenoxy]-
   6 IV 964
—, 2-[2,4,6-Trichlor-phenoxy]-
   6 I 104 c, III 724 g
Benzol, 1,4-Dichlor-2-chlormethoxy-
   5-methoxy- **6** IV 5773
—, 1,2,3-Trichlor-4,5-dimethoxy-
   6 784 a

C₈H₇Cl₃O₂ (Fortsetzung)

Benzol, 1,3,4-Trichlor-2,5-dimethoxy-
　　6 IV 5775

—, 1,3,5-Trichlor-2,4-dimethoxy-
　　6 IV 5686

—, 2,3,4-Trichlor-1,5-dimethoxy-
　　6 820 f, IV 5686

Phenol, 4-[2,2,2-Trichlor-1-hydroxy-äthyl]-
　　6 IV 5932

—, 2,3,5-Trichlor-6-methoxy-4-methyl-
　　6 II 867 g

C₈H₇Cl₃O₂S

Sulfon, o-Tolyl-trichlormethyl- 6 IV 2025

C₈H₇Cl₃O₃

Äthanol, 2,2,2-Trichlor-1-[2,4-dihydroxy-
　　phenyl]- 6 II 1084 g, III 6329 g

—, 2,2,2-Trichlor-1-[3,4-dihydroxy-
　　phenyl]- 6 II 1085 a

Phenol, 3,4,5-Trichlor-2,6-bis-hydroxymethyl-
　　6 III 6336 f

—, 2,3,5-Trichlor-4,6-dimethoxy-
　　6 III 6284 g

—, 2,4,5-Trichlor-3,6-dimethoxy-
　　6 III 6284 g, IV 7347

—, 2,4,6-Trichlor-3,5-dimethoxy-
　　6 1104 f, I 547 f

—, 3,4,5-Trichlor-2,6-dimethoxy-
　　6 II 1067 i, III 6272 h, IV 7335

C₈H₇Cl₃O₃S

Äthanol, 2-[2,3,4-Trichlor-benzolsulfonyl]-
　　6 IV 1634

—, 2-[2,3,5-Trichlor-benzolsulfonyl]-
　　6 IV 1634

—, 2-[2,4,5-Trichlor-benzolsulfonyl]-
　　6 IV 1636

—, 2-[3,4,5-Trichlor-benzolsulfonyl]-
　　6 IV 1641

Äthansulfonylchlorid, 2-[2,4-Dichlor-
　　phenoxy]- 6 IV 936

C₈H₇Cl₃O₄S₂

Benzol, 1-Chlor-2,4-bis-chlormethansulfonyl-
　　6 IV 5708

C₈H₇Cl₃O₅S

Äthansulfonsäure, 1-Hydroxy-2-
　　[2,4,5-trichlor-phenoxy]- 6 IV 971

Schwefelsäure-mono-[2-(2,4,5-trichlor-
　　phenoxy)-äthylester] 6 IV 966

—　mono-[2-(2,4,6-trichlor-phenoxy)-
　　äthylester] 6 IV 1007

C₈H₇Cl₃S

Sulfid, Äthyl-[2,4,6-trichlor-phenyl]-
　　6 IV 1639

—, [2-Chlor-äthyl]-[2,4-dichlor-
　　phenyl]- 6 III 1041 e

—, [2-Chlor-äthyl]-[2,5-dichlor-
　　phenyl]- 6 III 1042 j

—, p-Tolyl-trichlormethyl- 6 I 210 l,
　　III 1420 f

C₈H₇Cl₃S₂

Disulfid, Benzyl-trichlormethyl-
　　6 IV 2761

—, m-Tolyl-trichlormethyl-
　　6 IV 2086

—, o-Tolyl-trichlormethyl-
　　6 IV 2027

—, p-Tolyl-trichlormethyl-
　　6 IV 2207

C₈H₇Cl₄IO

Phenetol, 2,4-Dichlor-5-dichlorjodanyl-
　　6 III 782 d

C₈H₇Cl₄O₂PS

Chlorothiophosphorsäure-O-äthylester-
　　O'-[2,4,5-trichlor-phenylester]
　　6 IV 996

C₈H₇Cl₄O₃P

Dichlorophosphorsäure-[2-(2,4-dichlor-
　　phenoxy)-äthylester] 6 IV 894

C₈H₇Cl₄O₅P

Phosphorsäure-dimethylester-[2,3,5,6-
　　tetrachlor-4-hydroxy-phenylester]
　　6 IV 5778

C₈H₇Cl₅O

Cyclohexa-2,5-dienol, 2,6-Dichlor-4-methyl-
　　4-trichlormethyl- 6 IV 354

C₈H₇D₃O

Anisol, 4-Trideuteriomethyl- 6 IV 2099

C₈H₇FN₂O₅

Äther, [2,4-Dinitro-phenyl]-[2-fluor-äthyl]-
　　6 IV 1373

Phenetol, 2-Fluor-4,6-dinitro- 6 III 869 g

C₈H₇FO

Äther, [4-Fluor-phenyl]-vinyl- 6 IV 775

C₈H₇FOS

Thioessigsäure, Fluor-, S-phenylester
　　6 III 1009 c, IV 1523

C₈H₇FO₂

Essigsäure-[2-fluor-phenylester] 6 IV 771

—　[4-fluor-phenylester] 6 III 670 f,
　　IV 775

Essigsäure, Fluor-, phenylester
　　6 III 598 d, IV 613

C₈H₇FO₂S

Essigsäure, [4-Fluor-phenylmercapto]-
　　6 III 1032 e

C₈H₇FO₃

Essigsäure, [2-Fluor-phenoxy]-
6 III 668 a, IV 772

—, [3-Fluor-phenoxy]- 6 III 669 b,
IV 773

—, [4-Fluor-phenoxy]- 6 III 671 e,
IV 776

C₈H₇FO₄S

Essigsäure, [4-Fluor-benzolsulfonyl]-
6 III 1032 f

C₈H₇F₂NO₂

Essigsäure, [2,4-Difluor-phenoxy]-, amid
6 IV 779

C₈H₇F₃O

Äthanol, 2,2,2-Trifluor-1-phenyl-
6 IV 3043

Anisol, 2-Trifluormethyl- 6 III 1263 e,
IV 1984

—, 3-Trifluormethyl- 6 III 1313 f,
IV 2060

—, 4-Trifluormethyl- 6 III 1374 a,
IV 2134

Benzylalkohol, 3-Trifluormethyl-
6 IV 3163

—, 4-Trifluormethyl- 6 III 1782 b

C₈H₇F₃O₂

Benzylalkohol, 2-Hydroxy-4-trifluormethyl-
6 IV 5971

Phenol, 2-Methoxy-5-trifluormethyl-
6 III 4520 d

—, 3-Methoxy-5-trifluormethyl-
6 IV 5893

C₈H₇F₃O₂S

Sulfon, p-Tolyl-trifluormethyl- 6 III 1421 g

C₈H₇F₃O₃

Hydrochinon, 2-Methoxy-5-trifluormethyl-
6 III 6317 d

—, 2-Methoxy-6-trifluormethyl-
6 IV 7373

C₈H₇F₃S

Sulfid, Benzyl-trifluormethyl- 6 IV 2678

—, Methyl-[2-trifluormethyl-phenyl]-
6 IV 2028

—, Methyl-[3-trifluormethyl-phenyl]-
6 IV 2087

—, Methyl-[4-trifluormethyl-phenyl]-
6 IV 2209

—, Phenyl-[2,2,2-trifluor-äthyl]-
6 IV 1469

—, p-Tolyl-trifluormethyl-
6 III 1420 e

C₈H₇IN₂O₄S

Essigsäure, Hydroxyimino-[4-jod-
benzolsulfonyl]-, amid 6 335 h

C₈H₇IN₂O₅

Phenetol, 3-Jod-2,6-dinitro- 6 II 253 a

—, 5-Jod-2,4-dinitro- 6 II 253 a

C₈H₇IO

Äther, [4-Jod-phenyl]-vinyl- 6 IV 1077

C₈H₇IO₂

Essigsäure-[2-jod-phenylester]
6 III 771 b

— [3-jod-phenylester] 6 III 773 g

— [4-jod-phenylester] 6 209 c,
I 109 j

Essigsäure, Jod-, phenylester
6 I 87 g, III 599 h

C₈H₇IO₂S

Essigsäure, [4-Jod-phenylmercapto]-
6 IV 1660

C₈H₇IO₃

Essigsäure, [2-Jod-phenoxy]- 6 III 771 g

—, [3-Jod-phenoxy]- 6 III 774 c,
IV 1074

—, [4-Jod-phenoxy]- 6 II 199 g,
III 778 f, IV 1078

C₈H₇I₃N₂O₂

Essigsäure, [2,4,6-Trijod-phenoxy]-,
hydrazid 6 IV 1086

C₈H₇I₃O

Phenetol, 2,3,5-Trijod- 6 211 l, I 112 e

—, 2,4,6-Trijod- 6 212 b, III 789 b

Phenol, 2,4,6-Trijod-3,5-dimethyl-
6 III 1764 b

C₈H₇I₃O₂

Äthanol, 2-[2,4,6-Trijod-phenoxy]-
6 III 789 i, IV 1086

C₈H₇NO

Acetonitril, Phenoxy- 6 162 g, II 158 d,
III 614 a, IV 640

C₈H₇NOS

Methylthiocyanat, Phenoxy- 6 IV 597

Phenol, 2-Methyl-4-thiocyanato-
6 II 863 d, III 4511 g

—, 3-Methyl-5-thiocyanato-
6 II 877 f, III 4537 b

—, 4-Methyl-2-thiocyanato-
6 II 874 c, III 4528 b

Phenylthiocyanat, 2-Methoxy-
6 IV 5640

—, 3-Methoxy- 6 IV 5704

—, 4-Methoxy- 6 III 4463 a,
IV 5816

Sulfoxid, Benzyl-cyan- 6 III 1610 a

C_8H_7NOSe

Phenylselenocyanat, 2-Methoxy-
6 II 801 d, IV 5656

−, 4-Methoxy- 6 II 856 a, III 4487 b,
IV 5853

$C_8H_7NO_2S$

Acetonitril, Benzolsulfonyl- 6 316 g,
I 147 c, II 293 g, III 1014 j,
IV 1539

Phenol, 2-Methoxy-4-thiocyanato-
6 III 6296 h, IV 7359

Sulfid, [4-Nitro-phenyl]-vinyl- 6 IV 1689

$C_8H_7NO_2SSe$

Phenylselenocyanat, 2-Methansulfonyl-
6 IV 5657

$C_8H_7NO_3$

Äther, [4-Nitro-phenyl]-vinyl- 6 IV 1286

Oxalamidsäure-phenylester 6 155 e,
IV 621

Phenol, 2-[2-Nitro-vinyl]- 6 I 277 k,
III 2384 b

−, 2-Nitro-4-vinyl- 6 IV 3778

−, 3-[2-Nitro-vinyl]- 6 I 278 a,
III 2385 d, IV 3774

−, 4-[2-Nitro-vinyl]- 6 I 278 j,
III 2387 f, IV 3778

$C_8H_7NO_3S$

Acetaldehyd, [4-Nitro-phenylmercapto]-
6 IV 1706

$C_8H_7NO_3S_2$

Disulfan, Acetyl-[2-nitro-phenyl]-
6 IV 1674

$C_8H_7NO_4$

Ameisensäure-[2-nitro-benzylester]
6 449 c

− [4-nitro-benzylester] 6 I 223 e

Brenzcatechin, 4-[2-Nitro-vinyl]-
6 I 458 b, II 914 k

Essigsäure-[2-nitro-phenylester] 6 219 h,
I 115 d, II 210 i, III 803 g,
IV 1256

− [3-nitro-phenylester] 6 I 117 c,
II 214 j, III 810 f, IV 1273

− [4-nitro-phenylester] 6 233 f,
I 120 d, II 223 f, III 825 g,
IV 1298

Essigsäure, Nitro-, phenylester 6 IV 614

$C_8H_7NO_4S$

Anhydrid, Essigsäure-[2-nitro-benzolsulfensäure]-
6 IV 1671

−, Essigsäure-[4-nitro-benzolsulfensäure]-
6 IV 1716

Essigsäure, [2-Nitro-phenylmercapto]-
6 337 i, I 155 k, II 306 e, IV 1670

−, [3-Nitro-phenylmercapto]-
6 III 1067 e

−, [4-Nitro-phenylmercapto]-
6 340 d, II 312 d, III 1075 f

Sulfon, [2-Nitro-phenyl]-vinyl- 6 IV 1662

−, [3-Nitro-phenyl]-vinyl- 6 IV 1681

Thiokohlensäure-O-methylester-O'-[2-nitro-
phenylester] 6 IV 1260

− O-methylester-S-[2-nitro-
phenylester] 6 IV 1669

$C_8H_7NO_4S_2$

Essigsäure, [2-Nitro-phenyldisulfanyl]-
6 IV 1674

−, [4-Nitro-phenyldisulfanyl]-
6 IV 1717

$C_8H_7NO_4Se$

Anhydrid, Essigsäure-[2-nitro-benzolselenen-
säure]- 6 III 1117 a

−, Essigsäure-[4-nitro-benzolselenensäure]-
6 III 1121 b

Essigsäure, [2-Nitro-phenylselanyl]-
6 II 321 e

−, [3-Nitro-phenylselanyl]-
6 II 321 h

−, [4-Nitro-phenylselanyl]-
6 II 322 a

$C_8H_7NO_5$

Essigsäure, [2-Nitro-phenoxy]- 6 220 k,
I 115 i, II 211 c, III 804 f, IV 1261

−, [3-Nitro-phenoxy]- 6 225 d,
I 117 f, II 215 d, III 810 h

−, [4-Nitro-phenoxy]- 6 234 a,
I 120 i, II 224 b, III 828 f,
IV 1302

Kohlensäure-methylester-[2-nitro-
phenylester] 6 220 i, IV 1257

− methylester-[4-nitro-phenylester]
6 233 m, I 120 e

Oxalomonohydroximsäure-1-[3-hydroxy-
phenylester] 6 III 4321 g

Phenol, 2-Acetoxy-4-nitro- 6 IV 5628

−, 2-Acetoxy-6-nitro- 6 IV 5626

−, 4-Acetoxy-2-nitro- 6 II 850 e

Pyrogallol, 5-[2-Nitro-vinyl]- 6 II 1091 c

$C_8H_7NO_5S$

Acetaldehyd, [4-Nitro-benzolsulfonyl]-
6 IV 1707

Essigsäure, [2-Nitro-benzolsulfinyl]-
6 I 156 b

−, [4-Nitro-benzolsulfinyl]-
6 IV 1710

$C_8H_7NO_6$
Essigsäure, [2-Hydroxy-4-nitro-phenoxy]-
6 IV 5629
−, [2-Hydroxy-5-nitro-phenoxy]-
6 IV 5629

$C_8H_7NO_6S$
Essigsäure, [2-Nitro-benzolsulfonyl]-
6 I 156 d, III 1060 h
−, [3-Nitro-benzolsulfonyl]-
6 339 a, II 309 d
−, [4-Nitro-benzolsulfonyl]-
6 IV 1710

C_8H_7NS
Acetonitril, Phenylmercapto- 6 IV 1538
Benzylthiocyanat 6 460 i, I 228 h,
II 434 b, III 1600 a, IV 2680
m-Tolylthiocyanat 6 III 1334 f
o-Tolylthiocyanat 6 372 a, II 342 i,
III 1281 f
p-Tolylthiocyanat 6 422 c, II 398 m,
III 1421 c

$C_8H_7NS_2$
Methylthiocyanat, Phenylmercapto-
6 IV 1506

C_8H_7NSe
Benzylselenocyanat 6 470 c, III 1651 g
m-Tolylselenocyanat 6 III 1341 c
o-Tolylselenocyanat 6 II 343 j, III 1285 f
p-Tolylselenocyanat 6 II 402 d, III 1442 e

$C_8H_7N_3OS$
Thioessigsäure, Azido-, S-phenylester
6 IV 1523

$C_8H_7N_3O_5S$
Essigsäure, [2,4-Dinitro-phenylmercapto]-,
amid 6 IV 1760

$C_8H_7N_3O_6$
Carbamidsäure, Methyl-, [2,4-dinitro-
phenylester] 6 IV 1381
−, Nitro-, [4-nitro-benzylester]
6 452 e
Essigsäure, [2,4-Dinitro-phenoxy]-, amid
6 256 e

$C_8H_7N_3O_6S$
Sulfid, Äthyl-picryl- 6 IV 1773
−, [2,4-Dinitro-phenyl]-[1-nitro-äthyl]-
6 IV 1757
−, [2,4-Dinitro-phenyl]-[2-nitro-äthyl]-
6 III 1089 d

$C_8H_7N_3O_7$
Äthan, 2-Nitro-1-[2-nitro-phenyl]-
1-nitryloxy- 6 III 1696 a
Äthanol, 1-[2,4-Dinitro-phenyl]-2-nitro-
6 III 1696 f

Äther, Methyl-[2,4,6-trinitro-benzyl]-
6 III 1572 e
Anisol, 2,4-Dinitro-6-nitromethyl-
6 IV 2014
−, 3-Methyl-2,4,6-trinitro-
6 388 a, I 195 a, III 1332 a
−, 6-Methyl-2,3,4-trinitro-
6 369 d, I 181 j, III 1279 b
Phenäthylalkohol, 2,4,6-Trinitro-
6 I 239 a, III 1715 b
Phenetol, 2,3,4-Trinitro- 6 264 f
−, 2,3,5-Trinitro- 6 264 i
−, 2,4,6-Trinitro- 6 290 a, I 140 b,
II 281 a, III 969, IV 1456
Phenol, 3-Äthyl-2,4,6-trinitro- 6 IV 3020
−, 3,5-Dimethyl-2,4,6-trinitro-
6 493 i, III 1767 f, IV 3161

$C_8H_7N_3O_7S$
Äthanol, 2-Picrylmercapto- 6 IV 1775
Essigsäure, [2,4-Dinitro-benzolsulfonyl]-,
amid 6 IV 1761
Sulfoxid, Äthyl-picryl- 6 IV 1774

$C_8H_7N_3O_8$
Äthan, 1-[2,4-Dinitro-phenoxy]-2-nitryloxy-
6 III 864 e, IV 1378
Äthanol, 2-Picryloxy- 6 III 970 g
Benzol, 1,2-Dimethoxy-3,4,5-trinitro-
6 792 h, I 395 h, II 795 f, III 4276 a
−, 1,4-Dimethoxy-2,3,5-trinitro-
6 858 k
−, 1,5-Dimethoxy-2,3,4-trinitro-
6 833 e
−, 2,3-Dimethoxy-1,4,5-trinitro-
6 I 396 a
−, 2,4-Dimethoxy-1,3,5-trinitro-
6 832 b, I 406 b, II 826 b
Phenol, 3-Äthoxy-2,4,6-trinitro- 6 833 a
−, 2-Methoxy-4-methyl-3,5,6-trinitro-
6 II 872 f
−, 2-Methoxy-5-methyl-3,4,6-trinitro-
6 I 433 j, II 872 g
−, 3-Methoxy-6-methyl-2,4,5-trinitro-
6 II 861 g

$C_8H_7N_3O_8S$
Sulfon, Äthyl-picryl- 6 IV 1774

$C_8H_7N_3O_9$
Phenol, 3,5-Dimethoxy-2,4,6-trinitro-
6 1107 a, II 1080 c

$C_8H_7N_3S_2$
Azidodithiokohlensäure-benzylester
6 IV 2701

C₈H₇O₃P

Benzo[1,3,2]dioxaphosphol, 2-Vinyloxy-
6 IV 5597

C₈H₈BrClO

Äthanol, 2-Brom-1-[4-chlor-phenyl]-
6 III 1691 e, IV 3055

—, 1-[4-Brom-phenyl]-2-chlor-
6 III 1691 d, IV 3055

Äther, [2-Brom-äthyl]-[2-chlor-phenyl]-
6 184 c, IV 785

—, [2-Brom-äthyl]-[3-chlor-phenyl]-
6 IV 811

—, [2-Brom-äthyl]-[4-chlor-phenyl]-
6 IV 823

—, [4-Brom-phenyl]-[2-chlor-äthyl]-
6 III 742 b

Anisol, 2-Brom-4-chlormethyl- 6 III 1381 a

—, 3-Brom-4-chlormethyl-
6 IV 2146

—, 4-Brom-2-chlormethyl-
6 360 i, III 1271 a

—, 4-Brom-3-chlormethyl-
6 III 1322 e

—, 3-Brommethyl-4-chlor-
6 IV 2074

—, 4-Brommethyl-2-chlor-
6 III 1381 c

Phenol, 2-Brom-4-chlor-3,5-dimethyl-
6 III 1762 c

—, 3-Brom-4-chlor-2,6-dimethyl-
6 III 1739 b

—, 4-Brom-2-chlor-3,5-dimethyl-
6 III 1762 b

C₈H₈BrClO₂

Äthanol, 2-[2-Brom-4-chlor-phenoxy]-
6 IV 1058

Benzol, 1-Brom-3-chlor-2,5-dimethoxy-
6 II 847 b

Benzylalkohol, 4-Brom-2-chlor-3-methoxy-
6 III 4546 d

C₈H₈BrClO₂S

Sulfon, [4-Brom-phenyl]-[2-chlor-äthyl]-
6 III 1048 d

C₈H₈BrClO₄

Hydrochinon, 2-Brom-6-chlor-
3,5-dimethoxy- 6 II 1119 h

C₈H₈BrClS

Sulfid, [4-Brom-phenyl]-[2-chlor-äthyl]-
6 III 1048 b

C₈H₈BrCl₂IO

Äther, [2-Brom-äthyl]-[4-dichlorjodanyl-
phenyl]- 6 III 776 d

C₈H₈BrFO

Äthanol, 2-Brom-2-fluor-1-phenyl-
6 IV 3054

Äther, [2-Brom-äthyl]-[4-fluor-phenyl]-
6 IV 774

—, [4-Brom-phenyl]-[2-fluor-äthyl]-
6 IV 1045

Anisol, 4-Brommethyl-2-fluor- 6 III 1380 f,
IV 2146

Phenetol, 2-Brom-4-fluor- 6 III 748 i

Phenol, 2-Brom-3-fluor-4,6-dimethyl-
6 III 1749 e

C₈H₈BrIO

Äther, [2-Brom-äthyl]-[2-jod-phenyl]-
6 III 769 d, IV 1071

—, [2-Brom-äthyl]-[4-jod-phenyl]-
6 III 776 b, IV 1077

Anisol, 2-Brom-4-jodmethyl- 6 III 1383 f

Phenetol, 4-Brom-2-jod- 6 III 784 f

Phenol, 4-Brom-2-jod-3,5-dimethyl-
6 III 1763 e

—, 4-Brom-2-jod-3,6-dimethyl-
6 III 1775 c

C₈H₈BrIOS

Sulfoxid, [4-Brom-5-jod-2-methyl-phenyl]-
methyl- 6 I 182 g

C₈H₈BrIS

Sulfid, [4-Brom-5-jod-2-methyl-phenyl]-
methyl- 6 I 182 f

C₈H₈BrNO

Acetimidsäure, 2-Brom-, phenylester
6 III 599 g

C₈H₈BrNO₂

Essigsäure, [2-Brom-phenoxy]-, amid
6 198 d

—, [4-Brom-phenoxy]-, amid
6 II 186 e

C₈H₈BrNO₂S

Sulfid, Äthyl-[4-brom-2-nitro-phenyl]-
6 IV 1731

—, [2-Brom-äthyl]-[2-nitro-phenyl]-
6 II 305 a

—, [2-Brom-äthyl]-[3-nitro-phenyl]-
6 II 308 i

—, [2-Brom-äthyl]-[4-nitro-phenyl]-
6 II 309 l

C₈H₈BrNO₂S₂

Thioessigsäure, [4-Brom-benzolsulfonyl]-,
amid 6 332 g

C₈H₈BrNO₃

Äthanol, 2-Brom-1-[2-nitro-phenyl]-
6 IV 3059

$C_8H_8BrNO_3$ (Fortsetzung)

Äthanol, 2-Brom-1-[3-nitro-phenyl]-
6 IV 3059

—, 2-Brom-1-[4-nitro-phenyl]-
6 IV 3059

—, 1-[4-Brom-phenyl]-2-nitro-
6 IV 3059

Äther, [2-Brom-äthyl]-[2-nitro-phenyl]-
6 218 b

—, [2-Brom-äthyl]-[3-nitro-phenyl]-
6 224 c, IV 1271

—, [2-Brom-äthyl]-[4-nitro-phenyl]-
6 232 a, II 221 b, IV 1284

Anisol, 2-Brommethyl-4-nitro- 6 III 1276 b

—, 2-Brom-4-methyl-3-nitro-
6 III 1388 d

—, 2-Brom-4-methyl-5-nitro-
6 III 1388 g

—, 2-Brom-5-methyl-4-nitro-
6 III 1329 b

—, 3-Brommethyl-4-nitro- 6 IV 2077

—, 4-Brommethyl-2-nitro-
6 II 390 e

—, 4-Brommethyl-3-nitro- 6 IV 2151

—, 4-Brom-5-methyl-2-nitro-
6 III 1328 i

Phenetol, 2-Brom-3-nitro- 6 III 844 j

—, 2-Brom-4-nitro- 6 245 a, III 845 h

—, 4-Brom-2-nitro- 6 243 d, II 232 i

—, 4-Brom-3-nitro- 6 IV 1364

—, 5-Brom-2-nitro- 6 III 844 e

Phenol, 2-Brom-3,4-dimethyl-6-nitro-
6 III 1731 e

—, 4-Brom-3,5-dimethyl-2-nitro-
6 II 465 e

—, 4-Brom-3,6-dimethyl-2-nitro-
6 II 468 c

$C_8H_8BrNO_3S$

Essigsäure, [4-Brom-benzolsulfonyl]-,
amid 6 332 c

Sulfonium, [3-Brom-4-hydroxy-5-nitro-
phenyl]-dimethyl-, betain 6 866 f

Sulfoxid, [2-Brom-äthyl]-[2-nitro-phenyl]-
6 II 305 d

—, [2-Brom-äthyl]-[4-nitro-phenyl]-
6 II 310 c

$C_8H_8BrNO_4$

Benzol, 1-Brom-2,3-dimethoxy-5-nitro-
6 790 i, I 393 d, IV 5631

—, 1-Brom-2,4-dimethoxy-3-nitro-
6 826 a

—, 1-Brom-2,4-dimethoxy-5-nitro-
6 III 4350 a, IV 5695

—, 1-Brom-2,5-dimethoxy-3-nitro-
6 IV 5788

—, 1-Brom-2,5-dimethoxy-4-nitro-
6 857 h, II 850 h, IV 5788

—, 1-Brom-3,4-dimethoxy-2-nitro-
6 III 4270 k

—, 1-Brom-4,5-dimethoxy-2-nitro-
6 790 j, I 393 a, II 793 f, III 4271 e,
IV 5631

—, 2-Brom-3,4-dimethoxy-1-nitro-
6 I 392 j

—, 5-Brom-1,2-dimethoxy-3-nitro-
6 III 4270 l

Phenol, 3-Äthoxy-2-brom-6-nitro- 6 826 b

—, 3-Äthoxy-4-brom-6-nitro-
6 826 b

$C_8H_8BrN_3O$

Äthanol, 2-Azido-1-[4-brom-phenyl]-
6 IV 3061

$C_8H_8BrN_3O_4$

Essigsäure, [2-Brom-4-nitro-phenoxy]-,
hydrazid 6 IV 1365

$C_8H_8Br_2O$

Äther, [2-Brom-äthyl]-[2-brom-phenyl]-
6 197 d, II 184 a, IV 1038

—, [2-Brom-äthyl]-[3-brom-phenyl]-
6 IV 1043

—, [2-Brom-äthyl]-[4-brom-phenyl]-
6 I 105 e, II 185 c, III 742 c,
IV 1045

—, [1,2-Dibrom-äthyl]-phenyl-
6 III 586 h

Anisol, 2-Brom-4-brommethyl- 6 III 1382 b

—, 2,4-Dibrom-5-methyl-
6 II 358 a, III 1323 c

—, 2,4-Dibrom-6-methyl- 6 II 334 f

—, 2,5-Dibrom-4-methyl- 6 II 385 a

—, 2,6-Dibrom-4-methyl- 6 II 385 d

—, 3,5-Dibrom-2-methyl- 6 II 335 a

Phenetol, 2,4-Dibrom- 6 202 e, I 106 i,
III 754 a, IV 1061

—, 2,6-Dibrom- 6 I 106 o, III 756 b

—, 3,5-Dibrom- 6 203 d, I 107 b,
III 756 h

Phenol, 2-Äthyl-4,6-dibrom- 6 III 1658 i

—, 4-Äthyl-2,6-dibrom- 6 III 1669 d

—, 4-Äthyl-3,5-dibrom- 6 III 1669 c

—, 2-Brom-4-brommethyl-6-methyl-
6 II 461 b

—, 2-Brom-6-brommethyl-4-methyl-
6 III 1749 h

—, 2,3-Dibrom-5,6-dimethyl-
6 499 a, I 239 g, II 455 a

$C_8H_8Br_2O$ (Fortsetzung)

Phenol, 2,4-Dibrom-3,5-dimethyl-
  6 I 244 g

—, 2,4-Dibrom-3,6-dimethyl-
  6 496 d, III 1774 d

—, 2,5-Dibrom-3,4-dimethyl-
  6 II 456 h

—, 2,5-Dibrom-3,6-dimethyl-
  6 496 e

—, 2,6-Dibrom-3,4-dimethyl-
  6 482 h

—, 3,4-Dibrom-2,6-dimethyl-
  6 485 h, III 1739 e

—, 3,5-Dibrom-2,6-dimethyl-
  6 485 i

$C_8H_8Br_2OS$

Benzol, 1,5-Dibrom-3-methoxy-
  2-methylmercapto- 6 II 798 g

Phenol, 3,6-Dibrom-2-methyl-
  4-methylmercapto- 6 I 431 f

—, 3,6-Dibrom-4-methyl-
  2-methylmercapto- 6 I 436 a

Sulfonium, [3,5-Dibrom-4-hydroxy-phenyl]-
  dimethyl-, betain 6 865 a

Sulfoxid, [2,5-Dibrom-4-methyl-phenyl]-
  methyl- 6 I 213 g

$C_8H_8Br_2OS_2$

Benzol, 1,5-Dibrom-2-methansulfinyl-
  4-methylmercapto- 6 I 411 k

$C_8H_8Br_2O_2$

Äthanol, 1-[3,5-Dibrom-4-hydroxy-phenyl]-
  6 904 e

—, 2-[2,4-Dibrom-phenoxy]-
  6 IV 1062

Benzol, 1,5-Dibrom-2,4-bis-hydroxymethyl-
  6 I 446 b

—, 1,2-Dibrom-4,5-dimethoxy-
  6 785 f, I 390 i, III 4258 b

—, 1,3-Dibrom-2,4-dimethoxy-
  6 II 820 d

—, 1,3-Dibrom-2,5-dimethoxy-
  6 II 847 h, IV 5784

—, 1,4-Dibrom-2,5-dimethoxy-
  6 854 a, II 847 e, III 4438 d,
  IV 5783

—, 1,5-Dibrom-2,3-dimethoxy-
  6 III 4257 f

—, 1,5-Dibrom-2,4-dimethoxy-
  6 821 g, II 820 g, III 4338 f,
  IV 5688

Benzylalkohol, 3,5-Dibrom-2-hydroxy-
  4-methyl- 6 IV 5971

—, 3,5-Dibrom-4-hydroxy-2-methyl-
  6 IV 5953

—, 2,4-Dibrom-5-methoxy-
  6 III 4546 f

Brenzcatechin, 2,6-Bis-brommethyl-
  6 III 4601 a

—, 3,6-Dibrom-4,5-dimethyl-
  6 IV 5951

Hydrochinon, 2,5-Bis-brommethyl-
  6 III 4604 e

—, 2,3-Dibrom-5,6-dimethyl-
  6 III 4584 a

—, 2,5-Dibrom-3,6-dimethyl-
  6 916 e, III 4604 d

—, 2,6-Dibrom-3,5-dimethyl-
  6 II 888 i, IV 5958

Phenol, 2-Äthoxy-3,5-dibrom- 6 III 4257 h

—, 2-Äthoxy-4,5-dibrom- 6 IV 5622

—, 2-Äthoxy-4,6-dibrom- 6 III 4257 g

—, 2,4-Dibrom-6-methoxymethyl-
  6 894 e, IV 5903

—, 2,6-Dibrom-3-methoxy-4-methyl-
  6 II 860 d

—, 2,6-Dibrom-4-methoxymethyl-
  6 899 b

Resorcin, 4-Äthyl-2,6-dibrom- 6 III 4557 d

—, 4,6-Dibrom-2,5-dimethyl-
  6 918 e, III 4607 h

$C_8H_8Br_2O_2S$

Benzylalkohol, 2,5-Dibrom-4-hydroxy-
  3-methylmercapto- 6 I 551 j

Essigsäure, [Dibrom-phenyl-λ^4-sulfanyl]-
  6 314 d

Phenol, 3,6-Dibrom-2-methansulfinyl-
  4-methyl- 6 I 436 b

—, 3,6-Dibrom-4-methansulfinyl-
  2-methyl- 6 I 431 g

Sulfon, [1,2-Dibrom-äthyl]-phenyl-
  6 IV 1510

—, Dibrommethyl-p-tolyl-
  6 421 i, III 1419 e

$C_8H_8Br_2O_2Se$

Essigsäure, [Dibrom-phenyl-λ^4-selanyl]-
  6 II 319 c

$C_8H_8Br_2O_3$

Äthanol, 2-Brom-1-[2-brom-4,5-dihydroxy-
  phenyl]- 6 1114 h

Phenol, 2,6-Dibrom-3,5-dimethoxy-
  6 IV 7370

—, 3,4-Dibrom-2,6-dimethoxy-
  6 II 1068 g

—, 3,5-Dibrom-2,6-dimethoxy- 6 IV 7336

$C_8H_8Br_2O_3$ (Fortsetzung)
Resorcin, 4,6-Dibrom-5-methoxy-2-methyl-
    6 1111 k
$C_8H_8Br_2O_3S$
Phenol, 3,6-Dibrom-2-methansulfonyl-
    4-methyl- **6** I 436 c
−, 3,6-Dibrom-4-methansulfonyl-
    2-methyl- **6** I 431 h
$C_8H_8Br_2O_4$
Hydrochinon, 2,5-Dibrom-3,6-dimethoxy-
    6 III 6657 b
−, 2,6-Dibrom-3,5-dimethoxy-
    6 III 6654 f
$C_8H_8Br_2O_5S$
Schwefelsäure-mono-[2-(2,4-dibrom-
    phenoxy)-äthylester] **6** IV 1062
$C_8H_8Br_2S$
Äthan, 1,2-Dibrom-1-phenylmercapto-
    6 IV 1497
Sulfid, [2,5-Dibrom-4-methyl-phenyl]-
    methyl- **6** I 213 f
$C_8H_8Br_2S_2$
Benzol, 1,4-Dibrom-2,5-bis-methyl⁌
    mercapto- **6** 869 f
−, 1,5-Dibrom-2,4-bis-methyl⁌
    mercapto- **6** I 411 j
$C_8H_8Br_4OS$
Phenol, 3,6-Dibrom-2-[dibrom-methyl-
    λ^4-sulfanyl]-4-methyl- **6** I 436 b
−, 3,6-Dibrom-4-[dibrom-methyl-
    λ^4-sulfanyl]-2-methyl- **6** I 431 g
$C_8H_8Br_4O_2$
Cyclohexa-2,5-dien-1,4-diol, 2,3,5,6-
    Tetrabrom-1,4-dimethyl- **6** III 4170 d
$C_8H_8Br_4S$
λ^4-Sulfan, Dibrom-[2,5-dibrom-4-methyl-
    phenyl]-methyl- **6** I 213 g
$C_8H_8Br_4S_2$
λ^4-Sulfan, Dibrom-[2,4-dibrom-
    5-methylmercapto-phenyl]-methyl-
    6 I 412 a
C_8H_8ClFO
Äthanol, 2-Chlor-2-fluor-1-phenyl-
    6 IV 3047
−, 1-[4-Chlor-phenyl]-2-fluor-
    6 IV 3047
Äther, [4-Chlor-phenyl]-[2-fluor-äthyl]-
    6 IV 823
Anisol, 4-Chlormethyl-2-fluor- **6** III 1376 e,
    IV 2140
−, 4-Chlormethyl-3-fluor-
    6 IV 2140

C_8H_8ClIO
Äther, [2-Chlor-phenyl]-[2-jod-äthyl]-
    6 IV 785
−, [4-Chlor-phenyl]-[2-jod-äthyl]-
    6 IV 824
Anisol, 2-Chlor-4-jodmethyl- **6** III 1383 d
Phenetol, 2-Chlor-4-jod- **6** III 781 c
−, 4-Chlor-2-jod- **6** II 200 a
−, 5-Chlor-2-jod- **6** II 200 e
Phenol, 4-Chlor-2-jod-3,5-dimethyl-
    6 III 1763 c, IV 3159
$C_8H_8ClIO_2$
Benzol, 1-Chlor-2-jod-3,5-dimethoxy-
    6 IV 5689
−, 1-Chlor-2-jod-4,5-dimethoxy-
    6 I 391 c
−, 1-Chlor-4-jod-2,5-dimethoxy-
    6 855 d, III 4441 d, IV 5785
C_8H_8ClIS
Sulfid, [2-Chlor-äthyl]-[4-jod-phenyl]-
    6 III 1055 e
C_8H_8ClNO
Acetimidsäure, 2-Chlor-, phenylester
    6 II 154 c, III 599 a
Formimidoylchlorid, N-Benzyloxy-
    6 442 b
C_8H_8ClNOS
Thioessigsäure, [3-Chlor-phenoxy]-, amid
    6 IV 817
−, [4-Chlor-phenoxy]-, amid
    6 IV 849
$C_8H_8ClNO_2$
Carbamidsäure, Methyl-, [2-chlor-
    phenylester] **6** IV 795
−, Methyl-, [3-chlor-phenylester]
    6 IV 815
−, Methyl-, [4-chlor-phenylester]
    6 IV 843
Essigsäure, [2-Chlor-phenoxy]-, amid
    6 II 172 k, IV 796
−, [3-Chlor-phenoxy]-, amid
    6 IV 816
−, [4-Chlor-phenoxy]-, amid
    6 II 177 i, III 695 g, IV 846
$C_8H_8ClNO_2S$
Sulfid, Äthyl-[4-chlor-2-nitro-phenyl]-
    6 IV 1722
−, [2-Chlor-äthyl]-[2-nitro-phenyl]-
    6 II 304 e, III 1057 f
−, [2-Chlor-äthyl]-[3-nitro-phenyl]-
    6 II 308 h
−, [2-Chlor-äthyl]-[4-nitro-phenyl]-
    6 II 309 k, III 1069 a, IV 1689

$C_8H_8ClNO_2S_2$

Thioessigsäure, [4-Chlor-benzolsulfonyl]-,
   amid 6 328 n

$C_8H_8ClNO_3$

Acetohydroxamsäure, 2-[2-Chlor-phenoxy]-
   6 IV 797
-, 2-[3-Chlor-phenoxy]- 6 IV 816
-, 2-[4-Chlor-phenoxy]- 6 IV 848
Äthanol, 2-Chlor-1-[2-nitro-phenyl]-
   6 II 447 j
-, 2-Chlor-1-[3-nitro-phenyl]-
   6 IV 3056
-, 2-Chlor-1-[4-nitro-phenyl]-
   6 IV 3057
-, 1-[4-Chlor-phenyl]-2-nitro-
   6 III 1695 d
Äther, [2-Chlor-äthyl]-[2-nitro-phenyl]-
   6 IV 1250
-, [2-Chlor-äthyl]-[3-nitro-phenyl]-
   6 IV 1271
-, [2-Chlor-äthyl]-[4-nitro-phenyl]-
   6 III 819 a, IV 1284
-, Chlormethyl-[3-nitro-benzyl]-
   6 III 1566 d
-, [2-Chlor-4-nitro-benzyl]-methyl-
   6 453 b
Anisol, 2-Chlormethyl-3-nitro- 6 III 1275 h,
   IV 2013
-, 2-Chlormethyl-4-nitro-
   6 I 179 c, III 1275 e, IV 2012
-, 2-Chlor-4-methyl-5-nitro-
   6 413 a, II 389 i
-, 2-Chlor-4-methyl-6-nitro-
   6 413 c
-, 2-Chlormethyl-5-nitro-
   6 III 1275 b
-, 2-Chlor-5-methyl-4-nitro-
   6 II 361 h
-, 3-Chlormethyl-2-nitro-
   6 IV 2077
-, 4-Chlormethyl-2-nitro- 6 I 206 f,
   III 1387 i
-, 4-Chlormethyl-3-nitro-
   6 IV 2150
-, 4-Chlor-3-methyl-2-nitro-
   6 II 361 f
-, 4-Chlor-3-methyl-5-nitro-
   6 IV 2077
-, 4-Chlor-5-methyl-2-nitro-
   6 IV 2077
-, 5-Chlor-4-methyl-2-nitro-
   6 IV 2151

Phenetol, 2-Chlor-3-nitro- 6 III 837 e,
   IV 1352
-, 2-Chlor-4-nitro- 6 240 g,
   III 839 e
-, 2-Chlor-5-nitro- 6 240 d,
   III 839 a, IV 1353
-, 3-Chlor-2-nitro- 6 III 834 g,
   IV 1348
-, 3-Chlor-4-nitro- 6 III 840 f,
   IV 1357
-, 3-Chlor-5-nitro- 6 III 838 g
-, 4-Chlor-2-nitro- 6 238 d, II 226 g,
   III 835 b
-, 4-Chlor-3-nitro- 6 239 j, III 838 b,
   IV 1352
-, 5-Chlor-2-nitro- 6 239 b, II 228 b,
   III 836 h, IV 1351
Phenol, 2-Chlor-3,6-dimethyl-4-nitro-
   6 IV 3170
-, 4-Chlor-3,5-dimethyl-2-nitro-
   6 II 465 d, III 1765 e
-, 6-Chlor-3,4-dimethyl-2-nitro-
   6 II 456 i
-, 4-Chlormethyl-5-methyl-2-nitro-
   6 IV 3107
-, 4-Chlor-2-nitro-3,6-dimethyl-
   6 III 1776 b

$C_8H_8ClNO_3S$

Benzolsulfensäure, 4-Chlor-2-nitro-,
   äthylester 6 I 161 l
Essigsäure, [4-Chlor-benzolsulfonyl]-,
   amid 6 328 k
Sulfoxid, [2-Chlor-äthyl]-[2-nitro-phenyl]-
   6 II 305 c
-, [2-Chlor-äthyl]-[4-nitro-phenyl]-
   6 II 310 b, III 1069 b
-, [5-Chlor-4-methyl-2-nitro-phenyl]-
   methyl- 6 I 215 j

$C_8H_8ClNO_3S_2$

Thiocarbamidsäure, Chlorsulfonyl-,
   S-benzylester 6 IV 2680

$C_8H_8ClNO_4$

Äthanol, 2-[2-Chlor-4-nitro-phenoxy]-
   6 III 840 a
Benzol, 1-Chlor-2,3-dimethoxy-5-nitro-
   6 III 4270 j
-, 1-Chlor-2,4-dimethoxy-3-nitro-
   6 825 k
-, 1-Chlor-2,4-dimethoxy-5-nitro-
   6 825 l, II 823 b, III 4348 h,
   IV 5694
-, 1-Chlor-2,5-dimethoxy-4-nitro-
   6 III 4444 b

$C_8H_8ClNO_4$ (Fortsetzung)

Benzol, 1-Chlor-3,5-dimethoxy-2-nitro-
6 II 823 a, III 4348 f

–, 1-Chlor-4,5-dimethoxy-2-nitro-
6 III 4270 h

–, 2-Chlor-1,3-dimethoxy-4-nitro-
6 III 4348 d

–, 5-Chlor-1,3-dimethoxy-2-nitro-
6 II 822 h, III 4348 c

$C_8H_8ClNO_4S$

Carbamidsäure, Chlorsulfonyl-, benzyl=
ester 6 IV 2463

Sulfon, Äthyl-[4-chlor-2-nitro-phenyl]-
6 III 1078 h

–, Äthyl-[5-chlor-2-nitro-phenyl]-
6 IV 1724

–, [2-Chlor-äthyl]-[2-nitro-phenyl]-
6 IV 1661

–, [2-Chlor-äthyl]-[3-nitro-phenyl]-
6 IV 1681

–, [2-Chlor-äthyl]-[4-nitro-phenyl]-
6 III 1069 c, IV 1689

–, Chlormethyl-[4-methyl-3-nitro-
phenyl]- 6 IV 2212

–, [5-Chlor-4-methyl-2-nitro-phenyl]-
methyl- 6 II 401 h

$C_8H_8ClNO_5S$

Äthanol, 2-[2-Chlor-5-nitro-benzolsulfonyl]-
6 IV 1729

–, 2-[4-Chlor-3-nitro-benzolsulfonyl]-
6 IV 1728

Carbamidsäure, [4-Chlor-phenoxysulfonyl]-,
methylester 6 IV 865

$C_8H_8ClO_3P$

Benzo[1,3,2]dioxaphosphol, 2-[2-Chlor-
äthoxy]- 6 III 4242 a, IV 5597

Benzo[1,3,2]dioxaphosphol-2-oxid,
2-[2-Chlor-äthyl]- 6 III 4241 d

$C_8H_8Cl_2NO_4P$

Carbamidsäure, Dichlorphosphoryl-,
[4-methoxy-phenylester] 6 IV 5744

$C_8H_8Cl_2NO_5PS$

Thiophosphorsäure-O-[2,4-dichlor-5-nitro-
phenylester]-O',O''-dimethylester
6 IV 1360

– O-[2,5-dichlor-4-nitro-phenylester]-
O',O''-dimethylester 6 IV 1361

$C_8H_8Cl_2N_2OS$

Isothioharnstoff, S-[2,4-Dichlor-
phenoxymethyl]- 6 IV 900

$C_8H_8Cl_2N_2O_2$

Essigsäure, [2,4-Dichlor-phenoxy]-,
hydrazid 6 III 707 e, IV 921

$C_8H_8Cl_2N_2S$

Isothioharnstoff, S-[2,4-Dichlor-benzyl]-
6 III 1641 f

$C_8H_8Cl_2O$

Äthanol, 2-Chlor-1-[4-chlor-phenyl]-
6 I 236 h, III 1685 c, IV 3048

–, 1-[2,3-Dichlor-phenyl]- 6 III 1684 b

–, 1-[2,4-Dichlor-phenyl]-
6 II 446 h, III 1684 c, IV 3048

–, 1-[2,5-Dichlor-phenyl]-
6 III 1684 e, IV 3048

–, 1-[2,6-Dichlor-phenyl]-
6 III 1684 f

–, 1-[3,4-Dichlor-phenyl]-
6 III 1684 g, IV 3048

–, 1-[3,5-Dichlor-phenyl]-
6 III 1685 b

–, 2,2-Dichlor-1-phenyl- 6 II 447 a,
III 1685 e, IV 3049

Äther, [1-Chlor-äthyl]-[2-chlor-phenyl]-
6 IV 792

–, [1-Chlor-äthyl]-[4-chlor-phenyl]-
6 IV 836

–, [2-Chlor-äthyl]-[2-chlor-phenyl]-
6 III 676 a, IV 785

–, [2-Chlor-äthyl]-[3-chlor-phenyl]-
6 IV 811

–, [2-Chlor-äthyl]-[4-chlor-phenyl]-
6 III 688 a, IV 823

–, Chlormethyl-[2-chlor-4-methyl-
phenyl]- 6 IV 2135

–, Chlormethyl-[3-chlor-4-methyl-
phenyl]- 6 IV 2134

–, Chlormethyl-[4-chlor-2-methyl-
phenyl]- 6 IV 1989

–, Chlormethyl-[4-chlor-3-methyl-
phenyl]- 6 IV 2065

–, [2,4-Dichlor-benzyl]-methyl-
6 IV 2597

Anisol, 2-Chlor-4-chlormethyl- 6 III 1377 c

–, 3-Chlor-4-chlormethyl-
6 IV 2142

–, 4-Chlor-2-chlormethyl-
6 IV 2004

–, 2-Dichlormethyl- 6 360 a,
III 1268 f

–, 2,4-Dichlor-5-methyl-
6 II 356 h, III 1319 f

–, 2,4-Dichlor-6-methyl-
6 359 h, II 332 h, IV 2001

–, 2,5-Dichlor-3-methyl- 6 II 356 e

–, 2,5-Dichlor-4-methyl-
6 403 d, IV 2140

C₈H₈Cl₂O (Fortsetzung)

Anisol, 2,6-Dichlor-4-methyl- **6** 404 a

–, 4-Dichlormethyl- **6** 404 d

Phenäthylalkohol, 2,5-Dichlor- **6** IV 3081

–, 3,4-Dichlor- **6** IV 3081

Phenetol, 2,4-Dichlor- **6** 189 c, III 701 b, IV 885

–, 3,5-Dichlor- **6** IV 957

Phenol, 2-Äthyl-4,6-dichlor- **6** III 1658 e, IV 3014

–, 2,3-Dichlor-4,5-dimethyl- **6** II 456 f

–, 2,3-Dichlor-5,6-dimethyl- **6** II 454 e

–, 2,4-Dichlor-3,5-dimethyl- **6** II 464 e, III 1760 e, IV 3156

–, 2,4-Dichlor-3,6-dimethyl- **6** II 467 i, IV 3169

–, 2,5-Dichlor-3,4-dimethyl- **6** III 1730 a

–, 2,6-Dichlor-3,4-dimethyl- **6** II 456 d

–, 2,6-Dichlor-3,5-dimethyl- **6** IV 3157

–, 4,5-Dichlor-2,3-dimethyl- **6** II 454 f

–, 4,6-Dichlor-2,3-dimethyl- **6** II 454 f

C₈H₈Cl₂OS

Äthanol, 2-[2,4-Dichlor-phenylmercapto]- **6** IV 1613

–, 2-[2,5-Dichlor-phenylmercapto]- **6** III 1043 e

–, 2-[3,4-Dichlor-phenylmercapto]- **6** IV 1627

–, 2-[3,5-Dichlor-phenylmercapto]- **6** IV 1632

C₈H₈Cl₂OS₂

Benzol, 1,5-Dichlor-2-methansulfinyl-4-methylmercapto- **6** I 410 k

C₈H₈Cl₂O₂

Äthanol, 2-[2,4-Dichlor-phenoxy]- **6** III 703 a, IV 889

–, 2-[2,5-Dichlor-phenoxy]- **6** IV 942

–, 2-[3,4-Dichlor-phenoxy]- **6** IV 953

Benzol, 1,4-Bis-chlormethoxy- **6** IV 5738

–, 1-Chlor-4-chlormethoxy-2-methoxy- **6** IV 5684

–, 4-Chlor-1-chlormethoxy-2-methoxy- **6** IV 5615

–, 1,2-Dichlor-4,5-dimethoxy- **6** 783 g

–, 1,3-Dichlor-2,4-dimethoxy- **6** III 4335 e

–, 1,3-Dichlor-2,5-dimethoxy- **6** II 846 a, III 4435 d

–, 1,4-Dichlor-2,5-dimethoxy- **6** 850 e, II 845 f, III 4435 a, IV 5772

–, 1,5-Dichlor-2,4-dimethoxy- **6** I 403 g, III 4336 a, IV 5685

–, 2,3-Dichlor-1,4-dimethoxy- **6** II 845 c, III 4434 d

Benzylalkohol, 3,5-Dichlor-2-hydroxy-6-methyl- **6** IV 5953

–, 3,5-Dichlor-2-methoxy- **6** IV 5900

–, 3,5-Dichlor-4-methoxy- **6** IV 5918

Brenzcatechin, 3,5-Dichlor-4,6-dimethyl- **6** 912 b

Hydrochinon, 2,3-Dichlor-5,6-dimethyl- **6** 908 h

–, 2,5-Dichlor-3,6-dimethyl- **6** 916 d

–, 2,6-Dichlor-3,5-dimethyl- **6** 911 i, III 4589 g

Phenol, 2-Äthoxy-4,5-dichlor- **6** IV 5617

–, 4-Äthoxy-2,5-dichlor- **6** IV 5772

–, 2,4-Dichlor-5-methoxy-3-methyl- **6** III 4535 e

–, 2,6-Dichlor-4-methoxymethyl- **6** III 4550 j

Resorcin, 4-Äthyl-2,6-dichlor- **6** III 4556 f

–, 4,6-Dichlor-2,5-dimethyl- **6** 918 d

C₈H₈Cl₂O₂S

Sulfon, Äthyl-[2,4-dichlor-phenyl]- **6** IV 1612

–, Äthyl-[2,5-dichlor-phenyl]- **6** IV 1617

–, Äthyl-[3,4-dichlor-phenyl]- **6** IV 1624

–, Äthyl-[3,5-dichlor-phenyl]- **6** IV 1631

–, [2-Chlor-äthyl]-[4-chlor-phenyl]- **6** III 1035 a, IV 1582

–, Dichlormethyl-p-tolyl- **6** 421 h, III 1419 d, IV 2195

C₈H₈Cl₂O₂S₂

Benzol, 1,5-Dichlor-2,4-bis-methansulfinyl- **6** I 411 a

$C_8H_8Cl_2O_3$

Äthan-1,1-diol, 2-[2,4-Dichlor-phenoxy]-
6 IV 901

Phenol, 3,4-Dichlor-2,6-bis-hydroxymethyl-
6 IV 7397

—, 2,3-Dichlor-4,5-dimethoxy-
6 IV 7346

—, 2,5-Dichlor-3,6-dimethoxy-
6 III 6284 b

—, 2,6-Dichlor-3,5-dimethoxy-
6 IV 7369

—, 3,4-Dichlor-2,6-dimethoxy-
6 II 1067 h

$C_8H_8Cl_2O_3S$

Äthanol, 2-[2,5-Dichlor-benzolsulfonyl]-
6 IV 1620

—, 2-[3,4-Dichlor-benzolsulfonyl]-
6 IV 1627

—, 2-[3,5-Dichlor-benzolsulfonyl]-
6 IV 1632

$C_8H_8Cl_2O_4$

Hydrochinon, 2,5-Dichlor-3,6-dimethoxy-
6 1156 i, IV 7691

—, 2,6-Dichlor-3,5-dimethoxy-
6 1155 e

$C_8H_8Cl_2O_4S$

Äthansulfonsäure, 2-[2,4-Dichlor-phenoxy]-
6 IV 936

Methansulfonsäure, [2,4-Dichlor-6-methyl-
phenoxy]- 6 IV 2002

—, [2,4-Dichlor-phenoxy]-,
methylester 6 IV 898

$C_8H_8Cl_2O_4S_2$

Benzol, 1,5-Dichlor-2,4-bis-methansulfonyl-
6 I 411 b

$C_8H_8Cl_2O_5S$

Äthansulfonsäure, 2-[2,4-Dichlor-phenoxy]-
1-hydroxy- 6 IV 902

Schwefelsäure-mono-[2-(2,4-dichlor-
phenoxy)-äthylester] 6 IV 893

$C_8H_8Cl_2S$

Sulfid, Äthyl-[2,4-dichlor-phenyl]-
6 IV 1612

—, Äthyl-[2,5-dichlor-phenyl]-
6 IV 1617

—, Äthyl-[3,4-dichlor-phenyl]-
6 IV 1624

—, Äthyl-[3,5-dichlor-phenyl]-
6 IV 1631

—, [2-Chlor-äthyl]-[4-chlor-phenyl]-
6 III 1034 i

$C_8H_8Cl_2S_2$

Benzol, 1,5-Dichlor-2,4-bis-methyl‌
mercapto- 6 I 410 j

—, 2,5-Dichlor-1,3-bis-methyl‌
mercapto- 6 II 831 a

$C_8H_8Cl_3IO$

Phenetol, 2-Chlor-5-dichlorjodanyl-
6 III 780 f

—, 4-Chlor-2-dichlorjodanyl-
6 II 200 b

—, 4-Chlor-3-dichlorjodanyl-
6 III 780 f

—, 5-Chlor-2-dichlorjodanyl- 6 II 200 f

$C_8H_8Cl_3NO$

Äthylamin, 2-[2,4,5-Trichlor-phenoxy]-
6 III 721 d, IV 991

$C_8H_8Cl_3NO_3S$

Amidoschwefelsäure, Dimethyl-,
[2,4,6-trichlor-phenylester] 6 IV 1015

$C_8H_8Cl_3O_2PS$

Chlorothiophosphorsäure-O-äthylester-
O'-[2,4-dichlor-phenylester] 6 IV 940

$C_8H_8Cl_3O_3PS$

Thiophosphorsäure-O,O'-dimethylester-
O''-[2,4,5-trichlor-phenylester]
6 IV 994

— O,O'-dimethylester-O''-
[2,4,6-trichlor-phenylester] 6 IV 1017

$C_8H_8Cl_3O_4P$

Phosphorsäure-dimethylester-[2,4,5-trichlor-
phenylester] 6 IV 993

— dimethylester-[2,4,6-trichlor-
phenylester] 6 IV 1016

$C_8H_8Cl_3O_5P$

Phosphorsäure-mono-[2-(2,4,5-trichlor-
phenoxy)-äthylester] 6 IV 966

$C_8H_8D_2O$

Äther, [1,1-Dideuterio-äthyl]-phenyl-
6 IV 556

Phenäthylalkohol, α,α-Dideuterio-
6 IV 3069

—, β,β-Dideuterio- 6 IV 3069

C_8H_8FNO

Acetimidsäure, 2-Fluor-, phenylester
6 III 598 e

$C_8H_8FNO_2$

Essigsäure, [4-Fluor-phenoxy]-, amid
6 IV 777

$C_8H_8FNO_3$

Phenetol, 2-Fluor-4-nitro- 6 III 834 b

—, 3-Fluor-5-nitro- 6 III 633 h

—, 4-Fluor-2-nitro- 6 I 121 j

$C_8H_8FNO_4$
Benzol, 1-Fluor-4,5-dimethoxy-2-nitro-
6 IV 5630
Benzylalkohol, 3-Fluor-4-methoxy-5-nitro-
6 III 4552 c

$C_8H_8F_2O$
Äthanol, 1-[2,4-Difluor-phenyl]-
6 IV 3043
—, 1-[2,5-Difluor-phenyl]- 6 IV 3043
—, 2,2-Difluor-1-phenyl- 6 IV 3043
Äther, [2-Fluor-äthyl]-[4-fluor-phenyl]-
6 IV 774
Phenetol, 2,4-Difluor- 6 III 671 h

$C_8H_8F_2S$
Sulfid, [2,2-Difluor-äthyl]-phenyl-
6 IV 1469

$C_8H_8INO_2$
Essigsäure, [4-Jod-phenoxy]-, amid
6 II 199 i

$C_8H_8INO_2S$
Sulfid, [2-Jod-äthyl]-[2-nitro-phenyl]-
6 II 305 b
—, [2-Jod-äthyl]-[4-nitro-phenyl]-
6 II 310 a

$C_8H_8INO_2S_2$
Thioessigsäure, [4-Jod-benzolsulfonyl]-,
amid 6 336 b

$C_8H_8INO_3$
Anisol, 2-Jodmethyl-4-nitro- 6 IV 2014
—, 2-Jod-4-methyl-5-nitro-
6 I 206 k, II 391 b
—, 2-Jod-6-methyl-4-nitro-
6 I 180 f
Phenetol, 2-Jod-4-nitro- 6 250 b, III 852 g
—, 2-Jod-5-nitro- 6 III 852 c
—, 4-Jod-2-nitro- 6 II 237 c
—, 4-Jod-3-nitro- 6 249 i, III 851 j
—, 5-Jod-2-nitro- 6 II 237 j

$C_8H_8INO_3S$
Essigsäure, [4-Jod-benzolsulfonyl]-, amid
6 335 l

$C_8H_8INO_4$
Benzol, 1-Jod-2,4-dimethoxy-5-nitro-
6 827 b
—, 1-Jod-2,5-dimethoxy-4-nitro-
6 I 418 g
—, 1-Jod-4,5-dimethoxy-2-nitro-
6 I 393 i

$C_8H_8I_2O$
Anisol, 2,6-Dijod-4-methyl- 6 IV 2148
Phenetol, 2,4-Dijod- 6 210 b
—, 2,5-Dijod- 6 I 111 n
—, 2,6-Dijod- 6 211 a

—, 3,5-Dijod- 6 211 h
Phenol, 2,4-Dijod-3,6-dimethyl-
6 III 1775 e

$C_8H_8I_2O_2$
Benzol, 1,2-Dijod-4,5-dimethoxy-
6 787 g, I 391 d, II 789 e,
IV 5626
—, 1,3-Dijod-2,5-dimethoxy-
6 III 4441 g
—, 1,4-Dijod-2,5-dimethoxy-
6 856 g, I 417 m, IV 5785
—, 1,5-Dijod-2,4-dimethoxy-
6 II 821 m, III 4342 e,
IV 5689
Benzylalkohol, 3,5-Dijod-4-methoxy-
6 III 4551 e

$C_8H_8I_2O_4$
Hydrochinon, 2,5-Dijod-3,6-dimethoxy-
6 IV 7692

$C_8H_8I_2O_4S_2$
Benzol, 1,3-Bis-jodmethansulfonyl-
6 835 g

$C_8H_8NO_5PS$
[1,3,2]Dioxaphospholan-2-sulfid, 2-[4-Nitro-
phenoxy]- 6 IV 1342 g

$C_8H_8N_2O_2S$
1-Thio-allophansäure-S-phenylester
6 312 b
3-Thio-allophansäure-phenylester
6 160 c
Thiocarbamidsäure, Nitroso-,
S-p-tolylester 6 I 211 a
Thiokohlensäure, S-Carbamimidoyl-,
O-phenylester 6 161 a

$C_8H_8N_2O_2S_2$
Benzol, 1,4-Bis-carbamoylmercapto-
6 IV 5846
Dithiocarbamidsäure-[4-nitro-benzylester]
6 469 h

$C_8H_8N_2O_3$
Allophansäure-phenylester 6 160 a, I 89 a,
II 157 d, III 609 c

$C_8H_8N_2O_3S$
Amin, Acetyl-[4-nitro-benzolsulfenyl]-
6 III 1078 d
Essigsäure, [2-Nitro-phenylmercapto]-,
amid 6 III 1060 g
—, [4-Nitro-phenylmercapto]-, amid
6 IV 1710
Thiocarbamidsäure-S-[2-nitro-benzylester]
6 468 d
—   S-[3-nitro-benzylester] 6 469 a

$C_8H_8N_2O_3S$ (Fortsetzung)
Thiocarbamidsäure-S-[4-nitro-benzylester]
   6 II 441 k
Thioglycin-S-[4-nitro-phenylester]
   6 IV 1715
$C_8H_8N_2O_4$
Allophansäure-[3-hydroxy-phenylester]
   6 817 a
Benzol, 1,2-Bis-carbamoyloxy- 6 777 l
−, 1,3-Bis-carbamoyloxy- 6 817 f
−, 1,4-Bis-carbamoyloxy- 6 847 e
Carbamidsäure-[4-nitro-benzylester]
   6 452 d
Carbamidsäure, Methyl-, [2-nitro-
   phenylester] 6 III 804 c, IV 1259
−, Methyl-, [3-nitro-phenylester]
   6 IV 1274
−, Methyl-, [4-nitro-phenylester]
   6 IV 1301
Essigsäure, [2-Nitro-phenoxy]-, amid
   6 I 115 k, II 211 g
−, [3-Nitro-phenoxy]-, amid
   6 II 215 h
−, [4-Nitro-phenoxy]-, amid
   6 234 e, II 224 f
Glycin-[4-nitro-phenylester] 6 IV 1313
$C_8H_8N_2O_4S$
Essigsäure, Benzolsulfonyl-hydroxyimino-,
   amid 6 311 d
Glycin, N-[2-Nitro-benzolsulfenyl]-
   6 IV 1678
Sulfid, Äthyl-[2,4-dinitro-phenyl]-
   6 343 b, III 1089 b, IV 1733
−, [1-Nitro-äthyl]-[2-nitro-phenyl]-
   6 IV 1668
Vinylamin, 2-[4-Nitro-benzolsulfonyl]-
   6 IV 1707
$C_8H_8N_2O_4SSe$
Benzolthioselenensäure, 2,4-Dinitro-,
   äthylester 6 IV 1797
$C_8H_8N_2O_4S_2$
Benzol, 1,5-Bis-methylmercapto-2,4-dinitro-
   6 IV 5709
$C_8H_8N_2O_5$
Acetohydroxamsäure, 2-[2-Nitro-phenoxy]-
   6 IV 1262
−, 2-[3-Nitro-phenoxy]- 6 IV 1274
−, 2-[4-Nitro-phenoxy]- 6 IV 1304
Äthan, 1-[4-Nitro-phenyl]-1-nitryloxy-
   6 III 1695 b, IV 3056
Äthanol, 2-Nitro-1-[2-nitro-phenyl]-
   6 477 i, III 1695 e

−, 2-Nitro-1-[3-nitro-phenyl]-
   6 III 1696 b
−, 2-Nitro-1-[4-nitro-phenyl]-
   6 III 1696 d
Anisol, 4-Dinitromethyl- 6 415 c,
   III 1391 d
−, 2-Methyl-4,5-dinitro-
   6 III 1278 e
−, 2-Methyl-4,6-dinitro- 6 I 180 i,
   II 341 c, III 1278 a
−, 3-Methyl-2,4-dinitro- 6 II 363 b,
   IV 2077
−, 3-Methyl-2,6-dinitro- 6 II 362 j
−, 4-Methyl-2,3-dinitro- 6 414 g,
   II 391 d
−, 4-Methyl-2,5-dinitro- 6 I 207 c,
   II 391 f
−, 4-Methyl-2,6-dinitro- 6 415 a,
   II 392 a, III 1390 c, IV 2152
−, 4-Methyl-3,5-dinitro-
   6 III 1389 h
−, 5-Methyl-2,4-dinitro- 6 II 363 d,
   III 1329 h, IV 2077
−, 4-Nitro-2-nitromethyl- 6 IV 2014
Phenetol, 2,3-Dinitro- 6 251 e, III 854 g,
   IV 1369
−, 2,4-Dinitro- 6 254 b, I 126 b,
   II 242 a, III 858 b, IV 1373
−, 2,5-Dinitro- 6 II 245 a
−, 2,6-Dinitro- 6 257 c, I 127 h,
   III 868 b
−, 3,4-Dinitro- 6 III 868 f
−, 3,5-Dinitro- 6 258 d, III 869 c
Phenol, 2-Äthyl-4,6-dinitro- 6 471 i,
   III 1660 a, IV 3015
−, 4-Äthyl-2,6-dinitro- 6 IV 3027
−, 5-Äthyl-2,4-dinitro- 6 IV 3019
−, 2,3-Dimethyl-4,6-dinitro-
   6 480 i, III 1724 i, IV 3098
−, 2,4-Dimethyl-3,5-dinitro-
   6 III 1751 a
−, 3,4-Dimethyl-2,6-dinitro-
   6 484 c, I 240 j, III 1731 h,
   IV 3107
−, 3,5-Dimethyl-2,4-dinitro-
   6 III 1766 h
−, 3,5-Dimethyl-2,6-dinitro-
   6 III 1767 c
−, 3,6-Dimethyl-2,4-dinitro-
   6 497 h, III 1776 f, IV 3170
−, 4,6-Dimethyl-2,3-dinitro-
   6 III 1751 d

$C_8H_8N_2O_5S$
Äthanol, 2-[2,4-Dinitro-phenylmercapto]-
    6 II 315 l, III 1097 f, IV 1750
Benzol, 2-Methoxy-5-methylmercapto-
    1,3-dinitro- 6 IV 5839
Benzolsulfensäure, 2,4-Dinitro-, äthylester
    6 IV 1765
Essigsäure, [2-Nitro-benzolsulfonyl]-, amid
    6 III 1061 a
Sulfonium, [4-Hydroxy-3,5-dinitro-phenyl]-
    dimethyl-, betain 6 867 c, I 422 d
$C_8H_8N_2O_5S_2$
Äthanol, 2-[2,4-Dinitro-phenyldisulfanyl]-
    6 IV 1769
$C_8H_8N_2O_5Se$
Benzolselenensäure, 2,4-Dinitro-,
    äthylester 6 IV 1797
$C_8H_8N_2O_6$
Äthanol, 2-[2,4-Dinitro-phenoxy]-
    6 II 243 k, III 864 a, IV 1377
Benzol, 1,2-Dimethoxy-3,4-dinitro-
    6 I 393 k, II 793 h, IV 5631
−, 1,2-Dimethoxy-3,5-dinitro-
    6 791 c, I 394 e, II 794 b
−, 1,2-Dimethoxy-4,5-dinitro-
    6 792 c, I 394 j, II 794 i, III 4274 c,
    IV 5632
−, 1,3-Dimethoxy-2,4-dinitro-
    6 827 f, I 404 l, II 823 h, III 4351 e
−, 1,4-Dimethoxy-2,3-dinitro-
    6 857 j
−, 1,4-Dimethoxy-2,5-dinitro-
    6 858 b, I 418 h
−, 1,5-Dimethoxy-2,3-dinitro-
    6 828 c, I 405 b
−, 1,5-Dimethoxy-2,4-dinitro-
    6 828 f, I 405 e, II 824 b, III 4352 d,
    IV 5696
−, 2,3-Dimethoxy-1,4-dinitro-
    6 II 794 g
−, 2,5-Dimethoxy-1,3-dinitro-
    6 III 4444 f, IV 5789
Benzylalkohol, 3-Methoxy-2,6-dinitro-
    6 IV 5908
−, 4-Methoxy-3,5-dinitro-
    6 IV 5919
−, 5-Methoxy-2,4-dinitro-
    6 IV 5908
Phenol, 2-Äthoxy-4,5-dinitro- 6 III 4275 a
−, 2-Äthoxy-4,6-dinitro- 6 I 394 f,
    IV 5632
−, 3-Äthoxy-2,4-dinitro- 6 I 405 a

−, 3-Äthoxy-2,6-dinitro-
    6 827 g, III 4352 a
−, 5-Äthoxy-2,4-dinitro- 6 828 g
−, 2-Methoxy-3-methyl-4,6-dinitro-
    6 I 428 a
−, 2-Methoxy-4-methyl-3,5-dinitro-
    6 II 871 c
−, 2-Methoxy-4-methyl-3,6-dinitro-
    6 II 870 f
−, 2-Methoxy-5-methyl-3,4-dinitro-
    6 II 872 b
−, 3-Methoxy-5-methyl-2,4-dinitro-
    6 890 e
−, 5-Methoxy-3-methyl-2,4-dinitro-
    6 890 e
−, 6-Methoxy-3-methyl-2,4-dinitro-
    6 II 871 d
−, 6-Methoxy-4-methyl-2,3-dinitro-
    6 II 872 a
$C_8H_8N_2O_6S$
Benzolsulfensäure, 2,4-Dinitro-,
    [2-hydroxy-äthylester] 6 IV 1767
Sulfon, Äthyl-[2,4-dinitro-phenyl]-
    6 III 1089 e, IV 1734
−, [1-Nitro-äthyl]-[3-nitro-phenyl]-
    6 IV 1685
$C_8H_8N_2O_7$
Äthanol, 2-[2-Hydroxy-3,5-dinitro-
    phenoxy]- 6 IV 5632
−, 2-[5-Hydroxy-2,4-dinitro-phenoxy]-
    6 III 4352 e
Brenzcatechin, 4-Äthoxy-3,5-dinitro-
    6 1091 h
Phenol, 2,3-Dimethoxy-4,6-dinitro-
    6 III 6275 a
−, 2,6-Dimethoxy-3,4-dinitro-
    6 I 541 c
−, 2,6-Dimethoxy-3,5-dinitro-
    6 II 1070 k
−, 3,5-Dimethoxy-2,6-dinitro- 6 1106 b
Resorcin, 4-Äthoxy-2,6-dinitro-
    6 1091 g
$C_8H_8N_2O_7S$
Carbamidsäure, [4-Nitro-phenoxysulfonyl]-,
    methylester 6 IV 1316
$C_8H_8N_2O_8$
Äthanol, 2-[2,4-Dihydroxy-3,5-dinitro-
    phenoxy]- 6 I 543 d
$C_8H_8N_2O_8S$
Methansulfonsäure-[4-methoxy-3,5-dinitro-
    phenylester] 6 IV 5789

$C_8H_8N_2O_8S_2$
Benzol, 1,5-Bis-methansulfonyl-2,4-dinitro-
  6 IV 5709
$C_8H_8N_2O_{10}S_2$
Benzol, 2,5-Bis-methansulfonyloxy-
  1,3-dinitro- 6 IV 5790
$C_8H_8N_4O_2S$
Isothioharnstoff, N,N'-Dinitroso-S-p-tolyl-
  6 I 211 c
$C_8H_8N_4O_4S$
Isothioharnstoff, S-[2,4-Dinitro-benzyl]-
  6 IV 2802
C_8H_8O
Äther, Phenyl-vinyl- 6 I 82 p, II 146 h,
  III 555 c, IV 561
Phenol, 2-Vinyl- 6 560 d, I 277 c,
  III 2383 a, IV 3771
–, 3-Vinyl- 6 561 e, III 2385 a,
  IV 3773
–, 4-Vinyl- 6 III 2386 b, IV 3775
C_8H_8OS
Acetaldehyd, Phenylmercapto- 6 III 1006 d
Sulfoxid, Phenyl-vinyl- 6 III 987 g
Thioameisensäure-S-benzylester
  6 III 1597 c, IV 2676
Thioessigsäure-O-phenylester 6 II 155 b
– S-phenylester 6 310 b, II 292 i,
  III 1009 b, IV 1522
$C_8H_8OS_2$
Disulfan, Acetyl-phenyl- 6 IV 1562
Dithiokohlensäure-O-benzylester
  6 438 c, I 221 f, II 420 d, III 1530 f,
  IV 2469
– O-methylester-S-phenylester
  6 III 1011 c
– S-methylester-O-phenylester
  6 III 610 a
– S-methylester-S'-phenylester
  6 IV 1536
$C_8H_8OS_3$
Trisulfan, Acetyl-phenyl- 6 IV 1563
$C_8H_8O_2$
Acetaldehyd, Phenoxy- 6 151 b, II 152 k,
  III 588 g
Ameisensäure-benzylester 6 435 c, I 220 f,
  II 415 d, III 1477 c, IV 2262
– m-tolylester 6 III 1305 e
Brenzcatechin, 4-Vinyl- 6 954 b,
  III 4981 c
Essigsäure-phenylester 6 152 h, I 87 c,
  II 153 c, III 595 e, IV 611
Hydrochinon, 2-Vinyl- 6 III 4980 e,
  IV 6315

Phenol, 2-Vinyloxy- 6 II 780 g
Resorcin, 4-Vinyl- 6 III 4979 c
$C_8H_8O_2S$
Acetaldehyd, [2-Hydroxy-phenylmercapto]-
  6 IV 5638
Benz[1,4]oxathiin-2-ol, 2,3-Dihydro-
  6 IV 5638
Essigsäure, Phenylmercapto- 6 313 h,
  I 146 j, II 293 b, III 1013 f,
  IV 1538
Sulfon, Phenyl-vinyl- 6 III 987 h,
  IV 1477
Thioessigsäure-S-[4-hydroxy-phenylester]
  6 IV 5814
Thiophenol, 4-Acetoxy- 6 862 d
$C_8H_8O_2S_2$
Essigsäure, [2-Mercapto-phenylmercapto]-
  6 III 4286 d, IV 5654
–, [4-Mercapto-phenylmercapto]-
  6 II 854 k, III 4475 d
–, Phenyldisulfanyl- 6 IV 1562
$C_8H_8O_2Se$
Essigsäure, Phenylselanyl- 6 II 319 b
Selenophenol, 4-Acetoxy- 6 III 4486 d
$C_8H_8O_3$
Acetaldehyd, [2-Hydroxy-phenoxy]-
  6 773 j, I 385 e
Benzol, 1-Formyloxy-2-methoxy-
  6 III 4227 d
Essigsäure, Phenoxy- 6 161 f, I 89 h,
  II 157 g, III 610 b, IV 634
Kohlensäure-methylester-phenylester
  6 157 f, I 88 c, III 607 b, IV 628
– monobenzylester 6 II 419 i,
  III 1484 b
Phenol, 2-Acetoxy- 6 II 783 h, III 4227 e,
  IV 5581
–, 3-Acetoxy- 6 816 c, I 402 e,
  II 817 b, III 4319 h, IV 5672
–, 4-Acetoxy- 6 III 4414 b
$C_8H_8O_3S$
Acetaldehyd, Benzolsulfonyl- 6 IV 1514
Äthensulfonsäure-phenylester 6 III 651 b,
  IV 690
Essigsäure, Benzolsulfinyl- 6 314 d,
  I 147 a, II 293 c, III 1014 d
–, [2-Hydroxy-phenylmercapto]-
  6 794 i
–, [4-Hydroxy-phenylmercapto]-
  6 IV 5816
Formaldehyd, Phenylmethansulfonyl-
  6 III 1597 h

$C_8H_8O_3S_2$
Essigsäure, Benzolsulfinylmercapto-
    6 IV 1562
−, Phenylmercaptosulfinyl-
    6 IV 1562
$C_8H_8O_3Se$
Benzo[e][1,3,2]dioxaselenepin-3-oxid,
    1,5-Dihydro- 6 IV 5954
$C_8H_8O_4$
Brenzcatechin, 3-Acetoxy- 6 1082 d,
    II 1066 d, III 6268 e, IV 7332
Essigsäure, [2-Hydroxy-phenoxy]-
    6 777 n, I 387 a, II 784 h, IV 5586
−, [3-Hydroxy-phenoxy]- 6 817 h
−, [4-Hydroxy-phenoxy]-
    6 847 f, IV 5744
$C_8H_8O_4S$
Essigsäure, Benzolsulfonyl- 6 314 e,
    II 293 d, III 1014 g, IV 1539
$C_8H_8O_5$
Essigsäure, [2,3-Dihydroxy-phenoxy]-
    6 1084 a, II 1066 j
Kohlensäure-[2,3-dihydroxy-phenylester]-
    methylester 6 1083 d
$C_8H_8O_5S$
Essigsäure, Phenoxysulfonyl- 6 IV 690
C_8H_8S
Sulfid, Phenyl-vinyl- 6 II 288 i, III 987 f,
    IV 1475
$C_8H_8S_2$
Dithioameisensäure-benzylester 6 III 1597 f
$C_8H_8S_3$
Trithiokohlensäure-monobenzylester
    6 III 1609 e, IV 2701
$C_8H_9AsO_2$
Benzo[1,3,2]dioxarsol, 2-Äthyl- 6 IV 5606
$C_8H_9AsO_3$
Benzo[1,3,2]dioxarsol, 2-Äthoxy-
    6 IV 5606
[1,3,2]Dioxarsolan, 2-Phenoxy- 6 IV 761
$C_8H_9BO_3$
Benzo[1,3,2]dioxaborol, 2-Äthoxy-
    6 IV 5610
[1,3,2]Dioxaborolan, 2-Phenoxy-
    6 III 666 g, IV 769
[1,3,2]Dioxaborolan-2-ol, 4-Phenyl-
    6 II 887 h
$C_8H_9BrCl_4O_2$
Essigsäure-[2-brom-3,4,5,6-tetrachlor-
    cyclohexylester] 6 IV 70
$[C_8H_9BrNO_3S]^+$
Sulfonium, [3-Brom-4-hydroxy-5-nitro-
    phenyl]-dimethyl- 6 866 f

$C_8H_9BrNO_5PS$
Thiophosphorsäure-O-[2-brom-4-nitro-
    phenylester]-O',O''-dimethylester
    6 IV 1365
$C_8H_9BrN_2O$
Isoharnstoff, O-Benzyl-N-brom-
    6 IV 2463
$C_8H_9BrN_2O_2$
Harnstoff, [4-Brom-benzyloxy]- 6 447 f
$C_8H_9BrN_2O_3S$
Acetamidoxim, 2-[4-Brom-benzolsulfonyl]-
    6 332 e
$C_8H_9BrN_2S$
Isothioharnstoff, S-[2-Brom-benzyl]-
    6 III 1642 c
−, S-[3-Brom-benzyl]- 6 III 1642 g
−, S-[4-Brom-benzyl]- 6 III 1643 f,
    IV 2792
C_8H_9BrO
Äthanol, 1-[2-Brom-phenyl]- 6 III 1689 e,
    IV 3053
−, 1-[3-Brom-phenyl]- 6 III 1689 f,
    IV 3053
−, 1-[4-Brom-phenyl]- 6 II 447 d,
    III 1689 g, IV 3053
−, 2-Brom-1-phenyl- 6 II 447 e,
    III 1690 a, IV 3053
Äther, Benzyl-brommethyl- 6 III 1475 e
−, [1-Brom-äthyl]-phenyl- 6 IV 599
−, [2-Brom-äthyl]-phenyl-
    6 142 b, I 81 b, II 145 a, III 548 a,
    IV 556
−, [2-Brom-benzyl]-methyl-
    6 II 423 e, III 1559 j, IV 2600
−, [3-Brom-benzyl]-methyl-
    6 IV 2601
−, [4-Brom-benzyl]-methyl-
    6 II 423 h, III 1560 f
Anisol, 2-Brommethyl- 6 I 176 g, II 334 a,
    III 1270 l, IV 2006
−, 2-Brom-3-methyl- 6 II 357 d,
    III 1320 d, IV 2071
−, 2-Brom-4-methyl- 6 405 g,
    III 1378 f, IV 2143
−, 2-Brom-5-methyl- 6 III 1320 f,
    IV 2072
−, 2-Brom-6-methyl- 6 IV 2005
−, 3-Brommethyl- 6 I 191 a,
    II 357 j, III 1322 c, IV 2073
−, 3-Brom-2-methyl- 6 IV 2006
−, 3-Brom-4-methyl- 6 II 384 c,
    III 1377 g, IV 2143

C$_8$H$_9$BrO (Fortsetzung)

Anisol, 3-Brom-5-methyl- **6** II 357 g,
     III 1321 a, IV 2072

—, 4-Brommethyl- **6** I 204 g,
     II 384 g, III 1380 d, IV 2145

—, 4-Brom-2-methyl- **6** II 333 j,
     III 1269 d, IV 2006

—, 4-Brom-3-methyl- **6** I 190 c,
     III 1321 c, IV 2072

—, 5-Brom-2-methyl- **6** IV 2005

Phenäthylalkohol, β-Brom- **6** III 1714 a

—, 3-Brom- **6** IV 3082

—, 4-Brom- **6** III 1713 g, IV 3082

Phenetol, 2-Brom- **6** 197 c, III 737 a,
     IV 1038

—, 3-Brom- **6** II 184 d, III 739 a

—, 4-Brom- **6** 199 b, I 105 d,
     II 185 b, III 742 a, IV 1045

Phenol, 2-Äthyl-4-brom- **6** III 1658 f,
     IV 3014

—, 4-Äthyl-2-brom- **6** III 1667 i

—, 4-Äthyl-3-brom- **6** III 1667 g

—, 2-[2-Brom-äthyl]- **6** 471 e

—, 4-[2-Brom-äthyl]- **6** II 444 d,
     III 1668 h, IV 3025

—, 2-Brom-3,4-dimethyl- **6** IV 3106

—, 2-Brom-3,5-dimethyl-
     6 II 464 h, IV 3159

—, 2-Brom-4,5-dimethyl- **6** I 240 f,
     III 1730 b

—, 2-Brom-4,6-dimethyl- **6** 489 b,
     I 242 b, II 460 h, III 1748 h

—, 3-Brom-2,4-dimethyl- **6** 489 a

—, 3-Brom-2,6-dimethyl- **6** 485 f

—, 3-Brom-4,5-dimethyl- **6** I 240 g

—, 4-Brom-2,3-dimethyl- **6** III 1724 c

—, 4-Brom-2,5-dimethyl- **6** 496 c,
     I 245 e, III 1774 c, IV 3169

—, 4-Brom-2,6-dimethyl- **6** 485 g,
     II 458 d, III 1738 k

—, 4-Brom-3,5-dimethyl- **6** I 244 f,
     II 464 f, III 1762 a

—, 5-Brom-2,3-dimethyl- **6** 498 m,
     I 239 f

—, 5-Brom-2,4-dimethyl- **6** 489 e,
     I 242 c

C$_8$H$_9$BrOS

Phenol, 2-Brom-4-methyl-6-methyl≠
     mercapto- **6** I 435 h

—, 2-Brom-6-methyl-4-methyl≠
     mercapto- **6** I 430 d

Sulfoxid, [2-Brom-4-methyl-phenyl]-methyl-
     6 III 1435 f

—, [3-Brom-4-methyl-phenyl]-methyl-
     6 III 1435 f

Thiophenol, 4-Äthoxy-3-brom- **6** II 854 f

C$_8$H$_9$BrOSe

Selenoxid, Äthyl-[4-brom-phenyl]-
     6 III 1114 h

C$_8$H$_9$BrO$_2$

Äthan-1,2-diol, [4-Brom-phenyl]-
     6 907 g, III 4577 f, IV 5942

Äthanol, 2-[4-Brom-phenoxy]- **6** II 185 i,
     III 745 b, IV 1048

Benzol, 1-Brom-2,3-bis-hydroxymethyl-
     6 IV 5955

—, 4-Brom-1,2-bis-hydroxymethyl-
     6 IV 5955

—, 1-Brom-2,3-dimethoxy-
     6 I 390 a, III 4253 f, IV 5621

—, 1-Brom-2,4-dimethoxy-
     6 II 819 i, III 4336 f, IV 5687

—, 1-Brom-3,5-dimethoxy-
     6 IV 5687

—, 2-Brom-1,3-dimethoxy-
     6 IV 5687

—, 2-Brom-1,4-dimethoxy-
     6 852 k, I 417 i, III 4437 a,
     IV 5780

—, 4-Brom-1,2-dimethoxy-
     6 784 i, I 390 c, II 788 a, III 4254 c,
     IV 5621

—, 1-Brom-4-methoxymethoxy-
     6 IV 1049

Benzylalkohol, 2-Brom-4-hydroxy-
     6-methyl- **6** II 888 e

—, 3-Brom-2-hydroxy-5-methyl-
     6 III 4599 e, IV 5966

—, 2-Brom-5-methoxy- **6** III 4546 a

—, 3-Brom-4-methoxy- **6** III 4551 c

—, 5-Brom-2-methoxy- **6** 894 a,
     III 4541 h, IV 5901

Brenzcatechin, 4-[2-Brom-äthyl]-
     6 III 4561 h

Hydrochinon, 2-Brom-3,5-dimethyl-
     6 III 4589 h

—, 3-Brom-2,5-dimethyl- **6** III 4604 a

—, 5-Brom-2,3-dimethyl- **6** III 4583 e

Phenol, 4-Äthoxy-2-brom- **6** IV 5780

—, 2-[2-Brom-äthoxy]- **6** III 4208 a

—, 3-[2-Brom-äthoxy]- **6** II 814 b,
     IV 5664

—, 4-[2-Brom-äthoxy]- **6** III 4387 b

—, 2-Brom-6-methoxy-3-methyl-
     6 III 4521 b, IV 5882

C₈H₉BrO₂ (Fortsetzung)

Phenol, 2-Brom-6-methoxy-4-methyl-
6 III 4521 c

—, 5-Brom-2-methoxy-4-methyl-
6 I 433 b, III 4521 e, IV 5882

Resorcin, 2-Brom-4,5-dimethyl- 6 908 e

—, 2-Brom-4,6-dimethyl-
6 913 e, III 4595 d

—, 5-Brom-2,4-dimethyl-
6 911 f, III 4588 b

—, 6-Brom-4,5-dimethyl- 6 908 e

C₈H₉BrO₂S

Phenol, 2-Brom-4-methansulfinyl-6-methyl-
6 I 430 e

Sulfon, Äthyl-[4-brom-phenyl]- 6 III 1048 c,
IV 1650

—, [1-Brom-äthyl]-phenyl- 6 305 g

—, [2-Brom-4-methyl-phenyl]-methyl-
6 II 401 b, III 1435 f

—, [3-Brom-4-methyl-phenyl]-methyl-
6 III 1435 f

—, [4-Brommethyl-phenyl]-methyl-
6 IV 2210

—, [4-Brom-2-methyl-phenyl]-methyl-
6 IV 2031

—, [4-Brom-3-methyl-phenyl]-methyl-
6 IV 2089

—, Brommethyl-p-tolyl- 6 420 j,
III 1413 c, IV 2184

C₈H₉BrO₃

Äthanol, 2-Brom-1-[3,4-dihydroxy-phenyl]-
6 1114 f, II 1085 d

Benzylalkohol, 2-Brom-3-hydroxy-
4-methoxy- 6 III 6325 d

—, 3-Brom-4-hydroxy-5-methoxy-
6 IV 7384

Phenol, 4-Brom-2,6-bis-hydroxymethyl-
6 III 6337 a

—, 2-Brom-3,5-dimethoxy-
6 IV 7369

—, 3-Brom-2,6-dimethoxy-
6 II 1068 a, IV 7335

—, 4-Brom-2,6-dimethoxy-
6 III 6273 c

—, 5-Brom-2,4-dimethoxy-
6 IV 7347

Phloroglucin, 2-Brom-4,6-dimethyl-
6 1117 i

C₈H₉BrO₃S

Äthanol, 2-[4-Brom-benzolsulfonyl]-
6 331 c

Benzol, 1-Brommethansulfonyl-4-methoxy-
6 IV 5812

Phenol, 2-Brom-4-methansulfonyl-6-methyl-
6 I 430 f

C₈H₉BrO₄

Hydrochinon, 2-Brom-3,5-dimethoxy-
6 IV 7687

—, 3-Brom-2,5-dimethoxy-
6 IV 7692

C₈H₉BrS

Sulfid, Äthyl-[2-brom-phenyl]- 6 II 300 c

—, [2-Brom-äthyl]-phenyl-
6 II 288 a, III 980 a

—, [2-Brom-4-methyl-phenyl]-methyl-
6 II 401 a, III 1435 f

—, [3-Brom-4-methyl-phenyl]-methyl-
6 III 1435 f

—, [4-Brom-2-methyl-phenyl]-methyl-
6 IV 2031

—, [4-Brom-3-methyl-phenyl]-methyl-
6 IV 2089

—, Brommethyl-p-tolyl- 6 IV 2181

C₈H₉BrSe

Selenid, Äthyl-[4-brom-phenyl]-
6 III 1114 g

C₈H₉Br₂NO₂S

λ⁴-Sulfan, Dibrom-methyl-[4-methyl-
2-nitro-phenyl]- 6 I 214 a

[C₈H₉Br₂OS]⁺

Sulfonium, [2,6-Dibrom-4-hydroxy-phenyl]-
dimethyl- 6 IV 5834

—, [3,5-Dibrom-4-hydroxy-phenyl]-
dimethyl- 6 865 a

C₈H₉Br₃S

λ⁴-Sulfan, Dibrom-[2-brom-4-methyl-
phenyl]-methyl- 6 I 213 a;
vgl. III 1435 f

C₈H₉Br₃Se

λ⁴-Selan, Äthyl-dibrom-[4-brom-phenyl]-
6 III 1114 i

[C₈H₉ClNO₂S]⁺

Sulfonium, [4-Chlor-3-nitro-phenyl]-
dimethyl- 6 IV 1727

C₈H₉ClNO₄P

Phosphonsäure, Äthyl-, chlorid-[4-nitro-
phenylester] 6 IV 1324

C₈H₉ClNO₄PS

Chlorothiophosphorsäure-O-äthylester-
O'-[4-nitro-phenylester] 6 IV 1343

C₈H₉ClNO₄PS₃

Disulfidothiophosphorsäure-S-S-[4-chlor-
2-nitro-phenylester]-O,O'-dimethylester
6 IV 1724

C₈H₉ClNO₅PS

Thiophosphorsäure-*O*-[2-chlor-4-nitro-
phenylester]-*O'*,*O''*-dimethylester
6 IV 1355

—   *O*-[3-chlor-4-nitro-phenylester]-
O',*O''*-dimethylester **6** IV 1357

—   *O*-[4-chlor-3-nitro-phenylester]-
O',*O''*-dimethylester **6** IV 1353

C₈H₉ClN₂O

Acetamidin, 2-[4-Chlor-phenoxy]-
6 IV 848

Isoharnstoff, *O*-Benzyl-*N*-chlor-
6 IV 2463

C₈H₉ClN₂OS

Isothioharnstoff, *S*-[2-Chlor-phenoxymethyl]-
6 IV 792

—, *S*-[4-Chlor-phenoxymethyl]-
6 IV 835

C₈H₉ClN₂O₂

Essigsäure, [2-Chlor-phenoxy]-, hydrazid
6 IV 797

—, [4-Chlor-phenoxy]-, hydrazid
6 IV 849

Harnstoff, [4-Chlor-benzyloxy]- **6** 445 h

C₈H₉ClN₂O₃S

Acetamidoxim, 2-[4-Chlor-benzolsulfonyl]-
6 328 m

C₈H₉ClN₂S

Isothioharnstoff, *S*-[2-Chlor-benzyl]-
6 III 1638 d

—, *S*-[3-Chlor-benzyl]- **6** III 1638 i

—, *S*-[4-Chlor-benzyl]- **6** III 1639 d,
IV 2778

C₈H₉ClO

Äthanol, 1-[2-Chlor-phenyl]- **6** II 446 f,
III 1682 d, IV 3044

—, 1-[3-Chlor-phenyl]- **6** III 1682 g,
IV 3044

—, 1-[4-Chlor-phenyl]- **6** I 236 f,
III 1682 h, IV 3045

—, 2-Chlor-1-phenyl- **6** I 236 g,
II 446 g, III 1683 c, IV 3045

Äther, Benzyl-chlormethyl- **6** II 414 i,
III 1475 d, IV 2252

—, [1-Chlor-äthyl]-phenyl-
6 III 586 e, IV 599

—, [2-Chlor-äthyl]-phenyl-
6 142 a, I 81 a, II 144, III 547 b,
IV 556

—, [2-Chlor-benzyl]-methyl-
6 III 1554 e

—, [4-Chlor-benzyl]-methyl-
6 IV 2594

—, Chlormethyl-*p*-tolyl- **6** IV 2109

Anisol, 2-Chlormethyl- **6** 359 f, III 1267 g,
IV 2000

—, 2-Chlor-3-methyl- **6** II 355 c

—, 2-Chlor-4-methyl- **6** 403 a,
III 1374 f

—, 2-Chlor-5-methyl- **6** 381 m,
II 355 e

—, 2-Chlor-6-methyl- **6** IV 1985

—, 3-Chlormethyl- **6** I 189 c,
III 1319 a, IV 2068

—, 3-Chlor-2-methyl- **6** 359 e,
III 1267 f

—, 3-Chlor-4-methyl- **6** 402 i

—, 4-Chlormethyl- **6** 403 c, I 204 a,
II 383 e, III 1375 i, IV 2137

—, 4-Chlor-2-methyl- **6** 359 c,
IV 1987

—, 4-Chlor-3-methyl- **6** 382 a,
II 355 h, III 1316 a

—, 5-Chlor-2-methyl- **6** III 1264 a

Benzylalkohol, 3-Chlor-4-methyl-
6 III 1782 d

Hypochlorigsäure-phenäthylester
6 IV 3076

Phenäthylalkohol, β-Chlor- **6** IV 3079

—, 3-Chlor- **6** IV 3079

—, 4-Chlor- **6** III 1713 f, IV 3079

Phenetol, 2-Chlor- **6** 184 b, II 171 b,
III 675 b, IV 785

—, 3-Chlor- **6** 185 f, IV 811

—, 4-Chlor- **6** 187 a, I 101 b,
II 176 a, III 687 b, IV 823

Phenol, 2-Äthyl-4-chlor- **6** II 443 a,
III 1658 b, IV 3013

—, 4-Äthyl-2-chlor- **6** III 1667 b

—, 4-[2-Chlor-äthyl]- **6** I 235 a

—, 2-Chlor-3,4-dimethyl- **6** II 456 a

—, 2-Chlor-3,5-dimethyl- **6** II 464 d

—, 2-Chlor-4,5-dimethyl-
6 II 456 b, III 1729 d

—, 2-Chlor-4,6-dimethyl- **6** 488 o,
I 241 j, III 1747 i

—, 3-Chlor-4,5-dimethyl- **6** II 456 c

—, 4-Chlor-2,3-dimethyl-
6 II 454 d, III 1724 a

—, 4-Chlor-2,5-dimethyl-
6 II 467 h, III 1773 i, IV 3169

—, 4-Chlor-2,6-dimethyl- **6** III 1738 h,
IV 3122

—, 4-Chlor-3,5-dimethyl- **6** II 463 i,
III 1759 a, IV 3152

—, 5-Chlor-2,3-dimethyl- **6** II 454 c

C$_8$H$_9$ClO (Fortsetzung)

Phenol, 5-Chlor-2,4-dimethyl- **6** 488 p,
    I 242 a, III 1747 j

C$_8$H$_9$ClOS

Äthanol, 1-[4-Chlor-phenyl]-2-mercapto-
    6 IV 5946

—, 2-[4-Chlor-phenylmercapto]-
    6 III 1037 a, IV 1588

Benzol, 1-Chlor-2-methoxy-3-methyl≠
    mercapto- **6** II 827 g

—, 1-Chlor-4-methoxy-2-methyl≠
    mercapto- **6** II 827 h

—, 2-Chlor-1-methoxy-4-methyl≠
    mercapto- **6** IV 5827

—, 2-Chlor-4-methoxy-1-methyl≠
    mercapto- **6** IV 5823

—, 1-Chlormethylmercapto-
    4-methoxy- **6** IV 5811

Phenol, 4-Äthylmercapto-2-chlor-
    6 III 4466 g

—, 4-Äthylmercapto-3-chlor-
    6 IV 5824

Sulfoxid, Chlormethyl-*p*-tolyl- **6** IV 2183

C$_8$H$_9$ClO$_2$

Äthan-1,2-diol, [4-Chlor-phenyl]-
    6 IV 5942

Äthanol, 2-Chlor-1-[4-hydroxy-phenyl]-
    6 II 886 g

—, 2-[2-Chlor-phenoxy]-
    6 I 99 b, II 172 b, IV 787

—, 2-[3-Chlor-phenoxy]- **6** I 100 b,
    III 682 d, IV 812

—, 2-[4-Chlor-phenoxy]- **6** I 101 f,
    III 690 b, IV 826

Benzol, 1-Chlor-2,3-bis-hydroxymethyl-
    6 IV 5954

—, 4-Chlor-1,2-bis-hydroxymethyl-
    6 IV 5954

—, 1-Chlor-2,3-dimethoxy-
    6 IV 5613

—, 1-Chlor-2,4-dimethoxy-
    6 I 403 d, III 4334 a, IV 5684

—, 1-Chlor-3,5-dimethoxy-
    6 III 4335 d, IV 5684

—, 2-Chlor-1,4-dimethoxy-
    6 III 4432 b, IV 5767

—, 4-Chlor-1,2-dimethoxy-
    6 783 c, III 4250 c, IV 5614

—, 1-Chlormethoxy-2-methoxy-
    6 IV 5579

—, 1-Chlormethoxy-4-methoxy-
    6 IV 5737

Benzylalkohol, 3-Chlor-2-hydroxy-
    5-methyl- **6** IV 5965

—, 5-Chlor-2-hydroxy-3-methyl-
    6 III 4597 d

—, 5-Chlor-2-hydroxy-4-methyl-
    6 IV 5971

—, 5-Chlor-4-hydroxy-2-methyl-
    6 IV 5953

—, 2-Chlor-3-methoxy- **6** III 4545 e

—, 3-Chlor-4-methoxy- **6** III 4550 g

Brenzcatechin, 3-Chlor-4,5-dimethyl-
    6 IV 5950

Hydrochinon, 3-Chlor-2,5-dimethyl-
    6 916 c, I 446 d, II 891 c

Phenol, 4-Äthoxy-2-chlor- **6** IV 5768

—, 5-Chlor-2-methoxy-4-methyl-
    6 II 867 b

Resorcin, 4-Äthyl-6-chlor- **6** III 4556 e,
    IV 5925

—, 2-Chlor-4,5-dimethyl- **6** II 888 c

—, 4-Chlor-2,5-dimethyl- **6** III 4607 f

—, 5-Chlor-2,4-dimethyl- **6** 911 e

C$_8$H$_9$ClO$_2$S

Chloroschwefligsäure-phenäthylester
    6 III 1713 b

Sulfon, Äthyl-[4-chlor-phenyl]- **6** IV 1582

—, Benzyl-chlormethyl- **6** III 1595 e,
    IV 2659

—, [1-Chlor-äthyl]-phenyl- **6** 305 f

—, [2-Chlor-äthyl]-phenyl-
    6 298 a, III 980 d, IV 1469

—, [2-Chlor-benzyl]-methyl-
    6 IV 2766

—, [3-Chlor-benzyl]-methyl-
    6 IV 2769

—, [4-Chlor-benzyl]-methyl-
    6 IV 2770

—, [3-Chlor-4-methyl-phenyl]-methyl-
    6 IV 2209

—, [4-Chlormethyl-phenyl]-methyl-
    6 IV 2209

—, Chlormethyl-*p*-tolyl- **6** 420 i,
    IV 2184

C$_8$H$_9$ClO$_2$S$_2$

Benzol, 1-Chlor-4-methansulfonyl-
    2-methylmercapto- **6** III 4368 g

Methan, [4-Chlor-benzolsulfonyl]-
    methylmercapto- **6** III 1037 h

C$_8$H$_9$ClO$_3$

Äthanol, 2-Chlor-1-[3,4-dihydroxy-phenyl]-
    6 1114 e, II 1084 i

Benzylalkohol, 3-Chlor-4-hydroxy-
    5-methoxy- **6** III 6325 c, IV 7384

C$_8$H$_9$ClO$_3$ (Fortsetzung)

Phenol, 2-Chlor-4,6-bis-hydroxymethyl-
  6 III 6338 b
—, 4-Chlor-2,6-bis-hydroxymethyl-
  6 III 6336 d
—, 2-Chlor-3,5-dimethoxy-
  6 IV 7368
—, 3-Chlor-2,6-dimethoxy-
  6 II 1067 f, IV 7334
—, 4-Chlor-2,5-dimethoxy-
  6 IV 7344
—, 4-Chlor-3,5-dimethoxy-
  6 IV 7368

Phloroglucin, 2-Chlor-4,6-dimethyl-
  6 1117 g

C$_8$H$_9$ClO$_3$S

Äthanol, 2-[2-Chlor-benzolsulfonyl]-
  6 IV 1572
—, 2-[4-Chlor-benzolsulfonyl]-
  6 327 d, IV 1589
Äthansulfonsäure-[4-chlor-phenylester]
  6 IV 864
Äthansulfonylchlorid, 2-Phenoxy-
  6 IV 662
Benzol, 1-Chlormethansulfonyl-4-methoxy-
  6 IV 5812
—, 2-Chlor-1-methansulfonyl-
  4-methoxy- 6 IV 5824
—, 2-Chlor-4-methansulfonyl-
  1-methoxy- 6 IV 5827
—, 4-Chlor-2-methansulfonyl-
  1-methoxy- 6 II 798 d
Chloroschwefligsäure-[4-methoxy-
  benzylester] 6 III 4550 e
Phenol, 4-Äthansulfonyl-3-chlor-
  6 IV 5824
Schwefligsäure-äthylester-[4-chlor-
  phenylester] 6 III 697 f

C$_8$H$_9$ClO$_4$

Äthanol, 2-Chlor-1-[3,4,5-trihydroxy-
  phenyl]- 6 II 1123 a
Hydrochinon, 2-Chlor-3,5-dimethoxy-
  6 IV 7687
—, 3-Chlor-2,5-dimethoxy-
  6 IV 7691

C$_8$H$_9$ClO$_4$S

Methansulfonsäure, Chlor-, [2-methoxy-
  phenylester] 6 IV 5596
—, [2-Chlor-4-methyl-phenoxy]-
  6 IV 2135
—, [3-Chlor-4-methyl-phenoxy]-
  6 IV 2134

—, [4-Chlor-2-methyl-phenoxy]-
  6 IV 1989
—, [4-Chlor-3-methyl-phenoxy]-
  6 IV 2065

C$_8$H$_9$ClO$_4$S$_2$

Benzol, 1-Chlor-2,4-bis-methansulfonyl-
  6 III 4368 h, IV 5708

C$_8$H$_9$ClO$_5$S

Äthansulfonsäure, 2-[2-Chlor-phenoxy]-
  1-hydroxy- 6 IV 793
—, 2-[4-Chlor-phenoxy]-1-hydroxy-
  6 IV 837
Schwefelsäure-mono-[2-(2-chlor-phenoxy)-
  äthylester] 6 IV 788
— mono-[2-(4-chlor-phenoxy)-
  äthylester] 6 IV 827

C$_8$H$_9$ClS

Benzolsulfenylchlorid, 2,4-Dimethyl-
  6 IV 3140
Sulfid, Äthyl-[4-chlor-phenyl]- 6 IV 1582
—, Benzyl-chlormethyl- 6 III 1594 d,
  IV 2657
—, [2-Chlor-äthyl]-phenyl-
  6 II 287 f, III 979 c, IV 1469
—, [2-Chlor-benzyl]-methyl-
  6 IV 2766
—, [4-Chlormethyl-phenyl]-methyl-
  6 IV 2209
—, Chlormethyl-*m*-tolyl- 6 IV 2082
—, Chlormethyl-*p*-tolyl- 6 IV 2181
Thiophenol, 2-Chlor-3,5-dimethyl-
  6 III 1768 c
—, 4-Chlor-2,5-dimethyl- 6 II 468 e,
  III 1777 h
—, 4-Chlor-3,5-dimethyl- 6 III 1768 a
—, 5-Chlor-2,4-dimethyl- 6 III 1753 a

C$_8$H$_9$ClS$_2$

Benzol, 1-Chlor-2,4-bis-methylmercapto-
  6 I 410 c

C$_8$H$_9$ClSe

Selenid, Äthyl-[4-chlor-phenyl]-
  6 III 1113 a
—, Benzyl-chlormethyl- 6 III 1651 f

C$_8$H$_9$Cl$_2$IO

Anisol, 3-Dichlorjodanyl-4-methyl- 6 I 205 e
Phenetol, 2-Dichlorjodanyl- 6 207 f,
  II 198 e
—, 3-Dichlorjodanyl- 6 III 773 c
—, 4-Dichlorjodanyl- 6 209 a,
  III 776 c

C$_8$H$_9$Cl$_2$IO$_2$S

Sulfon, Äthyl-[4-dichlorjodanyl-phenyl]-
  6 I 153 c

$C_8H_9Cl_2IO_2S$ (Fortsetzung)
Sulfon, [Dichlorjodanyl-methyl]-p-tolyl-
  6 IV 2184
$C_8H_9Cl_2NO$
Äthylamin, 2-[2,4-Dichlor-phenoxy]-
  6 III 710 g, IV 936
−, 2-[2,5-Dichlor-phenoxy]-
  6 IV 947
$C_8H_9Cl_2NO_2Se$
λ^4-Selan, Äthyl-dichlor-[3-nitro-phenyl]-
  6 III 1119 d
$C_8H_9Cl_2NO_3S$
Amidoschwefelsäure, Dimethyl-,
  [2,4-dichlor-phenylester] 6 IV 937
$C_8H_9Cl_2OP$
Phosphin, [3-Äthyl-phenoxy]-dichlor-
  6 IV 3018
$C_8H_9Cl_2OPS$
Dichlorothiophosphorsäure-O-[3-äthyl-
  phenylester] 6 IV 3018
$[C_8H_9Cl_2OS]^+$
Sulfonium, [2,6-Dichlor-4-hydroxy-phenyl]-
  dimethyl- 6 IV 5832
$C_8H_9Cl_2O_2P$
Dichlorophosphorsäure-[3,5-dimethyl-
  phenylester] 6 IV 3151
Phosphin, Dichlor-[2-phenoxy-äthoxy]-
  6 IV 579
$C_8H_9Cl_2O_2PS$
Chlorothiophosphorsäure-O-äthylester-
  O'-[4-chlor-phenylester] 6 IV 875
Thiophosphonsäure, Methyl-, O-
  [2,4-dichlor-phenylester]-O'-methylester
  6 IV 938
$C_8H_9Cl_2O_3P$
Chlorophosphorsäure-[2-chlor-äthylester]-
  phenylester 6 IV 736
$C_8H_9Cl_2O_3PS$
Thiophosphorsäure-O-[2,4-dichlor-
  phenylester]-O',O''-dimethylester
  6 IV 939
$C_8H_9Cl_2O_4P$
Phosphonsäure, [2,4-Dichlor-phenoxymethyl]-,
  monomethylester 6 IV 899
$C_8H_9Cl_2O_5P$
Phosphorsäure-mono-[2-(2,4-dichlor-
  phenoxy)-äthylester] 6 IV 893
$C_8H_9Cl_3NO_2PS$
Amidothiophosphorsäure-O-äthylester-
  O'-[2,4,5-trichlor-phenylester]
  6 IV 997
− O-äthylester-O'-[2,4,6-trichlor-
  phenylester] 6 IV 1018

Amidothiophosphorsäure, Methyl-,
  O-methylester-O'-[2,4,5-trichlor-
  phenylester] 6 IV 997
$C_8H_9Cl_3O$
Cyclohexa-2,5-dienol, 4-Methyl-
  4-trichlormethyl- 6 IV 354
$C_8H_9Cl_3OSi$
Silan, Trichlor-phenäthyloxy- 6 IV 3079
$C_8H_9Cl_3Se$
λ^4-Selan, Äthyl-dichlor-[4-chlor-phenyl]-
  6 III 1113 b
$C_8H_9Cl_5O_2$
Essigsäure-[2,3,4,5,6-pentachlor-cyclohexyl-
  ester] 6 IV 68
C_8H_9DO
Anisol, 4-Deuteriomethyl- 6 IV 2099
Phenäthylalkohol, α-Deuterio- 6 IV 3069
−, β-Deuterio- 6 IV 3069
−, O-Deuterio- 6 IV 3069
Phenetol, 4-Deuterio- 6 IV 556
Phenol, O-Deuterio-2,6-dimethyl-
  6 IV 3113
−, 4-Deuterio-2,6-dimethyl- 6 III 1737 a
$C_8H_9DO_3$
Phenol, O-Deuterio-2,6-dimethoxy- 6 IV 7329
C_8H_9FO
Äthanol, 1-[2-Fluor-phenyl]- 6 III 1682 a,
  IV 3042
−, 1-[3-Fluor-phenyl]- 6 III 1682 b,
  IV 3042
−, 1-[4-Fluor-phenyl]- 6 III 1682 c,
  IV 3042
−, 2-Fluor-1-phenyl- 6 IV 3043
Äther, [2-Fluor-äthyl]-phenyl-
  6 III 547 a, IV 556
Anisol, 2-Fluor-4-methyl- 6 III 1373 e
−, 2-Fluor-6-methyl- 6 III 1263 a
−, 3-Fluor-4-methyl- 6 IV 2133
−, 4-Fluor-2-methyl- 6 IV 1983
Phenäthylalkohol, 4-Fluor- 6 III 1713 e
Phenetol, 2-Fluor- 6 I 97 j, II 169 f,
  III 667 c, IV 771
−, 3-Fluor- 6 I 98 a, II 170 a,
  III 669 a
−, 4-Fluor- 6 183 f, I 98 d,
  II 170 c, III 670 a, IV 774
Phenol, 2-Äthyl-4-fluor- 6 III 1657 i,
  IV 3013
−, 5-Fluor-2,4-dimethyl- 6 III 1747 a
$C_8H_9FO_2$
Benzol, 3-Fluor-1,2-dimethoxy-
  6 IV 5613

$C_8H_9FO_2S$
Sulfon, Äthyl-[4-fluor-phenyl]- **6** IV 1567
$C_8H_9FO_3$
Äthanol, 1-[3,4-Dihydroxy-phenyl]-2-fluor-
   6 IV 7391
C_8H_9FS
Sulfid, Benzyl-fluormethyl- **6** IV 2657
$C_8H_9F_5S$
Sulfid, Butyl-[2,3,3,4,4-pentafluor-cyclobut-
   1-enyl]- **6** IV 192
$C_8H_9IN_2O$
Isoharnstoff, *O*-Benzyl-*N*-jod- **6** IV 2464
$C_8H_9IN_2O_3S$
Acetamidoxim, 2-[4-Jod-benzolsulfonyl]-
   6 336 a
$C_8H_9IN_2S$
Isothioharnstoff, *S*-[4-Jod-benzyl]-
   6 IV 2795
C_8H_9IO
Äthanol, 1-[2-Jod-phenyl]- **6** IV 3055
−, 1-[3-Jod-phenyl]- **6** IV 3055
−, 1-[4-Jod-phenyl]- **6** III 1694 c,
   IV 3055
−, 2-Jod-1-phenyl- **6** 476 g, I 237 d,
   III 1694 d, IV 3055
Äther, [2-Jod-äthyl]-phenyl- **6** I 81 c,
   III 548 b, IV 556
Anisol, 2-Jod-3-methyl- **6** III 1324 e
−, 2-Jod-4-methyl- **6** 411 b, I 205 g,
   III 1383 c
−, 2-Jod-5-methyl- **6** III 1324 g
−, 2-Jod-6-methyl- **6** I 177 h,
   III 1272 g
−, 3-Jod-4-methyl- **6** I 205 d,
   II 387 b
−, 4-Jod-2-methyl- **6** I 177 i,
   III 1272 h, IV 2008
−, 4-Jod-3-methyl- **6** III 1325 a
Benzylalkohol, 2-Jod-3-methyl-
   6 IV 3163
Phenäthylalkohol, *β*-Jod- **6** 479 e, I 238 g,
   III 1714 d, IV 3082
−, 2-Jod- **6** III 1714 b
−, 4-Jod- **6** III 1714 c, IV 3082
Phenetol, 2-Jod- **6** 207 e, III 769 c,
   IV 1071
−, 3-Jod- **6** III 773 b
−, 4-Jod- **6** 208 f, III 776 a,
   IV 1077
Phenol, 2-Äthyl-4-jod- **6** IV 3014
−, 2-Äthyl-6-jod- **6** IV 3014
−, 4-Äthyl-2-jod- **6** IV 3026
−, 4-[2-Jod-äthyl]- **6** IV 3026

−, 2-Jod-4,5-dimethyl- **6** III 1730 h
−, 2-Jod-4,6-dimethyl- **6** III 1750 a
−, 4-Jod-2,3-dimethyl- **6** III 1724 g
−, 4-Jod-2,5-dimethyl- **6** III 1775 a
−, 4-Jod-2,6-dimethyl- **6** III 1740 b,
   IV 3123
−, 4-Jod-3,5-dimethyl- **6** III 1763 b,
   IV 3159
$C_8H_9IO_2$
Anisol, 3-Jodosyl-4-methyl- **6** I 205 e
Benzol, 1-Jod-2,3-dimethoxy- **6** III 4262 c
−, 1-Jod-2,4-dimethoxy- **6** I 404 a,
   III 4341 b
−, 1-Jod-3,5-dimethoxy- **6** IV 5689
−, 2-Jod-1,3-dimethoxy- **6** 822 h,
   I 403 l, III 4340 e
−, 2-Jod-1,4-dimethoxy-
   6 855 c, III 4440 f, IV 5785
−, 4-Jod-1,2-dimethoxy- **6** 787 e,
   I 390 m, III 4262 e, IV 5625
−, 1-Jod-4-methoxymethoxy-
   6 IV 1077
Brenzcatechin, 4-[2-Jod-äthyl]- **6** III 4562 b
Resorcin, 4-Jod-2,5-dimethyl- **6** 918 f
$C_8H_9IO_2S$
Sulfon, Äthyl-[4-jod-phenyl]- **6** I 153 b
−, [1-Jod-äthyl]-phenyl- **6** 305 h
−, [3-Jod-4-methyl-phenyl]-methyl-
   6 IV 2211
−, [4-Jodmethyl-phenyl]-methyl-
   6 IV 2211
−, Jodmethyl-*p*-tolyl- **6** 420 k,
   IV 2184
$C_8H_9IO_3$
Phenetol, 4-Jodyl- **6** 209 b
$C_8H_9IO_3S$
Sulfon, Äthyl-[4-jodosyl-phenyl]- **6** I 153 c
$C_8H_9IO_4S$
Äthansulfonsäure, 2-[4-Jod-phenoxy]-
   6 IV 1079
Sulfon, Äthyl-[4-jodyl-phenyl]-
   6 I 153 d
C_8H_9IS
Sulfid, Äthyl-[2-jod-phenyl]- **6** II 303 d
−, Äthyl-[4-jod-phenyl]- **6** 335 e,
   I 153 a
−, [2-Jod-4-methyl-phenyl]-methyl-
   6 I 213 i
−, [5-Jod-2-methyl-phenyl]-methyl-
   6 I 182 c
C_8H_9NO
Acetimidsäure-phenylester **6** II 154 a,
   III 598 b

C₈H₉NO (Fortsetzung)

Formaldehyd-[O-benzyl-oxim] **6** IV 2562

Formimidsäure-benzylester **6** 435 d,
II 415 e, IV 2262

C₈H₉NOS

Essigsäure, Phenylmercapto-, amid
6 314 c

Thioacetohydroximsäure-phenylester
6 IV 1522

Thiocarbamidsäure-O-benzylester
6 II 420 c, III 1530 e

—   S-benzylester **6** 460 f, III 1598 h,
IV 2679

—   S-m-tolylester **6** III 1334 d

—   S-o-tolylester **6** III 1281 d

—   S-p-tolylester **6** III 1421 a,
IV 2196

Thiocarbamidsäure, Methyl-,
S-phenylester **6** IV 1527

Thioessigsäure, Phenoxy-, amid
6 162 h, IV 641

Thioformohydroximsäure-benzylester
6 I 228 f, IV 2676

Thioglycin-S-phenylester **6** IV 1554

C₈H₉NO₂

Acetaldehyd, Phenoxy-, oxim **6** 151 d

Anisol, 2-Methyl-4-nitroso- **6** III 1273 b

—, 3-Methyl-4-nitroso- **6** III 1325 f

Carbamidsäure-benzylester **6** 437 i,
III 1485 f, IV 2278

—   m-tolylester **6** II 353 k

—   o-tolylester **6** II 330 j

—   p-tolylester **6** II 380 d, IV 2116

Carbamidsäure, Methyl-, phenylester
6 III 609 a, IV 630

Essigsäure, Phenoxy-, amid **6** 162 e,
III 613 d, IV 638

Formamid, N-Benzyloxy- **6** 441 g

Formimidsäure, N-Benzyloxy- **6** 441 g

Formohydroximsäure-benzylester
6 II 415 f

Glycin-phenylester **6** I 92 k, III 646 h,
IV 685

Phenetol, 2-Nitroso- **6** III 792 a

—, 3-Nitroso- **6** III 792 c

—, 4-Nitroso- **6** 213 b, III 792 e

Salpetrigsäure-[4-methyl-benzylester]
6 IV 3174

—   [1-phenyl-äthylester] **6** I 235 j,
III 1681 c, IV 3040

C₈H₉NO₂S

Äthanthiol, 2-[2-Nitro-phenyl]- **6** IV 3095

—, 2-[4-Nitro-phenyl]- **6** IV 3095

Benzylalkohol, 4-Methylmercapto-
3-nitroso- **6** II 885 a

Sulfid, Äthyl-[2-nitro-phenyl]- **6** II 304 d

—, Äthyl-[3-nitro-phenyl]-
6 III 1065 c, IV 1681

—, Äthyl-[4-nitro-phenyl]-
6 339 g, I 159 f, II 309 j, IV 1688

—, Methyl-[2-methyl-4-nitro-phenyl]-
6 III 1284 f, IV 2033

—, Methyl-[2-methyl-5-nitro-phenyl]-
6 IV 2032

—, Methyl-[4-methyl-2-nitro-phenyl]-
6 I 213 j

—, Methyl-[2-nitro-benzyl]- **6** 467 j

—, Methyl-[3-nitro-benzyl]- **6** 468 h

Thiocarbamidsäure-S-[2-hydroxy-5-methyl-
phenylester] **6** IV 5887

—   S-[4-methoxy-phenylester]
6 IV 5816

Thiophenol, 2-Äthyl-4-nitro- **6** IV 3016

C₈H₉NO₂S₂

Benzol, 1,3-Bis-methylmercapto-5-nitro-
6 III 4370 f

—, 2,4-Bis-methylmercapto-1-nitro-
6 I 412 e, II 831 d, IV 5709

Disulfid, Äthyl-[2-nitro-phenyl]-
6 IV 1671

Thioessigsäure, Benzolsulfonyl-, amid
6 316 i

C₈H₉NO₂Se

Selenid, Äthyl-[2-nitro-phenyl]-
6 III 1116 a

—, Methyl-[2-methyl-6-nitro-phenyl]-
6 III 1285 h

—, Methyl-[4-methyl-2-nitro-phenyl]-
6 III 1444 a

C₈H₉NO₃

Acetohydroxamsäure, 2-Phenoxy-
6 I 90 b

Äthanol, 1-[2-Nitro-phenyl]- **6** III 1694 f

—, 1-[3-Nitro-phenyl]- **6** III 1694 g,
IV 3056

—, 1-[4-Nitro-phenyl]- **6** I 237 f,
III 1694 h, IV 3056

—, 2-Nitro-1-phenyl- **6** 477 d, I 237 h,
II 447 h, III 1695 c, IV 3056

—, 2-[4-Nitroso-phenoxy]-
6 II 205 g

Äther, Methyl-[2-nitro-benzyl]- **6** 448 a

—, Methyl-[3-nitro-benzyl]-
6 IV 2609

—, Methyl-[4-nitro-benzyl]-
6 450 d, II 425 a

$C_8H_9NO_3$ (Fortsetzung)

Anisol, 2-Methyl-3-nitro- **6** I 178 j,
II 340 a, III 1275 a, IV 2011

—, 2-Methyl-4-nitro- **6** I 178 e,
II 339 i, III 1274 e, IV 2011

—, 2-Methyl-5-nitro- **6** 365 h, I 178 c,
II 339 f, III 1274 a, IV 2010

—, 2-Methyl-6-nitro- **6** 365 b, I 178 b,
II 338 e, III 1273 d

—, 3-Methyl-2-nitro- **6** 385 d,
II 359 g, III 1326 a

—, 3-Methyl-4-nitro- **6** 386 c,
II 361 d, III 1327 b, IV 2075

—, 3-Methyl-5-nitro- **6** 386 a,
II 361 b

—, 4-Methyl-2-nitro- **6** 412 b, I 206 b,
II 388 d, III 1385 a, IV 2149

—, 4-Methyl-3-nitro- **6** 411 h, I 205 k,
II 387 f, III 1384 c

—, 5-Methyl-2-nitro- **6** 385 f,
II 360 a, III 1326 e

—, 4-Nitromethyl- **6** 412 e, II 389 g,
IV 2150

—, 4-aci-Nitromethyl- **6** II 389 h

Benzol, 2,4-Dimethoxy-1-nitroso-
6 IV 5690

Benzylalkohol, 2-Methyl-3-nitro-
6 III 1734 d

—, 2-Methyl-5-nitro- **6** III 1734 e

—, 4-Methyl-3-nitro- **6** 498 k

Carbamidsäure-[2-methoxy-phenylester]
6 777 a

Carbamidsäure, Hydroxy-, benzylester
6 I 221 e

—, Hydroxy-, m-tolylester
6 II 353 m

—, Hydroxy-, o-tolylester **6** II 330 k

—, Hydroxy-, p-tolylester **6** II 380 f

Essigsäure, [2-Hydroxy-phenoxy]-, amid
6 778 c

Phenäthylalkohol, 2-Nitro- **6** II 452 l,
III 1714 e

—, 3-Nitro- **6** IV 3082

—, 4-Nitro- **6** I 238 h, II 452 m,
III 1714 g, IV 3083

Phenetol, 2-Nitro- **6** 218 a, I 114 b,
II 210 a, III 800 a, IV 1250

—, 3-Nitro- **6** 224 b, I 117 a,
II 214 b, III 809 a, IV 1271

—, 4-Nitro- **6** 231, I 119 b, II 221 a,
III 818, IV 1283

Phenol, 2-Äthyl-4-nitro- **6** III 1659 d

—, 2-Äthyl-5-nitro- **6** IV 3014

—, 4-Äthyl-3-nitro- **6** III 1670 b,
IV 3026

—, 2,3-Dimethyl-4-nitro- **6** IV 3098

—, 2,3-Dimethyl-5-nitro- **6** I 240 a,
II 455 b

—, 2,3-Dimethyl-6-nitro- **6** III 1724 h,
IV 3098

—, 2,4-Dimethyl-5-nitro- **6** 490 h,
II 461 f, III 1750 d

—, 2,4-Dimethyl-6-nitro- **6** 490 f,
I 242 f, II 461 d, III 1750 b,
IV 3138

—, 2,5-Dimethyl-3-nitro- **6** 497 f

—, 2,5-Dimethyl-4-nitro- **6** 497 c,
I 246 d, III 1776 a, IV 3169

—, 2,6-Dimethyl-3-nitro- **6** 485 k

—, 2,6-Dimethyl-4-nitro-
6 486 a, III 1740 e, IV 3123

—, 3,4-Dimethyl-2-nitro- **6** III 1731 a,
IV 3106

—, 3,5-Dimethyl-2-nitro- **6** I 244 i,
III 1765 b, IV 3160

—, 3,5-Dimethyl-4-nitro- **6** I 244 h,
III 1764 e, IV 3160

—, 3,6-Dimethyl-2-nitro- **6** 497 b,
I 246 c, III 1775 g, IV 3169

—, 4,5-Dimethyl-2-nitro-
6 484 b, III 1731 c, IV 3106

Salpetersäure-[3-methyl-benzylester]
6 III 1769 a

— [4-methyl-benzylester] **6** III 1782 a,
IV 3174

— phenäthylester **6** IV 3076

— [1-phenyl-äthylester] **6** III 1681 f,
IV 3040

Salpetrigsäure-[4-methoxy-benzylester]
6 IV 5917

$C_8H_9NO_3S$

Äthanol, 2-[2-Nitro-phenylmercapto]-
6 II 305 j, IV 1666

—, 2-[3-Nitro-phenylmercapto]-
6 II 309 b

—, 2-[4-Nitro-phenylmercapto]-
6 II 311 f, IV 1698

Benzol, 1-Methoxy-4-methylmercapto-
2-nitro- **6** IV 5835

—, 2-Methoxy-1-methylmercapto-
4-nitro- **6** II 798 j

—, 2-Methoxy-4-methylmercapto-
1-nitro- **6** II 827 i

—, 4-Methoxy-2-methylmercapto-
1-nitro- **6** II 828 d

$C_8H_9NO_3S$ (Fortsetzung)

Benzolsulfensäure, 2-Nitro-, äthylester
   6 I 156 g

Essigsäure, Benzolsulfonyl-, amid
   6 315 d, II 293 f

Hydroxylamin, N-[2-Benzolsulfonyl-vinyl]-
   6 IV 1515

Phenol, 2-Methyl-4-methylmercapto-
   6-nitro- 6 I 431 i

Sulfoxid, Methyl-[4-methyl-2-nitro-phenyl]-
   6 I 214 a

–, Nitromethyl-p-tolyl- 6 IV 2184

Thiocarbamidsäure, Methyl-, S-
   [2,4-dihydroxy-phenylester] 6 IV 7352

Toluol-4-sulfensäure, 3-Nitro-, methylester
   6 I 214 f

$C_8H_9NO_3S_2$

Äthanol, 2-[2-Nitro-phenyldisulfanyl]-
   6 IV 1672

$C_8H_9NO_3Se$

Benzolselenensäure, 2-Nitro-, äthylester
   6 IV 1787

Toluol-4-selenensäure, 3-Nitro-,
   methylester 6 IV 2220 a

$C_8H_9NO_4$

Acetohydroxamsäure, 2-[2-Hydroxy-
   phenoxy]- 6 IV 5586

Äthanol, 1-[3-Hydroxy-phenyl]-2-nitro-
   6 III 4564 g

–, 1-[4-Hydroxy-phenyl]-2-nitro-
   6 III 4568 e

–, 2-[2-Nitro-phenoxy]- 6 I 115 a,
   II 210 h, III 802 e

–, 2-[3-Nitro-phenoxy]- 6 I 117 b,
   III 810 b

–, 2-[4-Nitro-phenoxy]- 6 I 119 f,
   II 222 j, III 822 f, IV 1290

Benzol, 1,2-Bis-hydroxymethyl-4-nitro-
   6 IV 5955

–, 1,2-Dimethoxy-3-nitro-
   6 788 b, II 790 a, III 4263 c

–, 1,2-Dimethoxy-4-nitro-
   6 789 a, I 392 a, II 790 f, III 4264 c,
   IV 5627

–, 1,3-Dimethoxy-2-nitro-
   6 823 e, I 404 c, III 4344 b

–, 1,3-Dimethoxy-5-nitro-
   6 825 f, II 822 g, III 4347 d

–, 1,4-Dimethoxy-2-nitro-
   6 857 a, I 418 e, II 849 b, III 4442 e,
   IV 5786

–, 2,4-Dimethoxy-1-nitro-
   6 824 c, I 404 f, II 822 f, IV 5691

Benzylalkohol, 2-Hydroxy-5-methyl-3-nitro-
   6 III 4600 b

–, 4-Hydroxy-3-methyl-5-nitro-
   6 III 4598 d

–, 2-Methoxy-3-nitro- 6 II 880 c

–, 2-Methoxy-5-nitro- 6 I 440 b,
   III 4544 a, IV 5904

–, 2-Methoxy-6-nitro- 6 IV 5905

–, 3-Methoxy-2-nitro- 6 IV 5908

–, 4-Methoxy-3-nitro- 6 901 c,
   I 440 l, II 884 c, III 4551 f,
   IV 5919

Brenzcatechin, 3,5-Dimethyl-4-nitro-
   6 IV 5962

–, 4,5-Dimethyl-3-nitro- 6 IV 5951

Methan, Methoxy-[2-nitro-phenoxy]-
   6 III 803 c

–, Methoxy-[4-nitro-phenoxy]-
   6 233 a, III 825 b

Phenäthylalkohol, 4-Hydroxy-3-nitro-
   6 IV 5938

Phenol, 2-Äthoxy-4-nitro- 6 III 4265 b

–, 2-Äthoxy-5-nitro- 6 I 392 b,
   III 4265 a

–, 2-Äthoxy-6-nitro- 6 IV 5626

–, 3-Äthoxy-4-nitro- 6 824 e, I 404 g,
   III 4345 c, IV 5691

–, 3-Äthoxy-5-nitro- 6 825 g,
   III 4347 e

–, 4-Äthoxy-2-nitro- 6 857 b,
   IV 5786

–, 5-Äthoxy-2-nitro- 6 824 d,
   III 4345 b

–, 2-Methoxy-3-methyl-4-nitro-
   6 I 427 l

–, 2-Methoxy-3-methyl-6-nitro-
   6 I 427 i

–, 2-Methoxymethyl-4-nitro-
   6 IV 5904

–, 2-Methoxy-4-methyl-3-nitro-
   6 II 868 e

–, 2-Methoxy-4-methyl-5-nitro-
   6 I 433 d, II 869 f

–, 2-Methoxy-4-methyl-6-nitro-
   6 II 869 a

–, 2-Methoxy-5-methyl-4-nitro-
   6 II 869 g, IV 5883

–, 2-Methoxy-6-methyl-3-nitro-
   6 II 859 f

–, 2-Methoxy-6-methyl-4-nitro-
   6 IV 5863

–, 3-Methoxy-5-methyl-4-nitro-
   6 889 c

$C_8H_9NO_4$ (Fortsetzung)

Phenol, 4-Methoxy-5-methyl-2-nitro-
6 III 4503 g

—, 5-Methoxy-2-methyl-3-nitro-
6 III 4497 c

—, 5-Methoxy-2-methyl-4-nitro-
6 III 4497 a

—, 5-Methoxy-3-methyl-2-nitro-
6 889 d

—, 5-Methoxy-4-methyl-2-nitro-
6 III 4496 i

—, 6-Methoxy-3-methyl-2-nitro-
6 II 868 f

Salpetersäure-[4-methoxy-benzylester]
6 IV 5917

$C_8H_9NO_4S$

Äthanol, 2-[2-Nitro-benzolsulfinyl]-
6 III 1059 h, IV 1667

—, 2-[4-Nitro-benzolsulfinyl]-
6 IV 1699

Benzol, 1-Methansulfinyl-2-methoxy-
4-nitro- 6 II 799 a

—, 2-Methansulfinyl-1-methoxy-
4-nitro- 6 II 799 c

Essigsäure, Phenoxysulfonyl-, amid
6 IV 691

Sulfon, Äthyl-[2-nitro-phenyl]- 6 I 154 g,
III 1057 g

—, Äthyl-[3-nitro-phenyl]-
6 III 1065 d, IV 1681

—, Äthyl-[4-nitro-phenyl]-
6 II 310 d, IV 1689

—, Methyl-[2-methyl-4-nitro-phenyl]-
6 III 1284 g, IV 2033

—, Methyl-[4-methyl-2-nitro-phenyl]-
6 III 1438 a

—, Methyl-[4-methyl-3-nitro-phenyl]-
6 IV 2211

—, Methyl-[2-nitro-benzyl]-
6 II 438 h, III 1645 h

—, Methyl-[3-nitro-benzyl]-
6 II 439 h, III 1646 g

—, Methyl-[4-nitro-benzyl]-
6 II 440 c, III 1647 e

—, Nitromethyl-*p*-tolyl- 6 III 1413 d

$C_8H_9NO_4S_2$

Benzol, 1,3-Bis-methansulfinyl-5-nitro-
6 III 4370 g

$C_8H_9NO_4S_2Se$

Thioanhydrid, Äthansulfonsäure-[2-nitro-
benzolselenensäure]- 6 III 1117 f

$C_8H_9NO_4S_3$

Disulfan, Methansulfonyl-[5-methyl-2-nitro-
phenyl]- 6 III 1338 e

$C_8H_9NO_5$

Äthanol, 1-[2,5-Dihydroxy-phenyl]-2-nitro-
6 I 552 d

—, 1-[3,4-Dihydroxy-phenyl]-2-nitro-
6 III 6332 b

Benzylalkohol, 2-Hydroxy-3-methoxy-
5-nitro- 6 IV 7379

—, 4-Hydroxy-3-methoxy-5-nitro-
6 IV 7384

Phenol, 2,3-Dimethoxy-5-nitro- 6 1086 f

—, 2,3-Dimethoxy-6-nitro-
6 III 6274 f

—, 2,4-Dimethoxy-6-nitro-
6 III 6287 h

—, 2,5-Dimethoxy-4-nitro-
6 IV 7349

—, 2,6-Dimethoxy-3-nitro-
6 II 1069 j, IV 7336

—, 2,6-Dimethoxy-4-nitro-
6 1086 f, IV 7337

—, 3,5-Dimethoxy-2-nitro-
6 IV 7370

—, 3,5-Dimethoxy-4-nitro-
6 IV 7370

—, 4,5-Dimethoxy-2-nitro-
6 III 6286 f, IV 7348

Resorcin, 4-Äthoxy-6-nitro- 6 IV 7349

$C_8H_9NO_5S$

Äthanol, 2-[2-Nitro-benzolsulfonyl]-
6 III 1060 b, IV 1667

—, 2-[3-Nitro-benzolsulfonyl]-
6 338 g, IV 1683

—, 2-[4-Nitro-benzolsulfonyl]-
6 IV 1699

Äthansulfinsäure, 2-[2-Nitro-phenoxy]-
6 III 804 i

Benzol, 1-Methansulfonyl-2-methoxy-
3-nitro- 6 II 798 h

—, 1-Methansulfonyl-2-methoxy-
4-nitro- 6 II 799 b

—, 2-Methansulfonyl-1-methoxy-
4-nitro- 6 II 799 e

—, 2-Methansulfonyl-4-methoxy-
1-nitro- 6 II 828 e

—, 4-Methansulfonyl-1-methoxy-
2-nitro- 6 IV 5835

—, 4-Methansulfonyl-2-methoxy-
1-nitro- 6 II 827 j

Carbamidsäure, Phenoxysulfonyl-,
methylester 6 IV 692

$C_8H_9NO_5S$ (Fortsetzung)
Schwefligsäure-äthylester-[4-nitro-
phenylester] **6** IV 1316

$C_8H_9NO_6S$
Schwefelsäure-äthylester-[2-nitro-
phenylester] **6** 222 d

$C_8H_9NO_6S_2$
Benzol, 1,3-Bis-methansulfonyl-5-nitro-
6 III 4370 h, IV 5709
−, 1,4-Bis-methansulfonyl-2-nitro-
6 III 4476 b
−, 2,4-Bis-methansulfonyl-1-nitro-
6 IV 5709

C_8H_9NS
Thioacetimidsäure-phenylester **6** 310 c
Thioformimidsäure-benzylester **6** III 1597 d,
IV 2676

$C_8H_9NS_2$
Dithiocarbamidsäure-benzylester **6** 461 g

$[C_8H_9N_2O_5S]^+$
Sulfonium, [4-Hydroxy-3,5-dinitro-phenyl]-
dimethyl- **6** 867 c

$C_8H_9N_2O_6PS_3$
Disulfidothiophosphorsäure-S-S-
[2,4-dinitro-phenylester]-
O,O′-dimethylester **6** IV 1771

$C_8H_9N_3O$
Anisol, 2-Azidomethyl- **6** I 181 k
−, 3-Azidomethyl- **6** I 195 c
−, 4-Azidomethyl- **6** I 207 f,
IV 2153
Phenäthylalkohol, β-Azido- **6** IV 3083
Phenetol, 4-Azido- **6** 294 c, IV 1462

$C_8H_9N_3OS$
Isothioharnstoff, N-Nitroso-S-p-tolyl-
6 I 211 b

$C_8H_9N_3O_2S$
Acetamidin, N-[2-Nitro-benzolsulfenyl]-
6 IV 1676
−, N-[4-Nitro-benzolsulfenyl]-
6 IV 1717
Isothioharnstoff, S-[2-Nitro-benzyl]-
6 IV 2795
−, S-[3-Nitro-benzyl]- **6** IV 2796
−, S-[4-Nitro-benzyl]- **6** III 1648 f,
IV 2799
Sulfon, Azidomethyl-benzyl- **6** IV 2659

$C_8H_9N_3O_2S_2$
Dithiocarbazidsäure-[2-nitro-benzylester]
6 II 439 f
− [4-nitro-benzylester] **6** I 231 j
Isothioharnstoff, S-Methyl-N-[2-nitro-
benzolsulfenyl]- **6** IV 1678

−, S-Methyl-N-[4-nitro-benzolsulfenyl]-
6 IV 1718

$C_8H_9N_3O_3$
Isoharnstoff, O-[3-Nitro-benzyl]-
6 III 1566 f

$C_8H_9N_3O_3S$
Isoharnstoff, O-Methyl-N-[2-nitro-
benzolsulfenyl]- **6** IV 1677
−, O-Methyl-N-[4-nitro-benzolsulfenyl]-
6 IV 1718

$C_8H_9N_3O_4$
Essigsäure, [4-Nitro-phenoxy]-, hydrazid
6 IV 1304
Harnstoff, [4-Nitro-benzyloxy]-
6 II 426 i

$C_8H_9N_3O_4S$
Acetaldehyd, [4-Nitro-benzolsulfonyl]-,
hydrazon **6** IV 1707
Äthylamin, 2-[2,4-Dinitro-phenylmercapto]-
6 III 1100 e
Benzolsulfensäure, 2,4-Dinitro-, äthylamid
6 III 1102 c
Hydrazin, [2-(4-Nitro-benzolsulfonyl)-
vinyl]- **6** IV 1707

$C_8H_9N_3S$
Sulfid, Azidomethyl-benzyl- **6** IV 2658

$C_8H_9N_5O$
Phenetol, 4-Pentazolyl- **6** IV 1462

$[C_8H_9O]^+$
Cycloheptatrienylium, Methoxy- **7** IV 502

$C_8H_9O_3P$
Benzo[1,3,2]dioxaphosphol, 2-Äthoxy-
6 III 4241 e, IV 5597
Benzo[1,3,2]dioxaphosphol-2-oxid,
2-Äthyl- **6** III 4241 c, IV 5599
[1,3,2]Dioxaphospholan, 2-Phenoxy-
6 IV 698

$C_8H_9O_3PS$
Benzo[1,3,2]dioxaphosphol-2-sulfid,
2-Äthoxy- **6** IV 5602

$C_8H_9O_4P$
Benzo[1,3,2]dioxaphosphol-2-oxid,
2-Äthoxy- **6** II 785 e

$C_8H_9O_5P$
Phosphorsäure, Acetyl-, monophenylester
6 IV 729

$C_8H_{10}AsNO_2$
Amin, Benzo[1,3,2]dioxarsol-2-yl-dimethyl-
6 IV 5606

$C_8H_{10}Br_2O$
Cyclohepta-1,3-dien, 5,6-Dibrom-x-
methoxy- **6** IV 339
−, 5,7-Dibrom-x-methoxy- **6** IV 339

$C_8H_{10}Br_2OS_2$
λ^4-Sulfan, Dibrom-[4-methansulfinyl-
phenyl]-methyl- **6** 868 c

$C_8H_{10}Br_2OSe$
Äthanol, 2-[Dibrom-phenyl-λ^4-selanyl]-
6 III 1109 a

$C_8H_{10}Br_2S$
λ^4-Sulfan, Dibrom-methyl-p-tolyl-
6 I 208 a

$C_8H_{10}Br_2Se$
λ^4-Selan, Äthyl-dibrom-phenyl-
6 II 317 g, III 1105 e

$C_8H_{10}Br_4S_2$
Benzol, 1,4-Bis-[dibrom-methyl-λ^4-sulfanyl]-
6 868 c, III 4473 d

$C_8H_{10}ClNO$
Äthylamin, 2-[4-Chlor-phenoxy]-
6 III 697 d

$C_8H_{10}ClNO_2S$
Äthylamin, 2-[4-Chlor-benzolsulfonyl]-
6 III 1039 h

$C_8H_{10}ClNO_3S$
Amidoschwefelsäure, Dimethyl-,
[4-chlor-phenylester] **6** IV 865

$C_8H_{10}ClNS$
Äthylamin, 2-[4-Chlor-phenylmercapto]-
6 III 1039 f, IV 1606

$C_8H_{10}ClOPS$
Thiophosphinsäure, Dimethyl-, O-[4-chlor-
phenylester] **6** IV 867

$C_8H_{10}ClO_2PS$
Chlorothiophosphorsäure-O-äthylester-
O'-phenylester **6** IV 756

$C_8H_{10}ClO_2PS_2$
Dithiophosphorsäure-S-[4-chlor-phenylester]-
O,O'-dimethylester **6** IV 1610

$C_8H_{10}ClO_3P$
Chlorophosphorsäure-äthylester-
phenylester **6** 179 c, IV 736
Phosphonsäure-äthylester-[2-chlor-
phenylester] **6** IV 805
—   äthylester-[4-chlor-phenylester]
6 IV 867
—   [2-chlor-äthylester]-phenylester
6 IV 702

$C_8H_{10}ClO_3PS$
Sulfan, [Äthoxy-phenoxy-phosphoryl]-
chlor- **6** IV 757

$C_8H_{10}ClO_4P$
Phosphorsäure-[4-chlor-3-methyl-
phenylester]-methylester **6** IV 2067
—   [3-chlor-phenylester]-dimethyl≠
ester **6** IV 819

—   [4-chlor-phenylester]-dimethyl≠
ester **6** IV 869

$C_8H_{10}ClO_5P$
Phosphorsäure-mono-[2-(2-chlor-phenoxy)-
äthylester] **6** IV 788
—   mono-[2-(4-chlor-phenoxy)-
äthylester] **6** IV 828

$[C_8H_{10}ClS]^+$
Sulfonium, [4-Chlor-phenyl]-dimethyl-
6 IV 1582

$C_8H_{10}Cl_2F_4S$
Sulfid, [2-Chlor-cyclohexyl]-[2-chlor-
1,1,2,2-tetrafluor-äthyl]- **6** IV 84

$C_8H_{10}Cl_2F_4S_2$
Disulfid, [2-Chlor-cyclohexyl]-[2-chlor-
tetrafluor-äthyl]- **6** IV 85

$C_8H_{10}Cl_2NO_2PS$
Amidothiophosphorsäure-O-äthylester-
O'-[2,4-dichlor-phenylester] **6** IV 941
Amidothiophosphorsäure, Methyl-,
O-[3,4-dichlor-phenylester]-
O'-methylester **6** IV 956

$C_8H_{10}Cl_2O$
Cyclohexa-2,5-dienol, 4-Dichlormethyl-
4-methyl- **6** IV 354

$C_8H_{10}Cl_2OSi$
Silan, Chlor-[4-chlor-phenoxy]-dimethyl-
6 IV 879

$C_8H_{10}Cl_2O_4$
Cyclohexan, 1,4-Bis-chlorcarbonyloxy-
6 IV 5210

$C_8H_{10}Cl_2Se$
λ^4-Selan, Äthyl-dichlor-phenyl-
6 II 317 g, III 1105 d

$C_8H_{10}Cl_3N_2OPS$
Diamidothiophosphorsäure, Äthyl-,
O-[2,4,5-trichlor-phenylester]
6 IV 1001

$C_8H_{10}Cl_3N_2O_2PS$
Hydrazidothiophosphorsäure-O-äthylester-
O'-[2,4,5-trichlor-phenylester]
6 IV 1003

$C_8H_{10}F_4O$
Propan-1-ol, 2-Methyl-1-[3,3,4,4-tetrafluor-
cyclobut-1-enyl]- **6** III 223 f

$C_8H_{10}F_4O_2$
Cyclobuten, 1,2-Diäthoxy-3,3,4,4-tetrafluor-
6 III 4125 b

$C_8H_{10}I_2OTe$
λ^4-Tellan, Dijod-[4-methoxy-phenyl]-
methyl- **6** I 423 i

$C_8H_{10}I_2O_8P_2$
Benzol, 1,2-Dijod-4,5-dimethyl-3,6-bis-
phosphonooxy- **6** IV 5949

$C_8H_{10}I_2S$
λ^4-Sulfan, Dijod-methyl-p-tolyl-
6 I 208 b

$C_8H_{10}I_4S_2$
Benzol, 1,4-Bis-[dijod-methyl-λ^4-sulfanyl]-
6 868 c

$[C_8H_{10}NO_2S]^+$
Sulfonium, Dimethyl-[2-nitro-phenyl]-
6 II 304 c

–, Dimethyl-[3-nitro-phenyl]-
6 III 1065 b

–, Dimethyl-[4-nitro-phenyl]-
6 III 1068 d, IV 1688

$[C_8H_{10}NO_2Se]^+$
Selenonium, Dimethyl-[3-nitro-phenyl]-
6 III 1119 c

–, Dimethyl-[4-nitro-phenyl]-
6 III 1120 e

$C_8H_{10}NO_3PS$
Thiophosphinsäure, Dimethyl-, O-[2-nitro-
phenylester] **6** IV 1265

–, Dimethyl-, O-[3-nitro-phenylester]
6 IV 1277

$[C_8H_{10}NO_3Se]^+$
Selenonium, Äthyl-hydroxy-[3-nitro-
phenyl]- **6** III 1119 e

$C_8H_{10}NO_4PS$
Thiophosphonsäure, Methyl-,
O-methylester-O'-[4-nitro-phenylester]
6 IV 1325

$C_8H_{10}NO_4PS_2$
Dithiophosphorsäure-O,O'-dimethylester-
S-[4-nitro-phenylester] **6** IV 1721

$C_8H_{10}NO_4PS_3$
Disulfidothiophosphorsäure-
O,O'-dimethylester-S-S-[2-nitro-
phenylester] **6** IV 1675

– O,O'-dimethylester-S-S-[4-nitro-
phenylester] **6** IV 1717

$C_8H_{10}NO_5P$
Glycin, N-[Hydroxy-phenoxy-phosphoryl]-
6 IV 739

Phosphonsäure, Methyl-, methylester-
[4-nitro-phenylester] **6** IV 1318

Phosphorigsäure-dimethylester-[4-nitro-
phenylester] **6** IV 1317

$C_8H_{10}NO_5PS$
Thiophosphorsäure-O-äthylester-O'-[4-nitro-
phenylester] **6** IV 1337

– O,O'-dimethylester-O''-[2-nitro-
phenylester] **6** IV 1267

– O,O'-dimethylester-O''-[3-nitro-
phenylester] **6** IV 1278

– O,O'-dimethylester-O''-[4-nitro-
phenylester] **6** III 832 b, IV 1336

– O,O'-dimethylester-S-[4-nitro-
phenylester] **6** IV 1720

– O,S-dimethylester-O'-[4-nitro-
phenylester] **6** IV 1336

$C_8H_{10}NO_5PSSe$
Thioanhydrid, [2-Nitro-benzolselenensäure]-
[phosphorsäure-dimethylester]-
6 III 1117 g

$C_8H_{10}NO_5PS_2$
Disulfidophosphorsäure-O,O'-dimethylester-
S-S-[2-nitro-phenylester] **6** III 1062 e

$C_8H_{10}NO_5PSe$
Selenophosphorsäure-O,O'-dimethylester-
Se-[4-nitro-phenylester] **6** III 1121 e

$C_8H_{10}NO_6P$
Phosphorsäure-dimethylester-[4-nitro-
phenylester] **6** IV 1327

$C_8H_{10}N_2O$
Acetamidin, 2-Phenoxy- **6** III 614 b
Formamidin, N-Benzyloxy- **6** 442 c, II 422 j
Isoharnstoff, O-Benzyl- **6** III 1530 b

–, O-m-Tolyl- **6** III 1308 a

–, O-o-Tolyl- **6** III 1256 c

$C_8H_{10}N_2OS$
Thiocarbazidsäure-O-benzylester **6** IV 2468

$C_8H_{10}N_2O_2$
Acetamidin, 2-[2-Hydroxy-phenoxy]-
6 III 4234 g

Carbazidsäure-benzylester **6** III 1530 c,
IV 2464

Essigsäure, Phenoxy-, hydrazid **6** IV 640
Harnstoff, Benzyloxy- **6** 443 d, III 1553 b

$C_8H_{10}N_2O_2S$
Benzolsulfensäure, 2-Nitro-, äthylamid
6 III 1063 e

–, 2-Nitro-, dimethylamid
6 I 158 d, III 1063 d

–, 4-Nitro-, dimethylamid
6 I 161 b

Toluol-4-sulfensäure, 3-Nitro-,
methylamid **6** I 215 c

$C_8H_{10}N_2O_3$
Äthylamin, 2-[2-Nitro-phenoxy]-
6 III 804 j

–, 2-[4-Nitro-phenoxy]- **6** IV 1307
Carbazidsäure-[2-methoxy-phenylester]
6 I 386 i

$C_8H_{10}N_2O_3S$
Acetamidoxim, 2-Benzolsulfonyl-
  6 316 h
$C_8H_{10}N_2O_5S$
Amidoschwefelsäure, Dimethyl-, [4-nitro-
  phenylester] 6 IV 1316
$C_8H_{10}N_2S$
Acetamidin, N-Benzolsulfenyl- 6 IV 1564
Isothioharnstoff, S-Benzyl- 6 461 a,
  I 228 i, II 434 c, III 1600 b,
  IV 2681
—, S-p-Tolyl- 6 I 210 m
$C_8H_{10}N_2S_2$
Cyclohexan-1,2-diyl-bis-thiocyanat
  6 III 4076 e
Dithiocarbazidsäure-benzylester
  6 I 229 e, II 435 g, IV 2700
$C_8H_{10}O$
Äthanol, 1-Phenyl- 6 475 f, I 235 h,
  236 b, II 444 i, 445 c, III 1671 f,
  IV 3029
Äther, Benzyl-methyl- 6 431 a, I 219 a,
  II 409 a, III 1453, IV 2229
—, Cyclohepta-2,4,6-trienyl-methyl-
  6 IV 1939
Anisol, 2-Methyl- 6 352 a, I 171 a,
  II 328, III 1244, IV 1943
—, 3-Methyl- 6 376 a, I 186 a,
  II 351, III 1297, IV 2039
—, 4-Methyl- 6 392, I 199 a,
  II 375, III 1351, IV 2098
Benzylalkohol, 2-Methyl- 6 484 f, II 457 b,
  III 1733 e, IV 3109
—, 3-Methyl- 6 494 a, II 465 h,
  III 1768 f, IV 3162
—, 4-Methyl- 6 498 h, I 248 c,
  II 469 a, III 1779 a, IV 3171
Cyclohex-2-enol, 1-Äthinyl- 6 IV 3011
Methanol, Cyclohepta-1,3,5-trienyl-
  6 IV 3011
—, Cyclohepta-1,3,6-trienyl-
  6 IV 3011
Phenäthylalkohol 6 478 m, I 237 j,
  II 448 h, III 1703 b, IV 3067
Phenetol 6 140, I 80, II 142, III 545,
  IV 554
Phenol, 2-Äthyl- 6 470 i, I 234 b,
  II 442 f, III 1655 c, IV 3011
—, 3-Äthyl- 6 471 h, II 443 g,
  III 1660 g, IV 3016
—, 4-Äthyl- 6 472 c, I 234 h,
  II 443 j, III 1663 f, IV 3020

—, 2,3-Dimethyl- 6 480 a, II 453 h,
  III 1722 e, IV 3096
—, 2,4-Dimethyl- 6 486 b, I 241 d,
  II 458 e, III 1741 c, IV 3126
—, 2,5-Dimethyl- 6 494 g, I 245 a,
  II 466 b, III 1769 i, IV 3164
—, 2,6-Dimethyl- 6 485 b, II 457 g,
  III 1735 c, IV 3112
—, 3,4-Dimethyl- 6 480 j, I 240 b,
  II 455 c, III 1725 b, IV 3099
—, 3,5-Dimethyl- 6 492 j, I 243 c,
  II 462 c, III 1753 e, IV 3141
$C_8H_{10}OS$
Äthanol, 1-[4-Mercapto-phenyl]-
  6 IV 5934
—, 2-Mercapto-1-phenyl- 6 IV 5943
—, 2-Phenylmercapto- 6 II 291 a,
  III 993 c, IV 1491
Äthanthiol, 2-Phenoxy- 6 III 575 e,
  IV 580
Benzol, 1-Methoxy-2-methylmercapto-
  6 793 c, II 796 d, IV 5634
—, 1-Methoxy-3-methylmercapto-
  6 IV 5702
—, 1-Methoxy-4-methylmercapto-
  6 859 e, I 420 b, III 4446 c,
  IV 5791
Benzolsulfensäure-äthylester 6 III 1027 e
Benzylalkohol, 4-Methylmercapto-
  6 IV 5919
Methan, Methoxy-phenylmercapto-
  6 I 144 d, III 1002 c
Methanol, Benzylmercapto- 6 IV 2657
—, p-Tolylmercapto- 6 IV 2181
Methanthiol, [4-Methoxy-phenyl]-
  6 901 h, IV 5920
Phenäthylalkohol, β-Mercapto-
  6 IV 5943
Phenol, 4-Äthylmercapto- 6 859 g,
  III 4446 f
—, 2-Mercapto-4,6-dimethyl-
  6 III 4593 d, IV 5962
—, 4-Mercapto-2,3-dimethyl-
  6 IV 5950
—, 4-Mercapto-2,6-dimethyl-
  6 III 4591 b, IV 5959
—, 5-Mercapto-2,3-dimethyl-
  6 IV 5948
—, 5-Mercapto-2,4-dimethyl-
  6 III 4595 e
—, 3-Methyl-4-methylmercapto-
  6 III 4504 b

$C_8H_{10}OS$ (Fortsetzung)

Phenol, 4-Methyl-3-methylmercapto-
  6 IV 5865
−, 5-Methyl-2-methylmercapto-
  6 I 433 m
Sulfoxid, Äthyl-phenyl- 6 II 288 b,
  III 980 b, IV 1469
−, Benzyl-methyl- 6 IV 2634
−, Methyl-*m*-tolyl- 6 IV 2080
−, Methyl-*p*-tolyl- 6 I 207 i,
  IV 2155
Thiophenol, 2-Äthoxy- 6 793 e, II 796 g
−, 3-Äthoxy- 6 833 j
−, 4-Äthoxy- 6 859 f, II 852 c,
  III 4446 e, IV 5792
−, 2-Methoxy-3-methyl- 6 III 4493 h
−, 2-Methoxy-4-methyl- 6 III 4529 f
−, 2-Methoxy-5-methyl- 6 881 h,
  II 873 a, III 4523 d
−, 2-Methoxy-6-methyl- 6 III 4493 e
−, 3-Methoxy-2-methyl- 6 III 4513 f
−, 3-Methoxy-4-methyl- 6 III 4497 j,
  IV 5865
−, 3-Methoxy-5-methyl- 6 III 4536 g
−, 4-Methoxy-2-methyl- 6 III 4504 c
−, 4-Methoxy-3-methyl- 6 III 4507 d,
  IV 5874
−, 5-Methoxy-2-methyl- 6 III 4497 h

$C_8H_{10}OS_2$

Benzol, 1-Methansulfinyl-4-methyl⥾
  mercapto- 6 868 b
Phenol, 2,4-Dimercapto-3,5-dimethyl-
  6 III 6335 a

$C_8H_{10}OSe$

Äthanol, 2-Phenylselanyl- 6 III 1109 a
Benzol, 1-Methoxy-2-methylselanyl-
  6 III 4289 a
−, 1-Methoxy-4-methylselanyl-
  6 III 4478 g
Phenol, 2-Äthylselanyl- 6 III 4289 b
−, 4-Äthylselanyl- 6 III 4479 a
Selenophenol, 4-Äthoxy- 6 869 g
Selenoxid, Äthyl-phenyl- 6 II 317 g,
  III 1105 c

$C_8H_{10}OTe$

Benzol, 1-Methoxy-4-methyltellanyl-
  6 I 423 h, III 4489 g

$C_8H_{10}O_2$

Acrylsäure-cyclopent-2-enylester 6 IV 193
Äthan-1,2-diol, Phenyl- 6 907 b, I 444 f,
  II 887 g, III 4572 e, IV 5939
Äthanol, 1-[3-Hydroxy-phenyl]-
  6 903 i, I 443 a

−, 1-[4-Hydroxy-phenyl]- 6 III 4565 a,
  IV 5930
−, 2-Phenoxy- 6 146 b, I 84 b,
  II 150 a, III 567, IV 571
Äthylhydroperoxid, 1-Phenyl- 6 III 1681 a,
  IV 3039
Ameisensäure-[2,6-cyclo-norbornan-
  3-ylester] 6 IV 347
− norborn-5-en-2-ylester
  6 III 371 b
Benzol, 1,2-Bis-hydroxymethyl-
  6 IV 5953
−, 1,2-Dimethoxy- 6 771 a, I 383,
  II 779, III 4205, IV 5564
−, 1,3-Dimethoxy- 6 813 b, I 402 a,
  II 813 b, III 4305, IV 5663
−, 1,4-Dimethoxy- 6 843 b, I 416 a,
  II 839 b, III 4385, IV 5718
Benzylalkohol, 2-Hydroxy-3-methyl-
  6 III 4597 c, IV 5964
−, 2-Hydroxy-4-methyl- 6 III 4608 b,
  IV 5970
−, 2-Hydroxy-5-methyl- 6 914 d,
  II 889 f, III 4598 e, IV 5965
−, 2-Hydroxy-6-methyl- 6 III 4587 c,
  IV 5953
−, 3-Hydroxy-4-methyl- 6 IV 5971
−, 4-Hydroxy-2-methyl- 6 909 a,
  II 888 d, IV 5952
−, 4-Hydroxy-3-methyl- 6 913 f,
  III 4598 a
−, 2-Methoxy- 6 893 a, I 439 e,
  II 878 a, III 4538 a, IV 5896
−, 3-Methoxy- 6 896 f, I 440 c,
  II 881 i, III 4545 b, IV 5907
−, 4-Methoxy- 6 897 f, I 440 d,
  II 883 a, III 4547 a, IV 5909
Benzylhydroperoxid, 4-Methyl-
  6 III 1781 g, IV 3173
Bicyclo[4.2.0]octa-2,4-dien-7,8-diol
  6 III 4610 e, IV 5974
Brenzcatechin, 3-Äthyl- 6 902 i, I 441 a,
  IV 5924
−, 4-Äthyl- 6 902 f, I 442 b,
  III 4559 d, IV 5926
−, 3,4-Dimethyl- 6 II 891 j,
  IV 5947
−, 3,5-Dimethyl- 6 911 l, III 4591 d,
  IV 5961
−, 3,6-Dimethyl- 6 II 891 j,
  IV 5966
−, 4,5-Dimethyl- 6 908 i, I 444 j,
  III 4584 d, IV 5950

$C_8H_{10}O_2$ (Fortsetzung)

Formaldehyd-[methyl-phenyl-acetal]
6 149 g, II 152 g

Hydrochinon, 2-Äthyl- 6 902 c, I 442 a,
III 4557 g, IV 5925

–, 2,3-Dimethyl- 6 908 f, III 4582 f,
IV 5948

–, 2,5-Dimethyl- 6 915 b, I 446 c,
II 890 i, III 4601 f, IV 5967

–, 2,6-Dimethyl- 6 911 g, II 888 h,
III 4588 c, IV 5956

Isophthalalkohol 6 914 e, I 446 a,
III 4600 e, IV 5966 f

Methanol, Benzyloxy- 6 III 1474 b

Phenäthylalkohol, 2-Hydroxy-
6 906 h, III 4569 e, IV 5935

–, 3-Hydroxy- 6 IV 5936

–, 4-Hydroxy- 6 906 k, I 443 e,
II 887 d, III 4571 a, IV 5936

Phenol, 2-Äthoxy- 6 771 b, I 384 a,
II 780 a, III 4207, IV 5565

–, 3-Äthoxy- 6 814 a, I 402 b,
II 814 a, III 4307 a, IV 5664

–, 4-Äthoxy- 6 843 c, I 416 b,
II 840 a, III 4387 a, IV 5719

–, 3-[1-Hydroxy-äthyl]- 6 IV 5929

–, 2-Methoxymethyl- 6 893 b,
IV 5897

–, 2-Methoxy-3-methyl- 6 872 b,
I 426 c, II 4492 f, IV 5860

–, 2-Methoxy-4-methyl- 6 878 e,
I 432 a, II 865 d, III 4515, IV 5878

–, 2-Methoxy-5-methyl- 6 879 a,
II 866 a, III 4516 a, IV 5879

–, 2-Methoxy-6-methyl- 6 I 426 d,
II 859 a, III 4492 g, IV 5860

–, 3-Methoxymethyl- 6 IV 5907

–, 3-Methoxy-2-methyl- 6 III 4513 a

–, 3-Methoxy-4-methyl- 6 III 4495 e,
IV 5864

–, 3-Methoxy-5-methyl- 6 886 a,
II 876, III 4533 a

–, 4-Methoxymethyl- 6 IV 5910

–, 4-Methoxy-2-methyl- 6 874 e,
I 429 a, III 4499 b, IV 5866

–, 4-Methoxy-3-methyl- 6 I 428 k,
III 4499 a, IV 5866

–, 5-Methoxy-2-methyl- 6 II 860 a,
III 4495 f

Phthalalkohol 6 910 f, III 4587 d

Resorcin, 2-Äthyl- 6 III 4558 d,
IV 5926

–, 4-Äthyl- 6 I 441 c, II 885 c,
III 4554 e, IV 5924

–, 5-Äthyl- 6 II 886 a, III 4563 a

–, 2,4-Dimethyl- 6 III 4588 a,
IV 5955

–, 2,5-Dimethyl- 6 918 a, II 891 d,
III 4606 a, IV 5970

–, 4,5-Dimethyl- 6 908 c, III 4581 c,
IV 5948

–, 4,6-Dimethyl- 6 912 d, II 889 e,
III 4595 b, IV 5963

Terephthalalkohol 6 919 b, I 446 l,
II 891 f, III 4608 c, IV 5971 e

$C_8H_{10}O_2S$

Benzol, 1-Methansulfinyl-2-methoxy-
6 II 796 e

–, 1-Methansulfinyl-3-methoxy-
6 IV 5702

–, 1-Methansulfinyl-4-methoxy-
6 IV 5791

Hydrochinon, 2-Methyl-5-methylmercapto-
6 III 6318 a

–, 2-Methyl-6-methylmercapto-
6 III 6315 e

Phenol, 4-Mercaptomethyl-2-methoxy-
6 III 6325 h

Resorcin, 5-Äthylmercapto- 6 III 6310 c

Sulfon, Äthyl-phenyl- 6 297 e, I 143 e,
II 288 c, III 980 c, IV 1469

–, Benzyl-methyl- 6 453 h, I 225 a,
II 427 e, III 1574 b, IV 2634

–, Methyl-*m*-tolyl- 6 IV 2080

–, Methyl-*o*-tolyl- 6 370 b,
IV 2015

–, Methyl-*p*-tolyl- 6 417 b, I 208 c,
II 393 b, III 1394 a, IV 2155

Thiophenol, 2,4-Dimethoxy- 6 I 543 g,
III 6288 d

–, 2,5-Dimethoxy- 6 III 6292 f

–, 3,4-Dimethoxy- 6 II 1073 g,
III 6296 c

$C_8H_{10}O_2S_2$

Äthanthiosulfonsäure-*S*-phenylester
6 IV 1564

Benzen-1,3-dithiol, 4,6-Dimethoxy-
6 I 571 b

Benzol, 1,3-Bis-methansulfinyl- 6 I 408 f,
II 829 h

–, 1,4-Bis-methansulfinyl-
6 868 c, II 854 i, III 4473 b

–, 1-Methansulfonyl-3-methyl‌
mercapto- 6 II 830 b

$C_8H_{10}O_2S_2$ (Fortsetzung)

Benzol, 1-Methansulfonyl-4-methyl=
mercapto- **6** III 4473 f

Benzolthiosulfonsäure-S-äthylester
6 324 a, **11** 82 a

Methan, Benzolsulfonyl-methylmercapto-
6 III 1003 d

Thioschwefligsäure-S-benzylester-
O-methylester **6** IV 2762

$C_8H_{10}O_2Si$

Benzo[1,3,2]dioxasilol, 2,2-Dimethyl-
6 IV 5608

$C_8H_{10}O_3$

Äthanol, 1-[2,5-Dihydroxy-phenyl]-
6 III 6329 d

—, 1-[3,4-Dihydroxy-phenyl]-
6 IV 7390

—, 2-[2-Hydroxy-phenoxy]-
6 II 782 b, III 4220 e

—, 2-[3-Hydroxy-phenoxy]-
6 III 4316 a, IV 5669

—, 2-[4-Hydroxy-phenoxy]-
6 III 4404 d

Benzen-1,2,4-triol, 3,5-Dimethyl-
6 1115 i, III 6334 d

—, 3,6-Dimethyl- **6** II 1085 h,
III 6338 d, IV 7399

Benzylalkohol, 2,5-Dihydroxy-3-methyl-
6 III 6336 c

—, 2,5-Dihydroxy-4-methyl-
6 III 6340 d

—, 3,5-Dihydroxy-4-methyl-
6 IV 7400

—, 3,6-Dihydroxy-2-methyl-
6 III 6334 c

—, 2-Hydroxy-3-methoxy-
6 III 6322 e, IV 7378

—, 2-Hydroxy-5-methoxy-
6 II 1083 d

—, 3-Hydroxy-4-methoxy-
6 II 1083 g, III 6324 a, IV 7381

—, 4-Hydroxy-3-methoxy-
6 1113 c, I 550 j, II 1083 f,
III 6323 e, IV 7381

Brenzcatechin, 3-Äthoxy- **6** 1082 a,
II 1066 b, III 6266 a, IV 7330

—, 3-Methoxy-5-methyl- **6** III 6321 a

2,6-Cyclo-norbornan-3-ol, 5-Formyloxy-
6 IV 5528

Hydrochinon, 2-Äthoxy- **6** 1088 d

—, 2-Methoxy-3-methyl- **6** I 548 l,
III 6316 a, IV 7374

—, 2-Methoxy-5-methyl- **6** I 549 b,
III 6316 e, IV 7374

—, 2-Methoxy-6-methyl- **6** 1108 j,
I 548 i

Phenäthylalkohol, 2,5-Dihydroxy-
6 IV 7393

—, 3,4-Dihydroxy- **6** III 6333 b

Phenol, 2,4-Bis-hydroxymethyl-
6 III 6337 b, IV 7397

—, 2,6-Bis-hydroxymethyl-
6 IV 7396

—, 2,3-Dimethoxy- **6** 1081 c,
III 6264 c, IV 7329

—, 2,4-Dimethoxy- **6** III 6278 b,
IV 7339

—, 2,5-Dimethoxy- **6** III 6278 a,
IV 7339

—, 2,6-Dimethoxy- **6** 1081 d, I 540 a,
II 1065 b, III 6264 d, IV 7329

—, 3,4-Dimethoxy- **6** III 6277 c,
IV 7338

—, 3,5-Dimethoxy- **6** 1101 b,
II 1078 b, III 6305 a, IV 7362

Phloroglucin, 2-Äthyl- **6** 1113 h,
III 6327 e, IV 7387

—, 2,4-Dimethyl- **6** 1116 a, I 553 b,
II 1085 g, III 6335 e, IV 7396

Pyrogallol, 4-Äthyl- **6** I 552 a, III 6326 f,
IV 7387

—, 5-Äthyl- **6** III 6328 a

—, 4,5-Dimethyl- **6** IV 7395

—, 4,6-Dimethyl- **6** IV 7396

Resorcin, 2-Äthoxy- **6** III 6266 b

—, 5-Äthoxy- **6** 1102, III 6305 c

—, 2-Methoxy-5-methyl- **6** III 6321 b

—, 5-Methoxy-2-methyl- **6** 1110 b,
I 549 g, III 6318 d, IV 7376

—, 5-Methoxy-4-methyl-
6 1110 a, II 1081 g, III 6318 c,
IV 7376

$C_8H_{10}O_3S$

Äthanol, 1-Benzolsulfonyl- **6** II 292 e

—, 2-Benzolsulfonyl- **6** 301 c,
III 997 c, IV 1494

Äthansulfonsäure-phenylester **6** 176 b,
II 163 h, IV 690

Benzol, 1-Methansulfonyl-2-methoxy-
6 793 d, II 796 f, III 4276 f,
IV 5634

—, 1-Methansulfonyl-3-methoxy-
6 III 4364 a, IV 5702

—, 1-Methansulfonyl-4-methoxy-
6 III 4446 d, IV 5791

C₈H₁₀O₃S (Fortsetzung)

Benzylalkohol, 4-Methansulfonyl-
  6 IV 5920

Methanol, [Toluol-4-sulfonyl]- **6** IV 2184,
  11 11

Methansulfonsäure-benzylester **6** IV 2561

– p-tolylester **6** 401 a

Phenol, 2-Methansulfonyl-4-methyl-
  6 III 4523 c

–, 4-Methansulfonyl-2-methyl-
  6 IV 5874

Schwefligsäure-äthylester-phenylester
  6 III 650 g

– benzylester-methylester
  6 III 1547 a

– methylester-m-tolylester
  6 III 1311 g

– methylester-o-tolylester **6** III 1259 i

– methylester-p-tolylester
  6 III 1370 g

C₈H₁₀O₃S₂

Äthansulfonsäure, 1-Phenylmercapto-
  6 III 1004 b

–, 2-Phenylmercapto- **6** III 1024 g

Methansulfonsäure-[3-methylmercapto-
  phenylester] **6** IV 5704

Methansulfonsäure, p-Tolylmercapto-
  6 IV 2181

Thioschwefelsäure-S-phenäthylester
  6 IV 3091

C₈H₁₀O₄

Benzen-1,2,3,5-tetraol, 4,6-Dimethyl-
  6 1159 g

Benzen-1,2,4-triol, 3-Methoxy-6-methyl-
  6 III 6659 a

–, 5-Methoxy-3-methyl- **6** III 6661 a

–, 6-Methoxy-3-methyl- **6** III 6660 a

–, 6-Methoxy-5-methyl- **6** III 6659 h

Benzylalkohol, 3,5-Dihydroxy-4-methoxy-
  6 III 6661 e

Brenzcatechin, 3,6-Bis-hydroxymethyl-
  6 III 6666 c

–, 3,4-Dimethoxy- **6** 1153 c,
  III 6650 d, IV 7683

–, 3,6-Dimethoxy- **6** 1153 d

Hydrochinon, 2,5-Bis-hydroxymethyl-
  6 III 6666 e

–, 2,3-Dimethoxy- **6** III 6650 e,
  IV 7683

–, 2,5-Dimethoxy- **6** 1156 a,
  II 1121 a, III 6655 f, IV 7688

–, 2,6-Dimethoxy- **6** 1154 d, I 570 b,
  II 1118 d, III 6652 e, IV 7684

Phloroglucin, 2-Äthoxy- **6** 1154 h

Resorcin, 2,5-Dimethoxy- **6** 1154 e,
  II 1118 e, III 6652 f, IV 7684

–, 4,5-Dimethoxy- **6** II 1118 f,
  III 6652 d

C₈H₁₀O₄S

Äthansulfonsäure, 2-Phenoxy- **6** IV 662

Methansulfonsäure-[2-hydroxymethyl-
  phenylester] **6** IV 5899

– [4-methoxy-phenylester]
  6 III 4428 c, IV 5761

Methansulfonsäure, p-Tolyloxy-
  6 IV 2109

Schwefelsäure-mono-[2-äthyl-phenylester]
  6 III 1657 h

– mono-[4-äthyl-phenylester]
  6 III 1667 a

– mono-[2,4-dimethyl-phenylester]
  6 IV 3132

– mono-[2,5-dimethyl-phenylester]
  6 IV 3168

– mono-[2,6-dimethyl-phenylester]
  6 IV 3120

– mono-[3,4-dimethyl-phenylester]
  6 IV 3105

– mono-[3,5-dimethyl-phenylester]
  6 IV 3150

C₈H₁₀O₄S₂

Benzol, 1,2-Bis-methansulfonyl-
  6 II 800 a

–, 1,3-Bis-methansulfonyl-
  6 834 i, I 408 g, II 830 c

–, 1,4-Bis-methansulfonyl-
  6 868 d, III 4474 a

Methan, Benzolsulfonyl-methansulfonyl-
  6 III 1003 e, IV 1508

Methansulfonsäure-[3-methansulfinyl-
  phenylester] **6** IV 5704

C₈H₁₀O₅

Benzen-1,2,4,5-tetraol, 3-Methoxy-
  6-methyl- **6** III 6882 h

Benzen-1,2,4-triol, 3,6-Dimethoxy-
  6 III 6881 a

–, 5,6-Dimethoxy- **6** III 6881 b

C₈H₁₀O₅S

Methansulfonsäure, [4-Methoxy-phenoxy]-
  6 IV 5737

Schwefelsäure-[2-methoxy-phenylester]-
  methylester **6** 781 h

– mono-[2-phenoxy-äthylester]
  6 IV 579

$C_8H_{10}O_5S_2$
Äthansulfonsäure, 1-Benzolsulfonyl-
    6 III 1005 b
−, 2-Benzolsulfonyl- 6 III 1025 a
Methansulfonsäure-[3-methansulfonyl-
    phenylester] 6 IV 5704
Phenol, 2,4-Bis-methansulfonyl- 6 III 6298 e
$C_8H_{10}O_6S_2$
Äthan-1,1-disulfonsäure-monophenylester
    6 III 652 e
Benzol, 1,2-Bis-methansulfonyloxy-
    6 III 4240 d
−, 1,3-Bis-methansulfonyloxy-
    6 III 4331 f
−, 1,4-Bis-methansulfonyloxy-
    6 III 4428 f
Methandisulfonsäure-methylester-
    phenylester 6 III 652 a
Schwefelsäure-mono-[2-benzolsulfonyl-
    äthylester] 6 302 b
$C_8H_{10}O_7S_2$
Phenol, 3,5-Bis-methansulfonyloxy-
    6 III 6309 a
$C_8H_{10}S$
Äthanthiol, 1-Phenyl- 6 478 h, II 445 b,
    448 e, III 1697 a, IV 3062
−, 2-Phenyl- 6 I 239 d, III 1715 f,
    IV 3083
Methanthiol, m-Tolyl- 6 494 d, III 1769 b
−, o-Tolyl- 6 IV 3111
−, p-Tolyl- 6 III 1782 f, IV 3174
Sulfid, Äthyl-phenyl- 6 297 d, I 143 d,
    II 287 e, III 979 b, IV 1468
−, Benzyl-methyl- 6 453 g, II 427 b,
    III 1574 a, IV 2633
−, Methyl-m-tolyl- 6 III 1332 e,
    IV 2079
−, Methyl-o-tolyl- 6 IV 2015
−, Methyl-p-tolyl- 6 417 a, I 207 h,
    II 393 a, III 1393 a, IV 2154
Thiophenol, 2-Äthyl- 6 II 443 e,
    III 1660 c, IV 3015
−, 3-Äthyl- 6 III 1663 e
−, 4-Äthyl- 6 I 235 d, III 1670 d,
    IV 3027
−, 2,3-Dimethyl- 6 IV 3099
−, 2,4-Dimethyl- 6 491 e, I 242 g,
    IV 3138
−, 2,5-Dimethyl- 6 497 j, I 247 b,
    II 468 d, III 1777 a, IV 3170
−, 2,6-Dimethyl- 6 IV 3124
−, 3,4-Dimethyl- 6 IV 3108
−, 3,5-Dimethyl- 6 III 1767 h

$C_8H_{10}S_2$
Äthan-1,2-dithiol, Phenyl- 6 III 4579 b
Äthanthiol, 2-Phenylmercapto-
    6 III 994 f
Benzen-1,3-dithiol, 4-Äthyl- 6 I 441 d
−, 2,4-Dimethyl- 6 I 444 m
−, 2,5-Dimethyl- 6 I 446 g
−, 4,5-Dimethyl- 6 III 4581 e
−, 4,6-Dimethyl- 6 I 445 d
Benzol, 1,2-Bis-mercaptomethyl- 6 910 i
−, 1,3-Bis-mercaptomethyl-
    6 914 g
−, 1,4-Bis-mercaptomethyl-
    6 919 e, IV 5972
−, 1,2-Bis-methylmercapto-
    6 I 397 f, IV 5651
−, 1,3-Bis-methylmercapto-
    6 834 h, I 408 e, II 829 g,
    III 4366 g
−, 1,4-Bis-methylmercapto-
    6 868 a, IV 5840
Disulfid, Äthyl-phenyl- 6 323 c, II 294 c,
    IV 1560
−, Benzyl-methyl- 6 IV 2759
Formaldehyd-[methyl-phenyl-dithioacetal]
    6 III 1002 f, IV 1506 d
$C_8H_{10}S_3$
Trisulfid, Benzyl-methyl- 6 IV 2761
$C_8H_{10}S_4$
Benzen-1,3-dithiol, 4,6-Bis-methylmercapto-
    6 I 571 g
$C_8H_{10}Se$
Äthanselenol, 1-Phenyl- 6 IV 3067
Selenid, Äthyl-phenyl- 6 II 317 f,
    III 1105 b, IV 1777
−, Methyl-p-tolyl- 6 IV 2216
Selenophenol, 2-Äthyl- 6 IV 3016
$C_8H_{10}Se_2$
Benzol, 1,3-Bis-methylselanyl-
    6 III 4374 a
−, 1,4-Bis-methylselanyl- 6 III 4489 e
$C_8H_{10}Te$
Tellurid, Äthyl-phenyl- 6 IV 1799
$C_8H_{11}AsO_4$
Arsonsäure, [2-Phenoxy-äthyl]- 6 III 650 b
$C_8H_{11}BrNO_2PS$
Amidothiophosphorsäure-O-äthylester-
    O'-[4-brom-phenylester] 6 IV 1056
$C_8H_{11}BrO$
Äthanol, 1-[4-Brom-cyclohexa-1,4-dienyl]-
    6 IV 353
Äther, [7-Brom-norborn-5-en-2-yl]-methyl-
    6 IV 346

$C_8H_{11}BrO$ (Fortsetzung)

Bicyclo[2.2.2]oct-5-en-2-ol, 3-Brom-
   6 IV 361

Bicyclo[3.2.1]oct-3-en-2-ol, 8-Brom-
   7 IV 300

Cyclohexanol, 1-Bromäthinyl-
   6 III 373 a, IV 352

2,6-Cyclo-norbornan, 3-Brom-5-methoxy-
   6 IV 346

Pent-4-in-2-ol, 5-Brom-2-cyclopropyl-
   6 IV 357

$C_8H_{11}BrO_2$

Essigsäure-[4-brom-cyclohex-2-enylester]
   6 III 208 f

$C_8H_{11}ClNO_2P$

Phosphorsäure-chlorid-dimethylamid-
phenylester **6** IV 748

$C_8H_{11}ClNO_2PS$

Amidothiophosphorsäure-O-äthylester-
   O'-[4-chlor-phenylester] **6** IV 876

$C_8H_{11}ClO$

Äthanol, 1-[4-Chlor-cyclohexa-1,4-dienyl]-
   6 IV 353

Cyclohexanol, 1-Chloräthinyl-
   6 III 372 b

Cyclopentanol, 2-Chlor-1-prop-2-inyl-
   6 IV 356

$C_8H_{11}ClOSi$

Silan, Chlor-dimethyl-phenoxy- **6** IV 765

$C_8H_{11}ClO_2$

Essigsäure-[2-chlor-cyclohex-2-enylester]
   6 III 208 d

– [3-chlor-cyclohex-2-enylester]
   6 IV 198

– [4-chlor-cyclohex-2-enylester]
   6 III 208 e

$C_8H_{11}ClO_3$

Oxalsäure-chlorid-cyclohexylester
   6 III 26 d

$C_8H_{11}Cl_2N_2OPS$

Diamidothiophosphorsäure,
   N,N'-Dimethyl-, O-[3,4-dichlor-
phenylester] **6** IV 957

$C_8H_{11}Cl_3O$

Äthanol, 2,2,2-Trichlor-1-cyclohex-1-enyl-
   6 IV 220

$C_8H_{11}Cl_3OS$

Thioessigsäure, Trichlor-, S-cyclohexyl≠
ester **6** III 49 g, IV 76

$C_8H_{11}Cl_3OS_3$

Disulfidothiokohlensäure-O-cyclohexylester-
   S-S-trichlormethylester **6** IV 45

$C_8H_{11}Cl_3O_2$

Essigsäure, Trichlor-, cyclohexylester
   6 III 24 a

$C_8H_{11}Cl_3O_3$

Essigsäure, Trichlor-, [2-hydroxy-
cyclohexylester] **6** III 4066 a,
   IV 5197

$C_8H_{11}Cl_5NO_2P$

Amin, [Dichlor-cyclohexyloxy-acetyl]-
trichlorphosphoranyliden- **6** IV 39

$C_8H_{11}D_3O_2$

Essigsäure, Trideuterio-, cyclohexylester
   6 IV 36

$C_8H_{11}FO$

Äthanol, 1-[4-Fluor-cyclohexa-1,4-dienyl]-
   6 IV 353

$C_8H_{11}F_3O_2$

Essigsäure, Trifluor-, cyclohexylester
   6 IV 36

$C_8H_{11}NO$

Äthylamin, 2-Phenoxy- **6** 172 c, III 639 c,
   IV 663

$C_8H_{11}NOS$

Äthylamin, 2-Benzolsulfinyl- **6** III 1025 h

Sulfoximid, S-Methyl-S-p-tolyl-
   6 IV 2155

$C_8H_{11}NO_2$

Carbamidsäure-[1-äthinyl-cyclopentylester]
   6 IV 340

– norborn-5-en-2-ylester **6** IV 343

Hydroxylamin, O-[2-Phenoxy-äthyl]-
   6 III 574 h, IV 579

$C_8H_{11}NO_2S$

Äthylamin, 2-Benzolsulfonyl- **6** I 148 c,
   III 1026 b

$C_8H_{11}NO_2S_2$

Äthansulfonsäure, 2-Phenylmercapto-,
   amid **6** IV 1550

$C_8H_{11}NO_3S$

Äthansulfonsäure, 2-Phenoxy-, amid
   6 IV 662

Amidoschwefelsäure-[3,4-dimethyl-
phenylester] **6** IV 3105

Amidoschwefelsäure, Dimethyl-,
phenylester **6** IV 691

$C_8H_{11}NO_5S_2$

Äthansulfonsäure, 1-Sulfamoyl-,
phenylester **6** III 652 g

$C_8H_{11}NS$

Äthylamin, 2-Phenylmercapto- **6** I 148 b,
   III 1025 c, IV 1550

Benzolsulfenamid, N,N-Dimethyl-
   6 II 296 d

$C_8H_{11}N_2OPS$

[1,3,2]Diazaphospholidin-2-sulfid,
2-Phenoxy- **6** II 168 a, III 664 e

$C_8H_{11}N_2O_2P$

[1,3,2]Diazaphospholidin-2-oxid,
2-Phenoxy- **6** IV 740 b

$C_8H_{11}N_3S$

Isothiosemicarbazid, *S*-Benzyl- **6** II 434 f

$[C_8H_{11}O]^+$

Oxonium, Dimethyl-phenyl- **6** IV 554

$[C_8H_{11}OS]^+$

Sulfonium, [3-Hydroxy-phenyl]-dimethyl-
6 I 407 c, IV 5702

–, [4-Hydroxy-phenyl]-dimethyl-
6 I 420 c, IV 5792

$C_8H_{11}O_2PS_2$

Dithiophosphorsäure-*O,O′*-dimethylester-
S-phenylester **6** IV 1565

$C_8H_{11}O_3P$

Phosphonsäure-äthylester-phenylester
6 IV 702
Phosphonsäure, Methyl-, methylester-
phenylester **6** IV 702
Phosphorigsäure-dimethylester-phenylester
6 IV 693

$C_8H_{11}O_3PS$

Thiophosphorsäure-*O*-äthylester-
S-phenylester **6** IV 1565

– *O,O′*-dimethylester-
O″-phenylester **6** IV 754

– *O,S*-dimethylester-*O′*-phenylester
6 IV 754

$C_8H_{11}O_4P$

Phosphonsäure, Äthyl-, mono-[2-hydroxy-
phenylester] **6** III 4241 c

–, [2-Phenoxy-äthyl]- **6** III 649 e

–, *m*-Tolyloxymethyl- **6** IV 2045

–, *o*-Tolyloxymethyl- **6** IV 1958

–, *p*-Tolyloxymethyl- **6** IV 2110
Phosphorsäure-äthylester-phenylester
6 178 d, III 657 b

– benzylester-methylester
6 IV 2572

– dimethylester-phenylester
6 IV 708

– methylester-*m*-tolylester
6 IV 2056

– monophenäthylester **6** III 1713 c,
IV 3077

$C_8H_{11}O_5P$

Phosphorsäure-äthylester-[2-hydroxy-
phenylester] **6** IV 5599

$[C_8H_{11}S]^+$

Sulfonium, Dimethyl-phenyl- **6** 297 c,
II 287 d, III 979 a

$[C_8H_{11}Se]^+$

Selenonium, Dimethyl-phenyl- **6** III 1105 a

$C_8H_{12}Br_2O$

Cyclohexanol, 1-[1,2-Dibrom-vinyl]-
6 IV 222

$C_8H_{12}Br_2O_2$

Essigsäure-[2,3-dibrom-cyclohexylester]
6 IV 70
Propionsäure, 2,3-Dibrom-, cyclopentyl-
ester **6** III 6 g

$C_8H_{12}ClNO_3$

Oxalsäure-1-chlorid-2-cyclohexylester-
1-oxim **6** IV 39

$C_8H_{12}ClO_2PS_2$

2,4-Dioxa-3λ^5-phospha-spiro[5.5]undec-
8-en-3-thiol, 9-Chlor-3-thioxo-
6 IV 5283

$C_8H_{12}Cl_2F_2S$

Sulfid, [2-Chlor-cyclohexyl]-[2-chlor-
2,2-difluor-äthyl]- **6** IV 83

$C_8H_{12}Cl_2O$

Äther, Cyclohexyl-[1,2-dichlor-vinyl]-
6 IV 33
Bicyclo[4.2.0]octan-2-ol, 7,8-Dichlor-
6 III 223 g
Bicyclo[4.2.0]octan-3-ol, 7,8-Dichlor-
6 III 223 g

$C_8H_{12}Cl_2OS$

Thioessigsäure, Dichlor-, *S*-cyclohexyl-
ester **6** III 49 f

$C_8H_{12}Cl_2O_2$

Essigsäure-[1-chlor-2-chlormethyl-
cyclobutylmethylester] **6** 9 f
Essigsäure, Dichlor-, cyclohexylester
6 III 23 b

$C_8H_{12}Cl_4O$

Äther, Cyclohexyl-[1,2,2,2-tetrachlor-äthyl]-
6 III 22 b

$C_8H_{12}F_4O$

Äther, Cyclohexyl-[1,1,2,2-tetrafluor-äthyl]-
6 III 23 a

$C_8H_{12}NO_3P$

Amidophosphorsäure-äthylester-
phenylester **6** 180 g

$C_8H_{12}NO_3PS$

Amidothiophosphorsäure-*O*-[2-methoxy-
phenylester]-*O′*-methylester **6** IV 5604

$C_8H_{12}NO_4P$

Phosphorsäure-[2-amino-äthylester]-
phenylester **6** IV 730

$C_8H_{12}N_2O$

Hydrazin, [2-Phenoxy-äthyl]- **6** I 93 b

$C_8H_{12}N_3O_3PS$

Diamidothiophosphorsäure, Äthyl-,
O-[4-nitro-phenylester] **6** IV 1345

—, N,N-Dimethyl-, O-[4-nitro-
phenylester] **6** IV 1345

$C_8H_{12}O$

Äthanol, 1-Cyclohexa-1,4-dienyl-
6 IV 353

Äther, Allyl-cyclopent-2-enyl- **6** IV 193

—, [2,6-Cyclo-norbornan-3-yl]-methyl-
6 IV 347

—, Methyl-[2-methyl-cyclohexa-
1,3-dienyl]- **6** III 369 a

—, Methyl-[2-methyl-cyclohexa-
1,4-dienyl]- **6** III 368 b

—, Methyl-[2-methyl-cyclohexa-
1,5-dienyl]- **6** III 367 c

—, Methyl-[3-methyl-cyclohexa-
1,3-dienyl]- **6** III 369 b

—, Methyl-[4-methyl-cyclohexa-
1,3-dienyl]- **6** III 368 a

—, Methyl-[4-methyl-cyclohexa-
1,4-dienyl]- **6** III 368 c

—, Methyl-[5-methyl-cyclohexa-
1,4-dienyl]- **6** III 368 d

—, Methyl-[6-methyl-cyclohexa-
1,4-dienyl]- **6** III 369 c

—, Methyl-[3-methylen-cyclohex-
1-enyl]- **6** III 369 d

—, Methyl-norborn-5-en-2-yl-
6 IV 343

Allylalkohol, 1-Cyclopent-1-enyl-
6 IV 356

Bicyclo[2.2.2]oct-5-en-2-ol **6** III 375 a

Bicyclo[3.2.1]oct-3-en-2-ol **6** IV 357

But-3-in-2-ol, 2-Cyclobutyl- **6** IV 356

Cyclohexanol, 1-Äthinyl- **6** I 60 c,
II 100 c, III 371 e, IV 348

—, 2-Äthinyl- **6** IV 352

Cyclohex-2-enol, 1-Vinyl- **6** IV 354

Cycloocta-3,5-dienol **6** III 371 d

Cyclopentanol, 2-Allyliden- **6** IV 356

—, 1-Prop-1-inyl- **6** IV 355

—, 1-Prop-2-inyl- **6** IV 355

Cyclopenten, 1-[1-Methoxy-vinyl]-
6 IV 341

Methanol, 2,6-Cyclo-norbornan-1-yl-
6 IV 361

—, [1-Methyl-cyclohexa-2,5-dienyl]-
6 IV 355

—, [2-Methyl-cyclohexa-2,5-dienyl]-
6 IV 355

—, [6-Methyl-cyclohexa-1,3-dienyl]-
6 III 373 c

—, Norborn-5-en-2-yl- **6** III 373 d,
IV 357

Norborn-5-en-2-ol, 2-Methyl- **6** IV 357

Pent-4-in-2-ol, 2-Cyclopropyl- **6** IV 356

$C_8H_{12}OS$

Thioessigsäure-S-cyclohex-1-enylester
6 III 205 e

$C_8H_{12}O_2$

Acrylsäure-cyclopentylester **6** III 6 h,
IV 7

— [1-methyl-cyclobutylester]
6 IV 18

Ameisensäure-[2-cyclopent-2-enyl-
äthylester] **6** III 216 e

— [2]norbornylester **6** III 219 a,
IV 213

Bicyclo[3.2.1]oct-3-en-2,8-diol **6** IV 5529

Bicyclo[3.2.1]oct-6-en-2,8-diol **6** IV 5530

Cyclohexa-1,3-dien, 1,4-Dimethoxy-
6 IV 5523

Cyclohexa-1,4-dien, 1,2-Dimethoxy-
6 III 4168 a

—, 1,4-Dimethoxy- **6** III 4168 b

—, 1,5-Dimethoxy- **6** III 4168 d,
IV 5524

Cyclohexan-1,4-diol, 1-Äthinyl-
6 III 4169 b

Essigsäure-cyclohex-1-enylester **6** 48 c,
II 59 g, III 205 a, IV 195

— cyclohex-2-enylester **6** II 60 e,
III 206 d, IV 197

— cyclohex-3-enylester **6** II 61 c,
III 209 c, IV 200

— cyclopent-1-enylmethylester
6 III 210 a, IV 201

— [2-methyl-cyclopent-2-enylester]
6 III 209 e

— [2-methylen-cyclobutylmethylester]
6 IV 201

Methanol, [4-Methoxy-cyclohexa-
1,4-dienyl]- **6** III 4169 a

Tricyclo[2.2.2.0²,⁶]octan-3,5-diol
6 IV 5530

$C_8H_{12}O_2S$

Sulfon, Methyl-norborn-5-en-2-yl-
6 IV 346

$C_8H_{12}O_3$

Cyclohex-3-enol, 6-Acetoxy- **6** IV 5276

$C_8H_{12}O_3$ (Fortsetzung)

Cyclopent-2-enol, 5-Propionyloxy-
    6 III 4126 d

Cyclopent-3-enol, 2-Propionyloxy-
    6 III 4126 d

Kohlensäure-[2-methylen-cyclobutylmethyl≠
    ester]-methylester **6** IV 201

Peroxyessigsäure-cyclohex-2-enylester
    6 III 207 a

$C_8H_{12}O_3S$

Bicyclo[3.2.0]hept-2-en, 6-Methansulfonyloxy-
    6 IV 342

$C_8H_{12}O_9P_2$

Toluol, 4-Methoxy-2,5-bis-phosphonooxy-
    6 IV 7375

$C_8H_{12}O_{10}P_2$

Benzol, 1,4-Dimethoxy-2,5-bis-
    phosphonooxy- **6** IV 7690

$C_8H_{12}S$

Cyclohexanthiol, 1-Äthinyl- **6** IV 352

$C_8H_{13}BrO$

Äther, [5-Brom-4-methyl-cyclohex-3-enyl]-
    methyl- **6** IV 203

Methanol, [2-Brom-[2]norbornyl]-
    6 IV 232

$C_8H_{13}BrO_2$

Essigsäure-[2-brom-cyclohexylester]
    6 II 13 j, III 43 c, IV 69

–   [4-brom-cyclohexylester]
    6 II 14 a

Essigsäure, Brom-, cyclohexylester
    6 IV 37

$C_8H_{13}BrO_3$

Cyclohexanol, 3-Acetoxy-2-brom-
    6 IV 5209

$C_8H_{13}Br_3O$

Cyclohexanol, 3-Methyl-1-tribrommethyl-
    6 IV 124

$C_8H_{13}ClN_2O_3$

Allophansäure-[2-chlor-cyclohexylester]
    6 IV 66

$C_8H_{13}ClO$

Äthanol, 1-[4-Chlor-cyclohex-3-enyl]-
    6 IV 220

Äther, Äthyl-[2-chlor-cyclohex-2-enyl]-
    6 III 208 c

–, Äthyl-[6-chlor-cyclohex-1-enyl]-
    6 III 205 c

–, [2-Chlor-4-methyl-cyclohex-2-enyl]-
    methyl- **6** III 212 c

–, [7-Chlor-[2]norbornyl]-methyl-
    6 IV 215

$C_8H_{13}ClOS$

Acetylchlorid, Cyclohexylmercapto-
    6 III 50 g

Thioessigsäure-S-[2-chlor-cyclohexylester]
    6 III 53 b, IV 84

Thioessigsäure, Chlor-, S-cyclohexylester
    6 III 49 e

$C_8H_{13}ClOS_2$

Disulfan, Acetyl-[2-chlor-cyclohexyl]-
    6 IV 85

$C_8H_{13}ClO_2$

Acetylchlorid, Cyclohexyloxy- **6** III 31 g

Chlorokohlensäure-[2-methyl-cyclohexyl≠
    ester] **6** III 65 c

Essigsäure-[2-chlor-cyclohexylester]
    6 II 12 e, III 41 c

–   [4-chlor-cyclohexylester]
    6 II 13 c

$C_8H_{13}Cl_3O$

Äthanol, 2,2,2-Trichlor-1-cyclohexyl-
    6 II 27 f, III 88 d

Cyclohexanol, 3-Methyl-1-trichlormethyl-
    6 IV 124

$C_8H_{13}Cl_3O_2$

Äthanol, 2,2,2-Trichlor-1-cyclohexyloxy-
    6 III 22 a

$C_8H_{13}DO_2$

Essigsäure-[2-deuterio-cyclohexylester]
    6 IV 36

$C_8H_{13}FO_2$

Essigsäure-[2-fluor-cyclohexylester]
    6 III 39 e

Essigsäure, Fluor-, cyclohexylester
    6 IV 36

$C_8H_{13}IO_2$

Essigsäure-[2-jod-cyclohexylester]
    6 7 j, III 45 d

$C_8H_{13}NO$

Acetonitril, Cyclohexyloxy- **6** II 12 a

Propionitril, 3-Cyclopentyloxy- **6** III 7 i

$C_8H_{13}NO_2$

Carbamidsäure-[2-cyclopent-2-enyl-
    äthylester] **6** III 217 b

$C_8H_{13}NO_3$

Äthanol, 2-Cyclohex-1-enyl-2-nitro-
    6 III 221 a

Oxalamidsäure-cyclohexylester **6** IV 39

Salpetersäure-[1-methyl-[2]norbornylester]
    6 IV 230

$C_8H_{13}NO_4$

Essigsäure-[2-nitro-cyclohexylester]
    6 III 46 c

$C_8H_{13}NO_4$ (Fortsetzung)

Essigsäure-[1-nitromethyl-cyclopentylester]
6 IV 91

Essigsäure, Nitro-, cyclohexylester
6 IV 37

Glycin, N-Cyclopentyloxycarbonyl-
6 IV 8

$C_8H_{13}N_2O_2P$

Diamidophosphorsäure, N,N-Dimethyl-,
phenylester 6 IV 751

–, N,N'-Dimethyl-, phenylester
6 III 662 f

$C_8H_{13}N_2O_3P$

Amidophosphorsäure, [2-Amino-äthyl]-,
monophenylester 6 IV 740

$C_8H_{13}N_2O_3PS$

Hydrazidothiophosphorsäure-O-[4-methoxy-
phenylester]-O'-methylester 6 IV 5764

$C_8H_{13}O_2PS_2$

2,4-Dioxa-3λ^5-phospha-spiro[5.5]undec-
8-en-3-thiol, 3-Thioxo-
6 IV 5283

$C_8H_{14}BrClS$

Sulfid, [2-Brom-cyclohexyl]-[2-chlor-äthyl]-
6 III 53 d

$C_8H_{14}BrNO_3$

Äthanol, 2-Brom-1-cyclohexyl-2-nitro-
6 IV 118

$C_8H_{14}Br_2O$

Äther, Äthyl-[2,3-dibrom-cyclohexyl]-
6 7 f, II 14 b, III 45 a

–, [2-Brom-äthyl]-[2-brom-
cyclohexyl]- 6 IV 69

Cyclohexanol, 1-[1,2-Dibrom-äthyl]-
6 IV 116

–, 2,3-Dibrom-5,5-dimethyl-
6 IV 120

$C_8H_{14}ClNO_2$

Carbamidsäure, Methyl-, [2-chlor-
cyclohexylester] 6 IV 66

$C_8H_{14}ClNO_3$

Äthanol, 2-Chlor-1-cyclohexyl-2-nitro-
6 IV 118

Cyclohexanol, 2-Chlor-1-[1-nitro-äthyl]-
6 IV 116

$C_8H_{14}ClO_2PS$

Benzo[1,3,2]dioxaphosphorin-2-sulfid,
2-Chlor-4-methyl-hexahydro-
6 IV 5231

Cyclopenta[1,3,2]dioxaphosphorin-2-sulfid,
2-Chlor-4,5-dimethyl-hexahydro-
6 IV 5240

$C_8H_{14}ClO_3P$

Benzo[1,3,2]dioxaphosphorin-2-oxid,
2-Chlor-4-methyl-hexahydro-
6 IV 5231

$C_8H_{14}Cl_2O_2$

Cyclohexan, 1,2-Bis-chlormethoxy-
6 II 746 e

–, 1,3-Bis-chlormethoxy- 6 II 747 h

–, 1,4-Bis-chlormethoxy- 6 II 749 e

Cyclohexan-1,4-diol, 1,4-Bis-chlormethyl-
6 IV 5238

$C_8H_{14}Cl_2S$

Sulfid, [1-Chlor-äthyl]-[2-chlor-cyclohexyl]-
6 IV 83

–, [2-Chlor-äthyl]-[2-chlor-
cyclohexyl]- 6 III 52 g

$C_8H_{14}N_2O_2$

Oxalomonoimidsäure-2-amid-1-cyclohexyl-
ester 6 IV 39

$C_8H_{14}N_2O_3$

Allophansäure-cyclohexylester 6 I 6 l,
II 11 k, IV 43

– [1-methyl-cyclopentylester] 6 II 14 h

– [2-methyl-cyclopentylester] 6 II 15 b

Oxalsäure-1-amid-2-cyclohexylester-1-oxim
6 IV 40

$C_8H_{14}N_2O_4$

Cyclohepten-nitrosat, 1-Methyl- 5 71 b

Cyclohexan, 1,4-Bis-carbamoyloxy-
6 IV 5211

Cyclohexan-nitrosat, Äthyliden- 5 II 46 c

$C_8H_{14}N_2S$

Isothioharnstoff, S-Cyclohex-1-enylmethyl-
6 IV 205

–, S-[2-Methyl-cyclohex-2-enyl]-
6 IV 204

–, S-[2-Methylen-cyclohexyl]- 6 IV 208

$C_8H_{14}O$

Äthanol, 1-Cyclohex-1-enyl- 6 IV 219

–, 1-Cyclohex-3-enyl- 6 IV 220

–, 2-Cyclohex-1-enyl- 6 III 220 g,
IV 220

–, 2-Cyclohex-2-enyl- 6 III 221 c

–, 2-Cyclohex-3-enyl- 6 IV 221

–, 2-Cyclohexyliden- 6 III 221 d,
IV 221

–, 1,1-Dicyclopropyl- 6 IV 227

–, 1,2-Dicyclopropyl- 6 I 36 d

Äther, Äthyl-cyclohex-1-enyl-
6 III 204 g, IV 194

–, Äthyl-cyclohex-2-enyl-
6 48 h, I 35 i, II 60 d, III 206 b,
IV 196

C₈H₁₄O (Fortsetzung)

Äther, Äthyl-cyclohex-3-enyl- **6** II 61 b

–, Cyclohex-1-enylmethyl-methyl-
  6 III 211 c, IV 204

–, Cyclohex-3-enylmethyl-methyl-
  6 III 215 c

–, Cyclohexyl-vinyl- **6** III 18 g,
  IV 27

–, Methyl-[3-methyl-cyclohex-1-enyl]-
  6 III 211 f

–, Methyl-[4-methyl-cyclohex-1-enyl]-
  6 III 213 h

–, Methyl-[4-methyl-cyclohex-3-enyl]-
  6 IV 203

–, Methyl-[2]norbornyl-
  6 III 218 b, IV 213

Allylalkohol, 3-Cyclopentyl- **6** IV 227

Bicyclo[2.2.2]octan-1-ol **6** IV 233

Bicyclo[2.2.2]octan-2-ol **6** III 226 c,
  IV 233

Bicyclo[3.2.1]octan-2-ol **6** III 224 d

Bicyclo[3.2.1]octan-6-ol **6** III 225 a

Bicyclo[5.1.0]octan-2-ol **6** IV 228

Cyclohexanol, 2-Äthyliden- **6** IV 221

–, 1-Methyl-2-methylen-
  6 III 223 b

–, 1-Vinyl- **6** I 36 a, III 221 e,
  IV 222

–, 2-Vinyl- **6** IV 223

Cyclohex-2-enol, 1-Äthyl- **7** III 225

–, 2-Äthyl- **6** III 220 c, IV 219

–, 1,2-Dimethyl- **6** I 36 b, II 63 b

–, 1,3-Dimethyl- **6** I 36 c, IV 225

–, 2,3-Dimethyl- **6** III 222 b

–, 3,5-Dimethyl- **6** IV 225

–, 5,5-Dimethyl- **6** 50 a, IV 223

Cyclohex-3-enol, 3,4-Dimethyl- **6** III 222 d

Cyclooct-2-enol **6** IV 217

Cyclooct-3-enol **6** IV 218

Cyclooct-4-enol **6** IV 218

Cyclopentanol, 1-Allyl- **6** III 223 e

–, 1-Propenyl- **6** IV 226

Cyclopentanon, 2-Äthyl-5-methyl-
  6 III 2552 a

Methanol, Cyclohept-1-enyl- **6** IV 219

–, [2-Methyl-cyclohex-1-enyl]-
  6 IV 224

–, [3-Methyl-cyclohex-1-enyl]-
  6 IV 225

–, [4-Methyl-cyclohex-3-enyl]-
  6 IV 226

–, [6-Methyl-cyclohex-1-enyl]-
  6 IV 224

–, [6-Methyl-cyclohex-3-enyl]-
  6 III 223 a

–, [2-Methylen-cyclohexyl]-
  6 IV 225

–, [4-Methylen-cyclohexyl]-
  6 IV 226

–, [1]Norbornyl- **6** IV 230

–, [2]Norbornyl- **6** II 62 c, III 225 c,
  IV 232

–, Norcaran-7-yl- **6** IV 228

Norbornan-2-ol, 1-Methyl- **6** IV 229

–, 2-Methyl- **6** IV 230

–, 3-Methyl- **6** III 225 b, IV 231

–, 5-Methyl- **6** IV 232

–, 7-Methyl- **6** III 226 b, IV 232

Pentalen-1-ol, Octahydro- **6** IV 228

Pentalen-2-ol, Octahydro- **6** III 224 a

Pentalen-3a-ol, Hexahydro- **6** IV 229

Pent-4-en-2-ol, 2-Cyclopropyl- **6** IV 227

Propan-1-ol, 1-Cyclopent-1-enyl- **6** III 223 d

Spiro[3.4]octan-5-ol **6** IV 227

C₈H₁₄OS

Thioessigsäure-S-cyclohexylester
  6 III 49 d, IV 76

C₈H₁₄O₂

Acetaldehyd, Cyclohexyloxy- **6** III 22 c

Äthan-1,2-diol, Cyclohex-1-enyl-
  6 IV 5281

Ameisensäure-cyclohexylmethylester
  6 IV 107

– [2-methyl-cyclohexylester]
  6 I 9 a

– [3-methyl-cyclohexylester]
  6 I 9 k

– [4-methyl-cyclohexylester] **6** I 10 i

Bicyclobutyl-1,1'-diol **6** IV 5286

Bicyclo[2.2.2]octan-2,3-diol **6** IV 5287

Bicyclo[3.2.1]octan-2,8-diol **6** IV 5287

Bicyclo[4.2.0]octan-7,8-diol **6** III 7132 a,
  IV 5286

Cyclobut-3-en-1,2-diol, Tetramethyl-
  6 IV 5285

Cyclohexan-1,2-diol, 4-Vinyl- **6** III 4131 b

Cyclohexanol, 2-[2-Hydroxy-äthyliden]-
  6 IV 5281

Cyclohexen, 2,3-Bis-hydroxymethyl-
  6 IV 5284

–, 4,4-Bis-hydroxymethyl-
  6 III 4131 c

–, 4,5-Bis-hydroxymethyl-
  6 IV 5284

Cyclohex-4-en-1,2-diol, 1,2-Dimethyl-
  6 IV 5284

$C_8H_{14}O_2$ (Fortsetzung)
Cyclohex-4-en-1,2-diol, 4,5-Dimethyl-
   6 IV 5284
Cyclohex-2-enol, 5-Methoxy-2-methyl-
   6 IV 5278
Cyclohex-2-enylhydroperoxid,
   1,2-Dimethyl- 6 III 222 c
−, 2,3-Dimethyl- 6 III 222 c
Cyclopent-2-enylhydroperoxid, 2-Isopropyl-
   6 IV 227
−, 2-Propyl- 6 IV 226
Essigsäure-cyclohexylester 6 7 a, I 6 f,
   II 10 k, III 22 i, IV 36
− cyclopentylmethylester 6 IV 92
− [1-cyclopropyl-1-methyl-
   äthylester] 6 10 e
− [1-cyclopropyl-propylester] 6 10 b
− [1-methyl-cyclopentylester]
   6 IV 86
− [3-methyl-cyclopentylester]
   6 III 55 e
Methanol, [2-Methoxy-cyclohex-1-enyl]-
   6 IV 5278
−, [4-Methoxy-cyclohex-3-enyl]-
   6 III 4130 d
Norbornan-2-ol, 1-Hydroxymethyl-
   6 III 4133 Anm.
−, 5-Hydroxymethyl- 6 III 4132 d
−, 6-Hydroxymethyl- 6 III 4132 d
−, 7-Methoxy- 6 IV 5280
Pentalen-1,4-diol, Octahydro- 6 IV 5286
Pentalen-3a,6a-diol, Tetrahydro-
   6 IV 5286
$C_8H_{14}O_2S$
Cyclohexanthiol, 2-Acetoxy- 6 III 4073 c,
   IV 5205
Essigsäure, Cyclohexylmercapto-
   6 III 50 d
−, Mercapto-, cyclohexylester
   6 III 32 b, IV 46
Sulfon, Methyl-[3-methyl-cyclohex-3-enyl]-
   6 IV 203
−, Methyl-[4-methyl-cyclohex-3-enyl]-
   6 IV 203
Thioessigsäure-S-[2-hydroxy-cyclohexyl≠
   ester] 6 IV 5205
$C_8H_{14}O_2Se$
Essigsäure, Cyclohexylselanyl- 6 III 53 f
$C_8H_{14}O_3$
Cycloheptanol, 2-Formyloxy- 6 IV 5215
Cyclohexanol, 2-Acetoxy- 6 II 745 c,
   III 4065 c
−, 3-Acetoxy- 6 III 4079 c

−, 4-Acetoxy- 6 III 4083 a
Essigsäure, Cyclohexyloxy- 6 III 31 c
−, Cyclopentyloxy-, methylester
   6 III 7 c
Glykolsäure-cyclohexylester 6 III 31 i
Kohlensäure-äthylester-cyclopentylester
   6 IV 8
− cyclohexylester-methylester
   6 III 28 e
Propionsäure, 2-Cyclopentyloxy-
   6 III 7 g
$C_8H_{14}O_3S$
2,4-Dioxa-3-thia-bicyclo[3.2.0]heptan-
   3-oxid, 1,5,6,7-Tetramethyl-
   6 IV 5241
Essigsäure, Cyclohexansulfinyl- 6 IV 77
$C_8H_{14}O_4S$
Essigsäure, Cyclohexansulfonyl-
   6 III 51 b, IV 77
$C_8H_{14}O_6$
Quercit, O-Acetyl- 6 1187 a
$C_8H_{14}S$
Äthanthiol, 2-Cyclohex-3-enyl- 6 IV 221
Cyclohexanthiol, 3-Vinyl- 6 IV 223
−, 4-Vinyl- 6 IV 223
Sulfid, Äthyl-cyclohex-2-enyl- 6 IV 199
$C_8H_{15}AsO_3$
[1,3,2]Dioxarsolan, 2-Cyclohexyloxy-
   6 IV 59
$C_8H_{15}BO_3$
[1,3,2]Dioxaborolan, 2-Cyclohexyloxy-
   6 III 39 d
$C_8H_{15}BrO$
Äther, Äthyl-[2-brom-cyclohexyl]-
   6 II 13 f
−, Äthyl-[2-brom-4-methyl-
   cyclopentyl]- 6 IV 91
Cycloheptanol, 1-Brommethyl- 6 IV 7983
Cyclohexanol, 2-Brom-1,4-dimethyl-
   6 III 99 a
−, 2-Brom-2,5-dimethyl-
   6 III 100 a
Cyclooctanol, 2-Brom- 6 IV 113
Methanol, [1-Brom-cycloheptyl]-
   6 IV 7983
−, [1-Brommethyl-cyclohexyl]-
   6 IV 121
−, [2-Brommethyl-cyclohexyl]-
   6 IV 123
$C_8H_{15}ClO$
Äthanol, 2-Chlor-1-cyclohexyl- 6 IV 118
Äther, Äthyl-[4-chlor-cyclohexyl]- 6 II 13 a

$C_8H_{15}ClO$ (Fortsetzung)
Äther, [1-Chlor-äthyl]-cyclohexyl- **6** IV 32
—, [2-Chlor-äthyl]-cyclohexyl-
  6 IV 26
—, [2-Chlor-cyclohexylmethyl]-methyl-
  6 III 78 b, IV 108
Cycloheptanol, 1-Chlormethyl- **6** IV 114
—, 2-Chlor-1-methyl- **6** III 83 e
—, 2-Chlor-5-methyl- **6** III 84 c,
  IV 115
Cyclohexanol, 1-Äthyl-2-chlor-
  6 III 85 a, IV 116
—, 2-Chlor-1,4-dimethyl- **6** III 98 c
—, 2-Chlor-1,5-dimethyl- **6** III 93 c
Cyclooctanol, 2-Chlor- **6** III 83 d
Methanol, [1-Chlor-cycloheptyl]-
  6 IV 115
—, [1-Chlor-3-methyl-cyclohexyl]-
  6 III 97 e
—, [2-Chlormethyl-cyclohexyl]-
  6 IV 123
—, [3-Chlormethyl-cyclohexyl]-
  6 IV 125
—, [4-Chlormethyl-cyclohexyl]-
  6 IV 126
$C_8H_{15}ClO_2$
Cyclohexanol, 2-Äthoxy-2-chlor-
  17 IV 1195
—, 3-Äthoxy-2-chlor- **6** III 4080 a
Propan-2-ol, 1-Chlor-3-cyclopentyloxy-
  6 III 6 c
$C_8H_{15}ClS$
Sulfid, Äthyl-[2-chlor-cyclohexyl]-
  6 IV 83
—, [2-Chlor-äthyl]-cyclohexyl-
  6 III 47 e
$C_8H_{15}Cl_2OP$
Phosphin, Äthyl-chlor-[2-chlor-cyclohexyloxy]-
  6 IV 67
$C_8H_{15}Cl_3OSi$
Silan, Trichlor-[1-cyclohexyl-äthoxy]-
  6 IV 118
$C_8H_{15}IO$
Äther, Äthyl-[2-jod-cyclohexyl]-
  6 7 i, II 14 e
—, [2-Jod-5-methyl-cyclohexyl]-
  methyl- **6** IV 104
Cyclohexanol, 1-Äthyl-2-jod- **6** III 85 c
Methanol, [2-Jodmethyl-cyclohexyl]-
  6 IV 123
$C_8H_{15}IO_2$
Cyclohexanol, 2-Äthoxy-6-jod-
  6 I 370 g

—, 3-Äthoxy-2-jod- **6** I 370 g
$C_8H_{15}NO$
Acetimidsäure-cyclohexylester **6** IV 36
$C_8H_{15}NOS$
Essigsäure, Cyclohexylmercapto-, amid
  6 III 51 a
Thiocarbamidsäure-O-cyclohexylmethyl≈
  ester **6** III 77 f
Thiocarbamidsäure, Methyl-,
  O-cyclohexylester **6** III 30 c
$C_8H_{15}NO_2$
Carbamidsäure-cyclohexylmethylester **6** I 11 g
— [2-methyl-cyclohexylester]
  6 III 65 d
— [3-methyl-cyclohexylester]
  6 III 71 g
— [4-methyl-cyclohexylester]
  6 III 75 d
Essigsäure, Cyclohexyloxy-, amid
  6 III 31 h
Glycin-cyclohexylester **6** IV 51
Salpetrigsäure-[1-äthyl-cyclohexylester]
  6 III 84 g
— [1-cyclohexyl-äthylester]
  6 III 88 c
$C_8H_{15}NO_3$
Äthanol, 1-Cyclohexyl-2-nitro- **6** IV 118
—, 1-[1-Nitro-cyclohexyl]-
  6 III 88 h
Cycloheptanol, 1-Nitromethyl- **6** IV 114
Cyclohexanol, 3-Methyl-1-nitromethyl-
  6 IV 124
—, 4-Methyl-1-nitromethyl-
  6 IV 125
—, 1-[1-Nitro-äthyl]- **6** III 85 d,
  IV 116
—, 3-[1-Nitro-äthyl]- **6** IV 117
Salpetersäure-cyclooctylester **6** IV 113
$C_8H_{15}O_{10}P$
myo-Inosit, O^1-[Hydroxy-(2-oxo-äthoxy)-
  phosphoryl]- **6** IV 7926
$C_8H_{16}ClO_2P$
Chlorophosphorigsäure-äthylester-
  cyclohexylester **6** IV 56
$C_8H_{16}Cl_2O_2Si$
Silan, Äthoxy-dichlor-cyclohexyloxy-
  6 IV 62
$C_8H_{16}NO_3P$
Benzo[1,3,2]dioxaphosphorin-2-oxid,
  2-Amino-4-methyl-hexahydro-
  6 IV 5231

$C_8H_{16}N_2O$

Acetimidsäure, 2-Amino-, cyclohexylester
6 IV 51

$C_8H_{16}O$

Äthanol, 1-Cyclohexyl- 6 17 a, I 12 g,
II 27 a, III 86 e, IV 117

–, 2-Cyclohexyl- 6 17 b, I 12 h,
II 27 g, III 88 i, IV 119

–, 1-[1-Methyl-cyclopentyl]-
6 I 14 b

–, 1-[2-Methyl-cyclopentyl]-
6 19 e, I 14 c, III 102 d

Äther, Äthyl-[1-äthyl-cyclopropylmethyl]-
6 III 58 c

–, Äthyl-cyclohexyl- 6 6 b, II 9 b,
III 17 b, IV 26

–, Äthyl-[1-isopropyl-cyclopropyl]-
6 II 15 h

–, Methyl-[1-methyl-cyclohexyl]-
6 III 59 c

–, Methyl-[2-methyl-cyclohexyl]-
6 12 a

–, Methyl-[3-methyl-cyclohexyl]-
6 II 22 a, III 70 a

–, Methyl-[4-methyl-cyclohexyl]-
6 II 24 a, III 74 a

Butan-1-ol, 1-Cyclopropyl-3-methyl-
6 I 14 i, III 103 f

Butan-2-ol, 2-Cyclobutyl- 6 IV 127

–, 2-Cyclopropyl-3-methyl-
6 IV 128

Cyclobutanol, 1-Methyl-2-propyl-
6 IV 127

Cycloheptanol, 1-Methyl- 6 16 f, I 12 f,
II 26 a, IV 114

–, 2-Methyl- 6 III 83 f

–, 3-Methyl- 6 III 84 a

–, 4-Methyl- 6 III 84 b

Cyclohexanol, 1-Äthyl- 6 16 g, II 26 c,
III 84 d, IV 115

–, 2-Äthyl- 6 II 26 d, III 85 e,
IV 117

–, 3-Äthyl- 6 III 86 a, IV 117

–, 4-Äthyl- 6 II 26 g, III 86 c,
IV 117

–, 1,2-Dimethyl- 6 17 e, I 13 c,
II 28 c, III 90 e, IV 121

–, 1,3-Dimethyl- 6 17 g, I 13 e,
III 92 d

–, 1,4-Dimethyl- 6 19 a, I 13 i,
III 97 g

–, 2,2-Dimethyl- 6 I 12 k, II 28 b,
IV 119

–, 2,3-Dimethyl- 6 III 91 b,
IV 122

–, 2,4-Dimethyl- 6 18 b, I 13 g,
II 28 f, III 95 b, IV 124

–, 2,5-Dimethyl- 6 19 b, II 30 b,
III 99 b

–, 2,6-Dimethyl- 6 18 a, II 28 e,
III 93 e

–, 3,3-Dimethyl- 6 17 c, I 13 a,
III 89 e, IV 119

–, 3,4-Dimethyl- 6 17 f, I 13 d,
III 91 c

–, 3,5-Dimethyl- 6 18 d, I 13 h,
II 29 b, III 95 c

–, 4,4-Dimethyl- 6 I 13 b, III 90 b,
IV 120

Cyclooctanol 6 II 25 h, III 83 a,
IV 113

Cyclopentanol, 1-Äthyl-2-methyl-
6 III 102 c

–, 1-Äthyl-3-methyl- 6 19 g

–, 2-Äthyl-1-methyl- 6 III 102 a

–, 2-Äthyl-5-methyl- 6 IV 128

–, 4-Äthyl-2-methyl- 6 IV 128

–, 1-Isopropyl- 6 I 14 a, II 31 g,
III 101 f, IV 126

–, 2-Isopropyl- 6 II 31 h, 32 a,
III 101 g, IV 126

–, 3-Isopropyl- 6 19 d

–, 1-Propyl- 6 II 30 d, III 101 a

–, 2-Propyl- 6 II 30 f, III 101 b

–, 3-Propyl- 6 IV 126

–, 1,2,2-Trimethyl- 6 19 h, I 14 d

–, 1,2,4-Trimethyl- 6 I 14 g

–, 1,2,5-Trimethyl- 6 I 14 e

–, 2,3,4-Trimethyl- 6 I 14 f,
III 103 b

Cyclopropanol, 1-[1-Äthyl-propyl]-
6 19 i

Methanol, Cycloheptyl- 6 II 26 b,
IV 115

–, [2,3-Diäthyl-cyclopropyl]-
6 IV 128

–, [2,3-Dimethyl-cyclopentyl]-
6 III 103 c

–, [2,5-Dimethyl-cyclopentyl]-
6 IV 127

–, [1-Methyl-cyclohexyl]- 6 IV 120

–, [2-Methyl-cyclohexyl]- 6 II 28 d,
III 91 d, IV 122

–, [3-Methyl-cyclohexyl]- 6 II 30 a,
III 96 f

C₈H₁₆O (Fortsetzung)

Methanol, [4-Methyl-cyclohexyl]-
  6 19 c, II 30 c, III 100 b, IV 125

Pentan-1-ol, 1-Cyclopropyl- **6** I 14 h,
  III 103 e

Pentan-2-ol, 2-Cyclopropyl- **6** II 32 e,
  IV 128

Pentan-3-ol, 3-Cyclopropyl- **6** 19 j, II 32 f,
  III 103 g

Propan-1-ol, 1-Cyclopentyl- **6** II 31 e,
  III 101 d

—, 2-Cyclopentyl- **6** IV 127

—, 3-Cyclopentyl- **6** II 31 f,
  III 101 e

Propan-2-ol, 2-Cyclopentyl- **6** III 101 i,
  IV 127

C₈H₁₆OS

Äthanol, 2-Cyclohexylmercapto- **6** IV 74

Äthanthiol, 2-Cyclohexyloxy- **6** IV 28

Cyclohexanol, 2-Äthylmercapto-
  6 III 4071 a

Cyclohexanthiol, 2-Äthoxy- **6** IV 5204

Methanol, [2-Mercaptomethyl-cyclohexyl]-
  6 IV 5235

C₈H₁₆OS₂

Cyclohexanol, 2-[2-Mercapto-äthyl=
  mercapto]- **6** IV 5205

C₈H₁₆O₂

Äthan-1,2-diol, Cyclohexyl- **6** II 751 g,
  III 4096 e, IV 5232

Äthanol, 2-Cyclohexyloxy- **6** IV 28

—, 2-[2-Hydroxymethyl-cyclopentyl]-
  6 IV 5240

Cyclobutan, 1,2-Bis-[2-hydroxy-äthyl]-
  6 IV 5240

—, 2,4-Bis-hydroxymethyl-
  1,1-dimethyl- **6** II 752 f

Cyclobutan-1,2-diol, 1,2,3,4-Tetramethyl-
  6 IV 5241

Cyclobutan-1,3-diol, 2,4-Diäthyl-
  6 IV 5240

Cyclobutanol, 3-Äthoxy-2,4-dimethyl-
  6 IV 5214

Cycloheptan-1,3-diol, 2-Methyl-
  6 IV 5229

Cycloheptan-1,4-diol, 5-Methyl-
  6 IV 5229

Cycloheptanol, 1-Hydroxymethyl-
  6 742 b, III 4094 f, IV 5229

Cyclohexan, 1,1-Bis-hydroxymethyl-
  6 II 752 a, III 4097 d, IV 5233

—, 1,2-Bis-hydroxymethyl-
  6 II 752 c, III 4098 d, IV 5234

—, 1,3-Bis-hydroxymethyl-
  6 IV 5236

—, 1,4-Bis-hydroxymethyl-
  6 III 4100 d, IV 5238

—, 1,2-Dimethoxy- **6** II 746 c,
  III 4062 c

—, 1,3-Dimethoxy- **6** II 747 b,
  III 4078 e

—, 1,4-Dimethoxy- **6** II 748 e, 749 b,
  III 4082 b

Cyclohexan-1,2-diol, 1-Äthyl- **6** III 4094 g

—, 4-Äthyl- **6** IV 5230

—, 1,2-Dimethyl- **6** I 371 d, II 752 b,
  III 4097 f, IV 5233

—, 1,4-Dimethyl- **6** I 371 h, II 752 e

—, 1,5-Dimethyl- **6** I 371 g

Cyclohexan-1,3-diol, 1,3-Dimethyl-
  6 III 4099 a

—, 5,5-Dimethyl- **6** I 371 c,
  III 4097 a, IV 5232

Cyclohexan-1,4-diol, 1-Äthyl- **6** IV 5229

—, 1,4-Dimethyl- **6** III 4099 h,
  IV 5237

—, 2,5-Dimethyl- **6** 742 g

Cyclohexanol, 2-Äthoxy- **6** 740 d, II 745 b,
  III 4063 a, IV 5195

—, 4-Äthoxy- **6** IV 5210

—, 1-[1-Hydroxy-äthyl]- **6** IV 5230

—, 1-[2-Hydroxy-äthyl]- **6** IV 5231

—, 2-[2-Hydroxy-äthyl]- **6** IV 5232

—, 4-[1-Hydroxy-äthyl]- **6** III 4096 c

—, 1-Hydroxymethyl-2-methyl-
  6 742 e, III 4098 c, IV 5233

—, 1-Hydroxymethyl-3-methyl-
  6 742 f, III 4099 d

—, 1-Hydroxymethyl-4-methyl-
  6 742 h, III 4100 b

—, 2-Hydroxymethyl-1-methyl-
  6 IV 5234

—, 2-Hydroxymethyl-2-methyl-
  6 IV 5232

—, 2-Hydroxymethyl-4-methyl-
  6 II 752 d

—, 2-Hydroxymethyl-5-methyl-
  6 III 4100 c

—, 2-Hydroxymethyl-6-methyl-
  6 III 4099 g

—, 4-Hydroxymethyl-1-methyl-
  6 IV 5238

—, 5-Hydroxymethyl-2-methyl-
  6 IV 5238

—, 2-Methoxy-1-methyl- **6** III 4088 b

—, 3-Methoxymethyl- **6** IV 5221

$C_8H_{16}O_2$ (Fortsetzung)

Cyclohexanol, 4-Methoxymethyl-
    6 III 4092 e

–, 4-Methoxy-1-methyl- **6** IV 5218

–, 4-Methoxy-2-methyl- **6** IV 5219

Cyclohexylhydroperoxid, 1-Äthyl-
    6 III 84 f, IV 115

–, 1,4-Dimethyl- **6** IV 125

Cyclooctan-1,2-diol **6** III 4094 c,
    IV 5226

Cyclooctan-1,3-diol **6** IV 5228

Cyclooctan-1,4-diol **6** IV 5228

Cyclooctan-1,5-diol **6** IV 5229

Cyclopentan, 1,2-Bis-hydroxymethyl-
3-methyl- **6** IV 5240

Cyclopentanol, 2-Äthoxy-3-methyl-
    8 IV 53

–, 2-Äthoxy-4-methyl- **6** IV 5212

–, 2-Äthoxy-5-methyl- **8** IV 53

–, 1-[α-Hydroxy-isopropyl]-
    6 I 371 i, III 4101 a,
    IV 5239

–, 2-[3-Hydroxy-propyl]- **6** IV 5239

–, 3-[2-Hydroxy-propyl]- **6** IV 5239

Cyclopentylhydroperoxid, 1-Propyl-
    6 IV 126

Formaldehyd-[cyclohexyl-methyl-acetal]
    6 II 10 d

Methanol, [1-Methoxy-cyclohexyl]-
    6 III 4090 c

–, [4-Methoxy-cyclohexyl]-
    6 III 4092 d, IV 5221

Propan-1,3-diol, 2-Cyclopentyl-
    6 IV 5240

$C_8H_{16}O_2S$

Cyclohexanol, 2-[2-Hydroxy-äthylmercapto]-
    6 IV 5204

Sulfon, Äthyl-cyclohexyl- **6** IV 73

–, Cyclopentyl-propyl- **6** IV 16

$C_8H_{16}O_3$

Äthan-1,2-diol, [1-Hydroxy-cyclohexyl]-
    6 III 6252 c, IV 7312

Cyclohexan-1,2-diol, 3-Äthoxy-
    6 I 534 a, II 1058 c

Cyclohexanol, 2,6-Dimethoxy- **6** IV 7310

–, 2-[2-Hydroxy-äthoxy]- **6** III 4065 a

–, 1-Hydroxymethyl-4-methoxy-
    6 III 6251 e

–, 2-Hydroxymethyl-4-methoxy-
    6 II 1058 h

Cyclohexan-1,2,3-triol, 1,2-Dimethyl-
    6 III 6252 d

Cyclopentan, 1,1,3-Tris-hydroxymethyl-
    6 IV 7313

$C_8H_{16}O_4$

Cyclohexan-1,4-diol, 1,4-Bis-hydroxymethyl-
    6 IV 7673

Cyclohexan-1,4-diyldihydroperoxid,
1,4-Dimethyl- **6** IV 5238

Cyclohexan-1,2,3-triol, 1-[1-Hydroxy-äthyl]-
    6 III 6646 e

$C_8H_{16}O_4S_2$

Methan, Cyclohexansulfonyl-methansulfonyl-
    6 III 48 i

$C_8H_{16}O_6$

chiro-Inosit, O^3,O^4-Dimethyl- **6** IV 7921

myo-Inosit, O^1,O^2-Dimethyl- **6** IV 7921

–, O^1,O^3-Dimethyl- **6** III 6927 g

–, O^1,O^4-Dimethyl- **6** IV 7921

$C_8H_{16}O_6S_2$

Cyclohexan, 1,2-Bis-methansulfonyloxy-
    6 III 4068 a, IV 5199

–, 1,3-Bis-methansulfonyloxy-
    6 IV 5208

–, 1,4-Bis-methansulfonyloxy-
    6 IV 5211

$C_8H_{16}S$

Äthanthiol, 1-Cyclohexyl- **6** II 27 d

–, 2-Cyclohexyl- **6** III 89 c

Methanthiol, [3-Methyl-cyclohexyl]-
    6 III 97 f

Sulfid, Äthyl-cyclohexyl- **6** III 47 d, IV 73

–, Cyclopentyl-isopropyl- **6** IV 16

–, Cyclopentyl-propyl- **6** IV 16

–, Methyl-[3-methyl-cyclohexyl]-
    6 III 72 e

$C_8H_{16}S_2$

Cyclohexan, 1,1-Bis-mercaptomethyl-
    6 III 4097 e

–, 1,2-Bis-mercaptomethyl-
    6 IV 5236

Cyclohexanthiol, 2-Äthylmercapto-
    6 III 4074 d

$C_8H_{17}NS$

Äthylamin, 2-Cyclohexylmercapto-
    6 IV 81

$C_8H_{17}O_2PS$

Thiophosphonsäure-*O*-äthylester-
O'-cyclohexylester **6** IV 57

$C_8H_{17}O_4P$

Phosphorsäure-cyclohexylester-dimethyl-
ester **6** IV 58

$[C_8H_{17}S]^+$

Sulfonium, Äthyl-cyclopentyl-methyl-
    6 II 4 g

[C$_8$H$_{17}$S]$^+$ (Fortsetzung)
Sulfonium, Cyclohexyl-dimethyl-
    6 8 d, IV 73
[C$_8$H$_{18}$Sn]$^{2+}$
Zinn(2+), Dibutyl- 6 IV 4241,
    4312

C$_9$

C$_9$H$_2$Cl$_6$O$_2$
Acrylsäure, Trichlor-, [2,4,5-trichlor-
    phenylester] 6 IV 972
C$_9$H$_3$Br$_2$Cl$_5$OS
Propionaldehyd, 2,3-Dibrom-
    3-pentachlorphenylmercapto-
    6 IV 1644
C$_9$H$_3$Cl$_5$O
Äther, Pentachlorphenyl-prop-2-inyl-
    6 IV 1028
C$_9$H$_3$Cl$_5$OS
Acrylaldehyd, 3-Pentachlorphenylmercapto-
    6 IV 1644
C$_9$H$_3$Cl$_5$O$_2$
Acrylsäure, Trichlor-, [2,4-dichlor-
    phenylester] 6 IV 904
C$_9$H$_3$Cl$_6$NS
Propionitril, 2-Chlor-3-pentachlorphenyl≤
    mercapto- 6 IV 1646
C$_9$H$_3$F$_9$O
Äther, [2,4-Bis-trifluormethyl-phenyl]-
    trifluormethyl- 6 IV 3133
C$_9$H$_4$Br$_6$O
Phenol, 2,3,5,6-Tetrabrom-4-[2,2-dibrom-
    1-methyl-vinyl]- 6 I 285 g
C$_9$H$_4$Cl$_4$O$_2$
Acrylsäure, Trichlor-, [4-chlor-phenylester]
    6 IV 840
C$_9$H$_4$Cl$_6$O
Äther, [3-Chlor-allyl]-pentachlorphenyl-
    6 IV 1027
C$_9$H$_4$Cl$_6$OS
Propionaldehyd, 2-Chlor-3-pentachlorphenyl≤
    mercapto- 6 IV 1644
C$_9$H$_4$Cl$_6$O$_2$
Essigsäure-[2,3,4,6-tetrachlor-5-dichlormethyl-
    phenylester] 6 382 h
Essigsäure, Trichlor-, [2,3,6-trichlor-
    benzylester] 6 IV 2598
Propionsäure, 3-Chlor-, pentachlorphenyl≤
    ester 6 IV 1031

C$_9$H$_4$N$_4$O$_6$
Resorcinindophan 6 832
C$_9$H$_5$BrCl$_4$O$_2$
Essigsäure-[4-brommethyl-2,3,5,6-tetrachlor-
    phenylester] 6 406 e
C$_9$H$_5$BrCl$_4$O$_3$
Benzol, 1-Acetoxy-4-brommethoxy-
    2,3,5,6-tetrachlor- 6 852 b
C$_9$H$_5$Br$_2$Cl$_5$O
Äther, [2,3-Dibrom-propyl]-pentachlorphenyl-
    6 III 732 d
C$_9$H$_5$Br$_2$N$_3$O$_7$
Äther, [2,3-Dibrom-allyl]-picryl-
    6 IV 1458
C$_9$H$_5$Br$_3$O
Äther, Prop-2-inyl-[2,4,6-tribrom-phenyl]-
    6 III 762 i
C$_9$H$_5$Br$_4$ClO$_2$
Essigsäure-[2,3,5,6-tetrabrom-4-chlormethyl-
    phenylester] 6 410 c
C$_9$H$_5$Br$_4$NO$_4$
Benzol, 1-Acetoxy-2,3,5,6-tetrabrom-
    4-nitrosyloxymethyl-
    6 901 a
C$_9$H$_5$Br$_5$O
Äther, Allyl-pentabromphenyl-
    6 III 768 a
Phenol, 2,4-Dibrom-6-[2,2-dibrom-
    1-brommethyl-vinyl]- 6 I 284 e
−, 2,3,5,6-Tetrabrom-4-[2-brom-
    1-methyl-vinyl]- 6 I 285 e
−, 2,3,6-Tribrom-4-[2,2-dibrom-
    1-methyl-vinyl]- 6 I 285 f
C$_9$H$_5$Br$_5$O$_2$
Essigsäure-[2,3,4,5-tetrabrom-6-brommethyl-
    phenylester] 6 364 b
− [2,3,5,6-tetrabrom-4-brommethyl-
    phenylester] 6 410 e
C$_9$H$_5$Br$_5$O$_3$
Benzol, 1-Acetoxy-2,3,5,6-tetrabrom-
    4-brommethoxy- 6 855 b
C$_9$H$_5$Br$_7$O
Äther, [2,3-Dibrom-propyl]-pentabromphenyl-
    6 III 767 d
Phenol, 2,6-Dibrom-4-[α,β,β,β′,β′-
    pentabrom-isopropyl]- 6 I 254 b
−, 2,3,5,6-Tetrabrom-4-[α,β,β-tribrom-
    isopropyl]- 6 I 254 a
C$_9$H$_5$ClF$_4$O
Äther, [2-Chlor-1-fluor-vinyl]-
    [3-trifluormethyl-phenyl]-
    6 III 1314 d

$C_9H_5ClF_4O$ (Fortsetzung)
Äther, [2-Chlor-1,1,3,3-tetrafluor-allyl]-
phenyl- 6 IV 619
–, [2-Chlor-1,3,3,3-tetrafluor-
propenyl]-phenyl- 6 III 588 d
$C_9H_5Cl_2F_5O$
Äther, [2,2-Dichlor-1,1-difluor-äthyl]-
[3-trifluormethyl-phenyl]- 6 III 1314 f
$C_9H_5Cl_2NO_2S$
Essigsäure, Thiocyanato-, [2,4-dichlor-
phenylester] 6 IV 922
$C_9H_5Cl_5O$
Äther, Allyl-pentachlorphenyl-
6 III 733 a
–, Methyl-[2,3,4,5,6-pentachlor-
styryl]- 6 IV 3784
Anisol, 2,3,6-Trichlor-4-[1,2-dichlor-vinyl]-
6 I 278 h
$C_9H_5Cl_5O_2$
Aceton, Pentachlorphenoxy- 6 IV 1030
Essigsäure-[2,3,4,5,6-pentachlor-benzylester]
6 III 1559 i
– [2,3,5,6-tetrachlor-4-chlormethyl-
phenylester] 6 405 d
Propionsäure-pentachlorphenylester
6 196 c, IV 1031
$C_9H_5Cl_5O_2S$
Thiokohlensäure-O-äthylester-
S-pentachlorphenylester 6 IV 1645
$C_9H_5Cl_5O_3$
Ameisensäure-[2-pentachlorphenoxy-
äthylester] 6 III 733 g
Benzol, 1-Acetoxy-2,3,5,6-tetrachlor-
4-chlormethoxy- 6 852 a
Kohlensäure-äthylester-pentachlorphenyl≠
ester 6 196 f
$C_9H_5D_5O_2$
Aceton, Pentadeuterio-phenoxy- 6 IV 604
$C_9H_5F_5O$
Äther, Pentafluorallyl-phenyl- 6 IV 619
$C_9H_5F_5O_2$
Propionsäure, Pentafluor-, phenylester
6 IV 615
$C_9H_5N_3OS_3Si$
Silan, Triisothiocyanato-phenoxy-
6 IV 768
$C_9H_5N_3O_7$
Äther, Picryl-prop-2-inyl- 6 IV 1458
$C_9H_6BrCl_2NO_4$
Propionsäure-[2-brom-4,6-dichlor-3-nitro-
phenylester] 6 245 f
– [6-brom-2,4-dichlor-3-nitro-
phenylester] 6 245 f

$C_9H_6BrNO_4S$
Acrylsäure, 2-Brom-3-[4-nitro-phenyl≠
mercapto]- 6 IV 1711
$C_9H_6BrNO_6S$
Acrylsäure, 2-Brom-3-[4-nitro-benzolsulfonyl]-
6 IV 1712
$C_9H_6Br_2Cl_2O_2$
Essigsäure-[2,5-dibrom-3,6-dichlor-4-methyl-
phenylester] 6 407 g
$C_9H_6Br_2O$
Äther, [2,4-Dibrom-phenyl]-prop-2-inyl-
6 III 754 c
–, [2,6-Dibrom-phenyl]-prop-2-inyl-
6 III 756 e
$C_9H_6Br_3ClO_3S$
Aceton, 1,1,1-Tribrom-3-[4-chlor-
benzolsulfonyl]- 6 I 149 j
$C_9H_6Br_3IO_2$
Essigsäure-[2,4,6-tribrom-3-jodmethyl-
phenylester] 6 384 i
$C_9H_6Br_3NO_4$
Essigsäure-[2,4,6-tribrom-3-nitromethyl-
phenylester] 6 386 j
Phenol, 2,3-Dibrom-4-[2-brom-2-nitro-
vinyl]-6-methoxy- 6 III 4988 b
Propionsäure-[2,4,6-tribrom-3-nitro-
phenylester] 6 248 h
$C_9H_6Br_3NO_5$
Benzol, 1-Acetoxy-2,3,4-tribrom-
6-methoxy-5-nitro- 6 III 4273 e
$C_9H_6Br_3NO_6$
Kohlensäure-methylester-[2,3,4-tribrom-
6-methoxy-5-nitro-phenylester]
6 III 4273 f
$C_9H_6Br_4O$
Phenol, 2,4-Dibrom-6-[2-brom-
1-brommethyl-vinyl]- 6 I 284 c
–, 2,3,6-Tribrom-4-[2-brom-1-methyl-
vinyl]- 6 I 285 d
$C_9H_6Br_4O_2$
Allylalkohol, 3,3-Dibrom-2-[3,5-dibrom-
2-hydroxy-phenyl]- 6 I 464 h
Essigsäure-[2,4-dibrom-6-dibrommethyl-
phenylester] 6 II 337 c
– [2,6-dibrom-4-dibrommethyl-
phenylester] 6 II 386 h
– [2,3,4,5-tetrabrom-6-methyl-
phenylester] 6 363 c
– [2,3,4,6-tetrabrom-5-methyl-
phenylester] 6 384 c, III 1324 d
– [2,3,5,6-tetrabrom-4-methyl-
phenylester] 6 409 e

$C_9H_6Br_4O_2$ (Fortsetzung)

Essigsäure-[2,3,4-tribrom-6-brommethyl-
phenylester] **6** 363 e

− [2,3,6-tribrom-4-brommethyl-
phenylester] **6** 410 a

− [2,4,6-tribrom-3-brommethyl-
phenylester] **6** 384 e

− [3,4,6-tribrom-2-brommethyl-
phenylester] **6** 363 e

Essigsäure, Brom-, [2,3,6-tribrom-4-methyl-
phenylester] **6** I 204 k

$C_9H_6Br_4O_3$

Phenol, 2-Acetoxymethyl-3,4,5,6-tetrabrom-
6 895 e

−, 4-Acetoxymethyl-
2,3,5,6-tetrabrom- **6** 900 e

$C_9H_6Br_6O$

Äther, [2,3-Dibrom-propyl]-[2,3,4,5-
tetrabrom-phenyl]- **6** III 766 c

Phenol, 2,4-Dibrom-6-[α,β,β,β'-tetrabrom-
isopropyl]- **6** I 253 j

−, 2,6-Dibrom-4-[α,β,β,β'-tetrabrom-
isopropyl]- **6** I 253 n

−, 2,3,6-Tribrom-4-[α,β,β-tribrom-
isopropyl]- **6** I 253 m

$C_9H_6Br_6O_2$

Phenol, 2,3,5,6-Tetrabrom-4-[2,2-dibrom-
1-methoxy-äthyl]- **6** 906 d

Propan-2-ol, 1,1-Dibrom-2-[2,3,5,6-
tetrabrom-4-hydroxy-phenyl]-
6 930 c

$C_9H_6ClF_3O_3$

Essigsäure, [2-Chlor-3-trifluormethyl-
phenoxy]- **6** IV 2068

−, [2-Chlor-5-trifluormethyl-phenoxy]-
6 IV 2068

−, [4-Chlor-3-trifluormethyl-phenoxy]-
6 IV 2069

$C_9H_6ClF_5O$

Äther, [2-Chlor-1,1-difluor-äthyl]-
[3-trifluormethyl-phenyl]- **6** III 1314 e

−, [2-Chlor-1,1,3,3,3-pentafluor-
propyl]-phenyl- **6** III 600 b

Propan-1-ol, 1-[4-Chlor-phenyl]-2,2,3,3,3-
pentafluor- **6** IV 3187

C_9H_6ClNOS

Acrylonitril, 3-[4-Chlor-benzolsulfinyl]-
6 IV 1605

$C_9H_6ClNO_2S$

Acrylonitril, 3-[4-Chlor-benzolsulfonyl]-
6 IV 1605

Essigsäure, Thiocyanato-, [4-chlor-
phenylester] **6** IV 849

$C_9H_6ClNO_4S$

Acrylsäure, 2-Chlor-3-[4-nitro-phenyl≠
mercapto]- **6** IV 1711

$C_9H_6ClNO_5$

Oxalsäure-chlorid-[4-nitro-benzylester]
6 III 1569 d

$C_9H_6ClNO_6S$

Acrylsäure, 2-Chlor-3-[4-nitro-benzolsulfonyl]-
6 IV 1712

C_9H_6ClNS

Acrylonitril, 3-[4-Chlor-phenylmercapto]-
6 IV 1605

$C_9H_6Cl_2I_2O_2$

Aceton, 3-[2,4-Dichlor-phenoxy]-1,1-dijod-
6 IV 902

$C_9H_6Cl_2N_2O_2$

Aceton, 1-Diazo-3-[2,4-dichlor-phenoxy]-
6 IV 903

$C_9H_6Cl_2O$

Äther, [2,4-Dichlor-phenyl]-prop-2-inyl-
6 III 702 e

$C_9H_6Cl_2O_2$

Prop-1-en-1-on, 2-[2,4-Dichlor-phenoxy]-
6 IV 902

$C_9H_6Cl_2O_4$

Brenztraubensäure, [2,4-Dichlor-phenoxy]-
6 IV 935

$C_9H_6Cl_2O_5$

Malonsäure, [2,4-Dichlor-phenoxy]-
6 IV 932

$C_9H_6Cl_3NOS$

Äthylthiocyanat, 2-[2,4,6-Trichlor-
phenoxy]- **6** III 726 a

$C_9H_6Cl_3NO_3$

Anisol, 4-Nitro-2-trichlorvinyl-
6 II 520 b, III 2384 e

$C_9H_6Cl_3NO_4$

Propionsäure-[2,4,6-trichlor-3-nitro-
phenylester] **6** 242 d

$C_9H_6Cl_4O$

Äther, Allyl-[2,3,4,6-tetrachlor-phenyl]-
6 III 730 d

−, Phenyl-[1,2,3,3-tetrachlor-
propenyl]- **6** IV 601

Anisol, 2,5-Dichlor-4-[1,2-dichlor-vinyl]-
6 I 278 g

$C_9H_6Cl_4OS$

Sulfoxid, [4-Chlor-3-methyl-phenyl]-
trichlorvinyl- **6** IV 2088

$C_9H_6Cl_4O_2$

Essigsäure-[2,3,4,5-tetrachlor-6-methyl-
phenylester] **6** I 176 b

$C_9H_6Cl_4O_2$ (Fortsetzung)

Essigsäure-[2,3,4,6-tetrachlor-5-methyl-phenylester] **6** I 190 a

— [2,3,5,6-tetrachlor-4-methyl-phenylester] **6** 405 b, IV 2143

Essigsäure, Chlor-, [2,3,6-trichlor-benzylester] **6** IV 2598

Propionsäure, 2-Chlor-, [2,4,5-trichlor-phenylester] **6** IV 972

—, 3-Chlor-, [2,4,5-trichlor-phenylester] **6** IV 972

Propionylchlorid, 2-[2,4,5-Trichlor-phenoxy]- **6** IV 987

$C_9H_6Cl_4O_2S$

Sulfon, [4-Chlor-3-methyl-phenyl]-trichlorvinyl- **6** IV 2088

$C_9H_6Cl_4O_3$

Phenol, 4-Acetoxymethyl-2,3,5,6-tetrachlor- **6** 898 f

Propionsäure, 2-[2,3,4,5-Tetrachlor-phenoxy]- **6** IV 1021

—, 2-[2,3,4,6-Tetrachlor-phenoxy]- **6** IV 1022

$C_9H_6Cl_4O_3S$

Aceton, 1,1,1-Trichlor-3-[4-chlor-benzolsulfonyl]- **6** I 149 i

$C_9H_6Cl_4S$

Sulfid, [4-Chlor-3-methyl-phenyl]-trichlorvinyl- **6** IV 2088

—, [2,4-Dichlor-benzyl]-[1,2-dichlor-vinyl]- **6** IV 2783

—, [3,4-Dichlor-benzyl]-[1,2-dichlor-vinyl]- **6** IV 2786

$C_9H_6Cl_5NO_2$

Carbamidsäure, Dimethyl-, pentachlor-phenylester **6** IV 1033

$C_9H_6Cl_6O$

Äther, [2-Chlor-äthyl]-[2,3,4,5,6-pentachlor-benzyl]- **6** IV 2599

—, [1,4,5,6,7,7-Hexachlor-norborn-5-en-2-yl]-vinyl- **6** IV 344

$C_9H_6Cl_6O_2$

Essigsäure-[1,4,5,6,7,7-hexachlor-norborn-5-en-2-ylester] **6** IV 344

Methan, [2-Chlor-äthoxy]-pentachlorphenoxy- **6** IV 1029

Norborna-2,5-dien, 1,2,3,4,7,7-Hexachlor-5,6-bis-hydroxymethyl- **6** IV 6003

$C_9H_6Cl_6O_3S$

6,9-Methano-benzo[e,][1,3,2]dioxathiepin-3-oxid, 6,7,8,9,10,10-Hexachlor-1,5,5a,6,9,9a-hexahydro- **6** IV 5533

$C_9H_6CrO_4$

Chrom, Tricarbonyl-phenol- **6** IV 546

$C_9H_6F_3NO$

Propionitril, 2,3,3-Trifluor-3-phenoxy- **6** IV 624

$C_9H_6F_3NO_4$

Essigsäure, Trifluor-, [4-nitro-benzylester] **6** IV 2613

$C_9H_6F_3NO_6S$

Essigsäure, [2-Nitro-4-trifluormethyl-benzolsulfonyl]- **6** III 1439 e

$C_9H_6F_6O$

Äthanol, 2,2,2-Trifluor-1-[3-trifluormethyl-phenyl]- **6** IV 3238

Äther, [1,1,2,3,3,3-Hexafluor-propyl]-phenyl- **6** IV 615

Anisol, 2,4-Bis-trifluormethyl- **6** III 1747 b, IV 3133

—, 2,5-Bis-trifluormethyl- **6** III 1773 h, IV 3169

—, 2,6-Bis-trifluormethyl- **6** III 1738 g, IV 3121

—, 3,5-Bis-trifluormethyl- **6** III 1758 j, IV 3151

$C_9H_6F_6S$

Sulfid, [2,4-Bis-trifluormethyl-phenyl]-methyl- **6** IV 3140

—, [2,5-Bis-trifluormethyl-phenyl]-methyl- **6** IV 3171

—, [2,6-Bis-trifluormethyl-phenyl]-methyl- **6** IV 3125

$C_9H_6N_2O_2S$

Vinylthiocyanat, 2-Nitro-1-phenyl- **6** IV 3783

$C_9H_6N_2O_2Se$

Vinylselenocyanat, 2-Nitro-1-phenyl- **6** IV 3783

$C_9H_6N_2O_4S$

Sulfid, [2,4-Dinitro-phenyl]-prop-2-inyl- **6** IV 1744

$C_9H_6N_2O_6$

Acrylsäure-[2,4-dinitro-phenylester] **6** IV 1380

$C_9H_7BrClNO_5$

Kohlensäure-äthylester-[2-brom-4-chlor-6-nitro-phenylester] **6** 245 d

$C_9H_7BrCl_2O$

Anisol, 4-Brom-2-[1,2-dichlor-vinyl]- **6** I 277 e

$C_9H_7BrCl_2O_2$

Propionsäure-[2-brom-4,6-dichlor-phenylester] **6** 201 k

C₉H₇BrCl₂O₃
Propionsäure, 2-[2-Brom-4,6-dichlor-
  phenoxy]- **6** IV 1060
C₉H₇BrN₂O₃S
Acetonitril, [4-Brom-benzolsulfonyl]-
  methoxyimino- **6** 331 j
C₉H₇BrN₂O₆
Essigsäure-[2-brom-3-methyl-4,6-dinitro-
  phenylester] **6** III 1330 i
– [3-brom-6-methyl-2,4-dinitro-
  phenylester] **6** I 181 i
– [4-brom-3-methyl-2,6-dinitro-
  phenylester] **6** III 1330 e
– [6-brom-3-methyl-2,4-dinitro-
  phenylester] **6** III 1330 g
Phenol, 6-Brom-2-methoxy-3-nitro-4-
  [2-nitro-vinyl]- **6** III 4989 c
C₉H₇BrO
Äther, [4-Brom-phenyl]-prop-2-inyl-
  6 II 185 f
–, [3-Brom-prop-2-inyl]-phenyl-
  6 IV 566
Anisol, 4-Äthinyl-2-brom- **6** II 521 a
–, 4-Äthinyl-3-brom- **6** II 521 a
–, 4-Bromäthinyl- **6** II 558 c
C₉H₇BrO₂
Acrylsäure, 2-Brom-, phenylester **6** III 604 b
C₉H₇BrO₂S
Acrylsäure, 2-Brom-3-phenylmercapto-
  6 IV 1546
C₉H₇BrO₃
Acrylsäure, 3-Brom-2-phenoxy- **6** 166 m
C₉H₇BrO₃S
Brenztraubensäure, [4-Brom-phenyl-
  mercapto]- **6** III 1052 a
C₉H₇BrO₄S
Acrylsäure, 3-Benzolsulfonyl-2-brom-
  6 IV 1546
C₉H₇Br₂ClO₂
Essigsäure-[3,6-dibrom-2-chlor-4-methyl-
  phenylester] **6** 407 e
Propionsäure-[2,4-dibrom-6-chlor-
  phenylester] **6** 203 f
C₉H₇Br₂ClO₃
Propionsäure, 2-[2,4-Dibrom-6-chlor-
  phenoxy]- **6** IV 1066
–, 2-[2,6-Dibrom-4-chlor-phenoxy]-
  6 IV 1066
C₉H₇Br₂Cl₃O
Äther, [2,3-Dibrom-propyl]-[2,4,6-trichlor-
  phenyl]- **6** III 724 b

C₉H₇Br₂IO₂
Essigsäure-[2,4-dibrom-6-jodmethyl-
  phenylester] **6** 364 d
– [2,6-dibrom-4-jodmethyl-
  phenylester] **6** 411 d
C₉H₇Br₂IO₃
Propionsäure, 2-[2,4-Dibrom-6-jod-
  phenoxy]- **6** IV 1082
C₉H₇Br₂NO₂S
Acetonitril, Dibrom-[toluol-4-sulfonyl]-
  6 I 210 k, II 398 l
C₉H₇Br₂NO₃S
Acetonitril, Dibrom-[2-methoxy-
  benzolsulfonyl]- **6** I 396 i
C₉H₇Br₂NO₄
Essigsäure-[2-dibrommethyl-5-nitro-
  phenylester] **6** III 1276 c
– [3,4-dibrom-2-methyl-6-nitro-
  phenylester] **6** I 180 b
– [2,4-dibrom-6-nitromethyl-
  phenylester] **6** 368 f
Phenol, 2-Brom-4-[2-brom-2-nitro-vinyl]-
  6-methoxy- **6** III 4988 a
–, 2,3-Dibrom-6-methoxy-4-[2-nitro-
  vinyl]- **6** III 4987 e
Propionsäure-[2,4-dibrom-5-nitro-
  phenylester] **6** 248 b, III 484 g
C₉H₇Br₂NO₄S
Propionsäure, 2,3-Dibrom-3-[4-nitro-
  phenylmercapto]- **6** IV 1713
C₉H₇Br₂NO₅
Benzol, 1-Acetoxy-4,5-dibrom-2-methoxy-
  3-nitro- **6** III 4272 h
–, 2-Acetoxy-3,5-dibrom-1-methoxy-
  4-nitro- **6** III 4273 b
C₉H₇Br₂N₃O₇
Äther, [2,3-Dibrom-propyl]-picryl-
  6 II 281 b
C₉H₇Br₃O
Äther, Allyl-[2,4,6-tribrom-phenyl]-
  6 205 d, II 194 d, III 762 h
Anisol, 2,4-Dibrom-6-[2-brom-vinyl]-
  6 I 277 i
C₉H₇Br₃OS₂
Dithiokohlensäure-*O*-äthylester-*S*-
  [2,4,6-tribrom-phenylester] **6** III 1054 e
C₉H₇Br₃O₂
Aceton, [2,4,6-Tribrom-phenoxy]-
  6 III 764 a
Allylalkohol, 3-Brom-2-[3,5-dibrom-
  2-hydroxy-phenyl]- **6** I 464 e, II 924 i
Brenzcatechin, 3,4,6-Tribrom-5-propenyl-
  6 960 b

$C_9H_7Br_3O_2$ (Fortsetzung)

Essigsäure-[2,4-dibrom-6-brommethyl-
phenylester] 6 362 a

– [2,6-dibrom-4-brommethyl-
phenylester] 6 409 b

– [2,3,4-tribrom-6-methyl-
phenylester] 6 I 177 b

– [2,3,6-tribrom-4-methyl-
phenylester] 6 408 b

– [2,4,6-tribrom-3-methyl-
phenylester] 6 383 f, II 358 f

– [3,4,6-tribrom-2-methyl-
phenylester] 6 II 336 c

Propionsäure-[2,4,6-tribrom-phenylester]
6 205 g

$C_9H_7Br_3O_3$

Benzol, 1-Acetoxy-2,3,5-tribrom-
4-methoxy- 6 III 4440 b

–, 2-Acetoxy-1,3,4-tribrom-
5-methoxy- 6 III 4440 b

–, 2-Acetoxy-3,4,5-tribrom-
1-methoxy- 6 III 4260 e

Phenol, 2-Acetoxymethyl-3,4,6-tribrom-
6 894 j

–, 3-Acetoxymethyl-2,4,6-tribrom-
6 897 a

–, 4-Acetoxymethyl-2,3,6-tribrom-
6 899 k

–, 6-Acetoxymethyl-2,3,4-tribrom-
6 894 j

Propionsäure, 2-[2,4,6-Tribrom-phenoxy]-
6 IV 1069

$C_9H_7Br_4NO_4$

Phenol, 2,3-Dibrom-4-[1,2-dibrom-2-nitro-
äthyl]-6-methoxy- 6 III 4562 f

$C_9H_7Br_5$

Benzol, 1,2,4,5-Tetrabrom-3-[1-brom-äthyl]-
6-methyl- 6 758 b

Benzylbromid, 4-Äthyl-2,3,5,6-tetrabrom-
6 758 b

$C_9H_7Br_5O$

Äther, [2-Brom-äthyl]-[2,3,5,6-tetrabrom-
4-methyl-phenyl]- 6 I 205 c

–, [2,3-Dibrom-propyl]-[2,4,6-tribrom-
phenyl]- 6 II 194 b, III 762 d

–, Isopropyl-pentabromphenyl-
6 III 767 e

–, Pentabromphenyl-propyl-
6 I 108 m, III 767 c

Anisol, 2,3,5-Tribrom-4,6-bis-brommethyl-
6 490 b

Phenol, 2,4-Dibrom-6-[α,β,β′-tribrom-
isopropyl]- 6 I 253 h

–, 2,5-Dibrom-3,4,6-tris-brommethyl-
6 516 d

$C_9H_7Br_5O_2$

Brenzcatechin, 3,4,6-Tribrom-5-
[1,2-dibrom-propyl]- 6 924 a

Phenol, 2,3,6-Tribrom-4-[2,2-dibrom-
1-methoxy-äthyl]- 6 905 l

$C_9H_7ClF_3NO_2S$

Sulfid, [2-Chlor-äthyl]-[2-nitro-
4-trifluormethyl-phenyl]- 6 IV 2213

$C_9H_7ClF_3NO_4S$

Sulfon, [2-Chlor-äthyl]-[2-nitro-
4-trifluormethyl-phenyl]- 6 IV 2213

$C_9H_7ClN_2O_3S$

Acetonitril, [4-Chlor-benzolsulfonyl]-
methoxyimino- 6 328 d

$C_9H_7ClN_2O_6$

Essigsäure-[2-chlor-3-methyl-4,6-dinitro-
phenylester] 6 III 1330 c

– [2-chlor-6-methyl-3,4-dinitro-
phenylester] 6 I 181 e

– [3-chlor-2-methyl-4,6-dinitro-
phenylester] 6 I 181 c

– [3-chlor-6-methyl-2,4-dinitro-
phenylester] 6 I 181 a

– [6-chlor-2-methyl-3,4-dinitro-
phenylester] 6 I 181 g

– [6-chlor-3-methyl-2,4-dinitro-
phenylester] 6 IV 2078

C_9H_7ClO

Anisol, 4-Chloräthinyl- 6 587 c, III 2736 b

Prop-2-in-1-ol, 1-[2-Chlor-phenyl]-
6 III 2737 d

–, 1-[4-Chlor-phenyl]- 6 III 2737 e

–, 3-Chlor-1-phenyl- 6 IV 4067

$C_9H_7ClO_2$

Acrylaldehyd, 3-[4-Chlor-phenoxy]-
6 IV 838

Acrylsäure-[2-chlor-phenylester] 6 IV 794

– [4-chlor-phenylester] 6 IV 840

Acrylsäure, 2-Chlor-, phenylester
6 III 604 a

$C_9H_7ClO_2S$

Acrylsäure, 2-Chlor-3-phenylmercapto-
6 IV 1546

–, 3-[2-Chlor-phenylmercapto]-
6 IV 1574

–, 3-[4-Chlor-phenylmercapto]-
6 IV 1604

Thiooxalsäure-chlorid-S-p-tolylester
6 I 210 h

$C_9H_7ClO_3$

Acrylsäure, 3-Chlor-2-phenoxy- 6 166 l

$C_9H_7ClO_3$ (Fortsetzung)
Oxalsäure-chlorid-*m*-tolylester **6** II 353 g
— chlorid-*p*-tolylester **6** II 379 m
$C_9H_7ClO_3S$
Brenztraubensäure, [4-Chlor-phenyl=
mercapto]- **6** III 1039 e
$C_9H_7ClO_4S$
Acrylsäure, 3-Benzolsulfonyl-2-chlor-
6 IV 1546
$C_9H_7Cl_2FO_3$
Propionsäure, 3-[2,4-Dichlor-5-fluor-
phenoxy]- **6** IV 959
$C_9H_7Cl_2F_3O$
Äthanol, 1-[3,4-Dichlor-5-trifluormethyl-
phenyl]- **6** IV 3238
$C_9H_7Cl_2IO_2S$
Sulfon, [2,2-Dichlor-1-jodmethyl-vinyl]-
phenyl- **6** IV 1479
$C_9H_7Cl_2IO_3$
Essigsäure, [2,4-Dichlor-5-jod-phenoxy]-,
methylester **6** III 783 a
Propionsäure, 2-[2,4-Dichlor-6-jod-
phenoxy]- **6** IV 1081
$C_9H_7Cl_2NO$
Propionitril, 3-[2,4-Dichlor-phenoxy]-
6 IV 926
$C_9H_7Cl_2NOS$
Propionitril, 2-Chlor-3-[4-chlor-benzolsulfinyl]-
6 IV 1604
$C_9H_7Cl_2NO_2S$
Acetonitril, Dichlor-[toluol-4-sulfonyl]-
6 I 210 j
Propionitril, 2-Chlor-3-[4-chlor-benzolsulfonyl]-
6 IV 1604
$C_9H_7Cl_2NO_3$
Anisol, 2-[1,2-Dichlor-vinyl]-4-nitro-
6 III 2384 d
$C_9H_7Cl_2NO_3S$
Acetonitril, Dichlor-[2-methoxy-
benzolsulfonyl]- **6** I 396 h
$C_9H_7Cl_2NO_4$
Essigsäure-[3,4-dichlor-6-methyl-2-nitro-
phenylester] **6** I 179 h
— [3,6-dichlor-2-methyl-4-nitro-
phenylester] **6** I 179 j
Essigsäure, Dichlor-, [4-nitro-benzylester]
6 IV 2613
$C_9H_7Cl_2NO_5$
Kohlensäure-äthylester-[2,4-dichlor-6-nitro-
phenylester] **6** 241 f
$C_9H_7Cl_2NS$
Propionitril, 2-Chlor-3-[4-chlor-
phenylmercapto]- **6** IV 1603

—, 3-Chlor-2-[4-chlor-phenylmercapto]-
6 IV 1603
$C_9H_7Cl_2NS_2$
Äthylthiocyanat, 2-[2,5-Dichlor-
phenylmercapto]- **6** IV 1620 c
$C_9H_7Cl_3O$
Äther, Allyl-[2,4,6-trichlor-phenyl]-
6 III 724 f
—, [2-Chlor-allyl]-[2,4-dichlor-phenyl]-
6 IV 888
—, [4-Chlor-phenyl]-[3,3-dichlor-allyl]-
6 IV 826
—, Phenyl-[1,3,3-trichlor-allyl]-
6 IV 601
Allylalkohol, 3,3-Dichlor-1-[4-chlor-
phenyl]- **6** IV 3820
—, 2,3,3-Trichlor-1-phenyl-
6 IV 3820
Phenol, 3,4,6-Trichlor-2-propenyl-
6 IV 3795
$C_9H_7Cl_3OS$
Sulfoxid, [4-Chlor-benzyl]-[1,2-dichlor-
vinyl]- **6** IV 2778
—, [5-Chlor-2-methyl-phenyl]-
[1,2-dichlor-vinyl]- **6** IV 2028
—, *p*-Tolyl-trichlorvinyl- **6** IV 2188
$C_9H_7Cl_3OS_3$
Disulfidothiokohlensäure-*O*-benzylester-
S-*S*-trichlormethylester **6** IV 2470
$C_9H_7Cl_3O_2$
Aceton, [2,4,5-Trichlor-phenoxy]-
6 IV 971
—, [2,4,6-Trichlor-phenoxy]-
6 III 726 f, IV 1009
Essigsäure-[2,3,4-trichlor-6-methyl-
phenylester] **6** I 175 c
— [2,3,6-trichlor-4-methyl-
phenylester] **6** 404 f
— [2,4,6-trichlor-3-methyl-
phenylester] **6** I 189 g, II 356 m,
IV 2070
Essigsäure, Trichlor-, benzylester
6 436 a, III 1479 c, IV 2265
—, Trichlor-, *p*-tolylester **6** II 378 j
Propionsäure-[2,4,5-trichlor-phenylester]
6 III 719 g
— [2,4,6-trichlor-phenylester]
6 192 d
Propionylchlorid, 2-[2,4-Dichlor-phenoxy]-
6 IV 924
$C_9H_7Cl_3O_2S$
Essigsäure, [2,3,4-Trichlor-5-methyl-
phenylmercapto]- **6** III 1337 e

C₉H₇Cl₃O₂S (Fortsetzung)

Essigsäure, [2,4,5-Trichlor-3-methyl-
phenylmercapto]- **6** III 1337 d
Propionsäure, 2-[2,4,5-Trichlor-
phenylmercapto]- **6** IV 1638
−, 2-[2,4,6-Trichlor-phenylmercapto]-
6 IV 1639
Sulfon, Benzyl-trichlorvinyl- **6** IV 2660
−, [4-Chlor-benzyl]-[1,2-dichlor-vinyl]-
6 IV 2778
−, [2,2-Dichlor-1-chlormethyl-vinyl]-
phenyl- **6** IV 1479
−, Phenyl-[2,3,3-trichlor-allyl]-
6 IV 1480
−, p-Tolyl-trichlorvinyl- **6** IV 2189

C₉H₇Cl₃O₃

Benzol, 1-Acetoxy-2,3,4-trichlor-5-methoxy-
6 IV 5686
Essigsäure, [2,4,6-Trichlor-phenoxy]-,
methylester **6** IV 1011
Kohlensäure-äthylester-[2,4,5-trichlor-
phenylester] **6** IV 973
− o-tolylester-trichlormethylester
6 III 1256 b
− p-tolylester-trichlormethylester
6 III 1367 a
Propionsäure, 2,2,3-Trichlor-, [2-hydroxy-
phenylester] **6** IV 5583
−, 3,3,3-Trichlor-2-hydroxy-,
phenylester **6** IV 643
−, 2-[2,4,5-Trichlor-phenoxy]-
6 III 721 b, IV 985
−, 2-[2,4,6-Trichlor-phenoxy]-
6 III 727 i, IV 1013
−, 3-[2,3,4-Trichlor-phenoxy]-
6 IV 961
−, 3-[2,4,5-Trichlor-phenoxy]-
6 IV 987
−, 3-[2,4,6-Trichlor-phenoxy]-
6 IV 1013

C₉H₇Cl₃O₃S

Essigsäure, [2,3,5-Trichlor-4-methoxy-
phenylmercapto]- **6** III 4468 f

C₉H₇Cl₃S

Sulfid, Benzyl-trichlorvinyl- **6** IV 2660
−, [4-Chlor-benzyl]-[1,2-dichlor-vinyl]-
6 IV 2777
−, [4-Chlor-3-methyl-phenyl]-
[1,2-dichlor-vinyl]- **6** IV 2088
−, [2,2-Dichlor-1-chlormethyl-vinyl]-
phenyl- **6** IV 1478
−, Phenyl-[2,3,3-trichlor-allyl]-
6 IV 1480

−, p-Tolyl-trichlorvinyl- **6** IV 2188

C₉H₇Cl₄NO₂S

Cystein, S-[2,3,5,6-Tetrachlor-phenyl]-
6 IV 1642

C₉H₇Cl₄NO₃

Anisol, 4-Nitro-2-[1,1,2,2-tetrachlor-äthyl]-
6 III 1659 f
−, 4-Nitro-2-[1,2,2,2-tetrachlor-äthyl]-
6 II 443 d, IV 3015

C₉H₇Cl₄O₂PS₃

Thioanhydrid, [Chlorothiophosphorsäure-
O-(2,4,5-trichlor-phenylester)]-
[thiokohlensäure-O-äthylester]-
6 IV 1005 a

C₉H₇Cl₅NO₂P

Amin, [Dichlor-m-tolyloxy-acetyl]-
trichlorphosphoranyliden- **6** IV 2049
−, [Dichlor-o-tolyloxy-acetyl]-
trichlorphosphoranyliden- **6** IV 1962
−, [Dichlor-p-tolyloxy-acetyl]-
trichlorphosphoranyliden- **6** IV 2114

C₉H₇Cl₅O

Äther, Äthyl-[2,3,4,5,6-pentachlor-benzyl]-
6 III 1559 d
−, Äthyl-[1,3,4,7,7-pentachlor-
norborna-2,5-dien-2-yl]- **6** IV 2805
−, Isopropyl-pentachlorphenyl-
6 III 732 e, IV 1027
−, Pentachlorphenyl-propyl-
6 195 c

C₉H₇Cl₅OS

Benzol, 1,2,4,5-Tetrachlor-3-[2-chlor-
äthylmercapto]-6-methoxy-
6 IV 5832

C₉H₇Cl₅O₂

Äthanol, 2-[2,3,4,5,6-Pentachlor-benzyloxy]-
6 IV 2600
Essigsäure-[1,4,5,6,7-pentachlor-norborn-
5-en-2-ylester] **6** IV 344
Propan-1-ol, 3-Pentachlorphenoxy-
6 III 734 e
Propan-2-ol, 1-Pentachlorphenoxy-
6 III 734 d, IV 1029

C₉H₇Cl₅O₃

Propan-1,2-diol, 3-Pentachlorphenoxy-
6 IV 1029

C₉H₇Cl₅O₃S

6,9-Methano-benzo[e][1,3,2]dioxathiepin-
3-oxid, 6,7,8,9,10-Pentachlor-1,5,5a,6,9,⸗
9a-hexahydro- **6** IV 5532

$C_9H_7Cl_5O_3S_2$
Äthanthiosulfonsäure, 2-[2,4-Dichlor-
phenoxy]-, S-trichlormethylester
6 IV 936

$C_9H_7Cl_5S_2$
Benzol, 1,2,4,5-Tetrachlor-3-[2-chlor-
äthylmercapto]-6-methylmercapto-
6 IV 5849

$C_9H_7D_3O_2$
Essigsäure-[4-trideuteriomethyl-phenylester]
6 IV 2112
Essigsäure, Trideuterio-, benzylester
6 IV 2264

$C_9H_7F_3O_2$
Essigsäure, Trifluor-, benzylester
6 IV 2264
—, Trifluor-, m-tolylester 6 IV 2047
—, Trifluor-, o-tolylester 6 IV 1960
—, Trifluor-, p-tolylester 6 IV 2112
Prop-1-en-1,2-diol, 3,3,3-Trifluor-1-phenyl-
6 IV 452

$C_9H_7F_3O_2S$
Essigsäure, [3-Trifluormethyl-phenyl=
mercapto]- 6 III 1336 b

$C_9H_7F_3O_2Se$
Essigsäure, [3-Trifluormethyl-phenylselanyl]-
6 III 1341 e

$C_9H_7F_3O_3$
Essigsäure, [3-Trifluormethyl-phenoxy]-
6 III 1314 g
Propionsäure, 3-[2,4,5-Trifluor-phenoxy]-
6 IV 781

$C_9H_7F_5O$
Propan-1-ol, 2,2,3,3,3-Pentafluor-1-phenyl-
6 IV 3186

$C_9H_7IN_2O_3S$
Acetonitril, [4-Jod-benzolsulfonyl]-
methoxyimino- 6 335 j

$C_9H_7IO_3S$
Brenztraubensäure, [4-Jod-phenylmercapto]-
6 III 1056 b

$C_9H_7I_2NO_3$
Anisol, 2,6-Dijod-4-[2-nitro-vinyl]-
6 III 2389 b

$C_9H_7I_3O$
Äther, Allyl-[2,4,6-trijod-phenyl]-
6 212 d

$C_9H_7I_3O_2$
Aceton, [2,4,6-Trijod-phenoxy]-
6 III 790 a

$C_9H_7I_3O_3$
Propionsäure, 2-[2,4,6-Trijod-phenoxy]-
6 IV 1086

$C_9H_7I_3O_4$
Essigsäure, [2,4,6-Trijod-3-methoxy-
phenoxy]- 6 IV 5689

$C_9H_7NO_2$
Essigsäure, Cyan-, phenylester
6 IV 624

$C_9H_7NO_2S$
Acetylisothiocyanat, Phenoxy-
6 162 f
Carbamidsäure, Thiocarbonyl-, benzyl=
ester 6 437 k
—, Thiocarbonyl-, o-tolylester
6 356 f
—, Thiocarbonyl-, p-tolylester
6 398 i
Essigsäure, Thiocyanato-, phenylester
6 163 b, III 614 h
Sulfid, [4-Nitro-phenyl]-prop-2-inyl-
6 IV 1693

$C_9H_7NO_2S_2$
Essigsäure, [2-Thiocyanato-phenyl=
mercapto]- 6 IV 5654

$C_9H_7NO_2Se$
Essigsäure-[4-selenocyanato-phenylester]
6 III 4487 c

$C_9H_7NO_3$
Äther, [2-Nitro-phenyl]-prop-2-inyl-
6 IV 1252
—, [4-Nitro-phenyl]-prop-2-inyl-
6 IV 1287
Anisol, 3-Äthinyl-4-nitro-
6 III 2735 c
Inden-1-ol, 2-Nitro- 6 IV 4068

$C_9H_7NO_4$
Acrylaldehyd, 3-[4-Nitro-phenoxy]-
6 IV 1297
Acrylsäure-[2-nitro-phenylester]
6 IV 1257
— [3-nitro-phenylester]
6 IV 1274
— [4-nitro-phenylester] 6 IV 1300

$C_9H_7NO_4S$
Acrylsäure, 3-[4-Nitro-phenylmercapto]-
6 IV 1711
Malonaldehyd, [4-Nitro-phenylmercapto]-
6 IV 1708

$C_9H_7NO_4Se$
Acrylsäure, 3-[4-Nitro-phenylselanyl]-
6 IV 1791

$C_9H_7NO_6$
Malonsäure-mono-[4-nitro-phenylester]
6 IV 1301

$C_9H_7NO_6S$

Acrylsäure, 3-[4-Nitro-benzolsulfonyl]-
6 IV 1712

$C_9H_7NO_7$

Malonsäure, [4-Nitro-phenoxy]-
6 235 a, II 224 h

$C_9H_7N_3O_4S$

Propionitril, 2-[2,4-Dinitro-phenyl=
mercapto]- 6 IV 1761

—, 3-[2,4-Dinitro-phenylmercapto]-
6 IV 1761

$C_9H_7N_3O_5S$

Phenylthiocyanat, 4-Äthoxy-3,5-dinitro-
6 III 4472 d

$C_9H_7N_3O_6S$

Propionitril, 3-[2,4-Dinitro-benzolsulfonyl]-
6 IV 1762

$C_9H_7N_3O_7$

Äther, Allyl-picryl- 6 II 281 d, IV 1458

$C_9H_7N_3O_7S_2$

Dithiokohlensäure-O-äthylester-
S-picrylester 6 IV 1776

$C_9H_7N_3O_8$

Essigsäure-[3-methyl-2,4,6-trinitro-
phenylester] 6 388 c, III 1332 c

— [2,4,6-trinitro-benzylester]
6 III 1572 f

$C_9H_7N_3O_9$

Propionsäure, 2-Picryloxy- 6 III 972 e

$C_9H_7N_5O_{12}$

Propan, 2-[3,5-Dinitro-phenyl]-2-nitro-
1,3-bis-nitryloxy- 6 III 4635 e

$C_9H_7N_5O_{13}$

Propan, 1,2-Bis-nitryloxy-3-picryloxy-
6 III 972 a

$C_9H_8BrClN_2O_4S$

Sulfid, [β-Brom-β'-chlor-isopropyl]-
[2,4-dinitro-phenyl]- 6 IV 1735

—, [3-Brom-2-chlor-propyl]-
[2,4-dinitro-phenyl]- 6 IV 1735

C_9H_8BrClO

Äther, [4-Brom-phenyl]-[3-chlor-allyl]-
6 III 744 a

$C_9H_8BrClO_2$

Chlorokohlensäure-[1-(3-brom-phenyl)-
äthylester] 6 IV 3053

Essigsäure, Brom-, [4-chlor-benzylester]
6 IV 2595

—, Brom-chlor-, p-tolylester
6 II 379 b

—, Chlor-, [2-brom-4-methyl-
phenylester] 6 IV 2144

Propionsäure, 2-Chlor-, [4-brom-
phenylester] 6 III 747 d

—, 3-Chlor-, [4-brom-phenylester]
6 III 747 e

$C_9H_8BrClO_3S$

Aceton, 1-Brom-3-[4-chlor-benzolsulfonyl]-
6 II 297 i

$C_9H_8BrCl_3O$

Äthanol, 1-[4-Brom-3-methyl-phenyl]-
2,2,2-trichlor- 6 IV 3240

Äther, [3-Brom-propyl]-[2,4,5-trichlor-
phenyl]- 6 IV 964

$C_9H_8BrFO_2$

Essigsäure, Fluor-, [4-brom-benzylester]
6 IV 2602

$C_9H_8BrF_3O$

Äthanol, 1-[2-Brom-4-trifluormethyl-
phenyl]- 6 III 1828 b

$C_9H_8BrIO_2$

Essigsäure-[4-brom-2-jod-6-methyl-
phenylester] 6 III 1272 i

C_9H_8BrNOS

Äthylthiocyanat, 2-[2-Brom-phenoxy]-
6 IV 1039 h

—, 2-[4-Brom-phenoxy]- 6 III 746 a

$C_9H_8BrNO_2S$

Propionitril, 2-[4-Brom-benzolsulfonyl]-
6 I 152 b

$C_9H_8BrNO_3$

Anisol, 2-[2-Brom-2-nitro-vinyl]-
6 III 2384 f

—, 2-Brom-4-[2-nitro-vinyl]-
6 III 2388 e

—, 4-[2-Brom-2-nitro-vinyl]-
6 II 521 e, III 2389 a

Indan-4-ol, 7-Brom-5-nitro- 6 III 2428 f

Zimtalkohol, β-Brom-4-nitro- 6 IV 3804

$C_9H_8BrNO_3S$

Aceton, [4-Brom-2-nitro-phenylmercapto]-
6 IV 1731

$C_9H_8BrNO_3Se$

Aceton, [4-Brom-2-nitro-phenylselanyl]-
6 IV 1794

$C_9H_8BrNO_4$

Aceton, 1-Brom-3-[4-nitro-phenoxy]-
6 IV 1297

Essigsäure-[2-brom-4-methyl-3-nitro-
phenylester] 6 III 1388 e

— [2-brom-4-methyl-5-nitro-
phenylester] 6 III 1388 h

— [2-brom-4-methyl-6-nitro-
phenylester] 6 413 g

C₉H₈BrNO₄ (Fortsetzung)

Essigsäure-[2-brommethyl-5-nitro-
   phenylester] **6** III 1276 a, IV 2013
− [2-brom-6-methyl-4-nitro-
   phenylester] **6** I 179 l
− [5-brom-2-methyl-4-nitro-
   phenylester] **6** I 179 n
Essigsäure, Brom-, [4-nitro-benzylester]
   6 I 223 g, IV 2613
Phenol, 2-Brom-6-methoxy-4-[2-nitro-
   vinyl]- **6** III 4986 d
−, 3-Brom-2-methoxy-4-[2-nitro-
   vinyl]- **6** III 4986 c
−, 5-Brom-2-methoxy-4-[2-nitro-
   vinyl]- **6** III 4987 b
Propionsäure, 2-Brom-, [2-nitro-
   phenylester] **6** 219 j
−, 2-Brom-, [3-nitro-phenylester]
   6 224 f
−, 2-Brom-, [4-nitro-phenylester]
   6 233 g

C₉H₈BrNO₄S

Benzol, 2-Acetoxy-1-brom-5-methyl-
   mercapto-3-nitro- **6** 866 g

C₉H₈BrNO₅

Benzol, 1-Acetoxy-4-brom-2-methoxy-
   5-nitro- **6** III 4272 b
−, 2-Acetoxy-1-brom-3-methoxy-
   5-nitro- **6** III 4272 e
−, 2-Acetoxy-3-brom-1-methoxy-
   4-nitro- **6** III 4271 b
Essigsäure, [4-Brom-5-methyl-2-nitro-
   phenoxy]- **6** I 193 b
Kohlensäure-äthylester-[4-brom-2-nitro-
   phenylester] **6** 243 e, III 843 h
Phenol, 2-Acetoxymethyl-4-brom-6-nitro-
   6 II 881 a
−, 2-Acetoxymethyl-6-brom-4-nitro-
   6 II 881 b
−, 4-Acetoxymethyl-2-brom-6-nitro-
   6 901 e, II 884 h
Propionsäure, 3-[2-Brom-4-nitro-phenoxy]-
   6 IV 1365
−, 3-[4-Brom-2-nitro-phenoxy]-
   6 IV 1363

C₉H₈BrNO₅S

Aceton, 1-Brom-3-[4-nitro-benzolsulfonyl]-
   6 III 1074 c
Benzol, 2-Acetoxy-1-brom-5-methansulfinyl-
   3-nitro- **6** 866 h

C₉H₈BrNO₆S

Essigsäure, Brom-[4-nitro-benzolsulfonyl]-,
   methylester **6** IV 1713

C₉H₈BrNO₇

Kohlensäure-äthylester-[4-brom-
   2,3-dihydroxy-6-nitro-phenylester]
   6 1086 l
− äthylester-[5-brom-2,3-dihydroxy-
   4-nitro-phenylester] **6** 1086 l
− äthylester-[6-brom-2,3-dihydroxy-
   4-nitro-phenylester] **6** 1086 l

C₉H₈BrN₃O₇

Salpetersäure-[3-brom-4,6-dimethyl-
   2,5-dinitro-benzylester] **6** III 1834 i
− [4-brom-2,5-dimethyl-3,6-dinitro-
   benzylester] **6** III 1835 a

C₉H₈Br₂ClIO

Äther, [2-Chlor-4-jod-phenyl]-[2,3-dibrom-
   propyl]- **6** III 781 e
−, [4-Chlor-2-jod-phenyl]-[2,3-dibrom-
   propyl]- **6** III 779 d

C₉H₈Br₂ClNO₃

Äther, [4-Chlor-2-nitro-phenyl]-
   [2,3-dibrom-propyl]- **6** II 227 a

C₉H₈Br₂Cl₂O

Äther, [2,3-Dibrom-propyl]-[2,4-dichlor-
   phenyl]- **6** III 701 g
Phenol, 2,4-Dibrom-6-dichlormethyl-
   3,5-dimethyl- **6** II 483 d
−, 2,6-Dibrom-4-dichlormethyl-
   3,5-dimethyl- **6** II 480 g

C₉H₈Br₂Cl₃IO

Äther, [2-Chlor-4-dichlorjodanyl-phenyl]-
   [2,3-dibrom-propyl]- **6** III 781 g

C₉H₈Br₂N₂O₅

Äther, [2,2-Dibrom-2-nitro-1-(3-nitro-
   phenyl)-äthyl]-methyl- **6** 478 d,
   II 448 b
−, [2,2-Dibrom-2-nitro-1-(4-nitro-
   phenyl)-äthyl]-methyl- **6** 478 f, II 448 d
−, [2,3-Dibrom-propyl]-[2,4-dinitro-
   phenyl]- **6** II 242 b

C₉H₈Br₂N₆O

Phenol, 2,4-Dibrom-6-diazidomethyl-
   3,5-dimethyl- **6** II 483 f
−, 2,6-Dibrom-4-diazidomethyl-
   3,5-dimethyl- **6** II 481 h

C₉H₈Br₂O

Äther, Allyl-[2,4-dibrom-phenyl]-
   6 II 189 c, III 754 b
−, Allyl-[2,6-dibrom-phenyl]-
   6 III 756 d
−, Allyl-[3,5-dibrom-phenyl]-
   6 III 756 i
−, [2-Brom-allyl]-[4-brom-phenyl]-
   6 II 185 e

$C_9H_8Br_2O$ (Fortsetzung)
Äther, [3,3-Dibrom-allyl]-phenyl-
   6 IV 563
Anisol, 2-Brom-4-[2-brom-vinyl]-
   6 II 521 a
—, 4-Brom-3-[2-brom-vinyl]-
   6 III 2385 c
—, 4-[1,2-Dibrom-vinyl]- 6 II 521 b
Indan-1-ol, 2,5-Dibrom- 6 III 2426 d
Indan-2-ol, 1,3-Dibrom- 6 III 2427 e
Phenol, 2-Allyl-3,5-dibrom- 6 III 2414 i
—, 2-Allyl-4,6-dibrom- 6 III 2414 g
—, 4-Allyl-2,6-dibrom- 6 III 2417 b
$C_9H_8Br_2O_2$
Essigsäure-[4-brom-2-brommethyl-
   phenylester] 6 361 c
— [2,3-dibrom-6-methyl-phenylester]
   6 I 176 i
— [2,4-dibrom-6-methyl-phenylester]
   6 361 a, II 334 h
— [2,6-dibrom-4-methyl-phenylester]
   6 407 b
— [3-dibrommethyl-phenylester]
   6 383 c, IV 2074
— [4-dibrommethyl-phenylester]
   6 407 c
Indan-5,6-diol, 4,7-Dibrom- 6 III 5037 d
Propionsäure-[2,4-dibrom-phenylester]
   6 202 f, III 754 f
Propionsäure, 2,3-Dibrom-, phenylester
   6 III 601 a
$C_9H_8Br_2O_2S$
Benzol, 2-Acetoxy-1,3-dibrom-
   5-methylmercapto- 6 865 b
$C_9H_8Br_2O_3$
Benzol, 1-Acetoxy-2,5-dibrom-4-methoxy-
   6 III 4439 e
—, 1-Acetoxy-4,5-dibrom-2-methoxy-
   6 II 788 d, III 4259; vgl. IV 5622 f
Benzylalkohol, 4-Acetoxy-3,5-dibrom-
   6 899 d
Essigsäure, [2,4-Dibrom-6-methyl-phenoxy]-
   6 IV 2007
—, [2,6-Dibrom-4-methyl-phenoxy]-
   6 III 1381 g
—, [2,4-Dibrom-phenoxy]-,
   methylester 6 III 755 a
Kohlensäure-äthylester-[2,4-dibrom-
   phenylester] 6 III 754 i
Phenol, 2-Acetoxymethyl-4,6-dibrom-
   6 894 f, III 4543 a
—, 4-Acetoxymethyl-2,6-dibrom-
   6 899 e

Propionsäure, 2-[2,4-Dibrom-phenoxy]-
   6 IV 1063
—, 3-[2,4-Dibrom-phenoxy]-
   6 IV 1063
$C_9H_8Br_2O_3S$
Aceton, 3-Benzolsulfonyl-1,1-dibrom-
   6 307 f
—, 1-Brom-3-[4-brom-benzolsulfonyl]-
   6 II 301 h
$C_9H_8Br_2O_4$
Essigsäure, [2,5-Dibrom-4-methoxy-
   phenoxy]- 6 IV 5783
—, [4,5-Dibrom-2-methoxy-phenoxy]-
   6 IV 5624
$C_9H_8Br_3ClO$
Phenol, 2,6-Dibrom-4-[brom-chlor-methyl]-
   3,5-dimethyl- 6 II 481 c
$C_9H_8Br_3ClO_2$
Propan-2-ol, 1-Chlor-3-[2,4,6-tribrom-
   phenoxy]- 6 I 108 e, IV 1067
$C_9H_8Br_3NO_4$
Phenol, 2-Brom-4-[1,2-dibrom-2-nitro-
   äthyl]-6-methoxy- 6 III 4562 e
$C_9H_8Br_4O$
Äther, [2-Brom-äthyl]-[2,3,6-tribrom-
   4-methyl-phenyl]- 6 I 204 j
—, [α-Brom-isopropyl]-[2,4,6-tribrom-
   phenyl]- 6 II 194 k
—, [2,4-Dibrom-phenyl]-[2,3-dibrom-
   propyl]- 6 II 189 a
—, [2,6-Dibrom-phenyl]-[2,3-dibrom-
   propyl]- 6 III 756 c
Anisol, 2-Äthyl-3,4,5,6-tetrabrom-
   6 III 1659 a
—, 4-[1,1,2,2-Tetrabrom-äthyl]-
   6 II 444 g
Phenetol, 2,3,4,6-Tetrabrom-5-methyl-
   6 II 359 c
Phenol, 2,5-Dibrom-3,4-bis-brommethyl-
   6-methyl- 6 516 a
—, 2,5-Dibrom-4,6-bis-brommethyl-
   3-methyl- 6 516 c
—, 3,5-Dibrom-2,6-bis-brommethyl-
   4-methyl- 6 521 b, III 1840 a
—, 2,6-Dibrom-4-dibrommethyl-
   3,5-dimethyl- 6 II 481 e
—, 2,6-Dibrom-4-[1,2-dibrom-propyl]-
   6 501 f
$C_9H_8Br_4O_2$
Phenol, 2,4-Dibrom-6-[2,2-dibrom-
   1-methoxy-äthyl]- 6 I 442 h
—, 2,6-Dibrom-4-[2,2-dibrom-
   1-methoxy-äthyl]- 6 905 i

$C_9H_8Br_4O_2$ (Fortsetzung)

Phenol, 2,3,6-Tribrom-4-[2-brom-
1-methoxy-äthyl]- **6** 905 d

−, 2,3,6-Tribrom-5-brommethyl-
4-methoxymethyl- **6** 909 g

−, 2,4,5-Tribrom-3-brommethyl-
6-methoxymethyl- **6** 918 i

C_9H_8ClFO

Äther, [2-Chlor-1-fluor-vinyl]-*m*-tolyl-
6 III 1305 b

−, [2-Chlor-1-fluor-vinyl]-*o*-tolyl-
6 III 1253 e

−, [2-Chlor-1-fluor-vinyl]-*p*-tolyl-
6 III 1363 d

$C_9H_8ClFO_2$

Chlorokohlensäure-[1-(4-fluor-phenyl)-
äthylester] **6** IV 3043

$C_9H_8ClF_3O$

Äthanol, 1-[4-Chlor-2-trifluormethyl-
phenyl]- **6** IV 3233

−, 1-[4-Chlor-3-trifluormethyl-
phenyl]- **6** IV 3238

Äther, Benzyl-[2-chlor-1,1,2-trifluor-äthyl]-
6 IV 2265

−, [2-Chlor-1,1,2-trifluor-äthyl]-
m-tolyl- **6** IV 2047

−, [2-Chlor-1,1,2-trifluor-äthyl]-
o-tolyl- **6** IV 1960

−, [2-Chlor-1,1,2-trifluor-äthyl]-
p-tolyl- **6** IV 2112

Anisol, 4-[1-Chlor-2,2,2-trifluor-äthyl]-
6 IV 3024

$C_9H_8ClF_3O_2$

Benzol, 1-[2-Chlor-1,1,2-trifluor-äthoxy]-
2-methoxy- **6** IV 5582

Benzylalkohol, 2-[2-Chlor-1,1,2-trifluor-
äthoxy]- **6** IV 5899

−, 3-[2-Chlor-1,1,2-trifluor-äthoxy]-
6 IV 5908

−, 4-[2-Chlor-1,1,2-trifluor-äthoxy]-
6 IV 5914

C_9H_8ClIO

Äther, Allyl-[2-chlor-4-jod-phenyl]-
6 III 781 h

$C_9H_8ClIO_3$

Propionsäure, 3-[4-Chlor-2-jod-phenoxy]-
6 IV 1080

C_9H_8ClNO

Acetonitril, [4-Chlor-2-methyl-phenoxy]-
6 IV 1995

−, [4-Chlor-3-methyl-phenoxy]-
6 III 1317 i

Propionitril, 3-[2-Chlor-phenoxy]-
6 IV 797

−, 3-[4-Chlor-phenoxy]-
6 III 696 e, IV 851

C_9H_8ClNOS

Äthylthiocyanat, 2-[2-Chlor-phenoxy]-
6 IV 789 a

−, 2-[3-Chlor-phenoxy]- **6** IV 813 b

−, 2-[4-Chlor-phenoxy]- **6** III 691 f,
IV 828 f

Methylthiocyanat, [4-Chlor-2-methyl-
phenoxy]- **6** IV 1990

−, [4-Chlor-3-methyl-phenoxy]-
6 IV 2065

$C_9H_8ClNO_2S$

Glycylchlorid, *N*-Phenylmercaptocarbonyl-
6 III 1010 e, IV 1528

Propionitril, 2-[4-Chlor-benzolsulfonyl]-
6 I 150 e

$C_9H_8ClNO_3$

Äther, Allyl-[4-chlor-2-nitro-phenyl]-
6 II 227 b

$C_9H_8ClNO_3S$

Aceton, [4-Chlor-2-nitro-phenylmercapto]-
6 I 161 f, IV 1723

$C_9H_8ClNO_3Se$

Aceton, [4-Chlor-2-nitro-phenylselanyl]-
6 IV 1792

$C_9H_8ClNO_4$

Aceton, [5-Chlor-2-nitro-phenoxy]-
6 239 c

Acetylchlorid, [2-Methyl-6-nitro-phenoxy]-
6 II 339 c

−, [4-Methyl-2-nitro-phenoxy]-
6 II 389 e

−, [4-Methyl-3-nitro-phenoxy]-
6 II 388 a

−, [5-Methyl-2-nitro-phenoxy]-
6 II 360 h

Essigsäure-[2-chlormethyl-4-nitro-
phenylester] **6** I 179 d

− [2-chlor-4-methyl-6-nitro-
phenylester] **6** 413 d

− [2-chlor-6-methyl-3-nitro-
phenylester] **6** I 179 a

− [4-chlormethyl-2-nitro-phenylester]
6 I 206 g

− [4-chlor-2-methyl-6-nitro-
phenylester] **6** I 178 l

− [6-chlor-2-methyl-3-nitro-
phenylester] **6** I 179 f

Propionsäure, 3-Chlor-, [4-nitro-
phenylester] **6** IV 1298

$C_9H_8ClNO_4$ (Fortsetzung)

Propionylchlorid, 2-[2-Nitro-phenoxy]-
6 221 c

—, 2-[4-Nitro-phenoxy]- 6 234 h

$C_9H_8ClNO_4S$

Propionsäure, 3-[4-Chlor-2-nitro-
phenylmercapto]- 6 II 313 e

$C_9H_8ClNO_5$

Essigsäure, [4-Chlor-5-methyl-2-nitro-
phenoxy]- 6 I 192 e

—, [2-Chlor-4-nitro-phenoxy]-,
methylester 6 IV 1355

Kohlensäure-äthylester-[2-chlor-6-nitro-
phenylester] 6 239 f

— äthylester-[4-chlor-2-nitro-
phenylester] 6 238 f

$C_9H_8ClNO_6S$

Propionsäure, 3-[4-Chlor-2-nitro-
benzolsulfonyl]- 6 II 313 g

C_9H_8ClNS

Phenylthiocyanat, 4-Chlor-2,5-dimethyl-
6 II 468 f

Propionitril, 2-Chlor-3-phenylmercapto-
6 IV 1540

—, 3-Chlor-2-phenylmercapto-
6 IV 1540

$C_9H_8ClNS_2$

Benzylthiocyanat, 5-Chlor-2-methyl-
mercapto- 6 III 4544 g

$C_9H_8ClN_3O_4S_2$

Dithiocarbamidsäure, Dimethyl-,
[4-chlor-2,6-dinitro-phenylester]
6 III 1103 c

$C_9H_8ClN_3O_6S$

Sulfid, [2-Chlor-propyl]-picryl- 6 IV 1774

$C_9H_8Cl_2F_2O$

Äther, [2,2-Dichlor-1,1-difluor-äthyl]-
m-tolyl- 6 III 1306 c

—, [2,2-Dichlor-1,1-difluor-äthyl]-
o-tolyl- 6 III 1254 c

—, [2,2-Dichlor-1,1-difluor-äthyl]-
p-tolyl- 6 III 1364 e

$C_9H_8Cl_2N_2O_4S$

Sulfid, [β,β'-Dichlor-isopropyl]-[2,4-dinitro-
phenyl]- 6 IV 1734

—, [2,3-Dichlor-propyl]-[2,4-dinitro-
phenyl]- 6 IV 1734

$C_9H_8Cl_2N_2O_4S_2$

Disulfid, [2,3-Dichlor-propyl]-[2,4-dinitro-
phenyl]- 6 IV 1768

$C_9H_8Cl_2O$

Äther, Allyl-[2,4-dichlor-phenyl]- 6 III 702 c

—, Allyl-[2,6-dichlor-phenyl]-
6 III 713 c

—, [2-Chlor-allyl]-[4-chlor-phenyl]-
6 IV 826

—, [3,3-Dichlor-allyl]-phenyl-
6 IV 563

—, [1,2-Dichlor-propenyl]-phenyl-
6 151 a

—, [1,2-Dichlor-vinyl]-o-tolyl-
6 IV 1959

Allylalkohol, 2,3-Dichlor-1-phenyl- 6 IV 3819

—, 3,3-Dichlor-1-phenyl- 6 IV 3819

Anisol, 2-[2,2-Dichlor-vinyl]- 6 561 a

—, 4-[1,2-Dichlor-vinyl]- 6 561 i

Indan-4-ol, 5,7-Dichlor- 6 IV 3828

Phenol, 2-Allyl-4,6-dichlor- 6 I 282 h,
II 529 b, IV 3815

—, 4-Allyl-2,6-dichlor- 6 III 2417 a

—, 2-[3,3-Dichlor-allyl]- 6 IV 3816

—, 4-[3,3-Dichlor-allyl]- 6 IV 3818

—, 2,4-Dichlor-6-propenyl-
6 II 522 f

$C_9H_8Cl_2OS$

Benzol, 1-[1,2-Dichlor-vinylmercapto]-
4-methoxy- 6 IV 5812

Sulfoxid, Benzyl-[1,2-dichlor-vinyl]-
6 IV 2660

—, [1,2-Dichlor-vinyl]-p-tolyl-
6 IV 2188

$C_9H_8Cl_2O_2$

Aceton, [2,4-Dichlor-phenoxy]- 6 IV 902

—, [2,6-Dichlor-phenoxy]- 6 IV 950

Acetylchlorid, [2-Chlor-4-methyl-phenoxy]-
6 IV 2136

—, [4-Chlor-2-methyl-phenoxy]-
6 IV 1993

Äthen, 1,1-Dichlor-2-methoxy-2-phenoxy-
6 III 587 d

Chlorokohlensäure-[β-chlor-phenäthylester]
6 IV 3080

— [1-(4-chlor-phenyl)-äthylester]
6 IV 3045

Essigsäure-[3,4-dichlor-benzylester]
6 445 k

— [2,4-dichlor-6-methyl-phenylester]
6 II 332 j, IV 2002

— [2,6-dichlor-4-methyl-phenylester]
6 404 c

Essigsäure, Chlor-, [2-chlor-6-methyl-
phenylester] 6 II 332 b

—, Dichlor-, benzylester
6 435 g, IV 2265

—, Dichlor-, p-tolylester 6 II 378 i

$C_9H_8Cl_2O_2$ (Fortsetzung)

Phenol, 5-[1,2-Dichlor-vinyl]-2-methoxy-
6 III 4983 a

Propionsäure-[2,4-dichlor-phenylester]
6 189 e, III 704 g

— [2,6-dichlor-phenylester]
6 III 714 c

Propionsäure, 3-Chlor-, [4-chlor-
phenylester] 6 IV 840

—, 2,3-Dichlor-, phenylester
6 III 600 c

$C_9H_8Cl_2O_2S$

Benzol, 1-[1,2-Dichlor-äthensulfinyl]-
4-methoxy- 6 IV 5812

Essigsäure, [2,4-Dichlor-benzylmercapto]-
6 III 1641 g

—, [2,3-Dichlor-4-methyl-
phenylmercapto]- 6 III 1435 b

—, [2,4-Dichlor-3-methyl-
phenylmercapto]- 6 III 1337 a

—, [2,4-Dichlor-5-methyl-
phenylmercapto]- 6 I 195 e, II 366 g,
III 1337 c

—, [2,5-Dichlor-4-methyl-
phenylmercapto]- 6 III 1435 c

—, [4,5-Dichlor-2-methyl-
phenylmercapto]- 6 III 1283 f

Propionsäure, 2-[2,3-Dichlor-phenyl-
mercapto]- 6 IV 1611

—, 2-[2,4-Dichlor-phenylmercapto]-
6 IV 1616

—, 2-[2,5-Dichlor-phenylmercapto]-
6 IV 1622

—, 2-[2,6-Dichlor-phenylmercapto]-
6 IV 1623

—, 2-[3,4-Dichlor-phenylmercapto]-
6 IV 1629

—, 2-[3,5-Dichlor-phenylmercapto]-
6 IV 1633

Sulfon, Allyl-[2,5-dichlor-phenyl]-
6 IV 1619

—, Allyl-[3,5-dichlor-phenyl]-
6 IV 1632

—, Benzyl-[1,2-dichlor-vinyl]-
6 IV 2660

—, [2,4-Dichlor-styryl]-methyl-
6 IV 3790

—, [1,2-Dichlor-vinyl]-o-tolyl-
6 IV 2023

—, [1,2-Dichlor-vinyl]-p-tolyl-
6 IV 2189

$C_9H_8Cl_2O_2S_2$

Dithiokohlensäure-O-[2-(2,4-dichlor-
phenoxy)-äthylester] 6 IV 892

$C_9H_8Cl_2O_3$

Äthan, 1-[2,4-Dichlor-phenoxy]-
2-formyloxy- 6 IV 891

Benzylalkohol, 2-Acetoxy-3,5-dichlor-
6 III 4541 c

Essigsäure-[2,4-dichlor-phenoxymethylester]
6 IV 897

Essigsäure, [4-Chlor-2-chlormethyl-
phenoxy]- 6 III 1268 d

—, Dichlor-, [3-methoxy-phenylester]
6 IV 5672

—, [2,3-Dichlor-6-methyl-phenoxy]-
6 IV 2001

—, [2,4-Dichlor-5-methyl-phenoxy]-
6 IV 2069

—, [2,4-Dichlor-6-methyl-phenoxy]-
6 III 1268 b, IV 2002

—, [2,5-Dichlor-4-methyl-phenoxy]-
6 IV 2140

—, [2,6-Dichlor-4-methyl-phenoxy]-
6 IV 2142

—, [4,5-Dichlor-2-methyl-phenoxy]-
6 IV 2004

—, [2,4-Dichlor-phenoxy]-,
methylester 6 III 705 c, IV 909

Kohlensäure-äthylester-[2,4-dichlor-
phenylester] 6 III 704 j

Phenol, 2-Acetoxymethyl-4,6-dichlor-
6 III 4541 c

Propionsäure, 2,2-Dichlor-, [2-hydroxy-
phenylester] 6 IV 5582

—, 2-[2,3-Dichlor-phenoxy]-
6 IV 883

—, 2-[2,4-Dichlor-phenoxy]-
6 189 h, III 707 j, IV 922

—, 2-[2,5-Dichlor-phenoxy]-
6 IV 945

—, 2-[2,6-Dichlor-phenoxy]-
6 IV 951

—, 2-[3,4-Dichlor-phenoxy]-
6 IV 955

—, 2-[3,5-Dichlor-phenoxy]-
6 IV 958

—, 3-[2,3-Dichlor-phenoxy]-
6 IV 884

—, 3-[2,4-Dichlor-phenoxy]-
6 III 708 c, IV 926

—, 3-[2,5-Dichlor-phenoxy]-
6 IV 946

$C_9H_8Cl_2O_3$ (Fortsetzung)

Propionsäure, 3-[2,6-Dichlor-phenoxy]-
6 IV 951

—, 3-[3,4-Dichlor-phenoxy]-
6 IV 955

$C_9H_8Cl_2O_3S$

Aceton, [2,5-Dichlor-benzolsulfonyl]-
6 III 1043 g

Benzol, 1-[1,2-Dichlor-äthensulfonyl]-
4-methoxy- 6 IV 5813

Essigsäure, [2,3-Dichlor-4-methoxy-
phenylmercapto]- 6 III 4468 b

—, [2,5-Dichlor-4-methoxy-
phenylmercapto]- 6 III 4468 d

—, [4,5-Dichlor-2-methoxy-
phenylmercapto]- 6 III 4283 d

$C_9H_8Cl_2O_4$

Essigsäure, [2,4-Dichlor-6-hydroxy-
phenoxy]-, methylester 6 IV 5617

—, [2,4-Dichlor-5-methoxy-phenoxy]-
6 IV 5685

—, [2,4-Dichlor-6-methoxy-phenoxy]-
6 IV 5617

—, [3,5-Dichlor-2-methoxy-phenoxy]-
6 IV 5617

—, [4,5-Dichlor-2-methoxy-phenoxy]-
6 IV 5619

Propionsäure, 2,2-Dichlor-, [2,6-dihydroxy-
phenylester] 6 IV 7332

—, 3-[2,4-Dichlor-phenoxy]-2-hydroxy-
6 IV 931

$C_9H_8Cl_2O_4S$

Essigsäure, [2,4-Dichlor-phenylmethansulfonyl]-
6 III 1641 h

Propionsäure, 3-[2,5-Dichlor-benzolsulfonyl]-
6 IV 1622

$C_9H_8Cl_2S$

Sulfid, Allyl-[2,4-dichlor-phenyl]-
6 IV 1613

—, Allyl-[2,5-dichlor-phenyl]-
6 IV 1618

—, Allyl-[3,5-dichlor-phenyl]-
6 IV 1632

—, Benzyl-[1,2-dichlor-vinyl]-
6 IV 2660

—, [1,2-Dichlor-vinyl]-o-tolyl-
6 IV 2023

—, [1,2-Dichlor-vinyl]-p-tolyl-
6 IV 2188

$C_9H_8Cl_2S_3$

Trithiokohlensäure-mono-[1-(2,4-dichlor-
phenyl)-äthylester] 6 III 1702 d

$C_9H_8Cl_3FO$

Äthanol, 2,2,2-Trichlor-1-[4-fluor-3-methyl-
phenyl]- 6 IV 3239

$C_9H_8Cl_3IO$

Äther, [2-Chlor-4-jod-phenyl]-[2,3-dichlor-
propyl]- 6 III 781 d

$C_9H_8Cl_3NO$

Acetimidsäure, 2,2,2-Trichlor-, benzylester
6 IV 2265

$C_9H_8Cl_3NO_2$

Carbamidsäure-[2,2,2-trichlor-1-phenyl-
äthylester] 6 II 447 c

Carbamidsäure, Dimethyl-, [2,4,5-trichlor-
phenylester] 6 IV 973

$C_9H_8Cl_3NO_2S$

Thiocarbamidsäure, [2,2,2-Trichlor-
1-hydroxy-äthyl]-, S-phenylester
6 IV 1527

$C_9H_8Cl_3NO_3$

Anisol, 4-Nitro-2-[1,2,2-trichlor-äthyl]-
6 III 1659 e

Propan-2-ol, 1,1,1-Trichlor-3-nitro-
3-phenyl- 6 III 1799 b

$C_9H_8Cl_3NO_4$

Äthanol, 2,2,2-Trichlor-1-[4-methoxy-
3-nitro-phenyl]- 6 IV 5934

$C_9H_8Cl_3NO_5S_2$

Äthanthiosulfonsäure, 2-[2-Nitro-phenoxy]-,
S-trichlormethylester 6 IV 1263

$C_9H_8Cl_4NO_3P$

Amin, Dichlorphosphoryl-[dichlor-
m-tolyloxy-acetyl]- 6 IV 2049

—, Dichlorphosphoryl-[dichlor-
o-tolyloxy-acetyl]- 6 IV 1962

—, Dichlorphosphoryl-[dichlor-
p-tolyloxy-acetyl]- 6 IV 2114

$C_9H_8Cl_4O$

Äthanol, 2,2,2-Trichlor-1-[2-chlor-4-methyl-
phenyl]- 6 IV 3243

—, 2,2,2-Trichlor-1-[2-chlor-5-methyl-
phenyl]- 6 IV 3239

—, 2,2,2-Trichlor-1-[3-chlor-4-methyl-
phenyl]- 6 IV 3243

—, 2,2,2-Trichlor-1-[4-chlor-2-methyl-
phenyl]- 6 IV 3233

—, 2,2,2-Trichlor-1-[4-chlor-3-methyl-
phenyl]- 6 IV 3239

Äther, [2-Chlor-äthyl]-[2,4-dichlor-
6-chlormethyl-phenyl]- 6 IV 2005

—, [β-Chlor-isopropyl]-[2,4,6-trichlor-
phenyl]- 6 III 724 a

—, [2-Chlor-propyl]-[2,4,6-trichlor-
phenyl]- 6 III 724 a

C₉H₈Cl₄O (Fortsetzung)

Äther, [2,4-Dichlor-phenyl]-[2,3-dichlor-
propyl]- **6** III 701 f

—, Methyl-[2,2,2-trichlor-1-(4-chlor-
phenyl)-äthyl]- **6** III 1688 a, IV 3050 e

—, Phenyl-[1,3,3,3-tetrachlor-propyl]-
6 IV 600

C₉H₈Cl₄OS

Methansulfensäure, Trichlor-, [2-chlor-
1-phenyl-äthylester] **6** IV 3047

Sulfoxid, Phenyl-[β,β,β,β′-tetrachlor-
isopropyl]- **6** IV 1471

C₉H₈Cl₄O₂

Äthanol, 2,2,2-Trichlor-1-[3-chlor-
4-methoxy-phenyl]- **6** IV 5933

Benzol, 1-Äthoxy-2,3,5,6-tetrachlor-
4-methoxy- **6** 851 e

Phenol, 4-Äthoxymethyl-2,3,5,6-tetrachlor-
6 898 e

Propan-2-ol, 1-Chlor-3-[2,4,5-trichlor-
phenoxy]- **6** III 718 d, IV 968

—, 1-[2,3,4,6-Tetrachlor-phenoxy]-
6 IV 1022

C₉H₈Cl₄O₂S

Äthanol, 2-[2,3,5,6-Tetrachlor-4-methoxy-
phenylmercapto]- **6** IV 5832

Sulfon, Benzyl-[1,2,2,2-tetrachlor-äthyl]-
6 IV 2660

—, [4-Chlor-2,5-dimethyl-phenyl]-
trichlormethyl- **6** IV 3171

C₉H₈Cl₄O₃S

Äthanol, 2-[2,3,5,6-Tetrachlor-4-methyl-
benzolsulfonyl]- **6** IV 2210

6,9-Methano-benzo[e][1,3,2]dioxathiepin-
3-oxid, 6,7,8,9-Tetrachlor-1,5,5a,6,9,9a-
hexahydro- **6** IV 5532

C₉H₈Cl₄S

Sulfid, Benzyl-[1,2,2,2-tetrachlor-äthyl]-
6 IV 2659

—, [β-Chlor-phenäthyl]-trichlormethyl-
6 IV 3095

—, Phenyl-[β,β,β,β′-tetrachlor-
isopropyl]- **6** IV 1471

C₉H₈Cl₅IO

Äther, [2-Chlor-4-dichlorjodanyl-phenyl]-
[2,3-dichlor-propyl]- **6** III 781 f

C₉H₈Cl₆O

Äther, Äthyl-[1,4,5,6,7,7-hexachlor-
norborn-5-en-2-yl]- **6** IV 344

C₉H₈Cl₆O₂

Norborn-2-en, 1,2,3,4,7,7-Hexachlor-
5,6-bis-hydroxymethyl- **6** IV 5532

C₉H₈Cl₆S

Sulfid, Äthyl-[1,4,5,6,7,7-hexachlor-
norborn-5-en-2-yl]- **6** IV 346

C₉H₈D₂O₂

Essigsäure, Dideuterio-, benzylester
6 IV 2263

C₉H₈FNO₄

Essigsäure, Fluor-, [4-nitro-benzylester]
6 III 1569 a

C₉H₈F₂O₃

Propionsäure, 3-[2,4-Difluor-phenoxy]-
6 IV 780

C₉H₈F₃NO₃

Phenetol, 4-Nitro-3-trifluormethyl-
6 III 1328 e

C₉H₈F₃NO₃S

Äthanol, 2-[2-Nitro-4-trifluormethyl-
phenylmercapto]- **6** IV 2214

C₉H₈F₃NO₄S

Sulfon, Äthyl-[2-nitro-4-trifluormethyl-
phenyl]- **6** III 1439 d

C₉H₈F₄O

Äthanol, 1-[4-Fluor-3-trifluormethyl-
phenyl]- **6** III 1824 b

C₉H₈INO₂S

Propionitril, 2-[4-Jod-benzolsulfonyl]-
6 I 153 n

C₉H₈INO₄

Essigsäure-[4-jodmethyl-2-nitro-phenylester]
6 I 207 a

Phenol, 2-Jod-6-methoxy-4-[2-nitro-vinyl]-
6 IV 6318

C₉H₈I₂O

Äther, Allyl-[2,4-dijod-phenyl]- **6** 210 e

—, Allyl-[2,6-dijod-phenyl]-
6 211 d

C₉H₈I₂O₂

Essigsäure-[2,4-dijod-6-methyl-phenylester]
6 IV 2009

— [2,6-dijod-4-methyl-phenylester]
6 411 f

C₉H₈I₂O₃

Benzol, 1-Acetoxy-2,4-dijod-5-methoxy-
6 III 4342 f

Essigsäure, [2,4-Dijod-6-methyl-phenoxy]-
6 IV 2009

—, [2,6-Dijod-4-methyl-phenoxy]-
6 IV 2148

C₉H₈N₂O₂S

Phenylthiocyanat, 2-Äthyl-4-nitro-
6 IV 3016

—, 2-Äthyl-6-nitro- **6** IV 3016

—, 2,6-Dimethyl-4-nitro- **6** IV 3126

C₉H₈N₂O₂S (Fortsetzung)
$C_9H_8N_2O_2S$ (Fortsetzung)
Phenylthiocyanat, 4,5-Dimethyl-2-nitro-
6 IV 3109

$C_9H_8N_2O_2Se$
Phenylselenocyanat, 2,3-Dimethyl-6-nitro-
6 III 1725 a
—, 2,5-Dimethyl-4-nitro- 6 III 1778 g
—, 3,4-Dimethyl-2-nitro- 6 III 1733 c
—, 4,5-Dimethyl-2-nitro- 6 III 1733 d

$C_9H_8N_2O_3$
Carbamidsäure, Cyan-, [2-methoxy-
phenylester] 6 I 386 h

$C_9H_8N_2O_3S$
Acetonitril, Benzolsulfonyl-methoxyimino-
6 311 f
—, Hydroxyimino-[toluol-4-sulfonyl]-
6 422 a
Phenylthiocyanat, 4-Äthoxy-3-nitro-
6 III 4471 f

$C_9H_8N_2O_4S$
Acetonitril, Hydroxyimino-[4-methoxy-
benzolsulfonyl]- 6 863 a
Sulfid, Allyl-[2,4-dinitro-phenyl]-
6 III 1093 m, IV 1740
—, [2,4-Dinitro-phenyl]-propenyl-
6 III 1093 j

$C_9H_8N_2O_5$
Äther, Allyl-[2,4-dinitro-phenyl]-
6 255 c, II 242 c, III 860 c,
IV 1374
Anisol, 2-Nitro-4-[2-nitro-vinyl]-
6 563 a, I 279 a
—, 3-Nitro-4-[2-nitro-vinyl]-
6 III 2389 c, IV 3779
—, 5-Nitro-2-[2-nitro-vinyl]-
6 III 2384 g
Indan-5-ol, 4,6-Dinitro-
6 II 532 b

$C_9H_8N_2O_5S$
Aceton, [2,4-Dinitro-phenylmercapto]-
6 III 1098 f, IV 1758
Benzolsulfensäure, 2,4-Dinitro-, allylester
6 IV 1766
Thioessigsäure-S-[4-methyl-2,6-dinitro-
phenylester] 6 IV 2216

$C_9H_8N_2O_5Se$
Aceton, [2,4-Dinitro-phenylselanyl]-
6 IV 1796

$C_9H_8N_2O_6$
Aceton, [2,4-Dinitro-phenoxy]-
6 III 865 e
Essigsäure-[2,4-dinitro-benzylester]
6 453 e

— [2-methyl-4,6-dinitro-phenylester]
6 369 b, II 341 f, III 1278 c
— [4-methyl-2,3-dinitro-phenylester]
6 IV 2152
— [4-methyl-2,6-dinitro-phenylester]
6 III 1391 c, IV 2152
Glycin, N-[2-Nitro-phenoxycarbonyl]-
6 IV 1259
Phenol, 2-Methoxy-3-nitro-4-[2-nitro-vinyl]-
6 III 4988 c
—, 2-Methoxy-6-nitro-4-[2-nitro-vinyl]-
6 III 4988 d
—, 6-Methoxy-2-nitro-3-[2-nitro-vinyl]-
6 IV 6318

$C_9H_8N_2O_6S$
Benzol, 2-Acetoxy-5-methylmercapto-
1,3-dinitro- 6 867 e
Essigsäure, [2,4-Dinitro-phenylmercapto]-,
methylester 6 344 a, IV 1760
—, [5-Methyl-2,4-dinitro-phenyl-
mercapto]- 6 IV 2090
Propionsäure, 2-[2,4-Dinitro-phenyl-
mercapto]- 6 III 1099 j
—, 3-[2,4-Dinitro-phenylmercapto]-
6 IV 1761
Sulfon, [2,4-Dinitro-phenyl]-isopropenyl-
6 III 1093 l
—, [2,4-Dinitro-phenyl]-propenyl-
6 III 1093 k

$C_9H_8N_2O_6S_2$
Propionsäure, 3-[2,4-Dinitro-phenyl-
disulfanyl]- 6 IV 1771

$C_9H_8N_2O_7$
Benzol, 1-Acetoxy-2-methoxy-3,4-dinitro-
6 II 793 i
—, 1-Acetoxy-2-methoxy-4,5-dinitro-
6 I 395 b
—, 2-Acetoxy-1-methoxy-3,4-dinitro-
6 I 394 a
—, 2-Acetoxy-1-methoxy-3,5-dinitro-
6 792 a
—, 2-Acetoxy-3-methoxy-1,4-dinitro-
6 II 794 h
—, 5-Acetoxy-2-methoxy-1,3-dinitro-
6 II 851 d, IV 5789
Essigsäure, [2,4-Dinitro-phenoxy]-,
methylester 6 256 c, II 244 h
—, [2-Methyl-4,6-dinitro-phenoxy]-
6 IV 2014
Kohlensäure-äthylester-[2,4-dinitro-
phenylester] 6 II 244 f
Phenol, 4-Acetoxy-3-methyl-2,6-dinitro-
6 877 j

$C_9H_8N_2O_7$ (Fortsetzung)

Propionsäure, 2-[2,4-Dinitro-phenoxy]-
  6 IV 1381

−, 3-[2,4-Dinitro-phenoxy]-
  6 IV 1382

$C_9H_8N_2O_7S$

Benzol, 2-Acetoxy-5-methansulfinyl-
  1,3-dinitro- 6 867 f

Propionsäure, 3-[2,4-Dinitro-phenyl≠
  mercapto]-2-hydroxy- 6 III 1100 b

$C_9H_8N_2O_8$

Essigsäure, [5-Methoxy-2,4-dinitro-
  phenoxy]- 6 III 4353 d

$C_9H_8N_2O_8S$

Essigsäure, [2,4-Dinitro-benzolsulfonyl]-,
  methylester 6 IV 1761

−, [5-Methyl-2,4-dinitro-benzolsulfonyl]-
  6 IV 2090

Kohlensäure-äthylester-[3-hydroxy-
  6-mercapto-2,4-dinitro-phenylester]
  6 IV 7352

$C_9H_8N_4O_{10}$

Propan, 2-Nitro-2-[3-nitro-phenyl]-1,3-bis-
  nitryloxy- 6 III 4635 c

$C_9H_8N_4O_{11}$

Propan, 1-[2,4-Dinitro-phenoxy]-2,3-bis-
  nitryloxy- 6 III 865 c

Propan-1-ol, 2-Nitryloxy-3-picryloxy-
  6 III 971 f

Propan-2-ol, 1-Nitryloxy-3-picryloxy-
  6 III 971 g

C_9H_8O

Äther, Äthinyl-benzyl- 6 IV 2233

−, Äthinyl-o-tolyl- 6 IV 1946

−, Methyl-phenyläthinyl- 6 IV 4064

−, Phenyl-propadienyl- 6 IV 566

−, Phenyl-prop-1-inyl- 6 IV 566

−, Phenyl-prop-2-inyl- 6 145 i,
  II 148 d, III 560 c, IV 566

Anisol, 2-Äthinyl- 6 III 2735 b, IV 4064

−, 3-Äthinyl- 6 IV 4064

−, 4-Äthinyl- 6 587 b, I 299 d,
  II 558 a, III 2736 a, IV 4064

Inden-1-ol 6 I 300 c, IV 4068

Phenol, 4-Äthinyl-2-methyl- 6 IV 4067

−, 5-Äthinyl-2-methyl- 6 IV 4067

−, 2-Propadienyl- 17 IV 498

−, 2-Prop-1-inyl- 6 IV 4065

Prop-2-in-1-ol, 1-Phenyl- 6 II 558 e,
  III 2737 a, IV 4065

−, 3-Phenyl- 6 588 c, I 299 e,
  II 558 d, III 2736 d, IV 4065

C_9H_8OS

Acrylaldehyd, 3-Phenylmercapto-
  6 IV 1518

Benzol, 1-Äthinylmercapto-4-methoxy-
  6 IV 5793

Thioacrylsäure-S-phenylester 6 IV 1525

$C_9H_8O_2$

Acrylaldehyd, 3-Phenoxy- 6 IV 607

Acrylsäure-phenylester 6 II 156 b,
  III 603 g, IV 618

Inden-1-ylhydroperoxid 6 IV 4068

$C_9H_8O_2S$

Acrylsäure, 3-Phenylmercapto-
  6 IV 1545

Sulfon, Äthinyl-p-tolyl- 6 IV 2166

−, Phenyl-prop-1-inyl- 6 IV 1486

$C_9H_8O_2Se$

Acrylsäure, 3-Phenylselanyl- 6 IV 1781

$C_9H_8O_3$

Acrylsäure-[4-hydroxy-phenylester]
  6 IV 5742

Acrylsäure, 3-Phenoxy- 6 III 622 h

Kohlensäure-phenylester-vinylester
  6 III 607 e

$C_9H_8O_3S$

Thiooxalsäure-S-p-tolylester 6 I 210 g

$C_9H_8O_4$

Brenztraubensäure, Phenoxy-
  6 IV 661

Malonsäure-monophenylester
  6 III 605 d, IV 623

Oxalsäure-mono-p-tolylester 6 397 m

$C_9H_8O_4S$

Acrylsäure, 3-Benzolsulfonyl-
  6 IV 1546

$C_9H_8O_5$

Malonsäure, Phenoxy- 6 III 626 b

$C_9H_8O_6$

Benzoesäure, 4-Carboxymethyl-
  3,5-dihydroxy- 6 III 6801 c

C_9H_8S

Sulfid, Äthinyl-o-tolyl- 6 IV 2017

−, Äthinyl-p-tolyl- 6 IV 2166

−, Phenyl-prop-1-inyl- 6 IV 1486

−, Phenyl-prop-2-inyl- 6 IV 1486

$C_9H_9BrClNO_3$

Äther, [2-Brom-äthyl]-[4-chlormethyl-
  2-nitro-phenyl]- 6 IV 2151

$C_9H_9BrCl_2O$

Äthanol, 2-Brom-1-[2,4-dichlor-3-methyl-
  phenyl]- 6 III 1824 c

−, 2-Brom-1-[3,4-dichlor-2-methyl-
  phenyl]- 6 III 1819 i

C₉H₉BrCl₂O (Fortsetzung)
Äther, [3-Brom-propyl]-[2,4-dichlor-
phenyl]- **6** IV 886
Anisol, 5-Brom-2,4-bis-chlormethyl-
6 IV 3137
C₉H₉BrCl₂O₃
Benzol, 1-Brom-2,3-dichlor-
4,5,6-trimethoxy- **6** IV 7335
C₉H₉BrD₂S
Sulfid, Benzyl-[2-brom-1,2-dideuterio-
äthyl]- **6** III 1575 a
C₉H₉BrN₂O₅
Äthan, 2-Brom-1-[3-methyl-4-nitro-phenyl]-
1-nitryloxy- **6** IV 3240
—, 2-Brom-1-[5-methyl-2-nitro-
phenyl]-1-nitryloxy- **6** IV 3240
Äther, [2-Brom-2-nitro-1-(3-nitro-phenyl)-
äthyl]-methyl- **6** III 1696 e, IV 3061 g
—, [2-Brom-2-nitro-1-(4-nitro-phenyl)-
äthyl]-methyl- **6** 478 a
Phenetol, 4-Brom-3-methyl-2,6-dinitro-
6 I 194 f
—, 5-Brom-3-methyl-2,4-dinitro-
6 II 363 f
C₉H₉BrN₂O₆
Toluol, 3-Brom-2,5-dimethoxy-4,6-dinitro-
6 II 862 j
C₉H₉BrN₂O₇
Benzol, 1-Brom-2,3,4-trimethoxy-
5,6-dinitro- **6** II 1071 d, IV 7337
C₉H₉BrO
Äther, Allyl-[2-brom-phenyl]- **6** III 737 b
—, Allyl-[3-brom-phenyl]-
6 III 739 b
—, Allyl-[4-brom-phenyl]- **6** I 105 f,
IV 1047
—, [2-Brom-allyl]-phenyl- **6** 145 a,
I 83 b, II 147 a, III 557 c
—, [3-Brom-allyl]-phenyl-
6 III 557 b
—, [2-Brom-propenyl]-phenyl-
6 IV 562
—, [β-Brom-styryl]-methyl-
6 III 2392 b
—, [2-Brom-vinyl]-o-tolyl- **6** IV 1945
Anisol, 2-[2-Brom-vinyl]- **6** II 520 a,
III 2384 a
—, 4-[2-Brom-vinyl]- **6** 562 a, I 278 i,
II 520 f, III 2387 e, IV 3777
Indan-1-ol, 2-Brom- **6** I 286 g, II 531 a,
III 2425 e, IV 3826
—, 4-Brom- **6** IV 3826
Indan-2-ol, 1-Brom- **6** I 286 j

Indan-4-ol, 7-Brom- **6** III 2428 d
Indan-5-ol, 4-Brom- **6** IV 3830
—, 6-Brom- **6** III 2529 d
Phenol, 2-Allyl-4-brom- **6** I 282 i,
III 2414 d, IV 3816
—, 2-Allyl-6-brom- **6** III 2414 c
—, 2-[2-Brom-allyl]- **6** I 283 a,
II 529 c, III 2414 f
—, 4-Brom-2-isopropenyl- **6** IV 3821
Zimtalkohol, β-Brom- **6** III 2408 g
C₉H₉BrO₂
Aceton, 1-Brom-3-phenoxy- **6** III 590 d
—, [2-Brom-phenoxy]- **6** IV 1040
—, [4-Brom-phenoxy]- **6** III 746 i
Ameisensäure-[β-brom-phenäthylester]
6 IV 3082
Essigsäure-[4-brom-benzylester]
6 447 b, III 1562 e
— [2-brommethyl-phenylester]
6 IV 2007
— [3-brommethyl-phenylester]
6 IV 2073
— [3-brom-5-methyl-phenylester]
6 382 j
— [4-brommethyl-phenylester]
6 IV 2146
— [4-brom-2-methyl-phenylester]
6 IV 2006
— [4-brom-3-methyl-phenylester]
6 III 1322 a
Essigsäure, Brom-, benzylester
6 I 220 h, IV 2265
—, Brom-, p-tolylester **6** II 379 a
Phenol, 5-[2-Brom-vinyl]-2-methoxy-
6 III 4984 a
Propionsäure-[2-brom-phenylester]
6 III 737 f
— [4-brom-phenylester]
6 III 747 c, IV 1051
Propionsäure, 2-Brom-, phenylester
6 154 g, I 87 h, III 600 d
C₉H₉BrO₂S
Essigsäure, [2-Brom-4-methyl-phenyl-
mercapto]- **6** IV 2210
—, [3-Brom-4-methyl-phenylmercapto]-
6 III 1435 d
—, [4-Brom-2-methyl-phenylmercapto]-
6 IV 2031
—, [4-Brom-3-methyl-phenylmercapto]-
6 IV 2089
—, [4-Brom-phenylmercapto]-,
methylester **6** III 1051 h

C₉H₉BrO₂S (Fortsetzung)

Essigsäure, Brom-*p*-tolylmercapto-
  6 IV 2203

Propionsäure, 2-[4-Brom-phenylmercapto]-
  6 332 h

—, 3-[4-Brom-phenylmercapto]-
  6 332 i, II 302 b, IV 1655

Sulfon, [3-Brom-propenyl]-phenyl-
  6 III 988 b

—, [1-Brom-vinyl]-*p*-tolyl- **6** III 1414 f

C₉H₉BrO₃

Benzol, 1-Acetoxy-4-brom-2-methoxy-
  6 III 4256 e

—, 2-Acetoxy-4-brom-1-methoxy-
  6 I 390 e, III 4256 f

Essigsäure, Brom-, [2-methoxy-phenylester]
  6 I 385 h

—, [2-Brom-benzyloxy]- **6** IV 2601

—, [4-Brom-benzyloxy]- **6** IV 2603

—, [2-Brom-4-methyl-phenoxy]-
  6 III 1380 c

—, [3-Brom-4-methyl-phenoxy]-
  6 III 1378 d

—, [4-Brom-2-methyl-phenoxy]-
  6 III 1270 k, IV 2006

—, [4-Brom-3-methyl-phenoxy]-
  6 I 190 j

—, [4-Brom-phenoxy]-, methylester
  6 III 747 l

Kohlensäure-[4-brom-3-methyl-phenylester]-
  methylester **6** I 190 g

Phenol, 2-Acetoxymethyl-4-brom-
  6 894 b

Propionsäure, 2-[4-Brom-phenoxy]-
  6 201 e

—, 3-[2-Brom-phenoxy]- **6** III 738 a

—, 3-[4-Brom-phenoxy]-
  6 III 748 a, IV 1052

C₉H₉BrO₃S

Aceton, 1-Benzolsulfonyl-3-brom-
  6 307 e, II 292 g

—, [4-Brom-benzolsulfonyl]-
  6 II 301 g

Essigsäure, [3-Brom-4-methoxy-
  phenylmercapto]- **6** IV 5833

Propionsäure, 2-[4-Brom-phenylmercapto]-
  2-hydroxy- **6** 332 l

C₉H₉BrO₄

Essigsäure, [2-Brom-4-methoxy-phenoxy]-
  6 IV 5781

—, [3-Brom-4-methoxy-phenoxy]-
  6 IV 5781

—, [4-Brom-2-methoxy-phenoxy]-
  6 IV 5622

—, [5-Brom-2-methoxy-phenoxy]-
  6 IV 5622

C₉H₉BrO₄S

Propionsäure, 2-Benzolsulfonyl-2-brom-
  6 320 f

C₉H₉BrO₅S

Propionsäure, 3-[4-Brom-benzolsulfonyl]-
  2-hydroxy- **6** 332 k

C₉H₉BrS

Sulfid, [2-Brom-vinyl]-*o*-tolyl- **6** IV 2017

—, [2-Brom-vinyl]-*p*-tolyl- **6** IV 2160

C₉H₉Br₂ClO

Phenol, 2,5-Dibrom-3-chlormethyl-
  4,6-dimethyl- **6** 513 a

—, 2,5-Dibrom-4-chlormethyl-
  3,6-dimethyl- **6** 513 c

C₉H₉Br₂ClO₃

Benzol, 1,2-Dibrom-3-chlor-
  4,5,6-trimethoxy- **6** II 1069 d

C₉H₉Br₂Cl₂IO

Äther, [2,3-Dibrom-propyl]-[2-dichlorjodanyl-
  phenyl]- **6** III 770 a

—, [2,3-Dibrom-propyl]-
  [3-dichlorjodanyl-phenyl]- **6** III 773 d

—, [2,3-Dibrom-propyl]-
  [4-dichlorjodanyl-phenyl]- **6** III 776 i

C₉H₉Br₂Cl₃O

Cyclohexa-2,5-dienol, 2,6-Dibrom-
  1,4-dimethyl-4-trichlormethyl-
  6 II 101 e

C₉H₉Br₂IO

Äther, [2,3-Dibrom-propyl]-[2-jod-phenyl]-
  6 III 769 g

—, [2,3-Dibrom-propyl]-[4-jod-phenyl]-
  6 III 776 f

Phenol, 2,5-Dibrom-3-jodmethyl-
  4,6-dimethyl- **6** 516 e

—, 2,5-Dibrom-4-jodmethyl-
  3,6-dimethyl- **6** 516 h

—, 2,5-Dibrom-6-jodmethyl-
  3,4-dimethyl- **6** 516 k

C₉H₉Br₂NO₃

Äther, [2,2-Dibrom-2-nitro-1-phenyl-äthyl]-
  methyl- **6** 477 h

—, [2,3-Dibrom-propyl]-[4-nitro-
  phenyl]- **6** IV 1285

Anisol, 4-[1,2-Dibrom-äthyl]-2-nitro-
  6 475 a

—, 2,4-Dibrom-3,5-dimethyl-6-nitro-
  6 III 1766 g

C₉H₉Br₂NO₃ (Fortsetzung)

Anisol, 2,5-Dibrom-3,4-dimethyl-6-nitro-
  6 III 1731 g
—, 2,5-Dibrom-3,6-dimethyl-4-nitro-
  6 III 1776 d
—, 2-[1,2-Dibrom-2-nitro-äthyl]-
  6 III 1659 g
—, 4-[1,2-Dibrom-2-nitro-äthyl]-
  6 II 444 h, III 1670 c
Cyclohexa-2,5-dienon, 2,5-Dibrom-
3,4,6-trimethyl-4-nitro- 6 511 j; vgl. I 245 f
—, 3,5-Dibrom-2,4,6-trimethyl-4-nitro-
  6 519 d; vgl. I 245 f
Phenol, 2,5-Dibrom-3,6-dimethyl-
  4-nitromethyl- 6 517 b
—, 3,5-Dibrom-2,6-dimethyl-
  4-nitromethyl- 6 521 e
Propan-1-ol, 2,3-Dibrom-3-[4-nitro-phenyl]-
  6 IV 3206

C₉H₉Br₂NO₃S

Essigsäure, Brom-[toluol-4-sulfonyl]-,
  bromamid 6 III 1427 a
—, Dibrom-[toluol-4-sulfonyl]-, amid
  6 III 1420 c

C₉H₉Br₂NO₄

Benzol, 2-Äthoxy-3,5-dibrom-4-methoxy-
  1-nitro- 6 III 4351 b

C₉H₉Br₂NO₅

Benzol, 1,2-Dibrom-3,4,5-trimethoxy-
  6-nitro- 6 II 1070 h
—, 1,2-Dibrom-3,4,6-trimethoxy-
  5-nitro- 6 IV 7350
—, 1,3-Dibrom-4,5,6-trimethoxy-
  2-nitro- 6 II 1070 i
—, 1,4-Dibrom-2,3,5-trimethoxy-
  6-nitro- 6 IV 7350

C₉H₉Br₃O

Äthanol, 2,2,2-Tribrom-1-p-tolyl-
  6 III 1828 e
Äther, Benzyl-[2,2,2-tribrom-äthyl]-
  6 III 1455 b
—, [4-Brom-phenyl]-[2,3-dibrom-
  propyl]- 6 IV 1045
—, Isopropyl-[2,4,6-tribrom-phenyl]-
  6 II 194 c, III 762 e
—, Propyl-[2,4,6-tribrom-phenyl]-
  6 205 c, III 762 c
Anisol, 2,3,4-Tribrom-5,6-dimethyl-
  6 III 1724 e
—, 2,3,5-Tribrom-4,6-dimethyl-
  6 489 h, III 1749 i
—, 2,3,6-Tribrom-4,5-dimethyl-
  6 III 1730 f

—, 2,4,5-Tribrom-3,6-dimethyl-
  6 III 1774 g
—, 2,4,6-Tribrom-3,5-dimethyl-
  6 493 g, II 465 c
—, 3,4,5-Tribrom-2,6-dimethyl-
  6 III 1739 h
Phenetol, 2,4,6-Tribrom-3-methyl-
  6 383 e, II 358 e
Phenol, 3-Äthyl-2,4,6-tribrom-5-methyl-
  6 III 1822 g
—, 3-Brom-2,6-bis-brommethyl-
  4-methyl- 6 III 1839 h
—, 2,5-Dibrom-3-brommethyl-
  4,6-dimethyl- 6 513 f
—, 2,5-Dibrom-4-brommethyl-
  3,6-dimethyl- 6 513 h, II 482 i
—, 2,5-Dibrom-6-brommethyl-
  3,4-dimethyl- 6 515 d
—, 2,6-Dibrom-4-brommethyl-
  3,5-dimethyl- 6 509 e, II 481 b
—, 3,5-Dibrom-2-brommethyl-
  4,6-dimethyl- 6 519 g, III 1839 f
—, 3,5-Dibrom-4-brommethyl-
  2,6-dimethyl- 6 520 b, I 256 n,
  III 1839 g
—, 2,4,6-Tribrom-3-propyl-
  6 III 1788 e

C₉H₉Br₃O₂

Benzol, 2-Äthoxy-1,3,5-tribrom-4-methoxy-
  6 I 403 k
Phenol, 2,4-Dibrom-6-[2-brom-1-methoxy-
  äthyl]- 6 I 442 f
—, 2,6-Dibrom-4-[2-brom-1-methoxy-
  äthyl]- 6 904 n
—, 2,3,6-Tribrom-4-[1-methoxy-äthyl]-
  6 904 j
—, 2,3,5-Tribrom-4-methoxymethyl-
  6-methyl- 6 913 h
—, 2,3,6-Tribrom-4-methoxymethyl-
  5-methyl- 6 909 c
—, 2,4,5-Tribrom-6-methoxymethyl-
  3-methyl- 6 918 g
Propan-1-ol, 2-[2,4,6-Tribrom-phenoxy]-
  6 I 108 c
Propan-2-ol, 1-[2,4,6-Tribrom-phenoxy]-
  6 I 108 c
Resorcin, 2,4,5-Tribrom-6-propyl-
  6 III 4612 g
—, 2,4,6-Tribrom-5-propyl-
  6 III 4623 a
Toluol, 2,3,6-Tribrom-4,5-dimethoxy-
  6 II 868 c

$C_9H_9Br_3O_2$ (Fortsetzung)

Toluol, 2,4,5-Tribrom-3,6-dimethoxy-
6 III 4503 e

$C_9H_9Br_3O_3$

Benzol, 1,2,3-Tribrom-4,5,6-trimethoxy-
6 1085 h, II 1069 h, III 6274 a,
IV 7336

—, 1,2,4-Tribrom-3,5,6-trimethoxy-
6 III 6286 b

—, 1,3,5-Tribrom-2,4,6-trimethoxy-
6 1105 c

Phenol, 2,5-Dibrom-3-brommethyl-4,6-bis-
hydroxymethyl- 6 1125 i

—, 2,3,6-Tribrom-4-hydroxymethyl-
5-methoxymethyl- 6 1115 c

Propan-1,2-diol, 3-[2,4,5-Tribrom-phenoxy]-
6 III 760 d

—, 3-[2,4,6-Tribrom-phenoxy]-
6 I 108 f

$C_9H_9ClF_2O$

Äther, [2-Chlor-1,1-difluor-äthyl]-*m*-tolyl-
6 III 1306 b

—, [2-Chlor-1,1-difluor-äthyl]-*o*-tolyl-
6 III 1254 b

—, [2-Chlor-1,1-difluor-äthyl]-*p*-tolyl-
6 III 1364 d

$[C_9H_9ClIO]^+$

Jodonium, [2-Chlor-vinyl]-[2-methoxy-
phenyl]- 6 IV 1070

—, [2-Chlor-vinyl]-[4-methoxy-phenyl]-
6 IV 1075

$C_9H_9ClNO_4PS_3$

Dithiophosphorsäure, *S*-Äthoxythiocarbonyl-,
chlorid-*O*-[4-nitro-phenylester]
6 IV 1346

$C_9H_9ClN_2O_3$

Carbamidsäure, [2-Chlor-äthyl]-nitroso-,
phenylester 6 IV 634

$C_9H_9ClN_2O_4S$

Cystein, *S*-[2-Chlor-4-nitro-phenyl]-
6 IV 1729

Sulfid, [β-Chlor-isopropyl]-[2,4-dinitro-
phenyl]- 6 III 1090 c

—, [2-Chlor-propyl]-[2,4-dinitro-
phenyl]- 6 III 1089 g, IV 1734

$C_9H_9ClN_2O_4S_2$

Disulfid, [3-Chlor-propyl]-[2,4-dinitro-
phenyl]- 6 IV 1768

$C_9H_9ClN_2O_5S$

Benzolsulfensäure, 2,4-Dinitro-, [β-chlor-
isopropylester] 6 IV 1765

Propan-2-ol, 1-Chlor-3-[2,4-dinitro-
phenylmercapto]- 6 IV 1752

$C_9H_9ClN_2O_6$

Methan, [2-Chlor-äthoxy]-[2,4-dinitro-
phenoxy]- 6 IV 1380

$C_9H_9ClN_2O_6S$

Sulfon, [β-Chlor-isopropyl]-[2,4-dinitro-
phenyl]- 6 III 1090 e

—, [2-Chlor-propyl]-[2,4-dinitro-
phenyl]- 6 III 1090 a

$C_9H_9ClN_2O_7$

Benzol, 1-Chlor-2,3,4-trimethoxy-
5,6-dinitro- 6 II 1071 c

C_9H_9ClO

Äther, Allyl-[2-chlor-phenyl]- 6 II 172 a,
III 676 g

—, Allyl-[3-chlor-phenyl]- 6 IV 812

—, Allyl-[4-chlor-phenyl]- 6 I 101 c,
III 689 j, IV 825

—, [2-Chlor-allyl]-phenyl-
6 III 557 a

—, [3-Chlor-allyl]-phenyl-
6 III 556 d

—, [4-Chlor-benzyl]-vinyl- 6 IV 2594

—, [4-Chlor-2-methyl-phenyl]-vinyl-
6 IV 1988

—, [1-(4-Chlor-phenyl)-vinyl]-methyl-
6 III 2390 g

Allylalkohol, 1-[4-Chlor-phenyl]-
6 II 530 b

Anisol, 4-[1-Chlor-vinyl]- 6 III 2387 c,
IV 3777

—, 4-[2-Chlor-vinyl]- 6 I 278 d,
II 520 e, III 2387 d

Indan-1-ol, 2-Chlor- 6 I 286 f, II 530 g,
III 2425 b

—, 4-Chlor- 6 IV 3825

Indan-2-ol, 1-Chlor- 6 I 286 i

Indan-4-ol, 5-Chlor- 6 IV 3828

—, 7-Chlor- 6 IV 3828

Phenol, 2-Allyl-4-chlor- 6 I 282 g,
IV 3813

—, 2-Allyl-5-chlor- 6 IV 3813

—, 2-Allyl-6-chlor- 6 III 2413 c,
IV 3811

—, 2-[2-Chlor-allyl]- 6 III 2413 e

—, 2-[3-Chlor-allyl]- 6 III 2413 g

—, 4-Chlor-2-isopropenyl-
6 IV 3821

Zimtalkohol, β-Chlor- 6 II 528 f,
III 2408 f, IV 3804

—, 4-Chlor- 6 II 528 d, IV 3803

C_9H_9ClOS

Aceton, 1-Chlor-1-phenylmercapto-
6 IV 1513

C₉H₉ClOS (Fortsetzung)

Aceton, [4-Chlor-phenylmercapto]-
  6 III 1038 d, IV 1598

Acetylchlorid, Benzylmercapto-
  6 II 436 b, III 1610 e, IV 2702

—, *p*-Tolylmercapto- **6** III 1422 b,
  IV 2198

Äthen, 1-Chlor-2-methoxy-1-phenyl⁼
  mercapto- **6** III 1005 h

Benzol, 1-[2-Chlor-vinylmercapto]-
  2-methoxy- **6** IV 5634

—, 1-[2-Chlor-vinylmercapto]-
  4-methoxy- **6** IV 5793

Propionylchlorid, 3-Phenylmercapto-
  6 IV 1540

Sulfoxid, [2-Chlor-vinyl]-*o*-tolyl-
  6 IV 2017

Thioessigsäure, Chlor-, *S-p*-tolylester
  6 III 1419 j

C₉H₉ClOS₂

Dithiokohlensäure-*O*-äthylester-*S*-[3-chlor-
  phenylester] **6** 326 g

— *O*-äthylester-*S*-[4-chlor-
  phenylester] **6** 328 g

C₉H₉ClO₂

Acetaldehyd, [2-Chlor-4-methyl-phenoxy]-
  6 IV 2136

—, [4-Chlor-2-methyl-phenoxy]-
  6 IV 1990

Aceton, 1-Chlor-3-phenoxy- **6** III 590 c

—, [2-Chlor-phenoxy]- **6** IV 793

—, [4-Chlor-phenoxy]- **6** IV 838

Acetylchlorid, Benzyloxy- **6** III 1532 e,
  IV 2470

—, *m*-Tolyloxy- **6** II 353 p

—, *o*-Tolyloxy- **6** II 331 b

—, *p*-Tolyloxy- **6** I 202 b, II 380 i,
  IV 2119

Chlorokohlensäure-[2,4-dimethyl-
  phenylester] **6** 487 o

— phenäthylester **6** II 452 c,
  III 1710 i, IV 3074

— [1-phenyl-äthylester] **6** III 1680 f

Essigsäure-[4-chlor-benzylester]
  6 445 d, III 1557 c

— [2-chlormethyl-phenylester]
  6 II 332 e

— [2-chlor-4-methyl-phenylester]
  6 II 383 b

— [2-chlor-5-methyl-phenylester]
  6 II 355 f

— [2-chlor-6-methyl-phenylester]
  6 IV 1985

— [4-chlor-2-methyl-phenylester]
  6 III 1265 d, IV 1990

— [4-chlor-3-methyl-phenylester]
  6 II 356 a, III 1317 c

Essigsäure, Chlor-, benzylester
  6 435 f, III 1479 b, IV 2264

—, Chlor-, *m*-tolylester **6** 379 d,
  II 353 a, III 1306 a

—, Chlor-, *o*-tolylester **6** 355 j,
  I 172 b, II 330 d

—, Chlor-, *p*-tolylester **6** 397 d,
  II 378 h, III 1364 c, IV 2112

Propionaldehyd, 3-[4-Chlor-phenoxy]-
  6 IV 838

Propionsäure-[2-chlor-phenylester]
  6 III 678 b

— [3-chlor-phenylester]
  6 III 683 d, IV 814

— [4-chlor-phenylester] **6** II 176 h,
  III 693 e

Propionsäure, 2-Chlor-, phenylester
  6 III 600 a

—, 3-Chlor-, phenylester **6** 154 f,
  II 155 c

Propionylchlorid, 2-Phenoxy-
  6 163 e, III 615 c, IV 643

—, 3-Phenoxy- **6** IV 644

C₉H₉ClO₂S

Chloroschwefligsäure-cinnamylester
  6 III 2408 d

Essigsäure, [4-Chlor-benzylmercapto]-
  6 III 1640 f, IV 2779

—, [3-Chlor-2-methyl-phenylmercapto]-
  6 II 343 c

—, [3-Chlor-4-methyl-phenylmercapto]-
  6 III 1434 g

—, [3-Chlor-5-methyl-phenylmercapto]-
  6 II 366 f

—, [4-Chlor-2-methyl-phenylmercapto]-
  6 I 181 n, II 343 b, III 1283 d,
  IV 2030

—, [4-Chlor-3-methyl-phenylmercapto]-
  6 I 195 d, III 1336 g

—, [5-Chlor-2-methyl-phenylmercapto]-
  6 II 343 a

Propionsäure, 2-[2-Chlor-phenylmercapto]-
  6 IV 1574

—, 2-[4-Chlor-phenylmercapto]-
  6 IV 1603

—, 3-[2-Chlor-phenylmercapto]-
  6 IV 1574

—, 3-[3-Chlor-phenylmercapto]-
  6 IV 1580

$C_9H_9ClO_2S$ (Fortsetzung)

Propionsäure, 3-[4-Chlor-phenylmercapto]-
  6 II 298 f, IV 1603

Sulfon, [3-Chlor-allyl]-phenyl- 6 IV 1480

—, [2-Chlor-1-methyl-vinyl]-phenyl-
  6 IV 1479

—, [3-Chlor-propenyl]-phenyl-
  6 III 988 a, IV 1478

—, [2-Chlor-styryl]-methyl-
  6 IV 3788

—, [4-Chlor-styryl]-methyl- 6 IV 3789

—, [2-Chlor-vinyl]-o-tolyl- 6 IV 2017

—, [2-Chlor-vinyl]-p-tolyl- 6 IV 2160

Thioessigsäure, [4-Chlor-2-methyl-
  phenoxy]- 6 IV 1996

Thiokohlensäure-O-äthylester-S-[4-chlor-
  phenylester] 6 IV 1600

$C_9H_9ClO_2S_2$

Thiokohlensäure-O-äthylester-S-[2-chlor-
  5-mercapto-phenylester] 6 I 410 f

—   O-äthylester-S-[4-chlor-
  3-mercapto-phenylester] 6 I 410 f

$C_9H_9ClO_3$

Aceton, [4-Chlor-2-hydroxy-phenoxy]-
  6 IV 5615

Acetylchlorid, [2-Methoxy-phenoxy]-
  6 IV 5586

—, [3-Methoxy-phenoxy]- 6 II 817 j

—, [4-Methoxy-phenoxy]- 6 IV 5745

Benzo[1,4]dioxin-2-ol, 7-Chlor-2-methyl-
  2,3-dihydro- 6 IV 5615

Benzol, 1-Acetoxy-3-chlor-2-methoxy-
  6 I 389 c

—, 2-Acetoxy-4-chlor-1-methoxy-
  6 I 389 h

Chlorokohlensäure-[2-phenoxy-äthylester]
  6 II 150 f

Essigsäure, Chlor-, [2-methoxy-phenylester]
  6 774 e, I 385 g, II 783 k,
  III 4228 a, IV 5582

—, Chlor-, [4-methoxy-phenylester]
  6 IV 5740

—, [2-Chlor-benzyloxy]- 6 IV 2591

—, [4-Chlor-benzyloxy]- 6 IV 2595

—, [2-Chlor-3-methyl-phenoxy]-
  6 IV 2063

—, [2-Chlor-4-methyl-phenoxy]-
  6 III 1375 c, IV 2136

—, [2-Chlor-5-methyl-phenoxy]-
  6 IV 2063

—, [2-Chlor-6-methyl-phenoxy]-
  6 IV 1986

—, [3-Chlor-2-methyl-phenoxy]-
  6 IV 2000

—, [3-Chlor-4-methyl-phenoxy]-
  6 IV 2134

—, [4-Chlor-2-methyl-phenoxy]-
  6 III 1265 j, IV 1991

—, [4-Chlor-3-methyl-phenoxy]-
  6 I 188 j, III 1317 f, IV 2065

—, [5-Chlor-2-methyl-phenoxy]-
  6 IV 1986

—, [2-Chlor-phenoxy]-, methylester
  6 II 172 h

—, [4-Chlor-phenoxy]-, methylester
  6 II 177 f, III 694 f

Kohlensäure-äthylester-[4-chlor-phenylester]
  6 187 d, III 693 k

—   [4-chlor-3-methyl-phenylester]-
  methylester 6 I 188 d

Propionsäure, 3-Chlor-, [2-hydroxy-
  phenylester] 6 IV 5582

—, 2-[2-Chlor-phenoxy]- 6 III 678 j

—, 2-[3-Chlor-phenoxy]- 6 III 683 f,
  IV 817

—, 2-[4-Chlor-phenoxy]-
  6 III 695 k, IV 850

—, 3-[2-Chlor-phenoxy]- 6 III 679 a

—, 3-[3-Chlor-phenoxy]-
  6 III 683 g, IV 817

—, 3-[4-Chlor-phenoxy]-
  6 III 696 b, IV 851

—, 3-Hydroxy-, [2-chlor-phenylester]
  6 III 679 d, IV 797

—, 3-Hydroxy-, [4-chlor-phenylester]
  6 III 696 f

$C_9H_9ClO_3S$

Aceton, [4-Chlor-benzolsulfonyl]-
  6 I 149 f, II 297 h, III 1038 e

Acetylchlorid, Phenylmethansulfonyl-
  6 II 436 e

Äthen, 1-[4-Chlor-benzolsulfonyl]-
  2-methoxy- 6 IV 1591

Benzol, 1-[2-Chlor-äthensulfonyl]-
  2-methoxy- 6 IV 5634

—, 1-[2-Chlor-äthensulfonyl]-
  4-methoxy- 6 IV 5793

Essigsäure, [3-Chlor-4-methoxy-
  phenylmercapto]- 6 IV 5832

—, [5-Chlor-2-methoxy-phenyl-
  mercapto]- 6 795 j

—, [4-Chlor-2-methyl-benzolsulfinyl]-
  6 372 n, I 182 a, IV 2030

C₉H₉ClO₄

$C_9H_9ClO_4$

Essigsäure, [2-Chlor-4-methoxy-phenoxy]-
6 IV 5769

—, [2-Chlor-6-methoxy-phenoxy]-
6 IV 5613

—, [4-Chlor-2-methoxy-phenoxy]-
6 IV 5616

—, [5-Chlor-2-methoxy-phenoxy]-
6 IV 5616

$C_9H_9ClO_4S$

Essigsäure, [4-Chlor-2-methyl-benzolsulfonyl]-
6 III 1283 e, IV 2030

—, [4-Chlor-phenylmethansulfonyl]-
6 III 1641 a

Propionsäure, 3-[4-Chlor-benzolsulfonyl]-
6 IV 1604

$C_9H_9ClO_5S$

Propionsäure, 3-[4-Chlor-benzolsulfonyl]-
2-hydroxy- 6 329 c

C_9H_9ClS

Sulfid, [3-Chlor-allyl]-phenyl- 6 IV 1479

—, [4-Chlor-2-methyl-phenyl]-vinyl-
6 IV 2029

—, [2-Chlor-1-methyl-vinyl]-phenyl-
6 IV 1478

—, [2-Chlor-vinyl]-o-tolyl- 6 IV 2016

—, [2-Chlor-vinyl]-p-tolyl- 6 IV 2160

$C_9H_9Cl_2IO_3$

Kohlensäure-äthylester-[3-dichlorjodanyl-
phenylester] 6 III 774 a

— äthylester-[4-dichlorjodanyl-
phenylester] 6 III 778 d

$C_9H_9Cl_2NOS$

Propionsäure, 2-Chlor-3-[4-chlor-
phenylmercapto]-, amid 6 IV 1603

$C_9H_9Cl_2NO_2$

Carbamidsäure, Äthyl-, [2,4-dichlor-
phenylester] 6 IV 907

—, Dimethyl-, [2,4-dichlor-
phenylester] 6 IV 907

—, Dimethyl-, [2,5-dichlor-
phenylester] 6 IV 944

—, Dimethyl-, [3,4-dichlor-
phenylester] 6 IV 954

Propionsäure, 2-[2,4-Dichlor-phenoxy]-,
amid 6 III 708 b, IV 924

—, 3-[2,4-Dichlor-phenoxy]-, amid
6 III 708 e

$C_9H_9Cl_2NO_2S$

Cystein, S-[2,3-Dichlor-phenyl]-
6 IV 1611

—, S-[2,4-Dichlor-phenyl]-
6 IV 1616

—, S-[2,5-Dichlor-phenyl]-
6 IV 1622

—, S-[2,6-Dichlor-phenyl]-
6 IV 1623

—, S-[3,4-Dichlor-phenyl]-
6 IV 1630

—, S-[3,5-Dichlor-phenyl]-
6 IV 1634

$C_9H_9Cl_2NO_3$

Acetohydroxamsäure, 2-[2,4-Dichlor-
6-methyl-phenoxy]- 6 IV 2003

Äther, [2-Chlor-äthyl]-[2-chlormethyl-
4-nitro-phenyl]- 6 IV 2013

Serin, O-[2,4-Dichlor-phenyl]- 6 IV 937

$C_9H_9Cl_2NO_3S$

Essigsäure, Chlor-[toluol-4-sulfonyl]-,
chloramid 6 III 1426 f

—, Dichlor-[toluol-4-sulfonyl]-, amid
6 III 1420 b

$C_9H_9Cl_2NO_4$

Benzol, 1-Dichlormethyl-3,4-dimethoxy-
2-nitro- 6 III 4523 a

$C_9H_9Cl_2NO_5$

Benzol, 1,3-Dichlor-4,5,6-trimethoxy-
2-nitro- 6 II 1070 g

—, 1,4-Dichlor-2,3,5-trimethoxy-
6-nitro- 6 III 6287 j

$C_9H_9Cl_2N_3O_2$

Acetaldehyd, [2,4-Dichlor-phenoxy]-,
semicarbazon 6 IV 902

$C_9H_9Cl_3O$

Äthanol, 2,2,2-Trichlor-1-m-tolyl-
6 IV 3238

—, 2,2,2-Trichlor-1-o-tolyl-
6 I 254 h, III 1819 h, IV 3233

—, 2,2,2-Trichlor-1-p-tolyl-
6 508 k, I 255 e, II 479 f, III 1827 g,
IV 3243

Äther, [2-Chlor-äthyl]-[4-chlor-
2-chlormethyl-phenyl]- 6 IV 2005

—, [2-Chlor-äthyl]-[2,4-dichlor-benzyl]-
6 IV 2597

—, [2-Chlor-äthyl]-[2,5-dichlor-benzyl]-
6 IV 2597

—, [2-Chlor-äthyl]-[3,4-dichlor-benzyl]-
6 IV 2598

—, [β-Chlor-isopropyl]-[2,4-dichlor-
phenyl]- 6 III 701 i

—, [2-Chlor-propyl]-[2,4-dichlor-
phenyl]- 6 III 701 i

—, [3-Chlor-propyl]-[2,4-dichlor-
phenyl]- 6 III 701 e

C₉H₉Cl₃O (Fortsetzung)

Äther, o-Tolyl-[1,1,2-trichlor-äthyl]-
  6 IV 1960

Anisol, 5-Chlor-2,4-bis-chlormethyl-
  6 III 682 a

−, 2,3,5-Trichlor-4,6-dimethyl-
  6 II 460 e

−, 2,4,5-Trichlor-3,6-dimethyl-
  6 II 467 k

Phenetol, 2,4,6-Trichlor-3-methyl-
  6 II 356 l

Propan-2-ol, 1,1,1-Trichlor-2-phenyl-
  6 III 1815 j

−, 1,1,1-Trichlor-3-phenyl-
  6 II 474 j, III 1798 f

C₉H₉Cl₃OS

Sulfoxid, [4-Chlor-2,5-dimethyl-phenyl]-
  dichlormethyl- 6 IV 3171

C₉H₉Cl₃O₂

Äthanol, 2,2,2-Trichlor-1-[2-hydroxy-
  5-methyl-phenyl]- 6 II 897 b,
  III 4640 f

−, 2,2,2-Trichlor-1-[2-methoxy-
  phenyl]- 6 903 g, III 4564 b

−, 2,2,2-Trichlor-1-[3-methoxy-
  phenyl]- 6 IV 5930

−, 2,2,2-Trichlor-1-[4-methoxy-
  phenyl]- 6 904 c, II 886 i, III 4567 g,
  IV 5932

−, 2,2,2-Trichlor-1-p-tolyloxy-
  6 396 c, III 1363 c

Methan, [2-Chlor-äthoxy]-[2,4-dichlor-
  phenoxy]- 6 IV 896

Propan-1-ol, 2-[2,4,5-Trichlor-phenoxy]-
  6 IV 968

Propan-2-ol, 1-Chlor-3-[2,4-dichlor-
  phenoxy]- 6 IV 895

−, 1-[2,4,5-Trichlor-phenoxy]-
  6 IV 967

−, 1-[2,4,6-Trichlor-phenoxy]-
  6 IV 1007

Toluol, 2,3,4-Trichlor-5,6-dimethoxy-
  6 I 427 c

−, 2,3,6-Trichlor-4,5-dimethoxy-
  6 I 432 h

−, 2,4,6-Trichlor-3,5-dimethoxy-
  6 IV 5893

C₉H₉Cl₃O₂S

Methansulfensäure, Trichlor-, [2-phenoxy-
  äthylester] 6 IV 579

Sulfon, [2-Chlor-äthyl]-[2,4-dichlor-
  5-methyl-phenyl]- 6 IV 2088

−, Phenäthyl-trichlormethyl-
  6 IV 3089

−, Phenyl-[2,3,3-trichlor-propyl]-
  6 IV 1470

−, Phenyl-[3,3,3-trichlor-propyl]-
  6 IV 1470

C₉H₉Cl₃O₃

Äthanol, 2,2,2-Trichlor-1-[4-hydroxy-
  3-methoxy-phenyl]- 6 II 1085 b,
  III 6331 a, IV 7391

Benzol, 1,2,3-Trichlor-4,5,6-trimethoxy-
  6 1085 a, IV 7335

−, 1,2,4-Trichlor-3,5,6-trimethoxy-
  6 IV 7347

−, 1,3,5-Trichlor-2,4,6-trimethoxy-
  6 1104 g

Propan-1,2-diol, 3-[2,4,5-Trichlor-phenoxy]-
  6 III 718 e

C₉H₉Cl₃O₃S₂

Äthanthiosulfonsäure, 2-Phenoxy-,
  S-trichlormethylester 6 IV 663

C₉H₉Cl₃S

Sulfid, [2-Chlor-äthyl]-[4-chlor-
  2-chlormethyl-phenyl]- 6 IV 2031

−, [2-Chlor-äthyl]-[2,4-dichlor-benzyl]-
  6 IV 2782

−, [2-Chlor-äthyl]-[3,4-dichlor-benzyl]-
  6 IV 2785

−, Phenyl-[2,3,3-trichlor-propyl]-
  6 IV 1470

−, Phenyl-[3,3,3-trichlor-propyl]-
  6 IV 1470

C₉H₉Cl₄IO

Äther, [2-Dichlorjodanyl-phenyl]-
  [2,3-dichlor-propyl]- 6 III 769 h

−, [4-Dichlorjodanyl-phenyl]-
  [2,3-dichlor-propyl]- 6 III 776 h

C₉H₉Cl₄O₅P

Phosphorsäure-dimethylester-[2,3,5,6-
  tetrachlor-4-methoxy-phenylester]
  6 IV 5779

C₉H₉Cl₅NO₂PS

Amidothiophosphorsäure, Äthyl-,
  O-methylester-O′-pentachlorphenylester
  6 IV 1036

−, Methyl-, O-äthylester-
  O′-pentachlorphenylester 6 IV 1036

C₉H₉Cl₅O₂

Norborn-2-en, 1,2,3,4,7-Pentachlor-5,6-bis-
  hydroxymethyl- 6 IV 5532

C₉H₉DO₂

Essigsäure, Deuterio-, benzylester
  6 IV 2263

$C_9H_9D_3O$
Äthanol, 1-[3-Trideuteriomethyl-phenyl]-
  6 IV 3238

$C_9H_9FO_2$
Essigsäure-[4-fluor-benzylester] 6 III 1554 c
Essigsäure, Fluor-, benzylester 6 IV 2264
Propionsäure-[4-fluor-phenylester]
  6 III 671 a, IV 776

$C_9H_9FO_3$
Essigsäure, [2-Fluor-4-methyl-phenoxy]-
  6 IV 2134
−, [4-Fluor-2-methyl-phenoxy]-
  6 III 1263 b
−, [4-Fluor-3-methyl-phenoxy]-
  6 IV 2060
Propionsäure, 3-[4-Fluor-phenoxy]-
  6 IV 777

$C_9H_9FO_3S$
Aceton, [4-Fluor-benzolsulfonyl]-
  6 III 1032 c

$C_9H_9F_3O$
Äthanol, 1-[3-Trifluormethyl-phenyl]-
  6 III 1824 a
−, 2,2,2-Trifluor-1-*o*-tolyl-
  6 III 1819 g
−, 2,2,2-Trifluor-1-*p*-tolyl-
  6 IV 3243
Phenäthylalkohol, 3-Trifluormethyl-
  6 III 1824 e
Phenetol, 2-Trifluormethyl- 6 III 1263 f,
  IV 1984
−, 3-Trifluormethyl- 6 III 1314 a,
  IV 2060
−, 4-Trifluormethyl- 6 III 1374 b,
  IV 2134
Propan-2-ol, 1,1,1-Trifluor-2-phenyl-
  6 III 1815 c, IV 3227
−, 1,1,1-Trifluor-3-phenyl-
  6 IV 3195

$C_9H_9F_3O_2$
Äthanol, 2,2,2-Trifluor-1-[4-methoxy-
  phenyl]- 6 IV 5931

$C_9H_9F_3O_2S$
Sulfon, [4-Äthyl-phenyl]-trifluormethyl-
  6 IV 3028

$C_9H_9F_3S$
Sulfid, [4-Äthyl-phenyl]-trifluormethyl-
  6 IV 3028

C_9H_9IO
Äther, Allyl-[2-jod-phenyl]- 6 III 770 d
−, Allyl-[3-jod-phenyl]- 6 III 773 e
−, Allyl-[4-jod-phenyl]- 6 III 777 b
Indan-1-ol, 2-Jod- 6 II 531 c, III 2426 e

$C_9H_9IO_2$
Essigsäure-[2-jod-benzylester] 6 IV 2605
− [3-jod-benzylester] 6 III 1563 b
− [4-jod-benzylester] 6 III 1563 d
− [4-jod-2-methyl-phenylester]
  6 IV 2008
Essigsäure, Jod-, benzylester 6 III 1479 d

$C_9H_9IO_2S$
Essigsäure, [4-Jod-2-methyl-phenyl-
  mercapto]- 6 IV 2032
Sulfon, [3-Jod-propenyl]-phenyl-
  6 III 988 c

$C_9H_9IO_3$
Benzol, 1-Acetoxy-4-jod-2-methoxy-
  6 I 391 b
−, 2-Acetoxy-4-jod-1-methoxy-
  6 787 f
Essigsäure, Jod-, [2-methoxy-phenylester]
  6 I 385 i
Kohlensäure-äthylester-[2-jod-phenylester]
  6 III 771 d
− äthylester-[3-jod-phenylester]
  6 III 773 d
− äthylester-[4-jod-phenylester]
  6 III 778 b
Propionsäure, 3-[2-Jod-phenoxy]-
  6 IV 1071
−, 3-[4-Jod-phenoxy]- 6 IV 1078

$C_9H_9IO_4$
Essigsäure, [4-Jod-2-methoxy-phenoxy]-
  6 II 789 c
−, [5-Jod-2-methoxy-phenoxy]-
  6 II 789 d

$C_9H_9I_2NO_2$
Essigsäure, [2,4-Dijod-6-methyl-phenoxy]-,
  amid 6 IV 2009

$C_9H_9I_3O$
Äther, Propyl-[2,4,6-trijod-phenyl]-
  6 212 c, III 789 c

C_9H_9NO
Acetonitril, Benzyloxy- 6 IV 2471
−, *m*-Tolyloxy- 6 380 c, II 354 b,
  III 1308 f
−, *o*-Tolyloxy- 6 II 331 d, III 1257 a
−, *p*-Tolyloxy- 6 399 c, II 380 k,
  III 1368 a
Propionitril, 3-Phenoxy- 6 III 616 d,
  IV 644

C_9H_9NOS
Äthylthiocyanat, 2-Phenoxy- 6 IV 581 e
Benzylthiocyanat, 4-Methoxy- 6 IV 5922
Methylthiocyanat, *p*-Tolyloxy- 6 IV 2110

C₉H₉NOS (Fortsetzung)

Phenol, 3,5-Dimethyl-4-thiocyanato-
    6 IV 5959

Phenylthiocyanat, 4-Äthoxy- 6 III 4463 b

Toluol, 2-Methoxy-5-thiocyanato-
    6 IV 5876

C₉H₉NO₂

Acetonitril, [2-Methoxy-phenoxy]-
    6 III 4235 a

−, [3-Methoxy-phenoxy]- 6 III 4324 a

−, [4-Methoxy-phenoxy]- 6 III 4420 a

Carbamidsäure, Vinyl-, phenylester
    6 IV 631

C₉H₉NO₂S

Acetonitril, [Toluol-2-sulfonyl]- 6 372 f

−, [Toluol-3-sulfonyl]- 6 389 a

−, [Toluol-4-sulfonyl]- 6 423 i,
    II 399 c, III 1423 a

Methylthiocyanat, [4-Methoxy-phenoxy]-
    6 IV 5737

Propionitril, 2-Benzolsulfonyl-
    6 I 147 h

−, 3-Benzolsulfonyl- 6 III 1018 d,
    IV 1541

Sulfid, Allyl-[2-nitro-phenyl]- 6 II 305 g,
    III 1058 d

−, Allyl-[4-nitro-phenyl]-
    6 II 310 p, III 1069 i

C₉H₉NO₂S₂

Äthylthiocyanat, 2-Benzolsulfonyl-
    6 III 997 h

C₉H₉NO₃

Acrylsäure, 3-Amino-3-phenoxy-
    6 IV 623

Äther, Allyl-[2-nitro-phenyl]- 6 I 114 c,
    II 210 b, IV 1252

−, Allyl-[3-nitro-phenyl]-
    6 II 214 d, IV 1271

−, Allyl-[4-nitro-phenyl]- 6 232 e,
    I 119 c, II 222 a, III 820 k,
    IV 1286

−, Methyl-[1-(4-nitro-phenyl)-vinyl]-
    6 IV 3782

Anisol, 2-[2-Nitro-vinyl]- 6 III 2384 c,
    IV 3773

−, 2-Nitro-4-vinyl- 6 562 l

−, 3-[2-Nitro-vinyl]- 6 II 520 c,
    IV 3774

−, 4-[2-Nitro-vinyl]- 6 562 m,
    II 521 c, III 2388 a, IV 3778

Carbamidsäure, Acetyl-, phenylester
    6 159 e, IV 631

Indan-1-ol, 6-Nitro- 6 III 2426 f

Indan-4-ol, 5-Nitro- 6 IV 3829

−, 7-Nitro- 6 IV 3829

Indan-5-ol, 4-Nitro- 6 III 2430 b

−, 6-Nitro- 6 575 e, II 532 a,
    III 2430 d

Malonomonoimidsäure-1-phenylester
    6 IV 623

Oxalamidsäure-benzylester 6 436 i,
    IV 2270

−   m-tolylester 6 IV 2049

−   o-tolylester 6 IV 1962

−   p-tolylester 6 IV 2114

Phenol, 2-Allyl-4-nitro- 6 I 283 c,
    IV 3817

−, 2-Allyl-6-nitro- 6 I 283 b,
    IV 3816

−, 2-[2-Nitro-propenyl]- 6 IV 3795

−, 4-[2-Nitro-propenyl]- 6 IV 3797

Zimtalkohol, 2-Nitro- 6 III 2409 a

−, 3-Nitro- 6 III 2409 b

−, 4-Nitro- 6 III 2409 c, IV 3804

C₉H₉NO₃S

Aceton, [2-Nitro-phenylmercapto]-
    6 I 155 g, III 1060 e, IV 1668

−, [4-Nitro-phenylmercapto]-
    6 I 159 l

Acetonitril, [2-Methoxy-benzolsulfonyl]-
    6 795 a, I 396 j, II 797 m

−, [4-Methoxy-benzolsulfonyl]-
    6 863 g

Glycin, N-Phenylmercaptocarbonyl-
    6 III 1010 c, IV 1528

C₉H₉NO₃S₂

Aceton, [2-Nitro-phenyldisulfanyl]-
    6 IV 1674

Dithiokohlensäure-S-methylester-S-[4-nitro-
    benzylester] 6 I 231 i

C₉H₉NO₃S₃

Disulfidothiokohlensäure-O-äthylester-
    S-S-[2-nitro-phenylester] 6 IV 1674

C₉H₉NO₃Se

Aceton, [2-Nitro-phenylselanyl]-
    6 IV 1786

C₉H₉NO₄

Aceton, [2-Nitro-phenoxy]- 6 219 d,
    III 803 e

−, [3-Nitro-phenoxy]- 6 II 214 i,
    III 810 d

−, [4-Nitro-phenoxy]- 6 233 b,
    II 223 c, III 825 f, IV 1297

Essigsäure-[2-methyl-4-nitro-phenylester]
    6 II 339 j

C₉H₉NO₄ (Fortsetzung)

Essigsäure-[2-methyl-5-nitro-phenylester]
  6 366 c
- [2-methyl-6-nitro-phenylester]
  6 II 338 g, IV 2009
- [3-methyl-2-nitro-phenylester]
  6 II 359 h, III 1326 c
- [3-methyl-4-nitro-phenylester]
  6 II 361 e, III 1328 a
- [4-methyl-3-nitro-phenylester]
  6 IV 2148
- [5-methyl-2-nitro-phenylester]
  6 II 360 d
- [2-nitro-benzylester] **6** 449 d,
  III 1564 i, IV 2609
- [3-nitro-benzylester] **6** III 1566 e,
  IV 2610
- [4-nitro-benzylester] **6** 451 k,
  I 223 f, II 426 b, III 1568 h,
  IV 2613

Essigsäure, Nitro-, benzylester **6** IV 2265
Glycin, N-Phenoxycarbonyl- **6** IV 631
Phenol, 4-Allyloxy-2-nitro- **6** III 4443 c
-, 5-Allyloxy-2-nitro- **6** III 4346 h
-, 2-Methoxy-4-[2-nitro-vinyl]-
  6 954 e, I 458 c, II 915 a, III 4984 e,
  IV 6316
-, 2-Methoxy-5-[2-nitro-vinyl]-
  6 III 4985 a, IV 6316
-, 2-Methoxy-6-[2-nitro-vinyl]-
  6 IV 6313
-, 5-Methoxy-2-[2-nitro-vinyl]-
  6 II 913 f
Propionsäure-[2-nitro-phenylester]
  6 III 804 a, IV 1257
- [3-nitro-phenylester] **6** IV 1274
- [4-nitro-phenylester]
  6 III 826 a, IV 1298
Resorcin, 2-Allyl-4-nitro- **6** III 5019 d
-, 4-Allyl-6-nitro- **6** III 5019 d

C₉H₉NO₄S

Essigsäure, [4-Methyl-2-nitro-phenyl-
  mercapto]- **6** IV 2213
-, [2-Nitro-benzylmercapto]-
  6 IV 2796
-, [3-Nitro-benzylmercapto]-
  6 IV 2796
-, [4-Nitro-benzylmercapto]-
  6 III 1649 e
-, [4-Nitro-phenylmercapto]-,
  methylester **6** 340 e
Propionsäure, 3-[2-Nitro-phenylmercapto]-
  6 II 306 f, III 1061 c

-, 3-[3-Nitro-phenylmercapto]-
  6 IV 1686
-, 3-[4-Nitro-phenylmercapto]-
  6 III 1075 h, IV 1711
Sulfon, Allyl-[4-nitro-phenyl]- **6** III 1069 j
-, [4-Methyl-3-nitro-phenyl]-vinyl-
  6 IV 2211
-, Methyl-[3-nitro-styryl]-
  6 IV 3791
Thiokohlensäure-O-äthylester-O'-[2-nitro-
  phenylester] **6** IV 1260
- O-äthylester-S-[2-nitro-
  phenylester] **6** II 306 c, IV 1669

C₉H₉NO₄S₂

Acetonitril, Benzolsulfonyl-methansulfonyl-
  6 IV 1549
Propionsäure, 3-[2-Nitro-phenyldisulfanyl]-
  6 IV 1675

C₉H₉NO₄Se

Oxid, Acetyl-[3-nitro-toluol-4-selenyl]-
  6 IV 2220 a

C₉H₉NO₅

Benzol, 1-Acetoxy-2-methoxy-3-nitro-
  6 II 790 b, III 4263 d
-, 1-Acetoxy-2-methoxy-4-nitro-
  6 789 e, I 392 c
-, 2-Acetoxy-1-methoxy-3-nitro-
  6 I 391 f
-, 2-Acetoxy-1-methoxy-4-nitro-
  6 789 f, II 793 a, III 4268 d
-, 2-Acetoxy-4-methoxy-1-nitro-
  6 IV 5692
-, 4-Acetoxy-1-methoxy-2-nitro-
  6 I 418 f
Brenzcatechin, 3-Methoxy-5-[2-nitro-vinyl]-
  6 IV 7475
Essigsäure, [2-Methyl-4-nitro-phenoxy]-
  6 I 178 h
-, [2-Methyl-5-nitro-phenoxy]-
  6 I 178 d
-, [2-Methyl-6-nitro-phenoxy]-
  6 II 338 h
-, [3-Methyl-2-nitro-phenoxy]-
  6 IV 2075
-, [3-Methyl-4-nitro-phenoxy]- **6** I 192 c
-, [4-Methyl-2-nitro-phenoxy]-
  6 II 389 b
-, [4-Methyl-3-nitro-phenoxy]-
  6 I 205 l, II 387 i
-, [5-Methyl-2-nitro-phenoxy]-
  6 II 360 e
-, [2-Nitro-phenoxy]-, methylester
  6 220 l, II 211 d, IV 1261

$C_9H_9NO_5$ (Fortsetzung)

Essigsäure, [3-Nitro-phenoxy]-, methyl=
ester **6** II 215 e, IV 1274

—, [4-Nitro-phenoxy]-, methylester
6 234 b, II 224 c, IV 1302

Kohlensäure-äthylester-[2-nitro-phenylester]
6 220 j, IV 1257

— äthylester-[4-nitro-phenylester]
6 233 n, II 223 i, IV 1301

— methylester-[4-nitro-benzylester]
6 IV 2615

Phenol, 2-Acetoxymethyl-4-nitro-
6 896 a

—, 2-Acetoxy-4-methyl-6-nitro-
6 II 869 c

Propionsäure, 2-[2-Nitro-phenoxy]-
6 221 a, II 211 h, III 804 g

—, 2-[3-Nitro-phenoxy]- **6** 225 e,
II 215 i, III 810 i

—, 2-[4-Nitro-phenoxy]- **6** 234 f,
II 224 g, III 829 a

—, 3-[2-Nitro-phenoxy]- **6** III 804 h

—, 3-[3-Nitro-phenoxy]- **6** III 810 j

—, 3-[4-Nitro-phenoxy]- **6** III 829 b

$C_9H_9NO_5S$

Aceton, [4-Nitro-benzolsulfonyl]-
6 III 1074 b

Äthen, 1-Methoxy-2-[4-nitro-benzolsulfonyl]-
6 IV 1702

$C_9H_9NO_6$

Essigsäure, [2-Methoxy-5-nitro-phenoxy]-
6 I 392 e, IV 5629

$C_9H_9NO_6S$

Essigsäure, [4-Nitro-benzolsulfonyl]-,
methylester **6** IV 1710

Propionsäure, 2-[2-Nitro-benzolsulfonyl]-
6 III 1061 b

—, 3-[2-Nitro-benzolsulfonyl]- **6** II 306 i

—, 3-[4-Nitro-benzolsulfonyl]-
6 III 1075 i

$C_9H_9NO_7$

Kohlensäure-äthylester-[2,3-dihydroxy-
4-nitro-phenylester] **6** 1086 d

— äthylester-[2,3-dihydroxy-6-nitro-
phenylester] **6** 1086 d

C_9H_9NS

Acetonitril, *o*-Tolylmercapto- **6** IV 2025

Äthylthiocyanat, 1-Phenyl- **6** 478 j

Benzylthiocyanat, 2-Methyl- **6** 485 a,
III 1735 b

—, 3-Methyl- **6** 494 f, III 1769 g

—, 4-Methyl- **6** 498 l

Phenäthylthiocyanat **6** IV 3089

Propionitril, 3-Phenylmercapto-
6 III 1017 f, IV 1540

$C_9H_9NS_2$

Äthylthiocyanat, 2-Phenylmercapto-
6 III 996 d

Benzylthiocyanat, 4-Methylmercapto-
6 III 4553 h

Methylisothiocyanat, Benzylmercapto-
6 III 1594 g

C_9H_9NSe

Phenylselenocyanat, 2-Äthyl- **6** III 1660 f

—, 2,4-Dimethyl- **6** IV 3141

$C_9H_9N_3O_2$

Propionsäure, 2-Azido-, phenylester
6 III 601 b

$C_9H_9N_3O_2S$

Sulfon, [2-Azido-vinyl]-*p*-tolyl- **6** IV 2161

$C_9H_9N_3O_3S$

Acetylazid, Phenylmethansulfonyl-
6 II 436 h

$C_9H_9N_3O_4S$

Benzolsulfensäure, 2,4-Dinitro-, isopropyl=
idenamid **6** IV 1772

$C_9H_9N_3O_4S_2$

Dithiocarbamidsäure, Dimethyl-,
[2,4-dinitro-phenylester] **6** III 1098 h,
IV 1760

$C_9H_9N_3O_5$

Acetaldehyd, 1-Nitro-, [*O*-(4-nitro-benzyl)-
oxim] **6** 452 i

Aceton-[*O*-(2,4-dinitro-phenyl)-oxim]
6 256 g

Harnstoff, [(2-Nitro-phenoxy)-acetyl]-
6 I 115 l

—, [(4-Nitro-phenoxy)-acetyl]- **6** I 120 l

$C_9H_9N_3O_6$

Aceton, [2,4-Dinitro-phenoxy]-, oxim
6 III 866 a

Benzol, 1,2,3-Tris-carbamoyloxy-
6 1083 l

Carbamidsäure, Methyl-, [2-methyl-
4,6-dinitro-phenylester] **6** IV 2014

$C_9H_9N_3O_6S$

Cystein, *S*-[2,4-Dinitro-phenyl]-
6 III 1100 h, IV 1764

Sulfid, [2,4-Dinitro-phenyl]-[α-nitro-
isopropyl]- **6** IV 1757

—, [2,4-Dinitro-phenyl]-[1-nitro-
propyl]- **6** IV 1757

—, Methyl-[2,4,6-trinitro-phenäthyl]-
6 III 1721 g

$C_9H_9N_3O_7$

Äther, Isopropyl-picryl- **6** IV 1457

$C_9H_9N_3O_7$ (Fortsetzung)
Äther, Picryl-propyl- **6** 290 c, IV 1457
Anisol, 2,5-Dimethyl-3,4,6-trinitro-
   6 497 i
—, 3,5-Dimethyl-2,4,6-trinitro-
   6 493 j, III 1767 g
Phenetol, 3-Methyl-2,4,6-trinitro-
   6 388 b, I 195 b
Phenol, 3-Äthyl-5-methyl-2,4,6-trinitro-
   6 IV 3237
—, 3-Isopropyl-2,4,6-trinitro-
   6 IV 3215
—, 2,4,6-Trinitro-3-propyl-
   6 III 1788 i
$C_9H_9N_3O_7S$
Propan-2-ol, 1-Picrylmercapto- **6** IV 1775
$C_9H_9N_3O_8$
Äthanol, 1-[4-Methoxy-3,5-dinitro-phenyl]-
   2-nitro- **6** I 443 d
Benzol, 2-Äthoxy-4-methoxy-1,3,5-trinitro-
   6 833 b
Propan-1,3-diol, 2-[3,5-Dinitro-phenyl]-
   2-nitro- **6** III 4635 d
Toluol, 2,3-Dimethoxy-4,5,6-trinitro-
   6 I 428 d
—, 2,4-Dimethoxy-3,5,6-trinitro-
   6 II 861 h
—, 3,4-Dimethoxy-2,5,6-trinitro-
   6 I 433 k, II 872 h
—, 3,5-Dimethoxy-2,4,6-trinitro-
   6 891 a
$C_9H_9N_3O_8S$
Sulfon, [2,4-Dinitro-phenyl]-[1-nitro-
   propyl]- **6** IV 1757
—, Methyl-[2,4,6-trinitro-phenäthyl]-
   6 III 1721 h
$C_9H_9N_3O_9$
Benzol, 1,2,3-Trimethoxy-4,5,6-trinitro-
   6 I 541 f
—, 1,3,5-Trimethoxy-2,4,6-trinitro-
   6 II 1080 d, IV 7372
Propan-1,2-diol, 3-Picryloxy- **6** III 971 c
$C_9H_9N_3S$
Isothioharnstoff, S-Benzyl-N-cyan-
   6 461 b
$C_9H_9N_5O_5S$
Acetaldehyd, [2,4-Dinitro-phenylmercapto]-,
   semicarbazon **6** IV 1758
$C_9H_{10}BrClO$
Äther, [2-Brom-äthyl]-[4-chlormethyl-
   phenyl]- **6** IV 2137
—, [2-Brom-äthyl]-[4-chlor-2-methyl-
   phenyl]- **6** IV 1987

—, [4-Brom-benzyl]-[2-chlor-äthyl]-
   6 III 1561 b
—, [2-Brom-1-(4-chlor-phenyl)-äthyl]-
   methyl- **6** III 1691 f
—, [4-Brom-phenyl]-[β-chlor-
   isopropyl]- **6** III 743 d
—, [4-Brom-phenyl]-[2-chlor-propyl]-
   6 III 743 d
—, [4-Brom-phenyl]-[3-chlor-propyl]-
   6 IV 1045
—, [3-Brom-propyl]-[2-chlor-phenyl]-
   6 IV 786
—, [3-Brom-propyl]-[3-chlor-phenyl]-
   6 IV 812
—, [3-Brom-propyl]-[4-chlor-phenyl]-
   6 IV 824
Anisol, 3-[2-Brom-äthyl]-4-chlor-
   6 IV 3019
—, 4-[2-Brom-äthyl]-2-chlor-
   6 III 1669 b
—, 4-[2-Brom-1-chlor-äthyl]-
   6 472 k
—, 4-Brom-2-chlormethyl-6-methyl-
   6 III 1739 c
Phenol, 2-Brom-4-chlormethyl-
   3,6-dimethyl- **6** 511 i
—, 2-Brom-4-chlor-3,5,6-trimethyl-
   6 IV 3250
—, 4-Brom-2-chlor-3,5,6-trimethyl-
   6 IV 3250
—, 3-Brommethyl-6-chlor-
   2,4-dimethyl- **6** IV 3245
$C_9H_{10}BrClO_2$
Benzol, 1-Brom-2-chlormethyl-
   4,5-dimethoxy- **6** III 4522 b,
   IV 5883
—, 1-Brom-4-chlormethyl-
   2,5-dimethoxy- **6** IV 5871
—, 1-Brom-5-chlormethyl-
   2,3-dimethoxy- **6** I 433 b, IV 5883
—, 2-Brom-1-chlormethyl-
   3,4-dimethoxy- **6** IV 5883
Hydrochinon, 2-Brom-3-chlormethyl-
   5,6-dimethyl- **6** III 4651 a
—, 2-Brom-5-chlormethyl-
   3,6-dimethyl- **6** III 4650 f
—, 2-Brom-6-chlormethyl-
   3,5-dimethyl- **6** III 4650 d
Propan-2-ol, 1-[2-Brom-4-chlor-phenoxy]-
   6 IV 1058
—, 1-[2-Brom-phenoxy]-3-chlor-
   6 III 737 d, IV 1039

C₉H₁₀BrClO₂ (Fortsetzung)
Propan-2-ol, 1-[4-Brom-phenoxy]-3-chlor-
6 III 746 c, IV 1048

C₉H₁₀BrFO
Anisol, 4-[2-Brom-äthyl]-2-fluor-
6 III 1669 a
—, 2-Brom-3-fluor-4,6-dimethyl-
6 III 1749 f

C₉H₁₀BrIO
Äther, [3-Brom-propyl]-[2-jod-phenyl]-
6 III 769 f, IV 1071

C₉H₁₀BrNO₂
Carbamidsäure-[2-brom-1-phenyl-
äthylester] 6 IV 3054
Carbamidsäure, Dimethyl-, [4-brom-
phenylester] 6 IV 1052
Essigsäure, [2-Brom-benzyloxy]-, amid
6 IV 2601
—, [4-Brom-benzyloxy]-, amid
6 IV 2603
Propionsäure, 3-[2-Brom-phenoxy]-, amid
6 III 738 c
—, 3-[4-Brom-phenoxy]-, amid
6 III 748 c

C₉H₁₀BrNO₂S
Cystein, S-[2-Brom-phenyl]- 6 IV 1648
—, S-[3-Brom-phenyl]- 6 IV 1649
—, S-[4-Brom-phenyl]-
6 332 m, 334 f, III 1052 b, IV 1655

C₉H₁₀BrNO₂S₂
Thiopropionsäure, 2-[4-Brom-benzolsulfonyl]-,
amid 6 I 152 d

C₉H₁₀BrNO₃
Äthan, 1-Brom-2-methoxy-1-nitro-2-phenyl-
6 IV 3060
—, 2-Brom-1-methoxy-1-[4-nitro-
phenyl]- 6 IV 3059
Äther, [2-Brom-2-nitro-1-phenyl-äthyl]-
methyl- 6 477 g, IV 3060 a
—, [3-Brom-propyl]-[2-nitro-phenyl]-
6 IV 1250
—, [3-Brom-propyl]-[3-nitro-phenyl]-
6 II 214 c, IV 1271
—, [3-Brom-propyl]-[4-nitro-phenyl]-
6 IV 1284
Essigsäure, [2-Brom-4-methoxy-phenoxy]-,
amid 6 IV 5781
Phenetol, 2-Brommethyl-4-nitro-
6 II 340 i
—, 4-Brommethyl-2-nitro-
6 II 390 f
—, 4-Brom-5-methyl-2-nitro-
6 I 193 a

Phenol, 2-Brom-6-isopropyl-4-nitro- 6 505 g
—, 4-Brom-2-isopropyl-6-nitro-
6 505 f, III 1809 k

C₉H₁₀BrNO₃S
Essigsäure, Brom-[toluol-4-sulfonyl]-,
amid 6 III 1426 g
—, [Toluol-4-sulfonyl]-, bromamid
6 III 1422 h
Propionsäure, 2-[4-Brom-benzolsulfonyl]-,
amid 6 I 152 a

C₉H₁₀BrNO₄
Benzol, 1-Äthoxy-2-brom-5-methoxy-
4-nitro- 6 III 4350 b
—, 1-Äthoxy-5-brom-2-methoxy-
4-nitro- 6 III 4271 f
—, 1-Brommethyl-3,4-dimethoxy-
2-nitro- 6 III 4523 b
Phenol, 3-Äthoxy-2-brom-4-methyl-6-nitro-
6 II 861 f
Propan-1,3-diol, 2-[4-Brom-phenyl]-2-nitro-
6 IV 5994
Toluol, 6-Brom-3,4-dimethoxy-2-nitro-
6 II 870 e

C₉H₁₀BrNO₄S
Alanin, 3-[4-Brom-benzolsulfonyl]-
6 334 d

C₉H₁₀BrNO₅
Benzol, 2-Brom-3,4,5-trimethoxy-1-nitro-
6 1087 a, IV 7337

C₉H₁₀BrNS₂
Dithiocarbamidsäure, Dimethyl-,
[4-brom-phenylester] 6 III 1051 g

C₉H₁₀BrO₂S₂Sb
[1,3,2]Dithiastibolan-2-ol, 4-[4-Brom-
phenoxymethyl]- 6 IV 1049

C₉H₁₀Br₂Cl₂O
Cyclohexa-2,5-dienol, 2,6-Dibrom-
4-dichlormethyl-1,4-dimethyl-
6 II 101 d

C₉H₁₀Br₂Cl₂O₂
Cyclohexa-2,5-dien-1,4-diol, 1-Äthyl-
2,5-dibrom-3,6-dichlor-4-methyl-
6 758 a

C₉H₁₀Br₂O
Äthanol, 2-Brom-1-[3-brom-4-methyl-
phenyl]- 6 III 1828 c
Äther, [2-Brom-äthyl]-[2-brom-4-methyl-
phenyl]- 6 406 a
—, [2-Brom-phenyl]-[3-brom-propyl]-
6 IV 1038
—, [4-Brom-phenyl]-[3-brom-propyl]-
6 III 743 b, IV 1045

C₉H₁₀Br₂O (Fortsetzung)

Äther, [2,4-Dibrom-phenyl]-isopropyl-
6 II 189 b, IV 1061

—, [2,4-Dibrom-phenyl]-propyl-
6 IV 1061

Anisol, 2-Brom-4-[2-brom-äthyl]-
6 II 444 f

—, 4-Brom-2-[2-brom-äthyl]-
6 II 443 c

—, 4-Brom-3-[2-brom-äthyl]-
6 II 443 i, IV 3019

—, 3-[1,2-Dibrom-äthyl]- 6 III 1663 a

—, 4-[1,2-Dibrom-äthyl]-
6 473 a, III 1669 e

—, 2,4-Dibrom-3,5-dimethyl-
6 II 464 i

—, 2,4-Dibrom-3,6-dimethyl-
6 III 1774 e

—, 3,4-Dibrom-2,6-dimethyl-
6 IV 3123

Phenetol, 2,4-Dibrom-6-methyl-
6 II 334 g

Phenol, 2,4-Bis-brommethyl-6-methyl-
6 III 1839 e, IV 3260

—, 2,6-Bis-brommethyl-4-methyl-
6 519 f, III 1839 d, IV 3260

—, 2-Brom-3-brommethyl-
4,6-dimethyl- 6 512 e

—, 2-Brom-4-brommethyl-
3,6-dimethyl- 6 512 f

—, 2-Brom-6-brommethyl-
3,4-dimethyl- 6 512 i

—, 2,4-Dibrom-6-isopropyl-
6 505 b

—, 2,4-Dibrom-6-propyl- 6 III 1786 g

—, 2,4-Dibrom-3,5,6-trimethyl-
6 518 f, II 483 c, III 1834 a

—, 2,5-Dibrom-3,4,6-trimethyl-
6 511 j

—, 2,6-Dibrom-3,4,5-trimethyl-
6 II 480 f, III 1831 a

—, 3,5-Dibrom-2,4,6-trimethyl-
6 519 d, III 1839 c

Propan-1-ol, 2,3-Dibrom-1-phenyl-
6 IV 3188

—, 2,3-Dibrom-3-phenyl-
6 504 d, III 1806 a, IV 3205

C₉H₁₀Br₂O₂

Benzol, 1-Äthoxy-2,4-dibrom-5-methoxy-
6 III 4339 a

Benzylalkohol, 2,4-Dibrom-6-hydroxy-
3,5-dimethyl- 6 940 a

—, 2,5-Dibrom-3-hydroxy-
4,6-dimethyl- 6 932 f

—, 2,5-Dibrom-4-hydroxy-
3,6-dimethyl- 6 934 c

—, 2,6-Dibrom-4-hydroxy-
3,5-dimethyl- 6 940 h

—, 3,5-Dibrom-4-hydroxy-
2,6-dimethyl- 6 931 a

Phenol, 3-Äthoxy-2,6-dibrom-4-methyl-
6 II 860 e

—, 2-Äthoxymethyl-4,6-dibrom-
6 IV 5903

—, 4-Äthoxymethyl-2,6-dibrom-
6 899 c

—, 2,4-Bis-brommethyl-6-methoxy-
6 III 4592 a

—, 2,6-Bis-brommethyl-4-methoxy-
6 IV 5958

—, 2,6-Dibrom-4-[1-methoxy-äthyl]-
6 904 f

—, 4,5-Dibrom-2-propoxy-
6 IV 5623

Resorcin, 2,4-Dibrom-6-propyl-
6 III 4612 f

Toluol, 2,4-Dibrom-3,5-dimethoxy-
6 IV 5894

—, 2,4-Dibrom-3,6-dimethoxy-
6 III 4503 d

—, 2,6-Dibrom-3,5-dimethoxy-
6 IV 5894

C₉H₁₀Br₂O₂S

Essigsäure, [Dibrom-p-tolyl-λ⁴-sulfanyl]-
6 422 g

Phenol, 3,6-Dibrom-4-methoxymethyl-
2-methylmercapto- 6 I 551 k

Sulfon, [1,2-Dibrom-äthyl]-p-tolyl-
6 III 1414 d

—, Dibrommethyl-[1-phenyl-äthyl]-
6 III 1699 b

—, [2,3-Dibrom-propyl]-phenyl-
6 298 e, III 981 g

C₉H₁₀Br₂O₂Se

Essigsäure, [Dibrom-p-tolyl-λ⁴-selanyl]-
6 II 402 f

C₉H₁₀Br₂O₃

Äthanol, 2-[4,5-Dibrom-2-methoxy-
phenoxy]- 6 IV 5623

Benzen-1,2,4-triol, 3,5-Dibrom-6-propyl-
6 IV 7400

—, 3,6-Dibrom-5-propyl- 6 IV 7401

Benzol, 1,2-Dibrom-3,4,5-trimethoxy-
6 II 1068 h

C$_9$H$_{10}$Br$_2$O$_3$ (Fortsetzung)

Benzol, 1,3-Dibrom-2,4,5-trimethoxy-
6 I 542 j, IV 7348

—, 1,4-Dibrom-2,3,5-trimethoxy-
6 IV 7348

—, 1,5-Dibrom-2,3,4-trimethoxy-
6 II 1068 j, IV 7336

—, 2,3-Dibrom-1,4,5-trimethoxy-
6 IV 7348

—, 2,4-Dibrom-1,3,5-trimethoxy-
6 1104 k, II 1079 g

Phenol, 2,5-Dibrom-3,4-bis-hydroxymethyl-
6-methyl- 6 1124 f

—, 3,5-Dibrom-2,6-bis-hydroxymethyl-
4-methyl- 6 II 1088 c

—, 2,4-Dibrom-3,5-dimethoxy-
6-methyl- 6 1111 l

—, 3,5-Dibrom-2,6-dimethoxy-
4-methyl- 6 1112 k, IV 7377

Propan-1,2-diol, 3-[2,4-Dibrom-phenoxy]-
6 I 106 k

Resorcin, 5-Äthoxy-4,6-dibrom-2-methyl-
6 1111 m

C$_9$H$_{10}$Br$_4$O$_2$

Cyclohexa-2,5-dien-1,4-diol, 1-Äthyl-
2,3,5,6-tetrabrom-4-methyl- 6 758 b

C$_9$H$_{10}$ClFO

Äther, [2-Chlor-propyl]-[2-fluor-phenyl]-
6 IV 771

—, [2-Chlor-propyl]-[3-fluor-phenyl]-
6 IV 772

—, [2-Chlor-propyl]-[4-fluor-phenyl]-
6 IV 774

—, [3-Chlor-propyl]-[4-fluor-phenyl]-
6 IV 774

C$_9$H$_{10}$ClFO$_2$

Benzol, 1-Chlormethyl-2-fluor-
3,4-dimethoxy- 6 IV 5882

C$_9$H$_{10}$ClIO$_2$

Propan-2-ol, 1-Chlor-3-[2-jod-phenoxy]-
6 IV 1071

C$_9$H$_{10}$ClNO

Propionimidsäure, 3-Chlor-, phenylester
6 IV 615

C$_9$H$_{10}$ClNOS

Propionsäure, 2-[3-Chlor-phenylmercapto]-,
amid 6 IV 1580

Thiocarbamidsäure-S-[2-chlor-1-phenyl-
äthylester] 6 IV 3064

C$_9$H$_{10}$ClNO$_2$

Carbamidsäure-[β-chlor-phenäthylester]
6 IV 3080

— [2-chlor-1-phenyl-äthylester]
6 IV 3047

Carbamidsäure, [2-Chlor-äthyl]-,
phenylester 6 IV 630

—, Dimethyl-, [2-chlor-phenylester]
6 IV 795

—, Dimethyl-, [4-chlor-phenylester]
6 IV 843

Essigsäure, [2-Chlor-benzyloxy]-, amid
6 IV 2592

—, [4-Chlor-benzyloxy]-, amid
6 IV 2595

—, [2-Chlor-6-methyl-phenoxy]-,
amid 6 IV 1986

—, [3-Chlor-2-methyl-phenoxy]-,
amid 6 IV 2000

—, [4-Chlor-2-methyl-phenoxy]-,
amid 6 IV 1993

—, [4-Chlor-3-methyl-phenoxy]-,
amid 6 III 1317 g

—, [5-Chlor-2-methyl-phenoxy]-,
amid 6 IV 1986

Propionsäure, 3-[2-Chlor-phenoxy]-, amid
6 III 679 c

—, 3-[4-Chlor-phenoxy]-, amid
6 III 696 d

C$_9$H$_{10}$ClNO$_2$S

Amin, [2-Benzolsulfonyl-2-chlor-vinyl]-
methyl- 6 IV 1513

Cystein, S-[2-Chlor-phenyl]- 6 IV 1575

—, S-[3-Chlor-phenyl]- 6 IV 1580

—, S-[4-Chlor-phenyl]- 6 329 d,
III 1040 d, IV 1607

Sulfid, [2-Chlor-äthyl]-[4-nitro-benzyl]-
6 II 440 d

—, [3-Chlor-propyl]-[4-nitro-phenyl]-
6 II 310 f

C$_9$H$_{10}$ClNO$_2$S$_2$

Thiopropionsäure, 2-[4-Chlor-benzolsulfonyl]-,
amid 6 I 150 g

C$_9$H$_{10}$ClNO$_3$

Acetohydroxamsäure, 2-[4-Chlor-2-methyl-
phenoxy]- 6 IV 1995

Äthan, 1-Carbamoyloxy-2-[2-chlor-
phenoxy]- 6 I 99 c

—, 2-Chlor-1-methoxy-1-[4-nitro-
phenyl]- 6 IV 3057

Äther, Äthyl-[2-chlor-4-nitro-benzyl]-
6 453 c

—, Äthyl-[2-chlor-6-nitro-benzyl]-
6 453 a

—, [2-Chlor-äthyl]-[2-methyl-5-nitro-
phenyl]- 6 II 339 g

$C_9H_{10}ClNO_3$ (Fortsetzung)

Äther, [2-Chlor-äthyl]-[4-nitro-benzyl]-
6 IV 2611

—, [3-Chlor-4-nitro-phenyl]-isopropyl-
6 III 840 g

—, [3-Chlor-propyl]-[4-nitro-phenyl]-
6 III 819 c, IV 1284

Anisol, 4-Chlor-3,5-dimethyl-2-nitro-
6 III 1765 f, IV 3161

—, 4-Chlormethyl-5-methyl-2-nitro-
6 IV 3107

Essigsäure, [2-Chlor-4-methoxy-phenoxy]-,
amid 6 IV 5770

Phenetol, 2-Chlormethyl-4-nitro-
6 III 1275 f

—, 4-Chlormethyl-2-nitro-
6 IV 2151

—, 4-Chlormethyl-3-nitro-
6 IV 2151

$C_9H_{10}ClNO_3S$

Aceton, [4-Chlor-benzolsulfonyl]-, oxim
6 I 149 g

Essigsäure, Chlor-[toluol-4-sulfonyl]-,
amid 6 III 1426 e

Propionsäure, 2-[4-Chlor-benzolsulfonyl]-,
amid 6 I 150 d

$C_9H_{10}ClNO_4$

Äthan, 1-[4-Chlor-2-nitro-phenoxy]-
2-methoxy- 6 III 836 a

Benzol, 1-Äthoxy-4-chlor-2-methoxy-
5-nitro- 6 IV 5630

—, 1-Chlormethyl-3,4-dimethoxy-
2-nitro- 6 I 433 h, III 4522 h,
IV 5884

—, 1-Chlormethyl-4,5-dimethoxy-
2-nitro- 6 IV 5884

—, 2-Chlormethyl-3,4-dimethoxy-
1-nitro- 6 IV 5863

Methan, [2-Chlor-äthoxy]-[4-nitro-
phenoxy]- 6 IV 1295

Propan-1,3-diol, 2-[4-Chlor-phenyl]-2-nitro-
6 IV 5994

Propan-2-ol, 1-Chlor-3-[2-nitro-phenoxy]-
6 IV 1254

—, 1-Chlor-3-[3-nitro-phenoxy]-
6 IV 1273

—, 1-Chlor-3-[4-nitro-phenoxy]-
6 I 120 a, IV 1291

$C_9H_{10}ClNO_4S$

Propionsäure, 2-Amino-3-[4-chlor-
benzolsulfonyl]- 6 329 f, IV 1608

Sulfon, [4-Chlor-2-nitro-phenyl]-propyl-
6 III 1079 a

—, [2-Chlor-propyl]-[3-nitro-phenyl]-
6 III 1065 f

$C_9H_{10}ClNO_5$

Benzol, 1-Chlor-2,3,5-trimethoxy-4-nitro-
6 IV 7350

—, 1-Chlor-2,4,5-trimethoxy-3-nitro-
6 IV 7350

—, 2-Chlor-3,4,5-trimethoxy-1-nitro-
6 II 1070 f

Propan-1,2-diol, 3-[2-Chlor-4-nitro-
phenoxy]- 6 III 840 d

$C_9H_{10}ClNO_5S$

Äthan, 1-[2-Chlor-5-nitro-benzolsulfonyl]-
2-methoxy- 6 III 1084 f

$C_9H_{10}ClN_3O_2$

Acetaldehyd, [2-Chlor-phenoxy]-,
semicarbazon 6 IV 793

—, [3-Chlor-phenoxy]-, semicarbazon
6 IV 814

—, [4-Chlor-phenoxy]-, semicarbazon
6 IV 837

$C_9H_{10}Cl_2N_2OS$

Isothioharnstoff, S-[2-(2,4-Dichlor-
phenoxy)-äthyl]- 6 IV 894

$C_9H_{10}Cl_2O$

Äther, Äthyl-[3,4-dichlor-benzyl]-
6 IV 2598

—, Benzyl-[1,2-dichlor-äthyl]-
6 IV 2253

—, [2-Chlor-äthyl]-[2-chlor-benzyl]-
6 III 1554 f, IV 2590

—, [2-Chlor-äthyl]-[4-chlor-benzyl]-
6 IV 2594

—, [2-Chlor-äthyl]-[2-chlormethyl-
phenyl]- 6 IV 2000

—, [2-Chlor-äthyl]-[4-chlormethyl-
phenyl]- 6 IV 2137

—, [4-Chlor-3,5-dimethyl-phenyl]-
chlormethyl- 6 IV 3154

—, [β-Chlor-isopropyl]-[4-chlor-
phenyl]- 6 III 688 d

—, [2-Chlor-phenyl]-[2-chlor-propyl]-
6 IV 785

—, [4-Chlor-phenyl]-[2-chlor-propyl]-
6 III 688 d, IV 824

—, [4-Chlor-phenyl]-[3-chlor-propyl]-
6 IV 824

—, [β,β'-Dichlor-isopropyl]-phenyl-
6 III 550 b

—, [2,4-Dichlor-phenyl]-isopropyl-
6 III 701 h, IV 886

—, [2,4-Dichlor-phenyl]-propyl-
6 III 701 d, IV 886

C$_9$H$_{10}$Cl$_2$O (Fortsetzung)

Äther, [2,3-Dichlor-propyl]-phenyl-
  6 142 e, III 549 b

Anisol, 2,4-Bis-chlormethyl- 6 III 1748 e,
  IV 3136

–, 4-[1,2-Dichlor-äthyl]- 6 III 1667 d

–, 4-[2,2-Dichlor-äthyl]- 6 III 1667 e

–, 2,4-Dichlor-3,5-dimethyl-
  6 III 1760 f

Phenetol, 3-Chlor-4-chlormethyl-
  6 IV 2142

–, 2,4-Dichlor-6-methyl- 6 II 332 i

–, 2,6-Dichlor-4-methyl- 6 404 b

Phenol, 3-Äthyl-2,4-dichlor-5-methyl-
  6 IV 3237

–, 5-Äthyl-2,4-dichlor-3-methyl-
  6 IV 3237

–, 2,4-Bis-chlormethyl-6-methyl-
  6 III 1838 c, IV 3259

–, 2,6-Bis-chlormethyl-4-methyl-
  6 III 1838 a

–, 3-Chlor-2-chlormethyl-
  4,6-dimethyl- 6 IV 3259

–, 6-Chlor-3-chlormethyl-
  2,4-dimethyl- 6 IV 3245

–, 2,4-Dichlor-6-propyl- 6 III 1786 c,
  IV 3178

Propan-1-ol, 2,3-Dichlor-1-phenyl-
  6 III 1795 g

Propan-2-ol, 1-Chlor-2-[3-chlor-phenyl]-
  6 IV 3227

–, 1-Chlor-2-[4-chlor-phenyl]-
  6 IV 3227

–, 1,3-Dichlor-2-phenyl- 6 507 b

–, 2-[2,5-Dichlor-phenyl]-
  6 III 1815 h

–, 2-[3,4-Dichlor-phenyl]-
  6 III 1815 i

C$_9$H$_{10}$Cl$_2$OS

Benzol, 1-[Äthylmercapto-methoxy]-
  2,4-dichlor- 6 IV 900

Propan-2-ol, 1-Chlor-3-[4-chlor-
  phenylmercapto]- 6 IV 1589

C$_9$H$_{10}$Cl$_2$O$_2$

Äthanol, 2-[3,4-Dichlor-benzyloxy]-
  6 IV 2598

–, 2-[2,4-Dichlor-5-methyl-phenoxy]-
  6 IV 2069

–, 2-[2,4-Dichlor-6-methyl-phenoxy]-
  6 IV 2001

Benzol, 1-Äthoxymethoxy-2,4-dichlor-
  6 IV 896

–, 2-Chlor-1-chlormethyl-
  3,4-dimethoxy- 6 IV 5882

Methan, [2-Chlor-äthoxy]-[4-chlor-
  phenoxy]- 6 IV 833

Phenol, 4-Äthoxymethyl-2,6-dichlor-
  6 898 b, III 4551 a

–, 4-[2,2-Dichlor-äthyl]-2-methoxy-
  6 III 4556 g

–, 4,5-Dichlor-2-propoxy-
  6 IV 5617

Propan-1,3-diol, 2,2-Dichlor-1-phenyl-
  6 IV 5986

Propan-1-ol, 1-[3,5-Dichlor-2-hydroxy-
  phenyl]- 6 II 894 a

–, 3-[2,4-Dichlor-phenoxy]-
  6 III 703 g

Propan-2-ol, 1-Chlor-3-[2-chlor-phenoxy]-
  6 IV 789

–, 1-Chlor-3-[3-chlor-phenoxy]-
  6 IV 813

–, 1-Chlor-3-[4-chlor-phenoxy]-
  6 III 691 i, IV 829

–, 1-[2,4-Dichlor-phenoxy]-
  6 IV 894

–, 1-[2,6-Dichlor-phenoxy]-
  6 IV 949

–, 1-[3,4-Dichlor-phenoxy]-
  6 IV 953

Toluol, 2,4-Dichlor-3,5-dimethoxy-
  6 III 4535 c

–, 2,6-Dichlor-3,5-dimethoxy-
  6 III 4535 f, IV 5893

–, 3,4-Dichlor-2,5-dimethoxy-
  6 III 4502 a

C$_9$H$_{10}$Cl$_2$O$_2$S

Sulfon, Äthyl-[3,4-dichlor-benzyl]-
  6 IV 2785

–, [2-Chlor-äthyl]-[4-chlor-benzyl]-
  6 IV 2771

–, [2,2-Dichlor-äthyl]-p-tolyl-
  6 IV 2156

–, [2,4-Dichlor-phenyl]-isopropyl-
  6 IV 1612

–, [2,5-Dichlor-phenyl]-isopropyl-
  6 IV 1618

–, [3,4-Dichlor-phenyl]-isopropyl-
  6 IV 1624

–, [3,5-Dichlor-phenyl]-isopropyl-
  6 IV 1631

–, [2,4-Dichlor-phenyl]-propyl-
  6 IV 1612

–, [2,5-Dichlor-phenyl]-propyl-
  6 IV 1617

$C_9H_{10}Cl_2O_2S$ (Fortsetzung)

Sulfon, [2,3-Dichlor-propyl]-phenyl-
6 298 c

$C_9H_{10}Cl_2O_3$

Äthanol, 2-[4,5-Dichlor-2-methoxy-
phenoxy]- 6 IV 5618

Benzol, 1,2-Dichlor-3,4,5-trimethoxy-
6 IV 7334

—, 1,3-Dichlor-2,4,5-trimethoxy-
6 IV 7345

—, 1,4-Dichlor-2,3,5-trimethoxy-
6 III 6284 c, IV 7345

—, 1,5-Dichlor-2,3,4-trimethoxy-
6 IV 7334

—, 2,3-Dichlor-1,4,5-trimethoxy-
6 IV 7346

—, 2,4-Dichlor-1,3,5-trimethoxy-
6 IV 7369

Propan-1,2-diol, 3-[2,4-Dichlor-phenoxy]-
6 IV 895

—, 3-[2,6-Dichlor-phenoxy]-
6 IV 950

$C_9H_{10}Cl_2O_4S$

Methansulfonsäure, [2,4-Dichlor-phenoxy]-,
äthylester 6 IV 898

$C_9H_{10}Cl_2O_5S$

Schwefelsäure-mono-[β-(2,4-dichlor-
phenoxy)-isopropylester] 6 IV 895

$C_9H_{10}Cl_2S$

Sulfid, Äthyl-[4-chlor-2-chlormethyl-
phenyl]- 6 IV 2031

—, [2,4-Bis-chlormethyl-phenyl]-
methyl- 6 III 1753 d

—, [2-Chlor-äthyl]-[2-chlor-benzyl]-
6 IV 2766

—, [2-Chlor-äthyl]-[4-chlor-benzyl]-
6 IV 2770

—, Chlormethyl-[β-chlor-phenäthyl]-
6 IV 3094

—, [2,2-Dichlor-äthyl]-p-tolyl-
6 IV 2156

—, [2,4-Dichlor-phenyl]-isopropyl-
6 IV 1612

—, [2,5-Dichlor-phenyl]-isopropyl-
6 IV 1617

—, [3,4-Dichlor-phenyl]-isopropyl-
6 IV 1624

—, [3,5-Dichlor-phenyl]-isopropyl-
6 IV 1631

—, [2,4-Dichlor-phenyl]-propyl-
6 IV 1612

—, [2,5-Dichlor-phenyl]-propyl-
6 IV 1617

$C_9H_{10}Cl_3O_2PS$

Thiophosphonsäure, Methyl-, O-äthylester-
O'-[2,4,5-trichlor-phenylester]
6 IV 993

$C_9H_{10}Cl_3O_3P$

Dichlorophosphorsäure-[2-(4-chlor-
2-methyl-phenoxy)-äthylester]
6 IV 1988

Phosphonsäure, Methyl-, äthylester-
[2,4,5-trichlor-phenylester] 6 IV 992

—, Trichlormethyl-, äthylester-
phenylester 6 IV 706

$C_9H_{10}Cl_3O_3PS$

Thiophosphorsäure-O-äthylester-
O'-methylester-O''-[2,4,5-trichlor-
phenylester] 6 IV 994

$C_9H_{10}Cl_3O_4P$

Phosphonsäure, [2,4,5-Trichlor-
phenoxymethyl]-, monoäthylester
6 IV 970

—, [2,4,6-Trichlor-phenoxymethyl]-,
monoäthylester 6 IV 1008

$C_9H_{10}Cl_4NO_2PS$

Amidothiophosphorsäure-O-isopropylester-
O'-[2,3,4,6-tetrachlor-phenylester]
6 IV 1024

Amidothiophosphorsäure, Äthyl-,
O-methylester-O'-[2,3,4,6-tetrachlor-
phenylester] 6 IV 1024

—, Methyl-, O-äthylester-O'-[2,3,4,6-
tetrachlor-phenylester] 6 IV 1024

$C_9H_{10}Cl_4O$

Cyclohexa-2,5-dienol, 2,6-Dichlor-
4-dichlormethyl-1,4-dimethyl-
6 I 60 g

$C_9H_{10}Cl_4O_2$

Norborn-2-en, 1,2,3,4-Tetrachlor-5,6-bis-
hydroxymethyl- 6 IV 5532

$C_9H_{10}D_2O$

Äther, Äthyl-[α,α-dideuterio-benzyl]-
6 IV 2230

Propan-1-ol, 2,3-Dideuterio-1-phenyl-
6 III 1794 a

$C_9H_{10}FNO_2S$

Cystein, S-[4-Fluor-phenyl]- 6 III 1032 g,
IV 1569

$C_9H_{10}FNO_4$

Propan-1,3-diol, 2-[4-Fluor-phenyl]-2-nitro-
6 IV 5993

$C_9H_{10}FNO_4S$

Propionsäure, 2-Amino-3-[4-fluor-
benzolsulfonyl]- 6 IV 1569

$C_9H_{10}F_2O$
Propan-2-ol, 1,1-Difluor-2-phenyl-
6 III 1815 b
$C_9H_{10}INO_2S$
Cystein, S-[4-Jod-phenyl]- 6 336 c
$C_9H_{10}INO_2S_2$
Thiopropionsäure, 2-[4-Jod-benzolsulfonyl]-,
amid 6 I 154 a
$C_9H_{10}INO_3S$
Propionsäure, 2-[4-Jod-benzolsulfonyl]-,
amid 6 I 153 m
$C_9H_{10}INO_4$
Propan-1,3-diol, 2-[4-Jod-phenyl]-2-nitro-
6 IV 5994
$C_9H_{10}INO_5$
Benzol, 3-Jod-1,2,4-trimethoxy-5-nitro-
6 III 6288 c
Propan-1,2-diol, 3-[2-Jod-5-nitro-phenoxy]-
6 III 852 d
$C_9H_{10}I_2N_2O_2$
Essigsäure, [2,4-Dijod-6-methyl-phenoxy]-,
hydrazid 6 IV 2009
$C_9H_{10}I_2O$
Äther, [2,4-Dijod-phenyl]-isopropyl-
6 210 d
−, [2,6-Dijod-phenyl]-isopropyl-
6 211 c
−, [2,4-Dijod-phenyl]-propyl-
6 210 c
−, [2,6-Dijod-phenyl]-propyl-
6 211 b
Anisol, 2,4-Dijod-3,5-dimethyl-
6 IV 3160
Phenol, 2,4-Dijod-6-propyl- 6 IV 3180
$C_9H_{10}I_2O_2$
Toluol, 2,6-Dijod-3,5-dimethoxy-
6 IV 5894
$C_9H_{10}NO_5PS$
[1,3,2]Dioxaphospholan-2-sulfid, 4-Methyl-
2-[4-nitro-phenoxy]- 6 IV 1343 b
$C_9H_{10}N_2OS_2$
Dithiocarbazidsäure, 3-Formyl-,
benzylester 6 IV 2701
$C_9H_{10}N_2O_2S$
Benzolsulfensäure, 2-Nitro-, isopropyl=
idenamid 6 I 158 e
−, 4-Nitro-, isopropylidenamid
6 IV 1717
Malonsäure, Phenylmercapto-, diamid
6 III 1023 b
1-Thio-allophansäure-S-benzylester
6 460 g
3-Thio-allophansäure-o-tolylester 6 356 e

3-Thio-allophansäure, 4-Methyl-,
phenylester 6 160 d
$C_9H_{10}N_2O_2S_2$
Dithiocarbamidsäure, Dimethyl-,
[4-nitro-phenylester] 6 III 1075 d,
IV 1710
$C_9H_{10}N_2O_2S_3$
Disulfidothiocarbamidsäure, Dimethyl-,
S-S-[2-nitro-phenylester] 6 IV 1674
−, Dimethyl-, S-S-[4-nitro-
phenylester] 6 III 1077 c
$C_9H_{10}N_2O_3$
Acetimidsäure-[3-nitro-benzylester]
6 IV 2610
− [4-nitro-benzylester] 6 IV 2613
Allophansäure-benzylester 6 437 j, I 221 d,
II 419 l, III 1487 a, IV 2285
− m-tolylester 6 II 353 l
− o-tolylester 6 I 172 e
− p-tolylester 6 I 201 m, II 380 e,
IV 2117
Carbazidsäure, Äthyliden-, [2-hydroxy-
phenylester] 6 776 a
−, Äthyliden-, [3-hydroxy-
phenylester] 6 817 c
−, Äthyliden-, [4-hydroxy-
phenylester] 6 847 b
Harnstoff, Phenoxyacetyl- 6 III 613 h
Malonsäure, Phenoxy-, diamid
6 III 626 d
$C_9H_{10}N_2O_3S$
Amin, Acetyl-[3-nitro-toluol-4-sulfenyl]-
6 I 215 f
Thioalanin-S-[4-nitro-phenylester]
6 IV 1715
Thiocarbamidsäure, Dimethyl-, O-[2-nitro-
phenylester] 6 III 804 e
$C_9H_{10}N_2O_3Se$
Aceton, [2-Nitro-phenylselanyl]-, oxim
6 IV 1786
$C_9H_{10}N_2O_4$
Aceton, [2-Nitro-phenoxy]-, oxim
6 219 e
−, [4-Nitro-phenoxy]-, oxim
6 233 c, II 223 d
Alanin-[4-nitro-phenylester] 6 IV 1314
Allophansäure-[2-methoxy-phenylester]
6 I 386 g, III 4233 d
Carbamidsäure, Dimethyl-, [2-nitro-
phenylester] 6 IV 1259
−, Dimethyl-, [4-nitro-phenylester]
6 IV 1302

$C_9H_{10}N_2O_4$ (Fortsetzung)

Essigsäure, [2-Methyl-6-nitro-phenoxy]-,
  amid **6** II 339 d
—, [4-Methyl-2-nitro-phenoxy]-, amid
  6 II 389 f
—, [4-Methyl-3-nitro-phenoxy]-, amid
  6 II 388 b
—, [5-Methyl-2-nitro-phenoxy]-, amid
  6 II 360 i
—, [4-Nitro-phenoxy]-, methylamid
  6 I 120 k
Glycin-[4-nitro-benzylester] **6** IV 2624

$C_9H_{10}N_2O_4S$

Alanin, N-[2-Nitro-benzolsulfenyl]-
  6 IV 1678
β-Alanin, N-[2-Nitro-benzolsulfenyl]-
  6 IV 1679
Cystein, S-[4-Nitro-phenyl]- **6** III 1076 g,
  IV 1715
Glycin, N-[2-Nitro-benzolsulfenyl]-,
  methylester **6** III 1064 b, IV 1678
Harnstoff, Benzolsulfonylacetyl- **6** 316 d
Sulfid, [2,4-Dinitro-phenyl]-isopropyl-
  6 343 c, III 1090 b, IV 1735
—, [2,4-Dinitro-phenyl]-propyl-
  6 III 1089 f, IV 1734
—, [α-Nitro-isopropyl]-[2-nitro-
  phenyl]- **6** IV 1668
—, [2-Nitro-phenyl]-[1-nitro-propyl]-
  6 IV 1668

$C_9H_{10}N_2O_4SSe$

Benzolthioselenensäure, 2,4-Dinitro-,
  isopropylester **6** IV 1797

$C_9H_{10}N_2O_4S_2$

Äthan, 1-[2,4-Dinitro-phenylmercapto]-
  2-methylmercapto- **6** IV 1751
Cystein, S-[2-Nitro-benzolsulfenyl]-
  6 IV 1675
Disulfid, [2,4-Dinitro-phenyl]-isopropyl-
  6 IV 1768
—, [2,4-Dinitro-phenyl]-propyl-
  6 IV 1768

$C_9H_{10}N_2O_5$

Äther, [2,4-Dinitro-phenyl]-isopropyl-
  6 III 859 b, IV 1373
—, [2,3-Dinitro-phenyl]-propyl-
  6 III 854 h
—, [2,4-Dinitro-phenyl]-propyl-
  6 255 a, III 859 a, IV 1373
—, [2,6-Dinitro-phenyl]-propyl-
  6 III 868 c
Anisol, 2-Äthyl-4,6-dinitro- **6** III 1660 b
—, 5-Äthyl-2,4-dinitro- **6** IV 3020

—, 2,6-Dimethyl-3,4-dinitro-
  6 IV 3124
—, 3,5-Dimethyl-2,4-dinitro-
  6 III 1767 a
—, 3,6-Dimethyl-2,4-dinitro-
  6 497 g
Carbamidsäure, Dimethyl-, [3-hydroxy-
  5-nitro-phenylester] **6** IV 5693
Cyclohexa-2,5-dienon, 2,4,5-Trimethyl-
  4,6-dinitro- **6** 510 a; vgl. I 245 f
Phenetol, 2-Methyl-4,6-dinitro-
  6 369 a, I 180 j, II 341 d
—, 4-Methyl-2,6-dinitro- **6** 415 b
—, 4-Methyl-3,5-dinitro- **6** III 1390 a
—, 5-Methyl-2,4-dinitro- **6** 387 b,
  I 194 a, III 1330 a, IV 2077
Phenol, 2,4-Dinitro-6-propyl- **6** III 1786 k,
  IV 3180
—, 2,6-Dinitro-4-propyl- **6** I 249 k,
  IV 3183
—, 2-Isopropyl-4,6-dinitro-
  6 IV 3213
—, 4-Isopropyl-2,6-dinitro-
  6 IV 3218
—, 2,3,5-Trimethyl-4,6-dinitro-
  6 III 1834 d
—, 2,4,5-Trimethyl-3,6-dinitro-
  6 517 d
Propan-1-ol, 2-Nitro-1-[3-nitro-phenyl]-
  6 IV 3191

$C_9H_{10}N_2O_5S$

Äthan, 1-[2,4-Dinitro-phenylmercapto]-
  2-methoxy- **6** IV 1750
Benzolsulfensäure, 2,4-Dinitro-,
  isopropylester **6** IV 1765
—, 2,4-Dinitro-, propylester
  6 IV 1765
Propan-1-ol, 2-[2,4-Dinitro-phenyl≤
  mercapto]- **6** IV 1753
Propan-2-ol, 1-[2,4-Dinitro-phenyl≤
  mercapto]- **6** IV 1752
Serin, N-[2-Nitro-benzolsulfenyl]-
  6 IV 1679

$C_9H_{10}N_2O_5Se$

Benzolselenensäure, 2,4-Dinitro-,
  isopropylester **6** IV 1797

$C_9H_{10}N_2O_6$

Benzol, 1-Äthoxy-2-methoxy-3,5-dinitro-
  6 IV 5632
—, 1-Äthoxy-2-methoxy-4,5-dinitro-
  6 II 795 a, III 4275 b
—, 1-Äthoxy-3-methoxy-2,4-dinitro-
  6 827 h

$C_9H_{10}N_2O_6$ (Fortsetzung)

Benzol, 2-Äthoxy-1-methoxy-3,5-dinitro-
6 791 d

—, 3-Äthoxy-1-methoxy-2,4-dinitro-
6 828 a

—, 1-[2-Methoxy-äthoxy]-2,4-dinitro-
6 IV 1377

Phenol, 2,4-Dinitro-6-propoxy- 6 IV 5632

Propan-1,3-diol, 2-Nitro-2-[3-nitro-phenyl]-
6 III 4635 b

—, 2-Nitro-2-[4-nitro-phenyl]-
6 IV 5994

Propan-1-ol, 3-[2,4-Dinitro-phenoxy]-
6 II 244 a

Toluol, 2,3-Dimethoxy-4,5-dinitro-
6 I 427 p, II 859 g

—, 2,3-Dimethoxy-4,6-dinitro-
6 I 428 b

—, 2,3-Dimethoxy-5,6-dinitro-
6 I 428 c

—, 3,4-Dimethoxy-2,5-dinitro-
6 II 870 g

—, 3,4-Dimethoxy-2,6-dinitro-
6 II 871 e

—, 4,5-Dimethoxy-2,3-dinitro-
6 I 433 i, II 872 c

$C_9H_{10}N_2O_6S$

Propan-1,2-diol, 3-[2,4-Dinitro-
phenylmercapto]- 6 IV 1756

Propionsäure, 2-Amino-3-[4-nitro-
benzolsulfonyl]- 6 IV 1715

Sulfon, [2,4-Dinitro-phenyl]-isopropyl-
6 III 1090 d

—, [2,4-Dinitro-phenyl]-propyl-
6 III 1089 h

—, [2-Nitro-phenyl]-[1-nitro-propyl]-
6 IV 1668

$C_9H_{10}N_2O_7$

Benzol, 1,2,3-Trimethoxy-4,5-dinitro-
6 1087 c, I 541 d, III 6274 h

—, 1,2,4-Trimethoxy-3,5-dinitro-
6 1091 f, I 543 c

—, 1,2,5-Trimethoxy-3,4-dinitro-
6 I 543 e

—, 1,3,5-Trimethoxy-2,4-dinitro-
6 1106 c, II 1079 j, III 6309 g,
IV 7372

—, 2,3,4-Trimethoxy-1,5-dinitro-
6 I 541 e, II 1070 l, III 6275 b

Propan-1,2-diol, 3-[2,4-Dinitro-phenoxy]-
6 255 l, II 244 d, III 864 f

$C_9H_{10}N_2O_7S$

Äthan, 1-[2,4-Dinitro-benzolsulfonyl]-
2-methoxy- 6 IV 1751

Carbamidsäure, [4-Nitro-phenoxysulfonyl]-,
äthylester 6 IV 1316

Salpetersäure-[β-(3-nitro-benzolsulfonyl)-
isopropylester] 6 III 1066 j

$C_9H_{10}N_2S_2$

Dithiocarbazidsäure, Methylen-,
benzylester 6 IV 2701

$C_9H_{10}N_2S_3$

Trithioallophansäure-benzylester 6 462 d

$C_9H_{10}N_4O_2S_2$

Acetaldehyd, [4-Nitro-phenylmercapto]-,
thiosemicarbazon 6 IV 1706

$C_9H_{10}N_4O_3S_2$

Dithiocarbazidsäure, 3-Carbamoyl-,
[4-nitro-benzylester] 6 I 231 k

$C_9H_{10}N_4O_4S_2$

Acetaldehyd, [4-Nitro-benzolsulfonyl]-,
thiosemicarbazon 6 IV 1708

$C_9H_{10}N_4O_5S$

Acetaldehyd, [4-Nitro-benzolsulfonyl]-,
semicarbazon 6 IV 1707

Harnstoff, [2-(2,4-Dinitro-phenylmercapto)-
äthyl]- 6 IV 1764

$C_9H_{10}N_6O$

Phenol, 3,5-Diazido-2,4,6-trimethyl-
6 II 484 d

$C_9H_{10}O$

Äther, Allyl-phenyl- 6 144 i, I 83 a,
II 146 i, III 556 c, IV 562

—, Benzyl-vinyl- 6 III 1458 h, IV 2233

—, Isopropenyl-phenyl- 6 144 h,
II 147 c, III 556 b, IV 562

—, Methyl-[1-phenyl-vinyl]-
6 563 b, I 279 b, II 521 f, III 2389 d,
IV 3780

—, Methyl-styryl- 6 564 c, I 279 f,
II 521 k, III 2391 d, IV 3783

—, Phenyl-propenyl- 6 II 147 b,
IV 562

—, m-Tolyl-vinyl- 6 III 1301 f,
IV 2041

—, o-Tolyl-vinyl- 6 III 1248 b,
IV 1945

—, p-Tolyl-vinyl- 6 II 377 a,
III 1356 b, IV 2101

Allylalkohol, 1-Phenyl- 6 572 b, I 283 f,
II 529 h, III 2417 c, IV 3818

—, 2-Phenyl- 6 IV 3822

Anisol, 2-Vinyl- 6 560 e, I 277 d,
III 2383 b, IV 3771

$C_9H_{10}O$ (Fortsetzung)

Anisol, 3-Vinyl- **6** 561 f, III 2385 b,
    IV 3773

−, 4-Vinyl- **6** 561 g, I 278 c,
    II 520 d, III 2386 c, IV 3775

Benzylalkohol, 4-Vinyl- **6** III 2423 a

Cyclopentanol, 1-Butadiinyl- **6** IV 3824

Indan-1-ol **6** 574 f, I 286 a, II 530 e,
    III 2423 d, IV 3824

Indan-2-ol **6** III 2427 b, IV 3826

Indan-4-ol **6** 574 i, II 531 d, III 2427 f,
    IV 3827

Indan-5-ol **6** 575 b, II 531 e, III 2428 h,
    IV 3829

Methanol, Cyclooctatetraenyl- **6** IV 3793

Phenol, 2-Allyl- **6** I 282 b, II 528 j,
    III 2411 b, IV 3807

−, 3-Allyl- **6** III 2415 b

−, 4-Allyl- **6** 571 g, I 283 d,
    II 529 d, III 2415 d, IV 3817

−, 2-Isopropenyl- **6** 572 d, I 283 k,
    III 2419 d, IV 3820

−, 3-Isopropenyl- **6** I 284 g,
    IV 3821

−, 4-Isopropenyl- **6** III 2420 b

−, 4-Methyl-2-vinyl- **6** III 2421 d

−, 2-Propenyl- **6** I 279 i, II 522 d,
    III 2393 d, IV 3793

−, 4-Propenyl- **6** 566 b, I 280 b,
    II 523 a, III 2394 e, IV 3796

Zimtalkohol **6** 570 e, I 281 b, II 525 c,
    528 c, III 2401 d, IV 3799

$C_9H_{10}OS$

Acetaldehyd, Benzylmercapto- **6** III 1595 i

−, *m*-Tolylmercapto- **6** IV 2083

−, *o*-Tolylmercapto- **6** IV 2023

−, *p*-Tolylmercapto- **6** IV 2190

Aceton, Phenylmercapto- **6** 306 l,
    III 1006 e

Propionaldehyd, 3-Phenylmercapto-
    6 I 145 d

Sulfoxid, Allyl-phenyl- **6** IV 1480

−, *p*-Tolyl-vinyl- **6** III 1397 a

Thioessigsäure-*O*-benzylester **6** II 416 a

− *S*-benzylester **6** II 434 a,
    III 1598 b, IV 2677

− *O*-*p*-tolylester **6** II 379 c

− *S*-*m*-tolylester **6** II 353 b,
    IV 2084

− *S*-*o*-tolylester **6** IV 2025

− *S*-*p*-tolylester **6** 421 j, II 398 k,
    IV 2195

Thiopropionsäure-*S*-phenylester
    6 IV 1524

$C_9H_{10}OS_2$

Aceton, Phenyldisulfanyl- **6** IV 1562

Disulfan, Acetyl-benzyl- **6** IV 2761

Dithiokohlensäure-*O*-äthylester-
    S-phenylester **6** 312 d, III 1011 d

− *O*-benzylester-*S*-methylester
    6 II 420 e, III 1531 a

− *S*-benzylester-*O*-methylester
    6 III 1607 b

− *S*-benzylester-*S'*-methylester
    6 III 1607 c

− *O*-[4-methyl-benzylester]
    6 III 1781 c

$C_9H_{10}OS_3$

Trisulfan, Acetyl-benzyl- **6** IV 2761

$C_9H_{10}O_2$

Acetaldehyd, Benzyloxy- **6** III 1476 e,
    IV 2254

−, *m*-Tolyloxy- **6** IV 2046

−, *o*-Tolyloxy- **6** IV 1959

−, *p*-Tolyloxy- **6** 396 d, IV 2110

Aceton, Phenoxy- **6** 151 i, III 589 e,
    IV 604

Ameisensäure-phenäthylester **6** 479 c,
    IV 3073

− [1-phenyl-äthylester] **6** III 1678 e

Benzol, 1-Methoxy-2-vinyloxy- **6** I 384 e,
    III 4213 f, IV 5569

−, 1-Methoxy-4-vinyloxy-
    6 IV 5723

Brenzcatechin, 3-Allyl- **6** II 920 a,
    III 5013 c, IV 6334

−, 4-Allyl- **6** 961 d, II 921 b,
    III 5021 b

−, 3-Propenyl- **6** I 458 g

−, 4-Propenyl- **6** III 4992 a,
    IV 6324

Cyclohexa-2,5-dien-1,4-diol, 1-Äthinyl-
    4-methyl- **6** IV 6342

Cyclohexa-3,5-dien-1,2-diol, 1-Äthinyl-
    2-methyl- **6** IV 6341

Essigsäure-benzylester **6** 435 e, I 220 g,
    II 415 g, III 1477 d, IV 2262

− cyclohepta-1,3,5-trienylester
    6 IV 1939

− cyclohepta-1,4,6-trienylester
    6 IV 1939

− cyclohepta-2,4,6-trienylester
    6 IV 1939

− [1-cyclopentadienyliden-
    äthylester] **6** IV 2805

$C_9H_{10}O_2$ (Fortsetzung)

Essigsäure-*m*-tolylester **6** 379 b, I 187 a,
　II 352 f, III 1305 f, IV 2047
－　*o*-tolylester **6** 355 h, I 172 a,
　II 330 c, III 1253 h, IV 1960
－　*p*-tolylester **6** 397 b, I 201 e,
　II 378 g, III 1363 g, IV 2112
Hydrochinon, 2-Allyl- **6** III 5019 e,
　IV 6335
－, 2-Propenyl- **6** IV 6323
Indan-1,2-diol **6** 970 a, I 465 b, II 924 j,
　925 b, III 5034 a, IV 6342
Indan-1,6-diol **6** III 5036 b
Indan-4,6-diol **6** IV 6345
Indan-4,7-diol **6** III 5036 d, IV 6346
Indan-5,6-diol **6** III 5037 b
Indan-1-ylhydroperoxid **6** III 2424 f
Phenol, 2-Allyloxy- **6** II 780 i, III 4213 g,
　IV 5569
－, 3-Allyloxy- **6** III 4313 a
－, 4-Allyloxy- **6** II 840 g
－, 2-Methoxy-4-vinyl- **6** III 4981 d
－, 2-Methoxy-5-vinyl- **6** 954 c,
　III 4982 a
－, 4-Methoxy-2-vinyl- **6** IV 6315
Propionaldehyd, 2-Phenoxy- **6** 151 e
－, 3-Phenoxy- **6** IV 603
Propionsäure-phenylester **6** 154 e,
　III 599 i, IV 615
Resorcin, 2-Allyl- **6** III 5020 g
－, 4-Allyl- **6** III 5018 h
－, 4-Isopropenyl- **6** III 5032 f
Zimtalkohol, 2-Hydroxy- **6** III 5012 e
－, 4-Hydroxy- **6** IV 6332

$C_9H_{10}O_2S$

Benzol, 1-Acetoxy-3-methylmercapto-
　6 IV 5703
－, 1-Acetoxy-4-methylmercapto-
　6 I 421 c, IV 5814
Essigsäure-[phenylmercapto-methylester]
　6 I 144 e, IV 1504
Essigsäure, Benzylmercapto- **6** 463 a,
　II 435 i, III 1610 b, IV 2702
－, Mercapto-, benzylester
　6 III 1533 b
－, *m*-Tolylmercapto- **6** II 366 c,
　III 1334 h
－, *o*-Tolylmercapto- **6** 372 c,
　II 342 j, III 1282 c, IV 2025
－, *p*-Tolylmercapto- **6** 422 f, I 211 g,
　II 398 o, III 1421 i, IV 2198
Propionsäure, 2-Phenylmercapto-
　6 I 147 d, III 1015 c

－, 3-Phenylmercapto- **6** II 293 h,
　III 1017 c, IV 1540
Sulfon, Allyl-phenyl- **6** 299 c, III 988 e,
　IV 1480
－, Benzyl-vinyl- **6** III 1578 a,
　IV 2640
－, Isopropenyl-phenyl- **6** IV 1479
－, Methyl-styryl- **6** IV 3784
－, Methyl-[4-vinyl-phenyl]-
　6 IV 3779
－, Phenyl-propenyl- **6** IV 1478,
　17 IV 423
－, *o*-Tolyl-vinyl- **6** III 1279 d
－, *p*-Tolyl-vinyl- **6** III 1397 b, IV 2160
Thioessigsäure-*S*-[2-methoxy-phenylester]
　6 IV 5639
－　*S*-[3-methoxy-phenylester]
　6 IV 5704
－　*S*-[4-methoxy-phenylester]
　6 862 e, IV 5814
Thiokohlensäure-*O*-äthylester-
　O′-phenylester **6** 160 h
－　*O*-äthylester-*S*-phenylester
　6 311 i

$C_9H_{10}O_2SSe$

Essigsäure, [4-Methylmercapto-phenylselanyl]-
　6 II 856 g

$C_9H_{10}O_2S_2$

Benzolthiosulfinsäure-*S*-acetonylester
　6 IV 1562
Dithiokohlensäure-*O*-[2-phenoxy-äthylester]
　6 III 573 c
Essigsäure, [2-Methylmercapto-
　phenylmercapto]- **6** II 800 b
－, [4-Methylmercapto-phenyl=
　mercapto]- **6** II 855 a
Propan-1-thiosulfinsäure, 2-Oxo-,
　S-phenylester **6** IV 1562
Propionsäure, 3-[4-Mercapto-phenyl=
　mercapto]- **6** III 4475 f

$C_9H_{10}O_2Se$

Essigsäure, Benzylselanyl-
　6 III 1651 h
－, *o*-Tolylselanyl- **6** II 343 k
－, *p*-Tolylselanyl- **6** II 402 e

$C_9H_{10}O_3$

Acetaldehyd, [2-Methoxy-phenoxy]-
　6 II 783 e
－, [4-Methoxy-phenoxy]- **6** II 843 g
Aceton, 1-Hydroxy-3-phenoxy-
　6 III 593 e
－, [2-Hydroxy-phenoxy]- **6** 774 a,
　I 385 f, IV 5580

C₉H₁₀O₃ (Fortsetzung)

Aceton, [4-Hydroxy-phenoxy]- **6** IV 5739

Benzo[1,4]dioxin-2-ol, 2-Methyl-
2,3-dihydro- **6** IV 5580

Benzol, 1-Acetoxy-2-methoxy-
6 774 d, II 783 j, III 4227 f, IV 5581

—, 1-Acetoxy-3-methoxy-
6 816 e, III 4320 a, IV 5672

—, 1-Acetoxy-4-methoxy- **6** I 416 f,
III 4414 c, IV 5740

—, 1-Formyloxymethyl-4-methoxy-
6 III 4549 e, IV 5914

Benzylalkohol, 2-Acetoxy- **6** II 879 f

Essigsäure, Benzyloxy- **6** III 1531 e,
IV 2470

—, Phenoxy-, methylester
6 162 a, III 610 c, IV 635

—, m-Tolyloxy- **6** 379 n, II 353 n,
III 1308 b, IV 2051

—, o-Tolyloxy- **6** 356 g, I 172 f,
II 331 a, III 1256 e, IV 1964

—, p-Tolyloxy- **6** 398 k, I 201 n,
II 380 g, III 1367 d, IV 2119

Indan-4,5,7-triol **6** III 6445 c

Kohlensäure-äthylester-phenylester
6 157 g, II 156 k, III 607 c,
IV 628

— benzylester-methylester
6 III 1484 c

Phenol, 3-Acetoxymethyl- **6** 896 g

—, 3-Acetoxy-2-methyl- **6** IV 5877

—, 3-Acetoxy-4-methyl- **6** IV 5865

—, 4-Acetoxymethyl- **6** 897 h

—, 4-Acetoxy-2-methyl- **6** I 429 d,
IV 5868

—, 4-Acetoxy-3-methyl- **6** I 429 d

—, 3-Propionyloxy- **6** IV 5673

—, 4-Propionyloxy- **6** IV 5741

Propionsäure, 3-Hydroxy-, phenylester
6 III 616 g

—, 2-Phenoxy- **6** 163 c, II 158 e,
III 614 i, IV 642

—, 3-Phenoxy- **6** 163 h, II 158 g,
III 615 g, IV 643

Zimtalkohol, 3,4-Dihydroxy- **6** IV 7477

C₉H₁₀O₃S

Acetaldehyd, Phenylmethansulfonyl-
6 III 1596 d

—, 2-[Toluol-4-sulfonyl]- **6** III 1416 e,
IV 2191

Aceton, Benzolsulfonyl- **6** 307 b, I 145 e,
II 292 f, III 1006 f, IV 1515

Allylalkohol, 3-Benzolsulfonyl-
6 III 1001 f

Benzol, 1-Acetoxy-4-methansulfinyl-
6 I 421 d, III 4461 c

Essigsäure, Benzylmercapto-hydroxy-
6 III 1619 d

—, [2-Methoxy-phenylmercapto]-
6 II 797 l

—, [3-Methoxy-phenylmercapto]-
6 III 4365 f

—, [4-Methoxy-phenylmercapto]-
6 II 854 c, III 4463 f

—, Phenylmethansulfinyl- **6** III 1610 g

Kohlensäure-äthylester-[3-mercapto-
phenylester] **6** I 407 g

— äthylester-[4-mercapto-
phenylester] **6** I 421 k

Propionsäure, 2-Benzolsulfinyl-
6 I 147 f, III 1016 b

—, 3-Benzolsulfinyl- **6** III 1017 g

—, 2-Hydroxy-2-phenylmercapto-
6 320 a

—, 3-[2-Hydroxy-phenylmercapto]-
6 II 798 a

C₉H₁₀O₃S₂

Dithiokohlensäure-O-äthylester-S-
[2,5-dihydroxy-phenylester] **6** 1092 f

Thioschwefelsäure-S-cinnamylester
6 IV 3807

C₉H₁₀O₃Se

Essigsäure, [2-Methoxy-phenylselanyl]-
6 II 801 e

—, [4-Methoxy-phenylselanyl]-
6 II 856 b

C₉H₁₀O₄

Benzol, 1-Formyloxy-2,3-dimethoxy-
6 IV 7332

—, 1-Formyloxy-2,4-dimethoxy-
6 IV 7342

—, 4-Formyloxy-1,2-dimethoxy-
6 III 6281 a

Benzylalkohol, 5-Acetoxy-2-hydroxy-
6 III 6323 b

Essigsäure, [2-Hydroxymethyl-phenoxy]-
6 893 g

—, [2-Hydroxy-phenoxy]-, methyl=
ester **6** 778 a

—, [3-Hydroxy-phenoxy]-, methyl=
ester **6** IV 5674

—, [2-Methoxy-phenoxy]-
6 778 d, II 784 i, III 4234 h

—, [3-Methoxy-phenoxy]-
6 817 j, III 4323 c, IV 5674

$C_9H_{10}O_4$ (Fortsetzung)

Essigsäure, [4-Methoxy-phenoxy]-
  6 III 4419 c, IV 5745
Hydrochinon, 2-Acetoxymethyl-
  6 III 6323 c
Kohlensäure-äthylester-[2-hydroxy-
  phenylester] **6** 775 j
— äthylester-[3-hydroxy-phenylester]
  6 I 402 h
— [2-methoxy-phenylester]-
  methylester **6** 776 c, I 386 b
Phenol, 2-Acetoxy-4-methoxy- **6** IV 7342
—, 3-Acetoxy-4-methoxy- **6** IV 7342
—, 4-Acetoxy-3-methoxy- **6** IV 7342
Propionsäure, 2-Hydroxy-3-phenoxy-
  6 III 624 d
—, 2-[4-Hydroxy-phenoxy]-
  6 IV 5747
—, 3-Hydroxy-2-phenoxy-
  6 III 623 h
—, 3-[2-Hydroxy-phenoxy]-
  6 IV 5588
—, 3-[4-Hydroxy-phenoxy]-
  6 III 4421 b, IV 5747
Zimtalkohol, 3,4,5-Trihydroxy-
  6 IV 7717

$C_9H_{10}O_4S$

Benzol, 1-Acetoxy-2-methansulfonyl- **6** IV 5639
—, 1-Acetoxy-3-methansulfonyl-
  6 IV 5703
—, 1-Acetoxy-4-methansulfonyl-
  6 IV 5814
[1,3,2]Dioxathian-2-oxid, 5-Phenoxy-
  6 IV 593 e
[1,3,2]Dioxathiolan-2-oxid, 4-Phenoxymethyl-
  6 IV 593 c
Essigsäure-[benzolsulfonyl-methylester]
  6 IV 1507
Essigsäure, [2,5-Dihydroxy-4-methyl-
  phenylmercapto]- **6** IV 7376
—, Phenylmethansulfonyl-
  6 II 436 d, III 1611 a
—, [Toluol-2-sulfonyl]- **6** 372 d
—, [Toluol-4-sulfonyl]- **6** 422 h,
  II 399 a, IV 2198
Propionsäure, 2-Benzolsulfonyl-
  6 316, III 1016 d
—, 3-Benzolsulfonyl- **6** 317 a,
  III 1018 a, IV 1541
—, 3-[2,5-Dihydroxy-phenylmercapto]-
  6 III 6295 c

$C_9H_{10}O_5$

Essigsäure, [2,3-Dihydroxy-phenoxy]-,
  methylester **6** II 1067 a
—, [4-Hydroxy-3-methoxy-phenoxy]-
  6 III 6282 c
Kohlensäure-äthylester-[2,3-dihydroxy-
  phenylester] **6** 1083 e

$C_9H_{10}O_5S$

Essigsäure, [2-Hydroxy-5-methyl-
  benzolsulfonyl]- **6** II 874 d
—, [2-Methoxy-benzolsulfonyl]-
  6 794 j

$C_9H_{10}O_6S$

Schwefelsäure-mono-benzyloxycarbonyl≈
  methylester **6** II 420 g

$C_9H_{10}S$

Indan-5-thiol **6** II 532 d, IV 3831
Prop-2-en-1-thiol, 3-Phenyl- **6** II 528 g,
  III 2409 d, IV 3804
Sulfid, Allyl-phenyl- **6** III 988 d,
  IV 1479
—, Benzyl-vinyl- **6** III 1577 i,
  IV 2640
—, Isopropenyl-phenyl- **6** 299 b
—, Methyl-styryl- **6** IV 3784
—, Methyl-[4-vinyl-phenyl]-
  6 IV 3779
—, Phenyl-propenyl- **6** III 987 i,
  IV 1478
—, o-Tolyl-vinyl- **6** IV 2016
—, p-Tolyl-vinyl- **6** III 1396 j,
  IV 2160
Thiophenol, 2-Allyl- **6** III 2415 a

$C_9H_{11}BO_3$

Benzo[1,3,2]dioxaborol, 2-Propoxy-
  6 IV 5610

$C_9H_{11}BrCl_2NO_2PS$

Amidothiophosphorsäure, Äthyl-,
  O-[4-brom-2,6-dichlor-phenylester]-
  O'-methylester **6** IV 1060

$C_9H_{11}BrCl_2O$

Cyclohexa-2,5-dienol, 2-Brom-
  4-dichlormethyl-1,4-dimethyl-
  6 II 101 c

$C_9H_{11}BrN_2O_3S$

Propionamidoxim, 2-[4-Brom-benzolsulfonyl]-
  6 I 152 c

$C_9H_{11}BrO$

Äthanol, 1-[2-Brom-5-methyl-phenyl]-
  6 IV 3239
—, 1-[4-Brom-3-methyl-phenyl]-
  6 IV 3239
Äther, Äthyl-[2-brom-benzyl]- **6** III 1559 k

C₉H₁₁BrO (Fortsetzung)

Äther, Äthyl-[3-brom-benzyl]- **6** 446 e

—, Äthyl-[4-brom-benzyl]-
6 446 g, I 222 j, III 1561 a

—, [2-Brom-äthyl]-*m*-tolyl-
6 I 186 c, III 1299 c, IV 2040

—, [2-Brom-äthyl]-*o*-tolyl-
6 352 c, II 329 c, III 1246 c,
IV 1944

—, [2-Brom-äthyl]-*p*-tolyl-
6 393 b, II 376 b, III 1354 b,
IV 2099

—, [β-Brom-isopropyl]-phenyl-
6 IV 558

—, [2-Brommethyl-benzyl]-methyl-
6 IV 3111

—, [β-Brom-phenäthyl]-methyl-
6 IV 3082

—, [2-Brom-phenäthyl]-methyl-
6 IV 3082

—, [2-Brom-1-phenyl-äthyl]-methyl-
6 I 237 b, III 1690 b, IV 3054

—, [4-Brom-phenyl]-isopropyl-
6 200 a, II 185 d, III 743 c,
IV 1046

—, [2-Brom-phenyl]-propyl-
6 IV 1038

—, [4-Brom-phenyl]-propyl-
6 III 743 a, IV 1045

—, [3-Brom-propyl]-phenyl-
6 142 f, II 145 d, III 549 c, IV 557

Anisol, 2-Äthyl-4-brom- **6** III 1658 g

—, 4-Äthyl-2-brom- **6** IV 3024

—, 4-Äthyl-3-brom- **6** III 1667 h

—, 2-[2-Brom-äthyl]- **6** III 1658 h,
IV 3014

—, 3-[2-Brom-äthyl]- **6** III 1662 h,
IV 3019

—, 4-[1-Brom-äthyl]- **6** IV 3025

—, 4-[2-Brom-äthyl]- **6** II 444 e,
III 1668 i, IV 3025

—, 2-Brom-3,4-dimethyl- **6** IV 3106

—, 2-Brom-4,5-dimethyl- **6** III 1730 c,
IV 3106

—, 2-Brom-4,6-dimethyl- **6** II 460 i,
III 1749 a, IV 3137

—, 4-Brom-2,3-dimethyl- **6** III 1724 d

—, 4-Brom-2,6-dimethyl- **6** III 1739 a,
IV 3122

—, 4-Brom-3,5-dimethyl- **6** II 464 g,
IV 3158

Benzylalkohol, 4-Brom-2,5-dimethyl-
6 III 1834 j

—, 4-Brom-3,5-dimethyl- **6** 521 m

Norbornan-2-ol, 2-Bromäthinyl-
6 IV 3265

Phenetol, 2-Brom-4-methyl- **6** 405 h,
III 1379 a, IV 2143

—, 4-Brom-2-methyl- **6** I 176 d,
III 1270 a

Phenol, 2-Äthyl-4-brom-5-methyl-
6 IV 3241

—, 4-Äthyl-2-brom-5-methyl-
6 III 1819 c

—, 2-Brom-4-isopropyl- **6** IV 3217

—, 4-Brom-2-isopropyl- **6** 504 l,
III 1809 i

—, 2-Brommethyl-4,6-dimethyl-
6 III 1838 f

—, 4-Brommethyl-2,6-dimethyl-
6 III 1839 a

—, 2-Brom-4-propyl- **6** III 1790 f

—, 4-Brom-2-propyl- **6** III 1786 e,
IV 3178

—, 2-Brom-3,4,6-trimethyl- **6** 511 h

—, 3-Brom-2,4,6-trimethyl-
6 519 c, III 1838 d, IV 3259

—, 6-Brom-2,3,4-trimethyl-
6 IV 3245

Propan-1-ol, 1-[3-Brom-phenyl]-
6 IV 3187

—, 1-[4-Brom-phenyl]- **6** II 472 b

—, 2-Brom-1-phenyl- **6** 502 g,
II 472 c, III 1795 h, IV 3187

—, 3-Brom-2-phenyl- **6** IV 3230

—, 3-[2-Brom-phenyl]- **6** IV 3205

Propan-2-ol, 1-Brom-2-phenyl- **6** 507 c

—, 2-[2-Brom-phenyl]- **6** III 1816 a,
IV 3227

—, 2-[3-Brom-phenyl]- **6** IV 3227

—, 2-[4-Brom-phenyl]- **6** IV 3228

C₉H₁₁BrOS

Benzol, 1-Äthoxy-2-brom-4-methyl-
mercapto- **6** II 854 g

Sulfonium, [3-Brom-4-hydroxy-5-methyl-
phenyl]-dimethyl-, betain **6** I 430 g

Toluol, 3-Brom-4-methoxy-5-methyl-
mercapto- **6** I 435 i

C₉H₁₁BrOS₂

Propan-1,2-dithiol, 3-[4-Brom-phenoxy]-
6 IV 1049

C₉H₁₁BrO₂

Äthanol, 2-[4-Brom-benzyloxy]-
6 III 1562 d

—, 2-Brom-1-[4-methoxy-phenyl]-
6 IV 5933

C₉H₁₁BrO₂ (Fortsetzung)

Äther, Benzyloxymethyl-brommethyl-
6 IV 2252

Äthylhydroperoxid, 1-[4-Brom-phenyl]-
1-methyl- 6 IV 3228

Benzol, 2-Äthoxy-4-brom-1-methoxy-
6 I 390 d

–, 1-[2-Brom-äthoxy]-2-methoxy-
6 771 d, I 384 c

–, 1-[2-Brom-äthoxy]-4-methoxy-
6 III 4387 e, IV 5720

–, 2-Brom-1,3-bis-hydroxymethyl-
5-methyl- 6 942 h

–, 1-Brom-4-methoxy-
2-methoxymethyl- 6 III 4546 b

–, 4-Brom-1-methoxy-
2-methoxymethyl- 6 III 4542 a

–, 1-Brommethyl-2,3-dimethoxy-
6 II 859 e, IV 5862

–, 2-Brommethyl-1,4-dimethoxy-
6 IV 5871

–, 4-Brommethyl-1,2-dimethoxy-
6 II 867 h

Benzylalkohol, 3-Brom-4-hydroxy-
2,5-dimethyl- 6 933 e

–, 3-Brom-5-hydroxy-2,4-dimethyl-
6 932 a

Hydrochinon, 2-[2-Brom-äthyl]-5-methyl-
6 IV 5996

–, 2-Brom-3,5,6-trimethyl- 6 III 4649 j

Phenol, 2-Äthoxymethyl-4-brom-
6 IV 5901

–, 3-Äthyl-2-brom-6-methoxy-
6 IV 5927

–, 2-[3-Brom-propoxy]- 6 III 4209 b

–, 2-Brom-4-propoxy- 6 IV 5780

Propan-1,3-diol, 2-Brom-1-phenyl-
6 IV 5986

Propan-1-ol, 3-[4-Brom-phenoxy]-
6 II 186 a, III 746 d

Propan-2-ol, 2-[5-Brom-2-hydroxy-phenyl]-
6 IV 5991

–, 1-Brom-3-phenoxy- 6 I 85 c,
II 150 j, III 577 a

–, 1-[4-Brom-phenoxy]- 6 IV 1048

Toluol, 2-Brom-3,5-dimethoxy-
6 III 4535 h, IV 5894

–, 2-Brom-4,5-dimethoxy-
6 I 433 a, III 4522 a

–, 3-Brom-2,5-dimethoxy-
6 II 862 d, III 4502 g

–, 3-Brom-2,6-dimethoxy-
6 III 4513 c, IV 5878

–, 3-Brom-4,5-dimethoxy-
6 III 4521 d, IV 5882

–, 4-Brom-2,5-dimethoxy-
6 III 4502 i, IV 5870

C₉H₁₁BrO₂S

Sulfon, Benzyl-[2-brom-äthyl]- 6 IV 2635

–, [4-(1-Brom-äthyl)-phenyl]-methyl-
6 IV 3028

–, [4-Brom-phenyl]-isopropyl-
6 III 1048 f

–, [4-Brom-phenyl]-propyl-
6 III 1048 e

–, [1-Brom-propyl]-phenyl- 6 305 l

–, [2-Brom-propyl]-phenyl-
6 298 d

C₉H₁₁BrO₃

Äthanol, 1-[2-Brom-3-hydroxy-4-methoxy-
phenyl]- 6 IV 7392

Benzen-1,2,4-triol, 3-Brom-5-propyl-
6 IV 7401

–, 3-Brom-6-propyl- 6 IV 7400

Benzol, 4-Brom-2-methoxy-1-methoxy=
methoxy- 6 784 j

–, 1-Brom-2,3,4-trimethoxy-
6 II 1068 b, III 6273 b, IV 7335

–, 1-Brom-2,3,5-trimethoxy-
6 III 6285 d, IV 7348

–, 1-Brom-2,4,5-trimethoxy-
6 I 542 i, III 6285 a, IV 7347

–, 2-Brom-1,3,5-trimethoxy-
6 1104 j, II 1079 f

–, 5-Brom-1,2,3-trimethoxy-
6 III 6273 d

Benzylalkohol, 2-Brom-3,4-dimethoxy-
6 III 6325 e

–, 2-Brom-3,5-dimethoxy-
6 III 6326 e

–, 2-Brom-4,5-dimethoxy-
6 I 551 g, III 6325 f

–, 3-Brom-4,5-dimethoxy-
6 I 551 f, IV 7384

–, 5-Brom-2,3-dimethoxy-
6 II 1082 i

Phenol, 2-Brom-6-methoxy-4-methoxymethyl-
6 IV 7384

Propan-1,2-diol, 3-[2-Brom-phenoxy]-
6 III 737 e

–, 3-[4-Brom-phenoxy]- 6 200 c, IV 1049

C₉H₁₁BrO₅

Hydrochinon, 2-Brom-3,5,6-trimethoxy-
6 IV 7889

C₉H₁₁BrS

Sulfid, Äthyl-[2-brom-benzyl]- 6 IV 2789

C₉H₁₁BrS (Fortsetzung)

Sulfid, Benzyl-[2-brom-äthyl]- **6** IV 2635
−, [2-Brom-äthyl]-*m*-tolyl-
  6 II 365 d
−, [2-Brom-äthyl]-*p*-tolyl- **6** IV 2156
−, [2-Brom-phenyl]-isopropyl-
  6 II 300 d
−, [4-Brom-phenyl]-isopropyl-
  6 II 301 b
−, [4-Brom-phenyl]-propyl-
  6 IV 1650
−, [3-Brom-propyl]-phenyl-
  6 III 981 c, IV 1470

C₉H₁₁Br₃NO₂PS

Amidothiophosphorsäure, Äthyl-,
  O-methylester-*O'*-[2,4,6-tribrom-
  phenylester] **6** IV 1069

C₉H₁₁Br₃OS

λ⁴-Sulfan, Dibrom-[3-brom-2-methoxy-
  5-methyl-phenyl]-methyl- **6** I 435 j

C₉H₁₁ClNO₅P

Phosphonsäure, Chlormethyl-, äthylester-
  [4-nitro-phenylester] **6** IV 1324

C₉H₁₁ClNO₅PS

Thiophosphorsäure-*O*-[3-chlor-2-methyl-
  4-nitro-phenylester]-*O',O''*-dimethyl≠
  ester **6** IV 2012
− *O*-[5-chlor-2-methyl-4-nitro-
  phenylester]-*O',O''*-dimethylester
  6 IV 2012

C₉H₁₁ClN₂O

Acetamidin, 2-[4-Chlor-3-methyl-phenoxy]-
  6 III 1317 j

C₉H₁₁ClN₂O₂S

Isothioharnstoff, *S*-[3-Chlor-4-hydroxy-
  5-methoxy-benzyl]- **6** IV 7387

C₉H₁₁ClN₂O₃S

Propionamidoxim, 2-[4-Chlor-benzolsulfonyl]-
  6 I 150 f

C₉H₁₁ClO

Äthanol, 1-[2-Chlor-5-methyl-phenyl]-
  6 IV 3238
−, 1-[4-Chlor-3-methyl-phenyl]-
  6 IV 3238
−, 2-Chlor-1-*p*-tolyl- **6** I 255 d
Äther, Äthyl-[2-chlor-benzyl]- **6** 444 c,
  I 222 f
−, Äthyl-[3-chlor-benzyl]- **6** 444 h
−, Äthyl-[4-chlor-benzyl]- **6** 444 j,
  I 222 i, III 1556 a
−, Benzyl-[2-chlor-äthyl]-
  6 II 410 a, III 1455 a, IV 2230

−, [2-Chlor-äthyl]-*m*-tolyl-
  6 III 1299 b, IV 2040
−, [2-Chlor-äthyl]-*o*-tolyl-
  6 II 329 b, III 1246 b, IV 1944
−, [2-Chlor-äthyl]-*p*-tolyl-
  6 III 1354 a, IV 2099
−, [α-Chlor-isopropyl]-phenyl-
  6 IV 600
−, [β-Chlor-isopropyl]-phenyl-
  6 III 550 a
−, [2-Chlormethyl-benzyl]-methyl-
  6 IV 3111
−, [3-Chlormethyl-benzyl]-methyl-
  6 IV 3163
−, [4-Chlormethyl-benzyl]-methyl-
  6 III 1782 e
−, Chlormethyl-phenäthyl-
  6 II 450 n, IV 3072
−, [β-Chlor-phenäthyl]-methyl-
  6 IV 3079
−, [2-Chlor-1-phenyl-äthyl]-methyl-
  6 IV 3046
−, [2-Chlor-phenyl]-isopropyl-
  6 III 676 c
−, [4-Chlor-phenyl]-isopropyl-
  6 II 176 c, III 688 c, IV 824
−, [2-Chlor-phenyl]-propyl-
  6 III 676 b
−, [4-Chlor-phenyl]-propyl-
  6 II 176 b, III 688 b, IV 824
−, [2-Chlor-propyl]-phenyl-
  6 IV 557
−, [3-Chlor-propyl]-phenyl-
  6 142 d, II 145 c, III 549 a,
  IV 557
Anisol, 2-[1-Chlor-äthyl]- **6** 471 d
−, 2-[2-Chlor-äthyl]- **6** III 1658 d,
  IV 3014
−, 3-[1-Chlor-äthyl]- **6** III 1662 f,
  IV 3019
−, 3-[2-Chlor-äthyl]- **6** III 1662 g,
  IV 3019
−, 4-[1-Chlor-äthyl]- **6** IV 3024
−, 4-[2-Chlor-äthyl]- **6** I 235 b,
  III 1667 c, IV 3024
−, 4-Chlor-3,5-dimethyl-
  6 II 464 a, III 1759 b
−, 2-Chlormethyl-4-methyl-
  6 III 1748 c, IV 3135
−, 3-Chlormethyl-2-methyl-
  6 III 1724 b
−, 3-Chlormethyl-4-methyl-
  6 IV 3105

C₉H₁₁ClO (Fortsetzung)

Anisol, 4-Chlormethyl-2-methyl-
6 III 1748 a, IV 3134

—, 4-Chlormethyl-3-methyl-
6 III 1729 f

Benzylalkohol, 2-Chlor-4,5-dimethyl-
6 IV 3252

—, 4-Chlor-3,5-dimethyl- 6 IV 3264

Norbornan-2-ol, 2-Chloräthinyl-
6 IV 3265

Phenetol, 2-Chlormethyl- 6 I 174 e,
III 1267 h

—, 2-Chlor-4-methyl- 6 403 b,
III 1374 g

—, 3-Chlormethyl- 6 III 1319 b,
IV 2068

—, 4-Chlormethyl- 6 III 1376 a,
IV 2137

—, 4-Chlor-3-methyl- 6 382 b

—, 5-Chlor-2-methyl- 6 359 a

Phenol, 2-Äthyl-4-chlor-5-methyl-
6 III 1825 d, IV 3241

—, 3-Äthyl-4-chlor-5-methyl-
6 IV 3237

—, 2-Chlor-4-isopropyl- 6 506 f

—, 2-Chlor-6-isopropyl- 6 IV 3213

—, 3-Chlor-2-isopropyl- 6 IV 3213

—, 4-Chlor-2-isopropyl- 6 III 1809 h,
IV 3213

—, 5-Chlor-2-isopropyl- 6 IV 3213

—, 2-Chlormethyl-4,6-dimethyl-
6 519 b, III 1837 f

—, 2-[3-Chlor-propyl]- 6 499 g

—, 2-Chlor-4-propyl- 6 III 1790 b

—, 4-Chlor-2-propyl- 6 III 1785 g,
IV 3177

—, 4-[3-Chlor-propyl]- 6 I 249 g

—, 2-Chlor-3,5,6-trimethyl-
6 IV 3249

—, 4-Chlor-2,3,5-trimethyl-
6 IV 3249

Propan-1-ol, 1-[4-Chlor-phenyl]-
6 III 1795 c, IV 3186

—, 3-Chlor-1-phenyl- 6 502 f, I 250 i,
II 471 f, III 1795 e, IV 3186

—, 3-[2-Chlor-phenyl]- 6 IV 3204

—, 3-Chlor-3-phenyl- 6 III 1805 k,
IV 3204

—, 3-[3-Chlor-phenyl]- 6 IV 3204

—, 3-[4-Chlor-phenyl]- 6 IV 3204

Propan-2-ol, 1-Chlor-2-phenyl-
6 507 a, III 1815 g, IV 3227

—, 1-Chlor-3-phenyl- 6 503 c,
II 474 i, III 1798 c, IV 3196

—, 2-[2-Chlor-phenyl]- 6 III 1815 d,
IV 3227

—, 2-[3-Chlor-phenyl]- 6 III 1815 e,
IV 3227

—, 2-[4-Chlor-phenyl]- 6 III 1815 f,
IV 3227

C₉H₁₁ClOS

Äthanol, 2-[2-Chlor-benzylmercapto]-
6 IV 2768

Benzol, 1-Äthoxymethylmercapto-4-chlor-
6 IV 1592

—, 4-Äthylmercapto-2-chlor-
1-methoxy- 6 IV 5827

—, 1-[2-Chlor-äthylmercapto]-
4-methoxy- 6 III 4447 d

Methan, Äthylmercapto-[4-chlor-phenoxy]-
6 IV 835

Phenol, 2-Chlor-4-propylmercapto-
6 III 4466 h

—, 3-Chlor-4-propylmercapto-
6 IV 5824

Propan-2-ol, 1-Chlor-3-phenylmercapto-
6 III 998 d

Propan-1-thiol, 3-[4-Chlor-phenoxy]-
6 IV 830

Sulfoxid, [2-Chlor-äthyl]-p-tolyl-
6 II 394 c

C₉H₁₁ClO₂

Äthan, 1-Chlor-2-phenoxymethoxy-
6 IV 596

Äthanol, 2-[2-Chlor-benzyloxy]-
6 III 1555 b

—, 2-[4-Chlor-benzyloxy]- 6 IV 2594

—, 1-[5-Chlor-2-hydroxy-3-methyl-
phenyl]- 6 IV 5996

—, 2-[2-Chlor-4-methyl-phenoxy]-
6 I 203 m

—, 2-[2-Chlor-5-methyl-phenoxy]-
6 IV 2063

—, 2-[4-Chlor-2-methyl-phenoxy]-
6 IV 1988

—, 2-[4-Chlor-3-methyl-phenoxy]-
6 I 188 c, IV 2064

Benzol, 1-Äthoxy-3-chlor-2-methoxy-
6 I 389 b

—, 2-Äthoxy-4-chlor-1-methoxy-
6 I 389 g

—, 1-[2-Chlor-äthoxy]-2-methoxy-
6 III 4208 c, IV 5565

—, 1-[2-Chlor-äthoxy]-3-methoxy-
6 III 4307 b, IV 5664

$C_9H_{11}ClO_2$ (Fortsetzung)

Benzol, 1-[2-Chlor-äthoxy]-4-methoxy-
6 III 4387 d

—, 2-Chlor-1-methoxy-
4-methoxymethyl- **6** III 4550 h

—, 1-Chlormethyl-2,3-dimethoxy-
6 I 426 h, III 4493 d

—, 1-Chlormethyl-3,5-dimethoxy-
6 III 4535 a

—, 2-Chlormethyl-1,4-dimethoxy-
6 875 c, IV 5869

—, 4-Chlormethyl-1,2-dimethoxy-
6 880 n, I 432 f, III 4520 f, IV 5881

Benzylalkohol, 2-[2-Chlor-äthoxy]-
6 IV 5897

—, 3-Chlor-2-hydroxy-4,6-dimethyl-
6 IV 5999

—, 3-Chlor-2-methoxy-5-methyl-
6 IV 5966

—, 5-Chlor-2-methoxy-3-methyl-
6 IV 5964

—, 3-Chlormethyl-4-methoxy-
6 IV 5965

Brenzcatechin, 4-Chlor-3,5,6-trimethyl-
6 931 k

Hydrochinon, 2-Chlor-3,5,6-trimethyl-
6 931 i

Phenäthylalkohol, 3-Chlor-4-methoxy-
6 III 4572 b

Phenol, 4-Chlor-3-methoxy-2,5-dimethyl-
6 IV 5970

—, 2-Chlor-4-propoxy- **6** IV 5768

Propan-1,2-diol, 3-[4-Chlor-phenyl]-
6 IV 5988

Propan-1-ol, 2-Chlor-3-phenoxy-
6 IV 585

—, 2-[4-Chlor-phenoxy]- **6** I 101 g

Propan-2-ol, 2-[5-Chlor-2-hydroxy-phenyl]-
6 IV 5991

—, 1-[2-Chlor-phenoxy]- **6** IV 789

—, 1-Chlor-3-phenoxy- **6** 147 b,
I 85 b, III 576 g, IV 584

—, 1-[4-Chlor-phenoxy]- **6** IV 829

Resorcin, 4-Chlor-6-propyl- **6** III 4612 e,
IV 5976

Toluol, 2-Chlor-4,5-dimethoxy-
6 II 867 c

—, 4-Chlor-2,5-dimethoxy-
6 IV 5869

$C_9H_{11}ClO_2S$

Chloroschwefligsäure-[3-phenyl-propylester]
6 III 1805 i

Propan-1,2-diol, 3-[4-Chlor-phenyl=
mercapto]- **6** III 1037 b

Sulfon, Äthyl-[4-chlor-benzyl]- **6** IV 2771

—, Benzyl-[2-chlor-äthyl]- **6** IV 2635

—, [1-Chlor-äthyl]-*p*-tolyl- **6** 421 a

—, [2-Chlor-äthyl]-*p*-tolyl-
6 417 f, II 394 d, III 1394 f, IV 2156

—, [2-Chlor-propyl]-phenyl-
6 III 981 e

—, [3-Chlor-propyl]-phenyl-
6 III 981 f

$C_9H_{11}ClO_3$

Äthan-1,1-diol, 2-[2-Chlor-4-methyl-
phenoxy]- **6** IV 2136

—, 2-[4-Chlor-2-methyl-phenoxy]-
6 IV 1990

Äthanol, 1-[2-Chlor-4-hydroxy-5-methoxy-
phenyl]- **6** IV 7391

Benzol, 5-Chlor-1,3-bis-hydroxymethyl-
2-methoxy- **6** III 6336 e

—, 1-Chlor-2,3,4-trimethoxy-
6 1084 h, II 1067 g, IV 7334

—, 1-Chlor-2,3,5-trimethoxy-
6 IV 7345

—, 1-Chlor-2,4,5-trimethoxy-
6 IV 7344

—, 2-Chlor-1,3,4-trimethoxy-
6 IV 7344

—, 2-Chlor-1,3,5-trimethoxy-
6 IV 7368

—, 5-Chlor-1,2,3-trimethoxy-
6 1084 i

Benzylalkohol, 2-Chlor-3,5-dimethoxy-
6 III 6326 d

Phenol, 4-Chlor-2,6-bis-hydroxymethyl-
3-methyl- **6** III 6355 f

Propan-1,2-diol, 3-[2-Chlor-phenoxy]-
6 185 a, I 99 d, III 677 f, IV 790

—, 3-[3-Chlor-phenoxy]- **6** IV 813

—, 3-[4-Chlor-phenoxy]- **6** I 101 h,
III 692 b, IV 831

Propan-1,3-diol, 2-[2-Chlor-phenoxy]-
6 185 a

Propan-1-ol, 2-Chlor-1-[3,4-dihydroxy-
phenyl]- **6** 1120 j

Propan-2-ol, 1-Chlor-3-[2-hydroxy-
phenoxy]- **6** IV 5574

Resorcin, 5-[3-Chlor-propoxy]- **6** IV 7362

$C_9H_{11}ClO_3S$

Äthan, 1-[2-Chlor-benzolsulfonyl]-
2-methoxy- **6** III 1033 d

Benzol, 4-Äthansulfonyl-2-chlor-1-methoxy-
6 IV 5827

C₉H₁₁ClO₃S (Fortsetzung)

Phenol, 3-Chlor-4-[propan-1-sulfonyl]-
  6 IV 5824

Propan-2-ol, 1-Benzolsulfonyl-3-chlor-
  6 III 998 f

Propan-1-sulfonsäure-[4-chlor-phenylester]
  6 IV 864

C₉H₁₁ClS

Benzolsulfenylchlorid, 2,4,6-Trimethyl-
  6 IV 3263

Sulfid, Äthyl-[4-chlormethyl-phenyl]-
  6 IV 2210

—, Äthyl-[5-chlor-2-methyl-phenyl]-
  6 IV 2028

—, Benzyl-[2-chlor-äthyl]- 6 III 1574 i

—, [2-(2-Chlor-äthyl)-phenyl]-methyl-
  6 III 1660 e

—, [4-(2-Chlor-äthyl)-phenyl]-methyl-
  6 III 1671 b

—, [2-Chlor-äthyl]-o-tolyl- 6 IV 2016

—, [2-Chlor-äthyl]-p-tolyl-
  6 II 394 a, III 1394 d, IV 2156

—, [8-Chlor-bicyclo[4.2.0]octa-
  2,4-dien-7-yl]-methyl- 6 IV 3176

—, [2-Chlormethyl-4-methyl-phenyl]-
  methyl- 6 III 1753 c

—, [4-Chlormethyl-2-methyl-phenyl]-
  methyl- 6 IV 3140

—, [β-Chlor-phenäthyl]-methyl-
  6 IV 3093

—, [4-Chlor-phenäthyl]-methyl-
  6 IV 3092

—, [2-Chlor-propyl]-phenyl-
  6 III 981 a

—, [3-Chlor-propyl]-phenyl-
  6 II 288 e, III 981 b

Thiophenol, 2-Chlor-5-isopropyl-
  6 III 1810 c

C₉H₁₁ClS₂

Methan, Äthylmercapto-[4-chlor-
  phenylmercapto]- 6 IV 1594

C₉H₁₁ClS₃

Benzol, 2-Chlor-1,3,5-tris-methylmercapto-
  6 I 548 e

C₉H₁₁Cl₂IO

Äther, [4-Dichlorjodanyl-phenyl]-propyl-
  6 III 776 g

C₉H₁₁Cl₂NO

Amin, [2-(2,4-Dichlor-phenoxy)-äthyl]-
  methyl- 6 III 711 a

C₉H₁₁Cl₂NO₂Se

λ⁴-Selan, Dichlor-[3-nitro-phenyl]-propyl-
  6 III 1119 f

C₉H₁₁Cl₂O₂P

Dichlorophosphorsäure-[2-isopropyl-
  phenylester] 6 IV 3212

— [4-isopropyl-phenylester]
  6 IV 3217

C₉H₁₁Cl₂O₄P

Phosphonsäure, [2,4-Dichlor-phenoxymethyl]-,
  monoäthylester 6 IV 899

—, [2,6-Dichlor-phenoxymethyl]-,
  monoäthylester 6 IV 950

C₉H₁₁Cl₂O₅P

Phosphorsäure-[2,5-dichlor-4-methoxy-
  phenylester]-dimethylester 6 IV 5774

C₉H₁₁Cl₃NO₂PS

Amidothiophosphorsäure-O-isopropylester-
  O'-[2,4,5-trichlor-phenylester]
  6 IV 999

Amidothiophosphorsäure, Äthyl-,
  O-methylester-O'-[2,4,5-trichlor-
  phenylester] 6 IV 997

—, Äthyl-, O-methylester-O'-
  [2,4,6-trichlor-phenylester] 6 IV 1018

—, Methyl-, O-äthylester-O'-
  [2,4,5-trichlor-phenylester] 6 IV 997

—, Methyl-, O-äthylester-O'-
  [2,4,6-trichlor-phenylester] 6 IV 1018

C₉H₁₁Cl₃O

Cyclohexa-2,5-dienol, 2-Chlor-
  4-dichlormethyl-1,4-dimethyl-
  6 I 60 f

—, 1,4-Dimethyl-4-trichlormethyl-
  6 96 e, II 101 b

C₉H₁₁Cl₃OSi

Silan, Trichlor-[1-methyl-2-phenyl-äthoxy]-
  6 IV 3195

—, Trichlor-[3-phenyl-propoxy]-
  6 IV 3204

C₉H₁₁DO

Äther, Äthyl-[α-deuterio-benzyl]-
  6 IV 2230

—, [4-Deuterio-phenyl]-isopropyl-
  6 IV 557

—, [4-Deuterio-phenyl]-propyl-
  6 IV 557

Propan-1-ol, 3-Deuterio-3-phenyl-
  6 III 1801

—, O-Deuterio-2-phenyl- 6 IV 3230

C₉H₁₁DO₂

Äthylhydroperoxid, O-Deuterio-1-methyl-
  1-phenyl- 6 IV 3224

C₉H₁₁FNO₄PS

Thiophosphonsäure, Methyl-, *O*-[2-fluor-äthylester]-*O'*-[4-nitro-phenylester]
6 IV 1325

C₉H₁₁FO

Äthanol, 1-[4-Fluor-2-methyl-phenyl]-
6 IV 3233

Äther, Äthyl-[4-fluor-benzyl]- 6 IV 2589

—, [4-Fluor-phenyl]-isopropyl-
6 III 670 b

Phenol, 4-Fluor-2-propyl- 6 III 1785 d,
IV 3177

Propan-2-ol, 2-[2-Fluor-phenyl]-
6 III 1815 a, IV 3226

—, 2-[3-Fluor-phenyl]- 6 IV 3226

—, 2-[4-Fluor-phenyl]- 6 IV 3227

C₉H₁₁FO₂

Phenäthylalkohol, 3-Fluor-4-methoxy-
6 III 4572 a

Propan-2-ol, 1-[2-Fluor-phenoxy]-
6 IV 771

—, 1-[3-Fluor-phenoxy]- 6 IV 773

—, 1-[4-Fluor-phenoxy]- 6 IV 775

C₉H₁₁FO₃

Propan-1,2-diol, 3-[2-Fluor-phenoxy]-
6 IV 771

—, 3-[3-Fluor-phenoxy]- 6 IV 773

—, 3-[4-Fluor-phenoxy]- 6 IV 775

C₉H₁₁F₇O

Cyclohexanol, 1-Heptafluorpropyl-
6 IV 129

[C₉H₁₁HgO₂]⁺

Phenylquecksilber(1+), 4,5-Dimethoxy-
2-methyl- 6 III 4517

C₉H₁₁IN₂O₃S

Propionamidoxim, 2-[4-Jod-benzolsulfonyl]-
6 I 153 o

C₉H₁₁IN₂S

Isothioharnstoff, *S*-[2-Jod-3-methyl-benzyl]-
6 IV 3164

C₉H₁₁IO

Äther, Benzyl-[2-jod-äthyl]- 6 II 410 b,
III 1455 c

—, [2-Jod-äthyl]-*o*-tolyl- 6 IV 1945

—, [2-Jodmethyl-benzyl]-methyl-
6 IV 3111

—, [2-Jod-1-phenyl-äthyl]-methyl-
6 477 a, I 237 e, III 1694 e,
IV 3055

—, [2-Jod-phenyl]-propyl-
6 III 769 e

—, [4-Jod-phenyl]-propyl-
6 III 776 e

—, [3-Jod-propyl]-phenyl- 6 143 a,
I 81 e, III 549 d

Anisol, 3-Äthyl-4-jod- 6 IV 3019

—, 3-[2-Jod-äthyl]- 6 III 1663 d

—, 4-[2-Jod-äthyl]- 6 IV 3026

—, 2-Jod-4,5-dimethyl- 6 III 1730 i

—, 4-Jod-2,6-dimethyl- 6 IV 3123

—, 4-Jod-3,5-dimethyl- 6 IV 3159

—, 2-Jodmethyl-4-methyl- 6 IV 3138

Benzylalkohol, 4-Jod-3,5-dimethyl-
6 IV 3264

Phenetol, 2-Jod-6-methyl- 6 II 337 d

Phenol, 2-Jod-4-propyl- 6 IV 3183

—, 2-Jod-6-propyl- 6 IV 3179

—, 4-Jod-2-propyl- 6 IV 3179

Propan-1-ol, 1-[4-Jod-phenyl]- 6 III 3188

—, 2-Jod-1-phenyl- 6 503 a

Propan-2-ol, 1-Jod-2-phenyl- 6 507 d

—, 1-Jod-3-phenyl- 6 II 474 n

—, 2-[2-Jod-phenyl]- 6 III 1816 b,
IV 3228

—, 2-[3-Jod-phenyl]- 6 IV 3228

—, 2-[4-Jod-phenyl]- 6 IV 3228

C₉H₁₁IO₂

Propan-2-ol, 1-Jod-3-phenoxy-
6 III 577 b

Toluol, 2-Jod-3,5-dimethoxy- 6 III 4536 b,
IV 5894

—, 2-Jod-4,5-dimethoxy- 6 IV 5883

—, 4-Jod-2,5-dimethoxy- 6 III 4503 f

—, 4-Jod-3,5-dimethoxy- 6 III 4536 c,
IV 5894

C₉H₁₁IO₂S

Sulfon, [2-Jod-äthyl]-*p*-tolyl- 6 417 g,
IV 2156

—, [2-Jod-propyl]-phenyl- 6 298 f

—, [3-Jod-propyl]-phenyl- 6 298 f

C₉H₁₁IO₃

Benzol, 1-Jod-2,3,4-trimethoxy-
6 1085 j, III 6274 b

—, 1-Jod-2,4,5-trimethoxy-
6 III 6286 d

—, 2-Jod-1,3,4-trimethoxy-
6 III 6286 c

—, 2-Jod-1,3,5-trimethoxy-
6 I 547 j, IV 7370

—, 5-Jod-1,2,3-trimethoxy-
6 1085 k

Phenol, 2-Jod-6-methoxy-4-methoxymethyl-
6 IV 7384

Propan-1,2-diol, 3-[2-Jod-phenoxy]-
6 I 109 c, III 771 a

$C_9H_{11}NO_2S$ (Fortsetzung)

Sulfid, [2,6-Dimethyl-4-nitro-phenyl]-
methyl- **6** IV 3125

—, [3,5-Dimethyl-4-nitro-phenyl]-
methyl- **6** IV 3162

—, Isopropyl-[4-nitro-phenyl]-
6 II 310 h

—, Methyl-[2-nitro-1-phenyl-äthyl]-
6 III 1702 e

—, [β-Nitro-isopropyl]-phenyl-
6 III 982 b

—, [2-Nitro-phenyl]-propyl-
6 II 305 e

—, [4-Nitro-phenyl]-propyl-
6 II 310 e

Thiocarbamidsäure-S-[4-äthoxy-phenylester]
6 IV 5816

Thiocarbamidsäure, Methyl-,
S-[2-hydroxy-5-methyl-phenylester]
6 IV 5887

Thioessigsäure, [2-Methoxy-phenoxy]-,
amid **6** III 4236 d

$C_9H_{11}NO_2S_2$

Äthan, 1-Methylmercapto-2-[4-nitro-
phenylmercapto]- **6** IV 1698

Alanin, 3-Phenyldisulfanyl- **6** IV 1562

Thioessigsäure, [Toluol-3-sulfonyl]-, amid
6 389 b

—, [Toluol-4-sulfonyl]-, amid
6 423 l

Thiopropionsäure, 2-Benzolsulfonyl-,
amid **6** I 147 j

$C_9H_{11}NO_2S_3$

Benzol, 1,3,5-Tris-methylmercapto-2-nitro-
6 I 548 g

$C_9H_{11}NO_2Se$

Alanin, 3-Phenylselanyl- **6** III 1110 a

$C_9H_{11}NO_3$

Acetohydroxamsäure, 2-m-Tolyloxy-
6 IV 2051

—, 2-o-Tolyloxy- **6** IV 1965

—, 2-p-Tolyloxy- **6** IV 2120

Aceton, [2-Hydroxy-phenoxy]-, oxim
6 774 b

Äthanol, 1-[4-Methyl-3-nitro-phenyl]-
6 IV 3244

—, 2-[3-Methyl-4-nitroso-phenoxy]-
6 II 359 e

Äther, Äthyl-[2-nitro-benzyl]- **6** 448 b

—, Äthyl-[3-nitro-benzyl]- **6** 449 i

—, Äthyl-[4-nitro-benzyl]- **6** 450 e

—, Benzyl-[2-nitro-äthyl]- **6** III 1455 d

—, Isopropyl-[2-nitro-phenyl]-
6 IV 1250

—, Isopropyl-[3-nitro-phenyl]-
6 III 809 c

—, Isopropyl-[4-nitro-phenyl]-
6 III 819 d, IV 1285

—, Methyl-[4-nitro-phenäthyl]-
6 IV 3083

—, Methyl-[2-nitro-1-phenyl-äthyl]-
6 477 e, I 237 i, II 447 i

—, [2-Nitro-phenyl]-propyl-
6 III 800 b, IV 1250

—, [3-Nitro-phenyl]-propyl-
6 III 809 b

—, [4-Nitro-phenyl]-propyl-
6 232 b, II 221 c, III 819 b, IV 1284

—, [3-Nitro-propyl]-phenyl-
6 I 81 f

Anisol, 2-Äthyl-5-nitro- **6** IV 3015

—, 4-Äthyl-2-nitro- **6** IV 3027

—, 2,3-Dimethyl-4-nitro- **6** IV 3098

—, 2,3-Dimethyl-6-nitro- **6** IV 3098

—, 2,4-Dimethyl-5-nitro- **6** 491 a

—, 2,4-Dimethyl-6-nitro- **6** 490 g,
II 461 e

—, 2,5-Dimethyl-3-nitro- **6** I 246 e

—, 2,6-Dimethyl-4-nitro- **6** III 1740 f,
IV 3124

—, 3,5-Dimethyl-2-nitro- **6** III 1765 c,
IV 3160

—, 3,5-Dimethyl-4-nitro- **6** III 1765 a,
IV 3160

—, 4,5-Dimethyl-2-nitro- **6** I 240 i,
III 1731 d, IV 3107

Carbamidsäure-[β-hydroxy-phenäthylester]
6 IV 5941

— [2-hydroxy-1-phenyl-äthylester]
6 IV 5941

— [2-methoxy-4-methyl-phenylester]
6 880 i

— [2-phenoxy-äthylester] **6** I 84 d

Carbamidsäure, Äthyl-, [2-hydroxy-
phenylester] **6** III 4232 d

—, Hydroxy-methyl-, benzylester
6 IV 2464

Essigsäure, [2-Methoxy-phenoxy]-, amid
6 778 f, IV 5586

—, [3-Methoxy-phenoxy]-, amid
6 III 4323 e, IV 5674

—, [4-Methoxy-phenoxy]-, amid
6 IV 5745

Glycin-[2-methoxy-phenylester]
6 I 388 b

$C_9H_{11}NO_3$ (Fortsetzung)

Phenäthylalkohol, 2-Methyl-3-nitro-
6 III 1820 b

Phenetol, 2-Methyl-4-nitro- 6 366 e
–, 2-Methyl-5-nitro- 6 366 a,
III 1274 b, IV 2010
–, 2-Methyl-6-nitro- 6 365 c,
II 338 f, III 1273 e
–, 3-Methyl-4-nitro- 6 386 d,
III 1327 c, IV 2075
–, 4-Methyl-2-nitro- 6 412 c, I 206 c,
III 1385 b
–, 4-Methyl-3-nitro- 6 IV 2148
–, 5-Methyl-2-nitro- 6 385 g,
II 360 b

Phenol, 2-Äthyl-6-methyl-4-nitro-
6 II 478 d, III 1821 c
–, 2-Isopropyl-4-nitro- 6 505 e,
III 1809 j
–, 2-Isopropyl-6-nitro- 6 505 d
–, 4-Isopropyl-2-nitro- 6 IV 3217
–, 4-Isopropyl-3-nitro- 6 III 1812 c,
IV 3217
–, 2-Nitro-4-propyl- 6 III 1792 d
–, 2-Nitro-6-propyl- 6 III 1786 j
–, 3-Nitro-4-propyl- 6 III 1792 c
–, 4-Nitro-3-propyl- 6 III 1788 g
–, 2,3,5-Trimethyl-4-nitro-
6 III 1834 b
–, 2,3,5-Trimethyl-6-nitro-
6 II 483 e
–, 2,4,6-Trimethyl-3-nitro-
6 521 d, III 1840 b
–, 3,4,5-Trimethyl-2-nitro-
6 II 481 g
–, 3,4,6-Trimethyl-2-nitro-
6 516 l, IV 3248

Propan-1-ol, 1-[2-Nitro-phenyl]-
6 IV 3188
–, 1-[4-Nitro-phenyl]- 6 IV 3189
–, 2-Nitro-1-phenyl- 6 II 472 g,
III 1796 d

Propan-2-ol, 1-Nitro-3-phenyl- 6 III 1798 h
–, 2-[4-Nitro-phenyl]- 6 IV 3228

Propionsäure, 2-Hydroxy-3-phenoxy-,
amid 6 III 624 g
–, 2-[4-Hydroxy-phenoxy]-, amid
6 IV 5747
–, 3-Hydroxy-2-phenoxy-, amid
6 III 624 c

$C_9H_{11}NO_3S$

Acetaldehyd, 1-[Toluol-4-sulfonyl]-, oxim
6 IV 2196

Aceton, Benzolsulfonyl-, oxim 6 307 d

Äthanol, 2-[4-Nitro-benzylmercapto]-
6 II 441 j

Alanin, 3-Benzolsulfinyl- 6 IV 1558 e

Essigsäure, Phenylmethansulfonyl-, amid
6 II 436 f, III 1611 c
–, [Toluol-2-sulfonyl]-, amid 6 372 e
–, [Toluol-3-sulfonyl]-, amid
6 388 k
–, [Toluol-4-sulfonyl]-, amid
6 423 b, II 399 b, III 1422 g

Propan-1-ol, 3-[4-Nitro-phenylmercapto]-
6 II 311 l

Propan-2-ol, 1-[2-Nitro-phenylmercapto]-
6 IV 1667

Propan-1-thiol, 3-[4-Nitro-phenoxy]-
6 IV 1292

Propionsäure, 2-Benzolsulfonyl-, amid
6 I 147 g, III 1016 f
–, 3-Benzolsulfonyl-, amid
6 III 1018 c, IV 1541

Sulfonium, [4-Hydroxy-3-methyl-5-nitro-
phenyl]-dimethyl-, betain 6 I 431 a

Sulfoxid, Äthyl-[4-methyl-2-nitro-phenyl]-
6 I 214 c

Thiocarbamidsäure, Dimethyl-,
S-[2,4-dihydroxy-phenylester]
6 IV 7352

$C_9H_{11}NO_4$

Äthan, 1-Methoxy-2-[4-nitro-phenoxy]-
6 III 823 a

Äthanol, 1-[2-Methoxy-phenyl]-2-nitro-
6 III 4564 c
–, 1-[3-Methoxy-phenyl]-2-nitro-
6 II 886 e
–, 1-[4-Methoxy-phenyl]-2-nitro-
6 906 g, III 4568 f, IV 5933
–, 2-[2-Methyl-5-nitro-phenoxy]-
6 IV 2010
–, 2-[4-Methyl-2-nitro-phenoxy]-
6 II 389 a
–, 2-[3-Nitro-benzyloxy]- 6 IV 2610

Äthylhydroperoxid, 1-Methyl-1-[4-nitro-
phenyl]- 6 IV 3228

Benzol, 1-Äthoxy-2-methoxy-4-nitro-
6 789 b, II 790 g, 793 e, III 4265 c
–, 1-Äthoxy-3-methoxy-5-nitro-
6 III 4347 f
–, 1-Äthoxy-4-methoxy-2-nitro-
6 II 849 c, IV 5787
–, 2-Äthoxy-1-methoxy-4-nitro-
6 789 c, II 790 h, III 4265 d

C$_9$H$_{11}$NO$_4$ (Fortsetzung)

Benzol, 4-Äthoxy-1-methoxy-2-nitro-
  6 II 849 d, IV 5787

—, 1-Methoxy-2-methoxymethyl-
  4-nitro- **6** II 880 e

—, 1-Methoxy-4-methoxymethyl-
  2-nitro- **6** II 884 d, III 4551 g

—, 1,2,4-Trimethoxy-5-nitroso-
  6 I 543 a

Benzylalkohol, 2-Äthoxy-5-nitro-
  6 II 880 f

—, 4-Äthoxy-3-nitro- **6** II 884 e

—, 2-Hydroxy-3,5-dimethyl-4-nitro-
  6 940 e

—, 2-Hydroxy-3,5-dimethyl-6-nitro-
  6 940 e

Brenzcatechin, 4-Nitro-5-propyl-
  6 924 g

Carbamidsäure-[2,6-dimethoxy-phenylester]
  6 1083 h

Hydrochinon, 2,3,5-Trimethyl-6-nitro-
  6 931 j

Phenol, 2-Äthoxymethyl-4-nitro-
  6 IV 5905

—, 3-Äthoxy-5-methyl-4-nitro-
  6 889 e, IV 5895

—, 4-Äthoxymethyl-2-nitro-
  6 901 d

—, 5-Äthoxy-2-methyl-3-nitro-
  6 III 4497 e

—, 5-Äthoxy-3-methyl-2-nitro-
  6 889 f, IV 5895

—, 3-Isopropoxy-4-nitro- **6** III 4346 e

—, 5-Isopropoxy-2-nitro- **6** III 4346 d

—, 2-Nitro-5-propoxy- **6** III 4345 e

—, 4-Nitro-3-propoxy- **6** III 4346 a

Propan-1,3-diol, 1-[2-Nitro-phenyl]- **6** 928 g

—, 2-Nitro-1-phenyl- **6** III 4630 f,
  IV 5987

—, 2-Nitro-2-phenyl- **6** III 4635 a

Propan-1-ol, 2-[4-Nitro-phenoxy]-
  6 I 119 g

—, 3-[4-Nitro-phenoxy]- **6** III 824 a

Propan-2-ol, 1-[2-Nitro-phenoxy]-
  6 III 803 a

—, 1-[4-Nitro-phenoxy]- **6** I 119 g

Toluol, 2,3-Dimethoxy-4-nitro-
  6 I 427 j

—, 2,3-Dimethoxy-5-nitro-
  6 I 427 k

—, 2,3-Dimethoxy-6-nitro-
  6 I 427 m

—, 2,4-Dimethoxy-5-nitro-
  6 II 861 e, III 4497 b

—, 2,4-Dimethoxy-6-nitro-
  6 III 4497 d

—, 2,5-Dimethoxy-4-nitro-
  6 III 4504 a

—, 3,4-Dimethoxy-2-nitro-
  6 II 868 g

—, 3,4-Dimethoxy-5-nitro-
  6 881 e, II 869 b, IV 5883

—, 3,5-Dimethoxy-2-nitro-
  6 IV 5895

—, 3,5-Dimethoxy-4-nitro-
  6 III 4536 f, IV 5895

—, 3,6-Dimethoxy-2-nitro-
  6 IV 5871

—, 4,5-Dimethoxy-2-nitro-
  6 881 g, I 433 e, II 869 h, III 4522 f,
  IV 5883

C$_9$H$_{11}$NO$_4$S

Alanin, 3-Benzolsulfonyl- **6** IV 1558 f

Essigsäure, Phenoxysulfonyl-, methylamid
  6 IV 691

Propan-1,2-diol, 3-[4-Nitro-phenyl≑
  mercapto]- **6** IV 1704

Sulfon, Äthyl-[4-methyl-2-nitro-phenyl]-
  6 III 1438 b

—, Äthyl-[2-nitro-benzyl]- **6** III 1645 j

—, Äthyl-[4-nitro-benzyl]- **6** III 1647 g

—, [2,6-Dimethyl-4-nitro-phenyl]-
  methyl- **6** IV 3125

—, Isopropyl-[2-nitro-phenyl]-
  6 III 1058 b

—, Isopropyl-[3-nitro-phenyl]-
  6 III 1065 g

—, Isopropyl-[4-nitro-phenyl]-
  6 II 310 i

—, Methyl-[4-nitro-phenäthyl]-
  6 III 1721 e

—, [1-Nitro-äthyl]-*p*-tolyl- **6** IV 2186

—, [2-Nitro-äthyl]-*p*-tolyl- **6** III 1395 a

—, [2-Nitro-phenyl]-propyl-
  6 II 305 f, III 1058 a

—, [3-Nitro-phenyl]-propyl-
  6 III 1065 e

—, [4-Nitro-phenyl]-propyl-
  6 II 310 e

C$_9$H$_{11}$NO$_4$S$_3$

Disulfan, Äthansulfonyl-[5-methyl-2-nitro-
  phenyl]- **6** III 1338 f

C$_9$H$_{11}$NO$_5$

Äthanol, 1-[4-Hydroxy-3-methoxy-phenyl]-
  2-nitro- **6** I 552 j

C₉H₁₁NO₅ (Fortsetzung)

Benzol, 1,2,3-Trimethoxy-4-nitro-
  6 1086 b, II 1070 a, III 6274 g,
  IV 7336

—, 1,2,3-Trimethoxy-5-nitro-
  6 1086 g, I 541 b, II 1070 d,
  IV 7337

—, 1,2,4-Trimethoxy-3-nitro-
  6 IV 7348

—, 1,2,4-Trimethoxy-5-nitro-
  6 1090 l, I 543 b, II 1072 g,
  III 6287 a, IV 7349

—, 1,2,5-Trimethoxy-3-nitro-
  6 III 6287 i

—, 1,3,5-Trimethoxy-2-nitro-
  6 II 1079 i, III 6309 e, IV 7370

Benzylalkohol, 2,3-Dimethoxy-5-nitro-
  6 II 1082 l

—, 2,3-Dimethoxy-6-nitro-
  6 IV 7379

—, 3,4-Dimethoxy-2-nitro-
  6 I 551 h, III 6325 g

Phenol, 2-Äthoxy-3-methoxy-5-nitro-
  6 IV 7337

—, 2-Äthoxy-6-methoxy-4-nitro-
  6 IV 7337

—, 4-Äthoxy-5-methoxy-2-nitro-
  6 IV 7349

—, 5-Äthoxy-4-methoxy-2-nitro-
  6 IV 7349

Propan-1,2-diol, 3-[2-Nitro-phenoxy]-
  6 I 115 b

—, 3-[4-Nitro-phenoxy]- **6** I 120 b

C₉H₁₁NO₅S

Äthan, 1-Methoxy-2-[3-nitro-benzolsulfonyl]-
  6 338 h, IV 1683

—, 1-Methoxy-2-[4-nitro-benzolsulfonyl]-
  6 IV 1699

Äthanol, 2-[2-Methyl-5-nitro-benzolsulfonyl]-
  6 IV 2033

—, 2-[4-Methyl-3-nitro-benzolsulfonyl]-
  6 IV 2212

Benzol, 1-Äthoxy-4-methansulfonyl-2-nitro-
  6 IV 5835

—, 2-Methansulfonylmethyl-
  1-methoxy-4-nitro- **6** III 4544 e

—, 4-Methansulfonylmethyl-
  1-methoxy-2-nitro- **6** III 4553 e

Methansulfonsäure-[2,6-dimethyl-4-nitro-
  phenylester] **6** IV 3124

C₉H₁₁NO₅S₂

Äthan, 1-Methansulfonyloxy-2-[4-nitro-
  phenylmercapto]- **6** IV 1698

C₉H₁₁NO₆S

Propan-1,2-diol, 3-[4-Nitro-benzolsulfonyl]-
  6 IV 1704

C₉H₁₁NO₇S₂

Äthan, 1-Methansulfonyloxy-2-[4-nitro-
  benzolsulfonyl]- **6** IV 1699

C₉H₁₁NO₁₁S₃

Benzol, 1,3,5-Tris-methansulfonyloxy-
  2-nitro- **6** IV 7371

C₉H₁₁NS

Thioacetimidsäure-benzylester **6** III 1598 c

Thiopropionimidsäure-phenylester
  6 310 i

C₉H₁₁NS₂

Dithiocarbamidsäure-[3-methyl-benzylester]
  6 III 1769 h

— [4-methyl-benzylester] **6** III 1784 b

— phenäthylester **6** I 239 e

Dithiocarbamidsäure, Dimethyl-,
  phenylester **6** III 1012 b

—, Methyl-, benzylester **6** 461 h

Dithiocarbimidsäure-benzylester-
  methylester **6** 462 e

Thioessigsäure, Benzylmercapto-, amid
  6 IV 2702

—, p-Tolylmercapto-, amid
  6 IV 2198

C₉H₁₁N₃O

Propan-2-ol, 1-Azido-2-phenyl-
  6 IV 3229

C₉H₁₁N₃OS₂

Dithiocarbazidsäure, 3-Carbamoyl-,
  benzylester **6** I 229 f

C₉H₁₁N₃O₂

Acetaldehyd, Phenoxy-, semicarbazon
  6 III 589 b

C₉H₁₁N₃O₂S

Carbazidsäure, 3-Thiocarbamoyl-,
  benzylester **6** IV 2465

Hydrazin, N-Phenoxyacetyl-
  N′-thiocarbamoyl- **6** IV 641

Isothioharnstoff, S-[2-Nitro-phenäthyl]-
  6 IV 3095

—, S-[4-Nitro-phenäthyl]- **6** IV 3095

Propionamidin, N-[4-Nitro-benzolsulfenyl]-
  6 IV 1717

C₉H₁₁N₃O₂S₂

Isothioharnstoff, S-Äthyl-N-[4-nitro-
  benzolsulfenyl]- **6** IV 1719

C₉H₁₁N₃O₃

Harnstoff, N-Nitroso-N-[2-phenoxy-äthyl]-
  6 I 91 k

$C_9H_{11}N_3O_3S$
Isoharnstoff, O-Äthyl-N-[4-nitro-
　benzolsulfenyl]- **6** IV 1718
$C_9H_{11}N_3O_4S$
Benzolsulfensäure, 2,4-Dinitro-,
　propylamid **6** III 1102 d
$C_9H_{11}O$
Äthoxyl, 1-Methyl-1-phenyl- **6** IV 3220
$[C_9H_{11}O_2S]^+$
Sulfonium, Carboxymethyl-methyl-phenyl-
　6 III 1015 a
$[C_9H_{11}O_2Se]^+$
Selenonium, Carboxymethyl-methyl-phenyl-
　6 346 c, II 319 d, III 1109 e
$C_9H_{11}O_3P$
Benzo[1,3,2]dioxaphosphol, 2-Isopropoxy-
　6 III 4242 c
–, 2-Propoxy- **6** III 4242 b
[1,3,2]Dioxaphospholan, 2-Benzyloxy-
　6 IV 2569
–, 4-Methyl-2-phenoxy- **6** IV 698
[1,3,2]Dioxaphosphorinan, 2-Phenoxy-
　6 IV 699
$C_9H_{11}O_4P$
[1,3,2]Dioxaphospholan-2-oxid,
　2-Benzyloxy- **6** IV 2575 g
–, 4-Methyl-2-phenoxy- **6** IV 723 b
[1,3,2]Dioxaphosphorinan-2-oxid,
　2-Phenoxy- **6** IV 723 c
$C_9H_{11}O_5P$
Phosphorsäure-mono-[2-methoxy-4-vinyl-
　phenylester] **6** III 4982 g
$C_9H_{12}BrNO$
Amin, [2-(3-Brom-phenoxy)-äthyl]-methyl-
　6 IV 1043
$C_9H_{12}BrNO_2$
Propan-2-ol, 1-Amino-3-[4-brom-phenoxy]-
　6 IV 1053
$[C_9H_{12}BrOS]^+$
Sulfonium, [3-Brom-4-hydroxy-5-methyl-
　phenyl]-dimethyl- **6** I 430 g
$C_9H_{12}BrO_4P$
Phosphorsäure-äthylester-[4-brom-
　benzylester] **6** IV 2603
$C_9H_{12}Br_2NO_2PS$
Amidothiophosphorsäure, Äthyl-,
　O-[2,4-dibrom-phenylester]-
　O'-methylester **6** IV 1064
$C_9H_{12}Br_2OTe$
λ^4-Tellan, Äthyl-dibrom-[4-methoxy-
　phenyl]- **6** IV 5855

$C_9H_{12}ClNO$
Äthylamin, 2-[4-Chlor-2-methyl-phenoxy]-
　6 III 1267 d, IV 1999
Amin, [2-(2-Chlor-phenoxy)-äthyl]-methyl-
　6 IV 799
–, [2-(3-Chlor-phenoxy)-äthyl]-
　methyl- **6** IV 818
Isopropylamin, β-[4-Chlor-phenoxy]-
　6 IV 861
$C_9H_{12}ClNO_2$
Carbamidsäure-[1-chloräthinyl-cyclohexyl-
　ester] **6** IV 352
Propan-2-ol, 1-Amino-3-[2-chlor-phenoxy]-
　6 IV 802
–, 1-Amino-3-[4-chlor-phenoxy]-
　6 IV 862
$C_9H_{12}ClNO_3S$
Amidoschwefelsäure, Dimethyl-,
　[4-chlor-2-methyl-phenylester]
　6 IV 1999
$C_9H_{12}ClNS$
Äthylamin, 2-[2-Chlor-benzylmercapto]-
　6 IV 2768
–, 2-[4-Chlor-benzylmercapto]-
　6 IV 2779
$C_9H_{12}ClO_2PS$
Thiophosphonsäure, Methyl-, O-äthylester-
　O'-[4-chlor-phenylester] **6** IV 868
$C_9H_{12}ClO_2PS_2$
Dithiophosphorsäure-S-[4-chlor-benzylester]-
　O,O'-dimethylester **6** IV 2781
$C_9H_{12}ClO_2PS_3$
Dithiophosphorsäure-S-[(4-chlor-
　phenylmercapto)-methylester]-
　O,O'-dimethylester **6** IV 1595
$C_9H_{12}ClO_3P$
Chlorophosphorsäure-phenylester-
　propylester **6** IV 736
Phosphonsäure, Methyl-, äthylester-
　[2-chlor-phenylester] **6** III 680 b
–, Methyl-, äthylester-[4-chlor-
　phenylester] **6** IV 867
$C_9H_{12}ClO_4P$
Phosphonsäure, [2-Chlor-phenoxymethyl]-,
　monoäthylester **6** IV 792
–, [3-Chlor-phenoxymethyl]-,
　monoäthylester **6** IV 814
–, [4-Chlor-phenoxymethyl]-,
　monoäthylester **6** IV 835
Phosphorsäure-[2-chlor-äthylester]-
　methylester-phenylester **6** IV 709
– [4-chlor-3-methyl-phenylester]-
　dimethylester **6** IV 2067

$C_9H_{12}N_2O_2$ (Fortsetzung)

Acetamidin, 2-[4-Methoxy-phenoxy]-
6 III 4420 b

Essigsäure, Benzyloxy-, hydrazid
6 438 g

—, Phenoxy-, [N'-methyl-hydrazid]
6 IV 640

—, o-Tolyloxy-, hydrazid 6 IV 1965

—, p-Tolyloxy-, hydrazid 6 IV 2120

Harnstoff, [2-Phenoxy-äthyl]- 6 I 91 i

$C_9H_{12}N_2O_2S$

Benzolsulfensäure, 2-Nitro-, propylamid
6 III 1063 g

Isothioharnstoff, S-Vanillyl- 6 IV 7386

Toluol-4-sulfensäure, 3-Nitro-,
dimethylamid 6 I 215 d

$C_9H_{12}N_2O_3$

Allophansäure-[1-äthinyl-cyclopentylester]
6 IV 340

Carbazidsäure-[4-methoxy-benzylester]
6 IV 5915

Essigsäure, [3-Methoxy-phenoxy]-,
hydrazid 6 III 4324 d

Propylamin, 3-[4-Nitro-phenoxy]-
6 IV 1308

$C_9H_{12}N_2O_3S$

Acetamidoxim, 2-[Toluol-2-sulfonyl]-
6 372 g

—, 2-[Toluol-4-sulfonyl]- 6 423 j

Essigsäure, Phenylmethansulfonyl-,
hydrazid 6 II 436 g

—, [Toluol-4-sulfonyl]-, hydrazid
6 IV 2198

Propionamidoxim, 2-Benzolsulfonyl-
6 I 147 i

$C_9H_{12}N_2O_4$

Propan-2-ol, 1-Amino-3-[2-nitro-phenoxy]-
6 IV 1263

—, 1-Amino-3-[3-nitro-phenoxy]-
6 IV 1276

—, 1-Amino-3-[4-nitro-phenoxy]-
6 IV 1312

$C_9H_{12}N_2O_4S$

Acetamidoxim, 2-[2-Methoxy-benzolsulfonyl]-
6 795 b

—, 2-[4-Methoxy-benzolsulfonyl]-
6 863 h

$C_9H_{12}N_2S$

Isothioharnstoff, S-Benzyl-N-methyl-
6 III 1606, IV 2695

—, S-[2-Methyl-benzyl]- 6 IV 3112

—, S-[3-Methyl-benzyl]- 6 IV 3164

—, S-[4-Methyl-benzyl]- 6 IV 3176

—, S-Phenäthyl- 6 III 1719 a,
IV 3089

—, S-[1-Phenyl-äthyl]- 6 III 1699 d,
IV 3064

Propionamidin, N-Benzolsulfenyl-
6 IV 1564

$C_9H_{12}N_2S_2$

Cyclohexan, 1-Thiocyanato-1-thiocyanato=
methyl- 6 III 4090 f

Cyclohexan-1,2-diyl-bis-thiocyanat,
1-Methyl- 6 III 4088 d

—, 3-Methyl- 6 III 4089 a

—, 4-Methyl- 6 III 4090 a

Thioharnstoff, [Benzylmercapto-methyl]-
6 III 1594 f

$C_9H_{12}N_4S_2$

Thiocarbazimidsäure, 3-Thiocarbamoyl-,
benzylester 6 II 435 d

$C_9H_{12}O$

Äthanol, 2-Cyclohepta-2,4,6-trienyl-
6 IV 3176

—, 1-Norborna-2,5-dien-2-yl- 6 IV 3265

—, 1-m-Tolyl- 6 I 254 m, II 478 j,
III 1823 g

—, 1-o-Tolyl- 6 II 477 k, III 1819 f,
IV 3233

—, 1-p-Tolyl- 6 508 j, I 255 c,
II 479 e, III 1826 d, IV 3242

Äther, Äthyl-benzyl- 6 431 b, I 219 b,
II 409 b, III 1454, IV 2229

—, Isopropyl-phenyl- 6 143 b,
II 145 e, III 549 e, IV 557

—, Methyl-[2-methyl-benzyl]-
6 484 g, III 1734 a, IV 3110

—, Methyl-[4-methyl-benzyl]-
6 III 1779 b, IV 3172

—, Methyl-phenäthyl- 6 479 a,
I 238 a, II 449, III 1706 a, IV 3069

—, Methyl-[1-phenyl-äthyl]-
6 II 446 a, III 1675, IV 3031

—, Phenyl-propyl- 6 142 c, I 81 d,
II 145 b, III 548 c, IV 556

Anisol, 2-Äthyl- 6 471 a, III 1656

—, 3-Äthyl- 6 472 a, I 234 g,
III 1662 a

—, 4-Äthyl- 6 472 d, I 234 i,
II 444 a, III 1665 a, IV 3021

—, 2,3-Dimethyl- 6 480 b, II 453 i,
III 1723 a, IV 3097

—, 2,4-Dimethyl- 6 486 c, I 241 e,
II 259 a, III 1744 a, IV 3127

—, 2,5-Dimethyl- 6 494 h, I 245 b,
II 466 c, III 1772 a, IV 3165

C₉H₁₂O (Fortsetzung)

Anisol, 2,6-Dimethyl- **6** 485 c, II 457 h,
  III 1737 b, IV 3114

−, 3,4-Dimethyl- **6** 481 a, II 455 d,
  III 1727 a, IV 3100

−, 3,5-Dimethyl- **6** 493 a, I 244 a,
  II 462 d, III 1756, IV 3142

Benzylalkohol, 2-Äthyl- **6** I 254 g,
  IV 3232

−, 3-Äthyl- **6** I 254 l

−, 4-Äthyl- **6** II 479 d, IV 3241

−, 2,3-Dimethyl- **6** III 1831 b,
  IV 3246

−, 2,4-Dimethyl- **6** 518 g, I 256 c,
  III 1834 g, IV 3250

−, 2,5-Dimethyl- **6** 518 i, I 256 f,
  IV 3252

−, 2,6-Dimethyl- **6** IV 3247,
  12 III 3325 e

−, 3,4-Dimethyl- **6** I 256 h,
  III 1835 c, IV 3252

−, 3,5-Dimethyl- **6** 521 k

But-3-in-1-ol, 1-Cyclopent-1-enyl-
  6 IV 3264

But-3-in-2-ol, 4-Cyclopent-1-enyl-
  6 III 1841 e

Cyclohex-2-enol, 1-Äthinyl-2-methyl-
  6 IV 3232

−, 1-Äthinyl-6-methyl- **6** IV 3232

−, 3-Äthinyl-4-methyl- **6** IV 3231

Cyclopentanol, 1-But-3-en-1-inyl-
  6 III 1841 f

Norbornan-2-ol, 2-Äthinyl- **6** IV 3264

Phenäthylalkohol, 2-Methyl- **6** 508 e,
  II 478 a, III 1819 j, IV 3234

−, 3-Methyl- **6** 508 f, I 255 a,
  II 478 k, III 1824 d, IV 3240

−, 4-Methyl- **6** 509 b, II 479 g,
  III 1828 i, IV 3244

Phenetol, 2-Methyl- **6** 352 b, I 171 b,
  II 329 a, III 1246 a, IV 1944

−, 3-Methyl- **6** 376 b, I 186 b,
  II 352 a, III 1299 a, IV 2039

−, 4-Methyl- **6** 393 a, I 199 b,
  II 376 a, III 1353, IV 2099

Phenol, 2-Äthyl-3-methyl- **6** III 1817 j

−, 2-Äthyl-4-methyl- **6** I 254 j,
  II 478 e, III 1821 d, IV 3235

−, 2-Äthyl-5-methyl- **6** 508 i, I 255 b,
  II 479 a, III 1825 b, IV 3241

−, 2-Äthyl-6-methyl- **6** II 478 b,
  III 1820 d, IV 3234

−, 3-Äthyl-2-methyl- **6** IV 3232

−, 3-Äthyl-4-methyl- **6** III 1818 b,
  IV 3232

−, 3-Äthyl-5-methyl- **6** III 1822 c,
  IV 3235

−, 4-Äthyl-2-methyl- **6** I 254 k,
  III 1823 b, IV 3237

−, 4-Äthyl-3-methyl- **6** II 477 i,
  III 1818 e, IV 3232

−, 5-Äthyl-2-methyl- **6** 508 h,
  I 255 b, III 1824 f, IV 3240

−, 2-Isopropyl- **6** 504 f, II 476 j,
  III 1807 j, IV 3210

−, 3-Isopropyl- **6** 505 h, IV 3214

−, 4-Isopropyl- **6** 505 j, II 476 k,
  III 1810 e, IV 3215

−, 2-Propyl- **6** 499 d, I 248 n,
  II 469 f, III 1784 e, IV 3176

−, 3-Propyl- **6** 499 l, III 1787 b,
  IV 3180

−, 4-Propyl- **6** 500 c, I 249 c,
  II 469 h, III 1788 j, IV 3181

−, 2,3,4-Trimethyl- **6** II 479 h,
  III 1829 h, IV 3245

−, 2,3,5-Trimethyl- **6** 518 e, II 483 a,
  III 1832 e, IV 3248

−, 2,3,6-Trimethyl- **6** III 1831 c

−, 2,4,5-Trimethyl- **6** 509 g, I 255 f,
  II 482 a, III 1831 d, IV 3247

−, 2,4,6-Trimethyl- **6** 518 k, I 256 j,
  II 483 g, III 1835 e, IV 3253

−, 3,4,5-Trimethyl- **6** II 480 b,
  III 1830 a, IV 3245

Propan-1-ol, 1-Phenyl- **6** 502 d, I 250 b,
  II 470 e, III 1792 h, IV 3183

−, 2-Phenyl- **6** 508 b, I 254 c,
  II 477 h, III 1816 d, IV 3229

−, 3-Phenyl- **6** 503 g, I 252 h,
  II 475 a, III 1800 d, IV 3198

Propan-2-ol, 1-Phenyl- **6** 503 b, I 251 a,
  II 472 h, 474 e, III 1797 c, IV 3192

−, 2-Phenyl- **6** 506 m, II 477 e,
  III 1813 d, IV 3219

Prop-2-in-1-ol, 1-Cyclohex-3-enyl-
  6 IV 3176

C₉H₁₂OS

Äthan, 1-Methylmercapto-2-phenoxy-
  6 III 575 f

Äthanol, 2-Benzylmercapto- **6** II 430 c,
  III 1587 a, IV 2652

−, 1-[4-Methylmercapto-phenyl]-
  6 IV 5934

−, 2-Methylmercapto-1-phenyl-
  6 III 4577 g, IV 5943

$C_9H_{12}OS$ (Fortsetzung)

Äthanol, 1-p-Tolylmercapto- **6** IV 2186

–, 2-o-Tolylmercapto- **6** IV 2020

–, 2-p-Tolylmercapto- **6** II 396 a,
IV 2174

Benzol, 1-Äthoxy-4-methylmercapto-
6 II 852 d, III 4447 a

–, 1-Äthylmercapto-4-methoxy-
6 III 4447 c, IV 5792

Benzylalkohol, 5-Methyl-2-methyl≠
mercapto- **6** III 4600 c

Methan, Benzylmercapto-methoxy-
6 III 1594 c, IV 2657

Phenäthylalkohol, 2-Methylmercapto-
6 III 4570 b

–, 4-Methylmercapto- **6** III 4572 c

Phenol, 4-Äthylmercapto-3-methyl-
6 III 4504 e

–, 4-Isopropylmercapto- **6** III 4447 i

–, 4-Mercapto-2,3,5-trimethyl-
6 IV 5998

–, 4-Mercapto-2,3,6-trimethyl-
6 III 4651 b

–, 4-Propylmercapto- **6** III 4447 g

Propan-1-ol, 2-Phenylmercapto-
6 III 998 h

–, 3-Phenylmercapto- **6** II 292 a,
III 999 b, IV 1496

Propan-2-ol, 1-Mercapto-2-phenyl-
6 IV 5993

–, 1-Mercapto-3-phenyl- **6** IV 5989

–, 1-Phenylmercapto- **6** III 998 b,
IV 1496

Sulfoxid, Äthyl-benzyl- **6** III 1575 b

–, Äthyl-p-tolyl- **6** IV 2156

Thiophenol, 4-Methoxy-2,5-dimethyl-
6 III 4604 g

–, 4-Methoxy-3,5-dimethyl-
6 III 4591 c, IV 5960

Toluol, 2-Methoxy-3-methylmercapto-
6 III 4493 i

–, 2-Methoxy-4-methylmercapto-
6 III 4498 a

–, 2-Methoxy-5-methylmercapto-
6 III 4507 e

–, 2-Methoxy-6-methylmercapto-
6 III 4514 a

–, 3-Methoxy-2-methylmercapto-
6 III 4493 f

–, 3-Methoxy-4-methylmercapto-
6 III 4529 g

–, 3-Methoxy-5-methylmercapto-
6 III 4537 a

–, 4-Methoxy-2-methylmercapto-
6 III 4497 i

–, 4-Methoxy-3-methylmercapto-
6 881 i, I 434 a, III 4523 e

–, 5-Methoxy-2-methylmercapto-
6 III 4504 d

$C_9H_{12}OS_2$

Benzol, 1-Methoxy-2,4-bis-methylmercapto-
6 II 1074 d

$C_9H_{12}OSe$

Äthanol, 2-Benzylselanyl- **6** III 1651 e

Benzol, 1-Äthylselanyl-2-methoxy-
6 III 4289 c

–, 1-Äthylselanyl-4-methoxy-
6 III 4479 b

Phenol, 2-Isopropylselanyl- **6** III 4289 f

–, 4-Isopropylselanyl- **6** III 4479 e

–, 2-Propylselanyl- **6** III 4289 d

–, 4-Propylselanyl- **6** III 4479 c

$C_9H_{12}OTe$

Benzol, 1-Äthyltellanyl-4-methoxy-
6 IV 5855

$C_9H_{12}O_2$

Äthan, 1-Methoxy-2-phenoxy- **6** IV 572

Äthan-1,2-diol, p-Tolyl- **6** III 4642 f

Äthanol, 2-Benzyloxy- **6** II 413 a,
III 1468 a, IV 2241

–, 1-[4-Hydroxy-3-methyl-phenyl]-
6 III 4641 b

–, 1-[2-Methoxy-phenyl]-
6 903 d, II 886 c, III 4563 c, IV 5928

–, 1-[3-Methoxy-phenyl]-
6 903 j, II 886 d, III 4564 f, IV 5929

–, 1-[4-Methoxy-phenyl]-
6 903 k, II 886 f, III 4565 b, IV 5930

–, 2-Methoxy-1-phenyl-
6 907 c, III 4573 b, IV 5940

–, 2-m-Tolyloxy- **6** I 186 g, II 352 c,
III 1303 d, IV 2043

–, 2-o-Tolyloxy- **6** I 171 f, II 329 h,
III 1250 f, IV 1947

–, 2-p-Tolyloxy- **6** I 201 a,
III 1360 c, IV 2103

Äthylhydroperoxid, 1-Methyl-1-phenyl-
6 III 1814 e, IV 3221

Benzol, 1-Äthoxy-2-methoxy- **6** 771 c,
I 384 b, II 780 b, III 4208 b,
IV 5565

–, 1-Äthoxy-3-methoxy- **6** 814 b

–, 1-Äthoxy-4-methoxy- **6** 844 a,
II 840 b, III 4387 c

–, 1,3-Bis-hydroxymethyl-5-methyl-
6 942 f, III 4656 c

C₉H₁₂O₂ (Fortsetzung)

Benzol, 2,4-Bis-hydroxymethyl-1-methyl-
  6 939 g, IV 6000

—, 1-Methoxy-2-methoxymethyl-
  6 893 c, IV 5897

—, 1-Methoxy-3-methoxymethyl-
  6 IV 5907

—, 1-Methoxy-4-methoxymethyl-
  6 897 g, III 4547 b, IV 5910

Benzylalkohol, 2-Äthoxy- **6** 893 d, I 439 f,
  II 878 b, IV 5897

—, 3-Äthoxy- **6** IV 5907

—, 4-Äthoxy- **6** III 4548 a,
  IV 5910

—, 5-Äthyl-2-hydroxy- **6** III 4639 e

—, 4-[1-Hydroxy-äthyl]- **6** III 4642 c

—, 2-Hydroxy-3,5-dimethyl-
  6 939 j, III 4653 b, IV 6001

—, 2-Hydroxy-4,5-dimethyl-
  6 939 c, III 4652 e

—, 2-Hydroxy-4,6-dimethyl-
  6 IV 5999

—, 4-Hydroxy-2,5-dimethyl-
  6 933 b, III 4652 b

—, 4-Hydroxy-2,6-dimethyl-
  6 930 h, III 4643 e

—, 4-Hydroxy-3,5-dimethyl-
  6 940 g, III 4655 h, IV 6001

—, 5-Hydroxy-2,4-dimethyl-
  6 931 m

—, 2-Methoxymethyl- **6** IV 5953

—, 2-Methoxy-5-methyl- **6** III 4599 a,
  IV 5965

—, 3-Methoxymethyl- **6** IV 5966

—, 3-Methoxy-2-methyl- **6** III 4587 a

—, 4-Methoxymethyl- **6** III 4608 d

—, 4-Methoxy-2-methyl- **6** III 4587 b

—, 4-Methoxy-3-methyl- **6** III 4598 b,
  IV 5964

—, 5-Methoxy-2-methyl- **6** IV 5953

Brenzcatechin, 4-Äthyl-5-methyl-
  6 III 4635 g

—, 4-Isopropyl- **6** 929 e, III 4632 i

—, 3-Propyl- **6** I 447 b, II 892 a,
  III 4611 a

—, 4-Propyl- **6** 920 d, I 447 k,
  II 892 c, III 4613 f

—, 3,4,6-Trimethyl- **6** IV 5998

Crotonsäure-cyclopent-2-enylester
  6 IV 193

Cyclohepta-1,3,5-trien, 1,3-Dimethoxy-
  6 IV 5859

Essigsäure-[1-äthinyl-cyclopentylester]
  6 IV 340

— cyclohex-3-enylidenmethylester
  6 III 370 c

— [2,6-cyclo-norbornan-3-ylester]
  6 IV 348

— [2-cyclopent-1-enyl-vinylester]
  6 IV 341

— norborn-2-en-7-ylester **6** IV 347

— norborn-5-en-2-ylester
  6 III 371 c, IV 343

Formaldehyd-[äthyl-phenyl-acetal]
  6 IV 596

— [benzyl-methyl-acetal]
  6 II 414 f, III 1474 c

— [methyl-*m*-tolyl-acetal] **6** 378 c

— [methyl-*o*-tolyl-acetal] **6** 354 f

— [methyl-*p*-tolyl-acetal] **6** 395 k

Hydrochinon, 2-Äthyl-5-methyl-
  6 930 f, IV 5996

—, 2-Äthyl-6-methyl- **6** III 4638 f

—, 2-Isopropyl- **6** 929 c, III 4632 h

—, 2-Propyl- **6** I 447 i, III 4613 a,
  IV 5976

—, 2,3,5-Trimethyl- **6** 931 g, II 897 c,
  III 4644, IV 5997

Peroxid, Methyl-[1-phenyl-äthyl]-
  6 IV 3040

Phenäthylalkohol, 2-Hydroxymethyl-
  6 IV 5995

—, β-Methoxy- **6** III 4573 a,
  IV 5940

—, 2-Methoxy- **6** II 887 b,
  III 4569 f, IV 5935

—, 3-Methoxy- **6** II 887 c, III 4570 d,
  IV 5936

—, 4-Methoxy- **6** 906 l, I 443 f,
  II 887 e, III 4571 b, IV 5936

Phenol, 2-Äthoxymethyl- **6** 893 e,
  IV 5897

—, 2-Äthoxy-3-methyl- **6** 872 c

—, 2-Äthoxy-4-methyl- **6** III 4517 a,
  IV 5879

—, 2-Äthoxy-5-methyl- **6** 879 c,
  IV 5879

—, 2-Äthoxy-6-methyl- **6** IV 5860

—, 3-Äthoxy-4-methyl- **6** III 4496 b

—, 3-Äthoxy-5-methyl- **6** 887 a,
  IV 5893

—, 4-Äthoxymethyl- **6** IV 5910

—, 4-Äthoxy-2-methyl- **6** I 429 b,
  IV 5864

$C_9H_{12}O_2$ (Fortsetzung)

Phenol, 2-Äthyl-3-methoxy- **6** III 4558 e, IV 5926

—, 2-Äthyl-5-methoxy- **6** IV 5925

—, 2-Äthyl-6-methoxy- **6** III 4554 a

—, 4-Äthyl-2-methoxy- **6** 902 g, II 885 f, III 4559 e, IV 5927

—, 5-Äthyl-2-methoxy- **6** III 4560 a

—, 2-Isopropoxy- **6** III 4209 e

—, 3-Isopropoxy- **6** III 4308 d

—, 4-Isopropoxy- **6** III 4388 e

—, 4-[2-Methoxy-äthyl]- **6** IV 5937

—, 2-Methoxy-3,5-dimethyl- **6** 912 a, IV 5961

—, 2-Methoxy-3,6-dimethyl- **6** IV 5967

—, 2-Methoxy-4,5-dimethyl- **6** III 4584 e

—, 2-Methoxy-4,6-dimethyl- **6** III 4591 e, IV 5961

—, 3-Methoxy-2,5-dimethyl- **6** 918 b, I 446 f, II 891 e

—, 3-Methoxy-4,5-dimethyl- **6** 908 d

—, 4-Methoxy-2,3-dimethyl- **6** III 4583 a, IV 5949

—, 4-Methoxy-2,5-dimethyl- **6** 915 c, III 4602, IV 5967

—, 4-Methoxy-2,6-dimethyl- **6** 911 h, III 4589 b, IV 5956

—, 4-Methoxy-3,5-dimethyl- **6** III 4589 a, IV 5956

—, 5-Methoxy-2,3-dimethyl- **6** 908 d

—, 5-Methoxy-2,4-dimethyl- **6** 912 e, III 4595 c

—, 2-Propoxy- **6** 771 f, III 4209 a, IV 5566

—, 3-Propoxy- **6** III 4308 b

—, 4-Propoxy- **6** III 4388 b

Propan-1,2-diol, 1-Phenyl- **6** 928 e, I 448 j, II 895 e, III 4628 d, IV 5982

—, 2-Phenyl- **6** 930 e, II 896 i, III 4634 a, IV 5992

—, 3-Phenyl- **6** 929 a, II 895 h, III 4631 a

Propan-1,3-diol, 1-Phenyl- **6** II 895 f, III 4630 c, IV 5984

—, 2-Phenyl- **6** III 4634 f, IV 5993

Propan-1-ol, 1-[2-Hydroxy-phenyl]- **6** 925 f

—, 1-[3-Hydroxy-phenyl]- **6** I 448 f, III 4623 d

—, 3-[2-Hydroxy-phenyl]- **6** 928 d, I 448 h, II 895 c, III 4627 a, IV 5981

—, 3-[4-Hydroxy-phenyl]- **6** I 448 i, III 4628 a, IV 5982

—, 2-Phenoxy- **6** III 577 c, IV 582

—, 3-Phenoxy- **6** 147 c, I 85 e, II 151 b, III 577 d, IV 584

Propan-2-ol, 1-[4-Hydroxy-phenyl]- **6** III 4626 c

—, 2-[2-Hydroxy-phenyl]- **6** 929 g, III 4633 c

—, 2-[3-Hydroxy-phenyl]- **6** I 449 f, IV 5991

—, 1-Phenoxy- **6** I 85 a, III 576 f, IV 582

Propylhydroperoxid, 1-Phenyl- **6** IV 3186

Resorcin, 2-Äthyl-4-methyl- **6** III 4638 e

—, 2-Äthyl-5-methyl- **6** III 4642 b

—, 4-Äthyl-2-methyl- **6** III 4639 a, IV 5996

—, 4-Äthyl-5-methyl- **6** III 4635 f, IV 5994

—, 4-Äthyl-6-methyl- **6** III 4639 d, IV 5996

—, 5-Äthyl-2-methyl- **6** IV 5997

—, 5-Äthyl-4-methyl- **6** III 4636 h

—, 2-Isopropyl- **6** IV 5990

—, 4-Isopropyl- **6** IV 5989

—, 5-Isopropyl- **6** IV 5990

—, 2-Propyl- **6** III 4613 e

—, 4-Propyl- **6** I 447 h, II 892 b, III 4611 e, IV 5975

—, 5-Propyl- **6** I 448 d, II 893 i, III 4622 c

—, 2,4,5-Trimethyl- **6** 931 e, III 4643 g

—, 2,4,6-Trimethyl- **6** 939 h, II 898 a, III 4653 a, IV 6000

—, 4,5,6-Trimethyl- **6** 930 g, III 4643 d

Toluol, 2,3-Dimethoxy- **6** I 426 e, II 859 b, III 4493 a, IV 5860

—, 2,4-Dimethoxy- **6** 872 g, I 428 f, III 4496 a, IV 5864

—, 2,5-Dimethoxy- **6** 874 f, II 862 a, III 4499 c, IV 5867

—, 2,6-Dimethoxy- **6** III 4513 b, IV 5877

—, 3,4-Dimethoxy- **6** 879 b, I 432 b, II 866 b, III 4516 b, IV 5879

$C_9H_{12}O_2$ (Fortsetzung)

Toluol, 3,5-Dimethoxy- **6** 886 b, I 438 b,
II 877 a, III 4533 b

$C_9H_{12}O_2S$

Äthanol, 2-[4-Methoxy-phenylmercapto]-
6 III 4454 d

—, 2-[Toluol-4-sulfinyl]- **6** II 396 c

Benzol, 1,2-Dimethoxy-4-methylmercapto-
6 IV 7357

—, 2,4-Dimethoxy-1-methylmercapto-
6 I 543 h, III 6288 e

Essigsäure, [2,6-Cyclo-norbornan-
3-ylmercapto]- **6** IV 348

Methanthiol, [3,4-Dimethoxy-phenyl]-
6 IV 7385

Phenol, 2-Methoxy-4-[methylmercapto-
methyl]- **6** IV 7385

Propan-1,2-diol, 3-Phenylmercapto-
6 I 144 c, IV 1502

Resorcin, 5-Propylmercapto- **6** III 6310 d

Sulfon, Äthyl-benzyl- **6** 454 b, III 1575 c,
IV 2635

—, [4-Äthyl-phenyl]-methyl-
6 IV 3027

—, Äthyl-*o*-tolyl- **6** 370 d

—, Äthyl-*p*-tolyl- **6** 417 e, III 1394 e,
IV 2156

—, [2,4-Dimethyl-phenyl]-methyl-
6 491 f

—, [2,6-Dimethyl-phenyl]-methyl-
6 IV 3124

—, Isopropyl-phenyl- **6** 298 g,
III 982 c, IV 1471

—, Methyl-[2-methyl-benzyl]-
6 IV 3112

—, Methyl-phenäthyl- **6** IV 3083

—, Methyl-[1-phenyl-äthyl]-
6 IV 3062

—, Phenyl-propyl- **6** 298 b, III 982 d

$C_9H_{12}O_2S_2$

Äthan, 1-Benzolsulfonyl-2-methylmercapto-
6 IV 1495

Hydrochinon, 2-Methyl-3,5-bis-
methylmercapto- **6** III 6660 f

Methan, Benzylmercapto-methansulfonyl-
6 III 1595 b

—, Methylmercapto-[toluol-
4-sulfonyl]- **6** III 1413 e

Thioschwefligsäure-*O*-äthylester-
S-benzylester **6** IV 2762

Toluol-4-thiosulfonsäure-*S*-äthylester
6 425 g, I 212 h

$C_9H_{12}O_3$

Äthan-1,1-diol, 2-*m*-Tolyloxy- **6** 378 f

—, 2-*o*-Tolyloxy- **6** 354 j, IV 1959

—, 2-*p*-Tolyloxy- **6** 396 e

Äthan-1,2-diol, [4-Methoxy-phenyl]-
6 III 6333 e, IV 7394

Äthanol, 1-[3-Hydroxy-2-hydroxymethyl-
phenyl]- **6** IV 7408

—, 1-[2-Hydroxy-5-methoxy-phenyl]-
6 IV 7389

—, 1-[3-Hydroxy-4-methoxy-phenyl]-
6 III 6330 f, IV 7390

—, 1-[4-Hydroxy-3-methoxy-phenyl]-
6 1114 d, III 6330 e, IV 7390

—, 2-[2-Methoxy-phenoxy]-
6 I 384 i, IV 5573

—, 2-[3-Methoxy-phenoxy]-
6 II 815 l, III 4317 a, IV 5669

—, 2-[4-Methoxy-phenoxy]-
6 III 4405 c

Benzen-1,2,4-triol, 5-Propyl- **6** IV 7400

—, 6-Propyl- **6** IV 7400

—, 3,5,6-Trimethyl- **6** III 6354 f,
IV 7410

Benzol, 1,2-Bis-hydroxymethyl-3-methoxy-
6 IV 7396

—, 1,3-Bis-hydroxymethyl-2-methoxy-
6 IV 7397

—, 2,4-Bis-hydroxymethyl-1-methoxy-
6 III 6337 c

—, 1-Methoxy-2-methoxymethoxy-
6 773 g, III 4225 e

—, 1,2,3-Trimethoxy- **6** 1081 e,
I 540 b, II 1066 a, III 6265, IV 7329

—, 1,2,4-Trimethoxy- **6** 1088 c,
I 542 c, II 1072 a, III 6278 c,
IV 7339

—, 1,3,5-Trimethoxy- **6** 1101 c,
I 547 b, II 1078 c, III 6305 b,
IV 7362

—, 1,2,3-Tris-hydroxymethyl-
6 IV 7409

—, 1,2,4-Tris-hydroxymethyl-
6 III 6355 g, IV 7410

—, 1,3,5-Tris-hydroxymethyl-
6 1127 e, III 6358 e, IV 7413

Benzylalkohol, 3-Äthoxy-4-hydroxy-
6 III 6324 c

—, 5-Äthoxy-2-hydroxy- **6** 1113 b

—, 3-Äthyl-2,5-dihydroxy-
6 III 6353 d

—, 4-Äthyl-2,5-dihydroxy-
6 III 6354 e

C₉H₁₂O₃ (Fortsetzung)

Benzylalkohol, 2,5-Dihydroxy-3,6-dimethyl-
6 IV 7410

−, 2,3-Dimethoxy- 6 I 550 g,
II 1082 f, IV 7378

−, 2,4-Dimethoxy- 6 IV 7380

−, 2,5-Dimethoxy- 6 1113 a,
III 6323 a, IV 7380

−, 2,6-Dimethoxy- 6 IV 7381

−, 3,4-Dimethoxy- 6 1113 d, I 550 k,
II 1084 a, III 6324 b, IV 7381

−, 3,5-Dimethoxy- 6 II 1084 d,
III 6326 b

−, 2-[2-Hydroxy-äthoxy]- 6 III 4539 a,
IV 5898

−, 2-Methoxymethoxy- 6 III 4539 d

Brenzcatechin, 3-Äthoxy-5-methyl-
6 III 6321 e

−, 3-Isopropoxy- 6 IV 7330

−, 3-Propoxy- 6 III 6266 f

Hydrochinon, 2-Äthoxy-5-methyl-
6 1109 d

−, 2-Äthyl-5-methoxy- 6 III 6327 c

−, 2-Methoxy-3,5-dimethyl-
6 III 6334 e

−, 3-Methoxy-2,5-dimethyl-
6 III 6338 e

Phenol, 3-Äthoxy-4-methoxy- 6 III 6279 b

−, 3-Äthoxy-5-methoxy-
6 II 1079 a

−, 4-Äthoxy-3-methoxy- 6 III 6279 a

−, 2,4-Bis-hydroxymethyl-3-methyl-
6 IV 7409

−, 2,4-Bis-hydroxymethyl-5-methyl-
6 IV 7410

−, 2,4-Bis-hydroxymethyl-6-methyl-
6 III 6358 c

−, 2,6-Bis-hydroxymethyl-3-methyl-
6 III 6355 e

−, 2,6-Bis-hydroxymethyl-4-methyl-
6 1127 b, I 554 d, II 1087 h,
III 6356 b, IV 7411

−, 2,3-Dimethoxy-5-methyl-
6 1112 f

−, 2,4-Dimethoxy-6-methyl-
6 III 6312 c

−, 2,6-Dimethoxy-4-methyl-
6 1112 g, I 550 f, III 6321 c,
IV 7377

−, 3,4-Dimethoxy-5-methyl-
6 I 548 j

−, 3,5-Dimethoxy-2-methyl-
6 1110 c, III 6319 a

−, 3,5-Dimethoxy-4-methyl-
6 III 6319 b

−, 2-Methoxy-4-methoxymethyl-
6 IV 7381

Phloroglucin, 2-Äthyl-4-methyl-
6 III 6353 b

−, 2-Propyl- 6 III 6342 b

−, 2,4,6-Trimethyl- 6 1125 k, I 554 a,
III 6356 a, IV 7410

Propan-1,2-diol, 3-Phenoxy- 6 149 c,
I 85 m, II 152 a, III 581 i, IV 589

Propan-1,3-diol, 2-Phenoxy- 6 III 582 a

Propan-1-ol, 2-[2-Hydroxy-phenoxy]-
6 IV 5574

Propan-2-ol, 2-[2,5-Dihydroxy-phenyl]-
6 IV 7408

Propan-1,2,3-triol, 1-Phenyl- 6 1124 b,
II 1087 f, III 6350 d, IV 7407

Pyrogallol, 4-Propyl- 6 III 6341 b

−, 5-Propyl- 6 1119 j, II 1086 b,
III 6342 c

Resorcin, 5-Äthoxy-2-methyl- 6 1111 b

−, 5-Äthoxy-4-methyl- 6 III 6319 d

−, 4-Äthyl-5-methoxy- 6 IV 7387

−, 5-Methoxy-2,4-dimethyl-
6 1116 c, I 553 c

−, 5-Methoxy-4,6-dimethyl-
6 1116 b, IV 7396

C₉H₁₂O₃S

Äthan, 1-Benzolsulfonyl-2-methoxy-
6 IV 1494

Äthanol, 1-[4-Methansulfonyl-phenyl]-
6 IV 5934

−, 2-Methansulfonyl-1-phenyl-
6 IV 5943

−, 2-Phenylmethansulfonyl-
6 II 430 j

−, 2-[Toluol-2-sulfonyl]- 6 371 g

−, 2-[Toluol-4-sulfonyl]- 6 419 d,
II 396 e, III 1407 e, IV 2175

Äthansulfonsäure-p-tolylester 6 IV 2127

Benzol, 1-Äthansulfonyl-4-methoxy-
6 III 4447 e

−, 1-Äthoxy-4-methansulfonyl-
6 III 4447 b

Phenäthylalkohol, 2-Methansulfonyl-
6 III 4570 c

−, 4-Methansulfonyl- 6 III 4572 d

Phenol, 3-Äthansulfonylmethyl-
6 IV 5908

−, 4-Methansulfonyl-3,5-dimethyl-
6 IV 5958

C₉H₁₂O₃S (Fortsetzung)

Propan-1-ol, 2-Benzolsulfonyl-
6 III 998 j

—, 3-Benzolsulfonyl- **6** IV 1496

Propan-2-ol, 1-Benzolsulfonyl-
6 III 998 e

Propan-1-sulfonsäure-phenylester
6 176 c, IV 690

Schwefligsäure-äthylester-benzylester
6 III 1547 b

— äthylester-*m*-tolylester **6** III 1311 h

— äthylester-*o*-tolylester **6** III 1259 j

— äthylester-*p*-tolylester **6** III 1370 h

Sulfon, Methyl-[2-phenoxy-äthyl]-
6 IV 581

Toluol, 3-Methansulfonyl-4-methoxy-
6 I 434 b, II 873 b

—, 5-Methansulfonyl-2-methoxy-
6 IV 5874

C₉H₁₂O₃S₂

Äthansulfonsäure, 2-*p*-Tolylmercapto-
6 III 1429 a

Propan-1-sulfonsäure, 3-Phenylmercapto-
6 IV 1550

C₉H₁₂O₃S₃

Phloroglucin, 2,4,6-Tris-methylmercapto-
6 IV 7929

C₉H₁₂O₄

Acetaldehyd, [4-Methoxy-phenoxy]-,
hydrat 6 846 a

Äthanol, 1-[3,4-Dihydroxy-phenyl]-
2-methoxy- **6** III 6662 d

Benzen-1,2,4-triol, 6-Methoxy-3,5-dimethyl-
6 1159 h

Benzylalkohol, 4-Hydroxy-2,6-dimethoxy-
6 IV 7695

—, 4-Hydroxy-3,5-dimethoxy-
6 II 1122 e, III 6661 f, IV 7695

Brenzcatechin, 3,4-Dimethoxy-6-methyl-
6 III 6659 b, IV 7693

Cyclopenten, 3,4-Diacetoxy- **6** III 4126 b,
IV 5274

—, 3,5-Diacetoxy- **6** III 4128 c

Hydrochinon, 2,3-Dimethoxy-5-methyl-
6 IV 7693

—, 3,5-Dimethoxy-2-methyl-
6 III 6660 b

Phenäthylalkohol, 3,4-Dihydroxy-
β-methoxy- **6** III 6662 c

Phenol, 2,4-Bis-hydroxymethyl-6-methoxy-
6 III 6665 c, IV 7701

—, 2,6-Bis-hydroxymethyl-4-methoxy-
6 II 1123 c, III 6665 a, IV 7701

—, 2,3,4-Trimethoxy- **6** III 6651 a

—, 2,3,5-Trimethoxy- **6** IV 7684

—, 2,4,5-Trimethoxy- **6** III 6656 a

—, 2,4,6-Trimethoxy- **6** IV 7685

—, 3,4,5-Trimethoxy- **6** 1154 f,
II 1118 g, III 6653 a

—, 2,4,6-Tris-hydroxymethyl-
6 IV 7705

Propan-1,2-diol, 3-[2-Hydroxy-phenoxy]-
6 III 4223 e

—, 3-[3-Hydroxy-phenoxy]-
6 IV 5670

—, 3-[4-Hydroxy-phenoxy]-
6 IV 5736

C₉H₁₂O₄S

Äthanol, 2-[2-Methoxy-benzolsulfonyl]-
6 793 i

Äthansulfonsäure, 2-Benzyloxy-
6 IV 2483

Benzol, 2-Methansulfonyl-1,4-dimethoxy-
6 III 6293 a

Propan-1,2-diol, 3-Benzolsulfonyl-
6 III 1001 f

C₉H₁₂O₄S₂

Äthan, 1-Benzolsulfonyl-1-methansulfonyl-
6 III 1005 c

—, 1-Benzolsulfonyl-2-methansulfonyl-
6 III 997 d, IV 1495

Äthansulfonsäure, 2-[Toluol-4-sulfinyl]-
6 III 1429 b

Methan, Äthansulfonyl-benzolsulfonyl-
6 305 a, III 1003 f

—, Methansulfonyl-[toluol-4-sulfonyl]-
6 III 1413 f

Propan-2-sulfonsäure, 2-Hydroxy-
1-phenylmercapto- **6** 307 a

Toluol, 2,4-Bis-methansulfonyl- **6** 873 f

C₉H₁₂O₄S₃

Methan, Bis-methansulfonyl-phenyl≠
mercapto- **6** III 1008 a, IV 1521

C₉H₁₂O₅

Benzen-1,2,4-triol, 5,6-Dimethoxy-3-methyl-
6 III 6882 i

Brenzcatechin, 3,4,5-Trimethoxy-
6 III 6881 c

—, 3,4,6-Trimethoxy- **6** III 6881 d

C₉H₁₂O₅S

Propan-1-sulfonsäure, 2-Hydroxy-
3-phenoxy- **6** IV 663

Propan-2-sulfonsäure, 1-Hydroxy-
3-phenoxy- **6** IV 663

Schwefelsäure-äthylester-[2-methoxy-
phenylester] **6** 781 i

$C_9H_{12}O_5S$ (Fortsetzung)

Schwefelsäure-äthylester-[3-methoxy-
phenylester] 6 819 c

- äthylester-[4-methoxy-phenylester]
6 848 j

- [2-methoxy-4-methyl-phenylester]-
methylester 6 880 l

$C_9H_{12}O_5S_2$

Äthansulfonsäure, 2-[Toluol-4-sulfonyl]-
6 III 1429 c

Benzol, 2,4-Bis-methansulfonyl-1-methoxy-
6 III 6298 f

Methansulfonsäure-[2-benzolsulfonyl-
äthylester] 6 IV 1495

$C_9H_{12}O_6S$

Propan-1-sulfonsäure, 2-Hydroxy-3-
[2-hydroxy-phenoxy]- 6 I 387 f

$C_9H_{12}O_6S_3$

Methan, Benzolsulfonyl-bis-methansulfonyl-
6 III 1008 f

$C_9H_{12}O_9S_3$

Benzol, 1,2,3-Tris-methansulfonyloxy-
6 III 6272 c

-, 1,2,4-Tris-methansulfonyloxy-
6 III 6283 e

-, 1,3,5-Tris-methansulfonyloxy-
6 III 6309 b

$C_9H_{12}S$

Äthanthiol, 2-o-Tolyl- 6 IV 3234

Methanthiol, [2,4-Dimethyl-phenyl]-
6 IV 3251

-, [3,4-Dimethyl-phenyl]- 6 IV 3252

Propan-1-thiol, 1-Phenyl- 6 II 470 g

-, 2-Phenyl- 6 III 1817 h

-, 3-Phenyl- 6 I 253 f, III 1806 e,
IV 3206

Propan-2-thiol, 1-Phenyl- 6 III 1799 e,
IV 3196

-, 2-Phenyl- 6 IV 3229

Sulfid, Äthyl-benzyl- 6 454 a, II 427 d,
III 1574 h, IV 2635

-, [2-Äthyl-phenyl]-methyl-
6 II 443 f, III 1660 d

-, [4-Äthyl-phenyl]-methyl-
6 III 1670 a, IV 3027

-, Äthyl-m-tolyl- 6 III 1332 f

-, Äthyl-o-tolyl- 6 370 c, IV 2016

-, Äthyl-p-tolyl- 6 417 d, II 393 c,
III 1394 c, IV 2156

-, [2,4-Dimethyl-phenyl]-methyl-
6 II 461 g, III 1751 e, IV 3138

-, [3,5-Dimethyl-phenyl]-methyl-
6 II 465 g

-, Isopropyl-phenyl- 6 III 982 a,
IV 1471

-, Methyl-[2-methyl-benzyl]-
6 IV 3112

-, Methyl-phenäthyl- 6 II 453 a,
III 1716 a, IV 3083

-, Methyl-[1-phenyl-äthyl]-
6 IV 3062

-, Phenyl-propyl- 6 II 288 d,
III 980 f, IV 1470

Thiophenol, 3-Äthyl-5-methyl- 6 III 1823 a

-, 2-Isopropyl- 6 III 1810 a

-, 4-Isopropyl- 6 III 1812 e

-, 2-Propyl- 6 III 1787 a

-, 2,4,5-Trimethyl- 6 517 e

-, 2,4,6-Trimethyl- 6 521 g,
IV 3260

$C_9H_{12}S_2$

Acetaldehxd-[methyl-phenyl-dithioacetal]
6 III 1004 d

Äthan, 1-Methylmercapto-2-phenyl-
mercapto- 6 III 994 g, IV 1492

Äthanthiol, 2-p-Tolylmercapto-
6 III 1406 f

Disulfid, Äthyl-benzyl- 6 IV 2759

Formaldehyd-[äthyl-phenyl-dithioacetal]
6 III 1002 g

$C_9H_{12}S_3$

Benzen-1,3,5-trithiol, 2,4,6-Trimethyl-
6 IV 7411

Benzol, 1,2,4-Tris-methylmercapto-
6 I 544 m

-, 1,3,5-Tris-methylmercapto-
6 1108 a

Trisulfid, Äthyl-benzyl- 6 IV 2761

$C_9H_{12}Se$

Selenid, Äthyl-benzyl- 6 III 1650 g

-, Äthyl-p-tolyl- 6 IV 2217

-, Isopropyl-phenyl- 6 IV 1777

-, Phenyl-propyl- 6 IV 1777

Selenophenol, 4-Isopropyl- 6 III 1813 b

$C_9H_{13}AsO_3$

Arsinsäure, Dimethyl-, [2-methoxy-
phenylester] 6 782 h, II 779

$C_9H_{13}BrNO_2PS$

Amidothiophosphorsäure, Äthyl-,
O-[4-brom-phenylester]-O'-methylester
6 IV 1055

$C_9H_{13}BrO$

Cyclohexanol, 1-Bromäthinyl-2-methyl-
6 IV 366

-, 1-[3-Brom-prop-2-inyl]- 6 IV 363

$C_9H_{13}BrOSi$
Silan, [4-Brom-phenoxy]-trimethyl-
     6 IV 1056

$C_9H_{13}BrO_2$
Acrylsäure, 2-Brom-, cyclohexylester
     6 III 25 g
Essigsäure-[4-brom-cyclohept-2-enylester]
     6 IV 202
–   [3-brom-[2]norbornylester]
     6 IV 216
–   [7-brom-[2]norbornylester]
     6 IV 216

$C_9H_{13}ClNO_2PS$
Amidothiophosphorsäure, Äthyl-,
     O-[4-chlor-phenylester]-
     O'-methylester 6 IV 875
–, Methyl-, O-äthylester-O'-[4-chlor-
     phenylester] 6 IV 876

$C_9H_{13}ClO$
Cyclohexanol, 2-Chlor-1-prop-2-inyl-
     6 IV 363

$C_9H_{13}ClOSi$
Silan, [2-Chlor-phenoxy]-trimethyl-
     6 IV 809
–, [3-Chlor-phenoxy]-trimethyl-
     6 IV 820
–, [4-Chlor-phenoxy]-trimethyl-
     6 IV 878

$C_9H_{13}ClO_2$
Acrylsäure, 2-Chlor-, cyclohexylester
     6 III 25 f, IV 38
Essigsäure-[2-chlor-6-methyl-cyclohex-
     2-enylester] 6 III 213 c
–   [7-chlor-[2]norbornylester]
     6 IV 215
Essigsäure, Chlor-, [2]norbornylester
     6 III 219 e

$C_9H_{13}ClO_3Si$
Silan, Äthoxy-chlor-methoxy-phenoxy-
     6 183 a

$C_9H_{13}Cl_3N_3OPS$
Thiophosphorsäure-[N',N'-dimethyl-
     hydrazid]-methylamid-O-[2,4,5-trichlor-
     phenylester] 6 IV 1004

$C_9H_{13}Cl_3O$
Äthanol, 2,2,2-Trichlor-1-[2-methyl-
     cyclohex-1-enyl]- 6 IV 133
–, 2,2,2-Trichlor-1-[2-methylen-
     cyclohexyl]- 6 IV 133
Äther, Cyclohexyl-[1,3,3-trichlor-allyl]-
     6 IV 33

$C_9H_{13}Cl_3OS$
Thioessigsäure, Trichlor-, S-[2-methyl-
     cyclohexylester] 6 III 67 b

$C_9H_{13}Cl_3O_2$
Propionsäure, 2,2,3-Trichlor-, cyclohexyl=
     ester 6 III 24 d

$C_9H_{13}FO$
Propan-2-ol, 2-[4-Fluor-cyclohexa-
     1,4-dienyl]- 6 IV 364

$C_9H_{13}F_3O_2$
Essigsäure-[3-trifluormethyl-cyclohexylester]
     6 II 22 e

$C_9H_{13}IOSi$
Silan, [2-Jod-phenoxy]-trimethyl-
     6 IV 1073

$C_9H_{13}IO_2$
Essigsäure-[7-jod-[2]norbonylester]
     6 IV 217

$C_9H_{13}NO$
Äthylamin, 2-Benzyloxy- 6 IV 2483
–, 2-m-Tolyloxy- 6 III 1310 f
–, 2-o-Tolyloxy- 6 I 172 i,
     III 1258 e, IV 1967
–, 2-p-Tolyloxy- 6 400 f, III 1369 d
Amin, Methyl-[2-phenoxy-äthyl]-
     6 III 639 d, IV 663
Hydroxylamin, N-Äthyl-O-benzyl-
     6 440 b
–, O-Benzyl-N,N-dimethyl-
     6 III 1552 d
Isopropylamin, β-Phenoxy- 6 III 642 b,
     IV 669
Propylamin, 2-Phenoxy- 6 IV 678
–, 3-Phenoxy- 6 172 g, II 162 c,
     III 642 c, IV 676

$C_9H_{13}NOS$
Äthylamin, 2-[4-Methoxy-phenylmercapto]-
     6 III 4464 e

$C_9H_{13}NO_2$
Äthylamin, 2-[2-Methoxy-phenoxy]-
     6 III 4238 b
–, 2-[3-Methoxy-phenoxy]-
     6 III 4327 c
–, 2-[4-Methoxy-phenoxy]-
     6 III 4424 b
Carbamidsäure-[1-äthinyl-cyclohexylester]
     6 IV 349
–   [1-cyclopropyl-1-methyl-but-
     3-inylester] 6 IV 356
–   [1-prop-2-inyl-cyclopentylester]
     6 IV 356
Carbamidsäure, Methyl-, [1-äthinyl-
     cyclopentylester] 6 IV 340

$C_9H_{13}NO_2$ (Fortsetzung)

Carbamidsäure, Methyl-, [1-cyclopropyl-
1-methyl-prop-2-inylester] **6** IV 342

Essigsäure, Cyan-, cyclohexylester
6 III 26 f

Phenol, 4-[2-Amino-propoxy]- **6** IV 5757

—, 2-[2-Methylamino-äthoxy]-
6 III 4237 i

Propan-2-ol, 1-Amino-3-phenoxy-
6 I 92 f, IV 682

$C_9H_{13}NO_2S$

Äthylamin, 2-[Toluol-4-sulfonyl]-
6 III 1429 f

Essigsäure, Thiocyanato-, cyclohexylester
6 III 32 c

Propylamin, 3-Benzolsulfonyl- **6** I. 148 d

$C_9H_{13}NO_3$

Carbamidsäure-[1-äthinyl-4-hydroxy-
cyclohexylester] **6** IV 5529

Carbamidsäure, Acryloyl-, cyclopentyl≈
ester **6** IV 8

Propan-2-ol, 1-Amino-3-[2-hydroxy-
phenoxy]- **6** IV 5595

$C_9H_{13}NO_3S$

Äthylamin, 2-[4-Methoxy-benzolsulfonyl]-
6 III 4464 f

Amidoschwefelsäure, Dimethyl-,
o-tolylester **6** IV 1976

—, Dimethyl-, p-tolylester
6 IV 2127

$C_9H_{13}NO_3S_2$

Äthansulfonsäure, 1-Amino-2-benzyl≈
mercapto- **6** IV 2661

$C_9H_{13}NO_5S_2$

Methansulfonsäure, Dimethylsulfamoyl-,
phenylester **6** III 652 d

Propan-1-sulfonsäure, 1-Sulfamoyl-,
phenylester **6** III 652 i

$C_9H_{13}NS$

Acrylonitril, 2-Cyclohexylmercapto-
6 IV 79

Äthylamin, 2-Benzylmercapto-
6 465 c, III 1620 c, IV 2717

—, 2-p-Tolylmercapto- **6** III 1429 d

Amin, Dimethyl-[phenylmercapto-methyl]-
6 IV 1504

—, Methyl-[2-phenylmercapto-äthyl]-
6 II 293 k, III 1025 d

Isopropylamin, β-Phenylmercapto-
6 III 1026 d

$C_9H_{13}N_2O_2P$

[1,3,2]Diazaphospholidin-2-oxid,
2-p-Tolyloxy- **6** IV 2131 a

$C_9H_{13}N_2O_4PS$

Amidothiophosphorsäure, Methyl-,
O-äthylester-O'-[4-nitro-phenylester]
6 IV 1344

$C_9H_{13}N_3O_2$

Semicarbazid, 2-[2-Phenoxy-äthyl]-
6 I 93 c

$C_9H_{13}N_5O_{15}$

Cyclopentan, 2-Nitryloxy-1,1,3,3-tetrakis-
nitryloxymethyl- **6** IV 7885

$[C_9H_{13}OS]^+$

Sulfonium, [4-Hydroxy-2-methyl-phenyl]-
dimethyl- **6** IV 5871

—, [5-Hydroxy-2-methyl-phenyl]-
dimethyl- **6** IV 5865

—, [2-Methoxy-phenyl]-dimethyl-
6 I 396 b

—, [3-Methoxy-phenyl]-dimethyl-
6 I 407 d

—, [4-Methoxy-phenyl]-dimethyl-
6 I 420 d, IV 5792

$[C_9H_{13}OTe]^+$

Telluronium, [4-Methoxy-phenyl]-dimethyl-
6 I 423 j, III 4490 a

$C_9H_{13}O_2P$

Phosphinsäure, Äthyl-, benzylester
6 IV 2570

—, Äthyl-methyl-, phenylester
6 IV 702

$C_9H_{13}O_2PS_2$

Dithiophosphorsäure-S-benzylester-
O,O'-dimethylester **6** IV 2764

— O,O'-dimethylester-S-m-tolylester
6 IV 2086

— O,O'-dimethylester-S-o-tolylester
6 IV 2028

— O,O'-dimethylester-S-p-tolylester
6 IV 2208

$C_9H_{13}O_3P$

Phosphonsäure-isopropylester-phenylester
6 IV 703

— mono-[3-phenyl-propylester]
6 IV 3203

Phosphonsäure, Methyl-, äthylester-
phenylester **6** III 655 b

$C_9H_{13}O_3PS$

Thiophosphorsäure-S-benzylester-
O,O'-dimethylester **6** IV 2763

— O,O'-dimethylester-O''-
p-tolylester **6** IV 2132

— O,O'-dimethylester-S-p-tolylester
6 IV 2208

C₉H₁₃O₄P

Phosphonsäure, p-Tolyloxymethyl-,
  monomethylester **6** IV 2110
Phosphorsäure-äthylester-benzylester
  6 I 221 m, IV 2572
— benzylester-dimethylester **6** IV 2572
— dimethylester-m-tolylester
  6 IV 2056
— dimethylester-p-tolylester **6** IV 2129
— methylester-phenäthylester
  6 IV 3077
— phenylester-propylester **6** IV 710

C₉H₁₃O₅P

Phosphorsäure-[2-hydroxy-phenylester]-
  isopropylester **6** IV 5600
— [2-hydroxy-phenylester]-
  propylester **6** IV 5599
— [4-methoxy-phenylester]-
  dimethylester **7** IV 2907

C₉H₁₃O₆P

Phosphorsäure-[2-hydroxy-phenylester]-
  [2-hydroxy-propylester] **6** IV 5601

[C₉H₁₃S]⁺

Sulfonium, Äthyl-methyl-phenyl-
  6 III 2499
—, Benzyl-dimethyl- **6** 453 i,
  III 1574 c, IV 2634
—, Dimethyl-m-tolyl- **6** IV 2080
—, Dimethyl-o-tolyl- **6** IV 2015
—, Dimethyl-p-tolyl- **6** 417 c, I 208 d,
  III 1394 b, IV 2155

[C₉H₁₃Se]⁺

Selenonium, Benzyl-dimethyl-
  6 469 k, III 1650 d
—, Dimethyl-p-tolyl- **6** IV 2216

[C₉H₁₃Te]⁺

Telluronium, Benzyl-dimethyl- **6** III 1655 b

C₉H₁₄BrNO₄

Cyclohexan, 1-Acetoxy-1-[brom-nitro-
  methyl]- **6** IV 99

C₉H₁₄Br₂O₂

Essigsäure-[1,2-dibrom-cyclohexylmethyl=
  ester] **6** III 78 g
Propionsäure, 2,3-Dibrom-, cyclohexyl=
  ester **6** III 24 e

C₉H₁₄Br₄O

Cyclohexanol, 3-Methyl-1-[1,1,2,2-
  tetrabrom-äthyl]- **6** II 36 a

C₉H₁₄ClNO₄

Cyclohexan, 1-Acetoxy-1-[chlor-nitro-
  methyl]- **6** IV 99

C₉H₁₄ClNS

Propionitril, 2-Chlor-3-cyclohexylmercapto-
  6 IV 78

C₉H₁₄Cl₂O₂

Propionsäure, 2,3-Dichlor-, cyclohexyl=
  ester **6** III 24 c, IV 37

C₉H₁₄Cl₃NO₃

Äther, Cyclohexyl-[β,β,β-trichlor-β'-nitro-
  isopropyl]- **6** IV 26

C₉H₁₄Cl₄O

Propan, 1,1,1,3-Tetrachlor-3-cyclohexyloxy-
  6 IV 27

C₉H₁₄NO₃PS

Amidothiophosphorsäure-O-äthylester-
  O'-[4-methoxy-phenylester] **6** IV 5762

C₉H₁₄N₂O

Hydrazin, [3-Phenoxy-propyl]- **6** I 93 d

C₉H₁₄N₂O₂S

Hydrazin, [2-(Toluol-4-sulfonyl)-äthyl]-
  6 IV 2205

C₉H₁₄N₃O₃PS

Diamidothiophosphorsäure, N-Äthyl-
  N'-methyl-, O-[4-nitro-phenylester]
  6 IV 1345
—, Trimethyl-, O-[4-nitro-phenylester]
  6 IV 1345

C₉H₁₄N₄O₂

Guanidincarbonsäure, N'-Cyan-,
  cyclohexylester **6** IV 43

C₉H₁₄O

Äthanol, 1-[2,6-Cyclo-norbornan-1-yl]-
  6 IV 369
—, 1-[4-Methyl-cyclohexa-1,4-dienyl]-
  6 IV 367
—, 1-[5-Methyl-cyclohexa-1,4-dienyl]-
  6 IV 367
—, 1-[6-Methyl-cyclohexa-1,4-dienyl]-
  6 IV 366
—, 1-Norborn-5-en-2-yl- **6** IV 368
Äther, [1-Äthinyl-cyclohexyl]-methyl-
  6 IV 348
—, Äthyl-[2-cyclopent-1-enyl-vinyl]-
  6 IV 341
—, [1-Cyclohex-1-enyl-vinyl]-methyl-
  6 IV 353
—, [4,5-Dimethyl-cyclohexa-
  1,4-dienyl]-methyl- **6** III 373 b
—, Methyl-norborn-5-en-2-ylmethyl-
  6 IV 357
Allylalkohol, 1-Cyclohex-1-enyl-
  6 IV 364
Bicyclo[3.3.1]non-6-en-2-ol **6** II 101 f

$C_9H_{14}O$ (Fortsetzung)

Butan-2-ol, 2-Cyclopenta-2,4-dienyl-
6 IV 367

But-2-en-1-ol, 1-Cyclopent-1-enyl-
6 IV 367

But-3-en-2-ol, 4-Cyclopent-1-enyl-
6 IV 367

But-2-in-1-ol, 4-Cyclopentyl- 6 III 377 f

Cycloheptanol, 1-Äthinyl- 6 III 375 d,
IV 361

Cyclohexa-2,5-dienol, 1,4,4-Trimethyl-
6 I 60 d, II 101 a

Cyclohexanol, 1-Äthinyl-2-methyl-
6 III 376 d, IV 365

—, 1-Äthinyl-3-methyl- 6 II 100 g,
III 377 b, 8 IV 33

—, 1-Äthinyl-4-methyl- 6 III 377 d,
IV 367

—, 2-Äthinyl-1-methyl- 6 IV 364

—, 2-Allyliden- 6 IV 364

—, 1-Prop-1-inyl- 6 IV 361

—, 1-Prop-2-inyl- 6 III 376 a,
IV 362

Cyclohex-2-enol, 2-Methyl-1-vinyl-
6 IV 367

Cyclohex-3-enol, 4-Methyl-3-vinyl-
6 IV 366

2,6-Cyclo-norbornan-1-ol, 7,7-Dimethyl-
6 II 102 a

Cyclopentanol, 1-Äthinyl-2,4-dimethyl-
6 IV 368

—, 1-Buta-1,3-dienyl- 6 III 378 a

—, 2-Methyl-1-prop-2-inyl- 6 IV 368

Methanol, Bicyclo[2.2.2]oct-5-en-2-yl-
6 IV 369

—, [3-Methylen-[2]norbornyl]-
6 IV 369

—, [3-Methyl-norborn-5-en-2-yl]-
6 III 378 b

Norbornan-2-ol, 2-Methyl-3-methylen-
6 IV 368

Propan-1-ol, 1-Cyclohexa-1,4-dienyl-
6 IV 364

Propan-2-ol, 2-Cyclohexa-1,4-dienyl-
6 IV 364

Prop-2-in-1-ol, 1-Cyclohexyl- 6 III 376 b

$C_9H_{14}OS_2$

Dithiokohlensäure-S-methylester-
O-[2]norbornylester 6 IV 214

$C_9H_{14}OSi$

Silan, Trimethyl-phenoxy- 6 IV 762

$C_9H_{14}O_2$

Acrylsäure-cyclohexylester 6 III 25 e,
IV 38

Äthanol, 1-[4-Methoxy-cyclohexa-
1,4-dienyl]- 6 III 4170 a

Crotonsäure-cyclopentylester 6 IV 7

Cyclohexa-1,4-dien, 1,2-Dimethoxy-
4-methyl- 6 III 4168 e

Cyclohexan-1,4-diol, 2-Äthinyl-1-methyl-
6 IV 5530

Cyclohexanol, 1-Äthinyl-4-methoxy-
6 III 4169 d, IV 5528

—, 1-[3-Hydroxy-prop-1-inyl]-
6 III 4171 a, IV 5530

2,6-Cyclo-norbornan, 2,3-Bis-hydroxymethyl-
6 IV 5533

—, 3,5-Dimethoxy- 6 IV 5528

2,6-Cyclo-norbornan-3-ol, 5-Äthoxy-
6 IV 5528

Cyclopentanol, 1-Äthoxyäthinyl-
6 IV 5524

Essigsäure-[2-äthyl-cyclopent-2-enylester]
6 III 216 b

— cyclohept-1-enylester 6 49 c,
IV 202

— cyclohept-2-enylester 6 IV 202

— cyclohex-1-enylmethylester
6 IV 204

— cyclohex-2-enylmethylester
6 III 212 e, IV 205

— cyclohex-3-enylmethylester
6 IV 208

— cyclohexylidenmethylester
6 III 215 f, IV 209

— [2-cyclopent-2-enyl-äthylester]
6 III 216 f

— [2-methyl-cyclohex-1-enylester]
6 49 e, IV 202

— [2-methyl-cyclohex-2-enylester]
6 III 210 f, IV 203

— [4-methyl-cyclohex-1-enylester]
6 49 g, II 61 e, IV 206

— [4-methyl-cyclohex-2-enylester]
6 III 212 b

— [4-methyl-cyclohex-3-enylester]
6 III 210 c, IV 203

— [5-methyl-cyclohex-1-enylester]
6 49 f, III 213 d

— [5-methyl-cyclohex-2-enylester]
6 III 214 d

— [6-methyl-cyclohex-1-enylester]
6 49 e

$C_9H_{14}O_2$ (Fortsetzung)

Essigsäure-[6-methyl-cyclohex-2-enylester]
    6 III 213 a
– [2-methylen-cyclohexylester]
    6 III 215 e, IV 208
– [2-methylen-cyclopentylmethyl=
    ester] 6 IV 210
– [2]norbornylester 6 III 219 b,
    IV 214
– [1-vinyl-cyclopentylester]
    6 IV 210
Inden-3a,7a-diol, 2,3,4,7-Tetrahydro-
    6 IV 5531
Methacrylsäure-cyclopentylester 6 IV 7
Norborn-2-en, 5,5-Bis-hydroxymethyl-
    6 III 4171 d
–, 5,6-Bis-hydroxymethyl-
    6 III 4171 e, IV 5531
Norcaran, 7-Acetoxy- 6 IV 211
Propionsäure-cyclohex-1-enylester 6 48 d
– cyclohex-2-enylester 6 IV 197
Tricyclo[3.3.1.0^{2,6}]nonan-2,6-diol
    6 II 762 i, IV 5533

$C_9H_{14}O_2S$

Acrylsäure, 2-Cyclohexylmercapto-
    6 IV 79
–, 3-Cyclohexylmercapto- 6 IV 78
Cyclohexen, 3-Acetoxy-6-methylmercapto-
    6 IV 5276

$C_9H_{14}O_2Si$

Phenol, 2-Trimethylsilyloxy- 6 IV 5607
–, 3-Trimethylsilyloxy- 6 IV 5683

$C_9H_{14}O_3$

Kohlensäure-äthylester-cyclohex-1-enylester
    6 I 35 g, II 60 a, III 205 b

$C_9H_{14}O_3S$

Cyclopentan, 1-Acetoxy-2-acetylmercapto-
    6 IV 5191

$C_9H_{14}O_3S_2$

Essigsäure, Cyclohexyloxythiocarbonyl=
    mercapto- 6 III 31 a

$C_9H_{14}O_4$

Cyclobutan, 1-Acetoxy-1-acetoxymethyl-
    6 IV 5192
Cyclopentan, 1,2-Diacetoxy- 6 739 d,
    II 743 a, III 4055 b, IV 5188
–, 1,3-Diacetoxy- 6 IV 5191
Cyclopropan, 1,1-Bis-acetoxymethyl-
    6 I 370 c
–, 1,2-Bis-acetoxymethyl- 6 IV 5193

$C_9H_{14}O_4Si$

Kieselsäure-trimethylester-phenylester
    6 IV 765

$C_9H_{14}O_8P_2$

Benzol, 1,3,4-Trimethyl-2,5-bis-
    phosphonooxy- 6 III 4649 h
Diphosphorsäure-1-[2-methoxy-äthylester]-
    2-phenylester 6 IV 753

$C_9H_{14}S$

Sulfid, Äthyl-norborn-5-en-2-yl- 6 IV 346

$C_9H_{15}BrO$

Äther, Allyl-[2-brom-cyclohexyl]-
    6 II 13 h

$C_9H_{15}BrO_2$

Essigsäure-[2-brommethyl-cyclopentylmethyl=
    ester] 6 IV 112
Propionsäure-[2-brom-cyclohexylester]
    6 III 44 a

$C_9H_{15}BrO_3$

Äthanol, 1-[1-Acetoxy-cyclopentyl]-2-brom-
    6 IV 5222

$C_9H_{15}ClO$

Äther, Äthyl-[2-chlor-5-methyl-cyclohex-
    2-enyl]- 6 III 215 a
–, [2-Chlor-äthyl]-[2]norbornyl-
    6 III 218 c
Propan-2-ol, 2-[4-Chlor-cyclohex-3-enyl]-
    6 IV 236

$C_9H_{15}ClOS$

Thioessigsäure, Chlor-, S-[2-methyl-
    cyclohexylester] 6 III 67 a

$C_9H_{15}ClO_2$

Essigsäure-[2-chlor-cyclohexylmethylester]
    6 III 78 d, IV 109
– [2-chlor-1-methyl-cyclohexylester]
    6 IV 97
Essigsäure, Chlor-, [3-methyl-cyclohexyl=
    ester] 6 III 71 c
Propionsäure-[2-chlor-cyclohexylester]
    6 II 12 f, IV 65

$C_9H_{15}Cl_3O$

Äthanol, 2,2,2-Trichlor-1-[2-methyl-
    cyclohexyl]- 6 IV 133

$C_9H_{15}Cl_3O_2$

Äthanol, 2,2,2-Trichlor-1-[4-methyl-
    cyclohexyloxy]- 6 III 74 c

$C_9H_{15}FO$

Propan-2-ol, 2-[4-Fluor-cyclohex-3-enyl]-
    6 IV 236

$C_9H_{15}IO_2$

Propionsäure-[2-jod-cyclohexylester]
    6 8 a

$C_9H_{15}NO$

Hydroxylamin, N,N-Dimethyl-O-norborn-
    5-en-2-yl- 6 IV 343
Propionitril, 2-Cyclohexyloxy- 6 IV 47

$C_9H_{15}NO$ (Fortsetzung)

Propionitril, 3-Cyclohexyloxy-
6 III 33 b, IV 48

$C_9H_{15}NO_2S_2$

Dithiokohlensäure-S-carbamoylmethylester-
O-cyclohexylester
6 III 31 b

$C_9H_{15}NO_3$

Propan-1-ol, 1-Cyclohex-3-enyl-2-nitro-
6 IV 234

Propan-2-ol, 1-Cyclohex-1-enyl-1-nitro-
6 IV 234

$C_9H_{15}NO_4$

Alanin, N-Cyclopentyloxycarbonyl-
6 IV 9

β-Alanin, N-Cyclopentyloxycarbonyl-
6 IV 9

Essigsäure-[1-nitromethyl-cyclohexylester]
6 IV 99

Glycin, N-Cyclohexyloxycarbonyl-
6 IV 43

Propan-1,3-diol, 2-Cyclohex-1-enyl-2-nitro-
6 III 4133 b, IV 5288

$C_9H_{15}NO_5$

Serin, N-Cyclopentyloxycarbonyl-
6 IV 11

$C_9H_{15}N_2O_2PS$

Hydrazidothiophosphorsäure-
O-[2,5-dimethyl-phenylester]-
O'-methylester 6 IV 3168

$C_9H_{15}N_2O_3P$

Amidophosphorsäure, [2-Amino-äthyl]-,
mono-p-tolylester
6 IV 2131

$C_9H_{15}O_2PS_2$

2,4-Dioxa-3λ⁵-phospha-spiro[5.5]undec-
8-en-3-thiol, 11-Methyl-3-thioxo-
6 IV 5288

$C_9H_{16}Br_2$

Cyclobutan, 1,2-Bis-brommethyl-3-propyl-
6 IV 5249

$C_9H_{16}Br_2O$

Propan-1-ol, 2,3-Dibrom-1-cyclohexyl-
6 II 34 a

Propan-2-ol, 2-[3,4-Dibrom-cyclohexyl]-
6 IV 132

$C_9H_{16}ClNO_3$

Cyclohexanol, 2-Chlor-1-[α-nitro-
isopropyl]- 6 IV 131

—, 2-Chlor-1-[1-nitro-propyl]-
6 IV 129

$C_9H_{16}Cl_2O$

Cyclohexanol, 4-Dichlormethyl-
1,4-dimethyl- 6 I 16 i

Propan-1-ol, 2,3-Dichlor-1-cyclohexyl-
6 III 109 b

$C_9H_{16}Cl_2O_2Si$

Silan, Allyloxy-dichlor-cyclohexyloxy-
6 III 38 e

$C_9H_{16}Cl_3NO$

Propylamin, 3,3,3-Trichlor-2-cyclohexyloxy-
6 IV 51

$C_9H_{16}N_2O_3$

Allophansäure-[1-äthyl-cyclopentylester]
6 II 25 a

— cycloheptylester 6 III 58 f

— [2-methyl-cyclohexylester]
6 II 19 h

$C_9H_{16}N_2O_4$

α-Cyclogeraniolen-nitrosat 5 79 a, I 39 e,
II 50 a

Cyclopentan, 1,1-Bis-carbamoyloxymethyl-
6 IV 5223

$C_9H_{16}N_2S$

Isothioharnstoff, S-[2-Äthyl-cyclohex-
2-enyl]- 6 IV 219

—, S-[2-Äthyliden-cyclohexyl]-
6 IV 221

—, S-[2-Cyclohexyliden-äthyl]-
6 IV 222

$C_9H_{16}O$

Äthanol, 1-[1-Methyl-cyclohex-3-enyl]-
6 IV 236

—, 1-[2-Methyl-cyclohex-1-enyl]-
6 50 e, III 229 d

—, 1-[2-Methyl-cyclohex-3-enyl]-
6 IV 237

—, 1-[4-Methyl-cyclohex-3-enyl]-
6 50 f, I 36 f, III 229 h

—, 1-[6-Methyl-cyclohex-3-enyl]-
6 IV 237

—, 2-[3-Methyl-cyclohexyliden]-
6 III 229 g

Äther, Äthyl-cyclohept-1-enyl- 6 49 b

—, Äthyl-cyclohept-2-enyl- 6 49 d

—, Äthyl-[2-methyl-cyclohex-2-enyl]-
6 III 210 e

—, Äthyl-[5-methyl-cyclohex-2-enyl]-
6 49 h, III 214 c

—, Allyl-cyclohexyl- 6 I 6 b, II 10 b,
III 19 a, IV 27

—, [1-Cyclohex-1-enyl-äthyl]-methyl-
6 III 220 f

—, Cyclohexyl-isopropenyl- 6 IV 27

C₉H₁₆O (Fortsetzung)

Äther, Cyclohexylmethyl-vinyl- **6** IV 107

–, Methyl-[5-methyl-cyclohex-
1-enylmethyl]- **6** III 223 c

Allylalkohol, 1-Cyclohexyl- **6** II 62 f,
III 227 c

–, 3-Cyclohexyl- **6** IV 235

Bicyclo[3.1.0]hexan-2-ol, 5-Isopropyl-
6 I 37 b, III 236 a

Bicyclo[3.2.2]nonan-1-ol **6** IV 245

Bicyclo[3.2.2]nonan-2-ol **6** IV 245

Bicyclo[3.3.1]nonan-2-ol **6** II 63 j

Bicyclo[3.2.1]octan-2-ol, 4-Methyl-
6 51 i, III 236 b

Bicyclo[3.2.1]octan-6-ol, 6-Methyl-
6 IV 241

Butan-1-ol, 1-Cyclopent-1-enyl-
6 III 230 c

–, 4-Cyclopent-2-enyl- **6** II 62 i,
III 230 d

Cycloheptanol, 1-Vinyl- **6** III 226 e

Cyclohexanol, 1-Allyl- **6** 50 b, I 36 e,
III 227 a, IV 235

–, 2-Allyl- **6** IV 235

–, 4-Isopropenyl- **6** 50 d

–, 2-Methyl-1-vinyl- **6** III 229 e

–, 3-Methyl-1-vinyl- **6** II 62 h,
IV 238

–, 4-Methyl-1-vinyl- **6** IV 238

–, 1-Propenyl- **6** IV 234

Cyclohex-2-enol, 1-Isopropyl- **6** III 227 g

–, 4-Isopropyl- **6** III 227 h

–, 6-Isopropyl- **6** IV 236

–, 1,3,5-Trimethyl- **6** I 36 i

–, 2,4,4-Trimethyl- **6** I 36 g

–, 3,5,5-Trimethyl- **6** III 230 a

Cyclohex-3-enol, 2,2,5-Trimethyl- **6** 50 g

–, 2,5,5-Trimethyl- **6** III 230 b

Cyclopentanol, 2-Allyl-1-methyl-
6 II 63 a

–, 2-Isopropyliden-5-methyl-
6 III 231 a

–, 1-Methallyl- **6** III 230 e

Cyclopent-2-enol, 3-Isopropyl-1-methyl-
6 III 230 f

Indan-1-ol, Hexahydro- **6** III 231 b,
IV 239

Indan-2-ol, Hexahydro- **6** II 63 b,
III 231 f, IV 240

Indan-4-ol, Hexahydro- **6** III 233 d

Indan-5-ol, Hexahydro- **6** III 234 c

Inden-3a-ol, Octahydro- **6** IV 240

Methanol, [2-Äthyl-cyclohex-2-enyl]-
6 IV 236

–, Bicyclo[2.2.2]oct-1-yl- **6** IV 245

–, Bicyclo[2.2.2]oct-2-yl- **6** IV 245

–, Cyclooct-1-enyl- **6** IV 234

–, [3,3-Dimethyl-cyclohex-1-enyl]-
6 IV 238

–, [3,4-Dimethyl-cyclohex-3-enyl]-
6 IV 239

–, [4,4-Dimethyl-cyclohex-1-enyl]-
6 IV 239

–, [6,6-Dimethyl-cyclohex-2-enyl]-
6 IV 238

–, Hexahydropentalen-3a-yl-
6 IV 241

–, [3-Methyl-[2]norbornyl]-
6 III 239 d, IV 244

–, [2,2,3-Trimethyl-cyclopent-3-enyl]-
6 51 f

–, [2,3,3-Trimethyl-cyclopent-1-enyl]-
6 51 d

Norbornan-1-ol, 7,7-Dimethyl-
6 III 240 b

Norbornan-2-ol, 1,3-Dimethyl- **6** IV 242

–, 1,7-Dimethyl- **6** 52 b, I 37 d,
II 64 b, III 236 e, IV 242

–, 2,3-Dimethyl- **6** 53 h, I 37 j,
III 239 b, IV 243

–, 3,3-Dimethyl- **6** 53 e, I 37 f,
II 64 c, III 237 d, IV 243

–, 5,5-Dimethyl- **6** I 37 h, II 64 d,
III 238 e

–, 5,6-Dimethyl- **6** IV 244

–, 7,7-Dimethyl- **6** 53 i, I 38 a,
II 64 e, III 240 c, IV 245

Norbornan-7-ol, 1,7-Dimethyl- **6** IV 243

Norpinan-2-ol, 6,6-Dimethyl-
6 52 a, I 37 c, III 236 c, IV 241

Propan-1-ol, 1-Cyclohex-1-enyl-
6 III 226 f

–, 1-Cyclohex-3-enyl- **6** IV 234

–, 3-Cyclohex-1-enyl- **6** IV 234

Propan-2-ol, 2-Cyclohex-1-enyl-
6 50 c, III 227 f

–, 2-Cyclohex-3-enyl- **6** III 229 c,
IV 236

–, 2-[2-Methyl-cyclopent-1-enyl]- **6** I 37 a

–, 2-[2-Methyl-cyclopent-2-enyl]-
6 51 a

–, 2-[2-Methyl-cyclopent-3-enyl]-
6 50 h

–, 2-[3-Methyl-cyclopent-2-enyl]-
6 51 b

$C_9H_{16}O$ (Fortsetzung)
Propan-2-ol, 2-[3-Methyl-cyclopent-3-enyl]-
    6 51 b
Spiro[4.4]nonan-1-ol **6** IV 239
$C_9H_{16}OS$
Äthanol, 2-Äthylmercapto-2-cyclopentyl≠
    iden- **6** IV 5278
Thioessigsäure-S-cyclohexylmethylester
    6 III 79 a
$C_9H_{16}OS_2$
Dithiokohlensäure-O-äthylester-
    S-cyclohexylester **6** 8 f
—   O-cyclohexylmethylester-
    S-methylester **6** III 77 g
—   O-[1-methyl-cyclohexylester]-
    S-methylester **6** IV 96
—   O-methylester-S-[3-methyl-
    cyclohexylester] **6** 13 b
$C_9H_{16}O_2$
Acetaldehyd, [2-Methyl-cyclohexyloxy]-
    6 III 63 c
—, [3-Methyl-cyclohexyloxy]-
    6 III 70 f
—, [4-Methyl-cyclohexyloxy]-
    6 III 74 d
Aceton, Cyclohexyloxy- **6** II 10 i
Äthanol, 2-[2-Hydroxymethyl-cyclohexyl≠
    iden]- **6** IV 5288
Bicyclo[3.3.1]nonan-2,6-diol **6** II 758 a
Cyclohexanol, 2-Allyloxy- **6** IV 5195
Cyclohexen, 4,4-Bis-hydroxymethyl-
    5-methyl- **6** III 4133 c
—, 4,5-Bis-hydroxymethyl-1-methyl-
    6 IV 5289
—, 4,5-Bis-hydroxymethyl-3-methyl-
    6 IV 5288
Cyclohex-4-en-1,2-diol, 1-Isopropyl-
    6 IV 5288
Essigsäure-[3-äthyl-cyclopentylester]
    6 IV 110
—   [2-cyclobutyl-propylester]
    6 16 b, I 12 c
—   cycloheptylester **6** II 16 c,
    III 58 e
—   cyclohexylmethylester
    6 15 a, III 77 d, IV 107
—   [1-cyclopentyl-äthylester]
    6 IV 110
—   [2-cyclopentyl-äthylester]
    6 IV 110
—   [1-cyclopropyl-butylester]
    6 I 12 e

—   [1-cyclopropyl-2-methyl-
    propylester] **6** 16 e
—   [1,2-dimethyl-cyclopentylester]
    6 IV 111
—   [2,2-dimethyl-cyclopentylester]
    6 I 11 j
—   [1-methyl-cyclohexylester]
    6 11 b, I 8 b, IV 95
—   [2-methyl-cyclohexylester]
    6 12 d, I 9 b, II 17 c, 18 b, 19 a,
    III 64 c, IV 101
—   [3-methyl-cyclohexylester]
    6 13 g, 14 a, I 10 a, II 20 c, 21 a,
    22 b, III 71 b
—   [4-methyl-cyclohexylester]
    6 14 e, I 10 j, II 23 a, 24 c
Indan-1,2-diol, Hexahydro- **6** IV 5289
Indan-1,4-diol, Hexahydro- **6** IV 5290
Inden-1,7a-diol, Octahydro- **6** IV 5290
Inden-3a,7a-diol, Hexahydro- **6** IV 5290
Norbornan, 2,3-Bis-hydroxymethyl-
    6 IV 5291
—, 2,7-Dimethoxy- **6** IV 5280
Norbornan-2,3-diol, 2,3-Dimethyl-
    6 751 d, II 758 c, III 4133 e
Norbornan-2-ol, 7-Hydroxymethyl-
    1-methyl- **6** IV 5290
Propan-1,2-diol, 3-Cyclohex-1-enyl-
    6 IV 5287
Propionsäure-cyclohexylester **6** I 6 g,
    III 24 b, IV 37
Spiro[3.3]heptan, 2,6-Bis-hydroxymethyl-
    6 III 4133 d
Spiro[4.4]nonan-1,6-diol **6** IV 5289
$C_9H_{16}O_2S$
Essigsäure, Cyclohexylmercapto-,
    methylester **6** III 50 e
—, [1-Methyl-cyclohexylmercapto]-
    6 III 61 d
—, [2-Methyl-cyclohexylmercapto]-
    6 III 67 c
—, [4-Methyl-cyclohexylmercapto]-
    6 III 76 b
Propionsäure, 3-Cyclohexylmercapto-
    6 III 51 c
Sulfon, [3,4-Dimethyl-cyclohex-3-enyl]-
    methyl- **6** IV 223
$C_9H_{16}O_3$
Cycloheptanol, 2-Acetoxy- **6** IV 5215
Cyclohexan, 1-Acetoxy-2-methoxy-
    6 III 4066 c, IV 5197
—, 1-Acetoxy-4-methoxy- **6** II 749 f

C₉H₁₆O₃ (Fortsetzung)
Cyclohexanol, 4-Acetoxy-1-methyl-
  6 IV 5218
Essigsäure-cyclohexyloxymethylester
  6 II 10 f
Essigsäure, Cyclohexylmethoxy-
  6 III 77 h
—, Cyclohexyloxy-, methylester
  6 II 11 m, III 31 d
—, [1-Methyl-cyclohexyloxy]-
  6 III 59 d
—, [2-Methyl-cyclohexyloxy]-
  6 III 65 f
—, [3-Methyl-cyclohexyloxy]-
  6 III 71 h
—, [4-Methyl-cyclohexyloxy]-
  6 III 75 e
Kohlensäure-äthylester-cyclohexylester
  6 III 28 f
Milchsäure-cyclohexylester 6 III 32 h,
  IV 47
Propionsäure, 2-Cyclohexyloxy-
  6 III 32 f, IV 47
—, 3-Cyclohexyloxy- 6 IV 48
—, 2-Cyclopentyloxy-, methylester
  6 III 7 h

C₉H₁₆O₃S
Aceton, Cyclohexansulfonyl- 6 III 49 c
Propionsäure, 3-Cyclohexansulfinyl-
  6 IV 78

C₉H₁₆O₄
Cyclohexan-1,2-diol, 4-Acetoxy-1-methyl-
  6 IV 7312

C₉H₁₆O₄S
Essigsäure, [1-Methyl-cyclohexansulfonyl]-
  6 III 61 e
—, [2-Methyl-cyclohexansulfonyl]-
  6 III 67 d
Propionsäure, 3-Cyclohexansulfonyl-
  6 IV 78

C₉H₁₆O₅S
Cyclohexan, 1-Acetoxy-2-methansulfonyloxy-
  6 III 4067 e

C₉H₁₆S
Sulfid, Cyclohex-2-enyl-isopropyl-
  6 IV 199

C₉H₁₇AsOS₂
Sulfan, Cyclohexyloxythiocarbonyl-
  dimethylarsino- 6 IV 45

C₉H₁₇BrN₂S
Isothioharnstoff, S-[2-Brommethyl-
  cyclohexylmethyl]- 6 IV 124

C₉H₁₇BrO
Äther, [2-Brom-cyclohexyl]-propyl-
  6 II 13 g

C₉H₁₇ClO
Äther, Äthyl-[2-chlor-cyclohexylmethyl]-
  6 IV 108
—, [α-Chlor-isopropyl]-cyclohexyl-
  6 IV 32
Cyclohexanol, 2-Chlor-1-isopropyl-
  6 III 110 c
—, 2-Chlor-1-propyl- 6 III 105 c
Propan-2-ol, 1-Chlor-3-cyclohexyl-
  6 III 109 d

C₉H₁₇ClO₂
Cyclohexanol, 1-[1-Chlor-2-hydroxy-äthyl]-
  2-methyl- 6 IV 5245
—, 2-Chlor-2-propoxy- 17 IV 1195
Propan-2-ol, 1-Chlor-3-cyclohexyloxy-
  6 III 20 d, IV 29

C₉H₁₇ClS
Sulfid, [2-Chlor-cyclohexyl]-isopropyl-
  6 IV 83
—, [2-Chlor-cyclohexyl]-propyl-
  6 IV 83

C₉H₁₇IO
Cycloheptanol, 2-Jod-1,2-dimethyl-
  6 20 e

C₉H₁₇NO
Hydroxylamin, N,N-Dimethyl-
  O-[2]norbornyl- 6 IV 214

C₉H₁₇NOS
Thiocarbamidsäure-O-[4-methyl-
  cyclohexylmethylester] 6 III 100 d
Thiocarbamidsäure, Dimethyl-,
  O-cyclohexylester 6 III 30 d

C₉H₁₇NO₂
Alanin-cyclohexylester 6 IV 52
Propionimidsäure, 2-Hydroxy-, cyclohexyl=
  ester 6 IV 47
Propionsäure, 3-Cyclohexyloxy-, amid
  6 IV 48

C₉H₁₇NO₂S
Sulfid, Äthyl-[1-nitromethyl-cyclohexyl]-
  6 IV 100

C₉H₁₇NO₃
Carbamidsäure-[1-äthyl-4-hydroxy-
  cyclohexylester] 6 IV 5230
Cyclohexanol, 3-Methyl-1-[1-nitro-äthyl]-
  6 IV 134
—, 4-Methyl-1-[1-nitro-äthyl]-
  6 IV 135
—, 1-[α-Nitro-isopropyl]- 6 IV 131

$C_9H_{17}NO_3$ (Fortsetzung)

Cyclohexanol, 1-[1-Nitro-propyl]-
6 III 105 e, IV 129

Propan-1-ol, 1-Cyclohexyl-2-nitro-
6 IV 130

$C_9H_{17}N_2O_2P$

Phosphonsäure, Cyan-, cyclohexylester-
dimethylamid 6 III 37 d

$C_9H_{17}N_3O_2$

Acetaldehyd, Cyclohexyloxy-, semi≈
carbazon 6 III 22 e

$[C_9H_{17}O_2S]^+$

Sulfonium, Carboxymethyl-cyclohexyl-
methyl- 6 IV 77

$C_9H_{18}NO_5P$

Carbamidsäure, Dimethoxyphosphoryl-,
cyclohexylester 6 IV 44

$C_9H_{18}N_2S$

Isothioharnstoff, S-[2-Cyclohexyl-äthyl]-
6 III 89 d

$C_9H_{18}O$

Äthanol, 1-[2,3-Dimethyl-cyclopentyl]-
6 III 120 a

−, 1-[2,4-Dimethyl-cyclopentyl]-
6 23 e

−, 1-[3,4-Dimethyl-cyclopentyl]-
6 23 d

−, 1-[1-Methyl-cyclohexyl]-
6 II 35 e, IV 133

−, 1-[2-Methyl-cyclohexyl]-
6 21 c, II 35 f

−, 1-[3-Methyl-cyclohexyl]-
6 II 36 b

−, 1-[4-Methyl-cyclohexyl]-
6 I 15 k, II 36 f, III 114 d

−, 2-[1-Methyl-cyclohexyl]-
6 III 113 b, IV 133

−, 2-[2-Methyl-cyclohexyl]-
6 II 35 g

−, 2-[3-Methyl-cyclohexyl]-
6 II 36 c, III 114 a

−, 2-[4-Methyl-cyclohexyl]-
6 II 36 g, III 114 f

Äther, [1-Äthyl-cyclohexyl]-methyl-
6 III 84 e

−, Äthyl-[2-methyl-cyclohexyl]-
6 12 b, II 18 a, III 63 b

−, Äthyl-[3-methyl-cyclohexyl]-
6 III 70 c

−, Butyl-cyclopentyl- 6 IV 6

−, [1-Cyclohexyl-äthyl]-methyl-
6 III 87 c

−, Cyclohexyl-isopropyl- 6 II 9 d

−, Cyclohexyl-propyl- 6 II 9 c

−, Cyclooctyl-methyl- 6 IV 113

Butan-1-ol, 1-Cyclopentyl- 6 III 117 f,
IV 136

−, 4-Cyclopentyl- 6 II 37 c,
III 118 a

Butan-2-ol, 2-Cyclopentyl- 6 IV 136

−, 2-Cyclopropyl-3,3-dimethyl-
6 IV 138

Cyclobutanol, 2-Butyl-1-methyl- 6 IV 137

Cycloheptanol, 1-Äthyl- 6 20 d

−, 2,2-Dimethyl- 6 II 32 i, III 104 g

−, 4,4-Dimethyl- 6 III 105 a

Cyclohexanol, 1-Äthyl-2-methyl-
6 21 a, III 113 c, IV 133

−, 1-Äthyl-3-methyl- 6 21 e, I 15 i,
II 35 i, III 113 d

−, 1-Äthyl-4-methyl- 6 21 g, II 36 e,
III 114 c, IV 134

−, 2-Äthyl-4-methyl- 6 IV 134

−, 2-Äthyl-5-methyl- 6 21 f,
III 114 b

−, 2-Äthyl-6-methyl- 6 I 15 h

−, 4-Äthyl-1-methyl- 6 IV 134

−, 4-Äthyl-2-methyl- 6 IV 134

−, 4-Äthyl-3-methyl- 6 IV 133

−, 1-Isopropyl- 6 I 15 f, II 34 d,
III 110 b, IV 131

−, 2-Isopropyl- 6 II 34 e, III 110 d,
IV 131

−, 3-Isopropyl- 6 I 15 g, III 111 a

−, 4-Isopropyl- 6 II 34 i, 35 b,
III 111 c

−, 1-Propyl- 6 20 f, II 32 j,
III 105 b, IV 129

−, 2-Propyl- 6 II 33 a, III 105 f,
IV 130

−, 4-Propyl- 6 III 105 h

−, 1,2,2-Trimethyl- 6 I 16 b,
III 114 h

−, 1,2,6-Trimethyl- 6 I 17 b

−, 1,3,3-Trimethyl- 6 I 16 f

−, 1,3,5-Trimethyl- 6 I 17 d,
III 117 c

−, 1,4,4-Trimethyl- 6 I 16 h

−, 2,2,3-Trimethyl- 6 I 16 d

−, 2,2,5-Trimethyl- 6 22 b

−, 2,2,6-Trimethyl- 6 I 16 e,
IV 135

−, 2,3,3-Trimethyl- 6 I 16 c

−, 2,3,5-Trimethyl- 6 III 117 b

−, 2,3,6-Trimethyl- 6 22 c

−, 2,4,4-Trimethyl- 6 21 j

C₉H₁₈O (Fortsetzung)

Cyclohexanol, 2,4,5-Trimethyl-
  6 I 17 c, II 36 i

−, 2,4,6-Trimethyl- **6** III 117 d

−, 2,5,5-Trimethyl- **6** III 117 a

−, 3,3,5-Trimethyl- **6** 22 a, I 16 g,
  III 115 a, IV 135

Cyclononanol **6** II 32 g, III 104 a,
  IV 128

Cyclooctanol, 1-Methyl- **6** IV 128

−, 2-Methyl- **6** III 104 d

Cyclopentanol, 1-Äthyl-2,4-dimethyl-
  6 IV 137

−, 1-Butyl- **6** II 37 a, III 117 e,
  IV 136

−, 3-*tert*-Butyl- **6** III 118 b

−, 1,2-Diäthyl- **6** II 37 e, III 119 f

−, 1-Isobutyl- **6** II 37 d

−, 2-Isopropyl-5-methyl- **6** 23 a,
  III 118 e, IV 137 c

−, 3-Isopropyl-1-methyl- **6** I 17 e

−, 1-Methyl-2-propyl- **6** III 118 c

−, 1,2,2,3-Tetramethyl- **6** 23 j

−, 1,2,2,5-Tetramethyl- **6** 23 f

−, 2,3,3,4-Tetramethyl- **6** I 17 f

Hexan-2-ol, 2-Cyclopropyl- **6** II 37 f,
  IV 137

Hexan-3-ol, 3-Cyclopropyl- **6** I 17 i,
  II 37 g

Methanol, [1-Äthyl-cyclohexyl]- **6** IV 133

−, Cyclooctyl- **6** II 32 h, III 104 f,
  IV 128

−, [3,3-Dimethyl-cyclohexyl]-
  6 III 116 h, IV 136

−, [1-Propyl-cyclopentyl]- **6** IV 136

−, [2,3,3-Trimethyl-cyclopentyl]- **6** 23 g

Pentan-1-ol, 1-Cyclopropyl-4-methyl-
  6 I 17 h

Pentan-2-ol, 2-Cyclopropyl-4-methyl-
  6 III 120 b

Pentan-3-ol, 3-Cyclobutyl- **6** 24 a, I 17 g,
  IV 137

−, 3-Cyclopropyl-2-methyl-
  6 III 120 c

Propan-1-ol, 1-Cyclohexyl- **6** 20 g, II 33 f,
  III 108 g, IV 130

−, 2-Cyclohexyl- **6** III 113 a,
  IV 132

−, 3-Cyclohexyl- **6** I 15 d, II 34 b,
  III 109 e, IV 130

−, 3-[2-Methyl-cyclopentyl]-
  6 IV 136

Propan-2-ol, 1-Cyclohexyl- **6** 20 h, I 15 b,
  III 109 c, IV 130

−, 2-Cyclohexyl- **6** 20 i, III 112 d,
  IV 132

−, 2-[2-Methyl-cyclopentyl]-
  6 IV 137

C₉H₁₈OS

Cyclohexanol, 2-Propylmercapto-
  6 III 4071 b

C₉H₁₈O₂

Äthan-1,2-diol, [3-Methyl-cyclohexyl]-
  6 II 753 a

Äthanol, 2-Cyclohexylmethoxy-
  6 II 77 a

−, 2-[3-Hydroxymethyl-2,2-dimethyl-
  cyclobutyl]- **6** I 372 j

Cyclobutan, 1,2-Bis-hydroxymethyl-
  3-propyl- **6** IV 5249

Cycloheptan, 1,2-Bis-hydroxymethyl-
  6 IV 5242

Cycloheptan-1,2-diol, 1,2-Dimethyl-
  6 742 i

Cyclohexan, 1,1-Bis-hydroxymethyl-
  2-methyl- **6** III 4103 d

−, 1,1-Bis-hydroxymethyl-4-methyl-
  6 II 753 d

−, 1,2-Bis-hydroxymethyl-3-methyl-
  6 IV 5247

−, 1-Methoxy-2-methoxymethyl-
  6 IV 5220

Cyclohexan-1,2-diol, 1-Äthyl-4-methyl-
  6 I 372 f, II 753 b

−, 1-Isopropyl- **6** IV 5244

−, 3-Propyl- **6** III 4101 e

−, 4-Propyl- **6** III 4101 f

−, 1,3,5-Trimethyl- **6** I 372 i

−, 2,3,3-Trimethyl- **6** IV 5246

−, 2,4,4-Trimethyl- **6** IV 5246

Cyclohexan-1,3-diol, 5-Isopropyl-
  6 I 372 c

−, 3,5,5-Trimethyl- **6** III 4104 a

−, 4,5,5-Trimethyl- **6** I 372 h,
  II 753 c

Cyclohexan-1,4-diol, 1-Äthyl-4-methyl-
  6 IV 5246

Cyclohexanol, 1-Äthoxymethyl-
  6 IV 5219

−, 2-Äthoxymethyl- **6** IV 5220

−, 4-Äthyl-1-hydroxymethyl-
  6 III 4103 c

−, 1-Äthyl-2-methoxy- **6** III 4095 c

−, 1-Äthyl-4-methoxy- **6** III 4095 e

−, 4-Äthyl-2-methoxy- **6** III 4096 a

$C_9H_{18}O_2$ (Fortsetzung)

Cyclohexanol, 1-[1-Hydroxy-äthyl]-
2-methyl- **6** IV 5245

—, 1-[1-Hydroxy-äthyl]-3-methyl-
6 I 372 e

—, 1-[2-Hydroxy-äthyl]-2-methyl-
6 IV 5245

—, 1-[2-Hydroxy-äthyl]-3-methyl-
6 III 4103 b

—, 2-[2-Hydroxy-äthyl]-1-methyl-
6 II 752 g

—, 4-[1-Hydroxy-äthyl]-1-methyl- **6** I 372 g

—, 1-[α-Hydroxy-isopropyl]-
6 743 e, I 372 d, III 4103 a, IV 5244

—, 1-[β-Hydroxy-isopropyl]-
6 IV 5245

—, 2-[α-Hydroxy-isopropyl]-
6 IV 5244

—, 1-Hydroxymethyl-3,5-dimethyl-
6 III 4104 c

—, 2-Hydroxymethyl-3,3-dimethyl-
6 IV 5246

—, 2-Hydroxymethyl-4,6-dimethyl-
6 IV 5247

—, 2-Hydroxymethyl-5,5-dimethyl-
6 IV 5246

—, 3-Hydroxymethyl-1,3-dimethyl-
6 IV 5246

—, 4-Hydroxymethyl-3,5-dimethyl-
6 743 f

—, 1-[1-Hydroxy-propyl]-
6 I 372 b

—, 1-[3-Hydroxy-propyl]- **6** IV 5243

—, 2-[1-Hydroxy-propyl]- **6** III 4102 c

—, 2-[3-Hydroxy-propyl]- **6** III 4102 d,
IV 5243

—, 4-[3-Hydroxy-propyl]- **6** III 4102 e

—, 2-Isopropoxy- **6** IV 5195

—, 1-[1-Methoxy-äthyl]- **6** III 4096 b

—, 4-Methoxy-2,6-dimethyl- **6** IV 5236

—, 2-Propoxy- **6** III 4063 d

Cyclohexylhydroperoxid, 1,3,3-Trimethyl-
6 IV 135

Cyclononan-1,2-diol **6** III 4101 b,
IV 5242

Cyclononan-1,5-diol **6** IV 5242

Cyclooctanol, 2-Methoxy- **6** IV 5226

Cyclopentan, 1,2-Bis-[2-hydroxy-äthyl]-
6 III 4104 d, IV 5248

—, 1,2-Diäthoxy- **6** III 4055 a

Cyclopentan-1,2-diol, 1,2-Diäthyl-
6 IV 5248

Cyclopentan-1,3-diol, 1,2,3,4-Tetramethyl-
6 III 4105 b

Cyclopentanol, 2-[1-Hydroxy-butyl]-
6 IV 5247

—, 2-[4-Hydroxy-butyl]- **6** IV 5247

—, 3-[Hydroxy-*tert*-butyl]-
6 IV 5248

—, 1-[α-Hydroxy-isopropyl]-2-methyl-
6 III 4104 e

—, 1-[α-Hydroxy-isopropyl]-3-methyl-
6 III 4105 a

—, 3-[α-Hydroxy-isopropyl]-1-methyl-
6 743 i

—, 3-[α-Hydroxy-isopropyl]-2-methyl-
6 743 h

—, 3-[α-Hydroxy-isopropyl]-4-methyl-
6 743 h

—, 2-[3-Hydroxy-1-methyl-propyl]-
6 IV 5247

Methanol, [2-Äthoxy-cyclohexyl]-
6 IV 5220

—, [2-Methoxy-1-methyl-cyclohexyl]-
6 IV 5232

Propan-1,2-diol, 1-Cyclohexyl- **6** IV 5243

—, 3-Cyclohexyl- **6** IV 5244

Propan-1,3-diol, 1-Cyclohexyl- **6** IV 5243

Propan-1-ol, 3-Cyclohexyloxy-
6 III 20 e, IV 29

Propan-2-ol, 1-Cyclohexyloxy- **6** IV 29

$C_9H_{18}O_2S$

Sulfon, Butyl-cyclopentyl- **6** IV 16

—, Cyclohexyl-isopropyl- **6** IV 73

—, Cyclohexyl-propyl- **6** IV 73

$C_9H_{18}O_2S_2$

Methan, Äthylmercapto-cyclohexansulfonyl-
6 III 48 j

$C_9H_{18}O_3$

Äthan-1,2-diol, [1-Hydroxy-2-methyl-
cyclohexyl]- **6** IV 7314

Cyclohexan, 1,2,3-Trimethoxy- **6** IV 7311

—, 1,3,5-Tris-hydroxymethyl-
6 IV 7315

Cyclopentan-1,2,3-triol, 1-Isopropyl-
3-methyl- **6** III 6252 f

Propan-1,2-diol, 2-[1-Hydroxy-cyclohexyl]-
6 IV 7314

—, 3-[1-Hydroxy-cyclohexyl]-
6 I 534 g, IV 7313

Propan-1,2,3-triol, 1-Cyclohexyl-
6 II 1058 i

$C_9H_{18}O_3S$

Schwefligsäure-cyclohexylester-propylester
6 III 35 d

$C_9H_{18}O_4$

Propan-1,2-diol, 3-[2-Hydroxy-cyclohexyloxy]-
6 III 4065 b

$C_9H_{18}O_5$

Cyclohexan-1,2,3,5-tetraol, 5-[α-Hydroxy-
isopropyl]- 19 IV 1221

Cyclopentanol, 2,2,5,5-Tetrakis-
hydroxymethyl- 6 IV 7885

$C_9H_{18}O_6S_2$

Cycloheptan, 1,2-Bis-methansulfonyloxy-
6 IV 5215 a

Cyclohexan, 1-Methansulfonyloxy-
3-methansulfonyloxymethyl-
6 IV 5221

Cyclopentan, 1,1-Bis-methansulfonyloxy-
methyl- 6 IV 5223

$C_9H_{18}S$

Propan-1-thiol, 1-Cyclohexyl- 6 II 33 h

Sulfid, Äthyl-[3-methyl-cyclohexyl]-
6 II 22 h

−, Butyl-cyclopentyl- 6 IV 16

−, sec-Butyl-cyclopentyl- 6 IV 17

−, tert-Butyl-cyclopentyl- 6 IV 17

−, Cyclopentyl-isobutyl- 6 IV 17

$[C_9H_{18}S_2]^{2+}$

Sulfonium, Tetra-S-methyl-S,S'-cyclopent-
4-en-1,3-diyl-di- 6 IV 5274

$C_9H_{19}ClOSi$

Silan, [2-Chlor-cyclohexyloxy]-trimethyl-
6 IV 67

$C_9H_{19}NO$

Amin, Cyclohexyloxymethyl-dimethyl-
6 III 21 e

Propylamin, 3-Cyclohexyloxy- 6 IV 51

$C_9H_{19}O_7P$

Phosphorsäure-[2,3-dihydroxy-propylester]-
[2-hydroxy-cyclohexylester] 6 IV 5202

$C_9H_{19}O_{11}P$

myo-Inosit, O^1-[(2,3-Dihydroxy-propoxy)-
hydroxy-phosphoryl]- 6 III 6933 a,
IV 7925

$C_9H_{20}OSi$

Silan, Cyclohexyloxy-trimethyl- 6 IV 60

$C_9H_{20}O_{14}P_2$

myo-Inosit, O^1-[(2,3-Dihydroxy-propoxy)-
hydroxy-phosphoryl]-O^4-phosphono-
6 III 6934 d

$[C_9H_{21}Ge]^+$

Germanium(1+), Tripropyl- 6 IV 270

$C_9H_{21}O_{17}P_3$

myo-Inosit, O^1-[(2,3-Dihydroxy-propoxy)-
hydroxy-phosphoryl]-O^4,O^5-
diphosphono- 6 III 6934 e

$[C_9H_{21}Sn]^+$

Zinn(1+), Triisopropyl- 6 IV 1466,
2154, 2633

−, Tripropyl- 6 IV 545, 1466,
2154, 2633

C_{10}

$C_{10}H_3Br_5O$

[1]Naphthol, 2,3,4,6,7-Pentabrom-
6 614 d, II 583 h

$C_{10}H_3Cl_7O_2$

Benzol, 2-Chlor-1,4-bis-trichlorvinyloxy-
6 IV 5769

$C_{10}H_4Br_2Cl_2O_2$

Naphthalin-2,7-diol, 3,6-Dibrom-
1,8-dichlor- 6 IV 6571

$C_{10}H_4Br_3ClO_2$

Naphthalin-2,7-diol, 1,3,6-Tribrom-8-chlor-
6 IV 6572

$C_{10}H_4Br_3NO_3$

[2]Naphthol, 3,4,6-Tribrom-1-nitro-
6 655 j

−, 3,5,6-Tribrom-1-nitro-
6 III 3005 d

$C_{10}H_4Br_4O$

[2]Naphthol, 1,3,4,6-Tetrabrom-
6 652 j, II 607 e

−, 1,3,5,6-Tetrabrom- 6 III 3000 h

−, 1,3,6,7-Tetrabrom- 6 III 3001 b

−, 1,3,6,8-Tetrabrom- 6 III 3001 d

$C_{10}H_4Br_4O_2$

Naphthalin-1,5-diol, 2,4,6,8-Tetrabrom-
6 III 5272 f

Naphthalin-2,3-diol, 1,4,6,7-Tetrabrom-
6 984 c, II 955 e

$C_{10}H_4Cl_3NO_3$

[1]Naphthol, 2,3,4-Trichlor-5-nitro-
6 II 586 a

$C_{10}H_4Cl_4O_2$

Cyclohexa-2,5-dien-1,4-diol, 1,4-Diäthinyl-
2,3,5,6-tetrachlor- 6 IV 6537

Naphthalin-2,7-diol, 1,3,6,8-Tetrachlor-
6 987 e

$C_{10}H_4Cl_4O_4$

Naphthalin-1,2,5,8-tetraol, 3,4,6,7-
Tetrachlor- 6 1163 a

$C_{10}H_4Cl_6O_2$

Benzol, 1,3-Bis-trichlorvinyloxy-
6 816 a

$C_{10}H_4Cl_6O_4$

Benzol, 1,2-Bis-trichloracetoxy-
6 III 4228 g

−, 1,3-Bis-trichloracetoxy-
6 III 4320 e

−, 1,4-Bis-trichloracetoxy-
6 III 4415 b

$C_{10}H_4Cl_6O_6$

Benzol, 1,4-Bis-trichlormethoxycarbonyloxy-
6 III 4419 a

$C_{10}H_4N_2O_4$

Benzol, 1,2-Bis-cyancarbonyloxy-
6 IV 5584

$C_{10}H_4N_4O_9$

[1]Naphthol, 2,4,5,7-Tetranitro- 6 620 g

$C_{10}H_4N_4O_{10}$

Naphthalin-1,5-diol, 2,4,6,8-Tetranitro-
6 III 5275 f

$C_{10}H_5BrClNO_3$

[1]Naphthol, 4-Brom-2-chlor-6-nitro-
6 III 2940 g

$C_{10}H_5BrCl_2O$

[2]Naphthol, 6-Brom-1,3-dichlor-
6 IV 4305

$C_{10}H_5BrCl_2O_2$

Naphthalin-1,4-diol, 5-Brom-2,3-dichlor-
6 II 949 g

$C_{10}H_5BrN_2O_5$

[2]Naphthol, 1-Brom-4,5-dinitro-
6 III 3006 c

$C_{10}H_5Br_2ClO$

[1]Naphthol, 2,4-Dibrom-3-chlor-
6 III 2937 c

[2]Naphthol, 4,6-Dibrom-1-chlor-
6 III 3000 b

$C_{10}H_5Br_2IO$

[1]Naphthol, 2,4-Dibrom-3-jod-
6 III 2937 h

$C_{10}H_5Br_2NO_3$

[1]Naphthol, 2,4-Dibrom-6-nitro-
6 III 2941 a

[2]Naphthol, 1,x-Dibrom-3-nitro-
6 IV 4311

−, 3,6-Dibrom-1-nitro- 6 II 609 j

−, 4,6-Dibrom-1-nitro- 6 II 609 k,
III 3005 c

$C_{10}H_5Br_3O$

[1]Naphthol, 2,3,4-Tribrom- 6 III 2937 d

[2]Naphthol, 1,3,6-Tribrom- 6 II 606 h,
III 3000 c

−, 1,4,6-Tribrom- 6 II 607 a,
III 3000 e

−, 3,4,6-Tribrom- 6 II 607 d

$C_{10}H_5Br_3O_2$

Naphthalin-1,2-diol, 3,4,6-Tribrom-
6 III 5241 i

−, 3,5,6-Tribrom- 6 III 5242 a

Naphthalin-1,3-diol, 2,4,7-Tribrom-
6 I 474 g, II 948 g, III 5258 b

Naphthalin-1,5-diol, 2,4,6-Tribrom-
6 III 5272 b

Naphthalin-2,7-diol, 1,3,6-Tribrom-
6 III 5294 a

$C_{10}H_5Br_3O_3$

Naphthalin-1,4,5-triol, 2,3,8-Tribrom-
6 II 1096 j

−, 2,6,8-Tribrom- 6 III 6509 g

$C_{10}H_5Br_4O_4P$

Phosphorsäure-mono-[1,3,4,6-tetrabrom-
[2]naphthylester] 6 III 2989 b

$C_{10}H_5Br_5O_2$

Methacrylsäure-pentabromphenylester
6 IV 1069

Styrol, 4-Acetoxy-2,3,5,6,β-pentabrom-
6 562 k

$C_{10}H_5Br_7O_2$

Benzol, 1-Acetoxy-2,3,5,6-tetrabrom-
4-[1,2,2-tribrom-äthyl]- 6 474 g

Essigsäure-[2,3,6-tribrom-4,5-bis-
dibrommethyl-phenylester] 6 483 h

$C_{10}H_5ClN_2O_5$

[1]Naphthol, 7-Chlor-2,4-dinitro-
6 III 2943 b

[2]Naphthol, 6-Chlor-1,5-dinitro-
6 IV 4312

$C_{10}H_5Cl_2F_3O_2$

Crotonsäure, 2,3-Dichlor-4,4,4-trifluor-,
phenylester 6 IV 619

$C_{10}H_5Cl_3O$

[1]Naphthol, 2,3,4-Trichlor- 6 613 h,
II 582 f

[2]Naphthol, 1,3,4-Trichlor- 6 650 e,
II 604 g, IV 4300

−, 1,3,6-Trichlor- 6 IV 4301

−, 1,4,5-Trichlor- 6 650 g

−, 1,4,6-Trichlor- 6 III 2994 d

$C_{10}H_5Cl_3O_2$

Naphthalin-1,4-diol, 2,3,5-Trichlor-
6 II 949 d

$C_{10}H_5Cl_5OS$

Thiomethacrylsäure-S-pentachlorphenyl≠
ester 6 IV 1645

$C_{10}H_5Cl_5O_2$

Methacrylsäure-pentachlorphenylester
6 IV 1032

$C_{10}H_5Cl_5O_3$
Kohlensäure-allylester-pentachlorphenyl=
    ester **6** 196 l

$C_{10}H_5Cl_7O$
Äther, [3,3-Dichlor-2-methyl-allyl]-
    pentachlorphenyl- **6** IV 1028

$C_{10}H_5Cl_7O_2$
Äthan, 1,1,1-Trichlor-2-[4-chlor-phenyl]-
    2-trichloracetoxy- **6** III 1688 d

$C_{10}H_5Cl_9O_2$
Essigsäure, Trichlor-, [1,4,5,6,7,7-
    hexachlor-norborn-5-en-2-ylmethylester]
    6 IV 359

$C_{10}H_5D_3O$
[1]Naphthol, 2,4,O-Trideuterio-
    6 IV 4211

$C_{10}H_5F_5O$
Äther, [Pentafluor-cyclobut-1-enyl]-phenyl-
    6 IV 566

$C_{10}H_5F_7O_2$
Buttersäure, Heptafluor-, phenylester
    6 IV 616

$C_{10}H_5NO_6S$
Naphtho[1,2-d][1,3,2]dioxathiol-2,2-dioxid,
    4-Nitro- **6** IV 6539

$C_{10}H_5N_3O_7$
[1]Naphthol, 2,4,5-Trinitro- **6** 619 h,
    I 309 a, II 587 d, III 2943 c
–, 2,4,6-Trinitro- **6** IV 4241
–, 2,4,7-Trinitro- **6** 620 c, III 2943 d
–, 2,4,8-Trinitro- **6** 620 d, I 309 c,
    II 587 g
[2]Naphthol, 1,6,8-Trinitro- **6** II 610 d

$C_{10}H_5N_3O_8$
Naphthalin-1,5-diol, 2,4,6-Trinitro-
    6 III 5275 a

$C_{10}H_6BrClO$
[1]Naphthol, 2-Brom-4-chlor- **6** II 583 d
–, 4-Brom-2-chlor- **6** II 583 e,
    IV 4235
[2]Naphthol, 6-Brom-1-chlor-
    6 651 m, III 2997 h
–, 8-Brom-1-chlor- **6** IV 4304

$C_{10}H_6BrClOS$
Naphthalin-2-sulfenylbromid, 4-Chlor-
    1-hydroxy- **6** II 948 d

$C_{10}H_6BrClO_2$
Naphthalin-1,2-diol, 5-Brom-3-chlor-
    6 II 945 c

$C_{10}H_6BrClO_3$
Crotonoylbromid, 3-Chlor-4-oxo-
    2-phenoxy- **6** 171 d

$C_{10}H_6BrCl_3O_4$
Benzol, 1,4-Diacetoxy-2-brom-
    3,5,6-trichlor- **6** 853 i

$C_{10}H_6BrCl_5O_2$
Äthan, 2-Bromacetoxy-1,1,1-trichlor-2-
    [2,4-dichlor-phenyl]- **6** IV 3052

$C_{10}H_6BrCl_7O$
4,7-Methano-inden-2-ol, 1-Brom-
    3,4,5,6,7,8,8-heptachlor-2,3,3a,4,7,7a-
    hexahydro- **6** IV 3368

$C_{10}H_6BrIO$
[2]Naphthol, 3-Brom-1-jod- **6** IV 4306
–, 6-Brom-1-jod- **6** IV 4306

$C_{10}H_6BrNO_3$
[1]Naphthol, 2-Brom-4-nitro- **6** II 586 d,
    III 2940 d
–, 2-Brom-6-nitro- **6** III 2940 e
–, 4-Brom-2-nitro- **6** 616 g,
    III 2940 c
–, 4-Brom-6-nitro- **6** III 2940 f
–, 5-Brom-2-nitro- **6** II 586 c
[2]Naphthol, 3-Brom-1-nitro- **6** III 3005 b,
    IV 4311
–, 6-Brom-1-nitro- **6** 655 f, I 316 g

$C_{10}H_6Br_2Cl_2O_4$
Benzol, 1,4-Bis-[brom-chlor-acetoxy]-
    6 II 844 a
–, 1,4-Diacetoxy-2,5-dibrom-
    3,6-dichlor- **6** 854 e
–, 1,4-Diacetoxy-2,6-dibrom-
    3,5-dichlor- **6** 854 g

$C_{10}H_6Br_2O$
[1]Naphthol, 2,4-Dibrom- **6** 614 c, I 308 g,
    II 583 f, III 2936 h
[2]Naphthol, 1,3-Dibrom- **6** III 2998 a
–, 1,6-Dibrom- **6** 652 c, I 315 e,
    II 605 i, III 2998 c, IV 4305
–, 3,6-Dibrom- **6** II 606 b,
    III 2999 d
–, 3,7-Dibrom- **6** II 606 c
–, 4,6-Dibrom- **6** II 606 d,
    III 2999 f
–, 5,8-Dibrom- **6** III 2999 g

$C_{10}H_6Br_2O_2$
Naphthalin-1,2-diol, 3,6-Dibrom-
    6 II 945 e, III 5241 h
–, 4,6-Dibrom- **6** II 945 e
Naphthalin-1,3-diol, 2,4-Dibrom-
    6 I 474 e
Naphthalin-1,4-diol, 2,3-Dibrom-
    6 980 b
Naphthalin-1,5-diol, 2,4-Dibrom-
    6 III 5269 i

$C_{10}H_6Br_2O_2$ (Fortsetzung)

Naphthalin-1,5-diol, 2,6-Dibrom-
6 III 5270 f

−, 4,8-Dibrom- 6 III 5271 g

Naphthalin-2,3-diol, 1,4-Dibrom-
6 983 g, II 955 c

−, 6,7-Dibrom- 6 984 a, II 955 d

Naphthalin-2,6-diol, 1,5-Dibrom-
6 III 5289 e

Naphthalin-2,7-diol, 1,3-Dibrom-
6 III 5293 c

−, 1,6-Dibrom- 6 III 5293 d

−, 1,8-Dibrom- 6 III 5293 c

−, 3,6-Dibrom- 6 III 5293 e

[1,4]Naphthochinon, 2,3-Dibrom-
2,3-dihydro- 7 702 e, II 635 g

$C_{10}H_6Br_2O_3$

Crotonoylbromid, 3-Brom-4-oxo-
2-phenoxy- 6 172 a

Naphthalin-1,4,5-triol, 2,3-Dibrom-
6 I 558 e, II 1096 i

−, 2,6-Dibrom- 6 III 6509 f

[1,4]Naphthochinon, 2,3-Dibrom-
5-hydroxy-2,3-dihydro- 6 I 558 e,
II 1096 i

$C_{10}H_6Br_2O_4$

Naphthalin-1,2,4,8-tetraol, 3,7-Dibrom-
6 II 1127 f, III 6700 c

$C_{10}H_6Br_3ClO_4$

Benzol, 1,4-Diacetoxy-2,3,5-tribrom-
6-chlor- 6 854 j

$C_{10}H_6Br_3NO_2S$

Benzol, 2-Acetoxy-1,3,5-tribrom-
4-thiocyanatomethyl- 6 897 d

$C_{10}H_6Br_3NO_6$

Benzol, 1,3-Diacetoxy-2,4,6-tribrom-
5-nitro- 6 826 n

$C_{10}H_6Br_4O_2$

Styrol, 4-Acetoxy-2,3,5,β-tetrabrom-
6 562 i

$C_{10}H_6Br_4O_4$

Benzol, 1,2-Diacetoxy-3,4,5,6-tetrabrom-
6 786 h, III 4262 b

−, 1,3-Diacetoxy-2,4,5,6-tetrabrom-
6 822 g

$C_{10}H_6Br_6O$

Phenol, 2,4-Dibrom-6-[2-brom-
1-tribrommethyl-vinyl]-3-methyl-
6 I 290 d

$C_{10}H_6Br_6O_2$

Benzol, 2-Acetoxy-1,3,4-tribrom-5-
[1,2,2-tribrom-äthyl]- 6 474 e

$C_{10}H_6Br_6O_3$

Phenol, 4-[1-Acetoxy-2,2-dibrom-äthyl]-
2,3,5,6-tetrabrom- 6 906 e

$C_{10}H_6ClNO_3$

[1]Naphthol, 2-Chlor-3-nitro- 6 IV 4239

−, 2-Chlor-4-nitro- 6 III 2940 a

−, 2-Chlor-6-nitro- 6 III 2940 b

−, 4-Chlor-2-nitro- 6 III 2939 j

[2]Naphthol, 1-Chlor-6-nitro- 6 IV 4310

−, 6-Chlor-1-nitro- 6 IV 4310

$C_{10}H_6Cl_2F_6O_2$

Benzol, 1,2-Bis-[2-chlor-1,1,2-trifluor-
äthoxy]- 6 IV 5582

−, 1,3-Bis-[2-chlor-1,1,2-trifluor-
äthoxy]- 6 IV 5673

−, 1,4-Bis-[2-chlor-1,1,2-trifluor-
äthoxy]- 6 IV 5741

$C_{10}H_6Cl_2N_2O_2S_2$

Benzol, 1,4-Dichlor-2,5-bis-thiocyanatomethoxy-
6 IV 5773

$C_{10}H_6Cl_2N_2O_6S_2$

Acetylchlorid, [4,6-Dinitro-m-phenylen=
dimercapto]-bis- 6 IV 5711

$C_{10}H_6Cl_2O$

[1]Naphthol, 2,3-Dichlor- 6 612 h

−, 2,4-Dichlor- 6 612 i, I 308 f,
II 582 c, III 2934 f, IV 4233

−, 5,7-Dichlor- 6 612 k

−, 5,8-Dichlor- 6 613 b, II 582 e

−, 6,7-Dichlor- 6 613 d

−, 7,8-Dichlor- 6 613 f

[2]Naphthol, 1,3-Dichlor- 6 649 l, II 604 b,
III 2993 b, IV 4296

−, 1,4-Dichlor- 6 650 b, III 2993 d

−, 1,5-Dichlor- 6 IV 4297

−, 1,6-Dichlor- 6 III 2993 f,
IV 4298

−, 1,7-Dichlor- 6 IV 4298

−, 1,8-Dichlor- 6 IV 4298

−, 3,4-Dichlor- 6 II 604 f

−, 3,6-Dichlor- 6 650 d, IV 4300

−, 4,8-Dichlor- 6 II 604 d

−, 5,6-Dichlor- 6 IV 4300

−, 5,8-Dichlor- 6 III 2994 b

−, 6,8-Dichlor- 6 650 d

$C_{10}H_6Cl_2O_2$

Naphthalin-1,2-diol, 3,4-Dichlor-
6 975 h

Naphthalin-1,3-diol, 2,4-Dichlor-
6 978 g

Naphthalin-1,4-diol, 2,3-Dichlor-
6 979 h, IV 6548

$C_{10}H_6Cl_2O_2$ (Fortsetzung)

Naphthalin-1,5-diol, 2,4-Dichlor-
  6 III 5268 b

–, 4,8-Dichlor- 6 III 5269 b

Naphthalin-2,3-diol, 1,4-Dichlor-
  6 983 e, II 955 b

Naphthalin-2,6-diol, 1,5-Dichlor-
  6 984 i

Naphthalin-2,7-diol, 1,8-Dichlor-
  6 987 c, IV 6571

[1,4]Naphthochinon, 2,3-Dichlor-
  2,3-dihydro- 6 III 5262 e, IV 6549,
  7 702 c, II 635 d

$C_{10}H_6Cl_2O_3$

[1,4]Naphthochinon, 2,3-Dichlor-
  5-hydroxy-2,3-dihydro- 6 I 558 d,
  II 1096 g, IV 7537

$C_{10}H_6Cl_2O_4$

Crotonsäure, 3-Chlor-2-[4-chlor-phenoxy]-
  4-oxo- 6 IV 858

Furan-2-on, 4-Chlor-3-[4-chlor-phenoxy]-
  5-hydroxy-5H- 6 IV 858

$C_{10}H_6Cl_2O_5$

Fumarsäure, [2,4-Dichlor-phenoxy]-
  6 III 710 d

$C_{10}H_6Cl_2S$

Naphthalin-2-sulfenylchlorid, 1-Chlor-
  6 I 318 g, II 613 b

Naphthalin-1-thiol, 5,8-Dichlor-
  6 III 2948 f

$C_{10}H_6Cl_3NO$

Crotononitril, 4-[2,4,5-Trichlor-phenoxy]-
  6 IV 989

$C_{10}H_6Cl_4N_2O_6$

Äthan, 2-Acetoxy-1,1,1-trichlor-2-[4-chlor-
  3,5-dinitro-phenyl]- 6 IV 3061

$C_{10}H_6Cl_4O_2$

Methacrylsäure-[2,3,4,6-tetrachlor-
  phenylester] 6 IV 1022

$C_{10}H_6Cl_4O_4$

Benzol, 1,4-Bis-dichloracetoxy-
  6 II 843 m

–, 1,2-Diacetoxy-3,4,5,6-tetrachlor-
  6 784 e

–, 1,3-Diacetoxy-2,4,5,6-tetrachlor-
  6 820 j

–, 1,4-Diacetoxy-2,3,5,6-tetrachlor-
  6 852 c, III 4436 e

$C_{10}H_6Cl_4O_4P_2$

Naphthalin, 1,5-Bis-dichlorphosphoryloxy-
  6 IV 6556

$C_{10}H_6Cl_4O_6$

Essigsäure, [Tetrachlor-p-phenylendioxy]-di-
  6 IV 5778

$C_{10}H_6Cl_5NO_4$

Hydroxylamin, N-Acetyl-N-[pentachlorphenoxy-
  acetyl]- 6 IV 1034

–, O-Acetyl-N-[pentachlorphenoxy-
  acetyl]- 6 IV 1034

$C_{10}H_6Cl_6O$

4,7-Methano-inden-1-ol, 4,5,6,7,8,8-
  Hexachlor-3a,4,7,7a-tetrahydro-
  6 IV 3870

$C_{10}H_6Cl_6O_2$

Isobuttersäure, α-Chlor-, pentachlorphenyl≠
  ester 6 IV 1031

$C_{10}H_6Cl_6O_3$

Äthan, 1-Trichloracetoxy-2-[2,4,5-trichlor-
  phenoxy]- 6 IV 965

$C_{10}H_6Cl_7FO$

4,7-Methano-inden-2-ol, 1,4,5,6,7,8,8-
  Heptachlor-3-fluor-2,3,3a,4,7,7a-
  hexahydro- 6 IV 3367

$C_{10}H_6Cl_8O$

4,7-Methano-inden-2-ol, 1,3,4,5,6,7,8,8-
  Octachlor-2,3,3a,4,7,7a-hexahydro-
  6 IV 3367

$C_{10}H_6D_2O$

[1]Naphthol, 2,4-Dideuterio- 6 IV 4211

$C_{10}H_6F_2O$

[1]Naphthol, 5,8-Difluor- 6 IV 4230

$C_{10}H_6F_8O$

Äther, [βH-Octafluor-isobutyl]-phenyl-
  6 IV 616

$C_{10}H_6INO_3$

[1]Naphthol, 2-Jod-4-nitro- 6 II 586 f,
  III 2941 c

–, 2-Jod-6-nitro- 6 III 2941 d

–, 4-Jod-2-nitro- 6 617 a, II 586 e,
  III 2941 b

–, 4-Jod-6-nitro- 6 III 2941 e

$C_{10}H_6I_4O_4$

Benzol, 1,4-Diacetoxy-2,3,5,6-tetrajod-
  6 I 418 a

$C_{10}H_6N_2O_4S$

Naphthalin-1-thiol, 2,4-Dinitro-
  6 I 309 n, II 589 g

$C_{10}H_6N_2O_5$

[1]Naphthol, 2,4-Dinitro- 6 617 c, I 308 k,
  II 586 g, III 2941 f, IV 4240

–, 4,5-Dinitro- 6 619 c, III 2942 b

–, 4,6-Dinitro- 6 III 2942 d

–, 4,8-Dinitro- 6 619 f, III 2943 a

[2]Naphthol, 1,5-Dinitro- 6 III 3005 e

C₁₀H₆N₂O₅ (Fortsetzung)

[2]Naphthol, 1,6-Dinitro- **6** 655 k, I 316 j,
II 610 a, III 3005 f

—, 1,8-Dinitro- **6** 656 c, II 610 b,
III 3005 h

—, 4,5-Dinitro- **6** III 3006 a

—, 4,7-Dinitro- **6** IV 4311

—, 4,8-Dinitro- **6** IV 4311

C₁₀H₆N₂O₆

Naphthalin-1,4-diol, 2,3-Dinitro-
6 III 5262 g

Naphthalin-1,5-diol, 2,4-Dinitro-
6 III 5273 b

—, 2,6-Dinitro- **6** III 5274 c

Naphthalin-1,8-diol, 2,4-Dinitro-
6 III 5284 b

—, 2,7-Dinitro- **6** III 5284 h

—, 4,5-Dinitro- **6** III 5285 f

Naphthalin-2,7-diol, 1,8-Dinitro-
6 987 g

C₁₀H₆N₂S₂

Äthendiyl-bis-thiocyanat, Phenyl-
6 II 916 h

C₁₀H₆O

Phenol, 2,4-Diäthinyl- **6** IV 4579

C₁₀H₆O₃S

Naphtho[1,8-*de*][1,3,2]dioxathiin-2-oxid
6 II 954 a

C₁₀H₆O₄S

Naphtho[1,2-*d*][1,3,2]dioxathiol-2,2-dioxid
6 IV 6538

C₁₀H₇BrCl₂O₄

Benzol, 1,4-Diacetoxy-2-brom-3,5-dichlor-
6 853 e

—, 1,4-Diacetoxy-3-brom-2,5-dichlor-
6 853 g

C₁₀H₇BrN₂O₄S

Acetonitril, Acetoxyimino-[4-brom-
benzolsulfonyl]- **6** 331 k

C₁₀H₇BrN₂O₈

Benzol, 2,4-Diacetoxy-3-brom-1,5-dinitro-
6 I 405 j

C₁₀H₇BrO

[1]Naphthol, 2-Brom- **6** III 2935 a,
IV 4234

—, 3-Brom- **6** III 2935 b, IV 4234

—, 4-Brom- **6** 613 j, II 582 g,
III 2935 c, IV 4234

—, 5-Brom- **6** II 582 i, III 2936 e

—, 6-Brom- **6** II 583 b, III 2936 g

—, 7-Brom- **6** II 583 c, IV 4235

—, 8-Brom- **6** 614 a

[2]Naphthol, 1-Brom- **6** 650 h, I 315 d,
II 604 h, III 2994 e, IV 4301

—, 3-Brom- **6** II 605 c, III 2995 h,
IV 4302

—, 4-Brom- **6** III 2996 c

—, 5-Brom- **6** II 605 e, III 2996 f

—, 6-Brom- **6** 651 e, II 605 f,
III 2996 h

—, 7-Brom- **6** II 605 h

C₁₀H₇BrOS

Naphthalin-1-sulfenylbromid, 2-Hydroxy-
6 III 5253 c

C₁₀H₇BrO₂

Naphthalin-1,2-diol, 3-Brom- **6** III 5241 c

—, 6-Brom- **6** 975 i, III 5241 e

Naphthalin-1,4-diol, 2-Brom- **6** II 949 f,
IV 6550

Naphthalin-1,5-diol, 4-Brom- **6** II 951 d

Naphthalin-2,7-diol, 1-Brom- **6** III 5292 f

—, 3-Brom- **6** III 5293 b

C₁₀H₇BrO₄

Crotonsäure, 3-Brom-4-oxo-2-phenoxy-
6 171 e, IV 661

Furan-2-on, 4-Brom-5-hydroxy-3-phenoxy-
5*H*- **6** IV 661

C₁₀H₇BrO₄S

Schwefelsäure-mono-[1-brom-[2]naphthyl-
ester] **6** III 2995 g

C₁₀H₇BrO₅

Maleinsäure, Brom-phenoxy- **6** 169 g

C₁₀H₇BrS

Naphthalin-1-thiol, 4-Brom- **6** 625 k,
III 2949 f, IV 4248

—, 8-Brom- **6** III 2949 h

Naphthalin-2-thiol, 1-Brom- **6** II 613 f

—, 5-Brom- **6** II 613 i

C₁₀H₇BrSe

Naphthalin-2-selenenylbromid **6** IV 4324

C₁₀H₇Br₂ClO₄

Benzol, 2,4-Diacetoxy-1,3-dibrom-5-chlor-
6 III 4339 g

C₁₀H₇Br₂NO₂S

Benzol, 2-Acetoxy-1,5-dibrom-
3-thiocyanatomethyl- **6** 896 d

C₁₀H₇Br₃I₂O₂

Essigsäure-[2,3,6-tribrom-4,5-bis-jodmethyl-
phenylester] **6** 484 a

C₁₀H₇Br₃O₂

Essigsäure-[2,3,6-tribrom-4-vinyl-
phenylester] **6** 562 e

Methacrylsäure-[2,4,6-tribrom-phenylester]
6 IV 1068

$C_{10}H_7Br_3O_2$ (Fortsetzung)

Styrol, 2-Acetoxy-3,5,β-tribrom-
  6 I 277 j

—, 4-Acetoxy-3,5,β-tribrom-
  6 562 g

$C_{10}H_7Br_3O_4$

Benzol, 1,2-Diacetoxy-3,4,5-tribrom-
  6 III 4261 a

—, 2,3-Diacetoxy-1,4,5-tribrom-
  6 III 4261 d

—, 2,4-Diacetoxy-1,3,5-tribrom-
  6 822 e

$C_{10}H_7Br_4IO$

Phenol, 2,4-Dibrom-6-[2,2-dibrom-
  1-jodmethyl-vinyl]-3-methyl-
  6 I 290 f

$C_{10}H_7Br_5O$

Phenol, 2-Brom-4-[2,2-dibrom-
  1-dibrommethyl-vinyl]-6-methyl- 6 I 289 d

—, 2,4-Dibrom-6-[2,2-dibrom-
  1-brommethyl-vinyl]-3-methyl-
  6 578 Anm., I 290 b, III 2450 a

—, 2,4,5-Tribrom-6-[2,2-dibrom-
  1-methyl-vinyl]-3-methyl- 6 578 d,
  III 2450 Anm.

$C_{10}H_7Br_5O_2$

Benzol, 2-Acetoxy-1,5-dibrom-3-
  [1,2,2-tribrom-äthyl]- 6 I 234 f

—, 2-Acetoxy-1,3,4-tribrom-5-
  [1,2-dibrom-äthyl]- 6 474 a

Essigsäure-[2,3,5-tribrom-4,6-bis-
  brommethyl-phenylester] 6 490 c

— [2,3,6-tribrom-4,5-bis-brommethyl-
  phenylester] 6 483 f

— [2,4,5-tribrom-3,6-bis-brommethyl-
  phenylester] 6 497 a

$C_{10}H_7Br_5O_3$

Benzol, 1-Acetoxy-2,3,5-tribrom-
  4-brommethoxy-6-brommethyl-
  6 876 i

Phenol, 4-[1-Acetoxy-2,2-dibrom-äthyl]-
  2,3,6-tribrom- 6 905 m

$C_{10}H_7Br_7O$

Phenol, 2,6-Dibrom-4-[1,2,2-tribrom-
  1-dibrommethyl-propyl]- 6 I 258 g

—, 2,3,5,6-Tetrabrom-4-[1-brom-
  1-dibrommethyl-propyl]- 6 I 258 g

$C_{10}H_7ClF_6O$

Äthanol, 1-[4-Chlor-2,5-bis-trifluormethyl-
  phenyl]- 6 IV 3357

—, 1-[4-Chlor-3,5-bis-trifluormethyl-
  phenyl]- 6 IV 3359

$C_{10}H_7ClN_2O_4S$

Acetonitril, Acetoxyimino-[4-chlor-
  benzolsulfonyl]- 6 328 e

$C_{10}H_7ClO$

[1]Naphthol, 2-Chlor- 6 611 h, I 308 c,
  II 581 i, III 2933 c, IV 4230

—, 3-Chlor- 6 II 581 j, III 2933 e

—, 4-Chlor- 6 611 i, I 308 d,
  II 582 a, III 2933 f, IV 4231

—, 5-Chlor- 6 612 c, IV 4232

—, 6-Chlor- 6 612 e

—, 7-Chlor- 6 612 g, I 308 e,
  III 2934 c, IV 4233

—, 8-Chlor- 6 II 582 b, III 2934 e

[2]Naphthol, 1-Chlor- 6 648 j, I 315 a,
  II 603 f, III 2990 e, IV 4289

—, 3-Chlor- 6 II 603 h, III 2992 a,
  IV 4292

—, 4-Chlor- 6 III 2992 c

—, 5-Chlor- 6 III 2992 f

—, 6-Chlor- 6 649 f, II 603 i,
  III 2992 h, IV 4294

—, 7-Chlor- 6 649 h, III 2992 i

—, 8-Chlor- 6 649 j, II 604 a,
  III 2992 k

$C_{10}H_7ClOS$

[1]Naphthol, 4-Chlor-2-mercapto-
  6 II 947 d

$C_{10}H_7ClO_2$

Naphthalin-1,2-diol, 3-Chlor- 6 975 g

Naphthalin-1,4-diol, 2-Chlor- 6 III 5262 d,
  IV 6548

$C_{10}H_7ClO_2S$

Chloroschwefligsäure-[1]naphthylester
  6 III 2932 d

— [2]naphthylester 6 III 2988 d

$C_{10}H_7ClO_3$

Fumarsäure-chlorid-phenylester 6 156 f

Naphthalin-1,2,4-triol, 3-Chlor-
  6 II 1095 c

Naphthalin-1,4,5-triol, 2-Chlor-
  6 III 6509 c

$C_{10}H_7ClO_4$

Crotonsäure, 3-Chlor-4-oxo-2-phenoxy-
  6 170 k, IV 661

Furan-2-on, 4-Chlor-5-hydroxy-3-phenoxy-
  5H- 6 IV 661

$C_{10}H_7ClO_5$

Fumarsäure, [2-Chlor-phenoxy]-
  6 II 172 l

—, [4-Chlor-phenoxy]- 6 II 177 j

Maleinsäure, Chlor-phenoxy- 6 169 f

$C_{10}H_7Cl_6NO_2$
Essigsäure, Trichlor-, [2-(2,4,5-trichlor-phenoxy)-äthylamid] **6** IV 991

$C_{10}H_7Cl_7O$
4,7-Methano-inden-1-ol, 2,4,5,6,7,8,8-Heptachlor-2,3,3a,4,7,7a-hexahydro-**6** IV 3366
4,7-Methano-inden-2-ol, 1,4,5,6,7,8,8-Heptachlor-2,3,3a,4,7,7a-hexahydro-**6** IV 3367

$C_{10}H_7Cl_7O_2$
Essigsäure, Chlor-, [1,4,5,6,7,7-hexachlor-norborn-5-en-2-ylmethylester]
6 IV 359

$C_{10}H_7DO$
[2]Naphthol, 1-Deuterio- **6** IV 4257

$C_{10}H_7FO$
[1]Naphthol, 4-Fluor- **6** III 2933 b
[2]Naphthol, 3-Fluor- **6** IV 4289

$C_{10}H_7F_7O$
Butan-1-ol, 2,2,3,3,4,4,4-Heptafluor-1-phenyl- **6** IV 3273

$C_{10}H_7IN_2O_4S$
Acetonitril, Acetoxyimino-[4-jod-benzolsulfonyl]- **6** 335 k

$C_{10}H_7IO$
[1]Naphthol, 3-Jod- **6** III 2937 f
—, 5-Jod- **6** II 584 a
[2]Naphthol, 1-Jod- **6** 653 b, II 607 h,
III 3001 e, IV 4305
—, 3-Jod- **6** III 3001 g
—, 4-Jod- **6** III 3002 b

$C_{10}H_7ITe$
Naphthalin-2-tellurenyljodid **6** IV 4327

$C_{10}H_7I_3O_3$
Crotonsäure, 4-[2,4,6-Trijod-phenoxy]-**6** IV 1086

$C_{10}H_7I_3O_4$
Benzol, 2,4-Diacetoxy-1,3,5-trijod-**6** 823 b

$C_{10}H_7NO_2S$
Naphthalin-1-thiol, 2-Nitro- **6** III 2950 a
—, 4-Nitro- **6** III 2951 d
—, 5-Nitro- **6** III 2953 d
Naphthalin-2-thiol, 1-Nitro- **6** III 3015 g

$C_{10}H_7NO_3$
[1]Naphthol, 2-Nitro- **6** 615 a, I 308 h,
II 584 e, III 2938 b, IV 4236
—, 3-Nitro- **6** II 584 f, IV 4237
—, 4-Nitro- **6** 615 e, II 584 g,
III 2938 e, IV 4237
—, 5-Nitro- **6** 616 d, III 2939 e,
IV 4239

—, 6-Nitro- **6** II 585 n, III 2939 g,
IV 4239
—, 7-Nitro- **6** IV 4239
—, 8-Nitro- **6** III 2939 i
[2]Naphthol, 1-Nitro- **6** 653 d, I 315 i,
II 608 c, III 3002 h, IV 4307
—, 3-Nitro- **6** IV 4308
—, 4-Nitro- **6** I 316 c, II 609 h,
III 3003 g, IV 4308
—, 5-Nitro- **6** 654 i, III 3004 a
—, 6-Nitro- **6** 654 k, II 609 i,
IV 4309
—, 7-Nitro- **6** III 3004 f, IV 4310
—, 8-Nitro- **6** 655 a, IV 4310

$C_{10}H_7NO_4$
Naphthalin-1,2-diol, 3-Nitro- **6** 976 b
Naphthalin-2,3-diol, 1-Nitro- **6** IV 6566

$C_{10}H_7NO_5$
Naphthalin-1,2,7-triol, 8-Nitro-
6 III 6507 g

$C_{10}H_7NO_6S$
Schwefelsäure-mono-[1-nitro-[2]naphthyl≈
ester] **6** II 609 g
— mono-[4-nitro-[1]naphthylester]
6 II 585 m
— mono-[6-nitro-[2]naphthylester]
6 IV 4310

$C_{10}H_7NO_7S$
Schwefelsäure-mono-[2-hydroxy-6-nitro-[1]naphthylester] **6** IV 6539

$C_{10}H_7N_3O_2S_2$
Äthandiyl-bis-thiocyanat, [4-Nitro-phenyl]-
6 908 b

$C_{10}H_7N_3O_8$
Methacrylsäure-picrylester **6** III 972 c

$C_{10}H_7N_3O_{12}$
Essigsäure, [2,4,6-Trinitro-*m*-phenylendioxy]-di- **6** 833 d

$C_{10}H_8BrClO_4$
Benzol, 1,2-Diacetoxy-4-brom-5-chlor-
6 III 4257 b
—, 1,3-Diacetoxy-2-brom-4-chlor-
6 III 4337 c
—, 1,3-Diacetoxy-4-brom-2-chlor-
6 III 4337 f
—, 1,4-Diacetoxy-2-brom-5-chlor-
6 853 b
—, 1,5-Diacetoxy-2-brom-4-chlor-
6 III 4338 a

$C_{10}H_8BrCl_3O_2$
Äthan, 2-Acetoxy-2-[4-brom-phenyl]-1,1,1-trichlor- **6** II 447 g, IV 3055

$C_{10}H_8BrIO$

Inden-1-ol, 3-Brom-2-jod-1-methyl- **6** I 300 h

$C_{10}H_8BrNO_2$

Essigsäure, Cyan-, [4-brom-benzylester]
6 III 1562 f

$C_{10}H_8BrNO_4$

Crotonsäure, 3-Brom-4-hydroxyimino-
2-phenoxy- **6** 171 f

$C_{10}H_8BrNO_4S$

Acrylsäure, 2-Brom-3-[4-nitro-phenyl≠
mercapto]-, methylester **6** IV 1712

$C_{10}H_8BrNO_6$

Benzol, 1,2-Diacetoxy-4-brom-5-nitro-
6 III 4272 c

$C_{10}H_8BrO_4P$

Phosphorsäure-mono-[6-brom-
[2]naphthylester] **6** IV 4304

$C_{10}H_8Br_2O$

Inden-1-ol, 2,3-Dibrom-1-methyl-
6 I 300 f

$C_{10}H_8Br_2O_2$

Esaigsäure-[2,4-dibrom-6-vinyl-phenylester]
6 I 277 g

—   [2,6-dibrom-4-vinyl-phenylester]
6 562 c

Methacrylsäure-[2,4-dibrom-phenylester]
6 IV 1062

$C_{10}H_8Br_2O_3S$

Benzol, 2-Acetoxy-5-acetylmercapto-
1,3-dibrom- **6** 865 c

$C_{10}H_8Br_2O_4$

Benzol, 1,2-Diacetoxy-3,4-dibrom-
6 III 4257 d

—, 1,2-Diacetoxy-3,5-dibrom-
6 785 c

—, 1,2-Diacetoxy-4,5-dibrom-
6 785 g, III 4260 a

—, 1,4-Diacetoxy-2,5-dibrom-
6 853 k, II 847 f

—, 1,5-Diacetoxy-2,4-dibrom-
6 II 820 h

—, 2,5-Diacetoxy-1,3-dibrom- **6** I 417 k

$C_{10}H_8Br_2O_6$

Essigsäure, [2,5-Dibrom-p-phenylendioxy]-
di- **6** IV 5784

$C_{10}H_8Br_3ClO_2$

Äthan, 2-Acetoxy-1,1,1-tribrom-2-[2-chlor-
phenyl]- **6** III 1693 c

—, 2-Acetoxy-1,1,1-tribrom-2-[3-chlor-
phenyl]- **6** III 1693 g

$C_{10}H_8Br_3IO$

Phenol, 2-Brom-6-[2,2-dibrom-1-jodmethyl-
vinyl]-4-methyl- **6** I 289 b

$C_{10}H_8Br_3IO_3$

Phenol, 4-Acetoxymethyl-2,3,6-tribrom-
5-jodmethyl- **6** 910 d

$C_{10}H_8Br_3NO_4$

Essigsäure-[4-äthyl-2,3,5-tribrom-6-nitro-
phenylester] **6** 475 c

$C_{10}H_8Br_3NO_6$

Kohlensäure-äthylester-[2,3,4-tribrom-
6-methoxy-5-nitro-phenylester]
6 III 4273 g

$C_{10}H_8Br_4O$

Indan-1-ol, 2,2,3,3-Tetrabrom-1-methyl-
6 I 292 g

Phenol, 2-Brom-6-[2,2-dibrom-
1-brommethyl-vinyl]-4-methyl-
6 I 288 j

—, 2,4-Dibrom-6-[2-brom-
1-brommethyl-vinyl]-3-methyl-
6 I 289 j

$C_{10}H_8Br_4O_2$

Aceton, [2,3,4,5-Tetrabrom-6-methyl-
phenoxy]- **6** IV 2008

Allylalkohol, 3,3-Dibrom-2-[3,5-dibrom-
2-hydroxy-4-methyl-phenyl]-
6 I 466 b

Benzol, 2-Acetoxy-1,5-dibrom-3-
[1,2-dibrom-äthyl]- **6** I 234 d

Essigsäure-[2-äthyl-3,4,5,6-tetrabrom-
phenylester] **6** III 1659 b

—   [3-äthyl-2,4,5,6-tetrabrom-
phenylester] **6** III 1663 c

—   [4-äthyl-2,3,5,6-tetrabrom-
phenylester] **6** 473 f

—   [2,3,6-tribrom-4-brommethyl-
5-methyl-phenylester] **6** 483 a

—   [2,3,6-tribrom-5-brommethyl-
4-methyl-phenylester] **6** 483 c

Phenol, 2,4-Dibrom-6-[2,2-dibrom-
1-methoxymethyl-vinyl]- **6** I 464 i

$C_{10}H_8Br_4O_3$

Benzol, 1-Acetoxymethyl-2,3,4,5-tetrabrom-
6-methoxy- **6** 895 f

—, 1-Acetoxy-2,3,5,6-tetrabrom-
4-methoxymethyl- **6** 900 f

Phenol, 4-[1-Acetoxy-2-brom-äthyl]-
2,3,6-tribrom- **6** 905 e

—, 2-[1-Acetoxy-2,2-dibrom-äthyl]-
4,6-dibrom- **6** I 442 i

—, 4-Acetoxymethyl-2,3,5-tribrom-
6-brommethyl- **6** 914 c

—, 4-Acetoxymethyl-2,3,6-tribrom-
5-brommethyl- **6** 909 i

$C_{10}H_8Br_4O_4$

Essigsäure, [2,3,4,5-Tetrabrom-6-hydroxy-
phenoxy]-, äthylester **6** 787 b

$C_{10}H_8Br_6O$

Phenol, 2-Brom-6-methyl-4-[$\alpha,\beta,\beta,\beta',\beta'$-
pentabrom-isopropyl]- **6** I 261 d

–, 2,6-Dibrom-4-[1,2-dibrom-
1-dibrommethyl-propyl]- **6** I 258 f

–, 2,4-Dibrom-3-methyl-6-[$\alpha,\beta,\beta,\beta'$-
tetrabrom-isopropyl]- **6** I 267 e,
III 1909 i

–, 2,3,6-Tribrom-4-[1-brom-
1-dibrommethyl-propyl]- **6** I 258 f

–, 2,4,5-Tribrom-3-methyl-6-[α,β,β-
tribrom-isopropyl]- **6** I 267 e

$C_{10}H_8ClNO$

Crotononitril, 3-[4-Chlor-phenoxy]-
6 IV 856

–, 4-[3-Chlor-phenoxy]- **6** IV 818

–, 4-[4-Chlor-phenoxy]- **6** IV 856

$C_{10}H_8ClNO_4$

Crotonsäure, 3-Chlor-4-hydroxyimino-
2-phenoxy- **6** 171 a

$C_{10}H_8ClNO_6$

Benzol, 1,2-Diacetoxy-4-chlor-5-nitro-
6 III 4270 i

–, 1,5-Diacetoxy-2-chlor-4-nitro-
6 III 4349 e

$C_{10}H_8ClNO_8S$

Bernsteinsäure, [4-Chlor-3-nitro-
benzolsulfonyl]- **6** III 1084 d

$C_{10}H_8ClNS$

Naphthalin-2-sulfensäure, 1-Chlor-, amid
6 I 318 h

$C_{10}H_8ClO_4P$

Phosphorsäure-mono-[6-chlor-
[2]naphthylester] **6** 649 g

$C_{10}H_8Cl_2F_2O_3$

Essigsäure, [2,4-Dichlor-phenoxy]-difluor-,
äthylester **6** IV 905

$C_{10}H_8Cl_2I_2O_3$

Buttersäure, 2-[3,6-Dichlor-2,4-dijod-
phenoxy]- **6** IV 1085

$C_{10}H_8Cl_2N_2O_6$

Hydroxylamin, N-Acetyl-N-[(2,4-dichlor-
5-nitro-phenoxy)-acetyl]- **6** IV 1360

–, O-Acetyl-N-[(2,4-dichlor-5-nitro-
phenoxy)-acetyl]- **6** IV 1360

$C_{10}H_8Cl_2N_2O_7$

Essigsäure, [4,6-Dichlor-2,3-dinitro-
phenoxy]-, äthylester **6** IV 1386

$C_{10}H_8Cl_2O$

But-3-in-2-ol, 2-[3,4-Dichlor-phenyl]-
6 IV 4074

$C_{10}H_8Cl_2O_2$

But-1-en-1-on, 2-[2,4-Dichlor-phenoxy]-
6 IV 903

Crotonsäure-[2,4-dichlor-phenylester]
6 IV 905

Methacrylsäure-[2,4-dichlor-phenylester]
6 IV 905

Naphthalin-1,4-diol, 2,3-Dichlor-
5,8-dihydro- **6** IV 6460

[1,4]Naphthochinon, 2,6-Dichlor-4a,5,8,8a-
tetrahydro- **6** III 5161 b

–, 2,7-Dichlor-4a,5,8,8a-tetrahydro-
6 III 5161 b

$C_{10}H_8Cl_2O_2S_2$

Benzol, 1,5-Bis-acetylmercapto-2,4-dichlor-
6 I 411 e

$C_{10}H_8Cl_2O_3$

But-3-ensäure, 4-[2,4-Dichlor-phenoxy]-
6 IV 931

–, 4-[2,5-Dichlor-phenoxy]-
6 IV 946

Crotonsäure, 4-[2,4-Dichlor-phenoxy]-
6 IV 931

–, 4-[2,5-Dichlor-phenoxy]-
6 IV 946

Kohlensäure-allylester-[2,4-dichlor-
phenylester] **6** IV 906

– allylester-[2,6-dichlor-phenylester]
6 IV 950

Oxalsäure-[4-chlor-3,5-dimethyl-phenylester]-
chlorid **6** II 464 c

$C_{10}H_8Cl_2O_4$

Acetylchlorid, m-Phenylendioxydi-
6 818 b

–, o-Phenylendioxydi- **6** 779 c

–, p-Phenylendioxydi- **6** 847 i

Anhydrid, [(2,3-Dichlor-phenoxy)-
essigsäure]-essigsäure- **6** IV 914

–, [(2,4-Dichlor-phenoxy)-essigsäure]-
essigsäure- **6** IV 914

Benzol, 1,2-Bis-chloracetoxy- **6** I 385 k,
II 784 b, III 4228 f

–, 1,3-Bis-chloracetoxy- **6** I 402 g,
II 817 e, III 4320 d

–, 1,4-Bis-chloracetoxy- **6** 846 f,
I 417 a, III 4415 a

–, 1,3-Diacetoxy-2,4-dichlor-
6 III 4335 g

–, 1,4-Diacetoxy-2,3-dichlor-
6 II 845 d

$C_{10}H_8Cl_2O_4$ (Fortsetzung)

Benzol, 1,4-Diacetoxy-2,5-dichlor-
6 850 b, II 845 g, III 4435 b,
IV 5773

—, 2,5-Diacetoxy-1,3-dichlor-
6 850 d, II 846 b, III 4435 f

Oxalsäure-äthylester-[2,4-dichlor-
phenylester] 6 IV 905

$C_{10}H_8Cl_2O_4S_2$

Essigsäure, [2,5-Dichlor-m-phenylen=
dimercapto]-di- 6 II 831 b

—, [2,5-Dichlor-p-phenylendimercapto]-
di- 6 IV 5848

—, [4,6-Dichlor-m-phenylendimercapto]-
di- 6 I 411 g

$C_{10}H_8Cl_2O_5$

Bernsteinsäure, [2,4-Dichlor-phenoxy]-
6 IV 932

Oxalsäure-mono-[2-(2,4-dichlor-phenoxy)-
äthylester] 6 IV 892

$C_{10}H_8Cl_2O_6$

Essigsäure, [2,5-Dichlor-p-phenylendioxy]-
di- 6 IV 5774

—, [3,5-Dichlor-o-phenylendioxy]-di-
6 IV 5617

—, [4,5-Dichlor-o-phenylendioxy]-di-
6 IV 5619

—, [4,6-Dichlor-m-phenylendioxy]-di-
6 IV 5686

$C_{10}H_8Cl_3FO_2$

Äthan, 2-Acetoxy-1,1,1-trichlor-2-[4-fluor-
phenyl]- 6 IV 3050

$C_{10}H_8Cl_3NO$

Butyronitril, 4-[2,4,5-Trichlor-phenoxy]-
6 IV 988

$C_{10}H_8Cl_3NOS$

Propylthiocyanat, 3-[2,4,6-Trichlor-
phenoxy]- 6 III 726 e

$C_{10}H_8Cl_3NO_2$

Butyronitril, 3-Hydroxy-4-[2,4,5-trichlor-
phenoxy]- 6 IV 990

$C_{10}H_8Cl_3NO_3$

Phenetol, 2-Nitro-4-trichlorvinyl-
6 III 2388 d

$C_{10}H_8Cl_3NO_4$

Äthan, 2-Acetoxy-1,1,1-trichlor-2-[3-nitro-
phenyl]- 6 IV 3058

—, 2-Acetoxy-1,1,1-trichlor-2-[4-nitro-
phenyl]- 6 IV 3058

Glycin, N-[(2,4,5-Trichlor-phenoxy)-acetyl]-
6 IV 981

Hydroxylamin, N-Acetyl-N-[(2,4,5-trichlor-
phenoxy)-acetyl]- 6 IV 985

—, N-Acetyl-N-[(2,4,6-trichlor-
phenoxy)-acetyl]- 6 IV 1012

—, O-Acetyl-N-[(2,4,5-trichlor-
phenoxy)-acetyl]- 6 IV 985

—, O-Acetyl-N-[(2,4,6-trichlor-
phenoxy)-acetyl]- 6 IV 1012

$C_{10}H_8Cl_3NO_4S$

Äthan, 2-Acetoxy-1,1,1-trichlor-2-[4-nitro-
phenylmercapto]- 6 IV 1705

$C_{10}H_8Cl_3NO_5S$

Äthan, 2-Acetoxy-1,1,1-trichlor-2-[4-nitro-
benzolsulfinyl]- 6 IV 1705

$C_{10}H_8Cl_4O$

Äther, [3,3-Dichlor-2-methyl-allyl]-
[2,4-dichlor-phenyl]- 6 IV 888

$C_{10}H_8Cl_4O_2$

Aceton, [2,3,5,6-Tetrachlor-4-methyl-
phenoxy]- 6 IV 2143

Äthan, 2-Acetoxy-1,1,1-trichlor-2-[2-chlor-
phenyl]- 6 III 1686 e

—, 2-Acetoxy-1,1,1-trichlor-2-[3-chlor-
phenyl]- 6 III 1687 d

—, 2-Acetoxy-1,1,1-trichlor-2-[4-chlor-
phenyl]- 6 III 1688 c, IV 3050

Isobuttersäure, α-Chlor-, [2,4,6-trichlor-
phenylester] 6 IV 1009

Isobutyrylchlorid, α-[2,4,5-Trichlor-
phenoxy]- 6 IV 988

$C_{10}H_8Cl_4O_3$

Phenol, 2-Acetoxymethyl-3,4,5-trichlor-
6-chlormethyl- 6 III 4597 g

Propionsäure, 2,2-Dichlor-, [3,5-dichlor-
2-hydroxy-benzylester] 6 IV 5900

$C_{10}H_8Cl_4S$

Sulfid, [1-Chlor-indan-2-yl]-trichlormethyl-
6 IV 3826

—, [2-Chlor-indan-1-yl]-trichlormethyl-
6 IV 3826

$C_{10}H_8Cl_5NO_2$

Essigsäure, Dichlor-, [2-(2,4,5-trichlor-
phenoxy)-äthylamid] 6 IV 991

—, Trichlor-, [2-(2,4-dichlor-
phenoxy)-äthylamid] 6 IV 936

—, Trichlor-, [2-(2,5-dichlor-
phenoxy)-äthylamid] 6 IV 947

$C_{10}H_8Cl_5N_3OS$

Aceton, Pentachlorphenoxy-, thiosemi=
carbazon 6 IV 1031

$C_{10}H_8Cl_5N_3O_2$

Aceton, Pentachlorphenoxy-, semi=
carbazon 6 IV 1030

$C_{10}H_8Cl_6O_2$
Äthan, 2-Äthoxy-1,1,1-trichlor-2-
[2,4,5-trichlor-phenoxy]- **6** IV 970
−, 2-Äthoxy-1,1,1-trichlor-2-
[2,4,6-trichlor-phenoxy]- **6** IV 1008
−, 1-[2-Chlor-äthoxy]-2-pentachlorphenoxy-
6 III 733 c
−, 1,1,1-Trichlor-2-[2-chlor-äthoxy]-
2-[2,4-dichlor-phenoxy]- **6** IV 901
Essigsäure-[1,4,5,6,7,7-hexachlor-norborn-
5-en-2-ylmethylester] **6** IV 359
4,7-Methano-inden-1,2-diol, 4,5,6,7,8,8-
Hexachlor-2,3,3a,4,7,7a-hexahydro-
6 IV 6032

$C_{10}H_8Cl_6O_4$
Resorcin, 4,6-Bis-[2,2,2-trichlor-1-hydroxy-
äthyl]- **6** III 6673 a

$C_{10}H_8Cl_6S_2$
Benzol, 1,2,4,5-Tetrachlor-3,6-bis-[2-chlor-
äthylmercapto]- **6** IV 5849

$C_{10}H_8CrO_4$
Chrom, Anisol-tricarbonyl- **6** IV 553
−, Benzylalkohol-tricarbonyl-
6 IV 2228

$C_{10}H_8F_2O_4$
Benzol, 1,4-Diacetoxy-2,5-difluor-
6 IV 5766

$C_{10}H_8F_3NO_2S$
Thioglycin, N-Trifluoracetyl-,
S-phenylester **6** IV 1554

$C_{10}H_8F_3NO_3$
Glycin, N-Trifluoracetyl-, phenylester
6 IV 685

$C_{10}H_8F_6O$
Äthanol, 1-[2,5-Bis-trifluormethyl-phenyl]-
6 IV 3357
−, 1-[3,4-Bis-trifluormethyl-phenyl]-
6 IV 3356
−, 1-[3,5-Bis-trifluormethyl-phenyl]-
6 IV 3359
Phenetol, 2,4-Bis-trifluormethyl-
6 III 1747 c, IV 3133
−, 3,5-Bis-trifluormethyl- **6** IV 3151
Propan-2-ol, 1,1,1-Trifluor-2-[3-trifluormethyl-
phenyl]- **6** IV 3330

$C_{10}H_8I_2O_2$
[1,4]Naphthochinon, 6,7-Dijod-4a,5,8,8a-
tetrahydro- **6** IV 6460

$C_{10}H_8I_2O_4$
Benzol, 1,2-Bis-jodacetoxy- **6** III 4228 h
−, 1,3-Bis-jodacetoxy- **6** III 4320 f
−, 1,4-Bis-jodacetoxy- **6** III 4415 c

$C_{10}H_8I_4O_3$
Buttersäure, 2-[2,3,4,5-Tetrajod-phenoxy]-
6 IV 1089
−, 2-[2,3,5,6-Tetrajod-phenoxy]-
6 IV 1089
Essigsäure, [2,3,4,6-Tetrajod-phenoxy]-,
äthylester **6** IV 1089

$C_{10}H_8N_2O_2S$
Malononitril, [Toluol-4-sulfonyl]-
6 III 1425 d

$C_{10}H_8N_2O_3$
Essigsäure, Cyan-hydroxyimino-,
benzylester **6** III 1538 e

$C_{10}H_8N_2O_4S$
Acetonitril, Acetoxyimino-benzolsulfonyl-
6 311 g

$C_{10}H_8N_2O_4S_2$
Acetonitril, Benzol-1,3-disulfonyl-di-
6 836 a

$C_{10}H_8N_2O_5$
[1]Naphthol, 2,4-Dinitro-5,8-dihydro-
6 II 560 d

$C_{10}H_8N_2O_6$
Methacrylsäure-[2,4-dinitro-phenylester]
6 IV 1381
Styrol, 2-Acetoxy-6,β-dinitro- **6** III 2384 h
−, 3-Acetoxy-2,β-dinitro- **6** IV 3774
−, 5-Acetoxy-2,β-dinitro- **6** III 2386 a

$C_{10}H_8N_2O_6S$
Äthen, 1-Acetoxy-2-[2,4-dinitro-
phenylmercapto]- **6** IV 1756

$C_{10}H_8N_2O_8$
Benzol, 1,2-Diacetoxy-3,5-dinitro-
6 792 b, II 794 e
−, 1,5-Diacetoxy-2,4-dinitro-
6 I 405 g
−, 2,5-Diacetoxy-1,3-dinitro-
6 I 419 a, II 851 e

$C_{10}H_8N_2O_8S_2$
Essigsäure, [4,6-Dinitro-m-phenylen≠
dimercapto]-di- **6** IV 5711

$C_{10}H_8N_2O_{12}S_2$
Essigsäure, [4,6-Dinitro-benzol-
1,3-disulfonyl]-di- **6** II 832 a,
IV 5711

$C_{10}H_8N_2S_2$
Äthandiyl-bis-thiocyanat, Phenyl-
6 908 a, II 888 b, III 4580 b
m-Xylylen-bis-thiocyanat **6** 915 a
o-Xylylen-bis-thiocyanat **6** 911 c
p-Xylylen-bis-thiocyanat **6** 920 a,
IV 5973

$C_{10}H_8N_2Se_2$

p-Xylylen-bis-selenocyanat **6** III 4610 c

$C_{10}H_8O$

Äther, But-1-en-3-inyl-phenyl-
6 III 562 a

Azulen-4-ol **6** IV 4208

[1]Naphthol **6** 596, I 304 g, II 572 k,
III 2912 b, IV 4208

[2]Naphthol **6** 627, I 310 f, II 591 d,
III 2955 d, IV 4253

$C_{10}H_8OS$

[1]Naphthol, 2-Mercapto- **6** III 5255 e

—, 3-Mercapto- **6** III 5258 d

—, 4-Mercapto- **6** I 475 c, II 949 i,
III 5263 a

—, 5-Mercapto- **6** I 478 g, II 951 j,
III 5275 h

—, 8-Mercapto- **6** IV 6561

[2]Naphthol, 1-Mercapto- **6** II 945 f,
III 5242 c, IV 6540

—, 5-Mercapto- **6** III 5280 d

—, 6-Mercapto- **6** I 480 g

—, 7-Mercapto- **6** II 957 d,
III 5294 b

—, 8-Mercapto- **6** II 953 c,
III 5282 c

$C_{10}H_8OS_2$

[2]Naphthol, 3,6-Dimercapto- **6** II 1096 l

$C_{10}H_8OS_3$

[2]Naphthol, 3,6,8-Trimercapto-
6 II 1125 e

$C_{10}H_8O_2$

Cyclohexa-2,5-dien-1,4-diol, 1,4-Diäthinyl-
6 IV 6537

Naphthalin-1,2-diol **6** 975 c, I 468 d,
II 944 d, III 5240 a, IV 6537

Naphthalin-1,3-diol **6** 978 e, I 474 d,
II 948 f, III 5257 d, IV 6543

Naphthalin-1,4-diol **6** 979 b, I 474 i,
II 948 i, III 5260 c, IV 6545

Naphthalin-1,5-diol **6** 980 d, I 477 i,
II 950 f, III 5265 f, IV 6554

Naphthalin-1,6-diol **6** 981 e, I 480 b,
II 952 e, III 5279 f, IV 6557

Naphthalin-1,7-diol **6** 981 g, II 953 a,
III 5281 g, IV 6559

Naphthalin-1,8-diol **6** 981 j, I 480 e,
II 953 d, III 5283 g, IV 6560

Naphthalin-2,3-diol **6** 982 h, I 480 f,
II 954 f, III 5287 c, IV 6564

Naphthalin-2,6-diol **6** 984 e, II 955 f,
III 5287 g, IV 6566

Naphthalin-2,7-diol **6** 985 e, I 482 e,
II 956 a, III 5291 b, IV 6570

Naphthalin-1-on, 4-Hydroxy-4H-
6 III 5260 d

[1,2]Naphthochinon, 3,4-Dihydro-
6 IV 6537

[1,4]Naphthochinon, 2,3-Dihydro-
6 III 5260 d

$C_{10}H_8O_2S$

Naphthalin-1,2-diol, 4-Mercapto- **6** I 557 f

$C_{10}H_8O_3$

Naphthalin-1,2,3-triol **6** IV 7532

Naphthalin-1,2,4-triol **6** 1132 c, III 6504 b,
IV 7532

Naphthalin-1,2,6-triol **6** III 6506 e

Naphthalin-1,2,7-triol **6** III 6507 a

Naphthalin-1,3,6-triol **6** 1133 k

Naphthalin-1,4,5-triol **6** 1134 c, I 558 c,
II 1096 e, III 6508 c, IV 7536

Naphthalin-1,4,6-triol **6** I 558 f

Naphthalin-1,6,7-triol **6** 1134 d

Naphthalin-2,3,6-triol **6** IV 7537

[1,4]Naphthochinon, 5-Hydroxy-
2,3-dihydro- **6** II 1096 e, III 6508 d,
IV 7536

$C_{10}H_8O_3S$

Schwefligsäure-mono-[2]naphthylester
6 III 2987 i

$C_{10}H_8O_3S_2$

Thioschwefelsäure-S-[2]naphthylester
6 III 3013 g

$C_{10}H_8O_4$

Fumarsäure-monophenylester **6** 156 d

Maleinsäure-monophenylester **6** 156 h

Naphthalin-1,2,3,4-tetraol **6** 1162 c,
III 6699 a

Naphthalin-1,2,4,5-tetraol **6** IV 7732

Naphthalin-1,2,4,8-tetraol **6** II 1127 e,
III 6700 a, IV 7733

Naphthalin-1,2,5,8-tetraol **6** I 573 a,
IV 7733

Naphthalin-1,4,5,8-tetraol **6** I 573 a,
II 1126 d, III 6700 d, IV 7734

[1,4]Naphthochinon, 5,6-Dihydroxy-
2,3-dihydro- **6** IV 7733

—, 5,8-Dihydroxy-2,3-dihydro-
6 I 573 a, II 1126 e, III 6700 d,
IV 7734

$C_{10}H_8O_4S$

Schwefelsäure-mono-[1]naphthylester
6 I 308 a, II 581 g, III 2932 e

— mono-[2]naphthylester
6 647 d, II 603 c, III 2988 e

$C_{10}H_8O_4S_2$
Thioschwefelsäure-S-[2-hydroxy-
[1]naphthylester] **6** III 5253 b

$C_{10}H_8O_5$
Fumarsäure, Phenoxy- **6** 169 h, III 630 g
Maleinsäure, Phenoxy- **6** 169 e

$C_{10}H_8O_5S$
Schwefelsäure-mono-[1-hydroxy-
[2]naphthylester] **6** IV 6538
— mono-[2-hydroxy-[1]naphthylester]
6 IV 6538

$C_{10}H_8O_5S_2$
Thioschwefelsäure-S-[1,4-dihydroxy-
[2]naphthylester] **6** II 1095 e
— S-[3,4-dihydroxy-[1]naphthylester]
6 1133 j, II 1095 g

$C_{10}H_8O_6$
Naphthoxalsäure **6** 1162 a

$C_{10}H_8S$
Naphthalin-1-thiol **6** 621 b, I 309 d,
II 588 a, III 2943 e, IV 4241
Naphthalin-2-thiol **6** 657 e, I 316 m,
II 610 h, III 3006 e, IV 4312
Sulfid, But-1-en-3-inyl-phenyl- **6** IV 1487

$C_{10}H_8S_2$
Naphthalin-1,4-dithiol **6** IV 6553
Naphthalin-1,5-dithiol **6** 981 d, II 952 a,
III 5276 c
Naphthalin-1,8-dithiol **6** II 954 c,
IV 6562
Naphthalin-2,6-dithiol **6** 985 c, IV 6567
Naphthalin-2,7-dithiol **6** 987 h, IV 6572
Naphthalin-2-thiosulfensäure **6** I 317 g

$C_{10}H_8Se$
Naphthalin-1-selenol **6** 626 e, II 590 d
Naphthalin-2-selenol **6** II 614 a

$C_{10}H_9BrCl_2O$
Äther, [2-Brom-phenyl]-[3,3-dichlor-
2-methyl-allyl]- **6** IV 1047

$C_{10}H_9BrCl_2O_3$
Essigsäure, [2,4-Dichlor-phenoxy]-,
[2-brom-äthylester] **6** III 706 a

$C_{10}H_9BrCl_2O_4$
Benzol, 1-Acetoxy-3-brom-4,5-dichlor-
2,6-dimethoxy- **6** II 1068 f

$C_{10}H_9BrI_2O_2$
Essigsäure-[4-brom-2,6-dijod-3,5-dimethyl-
phenylester] **6** III 1764 a

$C_{10}H_9BrO$
Äther, [4-Brom-but-2-inyl]-phenyl-
6 IV 566
But-3-in-1-ol, 4-Brom-1-phenyl-
6 IV 4071

But-3-in-2-ol, 2-[4-Brom-phenyl]-
6 IV 4074
—, 4-Brom-2-phenyl- **6** IV 4075

$C_{10}H_9BrO_2$
Benzol, 1-Äthinyl-2-brom-4,5-dimethoxy-
6 IV 6456
Crotonsäure-[4-brom-phenylester]
6 IV 1051
Methacrylsäure-[4-brom-phenylester]
6 IV 1051

$C_{10}H_9BrO_3$
Acetessigsäure-[4-brom-phenylester]
6 IV 1053

$C_{10}H_9BrO_4$
Benzol, 1,2-Diacetoxy-3-brom- **6** III 4253 g
—, 1,2-Diacetoxy-4-brom-
6 III 4256 g
—, 1,4-Diacetoxy-2-brom- **6** 852 l
—, 2,4-Diacetoxy-1-brom-
6 III 4337 a, IV 5687
Crotonsäure, 3-Brom-4-hydroxy-2-phenoxy-
6 167 h

$C_{10}H_9BrO_4S_2$
Essigsäure, [4-Brom-o-phenylendimercapto]-
di- **6** II 801 b

$C_{10}H_9BrO_8P_2$
Naphthalin, 2-Brom-1,4-bis-phosphonooxy-
6 IV 6550

$C_{10}H_9Br_2ClO_3$
Essigsäure, [2,4-Dibrom-phenoxy]-,
[2-chlor-äthylester] **6** III 755 b

$C_{10}H_9Br_2ClO_4$
Benzol, 1-Acetoxy-3,4-dibrom-5-chlor-
2,6-dimethoxy- **6** II 1069 e

$C_{10}H_9Br_2NOS$
Phenol, 2,5-Dibrom-3,6-dimethyl-
4-thiocyanatomethyl- **6** 938 h

$C_{10}H_9Br_2NO_3S$
Acetonitril, [4-Äthoxy-benzolsulfonyl]-
dibrom- **6** I 421 j

$C_{10}H_9Br_2NO_4$
Essigsäure-[4-äthyl-2,3-dibrom-6-nitro-
phenylester] **6** 474 i
— [4-äthyl-3,6-dibrom-2-nitro-
phenylester] **6** 474 i
— [2,5-dibrom-3,6-dimethyl-4-nitro-
phenylester] **6** I 247 a, III 1776 e
— [2,6-dibrom-3,5-dimethyl-4-nitro-
phenylester] **6** III 1766 e
— [3,5-dibrom-2,4-dimethyl-6-nitro-
phenylester] **6** 491 d
Styrol, 5,β-Dibrom-2,4-dimethoxy-β-nitro-
6 III 4980 d

$C_{10}H_9Br_2NO_4S$

Äthan, 1-Acetoxy-1,2-dibrom-2-[4-nitro-
phenylmercapto]- **6** IV 1706
Propionsäure, 2,3-Dibrom-3-[4-nitro-
phenylmercapto]-, methylester
6 IV 1713

$C_{10}H_9Br_2NO_5$

Essigsäure, [2,4-Dibrom-5-nitro-phenoxy]-,
äthylester **6** IV 1366
Kohlensäure-äthylester-[2,4-dibrom-
3-methyl-6-nitro-phenylester]
6 I 193 f

$C_{10}H_9Br_3O$

Anisol, 2,6-Dibrom-4-[2-brom-propenyl]-
6 570 c

$C_{10}H_9Br_3O_2$

Allylalkohol, 3-Brom-2-[3,5-dibrom-
2-hydroxy-4-methyl-phenyl]-
6 I 465 g, II 926 a
Buttersäure-[2,4,6-tribrom-phenylester]
6 II 194 m, IV 1068
Essigsäure-[4-äthyl-2,3,6-tribrom-
phenylester] **6** 473 c
− [2,3,4-tribrom-5,6-dimethyl-
phenylester] **6** I 239 j, III 1724 f
− [2,3,5-tribrom-4,6-dimethyl-
phenylester] **6** 489 j, I 242 e,
III 1749 j
− [2,3,6-tribrom-4,5-dimethyl-
phenylester] **6** 482 j, III 1730 g
− [2,4,5-tribrom-3,6-dimethyl-
phenylester] **6** 496 g, III 1774 h
− [3,4,5-tribrom-2,6-dimethyl-
phenylester] **6** III 1740 a
− [2,2,2-tribrom-1-phenyl-äthylester]
6 476 f, III 1692 h
Phenol, 4-Allyl-2,3,5-tribrom-6-methoxy-
6 968 g
−, 2,4-Dibrom-6-[2-brom-
1-methoxymethyl-vinyl]- **6** I 464 f
−, 2,3,5-Tribrom-6-methoxy-
4-propenyl- **6** 960 c
−, 2,4,5-Tribrom-6-methoxy-
3-propenyl- **6** 960 d
Propionsäure-[2,4-dibrom-6-brommethyl-
phenylester] **6** 362 b

$C_{10}H_9Br_3O_2S$

Benzol, 2-Acetoxy-1,4-dibrom-
5-brommethyl-3-methylmercapto-
6 I 436 h

$C_{10}H_9Br_3O_3$

Aceton, [2,4,6-Tribrom-3-methoxy-
phenoxy]- **6** III 4340 c

Benzol, 2-Acetoxy-1,3,4-tribrom-
5-methoxymethyl- **6** 900 a
−, 2-Acetoxy-1,4,5-tribrom-
3-methoxymethyl- **6** 894 k
−, 2-Acetoxy-3,4,5-tribrom-
1-methoxymethyl- **6** 894 k
Essigsäure, [2,4-Dibrom-phenoxy]-,
[2-brom-äthylester] **6** III 755 c
−, [2,4,6-Tribrom-phenoxy]-,
äthylester **6** 205 i
Phenol, 4-[1-Acetoxy-äthyl]-2,3,6-tribrom-
6 904 k
−, 3-Acetoxymethyl-2,4,5-tribrom-
6-methyl- **6** 919 a
−, 4-Acetoxymethyl-2,3,5-tribrom-
6-methyl- **6** 914 a
−, 4-Acetoxymethyl-2,3,6-tribrom-
5-methyl- **6** 909 d
Toluol, 4-Acetoxy-2,3,6-tribrom-5-methoxy-
6 II 868 d

$C_{10}H_9Br_3O_4$

Benzol, 1-Acetoxy-3,4,5-tribrom-
2,6-dimethoxy- **6** II 1069 i
Benzylalkohol, 3-Acetoxymethyl-
2,4,5-tribrom-6-hydroxy- **6** 1118 a
−, 3-Acetoxymethyl-2,5,6-tribrom-
4-hydroxy- **6** 1118 a

$C_{10}H_9Br_4ClO_2$

Phenol, 2,3,5-Tribrom-4-[2-brom-1-chlor-
propyl]-2-methoxy- **6** 923 i

$C_{10}H_9Br_4Cl_2O_5P$

Phosphorsäure-bis-[2-chlor-äthylester]-
[2,3,4,5-tetrabrom-6-hydroxy-
phenylester] **6** IV 5625

$C_{10}H_9Br_5O$

Äther, Butyl-pentabromphenyl-
6 III 767 f
−, sec-Butyl-pentabromphenyl-
6 III 767 g
−, Isobutyl-pentabromphenyl-
6 III 767 h
Anisol, 2,6-Dibrom-4-[1,2,2-tribrom-
propyl]- **6** 502 c
Phenetol, 2,3,6-Tribrom-4,5-bis-
brommethyl- **6** 483 e
Phenol, 2-Brom-4-methyl-6-[α,β,β,β′-
tetrabrom-isopropyl]- **6** I 261 b

$C_{10}H_9Br_5O_2$

Phenol, 2,3,5-Tribrom-4-[1,2-dibrom-
propyl]-6-methoxy- **6** 924 b
−, 2,3,5-Tribrom-4-[2,3-dibrom-
propyl]-6-methoxy- **6** 924 d

$C_{10}H_9Br_5O_2$ (Fortsetzung)

Propan-2-ol, 1,1,3,3-Tetrabrom-2-[3-brom-
4-hydroxy-5-methyl-phenyl]-
6 I 451 f

$C_{10}H_9ClI_2O_2$

Essigsäure-[4-chlor-2,6-dijod-3,5-dimethyl-
phenylester] **6** III 1763 g

$C_{10}H_9ClN_2O_4S$

Sulfid, [2-Chlor-1-methyl-propenyl]-
[2,4-dinitro-phenyl]- **6** IV 1741

$C_{10}H_9ClN_2O_6$

Äthan, 1-Acetoxy-2-chlor-1-[2,4-dinitro-
phenyl]- **6** IV 3060

−, 1-Acetoxy-2-chlor-1-[3,5-dinitro-
phenyl]- **6** IV 3060

Essigsäure-[4-chlor-3,5-dimethyl-2,6-dinitro-
phenylester] **6** III 1767 e

$C_{10}H_9ClN_2O_6S$

Buttersäure, 3-Chlor-4-[2,4-dinitro-
phenylmercapto]- **6** IV 1762

−, 4-Chlor-3-[2,4-dinitro-
phenylmercapto]- **6** IV 1762

$C_{10}H_9ClO$

Äther, [3-Chlor-inden-6-yl]-methyl-
6 IV 4069

−, [3-Chlor-phenyl]-[1-methylen-allyl]-
6 III 682 b

Anisol, 2-Chloräthinyl-4-methyl-
6 I 299 i

But-3-in-1-ol, 1-[4-Chlor-phenyl]-
6 IV 4071

But-3-in-2-ol, 2-[4-Chlor-phenyl]-
6 IV 4073

−, 4-Chlor-2-phenyl- **6** IV 4074

$C_{10}H_9ClO_2$

Acryloylchlorid, 2-Methyl-3-phenoxy-
6 IV 654

Chlorokohlensäure-indan-5-ylester
6 IV 3829

Crotonsäure-[4-chlor-phenylester]
6 IV 840

Methacrylsäure-[2-chlor-phenylester]
6 IV 794

− [3-chlor-phenylester] **6** IV 815

− [4-chlor-phenylester] **6** IV 841

Naphthalin-1,2-diol, 7-Chlor-1,2-dihydro-
6 IV 6459

Naphthalin-1,4-diol, 2-Chlor-5,8-dihydro-
6 IV 6459

−, 6-Chlor-5,8-dihydro- **6** III 5160 f,
IV 6460

[1,4]Naphthochinon, 6-Chlor-4a,5,8,8a-
tetrahydro- **6** III 5161 a

Styrol, α-Acetoxy-4-chlor- **6** IV 3782

$C_{10}H_9ClO_2S_2$

Benzol, 1,2-Bis-acetylmercapto-4-chlor-
6 IV 5655

−, 2,4-Bis-acetylmercapto-1-chlor-
6 I 410 e

$C_{10}H_9ClO_3$

Acetessigsäure-[4-chlor-phenylester]
6 IV 858

Acetessigsäure, 4-Chlor-, phenylester
6 III 635 b

But-3-ensäure, 4-[3-Chlor-phenoxy]-
6 IV 818

−, 4-[4-Chlor-phenoxy]- **6** IV 856

Crotonsäure, 4-[2-Chlor-phenoxy]-
6 IV 798

−, 4-[3-Chlor-phenoxy]- **6** IV 818

−, 4-[4-Chlor-phenoxy]- **6** IV 856

Essigsäure, [4-Chlor-phenoxy]-, vinylester
6 III 695 a

Kohlensäure-allylester-[2-chlor-phenylester]
6 IV 794

− allylester-[3-chlor-phenylester]
6 IV 815

− allylester-[4-chlor-phenylester]
6 IV 842

Oxalsäure-chlorid-[2,5-dimethyl-phenylester]
6 II 467 d

− chlorid-[3,5-dimethyl-phenylester]
6 II 463 f

$C_{10}H_9ClO_4$

Benzol, 1,2-Diacetoxy-4-chlor- **6** I 389 i

−, 1,4-Diacetoxy-2-chlor-
6 849 h, II 845 a, III 4433 c,
IV 5769

−, 2,4-Diacetoxy-1-chlor- **6** III 4335 a

Crotonsäure, 3-Chlor-4-hydroxy-
2-phenoxy- **6** 167 g

$C_{10}H_9ClO_4S$

Bernsteinsäure, [4-Chlor-phenylmercapto]-
6 III 1039 c

$C_{10}H_9ClO_4S_2$

Essigsäure, [4-Chlor-*m*-phenylendimercapto]-
di- **6** I 410 h, III 4369 a

$C_{10}H_9ClO_5$

Bernsteinsäure, [2-Chlor-phenoxy]-
6 IV 798

−, [3-Chlor-phenoxy]- **6** IV 818

−, [4-Chlor-phenoxy]- **6** IV 857

$C_{10}H_9ClO_6$

Essigsäure, [4-Chlor-*m*-phenylendioxy]-di-
6 IV 5684

$C_{10}H_9Cl_3O_2S_2$
Dithiokohlensäure-O-[β-(2,4-5-trichlor-
    phenoxy)-isopropylester] **6** IV 967

$C_{10}H_9Cl_3O_3$
Äthan, 1-Chloracetoxy-2-[2,4-dichlor-
    phenoxy]- **6** IV 891
Äthanol, 1-[4-Acetoxy-phenyl]-
    2,2,2-trichlor- **6** II 887 a
Buttersäure, 2-[2,4,5-Trichlor-phenoxy]-
    6 IV 987
–, 2-[2,4,6-Trichlor-phenoxy]-
    6 IV 1013
–, 4-[2,3,4-Trichlor-phenoxy]-
    6 IV 961
–, 4-[2,4,5-Trichlor-phenoxy]-
    6 III 721 c, IV 988
–, 4-[2,4,6-Trichlor-phenoxy]-
    6 III 727 j, IV 1013
Essigsäure, [2,4-Dichlor-phenoxy]-,
    [2-chlor-äthylester] **6** III 705 e
–, Trichlor-, [4-äthoxy-phenylester]
    6 II 843 j
–, [2,4,5-Trichlor-phenoxy]-,
    äthylester **6** III 720 d, IV 974
–, [2,4,6-Trichlor-phenoxy]-,
    äthylester **6** 192 j, III 727 a,
    IV 1011
Isobuttersäure, α-[2,4,5-Trichlor-phenoxy]-
    6 IV 988
–, α-[2,4,6-Trichlor-phenoxy]-
    6 IV 1014

$C_{10}H_9Cl_3O_4$
Benzol, 1-Acetoxy-2,3,5-trichlor-
    4,6-dimethoxy- **6** III 6284 h
–, 1-Acetoxy-2,4,5-trichlor-
    3,6-dimethoxy- **6** III 6284 h
–, 1-Acetoxy-2,4,6-trichlor-
    3,5-dimethoxy- **6** 1104 h
–, 1-Acetoxy-3,4,5-trichlor-
    2,6-dimethoxy- **6** II 1067 j

$C_{10}H_9Cl_3O_4S$
Essigsäure-[1-benzolsulfonyl-2,2,2-trichlor-
    äthylester] **6** IV 1510

$C_{10}H_9Cl_3S$
Sulfid, Benzyl-[3,3,3-trichlor-propenyl]-
    6 IV 2640
–, [3,4-Dimethyl-phenyl]-trichlorvinyl-
    6 IV 3108

$C_{10}H_9Cl_4NO_2$
Essigsäure, Dichlor-, [2-(2,4-dichlor-
    phenoxy)-äthylamid] **6** IV 936
–, Dichlor-, [2-(2,5-dichlor-phenoxy)-
    äthylamid] **6** IV 947

$C_{10}H_9Cl_4O_4P$
Phosphorsäure-[2-chlor-äthylester]-[4-chlor-
    phenylester]-[2,2-dichlor-vinylester]
    6 IV 869

$C_{10}H_9Cl_5O$
Äther, Äthyl-[2,3,4,5,6-pentachlor-
    phenäthyl]- **6** IV 3082
–, Äthyl-[1-pentachlorphenyl-äthyl]-
    6 III 1689 b
–, Butyl-pentachlorphenyl-
    6 196 a, IV 1027
–, Isopropyl-[1,3,4,7,7-pentachlor-
    norborna-2,5-dien-2-yl]- **6** IV 2806
–, [2,3,4,5,6-Pentachlor-benzyl]-
    propyl- **6** III 1559 e, IV 2600
Anisol, 4-[$\alpha,\beta,\beta,\beta',\beta'$-Pentachlor-isopropyl]-
    6 IV 3217

$C_{10}H_9Cl_5O_2$
Äthan, 2-Äthoxy-1,1,1-trichlor-2-
    [2,4-dichlor-phenoxy]- **6** IV 901
–, 1,1,1-Trichlor-2-[2-chlor-äthoxy]-
    2-[4-chlor-phenoxy]- **6** IV 836
Phenol, 2,3,5-Trichlor-4-[2,3-dichlor-
    propyl]-6-methoxy- **6** 921 b

$C_{10}H_9Cl_5S_2$
Benzol, 1-Äthylmercapto-2,3,5,6-tetrachlor-
    4-[2-chlor-äthylmercapto]- **6** IV 5849

$C_{10}H_9Cl_6O_5P$
Phosphorsäure-bis-[2-chlor-äthylester]-
    [2,3,5,6-tetrachlor-4-hydroxy-
    phenylester] **6** IV 5779

$C_{10}H_9Cl_7O_3S$
Schwefligsäure-[2-chlor-äthylester]-
    [1,4,5,6,7,7-hexachlor-norborn-5-en-
    2-ylmethylester] **6** IV 360

$C_{10}H_9F_3O$
Äther, Allyl-[3-trifluormethyl-phenyl]-
    6 IV 2061
Phenol, 2-Allyl-5-trifluormethyl-
    6 IV 3847

$C_{10}H_9F_3O_2$
Essigsäure, Trifluor-, [1-phenyl-äthylester]
    6 IV 3037

$C_{10}H_9F_3O_2S$
Essigsäure, [3-Trifluormethyl-phenyl-
    mercapto]-, methylester **6** III 1336 c

$C_{10}H_9F_3O_3$
Essigsäure, [3-Trifluormethyl-phenoxy]-,
    methylester **6** III 1314 h

$C_{10}H_9F_5O$
Butan-2-ol, 3,3,4,4,4-Pentafluor-1-phenyl-
    6 IV 3275

$C_{10}H_9F_5O_2$

Propan, 1,1,2,3,3-Pentafluor-1-methoxy-
3-phenoxy- **6** IV 624

$C_{10}H_9IO_3S$

Buttersäure, 3-[4-Jod-phenylmercapto]-
2-oxo- **6** III 1056 c

$C_{10}H_9IO_4$

Benzol, 1,2-Diacetoxy-4-jod- **6** III 4262 g
—, 1,4-Diacetoxy-2-jod- **6** III 4441 c
—, 2,4-Diacetoxy-1-jod- **6** III 4341 c

$C_{10}H_9I_3O_2$

Essigsäure-[2,4,6-trijod-3,5-dimethyl-
phenylester] **6** III 1764 c

$C_{10}H_9I_3O_3$

Buttersäure, 2-[2,3,5-Trijod-phenoxy]-
6 IV 1085
—, 2-[2,4,5-Trijod-phenoxy]-
6 IV 1085
—, 2-[2,4,6-Trijod-phenoxy]-
6 IV 1086
—, 2-[3,4,5-Trijod-phenoxy]-
6 IV 1088
Essigsäure, [2,4,6-Trijod-phenoxy]-,
äthylester **6** III 790 e

$C_{10}H_9NO$

Crotononitril, 3-Phenoxy- **6** IV 653
—, 4-Phenoxy- **6** IV 654

$C_{10}H_9NOS$

Acrylonitril, 2-[4-Methoxy-phenylmercapto]-
6 IV 5817

$C_{10}H_9NO_2$

Carbamidsäure-[1-phenyl-prop-2-inylester]
6 IV 4066
Essigsäure, Cyan-, benzylester **6** III 1483 b,
IV 2270

$C_{10}H_9NO_3$

Äther, Methyl-[2-nitro-inden-1-yl]-
6 IV 4068
—, Methyl-[2-nitro-inden-3-yl]-
6 IV 4069
[1]Naphthol, 2-Nitro-5,6-dihydro-
6 II 560 a; vgl. III 2740 c
—, 2-Nitro-5,8-dihydro- **6** II 560 c
—, 2-Nitro-7,8-dihydro- **6** II 560 a;
vgl. III 2740 c

$C_{10}H_9NO_4$

Essigsäure-[4-nitro-styrylester] **6** IV 3784
Methacrylsäure-[2-nitro-phenylester]
6 IV 1257
— [3-nitro-phenylester] **6** IV 1274
— [4-nitro-phenylester] **6** IV 1300
Styrol, 4-Acetoxy-β-nitro- **6** I 278 l,
II 521 d, III 2388 c, IV 3779

$C_{10}H_9NO_4S$

Acrylsäure, 3-[4-Nitro-phenylmercapto]-,
methylester **6** IV 1711
Crotonsäure, 3-[4-Nitro-phenylmercapto]-
6 IV 1712

$C_{10}H_9NO_5$

Essigsäure, [4-(2-Nitro-vinyl)-phenoxy]-
6 IV 3779
Malonsäure, Benzyloxyimino-
6 443 n, II 422 l

$C_{10}H_9NO_6$

Benzol, 1,2-Diacetoxy-4-nitro-
6 II 793 b, III 4268 f, IV 5628
—, 1,3-Diacetoxy-2-nitro- **6** III 4344 d,
IV 5690
—, 1,3-Diacetoxy-5-nitro- **6** III 4347 g
—, 1,4-Diacetoxy-2-nitro-
6 857 f, II 850 f
—, 2,4-Diacetoxy-1-nitro-
6 825 c, IV 5692
Crotonsäure, 3-[2-Hydroxy-5-nitro-
phenoxy]- **6** III 4268 h

$C_{10}H_9NO_6S$

Äthen, 1-Acetoxy-2-[4-nitro-benzolsulfonyl]-
6 IV 1702

$C_{10}H_9NO_6S_2$

Essigsäure, [4-Nitro-*m*-phenylendimercapto]-
di- **6** I 412 g, II 831 e

$C_{10}H_9NO_7$

Malonsäure, Methyl-[4-nitro-phenoxy]-
6 III 829 g

$C_{10}H_9NO_8$

Essigsäure, [3-Nitro-*o*-phenylendioxy]-di-
6 I 392 g
—, [4-Nitro-*o*-phenylendioxy]-di-
6 I 392 g

$C_{10}H_9NO_8S_2$

Essigsäure, [4-Nitro-benzol-1,3-disulfinyl]-
di- **6** II 831 g

$C_{10}H_9NO_{10}S_2$

Essigsäure, [4-Nitro-benzol-1,3-disulfonyl]-
di- **6** I 412 h, II 831 h

$C_{10}H_9NS$

Acrylonitril, 2-Benzylmercapto-
6 IV 2708
—, 3-Benzylmercapto- **6** IV 2708
Cinnamylthiocyanat **6** II 528 i, III 2410 a

$C_{10}H_9N_3O_2S$

Thiocarbamidsäure, [3-Diazo-acetonyl]-,
S-phenylester **6** IV 1528

$C_{10}H_9N_3O_4$

Benzol, 1,4-Diacetoxy-2-azido-
6 I 419 g

$C_{10}H_9N_3O_4S$
Butyronitril, 4-[2,4-Dinitro-phenyl=
mercapto]- 6 IV 1762
$C_{10}H_9N_3O_6S$
Butyronitril, 4-[2,4-Dinitro-benzolsulfonyl]-
6 IV 1762
$C_{10}H_9N_3O_8$
Essigsäure-[2,4,6-trinitro-phenäthylester]
6 I 239 b, III 1715 c
$C_{10}H_9N_3O_9$
Essigsäure-[2-picryloxy-äthylester]
6 III 971 a
Essigsäure, Picryloxy-, äthylester
6 291 i, III 972 d
Toluol, 4-Acetoxy-3-methoxy-2,5,6-trinitro-
6 II 872 i
$C_{10}H_9N_5O_{14}$
Benzol, 1,3,5-Trinitro-2,4-bis-[2-nitryloxy-
äthoxy]- 6 III 4363 b
$C_{10}H_9O_3P$
Phosphonsäure-mono-[1]naphthylester
6 610 j
— mono-[2]naphthylester 6 647 e
$C_{10}H_9O_4P$
Phosphorsäure-mono-[1]naphthylester
6 610 l, IV 4226
— mono-[2]naphthylester
6 647 g, III 2989 b, IV 4285
$C_{10}H_9O_5P$
Phosphorsäure-mono-[4-hydroxy-
[1]naphthylester] 6 IV 6548
$C_{10}H_{10}BrClO_2$
Essigsäure, Brom-, [4-chlor-phenäthylester]
6 IV 3079
$C_{10}H_{10}BrClO_3$
Essigsäure, [4-Chlor-phenoxy]-, [2-brom-
äthylester] 6 III 694 i
$C_{10}H_{10}BrCl_2NO_2$
Essigsäure, [2,4-Dichlor-phenoxy]-,
[2-brom-äthylamid] 6 IV 915
$C_{10}H_{10}BrCl_2NO_3$
Äther, [2-Brom-1-(2,4-dichlor-phenyl)-
2-nitro-propyl]-methyl- 6 IV 3190
—, [2-Brom-1-(3,4-dichlor-phenyl)-
2-nitro-propyl]-methyl- 6 IV 3191
$C_{10}H_{10}BrCl_3O$
Äther, [4-Brom-butyl]-[2,4,6-trichlor-
phenyl]- 6 III 724 c
$C_{10}H_{10}BrCl_3O_2$
Äthan, 1-[2-Brom-4,6-dichlor-phenoxy]-
2-[2-chlor-äthoxy]- 6 III 751 f
—, 1-[4-Brom-2,6-dichlor-phenoxy]-
2-[2-chlor-äthoxy]- 6 III 752 c

Benzol, 4-[1-Brom-2,2,2-trichlor-äthyl]-
1,2-dimethoxy- 6 IV 5927
$C_{10}H_{10}BrFO_2$
Essigsäure-[2-brom-3-fluor-4,6-dimethyl-
phenylester] 6 III 1749 g
$C_{10}H_{10}BrFO_3$
Buttersäure, 4-[2-Brom-4-fluor-phenoxy]-
6 IV 1057
$C_{10}H_{10}BrIO_2$
Essigsäure-[4-brom-2-jod-3,6-dimethyl-
phenylester] 6 III 1775 d
$C_{10}H_{10}BrNO$
Isobutyronitril, α-[4-Brom-phenoxy]-
6 IV 1053
$C_{10}H_{10}BrNOS$
Propylthiocyanat, 3-[4-Brom-phenoxy]-
6 IV 1049 c
$C_{10}H_{10}BrNO_3$
Äther, [7-Brom-5-nitro-indan-4-yl]-methyl-
6 III 2428 g
[2]Naphthol, 1-Brom-3-nitro-
5,6,7,8-tetrahydro- 6 II 539 e, IV 3858
$C_{10}H_{10}BrNO_4$
Buttersäure, 2-Brom-, [2-nitro-phenylester]
6 220 a
—, 2-Brom-, [3-nitro-phenylester]
6 224 g
—, 2-Brom-, [4-nitro-phenylester]
6 233 h
Glycin, N-[4-Brom-benzyloxycarbonyl]-
6 IV 2602
Isobuttersäure, α-Brom-, [2-nitro-
phenylester] 6 220 c
—, α-Brom-, [3-nitro-phenylester]
6 224 h
—, α-Brom-, [4-nitro-phenylester]
6 233 i
Phenol, 4-[1-Brom-propenyl]-2-methoxy-
6-nitro- 6 960 m
—, 4-[2-Brom-propenyl]-2-methoxy-
6-nitro- 6 960 m
Styrol, β-Brom-3,4-dimethoxy-β-nitro-
6 III 4987 c
—, 3-Brom-4,5-dimethoxy-β-nitro-
6 III 4987 a
—, 5-Brom-2,3-dimethoxy-β-nitro-
6 IV 6314
—, 5-Brom-2,4-dimethoxy-β-nitro-
6 III 4980 c
$C_{10}H_{10}BrNO_5$
Essigsäure, [2-Brom-4-nitro-phenoxy]-,
äthylester 6 IV 1365

$C_{10}H_{10}BrNO_5$ (Fortsetzung)

Kohlensäure-äthylester-[4-brom-2-methyl-6-nitro-phenylester] **6** 367 d

– äthylester-[5-brom-4-methyl-2-nitro-phenylester] **6** 413 h

– [4-brom-2-nitro-phenylester]-propylester **6** III 844 a

$C_{10}H_{10}Br_2N_2O_5$

Äther, Äthyl-[2,2-dibrom-2-nitro-1-(2-nitro-phenyl)-äthyl]- **6** 478 c

–, Äthyl-[2,2-dibrom-2-nitro-1-(3-nitro-phenyl)-äthyl]- **6** 478 e, II 448 c

–, Äthyl-[2,2-dibrom-2-nitro-1-(4-nitro-phenyl)-äthyl]- **6** 478 g

$C_{10}H_{10}Br_2O$

Äther, Allyl-[2,4-dibrom-6-methyl-phenyl]- **6** III 1271 d

–, [β,γ-Dibrom-cinnamyl]-methyl- **6** I 281 g

–, [1,2-Dibrom-indan-5-yl]-methyl- **6** II 531 f, III 2430 a

–, [2,3-Dibrom-indan-5-yl]-methyl- **6** II 531 f, III 2430 a

Anisol, 2-Brom-4-[2-brom-propenyl]- **6** 570 b

But-3-en-1-ol, 3,4-Dibrom-4-phenyl- **6** III 2436 c

But-3-en-2-ol, 3,4-Dibrom-2-phenyl- **6** IV 3840

[2]Naphthol, 1,3-Dibrom-5,6,7,8-tetrahydro- **6** II 538 k

$C_{10}H_{10}Br_2O_2$

Buttersäure-[2,4-dibrom-phenylester] **6** III 754 g

Cyclohexan-1,2-diol, 1,2-Bis-bromäthinyl- **6** IV 6351

Essigsäure-[2,3-dibrom-5,6-dimethyl-phenylester] **6** I 239 h

Naphthalin-1,3-diol, 2,4-Dibrom-5,6,7,8-tetrahydro- **6** IV 6353

Naphthalin-1,7-diol, 6,8-Dibrom-1,2,3,4-tetrahydro- **6** IV 6356

Phenol, 4-Allyl-2,3-dibrom-6-methoxy- **6** III 5031 b

–, 4-Allyl-3,6-dibrom-2-methoxy- **6** III 5031 b

–, 3,6-Dibrom-2-methoxy-4-propenyl- **6** 959 k

Styrol, 2,β-Dibrom-4,5-dimethoxy- **6** III 4984 d

–, 5,β-Dibrom-2,4-dimethoxy- **6** III 4980 a

$C_{10}H_{10}Br_2O_2S$

Toluol, 4-Acetoxy-2,5-dibrom-3-methylmercapto- **6** I 436 d

$C_{10}H_{10}Br_2O_3$

Aceton, [4,5-Dibrom-2-methoxy-phenoxy]- **6** IV 5623

Essigsäure, [4-(1,2-Dibrom-äthyl)-phenoxy]- **6** III 1669 h

–, [2,4-Dibrom-phenoxy]-, äthylester **6** IV 1063

Phenol, 4-Acetoxy-2,5-dibrom-3,6-dimethyl- **6** 916 f

–, 2,5-Dibrom-4-formyloxymethyl-3,6-dimethyl- **6** 935 e

Toluol, 4-Acetoxy-3,5-dibrom-2-methoxy- **6** II 860 f

$C_{10}H_{10}Br_2O_3S$

Phenol, 4-Acetoxymethyl-3,6-dibrom-2-methylmercapto- **6** I 551 l

$C_{10}H_{10}Br_2O_4$

Benzol, 3-Acetoxy-2,4-dibrom-1,5-dimethoxy- **6** IV 7370

Essigsäure, [2-Äthoxy-4,5-dibrom-phenoxy]- **6** IV 5624

$C_{10}H_{10}Br_2O_4S$

Aceton, 1,1-Dibrom-3-[2-methoxy-benzolsulfonyl]- **6** II 797 d

$C_{10}H_{10}Br_3IO_2$

Phenol, 4-Äthoxymethyl-2,3,6-tribrom-5-jodmethyl- **6** 910 c

$C_{10}H_{10}Br_3NO_4$

Benzol, 1-Brom-5-[1,2-dibrom-2-nitro-äthyl]-2,4-dimethoxy- **6** III 4557 f

–, 1,3-Diäthoxy-2,4,6-tribrom-5-nitro- **6** 826 m

$C_{10}H_{10}Br_3N_3O_2$

Aceton, [2,4,6-Tribrom-phenoxy]-, semicarbazon **6** IV 1067

$C_{10}H_{10}Br_4O$

Anisol, 2,6-Dibrom-4-[1,2-dibrom-propyl]- **6** 501 g

$C_{10}H_{10}Br_4O_2$

Benzol, 1-Brom-2,4-dimethoxy-5-[1,2,2-tribrom-äthyl]- **6** III 4557 e

Hydrochinon, 2,3,5,6-Tetrakis-brommethyl- **6** III 4691 f

Phenol, 4-Äthoxymethyl-2,3,6-tribrom-5-brommethyl- **6** 909 h

–, 2,3-Dibrom-4-[2,3-dibrom-propyl]-6-methoxy- **6** III 4620 a

–, 3,6-Dibrom-4-[1,2-dibrom-propyl]-2-methoxy- **6** 923 c

$C_{10}H_{10}Br_4O_2$ (Fortsetzung)

Phenol, 3,6-Dibrom-4-[2,3-dibrom-propyl]-
2-methoxy- **6** III 4620 a

$C_{10}H_{10}ClF_3O$

Äther, [2-Chlor-propyl]-[2-trifluormethyl-
phenyl]- **6** IV 1984

−, [2-Chlor-propyl]-[3-trifluormethyl-
phenyl]- **6** IV 2060

−, [2-Chlor-1,1,2-trifluor-äthyl]-
[2,4-dimethyl-phenyl]- **6** IV 3128

−, [2-Chlor-1,1,2-trifluor-äthyl]-
[2,5-dimethyl-phenyl]- **6** IV 3166

−, [2-Chlor-1,1,2-trifluor-äthyl]-
[3,4-dimethyl-phenyl]- **6** IV 3102

−, [2-Chlor-1,1,2-trifluor-äthyl]-
[3,5-dimethyl-phenyl]- **6** IV 3145

Propan-2-ol, 2-[4-Chlor-3-trifluormethyl-
phenyl]- **6** IV 3330

$C_{10}H_{10}ClF_3O_2$

Äthan, 1-[2-Chlor-1,1,2-trifluor-äthoxy]-
2-phenoxy- **6** IV 575

$C_{10}H_{10}ClIO_2$

Essigsäure-[4-chlor-2-jod-3,5-dimethyl-
phenylester] **6** III 1763 d

$C_{10}H_{10}ClNO$

Acetonitril, [4-Chlor-3,5-dimethyl-
phenoxy]- **6** IV 3156

Butyronitril, 3-Chlor-4-phenoxy-
6 III 617 i

−, 4-[4-Chlor-phenoxy]- **6** III 696 h

$C_{10}H_{10}ClNOS$

Äthylthiocyanat, 2-[2-Chlor-benzyloxy]-
6 IV 2591

−, 2-[4-Chlor-benzyloxy]- **6** IV 2595

Methylthiocyanat, [4-Chlor-3,5-dimethyl-
phenoxy]- **6** IV 3155

Phenol, 2-Chlormethyl-4-methyl-
6-thiocyanatomethyl- **6** III 4655 g

Propionitril, 2-Chlor-3-[4-methoxy-
phenylmercapto]- **6** IV 5817

Propylthiocyanat, 3-[2-Chlor-phenoxy]-
6 IV 789 e

−, 3-[3-Chlor-phenoxy]- **6** IV 813 d

−, 3-[4-Chlor-phenoxy]- **6** IV 830 b

$C_{10}H_{10}ClNO_2$

Butyronitril, 4-[3-Chlor-phenoxy]-
3-hydroxy- **6** IV 818

−, 4-[4-Chlor-phenoxy]-3-hydroxy-
6 IV 857

Carbamidsäure, Allyl-, [4-chlor-
phenylester] **6** IV 843

Propionylchlorid, 2-Benzyloxyimino-
6 IV 2564

$C_{10}H_{10}ClNO_2S$

Alanylchlorid, *N*-Phenylmercaptocarbonyl-
6 IV 1529

Thiocarbamidsäure, [3-Chlor-acetonyl]-,
S-phenylester **6** IV 1528

$C_{10}H_{10}ClNO_3$

Anisol, 2-Chlormethyl-4-[2-nitro-vinyl]-
6 III 2422 e

−, 4-Chlormethyl-2-[2-nitro-vinyl]-
6 III 2422 a

Glycylchlorid, *N*-Benzyloxycarbonyl-
6 III 1487 e

[2]Naphthol, 1-Chlor-3-nitro-
5,6,7,8-tetrahydro- **6** II 539 d

$C_{10}H_{10}ClNO_4$

Äthan, 1-Acetoxy-2-chlor-1-[2-nitro-
phenyl]- **6** II 448 a

Butyrylchlorid, 4-[4-Nitro-phenoxy]-
6 IV 1305

Glycin, *N*-[4-Chlor-benzyloxycarbonyl]-
6 III 1557 d

−, *N*-[(4-Chlor-phenoxy)-acetyl]-
6 IV 846

Hydroxylamin, *N*-Acetyl-*N*-[(2-chlor-
phenoxy)-acetyl]- **6** IV 797

−, *N*-Acetyl-*N*-[(3-chlor-phenoxy)-
acetyl]- **6** IV 816

−, *N*-Acetyl-*N*-[(4-chlor-phenoxy)-
acetyl]- **6** IV 849

−, *O*-Acetyl-*N*-[(2-chlor-phenoxy)-
acetyl]- **6** IV 797

−, *O*-Acetyl-*N*-[(3-chlor-phenoxy)-
acetyl]- **6** IV 816

−, *O*-Acetyl-*N*-[(4-chlor-phenoxy)-
acetyl]- **6** IV 849

Styrol, 2-Chlor-3,4-dimethoxy-*β*-nitro-
6 IV 6317

$C_{10}H_{10}ClNO_4S$

Äthan, 1-Acetoxy-1-chlor-2-[4-nitro-
phenylmercapto]- **6** IV 1706

$C_{10}H_{10}ClNO_4S_2$

Dithiokohlensäure-*O*-äthylester-*S*-[5-chlor-
2-hydroxy-3-nitro-benzylester]
6 IV 5906

$C_{10}H_{10}ClNO_5S$

But-2-en-1-sulfonsäure, 3-Chlor-,
[2-nitro-phenylester] **6** IV 1265

$C_{10}H_{10}ClNO_6S$

Äthan, 1-Acetoxy-1-chlor-2-[4-nitro-
benzolsulfonyl]- **6** IV 1707

Buttersäure, 2-[4-Chlor-2-nitro-benzolsulfonyl]-
6 III 1080 h

$C_{10}H_{10}ClNS$

Propionitril, 3-Benzylmercapto-2-chlor-
6 IV 2704

$C_{10}H_{10}ClNS_2$

Äthylthiocyanat, 2-[4-Chlor-benzyl≠
mercapto]- 6 IV 2776

$C_{10}H_{10}Cl_2N_2O_4$

Essigsäure, [4,5-Dichlor-o-phenylendioxy]-
di-, diamid 6 IV 5619

$C_{10}H_{10}Cl_2N_2O_6$

Benzol, 1,5-Bis-[2-chlor-1-hydroxy-äthyl]-
2,4-dinitro- 6 III 4679 f

$C_{10}H_{10}Cl_2N_2S_2$

Isothioharnstoff, S-[3,3-Dichlor-
2-phenylmercapto-allyl]- 6 IV 1500

$C_{10}H_{10}Cl_2O$

Äther, But-2-enyl-[2,4-dichlor-phenyl]-
6 III 702 d
−, [1,2-Dichlor-but-1-enyl]-phenyl-
6 IV 601
−, [3,3-Dichlor-1-methyl-allyl]-phenyl-
6 IV 564
−, [3,3-Dichlor-2-methyl-allyl]-phenyl-
6 IV 564
−, [2,4-Dichlor-phenyl]-methallyl-
6 IV 888
−, [2,4-Dichlor-phenyl]-[2-methyl-
propenyl]- 6 IV 888
Anisol, 2-Allyl-4,6-dichlor- 6 IV 3815
−, 2-[3,3-Dichlor-allyl]- 6 IV 3816
−, 4-[3,3-Dichlor-allyl]- 6 IV 3818
−, 2,6-Dichlor-4-propenyl-
6 IV 3796
−, 2-[1,2-Dichlor-vinyl]-4-methyl-
6 I 285 l
But-3-en-1-ol, 4,4-Dichlor-1-phenyl-
6 IV 3838
But-3-en-2-ol, 4,4-Dichlor-2-phenyl-
6 IV 3840
Phenetol, 4-[1,2-Dichlor-vinyl]-
6 I 278 e
Phenol, 4-But-2-enyl-2,6-dichlor-
6 III 2437 a
−, 2-[3,3-Dichlor-1-methyl-allyl]-
6 IV 3839
−, 2-[3,3-Dichlor-2-methyl-allyl]-
6 IV 3843
−, 2,4-Dichlor-6-[1-methyl-allyl]-
6 III 2442 a
−, 4-[3,3-Dichlor-2-methyl-allyl]-
6 IV 3843
−, 2,4-Dichlor-6-[1-methyl-propenyl]-
6 III 2441 a

−, 2,6-Dichlor-4-[1-methyl-propenyl]-
6 III 2441 c

$C_{10}H_{10}Cl_2OS$

Benzol, 1-Äthoxy-4-[1,2-dichlor-
vinylmercapto]- 6 IV 5813
Butan-2-on, 3-Chlor-4-[4-chlor-
phenylmercapto]- 6 IV 1598
−, 4-Chlor-3-[4-chlor-phenylmercapto]-
6 IV 1598

$C_{10}H_{10}Cl_2O_2$

Äthan, 1-Acetoxy-2-chlor-1-[4-chlor-
phenyl]- 6 III 1685 d
−, 1-Acetoxy-1-[2,5-dichlor-phenyl]-
6 IV 3048
−, 1-Acetoxy-1-[3,4-dichlor-phenyl]-
6 III 1685 a, IV 3048
−, 1-[1,2-Dichlor-vinyloxy]-
2-phenoxy- 6 IV 574
Äthen, 1-Äthoxy-2,2-dichlor-1-phenoxy-
6 III 587 e
Allylalkohol, 3,3-Dichlor-1-[4-methoxy-
phenyl]- 6 IV 6340
Benzol, 1-Acetoxy-4-[2,2-dichlor-äthyl]-
6 III 1667 f
Buttersäure-[2,4-dichlor-phenylester]
6 III 704 h
−   [2,6-dichlor-phenylester]
6 III 714 d
Essigsäure, Dichlor-, [3-äthyl-phenylester]
6 IV 3017
−, Dichlor-, [3,5-dimethyl-
phenylester] 6 IV 3145
Isobuttersäure-[2,6-dichlor-phenylester]
6 III 714 e
Isobuttersäure, α-Chlor-, [4-chlor-
phenylester] 6 IV 840
Isobutyrylchlorid, α-[4-Chlor-phenoxy]-
6 IV 854
Naphthalin-1,4-diol, 2,3-Dichlor-
5,6,7,8-tetrahydro- 6 III 5044 c
[1,4]Naphthochinon, 2,3-Dichlor-
2,3,5,6,7,8-hexahydro- 6 III 5044 c
Propionsäure-[2,4-dichlor-benzylester]
6 IV 2597
Styrol, α,β-Dichlor-3,4-dimethoxy-
6 III 4983 b

$C_{10}H_{10}Cl_2O_2S$

Benzol, 1-Äthoxy-4-[1,2-dichlor-äthensulfinyl]-
6 IV 5813
Buttersäure, 2-[2,3-Dichlor-phenyl≠
mercapto]- 6 IV 1611
−, 2-[2,4-Dichlor-phenylmercapto]-
6 IV 1616

$C_{10}H_{10}Cl_2O_4$ (Fortsetzung)

Benzol, 3-Acetoxy-2,4-dichlor-
1,5-dimethoxy- **6** IV 7369

Buttersäure, 4-[2,3-Dichlor-phenoxy]-
3-hydroxy- **6** IV 884

−, 4-[2,4-Dichlor-phenoxy]-3-hydroxy-
6 IV 931

−, 4-[2,5-Dichlor-phenoxy]-3-hydroxy-
6 IV 947

Essigsäure, [2-Äthoxy-4,5-dichlor-phenoxy]-
6 IV 5619

−, [2,4-Dichlor-5-hydroxy-phenoxy]-,
äthylester **6** IV 5685

−, [2,4-Dichlor-phenoxy]-,
[2-hydroxy-äthylester] **6** III 707 a

Propionsäure, 2-[4,5-Dichlor-2-methoxy-
phenoxy]- **6** IV 5619

$C_{10}H_{10}Cl_2S$

Sulfid, Benzyl-[3,3-dichlor-allyl]-
6 IV 2640

−, [3,3-Dichlor-2-methyl-allyl]-phenyl-
6 IV 1482

−, [1,2-Dichlor-vinyl]-[3,4-dimethyl-
phenyl]- **6** IV 3108

$C_{10}H_{10}Cl_3IO$

Äthan, 1-[2-Jod-äthoxy]-2-[2,4,6-trichlor-
phenoxy]- **6** III 724 i

$C_{10}H_{10}Cl_3NO$

Acetimidsäure, 2,2,2-Trichlor-, phenäthyl=
ester **6** IV 3073

−, 2,2,2-Trichlor-, [1-phenyl-
äthylester] **6** IV 3037

$C_{10}H_{10}Cl_3NO_2$

Essigsäure, Trichlor-, [2-phenoxy-
äthylamid] **6** IV 666

$C_{10}H_{10}Cl_3NO_3$

Carbamidsäure, [2,4-Dichlor-phenoxymethyl]-,
[2-chlor-äthylester] **6** IV 898

Essigsäure, [2,4,6-Trichlor-phenoxy]-,
[2-hydroxy-äthylamid] **6** III 727 e

$C_{10}H_{10}Cl_3NO_4$

Äthan, 2-Äthoxy-1,1,1-trichlor-2-[4-nitro-
phenoxy]- **6** IV 1296

$C_{10}H_{10}Cl_3N_3O_2$

Aceton, [2,4,5-Trichlor-phenoxy]-,
semicarbazon **6** IV 971

$C_{10}H_{10}Cl_3O_3P$

Benzo[1,3,2]dioxaphosphol, 2-[2,2,2-
Trichlor-1,1-dimethyl-äthoxy]-
6 IV 5597

$C_{10}H_{10}Cl_4O$

Äther, Äthyl-[2,2,2-trichlor-1-(4-chlor-
phenyl)-äthyl]- **6** III 1688 b

Butan-1-ol, 3,4,4,4-Tetrachlor-1-phenyl-
6 IV 3274

Butan-2-ol, 1,1,1,4-Tetrachlor-4-phenyl-
6 IV 3276

$C_{10}H_{10}Cl_4O_2$

Äthan, 2-Äthoxy-1,1,1-trichlor-2-[2-chlor-
phenoxy]- **6** IV 792

−, 2-Äthoxy-1,1,1-trichlor-2-[3-chlor-
phenoxy]- **6** IV 814

−, 2-Äthoxy-1,1,1-trichlor-2-[4-chlor-
phenoxy]- **6** IV 836

−, 1-[2-Chlor-äthoxy]-2-[2,4,5-trichlor-
phenoxy]- **6** III 718 b

−, 1-[2-Chlor-äthoxy]-2-[2,4,6-trichlor-
phenoxy]- **6** III 724 h

−, 1,1,1-Trichlor-2-[2-chlor-äthoxy]-
2-phenoxy- **6** IV 600

Benzol, 1,3-Diäthoxy-2,4,5,6-tetrachlor-
6 820 h

−, 1,4-Diäthoxy-2,3,5,6-tetrachlor-
6 851 f, IV 5776

−, 1,2-Dimethoxy-4-[1,2,2,2-
tetrachlor-äthyl]- **6** IV 5927

−, 1,2,4,5-Tetrachlor-3,6-bis-
[1-hydroxy-äthyl]- **6** IV 6025

Hydrochinon, 2,3,5,6-Tetrakis-chlormethyl-
6 III 4691 e

$C_{10}H_{10}Cl_4O_2S_2$

Benzol, 1,2,4,5-Tetrachlor-3,6-bis-
[2-hydroxy-äthylmercapto]- **6** IV 5849

$C_{10}H_{10}Cl_4O_3$

Äthanol, 2-[2-(2,3,4,5-Tetrachlor-phenoxy)-
äthoxy]- **6** IV 1020

$C_{10}H_{10}Cl_4S_2$

Benzol, 1,4-Bis-äthylmercapto-
2,3,5,6-tetrachlor- **6** IV 5849

$C_{10}H_{10}Cl_5O_3PS$

Thiophosphorsäure-O,O'-diäthylester-
O''-pentachlorphenylester **6** IV 1036

$C_{10}H_{10}Cl_6O_4$

Cyclohexan, 1,2-Bis-trichloracetoxy-
6 IV 5198

$C_{10}H_{10}F_2O_2$

Essigsäure-[2,2-difluor-1-phenyl-äthylester]
6 IV 3043

$C_{10}H_{10}F_3NO_2S$

Cystein, S-[3-Trifluormethyl-phenyl]-
6 IV 2087

$C_{10}H_{10}F_3NO_4S$

Propionsäure, 2-Amino-3-[3-trifluormethyl-
benzolsulfonyl]- **6** IV 2087

$C_{10}H_{10}F_3NO_5S$
Äthan, 1-Methoxy-2-[2-nitro-4-trifluormethyl-
benzolsulfonyl]- **6** IV 2214

$C_{10}H_{10}F_4O$
Propan-2-ol, 2-[4-Fluor-3-trifluormethyl-
phenyl]- **6** III 1884 f

$C_{10}H_{10}INO$
Butyronitril, 4-[2-Jod-phenoxy]-
6 III 771 i

$C_{10}H_{10}INO_4$
Styrol, 3-Jod-4,5-dimethoxy-β-nitro-
6 IV 6318

$C_{10}H_{10}I_2O_2$
Essigsäure-[2,4-dijod-3,6-dimethyl-
phenylester] **6** III 1775 f

$C_{10}H_{10}I_2O_3$
Buttersäure, 2-[2,4-Dijod-phenoxy]-
6 IV 1083
—, 2-[2,5-Dijod-phenoxy]-
6 IV 1083
—, 2-[3,4-Dijod-phenoxy]- **6** IV 1084
—, 2-[3,5-Dijod-phenoxy]- **6** IV 1084
—, 4-[2,4-Dijod-phenoxy]- **6** IV 1083

$C_{10}H_{10}N_2O_2$
Butan-2-on, 1-Diazo-3-phenoxy-
6 IV 609
Essigsäure, Amino-cyan-, benzylester
6 III 1543 b
Glycin, N-Benzyloxycarbonyl-, nitril
6 III 1497 a, IV 2318

$C_{10}H_{10}N_2O_3$
Butyronitril, 4-[4-Nitro-phenoxy]-
6 IV 1305
Fumarsäure, Phenoxy-, diamid
6 169 j

$C_{10}H_{10}N_2O_3S$
Acetonitril, Methoxyimino-[toluol-
4-sulfonyl]- **6** 422 b
Benzol, 1-Nitro-4-[3-thiocyanato-propoxy]-
6 IV 1292

$C_{10}H_{10}N_2O_4S$
Acetonitril, [4-Äthoxy-benzolsulfonyl]-
hydroxyimino- **6** 863 d
—, [4-Methoxy-benzolsulfonyl]-
methoxyimino- **6** 863 b
Methan, [4-Nitro-phenoxy]-[2-thiocyanato-
äthoxy]- **6** IV 1296
Sulfid, But-2-enyl-[2,4-dinitro-phenyl]-
6 IV 1741
—, But-3-enyl-[2,4-dinitro-phenyl]-
6 IV 1740

$C_{10}H_{10}N_2O_4S_2$
Glycin, N-[3-Nitro-benzylmercaptothiocarbonyl]-
6 IV 2796
—, N-[4-Nitro-benzylmercaptothiocarbonyl]-
6 IV 2801

$C_{10}H_{10}N_2O_5$
Äther, [4,6-Dinitro-indan-5-yl]-methyl-
6 II 532 c
[1]Naphthol, 2,4-Dinitro-5,6,7,8-tetrahydro-
6 I 291 a, II 536 a, III 2453 c
[2]Naphthol, 1,3-Dinitro-5,6,7,8-tetrahydro-
6 I 291 c, II 539 g, IV 3858
Oxalamidsäure, Dimethyl-, [4-nitro-
phenylester] **6** IV 1300
Phenol, 5-Methyl-4-nitro-2-[2-nitro-
1-methyl-vinyl]- **6** I 290 g

$C_{10}H_{10}N_2O_5S$
Butan-2-on, 1-[2,4-Dinitro-phenylmercapto]-
6 IV 1758

$C_{10}H_{10}N_2O_6$
Äthan, 1-Acetoxy-2-nitro-1-[2-nitro-
phenyl]- **6** 477 j
—, 1-Acetoxy-2-nitro-1-[3-nitro-
phenyl]- **6** III 1696 c
Alanin, N-[2-Nitro-phenoxycarbonyl]-
6 IV 1259
Buttersäure-[2,4-dinitro-phenylester]
6 IV 1380
Essigsäure-[3,5-dimethyl-2,4-dinitro-
phenylester] **6** III 1767 b
— [3,6-dimethyl-2,4-dinitro-
phenylester] **6** III 1776 g
Glycin, N-[4-Nitro-benzyloxycarbonyl]-
6 IV 2616
Hydroxylamin, N-Acetyl-N-[(2-nitro-
phenoxy)-acetyl]- **6** IV 1262
—, N-Acetyl-N-[(3-nitro-phenoxy)-
acetyl]- **6** IV 1274 Anm.
—, N-Acetyl-N-[(4-nitro-phenoxy)-
acetyl]- **6** IV 1304
—, O-Acetyl-N-[(2-nitro-phenoxy)-
acetyl]- **6** IV 1262
—, O-Acetyl-N-[(3-nitro-phenoxy)-
acetyl]- **6** IV 1274
—, O-Acetyl-N-[(4-nitro-phenoxy)-
acetyl]- **6** IV 1304
Phenol, 2-Methoxy-3-nitro-4-[2-nitro-
propenyl]- **6** IV 6331
—, 2-Methoxy-4-nitro-5-[2-nitro-
propenyl]- **6** IV 6332
—, 2-Methoxy-5-nitro-4-[2-nitro-
propenyl]- **6** IV 6332

$C_{10}H_{10}N_2O_6$ (Fortsetzung)

Phenol, 2-Methoxy-6-nitro-4-[2-nitro-
 propenyl]- **6** IV 6331
—, 6-Methoxy-2-nitro-3-[2-nitro-
 propenyl]- **6** IV 6331
Styrol, 2,4-Dimethoxy-5,β-dinitro-
 6 II 914 b
—, 3,4-Dimethoxy-2,β-dinitro-
 6 IV 6318
—, 3,4-Dimethoxy-5,β-dinitro-
 6 III 4988 e
—, 4,5-Dimethoxy-2,β-dinitro-
 6 IV 6318

$C_{10}H_{10}N_2O_6S$

Buttersäure, 3-[2,4-Dinitro-phenylmercapto]-
 6 IV 1762
Isobuttersäure, α-[2,4-Dinitro-phenyl-
 mercapto]- **6** III 1100 a
Propionsäure, 3-[5-Methyl-2,4-dinitro-
 phenylmercapto]- **6** IV 2090

$C_{10}H_{10}N_2O_6S_2$

Disulfid, [2-Acetoxy-äthyl]-[2,4-dinitro-
 phenyl]- **6** IV 1769

$C_{10}H_{10}N_2O_7$

Äthan, 1-Acetoxy-2-[2,4-dinitro-phenoxy]-
 6 III 864 d
Essigsäure, [2,4-Dinitro-phenoxy]-,
 äthylester **6** 256 d, IV 1381
Toluol, 3-Acetoxy-4-methoxy-2,6-dinitro-
 6 II 871 f
—, 4-Acetoxy-3-methoxy-2,5-dinitro-
 6 II 871 a
—, 4-Acetoxy-3-methoxy-2,6-dinitro-
 6 II 871 g
—, 4-Acetoxy-5-methoxy-2,3-dinitro-
 6 II 872 e
—, 5-Acetoxy-4-methoxy-2,3-dinitro-
 6 II 872 d

$C_{10}H_{10}N_2O_8$

Benzol, 3-Acetoxy-2,4-dimethoxy-
 1,5-dinitro- **6** II 1071 b
Essigsäure, [5-Methoxy-2,4-dinitro-
 phenoxy]-, methylester **6** III 4353 e

$C_{10}H_{10}N_2O_9$

Phenol, 4-Acetoxy-2,6-dimethoxy-
 3,5-dinitro- **6** IV 7688
—, 4-Acetoxy-3,5-dimethoxy-
 2,6-dinitro- **6** IV 7688

$C_{10}H_{10}N_4O_2$

Guanidincarbonsäure, N'-Cyan-,
 benzylester **6** IV 2286

$C_{10}H_{10}N_4O_3$

Glycylazid, N-Benzyloxycarbonyl-
 6 IV 2319

$C_{10}H_{10}N_4O_6S_2$

Essigsäure, [4,6-Dinitro-m-phenylen-
 dimercapto]-di-, diamid **6** IV 5711

$C_{10}H_{10}N_4O_{12}$

Benzol, 1,5-Dinitro-2,4-bis-[2-nitryloxy-
 äthoxy]- **6** III 4353 b

$C_{10}H_{10}O$

Äther, Äthyl-phenyläthinyl- **6** IV 4064
—, Benzyl-prop-2-inyl- **6** IV 2233
—, Buta-2,3-dienyl-phenyl-
 6 III 560 f
—, But-1-inyl-phenyl- **6** III 560 d
—, But-2-inyl-phenyl- **6** III 560 e
—, Inden-5-yl-methyl- **6** II 558 g,
 III 2738 a
—, Inden-6-yl-methyl- **6** II 558 g,
 III 2738 a, IV 4069
—, [1-Methylen-allyl]-phenyl-
 6 III 561 a
—, Methyl-[1-phenyl-prop-2-inyl]-
 6 IV 4066
—, Methyl-[3-phenyl-prop-2-inyl]-
 6 I 299 f, III 2736 e
—, Prop-2-inyl-p-tolyl- **6** IV 2101
Anisol, 2-Äthinyl-4-methyl- **6** I 299 h
—, 5-Äthinyl-2-methyl- **6** IV 4068
—, 2-Propadienyl- **6** IV 4067
—, 4-Prop-1-inyl- **6** 588 b, III 2736 c,
 IV 4065
But-2-in-1-ol, 1-Phenyl- **6** IV 4069
—, 4-Phenyl- **6** IV 4070
But-3-in-1-ol, 1-Phenyl- **6** III 2739 d,
 IV 4070
—, 2-Phenyl- **6** IV 4075
—, 4-Phenyl- **6** III 2739 c
But-3-in-2-ol, 2-Phenyl- **6** II 559 c,
 III 2740 a, IV 4073
—, 4-Phenyl- **6** 588 e, III 2738 e,
 IV 4069
Methanol, Inden-1-yl- **6** I 300 i
[1]Naphthol, 1,4-Dihydro- **6** IV 4078
—, 5,6-Dihydro- **6** II 559 e,
 III 2741 a
—, 5,8-Dihydro- **6** II 560 b,
 III 2741 c, IV 4077
—, 7,8-Dihydro- **6** II 559 e,
 III 2740 c
[2]Naphthol, 1,2-Dihydro- **6** 589 a,
 IV 4077
Phenetol, 2-Äthinyl- **6** 587 a

$C_{10}H_{10}O_3S$ (Fortsetzung)

Benzol, 1-Acetoxy-2-acetylmercapto-
6 IV 5640

−, 1-Acetoxy-4-acetylmercapto-
6 862 j, I 421 h

Brenztraubensäure, Benzylmercapto-
6 III 1619 f, IV 2715

−, p-Tolylmercapto- 6 III 1428 c

But-3-en-2-on, 4-Benzolsulfonyl-
6 IV 1518

Essigsäure, [2-Phenyl-äthensulfinyl]-
6 IV 3787

Naphtho[2,3-d][1,3,2]dioxathiol-2-oxid,
3a,4,9,9a-Tetrahydro- 6 IV 6359

Thiobernsteinsäure-S-phenylester
6 IV 1525

$C_{10}H_{10}O_3S_2$

Essigsäure, Benzylmercaptocarbonyl=
mercapto- 6 III 1608 d

−, Benzylmercaptothiocarbonyloxy-
6 III 1608 c

−, Benzyloxythiocarbonylmercapto-
6 III 1531 c

$C_{10}H_{10}O_3Se$

Selenoessigsäure-Se-[4-acetoxy-phenylester]
6 III 4487 a

$C_{10}H_{10}O_4$

Acetaldehyd, [2-Acetoxy-phenoxy]-
6 774 g

Acetessigsäure-[3-hydroxy-phenylester]
6 IV 5679

− [4-hydroxy-phenylester]
6 IV 5753

Acrylsäure, 3-[3-Methoxy-phenoxy]-
6 IV 5678

Äthan, 1,2-Bis-formyloxy-1-phenyl-
6 907 e

Benzol, 1,2-Diacetoxy- 6 774 i, I 385 j,
II 784 a, III 4228 e, IV 5582

−, 1,3-Diacetoxy- 6 816 h, I 402 f,
II 817 d, III 4320 c, IV 5673

−, 1,4-Diacetoxy- 6 846 e, I 416 h,
II 843 l, III 4414 f, IV 5741

Bernsteinsäure-monophenylester
6 155 g, IV 624

Malonsäure-mono-m-tolylester 6 IV 2049

− mono-o-tolylester 6 IV 1962

− mono-p-tolylester 6 IV 2114

Oxalsäure-äthylester-phenylester 6 IV 621

$C_{10}H_{10}O_4S$

Acrylsäure, 3-Phenylmethansulfonyl-
6 III 1616 d

−, 3-[Toluol-4-sulfonyl]- 6 IV 2201

Bernsteinsäure, Phenylmercapto-
6 III 1023 c, IV 1547

Crotonsäure, 3-Benzolsulfonyl-
6 318 e

Essigsäure, [2-Phenyl-äthensulfonyl]-
6 IV 3787

$C_{10}H_{10}O_4SSe$

Benzol, 1-Carboxymethylmercapto-
4-carboxymethylselanyl- 6 II 856 h

$C_{10}H_{10}O_4S_2$

Benzen-1,3-dithiol, 2,5-Diacetoxy-
6 II 1120 f

Benzol, 1,3-Bis-äthensulfonyl- 6 III 4367 b,
IV 5705

Essigsäure, m-Phenylendimercaptodi-
6 535 k, I 406 i, III 4368 c

−, o-Phenylendimercaptodi-
6 I 397 m, III 4287 a

−, p-Phenylendimercaptodi-
6 I 423 e, II 855 c, III 4475 e

$C_{10}H_{10}O_5$

Bernsteinsäure, Phenoxy-
6 IV 656

Essigsäure, [2-Acetoxy-phenoxy]-
6 778 h

Malonsäure, Benzyloxy- 6 IV 2478

−, m-Tolyloxy- 6 III 1310 a

Oxalsäure-äthylester-[4-hydroxy-phenylester]
6 846 l

Phenol, 2,3-Diacetoxy- 6 1082 f,
III 6269 c

−, 2,5-Diacetoxy- 6 III 6281 d

−, 3,5-Diacetoxy- 6 I 547 c

$C_{10}H_{10}O_5S$

Essigsäure, [2-Carboxymethylmercapto-
phenoxy]- 6 IV 5640

Schwefelsäure-mono-[2-hydroxy-
1,2-dihydro-[1]naphthylester]
6 IV 6459 a

$C_{10}H_{10}O_6$

Benzol, 1,2-Bis-methoxycarbonyloxy-
6 777 k

−, 1,3-Bis-methoxycarbonyloxy-
6 817 d

−, 1,4-Bis-methoxycarbonyloxy-
6 847 c, IV 5744

Essigsäure, m-Phenylendioxydi-
6 817 l, II 817 k, III 4324 g

−, o-Phenylendioxydi- 6 779 a

−, p-Phenylendioxydi- 6 847 g,
II 844 e, IV 5746

$C_{10}H_{10}O_6S$

Bernsteinsäure, Benzolsulfonyl-
6 III 1023 d

$C_{10}H_{10}O_6S_2$

Essigsäure, Benzol-1,3-disulfinyl-di-
6 I 409 j

—, Benzol-1,4-disulfinyl-di-
6 I 423 f

—, [4,6-Dihydroxy-*m*-phenylen=
dimercapto]-di- 6 II 1121 l

$C_{10}H_{10}O_7$

Essigsäure, [2-Hydroxy-*m*-phenylendioxy]-
di- 6 1084 c

—, [3-Hydroxy-*o*-phenylendioxy]-di-
6 1084 c

$C_{10}H_{10}O_8P_2$

Naphthalin, 1,4-Bis-phosphonooxy-
6 III 5262 c, IV 6548

$C_{10}H_{10}O_8S_2$

Essigsäure, Benzol-1,3-disulfonyl-di-
6 835 l, I 410 a, II 830 h

—, Benzol-1,4-disulfonyl-di-
6 I 423 g

$C_{10}H_{10}S$

Sulfid, [1-Methylen-allyl]-phenyl-
6 III 989 j

—, Prop-2-inyl-*p*-tolyl- 6 IV 2167

$C_{10}H_{10}S_2$

Benzol, 1,3-Bis-vinylmercapto- 6 IV 5705

$C_{10}H_{11}BO_3$

Naphtho[1,2-*d*][1,3,2]dioxaborol-2-ol,
3a,4,5,9b-Tetrahydro- 6 II 927

$C_{10}H_{11}BrClNO_3$

Äther, [2-Brom-1-(2-chlor-phenyl)-2-nitro-
propyl]-methyl- 6 IV 3190

—, [2-Brom-1-(4-chlor-phenyl)-2-nitro-
propyl]-methyl- 6 IV 3190

$C_{10}H_{11}BrCl_2O_2$

Äthan, 1-[2-Brom-4-chlor-phenoxy]-2-
[2-chlor-äthoxy]- 6 III 749 h

$C_{10}H_{11}BrN_2O_4S$

Acetamidoxim, *N*-Acetyl-2-[4-brom-
benzolsulfonyl]- 6 332 f

Sulfid, [2-Brom-1-methyl-propyl]-
[2,4-dinitro-phenyl]- 6 IV 1736

$C_{10}H_{11}BrN_2O_5$

Äther, Äthyl-[2-brom-2-nitro-1-(4-nitro-
phenyl)-äthyl]- 6 478 b

Phenol, 3-Brom-4-*tert*-butyl-2,6-dinitro-
6 IV 3316

Salpetersäure-[3-brom-2,4,5-trimethyl-
6-nitro-benzylester] 6 III 1921 e

$C_{10}H_{11}BrN_2O_6$

Benzol, 1,3-Diäthoxy-5-brom-2,4-dinitro-
6 829 f

—, 1,5-Diäthoxy-3-brom-2,4-dinitro-
6 830 b

—, 2,4-Diäthoxy-1-brom-3,5-dinitro-
6 830 c

—, 2,4-Diäthoxy-3-brom-1,5-dinitro-
6 830 c

$C_{10}H_{11}BrN_4O_3Se$

Aceton, [4-Brom-2-nitro-phenylselanyl]-,
semicarbazon 6 IV 1794

$C_{10}H_{11}BrO$

Äther, Äthyl-[2-brom-1-phenyl-vinyl]-
6 III 2391 c

—, Allyl-[2-brom-6-methyl-phenyl]-
6 III 1269 b

—, [2-Brom-allyl]-*p*-tolyl-
6 I 200 b

—, [4-Brom-but-2-enyl]-phenyl-
6 III 557 g

—, [2-Brom-indan-1-yl]-methyl-
6 II 531 b, III 2426 a

—, [4-Brom-indan-1-yl]-methyl-
6 IV 3826

—, [4-Brom-indan-5-yl]-methyl-
6 IV 3830

—, [7-Brom-indan-4-yl]-methyl-
6 III 2428 e, IV 3829

—, [7-Brom-indan-5-yl]-methyl-
6 IV 3830

—, [4-Brom-phenyl]-methallyl-
6 IV 1047

—, [4-Brom-phenyl]-[2-methyl-
propenyl]- 6 IV 1047

—, [2-Brom-3-phenyl-propenyl]-
methyl- 6 IV 3820

Anisol, 2-Allyl-4-brom- 6 IV 3816

—, 4-[2-Brom-allyl]- 6 II 529 g

—, 2-[1-Brom-propenyl]- 6 IV 3795

—, 2-Brom-4-propenyl- 6 III 2399 d

—, 4-[1-Brom-propenyl]- 6 IV 3796

—, 4-[2-Brom-propenyl]-
6 569 d, III 2399 e, IV 3796

But-2-en-1-ol, 1-[4-Brom-phenyl]-
6 III 2439 f

But-3-en-1-ol, 1-[4-Brom-phenyl]-
6 IV 3838

But-3-en-2-ol, 3-Brom-4-phenyl-
6 576 d, III 2435 d

—, 4-[4-Brom-phenyl]- 6 III 2435 c

Indan-1-ol, 4-Brom-1-methyl- 6 III 2463 e

$C_{10}H_{11}BrO$ (Fortsetzung)

[1]Naphthol, 2-Brom-1,2,3,4-tetrahydro-
 6 II 541 f, III 2460 a

[2]Naphthol, 1-Brom-5,6,7,8-tetrahydro-
 6 II 538 j, IV 3857

—, 3-Brom-1,2,3,4-tetrahydro-
 6 580 e, I 291 f, IV 3863

Phenetol, 2-[2-Brom-vinyl]- **6** 561 c

—, 4-[2-Brom-vinyl]- **6** IV 3777

Phenol, 4-Allyl-2-brom-6-methyl-
 6 III 2447 d

—, 2-[2-Brom-allyl]-4-methyl-
 6 I 287 k

—, 4-Brom-2-but-2-enyl- **6** III 2436 g

—, 2-Brom-6-isopropenyl-4-methyl-
 6 I 288 i

$C_{10}H_{11}BrOS$

Aceton, 1-Brom-1-*p*-tolylmercapto-
 6 III 1415 b

$C_{10}H_{11}BrO_2$

Ameisensäure-[2-brom-1-phenyl-propylester]
 6 II 472 f

Benzol, 1-[2-Brom-allyloxy]-2-methoxy-
 6 III 4214 b

Buttersäure-[4-brom-phenylester]
 6 III 747 f

Buttersäure, 2-Brom-, phenylester
 6 154 i

—, 4-Brom-, phenylester
 6 III 601 d

Essigsäure-[2-brom-4,5-dimethyl-
 phenylester] **6** III 1730 d

— [2-brom-4,6-dimethyl-phenylester]
 6 II 460 k

— [2-brom-1-phenyl-äthylester]
 6 III 1691 c, IV 3054

Essigsäure, Brom-, phenäthylester
 6 IV 3073

Indan-1-ol, 2-Brom-5-methoxy-
 6 III 2430 a

—, 2-Brom-6-methoxy- **6** III 2430 a

Isobuttersäure, α-Brom-, phenylester
 6 154 j

Naphthalin-2,3-diol, 1-Brom-
 1,2,3,4-tetrahydro- **6** 972 c

Phenol, 2-[2-Brom-allyl]-6-methoxy-
 6 III 5018 e

—, 2-Brom-6-methoxy-4-propenyl-
 6 959 h, III 5011 b

Propionsäure, 2-Brom-, *m*-tolylester **6** 379 e

—, 2-Brom-, *o*-tolylester **6** 355 k

—, 2-Brom-, *p*-tolylester **6** 397 e,
 I 201 g

—, 3-Brom-, benzylester **6** IV 2265

—, 3-Brom-, *p*-tolylester **6** II 379 d

Styrol, β-Brom-3,4-dimethoxy- **6** I 458 a,
 III 4984 b

$C_{10}H_{11}BrO_2S$

Essigsäure, [2-Äthyl-4-brom-phenyl≠
 mercapto]- **6** IV 3016

—, [4-Brom-2,5-dimethyl-phenyl≠
 mercapto]- **6** III 1778 f

Propionsäure, 2-[3-Brom-5-methyl-
 phenylmercapto]- **6** II 366 i

Sulfon, Allyl-[4-brom-benzyl]- **6** III 1643 b

—, Benzyl-[3-brom-allyl]- **6** III 1579 a

—, Benzyl-[3-brom-propenyl]-
 6 III 1578 d

—, [3-Brom-propenyl]-*p*-tolyl-
 6 III 1398 a, IV 2162

Toluol, 2-Acetoxy-3-brom-5-methyl≠
 mercapto- **6** I 431 b

—, 4-Acetoxy-3-brom-5-methyl≠
 mercapto- **6** I 435 k

$C_{10}H_{11}BrO_3$

Benzol, 1-Acetoxy-4-[2-brom-äthoxy]-
 6 III 4414 e

—, 2-Acetoxymethyl-4-brom-
 1-methoxy- **6** III 4542 h

Buttersäure, 2-Brom-4-phenoxy- **6** 164 l

Essigsäure-[1-brom-1-phenoxy-äthylester]
 6 III 598 a

Essigsäure, [4-Äthyl-2-brom-phenoxy]-
 6 IV 3025

—, Brom-, [2-phenoxy-äthylester]
 6 IV 575

—, [2-Brom-4,6-dimethyl-phenoxy]-
 6 III 1749 c

—, [4-Brom-3-methyl-phenoxy]-,
 methylester **6** I 190 k

—, [2-Brom-phenoxy]-, äthylester
 6 198 c

—, [4-Brom-phenoxy]-, äthylester
 6 201 a, II 186 d

Isobuttersäure, α-[2-Brom-phenoxy]-
 6 IV 1040

—, α-[4-Brom-phenoxy]- **6** IV 1052

Kohlensäure-äthylester-[4-brom-3-methyl-
 phenylester] **6** I 190 h

Propionsäure, 2-Brom-, [2-methoxy-
 phenylester] **6** 774 j

—, 3-Brom-, [2-methoxy-phenylester]
 6 III 4229 a

$C_{10}H_{11}BrO_3S$

Aceton, 1-Brom-1-[toluol-4-sulfonyl]-
 6 III 1415 f

$C_{10}H_{11}BrO_3S$ (Fortsetzung)

Aceton, 1-Brom-3-[toluol-4-sulfonyl]-
  6 421 e, II 398 d, III 1418 b

Essigsäure, [4-Äthoxy-3-brom-phenyl=
  mercapto]- **6** IV 5834

$C_{10}H_{11}BrO_4$

Benzol, 1-Acetoxy-2-brom-3,5-dimethoxy-
  6 IV 7369

—, 1-Acetoxy-2-brom-4,5-dimethoxy-
  6 III 6285 b

—, 1-Acetoxy-5-brom-2,4-dimethoxy-
  6 IV 7348

Essigsäure, [4-Äthoxy-2-brom-phenoxy]-
  6 IV 5781

Kohlensäure-äthylester-[5-brom-2-methoxy-
  phenylester] **6** I 390 f

Propionsäure, 2-[4-Brom-2-methoxy-
  phenoxy]- **6** IV 5622

—, 2-[5-Brom-2-methoxy-phenoxy]-
  6 IV 5622

$C_{10}H_{11}BrO_4S$

Aceton, 1-Brom-3-[2-methoxy-benzolsulfonyl]-
  6 II 797 c

—, 1-Brom-3-[4-methoxy-benzolsulfonyl]-
  6 II 853 i

Buttersäure, 2-Benzolsulfonyl-2-brom-
  6 320 g

Essigsäure, [4-Brom-benzolsulfonyl]-,
  äthylester **6** 332 b

$C_{10}H_{11}BrO_5$

Essigsäure, [2-Brom-4,5-dimethoxy-
  phenoxy]- **6** III 6285 e

$C_{10}H_{11}BrS$

Sulfid, Allyl-[4-brom-benzyl]- **6** III 1643 a

$C_{10}H_{11}Br_2ClO$

Anisol, 2,5-Dibrom-4-chlormethyl-
  3,6-dimethyl- **6** 513 d

—, 4-[1,2-Dibrom-2-chlor-propyl]- **6** 501 b

$C_{10}H_{11}Br_2ClO_2$

Äthan, 1-[2-Chlor-äthoxy]-2-[2,4-dibrom-
  phenoxy]- **6** III 754 d

Benzol, 1,3-Dibrom-4-chlormethyl-
  2,5-dimethoxy-6-methyl- **6** III 4590 c

Phenol, 2-Brom-4-[2-brom-1-chlor-propyl]-
  6-methoxy- **6** 922 e

—, 2,5-Dibrom-4-chlormethyl-
  3-methoxymethyl-6-methyl- **6** 933 a

$C_{10}H_{11}Br_2IO$

Anisol, 2,5-Dibrom-4-jodmethyl-
  3,6-dimethyl- **6** 516 i

$C_{10}H_{11}Br_2NO_3$

Phenetol, 4-[1,2-Dibrom-2-nitro-äthyl]-
  6 IV 3027

$C_{10}H_{11}Br_2NO_3S$

Äthan, 1-Äthoxy-1,2-dibrom-2-[4-nitro-
  phenylmercapto]- **6** IV 1706

$C_{10}H_{11}Br_2NO_4$

Benzol, 4-[1,2-Dibrom-2-nitro-äthyl]-
  1,2-dimethoxy- **6** III 4562 d

$C_{10}H_{11}Br_3O$

Äther, sec-Butyl-[2,4,6-tribrom-phenyl]-
  6 III 762 f

—, Isobutyl-[2,4,6-tribrom-phenyl]-
  6 III 762 g

Anisol, 2-Brom-4-[1,2-dibrom-propyl]-
  6 501 c, III 1792 a

—, 2-Brom-4-[2,3-dibrom-propyl]-
  6 501 d

—, 2,5-Dibrom-4-brommethyl-
  3,6-dimethyl- **6** 515 a

—, 3,5-Dibrom-4-brommethyl-
  2,6-dimethyl- **6** 520 c

Butan-2-ol, 3,3,4-Tribrom-4-phenyl-
  6 522 j

Phenetol, 2-[1,2,2-Tribrom-äthyl]- **6** 471 f

Phenol, 3,5-Diäthyl-2,4,6-tribrom-
  6 545 f, IV 3354

—, 2,3,5-Tribrom-4-isopropyl-
  6-methyl- **6** 526 n, III 1884 a

—, 2,4,6-Tribrom-3-isopropyl-
  5-methyl- **6** 526 j, III 1883 d

—, 2,4,6-Tris-brommethyl-3-methyl-
  6 IV 3361

$C_{10}H_{11}Br_3O_2$

Benzol, 2,4-Diäthoxy-1,3,5-tribrom-
  6 822 c

—, 1,2-Dimethoxy-4-[1,2,2-tribrom-
  äthyl]- **6** I 442 e

Phenol, 4-[1-Äthoxy-2-brom-äthyl]-
  2,6-dibrom- **6** 905 a

—, 4-Äthoxymethyl-2,3,5-tribrom-
  6-methyl- **6** 913 i

—, 2-Brom-4-[1,2-dibrom-propyl]-
  6-methoxy- **6** 922 g

—, 2,5-Dibrom-3-brommethyl-
  4-methoxymethyl-6-methyl- **6** 938 b

Propan, 1-Methoxy-2-[2,4,6-tribrom-
  phenoxy]- **6** II 194 h

Resorcin, 2,4,6-Tribrom-5-butyl-
  6 III 4660 c

$C_{10}H_{11}Br_3O_3$

Benzol, 1,2-Dibrom-3-brommethyl-
  4,5,6-trimethoxy- **6** IV 7373

Phenol, 3,5-Diäthoxy-2,4,6-tribrom-
  6 1105 d

$C_{10}H_{11}Br_3O_3$ (Fortsetzung)

Phenol, 2,3,5-Tribrom-4,6-bis-
methoxymethyl- **6** 1117 l

—, 2,3,6-Tribrom-4,5-bis-
methoxymethyl- **6** 1115 d

Propan-1-ol, 2-Brom-1-[2,5-dibrom-
4-hydroxy-3-methoxy-phenyl]- **6** 1122 d

—, 2-Brom-3-[2,3-dibrom-4-hydroxy-
5-methoxy-phenyl]- **6** IV 7403

—, 2-Brom-3-[2,5-dibrom-4-hydroxy-
3-methoxy-phenyl]- **6** IV 7403

Propan-2-ol, 1-Brom-3-[2,3-dibrom-
4-hydroxy-5-methoxy-phenyl]-
6 IV 7403

—, 1-Brom-3-[2,5-dibrom-4-hydroxy-
3-methoxy-phenyl]- **6** IV 7403

$C_{10}H_{11}Br_3S$

Sulfid, *tert*-Butyl-[2,4,5-tribrom-phenyl]-
6 IV 1658

$C_{10}H_{11}Br_4O_5P$

Phosphorsäure-diäthylester-[2,3,4,5-
tetrabrom-6-hydroxy-phenylester]
6 IV 5625

$C_{10}H_{11}ClN_2O_3$

Propionimidsäure, 3-Chlor-, [3-nitro-
benzylester] **6** IV 2610

—, 3-Chlor-, [4-nitro-benzylester]
6 IV 2613

$C_{10}H_{11}ClN_2O_4$

Essigsäure, [4-Chlor-2-nitro-phenoxy]-,
dimethylamid **6** IV 1350

$C_{10}H_{11}ClN_2O_4S$

Carbamidsäure, Allylsulfamoyl-,
[4-chlor-phenylester] **6** IV 844

Sulfid, [2-Chlor-butyl]-[2,4-dinitro-phenyl]-
6 III 1090 g

—, [β-Chlor-isobutyl]-[2,4-dinitro-
phenyl]- **6** III 1091 d, IV 1736

—, [1-Chlormethyl-propyl]-
[2,4-dinitro-phenyl]- **6** III 1090 g

—, [2-Chlor-1-methyl-propyl]-
[2,4-dinitro-phenyl]- **6** III 1090 j

$C_{10}H_{11}ClN_2O_5$

Salpetersäure-[3-chlor-2,4,5-trimethyl-
6-nitro-benzylester] **6** III 1921 b

$C_{10}H_{11}ClN_2O_5S$

Alanin, *N*-Carbamoyl-3-[4-chlor-
benzolsulfonyl]- **6** 329 i

$C_{10}H_{11}ClN_2O_6$

Benzol, 1,3-Diäthoxy-5-chlor-2,4-dinitro-
6 829 e

—, 1,5-Diäthoxy-3-chlor-2,4-dinitro-
6 829 e

$C_{10}H_{11}ClN_2O_7$

Phenol, 3,5-Diäthoxy-2-chlor-4,6-dinitro-
6 1106 f

—, 3,5-Diäthoxy-4-chlor-2,6-dinitro-
6 1106 f

$C_{10}H_{11}ClN_4O_3Se$

Aceton, [4-Chlor-2-nitro-phenylselanyl]-,
semicarbazon **6** IV 1792

$C_{10}H_{11}ClN_4O_4$

Aceton, [5-Chlor-2-nitro-phenoxy]-,
semicarbazon **6** 239 d

$C_{10}H_{11}ClO$

Äther, Äthyl-[1-(4-chlor-phenyl)-vinyl]-
6 III 2391 a

—, Äthyl-[2-chlor-1-phenyl-vinyl]-
6 III 2391 b

—, Allyl-[4-chlormethyl-phenyl]-
6 IV 2138

—, Benzyl-[3-chlor-allyl]- **6** III 1459 b

—, [3-Chlor-allyl]-*m*-tolyl- **6** III 1302 a

—, [3-Chlor-allyl]-*o*-tolyl- **6** III 1248 d

—, [3-Chlor-allyl]-*p*-tolyl- **6** III 1356 e

—, [3-Chlor-but-2-enyl]-phenyl-
6 557 e

—, [4-Chlor-but-2-enyl]-phenyl-
6 III 557 f, IV 564

—, [γ-Chlor-cinnamyl]-methyl-
6 I 281 f

—, [4-Chlor-indan-1-yl]-methyl-
6 IV 3825

—, [3-Chlor-1-phenyl-allyl]-methyl-
6 I 283 h

—, [2-Chlor-phenyl]-methallyl-
6 IV 786

—, [3-Chlor-phenyl]-methallyl-
6 IV 812

—, [4-Chlor-phenyl]-methallyl-
6 III 689 k

—, [2-Chlor-phenyl]-[2-methyl-
propenyl]- **6** IV 786

—, [3-Chlor-phenyl]-[2-methyl-
propenyl]- **6** IV 812

—, [4-Chlor-phenyl]-[2-methyl-
propenyl]- **6** IV 826

Anisol, 2-Allyl-4-chlor- **6** IV 3813

—, 2-Allyl-6-chlor- **6** IV 3811

—, 2-[3-Chlor-allyl]- **6** III 2414 b

—, 4-[3-Chlor-allyl]- **6** II 529 f,
III 2416 b

—, 2-Chlor-6-propenyl- **6** IV 3794

—, 4-[1-Chlor-propenyl]- **6** III 2399 b,
IV 3796

C₁₀H₁₁ClO (Fortsetzung)

Anisol, 4-[2-Chlor-propenyl]-
  6 569 b, III 2399 c

—, 4-Chlor-2-propenyl- 6 IV 3795

—, 2-[1-Chlor-vinyl]-4-methyl-
  6 III 2421 g

—, 2-[2-Chlor-vinyl]-4-methyl-
  6 III 2421 h

—, 4-[1-Chlor-vinyl]-2-methyl-
  6 III 2422 c

—, 4-[2-Chlor-vinyl]-2-methyl-
  6 III 2422 d

But-2-en-1-ol, 1-[4-Chlor-phenyl]-
  6 III 2439 d

—, 2-Chlor-1-phenyl- 6 III 2439 e

—, 3-Chlor-1-phenyl- 6 IV 3836

But-3-en-1-ol, 2-Chlor-1-phenyl-
  6 III 2440 e

But-3-en-2-ol, 1-Chlor-1-phenyl-
  6 III 2440 e

—, 1-Chlor-4-phenyl- 6 III 2435 b

—, 2-[4-Chlor-phenyl]- 6 IV 3840

—, 4-Chlor-2-phenyl- 6 IV 3840

—, 4-[4-Chlor-phenyl]- 6 III 2435 a

Indan-1-ol, 2-Chlor-1-methyl- 6 IV 3865

[1]Naphthol, 2-Chlor-1,2,3,4-tetrahydro-
  6 II 541 e

—, 2-Chlor-5,6,7,8-tetrahydro-
  6 III 2453 a

—, 4-Chlor-5,6,7,8-tetrahydro-
  6 III 2453 b

[2]Naphthol, 3-Chlor-1,2,3,4-tetrahydro-
  6 580 c, I 291 e, III 2463 a

Phenol, 2-[3-Chlor-but-2-enyl]- 6 IV 3834

—, 4-Chlor-2-methallyl- 6 III 2444 g

C₁₀H₁₁ClOS

Aceton, 1-Chlor-1-*p*-tolylmercapto-
  6 III 1415 a

Acetylchlorid, Phenäthylmercapto-
  6 II 453 f, IV 3090

Butyrylchlorid, 4-Phenylmercapto-
  6 III 1019 e

Isobutyrylchlorid, α-Phenylmercapto-
  6 III 1019 i

Propionylchlorid, 2-Benzylmercapto-
  6 IV 2703

—, 3-Benzylmercapto- 6 IV 2703

Thiobuttersäure, 3-Chlor-, *S*-phenylester
  6 IV 1524

Thioisobuttersäure-*S*-[4-chlor-phenylester]
  6 IV 1599

C₁₀H₁₁ClO₂

Aceton, 1-Chlor-3-*o*-tolyloxy- 6 IV 1959

Äthan, 1-Acetoxy-1-[4-chlor-phenyl]-
  6 III 1683 b

—, 1-[4-Chlor-phenoxy]-2-vinyloxy-
  6 III 690 e, IV 827

Äthen, 1-Äthoxy-1-chlor-2-phenoxy-
  6 IV 606

Ameisensäure-[1-chlormethyl-2-phenyl-
  äthylester] 6 503 e

Benzol, 2-Allyloxy-4-chlor-1-methoxy-
  6 IV 5614

—, 1-[3-Chlor-allyloxy]-2-methoxy-
  6 III 4214 a

Buttersäure-[3-chlor-phenylester] 6 IV 814

— [4-chlor-phenylester] 6 II 176 i,
  III 693 f

Buttersäure, 3-Chlor-, phenylester
  6 IV 616, 8 III 2190 e

Butyrylchlorid, 2-Phenoxy- 6 164 b,
  IV 645

—, 4-Phenoxy- 6 III 617 c

Chlorokohlensäure-[3-phenyl-propylester]
  6 III 1804 l

— [1-*p*-tolyl-äthylester] 6 IV 3243

Essigsäure-[2-äthyl-4-chlor-phenylester]
  6 II 443 b

— [4-chlor-3,5-dimethyl-phenylester]
  6 III 1759 f

— [β-chlor-phenäthylester]
  6 IV 3080

— [4-chlor-phenäthylester]
  6 IV 3079

— [2-chlor-1-phenyl-äthylester]
  6 III 1684 a

Essigsäure, Chlor-, [3-äthyl-phenylester]
  6 IV 3017

—, Chlor-, [2,4-dimethyl-phenylester]
  6 487 k, IV 3128

—, Chlor-, [3,4-dimethyl-phenylester]
  8 IV 525

—, Chlor-, [3,5-dimethyl-phenylester]
  6 I 244 e

—, Chlor-, phenäthylester
  6 II 451 d, IV 3073

—, Chlor-, [1-phenyl-äthylester]
  6 III 1680 a

Isobuttersäure-[4-chlor-phenylester]
  6 II 176 j, IV 840

Isobuttersäure, α-Chlor-, phenylester
  6 III 601 f, IV 616

Isobutyrylchlorid, α-Phenoxy- 6 I 90 f

Naphthalin-1,4-diol, 2-Chlor-
  5,6,7,8-tetrahydro- 6 IV 6354

C₁₀H₁₁ClO₂ (Fortsetzung)

Phenol, 2-Allyl-3-chlor-6-methoxy-
   6 IV 6335

—, 2-[3-Chlor-allyl]-6-methoxy-
   6 III 5018 b

Propionsäure-[2-chlor-4-methyl-phenylester]
   6 II 383 c

— [4-chlor-2-methyl-phenylester]
   6 III 1265 e

— [4-chlor-3-methyl-phenylester]
   6 II 356 b, III 1317 d

Propionsäure, 3-Chlor-, benzylester
   6 II 417 a, III 1479 f

—, 3-Chlor-, *p*-tolylester **6** IV 2112

Propionylchlorid, 2-Benzyloxy-
   6 III 1533 i, IV 2473

C₁₀H₁₁ClO₂S

Buttersäure, 2-[2-Chlor-phenylmercapto]-
   6 IV 1574

—, 2-[4-Chlor-phenylmercapto]-
   6 IV 1604

Essigsäure, [2-Chlor-3,5-dimethyl-
phenylmercapto]- **6** III 1768 d

—, [2-Chlor-4,5-dimethyl-
phenylmercapto]- **6** III 1732 e

—, [3-Chlor-2,4-dimethyl-
phenylmercapto]- **6** III 1752 h

—, [3-Chlor-2,5-dimethyl-
phenylmercapto]- **6** III 1778 d

—, [4-Chlor-2,5-dimethyl-
phenylmercapto]- **6** I 247 g, II 468 g,
III 1778 b

—, [5-Chlor-2,4-dimethyl-
phenylmercapto]- **6** III 1753 b

—, Chlor-phenylmercapto-, äthylester
   6 319 h

—, [4-Chlor-phenylmercapto]-,
äthylester **6** IV 1602

Isobuttersäure, α-[2-Chlor-phenylmercapto]-
   6 IV 1574

—, α-[3-Chlor-phenylmercapto]-
   6 IV 1580

—, α-[4-Chlor-phenylmercapto]-
   6 IV 1604

Propionsäure, 2-[4-Chlor-2-methyl-
phenylmercapto]- **6** IV 2030

—, 3-[5-Chlor-2-methyl-phenyl-
mercapto]- **6** IV 2029

Sulfon, Benzyl-[3-chlor-propenyl]-
   6 III 1578 c

—, [3-Chlor-allyl]-*p*-tolyl- **6** III 1398 e

—, [4-Chlor-2,5-dimethyl-phenyl]-
vinyl- **6** IV 3171

—, [3-Chlor-propenyl]-*p*-tolyl-
   6 III 1397 c, IV 2162

C₁₀H₁₁ClO₂S₂

Dithiokohlensäure-*O*-[β-(4-chlor-phenoxy)-
isopropylester] **6** IV 829

C₁₀H₁₁ClO₃

Aceton, 1-Chlor-3-[2-methoxy-phenoxy]-
   6 III 4226 b

—, [4-Chlor-2-methoxy-phenoxy]-
   6 IV 5615

—, [5-Chlor-2-methoxy-phenoxy]-
   6 IV 5615

Acetylchlorid, [4-Äthoxy-phenoxy]-
   6 IV 5745

Benzol, 1-[2-Acetoxy-äthoxy]-2-chlor-
   6 IV 787

—, 1-Acetoxy-4-chlormethyl-
2-methoxy- **6** IV 5882

Buttersäure, 2-[2-Chlor-phenoxy]-
   6 IV 797

—, 2-[3-Chlor-phenoxy]-
   6 III 683 h, IV 817

—, 2-[4-Chlor-phenoxy]- **6** IV 851

—, 4-[2-Chlor-phenoxy]- **6** III 679 e

—, 4-[3-Chlor-phenoxy]- **6** III 683 i,
IV 817

—, 4-[4-Chlor-phenoxy]-
   6 III 696 g, IV 851

Essigsäure, [2-Äthyl-4-chlor-phenoxy]-
   6 III 1658 c, IV 3013

—, [4-Äthyl-2-chlor-phenoxy]-
   6 IV 3023

—, Chlor-, [2-methoxy-4-methyl-
phenylester] **6** 880 c, I 432 d

—, [2-Chlor-3,5-dimethyl-phenoxy]-
   6 III 1760 d

—, [4-Chlor-2,6-dimethyl-phenoxy]-
   6 IV 3122

—, [4-Chlor-3,5-dimethyl-phenoxy]-
   6 III 1760 a

—, [2-Chlor-4-methyl-phenoxy]-,
methylester **6** IV 2136

—, [4-Chlor-3-methyl-phenoxy]-,
methylester **6** I 189 a

—, [2-Chlor-phenoxy]-, äthylester
   6 II 172 i, IV 796

—, [3-Chlor-phenoxy]-, äthylester
   6 IV 816

—, [4-Chlor-phenoxy]-, äthylester
   6 II 177 g, III 694 g, IV 845

Isobuttersäure, α-[2-Chlor-phenoxy]-
   6 IV 797

—, α-[3-Chlor-phenoxy]- **6** IV 817

$C_{10}H_{11}ClO_3$ (Fortsetzung)

Isobuttersäure, α-[4-Chlor-phenoxy]-
     6 III 696 i, IV 851

Kohlensäure-äthylester-[4-chlor-3-methyl-
     phenylester] 6 I 188 h

Propionsäure, 2-[2-Chlor-4-methyl-
     phenoxy]- 6 III 1375 e

—, 2-[4-Chlor-2-methyl-phenoxy]-
     6 III 1266 i, IV 1996

—, 2-[4-Chlor-3-methyl-phenoxy]-
     6 III 1318 b

—, 3-[2-Chlor-4-methyl-phenoxy]-
     6 III 1375 f

—, 3-[2-Chlor-5-methyl-phenoxy]-
     6 IV 2063

—, 3-[3-Chlor-4-methyl-phenoxy]-
     6 IV 2135

—, 3-[4-Chlor-2-methyl-phenoxy]-
     6 III 1266 j, IV 1996

—, 3-[4-Chlor-3-methyl-phenoxy]-
     6 III 1318 c, IV 2066

—, 3-[5-Chlor-2-methyl-phenoxy]-
     6 IV 1986

—, 2-Chlor-3-phenoxy-, methylester
     6 III 616 e

Propionylchlorid, 2-[3-Methoxy-phenoxy]-
     6 III 4325 a

Toluol, 4-Acetoxy-2-chlor-5-methoxy-
     6 II 867 d

$C_{10}H_{11}ClO_3S$

Aceton, 1-Chlor-1-[toluol-4-sulfonyl]-
     6 III 1415 e

—, 1-Chlor-3-[toluol-4-sulfonyl]-
     6 II 398 c, III 1417 d

But-2-en-1-sulfonsäure, 3-Chlor-,
     phenylester 6 IV 690

Butyrylchlorid, 2-Benzolsulfonyl-
     6 317 d

Essigsäure, [4-Äthoxy-3-chlor-phenyl=
     mercapto]- 6 IV 5832

—, [5-Äthoxy-2-chlor-phenylmercapto]-
     6 III 4366 a

—, [2-Chlor-4-methoxy-3-methyl-
     phenylmercapto]- 6 III 4512 b

—, [3-Chlor-4-methoxy-2-methyl-
     phenylmercapto]- 6 III 4507 a

Isobutyrylchlorid, α-Benzolsulfonyl-
     6 317 g

$C_{10}H_{11}ClO_4$

Acetylchlorid, [2,3-Dimethoxy-phenoxy]-
     6 II 1067 c

Benzol, 1-Acetoxy-4-chlor-2,5-dimethoxy-
     6 IV 7344

Buttersäure, 4-[4-Chlor-phenoxy]-
     3-hydroxy- 6 IV 856

Essigsäure, [4-Äthoxy-2-chlor-phenoxy]-
     6 IV 5770

—, Chlor-, [2,6-dimethoxy-
     phenylester] 6 II 1066 f

—, [4-Chlor-phenoxy]-, [2-hydroxy-
     äthylester] 6 III 695 e

—, [2-(2-Chlor-phenoxy)-äthoxy]-
     6 IV 787

—, [2-(4-Chlor-phenoxy)-äthoxy]-
     6 IV 827

Propionsäure, 2-[4-Chlor-2-methoxy-
     phenoxy]- 6 IV 5616

$C_{10}H_{11}ClO_4S$

Essigsäure, [4-Chlor-benzolsulfonyl]-,
     äthylester 6 328 j, II 298 d

—, Chlor-phenylmethansulfonyl-,
     methylester 6 IV 2714

$C_{10}H_{11}ClO_5$

Essigsäure, [4-Chlor-2,6-bis-hydroxymethyl-
     phenoxy]- 6 IV 7397

—, [2-Chlor-4,5-dimethoxy-phenoxy]-
     6 III 6283 g

$C_{10}H_{11}ClO_5S$

Essigsäure, [4-Chlor-2-methansulfonylmethyl-
     phenoxy]- 6 IV 5905

$C_{10}H_{11}ClS$

Sulfid, Allyl-[4-chlor-benzyl]- 6 IV 2771

—, [3-Chlor-but-2-enyl]-phenyl-
     6 IV 1481

—, [4-Chlor-2,5-dimethyl-phenyl]-
     vinyl- 6 III 1777 i

—, [β-Chlor-phenäthyl]-vinyl-
     6 IV 3094

—, [2-Chlor-4-propenyl-phenyl]-
     methyl- 6 IV 3798

$C_{10}H_{11}ClS_2$

Äthen, 1-Äthylmercapto-2-[4-chlor-
     phenylmercapto]- 6 IV 1589

$C_{10}H_{11}Cl_2F_3O_2$

Crotonsäure, 2,3-Dichlor-4,4,4-trifluor-,
     cyclohexylester 6 IV 39

$C_{10}H_{11}Cl_2NO_2$

Buttersäure, 2-[2,4-Dichlor-phenoxy]-,
     amid 6 III 708 h, IV 927

—, 4-[2,4-Dichlor-phenoxy]-, amid
     6 III 709 a

Carbamidsäure, Propyl-, [2,4-dichlor-
     phenylester] 6 IV 907

Essigsäure, Dichlor-, [2-phenoxy-
     äthylamid] 6 IV 666

$C_{10}H_{11}Cl_2NO_2$ (Fortsetzung)

Essigsäure, Dichlor-phenoxy-, dimethyl=
amid **6** IV 623

Isobuttersäure, α-[2,4-Dichlor-phenoxy]-,
amid **6** IV 928

$C_{10}H_{11}Cl_2NO_2S$

Sulfid, [β-Chlor-isobutyl]-[4-chlor-2-nitro-
phenyl]- **6** III 1079 b

$C_{10}H_{11}Cl_2NO_3$

Carbamidsäure-[2,2-dichlor-3-hydroxy-
1-phenyl-propylester] **6** IV 5986

– [2,2-dichlor-3-hydroxy-3-phenyl-
propylester] **6** IV 5986

Carbamidsäure, [2-Chlor-phenoxymethyl]-,
[2-chlor-äthylester] **6** IV 791

–, [4-Chlor-phenoxymethyl]-,
[2-chlor-äthylester] **6** IV 834

Essigsäure, [2,4-Dichlor-phenoxy]-,
[2-hydroxy-äthylamid] **6** III 707 d

Propan, 2-Carbamoyloxy-1-chlor-3-
[2-chlor-phenoxy]- **6** IV 789

$C_{10}H_{11}Cl_2NO_5$

Benzol, 1-Äthoxy-2,5-dichlor-
3,6-dimethoxy-4-nitro- **6** IV 7350

$C_{10}H_{11}Cl_2NS_2$

Dithiocarbamidsäure, Dimethyl-,
[2,4-dichlor-benzylester] **6** IV 2783

–, Dimethyl-, [3,4-dichlor-
benzylester] **6** IV 2786

$C_{10}H_{11}Cl_2N_3O_2$

Aceton, [2,4-Dichlor-phenoxy]-,
semicarbazon **6** IV 902

$C_{10}H_{11}Cl_2O_4P$

Phosphorsäure-äthylester-[2,2-dichlor-
vinylester]-phenylester **6** IV 713

$C_{10}H_{11}Cl_3O$

Äthanol, 1-[4-Äthyl-phenyl]-2,2,2-trichlor-
6 III 1915 a

–, 2,2,2-Trichlor-1-[2,5-dimethyl-
phenyl]- **6** 545 o

–, 2,2,2-Trichlor-1-[3,4-dimethyl-
phenyl]- **6** II 502 e

Äther, [2,4-Bis-chlormethyl-phenyl]-
[2-chlor-äthyl]- **6** III 1748 f

–, [4-Chlor-2-chlormethyl-phenyl]-
[3-chlor-propyl]- **6** IV 2005

Anisol, 4-[1,2,2-Trichlor-propyl]-
6 500 h

Butan-1-ol, 2,2,3-Trichlor-1-phenyl-
6 I 257 h, II 486 e, III 1848 e

Butan-2-ol, 1,3,4-Trichlor-4-phenyl-
6 III 1850 d

Phenetol, 2,3,5-Trichlor-4,6-dimethyl-
6 II 460 f

–, 2,4,5-Trichlor-3,6-dimethyl-
6 II 468 a

Phenol, 2,6-Dimethyl-4-[2,2,2-trichlor-
äthyl]- **6** IV 3358

–, 2,4,5-Trichlor-3-isopropyl-
6-methyl- **6** I 263 a

–, 2,4,6-Tris-chlormethyl-3-methyl-
6 IV 3361

$C_{10}H_{11}Cl_3O_2$

Äthan, 1-[2-Chlor-äthoxy]-2-[2,4-dichlor-
phenoxy]- **6** III 703 b

Äthanol, 1-[4-Äthoxy-phenyl]-2,2,2-trichlor-
6 III 4568 b, IV 5932

–, 2,2,2-Trichlor-1-[4-methoxy-
2-methyl-phenyl]- **6** III 4638 b

Benzol, 1,4-Diäthoxy-2,3,5-trichlor-
6 851 a, IV 5775

–, 1-Methoxy-4-[2,2,2-trichlor-
1-methoxy-äthyl]- **6** III 4568 a

Butan-1,3-diol, 4,4,4-Trichlor-1-phenyl-
6 IV 6007

Chloral-[äthyl-phenyl-acetal] **6** IV 600

Propan-2-ol, 1-Chlor-3-[4-chlor-
2-chlormethyl-phenoxy]- **6** IV 2005

$C_{10}H_{11}Cl_3O_2S$

Sulfon, Benzyl-[2,3,3-trichlor-propyl]-
6 IV 2636

$C_{10}H_{11}Cl_3O_3$

Äthanol, 1-[3-Äthoxy-4-hydroxy-phenyl]-
2,2,2-trichlor- **6** III 6331 c

–, 2,2,2-Trichlor-1-[2,4-dimethoxy-
phenyl]- **6** IV 7389

–, 2,2,2-Trichlor-1-[2,5-dimethoxy-
phenyl]- **6** III 6330 c

–, 2,2,2-Trichlor-1-[3,4-dimethoxy-
phenyl]- **6** IV 7391

–, 2-[2-(2,3,6-Trichlor-phenoxy)-
äthoxy]- **6** IV 962

–, 2-[2-(2,4,5-Trichlor-phenoxy)-
äthoxy]- **6** IV 965

Benzol, 1-Äthoxy-2,4,5-trichlor-
3,6-dimethoxy- **6** IV 7347

Propan-2-ol, 1-Methoxy-3-[2,4,5-trichlor-
phenoxy]- **6** III 718 f

$C_{10}H_{11}Cl_3O_3S$

Propan-2-ol, 1,1,1-Trichlor-3-[toluol-
4-sulfonyl]- **6** IV 2176

$C_{10}H_{11}Cl_3O_4$

Äthanol, 2,2,2-Trichlor-1-[4-hydroxy-
3,5-dimethoxy-phenyl]- **6** II 1123 b

$C_{10}H_{11}Cl_3O_4S$
Schwefligsäure-[2-chlor-äthylester]-[2-
(2,4-dichlor-phenoxy)-äthylester]
6 IV 893

– [2-phenoxy-äthylester]-
[2,2,2-trichlor-äthylester] 6 IV 579

$C_{10}H_{11}Cl_3S$
Sulfid, Benzyl-[2,3,3-trichlor-propyl]-
6 IV 2636

–, [4-Chlor-benzyl]-[2,3-dichlor-
propyl]- 6 IV 2771

$C_{10}H_{11}Cl_4O_3PS$
Thiophosphorsäure-O,O'-diäthylester-
O''-[2,3,4,6-tetrachlor-phenylester]
6 IV 1023

$C_{10}H_{11}Cl_4O_5P$
Phosphorsäure-diäthylester-[2,3,5,6-
tetrachlor-4-hydroxy-phenylester]
6 IV 5779

$C_{10}H_{11}Cl_5NO_2PS$
Amidothiophosphorsäure, Äthyl-,
O-äthylester-O'-pentachlorphenylester
6 IV 1036

$C_{10}H_{11}DO$
Phenol, O-Deuterio-2-methallyl-
6 IV 3842

$C_{10}H_{11}FO$
But-2-en-1-ol, 1-[4-Fluor-phenyl]-
6 III 2439 c
But-3-en-2-ol, 4-[4-Fluor-phenyl]-
6 III 2434 g

$C_{10}H_{11}FO_2$
Buttersäure-[4-fluor-phenylester]
6 III 671 b

$C_{10}H_{11}FO_3$
Buttersäure, 4-[4-Fluor-phenoxy]-
6 IV 777
Essigsäure, [2-Äthyl-4-fluor-phenoxy]-
6 III 1658 a, IV 3013
–, [4-Fluor-2,5-dimethyl-phenoxy]-
6 IV 3169
–, [4-Fluor-phenoxy]-, äthylester
6 IV 776
Isobuttersäure, α-[4-Fluor-phenoxy]-
6 IV 778

$C_{10}H_{11}F_3O$
Äther, Äthyl-[4-trifluormethyl-benzyl]-
6 III 1782 c
–, Isopropyl-[2-trifluormethyl-
phenyl]- 6 III 1263 g, IV 1984
–, Isopropyl-[3-trifluormethyl-
phenyl]- 6 IV 2060

–, Isopropyl-[4-trifluormethyl-
phenyl]- 6 III 1374 c, IV 2134
Phenol, 2-Propyl-5-trifluormethyl-
6 IV 3323
Propan-1-ol, 1-[3-Trifluormethyl-phenyl]-
6 III 1879 g
Propan-2-ol, 2-[3-Trifluormethyl-phenyl]-
6 III 1884 e, IV 3330
–, 2-[4-Trifluormethyl-phenyl]-
6 IV 3351

$C_{10}H_{11}F_3O_2$
Propan-2-ol, 1-[2-Trifluormethyl-phenoxy]-
6 IV 1984
–, 1-[3-Trifluormethyl-phenoxy]-
6 IV 2061

$C_{10}H_{11}F_3O_3$
Propan-1,2-diol, 3-[2-Trifluormethyl-
phenoxy]- 6 IV 1984
–, 3-[3-Trifluormethyl-phenoxy]-
6 IV 2061

$[C_{10}H_{11}HgO_3]^+$
Äthylquecksilber(1+), 2-Acetoxy-
2-phenoxy- 6 IV 689

$C_{10}H_{11}IN_2O_3S$
Cystein, N-Carbamoyl-S-[4-jod-phenyl]-
6 336 f

$C_{10}H_{11}IO$
[1]Naphthol, 2-Jod-1,2,3,4-tetrahydro-
6 II 543 a
[2]Naphthol, 3-Jod-1,2,3,4-tetrahydro-
6 580 f, II 543 e

$C_{10}H_{11}IO_2$
Essigsäure-[4-jod-2,5-dimethyl-phenylester]
6 III 1775 b
– [4-jod-2,6-dimethyl-phenylester]
6 III 1740 c
– [2-jod-3-methyl-benzylester]
6 IV 3163

$C_{10}H_{11}IO_2S$
Sulfon, [3-Jod-propenyl]-p-tolyl-
6 III 1398 b, IV 2162

$C_{10}H_{11}IO_3$
Buttersäure, 2-[2-Jod-phenoxy]-
6 IV 1071
–, 2-[3-Jod-phenoxy]- 6 IV 1074
–, 2-[4-Jod-phenoxy]- 6 IV 1078
Essigsäure, [4-Jod-phenoxy]-, äthylester
6 II 199 h
Isobuttersäure, α-[4-Jod-phenoxy]-
6 IV 1078

$C_{10}H_{11}IO_3S$
Aceton, 1-Jod-3-[toluol-4-sulfonyl]-
6 II 398 e

C₁₀H₁₁I₃O — $C_{10}H_{11}I_3O$

Äther, Butyl-[2,4,6-trijod-phenyl]-
  6 III 789 d
−, sec-Butyl-[2,4,6-trijod-phenyl]-
  6 IV 1085
−, Isobutyl-[2,4,6-trijod-phenyl]-
  6 III 789 e

C₁₀H₁₁NO — $C_{10}H_{11}NO$

Acetonitril, [2,5-Dimethyl-phenoxy]-
  6 III 1773 d
−, [3,5-Dimethyl-phenoxy]-
  6 IV 3147
−, Phenäthyloxy- 6 II 452 i
Butyronitril, 2-Phenoxy- 6 164 d
−, 4-Phenoxy- 6 164 i, II 159 c,
  III 617 f, IV 646
Isobutyronitril, β-Phenoxy- 6 IV 647
Propionitril, 2-Benzyloxy- 6 III 1534 b
−, 3-Benzyloxy- 6 III 1534 g,
  IV 2473
−, 3-m-Tolyloxy- 6 IV 2052
−, 3-o-Tolyloxy- 6 IV 1966
−, 3-p-Tolyloxy- 6 IV 2121

C₁₀H₁₁NOS — $C_{10}H_{11}NOS$

Äthan, 1-Thiocyanato-2-o-tolyloxy-
  6 IV 1949
Äthylthiocyanat, 2-m-Tolyloxy-
  6 IV 2043
−, 2-p-Tolyloxy- 6 IV 2105
Phenylthiocyanat, 4-Methoxy-2,6-dimethyl-
  6 IV 5959
Propylthiocyanat, 3-Phenoxy- 6 IV 585 f
Thiocarbamidsäure, Allyl-, O-phenylester
  6 I 89 f

C₁₀H₁₁NOS₂ — $C_{10}H_{11}NOS_2$

Dithiocarbamidsäure, Acetyl-, benzylester
  6 462 a

C₁₀H₁₁NO₂ — $C_{10}H_{11}NO_2$

Acetonitril, [2-Äthoxy-phenoxy]-
  6 III 4236 e
Acrylsäure, 2-Methyl-3-phenoxy-, amid
  6 IV 654
Butyronitril, 3-Hydroxy-4-phenoxy-
  6 III 624 i
−, 4-[4-Hydroxy-phenoxy]-
  6 IV 5749
Carbamidsäure-[2-allyl-phenylester]
  6 I 282 f
− [1-phenyl-allylester] 6 II 530 a,
  IV 3819
Isobutyronitril, α-[4-Hydroxy-phenoxy]-
  6 IV 5750

Propionitril, 3-[2-Methoxy-phenoxy]-
  6 IV 5588
−, 3-[3-Methoxy-phenoxy]-
  6 III 4325 e, IV 5676
−, 3-[4-Methoxy-phenoxy]-
  6 IV 5747
Pyruvaldehyd-1-[O-benzyl-oxim] 6 441 c
− 2-[O-benzyl-oxim] 6 IV 2563 a

C₁₀H₁₁NO₂S — $C_{10}H_{11}NO_2S$

Acetonitril, [2,4-Dimethyl-benzolsulfonyl]-
  6 492 e
Äthylthiocyanat, 2-[4-Methoxy-phenoxy]-
  6 IV 5729
Benzylalkohol, 2-Hydroxy-5-methyl-
  3-thiocyanatomethyl- 6 III 6357 g
Butyronitril, 3-Benzolsulfonyl- 6 III 1019 c
Isobutyronitril, α-Benzolsulfonyl-
  6 IV 1542
−, β-Benzolsulfonyl- 6 IV 1542
Propionitril, 3-Phenylmethansulfonyl-
  6 III 1613 a, IV 2704
−, 2-[Toluol-4-sulfonyl]- 6 I 212 d,
  III 1423 c
−, 3-[Toluol-2-sulfonyl]- 6 III 1282 f
−, 3-[Toluol-3-sulfonyl]- 6 III 1335 d
−, 3-[Toluol-4-sulfonyl]- 6 III 1423 g,
  IV 2199
Sulfid, Allyl-[2-nitro-benzyl]- 6 III 1646 c
−, Allyl-[3-nitro-benzyl]- 6 III 1647 a
−, Allyl-[4-nitro-benzyl]- 6 III 1647 i
Thioacetimidsäure, N-Acetoxy-,
  phenylester 6 IV 1522
Thioglycin, N-Acetyl-, S-phenylester
  6 IV 1554

C₁₀H₁₁NO₂S₂ — $C_{10}H_{11}NO_2S_2$

Glycin, N-Benzylmercaptothiocarbonyl-
  6 I 229 a, III 1608 f
μ-Imido-1,1-dithio-dikohlensäure-
  2-benzylester-1-methylester 6 IV 2286
Propylthiocyanat, 3-Benzolsulfonyl-
  6 III 999 f

C₁₀H₁₁NO₃ — $C_{10}H_{11}NO_3$

Äther, Äthyl-[2-nitro-1-phenyl-vinyl]-
  6 564 a
−, Allyl-[2-methyl-6-nitro-phenyl]- 6 365 e
−, But-2-enyl-[4-nitro-phenyl]-
  6 III 820 l
−, Methallyl-[3-nitro-phenyl]-
  6 IV 1271
−, Methallyl-[4-nitro-phenyl]- 6 III 820 m
−, Methyl-[4-nitro-indan-5-yl]-
  6 III 2430 c

C₁₀H₁₁NO₃ (Fortsetzung)

C₁₀H₁₁NO₃ (Fortsetzung)

Äther, Methyl-[6-nitro-indan-5-yl]-
  6 III 2430 e

—, [2-Methyl-propenyl]-[4-nitro-
  phenyl]- 6 IV 1287

Allylalkohol, 2-Methyl-3-[4-nitro-phenyl]-
  6 IV 3842

Anhydrid, [N-Benzyloxy-formimidsäure]-
  essigsäure- 6 442 a

Anisol, 2-Allyl-6-nitro- 6 IV 3816

—, 2-Methyl-4-[2-nitro-vinyl]-
  6 IV 3823

—, 4-Methyl-2-[2-nitro-vinyl]-
  6 IV 3823

—, 2-[2-Nitro-propenyl]- 6 II 522 h,
  IV 3795

—, 2-Nitro-4-propenyl- 6 IV 3796

—, 3-[2-Nitro-propenyl]- 6 IV 3795

—, 4-[2-Nitro-propenyl]- 6 570 d,
  II 525 a, III 2400 a, IV 3797

Carbamidsäure, Acetyl-, benzylester
  6 IV 2285

—, Allyl-, [2-hydroxy-phenylester]
  6 III 4232 e

[1]Naphthol, 2-Nitro-5,6,7,8-tetrahydro-
  6 I 290 i, II 535 f

—, 3-Nitro-5,6,7,8-tetrahydro-
  6 IV 3854

—, 4-Nitro-5,6,7,8-tetrahydro-
  6 II 535 g

—, 7-Nitro-1,2,3,4-tetrahydro-
  6 III 2460 b

[2]Naphthol, 1-Nitro-5,6,7,8-tetrahydro-
  6 IV 3857

—, 3-Nitro-5,6,7,8-tetrahydro-
  6 II 539 b, III 2456 h, IV 3858

Oxalamidsäure, Dimethyl-, phenylester
  6 IV 622

Phenetol, 2-[2-Nitro-vinyl]- 6 IV 3773

—, 4-[2-Nitro-vinyl]- 6 IV 3778

Propionsäure, 2-Benzyloxyimino-
  6 IV 2564

C₁₀H₁₁NO₃S

Aceton, [4-Methyl-2-nitro-phenylmercapto]-
  6 I 214 d

Acetonitril, [4-Äthoxy-benzolsulfonyl]-
  6 863 i, II 854 d

Äthen, 1-Äthoxy-2-[4-nitro-phenyl⚹
  mercapto]- 6 IV 1700

Alanin, N-Phenylmercaptocarbonyl-
  6 IV 1529

β-Alanin, N-Phenylmercaptocarbonyl-
  6 IV 1530

Glycin, N-Benzylmercaptocarbonyl-
  6 III 1599 e, IV 2679

μ-Imido-1-thio-dikohlensäure-1-
  O-äthylester-2-phenylester 6 160 b

— 1-O-benzylester-2-methylester
  6 438 a

Thioglycin, N-Benzyloxycarbonyl-
  6 IV 2320

C₁₀H₁₁NO₃S₂

Dithiokohlensäure-O-äthylester-S-[4-nitro-
  benzylester] 6 III 1649 a

C₁₀H₁₁NO₃S₂Se

Thioanhydrid, [2-Nitro-benzolselenensäure]-
  [thiokohlensäure-O-isopropylester]-
  6 III 1117 c

C₁₀H₁₁NO₃S₃

Disulfidothiokohlensäure-O-äthylester-S-S-
  [5-methyl-2-nitro-phenylester]
  6 III 1338 d

C₁₀H₁₁NO₃Se

Aceton, [4-Methyl-2-nitro-phenylselanyl]-
  6 IV 2219

C₁₀H₁₁NO₄

Aceton, [3-Methyl-2-nitro-phenoxy]-
  6 III 1326 b

—, [4-Methyl-2-nitro-phenoxy]-
  6 I 206 d

Äthan, 1-Acetoxy-1-[3-nitro-phenyl]-
  6 IV 3056

—, 1-Acetoxy-1-[4-nitro-phenyl]-
  6 I 237 g, III 1695 a, IV 3056

Alanin, N-Phenoxycarbonyl- 6 IV 631

Benzol, 1-Allyloxy-2-methoxy-4-nitro-
  6 IV 5627

—, 1-Allyloxy-4-methoxy-2-nitro-
  6 IV 5787

—, 2-Allyloxy-1-methoxy-4-nitro-
  6 IV 5627

Benzylalkohol, 2-Methoxy-5-[2-nitro-vinyl]-
  6 III 5033 c

Buttersäure-[4-nitro-phenylester]
  6 III 826 b, IV 1298

Butyraldehyd, 4-[4-Nitro-phenoxy]-
  6 IV 1297

Essigsäure-[2,5-dimethyl-4-nitro-phenylester]
  6 497 e

— [2,6-dimethyl-3-nitro-phenylester]
  6 IV 3123

— [2,6-dimethyl-4-nitro-phenylester]
  6 III 1741 b

— [2-methyl-5-nitro-benzylester]
  6 III 1734 f

$C_{10}H_{11}NO_4$ (Fortsetzung)

Essigsäure-[4-nitro-phenäthylester]
6 I 238 i, III 1715 a

Glycin, N-Benzyloxycarbonyl- 6 III 1487 b,
IV 2286

–, N-Phenoxyacetyl- 6 III 613 i

–, N-p-Tolyloxycarbonyl-
6 IV 2118

μ-Imido-dikohlensäure-äthylester-
phenylester 6 159 f

Isobuttersäure-[2-nitro-phenylester]
6 220 b

– [4-nitro-phenylester] 6 III 826 c,
IV 1299

Phenol, 2-Äthoxy-4-[2-nitro-vinyl]-
6 IV 6316

–, 2-Äthoxy-5-[2-nitro-vinyl]-
6 IV 6316

–, 2-Allyl-6-methoxy-4-nitro-
6 IV 6335

–, 4-Allyl-2-methoxy-5-nitro-
6 III 5031 g

–, 4-Allyl-2-methoxy-6-nitro-
6 968 h, I 464 b, III 5031 f

–, 2-Methoxy-4-[2-nitro-propenyl]-
6 III 5011 d

–, 2-Methoxy-6-[2-nitro-propenyl]-
6 IV 6321

–, 2-Methoxy-6-nitro-4-propenyl-
6 960 i

Propionsäure-[4-nitro-benzylester]
6 I 223 h

Styrol, 2,3-Dimethoxy-β-nitro- 6 III 4979 a,
IV 6313

–, 2,4-Dimethoxy-β-nitro-
6 II 913 g, III 4980 b, IV 6315

–, 2,5-Dimethoxy-β-nitro-
6 I 457 h, III 4981 a

–, 3,4-Dimethoxy-β-nitro-
6 I 458 d, II 915 b, III 4985 b,
IV 6316

–, 4,α-Dimethoxy-β-nitro-
6 III 4989 e

$C_{10}H_{11}NO_4S$

Benzol, 1-[2-Acetoxy-äthylmercapto]-
4-nitro- 6 IV 1698

–, 1-[2-Acetylmercapto-äthoxy]-
4-nitro- 6 IV 1291

Essigsäure, [4-Nitro-phenäthylmercapto]-
6 IV 3095

–, [2-Nitro-phenylmercapto]-,
äthylester 6 I 156 a

–, [4-Nitro-phenylmercapto]-,
äthylester 6 340 f

Isobuttersäure, α-[4-Nitro-phenylmercapto]-
6 III 1075 j

Propionsäure, 2-[2-Nitro-benzylmercapto]-
6 IV 2796

–, 2-[3-Nitro-benzylmercapto]-
6 IV 2796

–, 2-[4-Nitro-benzylmercapto]-
6 IV 2801

–, 3-[2-Nitro-benzylmercapto]-
6 IV 2796

–, 3-[3-Nitro-benzylmercapto]-
6 IV 2797

–, 3-[4-Nitro-benzylmercapto]-
6 III 1649 f

–, 3-[2-Nitro-phenylmercapto]-,
methylester 6 II 306 g

Sulfon, Äthyl-[2-nitro-styryl]- 6 IV 3790

–, Äthyl-[3-nitro-styryl]- 6 IV 3791

–, Allyl-[2-nitro-benzyl]- 6 III 1646 d

–, Allyl-[3-nitro-benzyl]- 6 III 1647 b

–, Allyl-[4-nitro-benzyl]- 6 III 1647 j

Thiokohlensäure-O-[2-nitro-phenylester]-
O'-propylester 6 IV 1260

– S-[2-nitro-phenylester]-
O-propylester 6 IV 1669

Toluol, 2-Acetoxy-5-methylmercapto-
3-nitro- 6 I 431 j

$C_{10}H_{11}NO_4S_2$

Äthen, 1-Benzolsulfonyl-1-methansulfonyl-
2-methylimino- 6 IV 1514

Dithiokohlensäure-O-äthylester-S-
[2-hydroxy-5-nitro-benzylester]
6 IV 5906

– O-äthylester-S-[2-methoxy-4-nitro-
phenylester] 6 III 4285 e

Propionitril, 2-Benzolsulfonyl-
2-methansulfonyl- 6 IV 1549

$C_{10}H_{11}NO_4Se$

Aceton, [2-Methoxy-4-nitro-phenylselanyl]-
6 IV 5656

–, [4-Methoxy-2-nitro-phenylselanyl]-
6 IV 5854

$C_{10}H_{11}NO_5$

Äthan, 1-Acetoxy-2-[2-nitro-phenoxy]-
6 III 802 h

–, 1-Acetoxy-2-[4-nitro-phenoxy]-
6 III 823 g

Benzol, 2-Acetoxymethyl-1-methoxy-
4-nitro- 6 III 4544 b

–, 4-Acetoxymethyl-1-methoxy-
2-nitro- 6 III 4552 b

$C_{10}H_{11}NO_5$ (Fortsetzung)

Buttersäure, 2-[2-Nitro-phenoxy]-
　6 221 e
—, 2-[3-Nitro-phenoxy]- 6 III 225 i
—, 2-[4-Nitro-phenoxy]- 6 234 j
—, 4-[4-Nitro-phenoxy]- 6 III 829 c,
　IV 1305
Essigsäure, [2-Methyl-6-nitro-phenoxy]-,
　methylester 6 II 339 a
—, [4-Methyl-2-nitro-phenoxy]-,
　methylester 6 II 389 c
—, [4-Methyl-3-nitro-phenoxy]-,
　methylester 6 II 387 j
—, [5-Methyl-2-nitro-phenoxy]-,
　methylester 6 II 360 f
—, [2-Nitro-phenoxy]-, äthylester
　6 220 m, II 211 e
—, [3-Nitro-phenoxy]-, äthylester
　6 I 117 g, II 215 f
—, [4-Nitro-phenoxy]-, äthylester
　6 234 c, II 224 d, III 828 g,
　IV 1303
Glycin, N-[2-Methoxy-phenoxycarbonyl]-
　6 III 4233 f
Hydroxylamin, N-Acetyl-N-[(2-hydroxy-
　phenoxy)-acetyl]- 6 IV 5586
—, O-Acetyl-N-[(2-hydroxy-phenoxy)-
　acetyl]- 6 IV 5586
Isobuttersäure, α-[2-Nitro-phenoxy]-
　6 221 g
—, α-[3-Nitro-phenoxy]- 6 225 k
—, α-[4-Nitro-phenoxy]- 6 234 l,
　III 829 d
Kohlensäure-äthylester-[2-methyl-6-nitro-
　phenylester] 6 365 f
— äthylester-[4-methyl-2-nitro-
　phenylester] 6 412 d
— äthylester-[5-methyl-2-nitro-
　phenylester] 6 385 h
— äthylester-[4-nitro-benzylester]
　6 IV 2615
— [2-nitro-phenylester]-propylester
　6 IV 1257
Phenol, 2,3-Dimethoxy-5-[2-nitro-vinyl]-
　6 IV 7475
—, 2,6-Dimethoxy-4-[2-nitro-vinyl]-
　6 I 555 f, III 6439 b
Propionsäure, 3-[2-Methyl-5-nitro-
　phenoxy]- 6 IV 2011
—, 2-[3-Nitro-phenoxy]-, methylester
　6 225 f
Toluol, 2-Acetoxy-3-methoxy-5-nitro-
　6 IV 5863

—, 3-Acetoxy-4-methoxy-5-nitro-
　6 II 869 d
—, 4-Acetoxy-3-methoxy-5-nitro-
　6 II 869 e
—, 4-Acetoxy-5-methoxy-2-nitro-
　6 I 433 f, II 870 d
—, 5-Acetoxy-4-methoxy-2-nitro-
　6 II 870 c

$C_{10}H_{11}NO_5S$

Äthan, 1-Acetoxy-2-[2-nitro-benzolsulfinyl]-
　6 III 1059 i
Essigsäure, [2-Nitro-benzolsulfinyl]-,
　äthylester 6 I 156 c

$C_{10}H_{11}NO_6$

Benzol, 1-Acetoxy-3,5-dimethoxy-2-nitro-
　6 IV 7371
—, 2-Acetoxy-1,3-dimethoxy-4-nitro-
　6 II 1070 b, IV 7336
—, 5-Acetoxy-1,3-dimethoxy-2-nitro-
　6 IV 7371 e
Essigsäure, [2-Hydroxy-4-nitro-phenoxy]-,
　äthylester 6 IV 5629
Kohlensäure-äthylester-[4-methoxy-3-nitro-
　phenylester] 6 II 850 g
— äthylester-[5-methoxy-2-nitro-
　phenylester] 6 IV 5693
Propionsäure, 2-Hydroxy-3-[2-methyl-
　4-nitro-phenoxy]- 6 IV 2011

$C_{10}H_{11}NO_6S$

Essigsäure, [4,5-Dimethoxy-2-nitro-
　phenylmercapto]- 6 III 6298 a
—, [2-Nitro-benzolsulfonyl]-,
　äthylester 6 I 156 e
Propionsäure, 3-[4-Methyl-3-nitro-
　benzolsulfonyl]- 6 III 1437 d

$C_{10}H_{11}NO_7$

Essigsäure, [4,5-Dimethoxy-2-nitro-
　phenoxy]- 6 III 6287 d

$C_{10}H_{11}NO_7S$

Essigsäure, [4,5-Dimethoxy-2-nitro-
　benzolsulfinyl]- 6 III 6298 b

$C_{10}H_{11}NO_8S$

Essigsäure, [4,5-Dimethoxy-2-nitro-
　benzolsulfonyl]- 6 III 6298 c

$C_{10}H_{11}NS$

Äthylthiocyanat, 1-Methyl-2-phenyl-
　6 III 1800 b
Benzylthiocyanat, 3,5-Dimethyl- 6 521 n
Butyronitril, 3-Phenylmercapto-
　6 III 1019 a
—, 4-Phenylmercapto- 6 III 1019 g
Isobutyronitril, α-Phenylmercapto-
　6 IV 1542

$C_{10}H_{11}NS$ (Fortsetzung)

Isobutyronitril, β-Phenylmercapto-
  6 IV 1542

Mesitylthiocyanat **6** IV 3262

Propionitril, 2-Benzylmercapto-
  6 IV 2703

—, 3-Benzylmercapto- **6** III 1612 c,
  IV 2703

—, 3-*m*-Tolylmercapto- **6** III 1335 a

—, 3-*o*-Tolylmercapto- **6** III 1282 d

—, 3-*p*-Tolylmercapto- **6** III 1423 d

Propylthiocyanat, 3-Phenyl- **6** III 1807 c

$C_{10}H_{11}NS_2$

Benzylthiocyanat, 5-Methyl-2-methyl≠
  mercapto- **6** III 4600 d

Propylthiocyanat, 3-Phenylmercapto-
  6 III 999 d

$C_{10}H_{11}N_2OPS$

Diamidothiophosphorsäure-*O*-
  [2]naphthylester **6** 648 e

$C_{10}H_{11}N_3O_2$

Butyrylazid, 4-Phenoxy- **6** II 159 e

$C_{10}H_{11}N_3O_5$

Glycin, *N*-[4-Nitro-benzyloxycarbonyl]-,
  amid **6** IV 2616

$C_{10}H_{11}N_3O_5S$

Acetamid, *N*-[2-(2,4-Dinitro-phenyl≠
  mercapto)-äthyl]- **6** IV 1763

$C_{10}H_{11}N_3O_6$

Acetimidsäure, *N*-[1,1-Dinitro-äthoxy]-,
  phenylester **6** IV 613

$C_{10}H_{11}N_3O_6S$

Sulfid, [2,4-Dinitro-phenyl]-[1-nitro-butyl]-
  6 IV 1757

$C_{10}H_{11}N_3O_7$

Äther, Butyl-picryl- **6** IV 1457

—, Isobutyl-picryl- **6** 290 d,
  IV 1457

Phenol, 3-*tert*-Butyl-2,4,6-trinitro-
  6 IV 3296

—, 3,5-Diäthyl-2,4,6-trinitro-
  6 545 g

—, 3-Methyl-2,4,6-trinitro-5-propyl-
  6 IV 3322

$C_{10}H_{11}N_3O_8$

Benzol, 1,2-Diäthoxy-3,4,5-trinitro-
  6 792 i, I 395 i

—, 1,4-Diäthoxy-2,3,5-trinitro-
  6 859 a

—, 2,4-Diäthoxy-1,3,5-trinitro-
  6 833 c

Carbamidsäure, Methyl-, [2,6-dimethoxy-
  3,5-dinitro-phenylester] **6** IV 7337

$C_{10}H_{11}N_3O_9$

Phenol, 3,5-Diäthoxy-2,4,6-trinitro-
  6 1107 b

$C_{10}H_{11}N_3S$

Isothioharnstoff, *S*-Benzyl-*N*-cyan-
  N'-methyl- **6** 461 c

$C_{10}H_{11}N_5O_5Se$

Aceton, [2,4-Dinitro-phenylselanyl]-,
  semicarbazon **6** IV 1796

$C_{10}H_{11}O$

[1]Naphthyloxyl, 1,2,3,4-Tetrahydro-
  6 IV 3859

$C_{10}H_{11}O_3P$

Phosphorigsäure-phenylester-divinylester
  6 IV 694

$C_{10}H_{11}O_3PS$

Thiophosphorsäure-*O*-phenylester-
  O',*O''*-divinylester **6** IV 755

$C_{10}H_{11}O_6P$

Acrylsäure, 2-[Benzyloxy-hydroxy-
  phosphoryloxy]- **6** IV 2579

$C_{10}H_{12}As_2O_6$

Äthan, 1-Benzo[1,3,2]dioxarsol-2-yloxy-
  2-[1,3,2]dioxarsolan-2-yloxy-
  6 IV 5606

Benzol, 1,2-Bis-[1,3,2]dioxarsolan-2-yloxy-
  6 IV 5606

$C_{10}H_{12}BrClO$

Äther, [4-Äthyl-2-brom-phenyl]-[2-chlor-
  äthyl]- **6** III 1668 a

—, Benzyl-[β-brom-β'-chlor-isopropyl]-
  6 IV 2231

—, [2-Brom-äthyl]-[4-chlormethyl-
  2-methyl-phenyl]- **6** IV 3134

—, [4-Brom-butyl]-[4-chlor-phenyl]-
  6 IV 825

—, [4-Brom-phenyl]-[4-chlor-butyl]-
  6 IV 1046

—, [4-Brom-phenyl]-[γ-chlor-isobutyl]-
  6 III 743 f

Phenol, 2-Brom-6-chlor-4-isopropyl-
  3-methyl- **6** IV 3327

$C_{10}H_{12}BrClO_2$

Benzol, 2-Brom-4-[2-chlor-äthoxymethyl]-
  1-methoxy- **6** IV 5918

—, 1,3-Diäthoxy-4-brom-2-chlor-
  6 III 4337 e

Hydrochinon, 2-Brom-5-chlor-3-isopropyl-
  6-methyl- **6** 946 e

$C_{10}H_{12}BrClS$

Sulfid, [3-Brom-propyl]-[4-chlor-benzyl]-
  6 IV 2771

$C_{10}H_{12}BrCl_2OP$
Phosphin, [2-Brom-4-*tert*-butyl-phenoxy]-
dichlor- **6** IV 3315

$C_{10}H_{12}BrCl_2OPS$
Dichlorothiophosphorsäure-*O*-[2-brom-
4-*tert*-butyl-phenylester] **6** IV 3315

[$C_{10}H_{12}BrHgO_2$] $^+$
Äthylquecksilber(1+), 2-[2-(4-Brom-
phenoxy)-äthoxy]- **6** III 745 d

$C_{10}H_{12}BrIO$
Phenol, 4-Brom-6-isopropyl-2-jod-3-methyl-
6 III 1910 a

$C_{10}H_{12}BrNO_2$
Carbamidsäure, [2-Brom-äthyl]-,
benzylester **6** IV 2279
Essigsäure, [4-Äthyl-2-brom-phenoxy]-,
amid **6** IV 3025
−, Phenoxy-, [2-brom-äthylamid]
6 IV 638
Isobuttersäure, α-[2-Brom-phenoxy]-, amid
6 IV 1041
−, α-[4-Brom-phenoxy]-, amid
6 IV 1053

$C_{10}H_{12}BrNO_2S$
Cystein, *S*-[2-Brom-benzyl]- **6** III 1642 d
−, *S*-[4-Brom-benzyl]- **6** III 1644 a
Essigsäure, [4-Brom-phenylmercapto]-,
[2-hydroxy-äthylamid] **6** III 1051 i

$C_{10}H_{12}BrNO_2SSe$
Benzolthioselenensäure, 4-Brom-2-nitro-,
tert-butylester **6** IV 1795

$C_{10}H_{12}BrNO_3$
Äther, [4-Brom-butyl]-[4-nitro-phenyl]-
6 IV 1285
−, [4-Brommethyl-2-nitro-phenyl]-
propyl- **6** II 390 g
−, [2-Brom-2-nitro-1-phenyl-propyl]-
methyl- **6** IV 3190
Anisol, 4-Brom-2-isopropyl-6-nitro-
6 III 1809 l
Benzylalkohol, 3-Brom-2,4,5-trimethyl-
6-nitro- **6** III 1921 c
Essigsäure, [4-Äthoxy-2-brom-phenoxy]-,
amid **6** IV 5782
−, [4-Brom-phenoxy]-, [2-hydroxy-
äthylamid] **6** III 747 m
Homoserin, *O*-[2-Brom-phenyl]-
6 IV 1041
Phenol, 2-Brom-4-*tert*-butyl-6-nitro-
6 III 1875 c
−, 2-Brom-6-isopropyl-3-methyl-
4-nitro- **6** 542 i

$C_{10}H_{12}BrNO_3S$
Aceton, 1-Brom-3-[toluol-4-sulfonyl]-,
oxim **6** III 1418 c

$C_{10}H_{12}BrNO_4$
Äthan, 1-Äthoxy-2-[4-brom-2-nitro-
phenoxy]- **6** III 843 f
Benzol, 1-[2-Brom-1-methoxy-2-nitro-
äthyl]-2-methoxy- **6** III 4564 e
−, 1,2-Diäthoxy-4-brom-5-nitro-
6 870 h
−, 1,5-Diäthoxy-2-brom-4-nitro-
6 870 h

$C_{10}H_{12}BrNO_4S$
Sulfon, [3-(4-Brom-phenyl)-3-nitro-propyl]-
methyl- **6** III 1807 h

$C_{10}H_{12}BrNO_5$
Benzol, 3-Brom-1,2-dimethoxy-
5-methoxymethyl-4-nitro- **6** I 551 i

$C_{10}H_{12}BrN_3O_2$
Aceton, [2-Brom-phenoxy]-, semicarbazon
6 IV 1040
−, [4-Brom-phenoxy]-, semicarbazon
6 III 746 j

$C_{10}H_{12}BrN_3O_3$
Glycin, *N*-[4-Brom-benzyloxycarbonyl]-,
hydrazid **6** IV 2603

$C_{10}H_{12}Br_2O$
Äther, Benzyl-[β,β'-dibrom-isopropyl]-
6 IV 2231
−, Benzyl-[2,3-dibrom-propyl]-
6 IV 2231
−, [2-Brom-äthyl]-[2-brom-
4,6-dimethyl-phenyl]- **6** 489 c
−, Butyl-[2,4-dibrom-phenyl]-
6 IV 1062
−, [3,4-Dibrom-butyl]-phenyl-
6 I 82 c
−, [2,4-Dibrom-phenyl]-isobutyl-
6 IV 1062
−, [2,3-Dibrom-3-phenyl-propyl]-
methyl- **6** I 253 c
−, [2,3-Dibrom-propyl]-*p*-tolyl-
6 IV 2100
Anisol, 4-Brom-2-[2-brom-propyl]-
6 IV 3179
−, 2-[1,2-Dibrom-äthyl]-4-methyl-
6 III 1822 b
−, 2,4-Dibrom-6-isopropyl-
6 505 c
−, 2-[1,2-Dibrom-propyl]-
6 IV 3179
−, 2-[2,3-Dibrom-propyl]-
6 III 1786 h, IV 3179

$C_{10}H_{12}Br_2O_3$ (Fortsetzung)

Phenol, 3-Äthoxy-2,4-dibrom-5-methoxy-
6-methyl- **6** 1112 a

—, 3-Äthoxy-4,6-dibrom-5-methoxy-
2-methyl- **6** 1111 n

Propan-1-ol, 2-Brom-1-[3-brom-4-hydroxy-
5-methoxy-phenyl]- **6** 1121 g,
IV 7402

Toluol, 2,5-Dibrom-3,4,6-trimethoxy-
6 III 6317 f

—, 3,5-Dibrom-2,4,6-trimethoxy-
6 III 6320 i

$C_{10}H_{12}Br_2O_4$

Benzol, 1,2-Dibrom-3,4,5,6-tetramethoxy-
6 III 6651 e

—, 1,3-Dibrom-2,4,5,6-tetramethoxy-
6 1155 g

—, 1,4-Dibrom-2,3,5,6-tetramethoxy-
6 III 6657 c

$C_{10}H_{12}Br_2S_2$

Benzol, 1,5-Bis-äthylmercapto-2,4-dibrom-
6 I 412 b

$C_{10}H_{12}Br_3NO$

Amin, Dimethyl-[2-(2,4,6-tribrom-
phenoxy)-äthyl]- **6** III 764 e

$C_{10}H_{12}Br_4O_2$

Cyclohexa-2,5-dien-1,4-diol, 1,4-Diäthyl-
2,3,5,6-tetrabrom- **6** 758 c

$C_{10}H_{12}Br_6S_2$

Benzol, 1,5-Bis-[äthyl-dibrom-λ^4-sulfanyl]-
2,4-dibrom- **6** I 412 c

$C_{10}H_{12}ClIO_2$

Äthan, 1-[4-Chlor-phenoxy]-2-[2-jod-
äthoxy]- **6** III 690 d

$C_{10}H_{12}ClNO$

Propionimidsäure, 3-Chlor-, benzylester
6 IV 2265

$C_{10}H_{12}ClNOS$

Buttersäure, 2-[3-Chlor-phenylmercapto]-,
amid **6** IV 1580

$C_{10}H_{12}ClNO_2$

Anethol-nitrosochlorid **6** 569, II 525,
III 2397

Carbamidsäure, [2-Chlor-äthyl]-,
benzylester **6** IV 2278

—, Dimethyl-, [4-chlor-2-methyl-
phenylester] **6** IV 1991

—, Dimethyl-, [4-chlor-3-methyl-
phenylester] **6** IV 2065

—, Methyl-, [β-chlor-phenäthylester]
6 IV 3080

—, Propyl-, [4-chlor-phenylester]
6 IV 843

Essigsäure, [2-Äthyl-4-chlor-phenoxy]-,
amid **6** IV 3014

—, [4-Äthyl-2-chlor-phenoxy]-, amid
6 IV 3024

—, Chlor-, [benzyloxymethyl-amid]
6 III 1475 h

Isobuttersäure, α-[2-Chlor-phenoxy]-,
amid **6** IV 798

—, α-[4-Chlor-phenoxy]-, amid
6 IV 854

Propionsäure, 3-Benzyloxy-2-chlor-, amid
6 IV 2473

—, 3-[2-Chlor-4-methyl-phenoxy]-,
amid **6** III 1375 h

—, 3-[4-Chlor-2-methyl-phenoxy]-,
amid **6** III 1266 l

—, 3-[4-Chlor-3-methyl-phenoxy]-,
amid **6** III 1318 e

$C_{10}H_{12}ClNO_2S$

Cystein, S-[4-Chlor-benzyl]- **6** II 438 f,
IV 2780

$C_{10}H_{12}ClNO_3$

Äthan, 1-Carbamoyloxy-2-[2-chlor-
4-methyl-phenoxy]- **6** I 203 n

—, 1-Carbamoyloxy-2-[4-chlor-
3-methyl-phenoxy]- **6** I 188 d

Äther, Butyl-[4-chlor-2-nitro-phenyl]-
6 IV 1348

—, [2-Chlor-äthyl]-[4-methyl-3-nitro-
benzyl]- **6** IV 3174

—, [2-Chlor-2-nitro-1-phenyl-propyl]-
methyl- **6** IV 3189

Carbamidsäure, Phenoxymethyl-,
[2-chlor-äthylester] **6** IV 597

Essigsäure, [4-Äthoxy-2-chlor-phenoxy]-,
amid **6** IV 5770

—, [4-Chlor-phenoxy]-, [2-hydroxy-
äthylamid] **6** III 695 h

—, [2-(2-Chlor-phenoxy)-äthoxy]-,
amid **6** IV 788

—, [2-(4-Chlor-phenoxy)-äthoxy]-,
amid **6** IV 827

Homoserin, O-[2-Chlor-phenyl]- **6** IV 804

—, O-[4-Chlor-phenyl]- **6** IV 863

Phenetol, 4-Chlor-3,5-dimethyl-2-nitro-
6 III 1765 g, IV 3161

Phenol, 4-*tert*-Butyl-2-chlor-6-nitro-
6 III 1875 a

—, 2-Chlor-6-isopropyl-3-methyl-
4-nitro- **6** 542 h, I 267 h

$C_{10}H_{12}ClNO_3S$

Aceton, 1-Chlor-3-[toluol-4-sulfonyl]-,
oxim **6** III 1418 a

$C_{10}H_{12}ClNO_3S$ (Fortsetzung)

Propan-2-ol, 1-[4-Chlor-2-nitro-
phenylmercapto]-2-methyl- **6** III 1080 e

$C_{10}H_{12}ClNO_4$

Äthan, 1-Äthoxy-2-[2-chlor-4-nitro-
phenoxy]- **6** III 840 b

—, 1-Äthoxy-2-[4-chlor-2-nitro-
phenoxy]- **6** III 836 b

Benzol, 4-[2-Chlor-äthoxymethyl]-
1-methoxy-2-nitro- **6** IV 5919

—, 1,2-Diäthoxy-4-chlor-5-nitro-
6 IV 5630

—, 1,4-Diäthoxy-2-chlor-5-nitro-
6 IV 5788

—, 1,5-Diäthoxy-2-chlor-4-nitro-
6 825 m, IV 5694

Methan, [β-Chlor-isopropoxy]-[4-nitro-
phenoxy]- **6** IV 1295

Propan, 2-[2-Chlor-4-nitro-phenoxy]-
1-methoxy- **6** III 840 c

Propan-1-ol, 2-Carbamoyloxy-3-[2-chlor-
phenoxy]- **6** IV 790

Propan-2-ol, 1-Carbamoyloxy-3-[2-chlor-
phenoxy]- **6** IV 790

$C_{10}H_{12}ClNO_4S$

Äthansulfonylchlorid, 2-Benzyloxycarbonyl≠
amino- **6** IV 2428

Sulfon, [2-Chlor-1-methyl-propyl]-[2-nitro-
phenyl]- **6** IV 1661

$C_{10}H_{12}ClNO_5$

Äthanol, 1-[2-Chlor-3,4-dimethoxy-phenyl]-
2-nitro- **6** IV 7392

$C_{10}H_{12}ClNO_7S_2$

Benzol, 1-[2-Chlor-äthansulfonyl]-4-
[2-hydroxy-äthansulfonyl]-2-nitro-
6 IV 5849

$C_{10}H_{12}ClNS_2$

Dithiocarbamidsäure, Dimethyl-,
[4-chlor-benzylester] **6** IV 2779

$C_{10}H_{12}ClN_3O_2$

Acetaldehyd, [2-Chlor-4-methyl-phenoxy]-,
semicarbazon **6** IV 2136

—, [4-Chlor-2-methyl-phenoxy]-,
semicarbazon **6** IV 1990

Aceton, [2-Chlor-phenoxy]-, semicarbazon
6 IV 793

—, [4-Chlor-phenoxy]-, semicarbazon
6 IV 838

$C_{10}H_{12}ClN_3O_3S$

Aceton, [4-Chlor-benzolsulfonyl]-,
semicarbazon **6** I 149 h

$C_{10}H_{12}Cl_2NO_5PS$

Thiophosphorsäure-O,O'-bis-[2-chlor-
äthylester]-O''-[4-nitro-phenylester]
6 IV 1339

— O,O'-diäthylester-O''-[2,6-dichlor-
4-nitro-phenylester] **6** IV 1362

$C_{10}H_{12}Cl_2N_2OS$

Isothioharnstoff, S-[5-Chlor-2-(2-chlor-
äthoxy)-benzyl]- **6** IV 5905

$C_{10}H_{12}Cl_2N_2O_2S$

Benzolsulfensäure, 4-Nitro-, [bis-(2-chlor-
äthyl)-amid] **6** III 1078 b

$C_{10}H_{12}Cl_2N_2S$

Isothioharnstoff, S-[3,4-Dichlor-benzyl]-
N,N'-dimethyl- **6** IV 2786

$C_{10}H_{12}Cl_2N_2S_2$

Isothioharnstoff, S-[5-Chlor-2-(2-chlor-
äthylmercapto)-benzyl]-
6 IV 5906

$C_{10}H_{12}Cl_2N_4S_2$

Isothioharnstoff, S,S'-[2,5-Dichlor-
p-xylylen]-bis- **6** IV 5974

$C_{10}H_{12}Cl_2O$

Äthanol, 1-[2,3-Dichlor-4,5-dimethyl-
phenyl]- **6** IV 3356

Äther, Butyl-[2,4-dichlor-phenyl]-
6 IV 887

—, [2-Chlor-äthyl]-[2-chlormethyl-
4-methyl-phenyl]-
6 IV 3136

—, [2-Chlor-äthyl]-[4-chlormethyl-
2-methyl-phenyl]-
6 IV 3134

—, [2-Chlor-benzyl]-[3-chlor-propyl]-
6 IV 2590

—, [2-Chlor-butyl]-[4-chlor-phenyl]-
6 III 688 f

—, [4-Chlor-butyl]-[2-chlor-phenyl]-
6 IV 786

—, [4-Chlor-butyl]-[3-chlor-phenyl]-
6 IV 812

—, [4-Chlor-butyl]-[4-chlor-phenyl]-
6 IV 825

—, [γ-Chlor-isobutyl]-[4-chlor-phenyl]-
6 III 689 a

—, [2-Chlormethyl-phenyl]-[2-chlor-
propyl]- **6** IV 2000

—, [1-Chlormethyl-propyl]-[4-chlor-
phenyl]- **6** III 688 f

—, [2-Chlor-1-methyl-propyl]-[2-chlor-
phenyl]- **6** III 676 e

—, [2-Chlor-1-methyl-propyl]-[4-chlor-
phenyl]- **6** III 688 g

C₁₀H₁₂Cl₂O (Fortsetzung)

Äther, [2,4-Dichlor-phenyl]-isobutyl-
  6 IV 887

Anisol, 4-Chlor-2-chlormethyl-3,5-dimethyl-
  6 IV 3249

—, 2-[1,2-Dichlor-äthyl]-4-methyl-
  6 III 1821 g

—, 4-[1,2-Dichlor-äthyl]-2-methyl-
  6 III 1823 f

—, 2-[2,3-Dichlor-propyl]-
  6 III 1786 d

—, 4-[1,2-Dichlor-propyl]-
  6 500 g, III 1790 e

Butan-1-ol, 2,3-Dichlor-1-phenyl-
  6 II 486 d

—, 4-[2,5-Dichlor-phenyl]-
  6 IV 3276

Phenetol, 2,4-Bis-chlormethyl- 6 IV 3137

—, 2,4-Dichlor-3,5-dimethyl-
  6 III 1760 g

Phenol, 2,6-Bis-chlormethyl-3,5-dimethyl-
  6 IV 3364

—, 2-Butyl-4,6-dichlor- 6 III 1843 h,
  IV 3268

—, 2-sec-Butyl-4,6-dichlor-
  6 III 1852 g, IV 3279

—, 2-tert-Butyl-4,6-dichlor-
  6 IV 3293

—, 4-Butyl-2,6-dichlor- 6 III 1845 c

—, 4-sec-Butyl-2,6-dichlor-
  6 III 1854 a

—, 4-tert-Butyl-2,6-dichlor-
  6 IV 3313

—, 2,4-Dichlor-3-isopropyl-6-methyl-
  6 III 1891 d

—, 2,4-Dichlor-6-isopropyl-3-methyl-
  6 540 c, I 266 h

Propan-2-ol, 1,1-Dichlor-2-methyl-
  1-phenyl- 6 523 j

—, 1-[2,4-Dichlor-phenyl]-2-methyl-
  6 IV 3291

Dichlor-Derivat C₁₀H₁₂Cl₂O aus
  5-Isopropyl-2-methyl-phenol
  6 IV 3331

C₁₀H₁₂Cl₂OS

Propan-2-ol, 1-Chlor-3-[4-chlor-
  benzylmercapto]- 6 IV 2776

C₁₀H₁₂Cl₂O₂

Acetaldehyd, Dichlor-, [äthyl-phenyl-
  acetal] 6 150 c

Äthan, 1-Äthoxy-1,2-dichlor-2-phenoxy-
  6 IV 602

—, 1-Äthoxy-2-[2,4-dichlor-phenoxy]-
  6 IV 889

—, 1-[2-Chlor-äthoxy]-2-[2-chlor-
  phenoxy]- 6 III 677 b

—, 1-[2-Chlor-äthoxy]-2-[4-chlor-
  phenoxy]- 6 III 690 c

Äthanol, 2-[2,6-Dichlor-3,5-dimethyl-
  phenoxy]- 6 IV 3157

Benzol, 1,3-Bis-[2-chlor-äthoxy]-
  6 III 4308 a

—, 1,4-Bis-[2-chlor-1-hydroxy-äthyl]-
  6 IV 6025

—, 1,2-Bis-chlormethyl-3,4-dimethoxy-
  6 IV 5947

—, 1,2-Bis-chlormethyl-4,5-dimethoxy-
  6 IV 5951

—, 1,4-Bis-chlormethyl-2,5-dimethoxy-
  6 III 4603 h

—, 1,3-Diäthoxy-2,4-dichlor-
  6 III 4335 f

—, 1,4-Diäthoxy-2,5-dichlor-
  6 IV 5772

—, 4-[2,2-Dichlor-äthyl]-
  1,2-dimethoxy- 6 III 4557 a

—, 1-[2,2-Dichlor-1-methoxy-äthyl]-
  4-methoxy- 6 III 4567 e

Butan-1,3-diol, 2,4-Dichlor-1-phenyl-
  6 IV 6007

Butan-2-ol, 2-[3,5-Dichlor-2-hydroxy-
  phenyl]- 6 III 4665 a

—, 2-[3,5-Dichlor-4-hydroxy-phenyl]-
  6 III 4665 c

Methan, [β-Chlor-isopropoxy]-[4-chlor-
  phenoxy]- 6 IV 833

Phenol, 2-Butoxy-4,5-dichlor- 6 IV 5618

Propan-1-ol, 3-[2,6-Dichlor-4-methyl-
  phenoxy]- 6 IV 2141

Propan-2-ol, 1-Chlor-3-[4-chlor-2-methyl-
  phenoxy]- 6 IV 1989

—, 1-Chlor-3-[4-chlor-3-methyl-
  phenoxy]- 6 IV 2064

—, 1-[2,4-Dichlor-6-methyl-phenoxy]-
  6 IV 2002

—, 1-[2,6-Dichlor-4-methyl-phenoxy]-
  6 IV 2141

C₁₀H₁₂Cl₂O₂S

Sulfon, Benzyl-[2,3-dichlor-propyl]-
  6 III 1576 d

—, Butyl-[2,4-dichlor-phenyl]-
  6 IV 1612

—, Butyl-[2,5-dichlor-phenyl]-
  6 IV 1618

$C_{10}H_{12}Cl_2O_2S$ (Fortsetzung)

Sulfon, Butyl-[3,4-dichlor-phenyl]-
6 IV 1625

–, Butyl-[3,5-dichlor-phenyl]-
6 IV 1631

–, [β-Chlor-isobutyl]-[4-chlor-phenyl]-
6 IV 1583

–, [2,5-Dichlor-phenyl]-isobutyl-
6 IV 1618

–, [2,3-Dichlor-propyl]-o-tolyl-
6 370 f

–, [2,3-Dichlor-propyl]-p-tolyl-
6 418 a, III 1395 e

$C_{10}H_{12}Cl_2O_3$

Äthanol, 2-[2-Äthoxy-4,5-dichlor-phenoxy]-
6 IV 5618

–, 2-[2-(2,4-Dichlor-phenoxy)-äthoxy]-
6 IV 890

–, 2-[2-(2,5-Dichlor-phenoxy)-äthoxy]-
6 IV 942

Benzol, 3-Äthoxy-1,4-dichlor-
2,5-dimethoxy- 6 IV 7345

Phenol, 2,5-Diäthoxy-3,6-dichlor-
6 IV 7345

Propan-1,2-diol, 3-[2,4-Dichlor-6-methyl-
phenoxy]- 6 IV 2002

–, 3-[2,6-Dichlor-4-methyl-phenoxy]-
6 IV 2141

Toluol, 3,5-Dichlor-2,4,6-trimethoxy-
6 IV 7376

$C_{10}H_{12}Cl_2O_3S$

Butan-1-sulfonsäure, 4-Chlor-, [4-chlor-
phenylester] 6 IV 864

$C_{10}H_{12}Cl_2O_4$

Benzol, 1,3-Dichlor-2,4,5,6-tetramethoxy-
6 IV 7687

–, 1,4-Dichlor-2,3,5,6-tetramethoxy-
6 III 6657 a

Hydrochinon, 2,5-Diäthoxy-3,6-dichlor-
6 1156 j, IV 7691

–, 2,6-Diäthoxy-3,5-dichlor-
6 1155 f

$C_{10}H_{12}Cl_2O_4S$

Schwefligsäure-[2-chlor-äthylester]-[2-
(2-chlor-phenoxy)-äthylester] 6 IV 788

– [2-chlor-äthylester]-[2-(4-chlor-
phenoxy)-äthylester] 6 IV 827

$C_{10}H_{12}Cl_2O_4S_2$

Benzol, 1,3-Bis-[2-chlor-äthansulfonyl]-
6 IV 5705

–, 1,4-Bis-[2-chlor-äthansulfonyl]-
6 IV 5841

$C_{10}H_{12}Cl_2S$

Sulfid, Butyl-[2,4-dichlor-phenyl]-
6 IV 1612

–, Butyl-[2,5-dichlor-phenyl]-
6 IV 1618

–, Butyl-[3,4-dichlor-phenyl]-
6 IV 1625

–, Butyl-[3,5-dichlor-phenyl]-
6 IV 1631

–, [4-Chlor-benzyl]-[2-chlor-propyl]-
6 IV 2771

–, [4-Chlor-benzyl]-[3-chlor-propyl]-
6 IV 2771

–, [4-Chlor-butyl]-[4-chlor-phenyl]-
6 IV 1583

–, [2,5-Dichlor-phenyl]-isobutyl-
6 IV 1618

$C_{10}H_{12}Cl_2S_2$

Benzol, 1,3-Bis-[2-chlor-äthylmercapto]-
6 IV 5705

–, 1,4-Bis-[2-chlor-äthylmercapto]-
6 IV 5841

$C_{10}H_{12}Cl_3NO$

Amin, Dimethyl-[2-(2,4,5-trichlor-phenoxy)-
äthyl]- 6 III 721 e

–, Dimethyl-[2-(2,4,6-trichlor-
phenoxy)-äthyl]- 6 I 104 d, III 728 a

$C_{10}H_{12}Cl_3NS$

Benzolsulfensäure, 2,4,5-Trichlor-,
diäthylamid 6 IV 1639

$C_{10}H_{12}Cl_3OP$

Phosphin, [4-tert-Butyl-2-chlor-phenoxy]-
dichlor- 6 IV 3312

$C_{10}H_{12}Cl_3OPS$

Dichlorothiophosphorsäure-O-[4-tert-butyl-
2-chlor-phenylester] 6 IV 3312

$C_{10}H_{12}Cl_3O_2P$

Dichlorophosphorsäure-[4-chlor-
2-isopropyl-5-methyl-phenylester]
6 III 1909 b

– [4-chlor-5-isopropyl-2-methyl-
phenylester] 6 III 1891 c

$C_{10}H_{12}Cl_3O_2PS$

Thiophosphonsäure, Äthyl-, O-äthylester-
O'-[2,4,5-trichlor-phenylester]
6 IV 993

$C_{10}H_{12}Cl_3O_3PS$

Thiophosphorsäure-O,O'-diäthylester-
O''-[2,4,5-trichlor-phenylester]
6 IV 995

– O,O'-diäthylester-O''-
[2,4,6-trichlor-phenylester] 6 IV 1017

$C_{10}H_{12}N_2O_3S$

Acetimidsäure, N-[2-Nitro-benzolsulfenyl]-, äthylester **6** IV 1676

—, N-[4-Nitro-benzolsulfenyl]-, äthylester **6** IV 1717

Allophansäure-[2-phenylmercapto-äthylester] **6** IV 1492

Thiocarbamidsäure, Dimethyl-, O-[4-methyl-2-nitro-phenylester] **6** III 1387 d

$C_{10}H_{12}N_2O_4$

Allophansäure-[2-äthoxy-phenylester] **6** III 4234 c

— [β-hydroxy-phenäthylester] **6** III 4577 b

— [2-methoxy-benzylester] **6** I 440 a

— [4-methoxy-benzylester] **6** I 440 j

— [2-phenoxy-äthylester] **6** III 573 b, IV 576

Carbamidsäure, Benzyloxy-nitroso-, äthylester **6** 444 a

—, Dimethyl-, [4-methyl-3-nitro-phenylester] **6** IV 2149

Essigsäure, m-Phenylendioxydi-, diamid **6** 818 d

—, o-Phenylendioxydi-, diamid **6** 779 d

$C_{10}H_{12}N_2O_4S$

Buttersäure, 4-[2-Nitro-benzolsulfenyl≠amino]- **6** IV 1679

Cystein, S-[4-Nitro-benzyl]- **6** IV 2801

Essigsäure, [4-Nitro-phenylmercapto]-, [2-hydroxy-äthylamid] **6** III 1075 g

Glycin, N-[2-Nitro-benzolsulfenyl]-, äthylester **6** III 1064 c, IV 1678

—, N-[4-Nitro-benzolsulfenyl]-, äthylester **6** IV 1719

Harnstoff, N-Benzolsulfonylacetyl-N'-methyl- **6** 316 e

—, [(Toluol-4-sulfonyl)-acetyl]- **6** 423 f

Homocystein, S-[4-Nitro-phenyl]- **6** IV 1716

Sulfid, Butyl-[2,4-dinitro-phenyl]- **6** III 1090 f, IV 1735

—, sec-Butyl-[2,4-dinitro-phenyl]- **6** III 1090 i, IV 1735

—, $tert$-Butyl-[2,4-dinitro-phenyl]- **6** IV 1737

—, [2,4-Dinitro-phenyl]-isobutyl- **6** 343 d, III 1091 c, IV 1736

$C_{10}H_{12}N_2O_4S_2$

Benzol, 1,5-Bis-äthylmercapto-2,4-dinitro- **6** IV 5709

Disulfid, Butyl-[2,4-dinitro-phenyl]- **6** IV 1768

$C_{10}H_{12}N_2O_4S_4$

Thioessigsäure, Benzol-1,3-disulfonyl-bis-, diamid **6** 836 c

$C_{10}H_{12}N_2O_4Se$

Aceton, [2-Methoxy-4-nitro-phenylselanyl]-, oxim **6** IV 5656

—, [4-Methoxy-2-nitro-phenylselanyl]-, oxim **6** IV 5854

$C_{10}H_{12}N_2O_5$

Äther, Butyl-[2,4-dinitro-phenyl]- **6** III 859 c, IV 1373

—, sec-Butyl-[2,4-dinitro-phenyl]- **6** IV 1374

—, [2,4-Dinitro-phenyl]-isobutyl- **6** III 859 d, IV 1374

Anisol, 2-Isopropyl-4,6-dinitro- **6** IV 3214

—, 5-Isopropyl-2,4-dinitro- **6** IV 3215

—, 2,3,5-Trimethyl-4,6-dinitro- **6** I 255 l, III 1834 e

Butan-1-ol, 2-Nitro-1-[3-nitro-phenyl]- **6** IV 3275

Carbamidsäure, Dimethyl-, [3-methoxy-5-nitro-phenylester] **6** IV 5693

—, [2-Hydroxy-äthyl]-, [4-nitro-benzylester] **6** IV 2616

Essigsäure, [4-Nitro-phenoxy]-, [2-hydroxy-äthylamid] **6** III 828 h

Homoserin, O-[3-Nitro-phenyl]- **6** IV 1276

Phenetol, 5-Äthyl-2,4-dinitro- **6** IV 3020

Phenol, 2-Butyl-4,6-dinitro- **6** III 1844 d, IV 3269

—, 2-sec-Butyl-4,6-dinitro- **6** IV 3279

—, 2-$tert$-Butyl-4,6-dinitro- **6** III 1862 c, IV 3293

—, 4-Butyl-2,6-dinitro- **6** IV 3272

—, 4-$tert$-Butyl-2,6-dinitro- **6** 525 e, II 489 l, III 1875 e, IV 3316

—, 2-Isobutyl-4,6-dinitro- **6** III 1858 g, IV 3287

—, 4-Isobutyl-2,6-dinitro- **6** IV 3289

—, 2-Isopropyl-3-methyl-4,6-dinitro- **6** IV 3325

$C_{10}H_{12}N_4O_5$

Glycin, N-[(2-Nitro-phenoxy)-acetyl]-, hydrazid **6** IV 1262

$C_{10}H_{12}N_4O_8$

Äthanol, 2-[2-Picryloxy-äthylamino]-
6 III 972 g

$C_{10}H_{12}O$

Äthanol, 1-Cyclooctatetraenyl- **6** IV 3831
—, 2-Cyclooctatetraenyl- **6** IV 3831
—, 1-[4-Vinyl-phenyl]- **6** IV 3848
Äther, Äthyl-cyclooctatetraenyl-
6 IV 3771
—, Äthyl-[1-phenyl-vinyl]-
6 563 c, I 279 c, II 521 g, III 2390 a,
IV 3780
—, Äthyl-styryl- **6** 564 d, I 279 g,
II 522 a, III 2391 e
—, Allyl-benzyl- **6** 432 a, III 1459 a,
IV 2233
—, Allyl-*m*-tolyl- **6** I 186 d, IV 2041
—, Allyl-*o*-tolyl- **6** I 171 c, II 329 f,
IV 1946
—, Allyl-*p*-tolyl- **6** 394 a, I 200 a,
II 377 b, III 1356 d, IV 2101
—, Benzyl-isopropenyl- **6** 431 g
—, But-2-enyl-phenyl- **6** II 147 d,
III 557 d, IV 564
—, But-3-enyl-phenyl- **6** I 83 c,
IV 564
—, Cinnamyl-methyl- **6** I 281 c,
III 2403, IV 3800
—, Cyclopropylmethyl-phenyl-
6 II 147 e
—, [3,5-Dimethyl-phenyl]-vinyl-
6 IV 3143
—, Indan-1-yl-methyl- **6** I 286 b,
III 2424 a
—, Indan-2-yl-methyl- **6** IV 3826
—, Indan-4-yl-methyl- **6** 575 a,
III 2428 a, IV 3827
—, Indan-5-yl-methyl- **6** 575 c,
III 2429 a, IV 3829
—, Isopropenyl-*m*-tolyl- **6** III 1301 g,
IV 2041
—, Isopropenyl-*o*-tolyl- **6** III 1248 c
—, Isopropenyl-*p*-tolyl- **6** III 1356 c
—, Methallyl-phenyl- **6** III 557 h,
IV 564
—, [1-Methyl-allyl]-phenyl- **6** IV 563
—, Methyl-[1-phenyl-allyl]-
6 III 2418 a, IV 3819
—, Methyl-[1-phenyl-propenyl]-
6 III 2400 b

—, [2-Methyl-propenyl]-phenyl-
6 IV 564
—, Methyl-[1-*p*-tolyl-vinyl]-
6 IV 3823
—, Phenäthyl-vinyl- **6** IV 3070
—, [1-Phenyl-äthyl]-vinyl- **6** III 1677 c
Allylalkohol, 2-Methyl-1-phenyl-
6 III 2445 b, IV 3843
—, 2-Methyl-3-phenyl- **6** III 2443 e
—, 1-*m*-Tolyl- **6** II 535 a
—, 1-*o*-Tolyl- **6** III 2445 g
—, 1-*p*-Tolyl- **6** II 535 d, III 2447 h
Anisol, 2-Allyl- **6** I 282 c, II 528 k,
III 2411 c, IV 3807
—, 3-Allyl- **6** III 2415 c
—, 4-Allyl- **6** 571 h, I 283 e,
II 529 e, III 2415 e, IV 3817
—, 4-Cyclopropyl- **6** IV 3824
—, 2-Isopropenyl- **6** 572 e, I 284 a,
III 2419 e
—, 3-Isopropenyl- **6** 573 a, I 285 a,
III 2420 a, IV 3821
—, 4-Isopropenyl- **6** 573 b, II 530 d,
III 2420 c
—, 2-Methyl-4-vinyl- **6** III 2422 b
—, 3-Methyl-4-vinyl- **6** III 2421 c
—, 4-Methyl-2-vinyl- **6** III 2421 e
—, 2-Propenyl- **6** 565 a, I 280 a,
II 522 e, III 2394 a, IV 3793
—, 3-Propenyl- **6** 565 g, III 2394 c
—, 4-Propenyl- **6** 566 c, I 280 c,
II 523 b, III 2395, IV 3796
But-2-en-1-ol, 1-Phenyl- **6** II 533 d,
III 2437 b, IV 3836
—, 3-Phenyl- **6** III 2441 d, IV 3839
—, 4-Phenyl- **6** III 2439 g, IV 3837
But-3-en-1-ol, 1-Phenyl- **6** 576 f, I 287 b,
II 533 e, III 2440 a, IV 3838
—, 3-Phenyl- **6** III 2442 c, IV 3840
—, 4-Phenyl- **6** III 2435 f
But-3-en-2-ol, 1-Phenyl- **6** III 2440 d
—, 2-Phenyl- **6** III 2442 b, IV 3839
—, 3-Phenyl- **6** IV 3840
—, 4-Phenyl- **6** 576 a, II 532 i,
III 2431 d, IV 3833
Cyclohexanol, 1-Butadiinyl- **6** IV 3831
Indan-1-ol, 1-Methyl- **6** I 292 f
—, 2-Methyl- **6** I 292 i, IV 3865
—, 3-Methyl- **6** IV 3865
Indan-2-ol, 2-Methyl- **6** I 292 j,
III 2463 f
Indan-4-ol, 1-Methyl- **6** IV 3865
—, 2-Methyl- **6** IV 3866

C₁₀H₁₂O (Fortsetzung)

Indan-4-ol, 3-Methyl- **6** IV 3865

—, 5-Methyl- **6** IV 3867

—, 6-Methyl- **6** IV 3868

—, 7-Methyl- **6** IV 3867

Indan-5-ol, 1-Methyl- **6** IV 3865

—, 2-Methyl- **8** IV 909

—, 3-Methyl- **6** IV 3865

—, 4-Methyl- **6** IV 3867

—, 6-Methyl- **6** III 2463 h,
    IV 3868

—, 7-Methyl- **6** IV 3867

4,7-Methano-inden-1-ol, 3a,4,7,7a-
    Tetrahydro- **6** IV 3869

4,7-Methano-inden-8-ol, 3a,4,7,7a-
    Tetrahydro- **6** IV 3871

Methanol, Bicyclo[6.1.0]nona-2,4,6-trien-
    9-yl- **6** IV 3851

—, Cyclopropyl-phenyl- **6** IV 3850

—, [3a,7a-Dihydro-inden-1-yl]-
    6 IV 3864

—, Indan-1-yl- **6** I 292 h

—, Indan-2-yl- **6** I 292 k, IV 3867

—, Indan-5-yl- **6** IV 3868

—, [1-Phenyl-cyclopropyl]-
    6 IV 3850

[1]Naphthol, 1,2,3,4-Tetrahydro-
    6 II 541 c, III 2457 a, IV 3859

—, 5,6,7,8-Tetrahydro- **6** 578 f,
    I 290 h, II 535 e, III 2450 d,
    IV 3851

[2]Naphthol, 1,2,3,4-Tetrahydro-
    6 579 c, 580 h, I 291 d, 292 a,
    II 543 c, 544 a, III 2460 c

—, 5,6,7,8-Tetrahydro- **6** 579 b,
    I 291 b, II 536 f, III 2453 d,
    IV 3854

Phenetol, 2-Vinyl- **6** IV 3771

—, 4-Vinyl- **6** 561 h, III 2386 d,
    IV 3775

Phenol, 2-Allyl-3-methyl- **6** I 288 a,
    IV 3846

—, 2-Allyl-4-methyl- **6** I 287 h,
    II 534 g, III 2446 e, IV 3845

—, 2-Allyl-5-methyl- **6** I 288 a,
    IV 3846

—, 2-Allyl-6-methyl- **6** I 287 f,
    II 534 f, III 2446 b, IV 3844

—, 4-Allyl-3-methyl- **6** IV 3843

—, 2-But-1-enyl- **6** IV 3832

—, 2-But-2-enyl- **6** II 533 a,
    III 2436 d, IV 3834

—, 4-But-1-enyl- **6** IV 3832

—, 4-But-2-enyl- **6** IV 3835

—, 2,4-Dimethyl-6-vinyl- **6** III 2450 c

—, 2-Isopropenyl-3-methyl-
    6 IV 3847

—, 2-Isopropenyl-4-methyl-
    6 577 h, I 288 e, III 2448 a

—, 2-Isopropenyl-5-methyl-
    6 578 a, I 289 g, III 2449 a

—, 2-Isopropenyl-6-methyl-
    6 577 f, I 288 b, IV 3847

—, 4-Isopropenyl-2-methyl-
    6 III 2448 c

—, 5-Isopropenyl-2-methyl-
    6 IV 3848

—, 2-Methallyl- **6** III 2444 b,
    IV 3842

—, 2-[1-Methyl-allyl]- **6** II 533 h,
    III 2441 f, IV 3839

—, 2-[2-Methyl-propenyl]-
    6 576 i, III 2443 a

—, 2-Methyl-6-propenyl- **6** II 534 c

—, 4-[1-Methyl-propenyl]-
    6 II 533 f, III 2441 b

—, 4-[2-Methyl-propenyl]- **6** 576 j

—, 4-Methyl-2-propenyl- **6** I 287 d,
    IV 3844

—, 5-Methyl-2-propenyl- **6** IV 3846

Prop-2-in-1-ol, 1-Norborn-5-en-2-yl-
    6 IV 3869

Zimtalkohol, 2-Methyl- **6** III 2445 c

—, 3-Methyl- **6** II 534 d

—, 4-Methyl- **6** II 535 b, III 2447 e

C₁₀H₁₂OS

Aceton, Benzylmercapto- **6** II 432 j,
    IV 2661

—, m-Tolylmercapto- **6** III 1334 c,
    IV 2083

—, o-Tolylmercapto- **6** III 1281 b,
    IV 2023

—, p-Tolylmercapto- **6** 421 c,
    II 398 a, III 1416 h, IV 2191

Äthen, 1-Äthoxy-2-phenylmercapto-
    6 IV 1497

Butan-2-on, 3-Phenylmercapto-
    6 III 1007 a

—, 4-Phenylmercapto- **6** IV 1516

Butyraldehyd, 3-Phenylmercapto-
    6 IV 1515

Propionaldehyd, 3-Benzylmercapto-
    6 III 1596 e, IV 2662

Styrol, 4-Methoxy-β-methylmercapto-
    6 III 4990 a

$C_{10}H_{12}OS$ (Fortsetzung)

Thiobuttersäure-S-phenylester **6** 310 j,
IV 1524

Thioessigsäure-S-[4-äthyl-phenylester]
6 I 235 f

— S-phenäthylester **6** III 1718 f

— S-[1-phenyl-äthylester]
6 III 1699 c

Thioisobuttersäure-S-phenylester
6 IV 1524

Thiopropionsäure-O-benzylester
6 II 417 b

$C_{10}H_{12}OS_2$

Dithiokohlensäure-O-äthylester-
S-benzylester **6** III 1607 d, IV 2697

— S-äthylester-O-benzylester
6 II 420 f, IV 2469

— O-äthylester-S-m-tolylester
6 388 j

— O-äthylester-S-o-tolylester
6 372 b

— O-äthylester-S-p-tolylester
6 422 d

$C_{10}H_{12}OS_3$

Dithiokohlensäure-O-äthylester-
S-[phenylmercapto-methylester]
6 IV 1506

$C_{10}H_{12}O_2$

Acetaldehyd, Phenäthyloxy- **6** III 1708 i,
IV 3073

Aceton, Benzyloxy- **6** IV 2255

—, m-Tolyloxy- **6** 378 n, III 1305 d

—, o-Tolyloxy- **6** 355 e, III 1253 g

—, p-Tolyloxy- **6** 396 m, III 1363 f,
IV 2111

Äthan, 1-Phenoxy-2-vinyloxy- **6** IV 572

Äthanol, 2-[2-Vinyl-phenoxy]- **6** IV 3772

Äthen, 1-Äthoxy-2-phenoxy- **6** IV 587

Allylalkohol, 1-[4-Methoxy-phenyl]-
6 III 5032 c

Ameisensäure-[1-methyl-2-phenyl-
äthylester] **6** II 474 b, IV 3193

— [3-phenyl-propylester] **6** IV 3201

Benzol, 1-Allyloxy-2-methoxy- **6** 772 f,
I 384 f, II 780 j, III 4213 h,
IV 5569

—, 1-Allyloxy-3-methoxy-
6 II 815 f, IV 5667

—, 1-Allyloxy-4-methoxy-
6 II 841 a, III 4395 c, IV 5724

—, 1-Isopropenyloxy-2-methoxy-
6 IV 5569

Benzylalkohol, 2-Allyloxy- **6** I 439 g,
IV 5898

Butan-2-on, 1-Phenoxy- **6** I 86 h,
III 590 g

—, 3-Phenoxy- **6** 151 m

—, 4-Phenoxy- **6** III 590 i, IV 605

But-2-en-1,4-diol, 1-Phenyl- **6** IV 6348

But-3-en-1,2-diol, 1-Phenyl- **6** III 5039 c

—, 4-Phenyl- **6** III 5038 b

But-2-en-1-ol, 4-Phenoxy- **6** IV 587

But-3-en-1-ol, 2-[2-Hydroxy-phenyl]-
6 IV 6349

Buttersäure-phenylester **6** 154 h, II 155 d,
III 601 c, IV 615

Butyraldehyd, 3-Phenoxy- **6** IV 604

—, 4-Phenoxy- **6** III 590 e

Cyclohexa-2,5-dien-1,4-diol, 1,4-Divinyl-
6 IV 6352

Cyclohexan-1,2-diol, 1,2-Diäthinyl-
6 IV 6351

Cyclohexan-1,4-diol, 1,4-Diäthinyl-
6 IV 6351

Essigsäure-[2-äthyl-phenylester] **6** IV 3012

— [3-äthyl-phenylester]
6 472 b, III 1662 d, IV 3017

— [4-äthyl-phenylester] **6** 472 j,
I 234 k, II 444 b, III 1666 d

— [2,3-dimethyl-phenylester]
6 II 454 a, III 1723 b

— [2,4-dimethyl-phenylester]
6 487 j, II 459 e

— [2,5-dimethyl-phenylester]
6 495 h, II 467 b

— [2,6-dimethyl-phenylester]
6 II 458 a, IV 3117

— [3,4-dimethyl-phenylester]
6 II 455 f, III 1728 e, IV 3102

— [3,5-dimethyl-phenylester]
6 I 244 d, II 463 d, III 1757 f

— [2-methyl-benzylester]
6 484 j, II 457 c, IV 3111

— [3-methyl-benzylester]
6 494 c, II 465 j, III 1768 i

— [4-methyl-benzylester] **6** 498 j,
I 248 e, II 469 b, III 1781 b,
IV 3173

— phenäthylester **6** 479 d, I 238 c,
II 451 c, III 1709 c, IV 3073

— [1-phenyl-äthylester] **6** 476 a,
I 236 d, II 446 d, III 1679, IV 3037

Hydrochinon, 2-Methallyl- **6** III 5041 a,
IV 6349

Indan-1-ol, 2-Hydroxymethyl- **6** IV 6359

$C_{10}H_{12}O_2$ (Fortsetzung)

Indan-1-ol, 2-Methoxy- **6** I 465 c,
III 5034 c

—, 4-Methoxy- **6** IV 6345

Indan-2-ol, 1-Methoxy- **6** 970 b, I 465 c

Isobuttersäure-phenylester **6** III 601 e,
IV 616

4,7-Methano-inden-3a-ylhydroperoxid,
1,4,7,7a-Tetrahydro- **6** IV 3870

Methanol, [2-Phenoxy-cyclopropyl]-
6 IV 5187

Naphthalin-1,2-diol, 1,2,3,4-Tetrahydro-
6 II 926 f, 927 b, III 5047, IV 6356

—, 5,6,7,8-Tetrahydro- **6** III 5043 a

Naphthalin-1,3-diol, 1,2,3,4-Tetrahydro-
6 970 e, IV 6357

—, 5,6,7,8-Tetrahydro- **6** III 5043 d,
IV 6352

Naphthalin-1,4-diol, 5,6,7,8-Tetrahydro-
6 970 d, II 926 b, III 5043 h,
IV 6353

Naphthalin-1,5-diol, 1,2,3,4-Tetrahydro-
6 III 5045 b

Naphthalin-1,6-diol, 5,6,7,8-Tetrahydro-
6 IV 6354

Naphthalin-1,7-diol, 1,2,3,4-Tetrahydro-
6 IV 6355

Naphthalin-2,3-diol, 1,2,3,4-Tetrahydro-
6 971 c, 972 b, II 927 d, 928 a,
III 5048 e, IV 6358

—, 5,6,7,8-Tetrahydro- **6** IV 6355

Naphthalin-2,6-diol, 1,2,3,4-Tetrahydro-
6 III 5046 c, IV 6355

Naphthalin-2,7-diol, 1,2,3,4-Tetrahydro-
6 III 5046 d, IV 6355

[1]Naphthylhydroperoxid, 1,2,3,4-
Tetrahydro- **6** III 2458 c, IV 3860

Peroxid, Indan-1-yl-methyl- **6** III 2425 a

Phenol, 2-Allyl-4-methoxy- **6** II 920 i,
III 5019 f, IV 6335

—, 2-Allyl-5-methoxy- **6** II 920 g,
III 5019 a

—, 2-Allyl-6-methoxy- **6** I 461 c,
II 920 b, III 5013 d, IV 6334

—, 3-Allyl-2-methoxy- **6** IV 6334

—, 4-Allyl-2-methoxy- **6** 961 e,
I 461 g, II 921 c, III 5021 c,
IV 6337

—, 5-Allyl-2-methoxy- **6** 963 a,
I 462 a, II 923 a, III 5024 a

—, 2-Isopropenyl-5-methoxy-
6 969 a

—, 2-Isopropenyl-6-methoxy-
6 III 5032 d

—, 4-Isopropenyl-2-methoxy-
6 969 c

—, 3-Methallyloxy- **6** III 4313 c

—, 2-Methoxy-4-propenyl-
6 955 b, I 459 d, II 916 i, III 4992 b,
IV 6324

—, 2-Methoxy-5-propenyl-
6 956 a, III 4994, IV 6324

—, 2-Methoxy-6-propenyl-
6 I 458 h, III 4991 c

—, 4-Methoxy-2-propenyl-
6 IV 6323

Propan-1,3-diol, 2-Benzyliden- **6** IV 6349

Propionaldehyd, 2-*m*-Tolyloxy- **6** 378 j

—, 2-*o*-Tolyloxy- **6** 355 b

—, 2-*p*-Tolyloxy- **6** 396 i

—, 3-*p*-Tolyloxy- **6** IV 2111

Propionsäure-benzylester **6** 436 b, I 220 i,
II 416 b, III 1479 e, IV 2265

— *m*-tolylester **6** II 353 c,
III 1306 d, IV 2048

— *o*-tolylester **6** II 330 e, III 1254 d,
IV 1960

— *p*-tolylester **6** I 201 f, III 1364 f

Styrol, 2,4-Dimethoxy- **6** II 913 d, IV 6315

—, 2,5-Dimethoxy- **6** IV 6315

—, 2,6-Dimethoxy- **6** III 4981 b

—, 3,4-Dimethoxy- **6** 954 d, I 457 i,
III 4982 b, IV 6316

—, 4,β-Dimethoxy- **6** II 916 g

Zimtalkohol, 2-Hydroxy-5-methyl-
6 IV 6350

—, 4-Methoxy- **6** II 919 i, III 5013 b,
IV 6333

$C_{10}H_{12}O_2S$

Aceton, [4-Methoxy-phenylmercapto]-
6 III 4461 b, IV 5814

—, Phenylmethansulfinyl-
6 II 433 b

Buttersäure, 3-Phenylmercapto-
6 II 293 i, IV 1541

—, 4-Phenylmercapto- **6** III 1019 d

Essigsäure-[benzylmercapto-methylester]
6 IV 2657

— [1-phenylmercapto-äthylester]
6 IV 1509

— [2-phenylmercapto-äthylester]
6 IV 1492

— [*p*-tolylmercapto-methylester]
6 IV 2181

$C_{10}H_{12}O_2S$ (Fortsetzung)

Essigsäure, [2-Äthyl-phenylmercapto]-
6 IV 3015

—, [4-Äthyl-phenylmercapto]-
6 I 235 g, IV 3028

—, [2,4-Dimethyl-phenylmercapto]-
6 IV 3139

—, [2,5-Dimethyl-phenylmercapto]-
6 III 1777 f

—, [3,5-Dimethyl-phenylmercapto]-
6 I 244 j

—, Mercapto-, phenäthylester
6 III 1712 c

—, Phenäthylmercapto- 6 II 453 e,
III 1719 b, IV 3090

—, [1-Phenyl-äthylmercapto]-
6 III 1699 e

—, Phenylmercapto-, äthylester
6 314 a, I 146 k, III 1013 g

Isobuttersäure, α-Phenylmercapto-
6 III 1019 h, IV 1542

—, β-Phenylmercapto- 6 III 1020 g,
IV 1542

Propionsäure, 2-Benzylmercapto-
6 463 e, III 1611 g, IV 2703

—, 3-Benzylmercapto- 6 III 1611 h,
IV 2703

—, 3-Phenylmercapto-, methylester
6 III 1017 d, IV 1540

—, 2-p-Tolylmercapto- 6 II 399 e

—, 3-o-Tolylmercapto- 6 IV 2025

—, 3-p-Tolylmercapto- 6 424 b,
II 399 f, IV 2199

Sulfon, Äthyl-styryl- 6 IV 3785

—, [1-Äthyl-vinyl]-phenyl- 6 IV 1480

—, Allyl-benzyl- 6 III 1578 f

—, Allyl-o-tolyl- 6 370 o, IV 2017

—, Allyl-p-tolyl- 6 418 f, III 1398 d,
IV 2162

—, Benzyl-propenyl- 6 III 1578 b,
IV 2640

—, But-2-enyl-phenyl- 6 IV 1481

—, Cinnamyl-methyl- 6 IV 3804

—, Isopropenyl-p-tolyl- 6 IV 2162

—, [1-Methyl-propenyl]-phenyl-
6 IV 1481

—, Phenäthyl-vinyl- 6 III 1717 a

—, Propenyl-o-tolyl- 6 IV 2017

—, Propenyl-p-tolyl- 6 IV 2161

Thioessigsäure-S-[4-äthoxy-phenylester]
6 862 f

— S-[2-phenoxy-äthylester]
6 IV 581

$C_{10}H_{12}O_2S_2$

Dithiokohlensäure-O-äthylester-S-
[2-hydroxymethyl-phenylester]
6 II 881 e

— O-[2-benzyloxy-äthylester]
6 III 1470 c

Essigsäure, Phenyldisulfanyl-, äthylester
6 IV 1562

—, [2-Phenylmercapto-äthylmercapto]-
6 III 996 e

$C_{10}H_{12}O_2Se$

Essigsäure, [2,4-Dimethyl-phenylselanyl]-
6 II 462 a

—, [3,4-Dimethyl-phenylselanyl]-
6 II 456 j

Propionsäure, 3-Benzylselanyl- 6 III 1652 a

$C_{10}H_{12}O_3$

Acetaldehyd, [4-Methoxy-benzyloxy]-
6 III 4549 b

Aceton, [2-Methoxy-phenoxy]- 6 III 4226 a,
IV 5581

—, [3-Methoxy-phenoxy]- 6 III 4319 e,
IV 5672

—, [4-Methoxy-phenoxy]- 6 III 4412 b

Äthan, 1-Formyloxy-2-[4-methoxy-phenyl]-
6 IV 5937

Äthanol, 1-[4-Acetoxy-phenyl]-
6 904 b, III 4567 a, IV 5931

—, 2-Acetoxy-1-phenyl- 6 III 4575 e,
IV 5941

Ameisensäure-[2-benzyloxy-äthylester]
6 III 1469 c

Benzol, 1-Acetoxy-2-äthoxy- 6 III 4228 b

—, 1-Acetoxy-4-äthoxy- 6 III 4414 d,
IV 5740

—, 1-Acetoxymethyl-2-methoxy-
6 I 439 h, IV 5899

—, 1-Acetoxymethyl-3-methoxy-
6 IV 5908

—, 1-Acetoxymethyl-4-methoxy-
6 I 440 g, III 4549 f, IV 5914

—, 1-Methoxy-2-propionyloxy-
6 III 4228 i, IV 5583

—, 1-Methoxy-4-propionyloxy-
6 III 4415 d

Benzylalkohol, 3-Allyl-2,5-dihydroxy-
6 III 6446 c

Brenzcatechin, 5-Allyl-3-methoxy-
6 III 6444 b, IV 7478

Buttersäure, 2-Phenoxy- 6 163 i, III 616 i,
IV 644

—, 4-Phenoxy- 6 164 g, II 158 j,
III 617 b, IV 645

$C_{10}H_{12}O_3$ (Fortsetzung)

Essigsäure-benzyloxymethylester
  6 III 1474 f

– [1-phenoxy-äthylester]
  6 III 586 d, IV 599

– [2-phenoxy-äthylester]
  6 147 a, III 571 f, IV 575

Essigsäure, Äthoxy-, phenylester
  6 162 i, IV 642

–, [2-Äthyl-phenoxy]- 6 II 442 g,
  III 1657 g, IV 3012

–, [3-Äthyl-phenoxy]- 6 II 443 h,
  III 1662 e

–, [4-Äthyl-phenoxy]- 6 II 444 c,
  III 1666 m

–, Benzyloxy-, methylester
  6 III 1531 f, IV 2470

–, [2,3-Dimethyl-phenoxy]-
  6 II 454 b

–, [2,4-Dimethyl-phenoxy]-
  6 I 241 i, II 460 b, IV 3130

–, [2,5-Dimethyl-phenoxy]-
  6 I 245 d, II 467 g

–, [2,6-Dimethyl-phenoxy]-
  6 II 458 c, III 1738 f

–, [3,4-Dimethyl-phenoxy]-
  6 I 240 e, II 455 i

–, [3,5-Dimethyl-phenoxy]-
  6 II 463 h, III 1758 c

–, Methoxy-, benzylester
  6 III 1532 h

–, Phenäthyloxy- 6 II 452 g,
  III 1711 d

–, Phenoxy-, äthylester 6 162 b,
  I 89 i, II 157 h, III 610 d, IV 635

–, m-Tolyloxy-, methylester
  6 380 a, III 1308 c, IV 2051

–, o-Tolyloxy-, methylester
  6 356 h, III 1256 f

–, p-Tolyloxy-, methylester
  6 399 a, III 1367 e, IV 2119

Hydrochinon, 2-Methoxy-5-propenyl-
  6 IV 7476

Isobuttersäure, α-Phenoxy- 6 165 a,
  III 618 b, IV 646

–, β-Phenoxy- 6 IV 647

Kohlensäure-äthylester-benzylester
  6 II 419 j, III 1484 d, IV 2277

– äthylester-m-tolylester
  6 379 k, II 353 i

– äthylester-o-tolylester 6 355 q

– äthylester-p-tolylester 6 398 d

– isopropylester-phenylester
  6 157 i, IV 629

– methylester-phenäthylester
  6 II 451 i

– methylester-[1-phenyl-äthylester]
  6 III 1680 e

– phenylester-propylester 6 157 h

Milchsäure-benzylester 6 II 420 h,
  III 1534 c, IV 2473

Naphthalin-1,2,3-triol, 1,2,3,4-Tetrahydro-
  6 IV 7481

Phenäthylalkohol, 2-Acetoxy- 6 906 j

Phenol, 2-[2-Acetoxy-äthyl]- 6 906 j

–, 4-[2-Acetoxy-äthyl]- 6 I 443 h

–, 2-Acetoxy-3,5-dimethyl-
  6 IV 5961

–, 2-Acetoxy-4,5-dimethyl-
  6 IV 5950

–, 2-Acetoxy-4,6-dimethyl-
  6 IV 5961

–, 4-Acetoxy-2,5-dimethyl- 6 III 4603 f

–, 4-Acetoxy-3,5-dimethyl- 6 III 4589 e

–, 4-Acetoxymethyl-2-methyl- 6 IV 5964

–, 2-Allyloxy-3-methoxy- 6 III 6267 c

–, 2-Allyloxy-6-methoxy- 6 III 6267 b

–, 3-Butyryloxy- 6 IV 5673

–, 4-Butyryloxy- 6 IV 5742

–, 2,3-Dimethoxy-6-vinyl- 6 III 6438 a

Propionaldehyd, 2-Benzyloxy-3-hydroxy-
  6 IV 2256

Propionsäure, 2-Benzyloxy- 6 III 1533 e,
  IV 2472

–, 3-Hydroxy-, m-tolylester
  6 III 1309 c

–, 3-Hydroxy-, o-tolylester
  6 III 1257 g

–, 3-Hydroxy-, p-tolylester
  6 III 1368 g

–, 3-Methoxy-, phenylester
  6 IV 644

–, 2-Phenoxy-, methylester
  6 IV 642

–, 3-Phenoxy-, methylester
  6 III 616 a, IV 644

–, 2-m-Tolyloxy- 6 380 d, III 1309 a

–, 2-o-Tolyloxy- 6 356 k, III 1257 d,
  IV 1965

–, 2-p-Tolyloxy- 6 399 d, III 1368 d

–, 3-m-Tolyloxy- 6 II 354 c,
  III 1309 b, IV 2052

–, 3-o-Tolyloxy- 6 III 1257 f,
  IV 1965

$C_{10}H_{12}O_3$ (Fortsetzung)

Propionsäure, 3-p-Tolyloxy- **6** II 380 l,
III 1368 f, IV 2121

Toluol, 2-Acetoxy-3-methoxy- **6** II 859 c

—, 2-Acetoxy-5-methoxy- **6** IV 5868

—, 3-Acetoxy-4-methoxy-
6 II 866 g, III 4518 f

—, 3-Acetoxy-5-methoxy- **6** III 4534 d

—, 4-Acetoxy-3-methoxy-
6 880 b, II 866 h, III 4518 g

Zimtalkohol, 4-Hydroxy-3-methoxy-
6 1131 b, II 1093 c, III 6442 d,
IV 7477

$C_{10}H_{12}O_3S$

Aceton, Phenylmethansulfonyl-
6 II 433 c, IV 2661

—, [Toluol-4-sulfonyl]- **6** 421 d,
I 210 c, II 398 b, III 1417 a,
IV 2191

Äthen, 1-Äthoxy-2-benzolsulfonyl-
6 IV 1499

—, 1-Methoxy-2-[toluol-4-sulfonyl]-
6 IV 2179

Allylalkohol, 3-Phenylmethansulfonyl-
6 III 1591 b

—, 3-[Toluol-4-sulfonyl]- **6** III 1410 e

Benzol, 1-Allyloxy-4-methansulfonyl-
6 IV 5793

Essigsäure, [2-Äthoxy-phenylmercapto]-
6 III 4279 b

—, [4-Äthoxy-phenylmercapto]-
6 IV 5816

—, Benzolsulfinyl-, äthylester **6** I 147 b

—, [5-Hydroxy-2,4-dimethyl-
phenylmercapto]- **6** III 4596 b

—, [4-Mercapto-3,5-dimethyl-
phenoxy]- **6** IV 5959

—, [4-Methoxy-benzylmercapto]-
6 IV 5923

—, [2-Methoxy-5-methyl-phenyl≤
mercapto]- **6** II 874 e

—, [4-Methoxy-2-methyl-phenyl≤
mercapto]- **6** III 4506 e

—, [4-Methoxy-phenylmercapto]-,
methylester **6** III 4463 g

—, [2-Phenoxy-äthylmercapto]- **6** III 576 e

—, [1-Phenyl-äthansulfinyl]- **6** III 1700

—, [2-Phenyl-äthansulfinyl]- **6** III 1719 e

Isobuttersäure, α-Benzolsulfinyl-
6 III 1020 b

—, α-Hydroxy-β-phenylmercapto-
6 319 d

Kohlensäure-äthylester-[3-methylmercapto-
phenylester] **6** I 407 h

Phenol, 2-Allyl-4-methansulfonyl-
6 IV 6336

Propionaldehyd, 3-[Toluol-4-sulfonyl]-
6 IV 2191

Propionsäure, 2-Benzylmercapto-
2-hydroxy- **6** 463 k

—, 3-Benzylmercapto-2-hydroxy-
6 III 1616 g

—, 3-[2-Methoxy-phenylmercapto]-
6 IV 5640

—, 3-[3-Methoxy-phenylmercapto]-
6 IV 5704

—, 3-[4-Methoxy-phenylmercapto]-
6 II 854 e

—, 3-Phenylmethansulfinyl-
6 III 1612 d

—, 3-[Toluol-4-sulfinyl]- **6** II 399 g

Styrol, β-Methansulfonyl-α-methoxy-
6 III 4991 a

Thioessigsäure-S-[2,4-dimethoxy-
phenylester] **6** I 543 m

$C_{10}H_{12}O_3S_2$

Aceton, 1-Benzolsulfonyl-1-methyl≤
mercapto- **6** III 1006 b

Essigsäure, [2-Benzolsulfinyl-äthyl≤
mercapto]- **6** III 997 a

$C_{10}H_{12}O_4$

Aceton, 1-Hydroxy-3-[2-methoxy-phenoxy]-
6 III 4226 f

Benzol, 1-Acetoxy-2,3-dimethoxy-
6 III 6269 a

—, 1-Acetoxy-2,4-dimethoxy-
6 III 6281 b, IV 7342

—, 2-Acetoxy-1,3-dimethoxy-
6 1082 e, II 1066 e, III 6269 b

—, 2-Acetoxy-1,4-dimethoxy-
6 IV 7342

—, 4-Acetoxy-1,2-dimethoxy-
6 III 6281 c

Benzylalkohol, 4-Acetoxy-3-methoxy-
6 I 551 a

Buttersäure, 2-[4-Hydroxy-phenoxy]-
6 IV 5748

—, 4-[4-Hydroxy-phenoxy]-
6 IV 5749

Cyclohexa-1,3-dien, 5,6-Diacetoxy-
6 IV 5523

Cyclohexen, 1-Formyloxy-4-[1-formyloxy-
vinyl]- **6** III 4170 c

Essigsäure, [2-Äthoxy-phenoxy]-
6 IV 5586

C$_{10}$H$_{12}$O$_4$ (Fortsetzung)

Essigsäure, [3-Äthoxy-phenoxy]-
6 IV 5675
—, [4-Äthoxy-phenoxy]- 6 IV 5745
—, [2-Hydroxy-phenoxy]-, äthylester
6 778 b, I 387 b
—, [3-Hydroxy-phenoxy]-, äthylester
6 817 i
—, [4-Hydroxy-phenoxy]-, äthylester
6 IV 5744
—, Methoxy-, [2-methoxy-phenylester]
6 779 f
—, [2-Methoxy-benzyloxy]-
6 IV 5899
—, [4-Methoxy-benzyloxy]-
6 IV 5915
—, [2-Methoxy-4-methyl-phenoxy]-
6 880 j, III 4519 d, IV 5880
—, [4-Methoxy-phenoxy]-, methyl≠
ester 6 III 4419 d
—, Phenoxy-, [2-hydroxy-äthylester]
6 III 611 j
—, Phenoxy-, methoxymethylester
6 III 612 g
—, [2-Phenoxy-äthoxy]- 6 IV 576
Glykolsäure-[2-phenoxy-äthylester]
6 III 573 d
Isobuttersäure, α-[4-Hydroxy-phenoxy]-
6 IV 5750
Kohlensäure-äthylester-[2-methoxy-
phenylester] 6 776 d, I 386 c,
III 4233 a
— äthylester-[4-methoxy-phenylester]
6 II 844 b
— [2-methoxy-4-methyl-phenylester]-
methylester 6 880 f
— methylester-[2-phenoxy-äthylester]
6 III 572 g
Naphthalin-1,2,3,4-tetraol, 1,2,3,4-
Tetrahydro- 6 1161 g
Propionsäure, 2-Benzyloxy-3-hydroxy-
6 IV 2476
—, 3-Benzyloxy-2-hydroxy-
6 IV 2477
—, 3-Hydroxy-, [2-methoxy-
phenylester] 6 III 4237 d
—, 3-Hydroxy-, [4-methoxy-
phenylester] 6 III 4422 b
—, 2-Hydroxy-3-phenoxy-,
methylester 6 III 624 e
—, 3-Hydroxy-2-phenoxy-,
methylester 6 III 624 a

—, 2-Hydroxy-3-o-tolyloxy-
6 III 1258 c, IV 1967
—, 2-[2-Methoxy-phenoxy]-
6 779 m, I 387 d
—, 2-[3-Methoxy-phenoxy]-
6 III 4324 i
—, 2-[4-Methoxy-phenoxy]-
6 IV 5747
—, 3-[2-Methoxy-phenoxy]-
6 II 784 j, III 4237 a, IV 5588
—, 3-[3-Methoxy-phenoxy]-
6 I 403 b, II 817 l, III 4325 c,
IV 5676
—, 3-[4-Methoxy-phenoxy]-
6 II 844 f, III 4421 c, IV 5747

C$_{10}$H$_{12}$O$_4$S

Aceton, [2-Methoxy-benzolsulfonyl]-
6 I 396 f, II 797 b
—, [4-Methoxy-benzolsulfonyl]-
6 II 853 g
Buttersäure, 2-Benzolsulfonyl-
6 317 b, III 1018 e
—, 3-Benzolsulfonyl- 6 III 1019 b
—, 4-Benzolsulfonyl- 6 IV 1541
[1,3,2]Dioxathian-2-oxid, 5-o-Tolyloxy-
6 IV 1957
[1,3,2]Dioxathiolan-2-oxid, 4-o-Tolyloxy≠
methyl- 6 IV 1956
Essigsäure-[2-benzolsulfonyl-äthylester]
6 302 a
— [toluol-4-sulfonylmethylester]
6 IV 2184, 11 12
Essigsäure, Benzolsulfonyl-, äthylester
6 315 b, II 293 e, III 1014 h
—, [2,4-Dimethoxy-phenylmercapto]-
6 I 544 d
—, [3,4-Dimethoxy-phenylmercapto]-
6 III 6297 b
—, [2,4-Dimethyl-benzolsulfonyl]-
6 492 c
—, [2,5-Dimethyl-benzolsulfonyl]-
6 498 e
—, [2-Hydroxy-3-methoxy-
benzylmercapto]- 6 IV 7379
—, [1-Phenyl-äthansulfonyl]-
6 III 1701 c
—, [2-Phenyl-äthansulfonyl]-
6 III 1720 a
Isobuttersäure, α-Benzolsulfonyl-
6 317 e, III 1020 e
—, β-Benzolsulfonyl- 6 III 1020 i
Prop-2-en-1-sulfonsäure, 2-Methyl-
3-phenoxy- 6 III 638 f

$C_{10}H_{12}O_4S$ (Fortsetzung)

Prop-2-en-1-sulfonsäure, 2-Phenoxymethyl-
6 III 639 a

Propionsäure, 3-Benzolsulfonyl-,
methylester 6 III 1018 b, IV 1541

−, 3-[4-Hydroxy-3-methoxy-
phenylmercapto]- 6 IV 7359

−, 3-Phenylmethansulfonyl-
6 III 1612 e, IV 2704

−, 2-[Toluol-4-sulfonyl]- 6 424 a

−, 3-[Toluol-3-sulfonyl]- 6 III 1335 b

−, 3-[Toluol-4-sulfonyl]- 6 424 d,
II 399 h, III 1423 e, IV 2199

$C_{10}H_{12}O_4S_2$

Essigsäure, [2-Benzolsulfonyl-äthyl=
mercapto]- 6 III 997 i

$C_{10}H_{12}O_5$

Essigsäure, [2,3-Dimethoxy-phenoxy]-
6 II 1067 b

−, [2,4-Dimethoxy-phenoxy]-
6 IV 7343

−, [2,5-Dimethoxy-phenoxy]-
6 III 6282 d

−, [3,4-Dimethoxy-phenoxy]-
6 III 6282 e

Isoeugenol-ozonid 6 I 460 a, II 918 a

Propionsäure, 2-Hydroxy-3-[4-hydroxy-
2-methyl-phenoxy]- 6 III 4501 d,
IV 5868

−, 2-Hydroxy-3-[4-hydroxy-3-methyl-
phenoxy]- 6 IV 5868

$C_{10}H_{12}O_5S$

Essigsäure, [2-Methoxy-5-methyl-
benzolsulfonyl]- 6 II 874 f

−, Sulfo-, phenäthylester 6 IV 3075

Isobuttersäure, β-Benzolsulfonyl-α-hydroxy-
6 319 e

Kohlensäure-äthylester-[3-methansulfonyl-
phenylester] 6 I 407 i

Schwefelsäure-mono-[4-allyl-2-methoxy-
phenylester] 6 967 h, II 924 d

− mono-[2-methoxy-4-propenyl-
phenylester] 6 959 e, II 919 f

$C_{10}H_{12}O_6$

Hydrochinon, 3-Acetoxy-2,5-dimethoxy-
6 III 6882 a

$C_{10}H_{12}S$

Naphthalin-1-thiol, 1,2,3,4-Tetrahydro-
6 IV 3862

−, 5,6,7,8-Tetrahydro- 6 II 536 b,
IV 3854

Naphthalin-2-thiol, 1,2,3,4-Tetrahydro-
6 IV 3863

−, 5,6,7,8-Tetrahydro- 6 II 540 c,
IV 3858

Sulfid, Äthyl-styryl- 6 IV 3785

−, Allyl-benzyl- 6 II 428 b,
III 1578 e, IV 2640

−, Allyl-o-tolyl- 6 IV 2017

−, Allyl-p-tolyl- 6 II 394 k,
III 1398 c

−, Benzyl-isopropenyl- 6 454 g

−, But-2-enyl-phenyl- 6 IV 1481

−, Cinnamyl-methyl- 6 IV 3804

−, [4-Isopropenyl-phenyl]-methyl-
6 IV 3822

−, Methallyl-phenyl- 6 IV 1482

−, [1-Methyl-allyl]-phenyl-
6 IV 1481

−, [2-Methyl-propenyl]-phenyl-
6 IV 1482

−, Methyl-[4-propenyl-phenyl]-
6 IV 3798

−, Propenyl-o-tolyl- 6 IV 2017

−, Propenyl-p-tolyl- 6 IV 2161

$C_{10}H_{13}AsO_3$

Benzo[1,3,2]dioxarsol, 2-Butoxy-
6 IV 5606

$C_{10}H_{13}AsO_4$

[1,3,2]Dioxarsolan, 4-Methoxymethyl-
2-phenoxy- 6 IV 761

$C_{10}H_{13}BO_2$

Benzo[1,3,2]dioxaborol, 2-tert-Butyl-
6 IV 5609

$C_{10}H_{13}BO_2S$

Benzo[1,3,2]dioxaborol, 2-Butylmercapto-
6 IV 5612

$C_{10}H_{13}BO_3$

Benzo[1,3,2]dioxaborol, 2-Butoxy-
6 IV 5610

−, 2-sec-Butoxy- 6 IV 5610

−, 2-Isobutoxy- 6 IV 5610

$C_{10}H_{13}BrN_2O_3$

Harnstoff, [3-(4-Brom-phenoxy)-2-hydroxy-
propyl]- 6 IV 1054

$C_{10}H_{13}BrO$

Äthanol, 1-[4-(1-Brom-äthyl)-phenyl]- 6 545 k

Äther, Äthyl-[2-brommethyl-benzyl]-
6 II 457 e

−, Äthyl-[3-brommethyl-benzyl]- 6 II 466 a

−, Äthyl-[4-brommethyl-benzyl]-
6 II 469 d

−, Äthyl-[2-brom-1-phenyl-äthyl]-
6 I 237 c, III 1690 c, IV 3054

−, [3-Äthyl-phenyl]-[2-brom-äthyl]-
6 IV 3017

$C_{10}H_{13}BrO$ (Fortsetzung)

Äther, [4-Äthyl-phenyl]-[2-brom-äthyl]-
6 IV 3021

−, Benzyl-[3-brom-propyl]-
6 III 1456 b

−, [2-Brom-äthyl]-[2,3-dimethyl-
phenyl]- 6 IV 3097

−, [2-Brom-äthyl]-[2,4-dimethyl-
phenyl]- 6 486 d, IV 3127

−, [2-Brom-äthyl]-[2,5-dimethyl-
phenyl]- 6 IV 3165

−, [2-Brom-äthyl]-[2,6-dimethyl-
phenyl]- 6 IV 3114

−, [2-Brom-äthyl]-[3,4-dimethyl-
phenyl]- 6 III 1727 b, IV 3101

−, [2-Brom-äthyl]-[3,5-dimethyl-
phenyl]- 6 IV 3142

−, [2-Brom-butyl]-phenyl- 6 III 551 c

−, [3-Brom-butyl]-phenyl-
6 I 82 b, III 551 d

−, [4-Brom-butyl]-phenyl-
6 II 146 a, IV 558

−, [1-Brommethyl-2-phenyl-äthyl]-
methyl- 6 II 474 l, III 1798 g

−, [2-Brom-4-methyl-phenyl]-
isopropyl- 6 IV 2144

−, [4-Brom-2-methyl-phenyl]-
isopropyl- 6 III 1270 c

−, [2-Brom-4-methyl-phenyl]-propyl-
6 III 1379 b, IV 2144

−, [4-Brom-2-methyl-phenyl]-propyl-
6 III 1270 b

−, [2-Brom-phenyl]-butyl-
6 IV 1038

−, [2-Brom-phenyl]-sec-butyl-
6 IV 1039

−, [4-Brom-phenyl]-butyl-
6 IV 1046

−, [4-Brom-phenyl]-sec-butyl-
6 IV 1046

−, [4-Brom-phenyl]-isobutyl-
6 III 743 e

−, [2-Brom-1-phenyl-propyl]-methyl-
6 II 472 d, III 1796 b, IV 3187

−, [3-(2-Brom-phenyl)-propyl]-methyl-
6 IV 3205

−, [3-Brom-propyl]-m-tolyl-
6 IV 2040

−, [3-Brom-propyl]-o-tolyl-
6 II 329 d

−, [3-Brom-propyl]-p-tolyl-
6 IV 2100

Anisol, 4-Äthyl-2-brom-5-methyl-
6 III 1819 d

−, 2-[2-Brom-äthyl]-4-methyl-
6 III 1822 a

−, 2-Brom-4-isopropyl- 6 IV 3217

−, 4-Brom-2-isopropyl- 6 505 a

−, 2-[2-Brom-propyl]- 6 IV 3178

−, 2-[3-Brom-propyl]- 6 IV 3178

−, 4-[1-Brom-propyl]- 6 III 1791 a

−, 4-Brom-2-propyl- 6 III 1786 f

−, 4-[2-Brom-propyl]- 6 IV 3182

−, 4-[3-Brom-propyl]- 6 III 1791 b,
IV 3183

−, 3-Brom-2,4,6-trimethyl-
6 III 1838 e

Butan-1-ol, 1-[4-Brom-phenyl]- 6 II 486 f

Phenetol, 2-Brom-4,6-dimethyl-
6 II 460 j

−, 4-Brom-3,5-dimethyl- 6 IV 3158

Phenol, 2-Brom-4-sec-butyl- 6 IV 3282

−, 2-Brom-4-tert-butyl- 6 525 b,
III 1873 b, IV 3313

−, 4-Brom-2-butyl- 6 III 1844 a

−, 4-Brom-2-tert-butyl- 6 III 1861 f

−, 5-Brom-2-tert-butyl- 6 IV 3293

−, 2-Brom-6-isopropyl-3-methyl- 6 540 g

−, 4-Brom-2-isopropyl-5-methyl-
6 540 i, I 267 c, III 1909 c,
IV 3347

−, 4-Brom-5-isopropyl-2-methyl-
6 531 h, III 1891 e

−, 2-Brommethyl-3,4,6-trimethyl-
6 546 i

−, 2-Brom-3,4,5,6-tetramethyl-
6 IV 3360

−, 3-Brom-2,4,5,6-tetramethyl-
6 546 d, III 1919 b

−, 4-Brom-2,3,5,6-tetramethyl-
6 547 c, III 1920 a

Propan-1-ol, 2-Brom-2-methyl-1-phenyl-
6 IV 3290

−, 3-Brom-2-methyl-2-phenyl-
6 II 490 e

−, 2-[4-Brom-phenyl]-2-methyl-
6 IV 3320

Propan-2-ol, 1-[4-Brom-phenyl]-2-methyl-
6 IV 3291

$C_{10}H_{13}BrO_2$

Benzol, 2-Äthoxymethyl-4-brom-
1-methoxy- 6 III 4542 b

−, 4-Äthoxymethyl-2-brom-
1-methoxy- 6 III 4551 d

$C_{10}H_{13}BrO_2$ (Fortsetzung)

Benzol, 1-Äthyl-5-brom-2,4-dimethoxy-
6 IV 5925

—, 1-[2-Brom-äthyl]-2,3-dimethoxy-
6 III 4554 d

—, 1-[2-Brom-äthyl]-3,5-dimethoxy-
6 IV 5928

—, 2-[2-Brom-äthyl]-1,4-dimethoxy-
6 III 4558 b, IV 5926

—, 4-[2-Brom-äthyl]-1,2-dimethoxy-
6 III 4561 i

—, 1-Brom-2,5-dimethoxy-
3,4-dimethyl- 6 III 4583 f, IV 5949

—, 2-Brom-1,4-dimethoxy-
3,5-dimethyl- 6 III 4589 i

—, 2-Brom-3,5-dimethoxy-
1,4-dimethyl- 6 III 4607 g

—, 3-Brom-1,2-dimethoxy-
4,5-dimethyl- 6 IV 5951

—, 3-Brom-1,4-dimethoxy-
2,5-dimethyl- 6 III 4604 b

—, 1-[2-Brom-1-methoxy-äthyl]-
4-methoxy- 6 III 4568 d

—, 2-Brommethyl-1,4-dimethoxy-
3-methyl- 6 IV 5949

—, 1-[3-Brom-propoxy]-2-methoxy-
6 772 a, IV 5566

—, 1-[3-Brom-propoxy]-4-methoxy-
6 III 4388 c, IV 5720

Benzylalkohol, 4-Brom-2-hydroxy-
3,5,6-trimethyl- 6 947 j

Brenzcatechin, 3-Brom-5-*tert*-butyl-
6 IV 6015

—, 4-Brom-6-isopropyl-3-methyl-
6 IV 6019

Butan-2-ol, 4-[5-Brom-2-hydroxy-phenyl]-
6 II 898 h

Hydrochinon, 3-Brom-5-isopropyl-
2-methyl- 6 945 f, III 4674 c

Phenol, 4-Äthyl-2-brom-6-methoxy-
3-methyl- 6 III 4636 c

—, 2-[4-Brom-butoxy]- 6 III 4210 a

—, 2-Brom-4-butoxy- 6 IV 5781

—, 4-Brom-2-isopropyl-6-methoxy-
6 III 4632 a

—, 4-[2-Brom-propyl]-2-methoxy-
6 III 4617 e

Propan-1-ol, 2-Brom-1-[4-methoxy-phenyl]-
6 926 g, II 894 f

Resorcin, 4-Brom-6-butyl- 6 III 4658 f

$C_{10}H_{13}BrO_2S$

Acetaldehyd, [2-Brom-phenylmercapto]-,
dimethylacetal 6 IV 1647

—, [4-Brom-phenylmercapto]-,
dimethylacetal 6 IV 1653

Sulfon, [4-Brom-phenyl]-butyl- 6 III 1048 g

—, [4-Brom-phenyl]-isobutyl-
6 III 1048 h

—, [1-Brom-propyl]-*p*-tolyl-
6 421 b

—, [2-Brom-propyl]-*o*-tolyl-
6 370 g

—, [2-Brom-propyl]-*p*-tolyl-
6 418 b

$C_{10}H_{13}BrO_3$

Äthanol, 2-Brom-1-[3,4-dimethoxy-phenyl]-
6 1114 g, I 552 h

—, 2-[3-Brom-4-methoxy-benzyloxy]-
6 IV 5918

Benzol, 2-[2-Brom-äthoxy]-1,3-dimethoxy-
6 IV 7330

Benzylalkohol, 2-Äthoxy-5-brom-
3-methoxy- 6 II 1082 j

Butan-2,3-diol, 1-Brom-4-phenoxy-
6 III 583 i

Phenol, 3-[2-(2-Brom-äthoxy)-äthoxy]-
6 III 4316 d

Propan-1-ol, 1-[3-Brom-4-hydroxy-
5-methoxy-phenyl]- 6 III 6343 d

—, 2-Brom-1-[4-hydroxy-3-methoxy-
phenyl]- 6 1121 a

—, 2-Brom-3-[4-hydroxy-3-methoxy-
phenyl]- 6 1123 b

Propan-2-ol, 1-Brom-3-[4-hydroxy-
3-methoxy-phenyl]- 6 1123 b

$C_{10}H_{13}BrO_4$

Benzol, 2-Brom-1,3,4,5-tetramethoxy-
6 III 6654 e

$C_{10}H_{13}BrO_6S_3$

Methan, Äthansulfonyl-benzolsulfonyl-
brom-methansulfonyl- 6 III 1013 e

$C_{10}H_{13}BrS$

Sulfid, Benzyl-[2-brom-propyl]-
6 III 1576 a

—, Benzyl-[3-brom-propyl]-
6 IV 2636

—, [4-Brom-phenyl]-butyl-
6 IV 1650

—, [4-Brom-phenyl]-*tert*-butyl-
6 IV 1651

$C_{10}H_{13}BrS_2$

Benzol, 1,2-Bis-äthylmercapto-4-brom-
6 II 801 a

$C_{10}H_{13}Br_2O_4P$

Phosphorsäure-bis-[2-brom-äthylester]-
phenylester 6 IV 710

$C_{10}H_{13}Br_2O_4P$ (Fortsetzung)

Phosphorsäure-mono-[2,4-dibrom-
6-isopropyl-3-methyl-phenylester]
6 III 1905 d

$C_{10}H_{13}ClNO_4PS_3$

Disulfidothiophosphorsäure-
O,O'-diäthylester-S-S-[4-chlor-2-nitro-
phenylester] **6** IV 1724

$C_{10}H_{13}ClNO_5P$

Phosphonsäure, Methyl-, [4-chlor-2-nitro-
phenylester]-propylester **6** IV 1350

$C_{10}H_{13}ClNO_5PS$

Thiophosphorsäure-O,O'-diäthylester-O''-
[2-chlor-4-nitro-phenylester] **6** IV 1356

– O,O'-diäthylester-O''-[4-chlor-
2-nitro-phenylester] **6** IV 1351

$C_{10}H_{13}ClNO_6P$

Phosphorsäure-diäthylester-[4-chlor-2-nitro-
phenylester] **6** IV 1350

$C_{10}H_{13}ClN_2O_3$

Harnstoff, [3-(2-Chlor-phenoxy)-2-hydroxy-
propyl]- **6** IV 804

–, [3-(4-Chlor-phenoxy)-2-hydroxy-
propyl]- **6** IV 863

$C_{10}H_{13}ClN_2S_2$

Isothioharnstoff, S-[2-Äthylmercapto-
5-chlor-benzyl]- **6** IV 5906

$C_{10}H_{13}ClO$

Äthanol, 1-[2-Chlor-3,4-dimethyl-phenyl]-
6 IV 3356

–, 1-[2-Chlor-3,5-dimethyl-phenyl]-
6 IV 3359

–, 1-[4-Chlor-2,5-dimethyl-phenyl]-
6 IV 3357

Äther, Äthyl-[2-chlormethyl-benzyl]-
6 IV 3111

–, Äthyl-[2-chlor-1-phenyl-äthyl]-
6 476 b, III 1683 d, IV 3046

–, [2-Äthyl-phenyl]-[2-chlor-äthyl]-
6 IV 3012

–, Benzyl-[2-chlor-propyl]-
6 III 1456 a

–, Benzyl-[3-chlor-propyl]-
6 II 410 d, IV 2230

–, Butyl-[2-chlor-phenyl]-
6 III 676 d

–, Butyl-[4-chlor-phenyl]-
6 II 176 d, III 688 e, IV 824

–, [2-(2-Chlor-äthyl)-benzyl]-methyl-
6 III 1819 e

–, [2-Chlor-äthyl]-[3,4-dimethyl-
phenyl]- **6** IV 3101

–, [2-Chlor-äthyl]-[1-phenyl-äthyl]-
6 IV 3032

–, [2-Chlor-butyl]-phenyl-
6 III 551 a

–, [4-Chlor-butyl]-phenyl-
6 143 d, II 145 g, III 551 b,
IV 558

–, [Chlor-*tert*-butyl]-phenyl-
6 III 552 e

–, [γ-Chlor-isobutyl]-phenyl-
6 III 552 c

–, [α-Chlor-isopropyl]-m-tolyl-
6 IV 2046

–, Chlormethyl-[4-methyl-phenäthyl]-
6 IV 3244

–, [2-Chlormethyl-phenäthyl]-methyl-
6 IV 3234

–, [4-Chlormethyl-phenyl]-isopropyl-
6 III 1376 b, IV 2137

–, [4-Chlor-3-methyl-phenyl]-
isopropyl- **6** III 1316 b

–, [2-Chlor-4-methyl-phenyl]-propyl-
6 III 1374 h

–, Chlormethyl-[3-phenyl-propyl]-
6 II 476 b

–, [4-Chlormethyl-phenyl]-propyl-
6 IV 2137

–, [1-Chlormethyl-propyl]-phenyl-
6 III 551 a

–, [2-Chlor-1-methyl-propyl]-phenyl-
6 III 552 a

–, [4-Chlor-phenyl]-isobutyl-
6 II 176 e

–, [3-Chlor-1-phenyl-propyl]-methyl-
6 I 250 j, II 471 g, III 1795 f,
IV 3187

–, [2-Chlor-propyl]-m-tolyl-
6 IV 2040

–, [2-Chlor-propyl]-o-tolyl-
6 IV 1945

–, [2-Chlor-propyl]-p-tolyl-
6 IV 2100

–, [3-Chlor-propyl]-p-tolyl-
6 393 d, IV 2100

Anisol, 4-Äthyl-2-chlormethyl- **6** IV 3238

–, 2-[2-Chlor-äthyl]-4-methyl-
6 III 1821 f

–, 3-[2-Chlor-äthyl]-4-methyl-
6 III 1818 d

–, 4-[2-Chlor-äthyl]-3-methyl-
6 III 1819 b

–, 2-Chlor-4-isopropyl- **6** 506 g

–, 4-[β-Chlor-isopropyl]- **6** III 1812 b

C₁₀H₁₃ClO (Fortsetzung)

Anisol, 4-Chlormethyl-2,5-dimethyl-
6 IV 3247

−, 4-Chlormethyl-2,6-dimethyl-
6 IV 3259

−, 5-Chlormethyl-2,4-dimethyl-
6 IV 3247

−, 2-[3-Chlor-propyl]- 6 III 1786 b

−, 3-[3-Chlor-propyl]- 6 III 1788 b,
IV 3181

−, 4-[2-Chlor-propyl]- 6 III 1790 c,
IV 3182

−, 4-[3-Chlor-propyl]- 6 III 1790 d

Butan-1-ol, 1-[2-Chlor-phenyl]- 6 IV 3273

−, 1-[4-Chlor-phenyl]- 6 III 1848 a

−, 2-Chlor-1-phenyl- 6 IV 3273

−, 3-Chlor-1-phenyl- 6 IV 3273

−, 3-[4-Chlor-phenyl]- 6 IV 3286

Butan-2-ol, 1-Chlor-4-phenyl-
6 522 i, III 1850 c

−, 4-Chlor-2-phenyl- 6 III 1855 b

Phenetol, 4-[2-Chlor-äthyl]- 6 I 235 c

−, 4-Chlor-3,5-dimethyl- 6 III 1759 c

−, 2-Chlormethyl-4-methyl-
6 IV 3135

−, 4-Chlormethyl-2-methyl-
6 IV 3134

Phenol, 2-Äthyl-4-chlor-3,5-dimethyl-
6 III 1916 g

−, 2-Butyl-4-chlor- 6 III 1843 g,
IV 3268

−, 2-sec-Butyl-4-chlor- 6 III 1852 d,
IV 3278

−, 2-tert-Butyl-4-chlor- 6 IV 3293

−, 2-tert-Butyl-6-chlor- 6 IV 3293

−, 4-Butyl-2-chlor- 6 III 1845 b

−, 4-tert-Butyl-2-chlor- 6 III 1871 g,
IV 3310

−, 2-Chlor-4-isopropyl-5-methyl-
6 IV 3327

−, 4-Chlor-2-isopropyl-5-methyl-
6 539 o, I 266 g, II 499 j, III 1906 a,
IV 3344

−, 4-Chlor-5-isopropyl-2-methyl-
6 II 494 i, III 1890 d, IV 3333

−, 4-Chlor-5-methyl-2-propyl-
6 III 1880 b, IV 3323

−, 2-Chlormethyl-3,4,6-trimethyl-
6 546 h

−, 3-Chlormethyl-2,4,6-trimethyl-
6 IV 3361

−, 2-Chlor-3,4,5,6-tetramethyl-
6 IV 3360

−, 4-Chlor-2,3,5,6-tetramethyl-
6 IV 3363

−, 2,6-Diäthyl-4-chlor- 6 II 501 d

Propan-1-ol, 3-Chlor-2-methyl-2-phenyl-
6 II 490 d

−, 3-Chlor-3-p-tolyl- 6 IV 3324

Propan-2-ol, 1-Chlor-2-methyl-3-phenyl-
6 523 i, I 259 d

−, 2-[3-Chlor-4-methyl-phenyl]-
6 544 g

−, 1-[4-Chlor-phenyl]-2-methyl-
6 IV 3291

−, 1-Chlor-3-m-tolyl- 6 II 491 b

−, 1-Chlor-3-o-tolyl- 6 II 490 h,
IV 3321

−, 1-Chlor-3-p-tolyl- 6 II 491 f,
IV 3324

C₁₀H₁₃ClOS

Äther, [2-Chlor-äthyl]-[2-phenylmercapto-
äthyl]- 6 II 291 b, III 994 a

Benzol, 2-Chlor-1-methoxy-4-propyl=
mercapto- 6 IV 5827

Butan-1-thiol, 4-[4-Chlor-phenoxy]-
6 IV 830

Phenol, 4-Butylmercapto-2-chlor-
6 III 4467 a

−, 4-Butylmercapto-3-chlor-
6 IV 5824

Propan-2-ol, 1-Benzylmercapto-3-chlor-
6 III 1589 a

−, 1-[4-Chlor-benzylmercapto]-
6 IV 2776

C₁₀H₁₃ClO₂

Äthan, 1-Äthoxy-1-chlor-2-phenoxy-
6 IV 603

−, 1-[2-Chlor-äthoxy]-1-phenoxy-
6 IV 598

−, 1-[2-Chlor-äthoxy]-2-phenoxy-
6 II 150 b, III 568 b

Äthanol, 2-[4-Chlor-2,6-dimethyl-phenoxy]-
6 IV 3122

−, 2-[4-Chlor-3,5-dimethyl-phenoxy]-
6 IV 3152

Benzol, 1-Äthoxy-4-chlormethyl-2-methoxy-
6 I 432 g, IV 5881

−, 2-Äthoxy-4-chlormethyl-
1-methoxy- 6 IV 5881

−, 4-Äthoxymethyl-2-chlor-
1-methoxy- 6 III 4550 i

−, 2-[2-Chlor-äthyl]-1,4-dimethoxy-
6 IV 5925

−, 4-[1-Chlor-äthyl]-1,2-dimethoxy-
6 I 442 c

$C_{10}H_{13}ClO_2$ (Fortsetzung)

Benzol, 4-[2-Chlor-äthyl]-1,2-dimethoxy-
  6 III 4561 g, IV 5927
—, 3-Chlor-1,2-dimethoxy-
  4,5-dimethyl- 6 IV 5950
—, 1-Chlormethyl-3,4-dimethoxy-
  2-methyl- 6 IV 5947
—, 2-Chlormethyl-1,4-dimethoxy-
  5-methyl- 6 IV 5969
—, 1-Chlormethyl-4-[2-methoxy-
  äthoxy]- 6 IV 2139
—, 1-[2-Chlor-propoxy]-4-methoxy-
  6 IV 5720
—, 1,2-Diäthoxy-4-chlor- 6 IV 5614
—, 1,3-Diäthoxy-5-chlor- 6 IV 5684
—, 1,4-Diäthoxy-2-chlor- 6 III 4432 c,
  IV 5768
Butan-2,3-diol, 2-[4-Chlor-phenyl]-
  6 III 4666 d, IV 6009
Essigsäure, Chlor-, norborn-5-en-
  2-ylmethylester 6 IV 358
Hydrochinon, 3-Chlor-5-isopropyl-
  2-methyl- 6 945 d
—, 2-Chlormethyl-3,5,6-trimethyl-
  6 III 4690 b
Phenol, 3-Butoxy-4-chlor- 6 III 4334 b
—, 4-Butoxy-2-chlor- 6 IV 5768
—, 5-Butoxy-2-chlor- 6 III 4334 b
—, 3-Chlor-6-methoxy-2-propyl-
  6 IV 5975
—, 4-[2-Chlor-propyl]-2-methoxy-
  6 III 4617 d, IV 5977
Propan-1,2-diol, 1-[4-Chlor-phenyl]-
  2-methyl- 6 IV 6011
Propan-1-ol, 3-[2-Chlor-benzyloxy]-
  6 IV 2591
—, 1-[5-Chlor-2-hydroxy-3-methyl-
  phenyl]- 6 IV 6017
—, 3-[2-Chlor-6-methyl-phenoxy]-
  6 IV 1985
Propan-2-ol, 1-Chlor-2-[2-methoxy-phenyl]-
  6 IV 5991
—, 1-Chlor-3-[2-methoxy-phenyl]-
  6 III 4626 a, IV 5979
—, 1-Chlor-3-[3-methoxy-phenyl]-
  6 IV 5980
—, 1-Chlor-3-[4-methoxy-phenyl]-
  6 927 i, IV 5981
—, 1-[2-Chlor-6-methyl-phenoxy]-
  6 IV 1985
—, 1-[4-Chlor-2-methyl-phenoxy]-
  6 IV 1988

—, 1-[4-Chlor-3-methyl-phenoxy]-
  6 IV 2064
—, 1-Chlor-3-*m*-tolyloxy- 6 I 186 j,
  III 1303 f, IV 2043
—, 1-Chlor-3-*o*-tolyloxy- 6 I 171 h,
  III 1251 i, IV 1950
—, 1-Chlor-3-*p*-tolyloxy- 6 I 201 c,
  III 1361 e, IV 2105
Propionylchlorid, 3-[1-Äthinyl-cyclopentyl≠
  oxy]- 6 IV 340
Resorcin, 4-Butyl-6-chlor- 6 III 4658 e,
  IV 6004

$C_{10}H_{13}ClO_2S$

Acetaldehyd, [2-Chlor-phenylmercapto]-,
  dimethylacetal 6 IV 1573
—, [3-Chlor-phenylmercapto]-,
  dimethylacetal 6 IV 1579
—, [4-Chlor-phenylmercapto]-,
  dimethylacetal 6 IV 1597
Sulfon, Benzyl-[2-chlor-propyl]-
  6 III 1576 b
—, Benzyl-[3-chlor-propyl]-
  6 III 1576 c
—, [2-Chlor-äthyl]-phenäthyl-
  6 III 1716 d
—, [4-Chlor-butyl]-phenyl-
  6 III 983 b, IV 1472
—, [2-Chlor-propyl]-*p*-tolyl-
  6 IV 2157

$C_{10}H_{13}ClO_3$

Benzol, 5-Chlormethyl-1,2,3-trimethoxy-
  6 III 6322 c, IV 7377
Hydrochinon, 2-Chlor-5-methoxy-3-propyl-
  6 IV 7400
Phenol, 2-[2-(2-Chlor-äthoxy)-äthoxy]-
  6 III 4220 f
—, 3-[2-(2-Chlor-äthoxy)-äthoxy]-
  6 III 4316 c
—, 4-[2-(2-Chlor-äthoxy)-äthoxy]-
  6 III 4405 a
—, 4-Chlor-2,6-bis-hydroxymethyl-
  3,5-dimethyl- 6 IV 7419
Propan-1,2-diol, 3-[2-Chlor-6-methyl-
  phenoxy]- 6 IV 1985
—, 3-[4-Chlor-2-methyl-phenoxy]-
  6 IV 1989
—, 3-[4-Chlor-3-methyl-phenoxy]-
  6 382 c, I 188 f, III 1317 b,
  IV 2064
—, 3-[2-Chlor-phenoxy]-2-methyl-
  6 IV 790
—, 3-[4-Chlor-phenoxy]-2-methyl-
  6 IV 832

$C_{10}H_{13}ClO_3$ (Fortsetzung)

Propan-1,3-diol, 2-[4-Chlor-3-methyl-phenoxy]- **6** 382 c

Propan-2-ol, 1-Chlor-3-[2-methoxy-phenoxy]- **6** I 385 b, III 4222 c, IV 5574

—, 1-Chlor-3-[3-methoxy-phenoxy]- **6** III 4317 h, IV 5670

—, 1-Chlor-3-[4-methoxy-phenoxy]- **6** IV 5731

Resorcin, 5-[4-Chlor-butoxy]- **6** IV 7363

Toluol, 3-Chlor-2,4,6-trimethoxy- **6** IV 7376

$C_{10}H_{13}ClO_3S$

Benzol, 2-Chlor-1-methoxy-4-[propan-1-sulfonyl]- **6** IV 5827

Butan-1-sulfonsäure-[4-chlor-phenylester] **6** IV 864

Butan-1-sulfonsäure, 4-Chlor-, phenylester **6** IV 690

Phenol, 4-[Butan-1-sulfonyl]-3-chlor- **6** IV 5824

Propan-2-ol, 3-Chlor-1-phenylmethansulfonyl- **6** III 1589 g

—, 1-Chlor-3-[toluol-4-sulfonyl]- **6** III 1409 a

Propan-1-sulfonsäure, 2-Methyl-, [4-chlor-phenylester] **6** IV 864

$C_{10}H_{13}ClO_4$

Benzol, 1-Chlor-2,3,4,5-tetramethoxy- **6** IV 7684

—, 2-Chlor-1,3,4,5-tetramethoxy- **6** IV 7687

—, 3-Chlor-1,2,4,5-tetramethoxy- **6** IV 7691

Erythrit, O^1-[4-Chlor-phenyl]- **6** IV 832

$C_{10}H_{13}ClO_4S$

Acetaldehyd, [4-Chlor-benzolsulfonyl]-, dimethylacetal **6** IV 1597

Schwefligsäure-[2-chlor-äthylester]-[2-phenoxy-äthylester] **6** IV 579

$C_{10}H_{13}ClO_5$

Phenol, 4-Chlor-2,3,5,6-tetramethoxy- **6** IV 7889

$C_{10}H_{13}ClO_5S$

Schwefelsäure-mono-[2-(4-chlor-3,5-dimethyl-phenoxy)-äthylester] **6** IV 3152

$C_{10}H_{13}ClS$

Sulfid, Äthyl-[2-chlormethyl-4-methyl-phenyl]- **6** IV 3140

—, Äthyl-[β-chlor-phenäthyl]- **6** IV 3093

—, [4-Chlor-butyl]-phenyl- **6** II 288 f, III 982 e

—, [3-(α-Chlor-isopropyl)-phenyl]-methyl- **6** IV 3215

—, [4-(α-Chlor-isopropyl)-phenyl]-methyl- **6** IV 3219

$C_{10}H_{13}Cl_2NO$

Amin, [2-(2,4-Dichlor-phenoxy)-äthyl]-dimethyl- **6** III 711 b

$C_{10}H_{13}Cl_2NO_2Se$

λ^4-Selan, Butyl-dichlor-[3-nitro-phenyl]- **6** III 1119 g

$C_{10}H_{13}Cl_2NS$

Benzolsulfenamid, N,N-Bis-[2-chlor-äthyl]- **6** III 1031 d

$C_{10}H_{13}Cl_2O_2P$

Dichlorophosphorsäure-[2-tert-butyl-phenylester] **6** IV 3293

— [4-tert-butyl-phenylester] **6** III 1871 d, IV 3310

— [2-isopropyl-5-methyl-phenylester] **6** 539 l

$C_{10}H_{13}Cl_2O_3P$

Phosphorigsäure-bis-[2-chlor-äthylester]-phenylester **6** III 655 c

$C_{10}H_{13}Cl_2O_3PS$

Thiophosphorsäure-O,O'-diäthylester-O''-[2,4-dichlor-phenylester] **6** IV 939

— O,O'-diäthylester-O''-[2,5-dichlor-phenylester] **6** IV 948

— O,O'-diäthylester-O''-[2,6-dichlor-phenylester] **6** IV 952

$C_{10}H_{13}Cl_2O_4P$

Phosphorsäure-bis-[2-chlor-äthylester]-phenylester **6** IV 709

— diäthylester-[2,4-dichlor-phenylester] **6** IV 939

$C_{10}H_{13}Cl_3NO_2P$

Phosphorsäure-[bis-(2-chlor-äthyl)-amid]-chlorid-phenylester **6** IV 748

$C_{10}H_{13}Cl_3NO_2PS$

Amidothiophosphorsäure-O-sec-butylester-O'-[2,4,5-trichlor-phenylester] **6** IV 999

— O-tert-butylester-O'-[2,4,5-trichlor-phenylester] **6** IV 999

Amidothiophosphorsäure, Äthyl-, O-äthylester-O'-[2,4,5-trichlor-phenylester] **6** IV 998

—, Äthyl-, O-äthylester-O'-[2,4,6-trichlor-phenylester] **6** IV 1019

—, Dimethyl-, O-äthylester-O'-[2,4,5-trichlor-phenylester] **6** IV 998

$C_{10}H_{13}Cl_3NO_2PS$ (Fortsetzung)
Amidothiophosphorsäure, Isopropyl-,
  O-methylester-O'-[2,4,6-trichlor-
  phenylester] 6 IV 1018
$C_{10}H_{13}Cl_3O$
Cyclohexa-2,5-dienol, 2-Chlor-
  4-dichlormethyl-1,4,6-trimethyl-
  6 I 62 b
$C_{10}H_{13}Cl_3OSi$
Silan, Trichlor-[2-isopropyl-5-methyl-
  phenoxy]- 6 III 1905 g
–, Trichlor-[5-isopropyl-2-methyl-
  phenoxy]- 6 III 1890 c
$C_{10}H_{13}Cl_3O_2$
Äthanol, 1-[1-Äthinyl-cyclohexyloxy]-
  2,2,2-trichlor- 6 III 372 a
$C_{10}H_{13}DO$
Butan-2-ol, 3-Deuterio-3-phenyl-
  6 IV 3285
$C_{10}H_{13}FNO_5PS$
Thiophosphorsäure-O-äthylester-O'-[2-fluor-
  äthylester]-O''-[4-nitro-phenylester]
  6 IV 1338
$C_{10}H_{13}FO$
Phenetol, 2-Äthyl-4-fluor- 6 III 1657 j
Phenol, 2-Butyl-4-fluor- 6 III 1843 d,
  IV 3268
–, 2,6-Diäthyl-4-fluor- 6 IV 3353
–, 4-Fluor-2-isobutyl- 6 IV 3287
–, 4-Fluor-2-isopropyl-5-methyl-
  6 IV 3343
Propan-2-ol, 1-[4-Fluor-phenyl]-2-methyl-
  6 IV 3291
$C_{10}H_{13}FO_2$
Äthanol, 1-[2-Äthoxy-5-fluor-phenyl]-
  6 III 4564 a
$[C_{10}H_{13}HgO_2]^+$
Äthylquecksilber(1+), 2-[2-Phenoxy-
  äthoxy]- 6 III 574 g
$[C_{10}H_{13}HgO_3]^+$
Äthylquecksilber(1+), 2-[2-(2-Hydroxy-
  phenoxy)-äthoxy]- 6 III 4221 a
–, 2-[2-(4-Hydroxy-phenoxy)-äthoxy]-
  6 III 4405 b
$C_{10}H_{13}INO_5P$
Glycin, N-[Hydroxy-(4-jod-benzyloxy)-
  phosphoryl]-, methylester 6 IV 2608
$C_{10}H_{13}IO$
Äther, Äthyl-[2-jod-1-phenyl-äthyl]-
  6 477 b
–, Butyl-[2-jod-phenyl]- 6 III 770 b
–, Butyl-[3-jod-phenyl]- 6 IV 1074
–, Butyl-[4-jod-phenyl]- 6 IV 1077

–, [4-Jod-butyl]-phenyl- 6 143 e,
  I 82 d, II 146 b, IV 558
–, [3-Jod-propyl]-p-tolyl- 6 IV 2100
Anisol, 2-[2-Jod-propyl]- 6 IV 3180
–, 2-Jod-4-propyl- 6 III 1792 b
–, 3-[3-Jod-propyl]- 6 III 1788 f
–, 4-Jod-3-propyl- 6 IV 3181
Phenol, 4-Butyl-2-jod- 6 IV 3271
–, 2-Isopropyl-4-jod-5-methyl-
  6 541 i, I 267 f, II 500 b, III 1909 j,
  IV 3348
–, 5-Isopropyl-4-jod-2-methyl-
  6 III 1892 a
Propan-2-ol, 1-Jod-2-methyl-1-phenyl-
  6 II 489 c
$C_{10}H_{13}IO_2$
Äthan, 1-[2-Jod-äthoxy]-2-phenoxy-
  6 III 568 c
Benzol, 2-Äthyl-4-jod-1,3-dimethoxy-
  6 IV 5926
–, 4-[2-Jod-äthyl]-1,2-dimethoxy-
  6 IV 5927
–, 1-Jod-2,4-dimethoxy-3,5-dimethyl-
  6 IV 5956
–, 2-Jod-3,5-dimethoxy-1,4-dimethyl-
  6 III 4607 i
–, 3-Jod-1,2-dimethoxy-4,5-dimethyl-
  6 IV 5951
–, 4-Jod-1,2-dimethoxy-3,5-dimethyl-
  6 IV 5961
Propan-1-ol, 2-Jod-3-methoxy-1-phenyl-
  6 I 449 b, II 895 g
–, 3-Jod-2-methoxy-3-phenyl-
  6 II 896 d
Propan-2-ol, 1-Jod-3-[4-methoxy-phenyl]-
  6 928 a
$C_{10}H_{13}IO_2S$
Sulfon, Benzyl-[2-jod-propyl]- 6 III 1576 f
–, Benzyl-[3-jod-propyl]- 6 III 1576 g
–, [2-Jod-1-methyl-propyl]-phenyl-
  6 IV 1472
$C_{10}H_{13}IO_3$
Benzol, 2-Äthoxy-5-jod-1,3-dimethoxy-
  6 I 541 a
–, 5-Jodmethyl-1,2,3-trimethoxy-
  6 IV 7378
Propan-1,2-diol, 3-[2-Jod-phenoxy]-
  2-methyl- 6 IV 1071
–, 3-[4-Jod-phenoxy]-2-methyl-
  6 IV 1077
$C_{10}H_{13}IO_4$
Benzol, 1-Jod-2,3,4,5-tetramethoxy-
  6 IV 7684

$C_{10}H_{13}IO_4$ (Fortsetzung)

Benzol, 2-Jod-1,3,4,5-tetramethoxy-
6 III 6654 h

Propan-1,2-diol, 3-[5-Jod-2-methoxy-
phenoxy]- 6 I 391 a

$C_{10}H_{13}NO$

Acetimidsäure, N-Methyl-, p-tolylester
6 III 1364 b

Aceton-[O-benzyl-oxim] 6 440 d,
III 1552 f, IV 2562

But-2-enylamin, 4-Phenoxy- 6 IV 681

Propionitril, 3-[1-Äthinyl-cyclopentyloxy]-
6 IV 341

$C_{10}H_{13}NOS$

Buttersäure, 2-Phenylmercapto-, amid
6 IV 1541

–, 4-Phenylmercapto-, amid
6 III 1019 f

Essigsäure, Phenäthylmercapto-, amid
6 IV 3090

Isobuttersäure, α-Phenylmercapto-, amid
6 III 1020 a

Isobutyraldehyd, α-Phenylmercapto-, oxim
6 III 1007 b

Propionsäure, 2-Benzylmercapto-, amid
6 IV 2703

–, 3-Benzylmercapto-, amid
6 IV 2703

Sulfid, [Nitroso-tert-butyl]-phenyl-
6 III 1007 b

Thiobuttersäure, 4-Amino-, S-phenylester
6 IV 1555

–, 2-Phenoxy-, amid 6 164 e

–, 4-Phenoxy-, amid 6 164 k

Thiocarbamidsäure, Dimethyl-,
S-benzylester 6 III 1599 b

–, Dimethyl-, O-o-tolylester
6 III 1256 d

–, Dimethyl-, O-p-tolylester
6 III 1367 c

Thioessigsäure, [2,5-Dimethyl-phenoxy]-,
amid 6 IV 3167

Thioglycin, N,N-Dimethyl-, S-phenylester
6 IV 1554

$C_{10}H_{13}NOS_2$

Dithiocarbamidsäure, [2-Hydroxy-äthyl]-,
benzylester 6 IV 2699

Dithiokohlensäure-S-[2-amino-äthylester]-
S'-benzylester 6 IV 2697

– S-[β-amino-isopropylester]-
S'-phenylester 6 III 1011 e

$C_{10}H_{13}NO_2$

Acetaldehyd, [4-Äthyl-phenoxy]-, oxim
6 472 h

–, [2,3-Dimethyl-phenoxy]-, oxim
6 480 f

–, [2,4-Dimethyl-phenoxy]-, oxim
6 487 g

–, [2,5-Dimethyl-phenoxy]-, oxim
6 495 e

–, [3,4-Dimethyl-phenoxy]-, oxim
6 481 e

–, [3,5-Dimethyl-phenoxy]-, oxim
6 493 e

Acetamid, N-[2-Phenoxy-äthyl]- 6 172 f

Acetimidsäure, 2-Phenoxy-, äthylester
6 III 613 k

Aceton, p-Tolyloxy-, oxim 6 396 n

Alanin-benzylester 6 IV 2501

β-Alanin-benzylester 6 III 1542 c,
IV 2512

Butan-2-on, 1-Phenoxy-, oxim 6 I 86 i

–, 4-Phenoxy-, oxim 6 IV 605

Buttersäure, 2-Phenoxy-, amid
6 164 c, IV 645

–, 4-Phenoxy-, amid 6 164 h,
III 617 d

Carbamidsäure-[2-äthinyl-[2]norbornylester]
6 IV 3265

– [1-cyclohex-3-enyl-prop-2-in-
1-ylester] 6 IV 3176

– [4-isopropyl-phenylester]
6 I 253 l

– [1-phenyl-propylester]
6 II 471 e, III 3185

– [2,4,5-trimethyl-phenylester]
6 II 482 f

Carbamidsäure, Äthyl-, m-tolylester
6 IV 2050

–, Äthyl-, o-tolylester 6 IV 1963

–, Äthyl-, p-tolylester 6 IV 2117

–, Dimethyl-, benzylester
6 IV 2278

–, Dimethyl-, m-tolylester
6 IV 2050

–, Dimethyl-, o-tolylester
6 IV 1963

–, Dimethyl-, p-tolylester
6 IV 2117

–, Isopropyl-, phenylester
6 III 609 b, IV 630

–, Methyl-, [3-äthyl-phenylester]
6 IV 3018

$C_{10}H_{13}NO_2$ (Fortsetzung)

Carbamidsäure, Methyl-, [3,5-dimethyl-phenylester] **6** IV 3147

Essigsäure, [2-Äthyl-phenoxy]-, amid
     6 IV 3012

–, [2,5-Dimethyl-phenoxy]-, amid
     6 III 1773 b

Formimidsäure, *N*-Benzyloxy-, äthylester
     6 441 h

Glycin-phenäthylester **6** III 1712 i

Isobuttersäure, α-Phenoxy-, amid
     6 165 c, I 90 g

Propionaldehyd, 2-*m*-Tolyloxy-, oxim
     6 378 l

–, 2-*o*-Tolyloxy-, oxim **6** 355 d

–, 2-*p*-Tolyloxy-, oxim **6** 396 k

Propionsäure, 2-Benzyloxy-, amid
     6 III 1534 a

–, 2-Phenoxy-, methylamid
     6 IV 643

–, 3-*m*-Tolyloxy-, amid **6** II 354 d

–, 3-*p*-Tolyloxy-, amid **6** II 380 m

Salpetrigsäure-[1,1-dimethyl-2-phenyl-äthylester] **6** IV 3291

– [4-phenyl-butylester] **6** I 258 e

Sarkosin-benzylester **6** IV 2489

$C_{10}H_{13}NO_2S$

Amin, Methyl-[2-(toluol-4-sulfonyl)-vinyl]-
     6 IV 2191

Cystein-benzylester **6** III 1545 d,
     IV 2556

Cystein, *S*-Benzyl- **6** 465 d, II 437 d,
     III 1622 c, IV 2722

–, *S*-*m*-Tolyl- **6** IV 2085

–, *S*-*o*-Tolyl- **6** IV 2026

–, *S*-*p*-Tolyl- **6** IV 2204

Homocystein, *S*-Phenyl- **6** IV 1558

Propionsäure, 3-Amino-2-benzylmercapto-
     6 IV 2722

Sulfid, Butyl-[2-nitro-phenyl]- **6** IV 1661

–, Butyl-[3-nitro-phenyl]- **6** III 1066 a,
     IV 1681

–, Butyl-[4-nitro-phenyl]-
     6 II 310 j, III 1069 d, IV 1689

–, Isobutyl-[4-nitro-phenyl]-
     6 II 310 l

–, Isopropyl-[4-nitro-benzyl]-
     6 II 440 e

Thioacetimidsäure-[3,4-dimethoxy-phenylester] **6** IV 7359

Thiocarbamidsäure, Dimethyl-,
     S-[2-hydroxy-5-methyl-phenylester]
     6 IV 5887

Thiokohlensäure-*O*-[2-amino-äthylester]-
     S-benzylester **6** IV 2678

$C_{10}H_{13}NO_2SSe$

Benzolthioselenensäure, 4-Nitro-,
     tert-butylester **6** IV 1792

$C_{10}H_{13}NO_2S_2$

Alanin, 3-*p*-Tolyldisulfanyl- **6** III 1432 d

Benzol, 1-Äthyl-2,4-bis-methylmercapto-
     5-nitro- **6** I 441 k

Propionsäure, 2-Amino-3-benzyldisulfanyl-
     6 IV 2761

Thioessigsäure, [2,4-Dimethyl-benzolsulfonyl]-,
     amid **6** 492 g

Thiopropionsäure, 2-[Toluol-4-sulfonyl]-,
     amid **6** I 212 f

$C_{10}H_{13}NO_2S_3$

Toluol, 2,4,6-Tris-methylmercapto-3-nitro-
     6 I 550 d

$C_{10}H_{13}NO_2Se$

Essigsäure, Phenylselanyl-, [2-hydroxy-äthylamid] **6** III 1109 d

Propionsäure, 2-Amino-3-benzylselanyl-
     6 III 1652 c

$C_{10}H_{13}NO_3$

Äther, Äthyl-[2-nitro-phenäthyl]-
     6 III 1714 f

–, Äthyl-[4-nitro-phenäthyl]-
     6 III 1714 h

–, Äthyl-[2-nitro-1-phenyl-äthyl]-
     6 477 f

–, Butyl-[2-nitro-phenyl]-
     6 III 800 c, IV 1250

–, Butyl-[3-nitro-phenyl]-
     6 III 809 d

–, Butyl-[4-nitro-phenyl]-
     6 II 221 d, III 819 e, IV 1285

–, *tert*-Butyl-[4-nitro-phenyl]-
     6 IV 1285

–, Isobutyl-[2-nitro-phenyl]-
     6 218 c

–, Isobutyl-[4-nitro-phenyl]-
     6 232 c, II 221 e

–, Isopropyl-[4-methyl-2-nitro-phenyl]- **6** III 1386 a

–, Methyl-[2-nitro-1-phenyl-propyl]-
     6 III 1796 e, IV 3189

–, [2-Methyl-5-nitro-phenyl]-propyl-
     6 III 1274 c, IV 2010

–, [2-Methyl-6-nitro-phenyl]-propyl-
     6 365 d

–, [3-Methyl-4-nitro-phenyl]-propyl-
     6 IV 2076

$C_{10}H_{13}NO_3$ (Fortsetzung)
Äther, Methyl-[3-(4-nitro-phenyl)-propyl]-
    6 IV 3206
–, [4-Methyl-2-nitro-phenyl]-propyl-
    6 III 1385 c
–, Methyl-[2-nitro-1-*o*-tolyl-äthyl]-
    6 IV 3234
Anisol, 2-Isopropyl-6-nitro- 6 IV 3213
–, 4-Isopropyl-2-nitro- 6 III 1812 d,
    IV 3218
–, 2-Nitro-4-propyl- 6 I 249 j,
    III 1792 e
–, 2,3,5-Trimethyl-4-nitro-
    6 III 1834 c
–, 3,4,5-Trimethyl-2-nitro-
    6 IV 3246
–, 3,4,6-Trimethyl-2-nitro-
    6 517 a, IV 3248
Benzol, 2,4-Diäthoxy-1-nitroso-
    6 III 4343 d, IV 5690
Benzylalkohol, 4-Isopropyl-3-nitro-
    6 544 e
Buttersäure, 2-Amino-4-phenoxy-
    6 174 h
Carbamidsäure-[2-*m*-tolyloxy-äthylester]
    6 I 186 h
– [2-*o*-tolyloxy-äthylester]
    6 I 171 g
– [2-*p*-tolyloxy-äthylester]
    6 I 201 b
Carbamidsäure, Benzyloxy-, äthylester
    6 443 c, I 222 b, II 422 k
–, [2-Hydroxy-äthyl]-, benzylester
    6 III 1486 a, IV 2279
–, Methoxymethyl-, benzylester
    6 IV 2282
Essigsäure, [2-Äthoxy-phenoxy]-, amid
    6 IV 5586
–, [3-Äthoxy-phenoxy]-, amid
    6 IV 5675
–, [4-Äthoxy-phenoxy]-, amid
    6 IV 5745
–, [4-Methoxy-benzyloxy]-, amid
    6 IV 5915
–, [2-Methoxy-4-methyl-phenoxy]-,
    amid 6 IV 5880
–, Phenoxy-, [2-hydroxy-äthylamid]
    6 III 613 g
–, [2-Phenoxy-äthoxy]-, amid
    6 IV 576
Homoserin, *O*-Phenyl- 6 III 648 b,
    IV 685

Isobuttersäure, α-[4-Hydroxy-phenoxy]-,
    amid 6 IV 5750
Isobutyrohydroxamsäure, α-Phenoxy-
    6 IV 646
Oxalamidsäure-[1-äthinyl-cyclohexylester]
    6 IV 349
Phenetol, 2,5-Dimethyl-4-nitro- 6 497 d
–, 3,5-Dimethyl-2-nitro- 6 III 1765 d
Phenol, 2-*tert*-Butyl-4-nitro- 6 III 1862 b
–, 4-Butyl-2-nitro- 6 III 1845 e
–, 4-*sec*-Butyl-2-nitro- 6 II 488 c
–, 4-*sec*-Butyl-3-nitro- 6 II 488 c
–, 4-*tert*-Butyl-2-nitro- 6 525 d,
    III 1874 e, IV 3315
–, 2,6-Diäthyl-4-nitro- 6 III 1913 h,
    IV 3353
–, 3,5-Diäthyl-2-nitro- 6 IV 3354
–, 3,5-Diäthyl-4-nitro- 6 IV 3354
–, 2-Isopropyl-3-methyl-4-nitro-
    6 IV 3325
–, 2-Isopropyl-3-methyl-6-nitro-
    6 IV 3324
–, 2-Isopropyl-5-methyl-4-nitro-
    6 542 f, I 267 g, III 1910 e
–, 5-Isopropyl-2-methyl-3-nitro-
    6 I 263 b, III 1892 c
–, 5-Isopropyl-2-methyl-4-nitro-
    6 531 k, III 1892 b
–, 6-Isopropyl-3-methyl-2-nitro-
    6 542 d, III 1910 d
–, 2,3,5,6-Tetramethyl-4-nitro-
    6 547 d, III 1920 b
Propan-1-ol, 2-Methyl-2-nitro-1-phenyl-
    6 III 1860 b, IV 3290
–, 2-Methyl-2-nitro-3-phenyl-
    6 III 1861 a, IV 3292
Propionsäure, 2-Benzyloxy-3-hydroxy-,
    amid 6 IV 2476
–, 2-[3-Methoxy-phenoxy]-, amid
    6 III 4325 b
Serin-benzylester 6 IV 2550
Serin, *O*-Benzyl- 6 IV 2547
$C_{10}H_{13}NO_3S$
Acetimidsäure, 2-Benzolsulfonyl-,
    äthylester 6 316 f
Aceton, Phenylmethansulfonyl-, oxim
    6 II 433 d
–, [Toluol-4-sulfonyl]-, oxim
    6 III 1417 c
Alanin, 3-Phenylmethansulfinyl-
    6 III 1628 b, IV 2751 a
Benzolsulfensäure, 2-Nitro-, *tert*-butylester
    6 IV 1671

C₁₀H₁₃NO₃S (Fortsetzung)

Buttersäure, 2-Benzolsulfonyl-, amid
    6 III 1018 i
Cystein, S-[2-Methoxy-phenyl]-
    6 IV 5641
—, S-[4-Methoxy-phenyl]- 6 IV 5820
Essigsäure, [2,4-Dimethyl-benzolsulfonyl]-,
    amid 6 492 d
Propionsäure, 2-Amino-3-[toluol-3-sulfinyl]-
    6 IV 2085
—, 3-Phenylmethansulfonyl-, amid
    6 III 1612 h
—, 2-[Toluol-4-sulfonyl]-, amid
    6 I 212 c, III 1423 b
—, 3-[Toluol-2-sulfonyl]-, amid
    6 III 1282 e
—, 3-[Toluol-3-sulfonyl]-, amid
    6 III 1335 c
—, 3-[Toluol-4-sulfonyl]-, amid
    6 III 1423 f, IV 2199

C₁₀H₁₃NO₃S₂

Benzol, 1-Äthyl-2-methansulfinyl-
    4-methylmercapto-5-nitro- 6 I 441 l
—, 1-Äthyl-4-methansulfinyl-
    2-methylmercapto-5-nitro- 6 I 441 l
Phenol, 2,6-Bis-äthylmercapto-4-nitro-
    6 IV 7338

C₁₀H₁₃NO₄

Äthan, 1-Äthoxy-2-[4-nitro-phenoxy]-
    6 III 823 b
—, 1-Methoxy-2-[4-methyl-2-nitro-
    phenoxy]- 6 III 1387 c
—, 1-Methoxy-2-[4-methyl-3-nitro-
    phenoxy]- 6 III 1384 d
Äthanol, 1-[4-Äthoxy-phenyl]-2-nitro-
    6 IV 5933
Benzol, 4-Äthoxymethyl-1-methoxy-2-nitro-
    6 III 4551 h
—, 1-Äthyl-4,5-dimethoxy-2-nitro-
    6 III 4562 c
—, 1-Äthyl-2-methoxymethoxy-
    4-nitro- 6 IV 3015
—, 1,2-Diäthoxy-4-nitro-
    6 789 d, 870 g, III 4265 e
—, 1,3-Diäthoxy-2-nitro- 6 823 f,
    I 404 d
—, 1,4-Diäthoxy-2-nitro-
    6 857 c, 870 g, IV 5787
—, 2,4-Diäthoxy-1-nitro-
    6 825 a, III 4345 d
—, 1,2-Dimethoxy-3,5-dimethyl-
    4-nitro- 6 IV 5962

—, 1,2-Dimethoxy-4,5-dimethyl-
    3-nitro- 6 IV 5951
—, 2,4-Dimethoxy-1,3-dimethyl-
    5-nitro- 6 IV 5956
—, 1-Isopropoxy-2-methoxy-4-nitro-
    6 II 791 b
—, 2-Isopropoxy-1-methoxy-4-nitro-
    6 II 791 c
—, 1-Methoxy-2-[1-methoxy-2-nitro-
    äthyl]- 6 III 4564 d
—, 1-Methoxy-4-[1-methoxy-2-nitro-
    äthyl]- 6 III 4568 g
—, 1-Methoxy-2-nitro-4-propoxy-
    6 II 849 f
—, 1-Methoxy-4-nitro-2-propoxy-
    6 II 791 a
—, 2-Methoxy-4-nitro-1-propoxy-
    6 II 790 i, III 4265 f
—, 4-Methoxy-2-nitro-1-propoxy-
    6 II 849 e, IV 5787
—, 1-[3-Methoxy-propoxy]-4-nitro-
    6 IV 1291
Carbamidsäure-[β-hydroxy-β′-phenoxy-
    isopropylester] 6 I 86 d
— [2-hydroxy-3-phenoxy-propylester]
    6 I 86 d
— [2-(2-methoxy-phenoxy)-
    äthylester] 6 I 385 a
Essigsäure, [2-Methoxy-phenoxy]-,
    [hydroxymethyl-amid] 6 778 g
Phenol, 3-Butoxy-4-nitro- 6 III 4346 g
—, 5-Butoxy-2-nitro- 6 III 4346 f
—, 2-Methoxy-4-nitro-5-propyl-
    6 924 i
—, 2-Methoxy-5-nitro-4-propyl-
    6 924 h
—, 2-Methoxy-6-nitro-4-propyl-
    6 III 4620 c
—, 6-Methoxy-3-nitro-2-propyl-
    6 IV 5975
Propan-1,3-diol, 2-Nitro-2-p-tolyl-
    6 IV 6023
Propan-1-ol, 1-[4-Methoxy-3-nitro-phenyl]-
    6 IV 5979
—, 3-Methoxy-2-nitro-3-phenyl-
    6 IV 5987
—, 1-[2-Methoxy-phenyl]-2-nitro-
    6 IV 5978
—, 1-[4-Methoxy-phenyl]-2-nitro-
    6 III 4625 d
Propan-2-ol, 1-[3-Methoxy-2-nitro-phenyl]-
    6 IV 5980

$C_{10}H_{13}NO_4$ (Fortsetzung)
Toluol, 4-Äthoxy-2-methoxy-6-nitro-
  6 III 4497 f
—, 4-Äthoxy-3-methoxy-5-nitro-
  6 III 4522 d
—, 4-Äthoxy-5-methoxy-2-nitro-
  6 IV 5884
—, 5-Äthoxy-4-methoxy-2-nitro-
  6 IV 5883

$C_{10}H_{13}NO_4S$
Acetaldehyd, [2-Nitro-phenylmercapto]-,
  dimethylacetal 6 IV 1668
—, [4-Nitro-phenylmercapto]-,
  dimethylacetal 6 IV 1706
Aceton, [2-Methoxy-benzolsulfonyl]-,
  oxim 6 I 396 g
—, [4-Methoxy-benzolsulfonyl]-,
  oxim 6 II 853 h
Äthansulfinsäure, 2-Benzyloxycarbonyl-
  amino- 6 IV 2428
Essigsäure, Benzolsulfonyl-, [2-hydroxy-
  äthylamid] 6 III 1014 i
Propionsäure, 2-Amino-3-[toluol-
  2-sulfonyl]- 6 IV 2027
—, 2-Amino-3-[toluol-3-sulfonyl]-
  6 IV 2085
—, 2-Amino-3-[toluol-4-sulfonyl]-
  6 IV 2205
Sulfon, Äthyl-[4-nitro-phenäthyl]-
  6 III 1721 f
—, Butyl-[2-nitro-phenyl]- 6 III 1058 c
—, Butyl-[3-nitro-phenyl]- 6 III 1066 b
—, Butyl-[4-nitro-phenyl]-
  6 II 310 k, III 1069 e
—, Isobutyl-[4-nitro-phenyl]-
  6 II 310 m
—, [Nitro-*tert*-butyl]-phenyl-
  6 III 983 g
—, [1-Nitro-propyl]-*p*-tolyl-
  6 IV 2186

$C_{10}H_{13}NO_5$
Äthanol, 1-[2,3-Dimethoxy-phenyl]-2-nitro-
  6 III 6329 a
—, 1-[3,4-Dimethoxy-phenyl]-2-nitro-
  6 III 6332 c
Benzylalkohol, 2-Äthoxy-3-methoxy-
  5-nitro- 6 II 1083 a
Phenol, 2,6-Diäthoxy-3-nitro- 6 1086 j
—, 2,6-Diäthoxy-4-nitro- 6 1086 j
Propan-1,2-diol, 2-Methyl-3-[3-nitro-
  phenoxy]- 6 IV 1273
—, 3-[2-Methyl-5-nitro-phenoxy]-
  6 IV 2010

—, 3-[3-Nitro-benzyloxy]- 6 IV 2610
Propan-2-ol, 1-[4-Hydroxy-3-methoxy-
  5-nitro-phenyl]- 6 IV 7404

$C_{10}H_{13}NO_5S$
Äthan, 1-Äthoxy-2-[3-nitro-benzolsulfonyl]-
  6 338 i, IV 1684
—, 1-Äthoxy-2-[4-nitro-benzolsulfonyl]-
  6 IV 1699
Äthansulfonsäure, 2-Benzyloxycarbonyl-
  amino- 6 III 1523 d
Benzol, 2-Äthansulfonylmethyl-1-methoxy-
  4-nitro- 6 III 4544 f
—, 1-[2-Äthoxy-äthansulfonyl]-2-nitro-
  6 IV 1667
Butan-1-sulfonsäure-[2-nitro-phenylester]
  6 IV 1264

$C_{10}H_{13}NO_5S_2$
Essigsäure, Benzolsulfonyl-methansulfonyl-,
  methylamid 6 IV 1549

$C_{10}H_{13}NO_6$
Benzol, 1,3-Bis-[2-hydroxy-äthoxy]-2-nitro-
  6 III 4344 c

$C_{10}H_{13}NO_6S$
Acetaldehyd, [4-Nitro-benzolsulfonyl]-,
  dimethylacetal 6 IV 1707

$C_{10}H_{13}NO_6S_2$
Benzol, 4-[2-Hydroxy-äthansulfonyl]-1-
  [2-hydroxy-äthylmercapto]-2-nitro-
  6 IV 5850

$C_{10}H_{13}NO_{14}S_4$
Benzol, 1,2,3,5-Tetrakis-methansulfonyloxy-
  4-nitro- 6 IV 7688

$C_{10}H_{13}NS_2$
Dithiocarbamidsäure-[3-phenyl-propylester]
  6 I 253 g
Dithiocarbamidsäure, Dimethyl-,
  benzylester 6 III 1608 e, IV 2698
—, Dimethyl-, *o*-tolylester
  6 III 1282 b
—, Dimethyl-, *p*-tolylester
  6 III 1421 d
Dithiocarbimidsäure, Methyl-, benzylester-
  methylester 6 462 f

$C_{10}H_{13}N_2O_7P$
Glycin, *N*-[Hydroxy-(4-nitro-benzyloxy)-
  phosphoryl]-, methylester 6 IV 2629

$C_{10}H_{13}N_2O_8P$
Phosphorsäure-diäthylester-[2,4-dinitro-
  phenylester] 6 IV 1382

$C_{10}H_{13}N_3OS$
Acetaldehyd, Benzylmercapto-,
  semicarbazon 6 III 1596 c

$C_{10}H_{13}N_3OS$ (Fortsetzung)

Acetaldehyd, p-Tolylmercapto-,
  semicarbazon 6 IV 2190

—, m-Tolyloxy-, thiosemicarbazon
  6 378 i

Aceton, Phenoxy-, thiosemicarbazon
  6 IV 604

$C_{10}H_{13}N_3OS_2$

Aceton, Phenyldisulfanyl-, semicarbazon
  6 IV 1562

Semicarbazid, 1-[Benzylmercapto-
  methylmercapto-methylen]-
  6 I 229 g

$C_{10}H_{13}N_3O_2$

Acetaldehyd, Benzyloxy-, semicarbazon
  6 III 1476 g

—, m-Tolyloxy-, semicarbazon
  6 IV 2046

—, o-Tolyloxy-, semicarbazon
  6 355 a, IV 1959

—, p-Tolyloxy-, semicarbazon
  6 396 h, IV 2111

Acetamidin, 2-Benzyloxycarbonylamino-
  6 IV 2318

Aceton, Phenoxy-, semicarbazon
  6 151 k, III 590 b

Glycin, N-Carbamimidoyl-, benzylester
  6 IV 2490

Propionaldehyd, 2-Phenoxy-, semi=
  carbazon 6 151 h

$C_{10}H_{13}N_3O_2S_2$

Isothioharnstoff, N,N,S-Trimethyl-N'-
  [4-nitro-benzolsulfenyl]- 6 IV 1719

$C_{10}H_{13}N_3O_3$

Acetaldehyd, [2-Methoxy-phenoxy]-,
  semicarbazon 6 II 783 g

—, [4-Methoxy-phenoxy]-,
  semicarbazon 6 II 843 i

Glycin-[N'-benzyloxycarbonyl-hydrazid]
  6 IV 2465

Glycin, N-Benzyloxycarbonyl-, hydrazid
  6 IV 2318

$C_{10}H_{13}N_3O_3S$

Acetaldehyd, 2-[Toluol-4-sulfonyl]-,
  semicarbazon 6 III 1416 g

Isoharnstoff, N,N,O-Trimethyl-N'-[4-nitro-
  benzolsulfenyl]- 6 IV 1719

$C_{10}H_{13}N_3O_4S$

Benzolsulfensäure, 2,4-Dinitro-, butylamid
  6 III 1102 e

Isothioharnstoff, S-[4,5-Dimethoxy-2-nitro-
  benzyl]- 6 IV 7387

$C_{10}H_{13}N_3O_5$

Harnstoff, [2-Hydroxy-3-(4-nitro-phenoxy)-
  propyl]- 6 IV 1313

$C_{10}H_{13}N_3S_2$

Isothioharnstoff, S-Benzyl-N-methyl=
  thiocarbamoyl- 6 IV 2695

$[C_{10}H_{13}O_2S]^+$

Sulfonium, Carboxymethyl-methyl-p-tolyl-
  6 IV 2199

$C_{10}H_{13}O_2S_2Sb$

[1,3,2]Dithiastibolan-2-ol, 4-p-Tolyloxy=
  methyl- 6 IV 2108

$[C_{10}H_{13}O_2Se]^+$

Selenonium, Carboxymethyl-methyl-p-tolyl-
  6 II 402 g

$C_{10}H_{13}O_3P$

Benzo[1,3,2]dioxaphosphol, 2-Butoxy-
  6 III 4242 d

—, 2-Isobutoxy- 6 III 4242 e

[1,3,2]Dioxaphosphepan, 2-Phenoxy-
  6 IV 699

[1,3,2]Dioxaphosphorinan, 2-Benzyloxy-
  6 IV 2569

—, 4-Methyl-2-phenoxy- 6 IV 699

$C_{10}H_{13}O_3PS$

Thiophosphonsäure, [2-Phenoxy-vinyl]-,
  O,O'-dimethylester 6 IV 687

$C_{10}H_{13}O_4P$

[1,3,2]Dioxaphospholan, 4-Methoxymethyl-
  2-phenoxy- 6 III 656 b

—, 2-Methoxy-4-phenoxymethyl-
  6 IV 593

[1,3,2]Dioxaphosphorinan-2-oxid,
  4-Methyl-2-phenoxy- 6 IV 723 f

Phosphonsäure-mono-[4-allyl-2-methoxy-
  phenylester] 6 967 j

Phosphonsäure, [2-Phenoxy-vinyl]-,
  dimethylester 6 IV 686

Phosphorsäure-cinnamylester-methylester
  6 IV 3803

$C_{10}H_{13}O_5P$

Phosphorsäure-mono-[4-allyl-2-methoxy-
  phenylester] 6 967 k

— mono-[2-methoxy-4-propenyl-
  phenylester] 6 959 g

$C_{10}H_{14}AsNO_2$

Amin, Diäthyl-benzo[1,3,2]dioxarsol-2-yl-
  6 IV 5606

$C_{10}H_{14}BNO_2$

Amin, Diäthyl-benzo[1,3,2]dioxaborol-2-yl-
  6 IV 5612

$C_{10}H_{14}BrO_3PS$

Thiophosphorsäure-O,O'-diäthylester-O''-
[2-brom-phenylester] **6** IV 1042

– O,O'-diäthylester-O''-[4-brom-
phenylester] **6** IV 1055

– O,O'-diäthylester-S-[4-brom-
phenylester] **6** IV 1656

$C_{10}H_{14}BrO_4P$

Phosphorsäure-[2-brom-äthylester]-
phenäthylester **6** IV 3078

$C_{10}H_{14}Br_2Se$

λ^4-Selan, Dibrom-butyl-phenyl-
6 III 1106 a

$C_{10}H_{14}Br_4S_2$

Benzol, 1,4-Bis-[äthyl-dibrom-λ^4-sulfanyl]-
6 III 4474 e

–, 1,5-Bis-[dibrom-methyl-
λ^4-sulfanyl]-2,4-dimethyl- **6** I 445 f

$C_{10}H_{14}ClNO$

Amin, [β-(4-Chlor-phenoxy)-isopropyl]-
methyl- **6** IV 861

$C_{10}H_{14}ClNOS$

Propan-2-ol, 1-Amino-3-[4-chlor-
benzylmercapto]- **6** IV 2780

$C_{10}H_{14}ClNO_2$

Äthanol, 2-[2-(4-Chlor-phenoxy)-
äthylamino]- **6** IV 860

Propan-2-ol, 1-[2-Chlor-phenoxy]-
3-methylamino- **6** IV 802

$C_{10}H_{14}ClNO_3S$

Amidoschwefelsäure, Diäthyl-, [4-chlor-
phenylester] **6** IV 865

$C_{10}H_{14}ClNS$

Propylamin, 3-[4-Chlor-benzylmercapto]-
6 IV 2780

$C_{10}H_{14}ClO_2P$

Phosphinsäure, Diäthyl-, [2-chlor-
phenylester] **6** IV 805

–, Diäthyl-, [4-chlor-phenylester]
6 IV 867

$C_{10}H_{14}ClO_2PS$

Thiophosphonsäure, Äthyl-, O-äthylester-
O'-[4-chlor-phenylester] **6** IV 868

$C_{10}H_{14}ClO_2PS_2$

Dithiophosphorsäure-O,O'-diäthylester-S-
[3-chlor-phenylester] **6** IV 1581

– O,O'-diäthylester-S-[4-chlor-
phenylester] **6** IV 1610

$C_{10}H_{14}ClO_3P$

Chlorophosphorsäure-butylester-
phenylester **6** IV 736

Phosphonsäure, Äthyl-, äthylester-[2-chlor-
phenylester] **6** IV 805

–, Äthyl-, äthylester-[4-chlor-
phenylester] **6** IV 867

–, Methyl-, [4-chlor-phenylester]-
isopropylester **6** IV 867

$C_{10}H_{14}ClO_3PS$

Thiophosphorsäure-O-äthylester-S-[2-chlor-
äthylester]-O'-phenylester **6** IV 754

– O,O'-diäthylester-O''-[2-chlor-
phenylester] **6** IV 809

– O,O'-diäthylester-O''-[3-chlor-
phenylester] **6** IV 819

– O,O'-diäthylester-O''-[4-chlor-
phenylester] **6** IV 874

– O,O'-diäthylester-S-[3-chlor-
phenylester] **6** IV 1581

– O,O'-diäthylester-S-[4-chlor-
phenylester] **6** IV 1609

$C_{10}H_{14}ClO_3PSe$

Selenophosphorsäure-O,O'-diäthylester-
Se-[4-chlor-phenylester] **6** III 1113 i

$C_{10}H_{14}ClO_4P$

Phosphorsäure-äthylester-[2-chlor-
äthylester]-phenylester **6** IV 709

–   diäthylester-[2-chlor-phenylester]
6 III 680 d, IV 806

–   diäthylester-[4-chlor-phenylester]
6 III 698 e, IV 869

–   mono-[4-chlor-2-isopropyl-
5-methyl-phenylester] **6** III 1908 d

–   mono-[4-chlor-5-isopropyl-
2-methyl-phenylester] **6** III 1890 i

$[C_{10}H_{14}ClS]^+$

Sulfonium, [4-Chlor-phenäthyl]-dimethyl-
6 IV 3092

$C_{10}H_{14}Cl_2NO_2PS$

Amidothiophosphorsäure, Isopropyl-,
O-[3,4-dichlor-phenylester]-
O'-methylester **6** IV 957

$C_{10}H_{14}Cl_2NO_3P$

Amidophosphorsäure, Bis-[2-chlor-äthyl]-,
monophenylester **6** IV 739

$C_{10}H_{14}Cl_2O$

Cyclohexa-2,5-dienol, 1-Äthyl-
4-dichlormethyl-4-methyl- **6** 98 b

–, 4-Dichlormethyl-1,2,4-trimethyl-
6 98 d

–, 4-Dichlormethyl-1,3,4-trimethyl-
6 98 c

$C_{10}H_{14}Cl_2O_4$

Cyclohexan, 1,1-Bis-chlorcarbonyloxymethyl-
6 IV 5233

C₁₀H₁₄Cl₃N₂OPS

Diamidothiophosphorsäure, N'-Äthyl-
N,N-dimethyl-, O-[2,4,5-trichlor-
phenylester] **6** IV 1001

–, Butyl-, O-[2,4,5-trichlor-
phenylester] **6** IV 1002

–, sec-Butyl-, O-[2,4,5-trichlor-
phenylester] **6** IV 1003

–, N,N'-Diäthyl-, O-[2,4,5-trichlor-
phenylester] **6** IV 1001

–, N-Isopropyl-N'-methyl-, O-
[2,4,5-trichlor-phenylester] **6** IV 1002

–, Tetramethyl-, O-[2,4,5-trichlor-
phenylester] **6** IV 1001

C₁₀H₁₄Cl₇O₂P

Phosphin, Chlor-[2,2,2-trichlor-
1,1-dimethyl-äthoxy]-[1-trichlormethyl-
cyclopentyloxy]- **6** IV 88

C₁₀H₁₄F₄O

Äther, Methallyl-[2,2,3,3-tetrafluor-
1-methyl-cyclobutylmethyl]- **6** III 57 f

C₁₀H₁₄F₄O₂

Cyclobuten, 3,3,4,4-Tetrafluor-
1,2-dipropoxy- **6** III 4125 c

C₁₀H₁₄IO₃P

Phosphonsäure, Methyl-, [3-jod-
propylester]-phenylester **6** IV 703

C₁₀H₁₄IO₃PS

Thiophosphorsäure-O,O'-diäthylester-O''-
[2-jod-phenylester] **6** IV 1072

– O,O'-diäthylester-O''-[4-jod-
phenylester] **6** IV 1079

[C₁₀H₁₄NO₂]⁺

Ammonium, Trimethyl-phenoxycarbonyl-
6 I 88 k

C₁₀H₁₄NO₃PS

Thiophosphinsäure, Diäthyl-, O-[2-nitro-
phenylester] **6** IV 1265

–, Diäthyl-, O-[3-nitro-phenylester]
6 IV 1277

C₁₀H₁₄NO₄P

Phosphinsäure, Diäthyl-, [2-nitro-
phenylester] **6** IV 1265

–, Diäthyl-, [3-nitro-phenylester]
6 IV 1277

–, Diäthyl-, [4-nitro-phenylester]
6 IV 1317

C₁₀H₁₄NO₄PS

Thiophosphonsäure, Äthyl-, O-äthylester-
O'-[2-nitro-phenylester] **6** IV 1266

–, Äthyl-, O-äthylester-O'-[3-nitro-
phenylester] **6** IV 1278

–, Äthyl-, O-äthylester-O'-[4-nitro-
phenylester] **6** IV 1325

–, Äthyl-, S-äthylester-O-[4-nitro-
phenylester] **6** IV 1325

C₁₀H₁₄NO₄PS₂

Dithiophosphorsäure-O,O'-diäthylester-S-
[2-nitro-phenylester] **6** IV 1680

– O,O'-diäthylester-S-[3-nitro-
phenylester] **6** IV 1687

– O,O'-diäthylester-S-[4-nitro-
phenylester] **6** IV 1721

C₁₀H₁₄NO₄PS₃

Disulfidothiophosphorsäure-
O,O'-diäthylester-S-S-[2-nitro-
phenylester] **6** IV 1675

– O,O'-diäthylester-S-S-[4-nitro-
phenylester] **6** IV 1717

C₁₀H₁₄NO₅P

Phosphonsäure, Äthyl-, äthylester-[2-nitro-
phenylester] **6** IV 1265

–, Äthyl-, äthylester-[3-nitro-
phenylester] **6** IV 1277

–, Äthyl-, äthylester-[4-nitro-
phenylester] **6** IV 1319

–, Methyl-, äthylester-[4-methyl-
2-nitro-phenylester] **6** III 1387 e,
IV 2149

–, Methyl-, isopropylester-[4-nitro-
phenylester] **6** IV 1320

–, Methyl-, [4-nitro-phenylester]-
propylester **6** IV 1319

Phosphorigsäure-diäthylester-[4-nitro-
phenylester] **6** IV 1317

C₁₀H₁₄NO₅PS

Thiophosphorsäure-O,O'-diäthylester-O''-
[2-nitro-phenylester] **6** IV 1267

– O,O'-diäthylester-O''-[3-nitro-
phenylester] **6** IV 1278

– O,O'-diäthylester-O''-[4-nitro-
phenylester] **6** III 832 c, IV 1337

– O,O'-diäthylester-S-[4-nitro-
phenylester] **6** IV 1721

– O,S-diäthylester-O'-[4-nitro-
phenylester] **6** IV 1339

– O-methylester-O'-[4-nitro-
phenylester]-S-propylester **6** IV 1339

C₁₀H₁₄NO₅PSSe

Thioanhydrid, [2-Nitro-benzolselenensäure]-
[phosphorsäure-diäthylester]-
6 III 1117 h

C₁₀H₁₄NO₅PSe

Selenophosphorsäure-O,O'-diäthylester-
Se-[4-nitro-phenylester] **6** III 1121 f

$C_{10}H_{14}NO_6P$

Phosphorsäure-diäthylester-[2-nitro-
phenylester] **6** III 805 e, IV 1266
— diäthylester-[3-nitro-phenylester]
6 III 811 c, IV 1278
— diäthylester-[4-nitro-phenylester]
6 I 121 d, III 831 d, IV 1327
— isopropylester-[4-nitro-benzylester]
6 IV 2627
Serin, O-[Hydroxy-phenoxy-phosphoryl]-,
methylester **6** IV 733

$C_{10}H_{14}N_2O$

Acetamidin, 2-[2,4-Dimethyl-phenoxy]-
6 IV 3130
—, 2-[2,5-Dimethyl-phenoxy]-
6 III 1773 e
—, 2-[3,4-Dimethyl-phenoxy]-
6 IV 3104
—, 2-[3,5-Dimethyl-phenoxy]-
6 IV 3147
—, N,N-Dimethyl-2-phenoxy-
6 III 614 c
Butyramidin, 4-Phenoxy- **6** 164 j
Propionamidin, 3-Benzyloxy- **6** IV 2473

$C_{10}H_{14}N_2OS$

Cystein, S-Benzyl-, amid **6** IV 2724
Harnstoff, [2-Benzylmercapto-äthyl]-
6 IV 2719
Thioharnstoff, N-Äthyl-N'-benzyloxy-
6 443 h

$C_{10}H_{14}N_2O_2$

Acetamidin, 2-[2-Äthoxy-phenoxy]-
6 III 4236 f
Buttersäure, 4-Phenoxy-, hydrazid **6** II 159 d
Carbamidsäure, [2-Amino-äthyl]-,
benzylester **6** III 1523 f
Harnstoff, N'-Benzyloxy-N,N-dimethyl-
6 443 e
—, [3-Phenoxy-propyl]- **6** 173 c
—, [2-p-Tolyloxy-äthyl]- **6** 400 h

$C_{10}H_{14}N_2O_2S$

Aceton, [Toluol-4-sulfonyl]-, hydrazon
6 IV 2192
Amin, Dimethyl-[2-(4-nitro-phenyl≠
mercapto)-äthyl]- **6** III 1076 a,
IV 1714
Benzolsulfensäure, 2-Nitro-, butylamid
6 III 1064 a, IV 1676
—, 2-Nitro-, diäthylamid **6** III 1063 f
Isothioharnstoff, S-Veratryl- **6** IV 7386

$C_{10}H_{14}N_2O_2S_2$

Äthylamin, 2-[2-(2-Nitro-phenylmercapto)-
äthylmercapto]- **6** IV 1666

$C_{10}H_{14}N_2O_3$

Allophansäure-[1-äthinyl-cyclohexylester]
6 II 100 e, IV 350
— [1-cyclopropyl-1-methyl-but-
3-inylester] **6** IV 356
— [1-prop-2-inyl-cyclopentylester]
6 IV 356
Amin, Dimethyl-[2-(4-nitro-phenoxy)-
äthyl]- **6** IV 1307
Propionsäure, 2-Benzyloxy-3-hydroxy-,
hydrazid **6** IV 2476

$C_{10}H_{14}N_2O_3S$

Acetamidoxim, 2-[2,4-Dimethyl-
benzolsulfonyl]- **6** 492 f
Propionamidoxim, 2-[Toluol-4-sulfonyl]-
6 I 212 e

$C_{10}H_{14}N_2O_4$

Propan-2-ol, 1-Methylamino-3-[4-nitro-
phenoxy]- **6** IV 1312

$C_{10}H_{14}N_2O_4S$

Acetamidoxim, 2-[4-Äthoxy-benzolsulfonyl]-
6 863 j
Amin, Dimethyl-[2-(4-nitro-benzolsulfonyl)-
äthyl]- **6** III 1076 c
Carbamidsäure, [2-Sulfamoyl-äthyl]-,
benzylester **6** III 1523 e

$C_{10}H_{14}N_2S$

Isothioharnstoff, S-[3-Phenyl-propyl]-
6 IV 3207

$C_{10}H_{14}N_2S_2$

Cyclohexan-1,2-diyl-bis-thiocyanat,
1-Äthyl- **6** III 4095 d

$C_{10}H_{14}N_4O$

Guanidin, [β-Phenoxy-isopropylidenamino]-
6 151 l

$C_{10}H_{14}N_4O_2$

Aceton, 1-Amino-3-phenoxy-, semi≠
carbazon **6** IV 685

$C_{10}H_{14}N_4O_6S_2$

Acetamidoxim, 2,2'-[Benzol-1,3-disulfonyl]-
bis- **6** 836 b

$C_{10}H_{14}N_4S_2$

Isothioharnstoff, S,S'-m-Xylylen-bis-
6 III 4600 f
—, S,S'-o-Xylylen-bis- **6** IV 5955
—, S,S'-p-Xylylen-bis- **6** III 4610 b,
IV 5973

$C_{10}H_{14}O$

Äthanol, 1-[2-Äthyl-phenyl]- **6** IV 3351
—, 1-[3-Äthyl-phenyl]- **6** III 1914 c
—, 1-[4-Äthyl-phenyl]- **6** 545 j,
III 1914 e, IV 3354

C₁₀H₁₄O (Fortsetzung)

Äthanol, 1-[2,4-Dimethyl-phenyl]-
6 546 a, I 268 c, III 1917 b,
IV 3358

–, 1-[2,5-Dimethyl-phenyl]-
6 545 n, III 1916 c

–, 1-[2,6-Dimethyl-phenyl]-
6 IV 3356

–, 1-[3,4-Dimethyl-phenyl]-
6 545 l, III 1915 f, IV 3356

–, 1-[3,5-Dimethyl-phenyl]-
6 II 503 g, III 1918 b

Äther, [3-Äthinyl-4-methyl-cyclohex-
3-enyl]-methyl- 6 IV 3231

–, Äthyl-[2-methyl-benzyl]-
6 484 h

–, Äthyl-[3-methyl-benzyl]-
6 494 b, III 1768 g

–, Äthyl-[4-methyl-benzyl]-
6 498 i, III 1779 c

–, Äthyl-phenäthyl- 6 II 450 a,
III 1706 b, IV 3070

–, Äthyl-[1-phenyl-äthyl]-
6 475 g, I 236 a, II 446 b,
III 1676, IV 3032

–, Benzyl-isopropyl- 6 II 410 e,
III 1456 c

–, Benzyl-propyl- 6 431 c, I 219 c,
II 410 c, III 1455 e

–, But-1-en-3-inyl-cyclohexyl-
6 IV 28

–, Butyl-phenyl- 6 143 c, I 82 a,
II 145 f, III 550 c, IV 558

–, sec-Butyl-phenyl- 6 II 146 c,
III 551 e, IV 558

–, tert-Butyl-phenyl- 6 III 552 d,
IV 559

–, Di-cyclopent-2-enyl- 6 III 203 c

–, Isobutyl-phenyl- 6 143 f, II 146 d,
III 552 b, IV 559

–, Isopropyl-m-tolyl- 6 III 1299 e,
IV 2040

–, Isopropyl-o-tolyl- 6 III 1246 e

–, Isopropyl-p-tolyl- 6 III 1354 d,
IV 2100

–, Methyl-[2-methyl-phenäthyl]-
6 IV 3234

–, Methyl-[1-methyl-1-phenyl-äthyl]-
6 II 477 f, III 1813 e, IV 3220

–, Methyl-[1-methyl-2-phenyl-äthyl]-
6 II 472 i, IV 3192

–, Methyl-[1-phenyl-propyl]-
6 I 250 g, IV 3184

–, Methyl-[2-phenyl-propyl]-
6 III 1817 a

–, Methyl-[3-phenyl-propyl]-
6 I 252 i

–, Methyl-[2,3,3a,6-tetrahydro-inden-
4-yl]- 6 IV 3264

–, Methyl-[1-o-tolyl-äthyl]-
6 IV 3233

–, Methyl-[1-p-tolyl-äthyl]-
6 IV 3242

–, Propyl-m-tolyl- 6 376 c,
III 1299 d, IV 2040

–, Propyl-o-tolyl- 6 352 d, III 1246 d

–, Propyl-p-tolyl- 6 393 c, III 1354 c

Anisol, 2-Äthyl-4-methyl- 6 II 478 f

–, 2-Äthyl-5-methyl- 6 II 479 b,
III 1825 c

–, 3-Äthyl-4-methyl- 6 III 1818 c

–, 3-Äthyl-5-methyl- 6 III 1822 d,
IV 3236

–, 4-Äthyl-2-methyl- 6 II 478 h,
III 1823 c

–, 5-Äthyl-2-methyl- 6 III 1824 g

–, 2-Isopropyl- 6 504 g, III 1808 a,
IV 3210

–, 3-Isopropyl- 6 505 i, III 1810 b,
IV 3214

–, 4-Isopropyl- 6 505 k, II 477 a,
III 1811 a, IV 3216

–, 2-Propyl- 6 499 e, I 249 a,
III 1785 a

–, 3-Propyl- 6 500 a, II 469 g,
III 1787 c

–, 4-Propyl- 6 500 d, I 249 d,
II 470 a, III 1789 a, IV 3181

–, 2,3,4-Trimethyl- 6 III 1829 i,
IV 3245

–, 2,3,5-Trimethyl- 6 I 255 k,
III 1833 a

–, 2,4,5-Trimethyl- 6 510 b, II 482 b,
IV 3247

–, 2,4,6-Trimethyl- 6 519 a, I 256 k,
II 483 h, III 1836, IV 3254

–, 3,4,5-Trimethyl- 6 II 480 c,
IV 3246

Benzylalkohol, 2-Isopropyl- 6 IV 3328,
12 III 3328 c

–, 4-Isopropyl- 6 543 f, II 500 e,
III 1911 g, IV 3348

–, 2-Propyl- 12 III 3328 b

–, 2,3,4-Trimethyl- 6 III 1918 e,
IV 3360

–, 2,3,6-Trimethyl- 6 III 1918 f

$C_{10}H_{14}O$ (Fortsetzung)

Benzylalkohol, 2,4,5-Trimethyl-
  6 547 f, III 1920 d, IV 3364

–, 2,4,6-Trimethyl- 6 I 268 g,
  III 1919 d, IV 3362

–, 3,4,5-Trimethyl- 6 547 a

Butan-1-ol, 1-Phenyl- 6 522 e, I 257 f,
  II 485 f, 486 a, III 1845 j, IV 3272

–, 2-Phenyl- 6 II 488 f, III 1858 a,
  IV 3286

–, 3-Phenyl- 6 I 258 i, II 488 e,
  III 1857 d, IV 3285

–, 4-Phenyl- 6 I 258 c, II 487 f,
  III 1851 c, IV 3276

Butan-2-ol, 1-Phenyl- 6 522 g, II 1849 b,
  IV 3275

–, 2-Phenyl- 6 523 e, I 258 h,
  II 488 d, III 1854 c, IV 3282

–, 3-Phenyl- 6 III 1855 d, IV 3284

–, 4-Phenyl- 6 522 h, I 257 i,
  II 486 i, 487 d, III 1849 d, IV 3275

But-3-in-1-ol, 1-Cyclohex-1-enyl-
  6 IV 3267

But-3-in-2-ol, 4-Cyclohex-1-enyl-
  6 III 1842 a, IV 3267

Cyclohexanol, 1-But-3-en-1-inyl-
  6 III 1842 b, IV 3267

o-Mentha-1(7),4,8-trien-3-ol
  6 IV 3328

4,7-Methano-inden-1-ol, 3a,4,5,6,7,7a-
  Hexahydro- 6 III 1922 a

4,7-Methano-inden-5-ol, 3a,4,5,6,7,7a-
  Hexahydro- 6 III 1923, IV 3365

4,7-Methano-inden-6-ol, 3a,4,5,6,7,7a-
  Hexahydro- 6 III 1923, IV 3365

Methanol, [5,5-Dimethyl-cyclohepta-
  1,3,6-trienyl]- 6 IV 3266

Norbornan-2-ol, 2-Äthinyl-3-methyl-
  6 IV 3365

Phenäthylalkohol, 2-Äthyl- 6 III 1913 g,
  IV 3351

–, 3-Äthyl- 6 III 1914 d, IV 3354

–, 4-Äthyl- 6 III 1915 b, IV 3355

–, 2,3-Dimethyl- 6 III 1915 c

–, 2,4-Dimethyl- 6 III 1917 c,
  IV 3358

–, 2,5-Dimethyl- 6 III 1916 d,
  IV 3357

–, 3,4-Dimethyl- 6 III 1915 g,
  IV 3357

–, 3,5-Dimethyl- 6 I 268 d,
  III 1918 c, IV 3359

Phenetol, 2-Äthyl- 6 471 b, III 1657 a

–, 3-Äthyl- 6 IV 3017

–, 4-Äthyl- 6 472 e, I 234 j,
  III 1665 b

–, 2,3-Dimethyl- 6 480 c, II 453 j

–, 2,4-Dimethyl- 6 I 241 f

–, 2,5-Dimethyl- 6 495 a, II 467 a

–, 2,6-Dimethyl- 6 485 d, I 241 c

–, 3,4-Dimethyl- 6 481 b, II 455 e

–, 3,5-Dimethyl- 6 493 b, II 463 a

Phenol, 2-Äthyl-3,5-dimethyl- 6 I 268 a,
  III 1916 f, IV 3358

–, 2-Äthyl-3,6-dimethyl- 6 II 502 f

–, 2-Äthyl-4,5-dimethyl- 6 II 502 b

–, 2-Äthyl-4,6-dimethyl- 6 II 503 d

–, 3-Äthyl-2,4-dimethyl-
  6 II 501 h, III 1915 d

–, 3-Äthyl-2,5-dimethyl- 6 III 1916 a,
  IV 3357

–, 3-Äthyl-4,5-dimethyl- 6 IV 3355

–, 4-Äthyl-2,5-dimethyl- 6 II 502 f

–, 4-Äthyl-2,6-dimethyl- 6 II 503 a

–, 4-Äthyl-3,5-dimethyl- 6 IV 3355

–, 5-Äthyl-2,4-dimethyl- 6 II 502 j

–, 6-Äthyl-2,3-dimethyl- 6 II 501 i,
  III 1915 e

–, 2-Butyl- 6 II 485 a, III 1843 a,
  IV 3267

–, 2-sec-Butyl- 6 III 1852 a,
  IV 3277

–, 2-tert-Butyl- 6 II 489 e,
  III 1861 b, IV 3292

–, 3-Butyl- 6 II 485 b, IV 3269

–, 3-sec-Butyl- 6 III 1852 h,
  IV 3279

–, 3-tert-Butyl- 6 III 1862 f,
  IV 3294

–, 4-Butyl- 6 II 485 c, III 1844 g,
  IV 3269

–, 4-sec-Butyl- 6 522 k, II 487 g,
  III 1853 a, IV 3279

–, 4-tert-Butyl- 6 524 c, I 259 f,
  II 489 f, III 1862 g, IV 3296

–, 2,4-Diäthyl- 6 545 d, II 501 e,
  IV 3353

–, 2,5-Diäthyl- 6 545 h, IV 3354

–, 2,6-Diäthyl- 6 II 501 b,
  IV 3351

–, 3,4-Diäthyl- 6 III 1913 c,
  IV 3351

–, 3,5-Diäthyl- 6 545 e, I 267 l,
  III 1914 a, IV 3353

–, 2-Isobutyl- 6 III 1858 e,
  IV 3287

$C_{10}H_{14}O$ (Fortsetzung)

Phenol, 3-Isobutyl- **6** IV 3287

—, 4-Isobutyl- **6** III 1859 a,
IV 3288

—, 2-Isopropyl-3-methyl- **6** III 1880 e,
IV 3324

—, 2-Isopropyl-4-methyl- **6** I 260 j,
II 492 b, III 1882 e, IV 3329

—, 2-Isopropyl-5-methyl- **6** 532 d,
I 263 c, II 494 k, III 1893, IV 3334

—, 2-Isopropyl-6-methyl- **6** 526 g,
I 260 g, II 492 a, III 1882 d

—, 3-Isopropyl-2-methyl- **6** III 1882 b,
IV 3328

—, 3-Isopropyl-4-methyl- **6** IV 3325

—, 3-Isopropyl-5-methyl-
6 526 i, III 1883 c, IV 3330

—, 4-Isopropyl-2-methyl-
6 526 k, II 492 c, III 1884 a,
IV 3330

—, 4-Isopropyl-3-methyl-
6 II 491 g, III 1881 a, IV 3325

—, 5-Isopropyl-2-methyl- **6** 527 b,
I 261 g, II 492 e, III 1885, IV 3331

—, 2-Methyl-4-propyl- **6** III 1879 c,
IV 3323

—, 2-Methyl-5-propyl- **6** 525 m

—, 2-Methyl-6-propyl- **6** II 490 i

—, 3-Methyl-4-propyl- **6** III 1878 b,
IV 3320

—, 3-Methyl-5-propyl- **6** III 1879 b,
IV 3322

—, 4-Methyl-2-propyl- **6** I 259 l,
II 490 j, III 1878 h, IV 3321

—, 5-Methyl-2-propyl- **6** II 491 c,
III 1880 a, IV 3323

—, 2,3,4,5-Tetramethyl- **6** 546 b,
I 268 f, III 1918 d, IV 3359

—, 2,3,4,6-Tetramethyl- **6** 546 e,
III 1919 a, IV 3360

—, 2,3,5,6-Tetramethyl- **6** 547 b,
II 503 h, III 1919 j, IV 3363

Propan-1-ol, 2-Methyl-1-phenyl-
6 523 f, I 259 a, II 488 h, 489 a,
III 1859 e, IV 3289

—, 2-Methyl-2-phenyl- **6** I 259 j,
II 490 a, III 1877 d, IV 3318

—, 2-Methyl-3-phenyl- **6** 524 a,
I 259 e, III 1860 f, IV 3292

—, 1-*m*-Tolyl- **6** I 260 b, II 491 a,
III 1879 f

—, 1-*o*-Tolyl- **6** II 490 g, III 1878 d

—, 1-*p*-Tolyl- **6** 525 n, I 260 e,
II 491 e, III 1880 c

—, 2-*o*-Tolyl- **6** IV 3328

—, 2-*p*-Tolyl- **6** 544 h, III 1913 a,
IV 3351

—, 3-*m*-Tolyl- **6** I 260 c, III 1879 i,
IV 3323

—, 3-*o*-Tolyl- **6** III 1878 f, IV 3321

—, 3-*p*-Tolyl- **6** IV 3324

Propan-2-ol, 1-Cyclohepta-2,4,6-trienyl-
6 IV 3265

—, 2-Cyclohepta-1,3,5-trienyl-
6 IV 3265

—, 2-Cyclohepta-1,3,6-trienyl-
6 IV 3266

—, 2-Cyclohepta-2,4,6-trienyl-
6 IV 3266

—, 2-Methyl-1-phenyl- **6** 523 h,
I 259 c, II 489 b, III 1860 c,
IV 3290

—, 2-Norborna-2,5-dien-2-yl-
6 III 1921 g

—, 1-*m*-Tolyl- **6** 525 k, III 1879 h

—, 1-*o*-Tolyl- **6** III 1878 e, IV 3320

—, 1-*p*-Tolyl- **6** III 1880 d,
IV 3324

—, 2-*m*-Tolyl- **6** 527 a, I 261 f,
II 492 d, IV 3330

—, 2-*o*-Tolyl- **6** 526 f, I 260 f,
II 491 i, III 1882 c, IV 3328

—, 2-*p*-Tolyl- **6** 544 f, I 267 j,
II 501 a, III 1912 f, IV 3350

$C_{10}H_{14}OS$

Äthan, 1-Äthoxy-1-phenylmercapto-
6 IV 1509

—, 1-Äthoxy-2-phenylmercapto-
6 IV 1491

Äthanol, 2-Äthylmercapto-1-phenyl-
6 III 4578 b

—, 2-Methylmercapto-1-*p*-tolyl-
6 III 4642 g

—, 2-Phenäthylmercapto- **6** IV 3086

Benzol, 1-Äthoxy-2-äthylmercapto-
6 793 f

—, 1-Äthoxy-4-äthylmercapto-
6 859 h, III 4447 f

—, 1-[Äthylmercapto-methyl]-
3-methoxy- **6** IV 5908

—, 5-Methoxy-1,3-dimethyl-
2-methylmercapto- **6** IV 5958

—, 1-Methoxy-4-[2-methylmercapto-
äthyl]- **6** IV 5938

$C_{10}H_{14}OS$ (Fortsetzung)

Benzol, 1-Methoxy-4-propylmercapto-
6 III 4447 h

Butan-1-ol, 4-Phenylmercapto-
6 II 292 b, III 999 i, IV 1496

Phenol, 2-Butylmercapto- 6 II 796 h,
III 4276 g

−, 3-Butylmercapto- 6 III 4364 b

−, 4-Butylmercapto- 6 III 4448 a

−, 4-Isobutylmercapto- 6 III 4448 c

−, 3-Methyl-4-propylmercapto-
6 III 4504 g

Propan-1-ol, 3-Benzylmercapto-
6 II 431 b, III 1590 a, IV 2654

−, 1-[4-Methylmercapto-phenyl]-
6 IV 5979

−, 2-Methylmercapto-1-phenyl-
6 III 4629 f

Propan-2-ol, 1-Benzylmercapto-
6 III 1588 h

−, 1-Methylmercapto-2-phenyl-
6 III 4634 c

−, 2-[3-Methylmercapto-phenyl]-
6 IV 5991

−, 2-[4-Methylmercapto-phenyl]-
6 IV 5992

Thioessigsäure-S-[2-cyclohex-1-enyl-
vinylester] 6 IV 354

Toluol, 2-Äthylmercapto-5-methoxy-
6 III 4504 f

$C_{10}H_{14}OS_2$

Äthanthiol, 2-[2-Phenylmercapto-äthoxy]-
6 III 994 b

Benzolthiosulfinsäure-S-butylester
6 IV 1560

Butan-1-thiosulfinsäure-S-phenylester
6 IV 1560

Propan-1,2-dithiol, 3-p-Tolyloxy-
6 IV 2107

Toluol, 4-Methoxy-3,5-bis-methylmercapto-
6 II 1082 b

$C_{10}H_{14}OSe$

Benzol, 1-Isopropylselanyl-2-methoxy-
6 III 4289 g

−, 1-Isopropylselanyl-4-methoxy-
6 III 4479 f

−, 1-Methoxy-2-propylselanyl-
6 III 4289 e

−, 1-Methoxy-4-propylselanyl-
6 III 4479 d

Phenol, 2-Butylselanyl- 6 III 4289 h

−, 4-Butylselanyl- 6 III 4479 g

−, 2-Isobutylselanyl- 6 III 4290 a

−, 4-Isobutylselanyl- 6 III 4479 i

$C_{10}H_{14}O_2$

Acetaldehyd-[äthyl-phenyl-acetal]
6 III 586 a, IV 597

Acrylsäure-cyclohex-3-enylmethylester
6 IV 208

Äthan, 1-Äthoxy-2-phenoxy- 6 146 c,
III 568 a, IV 572

−, 1,2-Dimethoxy-1-phenyl-
6 III 4574 a

−, 1-Methoxy-2-o-tolyloxy-
6 IV 1947

−, 1-Methoxy-2-p-tolyloxy-
6 394 k

Äthanol, 1-[4-Äthoxy-phenyl]-
6 904 a, III 4565 g

−, 2-Äthoxy-1-phenyl- 6 907 d,
I 444 g, II 887 i, III 4574 c

−, 2-[2-Äthyl-phenoxy]- 6 IV 3012

−, 2-[3-Äthyl-phenoxy]- 6 IV 3017

−, 2-[2,4-Dimethyl-phenoxy]-
6 I 241 g, IV 3128

−, 2-[2,5-Dimethyl-phenoxy]-
6 I 245 c

−, 2-[3,4-Dimethyl-phenoxy]-
6 I 240 d, III 1728 d, IV 3101

−, 2-[3,5-Dimethyl-phenoxy]-
6 IV 3143

−, 1-[2-Methoxy-5-methyl-phenyl]-
6 III 4639 f

−, 2-Phenäthyloxy- 6 III 1707 f

−, 2-[1-Phenyl-äthoxy]- 6 III 1678 a,
IV 3034

Äthylhydroperoxid, 1-[4-Äthyl-phenyl]-
6 IV 3355

−, 1-Methyl-1-o-tolyl- 6 IV 3328

−, 1-Methyl-1-p-tolyl- 6 IV 3350

Benzol, 1-Äthoxy-4-methoxymethyl-
6 IV 5910

−, 1-Äthoxymethyl-2-methoxy-
6 893 f

−, 1-Äthoxymethyl-4-methoxy-
6 I 440 e, III 4548 b, IV 5910

−, 1-Äthyl-2,3-dimethoxy-
6 I 441 b

−, 1-Äthyl-2,4-dimethoxy-
6 II 885 d, III 4554 f

−, 1-Äthyl-3,5-dimethoxy-
6 II 886 b, III 4563 b

−, 2-Äthyl-1,3-dimethoxy-
6 III 4559 a

−, 2-Äthyl-1,4-dimethoxy-
6 III 4558 a, IV 5925

C₁₀H₁₄O₂ (Fortsetzung)

Benzol, 4-Äthyl-1,2-dimethoxy-
  6 II 885 g, III 4560 b

−, 1,2-Bis-[1-hydroxy-äthyl]-
  6 947 c, III 4678 e

−, 1,2-Bis-[2-hydroxy-äthyl]-
  6 IV 6023

−, 1,3-Bis-[1-hydroxy-äthyl]-
  6 III 4679 d

−, 1,3-Bis-[2-hydroxy-äthyl]-
  6 III 4679 g

−, 1,4-Bis-[1-hydroxy-äthyl]-
  6 947 d, III 4680 c

−, 1,4-Bis-[2-hydroxy-äthyl]-
  6 III 4680 f, IV 6026

−, 1,2-Bis-hydroxymethyl-
  4,5-dimethyl- **6** III 4692 b

−, 1,4-Bis-hydroxymethyl-
  2,5-dimethyl- **6** III 4692 c

−, 1,5-Bis-hydroxymethyl-
  2,4-dimethyl- **6** III 4692 e, IV 6031

−, 2,3-Bis-hydroxymethyl-
  1,4-dimethyl- **6** IV 6028

−, 1,2-Bis-methoxymethyl-
  6 III 4587 e

−, 1,3-Bis-methoxymethyl-
  6 IV 5966

−, 1,4-Bis-methoxymethyl-
  6 III 4608 e

−, 1,2-Diäthoxy- **6** 771 e, I 384 d,
  II 780 c, III 4208 d, IV 5565

−, 1,3-Diäthoxy- **6** 814 c, I 402 c,
  II 814 c, III 4307 c, IV 5664

−, 1,4-Diäthoxy- **6** 844 b, I 416 c,
  II 840 c, III 4387 f, IV 5720

−, 1,2-Dimethoxy-3,4-dimethyl-
  6 IV 5947

−, 1,2-Dimethoxy-3,5-dimethyl-
  6 IV 5961

−, 1,2-Dimethoxy-4,5-dimethyl-
  6 III 4584 f, IV 5950

−, 1,3-Dimethoxy-2,4-dimethyl-
  6 IV 5956

−, 1,4-Dimethoxy-2,3-dimethyl-
  6 III 4583 b, IV 5949

−, 1,4-Dimethoxy-2,5-dimethyl-
  6 915 d, III 4603 a

−, 1,5-Dimethoxy-2,3-dimethyl-
  6 III 4581 d

−, 1,5-Dimethoxy-2,4-dimethyl-
  6 912 f, IV 5963

−, 2,5-Dimethoxy-1,3-dimethyl-
  6 III 4589 c, IV 5957

−, 1-Isopropoxy-2-methoxy-
  6 II 780 e, III 4209 f, IV 5566

−, 1-Isopropoxy-4-methoxy-
  6 III 4388 f

−, 1-Methoxy-2-[1-methoxy-äthyl]-
  6 IV 5928

−, 1-Methoxy-4-[1-methoxy-äthyl]-
  6 III 4565 e

−, 1-Methoxy-4-[2-methoxy-äthyl]-
  6 II 887 f

−, 1-Methoxy-2-propoxy-
  6 771 g, II 780 d, III 4209 c

−, 1-Methoxy-3-propoxy-
  6 815 a, II 815 a

−, 1-Methoxy-4-propoxy-
  6 844 c, II 840 d

Benzylalkohol, 2-Äthoxymethyl-
  6 II 888 f, III 4587 f, IV 5953

−, 2-Äthoxy-5-methyl- **6** IV 5965

−, 3-Äthoxymethyl- **6** II 890 a

−, 4-Äthoxymethyl- **6** 919 c, II 891 g,
  III 4609 a

−, 4-Äthoxy-3-methyl- **6** IV 5964

−, 2-[α-Hydroxy-isopropyl]-
  6 944 j

−, 2-[2-Hydroxy-propyl]- **6** IV 6016

−, 2-[3-Hydroxy-propyl]-
  6 II 900 e, IV 6016

−, 2-Hydroxy-5-propyl- **6** III 4672 d

−, 2-Hydroxy-3,4,6-trimethyl-
  6 IV 6030

−, 2-Hydroxy-3,5,6-trimethyl-
  6 947 f

−, 3-Hydroxy-2,4,6-trimethyl-
  6 IV 6028

−, 4-Hydroxy-2,3,6-trimethyl-
  6 IV 6028

−, 4-Isopropoxy- **6** IV 5911

−, 2-[2-Methoxy-äthyl]- **6** IV 5995

−, 4-Methoxy-2,5-dimethyl-
  6 IV 5999

−, 4-Methoxy-2,6-dimethyl-
  6 III 4643 f

−, 4-Methoxy-3,5-dimethyl-
  6 IV 6002

−, 5-Methoxy-2,4-dimethyl-
  6 IV 5999

−, 2-Propoxy- **6** II 879 a

−, 4-Propoxy- **6** IV 5910

Benzylhydroperoxid, 4-Isopropyl-
  6 III 1912 d, IV 3350

Bicyclo[5.1.0]octa-2,5-dien, 1,8-Dimethoxy-
  6 III 4610 d

$C_{10}H_{14}O_2$ (Fortsetzung)

Brenzcatechin, 3-Äthyl-4,6-dimethyl-
6 IV 6027

—, 3-Butyl- 6 III 4656 e

—, 3-*tert*-Butyl- 6 IV 6012

—, 4-Butyl- 6 III 4659 c, IV 6004

—, 4-*tert*-Butyl- 6 III 4671 b,
IV 6014

—, 4,5-Diäthyl- 6 III 4678 a

—, 3-Isopropyl-6-methyl- 6 I 451 j,
II 900 i, III 4673 d, IV 6019

—, 3,4,5,6-Tetramethyl- 6 III 4682 c

Butan-1,2-diol, 1-Phenyl- 6 II 899 c,
III 4663 c, IV 6006

—, 2-Phenyl- 6 943 h, II 899 f,
III 4667 a

—, 4-Phenyl- 6 II 899 e

Butan-1,3-diol, 1-Phenyl- 6 943 b, I 450 d,
II 899 d, III 4664 a, IV 6006

—, 3-Phenyl- 6 III 4666 e, IV 6009

Butan-1,4-diol, 1-Phenyl- 6 943 d,
IV 6007

—, 2-Phenyl- 6 III 4667 b

Butan-2,3-diol, 1-Phenyl- 6 III 4664 d

—, 2-Phenyl- 6 III 4666 c, IV 6008

Butan-1-ol, 2-[2-Hydroxy-phenyl]-
6 IV 6008

—, 4-[2-Hydroxy-phenyl]- 6 IV 6005

—, 4-[4-Hydroxy-phenyl]- 6 IV 6005

—, 1-Phenoxy- 6 II 152 i

—, 4-Phenoxy- 6 II 151 f, III 578 e,
IV 585

Butan-2-ol, 2-[4-Hydroxy-phenyl]-
6 III 4665 b

—, 4-[2-Hydroxy-phenyl]-
6 943 a, II 889 f, III 4661 c

—, 4-[3-Hydroxy-phenyl]- 6 III 4661 d

—, 4-[4-Hydroxy-phenyl]-
6 II 898 i, III 4661 f

—, 1-Phenoxy- 6 III 578 b

—, 3-Phenoxy- 6 I 85 f

—, 4-Phenoxy- 6 III 578 c

Butylhydroperoxid, 1-Phenyl- 6 IV 3273

Cyclohex-2-enol, 1-Äthinyl-5-methoxy-
2-methyl- 6 IV 5994

Cyclopentanol, 1-[3-Hydroxy-pent-4-en-
1-inyl]- 6 IV 6031

Essigsäure-[1-äthinyl-cyclohexylester]
6 II 100 d, IV 349

— bicyclo[2.2.2]oct-5-en-2-ylester
6 III 375 c

— [1-cyclohex-1-enyl-vinylester]
6 IV 353

— [2-cyclohex-1-enyl-vinylester]
6 IV 353

— norborn-5-en-2-ylmethylester
6 IV 358

— [2]norbornylidenmethylester
6 II 100 f, III 374 g

Formaldehyd-[äthyl-*m*-tolyl-acetal]
6 378 d

— [äthyl-*o*-tolyl-acetal] 6 354 g

— [äthyl-*p*-tolyl-acetal] 6 395 l

— [methyl-phenäthyl-acetal]
6 II 450 f

Hydrochinon, 2-Äthyl-3,5-dimethyl-
6 III 4682 a

—, 3-Äthyl-2,5-dimethyl- 6 III 4681 e

—, 5-Äthyl-2,3-dimethyl- 6 III 4681 b

—, 2-Butyl- 6 III 4659 a

—, 2-*tert*-Butyl- 6 IV 6013

—, 2,5-Diäthyl- 6 IV 6024

—, 2,6-Diäthyl- 6 I 452 c, III 4678 g

—, 2-Isopropyl-5-methyl- 6 945 b,
I 452 a, II 901 b, III 4673 g,
IV 6019

—, 2-Methyl-3-propyl- 6 IV 6015

—, 2-Methyl-5-propyl- 6 944 h,
IV 6017

—, 2,3,5,6-Tetramethyl- 6 948 f,
II 902 a, III 4682 g, IV 6028

Inden-1-ol, 5-Methoxy-2,3,4,7-tetrahydro-
6 IV 6002

4,7-Methano-inden-1,2-diol, 2,3,3a,4,7,7a-
Hexahydro- 6 II 902 d, IV 6032

4,7-Methano-inden-5,6-diol, 3a,4,5,6,7,7a-
Hexahydro- 6 II 902 d

Naphthalin-1,5-diol, 1,2,3,5,6,7-Hexahydro-
6 III 4692 g

Naphthalin-4a,8a-diol, 1,4,5,8-Tetrahydro-
6 IV 6032

Peroxid, Methyl-[1-methyl-1-phenyl-äthyl]-
6 IV 3224

Phenäthylalkohol, β-Äthoxy- 6 III 4574 b,
IV 5940

—, 2-Äthoxy- 6 906 i, IV 5935

—, 4-Äthoxy- 6 I 443 g, IV 5937

—, 2-Hydroxymethyl-4-methyl-
6 IV 6027

—, 2-Methoxymethyl- 6 III 4638 c

—, 2-Methoxy-5-methyl- 6 III 4641 f

Phenol, 3-Äthoxy-4-äthyl- 6 III 4555 a

—, 5-Äthoxy-2-äthyl- 6 III 4555 a

—, 4-Äthoxy-2,5-dimethyl-
6 915 e, II 891 a, IV 5967

—, 5-Äthoxy-2,4-dimethyl- 6 912 g

C₁₀H₁₄O₂ (Fortsetzung)

Phenol, 3-Äthyl-5-methoxy-2-methyl-
    6 III 4637 a

–, 3-Äthyl-5-methoxy-4-methyl-
    6 III 4637 a

–, 4-Äthyl-2-methoxy-5-methyl-
    6 III 4635 h

–, 5-Äthyl-2-methoxy-4-methyl-
    6 IV 5995

–, 6-Äthyl-3-methoxy-2-methyl-
    6 III 4639 b

–, 2-Butoxy- **6** 772 b, III 4209 g,
    IV 5566

–, 3-Butoxy- **6** III 4309 a,
    IV 5664

–, 4-Butoxy- **6** III 4389 a,
    IV 5721

–, 2-Isopropoxymethyl- **6** IV 5897

–, 2-Isopropyl-4-methoxy-
    6 IV 5990

–, 2-Isopropyl-6-methoxy-
    6 III 4631 d

–, 3-Isopropyl-2-methoxy-
    6 IV 5989

–, 4-Isopropyl-2-methoxy-
    6 III 4633 a

–, 5-Isopropyl-2-methoxy-
    6 IV 5990

–, 4-Methoxymethyl-2,5-dimethyl-
    6 933 c

–, 2-Methoxy-4-propyl- **6** 920 e,
    I 447 l, II 892 d, III 4614, IV 5976

–, 2-Methoxy-5-propyl- **6** II 892 e,
    III 4615 a

–, 2-Methoxy-6-propyl- **6** I 447 c,
    III 4611 b, IV 5975

–, 3-Methoxy-4-propyl- **6** IV 5976

–, 3-Methoxy-5-propyl- **6** 925 d

–, 5-Methoxy-2-propyl- **6** IV 5976

–, 2-Methoxy-3,5,6-trimethyl-
    6 IV 5999

–, 4-Methoxy-2,3,6-trimethyl-
    6 III 4645 a

–, 6-Methoxy-2,3,4-trimethyl-
    6 IV 5997

–, 2-Propoxymethyl- **6** IV 5897

Propan, 1-Methoxy-3-phenoxy- **6** 147 d

Propan-1,2-diol, 2-Methyl-1-phenyl-
    6 943 i, I 450 g, II 899 j, III 4669 a,
    IV 6010

–, 2-Methyl-3-phenyl- **6** IV 6011

–, 2-*p*-Tolyl- **6** 947 b

–, 3-*m*-Tolyl- **6** II 900 g

–, 3-*o*-Tolyl- **6** IV 6016

–, 3-*p*-Tolyl- **6** II 900 h, IV 6018

Propan-1,3-diol, 2-Benzyl- **6** III 4669 e

–, 2-Methyl-2-phenyl- **6** I 450 g,
    II 900 c, III 4671 e, IV 6015

Propan-1-ol, 3-Benzyloxy- **6** II 414 a,
    III 1471 c, IV 2243

–, 3-[2-Hydroxy-4-methyl-phenyl]-
    6 III 4673 c

–, 3-[2-Hydroxy-5-methyl-phenyl]-
    6 III 4673 a

–, 1-[2-Methoxy-phenyl]- **6** 925 g

–, 1-[3-Methoxy-phenyl]- **6** III 4623 e

–, 1-[4-Methoxy-phenyl]-
    6 923 k, III 4624 a

–, 2-Methoxy-1-phenyl- **6** 928 f

–, 2-[4-Methoxy-phenyl]- **6** IV 5992

–, 3-[2-Methoxy-phenyl]- **6** III 4627 b,
    IV 5981

–, 3-[3-Methoxy-phenyl]- **6** III 4627 d,
    IV 5981

–, 3-Methoxy-3-phenyl- **6** IV 5984

–, 3-[4-Methoxy-phenyl]-
    6 II 895 d, III 4628 b, IV 5982

–, 2-*m*-Tolyloxy- **6** I 186 i

–, 3-*m*-Tolyloxy- **6** II 352 d

–, 3-*o*-Tolyloxy- **6** II 329 j,
    IV 1950

–, 3-*p*-Tolyloxy- **6** II 377 h,
    IV 2105

Propan-2-ol, 1-Benzyloxy- **6** III 1471 b,
    IV 2243

–, 2-[2-Hydroxy-3-methyl-phenyl]-
    6 I 450 j, IV 6018

–, 2-[2-Hydroxy-4-methyl-phenyl]-
    6 946 j, I 452 b, III 4677 g

–, 2-[2-Hydroxy-5-methyl-phenyl]-
    6 945 a, I 451 c

–, 1-Methoxy-1-phenyl- **6** IV 5983

–, 1-Methoxy-3-phenyl- **6** II 895 i

–, 1-[4-Methoxy-phenyl]- **6** III 4626 d,
    IV 5980

–, 2-[2-Methoxy-phenyl]-
    6 929 h, III 4633 d

–, 2-[3-Methoxy-phenyl]-
    6 929 j, III 4633 e

–, 2-[4-Methoxy-phenyl]-
    6 II 896 g, III 4633 f, IV 5991

–, 2-Methyl-1-phenoxy- **6** 147 i,
    III 578 g, IV 586

–, 1-*m*-Tolyloxy- **6** IV 2043

–, 1-*o*-Tolyloxy- **6** IV 1949

–, 1-*p*-Tolyloxy- **6** IV 2105

$C_{10}H_{14}O_2$ (Fortsetzung)

Propylhydroperoxid, 1-Methyl-1-phenyl-
  6 III 1855 a, IV 3283

Resorcin, 4-Äthyl-2,5-dimethyl-
  6 III 4681 d

—, 4-Äthyl-2,6-dimethyl- **6** IV 6027

—, 4-Äthyl-5,6-dimethyl- **6** III 4681 a

—, 2-Butyl- **6** III 4659 b

—, 4-Butyl- **6** II 898 c, III 4657 c,
  IV 6003

—, 4-*tert*-Butyl- **6** III 4670 a

—, 5-Butyl- **6** III 4660 a

—, 5-*sec*-Butyl- **6** III 4664 f

—, 2,4-Diäthyl- **6** III 4678 f,
  IV 6024

—, 4,6-Diäthyl- **6** II 901 g,
  III 4679 a, IV 6024

—, 4-Isobutyl- **6** II 899 g, III 4667 c

—, 5-Isopropyl-2-methyl- **6** III 4676 e,
  IV 6023

—, 2-Methyl-4-propyl- **6** III 4672 c

—, 4-Methyl-2-propyl- **6** III 4672 b

—, 5-Methyl-2-propyl- **6** III 4673 b

—, 5-Methyl-4-propyl- **6** III 4671 f

—, 2,4,5,6-Tetramethyl- **6** III 4682 f,
  IV 6028

Toluol, 2-Äthoxy-3-methoxy- **6** III 4493 b

—, 3-Äthoxy-2-methoxy- **6** IV 5861

—, 3-Äthoxy-4-methoxy- **6** III 4517 b

—, 4-Äthoxy-3-methoxy- **6** 879 d,
  II 866 c, IV 5879

$C_{10}H_{14}O_2S$

Acetaldehyd, Phenylmercapto-,
  dimethylacetal **6** IV 1514

Äthan, 1-Äthoxy-2-benzolsulfinyl-
  6 III 996 h

Äthanol, 2-Äthansulfinyl-1-phenyl-
  6 III 4578 c

Äthanthiol, 2-[2-Phenoxy-äthoxy]-
  6 III 571 a

Benzol, 1-Äthylmercapto-2,4-dimethoxy-
  6 III 6288 f

Phenol, 4-[Äthylmercapto-methyl]-
  2-methoxy- **6** IV 7385

Propan-1,2-diol, 3-*o*-Tolylmercapto-
  6 IV 2021

—, 3-*p*-Tolylmercapto- **6** III 1411 f

Resorcin, 5-Butylmercapto- **6** III 6310 e

Sulfon, Äthyl-[2,4-dimethyl-phenyl]-
  6 491 g

—, Äthyl-[4-methyl-benzyl]-
  6 IV 3174

—, Äthyl-phenäthyl- **6** IV 3084

—, Benzyl-isopropyl- **6** IV 2636

—, Benzyl-propyl- **6** IV 2636

—, Butyl-phenyl- **6** III 983 a, IV 1472

—, *sec*-Butyl-phenyl- **6** IV 1472

—, *tert*-Butyl-phenyl- **6** III 983 f

—, [3,4-Dimethyl-benzyl]-methyl-
  6 IV 3252

—, Isopropyl-*o*-tolyl- **6** 370 i

—, Isopropyl-*p*-tolyl- **6** 418 e,
  IV 2157

—, Mesityl-methyl- **6** IV 3260

—, Propyl-*o*-tolyl- **6** 370 e

—, Propyl-*p*-tolyl- **6** 417 i, II 394 f,
  III 1395 d, IV 2157

Thiophenol, 3,4-Diäthoxy- **6** IV 7357

$C_{10}H_{14}O_2S_2$

Äthan, 1-Äthansulfonyl-2-phenylmercapto-
  6 III 994 h, IV 1493

—, 1,2-Bis-methansulfinyl-1-phenyl-
  6 III 4579 d

Benzol, 1,3-Bis-äthansulfinyl- **6** I 409 b

—, 1,4-Bis-äthansulfinyl- **6** III 4474 c

—, 1,3-Bis-[2-hydroxy-äthylmercapto]-
  6 IV 5706

—, 1,4-Bis-[2-hydroxy-äthylmercapto]-
  6 IV 5845

—, 1,5-Dimethoxy-2,4-bis-
  methylmercapto- **6** I 571 c, II 1121 h

Hydrochinon, 2,5-Bis-äthylmercapto-
  6 1157 g

$C_{10}H_{14}O_2Se$

Acetaldehyd, Phenylselanyl-, dimethyl=
  acetal **6** IV 1780

$C_{10}H_{14}O_3$

Äthan-1,1-diol, 2-[4-Äthyl-phenoxy]-
  6 472 f

—, 2-[2,3-Dimethyl-phenoxy]-
  6 480 d

—, 2-[2,4-Dimethyl-phenoxy]-
  6 487 e

—, 2-[2,5-Dimethyl-phenoxy]-
  6 495 c

—, 2-[3,4-Dimethyl-phenoxy]-
  6 481 c

—, 2-[3,5-Dimethyl-phenoxy]-
  6 493 c

Äthanol, 2-[2-Äthoxy-phenoxy]-
  6 IV 5573

—, 2-[4-Äthyl-3-hydroxy-phenoxy]-
  6 III 4556 a

—, 1-[2,3-Dimethoxy-phenyl]-
  6 I 552 c, III 6328 g, IV 7388

$C_{10}H_{14}O_3$ (Fortsetzung)

Äthanol, 1-[2,4-Dimethoxy-phenyl]-
6 IV 7389

—, 1-[2,5-Dimethoxy-phenyl]-
6 IV 7389

—, 1-[2,6-Dimethoxy-phenyl]-
6 III 6330 d

—, 1-[3,4-Dimethoxy-phenyl]-
6 I 552 e, IV 7390

—, 1-[2-Hydroxymethyl-3-methoxy-
phenyl]- 6 IV 7409

—, 1-[2-Methoxymethoxy-phenyl]- 6 903 e

—, 2-[2-Phenoxy-äthoxy]-
6 III 569 a, IV 573

Benzen-1,2,4-triol, 5-tert-Butyl-
6 IV 7416

—, 3-Isopropyl-6-methyl- 6 IV 7417

Benzol, 1-Äthoxy-3,5-dimethoxy-
6 IV 7362

—, 2-Äthoxy-1,3-dimethoxy-
6 IV 7330

—, 1,2-Bis-hydroxymethyl-4-methoxy-
5-methyl- 6 IV 7410

—, 1,3-Bis-hydroxymethyl-2-methoxy-
4-methyl- 6 IV 7410

—, 1,3-Bis-hydroxymethyl-2-methoxy-
5-methyl- 6 1127 c, II 1088 a,
IV 7412

—, 1,5-Bis-hydroxymethyl-2-methoxy-
4-methyl- 6 IV 7410

—, 1,4-Dimethoxy-2-methoxymethyl-
6 IV 7380

Benzylalkohol, 2-Äthoxy-3-methoxy-
6 II 1082 g, IV 7378

—, 3-Äthoxy-4-methoxy- 6 IV 7382

—, 4-Äthoxy-3-methoxy- 6 I 550 l,
IV 7382

—, 2,5-Dihydroxy-3-propyl-
6 III 6361 c

—, 2,5-Dimethoxy-3-methyl-
6 III 6341 a

—, 2,5-Dimethoxy-4-methyl-
6 III 6341 a

—, 3-[1-Hydroxy-äthyl]-4-methoxy-
6 III 6354 b

—, 2-[2-Hydroxy-propoxy]-
6 IV 5898

—, 4-Methoxy-3-methoxymethyl-
6 III 6337 d

Brenzcatechin, 3-Butoxy- 6 III 6266 g

—, 3-Methoxy-5-propyl- 6 1119 k

Butan-2-ol, 4-[2,4-Dihydroxy-phenyl]-
6 IV 7414

Butan-1,2,3-triol, 1-Phenyl- 6 III 6360 a

Butan-1,2,4-triol, 4-Phenyl- 6 1127 f

2,6-Cyclo-norbornan, 3-Acetoxy-
5-methoxy- 6 IV 5528

Hydrochinon, 2-Methoxy-5-propyl-
6 1119 g

—, 2-Methoxy-6-propyl-
6 1118 f, IV 7400

Phenäthylalkohol, 2,6-Bis-hydroxymethyl-
6 IV 7419

—, 2,3-Dimethoxy- 6 III 6332 f

—, 2,4-Dimethoxy- 6 III 6332 g,
IV 7393

—, 2,5-Dimethoxy- 6 III 6333 a,
IV 7393

—, 3,4-Dimethoxy- 6 III 6333 c,
IV 7393

—, 3,5-Dimethoxy- 6 IV 7394

—, 4,β-Dimethoxy- 6 IV 7394

—, 2-Hydroxy-3-methoxy-5-methyl-
6 III 6353 e

—, 4-Hydroxy-3-methoxy-5-methyl-
6 III 6354 a

Phenol, 3-[2-Äthoxy-äthoxy]- 6 III 4316 b

—, 3-Äthoxy-5-methoxy-2-methyl-
6 III 6319 e

—, 5-Äthoxy-3-methoxy-2-methyl-
6 III 6319 f

—, 4-Äthoxymethyl-2-methoxy-
6 IV 7382

—, 2-Äthyl-4,6-bis-hydroxymethyl-
6 III 6363 a

—, 4-Äthyl-2,6-bis-hydroxymethyl-
6 III 6362 g

—, 2-Äthyl-3,5-dimethoxy-
6 IV 7387

—, 2-Äthyl-4,5-dimethoxy-
6 III 6327 d

—, 4-Äthyl-2,6-dimethoxy-
6 III 6328 b, IV 7388

—, 4-Äthyl-3,5-dimethoxy-
6 IV 7388

—, 6-Äthyl-2,3-dimethoxy-
6 III 6326 g

—, 2,4-Bis-hydroxymethyl-
3,5-dimethyl- 6 1128 a, III 6363 b

—, 2,6-Bis-hydroxymethyl-
3,4-dimethyl- 6 III 6363 c

—, 2,6-Bis-hydroxymethyl-
3,5-dimethyl- 6 III 6364 b, IV 7419

—, 2,3-Diäthoxy- 6 III 6266 c

—, 2,6-Diäthoxy- 6 1082 b, I 540 c,
III 6266 d, IV 7330

$C_{10}H_{14}O_3$ (Fortsetzung)

Phenol, 3,4-Diäthoxy- **6** 1089 a, III 6279 c

—, 3,5-Diäthoxy- **6** 1103 a, II 1079 b, III 6306 a, IV 7362

—, 3,5-Dimethoxy-2,6-dimethyl- **6** III 6336 a

Phloroglucin, 2-Äthyl-4,6-dimethyl- **6** III 6362 f

—, 2-Butyl- **6** III 6359 b

—, 2,4-Diäthyl- **6** III 6362 a

Propan-1,2-diol, 3-Benzyloxy- **6** II 414 e, III 1472 f, IV 2246

—, 1-[4-Methoxy-phenyl]- **6** 1123 e, II 1087 c, III 6348 a, IV 7406

—, 2-[4-Methoxy-phenyl]- **6** I 553 i

—, 3-Methoxy-1-phenyl- **6** III 6351 d

—, 3-[2-Methoxy-phenyl]- **6** IV 7406

—, 3-Methoxy-3-phenyl- **6** III 6351 b

—, 3-[4-Methoxy-phenyl]- **6** 1124 a

—, 2-Methyl-3-phenoxy- **6** IV 593

—, 3-m-Tolyloxy- **6** 377 m, I 186 k, III 1304 a, IV 2044

—, 3-o-Tolyloxy- **6** 354 b, I 171 i, III 1252 c, IV 1952

—, 3-p-Tolyloxy- **6** 395 e, I 201 d, III 1362 a, IV 2107

Propan-1,3-diol, 2-Benzyloxy- **6** IV 2247

—, 2-Hydroxymethyl-1-phenyl- **6** IV 7415

—, 2-Hydroxymethyl-2-phenyl- **6** IV 7416

—, 2-Methoxy-1-phenyl- **6** III 6351 c

—, 2-m-Tolyloxy- **6** IV 2044

—, 2-o-Tolyloxy- **6** IV 1956

—, 2-p-Tolyloxy- **6** IV 2108

Propan-1-ol, 1-[2-Hydroxy-3-methoxy-phenyl]- **6** I 553 f

—, 1-[4-Hydroxy-3-methoxy-phenyl]- **6** IV 7401

—, 3-[4-Hydroxy-3-methoxy-phenyl]- **6** II 1087 b, III 6347 b, IV 7405

Propan-2-ol, 1-[4-Hydroxy-3-methoxy-phenyl]- **6** IV 7403

—, 2-[2-Hydroxy-3-methoxy-phenyl]- **6** III 6352 c

—, 2-[2-Hydroxy-5-methoxy-phenyl]- **6** IV 7408

—, 2-[4-Hydroxy-3-methoxy-phenyl]- **6** 1124 d

—, 1-Methoxy-3-phenoxy- **6** III 582 b, IV 589

—, 1-[3-Methoxy-phenoxy]- **6** IV 5670

—, 1-[4-Methoxy-phenoxy]- **6** IV 5731

Propionsäure, 3-[1-Äthinyl-cyclopentyloxy]- **6** IV 340

Pyrogallol, 4-Butyl- **6** III 6359 a

—, 4-tert-Butyl- **6** III 6361 b

—, 5-tert-Butyl- **6** III 6361 b

—, 4,6-Diäthyl- **6** I 554 f, IV 7419

Resorcin, 5-Äthoxy-2,4-dimethyl- **6** 1116 e, III 6336 b

—, 4-Äthyl-5-methoxy-2-methyl- **6** IV 7409

—, 5-Butoxy- **6** IV 7363

—, 2-Methoxy-5-propyl- **6** 1119 k

—, 5-Methoxy-2,4,6-trimethyl- **6** 1126 a

Toluol, 2,3,6-Trimethoxy- **6** III 6316 b

—, 2,4,5-Trimethoxy- **6** I 549 c, III 6316 f

—, 2,4,6-Trimethoxy- **6** 1111 a, II 1081 h, III 6319 c

—, 3,4,5-Trimethoxy- **6** 1112 h, II 1081 j, III 6321 d, IV 7377

$C_{10}H_{14}O_3S$

Äthan, 1-Äthoxy-2-benzolsulfonyl- **6** IV 1494

Äthanol, 2-[2,5-Dimethyl-benzolsulfonyl]- **6** 498 c

—, 2-[2-Hydroxy-5-methoxy-4-methyl-phenylmercapto]- **6** IV 7376

—, 2-[2-Phenyl-äthansulfonyl]- **6** III 1718 c

Benzol, 1-Äthansulfonylmethyl-3-methoxy- **6** IV 5908

—, 1-Äthansulfonylmethyl-4-methoxy- **6** IV 5920

—, 2-Methansulfonyl-5-methoxy-1,3-dimethyl- **6** IV 5958

Butan-1-sulfonsäure-phenylester **6** IV 690

Propan-1-ol, 3-Phenylmethansulfonyl- **6** III 1590 e

Propan-2-ol, 1-Phenylmethansulfonyl- **6** III 1589 c

—, 1-[Toluol-4-sulfonyl]- **6** III 1408 h, IV 2175

Propan-1-sulfonsäure, 2-Methyl-, phenylester **6** IV 690

Schwefligsäure-äthylester-[1-phenyl-äthylester] **6** III 1681 b

— butylester-phenylester **6** III 651 a

C₁₀H₁₄O₃S (Fortsetzung)

Schwefligsäure-methylester-[1-methyl-
2-phenyl-äthylester] **6** IV 3193
− methylester-[3-phenyl-propylester]
6 IV 3202

C₁₀H₁₄O₃S₂

Äthanol, 2-[2-Benzolsulfonyl-äthyl≈
mercapto]- **6** III 997 f

Butan-1-sulfonsäure, 4-Phenylmercapto-
6 IV 1550

Butan-2-sulfonsäure, 4-Phenylmercapto-
6 III 1025 b

C₁₀H₁₄O₄

Äthan-1,2-diol, [3,4-Dimethoxy-phenyl]-
6 III 6662 e

Äthanol, 1-[4-Hydroxy-3,5-dimethoxy-
phenyl]- **6** IV 7697

Benzen-1,2,3,4-tetraol, 5-*tert*-Butyl-
6 I 572 b

Benzen-1,2,3,5-tetraol, 4-*tert*-Butyl-
6 I 572 b

Benzen-1,2,4,5-tetraol, 3-Isopropyl-
6-methyl- **6** I 572 c, II 1123 f

Benzol, 1,3-Bis-[1,2-dihydroxy-äthyl]-
6 III 6673 c, IV 7706

−, 1,3-Bis-[2-hydroxy-äthoxy]-
6 II 816 b, III 4317 c

−, 1,4-Bis-[2-hydroxy-äthoxy]-
6 III 4406 a, IV 5730

−, 1,2-Bis-hydroxymethyl-
3,4-dimethoxy- **6** IV 7700

−, 1,2-Bis-hydroxymethyl-
4,5-dimethoxy- **6** IV 7700

−, 1,3-Bis-hydroxymethyl-
2,5-dimethoxy- **6** IV 7701

−, 1,4-Bis-hydroxymethyl-
2,3-dimethoxy- **6** III 6666 d

−, 1,4-Bis-hydroxymethyl-
2,5-dimethoxy- **6** III 6667 a

−, 1,2-Bis-methoxymethoxy-
6 773 i, IV 5580

−, 1,4-Bis-methoxymethoxy-
6 845 k, IV 5737

−, 1,2,3,4-Tetrakis-hydroxymethyl-
6 IV 7706

−, 1,2,4,5-Tetrakis-hydroxymethyl-
6 IV 7707

−, 1,2,3,4-Tetramethoxy-
6 1153 e, II 1118 a, III 6651 b,
IV 7684

−, 1,2,3,5-Tetramethoxy-
6 1154 g, I 570 c, II 1119 a,
III 6653 b, IV 7685

−, 1,2,4,5-Tetramethoxy-
6 1156 b, III 6656 b

Benzylalkohol, 2,3,4-Trimethoxy-
6 IV 7694

−, 2,3,5-Trimethoxy- **6** IV 7694

−, 2,4,5-Trimethoxy- **6** IV 7694

−, 2,4,6-Trimethoxy- **6** II 1122 d

−, 3,4,5-Trimethoxy- **6** 1159 e,
III 6661 g, IV 7695

Cyclohexen, 2,3-Diacetoxy- **6** IV 5275

−, 3,4-Diacetoxy- **6** III 4129 c

−, 3,6-Diacetoxy- **6** III 4130 c

−, 4,5-Diacetoxy- **6** IV 5277

Cyclohex-2-en-1,4-dion, 2,3-Dimethoxy-
5,6-dimethyl- **6** IV 7699

Erythrit, *O*¹-Phenyl- **6** IV 594

Hydrochinon, 2-Äthoxy-3-methoxy-
5-methyl- **6** III 6659 e

−, 3-Äthoxy-2-methoxy-5-methyl-
6 III 6659 d

−, 2,5-Bis-methoxymethyl-
6 III 6667 b

−, 2,5-Diäthoxy- **6** 1156 c

−, 2,6-Diäthoxy- **6** IV 7685

−, 2,3-Dimethoxy-5,6-dimethyl-
6 IV 7699

Maleinsäure-monocyclohexylester
6 III 27 d, IV 42

Phenäthylalkohol, 4-Hydroxy-
3,5-dimethoxy- **6** III 6662 a, IV 7698

Phenol, 4-Äthoxy-3,5-dimethoxy-
6 I 570 d, IV 7685

−, 2,4,6-Tris-hydroxymethyl-3-methyl-
6 IV 7707

Propan-1,2-diol, 1-[4-Hydroxy-3-methoxy-
phenyl]- **6** IV 7703

−, 3-[3-Hydroxy-4-methoxy-phenyl]-
6 III 6670 c

−, 3-[4-Hydroxy-3-methoxy-phenyl]-
6 II 1123 e, IV 7704

−, 3-[2-Hydroxymethyl-phenoxy]-
6 III 4539 c

−, 3-[2-Methoxy-phenoxy]-
6 773 f, I 385 c, III 4224 c,
IV 5576

−, 3-[3-Methoxy-phenoxy]-
6 IV 5671

−, 3-[4-Methoxy-phenoxy]-
6 III 4411 e, IV 5736

Propan-1,3-diol, 1-[4-Hydroxy-3-methoxy-
phenyl]- **6** IV 7704

$C_{10}H_{14}O_4S$

Butan-1-sulfonsäure, 4-Phenoxy-
  6 III 638 e

Butan-2-sulfonsäure, 4-Phenoxy-
  6 III 638 d

Fumarsäure, Cyclohexylmercapto-
  6 IV 80

Maleinsäure, Cyclohexylmercapto-
  6 IV 80

Methansulfonsäure-[2-benzyloxy-äthylester]
  6 IV 2242

Propan-1,2-diol, 3-[Toluol-2-sulfonyl]-
  6 IV 2021

—, 3-[Toluol-4-sulfonyl]- 6 III 1412 b

Schwefelsäure-mono-[4-sec-butyl-
  phenylester] 6 II 488 b

— mono-[2-isopropyl-5-methyl-
  phenylester] 6 539 g, III 1905 c

— mono-[5-isopropyl-2-methyl-
  phenylester] 6 531 d, II 494 h

Thianisoinsäure 6 568

$C_{10}H_{14}O_4S_2$

Äthan, 1-Äthansulfonyl-1-benzolsulfonyl-
  6 305 i

—, 1-Methansulfonyl-2-[toluol-
  4-sulfonyl]- 6 IV 2175

Benzol, 1,3-Bis-äthansulfonyl- 6 834 j,
  I 409 c

—, 1,5-Bis-methansulfonyl-
  2,4-dimethyl- 6 I 445 g, III 4596 d

Methan, Äthansulfonyl-phenylmethansulfonyl-
  6 458 d, III 1595 f

$C_{10}H_{14}O_4S_3$

Methan, Äthansulfonyl-benzolsulfonyl-
  methylmercapto- 6 III 1008 g

—, Äthansulfonyl-methansulfonyl-
  phenylmercapto- 6 III 1008 b

—, Benzylmercapto-bis-methansulfonyl-
  6 IV 2676

—, Bis-methansulfonyl-p-tolyl=
  mercapto- 6 III 1419 b

$C_{10}H_{14}O_4S_4$

Methan, Bis-methansulfonyl-methyl=
  mercapto-phenylmercapto- 6 IV 1537

$C_{10}H_{14}O_5$

Hydrochinon, 2,3,5-Trimethoxy-6-methyl-
  6 III 6883 a

Propan-1,2,3-triol, 1-[4-Hydroxy-
  3-methoxy-phenyl]- 6 IV 7889

$C_{10}H_{14}O_5P_2$

Benzo[1,3,2]dioxaphosphol, 2-Diäthoxy=
  phosphinooxy- 6 IV 5598

—, 2-Diäthoxyphosphoryl-
  6 IV 5605

$C_{10}H_{14}O_5P_2S$

Benzo[1,3,2]dioxaphosphol, 2-Diäthoxy=
  thiophosphoryloxy- 6 IV 5599

$C_{10}H_{14}O_5P_2S_2$

Benzo[1,3,2]dioxaphosphol-2-sulfid,
  2-Diäthoxythiophosphoryloxy-
  6 IV 5603

$C_{10}H_{14}O_5S$

Schwefelsäure-äthylester-[2-methoxy-
  4-methyl-phenylester] 6 880 m

$C_{10}H_{14}O_5S_2$

Äthan, 1-Methansulfonyloxy-2-[toluol-
  4-sulfonyl]- 6 IV 2175

Benzol, 1-Äthoxy-2,4-bis-methansulfonyl-
  6 III 6298 g

Butan-1-sulfonsäure, 4-Benzolsulfonyl-
  6 IV 1550

$C_{10}H_{14}O_6$

Hydrochinon, 2,3,5,6-Tetrakis-
  hydroxymethyl- 6 III 6940 j

—, 2,3,5,6-Tetramethoxy- 6 IV 7928

$C_{10}H_{14}O_6S_3$

Methan, Äthansulfonyl-benzolsulfonyl-
  methansulfonyl- 6 III 1008 h

—, Bis-methansulfonyl-[toluol-
  4-sulfonyl]- 6 III 1419 f

$C_{10}H_{14}O_6S_4$

Methan, Tris-methansulfonyl-phenyl=
  mercapto- 6 III 1012 e, IV 1537

$C_{10}H_{14}O_8S_2$

Benzol, 1,4-Bis-methansulfonyloxy-
  2,5-dimethoxy- 6 IV 7690

$C_{10}H_{14}O_{12}S_4$

Benzol, 1,2,3,5-Tetrakis-methansulfonyloxy-
  6 IV 7687

$C_{10}H_{14}S$

Butan-1-thiol, 1-Phenyl- 6 II 485 g

—, 2-Phenyl- 6 III 1858 d

4,7-Methano-inden-5-thiol, 3a,4,5,6,7,7a-
  Hexahydro- 6 III 1947 d

4,7-Methano-inden-6-thiol, 3a,4,5,6,7,7a-
  Hexahydro- 6 III 1947 d

Methanthiol, Mesityl- 6 IV 3362

Propan-1-thiol, 2-Methyl-1-phenyl-
  6 II 488 i

Sulfid, Äthyl-phenäthyl- 6 III 1716 c,
  IV 3084

—, Äthyl-[1-phenyl-äthyl]-
  6 IV 3063

—, Benzyl-isopropyl- 6 IV 2636

—, Benzyl-propyl- 6 IV 2635

$C_{10}H_{15}ClO_2$
Cyclohexen, 4-[1-Acetoxy-äthyl]-1-chlor-
  6 IV 221
Propionsäure, 3-Chlor-, [2]norbornylester
  6 III 219 f
$C_{10}H_{15}ClO_2Si$
Silan, Äthoxy-[2-chlor-phenoxy]-dimethyl-
  6 IV 810
–, Äthoxy-[4-chlor-phenoxy]-
  dimethyl- 6 IV 879
$C_{10}H_{15}Cl_2N_2O_2P$
Diamidophosphorsäure, N,N-Bis-[2-chlor-
äthyl]-, phenylester 6 IV 751
$C_{10}H_{15}Cl_3O_2$
Essigsäure-[2,2,2-trichlor-1-cyclohexyl-
äthylester] 6 III 88 e
$C_{10}H_{15}Cl_6O_3P$
Phosphonsäure-[2,2,2-trichlor-1,1-dimethyl-
äthylester]-[1-trichlormethyl-cyclopentyl≠
ester] 6 IV 89
$C_{10}H_{15}NO$
Äthylamin, 2-[2,4-Dimethyl-phenoxy]-
  6 488 j, III 1746 g
–, 2-[3,4-Dimethyl-phenoxy]-
  6 III 1729 b
–, 2-[1-Phenyl-äthoxy]- 6 IV 3038
Amin, Äthyl-[2-phenoxy-äthyl]- 6 IV 663
–, Benzyloxymethyl-dimethyl-
  6 III 1475 f
–, Dimethyl-[2-phenoxy-äthyl]-
  6 172 d, III 639 e, IV 663
–, Methyl-[β-phenoxy-isopropyl]-
  6 IV 669
–, Methyl-[2-phenoxy-propyl]-
  6 IV 678
–, Methyl-[3-phenoxy-propyl]-
  6 III 642 d
Butylamin, 4-Phenoxy- 6 173 h, II 162 i,
  III 644 d, IV 679
tert-Butylamin, Phenoxy- 6 IV 680 b
Isobutylamin, β-Phenoxy- 6 IV 680
Isopropylamin, β-Benzyloxy- 6 IV 2484
Propylamin, 2-Benzyloxy- 6 III 1539 h
–, 3-Benzyloxy- 6 III 1539 g,
  IV 2485
–, 1-Phenoxymethyl- 6 IV 679
$C_{10}H_{15}NOS$
Äthanol, 2-[2-Phenylmercapto-äthylamino]-
  6 IV 1551
Äthylthiocyanat, 2-[2]Norbornyloxy-
  6 III 218 g
Isopropylamin, β-[4-Methoxy-phenyl≠
mercapto]- 6 III 4465 c

Propan-1-ol, 2-Amino-3-benzylmercapto-
  6 IV 2721
$C_{10}H_{15}NO_2$
Äthanol, 2-[2-Phenoxy-äthylamino]-
  6 III 641 e, IV 665
Amin, [2-(3-Methoxy-phenoxy)-äthyl]-
  methyl- 6 III 4327 d
–, [2-(4-Methoxy-phenoxy)-äthyl]-
  methyl- 6 III 4424 c
Carbamidsäure-[2-methyl-1-prop-2-inyl-
cyclopentylester] 6 IV 368
– [1-prop-1-inyl-cyclohexylester]
  6 IV 362
– [1-prop-2-inyl-cyclohexylester]
  6 IV 362
Carbamidsäure, Methyl-, [1-äthinyl-
cyclohexylester] 6 IV 350
Phenol, 3-[4-Amino-butoxy]- 6 II 818 f
–, 2-[2-Dimethylamino-äthoxy]-
  6 III 4237 j, IV 5590
–, 4-[2-Dimethylamino-äthoxy]-
  6 III 4423 g
–, 2-[2-Methylamino-propoxy]-
  6 IV 5593
–, 4-[2-Methylamino-propoxy]-
  6 IV 5757
Propan-2-ol, 1-Amino-3-o-tolyloxy-
  6 357 p, I 172 k, IV 1972
Propionsäure, 3-[1-Äthinyl-cyclopentyloxy]-,
  amid 6 IV 341
$C_{10}H_{15}NO_2S$
Äthylamin, 2-[3,4-Dimethoxy-phenyl≠
mercapto]- 6 III 6297 c
Amin, Äthyl-[2-benzolsulfonyl-äthyl]-
  6 322 e
$C_{10}H_{15}NO_3$
Carbamidsäure, Methacryloyl-, cyclopentyl≠
ester 6 IV 8
Hydroxylamin, O-[2-(4-Äthoxy-phenoxy)-
äthyl]- 6 IV 5730
Propan-2-ol, 1-Amino-3-[2-methoxy-
phenoxy]- 6 IV 5595
$C_{10}H_{15}NO_4$
Essigsäure-[2-cyclohex-1-enyl-2-nitro-
äthylester] 6 III 221 b
$C_{10}H_{15}NS$
Amin, Dimethyl-[2-phenylmercapto-äthyl]-
  6 IV 1551
–, Dimethyl-[p-tolylmercapto-methyl]-
  6 IV 2181
Benzolsulfenamid, N,N-Diäthyl-
  6 II 296 e

$C_{10}H_{15}NS$ (Fortsetzung)

tert-Butylamin, Phenylmercapto-
  6 IV 1553 d
Isopropylamin, β-p-Tolylmercapto-
  6 III 1430 e
Propylamin, 3-Benzylmercapto-
  6 IV 2720
—, 1-[Phenylmercapto-methyl]-
  6 IV 1553

$C_{10}H_{15}N_2O_4PS$

Amidothiophosphorsäure, Äthyl-,
  O-äthylester-O'-[4-nitro-phenylester]
  6 IV 1344
—, Dimethyl-, O-äthylester-O'-
  [4-nitro-phenylester] 6 IV 1344

$C_{10}H_{15}N_2O_5P$

Amidophosphorsäure, Dimethyl-,
  äthylester-[2-nitro-phenylester]
  6 III 805 f
—, Dimethyl-, äthylester-[4-nitro-
  phenylester] 6 III 831 f

$C_{10}H_{15}N_3S$

Isothiosemicarbazid, S-Benzyl-1,1-dimethyl-
  6 IV 2697

$C_{10}H_{15}N_5O$

Biguanid, 1-[2-Phenoxy-äthyl]- 6 IV 667

$C_{10}H_{15}N_5O_{15}$

Cyclohexan, 2-Nitryloxy-1,1,3,3-tetrakis-
  nitryloxymethyl- 6 IV 7886

$[C_{10}H_{15}OS]^+$

Sulfonium, [2-Äthoxy-phenyl]-dimethyl-
  6 I 396 c
—, [4-Äthoxy-phenyl]-dimethyl-
  6 I 420 e
—, Dimethyl-[2-phenoxy-äthyl]-
  6 III 575 g
—, [β-Hydroxy-phenäthyl]-dimethyl-
  6 III 4578 a

$[C_{10}H_{15}OTe]^+$

Telluronium, Äthyl-[4-methoxy-phenyl]-
  methyl- 6 III 4490 b

$C_{10}H_{15}O_2P$

Phosphin, Äthoxy-äthyl-phenoxy-
  6 IV 692
Phosphinsäure, Diäthyl-, phenylester
  6 IV 702

$C_{10}H_{15}O_2PS_2$

Dithiophosphorsäure-O,O'-diäthylester-
  S-phenylester 6 IV 1565
— O,O'-dimethylester-S-phenäthyl≠
  ester 6 IV 3091

$[C_{10}H_{15}O_2S_2]^+$

Sulfonium, [2-Benzolsulfonyl-äthyl]-
  dimethyl- 6 IV 1495

$C_{10}H_{15}O_3P$

Phosphonsäure, Äthyl-, äthylester-
  phenylester 6 IV 703
Phosphorigsäure-diäthylester-phenylester
  6 IV 693

$C_{10}H_{15}O_3PS$

Thiophosphorsäure-O,O'-diäthylester-
  O''-phenylester 6 IV 754
— O,O'-diäthylester-S-phenylester
  6 IV 1565

$C_{10}H_{15}O_3PS_2$

Disulfidophosphonsäure-O,O'-diäthylester-
  S-S-phenylester 6 IV 1563
Dithiophosphorsäure-O,O'-dimethylester-
  S-[2-phenoxy-äthyl] 6 IV 581

$C_{10}H_{15}O_3PSe$

Selenophosphorsäure-O,O'-diäthylester-
  Se-phenylester 6 III 1111 b

$C_{10}H_{15}O_4P$

Phosphonsäure, Benzyloxymethyl-,
  monoäthylester 6 III 1474 h
Phosphorsäure-äthylester-benzylester-
  methylester 6 IV 2572
— benzylester-isopropylester
  6 IV 2573
— benzylester-propylester
  6 IV 2573
— butylester-phenylester
  6 III 657 c, IV 710
— *sec*-butylester-phenylester
  6 III 657 e
— diäthylester-phenylester
  6 178 e, IV 709
— dimethylester-phenäthylester
  6 IV 3077
— [3,5-dimethyl-phenylester]-
  dimethylester 6 IV 3150
— mono-[2-isopropyl-5-methyl-
  phenylester] 6 539 h, III 1905 d
— mono-[5-isopropyl-2-methyl-
  phenylester] 6 531 e

$C_{10}H_{15}O_4PS$

Thiophosphorsäure-O-[3-äthoxy-
  phenylester]-O',O''-dimethylester
  6 IV 5681

$C_{10}H_{15}O_5P$

Phosphorsäure-benzylester-[2-hydroxy-
  propylester] 6 IV 2577
— [2-hydroxy-phenylester]-
  isobutylester 6 IV 5600

[C₁₀H₁₅S]⁺

Sulfonium, Äthyl-benzyl-methyl-
6 454 c, III 1575 d

—, Äthyl-methyl-*p*-tolyl- 6 417 h

—, Diäthyl-phenyl- 6 III 980 e

—, Dimethyl-phenäthyl- 6 II 453 b,
III 1716 b, IV 3084

—, Dimethyl-[1-phenyl-äthyl]-
6 III 1697 d, IV 3062

[C₁₀H₁₅S₂]⁺

Sulfonium, Dimethyl-[2-phenylmercapto-
äthyl]- 6 IV 1493

[C₁₀H₁₅Te]⁺

Telluronium, Diäthyl-phenyl- 6 IV 1799

C₁₀H₁₆

Camphen, Fluessiges- 6 I 49

C₁₀H₁₆Br₂O

p-Menth-8-en-2-ol, 1,6-Dibrom-
6 65 a, I 43 a

C₁₀H₁₆Br₄O

p-Menthan-2-ol, 1,4,6,8-Tetrabrom-
6 28 e

—, 1,6,8,9-Tetrabrom- 6 28 e

p-Menthan-9-ol, 1,2,8,10-Tetrabrom-
6 IV 164

C₁₀H₁₆ClN₂OPS

Diamidothiophosphorsäure, *N,N'*-Diäthyl-,
O-[4-chlor-phenylester] 6 IV 877

C₁₀H₁₆ClN₂O₂P

Diamidophosphorsäure, *N,N'*-Diäthyl-,
[4-chlor-phenylester] 6 IV 874

C₁₀H₁₆Cl₂O₂Si₂

Benzol, 1,4-Bis-[chlor-dimethyl-silyloxy]-
6 IV 5766

C₁₀H₁₆Cl₃NO₃

Äther, Cyclohexylmethyl-[β,β,β-trichlor-
β'-nitro-isopropyl]- 6 IV 106

C₁₀H₁₆Cl₃N₄OPS

Dihydrazidothiophosphorsäure, *N',N',N''',*
N''''-Tetramethyl-, *O*-[2,4,5-trichlor-
phenylester] 6 IV 1004

C₁₀H₁₆Cl₄O

Äther, Cyclohexyl-[1,2,2,3-tetrachlor-butyl]-
6 IV 32

C₁₀H₁₆Cl₄O₂

Cyclohexan-1,4-diol, 1,4-Diäthyl-
2,3,5,6-tetrachlor- 6 IV 5258

C₁₀H₁₆D₂O

Methanol, *C,C*-Dideuterio-octahydroinden-
3a-yl- 6 IV 271

C₁₀H₁₆NO₃P

Amidophosphorsäure, Dimethyl-,
äthylester-phenylester 6 IV 740

C₁₀H₁₆NO₃PS

Amidothiophosphorsäure-*O*-isopropylester-
O'-[3-methoxy-phenylester] 6 IV 5681

Amidothiophosphorsäure, Äthyl-,
O-[4-methoxy-phenylester]-*O'*-methylester
6 IV 5762

[C₁₀H₁₆NS]⁺

Ammonium, Trimethyl-[phenylmercapto-
methyl]- 6 IV 1504

C₁₀H₁₆N₂O₃

Allophansäure-[3-methyl-cyclohex-
1-enylmethylester] 6 IV 225

C₁₀H₁₆N₂O₅

Asparagin, *N²*-Cyclopentyloxycarbonyl-
6 IV 12

Bornan-2-ol, 10,10-Dinitro- 6 I 52 g,
IV 287

Salpetersäure-[10-nitro-bornan-2-ylester]
6 IV 287

C₁₀H₁₆N₃O₃PS

Diamidothiophosphorsäure, *N*-Isopropyl-
N'-methyl-, *O*-[4-nitro-phenylester]
6 IV 1346

C₁₀H₁₆N₃O₄P

Diamidophosphorsäure, Tetramethyl-,
[2-nitro-phenylester] 6 III 805 g

—, Tetramethyl-, [3-nitro-phenylester]
6 III 811 d

—, Tetramethyl-, [4-nitro-phenylester]
6 III 832 a

C₁₀H₁₆O

Adamantan-1-ol 6 IV 391

Äthanol, 1-Bicyclo[2.2.2]oct-5-en-2-yl-
6 IV 389

Äther, Äthyl-[2-cyclohex-1-enyl-vinyl]-
6 IV 353

—, Allyl-cyclohex-3-enylmethyl-
6 IV 207

—, Buta-1,3-dienyl-cyclohexyl-
6 III 19 g, IV 28

—, But-2-inyl-cyclohexyl- 6 III 19 f

—, [4-Cyclopentyl-but-2-inyl]-methyl-
6 III 377 g

—, [4-Isopropyl-cyclohexa-1,4-dienyl]-
methyl- 6 IV 364

—, [5-Isopropyl-cyclohexa-1,4-dienyl]-
methyl- 6 III 376 c

—, [1-Methylen-allyl]-cyclohexyl-
6 III 20 a

—, Methyl-[2-methyl-3-methylen-
[2]norbornyl]- 6 IV 368

—, Methyl-[4-methyl-3-vinyl-cyclohex-
3-enyl]- 6 IV 366

C₁₀H₁₆O (Fortsetzung)

Allylalkohol, 1-Cyclohept-1-enyl-
  6 IV 370

Anthemol **6** 101 b

Azulen-1-ol, 1,2,3,4,5,6,7,8-Octahydro-
  6 IV 379

Azulen-2-ol, 1,2,3,4,5,6,7,8-Octahydro-
  6 IV 379

Azulen-4-ol, 1,2,3,4,5,6,7,8-Octahydro-
  6 IV 379

Bicyclopentyliden-2-ol **6** IV 379

Born-2-en-4-ol **6** III 389 a

Born-5-en-2-ol **6** II 105 a, III 389 b

But-2-en-1-ol, 1-Cyclohex-1-enyl-
  6 IV 371

But-3-en-1-ol, 1-Cyclohex-1-enyl-
  6 IV 371

—, 1-Cyclohex-3-enyl- **6** IV 371

But-3-en-2-ol, 4-Cyclohex-1-enyl-
  6 III 379 a, IV 370

But-2-in-1-ol, 4-Cyclohexyl- **6** III 378 f

But-3-in-2-ol, 2-Cyclohexyl- **6** IV 372

—, 4-Cyclohexyl- **6** III 378 e

Car-2-en-4-ol **6** IV 380

Car-3-en-10-ol **6** IV 380

Car-3(10)-en-4-ol **6** IV 381

Carvonborneol **6** I 63 f

Cyclohepta-2,4-dienol, 2,6,6-Trimethyl-
  6 IV 370

Cycloheptanol, 2-Allyliden- **6** IV 370

—, 1-Prop-2-inyl- **6** IV 370

Cyclohexa-2,5-dienol, 1-Äthyl-4,4-dimethyl-
  6 II 102 e

—, 1,2,4,4-Tetramethyl- **6** II 103 a

—, 1,3,4,4-Tetramethyl- **6** II 102 f

Cyclohexanol, 1-Äthinyl-2,2-dimethyl-
  6 III 382 c

—, 1-Äthinyl-2,6-dimethyl- **6** IV 378

—, 1-Äthinyl-3,3-dimethyl- **6** IV 377

—, 1-Buta-1,3-dienyl- **6** IV 372

—, 2-But-2-enyliden- **6** IV 371

—, 2-Methyl-1-prop-1-inyl-
  6 I 61 a, IV 372

—, 2-Methyl-1-prop-2-inyl- **6** IV 372

—, 3-Methyl-1-prop-1-inyl- **6** I 61 b

—, 4-Methyl-1-prop-1-inyl-
  6 I 61 d, IV 372

Cyclohex-2-enol, 1-Allyl-3-methyl-
  6 I 61 c

2,6-Cyclo-norbornan-3-ol, 1,7,7-Trimethyl-
  6 III 392 e

—, 4,5,5-Trimethyl- **6** I 63 b,
  III 393 d, IV 391

Cyclooctanol, 1-Äthinyl- **6** III 378 d,
  IV 369

1,5-Cyclo-pentalen-2-ol, 1,6a-Dimethyl-
  octahydro- **6** IV 390

o-Mentha-4,6-dien-8-ol **6** IV 373

p-Mentha-1,3-dien-7-ol **6** 96 f

p-Mentha-1,4-dien-7-ol **6** 96 f

p-Mentha-1,4-dien-8-ol **6** IV 373

p-Mentha-1,4(8)-dien-3-ol **6** III 379 d

p-Mentha-1,4(8)-dien-9-ol **6** IV 374

p-Mentha-1,5-dien-8-ol **6** IV 373

p-Mentha-1(7),2-dien-8-ol **6** IV 373

p-Mentha-1(7),8-dien-2-ol **6** IV 377

p-Mentha-1,8-dien-3-ol **6** III 379 f,
  IV 374

p-Mentha-1,8-dien-4-ol **6** IV 374

p-Mentha-1,8-dien-7-ol **6** I 61 g, II 102 d,
  III 381 c, IV 375

p-Mentha-1,8(10)-dien-9-ol **6** IV 376 c

p-Mentha-2,8-dien-1-ol **6** IV 376

p-Mentha-3,6-dien-2-ol **6** IV 373

p-Mentha-4(8),6-dien-2-ol **6** IV 373

p-Mentha-6,8-dien-2-ol **6** 97 f, I 61 e,
  II 102 c, III 379 h, IV 374

4,7-Methano-inden-1-ol, Octahydro-
  6 III 391 b

4,7-Methano-inden-5-ol, Octahydro-
  6 III 391 c

4,7-Methano-inden-8-ol, Octahydro-
  6 IV 7983

Methanol, Bicyclo[3.2.2]non-8-en-6-yl-
  6 IV 388

—, [4,4-Dimethyl-bicyclo[3.2.0]hept-
  2-en-3-yl]- **6** IV 381

—, [2,3-Dimethyl-2,6-cyclo-norbornan-
  3-yl]- **6** 100 h, I 63 a, II 106 a,
  III 393 b

—, [7,7-Dimethyl-2,6-cyclo-norbornan-
  1-yl]- **6** II 105 e, III 393 a

—, [6,6-Dimethyl-2-methylen-cyclohex-
  3-enyl]- **6** IV 378

—, [3,3-Dimethyl-norborn-5-en-2-yl]-
  6 IV 387

—, [7,7-Dimethyl-norborn-2-en-2-yl]-
  6 IV 388

—, [2-Methyl-3-methylen-[2]norbornyl]-
  6 III 390 f

—, [4-Methyl-1-vinyl-cyclohex-3-enyl]-
  6 IV 377

—, [4-Methyl-4-vinyl-cyclohex-1-enyl]-
  6 IV 377

—, Tricyclopropyl- **6** IV 389

$C_{10}H_{16}O$ (Fortsetzung)

Methanol, [2,6,6-Trimethyl-cyclohexa-1,3-dienyl]- **6** IV 378

[1]Naphthol, 1,2,3,4,5,6,7,8-Octahydro-
6 III 383 d

—, 1,4,4a,5,6,7,8,8a-Octahydro-
6 III 383 a

[2]Naphthol, 2,3,4,4a,5,6,7,8-Octahydro-
6 IV 379

[4a]Naphthol, 1,3,4,5,6,7-Hexahydro-2*H*-
6 IV 380

Norbornan-1-ol, 3,3-Dimethyl-2-methylen-
6 II 104 e, III 389 d

Norbornan-2-ol, 5,5-Dimethyl-6-methylen-
6 III 389 f, IV 387

Norbornan-7-ol, 2,2-Dimethyl-3-methylen-
6 III 390 e, IV 388

Pent-1-in-3-ol, 3-Cyclopentyl- **6** IV 379

Pent-3-in-2-ol, 5-Cyclopentyl- **6** III 382 d

Pinenol **6** 101 d

Pin-2-en-4-ol **6** I 62 e, II 103 c, III 385 a, IV 382

Pin-2-en-7-ol **6** IV 383

Pin-2-en-10-ol **6** 99 d, I 62 f, II 104 a, III 385 c, IV 383

Pin-2(10)-en-3-ol **6** 99 b, II 104 c, III 387 b, IV 386

Pin-3-en-2-ol **6** IV 385

Propan-2-ol, 2-Norborn-5-en-2-yl-
6 IV 386

Thuj-3-en-10-ol **6** IV 382

Thuj-4(10)-en-3-ol **6** 98 e, I 62 c, II 103 b, III 383 f, IV 382

Tricyclo[4.2.2.0^{2,5}]decan-7-ol **6** III 394 c

Tricyclo[3.2.1.0^{1,3}]octan-2-ol, 8,8-Dimethyl-
6 IV 390

Tricyclo[3.2.1.0^{1,3}]octan-7-ol, 8,8-Dimethyl-
6 IV 390

$C_{10}H_{16}OS$

Cyclohexan, 1-Acetylmercapto-3-vinyl-
6 IV 223

—, 1-Acetylmercapto-4-vinyl-
6 IV 223

Cyclohexanol, 1-Äthylmercaptoäthinyl-
6 IV 5529

Thioessigsäure-*S*-bicyclo[2.2.2]oct-2-ylester
6 IV 233

— *S*-[2-cyclohex-3-enyl-äthylester]
6 IV 221

— *S*-[2-cyclohexyl-vinylester]
6 III 222 a

$C_{10}H_{16}OS_2$

Dithiokohlensäure-*S*-methylester-*O*-
[2-methyl-[2]norbornylester] **6** IV 231

— *S*-methylester-*O*-[2]norbornyl≠
methylester **6** II 62 e

$C_{10}H_{16}OSi$

Silan, Äthyl-dimethyl-phenoxy- **6** IV 762

—, Benzyloxy-trimethyl- **6** IV 2588

—, Trimethyl-*m*-tolyloxy- **6** IV 2059

—, Trimethyl-*o*-tolyloxy- **6** IV 1981

—, Trimethyl-*p*-tolyloxy- **6** IV 2132

$C_{10}H_{16}O_2$

Acrylsäure-[2-methyl-cyclohexylester]
6 III 64 d

— [3-methyl-cyclohexylester]
6 III 71 d

— [4-methyl-cyclohexylester]
6 III 74 g

Äthanol, 2-[1-Äthinyl-cyclohexyloxy]-
6 IV 348

—, 2-Norborn-5-en-2-ylmethoxy-
6 III 374 d, IV 357

Ameisensäure-[1,7-dimethyl-[2]norbornyl≠
ester] **6** 52 d, 53 b

Bicyclo[2.2.2]oct-2-en, 5,6-Bis-
hydroxymethyl- **6** IV 5535

But-3-in-2-ol, 4-[1-Hydroxy-cyclopentyl]-
2-methyl- **6** III 4172 c

Buttersäure-cyclohex-1-enylester **6** 48 e

— cyclohex-2-enylester **6** IV 197

Cyclohexa-1,3-dien, 5,6-Bis-hydroxymethyl-
5,6-dimethyl- **6** IV 5534

Cyclohexa-1,4-dien, 1,4-Diäthoxy-
6 III 4168 c

Cyclohexan-1,4-diol, 1,4-Divinyl-
6 IV 5534

Cyclohexanol, 1-Äthinyl-5-methoxy-
2-methyl- **6** IV 5530

—, 1-Äthoxyäthinyl- **6** IV 5529

—, 1-[1-Hydroxy-1-methyl-prop-
2-inyl]- **6** IV 5533

Cyclohexen, 1,4-Bis-hydroxymethyl-4-vinyl-
6 IV 5534

—, 1-Methoxy-4-[1-methoxy-vinyl]-
6 III 4170 b

Essigsäure-[2-äthyl-cyclohex-2-enylester]
6 III 220 e, IV 219

— bicyclo[2.2.2]oct-2-ylester
6 III 226 d, IV 233

— bicyclo[3.2.1]oct-2-ylester
6 IV 229

— [1-cyclohex-3-enyl-äthylester]
6 IV 220

C₁₀H₁₆O₂ (Fortsetzung)

Essigsäure-[1-cyclohexyl-vinylester]
    6 IV 223

– cyclooct-1-enylester **6** IV 217

– cyclooct-2-enylester **6** IV 218

– cyclooct-4-enylester **6** IV 219

– [3-cyclopentyl-allylester]
    6 IV 227

– [2-methyl-cyclohex-1-enylmethyl≠
    ester] **6** IV 224

– [2-methylen-cyclohexylmethylester]
    6 IV 225

– [3-methylen-cyclohexylmethylester]
    6 IV 226

– [2-methyl-[2]norbornylester]
    6 IV 231

– [2]norbornylmethylester
    6 II 62 d, III 226 a

– [octahydro-pentalen-1-ylester]
    6 IV 229

– [octahydro-pentalen-2-ylester]
    6 IV 229

– [1-vinyl-cyclohexylester]
    6 IV 222

p-Mentha-1,4-dien-8,9-diol **6** IV 5534

Methacrylsäure-cyclohexylester
    6 III 25 h, IV 39

4,7-Methano-inden-1,2-diol, Octahydro-
    6 II 763 c

4,7-Methano-inden-5,8-diol, Octahydro-
    6 IV 5535

Naphthalin-1,5-diol, 1,2,3,4,5,6,7,8-
    Octahydro- **6** III 4172 d

Naphthalin-4a,8a-diol, 1,2,3,4,5,8-
    Hexahydro- **6** IV 5534

[4a]Naphthylhydroperoxid, 1,3,4,5,6,7-
    Hexahydro-2*H*- **6** IV 380

Norbornan, 2-Acetoxy-1-methyl-
    6 IV 230

Norborn-2-en, 5,5-Bis-hydroxymethyl-
    6-methyl- **6** III 4173 a

Pin-2-en-4,10-diol **6** II 763 b

Pin-2-en-10-ylhydroperoxid **6** IV 385

Pin-2(10)-en-3-ylhydroperoxid **6** IV 386

Propan-2-ol, 2-[4-Methoxy-cyclohexa-
    1,4-dienyl]- **6** III 4171 c

Propionsäure-[2-cyclopent-2-enyl-äthylester]
    6 III 216 g

– [5-methyl-cyclohex-1-enylester]
    6 III 213 f

Thuj-3-en-10-ylhydroperoxid **6** IV 382

C₁₀H₁₆O₂SSi

Silan, [Benzolsulfonyl-methyl]-trimethyl-
    6 IV 1508

C₁₀H₁₆O₂Si

Silan, [2-Methoxy-phenoxy]-trimethyl-
    6 IV 5607

C₁₀H₁₆O₃

Acetessigsäure-cyclohexylester **6** III 34 c,
    IV 50

Cyclohexanol, 2-Acetoxy-4-vinyl-
    6 IV 5282

–, 2-Acetoxy-5-vinyl- **6** IV 5282

Cyclohexen, 6-Acetoxy-4-methoxy-
    1-methyl- **6** IV 5278

Essigsäure, Cyclohex-1-enyloxy-,
    äthylester **6** IV 195

Milchsäure-[2]norbornylester **6** III 220 a

Norbornan, 2-Acetoxy-7-methoxy-
    6 IV 5280

C₁₀H₁₆O₃S

Cyclohexan, 1-Acetoxy-2-acetylmercapto-
    6 III 4073 e, IV 5206

4,7-Methano-benzo[1,3,2]dioxathiol-2-oxid,
    4,8,8-Trimethyl-hexahydro- **6** III 4149 c

Thuj-3-en-3-sulfonsäure **6** II 103 b

C₁₀H₁₆O₄

Bernsteinsäure-monocyclohexylester
    6 7 b, III 27 a, IV 40

Cyclobutan, 1,2-Bis-acetoxymethyl-
    6 IV 5213

Cyclohexan, 1,2-Diacetoxy- **6** 740 f,
    II 744 a, 745 d, III 4066 e, IV 5197

–, 1,3-Diacetoxy- **6** II 747 i,
    III 4079 d

–, 1,4-Diacetoxy- **6** 741 b, II 748 a,
    III 4083 c, IV 5210

Cyclopentan, 1-Acetoxy-1-acetoxymethyl-
    6 IV 5213

–, 1-Acetoxy-2-acetoxymethyl-
    6 III 4085 g

–, 1,2-Diacetoxy-1-methyl-
    6 III 4084 e

4,7-Methano-inden-1,2,5,6-tetraol,
    Octahydro- **6** II 1117 f

C₁₀H₁₆O₄S

Bernsteinsäure, Cyclohexylmercapto-
    6 III 51 d

Sulfonium, Bis-carboxymethyl-cyclohexyl-,
    betain **6** IV 77

C₁₀H₁₆O₄Si

Kieselsäure-trimethylester-*o*-tolylester
    6 IV 1981

$C_{10}H_{16}O_5S$
Bernsteinsäure, Cyclohexansulfinyl-
　6 IV 79

$C_{10}H_{16}O_6$
Cyclobutan, 1,2-Bis-methoxycarbonyloxy=
　methyl- 6 IV 5214

$C_{10}H_{16}O_6P_2S_2$
Benzol, 1,3-Bis-dimethoxythiophosphoryloxy-
　6 IV 5682
—, 1,4-Bis-dimethoxythiophosphoryloxy-
　6 IV 5765

$C_{10}H_{16}O_6S$
Bernsteinsäure, Cyclohexansulfonyl-
　6 IV 80

$C_{10}H_{16}O_7$
Quercit, O,O'-Diacetyl- 6 1187 b; vgl.
　IV 7883 c

$C_{10}H_{16}O_8P_2$
Benzol, 1,3-Bis-dimethoxyphosphoryloxy-
　6 IV 5682
—, 1,4-Bis-dimethoxyphosphoryloxy-
　6 IV 5765
—, 1-Isopropyl-4-methyl-2,5-bis-
　phosphonooxy- 6 III 4674 b

$C_{10}H_{16}SSi$
Silan, Trimethyl-[phenylmercapto-methyl]-
　6 IV 1505

$C_{10}H_{17}Br$
Pinan, 10-Brom- 6 III 285 a

$C_{10}H_{17}BrO$
Bornan-2-ol, 3-Brom- 6 III 315 a,
　IV 286
—, 4-Brom- 6 IV 286
—, 8-Brom- 6 IV 286
—, 10-Brom- 6 III 315 b
Cyclohexen, 2-[2-Brom-äthyl]-4-methoxy-
　1-methyl- 6 IV 236

$C_{10}H_{17}BrO_2$
Buttersäure-[2-brom-cyclohexylester]
　6 III 44 b
Essigsäure-[2-brom-cyclooctylester]
　6 IV 113
— [4-brom-cyclooctylester]
　6 IV 114
— [5-brom-cyclooctylester]
　6 IV 114
— [2-brommethyl-cyclohexylmethyl=
　ester] 6 IV 123
— [3-brommethyl-cyclohexylmethyl=
　ester] 6 IV 125
Essigsäure, Brom-, [2-cyclohexyl-
　äthylester] 6 IV 119

$C_{10}H_{17}BrO_3$
Äthanol, 1-[1-Acetoxy-cyclohexyl]-2-brom-
　6 IV 5231

$C_{10}H_{17}Br_3O$
p-Menthan-2-ol, 1,6,8-Tribrom- 6 28 d

$C_{10}H_{17}Cl$
Norbornan, 2-Chlor-1,3,3-trimethyl-
　6 IV 276

$C_{10}H_{17}ClN_2O_4$
p-Menth-1-en-nitrosat, 8-Chlor- 5 86 a

$C_{10}H_{17}ClO$
Bornan-2-ol, 4-Chlor- 6 III 314 a
—, 7-Chlor- 6 II 88 f
—, 10-Chlor- 6 I 52 f
Bornan-8-ol, 2-Chlor- 6 III 318 h
Caran-3-ol, 4-Chlor- 6 II 75 f
Caran-4-ol, 3-Chlor- 6 II 75 f
Norbornan-2-ol, 2-Chlormethyl-
　3,3-dimethyl- 6 II 92 f

$C_{10}H_{17}ClO_2$
Essigsäure-[2-chlormethyl-cyclohexylmethyl=
　ester] 6 IV 123
— [3-chlormethyl-cyclohexylmethyl=
　ester] 6 IV 125

$C_{10}H_{17}ClO_3$
Äthanol, 1-[1-Acetoxy-cyclohexyl]-2-chlor-
　6 IV 5230
—, 2-[1-Acetoxy-cyclohexyl]-2-chlor-
　6 IV 5232

$C_{10}H_{17}Cl_3OSi$
Silan, Bornyloxy-trichlor- 6 I 50 h

$C_{10}H_{17}F$
Bicyclopentyl, 2-Fluor- 6 IV 8

$C_{10}H_{17}I$
Pinan, 10-Jod- 6 III 285 a

$C_{10}H_{17}IO$
[2]Naphthol, 3-Jod-decahydro- 6 68 d

$C_{10}H_{17}IO_2$
Cyclohexan, 1-Acetoxymethyl-2-jodmethyl-
　6 IV 124

$C_{10}H_{17}NO_2$
Äther, Cyclohexyl-[3-isocyanato-propyl]-
　6 III 35 a
Carbamidsäure-[1-allyl-cyclohexylester]
　6 IV 235
— [4-isopropyl-cyclohex-2-enylester]
　6 III 228 e

$C_{10}H_{17}NO_3$
Norbornan-2-ol, 3,3-Dimethyl-
　2-nitromethyl- 6 IV 289
Salpetersäure-bornylester 6 IV 285
— isobornylester 6 IV 286

C₁₀H₁₇NO₃ (Fortsetzung)

Salpetersäure-octahydro[4a]naphthylester
  6 III 277 c

− [1,3,3-trimethyl-[2]norbornylester]
  6 IV 280

− [1,5,5-trimethyl-[2]norbornylester]
  6 IV 281

C₁₀H₁₇NO₄

Alanin, N-Cyclohexyloxycarbonyl-
  6 IV 44

Cyclohexan, 1-Acetoxy-1-[1-nitro-äthyl]-
  6 IV 116

C₁₀H₁₇N₂O₂P

Diamidophosphorsäure, Tetramethyl-,
  phenylester 6 III 662 g

[C₁₀H₁₇O₄S]⁺

Sulfonium, Bis-carboxymethyl-cyclohexyl-
  6 IV 77

C₁₀H₁₈Br₂O

p-Menthan-1-ol, 4,8-Dibrom- 6 26 c

p-Menthan-2-ol, 1,6-Dibrom- 6 I 19 i

p-Menthan-8-ol, 1,2-Dibrom-
  6 43 f, I 30 e

C₁₀H₁₈Br₂O₂

Äthan, 1-[2-Brom-äthoxy]-2-[2-brom-
  cyclohexyloxy]- 6 IV 69

p-Menthan-2,8-diol, 1,6-Dibrom-
  6 748 d

C₁₀H₁₈ClNO₂

Essigsäure, Cyclohexyloxy-, [2-chlor-
  äthylamid] 6 IV 46

m-Menth-6-en-8-ol-nitrosochlorid
  6 55 b

α-Terpineol-nitrosochlorid 6 58 a, 60 a,
  I 41, II 66 b, 67 b, 69 a

β-Terpineol-nitrosochlorid 6 62 b, I 42 f

C₁₀H₁₈Cl₂O₂

p-Menthan-1,2-diol, 6,8-Dichlor-
  6 II 754 c

p-Menthan-1,8-diol, 2,7-Dichlor-
  6 II 104 a

p-Menthan-2,8-diol, 1,6-Dichlor-
  6 748 c, II 755 e

C₁₀H₁₈Cl₃NO

Propylamin, 3,3,3-Trichlor-2-cyclohexyl-
  methoxy- 6 IV 107

C₁₀H₁₈N₂O₃

Allophansäure-cyclooctylester
  6 III 83 c

− [2,4-dimethyl-cyclohexylester]
  6 II 29 a

− [3-methyl-cyclohexylmethylester]
  6 IV 125

− [1-propyl-cyclopentylester]
  6 II 30 e

Isobutyrimidsäure, α-Nitro-, cyclohexyl-
  ester 6 IV 37

C₁₀H₁₈N₂O₄

Cyclohexan, 1,1-Bis-carbamoyloxymethyl-
  6 IV 5233

Cyclohexen-nitrosat, 4-Methyl-1-propyl-
  5 I 43 e

p-Menth-3-en-nitrosat 5 88

β-Terpineol-nitrosit 6 62 b

C₁₀H₁₈N₂O₅

β-Terpineol-nitrosat 6 62 b

C₁₀H₁₈O

Äthanol, 1-Bicyclo[2.2.2]oct-2-yl-
  6 IV 292

−, 1-Cyclooct-1-enyl- 6 IV 246

−, 1-[2,5-Dimethyl-cyclohex-3-enyl]-
  6 IV 257

−, 1-[3,4-Dimethyl-cyclohex-3-enyl]-
  6 IV 256

−, 2-[5,5-Dimethyl-cyclohex-1-enyl]-
  6 IV 255

−, 2-[3,3-Dimethyl-cyclohexyliden]-
  6 IV 255

−, 2-[2,2-Dimethyl-3-methylen-
  cyclopentyl]- 6 IV 264

−, 1-[3-Isopropenyl-cyclopentyl]-
  6 67 e, III 261 a, IV 261

−, 1-[2,3,3-Trimethyl-cyclopent-
  1-enyl]- 6 66 h

−, 2-[2,2,3-Trimethyl-cyclopent-
  3-enyl]- 6 IV 264

−, 2-[2,3,3-Trimethyl-cyclopent-
  1-enyl]- 6 67 a

Äther, Äthyl-[2-äthyl-cyclohex-2-enyl]-
  6 III 220 d

−, Äthyl-[4-äthyl-cyclohex-2-enyl]-
  6 IV 220

−, Äthyl-[5-äthyl-cyclohex-2-enyl]-
  6 IV 220

−, Äthyl-[2-cyclopent-1-enyl-1-methyl-
  äthyl]- 6 IV 226

−, Äthyl-[4,5-dimethyl-cyclohex-
  2-enyl]- 6 IV 224

−, Äthyl-[3-propyl-cyclopent-1-enyl]-
  6 IV 226

−, Allyl-[2-methyl-cyclohexyl]-
  6 II 19 d

−, Allyl-[3-methyl-cyclohexyl]-
  6 13 a

−, Allyl-[4-methyl-cyclohexyl]-
  6 II 24 b

$C_{10}H_{18}O$ (Fortsetzung)

Äther, Bis-[1-methyl-cyclopropylmethyl]-
     6 III 10 c

—, Butyl-cyclohex-1-enyl-
     6 III 204 h, IV 195

—, *tert*-Butyl-cyclohex-2-enyl-
     6 IV 196

—, [1-Cyclohex-1-enyl-propyl]-methyl-
     6 III 226 g

—, [1-Cyclohexyl-äthyl]-vinyl-
     6 IV 118

—, [2-Cyclohexyl-äthyl]-vinyl-
     6 IV 119

—, Cyclohexyl-methallyl- 6 III 19 b

—, Dicyclopentyl- 6 IV 7

—, [1,7-Dimethyl-[2]norbornyl]-
     methyl- 6 52 c

Artemisol 6 III 258 f

Azulen-1-ol, Decahydro- 6 IV 266

Azulen-4-ol, Decahydro- 6 III 262 c,
     IV 266

Azulen-5-ol, Decahydro- 6 III 262 d

Bicyclo[3.3.2]decan-3-ol 6 IV 291

Bicyclo[3.2.1]octan-2-ol, 4,4-Dimethyl-
     6 II 76 c, III 279 e

Bicyclo[3.2.1]octan-3-ol, 2,2-Dimethyl-
     6 IV 276

Bicyclopentyl-2-ol 6 I 44 e, II 72 c,
     III 261 d

Bornan-2-ol 6 72 f, 86 f, I 47 f, 51 g,
     II 80 b, 88 g, III 295, IV 281

Bornan-3-ol 6 I 53 b, II 91 g, III 316 h,
     IV 288

Bornan-8-ol 6 III 318 f

Bornan-10-ol 6 III 318 e

Butan-1-ol, 1-Cyclohex-1-enyl- 6 IV 246

—, 1-Cyclohex-3-enyl- 6 IV 247

Butan-2-ol, 2-Cyclohex-3-enyl- 6 IV 248

—, 2-[3-Methyl-cyclopent-2-enyl]-
     6 66 e, I 44 b

—, 2-[3-Methyl-cyclopent-3-enyl]-
     6 66 e, I 44 b

But-2-en-1-ol, 1-Cyclohexyl- 6 I 38 c,
     II 65 a, III 241 a, IV 247

—, 4-Cyclohexyl- 6 III 241 c

But-3-en-2-ol, 4-Cyclohexyl- 6 IV 247

Caran-2-ol 6 IV 272

Caran-3-ol 6 IV 273

Caran-4-ol 6 IV 273

Caran-5-ol 7 III 581 c

Cuminalkohol, Tetrahydro- 6 65 f

Cyclodec-2-enol 6 IV 246

Cyclodec-5-enol 6 IV 246

Cycloheptanol, 4-Isopropenyl- 6 II 64 f

Cyclohept-3-enol, 2,6,6-Trimethyl-
     6 54 b, I 38 b

Cyclohept-4-enol, 2,6,6-Trimethyl-
     6 54 b, I 38 b

Cyclohexanol, 1-Allyl-2-methyl- 6 IV 249

—, 1-Allyl-3-methyl- 6 54 d, I 38 f

—, 2-Allyl-1-methyl- 6 IV 249

—, 2-Allyl-2-methyl- 6 II 65 b

—, 2-Allyl-4-methyl- 6 I 38 g,
     II 65 d

—, 2-Allyl-5-methyl- 6 54 e, I 38 h,
     II 65 e

—, 2-Allyl-6-methyl- 6 II 65 b

—, 1-But-3-enyl- 6 III 241 d

—, 3,3-Dimethyl-1-vinyl- 6 IV 256

—, 2-Methyl-1-propenyl- 6 IV 249

—, 4-Methyl-1-propenyl- 6 IV 250

Cyclohex-2-enol, 1-Äthyl-3,5-dimethyl-
     6 I 43 f

—, 6-*tert*-Butyl- 6 IV 248

—, 1,2-Diäthyl- 6 III 258 g

—, 1,3,5,5-Tetramethyl- 6 III 260 e

Cyclohex-3-enol, 2,2,5,5-Tetramethyl-
     6 IV 261

Cyclopentanol, 1-But-3-enyl-2-methyl-
     6 III 260 h

—, 3-Isopropenyl-1,2-dimethyl-
     6 IV 262

—, 1-Pent-4-enyl- 6 III 260 g

Cyclopent-2-enol, 4-Isopropyl-2,4-dimethyl-
     6 III 261 c, IV 262

Indan-1-ol, 3-Methyl-hexahydro-
     6 III 277 d

—, 7a-Methyl-hexahydro- 6 IV 271

Indan-2-ol, 3a-Methyl-hexahydro-
     6 III 278 b

Indan-5-ol, 3a-Methyl-hexahydro-
     6 III 278 c

—, 7a-Methyl-hexahydro- 6 IV 271

Isoplinol, Dihydro- 6 IV 166

m-Menth-1-en-8-ol 6 54 g, I 39 d

m-Menth-2-en-8-ol 6 54 h, I 39 e

m-Menth-3-en-8-ol 6 55 a, I 39 f

m-Menth-3(8)-en-9-ol 6 III 241 f

m-Menth-4-en-8-ol 6 I 40 a

m-Menth-5-en-8-ol 6 I 40 b

m-Menth-6-en-2-ol 6 IV 250

m-Menth-6-en-8-ol 6 55 b, I 40 c

o-Menth-1-en-8-ol 6 54 f

o-Menth-3-en-8-ol 6 I 38 i

o-Menth-4-en-8-ol 6 I 39 a

o-Menth-5-en-8-ol 6 I 39 b, IV 250

$C_{10}H_{18}O$ (Fortsetzung)

o-Menth-6-en-8-ol **6** I 39 c

p-Menth-1-en-3-ol **6** II 65 f, III 242 a, IV 250

p-Menth-1-en-4-ol **6** 55 d, I 40 e, II 65 g, III 243 b, IV 250

p-Menth-1-en-7-ol **6** III 245 b, IV 251

p-Menth-1-en-8-ol **6** 56, 57 c, 58 c, I 41, II 66 b, 67 b, III 245 e, IV 251

p-Menth-1-en-9-ol **6** III 252 c

p-Menth-2-en-1-ol **6** 60 d, III 252 d

p-Menth-3-en-1-ol **6** 60 e

p-Menth-3-en-2-ol **6** I 42 b, III 253 a, IV 253

p-Menth-3-en-8-ol **6** 61 d, I 42 c, IV 253

p-Menth-3-en-9-ol **6** III 254 e

p-Menth-4-en-3-ol **6** 61 c, III 253 f, IV 253

p-Menth-4(8)-en-1-ol **6** 61 f, I 42 d, II 69 f, III 254 f

p-Menth-4(8)-en-2-ol **6** IV 254

p-Menth-4(8)-en-3-ol **6** I 42 e, III 254 g

p-Menth-6-en-2-ol **6** III 244

p-Menth-6-en-3-ol **6** III 243 e

p-Menth-8-en-1-ol **6** 62 b, I 42 f, II 69 h, III 255 b, IV 254

p-Menth-8-en-2-ol **6** 63, 64 b, I 42 g, II 70 a, III 255 c, IV 255

p-Menth-8-en-3-ol **6** 65 b, I 43 b, II 70 b, 71 f, III 256 d

p-Menth-8-en-7-ol **6** I 43 e, II 72 a, III 258 e

Methanol, [1-Äthyl-4-methyl-cyclohex-3-enyl]- **6** IV 256

—, [4-Äthyl-4-methyl-cyclohex-1-enyl]- **6** IV 256

—, Bicyclo[3.2.2]non-6-yl- **6** IV 292

—, [2,2-Dimethyl-6-methylen-cyclohexyl]- **6** IV 258

—, [4,4-Dimethyl-2-methylen-cyclohexyl]- **6** III 260 a, IV 260

—, [2,2-Dimethyl-3-(2-methyl-propenyl)-cyclopropyl]- **6** IV 264

—, [3,3-Dimethyl-[2]norbornyl]- **6** 92 c, I 54 b, III 320 e, IV 290

—, Hexahydroindan-2-yl- **6** III 278 a

—, [2-Isopropyliden-5-methyl-cyclopentyl]- **6** I 44 c, IV 262

—, [3-Isopropyliden-1-methyl-cyclopentyl]- **6** 66 g

—, [3-Isopropyl-1-methyl-cyclopent-2-enyl]- **6** III 261 b

—, [6-Methyl-bicyclo[3.2.1]oct-2-yl]- **6** IV 276

—, Octahydroinden-3a-yl- **6** IV 271

—, [1,6,6-Trimethyl-bicyclo[2.1.1]hex-5-yl]- **6** IV 291

—, [1,3,4-Trimethyl-cyclohex-3-enyl]- **6** IV 259

—, [1,4,4-Trimethyl-cyclohex-2-enyl]- **6** IV 261

—, [1,6,6-Trimethyl-cyclohex-2-enyl]- **6** IV 257

—, [2,2,4-Trimethyl-cyclohex-3-enyl]- **6** III 259 f, IV 259

—, [2,4,4-Trimethyl-cyclohex-1-enyl]- **6** IV 259

—, [2,6,6-Trimethyl-cyclohex-1-enyl]- **6** 66 a, III 259 a

—, [2,6,6-Trimethyl-cyclohex-2-enyl]- **6** 66 a, I 43 g, III 259 b, IV 257

—, [3,4,6-Trimethyl-cyclohex-3-enyl]- **6** III 260 f

—, [4,4,6-Trimethyl-cyclohex-1-enyl]- **6** IV 260

—, [4,6,6-Trimethyl-cyclohex-3-enyl]- **6** IV 258

[1]Naphthol, Decahydro- **6** 67 f, I 44 f, II 72 d, III 262 e, IV 266

[2]Naphthol, Decahydro- **6** 67 h, 68 e, I 44 g, II 73 b, 74 d, III 267 d, IV 268

[4a]Naphthol, Octahydro- **6** II 75 c, III 276 d, IV 270

Norbornan-1-ol, 2,2,3-Trimethyl- **6** III 319 a

—, 2,3,3-Trimethyl- **6** III 320 b

Norbornan-2-ol, 1,2,7-Trimethyl- **6** III 287 e

—, 1,3,3-Trimethyl- **6** 70 d, 71 d, I 46 a, II 77 c, 79 d, III 287 f, IV 278

—, 1,4,7-Trimethyl- **6** III 294 f

—, 1,5,5-Trimethyl- **6** 72 b, I 47 b, II 80 a, III 293 b, IV 280

—, 2,3,3-Trimethyl- **6** 91 e, I 53 e, II 92 b, III 319 b

—, 2,5,5-Trimethyl- **6** I 54 c, III 321 d, IV 290

—, 2,7,7-Trimethyl- **6** I 54 e, III 322 a, IV 291

$C_{10}H_{18}O$ (Fortsetzung)

Norbornan-2-ol, 3,3,4-Trimethyl-
   6 II 77 b, III 287 c
—, 4,6,6-Trimethyl- **6** III 292 f
—, 5,5,6-Trimethyl- **6** III 320 c,
   IV 289
Norbornan-7-ol, 2,2,3-Trimethyl-
   6 IV 290
2-Oxa-bicyclo[4.2.1]nonan, 5,5-Dimethyl-
   6 IV 5260
Pinan-2-ol **6** 69 d, I 45 b, II 76 e,
   III 281 a, IV 276
Pinan-3-ol **6** 69 e, 70 b, II 76 g,
   III 281 c, IV 277, **7** IV 209
Pinan-4-ol **6** I 45 c, II 77 a, III 284 d,
   IV 277
Pinan-10-ol **6** III 285 a, IV 277
Propan-1-ol, 1-Cyclohex-1-enyl-2-methyl-
   6 III 241 e
—, 1-Cyclohex-3-enyl-2-methyl-
   6 IV 248
—, 1,1-Dicyclopropyl-2-methyl-
   6 IV 265
—, 1-[1-Methyl-cyclohex-3-enyl]-
   6 IV 248
—, 1-[2-Methyl-cyclohex-3-enyl]-
   6 IV 249
—, 1-[4-Methyl-cyclohex-3-enyl]-
   6 IV 249
—, 1-[6-Methyl-cyclohex-3-enyl]-
   6 IV 249
—, 2-Methyl-2-[3-methyl-cyclopent-
   2-enyl]- **6** 66 f
—, 2-Methyl-2-[3-methyl-cyclopent-
   3-enyl]- **6** 66 f
Propan-2-ol, 1-Cyclohex-1-enyl-2-methyl-
   6 I 38 d
—, 1-[3-Methyl-cyclohex-1-enyl]-
   6 II 65 c
—, 1-[5-Methyl-cyclohex-1-enyl]-
   6 II 65 c
Silveterpineol **6** 55 c, I 40 d
Spiro[4.5]decan-1-ol **6** IV 265
Spiro[4.5]decan-6-ol **6** IV 265
Teresantalol, Dihydro- **6** 92 e, III 318 h
Thujan-2-ol **6** 68 f, III 278 d
Thujan-3-ol **6** 68 g, I 45 a, II 76 b,
   III 278 e
Thujan-4-ol **6** IV 275
Thujan-6-ol **6** 69 c
$C_{10}H_{18}OS$
Äthan, 1-Cyclohexyloxy-2-vinylmercapto-
   6 IV 29

Äthanol, 2-Äthylmercapto-2-cyclohexyl=
   iden- **6** IV 5281
Cyclohexanol, 1-[2-Äthylmercapto-vinyl]-
   6 IV 5283
Cyclopentanol, 2-Cyclopentylmercapto-
   6 III 4056 c
Sulfoxid, Dicyclopentyl- **6** II 4 i
$C_{10}H_{18}OS_2$
Dithiokohlensäure-*S*-äthylester-*O*-[4-methyl-
   cyclohexylester] **6** II 24 d
   — *O*-[1-cyclohexyl-äthylester]-
   S-methylester **6** IV 118
$C_{10}H_{18}O_2$
Äthan, 1-Acetoxy-1-[2-methyl-cyclopentyl]-
   6 19 f, III 103 a
Äthanol, 2-[2]Norbornylmethoxy-
   6 IV 232
Allylalkohol, 3-[2-Hydroxymethyl-
   3,3-dimethyl-cyclopropyl]-2-methyl-
   6 IV 5296
Ameisensäure-[4-propyl-cyclohexylester]
   6 III 107 g
Bicyclo[4.1.0]heptan-3,4-diol,
   3,7,7-Trimethyl- **6** II 759 e
Bicyclo[2.1.1]hexan, 2,5-Bis-hydroxymethyl-
   1,5-dimethyl- **6** IV 5307
Bicyclo[2.1.1]hexan-5-ol, 2-[2-Hydroxy-
   äthyl]-1,5-dimethyl- **6** IV 5307
Bicyclo[3.1.0]hexan-2-ol, 3-[2-Hydroxy-
   äthyl]-1,2-dimethyl- **6** IV 5303
Bicyclo[3.3.1]nonan-1,3-diol, 5-Methyl-
   6 754 d
Bicyclo[2.2.2]octan, 2,3-Bis-hydroxymethyl-
   6 IV 5307
Bicyclopentyl-1,1'-diol **6** 753 d, I 377 b,
   II 759 a, III 4139 b, IV 5296
Bicyclopentyl-1,2-diol **6** I 377 c
Bicyclopentyl-2,3-diol **6** I 377 c
Bornan-2,3-diol **6** 455 a, III 4147 e,
   IV 5305
Bornan-2,5-diol **6** II 760 b, III 4149 e
Bornan-2,6-diol **6** III 4149 g
Bornan-2,10-diol **6** II 760 d, IV 5306
Butan-2,3-diol, 2,3-Dicyclopropyl-
   6 III 4139 e
Butan-2-on, 4-Cyclohexyloxy-
   6 IV 34
But-3-en-2-ol, 4-[1-Hydroxy-cyclopentyl]-
   2-methyl- **6** III 4139 a
Buttersäure-cyclohexylester **6** I 6 h,
   II 11 a, III 24 f, IV 37
Caran-3,4-diol **6** II 759 e, III 4143 d

$C_{10}H_{18}O_2$ (Fortsetzung)

Pinan-2,10-diol **6** 754 f, II 760 a,
III 4146 d

Pinan-2-ylhydroperoxid **6** IV 277

Propionsäure-[2-methyl-cyclohexylester]
6 12 e, I 9 c

— [3-methyl-cyclohexylester]
6 I 10 b

— [4-methyl-cyclohexylester]
6 I 10 k

Thujan-4,7-diol **6** IV 5303

Thujan-4,10-diol **6** 754 c

$C_{10}H_{18}O_2S$

Cyclopentanol, 2,2'-Sulfandiyl-bis-
6 III 4056 f

Essigsäure, Cyclohexylmercapto-,
äthylester **6** III 50 f

Sulfon, Dicyclopentyl- **6** IV 17

Thioessigsäure-S-[2-äthoxy-cyclohexylester]
6 IV 5205

$C_{10}H_{18}O_2S_2$

Cyclopentanol, 2,2'-Disulfandiyl-bis-
6 III 4057 a

$C_{10}H_{18}O_3$

Bicyclo[3.1.0]hexan-2-ol, 3-[2-Hydroxy-
äthyl]-2-hydroxymethyl-1-methyl-
6 IV 7317

Buttersäure, 3-Cyclohexyloxy- **6** III 33 d

—, 4-Cyclohexyloxy- **6** IV 48

—, 2-Hydroxy-, cyclohexylester
6 IV 48

Cyclohexan, 1-Acetoxy-2-äthoxy-
6 III 4066 d

Cyclohexanol, 2-Acetoxy-4-äthyl-
6 IV 5230

—, 2-Acetoxy-5-äthyl- **6** IV 5230

—, 2-Acetoxy-1,2-dimethyl-
6 I 371 e

—, 5-Acetoxy-3,3-dimethyl-
6 III 4097 c

—, 2-Acetoxymethyl-1-methyl-
6 IV 5234

—, 3-Butyryloxy- **6** IV 5208

Cyclooctanol, 2-Acetoxy- **6** IV 5228

Essigsäure, [4-Methyl-cyclohexylmethoxy]-
6 III 100 e

—, [2-Methyl-cyclohexyloxy]-,
methylester **6** III 65 g

—, [3-Methyl-cyclohexyloxy]-,
methylester **6** III 71 j

—, [4-Methyl-cyclohexyloxy]-,
methylester **6** III 75 f

Isobuttersäure, α-Cyclohexyloxy-
6 III 33 e

—, α-Hydroxy-, cyclohexylester
6 III 33 f, IV 49

Kohlensäure-[1-cyclohexyl-äthylester]-
methylester **6** III 88 b

p-Menth-2-en-1,4,8-triol **6** III 6256 a

p-Menth-3-en-1,2,8-triol **6** III 6256 b

p-Menth-6-en-2,4,7-triol **6** 1070 e

Norbornan-2,3,6-triol, 1,5,5-Trimethyl-
6 IV 7318

Pinan-2,3,10-triol **6** III 6257 a

Propionsäure, 2-Cyclohexyloxy-,
methylester **6** III 32 g, IV 47

Thujan-3,4,10-triol **6** 1070 f

$C_{10}H_{18}O_3S$

Schwefligsäure-dicyclopentylester **6** IV 14

$C_{10}H_{18}O_4$

Äthan-1,2-diol, [1-Acetoxy-cyclohexyl]-
6 IV 7312

Cyclohexan, 2-Acetoxy-1,3-dimethoxy-
6 IV 7311

Cyclohexanol, 1-[1-Acetoxy-2-hydroxy-
äthyl]- **6** IV 7313

—, 1-[2-Acetoxy-1-hydroxy-äthyl]-
6 IV 7313

$C_{10}H_{18}O_4S$

Schwefelsäure-monobornylester
6 81 j, 85 h, I 51 f, II 85 b, 86 h,
III 313 b, IV 285

— mono-pinan-2-ylester **6** II 76 f

— mono-[1,3,3-trimethyl-
[2]norbornylester] **6** 71 f

$C_{10}H_{18}O_6$

Quercit, O-Butyryl- **6** 1187 f

$C_{10}H_{18}O_6S_2$

Cyclohexen, 4,4-Bis-methansulfonyloxy-
methyl- **6** IV 5283

$C_{10}H_{18}S$

Bornan-2-thiol **6** 90 h, III 315 c

Methanthiol, [3,3-Dimethyl-[2]norbornyl]-
6 III 321 c

Naphthalin-2-thiol, Decahydro-
6 III 276 a

Norbornan-2-thiol, 1,3,3-Trimethyl-
6 72 a, III 292 e

Sulfid, tert-Butyl-cyclohex-2-enyl-
6 IV 199

—, Dicyclopentyl- **6** II 4 h, IV 17

$C_{10}H_{18}S_2$

Disulfid, Dicyclopentyl- **6** IV 17

C$_{10}$H$_{19}$AsO$_4$
[1,3,2]Dioxarsolan, 2-Cyclohexyloxy-
  4-methoxymethyl- **6** IV 59
C$_{10}$H$_{19}$BrO
p-Menthan-2-ol, 3-Brom- **6** IV 149
p-Menthan-3-ol, 2-Brom- **6** IV 163
C$_{10}$H$_{19}$BrO$_2$
Cyclohexan, 1-Äthoxy-2-[2-brom-äthoxy]-
  6 IV 5195
C$_{10}$H$_{19}$ClO
Äther, [2-Chlor-cyclohexylmethyl]-propyl-
  6 IV 108
–, [γ-Chlor-isobutyl]-cyclohexyl-
  6 III 18 a
–, Chlormethyl-[4-propyl-cyclohexyl]-
  6 III 107 f
Butan-2-ol, 1-Chlor-4-cyclohexyl-
  6 III 123 g
Cyclohexanol, 1-Butyl-2-chlor-
  6 III 121 e
p-Menthan-1-ol, 8-Chlor- **6** 26 b
p-Menthan-3-ol, 4-Chlor- **6** II 52 b
p-Menthan-4-ol, 3-Chlor- **6** II 52 d
–, 8-Chlor- **6** II 53 d
p-Menthan-8-ol, 4-Chlor- **6** II 53 d
C$_{10}$H$_{19}$ClO$_2$
Cyclohexanol, 2-Butoxy-2-chlor-
  17 IV 1195
p-Menthan-1,8-diol, 2-Chlor- **6** I 374 d
p-Menthan-2,8-diol, 1-Chlor- **6** I 375 d
C$_{10}$H$_{19}$Cl$_3$OSi
Silan, Trichlor-menthyloxy- **6** III 167 c
C$_{10}$H$_{19}$DO
Butan-2-ol, 3-Cyclohexyl-3-deuterio-
  6 IV 140
Cyclodecanol, 1-Deuterio- **6** IV 138
C$_{10}$H$_{19}$IO$_2$
Cyclohexan, 1,2-Diäthoxy-3-jod-
  6 I 370 h
–, 1,3-Diäthoxy-2-jod- **6** I 370 h
C$_{10}$H$_{19}$NO
Hydroxylamin, *O*-Cyclooct-2-enyl-
  N,N-dimethyl- **6** IV 218
C$_{10}$H$_{19}$NO$_2$
Buttersäure, 2-Amino-, cyclohexylester
  6 IV 52
Butyrimidsäure, 2-Hydroxy-, cyclohexyl-
  ester **6** IV 48
Carbamidsäure-[1-propyl-cyclohexylester]
  6 IV 129
Glycin, *N,N*-Dimethyl-, cyclohexylester
  6 IV 51

Isobutyrimidsäure, α-Hydroxy-, cyclohexyl-
  ester **6** IV 49
C$_{10}$H$_{19}$NO$_3$
Cyclohexanol, 3-Methyl-1-[1-nitro-propyl]-
  6 IV 145
–, 4-Methyl-1-[1-nitro-propyl]-
  6 IV 146
p-Menthan-1-ol, 7-Nitro- **6** IV 148
C$_{10}$H$_{19}$N$_3$O$_2$
Acetaldehyd, [2-Methyl-cyclohexyloxy]-,
  semicarbazon **6** III 64 b
–, [3-Methyl-cyclohexyloxy]-,
  semicarbazon **6** III 71 a
–, [4-Methyl-cyclohexyloxy]-,
  semicarbazon **6** III 74 f
[C$_{10}$H$_{19}$O$_2$S]$^+$
Sulfonium, [2-Carboxy-äthyl]-cyclohexyl-
  methyl- **6** IV 78
C$_{10}$H$_{19}$O$_4$P
Phosphorsäure-diäthylester-cyclohex-
  1-enylester **6** IV 195
– monobornylester **6** II 85 c, 86 i,
  87 g, III 313 c
– mono-[1,3,3-trimethyl-
  [2]norbornylester] **6** III 291 f
C$_{10}$H$_{20}$
Fenchen, Tetrahydro- **6** 70 d
C$_{10}$H$_{20}$BFO
Boran, Butyl-cyclohexyloxy-fluor-
  6 IV 63
C$_{10}$H$_{20}$ClO$_3$P
Phosphorigsäure-diäthylester-[2-chlor-
  cyclohexylester] **6** IV 67
C$_{10}$H$_{20}$ClO$_3$PS
Thiophosphorsäure-*O,O'*-diäthylester-*S*-
  [2-chlor-cyclohexylester] **6** IV 85
[C$_{10}$H$_{20}$IS]$^+$
Sulfonium, [1-Jodmethyl-cyclohexylmethyl]-
  dimethyl- **6** III 90 c
[C$_{10}$H$_{20}$ISe]$^+$
Selenonium, [1-Jodmethyl-cyclohexylmethyl]-
  dimethyl- **6** III 90 d
C$_{10}$H$_{20}$NO$_2$PS
Benzo[1,3,2]dioxaphosphorin-2-sulfid,
  2-Dimethylamino-4-methyl-hexahydro-
  6 IV 5231
Cyclopenta[1,3,2]dioxaphosphorin-2-sulfid,
  2-Dimethylamino-4,5-dimethyl-
  hexahydro- **6** IV 5240
C$_{10}$H$_{20}$NO$_3$P
Benzo[1,3,2]dioxaphosphorin-2-oxid,
  2-Dimethylamino-4-methyl-hexahydro-
  6 IV 5231

C₁₀H₂₀O $C_{10}H_{20}O$ (Fortsetzung)

Cyclopentanol, 2-Äthyl-1-propyl-
   6 II 53 i
—, 2-Äthyl-4-propyl- **6** IV 168
—, 2-Äthyl-5-propyl- **6** IV 168
—, 1-Butyl-2-methyl- **6** III 172 f
—, 2-*tert*-Butyl-4-methyl-
   6 III 173 a
—, 1-Isopentyl- **6** II 53 h
—, 2-Isopropyl-1,5-dimethyl- **6** II 54 b
—, 2-Isopropyl-2,4-dimethyl-
   6 III 173 Anm.
—, 2-Isopropyl-3,4-dimethyl-
   6 III 173 f
—, 3-Isopropyl-1,2-dimethyl-
   6 I 31 c, IV 166
—, 4-Isopropyl-2,3-dimethyl-
   6 44 g, I 31 d
—, 4-Isopropyl-2,4-dimethyl-
   6 III 173 e
—, 1-Pentyl- **6** III 172 b
—, 3-*tert*-Pentyl- **6** III 172 e
Heptan-3-ol, 3-Cyclopropyl- **6** II 54 h
Heptan-4-ol, 4-Cyclopropyl- **6** II 55 a
Hexan-1-ol, 1-Cyclopropyl-5-methyl-
   6 I 31 e
Hexan-3-ol, 3-Cyclopropyl-5-methyl-
   6 II 55 b, III 174 c
m-Menthan-2-ol **6** 25 d
m-Menthan-3-ol **6** 25 e
m-Menthan-4-ol **6** III 128 f
m-Menthan-5-ol **6** 25 f, III 129 a,
   IV 147
m-Menthan-6-ol **6** II 38 i
m-Menthan-8-ol **6** 25 g, I 19 a
m-Menthan-9-ol **6** II 39 a, III 129 b
o-Menthan-2-ol **6** 25 b, IV 146
o-Menthan-3-ol **6** IV 147
o-Menthan-8-ol **6** 25 c
p-Menthan-1-ol **6** 26 a, I 19 b, 30 a,
   II 39 b, III 129 c, IV 147
p-Menthan-2-ol **6** 26 g, 27 b, I 19 d,
   II 39 d, III 129 d, IV 148
p-Menthan-3-ol **6** 28 f, 41 h, 42, 43 a,
   I 20, 28 e, 29 b, II 39 e, 49 c, 50 b,
   51 b, 52 a, III 132, IV 149
p-Menthan-4-ol **6** 43 d, I 30 a, II 52 c,
   III 167 d, IV 164
p-Menthan-7-ol **6** III 168 b, IV 164
p-Menthan-8-ol **6** 43 e, I 30 b, II 52 e,
   III 168 d
p-Menthan-9-ol **6** III 258 f

Methanol, [1-Äthyl-4-methyl-cyclohexyl]-
   6 IV 165
—, [4-Äthyl-4-methyl-cyclohexyl]-
   6 IV 165
—, [4,4-Dimethyl-cycloheptyl]-
   6 IV 139
—, [2,3-Dipropyl-cyclopropyl]-
   6 IV 168
—, [3-Isobutyl-2,2-dimethyl-
   cyclopropyl]- **6** IV 168
—, [2-Isopropyl-5-methyl-cyclopentyl]-
   6 IV 167
—, [3-Isopropyl-1-methyl-cyclopentyl]-
   6 44 e, II 54 a, III 173 d
—, [1-Propyl-cyclohexyl]- **6** IV 145
—, [1,2,2,3-Tetramethyl-cyclopentyl]-
   6 45 a, II 54 d, III 174 a
—, [2,2,4-Trimethyl-cyclohexyl]-
   6 III 171 g, IV 165
—, [2,2,6-Trimethyl-cyclohexyl]-
   6 II 53 e, III 169 e
—, [2,3,6-Trimethyl-cyclohexyl]-
   6 IV 166
Pentan-1-ol, 1-Cyclopentyl- **6** III 172 c
—, 5-Cyclopentyl- **6** III 172 d
Pentan-3-ol, 3-Cyclopropyl-2,4-dimethyl-
   6 III 174 d, IV 168
Propan-1-ol, 1-Cyclohexyl-2-methyl-
   6 III 125 c, IV 142
—, 3-Cyclohexyl-2-methyl-
   6 III 125 e
—, 1-[1-Methyl-cyclohexyl]-
   6 IV 145
—, 3-[3-Methyl-cyclohexyl]-
   6 IV 145
—, 2-Methyl-2-[3-methyl-cyclopentyl]-
   6 44 d, IV 166
Propan-2-ol, 1-Cyclohexyl-2-methyl-
   6 I 18 g
—, 2-[2,2-Dimethyl-cyclopentyl]-
   6 III 173 c
—, 2-[1-Methyl-cyclohexyl]-
   6 IV 146

C₁₀H₂₀OS₂ $C_{10}H_{20}OS_2$

Cyclohexanthiol, 2-[2-Äthoxy-äthyl=
   mercapto]- **6** III 4075 e

C₁₀H₂₀O₂ $C_{10}H_{20}O_2$

Acetaldehyd-[äthyl-cyclohexyl-acetal]
   6 IV 31
Äthanol, 2-Äthoxy-1-cyclohexyl-
   6 II 751 h
—, 2-[2-Hydroxymethyl-2-methyl-
   cyclohexyl]- **6** III 4117 b

$C_{10}H_{20}O_2$ (Fortsetzung)

Butan-1,3-diol, 1-Cyclohexyl- **6** III 4107 a

—, 3-Cyclohexyl- **6** IV 5250

Butan-1,4-diol, 2-Cyclohexyl- **6** III 4107 c

Butan-2-ol, 1-Cyclohexyloxy- **6** III 20 f

Cyclobutan, 1,2-Bis-[α-hydroxy-isopropyl]-
6 IV 5262

—, 1,2-Dimethoxy-1,2,3,4-tetramethyl-
6 IV 5241

—, 1-[1-Hydroxy-äthyl]-3-[2-hydroxy-
äthyl]-2,2-dimethyl- **6** IV 5262

Cyclobutan-1,3-diol, 2,4-Dipropyl-
6 IV 5261

Cyclodecan-1,2-diol **6** III 4105 c,
IV 5249

Cyclodecan-1,6-diol **6** II 753 e, III 4105 e,
IV 5249

Cycloheptan, 1-Methoxy-1-methoxymethyl-
7 III 81 b

Cycloheptan-1,2-diol, 3-Isopropyl-
6 III 4106 e

—, 4-Isopropyl- **6** III 4106 f

—, 5-Isopropyl- **6** III 4106 g

—, 1,4,4-Trimethyl- **6** I 373 a

Cycloheptanol, 1-[α-Hydroxy-isopropyl]-
6 III 4106 d, IV 5250

Cyclohexan, 1-Äthyl-1,4-bis-hydroxymethyl-
6 IV 5258

—, 1,1-Bis-[2-hydroxy-äthyl]-
6 IV 5257

—, 1,2-Bis-methoxymethyl-
6 IV 5235.

—, 1,2-Diäthoxy- **6** I 370 e,
III 4063 c

—, 1,3-Diäthoxy- **6** II 747 c

—, 1-Methoxy-4-[1-methoxy-äthyl]-
6 III 4096 d

Cyclohexan-1,2-diol, 1-Butyl- **6** IV 5250

—, 1-*tert*-Butyl- **6** III 4107 e

—, 1,2-Diäthyl- **6** IV 5257

Cyclohexan-1,3-diol, 1,2,2,3-Tetramethyl-
6 IV 5258

—, 2,2,5,5-Tetramethyl- **6** III 4117 d,
IV 5259

Cyclohexan-1,4-diol, 1,4-Diäthyl-
6 IV 5257

Cyclohexanol, 1-[1-Äthoxy-äthyl]-
6 IV 5230

—, 5-Äthoxy-3,3-dimethyl- **6** 742 c

—, 1-[α-Hydroxy-isobutyl]-
6 IV 5250

—, 2-[α-Hydroxy-isobutyl]-
6 IV 5250

—, 1-[1-Hydroxymethyl-propyl]-
6 IV 5250

—, 1-[1-Hydroxy-1-methyl-propyl]-
6 III 4107 b

—, 1-[2-Hydroxy-1-methyl-propyl]-
6 IV 5250

—, 1-Hydroxymethyl-2,2,6-trimethyl-
6 III 4117 c

—, 2-Hydroxymethyl-1,3,3-trimethyl-
6 IV 5258

—, 2-Hydroxymethyl-1,5,5-trimethyl-
6 IV 5259

—, 2-Hydroxymethyl-3,3,5-trimethyl-
6 749 e, IV 5259

—, 2-Hydroxymethyl-3,5,5-trimethyl-
6 IV 5259

—, 4-Hydroxymethyl-3,3,5-trimethyl-
6 749 c

—, 1-[1-Methoxy-propyl]- **6** III 4102 b

—, 2-Methoxy-4-propyl- **6** I 372 a,
III 4102 a

Cyclooctanol, 2-Äthoxy- **6** IV 5226

Cyclopentan, 1,3-Bis-hydroxymethyl-
1,2,2-trimethyl- **6** II 756 c, III 4118 g,
IV 5261

Cyclopentanol, 1-[1-Äthyl-1-hydroxy-
propyl]- **6** I 376 a, IV 5260

—, 2-Butoxy-3-methyl- **8** IV 53

—, 2-Butoxy-5-methyl- **8** IV 53

—, 3-[2-Hydroxy-äthyl]-
1,2,2-trimethyl- **6** IV 5261

—, 5-[2-Hydroxy-äthyl]-
1,2,2-trimethyl- **6** 750 a, IV 5261

—, 3-[Hydroxy-*tert*-butyl]-1-methyl-
6 749 f, I 376 b

—, 3-[3-Hydroxy-1,1-dimethyl-propyl]-
6 IV 5260

—, 3-[α-Hydroxy-isobutyl]-3-methyl-
6 II 756 a

—, 3-Hydroxymethyl-1-isopropyl-
3-methyl- **6** III 4118 e

—, 3-Hydroxymethyl-3-isopropyl-
1-methyl- **6** III 4118 f

—, 1-[3-Hydroxy-pentyl]- **6** IV 5260

Formaldehyd-[cyclohexyl-isopropyl-acetal]
6 IV 30

m-Menthan-1,8-diol **6** 743 j, 744 a,
I 373 b, III 4107 f, IV 5251

m-Menthan-3,8-diol **6** I 373 c, III 4107 g

o-Menthan-1,4-diol **6** IV 38

p-Menthan-1,2-diol **6** II 754 b, III 4108 c,
IV 5251

$C_{10}H_{20}O_2$ (Fortsetzung)

p-Menthan-1,3-diol **6** III 4109 e,
    IV 5253

p-Menthan-1,4-diol **6** 744 c, I 373 d,
    III 4109 f

p-Menthan-1,8-diol **6** 745 c, 747 c,
    I 374 a, II 754 d, 755 b, III 4113 c,
    IV 5255

p-Menthan-2,3-diol **6** 744 d, III 4110,
    IV 5253

p-Menthan-2,4-diol **6** I 373 e

p-Menthan-2,5-diol **6** I 373 f, III 4111 f

p-Menthan-2,8-diol **6** 748 a, I 374 e,
    375 a, II 755 d, III 4115 c, IV 5256

p-Menthan-2,9-diol **6** IV 5256

p-Menthan-3,4-diol **6** 745 a, III 4112 f

p-Menthan-3,8-diol **6** 748 e, I 375 f,
    II 755 f, III 4116 c

p-Menthan-4,8-diol **6** I 375 g, III 4117 a

p-Menthan-4,9-diol **6** IV 5257

p-Menthan-8,9-diol **6** 749 b

Propan-1-ol, 3-[3-Hydroxymethyl-
    2,2-dimethyl-cyclopropyl]-2-methyl-
    6 IV 5262

−, 2-[2-Hydroxymethyl-3-methyl-
    cyclopentyl]- **6** 749 h, IV 5260

Propan-2-ol, 2-[2-Hydroxymethyl-3-methyl-
    cyclopentyl]- **6** 749 h

$C_{10}H_{20}O_2S$

Sulfon, Butyl-cyclohexyl- **6** IV 73

$C_{10}H_{20}O_3$

Butan-1,3-diol, 1-[2-Hydroxy-cyclohexyl]-
    6 IV 7315

Cycloheptan-1,2,3-triol, 5-Isopropyl-
    6 IV 7315

Cyclooctanol, 2-[2-Hydroxy-äthoxy]-
    6 IV 5227

p-Menthan-1,2,3-triol **6** IV 7315

p-Menthan-1,2,4-triol **6** 1069 a, III 6253 a

p-Menthan-1,2,8-triol **6** 1069 c, I 534 j,
    II 1058 j, III 6253 d, IV 7315

p-Menthan-1,3,4-triol **6** 1069 b

p-Menthan-1,4,8-triol **6** 1070 b, I 534 k,
    IV 7316

p-Menthan-1,8,9-triol **6** 1070 c, IV 7316

p-Menthan-2,8,9-triol **6** 1070 d

p-Menthan-3,4,5-triol **6** III 6253 c

Propan-1,2-diol, 3-[1-Hydroxy-3-methyl-
    cyclohexyl]- **6** I 534 h

Silveglycerin **6** I 534 i

$C_{10}H_{20}O_4$

Cyclohexan, 1,4-Bis-methoxymethoxy-
    6 II 749 d

Cyclohexanol, 2,2,6-Tris-hydroxymethyl-
    6-methyl- **6** II 1117 e

p-Menthan-1,2,3,4-tetraol **6** I 569 e,
    III 6647 a, IV 7674

p-Menthan-1,2,4,5-tetraol **6** 1151 g

p-Menthan-1,2,4,6-tetraol **6** 1152 a

p-Menthan-1,2,4,8-tetraol **6** 1152 b

p-Menthan-1,2,6,8-tetraol **6** 1152 c

p-Menthan-1,2,8,9-tetraol **6** 1152 d,
    III 6647 b

$C_{10}H_{20}O_4S$

Schwefelsäure-monomenthylester
    6 41 f, I 28 d, III 165 c, IV 162

$C_{10}H_{20}O_5$

Cyclohexanol, 2,2,6,6-Tetrakis-
    hydroxymethyl- **6** II 1151 c, III 6877 b,
    IV 7886

$C_{10}H_{20}O_6$

myo-Inosit, *O,O′*-Diäthyl- **6** I 589 b

$C_{10}H_{20}O_6S_2$

Cyclohexan, 1,4-Bis-äthansulfonyloxy-
    6 IV 5211

−, 1,1-Bis-methansulfonyloxymethyl-
    6 IV 5233

−, 1,2-Bis-methansulfonyloxymethyl-
    6 IV 5235

−, 1,3-Bis-methansulfonyloxymethyl-
    6 IV 5237

−, 1,4-Bis-methansulfonyloxymethyl-
    6 IV 5238

$C_{10}H_{20}S$

Cyclohexanthiol, 2,2,6,6-Tetramethyl-
    6 III 170 i

Sulfid, Butyl-cyclohexyl- **6** IV 73

−, *sec*-Butyl-cyclohexyl- **6** IV 73

−, Cyclopentyl-pentyl- **6** IV 17

$C_{10}H_{20}S_2$

Cyclohexanthiol, 2-Butylmercapto-
    6 III 4074 e

−, 2-*tert*-Butylmercapto- **6** III 4074 f

$C_{10}H_{21}BO_3$

Borsäure-monomenthylester **6** IV 163

$C_{10}H_{21}NO$

Amin, [2-Cyclohexyloxy-äthyl]-dimethyl-
    6 IV 50

$C_{10}H_{21}O_2PS_2$

Dithiophosphorsäure-*O,O′*-diäthylester-
    S-cyclohexylester **6** IV 82

$C_{10}H_{21}O_3P$

Phosphonsäure-monomenthylester
    6 III 165 d

Phosphorigsäure-diäthylester-cyclohexyl-
    ester **6** IV 54

C₁₀H₂₁O₄P

Phosphorsäure-monomenthylester
  6 III 165 e

C₁₀H₂₂

Heptan, 2,4,4-Trimethyl- **1** III 532 d,
  IV 482, **6** III 4121 c

C₁₀H₂₂OSi

Silan, Triäthyl-cyclopropylmethoxy-
  6 IV 5

C₁₀H₂₂O₃

p-Menthan-1,8-diol-hydrat **6** IV 5255

C₁₁

C₁₁H₄Cl₄F₂O₂

1,4-Methano-naphthalin-5,8-dion,
  1,2,3,4-Tetrachlor-9,9-difluor-1,4,4a,8a-
  tetrahydro- **6** III 5312 a

C₁₁H₄Cl₆O₂

1,4-Methano-naphthalin-5,8-diol, 1,2,3,4,9,⚡
  9-Hexachlor-1,4-dihydro- **6** III 5312 b
1,4-Methano-naphthalin-5,8-dion,
  1,2,3,4,9,9-Hexachlor-1,4,4a,8a-
  tetrahydro- **6** III 5312 c

C₁₁H₅Cl₆NS

4,7-Methano-inden-1-ylthiocyanat,
  4,5,6,7,8,8-Hexachlor-3a,4,7,7a-
  tetrahydro- **6** IV 3870

C₁₁H₅F₉O₂

Valeriansäure, Nonafluor-, phenylester
  6 IV 616

C₁₁H₆BrClO₂

Chlorokohlensäure-[6-brom-[2]naphthyl⚡
  ester] **6** IV 4303

C₁₁H₆BrNS

Azulen-1-ylthiocyanat, 3-Brom-
  6 IV 4207

C₁₁H₆Br₄O

Äther, Methyl-[1,3,4,6-tetrabrom-
  [2]naphthyl]- **6** II 607 f

C₁₁H₆Br₆O₂

Benzol, 1-Acetoxy-2,3,5,6-tetrabrom-4-
  [2,2-dibrom-1-methyl-vinyl]-
  6 574 e; vgl. I 285 g

C₁₁H₆ClNS

[2]Naphthylthiocyanat, 1-Chlor-
  6 I 318 b

C₁₁H₆Cl₄O₂

1,4-Methano-naphthalin-5,8-dion,
  1,2,3,4-Tetrachlor-1,4,4a,8a-tetrahydro-
  6 IV 6585

C₁₁H₆Cl₅O₂P

Dichlorophosphorsäure-[2-trichlormethyl-
  [1]naphthylester] **6** 667 g

C₁₁H₆N₂O₂S

Azulen-1-ylthiocyanat, 3-Nitro-
  6 IV 4207
[1]Naphthylthiocyanat, 2-Nitro-
  6 IV 4250

C₁₁H₆N₂O₂Se

[1]Naphthylselenocyanat, 4-Nitro-
  6 IV 4252
  −, 5-Nitro- **6** IV 4252
[2]Naphthylselenocyanat, 1-Nitro-
  6 IV 4324

C₁₁H₇BrClNO₄

Naphthalin-2-on, 6-Brom-4-chlor-
  3-hydroxy-1-methyl-1-nitro-1H- **6** 988

C₁₁H₇Br₂NO₃

Naphthalin-2-on, 3,6-Dibrom-1-methyl-
  1-nitro-1H- **6** II 616 c

C₁₁H₇Br₃O

Äther, Methyl-[1,4,6-tribrom-[2]naphthyl]-
  6 II 607 b, III 3000 f
[2]Naphthol, 3,4,6-Tribrom-1-methyl-
  6 III 3021 f

C₁₁H₇Br₅O₂

Benzol, 2-Acetoxy-1,5-dibrom-3-
  [2,2-dibrom-1-brommethyl-vinyl]-
  6 I 284 f
  −, 1-Acetoxy-2,3,5,6-tetrabrom-4-
  [2-brom-1-methyl-vinyl]- **6** 574 a; vgl.
  I 285 e
  −, 2-Acetoxy-1,3,4-tribrom-5-
  [2,2-dibrom-1-methyl-vinyl]-
  6 574 c; vgl. I 285 f

C₁₁H₇Br₇O₂

Benzol, 1-Acetoxy-2,3,5,6-tetrabrom-
  4-[α,β,β-tribrom-isopropyl]-
  6 506 k; vgl. I 254 a

C₁₁H₇ClOS

Chlorothiokohlensäure-O-[1]naphthylester
  6 II 580 g
  − O-[2]naphthylester **6** II 602 a

C₁₁H₇ClO₂

Chlorokohlensäure-[1]naphthylester
  6 II 580 f, III 2930 b, IV 4219
  − [2]naphthylester **6** I 313 l,
  III 2985 c, IV 4272

$C_{11}H_7Cl_2NO_3$
Naphthalin-2-on, 3,4-Dichlor-1-methyl-
1-nitro-1H- **6** 666 b

$C_{11}H_7Cl_3OS$
Methansulfensäure, Trichlor-,
[2]naphthylester **6** IV 4284

$C_{11}H_7Cl_3O_2S$
Sulfon, [2]Naphthyl-trichlormethyl-
6 IV 4317

$C_{11}H_7Cl_6NO_5$
Essigsäure, [2,4,5-Trichlor-phenoxy]-,
[β,β,β-trichlor-β'-nitro-isopropylester]
6 IV 974

$C_{11}H_7Cl_9O_2$
Propionsäure, 2,2,3-Trichlor-, [1,4,5,6,7,7-
hexachlor-norborn-5-en-2-ylmethylester]
6 IV 359

$C_{11}H_7F_9O$
Äthanol, 1-[2,4,6-Tris-trifluormethyl-
phenyl]- **6** IV 3411
Propan-2-ol, 2-[3,5-Bis-trifluormethyl-
phenyl]-1,1,1-trifluor- **6** IV 3409

$C_{11}H_7NOS$
[1]Naphthol, 4-Thiocyanato- **6** II 950 d,
III 5263 f
[2]Naphthol, 1-Thiocyanato- **6** II 946 f,
III 5251 a

$C_{11}H_7NO_3$
Penta-2,4-diin-1-ol, 5-[4-Nitro-phenyl]-
6 IV 4579

$C_{11}H_7NS$
Azulen-1-ylthiocyanat **6** IV 4207
[1]Naphthylthiocyanat **6** II 588 g,
IV 4244
[2]Naphthylthiocyanat **6** 662 b, II 611 j

$C_{11}H_7NSSe$
Selan, [2]Naphthyl-thiocyanato-
6 IV 4324 a

$C_{11}H_7NS_2$
Disulfan, Cyan-[2]naphthyl- **6** II 612 f

$C_{11}H_7NSe$
[2]Naphthylselenocyanat **6** II 614 k

$C_{11}H_7N_3O_7$
Äther, Methyl-[1,5,8-trinitro-[2]naphthyl]-
6 664 i
–, Methyl-[1,6,8-trinitro-[2]naphthyl]-
6 656 f, II 610 e
–, Methyl-[2,4,5-trinitro-[1]naphthyl]-
6 620 a, I 309 b, II 587 e
–, Methyl-[2,5,8-trinitro-[1]naphthyl]-
6 664 i
–, Methyl-[4,5,7-trinitro-[1]naphthyl]-
6 620 f

–, Methyl-[4,6,8-trinitro-[1]naphthyl]-
6 620 f

$C_{11}H_8BrClO$
Äther, [4-Brom-2-chlor-[1]naphthyl]-methyl-
6 IV 4235
–, [6-Brom-1-chlor-[2]naphthyl]-
methyl- **6** 651 n, IV 4304
–, [8-Brom-1-chlor-[2]naphthyl]-
methyl- **6** IV 4304
[2]Naphthol, 6-Brom-4-chlor-1-methyl-
6 II 616 a

$C_{11}H_8BrClO_2$
Naphthalin-2,3-diol, 6-Brom-4-chlor-
1-methyl- **6** 987 n, III 5295 g

$C_{11}H_8BrNO_3$
Äther, [3-Brom-1-nitro-[2]naphthyl]-methyl-
6 IV 4311
–, [4-Brom-2-nitro-[1]naphthyl]-
methyl- **6** 616 h
–, [6-Brom-1-nitro-[2]naphthyl]-
methyl- **6** I 316 h
Naphthalin-2-on, 6-Brom-1-methyl-1-nitro-
1H- **6** 666 d
[2]Naphthol, 6-Brom-1-methyl-3-nitro-
6 667 c

$C_{11}H_8Br_2O$
Äther, [1,6-Dibrom-[2]naphthyl]-methyl-
6 652 d, I 315 f, II 606 a, III 2998 d,
IV 4305
–, [2,4-Dibrom-[1]naphthyl]-methyl-
6 II 583 g
–, [4,6-Dibrom-[2]naphthyl]-methyl-
6 II 606 e
–, [5,8-Dibrom-[2]naphthyl]-methyl-
6 III 3000 a
[2]Naphthol, 3,6-Dibrom-1-methyl-
6 III 3021 b
–, 4,6-Dibrom-1-methyl-
6 II 616 d, III 3021 d

$C_{11}H_8Br_2OS$
[2]Naphthol, 1,5-Dibrom-6-methyl≠
mercapto- **6** I 482 b

$C_{11}H_8Br_2O_2$
[1]Naphthol, 2,6-Dibrom-5-methoxy-
6 III 5270 g
–, 2,8-Dibrom-5-methoxy- **6** III 5271 d
–, 6,8-Dibrom-5-methoxy- **6** III 5270 a

$C_{11}H_8Br_2O_2S$
Sulfon, Dibrommethyl-[2]naphthyl-
6 661 i

$C_{11}H_8Br_4OS$
[2]Naphthol, 1,5-Dibrom-6-[dibrom-methyl-
λ^4-sulfanyl]- **6** I 482 c

$C_{11}H_8Br_4O_2$

Benzol, 2-Acetoxy-1,5-dibrom-3-[2-brom-
1-brommethyl-vinyl]- **6** I 284 d

—, 2-Acetoxy-1,3,4-tribrom-5-[2-brom-
1-methyl-vinyl]- **6** 573 e; vgl. I 285 d

$C_{11}H_8Br_4O_3$

Phenol, 2-[1-Acetoxymethyl-2,2-dibrom-
vinyl]-4,6-dibrom- **6** I 464 j

$C_{11}H_8Br_4O_3S$

Benzol, 1-Acetoxy-4-[acetylmercapto-
methyl]-2,3,5,6-tetrabrom- **6** 902 a

$C_{11}H_8Br_4O_4$

Benzol, 1-Acetoxy-2-acetoxymethyl-
3,4,5,6-tetrabrom- **6** 895 g

—, 1-Acetoxy-4-acetoxymethyl-
2,3,5,6-tetrabrom- **6** 900 g

—, 1,4-Diacetoxy-2,3,5-tribrom-
6-brommethyl- **6** 876 j

$C_{11}H_8Br_6O_2$

Benzol, 2-Acetoxy-1,5-dibrom-3-[$\alpha,\beta,\beta,\beta'$-
tetrabrom-isopropyl]- **6** I 253 k

—, 2-Acetoxy-1,3,4-tribrom-5-[α,β,β-
tribrom-isopropyl]- **6** 506 i; vgl.
I 253 m

$C_{11}H_8ClNO_3$

Äther, [1-Chlor-6-nitro-[2]naphthyl]-methyl-
6 IV 4311

—, [1-Chlor-8-nitro-[2]naphthyl]-
methyl- **6** IV 4311

—, [2-Chlor-3-nitro-[1]naphthyl]-
methyl- **6** IV 4239

—, [6-Chlor-1-nitro-[2]naphthyl]-
methyl- **6** IV 4310

Naphthalin-2-on, 3-Chlor-1-methyl-1-nitro-
1*H*- **6** 665 e

[1]Naphthol, 2-Chlormethyl-4-nitro-
6 IV 4338

$C_{11}H_8Cl_2O$

Äther, Chlormethyl-[1-chlor-[2]naphthyl]-
6 IV 4290

—, [1,3-Dichlor-[2]naphthyl]-methyl-
6 IV 4296

—, [1,4-Dichlor-[2]naphthyl]-methyl-
6 IV 4297

—, [1,6-Dichlor-[2]naphthyl]-methyl-
6 IV 4298

—, [1,8-Dichlor-[2]naphthyl]-methyl-
6 IV 4298

—, [2,4-Dichlor-[1]naphthyl]-methyl-
6 II 582 d

—, [4,8-Dichlor-[2]naphthyl]-methyl-
6 II 604 e

—, [5,8-Dichlor-[2]naphthyl]-methyl-
6 III 2994 c

[2]Naphthol, 3,4-Dichlor-1-methyl-
6 666 b, II 615 d

Pent-1-en-4-in-3-ol, 1,1-Dichlor-5-phenyl-
6 IV 4328

$C_{11}H_8Cl_2OS$

Sulfoxid, Dichlormethyl-[2]naphthyl-
6 IV 4316

$C_{11}H_8Cl_2O_2$

[1]Naphthol, 6,8-Dichlor-5-methoxy-
6 III 5268 c

$C_{11}H_8Cl_2O_3$

Crotonsäure, 2,3-Dichlor-4-oxo-,
benzylester **6** IV 2481

$C_{11}H_8Cl_4O_4$

Benzol, 1-Acetoxy-4-acetoxymethyl-
2,3,5,6-tetrachlor- **6** 898 g, IV 5918

—, 1,4-Diacetoxy-2,3,5-trichlor-
6-chlormethyl- **6** 876 a

$C_{11}H_8Cl_4O_4P_2$

Naphthalin, 1,4-Bis-dichlorphosphoryloxy-
2-methyl- **6** III 5309 c

$C_{11}H_8Cl_5NO_3S$

Cystein, *N*-Acetyl-*S*-pentachlorphenyl-
6 IV 1646

$C_{11}H_8Cl_5NO_5$

Essigsäure, [2,4-Dichlor-phenoxy]-,
[β,β,β-trichlor-β'-nitro-isopropylester]
6 IV 910

$C_{11}H_8Cl_6O_3$

Propionsäure, 2,2,3-Trichlor-, [2-(2,4,5-
trichlor-phenoxy)-äthylester] **6** IV 966

$C_{11}H_8Cl_6O_3S$

6,9-Methano-benzo[*e*][1,3,2]dioxathiepin-
3-oxid, 6,7,8,9,10,10-Hexachlor-
1,5-dimethyl-1,5,6,9-tetrahydro-
6 IV 6047

$C_{11}H_8Cl_6O_4$

Norborn-2-en, 5,6-Diacetoxy-1,2,3,4,7,7-
hexachlor- **6** IV 5525

$C_{11}H_8Cl_8O_2$

Propionsäure, 2,2-Dichlor-, [1,4,5,6,7,7-
hexachlor-norborn-5-en-2-ylmethylester]
6 IV 359

$C_{11}H_8CrO_5$

Chrom, Tricarbonyl-[essigsäure-
phenylester]- **6** IV 613 a

$C_{11}H_8I_4O_3$

Crotonsäure, 4-[2,3,4,6-Tetrajod-phenoxy]-,
methylester **6** IV 1089

$C_{11}H_8N_2O_5$
Äther, [1,6-Dinitro-[2]naphthyl]-methyl-
      6 656 a, I 316 k
−, [1,8-Dinitro-[2]naphthyl]-methyl-
      6 I 316 l
−, [2,4-Dinitro-[1]naphthyl]-methyl-
      6 619 a, III 2942 a, IV 4241
−, [4,5-Dinitro-[1]naphthyl]-methyl-
      6 619 d
[1]Naphthol, 7-Methyl-2,4-dinitro-
      6 III 3030 d
$C_{11}H_8N_2O_6$
[1]Naphthol, 5-Methoxy-2,4-dinitro-
      6 III 5273 d
−, 5-Methoxy-2,8-dinitro- 6 III 5274 e
−, 5-Methoxy-6,8-dinitro- 6 III 5273 c
−, 8-Methoxy-2,4-dinitro- 6 III 5284 d
−, 8-Methoxy-2,7-dinitro- 6 III 5285 a
−, 8-Methoxy-5,7-dinitro- 6 III 5284 c
$C_{11}H_8N_4O_2$
Carbamidsäure, [2-Amino-1,2-dicyan-vinyl]-,
      phenylester 6 IV 632
$C_{11}H_9BrCl_2O_4$
Toluol, 2,3-Diacetoxy-5-brom-4,6-dichlor-
      6 I 427 f
−, 2,5-Diacetoxy-4-brom-3,6-dichlor-
      6 I 429 m
$C_{11}H_9BrO$
Äther, [1-Brom-[2]naphthyl]-methyl-
      6 650 i, II 605 a, III 2994 f, IV 4301
−, [2-Brom-[1]naphthyl]-methyl-
      6 IV 4234
−, [3-Brom-[2]naphthyl]-methyl-
      6 II 605 d, III 2996 a
−, [4-Brom-[1]naphthyl]-methyl-
      6 II 582 h, III 2935 d, IV 4234
−, [4-Brom-[2]naphthyl]-methyl-
      6 III 2996 d
−, [5-Brom-[1]naphthyl]-methyl-
      6 II 583 a, III 2936 f
−, [5-Brom-[2]naphthyl]-methyl-
      6 III 2996 g, IV 4302
−, [6-Brom-[2]naphthyl]-methyl-
      6 651 f, II 605 g, III 2997 a,
      IV 4302
−, [8-Brom-[2]naphthyl]-methyl-
      6 IV 4304
Methanol, [1-Brom-[2]naphthyl]-
      6 IV 4340
−, [5-Brom-[1]naphthyl]- 6 II 617 g
[1]Naphthol, 3-Brom-4-methyl-
      6 III 3022 e
−, 5-Brom-2-methyl- 6 II 618 a

−, 7-Brom-2-methyl- 6 IV 4338
[2]Naphthol, 3-Brom-1-methyl-
      6 III 3020 e
−, 4-Brom-1-methyl- 6 III 3020 g
−, 6-Brom-1-methyl- 6 666 d,
      I 320 c, II 615 e, III 3020 h
$C_{11}H_9BrOS$
Naphthalin-1-sulfenylbromid, 2-Methoxy-
      6 III 5253 d
$C_{11}H_9BrO_2$
Essigsäure-[2-brom-inden-3-ylester]
      6 IV 4069
Naphthalin-1,4-diol, 2-Brom-3-methyl-
      6 II 958 h, III 5309 e
[1]Naphthol, 2-Brom-5-methoxy-
      6 III 5269 f
−, 3-Brom-8-methoxy- 6 IV 6560
−, 6-Brom-2-methoxy- 6 IV 6539
[2]Naphthol, 6-Brom-1-methoxy-
      6 IV 6539
$C_{11}H_9BrO_2S$
Sulfon, [4-Brom-[1]naphthyl]-methyl-
      6 IV 4248
$C_{11}H_9BrO_4$
Crotonsäure, 3-Brom-4-oxo-2-phenoxy-,
      methylester 6 171 h
$C_{11}H_9BrS$
Sulfid, [4-Brom-[1]naphthyl]-methyl-
      6 III 2949 g, IV 4248
$C_{11}H_9Br_2Cl_3O_2$
Benzol, 2-Acetoxy-1,4,5-trichlor-3-
      [2,3-dibrom-propyl]- 6 IV 3179
$C_{11}H_9Br_2NO_4$
Essigsäure-[1,2-dibrom-2-nitro-indan-
      1-ylester] 6 I 286 h
$C_{11}H_9Br_3O_4$
Benzol, 2-Acetoxy-1-acetoxymethyl-
      3,4,5-tribrom- 6 895 a
−, 2-Acetoxy-3-acetoxymethyl-
      1,4,5-tribrom- 6 895 a
−, 2-Acetoxy-4-acetoxymethyl-
      1,3,5-tribrom- 6 897 b
−, 2-Acetoxy-5-acetoxymethyl-
      1,3,4-tribrom- 6 900 b
Toluol, 3,5-Diacetoxy-2,4,6-tribrom- 6 888 i
$C_{11}H_9Br_3O_5$
Benzol, 1,3-Diacetoxy-2,4,6-tribrom-
      5-methoxy- 6 1105 g
$C_{11}H_9Br_5O$
Anisol, 2-Brom-4-[2,2-dibrom-
      1-dibrommethyl-vinyl]-6-methyl-
      6 I 289 e

$C_{11}H_9Br_5O$ (Fortsetzung)

Anisol, 2,4-Dibrom-6-[2,2-dibrom-1-brommethyl-vinyl]-3-methyl-
6 I 290 c

$C_{11}H_9Br_5O_2$

Benzol, 2-Acetoxy-1,5-dibrom-3-[α,β,β'-tribrom-isopropyl]- 6 I 253 i

$C_{11}H_9Br_5O_3$

Benzol, 2-Acetoxy-1,3,4-tribrom-5-[2,2-dibrom-1-methoxy-äthyl]- 6 906 a

Butan-2-on, 3-Benzyloxy-1,1,1,4,4-pentabrom-3-hydroxy- 6 I 220 e

—, 3-Benzyloxy-1,1,4,4,4-pentabrom-3-hydroxy- 6 I 220 e

$C_{11}H_9ClO$

Äther, Chlormethyl-[1]naphthyl-
6 IV 4216

—, Chlormethyl-[2]naphthyl-
6 IV 4264

—, [1-Chlor-[2]naphthyl]-methyl-
6 648 k, I 315 b, II 603 g, IV 4290

—, [2-Chlor-[1]naphthyl]-methyl-
6 IV 4230

—, [3-Chlor-[1]naphthyl]-methyl-
6 II 581 k

—, [3-Chlor-[2]naphthyl]-methyl-
6 III 2992 b

—, [4-Chlor-[1]naphthyl]-methyl-
6 IV 4231

—, [4-Chlor-[2]naphthyl]-methyl-
6 III 2992 d

—, [8-Chlor-[2]naphthyl]-methyl-
6 IV 4295

Methanol, [1-Chlor-[2]naphthyl]-
6 III 3031 c

—, [2-Chlor-[1]naphthyl]- 6 III 3025 g

—, [3-Chlor-[2]naphthyl]- 6 III 3031 d,
IV 4340

—, [7-Chlor-[1]naphthyl]- 6 III 3025 h

[1]Naphthol, 4-Chlor-2-methyl-
6 II 617 h

[2]Naphthol, 3-Chlor-1-methyl- 6 665 e

—, 4-Chlor-1-methyl- 6 II 615 b

$C_{11}H_9ClOS$

Naphthalin-2-sulfensäure, 1-Chlor-,
methylester 6 I 318 c

$C_{11}H_9ClO_2$

Naphthalin-1,4-diol, 2-Chlor-3-methyl-
6 II 958 f

$C_{11}H_9ClO_2S$

Sulfon, [1-Chlor-[2]naphthyl]-methyl-
6 I 317 j

—, [5-Chlor-[1]naphthyl]-methyl-
6 IV 4247

—, [7-Chlor-[1]naphthyl]-methyl-
6 IV 4247

—, [8-Chlor-[1]naphthyl]-methyl-
6 IV 4247

—, [8-Chlor-[2]naphthyl]-methyl-
6 IV 4321

$C_{11}H_9ClO_3$

Crotonsäure, 3-Chlorcarbonyl-, phenyl=
ester 6 157 c

$C_{11}H_9ClO_3S$

Methansulfonsäure, Chlor-, [2]naphthyl=
ester 6 IV 4285

$C_{11}H_9ClO_4$

Crotonsäure, 3-Chlor-4-oxo-2-phenoxy-,
methylester 6 171 b

Maleinsäure, Chlor-, 1-benzylester
6 IV 2275

[1,4]Naphthochinon, 6-Chlor-5,8-dihydroxy-7-methyl-2,3-dihydro-
6 IV 7735

$C_{11}H_9ClO_4S$

Methansulfonsäure, [1-Chlor-[2]naphthyloxy]- 6 IV 4290

$C_{11}H_9ClO_5$

Crotonsäure, 3-Chlor-2-[4-methoxy-phenoxy]-4-oxo- 6 IV 5754

Fumarsäure, [4-Chlor-2-methyl-phenoxy]-
6 III 1267 c

$C_{11}H_9Cl_3N_2O_5S$

Cystein, N-Acetyl-S-[2,3,4-trichlor-6-nitro-phenyl]- 6 IV 1731

$C_{11}H_9Cl_3O_2$

Essigsäure-[2-allyl-3,4,6-trichlor-phenylester]
6 IV 3816

Essigsäure, Trichlor-, cinnamylester
6 IV 3801

$C_{11}H_9Cl_3O_3$

Styrol, α,β-Dichlor-3-chloracetoxy-4-methoxy- 6 III 4983 e

$C_{11}H_9Cl_3O_4$

Toluol, 2,3-Diacetoxy-4,5,6-trichlor-
6 872 e, I 427 d

—, 2,4-Diacetoxy-3,5,6-trichlor-
6 872 k

—, 2,5-Diacetoxy-3,4,6-trichlor-
6 875 h

—, 3,4-Diacetoxy-2,5,6-trichlor-
6 881 b

—, 3,5-Diacetoxy-2,4,6-trichlor-
6 888 b

C₁₁H₉Cl₃O₅

Benzol, 1,2-Diacetoxy-3,4,6-trichlor-
5-methoxy- **6** III 6284 i

—, 1,4-Diacetoxy-2,3,5-trichlor-
6-methoxy- **6** III 6284 i, IV 7347

Bernsteinsäure, [2,4,5-Trichlor-
phenoxymethyl]- **6** IV 990

Propionsäure, 2-[(2,4,5-Trichlor-phenoxy)-
acetoxy]- **6** IV 979

C₁₁H₉Cl₄NO₃S

Cystein, *N*-Acetyl-*S*-[2,3,4,6-tetrachlor-
phenyl]- **6** IV 1641

—, *N*-Acetyl-*S*-[2,3,5,6-tetrachlor-
phenyl]- **6** IV 1642

C₁₁H₉Cl₅O₂

Buttersäure, 2,2-Dichlor-, [2,3,6-trichlor-
benzylester] **6** IV 2598

Isovaleriansäure-pentachlorphenylester
6 IV 1032

Pivalinsäure-pentachlorphenylester
6 IV 1032

Valeriansäure-pentachlorphenylester
6 IV 1032

C₁₁H₉Cl₅O₃

Buttersäure, 2-Pentachlorphenoxy-,
methylester **6** IV 1034

Kohlensäure-butylester-pentachlorphenyl⸗
ester **6** 196 i

— isobutylester-pentachlorphenyl⸗
ester **6** 196 j

Propionsäure-[2-pentachlorphenoxy-
äthylester] **6** III 733 i

Propionsäure, 2,2-Dichlor-, [2-(2,4,5-
trichlor-phenoxy)-äthylester] **6** IV 966

C₁₁H₉FO

Äther, [3-Fluor-[2]naphthyl]-methyl-
6 IV 4289

C₁₁H₉F₇O

Pentan-2-ol, 3,3,4,4,5,5,5-Heptafluor-
2-phenyl- **6** IV 3375

C₁₁H₉IO

Äther, [1-Jod-[2]naphthyl]-methyl-
6 III 3001 f, IV 4305

—, [2-Jod-[1]naphthyl]-methyl-
6 III 2937 e, IV 4235

—, [3-Jod-[2]naphthyl]-methyl-
6 II 608 b, III 3002 a, IV 4306

—, [4-Jod-[1]naphthyl]-methyl-
6 IV 4235

—, [4-Jod-[2]naphthyl]-methyl-
6 III 3002 c

—, [5-Jod-[1]naphthyl]-methyl-
6 II 584 b, III 2937 g

—, [5-Jod-[2]naphthyl]-methyl-
6 III 3002 e, IV 4306

—, [8-Jod-[2]naphthyl]-methyl-
6 III 3002 f, IV 4306

C₁₁H₉I₃O₃

Crotonsäure, 4-[2,4,6-Trijod-phenoxy]-,
methylester **6** IV 1086

C₁₁H₉I₃O₄

Toluol, 3,5-Diacetoxy-2,4,6-trijod-
6 III 4536 e

C₁₁H₉NOS

Thiocarbamidsäure-*S*-[1]naphthylester
6 IV 4244

C₁₁H₉NO₂

Äther, Methyl-[1-nitroso-[2]naphthyl]-
6 III 3002 g, IV 4307

—, Methyl-[2-nitroso-[1]naphthyl]-
6 III 2938 a, IV 4236

—, Methyl-[4-nitroso-[1]naphthyl]-
6 614 e, IV 4236

Carbamidsäure-[1]naphthylester **6** 609 f

— [2]naphthylester **6** 645 e,
IV 4272

C₁₁H₉NO₂S

Sulfid, Methyl-[1-nitro-[2]naphthyl]-
6 III 3016 a

—, Methyl-[2-nitro-[1]naphthyl]-
6 III 2950 b

—, Methyl-[4-nitro-[1]naphthyl]-
6 III 2951 e

C₁₁H₉NO₃

Äther, Methyl-[1-nitro-[2]naphthyl]-
6 653 e, I 315 j, II 608 d, III 3003 a,
IV 4307

—, Methyl-[2-nitro-[1]naphthyl]-
6 615 b, III 2938 c, IV 4236

—, Methyl-[3-nitro-[1]naphthyl]-
6 IV 4237

—, Methyl-[3-nitro-[2]naphthyl]-
6 IV 4308

—, Methyl-[4-nitro-[1]naphthyl]-
6 616 a, I 308 i, III 2938 f,
IV 4237

—, Methyl-[4-nitro-[2]naphthyl]-
6 I 316 d, IV 4308

—, Methyl-[5-nitro-[1]naphthyl]-
6 616 e, I 308 j, III 2939 f

—, Methyl-[5-nitro-[2]naphthyl]-
6 III 3004 b, IV 4308

—, Methyl-[6-nitro-[2]naphthyl]-
6 I 316 e, III 3004 c

—, Methyl-[8-nitro-[2]naphthyl]-
6 I 316 f, IV 4310

$C_{11}H_9NO_3$ (Fortsetzung)

Methanol, [5-Nitro-[1]naphthyl]-
   6 IV 4336

Naphthalin-2-on, 1-Methyl-1-nitro-1H-
   6 665 a

[1]Naphthol, 6-Methyl-5-nitro- **6** III 3028 d

[2]Naphthol, 6-Methyl-1-nitro- **6** II 618 e

$C_{11}H_9NO_4$

Essigsäure-[2-nitro-inden-1-ylester] **6** IV 4068

 – [2-nitro-inden-3-ylester] **6** IV 4069

[1]Naphthol, 2-Methoxy-4-nitro-
   6 IV 6539

–, 5-Methoxy-8-nitro-
   6 III 5272 h

$C_{11}H_9NO_4S$

Benzol, 1,2-Diacetoxy-4-thiocyanato-
   6 III 6297 a

$C_{11}H_9N_3O_8$

Acrylsäure-[2,4,6-trinitro-phenäthylester]
   6 III 1715 d

Benzol, 2-Acetoxy-4-acetoxymethyl-1-nitro-
   3,5-dinitroso- **6** II 882 f

$C_{11}H_{10}BrCl_2NO_2S$

Äthan, 1-[2-Brom-4,6-dichlor-phenoxy]-
   2-[2-thiocyanato-äthoxy]- **6** III 751 g

$C_{11}H_{10}BrCl_3O_2$

Äthan, 2-Acetoxy-2-[4-brom-3-methyl-
   phenyl]-1,1,1-trichlor- **6** IV 3240

$C_{11}H_{10}BrNO_4$

Crotonsäure, 3-Brom-4-hydroxyimino-
   2-phenoxy-, methylester **6** 171 i

$C_{11}H_{10}BrNO_6$

Benzol, 2-Acetoxy-5-acetoxymethyl-1-brom-
   3-nitro- **6** 901 f

Toluol, 3,6-Diacetoxy-2-brom-4-nitro-
   6 877 g

–, 3,6-Diacetoxy-4-brom-2-nitro- **6** 877 g

$C_{11}H_{10}BrNO_7$

Malonsäure, Brom-[4-nitro-phenoxy]-,
   dimethylester **6** 236 g

$C_{11}H_{10}BrN_3O_4$

Crotonsäure, 3-Brom-2-phenoxy-
   4-semicarbazono- **6** 171 g

$C_{11}H_{10}Br_2Cl_2O_2$

Benzol, 2-Acetoxy-1,5-dichlor-3-
   [2,3-dibrom-propyl]- **6** IV 3179

Essigsäure-[2,6-dibrom-4-dichlormethyl-
   3,5-dimethyl-phenylester] **6** II 481 a

$C_{11}H_{10}Br_2Cl_2O_3$

Essigsäure, [2,4-Dibrom-phenoxy]-,
   [2,3-dichlor-propylester] **6** III 755 d

$C_{11}H_{10}Br_2O$

Inden-1-ol, 1-Äthyl-2,3-dibrom- **6** I 301 b

$C_{11}H_{10}Br_2O_2$

Essigsäure-[2,3-dibrom-1-phenyl-allylester]
   6 IV 3820

$C_{11}H_{10}Br_2O_3$

Essigsäure, [2-Allyl-4,6-dibrom-phenoxy]-
   6 III 2414 h

$C_{11}H_{10}Br_2O_4$

Benzol, 2-Acetoxy-1-acetoxymethyl-
   3,5-dibrom- **6** 894 g

–, 2-Acetoxy-5-acetoxymethyl-
   1,3-dibrom- **6** 899 f

Toluol, 2,3-Diacetoxy-4,5-dibrom-
   6 I 427 h

–, 2,4-Diacetoxy-3,5-dibrom-
   6 II 860 h

–, 3,6-Diacetoxy-2,4-dibrom-
   6 II 862 g

$C_{11}H_{10}Br_3ClO_2$

Äthan, 1,1,1-Tribrom-2-[2-chlor-phenyl]-
   1-propionyloxy- **6** III 1693 d

–, 1,1,1-Tribrom-2-[3-chlor-phenyl]-
   2-propionyloxy- **6** III 1693 h

Benzol, 1-Acetoxy-2,6-dibrom-4-[brom-
   chlor-methyl]-3,5-dimethyl- **6** II 481 d

$C_{11}H_{10}Br_4O_2$

Essigsäure-[2,5-dibrom-3,4-bis-brommethyl-
   6-methyl-phenylester] **6** 516 b

 – [2,6-dibrom-4-dibrommethyl-
   3,5-dimethyl-phenylester] **6** II 481 f

Phenol, 2,4-Dibrom-6-[2,2-dibrom-
   1-methoxymethyl-vinyl]-3-methyl-
   6 I 466 c

$C_{11}H_{10}Br_4O_3$

Benzol, 2-Acetoxy-1,3,4-tribrom-5-[2-brom-
   1-methoxy-äthyl]- **6** 905 f

–, 1-Acetoxy-2,3,6-tribrom-
   5-brommethyl-4-methoxymethyl- **6** 909 j

$C_{11}H_{10}ClFO_4$

Benzol, 2-Acetoxy-1-acetoxymethyl-5-chlor-
   3-fluor- **6** IV 5900

$C_{11}H_{10}ClNO$

Crotononitril, 4-[4-Chlor-2-methyl-
   phenoxy]- **6** IV 1998

$C_{11}H_{10}ClNO_2$

Carbamidsäure-[1-(4-chlor-phenyl)-but-
   3-inylester] **6** IV 4071

$C_{11}H_{10}ClNO_3$

Carbamidsäure, [2-Chlor-acryloyl]-,
   benzylester **6** IV 2285

$C_{11}H_{10}ClNO_4$

Crotonsäure, 3-Chlor-4-hydroxyimino-
   2-phenoxy-, methylester **6** 171 c

$C_{11}H_{10}ClNO_4S$
Pentan-2,4-dion, 3-[4-Chlor-2-nitro-
phenylmercapto]- **6** I 161 g

$C_{11}H_{10}ClNO_6$
Toluol, 2,3-Diacetoxy-5-chlor-6-nitro-
6 I 427 o
–, 3,6-Diacetoxy-2-chlor-4-nitro-
6 877 e
–, 3,6-Diacetoxy-4-chlor-2-nitro-
6 877 e

$C_{11}H_{10}ClNO_7$
Benzol, 1,4-Diacetoxy-5-chlor-2-methoxy-
3-nitro- **6** IV 7350
–, 1,4-Diacetoxy-5-chlor-3-methoxy-
2-nitro- **6** IV 7350

$C_{11}H_{10}ClNS$
Naphthalin-2-sulfensäure, 1-Chlor-,
methylamid **6** I 319 a

$C_{11}H_{10}ClO_2P$
Phosphonsäure, Methyl-, chlorid-
[1]naphthylester **6** IV 4225

$C_{11}H_{10}Cl_2N_2O_5S$
Cystein, N-Acetyl-S-[2,3-dichlor-6-nitro-
phenyl]- **6** IV 1730
–, N-Acetyl-S-[2,4-dichlor-6-nitro-
phenyl]- **6** IV 1730
–, N-Acetyl-S-[2,5-dichlor-4-nitro-
phenyl]- **6** IV 1731
–, N-Acetyl-S-[2,6-dichlor-4-nitro-
phenyl]- **6** IV 1731
–, N-Acetyl-S-[4,5-dichlor-2-nitro-
phenyl]- **6** IV 1730

$C_{11}H_{10}Cl_2O$
Anisol, 4-[4,4-Dichlor-buta-1,3-dienyl]-
6 IV 4072
Penta-2,4-dien-1-ol, 5,5-Dichlor-1-phenyl-
6 IV 4080

$C_{11}H_{10}Cl_2O_2$
But-1-en-1-on, 2-[2,4-Dichlor-phenoxy]-
3-methyl- **6** IV 903
Essigsäure-[2-allyl-4,6-dichlor-phenylester]
6 IV 3816
1,4-Methano-naphthalin-5,8-diol,
6,7-Dichlor-1,2,3,4-tetrahydro-
6 IV 6464
Naphthalin-1,4-diol, 2,3-Dichlor-6-methyl-
5,6-dihydro- **6** IV 6463
–, 2,3-Dichlor-6-methyl-5,8-dihydro-
6 IV 6463
Pent-1-en-1-on, 2-[2,4-Dichlor-phenoxy]-
6 IV 903

$C_{11}H_{10}Cl_2O_2S$
Acrylsäure, 3-[3,4-Dichlor-phenylmercapto]-,
äthylester **6** IV 1630
Pentan-2,4-dion, 3-[2,5-Dichlor-
phenylmercapto]- **6** II 299 d

$C_{11}H_{10}Cl_2O_3$
Äthan, 1-Acryloyloxy-2-[2,4-dichlor-
phenoxy]- **6** IV 892
Essigsäure, [2,4-Dichlor-phenoxy]-,
allylester **6** III 706 k
Styrol, 3-Acetoxy-α,β-dichlor-4-methoxy-
6 III 4983 d

$C_{11}H_{10}Cl_2O_4$
Benzol, 2-Acetoxy-1-acetoxymethyl-
3,5-dichlor- **6** III 4541 f
Toluol, 2,3-Diacetoxy-4,5-dichlor-
6 I 427 a
–, 2,5-Diacetoxy-3,4-dichlor-
6 III 4502 b, IV 5870
–, 2,5-Diacetoxy-3,6-dichlor-
6 I 429 h, III 4502 d
–, 3,6-Diacetoxy-2,4-dichlor-
6 IV 5870

$C_{11}H_{10}Cl_2O_5$
Benzol, 1,4-Diacetoxy-2,3-dichlor-
5-methoxy- **6** IV 7347
Glutarsäure, 2-[2,4-Dichlor-phenoxy]-
6 IV 932

$C_{11}H_{10}Cl_3FO_2$
Äthan, 2-Acetoxy-1,1,1-trichlor-2-[4-fluor-
3-methyl-phenyl]- **6** IV 3239

$C_{11}H_{10}Cl_3NO_2S$
Äthan, 1-[2-Thiocyanato-äthoxy]-2-
[2,4,6-trichlor-phenoxy]- **6** III 725 g

$C_{11}H_{10}Cl_3NO_4$
Alanin, N-[(2,4,5-Trichlor-phenoxy)-acetyl]-
6 IV 981
β-Alanin, N-[(2,4,5-Trichlor-phenoxy)-
acetyl]- **6** IV 981
Essigsäure-[2-nitro-2-phenyl-1-trichlormethyl-
äthylester] **6** III 1799 c

$C_{11}H_{10}Cl_3NO_5$
Serin, N-[(2,4,5-Trichlor-phenoxy)-acetyl]-
6 IV 982

$C_{11}H_{10}Cl_3O_3PS$
Thiophosphorsäure-O-äthylester-O'-prop-
2-inylester-O''-[2,4,5-trichlor-
phenylester] **6** IV 995

$C_{11}H_{10}Cl_4O_2$
Äthan, 2-Acetoxy-1,1,1-trichlor-2-[2-chlor-
4-methyl-phenyl]- **6** IV 3243
–, 2-Acetoxy-1,1,1-trichlor-2-[2-chlor-
5-methyl-phenyl]- **6** IV 3239

$C_{11}H_{10}Cl_4O_2$ (Fortsetzung)

Äthan, 2-Acetoxy-1,1,1-trichlor-2-[3-chlor-4-methyl-phenyl]- **6** IV 3243

—, 2-Acetoxy-1,1,1-trichlor-2-[4-chlor-2-methyl-phenyl]- **6** IV 3234

—, 2-Acetoxy-1,1,1-trichlor-2-[4-chlor-3-methyl-phenyl]- **6** IV 3239

—, 1,1,1-Trichlor-2-[2-chlor-phenyl]-2-propionyloxy- **6** III 1687 a

—, 1,1,1-Trichlor-2-[3-chlor-phenyl]-2-propionyloxy- **6** III 1687 e

—, 1,1,1-Trichlor-2-[4-chlor-phenyl]-2-propionyloxy- **6** III 1688 e, IV 3051

$C_{11}H_{10}Cl_4O_3$

Äthan, 1-[4-Chlor-2-methyl-phenoxy]-2-trichloracetoxy- **6** IV 1988

—, 1-[2,4-Dichlor-phenoxy]-2-[2,2-dichlor-propionyloxy]- **6** IV 891

Essigsäure, [4-Chlor-2-methyl-phenoxy]-, [2,2,2-trichlor-äthylester] **6** III 1266 b

—, [2,4-Dichlor-phenoxy]-, [2,3-dichlor-propylester] **6** III 706 b

$C_{11}H_{10}Cl_6O_2$

Norborna-2,5-dien, 1,2,3,4,7,7-Hexachlor-5,6-bis-[1-hydroxy-äthyl]- **6** IV 6047

Propionsäure-[1,4,5,6,7,7-hexachlor-norborn-5-en-2-ylmethylester] **6** IV 359

$C_{11}H_{10}Cl_6O_4S$

Schwefligsäure-[2-chlor-äthylester]-[β-pentachlorphenoxy-isopropylester] **6** IV 1029

$C_{11}H_{10}CrO_4$

Chrom, Tricarbonyl-[2-methyl-anisol]- **6** IV 1944

—, Tricarbonyl-[4-methyl-anisol]- **6** IV 2099

$C_{11}H_{10}F_3NO_4$

Buttersäure, 4,4,4-Trifluor-, [4-nitro-benzylester] **6** IV 2614

$C_{11}H_{10}F_6O$

Äther, [2,4-Bis-trifluormethyl-phenyl]-isopropyl- **6** III 1747 e, IV 3133

—, [2,4-Bis-trifluormethyl-phenyl]-propyl- **6** III 1747 d, IV 3133

$C_{11}H_{10}I_2O_4$

Toluol, 2,4-Diacetoxy-3,5-dijod- **6** III 4496 f

$C_{11}H_{10}N_2O$

Isoharnstoff, O-[1]Naphthyl- **6** III 2930 c

—, O-[2]Naphthyl- **6** III 2985 d

$C_{11}H_{10}N_2OS_2$

Benzol, 1-Methoxy-2,4-bis-thiocyanatomethyl- **6** III 6338 c

Phenol, 2-Methyl-4,6-bis-thiocyanatomethyl- **6** IV 7413

—, 4-Methyl-2,6-bis-thiocyanatomethyl- **6** III 6358 b

$C_{11}H_{10}N_2O_2S$

Isothioharnstoff, S-[1,4-Dihydroxy-[2]naphthyl]- **6** IV 7535

—, S-[3,4-Dihydroxy-[1]naphthyl]- **6** IV 7535

Malononitril, Methyl-[toluol-4-sulfonyl]- **6** III 1426 a

$C_{11}H_{10}N_2O_3$

Malonamidsäure, 2-Cyan-, benzylester **6** II 419 h

$C_{11}H_{10}N_2O_4S_2$

Acetonitril, [Toluol-2,4-disulfonyl]-di- **6** 874 a

$C_{11}H_{10}N_2O_5$

Anisol, 2,4-Bis-[2-nitro-vinyl]- **6** IV 4076

$C_{11}H_{10}N_2O_5S$

Benzolsulfensäure, 2,4-Dinitro-, [1,1-dimethyl-prop-2-inylester] **6** IV 1767

$C_{11}H_{10}N_2O_6$

Benzol, 4-Acetoxy-1-nitro-2-[2-nitro-propenyl]- **6** III 2394 d

$C_{11}H_{10}N_2O_7$

Styrol, 4-Acetoxy-3-methoxy-2,β-dinitro- **6** IV 6318

—, 4-Acetoxy-5-methoxy-2,β-dinitro- **6** III 4989 a

—, 5-Acetoxy-4-methoxy-2,β-dinitro- **6** III 4988 f

$C_{11}H_{10}N_2O_8$

Benzol, 2-Acetoxy-1-acetoxymethyl-3,5-dinitro- **6** III 4544 d

Toluol, 3,6-Diacetoxy-2,4-dinitro- **6** 877 k

$C_{11}H_{10}N_2S$

Isothioharnstoff, S-[2]Naphthyl- **6** IV 4317

Malononitril, [Benzylmercapto-methyl]- **6** IV 2712

Succinonitril, Benzylmercapto- **6** IV 2712

$C_{11}H_{10}O$

Äther, Azulen-1-yl-methyl- **6** IV 4206

—, Azulen-4-yl-methyl- **6** IV 4208

—, Azulen-5-yl-methyl- **6** IV 4208

—, Benzyl-but-1-en-3-inyl- **6** IV 2235

$C_{11}H_{10}O$ (Fortsetzung)

Äther, Methyl-[1]naphthyl- **6** 606 a,
　I 306 a, II 578 a, III 2922, IV 4211

—, Methyl-[2]naphthyl- **6** 640, I 312 a,
　II 598 a, III 2969 b, IV 4257

Anisol, 4-But-1-en-3-inyl- **6** IV 4206

Benzocyclohepten-5-ol, 5*H*- **6** IV 4328

Indan-1-ol, 1-Äthinyl- **6** IV 4342

Methanol, Azulen-1-yl- **6** IV 4328

—, Azulen-2-yl- **6** IV 4328

—, Azulen-5-yl- **6** IV 4329

—, Azulen-6-yl- **6** IV 4329

—, [1]Naphthyl- **6** 667 d, I 320 e,
　II 617 a, III 3024 b, IV 4332

—, [2]Naphthyl- **6** 668 a, II 618 g,
　III 3030 e, IV 4340

[1]Naphthol, 2-Methyl- **6** I 320 g,
　III 3026 f, IV 4338

—, 3-Methyl- **6** 667 h, II 618 b,
　III 3027 g, IV 4339

—, 4-Methyl- **6** I 320 d, II 616 e,
　III 3022 b, IV 4330

—, 5-Methyl- **6** III 3022 g

—, 6-Methyl- **6** III 3028 b,
　IV 4340

—, 7-Methyl- **6** II 618 f, III 3029 g

[2]Naphthol, 1-Methyl- **6** 664 k, I 319 e,
　II 615 a, III 3019 b, IV 4329

—, 3-Methyl- **6** III 3027 f, IV 4339

—, 4-Methyl- **6** III 3022 a

—, 5-Methyl- **6** III 3023 a,
　IV 4331

—, 6-Methyl- **6** II 618 c, III 3028 e,
　IV 4340

—, 7-Methyl- **6** III 3029 e

—, 8-Methyl- **6** III 3023 d,
　IV 4331

Pent-1-en-4-in-3-ol, 1-Phenyl- **6** III 3018 c,
　IV 4328

—, 5-Phenyl- **6** IV 4327

Pent-2-en-4-in-1-ol, 5-Phenyl- **6** III 3018 b

Pent-4-en-2-in-1-ol, 1-Phenyl- **6** III 3018 d

$C_{11}H_{10}OS$

Methanol, [5-Mercapto-[1]naphthyl]-
　6 IV 6580

Naphthalin-1-thiol, 2-Methoxy-
　6 II 945 g, III 5242 d

[1]Naphthol, 3-Methylmercapto-
　6 III 5258 e

—, 4-Methylmercapto- **6** I 475 d,
　II 950 a

—, 5-Methylmercapto- **6** I 478 h

[2]Naphthol, 5-Methylmercapto-
　6 III 5280 e

—, 6-Methylmercapto- **6** I 480 h

—, 7-Methylmercapto- **6** III 5294 c

—, 8-Methylmercapto- **6** III 5282 d

Sulfoxid, Methyl-[2]naphthyl- **6** IV 4312

$C_{11}H_{10}OSe$

Selenoxid, Methyl-[2]naphthyl-
　6 II 614 c

$C_{11}H_{10}O_2$

Essigsäure-[5-äthinyl-2-methyl-phenylester]
　6 IV 4068

— inden-1-ylester **6** III 2737 f

— [1-phenyl-prop-2-inylester]
　6 III 2737 c

— [3-phenyl-prop-2-inylester]
　6 588 d, III 2736 f

— [2-propadienyl-phenylester]
　6 IV 4067

Methanol, [2-Hydroxy-[1]naphthyl]-
　6 988 b, II 957 h, III 5298 b, IV 6578

—, [3-Hydroxy-[2]naphthyl]-
　6 IV 6584

1,4-Methano-naphthalin-5,8-diol,
　1,4-Dihydro- **6** III 5311 b, IV 6584

1,4-Methano-naphthalin-5,8-dion,
　1,4,4a,8a-Tetrahydro- **6** III 5311 c,
　7 II 639 c

Naphthalin-1,2-diol, 4-Methyl- **6** III 5296 c

—, 5-Methyl- **6** III 5297 h

Naphthalin-1,3-diol, 2-Methyl- **6** III 5299 d,
　IV 6580

Naphthalin-1,4-diol, 2-Methyl-
　6 II 958 d, III 5299 f, IV 6581

—, 6-Methyl- **6** IV 6583

Naphthalin-1,5-diol, 4-Methyl- **6** IV 6577

Naphthalin-1,6-diol, 4-Methyl- **6** IV 6577

—, 5-Methyl- **6** IV 6574

Naphthalin-1,7-diol, 4-Methyl- **6** IV 6577

—, 6-Methyl- **6** IV 6583

Naphthalin-1,8-diol, 4-Methyl- **6** IV 6576

Naphthalin-2,3-diol, 1-Methyl- **6** IV 6574

—, 6-Methyl- **6** III 5310 c

Naphthalin-2,6-diol, 1-Methyl- **6** IV 6575

Naphthalin-2,7-diol, 1-Methyl- **6** IV 6575

Naphthalin-1-on, 4-Hydroxy-2-methyl-4*H*-
　6 III 5300

[1,4]Naphthochinon, 2-Methyl-2,3-dihydro-
　6 III 5300

—, 6-Methyl-2,3-dihydro- **6** IV 6584

[1]Naphthol, 2-Methoxy- **6** IV 6538

—, 4-Methoxy- **6** 979 c, I 475 a,
　II 949 a, III 5261 a, IV 6545

$C_{11}H_{10}O_2$ (Fortsetzung)

[1]Naphthol, 5-Methoxy- **6** 980 e, I 477 j,
    II 950 g, III 5266 a

−, 6-Methoxy- **6** II 952 f, III 5280 b,
    IV 6558

−, 7-Methoxy- **6** II 953 b, IV 6559

−, 8-Methoxy- **6** 982 a, II 953 e,
    III 5283 h, IV 6560

[2]Naphthol, 1-Methoxy- **6** 975 d, II 945 a

−, 3-Methoxy- **6** 983 a

−, 5-Methoxy- **6** III 5280 a

−, 6-Methoxy- **6** II 955 g, III 5288 a,
    IV 6566

−, 7-Methoxy- **6** 986 a, I 482 f,
    II 956 b, III 5291 c

Pent-3-in-2-on, 5-Phenoxy- **6** III 593 c

$C_{11}H_{10}O_2S$

[1]Naphthol, 4-Methansulfinyl-
    6 I 475 e

[2]Naphthol, 6-Methansulfinyl-
    6 I 480 i

Sulfon, Methyl-[1]naphthyl- **6** 621 d

−, Methyl-[2]naphthyl- **6** 657 f

$C_{11}H_{10}O_2Se$

Selenon, Methyl-[1]naphthyl- **6** II 590 f

$C_{11}H_{10}O_3$

Essigsäure, [5-Äthinyl-2-methyl-phenoxy]-
    6 IV 4068

−, Inden-5-yloxy- **6** III 2738 b

−, Inden-6-yloxy- **6** III 2738 d

−, [2-Prop-1-inyl-phenoxy]-
    6 IV 4065

Naphthalin-1,2-diol, 4-Methoxy-
    6 II 1094 b

−, 7-Methoxy- **6** III 6507 b

Naphthalin-1,4-diol, 2-Methoxy-
    6 II 1094 a

−, 5-Methoxy- **6** III 6508 e

−, 6-Methoxy- **6** III 6511 d

Naphthalin-1,2,4-triol, 3-Methyl-
    6 III 6512 g

Naphthalin-1,4,5-triol, 2-Methyl-
    6 III 6513 f

[1,4]Naphthochinon, 5-Hydroxy-2-methyl-
    2,3-dihydro- **6** III 6513 g, IV 7538

−, 5-Hydroxy-7-methyl-2,3-dihydro-
    6 IV 7539

−, 6-Methoxy-2,3-dihydro-
    6 III 6511 d

$C_{11}H_{10}O_3S$

Methansulfonsäure-[2]naphthylester
    6 III 2988 a, IV 4285

[1]Naphthol, 4-Methansulfonyl-
    6 I 475 f

−, 5-Methansulfonyl- **6** I 478 i

−, 8-Methansulfonyl- **6** III 5286 b

[2]Naphthol, 6-Methansulfonyl-
    6 I 481 a

$C_{11}H_{10}O_4$

Fumarsäure-monobenzylester **6** II 418 i

− mono-*p*-tolylester **6** IV 2116

Fumarsäure, Methyl-, 4-phenylester
    6 156 j

Maleinsäure-monobenzylester **6** IV 2274

Naphthalin-1,4,5,8-tetraol, 2-Methyl-
    6 II 1127 h

[1,4]Naphthochinon, 5,8-Dihydroxy-
    2-methyl-2,3-dihydro- **6** II 1127 h

−, 5,8-Dihydroxy-6-methyl-
    2,3-dihydro- **6** IV 7735

$C_{11}H_{10}O_4S$

Fumarsäure, Benzylmercapto- **6** IV 2713

−, *p*-Tolylmercapto- **6** IV 2203

Maleinsäure, Benzylmercapto- **6** IV 2713

−, *p*-Tolylmercapto- **6** IV 2203

Methansulfonsäure, [1]Naphthyloxy-
    6 IV 4216

$C_{11}H_{10}O_5$

Anhydrid, Essigsäure-[malonsäure-
    monophenylester]- **6** III 605 g

Fumarsäure, *m*-Tolyloxy- **6** 380 p

−, *o*-Tolyloxy- **6** 357 n

−, *p*-Tolyloxy- **6** 400 d

Maleinsäure, *m*-Tolyloxy- **6** 381 b

Naphthalin-1,2,4,5,8-pentaol, 3-Methyl-
    6 II 1152 i

$C_{11}H_{10}O_6$

Fumarsäure, [2-Methoxy-phenoxy]-
    6 780 q

$C_{11}H_{10}O_8S_2$

Naphthalin, 2-Methyl-1,4-bis-sulfooxy-
    6 III 5308 e

$C_{11}H_{10}S$

Methanthiol, [1]Naphthyl- **6** IV 4336

−, [2]Naphthyl- **6** IV 4341

Naphthalin-1-thiol, 4-Methyl- **6** II 616 g

Sulfid, Methyl-[1]naphthyl- **6** 621 c,
    III 2944 a, IV 4241

−, Methyl-[2]naphthyl- **6** I 317 a,
    II 611 a, III 3007 a

$C_{11}H_{10}Se$

Selenid, Methyl-[1]naphthyl- **6** II 590 e

−, Methyl-[2]naphthyl- **6** II 614 b

$C_{11}H_{11}BO_4$

Pent-3-en-2-on, 4-Benzo[1,3,2]dioxaborol-
2-yloxy- **6** IV 5611

$C_{11}H_{11}BrCl_2O_3$

Essigsäure, Brom-, [β-(2,4-dichlor-
phenoxy)-isopropylester] **6** IV 895

Propionsäure, 2,2-Dichlor-, [2-(4-brom-
phenoxy)-äthylester] **6** IV 1048

$C_{11}H_{11}BrOS$

Crotonaldehyd, 2-[4-Brom-phenylmercapto]-
3-methyl- **6** IV 1653

$C_{11}H_{11}BrO_2$

Ameisensäure-[2-brom-1,2,3,4-tetrahydro-
[1]naphthylester] **6** II 542 e

Benzol, 1-Acetoxy-2-[1-brom-allyl]-
6 IV 3816

Crotonsäure, 2-Brom-, benzylester
6 IV 2268

Essigsäure-[2-allyl-4-brom-phenylester]
6 III 2414 e

− [2-brom-indan-1-ylester]
6 IV 3826

− [6-brom-indan-5-ylester]
6 III 2529 e

$C_{11}H_{11}BrO_3$

Styrol, 3-Acetoxy-β-brom-4-methoxy-
6 III 4984 c

−, 4-Acetoxy-β-brom-3-methoxy-
6 IV 6316

$C_{11}H_{11}BrO_3S$

Toluol, 2-Acetoxy-5-acetylmercapto-
3-brom- **6** I 431 c

$C_{11}H_{11}BrO_4$

Benzol, 1,4-Diacetoxy-2-brommethyl-
6 III 4503 b

Toluol, 2,5-Diacetoxy-3-brom- **6** II 862 e

$C_{11}H_{11}BrO_5$

Benzol, 1,4-Diacetoxy-2-brom-5-methoxy-
6 IV 7348

Malonsäure, Brom-[2-phenoxy-äthyl]-
6 168 b, III 627 b

$C_{11}H_{11}BrO_8P_2$

Naphthalin, 2-Brom-3-methyl-1,4-bis-
phosphonooxy- **6** IV 6582

$C_{11}H_{11}Br_2ClO_2$

Benzol, 1-Acetoxy-4-chlor-2-[2,3-dibrom-
propyl]- **6** IV 3179

Essigsäure-[2,5-dibrom-3-chlormethyl-
4,6-dimethyl-phenylester] **6** 513 b

− [2,5-dibrom-4-chlormethyl-
3,6-dimethyl-phenylester] **6** 513 e

$C_{11}H_{11}Br_2ClO_3$

Benzol, 1-Acetoxy-2,5-dibrom-
4-chlormethoxy-3,6-dimethyl-
6 917 a

$C_{11}H_{11}Br_2IO_2$

Essigsäure-[2,5-dibrom-3-jodmethyl-
4,6-dimethyl-phenylester] **6** 516 g

− [2,5-dibrom-4-jodmethyl-
3,6-dimethyl-phenylester] **6** 516 j

− [3,5-dibrom-4-jodmethyl-
2,6-dimethyl-phenylester] **6** 521 c

$C_{11}H_{11}Br_2NOS$

Benzylthiocyanat, 2,5-Dibrom-4-methoxy-
3,6-dimethyl- **6** 938 i

$C_{11}H_{11}Br_2NO_2S$

Acetonitril, Dibrom-[2,4,5-trimethyl-
benzolsulfonyl]- **6** I 255 i

$C_{11}H_{11}Br_2NO_4$

Essigsäure-[2,5-dibrom-3,6-dimethyl-
4-nitromethyl-phenylester] **6** 517 c

− [3,5-dibrom-2,6-dimethyl-
4-nitromethyl-phenylester] **6** 521 f

Propan, 3-Acetoxy-1,2-dibrom-1-[4-nitro-
phenyl]- **6** IV 3206

Propionsäure, 2-Benzyloxycarbonylamino-
2,3-dibrom- **6** IV 2426

$C_{11}H_{11}Br_2NO_5$

Benzol, 1-Acetoxy-2,5-dibrom-3,6-dimethyl-
4-nitryloxymethyl- **6** 938 a

−, 1-Acetoxy-3,5-dibrom-
2,6-dimethyl-4-nitryloxymethyl-
6 942 e

$C_{11}H_{11}Br_3O_2$

Benzol, 1,2,4-Tribrom-5,6-dimethoxy-
3-propenyl- **6** 960 e

Essigsäure-[2,5-dibrom-3-brommethyl-
4,6-dimethyl-phenylester] **6** 513 g

− [2,5-dibrom-4-brommethyl-
3,6-dimethyl-phenylester] **6** 515 b

− [2,6-dibrom-4-brommethyl-
3,5-dimethyl-phenylester] **6** 509 f

− [3,5-dibrom-2-brommethyl-
4,6-dimethyl-phenylester] **6** 520 a

− [3,5-dibrom-4-brommethyl-
2,6-dimethyl-phenylester] **6** 520 d

− [2,2,2-tribrom-1-p-tolyl-äthylester]
6 III 1828 f

Naphthalin-1,4-diol, 2,6,7-Tribrom-
3-methyl-5,6,7,8-tetrahydro-
6 IV 6364

Phenol, 2-Brom-6-[2,2-dibrom-
1-methoxymethyl-vinyl]-4-methyl-
6 I 465 d

$C_{11}H_{11}Br_3O_2$ (Fortsetzung)

Phenol, 2,4-Dibrom-6-[2-brom-1-methoxymethyl-vinyl]-3-methyl- **6** I 465 h

Propionsäure-[2,2,2-tribrom-1-phenyl-äthylester] **6** III 1692 i

Propionsäure, 3-Brom-2,2-bis-brommethyl-, phenylester **6** IV 617

$C_{11}H_{11}Br_3O_3$

Benzol, 1-Acetoxy-2,5-dibrom-4-brommethoxy-3,6-dimethyl- **6** 917 b

Phenol, 4-[1-Acetoxy-2-brom-propyl]-2,6-dibrom- **6** 927 d

$C_{11}H_{11}Br_5O$

Äther, Isopentyl-pentabromphenyl- **6** III 767 i

$C_{11}H_{11}Br_5O_2$

Phenol, 2-Brom-6-methyl-4-[$\beta,\beta,\beta',\beta'$-tetrabrom-$\alpha$-methoxy-isopropyl]- **6** I 451 g

$C_{11}H_{11}ClN_2O_4S$

Sulfid, [2-Chlor-cyclopentyl]-[2,4-dinitro-phenyl]- **6** IV 1741

$C_{11}H_{11}ClN_2O_5S$

Cystein, N-Acetyl-S-[2-chlor-4-nitro-phenyl]- **6** IV 1729

—, N-Acetyl-S-[2-chlor-6-nitro-phenyl]- **6** IV 1726

—, N-Acetyl-S-[4-chlor-2-nitro-phenyl]- **6** IV 1724

—, N-Acetyl-S-[5-chlor-2-nitro-phenyl]- **6** IV 1726

$C_{11}H_{11}ClN_2O_6$

Propan, 2-Acetoxy-1-chlor-3-[2,4-dinitro-phenyl]- **6** III 1799 d

$C_{11}H_{11}ClO$

Äther, [4-Chlor-but-2-inyl]-o-tolyl- **6** IV 1946

Anisol, 2-Äthinyl-4-chlor-3,5-dimethyl- **6** III 2740 b

—, 4-[2-Chlor-but-3-inyl]- **6** IV 4070

But-3-in-2-ol, 1-Chlor-2-methyl-4-phenyl- **6** III 2743 e, IV 4081

Pent-4-in-2-ol, 2-[4-Chlor-phenyl]- **6** IV 4080

$C_{11}H_{11}ClOS$

Acryloylchlorid, 2-Methyl-3-p-tolyl-mercapto- **6** IV 2202

Crotonaldehyd, 2-[4-Chlor-phenylmercapto]-3-methyl- **6** IV 1598

$C_{11}H_{11}ClO_2$

Chlorokohlensäure-[5,6,7,8-tetrahydro-[1]naphthylester] **6** IV 3853

— [5,6,7,8-tetrahydro-[2]naphthyl-ester] **6** IV 3856

Crotonsäure, 3-Chlor-, p-tolylester **6** IV 2114

—, 3-Methyl-, [4-chlor-phenylester] **6** II 177 a, IV 841

Essigsäure-[2-allyl-4-chlor-phenylester] **6** IV 3814

— [4-chlor-cinnamylester] **6** II 528 e

$C_{11}H_{11}ClO_2S$

Acrylsäure, 3-[4-Chlor-phenylmercapto]-, äthylester **6** IV 1605

Pentan-2,4-dion, 3-[4-Chlor-phenyl-mercapto]- **6** II 298 a

$C_{11}H_{11}ClO_3$

Acetessigsäure-[4-chlor-3-methyl-phenylester] **6** IV 2066

Acetessigsäure, 2-Chlor-, benzylester **6** IV 2481

But-3-ensäure, 4-[4-Chlor-2-methyl-phenoxy]- **6** IV 1998

Chlorokohlensäure-[4-allyl-2-methoxy-phenylester] **6** I 463 k

— [2-methoxy-4-propenyl-phenylester] **6** I 460 h

Crotonsäure, 4-[2-Chlor-4-methyl-phenoxy]- **6** IV 2137

—, 4-[4-Chlor-2-methyl-phenoxy]- **6** IV 1998

Essigsäure, [2-Allyl-4-chlor-phenoxy]- **6** III 2413 d

—, [4-Chlor-phenoxy]-, allylester **6** III 695 b

Pentan-2,4-dion, 3-Chlor-1-phenoxy- **6** III 594 g

$C_{11}H_{11}ClO_4$

Propionsäure, 2-Acetoxy-, [4-chlor-phenylester] **6** IV 851

Toluol, 2,3-Diacetoxy-5-chlor- **6** I 426 g

—, 2,5-Diacetoxy-3-chlor- **6** IV 5869

—, 2,5-Diacetoxy-4-chlor- **6** IV 5869

$C_{11}H_{11}ClO_5$

Benzol, 1,4-Diacetoxy-2-chlor-3-methoxy- **6** IV 7344

—, 1,4-Diacetoxy-2-chlor-5-methoxy- **6** IV 7345

—, 2,5-Diacetoxy-1-chlor-3-methoxy- **6** IV 7345

Bernsteinsäure, [4-Chlor-2-methyl-phenoxy]- **6** IV 1999

C$_{11}$H$_{11}$Cl$_2$IO$_3$
Essigsäure, [2,4-Dichlor-5-jod-phenoxy]-,
isopropylester **6** III 783 c

C$_{11}$H$_{11}$Cl$_2$NO
Valeronitril, 5-[2,4-Dichlor-phenoxy]-
6 IV 929

C$_{11}$H$_{11}$Cl$_2$NO$_2$S
Acetonitril, Dichlor-[2,4,5-trimethyl-
benzolsulfonyl]- **6** I 255 h
Sulfid, [2-Chlor-cyclopentyl]-[4-chlor-
2-nitro-phenyl]- **6** III 1079 d

C$_{11}$H$_{11}$Cl$_2$NO$_3$S
Cystein, N-Acetyl-S-[2,3-dichlor-phenyl]-
6 IV 1611
–, N-Acetyl-S-[2,4-dichlor-phenyl]-
6 IV 1616
–, N-Acetyl-S-[2,5-dichlor-phenyl]-
6 IV 1622
–, N-Acetyl-S-[2,6-dichlor-phenyl]-
6 IV 1624
–, N-Acetyl-S-[3,4-dichlor-phenyl]-
6 IV 1630
–, N-Acetyl-S-[3,5-dichlor-phenyl]-
6 IV 1634

C$_{11}$H$_{11}$Cl$_2$NO$_4$
Alanin, N-[(2,4-Dichlor-phenoxy)-acetyl]-
6 IV 916
Hydroxylamin, N-Acetyl-N-[(2,4-dichlor-
6-methyl-phenoxy)-acetyl]- **6** IV 2003
–, O-Acetyl-N-[(2,4-dichlor-6-methyl-
phenoxy)-acetyl]- **6** IV 2003

C$_{11}$H$_{11}$Cl$_2$NO$_5$
Serin, N-[(2,4-Dichlor-phenoxy)-acetyl]-
6 IV 918

C$_{11}$H$_{11}$Cl$_3$N$_2$O$_2$S$_2$
Thiocarbamidsäure, N,N'-[2,2,2-Trichlor-
äthyliden]-bis-, S-methylester-
S'-phenylester **6** IV 1527 h

C$_{11}$H$_{11}$Cl$_3$O
Pent-3-en-2-ol, 1,1,1-Trichlor-4-phenyl-
6 IV 3875
Pent-4-en-2-ol, 1,1,1-Trichlor-4-phenyl-
6 IV 3875

C$_{11}$H$_{11}$Cl$_3$OS
Sulfoxid, [4-Isopropyl-phenyl]-trichlorvinyl-
6 IV 3218

C$_{11}$H$_{11}$Cl$_3$O$_2$
Äthan, 1-Allyloxy-2-[2,4,6-trichlor-
phenoxy]- **6** III 725 a
Äthanol, 2,2,2-Trichlor-1-cinnamyloxy-
6 571 c
Buttersäure-[2,4,6-trichlor-3-methyl-
phenylester] **6** IV 2071

Essigsäure-[2-phenyl-1-trichlormethyl-
äthylester] **6** II 474 k
– [2,2,2-trichlor-1-m-tolyl-
äthylester] **6** IV 3238
– [2,2,2-trichlor-1-o-tolyl-äthylester]
6 I 254 i, IV 3233
– [2,2,2-trichlor-1-p-tolyl-äthylester]
6 509 a, III 1827 h, IV 3243
Isovaleriansäure-[2,4,6-trichlor-phenylester]
6 192 f
Isovalerylchlorid, α-[2,4-Dichlor-phenoxy]-
6 IV 929
Propionsäure-[2,2,2-trichlor-1-phenyl-
äthylester] **6** III 1686 c, IV 3049
Propionsäure, 2,2-Dichlor-, [2-chlor-
1-phenyl-äthylester] **6** IV 3047
Valerylchlorid, 2-[2,4-Dichlor-phenoxy]-
6 IV 928

C$_{11}$H$_{11}$Cl$_3$O$_2$S
Essigsäure-[1-benzylmercapto-2,2,2-trichlor-
äthylester] **6** IV 2659
Sulfon, [4-Isopropyl-phenyl]-trichlorvinyl-
6 IV 3219

C$_{11}$H$_{11}$Cl$_3$O$_3$
Äthan, 2-Acetoxy-1,1,1-trichlor-2-
[2-methoxy-phenyl]- **6** 903 h, IV 5929
–, 2-Acetoxy-1,1,1-trichlor-2-
[3-methoxy-phenyl]- **6** IV 5930
–, 2-Acetoxy-1,1,1-trichlor-2-
[4-methoxy-phenyl]- **6** 904 d, IV 5932
Äthanol, 1-[2-Acetoxy-5-methyl-phenyl]-
2,2,2-trichlor- **6** III 4640 h
Essigsäure, [4-Chlor-phenoxy]-,
[2,3-dichlor-propylester] **6** III 694 j
–, [2,4,5-Trichlor-phenoxy]-,
isopropylester **6** IV 974
–, [2,4,6-Trichlor-phenoxy]-,
isopropylester **6** IV 1011
Propionsäure, 2-[2,4,6-Trichlor-phenoxy]-,
äthylester **6** IV 1013
Valeriansäure, 4-[2,4,5-Trichlor-phenoxy]-
6 IV 988
–, 5-[2,3,4-Trichlor-phenoxy]-
6 IV 961
–, 5-[2,4,5-Trichlor-phenoxy]-
6 IV 988
–, 5-[2,4,6-Trichlor-phenoxy]-
6 IV 1014

C$_{11}$H$_{11}$Cl$_3$O$_4$
Äthanol, 1-[4-Acetoxy-3-methoxy-phenyl]-
2,2,2-trichlor- **6** II 1085 c
Essigsäure, [2,4,5-Trichlor-phenoxy]-,
[2-hydroxy-propylester] **6** IV 977

$C_{11}H_{11}Cl_3O_4$ (Fortsetzung)

Essigsäure, [2,4,5-Trichlor-phenoxy]-,
[2-methoxy-äthylester] **6** IV 976

$C_{11}H_{11}Cl_3O_4S$

Essigsäure-[2,2,2-trichlor-1-phenyl≠
methansulfonyl-äthylester] **6** IV 2659

$C_{11}H_{11}Cl_3S$

Sulfid, [4-Isopropyl-phenyl]-trichlorvinyl-
6 IV 3218

$C_{11}H_{11}Cl_4NO_2$

Essigsäure, Trichlor-, [2-(4-chlor-2-methyl-
phenoxy)-äthylamid] **6** IV 1999

$C_{11}H_{11}Cl_5O$

Äther, Butyl-[2,3,4,5,6-pentachlor-benzyl]-
6 III 1559 f

$C_{11}H_{11}Cl_5O_2$

Formaldehyd-[butyl-pentachlorphenyl-
acetal] **6** III 734 f

$C_{11}H_{11}Cl_6O_3P$

Phosphonsäure, Methyl-, [2,2,2-trichlor-
1,1-dimethyl-äthylester]-[2,4,5-trichlor-
phenylester] **6** IV 992

$C_{11}H_{11}F_3O$

Äther, Methallyl-[3-trifluormethyl-phenyl]-
6 IV 2061

Anisol, 2-Allyl-5-trifluormethyl-
6 IV 3847

Phenol, 2-Methallyl-5-trifluormethyl-
6 IV 3880

$C_{11}H_{11}F_3O_2$

Buttersäure-[3-trifluormethyl-phenylester]
6 IV 2062

$C_{11}H_{11}IO_5$

Phenol, 2,4-Diacetoxy-3-jod-6-methyl-
6 III 6315 a

$C_{11}H_{11}IO_8P_2$

Naphthalin, 6-Jod-2-methyl-1,4-bis-
phosphonooxy- **6** IV 6583

$C_{11}H_{11}I_3O_3$

Propionsäure, 2-[2,4,6-Trijod-phenoxy]-,
äthylester **6** III 790 f

$C_{11}H_{11}NO$

Crotononitril, 3-Methyl-4-phenoxy-
6 III 623 c

Pent-3-ennitril, 5-Phenoxy- **6** IV 655

$C_{11}H_{11}NO_2$

Carbamidsäure-[1-phenyl-but-3-inylester]
6 IV 4070

— [2-phenyl-but-3-inylester] **6** IV 4075

Essigsäure, Cyan-, phenäthylester
6 IV 3074

$C_{11}H_{11}NO_3$

Carbamidsäure, Acryloyl-, benzylester
6 IV 2285

Fumaramidsäure, 3-Methyl-, phenylester
6 157 d

$C_{11}H_{11}NO_3S$

Acetoacetonitril, 2-[Toluol-4-sulfonyl]-
6 III 1428 e

$C_{11}H_{11}NO_4$

Acrylsäure, 2-Benzyloxycarbonylamino-
6 IV 2425

Buttersäure, 2-Hydroxyimino-3-oxo-,
benzylester **6** IV 2481

Essigsäure-[β-nitro-cinnamylester]
6 IV 3804

— [6-nitro-indan-1-ylester]
6 III 2427 a

Maleamidsäure, N-Benzyloxy- **6** IV 2564

Methacrylsäure-[4-nitro-benzylester]
6 IV 2614

Propen, 2-Acetoxy-1-[4-nitro-phenyl]-
6 IV 3798

$C_{11}H_{11}NO_4S$

Essigsäure, Cyan-[toluol-4-sulfonyl]-,
methylester **6** III 1425 c

Pentan-2,4-dion, 3-[2-Nitro-phenyl≠
mercapto]- **6** II 306 b

—, 3-[4-Nitro-phenylmercapto]-
6 III 1074 g

$C_{11}H_{11}NO_5$

Essigsäure, [4-(2-Nitro-propenyl)-phenoxy]-
6 IV 3797

Kohlensäure-äthylester-[3-(2-nitro-vinyl)-
phenylester] **6** III 2385 f

— äthylester-[4-(2-nitro-vinyl)-
phenylester] **6** I 278 m

Styrol, 4-Acetoxy-3-methoxy-β-nitro-
6 II 915 g, IV 6317

$C_{11}H_{11}NO_6$

Benzol, 2-Acetoxy-1-acetoxymethyl-4-nitro-
6 IV 5904

Glutarsäure-mono-[4-nitro-phenylester]
6 IV 1301

Malonsäure, Benzyloxycarbonylamino-
6 IV 2395

Toluol, 2,3-Diacetoxy-5-nitro- **6** IV 5863

—, 4,5-Diacetoxy-2-nitro- **6** IV 5884

$C_{11}H_{11}NO_7$

Äpfelsäure-1(oder 4)-[4-nitro-benzylester]
6 I 224 i

Benzol, 1,3-Diacetoxy-5-methoxy-2-nitro-
6 IV 7371

$C_{11}H_{11}NO_7$ (Fortsetzung)

Benzol, 1,4-Diacetoxy-2-methoxy-3-nitro-
6 IV 7348

—, 1,5-Diacetoxy-2-methoxy-4-nitro-
6 IV 7348

—, 1,5-Diacetoxy-3-methoxy-2-nitro-
6 IV 7371

Malonsäure, [2-Nitro-phenoxy]-,
dimethylester 6 221 i

—, [3-Nitro-phenoxy]-, dimethylester
6 225 o

—, [4-Nitro-phenoxy]-, dimethylester
6 235 b

$C_{11}H_{11}NO_8S$

Bernsteinsäure, [4-Methyl-3-nitro-
benzolsulfonyl]- 6 III 1437 e

$C_{11}H_{11}NS$

But-2-enylthiocyanat, 4-Phenyl-
6 IV 3837

$C_{11}H_{11}N_3O_4S_2$

Butan, 2-[2,4-Dinitro-phenylmercapto]-
3-thiocyanato- 6 IV 1754

$C_{11}H_{11}N_3O_7$

Phenol, 3,5-Dimethyl-6-[1-methyl-2-nitro-
vinyl]-2,4-dinitro- 6 I 293 h

$C_{11}H_{11}N_3O_7S$

Cystein, N-Acetyl-S-[2,4-dinitro-phenyl]-
6 IV 1764

$C_{11}H_{11}N_3O_9$

Propionsäure, 2-Picryloxy-, äthylester
6 III 972 f

$C_{11}H_{11}O_4P$

Phosphorsäure-methylester-[1]naphthylester
6 IV 4226

— methylester-[2]naphthylester
6 IV 4286

$C_{11}H_{12}BrClO_2$

Chlorokohlensäure-[4-brom-2-isopropyl-
5-methyl-phenylester] 6 III 1909 h

Isovaleriansäure, α-Brom-, [4-chlor-
phenylester] 6 II 176 k

$C_{11}H_{12}BrClO_3$

Essigsäure, Brom-, [β-(4-chlor-phenoxy)-
isopropylester] 6 IV 829

—, [4-Chlor-2-methyl-phenoxy]-,
[2-brom-äthylester] 6 III 1266 c

Propan, 2-Bromacetoxy-1-[2-chlor-
phenoxy]- 6 IV 7984

$C_{11}H_{12}BrCl_2NO_2$

Essigsäure, [2,4-Dichlor-phenoxy]-,
[3-brom-propylamid] 6 IV 915

$C_{11}H_{12}BrCl_2NO_3$

Äther, [2-Brom-1-(2,4-dichlor-phenyl)-
2-nitro-butyl]-methyl- 6 IV 3275

$C_{11}H_{12}BrCl_3O$

Äther, [5-Brom-pentyl]-[2,4,5-trichlor-
phenyl]- 6 IV 964

—, [5-Brom-pentyl]-[2,4,6-trichlor-
phenyl]- 6 III 724 d

$C_{11}H_{12}BrNOS$

Äthylthiocyanat, 2-[4-Äthyl-2-brom-
phenoxy]- 6 III 1668 g

Butylthiocyanat, 4-[4-Brom-phenoxy]-
6 IV 1049 d

$C_{11}H_{12}BrNO_3$

Äther, [1-Brom-3-nitro-5,6,7,8-tetrahydro-
[2]naphthyl]-methyl- 6 II 539 f

$C_{11}H_{12}BrNO_3S$

Cystein, N-Acetyl-S-[2-brom-phenyl]-
6 IV 1648

—, N-Acetyl-S-[3-brom-phenyl]-
6 IV 1649

—, N-Acetyl-S-[4-brom-phenyl]-
6 333 b, 334 g, I 152 e, II 302 c,
III 1052 d, IV 1656

—, S-[4-Brom-benzyl]-N-formyl-
6 III 1644 d

$C_{11}H_{12}BrNO_4$

Isovaleriansäure, α-Brom-, [2-nitro-
phenylester] 6 220 d

—, α-Brom-, [3-nitro-phenylester]
6 225 a

—, α-Brom-, [4-nitro-phenylester]
6 233 j

$C_{11}H_{12}BrNO_5$

Kohlensäure-[4-brom-2-nitro-phenylester]-
butylester 6 III 844 b

Propionsäure, 3-[2-Brom-4-nitro-phenoxy]-,
äthylester 6 IV 1365

—, 3-[4-Brom-2-nitro-phenoxy]-,
äthylester 6 IV 1363

Styrol, β-Brom-2,3,4-trimethoxy-β-nitro-
6 III 6438 d

$C_{11}H_{12}BrNO_5S$

Alanin, N-Acetyl-3-[4-brom-benzolsulfonyl]-
6 334 e

$C_{11}H_{12}BrN_3O_2$

Buttersäure, 4-[2-Brom-phenoxy]-2-cyan-,
hydrazid 6 IV 1041

$C_{11}H_{12}Br_2O$

Äther, [6,7-Dibrom-5,6,7,8-tetrahydro-
[2]naphthyl]-methyl- 6 IV 3857

Anisol, 4-[2,2-Dibrom-3-methyl-
cyclopropyl]- 6 IV 3851

$C_{11}H_{12}Br_2O_2$

Benzol, 1-Acetoxy-2-[2,3-dibrom-propyl]-
6 I 249 b, III 1786 i

—, 1-Acetoxy-4-[1,2-dibrom-propyl]-
6 III 1791 e

—, 1-Allyl-2,3-dibrom-4,5-dimethoxy-
6 III 5031 c

—, 1-Allyl-2,5-dibrom-3,4-dimethoxy-
6 III 5031 c

Essigsäure-[2-brom-4-brommethyl-
3,6-dimethyl-phenylester] 6 512 g

— [2,3-dibrom-3-phenyl-propylester]
6 504 e, IV 3205

— [2,5-dibrom-3,4,6-trimethyl-
phenylester] 6 512 d

— [3,5-dibrom-2,4,6-trimethyl-
phenylester] 6 519 e

[1]Naphthol, 2,5-Dibrom-8-methoxy-
1,2,3,4-tetrahydro- 6 IV 6354

Valeriansäure-[2,4-dibrom-phenylester]
6 III 754 h

$C_{11}H_{12}Br_2O_3$

Aceton, [2-Äthoxy-4,5-dibrom-phenoxy]-
6 IV 5623

Benzylalkohol, 4-Acetoxy-2,5-dibrom-
3,6-dimethyl- 6 935 f

—, 4-Acetoxy-2,6-dibrom-
3,5-dimethyl- 6 941 c

Essigsäure, [2,6-Dibrom-4-methyl-phenoxy]-,
äthylester 6 IV 2146

Phenol, 2-Acetoxymethyl-3,5-dibrom-
4,6-dimethyl- 6 940 c

—, 2-Acetoxymethyl-3,6-dibrom-
4,5-dimethyl- 6 939 f

—, 3-Acetoxymethyl-2,5-dibrom-
4,6-dimethyl- 6 932 i

—, 4-Acetoxymethyl-2,5-dibrom-
3,6-dimethyl- 6 935 g, II 897 f

—, 4-Acetoxymethyl-2,6-dibrom-
3,5-dimethyl- 6 931 c

—, 4-Acetoxymethyl-3,5-dibrom-
2,6-dimethyl- 6 941 d

Toluol, 4-Acetoxy-2-äthoxy-3,5-dibrom-
6 II 860 g

$C_{11}H_{12}Br_2O_4$

Essigsäure, [2,5-Dibrom-4-methoxy-
phenoxy]-, äthylester 6 IV 5783

—, [3,5-Dibrom-2-methoxy-phenoxy]-,
äthylester 6 IV 5624

—, [4,5-Dibrom-2-methoxy-phenoxy]-,
äthylester 6 IV 5624

—, [4,5-Dibrom-2-propoxy-phenoxy]-
6 IV 5624

$C_{11}H_{12}Br_4O$

Äther, [4-(1,2-Dibrom-äthyl)-phenyl]-
[2,3-dibrom-propyl]- 6 IV 3026

$C_{11}H_{12}Br_4O_2$

Benzol, 1,4-Dibrom-5-[2,3-dibrom-propyl]-
2,3-dimethoxy- 6 III 4620 b

—, 2,3-Dibrom-1-[2,3-dibrom-propyl]-
4,5-dimethoxy- 6 III 4620 b

$C_{11}H_{12}Br_4O_3$

Phenol, 2,3,5-Tribrom-4-[2-brom-
1-methoxy-propyl]-6-methoxy- 6 1122 j

$C_{11}H_{12}ClF_3O$

Äther, [2-Chlor-1,1,2-trifluor-äthyl]-
[2,4,5-trimethyl-phenyl]- 6 IV 3247

$C_{11}H_{12}ClNO$

Propionitril, 3-[1-(4-Chlor-phenyl)-äthoxy]-
6 IV 3045

$C_{11}H_{12}ClNOS$

Butylthiocyanat, 4-[2-Chlor-phenoxy]-
6 IV 789 f

—, 4-[3-Chlor-phenoxy]- 6 IV 813 e

Propylthiocyanat, 3-[2-Chlor-benzyloxy]-
6 IV 2591

$C_{11}H_{12}ClNO_2$

Butyronitril, 4-[4-Chlor-2-methyl-phenoxy]-
3-hydroxy- 6 IV 1998

Butyrylchlorid, 2-Benzyloxyimino-
6 IV 2565

$C_{11}H_{12}ClNO_2S$

Alanylchlorid, N-p-Tolylmercaptocarbonyl-
6 IV 2197

Sulfid, [2-Chlor-cyclopentyl]-[4-nitro-
phenyl]- 6 III 1069 k, IV 1692

$C_{11}H_{12}ClNO_3$

Alanylchlorid, N-Benzyloxycarbonyl-
6 III 1498 b

β-Alanylchlorid, N-Benzyloxycarbonyl-
6 III 1500 g

Anisol, 2-Chlormethyl-4-[2-nitro-propenyl]-
6 III 2446 a

$C_{11}H_{12}ClNO_3S$

Cystein, N-Acetyl-S-[2-chlor-phenyl]-
6 IV 1575

—, N-Acetyl-S-[3-chlor-phenyl]-
6 IV 1580

—, N-Acetyl-S-[4-chlor-phenyl]-
6 329 e, II 298 g, III 1040 f,
IV 1607

$C_{11}H_{12}ClNO_4$

Alanin, N-[4-Chlor-benzyloxycarbonyl]-
6 IV 2595

—, N-[(4-Chlor-phenoxy)-acetyl]-
6 IV 846

$C_{11}H_{12}Cl_2O_3$ (Fortsetzung)

Buttersäure, 4-[2,5-Dichlor-4-methyl-
phenoxy]- **6** IV 2141

—, 4-[4,5-Dichlor-2-methyl-phenoxy]-
6 IV 2004

Essigsäure, [4-Chlor-2-chlormethyl-
phenoxy]-, äthylester **6** III 1268 e

—, [2,4-Dichlor-6-methyl-phenoxy]-,
äthylester **6** IV 2003

—, [2,4-Dichlor-phenoxy]-,
isopropylester **6** III 706 c, IV 910

Isovaleriansäure, α-[2,4-Dichlor-phenoxy]-
6 IV 929

Propionsäure, 2-[2,4-Dichlor-3,5-dimethyl-
phenoxy]- **6** III 1761 h

—, 2-[2,4-Dichlor-phenoxy]-,
äthylester **6** 189 i, III 708 a, IV 923

—, 3-[2,4-Dichlor-phenoxy]-,
äthylester **6** III 708 d

Valeriansäure, 2-[2,4-Dichlor-phenoxy]-
6 IV 928

—, 4-[2,4-Dichlor-phenoxy]-
6 IV 928

—, 5-[2,3-Dichlor-phenoxy]-
6 IV 884

—, 5-[2,4-Dichlor-phenoxy]-
6 III 709 c, IV 929

—, 5-[2,5-Dichlor-phenoxy]-
6 IV 946

—, 5-[3,4-Dichlor-phenoxy]-
6 IV 956

$C_{11}H_{12}Cl_2O_3S_2$

Dithiokohlensäure-O-{2-[2-(2,4-dichlor-
phenoxy)-äthoxy]-äthylester} **6** IV 890

$C_{11}H_{12}Cl_2O_4$

Essigsäure, [2,4-Dichlor-phenoxy]-,
[2-hydroxy-propylester] **6** IV 912

—, [2,4-Dichlor-phenoxy]-,
[2-methoxy-äthylester] **6** IV 911

—, [4,5-Dichlor-2-propoxy-phenoxy]-
6 IV 5619

$C_{11}H_{12}Cl_2O_4S$

Propan, 1-Acetoxy-2-chlor-3-[4-chlor-
benzolsulfonyl]- **6** IV 1589

$C_{11}H_{12}Cl_2S$

Sulfid, [4-Chlor-benzyl]-[3-chlor-but-2-enyl]-
6 IV 2771

—, [2-Chlor-cyclopentyl]-[4-chlor-
phenyl]- **6** IV 1584

—, [3,3-Dichlor-1,1-dimethyl-allyl]-
phenyl- **6** IV 1482

—, [1,2-Dichlor-vinyl]-[2,4-dimethyl-
benzyl]- **6** IV 3251

—, [1,2-Dichlor-vinyl]-[4-isopropyl-
phenyl]- **6** IV 3218

$C_{11}H_{12}Cl_3NO_2$

Essigsäure, Trichlor-, [2-o-tolyloxy-
äthylamid] **6** IV 1969

$C_{11}H_{12}Cl_3NO_3$

Äther, Phenäthyl-[β,β,β-trichlor-β'-nitro-
isopropyl]- **6** IV 3070

Essigsäure, Dichlor-, [3-(2-chlor-phenoxy)-
2-hydroxy-propylamid] **6** IV 803

—, Dichlor-, [3-(4-chlor-phenoxy)-
2-hydroxy-propylamid] **6** IV 863

$C_{11}H_{12}Cl_3NO_4$

Äthan, 1-Phenoxy-2-[β,β,β-trichlor-β'-nitro-
isopropoxy]- **6** IV 572

Propan, 1-Äthoxy-2-[3,4,6-trichlor-2-nitro-
phenoxy]- **6** III 842 c

$C_{11}H_{12}Cl_4O$

Äther, Benzyl-[1,2,2,3-tetrachlor-butyl]-
6 IV 2253

Anisol, 4-[2,4,4,4-Tetrachlor-butyl]-
6 IV 3271

$C_{11}H_{12}Cl_4O_4S$

Schwefligsäure-[2-chlor-äthylester]-[β-
(2,4,5-trichlor-phenoxy)-isopropylester]
6 IV 968

$C_{11}H_{12}Cl_6O$

Äther, [1,4,5,6,7,7-Hexachlor-norborn-5-en-
2-yl]-isobutyl- **6** IV 344

$C_{11}H_{12}Cl_6O_2$

Norborn-2-en, 1,2,3,4,7,7-Hexachlor-
5,6-bis-[1-hydroxy-äthyl]- **6** IV 5537

$C_{11}H_{12}FNO_3S$

Cystein, N-Acetyl-S-[4-fluor-phenyl]-
6 III 1032 h, IV 1569

$C_{11}H_{12}F_3NO_2S$

Essigsäure, [3-Trifluormethyl-phenyl-
mercapto]-, [2-hydroxy-äthylamid]
6 III 1336 d

$C_{11}H_{12}F_3NO_3$

Essigsäure, [3-Trifluormethyl-phenoxy]-,
[2-hydroxy-äthylamid] **6** III 1314 i

$C_{11}H_{12}INO_3S$

Cystein, N-Acetyl-S-[4-jod-phenyl]-
6 336 d, I 154 b, II 303 i, III 1056 d,
IV 1660

$C_{11}H_{12}INO_5S$

Alanin, N-Acetyl-3-[4-jod-benzolsulfonyl]-
6 336 g

$C_{11}H_{12}IN_3O_2$

Buttersäure, 2-Cyan-4-[2-jod-phenoxy]-,
hydrazid **6** IV 1072

C₁₁H₁₂I₂O
Pent-2-en-1-ol, 2,3-Dijod-1-phenyl-
6 581 c

C₁₁H₁₂I₂O₂
Essigsäure-[2,4-dijod-6-propyl-phenylester]
6 IV 3180

C₁₁H₁₂I₂O₃
Essigsäure, [2,4-Dijod-6-methyl-phenoxy]-,
äthylester 6 IV 2009

C₁₁H₁₂I₂O₄
Buttersäure, 2-[3,5-Dijod-2-methoxy-
phenoxy]- 6 IV 5625
—, 2-[3,5-Dijod-4-methoxy-phenoxy]-
6 IV 5786
—, 2-[x,x-Dijod-3-methoxy-phenoxy]-
6 IV 5678

C₁₁H₁₂N₂O₂
Butan-2-on, 3-Benzyloxy-1-diazo-
6 IV 2257

C₁₁H₁₂N₂O₂S
Phenylthiocyanat, 2-tert-Butyl-4-nitro-
6 IV 3294

C₁₁H₁₂N₂O₃
Allophansäure-cinnamylester 6 I 281 e,
III 2407 b
Valeronitril, 5-[2-Nitro-phenoxy]-
6 IV 1263
—, 5-[3-Nitro-phenoxy]- 6 IV 1275
—, 5-[4-Nitro-phenoxy]- 6 IV 1306

C₁₁H₁₂N₂O₃S
Phenol, 6-Isopropyl-3-methyl-2-nitro-
4-thiocyanato- 6 IV 6023
Propionsäure, 2-Benzyloxythiocarbonyl⹀
hydrazono- 6 IV 2469

C₁₁H₁₂N₂O₃S₂
Dithiokohlensäure-S-allophanoylmethyl⹀
ester-O-benzylester 6 438 d

C₁₁H₁₂N₂O₄
Allophansäure, 4-Acetyl-, benzylester
6 IV 2285
Propionsäure, 2-Benzyloxycarbonyl⹀
hydrazono- 6 IV 2465

C₁₁H₁₂N₂O₄S
Acetonitril, [4-Äthoxy-benzolsulfonyl]-
methoxyimino- 6 863 e
Äthylthiocyanat, 2-[4-Methoxy-3-nitro-
benzyloxy]- 6 IV 5919
Methan, [4-Nitro-phenoxy]-[β-thiocyanato-
isopropoxy]- 6 IV 1296
Sulfid, [2,4-Dinitro-phenyl]-[3-methyl-but-
2-enyl]- 6 IV 1741
—, [2,4-Dinitro-phenyl]-pent-1-enyl-
6 III 1094 a

C₁₁H₁₂N₂O₅
Äther, [1,3-Dinitro-5,6,7,8-tetrahydro-
[2]naphthyl]-methyl- 6 II 540 a
Phenol, 2-Cyclopentyl-4,6-dinitro-
6 IV 3884
—, 4-Cyclopentyl-2,6-dinitro-
6 IV 3884

C₁₁H₁₂N₂O₅S
Cyclopentanol, 2-[2,4-Dinitro-phenyl⹀
mercapto]- 6 IV 5190
Cystein, N-Acetyl-S-[2-nitro-phenyl]-
6 IV 1670
—, N-Acetyl-S-[4-nitro-phenyl]-
6 III 1076 h, IV 1715
Pentan-2-on, 1-[2,4-Dinitro-phenyl⹀
mercapto]- 6 IV 1758
Pentan-3-on, 2-[2,4-Dinitro-phenyl⹀
mercapto]- 6 IV 1758

C₁₁H₁₂N₂O₆
Alanin, N-[4-Nitro-benzyloxycarbonyl]-
6 IV 2617
Benzol, 1,2-Dimethoxy-4-nitro-5-[2-nitro-
propenyl]- 6 IV 6332
Essigsäure-[2,6-dinitro-4-propyl-phenylester]
6 I 249 l
Glutaminsäure-1-[4-nitro-phenylester]
6 IV 1315
Glycin, N-[2-Nitro-phenoxycarbonyl]-,
äthylester 6 IV 1259

C₁₁H₁₂N₂O₆S
Essigsäure, [5-Methyl-2,4-dinitro-
phenylmercapto]-, äthylester
6 IV 2090

C₁₁H₁₂N₂O₆S₂
Valeriansäure, 5-[2,4-Dinitro-phenyl⹀
disulfanyl]- 6 IV 1771

C₁₁H₁₂N₂O₇
Essigsäure, [2-Methyl-4,6-dinitro-phenoxy]-,
äthylester 6 IV 2014
Kohlensäure-[2,6-dinitro-4-propyl-
phenylester]-methylester 6 I 250 a
Propan, 1-Acetoxy-3-[2,4-dinitro-phenoxy]-
6 II 244 c
Propionsäure, 2-[2,4-Dinitro-phenoxy]-,
äthylester 6 IV 1382
Serin, N-[4-Nitro-benzyloxycarbonyl]-
6 IV 2618
Styrol, 3,4,5-Trimethoxy-2,β-dinitro-
6 IV 7476

C₁₁H₁₂N₂O₈S
Essigsäure, [5-Methyl-2,4-dinitro-
benzolsulfonyl]-, äthylester 6 IV 2090

$C_{11}H_{12}N_4O_4$

Buttersäure, 2-Cyan-4-[3-nitro-phenoxy]-,
  hydrazid **6** IV 1275

Serylazid, N-Benzyloxycarbonyl-
  6 IV 2384

$C_{11}H_{12}O$

Äthanol, 1-Inden-1-yl- **6** I 301 d

−, 2-Inden-3-yl- **6** IV 4085

Äther, Äthyl-inden-2-yl- **6** IV 4069

−, Äthyl-[1-phenyl-prop-2-inyl]-
  6 II 558 f, III 2737 b, IV 4066

−, Allyl-[1-phenyl-vinyl]- **6** III 2390 e

−, Allyl-[4-vinyl-phenyl]- **6** IV 3776

−, Benzyl-but-2-inyl- **6** III 1460 b

−, Benzyl-[1-methyl-prop-2-inyl]-
  6 IV 2233

−, [3,4-Dihydro-[2]naphthyl]-methyl-
  6 III 2741 b, IV 4077

−, [5,6-Dihydro-[1]naphthyl]-methyl-
  6 IV 4077

−, [5,6-Dihydro-[2]naphthyl]-methyl-
  6 IV 4076

−, [5,8-Dihydro-[1]naphthyl]-methyl-
  6 IV 4078

−, [5,8-Dihydro-[2]naphthyl]-methyl-
  6 IV 4078

−, [7,8-Dihydro-[1]naphthyl]-methyl-
  6 IV 4076

−, [7,8-Dihydro-[2]naphthyl]-methyl-
  6 III 2740 d

−, [1,1-Dimethyl-prop-2-inyl]-phenyl-
  6 IV 567

−, [1-Methylen-allyl]-m-tolyl-
  6 III 1302 d

−, Methyl-[1-methyl-1-phenyl-prop-
  2-inyl]- **6** IV 4073

−, Methyl-[1-methyl-3-phenyl-prop-
  2-inyl]- **6** III 2738 f

−, Pent-4-inyl-phenyl- **6** IV 566

Anisol, 2-Buta-1,3-dienyl- **6** IV 4071

−, 4-Buta-1,3-dienyl- **6** III 2739 e,
  IV 4072

−, 3-But-3-inyl- **6** IV 4070

−, 4-[1-Methylen-allyl]- **6** IV 4076

Benzocyclohepten-6-ol, 6,7-Dihydro-5H-
  6 IV 4083

But-2-in-1-ol, 4-p-Tolyl- **6** IV 4081

But-3-in-2-ol, 2-Methyl-4-phenyl-
  6 590 b, I 301 a, II 560 e, III 2743 c

−, 2-p-Tolyl- **6** IV 4082

Cyclopropa[b]naphthalin-2-ol, 1a,2,7,7a-
  Tetrahydro-1H- **6** IV 4085

Inden-1-ol, 1,2-Dimethyl- **6** I 301 f

Methanol, [1,2-Dihydro-[2]naphthyl]-
  6 IV 4085

Penta-1,4-dien-3-ol, 3-Phenyl- **6** IV 4081

Penta-2,4-dien-1-ol, 1-Phenyl- **6** III 2743 a

−, 5-Phenyl- **6** III 2742 g

Pent-1-in-3-ol, 1-Phenyl- **6** 589 c,
  III 2741 d

−, 3-Phenyl- **6** IV 4081

−, 5-Phenyl- **6** IV 4079

Pent-2-in-1-ol, 1-Phenyl- **6** 590 a

Pent-4-in-2-ol, 2-Phenyl- **6** III 2743 b,
  IV 4080

−, 5-Phenyl- **6** IV 4079

Phenol, 2-Cyclopent-1-enyl- **6** IV 4082

−, 2-Cyclopent-2-enyl- **6** II 560 i,
  IV 4082

−, 4-Cyclopent-1-enyl- **6** II 560 f,
  IV 4082

−, 4-Cyclopent-2-enyl- **6** IV 4083

−, 4-[1,1-Dimethyl-prop-2-inyl]-
  6 III 2744 a

$C_{11}H_{12}OS$

But-3-en-2-on, 4-p-Tolylmercapto-
  6 IV 2194

Crotonaldehyd, 3-Methyl-2-phenyl⸗
  mercapto- **6** IV 1519

Prop-2-in-1-ol, 3-Äthylmercapto-1-phenyl-
  6 IV 6457

Thiomethacrylsäure-S-benzylester
  6 IV 2678

Thiopropionsäure-S-styrylester **6** III 2393 c

$C_{11}H_{12}OS_2$

Dithiokohlensäure-O-[1,2,3,4-tetrahydro-
  [2]naphthylester] **6** 580 b

$C_{11}H_{12}O_2$

Acrylsäure-phenäthylester **6** IV 3074

Benzol, 1,2-Dimethoxy-4-prop-1-inyl-
  6 III 5155 b

Brenzcatechin, 4-Cyclopent-2-enyl-
  6 IV 6461

But-3-en-2-on, 4-Benzyloxy- **6** IV 2256

−, 4-p-Tolyloxy- **6** IV 2111

But-3-in-1,2-diol, 2-Methyl-4-phenyl-
  6 III 5162 a, IV 6461

But-2-in-1-ol, 4-Benzyloxy- **6** IV 2246

−, 4-Methoxy-1-phenyl- **6** IV 6457

−, 4-p-Tolyloxy- **6** IV 2107

But-3-in-1-ol, 1-[4-Methoxy-phenyl]-
  6 IV 6457

But-3-in-2-ol, 2-[4-Methoxy-phenyl]-
  6 IV 6458

−, 2-Methyl-4-phenoxy- **6** III 581 h

$C_{11}H_{12}O_2$ (Fortsetzung)

Crotonsäure-benzylester **6** III 1481 g,
    IV 2267
— m-tolylester **6** III 1306 k
— o-tolylester **6** III 1255 d
— p-tolylester **6** II 379 j, III 1365 d,
    IV 2113
Crotonsäure, 2-Methyl-, phenylester **6** IV 620
—, 3-Methyl-, phenylester
    6 II 156 c, IV 620
Cyclopropa[b]naphthalin-2,7-diol,
    1a,2,7,7a-Tetrahydro-1H- **6** IV 6463
Essigsäure-[2-allyl-phenylester] **6** I 282 e,
    III 2412 e, IV 3809
— cinnamylester **6** II 527 f,
    III 2406 d, IV 3801
— indan-1-ylester **6** I 286 e,
    III 2424 e
— indan-2-ylester **6** III 2427 c
— indan-4-ylester **6** III 2428 b,
    IV 3827
— indan-5-ylester **6** III 2529 b
— [2-isopropenyl-phenylester]
    6 I 284 b
— [3-isopropenyl-phenylester]
    6 I 285 b, IV 3821
— [1-methyl-2-phenyl-vinylester]
    6 III 2401 a, IV 3798
— [1-phenyl-allylester] **6** III 2419 a,
    IV 3819
— [2-phenyl-allylester] **6** IV 3822
— [1-phenyl-propenylester]
    6 III 2400 d
— [2-phenyl-propenylester]
    6 I 285 j
— [3-phenyl-propenylester]
    6 II 530 c
— [2-propenyl-phenylester]
    6 IV 3794
— [4-vinyl-benzylester] **6** III 2423 c
Inden, 4,5-Dimethoxy- **6** III 5156 d
—, 5,6-Dimethoxy- **6** III 5156 e,
    IV 6457
—, 6,7-Dimethoxy- **6** III 5156 d
Methacrylsäure-benzylester **6** III 1481 h,
    IV 2268
— o-tolylester **6** III 1255 e,
    IV 1961
— p-tolylester **6** IV 2114
1,4-Methano-naphthalin-5,8-diol, 1,2,3,4-
    Tetrahydro- **6** III 5164 b, **7** II 628 e
1,4-Methano-naphthalin-5,8-dion,
    1,2,3,4,4a,8a-Hexahydro- **6** III 5164 c

Naphthalin-1,2-diol, 7-Methyl-1,2-dihydro-
    6 IV 6462
Naphthalin-1,4-diol, 2-Methyl-5,8-dihydro-
    6 III 5162 f
—, 5-Methyl-5,8-dihydro- **6** III 5162 b,
    IV 6462
—, 6-Methyl-5,8-dihydro- **6** III 5163 c
[1,4]Naphthochinon, 2-Methyl-4a,5,8,8a-
    tetrahydro- **6** III 5163 a
—, 5-Methyl-4a,5,8,8a-tetrahydro-
    6 III 5162 c
—, 6-Methyl-4a,5,8,8a-tetrahydro-
    6 III 5164 a
[1]Naphthol, 4-Methoxy-5,8-dihydro-
    6 IV 6459
Pent-1-en-1-on, 2-Phenoxy- **6** IV 607
Prop-2-in-1-ol, 3-Äthoxy-1-phenyl-
    6 IV 6456
Propionsäure-[1-phenyl-vinylester]
    6 IV 3781
— styrylester **6** III 2392 a
— [4-vinyl-phenylester] **6** IV 3777

$C_{11}H_{12}O_2S$

Acrylsäure, 2-Benzylmercapto-, methyl=
    ester **6** IV 2708
—, 2-[Benzylmercapto-methyl]-
    6 IV 2709
—, 2-Methyl-3-p-tolylmercapto-
    6 IV 2201
—, 3-Phenylmercapto-, äthylester
    6 IV 1545
Crotonsäure, 3-Benzylmercapto-
    6 463 f, II 436 i, 437 a, III 1616 e
—, 4-Benzylmercapto- **6** IV 2708
—, 2-Methyl-3-phenylmercapto-
    6 319 b
Essigsäure, Cinnamylmercapto-
    6 571 f, III 2410 c, IV 3807
—, Indan-5-ylmercapto- **6** IV 3831
Sulfon, Methyl-[4-phenyl-buta-1,3-dienyl]-
    6 IV 4072
Thioessigsäure-S-[3-hydroxy-3-phenyl-
    propylester] **6** IV 6340
— S-[4-methoxy-styrylester]
    6 III 4990 c

$C_{11}H_{12}O_2S_2$

Toluol, 3,4-Bis-acetylmercapto-
    6 IV 5892

$C_{11}H_{12}O_2S_3$

Benzol, 2,4-Bis-acetylmercapto-
    1-methylmercapto- **6** I 545 b

$C_{11}H_{12}O_4$ (Fortsetzung)
Crotonsäure, 3-[3-Methoxy-phenoxy]-
  6 IV 5678
Essigsäure, [5-Allyl-2-hydroxy-phenoxy]-
  6 IV 6339
−, [2-Allyloxy-phenoxy]- 6 IV 5587
−, [3-Allyloxy-phenoxy]- 6 IV 5676
−, [4-Allyloxy-phenoxy]- 6 IV 5746
−, [3-Hydroxy-indan-5-yloxy]- 6 III 5036 c
−, [2-Hydroxy-4-propenyl-phenoxy]-
  6 III 5009 d
−, [2-Methoxy-4-vinyl-phenoxy]-
  6 III 4982 f
Glutarsäure-monophenylester 6 IV 626
Malonsäure-äthylester-phenylester
  6 III 605 e
Propionsäure, 2-Acetoxy-, phenylester
  6 III 615 d
−, 2-Benzyloxy-3-oxo-, methylester
  6 IV 2482
−, 3-Oxo-2-phenoxy-, äthylester
  6 170 i, III 635 f
Toluol, 2,3-Diacetoxy- 6 IV 5862
−, 2,4-Diacetoxy- 6 872 h, IV 5865
−, 2,5-Diacetoxy- 6 874 h, I 429 e,
  III 4501 c
−, 2,6-Diacetoxy- 6 IV 5877
−, 3,4-Diacetoxy- 6 880 d, III 4519 b
−, 3,5-Diacetoxy- 6 887 e, III 4534 e
$C_{11}H_{12}O_4S$
Äthen, 1-Acetoxy-2-[toluol-4-sulfonyl]-
  6 IV 2179
Benzol, 1,4-Diacetoxy-2-methylmercapto-
  6 I 544 j
Bernsteinsäure, Benzylmercapto-
  6 463 h, III 1617 f, IV 2712
−, 2-Methyl-2-phenylmercapto-
  6 III 1023 e
−, [Phenylmercapto-methyl]- 6 III 1023 g
Essigsäure, Sulfandiyldi-, monobenzylester
  6 III 1533 c
$C_{11}H_{12}O_4S_2$
Essigsäure, [5-Methyl-*m*-phenylendimercapto]-
  di- 6 891 d
$C_{11}H_{12}O_4S_3$
Essigsäure, [4-Methylmercapto-
  m-phenylendimercapto]-di- 6 I 545 c
$C_{11}H_{12}O_5$
Benzol, 1-Acetoxy-2-acetoxymethoxy-
  6 IV 5582
−, 1,2-Diacetoxy-3-methoxy-
  6 1083 a, II 1066 g, III 6269 d
−, 1,2-Diacetoxy-4-methoxy- 6 III 6281 e

−, 1,3-Diacetoxy-2-methoxy-
  6 1083 b, II 1066 h, III 6269 e
−, 1,3-Diacetoxy-5-methoxy-
  6 1103 h
−, 1,4-Diacetoxy-2-methoxy-
  6 I 542 d, III 6281 f, IV 7342
−, 2,4-Diacetoxy-1-methoxy-
  6 I 542 e, III 6281 g
Benzylalkohol, 3,5-Diacetoxy- 6 III 6326 c
Bernsteinsäure-mono-[2-methoxy-
  phenylester] 6 775 h
Bernsteinsäure, *m*-Tolyloxy- 6 IV 2053
Essigsäure, Benzyloxyacetoxy- 6 III 1532 d
Malonsäure, Äthyl-phenoxy- 6 II 160 a
−, [2-Phenoxy-äthyl]- 6 168 a,
  II 160 c, III 626 g
Phenol, 2,6-Bis-formyloxymethyl-4-methyl-
  6 III 6357 d
$C_{11}H_{12}O_5S_2$
Essigsäure, [2-Hydroxy-5-methyl-
  m-phenylendimercapto]-di-
  6 II 1082 e
−, [4-Methoxy-*m*-phenylendimercapto]-
  di- 6 II 1074 i
$C_{11}H_{12}O_6$
Bernsteinsäure, 2-Hydroxy-2-phenoxymethyl-
  6 III 631 a
Essigsäure, [5-Methyl-*m*-phenylendioxy]-di-
  6 887 i
Toluol, 3,5-Bis-methoxycarbonyloxy- 6 887 g
$C_{11}H_{12}O_6S$
Bernsteinsäure, Benzolsulfonylmethyl-
  6 III 1023 g
−, 2-Benzolsulfonyl-2-methyl-
  6 III 1032 f
−, Phenylmethansulfonyl-
  6 III 1617 g
−, [Toluol-4-sulfonyl]- 6 III 1425 e
Propionaldehyd, 2-[1-Benzolsulfonyl-2-oxo-
  äthoxy]-3-hydroxy- 6 IV 1513
$C_{11}H_{12}O_7$
Benzylalkohol, 3,4-Bis-methoxycarbonyloxy-
  6 II 1084 c
Malonsäure, [2,6-Dimethoxy-phenoxy]-
  6 III 6271 d
$C_{11}H_{12}O_8P_2$
Naphthalin, 2-Methyl-1,4-bis-
  phosphonooxy- 6 III 5309 b,
  IV 6582
$C_{11}H_{12}O_8S_2$
Essigsäure, [Toluol-2,4-disulfonyl]-di-
  6 873 l

C₁₁H₁₂S
Sulfid, But-3-inyl-p-tolyl- **6** III 1399 a
—, Cyclopent-2-enyl-phenyl-
    6 III 990 b
—, [2-Methyl-1-methylen-allyl]-phenyl-
    6 III 990 a

C₁₁H₁₃BO₃
Cyclopenta[1,3,2]dioxaborol-2-ol,
    3a-Phenyl-tetrahydro- **6** II 928 e

C₁₁H₁₃BrClNO₃
Äther, Äthyl-[2-brom-1-(2-chlor-phenyl)-
    2-nitro-propyl]- **6** IV 3190
—, [2-Brom-1-(2-chlor-phenyl)-2-nitro-
    butyl]-methyl- **6** IV 3274
—, [2-Brom-1-(4-chlor-phenyl)-2-nitro-
    butyl]-methyl- **6** IV 3275

C₁₁H₁₃BrCl₂O
Äther, [5-Brom-pentyl]-[2,4-dichlor-phenyl]-
    6 III 702 a, IV 887

C₁₁H₁₃BrN₂O₂S
Cystein, N-Acetyl-S-[4-brom-phenyl]-,
    amid **6** 334 c

C₁₁H₁₃BrN₂O₅
Anisol, 3-Brom-4-tert-butyl-2,6-dinitro-
    6 IV 3316
—, 3-Brom-6-tert-butyl-2,4-dinitro-
    6 IV 3294

C₁₁H₁₃BrO
Äther, Äthyl-[2-brom-indan-1-yl]-
    6 III 2426 b
—, Allyl-[4-brom-2,6-dimethyl-phenyl]-
    6 IV 3123
—, Allyl-[2-brom-1-phenyl-äthyl]-
    6 III 1691 b
—, [2-Allyl-phenyl]-[2-brom-äthyl]-
    6 III 2412 b, IV 3807
—, [1-Brom-5,6,7,8-tetrahydro-
    [2]naphthyl]-methyl- **6** III 2456 f,
    IV 3857
—, [2-Brom-1,2,3,4-tetrahydro-
    [1]naphthyl]-methyl- **6** II 542 a
—, [3-Brom-1,2,3,4-tetrahydro-
    [2]naphthyl]-methyl- **6** II 543 d
Anisol, 3-[3-Brom-but-3-enyl]- **6** IV 3837
[1]Naphthol, 5-Brom-4-methyl-
    1,2,3,4-tetrahydro- **6** IV 3889
[2]Naphthol, 3-Brom-1-methyl-
    5,6,7,8-tetrahydro- **6** IV 3887
Pent-1-en-3-ol, 2-Brom-1-phenyl-
    6 581 b
Pent-4-en-2-ol, 1-Brom-2-phenyl- **6** III 2469 a

C₁₁H₁₃BrO₂
Benzol, 1-Allyl-2-brom-4,5-dimethoxy-
    6 968 a, III 5030 h
Buttersäure, 2-Brom-, m-tolylester
    6 379 f
—, 2-Brom-, o-tolylester **6** 355 l
—, 2-Brom-, p-tolylester **6** 397 f,
    I 201 h
Essigsäure-[4-brommethyl-2,6-dimethyl-
    phenylester] **6** III 1839 b
— [2-brom-1-phenyl-propylester]
    6 502 h, IV 3188
Essigsäure, Brom-, [3-phenyl-propylester]
    6 IV 3201
Isobuttersäure, α-Brom-, m-tolylester
    6 379 g, II 353 e
—, α-Brom-, o-tolylester **6** 355 m
—, α-Brom-, p-tolylester **6** 397 g,
    I 201 i
Isovaleriansäure, α-Brom-, phenylester
    6 154 l, II 155 e
Propionsäure-[2-brom-4,6-dimethyl-
    phenylester] **6** II 461 a, III 1749 b
Valeriansäure-[4-brom-phenylester]
    6 III 747 g

C₁₁H₁₃BrO₂S
Essigsäure, [4-Brom-2-isopropyl-
    phenylmercapto]- **6** IV 3214

C₁₁H₁₃BrO₃
Äthan, 1-Acetoxy-2-brom-1-[4-methoxy-
    phenyl]- **6** IV 5933
—, 2-Acetoxy-1-brom-1-[4-methoxy-
    phenyl]- **6** IV 5938
Buttersäure, 3-Benzyloxy-2-brom-
    6 IV 2474
—, 2-Brom-, [2-methoxy-phenylester]
    6 774 l, I 385 l
Essigsäure, Brom-, [β-phenoxy-isopropyl≈
    ester] **6** IV 583
—, [2-Brom-benzyloxy]-, äthylester
    6 IV 2601
—, [4-Brom-benzyloxy]-, äthylester
    6 IV 2603
—, [4-Brom-3-methyl-phenoxy]-,
    äthylester **6** I 190 l
Isobuttersäure, α-Brom-, [2-methoxy-
    phenylester] **6** 775 b
Isovaleriansäure, γ-[2-Brom-phenoxy]-
    6 IV 649
—, γ-[4-Brom-phenoxy]- **6** IV 649
Phenol, 3-Acetoxymethyl-2-brom-
    4,6-dimethyl- **6** 932 d

C₁₁H₁₃BrO₃ (Fortsetzung)

$C_{11}H_{13}BrO_3$ (Fortsetzung)

Phenol, 4-Acetoxymethyl-2-brom-
3,6-dimethyl- **6** 933 g

—, 5-Acetoxymethyl-3-brom-
2,4-dimethyl- **6** 932 b

Propionsäure, 3-[2-Brom-phenoxy]-,
äthylester **6** III 738 b

—, 3-[4-Brom-phenoxy]-, äthylester
6 III 748 b

$C_{11}H_{13}BrO_3S$

Essigsäure, [3-Brom-4-methoxy-
2,5-dimethyl-phenylmercapto]-
6 III 4605 f

$C_{11}H_{13}BrO_4$

Buttersäure, 2-[2-Brom-4-methoxy-
phenoxy]- **6** IV 5782

Essigsäure, [3-Brom-4-methoxy-phenoxy]-,
äthylester **6** IV 5781

—, [2-Brom-4-propoxy-phenoxy]-
6 IV 5782

—, [4-(2-Brom-propyl)-2-hydroxy-
phenoxy]- **6** 921 c

—, [4-(3-Brom-propyl)-2-hydroxy-
phenoxy]- **6** 921 c

$C_{11}H_{13}BrO_4S$

Aceton, 1-[2-Äthoxy-benzolsulfonyl]-
3-brom- **6** II 797 g

—, 1-[4-Äthoxy-benzolsulfonyl]-
3-brom- **6** II 853 l

Buttersäure, 2-Brom-2-[toluol-4-sulfonyl]-
6 425 a

Isobuttersäure, α-[4-Brommethyl-
benzolsulfonyl]- **6** 427 f

$C_{11}H_{13}Br_2NO$

Acetimidsäure-[2,3-dibrom-3-phenyl-
propylester] **6** IV 3205

$C_{11}H_{13}Br_2NO_2$

Carbamidsäure, [2,3-Dibrom-propyl]-,
benzylester **6** IV 2279

$C_{11}H_{13}Br_2NO_3$

Anisol, 2,4-Dibrom-5-*tert*-butyl-3-nitro-
6 IV 3295

—, 2,6-Dibrom-3-*tert*-butyl-5-nitro-
6 IV 3295

$C_{11}H_{13}Br_2NO_4$

Benzol, 1-[2,3-Dibrom-propyl]-
4,5-dimethoxy-2-nitro- **6** III 4620 e

$C_{11}H_{13}Br_2N_3O_3$

Aceton, [4,5-Dibrom-2-methoxy-phenoxy]-,
semicarbazon **6** IV 5623

$C_{11}H_{13}Br_3O_2$

Benzol, 1-Brom-2-[2,3-dibrom-propyl]-
4,5-dimethoxy- **6** 922 j, III 4619 f

Propan, 1-Äthoxy-2-[2,4,6-tribrom-
phenoxy]- **6** II 194 i

Resorcin, 2,4,6-Tribrom-5-pentyl-
6 III 4696 c

$C_{11}H_{13}Br_3O_3$

Benzol, 1-Brom-5-[2,2-dibrom-1-methoxy-
äthyl]-2,4-dimethoxy- **6** III 6330 a

—, 1,2,4-Tribrom-6-methoxy-3,5-bis-
methoxymethyl- **6** 1117 m

Phenol, 3,6-Dibrom-4-[2-brom-1-methoxy-
propyl]-2-methoxy- **6** 1122 e

—, 2,5-Dibrom-3-brommethyl-4,6-bis-
methoxymethyl- **6** 1125 j

$C_{11}H_{13}ClN_2O_4S$

Sulfid, [1-Äthyl-2-chlor-propyl]-[2,4-dinitro-
phenyl]- **6** III 1091 h

—, [2-Chlor-1-methyl-butyl]-
[2,4-dinitro-phenyl]- **6** III 1091 h

$C_{11}H_{13}ClO$

Äther, Äthyl-[3-chlor-1-phenyl-allyl]-
6 I 283 i

—, Allyl-[4-chlor-3,5-dimethyl-phenyl]-
6 IV 3152

—, Allyl-[2-chlormethyl-4-methyl-
phenyl]- **6** IV 3136

—, Allyl-[4-chlormethyl-2-methyl-
phenyl]- **6** IV 3135

—, Benzyl-[3-chlor-but-2-enyl]-
6 III 1459 c

—, [2-Chlor-äthyl]-indan-5-yl-
6 IV 3829

—, [3-Chlor-allyl]-phenäthyl-
6 III 1707 a

—, [3-Chlor-but-2-enyl]-*m*-tolyl-
6 IV 2041

—, [4-Chlor-but-2-enyl]-*o*-tolyl-
6 IV 1946

—, [4-Chlor-3-methyl-phenyl]-
methallyl- **6** IV 2064

—, [4-Chlor-5,6,7,8-tetrahydro-
[1]naphthyl]-methyl- **6** IV 3853

Anisol, 2-[3-Chlor-but-2-enyl]- **6** IV 3835

—, 4-[3-Chlor-but-2-enyl]- **6** IV 3835

But-3-en-2-ol, 1-Chlor-2-methyl-1-phenyl-
6 III 2470 a

Indan-4-ol, 1-Äthyl-7-chlor- **6** IV 3893

—, 7-Chlor-1,5-dimethyl- **6** IV 3893

[2]Naphthol, 3-Chlor-1-methyl-
5,6,7,8-tetrahydro- **6** IV 3887

Pent-1-en-4-in-3-ol, 1-Chlor-5-cyclopent-
1-enyl-3-methyl- **6** IV 3883

Pent-3-en-2-ol, 4-Chlor-2-phenyl-
6 IV 3875

$C_{11}H_{13}ClO$ (Fortsetzung)

Pent-4-en-2-ol, 1-Chlor-2-phenyl-
6 III 2468 g

Phenetol, 2-Allyl-4-chlor- 6 IV 3813

—, 2-Allyl-6-chlor- 6 IV 3811

Phenol, 2-Allyl-4-chlor-3,5-dimethyl-
6 IV 3881

—, 2-[3-Chlor-but-2-enyl]-4-methyl-
6 IV 3878

—, 4-Chlor-2-cyclopentyl- 6 III 2478 d

—, 4-Chlor-2-pent-1-enyl- 6 III 2464 c

$C_{11}H_{13}ClOS$

Acetylchlorid, [3-Phenyl-propylmercapto]-
6 II 476 i, IV 3207

Pentan-3-on, 2-[2-Chlor-phenylmercapto]-
6 IV 1573

—, 2-[3-Chlor-phenylmercapto]-
6 IV 1579

Propionylchlorid, 2-Phenäthylmercapto-
6 IV 3090

—, 3-Phenäthylmercapto- 6 IV 3090

Valerylchlorid, 5-Phenylmercapto-
6 III 1021 f

$C_{11}H_{13}ClO_2$

Aceton, [4-Chlor-3,5-dimethyl-phenoxy]-
6 IV 3155

Äthan, 1-Allyloxy-2-[4-chlor-phenoxy]-
6 III 690 f

Benzol, 1-Acetoxymethyl-4-[2-chlor-äthyl]-
6 III 1826 c

—, 2-Allyloxy-4-chlormethyl-
1-methoxy- 6 IV 5881

—, 4-[3-Chlor-allyl]-1,2-dimethoxy-
6 III 5030 g

Butan-2-on, 3-[4-Chlor-phenoxy]-3-methyl-
6 IV 838

Buttersäure-[2-chlor-4-methyl-phenylester]
6 II 383 d

— [4-chlor-3-methyl-phenylester]
6 II 356 c

Butyrylchlorid, 2-Methyl-4-phenoxy-
6 III 619 b

Chlorokohlensäure-[2-isopropyl-5-methyl-
phenylester] 6 538 a, I 265 k

— [4-isopropyl-3-methyl-phenylester]
6 IV 3326

— [5-isopropyl-2-methyl-phenylester]
6 530 g

Essigsäure-[2-chlormethyl-4,6-dimethyl-
phenylester] 6 I 256 m, III 1837 g

— [2-chlormethyl-phenäthylester]
6 IV 3234

— [1-chlormethyl-2-phenyl-
äthylester] 6 503 f, III 1798 e

— [3-chlor-1-phenyl-propylester]
6 IV 3187

— [3-chlor-3-phenyl-propylester]
6 IV 3205

Essigsäure, Chlor-, mesitylester
6 IV 3255

—, Chlor-, [2,4,5-trimethyl-
phenylester] 6 II 482 e

Isobuttersäure, α-Chlor-, p-tolylester
8 IV 922

Isovalerylchlorid, α-Phenoxy- 6 165 j

Pentan-2-on, 3-Chlor-5-phenoxy-
6 III 591 f

—, 5-[3-Chlor-phenoxy]- 6 III 682 e

—, 5-[4-Chlor-phenoxy]- 6 III 692 g

Propionsäure-[4-chlor-3,5-dimethyl-
phenylester] 6 IV 3155

Valeriansäure-[4-chlor-phenylester]
6 III 693 g

Valerylchlorid, 2-Phenoxy- 6 IV 647

—, 5-Phenoxy- 6 III 618 h

$C_{11}H_{13}ClO_2S$

Buttersäure, 2-[4-Chlor-2-methyl-
phenylmercapto]- 6 IV 2030

Essigsäure, [2-Chlor-5-isopropyl-
phenylmercapto]- 6 III 1810 d

Isobuttersäure, α-[4-Chlor-2-methyl-
phenylmercapto]- 6 IV 2030

Propionsäure, 3-Benzylmercapto-2-chlor-,
methylester 6 IV 2704

—, 2-[4-Chlor-phenylmercapto]-,
äthylester 6 IV 1603

Sulfon, [2-Chlor-cyclopentyl]-phenyl-
6 IV 1483

—, [2-Chlor-styryl]-propyl-
6 IV 3788

$C_{11}H_{13}ClO_2S_2$

But-2-en-1-thiosulfonsäure, 3-Chlor-,
S-benzylester 6 IV 2763

Dithiokohlensäure-O-[β-(4-chlor-2-methyl-
phenoxy)-isopropylester] 6 IV 1989

$C_{11}H_{13}ClO_3$

Aceton, 1-[2-Äthoxy-phenoxy]-3-chlor-
6 III 4226 c

Buttersäure, 2-[4-Chlor-2-methyl-phenoxy]-
6 IV 1996

—, 4-[2-Chlor-5-methyl-phenoxy]-
6 IV 2063

—, 4-[3-Chlor-4-methyl-phenoxy]-
6 IV 2135

$C_{11}H_{13}ClO_3$ (Fortsetzung)

Buttersäure, 4-[4-Chlor-2-methyl-phenoxy]-
6 IV 1996

—, 4-[4-Chlor-3-methyl-phenoxy]-
6 IV 2066

—, 4-[5-Chlor-2-methyl-phenoxy]-
6 IV 1987

—, 2-[4-Chlor-phenoxy]-2-methyl-
6 IV 855

Essigsäure, [2-Chlor-benzyloxy]-,
äthylester 6 IV 2591

—, [4-Chlor-benzyloxy]-, äthylester
6 IV 2595

—, [4-Chlor-2-isopropyl-phenoxy]-
6 IV 3213

—, [4-Chlor-2-methyl-phenoxy]-,
äthylester 6 III 1266 a, IV 1991

—, [4-Chlor-3-methyl-phenoxy]-,
äthylester 6 I 189 b

—, [4-Chlor-2-propyl-phenoxy]-
6 III 1785 h, IV 3178

Isobuttersäure, β-Chlor-α-hydroxy-,
benzylester 6 III 1535 g

—, α-[4-Chlor-2-methyl-phenoxy]-
6 IV 1997

—, α-[4-Chlor-phenoxy]-, methylester
6 IV 851

Isovaleriansäure, α-[4-Chlor-phenoxy]-
6 IV 855

Kohlensäure-äthylester-[2-chlormethyl-
4-methyl-phenylester] 6 III 1748 d

— äthylester-[4-chlormethyl-
2-methyl-phenylester] 6 III 1748 b

— äthylester-[4-chlormethyl-
3-methyl-phenylester] 6 III 1729 g

Propan-2-ol, 1-[2-Acetoxy-phenyl]-3-chlor-
6 III 4626 b

Propionsäure, 2-[4-Chlor-2,6-dimethyl-
phenoxy]- 6 IV 3122

—, 2-[4-Chlor-3,5-dimethyl-phenoxy]-
6 III 1760 b

—, 2-Chlor-3-phenoxy-, äthylester
6 III 616 f

—, 2-[4-Chlor-phenoxy]-, äthylester
6 III 696 a, IV 850

—, 3-[2-Chlor-phenoxy]-, äthylester
6 III 679 b

—, 3-[4-Chlor-phenoxy]-, äthylester
6 III 696 c

Valeriansäure, 2-Chlor-5-phenoxy-
6 III 618 i

—, 4-[4-Chlor-phenoxy]- 6 IV 854

—, 5-[2-Chlor-phenoxy]- 6 IV 798

—, 5-[3-Chlor-phenoxy]- 6 IV 817

—, 5-[4-Chlor-phenoxy]- 6 IV 855

$C_{11}H_{13}ClO_3S$

But-2-en-1-sulfonsäure, 3-Chlor-,
benzylester 6 IV 2562

Essigsäure, [4-Chlor-2-methoxy-
3,5-dimethyl-phenylmercapto]-
6 III 4595 a

—, [4-Chlor-3-methoxy-2,5-dimethyl-
phenylmercapto]- 6 III 4608 a

Isobutyrylchlorid, α-[Toluol-4-sulfonyl]-
6 424 i

$C_{11}H_{13}ClO_4$

Buttersäure, 2-[2-Chlor-4-methoxy-
phenoxy]- 6 IV 5770

Essigsäure, [2-Chlor-4-propoxy-phenoxy]-
6 IV 5770

—, [4-(2-Chlor-propyl)-2-hydroxy-
phenoxy]- 6 921 a

—, [4-(3-Chlor-propyl)-2-hydroxy-
phenoxy]- 6 921 a

Propionylchlorid, 2-[3,5-Dimethoxy-
phenoxy]- 6 III 6308 a

$C_{11}H_{13}ClO_4S$

But-2-en-1-sulfonsäure, 3-Chlor-,
[2-methoxy-phenylester] 6 IV 5596

$C_{11}H_{13}ClO_5$

Benzol, 5-Acetoxy-2-chlormethoxy-
1,3-dimethyl- 6 IV 7686

Essigsäure, Chlor-, [2,4,6-trimethoxy-
phenylester] 6 IV 7686

$C_{11}H_{13}ClS$

Sulfid, [2-Chlor-cyclopentyl]-phenyl-
6 IV 1482

$C_{11}H_{13}Cl_2NOS_2$

Dithiocarbamidsäure, Dimethyl-,
[2-(2,4-dichlor-phenoxy)-äthylester]
6 IV 894

$C_{11}H_{13}Cl_2NO_2$

Carbamidsäure, Diäthyl-, [2,4-dichlor-
phenylester] 6 IV 907

Essigsäure, Dichlor-, [2-o-tolyloxy-
äthylamid] 6 IV 1969

Isovaleriansäure, α-[2,4-Dichlor-phenoxy]-,
amid 6 IV 929

Valeriansäure, 2-[2,4-Dichlor-phenoxy]-,
amid 6 IV 928

—, 4-[2,4-Dichlor-phenoxy]-, amid
6 IV 928

—, 5-[2,4-Dichlor-phenoxy]-, amid
6 III 709 d, IV 929

$C_{11}H_{13}Cl_2NO_2S$

Sulfid, [1-Äthyl-2-chlor-propyl]-[4-chlor-
2-nitro-phenyl]- **6** III 1079 c

−, [2-Chlor-1-methyl-butyl]-[4-chlor-
2-nitro-phenyl]- **6** III 1079 c

$C_{11}H_{13}Cl_2NO_3$

Carbamidsäure, [4-Chlor-2-methyl-
phenoxymethyl]-, [2-chlor-äthylester]
6 IV 1989

−, [2,4-Dichlor-phenoxymethyl]-,
isopropylester **6** IV 899

Essigsäure, Dichlor-, [2-hydroxy-
3-phenoxy-propylamid] **6** IV 683

Valeriansäure, 2-Amino-5-[2,4-dichlor-
phenoxy]- **6** IV 937

$C_{11}H_{13}Cl_2NO_4$

Äthan, 1-[2-Chlor-äthoxy]-2-[4-chlormethyl-
2-nitro-phenoxy]- **6** III 1388 b

−, 1-[2,5-Dichlor-4-nitro-phenoxy]-
2-isopropoxy- **6** III 841 h

$C_{11}H_{13}Cl_2O_3P$

Phosphonsäure, Äthyl-, benzylester-
[2,2-dichlor-vinylester] **6** IV 2570

$C_{11}H_{13}Cl_3NO_5P$

Phosphonsäure, Methyl-, [4-nitro-
phenylester]-[2,2,2-trichlor-1,1-dimethyl-
äthylester] **6** IV 1322

$C_{11}H_{13}Cl_3O$

Äthanol, 2,2,2-Trichlor-1-mesityl-
6 IV 3412

Äther, [4-Chlor-butyl]-[4-chlor-
2-chlormethyl-phenyl]- **6** IV 2005

−, Phenyl-[5,5,5-trichlor-pentyl]-
6 III 553 a

Pentan-2-ol, 1,1,1-Trichlor-4-phenyl-
6 IV 3376

$C_{11}H_{13}Cl_3OS$

Methansulfensäure, Trichlor-, [4-*tert*-butyl-
phenylester] **6** IV 3308

$C_{11}H_{13}Cl_3O_2$

Äthan, 2-Äthoxy-1,1,1-trichlor-2-*p*-tolyloxy-
6 IV 2110

−, 1-[2-Chlor-äthoxy]-2-[2-chlor-
4-chlormethyl-phenoxy]- **6** III 1377 d

−, 1-[2-Chlor-äthoxy]-2-[2,4-dichlor-
6-methyl-phenoxy]- **6** III 1268 a

Benzol, 4-Chlor-1-[2-chlor-äthoxy]-2-
[2-chlor-äthoxymethyl]- **6** IV 5900

−, 1-Methoxy-4-methyl-2-
[2,2,2-trichlor-1-methoxy-äthyl]-
6 III 4640 g

Butan-1-ol, 2,2,3-Trichlor-1-[4-methoxy-
phenyl]- **6** IV 6004

Toluol, 2,5-Diäthoxy-3,4,6-trichlor- **6** 875 g

$C_{11}H_{13}Cl_3O_3$

Benzol, 1,2-Dimethoxy-4-[2,2,2-trichlor-
1-methoxy-äthyl]- **6** III 6331 b

−, 2,4-Dimethoxy-1-[2,2,2-trichlor-
1-methoxy-äthyl]- **6** III 6329 h

$C_{11}H_{13}Cl_3O_4S$

Schwefligsäure-[2-chlor-äthylester]-[β-
(2,4-dichlor-phenoxy)-isopropylester]
6 IV 895

$C_{11}H_{13}Cl_3S_2$

Disulfid, [4-*tert*-Butyl-phenyl]-trichlormethyl-
6 IV 3318

$C_{11}H_{13}Cl_5NO_2PS$

Amidothiophosphorsäure, Isopropyl-,
O-äthylester-*O'*-pentachlorphenylester
6 IV 1036

$C_{11}H_{13}DO$

Äther, Allyl-[4-deuterio-2,6-dimethyl-
phenyl]- **6** III 1737 d

$C_{11}H_{13}D_2NO_2S$

Homocystein, *S*-Benzyl-3,4-dideuterio-
6 III 1629 a

$C_{11}H_{13}FO$

Phenetol, 4-Fluor-2-propenyl- **6** III 2394 b

Phenol, 4-Fluor-2-pent-2-enyl- **6** III 2466 g

$C_{11}H_{13}FO_2$

Isovaleriansäure-[2-fluor-phenylester]
6 IV 772

Valeriansäure-[4-fluor-phenylester]
6 III 671 c

$C_{11}H_{13}FO_3$

Essigsäure, [4-Fluor-2-propyl-phenoxy]-
6 III 1785 f

$C_{11}H_{13}F_3O$

Äther, Butyl-[3-trifluormethyl-phenyl]-
6 IV 2060

Anisol, 2-Propyl-5-trifluormethyl-
6 IV 3323

Phenol, 2-Isobutyl-5-trifluormethyl-
6 IV 3396

$C_{11}H_{13}IO$

Äther, [2-Jod-1,2,3,4-tetrahydro-
[1]naphthyl]-methyl- **6** II 543 b

But-3-en-2-ol, 1-Jod-2-methyl-1-phenyl-
6 III 2470 b

$C_{11}H_{13}IO_3$

Buttersäure, 2-Jod-, [2-methoxy-
phenylester] **6** I 385 m

Propan-1-ol, 3-Acetoxy-2-jod-1-phenyl-
6 III 4630 e, IV 5987

$C_{11}H_{13}IO_4$
Toluol, 3-Acetoxy-4-jod-2,5-dimethoxy-
  6 III 6315 b
−, 5-Acetoxy-4-jod-2,3-dimethoxy-
  6 III 6315 b
$C_{11}H_{13}IO_5$
Anisol, 4-Diacetoxyjodanyl- 6 III 775 b
$C_{11}H_{13}I_3O$
Äther, [1-Methyl-butyl]-[2,4,6-trijod-
  phenyl]- 6 IV 1085
−, Pentyl-[2,4,6-trijod-phenyl]-
  6 III 789 f
$C_{11}H_{13}NO$
Acetonitril, [2-Isopropyl-phenoxy]-
  6 III 1809 e
Butyronitril, 4-Benzyloxy- 6 II 421 a
−, 2-Methyl-4-phenoxy-
  6 I 90 i, III 619 d
−, 4-p-Tolyloxy- 6 399 k
Isobutyronitril, β-p-Tolyloxy- 6 IV 2122
Propionitril, 3-[1-Phenyl-äthoxy]-
  6 IV 3038
Valeronitril, 5-Phenoxy- 6 165 f, IV 648
$C_{11}H_{13}NOS$
Butylthiocyanat, 4-Phenoxy- 6 IV 586 a
Phenol, 3,5-Diäthyl-2-thiocyanato-
  6 III 4678 h
−, 3,5-Diäthyl-4-thiocyanato-
  6 III 4678 h
−, 2-Isopropyl-5-methyl-
  4-thiocyanato- 6 II 901 e, III 4676 a
−, 5-Isopropyl-2-methyl-
  4-thiocyanato- 6 III 4676 d
Propionitril, 3-[4-Methoxy-benzylmercapto]-
  6 IV 5923
Propylthiocyanat, 3-Benzyloxy-
  6 IV 2244
−, 3-m-Tolyloxy- 6 IV 2044
$C_{11}H_{13}NOS_2$
Dithiocarbamidsäure, Acetyl-, [1-phenyl-
  äthylester] 6 478 k
−, Acetyl-methyl-, benzylester
  6 462 b
$C_{11}H_{13}NO_2$
Butan-2,3-dion-mono-[O-benzyl-oxim]
  6 441 d, IV 2563
Butyronitril, 4-[2-Methoxy-phenoxy]-
  6 III 4237 e, IV 5589
−, 4-[4-Methoxy-phenoxy]-
  6 III 4422 c
Carbamidsäure-[cyclopropyl-phenyl-
  methylester] 6 IV 3850

− [2-methyl-3-phenyl-allylester]
  6 III 2444 a
− [1-norborn-5-en-2-yl-prop-
  2-inylester] 6 IV 3869
− [1-phenyl-cyclopropylmethylester]
  6 IV 3850
− [5,6,7,8-tetrahydro-[2]naphthyl≠
  ester] 6 II 538 i
Carbamidsäure, Allyl-, p-tolylester
  6 IV 2117
Crotonsäure, 3-Amino-, benzylester
  6 IV 2526
Propionitril, 3-Benzyloxymethoxy-
  6 III 1474 g
−, 3-[2-Phenoxy-äthoxy]- 6 III 574 a
Valeronitril, 5-[4-Hydroxy-phenoxy]-
  6 IV 5751
$C_{11}H_{13}NO_2S$
Acetonitril, [2,4,5-Trimethyl-benzolsulfonyl]-
  6 518 a
Äthylthiocyanat, 2-[2-Phenoxy-äthoxy]-
  6 III 571 c
Butyronitril, 2-Benzolsulfonylmethyl-
  6 IV 1543
−, 3-[Toluol-4-sulfonyl]- 6 IV 2200
Essigsäure, Thiocyanato-, norborn-5-en-
  2-ylmethylester 6 IV 358
Isobutyronitril, α-Phenylmethansulfonyl-
  6 IV 2705
−, β-Phenylmethansulfonyl-
  6 IV 2706
−, β-[Toluol-4-sulfonyl]- 6 IV 2200
$C_{11}H_{13}NO_2S_2$
Alanin, N-Benzylmercaptothiocarbonyl-
  6 I 229 c
Dithiokohlensäure-S-benzylester-S'-
  [2-formylamino-äthylester] 6 IV 2697
Glycin, N-Benzylmercaptothiocarbonyl-
  N-methyl- 6 I 229 b, III 1608 h
$C_{11}H_{13}NO_3$
Acetessigsäure, 2-Amino-, benzylester
  6 IV 2558
Acrylsäure, 3-Amino-3-phenoxy-,
  äthylester 6 IV 624
Äther, Äthyl-[1-methyl-2-(4-nitro-phenyl)-
  vinyl]- 6 III 2401 c
−, Methyl-[3-nitro-5,6,7,8-tetrahydro-
  [2]naphthyl]- 6 III 2456 i
−, [4-Nitro-phenyl]-pent-4-enyl-
  6 IV 1287
Anisol, 2-Äthyl-4-[2-nitro-vinyl]-
  6 IV 3848

$C_{11}H_{13}NO_3$ (Fortsetzung)

Anisol, 3,5-Dimethyl-2-[2-nitro-vinyl]-
6 IV 3849
—, 3,5-Dimethyl-4-[2-nitro-vinyl]-
6 IV 3849
—, 4-[2-Nitro-but-1-enyl]- 6 III 2431 b
Bicyclo[5.3.1]undeca-7,9-dien-11-on,
9-Nitro- 6 III 2484 a
Buttersäure, 2-Benzyloxyimino-
6 IV 2565
Carbamidsäure-[4-allyl-2-methoxy-
phenylester] 6 966 g
Carbamidsäure, Acetyl-methyl-, benzyl≠
ester 6 IV 2285
Essigsäure, [2-Allyloxy-phenoxy]-, amid
6 IV 5587
—, [3-Allyloxy-phenoxy]-, amid
6 IV 5676
—, [4-Allyloxy-phenoxy]-, amid
6 IV 5746
Glycin, N-Acetyl-, benzylester 6 IV 2489
Hydroxylamin, N-[1-Acetoxy-äthyliden]-
O-benzyl- 6 IV 2563
—, N,N-Diacetyl-O-benzyl-
6 IV 2563
Isoxazol-5-ol, 3-Methyl-5-phenoxymethyl-
4,5-dihydro- 6 III 594 f
Malonomonoimidsäure-3-äthylester-
1-phenylester 6 IV 624
[5]Metacyclophan-11-ol, 8-Nitro-
6 III 2484 a
[2]Naphthol, 1-Methyl-3-nitro-
5,6,7,8-tetrahydro- 6 IV 3887
Pentan-2,3-dion, 5-Phenoxy-, 3-oxim
6 IV 610
Pentan-2,4-dion, 1-Phenoxy-, 4-oxim
6 III 594 f
Phenetol, 2-[2-Nitro-propenyl]- 6 IV 3795
—, 2-Nitro-4-propenyl- 6 IV 3797

$C_{11}H_{13}NO_3S$

Alanin, N-Benzylmercaptocarbonyl-
6 IV 2679
—, N-Phenylmercaptocarbonyl-,
methylester 6 IV 1529
—, N-p-Tolylmercaptocarbonyl-
6 IV 2197
Buttersäure, 4-Phenylmercaptocarbonyl≠
amino- 6 IV 1530
Cystein, N-Acetyl-S-phenyl- 6 323 a,
II 294 a, III 1027 b, IV 1558
—, S-Benzyl-N-formyl- 6 III 1624 e,
IV 2725

Glycin, N-Phenylmercaptocarbonyl-,
äthylester 6 III 1010 d, IV 1528
μ-Imido-1-thio-dikohlensäure-2-äthylester-
1-O-benzylester 6 438 b
1-Thio-glutaminsäure-S-phenylester
6 IV 1557

$C_{11}H_{13}NO_3S_2$

Cystein, S-Benzylmercaptocarbonyl-
6 IV 2698

$C_{11}H_{13}NO_4$

Aceton, [2,4-Dimethyl-6-nitro-phenoxy]-
6 III 1750 c
—, [2,6-Dimethyl-4-nitro-phenoxy]-
6 III 1740 g
Alanin, N-Benzyloxycarbonyl- 6 III 1497 d,
IV 2321
—, N-Phenoxyacetyl- 6 IV 639
—, N-Phenoxycarbonyl-, methylester
6 IV 631
—, N-p-Tolyloxycarbonyl-
6 IV 2118
β-Alanin, N-Benzyloxycarbonyl-
6 III 1500 e, IV 2337
Asparaginsäure-1-benzylester 6 IV 2527
— 4-benzylester 6 IV 2529
Benzol, 1-Allyl-4,5-dimethoxy-2-nitro-
6 II 924 e, III 5031 h
—, 5-Allyl-1,2-dimethoxy-3-nitro-
6 I 464 c
—, 1,2-Dimethoxy-3-[2-nitro-
propenyl]- 6 IV 6321
—, 1,2-Dimethoxy-4-[2-nitro-
propenyl]- 6 960 l, I 460 i, II 919 g,
III 5011 e
—, 1,4-Dimethoxy-2-[2-nitro-
propenyl]- 6 I 459 c, IV 6324
—, 2,4-Dimethoxy-1-[2-nitro-
propenyl]- 6 I 459 b, IV 6323
Benzylalkohol, 2-Methoxy-5-[2-nitro-
propenyl]- 6 III 5041 e
Buttersäure-[4-nitro-benzylester]
6 I 223 i
Buttersäure, 2-Methyl-, [4-nitro-
phenylester] 6 III 826 e
Essigsäure-[2-methyl-3-nitro-phenäthylester]
6 III 1820 c
— [1-nitromethyl-2-phenyl-
äthylester] 6 III 1798 i
— [2-nitro-1-phenyl-propylester]
6 IV 3189
— [2,4,6-trimethyl-3-nitro-
phenylester] 6 IV 3260

$C_{11}H_{13}NO_4$ (Fortsetzung)

Glycin, N-Benzyloxycarbonyl-, methyl=
  ester **6** IV 2287

—, N-Benzyloxycarbonyl-N-methyl-
  6 IV 2320

—, N-[4-Methyl-benzyloxycarbonyl]-
  6 IV 3173

—, N-o-Tolyloxyacetyl- **6** IV 1964

Homoserin, N-Formyl-O-phenyl-
  6 III 648 f

Hydroxylamin, N-Acetyl-N-o-tolyloxyacetyl-
  6 IV 1965

—, N-Acetyl-N-p-tolyloxyacetyl-
  6 IV 2120

—, O-Acetyl-N-o-tolyloxyacetyl-
  6 IV 1965

—, O-Acetyl-N-p-tolyloxyacetyl-
  6 IV 2120

Isobuttersäure, α-Phenoxycarbonylamino-
  6 IV 632

Isovaleriansäure-[4-nitro-phenylester]
  6 III 826 f, IV 1299

[2]Naphthol, 3-Methoxy-1-nitro-
  5,6,7,8-tetrahydro- **6** III 5045 e

—, 3-Methoxy-4-nitro-
  5,6,7,8-tetrahydro- **6** III 5045 e

Phenol, 2-Äthoxy-4-[2-nitro-propenyl]-
  6 IV 6330

—, 2-Isopropoxy-5-[2-nitro-vinyl]-
  6 IV 6317

—, 2-Methoxy-4-[2-nitro-but-1-enyl]-
  6 III 5037 e, IV 6348

—, 5-[2-Nitro-vinyl]-2-propoxy-
  6 IV 6317

Pivalinsäure-[4-nitro-phenylester]
  6 III 826 g, IV 1299

Propan, 1-Acetoxy-1-[2-nitro-phenyl]-
  6 IV 3189

—, 1-Acetoxy-1-[4-nitro-phenyl]-
  6 IV 3189

—, 1-Acetoxy-3-[4-nitro-phenyl]-
  6 I 253 e, III 1806 d

Styrol, 2-Äthoxy-4-methoxy-β-nitro-
  6 II 914 a

—, 3-Äthoxy-2-methoxy-β-nitro-
  6 IV 6313

—, 3-Äthoxy-4-methoxy-β-nitro-
  6 II 915 c

—, 4-Äthoxy-3-methoxy-β-nitro-
  6 II 915 d

—, 2,4-Dimethoxy-6-methyl-β-nitro-
  6 IV 6341

—, 3,4-Dimethoxy-2-methyl-β-nitro-
  6 IV 6342

—, 4-Methoxy-3-methoxymethyl-
  β-nitro- **6** IV 6342

Succinamidsäure, N-Benzyloxy-
  6 IV 2563

Valeriansäure-[4-nitro-phenylester]
  6 III 826 d, IV 1299

$C_{11}H_{13}NO_4S$

Benzol, 1-[3-Acetylmercapto-propoxy]-
  4-nitro- **6** IV 1292

Cystein, N-Benzyloxycarbonyl- **6** III 1507 g

—, S-Benzyloxycarbonyl- **6** IV 2468

Isobuttersäure, α-[2-Nitro-benzylmercapto]-
  6 IV 2796

—, α-[3-Nitro-benzylmercapto]-
  6 IV 2797

—, α-[4-Nitro-benzylmercapto]-
  6 IV 2801

Propionsäure, 3-[2-Nitro-phenylmercapto]-,
  äthylester **6** II 306 h

Serin, N-Benzylmercaptocarbonyl-
  6 IV 2680

Thiokohlensäure-O-butylester-O'-[2-nitro-
  phenylester] **6** IV 1260

— O-butylester-S-[2-nitro-
  phenylester] **6** IV 1669

$C_{11}H_{13}NO_4S_2$

Dithiokohlensäure-O-äthylester-S-
  [2-hydroxy-3-methyl-5-nitro-benzylester]
  6 IV 5964

$C_{11}H_{13}NO_5$

Alanin, N-[2-Methoxy-phenoxycarbonyl]-
  6 III 4234 a

Benzol, 2-Acetoxymethyl-1-äthoxy-4-nitro-
  6 II 880 i

—, 4-Acetoxymethyl-1-äthoxy-2-nitro-
  6 II 884 g

—, 1-[3-Acetoxy-propoxy]-4-nitro-
  6 IV 1291

Bernsteinsäure, 2-Amino-2-phenoxymethyl-
  6 III 649 b

Essigsäure, [2-Methyl-6-nitro-phenoxy]-,
  äthylester **6** II 339 b

—, [4-Methyl-2-nitro-phenoxy]-,
  äthylester **6** II 389 d

—, [4-Methyl-3-nitro-phenoxy]-,
  äthylester **6** II 387 k

—, [5-Methyl-2-nitro-phenoxy]-,
  äthylester **6** II 360 g

—, [4-Nitro-phenoxy]-, propylester
  6 234 d

C_{11}H_{13}NO_5 (Fortsetzung)

Glycin, N-[4-Methoxy-benzyloxycarbonyl]-
6 IV 5915

Isobuttersäure, α-Hydroxy-, [4-nitro-
benzylester] 6 I 224 h

Isovaleriansäure, α-[3-Nitro-phenoxy]-
6 225 m

—, α-[4-Nitro-phenoxy]- 6 234 n

Kohlensäure-butylester-[2-nitro-phenylester]
6 IV 1257

— tert-butylester-[4-nitro-phenylester]
6 IV 1301

Phenol, 2,6-Dimethoxy-4-[2-nitro-
propenyl]- 6 III 5442 b, IV 7477

Propionsäure, 2-[2-Nitro-phenoxy]-,
äthylester 6 221 b

—, 2-[3-Nitro-phenoxy]-, äthylester
6 225 g

—, 2-[4-Nitro-phenoxy]-, äthylester
6 234 g

—, 3-[4-Nitro-phenoxy]-, äthylester
6 IV 1305

Serin, N-Benzyloxycarbonyl- 6 III 1506 b,
IV 2374

—, O-Benzyloxycarbonyl- 6 IV 2278

Styrol, 3-Methoxy-4-methoxymethoxy-
β-nitro- 6 II 915 f

—, 2,3,4-Trimethoxy-β-nitro- 6 III 6438 b

—, 2,3,5-Trimethoxy-β-nitro-
6 IV 7475

—, 2,4,5-Trimethoxy-β-nitro-
6 III 6438 e

—, 2,4,6-Trimethoxy-β-nitro-
6 IV 7475

—, 3,4,5-Trimethoxy-β-nitro-
6 I 555 g, III 6439 c

Succinamidsäure, 2-Hydroxy-
2-phenoxymethyl- 6 III 631 c

—, 3-Hydroxy-3-phenoxymethyl-
6 III 631 c

Valeriansäure, 5-[2-Nitro-phenoxy]-
6 IV 1262

—, 5-[3-Nitro-phenoxy]- 6 IV 1275

—, 5-[4-Nitro-phenoxy]- 6 IV 1306

C_{11}H_{13}NO_5S

Alanin, N-Acetyl-3-benzolsulfonyl-
6 323 b

Carbamidsäure, Benzolsulfonylacetyl-,
äthylester 6 316 a

C_{11}H_{13}NO_6

Essigsäure, [2-Methoxy-4-nitro-phenoxy]-,
äthylester 6 IV 5629

—, [2-Methoxy-5-nitro-phenoxy]-,
äthylester 6 I 392 f

Kohlensäure-äthylester-[4-(1-hydroxy-
2-nitro-äthyl)-phenylester] 6 I 443 c,
III 4569 a

C_{11}H_{13}NO_6S

Essigsäure, Äthansulfonyl-, [4-nitro-
benzylester] 6 III 1570 f

Propionsäure, 3-[2-Nitro-benzolsulfonyl]-,
äthylester 6 II 306 j

C_{11}H_{13}NO_7

Essigsäure, [4,5-Dimethoxy-2-nitro-
phenoxy]-, methylester 6 III 6287 e

C_{11}H_{13}NS

Benzylthiocyanat, 4-Isopropyl- 6 IV 3350

Butyronitril, 4-Benzylmercapto-
6 IV 2705

—, 2-[Phenylmercapto-methyl]-
6 IV 1543

Isobutyronitril, α-Benzylmercapto-
6 IV 2705

—, β-Benzylmercapto- 6 IV 2705

C_{11}H_{13}NS_2

Propylisothiocyanat, 3-Benzylmercapto-
6 III 1621 g

C_{11}H_{13}N_3O_2

Buttersäure, 2-Cyan-4-phenoxy-, hydrazid
6 III 627 a

C_{11}H_{13}N_3O_3

Propionsäure, 2-Semicarbazono-,
benzylester 6 438 m

C_{11}H_{13}N_3O_4S_2

Dithiocarbamidsäure, Diäthyl-,
[2,4-dinitro-phenylester] 6 III 1099 a

C_{11}H_{13}N_3O_5S

Acetamid, N-[2-(4-Methyl-2,6-dinitro-
phenylmercapto)-äthyl]- 6 IV 2216

C_{11}H_{13}N_3O_7

Äther, Isopentyl-picryl- 6 290 e, II 281 c,
IV 1458

Anisol, 3-tert-Butyl-2,4,6-trinitro-
6 IV 3296

—, 4-tert-Butyl-2,3,6-trinitro-
6 525 h

Phenol, 3-tert-Butyl-5-methyl-2,4,6-trinitro-
6 IV 3398

—, 4-tert-Butyl-2-methyl-3,5,6-trinitro-
6 550 f, III 1982 a

Salpetersäure-[4-äthyl-3,5-dimethyl-
2,6-dinitro-benzylester] 6 IV 3411

C_{11}H_{13}N_3O_8

Benzol, 1,2-Dimethoxy-3,4,6-trinitro-
5-propyl- 6 925 c

$C_{11}H_{13}N_3O_8$ (Fortsetzung)

Toluol, 3,5-Diäthoxy-2,4,6-trinitro-
6 891 b

$C_{11}H_{13}N_3S$

Isothioharnstoff, N-Äthyl-S-benzyl-
N'-cyan- 6 461 d

$C_{11}H_{13}O_3P$

Cyclopenta[1,3,2]dioxaphosphol,
2-Phenoxy-tetrahydro-
6 IV 5189

$C_{11}H_{14}BrClO$

Äther, [2-Brom-4-chlormethyl-phenyl]-
butyl- 6 III 1381 b

–, [5-Brom-pentyl]-[2-chlor-phenyl]-
6 IV 786

–, [5-Brom-pentyl]-[4-chlor-phenyl]-
6 IV 825

$C_{11}H_{14}BrClO_2$

Äthan, 1-[4-Brom-2-methyl-phenoxy]-2-
[2-chlor-äthoxy]-
6 III 1270 g

Benzol, 1-Brom-4-chlormethyl-
2,5-dimethoxy-3,6-dimethyl-
6 III 4650 g

Propionylchlorid, 3-[1-Bromäthinyl-
cyclohexyloxy]-
6 IV 352

$C_{11}H_{14}BrNO$

Propionitril, 3-[1-Bromäthinyl-cyclohexyloxy]-
6 IV 352

$C_{11}H_{14}BrNO_2$

Essigsäure, Phenoxy-, [3-brom-
propylamid] 6 IV 639

–, m-Tolyloxy-, [2-brom-äthylamid]
6 IV 2051

Propionsäure, 2-Phenoxy-, [2-brom-
äthylamid] 6 IV 643

$C_{11}H_{14}BrNO_2S$

Homocystein, S-[4-Brom-benzyl]-
6 III 1645 d

$C_{11}H_{14}BrNO_3$

Äther, [2-Brom-2-nitro-1-phenyl-butyl]-
methyl- 6 IV 3274

–, [5-Brom-pentyl]-[4-nitro-phenyl]-
6 IV 1285

Essigsäure, [2-Brom-4-propoxy-phenoxy]-,
amid 6 IV 5782

Phenol, 2-Brom-6-tert-butyl-3-methyl-
4-nitro- 6 IV 3402

Salpetersäure-[2-brom-3,4,5,6-tetramethyl-
benzylester] 6 III 1992 c

– [3-brom-2,4,5,6-tetramethyl-
benzylester] 6 III 1992 e

– [4-brom-2,3,5,6-tetramethyl-
benzylester] 6 III 1992 g

Valeriansäure, 2-Amino-5-[2-brom-
phenoxy]- 6 IV 1042

–, 2-Amino-5-[4-brom-phenoxy]-
6 IV 1054

$C_{11}H_{14}BrNO_3S$

Buttersäure, 2-Brom-2-[toluol-4-sulfonyl]-,
amid 6 III 1428 a

$C_{11}H_{14}BrNO_4$

Propan, 2-Brom-1-methoxy-1-[4-methoxy-
phenyl]-2-nitro- 6 927 h, IV 5979

Valeriansäure, 2-Amino-5-[4-brom-
phenoxy]-4-hydroxy- 6 201 g

$C_{11}H_{14}BrO_4P$

Phosphorsäure-mono-[1-(3-brom-
2,4,6-trimethyl-phenyl)-vinylester]
6 III 2478 a

$C_{11}H_{14}Br_2O$

Äther, Äthyl-[2-brom-1-(3-brom-phenyl)-
propyl]- 6 IV 3188

–, Äthyl-[2,3-dibrom-3-phenyl-
propyl]- 6 I 253 d, III 1806 b

–, [4,5-Dibrom-pentyl]-phenyl-
6 I 82 f

–, [2,4-Dibrom-phenyl]-isopentyl-
6 IV 1062

–, [2,4-Dibrom-phenyl]-pentyl-
6 IV 1062

Anisol, 4-[1,2-Dibrom-butyl]- 6 III 1845 d

–, 2,4-Dibrom-6-isopropyl-3-methyl-
6 541 d

Pentan-3-ol, 1,2-Dibrom-1-phenyl-
6 IV 3372

Phenetol, 2,5-Dibrom-3,4,6-trimethyl-
6 512 b

Phenol, 2,6-Bis-brommethyl-3,4,5-trimethyl-
6 II 509 i

–, 2,4-Dibrom-6-tert-butyl-3-methyl-
6 IV 3402

–, 2,4-Dibrom-3,6-dimethyl-5-propyl-
6 III 1987 e

–, 2,6-Dibrom-4-isopentyl-
6 IV 3379

–, 2,4-Dibrom-6-pentyl- 6 III 1950 g

$C_{11}H_{14}Br_2O_2$

Benzol, 2-Brom-4-[2-brom-1-methoxy-
propyl]-1-methoxy- 6 927 b

–, 1,4-Dibrom-2-methoxy-
5-methoxymethyl-3,6-dimethyl-
6 934 f

$C_{11}H_{14}Br_2O_2$ (Fortsetzung)

Benzol, 4-[1,2-Dibrom-propyl]-
1,2-dimethoxy- **6** 921 e, I 448 b,
II 893 d, III 4618 a

Benzylalkohol, 5-[α-Brom-isopropyl]-
2-brommethyl-4-hydroxy- **6** IV 6046

Phenol, 3-Äthoxymethyl-2,5-dibrom-
4,6-dimethyl- **6** 932 h

—, 4-Äthoxymethyl-2,5-dibrom-
3,6-dimethyl- **6** 934 g

—, 4-Äthoxymethyl-3,5-dibrom-
2,6-dimethyl- **6** 940 j

—, 2,4-Dibrom-6-butoxymethyl-
6 IV 5903

—, 2,4-Dibrom-6-*sec*-butoxymethyl-
6 IV 5903

—, 2,4-Dibrom-6-*tert*-butoxymethyl-
6 IV 5904

—, 2,4-Dibrom-6-isobutoxymethyl-
6 IV 5904

—, 4,5-Dibrom-2-isopentyloxy-
6 IV 5623

Toluol, 3,5-Diäthoxy-2,4-dibrom-
6 888 g

—, 3,5-Diäthoxy-2,6-dibrom-
6 888 g

$C_{11}H_{14}Br_2O_2S$

Sulfon, Äthyl-[2,3-dibrom-3-phenyl-propyl]-
6 IV 3210

—, [2,3-Dibrom-propyl]-[2,4-dimethyl-
phenyl]- **6** 491 k

$C_{11}H_{14}Br_2O_3$

Äthanol, 2-[4,5-Dibrom-2-propoxy-
phenoxy]- **6** IV 5623

Benzen-1,2,4-triol, 3,5-Dibrom-6-pentyl-
6 IV 7420

—, 3,6-Dibrom-5-pentyl- **6** IV 7420

Benzylalkohol, 2-Äthoxymethyl-
3,6-dibrom-4-hydroxy-5-methyl-
6 1125 b

Butan-2-ol, 3-[2,4-Dibrom-3,5-dihydroxy-
6-methyl-phenyl]- **6** III 6370 e

Phenol, 2-Brom-4-[2-brom-1-methoxy-
propyl]-6-methoxy- **6** 1121 h,
IV 7402

—, 2,5-Dibrom-3,4-bis-methoxymethyl-
6-methyl- **6** 1125 a

—, 2,5-Dibrom-4,6-bis-methoxymethyl-
3-methyl- **6** 1125 h

—, 3,5-Dibrom-2,6-bis-methoxymethyl-
4-methyl- **6** 1127 d

—, 3,5-Dibrom-2,6-dimethoxy-
4-propyl- **6** 1120 e

$C_{11}H_{14}ClNOS$

Thiocarbamidsäure, [2-Chlor-propyl]-,
S-benzylester **6** IV 2679

$C_{11}H_{14}ClNOS_2$

Dithiocarbamidsäure, Dimethyl-,
[2-(4-chlor-phenoxy)-äthylester]
6 IV 829

$C_{11}H_{14}ClNO_2$

Acetimidsäure, 2-[4-Chlor-3-methyl-
phenoxy]-, äthylester **6** III 1317 h

Carbamidsäure, Äthyl-, [β-chlor-
phenäthylester] **6** IV 3081

—, Butyl-, [2-chlor-phenylester]
6 IV 795

—, Butyl-, [4-chlor-phenylester]
6 IV 843

—, [2-Chlor-propyl]-, benzylester
6 IV 2279

—, Diäthyl-, [2-chlor-phenylester]
6 IV 795

—, Diäthyl-, [4-chlor-phenylester]
6 IV 843

—, Dimethyl-, [4-chlor-3,5-dimethyl-
phenylester] **6** IV 3156

—, Dimethyl-, [β-chlor-phenäthyl=
ester] **6** IV 3080

Carbamoylchlorid, Methyl-[β-phenoxy-
isopropyl]- **6** IV 674

Essigsäure, Benzyloxy-, [2-chlor-
äthylamid] **6** IV 2471

—, Chlor-, [2-*o*-tolyloxy-äthylamid]
6 I 172 j

—, [4-Chlor-2-propyl-phenoxy]-,
amid **6** IV 3178

Isobuttersäure, α-[4-Chlor-phenoxy]-,
methylamid **6** IV 854

$C_{11}H_{14}ClNO_2SSe$

Benzolthioselenensäure, 4-Chlor-2-nitro-,
tert-pentylester **6** IV 1793

$C_{11}H_{14}ClNO_3$

Äther, Äthyl-[2-chlor-2-nitro-1-phenyl-
propyl]- **6** IV 3189

—, Butyl-[4-chlormethyl-2-nitro-
phenyl]- **6** III 1388 a, IV 2151

—, [4-Chlor-3,5-dimethyl-2-nitro-
phenyl]-propyl- **6** III 1765 h

—, [2-Chlor-2-nitro-1-phenyl-butyl]-
methyl- **6** IV 3274

Carbamidsäure-[β-chlor-β'-*o*-tolyloxy-
isopropylester] **6** IV 1950

Carbamidsäure, [2-Chlor-phenoxymethyl]-,
isopropylester **6** IV 791

C₁₁H₁₄ClNO₃ (Fortsetzung)

Carbamidsäure, [4-Chlor-phenoxymethyl]-,
isopropylester **6** IV 834

−, *p*-Tolyloxymethyl-, [2-chlor-
äthylester] **6** IV 2109

Essigsäure, [4-Chlor-2-methyl-phenoxy]-,
[2-hydroxy-äthylamid] **6** III 1266 g

−, [2-Chlor-4-propoxy-phenoxy]-,
amid **6** IV 5770

Phenol, 6-*tert*-Butyl-2-chlor-3-methyl-
4-nitro- **6** IV 3402

−, 2-Chlor-6-nitro-4-pentyl-
6 IV 3370

−, 3-Chlor-2-nitro-6-pentyl-
6 IV 3369

−, 5-Chlor-4-nitro-2-pentyl-
6 IV 3369

Valeriansäure, 2-Amino-5-[2-chlor-
phenoxy]- **6** IV 804

−, 2-Amino-5-[4-chlor-phenoxy]-
6 IV 864

C₁₁H₁₄ClNO₃S

Buttersäure, 2-Chlor-2-[toluol-4-sulfonyl]-,
amid **6** III 1427 i

Propan, 1-[2-Chlor-äthylmercapto]-3-
[4-nitro-phenoxy]- **6** III 824 c

C₁₁H₁₄ClNO₄

Propan, 2-Carbamoyloxy-1-chlor-3-
[2-methoxy-phenoxy]- **6** IV 5574

Propan-1-ol, 2-Carbamoyloxy-3-[2-chlor-
4-methyl-phenoxy]- **6** I 203 o

Propan-2-ol, 1-Carbamoyloxy-3-[2-chlor-
4-methyl-phenoxy]- **6** I 203 o

C₁₁H₁₄ClNO₅

Äther, [2-(4-Chlor-2-nitro-phenoxy)-äthyl]-
[2-methoxy-äthyl]- **6** IV 1349

Benzol, 1,3-Diäthoxy-4-chlor-5-methoxy-
2-nitro- **6** IV 7371

C₁₁H₁₄ClNO₅S

Propan, 1-[2-Chlor-äthansulfonyl]-3-
[4-nitro-phenoxy]- **6** III 824 d

C₁₁H₁₄ClNO₆S

Schwefligsäure-[2-chlor-äthylester]-[β-
(4-nitro-phenoxy)-isopropylester]
6 IV 1291

C₁₁H₁₄ClNS₃

Dithiocarbamidsäure, Dimethyl-,
[2-(4-chlor-phenylmercapto)-äthylester]
6 IV 1588

C₁₁H₁₄ClO₄P

Phosphorsäure-äthylester-[2-chlor-1-methyl-
vinylester]-phenylester **6** IV 713

C₁₁H₁₄Cl₂N₂OS

Isothioharnstoff, *S*-[5-Chlor-2-(3-chlor-
propoxy)-benzyl]- **6** IV 5905

C₁₁H₁₄Cl₂O

Äther, [2,4-Bis-chlormethyl-phenyl]-
isopropyl- **6** IV 3137

−, [2,4-Bis-chlormethyl-phenyl]-
propyl- **6** IV 3137

−, [2-Chlor-äthyl]-[4-(2-chlor-äthyl)-
benzyl]- **6** IV 3242

−, [2,4-Dichlor-3,5-dimethyl-phenyl]-
propyl- **6** III 1760 h

−, [2,4-Dichlor-phenyl]-isopentyl-
6 I 103 c, IV 887

−, [2,4-Dichlor-phenyl]-pentyl-
6 IV 887

Anisol, 2,4-Bis-chlormethyl-3,5-dimethyl-
6 IV 3360

−, 2,4-Dichlor-6-isopropyl-3-methyl-
6 I 266 i

Butan-2-ol, 1-Chlor-2-chlormethyl-
4-phenyl- **6** III 1962 f

Pentan-3-ol, 1,2-Dichlor-5-phenyl-
6 III 1954 d

Phenol, 3,5-Bis-chlormethyl-2,4,6-trimethyl-
6 IV 3412

−, 2,4-Dichlor-6-pentyl- **6** III 1950 e

−, 2,4-Dichlor-6-*tert*-pentyl-
6 IV 3383

−, 2,6-Dichlor-4-*tert*-pentyl-
6 III 1969 a, IV 3387

C₁₁H₁₄Cl₂OS

Äthan, 1-[2-Chlor-äthoxy]-2-[4-chlor-
benzylmercapto]- **6** IV 2775

C₁₁H₁₄Cl₂O₂

Benzol, 1,2-Bis-chlormethyl-4,5-dimethoxy-
3-methyl- **6** IV 5997

Phenol, 4,5-Dichlor-2-isopentyloxy-
6 IV 5618

C₁₁H₁₄Cl₂O₂S

Sulfon, [2,4-Dichlor-phenyl]-pentyl-
6 IV 1613

−, [2,5-Dichlor-phenyl]-pentyl-
6 IV 1618

−, [3,4-Dichlor-phenyl]-pentyl-
6 IV 1625

−, [3,5-Dichlor-phenyl]-pentyl-
6 IV 1632

−, [2,3-Dichlor-propyl]-[2,4-dimethyl-
phenyl]- **6** 491 i

C₁₁H₁₄Cl₂O₃

Äthan, 1-[2-Chlor-äthoxymethoxy]-2-
[4-chlor-phenoxy]- **6** III 691 c

$C_{11}H_{14}Cl_2O_3$ (Fortsetzung)

Äthanol, 2-[5-Chlor-2-(2-chlor-äthoxy)-
benzyloxy]- **6** IV 5900

—, 2-[4,5-Dichlor-2-propoxy-phenoxy]-
6 IV 5618

Benzol, 1,4-Diäthoxy-2,5-dichlor-
3-methoxy- **6** IV 7346

—, 4-[2,2-Dichlor-1-methoxy-äthyl]-
1,2-dimethoxy- **6** III 6330 g

Propan-1,2-diol, 3-[3,4-Dichlor-
2,6-dimethyl-phenoxy]- **6** IV 3122

$C_{11}H_{14}Cl_2O_4S$

Schwefligsäure-[2-chlor-äthylester]-[β-
(4-chlor-phenoxy)-isopropylester]
6 IV 829

$C_{11}H_{14}Cl_2O_4S_2$

Toluol, 3,4-Bis-[2-chlor-äthansulfonyl]-
6 IV 5891

$C_{11}H_{14}Cl_2S$

Sulfid, [2-Chlor-äthyl]-[3-(4-chlor-phenyl)-
propyl]- **6** IV 3209

—, [2,4-Dichlor-phenyl]-pentyl-
6 IV 1612

—, [2,5-Dichlor-phenyl]-pentyl-
6 IV 1618

—, [3,4-Dichlor-phenyl]-pentyl-
6 IV 1625

—, [3,5-Dichlor-phenyl]-pentyl-
6 IV 1631

$C_{11}H_{14}Cl_2S_2$

Toluol, 3,4-Bis-[2-chlor-äthylmercapto]-
6 IV 5891

$C_{11}H_{14}Cl_3NO$

Amin, Diäthyl-[2,4,5-trichlor-phenoxymethyl]-
6 III 719 c

Propylamin, 3,3,3-Trichlor-2-phenäthyloxy-
6 IV 3075

$C_{11}H_{14}Cl_3O_2PS_3$

Dithiophosphorsäure-O,O'-diäthylester-
S-[(2,4,5-trichlor-phenylmercapto)-
methylester] **6** IV 1637

$C_{11}H_{14}Cl_4NO_2PS$

Amidothiophosphorsäure, Diäthyl-,
O-methylester-O'-[2,3,4,6-tetrachlor-
phenylester] **6** IV 1024

$C_{11}H_{14}INO_3$

Valeriansäure, 2-Amino-5-[2-jod-phenoxy]-
6 IV 1072

$C_{11}H_{14}I_2O$

Phenol, 2,6-Dijod-4-*tert*-pentyl-
6 III 1969 i

$C_{11}H_{14}NO_3PS_2$

Thiophosphorsäure-O,O'-diäthylester-O''-
[4-thiocyanato-phenylester] **6** IV 5823

$C_{11}H_{14}NO_5P$

Phosphonsäure, Allyl-, äthylester-[4-nitro-
phenylester] **6** IV 1323

$C_{11}H_{14}NO_5PS$

[1,3,2]Dioxaphosphorinan-2-sulfid,
5,5-Dimethyl-2-[4-nitro-phenoxy]-
6 IV 1343 c

$C_{11}H_{14}NO_5PS_3$

Dithiophosphorsäure, S-Äthoxythiocarbonyl-,
O-äthylester-O'-[4-nitro-phenylester]
6 IV 1346

$C_{11}H_{14}N_2OS$

Thiocarbazidsäure, Isopropyliden-,
O-benzylester **6** IV 2468

Thioharnstoff, N-Allyl-N'-benzyloxy-
6 443 i

$C_{11}H_{14}N_2O_2$

Butan-2,3-dion-[O-benzyl-oxim]-oxim
6 III 1552 g

Essigsäure, Phenoxy-, propylidenhydrazid
6 IV 641

Glycin, N-Formimidoyl-, phenäthylester
6 IV 3076

$C_{11}H_{14}N_2O_2S$

Thioglycin, N-Alanyl-, S-phenylester
6 IV 1554

$C_{11}H_{14}N_2O_2S_2$

Hydrazin-N,N'-bis-thiocarbonsäure-
O-äthylester-O'-benzylester **6** IV 2469

$C_{11}H_{14}N_2O_2S_2Se$

Thioanhydrid, Diäthylthiocarbamidsäure-
[2-nitro-benzolselenensäure]-
6 III 1117 d

$C_{11}H_{14}N_2O_2S_3$

Disulfidothiocarbamidsäure-, Diäthyl-,
S-S-[2-nitro-phenylester] **6** III 1062 a

$C_{11}H_{14}N_2O_3$

β-Alanin, N-Benzyloxycarbonyl-, amid
6 III 1500 h, IV 2337

Allophansäure-[1-methyl-1-phenyl-
äthylester] **6** IV 3221

— [1-phenyl-propylester] **6** IV 3185

— [2-phenyl-propylester] **6** III 1817 g

— [3-phenyl-propylester]
6 I 253 a

— [2,4,5-trimethyl-phenylester]
6 II 482 g

Asparagin-benzylester **6** IV 2527

Glycin, N-Glycyl-, benzylester **6** IV 2490

$C_{11}H_{14}N_2O_3$ (Fortsetzung)

Harnstoff, [2-Phenoxy-butyryl]-
6 III 617 a

$C_{11}H_{14}N_2O_3S$

Acetamid, N-[2-(4-Nitro-benzylmercapto)-
äthyl]- 6 IV 2801

Allophansäure-[3-phenylmercapto-
propylester] 6 IV 1496

Propionimidsäure, N-[2-Nitro-benzolsulfenyl]-,
äthylester 6 IV 1676

$C_{11}H_{14}N_2O_3S_2$

Dithiocarbamidsäure, Dimethyl-,
[4-methoxy-3-nitro-benzylester]
6 IV 5924

$C_{11}H_{14}N_2O_4$

Allophansäure-[2-benzyloxy-äthylester]
6 III 1470 b

— [2-methoxy-phenäthylester]
6 III 4570 a

Bernsteinsäure, 2-Hydroxy-2-phenoxymethyl-,
diamid 6 III 631 d

Carbamidsäure, [2-Carbamoyloxy-äthyl]-,
benzylester 6 IV 2279

—, Diäthyl-, [4-nitro-phenylester]
6 233 o, IV 1302

Essigsäure, [5-Methyl-m-phenylendioxy]-di-,
diamid 6 887 k

Propan, 1,3-Bis-carbamoyloxy-2-phenyl-
6 IV 5993

Propionsäure, 2-Amino-3-benzyloxycarbonyl⸗
amino- 6 III 1523 h, IV 2431

Serin, N-Benzyloxycarbonyl-, amid
6 III 1506 e

Valeriansäure, 5-[4-Nitro-phenoxy]-, amid
6 IV 1306

Valin-[4-nitro-phenylester] 6 IV 1314

$C_{11}H_{14}N_2O_4S$

Acetamidoxim, N-Acetyl-2-[toluol-
4-sulfonyl]- 6 423 k

Alanin, N-[2-Nitro-benzolsulfenyl]-,
äthylester 6 III 1064 e

Harnstoff, N-Methyl-N'-[(toluol-
4-sulfonyl)-acetyl]- 6 423 g

Sulfid, [1-Äthyl-propyl]-[2,4-dinitro-phenyl]-
6 IV 1737

—, [2,4-Dinitro-phenyl]-isopentyl-
6 III 1091 i, IV 1737

—, [2,4-Dinitro-phenyl]-pentyl-
6 III 1091 f, IV 1737

$C_{11}H_{14}N_2O_5$

Äther, [2,4-Dinitro-phenyl]-isopentyl-
6 255 b, IV 1374

—, [2,4-Dinitro-phenyl]-pentyl-
6 III 859 e

Anisol, 2-tert-Butyl-4,6-dinitro-
6 III 1862 d, IV 3293

—, 4-tert-Butyl-2,6-dinitro-
6 525 f, III 1875 f

—, 5-tert-Butyl-2,4-dinitro-
6 IV 3295

—, 4-Isopropyl-3-methyl-2,6-dinitro-
6 IV 3327

—, 6-Isopropyl-3-methyl-2,4-dinitro-
6 III 1911 d

Benzol, 1,2-Dimethoxy-3-[2-nitro-1-nitroso-
propyl]- 6 IV 5975

—, 1,2-Dimethoxy-4-[2-nitro-1-nitroso-
propyl]- 6 956 b, III 4620 f

—, 1,2-Dimethoxy-4-[3-nitro-2-nitroso-
propyl]- 6 964, III 4622 b

—, 1,4-Dimethoxy-2-[2-nitro-1-nitroso-
propyl]- 6 IV 5976

Carbamidsäure, Diäthyl-, [2-hydroxy-
5-nitro-phenylester] 6 III 4268 g

Phenetol, 2,3,5-Trimethyl-4,6-dinitro-
6 III 1834 f

Phenol, 3-tert-Butyl-5-methyl-x,x-dinitro-
6 IV 3398

—, 6-tert-Butyl-3-methyl-2,4-dinitro-
6 III 1984 c, IV 3402

—, 2,4-Dinitro-6-pentyl- 6 III 1950 h,
IV 3369

—, 2,4-Dinitro-6-tert-pentyl-
6 III 1965 a

—, 2,6-Dinitro-4-pentyl- 6 IV 3370

—, 2,6-Dinitro-4-tert-pentyl-
6 549 f, II 506 e, III 1970 b, IV 3387

—, 2-Isopentyl-4,6-dinitro-
6 III 1960 d, IV 3378

—, 4-Isopentyl-2,6-dinitro-
6 IV 3379

Valeriansäure, 2-Amino-5-[2-nitro-
phenoxy]- 6 IV 1264

—, 2-Amino-5-[3-nitro-phenoxy]-
6 IV 1276

—, 2-Amino-5-[4-nitro-phenoxy]-
6 IV 1315

$C_{11}H_{14}N_2O_5S$

Benzolsulfensäure, 2,4-Dinitro-, isopentyl⸗
ester 6 IV 1766

—, 2,4-Dinitro-, pentylester
6 IV 1766

—, 2,4-Dinitro-, tert-pentylester
6 IV 1766

$C_{11}H_{14}N_2O_5S$ (Fortsetzung)

Pentan-1-ol, 5-[2,4-Dinitro-phenylmercapto]-
6 IV 1755

$C_{11}H_{14}N_2O_6$

Benzol, 1-Butoxy-2-methoxy-4,5-dinitro-
6 II 795 d

—, 1,2-Dimethoxy-3,5-dinitro-
4-propyl- 6 925 b

—, 1-Isopropyl-2,3-dimethoxy-
4,5-dinitro- 6 III 4632 g

Phenol, 4-*tert*-Butyl-3-methoxy-2,6-dinitro-
6 IV 6012

$C_{11}H_{14}N_2O_6S$

Sulfon, [1-Äthyl-propyl]-[2,4-dinitro-
phenyl]- 6 IV 1737

—, [2,4-Dinitro-phenyl]-isopentyl-
6 III 1091 j, IV 1737

—, [2,4-Dinitro-phenyl]-pentyl-
6 III 1091 g

$C_{11}H_{14}N_2O_6S_2$

Essigsäure, [Toluol-2,4-disulfonyl]-di-,
diamid 6 873 n

$C_{11}H_{14}N_2O_7$

Propan-1-ol, 1-[3,4-Dimethoxy-2,6-dinitro-
phenyl]- 6 IV 7402

$C_{11}H_{14}N_2O_7S$

Carbamidsäure, [4-Nitro-phenoxysulfonyl]-,
butylester 6 IV 1316

$C_{11}H_{14}N_2S$

Homocystein, S-Benzyl-, nitril 6 III 1629 b

$C_{11}H_{14}N_4O_2$

Propionaldehyd, 2-Benzyloxyimino-,
semicarbazon 6 IV 2563

$C_{11}H_{14}N_4O_2S_3$

Isothiosemicarbazid, S-Methyl-
1-[methylmercapto-(4-nitro-
benzylmercapto)-methylen]-
6 I 232 b

$C_{11}H_{14}N_4O_3Se$

Aceton, [4-Methyl-2-nitro-phenylselanyl]-,
semicarbazon 6 IV 2219

$C_{11}H_{14}O$

Äthanol, 1-Cyclopropyl-1-phenyl-
6 I 293 i, IV 3885

—, 1-Indan-1-yl- 6 I 294 b

—, 1-Indan-2-yl- 6 582 j

—, 1-Indan-5-yl- 6 III 2483 c

—, 2-Indan-1-yl- 6 I 294 c, II 547 a

—, 2-Indan-4-yl- 6 III 2483 b,
IV 3893

Äther, [1-Äthyl-allyl]-phenyl- 6 III 558 a

—, Äthyl-cinnamyl- 6 571 a, I 281 d,
II 527 a, III 2404 b

—, Äthyl-indan-1-yl- 6 I 286 c,
III 2424 b

—, Äthyl-indan-5-yl- 6 575 d

—, Äthyl-[1-methyl-2-phenyl-vinyl]-
6 III 2400 f

—, Äthyl-[2-methyl-styryl]-
6 I 285 k

—, Äthyl-[1-phenyl-allyl]- 6 572 c,
I 283 g, III 2418 b

—, Äthyl-[2-phenyl-allyl]- 6 III 2421 b

—, [4-Äthyl-phenyl]-allyl- 6 IV 3021

—, Äthyl-[1-phenyl-propenyl]-
6 III 2400 c

—, [1-(4-Äthyl-phenyl)-vinyl]-methyl-
6 IV 3848

—, Äthyl-[1-*m*-tolyl-vinyl]-
6 IV 3823

—, Äthyl-[1-*p*-tolyl-vinyl]- 6 IV 3823

—, Allyl-[2,4-dimethyl-phenyl]-
6 II 459 b, IV 3127

—, Allyl-[2,5-dimethyl-phenyl]-
6 III 1772 b

—, Allyl-[2,6-dimethyl-phenyl]-
6 III 1737 c, IV 3114

—, Allyl-[3,4-dimethyl-phenyl]-
6 III 1727 c

—, Allyl-[3,5-dimethyl-phenyl]-
6 I 244 c, II 463 b

—, Allyl-[2-methyl-benzyl]-
6 III 1734 b

—, Allyl-phenäthyl- 6 IV 3070

—, Benzyl-methallyl- 6 III 1459 e

—, Benzyl-[1-methyl-propenyl]-
6 III 1459 d

—, But-2-enyl-*m*-tolyl- 6 IV 2041

—, But-2-enyl-*o*-tolyl- 6 IV 1946

—, Cyclopentyl-phenyl- 6 II 147 i,
IV 565

—, Methallyl-*m*-tolyl- 6 III 1302 b

—, Methallyl-*o*-tolyl- 6 III 1248 e

—, Methallyl-*p*-tolyl- 6 III 1356 f

—, [1-Methyl-but-2-enyl]-phenyl-
6 II 147 f, III 558 c, IV 565

—, [3-Methyl-but-2-enyl]-phenyl-
6 II 147 h

—, Methyl-[1-methyl-3-phenyl-allyl]-
6 III 2433, IV 3833

—, Methyl-[4-phenyl-but-2-enyl]-
6 IV 3837

—, [2-Methyl-propenyl]-*p*-tolyl-
6 IV 2101

—, Methyl-[1,2,3,4-tetrahydro-
[1]naphthyl]- 6 IV 3859

C₁₁H₁₄O (Fortsetzung)

Äther, Methyl-[1,2,3,4-tetrahydro-
[2]naphthyl]- **6** III 2461 a, IV 3862

—, Methyl-[1,4,5,8-tetrahydro-
[2]naphthyl]- **6** IV 3864

—, Methyl-[5,6,7,8-tetrahydro-
[1]naphthyl]- **6** III 2451 a, IV 3851

—, Methyl-[5,6,7,8-tetrahydro-
[2]naphthyl]- **6** II 537 a, III 2454,
IV 3855

—, Pent-2-enyl-phenyl- **6** III 558 b

—, Pent-3-enyl-phenyl- **6** 145 b, II 147 g

—, Pent-4-enyl-phenyl- **6** I 83 d

—, [2-Phenyl-propyl]-vinyl- **6** IV 3230

—, [3-Phenyl-propyl]-vinyl-
6 III 1802 f, IV 3199

—, [1-Phenyl-vinyl]-propyl-
6 II 521 h, III 2390 b

—, Propyl-styryl- **6** 564 e, II 522 b

—, Propyl-[2-vinyl-phenyl]-
6 IV 3771

—, Propyl-[4-vinyl-phenyl]-
6 IV 3776

Allylalkohol, 2-Äthyl-3-phenyl-
6 III 2469 c

—, 1-[2,4-Dimethyl-phenyl]-
6 III 2477 c

—, 2-Methyl-3-p-tolyl- **6** III 2475 g

Anisol, 2-Allyl-4-methyl- **6** III 2447 a,
IV 3845

—, 2-Allyl-6-methyl- **6** III 2446 c,
IV 3844

—, 3-Allyl-4-methyl- **6** III 2445 e

—, 4-Allyl-2-methyl- **6** IV 3846

—, 4-Allyl-3-methyl- **6** III 2445 f

—, 2-But-1-enyl- **6** 575 e, II 532 f,
IV 3832

—, 2-But-2-enyl- **6** II 533 b,
IV 3834

—, 3-But-1-enyl- **6** 575 g

—, 4-But-1-enyl- **6** 575 h, II 532 g,
III 2431 a

—, 4-But-2-enyl- **6** II 533 c,
IV 3835

—, 2-Cyclobutyl- **6** IV 3849

—, 4-Cyclobutyl- **6** IV 3850

—, 2-Cyclopropylmethyl- **6** IV 3850

—, 2-Isopropenyl-4-methyl-
6 I 288 f, III 2448 b, IV 3848

—, 2-Isopropenyl-5-methyl-
6 578 b, III 2449 b

—, 2-Isopropenyl-6-methyl-
6 577 g, I 288 c, IV 3848

—, 3-Isopropenyl-4-methyl-
6 IV 3847

—, 4-Isopropenyl-2-methyl-
6 III 2448 d

—, 4-Isopropenyl-3-methyl-
6 IV 3847

—, 2-Methallyl- **6** III 2444 c

—, 2-[1-Methyl-allyl]- **6** II 533 i

—, 2-[2-Methyl-cyclopropyl]-
6 IV 3850

—, 3-[2-Methyl-cyclopropyl]-
6 IV 3851

—, 4-[2-Methyl-cyclopropyl]-
6 IV 3851

—, 2-[1-Methyl-propenyl]- **6** IV 3838

—, 2-[2-Methyl-propenyl]-
6 III 2443 b, IV 3841

—, 2-Methyl-4-propenyl- **6** 577 e

—, 2-Methyl-6-propenyl- **6** IV 3844

—, 3-[1-Methyl-propenyl]- **6** IV 3838

—, 3-[2-Methyl-propenyl]-
6 III 2443 c

—, 3-Methyl-4-propenyl- **6** 577 c

—, 4-[1-Methyl-propenyl]-
6 576 h, IV 3839

—, 4-[2-Methyl-propenyl]-
6 577 a, II 534 a, III 2443 d,
IV 3841

—, 4-Methyl-2-propenyl- **6** 577 d,
I 287 e, IV 3845

Benzocyclohepten-2-ol, 6,7,8,9-Tetrahydro-
5H- **6** III 2479 b, IV 3885

Benzocyclohepten-5-ol, 6,7,8,9-Tetrahydro-
5H- **6** III 2479 c, IV 3885

Benzocyclohepten-6-ol, 6,7,8,9-Tetrahydro-
5H- **6** IV 3886

Benzocyclohepten-7-ol, 6,7,8,9-Tetrahydro-
5H- **6** I 293 j

But-2-en-1-ol, 2-Methyl-3-phenyl-
6 IV 3878

—, 3-Methyl-1-phenyl- **6** II 545 c,
IV 3877

—, 1-m-Tolyl- **6** III 2473 c

—, 1-o-Tolyl- **6** III 2472 e

—, 1-p-Tolyl- **6** III 2473 f

But-3-en-1-ol, 2-Methyl-1-phenyl-
6 III 2469 e

—, 1-p-Tolyl- **6** III 2474 a

But-3-en-2-ol, 2-Methyl-1-phenyl-
6 III 2469 f

—, 2-Methyl-3-phenyl- **6** IV 3878

—, 2-Methyl-4-phenyl- **6** 581 f,
III 2470 c

C$_{11}$H$_{14}$O (Fortsetzung)

But-3-en-2-ol, 3-Methyl-2-phenyl-
　6 IV 3878

—, 3-Methyl-4-phenyl- 6 IV 3875

—, 2-p-Tolyl- 6 IV 3879

—, 4-m-Tolyl- 6 III 2472 f

—, 4-o-Tolyl- 6 III 2472 d

—, 4-p-Tolyl- 6 III 2473 d

But-3-in-2-ol, 2-Norborn-5-en-2-yl-
　6 IV 3894

—, 4-Norborn-5-en-2-yl- 6 III 2484 b

Cyclobutanol, 2-Methyl-2-phenyl-
　6 IV 3885

Cyclopentanol, 1-Phenyl- 6 II 546 h,
　III 2478 g, IV 3884

—, 2-Phenyl- 6 IV 3885

—, 3-Phenyl- 6 582 g

Indan, 5-Methoxy-2-methyl- 8 IV 909

Indan-1-ol, 1-Äthyl- 6 I 294 a

—, 2-Äthyl- 6 IV 3893

—, 3-Äthyl- 6 IV 3893

—, 1,2-Dimethyl- 6 I 294 d

—, 1,3-Dimethyl- 6 III 2483 d

—, 2,2-Dimethyl- 6 IV 3893

—, 2,3-Dimethyl- 6 IV 3893

—, 2,5-Dimethyl- 6 IV 3893

—, 4,7-Dimethyl- 6 IV 3894

Indan-5-ol, 4,7-Dimethyl- 6 III 2483 e

4,7-Methano-inden-1-ol, 1-Methyl-,
　3a,4,7,7a-tetrahydro- 6 IV 3894

Methanol, Cyclobutyl-phenyl- 6 582 i

—, [1-Methyl-indan-2-yl]-
　6 I 294 e

—, [1,2,3,4-Tetrahydro-[1]naphthyl]-
　6 III 2480 h

—, [1,2,3,4-Tetrahydro-[2]naphthyl]-
　6 III 2482 h, IV 3892

—, [5,6,7,8-Tetrahydro-[1]naphthyl]-
　6 II 546 i, IV 3888

—, [5,6,7,8-Tetrahydro-[2]naphthyl]-
　6 II 546 k, III 2481 e

[1]Naphthol, 1-Methyl-1,2,3,4-tetrahydro-
　6 I 293 k, II 546 j, III 2480 d,
　IV 3889

—, 2-Methyl-1,2,3,4-tetrahydro-
　6 IV 3891

—, 2-Methyl-5,6,7,8-tetrahydro-
　6 III 2481 b

—, 3-Methyl-5,6,7,8-tetrahydro-
　6 IV 3890

—, 4-Methyl-5,6,7,8-tetrahydro-
　6 IV 3888

—, 7-Methyl-1,2,3,4-tetrahydro-
　6 IV 3891

[2]Naphthol, 1-Methyl-1,2,3,4-tetrahydro-
　6 III 2480 e, IV 3889

—, 1-Methyl-5,6,7,8-tetrahydro-
　6 III 2479 e, IV 3886

—, 3-Methyl-5,6,7,8-tetrahydro-
　6 III 2481 c, IV 3890

—, 4-Methyl-5,6,7,8-tetrahydro-
　6 III 2480 c, IV 3887

—, 5-Methyl-5,6,7,8-tetrahydro-
　6 IV 3889

—, 6-Methyl-1,2,3,4-tetrahydro-
　6 IV 3891

—, 6-Methyl-5,6,7,8-tetrahydro-
　6 III 2482 e

Pent-2-en-4-in-1-ol, 5-Cyclohex-1-enyl-
　6 IV 3872

Pent-1-en-3-ol, 1-Phenyl- 6 581 a, II 544 c,
　III 2464 f, IV 3872

—, 5-Phenyl- 6 III 2468 b

Pent-2-en-1-ol, 1-Phenyl- 6 IV 3873

Pent-3-en-1-ol, 1-Phenyl- 6 III 2467 d

—, 4-Phenyl- 6 IV 3874

Pent-3-en-2-ol, 2-Phenyl- 6 IV 3875

—, 3-Phenyl- 6 III 2471 d, IV 3877

—, 4-Phenyl- 6 IV 3874

Pent-4-en-1-ol, 1-Phenyl- 6 I 293 a,
　II 544 d

—, 2-Phenyl- 6 II 544 g

—, 5-Phenyl- 6 III 2466 a

Pent-4-en-2-ol, 2-Phenyl- 6 581 d, II 544 f,
　III 2468 f

—, 3-Phenyl- 6 III 2472 a

Phenäthylalkohol, 4-Allyl- 6 IV 3881

Phenetol, 2-Allyl- 6 III 2412 a, IV 3807

—, 4-Allyl- 6 572 a, III 2416 a

—, 4-Isopropenyl- 6 573 c, III 2421 a

—, 2-Propenyl- 6 565 b

—, 3-Propenyl- 6 566 a

—, 4-Propenyl- 6 569 a, III 2398 a

Phenol, 4-Äthyl-2-allyl- 6 IV 3880

—, 2-[1-Äthyl-propenyl]-
　6 581 h, III 2470 f

—, 4-[1-Äthyl-propenyl]- 6 III 2471 b

—, 2-Allyl-3,5-dimethyl- 6 I 293 f,
　II 545 g, III 2477 b, IV 3881

—, 2-Allyl-3,6-dimethyl- 6 III 2476 g

—, 2-Allyl-4,6-dimethyl- 6 II 546 b,
　III 2477 e, IV 3883

—, 4-Allyl-2,6-dimethyl- 6 III 2477 d,
　IV 3882

—, 6-Allyl-2,3-dimethyl- 6 IV 3881

$C_{11}H_{14}O$ (Fortsetzung)

Phenol, 4-But-1-enyl-3-methyl- **6** II 545 d

—, 4-But-2-enyl-2-methyl- **6** III 2473 a

—, 2-Cyclopentyl- **6** III 2478 b,
IV 3883

—, 4-Cyclopentyl- **6** II 546 e,
III 2478 e, 5613 a, IV 3884

—, 2-[1,1-Dimethyl-allyl]- **6** IV 3877

—, 2,4-Dimethyl-6-propenyl-
6 II 545 i, IV 3882

—, 3,5-Dimethyl-2-propenyl-
6 IV 3881

—, 2-Methallyl-4-methyl- **6** III 2475 b

—, 2-Methallyl-5-methyl- **6** III 2475 h

—, 2-Methallyl-6-methyl- **6** III 2474 f

—, 2-[1-Methyl-but-2-enyl]-
6 II 544 e, III 2468 c

—, 2-[3-Methyl-but-1-enyl]-
6 IV 3876

—, 2-[3-Methyl-but-2-enyl]-
6 III 2470 d, IV 3876

—, 4-[3-Methyl-but-1-enyl]-
6 IV 3876

—, 4-[3-Methyl-but-2-enyl]-
6 IV 3876

—, 4-[3-Methyl-but-3-enyl]-
6 IV 3877

—, 4-Methyl-2-[1-methyl-allyl]-
6 IV 3879

—, 5-Methyl-2-[1-methyl-allyl]-
6 IV 3879

—, 2-Methyl-6-[2-methyl-propenyl]-
6 III 2474 c

—, 4-Methyl-2-[2-methyl-propenyl]-
6 I 293 c, III 2474 d

—, 5-Methyl-2-[2-methyl-propenyl]-
6 III 2475 f

—, 2-Pent-2-enyl- **6** III 2466 d

Propan-1-ol, 3-Cyclooctatetraenyl-
6 IV 3871

Propan-2-ol, 2-Cyclooctatetraenyl-
6 IV 3872

—, 2-[1,2-Dihydro-cyclobutabenzen-
1-yl]- **6** IV 3894

Zimtalkohol, 2,4-Dimethyl- **6** III 2476 h

—, 2,5-Dimethyl- **6** III 2476 e

$C_{11}H_{14}OS$

Äthan, 1-Benzylmercapto-2-vinyloxy-
6 IV 2652

Äthanol, 2-Indan-5-ylmercapto-
6 IV 3831

Äthen, 1-Äthoxy-1-p-tolylmercapto-
6 IV 2188

—, 1-Äthoxy-2-p-tolylmercapto-
6 IV 2178

—, 1-Isopropoxy-2-phenylmercapto-
6 IV 1498

Butan-2-on, 4-Benzylmercapto-
6 III 1596 h, IV 2662

—, 3-Methyl-3-phenylmercapto-
6 III 1007 c

—, 3-o-Tolylmercapto- **6** III 1281 c

—, 3-p-Tolylmercapto- **6** III 1418 d

—, 4-p-Tolylmercapto- **6** IV 2192

Butyraldehyd, 3-Benzylmercapto-
6 III 1596 f, IV 2662

Cyclopentanol, 2-Phenylmercapto-
6 III 4056 e

Isobutyraldehyd, α-Benzylmercapto-
6 III 1596 i

—, β-Benzylmercapto- **6** IV 2662

Pentan-3-on, 2-Phenylmercapto-
6 IV 1516

Thioessigsäure-S-[2-phenyl-propylester]
6 IV 3231

$C_{11}H_{14}OS_2$

Dithiokohlensäure-O-äthylester-S-
[2,4-dimethyl-phenylester] **6** 492 b

— O-äthylester-S-phenäthylester
6 IV 3089

— S-benzylester-O-isopropylester
6 III 1607 e

— O-isopropylester-S-o-tolylester
6 III 1281 g

$C_{11}H_{14}OS_3$

Dithiokohlensäure-O-äthylester-
S-[benzylmercapto-methylester]
6 IV 2658

— O-äthylester-S-[p-tolylmercapto-
methylester] **6** IV 2183

$C_{11}H_{14}O_2$

Acetaldehyd-[allyl-phenyl-acetal] **6** IV 599

Acetaldehyd, [2-Phenyl-propoxy]-
6 III 1817 b

—, [3-Phenyl-propoxy]- **6** II 476 c

Aceton, [2,4-Dimethyl-phenoxy]-
6 487 i, III 1746 a

—, [2,5-Dimethyl-phenoxy]-
6 495 g

—, [2,6-Dimethyl-phenoxy]-
6 III 1737 e

—, [3,4-Dimethyl-phenoxy]-
6 481 g

—, Phenäthyloxy- **6** II 451 b

Äthan, 1-Allyloxy-2-phenoxy- **6** III 568 e

$C_{11}H_{14}O_2$ (Fortsetzung)

Äthan, 1-*p*-Tolyloxy-2-vinyloxy-
  6 IV 2103

Äthan-1,2-diol, 1-Cyclopropyl-1-phenyl-
  6 IV 6362

Äthanol, 2-Allyloxy-1-phenyl- 6 III 4575 a

—, 2-[4-Isopropenyl-phenoxy]-
  6 IV 3821

—, 1-[2-Phenoxy-cyclopropyl]-
  6 IV 5192

Ameisensäure-[3a,4,5,6,7,7a-hexahydro-
  4,7-methano-inden-5(*oder* 6)-ylester]
  6 III 1940 c

— [1-methyl-3-phenyl-propylester]
  6 II 487 a

Benzocyclohepten-5,6-diol, 6,7,8,9-
  Tetrahydro-5*H*- 6 III 5052 d,
  IV 6362

Benzocyclohepten-5,9-diol, 6,7,8,9-
  Tetrahydro-5*H*- 6 IV 6363

Benzocyclohepten-6,7-diol, 6,7,8,9-
  Tetrahydro-5*H*- 6 IV 6363

Benzol, 1-Äthoxy-2-allyloxy- 6 III 4214 c

—, 1-Äthoxy-4-allyloxy- 6 III 4395 d,
  IV 5724

—, 1-Allyl-2,3-dimethoxy-
  6 I 461 d, III 5013 e

—, 1-Allyl-2,4-dimethoxy-
  6 II 920 h, III 5019 b

—, 2-Allyl-1,3-dimethoxy- 6 III 5021 a

—, 2-Allyl-1,4-dimethoxy-
  6 II 921 a

—, 4-Allyl-1,2-dimethoxy-
  6 963 b, I 462 b, II 923 b, III 5024 b,
  IV 6337

—, 1-Allyloxymethyl-4-methoxy-
  6 III 4548 c

—, 1-But-2-enyloxy-2-methoxy-
  6 IV 5569

—, 1,2-Dimethoxy-3-propenyl-
  6 I 459 a, III 4991 d, IV 6321

—, 1,2-Dimethoxy-4-propenyl-
  6 956 b, I 460 b, II 918 b,
  III 4995, IV 6325

—, 1,3-Dimethoxy-2-propenyl-
  6 III 4991 g

—, 1,3-Dimethoxy-5-propenyl-
  6 II 919 h

—, 1,4-Dimethoxy-2-propenyl-
  6 955 a, III 4991 f, IV 6323

—, 1-Isopropenyl-2,3-dimethoxy-
  6 III 5032 e, IV 6341

—, 1-Isopropenyl-2,4-dimethoxy-
  6 IV 6341

—, 1-Isopropenyl-3,5-dimethoxy-
  6 IV 6341

—, 2-Isopropenyl-1,3-dimethoxy-
  6 IV 6341

—, 2-Isopropenyl-1,4-dimethoxy-
  6 969 b

—, 4-Isopropenyl-1,2-dimethoxy-
  6 969 d

—, 1-Methallyloxy-2-methoxy-
  6 III 4214 e

—, 1-Methoxy-4-[2-methoxy-allyl]-
  6 968 k

—, 1-Methoxy-4-[1-methoxy-
  propenyl]- 6 961 a

—, 1-Methoxy-4-[2-methoxy-
  propenyl]- 6 968 k

Butan-1,4-diol, 2-Methylen-4-phenyl-
  6 IV 6361

Butan-2-on, 4-Benzyloxy- 6 IV 2255

—, 3-Methyl-3-phenoxy- 6 IV 605

—, 4-*m*-Tolyloxy- 6 IV 2046

—, 4-*o*-Tolyloxy- 6 IV 1959

But-2-en, 1-Methoxy-4-phenoxy-
  6 IV 588

But-2-en-1,4-diol, 3-Methyl-1-phenyl-
  6 IV 6360

But-3-en-1,2-diol, 2-Methyl-1-phenyl-
  6 III 5050 f

But-2-en-1-ol, 1-[2-Methoxy-phenyl]-
  6 IV 6348

—, 1-[4-Methoxy-phenyl]- 6 III 5038 c

—, 4-*p*-Tolyloxy- 6 IV 2107

But-3-en-1-ol, 2-[2-Hydroxy-5-methyl-
  phenyl]- 6 IV 6361

—, 1-[4-Methoxy-phenyl]- 6 III 5039 b

But-3-en-2-ol, 4-[2-Hydroxy-phenyl]-
  2-methyl- 6 III 5051 a

—, 2-[4-Methoxy-phenyl]- 6 IV 6349

—, 4-[2-Methoxy-phenyl]- 6 IV 6348

—, 4-[4-Methoxy-phenyl]- 6 III 5037 f

Buttersäure-benzylester 6 436 c, II 417 c,
  III 1479 g, IV 2266

— *m*-tolylester 6 III 1306 e,
  IV 2048

— *o*-tolylester 6 III 1254 e,
  IV 1960

— *p*-tolylester 6 II 379 e, III 1365 a,
  IV 2113

Butyraldehyd, 4-Benzyloxy- 6 III 1476 i

—, 2-Methyl-4-phenoxy- 6 III 591 g

C$_{11}$H$_{14}$O$_2$ (Fortsetzung)

Cyclopentan-1,2-diol, 1-Phenyl-
　6 II 928 e

—, 3-Phenyl- 6 III 5052 c

Essigsäure-[2-äthinyl-[2]norbornylester]
　6 IV 3264

— [2-äthyl-benzylester] 6 IV 3233

— [4-äthyl-benzylester] 6 III 1826 b

— [2-äthyl-4-methyl-phenylester]
　6 II 478 g

— [2-äthyl-5-methyl-phenylester]
　6 II 479 c

— [2-äthyl-6-methyl-phenylester]
　6 II 478 c

— [3-äthyl-5-methyl-phenylester]
　6 III 1822 e

— [4-äthyl-2-methyl-phenylester]
　6 II 478 i

— [4-äthyl-3-methyl-phenylester]
　6 II 477 j

— [2,3-dimethyl-benzylester]
　6 IV 3246

— [2,4-dimethyl-benzylester]
　6 518 h, I 256 e, IV 3250

— [2,5-dimethyl-benzylester]
　6 518 j, I 256 g

— [3,4-dimethyl-benzylester]
　6 I 256 i

— [3,5-dimethyl-benzylester]
　6 521 l

— [3-isopropyl-phenylester]
　6 IV 3214

— [4-isopropyl-phenylester]
　6 506 d

— mesitylester 6 II 484 b,
　III 1837 e

— [3-methyl-phenäthylester]
　6 508 g, I 255 b

— [4-methyl-phenäthylester]
　6 III 1829 c, IV 3244

— [1-methyl-1-phenyl-äthylester]
　6 III 1814 d, IV 3221

— [1-methyl-2-phenyl-äthylester]
　6 I 251 e, II 474 c, IV 3193

— [1-phenyl-propylester]
　6 502 e, II 471 c, III 1794 d,
　IV 3184

— [2-phenyl-propylester] 6 I 254 f,
　IV 3230

— [3-phenyl-propylester]
　6 504 c, III 1804 h, IV 3201

— [2-propyl-phenylester] 6 IV 3177

— [3-propyl-phenylester] 6 III 1787 g,
　IV 3181

— [4-propyl-phenylester] 6 500 f,
　I 249 f

— [1-p-tolyl-äthylester] 6 III 1826 e

— [2,3,4-trimethyl-phenylester]
　6 II 480 a

— [2,3,5-trimethyl-phenylester]
　6 II 483 b, III 1833 c

— [2,4,5-trimethyl-phenylester]
　6 II 482 d

— [3,4,5-trimethyl-phenylester]
　6 II 480 e, III 1830 b

Hydrochinon, 2,3,5-Trimethyl-6-vinyl-
　6 IV 6361

Indan, 2,2-Bis-hydroxymethyl-
　6 I 467 a

—, 4,6-Dimethoxy- 6 IV 6346

—, 4,7-Dimethoxy- 6 III 5037 a

—, 5,6-Dimethoxy- 6 III 5037 c

Indan-4,5-diol, 2,7-Dimethyl- 6 IV 6365

—, 3,7-Dimethyl- 6 IV 6365

Isobuttersäure-benzylester 6 436 d,
　II 417 d, IV 2266

— m-tolylester 6 II 353 d

— o-tolylester 6 II 330 f, III 1254 f

— p-tolylester 6 IV 2113

Isovaleriansäure-phenylester 6 154 k,
　I 87 i, IV 616

Naphthalin-1,2-diol, 1-Methyl-
　1,2,3,4-tetrahydro- 6 II 928 f,
　III 5052 e, IV 6364

Naphthalin-1,4-diol, 2-Methyl-
　1,2,3,4-tetrahydro- 6 IV 6364

—, 2-Methyl-5,6,7,8-tetrahydro-
　6 III 5053 b

—, 6-Methyl-5,6,7,8-tetrahydro-
　6 IV 6365

Naphthalin-2,3-diol, 1-Methyl-
　5,6,7,8-tetrahydro- 6 IV 6363

—, 5-Methyl-1,2,3,4-tetrahydro-
　6 IV 6363

—, 6-Methyl-5,6,7,8-tetrahydro-
　6 III 5053 d

[1]Naphthol, 3-Hydroxymethyl-
　1,2,3,4-tetrahydro- 6 IV 6365

—, 4-Methoxy-5,6,7,8-tetrahydro-
　6 IV 6353

—, 5-Methoxy-1,2,3,4-tetrahydro-
　6 III 5045 c

—, 6-Methoxy-1,2,3,4-tetrahydro-
　6 III 5046 a

$C_{11}H_{14}O_2$ (Fortsetzung)

[1]Naphthol, 6-Methoxy-5,6,7,8-tetrahydro-
6 IV 6354
–, 7-Methoxy-1,2,3,4-tetrahydro-
6 III 5046 e
[2]Naphthol, 6-Hydroxymethyl-
1,2,3,4-tetrahydro- 6 IV 6364
–, 3-Methoxy-5,6,7,8-tetrahydro-
6 IV 6355
–, 4-Methoxy-5,6,7,8-tetrahydro-
6 III 5043 e
–, 5-Methoxy-1,2,3,4-tetrahydro-
6 IV 6354
–, 6-Methoxy-1,2,3,4-tetrahydro-
6 IV 6355
–, 7-Methoxy-1,2,3,4-tetrahydro-
6 II 926 e
[1]Naphthylhydroperoxid, 1-Methyl-
1,2,3,4-tetrahydro- 6 IV 3889
Pentan-2-on, 1-Phenoxy- 6 III 591 a
–, 5-Phenoxy- 6 II 152 m, III 591 c
Pent-3-en-1,2-diol, 1-Phenyl- 6 III 5050 d
Peroxid, Methyl-[1,2,3,4-tetrahydro-
[1]naphthyl]- 6 III 2459 a, IV 3861
Phenäthylalkohol, β-Allyloxy- 6 III 4574 f
Phenol, 2-Äthoxy-4-allyl- 6 III 5026 a
–, 2-Äthoxy-5-allyl- 6 II 923 c,
III 5026 b
–, 2-Äthoxy-6-allyl- 6 III 5013 f
–, 4-Äthoxy-2-allyl- 6 III 5020 a
–, 2-Äthoxy-4-propenyl- 6 III 4997,
IV 6325
–, 2-Äthoxy-5-propenyl- 6 II 918 c,
III 4998 a, IV 6325
–, 2-Äthoxy-6-propenyl- 6 III 4991 e
–, 2-Allyl-6-methoxy-4-methyl-
6 III 5042 a
–, 4-Allyl-2-methoxy-6-methyl-
6 III 5042 c
–, 4-Allyloxy-2,5-dimethyl-
6 III 4603 c
–, 3-But-2-enyl-2-methoxy-
6 II 925 d
–, 4-But-2-enyl-2-methoxy-
6 II 925 f
–, 2-Methallyl-4-methoxy-
6 IV 6349
–, 2-Methallyl-6-methoxy-
6 III 5040 d
–, 2-Methoxy-6-[1-methyl-allyl]-
6 IV 6349
–, 2-Methoxy-4-methyl-6-propenyl-
6 III 5041 c

Pivalinsäure-phenylester 6 IV 616
Propan-1-ol, 3-[2-Vinyl-phenoxy]-
6 IV 3772
Propen, 1,3-Dimethoxy-1-phenyl-
6 I 461 a
–, 1-Methoxy-2-[4-methoxy-phenyl]-
6 969 e
Propionsäure-[3-äthyl-phenylester]
6 IV 3017
– [4-äthyl-phenylester] 6 III 1666 e
– [2,4-dimethyl-phenylester]
6 II 459 f, III 1746 c
– [2,5-dimethyl-phenylester]
6 III 1772 e
– [2,6-dimethyl-phenylester]
6 III 1737 h, IV 3117
– [3,4-dimethyl-phenylester]
6 IV 3102
– [3,5-dimethyl-phenylester]
6 III 1758 a, IV 3145
– phenäthylester 6 III 1709 e
– [1-phenyl-äthylester] 6 III 1680 c
Resorcin, 4-Pent-2-enyl- 6 III 5050 a
Styrol, α-Äthoxy-4-methoxy- 6 III 4989 d
–, 3,5-Dimethoxy-2-methyl-
6 III 5033 a
Toluol, 2-Allyloxy-3-methoxy- 6 III 4493 c
–, 4-Allyloxy-3-methoxy- 6 III 4517 c
Valeraldehyd, 5-Phenoxy- 6 I 87 a
Valeriansäure-phenylester 6 III 602 a,
IV 616
Zimtalkohol, β-Äthoxy- 6 IV 6334
$C_{11}H_{14}O_2S$
Buttersäure, 2-Benzylmercapto-
6 IV 2704
–, 3-Benzylmercapto- 6 III 1613 d,
IV 2705
–, 4-Benzylmercapto- 6 IV 2705
–, 3-Phenylmercapto-, methylester
6 IV 1541
–, 3-p-Tolylmercapto- 6 II 399 i
–, 4-p-Tolylmercapto- 6 IV 2200
Essigsäure-[2-benzylmercapto-äthylester]
6 IV 2652
Essigsäure, Benzylmercapto-, äthylester
6 463 c, II 436 a, III 1610 c
–, [2-Isopropyl-phenylmercapto]-
6 IV 3214
–, [4-Isopropyl-phenylmercapto]-
6 IV 3219
–, Mesitylmercapto- 6 III 1841 c
–, [1-Methyl-1-phenyl-äthylmercapto]-
6 III 1816 c

C₁₁H₁₄O₂S (Fortsetzung)

Essigsäure, Phenäthylmercapto-,
    methylester **6** III 1719 c

—, [3-Phenyl-propylmercapto]-
    6 II 476 h, III 1807 d, IV 3207

—, p-Tolylmercapto-, äthylester
    6 I 212 a, III 1422 a

—, [2,4,5-Trimethyl-phenylmercapto]-
    6 I 255 j

Isobuttersäure, α-Benzylmercapto-
    6 III 1614 b

—, β-Benzylmercapto- **6** III 1614 d

—, β-Phenylmercapto-, methylester
    6 III 1020 h

Propionsäure, 3-[2-Äthyl-phenylmercapto]-
    6 IV 3015

—, 3-Benzylmercapto-, methylester
    6 III 1612 a

—, 3-[2,3-Dimethyl-phenylmercapto]-
    6 IV 3099

—, 3-[2,4-Dimethyl-phenylmercapto]-
    6 II 461 k, IV 3139

—, 3-[2,5-Dimethyl-phenylmercapto]-
    6 IV 3170

—, 3-[2,6-Dimethyl-phenylmercapto]-
    6 IV 3125

—, 3-[3,4-Dimethyl-phenylmercapto]-
    6 IV 3109

—, 3-[3,5-Dimethyl-phenylmercapto]-
    6 IV 3161

—, 2-Phenäthylmercapto- **6** IV 3090

—, 3-Phenäthylmercapto- **6** III 1720 c,
    IV 3090

—, 3-[1-Phenyl-äthylmercapto]-
    6 III 1701 d

—, 2-Phenylmercapto-, äthylester
    6 I 147 e

Sulfon, Äthyl-cinnamyl- **6** IV 3805

—, Allyl-[2,4-dimethyl-phenyl]-
    6 491 l

—, Allyl-[2-methyl-benzyl]-
    6 III 1734 h

—, Allyl-[3-methyl-benzyl]-
    6 III 1769 d

—, Allyl-[4-methyl-benzyl]-
    6 III 1782 h

—, Benzyl-but-2-enyl- **6** IV 2641

—, Benzyl-but-3-enyl- **6** III 1579 b

—, Benzyl-methallyl- **6** III 1579 d,
    IV 2641

—, Benzyl-[1-methyl-allyl]-
    6 IV 2641

—, Benzyl-[1-methyl-propenyl]-
    6 IV 2641

—, Benzyl-[2-methyl-propenyl]-
    6 III 1579 c

—, [1-Isopropyl-vinyl]-phenyl-
    6 IV 1482

—, [1-Methyl-propenyl]-p-tolyl- **6** IV 2163

Thiopropionsäure, 2-Phenoxy-,
    S-äthylester **6** IV 643

Valeriansäure, 5-Phenylmercapto-
    6 III 1021 d, IV 1542

C₁₁H₁₄O₂S₂

Propionsäure, 2-Äthylmercapto-
    2-phenylmercapto- **6** 320 c

—, 3-[2-Phenylmercapto-äthyl≠
    mercapto]- **6** III 996 f

C₁₁H₁₄O₂Se

Buttersäure, 4-Benzylselanyl- **6** III 1652 b

C₁₁H₁₄O₃

Acetessigsäure-[1-äthinyl-cyclopentylester]
    6 IV 341

Aceton, 1-Äthoxy-3-phenoxy- **6** III 593 f

—, [4-Äthoxy-phenoxy]- **6** III 4412 d

—, [2-Methoxy-4-methyl-phenoxy]-
    6 III 4518 d

Äthan, 1-Acetoxy-1-[2-methoxy-phenyl]-
    6 IV 5929

—, 1-Acetoxy-1-[4-methoxy-phenyl]-
    6 III 4567 b

—, 1-Acetoxy-2-methoxy-1-phenyl-
    6 III 4576 a

—, 1-Acetoxy-2-[4-methoxy-phenyl]-
    6 907 a, III 4571 d, IV 5937

—, 2-Acetoxy-1-methoxy-1-phenyl-
    6 III 4576 b, IV 5941 c

Benzol, 1-Acetoxy-4-äthyl-2-methoxy-
    6 III 4561 b

—, 2-Acetoxy-1-äthyl-3-methoxy-
    6 III 4554 c

—, 2-Acetoxy-4-äthyl-1-methoxy-
    6 III 4561 a

—, 1-Acetoxy-4-isopropoxy-
    6 IV 5740

—, 1-Acetoxymethyl-4-methoxymethyl-
    6 III 4609 h

—, 2-Acetoxymethyl-1-methoxy-
    4-methyl- **6** III 4599 c

—, 1-Acetoxy-2-propoxy- **6** III 4228 c

—, 1-Allyloxy-2,3-dimethoxy-
    6 III 6267 d

—, 1-Allyloxy-3,5-dimethoxy-
    6 IV 7364

$C_{11}H_{14}O_3$ (Fortsetzung)

Benzol, 2-Allyloxy-1,3-dimethoxy-
  6 I 540 d, III 6267 e
—, 1-Butyryloxy-2-methoxy-
  6 III 4229 b, IV 5583
—, 1-Formyloxy-2-methoxy-4-propyl-
  6 III 4616 a
—, 1-Methoxy-4-propionyloxymethyl-
  6 III 4549 h, IV 5915
Benzylalkohol, 2-Allyl-3-hydroxy-
  4-methoxy- 6 IV 7479
—, 5-Allyl-2-hydroxy-3-methoxy-
  6 1131 d, III 6446 d
—, 3-Allyloxy-4-methoxy- 6 IV 7383
—, 4,5-Dimethoxy-2-vinyl-
  6 IV 7479
Butan-2-on, 3-[3-Methoxy-phenoxy]-
  6 III 4319 f
—, 3-[4-Methoxy-phenoxy]-
  6 IV 5740
Buttersäure, 2-Benzyloxy- 6 IV 2474
—, 4-Benzyloxy- 6 II 420 i,
  III 1534 i, IV 2474
—, 2-Hydroxy-, benzylester
  6 IV 2474
—, 2-Methyl-2-phenoxy- 6 IV 648
—, 2-Methyl-4-phenoxy- 6 165 g,
  I 90 h, III 618 j
—, 4-Phenoxy-, methylester
  6 IV 646
—, 2-m-Tolyloxy- 6 380 g, III 1309 d
—, 2-o-Tolyloxy- 6 357 c, III 1257 h,
  IV 1966
—, 2-p-Tolyloxy- 6 399 g, III 1368 h
—, 4-o-Tolyloxy- 6 IV 1966
—, 4-p-Tolyloxy- 6 399 j, II 381 a,
  IV 2121
Essigsäure-[2-benzyloxy-äthylester]
  6 III 1469 d
— [phenäthyloxy-methylester]
  6 II 450 m
— [1-p-tolyloxy-äthylester]
  6 IV 2110
Essigsäure, Äthoxy-, benzylester
  6 438 h, III 1532 i
—, [2-Äthyl-3-methyl-phenoxy]-
  6 III 1818 a
—, [2-Äthyl-4-methyl-phenoxy]-
  6 III 1821 e, IV 3235
—, [2-Äthyl-5-methyl-phenoxy]-
  6 IV 3241
—, [3-Äthyl-2-methyl-phenoxy]-
  6 IV 3232

—, [3-Äthyl-4-methyl-phenoxy]-
  6 IV 3232
—, [3-Äthyl-5-methyl-phenoxy]-
  6 III 1822 f, IV 3237
—, [4-Äthyl-2-methyl-phenoxy]-
  6 III 1823 e, IV 3238
—, [4-Äthyl-3-methyl-phenoxy]-
  6 III 1819 a
—, [5-Äthyl-2-methyl-phenoxy]-
  6 III 1825 a, IV 3241
—, Benzyloxy-, äthylester 6 438 f,
  I 221 h, III 1532 a, IV 2470
—, [3,4-Dimethyl-phenoxy]-,
  methylester 6 III 1728 f
—, [2-Isopropyl-phenoxy]-
  6 504 i, III 1809 b, IV 3212
—, [3-Isopropyl-phenoxy]-
  6 IV 3215
—, [4-Isopropyl-phenoxy]- 6 506 e
—, Mesityloxy- 6 II 484 c, IV 3256
—, Methoxy-, phenäthylester
  6 III 1711 h
—, Phenäthyloxy-, methylester
  6 II 452 h, III 1711 e
—, [3-Phenyl-propoxy]- 6 III 1805 a
—, [2-Propyl-phenoxy]- 6 IV 3177
—, [3-Propyl-phenoxy]- 6 III 1788 a,
  IV 3181
—, [4-Propyl-phenoxy]- 6 III 1790 a,
  IV 3182
—, m-Tolyloxy-, äthylester
  6 I 187 e, II 353 o
—, o-Tolyloxy-, äthylester
  6 I 172 g, IV 1964
—, p-Tolyloxy-, äthylester
  6 I 202 a, II 380 h, IV 2119
—, [2,3,4-Trimethyl-phenoxy]-
  6 IV 3245
—, [2,3,5-Trimethyl-phenoxy]-
  6 III 1833 d, IV 3249
—, [2,4,5-Trimethyl-phenoxy]-
  6 II 482 h, III 1832 b
—, [3,4,5-Trimethyl-phenoxy]-
  6 III 1830 c, IV 3246
Indan-1-ol, 5,6-Dimethoxy- 6 IV 7479
Isobuttersäure, α-Benzyloxy- 6 IV 2474
—, α-Hydroxy-, benzylester
  6 III 1535 a
—, β-Phenoxy-, methylester
  6 IV 647
—, α-m-Tolyloxy- 6 380 j
—, β-m-Tolyloxy- 6 IV 2052
—, α-o-Tolyloxy- 6 357 f

$C_{11}H_{14}O_3$ (Fortsetzung)

Isobuttersäure, β-o-Tolyloxy- 6 IV 1966

–, α-p-Tolyloxy- 6 399 l, I 202 e,
     III 1368 i

–, β-p-Tolyloxy- 6 IV 2122

Isovaleriansäure, α-Phenoxy- 6 165 h

–, γ-Phenoxy- 6 IV 649

Kohlensäure-äthylester-phenäthylester
     6 II 451 j, IV 3074

– äthylester-[1-phenyl-äthylester]
     6 IV 3038

– butylester-phenylester 6 158 a

– tert-butylester-phenylester
     6 IV 629

– isobutylester-phenylester
     6 158 b

Methanol, [1,2,3,4-Tetrahydro-
     [1]naphthylperoxy]- 6 III 2459 b

Milchsäure-phenäthylester 6 III 1712 d

Naphthalin-1,2-diol, 5-Methoxy-
     1,2,3,4-tetrahydro- 6 IV 7480

–, 8-Methoxy-1,2,3,4-tetrahydro-
     6 IV 7480

Peroxyessigsäure-[1-methyl-1-phenyl-
     äthylester] 6 IV 3226

Phenol, 4-Acetoxymethyl-2,6-dimethyl-
     6 III 4656 b, IV 6002

–, 4-Acetoxy-2,3,5-trimethyl-
     6 III 4647 g

–, 2-Allyl-3,4-dimethoxy- 6 III 6443 e

–, 2-Allyl-3,5-dimethoxy- 6 IV 7478

–, 2-Allyl-4,5-dimethoxy- 6 III 6444 a

–, 4-Allyl-2,6-dimethoxy-
     6 I 556 b, II 1093 e, III 6444 c

–, 6-Allyl-2,3-dimethoxy- 6 III 6443 c

–, 2,6-Dimethoxy-4-propenyl-
     6 III 6441 c

–, 2-Methoxymethoxy-4-propenyl-
     6 957 f, III 5005 d, IV 6327

–, 2-Methoxy-4-[3-methoxy-
     propenyl]- 6 IV 7477

–, 2-Methoxymethoxy-5-propenyl-
     6 III 5006 a, IV 6327

–, 4-Pivaloyloxy- 6 IV 5742

Phloroglucin, 2-[3-Methyl-but-2-enyl]-
     6 IV 7481

Propan-1,2-diol, 3-[2-Vinyl-phenoxy]-
     6 IV 3772

Propan-1-ol, 3-Acetoxy-1-phenyl-
     6 IV 5985

Propan-2-ol, 1-Acetoxy-2-phenyl-
     6 IV 5993

Propionsäure-[2-phenoxy-äthylester]
     6 III 571 g

Propionsäure, 2-[3-Äthyl-phenoxy]-
     6 IV 3018

–, 2-[4-Äthyl-phenoxy]- 6 IV 3022

–, 2-Benzyloxy-, methylester
     6 IV 2472

–, 2-[2,4-Dimethyl-phenoxy]-
     6 487 p

–, 2-[2,5-Dimethyl-phenoxy]-
     6 495 l

–, 2-[2,6-Dimethyl-phenoxy]-
     6 IV 3118

–, 2-[3,4-Dimethyl-phenoxy]-
     6 481 k, III 1728 h

–, 2-[3,5-Dimethyl-phenoxy]-
     6 III 1758 d, IV 3147

–, 3-[2,5-Dimethyl-phenoxy]-
     6 IV 3167

–, 3-[3,5-Dimethyl-phenoxy]-
     6 III 1758 e

–, 3-Methoxy-, benzylester
     6 IV 2473

–, 2-Phenoxy-, äthylester
     6 163 d, II 158 f, III 615 a, IV 643

–, 3-Phenoxy-, äthylester
     6 II 158 h, III 616 b, IV 644

–, 3-o-Tolyloxy-, methylester
     6 IV 1965

–, 3-p-Tolyloxy-, methylester
     6 IV 2121

Styrol, 2,3,4-Trimethoxy- 6 IV 7475

Toluol, 4-Acetoxy-3-äthoxy- 6 III 4519 a

Valeriansäure, 2-Phenoxy- 6 IV 647

–, 5-Phenoxy- 6 165 e, II 159 g,
     III 618 f, IV 648

Zimtalkohol, 3,4-Dimethoxy- 6 IV 7477

$C_{11}H_{14}O_3S$

Aceton, [3,4-Dimethoxy-phenylmercapto]-
     6 III 6296 f, IV 7358

Äther, Methyl-[1-methyl-2-(toluol-
     4-sulfonyl)-vinyl]- 6 III 1410 c

Butan-2-on, 3-Benzolsulfonyl-3-methyl-
     6 III 1007 e

–, 4-[Toluol-2-sulfonyl]- 6 IV 2024

–, 4-[Toluol-4-sulfonyl]- 6 III 1418 e

But-2-en-1-ol, 1-[Toluol-4-sulfonyl]-
     6 IV 2189

But-3-en-2-ol, 1-Methansulfonyl-4-phenyl-
     6 IV 6348

Buttersäure, 4-Benzylmercapto-2-hydroxy-
     6 III 1617 a

$C_{11}H_{14}O_3S$ (Fortsetzung)

Buttersäure, 3-Phenylmethansulfinyl-
6 III 1613 e

Essigsäure, [4-Methoxy-2,3-dimethyl-
phenylmercapto]- 6 III 4584 c

—, [3-Phenoxy-propylmercapto]-
6 III 577 h

—, [3-Phenyl-propan-1-sulfinyl]-
6 III 1807 g

Isobuttersäure, α-Hydroxy-β-p-tolyl=
mercapto- 6 424 j

—, β-Phenylmethansulfinyl-
6 III 1614 f

Isovaleriansäure, α-Benzolsulfinyl-
6 III 1021 j

Propionsäure, 3-[2-Hydroxy-3,5-dimethyl-
phenylmercapto]- 6 IV 5963

—, 3-[4-Hydroxy-3,5-dimethyl-
phenylmercapto]- 6 IV 5960

—, 3-[1-Phenyl-äthansulfinyl]-
6 III 1701 e

—, 3-[2-Phenyl-äthansulfinyl]-
6 III 1720 d

Thiokohlensäure-S-[4-äthoxy-phenylester]-
O-äthylester 6 IV 5816

$C_{11}H_{14}O_3S_2$

Aceton, 1-Methansulfonyl-1-p-tolyl=
mercapto- 6 III 1415 c

—, 1-Methylmercapto-1-[toluol-
4-sulfonyl]- 6 III 1415 g

$C_{11}H_{14}O_4$

Aceton, 1-[2-Äthoxy-phenoxy]-3-hydroxy-
6 III 4227 b

—, [2,5-Dimethoxy-phenoxy]-
6 IV 7341

—, [3,5-Dimethoxy-phenoxy]-
6 III 6306 c, IV 7367

Äthan, 1-Acetoxy-1-[4-methoxy-phenoxy]-
6 IV 5738

—, 1-Acetoxy-2-[3-methoxy-phenoxy]-
6 III 4317 b

Äthanol, 2-[2-Acetoxymethyl-phenoxy]-
6 III 4539 f

Benzol, 1-Acetoxymethyl-2,3-dimethoxy-
6 I 550 h

—, 4-Acetoxymethyl-1,2-dimethoxy-
6 I 551 b, III 6325 a

—, 1,3-Dimethoxy-2-propionyloxy-
6 III 6270 a

Brenzcatechin, 5-Allyl-3,4-dimethoxy-
6 II 1124 e, III 6690 b

Buttersäure, 2-[2-Methoxy-phenoxy]-
6 780 d, IV 5588

—, 2-[3-Methoxy-phenoxy]-
6 IV 5677

—, 2-[4-Methoxy-phenoxy]-
6 IV 5748

—, 4-[2-Methoxy-phenoxy]-
6 IV 5589

—, 4-[3-Methoxy-phenoxy]-
6 IV 5678

—, 4-[4-Methoxy-phenoxy]-
6 IV 5749

2,6-Cyclo-norbornan, 3,5-Diacetoxy-
6 IV 5528

4-Desoxy-erythronsäure, O^2-Benzyl-
6 IV 2477

Essigsäure-[2-hydroxy-3-phenoxy-
propylester] 6 III 583 b, IV 591

Essigsäure, Äthoxy-, [2-methoxy-
phenylester] 6 779 g

—, [2-Äthoxy-5-methyl-phenoxy]-
6 IV 5880

—, [4-Äthyl-2-methoxy-phenoxy]-
6 III 4561 f, IV 5927

—, [5-Äthyl-2-methoxy-phenoxy]-
6 III 4561 e

—, [2-Hydroxymethyl-4,6-dimethyl-
phenoxy]- 6 IV 6001

—, [2-Hydroxy-4-propyl-phenoxy]-
6 III 4617 a

—, Methoxy-, [2-phenoxy-äthylester]
6 III 573 e

—, [2-Methoxy-4-methyl-phenoxy]-,
methylester 6 IV 5880

—, [2-Methoxy-phenoxy]-, äthylester
6 778 e

—, [3-Methoxy-phenoxy]-, äthylester
6 817 k, II 817 i, III 4323 d

—, [4-Methoxy-phenoxy]-, äthylester
6 III 4419 e

—, Phenoxy-, äthoxymethylester
6 III 612 h

—, Phenoxy-, [2-methoxy-äthylester]
6 III 612 a

—, [2-Propoxy-phenoxy]- 6 IV 5587

—, [3-Propoxy-phenoxy]- 6 IV 5675

—, [4-Propoxy-phenoxy]- 6 IV 5745

—, [2-m-Tolyloxy-äthoxy]-
6 IV 2043

—, [2-o-Tolyloxy-äthoxy]- 6 IV 1949

—, [2-p-Tolyloxy-äthoxy]- 6 IV 2104

Isobuttersäure, α-[4-Methoxy-phenoxy]-
6 IV 5751

—, β-[4-Methoxy-phenoxy]-
6 IV 5751

C₁₁H₁₄O₄ (Fortsetzung)

Kohlensäure-[2-äthoxy-phenylester]-
    äthylester **6** III 4234 b
— äthylester-[4-methoxy-benzylester]
    6 II 883 h
— äthylester-[2-methoxy-4-methyl-
    phenylester] **6** 880 g
— äthylester-[2-phenoxy-äthylester]
    6 III 572 h, IV 576
— [2-methoxy-phenylester]-
    propylester **6** 776 e
Milchsäure-[2-phenoxy-äthylester]
    6 III 573 h, IV 576
Norborn-2-en, 5,7-Diacetoxy- **6** IV 5527
Propan-2-ol, 1-Acetoxy-1-[2-hydroxy-
    phenyl]- **6** IV 7405
Propionsäure, 3-[4-Äthoxy-phenoxy]-
    6 IV 5748
—, 3-Benzyloxy-2-hydroxy-,
    methylester **6** IV 2477
—, 2-Hydroxy-3-phenoxy-, äthylester
    6 III 624 f
—, 3-Hydroxy-2-phenoxy-, äthylester
    6 III 624 b
—, 3-[4-Hydroxy-phenoxy]-,
    äthylester **6** IV 5747
Toluol, 4-Acetoxy-2,6-dimethoxy-
    6 III 6320 f
Valeriansäure, 5-[4-Hydroxy-phenoxy]-
    6 IV 5751
Zimtalkohol, 4-Hydroxy-3,5-dimethoxy-
    6 II 1124 d, III 6690 a, IV 7717,
    31 223 a

C₁₁H₁₄O₄S

Aceton, [2-Äthoxy-benzolsulfonyl]-
    6 II 797 e
—, [4-Äthoxy-benzolsulfonyl]-
    6 I 421 a, II 853 j
—, [2-Methoxy-5-methyl-benzolsulfonyl]-
    6 II 874 a, III 4527 b
Benzol, 1-Acetoxy-3-äthansulfonylmethyl-
    6 IV 5908
Buttersäure, 2-Benzolsulfonyl-2-methyl-
    6 IV 1543
—, 3-Benzolsulfonyl-2-methyl-
    6 III 1021 i
—, 3-Phenylmethansulfonyl-
    6 III 1613 f, IV 2705
—, 4-Phenylmethansulfonyl-
    6 III 1614 a
—, 2-[Toluol-4-sulfonyl]- **6** 424 e
—, 3-[Toluol-4-sulfonyl]- **6** IV 2199
—, 4-[Toluol-4-sulfonyl]- **6** IV 2200

Essigsäure, [2,5-Dihydroxy-3,4,6-trimethyl-
    phenylmercapto]- **6** III 6355 d
—, [2,3-Dimethoxy-benzylmercapto]-
    6 IV 7380
—, [4-(2-Methoxy-äthoxy)-
    phenylmercapto]- **6** III 4464 c
—, Phenylmethansulfonyl-, äthylester
    6 III 1611 b
—, [Toluol-4-sulfonyl]-, äthylester
    6 423 a, III 1422 f
—, [2,4,5-Trimethyl-benzolsulfonyl]-
    6 517 h
—, Veratrylmercapto- **6** IV 7386
Isobuttersäure, β-Benzolsulfonyl-,
    methylester **6** III 1021 a
—, α-Phenylmethansulfonyl-
    6 III 1614 c
—, β-Phenylmethansulfonyl-
    6 III 1614 g
—, α-[Toluol-4-sulfonyl]- **6** 424 g
—, β-[Toluol-4-sulfonyl]- **6** IV 2200
Isovaleriansäure, α-Benzolsulfonyl-
    6 III 1021 k, IV 1543
—, β-Benzolsulfonyl- **6** III 1021 l
Methansulfonsäure-[3-hydroxy-
    1,2,3,4-tetrahydro-[2]naphthylester]
    6 IV 6359
Propionsäure, 3-[1-Phenyl-äthansulfonyl]-
    6 III 1701 f
—, 3-[2-Phenyl-äthansulfonyl]-
    6 III 1720 e
—, 3-Phenylmethansulfonyl-,
    methylester **6** III 1612 f
—, 3-[Toluol-4-sulfonyl]-, methylester
    6 IV 2199
Valeriansäure, 2-Benzolsulfonyl-
    6 III 1021 b
—, 3-Benzolsulfonyl- **6** III 1021 c

C₁₁H₁₄O₄S₂

Essigsäure, Benzolsulfonyl-methylmercapto-,
    äthylester **6** III 1024 d
—, [2-(Toluol-4-sulfonyl)-äthyl-
    mercapto]- **6** III 1408 f

C₁₁H₁₄O₅

Benzol, 1-Acetoxy-2,4,5-trimethoxy-
    6 IV 7688
—, 5-Acetoxy-1,2,3-trimethoxy-
    6 II 1119 e, III 6654 a
Essigsäure, [2,6-Bis-hydroxymethyl-
    4-methyl-phenoxy]- **6** IV 7412
—, [2,6-Dimethoxy-4-methyl-phenoxy]-
    6 IV 7377

$C_{11}H_{14}O_5$ (Fortsetzung)

Essigsäure, [3,4-Dimethoxy-phenoxy]-,
methylester **6** III 6283 a

Kohlensäure-äthylester-[2,6-dimethoxy-
phenylester] **6** 1083 g

– benzylester-[2,3-dihydroxy-
propylester] **6** III 1484 h

Propionsäure, 2-[3,5-Dimethoxy-phenoxy]-
6 III 6307 d

–, 3-[2,3-Dimethoxy-phenoxy]-
6 II 1067 d

–, 3-[2,4-Dimethoxy-phenoxy]-
6 IV 7343

–, 3-[2,5-Dimethoxy-phenoxy]-
6 IV 7343

–, 3-[3,4-Dimethoxy-phenoxy]-
6 III 6283 b

–, 3-[3,5-Dimethoxy-phenoxy]-
6 III 6308 c

$C_{11}H_{14}O_5S$

Essigsäure, [2-Methoxy-benzolsulfonyl]-,
äthylester **6** 794 k

Kohlensäure-äthylester-[2-methansulfonyl-
4-methyl-phenylester] **6** I 435 c

Propionsäure, 2-Äthansulfonyloxy-,
phenylester **6** III 615 f

$C_{11}H_{14}O_6$

Arabinoresorcin **6** 810

Cyclopenten, 3-Acetoxy-4-acetoxyacetoxy-
6 III 4127 a

–, 4-Acetoxy-3-acetoxyacetoxy-
6 III 4127 a

$C_{11}H_{14}S$

Sulfid, Äthyl-cinnamyl- **6** IV 3804

–, Allyl-[2-methyl-benzyl]-
6 III 1734 g

–, Allyl-[3-methyl-benzyl]-
6 III 1769 c

–, Allyl-[4-methyl-benzyl]-
6 III 1782 g

–, Benzyl-but-2-enyl- **6** IV 2641

–, Benzyl-methallyl- **6** IV 2641

–, Benzyl-[1-methyl-allyl]-
6 IV 2641

–, [4-But-1-enyl-phenyl]-methyl-
6 IV 3833

–, Cyclopentyl-phenyl- **6** IV 1482

–, [1-Methyl-but-2-enyl]-phenyl-
6 IV 1482

–, [3-Methyl-but-2-enyl]-phenyl-
6 IV 1482

–, [1-Methyl-propenyl]-*p*-tolyl- **6** IV 2163

–, Methyl-[5,6,7,8-tetrahydro-
[1]naphthyl]- **6** II 536 c

–, Methyl-[5,6,7,8-tetrahydro-
[2]naphthyl]- **6** II 540 d, IV 3858

$C_{11}H_{14}S_2$

Äthen, 1-Äthylmercapto-2-benzylmercapto-
6 IV 2655

$C_{11}H_{15}BO_3$

Benzo[1,3,2]dioxaborol, 2-Pentyloxy-
6 IV 5610

$C_{11}H_{15}BrO$

Äthanol, 2-Brom-1-mesityl- **6** IV 3412

Äther, Äthyl-[1-brommethyl-2-phenyl-
äthyl]- **6** II 474 m

–, Äthyl-[2-brom-1-phenyl-propyl]-
6 II 472 e, III 1796 c

–, Äthyl-[3-brom-3-phenyl-propyl]-
6 IV 3205

–, Äthyl-[2-brom-1-*m*-tolyl-äthyl]-
6 IV 3240

–, Äthyl-[2-brom-1-*p*-tolyl-äthyl]-
6 IV 3244

–, [3-Äthyl-5-methyl-phenyl]-[2-brom-
äthyl]- **6** IV 3236

–, [4-Äthyl-phenyl]-[3-brom-propyl]-
6 IV 3021

–, [1-Äthyl-propyl]-[4-brom-phenyl]-
6 IV 1046

–, Benzyl-[4-brom-butyl]- **6** IV 2231

–, Benzyl-[3-brom-1-methyl-propyl]-
6 IV 2232

–, [2-Brom-äthyl]-[2-isopropyl-
phenyl]- **6** IV 3211

–, [2-Brom-äthyl]-mesityl-
6 IV 3254

–, [2-Brom-äthyl]-[3-phenyl-propyl]-
6 III 1802 b

–, [2-Brom-benzyl]-*tert*-butyl-
6 IV 2600

–, [4-Brom-benzyl]-*sec*-butyl-
6 III 1561 c

–, [4-Brom-3,5-dimethyl-phenyl]-
isopropyl- **6** IV 3158

–, [4-Brom-3,5-dimethyl-phenyl]-
propyl- **6** IV 3158

–, [2-Brom-4-methyl-phenyl]-butyl-
6 III 1379 c, IV 2144

–, [3-Brommethyl-phenyl]-butyl-
6 IV 2073

–, [2-Brom-4-methyl-phenyl]-isobutyl-
6 IV 2144

–, [4-Brom-pentyl]-phenyl-
6 II 146 e

$C_{11}H_{15}BrO$ (Fortsetzung)

Äther, [5-Brom-pentyl]-phenyl-
　　6 143 h, III 553 b, IV 559
—, [2-Brom-1-phenyl-äthyl]-propyl-
　　6 III 1690 d
—, [2-Brom-phenyl]-isopentyl-
　　6 IV 1039
—, [4-Brom-phenyl]-isopentyl-
　　6 IV 1046
—, [4-Brom-phenyl]-[1-methyl-butyl]-
　　6 IV 1046
—, [3-Brom-propyl]-[2,6-dimethyl-
　　phenyl]- **6** IV 3114
—, [3-Brom-propyl]-[3,4-dimethyl-
　　phenyl]- **6** IV 3101
Anisol, 4-Äthyl-2-[2-brom-äthyl]-
　　6 IV 3353
—, 4-[2-Brom-äthyl]-2,5-dimethyl-
　　6 II 502 h
—, 2-Brom-4-*sec*-butyl- **6** IV 3282
—, 2-Brom-4-*tert*-butyl- **6** III 1873 c,
　　IV 3313
—, 4-Brom-2-butyl- **6** III 1844 b
—, 4-[3-Brom-butyl]- **6** IV 3271
—, 5-Brom-2-*tert*-butyl- **6** IV 3293
—, 3-[α-Brom-isobutyl]- **6** IV 3288
—, 4-[γ-Brom-isobutyl]- **6** III 1859 d
—, 4-Brom-2-isopropyl-5-methyl-
　　6 540 j, I 267 d, III 1909 d
—, 4-Brom-5-isopropyl-2-methyl-
　　6 531 i
—, 4-[3-Brom-1-methyl-propyl]-
　　6 III 1854 b
—, 2-[1-Brom-propyl]-4-methyl-
　　6 IV 3322
—, 2-[2-Brom-propyl]-4-methyl-
　　6 IV 3322
—, 2-[2-Brom-propyl]-6-methyl-
　　6 IV 3321
—, 2-[3-Brom-propyl]-4-methyl-
　　6 IV 3322
—, 3-[3-Brom-propyl]-4-methyl-
　　6 IV 3322
Butan-1-ol, 2-Brommethyl-2-phenyl-
　　6 IV 3389
Pentan-1-ol, 1-[4-Brom-phenyl]-
　　6 III 1953 b
Phenetol, 2-[2-Brom-propyl]- **6** IV 3178
—, 4-[3-Brom-propyl]- **6** III 1791 c
Phenol, 2-Brom-4-*tert*-butyl-6-methyl-
　　6 III 1981 j
—, 4-Brom-2-*tert*-butyl-6-methyl-
　　6 IV 3397

—, 2-Brom-4-isopropyl-3,5-dimethyl-
　　6 III 1988 g
—, 2-Brom-6-isopropyl-3,4-dimethyl-
　　6 IV 3408
—, 5-Brom-2-[1-methyl-butyl]-
　　6 III 1955 e
—, 2-Brom-4-*tert*-pentyl- **6** III 1969 b
—, 4-Brom-2-pentyl- **6** III 1950 f,
　　IV 3369
—, 4-[5-Brom-pentyl]- **6** IV 3370

$C_{11}H_{15}BrO_2$

Äthan, 1-[2-Brom-äthoxy]-2-*p*-tolyloxy-
　　6 IV 2103
Benzol, 1-Äthyl-3-brom-4,5-dimethoxy-
　　2-methyl- **6** III 4636 d
—, 1-[2-Brom-äthyl]-2,5-dimethoxy-
　　4-methyl- **6** IV 5997
—, 1-[2-Brom-äthyl]-4,5-dimethoxy-
　　2-methyl- **6** III 4636 g
—, 2-[2-Brom-äthyl]-1,4-dimethoxy-
　　3-methyl- **6** IV 5994
—, 1-[3-Brom-butoxy]-2-methoxy-
　　6 IV 5566
—, 1-[4-Brom-butoxy]-4-methoxy-
　　6 IV 5721
—, 1-Brom-2,5-dimethoxy-
　　3,4,6-trimethyl- **6** III 4650 a
—, 1-Brom-2-isopropyl-3,4-dimethoxy-
　　6 III 4632 a, IV 5989
—, 5-Brom-1-isopropyl-2,3-dimethoxy-
　　6 III 4632 b
—, 4-Brom-1-methoxy-2-propoxymethyl-
　　6 III 4542 c
—, 1-[2-Brom-1-methoxy-propyl]-
　　2-methoxy- **6** II 894 b, III 4625 b
—, 1-[2-Brom-1-methoxy-propyl]-
　　4-methoxy- **6** 926 h, II 894 g
—, 1-[3-Brom-2-methoxy-propyl]-
　　2-methoxy- **6** II 895 a
—, 1-[3-Brom-2-methoxy-propyl]-
　　4-methoxy- **6** II 895 b
—, 1-[2-Brom-propyl]-2,3-dimethoxy-
　　6 IV 5975
—, 2-[2-Brom-propyl]-1,4-dimethoxy-
　　6 IV 5976
—, 4-[2-Brom-propyl]-1,2-dimethoxy-
　　6 III 4617 f, IV 5977
—, 4-[3-Brom-propyl]-1,2-dimethoxy-
　　6 IV 5977
Phenol, 4-Brom-2-*tert*-butyl-6-methoxy-
　　6 IV 6012
—, 2-Brom-4-isopentyloxy-
　　6 IV 5781

C₁₁H₁₅BrO₂ (Fortsetzung)

Phenol, 3-Brom-5-isopropyl-4-methoxy-
　2-methyl- **6** III 4674 d

—, 3-Brom-5-[α-methoxy-isopropyl]-
　2-methyl- **6** III 4677 c, IV 6023

—, 3-Brom-6-methoxymethyl-
　2,4,5-trimethyl- **6** 948 a

—, 2-[5-Brom-pentyloxy]- **6** III 4211 b

Propan, 2-Brom-1,3-dimethoxy-1-phenyl-
　6 IV 5986

Resorcin, 4-Brom-5-pentyl- **6** III 4695 e

Toluol, 4,5-Diäthoxy-2-brom- **6** IV 5883

C₁₁H₁₅BrO₂S

Sulfon, [4-Brom-phenyl]-isopentyl-
　6 III 1048 i

—, [2-Brom-propyl]-[2,4-dimethyl-
　phenyl]- **6** 491 j

C₁₁H₁₅BrO₃

Benzen-1,2,4-triol, 3-Brom-5-pentyl-
　6 IV 7420

—, 3-Brom-6-pentyl- **6** IV 7420

Benzol, 4-[2-Brom-1-methoxy-äthyl]-
　1,2-dimethoxy- **6** I 552 i

—, 1-Brom-2,3,5-trimethoxy-
　4,6-dimethyl- **6** III 6334 h

—, 1-Brom-2,4,5-trimethoxy-
　3,6-dimethyl- **6** III 6340 c

Benzylalkohol, 2,3-Diäthoxy-5-brom-
　6 II 1082 k

Phenol, 4-[2-Brom-1-methoxy-propyl]-
　2-methoxy- **6** 1121 c, II 1086 h

Propan-1-ol, 2-Brom-1-[3,4-dimethoxy-
　phenyl]- **6** 1121 b, I 553 h, II 1086 g

—, 2-Brom-3-[2-hydroxy-äthoxy]-
　1-phenyl- **6** IV 5987

—, 2-Brom-3-[2-hydroxy-äthoxy]-
　3-phenyl- **6** IV 5987

Propionsäure, 3-[1-Bromäthinyl-
　cyclohexyloxy]- **6** IV 352

C₁₁H₁₅BrO₄

Benzylalkohol, 2-Brom-6-hydroxy-3-
　[3-hydroxy-propyl]-5-methoxy-
　6 III 6672 d

Propan-1,2-diol, 3-[2-(2-Brom-äthoxy)-
　phenoxy]- **6** IV 5578

—, 3-[2-Brom-4,5-dimethoxy-phenyl]-
　6 III 6671 d, IV 7705

Propan-1-ol, 1-[3-Brom-4-hydroxy-
　5-methoxy-phenyl]-2-methoxy-
　6 1160 f

C₁₁H₁₅BrO₆S₃

Methan, Bis-äthansulfonyl-benzolsulfonyl-
　brom- **6** 313 f

C₁₁H₁₅BrS

Sulfid, [2-Brom-benzyl]-*sec*-butyl-
　6 IV 2790

—, [4-Brom-phenyl]-isopentyl-
　6 II 301 c

C₁₁H₁₅Br₂NS

Amin, Diäthyl-[(2,5-dibrom-phenyl⸗
　mercapto)-methyl]- **6** IV 1657

C₁₁H₁₅ClNO₅P

Phosphonsäure, [3-Chlor-propyl]-,
　äthylester-[4-nitro-phenylester]
　6 IV 1319

Phosphorsäure, Butylcarbamoyl-,
　mono-[4-chlor-phenylester] **6** IV 870

C₁₁H₁₅ClN₂O

Acetamidin, 2-[4-Chlor-3-methyl-phenoxy]-
　N,N-dimethyl- **6** III 1318 a

C₁₁H₁₅ClN₂OS

Isothioharnstoff, *S*-[2-(2-Chlor-äthoxy)-
　5-methyl-benzyl]- **6** IV 5966

C₁₁H₁₅ClO

Äther, Äthyl-[1-chlormethyl-2-phenyl-
　äthyl]- **6** 503 d, III 1798 d

—, Äthyl-[3-chlor-1-phenyl-propyl]-
　6 II 471 h

—, Benzyl-[4-chlor-butyl]-
　6 II 410 g, IV 2231

—, Benzyl-[γ-chlor-isobutyl]-
　6 III 1457 c

—, Butyl-[4-chlor-benzyl]- **6** IV 2594

—, Butyl-[2-chlormethyl-phenyl]-
　6 III 1267 i

—, Butyl-[4-chlormethyl-phenyl]-
　6 III 1376 c, IV 2138

—, *tert*-Butyl-[2-chlor-5-methyl-
　phenyl]- **6** III 1315 c

—, *tert*-Butyl-[4-chlormethyl-phenyl]-
　6 IV 2138

—, [2-Chlor-äthyl]-[2-isopropyl-
　phenyl]- **6** IV 3211

—, [2-Chlor-äthyl]-[3-phenyl-propyl]-
　6 III 1802 a

—, [4-Chlor-butyl]-*m*-tolyl-
　6 IV 2040

—, [4-Chlor-butyl]-*o*-tolyl-
　6 IV 1945

—, [4-Chlor-butyl]-*p*-tolyl-
　6 IV 2100

—, [γ-Chlor-isobutyl]-*o*-tolyl-
　6 III 1247 c

—, [2-Chlormethyl-4-methyl-phenyl]-
　isopropyl- **6** IV 3136

$C_{11}H_{15}ClO$ (Fortsetzung)

Äther, [4-Chlormethyl-2-methyl-phenyl]-
isopropyl- **6** IV 3134

—, [2-Chlormethyl-4-methyl-phenyl]-
propyl- **6** IV 3136

—, [4-Chlormethyl-2-methyl-phenyl]-
propyl- **6** IV 3134

—, [4-Chlormethyl-phenyl]-isobutyl-
6 IV 2138

—, [5-Chlor-pentyl]-phenyl-
6 143 g, IV 559

—, [2-Chlor-1-phenyl-äthyl]-propyl-
6 IV 3046

—, [2-Chlor-phenyl]-pentyl-
6 III 676 f

—, [4-Chlor-phenyl]-pentyl-
6 III 689 b

—, [2-Chlor-propyl]-[3,4-dimethyl-
phenyl]- **6** IV 3101

—, [3-Chlor-propyl]-[2,6-dimethyl-
phenyl]- **6** IV 3114

Anisol, 2-Chlor-4-isopropyl-5-methyl-
6 IV 3327

—, 4-Chlor-2-isopropyl-5-methyl-
6 540 a

—, 2-Chlormethyl-4-propyl-
6 III 1879 e

Butan-2-ol, 1-Chlor-2-methyl-4-phenyl-
6 III 1962 e

But-3-in-2-ol, 1-Chlor-4-cyclohex-1-enyl-
2-methyl- **6** III 1960 a

Pentan-2-ol, 1-[2-Chlor-phenyl]-
6 IV 3372

—, 1-Chlor-5-phenyl- **6** III 1954 f

Phenetol, 3-[3-Chlor-propyl]- **6** III 1788 c

Phenol, 4-Äthyl-2-chlor-6-propyl-
6 III 1985 d

—, 2-Butyl-4-chlor-5-methyl-
6 IV 3392

—, 2-*sec*-Butyl-4-chlor-5-methyl-
6 III 1976 d

—, 4-*tert*-Butyl-2-chlor-6-methyl-
6 III 1981 i

—, 2-Chlor-3,5-dimethyl-4-propyl-
6 III 1987 a

—, 4-Chlor-3,5-dimethyl-2-propyl-
6 IV 3406

—, 4-Chlor-2-isopropyl-3,5-dimethyl-
6 III 1989 h

—, 4-Chlor-2-[1-methyl-butyl]-
6 III 1955 d

—, 2-Chlor-4-pentyl- **6** III 1951 f,
IV 3370

—, 2-Chlor-4-*tert*-pentyl- **6** III 1968 h,
IV 3386

—, 4-Chlor-2-pentyl- **6** III 1950 c

Propan-1-ol, 1-[4-Chlor-phenyl]-
2,2-dimethyl- **6** IV 3392

$C_{11}H_{15}ClOS$

Äther, [2-Chlor-äthyl]-[2-*p*-tolylmercapto-
äthyl]- **6** III 1406 c

Benzol, 4-Butylmercapto-2-chlor-
1-methoxy- **6** IV 5827

Phenol, 2-Chlor-4-pentylmercapto-
6 IV 5828

—, 3-Chlor-4-pentylmercapto-
6 IV 5824

Sulfoxid, [2-Chlor-äthyl]-mesityl-
6 III 1840 e

$C_{11}H_{15}ClOS_2$

Äthanol, 2-[2-(2-Chlor-benzylmercapto)-
äthylmercapto]- **6** IV 2768

—, 2-[2-(4-Chlor-benzylmercapto)-
äthylmercapto]- **6** IV 2775

$C_{11}H_{15}ClO_2$

Äthan, 1-[2-Chlor-äthoxy]-2-*o*-tolyloxy-
6 III 1250 g, IV 1948

Benzol, 1-[2-Äthoxy-äthoxy]-4-chlormethyl-
6 IV 2139

—, 1-[1-Äthoxy-2-chlor-äthyl]-
4-methoxy- **6** III 4567 d

—, 1-Äthyl-2-chlormethyl-
4,5-dimethoxy- **6** III 4636 b

—, 2-Äthyl-1-chlormethyl-
3,4-dimethoxy- **6** IV 5994

—, 1-[γ-Chlor-isobutoxy]-2-methoxy-
6 III 4210 e

—, 1-[γ-Chlor-isobutoxy]-4-methoxy-
6 IV 5721

—, 1-Chlormethyl-2,5-dimethoxy-
3,4-dimethyl- **6** III 4649 i

—, 1-Chlormethyl-2-isopropoxy-
3-methoxy- **6** IV 5862

—, 4-Chlormethyl-1-[2-methoxy-
äthoxy]-2-methyl- **6** IV 3135

—, 1-Chlormethyl-3-methoxy-
2-propoxy- **6** IV 5862

—, 4-[2-Chlor-propyl]-1,2-dimethoxy-
6 IV 5977

—, 1,2-Diäthoxy-4-chlormethyl-
6 IV 5881

—, 1,4-Diäthoxy-2-chlormethyl-
6 IV 5869

Benzylalkohol, 3-Chlor-6-hydroxy-
5-isopropyl-2-methyl- **6** IV 6045

$C_{11}H_{15}ClO_2$ (Fortsetzung)

Butan-2,3-diol, 2-[4-Chlor-phenyl]-
3-methyl- **6** IV 6040

Pentan-1,5-diol, 3-[4-Chlor-phenyl]-
6 IV 6038

Phenol, 5-[3-Chlor-butyl]-2-methoxy-
6 II 898 e

—, 2-Chlor-4-isopentyloxy-
6 IV 5768

—, 3-Chlormethyl-4-methoxy-
2,5,6-trimethyl- **6** III 4690 c

—, 2-Chlor-5-pentyloxy- **6** III 4334 c

—, 4-Chlor-3-pentyloxy- **6** III 4334 c

Propan-1-ol, 3-[4-Chlor-3,5-dimethyl-
phenoxy]- **6** IV 3153

—, 1-[5-Chlor-2-methoxy-3-methyl-
phenyl]- **6** IV 6017

Propan-2-ol, 1-[2-Äthoxy-phenyl]-3-chlor-
6 IV 5979

—, 1-[4-Äthoxy-phenyl]-3-chlor-
6 IV 5981

—, 1-Chlor-3-[2,6-dimethyl-phenoxy]-
6 IV 3116

—, 1-[4-Chlor-2,6-dimethyl-phenoxy]-
6 IV 3122

—, 1-[4-Chlor-3,5-dimethyl-phenoxy]-
6 IV 3152

Propionylchlorid, 3-[1-Äthinyl-cyclohexyloxy]-
6 IV 351

Resorcin, 4-Chlor-6-isopentyl- **6** III 4702 a,
IV 6035

—, 4-Chlor-6-pentyl- **6** IV 6033

$C_{11}H_{15}ClO_2S$

Sulfon, [2-Chlor-äthyl]-mesityl-
6 III 1840 f

—, [2-Chlor-1-methyl-propyl]-*p*-tolyl-
6 IV 2158

$C_{11}H_{15}ClO_3$

Äthanol, 2-[2-(4-Chlor-2-methyl-phenoxy)-
äthoxy]- **6** IV 1988

—, 2-[2-Chlor-4-propoxy-phenoxy]-
6 IV 5768

Benzol, 1-Chlormethyl-2,3,5-trimethoxy-
4-methyl- **6** III 6340 b

—, 1-Chlormethyl-2,4,5-trimethoxy-
3-methyl- **6** III 6340 b

—, 1,5-Diäthoxy-2-chlor-3-methoxy-
6 IV 7368

Propan-1,2-diol, 3-[4-Chlor-2,6-dimethyl-
phenoxy]- **6** IV 3122

—, 3-[4-Chlor-3,5-dimethyl-phenoxy]-
6 IV 3153

—, 3-[4-Chlor-3-methyl-phenoxy]-
2-methyl- **6** IV 2064

Resorcin, 5-[5-Chlor-pentyloxy]-
6 IV 7363

$C_{11}H_{15}ClO_3S$

Benzol, 4-[Butan-1-sulfonyl]-2-chlor-
1-methoxy- **6** IV 5828

Phenol, 2-Chlor-4-[pentan-1-sulfonyl]-
6 IV 5828

—, 3-Chlor-4-[pentan-1-sulfonyl]-
6 IV 5824

Propan, 2-Äthoxy-1-benzolsulfonyl-3-chlor-
6 III 998 g

$C_{11}H_{15}ClO_4$

Benzol, 3-Chlormethyl-1,2,4,5-tetramethoxy-
6 IV 7693

Propan-1,3-diol, 2-[2-Chlor-phenoxymethyl]-
2-hydroxymethyl- **6** IV 790

Propan-2-ol, 1-Chlor-3-[2,3-dimethoxy-
phenoxy]- **6** III 6268 b

—, 1-[4-Chlor-phenoxy]-3-[2-hydroxy-
äthoxy]- **6** IV 831

$C_{11}H_{15}ClO_4S$

Schwefligsäure-[2-chlor-äthylester]-
[β-phenoxy-isopropylester] **6** IV 584

— [2-chlor-äthylester]-[2-*p*-tolyloxy-
äthylester] **6** IV 2105

— [β-chlor-isopropylester]-
[2-phenoxy-äthylester] **6** IV 579

— [3-chlor-propylester]-[2-phenoxy-
äthylester] **6** IV 579

$C_{11}H_{15}ClO_5S$

Orthoessigsäure, Benzolsulfonyl-chlor-,
trimethylester **6** IV 1548

$C_{11}H_{15}ClO_6S_3$

Methan, Bis-äthansulfonyl-benzolsulfonyl-
chlor- **6** 313 d

$C_{11}H_{15}ClS$

Sulfid, [4-*tert*-Butyl-phenyl]-chlormethyl-
6 IV 3317

—, [2-Chlor-äthyl]-[2,4-dimethyl-
benzyl]- **6** IV 3251

—, [2-Chlor-äthyl]-mesityl-
6 III 1840 d

—, [2-Chlor-äthyl]-[3-phenyl-propyl]-
6 IV 3207

—, [2-Chlor-1-methyl-propyl]-*p*-tolyl-
6 IV 2158

—, [5-Chlor-pentyl]-phenyl-
6 II 288 g, IV 1473

—, [β-Chlor-phenäthyl]-isopropyl-
6 IV 3093

$C_{11}H_{15}ClS$ (Fortsetzung)
Sulfid, [β-Chlor-phenäthyl]-propyl-
  6 IV 3093

$C_{11}H_{15}Cl_2NO_2Se$
$λ^4$-Selan, Dichlor-[3-nitro-phenyl]-pentyl-
  6 III 1119 h

$C_{11}H_{15}Cl_2O_2P$
Dichlorophosphorsäure-[4-butyl-2-methyl-
  phenylester] 6 III 1973 f
  – [4-tert-pentyl-phenylester]
  6 III 1968 f, IV 3386

$C_{11}H_{15}Cl_2O_2PS_2$
Dithiophosphorsäure-O,O'-diäthylester-
  S-[2,6-dichlor-benzylester] 6 IV 2785
  – O,O'-diäthylester-S-[3,4-dichlor-
  benzylester] 6 IV 2786

$C_{11}H_{15}Cl_2O_2PS_3$
Dithiophosphorsäure-O,O'-diäthylester-
  S-[(2,4-dichlor-phenylmercapto)-
  methylester] 6 IV 1614
  – O,O'-diäthylester-S-[(2,5-dichlor-
  phenylmercapto)-methylester]
  6 IV 1621
  – O,O'-diäthylester-S-[(3,4-dichlor-
  phenylmercapto)-methylester]
  6 IV 1627

$C_{11}H_{15}Cl_2O_3P$
Dichlorophosphorsäure-[4-isopentyloxy-
  phenylester] 6 III 4430 a

$C_{11}H_{15}Cl_2O_3PS$
Thiophosphorsäure-O,O'-diäthylester-S-
  [2,6-dichlor-benzylester] 6 IV 2784
  – O,O'-diäthylester-S-[3,4-dichlor-
  benzylester] 6 IV 2786

$C_{11}H_{15}Cl_2O_4P$
Phosphonsäure, [2,4-Dichlor-phenoxymethyl]-,
  diäthylester 6 IV 900

$C_{11}H_{15}Cl_3NO_2P$
Phosphonsäure, Methyl-, diäthylamid-
  [2,4,5-trichlor-phenylester] 6 IV 993

$C_{11}H_{15}Cl_3NO_2PS$
Amidothiophosphorsäure, Butyl-,
  O-methylester-O'-[2,4,5-trichlor-
  phenylester] 6 IV 997
  –, Isopropyl-, O-äthylester-O'-
  [2,4,5-trichlor-phenylester] 6 IV 998
  –, Isopropyl-, O-äthylester-O'-
  [2,4,6-trichlor-phenylester] 6 IV 1019

$C_{11}H_{15}DO$
Propan-1-ol, 1-Deuterio-2,2-dimethyl-
  1-phenyl- 6 IV 3391

$C_{11}H_{15}FO$
Anisol, 2,6-Diäthyl-4-fluor- 6 IV 3353

–, 4-Fluor-2-isopropyl-5-methyl-
  6 IV 3343
Phenetol, 4-Fluor-2-propyl- 6 III 1785 e
Phenol, 2-Fluor-4-isopentyl- 6 IV 3379
–, 3-Fluor-4-[1-methyl-butyl]-
  6 III 1956 d
–, 5-Fluor-2-[1-methyl-butyl]-
  6 III 1955 c
–, 4-Fluor-2-pentyl- 6 III 1949 f

$[C_{11}H_{15}HgO_2]^+$
Äthylquecksilber(1+), 2-[2-p-Tolyloxy-
  äthoxy]- 6 III 1361 d

$C_{11}H_{15}IO$
Äther, Benzyl-[2-jod-1-methyl-propyl]-
  6 III 1457 a
–, [2-Jod-äthyl]-[3-phenyl-propyl]-
  6 III 1802 e
–, [2-Jod-1,1-dimethyl-2-phenyl-
  äthyl]-methyl- 6 III 1860 e
–, [5-Jod-pentyl]-phenyl- 6 143 i,
  I 82 g, IV 560
–, [2-Jod-phenyl]-pentyl-
  6 III 770 c
Anisol, 5-Isopropyl-4-jod-2-methyl-
  6 IV 3334
Butan-2-ol, 1-Jod-2-methyl-1-phenyl-
  6 II 505 g

$C_{11}H_{15}IO_2$
Benzol, 1-[4-Jod-butoxy]-4-methoxy-
  6 IV 5721
–, 2-Jod-1,5-dimethoxy-3-propyl-
  6 III 4623 b
–, 1-[2-Jod-1-methoxy-propyl]-
  4-methoxy- 6 927 e
–, 1-[3-Jod-2-methoxy-propyl]-
  4-methoxy- 6 928 b
Propan, 2-Jod-1,3-dimethoxy-1-phenyl-
  6 I 449 c
Propan-1-ol, 2-Jod-1-[4-methoxy-phenyl]-
  2-methyl- 6 II 899 i
Propan-2-ol, 1-Jod-2-[2-methoxy-3-methyl-
  phenyl]- 6 I 451 b
–, 1-Jod-2-[2-methoxy-5-methyl-
  phenyl]- 6 I 451 e

$C_{11}H_{15}NO$
Amin, Allyl-[2-phenoxy-äthyl]- 6 III 641 c
Propionitril, 3-[1-Äthinyl-cyclohexyloxy]-
  6 IV 351
–, 3-Norborn-5-en-2-ylmethoxy-
  6 III 374 e

$C_{11}H_{15}NOS$
Acetimidsäure, 2-o-Tolylmercapto-,
  äthylester 6 IV 2025

$C_{11}H_{15}NOS$ (Fortsetzung)

Butan-2-on, 3-Methyl-3-phenylmercapto-,
    oxim **6** III 1007 d
Buttersäure, 2-Benzylmercapto-, amid
    6 IV 2704
—, 3-Benzylmercapto-, amid
    6 IV 2705
—, 4-Benzylmercapto-, amid
    6 IV 2705
Essigsäure, [3-Phenyl-propylmercapto]-,
    amid **6** IV 3208
Propionsäure, 2-Phenäthylmercapto-,
    amid **6** IV 3090
—, 3-Phenäthylmercapto-, amid
    6 IV 3090
—, 2-Phenylmercapto-, dimethylamid
    6 III 1016 a
Sulfid, [1,1-Dimethyl-2-nitroso-propyl]-
    phenyl- **6** III 1007 d
Thiocarbamidsäure-O-[3a,4,5,6,7,7a-
    hexahydro-4,7-methano-inden-5-ylester]
    6 IV 3366
— O-[3a,4,5,6,7,7a-hexahydro-
    4,7-methano-inden-6-ylester]
    6 IV 3366
Thiocarbamidsäure, *tert*-Butyl-,
    S-phenylester **6** IV 1527
—, Isopropyl-, S-p-tolylester
    6 IV 2196
Thiocarbimidsäure-O-isobutylester-
    S-phenylester **6** I 146 c
Thioessigsäure, [2-Isopropyl-phenoxy]-,
    amid **6** IV 3212
Thiovalin-S-phenylester **6** IV 1555
Valeriansäure, 5-Phenylmercapto-, amid
    6 III 1021 g

$C_{11}H_{15}NOS_2$

Dithiokohlensäure-S-[β-amino-isopropyl≈
    ester]-S'-benzylester **6** IV 2698
— S-[β-amino-isopropylester]-S-
    m-tolylester **6** III 1334 g
— S-[β-amino-isopropylester]-S-
    o-tolylester **6** III 1282 a
— S-[2-amino-propylester]-
    S'-benzylester **6** IV 2698
Thiomethionin-S-phenylester **6** IV 1559

$C_{11}H_{15}NO_2$

Acetaldehyd, [2,4,5-Trimethyl-phenoxy]-,
    oxim **6** 511 b
Acetimidsäure, 2-m-Tolyloxy-, äthylester
    6 III 1308 e
—, 2-o-Tolyloxy-, äthylester
    6 III 1256 h

—, 2-p-Tolyloxy-, äthylester
    6 III 1367 h
Aceton-[O-(β-hydroxy-phenäthyl)-oxim]
    6 IV 5941
— [O-(2-phenoxy-äthyl)-oxim]
    6 IV 579
Aceton, [2,4-Dimethyl-phenoxy]-, oxim
    6 487 i
—, [2,5-Dimethyl-phenoxy]-, oxim
    6 495 g
—, [3,4-Dimethyl-phenoxy]-, oxim
    6 481 g
Alanin-phenäthylester **6** IV 3076
Butan-2-on, 3-Methyl-3-phenoxy-, oxim
    6 IV 605
Buttersäure, 2-Amino-, benzylester
    6 IV 2513
—, 4-Amino-, benzylester **6** IV 2514
—, 2-Methyl-4-phenoxy-, amid
    6 III 619 c
Carbamidsäure-[2-äthinyl-3-methyl-
    [2]norbornylester] **6** IV 3365
— [4-*tert*-butyl-phenylester]
    6 I 259 h
— [4-isopropyl-benzylester]
    6 544 d
— [2-isopropyl-5-methyl-phenylester]
    6 538 b
— [5-isopropyl-2-methyl-phenylester]
    6 530 h
— [2-methyl-1-phenyl-propylester]
    6 IV 3289
— [1-phenyl-butylester] **6** I 486 c
— [2-phenyl-butylester] **6** IV 3287
Carbamidsäure, Diäthyl-, phenylester
    6 159 c, I 88 l
—, Dimethyl-, [3,5-dimethyl-
    phenylester] **6** IV 3147
—, Methyl-, [2-isopropyl-phenylester]
    6 IV 3212
—, Methyl-, [4-isopropyl-phenylester]
    6 IV 3216
—, Methyl-, [2,3,5-trimethyl-
    phenylester] **6** IV 3249
—, Propyl-, o-tolylester **6** IV 1963
—, Propyl-, p-tolylester **6** IV 2117
Essigsäure, [2-Isopropyl-phenoxy]-, amid
    6 III 1809 c
Glycin-[3-phenyl-propylester] **6** III 1805 f
Glycin, N,N-Dimethyl-, benzylester
    6 III 1540 d
Isobuttersäure, α-p-Tolyloxy-, amid
    6 I 202 g

C₁₁H₁₅NO₂ (Fortsetzung)

Isovaleriansäure, α-Phenoxy-, amid
6 165 k

Pentan-2-on, 5-Phenoxy-, oxim 6 III 591 d

Propionsäure, 2-Phenoxy-, äthylamid
6 IV 643

Salpetrigsäure-[2,2-dimethyl-1-phenyl-
propylester] 6 IV 3391

− [5-phenyl-pentylester]
6 I 268 n

Valeraldehyd, 5-Phenoxy-, oxim
6 I 87 b

Valeriansäure, 2-Phenoxy-, amid
6 IV 648

−, 5-Phenoxy-, amid 6 IV 648

C₁₁H₁₅NO₂S

Buttersäure, 2-Amino-3-benzylmercapto-
6 III 1628 c

−, 3-Amino-4-benzylmercapto-
6 IV 2754

Cystein, S-Benzyl-, methylester
6 IV 2723

−, S-Benzyl-N-methyl- 6 III 1624 c,
IV 2725

−, S-Phenäthyl- 6 IV 3090

Essigsäure, m-Tolylmercapto-, [2-hydroxy-
äthylamid] 6 III 1334 i

−, p-Tolylmercapto-, [2-hydroxy-
äthylamid] 6 III 1422 d

Glycin, N-[2-Benzylmercapto-äthyl]-
6 III 1620 d

Homocystein, S-Benzyl- 6 III 1628 e,
IV 2751

−, S-p-Tolyl- 6 IV 2205

Isobuttersäure, α-Amino-β-benzylmercapto-
6 IV 2755

Sulfid, Benzyl-[nitro-tert-butyl]-
6 III 1577 c

−, Benzyl-[1-nitromethyl-propyl]-
6 IV 2637

−, Butyl-[4-nitro-benzyl]- 6 II 440 f

−, [2-tert-Butyl-4-nitro-phenyl]-
methyl- 6 IV 3294

−, [1,1-Dimethyl-2-nitro-propyl]-
phenyl- 6 III 984 g

−, Isopentyl-[4-nitro-phenyl]-
6 II 310 n

−, [2-Nitro-phenyl]-pentyl-
6 IV 1662

−, [4-Nitro-phenyl]-pentyl-
6 IV 1689

C₁₁H₁₅NO₂S₂

Alanin, 3-Phenyldisulfanyl-, äthylester
6 IV 1563

Cystein, S-[Benzylmercapto-methyl]-
6 IV 2658

−, S-[2-Phenylmercapto-äthyl]-
6 III 996 g

C₁₁H₁₅NO₂Se

Buttersäure, 2-Amino-4-benzylselanyl-
6 III 1652 d

C₁₁H₁₅NO₃

Acetimidsäure, 2-[3-Methoxy-phenoxy]-,
äthylester 6 IV 5675

Äthanol, 1-[4-Isopropyl-phenyl]-2-nitro-
6 III 1986 g

Äther, Benzyl-[β-nitro-isobutyl]-
6 IV 2232

−, Butyl-[2-methyl-5-nitro-phenyl]-
6 IV 2010

−, Butyl-[4-methyl-2-nitro-phenyl]-
6 III 1386 b

−, Isopentyl-[2-nitro-phenyl]-
6 IV 1251

−, Isopentyl-[4-nitro-phenyl]-
6 232 d, II 221 f

−, [5-Nitro-pentyl]-phenyl-
6 I 82 h

−, [2-Nitro-phenyl]-pentyl-
6 III 801 a, IV 1251

−, [4-Nitro-phenyl]-pentyl-
6 III 819 f, IV 1285

Allothreonin, O-Benzyl- 6 IV 2556

Anisol, 4-tert-Butyl-2-nitro- 6 IV 3316

−, 2-Isopropyl-3-methyl-4-nitro-
6 IV 3325

−, 2-Isopropyl-5-methyl-4-nitro-
6 III 1911 a, IV 3348

Butan-1-ol, 2-Benzyl-2-nitro- 6 III 1959 g

Carbamidsäure-[2-hydroxy-3-o-tolyl-
propylester] 6 IV 6017

− [β-o-tolyloxy-isopropylester]
6 IV 1950

− [3-o-tolyloxy-propylester]
6 IV 1950

Carbamidsäure, Benzyloxymethyl-,
äthylester 6 II 414 j

−, Diäthyl-, [2-hydroxy-phenylester]
6 775 l

−, Diäthyl-, [3-hydroxy-phenylester]
6 816 m, III 4321 h

−, Phenoxymethyl-, isopropylester
6 IV 597

$C_{11}H_{15}NO_3$ (Fortsetzung)

Essigsäure, Benzyloxy-, [2-hydroxy-
äthylamid] **6** III 1532 g
—, [2-Propoxy-phenoxy]-, amid
6 IV 5587
—, [3-Propoxy-phenoxy]-, amid
6 IV 5675
—, [4-Propoxy-phenoxy]-, amid
6 IV 5745
—, *p*-Tolyloxy-, [2-hydroxy-
äthylamid] **6** III 1367 g
—, [2-*m*-Tolyloxy-äthoxy]-, amid
6 IV 2043
—, [2-*o*-Tolyloxy-äthoxy]-, amid
6 IV 1949
—, [2-*p*-Tolyloxy-äthoxy]-, amid
6 IV 2104
Homoserin, *O*-*p*-Tolyl- **6** IV 2126
Isobuttersäure, α-[4-Hydroxy-2-methyl-
phenoxy]-, amid **6** IV 5868
—, α-[4-Hydroxy-3-methyl-phenoxy]-,
amid **6** IV 5868
Norvalin, 5-Phenoxy- **6** III 648 i
Phenol, 2-*tert*-Butyl-4-methyl-6-nitro-
6 IV 3398
—, 2-*tert*-Butyl-5-methyl-4-nitro-
6 III 1984 a
—, 4-*tert*-Butyl-2-methyl-6-nitro-
6 III 1981 k
—, 5-*tert*-Butyl-2-methyl-3-nitro-
6 III 1982 b
—, 4-Isopentyl-2-nitro- **6** III 1961 a
—, 6-Isopropyl-3,4-dimethyl-2-nitro-
6 IV 3408
—, 2-Nitro-4-pentyl- **6** III 1952 b
—, 2-Nitro-4-*tert*-pentyl- **6** III 1970 a,
IV 3387
Propan-1-ol, 2-Methyl-2-nitro-3-*m*-tolyl-
6 III 1976 i
Salpetersäure-[4-butyl-benzylester]
6 III 1974 c
— [2,2-dimethyl-1-phenyl-
propylester] **6** III 1972 d
Serin, *O*-Benzyl-, methylester **6** IV 2548

$C_{11}H_{15}NO_3S$

Acetamid, *N*-[(3,4-Dimethoxy-phenyl≈
mercapto)-methyl]- **6** IV 7358
Buttersäure, 2-Amino-4-phenylmethansulfinyl-
6 III 1630 g
—, 2-Phenylmethansulfonyl-, amid
6 III 1613 c
—, 2-[Toluol-4-sulfonyl]-, amid
6 III 1423 h

Essigsäure, [4-Methoxy-phenylmercapto]-,
[2-hydroxy-äthylamid] **6** III 4463 h
Propionsäure, 2-Benzolsulfonyl-,
dimethylamid **6** III 1017 a
Thiocarbamidsäure, Diäthyl-, *S*-
[2,4-dihydroxy-phenylester] **6** IV 7352

$C_{11}H_{15}NO_3S_2$

Cystein, *S*-[2-Benzolsulfinyl-äthyl]-
6 III 997 b

$C_{11}H_{15}NO_4$

Äthanol, 2-Nitro-1-[4-propoxy-phenyl]-
6 IV 5933
Benzol, 1-Äthoxy-2-äthoxymethyl-4-nitro-
6 II 880 g
—, 1-Äthoxy-4-äthoxymethyl-2-nitro-
6 II 884 f
—, 2-Äthoxy-1-nitro-4-propoxy-
6 III 4346 b
—, 1-Butoxy-2-methoxy-4-nitro-
6 II 791 d, III 4265 g
—, 1-Butoxy-4-methoxy-2-nitro-
6 II 849 g, IV 5787
—, 2-Butoxy-1-methoxy-4-nitro-
6 II 791 e
—, 4-Butoxy-1-methoxy-2-nitro-
6 II 849 h
—, 1,2-Dimethoxy-3-nitro-5-propyl-
6 III 4620 d
—, 1,2-Dimethoxy-4-nitro-3-propyl-
6 IV 5975
—, 1,2-Dimethoxy-4-nitro-5-propyl-
6 924 j, I 448 c, II 893 g
—, 1,4-Dimethoxy-2-nitro-5-propyl-
6 920 c, III 4613 d
—, 1-Isopropyl-2,3-dimethoxy-5-nitro-
6 III 4632 f
—, 1-Methoxy-2-[1-methoxy-2-nitro-
propyl]- **6** II 894 d
—, 1-Methoxy-4-[1-methoxy-2-nitro-
propyl]- **6** 927 g, II 894 j
—, 1-Methoxy-2-nitro-4-propoxymethyl-
6 III 4551 i
Carbamidsäure-[β-hydroxy-β'-*o*-tolyloxy-
isopropylester] **6** IV 1954
— [2-hydroxy-3-*o*-tolyloxy-
propylester] **6** IV 1954
Carbamidsäure, Diäthyl-, [2,3-dihydroxy-
phenylester] **6** 1083 f
—, Dimethyl-, [2,6-dimethoxy-
phenylester] **6** IV 7333
—, [2-Hydroxy-äthyl]-, [2-phenoxy-
äthylester] **6** I 84 e

$C_{11}H_{15}NO_4$ (Fortsetzung)

Cyclohexan, 4-Acetoxy-1-äthinyl-
　1-carbamoyloxy- **6** IV 5529
Essigsäure, [4-Methoxy-phenoxy]-,
　[2-hydroxy-äthylamid] **6** III 4419 f
Methan, Butoxy-[4-nitro-phenoxy]-
　6 III 825 c
Pentan-1-ol, 5-[4-Nitro-phenoxy]-
　6 IV 1292
Propan-1,3-diol, 2,2-Dimethyl-1-[2-nitro-
　phenyl]- **6** 949 d
Propan-1-ol, 1-[4-Äthoxy-3-nitro-phenyl]-
　6 IV 5979
—, 1-[2-Äthoxy-phenyl]-2-nitro-
　6 IV 5978
Propionsäure, 2-[3,5-Dimethoxy-phenoxy]-,
　amid **6** III 6308 b
Salpetersäure-[2-methoxy-2-methyl-
　1-phenyl-propylester] **6** IV 6010
Toluol, 2,4-Diäthoxy-6-nitro- **6** III 4497 g
—, 4,5-Diäthoxy-2-nitro- **6** IV 5884

$C_{11}H_{15}NO_4S$

Aceton, [2-Äthoxy-benzolsulfonyl]-, oxim
　6 II 797 f
—, [4-Äthoxy-benzolsulfonyl]-, oxim
　6 I 421 b
Äthanol, 1-[4-(2-Hydroxy-äthylmercapto)-
　2-methyl-5-nitro-phenyl]- **6** IV 5995
—, 2-[3-(4-Nitro-phenoxy)-
　propylmercapto]- **6** III 824 e
Alanin, N-Äthansulfonyl-, phenylester
　6 III 647 h
Buttersäure, 2-Amino-4-phenylmethansulfonyl-
　6 III 1631 a
Sulfon, Benzyl-[1-nitromethyl-propyl]-
　6 IV 2637
—, Butyl-[4-nitro-benzyl]- **6** II 440 g
—, [2-tert-Butyl-4-nitro-phenyl]-
　methyl- **6** IV 3294
—, [1,1-Dimethyl-2-nitro-propyl]-
　phenyl- **6** III 985 a
—, Isopentyl-[4-nitro-phenyl]-
　6 II 310 o
—, [3-Nitro-phenyl]-tert-pentyl-
　6 III 1066 c

$C_{11}H_{15}NO_4S_2$

Butan-1-sulfonsäure, 4-[Phenyl-
　mercaptocarbonyl-amino]- **6** IV 1536
Cystein, S-[2-Benzolsulfonyl-äthyl]-
　6 III 998 a

$C_{11}H_{15}NO_5$

Äther, [2-Methoxy-äthyl]-[2-(2-nitro-
　phenoxy)-äthyl]- **6** IV 1254

Benzol, 1,3-Diäthoxy-5-methoxy-2-nitro-
　6 IV 7371
—, 1,5-Diäthoxy-2-methoxy-4-nitro-
　6 IV 7349
—, 1,2-Dimethoxy-3-[1-methoxy-
　2-nitro-äthyl]- **6** III 6329 b
—, 1,2-Dimethoxy-4-[1-methoxy-
　2-nitro-äthyl]- **6** I 552 k, II 1085 e,
　III 6332 d
—, 2,4-Dimethoxy-1-[1-methoxy-
　2-nitro-äthyl]- **6** II 1084 h
Benzylalkohol, 2,3-Diäthoxy-5-nitro-
　6 II 1083 b
Pentan-1,2-diol, 5-[4-Nitro-phenoxy]-
　6 IV 1295
Propan-1-ol, 2-Carbamoyloxy-3-
　[2-methoxy-phenoxy]- **6** IV 5577
—, 1-[4,5-Dimethoxy-2-nitro-phenyl]-
　6 IV 7402
—, 3-[4,5-Dimethoxy-2-nitro-phenyl]-
　6 IV 7405
—, 1-[3,4-Dimethoxy-phenyl]-2-nitro-
　6 III 6344 d
Propan-2-ol, 1-Carbamoyloxy-3-
　[2-methoxy-phenoxy]- **6** IV 5577
—, 1-[4,5-Dimethoxy-2-nitro-phenyl]-
　6 IV 7404

$C_{11}H_{15}NO_6S$

Äthanol, 2-[3-(4-Nitro-phenoxy)-propan-
　1-sulfonyl]- **6** III 824 f

$C_{11}H_{15}NS_2$

Dithiocarbamidsäure, Diäthyl-, phenyl=
　ester **6** III 1012 c
—, Dimethyl-, phenäthylester
　6 IV 3089
—, Propyl-, benzylester **6** 461 i

$C_{11}H_{15}N_2O_4PS$

Amidothiophosphorsäure, Dimethyl-,
　O-allylester-O'-[4-nitro-phenylester]
　6 IV 1345

$C_{11}H_{15}N_2O_7P$

Glycin, N-[O-(Hydroxy-phenoxy-
　phosphoryl)-seryl]- **6** IV 734
Serin, N-Glycyl-O-[hydroxy-phenoxy-
　phosphoryl]- **6** IV 735

$C_{11}H_{15}N_3OS$

Aceton, Benzylmercapto-, semicarbazon
　6 II 433 a
Butyraldehyd, 3-Phenylmercapto-,
　semicarbazon **6** IV 1516

$C_{11}H_{15}N_3O_2$

Acetaldehyd, [4-Äthyl-phenoxy]-,
　semicarbazon **6** 472 i

$C_{11}H_{15}N_3O_2$ (Fortsetzung)

Acetaldehyd, [2,3-Dimethyl-phenoxy]-,
semicarbazon 6 480 g

—, [2,4-Dimethyl-phenoxy]-,
semicarbazon 6 487 h

—, [2,5-Dimethyl-phenoxy]-,
semicarbazon 6 495 f

—, [2,6-Dimethyl-phenoxy]-,
semicarbazon 6 IV 3117

—, [3,4-Dimethyl-phenoxy]-,
semicarbazon 6 481 f

—, Phenäthyloxy-, semicarbazon
6 III 1709 a

Aceton, Benzyloxy-, semicarbazon
6 IV 2255

—, m-Tolyloxy-, semicarbazon
6 378 o

—, o-Tolyloxy-, semicarbazon
6 355 f

—, p-Tolyloxy-, semicarbazon
6 396 o, IV 2111

Butan-2-on, 1-Phenoxy-, semicarbazon
6 I 86 k, III 590 h

Butyraldehyd, 4-Phenoxy-, semicarbazon
6 III 590 f

Propionaldehyd, 2-m-Tolyloxy-,
semicarbazon 6 378 m

—, 2-p-Tolyloxy-, semicarbazon
6 396 l

$C_{11}H_{15}N_3O_2S$

Carbazidsäure, 3-Benzylmercaptocarbimidoyl-,
äthylester 6 II 435 b

$C_{11}H_{15}N_3O_2S_2$

Isothioharnstoff, S-tert-Butyl-N-[4-nitro-
benzolsulfenyl]- 6 IV 1719

$C_{11}H_{15}N_3O_3$

Acetaldehyd, [4-Methoxy-benzyloxy]-,
semicarbazon 6 III 4549 d

Aceton, [4-Methoxy-phenoxy]-,
semicarbazon 6 III 4412 c

Alanin-[N'-benzyloxycarbonyl-hydrazid]
6 IV 2466

Alanin, N-Benzyloxycarbonyl-, hydrazid
6 IV 2336

β-Alanin, N-Benzyloxycarbonyl-, hydrazid
6 III 1501 h, IV 2341

Glycin, N-[4-Methyl-benzyloxycarbonyl]-,
hydrazid 6 IV 3173

Propionaldehyd, 2-Benzyloxy-3-hydroxy-,
semicarbazon 6 III 1477 a

$C_{11}H_{15}N_3O_3S$

Aceton, Phenylmethansulfonyl-,
semicarbazon 6 II 433 e

$C_{11}H_{15}N_3O_4$

Serin, N-Benzyloxycarbonyl-, hydrazid
6 III 1507 f, IV 2384

$C_{11}H_{15}N_3O_5S$

Propionsäure, 2-Benzyloxycarbonylamino-
3-sulfamoyl-, amid 6 IV 2429

$C_{11}H_{15}N_3O_6S$

Äthansulfonsäure, 2-Benzyloxycarbonyl-
amino-2-carbazoyl- 6 IV 2429

$C_{11}H_{15}N_3S$

Aceton-[S-benzyl-isothiosemicarbazon]
6 II 435 a

$C_{11}H_{15}N_5O_3S_2$

Benzol, 1-[2-Carbamimidoylmercapto-
äthoxy]-2-[carbamimidoylmercapto-
methyl]-4-nitro- 6 IV 5906

$[C_{11}H_{15}OS]^+$

Sulfonium, [4-Methoxy-styryl]-dimethyl-
6 III 4990 b

$[C_{11}H_{15}O_2S]^+$

Sulfonium, Äthyl-benzyl-carboxymethyl-
6 463 b

—, Benzyl-[2-carboxy-äthyl]-methyl-
6 III 1613 b

$C_{11}H_{15}O_3P$

[1,3,2]Dioxaphosphocan, 2-Phenoxy-
6 IV 699

[1,3,2]Dioxaphosphorinan, 2-Benzyloxy-
4-methyl- 6 IV 2569

—, 5,5-Dimethyl-2-phenoxy-
6 IV 699

$C_{11}H_{15}O_4P$

[1,3,2]Dioxaphosphorinan-2-oxid,
5,5-Dimethyl-2-phenoxy- 6 IV 724 a

Phosphonsäure, Acetonyl-, äthylester-
phenylester 6 IV 706

Phosphorsäure-äthylester-isopropenylester-
phenylester 6 IV 713

— cinnamylester-dimethylester
6 IV 3803

— mono-[1-mesityl-vinylester]
6 III 2477 f

$C_{11}H_{16}BClO$

Boran, Diäthyl-[4-chlor-benzyloxy]-
6 III 1557 g

$C_{11}H_{16}BrNO_2$

Propionsäure, 3-[1-Bromäthinyl-
cyclohexyloxy]-, amid 6 IV 352

$C_{11}H_{16}BrNS$

Amin, Diäthyl-[(4-brom-phenylmercapto)-
methyl]- 6 IV 1652

$C_{11}H_{16}BrO_3P$

Phosphonsäure, Äthyl-, [β-brom-
isopropylester]-phenylester **6** IV 703

$[C_{11}H_{16}Br_2NO]^+$

Ammonium, [2-(3,5-Dibrom-phenoxy)-
äthyl]-trimethyl- **6** IV 1065

$C_{11}H_{16}Br_2Se$

λ^4-Selan, Dibrom-pentyl-phenyl- **6** III 1106 c

$C_{11}H_{16}ClNO$

Amin, [2-Chlor-äthyl]-[β-phenoxy-
isopropyl]- **6** IV 670

–, [2-Chlor-äthyl]-[2-o-tolyloxy-äthyl]-
6 IV 1967

–, [2-(2-Chlormethyl-phenoxy)-äthyl]-
dimethyl- **6** IV 2001

–, [β-(4-Chlor-phenoxy)-isopropyl]-
dimethyl- **6** IV 861

$C_{11}H_{16}ClNOS$

Äthylamin, 2-[2-(4-Chlor-benzylmercapto)-
äthoxy]- **6** IV 2775

$C_{11}H_{16}ClNO_2$

Äthanol, 2-[β-(2-Chlor-phenoxy)-
isopropylamino]- **6** IV 801

–, 2-[β-(4-Chlor-phenoxy)-
isopropylamino]- **6** IV 862

Amin, [2-(4-Chlor-phenoxymethoxy)-äthyl]-
dimethyl- **6** IV 833

Propan-2-ol, 1-Äthylamino-3-[2-chlor-
phenoxy]- **6** IV 802

–, 1-[2-Chlor-phenoxy]-
3-dimethylamino- **6** IV 802

$C_{11}H_{16}ClNS$

Amin, [2-Benzylmercapto-äthyl]-[2-chlor-
äthyl]- **6** IV 2718

–, [2-Chlor-3-phenylmercapto-
propyl]-dimethyl- **6** IV 1553

–, [2-(4-Chlor-phenylmercapto)-
propyl]-dimethyl- **6** IV 1606

–, [3-(2-Chlor-phenylmercapto)-
propyl]-dimethyl- **6** IV 1575

–, [3-(4-Chlor-phenylmercapto)-
propyl]-dimethyl- **6** IV 1606

–, Diäthyl-[(4-chlor-phenylmercapto)-
methyl]- **6** IV 1594

$[C_{11}H_{16}ClN_2S]^+$

Thiouronium, S-[4-Chlor-phenyl]-tetra-
N-methyl- **6** IV 1601

$C_{11}H_{16}ClO_2PS_2$

Dithiophosphorsäure-O,O'-diäthylester-S-
[2-chlor-benzylester] **6** IV 2769

– O,O'-diäthylester-S-[4-chlor-
benzylester] **6** IV 2781

$C_{11}H_{16}ClO_2PS_3$

Dithiophosphorsäure-O,O'-diäthylester-
S-[(4-chlor-phenylmercapto)-
methylester] **6** IV 1595

$C_{11}H_{16}ClO_3PS$

Thiophosphorsäure-O,O'-diäthylester-S-
[2-chlor-benzylester] **6** IV 2769

– O,O'-diäthylester-S-[4-chlor-
benzylester] **6** IV 2781

– O,O'-diäthylester-O''-[2-chlor-
6-methyl-phenylester] **6** IV 1986

– O,O'-diäthylester-O''-[4-chlor-
2-methyl-phenylester] **6** IV 1999

– O,O'-diäthylester-O''-[4-chlor-
3-methyl-phenylester] **6** IV 2067

$C_{11}H_{16}ClO_4P$

Phosphorsäure-[2-chlor-äthylester]-
phenylester-propylester **6** IV 710

$[C_{11}H_{16}Cl_2NO]^+$

Ammonium, [2-(2,4-Dichlor-phenoxy)-
äthyl]-trimethyl- **6** III 711 c, IV 936

$C_{11}H_{16}Cl_2O$

Äther, [1,2-Dichlor-octahydro-4,7-methano-
inden-5-yl]-methyl- **6** III 392 d

–, [2,3-Dichlor-octahydro-
4,7-methano-inden-5-yl]-methyl-
6 III 392 d

Cyclohexa-2,5-dienol, 1-Äthyl-
4-dichlormethyl-2,4-dimethyl-
6 101 g

–, 4-Dichlormethyl-4-methyl-
1-propyl- **6** I 63 i

–, 4-Dichlormethyl-
1,2,4,5-tetramethyl- **6** 101 h

$C_{11}H_{16}Cl_2Se$

λ^4-Selan, Dichlor-isopentyl-phenyl-
6 II 318 b

$C_{11}H_{16}Cl_7O_2P$

Phosphin, Chlor-[2,2,2-trichlor-
1,1-dimethyl-äthoxy]-[1-trichlormethyl-
cyclohexyloxy]- **6** IV 98

$C_{11}H_{16}FNO_2$

Äthanol, 2-[β-(2-Fluor-phenoxy)-
isopropylamino]- **6** IV 772

–, 2-[β-(3-Fluor-phenoxy)-
isopropylamino]- **6** IV 773

–, 2-[β-(4-Fluor-phenoxy)-
isopropylamino]- **6** IV 778

$C_{11}H_{16}FO_2PS_3$

Dithiophosphorsäure-O,O'-diäthylester-
S-[(4-fluor-phenylmercapto)-methylester]
6 IV 1568

$C_{11}H_{16}INO_2$
Propan-2-ol, 1-Dimethylamino-3-[2-jod-
phenoxy]- **6** I 109 d
$C_{11}H_{16}IO_4P$
Phosphorsäure-butylester-[4-jod-benzylester]
6 IV 2607
$[C_{11}H_{16}NO_2]^+$
Ammonium, Trimethyl-phenoxycarbonyl-
methyl- **6** III 646 i, IV 685
$[C_{11}H_{16}NO_2S]^+$
Sulfonium, Diäthyl-[2-nitro-benzyl]-
6 III 1645 k
−, Diäthyl-[3-nitro-benzyl]-
6 III 1646 i
−, Diäthyl-[4-nitro-benzyl]-
6 III 1647 h, IV 2797
−, Methyl-[4-nitro-benzyl]-propyl-
6 IV 2797
$C_{11}H_{16}NO_4PS$
Thiophosphonsäure, Äthyl-, S-isopropyl-
ester-O-[4-nitro-phenylester]
6 IV 1326
−, Äthyl-, O-[4-nitro-phenylester]-
S-propylester **6** IV 1326
−, Propyl-, S-äthylester-O-[4-nitro-
phenylester] **6** IV 1326
$C_{11}H_{16}NO_4PS_2$
Dithiophosphorsäure-O,O'-diäthylester-S-
[4-nitro-benzylester] **6** IV 2802
$C_{11}H_{16}NO_5P$
Carbamidsäure, [Isopropoxy-methyl-
phosphinoyloxy]-, phenylester
6 IV 633
Phosphonsäure, Äthyl-, isopropylester-
[4-nitro-phenylester] **6** IV 1320
−, Äthyl-, [4-nitro-phenylester]-
propylester **6** IV 1319
−, Isopropyl-, äthylester-[4-nitro-
phenylester] **6** IV 1320
−, Methyl-, butylester-[4-nitro-
phenylester] **6** IV 1320
−, Methyl-, sec-butylester-[4-nitro-
phenylester] **6** IV 1321
−, Methyl-, isobutylester-[4-nitro-
phenylester] **6** IV 1321
−, Methyl-, [4-methyl-2-nitro-
phenylester]-propylester **6** IV 2149
−, Propyl-, äthylester-[4-nitro-
phenylester] **6** IV 1319
Phosphorsäure, Butylcarbamoyl-,
monophenylester **6** IV 729
Valin, N-[Hydroxy-phenoxy-phosphoryl]-
6 IV 739

$C_{11}H_{16}NO_5PS$
Thiophosphorsäure-O,O'-diäthylester-O''-
[4-methyl-2-nitro-phenylester]
6 IV 2149
$C_{11}H_{16}NO_5PS_2$
Disulfidophosphorsäure-O,O'-diäthylester-
S-S-[5-methyl-2-nitro-phenylester]
6 III 1338 h
$C_{11}H_{16}NO_6P$
Carbamidsäure, Diäthoxyphosphoryloxy-,
phenylester **6** IV 633
Phosphorsäure-butylester-[4-nitro-
benzylester] **6** IV 2627
−   diäthylester-[2-methyl-4-nitro-
phenylester] **6** III 1274 h, IV 2011
$C_{11}H_{16}NO_7P$
Phosphorsäure-diäthylester-[2-methoxy-
4-nitro-phenylester] **6** IV 5630
$C_{11}H_{16}N_2O$
Acetamidin, N,N-Dimethyl-2-m-tolyloxy-
6 III 1308 h
−, N,N-Dimethyl-2-o-tolyloxy-
6 III 1257 c
−, N,N-Dimethyl-2-p-tolyloxy-
6 III 1368 c
−, 2-[2-Isopropyl-phenoxy]-
6 III 1809 f
$C_{11}H_{16}N_2OS$
Isothioharnstoff, S-[4-Propoxy-benzyl]-
6 IV 5922
$C_{11}H_{16}N_2O_2$
Butyramidin, 4-[2-Methoxy-phenoxy]-
6 III 4237 f
Harnstoff, [2-(2,4-Dimethyl-phenoxy)-
äthyl]- **6** 488 l
−, N-Methyl-N-[β-phenoxy-
isopropyl]- **6** IV 674
$C_{11}H_{16}N_2O_2S$
Isothioharnstoff, S-[2,5-Dimethoxy-
phenäthyl]- **6** IV 7393
−, S-[3-(4-Methoxy-phenoxy)-propyl]-
6 IV 5731
Thioharnstoff, [2-Hydroxy-3-o-tolyloxy-
propyl]- **6** IV 1976
$C_{11}H_{16}N_2O_3$
Allophansäure-[1-prop-2-inyl-cyclohexyl-
ester] **6** IV 363
Harnstoff, [2-Hydroxy-3-o-tolyloxy-propyl]-
6 IV 1975
Pentylamin, 5-[4-Nitro-phenoxy]-
6 IV 1309

$C_{11}H_{16}N_2O_3S$

Acetamidoxim, 2-[2,4,5-Trimethyl-
benzolsulfonyl]- **6** 518 b

$C_{11}H_{16}N_2O_4$

Amin, [2-Nitryloxy-äthyl]-[β-phenoxy-
isopropyl]- **6** IV 671

Carbazidsäure-[2-hydroxy-3-o-tolyloxy-
propylester] **6** IV 1955

Propan-2-ol, 1-Äthylamino-3-[4-nitro-
phenoxy]- **6** IV 1312

—, 1-Dimethylamino-3-[4-nitro-
phenoxy]- **6** I 120 n

$C_{11}H_{16}N_2O_4S$

Carbamidsäure, Propylsulfamoyl-,
benzylester **6** IV 2463

$C_{11}H_{16}N_2O_5$

Propan-2-ol, 1-Carbazoyloxy-3-[2-methoxy-
phenoxy]- **6** IV 5578

$C_{11}H_{16}N_2S$

Isothioharnstoff, S-Benzyl-N-isopropyl-
6 III 1607 a

—, S-Benzyl-N,N,N'-trimethyl-
6 IV 2695

—, S-[2,4,6-Trimethyl-benzyl]-
6 IV 3363

$C_{11}H_{16}N_2S_2$

Cyclohexan-1,2-diyl-bis-thiocyanat,
1-Propyl- **6** III 4101 d

$[C_{11}H_{16}N_3O_2S]^+$

Thiouronium, Tetra-N-methyl-S-[4-nitro-
phenyl]- **6** IV 1710

$C_{11}H_{16}N_3O_6PS$

Amidothiophosphorsäure, Isopropyl-,
O-äthylester-O'-[2,4-dinitro-phenylester]
6 IV 1383

$C_{11}H_{16}N_4OS_2$

Phenol, 2,4-Bis-[carbamimidoylmercapto-
methyl]-6-methyl- **6** IV 7413

$C_{11}H_{16}O$

Äthanol, 1-[3-Isopropyl-phenyl]-
6 IV 3404

—, 1-[4-Isopropyl-phenyl]-
6 IV 3405

—, 1-Mesityl- **6** 550 m, III 1991 b,
IV 3411

—, 1-[2,4,5-Trimethyl-phenyl]-
6 551 b

Äther, [3-Äthinyl-4-methyl-cyclohex-
3-enyl]-äthyl- **6** IV 3231

—, Äthyl-[4-äthyl-benzyl]- **6** III 1825 e

—, Äthyl-[2,4-dimethyl-benzyl]-
6 I 256 d

—, Äthyl-[4-methyl-phenäthyl]-
6 III 1829 a

—, Äthyl-[1-methyl-1-phenyl-äthyl]-
6 III 1814 a, IV 3220

—, Äthyl-[1-methyl-2-phenyl-äthyl]-
6 I 251 b, II 473 a, 474 f, III 1798 a

—, [4-Äthyl-phenyl]-isopropyl-
6 IV 3021

—, Äthyl-[1-phenyl-propyl]-
6 II 471 a, III 1794 b

—, Äthyl-[3-phenyl-propyl]-
6 503 h, II 475 b, IV 3199

—, Äthyl-[1-p-tolyl-äthyl]- **6** IV 3242

—, Allyl-norborn-5-en-2-ylmethyl-
6 III 374 b

—, Benzyl-butyl- **6** II 410 f,
III 1456 d, IV 2231

—, Benzyl-sec-butyl- **6** III 1456 e,
IV 2231

—, Benzyl-$tert$-butyl- **6** III 1457 d

—, Benzyl-isobutyl- **6** 431 d, II 410 h,
III 1457 b

—, [1-Benzyl-propyl]-methyl-
6 II 486 h

—, Butyl-m-tolyl- **6** 377 a, III 1300 a,
IV 2040

—, Butyl-o-tolyl- **6** 353 a, III 1247 a

—, Butyl-p-tolyl- **6** 393 e, III 1354 e

—, sec-Butyl-m-tolyl- **6** III 1300 b

—, sec-Butyl-p-tolyl- **6** III 1354 f

—, $tert$-Butyl-m-tolyl- **6** IV 2041

—, $tert$-Butyl-o-tolyl- **6** IV 1945

—, $tert$-Butyl-p-tolyl- **6** III 1355 c,
IV 2100

—, [1,1-Dimethyl-2-phenyl-äthyl]-
methyl- **6** IV 3291

—, [3,5-Dimethyl-phenyl]-isopropyl-
6 I 244 b

—, [3a,4,5,6,7,7a-Hexahydro-
4,7-methano-inden-1-yl]-methyl-
6 III 1922 b

—, [3a,4,5,6,7,7a-Hexahydro-
4,7-methano-inden-5($oder$ 6)-yl]-methyl-
6 III 1924 a

—, [1,4,5,6,7,8-Hexahydro-[2]naphthyl]-
methyl- **6** III 1921 f, IV 3365

—, Isobutyl-m-tolyl- **6** III 1300 c

—, Isobutyl-o-tolyl- **6** III 1247 b

—, Isobutyl-p-tolyl- **6** III 1355 b

—, Isopentyl-phenyl- **6** 143 k, I 82 i,
II 146 f, III 553 c, IV 560

—, Isopropyl-[1-phenyl-äthyl]-
6 III 1677 a, IV 3032

$C_{11}H_{16}O$ (Fortsetzung)

Äther, [2-Methyl-butyl]-phenyl- **6** 143 j

–, Methyl-[1-methyl-1-phenyl-propyl]-
    6 III 1854 f, IV 3283

–, Methyl-[4-phenyl-butyl]-
    6 I 258 d

–, Methyl-[2,4,6-trimethyl-benzyl]-
    6 III 1919 e, IV 3362

–, Pentyl-phenyl- **6** I 82 e, III 552 f

–, *tert*-Pentyl-phenyl- **6** IV 560

–, Phenäthyl-propyl- **6** II 450 b

Anisol, 2-Äthyl-3,5-dimethyl- **6** I 268 b,
    II 502 i

–, 2-Äthyl-4,5-dimethyl- **6** II 502 c

–, 2-Äthyl-4,6-dimethyl- **6** II 503 e

–, 3-Äthyl-4,5-dimethyl- **6** IV 3355

–, 5-Äthyl-2,4-dimethyl- **6** II 502 k

–, 6-Äthyl-2,3-dimethyl- **6** II 502 a

–, 2-Butyl- **6** III 1843 b, IV 3267

–, 2-*sec*-Butyl- **6** III 1852 b,
    IV 3277

–, 2-*tert*-Butyl- **6** IV 3292

–, 3-Butyl- **6** 522 c, III 1844 f

–, 3-*sec*-Butyl- **6** IV 3279

–, 3-*tert*-Butyl- **6** IV 3295

–, 4-Butyl- **6** 522 d, I 257 e,
    II 485 d, III 1844 h, IV 3269

–, 4-*sec*-Butyl- **6** 522 l, III 1853 b,
    IV 3280

–, 4-*tert*-Butyl- **6** 524 d, III 1864,
    IV 3297

–, 2,6-Diäthyl- **6** IV 3352

–, 3,4-Diäthyl- **6** III 1913 d

–, 3,5-Diäthyl- **6** III 1914 b

–, 2-Isobutyl- **6** III 1858 f,
    IV 3287

–, 3-Isobutyl- **6** IV 3288

–, 4-Isobutyl- **6** I 258 j, II 488 g,
    IV 3288

–, 2-Isopropyl-4-methyl- **6** I 260 k,
    IV 3329

–, 2-Isopropyl-5-methyl- **6** 536 b,
    I 264, II 498 a, III 1898 a, IV 3335

–, 2-Isopropyl-6-methyl- **6** 526 h,
    I 260 h, IV 3329

–, 3-Isopropyl-2-methyl- **6** IV 3328

–, 3-Isopropyl-4-methyl- **6** IV 3325

–, 4-Isopropyl-2-methyl-
    6 526 l, III 1884 b, IV 3330

–, 4-Isopropyl-3-methyl-
    6 II 491 h, IV 3325

–, 5-Isopropyl-2-methyl- **6** 529 a,
    I 262 a, II 493 a, III 1886

–, 2-Methyl-4-propyl- **6** 525 j

–, 4-Methyl-2-propyl- **6** 525 i

–, 2,3,4,5-Tetramethyl- **6** IV 3359

–, 2,3,4,6-Tetramethyl- **6** IV 3361

–, 2,3,5,6-Tetramethyl- **6** IV 3363

Benzylalkohol, 4-*tert*-Butyl- **6** 550 h,
    IV 3402

–, 2-Isopropyl-5-methyl- **6** III 1989 i

–, 5-Isopropyl-2-methyl- **6** IV 3408

–, 2,3,4,5-Tetramethyl- **6** III 1992 a

–, 2,3,4,6-Tetramethyl- **6** IV 3413

Butan-1-ol, 2-Benzyl- **6** 547 k, II 505 h,
    III 1959 e, IV 3377

–, 2-Methyl-1-phenyl- **6** I 269 d,
    II 505 e, III 1958 d

–, 2-Methyl-2-phenyl- **6** II 506 f,
    III 1970 d, IV 3388

–, 2-Methyl-3-phenyl- **6** II 506 g,
    III 1971 e

–, 2-Methyl-4-phenyl- **6** I 269 k,
    III 1962 g, IV 3380

–, 3-Methyl-1-phenyl- **6** 548 c,
    I 269 h, II 505 j, IV 3380

–, 3-Methyl-2-phenyl- **6** 549 i,
    II 506 h, IV 3390

–, 3-Methyl-3-phenyl- **6** III 1970 c,
    IV 3387

–, 3-Methyl-4-phenyl- **6** III 1959 c,
    IV 3377

–, 1-*p*-Tolyl- **6** III 1974 d

–, 3-*o*-Tolyl- **6** III 1975 a

–, 3-*p*-Tolyl- **6** III 1976 e, IV 3394

–, 4-*p*-Tolyl- **6** IV 3393

Butan-2-ol, 2-Methyl-1-phenyl- **6** 547 j,
    I 269 f, II 505 f, III 1958 g

–, 2-Methyl-3-phenyl- **6** I 270 a,
    III 1971 d, IV 3389

–, 2-Methyl-4-phenyl- **6** 548 e,
    I 269 i, II 506 b, III 1962 c,
    IV 3380

–, 3-Methyl-1-phenyl- **6** II 506 a,
    III 1962 b, IV 3380

–, 3-Methyl-2-phenyl- **6** 549 h,
    I 269 o, IV 3389

–, 3-Methyl-3-phenyl- **6** IV 3387

–, 3-Methyl-4-phenyl- **6** III 1959 a

–, 2-*p*-Tolyl- **6** I 270 g, IV 3394

–, 4-*p*-Tolyl- **6** III 1974 g

But-3-in-2-ol, 4-Cyclohex-1-enyl-2-methyl-
    6 IV 3377

–, 4-Cyclohex-3-enyl-2-methyl-
    6 III 1960 b

$C_{11}H_{16}O$ (Fortsetzung)

Cyclohexanol, 1-[1-Äthinyl-allyl]-
    6 IV 3381

—, 1-But-3-en-1-inyl-2-methyl-
    6 III 1972 e, IV 3392

—, 1-But-3-en-1-inyl-3-methyl-
    6 III 1972 f

—, 1-But-3-en-1-inyl-4-methyl-
    6 III 1973 g

—, 1-[3-Methyl-but-3-en-1-inyl]-
    6 III 1960 c

—, 1-Pent-3-en-1-inyl- 6 IV 3368

Cyclohex-2-enol, 1-Äthinyl-3,5,5-trimethyl-
    6 I 270 k

Cyclopentanol, 1-But-3-en-1-inyl-
    2,4-dimethyl- 6 IV 3413

Indan-1-ol, 1-Äthinyl-hexahydro-
    6 IV 3414

Methanol, [3,5,6,7,8,8a-Hexahydro-
    [1]naphthyl]- 6 IV 3413

Norbornan-2-ol, 2-Äthinyl-3,3-dimethyl-
    6 IV 3414

Norpinan-2-ol, 2-Äthinyl-6,6-dimethyl-
    6 II 509 j, III 1993 a

Pentan-1-ol, 1-Phenyl- 6 II 503 i,
    III 1952 c, IV 3370

—, 2-Phenyl- 6 IV 3376

—, 3-Phenyl- 6 III 1964 c, IV 3383

—, 4-Phenyl- 6 III 1957 d, IV 3376

—, 5-Phenyl- 6 I 268 k, II 505 b,
    III 1954 g, IV 3373

Pentan-2-ol, 1-Phenyl- 6 III 1953 c,
    IV 3372

—, 2-Phenyl- 6 547 i, II 505 c

—, 3-Phenyl- 6 III 1963 c, IV 3382

—, 4-Phenyl- 6 III 1957 c

—, 5-Phenyl- 6 III 1954 e

Pentan-3-ol, 1-Phenyl- 6 II 504 f, 505 a,
    III 1953 e, IV 3372

—, 2-Phenyl- 6 II 505 d, III 1956 e,
    IV 3375

—, 3-Phenyl- 6 548 g, I 269 l,
    II 506 c, III 1963 b, IV 3381

Pent-1-in-3-ol, 1-Cyclopent-1-enyl-3-methyl-
    6 IV 3413

Phenäthylalkohol, 3-Isopropyl-
    6 III 1986 f

—, 4-Isopropyl- 6 II 508 d,
    III 1986 h, IV 3405

—, 2-Propyl- 6 IV 3403

—, 4-Propyl- 6 III 1986 d

—, 2,3,4-Trimethyl- 6 III 1991 a

—, 2,4,6-Trimethyl- 6 III 1991 d,
    IV 3412

Phenetol, 2-Äthyl-4-methyl- 6 IV 3235

—, 2-Isopropyl- 6 504 h, III 1808 b

—, 4-Isopropyl- 6 505 l, II 477 b,
    III 1811 b

—, 2-Propyl- 6 499 f

—, 3-Propyl- 6 500 b

—, 4-Propyl- 6 500 e, I 249 e

—, 2,4,5-Trimethyl- 6 510 c, II 482 c

—, 2,4,6-Trimethyl- 6 II 484 a

—, 3,4,5-Trimethyl- 6 II 480 d

Phenol, 2-Äthyl-6-isopropyl- 6 IV 3404

—, 4-Äthyl-2-isopropyl- 6 IV 3404

—, 2-[1-Äthyl-propyl]- 6 IV 3381

—, 2-Äthyl-4-propyl- 6 III 1985 e,
    IV 3403

—, 2-Äthyl-5-propyl- 6 III 1986 a,
    IV 3404

—, 4-[1-Äthyl-propyl]- 6 548 f,
    III 1962 h, IV 3381

—, 2-Äthyl-3,4,5-trimethyl-
    6 IV 3410

—, 2-Äthyl-3,4,6-trimethyl-
    6 II 509 h

—, 3-Äthyl-2,4,6-trimethyl-
    6 IV 3410

—, 6-Äthyl-2,3,4-trimethyl-
    6 II 509 g

—, 2-Butyl-4-methyl- 6 III 1972 h,
    IV 3392

—, 2-Butyl-5-methyl- 6 III 1974 b

—, 2-Butyl-6-methyl- 6 III 1972 g,
    IV 3392

—, 2-sec-Butyl-4-methyl- 6 III 1975 b,
    IV 3393

—, 2-sec-Butyl-5-methyl- 6 III 1975 g,
    IV 3394

—, 2-sec-Butyl-6-methyl- 6 IV 3393

—, 2-tert-Butyl-4-methyl- 6 III 1978 b,
    IV 3397

—, 2-tert-Butyl-5-methyl-
    6 II 507 h, III 1982 c, IV 3400

—, 2-tert-Butyl-6-methyl- 6 II 507 f,
    III 1978 a, IV 3396

—, 3-tert-Butyl-5-methyl- 6 III 1979 e,
    IV 3398

—, 4-Butyl-2-methyl- 6 III 1973 a,
    IV 3392

—, 4-Butyl-3-methyl- 6 II 507 c

—, 4-sec-Butyl-2-methyl- 6 II 507 d,
    IV 3393

$C_{11}H_{16}O$ (Fortsetzung)

Phenol, 4-*tert*-Butyl-2-methyl- **6** 550 e,
     I 270 i, II 507 f, III 1979 f,
     IV 3398

—, 4-*tert*-Butyl-3-methyl-
     6 II 507 e, III 1977 d, IV 3396

—, 5-*tert*-Butyl-2-methyl-
     6 II 507 g, IV 3400

—, 2,3-Diäthyl-5-methyl- **6** III 1990 e

—, 2,4-Diäthyl-5-methyl- **6** II 508 h

—, 2,4-Diäthyl-6-methyl- **6** II 509 c

—, 2,5-Diäthyl-3-methyl- **6** III 1990 e

—, 2,5-Diäthyl-4-methyl- **6** II 508 k

—, 2,6-Diäthyl-3-methyl- **6** IV 3410

—, 2,6-Diäthyl-4-methyl- **6** II 509 e,
     III 1990 f, IV 3410

—, 3,5-Diäthyl-4-methyl- **6** III 1990 d

—, 2,4-Dimethyl-6-propyl- **6** II 508 f

—, 2,5-Dimethyl-3-propyl-
     6 III 1987 d

—, 2,6-Dimethyl-4-propyl-
     6 III 1988 c

—, 3,6-Dimethyl-2-propyl-
     6 III 1987 c

—, 4-[1,2-Dimethyl-propyl]-
     6 III 1971 b

—, 4,5-Dimethyl-2-propyl-
     6 III 1987 b

—, 2-Isobutyl-4-methyl- **6** III 1976 g,
     IV 3395

—, 2-Isobutyl-5-methyl- **6** III 1977 a

—, 2-Isobutyl-6-methyl- **6** III 1976 f,
     IV 3395

—, 3-Isobutyl-5-methyl- **6** 549 l

—, 4-Isobutyl-2-methyl- **6** IV 3395

—, 2-Isopentyl- **6** IV 3377

—, 4-Isopentyl- **6** III 1960 e,
     IV 3378

—, 2-Isopropyl-3,5-dimethyl-
     6 III 1989 g, IV 3409

—, 2-Isopropyl-4,5-dimethyl-
     6 I 270 j, III 1989 a, IV 3407

—, 2-Isopropyl-4,6-dimethyl-
     6 III 1990 c

—, 3-Isopropyl-2,5-dimethyl-
     6 III 1989 d

—, 4-Isopropyl-2,3-dimethyl-
     6 IV 3406

—, 4-Isopropyl-3,5-dimethyl-
     6 IV 3406

—, 5-Isopropyl-2,4-dimethyl-
     6 III 1989 e

—, 2-[1-Methyl-butyl]- **6** III 1955 b

—, 4-[1-Methyl-butyl]- **6** III 1955 f

—, 4-Neopentyl- **6** II 507 a

—, Pentamethyl- **6** 551 d, I 270 l,
     III 1991 e, IV 3412

—, 2-Pentyl- **6** III 1949 d, IV 3368

—, 2-*tert*-Pentyl- **6** III 1964 e,
     IV 3383

—, 3-Pentyl- **6** III 1950 i, IV 3370

—, 3-*tert*-Pentyl- **6** III 1965 b

—, 4-Pentyl- **6** III 1951 a, IV 3370

—, 4-*tert*-Pentyl- **6** 548 h, I 269 m,
     II 506 d, III 1965 c, IV 3383

Propan-1-ol, 2-[4-Äthyl-phenyl]-
     6 IV 3406

—, 3-[4-Äthyl-phenyl]- **6** III 1986 e

—, 1-[2,5-Dimethyl-phenyl]-
     6 III 1987 f

—, 2,2-Dimethyl-1-phenyl-
     6 I 270 c, III 1971 f, IV 3390

—, 2,2-Dimethyl-3-phenyl-
     6 I 270 d, II 507 b

—, 3-[2,4-Dimethyl-phenyl]-
     6 III 1988 b

—, 2-Methyl-1-*p*-tolyl- **6** III 1977 b

—, 2-Methyl-2-*m*-tolyl- **6** IV 3400

—, 2-Methyl-2-*p*-tolyl- **6** IV 3403

—, 2-Methyl-3-*o*-tolyl- **6** IV 3395

—, 2-Methyl-3-*p*-tolyl- **6** III 1977 c

Propan-2-ol, 2-[2-Äthyl-phenyl]-
     6 IV 3404

—, 2-[3-Äthyl-phenyl]- **6** IV 3405

—, 2-[4-Äthyl-phenyl]- **6** IV 3405

—, 1-Cyclohepta-2,4,6-trienyl-
     2-methyl- **6** IV 3368

—, 1-[2,4-Dimethyl-phenyl]-
     6 III 1987 g

—, 1-[2,5-Dimethyl-phenyl]-
     6 IV 3406

—, 2-[2,3-Dimethyl-phenyl]-
     6 III 1988 f

—, 2-[2,4-Dimethyl-phenyl]-
     6 III 1990 a

—, 2-[2,5-Dimethyl-phenyl]-
     6 IV 3409

—, 2-[2,6-Dimethyl-phenyl]-
     6 IV 3407

—, 2-Methyl-1-*m*-tolyl- **6** 550 b,
     IV 3396

—, 2-Methyl-1-*o*-tolyl- **6** 549 k,
     IV 3395

—, 2-Methyl-1-*p*-tolyl- **6** IV 3396

C₁₁H₁₆OS

Äthan, 1-Äthoxy-1-benzylmercapto-
　6 IV 2659
—, 1-Äthoxy-2-benzylmercapto-
　6 II 430 d
—, 1-Äthylmercapto-1-benzyloxy-
　6 IV 2253
Äthanol, 2-Äthylmercapto-1-*p*-tolyl-
　6 III 4643 b
—, 2-Mesitylmercapto- 6 III 1841 b
—, 1-Phenyl-2-propylmercapto-
　6 IV 5943
Benzol, 1-Butylmercapto-4-methoxy-
　6 III 4448 b, IV 5792
Butan-1-ol, 3-Benzylmercapto- 6 IV 2654
—, 1-*p*-Tolylmercapto- 6 IV 2187
Butan-2-ol, 3-*p*-Tolylmercapto- 6 IV 2176
Pentan-1-ol, 5-Phenylmercapto-
　6 II 292 c, III 1000 d, IV 1497
Pentan-3-ol, 2-Phenylmercapto-
　6 IV 1497
Phenol, 2-*tert*-Butyl-4-mercapto-6-methyl-
　6 IV 6041
—, 2-*tert*-Butyl-6-mercapto-4-methyl-
　6 IV 6042
—, 4-Butylmercapto-3-methyl-
　6 III 4504 i
—, 4-*tert*-Butyl-2-mercapto-6-methyl-
　6 IV 6042
—, 4-Isopentylmercapto- 6 III 4449 a
—, 4-Mercapto-2-*tert*-pentyl-
　6 IV 6038
—, 4-Pentylmercapto- 6 III 4448 d
Propan-1-ol, 2-Äthylmercapto-1-phenyl-
　6 III 4630 a
Propan-2-ol, 1-Äthylmercapto-3-phenyl-
　6 IV 5989
Sulfoxid, Benzyl-butyl- 6 IV 2637
Toluol, 5-Methoxy-2-propylmercapto-
　6 III 4504 h

C₁₁H₁₆OS₂

Äthan, 1-Äthansulfinyl-2-*p*-tolylmercapto-
　6 III 1406 h

C₁₁H₁₆OSe

Benzol, 1-Butylselanyl-2-methoxy-
　6 III 4289 i
—, 1-Butylselanyl-4-methoxy-
　6 III 4479 h
—, 1-Isobutylselanyl-2-methoxy-
　6 III 4290 b
—, 1-Isobutylselanyl-4-methoxy-
　6 III 4479 j
Phenol, 2-Isopentylselanyl- 6 III 4290 c

—, 4-Isopentylselanyl- 6 III 4480 a

C₁₁H₁₆O₂

Acetaldehyd-[äthyl-benzyl-acetal]
　6 III 1476 b, IV 2253
— [isopropyl-phenyl-acetal]
　6 IV 598
— [methyl-phenäthyl-acetal]
　6 III 1708 b
— [phenyl-propyl-acetal] 6 IV 598
Acrylsäure-[6-methyl-cyclohex-
　3-enylmethylester] 6 IV 224
Äthan, 1-Äthoxy-2-benzyloxy- 6 III 1468 b,
　IV 2241
—, 1-Äthoxy-2-*o*-tolyloxy-
　6 IV 1948
—, 1-Äthoxy-2-*p*-tolyloxy- 6 394 l
—, 1-[2,4-Dimethyl-phenoxy]-
　2-methoxy- 6 487 a
—, 1-Isopropoxy-2-phenoxy-
　6 IV 572
—, 1-Phenoxy-2-propoxy- 6 IV 572
Äthanol, 2-[3-Äthyl-5-methyl-phenoxy]-
　6 IV 3236
—, 1-[3,4-Dimethyl-phenyl]-
　2-methoxy- 6 I 452 d
—, 2-[2-Isopropyl-phenoxy]-
　6 IV 3211
—, 2-Mesityloxy- 6 I 256 l
—, 2-[3-Phenyl-propoxy]- 6 III 1803 b
—, 2-[2,3,5-Trimethyl-phenoxy]-
　6 IV 3248
—, 2-[2,4,5-Trimethyl-phenoxy]-
　6 I 255 g
Ameisensäure-*p*-mentha-1,8-dien-7-ylester
　6 IV 375
— [octahydro-4,7-methano-inden-
　5-ylester] 6 III 392 c
— pin-2-en-10-ylester 6 100 a
Benzol, 1-[1-Äthoxy-äthyl]-4-methoxy-
　6 III 4566 a, IV 5930
—, 1-Äthoxy-4-äthyl-2-methoxy-
　6 II 885 i
—, 2-Äthoxy-1-äthyl-3-methoxy-
　6 III 4554 b
—, 2-Äthoxy-4-äthyl-1-methoxy-
　6 II 885 h, III 4560 c
—, 1-Äthoxy-2-methoxy-3,4-dimethyl-
　6 IV 5947
—, 1-Äthoxy-4-propoxy- 6 844 d
—, 1-Äthyl-2,4-dimethoxy-3-methyl-
　6 III 4639 c
—, 1-Äthyl-3,5-dimethoxy-2-methyl-
　6 III 4637 b

C₁₁H₁₆O₂ (Fortsetzung)
$\text{C}_{11}\text{H}_{16}\text{O}_2$ (Fortsetzung)

Benzol, 1-Äthyl-4,5-dimethoxy-2-methyl-
  6 III 4636 a

—, 2,4-Bis-hydroxymethyl-
  1,3,5-trimethyl- **6** III 4712 a

—, 1-Butoxy-2-methoxy- **6** II 780 f,
  III 4210 b

—, 1-Butoxy-4-methoxy- **6** II 840 e

—, 1-sec-Butoxy-2-methoxy-
  6 IV 5566

—, 1-tert-Butoxy-4-methoxy-
  6 III 4389 c, IV 5721

—, 1,2-Dimethoxy-3-propyl-
  6 I 447 d

—, 1,2-Dimethoxy-4-propyl-
  6 920 f, I 448 a, III 4615 b,
  IV 5977

—, 1,3-Dimethoxy-5-propyl-
  6 925 e, II 893 j, III 4622 d

—, 1,4-Dimethoxy-2-propyl-
  6 920 b, I 447 j, III 4613 b

—, 2,4-Dimethoxy-1-propyl-
  6 III 4611 f

—, 1,3-Dimethoxy-2,4,5-trimethyl-
  6 931 f

—, 1,4-Dimethoxy-2,3,5-trimethyl-
  6 III 4645 b

—, 1-Isobutoxy-3-methoxy- **6** 815 c

—, 1-Isobutoxy-4-methoxy- **6** 844 e

—, 1-Isopropoxymethyl-4-methoxy-
  6 IV 5911

—, 1-Isopropyl-2,3-dimethoxy-
  6 III 4631 e, IV 5989

—, 1-Isopropyl-2,4-dimethoxy-
  6 II 896 f, IV 5990

—, 1-Isopropyl-3,5-dimethoxy-
  6 IV 5991

—, 2-Isopropyl-1,3-dimethoxy-
  6 IV 5990

—, 2-Isopropyl-1,4-dimethoxy-
  6 929 d, IV 5990

—, 4-Isopropyl-1,2-dimethoxy-
  6 929 f, III 4633 b

—, 1-Methoxy-2-[1-methoxy-äthyl]-
  4-methyl- **6** III 4640 a

—, 1-Methoxy-4-[1-methoxy-äthyl]-
  2-methyl- **6** III 4641 c

—, 4-Methoxy-1-[1-methoxy-äthyl]-
  2-methyl- **6** III 4637 c

—, 1-Methoxy-4-methoxymethyl-
  2,5-dimethyl- **6** 933 d

—, 1-Methoxy-2-[3-methoxy-propyl]-
  6 III 4627 c

—, 1-Methoxy-4-propoxymethyl-
  6 IV 5911

Benzylalkohol, 2-Butoxy- **6** II 879 b

—, 3-Butoxy- **6** IV 5907

—, 4-Butoxy- **6** IV 5911

—, 4-tert-Butoxy- **6** IV 5912

—, 5-Butyl-2-hydroxy- **6** III 4706 b

—, 5-tert-Butyl-2-hydroxy-
  6 III 4708 d

—, 2-[4-Hydroxy-butyl]- **6** IV 6040

—, 4-[2-Hydroxy-1,1-dimethyl-äthyl]-
  6 IV 6044

—, 2-Hydroxy-3-isopropyl-6-methyl-
  6 IV 6045

—, 4-Hydroxy-2-isopropyl-5-methyl-
  6 949 f

—, 4-Hydroxy-5-isopropyl-2-methyl-
  6 949 e, II 904 c, III 4709 c,
  IV 6045

—, 2-Methoxy-5-propyl- **6** III 4672 e

Brenzcatechin, 4-Isopentyl- **6** III 4703 c

—, 3-Pentyl- **6** III 4693 b

—, 4-Pentyl- **6** III 4694 d

—, 4-tert-Pentyl- **6** III 4705 b,
  IV 6038

Butan-1,2-diol, 2-Methyl-1-phenyl-
  6 II 903 b

—, 3-Methyl-1-phenyl- **6** II 903 e,
  III 4703 d, IV 6036

—, 3-Methyl-3-phenyl- **6** IV 6039

Butan-1,3-diol, 2-Benzyl- **6** IV 6035

—, 2-Methyl-3-phenyl- **6** IV 6040

—, 3-Methyl-1-phenyl- **6** I 453 a,
  IV 6037

—, 3-Methyl-2-phenyl- **6** III 4705 e

Butan-1,4-diol, 2-Benzyl- **6** III 4700 c

—, 2-Methyl-1-phenyl- **6** III 4700 a

—, 3-Methyl-1-phenyl- **6** IV 6037

—, 1-p-Tolyl- **6** IV 6041

Butan-2,3-diol, 2-Methyl-1-phenyl-
  6 III 4700 b

—, 2-Methyl-3-phenyl- **6** I 453 d,
  II 904 a, IV 6039

—, 3-Methyl-1-phenyl- **6** I 453 b,
  II 903 f, IV 6037

—, 2-p-Tolyl- **6** IV 6041

Butan-1-ol, 4-Benzyloxy- **6** II 414 c,
  III 1472 b, IV 2244

—, 2-[2-Hydroxy-5-methyl-phenyl]-
  6 IV 6041

—, 3-[2-Hydroxy-4-methyl-phenyl]-
  6 III 4707 f

$C_{11}H_{16}O_2$ (Fortsetzung)

Butan-1-ol, 3-[2-Hydroxy-phenyl]-3-methyl-
    6 IV 6039
−, 1-[3-Methoxy-phenyl]- **6** 942 i
−, 1-[4-Methoxy-phenyl]- **6** III 4660 e
−, 3-Methoxy-1-phenyl- **6** IV 6006
−, 3-[4-Methoxy-phenyl]- **6** III 4666 b
−, 4-[2-Methoxy-phenyl]- **6** III 4663 b,
    IV 6005
−, 4-[3-Methoxy-phenyl]- **6** IV 6005
−, 4-[4-Methoxy-phenyl]- **6** IV 6005
−, 2-Methyl-4-phenoxy- **6** IV 586
−, 4-*p*-Tolyloxy- **6** IV 2106
Butan-2-ol, 1-Benzyloxy- **6** III 1471 g
−, 3-Benzyloxy- **6** III 1472 c
−, 4-Benzyloxy- **6** III 1471 i
−, 4-[4-Hydroxy-2-methyl-phenyl]-
    6 III 4705 f
−, 4-[4-Hydroxy-3-methyl-phenyl]-
    6 III 4706 e
−, 4-[2-Hydroxy-phenyl]-2-methyl-
    6 II 903 d, IV 6036
−, 4-[4-Hydroxy-phenyl]-2-methyl-
    6 IV 6036
−, 1-[4-Methoxy-phenyl]- **6** III 4661 b,
    IV 6005
−, 3-Methoxy-3-phenyl- **6** IV 6008
−, 3-[4-Methoxy-phenyl]- **6** III 4665 d,
    IV 6008
−, 4-[2-Methoxy-phenyl]-
    6 II 898 g
−, 4-[3-Methoxy-phenyl]- **6** III 4661 e
−, 4-[4-Methoxy-phenyl]-
    6 II 899 a, III 4662 b
−, 4-*o*-Tolyloxy- **6** IV 1951
Cyclohexanol, 1-[3-Hydroxy-pent-4-en-
    1-inyl]- **6** IV 6033
−, 1-[5-Hydroxy-pent-3-en-1-inyl]-
    6 IV 6033
Essigsäure-[1-äthinyl-2-methyl-cyclohexyl=
    ester] **6** IV 365
− bicyclo[3.3.1]non-6-en-2-ylester
    6 II 101 g
− bicyclo[2.2.2]oct-2-ylidenmethyl=
    ester **6** III 378 c
− [3-methylen-[2]norbornylmethyl=
    ester] **6** IV 369
− [2-methyl-3-methylen-
    [2]norbornylester] **6** IV 369
− [3-methyl-norborn-5-en-
    2-ylmethylester] **6** III 378 b
− [3-methyl-[2]norbornyliden-
    methylester] **7** III 310 d

− [4-methyl-3-vinyl-cyclohex-
    3-enylester] **6** IV 366
− [1-norborn-5-en-2-yl-äthylester]
    6 IV 368
− [1-prop-2-inyl-cyclohexylester]
    6 IV 362
− [3,3,5-trimethyl-cyclohexa-
    1,5-dienylester] **6** IV 367
Formaldehyd-[äthyl-phenäthyl-acetal]
    6 II 450 g, IV 3072
− [butyl-phenyl-acetal] **6** IV 596
Hydrochinon, 2-Äthyl-3,5,6-trimethyl-
    6 III 4710 e
−, 2-*tert*-Butyl-5-methyl- **6** III 4708 e
−, 2,3-Diäthyl-5-methyl- **6** III 4710 c
−, 2,5-Diäthyl-3-methyl- **6** III 4710 c
−, 2-Isopentyl- **6** III 4702 b, IV 6035
−, 2-Pentyl- **6** III 4693 d
4,7-Methano-inden-1-ol, 5-Methoxy-
    3a,4,5,6,7,7a-hexahydro- **6** IV 6032
Naphthalin-1,4-diol, 4a-Methyl-1,4,4a,5,8,=
    8a-hexahydro- **6** IV 6047
[1]Naphthol, 6-Methoxy-1,2,3,4,5,8-
    hexahydro- **6** III 4692 f
Pentan-1,2-diol, 1-Phenyl- **6** II 902 f,
    III 4698 a
−, 5-Phenyl- **6** II 903 a
Pentan-1,3-diol, 1-Phenyl- **6** III 4698 b
Pentan-1,4-diol, 4-Phenyl- **6** IV 6034
−, 5-Phenyl- **6** III 4697 e, IV 6034
Pentan-1,5-diol, 1-Phenyl- **6** 948 k,
    IV 6033
−, 2-Phenyl- **6** IV 6034
−, 3-Phenyl- **6** III 4704 e
Pentan-2,3-diol, 1-Phenyl- **6** III 4698 d
−, 2-Phenyl- **6** III 4699 b
Pentan-1-ol, 5-[2-Hydroxy-phenyl]-
    6 III 4697 e
−, 5-Phenoxy- **6** I 85 g, III 578 j
Pentan-2-ol, 5-[4-Hydroxy-phenyl]-
    6 III 4697 c
−, 5-Phenoxy- **6** II 151 h
Pentan-3-ol, 1-[4-Hydroxy-phenyl]-
    6 III 4697 a
−, 3-[2-Hydroxy-phenyl]-
    6 948 l, II 903 g
Peroxid, Äthyl-[1-methyl-1-phenyl-äthyl]-
    6 IV 3224
−, Benzyl-*tert*-butyl- **6** IV 2561
Phenäthylalkohol, 2-Äthoxymethyl-
    6 II 897 a, III 4638 d
−, 2-Äthoxy-5-methyl- **6** III 4641 g
−, 5-Äthyl-2-methoxy- **6** IV 6024

$C_{11}H_{16}O_2$ (Fortsetzung)

Phenäthylalkohol, 2-Hydroxymethyl-
 3,6-dimethyl- 6 IV 6046

–, 2-[3-Hydroxy-propyl]- 6 III 4709 a

–, 2-Methoxy-3,5-dimethyl-
 6 IV 6027

–, 2-Methoxy-4,5-dimethyl-
 6 IV 6027

–, 4-Methoxy-2,5-dimethyl-
 6 II 901 h

–, 2-Propoxy- 6 IV 5935

–, 4-Propoxy- 6 IV 5937

Phenol, 2-Äthoxy-5-propyl- 6 II 892 f

–, 3-Äthoxy-4-propyl- 6 III 4612 a

–, 5-Äthoxy-2-propyl- 6 III 4612 a

–, 4-Äthoxy-2,3,6-trimethyl-
 6 III 4645 c

–, 2-Äthyl-5-propoxy- 6 III 4555 b

–, 4-Äthyl-3-propoxy- 6 III 4555 b

–, 2-Butoxymethyl- 6 IV 5897

–, 2-sec-Butoxymethyl- 6 IV 5898

–, 2-tert-Butoxymethyl- 6 IV 5898

–, 2-Butyl-5-methoxy- 6 III 4657 e

–, 2-Butyl-6-methoxy- 6 III 4656 f,
 IV 6003

–, 2-tert-Butyl-4-methoxy-
 6 III 4670 d, IV 6013

–, 2-tert-Butyl-6-methoxy-
 6 IV 6012

–, 3-tert-Butyl-4-methoxy-
 6 IV 6013

–, 4-Butyl-2-methoxy- 6 II 898 d,
 III 4659 d

–, 4-Butyl-3-methoxy- 6 III 4657 d

–, 4-sec-Butyl-2-methoxy-
 6 IV 6007

–, 4-tert-Butyl-2-methoxy-
 6 IV 6014

–, 5-tert-Butyl-2-methoxy-
 6 IV 6014

–, 2,5-Dimethyl-4-propoxy-
 6 916 a

–, 2-Isobutoxymethyl- 6 IV 5898

–, 4-Isobutyl-2-methoxy- 6 IV 6009

–, 2-Isopentyloxy- 6 772 d,
 IV 5567

–, 3-Isopentyloxy- 6 II 815 e,
 III 4309 e

–, 4-Isopentyloxy- 6 III 4390 b

–, 2-Isopropyl-4-methoxy-5-methyl-
 6 IV 6020

–, 3-Isopropyl-2-methoxy-6-methyl-
 6 IV 6019

–, 5-Isopropyl-4-methoxy-2-methyl-
 6 IV 6020

–, 6-Isopropyl-2-methoxy-3-methyl-
 6 III 4673 e

–, 2-Methoxy-4-methyl-3-propyl-
 6 IV 6015

–, 2-Methoxy-5-methyl-4-propyl-
 6 IV 6016

–, 2-Methoxy-6-methyl-4-propyl-
 6 IV 6017

–, 2-Methoxymethyl-3,4,6-trimethyl-
 6 947 g

–, 4-Methoxy-2,3,5,6-tetramethyl-
 6 III 4683 a, IV 6029

–, 2-Pentyloxy- 6 III 4211 a

–, 3-Pentyloxy- 6 III 4309 c

–, 4-Pentyloxy- 6 III 4389 d

Propan, 1-Äthoxy-3-phenoxy- 6 147 e

–, 1,3-Dimethoxy-1-phenyl-
 6 I 449 a, IV 5984

Propan-1,2-diol, 2-Methyl-1-p-tolyl-
 6 I 453 g, II 904 b, III 4708 a

–, 2-Methyl-3-o-tolyl- 6 IV 6041

Propan-1,3-diol, 2-Äthyl-2-phenyl-
 6 IV 6039

–, 2,2-Dimethyl-1-phenyl-
 6 949 b, IV 6040

Propan-1-ol, 1-[2-Äthoxy-phenyl]-
 6 925 h

–, 1-[4-Äthoxy-phenyl]- 6 926 a

–, 2-Äthoxy-1-phenyl- 6 IV 5983

–, 3-Äthoxy-1-phenyl- 6 IV 5984

–, 3-[3-Äthoxy-phenyl]- 6 III 4627 e

–, 3-[4-Äthoxy-phenyl]- 6 III 4628 c

–, 3-[2,6-Dimethyl-phenoxy]-
 6 IV 3116

–, 3-[2-Hydroxy-3,5-dimethyl-phenyl]-
 6 IV 6044

–, 1-[2-Methoxy-5-methyl-phenyl]-
 6 944 f

–, 1-[4-Methoxy-2-methyl-phenyl]-
 6 944 d

–, 1-[4-Methoxy-3-methyl-phenyl]-
 6 944 g

–, 2-Methoxy-2-methyl-1-phenyl-
 6 III 4669 b, IV 6010

–, 3-[2-Methoxy-5-methyl-phenyl]-
 6 IV 6017

–, 3-[5-Methoxy-2-methyl-phenyl]-
 6 IV 6017

–, 1-[2-Methoxy-phenyl]-2-methyl-
 6 III 4667 e

$C_{11}H_{16}O_2$ (Fortsetzung)

Propan-1-ol, 1-[3-Methoxy-phenyl]-
  2-methyl- 6 III 4668 a, IV 6009
−, 1-[4-Methoxy-phenyl]-2-methyl-
  6 II 899 h, III 4668 b, IV 6009
−, 2-[4-Methoxy-phenyl]-2-methyl-
  6 IV 6015
−, 3-[2-Methoxy-phenyl]-2-methyl-
  6 III 4668 d
−, 3-[4-Methoxy-phenyl]-2-methyl-
  6 III 4668 e, IV 6010
Propan-2-ol, 1-Äthoxy-1-phenyl-
  6 III 4629 c
−, 1-Äthoxy-2-phenyl- 6 III 4634 b,
  IV 5993
−, 1-[2,6-Dimethyl-phenoxy]-
  6 IV 3115
−, 1-[3,4-Dimethyl-phenoxy]-
  6 IV 3101
−, 1-[2-(1-Hydroxy-äthyl)-phenyl]-
  6 IV 6044
−, 1-Methoxy-2-methyl-1-phenyl-
  6 943 j, II 900 a, IV 6010
−, 2-[2-Methoxymethyl-phenyl]-
  6 IV 6018
−, 2-[2-Methoxy-3-methyl-phenyl]-
  6 I 451 a, IV 6018
−, 2-[2-Methoxy-4-methyl-phenyl]-
  6 946 k
−, 2-[2-Methoxy-5-methyl-phenyl]-
  6 I 451 d, IV 6018
−, 2-[3-Methoxy-2-methyl-phenyl]-
  6 IV 6018
−, 2-[4-Methoxy-2-methyl-phenyl]-
  6 IV 6018
−, 2-[4-Methoxy-3-methyl-phenyl]-
  6 IV 6019
−, 2-[5-Methoxy-2-methyl-phenyl]-
  6 IV 6018
−, 1-[2-Methoxy-phenyl]-2-methyl-
  6 IV 6009
−, 1-[1-Phenyl-äthoxy]- 6 IV 3035
Propionsäure-[1-äthinyl-cyclohexylester]
  6 IV 349
− norborn-5-en-2-ylmethylester
  6 IV 358
Propylhydroperoxid, 1-Methyl-1-p-tolyl-
  6 IV 3394
Resorcin, 4-Äthyl-6-propyl- 6 III 4709 b
−, 5-Äthyl-4-propyl- 6 IV 6044
−, 2-Butyl-5-methyl- 6 III 4707 a
−, 4-Butyl-2-methyl- 6 III 4706 a
−, 5-sec-Butyl-2-methyl- 6 IV 6041

−, 5-sec-Butyl-4-methyl- 6 III 4707 b
−, 2,4-Diäthyl-5-methyl- 6 III 4710 b
−, 4,6-Diäthyl-2-methyl- 6 III 4710 d
−, 4,6-Diäthyl-5-methyl- 6 III 4709 f
−, 2-Isopentyl- 6 III 4702 f
−, 4-Isopentyl- 6 II 903 c,
  III 4700 d
−, 5-[1-Methyl-butyl]- 6 III 4698 f
−, 2-Pentyl- 6 III 4694 c
−, 4-Pentyl- 6 II 902 e, III 4693 c
−, 4-tert-Pentyl- 6 IV 6038
−, 5-Pentyl- 6 III 4695 b
Toluol, 2,3-Diäthoxy- 6 IV 5861
−, 2,4-Diäthoxy- 6 I 428 g
−, 2,5-Diäthoxy- 6 874 g, I 429 c,
  III 4499 d
−, 3,4-Diäthoxy- 6 880 a, IV 5879
−, 3,5-Diäthoxy- 6 887 b

$C_{11}H_{16}O_2S$

Acetaldehyd, Benzylmercapto-, dimethyl≠
  acetal 6 III 1596 a, IV 2661
−, m-Tolylmercapto-, dimethylacetal
  6 IV 2083
−, o-Tolylmercapto-, dimethylacetal
  6 IV 2023
−, p-Tolylmercapto-, dimethylacetal
  6 IV 2190
Äthanol, 2-Äthylmercapto-1-[4-methoxy-
  phenyl]- 6 III 6334 a
−, 1-Phenyl-2-[propan-1-sulfinyl]-
  6 IV 5944
Äthanthiol, 2-[2-p-Tolyloxy-äthoxy]-
  6 III 1361 b
Äther, [2-Methylmercapto-äthyl]-
  [2-phenoxy-äthyl]- 6 IV 574
Benzol, 2,4-Dimethoxy-1-propylmercapto-
  6 III 6288 g
Propan-1,2-diol, 2-Methyl-3-o-tolyl≠
  mercapto- 6 IV 2022
Propan-1,3-diol, 2-Äthyl-2-phenylmercapto-
  6 IV 1503
Resorcin, 5-Pentylmercapto- 6 III 6311 a
Sulfid, Äthyl-veratryl- 6 IV 7385
Sulfon, Äthyl-[3,4-dimethyl-benzyl]-
  6 IV 3253
−, Äthyl-[3-phenyl-propyl]-
  6 IV 3207
−, [1-Äthyl-propyl]-phenyl- 6 III 984 d
−, Benzyl-butyl- 6 IV 2637
−, Benzyl-tert-butyl- 6 IV 2638
−, Benzyl-isobutyl- 6 IV 2637
−, Butyl-o-tolyl- 6 370 j

$C_{11}H_{16}O_2S$ (Fortsetzung)
Sulfon, Butyl-*p*-tolyl- **6** II 394 h,
    IV 2157
—, *sec*-Butyl-*p*-tolyl- **6** IV 2158
—, [2,4-Dimethyl-phenyl]-propyl-
    6 491 h
—, [1,2-Dimethyl-propyl]-phenyl-
    6 III 985 c
—, Isobutyl-*o*-tolyl- **6** 370 k
—, Isopentyl-phenyl- **6** 299 a,
    III 985 e
—, Pentyl-phenyl- **6** III 984 a,
    IV 1473
—, *tert*-Pentyl-phenyl- **6** III 984 h
$C_{11}H_{16}O_2S_2$
Äthan, 1-Äthansulfonyl-2-benzylmercapto-
    6 IV 2653
—, 1-Äthylmercapto-2-[toluol-
    4-sulfonyl]- **6** III 1407 f
Propan, 2-Methylmercapto-1-phenyl-
    methansulfonyl- **6** IV 2653
Toluol, 3,4-Bis-[2-hydroxy-äthylmercapto]-
    6 IV 5891
$C_{11}H_{16}O_3$
Acetaldehyd, Benzyloxy-, dimethylacetal
    6 IV 2254
Acetessigsäure-[1-vinyl-cyclopentylester]
    6 IV 210
Äthan-1,1-diol, 2-[2,4,5-Trimethyl-
    phenoxy]- **6** 510 f
Äthanol, 1-[4-Äthyl-3,5-dihydroxy-
    2-methyl-phenyl]- **6** III 6368 d
—, 2-[2-Benzyloxy-äthoxy]-
    6 II 413 c
—, 2-[3-Propoxy-phenoxy]-
    6 IV 5669
—, 2-[4-Propoxy-phenoxy]-
    6 IV 5730
—, 2-[2-*o*-Tolyloxy-äthoxy]-
    6 IV 1948
Äther, Äthyl-veratryl- **6** IV 7382
Benzen-1,2,4-triol, 5-Pentyl- **6** IV 7420
—, 6-Pentyl- **6** III 6364 d, IV 7419
Benzol, 1-Äthoxymethyl-3,5-dimethoxy-
    6 II 1084 e
—, 2-Äthyl-1,3,4-trimethoxy-
    6 III 6327 b, IV 7387
—, 2-Äthyl-1,3,5-trimethoxy-
    6 I 552 b, II 1084 f, IV 7388
—, 5-Äthyl-1,2,3-trimethoxy-
    6 III 6328 c
—, 2,3-Bis-hydroxymethyl-4-methoxy-
    1,5-dimethyl- **6** IV 7419

—, 2,4-Bis-hydroxymethyl-3-methoxy-
    1,5-dimethyl- **6** IV 7419
—, 1,3-Diäthoxy-2-methoxy-
    6 IV 7330
—, 1,3-Diäthoxy-5-methoxy-
    6 1103 b
—, 1,4-Diäthoxy-2-methoxy-
    6 IV 7339
—, 1-Methoxy-2,4-bis-methoxymethyl-
    6 III 6337 e
—, 1,2,4-Trimethoxy-3,5-dimethyl-
    6 III 6334 f
—, 1,3,4-Trimethoxy-2,5-dimethyl-
    6 III 6338 f
—, 1,3,5-Trimethoxy-2,4-dimethyl-
    6 1116 d
Benzylalkohol, 3-Äthoxymethyl-4-methoxy-
    6 III 6337 f
—, 3-Butyl-2,5-dihydroxy-
    6 III 6368 c
—, 2,3-Diäthoxy- **6** II 1082 h
—, 3,4-Diäthoxy- **6** III 6324 d, IV 7382
—, 2,5-Dihydroxy-3-isopropyl-
    6-methyl- **6** IV 7425
—, 2-[2-Hydroxy-äthoxy]-3,5-dimethyl-
    6 III 4654 a
—, 4-[2-Hydroxy-äthoxy]-2,5-dimethyl-
    6 III 4652 c
—, 4-Hydroxy-3-methoxy-5-propyl-
    6 IV 7417
—, 2-Isopropoxy-3-methoxy-
    6 IV 7378
—, 4-Isopropoxy-3-methoxy-
    6 IV 7382
—, 3-Methoxy-2-propoxy- **6** IV 7378
—, 3-Methoxy-4-propoxy- **6** IV 7382
Brenzcatechin, 3-*tert*-Butyl-5-methoxy-
    6 IV 7416
—, 3-Pentyloxy- **6** III 6267 a
Butan-1,2-diol, 1-[4-Methoxy-phenyl]-
    6 II 1088 i, III 6359 e
Butan-2,3-diol, 1-*o*-Tolyloxy- **6** IV 1957
Butan-1-ol, 1-[2,5-Dihydroxy-phenyl]-
    3-methyl- **6** IV 7422
—, 1-[4-Hydroxy-3-methoxy-phenyl]-
    6 IV 7413
Butan-2-ol, 3-[3,5-Dihydroxy-2-methyl-
    phenyl]- **6** III 6368 d, IV 7423
—, 4-[2-Hydroxy-3-methoxy-phenyl]-
    6 IV 7414
—, 4-[3-Hydroxy-4-methoxy-phenyl]-
    6 II 1088 e

$C_{11}H_{16}O_3$ (Fortsetzung)

Butan-2-ol, 4-[4-Hydroxy-3-methoxy-
phenyl]- **6** II 1088 d, III 6359 d

—, 4-[2-Methoxy-phenoxy]-
6 IV 5574

Butan-1,2,3-triol, 3-Methyl-1-phenyl-
6 IV 7423

2,6-Cyclo-norbornan, 3-Acetoxy-5-äthoxy-
6 IV 5528

Hydrochinon, 2-Äthoxy-6-propyl-
6 1118 i

Orthoameisensäure-diäthylester-phenylester
6 IV 610

Pentan-1-ol, 1-[3,5-Dihydroxy-phenyl]-
6 III 6366 b

Pentan-1,2,3-triol, 1-Phenyl- **6** III 6366 e

Pentan-1,2,4-triol, 4-Phenyl- **6** 1128 b

Phenäthylalkohol, 2,5-Dimethoxy-4-methyl-
6 IV 7409

—, 3,6-Dimethoxy-2-methyl-
6 IV 7408

—, 4,5-Dimethoxy-2-methyl-
6 III 6353 a

Phenol, 3-[3-Äthoxy-propoxy]- **6** III 4317 i

—, 2-Äthyl-3,5-dimethoxy-6-methyl-
6 III 6353 c

—, 2,4-Bis-hydroxymethyl-6-isopropyl-
6 III 6371 d

—, 2,6-Bis-hydroxymethyl-4-isopropyl-
6 III 6371 c

—, 2,6-Bis hydroxymethyl-4-propyl-
6 III 6371 b

—, 2,6-Bis-hydroxymethyl-
3,4,5-trimethyl- **6** II 1090 a

—, 2,6-Bis-methoxymethyl-4-methyl-
6 III 6357 a, IV 7412

—, 4-Butoxy-3-methoxy- **6** III 6279 d

—, 3,5-Diäthoxy-2-methyl-
6 III 6320 b

—, 2,5-Dimethoxy-3-propyl-
6 1118 g

—, 2,6-Dimethoxy-4-propyl-
6 1120 a, II 1086 c, III 6342 d,
IV 7401

—, 3,4-Dimethoxy-2-propyl-
6 III 6341 c

—, 4,5-Dimethoxy-2-propyl-
6 III 6341 d

—, 2-Methoxymethoxy-4-propyl-
6 III 4615 e

Phloroglucin, 2-Isopentyl- **6** III 6367 c

—, 2-Pentyl- **6** III 6365 b

Propan-1,2-diol, 3-[2-Äthoxy-phenyl]-
6 IV 7406

—, 3-[2-Äthyl-phenoxy]- **6** III 1657 e

—, 3-[3-Äthyl-phenoxy]- **6** IV 3017

—, 3-[2,3-Dimethyl-phenoxy]-
6 IV 3097

—, 3-[2,4-Dimethyl-phenoxy]-
6 IV 3128

—, 3-[2,5-Dimethyl-phenoxy]-
6 IV 3166

—, 3-[2,6-Dimethyl-phenoxy]-
6 IV 3116

—, 3-[3,4-Dimethyl-phenoxy]-
6 IV 3102

—, 3-[3,5-Dimethyl-phenoxy]-
6 IV 3144

—, 2-[2-Methoxy-3-methyl-phenyl]-
6 I 554 e

—, 3-[2-Methoxy-5-methyl-phenyl]-
6 IV 7417

—, 1-[2-Methoxy-phenyl]-2-methyl-
6 III 6360 d

—, 1-[3-Methoxy-phenyl]-2-methyl-
6 III 6360 e

—, 1-[4-Methoxy-phenyl]-2-methyl-
6 II 1089 a

—, 3-[2-Methyl-benzyloxy]-
6 III 1734 c

—, 3-[4-Methyl-benzyloxy]-
6 IV 3173

—, 2-Methyl-3-*m*-tolyloxy-
6 IV 2044

—, 2-Methyl-3-*o*-tolyloxy- **6** IV 1957

—, 2-Methyl-3-*p*-tolyloxy- **6** IV 2108

—, 3-Phenäthyloxy- **6** IV 3071

—, 3-[1-Phenyl-äthoxy]- **6** IV 3036

Propan-1,3-diol, 2-Äthoxy-1-phenyl-
6 IV 7407

—, 2-Äthyl-2-phenoxy- **6** IV 593

—, 2-Benzyl-2-hydroxymethyl-
6 II 1089 h

—, 2-[α-Hydroxy-benzyl]-2-methyl-
6 III 6368 b

Propan-1-ol, 1-[2,3-Dimethoxy-
phenyl]- **6** I 553 g

—, 1-[3,4-Dimethoxy-phenyl]-
6 1120 i, III 6343 c, IV 7401

—, 1-[3,5-Dimethoxy-phenyl]-
6 II 1087 a

—, 3-[2,3-Dimethoxy-phenyl]-
6 III 6347 a, IV 7404

—, 3-[2,4-Dimethoxy-phenyl]-
6 IV 7404

$C_{11}H_{16}O_3$ (Fortsetzung)

Propan-1-ol, 3-[3,4-Dimethoxy-phenyl]-
6 IV 7405

−, 3-[3,5-Dimethoxy-phenyl]-
6 IV 7405

−, 1-[4-Hydroxy-3-methoxy-phenyl]-
2-methyl- 6 IV 7415

−, 1-[4-Methoxymethoxy-phenyl]- 6 926 d

−, 2-Methoxy-1-[4-methoxy-phenyl]-
6 1123 g

Propan-2-ol, 1-[2-Äthoxy-phenoxy]-
6 IV 5574

−, 1-Äthoxy-3-phenoxy-
6 I 86 a, II 152 b, IV 589

−, 1-[3,4-Dimethoxy-phenyl]-
6 III 6346 c, IV 7403

−, 2-[2,3-Dimethoxy-phenyl]-
6 IV 7407

−, 2-[2,5-Dimethoxy-phenyl]-
6 1124 c

−, 2-[3,4-Dimethoxy-phenyl]-
6 1124 e, III 6352 d

−, 1-Methoxy-1-[4-methoxy-phenyl]-
6 III 6348 c

−, 2-[2-Methoxymethoxy-phenyl]-
6 929 i

−, 1-Methoxy-3-o-tolyloxy-
6 IV 1952

−, 1-Methoxy-3-p-tolyloxy-
6 IV 2107

Propionsäure, 3-[1-Äthinyl-cyclohexyloxy]-
6 IV 350

−, 3-[1-Äthinyl-cyclopentyloxy]-,
methylester 6 IV 340

Pyrogallol, 4-Isopentyl- 6 IV 7421

−, 4-Pentyl- 6 III 6364 c

−, 5-Pentyl- 6 III 6365 c

Resorcin, 5-Äthoxy-2,4,6-trimethyl-
6 1126 b

−, 5-Isopentyloxy- 6 IV 7363

−, 5-Pentyloxy- 6 IV 7363

Toluol, 2-Äthoxy-4,6-dimethoxy-
6 1111 c

−, 4-Äthoxy-2,6-dimethoxy-
6 III 6320 a

$C_{11}H_{16}O_3S$

Acetaldehyd, [2-Methoxy-phenylmercapto]-,
dimethylacetal 6 IV 5639

−, [3-Methoxy-phenylmercapto]-,
dimethylacetal 6 IV 5703

−, [4-Methoxy-phenylmercapto]-,
dimethylacetal 6 IV 5813

Äthan, 1-Äthoxy-2-phenylmethansulfonyl-
6 II 430 k

Äthanol, 1-[3,4-Dimethoxy-phenyl]-
2-methylmercapto- 6 III 6664 c

−, 1-Phenyl-2-[propan-1-sulfonyl]-
6 IV 5944

Butan-1-ol, 1-[Toluol-4-sulfonyl]-
6 IV 2187

Butan-2-ol, 3-[Toluol-4-sulfonyl]-
6 IV 2176

Propan, 2-Methoxy-1-phenylmethansulfonyl-
6 III 1589 d

Propan-2-ol, 1-Äthansulfonyl-3-phenyl-
6 IV 5989

Schwefligsäure-butylester-m-tolylester
6 III 1311 i

− butylester-o-tolylester 6 III 1260 a

− butylester-p-tolylester 6 III 1370 i

$C_{11}H_{16}O_4$

Äthanol, 1-[3,4-Dimethoxy-phenyl]-
2-methoxy- 6 III 6663 b

−, 1-[2,3,4-Trimethoxy-phenyl]-
6 IV 7697

−, 1-[2,4,6-Trimethoxy-phenyl]-
6 IV 7697

−, 1-[3,4,5-Trimethoxy-phenyl]-
6 I 571 l

Benzol, 3-Äthoxy-1,2-bis-hydroxymethyl-
4-methoxy- 6 IV 7700

−, 5-Äthoxy-1,2,3-trimethoxy-
6 III 6653 c

−, 1,2,3-Trimethoxy-4-methoxymethyl-
6 IV 7694

Benzylalkohol, 2-Äthoxy-4,6-dimethoxy-
6 IV 7695

−, 3-Äthoxy-2,4-dimethoxy-
6 IV 7694

−, 4-Äthoxy-2,6-dimethoxy-
6 IV 7695

−, 3,5-Diäthoxy-4-hydroxy-
6 II 1122 f

−, 4,5-Diäthoxy-2-hydroxy-
6 IV 7695

Butan-2,3-diol, 1-Methoxy-4-phenoxy-
6 IV 594

Cyclohepten, 3,7-Diacetoxy- 6 IV 5277

Cyclopenten, 3,4-Bis-propionyloxy-
6 III 4126 e

Norbornan, 2,5-Diacetoxy- 6 III 4130 e

−, 2,6-Diacetoxy- 6 III 4130 e

−, 2,7-Diacetoxy- 6 IV 5280

Phenäthylalkohol, 3,4,β-Trimethoxy-
6 III 6663 a

$C_{11}H_{16}O_4$ (Fortsetzung)

Phenäthylalkohol, 3,4,5-Trimethoxy-
6 III 6662 b

Phenol, 2-Äthyl-3,4,5-trimethoxy-
6 IV 7696

—, 2-Äthyl-3,5,6-trimethoxy-
6 IV 7696

—, 4-Äthyl-2,3,5-trimethoxy-
6 IV 7696

—, 3,5-Diäthoxy-4-methoxy-
6 IV 7685

—, 2,4,6-Tris-hydroxymethyl-
3,5-dimethyl- 6 IV 7708

Propan-1,2-diol, 3-[2-Äthoxy-phenoxy]-
6 III 4225 c

—, 3-[3-Äthoxy-phenoxy]- 6 IV 5671

—, 3-[4-Äthoxy-phenoxy]- 6 III 4411 f,
IV 5736

—, 1-[3,4-Dimethoxy-phenyl]-
6 1160 d, III 6669 b, IV 7703

—, 3-[2,5-Dimethoxy-phenyl]-
6 III 6670 b

—, 3-[3,4-Dimethoxy-phenyl]-
6 1160 h, III 6670 d, IV 7704

—, 3-[2-Methoxy-benzyloxy]-
6 IV 5899

—, 3-[2-Methoxy-phenoxy]-2-methyl-
6 IV 5579

—, 3-[3-Methoxy-phenoxy]-2-methyl-
6 IV 5671

—, 3-[4-Methoxy-phenoxy]-2-methyl-
6 IV 5737

Propan-1,3-diol, 2-Hydroxymethyl-
2-phenoxymethyl- 6 IV 595

Propan-1-ol, 1-[4-Hydroxy-3,5-dimethoxy-
phenyl]- 6 III 6668 c

—, 3-[4-Hydroxy-3,5-dimethoxy-
phenyl]- 6 III 6669 a, IV 7703

Propan-2-ol, 1-Äthoxy-3-[2-hydroxy-
phenoxy]- 6 III 4223 f

—, 1-[2-Hydroxy-äthoxy]-3-phenoxy-
6 IV 590

—, 1-Methoxy-3-[2-methoxy-phenoxy]-
6 IV 5576

Toluol, 2,3,4,5-Tetramethoxy- 6 III 6659 c

—, 2,3,4,6-Tetramethoxy- 6 III 6660 c

$C_{11}H_{16}O_4S$

Acetaldehyd, 2-[Toluol-4-sulfonyl]-,
dimethylacetal 6 IV 2191

Butan-1-sulfonsäure, 3-Methyl-,
[3-hydroxy-phenylester] 6 III 4331 c

—, 3-Methyl-, [4-hydroxy-phenylester]
6 III 4428 b

Hydrochinon, 2-[3-Methyl-butan-
1-sulfonyl]- 6 III 6293 b

Propan-1,2-diol, 2-Methyl-3-[toluol-
2-sulfonyl]- 6 IV 2022

$C_{11}H_{16}O_4S_2$

Äthan, 1-Äthansulfonyl-2-[toluol-
4-sulfonyl]- 6 III 1407 g

Benzol, 1-[Butan-1-sulfonyl]-2-methansulfonyl-
6 IV 5652

Propan, 2-Äthansulfonyl-2-benzolsulfonyl-
6 306 a

—, 1-Methansulfonyl-2-phenyl≠
methansulfonyl- 6 IV 2654

—, 2-Methansulfonyl-1-phenyl≠
methansulfonyl- 6 IV 2653

Toluol, 2,4-Bis-äthansulfonyl- 6 873 g

$C_{11}H_{16}O_4S_3$

Methan, Äthansulfonyl-äthylmercapto-
benzolsulfonyl- 6 III 1008 i

—, Bis-äthansulfonyl-phenylmercapto-
6 309 c, III 1008 c

$C_{11}H_{16}O_5$

Arabit, 1-Phenyl- 6 III 6884 c, IV 7891

Benzol, Pentakis-hydroxymethyl-
6 IV 7891

—, Pentamethoxy- 6 III 6881 e

Propan-1,2-diol, 3-[2,3-Dimethoxy-
phenoxy]- 6 IV 7332

—, 3-[2,4-Dimethoxy-phenoxy]-
6 IV 7341

—, 3-[2,5-Dimethoxy-phenoxy]-
6 IV 7341

—, 3-[2,6-Dimethoxy-phenoxy]-
6 IV 7332

—, 3-[3,4-Dimethoxy-phenoxy]-
6 IV 7341

—, 3-[3,5-Dimethoxy-phenoxy]-
6 IV 7366

Propan-1,2,3-triol, 1-[3,4-Dimethoxy-
phenyl]- 6 IV 7890

$C_{11}H_{16}O_5S$

Schwefelsäure-isobutylester-[2-methoxy-
phenylester] 6 781 j

$C_{11}H_{16}O_6S_3$

Methan, Äthansulfonyl-methansulfonyl-
phenylmethansulfonyl- 6 III 1597 i

—, Bis-äthansulfonyl-benzolsulfonyl-
6 309 h, III 1008 j

Sulfon, [2-Benzolsulfonyl-äthyl]-
[2-methansulfonyl-äthyl]- 6 III 997 g

$C_{11}H_{16}O_6S_4$

Methan, Tris-methansulfonyl-
p-tolylmercapto- 6 III 1421 f

$C_{11}H_{17}NO$

Amin, Äthyl-[β-phenoxy-isopropyl]-
6 IV 670

—, Äthyl-[3-phenoxy-propyl]-
6 III 642 g

—, [2-Benzyloxy-äthyl]-dimethyl-
6 IV 2483

—, Dimethyl-[β-phenoxy-isopropyl]-
6 IV 669

—, Dimethyl-[2-phenoxy-propyl]-
6 III 644 a

—, Dimethyl-[3-phenoxy-propyl]-
6 173 a, I 91 l, III 642 e

—, Dimethyl-[2-p-tolyloxy-äthyl]-
6 IV 2123

Butylamin, 4-p-Tolyloxy- 6 400 i
tert-Butylamin, o-Tolyloxy- 6 IV 1972 d
—, p-Tolyloxy- 6 IV 2125 g
Hydroxylamin, N,N-Diäthyl-O-benzyl-
6 440 c, III 1552 e

Pentylamin, 5-Phenoxy- 6 173 i
Propylamin, 1-p-Tolyloxymethyl-
6 IV 2125

$C_{11}H_{17}NOS$

Äthanol, 2-[2-Benzylmercapto-äthylamino]-
6 IV 2718

—, 2-[β-Phenylmercapto-isopropyl≈
amino]- 6 IV 1552

Sulfid, Methyl-[3-nitroso-born-2-en-2-yl]-
6 III 388 h

$C_{11}H_{17}NO_2$

Äthanol, 2-[β-Phenoxy-isopropylamino]-
6 IV 671

—, 2-[3-Phenoxy-propylamino]-
6 IV 677

—, 2-[2-m-Tolyloxy-äthylamino]-
6 III 1311 a

—, 2-[2-o-Tolyloxy-äthylamino]-
6 III 1259 a, IV 1968

—, 2-[2-p-Tolyloxy-äthylamino]-
6 III 1369 h

Amin, [2-(3-Methoxy-phenoxy)-äthyl]-
dimethyl- 6 III 4327 e

—, [2-(4-Methoxy-phenoxy)-äthyl]-
dimethyl- 6 III 4424 d

—, [β-(2-Methoxy-phenoxy)-
isopropyl]-methyl- 6 IV 5593

—, [β-(3-Methoxy-phenoxy)-
isopropyl]-methyl- 6 IV 5680

Benzylalkohol, 2-[2-Dimethylamino-
äthoxy]- 6 IV 5899

tert-Butylamin, [4-Methoxy-phenoxy]-
6 IV 5760

—, Phenoxymethoxy- 6 III 585 g

Carbamidsäure-[1-prop-2-inyl-cycloheptyl≈
ester] 6 IV 370

Carbamidsäure, Äthyl-, [1-äthinyl-
cyclohexylester] 6 IV 350

—, Dimethyl-, norborn-5-en-
2-ylmethylester 6 IV 358

—, Methyl-, [1-äthinyl-cycloheptyl≈
ester] 6 IV 361

—, Methyl-, [1-prop-2-inyl-
cyclohexylester] 6 IV 362

Phenol, 4-[3-Dimethylamino-propoxy]-
6 IV 5758

Propan-2-ol, 1-Äthylamino-3-phenoxy-
6 IV 682

—, 1-Dimethylamino-3-phenoxy-
6 I 92 g

—, 1-Methylamino-3-o-tolyloxy-
6 IV 1972

Propionsäure, 3-[1-Äthinyl-cyclohexyloxy]-,
amid 6 IV 351

$C_{11}H_{17}NO_2S$

Essigsäure, Thiocyanato-, [3,5-dimethyl-
cyclohexylester] 6 III 96 b

Isopropylamin, β-[3,4-Dimethoxy-
phenylmercapto]- 6 III 6297 d

$C_{11}H_{17}NO_3$

Äthanol, 2-[2-(2-Methoxy-phenoxy)-
äthylamino]- 6 IV 5591

—, 2-[2-(4-Methoxy-phenoxy)-
äthylamino]- 6 IV 5755

Isopropylamin, β-[2,5-Dimethoxy-phenoxy]-
6 IV 7343

$C_{11}H_{17}NO_3S$

Methansulfonamid, N-[4-Phenoxy-butyl]-
6 II 163 b

$C_{11}H_{17}NO_4$

Essigsäure-[2-cyclohex-1-enyl-1-methyl-
2-nitro-äthylester] 6 IV 234

$C_{11}H_{17}NS$

Amin, Äthyl-[β-phenylmercapto-isopropyl]-
6 IV 1552

—, Diäthyl-[phenylmercapto-methyl]-
6 IV 1505

Butylamin, 2-Benzylmercapto- 6 IV 2721

—, 3-Benzylmercapto- 6 III 1621 h

—, 4-Benzylmercapto- 6 IV 2721

Isobutylamin, β-Benzylmercapto-
6 III 1622 a

$[C_{11}H_{17}N_2O_2S]^+$

Ammonium, Trimethyl-[2-(4-nitro-
phenylmercapto)-äthyl]- 6 IV 1714

$C_{11}H_{17}N_2O_4P$

Phosphonsäure, Methyl-, diäthylamid-
[4-nitro-phenylester] **6** IV 1325

$C_{11}H_{17}N_2O_4PS$

Amidothiophosphorsäure, Butyl-,
O-methylester-O'-[4-nitro-phenylester]
6 IV 1344

—, Diäthyl-, O-methylester-O'-
[4-nitro-phenylester] **6** IV 1343

—, Isopropyl-, O-äthylester-O'-
[2-nitro-phenylester] **6** IV 1268

—, Isopropyl-, O-äthylester-O'-
[4-nitro-phenylester] **6** IV 1345

$C_{11}H_{17}N_3O$

Guanidin, [4-Phenoxy-butyl]- **6** III 644 g

$C_{11}H_{17}N_5O$

Biguanid, 1-[2-Phenoxy-propyl]- **6** IV 678

$[C_{11}H_{17}OS]^+$

Sulfonium, [β-Hydroxy-4-methyl-
phenäthyl]-dimethyl- **6** III 4643 a

—, [2-Hydroxy-1-methyl-2-phenyl-
äthyl]-dimethyl- **6** III 4629 g

—, [2-Hydroxy-2-phenyl-propyl]-
dimethyl- **6** III 4634 d

—, [4-Methoxy-phenäthyl]-dimethyl-
6 IV 5938

$C_{11}H_{17}O_2P$

Phosphinsäure, Butyl-methyl-, phenylester
6 IV 702

—, Diäthyl-, benzylester **6** IV 2570

—, Diäthyl-, o-tolylester **6** IV 1977

—, Diäthyl-, p-tolylester **6** IV 2129

$C_{11}H_{17}O_2PS_2$

Dithiophosphorsäure-O,O'-diäthylester-
S-benzylester **6** IV 2764

— O,O'-diäthylester-S-m-tolylester
6 IV 2086

— O,O'-diäthylester-S-o-tolylester
6 IV 2028

— O,O'-diäthylester-S-p-tolylester
6 IV 2208

— O,O'-dimethylester-S-[3-phenyl-
propylester] **6** IV 3209

$C_{11}H_{17}O_2PS_3$

Dithiophosphorsäure-O,O'-diäthylester-
S-[phenylmercapto-methylester]
6 IV 1507

$[C_{11}H_{17}O_2S]^+$

Sulfonium, Benzyl-bis-[2-hydroxy-äthyl]-
6 III 1588 g

$C_{11}H_{17}O_3P$

Phosphonsäure, Äthyl-, äthylester-
benzylester **6** IV 2570

Phosphorigsäure-diäthylester-benzylester
6 IV 2568

$C_{11}H_{17}O_3PS$

Phosphonsäure, [Phenylmercapto-methyl]-,
diäthylester **6** IV 1505

Thiophosphorsäure-O,O'-diäthylester-
O''-benzylester **6** IV 2587

— O,O'-diäthylester-S-benzylester
6 IV 2763

— O,O'-diäthylester-O''-m-tolylester
6 IV 2086

— O,O'-diäthylester-O''-o-tolylester
6 IV 2027

— O,O'-diäthylester-O''-p-tolylester
6 IV 2132

— O,O'-diäthylester-S-m-tolylester
6 IV 2086

— O,O'-diäthylester-S-o-tolylester
6 IV 2027

— O,O'-diäthylester-S-p-tolylester
6 IV 2208

$C_{11}H_{17}O_3PS_2$

Dithiophosphorsäure-O,O'-diäthylester-S-
[2-methoxy-phenylester] **6** IV 5642

— O,O'-diäthylester-S-[4-methoxy-
phenylester] **6** IV 5822

$C_{11}H_{17}O_3PSe$

Selenophosphorsäure-O,O'-diäthylester-
Se-benzylester **6** IV 2804

$C_{11}H_{17}O_4P$

Phosphonsäure, [4-$tert$-Butyl-phenoxymethyl]-
6 IV 3303

Phosphorsäure-äthylester-phenylester-
propylester **6** 178 f

— benzylester-butylester **6** IV 2573

— benzylester-methylester-
propylester **6** IV 2573

— diäthylester-benzylester
6 I 221 n

— diäthylester-m-tolylester
6 IV 2056

— diäthylester-o-tolylester
6 IV 1979

— diäthylester-p-tolylester
6 IV 2129

— mono-[4-butyl-2-methyl-
phenylester] **6** III 1973 c

— mono-[4-$tert$-pentyl-phenylester]
6 IV 3386

$C_{11}H_{17}O_4PS$

Phosphorsäure-diäthylester-[4-methyl-
mercapto-phenylester] **6** IV 5822

$C_{11}H_{18}O_3$ (Fortsetzung)
Kohlensäure-monobornylester 6 80 d
Lävulinsäure-cyclohexylester 6 III 34 d,
  IV 50
p-Menth-1-en-8-ol, 7-Formyloxy-
  6 IV 5293
$C_{11}H_{18}O_3S$
Cyclohexan, 1-Acetoxy-2-propionyl⹀
  mercapto- 6 IV 5206
Cyclopentan, 1-Acetoxymethyl-
  2-[acetylmercapto-methyl]- 6 IV 5224
$C_{11}H_{18}O_4$
Bernsteinsäure-mono-[2-methyl-cyclohexyl⹀
  ester] 6 II 18 c, 19 b, III 64 h
 — mono-[3-methyl-cyclohexylester]
  6 IV 103
Cycloheptan, 1,2-Diacetoxy- 6 IV 5216
Cyclohexan, 1-Acetoxy-1-acetoxymethyl-
  6 III 4090 d, IV 5219
—, 1-Acetoxy-2-acetoxymethyl-
  6 III 4091 d
—, 1-Acetoxy-3-acetoxymethyl-
  6 IV 5221
—, 1,2-Diacetoxy-1-methyl-
  6 III 4088 c, IV 5217
—, 1,2-Diacetoxy-3-methyl-
  6 III 4089
—, 1,2-Diacetoxy-4-methyl-
  6 741 i, III 4089 c
Cyclopentan, 1,2-Bis-acetoxymethyl-
  6 IV 5224
—, 1,2-Diacetoxy-1,5-dimethyl-
  6 III 4094 b
Propionsäure, 2-Acetoxy-, cyclohexylester
  6 III 32 i
$C_{11}H_{18}O_4S$
Sulfonium, [2-Carboxy-äthyl]-carboxymethyl-
  cyclohexyl-, betain 6 IV 78
$C_{11}H_{18}O_5$
Cyclopentanol, 2,2-Bis-acetoxymethyl-
  6 III 6252 b
$C_{11}H_{18}O_7P_2$
Diphosphorsäure-1-benzylester-2-butylester
  6 IV 2586
$C_{11}H_{18}S$
Sulfid, Born-2-en-2-yl-methyl- 6 III 388 f
$C_{11}H_{18}SSi$
Silan, [Benzylmercapto-methyl]-trimethyl-
  6 IV 2658
—, Trimethyl-[m-tolylmercapto-
  methyl]- 6 IV 2083
—, Trimethyl-[o-tolylmercapto-
  methyl]- 6 IV 2022

—, Trimethyl-[p-tolylmercapto-
  methyl]- 6 IV 2182
$C_{11}H_{19}BrO$
Äthanol, 2-[2-Brom-7,7-dimethyl-
  [1]norbornyl]- 6 IV 310
[2]Naphthol, 3-Brom-4a-methyl-decahydro-
  6 IV 304
$C_{11}H_{19}BrO_2$
Isovaleriansäure-[2-brom-cyclohexylester]
  6 III 44 c
$C_{11}H_{19}Cl$
Apopinen-hydrochlorid, Äthyl-
  6 III 329 d
$C_{11}H_{19}ClO$
Äthanol, 2-[2-Chlor-7,7-dimethyl-
  [1]norbornyl]- 6 IV 309
Äther, [3-Chlor-pent-4-enyl]-cyclohexyl-
  6 III 19 c
—, [5-Chlor-pent-3-enyl]-cyclohexyl-
  6 III 19 d
Pent-3-en-2-ol, 3-Chlor-1-cyclohexyl-
  6 III 322 d
$C_{11}H_{19}ClO_2$
Chlorokohlensäure-menthylester
  6 36 f, I 24 f, IV 155
Essigsäure, Chlor-, [3,3,5-trimethyl-
  cyclohexylester] 6 III 116 b
$C_{11}H_{19}Cl_3O_2$
Äthanol, 2,2,2-Trichlor-1-[3,3,5-trimethyl-
  cyclohexyloxy]- 6 III 115 d
Propionaldehyd, 3,3,3-Trichlor-, [äthyl-
  cyclohexyl-acetal] 6 IV 32
$C_{11}H_{19}FO$
Pentan-3-ol, 3-[4-Fluor-cyclohex-3-enyl]-
  6 IV 293
$C_{11}H_{19}NO$
Formimidsäure-bornylester 6 II 87 h
Propionitril, 3-[3,5-Dimethyl-cyclohexyloxy]-
  6 III 96 c
$C_{11}H_{19}NOS$
Thiocarbamidsäure-O-bornylester
  6 80 g, 84 f, 86 b, II 84 h, 86 k
— O-[1,3,3-trimethyl-[2]norbornyl⹀
  ester] 6 71 c
— O-[1,5,5-trimethyl-[2]norbornyl⹀
  ester] 6 I 47 e
$C_{11}H_{19}NO_2$
Carbamidsäure-bornylester 6 80 f, 84 e,
  III 308 e
$C_{11}H_{19}NO_3$
Norbornan, 1,3,7,7-Tetramethyl-
  2-nitryloxy- 6 IV 312

C₁₁H₂₀O (Fortsetzung)

Azulen-1-ol, 1-Methyl-decahydro-
  6 IV 303
Azulen-5-ol, 1-Methyl-decahydro-
  6 IV 303
—, 2-Methyl-decahydro- **6** IV 303
—, 5-Methyl-decahydro- **6** III 325 d
Azulen-6-ol, 6-Methyl-decahydro-
  6 III 325 e, IV 303
Benzocyclohepten-2-ol, Decahydro-
  6 III 325 b
Benzocyclohepten-4a-ol, Decahydro-
  6 III 325 c
Benzocyclohepten-5-ol, Decahydro-
  6 IV 302
Bicyclo[3.1.0]hexan-2-ol, 2-Äthyl-
  5-isopropyl- **6** 93 a
Bicyclo[3.1.0]hexan-3-ol, 1-Isopropyl-
  3,4-dimethyl- **6** 93 b
Bicyclo[3.3.1]nonan-1-ol, 3,5-Dimethyl-
  6 III 329 b
Bicyclo[3.2.1]octan-2-ol, 1,8,8-Trimethyl-
  6 IV 307
—, 2,4,4-Trimethyl- **6** IV 7983
—, 5,8,8-Trimethyl- **6** IV 307
Bicyclo[3.2.1]octan-3-ol, 2,2,3-Trimethyl-
  6 IV 308
Butan-1-ol, 1-Cyclohex-3-enyl-3-methyl-
  6 IV 292
—, 3-[5,5-Dimethyl-cyclopent-1-enyl]-
  6 IV 300
—, 3-[2,2-Dimethyl-cyclopentyliden]-
  6 IV 300
Butan-2-ol, 2-[4-Methyl-cyclohex-1-enyl]-
  6 III 323 f
—, 2-[4-Methyl-cyclohex-3-enyl]-
  6 I 55 c, III 323 e, IV 293
—, 2-[5-Methyl-cyclohex-1-enyl]-
  6 III 323 d
Cyclohept-3-enol, 2,2,3,6-Tetramethyl-
  6 III 322 c, **7** III 426 c
Cyclohexanol, 1-But-3-enyl-2-methyl-
  6 III 323 c
—, 2-But-3-enyl-1-methyl-
  6 III 323 b
—, 2-Cyclopentyl- **6** IV 301
—, 3-Cyclopentyl- **7** IV 231
—, 4-Cyclopentyl- **6** II 93 g,
  IV 301
—, 1-[1,1-Dimethyl-allyl]- **6** IV 293
—, 2-Isopropenyl-1,5-dimethyl-
  6 92 h
—, 5-Isopropenyl-1,2-dimethyl-
  6 92 g

—, 2-Isopropyliden-1,5-dimethyl-
  6 I 55 e
—, 4-Isopropyl-1-vinyl- **6** IV 294
—, 1-Pent-4-enyl- **6** IV 292
—, 2,2,6-Trimethyl-1-vinyl- **6** IV 297
Cyclohex-2-enol, 2-Äthyl-5-isopropyl-
  6 III 324 b
—, 1-Äthyl-3,5,5-trimethyl-
  6 III 324 e
Cyclopentanol, 3-Methyl-1-pent-4-enyl-
  6 III 324 f, IV 300
Hept-5-en-2-ol, 2-Cyclopropyl-6-methyl-
  6 IV 300
Indan-1-ol, 3,5-Dimethyl-hexahydro-
  6 III 329 a
Methanol, Bornan-3-yl- **6** 93 f, II 94 f
—, Bornyl- **6** II 94 e, III 333 a,
  IV 311
—, Caran-4-yl- **6** IV 307 a
—, Decahydro[2]naphthyl-
  6 III 327 a
—, Dicyclopentyl- **6** III 324 h,
  IV 302
—, Isobornyl- **6** IV 311
—, [3-Isopropyl-6-methyl-cyclohex-
  1-enyl]- **6** 92 f
—, Octahydro[4a]naphthyl- **6** IV 305
—, Pinan-3-yl- **6** IV 308
—, [2-Propyl-[2]norbornyl]- **6** IV 308
—, [1,2,6,6-Tetramethyl-cyclohex-
  2-enyl]- **6** IV 297
—, [2,4,4,5-Tetramethyl-cyclohex-
  1-enyl]- **6** IV 298
—, [2,4,4,6-Tetramethyl-cyclohex-
  2-enyl]- **6** IV 299
—, [2,5,6,6-Tetramethyl-cyclohex-
  1-enyl]- **6** IV 298
—, [2,5,6,6-Tetramethyl-cyclohex-
  2-enyl]- **6** IV 298
—, [1,2,2-Trimethyl-6-methylen-
  cyclohexyl]- **6** IV 297
—, [2,2,3-Trimethyl-6-methylen-
  cyclohexyl]- **6** IV 298
—, [2,4,4-Trimethyl-6-methylen-
  cyclohexyl]- **6** IV 299
—, [3,4,4-Trimethyl-2-methylen-
  cyclohexyl]- **6** IV 297
—, [3,4,5-Trimethyl-2-methylen-
  cyclohexyl]- **6** IV 300
[1]Naphthol, 1-Methyl-decahydro-
  6 III 325 f
—, 8a-Methyl-decahydro-
  6 III 328 e,
  IV 304

$C_{11}H_{20}O$ (Fortsetzung)

[2]Naphthol, 1-Methyl-decahydro-
     6 III 326 b

–, 2-Methyl-decahydro- 6 III 326 d

–, 3-Methyl-decahydro- 6 IV 303

–, 4a-Methyl-decahydro-
     6 III 327 c, IV 304

–, 8a-Methyl-decahydro-
     6 III 328 c

Norbornan-2-ol, 1-Äthyl-3,3-dimethyl-
     6 IV 308

–, 1-Äthyl-7,7-dimethyl- 6 IV 309

–, 1,2,3,3-Tetramethyl-
     6 93 d, I 55 i, II 94 b, III 331 e

–, 1,2,4,7-Tetramethyl- 6 III 332 a

–, 1,2,5,5-Tetramethyl- 6 II 94 c,
     III 332 c

–, 1,2,7,7-Tetramethyl-
     6 93 e, I 56 b, II 94 d, III 332 f,
     IV 310

–, 1,3,7,7-Tetramethyl- 6 IV 311

–, 1,4,5,5-Tetramethyl- 6 III 331 c

–, 1,4,6,7-Tetramethyl- 6 III 332 b

–, 1,4,7,7-Tetramethyl- 6 I 56 d,
     II 95 a, III 333 f

–, 2,4,7,7-Tetramethyl- 6 III 333 e

–, 3,3,7,7-Tetramethyl- 6 III 334 e

Norpinan-2-ol, 2-Äthyl-6,6-dimethyl-
     6 93 c, I 55 h, III 329 c

–, 2,4,6,6-Tetramethyl- 6 II 94 a

Norpinan-3-ol, 2-Äthyl-6,6-dimethyl-
     6 III 329 d

–, 2,3,6,6-Tetramethyl- 6 III 331 b

Pentan-1-ol, 1-Cyclohex-3-enyl- 6 IV 292

Pentan-3-ol, 3-Cyclohex-1-enyl-
     6 III 323 a

Propan-1-ol, 1-Bicyclo[2.2.2]oct-2-yl-
     6 IV 312

–, 1-[2,5-Dimethyl-cyclohex-3-enyl]-
     6 III 324 c

–, 1-[3,4-Dimethyl-cyclohex-3-enyl]-
     6 IV 294

–, 2-[5,5-Dimethyl-cyclohex-1-enyl]-
     6 IV 294

–, 1-[2,2,3-Trimethyl-cyclopent-
     3-enyl]- 6 III 324 g

Propan-2-ol, 2-[4-Äthyl-cyclohex-3-enyl]-
     6 93 c, I 55 d, IV 293

–, 2-Cyclooct-1-enyl- 6 IV 292

–, 2-[1,2-Dimethyl-cyclohex-3-enyl]-
     6 IV 294

–, 2-[1,4-Dimethyl-cyclohex-3-enyl]-
     6 IV 295

–, 2-[2,5-Dimethyl-cyclohex-3-enyl]-
     6 IV 295

–, 2-[3,4-Dimethyl-cyclohex-3-enyl]-
     6 IV 295

–, 2-Methyl-1-[3-methyl-cyclohex-
     1-enyl]- 6 I 55 a

–, 2-Methyl-1-[5-methyl-cyclohex-
     1-enyl]- 6 I 55 b

Spiro[4.5]decan-6-ol, 6-Methyl- 6 IV 302

Spiro[4.6]undecan-6-ol 6 IV 302

Spiro[5.5]undecan-1-ol 6 IV 302

Spiro[5.5]undecan-2-ol 6 II 93 h

$C_{11}H_{20}OS$

Cyclopentanol, 2-Cyclohexylmercapto-
     6 III 4056 d

Sulfoxid, Isobornyl-methyl- 6 IV 287

$C_{11}H_{20}OS_2$

Dithiokohlensäure-O-[1-cyclohexyl-
     1-methyl-äthylester]-S-methylester
     6 IV 132

– O-cyclononylester-S-methylester
     6 IV 128

– O-menthylester 6 37 a, II 46 j,
     III 154 d

$C_{11}H_{20}O_2$

Äthan, 1-Acetoxy-1-[2-methyl-cyclohexyl]-
     6 21 d

–, 1-Acetoxy-1-[4-methyl-cyclohexyl]-
     6 III 114 e

Ameisensäure-p-menthan-2-ylester
     6 28 a

– menthylester 6 32 e, I 21 c,
     II 42 a, III 141 d, IV 153

– neomenthylester 6 II 50 c,
     IV 153

Benzocyclohepten-6,7-diol, Decahydro-
     6 IV 5308

Bicyclo[3.2.2]nonan, 6,7-Bis-hydroxymethyl-
     6 IV 5312

Bicyclo[3.3.1]nonan-1,3-diol, 5,7-Dimethyl-
     6 755 d

Bicyclo[3.2.1]octan-2,3-diol,
     2,4,4-Trimethyl- 6 IV 5311

Bicyclo[3.2.1]octan-2,4-diol,
     1,8,8-Trimethyl- 6 III 4151 c, IV 5311

Butan-2-on, 4-Cyclohexyloxy-3-methyl-
     6 IV 34

Buttersäure-[2-methyl-cyclohexylester]
     6 12 f, I 9 d

– [3-methyl-cyclohexylester]
     6 I 10 c

Buttersäure-[4-methyl-cyclohexylester]
     6 I 10 l

$C_{11}H_{20}O_2$ (Fortsetzung)

Caran-4-ol, 3-Methoxy- **6** III 4144 b,
  IV 5303

Cyclohexan, 1-[2-Äthoxy-äthoxy]-
  4-methylen- **6** IV 209

Cyclohexan-1,2-diol, 4-Cyclopentyl-
  6 IV 5307

Cyclohexanol, 1-Allyl-5-methoxy-2-methyl-
  6 IV 5292

−, 2-Hydroxymethyl-4-isopropenyl-
  1-methyl- **6** IV 5307

Cyclohexen, 4,4-Bis-hydroxymethyl-
  1,2,5-trimethyl- **6** III 4150 d

−, 4,4-Bis-hydroxymethyl-
  1,3,5-trimethyl- **6** IV 5307

Cyclooctanol, 2-Allyloxy- **6** IV 5227

Cyclopentanol, 2,2'-Methandiyl-bis-
  6 IV 5308

Essigsäure-[1-äthyl-2-methyl-cyclohexylester]
  6 21 b

− [1-äthyl-3-methyl-cyclohexylester]
  6 I 15 j

− [1-äthyl-4-methyl-cyclohexylester]
  6 21 h

− [2-cyclohexyl-1-methyl-äthylester]
  6 I 15 c

− [1-cyclohexyl-propylester]
  6 III 109 a

− [3-cyclohexyl-propylester]
  6 I 15 e, II 34 c, III 110 a

− cyclononylester **6** III 104 b

− [4-isopropyl-cyclohexylester]
  6 III 112 b

− [2-isopropyl-5-methyl-cyclopentyl≠
  ester] **6** 23 f

− [4-propyl-cyclohexylester]
  6 III 108 a

− [3,3,5-trimethyl-cyclohexylester]
  6 III 115 e

Indan-4,5-diol, 2,7-Dimethyl-hexahydro-
  6 IV 5310

−, 3,7-Dimethyl-hexahydro-
  6 IV 5310

Indan-1-ol, 1-[2-Hydroxy-äthyl]-hexahydro-
  6 IV 5310

Isobuttersäure-[2-methyl-cyclohexylester]
  6 12 g, I 9 e

− [3-methyl-cyclohexylester]
  6 I 10 d

− [4-methyl-cyclohexylester]
  6 I 11 a

Isovaleriansäure-cyclohexylester
  6 I 6 j, II 11 c, IV 37

p-Menth-6-en-2-ol, 8-Methoxy-
  6 III 4136 b

Methanol, [2-Methoxy-3,3-dimethyl-
  [2]norbornyl]- **6** III 4150 b

Naphthalin-1,2-diol, 1-Methyl-decahydro-
  6 III 4151 a

Naphthalin-1,6-diol, 2-Methyl-decahydro-
  6 IV 5308

−, 8a-Methyl-decahydro- **6** IV 5308

Naphthalin-1,8a-diol, 1-Methyl-octahydro-
  6 III 4151 b

Naphthalin-2,8a-diol, 3-Methyl-octahydro-
  6 IV 5308

[1]Naphthol, 1-Hydroxymethyl-decahydro-
  6 IV 5308

[2]Naphthol, 4a-Hydroxymethyl-decahydro-
  6 IV 5309

Norbornan-2,3-diol, 1,3,7,7-Tetramethyl-
  6 II 760 e

Norbornan-2-ol, 2-Hydroxymethyl-
  1,7,7-trimethyl- **6** IV 5311

−, 3-Hydroxymethyl-1,7,7-trimethyl-
  6 755 e, IV 5311

−, 4-Hydroxymethyl-1,7,7-trimethyl-
  6 IV 5312

Pent-1-en-3-ol, 1-[1-Hydroxy-cyclopentyl]-
  3-methyl- **6** III 4150 e

Peroxid, *p*-Menth-3-en-2-yl-methyl-
  6 III 253 c

Valeriansäure-cyclohexylester **6** IV 37

$C_{11}H_{20}O_2S$

Sulfon, Bornyl-methyl- **6** 91 b, IV 287

−, Cyclohexyl-cyclopentyl- **6** IV 74

−, Isobornyl-methyl- **6** IV 287

$C_{11}H_{20}O_3$

Buttersäure, 4-Cyclohexyloxy-, methyl≠
  ester **6** IV 49

−, 3-Hydroxy-, cyclohexylmethyl≠
  ester **6** III 77 i

Cyclohexanol, 1-[1-Acetoxy-äthyl]-
  2-methyl- **6** IV 5245

Isobuttersäure, α-Hydroxy-, [4-methyl-
  cyclohexylester] **6** III 75 g

Kohlensäure-cyclohexylester-isobutylester
  6 III 29 a

p-Menthan-4-ol, 3-Formyloxy- **6** IV 5255

Naphthalin-1,2,4-triol, 4a-Methyl-
  decahydro- **6** III 6257 g

Propan-1,2-diol, 3-[1-Hydroxy-
  3,5-dimethyl-cyclohex-2-enyl]- **6** I 535 c

Valeriansäure, 4-Hydroxy-, cyclohexyl≠
  ester **6** IV 49

$C_{11}H_{20}O_3S$
Bornan, 2-Methoxysulfinyloxy- **6** IV 285

$C_{11}H_{20}O_3S_2$
Aceton, 1-Äthylmercapto-1-cyclohexansulfonyl-
   6 III 49 b

$C_{11}H_{20}O_4$
Äthan-1,2-diol, [1-Acetoxy-2-methyl-
   cyclohexyl]- **6** IV 7314

$C_{11}H_{20}O_6S_2$
Norbornan, 2,2-Bis-methansulfonyloxy=
   methyl- **6** IV 5290
–, 2,3-Bis-methansulfonyloxymethyl-
   6 IV 5291
–, 2,5-Bis-methansulfonyloxymethyl-
   6 IV 5292

$C_{11}H_{20}S$
Sulfid, Bornyl-methyl- **6** III 316 a
–, Cyclohexyl-cyclopentyl- **6** IV 74
–, Decahydro[2]naphthyl-methyl-
   6 III 276 b
–, Isobornyl-methyl- **6** IV 287

$C_{11}H_{20}S_2$
Disulfid, Methyl-[1,3,3-trimethyl-
   [2]norbornyl]- **6** III 292 e

$C_{11}H_{21}BrO$
Äther, [3-Brom-cyclohexyl]-isopentyl-
   6 III 44 f
–, [4-Brom-cyclohexyl]-isopentyl-
   6 III 44 g
–, [5-Brom-pentyl]-cyclohexyl-
   6 IV 27

$C_{11}H_{21}BrO_2$
p-Menthan-8-ol, 2-Brom-1-methoxy-
   6 II 755 c

$C_{11}H_{21}ClO$
Äther, [1-Äthyl-2-chlor-propyl]-cyclohexyl-
   6 IV 27
–, Butyl-[2-chlor-cyclohexylmethyl]-
   6 IV 108
–, Chlormethyl-menthyl-
   6 32 b, I 21 b

$C_{11}H_{21}ClO_3$
Cyclooctanol, 2-[3-Chlor-2-hydroxy-
   propoxy]- **6** IV 5227

$C_{11}H_{21}DO_2$
Cyclodecan-1,6-diol, 1-Deuterio-6-methyl-
   6 IV 5263

$C_{11}H_{21}NOS$
Thiocarbamidsäure-O-menthylester
   6 36 h, II 46 g
– O-[2,2,6,6-tetramethyl-cyclohexyl=
   ester] **6** III 170 d

$C_{11}H_{21}NO_2$
Carbamidsäure-menthylester **6** 36 g, I 24 g,
   II 46 d
Valin-cyclohexylester **6** IV 53

$C_{11}H_{21}N_3O_2$
Butan-2-on, 4-Cyclohexyloxy-, semi=
   carbazon **6** IV 34

$[C_{11}H_{21}S]^+$
Sulfonium, Dicyclopentyl-methyl-
   6 II 4 j

$[C_{11}H_{22}NO_2]^+$
Ammonium, Cyclohexyloxycarbonylmethyl-
   trimethyl- **6** IV 52

$C_{11}H_{22}N_2O_2$
Carbazidsäure-menthylester **6** III 153 e

$C_{11}H_{22}O$
Äthanol, 2-[4-Isopropyl-cyclohexyl]-
   6 IV 172
–, 1-[3-Isopropyl-1-methyl-
   cyclopentyl]- **6** I 33 a
–, 1-[1,2,2,3-Tetramethyl-cyclopentyl]-
   6 I 33 b, II 56 a
–, 1-[2,4,6-Trimethyl-cyclohexyl]-
   6 III 179 c
Äther, Äthyl-[1-cyclohexyl-1-methyl-äthyl]-
   6 III 112 e
–, Äthyl-[1-(4-methyl-cyclohexyl)-
   äthyl]- **6** I 16 a
–, Äthyl-[4-propyl-cyclohexyl]-
   6 III 107 b
–, [2-Butyl-cyclohexyl]-methyl-
   6 II 37 h
–, [4-Butyl-cyclohexyl]-methyl-
   6 II 37 j
–, Cyclohexyl-isopentyl- **6** II 9 g
–, [3-Cyclohexyl-1-methyl-propyl]-
   methyl- **6** III 123 d
–, [1-Cyclopropyl-1-isopropyl-
   2-methyl-propyl]-methyl- **6** IV 168
–, p-Menthan-4-yl-methyl-
   6 III 168 a
–, Menthyl-methyl- **6** 31 b, I 21 a,
   III 140 c, IV 152
–, Methyl-neomenthyl- **6** IV 152
Butan-1-ol, 1-Cycloheptyl- **6** III 174 g,
   IV 169
–, 1-Cyclohexyl-3-methyl- **6** 46 f
–, 2-Cyclohexylmethyl- **6** III 176 d
–, 4-Cyclohexyl-2-methyl-
   6 III 176 g
–, 4-Cyclohexyl-3-methyl-
   6 III 176 c

$C_{11}H_{22}O$ (Fortsetzung)

Butan-1-ol, 1-[3-Methyl-cyclohexyl]-
6 III 177 g

Butan-2-ol, 3-Cyclohexyl-2-methyl-
6 III 176 f

—, 4-Cyclohexyl-3-methyl- 6 IV 170

—, 2-[4-Methyl-cyclohexyl]-
6 I 32 c

Cyclobutanol, 3,3-Diäthyl-1,2,4-trimethyl-
6 III 180 d

Cyclodecanol, 1-Methyl- 6 IV 169

Cyclohexanol, 1-Äthyl-4-isopropyl-
6 IV 171

—, 4-Äthyl-1-isopropyl- 6 IV 171

—, 1-Äthyl-2-propyl- 6 III 178 f

—, 1-Äthyl-2,3,3-trimethyl- 5 IV 167

—, 3-Äthyl-3,5,5-trimethyl- 6 IV 172

—, 1-Butyl-2-methyl- 6 III 177 d,
IV 170

—, 1-Butyl-3-methyl- 6 III 177 e

—, 1-Butyl-4-methyl- 6 III 178 a

—, 2-Butyl-4-methyl- 6 IV 171

—, 2-Butyl-5-methyl- 6 IV 171

—, 2-Butyl-6-methyl- 6 IV 171

—, 2-tert-Butyl-4-methyl-
6 III 178 c

—, 2-tert-Butyl-5-methyl-
6 III 178 e

—, 2-tert-Butyl-6-methyl-
6 III 178 b

—, 4-Butyl-2-methyl- 6 IV 171

—, 4-sec-Butyl-2-methyl- 6 II 55 e

—, 4-tert-Butyl-2-methyl- 6 I 32 d

—, 2,5-Diäthyl-4-methyl-
6 III 179 a

—, 2,6-Diäthyl-2-methyl- 6 I 32 h

—, 2,6-Diäthyl-4-methyl-
6 III 179 b

—, 1-Isobutyl-2-methyl- 6 46 h

—, 1-Isobutyl-3-methyl- 6 I 32 a

—, 2-Isobutyl-5-methyl- 6 46 j

—, 3-Isobutyl-5-methyl- 6 46 i

—, 1-Isopentyl- 6 46 e, III 176 e

—, 4-Isopentyl- 6 IV 170

—, 2-Isopropyl-1,5-dimethyl-
6 47 b, I 32 g, II 55 f

—, 5-Isopropyl-1,2-dimethyl-
6 IV 172

—, 5-Isopropyl-2,3-dimethyl-
6 IV 172

—, 6-Isopropyl-2,3-dimethyl-
6 IV 172

—, 1,2,2,6,6-Pentamethyl-
6 III 179 d

—, 1,3,3,5,5-Pentamethyl- 6 IV 173

—, 2,2,3,6,6-Pentamethyl- 6 I 32 i

—, 2,2,4,6,6-Pentamethyl- 6 I 32 j

—, 1-Pentyl- 6 III 175 b

—, 4-tert-Pentyl- 6 III 177 b,
IV 170

Cyclononanol, 5,5-Dimethyl- 6 IV 169

Cyclooctanol, 2-Propyl- 6 IV 169

Cyclopentanol, 1-Butyl-2,4-dimethyl-
6 IV 174

—, 2-tert-Butyl-1,4-dimethyl-
6 III 180 c

—, 2,2-Diisopropyl- 6 IV 173

—, 2,5-Dipropyl- 6 II 55 g, III 180 a

—, 1-Hexyl- 6 III 179 f

—, 1-[3-Methyl-pentyl]- 6 IV 173

Cycloundecanol 6 III 174 e, IV 168

Heptan-4-ol, 4-Cyclopropyl-2-methyl-
6 II 56 d, III 180 e

Hexan-1-ol, 6-Cyclopentyl- 6 III 179 g

Methanol, [5-Isopropyl-2-methyl-
cyclohexyl]- 6 47 a, 7 IV 98

—, [1,2,2,6-Tetramethyl-cyclohexyl]-
6 IV 173

—, [2,2,3,6-Tetramethyl-cyclohexyl]-
6 III 179 e

—, [2,2,4,4-Tetramethyl-cyclohexyl]-
6 IV 173

—, [3,3,5-Trimethyl-cycloheptyl]-
6 III 175 a

Octan-3-ol, 3-Cyclopropyl- 6 II 56 b

Octan-4-ol, 4-Cyclopropyl- 6 II 56 c

Pentan-1-ol, 1-Cyclohexyl- 6 III 175 c

—, 3-Cyclohexyl- 6 III 177 a

—, 4-Cyclohexyl- 6 III 176 b

—, 5-Cyclohexyl- 6 II 55 d, III 175 g

Pentan-2-ol, 1-Cyclohexyl- 6 III 175 d

Pentan-3-ol, 3-Cyclobutyl-2,4-dimethyl-
6 IV 174

—, 1-Cyclohexyl- 6 III 175 f,
IV 169

—, 3-Cyclohexyl- 6 46 g

Propan-1-ol, 2-[3,3-Dimethyl-cyclohexyl]-
6 IV 172

Propan-2-ol, 2-Methyl-1-[3-methyl-
cyclohexyl]- 6 I 32 b

$C_{11}H_{22}O_2$

Äthan-1,2-diol, [1,2,2,3-Tetramethyl-
cyclopentyl]- 6 II 757 a

Äthanol, 2-[2-Hydroxymethyl-2,6-dimethyl-
cyclohexyl]- 6 III 4119 f

$C_{11}H_{23}NO$ (Fortsetzung)

Propylamin, 3-[3,5-Dimethyl-cyclohexyloxy]-
6 III 96 e

C_{12}

$C_{12}Br_{10}O$

Äther, Bis-pentabromphenyl- 6 I 108 n

$C_{12}Cl_{10}S_2$

Disulfid, Bis-pentachlorphenyl-
6 IV 1646

$C_{12}Cl_{10}S_3$

Trisulfid, Bis-pentachlorphenyl-
6 IV 1646

$C_{12}HCl_9O_2$

Phenol, 2,3,4,5-Tetrachlor-6-pentachlorphenoxy-
6 IV 5620

–, 2,3,5,6-Tetrachlor-4-pentachlorphenoxy-
6 IV 5776

$C_{12}H_2Br_4Cl_4O_2$

Biphenyl-4,4'-diol, 3,5,3',5'-Tetrabrom-
2,6,2',6'-tetrachlor- 6 IV 6654

$C_{12}H_2Cl_5N_3O_7$

Äther, Pentachlorphenyl-picryl-
6 IV 1459

$C_{12}H_2Cl_8O_2$

Biphenyl-4,4'-diol, 2,3,5,6,2',3',5',6'-
Octachlor- 6 993 i, III 5395 i, IV 6654
Octachlor-Derivat $C_{12}H_2Cl_8O_2$ aus
4-Phenoxy-phenol 6 IV 5724

$C_{12}H_2Cl_8S_2$

Disulfid, Bis-[2,3,5,6-tetrachlor-phenyl]-
6 IV 1642

$C_{12}H_3Cl_7O_4$

Brenzcatechin, 3,5,6-Trichlor-4-[2,3,4,5-
tetrachlor-6-hydroxy-phenoxy]- 6 I 542 g

$C_{12}H_4BCl_7O_2$

Boran, Chlor-bis-[2,4,6-trichlor-phenoxy]-
6 IV 1020

$C_{12}H_4Br_2ClN_3O_7$

Äther, [2,6-Dibrom-4-chlor-3-nitro-phenyl]-
[2,4-dinitro-phenyl]- 6 III 863 e

$C_{12}H_4Br_2F_2N_2O_4S$

Sulfid, Bis-[5-brom-2-fluor-4-nitro-phenyl]-
6 IV 1733

$C_{12}H_4Br_3N_3O_7$

Äther, [2,4-Dinitro-phenyl]-[2,4,6-tribrom-
3-nitro-phenyl]- 6 III 863 f

–, Picryl-[2,4,6-tribrom-phenyl]-
6 IV 1459

$C_{12}H_4Br_4N_2O_4S$

Sulfid, Bis-[2,4-dibrom-6-nitro-phenyl]-
6 342 j

$C_{12}H_4Br_4N_2O_4S_2$

Disulfid, Bis-[2,4-dibrom-6-nitro-phenyl]-
6 342 k

$C_{12}H_4Br_6O_3S$

Schwefligsäure-bis-[2,4,6-tribrom-
phenylester] 6 I 108 i

$C_{12}H_4Br_6O_4$

Biphenyl-3,5,3',5'-tetraol, 2,4,6,2',4',6'-
Hexabrom- 6 1165 e, I 574 h

$C_{12}H_4Br_6S_2$

Disulfid, Bis-[2,4,6-tribrom-phenyl]-
6 III 1054 g

$C_{12}H_4Br_6Se_2$

Diselenid, Bis-[2,4,6-tribrom-phenyl]-
6 III 1115 f

$C_{12}H_4Cl_2N_4O_9$

Äther, Bis-[5-chlor-2,4-dinitro-phenyl]-
6 II 247 f

$C_{12}H_4Cl_2N_4O_{10}S$

Sulfon, Bis-[4-chlor-3,5-dinitro-phenyl]-
6 344 d

$C_{12}H_4Cl_3N_3O_6S$

Sulfid, Picryl-[2,4,6-trichlor-phenyl]-
6 IV 1775

$C_{12}H_4Cl_3N_3O_7$

Äther, [4-Chlor-2,5-dinitro-phenyl]-
[2,4-dichlor-5-nitro-phenyl]-
6 II 248 b

–, [2,4-Dinitro-phenyl]-[2,4,6-trichlor-
3-nitro-phenyl]- 6 III 862 i

–, Picryl-[2,4,6-trichlor-phenyl]-
6 IV 1459

$C_{12}H_4Cl_4N_2O_4S$

Sulfid, Bis-[2,4-dichlor-6-nitro-phenyl]-
6 III 1086 f, IV 1730

$C_{12}H_4Cl_4N_2O_4S_2$

Disulfid, Bis-[2,4-dichlor-6-nitro-phenyl]-
6 III 1087 a

–, Bis-[4,5-dichlor-2-nitro-phenyl]-
6 342 a, II 314 g

$C_{12}H_4Cl_6O_2S$

Phenol, 2,4,6,2',4',6'-Hexachlor-
3,3'-sulfandiyl-di- 6 III 4366 c

–, 3,4,6,3',4',6'-Hexachlor-
2,2'-sulfandiyl-di- 6 III 4283 e

$C_{12}H_4Cl_6O_3S$

Phenol, 3,4,6,3',4',6'-Hexachlor-
2,2'-sulfinyl-di- 6 III 4283 f

Schwefligsäure-bis-[2,4,6-trichlor-
phenylester] 6 I 104 e

$C_{12}H_4Cl_6O_4$

Biphenyl-3,5,3',5'-tetraol, 2,4,6,2',4',6'-
Hexachlor- **6** I 574 d

$C_{12}H_4Cl_6S$

Sulfid, Bis-[2,4,5-trichlor-phenyl]-
6 IV 1635

$C_{12}H_4Cl_6S_2$

Disulfid, Bis-[2,3,4-trichlor-phenyl]-
6 IV 1634

–, Bis-[2,3,5-trichlor-phenyl]-
6 IV 1634

–, Bis-[2,3,6-trichlor-phenyl]-
6 IV 1635

–, Bis-[2,4,5-trichlor-phenyl]-
6 IV 1638

–, Bis-[2,4,6-trichlor-phenyl]-
6 III 1046 c, IV 1640

–, Bis-[3,4,5-trichlor-phenyl]-
6 IV 1641

$C_{12}H_4Cl_6S_3$

Trisulfid, Bis-[2,4,5-trichlor-phenyl]-
6 III 1045 g

$C_{12}H_4Cl_7O_3P$

Chlorophosphorsäure-bis-[2,4,6-trichlor-
phenylester] **6** II 181 d

$C_{12}H_4F_4N_2O_4S$

Sulfid, Bis-[4,5-difluor-2-nitro-phenyl]-
6 IV 1722

$C_{12}H_4N_6O_{12}S$

Sulfid, Dipicryl- **6** 344 i, I 163 h,
II 316 f, III 1103 i, IV 1775

$C_{12}H_4N_6O_{12}S_2$

Disulfid, Dipicryl- **6** II 317 c

$C_{12}H_4N_6O_{12}Se$

Selenid, Dipicryl- **6** I 165 e, IV 1799

$C_{12}H_4N_6O_{13}$

Äther, Dipicryl- **6** III 970 f

–, Picryl-[2,4,5-trinitro-phenyl]-
6 I 141 b, II 282 f

$C_{12}H_4N_6O_{14}$

Biphenyl-3,3'-diol, 2,4,6,2',4',6'-Hexanitro-
6 I 485 j, III 5389 f, IV 6650

$C_{12}H_4N_6O_{14}S$

Sulfon, Dipicryl- **6** I 163 i, II 317 a

$C_{12}H_4N_6O_{16}$

Biphenyl-2,4,2',4'-tetraol, 3,5,6,3',5',6'-
Hexanitro- **6** II 1128 d

Biphenyl-3,5,3',5'-tetraol, 2,4,6,2',4',6'-
Hexanitro- **6** 1165 g, I 574 m

$C_{12}H_5BrClN_3O_7$

Äther, [4-Brom-2-chlor-5-nitro-phenyl]-
[2,4-dinitro-phenyl]- **6** III 863 c

$C_{12}H_5BrCl_2N_2O_5$

Äther, [2-Brom-4,6-dichlor-phenyl]-
[2,4-dinitro-phenyl]- **6** III 861 e

$C_{12}H_5BrN_4O_9$

Äther, [4-Brom-2-nitro-phenyl]-picryl-
6 291 f

$C_{12}H_5Br_2ClI_2O_2$

Phenol, 2,6-Dibrom-4-[4-chlor-2,6-dijod-
phenoxy]- **6** III 4439 g

$C_{12}H_5Br_2ClN_2O_5$

Äther, [2,6-Dibrom-4-chlor-phenyl]-
[2,4-dinitro-phenyl]- **6** III 861 g

$C_{12}H_5Br_2N_3O_7$

Äther, [2,4-Dibrom-5-nitro-phenyl]-
[2,4-dinitro-phenyl]- **6** III 863 d

–, [2,4-Dibrom-phenyl]-picryl-
6 III 970 c

$C_{12}H_5Br_3N_2O_5$

Äther, [2,4-Dinitro-phenyl]-[2,4,6-tribrom-
phenyl]- **6** II 243 c, III 862 a,
IV 1376

$C_{12}H_5Br_4NO_3$

Äther, [4,5-Dibrom-2-nitro-phenyl]-
[2,4-dibrom-phenyl]- **6** III 848 a

$C_{12}H_5Br_4O_4P$

Benzo[1,3,2]dioxaphosphol-2-oxid,
4,5,6,7-Tetrabrom-2-phenoxy-
6 II 789 a

$C_{12}H_5Br_5O_4$

Sappanin, Pentabrom- **6** 1166 e

$C_{12}H_5Br_5O_5$

Biphenyl-2,4,6,3',5'-pentaol, 3,5,2',4',6'-
Pentabrom- **6** 1100; vgl. III 6901 a

$C_{12}H_5Cl_2N_3O_6S$

Sulfid, [2,4-Dichlor-phenyl]-picryl-
6 IV 1774

$C_{12}H_5Cl_2N_3O_7$

Äther, [2,4-Dichlor-5-nitro-phenyl]-
[2,4-dinitro-phenyl]- **6** II 243 h

–, [2,4-Dichlor-phenyl]-picryl-
6 IV 1459

$C_{12}H_5Cl_2N_3O_8S$

Sulfon, [4-Chlor-3,5-dinitro-phenyl]-
[4-chlor-3-nitro-phenyl]- **6** 344 c

$C_{12}H_5Cl_3N_2O_4S$

Sulfid, [2,4-Dinitro-phenyl]-[2,4,5-trichlor-
phenyl]- **6** IV 1747

$C_{12}H_5Cl_3N_2O_5$

Äther, [4-Chlor-2-nitro-phenyl]-[2,4-dichlor-
5-nitro-phenyl]- **6** II 231 a

–, [4-Chlor-2-nitro-phenyl]-
[4,5-dichlor-2-nitro-phenyl]- **6** II 230 f

$C_{12}H_5Cl_3N_2O_5$ (Fortsetzung)
Äther, [2,4-Dinitro-phenyl]-[2,4,5-trichlor-
phenyl]- **6** IV 1376
−, [2,4-Dinitro-phenyl]-[2,4,6-trichlor-
phenyl]- **6** III 861 a, IV 1376

$C_{12}H_5Cl_3N_2O_6S$
Sulfon, [2,4-Dinitro-phenyl]-[2,4,5-trichlor-
phenyl]- **6** IV 1749

$C_{12}H_5Cl_4NO_3$
Äther, [2-Chlor-4-nitro-phenyl]-
[2,4,5-trichlor-phenyl]- **6** IV 1354
−, [2-Chlor-4-nitro-phenyl]-
[2,4,6-trichlor-phenyl]- **6** IV 1354
−, [4-Chlor-2-nitro-phenyl]-
[2,4,5-trichlor-phenyl]- **6** IV 1348
−, [4,5-Dichlor-2-nitro-phenyl]-
[2,4-dichlor-phenyl]- **6** II 230 e

$C_{12}H_5Cl_5O$
Äther, [2,4-Dichlor-phenyl]-[2,4,5-trichlor-
phenyl]- **6** IV 964
−, [2,4-Dichlor-phenyl]-[2,4,6-trichlor-
phenyl]- **6** IV 1006

$C_{12}H_5Cl_5O_2S$
Sulfon, [4-Chlor-phenyl]-[2,3,4,5-tetrachlor-
phenyl]- **6** IV 1641
−, [3,4-Dichlor-phenyl]-[2,4,5-trichlor-
phenyl]- **6** IV 1636

$C_{12}H_5Cl_6O_4P$
Phosphorsäure-bis-[2,4,5-trichlor-
phenylester] **6** IV 994
− bis-[2,4,6-trichlor-phenylester]
6 193 a, III 728 i, IV 1017

$C_{12}H_5Cl_7O_2$
Hexa-2,5-diensäure, Heptachlor-,
phenylester **6** IV 621

$C_{12}H_5F_{11}O_2$
Hexansäure, Undecafluor-, phenylester
6 IV 617

$C_{12}H_5N_5O_{10}S$
Sulfid, [2,4-Dinitro-phenyl]-picryl-
6 344 h

$C_{12}H_5N_5O_{11}$
Äther, [2,4-Dinitro-phenyl]-picryl-
6 291 g, II 282 d, III 970 e,
IV 1460
−, [3,4-Dinitro-phenyl]-picryl-
6 I 141 a, II 282 e
−, [2,4-Dinitro-phenyl]-[2,4,5-trinitro-
phenyl]- **6** II 253 h

$C_{12}H_5N_5O_{12}$
Biphenyl-3,3'-diol, 2,4,6,4',6'-Pentanitro-
6 I 485 i

$C_{12}H_6BrClN_2O_5$
Äther, [4-Brom-2-chlor-phenyl]-[2,4-dinitro-
phenyl]- **6** III 861 d
−, [2-Brom-4-nitro-phenyl]-[2-chlor-
4-nitro-phenyl]- **6** III 845 j
−, [4-Brom-2-nitro-phenyl]-[4-chlor-
2-nitro-phenyl]- **6** III 843 e

$C_{12}H_6BrClN_2O_6S$
Sulfon, [4-Brom-3-nitro-phenyl]-[4-chlor-
3-nitro-phenyl]- **6** II 315 b

$C_{12}H_6BrCl_3O_2S$
Sulfon, [4-Brom-phenyl]-[2,4,5-trichlor-
phenyl]- **6** IV 1652

$C_{12}H_6BrFN_2O_6S$
Sulfon, [4-Brom-3-nitro-phenyl]-[4-fluor-
3-nitro-phenyl]- **6** IV 1732

$C_{12}H_6BrN_3O_6S$
Sulfid, [4-Brom-2-nitro-phenyl]-[2,4-dinitro-
phenyl]- **6** 343 g
−, [4-Brom-phenyl]-picryl-
6 IV 1775

$C_{12}H_6BrN_3O_7$
Äther, [2-Brom-4-nitro-phenyl]-[2,4-dinitro-
phenyl]- **6** III 863 b
−, [4-Brom-2-nitro-phenyl]-
[2,4-dinitro-phenyl]- **6** II 243 i,
III 863 a

$C_{12}H_6BrN_3O_7S$
Sulfoxid, [4-Brom-2-nitro-phenyl]-
[2,4-dinitro-phenyl]- **6** 343 i

$C_{12}H_6BrN_3O_8$
Biphenyl-2,2'-diol, 3-Brom-5,3',5'-trinitro-
6 III 5385 b
−, 5-Brom-3,3',5'-trinitro-
6 III 5384 f

$C_{12}H_6BrN_3O_8S$
Sulfon, [4-Brom-3-nitro-phenyl]-
[2,4-dinitro-phenyl]- **6** III 1097 d

$C_{12}H_6Br_2Cl_2O_2S$
Phenol, 6,6'-Dibrom-4,4'-dichlor-
2,2'-sulfandiyl-di- **6** IV 5646

$C_{12}H_6Br_2Cl_2O_4$
Biphenyl-2,4,2',4'-tetraol, 5,5'-Dibrom-
3,3'-dichlor- **6** 1163 h

$C_{12}H_6Br_2N_2O_4S$
Sulfid, Bis-[4-brom-2-nitro-phenyl]-
6 342 f, III 1087 e
−, [2,4-Dibrom-phenyl]-[2,4-dinitro-
phenyl]- **6** IV 1747

$C_{12}H_6Br_2N_2O_4SSe_2$
Sulfan, Bis-[4-brom-2-nitro-benzolselenenyl]-
6 IV 1795

$C_{12}H_6Br_2N_2O_4S_2$
Disulfid, Bis-[4-brom-2-nitro-phenyl]-
　6 342 h, II 315 a, IV 1732
－, Bis-[5-brom-2-nitro-phenyl]-
　6 342 i, III 1087 f
$C_{12}H_6Br_2N_2O_4Se_2$
Diselenid, Bis-[4-brom-2-nitro-phenyl]-
　6 III 1122 b
$C_{12}H_6Br_2N_2O_4Se_3$
Triselenid, Bis-[4-brom-2-nitro-phenyl]-
　6 IV 1795
$C_{12}H_6Br_2N_2O_5$
Äther, Bis-[4-brom-2-nitro-phenyl]-
　6 II 233 c
－, [2,4-Dibrom-phenyl]-[2,4-dinitro-
　phenyl]- 6 II 243 b, III 861 f,
　IV 1376
$C_{12}H_6Br_2N_2O_5S$
Sulfoxid, Bis-[4-brom-2-nitro-phenyl]-
　6 342 g
$C_{12}H_6Br_2N_2O_6$
Biphenyl-2,2'-diol, 3,3'-Dibrom-5,5'-dinitro-
　6 III 5383 e
－, 3,5'-Dibrom-5,3'-dinitro-
　6 III 5383 c
－, 5,5'-Dibrom-3,3'-dinitro-
　6 III 5383 a
Biphenyl-4,4'-diol, 3,3'-Dibrom-5,5'-dinitro-
　6 I 486 f
$C_{12}H_6Br_2N_2O_6S$
Sulfon, Bis-[4-brom-3-nitro-phenyl]-
　6 III 1087 h
$C_{12}H_6Br_3NO_3$
Äther, [4-Brom-2-nitro-phenyl]-[2,4-dibrom-
　phenyl]- 6 III 843 d
$C_{12}H_6Br_3NO_4$
Biphenyl-4,4'-diol, 3,5,3'-Tribrom-5'-nitro-
　6 I 486 d
$C_{12}H_6Br_4O$
Äther, Bis-[2,4-dibrom-phenyl]- 6 I 106 j
$C_{12}H_6Br_4O_2$
Biphenyl-2,2'-diol, 3,5,3',5'-Tetrabrom-
　6 989 i, III 5378 b
Biphenyl-4,4'-diol, 3,5,3',5'-Tetrabrom-
　6 992 g, I 468 b, II 963 a, III 5396 b
Essigsäure-[1,3,4,6-tetrabrom-[2]naphthyl≈
　ester] 6 652 k, II 607 g, III 3000 g
－ [1,3,5,6-tetrabrom-[2]naphthyl≈
　ester] 6 III 3001 a
－ [1,3,6,7-tetrabrom-[2]naphthyl≈
　ester] 6 III 3001 c
－ [1,3,6,8-tetrabrom-[2]naphthyl≈
　ester] 6 III 3001 d

$C_{12}H_6Br_4O_2S$
Phenol, 2,6,2',6'-Tetrabrom-4,4'-sulfandiyl-
　di- 6 III 4469 d
－, 4,6,4',6'-Tetrabrom-2,2'-sulfandiyl-
　di- 6 III 4284 f
Sulfon, Bis-[3,4-dibrom-phenyl]-
　6 III 1053 e, IV 1658
$C_{12}H_6Br_4O_2S_2$
Phenol, 2,6,2',6'-Tetrabrom-
　4,4'-disulfandiyl-di- 6 865 d
$C_{12}H_6Br_4O_3$
Phenol, 4,6,4',6'-Tetrabrom-2,2'-oxy-di-
　6 III 4257 i
$C_{12}H_6Br_4O_4$
Biphenyl-2,4,2',4'-tetraol, 3,5,3',5'-
　Tetrabrom- 6 1163 i, II 1128 c,
　III 6705 h
$C_{12}H_6Br_4O_6$
Biphenyl-3,4,5,3',4',5'-hexaol, 2,6,2',6'-
　Tetrabrom- 6 I 593 d
$C_{12}H_6Br_4S_2$
Disulfid, Bis-[2,4-dibrom-phenyl]-
　6 IV 1657
－, Bis-[2,5-dibrom-phenyl]-
　6 IV 1658
$C_{12}H_6Br_4S_3$
Trisulfid, Bis-[2,5-dibrom-phenyl]-
　6 II 302 i, IV 1658
$C_{12}H_6ClFN_2O_6S$
Sulfon, [4-Chlor-3-nitro-phenyl]-[4-fluor-
　3-nitro-phenyl]- 6 IV 1728
$C_{12}H_6ClI_2NO_3$
Äther, [4-Chlor-phenyl]-[2,6-dijod-4-nitro-
　phenyl]- 6 IV 1368
$C_{12}H_6ClN_3O_6S$
Sulfid, [2-Chlor-phenyl]-picryl- 6 III 1103 f,
　IV 1774
－, [3-Chlor-phenyl]-picryl-
　6 III 1103 g, IV 1774
－, [4-Chlor-phenyl]-picryl-
　6 III 1103 h, IV 1774
$C_{12}H_6ClN_3O_7$
Äther, [2-Chlor-4-nitro-phenyl]-[2,4-dinitro-
　phenyl]- 6 III 862 h
－, [4-Chlor-2-nitro-phenyl]-
　[2,4-dinitro-phenyl]- 6 II 243 g,
　III 862 g
－, [4-Chlor-phenyl]-picryl-
　6 IV 1459
$C_{12}H_6ClN_3O_8S$
Sulfon, [4-Chlor-3-nitro-phenyl]-
　[2,4-dinitro-phenyl]- 6 III 1097 c

$C_{12}H_6Cl_2IN_3O_7$
Äther, [4-Dichlorjodanyl-phenyl]-picryl-
6 291 c

$C_{12}H_6Cl_2N_2O_4S$
Sulfid, Bis-[2-chlor-4-nitro-phenyl]-
6 III 1085 a
—, Bis-[4-chlor-2-nitro-phenyl]-
6 341 f, II 312 h
—, [2-Chlor-6-nitro-phenyl]-[4-chlor-
2-nitro-phenyl]- 6 IV 1726
—, [4-Chlor-2-nitro-phenyl]-[5-chlor-
2-nitro-phenyl]- 6 IV 1725
—, [2,4-Dichlor-phenyl]-[2,4-dinitro-
phenyl]- 6 IV 1747

$C_{12}H_6Cl_2N_2O_4SSe_2$
Sulfan, Bis-[4-chlor-2-nitro-benzolselenenyl]-
6 IV 1794

$C_{12}H_6Cl_2N_2O_4S_2$
Disulfid, Bis-[2-chlor-4-nitro-phenyl]-
6 III 1086 a, IV 1729
—, Bis-[2-chlor-5-nitro-phenyl]-
6 IV 1729
—, Bis-[4-chlor-2-nitro-phenyl]-
6 341 g, I 162 b, II 313 h, III 1080 i,
IV 1724
—, Bis-[4-chlor-3-nitro-phenyl]-
6 IV 1728
—, Bis-[5-chlor-2-nitro-phenyl]-
6 341 h, II 314 b
—, [2,4-Dichlor-phenyl]-[2,4-dinitro-
phenyl]- 6 IV 1768

$C_{12}H_6Cl_2N_2O_4Se_2$
Diselenid, Bis-[4-chlor-2-nitro-phenyl]-
6 IV 1793

$C_{12}H_6Cl_2N_2O_4Se_3$
Triselenid, Bis-[4-chlor-2-nitro-phenyl]-
6 IV 1794

$C_{12}H_6Cl_2N_2O_5$
Äther, Bis-[4-chlor-2-nitro-phenyl]-
6 II 227 g, III 835 f
—, [3,5-Dichlor-2,4-dinitro-phenyl]-
phenyl- 6 II 249 a
—, [2,4-Dichlor-phenyl]-[2,4-dinitro-
phenyl]- 6 II 242 f, III 860 i,
IV 1375
—, [2,6-Dichlor-phenyl]-[2,4-dinitro-
phenyl]- 6 IV 1375

$C_{12}H_6Cl_2N_2O_5S$
Sulfoxid, Bis-[2-chlor-4-nitro-phenyl]-
6 III 1085 b
—, Bis-[4-chlor-2-nitro-phenyl]-
6 II 312 i

—, Bis-[4-chlor-3-nitro-phenyl]-
6 III 1083 c

$C_{12}H_6Cl_2N_2O_5S_2$
Benzolsulfensäure, 4-Chlor-2-nitro-,
anhydrid 6 I 162 d

$C_{12}H_6Cl_2N_2O_6S$
Phenol, 4,4'-Dichlor-5,5'-dinitro-
2,2'-sulfandiyl-di- 6 IV 5650
—, 4,4'-Dichlor-6,6'-dinitro-
2,2'-sulfandiyl-di- 6 III 4285 h
Sulfon, Bis-[2-chlor-4-nitro-phenyl]-
6 III 1085 d
—, Bis-[4-chlor-2-nitro-phenyl]-
6 II 313 a
—, Bis-[4-chlor-3-nitro-phenyl]-
6 341 i, II 314 c, IV 1728
—, [4-Chlor-2-nitro-phenyl]-[4-chlor-
3-nitro-phenyl]- 6 III 1084 a
—, [2,5-Dichlor-phenyl]-[2,4-dinitro-
phenyl]- 6 III 1096 e

$C_{12}H_6Cl_2N_2O_6S_2$
Benzolthiosulfonsäure, 4-Chlor-2-nitro-,
S-[4-chlor-2-nitro-phenylester]
6 I 162 c, 11 I 22 j
Phenol, 6,6'-Dichlor-4,4'-dinitro-
3,3'-disulfandiyl-di- 6 II 829 c

$C_{12}H_6Cl_2N_2O_8S$
Phenol, 4,4'-Dichlor-6,6'-dinitro-
2,2'-sulfonyl-di- 6 IV 5649

$C_{12}H_6Cl_3FO_2S$
Sulfon, [4-Fluor-phenyl]-[2,4,5-trichlor-
phenyl]- 6 IV 1636

$C_{12}H_6Cl_3NO_2S$
Sulfid, [4-Chlor-2-nitro-phenyl]-[2,5-dichlor-
phenyl]- 6 III 1080 a
—, [2-Nitro-phenyl]-[2,4,5-trichlor-
phenyl]- 6 IV 1664
—, [4-Nitro-phenyl]-[2,4,5-trichlor-
phenyl]- 6 IV 1695

$C_{12}H_6Cl_3NO_3$
Äther, [2-Chlor-4-nitro-phenyl]-[2,5-dichlor-
phenyl]- 6 IV 1354
—, [4-Chlor-2-nitro-phenyl]-
[2,4-dichlor-phenyl]- 6 II 227 e,
IV 1348
—, [5-Chlor-2-nitro-phenyl]-
[2,5-dichlor-phenyl]- 6 II 228 e
—, [4-Chlor-phenyl]-[4,5-dichlor-
2-nitro-phenyl]- 6 II 230 d
—, [4-Nitro-phenyl]-[2,4,5-trichlor-
phenyl]- 6 IV 1289
—, [4-Nitro-phenyl]-[2,4,6-trichlor-
phenyl]- 6 IV 1289

$C_{12}H_6Cl_3NO_4$

Essigsäure-[2,3,4-trichlor-5-nitro-
[1]naphthylester] 6 II 586 b

$C_{12}H_6Cl_3NO_4S$

Sulfon, [4-Chlor-2-nitro-phenyl]-
[2,5-dichlor-phenyl]- 6 III 1080 d

–, [2-Nitro-phenyl]-[2,4,5-trichlor-
phenyl]- 6 IV 1666

–, [3-Nitro-phenyl]-[2,4,5-trichlor-
phenyl]- 6 IV 1683

–, [4-Nitro-phenyl]-[2,4,5-trichlor-
phenyl]- 6 IV 1697

$C_{12}H_6Cl_4O$

Äther, Bis-[2,4-dichlor-phenyl]-
6 III 702 h, IV 889

Phenol, 4-[Tetrachlorcyclopentadienyliden-
methyl]- 6 IV 4621

$C_{12}H_6Cl_4OS$

Sulfoxid, [4-Chlor-[1]naphthyl]-trichlorvinyl-
6 IV 4246

–, [4-Chlor-phenyl]-[2,4,5-trichlor-
phenyl]- 6 IV 1636

$C_{12}H_6Cl_4O_2$

Biphenyl-2,2'-diol, 3,5,3',5'-Tetrachlor-
6 989 g, III 5377 e

Biphenyl-4,4'-diol, 2,6,2',6'-Tetrachlor-
6 IV 6653

–, 3,5,3',5'-Tetrachlor- 6 992 f,
IV 6653

$C_{12}H_6Cl_4O_2S$

Phenol, 2,5,2',5'-Tetrachlor-4,4'-sulfandiyl-
di- 6 III 4468 c

–, 2,6,2',6'-Tetrachlor-4,4'-sulfandiyl-
di- 6 III 4468 e

–, 4,5,4',5'-Tetrachlor-2,2'-sulfandiyl-
di- 6 IV 5646

–, 4,6,4',6'-Tetrachlor-2,2'-sulfandiyl-
di- 6 III 4282 e, IV 5646

Sulfon, Bis-[2,5-dichlor-phenyl]-
6 II 299 c, III 1043 d, IV 1620

–, Bis-[3,4-dichlor-phenyl]-
6 330 f, III 1044 g, IV 1627

–, [2-Chlor-phenyl]-[2,4,5-trichlor-
phenyl]- 6 IV 1636

–, [3-Chlor-phenyl]-[2,4,5-trichlor-
phenyl]- 6 IV 1636

–, [4-Chlor-phenyl]-[2,3,4-trichlor-
phenyl]- 6 IV 1634

–, [4-Chlor-phenyl]-[2,4,5-trichlor-
phenyl]- 6 IV 1636

–, [4-Chlor-phenyl]-[2,4,6-trichlor-
phenyl]- 6 IV 1639

–, [4-Chlor-phenyl]-[3,4,5-trichlor-
phenyl]- 6 IV 1641

–, [2,4-Dichlor-phenyl]-[2,5-dichlor-
phenyl]- 6 IV 1619

–, [2,4-Dichlor-phenyl]-[3,4-dichlor-
phenyl]- 6 IV 1626

–, [2,5-Dichlor-phenyl]-[3,4-dichlor-
phenyl]- 6 IV 1626

$C_{12}H_6Cl_4O_3$

Hydrochinon, 2-Chlor-6-[2,4,6-trichlor-
phenoxy]- 6 II 1072 d

$C_{12}H_6Cl_4O_3S$

Phenol, 4,6,4',6'-Tetrachlor-2,2'-sulfinyl-di-
6 III 4282 f, IV 5646

$C_{12}H_6Cl_4O_4S$

Hydrochinon, 2,5-Dichlor-3-[2,5-dichlor-
benzolsulfonyl]- 6 IV 7356

Phenol, 4,6,4',6'-Tetrachlor-2,2'-sulfonyl-di-
6 III 4282 g

$C_{12}H_6Cl_4S$

Sulfid, Bis-[2,5-dichlor-phenyl]-
6 IV 1619

–, Bis-[3,4-dichlor-phenyl]-
6 IV 1626

–, [2-Chlor-phenyl]-[2,4,5-trichlor-
phenyl]- 6 IV 1635

–, [4-Chlor-phenyl]-[2,4,5-trichlor-
phenyl]- 6 IV 1635

–, [2,4-Dichlor-phenyl]-[2,5-dichlor-
phenyl]- 6 IV 1619

–, [2,4-Dichlor-phenyl]-[3,4-dichlor-
phenyl]- 6 IV 1626

–, [2,5-Dichlor-phenyl]-[3,4-dichlor-
phenyl]- 6 IV 1626

$C_{12}H_6Cl_4S_2$

Disulfid, Bis-[2,4-dichlor-phenyl]-
6 III 1042 h, IV 1616

–, Bis-[2,5-dichlor-phenyl]-
6 II 299 f, III 1044 b, IV 1622

–, Bis-[3,4-dichlor-phenyl]-
6 IV 1630

$C_{12}H_6Cl_4S_3$

Trisulfid, Bis-[2,5-dichlor-phenyl]-
6 II 299 g, IV 1623

$C_{12}H_6Cl_6O_2$

1,4-Methano-naphthalin-5,8-diol, 1,2,3,4,9,⚡
9-Hexachlor-6-methyl-1,4-dihydro-
6 III 5319 a

1,4-Methano-naphthalin-5,8-dion,
1,2,3,4,9,9-Hexachlor-6-methyl-
1,4,4a,8a-tetrahydro- 6 III 5319 b

$C_{12}H_6Cl_8O_4$
Benzol, 1,2,4,5-Tetrachlor-3,6-bis-[2,2-dichlor-propionyloxy]- **6** IV 5777

$C_{12}H_6F_2N_2O_6S$
Sulfon, Bis-[4-fluor-3-nitro-phenyl]- **6** IV 1721

$C_{12}H_6F_4O_2$
Biphenyl-2,2'-diol, 3,5,3',5'-Tetrafluor- **6** IV 6648

$C_{12}H_6F_6N_2O_2$
Benzol, 1,4-Bis-[2-cyan-1,1,2-trifluor-äthoxy]- **6** IV 5743

$C_{12}H_6F_{10}O_2$
Buttersäure, Heptafluor-, [3-trifluormethyl-benzylester] **6** IV 3163

$C_{12}H_6IN_3O_7$
Äther, [4-Jod-phenyl]-picryl- **6** 291 b

$C_{12}H_6I_2N_2O_4S$
Sulfid, Bis-[2-jod-4-nitro-phenyl]- **6** III 1088 e
−, Bis-[4-jod-2-nitro-phenyl]- **6** IV 1733

$C_{12}H_6I_2N_2O_5$
Äther, Bis-[2-jod-4-nitro-phenyl]- **6** IV 1367

$C_{12}H_6I_2N_2O_6S$
Sulfon, Bis-[2-jod-4-nitro-phenyl]- **6** III 1088 g

$C_{12}H_6I_4O_2$
Biphenyl-4,4'-diol, 3,5,3',5'-Tetrajod- **6** III 5396 f

$C_{12}H_6I_4S_2$
Disulfid, Bis-[2,5-dijod-phenyl]- **6** IV 1660

$C_{12}H_6N_2OS_2$
[1]Naphthol, 2,4-Bis-thiocyanato- **6** II 1096 d, III 6506 d

$C_{12}H_6N_2S_2$
Azulen-1,3-diyl-bis-thiocyanat **6** IV 6537
Naphthalin-2,6-diyl-bis-thiocyanat **6** 985 d
Naphthalin-2,7-diyl-bis-thiocyanat **6** 987 j

$C_{12}H_6N_4O_8S$
Sulfid, Bis-[2,4-dinitro-phenyl]- **6** 343 h, I 163 c, II 315 k, III 1095 g, IV 1748
−, [4-Nitro-phenyl]-picryl- **6** IV 1775

$C_{12}H_6N_4O_8SSe_2$
Sulfid, Bis-[2,4-dinitro-benzolselenenyl]- **6** IV 1798

$C_{12}H_6N_4O_8S_2$
Disulfid, Bis-[2,4-dinitro-phenyl]- **6** 344 b, I 163 g, II 316 c, III 1101 d, IV 1768
−, Bis-[3,5-dinitro-phenyl]- **6** III 1102 g, IV 1773

$C_{12}H_6N_4O_8S_4$
Tetrasulfid, Bis-[2,4-dinitro-phenyl]- **6** IV 1771

$C_{12}H_6N_4O_8Se$
Selenid, Bis-[2,4-dinitro-phenyl]- **6** I 165 b, II 322 c

$C_{12}H_6N_4O_8Se_2$
Diselenid, Bis-[2,4-dinitro-phenyl]- **6** I 165 d, III 1122 g, IV 1798

$C_{12}H_6N_4O_8Se_3$
Triselenid, Bis-[2,4-dinitro-phenyl]- **6** IV 1798

$C_{12}H_6N_4O_9$
Äther, Bis-[2,4-dinitro-phenyl]- **6** 255 k, I 126 f, II 243 j, III 863 g, IV 1377
−, [2-Nitro-phenyl]-picryl- **6** 291 d, III 970 d, IV 1459
−, [3-Nitro-phenyl]-picryl- **6** I 140 c, II 282 c, IV 1460
−, [4-Nitro-phenyl]-picryl- **6** 291 e, IV 1460
Biphenyl-2-ol, 3,5,2',4'-Tetranitro- **6** III 3309 e

$C_{12}H_6N_4O_9S$
Sulfoxid, Bis-[2,4-dinitro-phenyl]- **6** III 1096 a

$C_{12}H_6N_4O_9S_2$
Oxid, Bis-[2,4-dinitro-benzolsulfenyl]- **6** IV 1771

$C_{12}H_6N_4O_{10}$
Biphenyl-2,2'-diol, 3,5,3',5'-Tetranitro- **6** 990 f, II 960 f, III 5385 d
−, 4,6,4',6'-Tetranitro- **6** III 5386 c
Biphenyl-3,3'-diol, 4,6,4',6'-Tetranitro- **6** I 485 h
Biphenyl-4,4'-diol, 3,5,3',5'-Tetranitro- **6** 992 l, I 486 g, II 963 d, III 5399 a, IV 6654
Essigsäure-[2,4,5,7-tetranitro-[1]naphthyl-ester] **6** II 587 h
Phenol, 4-[2,4-Dinitro-phenoxy]-2,6-dinitro- **6** III 4445 b

$C_{12}H_6N_4O_{10}S$
Phenol, 4,6,4',6'-Tetranitro-2,2'-sulfandiyl-di- **6** III 4286 a

$C_{12}H_6N_4O_{10}S$ (Fortsetzung)

Sulfon, Bis-[2,4-dinitro-phenyl]-
6 III 1097 e, IV 1750

$C_{12}H_6N_4O_{10}S_2$

Phenol, 2,6,2',6'-Tetranitro-4,4'-disulfandiyl-
di- 6 III 4472 e, IV 5839

$C_{12}H_6N_4O_{10}Te_2$

Phenol, 2,6,2',6'-Tetranitro-4,4'-ditellandiyl-
di- 6 III 4492 d

$C_{12}H_6N_4O_{12}$

Biphenyl-2,6,2',6'-tetraol, 3,5,3',5'-
Tetranitro- 6 1164 d

$C_{12}H_6N_4O_{12}S$

Phenol, 2,6,2',6'-Tetranitro-4,4'-sulfonyl-di-
6 867 d, III 4472 a, IV 5839

Schwefelsäure-bis-[2,4-dinitro-phenylester]
6 III 866 e

$C_{12}H_7BCl_2O_4$

Borsäure, Bis-[4-chlor-brenzcatechinato]-
6 II 787 b

$C_{12}H_7BN_2O_8$

Borsäure, Bis-[3-nitro-brenzcatechinato]-
6 II 789 f

—, Bis-[4-nitro-brenzcatechinato]-
6 II 790 c

$C_{12}H_7BrClNO_2S$

Sulfid, [2-Brom-phenyl]-[4-chlor-2-nitro-
phenyl]- 6 IV 1723

—, [4-Brom-phenyl]-[5-chlor-2-nitro-
phenyl]- 6 IV 1725

$C_{12}H_7BrClNO_3$

Äther, [4-Brom-2-nitro-phenyl]-[4-chlor-
phenyl]- 6 II 233 a, III 843 b

—, [4-Brom-phenyl]-[4-chlor-2-nitro-
phenyl]- 6 II 227 f, III 835 e

Biphenyl-4-ol, 4'-Brom-3-chlor-5-nitro-
6 III 3339 h

$C_{12}H_7BrClNO_4S$

Sulfon, [4-Brom-phenyl]-[5-chlor-2-nitro-
phenyl]- 6 IV 1725

$C_{12}H_7BrCl_2O$

Äther, [4-Brom-phenyl]-[3,4-dichlor-
phenyl]- 6 III 744 d

Biphenyl-4-ol, 4'-Brom-3,5-dichlor-
6 III 3336 a

$C_{12}H_7BrCl_2O_4S$

Hydrochinon, 2-Brom-5-[2,5-dichlor-
benzolsulfonyl]- 6 IV 7356

$C_{12}H_7BrI_2O_2$

Phenol, 4-[4-Brom-2,6-dijod-phenoxy]-
6 III 4397 c

$C_{12}H_7BrN_2O_4S$

Sulfid, [5-Brom-2,4-dinitro-phenyl]-phenyl-
6 IV 1773

—, [2-Brom-4-nitro-phenyl]-[4-nitro-
phenyl]- 6 III 1088 a

—, [3-Brom-phenyl]-[2,4-dinitro-
phenyl]- 6 IV 1747

—, [4-Brom-phenyl]-[2,4-dinitro-
phenyl]- 6 III 1095 d, IV 1747

$C_{12}H_7BrN_2O_4Se$

Selenid, [4-Brom-phenyl]-[2,4-dinitro-
phenyl]- 6 IV 1796

$C_{12}H_7BrN_2O_5$

Äther, [2-Brom-4-nitro-phenyl]-[2-nitro-
phenyl]- 6 III 845 i

—, [2-Brom-phenyl]-[2,4-dinitro-
phenyl]- 6 III 861 b, IV 1376

—, [4-Brom-phenyl]-[2,4-dinitro-
phenyl]- 6 II 243 a, III 861 c,
IV 1376

Biphenyl-4-ol, 3-Brom-5,4'-dinitro-
6 II 627 i

$C_{12}H_7BrN_2O_6$

Biphenyl-2,2'-diol, 3-Brom-5,5'-dinitro-
6 III 5382 c

—, 5-Brom-3,5'-dinitro- 6 III 5381 e

$C_{12}H_7BrN_2O_6S$

Sulfon, [2-Brom-4-nitro-phenyl]-[4-nitro-
phenyl]- 6 III 1088 b

—, [4-Brom-3-nitro-phenyl]-[3-nitro-
phenyl]- 6 III 1087 g

—, [3-Brom-phenyl]-[2,4-dinitro-
phenyl]- 6 IV 1749

—, [4-Brom-phenyl]-[2,4-dinitro-
phenyl]- 6 III 1097 a

$C_{12}H_7Br_2ClO$

Äther, [3-Brom-4-chlor-phenyl]-[4-brom-
phenyl]- 6 III 750 f

Biphenyl-4-ol, 3,4'-Dibrom-5-chlor-
6 III 3337 c

—, 3,5-Dibrom-2'-chlor- 6 IV 4611

—, 3,5-Dibrom-3'-chlor- 6 IV 4611

—, 3,5-Dibrom-4'-chlor- 6 IV 4611

$C_{12}H_7Br_2ClO_2$

Essigsäure-[4,6-dibrom-1-chlor-
[2]naphthylester] 6 III 3000 b

$C_{12}H_7Br_2FO$

Biphenyl-4-ol, 3,5-Dibrom-4'-fluor-
6 IV 4610

$C_{12}H_7Br_2NO_2S$

Acetonitril, Dibrom-[naphthalin-
1-sulfonyl]- 6 I 309 i

$C_{12}H_7Br_2NO_2S$ (Fortsetzung)

Sulfid, [4-Brom-2-nitro-phenyl]-[4-brom-phenyl]- **6** IV 1731

$C_{12}H_7Br_2NO_2S_2$

Disulfid, [2,5-Dibrom-phenyl]-[2-nitro-phenyl]- **6** II 307 b

$C_{12}H_7Br_2NO_3$

Äther, [4-Brom-2-nitro-phenyl]-[4-brom-phenyl]- **6** II 233 b, III 843 c

—, [5-Brom-2-nitro-phenyl]-[4-brom-phenyl]- **6** III 844 g

—, [2,4-Dibrom-phenyl]-[2-nitro-phenyl]- **6** 802 a

—, [2,4-Dibrom-phenyl]-[3-nitro-phenyl]- **6** II 214 h

—, [2,4-Dibrom-phenyl]-[4-nitro-phenyl]- **6** II 222 e, III 821 f

Biphenyl-2-ol, 3,5-Dibrom-2'-nitro-**6** IV 4592

Biphenyl-4-ol, 3,4'-Dibrom-5-nitro-**6** II 626 i

—, 3,5-Dibrom-4'-nitro- **6** II 627 a

$C_{12}H_7Br_2NO_3S$

Phenol, 2,6-Dibrom-4-[3-nitro-phenylmercapto]- **6** III 4469 a

—, 2,6-Dibrom-4-[4-nitro-phenylmercapto]- **6** III 4469 b

$C_{12}H_7Br_2NO_4$

Phenol, 4,5-Dibrom-2-[4-nitro-phenoxy]-**6** III 4258 h

$C_{12}H_7Br_2NO_4S$

Resorcin, 2,4-Dibrom-6-[3-nitro-phenylmercapto]- **6** III 6292 c

—, 2,4-Dibrom-6-[4-nitro-phenylmercapto]- **6** III 6292 d

$C_{12}H_7Br_3O$

Äther, [4-Brom-phenyl]-[2,4-dibrom-phenyl]- **6** IV 1062

Biphenyl-2-ol, 3,5,4'-Tribrom-**6** II 624 a, III 3306 a

Biphenyl-3-ol, 2,4,6-Tribrom- **6** III 3316 d

Biphenyl-4-ol, 3,5,4'-Tribrom- **6** II 625 g

$C_{12}H_7Br_3O_2$

Essigsäure-[1,3,6-tribrom-[2]naphthylester]
6 III 3000 d

— [1,4,6-tribrom-[2]naphthylester]
6 II 607 c

$C_{12}H_7ClINO_3$

Äther, [3-Chlor-phenyl]-[2-jod-4-nitro-phenyl]- **6** IV 1367

$C_{12}H_7ClI_2O_2$

Phenol, 4-[4-Chlor-2,6-dijod-phenoxy]-**6** III 4397 b

$C_{12}H_7ClN_2O_4S$

Sulfid, [5-Chlor-2,4-dinitro-phenyl]-phenyl-**6** III 1103 a

—, [2-Chlor-4-nitro-phenyl]-[4-nitro-phenyl]- **6** III 1084 h

—, [2-Chlor-6-nitro-phenyl]-[2-nitro-phenyl]- **6** IV 1726

—, [4-Chlor-2-nitro-phenyl]-[2-nitro-phenyl]- **6** IV 1723

—, [2-Chlor-phenyl]-[2,4-dinitro-phenyl]- **6** III 1094 a, IV 1746

—, [3-Chlor-phenyl]-[2,4-dinitro-phenyl]- **6** III 1095 b, IV 1746

—, [4-Chlor-phenyl]-[2,4-dinitro-phenyl]- **6** III 1095 c, IV 1747

$C_{12}H_7ClN_2O_4Se$

Selenid, [4-Chlor-phenyl]-[2,4-dinitro-phenyl]- **6** IV 1796

$C_{12}H_7ClN_2O_5$

Äther, [5-Chlor-2,4-dinitro-phenyl]-phenyl-**6** I 128 g

—, [2-Chlor-4-nitro-phenyl]-[2-nitro-phenyl]- **6** III 839 g

—, [2-Chlor-phenyl]-[2,4-dinitro-phenyl]- **6** III 860 f, IV 1375

—, [3-Chlor-phenyl]-[2,4-dinitro-phenyl]- **6** III 860 g, IV 1375

—, [4-Chlor-phenyl]-[2,4-dinitro-phenyl]- **6** II 242 e, III 860 h, IV 1375

Biphenyl-4-ol, 3-Chlor-5,4'-dinitro-**6** III 3340 f

$C_{12}H_7ClN_2O_6S$

Sulfon, [4-Chlor-2,5-dinitro-phenyl]-phenyl-**6** IV 1773

—, [5-Chlor-2,4-dinitro-phenyl]-phenyl- **6** III 1103 b

—, [2-Chlor-4-nitro-phenyl]-[4-nitro-phenyl]- **6** III 1085 c

—, [4-Chlor-3-nitro-phenyl]-[3-nitro-phenyl]- **6** III 1083 f

—, [2-Chlor-phenyl]-[2,4-dinitro-phenyl]- **6** IV 1749

—, [3-Chlor-phenyl]-[2,4-dinitro-phenyl]- **6** III 1096 c, IV 1749

—, [4-Chlor-phenyl]-[2,4-dinitro-phenyl]- **6** III 1096 d, IV 1749

$C_{12}H_7Cl_2IN_2O_5$

Äther, [4-Dichlorjodanyl-phenyl]-[2,4-dinitro-phenyl]- **6** 255 f

$C_{12}H_7Cl_2IO$

Äther, [4-Chlor-3-jod-phenyl]-[4-chlor-phenyl]- **6** III 780 c

C₁₂H₇Cl₂NO₂S

Acetonitril, Dichlor-[naphthalin-1-sulfonyl]-
6 I 309 h

Sulfid, [4-Chlor-2-nitro-phenyl]-[2-chlor-
phenyl]- 6 IV 1722

—, [4-Chlor-2-nitro-phenyl]-[3-chlor-
phenyl]- 6 IV 1723

—, [4-Chlor-2-nitro-phenyl]-[4-chlor-
phenyl]- 6 III 1079 g, IV 1723

—, [5-Chlor-2-nitro-phenyl]-[3-chlor-
phenyl]- 6 IV 1724

—, [5-Chlor-2-nitro-phenyl]-[4-chlor-
phenyl]- 6 IV 1725

—, [2,4-Dichlor-phenyl]-[2-nitro-
phenyl]- 6 IV 1664

—, [2,4-Dichlor-phenyl]-[4-nitro-
phenyl]- 6 IV 1695

—, [2,5-Dichlor-phenyl]-[4-nitro-
phenyl]- 6 IV 1695

—, [3,4-Dichlor-phenyl]-[4-nitro-
phenyl]- 6 IV 1695

C₁₂H₇Cl₂NO₂S₂

Disulfid, [2,4-Dichlor-phenyl]-[2-nitro-
phenyl]- 6 IV 1672

—, [2,5-Dichlor-phenyl]-[2-nitro-
phenyl]- 6 II 307 a

—, [2,5-Dichlor-phenyl]-[3-nitro-
phenyl]- 6 II 309 f

C₁₂H₇Cl₂NO₃

Äther, [2-Chlor-4-nitro-phenyl]-[2-chlor-
phenyl]- 6 IV 1354

—, [2-Chlor-4-nitro-phenyl]-[4-chlor-
phenyl]- 6 IV 1354

—, [4-Chlor-2-nitro-phenyl]-[2-chlor-
phenyl]- 6 IV 1348

—, [4-Chlor-2-nitro-phenyl]-[4-chlor-
phenyl]- 6 II 227 d, III 835 d,
IV 1348

—, [4-Chlor-phenyl]-[5-chlor-2-nitro-
phenyl]- 6 II 228 d

—, [4,5-Dichlor-2-nitro-phenyl]-
phenyl- 6 II 230 c, III 841 b

—, [2,4-Dichlor-phenyl]-[2-nitro-
phenyl]- 6 IV 1253

—, [2,4-Dichlor-phenyl]-[4-nitro-
phenyl]- 6 III 821 c, IV 1288

—, [2,5-Dichlor-phenyl]-[4-nitro-
phenyl]- 6 IV 1289

—, [2,6-Dichlor-phenyl]-[4-nitro-
phenyl]- 6 IV 1289

Biphenyl-4-ol, 3,4'-Dichlor-5-nitro-
6 III 3339 e

—, 3,5-Dichlor-4'-nitro- 6 III 3339 f

C₁₂H₇Cl₂NO₄

Phenol, 4,5-Dichlor-2-[4-nitro-phenoxy]-
6 III 4252 c

C₁₂H₇Cl₂NO₄S

Sulfon, [4-Chlor-2-nitro-phenyl]-[4-chlor-
phenyl]- 6 III 1080 c

—, [4-Chlor-3-nitro-phenyl]-[4-chlor-
phenyl]- 6 III 1083 e

—, [5-Chlor-2-nitro-phenyl]-[3-chlor-
phenyl]- 6 IV 1725

—, [5-Chlor-2-nitro-phenyl]-[4-chlor-
phenyl]- 6 IV 1725

—, [2,4-Dichlor-phenyl]-[4-nitro-
phenyl]- 6 IV 1697

—, [2,5-Dichlor-phenyl]-[3-nitro-
phenyl]- 6 III 1066 g

—, [2,5-Dichlor-phenyl]-[4-nitro-
phenyl]- 6 IV 1697

—, [3,4-Dichlor-phenyl]-[3-nitro-
phenyl]- 6 III 1066 h

—, [3,4-Dichlor-phenyl]-[4-nitro-
phenyl]- 6 IV 1697

C₁₂H₇Cl₂N₃O₄S₂

Amin, Bis-[4-chlor-2-nitro-benzolsulfenyl]-
6 I 162 h, III 1082 c

C₁₂H₇Cl₂O₃PS

Benzo[1,3,2]dioxaphosphol-2-sulfid,
2-[2,4-Dichlor-phenoxy]- 6 IV 5602

C₁₂H₇Cl₃O

Äther, [4-Chlor-[1]naphthyl]-[1,2-dichlor-
vinyl]- 6 IV 4232

—, [2-Chlor-phenyl]-[2,4-dichlor-
phenyl]- 6 IV 889

—, [4-Chlor-phenyl]-[2,4-dichlor-
phenyl]- 6 II 178 f, III 702 g,
IV 889

—, [4-Chlor-phenyl]-[3,4-dichlor-
phenyl]- 6 III 715 e

Biphenyl-2-ol, 3,4,5-Trichlor- 6 III 3303 d

—, 3,5,6-Trichlor- 6 III 3303 d

Biphenyl-4-ol, 3,5,4'-Trichlor- 6 III 3333 f

C₁₂H₇Cl₃OS

Sulfoxid, Phenyl-[2,4,5-trichlor-phenyl]-
6 IV 1635

C₁₂H₇Cl₃O₂

Biphenyl-2,5-diol, 2',4',5'-Trichlor-
6 IV 6642

Biphenyl-4,4'-diol, 3,5,3'-Trichlor-
6 992 e

Essigsäure-[1,3,4-trichlor-[2]naphthylester]
6 650 f

— [1,3,6-trichlor-[2]naphthylester]
6 IV 4301

$C_{12}H_7Cl_3O_2$ (Fortsetzung)

Essigsäure-[2,3,4-trichlor-[1]naphthylester]
6 613 i

Essigsäure, Trichlor-, [2]naphthylester
6 II 601 e

Phenol, 4-[2,4,5-Trichlor-phenoxy]-
6 IV 5724

$C_{12}H_7Cl_3O_2S$

Phenol, 4,6,4'-Trichlor-2,2'-sulfandiyl-di-
6 IV 5646

Sulfon, [2-Chlor-phenyl]-[2,5-dichlor-
phenyl]- 6 III 1043 b

—, [2-Chlor-phenyl]-[3,4-dichlor-
phenyl]- 6 III 1044 e, IV 1626

—, [4-Chlor-phenyl]-[2,5-dichlor-
phenyl]- 6 III 1043 c, IV 1619

—, [4-Chlor-phenyl]-[3,4-dichlor-
phenyl]- 6 III 1044 f, IV 1626

—, Phenyl-[2,4,5-trichlor-phenyl]-
6 IV 1636

$C_{12}H_7Cl_3O_3$

Essigsäure, [1,3,4-Trichlor-[2]naphthyloxy]-
6 IV 4300

Kohlensäure-[2]naphthylester-trichlormethyl=
ester 6 III 2985 b

$C_{12}H_7Cl_3O_3S$

Phenol, 4-[2,4,5-Trichlor-benzolsulfonyl]-
6 IV 5795

$C_{12}H_7Cl_3O_4S$

Hydrochinon, 2-Chlor-5-[2,5-dichlor-
benzolsulfonyl]- 6 IV 7356

$C_{12}H_7Cl_3S$

Sulfid, Phenyl-[2,4,5-trichlor-phenyl]-
6 IV 1635

$C_{12}H_7Cl_4O_4P$

Phosphorsäure-bis-[2,4-dichlor-phenylester]
6 IV 939

$C_{12}H_7Cl_5NO_2P$

Amin, [Dichlor-[1]naphthyloxy-acetyl]-
trichlorphosphoranyliden- 6 IV 4218

—, [Dichlor-[2]naphthyloxy-acetyl]-
trichlorphosphoranyliden- 6 IV 4270

$C_{12}H_7FN_2O_4S$

Sulfid, [2,4-Dinitro-phenyl]-[4-fluor-phenyl]-
6 IV 1746

$C_{12}H_7FN_2O_6S$

Sulfon, [4-Fluor-3-nitro-phenyl]-[3-nitro-
phenyl]- 6 IV 1721

$C_{12}H_7F_3O_2$

Essigsäure, Trifluor-, [2]naphthylester
6 IV 4268

$C_{12}H_7IN_2O_4S$

Sulfid, [2,4-Dinitro-phenyl]-[3-jod-phenyl]-
6 IV 1747

—, [2,4-Dinitro-phenyl]-[4-jod-phenyl]-
6 IV 1747

—, [2-Jod-4-nitro-phenyl]-[4-nitro-
phenyl]- 6 III 1088 d

$C_{12}H_7IN_2O_5$

Äther, [2,4-Dinitro-phenyl]-[2-jod-phenyl]-
6 III 862 b, IV 1376

—, [2,4-Dinitro-phenyl]-[4-jod-phenyl]-
6 255 e, III 862 c

—, [2-Jod-4,5-dinitro-phenyl]-phenyl-
6 IV 1387

$C_{12}H_7IN_2O_5S$

Phenol, 2-[2-Jod-4-nitro-phenylmercapto]-
5-nitro- 6 IV 5647

$C_{12}H_7IN_2O_6$

Äther, [2,4-Dinitro-phenyl]-[4-jodosyl-
phenyl]- 6 255 f

$C_{12}H_7IN_2O_6S$

Sulfon, [2,4-Dinitro-phenyl]-[3-jod-phenyl]-
6 IV 1749

—, [2,4-Dinitro-phenyl]-[4-jod-phenyl]-
6 IV 1749

—, [2-Jod-4-nitro-phenyl]-[4-nitro-
phenyl]- 6 III 1088 f

$C_{12}H_7IN_2O_7$

Äther, [2,4-Dinitro-phenyl]-[4-jodyl-phenyl]-
6 255 g

$C_{12}H_7I_2NO_2S$

Sulfid, [2,6-Dijod-4-nitro-phenyl]-phenyl-
6 III 1088 h

$C_{12}H_7I_2NO_3$

Äther, [2,6-Dijod-4-nitro-phenyl]-phenyl-
6 IV 1368

$C_{12}H_7I_2NO_5$

Brenzcatechin, 4-[2,6-Dijod-4-nitro-
phenoxy]- 6 IV 7340

$C_{12}H_7N_3O_6S$

Sulfid, [2,4-Dinitro-phenyl]-[2-nitro-phenyl]-
6 343 e, III 1095 e, IV 1748

—, [2,4-Dinitro-phenyl]-[3-nitro-
phenyl]- 6 IV 1748

—, [2,4-Dinitro-phenyl]-[4-nitro-
phenyl]- 6 343 f, III 1095 f,
IV 1748

—, Phenyl-picryl- 6 III 1103 e,
IV 1774

$C_{12}H_7N_3O_6S_2$

Disulfid, [2,4-Dinitro-phenyl]-[2-nitro-
phenyl]- 6 III 1101 c

C₁₂H₇N₃O₇

Äther, [2,4-Dinitro-phenyl]-[2-nitro-phenyl]-
6 255 i, II 243 d, III 862 d,
IV 1377

–, [2,4-Dinitro-phenyl]-[3-nitro-
phenyl]- 6 I 126 d, II 243 e, III 862 e,
IV 1377

–, [2,4-Dinitro-phenyl]-[4-nitro-
phenyl]- 6 255 j, I 126 e, II 243 f,
III 862 f, IV 1377

–, Phenyl-picryl- 6 291 a, III 970 b,
IV 1458

–, Phenyl-[2,4,5-trinitro-phenyl]-
6 I 129 i

Biphenyl-2-ol, 3,5,2'-Trinitro- 6 IV 4593

–, 3,5,4'-Trinitro- 6 673 d,
IV 4593

–, 5,2',4'-Trinitro- 6 673 f

Biphenyl-3-ol, 2,4,6-Trinitro- 6 III 3318 d

Biphenyl-4-ol, 3,5,4'-Trinitro- 6 II 628 a,
III 3340 g

C₁₂H₇N₃O₈

Biphenyl-2,2'-diol, 3,5,3'-Trinitro-
6 III 5384 a

–, 3,5,5'-Trinitro- 6 III 5384 b

C₁₂H₇N₃O₈S

Sulfon, [2,4-Dinitro-phenyl]-[2-nitro-
phenyl]- 6 IV 1749

–, [2,4-Dinitro-phenyl]-[3-nitro-
phenyl]- 6 III 1097 b

–, [2,4-Dinitro-phenyl]-[4-nitro-
phenyl]- 6 IV 1750

–, [3,5-Dinitro-phenyl]-[4-nitro-
phenyl]- 6 III 1102 f

–, Phenyl-picryl- 6 345 a, IV 1775

C₁₂H₇N₃O₉

[1]Naphthol, 5-Acetoxy-2,4,6-trinitro-
6 III 5275 c

C₁₂H₈As₂O₄

[2,2']Bi[benzo[1,3,2]dioxarsolyl] 6 III 4248 b

C₁₂H₈As₂O₅

Oxid, Bis-[benzo[1,3,2]dioxarsol-2-yl]-
6 III 4247 c, IV 5607

C₁₂H₈BClN₂O₆

Boran, Chlor-bis-[4-nitro-phenoxy]-
6 IV 1346

C₁₂H₈B₂O₅

Oxid, Bis-[benzo[1,3,2]dioxaborol-2-yl]-
6 IV 5612

C₁₂H₈BrClO

Äther, [3-Brom-4-chlor-phenyl]-phenyl-
6 III 750 e

–, [2-Brom-phenyl]-[2-chlor-phenyl]-
6 III 737 c

–, [4-Brom-phenyl]-[4-chlor-phenyl]-
6 III 744 c

Biphenyl-4-ol, 3-Brom-5-chlor- 6 III 3335 g

C₁₂H₈BrClO₂

Essigsäure-[8-brom-1-chlor-[2]naphthylester]
6 IV 4304

Essigsäure, Brom-chlor-, [2]naphthylester
6 II 601 g

C₁₂H₈BrClO₂S

Essigsäure, [1-Brom-6-chlor-
[2]naphthylmercapto]- 6 III 3015 e

Sulfon, [4-Brom-phenyl]-[4-chlor-phenyl]-
6 I 151 g, II 301 d, IV 1651

C₁₂H₈BrClS

Sulfid, [4-Brom-phenyl]-[4-chlor-phenyl]-
6 III 1049 b, IV 1651

C₁₂H₈BrClSe

Selenid, [4-Brom-phenyl]-[3-chlor-phenyl]-
6 IV 1784

–, [4-Brom-phenyl]-[4-chlor-phenyl]-
6 IV 1784

C₁₂H₈BrCl₂OPS

Dichlorothiophosphorsäure-O-[3-brom-
biphenyl-4-ylester] 6 IV 4609

C₁₂H₈BrCl₃NO₂PS

Amidothiophosphorsäure-O-[4-brom-
phenylester]-O'-[2,4,5-trichlor-
phenylester] 6 IV 1056

C₁₂H₈BrCl₃Se

λ⁴-Selan, [4-Brom-phenyl]-dichlor-[3-chlor-
phenyl]- 6 IV 1784

–, [4-Brom-phenyl]-dichlor-[4-chlor-
phenyl]- 6 IV 1784

C₁₂H₈BrFO₂S

Sulfon, [4-Brom-phenyl]-[4-fluor-phenyl]-
6 IV 1651

C₁₂H₈BrIO

Äther, [4-Brom-phenyl]-[4-jod-phenyl]-
6 II 199 d

Biphenyl-4-ol, 3-Brom-5-jod- 6 III 3338 d

C₁₂H₈BrIO₂

Essigsäure-[6-brom-1-jod-[2]naphthylester]
6 IV 4307

C₁₂H₈BrIO₃

Essigsäure, [3-Brom-1-jod-[2]naphthyloxy]-
6 IV 4306

C₁₂H₈BrNO₂S

Sulfid, [2-Brom-4-nitro-phenyl]-phenyl-
6 IV 1732

–, [2-Brom-phenyl]-[2-nitro-phenyl]-
6 IV 1664

$C_{12}H_8BrNO_2S$ (Fortsetzung)

Sulfid, [3-Brom-phenyl]-[2-nitro-phenyl]-
6 IV 1664

−, [3-Brom-phenyl]-[4-nitro-phenyl]-
6 IV 1695

−, [4-Brom-phenyl]-[2-nitro-phenyl]-
6 IV 1664

−, [4-Brom-phenyl]-[4-nitro-phenyl]-
6 III 1070 g, IV 1695

$C_{12}H_8BrNO_2S_2$

Disulfid, [3-Brom-phenyl]-[2-nitro-phenyl]-
6 IV 1672

−, [4-Brom-phenyl]-[2-nitro-phenyl]-
6 IV 1672

−, [4-Brom-phenyl]-[4-nitro-phenyl]-
6 IV 1716

$C_{12}H_8BrNO_2Se$

Selenid, [4-Brom-2-nitro-phenyl]-phenyl-
6 III 1121 g

−, [4-Brom-phenyl]-[2-nitro-phenyl]-
6 IV 1786

−, [4-Brom-phenyl]-[4-nitro-phenyl]-
6 IV 1791

$C_{12}H_8BrNO_2Se_2$

Diselenid, [4-Brom-2-nitro-phenyl]-phenyl-
6 IV 1795

$C_{12}H_8BrNO_3$

Äther, [4-Brom-2-nitro-phenyl]-phenyl-
6 III 843 a, IV 1363

−, [5-Brom-2-nitro-phenyl]-phenyl-
6 III 844 f

−, [2-Brom-phenyl]-[2-nitro-phenyl]-
6 III 801 g, IV 1253

−, [2-Brom-phenyl]-[4-nitro-phenyl]-
6 III 821 d

−, [4-Brom-phenyl]-[2-nitro-phenyl]-
6 II 210 g, III 801 h, IV 1253

−, [4-Brom-phenyl]-[3-nitro-phenyl]-
6 II 214 g, III 810 a

−, [4-Brom-phenyl]-[4-nitro-phenyl]-
6 II 222 d, III 821 e, IV 1289

Biphenyl-2-ol, 3-Brom-5-nitro- 6 III 3308 g
Biphenyl-3-ol, 2-Brom-4-nitro- 6 III 3317 f
−, 6-Brom-4-nitro- 6 III 3317 f
Biphenyl-4-ol, 3-Brom-4'-nitro- 6 II 626 h
−, 3-Brom-5-nitro- 6 II 626 g
−, 4'-Brom-3-nitro- 6 III 3339 g

$C_{12}H_8BrNO_3S$

Sulfoxid, [4-Brom-phenyl]-[4-nitro-phenyl]-
6 IV 1696

$C_{12}H_8BrNO_4$

Essigsäure-[6-brom-1-nitro-[2]naphthylester]
6 655 g

Phenol, 4-Brom-2-[4-nitro-phenoxy]-
6 III 4254 f

$C_{12}H_8BrNO_4S$

Sulfon, [3-Brom-phenyl]-[2-nitro-phenyl]-
6 IV 1666

−, [3-Brom-phenyl]-[4-nitro-phenyl]-
6 IV 1698

−, [4-Brom-phenyl]-[2-nitro-phenyl]-
6 IV 1666

−, [4-Brom-phenyl]-[4-nitro-phenyl]-
6 III 1072 d, IV 1698

$C_{12}H_8BrNO_4Se$

Resorcin, 4-[4-Brom-2-nitro-phenylselanyl]-
6 IV 7360

$C_{12}H_8Br_2Cl_2O_2$

Naphthalin, 3,6-Dibrom-1,8-dichlor-
2,7-dimethoxy- 6 IV 6572

$C_{12}H_8Br_2Cl_2S$

λ^4-Sulfan, Bis-[4-brom-phenyl]-dichlor-
6 I 151 e, III 1049 e

$C_{12}H_8Br_2Cl_2Se$

λ^4-Selan, Dibrom-bis-[3-chlor-phenyl]-
6 III 1112 g

−, Dibrom-bis-[4-chlor-phenyl]-
6 III 1113 e

$C_{12}H_8Br_2Cl_2Te$

λ^4-Tellan, Bis-[2-brom-phenyl]-dichlor-
6 IV 1802

−, Bis-[3-brom-phenyl]-dichlor-
6 IV 1802

−, Bis-[4-brom-phenyl]-dichlor-
6 IV 1802

−, Dibrom-bis-[4-chlor-phenyl]-
6 I 168 a

$C_{12}H_8Br_2F_2Se$

λ^4-Selan, Dibrom-bis-[4-fluor-phenyl]-
6 III 1112 a

$C_{12}H_8Br_2I_2Te$

λ^4-Tellan, Bis-[4-brom-phenyl]-dijod-
6 IV 1802

$C_{12}H_8Br_2O$

Äther, Bis-[2-brom-phenyl]- 6 IV 1039
−, Bis-[4-brom-phenyl]- 6 200 b,
I 105 h, II 185 h, III 745 a,
IV 1048

Biphenyl-2-ol, 3,5-Dibrom- 6 II 623 h,
III 3305 g

Biphenyl-3-ol, 4,5-Dibrom- 6 II 624 f

Biphenyl-4-ol, 3,4'-Dibrom- 6 II 628 e,
III 3336 j

−, 3,5-Dibrom- 6 II 625 f,
III 3336 b, IV 4610

$C_{12}H_8Br_2OS$

Sulfoxid, Bis-[4-brom-phenyl]- 6 I 151 e,
    III 1049 d, IV 1651

$C_{12}H_8Br_2O_2$

Biphenyl-2,2'-diol, 5,5'-Dibrom-
    6 989 h, III 5377 f

Essigsäure-[1,3-dibrom-[2]naphthylester]
    6 III 2998 b

– [1,6-dibrom-[2]naphthylester]
    6 652 g

– [3,6-dibrom-[2]naphthylester]
    6 III 2999 e

– [4,6-dibrom-[2]naphthylester]
    6 II 606 g

Phenol, 2,4-Dibrom-5-phenoxy-
    6 IV 5688

–, 2,6-Dibrom-4-phenoxy-
    6 IV 5784

$C_{12}H_8Br_2O_2S$

Essigsäure, [5,8-Dibrom-[2]naphthyl-
    mercapto]- 6 III 3015 f

Phenol, 2,2'-Dibrom-4,4'-sulfandiyl-di-
    6 IV 5833

–, 3,3'-Dibrom-4,4'-sulfandiyl-di-
    6 IV 5833

–, 4,4'-Dibrom-2,2'-sulfandiyl-di-
    6 871 d, III 4283 j

–, 4,4'-Dibrom-3,3'-sulfandiyl-di-
    6 III 4283 j

Sulfon, Bis-[4-brom-phenyl]- 6 331 b,
    I 151 h, II 301 e, III 1049 g,
    IV 1652

$C_{12}H_8Br_2O_2S_2$

Benzolthiosulfonsäure, 4-Brom-, S-
    [4-brom-phenylester] 6 I 152 g

$C_{12}H_8Br_2O_3$

Essigsäure, [1,6-Dibrom-[2]naphthyloxy]-
    6 III 2998 e

–, [2,4-Dibrom-[1]naphthyloxy]-
    6 III 2937 a

[1]Naphthol, 5-Acetoxy-2,4-dibrom-
    6 III 5270 c

–, 5-Acetoxy-2,6-dibrom- 6 III 5271 b

–, 5-Acetoxy-4,8-dibrom- 6 III 5271 i

[2]Naphthol, 4-Acetoxy-1,3-dibrom-
    6 III 5257 e

Phenol, 4,4'-Dibrom-2,2'-oxy-di-
    6 III 4256 d

$C_{12}H_8Br_2O_3S$

Phenol, 4-Benzolsulfonyl-2,6-dibrom-
    6 III 4469 c

–, 2,2'-Dibrom-4,4'-sulfinyl-di-
    6 IV 5833

–, 3,3'-Dibrom-4,4'-sulfinyl-di-
    6 IV 5833

–, 4,4'-Dibrom-2,2'-sulfinyl-di-
    6 III 4284 a

$C_{12}H_8Br_2O_4S$

Phenol, 2,2'-Dibrom-4,4'-sulfonyl-di-
    6 IV 5833

–, 3,3'-Dibrom-4,4'-sulfonyl-di-
    6 IV 5833

–, 4,4'-Dibrom-2,2'-sulfonyl-di-
    6 III 4284 b

Schwefelsäure-bis-[4-brom-phenylester]
    6 III 748 e

$C_{12}H_8Br_2S$

Sulfid, Bis-[4-brom-phenyl]- 6 331 a,
    I 151 d, III 1049 c, IV 1651

$C_{12}H_8Br_2S_2$

Disulfid, Bis-[2-brom-phenyl]- 6 IV 1648

–, Bis-[3-brom-phenyl]- 6 IV 1649

–, Bis-[4-brom-phenyl]- 6 334 i,
    I 152 f, II 302 d, III 1053 a,
    IV 1656

–, [2,4-Dibrom-phenyl]-phenyl-
    6 IV 1657

$C_{12}H_8Br_2S_3$

Trisulfid, Bis-[4-brom-phenyl]- 6 III 1053 b

$C_{12}H_8Br_2S_6$

Hexasulfid, Bis-[4-brom-phenyl]-
    6 III 1053 b

$C_{12}H_8Br_2Se$

Selenid, Bis-[4-brom-phenyl]- 6 347 d,
    II 320 g, III 1114 j, IV 1784

$C_{12}H_8Br_2Se_2$

Diselenid, Bis-[4-brom-phenyl]-
    6 347 e, II 321 c, III 1115 c,
    IV 1785

$C_{12}H_8Br_2Te$

Tellurid, Bis-[4-brom-phenyl]- 6 IV 1802

$C_{12}H_8Br_3NO_3S$

Essigsäure, Dibrom-[naphthalin-2-sulfonyl]-,
    bromamid 6 661 k

$C_{12}H_8Br_4O_2$

Naphthalin, 1,3,6,8-Tetrabrom-
    2,7-dimethoxy- 6 IV 6572

–, 2,4,6,8-Tetrabrom-1,5-dimethoxy-
    6 III 5272 g

$C_{12}H_8Br_4S$

λ^4-Sulfan, Dibrom-bis-[4-brom-phenyl]-
    6 I 151 e

$C_{12}H_8Br_4Se$

λ^4-Selan, Dibrom-bis-[4-brom-phenyl]-
    6 III 1115 a

C$_{12}$H$_8$Br$_4$Te

λ^4-Tellan, Dibrom-bis-[4-brom-phenyl]-
   6 I 168 b, IV 1802

C$_{12}$H$_8$Br$_6$O$_2$

Benzol, 2-Acetoxy-3,5-dibrom-1-[2-brom-
1-tribrommethyl-vinyl]-4-methyl- **6** I 290 e

Essigsäure-[1,1,3,4,6,7-hexabrom-
1,4,6,7-tetrahydro-[2]naphthylester]
   6 III 2463 d

C$_{12}$H$_8$Br$_6$O$_4$

Benzol, 1-Acetoxy-4-[1-acetoxy-2,2-dibrom-
äthyl]-2,3,5,6-tetrabrom- **6** 906 f

C$_{12}$H$_8$Br$_6$S

λ^6-Sulfan, Tetrabrom-bis-[4-brom-phenyl]-
   6 I 151 h

C$_{12}$H$_8$ClFO$_2$S

Sulfon, [4-Chlor-phenyl]-[4-fluor-phenyl]-
   6 III 1036 c

C$_{12}$H$_8$ClF$_3$O

Äther, [2-Chlor-1,1,2-trifluor-äthyl]-
[2]naphthyl- **6** IV 4268

C$_{12}$H$_8$ClIO

Äther, [4-Chlor-2-jod-phenyl]-phenyl-
   6 III 779 e
–, [4-Chlor-3-jod-phenyl]-phenyl-
   6 III 780 b
–, [2-Chlor-phenyl]-[2-jod-phenyl]-
   6 III 770 f
–, [4-Chlor-phenyl]-[4-jod-phenyl]-
   6 III 777 d

C$_{12}$H$_8$ClNO$_2$S

Sulfid, [4-Chlor-2-nitro-phenyl]-phenyl-
   6 III 1079 f, IV 1722
–, [5-Chlor-2-nitro-phenyl]-phenyl-
   6 III 1082 e, IV 1724
–, [2-Chlor-phenyl]-[2-nitro-phenyl]-
   6 III 1058 g, IV 1663
–, [2-Chlor-phenyl]-[4-nitro-phenyl]-
   6 III 1070 d, IV 1694
–, [3-Chlor-phenyl]-[2-nitro-phenyl]-
   6 III 1058 h, IV 1663
–, [3-Chlor-phenyl]-[4-nitro-phenyl]-
   6 III 1070 e, IV 1694
–, [4-Chlor-phenyl]-[2-nitro-phenyl]-
   6 III 1059 a, IV 1664
–, [4-Chlor-phenyl]-[4-nitro-phenyl]-
   6 III 1070 f, IV 1694

C$_{12}$H$_8$ClNO$_2$S$_2$

Disulfid, [3-Chlor-phenyl]-[2-nitro-phenyl]-
   6 IV 1671
–, [4-Chlor-phenyl]-[2-nitro-phenyl]-
   6 IV 1671

C$_{12}$H$_8$ClNO$_2$Se

Selenid, [4-Chlor-phenyl]-[2-nitro-phenyl]-
   6 IV 1785
–, [4-Chlor-phenyl]-[4-nitro-phenyl]-
   6 IV 1790

C$_{12}$H$_8$ClNO$_2$Se$_2$

Diselenid, [4-Chlor-2-nitro-phenyl]-phenyl-
   6 IV 1793

C$_{12}$H$_8$ClNO$_3$

Äther, [2-Chlor-4-nitro-phenyl]-phenyl-
   6 III 839 f, IV 1354
–, [4-Chlor-2-nitro-phenyl]-phenyl-
   6 II 227 c, III 835 c
–, [4-Chlor-3-nitro-phenyl]-phenyl-
   6 III 838 c
–, [5-Chlor-2-nitro-phenyl]-phenyl-
   6 II 228 c
–, [2-Chlor-phenyl]-[2-nitro-phenyl]-
   6 II 210 d, III 801 e, IV 1253
–, [2-Chlor-phenyl]-[3-nitro-phenyl]-
   6 IV 1271
–, [2-Chlor-phenyl]-[4-nitro-phenyl]-
   6 IV 1288
–, [3-Chlor-phenyl]-[2-nitro-phenyl]-
   6 II 210 e, IV 1253
–, [3-Chlor-phenyl]-[3-nitro-phenyl]-
   6 IV 1272
–, [3-Chlor-phenyl]-[4-nitro-phenyl]-
   6 IV 1288
–, [4-Chlor-phenyl]-[2-nitro-phenyl]-
   6 II 210 f, III 801 f, IV 1253
–, [4-Chlor-phenyl]-[3-nitro-phenyl]-
   6 II 214 f, IV 1272
–, [4-Chlor-phenyl]-[4-nitro-phenyl]-
   6 II 222 c, III 821 b, IV 1288

Biphenyl-2-ol, 3-Chlor-5-nitro- **6** III 3308 f
–, 5-Chlor-3-nitro- **6** III 3308 e
Biphenyl-4-ol, 3-Chlor-5-nitro- **6** III 3339 d

C$_{12}$H$_8$ClNO$_3$S

Benzolsulfensäure, 4-Chlor-2-nitro-,
phenylester **6** I 162 a
Phenol, 2-Chlor-4-[4-nitro-phenylmercapto]-
   6 IV 5828
–, 3-Chlor-4-[4-nitro-phenylmercapto]-
   6 IV 5825
–, 4-Chlor-2-[2-nitro-phenylmercapto]-
   6 III 4280 c
–, 4-Chlor-2-[4-nitro-phenylmercapto]-
   6 III 4280 d
–, 4-[2-Chlor-5-nitro-phenylmercapto]-
   6 II 852 f
–, 4-[4-Chlor-2-nitro-phenylmercapto]-
   6 I 420 i

C₁₂H₈ClNO₄

$C_{12}H_8ClNO_4$

Acetylchlorid, [1-Nitro-[2]naphthyloxy]-
    6 654 g

—, [4-Nitro-[1]naphthyloxy]-
    6 III 2939 d

Biphenyl-2,5-diol, 4'-Chlor-2'-nitro-
    6 IV 6643

—, 5'-Chlor-2'-nitro- 6 IV 6643

Essigsäure-[6-chlor-1-nitro-[2]naphthylester]
    6 IV 4310

Phenol, 4-Chlor-2-[4-nitro-phenoxy]-
    6 III 4250 e

—, 5-Chlor-2-[4-nitro-phenoxy]-
    6 III 4250 d

$C_{12}H_8ClNO_4S$

Sulfon, [2-Chlor-5-nitro-phenyl]-phenyl-
    6 III 1084 e

—, [3-Chlor-2-nitro-phenyl]-phenyl-
    6 III 1078 e

—, [3-Chlor-4-nitro-phenyl]-phenyl-
    6 III 1086 b

—, [4-Chlor-2-nitro-phenyl]-phenyl-
    6 III 1080 b

—, [4-Chlor-3-nitro-phenyl]-phenyl-
    6 III 1083 d, IV 1727

—, [5-Chlor-2-nitro-phenyl]-phenyl-
    6 III 1082 f, IV 1725

—, [2-Chlor-phenyl]-[2-nitro-phenyl]-
    6 III 1059 e, IV 1665

—, [2-Chlor-phenyl]-[4-nitro-phenyl]-
    6 III 1072 a, IV 1697

—, [3-Chlor-phenyl]-[2-nitro-phenyl]-
    6 IV 1665

—, [3-Chlor-phenyl]-[4-nitro-phenyl]-
    6 III 1072 b, IV 1697

—, [4-Chlor-phenyl]-[2-nitro-phenyl]-
    6 III 1059 f

—, [4-Chlor-phenyl]-[3-nitro-phenyl]-
    6 III 1066 f

—, [4-Chlor-phenyl]-[4-nitro-phenyl]-
    6 III 1072 c, IV 1697

$C_{12}H_8ClNO_4Se$

Resorcin, 4-[4-Chlor-2-nitro-phenylselanyl]-
    6 IV 7360

$C_{12}H_8ClNO_5$

Essigsäure, [2-Chlor-4-nitro-[1]naphthyloxy]-
    6 IV 4240

$C_{12}H_8ClNO_5S$

Phenol, 2-Chlor-4-[4-nitro-benzolsulfonyl]-
    6 IV 5829

—, 3-Chlor-4-[4-nitro-benzolsulfonyl]-
    6 IV 5825

—, 4-Chlor-2-[2-nitro-benzolsulfonyl]-
    6 III 4280 f

$C_{12}H_8ClNO_6S$

Hydrochinon, 2-[2-Chlor-5-nitro-
    benzolsulfonyl]- 6 IV 7354

$C_{12}H_8ClO_2P$

Dibenzo[d,f][1,3,2]dioxaphosphepin,
    6-Chlor- 6 IV 6646

$C_{12}H_8ClO_2PS$

Dibenzo[d,f][1,3,2]dioxaphosphepin-
    6-sulfid, 6-Chlor- 6 IV 6646

$C_{12}H_8ClO_3PS$

Benzo[1,3,2]dioxaphosphol-2-sulfid,
    2-[2-Chlor-phenoxy]- 6 IV 5602

$C_{12}H_8ClO_4P$

2λ⁵-[2,2']Spirobi[benzo[1,3,2]dioxaphosphol],
    2-Chlor- 6 II 786 b

$C_{12}H_8Cl_2INO_3$

Äther, [4-Dichlorjodanyl-phenyl]-[2-nitro-
    phenyl]- 6 III 802 c

—, [4-Dichlorjodanyl-phenyl]-[4-nitro-
    phenyl]- 6 II 222 g

$C_{12}H_8Cl_2I_2Se$

λ⁴-Selan, Bis-[4-chlor-phenyl]-dijod-
    6 IV 1783

$C_{12}H_8Cl_2O$

Äther, Bis-[4-chlor-phenyl]- 6 I 101 e,
    II 176 f, III 690 a, IV 826

—, [2-Chlor-phenyl]-[4-chlor-phenyl]-
    6 IV 826

—, [3,4-Dichlor-phenyl]-phenyl-
    6 III 715 d

—, [1,2-Dichlor-vinyl]-[2]naphthyl-
    6 IV 4266

Biphenyl-2-ol, 3,5-Dichlor- 6 III 3302 c

—, 4,4'-Dichlor- 6 III 3303 c

Biphenyl-4-ol, 3,4'-Dichlor- 6 III 3333 d

—, 3,5-Dichlor- 6 III 3332 e

$C_{12}H_8Cl_2OS$

Phenol, 4-Chlor-2-[4-chlor-phenylmercapto]-
    6 III 4280 b

Sulfoxid, Bis-[4-chlor-phenyl]- 6 I 149 c,
    III 1036 a, IV 1587

—, [1,2-Dichlor-vinyl]-[2]naphthyl-
    6 IV 4315

$C_{12}H_8Cl_2OSe$

Selenoxid, Bis-[4-chlor-phenyl]-
    6 IV 1783

$C_{12}H_8Cl_2O_2$

Biphenyl-2,2'-diol, 3,3'-Dichlor-
    6 I 484 f

—, 5,5'-Dichlor- 6 I 484 g,
    III 5377 c

$C_{12}H_8Cl_4NO_3P$ (Fortsetzung)

Amidophosphorylchlorid, [Dichlor-
[2]naphthyloxy-acetyl]- **6** IV 4270

$C_{12}H_8Cl_4S$

λ^4-Sulfan, Dichlor-bis-[4-chlor-phenyl]-
6 I 149 c

$C_{12}H_8Cl_4Se$

λ^4-Selan, Dichlor-[3-chlor-phenyl]-[4-chlor-
phenyl]- **6** IV 1783

$C_{12}H_8Cl_4Te$

λ^4-Tellan, Dichlor-bis-[2-chlor-phenyl]-
6 IV 1801

–, Dichlor-bis-[3-chlor-phenyl]-
6 IV 1801

–, Dichlor-bis-[4-chlor-phenyl]-
6 IV 1801

$C_{12}H_8Cl_7FO_2$

Essigsäure-[1,4,5,6,7,8,8-heptachlor-3-fluor-
2,3,3a,4,7,7a-hexahydro-4,7-methano-
inden-2-ylester] **6** IV 3367

$C_{12}H_8Cl_8O_2$

Essigsäure-[1,3,4,5,6,7,8,8-octachlor-
2,3,3a,4,7,7a-hexahydro-4,7-methano-
inden-2-ylester] **6** IV 3368

$C_{12}H_8F_2O$

Äther, Bis-[4-fluor-phenyl]- **6** III 670 e

Biphenyl-2-ol, 4,4'-Difluor- **6** III 3297 h

$C_{12}H_8F_2OS$

Sulfoxid, Bis-[4-fluor-phenyl]- **6** III 1031 h,
IV 1567

$C_{12}H_8F_2O_2$

Biphenyl-2,2'-diol, 5,5'-Difluor-
6 IV 6648

Biphenyl-2,3'-diol, 4,4'-Difluor-
6 III 5387 a

Biphenyl-4,4'-diol, 3,3'-Difluor-
6 IV 6653

Phenol, 2-Fluor-4-[2-fluor-phenoxy]-
6 III 4431 c

$C_{12}H_8F_2O_2S$

Phenol, 4,4'-Difluor-2,2'-sulfandiyl-di-
6 IV 5643

Sulfon, Bis-[4-fluor-phenyl]- **6** III 1032,
IV 1568

$C_{12}H_8F_2O_6S_2$

Biphenyl, 4,4'-Bis-fluorsulfonyloxy-
6 III 5395 h

$C_{12}H_8F_2S$

Sulfid, Bis-[4-fluor-phenyl]- **6** III 1031 g

$C_{12}H_8F_2S_2$

Disulfid, Bis-[4-fluor-phenyl]- **6** IV 1569

$C_{12}H_8F_2Se$

Selenid, Bis-[4-fluor-phenyl]- **6** III 1111 f

$C_{12}H_8INO_2S$

Sulfid, [2-Jod-phenyl]-[2-nitro-phenyl]-
6 IV 1664

–, [3-Jod-phenyl]-[2-nitro-phenyl]-
6 IV 1664

–, [3-Jod-phenyl]-[4-nitro-phenyl]-
6 IV 1695

–, [4-Jod-phenyl]-[2-nitro-phenyl]-
6 IV 1665

–, [4-Jod-phenyl]-[4-nitro-phenyl]-
6 III 1070 h, IV 1695

$C_{12}H_8INO_3$

Äther, [2-Jod-4-nitro-phenyl]-phenyl-
6 III 852 h

–, [4-Jod-3-nitro-phenyl]-phenyl-
6 III 852 a

–, [2-Jod-phenyl]-[4-nitro-phenyl]-
6 III 822 a

–, [3-Jod-phenyl]-[4-nitro-phenyl]-
6 IV 1289

–, [4-Jod-phenyl]-[2-nitro-phenyl]-
6 III 802 b

–, [4-Jod-phenyl]-[4-nitro-phenyl]-
6 II 222 f, III 822 b, IV 1289

Biphenyl-4-ol, 3-Jod-5-nitro- **6** III 3340 a

$C_{12}H_8INO_4S$

Sulfon, [3-Jod-phenyl]-[2-nitro-phenyl]-
6 IV 1666

–, [3-Jod-phenyl]-[4-nitro-phenyl]-
6 IV 1698

–, [4-Jod-phenyl]-[2-nitro-phenyl]-
6 IV 1666

–, [4-Jod-phenyl]-[4-nitro-phenyl]-
6 III 1072 e, IV 1698

$C_{12}H_8I_2O$

Äther, Bis-[2-jod-phenyl]- **6** III 770 g

–, Bis-[4-jod-phenyl]- **6** II 199 e,
III 777 g

–, [2,4-Dijod-phenyl]-phenyl-
6 III 786 e

–, [3,4-Dijod-phenyl]-phenyl-
6 III 786 j

–, [2-Jod-phenyl]-[4-jod-phenyl]-
6 III 777 e

–, [3-Jod-phenyl]-[4-jod-phenyl]-
6 III 777 f

Biphenyl-2-ol, 3,5-Dijod- **6** III 3306 d

Biphenyl-4-ol, 3,5-Dijod- **6** III 3338 f

$C_{12}H_8I_2OS$

Phenol, 2,6-Dijod-4-phenylmercapto-
6 III 4470 a

–, 3,5-Dijod-4-phenylmercapto-
6 III 4469 e

$C_{12}H_8I_2O_2S$
Phenol, 4,4′-Dijod-2,2′-sulfandiyl-di-
   6 III 4285 b
Sulfon, Bis-[3-jod-phenyl]- **6** II 303 f,
   IV 1659
−, Bis-[4-jod-phenyl]- **6** 336 k,
   III 1055 g, IV 1659

$C_{12}H_8I_2O_2S_2$
Benzolthiosulfonsäure, 4-Jod-, *S*-[4-jod-
   phenylester] **6** 336 i

$C_{12}H_8I_2O_4S$
Schwefelsäure-bis-[4-jod-phenylester]
   6 III 778 g

$C_{12}H_8I_2S$
Sulfid, Bis-[4-jod-phenyl]- **6** 335 f

$C_{12}H_8I_2S_2$
Disulfid, Bis-[2-jod-phenyl]- **6** II 303 e,
   IV 1658
−, Bis-[4-jod-phenyl]- **6** 336 h,
   II 303 j, III 1056 e, IV 1660

$C_{12}H_8I_2S_3$
Trisulfid, Bis-[4-jod-phenyl]- **6** III 1057 a

$C_{12}H_8NO_5P$
Benzo[1,3,2]dioxaphosphol, 2-[4-Nitro-
   phenoxy]- **6** IV 5598

$C_{12}H_8NO_5PS$
Benzo[1,3,2]dioxaphosphol-2-sulfid,
   2-[2-Nitro-phenoxy]- **6** IV 5602
−, 2-[4-Nitro-phenoxy]- **6** IV 5602

$C_{12}H_8N_2O_2S_2$
Biphenyl, 4,4′-Bis-nitrosylmercapto-
   6 II 963 i, III 5400 c

$C_{12}H_8N_2O_3S$
Acetonitril, Hydroxyimino-[naphthalin-
   2-sulfonyl]- **6** 662 a

$C_{12}H_8N_2O_4S$
Sulfid, Bis-[2-nitro-phenyl]- **6** 337 g,
   II 305 i, III 1059 b, IV 1665
−, Bis-[3-nitro-phenyl]- **6** IV 1682
−, Bis-[4-nitro-phenyl]- **6** 339 i,
   II 311 c, III 1071 b, IV 1696
−, [2,4-Dinitro-phenyl]-phenyl-
   6 II 315 j, III 1094 h, IV 1746
−, [2-Nitro-phenyl]-[4-nitro-phenyl]-
   6 III 1070 i, IV 1696
−, [3-Nitro-phenyl]-[4-nitro-phenyl]-
   6 III 1071 a

$C_{12}H_8N_2O_4SSe$
Benzolthioselenensäure, 2-Nitro-,
   [2-nitro-phenylester] **6** IV 1787

$C_{12}H_8N_2O_4SSe_2$
Sulfan, Bis-[2-nitro-benzolselenenyl]-
   6 IV 1788

$C_{12}H_8N_2O_4S_2$
Disulfid, Bis-[2-nitro-phenyl]- **6** 338 c,
   I 157 a, II 307 c, III 1061 f,
   IV 1672
−, Bis-[3-nitro-phenyl]- **6** 339 c,
   III 1067 f, IV 1686
−, Bis-[4-nitro-phenyl]- **6** 340 g,
   I 160 d, II 312 e, III 1077 b,
   IV 1716
−, [2,4-Dinitro-phenyl]-phenyl-
   6 III 1101 b
−, [2-Nitro-phenyl]-[4-nitro-phenyl]-
   6 III 1077 a

$C_{12}H_8N_2O_4S_3$
Trisulfid, Bis-[2-nitro-phenyl]- **6** II 308 a,
   III 1062 d

$C_{12}H_8N_2O_4S_4$
Tetrasulfid, Bis-[2-nitro-phenyl]-
   6 II 308 b

$C_{12}H_8N_2O_4Se$
Selenid, Bis-[2-nitro-phenyl]- **6** III 1116 c
−, Bis-[4-nitro-phenyl]- **6** III 1120 f,
   IV 1791
−, [2,4-Dinitro-phenyl]-phenyl-
   6 IV 1795

$C_{12}H_8N_2O_4Se_2$
Diselenid, Bis-[2-nitro-phenyl]- **6** I 164 f,
   II 321 f, III 1117 i, IV 1788
−, Bis-[3-nitro-phenyl]- **6** I 164 h,
   III 1120 b, IV 1790
−, Bis-[4-nitro-phenyl]- **6** III 1121 c,
   IV 1792
−, [2,4-Dinitro-phenyl]-phenyl-
   6 IV 1798

$C_{12}H_8N_2O_4Se_3$
Triselenid, Bis-[2-nitro-phenyl]-
   6 IV 1788

$C_{12}H_8N_2O_5$
Äther, Bis-[2-nitro-phenyl]- **6** 219 a,
   III 802 d, IV 1253
−, Bis-[3-nitro-phenyl]- **6** IV 1272
−, Bis-[4-nitro-phenyl]- **6** 232 h,
   I 119 e, II 222 i, III 822 e,
   IV 1290
−, [2,4-Dinitro-phenyl]-phenyl-
   6 255 d, I 126 c, II 242 d, III 860 e,
   IV 1375
−, [2,6-Dinitro-phenyl]-phenyl-
   6 I 127 i, II 245 d
−, [3,4-Dinitro-phenyl]-phenyl-
   6 I 127 l
−, [2-Nitro-phenyl]-[3-nitro-phenyl]-
   6 IV 1272

$C_{12}H_8N_2O_5$ (Fortsetzung)
Äther, [2-Nitro-phenyl]-[4-nitro-phenyl]-
  6 232 g, II 222 h, III 822 c,
  IV 1289

−, [3-Nitro-phenyl]-[4-nitro-phenyl]-
  6 III 822 d, IV 1289

Biphenyl-2-ol, 3,2'-Dinitro- 6 IV 4592
−, 3,4'-Dinitro- 6 IV 4593
−, 3,5-Dinitro- 6 672 i, I 324 f,
  III 3309 a
−, 4,4'-Dinitro- 6 IV 4593
−, 5,2'-Dinitro- 6 IV 4592
−, 5,4'-Dinitro- 6 673 b, IV 4593
Biphenyl-3-ol, 2,4-Dinitro- 6 III 3318 a
−, 2,6-Dinitro- 6 III 3318 b
−, 4,6-Dinitro- 6 III 3318 c
Biphenyl-4-ol, 3,4'-Dinitro- 6 II 627 d
−, 3,5-Dinitro- 6 674 h, II 627 b,
  III 3340 b, IV 4615

$C_{12}H_8N_2O_5S$
Phenol, 2-[2,4-Dinitro-phenylmercapto]-
  6 IV 5634
Sulfoxid, Bis-[2-nitro-phenyl]-
  6 337 j, III 1059 c, IV 1665
−, Bis-[3-nitro-phenyl]- 6 IV 1682
−, Bis-[4-nitro-phenyl]- 6 III 1071 c,
  IV 1696
−, [2,4-Dinitro-phenyl]-phenyl-
  6 IV 1748

$C_{12}H_8N_2O_5S_2$
Benzolsulfensäure, 2-Nitro-, anhydrid
  6 III 1062 c
−, 4-Nitro-, anhydrid 6 III 1077 d

$C_{12}H_8N_2O_5Se$
Selenoxid, Bis-[4-nitro-phenyl]- 6 III 1120 g

$C_{12}H_8N_2O_6$
Biphenyl-2,2'-diol, 3,3'-Dinitro-
  6 990 a, III 5378 e
−, 3,5'-Dinitro- 6 III 5378 g
−, 4,4'-Dinitro- 6 III 5379 e
−, 5,5'-Dinitro- 6 990 b, I 484 j,
  III 5380 e
Biphenyl-2,4'-diol, 3,3'-Dinitro-
  6 III 5387 b
−, 5,3'-Dinitro- 6 III 5387 b
Biphenyl-2,5-diol, 2',4'-Dinitro-
  6 IV 6643
Biphenyl-4,4'-diol, 3,3'-Dinitro-
  6 992 i, I 486 e, III 5398 b
Essigsäure-[1,6-dinitro-[2]naphthylester]
  6 IV 4311
− [2,4-dinitro-[1]naphthylester]
  6 II 587 c

− [4,7-dinitro-[2]naphthylester]
  6 IV 4311
− [4,8-dinitro-[2]naphthylester]
  6 IV 4312
Phenol, 2,4-Dinitro-5-phenoxy- 6 I 405 f,
  IV 5698
−, 2,6-Dinitro-4-phenoxy-
  6 III 4445 a
−, 4-[2,4-Dinitro-phenoxy]-
  6 III 4397 d
−, 4-Nitro-2-[4-nitro-phenoxy]-
  6 III 4266 a
−, 4-Nitro-3-[4-nitro-phenoxy]-
  6 IV 5691

$C_{12}H_8N_2O_6S$
Essigsäure, [2,4-Dinitro-[1]naphthyl≠
  mercapto]- 6 III 2954 d
Phenol, 5,5'-Dinitro-2,2'-sulfandiyl-di-
  6 IV 5648
Resorcin, 4-[2,4-Dinitro-phenylmercapto]-
  6 IV 7351
Sulfon, Bis-[2-nitro-phenyl]- 6 I 154 j,
  III 1059 g, IV 1666
−, Bis-[3-nitro-phenyl]- 6 I 158 j,
  II 309 a, III 1066 i, IV 1683
−, Bis-[4-nitro-phenyl]- 6 340 a,
  II 311 e, III 1072 g, IV 1698
−, [2,4-Dinitro-phenyl]-phenyl-
  6 343 j, III 1096 b, IV 1748
−, [2-Nitro-phenyl]-[3-nitro-phenyl]-
  6 IV 1683
−, [3-Nitro-phenyl]-[4-nitro-phenyl]-
  6 III 1072 f, IV 1698

$C_{12}H_8N_2O_6S_2$
Benzolthiosulfonsäure, 2-Nitro-, S-[2-nitro-
  phenylester] 6 I 157 b, 11 I 22 i
−, 3-Nitro-, S-[3-nitro-phenylester]
  6 339 d, 11 II 39 a
−, 4-Nitro-, S-[4-nitro-phenylester]
  6 341 a, I 160 e, 11 83 k

$C_{12}H_8N_2O_6Se$
Resorcin, 4-[2,4-Dinitro-phenylselanyl]-
  6 IV 7360

$C_{12}H_8N_2O_6Te_2$
Phenol, 2,2'-Dinitro-4,4'-ditellandiyl-di-
  6 III 4492 c

$C_{12}H_8N_2O_7$
[1]Naphthol, 5-Acetoxy-2,4-dinitro-
  6 III 5273 f
−, 8-Acetoxy-2,4-dinitro- 6 III 5284 f
−, 8-Acetoxy-2,7-dinitro- 6 III 5285 c
Phenol, 3,5-Dinitro-2,2'-oxy-di- 6 791 f

$C_{12}H_8N_2O_7$ (Fortsetzung)

Phenol, 4,4'-Dinitro-3,3'-oxy-di- 6 825 b

−, 4,6-Dinitro-2,2'-oxy-di- 6 791 f

−, 6,6'-Dinitro-3,3'-oxy-di-
6 825 b

$C_{12}H_8N_2O_7S$

Phenol, 5-Nitro-2-[4-nitro-benzolsulfonyl]-
6 III 4285 c

Schwefligsäure-bis-[4-nitro-phenylester]
6 I 121 a, IV 1316

$C_{12}H_8N_2O_8$

Biphenyl-2,3,2',3'-tetraol, 5,5'-Dinitro-
6 IV 7742

Biphenyl-2,4,2',4'-tetraol, 3,3'-Dinitro-
6 II 1129 f

Biphenyl-2,5,2',5'-tetraol, 3,3'-Dinitro-
6 IV 7744

−, 4,4'-Dinitro- 6 IV 7744

Biphenyl-3,5,3',5'-tetraol, 4,4'-Dinitro-
6 II 1129 f

$C_{12}H_8N_2O_8S$

Phenol, 2,2'-Dinitro-4,4'-sulfonyl-di-
6 865 j, III 4471 b, IV 5836

−, 5,5'-Dinitro-2,2'-sulfonyl-di-
6 IV 5648

Schwefelsäure-bis-[4-nitro-phenylester]
6 III 830 h

− [2-nitro-phenylester]-[4-nitro-
phenylester] 6 III 830 g

$C_{12}H_8N_4O_{10}$

Naphthalin, 1,5-Dimethoxy-
2,4,6,8-tetranitro- 6 III 5275 g

$C_{12}H_8N_6O_2S$

Sulfon, Bis-[2-azido-phenyl]- 6 IV 1776

−, Bis-[4-azido-phenyl]- 6 III 1104 a,
IV 1777

$C_{12}H_8N_6S$

Sulfid, Bis-[4-azido-phenyl]- 6 IV 1776

$C_{12}H_8O$

Biphenylen-2-ol 6 IV 4844

$C_{12}H_8O_4Te$

$2\lambda^4$-[2,2']Spirobi[benzo[1,3,2]dioxatellurol]
6 IV 5597

$C_{12}H_8O_5P_2$

Oxid, Bis-[benzo[1,3,2]dioxaphosphol-2-yl]-
6 IV 5599

$C_{12}H_8O_7P_2$

Oxid, Bis-[2-oxo-2λ^5-benzo=
[1,3,2]dioxaphosphol-2-yl]- 6 II 785 h

$C_{12}H_9AsO_4$

Arsen(III)-säure, Dibrenzcatechinato-
6 III 4198

$C_{12}H_9BO_3$

Benzo[1,3,2]dioxaborol, 2-Phenoxy-
6 III 4249 b, IV 5611

$C_{12}H_9BO_4$

Benzo[1,3,2]dioxaborol, 2-[2-Hydroxy-
phenoxy]- 6 IV 5611

Borsäure, Dibrenzcatechinato-
6 I 380, II 771, III 4196, IV 5611

$C_{12}H_9BrCl_2O_2$

[1]Naphthol, 7-Brom-2,4-dichlor-
8-methoxy-5-methyl- 6 IV 6577

$C_{12}H_9BrCl_2Se$

λ^4-Selan, [4-Brom-phenyl]-dichlor-phenyl-
6 IV 1784

$C_{12}H_9BrO$

Acenaphthen-1-ol, 5-Brom- 6 IV 4623

−, 6-Brom- 6 IV 4623

Äther, [2-Brom-phenyl]-phenyl-
6 IV 1039

−, [4-Brom-phenyl]-phenyl-
6 I 105 g, II 185 g, III 744 b,
IV 1047

Biphenyl-2-ol, 3-Brom- 6 III 3304 d

−, 4'-Brom- 6 III 3305 e

−, 5-Brom- 6 III 3304 e

Biphenyl-3-ol, 5-Brom- 6 II 624 d

Biphenyl-4-ol, 2'-Brom- 6 IV 4610

−, 3-Brom- 6 II 625 c, III 3333 i

−, 3'-Brom- 6 IV 4610

−, 4'-Brom- 6 II 625 d, III 3334 j

$C_{12}H_9BrOS$

Thioessigsäure-S-[3-brom-azulen-1-ylester]
6 IV 4207

$C_{12}H_9BrOS_2$

Phenol, 2-Brom-4-phenyldisulfanyl-
6 III 4468 g

$C_{12}H_9BrO_2$

Acetylbromid, [1]Naphthyloxy-
6 II 580 j

Biphenyl-2,5-diol, 2'-Brom- 6 III 5373 c

Essigsäure-[1-brom-[2]naphthylester]
6 651 c

− [3-brom-[2]naphthylester]
6 III 2996 b

− [4-brom-[1]naphthylester]
6 613 l, IV 4235

− [4-brom-[2]naphthylester]
6 III 2996 e

− [6-brom-[2]naphthylester]
6 651 j, III 2997 e

Phenol, 2-[2-Brom-phenoxy]- 6 III 4214 g

−, 2-[3-Brom-phenoxy]- 6 III 4215 a

$C_{12}H_9BrO_2$ (Fortsetzung)

Phenol, 2-Brom-4-phenoxy- **6** III 4437 b, IV 5781

—, 4-Brom-2-phenoxy- **6** III 4254 e

—, 4-[4-Brom-phenoxy]- **6** 844 m

$C_{12}H_9BrO_2S$

Essigsäure, [1-Brom-[2]naphthylmercapto]- **6** II 613 g, III 3015 d

—, [4-Brom-[1]naphthylmercapto]- **6** IV 4249

—, [5-Brom-[1]naphthylmercapto]- **6** IV 4249

—, [8-Brom-[1]naphthylmercapto]- **6** III 2949 i, IV 4249

Sulfon, [2-Brom-phenyl]-phenyl- **6** IV 1647

—, [3-Brom-phenyl]-phenyl- **6** IV 1648

—, [4-Brom-phenyl]-phenyl- **6** I 151 f, III 1049 f, IV 1651

$C_{12}H_9BrO_3$

Essigsäure, [1-Brom-[2]naphthyloxy]- **6** III 2995 d

—, [3-Brom-[2]naphthyloxy]- **6** IV 4302

—, [4-Brom-[1]naphthyloxy]- **6** III 2935 f

—, [6-Brom-[2]naphthyloxy]- **6** III 2997 f

$C_{12}H_9BrO_3S$

Essigsäure, [4-Brom-naphthalin-1-sulfinyl]- **6** IV 4249

Phenol, 4-[4-Brom-benzolsulfonyl]- **6** IV 5795

$C_{12}H_9BrO_4S$

Essigsäure, [4-Brom-naphthalin-1-sulfonyl]- **6** IV 4249

Hydrochinon, 2-[4-Brom-benzolsulfonyl]- **6** IV 7353

$C_{12}H_9BrS$

Acenaphthen-3-thiol, 5-Brom- **6** III 3347 g

—, 6-Brom- **6** III 3347 g

Biphenyl-2-thiol, 5-Brom- **6** III 3310 c

Sulfid, [2-Brom-phenyl]-phenyl- **6** II 300 e, III 1046 h

—, [4-Brom-phenyl]-phenyl- **6** 330 i, I 151 c, III 1049 a

$C_{12}H_9BrS_2$

Disulfid, [2-Brom-phenyl]-phenyl- **6** IV 1648

—, [3-Brom-phenyl]-phenyl- **6** IV 1649

—, [4-Brom-phenyl]-phenyl- **6** IV 1656

$C_{12}H_9BrSe$

Biphenyl-4-selenenylbromid **6** III 3345 b, IV 4620

Selenid, [2-Brom-phenyl]-phenyl- **6** III 1114 d

—, [3-Brom-phenyl]-phenyl- **6** III 1114 e

—, [4-Brom-phenyl]-phenyl- **6** II 320 f, IV 1784

$C_{12}H_9Br_2ClSe$

λ^4-Selan, Dibrom-[4-chlor-phenyl]-phenyl- **6** III 1113 d

$C_{12}H_9Br_2NO_2$

Essigsäure, [1,6-Dibrom-[2]naphthyloxy]-, amid **6** III 2998 f

$C_{12}H_9Br_2NO_2Se$

λ^4-Selan, Dibrom-[2-nitro-phenyl]-phenyl- **6** III 1116 f

—, Dibrom-[3-nitro-phenyl]-phenyl- **6** IV 1789

—, Dibrom-[4-nitro-phenyl]-phenyl- **6** IV 1791

$C_{12}H_9Br_2O_4P$

Phosphorsäure-bis-[4-brom-phenylester] **6** II 186 i, IV 1054

$C_{12}H_9Br_3O_2$

Naphthalin, 1,3,6-Tribrom-2,7-dimethoxy- **6** IV 6572

—, 2,4,6-Tribrom-1,5-dimethoxy- **6** III 5272 c

$C_{12}H_9Br_3O_6$

Benzol, 1,2,4-Triacetoxy-3,5,6-tribrom- **6** 1090 j

—, 1,3,5-Triacetoxy-2,4,6-tribrom- **6** 1105 h

$C_{12}H_9Br_5O_2$

Benzol, 2-Acetoxy-1-brom-5-[2,2-dibrom-1-dibrommethyl-vinyl]-3-methyl- **6** I 289 f

—, 2-Acetoxy-3,5-dibrom-1-[2,2-dibrom-1-brommethyl-vinyl]-4-methyl- **6** 578 e; vgl. 578 Anm., III 2450 Anm.

—, 1-Acetoxy-2,4,5-tribrom-6-[2,2-dibrom-1-methyl-vinyl]-3-methyl- **6** 578 e; vgl. 578 Anm., III 2450 Anm.

$C_{12}H_9Br_5O_4$

Benzol, 2-Acetoxy-5-[1-acetoxy-2,2-dibrom-äthyl]-1,3,4-tribrom- **6** 906 b

$C_{12}H_9Br_7O_2$

Benzol, 1-Acetoxy-2,3,5,6-tetrabrom-4-
[1-brom-1-dibrommethyl-propyl]-
6 523 d; vgl. I 258 g

$C_{12}H_9ClN_2O_4$

Essigsäure, [2-Chlor-4-nitro-[1]naphthyloxy]-,
amid 6 IV 4240

$C_{12}H_9ClO$

Acenaphthen-5-ol, 4-Chlor- 6 IV 4625

–, 6-Chlor- 6 II 628 e

Äther, [2-Chlor-phenyl]-phenyl-
6 III 677 a, IV 787

–, [3-Chlor-phenyl]-phenyl-
6 III 682 c, IV 812

–, [4-Chlor-phenyl]-phenyl-
6 I 101 d, III 689 l, IV 826

Biphenyl-2-ol, 2'-Chlor- 6 III 3301 e

–, 3-Chlor- 6 III 3297 i, IV 4586

–, 4'-Chlor- 6 III 3301 i

–, 5-Chlor- 6 III 3299 h

Biphenyl-3-ol, 4'-Chlor- 6 IV 4598

–, 6-Chlor- 6 III 3316 c

Biphenyl-4-ol, 2'-Chlor- 6 III 3332 b

–, 3-Chlor- 6 III 3330 f

–, 3'-Chlor- 6 IV 4608

–, 4'-Chlor- 6 II 625 b, III 3332 c,
IV 4608

$C_{12}H_9ClOS$

Sulfoxid, [4-Chlor-[1]naphthyl]-vinyl-
6 III 2948 c

–, [2-Chlor-phenyl]-phenyl-
6 IV 1571

–, [3-Chlor-phenyl]-phenyl-
6 IV 1578

–, [4-Chlor-phenyl]-phenyl-
6 III 1035 g, IV 1587

$C_{12}H_9ClO_2$

Acetylchlorid, [1]Naphthyloxy-
6 II 580 i, III 2930 f

–, [2]Naphthyloxy- 6 III 2986 e

Biphenyl-2,5-diol, 2'-Chlor- 6 III 5372 d

Biphenyl-4,4'-diol, 3-Chlor- 6 992 c

Essigsäure-[1-chlor-[2]naphthylester]
6 649 b, III 2991 c

– [3-chlor-[1]naphthylester]
6 II 581 l

– [4-chlor-[1]naphthylester]
6 612 a

– [4-chlor-[2]naphthylester]
6 III 2992 e

– [5-chlor-[1]naphthylester]
6 612 d

– [5-chlor-[2]naphthylester]
6 III 2992 g

– [6-chlor-[1]naphthylester]
6 612 f

– [6-chlor-[2]naphthylester]
6 IV 4295

– [7-chlor-[2]naphthylester]
6 649 i, III 2992 j

– [8-chlor-[2]naphthylester]
6 III 2993 a

Essigsäure, Chlor-, [1]naphthylester
6 608 i, III 2929 a

–, Chlor-, [2]naphthylester
6 II 601 b

Phenol, 2-Chlor-4-phenoxy- 6 III 4432 d,
IV 5768

–, 4-[4-Chlor-phenoxy]- 6 III 4396 c

$C_{12}H_9ClO_2S$

Essigsäure, [1-Chlor-[2]naphthylmercapto]-
6 II 612 i

–, [2-Chlor-[1]naphthylmercapto]-
6 III 2947 e, IV 4246

–, [4-Chlor-[1]naphthylmercapto]-
6 IV 4246

–, [5-Chlor-[1]naphthylmercapto]-
6 IV 4247

–, [7-Chlor-[1]naphthylmercapto]-
6 IV 4247

–, [8-Chlor-[1]naphthylmercapto]-
6 IV 4248

Sulfon, [2-Chlor-phenyl]-phenyl-
6 III 1033 c, IV 1571

–, [3-Chlor-phenyl]-phenyl-
6 IV 1578

–, [4-Chlor-phenyl]-phenyl-
6 330 d, I 149 d, 150 i, II 297 f,
III 1036 b, IV 1587

$C_{12}H_9ClO_3$

Essigsäure, [1-Chlor-[2]naphthyloxy]-
6 III 2991 f, IV 4291

–, [2-Chlor-[1]naphthyloxy]-
6 III 2933 d

–, [3-Chlor-[2]naphthyloxy]-
6 IV 4292

–, [4-Chlor-[1]naphthyloxy]-
6 III 2934 a

–, [4-Chlor-[2]naphthyloxy]-
6 IV 4294

–, [5-Chlor-[2]naphthyloxy]-
6 IV 4294

–, [6-Chlor-[2]naphthyloxy]-
6 IV 4295

C₁₂H₉ClO₃ (Fortsetzung)
Essigsäure, [7-Chlor-[1]naphthyloxy]-
  6 III 2934 d
—, [7-Chlor-[2]naphthyloxy]-
  6 IV 4295
—, [8-Chlor-[2]naphthyloxy]-
  6 IV 4295
C₁₂H₉ClO₃S
Phenol, 2-Benzolsulfonyl-4-chlor-
  6 III 4280 e, IV 5643
—, 2-Benzolsulfonyl-6-chlor-
  6 IV 5643
—, 4-Benzolsulfonyl-2-chlor-
  6 III 4467 b, IV 5828
—, 4-[4-Chlor-benzolsulfonyl]-
  6 III 4450 f, IV 5795
Schwefligsäure-[4-chlor-phenylester]-
  phenylester 6 III 697 g
C₁₂H₉ClO₄
Naphthalin-1,4-diol, 5-Acetoxy-2-chlor-
  6 III 6509 d
C₁₂H₉ClO₄S
Hydrochinon, 2-[4-Chlor-benzolsulfonyl]-
  6 IV 7353
Phenol, 2'-Chlor-2,4'-sulfonyl-di-
  6 III 4467 d
—, 2-Chlor-4,4'-sulfonyl-di-
  6 III 4467 f
—, 4-Chlor-2,4'-sulfonyl-di-
  6 III 4455 a
Schwefelsäure-mono-[5-chlor-biphenyl-
  2-ylester] 6 III 3301 d
C₁₂H₉ClS
Sulfid, [4-Chlor-[1]naphthyl]-vinyl-
  6 III 2948 c
—, [8-Chlor-[2]naphthyl]-vinyl-
  6 IV 4321
—, [2-Chlor-phenyl]-phenyl-
  6 IV 1571
—, [3-Chlor-phenyl]-phenyl-
  6 IV 1577
—, [4-Chlor-phenyl]-phenyl-
  6 327 a, III 1035 e, IV 1586
C₁₂H₉ClS₂
Disulfid, [2-Chlor-phenyl]-phenyl-
  6 IV 1575
—, [4-Chlor-phenyl]-phenyl-
  6 IV 1608
C₁₂H₉ClSe
Biphenyl-4-selenenylchlorid 6 III 3345 a
Selenid, [3-Chlor-phenyl]-phenyl-
  6 III 1112 d, IV 1782

—, [4-Chlor-phenyl]-phenyl-
  6 IV 1782
C₁₂H₉Cl₂IO
Äther, [2-Dichlorjodanyl-phenyl]-phenyl-
  6 III 770 h
—, [4-Dichlorjodanyl-phenyl]-phenyl-
  6 II 199 f, III 778 a
C₁₂H₉Cl₂IO₂S
Sulfon, [4-Dichlorjodanyl-phenyl]-phenyl-
  6 I 153 h
C₁₂H₉Cl₂NO₂Se
λ^4-Selan, Dichlor-[2-nitro-phenyl]-phenyl-
  6 III 1116 e
C₁₂H₉Cl₂NO₃
Essigsäure-[2,3-dichlor-4-nitroso-
  2,3-dihydro-[1]naphthylester]
  6 II 559 d
C₁₂H₉Cl₂O₂P
Dichlorophosphorsäure-biphenyl-2-ylester
  6 III 3297 a, IV 4585
— biphenyl-3-ylester 6 III 3316 b
— biphenyl-4-ylester 6 III 3330 c,
  IV 4608
C₁₂H₉Cl₂O₃P
Chlorophosphorsäure-[2-chlor-phenylester]-
  phenylester 6 III 680 i
Dichlorophosphorsäure-[2-phenoxy-
  phenylester] 6 III 4246 f
— [4-phenoxy-phenylester]
  6 III 4430 c
Phosphonsäure-bis-[2-chlor-phenylester]
  6 IV 805
— bis-[4-chlor-phenylester]
  6 IV 867
C₁₂H₉Cl₂O₄P
Phosphorsäure-bis-[2-chlor-phenylester]
  6 II 172 n, III 680 e, IV 806
— bis-[4-chlor-phenylester]
  6 188 c, II 177 n, III 698 f, IV 869
C₁₂H₉Cl₃O
Äthanol, 2,2,2-Trichlor-1-[1]naphthyl-
  6 II 619 h, IV 4347
—, 2,2,2-Trichlor-1-[2]naphthyl-
  6 IV 4349
C₁₂H₉Cl₃O₂
Hexa-2,4-diensäure-[2,4,5-trichlor-
  phenylester] 6 IV 972
C₁₂H₉Cl₃O₅
Maleinsäure, Chlor-, 4-[2-(2,4-dichlor-
  phenoxy)-äthylester] 6 IV 892
C₁₂H₉Cl₃O₆
Benzol, 1,2,3-Triacetoxy-4,5,6-trichlor-
  6 1085 b

$C_{12}H_9Cl_3O_6$ (Fortsetzung)

Benzol, 1,2,4-Triacetoxy-3,5,6-trichlor-
　　6 1090 d

–, 1,3,5-Triacetoxy-2,4,6-trichlor-
　　6 1104 i

$C_{12}H_9Cl_3Se$

λ^4-Selan, Dichlor-[3-chlor-phenyl]-phenyl-
　　6 III 1112 f, IV 1782

–, Dichlor-[4-chlor-phenyl]-phenyl-
　　6 IV 1783

$C_{12}H_9Cl_5O_3$

Methacrylsäure-[2-pentachlorphenoxy-
　　äthylester] 6 III 734 c

$C_{12}H_9Cl_5O_4$

Acetessigsäure, 2-Pentachlorphenoxy-,
　　äthylester 6 IV 1035

$C_{12}H_9Cl_7O_2$

Essigsäure-[1,4,5,6,7,8,8-heptachlor-
　　2,3,3a,4,7,7a-hexahydro-4,7-methano-
　　inden-2-ylester] 6 IV 3367

$C_{12}H_9Cl_7O_3$

Propionsäure, 2,2-Dichlor-, [β-pentachlor-
　　phenoxy-isopropylester] 6 IV 1029

$C_{12}H_9Cl_9O_2$

Buttersäure, 2,2,3-Trichlor-, [1,4,5,6,7,7-
　　hexachlor-norborn-5-en-2-ylmethylester]
　　6 IV 360

$C_{12}H_9DO$

Biphenyl-2-ol, O-Deuterio- 6 IV 4580

$C_{12}H_9FO$

Äther, [4-Fluor-phenyl]-phenyl-
　　6 III 670 d, IV 775

Biphenyl-2-ol, 2'-Fluor- 6 III 3297 g

Biphenyl-4-ol, 2'-Fluor- 6 III 3330 d

–, 4'-Fluor- 6 III 3330 e

$C_{12}H_9FO_2$

Phenol, 4-[2-Fluor-phenoxy]- 6 III 4396 b

$C_{12}H_9FO_2S$

Essigsäure, [1-Fluor-[2]naphthylmercapto]-
　　6 III 3014 a

–, [2-Fluor-[1]naphthylmercapto]-
　　6 III 2947 c

Sulfon, [4-Fluor-phenyl]-phenyl-
　　6 III 1032 a, IV 1567

$C_{12}H_9FO_3$

Essigsäure, [3-Fluor-[2]naphthyloxy]-
　　6 IV 4289

$C_{12}H_9FO_3S$

Fluoroschwefelsäure-biphenyl-2-ylester
　　6 III 3295 b

Phenol, 4-[4-Fluor-benzolsulfonyl]-
　　6 III 4450 e, IV 5794

$C_{12}H_9FS$

Sulfid, [4-Fluor-phenyl]-phenyl-
　　6 III 1031 f

$C_{12}H_9F_9S$

Sulfid, Isopropyl-[2,4,6-tris-trifluormethyl-
　　phenyl]- 6 IV 3263

$[C_{12}H_9INO_3]^+$

Jodonium, [2-Hydroxy-5-nitro-phenyl]-
　　phenyl- 6 IV 1367

$C_{12}H_9IO$

Äther, [2-Jod-phenyl]-phenyl- 6 III 770 e

–, [3-Jod-phenyl]-phenyl-
　　6 III 773 f

–, [4-Jod-phenyl]-phenyl-
　　6 II 199 c, III 777 c

Biphenyl-2-ol, 2'-Jod- 6 IV 4590

–, 5-Jod- 6 III 3306 d

Biphenyl-4-ol, 3-Jod- 6 III 3337 j

–, 4'-Jod- 6 II 625 h, III 3338 a

$C_{12}H_9IOS$

Phenol, 4-[4-Jod-phenylmercapto]-
　　6 III 4449 g

Sulfoxid, [3-Jod-phenyl]-phenyl- 6 III 1055 c

–, [4-Jod-phenyl]-phenyl- 6 I 153 f,
　　III 1055 f

$C_{12}H_9IO_2$

Essigsäure-[1-jod-[2]naphthylester] 6 IV 4306

–　[4-jod-[2]naphthylester]
　　6 III 3002 d

Phenol, 4-[4-Jod-phenoxy]- 6 III 4397 a

$C_{12}H_9IO_2S$

Sulfon, [4-Jod-phenyl]-phenyl- 6 I 153 g

$C_{12}H_9IO_3$

Essigsäure, [1-Jod-[2]naphthyloxy]-
　　6 II 608 a, IV 4306

–, [3-Jod-[2]naphthyloxy]-
　　6 IV 4306

$C_{12}H_9IO_3S$

Phenol, 4-[4-Jod-benzolsulfonyl]-
　　6 IV 5795

Sulfon, [4-Jodosyl-phenyl]-phenyl-
　　6 I 153 h

$C_{12}H_9IO_4S$

Sulfon, [4-Jodyl-phenyl]-phenyl-
　　6 I 153 i

$C_{12}H_9IS$

Sulfid, [4-Jod-phenyl]-phenyl- 6 I 153 e

$C_{12}H_9NO$

Acetonitril, [1]Naphthyloxy- 6 III 2931 c,
　　IV 4220

–, [2]Naphthyloxy- 6 646 a,
　　III 2986 g, IV 4276

$C_{12}H_9NOS$

Methylthiocyanat, [1]Naphthyloxy-
    6 IV 4216
[1]Naphthylthiocyanat, 2-Methoxy-
    6 II 946 g
—, 4-Methoxy- 6 IV 6551

$C_{12}H_9NO_2S$

Acetonitril, [Naphthalin-1-sulfonyl]-
    6 624 b, I 309 j, II 588 i
—, [Naphthalin-2-sulfonyl]-
    6 662 f, II 612 a
Sulfid, [2-Nitro-phenyl]-phenyl-
    6 337 f, I 154 h, II 305 h, III 1058 f,
    IV 1663
—, [3-Nitro-phenyl]-phenyl-
    6 III 1066 d, IV 1682
—, [4-Nitro-phenyl]-phenyl-
    6 339 h, I 159 g, II 311 b, III 1070 c,
    IV 1694

$C_{12}H_9NO_2SSe$

Benzolthioselenensäure-[2-nitro-phenylester]
    6 IV 1781
Benzolthioselenensäure, 2-Nitro-,
    phenylester 6 IV 1787

$C_{12}H_9NO_2S_2$

Disulfid, [2-Nitro-phenyl]-phenyl-
    6 II 306 k, III 1061 e, IV 1671
—, [3-Nitro-phenyl]-phenyl-
    6 IV 1686
—, [4-Nitro-phenyl]-phenyl-
    6 III 1076 i, IV 1716

$C_{12}H_9NO_2Se$

Selenid, [2-Nitro-phenyl]-phenyl-
    6 III 1116 b, IV 1785
—, [3-Nitro-phenyl]-phenyl-
    6 IV 1789
—, [4-Nitro-phenyl]-phenyl-
    6 IV 1790

$C_{12}H_9NO_2Se_2$

Diselenid, [2-Nitro-phenyl]-phenyl-
    6 IV 1787

$C_{12}H_9NO_3$

Acenaphthen-5-ol, 4-Nitro- 6 I 324 k
Äther, [2-Nitro-phenyl]-phenyl-
    6 218 d, I 114 d, II 210 c, III 801 d,
    IV 1252
—, [3-Nitro-phenyl]-phenyl-
    6 224 d, II 214 e, III 809 f,
    IV 1271
—, [4-Nitro-phenyl]-phenyl-
    6 232 f, I 119 d, II 222 b, III 821 a,
    IV 1287

Biphenyl-2-ol, 2'-Nitro- 6 III 3307 e,
    IV 4591
—, 3-Nitro- 6 III 3307 a
—, 4-Nitro- 6 III 3307 c, IV 4590
—, 4'-Nitro- 6 III 3308 a, IV 4591
—, 5-Nitro- 6 672 f, I 324 d,
    III 3307 d
Biphenyl-3-ol, 2-Nitro- 6 III 3316 e
—, 3'-Nitro- 6 III 3317 e
—, 4-Nitro- 6 III 3317 b
—, 6-Nitro- 6 III 3317 d
Biphenyl-4-ol, 2-Nitro- 6 IV 4611
—, 2'-Nitro- 6 674 e, IV 4612
—, 3-Nitro- 6 674 g, II 626 a,
    III 3339 a, IV 4612
—, 3'-Nitro- 6 IV 4613
—, 4'-Nitro- 6 II 626 c, IV 4613
Essigsäure-[4-nitroso-[1]naphthylester]
    6 II 584 d, IV 4236
[2]Naphthol, 1-[2-Nitro-vinyl]- 6 I 324 i
Oxalamidsäure-[1]naphthylester 6 IV 4218
—   [2]naphthylester 6 IV 4270

$C_{12}H_9NO_3S$

Benzolsulfensäure, 2-Nitro-, phenylester
    6 I 156 h
Phenol, 3-[4-Nitro-phenylmercapto]-
    6 IV 5703
—, 4-[2-Nitro-phenylmercapto]-
    6 I 420 g, III 4450 a
—, 4-[3-Nitro-phenylmercapto]-
    6 III 4450 b
—, 4-[4-Nitro-phenylmercapto]-
    6 I 420 h, III 4450 c, IV 5794
Sulfoxid, [2-Nitro-phenyl]-phenyl-
    6 IV 1665
—, [3-Nitro-phenyl]-phenyl-
    6 IV 1682
—, [4-Nitro-phenyl]-phenyl-
    6 IV 1696
Thioessigsäure-S-[3-nitro-azulen-1-ylester]
    6 IV 4207
— S-[2-nitro-[1]naphthylester]
    6 III 2951 b
— S-[5-nitro-[1]naphthylester]
    6 III 2953 d
— S-[5-nitro-[2]naphthylester]
    6 III 3017 i

$C_{12}H_9NO_3S_2$

Phenol, 2-Nitro-4-phenyldisulfanyl-
    6 III 4471 g
—, 4-[2-Nitro-phenyldisulfanyl]-
    6 III 4465 d, IV 5820

$C_{12}H_9NO_3S_2$ (Fortsetzung)

Phenol, 4-[4-Nitro-phenyldisulfanyl]-
6 III 4465 e

$C_{12}H_9NO_3Se$

Selenoxid, [2-Nitro-phenyl]-phenyl-
6 III 1116 d, IV 1786
—, [3-Nitro-phenyl]-phenyl-
6 IV 1789
—, [4-Nitro-phenyl]-phenyl-
6 IV 1791

$C_{12}H_9NO_4$

Acenaphthen-1,2-diol, 3-Nitro- 6 III 5403 b
Biphenyl-2,4'-diol, 4-Nitro- 6 III 5387 e
Biphenyl-2,5-diol, 2'-Nitro- 6 IV 6643
—, 3'-Nitro- 6 III 5373 g
—, 4'-Nitro- 6 III 5373 j, IV 6643
Essigsäure-[1-nitro-[2]naphthylester] 6 654 d
—   [2-nitro-[1]naphthylester]
6 615 d
—   [3-nitro-[1]naphthylester]
6 IV 4237
—   [3-nitro-[2]naphthylester]
6 IV 4308
—   [5-nitro-[1]naphthylester]
6 616 f
—   [5-nitro-[2]naphthylester]
6 IV 4308
—   [6-nitro-[1]naphthylester]
6 III 2939 h
—   [6-nitro-[2]naphthylester]
6 III 3004 d
—   [7-nitro-[2]naphthylester]
6 III 3004 g
—   [8-nitro-[2]naphthylester]
6 655 c
Phenol, 2-[2-Nitro-phenoxy]- 6 IV 5570
—, 2-[3-Nitro-phenoxy]- 6 IV 5570
—, 2-Nitro-4-phenoxy- 6 II 850 a,
III 4443 e
—, 2-[4-Nitro-phenoxy]- 6 III 4215 b
—, 2-Nitro-5-phenoxy- 6 IV 5691
—, 3-[3-Nitro-phenoxy]- 6 IV 5667
—, 3-[4-Nitro-phenoxy]- 6 IV 5667
—, 4-Nitro-2-phenoxy- 6 III 4265 j
—, 4-[3-Nitro-phenoxy]- 6 IV 5724
—, 4-[4-Nitro-phenoxy]- 6 IV 5725

$C_{12}H_9NO_4S$

Hydrochinon, 2-[2-Nitro-phenylmercapto]-
6 III 6293 f
—, 2-[4-Nitro-phenylmercapto]-
6 III 6293 g
Resorcin, 4-[2-Nitro-phenylmercapto]-
6 I 543 i, III 6289 b

—, 4-[3-Nitro-phenylmercapto]-
6 III 6289 c
—, 4-[4-Nitro-phenylmercapto]-
6 I 543 j, III 6289 d
Sulfon, [2-Nitro-phenyl]-phenyl-
6 338 a, I 154 i, III 1059 d,
IV 1665
—, [3-Nitro-phenyl]-phenyl-
6 I 158 i, III 1066 e, IV 1683
—, [4-Nitro-phenyl]-phenyl-
6 339 j, I 159 h, II 311 d, III 1071 d,
IV 1697

$C_{12}H_9NO_4Se$

Resorcin, 4-[2-Nitro-phenylselanyl]-
6 IV 7360

$C_{12}H_9NO_5$

Essigsäure, [1-Nitro-[2]naphthyloxy]-
6 654 e, III 3003 f
—, [3-Nitro-[2]naphthyloxy]-
6 IV 4308
—, [4-Nitro-[1]naphthyloxy]-
6 III 2939 c
—, [5-Nitro-[2]naphthyloxy]-
6 IV 4308
—, [6-Nitro-[2]naphthyloxy]-
6 III 3004 e, IV 4309
—, [8-Nitro-[2]naphthyloxy]-
6 IV 4310

$C_{12}H_9NO_5S$

Phenol, 2-Benzolsulfonyl-4-nitro-
6 IV 5649
—, 4-Benzolsulfonyl-2-nitro-
6 III 4470 e, IV 5836
—, 4-[2-Nitro-benzolsulfonyl]-
6 III 4450 g
—, 4-[4-Nitro-benzolsulfonyl]-
6 III 4451 a, IV 5795
Phloroglucin, 2-[4-Nitro-phenylmercapto]-
6 III 6654 i
Schwefligsäure-[4-nitro-phenylester]-
phenylester 6 IV 1316

$C_{12}H_9NO_6S$

Hydrochinon, 2-[2-Nitro-benzolsulfonyl]-
6 III 6294 a
—, 2-[4-Nitro-benzolsulfonyl]-
6 IV 7353
Resorcin, 4-[2-Nitro-benzolsulfonyl]-
6 III 6289 f
—, 4-[4-Nitro-benzolsulfonyl]-
6 III 6289 g
Schwefelsäure-[4-nitro-phenylester]-
phenylester 6 III 830 f

$C_{12}H_9NO_7S$

Phloroglucin, 2-[4-Nitro-benzolsulfonyl]-
6 III 6655 a

$C_{12}H_9NS$

Methylthiocyanat, [1]Naphthyl-
6 III 3026 b, IV 4337

[1]Naphthylthiocyanat, 4-Methyl-
6 IV 4331

$C_{12}H_9N_2O_7PS$

Thiophosphorsäure-O,O'-bis-[4-nitro-
phenylester] 6 IV 1340

$C_{12}H_9N_2O_8P$

Phosphorsäure-bis-[4-nitro-phenylester]
6 I 121 e, III 831 e, IV 1330

$C_{12}H_9N_3O$

Äther, [2-Azido-phenyl]-phenyl-
6 IV 1461

Biphenyl-4-ol, 2'-Azido- 6 IV 4615

$C_{12}H_9N_3O_2S$

Sulfon, [2-Azido-phenyl]-phenyl-
6 IV 1776

$C_{12}H_9N_3O_4S_2$

Amin, Bis-[2-nitro-benzolsulfenyl]-
6 I 158 g, II 308 e

—, Bis-[4-nitro-benzolsulfenyl]-
6 I 161 c

$C_{12}H_9N_3O_7$

Äther, Äthyl-[1,6,8-trinitro-[2]naphthyl]-
6 656 g, II 610 f, III 3006 d

—, Äthyl-[2,4,5-trinitro-[1]naphthyl]-
6 620 b, II 587 f

$C_{12}H_9N_3O_8$

Naphthalin, 1,5-Dimethoxy-2,4,6-trinitro-
6 III 5275 b

—, 1,5-Dimethoxy-2,4,8-trinitro-
6 III 5275 e

—, 2,7-Dimethoxy-1,3,8-trinitro-
6 I 483 a, IV 6572

$C_{12}H_9N_3S$

Sulfid, [2-Azido-phenyl]-phenyl-
6 IV 1776

$C_{12}H_9O_3P$

Benzo[1,3,2]dioxaphosphol, 2-Phenoxy-
6 III 4242 f

$C_{12}H_9O_3PS$

Benzo[1,3,2]dioxaphosphol-2-sulfid,
2-Phenoxy- 6 III 4244 f, IV 5602

$C_{12}H_9O_4P$

Phenol, 2-Benzo[1,3,2]dioxaphosphol-
2-yloxy- 6 II 785 a, III 4243 e,
IV 5598

$2\lambda^5$-[2,2']Spirobi[benzo[1,3,2]dioxaphosphol]
6 IV 5598

$C_{12}H_{10}BBrO_2$

Boran, Brom-diphenoxy- 6 IV 770

$C_{12}H_{10}BClO_2$

Boran, Chlor-diphenoxy- 6 IV 770

$C_{12}H_{10}BrClO$

Äthanol, 2-Brom-1-[4-chlor-[1]naphthyl]-
6 III 3036 c

—, 2-Brom-1-[7-chlor-[1]naphthyl]-
6 III 3036 d

Äther, Äthyl-[6-brom-1-chlor-[2]naphthyl]-
6 652 a, IV 4304

—, [1-Brom-6-chlormethyl-[2]naphthyl]-
methyl- 6 III 3029 d

—, [6-Brom-1-chlormethyl-[2]naphthyl]-
methyl- 6 III 3021 a

$C_{12}H_{10}BrNO_2$

Essigsäure, [1-Brom-[2]naphthyloxy]-,
amid 6 III 2995 e

$C_{12}H_{10}BrNO_3$

Äther, Äthyl-[4-brom-2-nitro-[1]naphthyl]-
6 616 i

—, Äthyl-[6-brom-1-nitro-[2]naphthyl]-
6 I 316 i

$C_{12}H_{10}BrO_2P$

Phosphin, Brom-diphenoxy-
6 I 95 b, IV 701

$C_{12}H_{10}BrO_2PS$

Bromothiophosphorsäure-O,O'-diphenyl-
ester 6 I 96 i

$C_{12}H_{10}BrO_2PSe$

Bromoselenophosphorsäure-
O,O'-diphenylester 6 I 97 f

$C_{12}H_{10}BrO_3P$

Bromophosphorsäure-diphenylester
6 IV 738

$C_{12}H_{10}Br_2ClO_2P$

Phosphoran, Dibrom-chlor-diphenoxy-
6 180 d

$C_{12}H_{10}Br_2NO_3P$

Amidophosphorsäure-bis-[4-brom-
phenylester] 6 IV 1054

$C_{12}H_{10}Br_2O$

Äthanol, 2-Brom-1-[4-brom-[1]naphthyl]-
6 III 3036 e

—, 2-Brom-1-[7-brom-[1]naphthyl]-
6 III 3036 f

Äther, Äthyl-[1,6-dibrom-[2]naphthyl]-
6 652 e, I 315 g, IV 4305

—, Äthyl-[4,6-dibrom-[2]naphthyl]-
6 II 606 f

—, [4,8-Dibrom-7-methyl-[1]naphthyl]-
methyl- 6 III 3030 a

$C_{12}H_{10}Br_2O_2$
Essigsäure-[2,3-dibrom-1-methyl-inden-
1-ylester] **6** I 300 g
Naphthalin, 1,5-Dibrom-2,6-dimethoxy-
6 III 5289 f
—, 1,5-Dibrom-4,8-dimethoxy-
6 III 5271 h
—, 1,6-Dibrom-2,7-dimethoxy-
6 IV 6571
—, 2,4-Dibrom-1,5-dimethoxy-
6 III 5270 b
—, 2,6-Dibrom-1,5-dimethoxy-
6 III 5270 h
—, 2,8-Dibrom-1,5-dimethoxy-
6 III 5271 e
—, 3,6-Dibrom-2,7-dimethoxy-
6 IV 6571

$C_{12}H_{10}Br_2O_6$
Benzol, 1,3,5-Triacetoxy-2,4-dibrom-
6 I 547 h
—, 2,3,4-Triacetoxy-1,5-dibrom-
6 1085 f, II 1069 a

$C_{12}H_{10}Br_2S$
λ^4-Sulfan, Dibrom-diphenyl- **6** I 144 a

$C_{12}H_{10}Br_2Se$
λ^4-Selan, Dibrom-diphenyl- **6** 346 a,
II 318 d, III 1107 b

$C_{12}H_{10}Br_2Te$
λ^4-Tellan, Dibrom-diphenyl- **6** 347 g,
I 166 a, II 322 h, III 1123 f, IV 1799

$C_{12}H_{10}Br_4O_2$
Benzol, 2-Acetoxy-1-brom-5-[2-brom-
1-dibrommethyl-vinyl]-3-methyl-
6 I 289 c
—, 2-Acetoxy-1-brom-3-[2,2-dibrom-
1-brommethyl-vinyl]-5-methyl-
6 I 289 a
—, 2-Acetoxy-3,5-dibrom-1-[2-brom-
1-brommethyl-vinyl]-4-methyl-
6 I 290 a

$C_{12}H_{10}Br_4O_3$
Phenol, 6-[1-Acetoxymethyl-2,2-dibrom-
vinyl]-2,4-dibrom-3-methyl- **6** I 466 f

$C_{12}H_{10}Br_4O_4$
Benzol, 2-Acetoxy-5-[1-acetoxy-2-brom-
äthyl]-1,3,4-tribrom- **6** 905 g
—, 2-Acetoxy-1-[1-acetoxy-2,2-dibrom-
äthyl]-3,5-dibrom- **6** I 442 j
—, 2-Acetoxy-5-[1-acetoxy-2,2-dibrom-
äthyl]-1,3-dibrom- **6** 905 j
—, 1-Acetoxy-4-acetoxymethyl-
2,3,6-tribrom-5-brommethyl- **6** 910 a

$C_{12}H_{10}Br_4Se_2$
λ^4,λ^4-Diselan, 1,1,2,2-Tetrabrom-
1,2-diphenyl- **6** II 319 e

$C_{12}H_{10}Br_6O_2$
Benzol, 2-Acetoxy-1-brom-3-methyl-
5-[$\alpha,\beta,\beta,\beta',\beta'$-pentabrom-isopropyl]-
6 I 261 e
—, 2-Acetoxy-1,3,4-tribrom-5-[1-brom-
1-dibrommethyl-propyl]-
6 523 b; vgl. I 258 f
—, 1-Acetoxy-2,4,5-tribrom-3-methyl-
6-[α,β,β-tribrom-isopropyl]-
6 541 h; vgl. I 267 e

$C_{12}H_{10}ClNO$
Acetimidsäure, 2-Chlor-, [2]naphthylester
6 II 601 c

$C_{12}H_{10}ClNOS$
Essigsäure, [1-Chlor-[2]naphthylmercapto]-,
amid **6** II 613 a

$C_{12}H_{10}ClNO_2$
Essigsäure, [1-Chlor-[2]naphthyloxy]-,
amid **6** III 2991 g

$C_{12}H_{10}ClNO_3$
Äther, [2-Chlor-äthyl]-[1-nitro-[2]naphthyl]-
6 II 608 f
—, [2-Chlormethyl-4-nitro-[1]naphthyl]-
methyl- **6** IV 4338

$C_{12}H_{10}ClNO_4$
Naphthalin, 2-Chlor-1,4-dimethoxy-3-nitro-
6 IV 6550

$C_{12}H_{10}ClO_2P$
Phosphin, Chlor-diphenoxy- **6** 177 d,
I 94 i, II 165 b, III 656 f, IV 700

$C_{12}H_{10}ClO_2PS$
Chlorothiophosphorsäure-O,O'-diphenyl=
ester **6** 181 c, I 96 g, II 167 g,
III 664 c, IV 756

$C_{12}H_{10}ClO_2PSe$
Chloroselenophosphorsäure-
O,O'-diphenylester **6** I 97 e

$C_{12}H_{10}ClO_3P$
Chlorophosphorsäure-diphenylester
6 179 d, I 95 g, II 166 d, III 660 d,
IV 737

$C_{12}H_{10}ClO_5P$
Phosphorsäure-mono-[2-chlor-4-phenoxy-
phenylester] **6** III 4433 f

$C_{12}H_{10}Cl_2NO_2PS$
Amidothiophosphorsäure-O,O'-bis-[4-chlor-
phenylester] **6** 188 j, I 102 j

$C_{12}H_{10}Cl_2NO_3P$
Amidophosphorsäure-bis-[4-chlor-
phenylester] **6** 188 g

$C_{12}H_{10}Cl_2O$

Äthanol, 2-Chlor-1-[4-chlor-[1]naphthyl]-
    6 III 3035 i
—, 2-Chlor-1-[5-chlor-[1]naphthyl]-
    6 III 3035 j
—, 2-Chlor-1-[6-chlor-[1]naphthyl]-
    6 III 3036 a
—, 2-Chlor-1-[7-chlor-[1]naphthyl]-
    6 III 3036 b
—, 1-[5,8-Dichlor-[1]naphthyl]-
    6 III 3035 h

$C_{12}H_{10}Cl_2O_2$

Hexa-2,4-diensäure-[2,4-dichlor-phenylester]
    6 IV 905
Naphthalin, 1,4-Dichlor-5,8-dimethoxy-
    6 III 5269 c
—, 1,8-Dichlor-2,7-dimethoxy- 6 IV 6571
—, 2,3-Dichlor-1,4-dimethoxy-
    6 IV 6549
—, 2,4-Dichlor-1,5-dimethoxy-
    6 III 5268 d

$C_{12}H_{10}Cl_2O_2Si$

Silan, Dichlor-diphenoxy- 6 II 168 h,
    III 666 a

$C_{12}H_{10}Cl_2O_6$

Benzol, 1,3,4-Triacetoxy-2,5-dichlor-
    6 IV 7345

$C_{12}H_{10}Cl_2O_7P_2$

Diphosphorsäure-1,2-bis-[4-chlor-
    phenylester] 6 IV 874

$C_{12}H_{10}Cl_2S$

λ^4-Sulfan, Dichlor-diphenyl- 6 I 144 a

$C_{12}H_{10}Cl_2Se$

λ^4-Selan, Dichlor-diphenyl- 6 346 a,
    II 318 d, III 1107 a

$C_{12}H_{10}Cl_2Te$

λ^4-Tellan, Dichlor-diphenyl- 6 347 g,
    I 166 a, II 322 h, III 1123 e,
    IV 1799

$C_{12}H_{10}Cl_3NO_2P_2S$

Amidothiophosphorsäure, N-Trichlorphos≈
    phoranyliden-, O,O'-diphenylester
    6 IV 759

$C_{12}H_{10}Cl_3NO_3$

Butyronitril, 3-Acetoxy-4-[2,4,5-trichlor-
    phenoxy]- 6 IV 990

$C_{12}H_{10}Cl_3NO_3P_2$

Amidophosphorsäure, N-Trichlor≈
    phosphoranyliden-, diphenylester
    6 IV 748

$C_{12}H_{10}Cl_3NO_6$

Asparaginsäure, N-[(2,4,5-Trichlor-
    phenoxy)-acetyl]- 6 IV 983

$C_{12}H_{10}Cl_3O_2P$

Phosphoran, Trichlor-diphenoxy-
    6 IV 738

$C_{12}H_{10}Cl_4O_3$

But-3-ensäure, 2,2-Dimethyl-, [2,3,5,6-
    tetrachlor-4-hydroxy-phenylester]
    6 852 h

$C_{12}H_{10}Cl_4O_4$

Benzol, 1,2-Bis-acetoxymethyl-
    3,4,5,6-tetrachlor- 6 IV 5955
—, 1,2-Bis-[2,2-dichlor-propionyloxy]-
    6 IV 5583
—, 1,3-Bis-[2,2-dichlor-propionyloxy]-
    6 IV 5673
—, 1,2,4,5-Tetrachlor-3,6-bis-
    propionyloxy- 6 852 d

$C_{12}H_{10}Cl_4O_5$

Malonsäure, Chlor-[3-(2,4,5-trichlor-
    phenoxy)-propyl]- 6 IV 990
Phenol, 2,3-Bis-[2,2-dichlor-propionyloxy]-
    6 IV 7333

$C_{12}H_{10}Cl_4O_6$

Essigsäure, [Tetrachlor-p-phenylendioxy]-di-,
    dimethylester 6 IV 5778
—, [2,3,5,6-Tetrachlor-p-xylylendioxy]-
    di- 6 IV 5972

$C_{12}H_{10}Cl_6O$

2,7;3,6-Dicyclo-cyclopent[cd]azulen-5-ol,
    1,1,2,7,8,8a-Hexachlor-dodecahydro-
    6 IV 3925
1,4;5,8-Dimethano-naphthalin-2-ol,
    5,6,7,8,9,9-Hexachlor-1,2,3,4,4a,5,8,8a-
    octahydro- 6 IV 3923

$C_{12}H_{10}Cl_6O_3$

Propionsäure, 2,2,3-Trichlor-, [β-(2,4,5-
    trichlor-phenoxy)-isopropylester]
    6 IV 967
—, 2,2,3-Trichlor-, [2-(2,4,5-trichlor-
    phenoxy)-propylester] 6 IV 968

$C_{12}H_{10}Cl_8O_2$

Buttersäure, 2,2-Dichlor-, [1,4,5,6,7,7-
    hexachlor-norborn-5-en-2-ylmethylester]
    6 IV 360

$C_{12}H_{10}CrO_5$

Chrom, Benzylacetat-tricarbonyl-
    6 IV 2263

$C_{12}H_{10}FO_3P$

Fluorophosphorsäure-diphenylester
    6 III 660 c, IV 736

$C_{12}H_{10}F_2Te$

λ^4-Tellan, Difluor-diphenyl- 6 III 1123 d

$C_{12}H_{10}INO_3$
Äther, Äthyl-[4-jod-2-nitro-[1]naphthyl]-
  6 617 b

$C_{12}H_{10}I_2Se$
λ^4-Selan, Dijod-diphenyl- 6 III 1107 c

$C_{12}H_{10}I_2Te$
λ^4-Tellan, Dijod-diphenyl- 6 I 166 a,
  III 1123 g

$C_{12}H_{10}N_2O_4$
Essigsäure, [1-Nitro-[2]naphthyloxy]-,
  amid 6 654 h

$C_{12}H_{10}N_2O_4S_2$
Disulfid, Äthyl-[2,4-dinitro-[1]naphthyl]-
  6 II 590 a

$C_{12}H_{10}N_2O_5$
Äther, Äthyl-[1,6-dinitro-[2]naphthyl]-
  6 656 b, III 3005 g
−, Äthyl-[1,8-dinitro-[2]naphthyl]-
  6 656 d, II 610 c, III 3005 i
−, Äthyl-[2,4-dinitro-[1]naphthyl]-
  6 619 b, II 587 a, IV 4241
−, Äthyl-[4,5-dinitro-[1]naphthyl]-
  6 619 e, III 2942 c
−, Äthyl-[4,8-dinitro-[1]naphthyl]-
  6 619 g
−, Äthyl-[5,8-dinitro-[2]naphthyl]-
  6 656 e, III 3006 b

$C_{12}H_{10}N_2O_6$
Naphthalin, 1,4-Dimethoxy-2,3-dinitro-
  6 III 5262 h
−, 1,5-Dimethoxy-2,4-dinitro-
  6 III 5273 e
−, 1,5-Dimethoxy-2,6-dinitro-
  6 III 5274 d
−, 1,5-Dimethoxy-2,8-dinitro-
  6 III 5274 f
−, 1,5-Dimethoxy-4,8-dinitro-
  6 981 c, III 5274 g
−, 1,8-Dimethoxy-2,4-dinitro-
  6 III 5284 e
−, 1,8-Dimethoxy-2,7-dinitro-
  6 III 5285 b
−, 1,8-Dimethoxy-4,5-dinitro-
  6 III 5285 g
−, 2,6-Dimethoxy-1,5-dinitro-
  6 III 5289 h
−, 2,7-Dimethoxy-1,8-dinitro-
  6 I 482 k
−, 2,8-Dimethoxy-1,5-dinitro-
  6 IV 6559

$C_{12}H_{10}N_2O_8$
Styrol, 4,5-Diacetoxy-2,β-dinitro-
  6 III 4989 b

$C_{12}H_{10}N_2O_{10}$
Benzol, 2,3,4-Triacetoxy-1,5-dinitro-
  6 1087 f

$C_{12}H_{10}N_2S_2$
Naphthalin-2,3-diyl-bis-thiocyanat,
  1,2,3,4-Tetrahydro- 6 III 5049 d

$C_{12}H_{10}O$
Acenaphthen-1-ol 6 II 628 d, III 3346 a,
  IV 4623
Acenaphthen-3-ol 6 III 3347 b
Acenaphthen-4-ol 6 III 3348 c
Acenaphthen-5-ol 6 I 324 j, III 3348 d,
  IV 4625
Äther, Diphenyl- 6 146 a, I 84 a,
  II 148 f, III 562 e, IV 568
−, [1]Naphthyl-vinyl- 6 III 2925 f
−, [2]Naphthyl-vinyl- 6 II 599 d,
  III 2974 g, IV 4259
Biphenyl-2-ol 6 672 b, I 323 l, II 623 a,
  III 3281, IV 4579
Biphenyl-3-ol 6 673 h, II 624 c,
  III 3311 g, IV 4597
Biphenyl-4-ol 6 674 b, II 624 g,
  III 3319, IV 4600
Hexa-1,4-diin-3-ol, 1-Phenyl- 6 IV 4579
Hexa-2,4-diin-1-ol, 1-Phenyl- 6 IV 4579

$C_{12}H_{10}OS$
Acetaldehyd, [1]Naphthylmercapto-
  6 IV 4243
Biphenyl-2-ol, 4′-Mercapto- 6 IV 6648
Isophenylsulfoxid 6 II 290, III 991
Phenol, 2-Phenylmercapto- 6 I 396 d,
  II 796 i, III 4277 a, IV 5634
−, 3-Phenylmercapto- 6 II 827 c
−, 4-Phenylmercapto- 6 859 i,
  I 420 f, II 852 e, III 4449 f,
  IV 5793
Sulfoxid, Diphenyl- 6 300 a, I 144 a,
  II 290 a, III 991 a, IV 1489
Thioessigsäure-S-azulen-1-ylester
  6 IV 4206
− S-[1]naphthylester 6 623 k
− S-[2]naphthylester 6 661 j,
  IV 4316
Thiophenol, 2-Phenoxy- 6 IV 5634
−, 4-Phenoxy- 6 III 4449 e,
  IV 5793

$C_{12}H_{10}OS_2$
Disulfan, Acetyl-[2]naphthyl- 6 IV 4320
Thiophenol, 4,4′-Oxy-bis- 6 III 4455 g

$C_{12}H_{10}OS_3$
Trisulfan, Acetyl-[2]naphthyl- 6 IV 4320

C₁₂H₁₀OSe

Phenol, 2-Phenylselanyl- **6** III 4290 g

−, 3-Phenylselanyl- **6** III 4372 d

−, 4-Phenylselanyl- **6** III 4480 e

Selenoessigsäure-*Se*-[1]naphthylester
6 II 591 a

− *Se*-[2]naphthylester **6** II 614 l

Selenoxid, Diphenyl- **6** 345 f, II 318 d,
III 1106 g, IV 1780

C₁₂H₁₀OTe

Telluroxid, Diphenyl- **6** 347 g, I 165 h,
III 1123 c

C₁₂H₁₀O₂

Acenaphthen-1,2-diol **6** 993 l, 994 c,
III 5400 e, IV 6655

Acenaphthen-5,6-diol **6** III 5403 c

Acetaldehyd, [2]Naphthyloxy- **6** IV 4266

Benzol, 1,2-Bis-prop-2-inyloxy- **6** IV 5570

Biphenyl-2,2'-diol **6** 989 b, I 484 d,
II 960 b, III 5374 d, IV 6645

Biphenyl-2,3-diol **6** III 5371 a, IV 6641

Biphenyl-2,4-diol **6** III 5371 c

Biphenyl-2,4'-diol **6** 990 g, I 485 e,
II 961 e, III 5387 b

Biphenyl-2,5-diol **6** 989 a, III 5371 f

Biphenyl-2,6-diol **6** IV 6645

Biphenyl-3,3'-diol **6** 991 a, I 485 f,
II 961 g, III 5388 d

Biphenyl-3,4-diol **6** 990 i, II 961 f,
III 5387 f, IV 6649

Biphenyl-3,5-diol **6** III 5388 c

Biphenyl-4,4'-diol **6** 991 d, I 485 k,
II 962 h, III 5389 g, IV 6651

Essigsäure-[1]naphthylester **6** 608 h,
I 307 h, II 580 d, III 2928 c,
IV 4217

− [2]naphthylester **6** 644 b, I 313 h,
II 600 m, III 2982 f, IV 4267

Hexa-2,4-diin-1,6-diol, 1-Phenyl-
6 IV 6641

Phenol, 2-Phenoxy- **6** 772 g, I 384 g,
III 4214 f, IV 5570

−, 3-Phenoxy- **6** III 4313 f,
IV 5667

−, 4-Phenoxy- **6** 844 l, II 841 c,
III 4396 a, IV 5724

C₁₂H₁₀O₂S

Biphenyl-2,5-diol, 4-Mercapto- **6** III 6527 e

Essigsäure, Mercapto-, [2]naphthylester
6 IV 4277

−, [1]Naphthylmercapto- **6** 623 l,
II 588 h, III 2945 j, IV 4244

−, [2]Naphthylmercapto- **6** I 317 e,
II 611 k, III 3012 b, IV 4318

Hydrochinon, 2-Phenylmercapto-
6 III 6293 e

Isophenylsulfon **6** II 290, III 991

Naphthalin-1-thiol, 2-Acetoxy- **6** III 5249 d

Phenol, 2-Benzolsulfinyl- **6** IV 5634

−, 4-Benzolsulfinyl- **6** IV 5794

−, 2,2'-Sulfandiyl-di- **6** 794 b, 871 b,
III 4277 g, IV 5638

−, 3,3'-Sulfandiyl-di- **6** III 4365 a

−, 4,4'-Sulfandiyl-di- **6** 860 f,
III 4455 h, IV 5809

Sulfon, Diphenyl- **6** 300 b, I 144 b,
II 290 b, III 992, IV 1490

−, [2]Naphthyl-vinyl- **6** III 3009 b,
IV 4313

Thioessigsäure-*S*-[2-hydroxy-[1]naphthyl⸗
ester] **6** IV 6541

C₁₂H₁₀O₂S₂

Benzolthiosulfonsäure-*S*-phenylester
6 324 b, I 148 f, **11** 82 b, II 37 e,
III 163 c

Phenol, 2,2'-Disulfandiyl-di- **6** 795 e,
III 4279 c, IV 5642

−, 3,3'-Disulfandiyl-di- **6** I 407 j,
II 827 f

−, 4,4'-Disulfandiyl-di- **6** 863 n,
III 4465 f, IV 5820

Thiophenol, 2-Benzolsulfonyl- **6** IV 5652

−, 3-Benzolsulfonyl- **6** IV 5705

−, 4-Benzolsulfonyl- **6** IV 5841

C₁₂H₁₀O₂S₃

Phenol, 2,2'-Trisulfandiyl-di- **6** 795 h

C₁₂H₁₀O₂Se

Brenzcatechin, 4-Phenylselanyl-
6 III 6300 f

Essigsäure, [1]Naphthylselanyl-
6 II 591 b, IV 4251

−, [2]Naphthylselanyl- **6** IV 4323

Hydrochinon, 2-Phenylselanyl- **6** III 6300 c

Phenol, 2,2'-Selandiyl-di- **6** III 4291 c

−, 2,3'-Selandiyl-di- **6** III 4373 c

−, 2,4'-Selandiyl-di- **6** III 4481 f

−, 3,3'-Selandiyl-di- **6** III 4373 e

−, 3,4'-Selandiyl-di- **6** III 4481 i

−, 4,4'-Selandiyl-di- **6** III 4482 b

Resorcin, 2-Phenylselanyl- **6** III 6275 d

Selenon, Diphenyl- **6** 346 b, III 1108 b

C₁₂H₁₀O₂Se₂

Phenol, 4,4'-Diselandiyl-di- **6** III 4487 d

C₁₂H₁₀O₃

Biphenyl-2,3,4-triol **6** IV 7562

$C_{12}H_{10}O_3$ (Fortsetzung)

Biphenyl-2,5,2'-triol **6** IV 7563

Biphenyl-2,5,4'-triol **6** III 6528 c

Brenzcatechin, 4-Phenoxy- **6** IV 7339

Essigsäure, [1]Naphthyloxy- **6** 609 g,
II 580 h, III 2930 d, IV 4220

—, [2]Naphthyloxy- **6** 645 g, II 602 b,
III 2985 f, IV 4274

Hydrochinon, 2-Phenoxy- **6** IV 7339

Kohlensäure-methylester-[2]naphthylester
6 645 b, I 313 j

[2]Naphthol, 7-Acetoxy- **6** II 957 b

Phenol, 2,2'-Oxy-di- **6** 773 d, III 4223 a

—, 2,3'-Oxy-di- **6** III 4318 f,
IV 5670

—, 3,3'-Oxy-di- **6** III 4319 a

—, 4,4'-Oxy-di- **6** 845 i, III 4408 b

Resorcin, 5-Phenoxy- **6** IV 7365

$C_{12}H_{10}O_3S$

Essigsäure, [2-Hydroxy-[1]naphthyl≠
mercapto]- **6** III 5251 b

—, [4-Hydroxy-[1]naphthylmercapto]-
6 III 5264 a

—, [4-Hydroxy-[2]naphthylmercapto]-
6 III 5259 c

—, [5-Hydroxy-[1]naphthylmercapto]-
6 III 5276 b, IV 6556

—, [6-Hydroxy-[1]naphthylmercapto]-
6 III 5281 c

—, [6-Hydroxy-[2]naphthylmercapto]-
6 III 5290 d

—, [7-Hydroxy-[1]naphthylmercapto]-
6 III 5283 c

—, [7-Hydroxy-[2]naphthylmercapto]-
6 III 5295 a

—, [Naphthalin-1-sulfinyl]-
6 III 2946 d

—, [Naphthalin-2-sulfinyl]-
6 III 3012 g

Phenol, 2-Benzolsulfonyl- **6** 793 g,
III 4277 b, IV 5634

—, 3-Benzolsulfonyl- **6** III 4364 c,
IV 5703

—, 4-Benzolsulfonyl- **6** II 852 g,
III 4450 d, IV 5794

—, 2,2'-Sulfinyl-di- **6** III 4278 a

—, 4,4'-Sulfinyl-di- **6** 860 i,
III 4456 a

Schwefligsäure-diphenylester **6** I 93 e,
II 163 i, III 651 d, IV 689

Thioessigsäure-S-[3,4-dihydroxy-
[1]naphthylester] **6** I 558 b

$C_{12}H_{10}O_3Se$

Naphtho[2,3-*e*][1,3,2]dioxaselenepin-3-oxid,
1,5-Dihydro- **6** IV 6592

$C_{12}H_{10}O_3Te$

Phenol, 4,4'-Tellurinyl-di- **6** III 4490 c

$C_{12}H_{10}O_4$

Acrylaldehyd, 3,3'-*p*-Phenylendioxy-di-
6 IV 5740

Benzol, 1,4-Bis-acryloyloxy- **6** IV 5742

Biphenyl-2,3,2',3'-tetraol **6** 1164 e,
IV 7742

Biphenyl-2,3,3',4'-tetraol **6** IV 7743

Biphenyl-2,4,2',4'-tetraol **6** 1163 d, I 573 e,
II 1127 i, III 6705 e, IV 7743

Biphenyl-2,4,2',5'-tetraol **6** II 1128 e

Biphenyl-2,4,3',4'-tetraol **6** 1166 c,
II 1128 g, III 6706 b

Biphenyl-2,5,2',5'-tetraol **6** 1164 b,
IV 7744

Biphenyl-2,6,2',6'-tetraol **6** III 6707 c

Biphenyl-3,4,3',4'-tetraol **6** II 1128 h,
IV 7745

Biphenyl-3,5,3',5'-tetraol **6** 1164 f, I 573 h,
II 1129 d

Essigsäure, [3-Hydroxy-[2]naphthyloxy]-
6 III 5287 e, IV 6565

—, [6-Hydroxy-[2]naphthyloxy]-
6 IV 6566

Hydrochinon, 2-[2-Hydroxy-phenoxy]-
6 III 6280 e, IV 7341

—, 2-[3-Hydroxy-phenoxy]-
6 II 1072 b, III 6280 h

—, 2-[4-Hydroxy-phenoxy]-
6 IV 7341

Naphthalin-1,3-diol, 4-Acetoxy- **6** III 6504 f

Naphthalin-1,4-diol, 2-Acetoxy- **6** IV 7532

—, 5-Acetoxy- **6** IV 7536

[1,4]Naphthochinon, 5-Acetoxy-
2,3-dihydro- **6** IV 7536

$C_{12}H_{10}O_4S$

Brenzcatechin, 3-Benzolsulfonyl-
6 1108 f, II 1080 g

—, 4-Benzolsulfonyl- **6** 1108 f,
II 1080 g

Essigsäure, [Naphthalin-1-sulfonyl]-
6 623 m

—, [Naphthalin-2-sulfonyl]- **6** 662 c

Hydrochinon, 2-Benzolsulfonyl-
6 1091 k, II 1072 h

—, 2,2'-Sulfandiyl-di- **6** 1092 a

Phenol, 2,2'-Sulfonyl-di- **6** 794 d, 871 c,
I 396 e, III 4278 b

—, 2,3'-Sulfonyl-di- **6** III 4364 e

$C_{12}H_{10}O_4S$ (Fortsetzung)

Phenol, 2,4'-Sulfonyl-di- **6** III 4454 e,
    IV 5809

—, 3,3'-Sulfonyl-di- **6** II 827 e,
    III 4365 b

—, 3,4'-Sulfonyl-di- **6** III 4455 d

—, 4,4'-Sulfonyl-di- **6** 861 b, II 853 e,
    III 4456 b, IV 5809

Resorcin, 2-Benzolsulfonyl- **6** IV 7338

—, 4-Benzolsulfonyl- **6** III 6289 e

—, 4,4'-Sulfandiyl-di- **6** III 6291 b

Schwefelsäure-diphenylester **6** III 654 c

—   mono-biphenyl-2-ylester
    6 III 3295 a

$C_{12}H_{10}O_4S_2$

Disulfon, Diphenyl- **6** 325 c, II 295 a,
    III 1029 b, IV 1563

Hydrochinon, 2,2'-Disulfandiyl-di-
    6 III 6295 d

Resorcin, 4,4'-Disulfandiyl-di- **6** III 6292 a

$C_{12}H_{10}O_5$

Biphenyl-2,4,6,3',5'-pentaol **6** 1099, I 546,
    II 1078, III 6901 a, IV 7898

$C_{12}H_{10}O_5S$

Resorcin, 4,4'-Sulfinyl-di- **6** IV 7352

$C_{12}H_{10}O_5S_2$

Thioschwefelsäure-S-[2,5-dihydroxy-
    biphenyl-4-ylester] **6** III 6528 a

$C_{12}H_{10}O_6$

Biphenyl-2,3,4,2',3',4'-hexaol
    6 1199 e, 1201 l, 1202 d, I 593 f,
    II 1161 i, III 6951 a

Biphenyl-2,3,4,3',4',5'-hexaol **6** IV 7932

Biphenyl-2,4,5,2',4',5'-hexaol **6** 1202 a,
    II 1161 j, III 6952 f, IV 7933

Biphenyl-3,4,5,3',4',5'-hexaol **6** 1200 c,
    I 593 a

$C_{12}H_{10}O_6S$

Brenzcatechin, 4,4'-Sulfonyl-di-
    6 IV 7358

$C_{12}H_{10}O_8$

Biphenyl-2,3,4,5,2',3',4',5'-octaol
    6 I 597 a

$C_{12}H_{10}P_2S_6$

1,3-Dithia-2,4-diphosphetan-2,4-disulfid,
    2,4-Bis-phenylmercapto- **6** III 1030 d

$C_{12}H_{10}S$

Acenaphthen-3-thiol **6** III 3347 d

Acenaphthen-5-thiol **6** III 3348 g

Biphenyl-2-thiol **6** III 3309 f, IV 4593

Biphenyl-4-thiol **6** 674 i, II 628 b,
    III 3341 b, IV 4615

Isodiphenylsulfid **6** II 289 c, III 991

Sulfid, Diphenyl- **6** 299 g, I 143 f,
    II 289 c, III 990 d, IV 1488

—, [2]Naphthyl-vinyl- **6** III 3009 a

$C_{12}H_{10}SSe$

Benzolthioselenensäure-phenylester
    6 IV 1781

$C_{12}H_{10}SSe_2$

Diselenathian, Diphenyl- **6** III 1110 c

$C_{12}H_{10}S_2$

Biphenyl-2,2'-dithiol **6** II 961 a

Biphenyl-3,3'-dithiol **6** II 962 d

Biphenyl-4,4'-dithiol **6** 993 c, I 486 h,
    II 963 g, IV 6654

Disulfid, Diphenyl- **6** 323 d, I 148 e,
    II 294 d, III 1027 f, IV 1560

Thiophenol, 4-Phenylmercapto-
    6 IV 5841

$C_{12}H_{10}S_2Se$

Selan, Bis-benzolsulfenyl- **6** III 1029 e

$C_{12}H_{10}S_3$

Thiophenol, 4,4'-Sulfandiyl-bis-
    6 869 a, III 4474 g

Trisulfid, Diphenyl- **6** 325 d, I 148 g,
    II 295 c, III 1029 c

$C_{12}H_{10}S_4$

Tetrasulfid, Diphenyl- **6** 325 e, II 295 d,
    III 1029 d

$[C_{12}H_{10}Sb]^+$

Antimon(1+), Diphenyl- **6** III 977

$C_{12}H_{10}Se$

Biphenyl-2-selenol **6** IV 4595

Selenid, Diphenyl- **6** 345 e, I 164 b,
    II 318 c, III 1106 f, IV 1779

$C_{12}H_{10}Se_2$

Diselenid, Diphenyl- **6** 346 d, I 164 c,
    II 319 e, III 1110 b, IV 1781

$C_{12}H_{10}Te$

Tellurid, Diphenyl- **6** 347 f, I 165 g,
    II 322 g, III 1123 b

$C_{12}H_{10}Te_2$

Ditellurid, Diphenyl- **6** I 167 l, III 1124 b,
    IV 1801

$C_{12}H_{11}BrO$

Äther, Äthyl-[1-brom-[2]naphthyl]-
    6 651 a, II 605 b, III 2995 a, IV 4301

—, Äthyl-[3-brom-[2]naphthyl]-
    6 IV 4302

—, Äthyl-[4-brom-[1]naphthyl]-
    6 613 k, IV 4234

—, Äthyl-[6-brom-[2]naphthyl]-
    6 651 g, III 2997 b, IV 4302

—, [2-Brom-äthyl]-[1]naphthyl-
    6 I 307 a, IV 4212

C₁₂H₁₁BrO (Fortsetzung)

Äther, [2-Brom-äthyl]-[2]naphthyl-
6 641 b, I 313 a, II 599 b

–, [1-Brom-6-methyl-[2]naphthyl]-
methyl- 6 III 3029 c

–, [4-Brommethyl-[1]naphthyl]-
methyl- 6 II 616 f

–, [4-Brom-7-methyl-[1]naphthyl]-
methyl- 6 III 3030 c

–, [5-Brommethyl-[1]naphthyl]-
methyl- 6 II 616 i

–, [6-Brom-1-methyl-[2]naphthyl]-
methyl- 6 666 e

–, [1-Brom-[2]naphthylmethyl]-
methyl- 6 IV 4340

Naphthalin, 6-Brom-2-methoxy-1-methyl-
6 IV 4330

[1]Naphthol, 2-Äthyl-4-brom- 6 II 620 b

–, 2-[2-Brom-äthyl]- 6 III 3039 b

–, 2-Brom-3,4-dimethyl- 6 III 3042 h

[2]Naphthol, 1-Äthyl-6-brom- 6 II 619 c

C₁₂H₁₁BrO₂

Äthan-1,2-diol, [4-Brom-[1]naphthyl]-
6 III 5315 a

Äthanol, 2-[6-Brom-[2]naphthyloxy]-
6 IV 4303

Essigsäure-[2-brom-3,4-dihydro-
[1]naphthylester] 6 IV 4077

Hex-5-en-2-in-1,4-diol, 5-Brom-6-phenyl-
6 IV 6585

Naphthalin, 1-Brom-4,5-bis-hydroxymethyl-
6 IV 6591

–, 1-Brom-2,7-dimethoxy-
6 III 5293 a

–, 2-Brom-1,4-dimethoxy-
6 III 5262 f

–, 4-Brom-1,5-dimethoxy-
6 I 478 f, III 5269 g

–, 4-Brom-1,8-dimethoxy-
6 IV 6561

[1]Naphthol, 2-Brom-8-methoxy-4-methyl-
6 IV 6576

[2]Naphthol, 6-Brom-4-methoxy-1-methyl-
6 II 957 f

C₁₂H₁₁BrO₆

Benzol, 1,2,3-Triacetoxy-4-brom-
6 II 1068 d

C₁₂H₁₁Br₂NO₂S

Benzol, 1-Acetoxy-2,5-dibrom-3,6-dimethyl-
4-thiocyanatomethyl- 6 939 a

C₁₂H₁₁Br₃O₃

Benzol, 2-Acetoxy-1,5-dibrom-3-[2-brom-
1-methoxymethyl-vinyl]- 6 I 464 g

Phenol, 6-[1-Acetoxymethyl-2-brom-vinyl]-
2,4-dibrom-3-methyl- 6 I 465 j

C₁₂H₁₁Br₃O₄

Benzol, 2-Acetoxy-5-[1-acetoxy-äthyl]-
1,3,4-tribrom- 6 904 l

–, 2-Acetoxy-1-[1-acetoxy-2-brom-
äthyl]-3,5-dibrom- 6 I 442 g

–, 2-Acetoxy-5-[1-acetoxy-2-brom-
äthyl]-1,3-dibrom- 6 905 b

–, 1-Acetoxy-3-acetoxymethyl-
2,5,6-tribrom-4-methyl- 6 910 e

–, 1-Acetoxy-4-acetoxymethyl-
2,3,5-tribrom-6-methyl- 6 914 b

–, 1-Acetoxy-4-acetoxymethyl-
2,3,6-tribrom-5-methyl- 6 909 e

–, 1,4-Diacetoxy-2-äthyl-
3,5,6-tribrom- 6 902 e

C₁₂H₁₁Br₃O₅

Phenol, 2,4-Bis-acetoxymethyl-
3,5,6-tribrom- 6 1118 d

C₁₂H₁₁Br₅O₂

Benzol, 2-Acetoxy-1-brom-5-methyl-
3-[α,β,β,β′-tetrabrom-isopropyl]-
6 I 261 c

C₁₂H₁₁Br₅O₃

Benzol, 1-Acetoxy-2,3,5-tribrom-4-
[1,2-dibrom-propyl]-6-methoxy-
6 924 c

–, 1-Acetoxy-2,3,5-tribrom-4-
[2,3-dibrom-propyl]-6-methoxy-
6 924 e

C₁₂H₁₁ClO

Äthanol, 1-[4-Chlor-[1]naphthyl]-
6 III 3035 e, IV 4347

–, 1-[6-Chlor-[2]naphthyl]-
6 III 3042 b

–, 1-[7-Chlor-[1]naphthyl]-
6 III 3035 g

–, 2-Chlor-1-[1]naphthyl- 6 IV 4347

–, 2-[5-Chlor-[1]naphthyl]-
6 III 3037 c

–, 2-[7-Chlor-[1]naphthyl]-
6 III 3037 d

–, 2-[8-Chlor-[1]naphthyl]-
6 IV 4347

Äther, Äthyl-[1-chlor-[2]naphthyl]-
6 649 a, IV 4290

–, Äthyl-[2-chlor-[1]naphthyl]-
6 IV 4230

–, [1-Chlor-äthyl]-[2]naphthyl-
6 IV 4265

–, [2-Chlor-äthyl]-[1]naphthyl-
6 II 579 a, IV 4212

$C_{12}H_{11}ClO$ (Fortsetzung)

Äther, [2-Chlor-äthyl]-[2]naphthyl- **6** II 599 a

—, [1-Chlormethyl-[2]naphthyl]-
methyl- **6** I 320 b, III 3020 d

—, [5-Chlormethyl-[2]naphthyl]-
methyl- **6** III 3023 c

$C_{12}H_{11}ClO_2$

1,4-Ätheno-naphthalin-5,8-diol, 6-Chlor-
1,2,3,4-tetrahydro- **6** IV 6593

1,4-Ätheno-naphthalin-5,8-dion, 6-Chlor-
1,2,3,4,4a,8a-hexahydro- **6** IV 6593

Essigsäure-[2-chlor-3,4-dihydro-
[1]naphthylester] **6** IV 4077

Hexa-2,4-diensäure-[4-chlor-phenylester]
6 IV 841

Naphthalin, 2-Chlor-1,4-dimethoxy-
6 IV 6548

—, 4-Chlor-1,5-dimethoxy-
6 III 5268 a

[1]Naphthol, 5-Chlor-8-methoxy-4-methyl-
6 IV 6576

$C_{12}H_{11}ClO_2S$

Sulfon, Äthyl-[8-chlor-[1]naphthyl]-
6 IV 4247

—, Äthyl-[8-chlor-[2]naphthyl]-
6 IV 4321

—, [2-Chlor-äthyl]-[1]naphthyl-
6 III 2944 c

—, [2-Chlor-äthyl]-[2]naphthyl-
6 III 3008 b, IV 4313

$C_{12}H_{11}ClO_6$

Benzol, 1,2,4-Triacetoxy-5-chlor-
6 1089 e, III 6283 f

$C_{12}H_{11}ClO_6S_3$

Essigsäure, [2-Chlor-benzen-
1,3,5-triyltrimercapto]-tri- **6** I 548 f

$C_{12}H_{11}ClO_7P_2$

Diphosphorsäure-1-[4-chlor-phenylester]-
2-phenylester **6** IV 874

$C_{12}H_{11}ClS$

Sulfid, [2-Chlor-äthyl]-[1]naphthyl-
6 III 2944 b

—, [2-Chlor-äthyl]-[2]naphthyl-
6 III 3008 a

$C_{12}H_{11}Cl_2NO_3$

Butyronitril, 3-Acetoxy-4-[2,4-dichlor-
phenoxy]- **6** IV 932

$C_{12}H_{11}Cl_2NO_3P_2S$

Amin, Dichlorphosphoryl-diphenoxy⸗
thiophosphoryl- **6** IV 758

$C_{12}H_{11}Cl_2NO_4$

Aspartoylchlorid, N-Benzyloxycarbonyl-
6 III 1514 f

$C_{12}H_{11}Cl_2NO_4P_2$

Amin, Dichlorphosphoryl-diphenoxy⸗
phosphoryl- **6** IV 748

$C_{12}H_{11}Cl_2NO_6$

Asparaginsäure, N-[(2,4-Dichlor-phenoxy)-
acetyl]- **6** IV 919

$C_{12}H_{11}Cl_3N_2O_5$

Asparagin, N^2-[(2,4,5-Trichlor-phenoxy)-
acetyl]- **6** IV 983

$C_{12}H_{11}Cl_3O$

Hexa-1,5-dien-3-ol, 5,6,6-Trichlor-1-phenyl-
6 IV 4086

Hexa-3,5-dien-2-ol, 1,1,1-Trichlor-6-phenyl-
6 IV 4086

Hex-1-in-3-ol, 4,4,5-Trichlor-1-phenyl-
6 I 301 g

$C_{12}H_{11}Cl_3O_2$

Essigsäure-[3-phenyl-1-trichlormethyl-
allylester] **6** 576 c

$C_{12}H_{11}Cl_3O_3$

Crotonsäure, 4-[2,4,5-Trichlor-phenoxy]-,
äthylester **6** IV 989

Essigsäure, [2,4-Dichlor-phenoxy]-,
[3-chlor-but-2-enylester] **6** IV 910

$C_{12}H_{11}Cl_3O_4$

Äthan, 2-Acetoxy-2-[4-acetoxy-phenyl]-
1,1,1-trichlor- **6** III 4568 c

$C_{12}H_{11}Cl_3O_5$

Crotonsäure, 3-[2,4,5-Trichlor-
3,6-dihydroxy-phenoxy]-, äthylester
6 1090 e

Malonsäure, Chlor-[3-(2,4-dichlor-
phenoxy)-propyl]- **6** IV 933

—, [3-(2,4,5-Trichlor-phenoxy)-
propyl]- **6** IV 990

Phenol, 2,6-Bis-acetoxymethyl-
3,4,5-trichlor- **6** III 6336 g

$C_{12}H_{11}Cl_4NO_2$

Butyronitril, 2-Äthyl-2-[2,3,5,6-tetrachlor-
4-hydroxy-phenoxy]- **6** IV 5778

$C_{12}H_{11}Cl_4NO_3S$

Cystein, N-Acetyl-S-[2,3,5,6-tetrachlor-
phenyl]-, methylester **6** IV 1642

$C_{12}H_{11}Cl_5O_2$

Hexansäure-pentachlorphenylester
6 IV 1032

Isovaleriansäure, α,α-Dichlor-,
[2,3,6-trichlor-benzylester] **6** IV 2599

$C_{12}H_{11}Cl_5O_3$

Buttersäure-[2-pentachlorphenoxy-
äthylester] **6** III 734 a

Buttersäure, 2,2-Dichlor-, [2-(2,4,5-trichlor-
phenoxy)-äthylester] **6** IV 966

$C_{12}H_{11}Cl_5O_3$ (Fortsetzung)

Isobuttersäure, α-Pentachlorphenoxy-,
   äthylester 6 IV 1035
Kohlensäure-isopentylester-pentachlorphenyl=
   ester 6 196 k
Propionsäure, 2,2-Dichlor-, [β-(2,4,5-trichlor-
   phenoxy)-isopropylester]
   6 IV 967
–, 2,2-Dichlor-, [2-(2,4,5-trichlor-
   phenoxy)-propylester] 6 IV 968

$C_{12}H_{11}Cl_5O_4$

Äthan, 1-Acetoxy-2-[2-pentachlorphenoxy-
   äthoxy]- 6 III 733 f

$C_{12}H_{11}FO$

Äther, [2-Fluor-äthyl]-[2]naphthyl-
   6 III 2972 b, IV 4258

$C_{12}H_{11}IO$

Äther, Äthyl-[1-jod-[2]naphthyl]-
   6 IV 4305
–, Äthyl-[4-jod-[1]naphthyl]-
   6 II 583 i, IV 4236
–, Äthyl-[5-jod-[2]naphthyl]-
   6 IV 4306

$C_{12}H_{11}NO$

Acetimidsäure-[1]naphthylester 6 II 580 e
– [2]naphthylester 6 II 601 a

$C_{12}H_{11}NOS$

Essigsäure, [1]Naphthylmercapto-, amid
   6 III 2946 b
–, [2]Naphthylmercapto-, amid
   6 III 3012 e
Sulfoximid, S,S-Diphenyl- 6 IV 1490

$C_{12}H_{11}NO_2$

Acetaldehyd, [1]Naphthyloxy-, oxim
   6 608 c
–, [2]Naphthyloxy-, oxim 6 643 g
Carbamidsäure, Methyl-, [1]naphthylester
   6 IV 4219
–, Methyl-, [2]naphthylester
   6 IV 4272
Essigsäure, Cyan-, cinnamylester
   6 III 2407 a
–, [1]Naphthyloxy-, amid
   6 609 i, IV 4220
–, [2]Naphthyloxy-, amid
   6 645 j, IV 4275
Glycin-[2]naphthylester 6 III 2987 h

$C_{12}H_{11}NO_2S$

Sulfid, Äthyl-[1-nitro-[2]naphthyl]-
   6 III 3016 b
–, Äthyl-[4-nitro-[1]naphthyl]-
   6 III 2951 f

$C_{12}H_{11}NO_2S_2$

Thioessigsäure, [Naphthalin-1-sulfonyl]-,
   amid 6 624 f
–, [Naphthalin-2-sulfonyl]-, amid
   6 662 j

$C_{12}H_{11}NO_3$

Acetohydroxamsäure, 2-[1]Naphthyloxy-
   6 IV 4221
–, 2-[2]Naphthyloxy- 6 IV 4276
Äther, Äthyl-[1-nitro-[2]naphthyl]-
   6 653 f, I 315 k, II 608 e, III 3003 b,
   IV 4307
–, Äthyl-[2-nitro-[1]naphthyl]-
   6 615 c, III 2938 d, IV 4236
–, Äthyl-[4-nitro-[1]naphthyl]-
   6 616 b, II 584 h, III 2938 g,
   IV 4238
–, Äthyl-[5-nitro-[2]naphthyl]-
   6 654 j
–, Äthyl-[6-nitro-[2]naphthyl]-
   6 654 l
–, Äthyl-[8-nitro-[2]naphthyl]-
   6 655 b
–, Methyl-[2-methyl-4-nitro-
   [1]naphthyl]- 6 III 3027 d
Butyronitril, 2-Acetyl-3-oxo-4-phenoxy-
   6 II 161 j
Naphthalin-2-on, 1,4-Dimethyl-1-nitro-1H-
   6 669 a
[1]Naphthol, 2-Äthyl-4-nitro- 6 III 3039 c
–, 2,6-Dimethyl-4-nitro- 6 III 3045 f

$C_{12}H_{11}NO_3S$

Essigsäure, [Naphthalin-1-sulfonyl]-, amid
   6 624 a
–, [Naphthalin-2-sulfonyl]-, amid
   6 662 e

$C_{12}H_{11}NO_4$

Äthanol, 2-[4-Nitro-[1]naphthyloxy]-
   6 II 585 a
Naphthalin, 1,4-Dimethoxy-2-nitro-
   6 IV 6550
–, 1,5-Dimethoxy-4-nitro-
   6 981 b, III 5272 i
–, 2,6-Dimethoxy-1-nitro-
   6 III 5289 g
–, 2,7-Dimethoxy-1-nitro-
   6 I 482 j

$C_{12}H_{11}NO_5S_2$

Aminoxid, Bis-benzolsulfonyl- 6 315 a

$C_{12}H_{11}NO_6$

Styrol, 3,4-Diacetoxy-β-nitro- 6 II 915 h

$C_{12}H_{11}NO_8$

Benzol, 1,2,3-Triacetoxy-4-nitro- **6** 1086 c
−, 1,2,4-Triacetoxy-5-nitro-
    6 1091 c, III 6287 c

$C_{12}H_{11}NS_2$

Amin, Bis-benzolsulfenyl- **6** II 296 f

$C_{12}H_{11}N_3O_4$

Valeronitril, 2-Isocyanato-5-[3-nitro-
    phenoxy]- **6** IV 1276

$C_{12}H_{11}N_3O_6$

Glycin, N-[4-Nitro-benzyloxycarbonyl]-,
    cyanmethylester **6** IV 2616

$C_{12}H_{11}N_3O_8$

Methacrylsäure-[2,4,6-trinitro-phenäthyl≠
    ester] **6** III 1715 e

$C_{12}H_{11}O_2PS$

Thiophosphonsäure-O,O'-diphenylester
    6 IV 707

$C_{12}H_{11}O_2PS_2$

Dithiophosphorsäure-O,O'-diphenylester
    6 III 664 f, IV 759

$C_{12}H_{11}O_3P$

Phosphonsäure-diphenylester
    6 I 94 e, III 655 e, IV 703

$C_{12}H_{11}O_3PS$

Thiophosphorsäure-O,O'-diphenylester
    6 181 a, I 96 e, III 663 e, IV 755

$C_{12}H_{11}O_4P$

Phosphorsäure-diphenylester **6** 178 g,
    I 95 e, II 165 f, III 658 d, IV 714
− mono-biphenyl-4-ylester **6** IV 4607

$C_{12}H_{11}O_5P$

Phosphorsäure-mono-[2-phenoxy-
    phenylester] **6** III 4246 e
− mono-[4-phenoxy-phenylester]
    6 III 4430 b

$C_{12}H_{12}BrClO$

Äther, [1-(1-Brom-2-chlor-äthyl)-3-phenyl-
    prop-2-inyl]-methyl- **6** III 2742 e

$C_{12}H_{12}BrClO_6$

Benzol, 1,4-Diacetoxy-2-brom-6-chlor-
    3,5-dimethoxy- **6** II 1120 a

$C_{12}H_{12}BrNO_4$

Crotonsäure, 3-Brom-4-hydroxyimino-
    2-phenoxy-, äthylester **6** 171 j
Essigsäure-[1-brom-3-nitro-
    5,6,7,8-tetrahydro-[2]naphthylester]
    6 IV 3858

$C_{12}H_{12}BrN_2OPS$

Diamidothiophosphorsäure-O-[3-brom-
    biphenyl-4-ylester] **6** IV 4609

$C_{12}H_{12}Br_2O_2$

Essigsäure-[1,3-dibrom-5,6,7,8-tetrahydro-
    [2]naphthylester] **6** II 539 a, IV 3857

$C_{12}H_{12}Br_2O_3$

Benzol, 2-Acetoxy-5-allyl-1,4-dibrom-
    3-methoxy- **6** III 5031 e
−, 2-Acetoxy-5-allyl-3,4-dibrom-
    1-methoxy- **6** III 5031 e
−, 2-Acetoxy-1,4-dibrom-3-methoxy-
    5-propenyl- **6** 959 m

$C_{12}H_{12}Br_2O_4$

Benzol, 2-Acetoxy-5-[1-acetoxy-äthyl]-
    1,3-dibrom- **6** 904 h
−, 1,2-Bis-[2-brom-propionyloxy]-
    6 774 k
−, 1,3-Bis-[2-brom-propionyloxy]-
    6 816 i
−, 1,4-Bis-[2-brom-propionyloxy]-
    6 846 h
−, 1,4-Bis-[3-brom-propionyloxy]-
    6 III 4415 f
−, 1,4-Diacetoxy-2,5-bis-brommethyl-
    6 III 4604 f
−, 1,4-Diacetoxy-2-[1,2-dibrom-äthyl]-
    6 IV 5926
−, 1,2-Diacetoxy-3,6-dibrom-
    4,5-dimethyl- **6** IV 5951
−, 1,4-Diacetoxy-2,3-dibrom-
    5,6-dimethyl- **6** III 4584 b
−, 1,4-Diacetoxy-2,5-dibrom-
    3,6-dimethyl- **6** 917 c, I 446 e
−, 1,4-Diacetoxy-2,6-dibrom-
    3,5-dimethyl- **6** III 4590 b

$C_{12}H_{12}Br_2O_4S$

Benzol, 2-Acetoxy-5-acetoxymethyl-
    1,4-dibrom-3-methylmercapto-
    6 I 551 m

$C_{12}H_{12}Br_2O_4S_2$

Propionsäure, 3,3'-[4,6-Dibrom-
    m-phenylendimercapto]-di-
    6 II 831 c

$C_{12}H_{12}Br_2O_6$

Benzol, 1,4-Diacetoxy-2,5-dibrom-
    3,6-dimethoxy- **6** III 6657 d
−, 1,4-Diacetoxy-2,6-dibrom-
    3,5-dimethoxy- **6** II 1120 c, III 6654 g,
    IV 7687
Essigsäure, [2,5-Dibrom-p-phenylendioxy]-
    di-, dimethylester **6** IV 5784

$C_{12}H_{12}Br_2Te$

λ^4-Tellan, Äthyl-dibrom-[2]naphthyl-
    6 IV 4325

$C_{12}H_{12}Br_3ClO_2$

Äthan, 1,1,1-Tribrom-2-butyryloxy-2-
    [2-chlor-phenyl]- **6** III 1693 e
−, 1,1,1-Tribrom-2-butyryloxy-2-
    [3-chlor-phenyl]- **6** III 1693 i

$C_{12}H_{12}Br_3ClO_3$
Benzol, 2-Acetoxy-1,4-dibrom-5-[2-brom-
1-chlor-propyl]-3-methoxy- **6** 923 b
$C_{12}H_{12}Br_4N_2O_6$
Benzol, 1,4-Bis-[2,2-dibrom-1-methoxy-
2-nitro-äthyl]- **6** III 4680 e
$C_{12}H_{12}Br_4O_2$
Benzol, 1,3-Dibrom-5-[2,2-dibrom-
1-methoxymethyl-vinyl]-4-methoxy-
2-methyl- **6** I 466 d
Phenol, 6-[1-Äthoxymethyl-2,2-dibrom-
vinyl]-2,4-dibrom-3-methyl-
6 I 466 e
$C_{12}H_{12}Br_4O_3$
Benzol, 2-Acetoxy-1,4-dibrom-5-
[1,2-dibrom-propyl]-3-methoxy-
6 923 e
–, 2-Acetoxy-1,4-dibrom-5-
[2,3-dibrom-propyl]-3-methoxy-
6 923 h
$C_{12}H_{12}Br_4O_4$
Phenol, 4-[1-Acetoxy-2-brom-propyl]-
2,3,5-tribrom-6-methoxy- **6** 1123 a
$C_{12}H_{12}ClF_3N_2O_3$
Propionsäure, 3-Chlor-2-[2,2,2-trifluor-
acetylamino]-, benzyloxyamid
6 IV 2566
$C_{12}H_{12}ClNO_3$
Butyronitril, 3-Acetoxy-4-[3-chlor-
phenoxy]- **6** IV 818
–, 3-Acetoxy-4-[4-chlor-phenoxy]-
6 IV 857
$C_{12}H_{12}ClNO_5$
Essigsäure, [2-Nitro-phenoxy]-, [3-chlor-
but-2-enylester] **6** IV 1261
$C_{12}H_{12}ClNO_5S$
Acetessigsäure, 2-[4-Chlor-2-nitro-
phenylmercapto]-, äthylester
6 I 161 i
$C_{12}H_{12}ClNO_5S_2$
Dithiokohlensäure-S-[2-acetoxy-5-chlor-
3-nitro-benzylester]-O-äthylester
6 IV 5906
$C_{12}H_{12}ClNO_6$
Asparaginsäure, N-[(4-Chlor-phenoxy)-
acetyl]- **6** IV 848
$C_{12}H_{12}ClNO_6S$
Acetessigsäure, 2-[4-Chlor-2-nitro-
benzolsulfinyl]-, äthylester **6** I 161 j
$C_{12}H_{12}ClNS$
Naphthalin-2-sulfensäure, 1-Chlor-,
dimethylamid **6** I 319 b

$C_{12}H_{12}Cl_2N_2O_5$
Asparagin, N^2-[(2,4-Dichlor-phenoxy)-
acetyl]- **6** IV 920
$C_{12}H_{12}Cl_2O$
Äther, Allyl-[2-allyl-4,6-dichlor-phenyl]-
6 IV 3815
–, Allyl-[2,4-dichlor-6-propenyl-
phenyl]- **6** II 522 g
Penta-2,4-dien-1-ol, 5,5-Dichlor-2-methyl-
1-phenyl- **6** IV 4086
Phenol, 2,4-Dichlor-6-[2-methyl-penta-
1,4-dienyl]- **6** II 561 b
$C_{12}H_{12}Cl_2O_2$
Benzol, 1,4-Bis-[3-chlor-allyloxy]-
6 III 4395 f
–, 4-[4,4-Dichlor-buta-1,3-dienyl]-
1,2-dimethoxy- **6** IV 6458
But-1-en, 4-Acetoxy-2-[3,4-dichlor-phenyl]-
6 III 2442 e
Hex-1-en-1-on, 2-[2,4-Dichlor-phenoxy]-
6 IV 903
Naphthalin-1,4-diol, 2,3-Dichlor-
6,7-dimethyl-5,8-dihydro- **6** IV 6470
$C_{12}H_{12}Cl_2O_2S_2$
Benzol, 1,5-Bis-acetonylmercapto-
2,4-dichlor- **6** I 411 d
$C_{12}H_{12}Cl_2O_3$
Crotonsäure, 4-[2,4-Dichlor-phenoxy]-,
äthylester **6** IV 931
Essigsäure, [4-Chlor-phenoxy]-, [3-chlor-
but-2-enylester] **6** IV 845
$C_{12}H_{12}Cl_2O_4$
Benzol, 2,4-Diacetoxy-1-[2,2-dichlor-äthyl]-
6 III 4557 c
–, 1,2-Diacetoxy-3,5-dichlor-
4,6-dimethyl- **6** 912 c
Propionylchlorid, 3,3'-m-Phenylendioxy-bis-
6 IV 5677
–, 3,3'-p-Phenylendioxy-bis-
6 IV 5748
$C_{12}H_{12}Cl_2O_4S_2$
Benzol, 1,5-Bis-äthoxycarbonylmercapto-
2,4-dichlor- **6** I 411 f
$C_{12}H_{12}Cl_2O_5$
Adipinsäure, 2-[2,4-Dichlor-phenoxy]-
6 IV 932
Malonsäure, [3-(2,4-Dichlor-phenoxy)-
propyl]- **6** IV 933
$C_{12}H_{12}Cl_2O_6$
Benzol, 1,4-Bis-chloracetoxy-2,5-dimethoxy-
6 IV 7689
–, 1,4-Diacetoxy-2,5-dichlor-
3,6-dimethoxy- **6** IV 7691

$C_{12}H_{12}Cl_2O_6$ (Fortsetzung)

Benzol, 1,4-Diacetoxy-2,6-dichlor-
3,5-dimethoxy- **6** II 1119 g

Essigsäure, [2,5-Dichlor-p-phenylendioxy]-
di-, dimethylester **6** IV 5774

−, [4,6-Dichlor-m-phenylendioxy]-di-,
dimethylester **6** IV 5686

$C_{12}H_{12}Cl_2Te$

λ^4-Tellan, Äthyl-dichlor-[2]naphthyl-
6 IV 4324

$C_{12}H_{12}Cl_3NO$

Hexannitril, 6-[2,4,5-Trichlor-phenoxy]-
6 IV 989

$C_{12}H_{12}Cl_3NO_7$

Essigsäure, [2,4,5-Trichlor-phenoxy]-,
[3-hydroxy-2-hydroxymethyl-2-nitro-
propylester] **6** IV 978

$C_{12}H_{12}Cl_4O$

Hex-5-en-2-ol, 1,1,1,4-Tetrachlor-6-phenyl-
6 IV 3894

$C_{12}H_{12}Cl_4O_2$

Äthan, 2-Butyryloxy-1,1,1-trichlor-2-
[2-chlor-phenyl]- **6** III 1687 b

−, 2-Butyryloxy-1,1,1-trichlor-2-
[3-chlor-phenyl]- **6** III 1687 f

−, 2-Butyryloxy-1,1,1-trichlor-2-
[4-chlor-phenyl]- **6** III 1688 f,
IV 3051

−, 1,1,1-Trichlor-2-[4-chlor-phenyl]-
2-isobutyryloxy- **6** IV 3051

$C_{12}H_{12}Cl_4O_3$

Buttersäure, 2,2-Dichlor-, [2-(3,4-dichlor-
phenoxy)-äthylester] **6** IV 953

Propionsäure, 2,2-Dichlor-, [β-(2,4-dichlor-
phenoxy)-isopropylester] **6** IV 895

$C_{12}H_{12}Cl_4O_4$

Äthan, 1-[2-Acetoxy-äthoxy]-2-[2,3,4,5-
tetrachlor-phenoxy]- **6** IV 1021

$C_{12}H_{12}Cl_6O$

Methanol, [1,2,3,4,9,9-Hexachlor-
1,4,4a,5,6,7,8,8a-octahydro-1,4-methano-
naphthalin-6-yl]- **6** IV 3452

$C_{12}H_{12}Cl_6O_2$

Butan, 1-Äthoxy-2,2,3-trichlor-1-
[2,4,5-trichlor-phenoxy]- **6** IV 970

Buttersäure-[1,4,5,6,7,7-hexachlor-norborn-
5-en-2-ylmethylester] **6** IV 360

Isobuttersäure-[1,4,5,6,7,7-hexachlor-
norborn-5-en-2-ylmethylester]
6 IV 360

$C_{12}H_{12}Cl_6O_3$

Äther, [2-(2-Chlor-äthoxy)-äthyl]-
[2-pentachlorphenoxy-äthyl]-
6 III 733 d

$C_{12}H_{12}Cl_6O_4$

Benzol, 1,2,4,5-Tetrachlor-3,6-bis-[2-chlor-
äthoxymethoxy]- **6** IV 5777

$C_{12}H_{12}D_2O_4S$

Malonsäure, [2-Benzylmercapto-
1,2-dideuterio-äthyl]- **6** III 1618 d

$C_{12}H_{12}F_2O$

Äther, Äthyl-[4,4-difluor-2-phenyl-cyclobut-
1-enyl]- **6** IV 4076

$C_{12}H_{12}F_3NO_3S$

Cystein, S-Benzyl-N-trifluoracetyl-
6 IV 2725

$C_{12}H_{12}F_3NO_4$

Serin, O-Benzyl-N-trifluoracetyl-
6 IV 2549

$C_{12}H_{12}F_6O$

Äther, [3,5-Bis-trifluormethyl-phenyl]-butyl-
6 IV 3151

$C_{12}H_{12}I_2Te$

λ^4-Tellan, Äthyl-dijod-[2]naphthyl-
6 IV 4325

$C_{12}H_{12}NO_2P$

Phosphin, Amino-diphenoxy- **6** IV 701

$C_{12}H_{12}NO_2PS$

Amidothiophosphorsäure-O,O'-diphenyl=
ester **6** 181 f, I 97 a

$C_{12}H_{12}NO_2PSe$

Amidoselenophosphorsäure-
O,O'-diphenylester **6** I 97 g

$C_{12}H_{12}NO_3P$

Amidophosphorsäure-diphenylester
6 180 h, I 95 j, III 661 e, IV 740

$C_{12}H_{12}N_2O$

Acetamidin, 2-[1]Naphthyloxy- **6** III 2931 d

−, 2-[2]Naphthyloxy- **6** III 2986 h

Adiponitril, 3-Phenoxy- **6** IV 657

$C_{12}H_{12}N_2OS_2$

Propan, 1-[4-Methoxy-phenyl]-1,2-bis-
thiocyanato- **6** II 1087 e

$C_{12}H_{12}N_2O_2$

Crotononitril, 3-Amino-2-phenoxyacetyl-
6 II 162 a

Essigsäure, [2]Naphthyloxy-, hydrazid
6 IV 4276

−, Phenoxy-, [2-cyan-1-methyl-
vinylamid] **6** I 90 a, II 158 c

Propionitril, 3,3'-m-Phenylendioxy-di-
6 III 4325 h, IV 5677

$C_{12}H_{12}N_2O_2$ (Fortsetzung)
Propionitril, 3,3'-o-Phenylendioxy-di-
    6 III 4237 c, IV 5588
−, 3,3'-p-Phenylendioxy-di-
    6 III 4421 h
$C_{12}H_{12}N_2O_2S$
Isothioharnstoff, S-[1,4-Dihydroxy-
    3-methyl-[2]naphthyl]-
    6 IV 7538
$C_{12}H_{12}N_2O_2S_2$
Benzol, 1,4-Dimethoxy-2,5-bis-thiocyanato-
    methyl- 6 III 6667 e, IV 7702
$C_{12}H_{12}N_2O_3$
Allophansäure-[1-phenyl-but-3-inylester]
    6 IV 4071
$C_{12}H_{12}N_2O_3S$
Acetamidoxim, 2-[Naphthalin-1-sulfonyl]-
    6 624 c
−, 2-[Naphthalin-2-sulfonyl]-
    6 662 g
$C_{12}H_{12}N_2O_4$
Asparaginsäure, N-Benzyloxycarbonyl-,
    4-nitril 6 IV 2402
Glycin, N-Benzyloxycarbonyl-,
    cyanmethylester 6 IV 2288
Maleamidsäure, N-Carbamoyl-, benzyl-
    ester 6 IV 2275
$C_{12}H_{12}N_2O_4S$
Sulfid, Cyclohex-2-enyl-[2,4-dinitro-phenyl]-
    6 IV 1744
$C_{12}H_{12}N_2O_6$
Benzol, 1,2-Bis-acetylcarbamoyloxy-
    6 777 m
Essigsäure-[1,3-dinitro-5,6,7,8-tetrahydro-
    [2]naphthylester] 6 II 540 b
$C_{12}H_{12}N_2O_6S$
Sulfon, Cyclohex-1-enyl-[2,4-dinitro-
    phenyl]- 6 IV 1744
$C_{12}H_{12}N_2O_7S$
Acetessigsäure, 2-[2,4-Dinitro-phenyl-
    mercapto]-, äthylester
    6 IV 1763
$C_{12}H_{12}N_2O_8$
Asparaginsäure, N-[4-Nitro-benzyloxy-
    carbonyl]- 6 IV 2620
$C_{12}H_{12}N_2O_8S_2$
Essigsäure, [4,6-Dinitro-m-phenylen-
    dimercapto]-di-, dimethylester
    6 IV 5711
$C_{12}H_{12}N_2O_9$
Benzol, 1-Acetoxy-5-[2-acetoxy-äthoxy]-
    2,4-dinitro- 6 III 4353 c

$C_{12}H_{12}N_2O_{10}$
Benzol, 1,4-Diacetoxy-2,6-dimethoxy-
    3,5-dinitro- 6 IV 7688
$C_{12}H_{12}N_2S$
Adiponitril, 2-Phenylmercapto-
    6 III 1023 i
−, 3-Phenylmercapto- 6 IV 1548
Isothioharnstoff, S-[1]Naphthylmethyl-
    6 III 3026 c, IV 4337
$C_{12}H_{12}N_6O_{18}$
Benzol, Hexakis-nitryloxymethyl-
    6 III 6942 b
$C_{12}H_{12}O$
Äthanol, 1-[1]Naphthyl- 6 I 321 a,
    II 619 e, III 3034 b, IV 4346
−, 1-[2]Naphthyl- 6 III 3041 a,
    IV 4348
−, 2-[1]Naphthyl- 6 668 d, II 619 j,
    III 3037 a, IV 4347
−, 2-[2]Naphthyl- 6 III 3042 d,
    IV 4349
Äther, Äthyl-azulen-1-yl- 6 IV 4206
−, Äthyl-azulen-4-yl- 6 IV 4208
−, Äthyl-[1-methylen-3-phenyl-prop-
    2-inyl]- 6 III 2912 a
−, Äthyl-[1]naphthyl- 6 606 b,
    I 306 b, II 578 b, III 2924 a, IV 4212
−, Äthyl-[2]naphthyl- 6 641 a,
    I 312 b, II 598 b, III 2972 a, IV 4257
−, Methyl-[1-methyl-[2]naphthyl]-
    6 665 b, I 320 a, III 3020 a, IV 4329
−, Methyl-[2-methyl-[1]naphthyl]-
    6 III 3027 a, IV 4338
−, Methyl-[3-methyl-[2]naphthyl]-
    6 IV 4339
−, Methyl-[4-methyl-[1]naphthyl]-
    6 III 3022 c, IV 4331
−, Methyl-[5-methyl-[1]naphthyl]-
    6 IV 4331
−, Methyl-[5-methyl-[2]naphthyl]-
    6 III 3023 b, IV 4331
−, Methyl-[6-methyl-[2]naphthyl]-
    6 II 618 d, III 3029 a
−, Methyl-[7-methyl-[1]naphthyl]-
    6 III 3030 a
−, Methyl-[7-methyl-[2]naphthyl]-
    6 III 3029 f
−, Methyl-[8-methyl-[2]naphthyl]-
    6 III 3024 a, IV 4331
−, Methyl-[2-methyl-4-phenyl-but-
    1-en-3-inyl]- 6 III 3019 a
−, Methyl-[1]naphthylmethyl-
    6 III 3024 c, IV 4332

$C_{12}H_{12}O$ (Fortsetzung)

Äther, [3-Methyl-pent-2-en-4-inyl]-phenyl-
6 III 562 b

Anisol, 4-[1-Äthinyl-propenyl]- **6** IV 4328

Azulen-6-ol, 4,8-Dimethyl- **6** IV 4344

But-3-en-1-ol, 2-Äthinyl-1-phenyl-
6 IV 4344

Cyclohexanol, 1-Hexatriinyl- **6** IV 4342

Cyclopent[a]inden-8-ol, 1,2,8,8a-Tetrahydro-
6 IV 4353

Hex-1-en-4-in-3-ol, 1-Phenyl- **6** IV 4343

Hex-1-en-5-in-3-ol, 1-Phenyl- **6** IV 4343

Hex-3-en-5-in-2-ol, 6-Phenyl- **6** IV 4342

Hex-4-en-1-in-3-ol, 1-Phenyl- **6** IV 4342

Hex-5-en-2-in-1-ol, 6-Phenyl- **6** IV 4343

Hex-5-en-3-in-2-ol, 2-Phenyl- **6** III 3031 e

Methanol, [1-Methyl-[2]naphthyl]-
6 II 620 d, IV 4350

−, [2-Methyl-[1]naphthyl]-
6 II 620 c, III 3043 a, IV 4350

−, [4-Methyl-[1]naphthyl]-
6 II 620 f, III 3044 a, IV 4351

[1]Naphthol, 1-Äthinyl-1,2,3,4-tetrahydro-
6 III 3032 b, IV 4344

−, 2-Äthyl- **6** II 620 a, III 3038 b,
IV 4348

−, 3-Äthyl- **6** III 3040 b

−, 4-Äthyl- **6** III 3032 d

−, 7-Äthyl- **6** III 3040 f

−, 2,3-Dimethyl- **6** III 3045 b

−, 2,4-Dimethyl- **6** III 3043 c,
IV 4350

−, 2,6-Dimethyl- **6** III 3045 e

−, 2,7-Dimethyl- **6** III 3046 c

−, 3,4-Dimethyl- **6** III 3042 f,
IV 4350

−, 3,7-Dimethyl- **6** I 321 f,
III 3046 a

−, 4,6-Dimethyl- **6** III 3045 a

−, 4,7-Dimethyl- **6** I 321 d,
IV 4352

−, 5,7-Dimethyl- **6** IV 4351

−, 5,8-Dimethyl- **6** IV 4351

−, 6,7-Dimethyl- **6** III 3045 c

[2]Naphthol, 1-Äthyl- **6** II 619 a,
III 3032 c, IV 4344

−, 3-Äthyl- **6** III 3039 d

−, 6-Äthyl- **6** 668 f, III 3040 c,
IV 4348

−, 1,3-Dimethyl- **6** III 3043 b

−, 1,4-Dimethyl- **6** 668 f, III 3043 d,
IV 4351

−, 1,5-Dimethyl- **6** III 3044 b

−, 1,6-Dimethyl- **6** IV 4352

−, 1,7-Dimethyl- **6** III 3044 h,
IV 4353

−, 3,4-Dimethyl- **6** III 3042 e

−, 3,6-Dimethyl- **6** I 321 g,
III 3046 d

−, 3,7-Dimethyl- **6** I 321 e,
III 3045 g

−, 3,8-Dimethyl- **6** III 3044 f

−, 4,8-Dimethyl- **6** III 3044 d

−, 6,7-Dimethyl- **6** II 620 g,
III 3045 d

Pent-1-en-4-in-3-ol, 2-Methyl-5-phenyl-
6 IV 4344

−, 3-Methyl-1-phenyl- **6** III 3032 a

$C_{12}H_{12}OS$

Äthanol, 2-[2]Naphthylmercapto-
6 III 3010 c

Methanthiol, [2-Methoxy-[1]naphthyl]-
6 IV 6579

−, [4-Methoxy-[1]naphthyl]-
6 IV 6580

Naphthalin, 1-Methoxy-4-methylmercapto-
6 I 475 g

−, 1-Methoxy-5-methylmercapto-
6 I 478 j

−, 2-Methoxy-1-methylmercapto-
6 III 5242 e

−, 2-Methoxy-6-methylmercapto-
6 I 481 b

−, 6-Methoxy-1-methylmercapto-
6 III 5280 f

Thioessigsäure-S-[2-(1-methyl-propadienyl)-
phenylester] **6** IV 4075

$C_{12}H_{12}OS_2$

[2]Naphthol, 3,6-Bis-methylmercapto-
6 II 1097 a

$C_{12}H_{12}O_2$

Acrylsäure-[2-allyl-phenylester] **6** IV 3809

− cinnamylester **6** III 2406 f

Äthan-1,2-diol, [1]Naphthyl- **6** III 5314 e

Äthanol, 2-[2-Hydroxy-[1]naphthyl]-
6 IV 6587

−, 2-[1]Naphthyloxy- **6** I 307 c,
II 579 h, III 2927 a, IV 4215

−, 2-[2]Naphthyloxy- **6** I 313 f,
II 600 d, III 2977 a, IV 4261

1,4-Ätheno-naphthalin-5,8-diol, 1,2,3,4-
Tetrahydro- **6** II 959 b, III 5319 c

1,4-Ätheno-naphthalin-5,8-dion, 1,2,3,4,4a,≠
8a-Hexahydro- **6** III 5319 d,
7 II 640 g

C₁₂H₁₂O₂ (Fortsetzung)

Äthylhydroperoxid, 1-[2]Naphthyl-
  6 IV 4349

Ameisensäure-[1-inden-1-yl-äthylester]
  6 I 301 e

Benzocyclohepten-5-ol, 6-Methoxy-5*H*-
  6 IV 6574

Cyclohexa-3,5-dien-1,2-diol, 1,2-Diäthinyl-
  4,5-dimethyl- **6** IV 6586

Essigsäure-[3,4-dihydro-[1]naphthylester]
  6 IV 4077

– [5,6-dihydro-[1]naphthylester]
  6 IV 4077

– [5,8-dihydro-[1]naphthylester]
  6 IV 4078

– [1-methyl-1-phenyl-prop-
  2-inylester] **6** IV 4073

– [1-methyl-3-phenyl-prop-
  2-inylester] **6** III 2739 a

– [4-phenyl-buta-1,3-dienylester]
  6 III 2739 f

– [1-phenyl-but-3-inylester]
  6 IV 4070

Formaldehyd-[methyl-[1]naphthyl-acetal]
  6 607 i

– [methyl-[2]naphthyl-acetal]
  6 643 a

Hepta-2,4,6-triin-1-ol, 7-[1-Hydroxy-
  cyclopentyl]- **6** IV 6586

Hexa-2,4-diensäure-phenylester
  6 III 605 b

Methanol, [4-Hydroxy-1-methyl-
  [2]naphthyl]- **6** IV 6589

–, [2-Methoxy-[1]naphthyl]-
  6 I 483 c, III 5298 c

–, [3-Methoxy-[1]naphthyl]-
  6 II 958 a

–, [3-Methoxy-[2]naphthyl]-
  6 IV 6584

–, [4-Methoxy-[1]naphthyl]-
  6 III 5299 a, IV 6580

–, [5-Methoxy-[1]naphthyl]-
  6 II 958 c

–, [6-Methoxy-[1]naphthyl]-
  6 III 5299 b

1,4-Methano-naphthalin-5,8-diol, 6-Methyl-
  1,4-dihydro- **6** III 5318 d

1,4-Methano-naphthalin-5,8-dion,
  6-Methyl-1,4,4a,8a-tetrahydro-
  6 III 5318 e

Naphthalin, 1,2-Bis-hydroxymethyl-
  6 IV 6589

–, 1,5-Bis-hydroxymethyl-
  6 III 5316 c

–, 1,8-Bis-hydroxymethyl-
  6 IV 6591

–, 2,3-Bis-hydroxymethyl-
  6 IV 6592

–, 1,2-Dimethoxy- **6** 975 e,
  IV 6538

–, 1,3-Dimethoxy- **6** IV 6543

–, 1,4-Dimethoxy- **6** 979 d,
  III 5261 b, IV 6546

–, 1,5-Dimethoxy- **6** 980 f, I 478 a,
  III 5266 b, IV 6554

–, 1,6-Dimethoxy- **6** I 480 c,
  II 952 g, III 5280 c, IV 6558

–, 1,7-Dimethoxy- **6** IV 6559

–, 1,8-Dimethoxy- **6** IV 6560

–, 2,3-Dimethoxy- **6** 983 b,
  III 5287 d, IV 6564

–, 2,6-Dimethoxy- **6** 984 f,
  III 5288 b, IV 6566

–, 2,7-Dimethoxy- **6** 986 b, I 482 g,
  II 956 c, III 5292 a, IV 6570

Naphthalin-1,3-diol, 2-Äthyl- **6** III 5315 c

–, 2,6-Dimethyl- **6** 988 c

–, 2,8-Dimethyl- **6** 988 c

Naphthalin-1,4-diol, 2-Äthyl- **6** III 5315 e,
  IV 6588

–, 2,3-Dimethyl- **6** III 5316 e

–, 2,6-Dimethyl- **6** III 5318 b

Naphthalin-1,5-diol, 4,8-Dimethyl-
  6 IV 6590

Naphthalin-1,6-diol, 2,5-Dimethyl-
  6 IV 6590

–, 4,5-Dimethyl- **6** IV 6591

Naphthalin-1,7-diol, 4-Äthyl- **6** IV 6586

–, 4,8-Dimethyl- **6** IV 6590

Naphthalin-1,8-diol, 4-Äthyl- **6** IV 6586

Naphthalin-2,3-diol, 6-Äthyl- **6** IV 6588

–, 6,7-Dimethyl- **6** I 483 e

Naphthalin-2,6-diol, 1,5-Dimethyl-
  6 IV 6589

Naphthalin-2,7-diol, 1,8-Dimethyl-
  6 IV 6591

Naphthalin-1,3-dion, 2,6-Dimethyl-4*H*-
  6 988 c

–, 2,8-Dimethyl-4*H*- **6** 988 c

[1]Naphthol, 4-Äthoxy- **6** 979 e, IV 6546

–, 5-Äthoxy- **6** IV 6555

–, 4-Methoxy-2-methyl- **6** III 5301 a,
  IV 6581

–, 5-Methoxy-8-methyl- **6** IV 6578

C$_{12}$H$_{12}$O$_2$ (Fortsetzung)

[1]Naphthol, 6-Methoxy-5-methyl-
  6 III 5296 a, IV 6574

−, 8-Methoxy-4-methyl- 6 IV 6576

[2]Naphthol, 3-Äthoxy- 6 983 c

−, 1-Methoxymethyl- 6 IV 6578

−, 3-Methoxy-6-methyl- 6 III 5310 d

−, 3-Methoxy-7-methyl- 6 III 5310 d

−, 6-Methoxy-1-methyl- 6 IV 6575

C$_{12}$H$_{12}$O$_2$S

Sulfon, Äthyl-[1]naphthyl- 6 621 g,
  IV 4242

−, Äthyl-[2]naphthyl- 6 658 b,
  IV 4313

C$_{12}$H$_{12}$O$_2$Se

Selenon, Äthyl-[2]naphthyl- 6 II 614 d

C$_{12}$H$_{12}$O$_3$

Acetaldehyd, [1]Naphthyloxy-, hydrat
  6 608 a

−, [2]Naphthyloxy-, hydrat
  6 643 e

Äthan-1,2-diol, [3-Hydroxy-[2]naphthyl]-
  6 IV 7541

Essigsäure-[4-phenoxy-but-2-inylester]
  6 IV 589

Hexa-2,4-diensäure-[2-hydroxy-phenylester]
  6 IV 5584

Methanol, [4,5-Dihydroxy-1-methyl-
  [2]naphthyl]- 6 IV 7542

−, [1-Hydroxy-4-methoxy-[2]naphthyl]-
  6 IV 7541

−, [2-Hydroxymethoxy-[1]naphthyl]-
  6 III 5298 e

−, [4-Hydroxy-3-methoxy-[1]naphthyl]-
  6 I 558 i

Naphthalin-1,4-diol, 2-Methoxy-3-methyl-
  6 III 6513 a

Naphthalin-1,2,3-triol, 5,8-Dimethyl-
  6 III 6515 e

[1]Naphthol, 4,8-Dimethoxy- 6 IV 7536

−, 5,8-Dimethoxy- 6 III 6509 a

−, 6,7-Dimethoxy- 6 III 6512 a

[2]Naphthol, 1,4-Dimethoxy- 6 III 6504 c

−, 5,6-Dimethoxy- 6 IV 7535

Pent-2-ensäure, 4-Oxo-, benzylester
  6 IV 2481

C$_{12}$H$_{12}$O$_3$S

Äthanol, 2-[Naphthalin-1-sulfonyl]-
  6 623 g, III 2945 f

−, 2-[Naphthalin-2-sulfonyl]-
  6 659 k, III 3010 e, IV 4314

Naphthalin, 1-Methansulfonyl-5-methoxy-
  6 I 478 k

−, 1-Methansulfonyl-8-methoxy-
  6 III 5286 c

−, 2-Methansulfonyl-6-methoxy-
  6 I 481 c

[1]Naphthol, 8-Äthansulfonyl- 6 III 5286 d

−, 8-Methansulfonyl-4-methyl-
  6 III 5296 e

C$_{12}$H$_{12}$O$_3$S$_3$

Benzol, 1,3,5-Tris-acetylmercapto- 6 1108 b

C$_{12}$H$_{12}$O$_4$

Bernsteinsäure, Methylen-, 1-benzylester
  6 II 419 c

−, Methylen-, 4-benzylester
  6 II 419 c

Fumarsäure-mono-[2,4-dimethyl-
  phenylester] 6 IV 3130

Fumarsäure, Methyl-, 4-benzylester
  6 II 419 d

−, Methyl-, 1-methylester-
  4-phenylester 6 157 a

−, Methyl-, 4-methylester-
  1-phenylester 6 156 k

Maleinsäure-mono-[2,4-dimethyl-
  phenylester] 6 IV 3129

Maleinsäure, Methyl-, 1-benzylester
  6 II 419 f, IV 2276

[1,4]Naphthochinon, 5-Acetoxy-4a,5,8,8a-
  tetrahydro- 6 IV 7509

−, 5,8-Dihydroxy-2,6-dimethyl-
  2,3-dihydro- 6 IV 7736

Styrol, α,β-Diacetoxy- 6 III 4990 d

−, 2,4-Diacetoxy- 6 III 4979 c

−, 2,5-Diacetoxy- 6 IV 6316

−, 3,4-Diacetoxy- 6 III 4982 d

C$_{12}$H$_{12}$O$_4$S

Sulfonium, Bis-carboxymethyl-styryl-,
  betain 6 IV 3787

C$_{12}$H$_{12}$O$_5$

Fumarsäure, [2,4-Dimethyl-phenoxy]-
  6 488 h, IV 3130

−, [3,5-Dimethyl-phenoxy]-
  6 IV 3148

C$_{12}$H$_{12}$O$_5$S

Benzol, 1,4-Diacetoxy-2-acetylmercapto-
  6 IV 7355

Schwefelsäure-mono-[4-methoxy-2-methyl-
  [1]naphthylester] 6 IV 6581

− mono-[2-[1]naphthyloxy-
  äthylester] 6 IV 4215

− mono-[2-[2]naphthyloxy-
  äthylester] 6 II 600 f

C₁₂H₁₂O₅S₂
Äthansulfonsäure, 2-[Naphthalin-
2-sulfonyl]- **6** III 3013 a

C₁₂H₁₂O₆
Benzol, 1,2,3-Triacetoxy- **6** 1083 c, I 540 e,
II 1066 i, III 6269 h
—, 1,2,4-Triacetoxy- **6** 1089 d,
I 542 f, II 1072 c, III 6282 b,
IV 7342
—, 1,3,5-Triacetoxy- **6** 1104 b,
I 547 d, II 1079 d, III 6306 h,
IV 7367

C₁₂H₁₂O₆S₂
Naphthalin, 1,3-Bis-hydroxymethansulfonyl-
6 IV 6544

C₁₂H₁₂O₆S₃
Essigsäure, Benzen-1,3,5-triyltrimercapto-
tri- **6** I 548 b

C₁₂H₁₂O₇P₂
Diphosphorsäure-1,2-diphenylester
6 II 165 e, III 662 i, IV 753

C₁₂H₁₂O₈
Dibenzo[1,4]dioxin-2,7-dion, 1,4a,6,9a-
Tetrahydroxy-4a,5a,9a,10a-tetrahydro-
1H,6H- **6** IV 7684

C₁₂H₁₂O₈S₂
Naphthalin, 2,3-Dimethyl-1,4-bis-sulfooxy-
6 III 5317 d

C₁₂H₁₂O₉
Benzol, 1,2,3-Tris-methoxycarbonyloxy-
6 1083 j
—, 1,3,5-Tris-methoxycarbonyloxy-
6 I 547 e, II 1079 e
Essigsäure, Benzen-1,2,3-triyltrioxy-tri-
6 1084 e

C₁₂H₁₂O₁₂
myo-Inosit, Hexa-O-formyl- **6** IV 7921

C₁₂H₁₂S
Äthanthiol, 1-[1]Naphthyl- **6** II 619 i
—, 2-[1]Naphthyl- **6** III 3037 e,
IV 4347
Methanthiol, [2-Methyl-[1]naphthyl]-
6 IV 4350
—, [4-Methyl-[1]naphthyl]-
6 IV 4352
Sulfid, Äthyl-[1]naphthyl- **6** 621 f,
IV 4242
—, Äthyl-[2]naphthyl- **6** 658 a,
III 3007 c, IV 4313
—, Methyl-[1-methyl-[2]naphthyl]-
6 IV 4330

C₁₂H₁₂S₂
Disulfid, Äthyl-[2]naphthyl- **6** II 612 d

Naphthalin, 1,4-Bis-methylmercapto-
6 IV 6553
—, 1,5-Bis-methylmercapto-
6 II 952 b, IV 6556
—, 1,8-Bis-methylmercapto-
6 II 954 d, IV 6562

C₁₂H₁₂Se
Selenid, Äthyl-[1]naphthyl- **6** II 590 g

C₁₂H₁₂Te
Tellurid, Äthyl-[2]naphthyl- **6** IV 4324

C₁₂H₁₃BO₄
Hex-3-en-2-on, 4-Benzo[1,3,2]dioxaborol-
2-yloxy- **6** IV 5611

C₁₂H₁₃BrCl₂O₃
Propionsäure, 2,2-Dichlor-, [β-(4-brom-
phenoxy)-isopropylester] **6** IV 1048

C₁₂H₁₃BrN₂O₄S
Sulfid, [2-Brom-cyclohexyl]-[2,4-dinitro-
phenyl]- **6** IV 1742

C₁₂H₁₃BrO
Äther, Äthyl-[1-brommethyl-3-phenyl-prop-
2-inyl]- **6** III 2739 b
—, [1-(1-Brom-äthyl)-3-phenyl-prop-
2-inyl]-methyl **6** III 2742 c
—, [1-(2-Brom-äthyl)-3-phenyl-prop-
2-inyl]-methyl **6** III 2742 d
—, [4-Brom-cyclohex-2-enyl]-phenyl-
6 IV 567
—, [4-Brom-8-methyl-5,6-dihydro-
[1]naphthyl]-methyl- **6** IV 4084

C₁₂H₁₃BrO₂
Essigsäure-[3-brom-1-methyl-3-phenyl-
propenylester] **6** IV 3836
— [2-brom-1,2,3,4-tetrahydro-
[1]naphthylester] **6** II 542 f

C₁₂H₁₃BrO₃
Aceton, 1-[2-Brom-allyloxy]-3-phenoxy-
6 III 593 i
Benzol, 2-Acetoxy-1-brom-3-methoxy-
5-propenyl- **6** 959 i

C₁₂H₁₃BrO₄
Benzol, 1,2-Diacetoxy-4-[2-brom-äthyl]-
6 III 4561 j
—, 1,4-Diacetoxy-3-brom-
2,5-dimethyl- **6** III 4604 c
—, 1,4-Diacetoxy-2-brommethyl-
3-methyl- **6** IV 5949

C₁₂H₁₃BrO₅
Malonsäure, Brom-[3-phenoxy-propyl]-
6 IV 657
Toluol, 2,5-Diacetoxy-4-brom-3-methoxy-
6 IV 7374

$C_{12}H_{13}BrO_5$ (Fortsetzung)

Toluol, 2,5-Diacetoxy-6-brom-3-methoxy-
6 IV 7374

$C_{12}H_{13}BrO_5S_2$

Acetessigsäure, 2-[4-Brom-benzolsulfonyl≈
mercapto]-, äthylester 6 335 a,
11 83 e

$C_{12}H_{13}BrO_6$

Benzol, 1,4-Diacetoxy-2-brom-
3,5-dimethoxy- 6 IV 7687

—, 1,4-Diacetoxy-3-brom-
2,5-dimethoxy- 6 IV 7692

$C_{12}H_{13}Br_2ClO$

Äther, [2,3-Dibrom-1-(2-chlor-äthyl)-
3-phenyl-allyl]-methyl- 6 III 2465 e

$C_{12}H_{13}Br_2ClO_3$

Benzol, 2-Acetoxy-1-brom-5-[2-brom-
1-chlor-propyl]-3-methoxy- 6 922 f

$C_{12}H_{13}Br_3O$

Äther, Äthyl-[2,3-dibrom-1-brommethyl-
3-phenyl-allyl]- 6 III 2435 e

—, [2,3-Dibrom-1-(2-brom-äthyl)-
3-phenyl-allyl]-methyl- 6 III 2465 f

$C_{12}H_{13}Br_3O_2$

Buttersäure-[2,2,2-tribrom-1-phenyl-
äthylester] 6 III 1693 a

Essigsäure-[2,4,6-tris-brommethyl-3-methyl-
phenylester] 6 IV 3361

Hexansäure-[2,4,6-tribrom-phenylester]
6 IV 1068

Phenol, 6-[1-Äthoxymethyl-2-brom-vinyl]-
2,4-dibrom-3-methyl- 6 I 465 i

—, 2-[1-Äthoxymethyl-2,2-dibrom-
vinyl]-6-brom-4-methyl- 6 I 465 e

Propionsäure-[2,2,2-tribrom-1-p-tolyl-
äthylester] 6 III 1828 g

Propionsäure, 3-Brom-2,2-bis-brommethyl-,
benzylester 6 IV 2266

$C_{12}H_{13}Br_3O_3$

Benzol, 2-Acetoxy-1-brom-5-[1,2-dibrom-
propyl]-3-methoxy- 6 922 h

Phenol, 2-Äthoxymethoxy-3,5,6-tribrom-
4-propenyl- 6 960 f

Propan-2-ol, 1-Allyloxy-3-[2,4,5-tribrom-
phenoxy]- 6 III 760 e

$C_{12}H_{13}Br_3O_4$

Benzol, 1-Acetoxy-2,3,5-tribrom-4,6-bis-
methoxymethyl- 6 1118 c

Phenol, 4-[1-Acetoxy-2-brom-propyl]-
3,6-dibrom-2-methoxy- 6 1122 h

$C_{12}H_{13}ClN_2O_4$

Hydantoinsäure, 5-Chloracetyl-,
benzylester 6 III 1541 d

$C_{12}H_{13}ClN_2O_4S$

Sulfid, [1-Äthyl-2-chlor-but-1-enyl]-
[2,4-dinitro-phenyl]- 6 IV 1741

—, [2-Chlor-cyclohexyl]-[2,4-dinitro-
phenyl]- 6 III 1094 c, IV 1742

$C_{12}H_{13}ClN_2O_4Se$

Selenid, [2-Chlor-cyclohexyl]-[2,4-dinitro-
phenyl]- 6 IV 1795

$C_{12}H_{13}ClN_2O_5S$

Benzolsulfensäure, 2,4-Dinitro-, [2-chlor-
cyclohexylester] 6 IV 1766

Sulfoxid, [2-Chlor-cyclohexyl]-[2,4-dinitro-
phenyl]- 6 IV 1742

$C_{12}H_{13}ClN_2O_6S$

Sulfon, [2-Chlor-cyclohexyl]-[2,4-dinitro-
phenyl]- 6 IV 1742

$C_{12}H_{13}ClO$

Äther, Äthyl-[1-chlormethyl-3-phenyl-prop-
2-inyl]- 6 II 559 b

—, Allyl-[2-allyl-4-chlor-phenyl]-
6 IV 3813

—, Allyl-[2-allyl-6-chlor-phenyl]-
6 IV 3811

—, [2-Allyl-phenyl]-[2-chlor-allyl]-
6 IV 3808

—, [2-Allyl-phenyl]-[3-chlor-allyl]-
6 IV 3808

—, [1-(2-Chlor-äthyl)-3-phenyl-prop-
2-inyl]-methyl- 6 III 2742 b

—, [3-Chlor-hexa-2,4-dienyl]-phenyl-
6 IV 567

Hex-5-in-3-ol, 3-[4-Chlor-phenyl]-
6 IV 4087

Pent-1-in-3-ol, 3-Chlormethyl-1-phenyl-
6 IV 4087

—, 4-Chlor-3-methyl-1-phenyl-
6 III 2746 c

$C_{12}H_{13}ClO_2$

Essigsäure-[3-chlor-1,2,3,4-tetrahydro-
[2]naphthylester] 6 580 d

Essigsäure, Chlor-, [1,2,3,4-tetrahydro-
[2]naphthylester] 6 III 2462 b

Methacrylsäure-[1-(2-chlor-phenyl)-
äthylester] 6 III 1682 f

Naphthalin, 2-Chlor-5,8-dimethoxy-
1,4-dihydro- 6 IV 6460

Naphthalin-1,4-diol, 2-Chlor-6,7-dimethyl-
5,8-dihydro- 6 III 5170 c

[1,4]Naphthochinon, 2-Chlor-6,7-dimethyl-
4a,5,8,8a-tetrahydro- 6 III 5170 d

$C_{12}H_{13}ClO_3$

Acetessigsäure-[4-chlor-3,5-dimethyl-
phenylester] 6 IV 3156

$C_{12}H_{13}ClO_3$ (Fortsetzung)

Acetylchlorid, [2-Allyl-4-methoxy-phenoxy]-
6 IV 6336

−, [2-Allyl-6-methoxy-phenoxy]-
6 IV 6334

Äthan, 1-[2-Chlor-phenoxy]-2-methacryloyl≠
oxy- 6 III 677 d

Crotonsäure, 4-[3-Chlor-phenoxy]-,
äthylester 6 IV 818

−, 4-[4-Chlor-phenoxy]-, äthylester
6 IV 856

Essigsäure, Chlor-, [4-allyl-2-methoxy-
phenylester] 6 I 463 h

−, [4-Chlor-phenoxy]-, but-
2-enylester 6 III 695 c

−, Phenoxy-, [3-chlor-but-
2-enylester] 6 IV 635

$C_{12}H_{13}ClO_4$

Adipinsäure-mono-[4-chlor-phenylester]
6 IV 842

Benzol, 1,2-Diacetoxy-3-chlor-4,5-dimethyl-
6 IV 5951

$C_{12}H_{13}ClO_4S_2$

Benzol, 2,4-Bis-äthoxycarbonylmercapto-
1-chlor- 6 I 410 g

$C_{12}H_{13}ClO_5$

Malonsäure, Chlor-[3-phenoxy-propyl]-
6 III 627 h

−, [3-(4-Chlor-phenoxy)-propyl]-
6 IV 857

Propionsäure, 2-Benzyloxycarbonyloxy-
3-chlor-, methylester 6 IV 2277

Toluol, 2,5-Diacetoxy-3-chlor-4-methoxy-
6 III 6317 e

$C_{12}H_{13}ClO_5S_2$

Acetessigsäure, 2-[4-Chlor-benzolsulfonyl≠
mercapto]-, äthylester 6 330 c

$C_{12}H_{13}ClO_6$

Benzol, 1,4-Diacetoxy-2-chlor-
3,5-dimethoxy- 6 IV 7687

−, 1,4-Diacetoxy-3-chlor-
2,5-dimethoxy- 6 IV 7691

Essigsäure, [4-Chlor-m-phenylendioxy]-di-,
dimethylester 6 IV 5684

$C_{12}H_{13}Cl_2IO_3$

Essigsäure, [2,4-Dichlor-5-jod-phenoxy]-,
butylester 6 III 783 d

$C_{12}H_{13}Cl_2NO$

Hexannitril, 6-[2,4-Dichlor-phenoxy]-
6 III 709 g, IV 930

$C_{12}H_{13}Cl_2NO_2S$

Sulfid, [2-Chlor-cyclohexyl]-[4-chlor-2-nitro-
phenyl]- 6 III 1079 e

$C_{12}H_{13}Cl_2NO_4$

Alanin, N-[2-(2,4-Dichlor-phenoxy)-
propionyl]- 6 IV 924

$C_{12}H_{13}Cl_2NO_5$

Essigsäure, [2,4-Dichlor-6-nitro-phenoxy]-,
butylester 6 IV 1359

−, [2,4-Dichlor-phenoxy]-, [β-nitro-
isobutylester] 6 III 706 f

Threonin, N-[(2,4-Dichlor-phenoxy)-acetyl]-
6 IV 918

$C_{12}H_{13}Cl_2N_3O_2$

Valeriansäure, 2-Cyan-5-[2,4-dichlor-
phenoxy]-, hydrazid 6 IV 933

$C_{12}H_{13}Cl_2O_4P$

Phosphorsäure-diallylester-[2,5-dichlor-
phenylester] 6 IV 948

$C_{12}H_{13}Cl_3O$

Äthanol, 2,2,2-Trichlor-1-[5,6,7,8-
tetrahydro-[2]naphthyl]- 6 IV 3918

$C_{12}H_{13}Cl_3O_2$

Äthan, 2-Acetoxy-1,1,1-trichlor-2-
[2,5-dimethyl-phenyl]- 6 545 p

Benzol, 2-Acetoxy-1,3-dimethyl-5-
[2,2,2-trichlor-äthyl]- 6 IV 3358

Essigsäure-[2,4,6-tris-chlormethyl-3-methyl-
phenylester] 6 IV 3361

Essigsäure, Dichlor-, [4-tert-butyl-2-chlor-
phenylester] 6 IV 3312

−, Trichlor-, [2-isopropyl-5-methyl-
phenylester] 6 537 g

Hexanoylchlorid, 2-[2,4-Dichlor-phenoxy]-
6 IV 930

Hexansäure-[2,4,5-trichlor-phenylester]
6 III 719 h

− [2,4,6-trichlor-phenylester]
6 IV 1009

Hex-5-en-2,4-diol, 1,1,1-Trichlor-6-phenyl-
6 IV 6366

Propionsäure-[2,2,2-trichlor-1-p-tolyl-
äthylester] 6 III 1827 i

Propionsäure, 2,2-Dichlor-, [1-(2-chlor-
phenyl)-propylester] 6 IV 3186

Valeriansäure, 4-Methyl-, [2,4,5-trichlor-
phenylester] 6 III 719 i

$C_{12}H_{13}Cl_3O_2S$

Sulfon, [2-Chlor-cyclohexyl]-[2,4-dichlor-
phenyl]- 6 IV 1613

$C_{12}H_{13}Cl_3O_3$

Äthan, 2-Acetoxy-2-[4-äthoxy-phenyl]-
1,1,1-trichlor- 6 IV 5932

−, 1-[4-Chlor-2-methyl-phenoxy]-
2-[2,2-dichlor-propionyloxy]-
6 IV 1988

$C_{12}H_{13}Cl_3O_3$ (Fortsetzung)

Essigsäure, [2,4,5-Trichlor-phenoxy]-,
     butylester **6** IV 975

–, [2,4,5-Trichlor-phenoxy]-,
     sec-butylester **6** IV 975

–, [2,4,6-Trichlor-phenoxy]-,
     tert-butylester **6** IV 1011

–, [2,4,5-Trichlor-phenoxy]-,
     isobutylester **6** IV 975

Hexansäure, 6-[2,3,4-Trichlor-phenoxy]-
     6 IV 961

–, 6-[2,4,5-Trichlor-phenoxy]-
     6 IV 988

Isobuttersäure, α-[2,4,5-Trichlor-phenoxy]-,
     äthylester **6** IV 988

–, α-[2,4,6-Trichlor-phenoxy]-,
     äthylester **6** IV 1014

Kohlensäure-pentylester-[2,4,5-trichlor-
     phenylester] **6** IV 973

Propan-2-ol, 1-Allyloxy-3-[2,4,5-trichlor-
     phenoxy]- **6** III 718 g

$C_{12}H_{13}Cl_3O_4$

Äthan, 1-[2-Acetoxy-äthoxy]-2-
     [2,3,6-trichlor-phenoxy]- **6** IV 962

–, 1-[2-Acetoxy-äthoxy]-2-
     [2,4,5-trichlor-phenoxy]- **6** IV 965

–, 2-Acetoxy-1,1,1-trichlor-2-
     [3,4-dimethoxy-phenyl]- **6** IV 7391

Buttersäure, 3-Hydroxy-4-[2,4,5-trichlor-
     phenoxy]-, äthylester **6** IV 990

Essigsäure, [2,4,5-Trichlor-phenoxy]-,
     [2-äthoxy-äthylester] **6** IV 976

–, [2,4,5-Trichlor-phenoxy]-,
     [2-methoxy-propylester] **6** IV 977

Propan, 2-Acetoxy-1-methoxy-3-
     [2,4,5-trichlor-phenoxy]- **6** III 718 h

$C_{12}H_{13}Cl_5O_2$

Butan, 1-Äthoxy-2,2,3-trichlor-1-
     [2,4-dichlor-phenoxy]- **6** IV 901

–, 2,2,3-Trichlor-1-[2-chlor-äthoxy]-
     1-[4-chlor-phenoxy]- **6** IV 836

$C_{12}H_{13}Cl_5O_3$

Acetaldehyd, Pentachlorphenoxy-,
     diäthylacetal **6** IV 1030

$C_{12}H_{13}Cl_5O_4$

3,6-Dioxa-octan-1-ol, 8-Pentachlorphenoxy-
     6 IV 1028

$C_{12}H_{13}IO_5$

Propionsäure, 2-Benzyloxycarbonyloxy-
     3-jod-, methylester **6** IV 2278

Toluol, 3,5-Diacetoxy-4-jod-2-methoxy-
     6 III 6315 b

$C_{12}H_{13}IO_5S_2$

Acetessigsäure, 2-[4-Jod-benzolsulfonyl≠
     mercapto]-, äthylester **6** 336 j

$C_{12}H_{13}I_3O_3$

Essigsäure, [2,4,6-Trijod-phenoxy]-,
     butylester **6** IV 1086

$C_{12}H_{13}NO$

Äthylamin, 2-[1]Naphthyloxy- **6** III 2931 j

–, 2-[2]Naphthyloxy- **6** 647 c

Propionitril, 3-Cinnamyloxy- **6** III 2407 f

$C_{12}H_{13}NO_2$

Acetonitril, [2-Allyl-6-methoxy-phenoxy]-
     6 III 5015 b

–, [4-Allyl-2-methoxy-phenoxy]-
     6 III 5029 h

Acrylonitril, 3-Äthoxy-2-phenoxymethyl-
     6 IV 656

Carbamidsäure, Dimethyl-, [1-phenyl-prop-
     2-inylester] **6** IV 4067

–, Methyl-, [1-phenyl-but-3-inylester]
     6 IV 4071

$C_{12}H_{13}NO_3$

Äther, Cyclohex-2-enyl-[4-nitro-phenyl]-
     6 IV 1287

Buttersäure, 2-Cyan-2-methyl-4-phenoxy-
     6 III 627 j

Butyronitril, 3-Acetoxy-4-phenoxy-
     6 IV 656

Carbamidsäure-[1-(4-methoxy-phenyl)-but-
     3-inylester] **6** IV 6457

Carbamidsäure, Methacryloyl-, benzyl≠
     ester **6** IV 2285

Valeriansäure, 2-Cyan-5-phenoxy-
     6 168 e

Mono-phenylcarbamoyl-Derivat $C_{12}H_{13}NO_3$
     aus Cyclopent-3-en-1,2-diol
     6 IV 5274

$C_{12}H_{13}NO_3S$

Acetoacetonitril, 2-Methyl-2-[toluol-
     4-sulfonyl]- **6** III 1428 f

Amidoschwefelsäure, Dimethyl-,
     [1]naphthylester **6** IV 4225

Crotononitril, 3-Methoxy-2-[toluol-
     4-sulfonyl]- **6** III 1424 h

$C_{12}H_{13}NO_4$

Acrylsäure, 2-Benzyloxycarbonylamino-,
     methylester **6** IV 2425

Benzol, 1,4-Bis-allyloxy-2-nitro-
     6 III 4443 d

Cyclohex-2-enol, 4-[4-Nitro-phenoxy]-
     6 IV 5275

Essigsäure-[3-nitro-5,6,7,8-tetrahydro-
     [2]naphthylester] **6** II 539 c, IV 3858

$C_{12}H_{13}NO_4$ (Fortsetzung)

Essigsäure-[8-nitro-1,2,3,4-tetrahydro-
[2]naphthylester] **6** III 2463 b

Glycin, *N*-Pyruvoyl-, benzylester
6 IV 2490

$C_{12}H_{13}NO_4S$

Acrylsäure, 3-Methylimino-2-[toluol-
4-sulfonyl]-, methylester **6** III 1428 g

Anhydrid, [*N*-Benzylmercaptocarbonyl-
glycin]-essigsäure- **6** III 1599 f

Propionsäure, 2-Cyan-2-[toluol-4-sulfonyl]-,
methylester **6** III 1425 g

$C_{12}H_{13}NO_4S_2$

Cystein, *S*-Benzylmercaptocarbonyl-
N-formyl- **6** IV 2698

$C_{12}H_{13}NO_5$

Anhydrid, [*N*-Benzyloxycarbonyl-glycin]-
essigsäure- **6** IV 2288

Benzol, 1-Acetoxy-4-allyl-2-methoxy-
5-nitro- **6** III 5032 b

−, 2-Acetoxy-5-allyl-1-methoxy-
3-nitro- **6** 968 i, I 464 d

−, 2-Acetoxy-1-methoxy-3-nitro-
5-propenyl- **6** 960 j

Essigsäure, [4-(2-Nitro-but-1-enyl)-
phenoxy]- **6** IV 3832

−, [3-(2-Nitro-vinyl)-phenoxy]-,
äthylester **6** I 278 g

−, [4-(2-Nitro-vinyl)-phenoxy]-,
äthylester **6** I 278 n, IV 3779

Lävulinsäure-[4-nitro-benzylester]
6 I 224 o

Styrol, 3-Acetoxymethyl-4-methoxy-β-nitro-
6 III 5033 d, IV 6342

$C_{12}H_{13}NO_5S$

Acetessigsäure, 2-[4-Nitro-phenylmercapto]-,
äthylester **6** III 1075 k, IV 1714

Essigsäure, [*N*-Benzyloxycarbonyl-
glycylmercapto]- **6** IV 2320

Glutaminsäure, *N*-Phenylmercaptocarbonyl-
6 IV 1535

$C_{12}H_{13}NO_5S_2$

Acetessigsäure, 2-[2-Nitro-phenyldisulfanyl]-,
äthylester **6** IV 1675

$C_{12}H_{13}NO_6$

Adipinsäure-mono-[4-nitro-phenylester]
6 IV 1301

Asparaginsäure, *N*-Benzyloxycarbonyl-
6 III 1514 d, IV 2395

Benzol, 1-Nitro-2,4-bis-propionyloxy-
6 IV 5692

−, 1-Nitro-3,5-bis-propionyloxy-
6 III 4348 a

−, 2-Nitro-1,3-bis-propionyloxy-
6 IV 5690

−, 2-Nitro-1,4-bis-propionyloxy-
6 857 g

Crotonsäure, 3-[2-Hydroxy-5-nitro-
phenoxy]-, äthylester **6** III 4269 b

−, 3-[2-Methoxy-5-nitro-phenoxy]-,
methylester **6** III 4269 d

Essigsäure, [4-Allyl-2-methoxy-6-nitro-
phenoxy]- **6** 968 j

−, [2-Methoxy-3-nitro-4-propenyl-
phenoxy]- **6** 960 k

−, [2-Methoxy-5-nitro-4-propenyl-
phenoxy]- **6** 960 k

−, [2-Methoxy-6-nitro-4-propenyl-
phenoxy]- **6** 960 k

Kohlensäure-äthylester-[2-methoxy-4-
(2-nitro-vinyl)-phenylester] **6** I 458 e

$C_{12}H_{13}NO_6P_2$

Amin, Diphenoxyphosphoryl-phosphono-
6 IV 747

$C_{12}H_{13}NO_6S_2$

Propionsäure, 3,3′-[4-Nitro-*m*-phenylen≠
dimercapto]-di- **6** II 831 i

$C_{12}H_{13}NO_6Se$

Äthan, 1,1-Diacetoxy-2-[2-nitro-
phenylselanyl]- **6** IV 1786

$C_{12}H_{13}NO_7$

Äthanol, 1-[3,4-Diacetoxy-phenyl]-2-nitro-
6 II 1085 f

Benzol, 1,5-Diacetoxy-2-äthoxy-4-nitro-
6 IV 7349

Malonsäure, Methyl-[2-nitro-phenoxy]-,
dimethylester **6** 221 k

−, Methyl-[3-nitro-phenoxy]-,
dimethylester **6** 225 q

−, Methyl-[4-nitro-phenoxy]-,
dimethylester **6** 235 d

$C_{12}H_{13}NO_8$

Benzol, 1,4-Diacetoxy-3,5-dimethoxy-
2-nitro- **6** IV 7687

Malonsäure, Methoxy-[4-nitro-phenoxy]-,
dimethylester **6** 236 d

$C_{12}H_{13}NS$

Crotononitril, 2-[*p*-Tolylmercapto-methyl]-
6 IV 2202

Methylthiocyanat, [5,6,7,8-Tetrahydro-
[2]naphthyl]- **6** III 2482 d

$C_{12}H_{13}N_2O_2P$

Diamidophosphorsäure-biphenyl-2-ylester
6 III 3297 b

$C_{12}H_{14}Br_2O_2$ (Fortsetzung)

Benzol, 2-Äthoxy-5-allyl-1,4-dibrom-
   3-methoxy- **6** III 5031 d
—, 2-Äthoxy-5-allyl-3,4-dibrom-
   1-methoxy- **6** III 5031 d
—, 2-Äthoxy-1,4-dibrom-3-methoxy-
   5-propenyl- **6** 959 l
—, 1-Äthoxy-4-[1,2-dibrom-propenyl]-
   2-methoxy- **6** 960 a
—, 2-[2-Brom-äthoxy]-1-[2-brom-allyl]-
   3-methoxy- **6** III 5018 f
Essigsäure-[3-brom-5-brommethyl-
   2,4,6-trimethyl-phenylester] **6** 546 l
— [2,4-dibrom-6-isopropyl-3-methyl-
   phenylester] **6** 541 f
Naphthalin, 2,3-Dibrom-5,8-dimethoxy-
   1,2,3,4-tetrahydro- **6** III 5045 a
Propionsäure-[2,3-dibrom-3-phenyl-
   propylester] **6** IV 3205

$C_{12}H_{14}Br_2O_3$

Aceton, [4,5-Dibrom-2-propoxy-phenoxy]-
   6 IV 5623
Benzol, 1-Acetoxy-2,5-dibrom-
   3-methoxymethyl-4,6-dimethyl-
   6 932 j
—, 1-Acetoxy-3,5-dibrom-
   4-methoxymethyl-2,6-dimethyl-
   6 941 e
—, 1-Acetoxy-4-[1,2-dibrom-propyl]-
   2-methoxy- **6** 921 i, II 893 f,
   III 4619 d
—, 2-Acetoxy-4-[1,2-dibrom-propyl]-
   1-methoxy- **6** III 4619 c
—, 1-Acetoxymethyl-2,5-dibrom-
   4-methoxy-3,6-dimethyl- **6** 935 h
Phenol, 2,5-Dibrom-4-isobutyryloxy-
   3,6-dimethyl- **6** 917 d

$C_{12}H_{14}Br_2O_4$

Benzol, 1-Acetoxy-4-äthyl-3,5-dibrom-
   2,6-dimethoxy- **6** III 6328 f
Essigsäure, [4,5-Dibrom-2-butoxy-
   phenoxy]- **6** IV 5624
—, [4-(2,3-Dibrom-propyl)-2-methoxy-
   phenoxy]- **6** 922 a
Phenol, 4-[1-Acetoxy-2-brom-propyl]-
   2-brom-6-methoxy- **6** 1121 j
—, 4-Acetoxymethyl-2,5-dibrom-
   3-methoxymethyl-6-methyl- **6** 1125 d
Toluol, 2-Acetoxy-4-äthoxy-3,5-dibrom-
   6-methoxy- **6** 1112 b
—, 2-Acetoxy-6-äthoxy-3,5-dibrom-
   4-methoxy- **6** 1112 c

$C_{12}H_{14}Br_2O_5$

Isobuttersäure, α-[2,4-Dibrom-
   3,5-dimethoxy-phenoxy]- **6** III 6309 c

$C_{12}H_{14}Br_4O_2$

Benzol, 2-Äthoxy-1,4-dibrom-5-
   [1,2-dibrom-propyl]-3-methoxy-
   6 923 d

$C_{12}H_{14}Br_4O_4S_2$

Benzol, 1,3-Bis-[2,3-dibrom-propan-
   1-sulfonyl]- **6** 835 b

$C_{12}H_{14}ClNO$

Acetonitril, [4-Chlor-2-isopropyl-5-methyl-
   phenoxy]- **6** IV 3345
Hexannitril, 6-[4-Chlor-phenoxy]-
   6 IV 855

$C_{12}H_{14}ClNO_2$

Propionitril, 3-[β-(4-Chlor-phenoxy)-
   isopropoxy]- **6** III 691 h

$C_{12}H_{14}ClNO_2S$

Butyronitril, 2-Äthyl-2-[4-chlor-benzol-
   sulfonyl]- **6** 328 o
Sulfid, [2-Chlor-cyclohexyl]-[2-nitro-
   phenyl]- **6** III 1058 e, IV 1662
—, [2-Chlor-cyclohexyl]-[4-nitro-
   phenyl]- **6** III 1070 a, IV 1693
Valylchlorid, N-Phenylmercaptocarbonyl-
   6 IV 1533

$C_{12}H_{14}ClNO_2S_2$

Disulfid, [2-Chlor-cyclohexyl]-[2-nitro-
   phenyl]- **6** IV 1671

$C_{12}H_{14}ClNO_3$

Carbamidsäure, [3-Chlorcarbonyl-propyl]-,
   benzylester **6** III 1502 b

$C_{12}H_{14}ClNO_3S$

Cystein, N-Acetyl-S-[4-chlor-benzyl]-
   6 IV 2780

$C_{12}H_{14}ClNO_4$

Alanin, N-[(4-Chlor-2-methyl-phenoxy)-
   acetyl]- **6** IV 1993
Essigsäure-[4-*tert*-butyl-2-chlor-6-nitro-
   phenylester] **6** III 1875 b
Serin, O-Benzyl-N-chloracetyl- **6** IV 2549

$C_{12}H_{14}ClNO_4S$

Cystein, N-Benzyloxycarbonyl-S-chlor-,
   methylester **6** IV 2386
Sulfon, [2-Chlor-cyclohexyl]-[2-nitro-
   phenyl]- **6** IV 1662
—, [2-Chlor-cyclohexyl]-[4-nitro-
   phenyl]- **6** IV 1693
—, [4-Chlor-3-nitro-phenyl]-
   cyclohexyl- **6** III 1083 b
—, [5-Chlor-2-nitro-phenyl]-
   cyclohexyl- **6** III 1082 d

$C_{12}H_{14}Cl_3NO_2$
Glycin, N,N-Diäthyl-, [2,4,6-trichlor-
phenylester] **6** IV 1015
$C_{12}H_{14}Cl_3NO_3$
Äther, [3-Phenyl-propyl]-[β,β,β-trichlor-
β'-nitro-isopropyl]- **6** IV 3199
Essigsäure, [2,4,5-Trichlor-phenoxy]-,
[2-dimethylamino-äthylester] **6** IV 979
$C_{12}H_{14}Cl_3NO_5$
Äther, [2-Äthoxy-äthyl]-[2-(3,4,6-trichlor-
2-nitro-phenoxy)-äthyl]- **6** IV 1362
$C_{12}H_{14}Cl_3O_4PS$
Thioessigsäure, Diäthoxyphosphoryl-,
S-[2,4,5-trichlor-phenylester]
6 IV 1638
$C_{12}H_{14}Cl_3O_5P$
Essigsäure, Diäthoxyphosphoryl-,
[2,4,5-trichlor-phenylester] **6** IV 992
$C_{12}H_{14}Cl_4O$
Äther, Butyl-[2,2,2-trichlor-1-(4-chlor-
phenyl)-äthyl]- **6** IV 3050 f
$C_{12}H_{14}Cl_4O_2$
Äthan, 2-Butoxy-1,1,1-trichlor-2-[4-chlor-
phenoxy]- **6** IV 836
Benzol, 1,4-Dichlor-2,5-bis-[2-chlor-
äthoxymethyl]- **6** IV 5972
–, 1,2,3,5-Tetrachlor-4,6-dipropoxy-
6 820 i
Butan, 1-Äthoxy-2,2,3-trichlor-1-[4-chlor-
phenoxy]- **6** IV 836
Propan, 2-[β-Chlor-isopropoxy]-1-
[2,4,6-trichlor-phenoxy]- **6** III 726 b
$C_{12}H_{14}Cl_4O_3$
Äthan, 1-[2-(2-Chlor-äthoxy)-äthoxy]-
2-[2,4,6-trichlor-phenoxy]- **6** III 725 c
–, 1-[2-Chlor-äthoxy]-1-[2-
(2,4,6-trichlor-phenoxy)-äthoxy]-
6 III 725 h
$C_{12}H_{14}Cl_4O_4$
3,6-Dioxa-octan-1-ol, 8-[2,3,4,5-Tetrachlor-
phenoxy]- **6** IV 1021
$C_{12}H_{14}Cl_4O_4S_2$
Benzol, 1,3-Bis-[2,3-dichlor-propan-
1-sulfonyl]- **6** 834 1
$C_{12}H_{14}Cl_5NO$
Amin, Diäthyl-[2-pentachlorphenoxy-äthyl]-
6 III 735 a
$C_{12}H_{14}IN_3O_2$
Valeriansäure, 2-Cyan-5-[2-jod-phenoxy]-,
hydrazid **6** IV 1072
$C_{12}H_{14}I_2O_2$
Essigsäure-[6-isopropyl-2,4-dijod-3-methyl-
phenylester] **6** III 1910 c

$C_{12}H_{14}I_2O_3$
Essigsäure, [4-$tert$-Butyl-2,6-dijod-phenoxy]-
6 IV 3315
$C_{12}H_{14}I_2O_4$
Essigsäure, [4-(2,3-Dijod-propyl)-
2-methoxy-phenoxy]- **6** 924 f
$C_{12}H_{14}NO_5PS_5$
Trithiophosphorsäure, S,S'-Bis-
äthoxythiocarbonyl-, O-[4-nitro-
phenylester] **6** IV 1346
$C_{12}H_{14}NO_8P$
Crotonsäure, 3-[Methoxy-(4-nitro-
phenoxy)-phosphoryloxy]-, methylester
6 IV 1331
$C_{12}H_{14}N_2O_2$
Carbamidsäure, [1-Cyan-1-methyl-äthyl]-,
benzylester **6** III 1502 d
Isobutyronitril, α-Benzyloxycarbonylamino-
6 IV 2343
$C_{12}H_{14}N_2O_3$
Allophansäure-[cyclopropyl-phenyl-
methylester] **6** IV 3850
Fumarsäure, [2,4-Dimethyl-phenoxy]-,
diamid **6** IV 3130
Hexannitril, 6-[4-Nitro-phenoxy]- **6** IV 1306
$C_{12}H_{14}N_2O_3S_2$
Acetessigsäure, 4-Amino-2-[benzyl≈
mercaptothiocarbonyl-amino]-
6 IV 2700
Asparagin, N^2-Benzylmercaptothiocarbonyl-
6 I 229 d
Dithiokohlensäure-O-benzylester-S-
[(4-methyl-allophanoyl)-methylester]
6 438 e
$C_{12}H_{14}N_2O_4$
Allophansäure-[4-allyl-2-methoxy-
phenylester] **6** 966 h
Glycin, N-[2-Benzyloxyimino-propionyl]-
6 IV 2564
$C_{12}H_{14}N_2O_4S$
Alanin, N-[N-Phenylmercaptocarbonyl-
glycyl]- **6** IV 1528
Crotonsäure, 3-[4-Nitro-benzolsulfenyl≈
amino]-, äthylester **6** IV 1720
Glycin, N-[N-Benzylmercaptocarbonyl-
glycyl]- **6** IV 2679
–, N-[N-Phenylmercaptocarbonyl-
alanyl]- **6** IV 1529
Sulfid, Cyclohexyl-[2,4-dinitro-phenyl]-
6 III 1094 b, IV 1741
–, [2,4-Dinitro-phenyl]-[1-methyl-
cyclopentyl]- **6** III 1094 f

$C_{12}H_{14}N_2O_4S$ (Fortsetzung)
Sulfid, [2,4-Dinitro-phenyl]-
[2-methyl-cyclopentyl]- **6** IV 1742

$C_{12}H_{14}N_2O_5$
Asparagin, N^2-Benzyloxycarbonyl-
6 III 1515 c, IV 2397
Glycin, *N*-[*N*-Benzyloxycarbonyl-glycyl]-
6 III 1487 g, IV 2291
–, *N*-Benzyloxycarbonyl-*N*-glycyl-
6 IV 2431
Indan-5-ol, 1,1,3-Trimethyl-4,6-dinitro-
6 III 2521 g
Isoasparagin, N^2-Benzyloxycarbonyl-
6 III 1514 g, IV 2396
Phenol, 2-Cyclohexyl-4,6-dinitro-
6 III 2498 h, IV 3903
–, 4-Cyclohexyl-2,6-dinitro-
6 III 2509 g, IV 3907

$C_{12}H_{14}N_2O_5S$
Benzolsulfensäure, 2,4-Dinitro-,
cyclohexylester **6** IV 1766
Butan-2-on, 1-[2,4-Dinitro-phenylmercapto]-
3,3-dimethyl- **6** IV 1759
Cyclohexanol, 2-[2,4-Dinitro-phenyl=
mercapto]- **6** III 4071 f, IV 5204
Cystein, *N*-Acetyl-*S*-[4-nitro-benzyl]-
6 IV 2802
Hexan-2-on, 1-[2,4-Dinitro-phenyl=
mercapto]- **6** IV 1759

$C_{12}H_{14}N_2O_6$
β-Alanin, *N*-Glykoloyl-, [4-nitro-
benzylester] **6** IV 2626
Benzol, 1-Acetoxy-2-methoxy-4-[2-nitro-
1-nitroso-propyl]- **6** III 4622 a
Essigsäure-[3-isopropyl-6-methyl-2,4-dinitro-
phenylester] **6** 531 m, III 1892 e
– [5-isopropyl-2-methyl-3,4-dinitro-
phenylester] **6** III 1892 g
– [6-isopropyl-3-methyl-2,4-dinitro-
phenylester] **6** 543 d
Glycin, *N*-[(2-Nitro-phenoxy)-acetyl]-,
äthylester **6** IV 1261
Propan, 1-Acetoxy-2-methyl-2-nitro-1-
[3-nitro-phenyl]- **6** IV 3290

$C_{12}H_{14}N_2O_6S$
Butan, 2-Acetoxy-3-[2,4-dinitro-
phenylmercapto]- **6** IV 1754
Sulfon, Cyclohexyl-[2,4-dinitro-phenyl]-
6 III 1094 e

$C_{12}H_{14}N_2O_6S_2$
Hexansäure, 6-[2,4-Dinitro-phenyldisulfanyl]-
6 IV 1771

$C_{12}H_{14}N_2O_7$
Threonin, *N*-[4-Nitro-benzyloxycarbonyl]-
6 IV 2620

$C_{12}H_{14}N_4O_2P_2S_2$
[1,2,4,5,3,6]Tetraazadiphosphorinan-
3,6-disulfid, 3,6-Diphenoxy-
hexahydro- **6** II 168 d, IV 759

$C_{12}H_{14}N_4O_4$
Valeriansäure, 2-Cyan-5-[2-nitro-phenoxy]-,
hydrazid **6** IV 1263
–, 2-Cyan-5-[3-nitro-phenoxy]-,
hydrazid **6** IV 1276
–, 2-Cyan-5-[4-nitro-phenoxy]-,
hydrazid **6** IV 1307

$C_{12}H_{14}N_4O_4P_2$
[1,2,4,5,3,6]Tetraazadiphosphorin-
3,6-dioxid, 3,6-Diphenoxy-hexahydro-
6 II 167 e, III 662 h

$C_{12}H_{14}N_4O_6$
Äthan, 1,2-Bis-allophanoyloxy-1-phenyl-
6 III 4577 c

$C_{12}H_{14}N_4O_8S_2$
Cystein, *S,S'*-[4,6-Dinitro-*m*-phenylen]-di-
6 IV 5712

$C_{12}H_{14}O$
Acenaphthylen-2a-ol, 1,2,4,5-Tetrahydro-
3*H*- **6** IV 4094
Acenaphthylen-3-ol, 1,2,6,7,8,8a-
Hexahydro- **6** III 2748 d
Acenaphthylen-4-ol, 1,2,6,7,8,8a-
Hexahydro- **6** II 561 j, III 2748 f
Acenaphthylen-5-ol, 1,2,2a,3,4,5-
Hexahydro- **6** II 561 i, IV 4094
1,4-Äthano-naphthalin-6-ol, 1,2,3,4-
Tetrahydro- **6** III 2748 g
Äther, Äthyl-[1,4-dihydro-[2]naphthyl]-
6 IV 4078
–, Äthyl-[1-methyl-3-phenyl-prop-
2-inyl]- **6** III 2738 g
–, [1-Äthyl-3-phenyl-prop-2-inyl]-
methyl- **6** III 2741 e
–, Allyl-[2-allyl-phenyl]- **6** I 282 d,
II 529 a, III 2412 d, IV 3808
–, Allyl-cinnamyl- **6** III 2404 f,
IV 3800
–, Allyl-indan-4-yl- **6** IV 3827
–, Allyl-[2-propenyl-phenyl]-
6 IV 3794
–, Benzyl-[1,1-dimethyl-prop-2-inyl]-
6 IV 2234
–, Cinnamyl-isopropenyl-
6 III 2404 g

$C_{12}H_{14}O$ (Fortsetzung)

Äther, Cyclohex-2-enyl-phenyl-
6 III 561 d

—, Cyclohex-3-enyl-phenyl-
6 III 561 e

—, [1,1-Dimethyl-but-2-inyl]-phenyl-
6 III 561 c

—, [1,1-Dimethyl-3-phenyl-prop-
2-inyl]-methyl- 6 III 2743 d

—, Hex-1-inyl-phenyl- 6 III 561 b

—, Isopropenyl-[2-isopropenyl-
phenyl]- 6 IV 3821

—, Methyl-[5-methyl-7,8-dihydro-
[1]naphthyl]- 6 IV 4083

—, Methyl-[5-methyl-7,8-dihydro-
[2]naphthyl]- 6 III 2744 e, IV 4084

—, Methyl-[8-methyl-5,6-dihydro-
[2]naphthyl]- 6 III 2744 f, IV 4084

—, Methyl-[5-methylen-
5,6,7,8-tetrahydro-[2]naphthyl]-
6 III 2745 a

—, Methyl-[2-methyl-4-phenyl-buta-
1,3-dienyl]- 6 IV 4081

—, Methyl-[1-phenäthyl-prop-2-inyl]-
6 IV 4080

—, Methyl-[5-phenyl-penta-2,4-dienyl]-
6 III 2742 h

—, [3-Phenyl-prop-2-inyl]-propyl-
6 I 299 g

—, [5,6,7,8-Tetrahydro-[2]naphthyl]-
vinyl- 6 II 537 c, III 2455 e

Anisol, 2-Cyclopent-2-enyl- 6 II 561 a

—, 4-Cyclopent-1-enyl- 6 II 560 g,
IV 4082

—, 4-Cyclopent-2-enyl- 6 III 2744 d

—, 4-[1,1-Dimethyl-prop-2-inyl]-
6 III 2744 b

—, 4-[2-Methyl-buta-1,3-dienyl]-
6 IV 4080

—, 4-Penta-1,3-dienyl- 6 III 2742 f

Benzocyclohepten-6-ol, 2-Methyl-
6,7-dihydro-5H- 6 IV 4092

Cyclohex-2-enol, 2-Phenyl- 6 IV 4090

—, 3-Phenyl- 6 IV 4089

Cyclopentanol, 2-Benzyliden- 6 IV 4091

Cyclopent[a]inden-2-ol, 1,2,3,3a,8,8a-
Hexahydro- 6 IV 4094

Cyclopent[a]inden-8-ol, 1,2,3,3a,8,8a-
Hexahydro- 6 IV 4094

Cyclopropa[b]naphthalin-2-ol, 4-Methyl-
1a,2,7,7a-tetrahydro-1H- 6 IV 4093

—, 7-Methyl-1a,2,7,7a-tetrahydro-1H-
6 IV 4093

Hexa-1,5-dien-3-ol, 1-Phenyl- 6 IV 4086

Hexa-2,4-dien-1-ol, 1-Phenyl- 6 IV 4086

—, 5-Phenyl- 6 III 2745 g

Hexa-3,5-dien-2-ol, 2-Phenyl- 6 III 2746 a

—, 6-Phenyl- 6 III 2745 d, IV 4086

Hex-1-in-3-ol, 1-Phenyl- 6 590 d,
III 2745 b

Hex-4-in-3-ol, 1-Phenyl- 6 IV 4085

Hex-5-in-3-ol, 3-Phenyl- 6 IV 4087

Indan-4-ol, 5-Allyl- 6 IV 4093

Methanol, Cyclopent-1-enyl-phenyl-
6 IV 4091

—, [1-Methyl-3,4-dihydro-[2]naphthyl]-
6 IV 4092

—, [6-Methyl-1,2-dihydro-[2]naphthyl]-
6 IV 4093

[1]Naphthol, 1-Vinyl-1,2,3,4-tetrahydro-
6 III 2748 b, IV 4092

Penta-2,3-dien-1-ol, 2-Methyl-1-phenyl-
6 IV 4086

Pent-1-in-3-ol, 3-Methyl-1-phenyl-
6 590 e, III 2746 b, IV 4087

—, 3-Methyl-5-phenyl- 6 III 2746 d

—, 4-Methyl-1-phenyl- 6 IV 4087

—, 4-Methyl-3-phenyl- 6 IV 4087

Phenol, 2-Cyclohex-2-enyl- 6 III 2747 f

—, 4-Cyclohex-1-enyl- 6 II 561 e,
III 2747 c

—, 4-Cyclohex-3-enyl- 6 IV 4091

—, 2-Cyclopent-2-enyl-4-methyl-
6 IV 4092

—, 2,4-Diallyl- 6 I 302 a

—, 2,6-Diallyl- 6 I 301 h, II 561 c,
III 2746 e, IV 4087

—, 2,6-Dipropenyl- 6 IV 4087

—, 2-Hexa-2,4-dienyl- 6 III 2745 e

Propan-1-ol, 1-Inden-1-yl- 6 I 302 b

—, 3-Inden-3-yl- 6 IV 4093

Propan-2-ol, 2-Inden-1-yl- 6 I 302 d

—, 2-Inden-3-yl- 6 I 302 c

$C_{12}H_{14}OS$

Crotonaldehyd, 3-Methyl-2-p-tolyl≠
mercapto- 6 IV 2194

Hex-1-en-3-on, 1-Phenylmercapto-
6 IV 1519

$C_{12}H_{14}OS_2$

Dithiokohlensäure-S-methylester-O-
[2-methyl-indan-1-ylester] 6 IV 3866

$C_{12}H_{14}O_2$

Acenaphthylen-1,2-diol, 1,2,2a,3,4,5-
Hexahydro- 6 II 933 e, III 5170 e

Acenaphthylen-2a-ylhydroperoxid,
1,2,4,5-Tetrahydro-3H- 6 IV 4094

$C_{12}H_{14}O_2$ (Fortsetzung)

Acetaldehyd, [5,6,7,8-Tetrahydro-
[2]naphthyloxy]- **6** II 538 a

Acrylsäure, 2-Äthyl-, benzylester
6 III 1482 a

Äthanol, 2-[5,8-Dihydro-[1]naphthyloxy]-
6 IV 4078

Ameisensäure-[1-methyl-1-phenyl-but-
3-enylester] **6** IV 3875

− [4-phenyl-pent-3-enylester]
6 IV 3874

− [1,2,3,4-tetrahydro-[2]naphthyl=
methylester] **6** IV 3892

Benzol, 1-Acetoxy-4-[1-methyl-propenyl]-
6 II 533 g

−, 1-Äthoxy-2-methoxy-4-prop-1-inyl-
6 974 b

−, 2-Äthoxy-1-methoxy-4-prop-1-inyl-
6 III 5155 c

−, 4-Allyl-2-methoxy-1-vinyloxy-
6 I 463 c

−, 1,2-Bis-allyloxy- **6** II 781 a,
III 4214 d

−, 1,3-Bis-allyloxy- **6** II 815 h,
III 4313 b

−, 1,4-Bis-allyloxy- **6** II 841 b,
III 4395 e

−, 1,2-Dimethoxy-4,5-divinyl-
6 III 5157 e

−, 1-Methoxy-4-pent-4-inyloxy-
6 IV 5724

Brenzcatechin, 3,6-Diallyl- **6** III 5167 c

But-3-in-2-ol, 4-Äthoxy-2-phenyl-
6 III 5157 d

−, 1-Methoxy-2-methyl-4-phenyl-
6 IV 6461

Buttersäure-[1-phenyl-vinylester]
6 IV 3781

− [4-vinyl-phenylester] **6** IV 3777

Crotonsäure-[3-äthyl-phenylester]
6 IV 3018

− [2,4-dimethyl-phenylester]
6 IV 3128

− [2,5-dimethyl-phenylester]
6 IV 3166

− [3,4-dimethyl-phenylester]
6 IV 3103

− [3,5-dimethyl-phenylester]
6 IV 3146

Crotonsäure, 2-Äthyl-, phenylester
6 IV 620

−, 2-Methyl-, benzylester
6 III 1482 b, IV 2268

−, 3-Methyl-, benzylester
6 IV 2268

−, 3-Methyl-, *m*-tolylester
6 IV 2049

−, 3-Methyl-, *o*-tolylester
6 IV 1961

−, 3-Methyl-, *p*-tolylester
6 IV 2114

Cyclopent[*a*]inden-3,8-diol, 1,2,3,3a,8,8a-
Hexahydro- **6** IV 6471

Essigsäure-[1-äthyl-2-phenyl-vinylester]
6 575 i

− [2-allyl-4-methyl-phenylester]
6 I 287 j, III 2447 b

− [2-allyl-6-methyl-phenylester]
6 I 287 g, III 2446 d

− [2-but-2-enyl-phenylester]
6 III 2436 e

− [2-cyclooctatetraenyl-äthylester]
6 IV 3831

− indan-2-ylmethylester **6** IV 3867

− [2-isopropenyl-4-methyl-
phenylester] **6** I 288 g

− [2-isopropenyl-5-methyl-
phenylester] **6** I 289 h, III 2449 c

− [2-isopropenyl-6-methyl-
phenylester] **6** I 288 d

− [2-methallyl-phenylester]
6 III 2444 e

− [2-methyl-cinnamylester]
6 III 2445 d

− [3-methyl-cinnamylester]
6 II 534 e

− [4-methyl-cinnamylester]
6 II 535 c, III 2447 g, IV 3846

− [2-methyl-indan-1-ylester]
6 IV 3866

− [1-methyl-3-phenyl-allylester]
6 II 532 j, III 2434 d

− [1-methyl-3-phenyl-propenylester]
6 IV 3836

− [1-phenyl-but-1-enylester]
6 575 i

− [1-phenyl-but-2-enylester]
6 III 2439 a

− [1-phenyl-but-3-enylester]
6 576 g

− [3-phenyl-but-2-enylester]
6 III 2441 e, IV 3839

− [3-phenyl-but-3-enylester]
6 III 2442 d

− [4-phenyl-but-2-enylester]
6 IV 3837

$C_{12}H_{14}O_2$ (Fortsetzung)

Essigsäure-[4-phenyl-but-3-enylester]
   6 III 2436 b
  – [3a,4,7,7a-tetrahydro-4,7-methano-
    inden-1-ylester] **6** IV 3870
  – [3a,4,7,7a-tetrahydro-4,7-methano-
    inden-8-ylester] **6** IV 3871
  – [1,2,3,4-tetrahydro-[1]naphthyl≠
    ester] **6** III 2458 a, IV 3860
  – [1,2,3,4-tetrahydro-[2]naphthyl≠
    ester] **6** 579 d, I 292 b, III 2462 a
  – [5,6,7,8-tetrahydro-[1]naphthyl≠
    ester] **6** III 2452 d
  – [5,6,7,8-tetrahydro-[2]naphthyl≠
    ester] **6** II 538 f, III 2456 a
Hex-1-en-1-on, 2-Phenoxy- **6** IV 608
Hex-1-en-3-on, 1-Phenoxy- **6** IV 608
Hex-2-ensäure-phenylester **6** III 604 e
Hex-5-ensäure-phenylester **6** IV 620
Hex-3-in-1,5-diol, 1-Phenyl- **6** IV 6464
Hex-3-in-2,5-diol, 1-Phenyl- **6** IV 6464
Hydrochinon, 2,3-Diallyl- **6** III 5166 b
–, 2,5-Diallyl- **6** III 5167 e
–, 2,5-Diisopropenyl- **6** IV 6467
–, 2,5-Dipropenyl- **6** IV 6466
Inden, 5-Äthoxy-6-methoxy- **6** III 5157 a
–, 6-Äthoxy-5-methoxy- **6** III 5157 a
–, 5,6-Dimethoxy-3-methyl-
   6 IV 6461
Methacrylsäure-phenäthylester **6** III 1710 c
  – [1-phenyl-äthylester] **6** IV 3037
Naphthalin, 1,4-Bis-hydroxymethyl-
   1,4-dihydro- **6** IV 6469
–, 2,7-Dimethoxy-1,4-dihydro-
   6 IV 6461
–, 3,7-Dimethoxy-1,2-dihydro-
   6 III 5158 d
–, 5,8-Dimethoxy-1,2-dihydro-
   6 III 5158 c
–, 5,8-Dimethoxy-1,4-dihydro-
   6 III 5160 b
Naphthalin-1,4-diol, 5-Äthyl-5,8-dihydro-
   6 IV 6468
–, 2,8-Dimethyl-5,8-dihydro-
   6 III 5169 b
–, 5,7-Dimethyl-5,8-dihydro-
   6 III 5168 b
–, 5,8-Dimethyl-5,8-dihydro-
   6 III 5168 d
–, 6,7-Dimethyl-5,8-dihydro-
   6 III 5169 d, IV 6470
[1,4]Naphthochinon, 5-Äthyl-4a,5,8,8a-
   tetrahydro- **6** IV 6468

–, 2,8-Dimethyl-4a,5,8,8a-tetrahydro-
   6 III 5169 c
–, 5,7-Dimethyl-4a,5,8,8a-tetrahydro-
   6 III 5168 c
–, 5,8-Dimethyl-4a,5,8,8a-tetrahydro-
   6 III 5168 e, IV 6469
–, 6,7-Dimethyl-4a,5,8,8a-tetrahydro-
   6 III 5170 a
[1]Naphthol, 4-Methoxy-5-methyl-
   7,8-dihydro- **6** IV 6462
Pent-3-en-2-on, 4-Methyl-1-phenoxy-
   6 IV 608
Pent-4-en-2-on, 4-Methyl-1-phenoxy-
   6 IV 608
Pent-2-ensäure, 4-Methyl-, phenylester
   6 III 604 f
Pent-2-in-1,4-diol, 4-Methyl-1-phenyl-
   6 III 5165 d
Pent-4-in-2,3-diol, 2-Methyl-3-phenyl-
   6 III 5165 e
–, 3-Methyl-5-phenyl- **6** III 5165 b,
   IV 6465
Pent-1-in-3-ol, 3-[4-Methoxy-phenyl]-
   6 IV 6461
Pent-4-in-1-ol, 3-Methoxy-5-phenyl-
   6 III 5161 c
Pent-4-in-2-ol, 2-[4-Methoxy-phenyl]-
   6 IV 6461
Propionsäure-cinnamylester **6** IV 3801
Resorcin, 4,6-Diallyl- **6** III 5167 b

$C_{12}H_{14}O_2S$

Acrylsäure, 3-*p*-Tolylmercapto-, äthylester
   6 IV 2201
Crotonsäure, 2-Äthyl-3-phenylmercapto-
   6 319 c
–, 3-Benzylmercapto-, methylester
   6 II 436 j
–, 4-Benzylmercapto-, methylester
   6 IV 2709
–, 3-Phenylmercapto-, äthylester
   6 IV 1547
Essigsäure, [5,6,7,8-Tetrahydro-
   [1]naphthylmercapto]- **6** II 536 d
–, [5,6,7,8-Tetrahydro-
   [2]naphthylmercapto]- **6** II 540 l
Pentan-2,4-dion, 3-*p*-Tolylmercapto-
   6 II 398 j
Propionsäure, 3-Cinnamylmercapto-
   6 III 2410 e
–, 3-Indan-5-ylmercapto- **6** IV 3831
Sulfon, Cyclohex-1-enyl-phenyl-
   6 IV 1486
–, Cyclopent-1-enyl-*p*-tolyl- **6** IV 2167

C₁₂H₁₄O₂S (Fortsetzung)

Sulfon, Cyclopent-2-enyl-*p*-tolyl-
  6 IV 2167

C₁₂H₁₄O₂S₂

Benzol, 2,4-Bis-acetylmercapto-1-äthyl-
  6 I 441 g
–, 1,3-Bis-acetylmercapto-
  2,5-dimethyl- 6 I 446 j
–, 1,5-Bis-acetylmercapto-
  2,3-dimethyl- 6 III 4582 c
–, 1,5-Bis-acetylmercapto-
  2,4-dimethyl- 6 I 445 i
–, 1,2-Bis-[acetylmercapto-methyl]-
  6 IV 5955

C₁₂H₁₄O₂S₄

Benzol, 1,5-Bis-acetylmercapto-2,4-bis-
  methylmercapto- 6 I 571 j
–, 1,4-Bis-[methoxythiocarbonyl-
  mercapto-methyl]- 6 IV 5973

C₁₂H₁₄O₃

Acetaldehyd, [4-Allyl-2-methoxy-phenoxy]-
  6 II 924 f
–, [2-Methoxy-4-propenyl-phenoxy]-
  6 II 924 f
Acetessigsäure-[3,4-dimethyl-phenylester]
  6 IV 3104
– [3,5-dimethyl-phenylester]
  6 IV 3148
– phenäthylester 6 III 1712 h
– [1-phenyl-äthylester] 6 III 1680 g
Aceton, 1-Allyloxy-3-phenoxy-
  6 III 593 h
Acrylsäure-[2-benzyloxy-äthylester]
  6 III 1469 g
Acrylsäure, 3-Benzyloxy-, äthylester
  6 IV 2475
Benzol, 1-Acetoxy-2-allyl-4-methoxy-
  6 IV 6336
–, 1-Acetoxy-4-allyl-2-methoxy-
  6 965 m, II 923 g, III 5029 b
–, 2-Acetoxy-1-allyl-3-methoxy-
  6 I 461 f
–, 2-Acetoxy-4-allyl-1-methoxy-
  6 966 a, III 5029 a
–, 1-Acetoxy-2-methoxy-4-propenyl-
  6 958 g, I 460 e, II 919 d, III 5007 e,
  IV 6330
–, 2-Acetoxy-1-methoxy-4-propenyl-
  6 III 5007 d
–, 1-[3-Acetoxy-propenyl]-4-methoxy-
  6 IV 6333
But-3-in-1-ol, 1-[3,4-Dimethoxy-phenyl]-
  6 IV 7508

Crotonsäure, 4-[3,4-Dimethyl-phenoxy]-
  6 IV 3104
–, 3-Methyl-4-phenoxy-, methylester
  6 IV 655
–, 3-Phenoxy-, äthylester 6 167 b
–, 4-Phenoxy-, äthylester
  6 III 623 b, IV 654
–, 3-*m*-Tolyloxy-, methylester
  6 IV 2052
–, 3-*p*-Tolyloxy-, methylester
  6 IV 2122
Essigsäure, [2-Allyl-4-methyl-phenoxy]-
  6 III 2447 c
–, [2-But-1-enyl-phenoxy]-
  6 IV 3832
–, [2-But-2-enyl-phenoxy]-
  6 III 2436 d, IV 3834
–, [4-But-1-enyl-phenoxy]-
  6 IV 3832
–, [4-But-2-enyl-phenoxy]-
  6 IV 3835
–, [2-Isopropenyl-4-methyl-phenoxy]-
  6 I 288 h
–, [2-Isopropenyl-5-methyl-phenoxy]-
  6 I 289 i
–, [4-Isopropenyl-2-methyl-phenoxy]-
  6 III 2448 e
–, [2-(1-Methyl-allyl)-phenoxy]-
  6 III 2441 g
–, [3-Methyl-indan-4-yloxy]-
  6 IV 3865
–, [5-Methyl-indan-4-yloxy]-
  6 IV 3868
–, [6-Methyl-indan-4-yloxy]-
  6 IV 3868
–, [6-Methyl-indan-5-yloxy]-
  6 IV 3868
–, [7-Methyl-indan-4-yloxy]-
  6 III 2463 g, IV 3867
–, [7-Methyl-indan-5-yloxy]-
  6 IV 3867
–, [1,2,3,4-Tetrahydro-[2]naphthyloxy]-
  6 III 2462 f
–, [5,6,7,8-Tetrahydro-[2]naphthyloxy]-
  6 III 2456 e
Hex-2-ensäure, 6-Phenoxy- 6 III 623 d
Kohlensäure-äthylester-cinnamylester
  6 II 528 a
– äthylester-[1-phenyl-propenylester]
  6 I 281 a, II 525 b, III 2400 e
– allylester-phenäthylester
  6 II 451 k

$C_{12}H_{14}O_3$ (Fortsetzung)

Lävulinsäure-benzylester **6** III 1538 d, IV 2481

Methacrylsäure-[1-phenoxy-äthylester] **6** IV 599

— [2-phenoxy-äthylester] **6** III 572 d

[1,4]Naphthochinon, 5-Äthoxy-4a,5,8,8a-tetrahydro- **6** IV 7509

—, 6-Äthoxy-4a,5,8,8a-tetrahydro- **6** IV 7509

—, 6-Methoxy-2-methyl-4a,5,8,8a-tetrahydro- **6** IV 7510

—, 6-Methoxy-3-methyl-4a,5,8,8a-tetrahydro- **6** IV 7510

—, 6-Methoxy-5-methyl-4a,5,8,8a-tetrahydro- **6** IV 7510

[1]Naphthol, 4-Acetoxy-5,6,7,8-tetrahydro- **6** IV 6353

[2]Naphthol, 3-Acetoxy-1,2,3,4-tetrahydro- **6** IV 6358

—, 4-Acetoxy-5,6,7,8-tetrahydro- **6** IV 6352

Pentan-2,4-dion, 1-Benzyloxy- **6** III 1477 b

Pent-2-in-1,4-diol, 1-[2-Hydroxy-phenyl]-4-methyl- **6** IV 7511

Propen, 1-Acetoxy-2-[4-methoxy-phenyl]- **6** 969 g, I 465 a

Prop-2-in-1-ol, 1-[4-Äthoxy-3-methoxy-phenyl]- **6** III 6485 c

$C_{12}H_{14}O_3S$

Acetessigsäure, 2-Phenylmercapto-, äthylester **6** 322 c

Benzol, 1-[1-Acetoxy-äthyl]-4-acetyl≠mercapto- **6** IV 5934

Brenztraubensäure, Benzylmercapto-, äthylester **6** III 1619 g

Butan-2-on, 1-Acetoxy-4-phenylmercapto- **6** IV 1520

Crotonsäure, 3-Benzylmercapto-4-methoxy- **6** III 1617 e

Hex-1-en-3-on, 1-Benzolsulfonyl- **6** IV 1519

Propionsäure, 2-Benzylmercapto-3-oxo-, äthylester **6** 465 b

Valeriansäure, 4-Oxo-3-p-tolylmercapto- **6** 425 c

$C_{12}H_{14}O_4$

Acetessigsäure, 2-Phenoxy-, äthylester **6** III 635 g

—, 4-Phenoxy-, äthylester **6** II 161 h, III 636 a

Aceton, 1,1'-p-Phenylendioxy-di- **6** IV 5739

Adipinsäure-monophenylester **6** IV 627

Äthan, 1,2-Diacetoxy-1-phenyl- **6** 907 f, III 4576 e

Benzol, 1-Acetoxy-2-[1-acetoxy-äthyl]- **6** IV 5929

—, 1-Acetoxy-4-[1-acetoxy-äthyl]- **6** III 4567 c

—, 1-Acetoxy-4-[2-acetoxy-äthyl]- **6** I 443 i

—, 1-Acetoxy-2-acetoxymethyl-4-methyl- **6** III 4599 d

—, 1,2-Bis-acetoxymethyl- **6** 910 h, III 4587 g

—, 1,4-Bis-acetoxymethyl- **6** 919 d

—, 1,2-Bis-propionyloxy- **6** II 784 c, IV 5583

—, 1,3-Bis-propionyloxy- **6** II 817 f, III 4320 g, IV 5673

—, 1,4-Bis-propionyloxy- **6** 846 g, III 4415 e, IV 5741

—, 1,3-Diacetoxy-2-äthyl- **6** III 4559 b

—, 1,4-Diacetoxy-2-äthyl- **6** II 885 e

—, 2,4-Diacetoxy-1-äthyl- **6** III 4556 c

—, 1,2-Diacetoxy-3,4-dimethyl- **6** IV 5947

—, 1,2-Diacetoxy-3,5-dimethyl- **6** IV 5961

—, 1,2-Diacetoxy-4,5-dimethyl- **6** IV 5950

—, 1,3-Diacetoxy-2,4-dimethyl- **6** IV 5956

—, 1,3-Diacetoxy-2,5-dimethyl- **6** 918 c, IV 5970

—, 1,4-Diacetoxy-2,3-dimethyl- **6** IV 5949

—, 1,4-Diacetoxy-2,5-dimethyl- **6** III 4603 g

—, 1,5-Diacetoxy-2,4-dimethyl- **6** 913 d, IV 5963

—, 2,5-Diacetoxy-1,3-dimethyl- **6** III 4589 f, IV 5957

Bernsteinsäure-äthylester-phenylester **6** IV 625

— mono-[4-äthyl-phenylester] **6** IV 3022

— mono-[2,3-dimethyl-phenylester] **6** III 1723 c

— mono-[2,4-dimethyl-phenylester] **6** IV 3129

— mono-[1-phenyl-äthylester] **6** I 235 i, 236 e

Bicyclo[4.2.0]octa-2,4-dien, 7,8-Diacetoxy- **6** III 4610 f, IV 5974

$C_{12}H_{14}O_4$ (Fortsetzung)

Butan-2-on, 1-Acetoxy-4-phenoxy-
6 IV 609

Crotonsäure-[3,4-dimethoxy-phenylester]
6 IV 7343

Crotonsäure, 3-[3-Methoxy-phenoxy]-,
methylester 6 IV 5679

Essigsäure, [2-Allyl-4-methoxy-phenoxy]-
6 IV 6336

−, [2-Allyl-5-methoxy-phenoxy]-
6 IV 6335

−, [2-Allyl-6-methoxy-phenoxy]-
6 IV 6334

−, [4-Allyl-2-methoxy-phenoxy]-
6 966 i, II 924 a, III 5029 g

−, [5-Allyl-2-methoxy-phenoxy]-
6 III 5029 f, IV 6339

−, [3-Hydroxy-7-methyl-indan-
4-yloxy]- 6 III 5049 e

−, [2-Methoxy-4-propenyl-phenoxy]-
6 958 m, III 5009 e

Glutarsäure-methylester-phenylester
6 IV 626

−   monobenzylester 6 IV 2272

−   mono-p-tolylester 6 IV 2115

Isobuttersäure, α-Acetoxy-, phenylester
6 IV 646

Kohlensäure-[4-allyl-2-methoxy-phenylester]-
methylester 6 966 d

−   [2-methoxy-4-propenyl-
phenylester]-methylester 6 958 j

Malonsäure-äthylester-benzylester
6 II 418 d, IV 2270

−   äthylester-m-tolylester
6 III 1307 f

Octa-1,3,5,7-tetraen, 1,8-Diacetoxy-
6 IV 5975

Oxalsäure-äthylester-[2,4-dimethyl-
phenylester] 6 487 l

−   äthylester-[2,5-dimethyl-
phenylester] 6 495 i

−   äthylester-[3,4-dimethyl-
phenylester] 6 481 h

Phenol, 2-Acetoxy-4-allyl-6-methoxy-
6 III 6444 e

−, 2-Acetoxy-5-allyl-3-methoxy-
6 III 6444 e

Propionsäure, 2-Acetoxy-, benzylester
6 III 1534 d

−, 2-Acetoxy-, m-tolylester
6 IV 2052

−, 2-Acetoxy-, o-tolylester
6 III 1257 e

−, 2-Benzyloxy-3-oxo-, äthylester
6 IV 2482

$C_{12}H_{14}O_4S$

Bernsteinsäure, [Benzylmercapto-methyl]-
6 IV 2712

−, 2-Benzylmercapto-2-methyl-
6 III 1617 h

−, 2-Benzylmercapto-3-methyl-
6 463 i, III 1618 a

Essigsäure, Acetoxy-phenylmercapto-,
äthylester 6 I 147 l

Malonsäure, [2-Benzylmercapto-äthyl]-
6 III 1618 c

−, [3-Phenylmercapto-propyl]-
6 III 1024 a

Propen, 3-Acetoxy-1-[toluol-4-sulfonyl]-
6 III 1410 f

Sulfonium, Bis-carboxymethyl-phenäthyl-,
betain 6 III 1720 b

$C_{12}H_{14}O_4S_2$

Benzol, 1-Äthyl-2,4-bis-methoxycarbonyl≈
mercapto- 6 I 441 h

−, 1,5-Bis-acetylmercapto-
2,4-dimethoxy- 6 I 571 e

−, 1,3-Bis-[prop-2-en-1-sulfonyl]-
6 835 d

Essigsäure, [4-Äthyl-m-phenylendimercapto]-
di- 6 I 441 j

−, [2,4-Dimethyl-m-phenylen≈
dimercapto]-di- 6 I 445 b

−, [2,5-Dimethyl-m-phenylen≈
dimercapto]-di- 6 I 446 k

−, [4,5-Dimethyl-m-phenylen≈
dimercapto]-di- 6 III 4582 e

−, [4,6-Dimethyl-m-phenylen≈
dimercapto]-di- 6 I 445 k

−, [Phenyl-äthandiyldimercapto]-di-
6 III 4580 a

Propionsäure, 3,3'-m-Phenylendimercapto-
di- 6 II 830 i, III 4368 d

−, 3,3'-p-Phenylendimercapto-di-
6 II 4475 g

$C_{12}H_{14}O_4S_4$

Essigsäure, [4,6-Bis-methylmercapto-
m-phenylendimercapto]-di- 6 I 571 k

$C_{12}H_{14}O_5$

Aceton, 1-Acetoxy-3-[2-methoxy-phenoxy]-
6 III 4226 h

Adipinsäure, 2-Phenoxy- 6 III 627 c

Äthanol, 1-[2,5-Diacetoxy-phenyl]-
6 IV 7390

Benzol, 1-Acetoxy-3-[2-acetoxy-äthoxy]-
6 III 4320 b

C$_{12}$H$_{14}$O$_5$ (Fortsetzung)

Benzol, 1-Acetoxy-2-acetoxymethyl-
4-methoxy- **6** IV 7380

—, 1-Acetoxy-4-acetoxymethyl-
2-methoxy- **6** I 551 d, II 1084 b

—, 2-Acetoxy-1-acetoxymethyl-
3-methoxy- **6** IV 7379

—, 1,2-Diacetoxy-3-äthoxy-
6 II 6269 f

—, 1,3-Diacetoxy-2-äthoxy-
6 III 6269 g

—, 1,3-Diacetoxy-5-äthoxy-
6 1104 a

Bernsteinsäure-mono-[4-hydroxy-
phenäthylester] **6** I 444 b

Malonsäure, Methyl-[2-phenoxy-äthyl]-
6 168 g

—, [3-Phenoxy-propyl]- **6** 168 c,
II 160 e, III 627 d

Propionsäure, 2-Acetoxy-, [2-methoxy-
phenylester] **6** 780 c

—, 2-Äthoxycarbonyloxy-, phenyl≠
ester **6** III 615 e

—, 3-[3-Hydroxy-propionyloxy]-,
phenylester **6** III 616 h

Toluol, 2,5-Diacetoxy-4-methoxy-
6 IV 7375

—, 3,4-Diacetoxy-5-methoxy-
6 III 6322 a

—, 3,5-Diacetoxy-4-methoxy-
6 III 6322 b

C$_{12}$H$_{14}$O$_5$S

Acetessigsäure, 2-Benzolsulfonyl-,
äthylester **6** IV 1550

Essigsäure, [2-Carboxymethylmercapto-
4,6-dimethyl-phenoxy]- **6** IV 5963

—, [4-Carboxymethylmercapto-
2,6-dimethyl-phenoxy]- **6** IV 5960

—, [5-Carboxymethylmercapto-
2,4-dimethyl-phenoxy]- **6** III 4596 c

C$_{12}$H$_{14}$O$_5$S$_2$

Acetessigsäure, 2-Benzolsulfonylmercapto-,
äthylester **6** 325 b, **11** 82 d

Essigsäure, [4-Hydroxy-2,6-dimethyl-
m-phenylendimercapto]-di- **6** III 6335 d

C$_{12}$H$_{14}$O$_6$

Benzol, 1,3-Bis-äthoxycarbonyloxy-
6 817 e, I 403 a

—, 1,4-Bis-äthoxycarbonyloxy-
6 847 d, III 4418 d, IV 5744

—, 1,4-Bis-methoxyacetoxy-
6 III 4420 h

—, 1,2-Diacetoxy-3,4-dimethoxy-
6 1153 f

—, 1,3-Diacetoxy-2,5-dimethoxy-
6 IV 7686

—, 1,4-Diacetoxy-2,3-dimethoxy-
6 III 6651 c

—, 1,4-Diacetoxy-2,5-dimethoxy-
6 IV 7689

—, 1,5-Diacetoxy-2,4-dimethoxy-
6 IV 7689

—, 2,3-Diacetoxy-1,4-dimethoxy-
6 1153 g

—, 2,5-Diacetoxy-1,3-dimethoxy-
6 1155 a, III 6654 b

Bernsteinsäure, [3-Methoxy-phenoxymethyl]-
6 III 4326 g

Essigsäure, [4-Äthyl-*m*-phenylendioxy]-di-
6 III 4556 d

—, *m*-Phenylendioxydi-, dimethyl≠
ester **6** IV 5676

—, *p*-Phenylendioxydi-, dimethylester
6 III 4420 e, IV 5747

Hydrochinon, 2,5-Bis-acetoxymethyl-
6 III 6667 c

—, 2,5-Diacetoxy-3,6-dimethyl-
6 1160 a

Propionsäure, 2,2'-*m*-Phenylendioxy-di-
6 818 f

—, 2,2'-*o*-Phenylendioxy-di-
6 779 o

—, 2,2'-*p*-Phenylendioxy-di- **6** 847 j

—, 3,3'-*m*-Phenylendioxy-di-
6 IV 5677

—, 3,3'-*o*-Phenylendioxy-di-
6 IV 5588

—, 3,3'-*p*-Phenylendioxy-di-
6 III 4421 e, IV 5748

C$_{12}$H$_{14}$O$_6$S

Bernsteinsäure, 2-Methyl-2-[toluol-
4-sulfonyl]- **6** 424 l

Malonsäure, [Toluol-4-sulfonyl]-,
dimethylester **6** III 1425 a

—, [Toluol-4-sulfonyl]-, monoäthyl≠
ester **6** 424 k

C$_{12}$H$_{14}$O$_6$S$_2$

Benzol, 1,3-Bis-[2-oxo-propan-1-sulfonyl]-
6 835 h

Essigsäure, [2,5-Dihydroxy-3,6-dimethyl-
p-phenylendimercapto]-di- **6** IV 7701

—, [2,5-Dihydroxy-4,6-dimethyl-
m-phenylendimercapto]-di- **6** IV 7701

—, [3,6-Dihydroxy-4,5-dimethyl-
o-phenylendimercapto]-di- **6** IV 7700

$C_{12}H_{14}O_6S_2$ (Fortsetzung)

Essigsäure, [4,6-Dimethoxy-*m*-phenyl-endimercapto]-di- **6** I 571 f

$C_{12}H_{14}O_7$

Bernsteinsäure, 2-Hydroxy-2-[3-methoxy-phenoxymethyl]- **6** II 818 a, III 4326 h

Essigsäure, [2-Äthoxy-*m*-phenylendioxy]-di- **6** 1084 d; vgl. III 6266 a

—, [3-Äthoxy-*o*-phenylendioxy]-di- **6** 1084 d; vgl. III 6266 a

Glucopyranuronsäure, O^1-Phenyl- **6** 172 b, **18** IV 5115, **31** 272 a

Phenol, 2,3-Bis-äthoxycarbonyloxy- **6** 1083 i

—, 2,6-Bis-äthoxycarbonyloxy- **6** 1083 i

Weinsäure-mono-[4-hydroxy-phenäthylester] **6** I 444 d

$C_{12}H_{14}O_8P_2$

Naphthalin, 2,3-Dimethyl-1,4-bis-phosphonooxy- **6** IV 6592

$C_{12}H_{14}O_8S_2$

Essigsäure, Benzol-1,3-disulfonyl-di-, dimethylester **6** 835 m

Propionsäure, 2,2′-[Benzol-1,3-disulfonyl]-di- **6** 836 d

—, 3,3′-[Benzol-1,4-disulfonyl]-di- **6** III 4475 h

$C_{12}H_{14}S$

Acenaphthylen-4-thiol, 1,2,6,7,8,8a-Hexahydro- **6** II 561 k

Sulfid, Cyclohex-2-enyl-phenyl- **6** III 990 c, IV 1487

—, Cyclopent-2-enyl-*p*-tolyl- **6** IV 2167

$C_{12}H_{14}S_2$

Buta-1,3-dien, 1-Äthylmercapto-4-phenylmercapto- **6** IV 1501

$C_{12}H_{15}BO_3$

Benzo[1,3,2]dioxaborol, 2-Cyclohexyloxy- **6** III 4249 a

$C_{12}H_{15}BrClNO_3$

Äther, Äthyl-[2-brom-1-(2-chlor-phenyl)-2-nitro-butyl]- **6** IV 3274

—, [2-Brom-1-(4-chlor-phenyl)-2-nitro-pentyl]-methyl- **6** IV 3371

$C_{12}H_{15}BrN_2O_7$

Benzol, 1,2,3-Triäthoxy-4-brom-5,6-dinitro- **6** 1087 g

$C_{12}H_{15}BrN_4O_4$

Glycin, *N*-[*N*-(4-Brom-benzyloxycarbonyl)-glycyl]-, hydrazid **6** IV 2603

$C_{12}H_{15}BrO$

Äther, Äthyl-[2-brom-1,2,3,4-tetrahydro-[1]naphthyl]- **6** II 542 b

—, [2-Brom-phenyl]-cyclohexyl- **6** IV 1039

—, [4-Brom-phenyl]-cyclohexyl- **6** IV 1047

—, [5-Brom-1-phenyl-pent-3-enyl]-methyl- **6** III 2468 a

Anisol, 2-[1-Äthyl-propenyl]-4-brom- **6** IV 3877

Cyclohexanol, 1-[4-Brom-phenyl]- **6** IV 3909

Phenol, 2-Brom-4-cyclohexyl- **6** III 2509 b

—, 4-Brom-2-cyclohexyl- **6** III 2498 e

$C_{12}H_{15}BrO_2$

Benzol, 1-Äthoxy-4-allyl-5-brom-2-methoxy- **6** 968 b, III 5031 a

—, 1-Äthoxy-4-[2-brom-propenyl]-2-methoxy- **6** 959 j

—, 2-Äthoxy-4-[2-brom-propenyl]-1-methoxy- **6** III 5011 c

—, 4-[1-Äthoxy-propenyl]-2-brom-1-methoxy- **6** 961 c

—, 1-Allyl-2-[2-brom-äthoxy]-3-methoxy- **6** II 920 c

—, 4-Allyl-1-[2-brom-äthoxy]-2-methoxy- **6** I 463 b, III 5026 f

—, 1-Allyloxy-3-[3-brom-propoxy]- **6** II 815 g

Essigsäure-[2-brom-4-*tert*-butyl-phenylester] **6** IV 3314

— [4-brom-2-isopropyl-5-methyl-phenylester] **6** 541 a

— [4-brom-5-isopropyl-2-methyl-phenylester] **6** III 1891 h

— [2-brom-2-methyl-1-phenyl-propylester] **6** IV 3290

— [3-brom-2-methyl-2-phenyl-propylester] **6** II 490 f, III 1877 f

— [3-brommethyl-2,4,6-trimethyl-phenylester] **6** 546 j

— [2-brom-3,4,5,6-tetramethyl-phenylester] **6** IV 3360

— [3-brom-2,4,5,6-tetramethyl-phenylester] **6** III 1919 c

Essigsäure, Brom-, [2-isopropyl-5-methyl-phenylester] **6** II 499 b

Hexansäure-[4-brom-phenylester] **6** III 747 h

Isovaleriansäure, α-Brom-, *m*-tolylester **6** 379 h

—, α-Brom-, *o*-tolylester **6** 355 n

—, α-Brom-, *p*-tolylester **6** 397 h

$C_{12}H_{15}BrO_2$ (Fortsetzung)

Naphthalin, 5-Brom-6,7-dimethoxy-
    1,2,3,4-tetrahydro- **6** IV 6355
—, x-Brom-5,7-dimethoxy-
    1,2,3,4-tetrahydro- **6** IV 6353

$C_{12}H_{15}BrO_2S$

Essigsäure, [4-Brom-2-*tert*-butyl-
    phenylmercapto]- **6** IV 3294
Sulfon, [2-Brom-cyclohexyl]-phenyl-
    6 IV 1484

$C_{12}H_{15}BrO_2S_2$

Dithiokohlensäure-*O*-äthylester-*S*-[3-brom-
    2-hydroxy-4,5-dimethyl-benzylester]
    6 IV 6000
—   *O*-äthylester-*S*-[3-brom-4-hydroxy-
    2,5-dimethyl-benzylester] **6** IV 5999

$C_{12}H_{15}BrO_3$

Benzol, 2-Acetoxy-4-äthyl-3-brom-
    1-methoxy-4-methyl- **6** III 4636 e
—, 2-Acetoxy-4-brom-3-isopropyl-
    1-methoxy- **6** III 4632 e
—, 1-Acetoxy-4-[2-brom-propyl]-
    2-methoxy- **6** III 4617 g
—, 1-Acetoxy-4-[3-brom-propyl]-
    2-methoxy- **6** IV 5977
Buttersäure, 2-[4-Äthyl-2-brom-phenoxy]-
    6 IV 3025
—, 2-Brom-4-phenoxy-, äthylester
    6 II 159 f, III 618 a
Essigsäure, [2-Brom-4-butyl-phenoxy]-
    6 IV 3271
—, [2-Brom-4-*tert*-butyl-phenoxy]-
    6 III 1874 a
—, [4-Brom-2-*tert*-butyl-phenoxy]-
    6 III 1862 a
—, [2-Brom-4,6-dimethyl-phenoxy]-,
    äthylester **6** III 1749 d
—, [4-Brom-2-isopropyl-5-methyl-
    phenoxy]- **6** IV 3347
Hexansäure, 2-Brom-6-phenoxy-
    6 II 159 i, III 619 k
Isobuttersäure, α-[4-Brom-phenoxy]-,
    äthylester **6** IV 1053
Isovaleriansäure, α-Brom-, [2-methoxy-
    phenylester] **6** 775 d, I 385 n
[1]Naphthol, 5-Brom-2,8-dimethoxy-
    1,2,3,4-tetrahydro- **6** IV 7480
Phenol, 2-Acetoxymethyl-5-brom-
    3,4,6-trimethyl- **6** 948 b
Propan, 1-Acetoxy-2-brom-1-[4-methoxy-
    phenyl]- **6** 927 a

$C_{12}H_{15}BrO_4$

Äthan, 1-Acetoxy-1-[5-brom-2,4-dimethoxy-
    phenyl]- **6** IV 7389
Buttersäure, 2-[4-Äthoxy-2-brom-phenoxy]-
    6 IV 5782
Essigsäure, [2-Brom-4-butoxy-phenoxy]-
    6 IV 5782

$C_{12}H_{15}BrO_4S$

Buttersäure, 2-Benzolsulfonyl-2-brom-,
    äthylester **6** 320 h

$C_{12}H_{15}BrO_6$

Glucopyranose, O^6-[4-Brom-phenyl]-
    6 IV 1050

$C_{12}H_{15}Br_2NO_3$

Essigsäure, [4-(2,3-Dibrom-propyl)-
    2-methoxy-phenoxy]-, amid **6** 922 c

$C_{12}H_{15}Br_2N_3O_3$

Aceton, [2-Äthoxy-4,5-dibrom-phenoxy]-,
    semicarbazon **6** IV 5623

$C_{12}H_{15}Br_3O_2$

Benzol, 1-Äthoxy-2-methoxy-4-
    [1,2,2-tribrom-propyl]- **6** 922 i
Resorcin, 2,4,6-Tribrom-5-hexyl-
    6 III 4715 a

$C_{12}H_{15}Br_3O_3$

Benzol, 1-[1-Äthoxy-2,2-dibrom-äthyl]-
    5-brom-2,4-dimethoxy- **6** III 6330 b
—, 1,2,3-Triäthoxy-4,5,6-tribrom-
    6 1085 i
—, 1,2,4-Triäthoxy-3,5,6-tribrom-
    6 1090 i
—, 1,3,5-Triäthoxy-2,4,6-tribrom-
    6 1105 e
Phenol, 2,4-Bis-äthoxymethyl-3,5,6-tribrom-
    6 1117 n
—, 3,4-Bis-äthoxymethyl-
    2,5,6-tribrom- **6** 1115 e
Propan-1-ol, 1-[4-Äthoxy-2,5-dibrom-
    3-methoxy-phenyl]-2-brom-
    6 1122 f

$C_{12}H_{15}ClN_2O_3$

Glycin, *N*-Benzyloxycarbonyl-, [2-chlor-
    äthylamid] **6** IV 2289

$C_{12}H_{15}ClN_2O_4S$

Leucin, *N*-[4-Chlor-2-nitro-benzolsulfenyl]-
    6 III 1081 d
Sulfid, [2-Chlor-3,3-dimethyl-butyl]-
    [2,4-dinitro-phenyl]- **6** IV 1738
—, [2-Chlor-hexyl]-[2,4-dinitro-
    phenyl]- **6** III 1091 l
—, [1-Chlormethyl-pentyl]-[2,4-dinitro-
    phenyl]- **6** III 1091 l

$C_{12}H_{15}ClN_2O_7$
Benzol, 1,3,5-Triäthoxy-2-chlor-4,6-dinitro-
6 1106 g

$C_{12}H_{15}ClO$
Äther, [2-Allyl-4-chlor-phenyl]-propyl-
6 IV 3813
−, [2-Allyl-6-chlor-phenyl]-propyl-
6 IV 3811
−, [2-Allyl-phenyl]-[3-chlor-propyl]-
6 IV 3808
−, [3-Chlor-allyl]-[4-isopropyl-phenyl]-
6 III 1811 c
−, [3-Chlor-allyl]-[3-phenyl-propyl]-
6 III 1802 g
−, [2-Chlor-phenyl]-cyclohexyl-
6 III 676 h, IV 787
−, [3-Chlor-5-phenyl-pent-3-enyl]-
methyl- 6 IV 3873
−, [5-Chlor-1-phenyl-pent-3-enyl]-
methyl- 6 III 2467 e
Anisol, 4-[4-Chlor-2-methyl-but-2-enyl]-
6 IV 3876
−, 4-[5-Chlor-pent-3-enyl]-
6 III 2467 c
Cyclohexanol, 2-Chlor-1-phenyl-
6 III 2510 g, IV 3909
Pent-1-en-4-in-3-ol, 1-Chlor-5-cyclohex-
1-enyl-3-methyl- 6 III 2487 c
Pent-3-en-2-ol, 1-Chlor-2-methyl-1-phenyl-
6 III 2486 d
−, 4-Chlor-2-methyl-1-phenyl-
6 IV 3895
Pent-4-en-2-ol, 3-Chlor-2-methyl-4-phenyl-
6 III 2489 b
Phenetol, 2-[4-Chlor-but-2-enyl]-
6 III 2436 f
−, 4-[3-Chlor-but-2-enyl]- 6 IV 3835
Phenol, 2-Chlor-4-cyclohexyl- 6 III 2508 h
−, 2-Chlor-6-cyclohexyl- 6 III 2497 g
−, 4-Chlor-2-cyclohexyl- 6 III 2498 a,
IV 3901

$C_{12}H_{15}ClOS$
Propionylchlorid, 2-[3-Phenyl-propyl=
mercapto]- 6 IV 3208

$C_{12}H_{15}ClO_2$
Acetylchlorid, [4-tert-Butyl-phenoxy]-
6 IV 3306
−, [2-Isopropyl-5-methyl-phenoxy]-
6 IV 3339
Äthan, 1-[2-Chlor-allyloxy]-2-o-tolyloxy-
6 III 1251 b
Benzol, 1-Allyl-2-[2-chlor-äthoxy]-
3-methoxy- 6 III 5014 a

−, 4-Allyl-1-[2-chlor-äthoxy]-
2-methoxy- 6 III 5026 e
−, 2-Allyl-1-chlormethyl-
3,4-dimethoxy- 6 IV 6350
Buttersäure-[4-chlor-3,5-dimethyl-
phenylester] 6 IV 3156
Butyrylchlorid, 2-Äthyl-4-phenoxy-
6 III 620 d
Chlorokohlensäure-[4-tert-pentyl-
phenylester] 6 IV 3385
Essigsäure-[4-tert-butyl-2-chlor-phenylester]
6 IV 3311
− [4-chlor-2-isopropyl-5-methyl-
phenylester] 6 540 b, III 1907 e
− [2-chlormethyl-4-methyl-
phenäthylester] 6 IV 3358
− [3-chlormethyl-2,4,6-trimethyl-
phenylester] 6 546 h, IV 3361
− [3-chlor-1-phenyl-butylester]
6 IV 3274
Essigsäure, Chlor-, [4-äthyl-2,6-dimethyl-
phenylester] 6 II 503 c
−, Chlor-, [4-tert-butyl-phenylester]
6 IV 3305
−, Chlor-, [3a,4,5,6,7,7a-hexahydro-
4,7-methano-inden-5(oder 6)-ylester]
6 III 1941 a
−, Chlor-, [2-isopropyl-5-methyl-
phenylester] 6 I 265 g
−, Chlor-, [2-methyl-2-phenyl-
propylester] 6 IV 3319
Hexanoylchlorid, 2-Phenoxy- 6 IV 649
Hexansäure-[3-chlor-phenylester] 6 IV 815
− [4-chlor-phenylester] 6 III 693 h
Naphthalin-1,4-diol, 2-Chlor-6,7-dimethyl-
5,6,7,8-tetrahydro- 6 IV 6373
Pent-2-en, 3-Chlor-5-methoxy-1-phenoxy-
6 IV 588
Phenol, 4-[3-Chlor-5-methoxy-pent-2-enyl]-
6 IV 6360
Propan, 2-Acetoxy-1-[2-chlormethyl-
phenyl]- 6 IV 3321
Propan-2-ol, 1-[2-Allyl-4-chlor-phenoxy]-
6 IV 3814
−, 1-[2-Allyl-6-chlor-phenoxy]-
6 IV 3812
−, 1-[2-Allyl-phenoxy]-3-chlor-
6 IV 3809
Resorcin, 2-Chlor-4-cyclohexyl-
6 IV 6368
−, 4-Chlor-6-cyclohexyl- 6 III 5057 e,
IV 6368

$C_{12}H_{15}ClO_2S$

Isobuttersäure, α-[4-Chlor-phenylmercapto]-,
äthylester **6** IV 1604

Sulfon, [2-Chlor-cyclohexyl]-phenyl-
6 IV 1484

–, [2-Chlor-cyclopentyl]-*p*-tolyl-
6 IV 2164

–, [4-Chlor-phenyl]-cyclohexyl-
6 III 1035 d

$C_{12}H_{15}ClO_2S_2$

Sulfon, *tert*-Butyl-[1-chlor-2-phenyl≠
mercapto-vinyl]- **6** IV 1517

$C_{12}H_{15}ClO_2S_3$

Äthen, 1,1-Bis-äthylmercapto-
2-benzolsulfonyl-2-chlor- **6** IV 1514

$C_{12}H_{15}ClO_3$

Aceton, [2-Chlor-4-propoxy-phenoxy]-
6 IV 5769

Äthan, 1-Chloracetoxy-2-[1-phenyl-äthoxy]-
6 IV 3035

Benzol, 5-[3-Chlor-allyl]-1,2,3-trimethoxy-
6 III 6445 b

Buttersäure, 3-Chlor-2-hydroxy-2-methyl-,
benzylester **6** III 1535 i

–, 2-Chlormethyl-2-hydroxy-,
benzylester **6** III 1535 i

–, 3-Chlor-4-phenoxy-, äthylester
6 III 617 h

–, 4-[4-Chlor-phenoxy]-, äthylester
6 IV 851

Essigsäure, [2-Äthyl-4-chlor-phenoxy]-,
äthylester **6** IV 3014

–, [2-Butyl-4-chlor-phenoxy]-
6 IV 3268

–, [2-*sec*-Butyl-4-chlor-phenoxy]-
6 III 1852 e

–, [4-Butyl-2-chlor-phenoxy]-
6 IV 3271

–, [4-Chlor-2-isopropyl-5-methyl-
phenoxy]- **6** III 1907 g, IV 3344

–, [4-Chlor-5-isopropyl-2-methyl-
phenoxy]- **6** III 1890 h, IV 3334

–, [4-Chlor-2-methyl-phenoxy]-,
isopropylester **6** III 1266 e

–, [4-Chlor-2-methyl-phenoxy]-,
propylester **6** III 1266 d

Hexansäure, 2-[4-Chlor-phenoxy]-
6 IV 855

–, 6-[2-Chlor-phenoxy]- **6** IV 798

–, 6-[3-Chlor-phenoxy]- **6** IV 817

–, 6-[4-Chlor-phenoxy]- **6** IV 855

Isobuttersäure, α-[2-Chlor-phenoxy]-,
äthylester **6** IV 798

–, α-[3-Chlor-phenoxy]-, äthylester
6 IV 817

–, α-[4-Chlor-phenoxy]-, äthylester
6 IV 851

Kohlensäure-äthylester-[4-chlormethyl-
3,5-dimethyl-phenylester] **6** III 1830 f

Phenol, 4-Acetoxy-2-chlormethyl-
3,5,6-trimethyl- **6** III 4691 b

Propionsäure-[β-chlor-β'-phenoxy-
isopropylester] **6** IV 584

Propionsäure, 3-[2-Chlor-4-methyl-
phenoxy]-, äthylester **6** III 1375 g

–, 3-[4-Chlor-2-methyl-phenoxy]-,
äthylester **6** III 1266 k

–, 3-[4-Chlor-3-methyl-phenoxy]-,
äthylester **6** III 1318 d

Valeriansäure, 5-Benzyloxy-2-chlor-
6 III 1535 h

–, 4-[4-Chlor-2-methyl-phenoxy]-
6 IV 1997

–, 5-[2-Chlor-5-methyl-phenoxy]-
6 IV 2063

–, 5-[3-Chlor-4-methyl-phenoxy]-
6 IV 2135

–, 5-[4-Chlor-2-methyl-phenoxy]-
6 IV 1997

–, 5-[4-Chlor-3-methyl-phenoxy]-
6 IV 2066

–, 5-[5-Chlor-2-methyl-phenoxy]-
6 IV 1987

$C_{12}H_{15}ClO_3S$

Sulfon, *tert*-Butyl-[1-chlor-2-phenoxy-vinyl]-
6 IV 607

Valeriansäure, 5-[4-Chlor-phenoxy]-
2-mercapto-, methylester **6** III 697 c

$C_{12}H_{15}ClO_4$

Buttersäure, 2-[4-Äthoxy-2-chlor-phenoxy]-
6 IV 5771

–, 4-[3-Chlor-phenoxy]-3-hydroxy-,
äthylester **6** IV 818

–, 4-[4-Chlor-phenoxy]-3-hydroxy-,
äthylester **6** IV 857

Essigsäure, [4-Butoxy-2-chlor-phenoxy]-
6 IV 5770

–, [4-Chlor-2-methyl-phenoxy]-,
[2-hydroxy-propylester] **6** IV 1992

–, [2-Chlor-phenoxy]-, [2-äthoxy-
äthylester] **6** III 678 h

–, [2-(2-Chlor-phenoxy)-äthoxy]-,
äthylester **6** IV 787

–, [2-(4-Chlor-phenoxy)-äthoxy]-,
äthylester **6** IV 827

$C_{12}H_{15}ClO_4$ (Fortsetzung)

Propan-1-ol, 2-Acetoxy-3-[4-chlor-phenoxy]-2-methyl- **6** IV 832

Propan-2-ol, 1-Acetoxy-3-[4-chlor-phenoxy]-2-methyl- **6** IV 832

$C_{12}H_{15}ClO_4S$

Hexansäure, 6-[4-Chlor-benzolsulfonyl]-**6** IV 1604

$C_{12}H_{15}ClO_4S_2$

Äthen, 2-Benzolsulfonyl-1-chlor-1-[2-methyl-propan-2-sulfonyl]-**6** IV 1517

$C_{12}H_{15}ClO_5$

Essigsäure, [2-Chlor-4,5-dimethoxy-phenoxy]-, äthylester **6** III 6283 h

$C_{12}H_{15}ClS$

Sulfid, [2-Chlor-cyclohexyl]-phenyl-**6** III 989 a, IV 1483

—, [2-Chlor-cyclopentyl]-*p*-tolyl-**6** IV 2164

—, [4-Chlor-phenyl]-cyclohexyl-**6** III 1035 c

$C_{12}H_{15}ClS_3$

Trithiokohlensäure-butylester-[2-chlor-benzylester] **6** III 1638 e

$C_{12}H_{15}Cl_2NO_2$

Carbamidsäure, Butyl-methyl-, [2,4-dichlor-phenylester] **6** IV 907

Hexansäure, 2-[2,4-Dichlor-phenoxy]-, amid **6** IV 930

—, 6-[2,4-Dichlor-phenoxy]-, amid **6** III 709 f

$C_{12}H_{15}Cl_2NO_3$

Essigsäure, Dichlor-, [2-hydroxy-3-*o*-tolyloxy-propylamid] **6** IV 1975

—, [2,4-Dichlor-phenoxy]-, [2-dimethylamino-äthylester] **6** IV 914

$C_{12}H_{15}Cl_2N_3O_3$

Aceton, [2-Äthoxy-4,5-dichlor-phenoxy]-, semicarbazon **6** IV 5618

$C_{12}H_{15}Cl_2O_4P$

Phosphorsäure-diäthylester-[2,2-dichlor-1-phenyl-vinylester] **6** IV 3782

$C_{12}H_{15}Cl_2O_5PS$

Essigsäure, Diäthoxyphosphorylmercapto-, [2,4-dichlor-phenylester] **6** IV 922

—, Diäthoxythiophosphoryloxy-, [2,4-dichlor-phenylester] **6** IV 922

$C_{12}H_{15}Cl_3NO_2PS$

Amidothiophosphorsäure-*O*-cyclohexylester-*O'*-[2,4,5-trichlor-phenylester] **6** IV 1000

$C_{12}H_{15}Cl_3NO_5P$

Phosphonsäure, Äthyl-, [4-nitro-phenylester]-[2,2,2-trichlor-1,1-dimethyl-äthylester] **6** IV 1322

$C_{12}H_{15}Cl_3O$

Anisol, 2,4,6-Tris-chlormethyl-3,5-dimethyl-**6** IV 3413

$C_{12}H_{15}Cl_3O_2$

Äthan, 1-[2,4-Bis-chlormethyl-phenoxy]-2-[2-chlor-äthoxy]- **6** III 1748 g

Äthanol, 1-[4-Butoxy-phenyl]-2,2,2-trichlor-**6** IV 5932

—, 2,2,2-Trichlor-1-[2-isopropyl-5-methyl-phenoxy]- **6** 537 d

Butan, 1-Äthoxy-2,2,3-trichlor-1-phenoxy-**6** IV 600

Butan-1-ol, 1-[4-Äthoxy-phenyl]-2,2,3-trichlor- **6** IV 6005

$C_{12}H_{15}Cl_3O_3$

Acetaldehyd, [2,4,5-Trichlor-phenoxy]-, diäthylacetal **6** IV 971

—, [2,4,6-Trichlor-phenoxy]-, diäthylacetal **6** IV 1009

Äthan, 2-Äthoxy-2-[4-äthoxy-phenoxy]-1,1,1-trichlor- **6** IV 5739

—, 1-[2-(2-Chlor-äthoxy)-äthoxy]-2-[2,4-dichlor-phenoxy]- **6** III 703 d

Äthanol, 1-[3-Butoxy-4-hydroxy-phenyl]-2,2,2-trichlor- **6** III 6331 d

Benzol, 4-[1-Äthoxy-2,2,2-trichlor-äthyl]-1,2-dimethoxy- **6** IV 7391

—, 1,3,5-Tris-[2-chlor-1-hydroxy-äthyl]- **6** IV 7427

$C_{12}H_{15}Cl_3O_4$

3,6-Dioxa-octan-1-ol, 8-[2,3,6-Trichlor-phenoxy]- **6** IV 962

—, 8-[2,4,5-Trichlor-phenoxy]-**6** IV 965

$C_{12}H_{15}Cl_4O_4P$

Phosphorsäure-bis-[2,3-dichlor-propylester]-phenylester **6** IV 710

$C_{12}H_{15}Cl_4O_5P$

Phosphorsäure-[4-äthoxy-2,3,5,6-tetrachlor-phenylester]-diäthylester **6** IV 5779

$C_{12}H_{15}DO$

Cyclohexanol, 1-Deuterio-4-phenyl-**6** IV 3915

$C_{12}H_{15}DO_2S$

Sulfon, [1-Deuterio-cyclopentyl]-*p*-tolyl-**6** IV 2164

$C_{12}H_{15}FO$

Phenetol, 2-But-1-enyl-4-fluor- **6** III 2430 f

$C_{12}H_{15}FO_2$
Hexansäure-[4-fluor-phenylester] **6** III 671 d

$C_{12}H_{15}FO_3$
Essigsäure, [2-Butyl-4-fluor-phenoxy]-
  6 III 1843 f
—, [4-Fluor-2-isopropyl-5-methyl-
  phenoxy]- **6** IV 3343
—, [4-Fluor-phenoxy]-, butylester
  6 IV 776
Isobuttersäure, α-[4-Fluor-phenoxy]-,
  äthylester **6** IV 778

$C_{12}H_{15}F_3O$
Anisol, 2-Isobutyl-5-trifluormethyl-
  6 IV 3396

$C_{12}H_{15}IO$
Cyclohexanol, 2-Jod-1-phenyl- **6** I 294 l

$C_{12}H_{15}IO_2$
Essigsäure-[2-isopropyl-4-jod-5-methyl-
  phenylester] **6** 542 c
Essigsäure, Jod-, [2-isopropyl-5-methyl-
  phenylester] **6** I 265 h

$C_{12}H_{15}IO_3$
Buttersäure, 4-[2-Jod-phenoxy]-, äthylester
  6 III 771 h
Essigsäure, [2-Isopropyl-4-jod-5-methyl-
  phenoxy]- **6** II 500 c
Isobuttersäure, α-[4-Jod-phenoxy]-,
  äthylester **6** IV 1078
Isovaleriansäure, α-Jod-, [2-methoxy-
  phenylester] **6** I 385 o

$C_{12}H_{15}IO_6S$
Sulfon, Äthyl-[4-diacetoxyjodanyl-phenyl]-
  6 I 153 c

$C_{12}H_{15}I_3O$
Äther, Hexyl-[2,4,6-trijod-phenyl]-
  6 III 789 g

$C_{12}H_{15}NO$
Acetonitril, [2-Isopropyl-5-methyl-
  phenoxy]- **6** III 1902 h
—, [5-Isopropyl-2-methyl-phenoxy]-
  6 III 1888 f
Butyronitril, 2-Äthyl-4-phenoxy-
  6 III 620 f
—, 2,2-Dimethyl-4-phenoxy-
  6 IV 650
—, 3-[1-Phenyl-äthoxy]- **6** IV 3038
Hexannitril, 6-Phenoxy- **6** 166 c
Valeronitril, 2-Methyl-5-phenoxy-
  6 166 e

$C_{12}H_{15}NOS$
Äther, [2-Isopropyl-phenyl]-[2-thiocyanato-
  äthyl]- **6** IV 3211

Butylthiocyanat, 4-*o*-Tolyloxy-
  6 IV 1951
Butylthiocyanat, 4-*p*-Tolyloxy- **6** IV 2106
Isovaleronitril, β-Benzylmercapto-
  α-hydroxy- **6** III 1617 d
Phenol, 6-Isopropyl-3,4-dimethyl-
  2-thiocyanato- **6** IV 6045
Phenylthiocyanat, 5-Isopropyl-4-methoxy-
  2-methyl- **6** IV 6023
Propionsäure, 3-Indan-5-ylmercapto-,
  amid **6** IV 3831
Thiocarbimidsäure, Allyl-, *S*-äthylester-
  O-phenylester **6** I 89 g

$C_{12}H_{15}NO_2$
Butyronitril, 4-[4-Methoxy-phenoxy]-
  2-methyl- **6** III 4422 d
Isobutyronitril, α-[4-Hydroxy-2,5-dimethyl-
  phenoxy]- **6** IV 5968
Propionitril, 3-[2-Benzyloxy-äthoxy]-
  6 III 1470 h
Salpetrigsäure-[1-phenyl-cyclohexylester]
  6 III 2510 f

$C_{12}H_{15}NO_2S$
Acetoacetamid, *N*-[2-Phenylmercapto-
  äthyl]- **6** IV 1552
Äthylthiocyanat, 2-[2-*o*-Tolyloxy-äthoxy]-
  6 III 1251 e
—, 2-[2-*p*-Tolyloxy-äthoxy]-
  6 IV 2104
Butyronitril, 2-Äthyl-2-benzolsulfonyl-
  6 317 h
—, 2-Benzolsulfonylmethyl-3-methyl-
  6 IV 1544
—, 2-[Phenylmethansulfonyl-methyl]-
  6 IV 2706
Sulfid, Cyclohexyl-[4-nitro-phenyl]-
  6 II 311 a
Valeronitril, 3-Benzolsulfonyl-4-methyl-
  6 III 1022 c

$C_{12}H_{15}NO_2S_2$
Buttersäure, 4-[Benzylmercaptothiocarbonyl-
  amino]- **6** IV 2699
Dithiokohlensäure-*S*-[2-acetylamino-
  äthylester]-*S'*-benzylester **6** IV 2697
Glycin, *N*-[3-Phenyl-propylmercaptothio=
  carbonyl]- **6** IV 3207

$C_{12}H_{15}NO_3$
Äthanol, 1-[2-Methyl-2-nitro-3-phenyl-
  cyclopropyl]- **6** IV 3917
Äther, Cyclohexyl-[4-nitro-phenyl]-
  6 IV 1287
—, [2-Nitro-4-propenyl-phenyl]-
  propyl- **6** IV 3797

$C_{12}H_{15}NO_3$ (Fortsetzung)

Anisol, 4-[2-Nitro-pent-1-enyl]- **6** IV 3872

—, 4-[2-Nitro-vinyl]-2-propyl-
6 IV 3880 e

Essigsäure, [4-Allyl-2-methoxy-phenoxy]-,
amid **6** 967 c

—, [2-Methoxy-4-propenyl-phenoxy]-,
amid **6** 959 b

Malonomonoimidsäure-1-äthylester-
3-benzylester **6** III 1483 a

[6]Metacyclophan-12-ol, 9-Nitro-
6 III 2522 a

Phenetol, 3,5-Dimethyl-2-[2-nitro-vinyl]-
6 IV 3849

—, 3,5-Dimethyl-4-[2-nitro-vinyl]-
6 IV 3849

Phenol, 4-Cyclohexyl-2-nitro- **6** III 2509 d

$C_{12}H_{15}NO_3S$

Alanin, N-p-Tolylmercaptocarbonyl-,
methylester **6** IV 2197

β-Alanin, N-Phenylmercaptocarbonyl-,
äthylester **6** IV 1530

Buttersäure, 4-Benzylmercapto-
3-formylamino- **6** IV 2754

Cystein, N-Acetyl-S-benzyl- **6** II 437 e,
III 1624 g, IV 2725

—, N-Acetyl-S-m-tolyl- **6** IV 2085

—, N-Acetyl-S-o-tolyl- **6** IV 2026

—, N-Acetyl-S-p-tolyl- **6** III 1431 e,
IV 2204

Glycin, N-[3-Phenyl-propoxythiocarbonyl]-
6 IV 3202

Homocystein, N-Acetyl-S-phenyl-
6 IV 1559

—, S-Benzyl-N-formyl- **6** III 1630 a

Isobuttersäure, β-Benzylmercapto-
α-formylamino- **6** IV 2755

Propionsäure, 3-Acetylamino-
2-benzylmercapto- **6** IV 2722

Thioalanin, N-Benzyloxycarbonyl-,
S-methylester **6** III 1500 d

Valeriansäure, 5-Phenylmercaptocarbonyl≠
amino- **6** IV 1531

Valin, N-Phenylmercaptocarbonyl-
6 IV 1532

$C_{12}H_{15}NO_3S_2$

Methionin, N-Phenylmercaptocarbonyl-
6 IV 1535

$C_{12}H_{15}NO_4$

Alanin, N-Äthoxycarbonyl-, phenylester
6 III 647 f

—, N-Benzyloxycarbonyl-, methyl≠
ester **6** III 1498 a

β-Alanin, N-Benzyloxycarbonyl-,
methylester **6** III 1500 f, IV 2337

Asparaginsäure-1-benzylester-4-methylester
6 IV 2527

Benzol, 1-Äthoxy-2-methoxy-3-[2-nitro-
propenyl]- **6** IV 6321

—, 1-Äthoxy-2-methoxy-4-[2-nitro-
propenyl]- **6** IV 6331

—, 2-Äthoxy-1-methoxy-4-[2-nitro-
propenyl]- **6** IV 6331

—, 1,2-Dimethoxy-3-methyl-4-[2-nitro-
propenyl]- **6** IV 6350

—, 1,2-Dimethoxy-3-[2-nitro-but-
1-enyl]- **6** IV 6346

—, 1,2-Dimethoxy-4-[2-nitro-but-
1-enyl]- **6** IV 6348

Buttersäure, 2-Benzyloxycarbonylamino-
6 IV 2341

—, 3-Benzyloxycarbonylamino-
6 III 1501 i, IV 2342

—, 4-Benzyloxycarbonylamino-
6 III 1502 a, IV 2342

Glutaminsäure-1-benzylester **6** IV 2533

— 5-benzylester **6** IV 2537

Glutaramidsäure, N-Benzyloxy-
6 IV 2564

Glycin, N-Benzyloxycarbonyl-, äthylester
6 III 1487 c, IV 2287

—, N-Benzyloxycarbonyl-N-methyl-,
methylester **6** IV 2320

—, N-p-Tolyloxycarbonyl-, äthylester
6 IV 2118

Hexansäure-[4-nitro-phenylester]
6 IV 1299

Homoserin, N-Acetyl-O-phenyl-
6 III 648 h

Hydroxylamin, O-Acetyl-N-[α-phenoxy-
isobutyryl]- **6** IV 646

Isobuttersäure, α-Benzyloxycarbonylamino-
6 III 1502 c, IV 2343

—, β-Benzyloxycarbonylamino-
6 III 1502 e

—, α-p-Tolyloxycarbonylamino- **6** IV 2118

Naphthalin, 6,7-Dimethoxy-5-nitro-
1,2,3,4-tetrahydro- **6** III 5045 f

Phenol, 2-Butoxy-5-[2-nitro-vinyl]-
6 IV 6317

Serin, N-Acetyl-O-benzyl- **6** IV 2548

Styrol, 2-Äthoxy-4-methoxy-6-methyl-
β-nitro- **6** IV 6341

—, 5-Äthyl-2,4-dimethoxy-β-nitro-
6 IV 6351

$C_{12}H_{15}NO_4$ (Fortsetzung)

Styrol, 2,3-Diäthoxy-β-nitro- **6** III 4979 b,
IV 6313

–, 2,4-Diäthoxy-β-nitro- **6** IV 6315

–, 3,4-Diäthoxy-β-nitro- **6** III 4985 c,
IV 6317

–, 2-Isopropoxy-3-methoxy-β-nitro-
6 IV 6313

–, 3-Methoxy-β-nitro-2-propoxy-
6 IV 6313

Valeriansäure, 2-Methyl-, [4-nitro-
phenylester] **6** III 826 h

–, 3-Methyl-, [4-nitro-phenylester]
6 III 827 a

$C_{12}H_{15}NO_4S$

Cystein, N-Acetyl-S-[2-methoxy-phenyl]-
6 IV 5642

–, N-Acetyl-S-[4-methoxy-phenyl]-
6 IV 5820

Essigsäure, [4-*tert*-Butyl-2-nitro-
phenylmercapto]- **6** IV 3318

Thiokohlensäure-O-[2-nitro-phenylester]-
O'-pentylester **6** IV 1260

– S-[2-nitro-phenylester]-
O-pentylester **6** IV 1669

$C_{12}H_{15}NO_4S_2$

Hexansäure, 6-[2-Nitro-phenyldisulfanyl]-
6 IV 1675

$C_{12}H_{15}NO_5$

Allothreonin, N-Benzyloxycarbonyl-
6 IV 2388

Benzol, 2-Acetoxy-1-methoxy-4-nitro-
3-propyl- **6** IV 5975

–, 1,2,3-Trimethoxy-5-[2-nitro-
propenyl]- **6** III 6442 c

–, 1,2,4-Trimethoxy-5-[2-nitro-
propenyl]- **6** II 1093 a, III 6441 b

–, 1,3,5-Trimethoxy-2-[2-nitro-
propenyl]- **6** IV 7476

Buttersäure, 2-[2-Nitro-phenoxy]-,
äthylester **6** 221 f

–, 2-[3-Nitro-phenoxy]-, äthylester
6 III 225 j

–, 2-[4-Nitro-phenoxy]-, äthylester
6 234 k

Carbamidsäure, Benzyloxycarbonyloxy-
methyl-, äthylester **6** IV 2464

Hexansäure, 6-[4-Nitro-phenoxy]-
6 IV 1306

Isobuttersäure, α-Benzyloxycarbonylamino-
β-hydroxy- **6** IV 2393

–, α-[3-Nitro-phenoxy]-, äthylester
6 225 l

–, α-[4-Nitro-phenoxy]-, äthylester
6 234 m, IV 1305

Kohlensäure-isopentylester-[2-nitro-
phenylester] **6** I 115 h

– [2-nitro-phenylester]-pentylester
6 IV 1258

Phenol, 4-[3-Äthoxy-2-nitro-propenyl]-
2-methoxy- **6** III 6443 a

Propan, 1-Acetoxy-1-[2-methoxy-phenyl]-
2-nitro- **6** IV 5979

–, 1-Acetoxy-1-[4-methoxy-phenyl]-
2-nitro- **6** III 2397

Serin, N-Benzyloxycarbonyl-, methylester
6 III 1506 e, IV 2376

Styrol, 4-Äthoxy-3,5-dimethoxy-β-nitro-
6 IV 7476

Threonin, N-Benzyloxycarbonyl-
6 IV 2389

$C_{12}H_{15}NO_5S$

Carbamidsäure, [(Toluol-4-sulfonyl)-acetyl]-,
äthylester **6** 423 c

Propionsäure, 2-Acetylamino-3-[toluol-
4-sulfonyl]- **6** III 1431 f

$C_{12}H_{15}NO_6$

Bernsteinsäure, 2-Amino-2-[3-methoxy-
phenoxymethyl]- **6** III 4330 h

Styrol, 2,3,4,5-Tetramethoxy-β-nitro-
6 IV 7716

–, 2,3,4,6-Tetramethoxy-β-nitro-
6 IV 7716

$C_{12}H_{15}NO_6S$

Butan-1-sulfonsäure, 4-Benzyloxycarbonyl=
amino-3-oxo- **6** IV 2429

$C_{12}H_{15}NO_7$

Essigsäure, [4,5-Dimethoxy-2-nitro-
phenoxy]-, äthylester **6** III 6287 f

Kohlensäure-äthylester-[4-(1-hydroxy-
2-nitro-äthyl)-2-methoxy-phenylester]
6 I 553 a

$C_{12}H_{15}NS$

Butyronitril, 2-[Benzylmercapto-methyl]-
6 IV 2706

–, 3-Methyl-2-[phenylmercapto-
methyl]- **6** IV 1544

Valeronitril, 4-Methyl-3-phenylmercapto-
6 III 1022 a

$C_{12}H_{15}NS_2$

Sulfid, [3-Phenyl-propyl]-[2-thiocyanato-
äthyl]- **6** IV 3207

$C_{12}H_{15}N_3O_2$

Buttersäure, 2-Cyan-4-p-tolyloxy-,
hydrazid **6** IV 2122

$C_{12}H_{15}N_3O_2$ (Fortsetzung)

Valeriansäure, 2-Cyan-5-phenoxy-,
hydrazid **6** III 627 g

$C_{12}H_{15}N_3O_2S_2$

Glycin, N-[N-Benzylmercaptothiocarbonyl-
glycyl]-, amid **6** IV 2699

$C_{12}H_{15}N_3O_4$

Asparaginsäure, N-Benzyloxycarbonyl-,
diamid **6** IV 2400

Glycin, N-[N-Benzyloxycarbonyl-glycyl]-,
amid **6** III 1488 c, IV 2293

—, Glycyl→glycyl→-, phenylester
6 III 647 d

$C_{12}H_{15}N_3O_5$

Propionsäure, 3-Benzyloxycarbonylamino-
2-ureido- **6** IV 2432

$C_{12}H_{15}N_3O_5S$

Glycin, N-[N-(2-Nitro-benzolsulfenyl)-
glycyl]-, äthylester **6** III 1064 d

$C_{12}H_{15}N_3O_6$

Benzol, 1,3-Bis-dimethylcarbamoyloxy-
5-nitro- **6** IV 5694

Glycin, N-Seryl-, [4-nitro-benzylester]
6 IV 2625

$C_{12}H_{15}N_3O_7$

Äther, Hexyl-picryl- **6** IV 1458

Anisol, 3-tert-Butyl-5-methyl-2,4,6-trinitro-
6 IV 3398

—, 4-tert-Butyl-2-methyl-3,5,6-trinitro-
6 550 g

Salpetersäure-[3,5-dimethyl-2,6-dinitro-
4-propyl-benzylester] **6** IV 3445

$C_{12}H_{15}N_3O_7S$

Acetamid, N-[2-(2,4-Dinitro-phenyl≠
mercapto)-1,1-bis-hydroxymethyl-äthyl]-
6 IV 1764

$C_{12}H_{15}N_3O_9$

Benzol, 1,3,5-Triäthoxy-2,4,6-trinitro-
6 1107 c, II 1080 e

$C_{12}H_{15}N_3S$

Isothioharnstoff, S-Benzyl-N-cyan-
N'-propyl- **6** 461 e

$C_{12}H_{15}O$

Cyclohexyloxyl, 1-Phenyl-
6 IV 3908

$C_{12}H_{15}O_3P$

Benzo[1,3,2]dioxaphosphol, 2-Cyclohexyloxy-
6 IV 5597

—, 2-Phenoxy-hexahydro-
6 IV 5201

$C_{12}H_{15}O_4P$

Phosphorsäure-diallylester-phenylester
6 IV 714

$C_{12}H_{16}BrClO$

Äther, [2-Brom-äthyl]-[4-tert-butyl-2-chlor-
phenyl]- **6** III 1872 a

—, [2-Brom-äthyl]-[4-chlor-
2-isopropyl-5-methyl-phenyl]-
6 III 1906 b

—, [6-Brom-hexyl]-[4-chlor-phenyl]-
6 IV 825

—, [4-Brom-1-methyl-butyl]-[4-chlor-
2-methyl-phenyl]- **6** IV 1988

$C_{12}H_{16}BrCl_3O_2$

Essigsäure, Trichlor-, [7-brom-bornan-
2-ylester] **6** II 90 f

$C_{12}H_{16}BrI_2NO$

Amin, Diäthyl-[2-(4-brom-2,6-dijod-
phenoxy)-äthyl]- **6** III 788 i

$C_{12}H_{16}BrNO_2$

Essigsäure, [2-Brom-4-butyl-phenoxy]-,
amid **6** IV 3271

—, [2,5-Dimethyl-phenoxy]-,
[2-brom-äthylamid] **6** IV 3166

—, m-Tolyloxy-, [3-brom-
propylamid] **6** IV 2051

Propionsäure, 2-Phenoxy-, [3-brom-
propylamid] **6** IV 643

$C_{12}H_{16}BrNO_3$

Äther, Äthyl-[2-brom-2-nitro-1-phenyl-
butyl]- **6** IV 3274

Essigsäure, [2-Brom-4-butoxy-phenoxy]-,
amid **6** IV 5782

Phenetol, 2-Brom-6-isopropyl-3-methyl-
4-nitro- **6** 543 a

$C_{12}H_{16}BrNO_4$

Benzol, 1-[2-Brom-1-methoxy-2-nitro-
butyl]-4-methoxy- **6** IV 6005

$C_{12}H_{16}BrNO_5$

Äther, [2-Äthoxy-äthyl]-[2-(4-brom-2-nitro-
phenoxy)-äthyl]- **6** IV 1363

Benzol, 1,2,3-Triäthoxy-4-brom-5-nitro-
6 1087 b

$C_{12}H_{16}Br_2O$

Äther, Äthyl-[2,3-dibrom-1-methyl-
3-phenyl-propyl]- **6** III 1851 b

—, [2-Brom-äthyl]-[4-brom-
5-isopropyl-2-methyl-phenyl]-
6 III 1891 f

—, [5,6-Dibrom-hexyl]-phenyl-
6 I 82 m

Anisol, 4-[1,2-Dibrom-3-methyl-butyl]-
6 II 505 i

—, 4-[1,2-Dibrom-pentyl]- **6** III 1952 a

Phenol, 2,6-Bis-brommethyl-4-tert-butyl-
6 IV 3442

$C_{12}H_{16}Br_2O$ (Fortsetzung)

Phenol, 2,4-Dibrom-6-butyl-3,5-dimethyl-
6 III 2016 g

–, 2,4-Dibrom-5-isobutyl-
3,6-dimethyl- 6 III 2018 e

–, 3,6-Dibrom-4-methyl-2-[1-methyl-
butyl]- 6 III 2006 d

–, 2,6-Dibrom-3-methyl-4-pentyl-
6 III 2004 d

–, 3,6-Dibrom-2-methyl-4-pentyl-
6 III 2005 a

$C_{12}H_{16}Br_2O_2$

Benzol, 4-[1-Äthoxy-2-brom-propyl]-
2-brom-1-methoxy- 6 927 c

–, 1-Äthoxy-2,5-dibrom-
4-methoxymethyl-3,6-dimethyl-
6 935 a

–, 1-Äthoxy-4-[1,2-dibrom-propyl]-
2-methoxy- 6 921 f, II 893 e

–, 2-Äthoxy-4-[1,2-dibrom-propyl]-
1-methoxy- 6 III 4618 b

–, 1-Äthoxymethyl-2,5-dibrom-
4-methoxy-3,6-dimethyl- 6 935 b

–, 1,3-Bis-[3-brom-propoxy]-
6 II 815 c

–, 1,4-Bis-[3-brom-propoxy]-
6 III 4388 d

Brenzcatechin, 3,6-Dibrom-4,5-dipropyl-
6 III 4723 c

Phenol, 2,4-Dibrom-6-isopentyloxymethyl-
6 IV 5904

$C_{12}H_{16}Br_2O_3$

Äthanol, 2-[4,5-Dibrom-2-butoxy-phenoxy]-
6 IV 5623

Benzol, 1-[1,2-Dibrom-propyl]-
2,4,5-trimethoxy- 6 1119 i, I 553 e,
III 6341 f

–, 5-[1,2-Dibrom-propyl]-
1,2,3-trimethoxy- 6 1120 h

Pentan-2-ol, 3,4-Dibrom-2-[2,4-dihydroxy-
phenyl]-4-methyl- 6 III 6448 b

Phenol, 4-[1-Äthoxy-2-brom-propyl]-
2-brom-6-methoxy- 6 1121 i

–, 4-Äthoxymethyl-2,5-dibrom-
3-methoxymethyl-6-methyl- 6 1125 c

$C_{12}H_{16}Br_2O_4S_2$

Benzol, 1,3-Bis-[2-brom-propan-1-sulfonyl]-
6 835 a

$C_{12}H_{16}Br_3NO$

Amin, Diäthyl-[2-(2,4,6-tribrom-phenoxy)-
äthyl]- 6 III 764 f

$C_{12}H_{16}ClIO_3$

Äthan, 1-[4-Chlor-phenoxy]-2-[2-(2-jod-
äthoxy)-äthoxy]- 6 III 691 a

$C_{12}H_{16}ClI_2NO$

Amin, Diäthyl-[2-(2-chlor-4,6-dijod-
phenoxy)-äthyl]- 6 III 787 h

–, Diäthyl-[2-(4-chlor-2,6-dijod-
phenoxy)-äthyl]- 6 III 788 c

$C_{12}H_{16}ClNO$

Isobutyrimidsäure, N-Äthyl-α-chlor-,
phenylester 6 III 601 g

$C_{12}H_{16}ClNOS_2$

Dithiocarbamidsäure, Dimethyl-,
[3-(4-chlor-phenoxy)-propylester]
6 IV 830

$C_{12}H_{16}ClNO_2$

Carbamidsäure, Äthyl-[2-chlor-äthyl]-,
benzylester 6 IV 2279

–, Butyl-methyl-, [2-chlor-
phenylester] 6 IV 795

–, Butyl-methyl-, [4-chlor-
phenylester] 6 IV 843

–, Diäthyl-, [4-chlor-3-methyl-
phenylester] 6 IV 2065

Essigsäure, [2-Butyl-4-chlor-phenoxy]-,
amid 6 IV 3268

–, [4-Butyl-2-chlor-phenoxy]-, amid
6 IV 3271

–, Chlor-, [β-benzyloxy-isopropyl≠
amid] 6 IV 2484

–, Chlor-, [methyl-(β-phenoxy-
isopropyl)-amid] 6 IV 672

Isobuttersäure, α-[4-Chlor-phenoxy]-,
äthylamid 6 IV 854

Propan-2-ol, 1-Allylamino-3-[2-chlor-
phenoxy]- 6 IV 803

$C_{12}H_{16}ClNO_3$

Carbamidsäure, [4-Chlor-2-methyl-
phenoxymethyl]-, isopropylester
6 IV 1990

Essigsäure, [4-Butoxy-2-chlor-phenoxy]-,
amid 6 IV 5770

–, [4-Chlor-2-methyl-phenoxy]-,
[2-hydroxy-1-methyl-äthylamid]
6 III 1266 h

–, [4-Chlor-phenoxy]-,
[2-dimethylamino-äthylester] 6 IV 846

$C_{12}H_{16}ClNO_4$

Äthan, 1-Butoxy-2-[4-chlor-2-nitro-
phenoxy]- 6 III 836 c, IV 1349

Carbamidsäure, [2-Hydroxy-äthyl]-,
[2-(4-chlor-3-methyl-phenoxy)-
äthylester] 6 I 188 e

$C_{12}H_{16}ClNO_5$
Äther, [2-Äthoxy-äthyl]-[2-(4-chlor-2-nitro-
phenoxy)-äthyl]- **6** IV 1349
—, [2-(2-Chlor-äthoxy)-äthyl]-[2-
(4-nitro-phenoxy)-äthyl]- **6** III 823 f
$C_{12}H_{16}ClNS_3$
Dithiocarbamidsäure, Dimethyl-,
[2-(4-chlor-benzylmercapto)-äthylester]
6 IV 2776
$C_{12}H_{16}ClN_3O_2$
Butan-2-on, 3-[4-Chlor-phenoxy]-3-methyl-,
semicarbazon **6** IV 838
Pentan-2-on, 5-[3-Chlor-phenoxy]-,
semicarbazon **6** III 683 a
—, 5-[4-Chlor-phenoxy]-, semi=
carbazon **6** III 693 a
$C_{12}H_{16}ClO_3PS_3$
Thioessigsäure, Diäthoxythiophosphoryl=
mercapto-, S-[4-chlor-phenylester]
6 IV 1603
$C_{12}H_{16}ClO_4P$
Phosphorsäure-diäthylester-[2-chlor-
1-phenyl-vinylester] **6** IV 3782
$C_{12}H_{16}ClO_4PS$
Thioessigsäure, Diäthoxyphosphoryl-,
S-[4-chlor-phenylester] **6** IV 1608
$C_{12}H_{16}ClO_4PS_2$
Essigsäure, Diäthoxythiophosphoryl=
mercapto-, [4-chlor-phenylester]
6 IV 850
Thioessigsäure, Diäthoxyphosphoryl=
mercapto-, S-[4-chlor-phenylester]
6 IV 1602
—, Diäthoxythiophosphoryloxy-,
S-[4-chlor-phenylester] **6** IV 1602
$C_{12}H_{16}ClO_5P$
Essigsäure, Diäthoxyphosphoryl-,
[4-chlor-phenylester] **6** IV 864
$C_{12}H_{16}ClO_5PS$
Essigsäure, Diäthoxyphosphorylmercapto-,
[4-chlor-phenylester] **6** IV 849
—, Diäthoxythiophosphoryloxy-,
[4-chlor-phenylester] **6** IV 849
$C_{12}H_{16}Cl_2N_2OS$
Isothioharnstoff, S-[5-Chlor-2-(4-chlor-
butoxy)-benzyl]- **6** IV 5905
$C_{12}H_{16}Cl_2O$
Äther, [2,4-Bis-chlormethyl-phenyl]-butyl-
6 IV 3137
—, [2,4-Bis-chlormethyl-phenyl]-
isobutyl- **6** IV 3137
—, [4-*tert*-Butyl-2-chlor-phenyl]-
[2-chlor-äthyl]- **6** III 1871 h, IV 3311

—, [2-Chlor-benzyl]-[5-chlor-pentyl]-
6 IV 2590
—, [4-Chlor-butyl]-[2-chlormethyl-
4-methyl-phenyl]- **6** IV 3136
Phenol, 4-*tert*-Butyl-2,6-bis-chlormethyl-
6 III 2020 b
—, 2,6-Dichlor-4-hexyl- **6** III 1994 d
—, 2-Dichlormethyl-6-isopropyl-
3,4-dimethyl- **6** IV 3445
—, 3,6-Dichlor-4-methyl-2-[1-methyl-
butyl]- **6** III 2006 b
—, 2,6-Dichlor-3-methyl-4-pentyl-
6 III 2004 d
—, 3,6-Dichlor-2-methyl-4-pentyl-
6 III 2005 a
$C_{12}H_{16}Cl_2OS$
Butan, 1-[2-Chlor-äthylmercapto]-4-
[4-chlor-phenoxy]- **6** IV 830
$C_{12}H_{16}Cl_2O_2$
Äthan, 1-[2-Chlor-äthoxy]-2-[4-chlor-
3,5-dimethyl-phenoxy]- **6** IV 3152
Benzol, 1,2-Bis-[2-chlor-äthoxymethyl]-
6 IV 5953
—, 1,4-Bis-[2-chlor-äthoxymethyl]-
6 IV 5971
—, 1,4-Bis-chlormethyl-2,5-dimethoxy-
3,6-dimethyl- **6** III 4691 d
—, 1-Chlormethyl-2-[2-chlor-propyl]-
4,5-dimethoxy- **6** IV 6016
—, 1,4-Diäthoxy-2,5-bis-chlormethyl-
6 IV 5969
Resorcin, 2,4-Dichlor-6-hexyl- **6** III 4713 d,
IV 6049
—, 4,6-Dichlor-2-hexyl- **6** III 4714 a
$C_{12}H_{16}Cl_2O_2S$
Sulfon, [2,4-Dichlor-phenyl]-hexyl-
6 IV 1613
—, [2,5-Dichlor-phenyl]-hexyl-
6 IV 1618
—, [3,4-Dichlor-phenyl]-hexyl-
6 IV 1625
—, [3,5-Dichlor-phenyl]-hexyl-
6 IV 1632
$C_{12}H_{16}Cl_2O_3$
Acetaldehyd, [2,4-Dichlor-phenoxy]-,
diäthylacetal **6** IV 901
Äthan, 1-[1-(2-Chlor-äthoxy)-äthoxy]-2-
[4-chlor-phenoxy]- **6** III 691 d
—, 1-[2-(2-Chlor-äthoxy)-äthoxy]-2-
[2-chlor-phenoxy]- **6** III 677 c
—, 1-[2-(2-Chlor-äthoxy)-äthoxy]-2-
[4-chlor-phenoxy]- **6** III 690 h

$C_{12}H_{16}Cl_2O_3$ (Fortsetzung)
Äthanol, 2-[2-Butoxy-4,5-dichlor-phenoxy]-
6 IV 5618
Benzol, 1,2-Bis-chlormethyl-
3,4,6-trimethoxy-5-methyl- 6 III 6355 b
—, 1,3,4-Triäthoxy-2,5-dichlor-
6 IV 7346
Phenol, 3,5-Bis-[3-chlor-propoxy]-
6 IV 7363

$C_{12}H_{16}Cl_2O_4$
Benzol, 1,2-Bis-[2-chlor-äthoxymethoxy]-
6 IV 5580
—, 1,3-Bis-[2-chlor-äthoxymethoxy]-
6 IV 5672
—, 1,4-Bis-[2-chlor-äthoxymethoxy]-
6 IV 5737
—, 1,2-Bis-[3-chlor-2-hydroxy-
propoxy]- 6 IV 5574
—, 1,4-Bis-[3-chlor-2-hydroxy-
propoxy]- 6 III 4406 f
—, 1,2-Bis-chlormethyl-
3,4,5,6-tetramethoxy- 6 IV 7700
—, 1,4-Diäthoxy-2,5-dichlor-
3,6-dimethoxy- 6 1156 k, IV 7691
—, 1,4-Dichlor-2,5-bis-[2-hydroxy-
äthoxymethyl]- 6 IV 5972
Cyclohexan, 1,2-Bis-chloracetoxy-4-vinyl-
6 IV 5282
3,6-Dioxa-octan-1-ol, 8-[2,3-Dichlor-
phenoxy]- 6 IV 883
—, 8-[2,5-Dichlor-phenoxy]-
6 IV 943

$C_{12}H_{16}Cl_2O_4S$
Schwefligsäure-[β-chlor-isopropylester]-
[β-(4-chlor-phenoxy)-isopropylester]
6 IV 829

$C_{12}H_{16}Cl_2O_8S_2$
Benzol, 1,4-Dichlor-2,5-bis-[2-methansulfonyl≠
oxy-äthoxy]- 6 IV 5772

$C_{12}H_{16}Cl_2S$
Sulfid, [2,4-Dichlor-phenyl]-hexyl-
6 IV 1613
—, [2,5-Dichlor-phenyl]-hexyl-
6 IV 1618
—, [3,4-Dichlor-phenyl]-hexyl-
6 IV 1625
—, [3,5-Dichlor-phenyl]-hexyl-
6 IV 1632

$C_{12}H_{16}Cl_2S_2$
Benzol, 1,4-Bis-[(2-chlor-äthylmercapto)-
methyl]- 6 III 4609 i, IV 5972

$C_{12}H_{16}Cl_3NO$
Amin, Butyl-[2-(2,4,5-trichlor-phenoxy)-
äthyl]- 6 III 721 g
—, Diäthyl-[2-(2,3,4-trichlor-phenoxy)-
äthyl]- 6 III 716 e
—, Diäthyl-[2-(2,3,5-trichlor-phenoxy)-
äthyl]- 6 III 716 g
—, Diäthyl-[2-(2,3,6-trichlor-phenoxy)-
äthyl]- 6 III 717 c
—, Diäthyl-[2-(2,4,5-trichlor-phenoxy)-
äthyl]- 6 III 721 f
—, Diäthyl-[2-(2,4,6-trichlor-phenoxy)-
äthyl]- 6 III 728 b
—, Diäthyl-[2-(3,4,5-trichlor-phenoxy)-
äthyl]- 6 III 729 b
Propylamin, 3,3,3-Trichlor-2-[3-phenyl-
propoxy]- 6 IV 3202

$C_{12}H_{16}Cl_3NOS$
Amin, Diäthyl-[2-(2,4,6-trichlor-benzolsulfinyl)-
äthyl]- 6 IV 1640

$C_{12}H_{16}Cl_3NO_2S$
Amin, Diäthyl-[2-(2,4,6-trichlor-
benzolsulfonyl)-äthyl]- 6 IV 1640

$C_{12}H_{16}Cl_3NS$
Amin, Diäthyl-[2-(2,4,6-trichlor-
phenylmercapto)-äthyl]- 6 IV 1640

$C_{12}H_{16}Cl_3O_3PS$
Thiophosphorsäure-O'-[2-methyl-butylester]-
O-methylester-O''-[2,4,5-trichlor-
phenylester] 6 IV 995

$C_{12}H_{16}Cl_3O_4P$
Phosphonsäure, [2-(2,4,5-Trichlor-
phenoxy)-äthyl]-, diäthylester
6 IV 991

$C_{12}H_{16}Cl_4O_2$
Essigsäure, Trichlor-, [4-chlor-bornan-
2-ylester] 6 III 314 e

$C_{12}H_{16}Cl_7O_2P$
Phosphin, Chlor-bis-[1-trichlormethyl-
cyclopentyloxy]- 6 IV 88

$C_{12}H_{16}D_2O$
Äther, [4-tert-Butyl-phenyl]-[1,1-dideuterio-
äthyl]- 6 IV 3297

$C_{12}H_{16}FNO_3$
Essigsäure, [4-Fluor-phenoxy]-,
[2-dimethylamino-äthylester] 6 IV 777

$C_{12}H_{16}F_3NO_2$
Äthanol, 2-[β-(2-Trifluormethyl-phenoxy)-
isopropylamino]- 6 IV 1984
—, 2-[β-(3-Trifluormethyl-phenoxy)-
isopropylamino]- 6 IV 2062

$C_{12}H_{16}I_2O_2$
Benzol, 1,3-Bis-[3-jod-propoxy]-
6 II 815 d

$C_{12}H_{16}I_3NO$
Amin, Diäthyl-[2-(2,4,6-trijod-phenoxy)-
äthyl]- 6 III 790 i

$C_{12}H_{16}NO_6P$
Phosphorsäure-cyclohexylester-[4-nitro-
phenylester] 6 IV 1329

$C_{12}H_{16}NO_6PS_2$
Essigsäure, Diäthoxythiophosphoryl≠
mercapto-, [3-nitro-phenylester]
6 IV 1275
–, Diäthoxythiophosphorylmercapto-,
[4-nitro-phenylester] 6 IV 1305

$C_{12}H_{16}NO_7PS$
Essigsäure, Diäthoxyphosphorylmercapto-,
[3-nitro-phenylester] 6 IV 1274
–, Diäthoxyphosphorylmercapto-,
[4-nitro-phenylester] 6 IV 1305
–, Diäthoxythiophosphoryloxy-,
[3-nitro-phenylester] 6 IV 1275
–, Diäthoxythiophosphoryloxy-,
[4-nitro-phenylester] 6 IV 1305

$C_{12}H_{16}N_2OS$
Pentan-2-on, 4-Methyl-4-phenyl≠
diazenomercapto- 6 IV 1516
Thiocarbazidsäure, sec-Butyliden-,
O-benzylester 6 IV 2468

$C_{12}H_{16}N_2O_2$
Acetamidin, 2-[2-Allyl-6-methoxy-phenoxy]-
6 III 5015 c
–, 2-[4-Allyl-2-methoxy-phenoxy]-
6 III 5030 a
Essigsäure, Phenoxy-, isobutylidenhydrazid
6 IV 641

$C_{12}H_{16}N_2O_2S_2$
Dithiocarbamidsäure, Diäthyl-, [4-nitro-
benzylester] 6 III 1649 d

$C_{12}H_{16}N_2O_3$
Acetimidsäure, 2-Benzyloxycarbonylamino-,
äthylester 6 III 1496 f, IV 2318
Alanin, N-Glycyl-, benzylester 6 IV 2501
Allophansäure-[2,4-dimethyl-phenäthylester]
6 III 1917 g
– [4-isopropyl-benzylester]
6 III 1912 c
– [2-isopropyl-5-methyl-phenylester]
6 538 c
– [2-p-tolyl-propylester] 6 III 1913 b
Buttersäure, 2-Benzyloxycarbonylamino-,
amid 6 IV 2342
Glycin, N-Alanyl-, benzylester 6 IV 2492

Isoglutamin-benzylester 6 IV 2539

$C_{12}H_{16}N_2O_3S$
Allophansäure-[3-benzylmercapto-
propylester] 6 IV 2654
Glycin, N-[S-Benzyl-cysteinyl]- 6 III 1624 a,
IV 2724
Homocystein, S-Benzyl-N-carbamoyl-
6 IV 2753

$C_{12}H_{16}N_2O_4$
Allophansäure-[3-benzyloxy-propylester]
6 III 1471 f, IV 2244
– [1-methoxymethyl-2-phenyl-
äthylester] 6 II 896 c
– [2-phenäthyloxy-äthylester]
6 III 1707 h
Buttersäure, 2-Amino-4-benzyloxycarbonyl≠
amino- 6 IV 2433
Formamid, N-[5-(4-Nitro-phenoxy)-pentyl]-
6 IV 1309
Glycin, N-Benzyloxycarbonyl-, [2-hydroxy-
äthylamid] 6 IV 2290
–, N-[O-Benzyl-seryl]- 6 IV 2548
–, N-Seryl-, benzylester 6 IV 2498
Hexansäure, 6-[4-Nitro-phenoxy]-, amid
6 IV 1306
Leucin-[4-nitro-phenylester] 6 IV 1315
Propionsäure, 2-Amino-3-benzyloxycarbonyl≠
amino-, methylester 6 III 1524 a,
IV 2432
Serin, O-Benzyl-N-glycyl- 6 IV 2550
Threonin, N-Benzyloxycarbonyl-, amid
6 III 1510 f

$C_{12}H_{16}N_2O_4S$
Cystein, S-[4-Nitro-benzyl]-, äthylester
6 IV 2801
Sulfid, [1-Äthyl-2-methyl-propyl]-
[2,4-dinitro-phenyl]- 6 IV 1737
–, [2,4-Dinitro-phenyl]-hexyl-
6 III 1091 k, IV 1737

$C_{12}H_{16}N_2O_4S_2$
Disulfid, [2,4-Dinitro-phenyl]-hexyl-
6 IV 1768

$C_{12}H_{16}N_2O_5$
Äther, [2,4-Dinitro-phenyl]-hexyl-
6 III 860 a, IV 1374
Allophansäure-[4-äthoxy-3-methoxy-
benzylester] 6 I 551 e
Anisol, 3-tert-Butyl-5-methyl-x,x-dinitro-
6 IV 3398
–, 3-tert-Butyl-6-methyl-2,4-dinitro-
6 IV 3400
–, 4-tert-Butyl-3-methyl-2,6-dinitro-
6 III 1977 g

$C_{12}H_{16}N_2O_5$ (Fortsetzung)

Anisol, 6-*tert*-Butyl-3-methyl-2,4-dinitro-
  6 II 508 c, III 1984 d, IV 3402
–, 2,4-Dinitro-6-pentyl- **6** IV 3370
–, 2,6-Dinitro-4-*tert*-pentyl-
  6 549 g
Benzol, 1-Äthoxy-2-methoxy-4-[2-nitro-
  1-nitroso-propyl]- **6** III 4621 a
Essigsäure, [4-Nitro-phenoxy]-,
  [2-dimethylamino-äthylester]
  6 IV 1303
Homoserin, *O*-Benzyloxycarbonylamino-
  6 IV 2464 e
Phenetol, 2-*tert*-Butyl-4,6-dinitro-
  6 III 1862 e, IV 3293
–, 4-*tert*-Butyl-2,6-dinitro- **6** 525 g
–, 6-Isopropyl-3-methyl-2,4-dinitro-
  6 543 c, I 267 i
Phenol, 4-*tert*-Butyl-2,6-dimethyl-
  3,6-dinitro- **6** III 2020 c
–, 2-Hexyl-4,6-dinitro- **6** III 1993 h,
  IV 3416
–, 4-Hexyl-2,6-dinitro- **6** IV 3417
Propan, 1,2-Bis-carbamoyloxy-3-*o*-tolyloxy-
  6 IV 1955

$C_{12}H_{16}N_2O_6$

Benzol, 1-*tert*-Butyl-2,4-dimethoxy-
  3,5-dinitro- **6** IV 6013
–, 1,5-Diisopropoxy-2,4-dinitro-
  6 IV 5697
–, 1,5-Dinitro-2,4-dipropoxy-
  6 IV 5696
Essigsäure, *m*-Phenylendioxydi-,
  bis-[hydroxymethyl-amid] **6** 818 e
–, *o*-Phenylendioxydi-, bis-
  [hydroxymethyl-amid] **6** 779 e
Propan, 1,2-Bis-carbamoyloxy-3-
  [2-methoxy-phenoxy]- **6** IV 5578
–, 2-Nitro-1-nitroso-1-
  [2,4,5-trimethoxy-phenyl]- **6** III 6342 a

$C_{12}H_{16}N_2O_6S$

Acetaldehyd, [2,4-Dinitro-phenylmercapto]-,
  diäthylacetal **6** IV 1758
Sulfon, [2,4-Dinitro-phenyl]-hexyl-
  6 III 1091 m

$C_{12}H_{16}N_2O_6S_2$

Benzol, 1,3-Bis-[2-hydroxyimino-propan-
  1-sulfonyl]- **6** 835 i

$C_{12}H_{16}N_2O_7$

Benzol, 1,2,3-Triäthoxy-4,5-dinitro-
  6 1087 d
–, 1,2,5-Triäthoxy-3,4-dinitro-
  6 I 453 f

–, 1,3,5-Triäthoxy-2,4-dinitro-
  6 1106 e

$C_{12}H_{16}N_2S$

β-Alanin, *N*-[2-Benzylmercapto-äthyl]-,
  nitril **6** IV 2719
Isothioharnstoff, *S*-[5,6,7,8-Tetrahydro-
  [2]naphthylmethyl]- **6** IV 3891
Isovaleronitril, α-Amino-γ-benzylmercapto-
  6 IV 2756
Penicillamin, *S*-Benzyl-, nitril **6** III 1632 e
Valeronitril, 2-Amino-4-benzylmercapto-
  6 III 1631 d

$C_{12}H_{16}N_2S_2$

Naphthalin-2,3-diyl-bis-thiocyanat,
  Decahydro- **6** III 4142 b

$C_{12}H_{16}N_4O_4$

Aceton, [2,6-Dimethyl-4-nitro-phenoxy]-,
  semicarbazon **6** III 1741 a
Glycin, *N*-[*N*-Benzyloxycarbonyl-glycyl]-,
  hydrazid **6** III 1490 e, IV 2298

$C_{12}H_{16}O$

Äthanol, 1-Cyclobutyl-1-phenyl-
  6 IV 3916
–, 1-[1,2,3,4-Tetrahydro-[2]naphthyl]-
  6 III 2517 e
–, 1-[5,6,7,8-Tetrahydro-[2]naphthyl]-
  6 III 2517 a
–, 2-[1,2,3,4-Tetrahydro-[1]naphthyl]-
  6 II 549 f, III 2516 c
–, 2-[1,2,3,4-Tetrahydro-[2]naphthyl]-
  6 III 2517 f
–, 2-[5,6,7,8-Tetrahydro-[1]naphthyl]-
  6 II 549 g, III 2515 d, IV 3918
–, 2-[5,6,7,8-Tetrahydro-[2]naphthyl]-
  6 III 2517 b
Äther, [1-Äthyl-but-2-enyl]-phenyl-
  6 III 558 e
–, Äthyl-[1-methyl-3-phenyl-allyl]-
  6 III 2434 a, IV 3833
–, Äthyl-[1-methyl-3-phenyl-
  propenyl]- **6** IV 3836
–, Äthyl-[2-methyl-1-phenyl-
  propenyl]- **6** IV 3841
–, [1-Äthyl-3-phenyl-allyl]-methyl-
  6 III 2465 c
–, Äthyl-[1-phenyl-but-1-enyl]-
  6 IV 3833
–, Äthyl-[3-phenyl-but-2-enyl]-
  6 IV 3839
–, Äthyl-[4-phenyl-but-2-enyl]-
  6 IV 3837
–, Äthyl-[1,2,3,4-tetrahydro-
  [1]naphthyl]- **6** II 541 d

$C_{12}H_{16}O$ (Fortsetzung)

Äther, Äthyl-[1,2,3,4-tetrahydro-
[2]naphthyl]- **6** III 2461 b
−, Äthyl-[5,6,7,8-tetrahydro-
[1]naphthyl]- **6** 579 a, III 2451 b
−, Äthyl-[5,6,7,8-tetrahydro-
[2]naphthyl]- **6** II 537 b, III 2455 a
−, Allyl-mesityl- **6** IV 3255
−, Allyl-[2-methyl-phenäthyl]-
6 III 1820 a
−, [2-Allyl-phenyl]-isopropyl-
6 III 2412 c
−, [2-Allyl-phenyl]-propyl-
6 IV 3808
−, Allyl-[3-propyl-phenyl]-
6 III 1787 d
−, Allyl-[2,3,5-trimethyl-phenyl]-
6 III 1833 b
−, Benzyl-cyclopentyl- **6** II 410 j
−, Benzyl-[1-methyl-but-2-enyl]-
6 III 1459 f
−, But-2-enyl-[2,6-dimethyl-phenyl]-
6 IV 3114
−, Butyl-[1-phenyl-vinyl]- **6** III 2390 c,
IV 3780
−, [4-*tert*-Butyl-phenyl]-vinyl-
6 IV 3298
−, *sec*-Butyl-[1-phenyl-vinyl]-
6 IV 3780
−, Butyl-styryl- **6** IV 3783
−, Butyl-[2-vinyl-phenyl]- **6** IV 3771
−, Butyl-[4-vinyl-phenyl]- **6** IV 3776
−, Cinnamyl-propyl- **6** III 2404 c
−, Cyclohexyl-phenyl- **6** 145 e,
I 83 f, II 148 a, III 559 a, IV 565
−, [4,7-Dimethyl-indan-5-yl]-methyl-
6 III 2483 f
−, [2,4-Dimethyl-phenyl]-methallyl-
6 III 1744 b
−, [2,5-Dimethyl-phenyl]-methallyl-
6 III 1772 c
−, [3,4-Dimethyl-phenyl]-methallyl-
6 III 1728 a
−, [2,6-Dimethyl-phenyl]-[1-methyl-
allyl]- **6** IV 3114
−, Hex-2-enyl-phenyl- **6** III 558 d
−, Hex-4-enyl-phenyl- **6** 145 d
−, Hex-5-enyl-phenyl- **6** I 83 e
−, Isobutyl-styryl- **6** 564 f
−, [2-Isopropyl-5-methyl-phenyl]-
vinyl- **6** IV 3336
−, [5-Isopropyl-2-methyl-phenyl]-
vinyl- **6** II 493 c, IV 3331

−, Methyl-[1-methyl-
1,2,3,4-tetrahydro-[2]naphthyl]-
6 IV 3889
−, Methyl-[1-methyl-
5,6,7,8-tetrahydro-[2]naphthyl]-
6 III 2479 f, IV 3886
−, Methyl-[2-methyl-
5,6,7,8-tetrahydro-[1]naphthyl]-
6 IV 3890
−, Methyl-[3-methyl-
5,6,7,8-tetrahydro-[1]naphthyl]-
6 IV 3890
−, Methyl-[3-methyl-
5,6,7,8-tetrahydro-[2]naphthyl]-
6 III 2481 d, IV 3890
−, Methyl-[4-methyl-
5,6,7,8-tetrahydro-[1]naphthyl]-
6 IV 3888
−, Methyl-[4-methyl-
5,6,7,8-tetrahydro-[2]naphthyl]-
6 IV 3888
−, Methyl-[5-methyl-
5,6,7,8-tetrahydro-[2]naphthyl]-
6 IV 3889
−, Methyl-[6-methyl-
5,6,7,8-tetrahydro-[2]naphthyl]-
6 III 2482 f
−, Methyl-[7-methyl-
5,6,7,8-tetrahydro-[2]naphthyl]-
6 III 2482 g
−, Methyl-[8-methyl-
5,6,7,8-tetrahydro-[1]naphthyl]-
6 IV 3890
−, Methyl-[8-methyl-
5,6,7,8-tetrahydro-[2]naphthyl]-
6 III 2480 g
−, [1-Methyl-pent-3-enyl]-phenyl-
6 145 c
−, [4-Methyl-pent-3-enyl]-phenyl-
6 II 147 j
−, Methyl-[1-phenyl-cyclopentyl]-
6 III 2479 a
−, Methyl-[3-phenyl-pent-4-enyl]-
6 III 2472 b
−, Methyl-[5-phenyl-pent-3-enyl]-
6 III 2467 a
−, Methyl-[5,6,7,8-tetrahydro-
[2]naphthylmethyl]- **6** III 2481 f
−, Pent-2-enyl-*o*-tolyl- **6** III 1248 f
Anisol, 4-Äthyl-2-isopropenyl- **6** IV 3881
−, 2-[1-Äthyl-propenyl]-
6 582 a, III 2471 a

$C_{12}H_{16}O$ (Fortsetzung)

Anisol, 4-[1-Äthyl-propenyl]- **6** 582 f,
III 2471 c

—, 2-Allyl-3,5-dimethyl- **6** I 293 g

—, 2-Allyl-4,6-dimethyl- **6** II 546 c

—, 4-Allyl-2,6-dimethyl- **6** IV 3882

—, 4-But-1-enyl-3-methyl-
6 II 545 e

—, 2-Cyclopentyl- **6** III 2478 c,
IV 3884

—, 4-Cyclopentyl- **6** II 546 f,
III 2478 f, IV 3884

—, 2-[1,2-Dimethyl-propenyl]-
6 III 2472 c

—, 2,4-Dimethyl-6-propenyl-
6 II 545 j

—, 2-Methallyl-4-methyl- **6** IV 3880

—, 2-Methallyl-6-methyl- **6** IV 3880

—, 2-[1-Methyl-but-2-enyl]-
6 III 2468 d

—, 2-[3-Methyl-but-1-enyl]-
6 IV 3876

—, 4-[1-Methyl-but-2-enyl]-
6 IV 3874

—, 4-[2-Methyl-but-1-enyl]-
6 II 545 a, III 2469 b

—, 4-[3-Methyl-but-1-enyl]-
6 581 e, I 293 b, II 545 b, IV 3876

—, 4-[3-Methyl-but-2-enyl]-
6 IV 3877

—, 4-Methyl-2-[1-methyl-propenyl]-
6 IV 3879

—, 4-Methyl-2-[2-methyl-propenyl]-
6 I 293 d

—, 2-Pent-2-enyl- **6** III 2466 e

—, 3-Pent-1-enyl- **6** III 2464 d

—, 4-Pent-1-enyl- **6** III 2464 e

—, 4-Propyl-2-vinyl- **6** III 2476 d

Benzocyclohepten-2-ol, 3-Methyl-
6,7,8,9-tetrahydro-5*H*- **6** IV 3917

Benzocyclohepten-5-ol, 5-Methyl-
6,7,8,9-tetrahydro-5*H*- **6** IV 3918

—, 9-Methyl-6,7,8,9-tetrahydro-5*H*-
6 IV 3918

Benzocyclohepten-6-ol, 2-Methyl-
6,7,8,9-tetrahydro-5*H*- **6** IV 3918

Benzocycloocten-2-ol, 5,6,7,8,9,10-
Hexahydro- **6** III 2514 g

Benzocycloocten-5-ol, 5,6,7,8,9,10-
Hexahydro- **6** IV 3917

Benzocycloocten-6-ol, 5,6,7,8,9,10-
Hexahydro- **6** IV 3917

Benzocycloocten-7-ol, 5,6,7,8,9,10-
Hexahydro- **6** III 2515 a

But-2-en-1-ol, 2,3-Dimethyl-1-phenyl-
6 IV 3898

But-3-en-1-ol, 2,2-Dimethyl-3-phenyl-
6 583 c

—, 3-Phenäthyl- **6** III 2487 d

But-3-en-2-ol, 3-Äthyl-4-phenyl-
6 III 2488 e, IV 3897

But-3-in-2-ol, 2-Methyl-4-norborn-5-en-
2-yl- **6** III 2522 b

Cyclohexanol, 2-[1-Äthinyl-but-2-enyliden]-
6 IV 3896

—, 1-Phenyl- **6** 583 f, I 294 k,
II 547 h, III 2510 d, IV 3908

—, 2-Phenyl- **6** II 548 a, III 2510 i,
IV 3909

—, 3-Phenyl- **6** I 295 a, II 548 b,
III 2512 c, IV 3914

—, 4-Phenyl- **6** III 2512 f, IV 3914

Cyclohex-2-enol, 1-Äthinyl-5-isopropenyl-
2-methyl- **6** III 2490 h

Cyclopentanol, 1-Benzyl- **6** III 2513 a

—, 2-Benzyl- **6** III 2513 b, IV 3915

—, 1-Methyl-3-phenyl- **6** IV 3916

—, 1-*o*-Tolyl- **6** IV 3916

—, 1-*p*-Tolyl- **6** IV 3916

1,4;5,8-Dimethano-naphthalin-2-ol,
1,2,3,4,4a,5,8,8a-Octahydro-
6 III 2522 c

Hex-3-en-5-in-2-ol, 6-Cyclohex-1-enyl-
6 III 2484 c

Hex-4-en-1-in-3-ol, 1-Cyclohex-1-enyl-
6 III 2484 d

—, 3-Cyclohex-1-enyl- **6** IV 3896

Hex-1-en-3-ol, 6-Phenyl- **6** III 2486 a

Hex-3-en-1-ol, 6-Phenyl- **6** IV 3895

Hex-4-en-1-ol, 5-Phenyl- **6** IV 3895

Hex-4-en-2-ol, 2-Phenyl- **6** II 547 c,
III 2486 c

Hex-5-en-2-ol, 2-Phenyl- **6** II 547 d

—, 6-Phenyl- **6** III 2485 c

Hex-5-en-3-ol, 1-Phenyl- **6** III 2485 e

—, 3-Phenyl- **6** 583 b

Indan-1-ol, 2-Äthyl-1-methyl- **6** IV 3922

—, 2-Äthyl-5-methyl- **6** IV 3922

—, 1,2,3-Trimethyl- **6** III 2521 h

—, 1,2,5-Trimethyl- **6** IV 3922

—, 1,3,3-Trimethyl- **6** III 2521 c,
IV 3922

—, 2,3,3-Trimethyl- **6** III 2521 a

Indan-4-ol, 1,6,7-Trimethyl- **6** IV 3922

Indan-5-ol, 1-Äthyl-2-methyl- **6** III 2520 e

$C_{12}H_{16}O$ (Fortsetzung)

Indan-5-ol, 1,1,2-Trimethyl- **6** III 2521 b

—, 1,1,3-Trimethyl- **6** III 2521 d

Methanol, Cyclopentyl-phenyl-
   6 III 2513 c, IV 3915

—, [1-Methyl-1,2,3,4-tetrahydro-
   [2]naphthyl]- **6** IV 3919

—, [6-Methyl-1,2,3,4-tetrahydro-
   [2]naphthyl]- **6** IV 3921

—, [1-Phenyl-cyclopentyl]-
   6 IV 3915

Naphthalin, 6-Äthoxy-1,2,3,4-tetrahydro-
   6 IV 3855

[1]Naphthol, 2-Äthyl-1,2,3,4-tetrahydro-
   6 III 2517 c

—, 2-Äthyl-5,6,7,8-tetrahydro-
   6 III 2516 e

—, 4-Äthyl-1,2,3,4-tetrahydro-
   6 III 2515 f

—, 4-Äthyl-5,6,7,8-tetrahydro-
   6 III 2515 b

—, 1,2-Dimethyl-1,2,3,4-tetrahydro-
   6 I 295 c, III 2518 c

—, 1,3-Dimethyl-1,2,3,4-tetrahydro-
   6 III 2519 a

—, 1,4-Dimethyl-1,2,3,4-tetrahydro-
   6 III 2519 d

—, 1,7-Dimethyl-1,2,3,4-tetrahydro-
   6 III 2519 f

—, 2,2-Dimethyl-1,2,3,4-tetrahydro-
   6 IV 3921

—, 2,3-Dimethyl-1,2,3,4-tetrahydro-
   6 I 295 d

—, 2,3-Dimethyl-5,6,7,8-tetrahydro-
   6 III 2519 g

—, 2,4-Dimethyl-5,6,7,8-tetrahydro-
   6 IV 3919

—, 3,4-Dimethyl-5,6,7,8-tetrahydro-
   6 IV 3919

—, 4,8-Dimethyl-5,6,7,8-tetrahydro-
   6 IV 3921

—, 5,8-Dimethyl-1,2,3,4-tetrahydro-
   6 IV 3920

[2]Naphthol, 1-Äthyl-1,2,3,4-tetrahydro-
   6 III 2515 e

—, 1,3-Dimethyl-5,6,7,8-tetrahydro-
   6 III 2518 d, IV 3919

—, 1,4-Dimethyl-5,6,7,8-tetrahydro-
   6 III 2519 b, IV 3920

—, 1,6-Dimethyl-5,6,7,8-tetrahydro-
   6 IV 3921

—, 3,4-Dimethyl-5,6,7,8-tetrahydro-
   6 III 2518 a

—, 3,6-Dimethyl-5,6,7,8-tetrahydro-
   6 III 2520 d

—, 3,7-Dimethyl-5,6,7,8-tetrahydro-
   6 III 2520 c

—, 4,4-Dimethyl-1,2,3,4-tetrahydro-
   6 III 2517 g

—, 6,7-Dimethyl-5,6,7,8-tetrahydro-
   6 III 2520 a

Pent-1-en-4-in-3-ol, 5-Cyclohex-1-enyl-
   3-methyl- **6** III 2487 b

Pent-2-en-4-in-1-ol, 5-Cyclohex-1-enyl-
   3-methyl- **6** III 2486 e

Pent-1-en-3-ol, 3-Methyl-1-phenyl-
   6 583 a

Pent-3-en-1-ol, 3-Methyl-5-phenyl-
   6 III 2487 d

Pent-3-en-2-ol, 2-Methyl-4-phenyl-
   6 IV 3897

—, 3-Methyl-2-phenyl- **6** IV 3897

—, 4-Methyl-2-phenyl- **6** III 2489 a,
   IV 3897

Pent-4-en-2-ol, 2-Methyl-1-phenyl-
   6 II 547 e

—, 2-Methyl-3-phenyl- **6** III 2489 c

—, 2-Methyl-5-phenyl- **6** III 2487 f

—, 3-Methyl-2-phenyl- **6** III 2486 c

—, 2-*p*-Tolyl- **6** 583 e, I 294 f,
   III 2489 f

Phenetol, 2-Allyl-4-methyl- **6** IV 3845

—, 2-Allyl-6-methyl- **6** IV 3844

—, 2-But-1-enyl- **6** 575 f

—, 4-[2-Methyl-propenyl]- **6** 577 b

Phenol, 4-Äthyl-2-allyl-6-methyl- **6** III 2490 g

—, 2-[1-Äthyl-propenyl]-4-methyl-
   6 I 294 i

—, 2-[1-Äthyl-propenyl]-6-methyl-
   6 I 294 g

—, 2-Allyl-5-propyl- **6** III 2489 g

—, 2-Allyl-3,5,6-trimethyl-
   6 III 2491 d, IV 3899

—, 4-But-2-enyl-2,6-dimethyl-
   6 IV 3898

—, 2-Cyclohexyl- **6** II 548 d,
   III 2492 b, IV 3899

—, 3-Cyclohexyl- **6** III 2500 g

—, 4-Cyclohexyl- **6** 583 g, I 295 b,
   II 548 i, III 2501 e, IV 3904

—, 2-Cyclopentyl-4-methyl-
   6 III 2514 e

—, 2-Cyclopentyl-5-methyl-
   6 III 2514 f

—, 4-Cyclopentyl-3-methyl-
   6 III 2514 d

$C_{12}H_{16}O$ (Fortsetzung)

Phenol, 2,4-Dimethyl-6-[1-methyl-allyl]-
     6 IV 3898

—, 2,6-Dimethyl-4-[1-methyl-allyl]-
     6 IV 3898

—, 2-Hex-2-enyl- 6 III 2485 d

—, 2-Methallyl-3,6-dimethyl-
     6 III 2490 e

—, 2-Methallyl-4,5-dimethyl-
     6 III 2490 d

—, 2-Methallyl-4,6-dimethyl-
     6 III 2490 f

—, 4-[1-Methyl-cyclopentyl]-
     6 III 2514 c

—, 4-Methyl-2-[1-methyl-but-2-enyl]-
     6 II 547 f

—, 2-[1-Methyl-pent-2-enyl]-
     6 III 2486 b

—, 4-[3-Methyl-pent-2-enyl]-
     6 IV 3895

Propan-1-ol, 1-Indan-1-yl- 6 I 295 e

—, 1-Indan-2-yl- 6 583 h

—, 1-[4-Propenyl-phenyl]-
     6 II 547 g

Propan-2-ol, 2-Cyclopropyl-1-phenyl-
     6 IV 3917

—, 2-Indan-1-yl- 6 I 295 f

Zimtalkohol, 4-Isopropyl- 6 III 2490 b

$C_{12}H_{16}OS$

Butan-2-on, 3,3-Dimethyl-1-phenyl≠
     mercapto- 6 IV 1516

Cyclohexanol, 2-Phenylmercapto-
     6 III 4071 e

Cyclopentanol, 2-p-Tolylmercapto-
     6 IV 5190

Hexanthiosäure-S-phenylester 6 IV 1524

Isovaleraldehyd, β-Benzylmercapto-
     6 III 1596 j

Pentan-2-on, 4-Methyl-4-phenylmercapto-
     6 IV 1516

Pentan-3-on, 2-m-Tolylmercapto-
     6 IV 2083

—, 2-o-Tolylmercapto- 6 IV 2024

Sulfoxid, Cinnamyl-propyl- 6 IV 3805

—, Cyclohexyl-phenyl- 6 IV 1484

$C_{12}H_{16}OS_2$

Dithiokohlensäure-S-methylester-O-
     [1-methyl-2-phenyl-propylester]
     6 III 1856 d

$C_{12}H_{16}O_2$

Acetaldehyd, [4-tert-Butyl-phenoxy]-
     6 II 489 g

Aceton, Mesityloxy- 6 IV 3255

Äthan, 1-Acetoxy-1-[4-äthyl-phenyl]-
     6 IV 3355

—, 1-Allyloxy-2-o-tolyloxy-
     6 III 1251 a

—, 1-[2,5-Dimethyl-phenoxy]-
     2-vinyloxy- 6 IV 3166

Äthanol, 1-[3-Allyl-4-methoxy-phenyl]-
     6 IV 6361

—, 2-Methoxy-1-[1-phenyl-
     cyclopropyl]- 6 IV 6362

—, 2-[1,2,3,4-Tetrahydro-
     [2]naphthyloxy]- 6 III 2461 d

—, 2-[1,4,5,8-Tetrahydro-
     [2]naphthyloxy]- 6 IV 3864

—, 2-[5,6,7,8-Tetrahydro-
     [1]naphthyloxy]- 6 IV 3852

Ameisensäure-[1-äthyl-3-phenyl-propylester]
     6 II 504 g

— [2,2-dimethyl-3-phenyl-
     propylester] 6 I 270 e

— [3-methyl-3-phenyl-butylester]
     6 IV 3388

Benzocycloocten-5,6-diol, 5,6,7,8,9,10-
     Hexahydro- 6 IV 6372

Benzol, 1-[1-Äthoxy-allyl]-2-methoxy-
     6 IV 6340

—, 1-Äthoxy-4-allyl-2-methoxy-
     6 964 a, I 463 a, II 923 d, III 5026 d

—, 2-Äthoxy-4-allyl-1-methoxy-
     6 III 5026 c

—, 1-Äthoxy-2-methoxy-4-propenyl-
     6 957 a, I 460 c, II 918 e, III 4999

—, 2-Äthoxy-1-methoxy-4-propenyl-
     6 II 918 d, III 4998 c

—, 1-[1-Äthoxy-propenyl]-2-methoxy-
     6 IV 6332

—, 1-[1-Äthoxy-propenyl]-4-methoxy-
     6 961 b

—, 2-[1-Äthyl-vinyl]-1,4-dimethoxy-
     6 970 c

—, 1-Allyl-2,3-dimethoxy-5-methyl-
     6 III 5042 b

—, 1,2-Dimethoxy-4-[1-methyl-
     propenyl]- 6 IV 6348

—, 1,2-Dimethoxy-4-[2-methyl-
     propenyl]- 6 III 5040 c

—, 1,2-Dimethoxy-5-methyl-
     3-propenyl- 6 III 5041 d

—, 1,3-Dimethoxy-5-[1-methyl-
     propenyl]- 6 III 5040 a

—, 1,4-Dimethoxy-2-[1-methyl-
     propenyl]- 6 970 c

$C_{12}H_{16}O_2$ (Fortsetzung)

Benzol, 1-Methallyl-2,3-dimethoxy-
   6 IV 6349

−, 2-Methallyl-1,4-dimethoxy-
   6 IV 6350

−, 1-Methoxy-2-[3-methyl-but-
   2-enyloxy]- 6 II 781 b

Brenzcatechin, 3-Cyclohexyl- 6 III 5057 a

−, 4-Cyclohexyl- 6 III 5058 b

Butan-2-on, 3,3-Dimethyl-1-phenoxy-
   6 IV 606

But-2-en, 1-Äthoxy-4-phenoxy- 6 IV 588

−, 1-Methoxy-4-o-tolyloxy-
   6 IV 1951

But-3-en-1,2-diol, 2-Äthyl-1-phenyl-
   6 III 5055 d

But-2-en-1-ol, 4-[2-Äthoxy-phenyl]-
   6 III 5039 a

But-3-en-2-ol, 4-Äthoxy-2-phenyl-
   6 III 5040 b

−, 4-[2-Hydroxy-phenyl]-2,3-dimethyl-
   6 IV 6367

−, 1-Methoxy-2-methyl-4-phenyl-
   6 IV 6360

But-3-en-2-on-[äthyl-phenyl-acetal]
   6 III 588 e

Buttersäure-[2-äthyl-phenylester] 6 III 1657 f

− [3-äthyl-phenylester] 6 IV 3017

− [4-äthyl-phenylester] 6 III 1666 f

− [2,4-dimethyl-phenylester]
   6 III 1746 d

− [2,5-dimethyl-phenylester]
   6 III 1773 a

− [2,6-dimethyl-phenylester]
   6 III 1738 a, IV 3117

− [3,4-dimethyl-phenylester]
   6 IV 3103

− [3,5-dimethyl-phenylester]
   6 IV 3145

− phenäthylester 6 II 451 e,
   III 1709 f, IV 3073

− [1-phenyl-äthylester] 6 III 1680 d

Buttersäure, 2-Äthyl-, phenylester 6 IV 617

−, 3,3-Dimethyl-, phenylester
   6 IV 617

−, 2-Methyl-, benzylester 6 436 e

Cyclohexan-1,2-diol, 1-Phenyl- 6 I 467 b,
   II 929 e, 930 b, III 5059 b, IV 6371

−, 4-Phenyl- 6 IV 6371

Cyclohexan-1,3-diol, 5-Phenyl- 6 972 e,
   I 467 d

Cyclohexanol, 2-[2-Hydroxy-phenyl]-
   6 IV 6369

−, 4-[4-Hydroxy-phenyl]- 6 IV 6370

−, 2-Phenoxy- 6 III 4064 d,
   IV 5195

−, 3-Phenoxy- 6 IV 5208

Cyclohexylhydroperoxid, 1-Phenyl-
   6 IV 3908

Cyclopentanol, 1-[4-Methoxy-phenyl]-
   6 IV 6362

Essigsäure-[2-äthyl-4,5-dimethyl-phenylester]
   6 II 502 d

− [2-äthyl-4,6-dimethyl-phenylester]
   6 II 503 f

− [4-äthyl-2,5-dimethyl-phenylester]
   6 II 502 g

− [4-äthyl-2,6-dimethyl-phenylester]
   6 II 503 b, III 1918 a

− [5-äthyl-2,4-dimethyl-phenylester]
   6 II 502 l

− [1-but-3-en-1-inyl-cyclohexylester]
   6 III 1842 e, IV 3267

− [2-butyl-phenylester] 6 IV 3268

− [3-butyl-phenylester] 6 IV 3269

− [4-butyl-phenylester] 6 II 485 e

− [4-sec-butyl-phenylester]
   6 522 m, II 488 a

− [4-tert-butyl-phenylester]
   6 524 g, IV 3305

− [2,4-diäthyl-phenylester]
   6 II 501 f

− [2,6-diäthyl-phenylester]
   6 II 501 c

− [3,4-diäthyl-phenylester]
   6 III 1913 f

− [3,5-diäthyl-phenylester]
   6 II 501 g

− [5,5-dimethyl-cyclohepta-
   1,3,6-trienylmethylester] 6 IV 3266

− [2,4-dimethyl-phenäthylester]
   6 III 1917 e

− [2,5-dimethyl-phenäthylester]
   6 III 1916 e

− [3,4-dimethyl-phenäthylester]
   6 IV 3357

− [3,5-dimethyl-phenäthylester]
   6 I 268 e

− [3a,4,5,6,7,7a-hexahydro-
   4,7-methano-inden-1-ylester]
   6 III 1922 e

− [3a,4,5,6,7,7a-hexahydro-
   4,7-methano-inden-5(oder 6)-ylester]
   6 III 1940 d

− [4-isopropyl-benzylester]
   6 544 c, II 500 f, III 1912 b

C₁₂H₁₆O₂ (Fortsetzung)

Naphthalin-1,6-diol, 2,5-Dimethyl-
1,2,3,4-tetrahydro- **6** IV 6372

[1]Naphthol, 4-Äthoxy-5,6,7,8-tetrahydro-
6 IV 6353

—, 3-Hydroxymethyl-4-methyl-
1,2,3,4-tetrahydro- **6** IV 6372

[2]Naphthol, 1-Äthoxy-1,2,3,4-tetrahydro-
6 IV 6356

—, 3-Methoxy-1-methyl-
5,6,7,8-tetrahydro- **6** IV 6363

—, 3-Methoxy-6-methyl-
5,6,7,8-tetrahydro- **6** III 5053 e

—, 3-Methoxy-7-methyl-
5,6,7,8-tetrahydro- **6** III 5053 e

[1]Naphthylhydroperoxid, 1,4-Dimethyl-
1,2,3,4-tetrahydro- **6** IV 3920

Pentan-2-on, 3-Methyl-1-phenoxy-
6 III 592 c

—, 5-*p*-Tolyloxy- **6** II 378 c

Pent-2-en, 5-Methoxy-1-phenoxy- **6** III 581 d

Pent-2-en-1,4-diol, 4-Methyl-1-phenyl-
6 III 5055 c

Pent-3-en-1,2-diol, 2-Methyl-1-phenyl-
6 III 5055 b

Pent-3-en-2-ol, 4-[2-Hydroxy-phenyl]-
2-methyl- **6** IV 6366

Peroxid, Äthyl-[1,2,3,4-tetrahydro-
[1]naphthyl]- **6** IV 3861

—, Allyl-[1-methyl-1-phenyl-äthyl]-
6 IV 3224

Phenol, 2-Äthoxy-6-allyl-4-methyl-
6 IV 6350

—, 2-Äthoxy-4-methyl-6-propenyl-
6 IV 6350

—, 2-Allyl-4-isopropoxy- **6** IV 6335

—, 4-Allyloxy-2,3,6-trimethyl-
6 III 4647 b

—, 5-Allyl-2-propoxy- **6** IV 6338

—, 3-Cyclohexyloxy- **6** III 4313 e

—, 2-Cyclopentyl-6-methoxy-
6 III 5052 a

—, 4-Cyclopentyl-2-methoxy-
6 III 5052 b

—, 4-Isopropoxy-2-propenyl-
6 IV 6324

—, 2-Methoxy-4-[3-methyl-but-2-enyl]-
6 II 928 c

—, 4-Propenyl-2-propoxy- **6** IV 6325

—, 5-Propenyl-2-propoxy- **6** IV 6325

Pivalinsäure-*m*-tolylester **6** IV 2048

— *p*-tolylester **6** IV 2113

Propan-1-ol, 3-[2-Allyl-phenoxy]- **6** IV 3809

—, 3-[4-Isopropenyl-phenoxy]-
6 IV 3822

Propan-2-ol, 1-[4-Isopropenyl-phenoxy]-
6 IV 3822

—, 2-[2-Phenoxy-cyclopropyl]-
6 IV 5214

Propen, 1-Äthoxy-2-[4-methoxy-phenyl]-
6 969 f

—, 1-Äthoxy-3-methoxy-1-phenyl-
6 I 461 b

Propionsäure-[2-äthyl-6-methyl-phenylester]
6 III 1820 f

— [3-äthyl-5-methyl-phenylester]
6 IV 3236

— [4-äthyl-2-methyl-phenylester]
6 III 1823 d

— [1-methyl-2-phenyl-äthylester]
6 I 251 f

— [3-phenyl-propylester] **6** IV 3201

— [2-propyl-phenylester] **6** III 1785 c

— [4-propyl-phenylester] **6** III 1789 c

Resorcin, 4-Cyclohexyl- **6** II 929 d,
III 5057 c, IV 6367

—, 4-Cyclopentylmethyl- **6** II 930 c

—, 4-Hex-2-enyl- **6** III 5054 b

Styrol, 2-Äthyl-4,5-dimethoxy- **6** III 5042 d

—, 2,5-Dimethoxy-3,6-dimethyl-
6 III 5042 e

Valeraldehyd, 5-Benzyloxy- **6** IV 2255

Valeriansäure-benzylester **6** III 1479 h,
IV 2266

— *m*-tolylester **6** III 1306 f,
IV 2048

Valeriansäure, 4-Methyl-, phenylester
6 IV 617

C₁₂H₁₆O₂S

Essigsäure, [2-*tert*-Butyl-phenylmercapto]-
6 IV 3294

—, [4-*tert*-Butyl-phenylmercapto]-
6 IV 3317

—, [3a,4,5,6,7,7a-Hexahydro-
4,7-methano-inden-5(*oder*
6)-ylmercapto]- **6** III 1949 c

—, [4-Isopropyl-benzylmercapto]-
6 III 1912 e

—, [5-Isopropyl-2-methyl-
phenylmercapto]- **6** III 1892 i

—, [1-Methyl-1-phenyl-propyl⸗
mercapto]- **6** III 1855 c

—, [3-Phenyl-propylmercapto]-,
methylester **6** III 1807 e

—, [2,4,6-Trimethyl-benzylmercapto]-
6 III 1919 h

$C_{12}H_{16}O_2S$ (Fortsetzung)

Isobuttersäure, β-Benzylmercapto-,
   methylester **6** III 1614 e
—, α-[2,5-Dimethyl-phenylmercapto]-
   6 III 1777 g
—, α-Phenäthylmercapto- **6** III 1720 f
—, β-Phenäthylmercapto- **6** III 1720 h
—, β-*m*-Tolylmercapto-, methylester
   6 III 1335 e
—, β-*p*-Tolylmercapto-, methylester
   6 III 1424 b
Isovaleriansäure, β-Benzylmercapto-
   6 III 1615 e
Pentan-3-on, 2-[2-Methoxy-phenyl≉
   mercapto]- **6** IV 5639
Propionsäure, 3-Benzylmercapto-,
   äthylester **6** III 1612 b, IV 2703
—, 2-[3-Phenyl-propylmercapto]-
   6 IV 3208
—, 3-[3-Phenyl-propylmercapto]-
   6 IV 3208
—, 3-*p*-Tolylmercapto-, äthylester
   6 424 c
Sulfon, Benzyl-cyclopentyl- **6** IV 2642
—, [1-Butyl-vinyl]-phenyl- **6** IV 1483
—, Cyclohexyl-phenyl- **6** II 289 b,
   III 989 b, IV 1484
—, Cyclopentyl-*p*-tolyl- **6** IV 2164
—, [1-Methyl-cyclopentyl]-phenyl-
   6 III 989 d
$C_{12}H_{16}O_2S_2$
Propen, 1-Äthansulfonyl-3-benzylmercapto-
   6 III 1592 a
—, 1-Äthylmercapto-3-phenyl≉
   methansulfonyl- **6** III 1591 c
—, 3-Äthylmercapto-1-phenyl≉
   methansulfonyl- **6** III 1591 c
$C_{12}H_{16}O_3$
Acetessigsäure-[1-äthinyl-cyclohexylester]
   6 IV 351
Aceton, [4-Propoxy-phenoxy]- **6** III 4412 f
Äthan, 1-Acetoxy-2-äthoxy-1-phenyl-
   6 III 4576 c
—, 1-Acetoxy-1-[2-methoxy-5-methyl-
   phenyl]- **6** III 4640 e
—, 1-Acetoxy-1-[4-methoxy-2-methyl-
   phenyl]- **6** III 4638 a
—, 1-Acetoxy-1-[4-methoxy-3-methyl-
   phenyl]- **6** III 4641 e
—, 1-Acetoxy-2-[1-phenyl-äthoxy]-
   6 IV 3035
—, 1-Formyloxy-2-[3-phenyl-propoxy]-
   6 III 1803 h

—, 1-[4-Methoxy-phenyl]-
   2-propionyloxy- **6** IV 5938
Äthanol, 1-[4-(1-Acetoxy-äthyl)-phenyl]-
   6 IV 6024
—, 2-[4-Allyl-2-methoxy-phenoxy]-
   6 I 463 f, III 5028 d
—, 2-[2-Methoxy-4-propenyl-phenoxy]-
   6 II 919 b, III 5005 a
Benzol, 1-Acetoxy-2-butoxy- **6** III 4228 d
—, 2-Acetoxy-1-isopropyl-3-methoxy-
   6 III 4631 f
—, 1-Acetoxy-2-methoxy-4-propyl-
   6 920 g, III 4616 b
—, 2-Acetoxy-1-methoxy-3-propyl-
   6 III 4611 d, IV 5975 a
—, 1-Äthoxy-2-butyryloxy-
   6 774 m
—, 1-Äthoxy-4-butyryloxy-
   6 III 4415 g
—, 2-Allyl-1,3,5-trimethoxy-
   6 IV 7478
—, 5-Allyl-1,2,3-trimethoxy-
   6 1131 c, I 556 c, II 1093 f,
   III 6444 d, IV 7478
—, 1-Butyryloxymethyl-4-methoxy-
   6 I 440 i, II 883 f, III 4550 a,
   IV 5915
—, 1-Isobutyryloxymethyl-4-methoxy-
   6 II 883 g, III 4550 b, IV 5915
—, 5-Isopropenyl-1,2,3-trimethoxy-
   6 I 556 d
—, 1-Isovaleryloxy-4-methoxy-
   6 III 4416 b
—, 1-Methoxy-2-methoxymethoxy-
   4-propenyl- **6** 957 h, IV 6328
—, 2-Methoxy-1-methoxymethoxy-
   4-propenyl- **6** III 5006 b, IV 6328
—, 1-Methoxy-2-pivaloyloxy-
   6 IV 5583
—, 1-Methoxy-3-pivaloyloxy-
   6 IV 5673
—, 1-Methoxy-4-pivaloyloxy-
   6 IV 5742
—, 1-Methoxy-4-valeryloxy-
   6 III 4416 a
—, 1,2,3-Trimethoxy-5-propenyl-
   6 1130 a, I 556 a, III 6442 a,
   IV 7477
—, 1,2,4-Trimethoxy-5-propenyl-
   6 1129 i, I 555 h, II 1092 j,
   III 6440 d, IV 7476
—, 1,3,5-Trimethoxy-2-propenyl-
   6 IV 7476

C₁₂H₁₆O₃ (Fortsetzung)

Benzylalkohol, 2-Allyl-3,4-dimethoxy-
  6 IV 7479
—, 5-Allyl-2,3-dimethoxy- **6** III 6446 e
Butan-2-ol, 3-Acetoxy-3-phenyl-
  6 IV 6008
—, 4-Acetoxy-2-phenyl- **6** III 4666 f
Butan-2-on, 3-Benzyloxy-1-methoxy-
  6 IV 2257
But-3-en-1-ol, 1-[3,4-Dimethoxy-phenyl]-
  6 III 6446 a
Buttersäure-[2-phenoxy-äthylester]
  6 III 571 h
Buttersäure, 2-Äthyl-4-phenoxy-
  6 III 620 c
—, 2-[2,4-Dimethyl-phenoxy]- **6** 488 b
—, 2,2-Dimethyl-4-phenoxy- **6** IV 650
—, 2-[2,5-Dimethyl-phenoxy]- **6** 495 n
—, 2-[2,6-Dimethyl-phenoxy]-
  6 IV 3118
—, 2-[3,4-Dimethyl-phenoxy]-
  6 481 m, III 1728 i
—, 2-[3,5-Dimethyl-phenoxy]-
  6 III 1758 f
—, 4-[2,5-Dimethyl-phenoxy]-
  6 IV 3167
—, 4-[3,4-Dimethyl-phenoxy]-
  6 IV 3104
—, 2-Phenoxy-, äthylester
  6 164 a, IV 645
—, 4-Phenoxy-, äthylester
  6 II 159 a
Cyclopentan-1,2-diol, 3-[4-Methoxy-
  phenyl]- **6** III 6447 e
Essigsäure-[3-benzyloxy-propylester]
  6 III 1471 e
— [2-phenäthyloxy-äthylester]
  6 III 1707 g
— [phenoxy-*tert*-butylester]
  6 IV 586
Essigsäure, Äthoxy-, phenäthylester
  6 III 1711 i
—, [4-Äthyl-3,5-dimethyl-phenoxy]-
  6 IV 3356
—, [2-Äthyl-phenoxy]-, äthylester
  6 IV 3012
—, [2-Butyl-phenoxy]- **6** III 1843 c,
  IV 3268
—, [2-*sec*-Butyl-phenoxy]- **6** IV 3278
—, [2-*tert*-Butyl-phenoxy]-
  6 III 1861 e, IV 3292
—, [3-Butyl-phenoxy]- **6** IV 3269

—, [3-*tert*-Butyl-phenoxy]-
  6 IV 3295
—, [4-Butyl-phenoxy]- **6** III 1845 a,
  IV 3270
—, [4-*sec*-Butyl-phenoxy]- **6** IV 3281
—, [4-*tert*-Butyl-phenoxy]-
  6 524 h, III 1869 f
—, [2,4-Diäthyl-phenoxy]- **6** IV 3353
—, [2,5-Diäthyl-phenoxy]- **6** IV 3354
—, [2,6-Diäthyl-phenoxy]- **6** IV 3352
—, [3,4-Diäthyl-phenoxy]- **6** IV 3351
—, [3,5-Diäthyl-phenoxy]- **6** IV 3354
—, [2,4-Dimethyl-phenoxy]-,
  äthylester **6** II 460 c
—, [3,5-Dimethyl-phenoxy]-,
  äthylester **6** IV 3147
—, [3a,4,5,6,7,7a-Hexahydro-
  4,7-methano-inden-5(*oder* 6)-yloxy]-
  6 III 1944 c
—, [2-Isobutyl-phenoxy]- **6** IV 3287
—, [3-Isobutyl-phenoxy]- **6** IV 3288
—, [4-Isobutyl-phenoxy]- **6** III 1859 c,
  IV 3289
—, Isopropoxy-, benzylester
  6 III 1532 j
—, [2-Isopropyl-3-methyl-phenoxy]-
  6 III 1880 f, IV 3324
—, [2-Isopropyl-4-methyl-phenoxy]-
  6 I 261 a, III 1883 b, IV 3329
—, [2-Isopropyl-5-methyl-phenoxy]-
  6 538 e, I 265 m, II 499 h, III 1902 c
—, [2-Isopropyl-6-methyl-phenoxy]-
  6 I 260 i
—, [3-Isopropyl-2-methyl-phenoxy]-
  6 III 1882 b
—, [3-Isopropyl-4-methyl-phenoxy]-
  6 IV 3325
—, [4-Isopropyl-2-methyl-phenoxy]-
  6 III 1884 d
—, [4-Isopropyl-3-methyl-phenoxy]-
  6 III 1882 a, IV 3327
—, [5-Isopropyl-2-methyl-phenoxy]-
  6 530 i, III 1888 c
—, [2-Methyl-4-propyl-phenoxy]-
  6 IV 3323
—, [3-Methyl-4-propyl-phenoxy]-
  6 III 1878 c
—, [4-Methyl-2-propyl-phenoxy]-
  6 III 1879 a, IV 3322
—, Phenäthyloxy-, äthylester
  6 III 1711 f
—, Phenoxy-, butylester **6** III 611 b

C₁₂H₁₆O₃ (Fortsetzung)

Essigsäure, Phenoxy-, *tert*-butylester
6 IV 635

—, [3-Phenyl-propoxy]-, methylester
6 III 1805 b

—, [2,3,4,5-Tetramethyl-phenoxy]-
6 IV 3360

Hexan-2-on, 5-Hydroxy-6-phenoxy-
6 IV 609

Hexansäure, 6-Hydroxy-, phenylester
6 IV 650

—, 2-Phenoxy- 6 III 619 g, IV 649

—, 6-Phenoxy- 6 166 a, II 159 h,
III 619 i, IV 650

Isobuttersäure-[2-phenoxy-äthylester]
6 III 572 a

Isobuttersäure, α-[2,4-Dimethyl-phenoxy]-
6 488 d, IV 3130

—, α-[2,5-Dimethyl-phenoxy]- 6 495 p

—, α-[3,4-Dimethyl-phenoxy]-
6 482 b

—, α-Hydroxy-, phenäthylester
6 III 1712 f

—, α-Phenoxy-, äthylester
6 165 b, I 90 e, IV 646

Isovaleriansäure, γ-Phenoxy-, methylester
6 IV 649

—, α-*m*-Tolyloxy- 6 380 m

—, α-*o*-Tolyloxy- 6 357 i

—, α-*p*-Tolyloxy- 6 399 q

Kohlensäure-äthylester-[1-phenyl-
propylester] 6 II 471 d

— äthylester-[3-phenyl-propylester]
6 IV 3202

— äthylester-[3-propyl-phenylester]
6 III 1787 h

— benzylester-isobutylester
6 III 1484 e

— *tert*-butylester-*p*-tolylester
6 IV 2116

— isobutylester-*p*-tolylester
6 III 1366 h, IV 2116

— isopentylester-phenylester
6 158 c, III 607 d

— isopropylester-phenäthylester
6 IV 3074

— [5-isopropyl-2-methyl-phenylester]-
methylester 6 530 d

[1]Naphthol, 2,3-Dimethoxy-
5,6,7,8-tetrahydro- 6 III 6447 b, IV 7480

—, 5,8-Dimethoxy-1,2,3,4-tetrahydro-
6 IV 7480

[2]Naphthol, 5,8-Dimethoxy-
1,2,3,4-tetrahydro- 6 IV 7480

—, 5-Methoxymethoxy-
1,2,3,4-tetrahydro- 6 IV 6354

Pent-3-en-2-ol, 2-[2,4-Dihydroxy-phenyl]-
4-methyl- 6 III 6448 b

Phenol, 5-Acetoxy-2-butyl- 6 III 4658 c

—, 3-Acetoxy-5-isopropyl-2-methyl-
6 III 4677 a

—, 2-Acetoxymethyl-3,4,6-trimethyl-
6 947 h

—, 2-Äthoxy-4-allyl-6-methoxy-
6 II 1093 g

—, 2-Äthoxy-5-allyl-3-methoxy-
6 II 1093 g

—, 2-Äthoxy-3-methoxy-5-propenyl-
6 II 1093 b

—, 2-Äthoxymethoxy-4-propenyl-
6 957 g, IV 6327

—, 2-Äthoxymethoxy-5-propenyl-
6 IV 6327

—, 2-Äthoxy-6-methoxy-4-propenyl-
6 II 1093 b

—, 4-But-2-enyl-2,6-bis-hydroxymethyl-
6 IV 7483

—, 2,6-Dimethyl-4-propionyloxymethyl-
6 IV 6002

—, 3-Hexanoyloxy- 6 IV 5673

Propan, 1-Acetoxy-1-[4-methoxy-phenyl]-
6 926 e, I 448 g

—, 2-Acetoxy-1-[4-methoxy-phenyl]-
6 IV 5980

Propan-1,2-diol, 3-Cinnamyloxy-
6 IV 3801

—, 3-[4-Isopropenyl-phenoxy]-
6 IV 3822

—, 3-[2-Propenyl-phenoxy]-
6 IV 3794

Propan-2-ol, 1-Allyloxy-3-phenoxy-
6 III 582 e, IV 590

Propionsäure, 2-[3-Äthyl-5-methyl-
phenoxy]- 6 IV 3237

—, 2-*m*-Tolyloxy-, äthylester
6 380 e

—, 2-*o*-Tolyloxy-, äthylester
6 357 a

—, 2-*p*-Tolyloxy-, äthylester
6 399 e

—, 2-[2,4,5-Trimethyl-phenoxy]-
6 511 d

—, 2-[3,4,5-Trimethyl-phenoxy]-
6 III 1830 d

C₁₂H₁₆O₃ (Fortsetzung)

Propionsäure, 3-[2,3,5-Trimethyl-phenoxy]-
6 IV 3249

Pyran-2-ol, 3-Benzyloxy-tetrahydro-
6 IV 2257

Pyrogallol, 4-Cyclohexyl- 6 III 6449 c

Resorcin, 5-Methoxy-2-[3-methyl-but-
2-enyl]- 6 IV 7481

Styrol, 2-Äthoxy-4,6-dimethoxy-
6 III 6439 a

Valeraldehyd, 2-Benzyloxy-5-hydroxy-
6 IV 2257

Valeriansäure, 2-Methyl-5-phenoxy-
6 166 d

—, 3-Methyl-5-phenoxy- 6 IV 650

—, 4-o-Tolyloxy- 6 IV 1966

—, 5-p-Tolyloxy- 6 399 o

C₁₂H₁₆O₃S

Benzol, 1-Acetoxy-4-[äthylmercapto-
methyl]-2-methoxy- 6 IV 7385

Buttersäure, 3-Benzylmercapto-4-methoxy-
6 III 1617 b

Cyclohexanol, 2-Benzolsulfonyl-
6 III 4072 a

Cyclopentanol, 2-[Toluol-4-sulfonyl]-
6 IV 5190

Essigsäure, [4-Mercapto-3,5-dimethyl-
phenoxy]-, äthylester 6 IV 5959

—, [3-Phenoxy-propylmercapto]-,
methylester 6 III 577 i

—, [4-Propoxy-benzylmercapto]-
6 IV 5923

Phenol, 4-[3-Acetylmercapto-propyl]-
2-methoxy- 6 IV 7405

—, 4-Cyclohexansulfonyl- 6 III 4449 d

Valeriansäure, 2-Mercapto-5-phenoxy-,
methylester 6 III 625 a

—, 2-Phenylmethansulfinyl-
6 III 1614 i

—, 5-Phenylmethansulfinyl-
6 III 1615 c

C₁₂H₁₆O₃S₂

Aceton, 1-Äthylmercapto-1-[toluol-
4-sulfonyl]- 6 III 1415 h

C₁₂H₁₆O₄

Aceton, 1-Äthoxy-3-[2-methoxy-phenoxy]-
6 III 4226 g

—, [3,5-Dimethoxy-4-methyl-phenoxy]-
6 III 6320 c

Äthan, 1-Acetoxy-1-[2,4-dimethoxy-phenyl]-
6 IV 7389

—, 1-Acetoxy-1-[2,5-dimethoxy-
phenyl]- 6 IV 7390

—, 1-Acetoxy-1-[3,4-dimethoxy-
phenyl]- 6 I 552 g

Benzol, 2-Acetoxy-5-äthyl-1,3-dimethoxy-
6 III 6328 d

—, 1-Acetoxy-3,5-diäthoxy-
6 1103 g

—, 4-Acetoxymethyl-1-äthoxy-
2-methoxy- 6 I 551 c, III 6325 b

—, 2-Allyloxy-1,3,5-tris-hydroxymethyl-
6 IV 7706

Butan-2-on, 3-[3,5-Dimethoxy-phenoxy]-
6 III 6306 d

Buttersäure, 2-[2-Äthoxy-phenoxy]-
6 IV 5589

—, 2-[3-Äthoxy-phenoxy]- 6 IV 5678

—, 2-[4-Äthoxy-phenoxy]- 6 IV 5748

—, 2-[2-Hydroxy-äthyl]-4-phenoxy-
6 167 e

—, 3-Hydroxy-4-phenoxy-, äthylester
6 III 624 h, IV 656

Cyclohexan-1,2-diol, 1,2-Bis-[3-hydroxy-
prop-1-inyl]- 6 IV 7719

Cyclohexan-1,4-diol, 1,4-Bis-[3-hydroxy-
prop-1-inyl]- 6 IV 7720

4-Desoxy-erythronsäure, O²-Benzyl-,
methylester 6 IV 2477

erythro-2-Desoxy-pentit, 2-Benzyliden-
6 IV 7719

erythro-2-Desoxy-pentose, O⁵-Benzyl-
6 IV 2257

Essigsäure, Äthoxy-, [2-äthoxy-phenylester]
6 779 l

—, Äthoxy-, [2-phenoxy-äthylester]
6 III 573 f

—, [2-Butoxy-phenoxy]- 6 IV 5587

—, [3-Butoxy-phenoxy]- 6 IV 5675

—, [4-Butoxy-phenoxy]- 6 IV 5745

—, Diäthoxy-, phenylester
6 III 634 h

—, [2-Methoxy-benzyloxy]-,
äthylester 6 IV 5899

—, [4-Methoxy-benzyloxy]-,
— äthylester 6 IV 5915

—, [2-Methoxy-4-propyl-phenoxy]-
6 III 4617 b, IV 5977

—, Phenoxy-, [2-äthoxy-äthylester]
6 III 612 b

—, Phenoxy-, propoxymethylester
6 III 613 a

—, [2-Phenoxy-äthoxy]-, äthylester
6 IV 576

Isobuttersäure, α-Hydroxy-, [2-phenoxy-
äthylester] 6 III 574 b

C₁₂H₁₆O₄ (Fortsetzung)

Isobuttersäure, α-[4-Methoxy-phenoxy]-,
methylester **6** IV 5751
Isovaleriansäure, α-[2-Methoxy-phenoxy]-
6 780 1
—, α-[3-Methoxy-phenoxy]-
6 III 4326 b
Kohlensäure-[2,4-diäthyl-5-hydroxy-
phenylester]-methylester **6** III 4679 b
— [2-hydroxy-phenylester]-
isopentylester **6** 775 k
— isobutylester-[2-methoxy-
phenylester] **6** 776 f
— [2-phenoxy-äthylester]-propylester
6 III 572 i
Milchsäure-[2-benzyloxy-äthylester]
6 III 1470 e
Naphthalin-1,4-diyldihydroperoxid,
1,4-Dimethyl-1,2,3,4-tetrahydro-
6 IV 6372
Naphthalin-1,2,5-triol, 8-Methoxy-
1-methyl-1,2,3,4-tetrahydro-
6 IV 7719
Phenol, 2-[1,2-Diäthoxy-vinyloxy]-
6 IV 5581
—, 2,6-Dimethoxy-4-[3-methoxy-
propenyl]- **6** IV 7717
Propan-1-ol, 2-Acetoxy-1-[4-methoxy-
phenyl]- **6** II 1087 d, III 6349 a
Propan-2-ol, 1-Acetoxy-1-[2-hydroxy-
5-methyl-phenyl]- **6** IV 7417
—, 1-Acetoxy-1-[4-methoxy-phenyl]-
6 II 1087 d, III 6349 a
—, 1-Allyloxy-3-[2-hydroxy-phenoxy]-
6 III 4224 a
Propionsäure, 2-Hydroxy-3-o-tolyloxy-,
äthylester **6** IV 1967
—, 3-Methoxy-, [2-phenoxy-
äthylester] **6** IV 577
—, 2-[2-Methoxy-phenoxy]-,
äthylester **6** 779 n
—, 2-[3-Methoxy-phenoxy]-,
äthylester **6** III 4324 j
—, 3-[3-Methoxy-phenoxy]-,
äthylester **6** II 817 m, III 4325 d,
IV 5676
—, 3-[4-Methoxy-phenoxy]-,
äthylester **6** IV 5747
Styrol, 2,3-Bis-methoxymethoxy-
6 IV 6313
—, 2,5-Bis-methoxymethoxy-
6 IV 6315

Valeriansäure, 5-[4-Hydroxy-phenoxy]-,
methylester **6** IV 5751
—, 5-[2-Methoxy-phenoxy]-
6 IV 5589
Zimtalkohol, 3-Methoxy-4-methoxymethoxy-
6 II 1093 d
—, 2,4,6-Trimethoxy- **6** IV 7717
—, 3,4,5-Trimethoxy- **6** IV 7717

C₁₂H₁₆O₄S

Buttersäure, 2-Benzolsulfonyl-, äthylester
6 317 c, III 1018 g
Essigsäure, [2-(4-Hydroxy-3-methoxy-
phenyl)-1-methyl-äthylmercapto]-
6 IV 7404
—, [1-(4-Hydroxy-3-methoxy-phenyl)-
propylmercapto]- **6** IV 7403
—, [3-(4-Hydroxy-3-methoxy-phenyl)-
propylmercapto]- **6** IV 7405
Hexansäure, 2-Benzolsulfonyl- **6** IV 1543
Isobuttersäure, α-Benzolsulfonyl-,
äthylester **6** 317 f, III 1020 f
—, α-Hydroxy-β-[toluol-4-sulfinyl]-,
methylester **6** IV 2202
—, α-[2-Phenyl-äthansulfonyl]-
6 III 1720 g
—, β-[2-Phenyl-äthansulfonyl]-
6 III 1720 i
—, β-Phenylmethansulfonyl-,
methylester **6** III 1614 h
—, β-[Toluol-4-sulfonyl]-, methylester
6 IV 2200
Propan, 2-Acetoxy-1-[toluol-4-sulfonyl]-
6 IV 2176
Propionsäure, 3-Phenylmethansulfonyl-,
äthylester **6** III 1612 g
—, 3-[Toluol-4-sulfonyl]-, äthylester
6 IV 2199
Valeriansäure, 2-Phenylmethansulfonyl-
6 III 1614 j
—, 3-Phenylmethansulfonyl-
6 III 1615 a
—, 4-Phenylmethansulfonyl-
6 III 1615 b
—, 5-Phenylmethansulfonyl-
6 III 1615 d

C₁₂H₁₆O₄S₂

Äthen, 1-Benzolsulfonyl-2-[butan-
1-sulfonyl]- **6** IV 1499
—, 1-Benzolsulfonyl-2-[2-methyl-
propan-2-sulfonyl]- **6** IV 1499
Propen, 1-Äthansulfonyl-3-phenyl⸗
methansulfonyl- **6** III 1592 b

$C_{12}H_{16}O_4S_2$ (Fortsetzung)

Propen, 3-Äthansulfonyl-1-phenyl≠
methansulfonyl- **6** III 1591 d

$C_{12}H_{16}O_5$

Arabinopyranosid, Benzyl- **6** 435 a,
17 IV 2439, **31** 46 b

Arabinose, O^2-Benzyl- **6** IV 2258

Essigsäure, [4-Äthyl-2,6-dimethoxy-
phenoxy]- **6** IV 7388

—, [2,6-Diäthoxy-phenoxy]-
6 1084 b

—, [2,3-Dimethoxy-phenoxy]-,
äthylester **6** III 6271 b

—, [2,4-Dimethoxy-phenoxy]-,
äthylester **6** IV 7343

Isobuttersäure, α-[3,5-Dimethoxy-phenoxy]-
6 III 6308 d

Kohlensäure-äthylester-[2,6-dimethoxy-
4-methyl-phenylester] **6** 1112 j

Lyxopyranosid, Benzyl- **6** 435 b,
17 IV 2440, **31** 57 e

Propan-1,2-diol, 3-[4-Acetoxy-3-methoxy-
phenyl]- **6** III 6671 b

Propionsäure, 2-[3,5-Dimethoxy-4-methyl-
phenoxy]- **6** III 6320 h

Ribose, O^5-Benzyl- **6** IV 2258

$C_{12}H_{16}O_5S$

Buttersäure, 4-Methoxy-3-phenyl≠
methansulfonyl- **6** III 1617 c

Schwefelsäure-äthylester-[4-allyl-2-methoxy-
phenylester] **6** 967 i

— äthylester-[2-methoxy-4-propenyl-
phenylester] **6** 959 f

1-Thio-glucopyranosid, Phenyl-
6 308 h, **17** IV 3726, **31** 479 e

$C_{12}H_{16}O_5S_2$

Butan-2-on, 3-Äthansulfonyl-1-benzolsulfonyl-
6 III 1007 j

$C_{12}H_{16}O_6$

Cyclohexen, 3-Acetoxy-4-acetoxyacetoxy-
6 III 4129 d

—, 4-Acetoxy-3-acetoxyacetoxy-
6 III 4129 d

Galactopyranosid, Phenyl- **6** 152 d,
17 IV 2946, **31** 318 a

Glucopyranose, O^6-Phenyl-
6 IV 610

Glucopyranosid, Phenyl- **6** 152 a,
17 IV 2944, **31** 204 f, 205 b

$C_{12}H_{16}O_6S_2$

Naphthalin, 2,3-Bis-methansulfonyloxy-
1,2,3,4-tetrahydro- **6** IV 6359

$C_{12}H_{16}O_7$

Glucoseresorcin **6** 811, I 401

$C_{12}H_{16}S$

Sulfid, Cyclohexyl-phenyl- **6** II 289 a,
III 988 f, IV 1483

—, Cyclopentylmethyl-phenyl-
6 IV 1485

—, Cyclopentyl-p-tolyl- **6** IV 2163

—, [1-Methyl-cyclopentyl]-phenyl-
6 III 989 c

$C_{12}H_{16}S_2$

Äthen, 1-Butylmercapto-2-phenylmercapto-
6 IV 1498

—, 1-*tert*-Butylmercapto-
2-phenylmercapto- **6** IV 1498

$C_{12}H_{16}S_3$

Trithiokohlensäure-benzylester-
tert-butylester **6** IV 2701

$C_{12}H_{17}AsO_4$

Butan-2-ol, 3-Benzo[1,3,2]dioxarsol-2-yloxy-
2,3-dimethyl- **6** III 4247 b

$C_{12}H_{17}BrO$

Äther, [2-Brom-äthyl]-[3a,4,5,6,7,7a-
hexahydro-4,7-methano-inden-5(*oder*
6)-yl]- **6** III 1924 d

—, [2-Brom-äthyl]-[2-isopropyl-
5-methyl-phenyl]- **6** III 1898 d

—, [2-Brom-äthyl]-[5-isopropyl-
2-methyl-phenyl]- **6** III 1887 b

—, [4-Brom-3,5-dimethyl-phenyl]-
butyl- **6** IV 3158

—, [4-Brom-3,5-dimethyl-phenyl]-
isobutyl- **6** IV 3158

—, [6-Brom-hexyl]-phenyl-
6 III 553 e, IV 560

—, [4-Brom-2-isopropyl-phenyl]-
isopropyl- **6** IV 3213

—, [4-Brom-2-methyl-phenyl]-pentyl-
6 III 1270 d

—, [2-Brom-1-phenyl-äthyl]-butyl-
6 III 1690 e, IV 3054

—, [2-Brom-phenyl]-hexyl-
6 IV 1039

—, [4-Brom-phenyl]-hexyl-
6 IV 1047

—, [3-Brom-propyl]-[2-isopropyl-
phenyl]- **6** IV 3211

—, [2-(2-Brom-propyl)-phenyl]-propyl-
6 IV 3178

Anisol, 3-[2-Brom-äthyl]-2-isopropyl-
6 IV 3404

—, 4-Brom-2-*tert*-butyl-5-methyl-
6 III 1983 b

C₁₂H₁₇BrO (Fortsetzung)

Anisol, 4-[5-Brom-pentyl]- **6** III 1951 g

Norbornan-2-ol, 2-Äthinyl-7-brommethyl-
1,7-dimethyl- **6** IV 3452

—, 2-Bromäthinyl-1,7,7-trimethyl-
6 IV 3451

Phenetol, 2-Brom-4-*sec*-butyl- **6** IV 3282

—, 2-Brom-6-isopropyl-3-methyl-
6 540 h

—, 2-[2-Brom-propyl]-4-methyl-
6 IV 3322

—, 2-[2-Brom-propyl]-6-methyl-
6 IV 3321

Phenol, 3-Brom-4-*tert*-butyl-2,6-dimethyl-
6 IV 3442

—, 4-Brom-2,6-diisopropyl-
6 IV 3437

—, 2-Brom-4-hexyl- **6** III 1994 e

—, 4-Brom-2-hexyl- **6** III 1993 g,
IV 3415

—, 2-Brom-4-methyl-6-[1-methyl-
butyl]- **6** III 2006 c

—, 2-Brom-5-methyl-4-pentyl-
6 III 2004 d

—, 2-Brom-6-methyl-4-pentyl-
6 III 2005 a

—, 2-Brom-6-methyl-4-*tert*-pentyl-
6 III 2010 e

C₁₂H₁₇BrO₂

Benzol, 1-[1-Äthoxy-2-brom-propyl]-
4-methoxy- **6** 926 i, II 894 h

—, 1-[2-Brom-äthoxy]-3-butoxy-
6 III 4309 b

—, 4-Brom-2-butoxymethyl-
1-methoxy- **6** III 4542 d

—, 2-[4-Brom-butyl]-1,3-dimethoxy-
6 IV 6004

—, 1-Brom-2,4-dipropoxy-
6 821 b, II 819 j

—, 2-Brom-1,3-dipropoxy-
6 821 b, II 819 j

—, 4-Brom-2-isobutoxymethyl-
1-methoxy- **6** III 4542 e

—, 3-Brom-1-isopropyl-2,5-dimethoxy-
4-methyl- **6** III 4674 d

—, 1-Brom-3-methoxy-5-[α-methoxy-
isopropyl]-2-methyl- **6** III 4677 d

—, 1-[5-Brom-pentyloxy]-2-methoxy-
6 772 c, IV 5567

—, 1-[5-Brom-pentyloxy]-4-methoxy-
6 III 4389 f

Essigsäure-[9-brom-*p*-mentha-1,3-dien-
8-ylester] **6** II 102 b

4,7-Methano-inden, 1-Acetoxy-2-brom-
octahydro- **6** II 105 d

—, 2-Acetoxy-1-brom-octahydro-
6 II 105 d

Phenol, 4-Äthoxy-3-brom-5-isopropyl-
2-methyl- **6** III 4674 d

—, 5-[α-Äthoxy-isopropyl]-3-brom-
2-methyl- **6** III 4677 e

—, 2-[6-Brom-hexyloxy]- **6** III 4211 f,
IV 5567

—, 3-[6-Brom-hexyloxy]- **6** III 4310 a

—, 4-[6-Brom-hexyloxy]- **6** III 4390 d

C₁₂H₁₇BrO₂S

Acetaldehyd, [4-Brom-phenylmercapto]-,
diäthylacetal **6** IV 1653

Sulfon, [4-Brom-phenyl]-hexyl- **6** III 1048 j

C₁₂H₁₇BrO₃

Äthanol, 2-[2-Brom-4-butoxy-phenoxy]-
6 IV 5781

Benzol, 4-[2-Brom-1-methoxy-propyl]-
1,2-dimethoxy- **6** III 6343 e

—, 1,2,4-Triäthoxy-5-brom-
6 1090 f

Orthoessigsäure, Brom-, diäthylester-
phenylester **6** III 599 d

Phenol, 4-[1-Äthoxy-2-brom-propyl]-
2-methoxy- **6** 1121 d

Propionsäure, 3-[1-Bromäthinyl-
cyclohexyloxy]-, methylester **6** IV 352

C₁₂H₁₇BrO₄

Phenol, 2-Brom-4-[1,2-dimethoxy-propyl]-
6-methoxy- **6** 1160 g, II 1123 d

C₁₂H₁₇Br₃O₂

Essigsäure, Tribrom-, bornylester
6 82 h

C₁₂H₁₇ClN₂O

Acetamidin, 2-[4-Chlor-2-isopropyl-
5-methyl-phenoxy]- **6** IV 3345

C₁₂H₁₇ClN₂O₃

Amin, Äthyl-[2-chlor-äthyl]-[2-(4-nitro-
phenoxy)-äthyl]- **6** IV 1307

—, Diäthyl-[2-(2-chlor-4-nitro-
phenoxy)-äthyl]- **6** IV 1355

C₁₂H₁₇ClO

Äther, Äthyl-[4-(3-chlor-propyl)-benzyl]-
6 IV 3323

—, Benzyl-[5-chlor-pentyl]-
6 IV 2232

—, *tert*-Butyl-[2-chlormethyl-benzyl]-
6 IV 3111

—, Butyl-[2-chlormethyl-4-methyl-
phenyl]- **6** IV 3136

$C_{12}H_{17}ClO$ (Fortsetzung)

Äther, Butyl-[4-chlormethyl-2-methyl-
phenyl]- **6** IV 3134

—, Butyl-[2-chlor-1-phenyl-äthyl]-
6 IV 3046

—, *tert*-Butyl-[2-chlor-1-phenyl-äthyl]-
6 III 1683 e

—, [4-*tert*-Butyl-phenyl]-[2-chlor-
äthyl]- **6** III 1865 b

—, [2-Chlor-äthyl]-[3a,4,5,6,7,7a-
hexahydro-4,7-methano-inden-5(*oder*
6)-yl]- **6** III 1924 c

—, [2-Chlor-äthyl]-[2-isopropyl-
5-methyl-phenyl]- **6** III 1898 c,
IV 3335

—, [4-Chlor-butyl]-[1-phenyl-äthyl]-
6 IV 3033

—, [6-Chlor-hexyl]-phenyl- **6** 144 a

—, [4-Chlormethyl-phenyl]-isopentyl-
6 IV 2138

—, [4-Chlormethyl-phenyl]-pentyl-
6 IV 2138

—, [2-Chlor-phenyl]-hexyl- **6** IV 786

—, [4-Chlor-phenyl]-hexyl-
6 III 689 c

—, [3-Chlor-1-phenyl-propyl]-propyl-
6 II 471 i

—, [2-Chlor-propyl]-[2-isopropyl-
phenyl]- **6** IV 3211

Anisol, 2-Äthyl-3-[1-chlor-propyl]-
6 III 1985 c

—, 3-*tert*-Butyl-4-chlormethyl-
6 IV 3396

—, 4-Butyl-2-chlormethyl- **6** IV 3392

—, 4-*tert*-Butyl-2-chlormethyl-
6 IV 3399

—, 2-[1-Chlor-äthyl]-4-propyl-
6 III 1985 g

—, 2-[2-Chlormethyl-butyl]-
6 IV 3376

—, 4-[2-Chlormethyl-butyl]-
6 III 1958 b, IV 3377

—, 4-[2-Chlor-1-methyl-butyl]-
6 IV 3374

—, 4-Chlormethyl-2-isopropyl-
5-methyl- **6** III 1989 c

—, 5-[3-Chlor-1-methyl-propyl]-
2-methyl- **6** III 1975 f

But-3-in-2-ol, 1-Chlor-2-methyl-4-[2-methyl-
cyclohex-1-enyl]- **6** III 2007 f

Hexan-2-ol, 1-Chlor-6-phenyl- **6** III 1995 d

Hexan-3-ol, 1-Chlor-1-phenyl- **6** IV 3418

Phenetol, 4-Chlor-5-isopropyl-2-methyl-
6 III 1890 e

Phenol, 2-Äthyl-4-*tert*-butyl-6-chlor-
6 IV 3433

—, 2-Äthyl-4-chlor-6-isopropyl-
3-methyl- **6** III 2022 a

—, 2-[1-Äthyl-propyl]-4-chlor-
5-methyl- **6** III 2009 c

—, 2-*sec*-Butyl-4-chlor-3,5-dimethyl-
6 III 2017 h

—, 4-*tert*-Butyl-2-chlor-3,6-dimethyl-
6 IV 3442

—, 6-*tert*-Butyl-2-chlor-3,4-dimethyl-
6 IV 3442

—, 2-Butyl-6-chlormethyl-4-methyl-
6 IV 3440

—, 2-*sec*-Butyl-6-chlormethyl-
4-methyl- **6** IV 3441

—, 2-*tert*-Butyl-6-chlormethyl-
4-methyl- **6** IV 3443

—, 4-*tert*-Butyl-2-chlormethyl-
6-methyl- **6** III 2020 a

—, 3-Chlor-2,6-diisopropyl-
6 IV 3437

—, 4-Chlor-2,6-diisopropyl-
6 III 2014 e, IV 3437

—, 2-Chlor-4-hexyl- **6** III 1994 c

—, 4-Chlor-2-hexyl- **6** III 1993 f

—, 3-Chlormethyl-6-isopropyl-
2,4-dimethyl- **6** IV 3445

—, 2-Chlor-4-methyl-6-[1-methyl-
butyl]- **6** III 2006 a

—, 2-Chlor-5-methyl-4-pentyl-
6 III 2004 d

—, 2-Chlor-6-methyl-4-pentyl-
6 III 2005 a

—, 2-Chlor-6-methyl-4-*tert*-pentyl-
6 III 2010 d

$C_{12}H_{17}ClOS$

Benzol, 2-Chlor-1-methoxy-4-pentyl-
mercapto- **6** IV 5828

Phenol, 2-Chlor-4-hexylmercapto-
6 IV 5828

—, 3-Chlor-4-hexylmercapto-
6 IV 5824

$C_{12}H_{17}ClO_2$

Äthan, 1-[2-Äthyl-phenoxy]-2-[2-chlor-
äthoxy]- **6** III 1657 c

—, 1-[2-Chlor-äthoxy]-2-[3,5-dimethyl-
phenoxy]- **6** III 1757 d, IV 3143

—, 1,2-Diäthoxy-1-[4-chlor-phenyl]-
6 I 444 i

$C_{12}H_{17}ClO_2$ (Fortsetzung)

Äthanol, 2-[4-*tert*-Butyl-2-chlor-phenoxy]-
6 III 1872 d

—, 2-Chlor-1-[4-hydroxy-5-isopropyl-
2-methyl-phenyl]- 6 II 906 g

—, 2-[4-Chlor-2-isopropyl-5-methyl-
phenoxy]- 6 IV 3344

—, 2-[4-Chlor-5-isopropyl-2-methyl-
phenoxy]- 6 IV 3334

Benzol, 1-[2-Äthoxy-äthoxy]-4-chlormethyl-
2-methyl- 6 IV 3135

—, 1-Äthoxy-3-chlormethyl-
2-propoxy- 6 IV 5862

—, 2-Butoxy-1-chlormethyl-
3-methoxy- 6 IV 5862

—, 2-[4-Chlor-butyl]-1,3-dimethoxy-
6 IV 6004

—, 1-Chlormethyl-4,5-dimethoxy-
2-propyl- 6 IV 6016

—, 1-Chlormethyl-2,5-dimethoxy-
3,4,6-trimethyl- 6 III 4690 d

—, 1-Chlormethyl-4-[2-isopropoxy-
äthoxy]- 6 IV 2139

—, 1-Chlormethyl-4-[2-propoxy-
äthoxy]- 6 IV 2139

—, 1-[5-Chlor-pentyloxy]-4-methoxy-
6 III 4389 e

Butan-1-ol, 4-[3-Chlor-6-hydroxy-
2,4-dimethyl-phenyl]- 6 IV 6056

Pentan-2,4-diol, 3-Chlor-2-methyl-4-phenyl-
6 III 4721 e

Pentan-1-ol, 5-[2-Chlor-benzyloxy]-
6 IV 2591

—, 4-[4-Chlor-2-methyl-phenoxy]-
6 IV 1989

Phenol, 4-Äthoxy-3-chlormethyl-
2,5,6-trimethyl- 6 III 4690 e

—, 2-Chlor-5-hexyloxy- 6 III 4334 d

—, 4-Chlor-3-hexyloxy- 6 III 4334 d

—, 2-[γ-Chlor-isopentyl]-4-methoxy-
6 III 4702 e

Propan-2-ol, 1-Chlor-3-[2-propoxy-phenyl]-
6 IV 5980

—, 1-Chlor-3-[4-propoxy-phenyl]-
6 IV 5981

Propionylchlorid, 3-[1-Äthinyl-2-methyl-
cyclohexyloxy]- 6 IV 366

Resorcin, 4-[2-Äthyl-butyl]-6-chlor-
6 III 4720 b

—, 4-Chlor-6-hexyl- 6 III 4713 c,
IV 6049

—, 2-Chlor-4-isopentyl-6-methyl-
6 IV 6053

$C_{12}H_{17}ClO_2S$

Acetaldehyd, [4-Chlor-phenylmercapto]-,
diäthylacetal 6 III 1038 b

$C_{12}H_{17}ClO_2S_2$

Propan, 1-Äthylmercapto-2-chlor-
3-phenylmethansulfonyl- 6 III 1590 i

$C_{12}H_{17}ClO_3$

Acetaldehyd, [2-Chlor-phenoxy]-,
diäthylacetal 6 IV 793

—, [3-Chlor-phenoxy]-, diäthylacetal
6 IV 814

—, [4-Chlor-phenoxy]-, diäthylacetal
6 IV 837

Äthan, 1-[2-Chlor-äthoxy]-2-[2-phenoxy-
äthoxy]- 6 III 569 b

Äthanol, 2-[4-Butoxy-2-chlor-phenoxy]-
6 IV 5768

Benzol, 5-[3-Chlor-propyl]-
1,2,3-trimethoxy- 6 IV 7401

Methan, [2-Chlor-äthoxy]-[2-*o*-tolyloxy-
äthoxy]- 6 III 1251 f

Orthoessigsäure, Chlor-, diäthylester-
phenylester 6 III 598 h

Propan-2-ol, 1-Chlor-3-[2-*o*-tolyloxy-
äthoxy]- 6 IV 1948

$C_{12}H_{17}ClO_3S$

Benzol, 2-Chlor-1-methoxy-4-[pentan-
1-sulfonyl]- 6 IV 5828

Phenol, 2-Chlor-4-[hexan-1-sulfonyl]-
6 IV 5828

—, 3-Chlor-4-[hexan-1-sulfonyl]-
6 IV 5825

Propan, 2-Äthoxy-1-chlor-3-[toluol-
4-sulfonyl]- 6 III 1409 b

$C_{12}H_{17}ClO_4$

Propan-2-ol, 1-[4-Chlor-phenoxy]-3-
[2-hydroxy-propoxy]- 6 IV 831

—, 1-[4-Chlor-phenoxy]-3-[3-hydroxy-
propoxy]- 6 IV 831

$C_{12}H_{17}ClO_4S$

Acetaldehyd, [4-Chlor-benzolsulfonyl]-,
diäthylacetal 6 III 1038 c

$C_{12}H_{17}ClO_4S_2$

Propan, 1-Äthansulfonyl-2-chlor-
3-phenylmethansulfonyl- 6 III 1591 a

$C_{12}H_{17}ClO_5$

Benzol, Chlormethyl-pentamethoxy-
6 IV 7889

Propan-2-ol, 1-Chlor-3-[3,4,5-trimethoxy-
phenoxy]- 6 IV 7686

$C_{12}H_{17}ClO_5S$

Orthoessigsäure, Chlor-phenylmethansulfonyl-,
trimethylester 6 IV 2714

$C_{12}H_{17}ClS$

Sulfid, Butyl-[β-chlor-phenäthyl]-
6 IV 3093

−, [6-Chlor-hexyl]-phenyl-
6 III 985 g

$C_{12}H_{17}ClS_2$

Äthan, 1-Äthylmercapto-2-[4-chlor-
2,5-dimethyl-phenylmercapto]-
6 III 1778 a

Propan, 1-Äthylmercapto-3-benzyl≠
mercapto-2-chlor- 6 III 1590 d

$C_{12}H_{17}Cl_2NO$

Amin, Äthyl-[2-chlor-äthyl]-[2-(4-chlor-
phenoxy)-äthyl]- 6 IV 859

−, Diäthyl-[2-(2,4-dichlor-phenoxy)-
äthyl]- 6 III 711 e

$C_{12}H_{17}Cl_2NO_2Se$

λ^4-Selan, Dichlor-hexyl-[3-nitro-phenyl]-
6 III 1119 i

$C_{12}H_{17}Cl_2O_2P$

Dichlorophosphorsäure-[4-isopentyl-
2-methyl-phenylester] 6 III 2008 d

$C_{12}H_{17}Cl_2O_3PS$

Thiophosphorsäure-O-[2,4-dichlor-
phenylester]-O',O''-diisopropylester
6 IV 940

$C_{12}H_{17}Cl_2O_3PS_2$

Thiophosphorsäure-O,O'-diäthylester-S-
[2-(3,4-dichlor-phenylmercapto)-
äthylester] 6 IV 1627

$C_{12}H_{17}Cl_2O_4P$

Phosphonsäure, [2-(2,4-Dichlor-phenoxy)-
äthyl]-, diäthylester 6 IV 937

Phosphorsäure-bis-[2-chlor-äthylester]-
phenäthylester 6 IV 3078

$C_{12}H_{17}Cl_2O_5P$

Phosphorsäure-[4-äthoxy-2,5-dichlor-
phenylester]-diäthylester 6 IV 5774

$C_{12}H_{17}Cl_3NO_2P$

Phosphonsäure, Äthyl-, diäthylamid-
[2,4,5-trichlor-phenylester] 6 IV 993

$C_{12}H_{17}Cl_3NO_2PS$

Amidothiophosphorsäure, Äthyl-,
O-butylester-O'-[2,4,5-trichlor-
phenylester] 6 IV 999

−, Butyl-, O-äthylester-O'-
[2,4,5-trichlor-phenylester] 6 IV 998

−, Butyl-, O-äthylester-O'-
[2,4,6-trichlor-phenylester] 6 IV 1019

$C_{12}H_{17}Cl_3O$

Pent-3-en-2-ol, 1,1,1-Trichlor-4-[4-methyl-
cyclohex-3-enyl]- 6 IV 401

Propan-2-ol, 1,1,1-Trichlor-3-[6,6-dimethyl-
norpin-2-en-2-yl]- 6 IV 405

$C_{12}H_{17}Cl_3O_2$

Essigsäure, Trichlor-, bornylester
6 82 f, II 84 b

−, Trichlor-, isobornylester
6 II 91 e

−, Trichlor-, [2,3,3-trimethyl-
[2]norbornylester] 6 II 92 e

$C_{12}H_{17}Cl_6O_2PS$

Thiophosphonsäure-O,O'-bis-[1-trichlormethyl-
cyclopentylester] 6 IV 90

$C_{12}H_{17}Cl_6O_3P$

Phosphonsäure-bis-[1-trichlormethyl-
cyclopentylester] 6 IV 89

$C_{12}H_{17}FO$

Phenetol, 2-Butyl-4-fluor- 6 III 1843 e

Phenol, 4-Fluor-2-hexyl- 6 III 1993 d,
IV 3415

$C_{12}H_{17}FO_2$

Butan-1-ol, 1-[2-Äthoxy-5-fluor-phenyl]-
6 III 4660 d

$C_{12}H_{17}IO$

Äther, [5-Jod-hexyl]-phenyl- 6 I 82 n

−, [6-Jod-hexyl]-phenyl- 6 144 b,
I 82 o

Anisol, 4-[2-Jodmethyl-butyl]- 6 III 1958 c

Phenetol, 2-Isopropyl-4-jod-5-methyl-
6 542 a

$C_{12}H_{17}IO_2$

Benzol, 1-[1-Äthoxy-2-jod-propyl]-
4-methoxy- 6 927 f

−, 1-[5-Jod-pentyloxy]-4-methoxy-
6 III 4389 g

Propan, 1-Äthoxy-2-jod-3-methoxy-
1-phenyl- 6 I 449 d

$C_{12}H_{17}NO$

Propionitril, 3-[1-Äthinyl-2-methyl-
cyclohexyloxy]- 6 IV 366

$C_{12}H_{17}NOS$

Hexanthiosäure, 6-Amino-, S-phenylester
6 IV 1556

Propionsäure, 2-[3-Phenyl-propylmercapto]-,
amid 6 IV 3208

Thiocarbamidsäure, tert-Butyl-,
S-p-tolylester 6 IV 2197

Thioessigsäure, [2-Isopropyl-5-methyl-
phenoxy]-, amid 6 IV 3340

−, [5-Isopropyl-2-methyl-phenoxy]-,
amid 6 IV 3333

Thioisoleucin-S-phenylester 6 IV 1557

Thioleucin-S-phenylester 6 IV 1557

C₁₂H₁₇NOS₂

Dithiocarbamidsäure, Dimethyl-,
  [2-*p*-tolyloxy-äthylester] **6** IV 2105
Dithiokohlensäure-*S*-[2-amino-1-methyl-
  propylester]-*S'*-benzylester **6** IV 2698

C₁₂H₁₇NO₂

Acetamid, *N*-[2-(2,4-Dimethyl-phenoxy)-
  äthyl]- **6** 488 k
—, *N*-[4-Phenoxy-butyl]- **6** IV 679
Acetimidsäure, 2-[2,5-Dimethyl-phenoxy]-,
  äthylester **6** III 1773 c
—, 2-[3,5-Dimethyl-phenoxy]-,
  äthylester **6** IV 3147
Amin, Allyl-[2-(3-methoxy-phenoxy)-äthyl]-
  6 III 4328 a
—, Allyl-[2-(4-methoxy-phenoxy)-
  äthyl]- **6** III 4424 g
Butan-2-on-[*O*-(*β*-hydroxy-phenäthyl)-
  oxim] **6** IV 5942
Butan-2-on, 3-Hydroxy-3-methyl-,
  [*O*-benzyl-oxim] **6** 441 f
Buttersäure, 2-Äthyl-4-phenoxy-, amid
  6 III 620 e
—, 2,2-Dimethyl-4-phenoxy-, amid
  6 III 620 g
Carbamidsäure-[4-*tert*-pentyl-phenylester]
  6 I 269 n
— [1-phenyl-pentylester] **6** II 504 e
Carbamidsäure, Butyl-, *p*-tolylester
  6 IV 2117
—, Butyl-methyl-, phenylester
  6 IV 630
—, Diäthyl-, *o*-tolylester
  6 356 c, IV 1963
—, Diäthyl-, *p*-tolylester **6** IV 2117
—, Methyl-, [2-*tert*-butyl-phenylester]
  6 IV 3292
—, Methyl-, [3-*tert*-butyl-phenylester]
  6 IV 3295
—, Methyl-, [4-*tert*-butyl-phenylester]
  6 IV 3306
—, Methyl-, [2-isopropyl-5-methyl-
  phenylester] **6** IV 3338
—, Methyl-, [5-isopropyl-2-methyl-
  phenylester] **6** IV 3332
Essigsäure, [4-Butyl-phenoxy]-, amid
  6 IV 3271
—, [4-*tert*-Butyl-phenoxy]-, amid
  6 524 i, IV 3306
—, [2-Isopropyl-5-methyl-phenoxy]-,
  amid **6** 538 g, III 1902 e
—, [5-Isopropyl-2-methyl-phenoxy]-,
  amid **6** 530 k, III 1888 d

—, Phenoxy-, diäthylamid
  6 III 613 e
Glycin, *N*,*N*-Diäthyl-, phenylester
  6 174 g
Hexansäure, 2-Phenoxy-, amid **6** IV 649
—, 6-Phenoxy-, amid **6** 166 b
Isobuttersäure, *β*-Methylamino-,
  benzylester **6** IV 2514
Norvalin-benzylester **6** IV 2515
Pentan-2-on, 5-*p*-Tolyloxy-, oxim
  6 II 378 d
Propionimidsäure, 3-Benzyloxy-,
  äthylester **6** IV 2473
Propionsäure, 3-Amino-2,2-dimethyl-,
  benzylester **6** IV 2517
Salpetrigsäure-[6-phenyl-hexylester]
  6 I 271 f
Valeriansäure, 5-*p*-Tolyloxy-, amid
  6 399 p
Valin-benzylester **6** IV 2516

C₁₂H₁₇NO₂S

Alanin, *N*-[2-Benzylmercapto-äthyl]-
  6 III 1620 g
β-Alanin, *N*-[2-Benzylmercapto-äthyl]-
  6 IV 2719
Buttersäure, 2-Amino-3-benzylmercapto-,
  methylester **6** IV 2751
—, 2-Amino-4-benzylmercapto-
  2-methyl- **6** IV 2756
Cystein, *S*-Benzyl-, äthylester **6** III 1623 c,
  IV 2723
—, *S*-[3-Phenyl-propyl]- **6** IV 3208
Essigsäure, Phenäthylmercapto-,
  [2-hydroxy-äthylamid] **6** III 1719 d
Homocystein, *S*-Benzyl-*N*-methyl-
  6 III 1629 c
—, *S*-Phenäthyl- **6** IV 3091
Isovaleriansäure, *β*-Amino-*α*-benzyl=
  mercapto- **6** IV 2758
Methionin-benzylester **6** IV 2558
Penicillamin-benzylester **6** III 1546 d
Penicillamin, *S*-Benzyl- **6** III 1631 f,
  IV 2756
Sulfid, *tert*-Butyl-[2-nitro-1-phenyl-äthyl]-
  6 IV 3065
—, Isopentyl-[4-nitro-benzyl]-
  6 II 440 h
Thiokohlensäure-*O*-[2-amino-1-methyl-
  propylester]-*S*-benzylester **6** IV 2678
Valeriansäure, 2-Amino-3-benzylmercapto-
  6 III 1631 b
—, 2-Amino-4-benzylmercapto-
  6 III 1631 c, IV 2755

$C_{12}H_{17}NO_2S$ (Fortsetzung)

Valeriansäure, 2-Amino-5-benzylmercapto-
6 III 1631 e, IV 2756

$C_{12}H_{17}NO_2S_2$

Cystein, S-[2-Benzylmercapto-äthyl]-
6 III 1587 e

–, S-[Benzylmercapto-methyl]-,
methylester 6 IV 2658

$C_{12}H_{17}NO_3$

Äthanol, 1-[4-tert-Butyl-phenyl]-2-nitro-
6 IV 3434

Äther, Hexyl-[2-nitro-phenyl]-
6 III 801 b, IV 1251

–, Hexyl-[4-nitro-phenyl]-
6 III 820 a

–, [2-Methyl-5-nitro-phenyl]-pentyl-
6 IV 2010

Anisol, 2-tert-Butyl-4-methyl-6-nitro-
6 III 1979 d

–, 2-tert-Butyl-5-methyl-4-nitro-
6 III 1984 b

–, 4-tert-Butyl-5-methyl-2-nitro-
6 III 1977 f

–, 6-tert-Butyl-3-methyl-2-nitro-
6 III 1983 c

Buttersäure, 4-Phenoxy-, [2-hydroxy-
äthylamid] 6 III 617 e

Carbamidsäure-[2-hydroxymethyl-2-phenyl-
butylester] 6 IV 6039

Carbamidsäure, Diäthyl-, [2-methoxy-
phenylester] 6 777 b

–, Diäthyl-, [3-methoxy-phenylester]
6 III 4322 a

–, Diäthyl-, [4-methoxy-phenylester]
6 IV 5744

–, o-Tolyloxymethyl-, isopropylester
6 IV 1958

–, p-Tolyloxymethyl-, isopropylester
6 IV 2109

Essigsäure, [2-Butoxy-phenoxy]-, amid
6 IV 5587

–, [3-Butoxy-phenoxy]-, amid
6 IV 5675

–, [4-Butoxy-phenoxy]-, amid
6 IV 5746

–, [3,4-Dimethyl-phenoxy]-,
[2-hydroxy-äthylamid] 6 III 1728 g

–, Phenoxy-, [2-dimethylamino-
äthylester] 6 IV 637

Homoserin, O-[4-Äthyl-phenyl]-
6 IV 3023

–, N,N-Dimethyl-O-phenyl-
6 I 92 l

–, O-Phenyl-, äthylester
6 III 648 e

Isobuttersäure, α-[4-Hydroxy-2,5-dimethyl-
phenoxy]-, amid 6 IV 5967

Pentan-1-ol, 2-Benzyl-2-nitro- 6 III 1996 g

–, 1-[4-Methyl-3-nitro-phenyl]-
6 IV 3429

Peroxycarbamidsäure, Dimethyl-,
[1-methyl-1-phenyl-äthylester]
6 IV 3226

Phenetol, 2-Isopropyl-5-methyl-4-nitro-
6 542 g

–, 6-Isopropyl-3-methyl-2-nitro-
6 542 e

–, 2,3,5,6-Tetramethyl-4-nitro-
6 III 1920 c

Phenol, 4-tert-Butyl-2,6-dimethyl-3-nitro-
6 IV 3442

–, 2,6-Diisopropyl-4-nitro-
6 IV 3438

–, 4-Hexyl-2-nitro- 6 IV 3417

Serin, O-Benzyl-, äthylester 6 IV 2548

Valeriansäure, 2-Amino-5-p-tolyloxy-
6 IV 2127

$C_{12}H_{17}NO_3S$

Essigsäure, Benzolsulfonyl-, butylamid
6 IV 1539

–, [Toluol-4-sulfonyl]-, propylamid
6 IV 2198

Norbornan, 2-Acetoxy-5-[2-thiocyanato-
äthoxy]- 6 III 4130 e

–, 2-Acetoxy-6-[2-thiocyanato-
äthoxy]- 6 III 4130 e

Serin, N-[2-Benzylmercapto-äthyl]-
6 III 1621 d

Valeriansäure, 2-Amino-4-phenyl≠
methansulfinyl- 6 IV 2755

–, 3-Benzolsulfonyl-4-methyl-, amid
6 III 1022 b

$C_{12}H_{17}NO_4$

Benzol, 1-Äthoxy-2-methoxy-5-nitro-
4-propyl- 6 924 k

–, 1-[1-Äthoxy-2-nitro-propyl]-
2-methoxy- 6 II 894 e

–, 1-[1-Äthoxy-2-nitro-propyl]-
4-methoxy- 6 II 894 k

–, 1-[2-Butoxy-äthoxy]-2-nitro-
6 IV 1253

–, 1-tert-Butyl-2,4-dimethoxy-5-nitro-
6 III 4670 c, IV 6012

–, 1-tert-Butyl-2,5-dimethoxy-4-nitro-
6 III 4671 a

$C_{12}H_{17}NO_4$ (Fortsetzung)

Benzol, 1-Nitro-2,4-dipropoxy- 6 III 4346 c

—, 2-Nitro-1,4-dipropoxy-
6 IV 5787

Carbamidsäure-[β-äthoxy-β'-phenoxy-
isopropylester] 6 II 152 d

Carbamidsäure, Methyl-, [2-hydroxy-3-
o-tolyloxy-propylester] 6 IV 1954

Propan-1-ol, 1-[3-Nitro-4-propoxy-phenyl]-
6 IV 5979

Spiro[bicyclo[2.1.0]pent-2-en-
5,1'-cyclohexan], 1,3-Dimethoxy-
4-nitro- 6 II 902 c

$C_{12}H_{17}NO_4S$

Acetaldehyd, [4-Nitro-phenylmercapto]-,
diäthylacetal 6 III 1073 i, IV 1706

Sulfon, [4-Butyl-phenyl]-[2-nitro-äthyl]-
6 III 1845 g

—, Isopentyl-[4-nitro-benzyl]-
6 II 440 i

—, [3-Methyl-3-nitro-butyl]-p-tolyl-
6 III 1396 b

Valeriansäure, 2-Amino-4-phenyl=
methansulfonyl- 6 IV 2755

$C_{12}H_{17}NO_5$

Äthanol, 1-[2,3-Diäthoxy-phenyl]-2-nitro-
6 III 6329 c

—, 1-[3,4-Diäthoxy-phenyl]-2-nitro-
6 IV 7392

Äther, [2-Äthoxy-äthyl]-[2-(2-nitro-
phenoxy)-äthyl]- 6 IV 1254

—, [2-Methoxy-äthyl]-[2-(3-nitro-
benzyloxy)-äthyl]- 6 IV 2610

Benzol, 1,2-Dimethoxy-4-[1-methoxy-
2-nitro-propyl]- 6 III 6344 e

—, 1,2,3-Triäthoxy-5-nitro-
6 1086 h

—, 1,2,4-Triäthoxy-5-nitro-
6 1091 a, IV 7349

—, 1,3,4-Trimethoxy-2-nitro-5-propyl-
6 1119 d

Essigsäure, Phenoxy-, [β-amino-
γ,γ'-dihydroxy-isobutylester] 6 IV 638

—, Phenoxy-, [2-hydroxy-1,1-bis-
hydroxymethyl-äthylamid] 6 IV 639

Propan-2-ol, 1-[2-Methoxy-phenyl]-
3-methylcarbamoyloxy- 6 IV 5577

$C_{12}H_{17}NO_5S$

Äthan, 1-Butoxy-2-[3-nitro-benzolsulfonyl]-
6 IV 1684

Butan-1-sulfonsäure, 4-Benzyloxycarbonyl=
amino- 6 IV 2428

$C_{12}H_{17}NO_5S_2$

Äthen, 1-Äthoxy-2-benzolsulfonyl-
2-methansulfonyl-1-methylamino-
6 IV 1549

$C_{12}H_{17}NO_6$

3,6-Dioxa-octan-1-ol, 8-[3-Nitro-phenoxy]-
6 IV 1272

Propan-1-ol, 2-Nitro-1-[2,4,5-trimethoxy-
phenyl]- 6 III 6667 f

$C_{12}H_{17}NO_6S$

Acetaldehyd, [4-Nitro-benzolsulfonyl]-,
diäthylacetal 6 III 1074 a, IV 1707

$C_{12}H_{17}NO_8S$

Methansulfonsäure, [2-Hydroxy-3-
(2-methoxy-phenoxy)-propoxycarbonyl=
amino]- 6 IV 5578

$C_{12}H_{17}NS_2$

Dithiocarbamidsäure-[5-phenyl-pentylester]
6 I 269 b

Dithiocarbamidsäure, Diäthyl-,
p-tolylester 6 III 1421 e

—, Dimethyl-, [2,4-dimethyl-
benzylester] 6 IV 3252

$C_{12}H_{17}N_2O_8P$

Phosphonsäure, [2-(2,4-Dinitro-phenoxy)-
äthyl]-, diäthylester 6 IV 1382

$C_{12}H_{17}N_3OS$

Acetaldehyd, [4-Isopropyl-phenoxy]-,
thiosemicarbazon 6 506 c

Butan-2-on, 4-Benzylmercapto-,
semicarbazon 6 IV 2662

—, 4-p-Tolylmercapto-, semicarbazon
6 IV 2192

Butyraldehyd, 3-Benzylmercapto-,
semicarbazon 6 III 1596 g

$C_{12}H_{17}N_3O_2$

Acetaldehyd, [4-Isopropyl-phenoxy]-,
semicarbazon 6 506 b

—, Mesityloxy-, semicarbazon
6 IV 3255

—, [2-Phenyl-propoxy]-, semi=
carbazon 6 III 1817 d

—, [3-Phenyl-propoxy]-, semi=
carbazon 6 II 476 e

Aceton, [2,4-Dimethyl-phenoxy]-,
semicarbazon 6 487 i, III 1746 b

—, [2,5-Dimethyl-phenoxy]-,
semicarbazon 6 495 g

—, [2,6-Dimethyl-phenoxy]-,
semicarbazon 6 III 1737 f

—, [3,4-Dimethyl-phenoxy]-,
semicarbazon 6 481 g

[$C_{12}H_{18}NO_5S$] $^+$

Sulfonium, Bis-[2-hydroxy-äthyl]-
[4-methoxy-3-nitro-benzyl]- **6** III 4553 g

$C_{12}H_{18}NO_6P$

Phosphonsäure, [2-Äthoxy-äthyl]-,
äthylester-[4-nitro-phenylester]
6 IV 1324

Phosphorsäure-diisopropylester-[4-nitro-
phenylester] **6** IV 1328

— hexylester-[4-nitro-phenylester]
6 IV 1329

— [4-nitro-phenylester]-dipropylester
6 IV 1328

$C_{12}H_{18}N_2O$

Acetamidin, *N,N*-Diäthyl-2-phenoxy-
6 III 614 d

—, 2-[2,5-Dimethyl-phenoxy]-
N,N-dimethyl- **6** III 1773 f

—, 2-[2-Isopropyl-5-methyl-phenoxy]-
6 III 1903 a, IV 3339

—, 2-[5-Isopropyl-2-methyl-phenoxy]-
6 III 1888 g

Adiponitril, 3-Cyclohexyloxy- **6** IV 49

Butan-2-on, 3,3-Dimethyl-1-phenoxy-,
hydrazon **6** IV 606

$C_{12}H_{18}N_2OS$

β-Alanin-[2-benzylmercapto-äthylamid]
6 IV 2719

Penicillamin, *S*-Benzyl-, amid **6** IV 2757

$C_{12}H_{18}N_2O_2$

Acetamidin, 2-[2-Methoxy-phenoxy]-
N-propyl- **6** III 4235 d

Carbamidsäure, [2-Dimethylamino-äthyl]-,
benzylester **6** II 420 a

Essigsäure, [4-Isopropyl-3-methyl-phenoxy]-,
hydrazid **6** IV 3327

Hexansäure, 6-Phenoxy-, hydrazid
6 IV 650

Propionitril, 3,3′-Cyclohexan-1,2-diyldioxy-
di- **6** III 4067 c

—, 3,3′-Cyclohexan-1,4-diyldioxy-di-
6 IV 5211

$C_{12}H_{18}N_2O_2S$

Amin, Diäthyl-[2-(4-nitro-phenylmercapto)-
äthyl]- **6** III 1076 b, IV 1714

$C_{12}H_{18}N_2O_3$

Allophansäure-[1-äthinyl-3,3-dimethyl-
cyclohexylester] **6** IV 377

Amin, Diäthyl-[2-(2-nitro-phenoxy)-äthyl]-
6 IV 1263

—, Diäthyl-[2-(4-nitro-phenoxy)-äthyl]-
6 III 829 k, IV 1307

Glycin, *N*-[1-Prop-2-inyl-cyclohexyloxy=
carbonyl]-, amid **6** IV 363

$C_{12}H_{18}N_2O_4$

Äthanol, 2-{Äthyl-[2-(4-nitro-phenoxy)-
äthyl]-amino}- **6** IV 1308

Propan-2-ol, 1-Dimethylamino-3-[4-methyl-
2-nitro-phenoxy]- **6** I 206 e

$C_{12}H_{18}N_2O_4S$

Amin, Diäthyl-[2-(4-nitro-benzolsulfonyl)-
äthyl]- **6** III 1076 d, IV 1714

Butan-1-sulfonsäure, 4-Benzyloxycarbonyl=
amino-, amid **6** IV 2428

$C_{12}H_{18}N_2O_5$

Amin, Bis-[2-hydroxy-äthyl]-[2-(4-nitro-
phenoxy)-äthyl]- **6** IV 1308

$C_{12}H_{18}N_2O_5S$

Methansulfonamid, *N*-[5-(4-Nitro-
phenoxy)-pentyl]- **6** IV 1311

$C_{12}H_{18}N_2O_6$

Essigsäure-[10,10-dinitro-bornan-2-ylester]
6 I 53 a

$C_{12}H_{18}N_2S$

Isothioharnstoff, *N,N*-Diäthyl-
S-benzyl- **6** IV 2695

—, *N,N′*-Diäthyl-*S*-benzyl- **6** II 434 d

$C_{12}H_{18}N_4O_2$

Propionamidin, 3,3′-*m*-Phenylendioxy-di-
6 III 4326 a

—, 3,3′-*p*-Phenylendioxy-di-
6 III 4422 a

$C_{12}H_{18}N_4S_2$

Benzol, 1,3-Bis-[2-carbamimidoylmercapto-
äthyl]- **6** III 4680 b

$C_{12}H_{18}O$

Äthanol, 1-[3-*sec*-Butyl-phenyl]-
6 III 2011 h

—, 1-[3-*tert*-Butyl-phenyl]-
6 III 2012 g

—, 1-[4-Butyl-phenyl]- **6** III 2011 g,
IV 3432

—, 1-[4-*sec*-Butyl-phenyl]- **6** IV 3433

—, 1-[4-*tert*-Butyl-phenyl]-
6 III 2013 b, IV 3434

—, 1-[3,5-Diäthyl-phenyl]-
6 III 2023 b

—, 1,1-Di-cyclopent-2-enyl-
6 IV 3448

—, 1-[5-Isopropyl-2-methyl-phenyl]-
6 552 h

—, 1-[2,3,4,5-Tetramethyl-phenyl]-
6 IV 3446

—, 1-[2,3,4,6-Tetramethyl-phenyl]-
6 552 j

$C_{12}H_{18}O$ (Fortsetzung)

Anisol, 4-[1,2-Dimethyl-propyl]-
    6 III 1971 c
—, 2-Isobutyl-5-methyl- **6** IV 3396
—, 4-Isobutyl-2-methyl- **6** IV 3395
—, 2-Isopentyl- **6** IV 3378
—, 4-Isopentyl- **6** I 269 g, II 1960 f,
    IV 3378
—, 2-Isopropyl-4,5-dimethyl-
    6 III 1989 b, IV 3407
—, 5-Isopropyl-2,4-dimethyl-
    6 IV 3409
—, 2-[2-Methyl-butyl]- **6** III 1957 e
—, 4-[1-Methyl-butyl]- **6** III 1956 a
—, 4-[2-Methyl-butyl]- **6** III 1958 a
—, 4-Neopentyl- **6** I 270 b,
    IV 3390
—, 2,3,4,5,6-Pentamethyl-
    6 551 e, III 1991 f, IV 3412
—, 2-Pentyl- **6** IV 3368
—, 3-Pentyl- **6** III 1950 j
—, 4-Pentyl- **6** II 503 i
—, 4-*tert*-Pentyl- **6** 549 a, III 1966 a,
    IV 3383
Benzylalkohol, 5-Äthyl-2-propyl-
    6 III 2021 a
—, 2,3,4,5,6-Pentamethyl-
    6 552 l, III 2023 h, IV 3447
Butan-1-ol, 2-Äthyl-1-phenyl- **6** III 2001 c,
    IV 3423
—, 2-Äthyl-2-phenyl- **6** II 511 f,
    III 2004 a, IV 3427
—, 3-[4-Äthyl-phenyl]- **6** III 2012 a
—, 2-Benzyl-3-methyl- **6** 552 d
—, 1-[2,4-Dimethyl-phenyl]-
    6 552 g, III 2017 a
—, 1-[2,5-Dimethyl-phenyl]-
    6 III 2016 e
—, 2,2-Dimethyl-1-phenyl-
    6 II 511 d, III 2002 f
—, 3-[2,4-Dimethyl-phenyl]-
    6 III 2017 i
—, 3-[2,5-Dimethyl-phenyl]-
    6 III 2017 g
—, 3-[3,4-Dimethyl-phenyl]-
    6 IV 3440
—, 3,3-Dimethyl-4-phenyl-
    6 IV 3426
—, 4-[2,5-Dimethyl-phenyl]-
    6 IV 3440
—, 2-[2-Methyl-benzyl]- **6** III 2007 d
—, 2-Methyl-3-*o*-tolyl- **6** III 2011 c
—, 2-Methyl-3-*p*-tolyl- **6** III 2011 d

—, 3-Methyl-1-*o*-tolyl- **6** III 2007 g
Butan-2-ol, 1-[2,4-Dimethyl-phenyl]-
    6 III 2017 b
—, 2-[2,5-Dimethyl-phenyl]-
    6 IV 3441
—, 2,3-Dimethyl-1-phenyl-
    6 III 2003 a, IV 3426
—, 2-[3,5-Dimethyl-phenyl]-
    6 IV 3441
—, 3,3-Dimethyl-1-phenyl-
    6 III 2003 b, IV 3426
—, 3,3-Dimethyl-2-phenyl-
    6 I 271 l, IV 3428
—, 4-[2,3-Dimethyl-phenyl]-
    6 III 2015 d
—, 2-Methyl-4-*p*-tolyl- **6** IV 3430
—, 3-Methyl-3-*p*-tolyl- **6** III 2011 a
—, 3-Methyl-4-*o*-tolyl- **6** III 2007 c
—, 3-Methyl-4-*p*-tolyl- **6** III 2007 e
Cyclohexanol, 1-[1-Äthinyl-but-2-enyl]-
    6 IV 3421
—, 4-Methyl-1-[3-methyl-but-3-en-
    1-inyl]- **6** III 2008 e
—, 1-[4-Methyl-pent-3-en-1-inyl]-
    6 IV 3420
Cyclohex-2-enol, 1-Äthinyl-5-isopropyl-
    2-methyl- **6** IV 3444
1,4;5,8-Dimethano-naphthalin-2-ol,
    Decahydro- **6** III 2026 a, IV 3453 a
Hexa-1,4-dien-3-ol, 1-Cyclohex-1-enyl-
    6 IV 3418
Hexa-2,4-dien-1-ol, 1-Cyclohex-1-enyl-
    6 IV 3419
Hexa-3,5-dien-2-ol, 6-Cyclohex-1-enyl-
    6 IV 3418
Hexa-4,5-dien-2-ol, 6-Cyclohex-1-enyl-
    6 IV 3418
Hexan-1-ol, 1-Phenyl- **6** III 1994 f,
    IV 3417
—, 3-Phenyl- **6** III 2001 b
—, 4-Phenyl- **6** III 2001 a
—, 5-Phenyl- **6** III 1996 c
—, 6-Phenyl- **6** I 271 c, II 510 h,
    IV 3418
Hexan-2-ol, 2-Phenyl- **6** III 1995 f
—, 5-Phenyl- **6** III 1996 b
—, 6-Phenyl- **6** III 1995 c
Hexan-3-ol, 1-Phenyl- **6** II 510 b,
    IV 3418
—, 3-Phenyl- **6** II 510 j, III 2000 a
—, 4-Phenyl- **6** III 2000 b, IV 3422
—, 6-Phenyl- **6** III 1995 b

C₁₂H₁₈O (Fortsetzung)

Indan-1-ol, 1-Äthinyl-7a-methyl-hexahydro-
  6 IV 3451

Methanol, [1,2,3,4,5,6,7,8-Octahydro-
  1,4-methano-naphthalin-6-yl]-
  6 IV 3452

[1]Naphthol, 1-Äthinyl-decahydro-
  6 III 2024 a, IV 3449

—, 6,8a-Dimethyl-1,2,3,7,8,8a-
  hexahydro- **6** IV 3450

[2]Naphthol, 2-Äthinyl-decahydro-
  6 III 2024 c, IV 3449

Norbornan-2-ol, 2-Äthinyl-1,3,3-trimethyl-
  6 III 2025 b

—, 2-Äthinyl-1,7,7-trimethyl-
  6 III 2025 c, IV 3451

—, 4-Äthinyl-1,7,7-trimethyl-
  6 IV 3452

Norpinan-3-ol, 3-Äthinyl-2,6,6-trimethyl-
  6 III 2025 a

Penta-2,4-dien-1-ol, 5-Cyclohex-1-enyl-
  3-methyl- **6** III 1998 b, IV 3420

Pentan-1-ol, 2-Methyl-1-phenyl-
  6 I 271 g, III 1996 e

—, 2-Methyl-2-phenyl- **6** III 2002 b,
  IV 3423

—, 2-Methyl-5-phenyl- **6** I 271 j

—, 3-Methyl-1-phenyl- **6** III 1997 b

—, 3-Methyl-2-phenyl- **6** IV 3425

—, 3-Methyl-5-phenyl- **6** III 1997 f

—, 4-Methyl-1-phenyl- **6** 551 j,
  II 510 i, III 1998 c

—, 4-Methyl-2-phenyl- **6** II 511 c

—, 3-p-Tolyl- **6** III 2009 d

—, 4-p-Tolyl- **6** III 2007 b

—, 5-p-Tolyl- **6** II 511 i

Pentan-2-ol, 3-Benzyl- **6** III 2001 e

—, 2-Methyl-1-phenyl- **6** III 1996 f,
  IV 3419

—, 2-Methyl-4-phenyl- **6** IV 3425

—, 2-Methyl-5-phenyl- **6** III 1998 g

—, 3-Methyl-1-phenyl- **6** III 1997 d

—, 3-Methyl-2-phenyl- **6** II 511 b

—, 3-Methyl-3-phenyl- **6** IV 3427

—, 3-Methyl-4-phenyl- **6** III 2002 d

—, 4-Methyl-1-phenyl- **6** III 1998 e,
  IV 3421

—, 4-Methyl-2-phenyl- **6** 552 c,
  IV 3425

—, 4-Methyl-4-phenyl- **6** II 511 a,
  III 2002 a, IV 3423

—, 1-m-Tolyl- **6** IV 3428

—, 1-o-Tolyl- **6** IV 3428

—, 1-p-Tolyl- **6** IV 3429

Pentan-3-ol, 3-Benzyl- **6** 552 b, III 2001 d,
  IV 3423

—, 2-Methyl-3-phenyl- **6** 552 f,
  II 511 e, III 2003 e, IV 3426

—, 3-Methyl-1-phenyl- **6** 551 i,
  III 1997 e, IV 3420

—, 4-Methyl-1-phenyl- **6** III 1998 f

—, 1-o-Tolyl- **6** III 2004 e

—, 3-o-Tolyl- **6** IV 3430

Pent-1-in-3-ol, 1-Cyclohex-1-enyl-3-methyl-
  6 IV 3419

—, 1-Cyclohex-3-enyl-3-methyl-
  6 III 1997 a

Pent-3-in-2-ol, 5-Cyclohex-1-enyl-2-methyl-
  6 IV 3420

Phenäthylalkohol, 4-tert-Butyl-
  6 II 511 g, III 2013 c, IV 3434

—, 2,5-Diäthyl- **6** IV 3444

—, 5-Isopropyl-2-methyl-
  6 II 512 b, III 2022 e, IV 3444

—, 2,3,4,6-Tetramethyl- **6** IV 3447

Phenetol, 2-Butyl- **6** 522 b

—, 4-sec-Butyl- **6** IV 3280

—, 4-tert-Butyl- **6** 524 e, III 1865 a

—, 3,4-Diäthyl- **6** III 1913 e

—, 2-Isopropyl-5-methyl- **6** 536 c,
  I 265 a, II 498 b, III 1898 b

—, 4-Isopropyl-2-methyl- **6** 526 m

—, 4-Isopropyl-3-methyl- **6** IV 3326

—, 5-Isopropyl-2-methyl- **6** 529 b,
  I 262 b, II 493 b, III 1887 a

—, 2,3,4,6-Tetramethyl- **6** 546 f

Phenol, 2-[1-Äthyl-butyl]- **6** III 1999 a

—, 2-Äthyl-4-butyl- **6** IV 3432

—, 2-Äthyl-4-tert-butyl- **6** III 2012 e

—, 2-Äthyl-5-butyl- **6** IV 3432

—, 2-Äthyl-6-butyl- **6** III 2011 e

—, 2-Äthyl-6-sec-butyl- **6** IV 3432

—, 2-Äthyl-6-tert-butyl- **6** III 2012 c

—, 4-[1-Äthyl-butyl]- **6** III 1999 d

—, 4-Äthyl-2-butyl- **6** III 2011 f

—, 4-Äthyl-2-sec-butyl- **6** IV 3432

—, 4-Äthyl-2-tert-butyl- **6** III 2012 d

—, 4-Äthyl-3-butyl- **6** IV 3432

—, 5-Äthyl-2-tert-butyl- **6** III 2013 a

—, 2-Äthyl-4-isopropyl-3-methyl-
  6 IV 3443

—, 2-Äthyl-4-isopropyl-5-methyl-
  6 IV 3444

—, 2-Äthyl-5-isopropyl-3-methyl-
  6 III 2022 f

C₁₂H₁₈O (Fortsetzung)

Phenol, 3-Äthyl-5-isopropyl-2-methyl-
  6 III 2022 d

–, 2-[1-Äthyl-1-methyl-propyl]-
  6 IV 3426

–, 2-Äthyl-6-methyl-4-propyl-
  6 III 2021 b

–, 4-[1-Äthyl-1-methyl-propyl]-
  6 III 2003 f, IV 3427

–, 4-[1-Äthyl-2-methyl-propyl]-
  6 III 2003 c

–, 4-Äthyl-2-methyl-6-propyl-
  6 III 2021 d

–, 2-[1-Äthyl-propyl]-4-methyl-
  6 III 2009 a

–, 2-[1-Äthyl-propyl]-5-methyl-
  6 III 2008 f

–, 4-[1-Äthyl-propyl]-2-methyl-
  6 III 2009 b

–, 4-[1-Äthyl-propyl]-3-methyl-
  6 III 2008 f

–, 3-Äthyl-2,4,5,6-tetramethyl-
  6 IV 3446

–, 2-Butyl-3,5-dimethyl- **6** III 2016 f

–, 2-Butyl-4,5-dimethyl- **6** III 2015 e

–, 2-Butyl-4,6-dimethyl- **6** III 2017 f,
  IV 3440

–, 2-sec-Butyl-4,5-dimethyl-
  6 IV 3440

–, 2-sec-Butyl-4,6-dimethyl-
  6 IV 3441

–, 2-tert-Butyl-4,5-dimethyl-
  6 III 2019 d

–, 2-tert-Butyl-4,6-dimethyl-
  6 III 2020 e, IV 3442

–, 4-Butyl-2,5-dimethyl- **6** III 2016 d

–, 4-Butyl-2,6-dimethyl- **6** III 2017 d,
  IV 3440

–, 4-sec-Butyl-2,6-dimethyl-
  6 IV 3441

–, 4-tert-Butyl-2,3-dimethyl-
  6 III 2019 b

–, 4-tert-Butyl-2,5-dimethyl-
  6 III 2019 e

–, 4-tert-Butyl-2,6-dimethyl-
  6 I 272 e, III 2019 f

–, 6-tert-Butyl-2,3-dimethyl-
  6 III 2019 c

–, 2,6-Diäthyl-3,4-dimethyl-
  6 II 512 f

–, 2,6-Diäthyl-3,5-dimethyl-
  6 I 272 f, III 2023 g, IV 3446

–, 3,6-Diäthyl-2,4-dimethyl-
  6 II 512 i

–, 4,6-Diäthyl-2,3-dimethyl-
  6 II 512 g

–, 2,4-Diisopropyl- **6** III 2014 f,
  IV 3438

–, 2,5-Diisopropyl- **6** III 2015 b

–, 2,6-Diisopropyl- **6** IV 3435

–, 3,4-Diisopropyl- **6** IV 3434

–, 3,5-Diisopropyl- **6** IV 3439

–, 4-[1,1-Dimethyl-butyl]-
  6 III 2001 f

–, 4-[1,2-Dimethyl-butyl]-
  6 III 2002 c

–, 4-[1,3-Dimethyl-butyl]-
  6 III 2002 e

–, 2-[1,2-Dimethyl-propyl]-4-methyl-
  6 IV 3431

–, 2,4-Dipropyl- **6** I 272 d,
  III 2013 e

–, 2,5-Dipropyl- **6** III 2014 b

–, 2,6-Dipropyl- **6** I 272 c, II 511 h,
  III 2013 d

–, 2-Hexyl- **6** III 1993 b, IV 3414

–, 3-Hexyl- **6** III 1994 a, IV 3416

–, 4-Hexyl- **6** III 1994 b, IV 3416

–, 2-Isobutyl-3,6-dimethyl-
  6 III 2018 c

–, 2-Isobutyl-4,5-dimethyl-
  6 III 2018 b

–, 2-Isobutyl-4,6-dimethyl-
  6 III 2019 a, IV 3441

–, 3-Isobutyl-2,5-dimethyl-
  6 III 2018 d

–, 4-Isohexyl- **6** IV 3421

–, 2-Isopentyl-4-methyl- **6** IV 3429

–, 2-Isopentyl-5-methyl- **6** IV 3430

–, 2-Isopentyl-6-methyl- **6** IV 3429

–, 4-Isopentyl-2-methyl- **6** III 2008 a,
  IV 3430

–, 2-Isopropyl-3,4,6-trimethyl-
  6 III 1831 d

–, 6-Isopropyl-2,3,4-trimethyl-
  6 IV 3445

–, 2-Methyl-4-[1-methyl-butyl]-
  6 III 2006 e

–, 2-Methyl-4-[2-methyl-butyl]-
  6 III 2010 c

–, 3-Methyl-4-[1-methyl-butyl]-
  6 III 2005 c

–, 3-Methyl-4-[2-methyl-butyl]-
  6 III 2010 a

$C_{12}H_{18}O$ (Fortsetzung)

Phenol, 4-Methyl-2-[1-methyl-butyl]-
  6 III 2005 d

—, 4-Methyl-2-[2-methyl-butyl]-
  6 III 2010 b

—, 5-Methyl-2-[1-methyl-butyl]-
  6 III 2006 f

—, 2-Methyl-4-pentyl- **6** III 2005 a

—, 2-Methyl-4-*tert*-pentyl-
  6 III 2010 c

—, 2-Methyl-6-pentyl- **6** III 2004 f

—, 3-Methyl-4-pentyl- **6** III 2004 d

—, 3-Methyl-4-*tert*-pentyl-
  6 III 2009 e

—, 4-[1-Methyl-pentyl]- **6** III 1995 e

—, 4-Methyl-2-pentyl- **6** III 2004 g

—, 4-Methyl-2-*tert*-pentyl-
  6 III 2010 b, IV 3430

—, 4-[3-Methyl-pentyl]- **6** IV 3419

—, 5-Methyl-2-pentyl- **6** III 2005 b

—, 5-Methyl-2-*tert*-pentyl-
  6 III 2009 e

—, 2,4,6-Triäthyl- **6** II 512 c,
  III 2022 g, IV 3444

—, 4-[1,1,2-Trimethyl-propyl]-
  6 III 2004 b

—, 4-[1,2,2-Trimethyl-propyl]-
  6 III 2004 c

Propan-1-ol, 3-[4-Äthyl-phenyl]-2-methyl-
  6 III 2012 b

—, 1-[2,4-Dimethyl-phenyl]-2-methyl-
  6 III 2018 f

—, 2,2-Dimethyl-3-*m*-tolyl-
  6 I 272 a

—, 2,2-Dimethyl-3-*o*-tolyl-
  6 I 271 m

—, 2,2-Dimethyl-3-*p*-tolyl-
  6 I 272 b

—, 1-[4-Isopropyl-phenyl]-
  6 IV 3434

—, 3-[4-Isopropyl-phenyl]- **6** II 511 k

—, 1-Mesityl- **6** 552 i, III 2023 c

—, 3-Mesityl- **6** III 2023 e, IV 3445

Propan-2-ol, 1-[4-Äthyl-phenyl]-2-methyl-
  6 IV 3433

—, 1-[2,4-Dimethyl-phenyl]-2-methyl-
  6 III 2018 g

—, 2-[2-Isopropyl-phenyl]-
  6 IV 3435

—, 2-[3-Isopropyl-phenyl]-
  6 IV 3439

—, 2-[4-Isopropyl-phenyl]-
  6 IV 3439

—, 1-Mesityl- **6** III 2023 d,
  IV 3445

—, 2-Mesityl- **6** III 2023 f, IV 3446

—, 1-[2,4,5-Trimethyl-phenyl]-
  6 II 512 e

Prop-2-in-1-ol, 1-[2,4,6-Trimethyl-cyclohex-
  3-enyl]- **6** IV 3445

$C_{12}H_{18}OS$

Äthan, 1-Butoxy-2-phenylmercapto-
  6 IV 1492

Äthanthiol, 2-[4-*tert*-Butyl-phenoxy]-
  6 IV 3299

Benzol, 1-Methoxy-4-pentylmercapto-
  6 III 4448 e

Butan-1-ol, 3-Benzylmercapto-3-methyl-
  6 IV 2655

Hexan-1-ol, 6-Phenylmercapto-
  6 III 1000 e, IV 1497

Pentan-1-ol, 5-Benzylmercapto-
  6 IV 2654

Phenol, 2,6-Diisopropyl-4-mercapto-
  6 IV 6054

—, 4-Hexylmercapto- **6** III 4449 b

—, 3-Methyl-4-pentylmercapto-
  6 III 4505 a

Propan, 1-Äthoxy-3-benzylmercapto-
  6 II 431 c

Toluol, 2-Butylmercapto-5-methoxy-
  6 III 4504 j

$C_{12}H_{18}OS_2$

Dithiokohlensäure-*S*-methylester-*O*-
  [4,5,5-trimethyl-2,6-cyclo-norbornan-
  3-ylester] **6** I 63 d

Propan-2-ol, 1-Äthylmercapto-
  3-benzylmercapto- **6** III 1593 b

Propan-1-thiol, 2-[β-Phenylmercapto-
  isopropoxy]- **6** III 998 c

$C_{12}H_{18}OS_3$

Phenol, 2-[2,2-Bis-äthylmercapto-
  äthylmercapto]- **6** IV 5638

$C_{12}H_{18}OSe$

Benzol, 1-Isopentylselanyl-2-methoxy-
  6 III 4290 d

—, 1-Isopentylselanyl-4-methoxy-
  6 III 4480 b

Phenol, 2-Hexylselanyl- **6** III 4290 e

—, 4-Hexylselanyl- **6** III 4480 c

$C_{12}H_{18}OSi$

Silan, Cinnamyloxy-trimethyl- **6** IV 3803

$C_{12}H_{18}O_2$

Acetaldehyd-[äthyl-phenäthyl-acetal]
  6 III 1708 c

$C_{12}H_{18}O_2$ (Fortsetzung)

Acetaldehyd-[butyl-phenyl-acetal]
   6 III 586 b, IV 598
−   [sec-butyl-phenyl-acetal]
   6 IV 598
−   [tert-butyl-phenyl-acetal]
   6 IV 598
Äthan, 1-Äthoxy-2-[2,4-dimethyl-phenoxy]-
   6 487 b
−, 1-Benzyloxy-2-propoxy-
   6 IV 2241
−, 1-Butoxy-2-phenoxy- 6 IV 572
−, 1,2-Diäthoxy-1-phenyl-
   6 I 444 h, II 888 a
−, 1-[6,6-Dimethyl-norpin-2-en-2-yl]-
   2-formyloxy- 6 IV 398
−, 1-Isobutoxy-2-phenoxy- 6 IV 572
−, 1-Methoxy-2-[3-phenyl-propoxy]-
   6 III 1803 c
Äthan-1,2-diol, 1,2-Di-cyclopent-1-enyl-
   6 III 4727 f
Äthanol, 2-[1-But-3-en-1-inyl-cyclohexyloxy]-
   6 III 1842 c
−, 2-Butoxy-1-phenyl- 6 III 4574 e
−, 2-[2-tert-Butyl-phenoxy]-
   6 III 1861 d
−, 2-[4-tert-Butyl-phenoxy]-
   6 III 1866 e
−, 2-[3a,4,5,6,7,7a-Hexahydro-
   4,7-methano-inden-5(oder 6)-yloxy]-
   6 III 1932 a
−, 2-[2-Isopropyl-5-methyl-phenoxy]-
   6 I 265 d, III 1900 a, IV 3336
−, 2-[5-Isopropyl-2-methyl-phenoxy]-
   6 I 262 f, III 1887 g, IV 3331
Äthylhydroperoxid, 1-[4-Isopropyl-phenyl]-
   1-methyl- 6 IV 3439
Anthemol, O-Acetyl- 6 101 c
Benzol, 1-[1-Äthoxy-äthyl]-4-methoxy-
   2-methyl- 6 III 4637 d
−, 2-[1-Äthoxy-äthyl]-1-methoxy-
   4-methyl- 6 III 4640 b
−, 4-[1-Äthoxy-äthyl]-1-methoxy-
   2-methyl- 6 III 4641 d
−, 1-Äthoxy-2-butoxy- 6 III 4210 c
−, 1-Äthoxy-4-isobutoxy- 6 844 f
−, 1-[1-Äthoxy-propyl]-2-methoxy-
   6 IV 5978
−, 1-[1-Äthoxy-propyl]-4-methoxy-
   6 928 c
−, 1-[2-Äthoxy-propyl]-4-methoxy-
   6 928 c

−, 3-Äthyl-1,4-dimethoxy-
   2,5-dimethyl- 6 III 4681 f
−, 1,2-Bis-äthoxymethyl- 6 910 g,
   I 444 k
−, 1,3-Bis-äthoxymethyl- 6 914 f
−, 1,4-Bis-äthoxymethyl- 6 I 447 a,
   III 4609 b
−, 1,2-Bis-[α-hydroxy-isopropyl]-
   6 II 906 b, III 4724 d
−, 1,4-Bis-[α-hydroxy-isopropyl]-
   6 I 454 b, II 906 f, IV 6055
−, 1,3-Bis-hydroxymethyl-
   2,4,5,6-tetramethyl- 6 IV 6057
−, 1,4-Bis-hydroxymethyl-
   2,3,5,6-tetramethyl- 6 IV 6057
−, 1,2-Bis-[1-hydroxy-propyl]-
   6 950 g, III 4723 d
−, 1,2-Bis-[3-hydroxy-propyl]-
   6 III 4723 e
−, 1,3-Bis-[1-hydroxy-propyl]-
   6 III 4723 h
−, 1,3-Bis-[3-hydroxy-propyl]-
   6 III 4724 a
−, 1,4-Bis-[1-hydroxy-propyl]-
   6 III 4724 b
−, 1,4-Bis-[3-hydroxy-propyl]-
   6 III 4724 c
−, 1-Butoxy-4-methoxymethyl-
   6 IV 5911
−, 1-Butoxymethyl-4-methoxy-
   6 IV 5911
−, 1-sec-Butoxymethyl-4-methoxy-
   6 IV 5911
−, 1-tert-Butoxymethyl-4-methoxy-
   6 IV 5912
−, 1-Butyl-2,4-dimethoxy-
   6 III 4657 f
−, 1-Butyl-3,5-dimethoxy-
   6 III 4660 b
−, 1-sec-Butyl-3,5-dimethoxy-
   6 III 4664 g
−, 1-tert-Butyl-2,3-dimethoxy-
   6 IV 6012
−, 1-tert-Butyl-2,4-dimethoxy-
   6 III 4670 b, IV 6012
−, 2-Butyl-1,4-dimethoxy-
   6 IV 6004
−, 2-sec-Butyl-1,4-dimethoxy-
   6 IV 6007
−, 2-tert-Butyl-1,4-dimethoxy-
   6 III 4670 e, IV 6014
−, 4-Butyl-1,2-dimethoxy-
   6 III 4659 e, IV 6004

C₁₂H₁₈O₂ (Fortsetzung)

Benzol, 4-*tert*-Butyl-1,2-dimethoxy-
6 IV 6014

–, 1,2-Diäthoxy-3-äthyl- 6 902 j

–, 1,2-Diäthoxy-4-äthyl- 6 902 j

–, 1,2-Diäthoxy-3,4-dimethyl-
6 IV 5947

–, 1,4-Diäthoxy-2,3-dimethyl-
6 908 g

–, 1,4-Diäthoxy-2,5-dimethyl-
6 915 f, II 891 b

–, 1,5-Diäthoxy-2,4-dimethyl-
6 913 a

–, 1,2-Diäthyl-4,5-dimethoxy-
6 III 4678 b

–, 1,3-Diisopropoxy- 6 III 4308 e

–, 1,4-Diisopropoxy- 6 IV 5721

–, 1,2-Dimethoxy-3,4,5,6-tetramethyl-
6 III 4682 d

–, 1,4-Dimethoxy-2,3,5,6-tetramethyl-
6 III 4683 b, IV 6029

–, 1,2-Dipropoxy- 6 III 4209 d,
IV 5566

–, 1,3-Dipropoxy- 6 815 b, II 815 b,
III 4308 c

–, 1,4-Dipropoxy- 6 IV 5720

–, 2-Isobutyl-1,4-dimethoxy-
6 III 4667 d

–, 4-Isobutyl-1,2-dimethoxy-
6 IV 6009

–, 1-Isopentyloxy-4-methoxy-
6 844 i, II 840 f

–, 1-[1-Isopropoxy-äthyl]-4-methoxy-
6 III 4566 b

–, 1-Isopropyl-2,3-dimethoxy-
4-methyl- 6 IV 6019

–, 1-Isopropyl-2,5-dimethoxy-
4-methyl- 6 945 c, II 901 c, III 4674 a

–, 5-Isopropyl-1,3-dimethoxy-
2-methyl- 6 III 4676 f

–, 1-Methoxy-2-methoxymethyl-
4-propyl- 6 III 4672 f

–, 1-Methoxy-2-pentyloxy-
6 III 4211 c

–, 1-Methoxy-3-pentyloxy-
6 III 4309 d

Benzylalkohol, 2-[3-Äthoxy-propyl]-
6 II 900 f

–, 2-[1-Äthyl-1-hydroxy-propyl]- 6 950 e

–, 2-*tert*-Butoxymethyl- 6 IV 5954

–, 3-*tert*-Butyl-2-hydroxy-5-methyl-
6 IV 6057

–, 5-*tert*-Butyl-2-hydroxy-3-methyl-
6 III 4725 e, IV 6057

–, 2-Isopentyloxy- 6 II 879 c

–, 4-Isopentyloxy- 6 IV 5912

–, 5-Isopropyl-4-methoxy-2-methyl-
6 III 4709 d

–, 4-Pentyloxy- 6 IV 5912

Bicyclo[3.1.0]hexan, 3-[2-Acetoxy-äthyl]-
1-methyl-2-methylen- 6 IV 382

[3,3']Bicyclopent-1-enyl-3,3'-diol,
2,2'-Dimethyl- 6 950 h

Brenzcatechin, 3,5-Diisopropyl-
6 IV 6054

–, 3,6-Diisopropyl- 6 IV 6055

–, 3,5-Dipropyl- 6 III 4723 f

–, 4,5-Dipropyl- 6 III 4723 b

–, 3-Hexyl- 6 III 4712 e

–, 4-Hexyl- 6 III 4714 b, IV 6050

–, 4-Isohexyl- 6 III 4717 e

Butan, 1,3-Dimethoxy-1-phenyl-
6 IV 6006

Butan-1,2-diol, 2-Äthyl-1-phenyl-
6 950 c, II 905 c, III 4720 c,
IV 6051

–, 2,3-Dimethyl-1-phenyl- 6 II 905 i

Butan-1,3-diol, 2-Äthyl-1-phenyl-
6 III 4720 e

–, 2,3-Dimethyl-1-phenyl-
6 IV 6052

Butan-1,4-diol, 2-Phenäthyl- 6 IV 6051

Butan-2,3-diol, 2-Methyl-3-*p*-tolyl-
6 III 4722 d

Butan-1-ol, 1-[4-Äthoxy-phenyl]- 6 942 j

–, 2-Äthoxy-1-phenyl- 6 IV 6006

–, 3-Äthoxy-1-phenyl- 6 III 4664 b

–, 3-[2-Hydroxy-5-methyl-phenyl]-
3-methyl- 6 IV 6053

–, 2-[2-Methoxy-benzyl]- 6 III 4699 e,
IV 6034

–, 2-[4-Methoxy-benzyl]- 6 III 4699 f,
IV 6034

–, 1-[2-Methoxy-5-methyl-phenyl]-
6 III 4706 c

–, 3-[3-Methoxy-4-methyl-phenyl]-
6 III 4707 e

–, 4-[2-Methoxy-5-methyl-phenyl]-
6 III 4706 d

–, 1-[2-Methoxy-phenyl]-3-methyl-
6 IV 6036

–, 1-[4-Methoxy-phenyl]-2-methyl-
6 III 4699 d

Butan-2-ol, 3-Benzyloxy-2-methyl-
6 IV 2244

$C_{12}H_{18}O_2$ (Fortsetzung)

Butan-2-ol, 2-[2-Hydroxy-5-methyl-phenyl]-
    3-methyl- **6** IV 6053
−, 2-[2-Methoxy-phenyl]-3-methyl-
    6 III 4705 d
−, 4-[4-Methoxy-phenyl]-2-methyl-
    6 IV 6036
−, 2-Methyl-1-*o*-tolyloxy- **6** IV 1951
But-3-in-2-ol, 4-Cyclohex-1-enyl-1-methoxy-
    2-methyl- **6** IV 6035
Buttersäure-[1-äthinyl-cyclohexylester]
    6 IV 349
− norborn-5-en-2-ylmethylester
    6 IV 358
Car-2-en, 4-Acetoxy- **6** IV 380
Car-3(10)-en, 4-Acetoxy- **6** IV 381
Crotonsäure-[6-methyl-cyclohex-
    3-enylmethylester] **6** IV 224
Cyclohexanol, 1-[4-Äthoxy-but-3-en-1-inyl]-
    6 IV 6003
−, 1-[3-Hydroxy-hex-4-en-1-inyl]-
    6 IV 6048
−, 1-[5-Hydroxy-hex-3-en-1-inyl]-
    6 IV 6047
Cyclopentanol, 1,1'-Äthindiyl-bis-
    6 III 4727 d, IV 6059
Essigsäure-bicyclo[3.2.2]non-6-ylidenmethyl=
    ester **6** IV 389
− [1-bicyclo[2.2.2]oct-5-en-2-yl-
    äthylester] **6** IV 389 c
− born-2-en-2-ylester **6** IV 386
− born-5-en-2-ylester **6** II 105 b,
    III 389 c
− [4,4-dimethyl-bicyclo[3.2.1]oct-
    2-en-2-ylester] **6** III 384 d
− [2,3-dimethyl-2,6-cyclo-norbornan-
    3-ylmethylester] **6** 101 a
− [2,5-dimethyl-6-methylen-cyclohex-
    3-enylmethylester] **6** IV 378
− [3,4-dimethyl-6-methylen-cyclohex-
    3-enylmethylester] **6** IV 379
− [5,5-dimethyl-6-methylen-
    [2]norbornylester] **6** III 390 c
− [7,7-dimethyl-norborn-2-en-
    2-ylmethylester] **6** IV 388
− [3,3-dimethyl-[2]norbornyl=
    idenmethylester] **6** 100 d, III 391 a
− *p*-mentha-1,8-dien-3-ylester
    6 III 379 g
− *p*-mentha-1,8-dien-4-ylester
    6 IV 374
− *p*-mentha-1,8-dien-7-ylester
    6 I 62 a, III 381 e, IV 376

− *p*-mentha-2,4(8)-dien-3-ylester
    6 III 382 a
− *p*-mentha-2,8-dien-3-ylester
    6 III 382 b
− *p*-mentha-6,8-dien-2-ylester
    6 I 61 f, III 381 a, IV 375
− [3-methylen-bicyclo[2.2.2]oct-
    2-ylmethylester] **6** IV 389
− [4-methyl-1-vinyl-cyclohex-
    3-enylmethylester] **6** IV 377
− [1,2,3,4,5,6,7,8-octahydro-
    [1]naphthylester] **6** III 383 e
− [1,2,3,4,5,6,7,8-octahydro-
    [2]naphthylester] **6** IV 380
− [1,4,4a,5,6,7,8,8a-octahydro-
    [1]naphthylester] **6** III 383 b
− [1,4,4a,5,6,7,8,8a-octahydro-
    [2]naphthylester] **6** III 383 c
− [2,3,4,4a,5,6,7,8-octahydro-
    [1]naphthylester] **6** IV 379
− pin-2-en-4-ylester **6** IV 383
− pin-2-en-10-ylester **6** 100 b,
    II 104 b, III 386 b, IV 384
− pin-2(10)-en-3-ylester
    6 II 104 d, III 388 c
− thuj-4(10)-en-3-ylester
    6 99 a, I 62 d, III 384 a
− [4,6,6-trimethyl-cyclohexa-
    2,4-dienylmethylester] **6** IV 378
Formaldehyd-[benzyl-butyl-acetal]
    6 IV 2252
Hexan-1,3-diol, 1-Phenyl- **6** III 4715 g
Hexan-1,4-diol, 6-Phenyl- **6** IV 6050
Hexan-1,6-diol, 1-Phenyl- **6** IV 6050
Hexan-3,4-diol, 3-Phenyl- **6** II 905 b,
    III 4719 f
Hexan-1-ol, 1-[3-Hydroxy-phenyl]-
    6 III 4715 c
−, 1-[4-Hydroxy-phenyl]- **6** IV 6050
−, 6-Phenoxy- **6** I 85 h, III 579 b
Hexan-2-ol, 6-[4-Hydroxy-phenyl]-
    6 III 4715 e
−, 1-Phenoxy- **6** IV 586
Hexan-3-ol, 4-[4-Hydroxy-phenyl]-
    6 III 4719 b
Hex-3-in-2,5-diol, 2,5-Dicyclopropyl-
    6 III 4728 a
Hydrochinon, 2,5-Diisopropyl- **6** III 4724 e
−, 2,5-Dipropyl- **6** IV 6054
−, 2-Hexyl- **6** III 4713 e, IV 6049
−, 2-Isohexyl- **6** III 4717 c
−, 2-Isopentyl-6-methyl- **6** IV 6053

C₁₂H₁₈O₂ (Fortsetzung)

Hydrochinon, 2-Methyl-5-*tert*-pentyl-
  6 IV 6053

—, 2,3,5-Triäthyl- **6** IV 6057

Isobuttersäure-norborn-5-en-2-ylmethyl≈
  ester **6** IV 358

Methan, [2-Isopropyl-5-methyl-phenoxy]-
  methoxy- **6** 537 b

Pentan-1,2-diol, 2-Methyl-1-phenyl-
  6 II 904 h, III 4716 f

Pentan-1,3-diol, 2-Methyl-1-phenyl-
  6 950 a

—, 3-Methyl-5-phenyl- **6** III 4717 a

—, 4-Methyl-1-phenyl- **6** III 4718 b

Pentan-1,4-diol, 4-Methyl-3-phenyl-
  6 IV 6052

Pentan-1,5-diol, 3-Methyl-3-phenyl-
  6 IV 6053

Pentan-2,4-diol, 3-Benzyl- **6** III 4720 f

—, 2-Methyl-4-phenyl- **6** III 4721 d,
  IV 6052

Pentan-1-ol, 5-Benzyloxy- **6** IV 2244

—, 1-[3-Methoxy-phenyl]- **6** III 4696 e

—, 1-[4-Methoxy-phenyl]- **6** III 4696 f

—, 5-[4-Methoxy-phenyl]- **6** III 4697 f

Pentan-2-ol, 5-[4-Methoxy-phenyl]-
  6 III 4697 d

Pentan-3-ol, 3-[2-Hydroxy-3-methyl-
  phenyl]- **6** I 453 h

—, 3-[2-Hydroxy-4-methyl-phenyl]-
  6 950 f

—, 3-[2-Hydroxy-5-methyl-phenyl]-
  6 I 453 a

—, 1-[4-Methoxy-phenyl]- **6** III 4697 b

—, 2-[4-Methoxy-phenyl]- **6** IV 6034

—, 3-[2-Methoxy-phenyl]- **6** 948 m

—, 3-[4-Methoxy-phenyl]- **6** III 4704 d,
  IV 6037

—, 3-Phenoxymethyl- **6** 148 d,
  III 579 e

Peroxid, *tert*-Butyl-[4-methyl-benzyl]-
  6 IV 3173

—, *tert*-Butyl-[1-phenyl-äthyl]-
  6 IV 3040

Phenäthylalkohol, β-Butoxy-
  6 III 4574 d

—, 2-Butoxy- **6** IV 5935

—, 4-Butoxy- **6** IV 5937

—, 2-Isopropyl-3-methoxy-
  6 IV 6044

Phenol, 3-Äthoxy-4-butyl-
  6 III 4657 g

—, 5-Äthoxy-2-butyl- **6** III 4657 g

—, 3-Äthoxymethyl-2,4,6-trimethyl-
  6 IV 6028

—, 4-Äthoxy-2,3,5,6-tetramethyl-
  6 IV 6029

—, 2-Äthyl-5-butoxy- **6** III 4555 c

—, 4-Äthyl-3-butoxy- **6** III 4555 c

—, 4-Butoxy-2,5-dimethyl- **6** 916 b

—, 3-*sec*-Butyl-5-methoxy-2-methyl-
  6 III 4707 c

—, 2-Hexyloxy- **6** III 4211 e,
  IV 5567

—, 3-Hexyloxy- **6** III 4309 f,
  IV 5665

—, 4-Hexyloxy- **6** III 4390 c,
  IV 5722

—, 2-Isopentyl-3-methoxy-
  6 III 4703 a

—, 2-Isopentyl-4-methoxy-
  6 III 4702 c, IV 6035

—, 3-Isopentyl-4-methoxy-
  6 III 4702 c

—, 2-Isopentyloxymethyl- **6** IV 5898

—, 3-Isopentyloxy-5-methyl-
  6 887 c

—, 4-Methoxymethyl-
  2,3,5,6-tetramethyl- **6** III 4711 f

—, 2-Methoxy-4-pentyl- **6** III 4694 e

—, 3-Methoxy-5-pentyl- **6** III 4695 c

—, 4-Methoxy-2-pentyl- **6** III 4693 e

—, 3-Propoxy-4-propyl- **6** III 4612 b

—, 5-Propoxy-2-propyl- **6** III 4612 b

—, 2,3,6-Trimethyl-4-propoxy-
  6 III 4645 e

Pinenol, *O*-Acetyl- **6** 101 e

Propan, 1,2-Dimethoxy-2-methyl-1-phenyl-
  6 IV 6010

Propan-1,3-diol, 2-Äthyl-2-methyl-1-phenyl-
  6 II 905 g

Propan-1-ol, 1-[2-Äthyl-3-methoxy-phenyl]-
  6 III 4708 f

—, 2-Isopropoxy-1-phenyl-
  6 III 4629 d

—, 3-Mesityloxy- **6** IV 3255

—, 1-[4-Methoxy-phenyl]-2,2-dimethyl-
  6 IV 6040

—, 3-[4-Methoxy-phenyl]-2,2-dimethyl-
  6 I 453 e

—, 3-[3-Phenyl-propoxy]- **6** III 1804 a,
  IV 3200

Propan-2-ol, 1-Äthoxy-2-methyl-3-phenyl-
  6 IV 6011

—, 1-Isopropoxy-1-phenyl-
  6 III 4629 d

$C_{12}H_{18}O_2$ (Fortsetzung)

Propan-2-ol, 1-[2-Isopropyl-phenoxy]-
  6 IV 3211

Propionsäure-[1-prop-2-inyl-cyclohexylester]
  6 IV 362

Resorcin, 4-[2-Äthyl-butyl]- 6 III 4720 a
—, 4-Äthyl-6-butyl- 6 III 4722 e
—, 5-[1-Äthyl-butyl]- 6 III 4718 e
—, 5-[1-Äthyl-2-methyl-propyl]-
  6 III 7421 f
—, 5-sec-Butyl-2,4-dimethyl-
  6 III 4725 b, IV 6056
—, 5-sec-Butyl-4,6-dimethyl-
  6 III 4724 f
—, 4,6-Diäthyl-2,5-dimethyl-
  6 III 4727 c
—, 4,6-Diisopropyl- 6 II 906 c
—, 5-[1,1-Dimethyl-butyl]-
  6 III 4720 g
—, 5-[1,2-Dimethyl-butyl]-
  6 III 4721 b
—, 4,6-Dipropyl- 6 II 906 a
—, 2-Hexyl- 6 III 4713 g, IV 6049
—, 4-Hexyl- 6 II 904 d, III 4712 f,
  IV 6048
—, 5-Hexyl- 6 III 4714 e
—, 4-Isohexyl- 6 II 905 a, III 7417 b
—, 5-Isohexyl- 6 III 4717 f
—, 4-[1-Methyl-pentyl]- 6 III 4716 a
—, 5-[1-Methyl-pentyl]- 6 III 4716 b
—, 5-[2-Methyl-pentyl]- 6 III 4716 d
—, 5-[3-Methyl-pentyl]- 6 III 4716 g
—, 2,4,6-Triäthyl- 6 III 4727 b,
  IV 6057

Toluol, 3-Äthoxy-2-isopropoxy-
  6 IV 5861
—, 3-Äthoxy-2-propoxy- 6 IV 5861

$C_{12}H_{18}O_2S$

Acetaldehyd, Phenylmercapto-, diäthyl=
  acetal 6 306 i, IV 1514

Äthan, 1-Äthoxy-1-äthylmercapto-
  2-phenoxy- 6 IV 603

Äthanol, 2-[2-Methyl-propan-2-sulfinyl]-
  1-phenyl- 6 IV 5944

Benzol, 1-Butylmercapto-2,4-dimethoxy-
  6 III 6288 h
—, 4-Butylmercapto-1,2-dimethoxy-
  6 IV 7357

Phenol, 2-[Butylmercapto-methyl]-
  4-methoxy- 6 IV 7381

Propan-2-ol, 1-Äthylmercapto-3-o-tolyloxy-
  6 IV 1956

Resorcin, 5-Hexylmercapto- 6 III 6311 b

Sulfon, Benzyl-[1,2-dimethyl-propyl]-
  6 454 f
—, Benzyl-isopentyl- 6 IV 2638
—, Benzyl-pentyl- 6 IV 2638
—, Butyl-phenäthyl- 6 IV 3084
—, Hexyl-phenyl- 6 IV 1473
—, Isopentyl-p-tolyl- 6 II 394 j
—, Pentyl-o-tolyl- 6 370 l

$C_{12}H_{18}O_2S_2$

Benzol, 1,4-Bis-[(2-hydroxy-äthylmercapto)-
  methyl]- 6 III 4610 a
—, 1,2-Bis-[2-methylmercapto-äthoxy]-
  6 IV 5573
—, 1,4-Bis-[2-methylmercapto-äthoxy]-
  6 IV 5731

$C_{12}H_{18}O_2Se$

Acetaldehyd, Phenylselanyl-, diäthylacetal
  6 III 1109 b

$C_{12}H_{18}O_3$

Acetaldehyd, Phenoxy-, diäthylacetal
  6 151 c, II 152 l, III 589 a, IV 603

Acetessigsäure-[1-vinyl-cyclohexylester]
  6 IV 222

Äthan, 1-Äthoxy-1-[4-methoxy-benzyloxy]-
  6 III 4549 a

Äthanol, 2-[3-Butoxy-phenoxy]-
  6 IV 5669
—, 1-[2,5-Dimethoxy-3,6-dimethyl-
  phenyl]- 6 III 6362 e
—, 2-[2-Methoxy-4-propyl-phenoxy]-
  6 II 893 a
—, 2-[2-(1-Phenyl-äthoxy)-äthoxy]-
  6 IV 3034

Äther, [2-Äthoxy-äthyl]-[2-phenoxy-äthyl]-
  6 IV 573

Benzol, 2-Äthoxy-1-äthyl-3,4-dimethoxy-
  6 III 6327 a
—, 4-[1-Äthoxy-äthyl]-1,2-dimethoxy-
  6 I 552 f
—, 1-Methoxy-2-[1-methoxy-äthyl]-
  4-methoxymethyl- 6 III 6354 c
—, 1,2,3-Triäthoxy- 6 1082 c,
  III 6266 e, IV 7330
—, 1,2,4-Triäthoxy- 6 1089 b,
  IV 7339
—, 1,3,5-Triäthoxy- 6 1103 c,
  II 1079 c, III 6306 b, IV 7362
—, 1,2,3-Trimethoxy-5-propyl-
  6 1120 b, II 1086 d, III 6343 a
—, 1,2,4-Trimethoxy-5-propyl-
  6 1119 h, III 6341 e
—, 1,2,5-Trimethoxy-3-propyl-
  6 1118 h

$C_{12}H_{18}O_3$ (Fortsetzung)

Benzol, 1,3,5-Trimethoxy-2,4,6-trimethyl-
    6 IV 7410

—, 1,3,5-Tris-[1-hydroxy-äthyl]-
    6 IV 7426

—, 1,2,4-Tris-methoxymethyl-
    6 III 6355 h

Benzylalkohol, 3-Äthoxy-2-propoxy-
    6 IV 7378

—, 2-Butoxy-3-methoxy- 6 IV 7379

—, 2,5-Dihydroxy-3-isopentyl-
    6 III 6374 c

—, 2,5-Dimethoxy-3,4,6-trimethyl-
    6 II 1089 d, III 6363 d

Brenzcatechin, 5-Äthoxy-3-*tert*-butyl-
    6 IV 7416

Brenztraubensäure-[2,2,3-trimethyl-
    cyclopent-3-enylmethylester] 6 51 g

Butan-1,2-diol, 1-[4-Methoxy-phenyl]-
    2-methyl- 6 II 1089 g, III 6367 b

—, 2-o-Tolyloxymethyl- 6 IV 1957

Butan-2,3-diol, 2-[4-Methoxy-phenyl]-
    3-methyl- 6 III 6368 a, IV 7423

—, 2-Methyl-1-o-tolyloxy- 6 IV 1957

Butan-1-ol, 1-[2,3-Dimethoxy-phenyl]-
    6 IV 7413

—, 1-[2,6-Dimethoxy-phenyl]-
    6 III 6359 c

—, 1-[3,4-Dimethoxy-phenyl]-
    6 IV 7413

—, 4-[2,4-Dimethoxy-phenyl]-
    6 IV 7414

—, 4-[3,4-Dimethoxy-phenyl]-
    6 IV 7415

—, 4-[3,5-Dimethoxy-phenyl]-
    6 IV 7415

—, 1-[4-Hydroxy-3-methoxy-phenyl]-
    2-methyl- 6 IV 7421

—, 1-[4-Hydroxy-3-methoxy-phenyl]-
    3-methyl- 6 IV 7422

Butan-2-ol, 3-[3,5-Dihydroxy-2,4-dimethyl-
    phenyl]- 6 III 6375 a

—, 4-[2,3-Dimethoxy-phenyl]-
    6 IV 7414

—, 4-[3,4-Dimethoxy-phenyl]-
    6 II 1088 f

—, 3-[3-Hydroxy-5-methoxy-2-methyl-
    phenyl]- 6 III 6369 c

—, 3-[5-Hydroxy-3-methoxy-2-methyl-
    phenyl]- 6 III 6369 c

—, 4-[2-Hydroxy-6-methoxy-phenyl]-
    2-methyl- 6 IV 7422

—, 1-Methoxy-2-[4-methoxy-phenyl]-
    6 III 6360 b

Hexan-1,2,4-triol, 4-Phenyl- 6 1129 b

Hydrochinon, 2-Propoxy-6-propyl-
    6 1119 b

Naphthalin-1,4-diol, 2-Methoxy-4a-methyl-
    1,4,4a,5,8,8a-hexahydro- 6 IV 7425

Orthoessigsäure-diäthylester-phenylester
    6 III 597 a, IV 613

Pentan-1,2-diol, 5-Benzyloxy- 6 III 1473 d

—, 1-[4-Methoxy-phenyl]-
    6 II 1089 f, III 6366 d

Pentan-1,4-diol, 1-[2-Hydroxy-phenyl]-
    4-methyl- 6 IV 7425

Pentan-2,3-diol, 3-[2-Methoxy-phenyl]-
    6 1128 c

Pentan-1-ol, 1-[4-Hydroxy-3-methoxy-
    phenyl]- 6 III 6366 a, IV 7420

Pentan-1,2,4-triol, 4-*p*-Tolyl- 6 1129 c

Pentan-2,3,4-triol, 2-Methyl-4-phenyl-
    6 III 6374 b

Phenol, 3-Äthoxy-4-butoxy- 6 III 6279 e

—, 2,4-Bis-hydroxymethyl-6-isopropyl-
    3-methyl- 6 IV 7427

—, 3-[2-Butoxy-äthoxy]- 6 III 4316 e

—, 2-*sec*-Butyl-4,6-bis-hydroxymethyl-
    6 III 6375 d

—, 2-*tert*-Butyl-4,6-bis-hydroxymethyl-
    6 III 6376 a

—, 4-Butyl-2,6-bis-hydroxymethyl-
    6 III 6374 e

—, 4-*sec*-Butyl-2,6-bis-hydroxymethyl-
    6 III 6375 c

—, 4-*tert*-Butyl-2,6-bis-hydroxymethyl-
    6 III 6375 e

—, 3,5-Diäthoxy-2,6-dimethyl-
    6 1117 a

—, 2,4-Diäthyl-3,5-dimethoxy-
    6 III 6362 b

—, 2,6-Diäthyl-3,5-dimethoxy-
    6 III 6362 c

—, 3,5-Dipropoxy- 6 IV 7362

—, 3-Methoxy-5-pentyloxy-
    6 IV 7363

Phloroglucin, 2-Hexyl- 6 II 1090 b,
    III 6373 a

—, 2,4,6-Triäthyl- 6 1129 d, II 1090 d

Propan, 1-Benzyloxy-2,3-dimethoxy-
    6 III 1472 h

—, 2-Benzyloxy-1,3-dimethoxy-
    6 I 220 d

—, 1,2-Dimethoxy-3-o-tolyloxy-
    6 IV 1952

$C_{12}H_{18}O_3$ (Fortsetzung)

Propan-1,2-diol, 3-[2,6-Dimethyl-phenoxy]-
2-methyl- **6** IV 3117

—, 3-[3,4-Dimethyl-phenoxy]-
2-methyl- **6** IV 3102

—, 3-[3,5-Dimethyl-phenoxy]-
2-methyl- **6** IV 3144

—, 3-Mesityloxy- **6** IV 3255

—, 1-[2-Methoxy-3,5-dimethyl-phenyl]-
6 IV 7424

—, 3-[4-Methoxy-3,5-dimethyl-phenyl]-
6 IV 7424

—, 3-[2-Propoxy-phenyl]- **6** IV 7406

—, 3-[2-Propyl-phenoxy]- **6** III 1785 b,
IV 3177

—, 3-[3-Propyl-phenoxy]- **6** IV 3180

—, 3-[2,3,5-Trimethyl-phenoxy]-
6 IV 3249

Propan-1,3-diol, 1-[2-Methoxy-phenyl]-
2,2-dimethyl- **6** 1128 d

Propan-1-ol, 1-[3,4-Dimethoxy-phenyl]-
2-methyl- **6** III 6360 c

—, 1-[4-Hydroxy-3-methoxy-phenyl]-
2,2-dimethyl- **6** IV 7423

—, 3-[3-Phenoxy-propoxy]- **6** IV 585

Propan-2-ol, 1-Äthoxy-3-[2-methoxy-
phenyl]- **6** III 6350 c

—, 1-[2,5-Dihydroxy-3,4,6-trimethyl-
phenyl]- **6** III 6376 b

—, 2-[3-(α-Hydroperoxy-isopropyl)-
phenyl]- **6** IV 6055

—, 2-[4-(α-Hydroperoxy-isopropyl)-
phenyl]- **6** IV 6055

—, 1-Isopropoxy-3-phenoxy- **6** III 582 c

—, 2-[2-Methoxymethoxy-4-methyl-
phenyl]- **6** 947 a

Propionsäure, 3-[1-Äthinyl-cyclohexyloxy]-,
methylester **6** IV 350

—, 3-[1-Äthinyl-2-methyl-cyclohexyloxy]-
6 IV 365

Pyrogallol, 4-Hexyl- **6** III 6372 e

Resorcin, 5-Hexyloxy- **6** IV 7364

—, 2-Isopentyl-5-methoxy-
6 IV 7421

—, 4-Isopentyl-5-methoxy-
6 IV 7421

—, 5-[1-Methyl-pentyloxy]-
6 IV 7364

$C_{12}H_{18}O_3S$

Acetaldehyd, [4-Äthoxy-phenylmercapto]-,
dimethylacetal **6** IV 5813

—, [3-Methoxy-4-methyl-phenyl≠
mercapto]-, dimethylacetal **6** IV 5865

Äthan, 1-Benzolsulfonyl-2-butoxy-
6 IV 1494

Äthanthiol, 2-[2-(2-Phenoxy-äthoxy)-
äthoxy]- **6** III 570 d

Butan-2-ol, 2-Methyl-3-[toluol-4-sulfonyl]-
6 IV 2177

Propan, 1-Äthoxy-3-phenylmethansulfonyl-
6 II 431 d

—, 2-Äthoxy-1-phenylmethansulfonyl-
6 III 1589 e

$C_{12}H_{18}O_3S_2$

Propan-2-ol, 1-Äthansulfonyl-
3-benzylmercapto- **6** III 1593 c

—, 1-Äthylmercapto-3-phenyl≠
methansulfonyl- **6** III 1593 d

$C_{12}H_{18}O_4$

Äthan, 1-Äthoxymethoxy-2-phenoxymethoxy-
6 III 585 a

—, 1,2-Diacetoxy-1-cyclohex-1-enyl-
6 IV 5281

Äthanol, 2-Äthoxy-1-[3,4-dimethoxy-
phenyl]- **6** IV 7698

—, 2-[2-(2-Phenoxy-äthoxy)-äthoxy]-
6 III 569 c, IV 573

Benzol, 1-Äthyl-2,4-bis-[hydroxy-äthoxy]-
6 III 4556 b

—, 2-Äthyl-1,3,4,5-tetramethoxy-
6 IV 7697

—, 1,3-Bis-[α-hydroperoxy-isopropyl]-
6 IV 6055

—, 1,4-Bis-[α-hydroperoxy-isopropyl]-
6 IV 6056

—, 1,4-Bis-[2-hydroxy-äthyl]-
2,5-dimethoxy- **6** III 6673 e

—, 1,3-Bis-[3-hydroxy-propoxy]-
6 II 816 f

—, 1,2,3,4-Tetramethoxy-5,6-dimethyl-
6 IV 7699

Bicyclo[4.2.0]octan, 7,8-Diacetoxy-
6 III 4132 c

Butan-1,4-diol, 2-[2,4-Dimethoxy-phenyl]-
6 III 6672 a

Butan-2,3-diol, 1-Äthoxy-4-phenoxy-
6 IV 594

—, 1-Methoxy-4-o-tolyloxy-
6 IV 1957

Cyclobuten, 3,4-Diacetoxy-
1,2,3,4-tetramethyl- **6** IV 5285

Cyclohexan, 1,2-Diacetoxy-4-vinyl-
6 IV 5282

Cyclohexen, 1,4-Bis-acetoxymethyl-
6 IV 5285

—, 4,5-Bis-acetoxymethyl- **6** IV 5285

$C_{12}H_{18}O_4$ (Fortsetzung)

Cyclohexen, 4,5-Diacetoxy-1,2-dimethyl-
6 IV 5284

Cycloocten, 3,8-Diacetoxy- 6 IV 5281

Hydrochinon, 2,5-Bis-[α-hydroxy-
isopropyl]- 6 IV 7708

—, 2,5-Dipropoxy- 6 1156 e

Norbornan, 2-Acetoxy-5-acetoxymethyl-
6 III 4133 a

—, 2-Acetoxy-6-acetoxymethyl-
6 III 4133 a

Oxalsäure-monoisobornylester 6 90 d,
III 304 h

— mono-p-menth-1-en-8-ylester
6 III 251 c

Phenol, 2-[2,2-Diäthoxy-äthoxy]-
6 773 k

—, 3,4,5-Triäthoxy- 6 1154 i

—, 2,4,6-Tris-methoxymethyl-
6 IV 7705

Propan-1,2-diol, 3-[2-Isopropoxy-phenoxy]-
6 IV 5578

—, 3-[2-Propoxy-phenoxy]-
6 III 4225 d

Propan-1,3-diol, 2-Hydroxymethyl-2-
m-tolyloxymethyl- 6 IV 2044

—, 2-Hydroxymethyl-2-o-tolyloxy=
methyl- 6 IV 1957

—, 2-Hydroxymethyl-2-p-tolyloxy=
methyl- 6 IV 2108

Propan-1-ol, 2-Benzyloxy-3,3-dimethoxy-
6 IV 2256

—, 1-[3,4,5-Trimethoxy-phenyl]-
6 I 572 a

—, 3-[3,4,5-Trimethoxy-phenyl]-
6 IV 7703

Propan-2-ol, 1-Äthoxy-3-[2-methoxy-
phenoxy]- 6 III 4224 e

—, 1-[2-Hydroxy-äthoxy]-3-o-tolyloxy-
6 IV 1953

Propionsäure, 2-Acryloyloxy-, cyclohexyl=
ester 6 III 32 j

$C_{12}H_{18}O_4S$

Aceton, [Toluol-4-sulfonyl]-, dimethyl=
acetal 6 III 1417 b

Butan-1-sulfonsäure, 3-Methyl-,
[3-methoxy-phenylester] 6 III 4331 d

—, 3-Methyl-, [4-methoxy-
phenylester] 6 III 4428 d

$C_{12}H_{18}O_4S_2$

Äthan, 1-Benzolsulfonyl-2-[butan-
1-sulfonyl]- 6 IV 1495

Benzol, 1,3-Bis-[propan-1-sulfonyl]- 6 834 k

Methan, Benzolsulfonyl-[3-methyl-butan-
1-sulfonyl]- 6 305 b

Propan, 1-Äthansulfonyl-3-phenyl=
methansulfonyl- 6 III 1590 g

$C_{12}H_{18}O_4S_3$

Äthan, 1,1-Bis-äthansulfonyl-
1-phenylmercapto- 6 310 d

$C_{12}H_{18}O_5$

Arabit, O^1-Methyl-1-phenyl- 6 IV 7891

Benzol, 1,2-Bis-hydroxymethyl-
3,4,6-trimethoxy-5-methyl- 6 III 6884 a

Phenäthylalkohol, 2,3-Bis-methoxymethoxy-
6 IV 7392

—, 2,5-Bis-methoxymethoxy-
6 IV 7393

Propan-1,2-diol, 1-[2,4,5-Trimethoxy-
phenyl]- 6 III 6883 d

—, 3-[3,4,5-Trimethoxy-phenyl]-
6 IV 7889

Propan-1,3-diol, 2-Hydroxymethyl-2-
[2-methoxy-phenoxymethyl]-
6 IV 5579

$C_{12}H_{18}O_5P_2$

Benzo[1,3,2]dioxaphosphol, 2-Diisopropoxy=
phosphoryl- 6 IV 5605

$C_{12}H_{18}O_5P_2S_2$

Benzo[1,3,2]dioxaphosphol-2-sulfid,
2-Dipropoxythiophosphoryloxy-
6 IV 5603

$C_{12}H_{18}O_5S_2$

Propan-2-ol, 1-Äthansulfonyl-
3-phenylmethansulfonyl- 6 III 1593 e

$C_{12}H_{18}O_6$

Benzol, 1,2-Bis-[2,3-dihydroxy-propoxy]-
6 IV 5579

—, 1,3-Bis-[2,3-dihydroxy-propoxy]-
6 IV 5671

—, 1,4-Bis-[2,3-dihydroxy-propoxy]-
6 III 4411 g

—, 1,2-Bis-hydroxymethyl-
3,4,5,6-tetramethoxy- 6 IV 7930

—, Hexakis-hydroxymethyl-
6 III 6941 d, IV 7930

—, Hexamethoxy- 6 III 6938 b,
IV 7928

Cyclohexan, 1,2,3-Triacetoxy- 6 I 534 b,
II 1058 b, IV 7311

—, 1,3,5-Triacetoxy- 6 III 6251 c

$C_{12}H_{18}O_6S_2$

Benzol, 1,3-Bis-[2-methoxy-äthansulfonyl]-
6 IV 5707

—, 1,4-Bis-[2-methoxy-äthansulfonyl]-
6 IV 5846

$C_{12}H_{18}O_6S_3$
Äthan, 1,1-Bis-äthansulfonyl-1-benzolsulfonyl-
6 310 f
Methan, Bis-äthansulfonyl-phenyl-
methansulfonyl- 6 III 1598 a

$C_{12}H_{18}O_7S_2$
Propan, 1-Benzyloxy-2,3-bis-methansulfonyl-
oxy- 6 IV 2250

$C_{12}H_{18}O_8$
Quercit, Tri-O-acetyl- 6 1187 c

$C_{12}H_{18}O_8S_2$
Benzol, 1-Hexyl-2,4-bis-sulfooxy-
6 III 4712 f

$C_{12}H_{18}O_9$
myo-Inosit, Tri-O-acetyl- 6 I 589 c

$C_{12}H_{18}O_9S_3$
Benzol, 1,3,5-Tris-methansulfonyl-
2,4,6-trimethoxy- 6 IV 7929

$C_{12}H_{18}S$
Sulfid, Äthyl-[3a,4,5,6,7,7a-hexahydro-
4,7-methano-inden-5(oder 6)-yl]-
6 III 1947 e
—, Benzyl-isopentyl- 6 IV 2638
—, Benzyl-pentyl- 6 IV 2638
—, Butyl-phenäthyl- 6 IV 3084
—, Butyl-[1-phenyl-äthyl]- 6 IV 3063
—, Di-cyclohex-2-enyl- 6 III 208 j,
IV 200
—, [1,3-Dimethyl-butyl]-phenyl-
6 IV 1474
—, Hexyl-phenyl- 6 III 985 f,
IV 1473
—, Isopentyl-o-tolyl- 6 IV 2016
—, Isopentyl-p-tolyl- 6 II 394 i,
IV 2158

$C_{12}H_{18}S_2$
Äthan, 1,2-Bis-äthylmercapto-1-phenyl-
6 III 4579 e
Benzol, 1,4-Bis-mercaptomethyl-
2,3,5,6-tetramethyl- 6 IV 6058
Propan, 1-Äthylmercapto-3-benzyl-
mercapto- 6 III 1590 b

$C_{12}H_{18}S_3$
Benzol, 1,3,5-Triäthylmercapto-
6 IV 7372

$C_{12}H_{18}S_6$
Benzol, Hexakis-mercaptomethyl-
6 III 6942 c

$C_{12}H_{18}Se$
Selenid, Hexyl-phenyl- 6 III 1106 d,
IV 1778

$C_{12}H_{19}BS$
Boran, Benzolsulfenyl-dipropyl-
6 IV 1566

$C_{12}H_{19}BrO_2$
Bornan, 2-Acetoxy-3-brom- 6 IV 286
—, 2-Acetoxy-4-brom- 6 IV 286
Essigsäure-[5-brom-2,2,4-trimethyl-
cyclohex-3-enylmethylester] 6 IV 259
Essigsäure, Brom-, bornylester 6 82 g,
II 85 f, IV 283

$C_{12}H_{19}Br_3O_2$
Äthanol, 1-Bornyloxy-2,2,2-tribrom-
6 78 e, 82 a, 85 k
—, 2,2,2-Tribrom-1-isobornyloxy-
6 88 b, 89 h

$[C_{12}H_{19}ClNO]^+$
Ammonium, Äthyl-[2-(2-chlor-phenoxy)-
äthyl]-dimethyl- 6 IV 799
—, Äthyl-[2-(4-chlor-phenoxy)-äthyl]-
dimethyl- 6 IV 859

$C_{12}H_{19}ClNO_2PS$
Amidothiophosphorsäure, Butyl-,
O-äthylester-O'-[4-chlor-phenylester]
6 IV 876
—, Methyl-, O-[4-tert-butyl-2-chlor-
phenylester]-O'-methylester 6 IV 3313

$C_{12}H_{19}ClNO_3P$
Amidophosphorsäure, Methyl-, [4-tert-butyl-
2-chlor-phenylester]-
methylester 6 IV 3312

$C_{12}H_{19}ClOSi$
Silan, Triäthyl-[2-chlor-phenoxy]-
6 IV 810
—, Triäthyl-[3-chlor-phenoxy]-
6 IV 820
—, Triäthyl-[4-chlor-phenoxy]-
6 IV 878

$C_{12}H_{19}ClO_2$
Acetylchlorid, Bornyloxy- 6 III 310 e
—, Decahydro[2]naphthyloxy-
6 III 275 a
Essigsäure-[4-chlor-bornan-2-ylester]
6 III 314 d
— [2-chlor-p-menth-8-en-1-ylester]
6 IV 255
— [2-chlormethyl-3,3-dimethyl-
[2]norbornylester] 6 92 b
Essigsäure, Chlor-, bornylester
6 79 a, 82 d, II 84 a, IV 283
Hexansäure-[2-chlor-cyclohex-1-enylester]
6 IV 196

$C_{12}H_{19}ClO_3$
Oxalsäure-chlorid-menthylester
    6 III 147 c

$C_{12}H_{19}Cl_3O$
Äthanol, 2,2,2-Trichlor-1-[5-isopropyl-
    2-methyl-cyclohex-1-enyl]- 7 IV 226
Pentan-2-ol, 1,1,1-Trichlor-4-[4-methyl-
    cyclohex-3-enyl]- 6 IV 314
Propan-2-ol, 1,1,1-Trichlor-3-[6,6-dimethyl-
    norpinan-2-yl]- 6 IV 319

$C_{12}H_{19}Cl_3O_2$
Äthanol, 1-Bornyloxy-2,2,2-trichlor-
    6 78 d, 81 m, 85 j
—, 2,2,2-Trichlor-1-isobornyloxy-
    6 88 a
Buttersäure-[2,2,2-trichlor-1-cyclohexyl-
    äthylester] 6 III 88 g
Essigsäure, Trichlor-, menthylester
    6 66 b, I 21 g

$C_{12}H_{19}Cl_6O_3P$
Phosphorigsäure-äthylester-[2,2,2-trichlor-
    1,1-dimethyl-äthylester]-[1-trichlormethyl-
    cyclopentylester] 6 IV 87
— methylester-[2,2,2-trichlor-
    1,1-dimethyl-äthylester]-[1-trichlormethyl-
    cyclohexylester] 6 IV 97

$C_{12}H_{19}Cl_6O_4P$
Phosphonsäure, [1-Hydroxy-äthyl]-,
    [2,2,2-trichlor-1,1-dimethyl-äthylester]-
    [1-trichlormethyl-cyclopentylester]
    6 IV 89

$C_{12}H_{19}IO_2$
Essigsäure, Jod-, bornylester 6 II 84 c, 85
    g

$C_{12}H_{19}NO$
Amin, [2-Äthyl-6-methyl-phenoxymethyl]-
    dimethyl- 6 IV 3235
—, [2-Benzyloxy-propyl]-dimethyl-
    6 III 1540 a
—, [3-Benzyloxy-propyl]-dimethyl-
    6 IV 2485
—, Diäthyl-benzyloxymethyl-
    6 IV 2252
—, Diäthyl-[2-phenoxy-äthyl]-
    6 III 640 b, IV 664
—, [2-(2,6-Dimethyl-phenoxy)-äthyl]-
    dimethyl- 6 IV 3119
—, Dimethyl-[4-phenoxy-butyl]-
    6 I 92 b, III 644 e
—, Dimethyl-[2-(1-phenyl-äthoxy)-
    äthyl]- 6 IV 3038
—, Dimethyl-[β-m-tolyloxy-isopropyl]-
    6 IV 2054

—, Dimethyl-[β-o-tolyloxy-isopropyl]-
    6 IV 1970
—, Dimethyl-[β-p-tolyloxy-isopropyl]-
    6 IV 2124
—, Dimethyl-[2-m-tolyloxy-propyl]-
    6 IV 2054
—, Dimethyl-[2-o-tolyloxy-propyl]-
    6 IV 1970
—, Dimethyl-[2-p-tolyloxy-propyl]-
    6 IV 2124
—, Isopropyl-[β-phenoxy-isopropyl]-
    6 IV 670
—, [3-Phenoxy-propyl]-propyl-
    6 III 643 b
Butylamin, 1,1-Dimethyl-4-phenoxy-
    6 IV 680
—, 2,2-Dimethyl-4-phenoxy-
    6 IV 681
—, 1-Methyl-4-p-tolyloxy- 6 II 381 i
tert-Butylamin, [2,5-Dimethyl-phenoxy]-
    6 IV 3168 b
—, [2,6-Dimethyl-phenoxy]-
    6 IV 3119 g
Hexylamin, 6-Phenoxy- 6 173 k, III 645 b
Hydroxylamin, N,N-Dimethyl-O-[2-methyl-
    2-phenyl-propyl]- 6 III 1877 e
Pentylamin, 2-Methyl-5-phenoxy-
    6 174 b
—, 5-p-Tolyloxy- 6 400 j

$C_{12}H_{19}NOS$
Äthanol, 2-[Äthyl-(2-phenylmercapto-
    äthyl)-amino]- 6 IV 1552
Amin, Diäthyl-[(4-methoxy-phenyl-
    mercapto)-methyl]- 6 IV 5812
—, [2-(2-Methoxy-phenylmercapto)-
    propyl]-dimethyl- 6 IV 5641
—, [2-(4-Methoxy-phenylmercapto)-
    propyl]-dimethyl- 6 IV 5820
—, [3-(2-Methoxy-phenylmercapto)-
    propyl]-dimethyl- 6 IV 5641
—, [3-(4-Methoxy-phenylmercapto)-
    propyl]-dimethyl- 6 IV 5819

$C_{12}H_{19}NO_2$
Äthan, 1-Carbamoyloxy-2-[6,6-dimethyl-
    norpin-2-en-2-yl]- 6 III 397 c
Äthanol, 2-[Äthyl-(2-phenoxy-äthyl)-
    amino]- 6 IV 665
—, 2-[2-(2-Äthyl-phenoxy)-
    äthylamino]- 6 IV 3013
—, 2-[(2-Benzyloxy-äthyl)-methyl-
    amino]- 6 IV 2484
—, 2-[Methyl-(β-phenoxy-isopropyl)-
    amino]- 6 IV 671

$C_{12}H_{19}NO_2$ (Fortsetzung)

Äthanol, 2-[β-m-Tolyloxy-isopropylamino]-
6 IV 2055

—, 2-[β-o-Tolyloxy-isopropylamino]-
6 IV 1971

—, 2-[β-p-Tolyloxy-isopropylamino]-
6 IV 2125

Amin, Dimethyl-[(1-methyl-1-phenyl-
äthylperoxy)-methyl]- 6 IV 3226

—, Dimethyl-[2-(2-phenoxy-äthoxy)-
äthyl]- 6 IV 578

—, [β-(2-Methoxy-phenoxy)-
isopropyl]-dimethyl- 6 IV 5593

Butan-1-ol, 2-Dimethylamino-4-phenoxy-
6 II 163 e

Buttersäure, 2-Cyan-, [2-methyl-
cyclohexylester] 6 III 65 b

—, 2-Cyan-, [4-methyl-cyclohexyl=
ester] 6 III 75 c

Carbamidsäure-[1-prop-2-inyl-cyclooctyl=
ester] 6 IV 391

Carbamidsäure, Dimethyl-, [1-prop-2-inyl-
cyclohexylester] 6 IV 362

—, Methyl-, [1-cyclohexyl-1-methyl-
prop-2-inylester] 6 IV 372

Phenol, 2-[2-Diäthylamino-äthoxy]-
6 III 4238 a

—, 3-[2-Diäthylamino-äthoxy]-
6 III 4327 b

—, 4-[2-Diäthylamino-äthoxy]-
6 III 4424 a, IV 5754

—, 2-[2-Isopropylamino-propoxy]-
6 IV 5593

—, 4-[β-Propylamino-isopropoxy]-
6 III 4427 b

Propan-2-ol, 1-Äthylamino-3-o-tolyloxy-
6 IV 1973

—, 1-Äthylamino-3-p-tolyloxy-
6 IV 2126

—, 1-Dimethylamino-3-m-tolyloxy-
6 I 187 g

—, 1-Dimethylamino-3-o-tolyloxy-
6 I 172 l, IV 1972

—, 1-Dimethylamino-3-p-tolyloxy-
6 I 202 i

—, 1-Isopropylamino-3-phenoxy-
6 IV 683

—, 1-[β-Phenoxy-isopropylamino]-
6 IV 672

—, 1-Phenoxy-3-propylamino-
6 IV 682

Propionsäure, 3-[1-Äthinyl-cyclohexyloxy]-,
methylamid 6 IV 351

Propylamin, 2-Benzyloxy-1-methoxymethyl-
6 IV 2488

—, 1-Methyl-1-[phenoxymethoxy-
methyl]- 6 III 585 h

$C_{12}H_{19}NO_2S$

Äthylthiocyanat, 2-[2-[2]Norbornyloxy-
äthoxy]- 6 III 218 f

Essigsäure, Thiocyanato-, [3,3,5-trimethyl-
cyclohexylester] 6 III 116 e

$C_{12}H_{19}NO_3$

Äthanol, 2-[β-(2-Methoxy-phenoxy)-
isopropylamino]- 6 IV 5594

—, 2-[β-(4-Methoxy-phenoxy)-
isopropylamino]- 6 IV 5757

Amin, Bis-[2-hydroxy-äthyl]-[2-phenoxy-
äthyl]- 6 IV 665

—, [β-(2,5-Dimethoxy-phenoxy)-
isopropyl]-methyl- 6 IV 7344

Carbamidsäure, [2-Hydroxy-äthyl]-,
[1-prop-2-inyl-cyclohexylester]
6 IV 363

Propan-2-ol, 1-Äthylamino-3-[2-methoxy-
phenoxy]- 6 IV 5595

—, 1-Äthylamino-3-[4-methoxy-
phenoxy]- 6 IV 5760

—, 1-Dimethylamino-3-[2-methoxy-
phenoxy]- 6 I 387 h

$C_{12}H_{19}NO_5$

Propan-2-ol, 1-Amino-3-[3,4,5-trimethoxy-
phenoxy]- 6 IV 7686

$C_{12}H_{19}NS$

Amin, [3-Benzylmercapto-propyl]-dimethyl-
6 IV 2720

—, Diäthyl-[2-phenylmercapto-äthyl]-
6 II 293 l, III 1025 e, IV 1551

—, Diäthyl-[m-tolylmercapto-methyl]-
6 IV 2083

—, Diäthyl-[o-tolylmercapto-methyl]-
6 IV 2022

—, Diäthyl-[p-tolylmercapto-methyl]-
6 IV 2181

Benzolsulfenamid, N,N-Dipropyl-
6 IV 1564

Butylamin, 3-Benzylmercapto-3-methyl-
6 III 1622 b

$C_{12}H_{19}N_2OPS$

Diamidothiophosphorsäure-O-[4-cyclohexyl-
phenylester] 6 IV 3906

$C_{12}H_{19}N_2O_4P$

Phosphonsäure, Äthyl-, diäthylamid-
[4-nitro-phenylester] 6 IV 1325

C₁₂H₁₉N₂O₄PS

Amidothiophosphorsäure, Äthyl-,
O-sec-butylester-O'-[4-nitro-
phenylester] 6 IV 1345

—, Diäthyl-, O-äthylester-O'-[4-nitro-
phenylester] 6 IV 1344

C₁₂H₁₉N₄O₂P

Dihydrazidophosphorsäure, N',N'''-
Diisopropyliden-, phenylester
6 IV 752 e

C₁₂H₁₉N₅O

Biguanid, 1-Methyl-1-[2-phenoxy-propyl]-
6 IV 679

[C₁₂H₁₉OS]⁺

Sulfonium, Diäthyl-[β-hydroxy-phenäthyl]-
6 III 4578 d

—, Diäthyl-[2-phenoxy-äthyl]-
6 III 575 h

C₁₂H₁₉O₂P

Phosphinsäure, Diäthyl-, phenäthylester
6 IV 3077

C₁₂H₁₉O₂PS₂

Dithiophosphorsäure-O,O'-diäthylester-
S-phenäthylester 6 IV 3091

— O,O'-diäthylester-S-[1-phenyl-
äthylester] 6 IV 3064

— O,O'-diisopropylester-
S-phenylester 6 IV 1566

— S-phenylester-O,O'-dipropylester
6 IV 1566

C₁₂H₁₉O₂PS₃

Dithiophosphorsäure-O,O'-diäthylester-S-
[2-phenylmercapto-äthylester]
6 IV 1493

— O,O'-diäthylester-S-
[p-tolylmercapto-methylester]
6 IV 2183

[C₁₂H₁₉O₂S]⁺

Sulfonium, Äthyl-[2-hydroxy-2-(4-methoxy-
phenyl)-äthyl]-methyl- 6 III 6334 b

—, Dimethyl-[2-(2-phenoxy-äthoxy)-
äthyl]- 6 IV 574

C₁₂H₁₉O₃P

Phosphonsäure, Äthyl-, äthylester-
phenäthylester 6 IV 3077

Phosphorigsäure-diisopropylester-
phenylester 6 IV 693

— phenylester-dipropylester
6 IV 693

C₁₂H₁₉O₃PS

Phosphonsäure, [2-Phenylmercapto-äthyl]-,
diäthylester 6 IV 1559

Thiophosphorsäure-O,O'-diisopropylester-
O''-phenylester 6 IV 754

— O-phenylester-O',O''-dipropyl≠
ester 6 IV 754

C₁₂H₁₉O₃PS₂

Dithiophosphorsäure-S-[2-äthoxy-
phenylester]-O,O'-diäthylester
6 IV 5643

— S-[4-äthoxy-phenylester]-
O,O'-diäthylester 6 IV 5822

— O,O'-diäthylester-S-[2-phenoxy-
äthylester] 6 IV 582

Thiophosphorsäure-O,O'-diäthylester-O''-
[2-phenylmercapto-äthylester]
6 IV 1492

— O,O'-diäthylester-S-
[2-phenylmercapto-äthylester]
6 IV 1493

— O,O'-diäthylester-S-
[p-tolylmercapto-methylester]
6 IV 2183

C₁₂H₁₉O₃PS₃

Dithiophosphorsäure-O,O'-diäthylester-
S-[(4-methoxy-phenylmercapto)-
methylester] 6 IV 5812

[C₁₂H₁₉O₃S]⁺

Sulfonium, [β-Hydroxy-3,4-dimethoxy-
phenäthyl]-dimethyl- 6 III 6664 d

C₁₂H₁₉O₄P

Phosphonsäure, Benzyloxymethyl-,
diäthylester 6 III 1475 a

—, Benzyloxymethyl-, monobutyl≠
ester 6 III 1475 b

—, [2-Phenoxy-äthyl]-, diäthylester
6 III 649 f, IV 686

Phosphorsäure-benzylester-butylester-
methylester 6 IV 2573

— benzylester-isopentylester
6 III 1549 c

— diäthylester-[3,5-dimethyl-
phenylester] 6 IV 3150

— diäthylester-[1-phenyl-äthylester]
6 IV 3041

— diisopropylester-phenylester
6 IV 710

— hexylester-phenylester 6 IV 711

— phenylester-dipropylester
6 IV 710

C₁₂H₁₉O₄PS

Thiophosphorsäure-O-[3-äthoxy-
phenylester]-O',O''-diäthylester
6 IV 5682

$C_{12}H_{19}O_4PS$ (Fortsetzung)

Thiophosphorsäure-O-[4-äthoxy-
phenylester]-O',O''-diäthylester
6 IV 5764

— S-[2-äthoxy-phenylester]-
O,O'-diäthylester 6 IV 5642

— S-[4-äthoxy-phenylester]-
O,O'-diäthylester 6 IV 5822

$C_{12}H_{19}O_5P$

Phosphorsäure-[4-äthoxy-phenylester]-
diäthylester 7 IV 2907

— [2-hydroxy-phenylester]-
diisopropylester 6 IV 5600

$C_{12}H_{19}O_5PS_2$

Thiophosphorsäure-O,O'-diäthylester-S-
[2-benzolsulfonyl-äthylester]
6 IV 1496

$C_{12}H_{19}O_6P$

Phosphorsäure-bis-[2-methoxy-äthylester]-
phenylester 6 IV 722

$C_{12}H_{20}$

Spiro[5.5]undec-1-en, 7-Methyl-
6 III 341 b
Spiro[5.5]undec-2-en, 7-Methyl-
6 III 341 b

$C_{12}H_{20}BrNO_3$

γ-Terpineol-nitrosobromid, O-Acetyl-
6 26 f

$C_{12}H_{20}Br_2O$

Äthan, 1,2-Dibrom-1-decahydro-
[2]naphthyloxy- 6 IV 269
Äther, Bis-[2-brom-cyclohexyl]-
6 III 43 b

$C_{12}H_{20}Br_2O_2$

Essigsäure-[4,8-dibrom-p-menthan-1-ylester]
6 26 d

— [2,3-dibrom-2,6,6-trimethyl-
cyclohexylmethylester] 6 III 170 b

$C_{12}H_{20}ClNO_3$

γ-Terpineol-nitrosochlorid, O-Acetyl-
6 26 e, II 69 g

$C_{12}H_{20}ClO_2P$

13,15-Dioxa-14-phospha-dispiro[5.0.5.3]-
pentadecan, 14-Chlor- 6 IV 5314

$C_{12}H_{20}Cl_2O$

Äther, Bis-[2-chlor-cyclohexyl]-
6 II 12 d, IV 65

$C_{12}H_{20}Cl_2O_2$

Essigsäure, Dichlor-, menthylester
6 33 a, I 21 f, IV 154

$C_{12}H_{20}Cl_2O_2S$

Sulfon, Bis-[2-chlor-cyclohexyl]- 6 IV 83

$C_{12}H_{20}Cl_2O_2Si_2$

Benzol, 1,4-Bis-[chlormethyl-dimethyl-
silyloxy]- 6 IV 5766

$C_{12}H_{20}Cl_2O_3S$

Schwefligsäure-bis-[2-chlor-cyclohexylester]
6 III 41 d

$C_{12}H_{20}Cl_2S$

Sulfid, Bis-[2-chlor-cyclohexyl]-
6 III 53 a

$C_{12}H_{20}Cl_2Se$

Selenid, Bis-[2-chlor-cyclohexyl]- 6 IV 85

$C_{12}H_{20}Cl_3NO$

Acetimidsäure, 2,2,2-Trichlor-, menthyl-
ester 6 IV 154

$C_{12}H_{20}Cl_4Se$

λ^4-Selan, Dichlor-bis-[2-chlor-cyclohexyl]-
6 IV 85

$C_{12}H_{20}Cl_4Te$

λ^4-Tellan, Dichlor-bis-[2-chlor-cyclohexyl]-
6 IV 85

$[C_{12}H_{20}NO]^+$

Ammonium, Trimethyl-[β-phenoxy-
isopropyl]- 6 IV 670

—, Trimethyl-[2-phenoxy-propyl]-
6 III 644 b, IV 678

—, Trimethyl-[3-phenoxy-propyl]-
6 I 91 m, III 642 f

—, Trimethyl-[2-m-tolyloxy-äthyl]-
6 III 1310 g

—, Trimethyl-[2-o-tolyloxy-äthyl]-
6 III 1258 f

—, Trimethyl-[2-p-tolyloxy-äthyl]-
6 III 1369 e

$[C_{12}H_{20}NO_2]^+$

Ammonium, Äthyl-[2-(4-hydroxy-phenoxy)-
äthyl]-dimethyl- 6 IV 5754

—, [2-(2-Methoxy-phenoxy)-äthyl]-
trimethyl- 6 III 4238 c

—, [2-(4-Methoxy-phenoxy)-äthyl]-
trimethyl- 6 III 4424 e

$C_{12}H_{20}NO_2PS$

Amidothiophosphorsäure, Diäthyl-,
O-äthylester-O'-phenylester 6 IV 757

$C_{12}H_{20}NO_2PS_2$

Amidothiophosphorsäure, Dimethyl-,
O-äthylester-S-[p-tolylmercapto-
methylester] 6 IV 2183

$C_{12}H_{20}NO_3PS$

Amidophosphorsäure, [2-Phenylmercapto-
äthyl]-, diäthylester 6 IV 1552
Amidothiophosphorsäure, Diäthyl-,
O-[4-methoxy-phenylester]-
O'-methylester 6 IV 5762

C₁₂H₂₀N₂O₂

C₁₂H₂₀N₂O₂

Benzol, 1,4-Bis-[3-amino-propoxy]-
 6 IV 5759

Carbamidsäure, Cyan-, menthylester
 6 I 25 a

C₁₂H₂₀N₂O₃

Allophansäure-bornylester **6** III 308 f
 — [2,2-dimethyl-6-methylen-
 cyclohexylmethylester] **6** IV 258
 — [4,4-dimethyl-2-methylen-
 cyclohexylmethylester] **6** III 260 c,
 IV 260
 — p-menth-1-en-8-ylester
 6 III 251 d
 — p-menth-8-en-3-ylester
 6 I 43 d, III 258 d
 — [1,4,4-trimethyl-cyclohex-
 2-enylmethylester] **6** IV 261
 — [1,6,6-trimethyl-cyclohex-
 2-enylmethylester] **6** IV 257
 — [2,2,4-trimethyl-cyclohex-
 3-enylmethylester] **6** IV 259
 — [2,4,4-trimethyl-cyclohex-
 1-enylmethylester] **6** IV 259
 — [2,6,6-trimethyl-cyclohex-
 2-enylmethylester] **6** IV 258
 — [4,4,6-trimethyl-cyclohex-
 1-enylmethylester] **6** IV 260
 — [4,6,6-trimethyl-cyclohex-
 3-enylmethylester] **6** IV 258

Cyclohexan, 3-[2-Allophanoyloxy-
 äthyliden]-1,1-dimethyl- **6** IV 256

Cyclohexen, 1-[2-Allophanoyloxy-äthyl]-
 5,5-dimethyl- **6** IV 255

C₁₂H₂₀N₂O₅

Glycin, N-[N-Cyclopentyloxycarbonyl-
 alanyl]-, methylester **6** IV 9

C₁₂H₂₀O

Äthanol, 1-[1,3,4,5,6,7-Hexahydro-
 2H-[4a]naphthyl]- **6** IV 404
 —, 2-[5-Isopropenyl-2-methyl-
 cyclohex-1-enyl]- **6** IV 402
 —, 2-Octahydro[1]naphthyliden-
 6 III 399 b
 —, 2-Octahydro[2]naphthyliden-
 6 III 399 f
 —, 1-[4,6,6-Trimethyl-2-methylen-
 cyclohex-3-enyl]- **6** IV 403

Äther, Äthyl-born-2-en-2-yl- **6** II 104 f
 —, Äthyl-[3-cyclohex-1-enyl-1-methyl-
 allyl]- **6** IV 370
 —, Äthyl-[7,7-dimethyl-2,6-cyclo-
 norbornan-1-ylmethyl]- **6** II 105 f

—, Äthyl-p-mentha-1,4(8)-dien-3-yl-
 6 III 379 e
—, Äthyl-p-mentha-2,4(8)-dien-3-yl-
 6 97 b
—, Äthyl-pin-2-en-10-yl- **6** 99 e,
 IV 384
—, Cyclohex-3-enyl-cyclohexyl-
 6 III 209 b
—, [4-Cyclohexyl-1-methyl-but-2-inyl]-
 methyl- **6** III 394 e
—, Decahydro[2]naphthyl-vinyl-
 6 IV 269

Allylalkohol, 1-[6,6-Dimethyl-norpinan-
 2-yl]- **6** IV 405
 —, 3-[2,6,6-Trimethyl-cyclohex-1-enyl]-
 6 IV 402
 —, 3-[2,6,6-Trimethyl-cyclohex-2-enyl]-
 6 IV 402

Azulen-4-ol, 5,5-Dimethyl-1,2,3,4,5,6,7,8-
 octahydro- **6** IV 403

Bicyclohexyliden-2-ol **6** IV 403

But-1-en, 4-Methoxy-2-[4-methyl-cyclohex-
 3-enyl]- **6** IV 393

But-2-en-1-ol, 1-Cyclooct-1-enyl-
 6 IV 400
 —, 1-[6,6-Dimethyl-cyclohex-1-enyl]-
 6 IV 402

But-3-en-2-ol, 4-[6,6-Dimethyl-cyclohex-
 1-enyl]- **6** IV 401
 —, 2-Methyl-4-[2-methyl-cyclohex-
 3-enyl]- **6** IV 401

Cycloheptanol, 1-Äthinyl-2,2,3-trimethyl-
 6 III 397 h

Cyclohexa-2,5-dienol, 1-Äthyl-
 2,4,4,5-tetramethyl- **6** II 107 a

Cyclohexanol, 1-Äthinyl-4-tert-butyl-
 6 IV 401
 —, 1-Äthinyl-2-isopropyl-5-methyl-
 6 II 106 f
 —, 1-Äthinyl-5-isopropyl-2-methyl-
 6 II 106 e, III 398 e
 —, 1-Äthinyl-2,2,6,6-tetramethyl-
 6 III 398 f, IV 402
 —, 1-Cyclohex-1-enyl- **6** IV 403
 —, 2-Cyclohex-1-enyl- **6** I 65 a,
 II 407 b, III 399 a
 —, 2,2-Diallyl- **6** III 398 d
 —, 1-Hex-1-inyl- **6** IV 400
 —, 1-[1-Propyl-prop-2-inyl]-
 6 III 398 c
 —, 2,2,6-Trimethyl-1-prop-2-inyl-
 6 IV 402

C₁₂H₂₀O (Fortsetzung)

Cyclohex-2-enol, 5-Äthyl-1-allyl-3-methyl-
6 I 64 j

−, 1-Äthyl-5-isopropenyl-2-methyl-
6 102 i

Dispiro[4.1.4.1]dodecan-6-ol 6 IV 406

Methanol, [Decahydro-1,4-methano-
naphthalin-6-yl]- 6 IV 406

−, [3′,3′-Dimethyl-spiro[cyclopropan-
1,2′-norbornan]-2-yl]- 6 I 65 b

[1]Naphthol, 1,8a-Dimethyl-1,2,3,4,4a,5,8,⁼
8a-octahydro- 6 III 400 a

−, 6,8a-Dimethyl-1,2,3,4,4a,7,8,8a-
octahydro- 6 IV 404

−, 1-Vinyl-decahydro- 6 III 399 c,
IV 404

[2]Naphthol, 3,7-Dimethyl-2,3,4,4a,5,6,7,8-
octahydro- 6 IV 405

−, 2-Vinyl-decahydro- 6 III 399 g

Norbornan-2-ol, 1,7,7-Trimethyl-2-vinyl-
6 III 400 e

Norpin-2-en, 2-[2-Methoxy-äthyl]-
6,6-dimethyl- 6 IV 398

Pent-1-en-3-ol, 5-Cyclohex-1-enyl-2-methyl-
6 IV 400

Pent-3-in-2-ol, 5-Cyclohexyl-2-methyl-
6 III 398 a

Propan-1-ol, 3-[2,3-Dimethyl-2,6-cyclo-
norbornan-3-yl]- 6 III 401 a

−, 3-[3,3-Dimethyl-[2]norbornyliden]-
6 IV 406

−, 1-[6,6-Dimethyl-norpin-2-en-2-yl]-
6 III 400 c

−, 3-[2-Methyl-3-methylen-
[2]norbornyl]- 6 III 400 d, IV 406

Propan-2-ol, 1-[3,5-Dimethyl-cyclohex-
2-enyliden]-2-methyl- 6 I 64 i

−, 1-[6,6-Dimethyl-norpin-2-en-2-yl]-
6 IV 405

C₁₂H₂₀OS

Buta-1,3-dien, 1-Äthylmercapto-
4-cyclohexyloxy- 6 IV 30

Thioessigsäure-S-bornylester 6 III 316 d

− S-[3,3-dimethyl-[2]norbornylmethyl⁼
ester] 6 III 321 c

− S-p-menth-3-en-3-ylester
6 III 253 e

C₁₂H₂₀OS₂

Dithiokohlensäure-O-bornylester-
S-methylester 6 81 a, 84 h, 86 c,
I 49 e, 50 a, III 308 g

− O-caran-2-ylester-S-methylester
6 II 75 e; vgl. IV 272 a

− O-decahydro[1]naphthylester-
S-methylester 6 III 266 f, IV 267

− O-epibornylester-S-methylester
6 I 53 d

− O-isobornylester-S-methylester
6 III 309 a

− S-methylester-O-pinan-3-ylester
6 70 a, II 76 h

− S-methylester-O-thujan-3-ylester
6 69 b

− S-methylester-O-[1,3,3-trimethyl-
[2]norbornylester] 6 I 46 c, III 292 e,
IV 280

− S-methylester-O-[1,5,5-trimethyl-
[2]norbornylester] 6 I 47 d

C₁₂H₂₀OSi

Silan, tert-Butyl-dimethyl-phenoxy- 6 IV 764

−, Triäthyl-phenoxy- 6 IV 762

−, Trimethyl-[1-methyl-2-phenyl-
äthoxy]- 6 IV 3195

−, Trimethyl-[3-phenyl-propoxy]-
6 IV 3203

C₁₂H₂₀O₂

Acrylsäure-[3,3,5-trimethyl-cyclohexylester]
6 III 116 c

Adamantan, 1,3-Bis-hydroxymethyl-
6 IV 5539

Äthan, 1-Acetoxy-1-[2,3,3-trimethyl-
cyclopent-1-enyl]- 6 66 i

−, 1-Acetoxy-2-[2,3,3-trimethyl-
cyclopent-1-enyl]- 6 67 c

Äthanol, 2-p-Mentha-3,6-dien-3-yloxy-
6 III 379 c

Ameisensäure-bornan-3-ylmethylester
6 II 94 g

− bornylmethylester 6 III 333 c;
vgl. IV 311 a

But-3-en-2-ol, 4-Cyclohex-1-enyl-
1-methoxy-2-methyl- 6 IV 5536

But-2-inal-[äthyl-cyclohexyl-acetal] 6 IV 33

Buttersäure-[1-cyclohexyl-vinylester]
6 IV 223

Cyclohexan, 1-Äthinyl-1-[1-äthoxy-äthoxy]-
6 IV 349

Cyclohexanol, 1-Äthyl-2-[4-hydroxy-but-
2-inyl]- 6 IV 5538

−, 1-[3-Hydroxy-3-methyl-but-1-inyl]-
2-methyl- 6 III 4174 b

−, 1-[3-Hydroxy-3-methyl-but-1-inyl]-
3-methyl- 6 III 4174 c

−, 1-[3-Hydroxy-3-methyl-but-1-inyl]-
4-methyl- 6 III 4174 d

$C_{12}H_{20}O_2$ (Fortsetzung)

Cyclohexen, 4-[1-Acetoxy-äthyl]-
1,2-dimethyl- **6** IV 256

−, 4-[1-Acetoxy-äthyl]-3,6-dimethyl-
6 IV 257

−, 4-[1-Acetoxy-propyl]-5-methyl-
6 IV 249

Cyclohexylhydroperoxid, 1-Cyclohex-
1-enyl- **6** IV 403

Cyclopentanol, 1,1′-Äthendiyl-bis-
6 III 4174 e

Cyclopenten, 4-[2-Acetoxy-äthyl]-
1,5,5-trimethyl- **6** IV 264

Dispiro[4.1.4.1]dodecan-6,12-diol
6 IV 5538

Essigsäure-bicyclo[3.3.2]dec-3-ylester
6 IV 291

− bicyclopentyl-2-ylester
6 III 262 b

− bornylester **6** 78 i, 82 c, 85 l,
I 49 b, II 83, 85 e, 86 j, 87 i,
III 302 d

− [4-*tert*-butyl-cyclohex-1-enylester]
6 IV 248

− cyclodec-1-enylester **6** IV 246

− [1-cyclohex-1-enyl-butylester]
6 IV 247

− [1-cyclohex-3-enyl-butylester]
6 IV 247

− [1-cyclohex-3-enyl-2-methyl-
propylester] **6** IV 248

− [1-cyclohexyl-but-2-enylester]
6 III 241 b, IV 247

− [3-cyclohexyl-1-methyl-allylester]
6 IV 247

− decahydroazulen-1-ylester
6 IV 266

− decahydro[1]naphthylester
6 67 g, III 264 b

− decahydro[2]naphthylester
6 68 c, II 74 a, III 272 e, IV 270

− [2,2-dimethyl-bicyclo[3.2.1]oct-
3-ylester] **6** IV 276

− [4,4-dimethyl-bicyclo[3.2.1]oct-
2-ylester] **6** II 76 d

− [3,6-dimethyl-2-methylen-
cyclohexylmethylester] **6** IV 261

− [4,4-dimethyl-2-methylen-
cyclohexylmethylester] **6** IV 260

− [4,5-dimethyl-2-methylen-
cyclohexylmethylester] **6** IV 261

− epibornylester **6** II 92 a,
III 318 b

− epiisobornylester **6** III 318 d

− isobornylester **6** 88 d, 89 d,
I 52 b, II 90 b, 91 d, III 303 c,
IV 283

− [3-isopropenyl-1,2-dimethyl-
cyclopentylester] **6** IV 263

− [2-isopropyliden-5-methyl-
cyclopentylmethylester] **6** I 44 d

− *p*-menth-1-en-2-ylester
6 II 69 e

− *p*-menth-1-en-8-ylester
6 57 b, 60 c, I 42 a, II 66 d, 67 c,
69 d, III 250 g, IV 252

− *p*-menth-2-en-2-ylester
6 II 69 e

− *p*-menth-3-en-3-ylester
6 61 a, III 253 d

− *p*-menth-4-en-3-ylester
6 III 254 d

− *p*-menth-4(8)-en-1-ylester
6 62 a

− *p*-menth-8-en-1-ylester **6** IV 255

− *p*-menth-8-en-2-ylester **6** 64 a

− *p*-menth-8-en-3-ylester
6 65 d, II 70 c, 71 i, III 258 c,
IV 255

− [3-methyl-hexahydro-indan-
1-ylester] **6** III 277 e

− pinan-3-ylester **6** III 283 e

− pinan-4-ylester **6** I 45 d

− pinan-10-ylester **6** III 286 f,
IV 278

− [2,6,6-trimethyl-cyclohept-
3-enylester] **6** 54 c

− [2,6,6-trimethyl-cyclohept-
4-enylester] **6** 54 c

− [2,2,4-trimethyl-cyclohex-
3-enylmethylester] **6** III 259 g,
IV 259

− [2,6,6-trimethyl-cyclohex-
1-enylmethylester] **6** 66 c

− [2,6,6-trimethyl-cyclohex-
2-enylmethylester] **6** 66 c, I 44 a,
III 259 c, IV 258

− [1,3,3-trimethyl-[2]norbornylester]
6 71 b, II 78 b, 79 h, III 290 d

− [1,4,7-trimethyl-[2]norbornylester]
6 III 294 f

− [1,5,5-trimethyl-[2]norbornylester]
6 I 47 c, III 294 b

− [2,3,3-trimethyl-[2]norbornylester]
6 91 f, I 53 f

C₁₂H₂₀O₂ (Fortsetzung)

Essigsäure-[2,5,5-trimethyl-[2]norbornyl=
ester] **6** I 54 d

— [5,5,6-trimethyl-[2]norbornylester]
6 III 320 d, IV 289

Isovaleriansäure-[2-cyclopent-2-enyl-
äthylester] **6** III 216 i

4,7-Methano-inden, 2,5-Bis-hydroxymethyl-
octahydro- **6** IV 5538

Methanol, [3-(4-Methyl-cyclohex-3-enyl)-
but-3-enyloxy]- **6** IV 393

Naphthalin, 2,3-Bis-hydroxymethyl-
1,2,3,4,5,6,7,8-octahydro-
6 IV 5538

Norbornan, 2,3-Bis-hydroxymethyl-
7-isopropyliden- **6** IV 5538

Pent-1-in-3-ol, 1-[1-Hydroxy-cyclohexyl]-
3-methyl- **6** III 4174 a, IV 5537

—, 1-[1-Hydroxy-cyclohexyl]-4-methyl-
6 IV 5537

Pent-3-in-2-ol, 5-[1-Hydroxy-cyclohexyl]-
2-methyl- **6** IV 5538

Pent-4-in-2-ol, 5-[1-Hydroxy-cyclohexyl]-
2-methyl- **6** IV 5537

C₁₂H₂₀O₂S

Äthan, 2-Acetoxy-1-äthylmercapto-
1-cyclohexyliden- **6** IV 5281 f

Thiokohlensäure-*O*-methylester-*O'*-
[1,3,3-trimethyl-[2]norbornylester]
6 IV 279

— *S*-methylester-*O*-[1,3,3-trimethyl-
[2]norbornylester] **6** IV 279

C₁₂H₂₀O₂S₂

Äthan, 1,2-Bis-acetylmercapto-1-cyclohexyl-
6 III 4096 f

Cyclohexan, 1,3-Bis-[acetylmercapto-
methyl]- **6** IV 5237

—, 1,4-Bis-[acetylmercapto-methyl]-
6 IV 5239

C₁₂H₂₀O₂Si

Peroxid, [1-Methyl-1-phenyl-äthyl]-
trimethylsilyl- **6** IV 3226

Phenol, 3-Triäthylsilyloxy- **6** IV 5683

C₁₂H₂₀O₃

Äthanol, 2-[2-(1-Äthinyl-cyclohexyloxy)-
äthoxy]- **6** IV 348

Bicyclo[3.1.0]hexan-2-ol, 3-[2-Acetoxy-
äthyl]-1,2-dimethyl- **6** IV 5303

Brenztraubensäure-[2,3,3-trimethyl-
cyclopentylmethylester] **6** 23 h

Essigsäure, Bornyloxy- **6** III 309 f

—, Decahydro[2]naphthyloxy-
6 III 274 g

—, Isobornyloxy- **6** III 310 c

—, *p*-Menth-1-en-8-yloxy- **6** III 251 e

—, [1,3,3-Trimethyl-[2]norbornyloxy]-
6 III 291 c

Hex-3-in-2,5-diol, 2-[1-Hydroxy-
cyclopentyl]-5-methyl- **6** IV 7322

Kohlensäure-methylester-[1,3,3-trimethyl-
[2]norbornylester] **6** IV 279

p-Menth-1-en-8-ol, 9-Acetoxy- **6** IV 5293

Methacrylsäure-[1-cyclohexyloxy-äthylester]
6 IV 31

Naphthalin-1,4-diol, 2-Methoxy-4a-methyl-
1,4,4a,5,6,7,8,8a-octahydro- **6** IV 7322

[2]Naphthol, 3-Acetoxy-decahydro-
6 IV 5300

[4a]Naphthol, 8a-Acetoxy-octahydro-
6 III 4143 a

Peroxyessigsäure-octahydro[4a]naphthyl=
ester **6** III 277 b

C₁₂H₂₀O₃S

Cyclohexan, 1-Acetoxymethyl-
2-[acetylmercapto-methyl]- **6** IV 5235

—, 1-Acetoxymethyl-3-[acetyl=
mercapto-methyl]- **6** IV 5237

—, 1-Acetoxymethyl-4-[acetyl=
mercapto-methyl]- **6** IV 5239

C₁₂H₂₀O₃S₂

Cyclohexanol, 1-[1,2-Bis-acetylmercapto-
äthyl]- **6** IV 7313

C₁₂H₂₀O₄

Adipinsäure-monocyclohexylester **6** IV 41

Bernsteinsäure-mono-[2-isopropyl-
cyclopentylester] **6** II 32 b

— mono-[2-propyl-cyclopentylester]
6 II 31 b

Cyclohexan, 1,2-Bis-acetoxymethyl-
6 IV 5235

—, 1,3-Bis-acetoxymethyl- **6** IV 5237

—, 1,4-Bis-acetoxymethyl- **6** IV 5238

—, 1,3-Bis-propionyloxy- **6** II 747 j

—, 1,4-Bis-propionyloxy- **6** II 748 b

—, 1,2-Diacetoxy-1,2-dimethyl-
6 IV 5233

Cyclooctan, 1,2-Diacetoxy- **6** IV 5228

—, 1,4-Diacetoxy- **6** IV 5229

Cyclopentan, 1,2-Bis-acetoxymethyl-
3-methyl- **6** IV 5240

p-Menthan, 1,8-Bis-formyloxy- **6** 747 a

Oxalsäure-monomenthylester **6** 34 t,
III 146 e

C₁₂H₂₀O₄S₂

Bernsteinsäure, 2-Äthylmercapto-
2-cyclohexylmercapto- **6** IV 81

$C_{12}H_{20}O_4Si$
Kieselsäure-triäthylester-phenylester
6 IV 765

$C_{12}H_{20}O_5$
Bernsteinsäure, [2,4-Dimethyl-cyclohexyloxy]-
6 IV 124
Cyclohexanol, 1-[1,2-Diacetoxy-äthyl]-
6 IV 7313
Propionsäure, 2-Äthoxycarbonyloxy-,
cyclohexylester 6 III 33 a, IV 47

$C_{12}H_{20}O_6$
Cyclobutan-1,2-diol, 3,4-Diacetoxy-
1,2,3,4-tetramethyl- 6 IV 7674

$C_{12}H_{20}S$
Sulfid, Äthyl-born-2-en-2-yl- 6 III 388 g
—, Butyl-[5-methylen-cyclohex-
1-enylmethyl]- 6 IV 355
—, Cyclohex-2-enyl-cyclohexyl-
6 III 208 i, IV 200

$C_{12}H_{21}AsO_5$
$2\lambda^5$-[2,2']Spirobi[benzo[1,3,2]dioxarsol]-2-ol,
Dodecahydro- 6 III 4069 c

$C_{12}H_{21}BrO_2$
Essigsäure-[2-brom-cyclodecylester]
6 IV 138
— [3-brom-p-menthan-2-ylester]
6 IV 149
Essigsäure, Brom-, menthylester
6 33 c, I 22 a, III 144 c

$C_{12}H_{21}Cl$
Apopinen-hydrochlorid, Propyl-
6 III 342 a

$C_{12}H_{21}ClO$
Äther, [2-Chlor-äthyl]-p-menth-1-en-8-yl-
6 III 249 e
—, [2-Chlor-cyclohexyl]-cyclohexyl-
6 III 41 b

$C_{12}H_{21}ClO_2$
Acetylchlorid, Menthyloxy- 6 I 25 l,
III 156 d
Cyclohexanol, 2-Chlor-2-cyclohexyloxy-
17 IV 1195
Essigsäure, Chlor-, [4-tert-butyl-
cyclohexylester] 6 III 127 c
—, Chlor-, [3-cyclohexyl-1-methyl-
propylester] 6 III 123 e
—, Chlor-, menthylester
6 32 g, I 21 e, III 144 b, IV 153
p-Menthan, 3-Acetoxy-8-chlor- 6 748 e
—, 8-Acetoxy-3-chlor- 6 748 e

$C_{12}H_{21}ClO_2Si_2$
Benzol, 1-Chlor-2,4-bis-trimethylsilyloxy-
6 IV 5684

$C_{12}H_{21}ClO_3$
Äthanol, 2-[5-(2-Chlor-äthoxy)-
[2]norbornylmethoxy]- 6 III 4132 d
—, 2-[6-(2-Chlor-äthoxy)-
[2]norbornylmethoxy]- 6 III 4132 d

$C_{12}H_{21}ClO_3Si$
Silan, Bis-allyloxy-chlor-cyclohexyloxy-
6 III 38 b

$C_{12}H_{21}Cl_3O$
Pentan-2-ol, 1,1,1-Trichlor-4-[4-methyl-
cyclohexyl]- 6 IV 176

$C_{12}H_{21}IO_2$
Essigsäure, Jod-, menthylester 6 33 d,
I 22 b

$C_{12}H_{21}NO$
Acetimidsäure-bornylester 6 II 88 a

$C_{12}H_{21}NOS$
Thiocarbamidsäure-O-[1,4,7,7-tetramethyl-
[2]norbornylester] 6 II 95 b, IV 312
Thiocarbamidsäure, Methyl-,
O-bornylester 6 II 87 a

$C_{12}H_{21}NO_2$
Acetohydroximsäure-bornylester 6 II 88 b
Essigsäure, Decahydro[2]naphthyloxy-,
amid 6 III 275 b

$C_{12}H_{21}NO_3$
Cyclohexen, 4-[2-Äthoxy-äthyl]-
1,2-dimethyl-5-nitro- 6 IV 257

$C_{12}H_{21}NO_4$
Essigsäure, Nitro-, menthylester 6 I 22 c
Isoleucin, N-Cyclopentyloxycarbonyl-
6 IV 11
Norleucin, N-Cyclopentyloxycarbonyl-
6 IV 10

$[C_{12}H_{21}NO_4P]^+$
Ammonium, [2-(Methoxy-phenoxy-
phosphoryloxy)-äthyl]-trimethyl-
6 IV 730

$C_{12}H_{21}NO_4S$
Methionin, N-Cyclohexyloxycarbonyl-
6 IV 44

$C_{12}H_{21}N_2O_2PS$
Diamidothiophosphorsäure, N-Butyl-
N'-methyl-, O-[4-methoxy-phenylester]
6 IV 5763
—, N,N'-Diäthyl-, O-[4-äthoxy-
phenylester] 6 IV 5764

$C_{12}H_{21}N_2O_3P$
Isobutyronitril, α-[4-Methyl-2-oxo-
hexahydro-$2\lambda^5$-benzo[1,3,2]dioxaphosphorin-
2-ylamino]- 6 IV 5231

$C_{12}H_{21}N_3O$

Norbornan-2-carbaldehyd, 2,5,5-Trimethyl-,
semicarbazon **6** III 4766 d

$C_{12}H_{21}N_3O_3$

Propionsäure, 2-Semicarbazono-,
[2-cyclohexyl-äthylester] **6** II 28 a

—, 2-Semicarbazono-, [2,3-diäthyl-
cyclopropylmethylester] **6** 20 c

$C_{12}H_{21}O_3P$

13,15-Dioxa-14-phospha-dispiro[5.0.5.3]=
pentadecan-14-oxid **6** IV 5315 a

$C_{12}H_{22}$

Norpinan, 6,6-Dimethyl-2-propyl-
6 III 285 a

$C_{12}H_{22}Br_6F_2O_2$

Peroxid, Bis-[2,4,6-tribrom-3-fluor-phenyl]-
7 III 535 c

$[C_{12}H_{22}ClN_3PS]^+$

Phosphonium, [4-Chlor-benzolsulfenyl]-tris-
dimethylamino- **6** IV 1610

$C_{12}H_{22}ClO_2P$

Chlorophosphorigsäure-dicyclohexylester
6 IV 56

$C_{12}H_{22}ClO_3P$

Chlorophosphorsäure-dicyclohexylester
6 IV 58

$C_{12}H_{22}Cl_2O_2Si$

Silan, Dichlor-bis-cyclohexyloxy-
6 III 38 f, IV 62

$C_{12}H_{22}FO_3P$

Fluorophosphorsäure-dicyclohexylester
6 III 37 c, IV 58

$C_{12}H_{22}N_2O_3$

Allophansäure-[3-cyclohexyl-1-methyl-
propylester] **6** I 18 f

—   p-menthan-2-ylester **6** I 19 g

—   p-menthan-8-ylester **6** I 30 d,
II 53 c

—   menthylester **6** I 24 k, II 46 e

—   neomenthylester **6** II 50 g

—   [2,2,4-trimethyl-cyclohexylmethyl=
ester] **6** IV 165

$[C_{12}H_{22}N_4O_2PS]^+$

Phosphonium, Tris-dimethylamino-[2-nitro-
benzolsulfenyl]- **6** IV 1680

$C_{12}H_{22}O$

Äthanol, 2-Bornan-2-yl- **6** III 342 g

—, 1-Bornyl- **6** IV 320

—, 2-Decahydro[2]naphthyl-
6 III 340 c

—, 1-Octahydro[4a]naphthyl-
6 IV 318

—, 2-[2,2,3-Trimethyl-cycloheptyliden]-
6 III 335 a

Äther, Äthyl-bornyl- **6** 78 b, III 300 d,
IV 282

—, Äthyl-decahydro[1]naphthyl-
6 II 73 a

—, Äthyl-decahydro[2]naphthyl-
6 68 a, III 271 b

—, Äthyl-epibornyl- **6** II 91 h

—, Äthyl-isobornyl- **6** 89 b, III 300 e

—, Äthyl-p-menth-1-en-8-yl-
6 III 249 d

—, Äthyl-p-menth-2-en-3-yl- **6** 60 f

—, Äthyl-p-menth-3-en-3-yl- **6** 60 f

—, Äthyl-p-menth-8-en-3-yl- **6** 65 c

—, Äthyl-pinan-3-yl- **6** III 283 d

—, Äthyl-[1,5,5-trimethyl-[2]norbornyl]-
6 72 c

—, Äthyl-[2,3,3-trimethyl-[2]norbornyl]-
6 II 92 d

—, Bis-[3-methyl-cyclopentyl]-
6 III 56 d

—, Cyclohex-1-enyl-hexyl-
6 III 204 i

—, Dicyclohexyl- **6** I 6 c, II 10 c,
III 19 e

—, Menthyl-vinyl- **6** IV 152

Azulen-5-ol, 3,8-Dimethyl-decahydro-
6 III 339 f

Azulen-6-ol, 2,6-Dimethyl-decahydro-
6 III 339 g

—, 4,6-Dimethyl-decahydro-
6 III 340 a

Benzocycloocten-5-ol, Dodecahydro-
6 IV 317

Bicycloekasantalol, Dihydro- **6** 95 a

Bicyclo[3.1.3]hexan-2-ol, 2,5-Diisopropyl-
6 94 f

Bicyclohexyl-1-ol **6** 94 d, I 56 h,
III 337 a, IV 316

Bicyclohexyl-2-ol **6** I 57 a, II 95 g, 96 b,
III 337 b

Bicyclohexyl-3-ol **6** III 338 c

Bicyclohexyl-4-ol **6** II 96 e, 97 a,
III 338 d, IV 316

Butan-1-ol, 1-[2,5-Dimethyl-cyclohex-
3-enyl]- **6** III 336 b

Butan-2-ol, 2-Methyl-4-[2]norbornyl-
6 III 342 e

—, 1-[2,2,3-Trimethyl-cyclopent-
3-enyl]- **6** III 336 g

Cyclododec-2-enol **6** IV 313

C₁₂H₂₂O (Fortsetzung)

Cycloheptanol, 2,2,3-Trimethyl-1-vinyl-
   6 III 335 d
Cyclohept-3-enol, 2,2,3,4,6-Pentamethyl-
   6 IV 313
Cyclohexanol, 1-Äthyl-2-isopropyliden-
   5-methyl- **6** I 56 g
—, 1-But-3-enyl-2,6-dimethyl-
   6 III 336 a
—, 4-Cyclopentyl-1-methyl-
   6 IV 317
—, 3,3-Dimethyl-5-[2-methyl-
   propenyl]- **6** 94 a
—, 1-Hex-5-enyl- **6** IV 313
—, 1-Isopropenyl-3,3,5-trimethyl-
   6 IV 315
—, 5-Isopropyl-2-methyl-1-vinyl- **6** II 95 f
—, 1-[2-Methyl-pent-2-enyl]-
   6 IV 313
—, 2-Methyl-1-pent-4-enyl- **6** III 335 f
Cyclohex-2-enol, 2,5-Diisopropyl-
   6 III 335 g
—, 3,5,5-Trimethyl-1-propyl-
   6 IV 315
Cyclopentanol, 1-Cyclohexyl-2-methyl-
   6 III 339 e
—, 2-Cyclohexylmethyl- **6** IV 317
Heptalen-3-ol, Dodecahydro- **6** IV 318
Methanol, Cyclohexyl-cyclopentyl-
   6 II 97 b
—, [2,4,4,6,6-Pentamethyl-cyclohex-
   2-enyl]- **6** IV 316
[1]Naphthol, 1-Äthyl-decahydro-
   6 III 340 b, IV 318
—, 6,8a-Dimethyl-decahydro-
   6 IV 319
[2]Naphthol, 1,4a-Dimethyl-decahydro-
   6 IV 318
—, 1,8a-Dimethyl-decahydro-
   6 III 341 b
—, 3,4a-Dimethyl-decahydro-
   6 IV 319
—, 3,6-Dimethyl-decahydro-
   6 IV 319
—, 3,7-Dimethyl-decahydro-
   6 IV 319
—, 4,4a-Dimethyl-decahydro-
   6 III 341 b
—, 4a,5-Dimethyl-decahydro-
   7 IV 253
—, 5,5-Dimethyl-decahydro- **6** III 340 e
—, 5,8a-Dimethyl-decahydro-
   6 III 341 a

Norbornan-2-ol, 2-Äthyl-1,3,3-trimethyl-
   6 I 57 d
—, 2-Äthyl-1,7,7-trimethyl-
   6 III 342 f, IV 320
—, 3-Äthyl-1,7,7-trimethyl-
   6 I 57 f
—, 4-Äthyl-1,7,7-trimethyl-
   6 III 343 a
—, 1,3,3,7,7-Pentamethyl-
   6 94 h, I 57 g, III 343 b
—, 1,3,4,7,7-Pentamethyl- **6** IV 320
Norpinan-2-ol, 6,6-Dimethyl-2-propyl-
   6 94 g, III 341 c
Norpinan-3-ol, 6,6-Dimethyl-2-propyl-
   6 III 341 d
Pentan-3-ol, 3-[1-Methyl-cyclohex-3-enyl]-
   6 IV 314
Propan-1-ol, 1,1-Bis-[2-methyl-cyclopropyl]-
   2-methyl- **6** IV 317
—, 2-[5,5-Dimethyl-cyclohex-1-enyl]-
   2-methyl- **6** IV 314
—, 2,2-Dimethyl-1-[2-methyl-cyclohex-
   1-enyl]- **6** IV 314
—, 3-[2,2-Dimethyl-6-methylen-
   cyclohexyl]- **6** IV 315
—, 1-[6,6-Dimethyl-norpinan-2-yl]-
   6 III 342 b
—, 3-[6,6-Dimethyl-norpinan-2-yl]-
   6 IV 320
—, 1-[2,2,4-Trimethyl-cyclohex-3-enyl]-
   6 III 336 c
—, 1-[2,5,6-Trimethyl-cyclohex-3-enyl]-
   6 III 336 d
—, 3-[2,6,6-Trimethyl-cyclohex-1-enyl]-
   6 IV 314
—, 3-[2,6,6-Trimethyl-cyclohex-2-enyl]-
   6 IV 315
Propan-2-ol, 2-Methyl-1-[2,3,3-trimethyl-
   cyclopent-1-enyl]- **6** 94 b
—, 2-[1,2,5-Trimethyl-cyclohex-3-enyl]-
   6 IV 315
—, 2-[1,3,4-Trimethyl-cyclohex-3-enyl]-
   6 III 336 e, IV 315
Spiro[5.6]dodecan-7-ol **6** IV 317
Spiro[5.5]undecan-2-ol, 7-Methyl-
   6 III 341 b

C₁₂H₂₂OS

Cyclohexanol, 2-Cyclohexylmercapto-
   6 III 4071 c
Sulfoxid, Dicyclohexyl- **6** IV 74

C₁₂H₂₂OSSi₂

Disiloxan, Pentamethyl-[phenylmercapto-
   methyl]- **6** IV 1506

C$_{12}$H$_{22}$OS$_2$

Cyclohexanol, 2-[2-Mercapto-cyclohexyl≈
mercapto]- **6** IV 5207

Dithiokohlensäure-*O*-[2-*tert*-butyl-
cyclohexylester]-*S*-methylester
6 IV 142

–   *O*-[4-*tert*-butyl-cyclohexylester]-
S-methylester **6** IV 144

–   *O*-cyclodecylester-*S*-methylester
6 IV 138

–   *O*-menthylester-*S*-methylester
6 37 b, I 25 b, II 46 k, III 154 e,
IV 157

–   *S*-methylester-
O-[2,2,6,6-tetramethyl-cyclohexylester]
6 III 170 e

–   *S*-methylester-*S'*-[2,2,6,6-
tetramethyl-cyclohexylester]
6 III 171 a

C$_{12}$H$_{22}$O$_2$

Acetaldehyd, Menthyloxy- **6** III 141 a

Äthan-1,2-diol, 1,2-Dicyclopentyl-
6 III 4153 e

Äthanol, 2-Decahydro[2]naphthyloxy-
6 IV 269

Bicyclohexyl-1,1'-diol **6** 756 a, III 4152 a,
IV 5314

Bicyclohexyl-1,3-diol **6** II 760 f

Bicyclohexyl-2,2'-diol **6** III 4152 c

Bicyclohexyl-4,4'-diol **6** III 4152 d

Caran-4-ol, 3-Äthoxy- **6** III 4144 c

Cycloheptanol, 1-[1-Hydroxy-cyclopentyl]-
6 IV 5313

Cyclohexanol, 2-Cyclohexyloxy-
6 III 4064 b, IV 5195

–, 1-[4-Hydroxy-4-methyl-pent-
1-enyl]- **6** IV 5313

–, 1-[4-Hydroxy-4-methyl-pent-
2-enyl]- **6** IV 5313

–, 2-[3-Hydroxy-propenyl]-
1,3,3-trimethyl- **6** IV 5313

Cyclohexen, 4,5-Bis-[α-hydroxy-isopropyl]-
6 IV 5313

Cyclooctan, 1-Allyloxy-2-methoxy-
6 IV 5227

Cyclopentanol, 1,1'-Äthandiyl-bis-
6 III 4153 c, IV 5316

Essigsäure-[1-äthyl-4-methyl-cyclohexyl≈
methylester] **6** IV 165

–   [2-*tert*-butyl-cyclohexylester]
6 IV 142

–   [4-*tert*-butyl-cyclohexylester]
6 IV 143

–   cyclodecylester **6** III 120 e,
IV 138

–   [1-cyclohexyl-butylester]
6 IV 139

–   [1-cyclohexylmethyl-propylester]
6 I 18 c

–   [2-cyclohexyl-1-methyl-
propylester] **6** IV 141

–   [3-cyclohexyl-1-methyl-
propylester] **6** I 18 e

–   [2,3-dipropyl-cyclopropylmethyl≈
ester] **6** 45 c

–   isomenthylester **6** III 143 b

–   [3-isopropyl-cycloheptylester]
6 III 121 a

–   [2-isopropyl-5-methyl-cyclopentyl≈
methylester] **6** IV 168

–   [3-isopropyl-1-methyl-cyclopentyl≈
methylester] **6** 44 f

–   *p*-menthan-1-ylester **6** II 39 c

–   *p*-menthan-2-ylester
6 27 a, 28 b, I 19 f

–   *p*-menthan-8-ylester
6 I 30 c, IV 164

–   menthylester **6** 32 f, I 21 d,
II 42 b, 50 a, III 142 h, IV 153

–   [2-methyl-1-propyl-cyclohexyl≈
ester] **6** 24 f

–   [3-methyl-1-propyl-cyclohexyl≈
ester] **6** I 18 k

–   [5-methyl-2-propyl-cyclohexyl≈
ester] **6** 24 i

–   neoisomenthylester **6** III 142 f

–   neomenthylester **6** II 50 d, 51 a,
III 143 d

–   [1,2,2,3-tetramethyl-cyclopentyl≈
methylester] **6** II 54 e

–   [2,2,6-trimethyl-cyclohexylmethyl≈
ester] **6** II 53 f

Hexansäure-cyclohexylester **6** III 24 h,
IV 38

Indan-4,5-diol, 3-Äthyl-7-methyl-
hexahydro- **6** IV 5318

–, 7-Äthyl-3-methyl-hexahydro-
6 IV 5318

Isovaleriansäure-[2-methyl-cyclohexylester]
6 12 i, I 9 f

–   [3-methyl-cyclohexylester]
6 I 10 e

–   [4-methyl-cyclohexylester]
6 I 11 b

Naphthalin, 1,2-Bis-hydroxymethyl-
decahydro- **6** IV 5317

$C_{12}H_{22}O_2$ (Fortsetzung)

Naphthalin-1,5-diol, 1,5-Dimethyl-
  decahydro- **6** IV 5317

Naphthalin-1,6-diol, 1-Äthyl-decahydro-
  6 IV 5316

—, 2,5-Dimethyl-decahydro-
  6 IV 5317

Naphthalin-2,3-diol, 2,3-Dimethyl-
  decahydro- **6** IV 5317

Naphthalin-2,8a-diol, 3,6-Dimethyl-
  octahydro- **6** IV 5318

Norbornan-2,3-diol, 1,2,3,7,7-Pentamethyl-
  6 756 b, II 760 h, III 4153 f,
  IV 5319

Norbornan-2-ol, 3-[2-Hydroxy-äthyl]-
  1,7,7-trimethyl- **6** II 760 g

Pentan-2,3-diol, 5-Cyclohex-1-enyl-
  2-methyl- **6** IV 5312

Propionsäure-[4-propyl-cyclohexylester]
  6 III 108 b

Valeriansäure-[2-methyl-cyclohexylester]
  6 12 h

$C_{12}H_{22}O_2S$

Cyclohexanol, 2,2'-Sulfandiyl-bis-
  6 III 4072 f

Sulfon, Dicyclohexyl- **6** 8 e, III 48 f,
  IV 74

Thiokohlensäure-O-menthylester-
  O'-methylester **6** IV 156

— O-menthylester-S-methylester
  6 IV 156

$C_{12}H_{22}O_2S_2$

Cyclohexanol, 2,2'-Disulfandiyl-bis-
  6 III 4074 a

$C_{12}H_{22}O_2Si$

11,13-Dioxa-12-sila-dispiro[5.0.5.3]tridecan,
  12,12-Dimethyl- **6** IV 5296 e

$C_{12}H_{22}O_2Si_2$

Benzol, 1,2-Bis-trimethylsilyloxy-
  6 IV 5607

—, 1,3-Bis-trimethylsilyloxy-
  6 IV 5683

—, 1,4-Bis-trimethylsilyloxy-
  6 IV 5766

$C_{12}H_{22}O_3$

Äthan-1,2-diol, [2-Hydroxy-bornan-3-yl]-
  6 IV 7319

—, [1-Hydroxy-decahydro-[1]naphthyl]-
  6 IV 7318

Bicyclohexyl-1,2,1'-triol **6** I 535 d

Bicyclohexyl-1,2,2'-triol **6** I 535 d

Cyclohexan, 3-Acetoxy-5-äthoxy-
  1,1-dimethyl- **6** 742 d

Cyclohexanol, 2,2'-Oxy-bis- **6** IV 5196

Cyclopentanol, 3-[2-Acetoxy-äthyl]-
  1,2,2-trimethyl- **6** IV 5261

Essigsäure-[1-cyclohexyloxymethyl-
  propylester] **6** III 20 g

Essigsäure, Menthyloxy- **6** I 25 i,
  III 155 d, IV 157

Glykolsäure-menthylester **6** 37 f, II 47 a,
  IV 158

Kohlensäure-cyclohexylester-isopentylester
  6 III 29 b

— menthylester-methylester
  6 IV 155

Naphthalin-1,4-diol, 2-Methoxy-4a-methyl-
  decahydro- **6** IV 7318

Naphthalin-1,4,6-triol, 4,5-Dimethyl-
  decahydro- **6** IV 7319

$C_{12}H_{22}O_3S$

Schwefligsäure-dicyclohexylester
  6 III 35 e

$C_{12}H_{22}O_4S$

Methansulfonsäure-[2-hydroxy-octahydro-
  [4a]naphthylmethylester] **6** IV 5310

$C_{12}H_{22}O_5$

p-Menthan-1,3,4-triol, 2-Acetoxy-
  6 III 6647 a

$C_{12}H_{22}O_5S$

Methansulfonsäure, Menthyloxycarbonyl-
  6 III 163 a

$C_{12}H_{22}O_6$

Glucose, O^6-Cyclohexyl- **6** IV 34

Idose, O^6-Cyclohexyl- **6** IV 35

$C_{12}H_{22}O_8Si_2$

Benzol, 1,3-Bis-trimethoxysilyloxy-
  6 III 4332 g

—, 1,4-Bis-trimethoxysilyloxy-
  6 III 4430 f

$C_{12}H_{22}S$

Sulfid, Äthyl-bornyl- **6** III 316 b

—, Dicyclohexyl- **6** III 48 e, IV 74

$C_{12}H_{22}S_2$

Cyclohexanthiol, 4-Cyclohexylmercapto-
  6 IV 5212

Disulfid, Dicyclohexyl- **6** I 7 a, III 51 h,
  IV 81

$C_{12}H_{22}S_4$

Disulfan-1,2-disulfid, Dicyclohexyl-
  5 IV 82

Tetrasulfid, Dicyclohexyl- **6** III 52 a

$C_{12}H_{22}Se_2$

Diselenid, Bis-cyclopentylmethyl-
  6 IV 93

C$_{12}$H$_{23}$ClO

Äther, [2-Chlor-cyclohexylmethyl]-pentyl-
6 IV 108

C$_{12}$H$_{23}$ClO$_3$

Propan-2-ol, 1-Chlor-3-[2-methoxy-
cyclooctyloxy]- 6 IV 5227

C$_{12}$H$_{23}$Cl$_2$NO

Amin, Bis-[2-chlor-äthyl]-[2-cyclohexyloxy-
äthyl]- 6 IV 50

C$_{12}$H$_{23}$NO

Amin, Diäthyl-[2-cyclohex-2-enyloxy-äthyl]-
6 IV 197

C$_{12}$H$_{23}$NOS

Thiocarbamidsäure, Methyl-,
O-menthylester 6 II 46 h

C$_{12}$H$_{23}$NO$_2$

Essigsäure, Menthyloxy-, amid
6 III 156 e

Glycin-menthylester 6 I 27 i, III 163 b

Glycin, N,N-Diäthyl-, cyclohexylester
6 IV 52

Leucin-cyclohexylester 6 IV 53

[C$_{12}$H$_{23}$N$_2$O$_2$P]$^{2+}$

Phosphoran, Oxo-phenoxy-bis-trimethyl=
ammonio- 6 IV 737

C$_{12}$H$_{23}$O$_2$PS$_2$

Dithiophosphorsäure-O,O'-dicyclohexyl=
ester 6 IV 59

C$_{12}$H$_{23}$O$_3$P

Phosphonsäure-äthylester-bornylester
6 IV 286

— dicyclohexylester 6 III 36 c, IV 56

C$_{12}$H$_{23}$O$_4$P

Phosphorsäure-dicyclohexylester
6 III 37 a, IV 58

C$_{12}$H$_{23}$O$_5$PS

Essigsäure, Diäthoxyphosphorylmercapto-,
cyclohexylester 6 IV 46

[C$_{12}$H$_{23}$S]$^+$

Sulfonium, Bornyl-dimethyl- 6 91 c

C$_{12}$H$_{24}$NO$_3$P

Benzo[1,3,2]dioxaphosphorin-2-oxid,
2-Butylamino-4-methyl-hexahydro-
6 IV 5231

C$_{12}$H$_{24}$N$_2$S

Isothioharnstoff, S-[5-Cyclohexyl-pentyl]-
6 III 176 a

C$_{12}$H$_{24}$O

Äthanol, 2-p-Menthan-2-yl- 6 III 183 d

—, 2-p-Menthan-3-yl- 6 III 183 e

—, 1-[2,2,3,3,5-Pentamethyl-
cyclopentyl]- 6 IV 179

—, 2-[2,2,3-Trimethyl-cycloheptyl]-
6 III 180 h

Äther, Äthyl-menthyl- 6 31 c, III 140 d

—, Äthyl-neomenthyl- 6 III 140 e

—, Cyclohexyl-hexyl- 6 II 10 a

—, Cyclohexyl-[1-methyl-pentyl]-
6 IV 27

—, [2-Methyl-cyclohexyl]-pentyl-
6 12 c

—, Propyl-[4-propyl-cyclohexyl]-
6 III 107 c

Butan-2-ol, 4-[2,4-Dimethyl-cyclohexyl]-
6 III 183 c

—, 2-Methyl-4-[2-methyl-cyclohexyl]-
6 IV 177

Cyclododecanol 6 III 180 f, IV 174

Cyclohexanol, 1-Äthyl-4-tert-butyl-
6 IV 177

—, 2-[1-Äthyl-butyl]- 6 IV 176

—, 2-Äthyl-4-butyl- 6 IV 177

—, 1-Äthyl-2-isopropyl-5-methyl-
6 II 56 g

—, 1-Äthyl-5-isopropyl-2-methyl-
6 II 56 f

—, 2-Äthyl-6-isopropyl-3-methyl- 6 I 33 f

—, 4-Äthyl-3-isopropyl-4-methyl-
6 IV 178

—, 2-tert-Butyl-4,6-dimethyl- 6 I 33 e

—, 4-tert-Butyl-2,6-dimethyl- 6 I 33 e

—, 5,5-Diäthyl-2,2-dimethyl- 6 I 33 i

—, 2,6-Diisopropyl- 6 IV 178

—, 1,2-Dipropyl- 6 III 182 c

—, 2,6-Dipropyl- 6 III 182 d, IV 177

—, 1-Hexyl- 6 III 181 b, IV 174

—, 4-Hexyl- 6 IV 175

—, 1-Isohexyl- 6 IV 175

—, 4-Isohexyl- 6 IV 176

—, 1-Isopentyl-2-methyl- 6 47 e

—, 1-Isopentyl-3-methyl- 6 I 33 c

—, 1-Isopentyl-4-methyl- 6 47 h

—, 2-Isopentyl-5-methyl- 6 47 f

—, 1-Isopropyl-2-propyl- 6 III 183 b

—, 3-Isopropyl-3,5,5-trimethyl- 6 IV 179

—, 6-Isopropyl-2,2,3-trimethyl- 6 I 33 h

—, 1-[2-Methyl-pentyl]- 6 IV 175

—, 1-[3-Methyl-pentyl]- 6 IV 175

—, 2-Methyl-1-pentyl- 6 III 182 b

—, 2,4,6-Triäthyl- 6 III 183 f

—, 3,3,5-Trimethyl-5-propyl-
6 IV 179

Cyclooctanol, 1-sec-Butyl- 6 IV 174

—, 2,2,7,7-Tetramethyl- 6 IV 174

Cyclopentanol, 1-Heptyl- 6 III 184 a

$C_{12}H_{24}O_2S$

Sulfon, Isopentyl-[2-methyl-cyclohexyl]-
6 III 66 g

$C_{12}H_{24}O_3$

Acetaldehyd, Cyclohexyloxy-, diäthyl-
acetal 6 II 10 h, III 22 d

Cyclohexan-1,3,5-triol, 2,2,4,4,6,6-
Hexamethyl- 6 III 6254 c

Pentan-2,3-diol, 5-[1-Hydroxy-cyclohexyl]-
2-methyl- 6 IV 7316

Propan, 1-Cyclohexylmethoxy-
2,3-dimethoxy- 6 III 77 b

Propan-1-ol, 2-[2-Cyclohexyloxy-propoxy]-
6 III 20 c

$C_{12}H_{24}O_4$

Cyclohexan-1,2-diol, 4-[α,β-Dihydroxy-
isopropyl]-1,2,4-trimethyl- 6 I 569 f

Cyclohexan-1,4-diol, 1,4-Bis-[3-hydroxy-
propyl]- 6 IV 7674

Propan-1,2-diol, 3-[2-Methoxy-cyclooctyloxy]-
6 IV 5228

$C_{12}H_{24}O_6$

Idit, O^1-Cyclohexyl- 6 IV 30

myo-Inosit, Hexa-O-methyl- 6 III 6928 a

$C_{12}H_{24}O_6S_2$

Cyclohexan, 1,4-Bis-[propan-1-sulfonyloxy]-
6 IV 5212

$C_{12}H_{24}O_9S_3$

Cyclohexan, 1,3,5-Tris-methansulfonyloxy-
methyl- 6 IV 7315

$C_{12}H_{24}S$

Sulfid, Isopentyl-[2-methyl-cyclohexyl]-
6 III 66 f

$C_{12}H_{24}S_2$

Cyclohexanthiol, 2-Hexylmercapto-
6 III 4075 a

$C_{12}H_{25}NO$

Amin, Diäthyl-[2-cyclohexyloxy-äthyl]-
6 IV 50

$C_{12}H_{25}NO_2$

Cyclohexanol, 2-[2-Diäthylamino-äthoxy]-
6 IV 5198

$C_{12}H_{25}NS$

Amin, Diäthyl-[2-cyclohexylmercapto-
äthyl]- 6 IV 81

$C_{12}H_{25}O_2PS_2$

Dithiophosphorsäure-S-cyclohexylester-
O,O'-dipropylester 6 IV 82

$C_{12}H_{26}NO_2P$

Phosphonsäure, Äthyl-, cyclohexylester-
diäthylamid 6 IV 57

$C_{12}H_{26}N_2O_2$

Cyclohexan, 1,4-Bis-[3-amino-propoxy]-
6 IV 5211

$C_{12}H_{26}OSi$

Silan, Triäthyl-cyclohexyloxy- 6 IV 60

$C_{12}H_{26}O_4Si$

Kieselsäure-triäthylester-cyclohexylester
6 III 37 f

$[C_{12}H_{27}Sn]^+$

Zinn(1+), Tributyl- 6 IV 2228

$$C_{13}$$

$C_{13}Cl_{10}OS_2$

Dithiokohlensäure-S,S'-bis-pentachlorphenyl-
ester 6 IV 1645

$C_{13}Cl_{10}O_3$

Kohlensäure-bis-pentachlorphenylester
6 196 n

$C_{13}Cl_{10}S_3$

Trithiokohlensäure-bis-pentachlorphenyl-
ester 6 IV 1646

$C_{13}HCl_9O_3$

Kohlensäure-pentachlorphenylester-[2,3,4,6-
tetrachlor-phenylester] 6 196 m

$C_{13}H_2Cl_8O_3$

Kohlensäure-bis-[2,3,4,6-tetrachlor-
phenylester] 6 194 a

$C_{13}H_2Cl_{10}O$

Äther, [2,3,4,5,6-Pentachlor-benzyl]-
pentachlorphenyl- 6 III 1559 g

$C_{13}H_2Cl_{10}O_2$

Formaldehyd-[bis-pentachlorphenyl-acetal]
6 IV 1029

$C_{13}H_2Cl_{10}S_2$

Formaldehyd-[bis-pentachlorphenyl-
dithioacetal] 6 IV 1644

$C_{13}H_3Cl_7O_3$

Kohlensäure-[2,3,4,6-tetrachlor-phenylester]-
[2,4,6-trichlor-phenylester] 6 193 h

$C_{13}H_4Br_6OS_2$

Dithiokohlensäure-S,S'-bis-[2,4,6-tribrom-
phenylester] 6 III 1054 f

$C_{13}H_4Br_8O_2$

Phenol, 2,3,5,6,2',3',5',6'-Octabrom-
4,4'-methandiyl-di- 6 997 f

$C_{13}H_4Cl_6N_2O_6$

Formaldehyd-[bis-(3,4,6-trichlor-2-nitro-
phenyl)-acetal] 6 IV 1362

$C_{13}H_4Cl_6O_3$
Kohlensäure-bis-[2,4,5-trichlor-phenylester]
  6 III 720 b
— bis-[2,4,6-trichlor-phenylester]
  6 192 h

$C_{13}H_4Cl_6S_3$
Trithiokohlensäure-bis-[2,4,5-trichlor-
  phenylester] 6 IV 1637

$C_{13}H_4Cl_8O_2$
Formaldehyd-[bis-(2,3,4,6-tetrachlor-
  phenyl)-acetal] 6 IV 1022
Phenol, 2,3,5,6,2′,3′,5′,6′-Octachlor-
  4,4′-methandiyl-di- 6 996 b

$C_{13}H_5Br_6ClO_2$
Methan, Chlor-bis-[2,3,5-tribrom-
  4-hydroxy-phenyl]- 6 997 c

$C_{13}H_5Br_7O_2$
Methan, Brom-bis-[2,3,5-tribrom-
  4-hydroxy-phenyl]- 6 997 d

$C_{13}H_6Br_6O_2$
Formaldehyd-[bis-(2,4,6-tribrom-phenyl)-
  acetal] 6 205 e
Phenol, 2,3,6,2′,3′,6′-Hexabrom-
  4,4′-methandiyl-di- 6 997 a, III 5415 c
—, 2,4,6,2′,4′,6′-Hexabrom-
  3,3′-methandiyl-di- 6 995 e, III 5411 f

$C_{13}H_6Br_6O_3$
Benzhydrol, 2,3,5,2′,3′,5′-Hexabrom-
  4,4′-dihydroxy- 6 1136 j

$C_{13}H_6Cl_4O_2S$
Thiokohlensäure-O,O'-bis-[2,4-dichlor-
  phenylester] 6 IV 908
— O,S-bis-[2,4-dichlor-phenylester]
  6 IV 1615

$C_{13}H_6Cl_4O_3$
Kohlensäure-bis-[2,4-dichlor-phenylester]
  6 189 g

$C_{13}H_6Cl_6O$
Äther, [4-Chlor-benzyl]-pentachlorphenyl-
  6 III 1556 g
—, [2,4,6-Trichlor-benzyl]-
  [2,4,6-trichlor-phenyl]- 6 III 1558 h

$C_{13}H_6Cl_6O_2$
Formaldehyd-[bis-(2,4,5-trichlor-phenyl)-
  acetal] 6 IV 969
Phenol, 2,4,6,2′,4′,6′-Hexachlor-
  3,3′-methandiyl-di- 6 III 5411 e,
  IV 6664
—, 3,4,5,3′,4′,5′-Hexachlor-
  2,2′-methandiyl-di- 6 IV 6660
—, 3,4,6,3′,4′,6′-Hexachlor-
  2,2′-methandiyl-di- 6 III 5407 f,
  IV 6659

$C_{13}H_6Cl_6O_2S$
Sulfon, [2,4,5-Trichlor-benzyl]-
  [2,4,5-trichlor-phenyl]- 6 IV 2788

$C_{13}H_6Cl_6O_5$
Brenzcatechin, 3,6-Dichlor-4-methoxy-
  5-[2,3,4,5-tetrachlor-6-hydroxy-
  phenoxy]- 6 I 570 g

$C_{13}H_6Cl_6S$
Sulfid, [2,4,5-Trichlor-benzyl]-
  [2,4,5-trichlor-phenyl]- 6 IV 2787

$C_{13}H_6Cl_6S_2$
Formaldehyd-[bis-(2,4,5-trichlor-phenyl)-
  dithioacetal] 6 IV 1637

$C_{13}H_6F_5NO_3$
Äther, [4-Nitro-benzyl]-pentafluorphenyl-
  6 IV 2612

$C_{13}H_6N_4O_{11}$
Kohlensäure-bis-[2,4-dinitro-phenylester]
  6 256 a, III 866 c, IV 1381

$C_{13}H_7Br_3O$
Fluoren-9-ol, 2,4,7-Tribrom- 6 III 3492 e

$C_{13}H_7Br_5O$
Äther, Benzyl-pentabromphenyl-
  6 432 n
Phenol, 2,3,5,6-Tetrabrom-4-[4-brom-
  benzyl]- 6 677 f

$C_{13}H_7Br_5O_2$
Methan, Brom-bis-[3,5-dibrom-4-hydroxy-
  phenyl]- 6 996 g

$C_{13}H_7ClF_4O$
Äther, [2-Chlor-1,3,3,3-tetrafluor-propenyl]-
  [1]naphthyl- 6 III 2927 h

$C_{13}H_7Cl_2N_3O_8S$
Trinitro-Derivat $C_{13}H_7Cl_2N_3O_8S$ aus
  [4-Chlor-benzyl]-[4-chlor-phenyl]-sulfon
  6 IV 2774

$C_{13}H_7Cl_3O_3$
Kohlensäure-[4-chlor-phenylester]-
  [2,4-dichlor-phenylester] 6 189 f

$C_{13}H_7Cl_5O$
Äther, Benzyl-pentachlorphenyl-
  6 432 i, IV 2237
Benzhydrol, 2,3,4,5,6-Pentachlor-
  6 III 3378 a
Phenol, 3,4,6-Trichlor-2-[3,4-dichlor-
  benzyl]- 6 IV 4640

$C_{13}H_7Cl_5O_2$
Methan, Chlor-bis-[3,5-dichlor-4-hydroxy-
  phenyl]- 6 995 l
—, Chlor-bis-[2,4-dichlor-phenoxy]-
  6 IV 896

$C_{13}H_7Cl_5O_2S$

Sulfon, [2,5-Dichlor-phenyl]-[2,4,5-trichlor-
benzyl]- 6 IV 2787

—, [3,4-Dichlor-phenyl]-[2,4,5-trichlor-
benzyl]- 6 IV 2787

$C_{13}H_7Cl_5S$

Sulfid, [2,5-Dichlor-phenyl]-[2,4,5-trichlor-
benzyl]- 6 IV 2787

—, [3,4-Dichlor-phenyl]-[2,4,5-trichlor-
benzyl]- 6 IV 2787

$C_{13}H_7Cl_6O_4P$

Phosphorsäure-methylester-bis-
[2,4,6-trichlor-phenylester] 6 193 b

$C_{13}H_7F_2I_2NO_4$

Benzol, 5-[2,6-Dijod-4-nitro-phenoxy]-
1,3-difluor-2-methoxy- 6 III 4431 g

$C_{13}H_7F_3N_2O_4S$

Sulfid, [4-Nitro-phenyl]-[2-nitro-
4-trifluormethyl-phenyl]- 6 IV 2213

—, [4-Nitro-phenyl]-[4-nitro-
2-trifluormethyl-phenyl]- 6 IV 2033

$C_{13}H_7F_3N_2O_5S$

Sulfoxid, [4-Nitro-phenyl]-[2-nitro-
4-trifluormethyl-phenyl]- 6 IV 2213

$C_{13}H_7F_3N_2O_6S$

Sulfon, [4-Nitro-phenyl]-[2-nitro-
4-trifluormethyl-phenyl]- 6 IV 2214

—, [4-Nitro-phenyl]-[4-nitro-
2-trifluormethyl-phenyl]- 6 IV 2034

$C_{13}H_7N_3O_4S$

Biphenyl-2-ylthiocyanat, 5,4'-Dinitro-
6 IV 4595

Biphenyl-4-ylthiocyanat, x,x-Dinitro-
6 IV 4618

$C_{13}H_7N_3O_4Se$

Biphenyl-2-ylselenocyanat, 4,4'-Dinitro-
6 IV 4597

—, 5,4'-Dinitro- 6 IV 4597

$C_{13}H_7N_3O_7$

Fluoren-2-ol, 1,3,7-Trinitro- 6 III 3488 f

$C_{13}H_7N_5O_{11}$

Äther, [2,4-Dinitro-benzyl]-picryl-
6 III 1572 b

—, [4-Methyl-2,6-dinitro-phenyl]-
picryl- 6 III 1391 a

$C_{13}H_8BrN_3O_7$

Äther, [4-Brom-benzyl]-picryl- 6 III 1562 a

—, [3-Brom-5-methyl-phenyl]-picryl-
6 II 257 h

—, [4-Brom-2-nitro-phenyl]-[4-methyl-
2,3-dinitro-phenyl]- 6 III 1389 e

$C_{13}H_8Br_2Cl_2O_2$

Phenol, 2,6-Dibrom-2',6'-dichlor-
4,4'-methandiyl-di- 6 IV 6667

—, 4,6-Dibrom-2',6'-dichlor-
2,4'-methandiyl-di- 6 IV 6662

—, 6,6'-Dibrom-4,4'-dichlor-
2,2'-methandiyl-di- 6 III 5408 c

$C_{13}H_8Br_2I_2O_2$

Phenol, 4,6-Dibrom-2',6'-dijod-
2,4'-methandiyl-di- 6 III 5410 h

$C_{13}H_8Br_2NO_4P$

Isocyanatophosphorsäure-bis-[4-brom-
phenylester] 6 IV 1055

$C_{13}H_8Br_2N_2O_6$

Benzol, 1,2-Dibrom-4-[2,4-dinitro-
phenoxy]-5-methoxy- 6 III 4259 f

Phenol, 2,2'-Dibrom-6,6'-dinitro-
4,4'-methandiyl-di- 6 998 c

—, 2,6-Dibrom-4-[4-methyl-
2,6-dinitro-phenoxy]- 6 IV 5784

$C_{13}H_8Br_2O$

Fluoren-9-ol, 2,5-Dibrom- 6 III 3492 b

—, 2,7-Dibrom- 6 II 656 e,
III 3492 c

—, 3,6-Dibrom- 6 III 3492 d

$C_{13}H_8Br_2O_2S$

Thiokohlensäure-O,O'-bis-[4-brom-
phenylester] 6 200 i, IV 1052

— O,S-bis-[4-brom-phenylester]
6 IV 1654

$C_{13}H_8Br_2O_3$

Kohlensäure-bis-[4-brom-phenylester]
6 200 g

$C_{13}H_8Br_3NO_3$

Äther, [4-Nitro-benzyl]-[2,4,6-tribrom-
phenyl]- 6 II 425 g

$C_{13}H_8Br_4O_2$

Phenol, 2,6,2',6'-Tetrabrom-
4,4'-methandiyl-di- 6 996 d, III 5415 b

—, 4,6,2',6'-Tetrabrom-
2,4'-methandiyl-di- 6 III 5410 g,
IV 6663

—, 4,6,4',6'-Tetrabrom-
2,2'-methandiyl-di- 6 III 5408 d,
IV 6660

$C_{13}H_8Br_4O_3$

Benzhydrol, 3,5,3',5'-Tetrabrom-
4,4'-dihydroxy- 6 1136 h

Resorcin, 2,4-Dibrom-6-[3,5-dibrom-
2-hydroxy-benzyl]- 6 III 6529 h

$C_{13}H_8ClF_3O$

Äther, [4-Chlor-phenyl]-[3-trifluormethyl-
phenyl]- 6 III 1314 c

C₁₃H₈ClF₅O

Äther, [2-Chlor-1,1,3,3,3-pentafluor-
propyl]-[1]naphthyl- **6** III 2929 c

C₁₃H₈Cl₂I₂O₂

Phenol, 4,4′-Dichlor-6,6′-dijod-
2,2′-methandiyl-di- **6** IV 6660

C₁₃H₈Cl₂N₂O₆

Benzol, 1,2-Dichlor-4-[2,4-dinitro-phenoxy]-
5-methoxy- **6** III 4252 g

Phenol, 4,4′-Dichlor-6,6′-dinitro-
2,2′-methandiyl-di- **6** IV 6661

–, 6,6′-Dichlor-4,4′-dinitro-
2,2′-methandiyl-di- **6** IV 6661

–, 2,6-Dichlor-4-[4-methyl-2,6-dinitro-
phenoxy]- **6** IV 5775

C₁₃H₈Cl₂N₂O₈

Resorcin, 4,4′-Dichlor-6,6′-dinitro-
2,2′-methandiyl-di- **6** IV 7746

C₁₃H₈Cl₂O

Fluoren-9-ol, 2,7-Dichlor- **6** II 656 b,
III 3491 h, IV 4852

C₁₃H₈Cl₂O₂S

Thiokohlensäure-O,O′-bis-[2-chlor-
phenylester] **6** IV 795

– O,O′-bis-[4-chlor-phenylester]
6 IV 844

– O,S-bis-[2-chlor-phenylester]
6 IV 1573

– O,S-bis-[4-chlor-phenylester]
6 IV 1600

C₁₃H₈Cl₂O₃

Kohlensäure-bis-[2-chlor-phenylester]
6 185 c

– bis-[3-chlor-phenylester]
6 186 a

– bis-[4-chlor-phenylester]
6 187 f, III 693 l

C₁₃H₈Cl₂S₃

Trithiokohlensäure-bis-[2-chlor-phenylester]
6 IV 1574

– bis-[4-chlor-phenylester]
6 IV 1601

C₁₃H₈Cl₃IO

Äther, Benzyl-[2,4,6-trichlor-3-jod-phenyl]-
6 III 1464 a

C₁₃H₈Cl₃NO₄

Benzhydrol, 2,4,6-Trichlor-3-hydroxy-
3′-nitro- **6** III 5416 g

C₁₃H₈Cl₄I₂O₃

Kohlensäure-bis-[2-dichlorjodanyl-
phenylester] **6** III 771 f

– bis-[3-dichlorjodanyl-phenylester]
6 III 774 b

– bis-[4-dichlorjodanyl-phenylester]
6 III 778 e

C₁₃H₈Cl₄O

Äther, [2-Chlor-benzyl]-[2,4,5-trichlor-
phenyl]- **6** IV 2590

–, [3,3-Dichlor-allyl]-[2,4-dichlor-
[1]naphthyl]- **6** IV 4233

–, [2,4-Dichlor-benzyl]-[2,4-dichlor-
phenyl]- **6** III 1558 b

–, [2,6-Dichlor-benzyl]-[2,4-dichlor-
phenyl]- **6** IV 2597

Anisol, 4-[Tetrachlorcyclopentadieny liden-
methyl]- **6** IV 4621

Benzhydrol, 2,4,2′,4′-Tetrachlor-
6 I 327 j

Phenol, 3,4,6-Trichlor-2-[4-chlor-benzyl]-
6 IV 4639

C₁₃H₈Cl₄O₂

Formaldehyd-[bis-(2,4-dichlor-phenyl)-
acetal] **6** III 704 b, IV 896

Phenol, 4-Benzyloxy-2,3,5,6-tetrachlor-
6 IV 5776

–, 2-Methoxy-4-[tetrachlorcyclopenta-
dienyliden-methyl]- **6** IV 6655

–, 2,5,2′,5′-Tetrachlor-
4,4′-methandiyl-di- **6** IV 6666

–, 2,6,2′,6′-Tetrachlor-
4,4′-methandiyl-di- **6** 995 k, III 5415 a,
IV 6666

–, 4,5,4′,5′-Tetrachlor-
2,2′-methandiyl-di- **6** IV 6659

–, 4,6,4′,6′-Tetrachlor-
2,2′-methandiyl-di- **6** III 5407 d,
IV 6659

–, 4,6,4′,6′-Tetrachlor-
2,3′-methandiyl-di- **6** IV 6661

–, 4,6,4′,6′-Tetrachlor-
3,3′-methandiyl-di- **6** IV 6663

C₁₃H₈Cl₄O₂S

Sulfon, [4-Chlor-3-methyl-phenyl]-
[2,4,5-trichlor-phenyl]- **6** IV 2088

–, [4-Chlor-phenyl]-[2,4,5-trichlor-
benzyl]- **6** IV 2787

C₁₃H₈Cl₄O₃

Benzhydrol, 3,5,3′,5′-Tetrachlor-
4,4′-dihydroxy- **6** 1136 c

C₁₃H₈Cl₄O₄

Resorcin, 4,6,4′,6′-Tetrachlor-
2,2′-methandiyl-di- **6** III 6708 e

C₁₃H₈Cl₄S

Sulfid, [4-Chlor-benzyl]-[2,4,5-trichlor-
phenyl]- **6** IV 2772

$C_{13}H_8Cl_4S$ (Fortsetzung)

Sulfid, [4-Chlor-phenyl]-[2,4,5-trichlor-benzyl]- **6** IV 2787

$C_{13}H_8Cl_5O_3P$

Phosphonsäure, Chlormethyl-, bis-[2,4-dichlor-phenylester] **6** IV 938

$C_{13}H_8Cl_6O$

Äther, [1,4,5,6,7,7-Hexachlor-norborn-5-en-2-yl]-phenyl- **6** IV 567

$C_{13}H_8Cl_6S$

Sulfid, [1,4,5,6,7,7-Hexachlor-norborn-5-en-2-yl]-phenyl- **6** IV 1488

$C_{13}H_8FI_2NO_4$

Benzol, 4-[2,6-Dijod-4-nitro-phenoxy]-2-fluor-1-methoxy- **6** III 4431 e

$C_{13}H_8F_3NO_2S$

Sulfid, [2-Nitro-4-trifluormethyl-phenyl]-phenyl- **6** IV 2213

−, [4-Nitro-2-trifluormethyl-phenyl]-phenyl- **6** IV 2033

$C_{13}H_8F_3NO_4S$

Sulfon, [2-Nitro-4-trifluormethyl-phenyl]-phenyl- **6** IV 2213

−, [3-Nitro-5-trifluormethyl-phenyl]-phenyl- **6** IV 2089

−, [4-Nitro-2-trifluormethyl-phenyl]-phenyl- **6** IV 2034

$C_{13}H_8I_2N_2O_5$

Äther, [2,6-Dijod-4-methyl-phenyl]-[2,4-dinitro-phenyl]- **6** IV 2148

$C_{13}H_8I_2N_2O_6$

Phenol, 2,6-Dijod-4-[4-methyl-2,6-dinitro-phenoxy]- **6** IV 5785

$C_{13}H_8I_2O_3$

Kohlensäure-bis-[2-jod-phenylester] **6** III 771 e

− bis-[3-jod-phenylester] **6** III 773 j

− bis-[4-jod-phenylester] **6** III 778 c

$C_{13}H_8I_3NO_3$

Äther, [4-Nitro-benzyl]-[2,4,6-trijod-phenyl]- **6** III 1568 b

$C_{13}H_8I_3NO_4$

Benzol, 4-[2,6-Dijod-4-nitro-phenoxy]-2-jod-1-methoxy- **6** II 848 g

$C_{13}H_8I_4O_2$

Phenol, 4-[2,6-Dijod-4-methyl-phenoxy]-2,6-dijod- **6** IV 5785

$C_{13}H_8N_2O_2S$

Biphenyl-3-ylthiocyanat, 4'-Nitro- **6** III 3318 e

$C_{13}H_8N_2O_2Se$

Biphenyl-2-ylselenocyanat, 4'-Nitro- **6** IV 4597

−, 5-Nitro- **6** IV 4596

Biphenyl-3-ylselenocyanat, x-Nitro- **6** IV 4599

Biphenyl-4-ylselenocyanat, 3-Nitro- **6** IV 4620

−, 4'-Nitro- **6** IV 4620

$C_{13}H_8N_2O_4S_3$

Trithiokohlensäure-bis-[4-nitro-phenylester] **6** II 312 c

$C_{13}H_8N_2O_5$

Fluoren-2-ol, 1,3-Dinitro- **6** III 3488 e

Fluoren-3-ol, 2,4-Dinitro- **6** IV 4850

Fluoren-9-ol, 2,7-Dinitro- **6** 692 g

−, 4,5-Dinitro- **6** 692 i

$C_{13}H_8N_2O_5S_2$

Dithiokohlensäure-S,S'-bis-[4-nitro-phenylester] **6** II 312 b, III 1075 c

$C_{13}H_8N_2O_6S$

Thiokohlensäure-O,O'-bis-[2-nitro-phenylester] **6** IV 1260

− O,O'-bis-[4-nitro-phenylester] **6** IV 1302

− O,S-bis-[2-nitro-phenylester] **6** IV 1669

− O,S-bis-[4-nitro-phenylester] **6** IV 1709

$C_{13}H_8N_2O_7$

Kohlensäure-bis-[2-nitro-phenylester] **6** II 211 b, IV 1258

− bis-[3-nitro-phenylester] **6** II 215 a

− bis-[4-nitro-phenylester] **6** I 120 f, II 223 l, III 828 d

− [2-nitro-phenylester]-[4-nitro-phenylester] **6** II 223 k

$C_{13}H_8N_4O_8S$

Sulfid, [2,4-Dinitro-phenyl]-[4-methyl-2,6-dinitro-phenyl]- **6** IV 2215

$C_{13}H_8N_4O_8S_2$

Formaldehyd-[bis-(2,4-dinitro-phenyl)-dithioacetal] **6** IV 1757

$C_{13}H_8N_4O_9$

Äther, [2,4-Dinitro-phenyl]-[4-methyl-2,3-dinitro-phenyl]- **6** III 1389 f

−, [2,4-Dinitro-phenyl]-[4-methyl-2,6-dinitro-phenyl]- **6** III 1390 f

−, [4-Nitro-benzyl]-picryl- **6** 451 f

$C_{13}H_8N_4O_9S$
Phenol, 4-[4-Methyl-2,6-dinitro-
phenylmercapto]-2,6-dinitro-
6 IV 5839

$C_{13}H_8N_4O_{10}$
Benzol, 1-[2,4-Dinitro-phenoxy]-2-methoxy-
3,5-dinitro- 6 III 4273 i
Biphenyl-2-ol, 2'-Methoxy-4,6,4',6'-
tetranitro- 6 III 5386 d
Phenol, 4,6,4',6'-Tetranitro-2,2'-methandiyl-
di- 6 III 5409 b

$C_{13}H_9BrCl_2O$
Äther, [4-Brom-benzyl]-[2,5-dichlor-phenyl]-
6 III 1561 i
Benzhydrol, 2-Brom-5,3'-dichlor-
6 IV 4677

$C_{13}H_9BrCl_2O_2$
Phenol, 4-Brom-2',6'-dichlor-
2,4'-methandiyl-di- 6 IV 6662

$C_{13}H_9BrINO_4$
Benzol, 1-[2-Brom-6-jod-4-nitro-phenoxy]-
4-methoxy- 6 IV 5726

$C_{13}H_9BrI_2O_2$
Benzol, 1-[4-Brom-2,6-dijod-phenoxy]-
4-methoxy- 6 III 4399 a

$C_{13}H_9BrN_2O_4S$
Sulfid, [5-Brom-2,4-dinitro-phenyl]-p-tolyl-
6 IV 2171

$C_{13}H_9BrN_2O_5$
Äther, [4-Brom-3-methyl-2,6-dinitro-
phenyl]-phenyl- 6 IV 2078
−, [6-Brom-3-methyl-2,4-dinitro-
phenyl]-phenyl- 6 IV 2078

$C_{13}H_9BrN_2O_6$
Benzol, 4-Brom-1-[2,4-dinitro-phenoxy]-
2-methoxy- 6 III 4255 c
−, 4-Brom-2-[2,4-dinitro-phenoxy]-
1-methoxy- 6 III 4256 b
−, 1-Brom-4-methoxy-2-nitro-5-
[4-nitro-phenoxy]- 6 III 4272 a
Biphenyl-2-ol, 3-Brom-2'-methoxy-
5,5'-dinitro- 6 III 5382 d
−, 5-Brom-2'-methoxy-3,5'-dinitro-
6 III 5381 f

$C_{13}H_9BrN_2O_6S$
Sulfon, [4-Brom-3-nitro-phenyl]-[4-methyl-
3-nitro-phenyl]- 6 III 1437 b

$C_{13}H_9BrN_2O_7S$
Benzol, 2-[4-Brom-benzolsulfonyl]-
5-methoxy-1,3-dinitro- 6 IV 5837

$C_{13}H_9BrO$
Fluoren-9-ol, 2-Brom- 6 II 656 c,
III 3491 i

−, 3-Brom- 6 III 3491 k, IV 4852
−, 4-Brom- 6 III 3492 a, IV 4852

$C_{13}H_9BrO_3$
Kohlensäure-[4-brom-phenylester]-
phenylester 6 200 f

$C_{13}H_9Br_2ClO$
Äther, [3,5-Dibrom-2'-chlor-biphenyl-4-yl]-
methyl- 6 IV 4611
−, [3,5-Dibrom-3'-chlor-biphenyl-
4-yl]-methyl- 6 IV 4611
−, [3,5-Dibrom-4'-chlor-biphenyl-
4-yl]-methyl- 6 IV 4611

$C_{13}H_9Br_2ClO_2$
Phenol, 2',6'-Dibrom-4-chlor-
2,4'-methandiyl-di- 6 IV 6662
−, 2,6-Dibrom-2'-chlor-
4,4'-methandiyl-di- 6 IV 6667
−, 4,6-Dibrom-2'-chlor-
2,4'-methandiyl-di- 6 IV 6662
−, 4,6-Dibrom-4'-chlor-
2,2'-methandiyl-di- 6 IV 6660

$C_{13}H_9Br_2FO$
Äther, [3,5-Dibrom-4'-fluor-biphenyl-4-yl]-
methyl- 6 IV 4611

$C_{13}H_9Br_2NO_2$
Carbimidsäure-bis-[4-brom-phenylester]
6 200 h

$C_{13}H_9Br_2NO_2S$
Sulfid, [3,5-Dibrom-2-nitro-phenyl]-p-tolyl-
6 III 1400 f

$C_{13}H_9Br_2NO_3$
Äther, Benzyl-[2,4-dibrom-6-nitro-phenyl]-
6 433 h
−, Benzyl-[2,6-dibrom-4-nitro-phenyl]-
6 433 i
−, [3,5-Dibrom-2'-nitro-biphenyl-
2-yl]-methyl- 6 IV 4592
−, [2,4-Dibrom-phenyl]-[4-nitro-
benzyl]- 6 II 425 f

$C_{13}H_9Br_2NO_3S$
Phenol, 2,6-Dibrom-4-[4-nitro-
phenylmercapto]-3-methyl- 6 III 4507 b

$C_{13}H_9Br_2NO_4$
Benzol, 1,2-Dibrom-4-methoxy-5-[2-nitro-
phenoxy]- 6 III 4259 c
−, 1,2-Dibrom-4-methoxy-5-[3-nitro-
phenoxy]- 6 III 4259 d
−, 1,2-Dibrom-4-methoxy-5-[4-nitro-
phenoxy]- 6 III 4259 e
−, 1-[2,6-Dibrom-4-nitro-phenoxy]-
4-methoxy- 6 II 841 f

$C_{13}H_9Br_2NO_4S$

Sulfon, [3,5-Dibrom-2-nitro-phenyl]-*p*-tolyl-
6 III 1404 a

$C_{13}H_9Br_3O$

Äther, Benzyl-[2,4,6-tribrom-phenyl]-
6 432 m, II 412 b, IV 2238

−, [2-Brom-benzyl]-[2,4-dibrom-
phenyl]- 6 446 c, III 1559 m

−, [3-Brom-benzyl]-[2,4-dibrom-
phenyl]- 6 III 1560 d

−, [4-Brom-benzyl]-[2,4-dibrom-
phenyl]- 6 446 j, II 423 j, III 1561 k

−, Methyl-[3,5,4′-tribrom-biphenyl-
2-yl]- 6 II 624 b

−, Methyl-[3,5,4-tribrom-biphenyl-
4-yl]- 6 III 3337 f

Phenol, 2,4-Dibrom-6-[2-brom-benzyl]-
6 III 3357 b

−, 2,4-Dibrom-6-[3-brom-benzyl]-
6 III 3357 c

−, 2,4-Dibrom-6-[4-brom-benzyl]-
6 III 3357 d

−, 2,6-Dibrom-4-[2-brom-benzyl]-
6 III 3363 g, IV 4647

−, 2,6-Dibrom-4-[3-brom-benzyl]-
6 III 3363 h

−, 2,6-Dibrom-4-[4-brom-benzyl]-
6 677 d, III 3364 a, IV 4648

Toluol, 4-Brom-3-[2,x-dibrom-phenoxy]-
6 IV 2072

−, 4,x-Dibrom-3-[2-brom-phenoxy]-
6 IV 2072

$C_{13}H_9Br_3OS$

Benzol, 4-Brom-2-[2,5-dibrom-
phenylmercapto]-1-methoxy-
6 III 4283 i

$C_{13}H_9Br_3O_2$

Benzol, 1,2-Dibrom-4-[4-brom-phenoxy]-
5-methoxy- 6 III 4259 b

Essigsäure-[3,4,6-tribrom-1-methyl-
[2]naphthylester] 6 III 3021 g

Phenol, 4,2′,6′-Tribrom-2,4′-methandiyl-di-
6 IV 6663

$C_{13}H_9Br_3O_4S$

Phenol, 2,6,2′-Tribrom-6′-methyl-
4,4′-sulfonyl-di- 6 III 4509 a

$C_{13}H_9ClI_2O_2$

Benzol, 1-[4-Chlor-2,6-dijod-phenoxy]-
4-methoxy- 6 III 4398 f

$C_{13}H_9ClN_2O_4S$

Sulfid, [2-Chlor-benzyl]-[2,4-dinitro-phenyl]-
6 IV 2767

−, [5-Chlor-2,4-dinitro-phenyl]-*p*-tolyl-
6 III 1401 a, IV 2170

−, [4-Chlor-2-nitro-phenyl]-[4-nitro-
benzyl]- 6 IV 2797

$C_{13}H_9ClN_2O_5$

Äther, [4-Chlor-3-methyl-2,6-dinitro-
phenyl]-phenyl- 6 IV 2077

−, [6-Chlor-3-methyl-2,4-dinitro-
phenyl]-phenyl- 6 IV 2078

−, [4-Chlor-3-methyl-phenyl]-
[2,4-dinitro-phenyl]- 6 III 1317 a

−, [4-Chlor-2-nitro-phenyl]-[4-methyl-
2-nitro-phenyl]- 6 III 1387 a

$C_{13}H_9ClN_2O_5S$

Benzol, 2-[4-Chlor-phenylmercapto]-
1-methoxy-3,5-dinitro- 6 IV 5650

$C_{13}H_9ClN_2O_6$

Benzol, 4-Chlor-1-[2,4-dinitro-phenoxy]-
2-methoxy- 6 III 4251 a

−, 4-Chlor-2-[2,4-dinitro-phenoxy]-
1-methoxy- 6 III 4251 e

Methan, [4-Chlor-phenoxy]-[2,4-dinitro-
phenoxy]- 6 IV 1380

$C_{13}H_9ClN_2O_6S$

Sulfon, [2-Chlor-benzyl]-[2,4-dinitro-
phenyl]- 6 IV 2767

−, [5-Chlor-2,4-dinitro-phenyl]-*p*-tolyl-
6 III 1404 c

−, [4-Chlor-3-nitro-phenyl]-[4-methyl-
3-nitro-phenyl]- 6 III 1437 a

$C_{13}H_9ClN_2O_7S$

Benzol, 2-[2-Chlor-benzolsulfonyl]-
5-methoxy-1,3-dinitro- 6 IV 5837

−, 2-[3-Chlor-benzolsulfonyl]-
5-methoxy-1,3-dinitro- 6 IV 5837

−, 2-[4-Chlor-benzolsulfonyl]-
5-methoxy-1,3-dinitro- 6 IV 5837

$C_{13}H_9ClO$

Fluoren-3-ol, 2-Chlor- 6 IV 4849

−, 6-Chlor- 6 III 3488 h

−, 7-Chlor- 6 III 3488 j

Fluoren-9-ol, 1-Chlor- 6 IV 4852

−, 2-Chlor- 6 II 656 a, III 3491 g

$C_{13}H_9ClO_2$

Chlorokohlensäure-biphenyl-4-ylester
6 III 3328 b

$C_{13}H_9ClO_2S$

Thiokohlensäure-*O*-[4-chlor-phenylester]-
O′-phenylester 6 IV 844

− *S*-[4-chlor-phenylester]-
O-phenylester 6 IV 1600

$C_{13}H_9ClO_3$
Kohlensäure-[4-chlor-phenylester]-
phenylester **6** 187 e

$C_{13}H_9Cl_2FO$
Äther, [2,5-Dichlor-phenyl]-[3-fluor-benzyl]-
6 III 1553 f
—, [2,5-Dichlor-phenyl]-[4-fluor-
benzyl]- **6** III 1554 b

$C_{13}H_9Cl_2FS$
Sulfid, [2,4-Dichlor-benzyl]-[4-fluor-phenyl]-
6 IV 2782
—, [2,6-Dichlor-benzyl]-[4-fluor-
phenyl]- **6** IV 2784

$C_{13}H_9Cl_2IO$
Äther, Benzyl-[2,4-dichlor-5-jod-phenyl]-
6 III 1463 j
—, Benzyl-[2,4-dichlor-6-jod-phenyl]-
6 III 1463 i

$C_{13}H_9Cl_2NO_2S$
Sulfid, Benzyl-[4,5-dichlor-2-nitro-phenyl]-
6 IV 2646
—, [2-Chlor-benzyl]-[4-chlor-2-nitro-
phenyl]- **6** IV 2767
—, [3-Chlor-benzyl]-[2-chlor-5-nitro-
phenyl]- **6** IV 2769
—, [4-Chlor-benzyl]-[2-chlor-5-nitro-
phenyl]- **6** IV 2772
—, [4-Chlor-benzyl]-[4-chlor-2-nitro-
phenyl]- **6** IV 2772
—, [3,5-Dichlor-2-nitro-phenyl]-p-tolyl-
6 III 1400 d

$C_{13}H_9Cl_2NO_3$
Äther, [2-Chlor-benzyl]-[4-chlor-2-nitro-
phenyl]- **6** 444 e
—, [2,5-Dichlor-4-methyl-phenyl]-
[2-nitro-phenyl]- **6** IV 2140
—, [2,3-Dichlor-phenyl]-[4-nitro-
benzyl]- **6** 451 a
—, [2,4-Dichlor-phenyl]-[2-nitro-
benzyl]- **6** IV 2608

$C_{13}H_9Cl_2NO_3S$
Phenol, 3,6-Dichlor-4-methyl-2-[2-nitro-
phenylmercapto]- **6** IV 5888

$C_{13}H_9Cl_2NO_4$
Benzol, 1,2-Dichlor-4-methoxy-5-[2-nitro-
phenoxy]- **6** III 4252 d
—, 1,2-Dichlor-4-methoxy-5-[3-nitro-
phenoxy]- **6** III 4252 e
—, 1,2-Dichlor-4-methoxy-5-[4-nitro-
phenoxy]- **6** III 4252 f
—, 1-[2,6-Dichlor-4-nitro-phenoxy]-
4-methoxy- **6** II 841 e

$C_{13}H_9Cl_2NO_4S$
Sulfon, [4-Chlor-benzyl]-[2-chlor-5-nitro-
phenyl]- **6** IV 2774
—, [3,4-Dichlor-benzyl]-[2-nitro-
phenyl]- **6** III 1642 a
—, [3,5-Dichlor-2-nitro-phenyl]-p-tolyl-
6 III 1403 e
—, [4,5-Dichlor-2-nitro-phenyl]-p-tolyl-
6 III 1403 f

$C_{13}H_9Cl_2NO_5S$
Carbamidsäure, [4-Chlor-phenoxysulfonyl]-,
[4-chlor-phenylester] **6** IV 865
Phenol, 3,6-Dichlor-4-methyl-2-[2-nitro-
benzolsulfonyl]- **6** IV 5888

$C_{13}H_9Cl_2N_3O_2$
Acetimidsäure, N-[2,2-Dicyan-1-methoxy-
vinyl]-, [2,4-dichlor-phenylester]
6 IV 904

$C_{13}H_9Cl_3O$
Äther, Benzyl-[2,4,5-trichlor-phenyl]-
6 IV 2237
—, Benzyl-[2,4,6-trichlor-phenyl]-
6 432 h
—, [2-Chlor-benzyl]-[2,4-dichlor-
phenyl]- **6** III 1554 i
—, [3-Chlor-benzyl]-[2,4-dichlor-
phenyl]- **6** III 1555 g
—, [4-Chlor-benzyl]-[2,4-dichlor-
phenyl]- **6** III 1556 f
—, [4-Chlor-phenyl]-[2,4-dichlor-
benzyl]- **6** III 1558 a
—, [4-Chlor-phenyl]-[2,6-dichlor-
benzyl]- **6** IV 2597
—, [4-Chlor-phenyl]-[3,4-dichlor-
benzyl]- **6** III 1558 e
—, Methyl-[3,4,5-trichlor-biphenyl-
2-yl]- **6** III 3303 e
—, Methyl-[3,5,6-trichlor-biphenyl-
2-yl]- **6** III 3303 e
—, Phenyl-[2,4,6-trichlor-benzyl]-
6 III 1558 g
Phenol, 2-Benzyl-3,4,6-trichlor-
6 IV 4639
—, 2-Chlor-4-[2,4-dichlor-benzyl]-
6 IV 4646
—, 4-Chlor-2-[2,4-dichlor-benzyl]-
6 IV 4639
—, 2,4-Dichlor-6-[2-chlor-benzyl]-
6 III 3355 e
—, 2,4-Dichlor-6-[3-chlor-benzyl]-
6 III 3355 f
—, 2,4-Dichlor-6-[4-chlor-benzyl]-
6 III 3355 g

$C_{13}H_9Cl_3O$ (Fortsetzung)

Phenol, 2,6-Dichlor-4-[2-chlor-benzyl]-
     6 III 3362 d

—, 2,6-Dichlor-4-[3-chlor-benzyl]-
     6 III 3362 e

—, 2,6-Dichlor-4-[4-chlor-benzyl]-
     6 III 3362 f

$C_{13}H_9Cl_3OS$

Methan, [4-Chlor-phenylmercapto]-
     [2,4-dichlor-phenoxy]- **6** IV 1593

Methansulfensäure, Trichlor-, biphenyl-
     2-ylester **6** III 3294 j

—, Trichlor-, biphenyl-4-ylester
     6 IV 4606

$C_{13}H_9Cl_3O_2$

Methan, [4-Chlor-phenoxy]-[2,4-dichlor-
     phenoxy]- **6** IV 896

Phenol, 4,6,4'-Trichlor-2,2'-methandiyl-di-
     6 III 5407 c, IV 6658

$C_{13}H_9Cl_3O_2S$

Sulfon, [4-Chlor-phenyl]-[3,4-dichlor-
     benzyl]- **6** IV 2785

—, Phenyl-[2,4,5-trichlor-benzyl]-
     6 IV 2787

—, p-Tolyl-[2,4,5-trichlor-phenyl]-
     6 IV 2171

$C_{13}H_9Cl_3O_3$

Propionsäure, 2-[1,3,4-Trichlor-
     [2]naphthyloxy]- **6** IV 4300

$C_{13}H_9Cl_3O_3S$

Benzol, 1-Methoxy-4-[2,4,5-trichlor-
     benzolsulfonyl]- **6** IV 5797

$C_{13}H_9Cl_3S$

Sulfid, Benzyl-[2,4,5-trichlor-phenyl]-
     6 IV 2645

—, [4-Chlor-benzyl]-[2,5-dichlor-
     phenyl]- **6** IV 2772

—, [4-Chlor-phenyl]-[2,4-dichlor-
     benzyl]- **6** IV 2782

—, [4-Chlor-phenyl]-[2,6-dichlor-
     benzyl]- **6** IV 2784

—, Phenyl-[2,4,5-trichlor-benzyl]-
     6 IV 2787

$C_{13}H_9Cl_4IO$

Äther, Benzyl-[2,4-dichlor-5-dichlorjodanyl-
     phenyl]- **6** III 1463 k

$C_{13}H_9DO$

Fluoren-9-ol, O-Deuterio- **6** III 3490 a

—, 9-Deuterio- **6** IV 4851

$C_{13}H_9F_3O$

Äther, Phenyl-[3-trifluormethyl-phenyl]-
     6 III 1314 b, IV 2061

$C_{13}H_9F_3O_2S$

Sulfon, Phenyl-[3-trifluormethyl-phenyl]-
     6 IV 2087

$C_{13}H_9IN_2O_5S$

Benzol, 1-[2-Jod-4-nitro-phenylmercapto]-
     2-methoxy-4-nitro- **6** IV 5647

$C_{13}H_9IN_2O_7S$

Benzol, 1-[2-Jod-4-nitro-benzolsulfonyl]-
     2-methoxy-4-nitro- **6** IV 5647

$C_{13}H_9I_2NO_2S$

Sulfid, [2,6-Dijod-4-nitro-phenyl]-p-tolyl-
     6 III 1400 g

$C_{13}H_9I_2NO_3S$

Benzol, 1-[2,6-Dijod-4-nitro-phenyl=
     mercapto]-4-methoxy- **6** III 4451 f,
     IV 5796

$C_{13}H_9I_2NO_4$

Benzol, 1,3-Dijod-2-methoxy-5-[4-nitro-
     phenoxy]- **6** III 4441 h

—, 1-[2,6-Dijod-4-nitro-phenoxy]-
     2-methoxy- **6** III 4217 b

—, 1-[2,6-Dijod-4-nitro-phenoxy]-
     3-methoxy- **6** III 4314 b

—, 1-[2,6-Dijod-4-nitro-phenoxy]-
     4-methoxy- **6** II 841 g

—, 2-Jod-4-[2-jod-4-nitro-phenoxy]-
     1-methoxy- **6** IV 5785

$C_{13}H_9I_2NO_4S$

Benzol, 1-[2,6-Dijod-4-nitro-benzolsulfinyl]-
     4-methoxy- **6** IV 5797

$C_{13}H_9I_3O$

Äther, Benzyl-[2,4,6-trijod-phenyl]-
     6 433 b, III 1464 b

$C_{13}H_9I_3O_2$

Benzol, 1-Methoxy-4-[2,4,6-trijod-phenoxy]-
     6 III 4399 b

$C_{13}H_9NOS$

Phenylthiocyanat, 4-Phenoxy- **6** III 4463 c

$C_{13}H_9NO_2S$

Essigsäure, Thiocyanato-, [2]naphthylester
     6 IV 4277

$C_{13}H_9NO_3$

Fluoren-1-ol, 2-Nitro- **6** IV 4845

—, 4-Nitro- **6** IV 4845

—, 7-Nitro- **6** IV 4846

Fluoren-2-ol, 3-Nitro- **6** III 3488 a,
     IV 4847

—, 7-Nitro- **6** III 3488 c, IV 4847

Fluoren-3-ol, 2-Nitro- **6** IV 4850

—, 7-Nitro- **6** IV 4850

Fluoren-4-ol, 7-Nitro- **6** IV 4850

Fluoren-9-ol, 2-Nitro- **6** III 3492 f,
     IV 4853

$C_{13}H_9NO_3$ (Fortsetzung)

Fluoren-9-ol, 3-Nitro- **6** IV 4853

Salpetersäure-fluoren-9-ylester **6** IV 4852

$C_{13}H_9NO_4S$

Thiokohlensäure-O-[4-nitro-phenylester]-
O'-phenylester **6** IV 1302

– S-[2-nitro-phenylester]-
O-phenylester **6** IV 1669

– S-[4-nitro-phenylester]-
O-phenylester **6** IV 1709

$C_{13}H_9NO_5$

Kohlensäure-[2-nitro-phenylester]-
phenylester **6** II 211 a, IV 1258

– [4-nitro-phenylester]-phenylester
6 II 223 j

$C_{13}H_9NS$

Biphenyl-2-ylthiocyanat **6** IV 4594

Biphenyl-4-ylthiocyanat **6** IV 4617

$C_{13}H_9NSe$

Biphenyl-2-ylselenocyanat **6** III 3311 e

Biphenyl-3-ylselenocyanat **6** IV 4599

Biphenyl-4-ylselenocyanat **6** III 3344 d

$C_{13}H_9N_3O_6$

Carbimidsäure-bis-[2-nitro-phenylester]
6 III 804 d

– bis-[3-nitro-phenylester]
6 III 810 g

$C_{13}H_9N_3O_6S$

Sulfid, [4-Methyl-2,6-dinitro-phenyl]-
[2-nitro-phenyl]- **6** III 1439 g

–, [4-Methyl-2,6-dinitro-phenyl]-
[4-nitro-phenyl]- **6** IV 2215

–, [5-Methyl-2,3-dinitro-phenyl]-
[4-nitro-phenyl]- **6** III 1339 i

–, Picryl-m-tolyl- **6** III 1333 c, IV 2081

–, Picryl-o-tolyl- **6** III 1280 c, IV 2018

–, Picryl-p-tolyl- **6** III 1401 b, IV 2171

$C_{13}H_9N_3O_7$

Äther, Benzyl-picryl- **6** 433 l, III 1465 b

–, [2,4-Dinitro-benzyl]-[4-nitro-
phenyl]- **6** II 426 k

–, [2,4-Dinitro-phenyl]-[4-methyl-
2-nitro-phenyl]- **6** III 1387 b

–, [2,4-Dinitro-phenyl]-[2-nitro-
benzyl]- **6** III 1564 f

–, [2,4-Dinitro-phenyl]-[3-nitro-
benzyl]- **6** IV 2610

–, [2,4-Dinitro-phenyl]-[4-nitro-
benzyl]- **6** 451 d, II 425 j, III 1568 d,
IV 2612

–, [2,6-Dinitro-phenyl]-[4-nitro-
benzyl]- **6** 451 e

–, [4-Methyl-2,6-dinitro-phenyl]-
[4-nitro-phenyl]- **6** III 1390 e

–, Methyl-[3,5,4'-trinitro-biphenyl-
2-yl]- **6** 673 e, III 3309 d

–, Methyl-[5,2',4'-trinitro-biphenyl-
2-yl]- **6** 673 g

–, Picryl-m-tolyl- **6** IV 2042

–, Picryl-o-tolyl- **6** IV 1947

–, Picryl-p-tolyl- **6** III 1359 d,
IV 2102

Salpetersäure-[4,4'-dinitro-benzhydrylester]
6 IV 4681

$C_{13}H_9N_3O_7S$

Benzol, 1-Methoxy-4-picrylmercapto-
6 IV 5796

Sulfoxid, [5-Methyl-2,4-dinitro-phenyl]-
[4-nitro-phenyl]- **6** II 367 e

$C_{13}H_9N_3O_8$

Benzol, 1-[2,4-Dinitro-phenoxy]-2-methoxy-
4-nitro- **6** III 4266 d

–, 2-[2,4-Dinitro-phenoxy]-1-methoxy-
4-nitro- **6** III 4267 e

–, 1-Methoxy-2-picryloxy- **6** 772 k

Biphenyl-2-ol, 2'-Methoxy-3,5,5'-trinitro-
6 III 5384 c

Biphenyl-4-ol, 4'-Methoxy-3,5,3'-trinitro-
6 III 5398 f

$C_{13}H_9N_3O_8S$

Sulfon, [4-Methyl-3,5-dinitro-phenyl]-
[3-nitro-phenyl]- **6** III 1439 f

$C_{13}H_9N_3O_9$

Naphthalin, 5-Acetoxy-1-methoxy-
2,4,6-trinitro- **6** III 5275 d

$C_{13}H_9N_3O_9S$

Benzol, 5-Methoxy-1,3-dinitro-2-[3-nitro-
benzolsulfonyl]- **6** IV 5837

$C_{13}H_{10}BrClO$

Äther, [3-Brom-benzyl]-[4-chlor-phenyl]-
6 III 1560 c

–, [4-Brom-benzyl]-[2-chlor-phenyl]-
6 III 1561 g

–, [4-Brom-benzyl]-[4-chlor-phenyl]-
6 III 1561 h

–, [2-Brom-phenyl]-[4-chlor-benzyl]-
6 III 1556 h

–, [4-Brom-phenyl]-[2-chlor-benzyl]-
6 IV 2590

–, [4-Brom-phenyl]-[4-chlor-benzyl]-
6 III 1556 i

Benzhydrol, 2-Brom-3'-chlor- **6** IV 4677

–, 2-Brom-5-chlor- **6** IV 4677

–, 4-Brom-4'-chlor- **6** III 3378 d

C₁₃H₁₀BrNO₃ (Fortsetzung)

Äther, [4-Brom-3-methyl-phenyl]-[4-nitro-
phenyl]- 6 III 1321 e

—, [4-Brom-2-nitro-phenyl]-*p*-tolyl-
6 III 1359 b

—, [2-Brom-phenyl]-[4-methyl-2-nitro-
phenyl]- 6 III 1386 e

—, [4-Brom-phenyl]-[4-methyl-2-nitro-
phenyl]- 6 III 1386 f

—, [2-Brom-phenyl]-[2-nitro-benzyl]-
6 III 1564 e

—, [2-Brom-phenyl]-[3-nitro-benzyl]-
6 III 1565 f

—, [2-Brom-phenyl]-[4-nitro-benzyl]-
6 III 1567 h

—, [4-Brom-phenyl]-[3-nitro-benzyl]-
6 III 1566 a

—, [4-Brom-phenyl]-[4-nitro-benzyl]-
6 II 425 e, III 1568 a

Benzhydrol, 3-Brom-5-nitro- 6 IV 4680

Phenol, 4-Benzyl-2-brom-6-nitro-
6 677 h

C₁₃H₁₀BrNO₃S

Phenol, 3-Brom-4-methyl-2-[2-nitro-
phenylmercapto]- 6 IV 5888

—, 5-Brom-4-methyl-2-[2-nitro-
phenylmercapto]- 6 IV 5888

C₁₃H₁₀BrNO₄

Benzol, 4-Brom-1-methoxy-2-[2-nitro-
phenoxy]- 6 III 4255 f

—, 4-Brom-1-methoxy-2-[3-nitro-
phenoxy]- 6 III 4255 g

—, 4-Brom-1-methoxy-2-[4-nitro-
phenoxy]- 6 III 4256 a

—, 4-Brom-2-methoxy-1-[2-nitro-
phenoxy]- 6 III 4255 a

—, 4-Brom-2-methoxy-1-[4-nitro-
phenoxy]- 6 III 4255 b

—, 2-[4-Brom-phenoxy]-1-methoxy-
4-nitro- 6 III 4266 f

C₁₃H₁₀BrNO₄S

Phenol, 3-Brom-4-methyl-2-[2-nitro-
benzolsulfinyl]- 6 IV 5888

—, 5-Brom-4-methyl-2-[2-nitro-
benzolsulfinyl]- 6 IV 5888

Sulfon, [4-Brommethyl-phenyl]-[4-nitro-
phenyl]- 6 III 1436 a, IV 2211

—, [4-Brom-2-nitro-phenyl]-*p*-tolyl-
6 III 1403 g, IV 2172

—, [4-Brom-phenyl]-[2-nitro-benzyl]-
6 II 439 a

—, [4-Brom-phenyl]-[3-nitro-benzyl]-
6 II 439 k

—, [4-Brom-phenyl]-[4-nitro-benzyl]-
6 II 441 c

C₁₃H₁₀BrNO₅S

Phenol, 3-Brom-4-methyl-2-[2-nitro-
benzolsulfonyl]- 6 IV 5888

—, 5-Brom-4-methyl-2-[2-nitro-
benzolsulfonyl]- 6 IV 5889

C₁₃H₁₀Br₂O

Äther, Benzyl-[2,4-dibrom-phenyl]-
6 432 l, III 1462 e, IV 2238

—, [2-Brom-benzyl]-[2-brom-phenyl]-
6 446 a

—, [2-Brom-benzyl]-[4-brom-phenyl]-
6 446 b

—, [4-Brom-benzyl]-[2-brom-phenyl]-
6 446 h

—, [4-Brom-benzyl]-[4-brom-phenyl]-
6 446 i, II 423 i

—, [2-Brom-4-methyl-phenyl]-[2-brom-
phenyl]- 6 III 1379 d

—, [2-Brom-5-methyl-phenyl]-[2-brom-
phenyl]- 6 IV 2072

—, [3,4′-Dibrom-biphenyl-4-yl]-
methyl- 6 III 3337 a, IV 4610

—, [3,5-Dibrom-biphenyl-4-yl]-methyl-
6 III 3336 c

Benzhydrol, 3,5-Dibrom- 6 II 635 d

—, 4,4′-Dibrom- 6 680 j, I 327 n,
II 635 e, IV 4677

Benzylalkohol, 5-Brom-2-[4-brom-phenyl]-
6 IV 4691

Biphenyl-4-ol, 3,5-Dibrom-2-methyl-
6 IV 4690

Phenol, 2-Benzyl-4,6-dibrom- 6 III 3357 a

—, 4-Benzyl-2,6-dibrom-
6 677 b, III 3363 f

C₁₃H₁₀Br₂OS

Sulfoxid, [4-Brom-benzyl]-[4-brom-phenyl]-
6 IV 2791

C₁₃H₁₀Br₂O₂

Aceton, [1,6-Dibrom-[2]naphthyloxy]-
6 IV 4305

Benzhydrol, 3,5-Dibrom-4-hydroxy-
6 998 m, I 489 f

Benzol, 4-Brom-2-[4-brom-phenoxy]-
1-methoxy- 6 III 4255 e

—, 1,2-Dibrom-4-methoxy-5-phenoxy-
6 III 4259 a

—, 1,5-Dibrom-2-methoxy-4-phenoxy-
6 IV 5688

Biphenyl-4-ol, 3,5-Dibrom-4′-methoxy-
6 IV 6654

$C_{13}H_{10}Br_2O_2$ (Fortsetzung)

Essigsäure-[3,6-dibrom-1-methyl-
[2]naphthylester] **6** III 3021 c

– [4,6-dibrom-1-methyl-
[2]naphthylester] **6** III 3021 e

Formaldehyd-[bis-(4-brom-phenyl)-acetal]
6 IV 1049

Phenol, 4,4'-Dibrom-2,2'-methandiyl-di-
6 III 5408 a

–, 4,6-Dibrom-2,2'-methandiyl-di-
6 IV 6660

–, 4,6-Dibrom-2,4'-methandiyl-di-
6 IV 6660 c

–, 2,4-Dibrom-6-phenoxymethyl-
6 III 4542 k

Resorcin, 2-Benzyl-x,x-dibrom-
6 IV 6657

$C_{13}H_{10}Br_2O_2S$

Naphthalin, 2-Acetoxy-1,5-dibrom-
6-methylmercapto- **6** I 482 d

Sulfon, [4-Brom-benzyl]-[4-brom-phenyl]-
6 IV 2791

–, [4-Brommethyl-phenyl]-[4-brom-
phenyl]- **6** IV 2211

$C_{13}H_{10}Br_2O_3$

Brenzcatechin, 4-[3,5-Dibrom-2-hydroxy-
benzyl]- **6** II 1098 c

–, 4-[3,5-Dibrom-4-hydroxy-benzyl]-
6 II 1098 f

Hydrochinon, 2-[3,5-Dibrom-2-hydroxy-
benzyl]- **6** II 1098 b

–, 2-[3,5-Dibrom-4-hydroxy-benzyl]-
6 II 1098 e

Naphthalin, 1-Acetoxy-2,8-dibrom-
5-methoxy- **6** III 5271 f

–, 5-Acetoxy-2,4-dibrom-1-methoxy-
6 III 5270 d

Resorcin, 4-[3,5-Dibrom-2-hydroxy-benzyl]-
6 II 1098 a, III 6529 g

–, 4-[3,5-Dibrom-4-hydroxy-benzyl]-
6 II 1098 d

$C_{13}H_{10}Br_2O_3S$

Aceton, 1,1-Dibrom-3-[naphthalin-
2-sulfonyl]- **6** 660 k

Phenol, 4-Benzolsulfonyl-2,6-dibrom-
3-methyl- **6** III 4505 e

$C_{13}H_{10}Br_2O_4S_2$

Methan, Bis-benzolsulfonyl-dibrom-
6 III 1013 d

–, Bis-[4-brom-benzolsulfonyl]-
6 III 1051 e

$C_{13}H_{10}Br_2O_6S_2$

Methandisulfonsäure, Dibrom-,
diphenylester **6** I 94 c

$C_{13}H_{10}Br_2S$

Sulfid, [4-Brom-benzyl]-[4-brom-phenyl]-
6 IV 2790

$C_{13}H_{10}Br_2S_2$

Formaldehyd-[bis-(4-brom-phenyl)-
dithioacetal] **6** III 1051 c

$C_{13}H_{10}Br_4O_4$

Benzol, 2-Acetoxy-1-[1-acetoxymethyl-
2,2-dibrom-vinyl]-3,5-dibrom- **6** I 464 k

$C_{13}H_{10}Br_6O_4$

Benzol, 1-Acetoxy-4-[α-acetoxy-β,β-dibrom-
isopropyl]-2,3,5,6-tetrabrom- **6** 930 d

$C_{13}H_{10}ClFO$

Äther, [4-Chlor-benzyl]-[4-fluor-phenyl]-
6 III 1556 c

–, [2-Chlor-phenyl]-[4-fluor-benzyl]-
6 III 1553 i

–, [4-Chlor-phenyl]-[3-fluor-benzyl]-
6 III 1553 e

–, [4-Chlor-phenyl]-[4-fluor-benzyl]-
6 III 1554 a

Benzhydrol, 2-Chlor-4'-fluor- **6** IV 4675

–, 4-Chlor-4'-fluor- **6** IV 4675

$C_{13}H_{10}ClFOS$

Sulfoxid, [3-Chlor-benzyl]-[4-fluor-phenyl]-
6 IV 2769

–, [4-Chlor-benzyl]-[4-fluor-phenyl]-
6 IV 2773

$C_{13}H_{10}ClFO_2S$

Sulfon, [2-Chlor-benzyl]-[4-fluor-phenyl]-
6 IV 2767

–, [3-Chlor-benzyl]-[4-fluor-phenyl]-
6 IV 2770

–, [4-Chlor-benzyl]-[4-fluor-phenyl]-
6 IV 2773

–, [4-Chlor-phenyl]-[4-fluor-benzyl]-
6 IV 2765

$C_{13}H_{10}ClFS$

Sulfid, [2-Chlor-benzyl]-[4-fluor-phenyl]-
6 IV 2767

–, [3-Chlor-benzyl]-[4-fluor-phenyl]-
6 IV 2769

–, [4-Chlor-benzyl]-[4-fluor-phenyl]-
6 IV 2772

–, [4-Chlor-phenyl]-[4-fluor-benzyl]-
6 IV 2765

$C_{13}H_{10}ClFS_2$

Methan, [4-Chlor-phenylmercapto]-[4-fluor-
phenylmercapto]- **6** IV 1594

C₁₃H₁₀ClIO
Äther, Benzyl-[2-chlor-4-jod-phenyl]-
6 III 1463 g
−, Benzyl-[2-chlor-5-jod-phenyl]-
6 III 1463 e
−, Benzyl-[4-chlor-2-jod-phenyl]-
6 III 1463 c

C₁₃H₁₀ClIOS
Sulfoxid, [4-Chlor-benzyl]-[4-jod-phenyl]-
6 IV 2773
−, [4-Chlor-phenyl]-[4-jod-benzyl]-
6 IV 2794

C₁₃H₁₀ClIO₂S
Sulfon, [4-Chlor-benzyl]-[4-jod-phenyl]-
6 IV 2774
−, [4-Chlor-phenyl]-[4-jod-benzyl]-
6 IV 2795

C₁₃H₁₀ClIS
Sulfid, [4-Chlor-benzyl]-[4-jod-phenyl]-
6 IV 2772
−, [4-Chlor-phenyl]-[4-jod-benzyl]-
6 IV 2794

C₁₃H₁₀ClNO₂S
Sulfid, Benzyl-[2-chlor-4-nitro-phenyl]-
6 III 1581 a
−, Benzyl-[2-chlor-5-nitro-phenyl]-
6 IV 2645
−, Benzyl-[2-chlor-6-nitro-phenyl]-
6 IV 2645
−, Benzyl-[4-chlor-2-nitro-phenyl]-
6 IV 2645
−, [4-Chlor-benzyl]-[4-nitro-phenyl]-
6 IV 2772
−, [4-Chlormethyl-phenyl]-[4-nitro-
phenyl]- 6 IV 2210
−, [5-Chlor-2-methyl-phenyl]-[2-nitro-
phenyl]- 6 IV 2029
−, [2-Chlor-4-nitro-phenyl]-*p*-tolyl-
6 III 1400 c
−, [2-Chlor-6-nitro-phenyl]-*p*-tolyl-
6 III 1400 b
−, [3-Chlor-2-nitro-phenyl]-*p*-tolyl-
6 III 1399 f
−, [4-Chlor-2-nitro-phenyl]-*o*-tolyl-
6 III 1280 a
−, [4-Chlor-2-nitro-phenyl]-*p*-tolyl-
6 III 1399 g
−, [5-Chlor-2-nitro-phenyl]-*m*-tolyl-
6 IV 2080
−, [5-Chlor-2-nitro-phenyl]-*p*-tolyl-
6 III 1400 a
−, [4-Chlor-phenyl]-[4-nitro-benzyl]-
6 IV 2797

C₁₃H₁₀ClNO₂SSe
Benzolthioselenensäure, 4-Chlor-2-nitro-,
p-tolylester 6 IV 2207

C₁₃H₁₀ClNO₂Se₂
Diselenid, Benzyl-[4-chlor-2-nitro-phenyl]-
6 IV 2803

C₁₃H₁₀ClNO₃
Äther, Benzyl-[4-chlor-2-nitro-phenyl]-
6 433 e, II 412 f
−, Benzyl-[5-chlor-2-nitro-phenyl]-
6 III 1464 f
−, [2-Chlor-benzyl]-[2-nitro-phenyl]-
6 444 d
−, [4-Chlor-benzyl]-[2-nitro-phenyl]-
6 445 a
−, [4-Chlor-benzyl]-[4-nitro-phenyl]-
6 III 1556 j
−, [2-Chlor-4-methyl-phenyl]-[2-nitro-
phenyl]- 6 III 1375 a
−, [3-Chlor-4-methyl-phenyl]-[2-nitro-
phenyl]- 6 IV 2134
−, [4-Chlor-2-methyl-phenyl]-[2-nitro-
phenyl]- 6 III 1265 a
−, [4-Chlor-2-methyl-phenyl]-[3-nitro-
phenyl]- 6 III 1265 b
−, [4-Chlor-2-methyl-phenyl]-[4-nitro-
phenyl]- 6 III 1265 c
−, [4-Chlor-3-methyl-phenyl]-[3-nitro-
phenyl]- 6 III 1316 c
−, [4-Chlor-3-methyl-phenyl]-[4-nitro-
phenyl]- 6 III 1316 d
−, [4-Chlormethyl-phenyl]-[4-nitro-
phenyl]- 6 IV 2138
−, [3-Chlor-4′-nitro-biphenyl-4-yl]-
methyl- 6 IV 4614
−, [4-Chlor-2-nitro-phenyl]-*p*-tolyl-
6 III 1359 a
−, [4-Chlor-phenyl]-[2-methyl-4-nitro-
phenyl]- 6 IV 2011
−, [4-Chlor-phenyl]-[4-methyl-2-nitro-
phenyl]- 6 III 1386 d
−, [2-Chlor-phenyl]-[2-nitro-benzyl]-
6 III 1564 c
−, [2-Chlor-phenyl]-[4-nitro-benzyl]-
6 II 425 c, III 1567 f
−, [4-Chlor-phenyl]-[2-nitro-benzyl]-
6 III 1564 d, IV 2608
−, [4-Chlor-phenyl]-[3-nitro-benzyl]-
6 II 424 i, III 1565 e
−, [4-Chlor-phenyl]-[4-nitro-benzyl]-
6 II 425 d, III 1567 g, IV 2612
Carbamidsäure-[2-chlor-4-phenoxy-
phenylester] 6 III 4433 d

$C_{13}H_{10}ClNO_3S$

Benzol, 2-Chlor-1-methoxy-4-[4-nitro-
phenylmercapto]- **6** IV 5829
—, 1-[5-Chlor-2-nitro-phenylmercapto]-
2-methoxy- **6** IV 5635
—, 1-[5-Chlor-2-nitro-phenylmercapto]-
4-methoxy- **6** IV 5796
Phenol, 2-Chlor-4-methyl-6-[2-nitro-
phenylmercapto]- **6** III 4529 b
—, 3-Chlor-4-methyl-2-[2-nitro-
phenylmercapto]- **6** IV 5887
—, 4-Chlor-2-methyl-6-[2-nitro-
phenylmercapto]- **6** III 4494 d
—, 5-Chlor-4-methyl-2-[2-nitro-
phenylmercapto]- **6** IV 5887
—, 2-Chlor-4-[4-nitro-benzylmercapto]-
6 IV 5830
—, 3-Chlor-4-[4-nitro-benzylmercapto]-
6 IV 5825
—, 2-[2-Chlor-5-nitro-phenylmercapto]-
4-methyl- **6** II 873 c
—, 2-[4-Chlor-2-nitro-phenylmercapto]-
4-methyl- **6** III 4524 b
Sulfoxid, [4-Chlor-phenyl]-[4-nitro-benzyl]-
6 IV 2798

$C_{13}H_{10}ClNO_4$

Benzol, 4-Chlor-1-methoxy-2-[2-nitro-
phenoxy]- **6** III 4251 b
—, 4-Chlor-1-methoxy-2-[3-nitro-
phenoxy]- **6** III 4251 c
—, 4-Chlor-1-methoxy-2-[4-nitro-
phenoxy]- **6** III 4251 d
—, 4-Chlor-2-methoxy-1-[2-nitro-
phenoxy]- **6** III 4250 f
—, 4-Chlor-2-methoxy-1-[4-nitro-
phenoxy]- **6** III 4250 g
Methan, [4-Chlor-phenoxy]-[4-nitro-
phenoxy]- **6** IV 1295
Propionylchlorid, 2-[1-Nitro-
[2]naphthyloxy]- **6** II 608 i
—, 2-[4-Nitro-[1]naphthyloxy]-
6 II 585 d

$C_{13}H_{10}ClNO_4S$

Sulfon, Benzyl-[4-chlor-2-nitro-phenyl]-
6 III 1582 a
—, Benzyl-[5-chlor-2-nitro-phenyl]-
6 IV 2648
—, [2-Chlor-4-nitro-phenyl]-*p*-tolyl-
6 III 1403 d
—, [2-Chlor-6-nitro-phenyl]-*p*-tolyl-
6 III 1403 b
—, [3-Chlor-2-nitro-phenyl]-*p*-tolyl-
6 III 1402 e

—, [4-Chlor-2-nitro-phenyl]-*p*-tolyl-
6 III 1402 f
—, [4-Chlor-3-nitro-phenyl]-*p*-tolyl-
6 III 1403 c
—, [5-Chlor-2-nitro-phenyl]-*m*-tolyl-
6 IV 2081
—, [5-Chlor-2-nitro-phenyl]-*p*-tolyl-
6 III 1403 a, IV 2172
—, [4-Chlor-phenyl]-[4-methyl-3-nitro-
phenyl]- **6** III 1436 d
—, [4-Chlor-phenyl]-[2-nitro-benzyl]-
6 II 438 j
—, [4-Chlor-phenyl]-[3-nitro-benzyl]-
6 II 439 j
—, [4-Chlor-phenyl]-[4-nitro-benzyl]-
6 II 441 b, IV 2798

$C_{13}H_{10}ClNO_5$

Essigsäure, [2-Chlor-4-nitro-[1]naphthyloxy]-,
methylester **6** IV 4240

$C_{13}H_{10}ClNO_5S$

Benzol, 2-Chlor-1-methoxy-4-[4-nitro-
benzolsulfonyl]- **6** IV 5829
—, 1-[5-Chlor-2-nitro-benzolsulfonyl]-
2-methoxy- **6** IV 5635
—, 1-[5-Chlor-2-nitro-benzolsulfonyl]-
4-methoxy- **6** IV 5798
Phenol, 4-[4-Chlor-benzolsulfonyl]-
2-methyl-6-nitro- **6** III 4508 b
—, 2-Chlor-4-methyl-6-[2-nitro-
benzolsulfonyl]- **6** III 4529 c
—, 3-Chlor-4-methyl-2-[2-nitro-
benzolsulfonyl]- **6** IV 5887
—, 4-Chlor-2-methyl-6-[2-nitro-
benzolsulfonyl]- **6** III 4494 e
—, 5-Chlor-4-methyl-2-[2-nitro-
benzolsulfonyl]- **6** IV 5888
—, 2-[4-Chlor-2-nitro-benzolsulfonyl]-
4-methyl- **6** III 4525 d
—, 2-Chlor-4-[4-nitro-phenyl≈
methansulfonyl]- **6** IV 5830
—, 3-Chlor-4-[4-nitro-phenyl≈
methansulfonyl]- **6** IV 5826

$C_{13}H_{10}Cl_2O$

Äther, Benzyl-[2,4-dichlor-phenyl]-
6 432 g, II 411 h, III 1461 f,
IV 2237
—, Benzyl-[2,5-dichlor-phenyl]-
6 III 1462 a
—, Benzyl-[2,6-dichlor-phenyl]-
6 III 1462 b
—, [2-Chlor-benzyl]-[4-chlor-phenyl]-
6 III 1554 h, IV 2590

$C_{13}H_{10}Cl_2O$ (Fortsetzung)

Äther, [3-Chlor-benzyl]-[4-chlor-phenyl]-
6 III 1555 f

—, [4-Chlor-benzyl]-[2-chlor-phenyl]-
6 III 1556 d

—, [4-Chlor-benzyl]-[4-chlor-phenyl]-
6 II 423 c, III 1556 e

—, [3,3-Dichlor-allyl]-[1]naphthyl-
6 IV 4214

—, [2,4-Dichlor-benzyl]-phenyl-
6 III 1557 i

—, [3,5-Dichlor-biphenyl-2-yl]-methyl-
6 III 3302 d

—, [3,5-Dichlor-biphenyl-4-yl]-methyl-
6 III 3332 f

—, [4,5-Dichlor-biphenyl-2-yl]-methyl-
6 III 3303 a

—, [3,8-Dichlor-1,2-dihydro-
cyclopent[a]inden-1-yl]-methyl-
6 IV 4622

—, [3,8-Dichlor-1,2-dihydro-
cyclopent[a]inden-2-yl]-methyl-
6 IV 4622

—, [1-(2,2-Dichlor-vinyl)-[2]naphthyl]-
methyl- 6 IV 4622

—, [4-(2,2-Dichlor-vinyl)-[1]naphthyl]-
methyl- 6 IV 4622

Benzhydrol, 2,2'-Dichlor- 6 III 3377 b,
IV 4675

—, 2,3'-Dichlor- 6 IV 4675

—, 2,4-Dichlor- 6 III 3376 f

—, 2,4'-Dichlor- 6 IV 4675

—, 2,5-Dichlor- 6 III 3377 a

—, 2,6-Dichlor- 6 I 327 g

—, 3,3'-Dichlor- 6 IV 4675

—, 3,4'-Dichlor- 6 IV 4675

—, 3,5-Dichlor- 6 III 3377 d

—, 4,4'-Dichlor- 6 680 g, I 327 i,
II 635 a, III 3377 e, IV 4676

Phenol, 2-Benzyl-4,6-dichlor- 6 III 3354 f,
IV 4639

—, 4-Benzyl-2,6-dichlor- 6 III 3362 b

—, 2-Chlor-4-[2-chlor-benzyl]-
6 IV 4646

—, 2-Chlor-4-[4-chlor-benzyl]-
6 III 3362 c

—, 4-Chlor-2-[2-chlor-benzyl]-
6 III 3354 h, IV 4639

—, 4-Chlor-2-[4-chlor-benzyl]-
6 III 3355 a, IV 4639

—, 2-[2,4-Dichlor-benzyl]- 6 III 3355 c

$C_{13}H_{10}Cl_2OS$

Benzol, 2,4-Dichlor-1-phenoxymethyl≠
mercapto- 6 IV 1613

Methan, [2-Chlor-phenoxy]-[4-chlor-
phenylmercapto]- 6 IV 1593

—, [4-Chlor-phenoxy]-[4-chlor-
phenylmercapto]- 6 IV 1593

—, [2,4-Dichlor-phenoxy]-
phenylmercapto- 6 IV 1504

Phenol, 2-Chlor-4-[4-chlor-benzylmercapto]-
6 IV 5830

—, 3-Chlor-4-[4-chlor-benzylmercapto]-
6 IV 5825

Sulfoxid, [2-Chlor-benzyl]-[4-chlor-phenyl]-
6 IV 2767

—, [3-Chlor-benzyl]-[4-chlor-phenyl]-
6 IV 2770

—, [4-Chlor-benzyl]-[4-chlor-phenyl]-
6 IV 2773

$C_{13}H_{10}Cl_2OS_2$

Dithiokohlensäure-O-äthylester-S-
[5,8-dichlor-[1]naphthylester]
6 III 2949 a

— S-äthylester-S'-[5,8-dichlor-
[1]naphthylester] 6 III 2949 b

$C_{13}H_{10}Cl_2O_2$

Aceton, [2,4-Dichlor-[1]naphthyloxy]-
6 IV 4233

Benzhydrol, 3,5-Dichlor-2-hydroxy-
6 998 h

Benzol, 2,4-Dichlor-1-phenoxymethoxy-
6 IV 896

Essigsäure-[3,4-dichlor-1-methyl-
[2]naphthylester] 6 666 c

Formaldehyd-[bis-(2-chlor-phenyl)-acetal]
6 IV 790

— [bis-(4-chlor-phenyl)-acetal]
6 III 692 d, IV 833

Methan, [2-Chlor-phenoxy]-[4-chlor-
phenoxy]- 6 IV 833

Phenol, 2,2'-Dichlor-4,4'-methandiyl-di-
6 III 5414 c, IV 6666

—, 4,4'-Dichlor-2,2'-methandiyl-di-
6 III 5406 f, IV 6658

—, 4,6'-Dichlor-3,3'-methandiyl-di-
6 IV 6663

—, 4-[2,6-Dichlor-4-methyl-phenoxy]-
6 IV 5727

$C_{13}H_{10}Cl_2O_2S$

Sulfon, Benzyl-[2,4-dichlor-phenyl]-
6 IV 2647

—, Benzyl-[2,5-dichlor-phenyl]-
6 IV 2647

$C_{13}H_{10}Cl_2O_2S$ (Fortsetzung)

Sulfon, Benzyl-[3,4-dichlor-phenyl]-
    6 IV 2647

—, Benzyl-[3,5-dichlor-phenyl]-
    6 IV 2647

—, [2-Chlor-benzyl]-[4-chlor-phenyl]-
    6 IV 2767

—, [3-Chlor-benzyl]-[4-chlor-phenyl]-
    6 IV 2770

—, [4-Chlor-benzyl]-[4-chlor-phenyl]-
    6 IV 2773

—, [2,4-Dichlor-benzyl]-phenyl-
    6 IV 2782

—, [3,4-Dichlor-benzyl]-phenyl-
    6 IV 2785

—, [2,5-Dichlor-phenyl]-*p*-tolyl-
    6 II 395 c, IV 2171

—, [3,4-Dichlor-phenyl]-*p*-tolyl-
    6 IV 2171

$C_{13}H_{10}Cl_2O_3$

Benzhydrol, 5,5'-Dichlor-2,2'-dihydroxy-
    6 IV 7565

Naphthalin, 5-Acetoxy-2,4-dichlor-
1-methoxy- **6** III 5268 f

Propionsäure, 2-[1,3-Dichlor-
[2]naphthyloxy]- **6** IV 4296

—, 2-[1,4-Dichlor-[2]naphthyloxy]-
    6 IV 4297

—, 2-[2,4-Dichlor-[1]naphthyloxy]-
    6 IV 4233

—, 2-[3,4-Dichlor-[2]naphthyloxy]-
    6 IV 4299

—, 2-[5,6-Dichlor-[2]naphthyloxy]-
    6 IV 4300

—, 3-[1,3-Dichlor-[2]naphthyloxy]-
    6 IV 4296

—, 3-[3,4-Dichlor-[2]naphthyloxy]-
    6 IV 4299

$C_{13}H_{10}Cl_2O_3S$

Phenol, 2-Chlor-4-[4-chlor-phenyl≠
methansulfonyl]- **6** IV 5830

—, 3-Chlor-4-[4-chlor-phenyl≠
methansulfonyl]- **6** IV 5825

—, 2,4-Dichlor-6-[toluol-4-sulfonyl]-
    6 IV 5645

$C_{13}H_{10}Cl_2O_4$

Resorcin, 6,6'-Dichlor-4,4'-methandiyl-di-
    6 IV 7746

$C_{13}H_{10}Cl_2O_4S_2$

Methan, Bis-[4-chlor-benzolsulfonyl]-
    6 III 1038 a

$C_{13}H_{10}Cl_2S$

Methanthiol, Bis-[4-chlor-phenyl]-
    6 IV 4688

Sulfid, Benzyl-[2,4-dichlor-phenyl]-
    6 IV 2644

—, Benzyl-[2,5-dichlor-phenyl]-
    6 IV 2644

—, Benzyl-[3,4-dichlor-phenyl]-
    6 IV 2645

—, Benzyl-[3,5-dichlor-phenyl]-
    6 IV 2645

—, [2-Chlor-benzyl]-[4-chlor-phenyl]-
    6 IV 2767

—, [3-Chlor-benzyl]-[4-chlor-phenyl]-
    6 IV 2769

—, [4-Chlor-benzyl]-[4-chlor-phenyl]-
    6 IV 2772

—, [2,4-Dichlor-benzyl]-phenyl-
    6 IV 2782

—, [2,6-Dichlor-benzyl]-phenyl-
    6 IV 2784

—, [3,4-Dichlor-benzyl]-phenyl-
    6 IV 2785

$C_{13}H_{10}Cl_2S_2$

Benzol, 4-Chlor-2-[4-chlor-phenylmercapto]-
1-methylmercapto-
    6 IV 5655

Disulfid, [2,5-Dichlor-phenyl]-*p*-tolyl-
    6 II 400 a

Formaldehyd-[bis-(2-chlor-phenyl)-
dithioacetal] **6** IV 1573

— [bis-(3-chlor-phenyl)-dithioacetal]
    6 IV 1579

— [bis-(4-chlor-phenyl)-dithioacetal]
    6 IV 1594

Methan, Bis-[4-chlormercapto-phenyl]-
    6 IV 6668

—, [2,4-Dichlor-phenylmercapto]-
phenylmercapto-
    6 IV 1614

$C_{13}H_{10}Cl_3IO$

Äther, Benzyl-[2-chlor-4-dichlorjodanyl-
phenyl]- **6** III 1463 h

—, Benzyl-[2-chlor-5-dichlorjodanyl-
phenyl]- **6** III 1463 f

—, Benzyl-[4-chlor-2-dichlorjodanyl-
phenyl]- **6** III 1463 d

$C_{13}H_{10}Cl_3O_2PS_3$

Disulfidothiophosphorsäure-
O,O'-diphenylester-*S-S*-trichlormethyl≠
ester **6** IV 761 c

$C_{13}H_{10}Cl_3O_3P$

Phosphonsäure, Chlormethyl-, bis-[2-chlor-
phenylester] 6 IV 806

—, Chlormethyl-, bis-[4-chlor-
phenylester] 6 IV 868

$C_{13}H_{10}Cl_4O$

Äther, Methyl-[1-(1,2,2,2-tetrachlor-äthyl)-
[2]naphthyl]- 6 IV 4345

—, Methyl-[4-(1,2,2,2-tetrachlor-äthyl)-
[1]naphthyl]- 6 IV 4345

$C_{13}H_{10}Cl_6O_4$

Benzol, 1,5-Dichlor-2-[2,2-dichlor-
propionyloxy]-3-[2,2-dichlor-
propionyloxymethyl]- 6 IV 5900

Norborna-2,5-dien, 2,3-Bis-acetoxymethyl-
1,4,5,6,7,7-hexachlor- 6 IV 6003

$C_{13}H_{10}FIOS$

Sulfoxid, [4-Fluor-benzyl]-[4-jod-phenyl]-
6 IV 2765

—, [4-Fluor-phenyl]-[4-jod-benzyl]-
6 IV 2794

$C_{13}H_{10}FIO_2S$

Sulfon, [4-Fluor-benzyl]-[4-jod-phenyl]-
6 IV 2765

—, [4-Fluor-phenyl]-[4-jod-benzyl]-
6 IV 2794

$C_{13}H_{10}FIS$

Sulfid, [4-Fluor-benzyl]-[4-jod-phenyl]-
6 IV 2765

—, [4-Fluor-phenyl]-[4-jod-benzyl]-
6 IV 2794

$C_{13}H_{10}FNO_3$

Äther, [4'-Fluor-3-nitro-biphenyl-4-yl]-
methyl- 6 II 626 f

—, [2-Fluor-phenyl]-[4-nitro-benzyl]-
6 III 1567 d

—, [3-Fluor-phenyl]-[2-nitro-benzyl]-
6 III 1564 a

—, [4-Fluor-phenyl]-[2-nitro-benzyl]-
6 III 1564 b, IV 2608

—, [4-Fluor-phenyl]-[4-nitro-benzyl]-
6 III 1567 e

$C_{13}H_{10}FNO_4S$

Sulfon, [4-Fluor-phenyl]-[4-nitro-benzyl]-
6 III 1648 b

$C_{13}H_{10}F_2O$

Benzhydrol, 4,4'-Difluor- 6 III 3375 f,
IV 4673

$C_{13}H_{10}F_2OS$

Sulfoxid, [4-Fluor-benzyl]-[4-fluor-phenyl]-
6 IV 2765

$C_{13}H_{10}F_2O_2$

Benzol, 2-Fluor-4-[2-fluor-phenoxy]-
1-methoxy- 6 III 4431 d

Phenol, 4,4'-Difluor-2,2'-methandiyl-di-
6 III 5406 d

$C_{13}H_{10}F_2O_2S$

Sulfon, [4-Fluor-benzyl]-[4-fluor-phenyl]-
6 IV 2765

$C_{13}H_{10}F_2S$

Sulfid, [4-Fluor-benzyl]-[4-fluor-phenyl]-
6 IV 2765

$C_{13}H_{10}F_2S_2$

Formaldehyd-[bis-(4-fluor-phenyl)-
dithioacetal] 6 IV 1568

$C_{13}H_{10}INO_3S$

Benzol, 1-[2-Jod-4-nitro-phenylmercapto]-
4-methoxy- 6 IV 5796

$C_{13}H_{10}INO_4$

Benzol, 1-Jod-4-methoxy-5-nitro-
2-phenoxy- 6 IV 5695

—, 4-Jod-1-methoxy-2-[4-nitro-
phenoxy]- 6 III 4262 f

—, 1-[2-Jod-4-nitro-phenoxy]-
4-methoxy- 6 IV 5725

—, 1-[4-Jod-2-nitro-phenoxy]-
4-methoxy- 6 III 4399 e

—, 2-[4-Jod-phenoxy]-1-methoxy-
4-nitro- 6 III 4267 a

—, 4-[4-Jod-phenoxy]-1-methoxy-
2-nitro- 6 III 4443 g

$C_{13}H_{10}INO_4S$

Sulfon, [4-Jod-phenyl]-[2-nitro-benzyl]-
6 II 439 b

—, [4-Jod-phenyl]-[3-nitro-benzyl]-
6 II 439 l

—, [4-Jod-phenyl]-[4-nitro-benzyl]-
6 II 441 d

$C_{13}H_{10}I_2O$

Äther, Benzyl-[2,6-dijod-phenyl]- 6 433 a

—, [6,2'-Dijod-biphenyl-2-yl]-methyl-
6 IV 4590

—, [2-Jod-benzyl]-[2-jod-phenyl]-
6 II 424 d

Benzhydrol, 4,4'-Dijod- 6 IV 4678

$C_{13}H_{10}I_2OS$

Phenol, 2,6-Dijod-4-p-tolylmercapto-
6 III 4470 b

—, 3,5-Dijod-4-p-tolylmercapto-
6 III 4469 f

Sulfoxid, [4-Jod-benzyl]-[4-jod-phenyl]-
6 IV 2794

$C_{13}H_{10}I_2O_2$

Benzol, 2-Jod-4-[4-jod-phenoxy]-1-methoxy-
6 III 4441 b

Phenol, 4-[2,6-Dijod-4-methyl-phenoxy]-
6 IV 5727

$C_{13}H_{10}I_2O_2S$

Sulfon, [4-Jod-benzyl]-[4-jod-phenyl]-
6 IV 2795

$C_{13}H_{10}I_2O_3$

Phenol, 3,5-Dijod-4-[4-methoxy-phenoxy]-
6 III 4441 i

$C_{13}H_{10}I_2S$

Sulfid, [4-Jod-benzyl]-[4-jod-phenyl]-
6 IV 2794

$C_{13}H_{10}NO_2PS_2$

Isothiocyanatothiophosphorsäure-
O,O'-diphenylester 6 IV 757

$C_{13}H_{10}NO_3PS$

Isothiocyanatophosphorsäure-diphenylester
6 IV 746

$C_{13}H_{10}NO_4P$

Isocyanatophosphorsäure-diphenylester
6 IV 745

$C_{13}H_{10}N_2O_4S$

Sulfid, Benzyl-[2,4-dinitro-phenyl]-
6 454 m, I 225 e, III 1581 b, IV 2646

−, [2,4-Dinitro-phenyl]-m-tolyl-
6 III 1333 b, IV 2081

−, [2,4-Dinitro-phenyl]-o-tolyl-
6 III 1280 b, IV 2018

−, [2,4-Dinitro-phenyl]-p-tolyl-
6 III 1400 h, IV 2170

−, [3-Methyl-2,6-dinitro-phenyl]-
phenyl- 6 IV 2089

−, [4-Methyl-2,6-dinitro-phenyl]-
phenyl- 6 IV 2215

−, [5-Methyl-2,4-dinitro-phenyl]-
phenyl- 6 II 367 d, III 1340 a

−, [4-Methyl-2-nitro-phenyl]-[2-nitro-
phenyl]- 6 III 1438 c

−, [5-Methyl-2-nitro-phenyl]-[2-nitro-
phenyl]- 6 III 1337 h

−, [4-Nitro-benzyl]-[4-nitro-phenyl]-
6 II 440 k

$C_{13}H_{10}N_2O_4SSe$

Benzolthioselenensäure, 2,4-Dinitro-,
p-tolylester 6 IV 2207

$C_{13}H_{10}N_2O_4S_2$

Benzol, 1-[2,4-Dinitro-phenylmercapto]-
2-methylmercapto- 6 IV 5652

−, 1-[2,4-Dinitro-phenylmercapto]-
3-methylmercapto- 6 IV 5706

−, 1-[2,4-Dinitro-phenylmercapto]-
4-methylmercapto- 6 IV 5841

−, 1-Methylmercapto-4-nitro-2-
[4-nitro-phenylmercapto]- 6 IV 5656

Disulfid, Benzyl-[2,4-dinitro-phenyl]-
6 IV 2759

−, [2,4-Dinitro-phenyl]-m-tolyl-
6 III 1335 h

−, [2,4-Dinitro-phenyl]-o-tolyl-
6 III 1282 j

−, [2,4-Dinitro-phenyl]-p-tolyl-
6 III 1432 a, IV 2206

Formaldehyd-[bis-(2-nitro-phenyl)-
dithioacetal] 6 II 306 a, IV 1667

− [bis-(3-nitro-phenyl)-dithioacetal]
6 IV 1685

− [bis-(4-nitro-phenyl)-dithioacetal]
6 II 311 o, IV 1705

$C_{13}H_{10}N_2O_4Se$

Selenid, [2,4-Dinitro-phenyl]-m-tolyl-
6 IV 2091

−, [2,4-Dinitro-phenyl]-o-tolyl-
6 IV 2035

−, [2,4-Dinitro-phenyl]-p-tolyl-
6 IV 2217

$C_{13}H_{10}N_2O_4Se_2$

Diselenid, Benzyl-[2,4-dinitro-phenyl]-
6 IV 2804

$C_{13}H_{10}N_2O_5$

Äther, Benzyl-[2,4-dinitro-phenyl]-
6 433 j, II 412 g, III 1465 a, IV 2239

−, Benzyl-[2,6-dinitro-phenyl]-
6 433 k

−, [2,2'-Dinitro-biphenyl-4-yl]-methyl-
6 IV 4615

−, [3,4'-Dinitro-biphenyl-4-yl]-methyl-
6 II 627 e

−, [3,5-Dinitro-biphenyl-2-yl]-methyl-
6 673 a, III 3309 b

−, [3,5-Dinitro-biphenyl-4-yl]-methyl-
6 II 627 c

−, [4,6-Dinitro-biphenyl-3-yl]-methyl-
6 IV 4599

−, [5,4'-Dinitro-biphenyl-2-yl]-methyl-
6 673 c

−, [6,2'-Dinitro-biphenyl-2-yl]-methyl-
6 IV 4593

−, [2,4-Dinitro-phenyl]-m-tolyl-
6 III 1303 a, IV 2042

−, [2,4-Dinitro-phenyl]-o-tolyl-
6 III 1250 d, IV 1947

−, [2,4-Dinitro-phenyl]-p-tolyl-
6 I 200 i, III 1359 c, IV 2102

$C_{13}H_{10}N_2O_6S$ (Fortsetzung)

Sulfon, [2,4-Dinitro-phenyl]-*p*-tolyl-
6 III 1404 b, IV 2172

—, [5-Methyl-2,4-dinitro-phenyl]-
phenyl- 6 II 367 f

—, [4-Methyl-3-nitro-phenyl]-[3-nitro-
phenyl]- 6 III 1436 e

—, [2-Nitro-benzyl]-[3-nitro-phenyl]-
6 II 439 c

—, [3-Nitro-benzyl]-[3-nitro-phenyl]-
6 II 439 m

—, [4-Nitro-benzyl]-[3-nitro-phenyl]-
6 II 441 e

—, [4-Nitro-benzyl]-[4-nitro-phenyl]-
6 II 441 f, IV 2798

$C_{13}H_{10}N_2O_6S_2$

Sulfon, [2-(2,4-Dinitro-phenylmercapto)-
phenyl]-methyl- 6 IV 5653

—, [3-(2,4-Dinitro-phenylmercapto)-
phenyl]-methyl- 6 IV 5706

—, [4-(2,4-Dinitro-phenylmercapto)-
phenyl]-methyl- 6 IV 5842

—, Methyl-[5-nitro-2-(4-nitro-
phenylmercapto)-phenyl]- 6 IV 5656

$C_{13}H_{10}N_2O_7$

Naphthalin, 1-Acetoxy-5-methoxy-
2,4-dinitro- 6 III 5274 a

—, 1-Acetoxy-8-methoxy-2,7-dinitro-
6 III 5285 d

—, 5-Acetoxy-1-methoxy-2,4-dinitro-
6 III 5274 b

—, 8-Acetoxy-1-methoxy-2,4-dinitro-
6 III 5284 g

$C_{13}H_{10}N_2O_7S$

Benzol, 2-Benzolsulfonyl-1-methoxy-
3,5-dinitro- 6 IV 5650

—, 2-Benzolsulfonyl-5-methoxy-
1,3-dinitro- 6 IV 5837

—, 1-[2,4-Dinitro-benzolsulfonyl]-
4-methoxy- 6 IV 5798

Phenol, 4-Benzolsulfonyl-3-methyl-
2,6-dinitro- 6 III 4505 e

—, 2-[2,4-Dinitro-benzolsulfonyl]-
4-methyl- 6 III 4525 e

$C_{13}H_{10}N_2O_8S$

Phenol, 2-Methyl-6,2'-dinitro-4,4'-sulfonyl-
di- 6 III 4509 a

$C_{13}H_{10}N_2O_8S_2$

Benzol, 1-[2,4-Dinitro-benzolsulfonyl]-
2-methansulfonyl- 6 IV 5653

—, 1-[2,4-Dinitro-benzolsulfonyl]-
3-methansulfonyl- 6 IV 5706

—, 1-[2,4-Dinitro-benzolsulfonyl]-
4-methansulfonyl- 6 IV 5842

—, 2-Methansulfonyl-4-nitro-1-
[4-nitro-benzolsulfonyl]- 6 IV 5656

$C_{13}H_{10}N_2O_{10}S_2$

Methandisulfonsäure-bis-[4-nitro-
phenylester] 6 II 225 b

$C_{13}H_{10}N_4O_5S_2$

Harnstoff, N,N'-Bis-[2-nitro-benzolsulfenyl]-
6 IV 1677

$C_{13}H_{10}O$

Äther, Biphenylen-1-yl-methyl- 6 IV 4844

—, Biphenylen-2-yl-methyl-
6 IV 4844

—, [2]Naphthyl-prop-2-inyl-
6 IV 4260

Fluoren-1-ol 6 IV 4845

Fluoren-2-ol 6 691 f, II 655 a, III 3487 a,
IV 4846

Fluoren-3-ol 6 III 3488 g, IV 4849

Fluoren-9-ol 6 691 h, I 334 f, II 655 c,
III 3489 b, IV 4850

Hept-2-en-4,6-diin-1-ol, 7-Phenyl-
6 IV 4845

$C_{13}H_{10}OS_2$

Dithiokohlensäure-O,S-diphenylester
6 312 e

— S,S'-diphenylester 6 312 f,
I 146 g, IV 1536

$C_{13}H_{10}O_2$

Cyclohexa-2,5-dien-1,4-diol, 1-Äthinyl-
4-penta-1,3-diinyl- 6 IV 6819

Fluoren-1,9-diol 6 1021 f

Fluoren-2,7-diol 6 IV 6819

Fluoren-2,9-diol 6 IV 6820

Fluoren-9-ylhydroperoxid 6 IV 4852

$C_{13}H_{10}O_2S$

Thiokohlensäure-O,O'-diphenylester
6 160 i, I 89 e, II 157 f, III 609 h

— O,S-diphenylester 6 311 j,
III 1009 h

$C_{13}H_{10}O_3$

Cyclopenta[*a*]naphthalin-2,5,9b-triol, 9b*H*-
6 1138 b

Kohlensäure-diphenylester 6 158 h, I 88 d,
II 156 l, III 607 f, IV 629

$C_{13}H_{10}S$

Fluoren-2-thiol 6 IV 4848

Fluoren-9-thiol 6 III 3492 g

$C_{13}H_{10}S_2$

Fluoren-2,7-dithiol 6 IV 6820

C₁₃H₁₀S₃
Trithiokohlensäure-diphenylester
  6 313 b, I 146 h, II 293 a, III 1012 d,
  IV 1536

$C_{13}H_{11}$
Benzhydryl 6 IV 4649

$C_{13}H_{11}AsO_4$
2λ^5-[2,2']Spirobi[benzo[1,3,2]dioxarsol],
  2-Methyl- 6 II 775, III 4247 d

$C_{13}H_{11}BrCl_2OSe$
λ^4-Selan, [4-Brom-phenyl]-dichlor-
  [4-methoxy-phenyl]- 6 IV 5851

$C_{13}H_{11}BrCl_2O_2$
[1]Naphthol, 8-Äthoxy-7-brom-2,4-dichlor-
  5-methyl- 6 IV 6577

$C_{13}H_{11}BrCl_2Se$
λ^4-Selan, [4-Brom-phenyl]-dichlor-p-tolyl-
  6 IV 2218

$C_{13}H_{11}BrO$
Äther, Benzyl-[2-brom-phenyl]-
  6 432 j, III 1462 c
—, Benzyl-[4-brom-phenyl]-
  6 432 k, II 412 a, III 1462 d,
  IV 2237
—, [5-Brom-acenaphthen-1-yl]-methyl-
  6 III 3346 f
—, [2-Brom-benzyl]-phenyl-
  6 III 1559 l, IV 2600
—, [3-Brom-benzyl]-phenyl-
  6 III 1560 b, IV 2601
—, [4-Brom-benzyl]-phenyl-
  6 III 1561 d
—, [2'-Brom-biphenyl-4-yl]-methyl-
  6 IV 4610
—, [3-Brom-biphenyl-4-yl]-methyl-
  6 III 3334 a
—, [3'-Brom-biphenyl-4-yl]-methyl-
  6 IV 4610
—, [4'-Brom-biphenyl-2-yl]-methyl-
  6 III 3305 f
—, [4'-Brom-biphenyl-4-yl]-methyl-
  6 III 3335 a, IV 4609
—, [2-Brommethyl-phenyl]-phenyl-
  6 IV 2006
—, [4-Brommethyl-phenyl]-phenyl-
  6 III 1380 e, IV 2145
—, [4-Brom-phenyl]-p-tolyl-
  6 III 1358 b
Benzhydrol, 2-Brom- 6 I 327 k, II 635 b,
  III 3378 b
—, 3-Brom- 6 I 327 l, IV 4676
—, 4-Brom- 6 680 i, I 327 m,
  II 635 c, III 3378 c

Biphenyl-2-ol, 2'-Brommethyl- 6 IV 4690
[1]Naphthol, 2-[2-Brom-1-methyl-vinyl]-
  6 I 328 k
Phenalen-1-ol, 6-Brom-2,3-dihydro-1H-
  6 IV 4696
Phenol, 2-Benzyl-4-brom- 6 III 3356 a,
  IV 4640
—, 2-Benzyl-6-brom- 6 III 3355 h
—, 4-Benzyl-2-brom- 6 III 3363 a
—, 2-[2-Brom-benzyl]- 6 III 3356 d
—, 2-[3-Brom-benzyl]- 6 III 3356 e
—, 2-[4-Brom-benzyl]- 6 III 3356 f
—, 4-[2-Brom-benzyl]- 6 III 3363 b,
  IV 4646
—, 4-[3-Brom-benzyl]- 6 III 3363 c
—, 4-[4-Brom-benzyl]- 6 III 3363 d,
  IV 4647

$C_{13}H_{11}BrOS$
Sulfoxid, Benzyl-[4-brom-phenyl]-
  6 IV 2646
—, [4-Brom-benzyl]-phenyl-
  6 IV 2791

$C_{13}H_{11}BrOSe$
Benzol, 1-[4-Brom-phenylselanyl]-
  4-methoxy- 6 IV 5851

$C_{13}H_{11}BrO_2$
Aceton, [1-Brom-[2]naphthyloxy]-
  6 IV 4302
—, [6-Brom-[2]naphthyloxy]-
  6 IV 4303
Benzol, 1-Brom-2-methoxy-4-phenoxy-
  6 IV 5687
—, 2-Brom-1-methoxy-4-phenoxy-
  6 III 4437 c
—, 4-Brom-1-methoxy-2-phenoxy-
  6 III 4255 d
—, 1-[2-Brom-phenoxy]-2-methoxy-
  6 III 4215 d
—, 1-[3-Brom-phenoxy]-2-methoxy-
  6 III 4216 a
—, 1-[4-Brom-phenoxy]-2-methoxy-
  6 III 4216 b
—, 1-[4-Brom-phenoxy]-4-methoxy-
  6 III 4398 d
Essigsäure-[3-brom-1-methyl-[2]naphthyl≠
  ester] 6 III 3020 f
— [6-brom-1-methyl-[2]naphthylester]
  6 666 g, II 615 f
— [1-brom-[2]naphthylmethylester]
  6 IV 4341
Phenol, 4-Brom-2,4'-methandiyl-di-
  6 IV 6662

C₁₃H₁₁BrO₂ (Fortsetzung)

Phenol, 2-[2-Brommethyl-phenoxy]-
6 IV 5571

Propionsäure, 2-Brom-, [1]naphthylester-
6 608 j

—, 2-Brom-, [2]naphthylester
6 644 d

Resorcin, 4-Benzyl-6-brom- 6 II 964 e

—, 4-[2-Brom-benzyl]- 6 IV 6656

—, 4-[3-Brom-benzyl]- 6 IV 6656

—, 4-[4-Brom-benzyl]- 6 II 964 f,
IV 6656

C₁₃H₁₁BrO₂S

Sulfon, Benzyl-[4-brom-phenyl]-
6 III 1581 e

—, [4-Brom-benzyl]-phenyl-
6 IV 2791

—, [3-Brom-2-methyl-phenyl]-phenyl-
6 IV 2032

—, [3-Brom-5-methyl-phenyl]-phenyl-
6 IV 2089

—, [4-Brommethyl-phenyl]-phenyl-
6 IV 2210

—, [4-Brom-2-methyl-phenyl]-phenyl-
6 IV 2031

—, [5-Brom-2-methyl-phenyl]-phenyl-
6 IV 2031

—, [3-Brom-phenyl]-o-tolyl-
6 IV 2019

—, [4-Brom-phenyl]-o-tolyl- 6 IV 2019

—, [4-Brom-phenyl]-p-tolyl-
6 I 208 g, III 1402 b

C₁₃H₁₁BrO₃

Naphthalin, 1-Acetoxy-3-brom-8-methoxy-
6 IV 6561

Propionsäure, 3-[1-Brom-[2]naphthyloxy]-
6 IV 4302

—, 3-[6-Brom-[2]naphthyloxy]-
6 IV 4304

C₁₃H₁₁BrO₃S

Aceton, 1-Brom-3-[naphthalin-2-sulfonyl]-
6 660 j

Benzol, 1-[4-Brom-benzolsulfonyl]-
4-methoxy- 6 IV 5798

Phenol, 4-Benzolsulfonyl-2-brom-6-methyl-
6 III 4508 a

—, 4-[4-Brom-benzolsulfonylmethyl]-
6 II 885 b

C₁₃H₁₁BrO₄S₂

Methan, Bis-benzolsulfonyl-brom-
6 III 1008 e

C₁₃H₁₁BrS

Sulfid, Benzyl-[3-brom-phenyl]-
6 IV 2645

—, Benzyl-[4-brom-phenyl]-
6 454 k, II 428 d, III 1580 e

—, [4-Brom-benzyl]-phenyl-
6 IV 2790

—, [4-Brom-phenyl]-p-tolyl-
6 I 208 e

C₁₃H₁₁BrSe

Selenid, [4-Brom-phenyl]-m-tolyl-
6 IV 2091

—, [4-Brom-phenyl]-p-tolyl-
6 IV 2217

C₁₃H₁₁Br₂ClSe

λ^4-Selan, Dibrom-[4-chlor-phenyl]-p-tolyl-
6 III 1440 d, IV 2218

C₁₃H₁₁Br₃O₄

Benzol, 1,2-Diacetoxy-3,4,6-tribrom-
5-propenyl- 6 960 h

C₁₃H₁₁Br₃Se

λ^4-Selan, Dibrom-[4-brom-phenyl]-p-tolyl-
6 IV 2218

C₁₃H₁₁Br₅O₄

Benzol, 2-Acetoxy-5-[α-acetoxy-β,β-dibrom-
isopropyl]-1,3,4-tribrom- 6 930 b

C₁₃H₁₁ClN₂O₃

Carbamidsäure, [2-Chlor-äthyl]-nitroso-,
[2]naphthylester 6 IV 4273

C₁₃H₁₁ClN₂O₄S

Sulfid, [5-Chlor-2,6-cyclo-norbornan-3-yl]-
[2,4-dinitro-phenyl]- 6 IV 1745

—, [5-Chlor-norborn-2-en-7-yl]-
[2,4-dinitro-phenyl]- 6 IV 1745

C₁₃H₁₁ClO

Äther, Benzyl-[2-chlor-phenyl]-
6 II 411 e, III 1461 c

—, Benzyl-[3-chlor-phenyl]-
6 II 411 f, III 1461 d

—, Benzyl-[4-chlor-phenyl]-
6 432 f, II 411 g, III 1461 e,
IV 2237

—, [4-Chlor-acenaphthen-5-yl]-methyl-
6 IV 4626

—, [3-Chlor-allyl]-[2]naphthyl-
6 III 2974 i

—, [2-Chlor-benzyl]-phenyl-
6 III 1554 g

—, [3-Chlor-benzyl]-phenyl-
6 III 1555 e

—, [4-Chlor-benzyl]-phenyl-
6 III 1556 b

$C_{13}H_{11}ClO$ (Fortsetzung)

Äther, [2'-Chlor-biphenyl-2-yl]-methyl-
　6 III 3301 f

—, [3-Chlor-biphenyl-4-yl]-methyl-
　6 III 3331 a

—, [3'-Chlor-biphenyl-4-yl]-methyl-
　6 IV 4608

—, [4'-Chlor-biphenyl-2-yl]-methyl-
　6 IV 4589

—, [4'-Chlor-biphenyl-4-yl]-methyl-
　6 IV 4609

—, [3-Chlor-4-methyl-phenyl]-phenyl-
　6 IV 2134

—, [4-Chlormethyl-phenyl]-phenyl-
　6 III 1376 d

—, [4-Chlor-phenyl]-m-tolyl-
　6 IV 2042

—, [4-Chlor-phenyl]-p-tolyl-
　6 III 1358 a, IV 2102

Benzhydrol, 2-Chlor- 6 I 327 c, II 634 k,
　III 3375 g, IV 4673

—, 3-Chlor- 6 I 327 d, II 634 l,
　III 3376 c, IV 4674

—, 4-Chlor- 6 680 f, I 327 e,
　II 634 m, III 3376 e, IV 4674

Phenol, 2-Benzyl-4-chlor- 6 III 3353 b,
　IV 4636

—, 2-Benzyl-6-chlor- 6 III 3352 f

—, 4-Benzyl-2-chlor- 6 III 3360 l,
　IV 4644

—, 4-Benzyl-3-chlor- 6 IV 4644

—, 2-[2-Chlor-benzyl]- 6 III 3353 e

—, 2-[3-Chlor-benzyl]- 6 III 3354 b

—, 2-[4-Chlor-benzyl]- 6 III 3354 d

—, 4-[α-Chlor-benzyl]- 6 676 g

—, 4-[2-Chlor-benzyl]- 6 III 3361 a

—, 4-[3-Chlor-benzyl]- 6 III 3361 b

—, 4-[4-Chlor-benzyl]- 6 III 3361 c,
　IV 4644

$C_{13}H_{11}ClOS$

Aceton, [1-Chlor-[2]naphthylmercapto]-
　6 I 318 a

Benzol, 1-Chlor-2-methoxy-3-phenyl≈
　mercapto- 6 IV 5643

—, 2-Chlor-1-methoxy-4-phenyl≈
　mercapto- 6 IV 5829

—, 1-Chlor-4-phenoxymethyl≈
　mercapto- 6 IV 1593

—, 1-[4-Chlor-phenylmercapto]-
　4-methoxy- 6 III 4451 b

Methan, [4-Chlor-phenoxy]-phenyl≈
　mercapto- 6 IV 1503

Phenol, 4-Benzylmercapto-2-chlor-
　6 IV 5829

—, 4-Benzylmercapto-3-chlor-
　6 IV 5825

—, 2-[4-Chlor-benzylmercapto]-
　6 IV 5636

—, 4-[4-Chlor-benzylmercapto]-
　6 IV 5803

Sulfoxid, Benzyl-[4-chlor-phenyl]-
　6 IV 2646

—, [4-Chlor-benzyl]-phenyl-
　6 IV 2773

$C_{13}H_{11}ClOSe$

Benzol, 1-[4-Chlor-phenylselanyl]-
　4-methoxy- 6 IV 5851

$C_{13}H_{11}ClO_2$

Benzhydrol, 3-Chlor-4'-hydroxy- 6 998 l

Benzol, 1-[4-Chlor-phenoxy]-3-methoxy-
　6 IV 5667

—, 1-[4-Chlor-phenoxy]-4-methoxy-
　6 III 4398 c, IV 5725

Benzylalkohol, 2-[5-Chlor-2-hydroxy-
　phenyl]- 6 IV 6674

Biphenyl-2,5-diol, 2'-Chlor-3'-methyl-
　6 IV 6675

—, 2'-Chlor-4'-methyl- 6 III 5422 b

—, 2'-Chlor-5'-methyl- 6 III 5421 g

Essigsäure-[3-chlor-1-methyl-[2]naphthyl≈
　ester] 6 666 a

— [4-chlor-1-methyl-[2]naphthylester]
　6 II 615 c

— [4-chlor-2-methyl-[1]naphthylester]
　6 II 617 i

Methan, Chlor-diphenoxy- 6 III 595 d,
　IV 611

—, [4-Chlor-phenoxy]-phenoxy-
　6 IV 833

Phenol, 3-[4-Chlor-benzyloxy]- 6 III 4315 a

—, 4-Chlor-2,2'-methandiyl-di-
　6 III 5406 e

—, 2-Chlor-4-p-tolyloxy- 6 III 4433 a

Propionylchlorid, 2-[1]Naphthyloxy-
　6 II 580 l

—, 2-[2]Naphthyloxy- 6 II 602 h

Resorcin, 4-Benzyl-6-chlor- 6 II 964 c

—, 4-[2-Chlor-benzyl]- 6 IV 6656

—, 4-[3-Chlor-benzyl]- 6 IV 6656

—, 4-[4-Chlor-benzyl]- 6 II 964 d

$C_{13}H_{11}ClO_2S$

Chloroschwefligsäure-benzhydrylester
　6 III 3374 g

Sulfon, Benzyl-[4-chlor-phenyl]-
　6 IV 2647

$C_{13}H_{11}ClO_2S$ (Fortsetzung)

Sulfon, [2-Chlor-benzyl]-phenyl-
　6 IV 2767

—, [3-Chlor-benzyl]-phenyl-
　6 IV 2770

—, [4-Chlor-benzyl]-phenyl-
　6 IV 2773

—, [2-Chlor-phenyl]-p-tolyl-
　6 III 1401 e

—, [4-Chlor-phenyl]-p-tolyl-
　6 II 395 b, III 1402 a, IV 2171

$C_{13}H_{11}ClO_3$

Biphenyl-2,5-diol, 2'-Chlor-4'-methoxy-
　6 III 6529 a

—, 2'-Chlor-5'-methoxy- 6 III 6528 b

—, 2'-Chlor-6'-methoxy- 6 IV 7563

Essigsäure, Chlor-, [4-hydroxy-2-methyl-
　[1]naphthylester] 6 III 5302 c

—, Chlor-, [4-hydroxy-3-methyl-
　[1]naphthylester] 6 III 5302 d

—, Chlor-, [5-methoxy-[1]naphthyl≠
　ester] 6 I 478 d

—, Chlor-, [7-methoxy-[2]naphthyl≠
　ester] 6 I 482 i

Kohlensäure-äthylester-[1-chlor-
　[2]naphthylester] 6 III 2991 d

Propionsäure, 2-[1-Chlor-[2]naphthyloxy]-
　6 IV 4291

—, 2-[3-Chlor-[2]naphthyloxy]-
　6 IV 4292

—, 2-[4-Chlor-[2]naphthyloxy]-
　6 IV 4294

—, 2-[5-Chlor-[2]naphthyloxy]-
　6 IV 4294

—, 2-[6-Chlor-[2]naphthyloxy]-
　6 IV 4295

—, 2-[8-Chlor-[2]naphthyloxy]-
　6 IV 4295

—, 3-[1-Chlor-[2]naphthyloxy]-
　6 IV 4291

—, 3-[3-Chlor-[2]naphthyloxy]-
　6 IV 4293

$C_{13}H_{11}ClO_3S$

Benzol, 1-Benzolsulfonyl-3-chlor-
　2-methoxy- 6 IV 5643

—, 2-Benzolsulfonyl-4-chlor-
　1-methoxy- 6 III 4280 g

—, 4-Benzolsulfonyl-2-chlor-
　1-methoxy- 6 III 4467 c, IV 5829

—, 1-[4-Chlor-benzolsulfonyl]-
　4-methoxy- 6 IV 5797

Essigsäure, [5-Chlor-6-methoxy-
　[2]naphthylmercapto]- 6 III 5290 f

—, [6-Chlor-4-methoxy-
　[2]naphthylmercapto]- 6 III 5260 a

—, [7-Chlor-4-methoxy-
　[2]naphthylmercapto]- 6 III 5259 g

Phenol, 4-[4-Chlor-benzolsulfonyl]-
　2-methyl- 6 III 4508 b

—, 2-Chlor-4-phenylmethansulfonyl-
　6 IV 5830

—, 3-Chlor-4-phenylmethansulfonyl-
　6 IV 5825

—, 2-Chlor-4-[toluol-4-sulfonyl]-
　6 IV 5829

—, 2-Chlor-6-[toluol-4-sulfonyl]-
　6 IV 5643

—, 4-Chlor-2-[toluol-2-sulfonyl]-
　6 IV 5643

—, 4-Chlor-2-[toluol-4-sulfonyl]-
　6 IV 5644

$C_{13}H_{11}ClS$

Methanthiol, [4-Chlor-phenyl]-phenyl-
　6 IV 4688

Sulfid, Benzyl-[4-chlor-phenyl]-
　6 454 j, IV 2644

—, [2-Chlor-benzyl]-phenyl-
　6 IV 2766

—, [4-Chlor-benzyl]-phenyl-
　6 IV 2771

—, [4-Chlor-phenyl]-p-tolyl-
　6 IV 2170

$C_{13}H_{11}ClS_2$

Methan, [4-Chlor-phenylmercapto]-
　phenylmercapto- 6 IV 1594

$C_{13}H_{11}ClSe$

Selenid, [3-Chlor-phenyl]-m-tolyl-
　6 IV 2090

—, [3-Chlor-phenyl]-p-tolyl-
　6 IV 2217

—, [4-Chlor-phenyl]-m-tolyl-
　6 IV 2090

—, [4-Chlor-phenyl]-p-tolyl-
　6 III 1440 a, IV 2217

$C_{13}H_{11}Cl_2IO$

Äther, Benzyl-[2-dichlorjodanyl-phenyl]-
　6 III 1462 g

—, Benzyl-[3-dichlorjodanyl-phenyl]-
　6 III 1462 i

—, Benzyl-[4-dichlorjodanyl-phenyl]-
　6 III 1463 b

$C_{13}H_{11}Cl_2IO_2S$

Sulfon, [4-Dichlorjodanyl-phenyl]-p-tolyl-
　6 I 208 i

$C_{13}H_{11}Cl_2NO$

Propionitril, 3-[1-(3,4-Dichlor-phenyl)-
1-methyl-prop-2-inyloxy]- **6** IV 4074

$C_{13}H_{11}Cl_2O_3P$

Phosphonsäure, Methyl-, bis-[2-chlor-
phenylester] **6** IV 806

—, Methyl-, bis-[4-chlor-phenylester]
6 187 h, IV 867

$C_{13}H_{11}Cl_3O$

Äther, [3-Chlor-propyl]-[3,4-dichlor-
[2]naphthyl]- **6** IV 4298

$C_{13}H_{11}Cl_3O_2$

Äthanol, 2,2,2-Trichlor-1-[2-methoxy-
[1]naphthyl]- **6** IV 6587

—, 2,2,2-Trichlor-1-[4-methoxy-
[1]naphthyl]- **6** IV 6587

$C_{13}H_{11}Cl_3Se$

λ^4-Selan, Dichlor-[3-chlor-phenyl]-m-tolyl-
6 IV 2091

—, Dichlor-[3-chlor-phenyl]-p-tolyl-
6 IV 2217

—, Dichlor-[4-chlor-phenyl]-m-tolyl-
6 IV 2091

—, Dichlor-[4-chlor-phenyl]-p-tolyl-
6 IV 2218

$C_{13}H_{11}Cl_5O_5$

Malonsäure, Pentachlorphenoxy-,
diäthylester **6** IV 1035

$C_{13}H_{11}DO$

Benzhydrol, α-Deuterio- **6** IV 4650

$C_{13}H_{11}FO$

Äther, Benzyl-[2-fluor-phenyl]- **6** III 1461 a

—, Benzyl-[4-fluor-phenyl]-
6 III 1461 b

—, [4′-Fluor-biphenyl-4-yl]-methyl-
6 IV 4608

—, [4-Fluor-phenyl]-m-tolyl-
6 IV 2042

Benzhydrol, 2-Fluor- **6** III 3375 c

—, 3-Fluor- **6** III 3375 d

—, 4-Fluor- **6** I 327 b, III 3375 e

Phenol, 2-Benzyl-4-fluor- **6** III 3352 b

—, 2-[4-Fluor-benzyl]- **6** III 3352 d

$C_{13}H_{11}FOS$

Sulfoxid, Benzyl-[4-fluor-phenyl]-
6 IV 2646

$C_{13}H_{11}FO_2$

Benzol, 1-[2-Fluor-phenoxy]-4-methoxy-
6 III 4398 a

—, 1-[3-Fluor-phenoxy]-4-methoxy-
6 III 4398 b

$C_{13}H_{11}FO_2S$

Sulfon, Benzyl-[4-fluor-phenyl]-
6 IV 2647

$C_{13}H_{11}FO_3S$

Benzol, 1-[4-Fluor-benzolsulfonyl]-
4-methoxy- **6** III 4452 b, IV 5797

$C_{13}H_{11}FS$

Sulfid, Benzyl-[4-fluor-phenyl]- **6** IV 2644

—, [4-Fluor-benzyl]-phenyl-
6 IV 2764

$C_{13}H_{11}F_3O_4$

Propen, 1,2-Diacetoxy-3,3,3-trifluor-
1-phenyl- **6** IV 6333

$[C_{13}H_{11}INO_3]^+$

Jodonium, [4-Methoxy-phenyl]-[3-nitro-
phenyl]- **6** IV 1076

—, [4-Methoxy-phenyl]-[4-nitro-
phenyl]- **6** IV 1076

$C_{13}H_{11}IO$

Äther, Benzyl-[2-jod-phenyl]- **6** III 1462 f

—, Benzyl-[3-jod-phenyl]- **6** III 1462 h,
IV 2238

—, Benzyl-[4-jod-phenyl]- **6** III 1463 a,
IV 2238

—, [2′-Jod-biphenyl-2-yl]-methyl-
6 III 3306 f, IV 4590

—, [4′-Jod-biphenyl-2-yl]-methyl-
6 III 3306 g

—, [4′-Jod-biphenyl-4-yl]-methyl-
6 III 3338 b

—, [6-Jod-biphenyl-3-yl]-methyl-
6 IV 4598

—, [2-Jod-phenyl]-p-tolyl- **6** III 1358 c

Benzhydrol, 3-Jod- **6** II 635 f

—, 4-Jod- **6** 681 d, II 635 g

Phenol, 2-Benzyl-4-jod- **6** III 3357 e

$C_{13}H_{11}IOS$

Benzol, 1-[4-Jod-phenylmercapto]-
4-methoxy- **6** III 4451 c

Sulfoxid, Benzyl-[4-jod-phenyl]-
6 IV 2646

—, [4-Jod-benzyl]-phenyl- **6** IV 2794

$C_{13}H_{11}IO_2$

Benzol, 2-Jod-1-methoxy-4-phenoxy-
6 III 4441 a

—, 1-[4-Jod-phenoxy]-2-methoxy-
6 III 4216 c

—, 1-[4-Jod-phenoxy]-4-methoxy-
6 III 4398 e

$C_{13}H_{11}IO_2S$

Sulfon, Benzyl-[4-jod-phenyl]- **6** IV 2648

—, [4-Jod-benzyl]-phenyl- **6** IV 2794

$C_{13}H_{11}IO_2S$ (Fortsetzung)

Sulfon, [4-Jod-phenyl]-*p*-tolyl- **6** I 208 h

$C_{13}H_{11}IO_3S$

Benzol, 1-[4-Jod-benzolsulfonyl]-4-methoxy-
    6 IV 5798

Sulfon, [4-Jodosyl-phenyl]-*p*-tolyl-
    6 I 208 i

$C_{13}H_{11}IO_4S$

Sulfon, [4-Jodyl-phenyl]-*p*-tolyl-
    6 I 208 j

$C_{13}H_{11}IS$

Sulfid, Benzyl-[4-jod-phenyl]- **6** IV 2645

—, [4-Jod-benzyl]-phenyl- **6** IV 2793

$C_{13}H_{11}NO$

Propionitril, 3-[1]Naphthyloxy- **6** IV 4222

—, 3-[2]Naphthyloxy- **6** III 2987 a,
    IV 4278

$C_{13}H_{11}NO_2$

Acetonitril, [5-Methoxy-[1]naphthyloxy]-
    6 IV 6555

Carbimidsäure-diphenylester **6** 160 g

$C_{13}H_{11}NO_2S$

Propionitril, 2-[Naphthalin-2-sulfonyl]-
    6 II 612 b

—, 3-[Naphthalin-2-sulfonyl]-
    6 IV 4318

Sulfid, Benzyl-[2-nitro-phenyl]-
    6 II 428 e

—, Benzyl-[4-nitro-phenyl]-
    6 454 l, I 225 d, II 428 f, III 1580 f

—, Methyl-[4'-nitro-biphenyl-2-yl]-
    6 IV 4594

—, [2-Methyl-4-nitro-phenyl]-phenyl-
    6 III 1284 i

—, [3-Methyl-4-nitro-phenyl]-phenyl-
    6 III 1339 e

—, [4-Methyl-2-nitro-phenyl]-phenyl-
    6 IV 2212

—, [5-Methyl-2-nitro-phenyl]-phenyl-
    6 III 1337 g

—, [4-Nitro-benzyl]-phenyl-
    6 II 440 j

—, [2-Nitro-phenyl]-*m*-tolyl-
    6 III 1332 g, IV 2080

—, [2-Nitro-phenyl]-*o*-tolyl-
    6 I 181 l, III 1279 e, IV 2018

—, [2-Nitro-phenyl]-*p*-tolyl-
    6 III 1399 d, IV 2170

—, [3-Nitro-phenyl]-*p*-tolyl-
    6 IV 2170

—, [4-Nitro-phenyl]-*m*-tolyl-
    6 III 1333 a, IV 2080

—, [4-Nitro-phenyl]-*o*-tolyl-
    6 I 181 l, III 1279 f, IV 2018

—, [4-Nitro-phenyl]-*p*-tolyl-
    6 III 1399 e, IV 2170, **13** II 298 f

$C_{13}H_{11}NO_2SSe$

Benzolthioselenensäure, 2-Nitro-,
    benzylester **6** IV 2762

—, 2-Nitro-, *p*-tolylester **6** IV 2207

Toluol-4-thioselenensäure, 3-Nitro-,
    phenylester **6** IV 2220 d

$C_{13}H_{11}NO_2S_2$

Benzol, 1-Methylmercapto-2-[2-nitro-
    phenylmercapto]- **6** IV 5652

—, 1-Methylmercapto-2-[4-nitro-
    phenylmercapto]- **6** IV 5652

—, 1-Methylmercapto-3-[2-nitro-
    phenylmercapto]- **6** IV 5706

—, 1-Methylmercapto-3-[4-nitro-
    phenylmercapto]- **6** IV 5706

—, 1-Methylmercapto-4-[2-nitro-
    phenylmercapto]- **6** IV 5841

—, 1-Methylmercapto-4-[4-nitro-
    phenylmercapto]- **6** IV 5841

Disulfid, Benzyl-[2-nitro-phenyl]-
    6 II 437 f

—, [2-Nitro-phenyl]-*m*-tolyl-
    6 III 1335 g

—, [2-Nitro-phenyl]-*o*-tolyl-
    6 III 1282 h

—, [2-Nitro-phenyl]-*p*-tolyl-
    6 III 1431 g, IV 2205

—, [4-Nitro-phenyl]-*o*-tolyl-
    6 III 1282 i

—, [4-Nitro-phenyl]-*p*-tolyl-
    6 III 1431 h

$C_{13}H_{11}NO_2Se$

Selenid, Benzyl-[2-nitro-phenyl]-
    6 III 1651 b

—, [2-Nitro-phenyl]-*m*-tolyl-
    6 IV 2091

—, [2-Nitro-phenyl]-*o*-tolyl-
    6 IV 2034

—, [4-Nitro-phenyl]-*m*-tolyl-
    6 IV 2091

—, [4-Nitro-phenyl]-*o*-tolyl-
    6 IV 2034

$C_{13}H_{11}NO_2Se_2$

Diselenid, Benzyl-[2-nitro-phenyl]-
    6 IV 2803

—, [4-Methyl-2-nitro-phenyl]-phenyl-
    6 IV 2220

—, [5-Methyl-2-nitro-phenyl]-phenyl-
    6 IV 2092

C₁₃H₁₁NO₃
Äther, Benzyl-[2-nitro-phenyl]-
　　6 433 c, II 412 c, III 1464 c,
　　IV 2238
—, Benzyl-[3-nitro-phenyl]-
　　6 I 220 b, II 412 d, III 1464 d,
　　IV 2238
—, Benzyl-[4-nitro-phenyl]-
　　6 433 d, II 412 e, III 1464 e,
　　IV 2238
—, Methyl-[4-nitro-acenaphthen-5-yl]-
　　6 IV 4626
—, Methyl-[2'-nitro-biphenyl-2-yl]-
　　6 III 3307 f, IV 4591
—, Methyl-[2-nitro-biphenyl-3-yl]-
　　6 IV 4598
—, Methyl-[2-nitro-biphenyl-4-yl]-
　　6 IV 4612
—, Methyl-[2'-nitro-biphenyl-4-yl]-
　　6 IV 4612
—, Methyl-[3-nitro-biphenyl-2-yl]-
　　6 III 3307 b
—, Methyl-[3'-nitro-biphenyl-2-yl]-
　　6 III 3307 h
—, Methyl-[3-nitro-biphenyl-4-yl]-
　　6 II 626 b
—, Methyl-[3'-nitro-biphenyl-4-yl]-
　　6 IV 4613
—, Methyl-[4'-nitro-biphenyl-2-yl]-
　　6 III 3308 b
—, Methyl-[4'-nitro-biphenyl-4-yl]-
　　6 II 626 d, IV 4614
—, Methyl-[5-nitro-biphenyl-2-yl]-
　　6 672 g, I 324 e
—, [4-Methyl-2-nitro-phenyl]-phenyl-
　　6 III 1386 c
—, [5-Methyl-2-nitro-phenyl]-phenyl-
　　6 II 360 c
—, Methyl-[1-(2-nitro-vinyl)-
　　[2]naphthyl]- 6 III 3345 d
—, [2-Nitro-benzyl]-phenyl-
　　6 449 a
—, [3-Nitro-benzyl]-phenyl-
　　6 IV 2610
—, [4-Nitro-benzyl]-phenyl-
　　6 450 f, I 223 a, II 425 b, III 1567 c,
　　IV 2612
—, [2-Nitro-phenyl]-m-tolyl-
　　6 377 f, III 1302 f, IV 2042
—, [2-Nitro-phenyl]-o-tolyl-
　　6 353 f, III 1250 a, IV 1946

—, [2-Nitro-phenyl]-p-tolyl-
　　6 394 c, I 200 d, II 377 d, III 1358 d,
　　IV 2102
—, [3-Nitro-phenyl]-m-tolyl-
　　6 III 1302 g, IV 2042
—, [3-Nitro-phenyl]-o-tolyl-
　　6 III 1250 b, IV 1947
—, [3-Nitro-phenyl]-p-tolyl-
　　6 III 1358 e, IV 2102
—, [4-Nitro-phenyl]-m-tolyl-
　　6 377 h, III 1302 h, IV 2042
—, [4-Nitro-phenyl]-o-tolyl-
　　6 353 i, III 1250 c, IV 1947
—, [4-Nitro-phenyl]-p-tolyl-
　　6 394 f, III 1358 f, IV 2102
Benzhydrol, 2-Nitro- 6 IV 4678
—, 3-Nitro- 6 III 3378 e, IV 4679
—, 4-Nitro- 6 III 3378 f, IV 4679
Benzylalkohol, 2-[2-Nitro-phenyl]-
　　6 IV 4691
Carbamidsäure-[3-phenoxy-phenylester]
　　6 III 4322 e
— [4-phenoxy-phenylester]
　　6 III 4417 g
Hexa-3,5-diin-2-ol, 2-Methyl-6-[4-nitro-
　　phenyl]- 6 IV 4628
Phenol, 4-Benzyl-2-nitro- 6 677 g
Salpetersäure-benzhydrylester 6 IV 4672

C₁₃H₁₁NO₃S
Benzol, 1-Methoxy-3-[4-nitro-phenyl⸗
　　mercapto]- 6 IV 5703
—, 1-Methoxy-4-[2-nitro-phenyl⸗
　　mercapto]- 6 III 4451 d, IV 5795
—, 1-Methoxy-4-[4-nitro-phenyl⸗
　　mercapto]- 6 III 4451 e, IV 5796
—, 2-Methoxy-4-nitro-1-phenyl⸗
　　mercapto- 6 IV 5647
Carbamidsäure-[4-(4-hydroxy-phenyl⸗
　　mercapto)-phenylester] 6 III 4463 d
Phenol, 3-Methyl-4-[4-nitro-phenyl⸗
　　mercapto]- 6 III 4505 d
—, 4-Methyl-2-[2-nitro-phenyl⸗
　　mercapto]- 6 III 4523 f
—, 4-Methyl-2-[3-nitro-phenyl⸗
　　mercapto]- 6 III 4523 g
—, 4-Methyl-2-[4-nitro-phenyl⸗
　　mercapto]- 6 III 4524 a
—, 4-[4-Methyl-2-nitro-phenyl⸗
　　mercapto]- 6 I 420 j
—, 4-[4-Nitro-benzylmercapto]-
　　6 IV 5803
Sulfoxid, Benzyl-[4-nitro-phenyl]-
　　6 IV 2646

$C_{13}H_{11}NO_3S$ (Fortsetzung)

Sulfoxid, [4-Nitro-benzyl]-phenyl-
6 IV 2797

Thiophenol, 2-Benzyloxy-4-nitro-
6 IV 5647

$C_{13}H_{11}NO_4$

Aceton, [1-Nitro-[2]naphthyloxy]-
6 654 a, III 3003 e

Benzhydrol, 4-Hydroxy-2'-nitro-
6 IV 6670

Benzol, 1-Methoxy-2-[2-nitro-phenoxy]-
6 772 i, III 4216 d

—, 1-Methoxy-2-[3-nitro-phenoxy]-
6 III 4216 e

—, 1-Methoxy-2-[4-nitro-phenoxy]-
6 772 j, III 4217 a, IV 5571

—, 1-Methoxy-2-nitro-4-phenoxy-
6 II 850 b, III 4443 f

—, 1-Methoxy-3-[2-nitro-phenoxy]-
6 IV 5667

—, 1-Methoxy-3-[3-nitro-phenoxy]-
6 IV 5667

—, 1-Methoxy-3-[4-nitro-phenoxy]-
6 IV 5667

—, 1-Methoxy-4-nitro-2-phenoxy-
6 II 791 f, III 4266 e

—, 1-Methoxy-4-[2-nitro-phenoxy]-
6 III 4399 c

—, 1-Methoxy-4-[3-nitro-phenoxy]-
6 IV 5725

—, 1-Methoxy-4-[4-nitro-phenoxy]-
6 III 4399 d, IV 5725

—, 2-Methoxy-1-nitro-4-phenoxy-
6 IV 5691

—, 2-Methoxy-4-nitro-1-phenoxy-
6 III 4266 b

—, 4-Methoxy-1-nitro-2-phenoxy-
6 IV 5692

Biphenyl-2,5-diol, 4'-Methyl-2'-nitro-
6 IV 6675

Biphenyl-2-ol, 2'-Methoxy-5-nitro-
6 IV 6648

Biphenyl-4-ol, 2-Methoxy-5-nitro-
6 IV 6642

—, 4'-Methoxy-3-nitro- 6 III 5397 b

—, 4'-Methoxy-3'-nitro- 6 III 5397 a

Essigsäure-[5-nitro-[1]naphthylmethylester]
6 IV 4336

Phenol, 2-Benzyloxy-4-nitro- 6 III 4267 f,
IV 5628

—, 4-Benzyloxy-2-nitro- 6 857 d

—, 4-Benzyloxy-3-nitro- 6 857 d

$C_{13}H_{11}NO_4S$

Phenol, 2-Methoxy-4-[4-nitro-phenyl-
mercapto]- 6 IV 7357

—, 4-Methoxy-2-[2-nitro-phenyl-
mercapto]- 6 III 6294 b

—, 4-Methyl-2-[2-nitro-benzolsulfinyl]-
6 III 4524 d

Sulfon, Benzyl-[2-nitro-phenyl]- 6 III 1581 f

—, Benzyl-[3-nitro-phenyl]-
6 II 428 i

—, Benzyl-[4-nitro-phenyl]-
6 455 b, II 429 a, III 1581 g,
IV 2648

—, [2-Methyl-4-nitro-phenyl]-phenyl-
6 III 1285 a

—, [2-Methyl-5-nitro-phenyl]-phenyl-
6 373 a, III 1284 c

—, [3-Methyl-5-nitro-phenyl]-phenyl-
6 IV 2089

—, [4-Methyl-3-nitro-phenyl]-phenyl-
6 III 1436 c

—, [2-Nitro-benzyl]-phenyl-
6 II 438 i

—, [3-Nitro-benzyl]-phenyl-
6 II 439 i

—, [4-Nitro-benzyl]-phenyl-
6 II 441 a, IV 2798

—, [2-Nitro-phenyl]-m-tolyl-
6 IV 2081

—, [2-Nitro-phenyl]-o-tolyl-
6 III 1280 f, IV 2019

—, [2-Nitro-phenyl]-p-tolyl-
6 III 1402 c, IV 2172

—, [3-Nitro-phenyl]-p-tolyl-
6 IV 2172

—, [4-Nitro-phenyl]-m-tolyl-
6 III 1333 f, IV 2081

—, [4-Nitro-phenyl]-o-tolyl-
6 III 1280 g, IV 2019

—, [4-Nitro-phenyl]-p-tolyl-
6 III 1402 d, IV 2172

$C_{13}H_{11}NO_4Se$

Resorcin, 4-[4-Methyl-2-nitro-phenylselanyl]-
6 IV 7360

$C_{13}H_{11}NO_5$

Biphenyl-2,5-diol, 4'-Methoxy-2'-nitro-
6 IV 7563

Naphthalin, 5-Acetoxy-1-methoxy-4-nitro-
6 III 5273 a

Propionsäure, 2-[1-Nitro-[2]naphthyloxy]-
6 II 608 g, 609 c

—, 2-[4-Nitro-[1]naphthyloxy]- 6 II 585 b

—, 2-[5-Nitro-[2]naphthyloxy]- 6 IV 4309

$C_{13}H_{11}NO_5$ (Fortsetzung)

Propionsäure, 2-[8-Nitro-[2]naphthyloxy]-
  6 IV 4310

−, 3-[6-Nitro-[2]naphthyloxy]-
  6 IV 4309

$C_{13}H_{11}NO_5S$

Benzol, 1-Benzolsulfonyl-2-methoxy-
  4-nitro- 6 IV 5647

−, 1-Benzolsulfonyl-4-methoxy-
  2-nitro- 6 IV 5834

−, 4-Benzolsulfonyl-1-methoxy-
  2-nitro- 6 IV 5836

−, 1-Methoxy-4-[2-nitro-benzolsulfonyl]-
  6 III 4452 c

−, 1-Methoxy-4-[4-nitro-benzolsulfonyl]-
  6 III 4452 d, IV 5798

Phenol, 4-Benzolsulfonyl-2-methyl-6-nitro-
  6 III 4508 a

−, 4-Methyl-2-[2-nitro-benzolsulfonyl]-
  6 III 4525 a, IV 5885

−, 4-Methyl-2-[3-nitro-benzolsulfonyl]-
  6 III 4525 b

−, 4-Methyl-2-[4-nitro-benzolsulfonyl]-
  6 III 4525 c

−, 2-Nitro-4-[toluol-4-sulfonyl]-
  6 III 4470 g

$C_{13}H_{11}NO_5Se$

Resorcin, 4-[2-Methoxy-4-nitro-
  phenylselanyl]- 6 IV 7360

−, 4-[4-Methoxy-2-nitro-phenylselanyl]-
  6 IV 7361

$C_{13}H_{11}NO_6S$

Phenol, 2-Methoxy-4-[4-nitro-benzolsulfonyl]-
  6 IV 7358

−, 4-Methoxy-2-[2-nitro-benzolsulfonyl]-
  6 III 6294 c

$C_{13}H_{11}NO_6S_2$

Benzol, 2-Benzolsulfonyl-1-methansulfonyl-
  4-nitro- 6 III 4288 c

−, 4-Benzolsulfonyl-1-methansulfonyl-
  2-nitro- 6 III 4476 c

−, 1-Methansulfonyl-2-[2-nitro-
  benzolsulfonyl]- 6 IV 5653

−, 1-Methansulfonyl-2-[4-nitro-
  benzolsulfonyl]- 6 IV 5653

−, 1-Methansulfonyl-3-[2-nitro-
  benzolsulfonyl]- 6 IV 5706

−, 1-Methansulfonyl-3-[4-nitro-
  benzolsulfonyl]- 6 IV 5706

−, 1-Methansulfonyl-4-[2-nitro-
  benzolsulfonyl]- 6 IV 5842

−, 1-Methansulfonyl-4-[4-nitro-
  benzolsulfonyl]- 6 IV 5842

$C_{13}H_{11}NS$

Propionitril, 3-[2]Naphthylmercapto-
  6 III 3012 j

$C_{13}H_{11}N_2O_3P$

Carbamonitril, Diphenoxyphosphoryl-
  6 III 661 h, IV 743

$C_{13}H_{11}N_2O_7P$

Phosphonsäure, Methyl-, bis-[4-nitro-
  phenylester] 6 IV 1324

$C_{13}H_{11}N_2O_7PS$

Thiophosphorsäure-O-methylester-
  O',O''-bis-[4-nitro-phenylester]
  6 IV 1340

− S-methylester-O,O'-bis-[4-nitro-
  phenylester] 6 IV 1341

$C_{13}H_{11}N_2O_8P$

Phosphorsäure-methylester-bis-[4-nitro-
  phenylester] 6 IV 1330

$C_{13}H_{11}N_3O_2$

Acetimidsäure, N-[2,2-Dicyan-1-methoxy-
  vinyl]-, phenylester 6 IV 613

$C_{13}H_{11}N_3O_3S$

Isoharnstoff, N-[4-Nitro-benzolsulfenyl]-
  O-phenyl- 6 IV 1718

$C_{13}H_{11}N_3O_4S_2$

Amin, Methyl-bis-[2-nitro-benzolsulfenyl]-
  6 I 158 h

−, Methyl-bis-[4-nitro-benzolsulfenyl]-
  6 I 161 d

$C_{13}H_{11}N_5O_4S_2$

Guanidin, N,N'-Bis-[2-nitro-benzolsulfenyl]-
  6 IV 1677

−, N,N'-Bis-[4-nitro-benzolsulfenyl]-
  6 IV 1718

$C_{13}H_{11}O_3P$

Benzo[1,3,2]dioxaphosphol, 2-Benzyloxy-
  6 IV 5598

−, 2-m-Tolyloxy- 6 III 4243 b

−, 2-o-Tolyloxy- 6 III 4243 a

−, 2-p-Tolyloxy- 6 III 4243 c

$C_{13}H_{11}O_3PS$

Benzo[1,3,2]dioxaphosphol-2-sulfid,
  2-o-Tolyloxy- 6 III 4244 g, IV 5602

−, 2-p-Tolyloxy- 6 III 4245 a

$C_{13}H_{11}O_4P$

Benzo[1,3,2]dioxaphosphol, 2-[2-Methoxy-
  phenoxy]- 6 III 4244 a

$C_{13}H_{11}O_4PS$

Benzo[1,3,2]dioxaphosphol-2-sulfid,
  2-[2-Methoxy-phenoxy]- 6 III 4246 d

$C_{13}H_{12}BrClO$

Äther, [6-Brom-1-chlor-[2]naphthyl]-propyl-
  6 652 b

$C_{13}H_{12}BrClO_2$
Naphthalin, 2-Brom-5-chlor-1,8-dimethoxy-
4-methyl- **6** IV 6576

$C_{13}H_{12}BrNO$
Propionitril, 3-[3-Brom-1-methyl-1-phenyl-
prop-2-inyloxy]- **6** IV 4075
—, 3-[1-(4-Brom-phenyl)1-methyl-
prop-2-inyloxy]- **6** IV 4075

$C_{13}H_{12}BrO_4P$
Phosphorsäure-[4-brom-benzylester]-
phenylester **6** IV 2603

$C_{13}H_{12}Br_2O$
Äther, [4-(1,2-Dibrom-äthyl)-[1]naphthyl]-
methyl- **6** IV 4345
—, [1,6-Dibrom-[2]naphthyl]-propyl-
6 652 f

$C_{13}H_{12}Br_2OSe$
λ^4-Selan, Dibrom-[4-methoxy-phenyl]-
phenyl- **6** III 4481 b

$C_{13}H_{12}Br_2OTe$
λ^4-Tellan, Dibrom-[4-methoxy-phenyl]-
phenyl- **6** IV 5856

$C_{13}H_{12}Br_2O_2$
Essigsäure-[1-äthyl-2,3-dibrom-inden-
1-ylester] **6** I 301 c

$C_{13}H_{12}Br_2O_2S$
Sulfon, [2,3-Dibrom-propyl]-[1]naphthyl-
6 622 d, III 2944 d
—, [2,3-Dibrom-propyl]-[2]naphthyl-
6 658 f, III 3008 d

$C_{13}H_{12}Br_2O_6$
Toluol, 2,4,6-Triacetoxy-3,5-dibrom-
6 1112 d

$C_{13}H_{12}Br_2Se$
λ^4-Selan, Dibrom-phenyl-m-tolyl-
6 III 1340 e
—, Dibrom-phenyl-p-tolyl-
6 II 402 a, III 1440 c

$C_{13}H_{12}Br_2Te$
λ^4-Tellan, Dibrom-phenyl-o-tolyl- **6** II 344 c
—, Dibrom-phenyl-p-tolyl-
6 I 216 a, III 1444 d

$C_{13}H_{12}ClNO$
Propionitril, 3-[1-(4-Chlor-phenyl)-
1-methyl-prop-2-inyloxy]- **6** IV 4074

$C_{13}H_{12}ClNO_2$
Carbamidsäure, [2-Chlor-äthyl]-,
[2]naphthylester **6** IV 4273
—, Dimethyl-, [1-chlor-[2]naphthyl≠
ester] **6** IV 4290
—, Dimethyl-, [2-chlor-[1]naphthyl≠
ester] **6** IV 4231

—, Dimethyl-, [4-chlor-[1]naphthyl≠
ester] **6** IV 4232
—, Dimethyl-, [5-chlor-[1]naphthyl≠
ester] **6** IV 4233

$C_{13}H_{12}ClNO_3$
Äther, Äthyl-[2-chlormethyl-4-nitro-
[1]naphthyl]- **6** IV 4339

$C_{13}H_{12}ClO_2P$
Phosphin, Chlor-phenoxy-m-tolyloxy-
6 IV 2056
—, Chlor-phenoxy-p-tolyloxy-
6 IV 2128

$C_{13}H_{12}ClO_3P$
Chlorophosphorsäure-phenylester-
o-tolylester **6** III 1262 a
— phenylester-p-tolylester **6** 401 i

$C_{13}H_{12}Cl_2NO_2PS$
Amidothiophosphorsäure, Methyl-,
O,O'-bis-[4-chlor-phenylester]
6 IV 877

$C_{13}H_{12}Cl_2NO_3P$
Amidophosphorsäure, Methyl-, bis-
[4-chlor-phenylester] **6** IV 871

$C_{13}H_{12}Cl_2NO_5PS$
Amidophosphorsäure, Methansulfonyl-,
bis-[4-chlor-phenylester] **6** IV 871

$C_{13}H_{12}Cl_2O$
Äther, [1-Chlor-[2]naphthyl]-[3-chlor-
propyl]- **6** IV 4290
—, [3-Chlor-[2]naphthyl]-[3-chlor-
propyl]- **6** IV 4292
—, [8-Chlor-[2]naphthyl]-[3-chlor-
propyl]- **6** IV 4295
—, [1-Dichlormethylen-5-phenyl-
penta-2,4-dienyl]-methyl- **6** IV 4343

$C_{13}H_{12}Cl_2OSe$
λ^4-Selan, Dichlor-[4-methoxy-phenyl]-
phenyl- **6** III 4481 a

$C_{13}H_{12}Cl_2OTe$
λ^4-Tellan, Dichlor-[4-methoxy-phenyl]-
phenyl- **6** IV 5856

$C_{13}H_{12}Cl_2O_2S$
Sulfon, [2,3-Dichlor-propyl]-[1]naphthyl-
6 622 b
—, [2,3-Dichlor-propyl]-[2]naphthyl-
6 658 d

$C_{13}H_{12}Cl_2O_6$
Toluol, 2,4,5-Triacetoxy-3,6-dichlor-
6 I 549 e
—, 2,4,6-Triacetoxy-3,5-dichlor-
6 1111 h

$C_{13}H_{12}Cl_2Se$
λ^4-Selan, Dichlor-phenyl-*m*-tolyl-
6 III 1340 d, IV 2091
–, Dichlor-phenyl-*p*-tolyl-
6 III 1440 b, IV 2217

$C_{13}H_{12}Cl_2Te$
λ^4-Tellan, Dichlor-phenyl-*o*-tolyl-
6 II 344 c
–, Dichlor-phenyl-*p*-tolyl-
6 I 216 a

$C_{13}H_{12}Cl_3NO_6$
Glutaminsäure, *N*-[(2,4,5-Trichlor-
phenoxy)-acetyl]- 6 IV 984

$C_{13}H_{12}Cl_4O_4$
Bernsteinsäure-methylester-[2,2,2-trichlor-
1-(4-chlor-phenyl)-äthylester]
6 III 1688 g

$C_{13}H_{12}Cl_4O_5$
Äthan, 1-[(2,4-Dichlor-phenoxy)-acetoxy]-
2-[2,2-dichlor-propionyloxy]- 6 IV 912

$C_{13}H_{12}Cl_6O_3S$
2,7;3,6-Dicyclo-cyclopent[*cd*]azulen,
1,1,2,7,8,8a-Hexachlor-5-methansulfonyl≠
oxy-dodecahydro- 6 IV 3926

$C_{13}H_{12}Cl_6O_4$
Norborn-2-en, 5,6-Bis-acetoxymethyl-
1,2,3,4,7,7-hexachlor- 6 IV 5533

$[C_{13}H_{12}IO]^+$
Jodonium, [2-Methoxy-phenyl]-phenyl-
6 IV 1070
–, [4-Methoxy-phenyl]-phenyl-
6 III 775 d, IV 1075

$C_{13}H_{12}I_2OTe$
λ^4-Tellan, Dijod-[4-methoxy-phenyl]-
phenyl- 6 IV 5856

$C_{13}H_{12}I_2Te$
λ^4-Tellan, Dijod-phenyl-*o*-tolyl-
6 II 344 c
–, Dijod-phenyl-*p*-tolyl- 6 I 216 a

$C_{13}H_{12}NO_6P$
Phosphorsäure-benzylester-[4-nitro-
phenylester] 6 IV 2573

$C_{13}H_{12}N_2O_4$
Aceton, [1-Nitro-[2]naphthyloxy]-, oxim
6 654 b
Propionsäure, 2-[1-Nitro-[2]naphthyloxy]-,
amid 6 II 608 j, 609 b
–, 2-[4-Nitro-[1]naphthyloxy]-, amid
6 II 585 e

$C_{13}H_{12}N_2O_4S$
Sulfid, [2,6-Cyclo-norbornan-3-yl]-
[2,4-dinitro-phenyl]- 6 IV 1745

$C_{13}H_{12}N_2O_8$
Benzol, 1,2-Diacetoxy-4-nitro-5-[2-nitro-
propenyl]- 6 III 5012 d, IV 6332

$C_{13}H_{12}O$
Acenaphthen-1-ol, 6-Methyl- 6 IV 4696
Acenaphthen-5-ol, 4-Methyl- 6 IV 4696
Äther, Acenaphthen-1-yl-methyl-
6 III 3346 b
–, Acenaphthen-3-yl-methyl-
6 III 3347 c
–, Acenaphthen-5-yl-methyl-
6 III 3348 e, IV 4625
–, [5-Äthinyl-7,8-dihydro-[2]naphthyl]-
methyl- 6 III 3345 c, IV 4621
–, Allyl-[1]naphthyl- 6 III 2925 g,
IV 4214
–, Allyl-[2]naphthyl- 6 I 313 b,
III 2974 h, IV 4259
–, Benzyl-phenyl- 6 432 e, I 220 a,
II 411 d, III 1460 e, IV 2236
–, Biphenyl-2-yl-methyl- 6 672 c,
I 324 a, II 623 b, III 3284 a,
IV 4580
–, Biphenyl-3-yl-methyl- 6 III 3312,
IV 4598
–, Biphenyl-4-yl-methyl- 6 674 c,
II 625 a, III 3321, IV 4600
–, Methyl-[1-vinyl-[2]naphthyl]-
6 IV 4621
–, Methyl-[2-vinyl-[1]naphthyl]-
6 IV 4622
–, Methyl-[4-vinyl-[1]naphthyl]-
6 IV 4622
–, Methyl-[5-vinyl-[2]naphthyl]-
6 III 3345 e
–, Methyl-[6-vinyl-[2]naphthyl]-
6 IV 4622
–, Phenyl-*m*-tolyl- 6 377 e, I 186 e,
III 1302 e, IV 2041
–, Phenyl-*o*-tolyl- 6 353 e, I 171 d,
II 329 g, III 1249 g, IV 1946
–, Phenyl-*p*-tolyl- 6 394 b, I 200 c,
II 377 c, III 1357 c, IV 2101
Allylalkohol, 1-[1]Naphthyl- 6 III 3385 e
–, 1-[2]Naphthyl- 6 III 3386 d
–, 3-[1]Naphthyl- 6 III 3385 a
–, 3-[2]Naphthyl- 6 III 3386 a
Anisol, 4-Cyclopentadienylidenmethyl-
6 675 c, I 324 h, IV 4621
Benzhydrol 6 678 b, I 325 c, II 631,
III 3364 b, IV 4648
Benzylalkohol, 2-Phenyl- 6 681 i, II 636 g,
III 3383 a, IV 4691

$C_{13}H_{12}O$ (Fortsetzung)

Benzylalkohol, 3-Phenyl- **6** 682 b,
    IV 4692

−, 4-Phenyl- **6** II 636 k, IV 4693

Biphenyl-2-ol, 3-Methyl- **6** III 3383 c

−, 5-Methyl- **6** III 3383 h,
    IV 4691

Biphenyl-3-ol, 4-Methyl- **6** IV 4692

−, 5-Methyl- **6** III 3383 g,
    IV 4691

−, 6-Methyl- **6** IV 4690

Biphenyl-4-ol, 2-Methyl- **6** III 3382 c,
    IV 4690

−, 2′-Methyl- **6** II 636 f, IV 4690

−, 3-Methyl- **6** III 3383 d,
    IV 4691

−, 4′-Methyl- **6** 682 e, II 636 j,
    III 3384 d, IV 4692

Cyclopenta[*a*]naphthalin-5-ol, 2,3-Dihydro-
    1*H*- **6** III 3386 f, IV 4695

Hepta-1,6-dien-4-in-3-ol, 1-Phenyl-
    6 IV 4627

Hepta-2,6-dien-4-in-1-ol, 1-Phenyl-
    6 IV 4627

Hexa-3,5-diin-2-ol, 2-Methyl-6-phenyl-
    6 IV 4627

Methanol, Acenaphthen-5-yl- **6** III 3387 b,
    IV 4696

[1]Naphthol, 2-Allyl- **6** I 328 i, III 3386 b,
    IV 4695

−, 4-Allyl- **6** IV 4694

−, 2-Isopropenyl- **6** I 328 j

[2]Naphthol, 1-Allyl- **6** I 328 f, III 3385 c,
    IV 4694

−, 1-Isopropenyl- **6** IV 4695

Phenalen-1-ol, 2,3-Dihydro-1*H*-
    6 III 3387 a, IV 4696

Phenol, 2-Benzyl- **6** II 628 f, III 3349 c,
    IV 4628

−, 4-Benzyl- **6** 675 h, I 324 m,
    II 629 e, III 3357 g, IV 4640

$C_{13}H_{12}OS$

Aceton, [1]Naphthylmercapto- **6** IV 4243

−, [2]Naphthylmercapto- **6** IV 4316

Benzol, 1-Methoxy-2-phenylmercapto-
    6 793 h, II 797 a, III 4277 c,
    IV 5635

−, 1-Methoxy-3-phenylmercapto-
    6 II 827 d

−, 1-Methoxy-4-phenylmercapto-
    6 860 a, II 852 h, IV 5795

Benzylalkohol, 4-Phenylmercapto-
    6 IV 5920

Biphenyl-3-thiol, 4-Methoxy- **6** IV 6649

Phenol, 4-Benzylmercapto- **6** III 4453 e,
    IV 5802

−, 2-Methyl-4-phenylmercapto-
    6 III 4507 f, IV 5874

−, 3-Methyl-4-phenylmercapto-
    6 III 4505 c

−, 4-[Phenylmercapto-methyl]-
    6 IV 5920

−, 4-*p*-Tolylmercapto- **6** 860 c,
    II 853 b, III 4453 a

Sulfoxid, Benzyl-phenyl- **6** I 225 f,
    II 428 g, III 1581 c, IV 2646

−, Phenyl-*m*-tolyl- **6** III 1333 d,
    IV 2081

−, Phenyl-*o*-tolyl- **6** III 1280 d,
    IV 2018

−, Phenyl-*p*-tolyl- **6** II 394 m,
    III 1401 c, IV 2171

$C_{13}H_{12}OS_2$

Benzol, 1-Methoxy-4-phenyldisulfanyl-
    6 IV 5820

$C_{13}H_{12}OSe$

Aceton, [2]Naphthylselanyl- **6** IV 4323

Benzol, 1-Methoxy-2-phenylselanyl-
    6 III 4290 h

−, 1-Methoxy-4-phenylselanyl-
    6 III 4480 f, IV 5851

Selenoxid, Phenyl-*p*-tolyl- **6** II 402 a

$C_{13}H_{12}OTe$

Benzol, 1-Methoxy-4-phenyltellanyl-
    6 IV 5856

Telluroxid, Phenyl-*o*-tolyl- **6** II 344 c

−, Phenyl-*p*-tolyl- **6** I 216 a,
    III 1444 c

$C_{13}H_{12}O_2$

Aceton, [1]Naphthyloxy- **6** 608 e,
    III 2928 b

−, [2]Naphthyloxy- **6** 643 i,
    III 2982 b, IV 4266

Allylalkohol, 3-[1-Hydroxy-[2]naphthyl]-
    6 IV 6676

−, 3-[2-Hydroxy-[1]naphthyl]-
    6 IV 6675

Ameisensäure-[1-[1]naphthyl-äthylester]
    6 III 3035 b

− [1-[2]naphthyl-äthylester]
    6 III 3041 d

Benzhydrol, 4-Hydroxy- **6** 998 j, I 489 a,
    III 5417 a

Benzhydrylhydroperoxid **6** III 3374 f,
    IV 4671

$C_{13}H_{12}O_2S$ (Fortsetzung)

Phenol, 4-Benzolsulfinyl-2-methyl-
6 IV 5874

Propionsäure, 2-[1]Naphthylmercapto-
6 IV 4244

—, 2-[2]Naphthylmercapto-
6 IV 4318

—, 3-[1]Naphthylmercapto-
6 II 588 j

—, 3-[2]Naphthylmercapto-
6 II 612 c, IV 4318

Sulfon, Acenaphthen-3-yl-methyl-
6 IV 4624

—, Allyl-[1]naphthyl- 6 622 f

—, Allyl-[2]naphthyl- 6 658 i

—, Benzyl-phenyl- 6 455 a, II 428 h,
III 1581 d, IV 2647

—, Biphenyl-2-yl-methyl- 6 IV 4593

—, Biphenyl-4-yl-methyl- 6 IV 4616

—, Phenyl-m-tolyl- 6 III 1333 e,
IV 2081

—, Phenyl-o-tolyl- 6 371 c, III 1280 e,
IV 2018

—, Phenyl-p-tolyl- 6 418 h, I 208 f,
II 395 a, III 1401 d, IV 2171

Thioessigsäure-S-[2-methoxy-[1]naphthyl=
ester] 6 IV 6541

Thiokohlensäure-O-äthylester-
O'-[2]naphthylester 6 II 601 j

$C_{13}H_{12}O_2S_2$

Benzol, 1-Benzolsulfinyl-4-methansulfinyl-
6 IV 5842

Methan, Benzolsulfonyl-phenylmercapto-
6 III 1003 g, IV 1509

—, Bis-benzolsulfinyl- 6 I 145 b,
III 1003 a, IV 1507

Phenol, 2,2'-Methandiyldimercapto-di-
6 IV 5638

Sulfon, [4-Methylmercapto-phenyl]-phenyl-
6 IV 5842

—, Methyl-[4-phenylmercapto-phenyl]-
6 IV 5842

$C_{13}H_{12}O_2S_3$

Disulfid, [2-Methansulfonyl-phenyl]-phenyl-
6 IV 5654

—, [4-Methansulfonyl-phenyl]-phenyl-
6 IV 5847

$C_{13}H_{12}O_2Se$

Phenol, 2-Methoxy-5-phenylselanyl-
6 III 6300 g

—, 3-Methoxy-2-phenylselanyl-
6 III 6275 e

—, 4-Methoxy-2-phenylselanyl-
6 III 6300 d

Propionsäure, 2-[2]Naphthylselanyl-
6 IV 4323

—, 3-[2]Naphthylselanyl- 6 IV 4323

$C_{13}H_{12}O_3$

Benzhydrol, 2,4-Dihydroxy- 6 I 559 d,
II 1098 g

—, 2,4'-Dihydroxy- 6 1135 e

Benzylalkohol, 2-[2-Hydroxy-phenoxy]-
6 IV 5898

Biphenyl-2,2'-diol, 6-Methoxy- 6 IV 7563

Biphenyl-2,5-diol, 4'-Methoxy- 6 III 6528 d

Essigsäure, [3-Methyl-[2]naphthyloxy]-
6 IV 4339

—, [2]Naphthyloxy-, methylester
6 III 2985 g, IV 4274

Hydrochinon, 2-Salicyl- 6 IV 7564

Kohlensäure-äthylester-[1]naphthylester
6 609 d, I 307 j, III 2929 j

— äthylester-[2]naphthylester
6 III 2984 e, IV 4271

Naphthalin, 1-Acetoxy-2-methoxy-
6 IV 6538

—, 1-Acetoxy-4-methoxy- 6 IV 6546

—, 1-Acetoxy-5-methoxy- 6 I 478 c,
III 5267 d

—, 2-Acetoxy-1-methoxy- 6 IV 6538

—, 2-Acetoxy-7-methoxy-
6 I 482 h

[1]Naphthol, 2-Acetoxy-4-methyl-
6 IV 6575

—, 4-Acetoxy-2-methyl- 6 IV 6581

—, 4-Acetoxy-3-methyl- 6 III 5302 b

Phenol, 2-[3-Methoxy-phenoxy]-
6 IV 5670

—, 2-Methoxy-4-phenoxy-
6 IV 7340

—, 2-Methoxy-5-phenoxy-
6 IV 7340

—, 4-[4-Methoxy-phenoxy]-
6 III 4408 c

—, 4-Methyl-2,2'-oxy-di- 6 III 4518 b

—, 5'-Methyl-2,3'-oxy-di- 6 III 4533 e

—, 5-Methyl-3,3'-oxy-di- 6 III 4533 g

—, 5-Methyl-3,4'-oxy-di- 6 III 4534 b

Phloroglucin, 2-Benzyl- 6 II 1097 g,
III 6529 e

Propionsäure, 2-[1]Naphthyloxy-
6 609 j, II 580 k, 581 b, IV 4221

—, 2-[2]Naphthyloxy- 6 646 b,
II 602 c, IV 4277

—, 3-[1]Naphthyloxy- 6 III 2931 f

$C_{13}H_{12}O_3$ (Fortsetzung)

Propionsäure, 3-[2]Naphthyloxy-
　6 III 2986 k, IV 4278

Pyrogallol, 4-Benzyl- 6 IV 7564

Resorcin, 5-Methyl-4-phenoxy-
　6 III 6312 d

－, 4-Salicyl- 6 III 6529 f

$C_{13}H_{12}O_3S$

Aceton, [Naphthalin-1-sulfonyl]- 6 623 i

－, [Naphthalin-2-sulfonyl]-
　6 660 g, II 611 g

Allylalkohol, 3-[Naphthalin-1-sulfonyl]-
　6 III 2945 g

－, 3-[Naphthalin-2-sulfonyl]-
　6 III 3011 c

Benzol, 1-Benzolsulfonyl-2-methoxy-
　6 III 4277 d, IV 5635

－, 1-Benzolsulfonyl-3-methoxy-
　6 III 4364 d

－, 1-Benzolsulfonyl-4-methoxy-
　6 871 a, II 853 a, III 4452 a,
　IV 5797

Essigsäure, [2-Methoxy-[1]naphthyl≈
　mercapto]- 6 III 5251 c

－, [4-Methoxy-[1]naphthylmercapto]-
　6 IV 6551

－, [5-Methoxy-[1]naphthylmercapto]-
　6 IV 6556

－, [7-Methoxy-[1]naphthylmercapto]-
　6 III 5283 d

－, [7-Methoxy-[2]naphthylmercapto]-
　6 III 5295 b

－, [8-Methoxy-[1]naphthylmercapto]-
　6 IV 6561

Hydrochinon, 2-[2-Methoxy-phenyl≈
　mercapto]- 6 III 6294 e

Kohlensäure-äthylester-[3-mercapto-
　[1]naphthylester] 6 III 5258 f

－ äthylester-[4-mercapto-
　[1]naphthylester] 6 I 476 h, III 5263 d

－ äthylester-[5-mercapto-
　[1]naphthylester] 6 I 479 d

－ äthylester-[5-mercapto-
　[2]naphthylester] 6 III 5280 h

－ äthylester-[6-mercapto-
　[2]naphthylester] 6 I 481 g

－ äthylester-[7-mercapto-
　[2]naphthylester] 6 III 5294 e

－ äthylester-[8-mercapto-
　[2]naphthylester] 6 III 5282 f

Phenol, 2-Benzolsulfonyl-4-methyl-
　6 II 873 d, III 4524 e, IV 5885

－, 2-Benzolsulfonyl-5-methyl-
　6 IV 5889

－, 2-Benzolsulfonyl-6-methyl-
　6 IV 5863

－, 3-Benzolsulfonylmethyl- 6 II 882 g

－, 4-Benzolsulfonyl-2-methyl-
　6 III 4508 a, IV 5874

－, 4-Benzolsulfonyl-3-methyl-
　6 III 4505 e, IV 5871

－, 5-Benzolsulfonyl-2-methyl-
　6 IV 5865

－, 4-Phenylmethansulfonyl-
　6 III 4454 a

－, 2-[Toluol-2-sulfonyl]- 6 IV 5636

－, 2-[Toluol-4-sulfonyl]- 6 III 4277 e,
　IV 5636

－, 4-[Toluol-4-sulfonyl]- 6 III 4453 b,
　IV 5802

Sulfon, [2]Naphthyl-oxiranylmethyl-
　6 658 f

Thiokohlensäure-O-äthylester-S-[2-hydroxy-
　[1]naphthylester] 6 III 5250 g

$C_{13}H_{12}O_3S_2$

Kohlensäure-äthylester-[3,6-dimercapto-
　[2]naphthylester] 6 II 1097 c

Methan, Benzolsulfinyl-benzolsulfonyl-
　6 I 145 c

Phenol, 3-[4-Methansulfonyl-phenyl≈
　mercapto]- 6 IV 5846

－, 4-[4-Methansulfonyl-phenyl≈
　mercapto]- 6 IV 5846

Thiophenol, 2-[2-Methoxy-benzolsulfonyl]-
　6 I 397 h

$C_{13}H_{12}O_3S_3$

Kohlensäure-äthylester-[3,6,8-trimercapto-
　[2]naphthylester] 6 II 1125 i

$C_{13}H_{12}O_4$

Benzhydrol, 2,4,2'-Trihydroxy- 6 IV 7750

－, 2,4,4'-Trihydroxy- 6 IV 7751

Biphenyl-2,4,3',5'-tetraol, 6-Methyl-
　6 IV 7751

Brenzcatechin, 4,4'-Methandiyl-di-
　6 1166 i, IV 7746

Essigsäure, [3-Hydroxy-[2]naphthyloxy]-,
　methylester 6 IV 6565

－, [6-Hydroxy-[2]naphthyloxy]-,
　methylester 6 IV 6566

－, [3-Methoxy-[2]naphthyloxy]-
　6 IV 6565

Hydrochinon, 2,2'-Methandiyl-di-
　6 1166 g, I 575 c

Maleinsäure-mono-[4-propenyl-phenylester]
　6 III 2399 a

$C_{13}H_{12}O_4$ (Fortsetzung)

Methanol, [3-Acetoxy-4-hydroxy-
[1]naphthyl]- **6** I 559 b, II 1097 e

Propionsäure, 3-[6-Hydroxy-
[2]naphthyloxy]- **6** IV 6566

Resorcin, 4-[2-Hydroxy-phenoxy]-5-methyl-
6 III 6313 f

−, 4,4′-Methandiyl-di- **6** 1166 f,
III 6708 d

$C_{13}H_{12}O_4S$

Hydrochinon, 2-[Toluol-4-sulfonyl]-
6 II 1073 a, III 6294 d

Naphthalin, 2-Acetoxy-6-methansulfonyl-
6 I 481 e

Phenol, 2-Benzolsulfonyl-5-methoxy-
6 IV 7351

−, 4-Benzolsulfonyl-3-methoxy-
6 IV 7351

−, 4-[4-Methoxy-benzolsulfonyl]-
6 IV 5810

−, 2′-Methyl-2,4′-sulfonyl-di-
6 III 4509 a

−, 2-Methyl-4,4′-sulfonyl-di-
6 III 4509 a

−, 4-Methyl-2,4′-sulfonyl-di-
6 II 873 f

−, 6-Methyl-3,4′-sulfonyl-di-
6 III 4509 a

Propionsäure, 3-[Naphthalin-2-sulfonyl]-
6 IV 4318

Resorcin, 2-[Toluol-4-sulfonyl]-
6 IV 7338

−, 4-[Toluol-4-sulfonyl]- **6** IV 7351

Schwefelsäure-phenylester-p-tolylester
6 III 1371 b

$C_{13}H_{12}O_4S_2$

Disulfon, Phenyl-p-tolyl- **6** 426 c

Methan, Bis-benzolsulfonyl- **6** 305 c,
III 1004 a, IV 1509

$C_{13}H_{12}O_5$

Benzhydrol, 2,4,2′,4′-Tetrahydroxy-
6 I 585 c

Phloroglucid, O-Methyl- **6** 1100; vgl.
III 6901 a

$C_{13}H_{12}O_5S$

Benzylalkohol, 2-Hydroxy-5-[4-hydroxy-
benzolsulfonyl]- **6** IV 7380

$C_{13}H_{12}O_6$

Phloroglucin, 2,2′-Methandiyl-di-
6 1202 f

Pyrogallol, 5,5′-Methandiyl-di- **6** 1202 h

$C_{13}H_{12}O_6S$

Schwefelsäure-mono-[4-acetoxy-3-methyl-
[1]naphthylester] **6** III 5308 d

$C_{13}H_{12}O_6S_2$

Methandisulfonsäure-diphenylester
6 I 93 h, II 163 j, III 652 b

$C_{13}H_{12}O_8$

Benzen-1,2,4,5-tetraol, 3,3′-Methandiyl-bis-
6 II 1169 d

$C_{13}H_{12}O_{10}S_3$

Benzolsulfonsäure, 6,6′-Dihydroxy-
5-methyl-3,3′-sulfonyl-bis- **6** III 4509 a

$C_{13}H_{12}S$

Methanthiol, Biphenyl-2-yl- **6** II 636 h

−, Diphenyl- **6** 681 e, I 327 o,
II 635 i, III 3378 g

Sulfid, Acenaphthen-3-yl-methyl-
6 IV 4624

−, Allyl-[1]naphthyl- **6** IV 4242

−, Benzyl-phenyl- **6** 454 i, I 225 c,
II 428 c, III 1580 d, IV 2644

−, Biphenyl-2-yl-methyl- **6** IV 4593

−, Biphenyl-4-yl-methyl-
6 674 j, IV 4615

−, Phenyl-m-tolyl- **6** 388 g,
IV 2080

−, Phenyl-o-tolyl- **6** 371 a, IV 2018

−, Phenyl-p-tolyl- **6** 418 g, II 394 l,
III 1399 c, IV 2169

$C_{13}H_{12}S_2$

Benzol, 1-Methylmercapto-4-phenyl-
mercapto- **6** IV 5841

Disulfid, Benzyl-phenyl- **6** IV 2759

−, Phenyl-o-tolyl- **6** IV 2027

−, Phenyl-p-tolyl- **6** 425 e, IV 2205

Formaldehyd-diphenyldithioacetal
6 304 e, I 145 a, III 1002 h, IV 1506

Methan, Bis-[4-mercapto-phenyl]-
6 IV 6667

Methanthiosulfensäure, Diphenyl-
6 IV 4687

$C_{13}H_{12}S_3$

Disulfid, Phenyl-[phenylmercapto-methyl]-
6 IV 1561

$C_{13}H_{12}Se$

Selenid, Benzyl-phenyl- **6** III 1651 a

−, Phenyl-m-tolyl- **6** III 1340 c, IV 2090

−, Phenyl-o-tolyl- **6** IV 2034

−, Phenyl-p-tolyl- **6** II 401 j,
III 1439 i, IV 2217

$C_{13}H_{12}Se_2$

Benzol, 1-Methylselanyl-2-phenylselanyl-
6 III 4292 b

$C_{13}H_{12}Te$
Tellurid, Phenyl-o-tolyl- **6** II 344 a
—, Phenyl-p-tolyl- **6** I 215 l

$C_{13}H_{13}AsS_2$
Arsin, Bis-benzolsulfenyl-methyl-
6 IV 1566
Dithioarsonigsäure, Methyl-, diphenyl≠
ester **6** IV 1566

$C_{13}H_{13}BrN_2O_4S$
Sulfid, [3-Brom-[2]norbornyl]-[2,4-dinitro-
phenyl]- **6** IV 1744

$C_{13}H_{13}BrO$
Äther, Äthyl-[6-brom-1-methyl-[2]naphthyl]-
6 666 f
—, Äthyl-[4-brom-[1]naphthylmethyl]-
6 II 617 f
—, [5-Äthyl-1-brom-[2]naphthyl]-
methyl- **6** IV 4346
—, [4-(2-Brom-äthyl)-[1]naphthyl]-
methyl- **6** III 3033 b
—, [5-(2-Brom-äthyl)-[1]naphthyl]-
methyl- **6** III 3033 d, IV 4345
—, [5-(2-Brom-äthyl)-[2]naphthyl]-
methyl- **6** III 3033 g
—, [8-(2-Brom-äthyl)-[2]naphthyl]-
methyl- **6** III 3034 a
—, [1-Brom-[2]naphthyl]-propyl-
6 651 b
—, [4-Brom-[1]naphthyl]-propyl-
6 IV 4234
—, [6-Brom-[2]naphthyl]-propyl-
6 651 h, IV 4303
—, [3-Brom-propyl]-[2]naphthyl-
6 IV 4258

$C_{13}H_{13}BrO_2$
Naphthalin, 2-Brom-1,4-dimethoxy-
3-methyl- **6** III 5309 e
—, 2-Brom-1,8-dimethoxy-4-methyl-
6 IV 6576
—, 1-Brom-2-methoxy-
6-methoxymethyl- **6** III 5311 a
—, 6-Brom-2-methoxy-
1-methoxymethyl- **6** III 5298 f

$C_{13}H_{13}BrO_2S$
Sulfon, [2-Brom-propyl]-[1]naphthyl- **6** 622 c
—, [2-Brom-propyl]-[2]naphthyl-
6 658 e

$C_{13}H_{13}BrO_3$
[1]Naphthol, 2-Brom-6,7-dimethoxy-
3-methyl- **6** IV 7540

$C_{13}H_{13}BrO_6$
Toluol, 2,3,5-Triacetoxy-4-brom-
6 IV 7374

—, 2,4,5-Triacetoxy-3-brom-
6 IV 7375
—, 3,4,6-Triacetoxy-2-brom-
6 IV 7375

$C_{13}H_{13}Br_3O_3$
Benzol, 2-Acetoxy-1-brom-3-[2,2-dibrom-
1-methoxymethyl-vinyl]-5-methyl- **6** I 465 f

$C_{13}H_{13}Br_3O_5$
Benzol, 1-Acetoxy-3-acetoxymethyl-
2,5,6-tribrom-4-methoxymethyl-
6 1115 f

$C_{13}H_{13}Br_5O_3$
Benzol, 2-Acetoxy-1-brom-3-methyl-
5-[$\beta,\beta,\beta',\beta'$-tetrabrom-$\alpha$-methoxy-
isopropyl]- **6** I 451 h

$C_{13}H_{13}ClN_2O_4S$
Sulfid, [3-Chlor-[2]norbornyl]-[2,4-dinitro-
phenyl]- **6** IV 1744

$C_{13}H_{13}ClO$
Äther, [2-Chlor-äthyl]-[1]naphthylmethyl-
6 IV 4332
—, [5-(2-Chlor-äthyl)-[2]naphthyl]-
methyl- **6** III 3033 f
—, Chlormethyl-[2-[1]naphthyl-äthyl]-
6 IV 4347
—, [1-(6-Chlor-[2]naphthyl)-äthyl]-
methyl- **6** III 3042 c
—, [2-Chlor-[1]naphthyl]-propyl-
6 IV 4230
—, [2-Chlor-propyl]-[1]naphthyl-
6 IV 4213
—, [3-Chlor-propyl]-[1]naphthyl-
6 II 579 b, IV 4213
—, [3-Chlor-propyl]-[2]naphthyl-
6 II 599 c, IV 4258
Propan-2-ol, 1-Chlor-3-[1]naphthyl-
6 II 620 h, IV 4356

$C_{13}H_{13}ClO_2$
Äthanol, 2-Chlor-1-[4-methoxy-[1]naphthyl]-
6 III 5313 c
Hexa-2,4-diensäure-[2-chlor-3-methyl-
phenylester] **6** IV 2062 h
— [2-chlor-5-methyl-phenylester]
6 IV 2062 h
Methan, [2-Chlor-äthoxy]-[1]naphthyloxy-
6 IV 4216
Naphthalin, 2-Chlormethyl-1,4-dimethoxy-
6 III 5309 d, IV 6582
Propan-2-ol, 1-Chlor-3-[1]naphthyloxy-
6 I 307 e, IV 4216
—, 1-Chlor-3-[2]naphthyloxy-
6 IV 4262

$C_{13}H_{13}ClO_6$
Benzol, 1,2,4-Triacetoxy-5-chlor-3-methyl-
    6 I 549 a

$C_{13}H_{13}Cl_2NO_2$
Propionsäure, 3-[1-(3,4-Dichlor-phenyl)-
    1-methyl-prop-2-inyloxy]-, amid
    6 IV 4074

$C_{13}H_{13}Cl_2NO_6$
Asparaginsäure, N-[2-(2,4-Dichlor-
    phenoxy)-propionyl]- 6 IV 925
Glutaminsäure, N-[(2,4-Dichlor-phenoxy)-
    acetyl]- 6 IV 920
Propan, 3-Acetoxy-1-dichloracetoxy-
    2-nitro-1-phenyl- 6 IV 5988

$C_{13}H_{13}Cl_3O_4$
Äthan, 2-Acetoxy-2-[2-acetoxy-5-methyl-
    phenyl]-1,1,1-trichlor- 6 III 4641 a

$C_{13}H_{13}Cl_3O_5$
Propan, 1,2-Diacetoxy-3-[2,4,5-trichlor-
    phenoxy]- 6 III 719 b
Propionsäure, 2-[(2,4,5-Trichlor-phenoxy)-
    acetoxy]-, äthylester 6 IV 979
—, 2-[2-(2,4,5-Trichlor-phenoxy)-
    propionyloxy]-, methylester 6 IV 987

$C_{13}H_{13}Cl_5O_2$
Heptansäure-pentachlorphenylester
    6 IV 1032

$C_{13}H_{13}Cl_5O_4$
Norborn-2-en, 5,6-Bis-acetoxymethyl-
    1,2,3,4,7-pentachlor- 6 IV 5532

$C_{13}H_{13}Cl_6O_2PS_2$
Spiro[[1,3,2]dioxaphosphorinan-5,6'-
    (1,4-methano-naphthalin)]-2-thiol-
    2-sulfid, 1',2',3',4',9',9'-Hexachlor-
    1',4a',5',7',8',8a'-hexahydro-4'H-
    6 IV 6067

$C_{13}H_{13}Cl_7O_5$
Propan, 1-[4-Chlor-phenoxy]-2,3-bis-
    [2,2,2-trichlor-1-hydroxy-äthoxy]-
    6 IV 832

$C_{13}H_{13}FO$
Äther, [3-Fluor-propyl]-[2]naphthyl-
    6 IV 4258

$C_{13}H_{13}IO$
Äther, [5-(2-Jod-äthyl)-[2]naphthyl]-methyl-
    6 IV 4346

$C_{13}H_{13}IO_2$
Naphthalin, 2-Jod-6,7-dimethoxy-3-methyl-
    6 III 5310 f
—, 3-Jod-1,5-dimethoxy-2-methyl-
    6 IV 6583

$C_{13}H_{13}IO_2S$
Sulfon, [2-Jod-propyl]-[2]naphthyl-
    6 658 g

$C_{13}H_{13}IO_3$
Naphthalin, 1-Jod-2,7,8-trimethoxy-
    6 III 6507 f

$C_{13}H_{13}IO_6$
Toluol, 2,3,5-Triacetoxy-4-jod- 6 III 6315 c
—, 2,3,6-Triacetoxy-4-jod- 6 III 6316 d

$C_{13}H_{13}NO$
Propionitril, 3-[1-Methyl-1-phenyl-prop-
    2-inyloxy]- 6 IV 4073

$C_{13}H_{13}NO_2$
Aceton, [2]Naphthyloxy-, oxim 6 643 j
Carbamidsäure, Äthyl-, [2]naphthylester
    6 IV 4272
—, Dimethyl-, [1]naphthylester
    6 IV 4219
—, Dimethyl-, [2]naphthylester
    6 I 313 m, IV 4272
Propionsäure, 2-[1]Naphthyloxy-, amid
    6 II 580 m, 581 a
—, 2-[2]Naphthyloxy-, amid
    6 II 602 e, III 2986 j

$C_{13}H_{13}NO_2S$
Aceton, [Naphthalin-2-sulfonyl]-, imin
    6 660 h
Amin, Methyl-[2-(naphthalin-2-sulfonyl)-
    vinyl]- 6 IV 4316
Cystein, S-[1]Naphthyl- 6 III 2946 g,
    IV 4245
—, S-[2]Naphthyl- 6 IV 4320

$C_{13}H_{13}NO_3$
Äther, Isopropyl-[1-nitro-[2]naphthyl]-
    6 I 316 a
—, Isopropyl-[4-nitro-[1]naphthyl]-
    6 III 2939 a
—, [1-Nitro-[2]naphthyl]-propyl- 6 I 315 l
—, [4-Nitro-[1]naphthyl]-propyl-
    6 IV 4238
Carbamidsäure, [2-Hydroxy-äthyl]-,
    [2]naphthylester 6 IV 4273

$C_{13}H_{13}NO_3S$
Aceton, [Naphthalin-1-sulfonyl]-, oxim
    6 623 j
—, [Naphthalin-2-sulfonyl]-, oxim
    6 660 i

$C_{13}H_{13}NO_4$
Acetessigsäure, 2-Cyan-4-phenoxy-,
    äthylester 6 I 91 g
Hexa-2,4-diensäure-[4-nitro-benzylester]
    6 II 426 c

$C_{13}H_{13}NO_4$ (Fortsetzung)

[1]Naphthol, 2-Äthoxymethyl-4-nitro-
6 IV 6584

$C_{13}H_{13}NO_5$

Naphthalin, 1,2,6-Trimethoxy-5-nitro-
6 III 6506 h
—, 1,2,7-Trimethoxy-8-nitro-
6 III 6507 h
—, 1,6,7-Trimethoxy-4-nitro-
6 III 6512 c

$C_{13}H_{13}N_2O_2PS_2$

Amidothiophosphorsäure, N-Thiocarbamoyl-,
O,O'-diphenylester 6 IV 757

$C_{13}H_{13}N_2O_3PS$

Amidophosphorsäure, Thiocarbamoyl-,
diphenylester 6 III 662 b, IV 745

$C_{13}H_{13}N_2O_4P$

Amidophosphorsäure, Carbamoyl-,
diphenylester 6 IV 743

$C_{13}H_{13}N_3O_2$

Acetaldehyd, [1]Naphthyloxy-, semi≠
carbazon 6 608 d
—, [2]Naphthyloxy-, semicarbazon
6 643 h

$C_{13}H_{13}N_3O_4S_2$

Cyclohexylthiocyanat, 2-[2,4-Dinitro-
phenylmercapto]- 6 III 4076 d
Dithiocarbamidsäure, Diallyl-, [2,4-dinitro-
phenylester] 6 III 1099 g

$C_{13}H_{13}N_3O_{11}$

Propan, 1,2-Diacetoxy-3-picryloxy-
6 III 971 e

$[C_{13}H_{13}OTe]^+$

Telluronium, Hydroxy-phenyl-p-tolyl-
6 III 1444 c

$C_{13}H_{13}O_2P$

Phosphin, Methyl-diphenoxy- 6 IV 692

$C_{13}H_{13}O_3P$

Phosphonsäure, Methyl-, diphenylester
6 177 a, II 164 b, IV 703
Phosphorigsäure-methylester-diphenylester
6 IV 694

$C_{13}H_{13}O_3PS$

Thiophosphorsäure-O-methylester-
O',O''-diphenylester 6 III 663 f
— S-methylester-O,O'-diphenylester
6 IV 755

$C_{13}H_{13}O_4P$

Phosphorsäure-benzylester-phenylester
6 III 1549 d, IV 2573
— methylester-diphenylester
6 IV 714
— phenylester-p-tolylester 6 401 f

$C_{13}H_{13}O_5P$

Phosphorsäure-benzylester-[2-hydroxy-
phenylester] 6 IV 5601
— mono-[4-benzyloxy-phenylester]
6 III 4430 d

$C_{13}H_{13}O_5PS$

Thiophosphorsäure-O-[4-acetoxy-3-methyl-
[1]naphthylester] 6 III 5309 a

$C_{13}H_{13}O_6P$

Phosphorsäure-mono-[4-acetoxy-2-methyl-
[1]naphthylester] 6 IV 6582
— mono-[4-acetoxy-3-methyl-
[1]naphthylester] 6 III 5308 f

$[C_{13}H_{13}S]^+$

Sulfonium, Methyl-diphenyl- 6 301 a,
III 993 a

$[C_{13}H_{13}Te]^+$

Telluronium, Methyl-diphenyl-
6 I 166 b

$C_{13}H_{14}BrClO_4$

Benzol, 1,4-Diacetoxy-2-brom-
6-chlormethyl-3,5-dimethyl- 6 III 4650 e

$C_{13}H_{14}BrNO_2$

Propionsäure, 3-[1-(4-Brom-phenyl)-
1-methyl-prop-2-inyloxy]-, amid
6 IV 4074

$C_{13}H_{14}BrNO_3$

Buttersäure, 4-[2-Brom-phenoxy]-2-cyan-,
äthylester 6 IV 1041

$C_{13}H_{14}BrNO_6$

Propan, 1,3-Diacetoxy-2-brom-1-[4-nitro-
phenyl]- 6 IV 5988
Serin, N-Benzyloxycarbonyl-O-bromacetyl-
6 IV 2375

$C_{13}H_{14}BrNO_7$

Malonsäure, Brom-[4-nitro-phenoxy]-,
diäthylester 6 237 b

$C_{13}H_{14}Br_2O_4$

Benzol, 1-Acetoxy-2-acetoxymethyl-
3,5-dibrom-4,6-dimethyl- 6 940 d
—, 1-Acetoxy-3-acetoxymethyl-
2,5-dibrom-4,6-dimethyl- 6 932 k
—, 1-Acetoxy-4-acetoxymethyl-
2,5-dibrom-3,6-dimethyl- 6 937 b
—, 1-Acetoxy-4-acetoxymethyl-
2,6-dibrom-3,5-dimethyl- 6 931 d
—, 1-Acetoxy-4-acetoxymethyl-
3,5-dibrom-2,4-dimethyl- 6 942 c

$C_{13}H_{14}Br_2O_5$

Benzol, 1-Acetoxy-4-acetoxymethoxy-
2,5-dibrom-3,6-dimethyl- 6 916 h
Phenol, 3,4-Bis-acetoxymethyl-2,5-dibrom-
6-methyl- 6 1125 e

$C_{13}H_{14}ClNO_2$
Propionsäure, 3-[1-(4-Chlor-phenyl)-
1-methyl-prop-2-inyloxy]-, amid
6 IV 4074
$C_{13}H_{14}ClNO_2S$
Sulfid, [3-Chlor-[2]norbornyl]-[2-nitro-
phenyl]- 6 IV 1663
—, [3-Chlor-[2]norbornyl]-[4-nitro-
phenyl]- 6 IV 1694
$C_{13}H_{14}ClNO_3$
Buttersäure, 4-[2-Chlor-phenoxy]-2-cyan-,
äthylester 6 IV 798
—, 4-[4-Chlor-phenoxy]-2-cyan-,
äthylester 6 IV 857
Butyronitril, 3-Acetoxy-4-[4-chlor-2-methyl-
phenoxy]- 6 IV 1999
Crotonsäure, 3-Amino-2-chloracetyl-,
benzylester 6 IV 2559
$C_{13}H_{14}ClNO_4$
Acetessigsäure, 2-[2-Chlor-acetylamino]-,
benzylester 6 IV 2558
$C_{13}H_{14}ClNO_4S$
Sulfon, [3-Chlor-[2]norbornyl]-[2-nitro-
phenyl]- 6 IV 1663
—, [3-Chlor-[2]norbornyl]-[4-nitro-
phenyl]- 6 IV 1694
$C_{13}H_{14}ClNO_5$
Malonsäure, Benzyloxycarbonylamino-,
äthylester-chlorid 6 III 1513 h
$C_{13}H_{14}ClNO_6$
Asparaginsäure, N-[(4-Chlor-2-methyl-
phenoxy)-acetyl]- 6 IV 1995
Serin, N-Benzyloxycarbonyl-O-chloracetyl-
6 IV 2375
$C_{13}H_{14}Cl_2OSi$
Silan, [5,8-Dichlor-[1]naphthyloxy]-
trimethyl- 6 IV 4234
$C_{13}H_{14}Cl_2O_2$
Hept-1-en-1-on, 2-[2,4-Dichlor-phenoxy]-
6 IV 903
$C_{13}H_{14}Cl_2O_3$
Essigsäure, [4-Chlor-2-methyl-phenoxy]-,
[3-chlor-but-2-enylester] 6 IV 1992
—, [2,4-Dichlor-phenoxy]-,
[1,1-dimethyl-allylester] 6 III 706 l
$C_{13}H_{14}Cl_2O_5$
Heptandisäure, 2-[2,4-Dichlor-phenoxy]-
6 IV 933
Malonsäure, [2,4-Dichlor-phenoxy]-,
diäthylester 6 IV 932
Propionsäure, 2-[(2,4-Dichlor-phenoxy)-
acetoxy]-, äthylester 6 IV 914

$C_{13}H_{14}Cl_3NO_4$
Valin, N-[(2,4,5-Trichlor-phenoxy)-acetyl]-
6 IV 982
—, N-[(2,4,6-Trichlor-phenoxy)-acetyl]-
6 III 727 f
$C_{13}H_{14}Cl_3NO_4S$
Methionin, N-[(2,4,5-Trichlor-phenoxy)-
acetyl]- 6 IV 983
$C_{13}H_{14}Cl_4O$
Äther, [3-Chlor-5-phenyl-1-trichlormethyl-
pent-4-enyl]-methyl- 6 IV 3895
$C_{13}H_{14}Cl_4O_2$
Äthan, 1,1,1-Trichlor-2-[4-chlor-phenyl]-
2-isovaleryloxy- 6 IV 3051
—, 1,1,1-Trichlor-2-[4-chlor-phenyl]-
2-pivaloyloxy- 6 IV 3051
—, 1,1,1-Trichlor-2-[4-chlor-phenyl]-
2-valeryloxy- 6 IV 3051
Butan, 1-Allyloxy-2,2,3-trichlor-1-[4-chlor-
phenoxy]- 6 IV 837
$C_{13}H_{14}Cl_4O_3$
Buttersäure, 2,2-Dichlor-, [β-(3,4-dichlor-
phenoxy)-isopropylester] 6 IV 953
$C_{13}H_{14}Cl_4O_4$
Norborn-2-en, 5,6-Bis-acetoxymethyl-
1,2,3,4-tetrachlor- 6 IV 5532
Propionsäure, 3-Äthoxy-2,2-dichlor-3-
[2,4-dichlor-phenoxy]-, äthylester
6 IV 935
$C_{13}H_{14}Cl_6O$
Äther, Äthyl-[1,2,3,4,9,9-hexachlor-
1,4,4a,5,6,7,8,8a-octahydro-1,4-methano-
naphthalin-5-yl]- 6 IV 3414
$C_{13}H_{14}Cl_6O_2$
1,4-Methano-naphthalin, 1,2,3,4,9,9-
Hexachlor-6,6-bis-hydroxymethyl-
1,4,4a,5,6,7,8,8a-octahydro- 6 IV 6067
$C_{13}H_{14}Cl_6O_5$
3,6-Dioxa-octan-2,7-diol, 1,1,1,8,8,8-
Hexachlor-4-phenoxymethyl- 6 IV 591
$C_{13}H_{14}F_3N_3O_4$
Alanin, N-Trifluoracetyl-, [N'-benzyloxy=
carbonyl-hydrazid] 6 IV 2466
$C_{13}H_{14}INO_3$
Buttersäure, 2-Cyan-4-[2-jod-phenoxy]-,
äthylester 6 IV 1072
$C_{13}H_{14}INO_6$
Serin, N-Benzyloxycarbonyl-O-jodacetyl-
6 IV 2375
$C_{13}H_{14}I_2O$
Äther, Cyclohex-2-enyl-[2,6-dijod-4-methyl-
phenyl]- 6 IV 2148

$C_{13}H_{14}NO_2PS$
Amidothiophosphorsäure-O-biphenyl-
2-ylester-O'-methylester **6** IV 4586
– O-biphenyl-3-ylester-
O'-methylester **6** IV 4598
$C_{13}H_{14}NO_3P$
Amidophosphorsäure, Methyl-, diphenyl=
ester **6** III 661 f
$C_{13}H_{14}NO_5PS$
Amidophosphorsäure, N-Methoxycarbonyl=
methyl-, diphenylester **6** IV 746
$C_{13}H_{14}N_2O$
Adiponitril, 3-Benzyloxy- **6** IV 2479
$C_{13}H_{14}N_2OS$
Isothioharnstoff, S-[2-Methoxy-
[1]naphthylmethyl]- **6** IV 6579
–, S-[4-Methoxy-[1]naphthylmethyl]-
6 IV 6580
$C_{13}H_{14}N_2O_2S_2$
Cyclohexylthiocyanat, 2-[2-Nitro-
phenylmercapto]- **6** III 4076 c
$C_{13}H_{14}N_2O_3S$
Acetamidin, N-Methoxy-2-[naphthalin-
1-sulfonyl]- **6** 624 d
–, N-Methoxy-2-[naphthalin-
2-sulfonyl]- **6** 662 h
$C_{13}H_{14}N_2O_4$
Alanin, N-Benzyloxycarbonyl-,
cyanmethylester **6** IV 2322
Allophansäure-[1-(4-methoxy-phenyl)-but-
3-inylester] **6** IV 6457
Asparaginsäure, N-Benzyloxycarbonyl-,
1-methylester-4-nitril **6** IV 2402
Glycin, N-Benzyloxycarbonyl-N-methyl-,
cyanmethylester **6** IV 2320
$C_{13}H_{14}N_2O_5$
Acrylsäure, 2-[(N-Benzyloxycarbonyl-
glycyl)-amino]- **6** IV 2316
Buttersäure, 2-Cyan-4-[3-nitro-phenoxy]-,
äthylester **6** IV 1275
$C_{13}H_{14}N_2O_7$
Glycin, N-[Benzyloxycarbonylamino-
carboxy-acetyl]- **6** III 1513 i
Malonsäure, [(N-Benzyloxycarbonyl-
glycyl)-amino]- **6** III 1494 e
$C_{13}H_{14}N_2O_8$
Glutaminsäure, N-[4-Nitro-benzyloxy=
carbonyl]- **6** IV 2620
$C_{13}H_{14}N_2O_9$
Propan, 1,2-Diacetoxy-3-[2,4-dinitro-
phenoxy]- **6** II 244 e, III 865 b
$C_{13}H_{14}N_2S$
Adiponitril, 3-Benzylmercapto- **6** IV 2713

Isothioharnstoff, S-[2-Methyl-
[1]naphthylmethyl]- **6** IV 4350
–, S-[2-[1]Naphthyl-äthyl]-
6 IV 4348
$C_{13}H_{14}N_3O_3P$
Amidophosphorsäure, Carbamimidoyl-,
diphenylester **6** III 661 i, IV 743
$C_{13}H_{14}N_4O_6$
Serin, O-Azidoacetyl-N-benzyloxycarbonyl-
6 IV 2376
$C_{13}H_{14}O$
Äthanol, 2-[1-Methyl-[2]naphthyl]-
6 IV 4358
–, 2-[2-Methyl-[1]naphthyl]-
6 IV 4358
–, 2-[4-Methyl-[1]naphthyl]-
6 III 3050 e
–, 2-[5-Methyl-[1]naphthyl]-
6 IV 4359
–, 2-[7-Methyl-[1]naphthyl]-
6 III 3050 f
–, 2-[8-Methyl-[1]naphthyl]-
6 IV 4360
Äther, Äthyl-[1-methyl-[2]naphthyl]-
6 665 c, III 3020 b, IV 4329
–, Äthyl-[6-methyl-[2]naphthyl]-
6 III 3029 b
–, Äthyl-[1]naphthylmethyl-
6 III 3024 d, IV 4332
–, [1-Äthyl-[2]naphthyl]-methyl-
6 IV 4345
–, Äthyl-[2]naphthylmethyl-
6 II 618 h
–, [2-Äthyl-[1]naphthyl]-methyl-
6 III 3039 a, IV 4348
–, [3-Äthyl-[2]naphthyl]-methyl-
6 III 3039 e
–, [4-Äthyl-[1]naphthyl]-methyl-
6 IV 4345
–, [5-Äthyl-[2]naphthyl]-methyl-
6 III 3033 e, IV 4346
–, [6-Äthyl-[2]naphthyl]-methyl-
6 III 3040 d
–, [7-Äthyl-[2]naphthyl]-methyl-
6 III 3040 e
–, [2,6-Cyclo-norbornan-3-yl]-phenyl-
6 IV 568
–, [4,8-Dimethyl-azulen-6-yl]-methyl-
6 IV 4344
–, [1,4-Dimethyl-[2]naphthyl]-methyl-
6 669 b, II 620 e
–, [1,5-Dimethyl-[2]naphthyl]-methyl-
6 III 3044 c

C₁₃H₁₄O (Fortsetzung)

Äther, [1,7-Dimethyl-[2]naphthyl]-methyl-
 6 IV 4353

–, [2,4-Dimethyl-[1]naphthyl]-methyl-
 6 IV 4351

–, [3,5-Dimethyl-[2]naphthyl]-methyl-
 6 IV 4353

–, [3,7-Dimethyl-[1]naphthyl]-methyl-
 6 III 3046 b

–, [3,7-Dimethyl-[2]naphthyl]-methyl-
 6 III 3045 h

–, [3,8-Dimethyl-[2]naphthyl]-methyl-
 6 III 3044 g

–, [4,8-Dimethyl-[1]naphthyl]-methyl-
 6 IV 4352

–, [4,8-Dimethyl-[2]naphthyl]-methyl-
 6 III 3044 e

–, [5,8-Dimethyl-[1]naphthyl]-methyl-
 6 III 3043 e

–, [5,8-Dimethyl-[2]naphthyl]-methyl-
 6 IV 4351

–, [7,8-Dimethyl-[2]naphthyl]-methyl-
 6 IV 4350

–, [1,1-Dimethyl-pent-4-en-1-inyl]-
 phenyl- **6** III 562 c

–, Isopropyl-[1]naphthyl- **6** III 2924 c,
 IV 4213

–, Isopropyl-[2]naphthyl-
 6 641 d, III 2973 b, IV 4258

–, Methyl-[4-methyl-[1]naphthylmethyl]-
 6 IV 4351

–, Methyl-[1-methyl-1-phenyl-pent-
 4-en-2-inyl]- **6** III 3031 f

–, Methyl-[1-[1]naphthyl-äthyl]-
 6 III 3034 e, IV 4346

–, Methyl-[1-[2]naphthyl-äthyl]-
 6 IV 4348

–, Methyl-[5-vinyl-7,8-dihydro-
 [2]naphthyl]- **6** III 3038 a, IV 4348

–, [1]Naphthyl-propyl- **6** 607 a,
 III 2924 b, IV 4213

–, [2]Naphthyl-propyl- **6** 641 c,
 III 2973 a

–, Norborn-5-en-2-yl-phenyl-
 6 IV 567

Anisol, 4-Cyclopenta-1,4-dienylmethyl-
 6 668 b

–, 4-[3-Methyl-pent-3-en-1-inyl]-
 6 IV 4343

But-3-in-1-ol, 1-Cyclopropyl-1-phenyl-
 6 IV 4355

–, 1-[1-Phenyl-cyclopropyl]-
 6 IV 4355

But-3-in-2-ol, 2-Cyclopropyl-4-phenyl-
 6 IV 4355

Cyclopentanol, 1-Phenyläthinyl-
 6 IV 4354

Hepta-1,4,6-trien-3-ol, 1-Phenyl-
 6 IV 4353

Hepta-2,4,6-trien-1-ol, 1-Phenyl-
 6 IV 4354

Hept-4-en-6-in-1-ol, 7-Phenyl- **6** IV 4353

Hept-6-en-4-in-3-ol, 3-Phenyl- **6** III 3046 e,
 IV 4354

Hex-1-en-5-in-3-ol, 3-Methyl-1-phenyl-
 6 IV 4354

Hex-5-en-3-in-2-ol, 2-*p*-Tolyl- **6** IV 4354

Methanol, [4-Äthyl-[1]naphthyl]-
 6 IV 4358

–, [4,8-Dimethyl-azulen-6-yl]-
 6 IV 4355

–, [2,3-Dimethyl-[1]naphthyl]-
 6 III 3050 g

–, [2,6-Dimethyl-[1]naphthyl]-
 6 669 g

[1]Naphthol, 2-Äthyl-6-methyl- **6** IV 4360

–, 2-Äthyl-7-methyl- **6** IV 4360

–, 5-Äthyl-4-methyl- **6** IV 4360

–, 7-Äthyl-4-methyl- **6** IV 4359

–, 2-Isopropyl- **6** III 3050 a,
 IV 4357

–, 4-Isopropyl- **6** II 620 i

–, 7-Isopropyl- **6** III 3050 b

–, 2-Propyl- **6** III 3048 e, IV 4356

–, 4-Propyl- **6** III 3047 d

–, 2,4,7-Trimethyl- **6** IV 4361

–, 3,4,6-Trimethyl- **6** IV 4360

[2]Naphthol, 6-Äthyl-1-methyl- **6** IV 4359

–, 7-Äthyl-1-methyl- **6** IV 4359

–, 1-Isopropyl- **6** IV 4357

–, 3-Isopropyl- **6** IV 4357

–, 6-Isopropyl- **6** IV 4357

–, 1-Propyl- **6** III 3047 c, IV 4355

–, 6-Propyl- **6** IV 4356

–, 1,3,7-Trimethyl- **6** III 3053 a

–, 1,4,6-Trimethyl- **6** IV 4361

–, 1,4,7-Trimethyl- **6** IV 4361

–, 1,5,6-Trimethyl- **6** III 3051 b

–, 2,4,6-Trimethyl- **6** IV 4361

–, 3,4,7-Trimethyl- **6** IV 4360

–, 3,4,8-Trimethyl- **6** III 3050 h

–, 3,5,7-Trimethyl- **6** III 3053 b

Pent-3-en-1-ol, 2-Äthinyl-1-phenyl-
 6 IV 4354

Phenol, 4-[1,1-Dimethyl-pent-4-en-2-inyl]-
 6 III 3046 f

$C_{13}H_{14}O$ (Fortsetzung)

Propan-1-ol, 1-[1]Naphthyl- **6** III 3048 b, IV 4356

—, 1-[2]Naphthyl- **6** III 3049 c

—, 2-[1]Naphthyl- **6** III 3049 f

—, 3-[1]Naphthyl- **6** III 3048 d, IV 4356

—, 3-[2]Naphthyl- **6** IV 4357

Propan-2-ol, 2-Azulen-5-yl- **6** IV 4355

—, 2-Azulen-6-yl- **6** IV 4355

—, 1-[1]Naphthyl- **6** III 3048 c, IV 4356

—, 2-[1]Naphthyl- **6** 669 f, I 321 i, III 3049 d

—, 2-[2]Naphthyl- **6** III 3050 d, IV 4358

$C_{13}H_{14}OS$

Äthan, 1-Methylmercapto-2-[1]naphthyloxy- **6** IV 4215

—, 1-Methylmercapto-2-[2]naphthyloxy- **6** IV 4261

Äthanol, 2-[2]Naphthylmethylmercapto- **6** IV 4341

Naphthalin, 1-Äthylmercapto-2-methoxy- **6** IV 6540

[2]Naphthol, 1-[Äthylmercapto-methyl]- **6** IV 6579

$C_{13}H_{14}OS_2$

Naphthalin, 2-Methoxy-3,6-bis-methylmercapto- **6** II 1097 b

$C_{13}H_{14}OS_3$

[2]Naphthol, 3,6,8-Tris-methylmercapto- **6** II 1125 f

$C_{13}H_{14}O_2$

Äthanol, 2-[2-Hydroxymethyl-[1]naphthyl]- **6** IV 6595

—, 1-[1-Methoxy-[2]naphthyl]- **6** IV 6588

—, 1-[2-Methoxy-[1]naphthyl]- **6** IV 6587

—, 1-[4-Methoxy-[1]naphthyl]- **6** IV 6587

—, 1-[6-Methoxy-[2]naphthyl]- **6** IV 6588

—, 2-[2-Methoxy-[1]naphthyl]- **6** IV 6587

—, 2-[4-Methoxy-[1]naphthyl]- **6** III 5313 e

—, 2-[5-Methoxy-[1]naphthyl]- **6** III 5314 b

—, 2-[6-Methoxy-[1]naphthyl]- **6** III 5314 c, IV 6588

—, 2-[7-Methoxy-[1]naphthyl]- **6** III 5314 d

—, 2-[1]Naphthylmethoxy- **6** IV 4333

1,4-Ätheno-naphthalin-5,8-diol, 6-Methyl-1,2,3,4-tetrahydro- **6** IV 6597

1,4-Ätheno-naphthalin-5,8-dion, 6-Methyl-1,2,3,4,4a,8a-hexahydro- **6** IV 6597

Äthylhydroperoxid, 1-Methyl-1-[2]naphthyl- **6** IV 4358

Cyclohexa-2,5-dien-1,4-diol, 1-Methyl-4-phenyl- **6** IV 6594

Cyclopenta[b]naphthalin-5,8-diol, 2,3,4,9-Tetrahydro-1H- **6** IV 6596

Cyclopenta[a]naphthalin-6,9-dion, 2,3,5,5a,9a,9b-Hexahydro-1H- **6** III 5322 d

Cyclopenta[b]naphthalin-5,8-dion, 2,3,4,4a,8a,9-Hexahydro-1H- **6** IV 6597

Essigsäure-[1-äthyl-3-phenyl-prop-2-inylester] **6** III 2742 a

— [4-cyclopent-1-enyl-phenylester] **6** II 560 h, IV 4082

— [8,9-dihydro-7H-benzocyclohepten-5-ylester] **6** IV 4083

— [1,1-dimethyl-3-phenyl-prop-2-inylester] **6** 590 c, IV 4080

— [1-indan-1-yliden-äthylester] **6** IV 4085

— [4-methyl-5,6-dihydro-[2]naphthylester] **6** IV 4083

Hept-4-en-2-in-1,6-diol, 1-Phenyl-**6** III 5319 e

Hept-5-en-2-in-1,4-diol, 1-Phenyl-**6** III 5319 f

Hept-6-en-3-in-1,5-diol, 1-Phenyl-**6** IV 6593

Hexa-2,4-diensäure-m-tolylester **6** III 1307 e

— o-tolylester **6** III 1255 j

— p-tolylester **6** III 1365 i

Hex-5-en-3-in-2-ol, 6-Methoxy-2-phenyl-**6** IV 6586

1,4-Methano-biphenylen-2,3-diol, 1,2,3,4,4a,8b-Hexahydro- **6** IV 6597

Methanol, [4-Methoxy-1-methyl-[2]naphthyl]- **6** IV 6589

1,4-Methano-naphthalin, 5,8-Dimethoxy-1,4-dihydro- **6** IV 6584

Naphthalin, 1,2-Bis-hydroxymethyl-7-methyl- **6** IV 6596

—, 1,8-Bis-hydroxymethyl-3-methyl- **6** IV 6596

C₁₃H₁₄O₂ (Fortsetzung)

Naphthalin, 1,4-Dimethoxy-2-methyl-
  6 III 5301 b, IV 6581
—, 1,4-Dimethoxy-5-methyl-
  6 III 5297 j, IV 6578
—, 1,5-Dimethoxy-4-methyl-
  6 IV 6578
—, 1,6-Dimethoxy-4-methyl-
  6 IV 6577
—, 1,7-Dimethoxy-6-methyl-
  6 IV 6583
—, 2,3-Dimethoxy-1-methyl-
  6 IV 6574
—, 2,3-Dimethoxy-6-methyl-
  6 III 5310 e
—, 2,5-Dimethoxy-1-methyl-
  6 III 5296 b, IV 6575
—, 2,6-Dimethoxy-1-methyl-
  6 IV 6575
—, 2,7-Dimethoxy-1-methyl-
  6 IV 6575
—, 4,5-Dimethoxy-1-methyl-
  6 IV 6576
—, 4,6-Dimethoxy-1-methyl-
  6 IV 6577
—, 6,7-Dimethoxy-1-methyl-
  6 I 483 b, III 5298 a, IV 6578
Naphthalin-1,3-diol, 2-Äthyl-6-methyl-
  6 988 d
—, 2-Äthyl-8-methyl- **6** 988 d
—, 2-Propyl- **6** III 5320 c
Naphthalin-1,4-diol, 2-Isopropyl-
  6 III 5321 e
—, 2-Propyl- **6** III 5320 e
—, 2,6,7-Trimethyl- **6** IV 6596
Naphthalin-2,3-diol, 6-Propyl- **6** IV 6594
Naphthalin-1,3-dion, 2-Äthyl-6-methyl-4H-
  6 988 d
—, 2-Äthyl-8-methyl-4H- **6** 988 d
[1]Naphthol, 1-Äthinyl-6-methoxy-
  1,2,3,4-tetrahydro- **6** III 5313 a
—, 4-Äthoxy-2-methyl- **6** III 5301 c
—, 4-Isopropoxy- **6** III 5261 c,
  IV 6546
—, 6-Methoxy-2,5-dimethyl-
  6 IV 6590
—, 4-Propoxy- **6** IV 6546
[2]Naphthol, 3-Methoxy-6,7-dimethyl-
  6 I 483 f, III 5317 f
Propan-1,2-diol, 3-[1]Naphthyl-
  6 III 5320 b, IV 6594
Propan-1-ol, 3-[1-Hydroxy-[2]naphthyl]-
  6 III 5321 b

—, 3-[2-Hydroxy-[1]naphthyl]-
  6 IV 6594
—, 2-[1]Naphthyloxy- **6** I 307 d
—, 3-[1]Naphthyloxy- **6** II 580 a,
  IV 4216
—, 3-[2]Naphthyloxy- **6** II 600 j, IV 4262
Propan-2-ol, 2-[3-Hydroxy-[2]naphthyl]-
  6 I 484 a
—, 1-[1]Naphthyloxy- **6** I 307 d,
  IV 4215
—, 1-[2]Naphthyloxy- **6** I 313 g,
  III 2979 e

C₁₃H₁₄O₂S

Sulfon, Isopropyl-[1]naphthyl- **6** 622 e
—, Isopropyl-[2]naphthyl- **6** 658 h
—, [1]Naphthyl-propyl- **6** 622 a
—, [2]Naphthyl-propyl- **6** 658 c
Thiokohlensäure-O-äthylester-S-[2-
  (1-methyl-propadienyl)-phenylester]
  6 IV 4075

C₁₃H₁₄O₂S₃

Propan-1,2-dithiol, 3-[Naphthalin-
  2-sulfonyl]- **6** 660 b

C₁₃H₁₄O₃

Acetessigsäure-cinnamylester **6** III 2408 b
— [1-phenyl-allylester] **6** III 2419 b
Äthan-1,2-diol, 4-Methoxy-[1]naphthyl-
  6 III 6515 a
Essigsäure, Inden-5-yloxy-, äthylester
  6 III 2738 c
—, Phenoxy-, [1,1-dimethyl-prop-
  2-inylester] **6** IV 636
Kohlensäure-allylester-cinnamylester
  6 II 528 b
Methanol, [3,4-Dimethoxy-[1]naphthyl]-
  6 I 559 a
Naphthalin, 1,2,4-Trimethoxy- **6** III 6504 d,
  IV 7532
—, 1,2,6-Trimethoxy- **6** III 6506 f
—, 1,2,7-Trimethoxy- **6** III 6507 c
—, 1,4,6-Trimethoxy- **6** III 6511 e
—, 1,6,7-Trimethoxy- **6** 1134 e,
  III 6512 b
Naphthalin-1,4-diol, 2-Äthoxy-3-methyl-
  6 IV 7538
[1]Naphthol, 5,7-Dimethoxy-2-methyl-
  6 IV 7538
—, 5,7-Dimethoxy-3-methyl-
  6 IV 7541
—, 5,8-Dimethoxy-3-methyl-
  6 IV 7540
—, 5,8-Dimethoxy-7-methyl-
  6 III 6514 b

$C_{13}H_{14}O_3$ (Fortsetzung)

[1]Naphthol, 6,7-Dimethoxy-3-methyl-
6 IV 7540

–, 6,8-Dimethoxy-3-methyl-
6 IV 7539

[2]Naphthol, 1,8-Dimethoxy-6-methyl-
6 IV 7539

–, 6,7-Dimethoxy-1-methyl-
6 IV 7537

Propan-1,2-diol, 3-[1]Naphthyloxy-
6 607 h, I 307 f, II 580 b, IV 4216

–, 3-[2]Naphthyloxy- 6 642 j, IV 4263

Propan-1,3-diol, 2-[2]Naphthyloxy-
6 642 j

O-Methyl-Derivat $C_{13}H_{14}O_3$ aus
[4,5-Dihydroxy-1-methyl-[2]naphthyl]-
methanol 6 IV 7542

$C_{13}H_{14}O_3S$

Äthan, 1-Methansulfonyl-2-[2]naphthyloxy-
6 IV 4261

Naphthalin, 1-Äthansulfonyl-8-methoxy-
6 III 5286 e

–, 5-Methansulfonyl-4-methoxy-
1-methyl- 6 III 5297 a

[1]Naphthol, 8-Äthansulfonyl-4-methyl-
6 III 5297 b

Propan-2-ol, 1-[Naphthalin-2-sulfonyl]-
6 659 m

$C_{13}H_{14}O_3S_3$

Toluol, 2,4,6-Tris-acetylmercapto- 6 I 550 a

$C_{13}H_{14}O_4$

Benzol, 1-Acetoxy-2-[3-acetoxy-propenyl]-
6 IV 6332

–, 1,2-Diacetoxy-3-allyl- 6 III 5014 i

–, 1,2-Diacetoxy-4-allyl-
6 966 b, III 5029 c

–, 1,4-Diacetoxy-2-allyl- 6 III 5020 e

–, 1,2-Diacetoxy-4-propenyl-
6 958 h, I 460 f, III 5009 a

Bernsteinsäure-mono-indan-1-ylester
6 IV 3825

–   mono-indan-2-ylester 6 III 2427 d

Indan, 1,2-Diacetoxy- 6 II 925 a,
III 5034 d, IV 6343

–, 4,5-Diacetoxy- 6 IV 6345

–, 4,7-Diacetoxy- 6 IV 6346

Maleinsäure-mono-[1-p-tolyl-äthylester]
6 III 1827 f

[1]Naphthol, 5,7,8-Trimethoxy-
6 IV 7733

Propin, 3-Acetoxy-1-[3,4-dimethoxy-
phenyl]- 6 III 6485 d

$C_{13}H_{14}O_4S_2$

Äthan, 1-Methansulfonyl-2-[naphthalin-
2-sulfonyl]- 6 IV 4314

Toluol, 2-Acetoxy-3,5-bis-acetylmercapto-
6 II 1081 b

–, 4-Acetoxy-3,5-bis-acetylmercapto-
6 II 1082 d

–, 5-Acetoxy-2,4-bis-acetylmercapto-
6 II 1081 e

$C_{13}H_{14}O_5$

Oxalessigsäure-1-äthylester-4-benzylester
6 II 421 j

$C_{13}H_{14}O_5S$

Schwefelsäure-mono-[4-äthoxy-2-methyl-
[1]naphthylester] 6 IV 6582

Toluol, 3,6-Diacetoxy-2-acetylmercapto-
6 IV 7374

$C_{13}H_{14}O_6$

Benzol, 4-Allyl-1,2-bis-carboxymethoxy-
6 IV 6339

–, 1,4-Diacetoxy-2-acetoxymethyl-
6 III 6323 d

Malonsäure, Phenoxyacetyl-, dimethyl-
ester 6 I 91 f, II 162 b

Toluol, 2,3,6-Triacetoxy- 6 IV 7374

–, 2,4,5-Triacetoxy- 6 1109 e

–, 2,4,6-Triacetoxy- 6 1111 e,
I 549 h, III 6320 g

–, 3,4,5-Triacetoxy- 6 1112 i,
IV 7377

$C_{13}H_{14}O_6S_3$

Essigsäure, [2-Methyl-benzen-
1,3,5-triyltrimercapto]-tri- 6 I 550 b

$C_{13}H_{14}O_7$

Benzol, 1,2,4-Triacetoxy-5-methoxy-
6 III 6656 h, IV 7689

–, 1,2,5-Triacetoxy-3-methoxy-
6 1155 b, III 6654 c

–, 1,3,5-Triacetoxy-2-methoxy-
6 1155 c

$C_{13}H_{14}O_{10}$

Benzylalkohol, 3,4,5-Tris-methoxycarbonyl-
oxy- 6 II 1122 g

$C_{13}H_{14}S$

Sulfid, [6-Äthyl-[2]naphthyl]-methyl-
6 IV 4348

–, Norborn-5-en-2-yl-phenyl-
6 IV 1487

$C_{13}H_{14}Se$

Selenid, Isopropyl-[1]naphthyl-
6 II 590 h

$C_{13}H_{15}BrN_2O_3$

Homoserin, N-Äthoxycarbonyl-O-[2-brom-phenyl]-, nitril **6** IV 1041 g

$C_{13}H_{15}BrO$

Äther, Allyl-[1-brom-5,6,7,8-tetrahydro-[2]naphthyl]- **6** III 2456 g

—, Allyl-[2-brom-1,2,3,4-tetrahydro-[1]naphthyl]- **6** II 542 d

[2]Naphthol, 3-Allyl-1-brom-5,6,7,8-tetrahydro- **6** III 2754 c

$C_{13}H_{15}BrO_4$

Benzol, 1-Acetoxy-5-acetoxymethyl-3-brom-2,4-dimethyl- **6** 932 c

—, 2-Acetoxy-1-acetoxymethyl-3-brom-4,5-dimethyl- **6** 939 d

—, 2-Acetoxy-4-acetoxymethyl-3-brom-1,5-dimethyl- **6** 932 e

—, 2-Acetoxy-5-acetoxymethyl-3-brom-1,4-dimethyl- **6** 933 i

—, 1,2-Diacetoxy-5-äthyl-3-brom-4-methyl- **6** III 4636 f

—, 1,4-Diacetoxy-2-brom-3,5,6-trimethyl- **6** III 4650 c

Propan, 1-Acetoxy-1-[4-acetoxy-phenyl]-2-brom- **6** III 4625 c

$C_{13}H_{15}BrO_5$

Malonsäure, Brom-[4-phenoxy-butyl]- **6** II 160 j

$C_{13}H_{15}BrO_7$

Benzol, 1,4-Diacetoxy-2-brom-3,5,6-trimethoxy- **6** IV 7889

$C_{13}H_{15}Br_3O_2$

Buttersäure-[2,2,2-tribrom-1-p-tolyl-äthylester] **6** III 1828 h

Isobuttersäure-[2,5-dibrom-4-brommethyl-3,6-dimethyl-phenylester] **6** 515 c

— [3,5-dibrom-4-brommethyl-2,6-dimethyl-phenylester] **6** 521 a

$C_{13}H_{15}Br_3O_3$

Benzol, 1-Äthoxymethoxy-2,4,5-tribrom-6-methoxy-3-propenyl- **6** 960 g

—, 1,4-Dibrom-2-brommethoxy-5-isobutyryloxy-3,6-dimethyl- **6** 917 f

$C_{13}H_{15}Br_3O_4$

Propan, 1-Acetoxy-2-brom-3-[2,3-dibrom-4,5-dimethoxy-phenyl]- **6** IV 7404

—, 1-Acetoxy-2-brom-3-[2,5-dibrom-3,4-dimethoxy-phenyl]- **6** IV 7404

—, 2-Acetoxy-1-brom-3-[2,3-dibrom-4,5-dimethoxy-phenyl]- **6** IV 7404

—, 2-Acetoxy-1-brom-3-[2,5-dibrom-3,4-dimethoxy-phenyl]- **6** IV 7404

$C_{13}H_{15}ClN_2O_3$

Homoserin, N-Äthoxycarbonyl-O-[2-chlor-phenyl]-, nitril **6** IV 804 c

$C_{13}H_{15}ClN_2O_4S$

Sulfid, [2-Chlor-2-methyl-cyclohexyl]-[2,4-dinitro-phenyl] **6** III 1094 g

$C_{13}H_{15}ClO_2$

Äthan, 1-[2-Allyl-4-chlor-phenoxy]-2-vinyloxy- **6** IV 3814

Benzol, 4-Allyl-1-[3-chlor-allyloxy]-2-methoxy- **6** III 5027 f

—, 1-[3-Chlor-allyloxy]-2-methoxy-4-propenyl- **6** III 5002 d

Naphthalin-1,4-diol, 2-Chlor-1,3,4-trimethyl-1,4-dihydro- **6** III 5172 c

$C_{13}H_{15}ClO_3$

Crotonsäure, 4-[4-Chlor-2-methyl-phenoxy]-, äthylester **6** IV 1998

Essigsäure, o-Tolyloxy-, [3-chlor-but-2-enylester] **6** IV 1964

Isobuttersäure, α-[4-Chlor-phenoxy]-, allylester **6** IV 853

$C_{13}H_{15}ClO_4$

Benzol, 3-Acetoxy-2-acetoxymethyl-4-chlor-1,5-dimethyl- **6** IV 5999

—, 1,2-Diacetoxy-4-chlor-3,5,6-trimethyl- **6** 931 l

—, 1,4-Diacetoxy-2-chlor-3,5,6-trimethyl- **6** IV 5998

$C_{13}H_{15}ClO_5$

Benzol, 1-Acetoxy-2-[3-chlor-2-acetoxy-propoxy]- **6** IV 5582

Malonsäure, [3-Benzyloxy-propyl]-chlor- **6** III 1537 c

Propionsäure, 2-Benzyloxycarbonyloxy-3-chlor-, äthylester **6** IV 2277

—, 2-[(4-Chlor-2-methyl-phenoxy)-acetoxy]-, methylester **6** IV 1993

$C_{13}H_{15}Cl_2NO$

Heptannitril, 7-[2,4-Dichlor-phenoxy]- **6** IV 931

$C_{13}H_{15}Cl_2NO_4$

Propionsäure, 2-[(2,4-Dichlor-phenoxy)-acetoxy]-, äthylamid **6** IV 914

Valin, N-[(2,4-Dichlor-phenoxy)-acetyl]- **6** IV 916

$C_{13}H_{15}Cl_2NO_4S$

Methionin, N-[(2,4-Dichlor-phenoxy)-acetyl]- **6** IV 919

$C_{13}H_{15}Cl_2NO_5$

Threonin, N-[2-(2,4-Dichlor-phenoxy)-propionyl]- **6** IV 925

$C_{13}H_{15}Cl_3O_2$
Buttersäure-[2,2,2-trichlor-1-*p*-tolyl-
    äthylester] **6** III 1828 a
Heptanoylchlorid, 2-[2,4-Dichlor-phenoxy]-
    6 IV 930
Hexansäure-[2,4,6-trichlor-3-methyl-
    phenylester] **6** IV 2071
$C_{13}H_{15}Cl_3O_3$
Essigsäure, [2,4,5-Trichlor-phenoxy]-,
    pentylester **6** IV 975
Heptansäure, 7-[2,3,4-Trichlor-phenoxy]-
    6 IV 961
—, 7-[2,4,5-Trichlor-phenoxy]-
    6 IV 989
$C_{13}H_{15}Cl_3O_4$
Propionsäure, 2-[2,4,5-Trichlor-phenoxy]-,
    [2-äthoxy-äthylester] **6** IV 986
$C_{13}H_{15}Cl_3O_5$
Essigsäure, [2,4,5-Trichlor-phenoxy]-,
    [2-(2-methoxy-äthoxy)-äthylester]
    6 IV 977
$C_{13}H_{15}D_5O_3$
Aceton, Pentadeuterio-phenoxy-,
    diäthylacetal **6** IV 604
$C_{13}H_{15}IN_2O_3$
Homoserin, *N*-Äthoxycarbonyl-*O*-[2-jod-
    phenyl]-, nitril **6** IV 1072 f
$C_{13}H_{15}NO$
Isopropylamin, *β*-[2]Naphthyloxy-
    6 III 2987 g
$C_{13}H_{15}NO_2$
Acrylonitril, 2-Äthoxymethyl-3-benzyloxy-
    6 IV 2478
Buttersäure, 4-Cyan-2-methyl-, benzylester
    6 IV 2272
Carbamidsäure, Dimethyl-, [1-phenyl-but-
    3-inylester] **6** IV 4071
Essigsäure, [8,9-Dihydro-7*H*-benzocyclohepten-
    5-yloxy]-, amid **6** IV 4083
Propan-2-ol, 1-Amino-3-[1]naphthyloxy-
    6 IV 4224
Propionsäure, 3-[1-Methyl-1-phenyl-prop-
    2-inyloxy]-, amid **6** IV 4073
$C_{13}H_{15}NO_2S$
Essigsäure, Thiocyanato-, [3a,4,5,6,7,7a-
    hexahydro-4,7-methano-inden-5(*oder*
    6)-ylester] **6** III 1945 b
$C_{13}H_{15}NO_3$
Anisol, 3-[2-Nitro-cyclohex-1-enyl]-
    6 IV 4089
—, 3-[6-Nitro-cyclohex-3-enyl]-
    6 IV 4090

—, 4-[6-Nitro-cyclohex-3-enyl]-
    6 IV 4091
Buttersäure, 2-Cyan-4-phenoxy-,
    äthylester **6** III 626 i
Hexa-3,5-dien-2-ol, 5-Methyl-6-[4-nitro-
    phenyl]- **6** IV 4095
Methanol, Cyclopropyl-[2-nitro-3-phenyl-
    cyclopropyl]- **6** IV 4102
$C_{13}H_{15}NO_3S$
Cystein, *S*-Benzyl-*N*-carbonyl-, äthylester
    6 IV 2732
$C_{13}H_{15}NO_4$
But-1-in, 4-Carbamoyloxy-4-
    [3,4-dimethoxy-phenyl]- **6** IV 7508
Buttersäure, 3-Cyan-3-hydroxy-4-phenoxy-,
    äthylester **6** II 160 k
—, 2-Cyan-4-[4-methoxy-phenoxy]-
    2-methyl- **6** III 4423 e
Glycin, *N*,*N*-Diacetyl-, benzylester
    6 IV 2489
Pent-2-ensäure, 5-Benzyloxycarbonylamino-
    6 IV 2374
$C_{13}H_{15}NO_5$
Adipinsäure, 2-Amino-3-oxo-,
    1-benzylester **6** IV 2559
Essigsäure, [4-(2-Nitro-propenyl)-phenoxy]-,
    äthylester **6** IV 3798
Glutaminsäure, *N*-Formyl-, 5-benzylester
    6 IV 2539
Propionsäure, 2-Benzyloxycarbonylamino-
    3-oxo-, äthylester **6** III 1523 a
Valeriansäure, 5-Benzyloxycarbonylamino-
    2-oxo- **6** IV 2427
—, 5-Benzyloxycarbonylamino-4-oxo-
    6 IV 2427
$C_{13}H_{15}NO_5S$
Glutaminsäure, *N*-Benzylmercaptocarbonyl-
    6 IV 2680
$C_{13}H_{15}NO_6$
Asparaginsäure, *N*-Benzyloxycarbonyl-,
    4-methylester **6** IV 2395
Benzol, 2-Acetoxy-1-acetoxymethyl-
    3,5-dimethyl-4-nitro- **6** 940 f
—, 2-Acetoxy-3-acetoxymethyl-
    1,5-dimethyl-4-nitro- **6** 940 f
Bernsteinsäure, 2-Benzyloxycarbonylamino-
    3-methyl- **6** IV 2422
Crotonsäure, 3-[2-Methoxy-5-nitro-
    phenoxy]-, äthylester **6** III 4270 b
Glutaminsäure, *N*-Benzyloxycarbonyl-
    6 III 1515 g, IV 2402
Malonsäure, Benzyloxycarbonylamino-,
    monoäthylester **6** III 1513 f

$C_{13}H_{15}NO_6$ (Fortsetzung)

Propan, 1,3-Diacetoxy-2-nitro-1-phenyl-
   6 IV 5988

Serin, O-Acetyl-N-benzyloxycarbonyl-
   6 IV 2375

$C_{13}H_{15}NO_7$

Benzol, 1-Acetoxy-4-[1-acetoxy-2-nitro-
äthyl]-2-methoxy- 6 IV 7392

Bernsteinsäure, 3-Benzyloxycarbonylamino-
2-hydroxy-2-methyl- 6 IV 2424

Glutaminsäure, N-Benzyloxycarbonyl-
3-hydroxy- 6 III 1522 c

−, N-Benzyloxycarbonyl-4-hydroxy-
   6 IV 2424 c

Isobuttersäure, α-Äthoxycarbonyloxy-,
[4-nitro-phenylester] 6 III 829 e

Kohlensäure-äthylester-[2,3-dimethoxy-5-
(2-nitro-vinyl)-phenylester] 6 II 1091 f

− äthylester-[2,6-dimethoxy-4-
(2-nitro-vinyl)-phenylester]
   6 II 1091 g

Malonsäure, Äthyl-[3-nitro-phenoxy]-,
dimethylester 6 226 b

−, Äthyl-[4-nitro-phenoxy]-,
dimethylester 6 235 f

−, [2-Nitro-phenoxy]-, diäthylester
   6 221 j

−, [3-Nitro-phenoxy]-, diäthylester
   6 225 p

−, [4-Nitro-phenoxy]-, diäthylester
   6 235 c, III 829 f

Propan-1-ol, 1-[3,4-Diacetoxy-phenyl]-
2-nitro- 6 II 1086 i

$C_{13}H_{15}N_2O_2PS$

Hydrazidothiophosphorsäure-O-biphenyl-
2-ylester-O'-methylester 6 IV 4586

$C_{13}H_{15}N_3O_3$

Pent-2-ensäure, 4-Semicarbazono-,
benzylester 6 IV 2481

$C_{13}H_{15}N_3O_6$

Glycin, N-[2-Benzyloxycarbonylamino-
malonamoyl]- 6 III 1514 c

$C_{13}H_{15}N_3O_7$

Isoglutamin, N^2-[4-Nitro-benzyloxycarbonyl]-
   6 IV 2620

$C_{13}H_{15}N_5O_4$

Glutaminylazid, N^2-Benzyloxycarbonyl-
   6 IV 2420

$C_{13}H_{15}O_4P$

Phosphonsäure, [1]Naphthyloxymethyl-,
monoäthylester 6 IV 4216

−, [2]Naphthyloxymethyl-,
monoäthylester 6 IV 4265

$C_{13}H_{15}O_5P$

Phosphorsäure-mono-[4-äthoxy-2-methyl-
[1]naphthylester] 6 IV 6582

$C_{13}H_{16}BrClO_2$

Propionsäure, 3-Brom-, [1-(4-chlor-
phenyl)-butylester] 6 III 1848 b

$C_{13}H_{16}BrNOS$

Äthylthiocyanat, 2-[4-Brom-5-isopropyl-
2-methyl-phenoxy]- 6 III 1891 g

$C_{13}H_{16}BrNO_3$

Carbamidsäure, [2-Äthyl-2-brom-butyryl]-,
phenylester 6 I 88 m

$C_{13}H_{16}BrNO_3S$

Cystein, N-Acetyl-S-[4-brom-phenyl]-,
äthylester 6 334 a

Homocystein, N-Acetyl-S-[4-brom-benzyl]-
   6 III 1645 e

$C_{13}H_{16}Br_2O$

Anisol, 2,4-Dibrom-6-cyclohexyl-
   6 IV 3903

−, 2,6-Dibrom-4-cyclohexyl-
   6 IV 3907

Phenol, 4-[1-Äthyl-cyclopentyl]-2,6-dibrom-
   6 III 2535 f

$C_{13}H_{16}Br_2O_2$

Essigsäure-[1-äthyl-2,3-dibrom-3-phenyl-
propylester] 6 IV 3373

Isobuttersäure-[2-brom-4-brommethyl-
3,6-dimethyl-phenylester] 6 512 h

$C_{13}H_{16}Br_2O_3$

Aceton, [4,5-Dibrom-2-butoxy-phenoxy]-
   6 IV 5624

Benzol, 1-Acetoxy-4-äthoxymethyl-
2,5-dibrom-3,6-dimethyl- 6 936 a

−, 1-Acetoxy-4-äthoxymethyl-
3,5-dibrom-2,6-dimethyl- 6 941 f

Phenol, 2,5-Dibrom-4-isobutyryloxymethyl-
3,6-dimethyl- 6 937 c

Propan-1,2-diol, 3-[1,3-Dibrom-
5,6,7,8-tetrahydro-[2]naphthyloxy]-
   6 IV 3857

$C_{13}H_{16}Br_2O_4$

Benzol, 1-Acetoxy-3,5-dibrom-
2,6-dimethoxy-4-propyl- 6 1120 f,
II 1086 f

Essigsäure, [4-(2,3-Dibrom-propyl)-
2-methoxy-phenoxy]-, methylester
   6 922 b

$C_{13}H_{16}ClNOS$

Äthylthiocyanat, 2-[4-tert-Butyl-2-chlor-
phenoxy]- 6 III 1872 h

$C_{13}H_{16}N_2O_4$ (Fortsetzung)

Isoglutamin, N^2-Formyl-, benzylester
6 IV 2539

$C_{13}H_{16}N_2O_4S$

Alanin, N-[N-Phenylmercaptocarbonyl-
β-alanyl]- 6 IV 1530

—, N-[N-Phenylmercaptocarbonyl-
glycyl]-, methylester 6 III 1010 g

Glycin, N-[N-Phenylmercaptocarbonyl-
glycyl]-, äthylester 6 III 1010 f, IV 1528

Sulfid, [2,4-Dinitro-phenyl]-[1-methyl-
cyclohexyl]- 6 IV 1743

—, [2,4-Dinitro-phenyl]-[2-methyl-
cyclohexyl]- 6 IV 1743

—, [2,4-Dinitro-phenyl]-[3-methyl-
cyclohexyl]- 6 IV 1743

$C_{13}H_{16}N_2O_5$

Alanin, N-[N-Benzyloxycarbonyl-glycyl]-
6 III 1491 a, IV 2298

β-Alanin, N-[N-Benzyloxycarbonyl-glycyl]-
6 III 1492 a, IV 2303

Anisol, 2-Cyclohexyl-4,6-dinitro-
6 III 2500 a, IV 3904

—, 4-Cyclohexyl-2,6-dinitro-
6 III 2510 a

Asparagin, N^2-Benzyloxycarbonyl-,
methylester 6 III 1515 f

Glutamin, N^2-Benzyloxycarbonyl-
6 III 1519 d, IV 2410

Glycin, N-[N-Benzyloxycarbonyl-alanyl]-
6 III 1498 c, IV 2323

—, N-[N-Benzyloxycarbonyl-β-alanyl]-
6 III 1501 a, IV 2338

—, N-[N-Benzyloxycarbonyl-glycyl]-,
methylester 6 IV 2292

—, N-[N-Benzyloxycarbonyl-glycyl]-
N-methyl- 6 III 1490 g

Isoasparagin, N^2-Benzyloxycarbonyl-,
methylester 6 III 1515 e

Isoglutamin, N^2-Benzyloxycarbonyl-
6 III 1517 c, IV 2403

Succinamidsäure, 2-Benzyloxycarbonyl꞊
amino-2-methyl- 6 IV 2421

$C_{13}H_{16}N_2O_5S$

Heptan-2-on, 1-[2,4-Dinitro-phenyl꞊
mercapto]- 6 IV 1759

$C_{13}H_{16}N_2O_6$

Essigsäure-[4-*tert*-butyl-2,5-dinitro-
benzylester] 6 550 j

Glutaramidsäure, 4-Benzyloxycarbonyl꞊
amino-2-hydroxy- 6 IV 2424

Glycin, N-[N-Benzyloxycarbonyl-seryl]-
6 III 1506 f, IV 2377

Leucin, N-[2-Nitro-phenoxycarbonyl]-
6 IV 1259

Serin, N-[N-Benzyloxycarbonyl-glycyl]-
6 IV 2312

—, N-Benzyloxycarbonyl-O-glycyl-
6 IV 2376

Valin, N-[4-Nitro-benzyloxycarbonyl]-
6 IV 2617

$C_{13}H_{16}N_2O_6S$

Methionin, N-[4-Nitro-benzyloxycarbonyl]-
6 IV 2620

$C_{13}H_{16}N_2O_7$

Succinamidsäure, N-[2-Hydroxy-3-(4-nitro-
phenoxy)-propyl]- 6 IV 1313

$C_{13}H_{16}N_4O_6S$

Glycin, N-[2-Nitro-benzolsulfenyl]-
alanyl→glycyl→- 6 IV 1679 a

$C_{13}H_{16}O$

Acenaphthylen-4-ol, 5-Methyl-1,2,6,7,8,8a-
hexahydro- 6 III 2755 c

Äther, [5-Äthyl-7,8-dihydro-[2]naphthyl]-
methyl- 6 IV 4092

—, Allyl-[2-allyl-3-methyl-phenyl]-
6 IV 3846

—, Allyl-[2-allyl-4-methyl-phenyl]-
6 I 287 i, II 534 h, IV 3845

—, Allyl-[2-allyl-5-methyl-phenyl]-
6 IV 3846

—, Allyl-[4-allyl-3-methyl-phenyl]-
6 IV 3844

—, Allyl-[4-but-2-enyl-phenyl]-
6 IV 3835

—, Allyl-[2-methallyl-phenyl]-
6 IV 3842

—, Allyl-[6-methyl-indan-5-yl]-
6 III 2464 a

—, Allyl-[1-methyl-3-phenyl-allyl]-
6 IV 3834

—, [2-Allyl-phenyl]-methallyl-
6 IV 3808

—, Allyl-[5,6,7,8-tetrahydro-
[1]naphthyl]- 6 III 2452 c, IV 3852

—, Allyl-[5,6,7,8-tetrahydro-
[2]naphthyl]- 6 II 537 d, III 2455 f,
IV 3855

—, Benzyl-cyclohex-3-enyl-
6 IV 2234

—, Benzyl-hex-5-inyl- 6 IV 2234

—, But-2-enyl-cinnamyl- 6 IV 3800

—, Butyl-[1-phenyl-prop-2-inyl]-
6 IV 4066

—, [4,8-Dimethyl-5,6-dihydro-
[2]naphthyl]-methyl- 6 III 2748 c

C₁₃H₁₆O (Fortsetzung)

Äther, [5,8-Dimethyl-5,6-dihydro-
[2]naphthyl]-methyl- **6** IV 4092

Anisol, 2-Cyclohex-1-enyl- **6** IV 4089
–, 2-Cyclohex-2-enyl- **6** III 2747 g
–, 3-Cyclohex-1-enyl- **6** III 2747 b,
IV 4089
–, 4-Cyclohex-1-enyl- **6** II 561 f,
III 2747 d, IV 4089
–, 4-Cyclohex-2-enyl- **6** IV 4090
–, 2,6-Diallyl- **6** IV 4088
–, 3-Hexa-3,5-dienyl- **6** III 2745 f

But-3-in-1-ol, 1-Phenyl-2-propyl-
6 III 2749 e

Cyclohexanol, 2-Benzyliden- **6** IV 4099

Cyclohex-2-enol, 4-Methyl-3-phenyl-
6 IV 4099
–, 6-Methyl-1-phenyl- **6** IV 4099
–, 6-Methyl-3-phenyl- **6** IV 4099

Cyclopenta[a]naphthalin-5-ol, 2,3,3a,4,5,9b-
Hexahydro-1H- **6** IV 4103

Cyclopenta[a]naphthalin-7-ol, 2,3,3a,4,5,9b-
Hexahydro-1H- **6** IV 4103

Cyclopenta[b]naphthalin-5-ol, 2,3,5,6,7,8-
Hexahydro-1H- **6** IV 4102

Cyclopent-3-enol, 2,5-Dimethyl-1-phenyl-
6 IV 4100
–, 3,4-Dimethyl-1-phenyl-
6 IV 4100

Cyclopent[a]inden-8-ol, 8-Methyl-
1,2,3,3a,8,8a-hexahydro- **6** IV 4104

Cyclopropa[b]naphthalin-2-ol,
7,7-Dimethyl-1a,2,7,7a-tetrahydro-1H-
6 IV 4104

Fluoren-3-ol, 1,2,3,4,4a,9a-Hexahydro-
6 III 2755 b

Fluoren-4a-ol, 1,2,3,4,9,9a-Hexahydro-
6 IV 4103

Hepta-2,4-dien-6-in-1-ol, 7-Cyclohex-1-enyl-
6 IV 4095

Hepta-4,6-dien-1-in-3-ol, 1-Cyclohex-1-enyl-
6 IV 4095

Hepta-1,6-dien-4-ol, 4-Phenyl- **6** III 2749 f,
IV 4097

Hepta-2,4-dien-1-ol, 5-Phenyl- **6** IV 4096
Hepta-2,5-dien-4-ol, 4-Phenyl- **6** IV 4097
Hepta-4,6-dien-3-ol, 3-Phenyl- **6** IV 4096

Hept-2-in-1-ol, 1-Phenyl- **6** 590 g,
III 2748 h

Hexa-1,5-diin-3-ol, 1-Cyclohex-1-enyl-
3-methyl- **6** III 2749 b

Hex-1-in-3-ol, 3-Methyl-1-phenyl-
6 III 2749 c

–, 5-Methyl-1-phenyl- **6** 590 h

Hex-5-in-3-ol, 4-Methyl-6-phenyl-
6 III 2749 d

Indan-5-ol, 4-Allyl-6-methyl- **6** III 2754 d

Methanol, Cyclohex-1-enyl-phenyl-
6 IV 4098
–, [1,1-Dimethyl-1,2-dihydro-
[2]naphthyl]- **6** IV 4101
–, [2-Phenyl-cyclohex-3-enyl]-
6 III 2751 a

[1]Naphthol, 2-Allyl-5,6,7,8-tetrahydro-
6 III 2753 c, IV 4100
–, 1,4,4-Trimethyl-1,4-dihydro-
6 IV 4101

[2]Naphthol, 1-Allyl-5,6,7,8-tetrahydro-
6 IV 4100
–, 3-Allyl-5,6,7,8-tetrahydro-
6 III 2754 a
–, 1-Propyl-5,8-dihydro- **6** IV 4100

Norbornan-2-ol, 1-Phenyl- **6** III 2754 e
–, 5(oder 6)-Phenyl- **6** III 2754 f

Penta-2,4-dien-1-ol, 3-Methyl-5-o-tolyl-
6 IV 4097

Pent-1-in-3-ol, 3-Äthyl-1-phenyl-
6 IV 4096
–, 3,4-Dimethyl-1-phenyl-
6 591 a, IV 4096
–, 4,4-Dimethyl-1-phenyl-
6 IV 4096
–, 4,4-Dimethyl-3-phenyl-
6 IV 4097

Phenol, 2-Allyl-4-but-2-enyl-
6 IV 4097
–, 2-Allyl-6-methallyl- **6** IV 4098
–, 2-Cyclohex-1-enyl-4-methyl-
6 III 2751 c
–, 2-Cyclohex-1-enyl-5-methyl-
6 III 2752 a
–, 4-Cyclohex-1-enyl-2-methyl-
6 III 2751 b
–, 4-Cyclohex-1-enyl-3-methyl-
6 III 2750 c
–, 2,6-Diallyl-3-methyl- **6** I 302 e
–, 2,6-Diallyl-4-methyl- **6** II 562 c,
III 2749 g
–, 4-[2-Methyl-cyclohex-1-enyl]-
6 II 562 e, III 2750 d
–, 4-[4-Methyl-cyclohex-1-enyl]-
6 III 2752 d
–, 4-[5-Methyl-hexa-2,4-dienyl]-
6 IV 4096

Propan-2-ol, 2-[3,4-Dihydro-[1]naphthyl]-
6 I 302 f

$C_{13}H_{16}OS$

Buta-1,3-dien, 1-Äthylmercapto-
4-benzyloxy- **6** IV 2246

Hex-1-en-3-on, 5-Methyl-1-phenyl≈
mercapto- **6** IV 1519

$C_{13}H_{16}OS_2$

Dithiokohlensäure-S-methylester-O-
[2-methyl-1,2,3,4-tetrahydro-
[1]naphthylester] **6** IV 3892

$C_{13}H_{16}OSi$

Silan, Trimethyl-[1]naphthyloxy-
6 IV 4228

–, Trimethyl-[2]naphthyloxy-
6 IV 4288

$C_{13}H_{16}O_2$

Aceton, [5,6,7,8-Tetrahydro-[2]naphthyloxy]-
6 II 538 d

Acrylsäure-[4-*tert*-butyl-phenylester]
6 IV 3305

– [3a,4,5,6,7,7a-hexahydro-
4,7-methano-inden-5(*oder* 6)-ylester]
6 III 1942 b

Äthan, 1-[2-Allyl-phenoxy]-2-vinyloxy-
6 IV 3809

Äthanol, 1-[6-Methoxy-5,8-dihydro-
[2]naphthyl]- **6** IV 6469

–, 2-[6-Methoxy-3,4-dihydro-
[1]naphthyl]- **6** IV 6468

Ameisensäure-[1,2,3,4,4a,5,8,8a-octahydro-
1,4;5,8-dimethano-naphthalin-2-ylester]
6 III 2522 e

Benzocyclohepten, 2,3-Dimethoxy-
6,7-dihydro-5*H*- **6** IV 6462

Benzol, 1-Acetoxy-2-[1-äthyl-propenyl]-
6 582 d

–, 1-Acetoxy-2-[3-methyl-but-2-enyl]-
6 III 2470 e

–, 1-Allyl-2-allyloxy-3-methoxy-
6 I 461 e

–, 2-Allyl-1-allyloxy-4-methoxy-
6 IV 6336

–, 4-Allyl-1-allyloxy-2-methoxy-
6 964 g, I 463 d, III 5027 e

–, 1-Allyloxy-2-methoxy-4-propenyl-
6 III 5002 b

–, 1-Methoxy-4-prop-1-inyl-
2-propoxy- **6** III 5155 d

Buttersäure-cinnamylester **6** II 527 g,
IV 3802

Crotonsäure-[3-äthyl-5-methyl-phenylester]
6 IV 3236

Crotonsäure, 2-Äthyl-, *p*-tolylester
6 II 379 k

–, 2-Methyl-, phenäthylester
6 I 238 d

–, 3-Methyl-, [3-äthyl-phenylester]
6 IV 3018

Cyclobutabenzen, 1-[α-Acetoxy-isopropyl]-
1,2-dihydro- **6** IV 3894

Cyclohex-2-enol, 5-Hydroxymethyl-
3-phenyl- **6** IV 6472

–, 2-[2-Methoxy-phenyl]- **6** IV 6467

Essigsäure-[1-äthyl-3-phenyl-allylester]
6 IV 3872

– [4-allyl-2,6-dimethyl-phenylester]
6 IV 3882

– [4-but-1-enyl-3-methyl-phenylester]
6 II 545 f

– [4-cyclopentyl-phenylester]
6 II 546 g

– [2,4-dimethyl-cinnamylester]
6 III 2477 a

– [2,5-dimethyl-cinnamylester]
6 III 2476 f

– [1,1-dimethyl-2-phenyl-allylester]
6 IV 3878

– [1-indan-2-yl-äthylester] **6** 582 k

– [2-methallyl-4-methyl-phenylester]
6 III 2475 d

– [2-methallyl-5-methyl-phenylester]
6 III 2476 b

– [2-methallyl-6-methyl-phenylester]
6 III 2475 a

– [1-methyl-2-phenyl-but-
2-enylester] **6** III 2471 f

– [1-methyl-1,2,3,4-tetrahydro-
[2]naphthylester] **6** III 2480 f

– [1-methyl-5,6,7,8-tetrahydro-
[2]naphthylester] **6** III 2480 b

– [2-methyl-1,2,3,4-tetrahydro-
[1]naphthylester] **6** IV 3892

– [4-methyl-5,6,7,8-tetrahydro-
[1]naphthylester] **6** IV 3888

– [3-phenyl-cyclopentylester]
6 582 h

– [1-phenyl-pent-2-enylester]
6 IV 3873

– [5-phenyl-pent-4-enylester]
6 III 2466 b

– [6,7,8,9-tetrahydro-
5*H*-benzocyclohepten-2-ylester]
6 IV 3885

– [6,7,8,9-tetrahydro-
5*H*-benzocyclohepten-5-ylester]
6 III 2479 d

$C_{13}H_{16}O_2$ (Fortsetzung)

Essigsäure-[1,2,3,4-tetrahydro-
[1]naphthylmethylester] **6** III 2481 a
－ [1,2,3,4-tetrahydro-[2]naphthyl≈
methylester] **6** III 2483 a, IV 3893
－ [5,6,7,8-tetrahydro-[1]naphthyl≈
methylester] **6** IV 3888
－ [3-*p*-tolyl-but-3-enylester]
6 III 2474 b

Fluoren-4a-ylhydroperoxid, 1,2,3,4,9,9a-
Hexahydro- **6** IV 4103

Hept-1-en-1-on, 2-Phenoxy- **6** IV 608

Hex-1-en-3-on, 5-Methyl-1-phenoxy-
6 IV 608

Hex-2-ensäure-*m*-tolylester **6** III 1307 a
－ *o*-tolylester **6** III 1255 f
－ *p*-tolylester **6** III 1365 e

Hex-1-in-3,4-diol, 3-Methyl-1-phenyl-
6 III 5171 d

Hex-2-in-1,4-diol, 4-Methyl-1-phenyl-
6 IV 6471

Hex-3-in-1,5-diol, 5-Methyl-1-phenyl-
6 IV 6471

Hex-3-in-2,5-diol, 2-Methyl-5-phenyl-
6 III 5171 f, IV 6472

Inden, 4,5-Dimethoxy-3,7-dimethyl-
6 IV 6463

Isobuttersäure-cinnamylester **6** II 527 h

Naphthalin, 5,8-Dimethoxy-1-methyl-
1,4-dihydro- **6** III 5162 d
－, 5,8-Dimethoxy-4-methyl-
1,2-dihydro- **6** IV 6462
－, 6,7-Dimethoxy-4-methyl-
1,2-dihydro- **6** IV 6462

Naphthalin-1,4-diol, 2,6,7-Trimethyl-
5,8-dihydro- **6** III 5173 a

[1,4]Naphthochinon, 5-Isopropyl-4a,5,8,8a-
tetrahydro- **6** IV 6472
－, 6-Isopropyl-4a,5,8,8a-tetrahydro-
6 IV 6473
－, 2,5,7-Trimethyl-4a,5,8,8a-
tetrahydro- **6** III 5172 d
－, 2,6,7-Trimethyl-4a,5,8,8a-
tetrahydro- **6** III 5173 b
－, 2,6,8-Trimethyl-4a,5,8,8a-
tetrahydro- **6** III 5172 d

[1]Naphthol, 6-Methoxy-1-vinyl-
1,2,3,4-tetrahydro- **6** IV 6469

Pent-2-ensäure, 4-Methyl-, *m*-tolylester
6 III 1307 b
－, 4-Methyl-, *o*-tolylester
6 III 1255 g

－, 4-Methyl-, *p*-tolylester
6 III 1365 f

Pent-1-in, 3,5-Dimethoxy-1-phenyl-
6 III 5161 d

Pent-4-in-2,3-diol, 2,3-Dimethyl-5-phenyl-
6 IV 6472

Pent-1-in-3-ol, 1-[4-Methoxy-phenyl]-
3-methyl- **6** IV 6465

Phenol, 5-Allyl-2-but-3-enyloxy-
6 IV 6338
－, 2-Allyl-4-methoxy-6-propenyl-
6 IV 6466
－, 2-Allyl-6-methoxy-4-propenyl-
6 III 5166 c
－, 2,4-Diallyl-6-methoxy-
6 I 468 a, III 5167 a
－, 2,6-Diallyl-4-methoxy- **6** IV 6466
－, 4-Methoxy-2,6-dipropenyl-
6 IV 6466

Propionsäure-[1-äthyl-2-phenyl-vinylester]
6 IV 3833
－ [1,2,3,4-tetrahydro-[2]naphthyl≈
ester] **6** I 292 c, III 2462 c
－ [5,6,7,8-tetrahydro-[1]naphthyl≈
ester] **6** III 2452 e
－ [5,6,7,8-tetrahydro-[2]naphthyl≈
ester] **6** III 2456 b

$C_{13}H_{16}O_2S$

Acrylsäure, 2-Methyl-3-*p*-tolylmercapto-,
äthylester **6** IV 2202

Crotonsäure, 3-Benzylmercapto-,
äthylester **6** II 436 k, 437 b,
III 1616 f

Essigsäure, [5,6,7,8-Tetrahydro-
[2]naphthylmethylmercapto]-
6 IV 3891

Hex-1-en-3-on, 1-Benzolsulfinyl-5-methyl-
6 IV 1519

Pent-2-ensäure, 5-Benzylmercapto-,
methylester **6** IV 2709

Propionsäure, 3-[5,6,7,8-Tetrahydro-
[1]naphthylmercapto]- **6** II 536 e
－, 3-[5,6,7,8-Tetrahydro-
[2]naphthylmercapto]- **6** II 541 a

Sulfon, Cyclohex-1-enylmethyl-phenyl-
6 IV 1487
－, Cyclohex-1-enyl-*p*-tolyl-
6 IV 2167
－, Cyclohex-2-enyl-*p*-tolyl-
6 IV 2167

$C_{13}H_{16}O_3$

Acetessigsäure-[3-phenyl-propylester]
6 IV 3202

$C_{13}H_{16}O_3$ (Fortsetzung)

Aceton, [4-Allyl-2-methoxy-phenoxy]-
6 965 j

—, [2-Methoxy-4-propenyl-phenoxy]-
6 958 e

Acrylsäure, 2-Äthyl-, [2-phenoxy-
äthylester] 6 III 572 e

Benzol, 1-Acetoxy-4-äthoxy-2-allyl-
6 III 5020 d

—, 1-Acetoxy-2-äthoxy-4-propenyl-
6 III 5008 d, IV 6325 b

—, 2-Acetoxy-1-äthoxy-4-propenyl-
6 II 919 e, III 5008 b

—, 2-Methoxy-4-propenyl-
1-propionyloxy- 6 958 i

Crotonsäure, 4-[2,5-Dimethyl-phenoxy]-,
methylester 6 IV 3167

—, 4-[3,4-Dimethyl-phenoxy]-,
methylester 6 IV 3104

—, 3-Methyl-4-phenoxy-, äthylester
6 IV 655

—, 3-p-Tolyloxy-, äthylester
6 II 381 c

Essigsäure, Äthoxy-, cinnamylester
6 III 2407 d

—, [4-But-2-enyl-2-methyl-phenoxy]-
6 III 2473 b

—, [2-Cyclopentyl-phenoxy]-
6 IV 3884

—, [4-Cyclopentyl-phenoxy]-
6 III 5613 a, IV 3884

—, [2-Methallyl-4-methyl-phenoxy]-
6 III 2475 e

—, [2-Methallyl-5-methyl-phenoxy]-
6 III 2476 c

—, [2-(1-Methyl-but-2-enyl)-phenoxy]-
6 III 2468 e

—, [4-(3-Methyl-but-2-enyl)-phenoxy]-
6 IV 3877

—, [4-Methyl-2-(2-methyl-propenyl)-
phenoxy]- 6 I 293 e, III 2474 e

—, [2-Pent-2-enyl-phenoxy]-
6 III 2466 f

Hex-2-ensäure-[3-methoxy-phenylester]
6 III 4321 f

Hex-2-ensäure, 6-Phenoxy-, methylester
6 III 623 e

Isobuttersäure, α-Hydroxy-, cinnamylester
6 III 2407 g

Kohlensäure-äthylester-[2-methyl-1-phenyl-
propenylester] 6 I 287 c, II 534 b

— äthylester-[1-phenyl-but-
1-enylester] 6 I 286 k, II 532 h,
III 2431 c

Methacrylsäure-[1-benzyloxy-äthylester]
6 IV 2253

1,4-Methano-naphthalin-2-ol,
5,8-Dimethoxy-1,2,3,4-tetrahydro-
6 IV 7510

Naphthalin, 1-Acetoxy-6-methoxy-
1,2,3,4-tetrahydro- 6 III 5046 b

—, 2,5,8-Trimethoxy-1,4-dihydro-
6 III 6486 f

—, 2,7,8-Trimethoxy-1,4-dihydro-
6 IV 7508

—, 3,5,8-Trimethoxy-1,2-dihydro-
6 IV 7508

—, 6,7,8-Trimethoxy-1,2-dihydro-
6 III 6486 c

Naphthalin-1,4-diol, 2-Methoxy-
6,7-dimethyl-5,8-dihydro- 6 IV 7512

[1,4]Naphthochinon, 6-Äthoxy-5-methyl-
4a,5,8,8a-tetrahydro- 6 IV 7510

—, 2-Methoxy-6,7-dimethyl-4a,5,8,8a-
tetrahydro- 6 IV 7512

Pent-2-ensäure, 5-Phenoxy-, äthylester
6 IV 655

Phenol, 4-Cyclopent-2-enyl-2,6-bis-
hydroxymethyl- 6 IV 7513

$C_{13}H_{16}O_3S$

Benzol, 1-Acetoxy-4-acetylmercapto-
2,3,5-trimethyl- 6 IV 5998

Hex-1-en-3-on, 1-Benzolsulfonyl-5-methyl-
6 IV 1519

Propan, 3-Acetoxy-1-acetylmercapto-
1-phenyl- 6 IV 5988

Thiobernsteinsäure-O-äthylester-
S-benzylester 6 IV 2678

Valeriansäure, 4-Oxo-3-phenylmercapto-,
äthylester 6 322 d

$C_{13}H_{16}O_3S_2$

Propan-1-ol, 2,3-Bis-acetylmercapto-
1-phenyl- 6 IV 7407

$C_{13}H_{16}O_4$

Adipinsäure-mono-m-tolylester 6 IV 2050

— mono-p-tolylester 6 III 1366 a,
IV 2115

Äthan, 1-Acryloyloxy-2-[2-phenoxy-
äthoxy]- 6 III 570 f

—, 1-Crotonoyloxy-2-[2-methoxy-
phenoxy]- 6 III 4222 a

Benzol, 1-Acetoxy-2-acetoxymethyl-
3,5-dimethyl- 6 IV 5999

C₁₃H₁₆O₄ (Fortsetzung)

Benzol, 5-Acetoxy-2-acetoxymethyl-
1,3-dimethyl- **6** IV 5997

—, 1-[1-Acetoxy-äthyl]-4-acetoxymethyl-
6 III 4642 e

—, 1-[2-Acetoxy-äthyl]-2-acetoxymethyl-
6 IV 5996

—, 2-Acetoxy-5-allyl-1,3-dimethoxy-
6 II 1093 i

—, 1-Acetoxy-2-methoxymethoxy-
4-propenyl- **6** IV 6330

—, 2-Acetoxy-1-methoxymethoxy-
4-propenyl- **6** III 5008 e, IV 6327 e

—, 1,3-Bis-acetoxymethyl-5-methyl-
6 942 g, III 4656 d

—, 1,2-Diacetoxy-4-äthyl-5-methyl-
6 IV 5995

—, 1,4-Diacetoxy-2-äthyl-5-methyl-
6 IV 5996

—, 1,3-Diacetoxy-5-propyl-
6 I 448 e

—, 1,4-Diacetoxy-2,3,5-trimethyl-
6 931 h, III 4648 c, IV 5998

—, 2,4-Diacetoxy-1,3,5-trimethyl-
6 939 i, IV 6001

Bernsteinsäure-mono-[1-phenyl-propylester]
6 I 250 c

— mono-[4-propyl-phenylester]
6 IV 3181

— mono-[1-*p*-tolyl-äthylester]
6 III 1827 e

Bernsteinsäure, Methyl-, 1-[2,4-dimethyl-
phenylester] **6** IV 3129

—, Methyl-, 4-[2,4-dimethyl-
phenylester] **6** IV 3129

Bicyclo[3.3.1]nona-2,6-dien, 2,6-Diacetoxy-
6 II 898 b

Buttersäure, 2-[2-Allyloxy-phenoxy]-
6 IV 5589

—, 2-[4-Allyloxy-phenoxy]-
6 IV 5749

Essigsäure, [4-Allyl-2-methoxy-phenoxy]-,
methylester **6** 967 a

—, [2-Methoxy-4-propenyl-phenoxy]-,
methylester **6** 959 a

Glutarsäure-mono-[4-äthyl-phenylester]
6 IV 3022

Isobuttersäure, α-Acetoxy-, benzylester
6 III 1535 d

Kohlensäure-äthylester-[4-allyl-2-methoxy-
phenylester] **6** 966 e, III 5029 d

— äthylester-[2-methoxy-4-propenyl-
phenylester] **6** 958 k

Lävulinsäure-[2-phenoxy-äthylester]
6 III 574 f, IV 577

Malonsäure, Äthyl-, äthylester-phenylester
6 IV 627

—, Methyl-, äthylester-benzylester
6 IV 2271

1,4-Methano-naphthalin-2,3-diol,
5,8-Dimethoxy-1,2,3,4-tetrahydro-
6 IV 7725

1,4-Methano-naphthalin-2,9-diol,
5,8-Dimethoxy-1,2,3,4-tetrahydro-
6 IV 7725

Propan, 1,2-Diacetoxy-1-phenyl-
6 IV 5983

—, 1,2-Diacetoxy-3-phenyl-
6 929 b, II 896 b

—, 1,3-Diacetoxy-1-phenyl-
6 IV 5985

—, 1,3-Diacetoxy-2-phenyl-
6 I 450 a, II 896 j, IV 5985

Propionsäure, 2-Acetoxy-, phenäthylester
6 III 1712 e

—, 3-[4-Allyl-2-methoxy-phenoxy]-
6 III 5030 c

Toluol, 3,5-Bis-propionyloxy- **6** III 4534 f

C₁₃H₁₆O₄S

But-1-en, 3-Acetoxy-4-methansulfonyl-
1-phenyl- **6** IV 6348

Malonsäure, [α-Benzylmercapto-isopropyl]-
6 III 1618 g

—, Phenylmercapto-, diäthylester
6 III 1023 a

Pent-4-ensäure, 2-Benzolsulfonyl-,
äthylester **6** 319 a

C₁₃H₁₆O₄S₂

Bernsteinsäure, 2-Äthylmercapto-2-
p-tolylmercapto- **6** IV 2203

Toluol, 2,4-Bis-[prop-2-en-1-sulfonyl]-
6 873 j

C₁₃H₁₆O₅

Acetessigsäure, 4-[3-Methoxy-phenyl]-,
äthylester **6** II 818 c, III 4327 a

Äthan, 1,2-Diacetoxy-1-[4-methoxy-phenyl]-
6 IV 7395

Benzol, 1-Acetoxy-2-[1-acetoxy-äthyl]-
4-methoxy- **6** IV 7390

—, 2,4-Bis-acetoxymethyl-1-methoxy-
6 III 6338 a

—, 1,4-Diacetoxy-2-äthyl-5-methoxy-
6 IV 7387

Bernsteinsäure, [3-Phenoxy-propyl]-
6 III 628 c

$C_{13}H_{16}O_5$ (Fortsetzung)

Bernsteinsäure, *m*-Tolyloxy-, dimethylester
6 IV 2053

Essigsäure, [2-Methoxymethoxy-4-propenyl-phenoxy]- 6 III 5010 a

Malonsäure, Äthyl-[2-phenoxy-äthyl]-
6 III 628 f

–, [3-Benzyloxy-propyl]- 6 III 1537 a

–, Methyl-[3-phenoxy-propyl]-
6 168 i

–, Phenoxy-, diäthylester
6 III 626 c

–, [4-Phenoxy-butyl]- 6 II 160 h

–, [1-Phenoxymethyl-propyl]-
6 III 628 d

–, [3-*p*-Tolyloxy-propyl]- 6 400 c

Phenol, 2,6-Bis-acetoxymethyl-4-methyl-
6 IV 7412

Propan, 1,2-Diacetoxy-3-phenoxy-
6 III 583 d, IV 591

Propionsäure, 2-Acetoxy-, [2-phenoxy-äthylester] 6 III 573 i

Toluol, 2,6-Diacetoxy-4-äthoxy-
6 1111 d

$C_{13}H_{16}O_5S$

Acetessigsäure, 2-Phenylmethansulfonyl-,
äthylester 6 IV 2715

–, 2-[Toluol-4-sulfonyl]-, äthylester
6 425 b

Naphthalin, 2-Acetoxy-3-methansulfonyloxy-
1,2,3,4-tetrahydro- 6 IV 6359

$C_{13}H_{16}O_5S_2$

Acetessigsäure, 2-[Toluol-2-sulfonyl-mercapto]-, äthylester 6 372 j

–, 2-[Toluol-4-sulfonylmercapto]-,
äthylester 6 426 b

Benzol, 2,4-Bis-äthoxycarbonylmercapto-
1-methoxy- 6 II 1074 h

$C_{13}H_{16}O_6$

Bernsteinsäure, 2-Hydroxy-2-phenoxymethyl-,
dimethylester 6 III 631 b

Essigsäure, [Trimethyl-*p*-phenylendioxy]-di-
6 III 4649 f

Propionsäure, 2,2'-[5-Methyl-*m*-phenylendioxy]-di- 6 887 l

Toluol, 3,5-Bis-äthoxycarbonyloxy-
6 887 h

–, 2,3-Diacetoxy-4,5-dimethoxy-
6 III 6659 f

$C_{13}H_{16}O_6S$

Malonsäure, Benzolsulfonyl-, diäthylester
6 I 147 k, IV 1547

–, Methyl-[toluol-4-sulfonyl]-,
dimethylester 6 III 1425 f

–, [3-Phenylmethansulfonyl-propyl]-
6 III 1618 f

$C_{13}H_{16}O_6S_2$

Acetessigsäure, 2-[4-Methoxy-benzolsulfonyl-mercapto]-, äthylester 6 864 c

Aceton, 1,1'-[Toluol-2,4-disulfonyl]-di-
6 873 k

$C_{13}H_{16}O_7$

Benzol, 1,2-Diacetoxy-3,4,5-trimethoxy-
6 III 6882 b

–, 1,3-Diacetoxy-2,4,5-trimethoxy-
6 IV 7888

–, 1,4-Diacetoxy-2,3,5-trimethoxy-
6 IV 7888

–, 1,5-Diacetoxy-2,3,4-trimethoxy-
6 IV 7888

–, 2,3-Diacetoxy-1,4,5-trimethoxy-
6 III 6882 c

xylo-[2]Hexulosonsäure-benzylester
6 IV 2482

$C_{13}H_{16}S$

Sulfid, [2-Cyclohex-2-enyl-phenyl]-methyl-
6 IV 4090

–, Cyclohex-2-enyl-*p*-tolyl-
6 IV 2167

–, [1,2,6,7,8,8a-Hexahydro-acenaphthylen-4-yl]-methyl-
6 II 562 a

$C_{13}H_{17}BrO$

Äther, Äthyl-[1-brommethyl-3-phenyl-but-2-enyl]- 6 IV 3874

–, [5-(2-Brom-äthyl)-5,6,7,8-tetrahydro-[2]naphthyl]-methyl-
6 III 2516 a

–, [8-(2-Brom-äthyl)-5,6,7,8-tetrahydro-[2]naphthyl]-methyl-
6 III 2516 b

–, [6-Brom-1,1,3-trimethyl-indan-5-yl]-methyl- 6 III 2521 e

Anisol, 2-Brom-4-cyclohexyl- 6 IV 3906

Methanol, [4-Brom-phenyl]-cyclohexyl-
6 IV 3934

[2]Naphthol, 1-Brom-3-propyl-5,6,7,8-tetrahydro- 6 III 2537 g,
IV 3937

$C_{13}H_{17}BrO_2$

Benzol, 1-Allyl-2-[3-brom-propoxy]-3-methoxy- 6 III 5014 b

–, 1-[1-Allyloxy-2-brom-propyl]-2-methoxy- 6 II 894 c

$C_{13}H_{17}BrO_2$ (Fortsetzung)

Benzol, 1-[1-Allyloxy-2-brom-propyl]-4-methoxy- **6** II 894 i

Buttersäure, 2-Äthyl-2-brom-, *p*-tolylester **6** II 379 g

—, 2-Brom-3,3-dimethyl-, benzylester **6** III 1480 d

Cyclohexanol, 2-[5-Brom-2-methoxy-phenyl]- **6** IV 6369

Essigsäure-[2-brom-3,4,5,6-tetramethyl-benzylester] **6** III 1992 b

—   [3-brom-2,4,5,6-tetramethyl-benzylester] **6** III 1992 d

—   [4-brom-2,3,5,6-tetramethyl-benzylester] **6** III 1992 f

Hexansäure, 2-Brom-, benzylester **6** IV 2266

Propionsäure-[2-brom-4-*tert*-butyl-phenylester] **6** IV 3314

Propionsäure, 2-Brom-, [2-isopropyl-5-methyl-phenylester] **6** 537 h

—, 2-Brom-, [5-isopropyl-2-methyl-phenylester] **6** 529 g

$C_{13}H_{17}BrO_3$

Benzol, 1-Acetoxy-3-brom-5-isopropyl-4-methoxy-2-methyl- **6** III 4674 d

—, 1-Acetoxy-3-brom-5-[α-methoxy-isopropyl]-2-methyl- **6** III 4677 f

—, 1-Acetoxy-3-brom-6-methoxymethyl-2,4,5-trimethyl- **6** 948 c

—, 1-[2-Brom-äthoxy]-2-methoxy≠methoxy-4-propenyl- **6** III 5006 c

—, 2-[2-Brom-äthoxy]-1-methoxy≠methoxy-4-propenyl- **6** III 5006 e

Propan-1,2-diol, 3-[1-Brom-5,6,7,8-tetrahydro-[2]naphthyloxy]- **6** IV 3857

Valeriansäure, 2-Brom-5-phenoxy-, äthylester **6** IV 648

$C_{13}H_{17}BrO_4$

Buttersäure, 2-[2-Brom-4-propoxy-phenoxy]- **6** IV 5782

Essigsäure, [2-Brom-4-isopentyloxy-phenoxy]- **6** IV 5782

$C_{13}H_{17}BrO_6$

Cyclohexen, 3,4,5-Triacetoxy-1-brommethyl- **6** IV 7317

$C_{13}H_{17}Br_2N_3O_3$

Aceton, [4,5-Dibrom-2-propoxy-phenoxy]-, semicarbazon **6** IV 5624

$C_{13}H_{17}Br_3O_2$

Resorcin, 2,4,6-Tribrom-5-heptyl- **6** III 4729 f

$C_{13}H_{17}Br_3O_3$

Benzol, 2-Äthoxy-1,4-dibrom-5-[2-brom-1-methoxy-propyl]-3-methoxy- **6** 1122 g

$C_{13}H_{17}ClO$

Äther, Äthyl-[1-chlormethyl-3-phenyl-but-2-enyl]- **6** IV 3874

—, Äthyl-[3-chlor-5-phenyl-pent-3-enyl]- **6** IV 3873

—, Allyl-[2-chlor-4-isopropyl-5-methyl-phenyl]- **6** IV 3327

—, [4-*tert*-Butyl-phenyl]-[2-chlor-allyl]- **6** III 1865 i

—, [2-Chlor-allyl]-[3a,4,5,6,7,7a-hexahydro-4,7-methano-inden-5(*oder* 6)-yl]- **6** III 1927 c

—, [3-Chlor-allyl]-[2-isopropyl-5-methyl-phenyl]- **6** III 1899 g

—, [3-Chlor-allyl]-[5-isopropyl-2-methyl-phenyl]- **6** III 1887 e

—, [3-Chlor-5-*p*-tolyl-pent-3-enyl]-methyl- **6** IV 3898

Anisol, 4-Chlor-2-cyclohexyl- **6** IV 3902

—, 4-[1-Chlor-vinyl]-2-isopropyl-5-methyl- **6** III 2491 b

—, 4-[2-Chlor-vinyl]-2-isopropyl-5-methyl- **6** III 2491 c

Cyclohexanol, 2-[4-Chlor-benzyl]- **6** IV 3931

—, 1-[2-Chlor-phenyl]-2-methyl- **6** III 2529 d

Methanol, [1-Chlor-cyclohexyl]-phenyl- **6** IV 3934

—, [4-Chlor-phenyl]-cyclohexyl- **6** III 2528 c, IV 3933

Pent-1-en-4-in-3-ol, 1-Chlor-5-cyclohept-1-enyl-3-methyl- **6** IV 3926

—, 1-Chlor-3-methyl-5-[4-methyl-cyclohex-1-enyl]- **6** III 2524 e

$C_{13}H_{17}ClO_2$

Cyclohexanol, 2-Chlor-1-[2-methoxy-phenyl]- **6** IV 6369

—, 2-Chlor-1-[3-methoxy-phenyl]- **6** IV 6370

Essigsäure-[2-chlormethyl-3,6-dimethyl-phenäthylester] **6** IV 3410

Essigsäure, Chlor-, [2-*tert*-butyl-5-methyl-phenylester] **6** IV 3401

—, Chlor-, [4-isopentyl-phenylester] **6** IV 3378

—, Chlor-, [2-methyl-2-phenyl-butylester] **6** IV 3388

—, Chlor-, [3-methyl-1-phenyl-butylester] **6** III 1961 c

$C_{13}H_{17}ClO_2$ (Fortsetzung)

Essigsäure, Chlor-, [4-*tert*-pentyl-
phenylester] **6** IV 3384

Heptanoylchlorid, 2-Phenoxy- **6** IV 651

Heptansäure-[3-chlor-phenylester]
6 IV 815

— [4-chlor-phenylester] **6** III 693 i

Hexansäure-[2-chlor-4-methyl-phenylester]
6 III 1375 b

— [4-chlor-2-methyl-phenylester]
6 III 1265 f

— [4-chlor-3-methyl-phenylester]
6 III 1317 e

Phenol, 2-Chlor-4-cyclohexyl-5-methoxy-
6 IV 6368

Propionsäure-[4-*tert*-butyl-2-chlor-
phenylester] **6** IV 3312

Propionsäure, 3-Chlor-, [3a,4,5,6,7,7a-
hexahydro-4,7-methano-inden-5(*oder*
6)-ylester] **6** III 1941 c

Propionylchlorid, 2-[4-*tert*-Butyl-phenoxy]-
6 IV 3307

Valeriansäure-[4-chlor-3,5-dimethyl-
phenylester] **6** IV 3156

Valerylchlorid, 2-Äthyl-5-phenoxy-
6 III 621 d

$C_{13}H_{17}ClO_2S$

Sulfon, Benzyl-[2-chlor-cyclohexyl]-
6 IV 2642

—, [2-Chlor-cyclohexyl]-*p*-tolyl-
6 IV 2166

$C_{13}H_{17}ClO_2S_2$

Sulfon, *tert*-Butyl-[1-chlor-2-*p*-tolyl-
mercapto-vinyl]- **6** IV 2192

$C_{13}H_{17}ClO_3$

Aceton, [4-Butoxy-2-chlor-phenoxy]-
6 IV 5769

Buttersäure, 2-[4-Chlor-phenoxy]-2-methyl-,
äthylester **6** IV 855

Essigsäure, [4-Chlor-2-isopropyl-5-methyl-
phenoxy]-, methylester **6** IV 3344

—, [4-Chlor-2-pentyl-phenoxy]-
6 III 1950 d, IV 3369

—, [4-Chlor-2-propyl-phenoxy]-,
äthylester **6** III 1785 i, IV 3178

Heptansäure, 2-[4-Chlor-phenoxy]-
6 III 696 j

—, 7-[2-Chlor-phenoxy]- **6** IV 798

—, 7-[3-Chlor-phenoxy]- **6** IV 817

—, 7-[4-Chlor-phenoxy]- **6** IV 855

Hexansäure, 6-[2-Chlor-5-methyl-phenoxy]-
6 IV 2063

—, 6-[3-Chlor-4-methyl-phenoxy]-
6 IV 2135

—, 6-[4-Chlor-2-methyl-phenoxy]-
6 IV 1997

—, 6-[4-Chlor-3-methyl-phenoxy]-
6 IV 2066

—, 6-[5-Chlor-2-methyl-phenoxy]-
6 IV 1987

Isobuttersäure, α-[4-Chlor-phenoxy]-,
propylester **6** IV 852

Phenol, 4-Acetoxy-2-äthyl-6-chlormethyl-
3,5-dimethyl- **6** III 4711 a

Propan-2-ol, 1-[2-Allyl-6-methoxy-
phenoxy]-3-chlor- **6** III 5014 f

Propionsäure, 3-[4-Chlor-3,5-dimethyl-
phenoxy]-, äthylester **6** IV 3156

—, 2-[4-Chlor-2-isopropyl-5-methyl-
phenoxy]- **6** IV 3345

$C_{13}H_{17}ClO_4$

Buttersäure, 4-[4-Chlor-2-methyl-phenoxy]-
3-hydroxy-, äthylester **6** IV 1998

—, 2-[2-Chlor-4-propoxy-phenoxy]-
6 IV 5771

Essigsäure, [2-Chlor-4-isopentyloxy-
phenoxy]- **6** IV 5770

Isovalerylchlorid, α-[3,5-Dimethoxy-
phenoxy]- **6** III 6308 f

$C_{13}H_{17}ClO_4S_2$

Äthen, 1-Chlor-1-[2-methyl-propan-
2-sulfonyl]-2-[toluol-4-sulfonyl]-
6 IV 2192

$C_{13}H_{17}ClS$

Sulfid, [2-Chlor-cyclohexyl]-*p*-tolyl-
6 IV 2165

$C_{13}H_{17}Cl_2NO_2$

Heptansäure, 2-[2,4-Dichlor-phenoxy]-,
amid **6** IV 930

—, 7-[2,4-Dichlor-phenoxy]-, amid
6 III 710 a, IV 930

$C_{13}H_{17}Cl_2NO_3$

Äther, [4-*tert*-Butyl-2-chlormethyl-6-nitro-
phenyl]-[2-chlor-äthyl]- **6** IV 3400

$C_{13}H_{17}Cl_3O$

Äther, [4-*tert*-Butyl-2-chlor-6-chlormethyl-
phenyl]-[2-chlor-äthyl]- **6** IV 3400

$C_{13}H_{17}Cl_3O_3$

Benzol, 1,2-Dimethoxy-4-[2,2,2-trichlor-
1-propoxy-äthyl]- **6** IV 7391

$C_{13}H_{17}DO_2S$

Sulfon, [1-Deuterio-cyclohexyl]-*p*-tolyl-
6 IV 2166

$C_{13}H_{17}FO$
Phenetol, 4-Fluor-2-pent-1-enyl-
6 III 2464 b
$C_{13}H_{17}FO_3$
Essigsäure, [4-Fluor-2-pentyl-phenoxy]-
6 III 1950 b
$C_{13}H_{17}IO$
Anisol, 2-Cyclohexyl-4-jod- 6 III 2498 f
Cyclohexanol, 1-Benzyl-2-jod- 6 II 551 a
−, 2-Jod-4-methyl-1-phenyl-
6 I 296 h
Methanol, Cyclohexyl-[4-jod-phenyl]-
6 IV 3934
$C_{13}H_{17}NO$
Amin, [4-Benzyloxy-but-2-inyl]-dimethyl-
6 IV 2487
Heptannitril, 7-Phenoxy- 6 166 g,
IV 651
Pent-3-en-2-on, 4-Methyl-, [O-benzyl-
oxim] 6 441 a, II 422 i
Propionitril, 3-[1-(2,4-Dimethyl-phenyl)-
äthoxy]- 6 IV 3358
−, 3-[3a,4,5,6,7,7a-Hexahydro-
4,7-methano-inden-5(oder 6)-yloxy]-
6 III 1946 b
Valeronitril, 2-Äthyl-5-phenoxy- 6 166 i
−, 2-[2-Phenoxy-äthyl]- 6 III 621 b
−, 5-[1-Phenyl-äthoxy]- 6 IV 3038
$C_{13}H_{17}NOS$
Äther, [2-Isopropyl-phenyl]-[3-thiocyanato-
propyl]- 6 IV 3212
Äthylthiocyanat, 2-[4-tert-Butyl-phenoxy]-
6 III 1868 e
−, 2-[3a,4,5,6,7,7a-Hexahydro-
4,7-methano-inden-5(oder 6)-yloxy]-
6 III 1936 b
−, 2-[2-Isopropyl-5-methyl-phenoxy]-
6 III 1900 g
−, 2-[5-Isopropyl-2-methyl-phenoxy]-
6 III 1888 a
Pentylthiocyanat, 5-Benzyloxy- 6 IV 2244
Propionitril, 3-[2-Phenäthylmercapto-
äthoxy]- 6 IV 3086
−, 3-[4-Propoxy-benzylmercapto]-
6 IV 5923
$C_{13}H_{17}NO_2$
Acrylsäure-[β-benzyloxy-isopropylamid]
6 IV 2485
Carbamidsäure-[1,2,3,4,4a,5,8,8a-octahydro-
1,4;5,8-dimethano-naphthalin-2-ylester]
6 IV 3923
− [1-phenyl-cyclopentylmethylester]
6 IV 3916

Carbamidsäure, Äthyl-, [3-phenyl-but-
3-enylester] 6 IV 3841
Crotonamid, N-Methyl-N-[2-phenoxy-
äthyl]- 6 IV 666
−, N-[β-Phenoxy-isopropyl]-
6 IV 672 f
Hexannitril, 6-[2-Methoxy-phenoxy]-
6 IV 5589
Pentan-2,3-dion, 4-Methyl-, 3-[O-benzyl-
oxim] 6 IV 2563
Propionitril, 2-Äthoxy-2-phenäthyloxy-
6 IV 3075
−, 3-[2-(1-Phenyl-äthoxy)-äthoxy]-
6 IV 3035
$C_{13}H_{17}NO_2S$
Äthan, 1-[2-Äthyl-phenoxy]-2-
[2-thiocyanato-äthoxy]- 6 III 1657 d
Butyronitril, 3-Methyl-2-[phenylmethansulfonyl-
methyl]- 6 IV 2706
Valeronitril, 3-Benzolsulfonyl-4,4-dimethyl-
6 III 1022 f
$C_{13}H_{17}NO_2SSe$
Toluol-4-thioselenensäure, 3-Nitro-,
cyclohexylester 6 IV 2220 c
$C_{13}H_{17}NO_2S_2$
Thiomethionin, N-Acetyl-, S-phenylester
6 IV 1559
$C_{13}H_{17}NO_3$
Äther, Allyl-[4-tert-butyl-2-nitro-phenyl]-
6 III 1874 f
−, Butyl-[2-nitro-4-propenyl-phenyl]-
6 IV 3797
−, Butyl-[4-(2-nitro-propenyl)-phenyl]-
6 IV 3797
Anisol, 4-Cyclohexyl-2-nitro- 6 III 2509 e
Carbamidsäure, Methyl-[2-vinyloxy-äthyl]-,
benzylester 6 IV 2281
−, [4-Oxo-pentyl]-, benzylester
6 IV 2283
Hexansäure, 2-Benzyloxyimino-
6 III 1553 c, IV 2565
[7]Metacyclophan-13-ol, 10-Nitro-
6 III 2541 c
Methanol, [1-Nitro-cyclohexyl]-phenyl-
6 IV 3934
[2]Naphthol, 1-Nitro-3-propyl-
5,6,7,8-tetrahydro- 6 IV 3938
Valeriansäure, 2-Benzyloxyimino-4-methyl-
6 IV 2565
$C_{13}H_{17}NO_3S$
Butyronitril, 2-Äthyl-2-[2-methoxy-
benzolsulfonyl]- 6 795 d

C$_{13}$H$_{17}$NO$_3$S (Fortsetzung)

Cystein, N-Acetyl-S-benzyl-, methylester
  6 IV 2725

–, N-Acetyl-S-phenäthyl- **6** IV 3091

Glycin, N-Acetyl-N-[2-benzylmercapto-
  äthyl]- **6** III 1620 f

Hexansäure, 6-Phenylmercaptocarbonyl≠
  amino- **6** IV 1533

Homocystein, N-Acetyl-S-benzyl-
  6 III 1630 d

Leucin, N-Phenylmercaptocarbonyl-
  6 IV 1534

Penicillamin, S-Benzyl-N-formyl-
  6 III 1633 a, IV 2757

Thiocarbimidsäure, Äthoxycarbonyl-,
  O-äthylester-S-benzylester **6** III 1599 i

Valin, N-Phenylmercaptocarbonyl-,
  methylester **6** IV 1532

C$_{13}$H$_{17}$NO$_4$

Alanin, N-Benzyloxycarbonyl-, äthylester
  6 IV 2321

–, N-p-Tolyloxycarbonyl-, äthylester
  6 IV 2118

β-Alanin, N-Äthoxycarbonyl-, benzylester
  6 IV 2513

Benzol, 1,2-Diäthoxy-4-[2-nitro-propenyl]-
  6 III 5012 a, IV 6331

–, 2-Isopropoxy-1-methoxy-3-[2-nitro-
  propenyl]- **6** IV 6322

–, 1-Methoxy-3-[2-nitro-propenyl]-
  2-propoxy- **6** IV 6321

Buttersäure, 2-Benzyloxycarbonylamino-
  2-methyl- **6** IV 2343

Carbamidsäure, [Phenäthyloxy-acetyl]-,
  äthylester **6** III 1711 g

Essigsäure, [4-Allyl-2-methoxy-phenoxy]-,
  [hydroxymethyl-amid] **6** 967 d

Glycin, N-[4-Methyl-benzyloxycarbonyl]-,
  äthylester **6** IV 3173

Hexansäure, 2-Methyl-, [4-nitro-
  phenylester] **6** III 827 b

–, 3-Methyl-, [4-nitro-phenylester]
  6 III 827 c

Isobuttersäure, α-[Benzyloxycarbonyl-
  methyl-amino]- **6** IV 2343

–, α-Phenoxycarbonylamino-,
  äthylester **6** IV 632

Isovaleriansäure, γ-Benzyloxycarbonyl≠
  amino- **6** IV 2344

Leucin, N-Phenoxycarbonyl- **6** IV 632

Norvalin, N-Acetyl-5-phenoxy-
  6 III 649 a

–, N-Benzyloxycarbonyl- **6** IV 2343

Styrol, 3-Äthoxy-2-isopropoxy-β-nitro-
  6 IV 6313

–, 2-Butoxy-3-methoxy-β-nitro-
  6 IV 6313

–, 2,4-Diäthoxy-6-methyl-β-nitro-
  6 IV 6342

Valeriansäure, 5-Benzyloxycarbonylamino-
  6 IV 2343

Valin, N-Benzyloxycarbonyl- **6** III 1502 h,
  IV 2344

–, N-Phenoxyacetyl- **6** III 613 j,
  IV 639

C$_{13}$H$_{17}$NO$_4$S

Essigsäure, [2-Benzylmercapto-äthylimino]-
  di- **6** IV 2719

–, [(2-Benzyloxy-äthylcarbamoyl)-
  methylmercapto]- **6** IV 2484

Methionin, N-Benzyloxycarbonyl-
  6 III 1511 a, IV 2390

–, N-Phenoxyacetyl- **6** IV 639

Penicillamin, N-Benzyloxycarbonyl-
  6 III 1513 c

Sulfon, [1-Äthyl-2-nitro-but-1-enyl]-p-tolyl-
  6 IV 2165

–, Cyclohexyl-[4-nitro-benzyl]-
  6 III 1648 a

Thiokohlensäure-O-hexylester-O'-[2-nitro-
  phenylester] **6** IV 1260

–   O-hexylester-S-[2-nitro-
  phenylester] **6** IV 1669

C$_{13}$H$_{17}$NO$_4$S$_2$

Dithiokohlensäure-S-[2-hydroxy-5-nitro-
  benzylester]-O-pentylester **6** IV 5906

C$_{13}$H$_{17}$NO$_5$

Benzol, 1-[5-Acetoxy-pentyloxy]-4-nitro-
  6 IV 1293

–, 4-[3-Äthoxy-2-nitro-propenyl]-
  1,2-dimethoxy- **6** III 6443 b

Cyclohexan-1,2-diol, 4-[3-Methoxy-phenyl]-
  5-nitro- **6** IV 7484

Hexansäure, 6-[4-Nitro-phenoxy]-,
  methylester **6** IV 1306

Isovaleriansäure, α-[2-Nitro-phenoxy]-,
  äthylester **6** 221 h

–, α-[3-Nitro-phenoxy]-, äthylester
  6 225 n

–, α-[4-Nitro-phenoxy]-, äthylester
  6 234 o

Kohlensäure-hexylester-[2-nitro-phenylester]
  6 IV 1258

Serin, O-Äthyl-N-benzyloxycarbonyl-
  6 IV 2375

C₁₃H₁₇NO₅ (Fortsetzung)

Serin, *N*-Benzyloxycarbonyl-, äthylester
6 IV 2377

Threonin, *N*-Benzyloxycarbonyl-,
methylester 6 III 1510 e

C₁₃H₁₇NO₅S

Carbamidsäure, Benzolsulfonylacetyl-,
isobutylester 6 316 b

C₁₃H₁₇NO₆

Propan, 1-Acetoxy-1-[3,4-dimethoxy-
phenyl]-2-nitro- 6 III 6345 b

C₁₃H₁₇NO₇S

Äthan, 1-Acetoxy-2-[3-(4-nitro-phenoxy)-
propan-1-sulfonyl]- 6 III 824 g

C₁₃H₁₇NS

Butyronitril, 2-[Benzylmercapto-methyl]-
3-methyl- 6 IV 2706

—, 2,2-Dimethyl-4-*p*-tolylmercapto-
6 III 1424 d

Valeronitril, 4,4-Dimethyl-3-phenyl≠
mercapto- 6 III 1022 d

C₁₃H₁₇N₂O₉P

Asparaginsäure, *N*-[*O*-(Hydroxy-phenoxy-
phosphoryl)-seryl]- 6 IV 734

C₁₃H₁₇N₃O₂

Acetaldehyd, [5,6,7,8-Tetrahydro-
[2]naphthyloxy]-, semicarbazon
6 II 538 c

Buttersäure, 4-[4-Äthyl-phenoxy]-2-cyan-,
hydrazid 6 IV 3022

Pent-3-en-2-on, 4-Methyl-1-phenoxy-,
semicarbazon 6 IV 608

Pent-4-en-2-on, 4-Methyl-1-phenoxy-,
semicarbazon 6 IV 608

Valeriansäure, 2-Cyan-5-*p*-tolyloxy-,
hydrazid 6 IV 2123

C₁₃H₁₇N₃O₃

Acetaldehyd, [4-Allyl-2-methoxy-phenoxy]-,
semicarbazon 6 II 924 h

—, [2-Methoxy-4-propenyl-phenoxy]-,
semicarbazon 6 II 924 h

Glycin, *N*-Benzyloxycarbonyl-, isopropyl≠
idenhydrazid 6 IV 2319

C₁₃H₁₇N₃O₃S

Thioglycin, Alanyl→glycyl→-,
S-phenylester 6 IV 1554 f

C₁₃H₁₇N₃O₄

Alanin, *N*-[*N*-Benzyloxycarbonyl-glycyl]-,
amid 6 IV 2299

β-Alanin, *N*-[*N*-Benzyloxycarbonyl-glycyl]-,
amid 6 III 1492 c

Glutaminsäure, *N*-Benzyloxycarbonyl-,
diamid 6 III 1521 b, IV 2416

Glycin, *N*-[*N*-Benzyloxycarbonyl-alanyl]-,
amid 6 IV 2324

—, *N*-[*N*-Benzyloxycarbonyl-β-alanyl]-,
amid 6 III 1501 c

—, Glycyl→glycyl→-, benzylester
6 IV 2491 b

C₁₃H₁₇N₃O₄S₂

Dithiocarbamidsäure, Diisopropyl-,
[2,4-dinitro-phenylester] 6 III 1099 c

—, Dipropyl-, [2,4-dinitro-
phenylester] 6 III 1099 b

C₁₃H₁₇N₃O₅

Glutaminsäure, *N*-Benzyloxycarbonyl-,
1-hydrazid 6 IV 2419

—, *N*-Benzyloxycarbonyl-, 5-hydrazid
6 III 1522 a, IV 2419

C₁₃H₁₇O₆P

Crotonsäure, 3-Dimethoxyphosphoryloxy-,
benzylester 6 IV 2475

C₁₃H₁₈BrClO

Äther, [3-Brom-propyl]-[4-chlor-
2-isopropyl-5-methyl-phenyl]-
6 IV 3344

Anisol, 2-[4-Brom-butyl]-4-chlor-
3,5-dimethyl- 6 IV 3440

C₁₃H₁₈BrNO₂

Essigsäure, [2,5-Dimethyl-phenoxy]-,
[3-brom-propylamid] 6 IV 3167

C₁₃H₁₈BrNO₃

Essigsäure, [2-Brom-4-isopentyloxy-
phenoxy]-, amid 6 IV 5782

Kohlensäure-[4-brom-phenylester]-
[2-diäthylamino-äthylester]
6 III 747 i

C₁₃H₁₈BrNO₄S

Sulfon, [3-(4-Brom-phenyl)-3-nitro-propyl]-
isobutyl- 6 III 1807 i

C₁₃H₁₈BrNO₆S₂

Pentan, 3-[4-Brom-phenyl]-1,5-bis-
methansulfonyl-3-nitro-
6 III 4705 a

C₁₃H₁₈Br₂O

Äther, Äthyl-[2,3-dibrom-1-methyl-3-
p-tolyl-propyl]- 6 III 1974 h

Anisol, 4-[1,2-Dibrom-äthyl]-2-isopropyl-
5-methyl- 6 III 2022 c

C₁₃H₁₈Br₂O₂

Benzol, 1,2-Diäthoxy-4-[1,2-dibrom-
propyl]- 6 IV 5978

—, 2,4-Dibrom-1,5-dimethoxy-
3-pentyl- 6 III 4696 b

—, 4-[1,2-Dibrom-propyl]-1-methoxy-
2-propoxy- 6 III 4618 c

$C_{13}H_{18}Br_2O_2$ (Fortsetzung)

Benzol, 4-[1,2-Dibrom-propyl]-2-methoxy-
1-propoxy- **6** 921 g

Propan-2-ol, 1-[2,6-Dibrom-4-*tert*-butyl-
phenoxy]- **6** IV 3315

$C_{13}H_{18}Br_2O_3$

Äthanol, 2-[4,5-Dibrom-2-isopentyloxy-
phenoxy]- **6** IV 5623

$C_{13}H_{18}ClI_2NO$

Amin, Diäthyl-[3-(4-chlor-2,6-dijod-
phenoxy)-propyl]- **6** III 788 d

$C_{13}H_{18}ClNOS_2$

Dithiocarbamidsäure, Dimethyl-,
[4-(4-chlor-phenoxy)-butylester] **6** IV 830

$C_{13}H_{18}ClNO_2$

Amin, {2-[2-(3-Chlor-allyl)-6-methoxy-
phenoxy]-äthyl}-methyl- **6** III 5018 d

Essigsäure, [2-Chlor-phenoxy]-,
pentylamid **6** IV 796

$C_{13}H_{18}ClNO_3$

Essigsäure, [2-Chlor-4-isopentyloxy-
phenoxy]-, amid **6** IV 5770

—, [4-Chlor-2-methyl-phenoxy]-,
[2-dimethylamino-äthylester]
6 IV 1993

Kohlensäure-[2-chlor-phenylester]-
[2-diäthylamino-äthylester] **6** III 678 c

— [4-chlor-phenylester]-
[2-diäthylamino-äthylester]
6 III 694 b

$C_{13}H_{18}ClNO_4$

Äthan, 1-Butoxy-2-[3-chlor-2-methyl-
4-nitro-phenoxy]- **6** III 1275 d

Benzol, 1-Butoxy-4-[2-chlor-äthoxymethyl]-
2-nitro- **6** IV 5919

$C_{13}H_{18}ClNO_5$

Äther, [2-Äthoxy-äthyl]-[2-(3-chlor-
2-methyl-4-nitro-phenoxy)-äthyl]-
6 IV 2012

$C_{13}H_{18}ClN_3O_3$

Aceton, [2-Chlor-4-propoxy-phenoxy]-,
semicarbazon **6** IV 5769

$C_{13}H_{18}ClO_3PS$

Thiophosphorsäure-O,O'-diäthylester-O''-
[2-allyl-4-chlor-phenylester] **6** IV 3815

$C_{13}H_{18}ClO_4P$

Phosphorsäure-butylester-[2-chlor-1-methyl-
vinylester]-phenylester **6** IV 714

$C_{13}H_{18}Cl_2O$

Äther, [4-*tert*-Butyl-2-chlormethyl-phenyl]-
[2-chlor-äthyl]- **6** IV 3399

—, [β,β'-Dichlor-isopropyl]-[3a,4,5,6,7,≠
7a-hexahydro-4,7-methano-inden-5(*oder*
6)-yl]- **6** III 1925 b

Phenol, 2,6-Dichlor-4-heptyl- **6** III 2027 d

$C_{13}H_{18}Cl_2O_2$

Resorcin, 2,4-Dichlor-6-heptyl-
6 III 4729 a

$C_{13}H_{18}Cl_2O_3$

Äthanol, 2-[4,5-Dichlor-2-isopentyloxy-
phenoxy]- **6** IV 5618

Benzol, 2-Chlormethyl-1-[3-chlor-propyl]-
3,4,5-trimethoxy- **6** IV 7417

$C_{13}H_{18}Cl_3NO$

Amin, Diäthyl-[3-(2,4,5-trichlor-phenoxy)-
propyl]- **6** III 721 i

—, Diäthyl-[3-(2,4,6-trichlor-phenoxy)-
propyl]- **6** III 728 e

Propylamin, 3,3,3-Trichlor-2-[4-phenyl-
butoxy]- **6** IV 3276

$C_{13}H_{18}Cl_3NO_2$

Propan-2-ol, 1-Butylamino-3-[2,4,6-trichlor-
phenoxy]- **6** IV 1015

$C_{13}H_{18}Cl_3O_4P$

Phosphonsäure, [3-(2,4,5-Trichlor-
phenoxy)-propyl]-, diäthylester
6 IV 992

Phosphorsäure-butylester-phenylester-[α,β,β-
trichlor-isopropylester] **6** IV 728

$C_{13}H_{18}I_3NO$

Amin, Diäthyl-[2-(2,4,6-trijod-3-methyl-
phenoxy)-äthyl]- **6** III 1325 d

—, Diäthyl-[3-(2,4,6-trijod-phenoxy)-
propyl]- **6** III 791 b

$C_{13}H_{18}N_2O_2S$

3-Thio-allophansäure, 4-Isopentyl-,
phenylester **6** 160 e

Thiovalin, N-Glycyl-, S-phenylester
6 IV 1556

$C_{13}H_{18}N_2O_3$

β-Alanin, N-Alanyl-, benzylester
6 IV 2513

Allophansäure-[1-äthyl-1-phenyl-
propylester] **6** IV 3381

— [2-benzyl-butylester] **6** III 1959 f,
IV 3377

— [2-(2,4-dimethyl-phenyl)-1-methyl-
äthylester] **6** III 1988 a

Buttersäure, 2-Glycylamino-, benzylester
6 IV 2514

Valeriansäure, 5-Benzyloxycarbonylamino-,
amid **6** IV 2343

$C_{13}H_{18}N_2O_3S$

β-Alanin, *N*-Benzyloxycarbonyl-,
[2-mercapto-äthylamid] **6** IV 2338

Cystein, *N*-β-Alanyl-*S*-benzyl- **6** IV 2736

Glycin, *N*-[*S*-Benzyl-cysteinyl]-, methyl≈
ester **6** III 1624 b

—, *N*-[*S*-Benzyl-homocysteinyl]-
6 IV 2752

Methionin, *N*-Benzyloxycarbonyl-, amid
6 III 1511 d

Penicillamin, *S*-Benzyl-*N*-carbamoyl-
6 III 1634 f

$C_{13}H_{18}N_2O_4$

Acetamid, *N*-[5-(4-Nitro-phenoxy)-pentyl]-
6 IV 1309

Alanin, *N*-Benzyloxycarbonyl-, [2-hydroxy-
äthylamid] **6** IV 2323

β-Alanin, *N*-Benzyloxycarbonyl-,
[2-hydroxy-äthylamid] **6** IV 2338

—, *N,N*-Diäthyl-, [4-nitro-phenylester]
6 IV 1314

Allophansäure-[3-benzyloxy-1-methyl-
propylester] **6** III 1472 a

— [2-(3-phenyl-propoxy)-äthylester]
6 III 1803 l

Butan, 1-Carbamoyloxy-2-carbamoyloxy≈
methyl-2-phenyl- **6** IV 6039

Buttersäure, 2-Amino-4-benzyloxycarbonyl≈
amino-, methylester **6** IV 2433

Leucin-[4-nitro-benzylester] **6** IV 2626

Ornithin, N^2-Benzyloxycarbonyl-
6 IV 2441

—, N^5-Benzyloxycarbonyl-
6 III 1525 d, IV 2445

Propionsäure, 2-Amino-3-benzyloxycarbonyl≈
amino-, äthylester **6** IV 2432

$C_{13}H_{18}N_2O_4S$

Cystein, *S*-[2-Benzyloxycarbonylamino-
äthyl]- **6** IV 2281

Sulfid, [2,4-Dinitro-phenyl]-heptyl-
6 III 1092 a, IV 1738

$C_{13}H_{18}N_2O_5$

Äther, [2,4-Dinitro-phenyl]-heptyl-
6 III 860 b

Anisol, 3-Äthyl-6-*tert*-butyl-2,4-dinitro-
6 IV 3434

—, 4-*tert*-Butyl-2,6-dimethyl-
3,5-dinitro- **6** III 2020 d

—, 3-Methyl-2,4-dinitro-6-*tert*-pentyl-
6 IV 3431

Benzol, 1,2-Diäthoxy-4-[2-nitro-1-nitroso-
propyl]- **6** III 4621 b

—, 2-Methoxy-4-[2-nitro-1-nitroso-
propyl]-1-propoxy- **6** III 4621 c

Benzylalkohol, 4-*tert*-Butyl-2,6-dimethyl-
3,5-dinitro- **6** IV 3470

Kohlensäure-[2-diäthylamino-äthylester]-
[3-nitro-phenylester] **6** I 117 d

— [2-diäthylamino-äthylester]-
[4-nitro-phenylester] **6** I 120 g

Phenetol, 6-*tert*-Butyl-3-methyl-2,4-dinitro-
6 IV 3402

Phenol, 2-Heptyl-4,6-dinitro- **6** IV 3454

—, 4-Heptyl-2,6-dinitro- **6** IV 3454

Serin, *N*-Benzyloxycarbonyl-, [2-hydroxy-
äthylamid] **6** IV 2377

$C_{13}H_{18}N_2O_6S$

Sulfon, [2,4-Dinitro-phenyl]-heptyl-
6 III 1092 b

$C_{13}H_{18}N_2S$

Isothioharnstoff, *S*-[6-Phenyl-hex-3-enyl]-
6 IV 3895

Valeronitril, 2-Amino-4-benzylmercapto-
4-methyl- **6** III 1635 f

$C_{13}H_{18}N_3O_8P$

Glycin, Glycyl→*O*-[hydroxy-phenoxy-
phosphoryl]-seryl→- **6** IV 735

$C_{13}H_{18}N_4O_4$

Alanin, *N*-[*N*-Benzyloxycarbonyl-glycyl]-,
hydrazid **6** III 1491 h, IV 2302

β-Alanin, *N*-[*N*-Benzyloxycarbonyl-glycyl]-,
hydrazid **6** IV 2303

Glutamin, N^2-Benzyloxycarbonyl-,
hydrazid **6** IV 2419

Glycin, *N*-[*N*-Benzyloxycarbonyl-alanyl]-,
hydrazid **6** III 1498 h, IV 2326

—, *N*-[*N*-Benzyloxycarbonyl-β-alanyl]-,
hydrazid **6** IV 2339

$C_{13}H_{18}N_4O_5$

Glycin, *N*-[*N*-Benzyloxycarbonyl-seryl]-,
hydrazid **6** IV 2380

Serin, *N*-[*N*-Benzyloxycarbonyl-glycyl]-,
hydrazid **6** IV 2313

$C_{13}H_{18}N_4O_6$

Succinamid, *N*-Amino-*N'*-[2-hydroxy-3-
(4-nitro-phenoxy)-propyl]- **6** IV 1313

$C_{13}H_{18}O$

Äthanol, 1-Cyclopentyl-1-phenyl-
6 IV 3936

—, 1-Cyclopentyl-2-phenyl-
6 III 2535 d

—, 2-[3-Methyl-1,2,3,4-tetrahydro-
[1]naphthyl]- **6** III 2538 e

—, 2-[5-Methyl-1,2,3,4-tetrahydro-
[1]naphthyl]- **6** III 2539 e, IV 3938

$C_{13}H_{18}O$ (Fortsetzung)

Äthanol, 2-[7-Methyl-1,2,3,4-tetrahydro-
[1]naphthyl]- **6** III 2539 f, IV 3938
—, 1-[1-Phenyl-cyclopentyl]-
6 IV 3936

Äther, [1-Äthyl-but-2-enyl]-*o*-tolyl-
6 III 1249 a
—, [2-Äthyl-7-methyl-indan-4-yl]-
methyl- **6** III 2520 f
—, Äthyl-[1-methyl-5,6,7,8-tetrahydro-
[2]naphthyl]- **6** III 2480 a
—, Äthyl-[1-methyl-3-*p*-tolyl-allyl]-
6 III 2473 e
—, [5-Äthyl-5,6,7,8-tetrahydro-
[2]naphthyl]-methyl- **6** IV 3918
—, Äthyl-[5,6,7,8-tetrahydro-
[2]naphthylmethyl]- **6** III 2481 g
—, [6-Äthyl-5,6,7,8-tetrahydro-
[2]naphthyl]-methyl- **6** III 2517 d
—, [8-Äthyl-5,6,7,8-tetrahydro-
[1]naphthyl]-methyl- **6** IV 3918
—, Äthyl-[4-*o*-tolyl-but-2-enyl]-
6 IV 3878
—, Allyl-[4-butyl-phenyl]- **6** III 1844 i
—, Allyl-[4-*tert*-butyl-phenyl]-
6 IV 3298
—, Allyl-[3a,4,5,6,7,7a-hexahydro-
4,7-methano-inden-5(*oder* 6)-yl]-
6 III 1927 b
—, Allyl-[2-isopropyl-5-methyl-
phenyl]- **6** II 498 c, III 1899 f
—, Allyl-[4-isopropyl-3-methyl-
phenyl]- **6** IV 3326
—, Allyl-[5-isopropyl-2-methyl-
phenyl]- **6** II 494 a
—, [2-Allyl-4-methyl-phenyl]-propyl-
6 IV 3845
—, [2-Allyl-6-methyl-phenyl]-propyl-
6 IV 3844
—, Allyl-[4-methyl-2-propyl-phenyl]-
6 III 1878 i
—, [2-Allyl-phenyl]-butyl- **6** IV 3808
—, Benzyl-cyclohexyl- **6** II 410 k,
IV 2233
—, [3-Benzyl-pent-4-enyl]-methyl-
6 IV 3897
—, Butyl-cinnamyl- **6** II 527 b,
III 2404 d, IV 3800
—, *tert*-Butyl-indan-1-yl- **6** IV 3824
—, *sec*-Butyl-[4-vinyl-benzyl]-
6 III 2423 b
—, Cycloheptyl-phenyl- **6** II 148 b
—, Cyclohexyl-*m*-tolyl- **6** III 1302 c

—, Cyclohexyl-*o*-tolyl- **6** III 1249 b
—, Cyclohexyl-*p*-tolyl- **6** III 1356 h
—, [2,6-Dimethyl-phenyl]-[1-methyl-
but-2-enyl]- **6** IV 3115
—, [2,6-Dimethyl-phenyl]-pent-2-enyl-
6 IV 3115
—, [1,3-Dimethyl-5,6,7,8-tetrahydro-
[2]naphthyl]-methyl- **6** III 2518 e,
IV 3919
—, [1,4-Dimethyl-5,6,7,8-tetrahydro-
[2]naphthyl]-methyl- **6** III 2519 c,
IV 3920
—, [2,4-Dimethyl-5,6,7,8-tetrahydro-
[1]naphthyl]-methyl- **6** III 2518 f,
IV 3920
—, [3,4-Dimethyl-5,6,7,8-tetrahydro-
[1]naphthyl]-methyl- **6** IV 3919
—, [3,4-Dimethyl-5,6,7,8-tetrahydro-
[2]naphthyl]-methyl- **6** III 2518 b
—, [3,5-Dimethyl-5,6,7,8-tetrahydro-
[2]naphthyl]-methyl- **6** IV 3921
—, [3,8-Dimethyl-5,6,7,8-tetrahydro-
[2]naphthyl]-methyl- **6** III 2519 e
—, [4,8-Dimethyl-5,6,7,8-tetrahydro-
[1]naphthyl]-methyl- **6** IV 3921
—, [5,5-Dimethyl-5,6,7,8-tetrahydro-
[2]naphthyl]-methyl- **6** IV 3919
—, [5,8-Dimethyl-5,6,7,8-tetrahydro-
[2]naphthyl]-methyl- **6** IV 3920
—, Hept-2-enyl-phenyl- **6** III 559 b
—, Hept-6-enyl-phenyl- **6** I 83 g
—, Hex-2-enyl-*o*-tolyl- **6** III 1248 g
—, Hex-2-enyl-*p*-tolyl- **6** III 1356 g
—, Isopentyl-[1-phenyl-vinyl]-
6 563 d, III 2390 d
—, Isopentyl-[2-vinyl-phenyl]- **6** IV 3772
—, Isopentyl-[4-vinyl-phenyl]- **6** IV 3776
—, Isopropyl-[5,6,7,8-tetrahydro-
[2]naphthyl]- **6** III 2455 c
—, [2-Methallyl-phenyl]-propyl- **6** IV 3842
—, [3-Methyl-cyclohexyl]-phenyl-
6 II 148 c
—, Methyl-[3-methyl-5-phenyl-pent-
3-enyl]- **6** IV 3896
—, [1-Methyl-3-phenyl-allyl]-propyl-
6 IV 3833
—, Methyl-[1-(4-phenyl-butyl)-vinyl]-
6 II 547 b
—, Methyl-[1-phenyl-cyclohexyl]-
6 III 2510 e
—, Methyl-[2-phenyl-cyclohexyl]-
6 III 2511 b, IV 3910

C₁₃H₁₈O (Fortsetzung)

Äther, Methyl-[6-phenyl-hex-3-enyl]-
 6 IV 3895

—, Neopentyl-[1-phenyl-vinyl]-
 6 IV 3781

—, [4-Phenyl-but-2-enyl]-propyl-
 6 IV 3837

—, Phenyl-[1-propyl-but-2-enyl]-
 6 III 559 c

—, Phenyl-[1,1,3-trimethyl-but-2-enyl]-
 6 III 559 d

—, Propyl-[5,6,7,8-tetrahydro-
 [1]naphthyl]- **6** III 2452 a, IV 3852

—, Propyl-[5,6,7,8-tetrahydro-
 [2]naphthyl]- **6** III 2455 b, IV 3855

Allylalkohol, 2-Butyl-3-phenyl-
 6 III 2523 e

—, 3-[4-Isopropyl-phenyl]-2-methyl-
 6 III 2525 c, IV 3929

Anisol, 4-[1-Äthyl-but-1-enyl]- **6** IV 3896

—, 4-[1-Äthyl-but-2-enyl]- **6** IV 3897

—, 4-[2-Äthyl-but-1-enyl]- **6** III 2488 c

—, 4-Äthyl-2-[1-methyl-propenyl]-
 6 IV 3898

—, 2-Cyclohexyl- **6** II 548 e,
 III 2493 a, IV 3899

—, 3-Cyclohexyl- **6** III 2501 a,
 IV 3904

—, 4-Cyclohexyl- **6** II 549 a,
 III 2502, IV 3904

—, 4-Hex-1-enyl- **6** III 2485 a

—, 2-Isopropyl-5-methyl-4-vinyl-
 6 III 2491 a

—, 2-Methyl-4-pent-2-enyl-
 6 III 2489 d

—, 4-[3-Methyl-pent-2-enyl]-
 6 IV 3896

—, 4-[4-Methyl-pent-1-enyl]-
 6 III 2487 e

Benzocyclohepten-7-ol, 5,5-Dimethyl-
 6,7,8,9-tetrahydro-5*H*- **6** III 2536 c

—, 6,8-Dimethyl-6,7,8,9-tetrahydro-
 5*H*- **6** I 297 a

Benzocycloocten-5-ol, 1-Methyl-5,6,7,8,9,⁼
 10-hexahydro- **6** IV 3937

Benzylalkohol, 4-Cyclohexyl- **6** III 2533 d

Butan-1-ol, 4-Indan-5-yl- **6** IV 3941

But-3-en-1-ol, 1-[4-Isopropyl-phenyl]-
 6 I 295 i

But-3-en-2-ol, 4-Mesityl- **6** IV 3930

Cycloheptanol, 1-Phenyl- **6** III 2526 d

Cyclohexanol, 1-Benzyl- **6** 584 b, I 296 e,
 II 550 i, III 2526 e

—, 2-Benzyl- **6** III 2526 f, IV 3931

—, 3-Benzyl- **6** IV 3931

—, 4-Benzyl- **6** II 551 b

—, 1-[4-Methyl-1-methylen-pent-4-en-
 2-inyl]- **6** IV 3927

—, 2-Methyl-1-phenyl- **6** III 2529 c,
 IV 3935

—, 3-Methyl-1-phenyl- **6** 584 d,
 I 296 g

—, 3-Methyl-5-phenyl- **6** 584 e

—, 4-Methyl-1-phenyl- **6** 584 h,
 III 2534 c

—, 4-Methyl-3-phenyl- **6** IV 3935

—, 1-*m*-Tolyl- **6** III 2531 d

—, 1-*o*-Tolyl- **6** III 2529 b,
 IV 3935

—, 1-*p*-Tolyl- **6** 584 i

—, 2-*m*-Tolyl- **6** III 2532 a

—, 2-*o*-Tolyl- **6** IV 3935

—, 2-*p*-Tolyl- **6** III 2533 c

Cyclopentanol, 1-Phenäthyl- **6** III 2535 b,
 IV 3936

—, 2-Phenäthyl- **6** III 2535 c

—, 1-[1-Phenyl-äthyl]- **6** IV 3936

Hept-1-en-3-ol, 1-Phenyl- **6** III 2523 c

Hept-2-en-1-ol, 1-Phenyl- **6** III 2523 d

Hept-3-en-2-ol, 2-Phenyl- **6** II 550 a

Hept-4-en-1-ol, 5-Phenyl- **6** IV 3927

—, 7-Phenyl- **6** IV 3926

Hept-5-en-2-ol, 2-Phenyl- **6** II 550 b

Hex-1-en-3-ol, 5-Methyl-1-phenyl-
 6 II 550 e

Hex-4-en-2-ol, 2-Methyl-1-phenyl-
 6 II 550 c

—, 2-Methyl-5-phenyl- **6** III 2524 b

Hex-5-en-2-ol, 2-Methyl-1-phenyl-
 6 II 550 d

Hex-5-en-3-ol, 3-Methyl-1-phenyl-
 6 III 2523 g

—, 3-*p*-Tolyl- **6** I 295 h

Indan-1-ol, 2,3-Diäthyl- **6** IV 3941

Inden-1-ol, 1-Äthinyl-3,7a-dimethyl-
 2,3,3a,4,7,7a-hexahydro- **6** III 2541 b

[5]Metacyclophan-11-ol, 7,8-Dimethyl-
 6 IV 3941

Methanol, Cyclohexyl-phenyl- **6** 584 c,
 I 296 f, II 551 c, III 2527 b,
 IV 3932

—, [1-Phenyl-cyclohexyl]- **6** IV 3934

—, [2-Phenyl-cyclohexyl]- **6** III 2529 f

—, [4-Phenyl-cyclohexyl]- **6** III 2534 f

[1]Naphthol, 1-Äthinyl-8a-methyl-
 1,2,3,4,4a,5,8,8a-octahydro-
 6 III 2539 g

C₁₃H₁₈O (Fortsetzung)

$C_{13}H_{18}O$ (Fortsetzung)

Phenol, 2-Cyclohexyl-6-methyl-
    6 III 2530 b, IV 3935
–, 4-Cyclohexyl-2-methyl-
    6 III 2830 c, IV 3935
–, 4-Cyclohexyl-3-methyl-
    6 III 2529 a
–, 2,4-Dimethyl-6-[1-methyl-but-
    2-enyl]- 6 II 550 g
–, 2,6-Dimethyl-4-[1-methyl-but-
    2-enyl]- 6 IV 3930
–, 2,6-Dimethyl-4-pent-2-enyl-
    6 IV 3930
–, 4-[1-Methyl-cyclohexyl]-
    6 II 551 e, III 2528 e, IV 3934
–, 4-[3-Methyl-cyclohexyl]-
    6 II 552 b, III 2532 d
–, 4-[4-Methyl-cyclohexyl]-
    6 III 2534 d
–, 2-Methyl-4-[2-methyl-cyclopentyl]-
    6 IV 3936
–, 4-Methyl-2-[1-methyl-cyclopentyl]-
    6 III 2536 a, IV 3936
Propan-1-ol, 1-Cyclobutyl-1-phenyl-
    6 IV 3936
–, 3-[5,6,7,8-Tetrahydro-[1]naphthyl]-
    6 III 2536 f
Propan-2-ol, 2-[1,2,3,4-Tetrahydro-
    [1]naphthyl]- 6 I 297 b
–, 2-[5,6,7,8-Tetrahydro-[2]naphthyl]-
    6 III 2538 c
Zimtalkohol, 5-Isopropyl-2-methyl-
    6 III 2525 f

$C_{13}H_{18}OS$

Aceton, [4-Butyl-phenylmercapto]-
    6 III 1845 h
Cyclohexanol, 2-Benzylmercapto-
    6 III 4072 d
–, 2-p-Tolylmercapto- 6 IV 5204
Pentan-2-on, 4-Benzylmercapto-4-methyl-
    6 III 1597 a
–, 4-Methyl-4-p-tolylmercapto-
    6 IV 2192
Sulfoxid, Benzyl-cyclohexyl- 6 IV 2642
–, Butyl-cinnamyl- 6 IV 3805

$C_{13}H_{18}OS_2$

Dithiokohlensäure-O-äthylester-S-
    [5-isopropyl-2-methyl-phenylester]
    6 IV 3334
–   O-[1-äthyl-2-phenyl-propylester]-
    S-methylester 6 III 1957 b

$C_{13}H_{18}O_2$

Acetaldehyd-[äthyl-cinnamyl-acetal]
    6 III 2406 b
Aceton, [4-tert-Butyl-phenoxy]-
    6 II 489 j
–, [2-Isopropyl-5-methyl-phenoxy]-
    6 III 1901 d, IV 3337
Äthan, 1-Acetoxy-1-[2,4,5-trimethyl-
    phenyl]- 6 551 c
–, 1-Methallyloxy-2-o-tolyloxy-
    6 III 1251 c
Äthanol, 2-Äthoxy-1-cyclopropyl-1-phenyl-
    6 IV 6362
–, 1-[2,2-Dimethyl-3-phenoxy-
    cyclopropyl]- 6 IV 5226
–, 2-[5-Methoxy-1,2,3,4-tetrahydro-
    [1]naphthyl]- 6 III 5059 e
–, 2-[6-Methoxy-1,2,3,4-tetrahydro-
    [1]naphthyl]- 6 III 5059 f
–, 2-[7-Methoxy-1,2,3,4-tetrahydro-
    [1]naphthyl]- 6 III 5060 a
Äthen, 1-Acetoxy-2-[2,6,6-trimethyl-
    cyclohexa-1,3-dienyl]- 6 IV 3410
Ameisensäure-[1-phenäthyl-butylester]
    6 II 510 e
Benzol, 1-Acetoxy-4-[1-methyl-butyl]-
    6 III 1956 b
–, 1-Äthoxy-3-allyl-2-methoxy-
    5-methyl- 6 IV 6351
–, 4-Allyl-1-isopropoxy-2-methoxy-
    6 964 c, III 5027 b
–, 4-Allyl-2-methoxy-1-propoxy-
    6 964 b, III 5027 a, IV 6338
–, 1-Allyloxy-2-methoxy-4-propyl-
    6 II 892 g, III 4615 d
–, 1-Cyclopentyl-2,4-dimethoxy-
    6 IV 6362
–, 1,2-Diäthoxy-4-allyl- 6 IV 6337
–, 1,2-Diäthoxy-4-propenyl-
    6 III 5000 a, IV 6325
–, 1,2-Dimethoxy-4-[3-methyl-but-
    2-enyl]- 6 II 928 d
–, 1,3-Dimethoxy-5-[1-methyl-but-
    1-enyl]- 6 III 5050 e
–, 1,3-Dimethoxy-2-methyl-5-
    [1-methyl-propenyl]- 6 IV 6361
–, 1,5-Dimethoxy-2-methyl-3-
    [1-methyl-propenyl]- 6 III 5051 c,
    IV 6361
–, 2,4-Dimethoxy-1-pent-2-enyl-
    6 III 5050 b
–, 2-[1,2-Dimethyl-propenyl]-
    1,4-dimethoxy- 6 III 5051 b

$C_{13}H_{18}O_2$ (Fortsetzung)

Benzol, 1-Isopropoxy-2-methoxy-
4-propenyl- **6** III 5001 a

—, 1-Methoxy-4-propenyl-2-propoxy-
6 III 5000 b

—, 2-Methoxy-4-propenyl-1-propoxy-
6 957 b, I 460 d, III 5000 d

But-1-en, 4-Äthoxymethoxy-4-phenyl-
6 IV 3838

But-2-en, 1-Äthoxy-4-o-tolyloxy-
6 IV 1951

But-2-en-1-ol, 2-Äthyl-3-[4-methoxy-
phenyl]- **6** IV 6366

Buttersäure-[2-äthyl-6-methyl-phenylester]
6 III 1820 g

— [3-äthyl-5-methyl-phenylester]
6 IV 3236

— [2,4-dimethyl-benzylester]
6 IV 3250

— [4-methyl-phenäthylester]
6 III 1829 d

— [1-methyl-2-phenyl-äthylester]
6 I 251 g

— [1-phenyl-propylester] **6** III 1794 f

— [3-phenyl-propylester]
6 II 476 f, III 1804 i, IV 3201

— [1-p-tolyl-äthylester] **6** III 1827 a

Buttersäure, 3,3-Dimethyl-, benzylester
6 III 1480 c

Cycloheptan-1,2-diol, 4-Phenyl-
6 IV 6375

—, 5-Phenyl- **6** IV 6375

Cyclohexa-3,5-dien-1,2-diol, 2-Hex-1-inyl-
1-methyl- **6** IV 6374

Cyclohexan-1,2-diol, 1-Benzyl- **6** I 467 e,
II 930 e

Cyclohexan-1,3-diol, 1-Methyl-3-phenyl-
6 IV 6377

Cyclohexanol, 2-Benzyloxy- **6** III 4064 f,
IV 5196

—, 4-Benzyloxy- **6** IV 5210

—, 1-[α-Hydroxy-benzyl]- **6** IV 6376

—, 2-Hydroxymethyl-1-phenyl-
6 IV 6377

—, 1-[2-Methoxy-phenyl]- **6** IV 6369

—, 1-[4-Methoxy-phenyl]- **6** III 5058 d

—, 2-[4-Methoxy-phenyl]- **6** III 5058 e,
IV 6370

—, 3-[4-Methoxy-phenyl]- **6** III 5059 a,
IV 6370

—, 4-[4-Methoxy-phenyl]- **6** IV 6370

—, 2-Salicyl- **6** IV 6376

2,6-Cyclo-norbornan, 7-[2-Acetoxy-vinyl]-
1,7-dimethyl- **6** 551 g

Essigsäure-[1-äthinyl-hexahydro-indan-
1-ylester] **6** IV 3414

— [1-äthyl-2-phenyl-propylester]
6 IV 3375

— [1-äthyl-3-phenyl-propylester]
6 II 504 h

— [2-äthyl-4-propyl-phenylester]
6 III 1985 f

— [2-benzyl-butylester] **6** 548 b

— [1-but-3-en-1-inyl-4-methyl-
cyclohexylester] **6** III 1974 a

— [4-tert-butyl-benzylester]
6 550 i, IV 3403

— [2-tert-butyl-5-methyl-phenylester]
6 III 1983 a, IV 3401

— [4-butyl-2-methyl-phenylester]
6 III 1973 b

— [2,4-diäthyl-5-methyl-phenylester]
6 II 508 j

— [2,4-diäthyl-6-methyl-phenylester]
6 II 509 d

— [2,5-diäthyl-4-methyl-phenylester]
6 II 509 b

— [2,6-diäthyl-4-methyl-phenylester]
6 II 509 f

— [1,1-dimethyl-3-phenyl-
propylester] **6** I 269 j, III 1962 d,
IV 3380

— [1,2-dimethyl-3-phenyl-
propylester] **6** III 1959 b

— [2,2-dimethyl-1-phenyl-
propylester] **6** III 1972 c, IV 3391

— [2,2-dimethyl-3-phenyl-
propylester] **6** I 270 f

— [2,6-dimethyl-4-propyl-
phenylester] **6** III 1988 d

— [1,1-dimethyl-2-m-tolyl-äthylester]
6 550 c

— [2-isopropyl-4,5-dimethyl-
phenylester] **6** IV 3407

— [4-isopropyl-phenäthylester]
6 II 508 e, IV 3405

— [1-mesityl-äthylester] **6** 551 a

— [4a-methyl-3,4,4a,5,6,7-hexahydro-
[2]naphthylester] **6** IV 3414

— [1-methyl-2-phenyl-butylester]
6 IV 3382

— [2-methyl-1-phenyl-butylester]
6 I 269 e

— [3-methyl-1-phenyl-butylester]
6 548 d

C₁₃H₁₈O₂ (Fortsetzung)

Essigsäure-[3-methyl-2-phenyl-butylester]
  6 549 j, IV 3390

— [2-pentyl-phenylester] **6** IV 3369

— [4-*tert*-pentyl-phenylester]
  6 549 c, IV 3384

— [1-phenyl-pentylester] **6** III 1952 f,
  IV 3371

— [2-phenyl-pentylester] **6** IV 3376

— [5-phenyl-pentylester]
  6 I 268 m, III 1955 a

— [2,3,4,6-tetramethyl-benzylester]
  6 IV 3413

— [3-*p*-tolyl-butylester] **6** IV 3394

Heptan-2-on, 1-Phenoxy- **6** III 592 d

—, 7-Phenoxy- **6** IV 606

Heptansäure-phenylester **6** 154 m,
  III 602 c, IV 617

Hexanal, 6-Benzyloxy- **6** IV 2256

Hexan-2-on, 5-Methyl-1-phenoxy-
  6 III 592 f

Hexansäure-benzylester **6** I 220 k, II 417 f,
  III 1480 b

— *m*-tolylester **6** III 1306 g,
  IV 2048

— *o*-tolylester **6** III 1255 b,
  IV 1961

— *p*-tolylester **6** II 379 f, III 1365 b,
  IV 2113

Hex-3-en-2,5-diol, 2-Methyl-5-phenyl-
  6 III 5062 d, IV 6374

Hex-1-en-3-ol, 6-[3-Methoxy-phenyl]-
  6 III 5054 e

Hydrochinon, 2-Allyl-5-*tert*-butyl-
  6 IV 6375

—, 2-But-2-enyl-3,5,6-trimethyl-
  6 III 5063 a

—, 2-*tert*-Butyl-5-propenyl-
  6 IV 6375

—, 2-Cyclohexyl-5-methyl-
  6 III 5064 b

Indan, 4,5-Dimethoxy-2,7-dimethyl-
  6 IV 6366

—, 6,7-Dimethoxy-1,4-dimethyl-
  6 IV 6365

Indan-5-ol, 4-Methoxy-1,1,3-trimethyl-
  6 III 5061 b

—, 6-Methoxy-1,1,3-trimethyl-
  6 III 5061 b

Isobuttersäure-[4-methyl-phenäthylester]
  6 III 1829 e

— [3-phenyl-propylester]
  6 II 476 g, IV 3201

— [1-*p*-tolyl-äthylester] **6** III 1827 b

Isovaleriansäure-[2,4-dimethyl-phenylester]
  6 I 241 h

— [3,5-dimethyl-phenylester]
  6 IV 3145

— phenäthylester **6** II 451 h,
  III 1709 g, IV 3074

Methanol, [6-Methoxy-5-methyl-
  1,2,3,4-tetrahydro-[2]naphthyl]-
  6 IV 6373

Naphthalin, 5,8-Dimethoxy-1-methyl-
  1,2,3,4-tetrahydro- **6** III 5053 a

Naphthalin-1,6-diol, 1-Äthinyl-8a-methyl-
  1,2,3,4,6,7,8,8a-octahydro- **6** IV 6378

Naphthalin-2,3-diol, 1-Propyl-
  5,6,7,8-tetrahydro- **6** IV 6378

[1]Naphthol, 1-Äthinyl-6-methoxy-
  1,2,3,4,4a,5,8,8a-octahydro- **6** IV 6372

—, 3-Hydroxymethyl-4,4-dimethyl-
  1,2,3,4-tetrahydro- **6** IV 6379

Pentan-2-on, 4-Benzyloxy-4-methyl-
  6 II 415 b

Pent-1-en, 5-Äthoxy-3-phenoxy- **6** IV 588

Pent-2-en, 5-Äthoxy-1-phenoxy- **6** IV 588

Pent-3-en-1,2-diol, 2-Äthyl-1-phenyl-
  6 III 5062 b

Pent-3-en-2,3-diol, 2,4-Dimethyl-1-phenyl-
  8 IV 580

Pent-4-en-1,3-diol, 2,2-Dimethyl-5-phenyl-
  6 972 f

Pent-4-en-2,3-diol, 2,3-Dimethyl-5-phenyl-
  6 IV 6374

Pent-1-en-3-ol, 3-Äthyl-1-[2-hydroxy-
  phenyl]- **6** III 5062 c

Pent-4-en-1-ol, 5-[4-Methoxy-phenyl]-
  3-methyl- **6** IV 6366

Phenol, 2-[5-Äthoxy-pent-2-enyl]-
  6 IV 6360

—, 2-Allyl-4-butoxy- **6** IV 6335

—, 2-Allyl-6-methoxy-4-propyl-
  6 II 929 c, III 5056 c

—, 4-Allyloxy-2-*tert*-butyl-
  6 IV 6014

—, 4-Allyloxy-2,3,5,6-tetramethyl-
  6 III 4686 g

—, 2-Butoxy-4-propenyl- **6** IV 6326

—, 2-Butoxy-5-propenyl- **6** IV 6326

—, 4-Butoxy-2-propenyl- **6** IV 6324

—, 2-Cyclohexyl-6-methoxy-
  6 III 5057 b

—, 4-Cyclohexyl-2-methoxy-
  6 III 5058 c, IV 6370

$C_{13}H_{18}O_2$ (Fortsetzung)

Phenol, 4-Cyclohexyl-3-methoxy-
6 IV 6367

–, 2-Methoxy-6-propenyl-4-propyl-
6 II 929 a

Pivalinsäure-[2,6-dimethyl-phenylester]
6 III 1738 c

Propan, 1-Acetoxy-2-[4-äthyl-phenyl]-
6 IV 3406

Propionsäure-[4-*tert*-butyl-phenylester]
6 III 1869 d, IV 3305

– [3a,4,5,6,7,7a-hexahydro-
4,7-methano-inden-5(*oder* 6)-ylester]
6 III 1941 b

– [4-isopropyl-benzylester]
6 II 500 g

– [2-isopropyl-5-methyl-phenylester]
6 II 499 c, III 1901 f, IV 3337

– [5-isopropyl-2-methyl-phenylester]
6 II 494 d, III 1888 b, IV 3331

– [5-isopropyl-2-methyl-phenylester]
6 III 494 d, III 1888 b, IV 3331

– [1-methyl-3-phenyl-propylester]
6 II 487 c

Resorcin, 4-Cyclohexylmethyl-
6 II 930 d

–, 4-Hept-2-enyl- 6 III 5061 d

Valeraldehyd, 2-[2-Phenoxy-äthyl]-
6 III 592 h

Valeriansäure-phenäthylester 6 II 451 g

Valeriansäure, 4-Methyl-, *o*-tolylester
6 IV 1961

$C_{13}H_{18}O_2S$

Buttersäure, 4-Benzylmercapto-
2,3-dimethyl- 6 III 1615 g

Essigsäure-[γ-benzylmercapto-isobutylester]
6 IV 2654

Heptansäure, 2-Phenylmercapto-
6 IV 1544

Sulfon, Benzyl-cyclohexyl- 6 IV 2642

–, Benzyl-[2-methyl-cyclopentyl]-
6 IV 2642

–, [1-Butyl-vinyl]-*p*-tolyl- 6 IV 2165

–, Cyclohexyl-*p*-tolyl- 6 IV 2166

–, Hex-1-enyl-*p*-tolyl- 6 IV 2165

–, [1-Methyl-cyclohexyl]-phenyl-
6 III 989 f

–, [2-Methyl-cyclohexyl]-phenyl-
6 III 989 h

Valeriansäure, 5-Phenylmercapto-,
äthylester 6 III 1021 e

$C_{13}H_{18}O_3$

Aceton, [4-Butoxy-phenoxy]- 6 III 4412 h

–, 1-Isobutoxy-3-phenoxy- 6 III 593 g

Äthan, 1-Acetoxy-2-[3-phenyl-propoxy]-
6 III 1803 i

–, 1-[1-Phenyl-äthoxy]-2-propionyloxy-
6 IV 3035

Benzocyclohepten-5-ol, 2,3-Dimethoxy-
6,7,8,9-tetrahydro-5*H*- 6 IV 7482

Benzol, 2-Acetoxy-5-äthoxy-1,3,4-trimethyl-
6 III 4648 a

–, 1-Acetoxy-4-butyl-2-methoxy-
6 III 4659 g

–, 2-Acetoxy-1-butyl-3-methoxy-
6 III 4567 b

–, 1-Äthoxy-5-allyl-2,3-dimethoxy-
6 II 1093 h

–, 2-Äthoxy-1-allyl-3,4-dimethoxy-
6 III 6443 d

–, 2-Äthoxy-5-allyl-1,3-dimethoxy-
6 II 1093 h

–, 2-Äthoxy-3,4-dimethoxy-
1-propenyl- 6 III 6440 c

–, 1-Äthoxy-2-isovaleryloxy- 6 775 e

–, 1-Äthoxymethoxy-4-allyl-
2-methoxy- 6 965 h

–, 1-Äthoxymethoxy-2-methoxy-
4-propenyl- 6 958 b, IV 6328

–, 1-Äthoxy-2-methoxymethoxy-
4-propenyl- 6 IV 6328

–, 2-Äthoxymethoxy-1-methoxy-
4-propenyl- 6 958 a, IV 6328

–, 2-Äthoxy-1-methoxymethoxy-
4-propenyl- 6 III 5006 d, IV 6329

–, 1-Hexanoyloxy-2-methoxy-
6 III 4229 e, IV 5583

–, 2-Methoxy-1-propionyloxy-
4-propyl- 6 III 4616 c

–, 1-Methoxy-4-valeryloxymethyl-
6 III 4550 c, IV 5915

Butan, 1-Acetoxy-3-methoxy-1-phenyl-
6 IV 6006

–, 2-Acetoxy-3-[4-methoxy-phenyl]-
6 IV 6008

–, 3-Acetoxy-1-[4-methoxy-phenyl]-
6 II 899 b

Buttersäure-[2-benzyloxy-äthylester]
6 III 1469 e

– [β-phenoxy-isopropylester]
6 IV 583

Buttersäure, 4-Benzyloxy-, äthylester
6 II 420 j

–, 2-Methyl-4-phenoxy-, äthylester
6 III 619 a

$C_{13}H_{18}O_3$ (Fortsetzung)
Buttersäure, 2-*m*-Tolyloxy-, äthylester
    6 380 h
—, 2-*o*-Tolyloxy-, äthylester
    6 357 d
—, 2-*p*-Tolyloxy-, äthylester
    6 399 h
—, 2-[2,4,5-Trimethyl-phenoxy]-
    6 III 1832 c
—, 2-[3,4,5-Trimethyl-phenoxy]-
    6 III 1830 e
Cyclohexanol, 3-[2-Methoxy-phenoxy]-
    6 IV 5575
Essigsäure-[1-benzyloxymethyl-propylester]
    6 III 1471 h
—   [3-benzyloxy-1-methyl-propylester]
    6 III 1471 j
Essigsäure, Äthoxy-, [3-phenyl-propylester]
    6 III 1805 d
—, [4-Äthyl-2-isopropyl-phenoxy]-
    6 IV 3404
—, [2-Äthyl-5-propyl-phenoxy]-
    6 III 1986 c, IV 3404
—, [2-Butyl-4-methyl-phenoxy]-
    6 IV 3392
—, [2-*sec*-Butyl-4-methyl-phenoxy]-
    6 III 1975 d, IV 3393
—, [2-*sec*-Butyl-5-methyl-phenoxy]-
    6 III 1976 b
—, [2-*tert*-Butyl-4-methyl-phenoxy]-
    6 IV 3398
—, [2-*tert*-Butyl-5-methyl-phenoxy]-
    6 IV 3401
—, [4-*sec*-Butyl-2-methyl-phenoxy]-
    6 IV 3394
—, [4-*tert*-Butyl-2-methyl-phenoxy]-
    6 IV 3399
—, Isobutoxy-, benzylester
    6 III 1532 k
—, [2-Isobutyl-4-methyl-phenoxy]-
    6 III 1976 h, IV 3395
—, [4-Isopentyl-phenoxy]- 6 IV 3378
—, Isopropoxy-, phenäthylester
    6 III 1712 a
—, [2-Isopropyl-4,5-dimethyl-
    phenoxy]- 6 IV 3408
—, [5-Isopropyl-2,4-dimethyl-
    phenoxy]- 6 III 1989 f
—, [2-Isopropyl-5-methyl-phenoxy]-,
    methylester 6 III 1902 d
—, [4-(1-Methyl-butyl)-phenoxy]-
    6 III 1956 c

—, [2-Pentyl-phenoxy]- 6 III 1949 e,
    IV 3369
—, [4-Pentyl-phenoxy]- 6 III 1951 e
—, [4-*tert*-Pentyl-phenoxy]-
    6 IV 3386
—, [3-Phenyl-propoxy]-, äthylester
    6 III 1805 c
—, [2-Propyl-phenoxy]-, äthylester
    6 IV 3177
Heptansäure, 7-Phenoxy- 6 166 f,
    III 620 h, IV 651
Indan-1-ol, 6,7-Dimethoxy-1,4-dimethyl-
    6 IV 7482
Isobuttersäure-[2-benzyloxy-äthylester]
    6 III 1469 f
—   [3-phenoxy-propylester]
    6 III 577 f
—   [2-*o*-tolyloxy-äthylester] 6 III 1251 h
—   [2-*p*-tolyloxy-äthylester] 6 III 1361 c
Isobuttersäure, α-Äthoxy-, benzylester
    6 III 1535 b
—, α-*m*-Tolyloxy-, äthylester
    6 380 k
—, α-*o*-Tolyloxy-, äthylester
    6 357 g
—, α-*p*-Tolyloxy-, äthylester
    6 399 m, I 202 f, IV 2121
Isovaleriansäure-[2-phenoxy-äthylester]
    6 III 572 b
Isovaleriansäure, α-[2,4-Dimethyl-phenoxy]-
    6 488 f
—, α-[2,5-Dimethyl-phenoxy]-
    6 496 a
—, α-[3,4-Dimethyl-phenoxy]-
    6 482 d
—, α-Phenoxy-, äthylester 6 165 i
Kohlensäure-äthylester-[2-isopropyl-
    5-methyl-phenylester] 6 537 p
—   äthylester-[5-isopropyl-2-methyl-
    phenylester] 6 530 e
—   äthylester-[3,3,7-trimethyl-
    cyclohepta-1,4,6-trienylester]
    6 IV 3266
—   benzylester-isopentylester
    6 III 1484 f
4,7-Methano-inden, 1-Acetoxy-5-methoxy-
    3a,4,5,6,7,7a-hexahydro- 6 IV 6032
Milchsäure-[3a,4,5,6,7,7a-hexahydro-
    4,7-methano-inden-5(*oder* 6)-ylester]
    6 III 1945 e
Naphthalin, 5,6,7-Trimethoxy-
    1,2,3,4-tetrahydro- 6 III 6447 c,
    IV 7480

$C_{13}H_{18}O_4$ (Fortsetzung)

Buttersäure, 2-[2-Propoxy-phenoxy]-
6 IV 5589

—, 2-[3-Propoxy-phenoxy]-
6 IV 5678

—, 2-[4-Propoxy-phenoxy]-
6 IV 5748

Cyclohexan, 1-Acetoxy-1-[3-acetoxy-prop-
1-inyl]- 6 III 4171 b

Essigsäure, [4-(3-Hydroxy-3-methyl-butyl)-
phenoxy]- 6 IV 6036

—, [4-Hydroxymethyl-2-isopropyl-
5-methyl-phenoxy]- 6 IV 6046

—, [2-Isopentyloxy-phenoxy]-
6 IV 5587

—, [3-Isopentyloxy-phenoxy]-
6 IV 5676

—, [4-Isopentyloxy-phenoxy]-
6 IV 5746

—, [2-Isopropyl-4-methoxy-5-methyl-
phenoxy]- 6 IV 6020

—, [5-Isopropyl-4-methoxy-2-methyl-
phenoxy]- 6 IV 6020

—, [3-Pentyloxy-phenoxy]- 6 III 4324 e

—, Phenoxy-, [2-propoxy-äthylester]
6 III 612 c

—, Propoxy-, [2-phenoxy-äthylester]
6 III 573 g

—, [2-m-Tolyloxy-äthoxy]-, äthylester
6 IV 2043

—, [2-o-Tolyloxy-äthoxy]-, äthylester
6 IV 1949

—, [2-p-Tolyloxy-äthoxy]-, äthylester
6 IV 2104

Hexansäure, 6-[2-Methoxy-phenoxy]-
6 IV 5589

Indan, 1,2-Bis-hydroxymethyl-
4,5-dimethoxy- 6 IV 7719

Isobuttersäure, α-[2-Methoxy-phenoxy]-,
äthylester 6 780 i

—, α-[4-Methoxy-phenoxy]-,
äthylester 6 IV 5751

Kohlensäure-[β-äthoxy-phenäthylester]-
äthylester 6 IV 5941

— isopentylester-[2-methoxy-
phenylester] 6 776 g

Maleinsäure-allylester-cyclohexylester
6 IV 42

Norborn-2-en, 5,6-Bis-acetoxymethyl-
6 IV 5531

Phenol, 2-Äthoxy-5-allyl-3,6-dimethoxy-
6 II 1124 f

—, 2-Äthoxy-3,6-dimethoxy-
5-propenyl- 6 II 1124 a

Propan-1,2-diol, 3-[4-Allyl-2-methoxy-
phenoxy]- 6 IV 6338

—, 3-[2-Methoxy-4-propenyl-phenoxy]-
6 IV 6326

Propan-2-ol, 1-Acetoxy-3-[2,6-dimethyl-
phenoxy]- 6 IV 3116

Propen, 2,3-Diacetoxy-1-cyclohex-1-enyl-
6 IV 5530

Tricyclo[3.3.1.0^{2,6}]nonan, 2,6-Diacetoxy-
6 II 763 a

Valeriansäure, 5-Benzyloxy-3-hydroxy-
3-methyl- 6 IV 2477

$C_{13}H_{18}O_4S$

Buttersäure, 2-Benzolsulfonyl-2-methyl-,
äthylester 6 IV 1543

—, 2-[Toluol-4-sulfonyl]-, äthylester
6 424 f

—, 3-[Toluol-4-sulfonyl]-, äthylester
6 IV 2200

Essigsäure, [2-(3,4-Dimethoxy-phenyl)-
1-methyl-äthylmercapto]- 6 IV 7404

—, [1-(3,4-Dimethoxy-phenyl)-
propylmercapto]- 6 IV 7403

Isobuttersäure, α-[Toluol-4-sulfonyl]-,
äthylester 6 424 h, III 1424 a

Isovaleriansäure, α-Benzolsulfonyl-,
äthylester 6 IV 1543

Schwefelsäure-mono-[4-(3-methyl-
cyclohexyl)-phenylester] 6 II 552 d

$C_{13}H_{18}O_5$

Benzol, 1-Acetoxy-2-äthyl-3,4,5-trimethoxy-
6 IV 7697

—, 1-Acetoxy-4-äthyl-
2,3,5-trimethoxy- 6 IV 7697

Essigsäure, [2,6-Dimethoxy-4-propyl-
phenoxy]- 6 IV 7401

—, [3-Hydroxy-5-pentyloxy-phenoxy]-
6 IV 7367

—, [2-Methoxymethoxy-4-propyl-
phenoxy]- 6 III 4617 c

Fucose, O^2-Benzyl- 6 IV 2258

Isovaleriansäure, α-[3,5-Dimethoxy-
phenoxy]- 6 III 6308 e

Propionsäure, 2-[3,5-Dimethoxy-phenoxy]-,
äthylester 6 III 6307 e

$C_{13}H_{18}O_5S$

Benzol, 1-Acetoxy-4-[3-methyl-butan-
1-sulfonyloxy]- 6 III 4428 e

$C_{13}H_{18}O_6$

arabino-3-Desoxy-hexonsäure, O^6-Benzyl-
6 IV 2480

$C_{13}H_{18}O_6$ (Fortsetzung)

ribo-3-Desoxy-hexonsäure, O^6-Benzyl-
　6 IV 2480

Fructose, O^3-Benzyl- **6** IV 2261

Fuconsäure, O^2-Benzyl- **6** III 1537 f

Glucopyranose, O^4-Benzyl- **6** IV 2260

—, O^6-*m*-Tolyl- **6** IV 2046

—, O^6-*o*-Tolyl- **6** IV 1959

—, O^6-*p*-Tolyl- **6** IV 2111

Glucopyranosid, *m*-Tolyl- **6** 379 a,
　17 IV 2955, **31** 207 f

—, *o*-Tolyl- **6** 355 g, **17** IV 2954,
　31 207 d

—, *p*-Tolyl- **6** 396 p, **17** IV 2956,
　31 207 g

Glucose, O^3-Benzyl- **6** IV 2259

—, O^6-Benzyl- **6** IV 2261

Kohlensäure-äthylester-[2,3,4-trimethoxy-
　benzylester] **6** IV 7694

$C_{13}H_{18}O_7$

Glucopyranosid, [2-Methoxy-phenyl]-
　6 774 c, **17** IV 2981

Methanol, [3,4,5-Triacetoxy-cyclohex-
　1-enyl]- **6** IV 7678

$C_{13}H_{18}S$

Methanthiol, Cyclohexyl-phenyl-
　6 II 551 d

Sulfid, Benzyl-cyclohexyl- **6** III 1579 e,
　IV 2642

—, Butyl-cinnamyl- **6** IV 3805

—, *sec*-Butyl-[2-vinyl-benzyl]-
　6 IV 3823

—, Cyclohexylmethyl-phenyl-
　6 IV 1485

—, Cyclohexyl-*p*-tolyl- **6** IV 2165

—, [1-Methyl-cyclohexyl]-phenyl-
　6 III 989 e

—, [2-Methyl-cyclohexyl]-phenyl-
　6 III 989 g, IV 1485

$C_{13}H_{18}S_2$

Styrol, α-Butylmercapto-β-methylmercapto-
　6 IV 6320

$C_{13}H_{19}BrO$

Äther, [2-Brom-äthyl]-[4-*tert*-butyl-
　2-methyl-phenyl]- **6** III 1980 b

—, [2-Brom-5-*tert*-butyl-3-methyl-
　benzyl]-methyl- **6** IV 3443

—, [4-Brom-3,5-dimethyl-phenyl]-
　isopentyl- **6** IV 3159

—, [4-Brom-3,5-dimethyl-phenyl]-
　pentyl- **6** IV 3159

—, [7-Brom-heptyl]-phenyl-
　6 III 553 h

—, [2-Brom-1-phenyl-äthyl]-isopentyl-
　6 III 1691 a

—, [3-Brom-propyl]-[2-isopropyl-
　5-methyl-phenyl]- **6** 536 e

—, [2-(2-Brom-propyl)-4-methyl-
　phenyl]-propyl- **6** IV 3322

—, [2-(2-Brom-propyl)-6-methyl-
　phenyl]-propyl- **6** IV 3321

Anisol, 4-[1-Äthyl-2-brom-butyl]-
　6 III 1999 g, IV 3422

—, 2-[2-Brom-äthyl]-4-*tert*-butyl-
　6 III 2012 f

—, 4-[2-Brom-äthyl]-2-isopropyl-
　5-methyl- **6** III 2022 b

—, 4-Brom-2,6-diisopropyl-
　6 IV 3438

—, 3-[3-Brom-1,2-dimethyl-propyl]-
　2-methyl- **6** III 2011 b

—, 4-[γ-Brom-isobutyl]-2,3-dimethyl-
　6 III 2018 a

—, 3-[3-Brom-1-isopropyl-propyl]-
　6 IV 3426

—, 4-[2-Brommethyl-1-methyl-butyl]-
　6 IV 3425

Heptan-4-ol, 4-[4-Brom-phenyl]-
　6 IV 3460

Phenetol, 4-[5-Brom-pentyl]- **6** III 1951 h

$C_{13}H_{19}BrO_2$

Benzol, 1-[2-Brom-äthyl]-2,5-dimethoxy-
　3,4,6-trimethyl- **6** III 4711 e

—, 2-Brom-1,5-dimethoxy-3-pentyl-
　6 III 4696 a

—, 1-[6-Brom-hexyloxy]-2-methoxy-
　6 IV 5567

—, 1-[6-Brom-hexyloxy]-4-methoxy-
　6 III 4390 e

—, 4-Brom-2-isopentyloxymethyl-
　1-methoxy- **6** III 4542 f

—, 1-[5-Brom-3-methyl-pentyloxy]-
　4-methoxy- **6** III 4390 h

Phenol, 2-[7-Brom-heptyloxy]-
　6 III 4211 i

—, 3-[7-Brom-heptyloxy]- **6** III 4310 d

—, 4-[7-Brom-heptyloxy]- **6** III 4391 b

$C_{13}H_{19}BrO_3$

Benzol, 1-Äthoxy-4-[2-brom-1-methoxy-
　propyl]-2-methoxy- **6** 1121 e

$C_{13}H_{19}BrO_4$

Benzol, 1-[2-Brom-1-methoxy-propyl]-
　2,4,5-trimethoxy- **6** 1160 c

C₁₃H₁₉ClNO₂PS

Amidothiophosphorsäure-O-[4-chlor-
2-cyclohexyl-phenylester]-
O'-methylester **6** IV 3902

C₁₃H₁₉ClN₂OS

Isothioharnstoff, S-[2-(4-Chlor-butoxy)-
5-methyl-benzyl]- **6** IV 5966

C₁₃H₁₉ClO

Äther, Benzyl-[6-chlor-hexyl]- **6** III 1458 a

—, [2-tert-Butyl-4-methyl-phenyl]-
[2-chlor-äthyl]- **6** IV 3397

—, [2-sec-Butyl-phenyl]-[2-chlor-
propyl]- **6** IV 3277

—, [4-sec-Butyl-phenyl]-[2-chlor-
propyl]- **6** IV 3280

—, [4-tert-Butyl-phenyl]-[2-chlor-
propyl]- **6** IV 3297

—, [4-tert-Butyl-phenyl]-[3-chlor-
propyl]- **6** IV 3297

—, [2-Chlor-äthyl]-[3-methyl-1-phenyl-
butyl]- **6** III 1961 b

—, [2-Chlor-äthyl]-[2-pentyl-phenyl]-
6 IV 3368

—, [3-Chlor-2,3-dimethyl-1-phenyl-
butyl]-methyl- **6** III 2002 g

—, [1-Chlormethyl-hexyl]-phenyl-
6 III 553 i

—, [2-Chlormethyl-4-methyl-phenyl]-
isopentyl- **6** IV 3136

—, [4-Chlormethyl-2-methyl-phenyl]-
isopentyl- **6** IV 3135

—, [2-Chlor-1-phenyl-äthyl]-isopentyl-
6 IV 3046

—, [4-Chlor-phenyl]-heptyl-
6 III 689 d

—, [3-Chlor-1-phenyl-propyl]-isobutyl-
6 II 471 j

—, [3-Chlor-propyl]-[3a,4,5,6,7,7a-
hexahydro-4,7-methano-inden-5(oder
6)-yl]- **6** III 1924 e

—, [2-Chlor-propyl]-[2-isopropyl-
5-methyl-phenyl]- **6** IV 3335

Anisol, 2-tert-Butyl-4-chlormethyl-
5-methyl- **6** IV 3442

—, 4-[2-Chlormethyl-1-methyl-butyl]-
6 IV 3425

Phenol, 4-[1-Äthyl-butyl]-3-chlor-2-methyl-
6 III 1267 e

—, 6-[1-Äthyl-butyl]-3-chlor-2-methyl-
6 III 1267 e

—, 2-[1-Äthyl-propyl]-4-chlor-
3,5-dimethyl- **6** III 2040 b

—, 6-tert-Butyl-3-chlormethyl-
2,4-dimethyl- **6** IV 3469

—, 4-tert-Butyl-2-chlor-6-propyl-
6 IV 3465

—, 4-Chlor-3,5-dimethyl-2-[1-methyl-
butyl]- **6** III 2039 d

—, 2-Chlor-4-heptyl- **6** III 2027 c

—, 4-Chlor-2-heptyl- **6** III 2026 d

—, 2-Chlor-6-hexyl-4-methyl-
6 III 2034 b

—, 4-Chlor-2-hexyl-5-methyl-
6 III 2034 j, IV 3463

—, 4-Chlor-2-hexyl-6-methyl-
6 III 2033 f

Propan-2-ol, 1-Chlor-3-[4-isopropyl-
phenyl]-3-methyl- **6** III 2036 a

C₁₃H₁₉ClOS

Benzol, 2-Chlor-4-hexylmercapto-
1-methoxy- **6** IV 5828

C₁₃H₁₉ClO₂

Benzol, 1-Äthyl-2-chlormethyl-
3,6-dimethoxy-4,5-dimethyl- **6** III 4711 c

—, 1-Äthyl-3-chlormethyl-
2,5-dimethoxy-4,6-dimethyl-
6 III 4710 g

—, 1-Äthyl-4-chlormethyl-
2,5-dimethoxy-3,6-dimethyl-
6 III 4711 b

—, 1-[2-Butoxy-äthoxy]-4-chlormethyl-
6 IV 2139

—, 1-[2-Chlor-äthyl]-2,5-dimethoxy-
3,4,6-trimethyl- **6** III 4711 d

—, 2-[2-Chlormethyl-butyl]-
1,4-dimethoxy- **6** III 4699 c

—, 4-Chlormethyl-1,2-dipropoxy-
6 IV 5881

—, 1-Chlormethyl-4-[2-isobutoxy-
äthoxy]- **6** IV 2139

—, 1-Chlormethyl-3-methoxy-
2-pentyloxy- **6** IV 5862

Butan-1-ol, 4-[3-Chlor-6-methoxy-
2,4-dimethyl-phenyl]- **6** IV 6056

Butan-2-ol, 1-[4-Chlor-3,5-dimethyl-
phenoxy]-2-methyl- **6** IV 3153

Essigsäure-[2-chlor-1-cyclohexyliden-
3-methyl-but-2-enylester] **6** IV 392

Heptan-1,7-diol, 4-[4-Chlor-phenyl]-
6 IV 6062

Methan, [4-tert-Butyl-phenoxy]-[2-chlor-
äthoxy]- **6** IV 3302

Phenol, 2-Chlor-5-heptyloxy- **6** III 4334 e

—, 4-Chlor-3-heptyloxy- **6** III 4334 e

$C_{13}H_{19}ClO_2$ (Fortsetzung)

Phenol, 3-Chlormethyl-2,5,6-trimethyl-
4-propoxy- **6** III 4690 g

Propan, 1-[3-Chlor-propoxy]-3-*p*-tolyloxy-
2 III 1361 f

Propan-2-ol, 1-[2-Butoxy-phenyl]-3-chlor-
6 IV 5980

–, 1-[3-Butoxy-phenyl]-3-chlor-
6 IV 5980

–, 1-[4-Butoxy-phenyl]-3-chlor-
6 IV 5981

–, 1-[4-*tert*-Butyl-2-chlor-phenoxy]-
6 IV 3311

–, 1-Chlor-3-[3a,4,5,6,7,7a-hexahydro-
4,7-methano-inden-5(*oder* 6)-yloxy]-
6 III 1937 b

–, 1-Chlor-3-[2-isopropyl-5-methyl-
phenoxy]- **6** I 265 e, III 1900 h,
IV 3336

–, 1-Chlor-3-[5-isopropyl-2-methyl-
phenoxy]- **6** I 262 g, IV 3331

Resorcin, 4-Chlor-6-heptyl- **6** III 4728 f,
IV 6059

–, 2-Chlor-4-hexyl-6-methyl-
6 IV 6063

$C_{13}H_{19}ClO_2S$

Sulfon, Benzyl-[3-chlor-1,1-dimethyl-butyl]-
6 IV 2638

–, [4-Chlor-1,1-dimethyl-butyl]-
p-tolyl- **6** IV 2159

$C_{13}H_{19}ClO_3$

Acetaldehyd, [2-Chlor-4-methyl-phenoxy]-,
diäthylacetal **6** IV 2136

–, [4-Chlor-2-methyl-phenoxy]-,
diäthylacetal **6** IV 1990

Äthanol, 2-[2-Chlor-4-isopentyloxy-
phenoxy]- **6** IV 5768

Äther, [2-(2-Chlor-äthoxy)-äthyl]-[2-
p-tolyloxy-äthyl]- **6** III 1360 e

Propan-1,2-diol, 3-[4-Chlor-5-isopropyl-
2-methyl-phenoxy]- **6** III 1890 f

$C_{13}H_{19}ClO_3S$

Benzol, 2-Chlor-4-[hexan-1-sulfonyl]-
1-methoxy- **6** IV 5828

$C_{13}H_{19}ClO_4$

Äthan, 1-[2-(2-Chlor-äthoxy)-äthoxy]-2-
[2-methoxy-phenyl]- **6** III 4221 b

Propan-2-ol, 1-[4-Chlor-3,5-dimethyl-
phenoxy]-3-[2-hydroxy-äthoxy]-
6 IV 3153

$C_{13}H_{19}ClS$

Sulfid, [7-Chlor-heptyl]-phenyl-
6 III 986 a

$C_{13}H_{19}Cl_2NO$

Amin, [2-Benzyloxy-äthyl]-bis-[2-chlor-
äthyl]- **6** IV 2483

–, Diäthyl-[2-(2,4-dichlor-6-methyl-
phenoxy)-äthyl]- **6** IV 2003

–, Diäthyl-[2-(2,6-dichlor-4-methyl-
phenoxy)-äthyl]- **6** IV 2142

$C_{13}H_{19}Cl_2NO_2Se$

λ^4-Selan, Dichlor-heptyl-[3-nitro-phenyl]-
6 III 1119 j

$C_{13}H_{19}Cl_2NS$

Amin, [2-Benzylmercapto-äthyl]-bis-
[2-chlor-äthyl]- **6** IV 2718

$C_{13}H_{19}Cl_2O_2P$

Dichlorophosphorsäure-[4-(1,1-dimethyl-
pentyl)-phenylester] **6** IV 3458

– [4-heptyl-phenylester] **6** IV 3454

– [4-hexyl-2-methyl-phenylester]
6 III 2034 h

$C_{13}H_{19}Cl_2O_2PS_3$

Dithiophosphorsäure-*S*-[(2,4-dichlor-
phenylmercapto)-methylester]-
O,O'-diisopropylester **6** IV 1614

– *S*-[(3,4-dichlor-phenylmercapto)-
methylester]-*O,O'*-diisopropylester
6 IV 1628

$C_{13}H_{19}Cl_2O_4P$

Phosphonsäure, [3-(2,4-Dichlor-phenoxy]-
propyl]-, diäthylester **6** IV 937

$[C_{13}H_{19}Cl_3NO]^+$

Ammonium, Diäthyl-methyl-[2-
(2,4,6-trichlor-phenoxy)-äthyl]-
6 III 728 c

$C_{13}H_{19}FO$

Phenetol, 4-Fluor-2-pentyl- **6** III 1950 a
Phenol, 4-Fluor-2-heptyl- **6** IV 3453

$C_{13}H_{19}FO_2$

Pentan-1-ol, 1-[2-Äthoxy-5-fluor-phenyl]-
6 III 4696 d

$C_{13}H_{19}IO$

Äther, Isopentyl-[2-jod-1-phenyl-äthyl]-
6 477 c

Anisol, 4-[2-Jodmethyl-1-methyl-butyl]-
6 IV 3425

$C_{13}H_{19}IO_2$

Benzol, 1-[6-Jod-hexyloxy]-4-methoxy-
6 III 4390 f

$C_{13}H_{19}IO_2S$

Sulfon, [4-Jod-1,1-dimethyl-butyl]-*p*-tolyl-
6 IV 2159

$C_{13}H_{19}IO_3$

Äther, [2-(2-Jod-äthoxy)-äthyl]-[2-
p-tolyloxy-äthyl]- **6** III 1361 a

C₁₃H₁₉I₂NO

Amin, Diäthyl-[2-(2,4-dijod-6-methyl-
    phenoxy)-äthyl]- **6** III 1273 a
—, Diäthyl-[2-(2,6-dijod-4-methyl-
    phenoxy)-äthyl]- **6** III 1383 h

C₁₃H₁₉NO

Amin, [2-Indan-1-yloxy-äthyl]-dimethyl-
    6 IV 3825
—, [2-Indan-4-yloxy-äthyl]-dimethyl-
    6 IV 3827

C₁₃H₁₉NOS

Heptansäure, 2-Phenylmercapto-, amid
    6 IV 1544

C₁₃H₁₉NO₂

Acetimidsäure, 2-[2-Isopropyl-phenoxy]-,
    äthylester **6** III 1809 d
β-Alanin, N,N-Diäthyl-, phenylester
    6 IV 685
Alloisoleucin-benzylester **6** IV 2525
Carbamidsäure-[2-äthinyl-1,7,7-trimethyl-
    [2]norbornylester] **6** IV 3451
Carbamidsäure, Äthyl-, [3-tert-butyl-
    phenylester] **6** IV 3295
—, Äthyl-, [2-isopropyl-5-methyl-
    phenylester] **6** IV 3338
—, Butyl-methyl-, o-tolylester
    6 IV 1963
—, Butyl-methyl-, p-tolylester
    6 IV 2117
—, Dimethyl-, [4-butyl-phenylester]
    6 IV 3270
—, Dimethyl-, [4-tert-butyl-
    phenylester] **6** I 259 i, IV 3306
—, Dipropyl-, phenylester **6** 159 d
—, Isopentyl-, o-tolylester
    6 IV 1964
—, Isopentyl-, p-tolylester
    6 IV 2117
Glycin, N,N-Diäthyl-, benzylester
    6 III 1540 h, IV 2489
—, N,N-Diäthyl-, m-tolylester
    6 381 c
—, N,N-Diäthyl-, o-tolylester
    6 358 d
—, N,N-Diäthyl-, p-tolylester
    6 400 k
Heptansäure, 2-Phenoxy-, amid **6** IV 651
—, 7-Phenoxy-, amid **6** IV 651
Isoleucin-benzylester **6** IV 2525
Leucin-benzylester **6** IV 2523
Norleucin-benzylester **6** IV 2517
Propan-2-ol, 1-Allylamino-3-o-tolyloxy-
    6 IV 1974

Propionsäure, 2-[4-tert-Butyl-phenoxy]-,
    amid **6** IV 3307
Salpetrigsäure-[7-phenyl-heptylester]
    6 I 272 l
Valeriansäure, 2-Äthyl-5-phenoxy-, amid
    6 III 621 e

C₁₃H₁₉NO₂S

Essigsäure, [3-Phenyl-propylmercapto]-,
    [2-hydroxy-äthylamid] **6** III 1807 f
—, Thiocyanato-, p-menth-1-en-
    8-ylester **6** III 251 g
Hexansäure, 2-Amino-6-benzylmercapto-
    6 III 1635 c, IV 2758
Homocystein, S-[3-Phenyl-propyl]-
    6 IV 3208
Penicillamin, S-Benzyl-, methylester
    6 III 1632 b
—, S-Benzyl-N-methyl- **6** III 1632 f
Valeriansäure, 2-Amino-4-benzylmercapto-
    4-methyl- **6** III 1635 e
—, 5-Phenylmercapto-, [2-hydroxy-
    äthylamid] **6** III 1021 h

C₁₃H₁₉NO₂S₂

Homocystein, S-[2-Benzylmercapto-äthyl]-
    6 III 1588 b

C₁₃H₁₉NO₃

Äther, Heptyl-[2-nitro-phenyl]- **6** IV 1251
—, Heptyl-[4-nitro-phenyl]-
    6 III 820 b
Anisol, 4-tert-Butyl-2,6-dimethyl-3-nitro-
    6 IV 3442
—, 5-Methyl-4-nitro-2-tert-pentyl-
    6 IV 3431
Carbamidsäure, Äthyl-, [β-benzyloxy-
    isopropylester] **6** IV 2243
—, Diäthyl-, [3-äthoxy-phenylester]
    6 III 4322 b
—, Methyl-[β-phenoxy-isopropyl]-,
    äthylester **6** IV 674
—, [6-Phenoxy-hexyl]- **6** 174 a
Essigsäure, [2-Isopentyloxy-phenoxy]-,
    amid **6** IV 5587
—, [3-Isopentyloxy-phenoxy]-, amid
    6 IV 5676
—, [4-Isopentyloxy-phenoxy]-, amid
    6 IV 5746
Glycin, N,N-Diäthyl-, [2-methoxy-
    phenylester] **6** 781 d
Homoserin, N,N-Dimethyl-O-phenyl-,
    methylester **6** I 93 a
Hydroxylamin, O-[2-(4-Äthoxy-phenoxy)-
    äthyl]-N-isopropyliden- **6** IV 5730

$C_{13}H_{19}NO_3$ (Fortsetzung)

Isobutyrimidsäure, α-[4-Hydroxy-2-methyl-phenoxy]-, äthylester **6** IV 5868

—, α-[4-Hydroxy-3-methyl-phenoxy]-, äthylester **6** IV 5868

Kohlensäure-[2-diäthylamino-äthylester]-phenylester **6** II 157 a

Phenol, 4-Heptyl-2-nitro- **6** III 2027 e

Propan-1-ol, 3-[4-Isopropyl-phenyl]-2-methyl-2-nitro- **6** III 2037 h

Propionsäure, 2-Phenoxy-, [2-dimethyl-amino-äthylester] **6** III 615 b

Valeriansäure, 5-[4-Äthyl-phenoxy]-2-amino- **6** IV 3023

$C_{13}H_{19}NO_3S$

Essigsäure, [3-Phenoxy-propylmercapto]-, [2-hydroxy-äthylamid] **6** III 578 a

—, [Toluol-4-sulfonyl]-, butylamid **6** IV 2198

Hexansäure, 2-[Toluol-4-sulfonyl]-, amid **6** III 1424 c

Threonin, N-[2-Benzylmercapto-äthyl]- **6** III 1621 e

Valeriansäure, 3-Benzolsulfonyl-4,4-dimethyl-, amid **6** III 1022 e

$C_{13}H_{19}NO_4$

Benzol, 1-[5-Äthoxy-pentyloxy]-4-nitro- **6** IV 1292

—, 1-[β-Butoxy-isopropoxy]-2-nitro- **6** IV 1254

—, 1-Propoxy-2-propoxymethyl-4-nitro- **6** II 880 h

Carbamidsäure, Äthyl-, [2-hydroxy-3-o-tolyloxy-propylester] **6** IV 1955

—, [2-Hydroxy-3-o-tolyloxy-propyl]-, äthylester **6** IV 1975

$C_{13}H_{19}NO_5$

Benzol, 3-Äthoxy-1,4-dimethoxy-2-nitro-5-propyl- **6** 1119 e

Propan-2-ol, 1-Dimethylcarbamoyloxy-3-[2-methoxy-phenoxy]- **6** IV 5577

$C_{13}H_{19}NO_6$

Benzol, 1,2,3-Trimethoxy-5-[1-methoxy-2-nitro-propyl]- **6** III 6668 e

—, 1,2,4-Trimethoxy-5-[1-methoxy-2-nitro-propyl]- **6** III 6667 g

Propan, 1,3-Diacetoxy-2-cyclohex-1-enyl-2-nitro- **6** IV 5288

$C_{13}H_{19}N_2O_8P$

Phosphonsäure, [3-(2,4-Dinitro-phenoxy)-propyl]-, diäthylester **6** IV 1382

$C_{13}H_{19}N_3OS$

Pentan-2-on, 4-Methyl-4-phenylmercapto-, semicarbazon **6** IV 1516

$C_{13}H_{19}N_3O_2$

Acetaldehyd, [4-*tert*-Butyl-phenoxy]-, semicarbazon **6** II 489 i

—, [5-Isopropyl-2-methyl-phenoxy]-, semicarbazon **6** 529 d

Hexan-2-on, 1-Phenoxy-, semicarbazon **6** III 592 a

Pentan-2-on, 5-p-Tolyloxy-, semicarbazon **6** II 378 e

$C_{13}H_{19}N_3O_3$

Aceton, [4-Propoxy-phenoxy]-, semicarbazon **6** III 4412 g

Valin, N-Benzyloxycarbonyl-, hydrazid **6** III 1503 b, IV 2352

$C_{13}H_{19}N_3O_3S$

Methionin, N-Benzyloxycarbonyl-, hydrazid **6** III 1512 i, IV 2393

$C_{13}H_{19}N_3O_4$

Butan-2-on, 3-[3,5-Dimethoxy-phenoxy]-, semicarbazon **6** III 6306 e

$C_{13}H_{19}N_3O_4S$

Amin, Diäthyl-[3-(2,4-dinitro-phenyl-mercapto)-propyl]- **6** III 1100 g

$C_{13}H_{19}N_5O_4$

Glutaminsäure, N-Benzyloxycarbonyl-, dihydrazid **6** IV 2419

$C_{13}H_{19}O_3PS$

Thiophosphorsäure-O,O'-diäthylester-O''-[2-allyl-phenylester] **6** IV 3810

— O,O'-diäthylester-O''-[4-allyl-phenylester] **6** IV 3818

— O,O'-diäthylester-O''-[2-propenyl-phenylester] **6** IV 3794

$C_{13}H_{19}O_4P$

Phosphonsäure, Acetonyl-, butylester-phenylester **6** IV 706

Phosphorsäure-butylester-isopropenylester-phenylester **6** IV 713

— [2-methyl-cyclohexylester]-phenylester **6** III 658 c

$C_{13}H_{19}O_5P$

Phosphorsäure-benzylester-[2-hydroxy-cyclohexylester] **6** III 4068 e, IV 5202

Propionsäure, 2-Diäthoxyphosphoryl-, phenylester **6** III 650 a

$C_{13}H_{20}BrNO_2$

Essigsäure, Brom-cyan-, menthylester **6** 35 d

$C_{13}H_{20}Br_2O_2$
Propionsäure, 2,2-Dibrom-, bornylester
6 82 k

$C_{13}H_{20}ClNO$
Amin, Äthyl-[2-chlor-äthyl]-[β-phenoxy-
isopropyl]- 6 IV 670
—, Äthyl-[2-chlor-äthyl]-[3-phenoxy-
propyl]- 6 IV 677
—, Äthyl-[2-chlor-äthyl]-[2-o-tolyloxy-
äthyl]- 6 IV 1967
—, Äthyl-[2-chlor-äthyl]-[2-p-tolyloxy-
äthyl]- 6 IV 2123
—, [1-(2-Chlor-benzyloxymethyl)-
propyl]-dimethyl- 6 IV 2592
—, [1-(4-Chlor-benzyloxymethyl)-
propyl]-dimethyl- 6 IV 2596

$C_{13}H_{20}ClNOS$
Propan-2-ol, 1-[4-Chlor-phenylmercapto]-
3-diäthylamino- 6 III 1040 b

$C_{13}H_{20}ClNO_2$
Amin, Äthyl-[2-chlor-äthyl]-[2-(2-methoxy-
phenoxy)-äthyl]- 6 IV 5590
—, Äthyl-[2-chlor-äthyl]-[2-
(4-methoxy-phenoxy)-äthyl]-
6 IV 5755
—, Diäthyl-[2-(4-chlor-phenoxymethoxy)-
äthyl]- 6 IV 834
Propan-2-ol, 1-Butylamino-3-[2-chlor-
phenoxy]- 6 IV 802
—, 1-Butylamino-3-[4-chlor-phenoxy]-
6 IV 863
—, 1-sec-Butylamino-3-[2-chlor-
phenoxy]- 6 IV 803
—, 1-[2-Chlor-phenoxy]-3-diäthyl⹀
amino- 6 IV 802
—, 1-[4-Chlor-phenoxy]-3-diäthyl⹀
amino- 6 IV 862
Propionitril, 3-[5-(2-Chlor-äthoxy)-
[2]norbornylmethoxy]- 6 III 4132 d
—, 3-[6-(2-Chlor-äthoxy)-
[2]norbornylmethoxy]- 6 III 4132 d

$C_{13}H_{20}ClN_2O_2PS$
Hydrazidothiophosphorsäure-O-[4-chlor-
2-cyclohexyl-phenylester]-
O'-methylester 6 IV 3902

$C_{13}H_{20}ClN_2O_3PS_2$
Thioharnstoff, N-[2-(4-Chlor-phenyl⹀
mercapto)-äthyl]-N'-diäthoxyphosphoryl-
6 IV 1606

$C_{13}H_{20}ClO_2PS_2$
Dithiophosphorsäure-S-[4-chlor-benzylester]-
O,O'-diisopropylester 6 IV 2781

— S-[4-chlor-benzylester]-
O,O'-dipropylester 6 IV 2781

$C_{13}H_{20}ClO_2PS_3$
Dithiophosphorsäure-S-[(4-chlor-
phenylmercapto)-methylester]-
O,O'-diisopropylester 6 IV 1595

$C_{13}H_{20}ClO_4P$
Phosphorsäure-mono-[4-chlor-2-heptyl-
phenylester] 6 IV 3453

$[C_{13}H_{20}Cl_2NO]^+$
Ammonium, [2-(2,4-Dichlor-phenoxy)-
äthyl]-dimethyl-propyl- 6 III 711 g
—, Triäthyl-[2,4-dichlor-phenoxymethyl]-
6 IV 898

$C_{13}H_{20}Cl_2O_3$
Kohlensäure-bis-[2-chlor-cyclohexylester]
6 IV 65

$C_{13}H_{20}Cl_3NO_3$
Carbamidsäure, [2,2,2-Trichlor-1-hydroxy-
äthyl]-, bornylester 6 I 51 b

$C_{13}H_{20}NO_2PS$
Amidothiophosphorsäure-O-[2-cyclohexyl-
phenylester]-O'-methylester 6 IV 3901

$[C_{13}H_{20}NO_3]^+$
Ammonium, [2-(4-Acetoxy-phenoxy)-äthyl]-
trimethyl- 6 III 4426 c
—, Trimethyl-[2-phenoxyacetoxy-
äthyl]- 6 IV 637

$C_{13}H_{20}NO_3PS_3$
Essigsäure, Diäthoxythiophosphoryl⹀
mercapto-, [(phenylmercapto-methyl)-
amid] 6 IV 1505

$C_{13}H_{20}NO_5P$
Phosphonsäure, Butyl-, isopropylester-
[4-nitro-phenylester] 6 IV 1321
—, sec-Butyl-, isopropylester-[4-nitro-
phenylester] 6 IV 1321
—, Isobutyl-, isopropylester-[4-nitro-
phenylester] 6 IV 1322
—, Isopentyl-, äthylester-[4-nitro-
phenylester] 6 IV 1323
—, Pentyl-, äthylester-[4-nitro-
phenylester] 6 IV 1322

$C_{13}H_{20}NO_5PS_2$
Disulfidophosphorsäure-O,O'-diisopropyl⹀
ester-S-S-[5-methyl-2-nitro-phenylester]
6 III 1339 a

$C_{13}H_{20}NO_6P$
Carbamidsäure, Diisopropoxyphosphoryloxy-,
phenylester 6 IV 634

$C_{13}H_{20}N_2O$
Acetamidin, 2-[2-Isopropyl-5-methyl-
phenoxy]-N-methyl- 6 IV 3339

$C_{13}H_{20}N_2O$ (Fortsetzung)

Acetamidin, 2-[2-Isopropyl-phenoxy]-
N,N-dimethyl- **6** III 1809 g

$C_{13}H_{20}N_2OS$

Isothioharnstoff, S-[2-(2-Isopropyl-
5-methyl-phenoxy)-äthyl]- **6** IV 3336

$C_{13}H_{20}N_2O_2$

Acetamidin, N,N-Diäthyl-2-[2-methoxy-
phenoxy]- **6** III 4235 c

−, N,N-Diäthyl-2-[3-methoxy-
phenoxy]- **6** IV 5675

Carbamidsäure, [5-Amino-pentyl]-,
benzylester **6** IV 2430

Essigsäure, [2-Isopropyl-4,5-dimethyl-
phenoxy]-, hydrazid **6** IV 3408

$C_{13}H_{20}N_2O_2S$

Amin, Diäthyl-[3-(4-nitro-phenylmercapto)-
propyl]- **6** III 1076 e

Isothioharnstoff, S-[5-(2-Methoxy-
phenoxy)-pentyl]- **6** IV 5575

$C_{13}H_{20}N_2O_3$

Amin, Diäthyl-[3-(4-nitro-phenoxy)-propyl]-
6 IV 1308

−, Dimethyl-[5-(4-nitro-phenoxy)-
pentyl]- **6** IV 1309

$C_{13}H_{20}N_2O_4$

Amin, Diäthyl-[2-(2-methoxy-4-nitro-
phenoxy)-äthyl]- **6** III 4270 f

−, Diäthyl-[2-(2-methoxy-5-nitro-
phenoxy)-äthyl]- **6** II 793 d

Carbamidsäure, [2-Amino-äthyl]-,
[2-hydroxy-3-o-tolyloxy-propylester]
6 IV 1955

Propan-2-ol, 1-Butylamino-3-[4-nitro-
phenoxy]- **6** IV 1312

−, 1-Diäthylamino-3-[2-nitro-
phenoxy]- **6** IV 1264

−, 1-Diäthylamino-3-[3-nitro-
phenoxy]- **6** IV 1276

−, 1-Diäthylamino-3-[4-nitro-
phenoxy]- **6** IV 1312

$C_{13}H_{20}N_2O_4S$

Amin, Diäthyl-[2-(4-methyl-3-nitro-
benzolsulfonyl)-äthyl]- **6** III 1437 f

−, Diäthyl-[3-(4-nitro-benzolsulfonyl)-
propyl]- **6** III 1076 f

Harnstoff, N-Butyl-N'-[2-phenoxy-
äthansulfonyl]- **6** IV 663

$C_{13}H_{20}N_2O_4S_2$

Buttersäure, 2-Amino-4-[2-benzylmercapto-
äthylsulfamoyl]- **6** IV 2720

$C_{13}H_{20}N_2O_5$

Butendisäure, [O-Cyclohexyl-isoureido]-,
dimethylester **6** III 30 a

Carbamidsäure, [2-Amino-äthyl]-,
[2-hydroxy-3-(2-methoxy-phenoxy)-
propylester] **6** IV 5578

Propan-1,3-diol, 2-Nitro-2-[(2-o-tolyloxy-
äthylamino)-methyl]- **6** IV 1969

$C_{13}H_{20}N_2O_5S$

Methansulfonamid, N-Methyl-N-[5-
(4-nitro-phenoxy)-pentyl]- **6** IV 1311

$C_{13}H_{20}N_4O_2$

Arginin-benzylester **6** IV 2515

$C_{13}H_{20}O$

Äthanol, 1-Pentamethylphenyl-
6 III 2044 e

Äther, Äthyl-[2-benzyl-butyl]- **6** 548 a

−, Äthyl-[2,2-dimethyl-1-phenyl-
propyl]- **6** IV 3391

−, Äthyl-[1-methyl-1-phenyl-butyl]-
6 I 269 c

−, Äthyl-[2-methyl-2-p-tolyl-propyl]-
6 IV 3403

−, Äthyl-[2,3,5,6-tetramethyl-benzyl]-
6 IV 3413

−, Äthyl-[2-(2,6,6-trimethyl-cyclohexa-
1,3-dienyl)-vinyl]- **6** IV 3410

−, sec-Butyl-mesityl- **6** III 1837 a

−, [3-tert-Butyl-5-methyl-benzyl]-
methyl- **6** IV 3443

−, Butyl-[1-methyl-1-phenyl-äthyl]-
6 III 1814 b, IV 3220

−, Butyl-[1-methyl-2-phenyl-äthyl]-
6 II 473 c, IV 3192

−, [4-tert-Butyl-phenyl]-isopropyl-
6 III 1865 d

−, Butyl-[3-phenyl-propyl]-
6 III 1802 d, IV 3199

−, [4-tert-Butyl-phenyl]-propyl-
6 III 1865 c

−, [4-Cyclohexyl-cyclohexa-
1,4-dienyl]-methyl- **6** IV 3448

−, Cyclohexyl-norborn-5-en-2-yl-
6 IV 343

−, [5,5-Dimethyl-1,4,5,6,7,8-
hexahydro-[2]naphthyl]-methyl-
6 IV 3450

−, [3,5-Dimethyl-phenyl]-pentyl-
6 IV 3143

−, Heptyl-phenyl- **6** 144 c, III 553 g,
IV 560

$C_{13}H_{20}O$ (Fortsetzung)

Äther, [3a,4,5,6,7,7a-Hexahydro-
　　4,7-methano-inden-5(*oder* 6)-yl]-
　　isopropyl- **6** III 1925 a

−, Hexyl-*m*-tolyl- **6** III 1301 b

−, Hexyl-*o*-tolyl- **6** III 1247 f

−, Hexyl-*p*-tolyl- **6** III 1355 f

−, Isobutyl-[1-methyl-1-phenyl-äthyl]-
　　6 IV 3220

−, Isopentyl-[2-methyl-benzyl]-
　　6 484 i

−, Isopropyl-[2-isopropyl-4-methyl-
　　phenyl]- **6** III 1883 a

−, Isopropyl-[2-isopropyl-5-methyl-
　　phenyl]- **6** III 1899 a

−, Isopropyl-[4-isopropyl-2-methyl-
　　phenyl]- **6** III 1884 c

−, Isopropyl-[4-isopropyl-3-methyl-
　　phenyl]- **6** III 1881 b

−, [2-Isopropyl-5-methyl-phenyl]-
　　propyl- **6** 536 d, III 1898 e

−, [4-Isopropyl-3-methyl-phenyl]-
　　propyl- **6** IV 3326

−, [5-Isopropyl-2-methyl-phenyl]-
　　propyl- **6** III 1887 c

−, Methyl-[1-methyl-1-phenyl-pentyl]-
　　6 III 1996 a

−, Methyl-[2,3,4,5,6-pentamethyl-
　　benzyl]- **6** IV 3447

−, Methyl-[6-phenyl-hexyl]-
　　6 I 271 d

−, Methyl-[1-(2,3,5,6-tetramethyl-
　　phenyl)-äthyl]- **6** IV 3447

Anisol, 2-[1-Äthyl-butyl]- **6** III 1999 b

−, 4-[1-Äthyl-butyl]- **6** III 1999 e

−, 4-[2-Äthyl-butyl]- **6** I 271 k

−, 4-Äthyl-2-*sec*-butyl- **6** IV 3433

−, 4-Äthyl-2-*tert*-butyl- **6** IV 3433

−, 5-Äthyl-2-*tert*-butyl- **6** IV 3433

−, 2-Äthyl-4-isopropyl-3-methyl-
　　6 IV 3444

−, 2-Äthyl-4-isopropyl-5-methyl-
　　6 IV 3444

−, 4-Äthyl-2-isopropyl-5-methyl-
　　6 IV 3444

−, 4-[1-Äthyl-2-methyl-propyl]-
　　6 III 2003 d

−, 3-Äthyl-2,4,5,6-tetramethyl-
　　6 IV 3446

−, 2-*tert*-Butyl-4,5-dimethyl-
　　6 IV 3441

−, 2,6-Diäthyl-3,5-dimethyl-
　　6 I 272 g, II 513 a

−, 4,6-Diäthyl-2,3-dimethyl-
　　6 II 512 h

−, 2,4-Diisopropyl- **6** IV 3438

−, 2,6-Diisopropyl- **6** IV 3435

−, 4-Hexyl- **6** II 510 a, IV 3416

−, 4-Isohexyl- **6** I 271 i

−, 2-Methyl-4-neopentyl- **6** IV 3431

−, 3-Methyl-4-neopentyl- **6** IV 3431

−, 4-Methyl-3-neopentyl- **6** IV 3431

−, 5-Methyl-2-*tert*-pentyl-
　　6 IV 3430

−, 2,4,6-Triäthyl- **6** III 2023 a

−, 4-[1,2,2-Trimethyl-propyl]-
　　6 IV 3428

Benzylalkohol, 2-*sec*-Butyl-4,6-dimethyl-
　　6 III 2044 a

−, 4-*sec*-Butyl-2,6-dimethyl-
　　6 III 2044 a

−, 4-*tert*-Butyl-2,6-dimethyl-
　　6 III 2044 c

−, 2,4,6-Triäthyl- **6** IV 3470

Butan-1-ol, 2-Äthyl-2-methyl-1-phenyl-
　　6 III 2032 b

−, 1-[2,4-Dimethyl-phenyl]-3-methyl-
　　6 III 2040 a

−, 1-[3,4-Dimethyl-phenyl]-3-methyl-
　　6 III 2039 e

−, 2-[2,5-Dimethyl-phenyl]-3-methyl-
　　6 IV 3467

−, 3-[2,4-Dimethyl-phenyl]-2-methyl-
　　6 III 2040 e

−, 3-[2,5-Dimethyl-phenyl]-2-methyl-
　　6 III 2040 d

−, 3-[3,5-Dimethyl-phenyl]-3-methyl-
　　6 III 2040 c

−, 1-[4-Isopropyl-phenyl]-
　　6 IV 3464

−, 3-[4-Isopropyl-phenyl]-
　　6 III 2035 g

−, 1-Mesityl- **6** 554 i, IV 3469

−, 3-Methyl-2-[2-methyl-benzyl]-
　　6 III 2035 c

Butan-2-ol, 2-[4-Äthyl-phenyl]-3-methyl-
　　6 IV 3464

−, 2-[2,5-Dimethyl-phenyl]-3-methyl-
　　6 IV 3467

−, 4-[2,5-Dimethyl-phenyl]-2-methyl-
　　6 III 2039 g

−, 2-[4-Isopropyl-phenyl]-
　　6 IV 3465

−, 4-[2,3,6-Trimethyl-phenyl]-
　　6 III 2043 c

C$_{13}$H$_{20}$O (Fortsetzung)

But-3-en-2-ol, 4-[2,6,6-Trimethyl-cyclohexa-1,3-dienyl]- **6** IV 3469

But-3-in-2-ol, 4-[2,6,6-Trimethyl-cyclohex-1-enyl]- **6** III 2043 b

Heptan-1-ol, 1-Phenyl- **6** I 272 i, II 513 d, IV 3454

—, 3-Phenyl- **6** III 2030 c

—, 5-Phenyl- **6** III 2030 a, IV 3458

—, 7-Phenyl- **6** I 272 j, II 513 e, IV 3455

Heptan-2-ol, 2-Phenyl- **6** III 2028 c, IV 3455

—, 7-Phenyl- **6** III 2028 a

Heptan-3-ol, 1-Phenyl- **6** IV 3455

—, 3-Phenyl- **6** II 513 g, IV 3457

—, 7-Phenyl- **6** III 2027 g

Heptan-4-ol, 4-Phenyl- **6** I 273 f, II 513 i

Hexa-2,4-dien-1-ol, 1-Cyclohept-1-enyl- **6** IV 3453

Hexa-3,5-dien-2-ol, 6-Cyclohept-1-enyl- **6** IV 3453

Hexan-1-ol, 2-Benzyl- **6** III 2028 e

—, 2-Methyl-1-phenyl- **6** II 513 f

—, 2-Methyl-2-phenyl- **6** IV 3458

—, 2-Methyl-6-phenyl- **6** I 272 m

—, 4-Methyl-6-phenyl- **6** III 2029 b

—, 6-*p*-Tolyl- **6** IV 3463

Hexan-2-ol, 2-Methyl-1-phenyl- **6** III 2028 d, IV 3456

—, 2-Methyl-3-phenyl- **6** IV 3460

—, 2-Methyl-5-phenyl- **6** I 273 c, III 2031 c

—, 2-Methyl-6-phenyl- **6** III 2029 g

—, 3-Methyl-6-phenyl- **6** III 2029 c

—, 4-Methyl-2-phenyl- **6** III 2031 a

—, 5-Methyl-2-phenyl- **6** 553 f

—, 2-*p*-Tolyl- **6** IV 3463

—, 5-*p*-Tolyl- **6** III 2035 a

Hexan-3-ol, 2-Benzyl- **6** I 273 b

—, 2-Methyl-3-phenyl- **6** 553 i

—, 3-Methyl-1-phenyl- **6** IV 3456

—, 4-Methyl-6-phenyl- **6** III 2029 a

—, 5-Methyl-1-phenyl- **6** III 2029 f

—, 5-Methyl-3-phenyl- **6** IV 3461

—, 5-Methyl-5-phenyl- **6** IV 3458

Hex-1-in-3-ol, 1-Cyclohex-1-enyl-3-methyl- **6** III 2028 g

—, 6-Cyclohexyliden-3-methyl- **6** IV 3456

Hex-5-in-3-ol, 6-Cyclohex-1-enyl-4-methyl- **6** III 2028 h

Inden-1-ol, 3,7a-Dimethyl-1-vinyl-2,3,3a,4,7,7a-hexahydro- **6** III 2045 c

5,9-Methano-benzocycloocten-11-ol, 1,2,3,4,5,6,7,8,9,10-Decahydro- **6** IV 3472

[1]Naphthol, 1-Äthinyl-8a-methyl-decahydro- **6** III 2045 a

—, 8a-Methyl-1-vinyl-1,2,3,4,4a,5,8,8a-octahydro- **6** III 2045 b, IV 3471

[2]Naphthol, 4a-Methyl-5-vinyl-1,2,3,4,4a,7,=8,8a-octahydro- **6** IV 3470

—, 1,1,4a-Trimethyl-1,2,3,4,4a,5-hexahydro- **6** IV 3471

Norbornan-2-ol, 1,7,7-Trimethyl-2-prop-2-inyl- **6** IV 3471

Panicol **6** 553 d

Pentan-1-ol, 2-Äthyl-1-phenyl- **6** I 272 n, III 2030 e, IV 3458

—, 2-Äthyl-2-phenyl- **6** IV 3460

—, 2-Äthyl-5-phenyl- **6** III 2029 d

—, 1-[2,5-Dimethyl-phenyl]- **6** III 2039 a

—, 1-[3,4-Dimethyl-phenyl]- **6** III 2038 e

—, 2,2-Dimethyl-1-phenyl- **6** I 273 d, II 513 h

—, 2,4-Dimethyl-5-phenyl- **6** I 273 e

—, 3,3-Dimethyl-5-phenyl- **6** IV 3460

—, 5-[2,5-Dimethyl-phenyl]- **6** II 514 a

Pentan-2-ol, 1-[2,4-Dimethyl-phenyl]- **6** III 2039 b, IV 3467

—, 1-[2,5-Dimethyl-phenyl]- **6** IV 3466

—, 2,3-Dimethyl-3-phenyl- **6** IV 3462

—, 2,4-Dimethyl-1-phenyl- **6** IV 3459

—, 2,4-Dimethyl-4-phenyl- **6** III 2032 e, IV 3461

—, 2-Methyl-3-*p*-tolyl- **6** IV 3463

—, 2-Methyl-5-*m*-tolyl- **6** III 2035 b

Pentan-3-ol, 2,2-Dimethyl-3-phenyl- **6** I 273 h

—, 2,4-Dimethyl-3-phenyl- **6** I 273 i, II 513 j, IV 3462

—, 3,4-Dimethyl-1-phenyl- **6** III 2031 d

—, 4,4-Dimethyl-1-phenyl- **6** III 2031 e

$C_{13}H_{20}O$ (Fortsetzung)

Pentan-3-ol, 4,4-Dimethyl-2-phenyl-
 6 III 2032 f
Phenäthylalkohol, 4-*tert*-Butyl-2-methyl-
 6 III 2041 c
—, 5-*tert*-Butyl-2-methyl- 6 III 2041 b
—, 4-*tert*-Pentyl- 6 III 2035 d
Phenetol, 2-*tert*-Butyl-4-methyl-
 6 III 1979 b, IV 3397
—, 2-*tert*-Butyl-5-methyl- 6 IV 3400
—, 4-*tert*-Pentyl- 6 549 b
Phenol, 2-Äthyl-4-butyl-6-methyl-
 6 III 2040 f
—, 2-Äthyl-6-*sec*-butyl-4-methyl-
 6 IV 3468
—, 2-Äthyl-6-*tert*-butyl-3-methyl-
 6 IV 3468
—, 4-Äthyl-2-*tert*-butyl-6-methyl-
 6 IV 3468
—, 4-[1-Äthyl-1,2-dimethyl-propyl]-
 6 III 2033 b
—, 4-[1-Äthyl-2,2-dimethyl-propyl]-
 6 III 2033 a
—, 4-[1-Äthyl-1-methyl-butyl]-
 6 III 2031 g
—, 4-[1-Äthyl-3-methyl-butyl]-
 6 III 2032 a
—, 4-[1-Äthyl-pentyl]- 6 III 2029 h
—, 4-*tert*-Butyl-3-isopropyl-
 6 III 2038 c
—, 2-Butyl-5-propyl- 6 III 2035 e
—, 2-*tert*-Butyl-5-propyl- 6 III 2038 a
—, 4-*tert*-Butyl-2-propyl- 6 IV 3465
—, 4-[1,1-Diäthyl-propyl]- 6 III 2033 c
—, 2,4-Diisopropyl-5-methyl-
 6 III 2042 c
—, 2,4-Diisopropyl-6-methyl-
 6 III 2042 g
—, 2,6-Diisopropyl-3-methyl-
 6 IV 3469
—, 2,6-Diisopropyl-4-methyl-
 6 III 2042 i, IV 3469
—, 3,5-Diisopropyl-2-methyl-
 6 III 2042 e
—, 3,5-Diisopropyl-4-methyl-
 6 III 2042 b
—, 2,4-Dimethyl-6-*tert*-pentyl-
 6 IV 3467
—, 2,6-Dimethyl-4-pentyl- 6 IV 3467
—, 4-[1,1-Dimethyl-pentyl]-
 6 III 2030 f, IV 3458
—, 4-[1,2-Dimethyl-pentyl]-
 6 III 2030 g

—, 4-[1,4-Dimethyl-pentyl]-
 6 III 2031 b
—, 2-Heptyl- 6 III 2026 b, IV 3453
—, 3-Heptyl- 6 IV 3454
—, 4-Heptyl- 6 III 2026 f, IV 3454
—, 2-Hexyl-4-methyl- 6 III 2034 a
—, 2-Hexyl-5-methyl- 6 III 2034 i
—, 2-Hexyl-6-methyl- 6 III 2033 e
—, 3-Hexyl-5-methyl- 6 554 a,
 III 2034 c
—, 4-Hexyl-2-methyl- 6 III 2034 e
—, 2-Isobutyl-6-propyl- 6 IV 3464
—, 4-Isohexyl-2-methyl- 6 IV 3463
—, 2-Isopropyl-5-methyl-4-propyl-
 6 II 514 c
—, 3-Isopropyl-6-methyl-2-propyl-
 6 IV 3469
—, 5-Isopropyl-2-methyl-4-propyl-
 6 II 514 e
—, 6-Isopropyl-3-methyl-2-propyl-
 6 IV 3468
—, 4-Methyl-2,6-dipropyl-
 6 III 2041 d
—, 4-[1-Methyl-hexyl]- 6 III 2028 b
—, 4-[5-Methyl-hexyl]- 6 IV 3457
—, 4-[1-Propyl-butyl]- 6 553 g,
 III 2031 f
—, 4-[1,1,2,2-Tetramethyl-propyl]-
 6 III 2033 d
—, 2,3,6-Triäthyl-4-methyl-
 6 II 514 h
—, 2,4,6-Triäthyl-3-methyl-
 6 II 514 j
—, 3,4,6-Triäthyl-2-methyl-
 6 II 514 i
—, 4-[1,1,2-Trimethyl-butyl]-
 6 III 2032 c
—, 4-[1,1,3-Trimethyl-butyl]-
 6 III 2032 d
Propan-1-ol, 3-[4-*tert*-Butyl-phenyl]-
 6 III 2038 b
—, 1-[2,4-Dimethyl-phenyl]-
 2,2-dimethyl- 6 IV 3467
—, 1-[5-Isopropyl-2-methyl-phenyl]-
 6 554 e
—, 3-[5-Isopropyl-2-methyl-phenyl]-
 6 III 2042 a
—, 1-[4-Isopropyl-phenyl]-2-methyl-
 6 IV 3465
—, 3-[4-Isopropyl-phenyl]-2-methyl-
 6 III 2036 b, IV 3465
—, 1-Mesityl-2-methyl- 6 554 k,
 III 2044 b

$C_{13}H_{20}O$ (Fortsetzung)

Propan-2-ol, 2-[2-*tert*-Butyl-phenyl]-
6 IV 3465

–, 2-[3-*tert*-Butyl-phenyl]-
6 IV 3466

–, 2-[4-*tert*-Butyl-phenyl]-
6 III 2038 d, IV 3466

–, 2-[5-Isopropyl-2-methyl-phenyl]-
6 III 2042 f

–, 1-[4-Isopropyl-phenyl]-2-methyl-
6 IV 3465

–, 2-Methyl-1-[2,4,5-trimethyl-
phenyl]- 6 II 514 g

$C_{13}H_{20}OS$

Äthan, 1-Benzylmercapto-2-butoxy-
6 IV 2652

–, 1-Isopentyloxy-2-phenylmercapto-
6 IV 1492

–, 1-[2-Isopropyl-5-methyl-phenoxy]-
2-methylmercapto- 6 IV 3336

Äthanol, 1-[2-(*sec*-Butylmercapto-methyl)-
phenyl]- 6 IV 5995

Benzol, 1-Hexylmercapto-4-methoxy-
6 III 4449 c

Heptan-1-ol, 7-Phenylmercapto-
6 III 1000 f

Pentan-3-ol, 4-Methyl-1-methylmercapto-
3-phenyl- 6 IV 6052

Sulfoxid, Benzyl-hexyl- 6 IV 2638

Toluol, 5-Methoxy-2-pentylmercapto-
6 III 4505 b

$C_{13}H_{20}OSe$

Benzol, 1-Hexylselanyl-2-methoxy-
6 III 4290 f

–, 1-Hexylselanyl-4-methoxy-
6 III 4480 d

Selenoxid, Heptyl-phenyl- 6 IV 1778

$C_{13}H_{20}O_2$

Acetaldehyd-[benzyl-butyl-acetal]
6 IV 2253

– [butyl-*m*-tolyl-acetal] 6 III 1305 a

– [butyl-*o*-tolyl-acetal] 6 III 1253 d

– [butyl-*p*-tolyl-acetal] 6 III 1363 b

– [isopentyl-phenyl-acetal]
6 IV 598

Aceton-[äthyl-phenäthyl-acetal] 6 III 1708 g

Äthan, 1-Acetoxy-2-[3,3-dimethyl-
[2]norbornyliden]- 6 I 64 e, III 397 d

–, 1-Acetoxy-2-[6,6-dimethyl-norpin-
2-en-2-yl]- 6 III 396 b, IV 399

–, 1-Äthoxy-2-[3-phenyl-propoxy]-
6 III 1803 d

–, 1-Benzyloxy-2-butoxy- 6 III 1468 c

–, 1-Butoxy-2-*o*-tolyloxy- 6 IV 1948

–, 1-[4-*tert*-Butyl-phenoxy]-
1-methoxy- 6 IV 3303

–, 1,2-Diäthoxy-1-*o*-tolyl-
6 I 450 b

–, 1,2-Diäthoxy-1-*p*-tolyl-
6 I 450 c

–, 1-Isobutoxy-2-*o*-tolyloxy-
6 IV 1948

–, 1-Isopentyloxy-2-phenoxy-
6 III 568 d, IV 572

Äthanol, 2-[1-But-3-en-1-inyl-4-methyl-
cyclohexyloxy]- 6 III 1973 h

–, 1-[4-*sec*-Butoxymethyl-phenyl]-
6 III 4642 d

–, 2-[4-*tert*-Butyl-2-methyl-phenoxy]-
6 III 1981 c

–, 2-[2-Pentyl-phenoxy]- 6 IV 3368

–, 2-[4-*tert*-Pentyl-phenoxy]-
6 III 1967 b

Äthylhydroperoxid, 1-[4-*sec*-Butyl-phenyl]-
1-methyl- 6 IV 3464

–, 1-[4-*tert*-Butyl-phenyl]-1-methyl-
6 IV 3466

Benzol, 1-Äthoxy-4-butoxymethyl-
6 IV 5911

–, 1-Äthoxy-3,4-dimethyl-2-propoxy-
6 IV 5947

–, 1-Äthoxy-4-isopentyloxy-
6 844 j

–, 2-Äthoxymethyl-1-methoxy-
4-propyl- 6 III 4672 g

–, 2,4-Bis-methoxymethyl-
1,3,5-trimethyl- 6 III 4712 b

–, 1-*sec*-Butyl-3,5-dimethoxy-
2-methyl- 6 III 4707 d

–, 5-*sec*-Butyl-1,3-dimethoxy-
2-methyl- 6 IV 6041

–, 1,4-Diäthoxy-2,3,5-trimethyl-
6 III 4645 d

–, 1,3-Dimethoxy-5-[1-methyl-butyl]-
6 III 4699 a

–, 1,2-Dimethoxy-4-pentyl-
6 III 4695 a

–, 1,3-Dimethoxy-5-pentyl-
6 III 4695 d

–, 1,4-Dimethoxy-2-pentyl-
6 III 4694 a, IV 6033

–, 1-Hexyloxy-2-methoxy-
6 III 4211 g

–, 1-Isobutoxy-4-propoxy- 6 844 g

–, 2-Isopentyl-1,3-dimethoxy-
6 III 4703 b

C$_{13}$H$_{20}$O$_2$ (Fortsetzung)

Benzol, 2-Isopentyl-1,4-dimethoxy-
   6 III 4702 d, IV 6035

—, 4-Isopentyl-1,2-dimethoxy-
   6 IV 6036

—, 1-Isopentyloxymethyl-4-methoxy-
   6 IV 5912

—, 1-Isopropoxy-4-isopropoxymethyl-
   6 IV 5911

—, 1-Methoxy-4-methyl-2-[1-propoxy-
   äthyl]- 6 III 4640 c

—, 1-Methoxy-2-propoxy-3-propyl-
   6 III 4611 c

—, 2-Methoxy-1-propoxy-4-propyl-
   6 III 4615 c

Brenzcatechin, 3-Heptyl- 6 III 4728 c

—, 4-Heptyl- 6 III 4729 c

Butan, 1,3-Dimethoxy-3-methyl-1-phenyl-
   6 IV 6037

Butan-1,2-diol, 2-Äthyl-2-methyl-1-phenyl-
   6 II 907 f

Butan-1,3-diol, 1-Mesityl- 6 III 4733 e

Butan-1,4-diol, 2-Methyl-3-phenäthyl-
   6 IV 6062

Butan-2,3-diol, 2-Mesityl- 6 IV 6065

Butan-1-ol, 2-Äthyl-3-[4-methoxy-phenyl]-
   6 IV 6051

—, 3-[2-Methoxy-3-methyl-phenyl]-
   2-methyl- 6 III 4722 c

—, 3-[3-Methoxy-2-methyl-phenyl]-
   2-methyl- 6 III 4722 b

Butan-2-ol, 1-Äthoxy-2-p-tolyl-
   6 I 453 f

—, 1-[2,6-Dimethyl-phenoxy]-
   2-methyl- 6 IV 3116

—, 1-[2-(1-Hydroxy-propyl)-phenyl]-
   6 IV 6063

—, 2-[4-Methoxy-phenyl]-3,3-dimethyl-
   6 IV 6053

—, 4-[3-Phenyl-propoxy]- 6 III 1804 d

But-1-en, 4-Acetoxy-2-[4-methyl-cyclohex-
   3-enyl]- 6 IV 393

Cyclohexan, 2-Acetoxyvinyliden-
   1,1,3-trimethyl- 6 IV 396

Cyclohexanol, 1-[1-Hydroxy-cyclopentyl≠
   äthinyl]- 6 III 4733 g

—, 1-[5-Hydroxy-pent-3-en-1-inyl]-
   2,2-dimethyl- 6 IV 6064

Cyclohexen, 1-[2-Acetoxy-äthyl]-
   4-isopropenyl- 6 IV 399

—, 2-[2-Acetoxy-vinyl]-1,3,3-trimethyl-
   6 IV 396

Cyclohex-2-enol, 1-Äthoxyäthinyl-
   2,6,6-trimethyl- 6 IV 6046

Essigsäure-[1-äthinyl-4-isopropyl-
   cyclohexylester] 6 IV 395

— [1-äthinyl-2,2,6-trimethyl-
   cyclohexylester] 6 IV 395

— car-2-en-4-ylmethylester
   6 IV 398 a

— [4a-methyl-1,2,3,4,4a,5,8,8a-
   octahydro-[2]naphthylester] 6 IV 397

Formaldehyd-[butyl-phenäthyl-acetal]
   6 IV 3072

— [isobutyl-phenäthyl-acetal]
   6 II 450 h

Heptan-1,4-diol, 7-Phenyl- 6 IV 6060

Heptan-2,4-diol, 2-Phenyl- 6 II 906 i

Heptan-3,4-diol, 4-Phenyl- 6 III 4731 b

Heptan-1-ol, 1-[3-Hydroxy-phenyl]-
   6 IV 6060

—, 1-[4-Hydroxy-phenyl]- 6 IV 6060

—, 7-Phenoxy- 6 III 579 f, IV 586

Hexan-1,2-diol, 2-Methyl-1-phenyl-
   6 II 907 a

Hexan-2,5-diol, 2-Methyl-3-phenyl-
   6 IV 6062

—, 2-Methyl-5-phenyl- 6 III 4730 f,
   IV 6061

Hexan-1-ol, 6-Benzyloxy- 6 III 1472 e

—, 1-[4-Methoxy-phenyl]- 6 III 4715 d

Hexan-2-ol, 5-[4-Methoxy-phenyl]-
   6 IV 6050

—, 6-[4-Methoxy-phenyl]- 6 III 4715 f

Hexan-3-ol, 3-[2-Methoxy-phenyl]-
   6 III 4718 g

—, 3-[4-Methoxy-phenyl]- 6 III 4719 a

—, 4-[4-Methoxy-phenyl]- 6 III 4719 c,
   IV 6051

Hex-5-en-3-in-2-ol, 2-[1-Hydroxy-
   cyclohexyl]-5-methyl- 6 IV 6061

Naphthalin-1,6-diol, 1-Äthinyl-8a-methyl-
   decahydro- 6 IV 6065

—, 8a-Methyl-1-vinyl-1,2,3,4,6,7,8,8a-
   octahydro- 6 IV 6066

[1]Naphthol, 1-Äthinyl-7-methoxy-
   decahydro- 6 IV 6059

—, 6-Äthoxy-8a-methyl-1,2,3,7,8,8a-
   hexahydro- 6 IV 6047

Norbornan-2-ol, 2-[3-Hydroxy-prop-1-inyl]-
   1,7,7-trimethyl- 6 IV 6066

Norcaran, 3-Acetoxymethylen-
   4,7,7-trimethyl- 6 IV 398

Pentan-1,2-diol, 2-Äthyl-1-phenyl-
   6 II 907 b

$C_{13}H_{20}O_2$ (Fortsetzung)

Pentan-1,2-diol, 2,4-Dimethyl-1-phenyl-
  6 II 907 d

Pentan-1,5-diol, 3-Äthyl-3-phenyl-
  6 IV 6063

—, 2,4-Dimethyl-3-phenyl-
  6 III 4731 e

Pentan-2,3-diol, 3-Äthyl-1-phenyl-
  6 I 454 c, II 907 c

—, 3-Äthyl-2-phenyl- **6** II 907 e

—, 2,3-Dimethyl-5-phenyl-
  6 IV 6062

—, 2,4-Dimethyl-3-phenyl-
  6 II 908 a

—, 3,4-Dimethyl-1-phenyl-
  6 IV 6061

—, 3,4-Dimethyl-2-phenyl-
  6 II 907 g

—, 4,4-Dimethyl-2-phenyl-
  6 II 907 h

—, 4,4-Dimethyl-3-phenyl-
  6 II 907 i

Pentan-2,4-diol, 2-Methyl-4-*p*-tolyl-
  6 III 4731 f

Pentan-1-ol, 5-[4-Äthoxy-phenyl]-
  6 III 4697 g

—, 5-[6-Hydroxy-2,3-dimethyl-phenyl]-
  6 IV 6064

—, 3-[3-Methoxy-phenyl]-4-methyl-
  6 IV 6052

Pentan-2-ol, 4-[2-Hydroxy-phenyl]-
2,4-dimethyl- **6** IV 6062

Pentan-3-ol, 1-Äthoxy-3-phenyl- **6** I 453 c

—, 3-Äthyl-1-[2-hydroxy-phenyl]-
  6 III 4730 e

—, 3-[2-(2-Hydroxy-äthyl)-phenyl]-
  6 IV 6063

—, 3-[2-Hydroxy-phenyl]-2,4-dimethyl-
  6 III 4731 d

—, 3-[α-Methoxy-benzyl]- **6** IV 6051

—, 2-Methoxy-4-methyl-3-phenyl-
  6 III 4722 a

—, 3-[4-Methoxy-phenyl]-2-methyl-
  6 III 4721 h

Peroxid, *tert*-Butyl-[1-methyl-1-phenyl-
äthyl]- **6** IV 3224

Phenäthylalkohol, 2-Butoxy-5-methyl-
  6 III 4642 a

—, 5-*tert*-Butyl-2-methoxy-
  6 III 4723 a

—, 2-Isopentyloxy- **6** IV 5935

—, 4-Isopentyloxy- **6** IV 5937

—, 5-Isopropyl-4-methoxy-2-methyl-
  6 III 4727 a

Phenol, 3-Äthoxy-4-isopentyl- **6** III 4700 e

—, 5-Äthoxy-2-isopentyl- **6** III 4700 e

—, 4-Äthoxymethyl-
2,3,5,6-tetramethyl- **6** III 4711 g

—, 3-Butoxy-4-propyl- **6** III 4612 c

—, 5-Butoxy-2-propyl- **6** III 4612 c

—, 4-Butoxy-2,3,6-trimethyl-
  6 III 4645 f

—, 3-*sec*-Butyl-5-methoxy-
2,4-dimethyl- **6** III 4725 a

—, 3-*sec*-Butyl-5-methoxy-
2,6-dimethyl- **6** III 4725 c

—, 2-Butyl-5-propoxy- **6** III 4658 a

—, 4-Butyl-3-propoxy- **6** III 4658 a

—, 2,4-Diisopropyl-5-methoxy-
  6 II 906 d

—, 2-Heptyloxy- **6** III 4211 h

—, 3-Heptyloxy- **6** III 4310 c

—, 4-Heptyloxy- **6** III 4391 a

—, 2-Hexyl-5-methoxy- **6** II 904 e

—, 4-Hexyl-2-methoxy- **6** III 4714 c

—, 4-Isopropoxy-2,3,5,6-tetramethyl-
  6 III 4683 c

—, 2-Methoxy-4,6-dipropyl-
  6 III 4723 g

Propan, 1,3-Diäthoxy-1-phenyl-
  6 IV 5985

Propan-1,3-diol, 2,2-Diäthyl-1-phenyl-
  6 IV 6062

Propan-1-ol, 3-[4-*tert*-Butyl-phenoxy]-
  6 IV 3301

—, 3-[3a,4,5,6,7,7a-Hexahydro-
4,7-methano-inden-5(*oder* 6)-yloxy]-
  6 III 1937 d

—, 1-[4-Isobutoxy-phenyl]- **6** 926 b

—, 3-[4-Methoxy-2,3-dimethyl-phenyl]-
2-methyl- **6** III 4725 d

Propan-2-ol, 1-[2-*sec*-Butyl-phenoxy]-
  6 IV 3277

—, 1-[4-*sec*-Butyl-phenoxy]-
  6 IV 3281

—, 1-[4-*tert*-Butyl-phenoxy]-
  6 III 1868 f, IV 3300

—, 1-[3a,4,5,6,7,7a-Hexahydro-
4,7-methano-inden-5(*oder* 6)-yloxy]-
  6 III 1936 c

—, 1-[2-Isopropyl-5-methyl-phenoxy]-
  6 IV 3336

Propionsäure-pin-2-en-10-ylester
  6 I 62 g

C₁₃H₂₀O₂ (Fortsetzung)

Propionsäure-thuj-4(10)-en-3-ylester
  6 III 384 b

Resorcin, 4-Äthyl-6-pentyl- **6** III 4732 a

—, 4-Butyl-6-propyl- **6** III 4732 b

—, 2,4-Diäthyl-6-propyl- **6** III 4733 d

—, 2-Heptyl- **6** III 4729 b

—, 4-Heptyl- **6** II 906 h, III 4728 e

—, 5-Heptyl- **6** III 4729 d

—, 5-Methyl-2,4-dipropyl-
  6 III 4733 a

—, 5-[1-Methyl-hexyl]- **6** III 4730 b

—, 4-[1-Propyl-butyl]- **6** III 4731 a

Santalensäure **6** 556

Spiro[4.5]dec-6-en, 8-Acetoxy-6-methyl-
  6 IV 397

Toluol, 3-Äthoxy-2-butoxy- **6** IV 5861

—, 3-Äthoxy-2-isobutoxy- **6** IV 5861

C₁₃H₂₀O₂S

Acetaldehyd, Benzylmercapto-, diäthyl⸗
  acetal **6** I 228 d, III 1596 b

—, m-Tolylmercapto-, diäthylacetal
  6 IV 2083

—, o-Tolylmercapto-, diäthylacetal
  6 IV 2023

—, p-Tolylmercapto-, diäthylacetal
  6 III 1416 d, IV 2190

Äthanthiol, 2-[2-(4-Isopropyl-phenoxy)-
  äthoxy]- **6** III 1812 a

Benzol, 2-Isopentylmercapto-
  1,4-dimethoxy- **6** III 6293 c

Phenol, 4-Methoxy-2-[tert-pentylmercapto-
  methyl]- **6** IV 7381

Sulfon, Hexyl-p-tolyl- **6** IV 2159

—, Isobutyl-[1-methyl-1-phenyl-äthyl]-
  6 IV 3229

—, Isobutyl-[2-phenyl-propyl]-
  6 IV 3231

—, [1-Methyl-pentyl]-p-tolyl-
  6 IV 2159

C₁₃H₂₀O₂Si

Silan, Trimethyl-[1,2,3,4-tetrahydro-
  [1]naphthylperoxy]- **6** IV 3862

C₁₃H₂₀O₃

Acetaldehyd, Benzyloxy-, diäthylacetal
  6 III 1476 f, IV 2254

—, [1-Methyl-1-phenyl-äthoxy]-,
  dimethylacetal **6** IV 3221

—, m-Tolyloxy-, diäthylacetal
  6 378 g, IV 2046

—, o-Tolyloxy-, diäthylacetal
  6 354 k, IV 1959

—, p-Tolyloxy-, diäthylacetal
  6 396 f, IV 2110

Aceton, Phenoxy-, diäthylacetal
  6 IV 604

Äthanol, 2-[2-(3-Phenyl-propoxy)-äthoxy]-
  6 III 1803 g

Benzol, 1-Äthoxy-2,5-dimethoxy-3-propyl-
  6 1118 j

—, 5-Äthoxy-1,2-dimethoxy-3-propyl-
  6 1119 a

—, 2,4-Bis-äthoxymethyl-1-methoxy-
  6 III 6337 g

—, 1-[1-Butoxy-äthoxy]-2-methoxy-
  6 IV 5580

—, 1-[1-tert-Butoxy-äthoxy]-
  2-methoxy- **6** IV 5580

—, 1,4-Diäthoxy-2-äthoxymethyl-
  6 IV 7380

—, 1,2-Dimethoxy-4-methoxymethyl-
  5-propyl- **6** IV 7417

—, 1,3-Dimethoxy-5-pentyloxy-
  6 IV 7363

Benzylalkohol, 4-Äthoxy-2-methyl-
  3-propoxy- **6** IV 7396

—, 2-Äthyl-3,6-dimethoxy-
  4,5-dimethyl- **6** III 6372 c

—, 3-Äthyl-2,5-dimethoxy-
  4,6-dimethyl- **6** III 6371 e

—, 3-Hexyl-2,5-dihydroxy-
  6 III 6377 d

—, 4-Hexyl-2,5-dihydroxy-
  6 III 6377 e

—, 3-Methoxy-2-pentyloxy-
  6 IV 7379

Brenztraubensäure-bornylester
  6 81 e, 85 f, II 85 a, 86 f, III 312 e

Butan-1,2-diol, 2-Äthyl-1-[4-methoxy-
  phenyl]- **6** II 1090 c, III 6373 f

Butan-1-ol, 2-[2,5-Dimethoxy-benzyl]-
  6 III 6367 a

—, 1-[2,5-Dimethoxy-phenyl]-
  3-methyl- **6** IV 7422

—, 1-[3,4-Dimethoxy-phenyl]-
  2-methyl- **6** IV 7421

—, 1-[3,4-Dimethoxy-phenyl]-
  3-methyl- **6** IV 7422

Butan-2-ol, 1-[2,5-Dihydroxy-
  3,4,6-trimethyl-phenyl]- **6** III 6378 d

—, 4-[2,5-Dihydroxy-3,4,6-trimethyl-
  phenyl]- **6** III 6378 e

—, 3-[3,5-Dimethoxy-2-methyl-
  phenyl]- **6** III 6370 a, IV 7423

$C_{13}H_{20}O_3$ (Fortsetzung)

Butan-2-ol, 2-[2,5-Dimethoxy-phenyl]-
3-methyl- **6** III 6367 d

Heptan-1,3,4-triol, 7-Phenyl- **6** IV 7428

Hexan-3,4-diol, 3-[4-Methoxy-phenyl]-
6 III 6373 b, IV 7425

Hexan-1-ol, 1-[4-Hydroxy-3-methoxy-
phenyl]- **6** IV 7425

Hexan-2-ol, 6-[4-Methoxy-phenoxy]-
6 IV 5732

Hexan-1,2,4-triol, 4-*p*-Tolyl- **6** I 554 g

Naphthalin-1,4-diol, 2-Methoxy-
4a,6-dimethyl-1,4,4a,5,8,8a-hexahydro-
6 IV 7427

—, 2-Methoxy-4a,8-dimethyl-
1,4,4a,5,8,8a-hexahydro- **6** IV 7427

Orthoessigsäure-diäthylester-benzylester
6 III 1479 a

Pentan-1,5-diol, 3-[2-Methoxy-phenyl]-
3-methyl- **6** IV 7425

Pentan-1-ol, 1-[3,4-Dimethoxy-phenyl]-
6 IV 7420

—, 1-[3,5-Dimethoxy-phenyl]-
6 III 6366 c

—, 5-[2,4-Dimethoxy-phenyl]-
6 IV 7421

—, 5-[3,4-Dimethoxy-phenyl]-
6 IV 7421

Pentan-2-ol, 5-[2,4-Dimethoxy-phenyl]-
6 IV 7420

Pentan-3-ol, 3-[2-Methoxymethoxy-phenyl]-
6 949 a

Pentan-1,2,4-triol, 4-[2,4-Dimethyl-phenyl]-
6 I 555 c

—, 4-[2,5-Dimethyl-phenyl]-
6 I 555 b

—, 4-[3,4-Dimethyl-phenyl]-
6 I 555 a

Pentan-2,3,4-triol, 2,4-Dimethyl-3-phenyl-
6 III 6377 c, IV 7428

Phenäthylalkohol, 2,5-Dimethoxy-
3,4,6-trimethyl- **6** III 6372 d

Phenol, 2,6-Bis-äthoxymethyl-4-methyl-
6 III 6357 b

—, 2,6-Bis-[α-hydroxy-isopropyl]-
4-methyl- **6** III 6378 c

—, 2,6-Bis-hydroxymethyl-4-isopentyl-
6 IV 7428

—, 2,6-Bis-hydroxymethyl-4-isopropyl-
3,5-dimethyl- **6** IV 7428

—, 2,6-Bis-hydroxymethyl-4-
tert-pentyl- **6** III 6378 b

—, 3-[3-Butoxy-propoxy]- **6** III 4318 a

—, 2,6-Dimethoxy-4-pentyl-
6 III 6365 d

—, 2-Isopentyl-3,5-dimethoxy-
6 IV 7422

Phloroglucin, 2-Heptyl- **6** III 6376 e

—, 2-Isopentyl-4,6-dimethyl-
6 III 6378 a

Propan-1,2-diol, 3-[2-Butoxy-phenyl]-
6 IV 7407

—, 3-[4-Butoxy-phenyl]- **6** IV 7407

—, 3-[3-Butyl-phenoxy]- **6** IV 3269

—, 3-[4-Butyl-phenoxy]- **6** III 1844 j

—, 3-[4-*tert*-Butyl-phenoxy]-
6 IV 3302

—, 3-[3a,4,5,6,7,7a-Hexahydro-
4,7-methano-inden-5(*oder* 6)-yloxy]-
6 III 1938 c

—, 3-[2-Isopropyl-5-methyl-phenoxy]-
6 I 265 f, III 1901 a, IV 3337

—, 3-[5-Isopropyl-2-methyl-phenoxy]-
6 I 262 h

—, 2-Methyl-3-[2-propoxy-phenyl]-
6 IV 7415

—, 2-Methyl-3-[2-propyl-phenoxy]-
6 IV 3177

Propan-1,3-diol, 1-[2-Äthoxy-phenyl]-
2,2-dimethyl- **6** 1128 e

—, 1-[3-Äthoxy-phenyl]-2,2-dimethyl-
6 1128 h

—, 1-[4-Äthoxy-phenyl]-2,2-dimethyl-
6 1128 j

Propan-1-ol, 1-[4-Hydroxy-3-isopropyl-
5-methoxy-phenyl]- **6** IV 7426

—, 1-[4-Hydroxy-3-methoxy-5-propyl-
phenyl]- **6** IV 7426

Propan-2-ol, 1-[2-Äthyl-4,6-dimethoxy-
phenyl]- **6** III 6371 a

—, 1-Butoxy-3-phenoxy- **6** IV 590

—, 1,3-Diäthoxy-2-phenyl-
6 III 6352 e

—, 1-[2,5-Dihydroxy-3,4,6-trimethyl-
phenyl]-2-methyl- **6** III 6379 a

—, 1-Isobutoxy-3-phenoxy-
6 III 582 d

—, 1-Isopropoxy-3-*o*-tolyloxy-
6 IV 1952

—, 2-Methyl-1-[β-phenoxy-
isopropoxy]- **6** IV 583 a

Propionaldehyd, 2-Phenoxy-, diäthylacetal
6 151 f

—, 3-Phenoxy-, diäthylacetal
6 III 589 d

$C_{13}H_{20}O_3$ (Fortsetzung)

Propionsäure, 3-[1-Äthinyl-2-methyl-
cyclohexyloxy]-, methylester 6 IV 365

Pyrogallol, 4-Heptyl- 6 III 6376 d

Resorcin, 5-Heptyloxy- 6 IV 7364

$C_{13}H_{20}O_3S$

Acetaldehyd, [4-Methoxy-phenylmercapto]-,
diäthylacetal 6 IV 5813

Butan-2-ol, 2,3-Dimethyl-3-[toluol-
4-sulfonyl]- 6 IV 2177

5,9-Methano-benzocycloocten,
4a,11-Sulfinyldioxy-dodecahydro-
6 IV 5541

Pentan-2-ol, 4-Methyl-4-phenylmethansulfonyl-
6 IV 2655

Propan, 2-Äthoxy-2-methyl-1-phenyl≠
methansulfonyl- 6 IV 2654

$C_{13}H_{20}O_4$

Acetaldehyd, [2-Methoxy-phenoxy]-,
diäthylacetal 6 II 783 f, III 4225 g

—, [3-Methoxy-phenoxy]-, diäthyl≠
acetal 6 816 b

—, [4-Methoxy-phenoxy]-, diäthyl≠
acetal 6 846 b, II 843 h

Äthanol, 2-[2-(2-Benzyloxy-äthoxy)-
äthoxy]- 6 IV 2242

Benzol, 1-[α-Hydroperoxy-isopropyl]-4-
[1-hydroperoxy-1-methyl-propyl]-
6 IV 6063

Bernsteinsäure-mono-hexahydroindan-
1-ylester 6 III 231 d

— mono-hexahydroindan-2-ylester
6 II 63 d, III 232 e

— mono-hexahydroindan-4-ylester
6 III 234 a

— mono-hexahydroindan-5-ylester
6 III 235 b

Bicyclo[3.3.1]nonan, 2,6-Diacetoxy-
6 II 758 b

Bornan, 2-Acetoxy-6-formyloxy- 6 III 4149 g

Butan-2,3-diol, 1-Äthoxy-4-o-tolyloxy-
6 IV 1957

Butan-1-ol, 1-[2,4,5-Trimethoxy-phenyl]-
6 1161 a

Butan-2-ol, 4-[2-Hydroxy-4,6-dimethoxy-
phenyl]-2-methyl- 6 III 6674 a

Cyclohexen, 4,5-Bis-acetoxymethyl-
1-methyl- 6 IV 5289

—, 4,5-Bis-acetoxymethyl-3-methyl-
6 IV 5288

Malonsäure-monobornylester 6 III 305 d

Norbornan, 2,3-Bis-acetoxymethyl-
6 IV 5291

Propan, 1,2-Diacetoxy-3-cyclohex-1-enyl-
6 IV 5287

Propan-1,2-diol, 3-[2-Butoxy-phenoxy]-
6 IV 5578

—, 3-[2-Isobutoxy-phenoxy]-
6 IV 5578

Propan-1-ol, 3-[3-Äthoxymethyl-4-hydroxy-
5-methoxy-phenyl]- 6 III 6672 c

Propan-2-ol, 1-[2-Hydroxy-propoxy]-3-
o-tolyloxy- 6 IV 1953

—, 1-[3-Hydroxy-propoxy]-3-
o-tolyloxy- 6 IV 1953

Resorcin, 4-Isopentyl-2,5-dimethoxy-
6 IV 7707

Spiro[4.4]nonan, 1,6-Diacetoxy-
6 IV 5289

$C_{13}H_{20}O_4S$

Acetaldehyd, 2-[Toluol-4-sulfonyl]-,
diäthylacetal 6 III 1416 f

Benzol, 1,4-Dimethoxy-2-[3-methyl-butan-
1-sulfonyl]- 6 III 6293 d

—, 2,4-Dimethoxy-1-[3-methyl-butan-
1-sulfonyl]- 6 III 6289 a

$C_{13}H_{20}O_4S_2$

Äthan, 1-Benzolsulfonyl-1-[3-methyl-butan-
1-sulfonyl]- 6 305 j

Toluol, 2,4-Bis-[propan-1-sulfonyl]-
6 873 h

$C_{13}H_{20}O_5$

Benzylalkohol, 6-[α-Hydroxy-isopropyl]-
2,3,4-trimethoxy- 6 IV 7890

Propan-1,2-diol, 3-[2-Hydroxy-3-o-tolyloxy-
propoxy]- 6 IV 1954

Propan-2-ol, 1-[2-(2-Hydroxy-äthoxy)-
äthoxy]-3-phenoxy- 6 IV 590

$C_{13}H_{20}O_6$

Glucit, O^6-m-Tolyl- 6 IV 2045

—, O^6-o-Tolyl- 6 IV 1958

$C_{13}H_{20}O_6S_3$

Propan, 2,2-Bis-äthansulfonyl-
1-benzolsulfonyl- 6 307 g

$C_{13}H_{20}S$

Sulfid, Benzyl-[1,1-dimethyl-butyl]-
6 IV 2638

—, Benzyl-hexyl- 6 IV 2638

—, Cyclohex-1-enyl-cyclohex-
1-enylmethyl- 6 IV 205

—, Heptyl-phenyl- 6 IV 1474

—, Hexyl-p-tolyl- 6 IV 2159

—, Isobutyl-[1-methyl-1-phenyl-äthyl]-
6 IV 3229

—, Isobutyl-[2-phenyl-propyl]-
6 IV 3231

$C_{13}H_{20}S$ (Fortsetzung)

Sulfid, [1-Methyl-pentyl]-*p*-tolyl-
6 IV 2159

$C_{13}H_{20}Se$

Selenid, Heptyl-phenyl- 6 IV 1778

$C_{13}H_{21}BrNO_2PS$

Amidothiophosphorsäure, Äthyl-,
O-[2-brom-4-*tert*-butyl-phenylester]-
O'-methylester 6 IV 3315

$C_{13}H_{21}BrO_2$

Acrylsäure, 2-Brom-, menthylester
6 III 146 b

Norbornan, 1-[2-Acetoxy-äthyl]-2-brom-
7,7-dimetyl- 6 IV 310

Propionsäure, 2-Brom-, bornylester
6 82 j, IV 283

$[C_{13}H_{21}ClNO]^+$

Ammonium, [2-(2-Chlor-phenoxy)-äthyl]-
dimethyl-propyl- 6 IV 799

—, [2-(4-Chlor-phenoxy)-äthyl]-
dimethyl-propyl- 6 IV 859

—, Triäthyl-[2-chlor-phenoxymethyl]-
6 IV 791

$[C_{13}H_{21}ClNO_2]^+$

Ammonium, Äthyl-[2-(4-chlor-
phenoxymethoxy)-äthyl]-dimethyl-
6 IV 834

$C_{13}H_{21}ClNO_2PS$

Amidothiophosphorsäure, Äthyl-,
O-[4-*tert*-butyl-2-chlor-phenylester]-
O'-methylester 6 IV 3313

$[C_{13}H_{21}ClNO_3]^+$

Ammonium, [2-(4-Chlor-phenoxy)-äthyl]-
bis-[2-hydroxy-äthyl]-methyl- 6 IV 861

$[C_{13}H_{21}ClNS]^+$

Ammonium, Triäthyl-[(4-chlor-
phenylmercapto)-methyl]- 6 IV 1594

$C_{13}H_{21}ClO_2$

Acrylsäure, 2-Chlor-, menthylester
6 III 146 a

Norbornan, 1-[2-Acetoxy-äthyl]-2-chlor-
7,7-dimethyl- 6 IV 309

$C_{13}H_{21}Cl_6O_3P$

Phosphorigsäure-äthylester-[2,2,2-trichlor-
1,1-dimethyl-äthylester]-[1-trichlormethyl-
cyclohexylester] 6 IV 97

— isopropylester-[2,2,2-trichlor-
1,1-dimethyl-äthylester]-[1-trichlormethyl-
cyclopentylester] 6 IV 88

— propylester-[2,2,2-trichlor-
1,1-dimethyl-äthylester]-[1-trichlormethyl-
cyclopentylester] 6 IV 88

$C_{13}H_{21}Cl_6O_4P$

Phosphonsäure, [α-Hydroxy-isopropyl]-,
[2,2,2-trichlor-1,1-dimethyl-äthylester]-
[1-trichlormethyl-cyclopentylester]
6 IV 89

—, [1-Hydroxy-propyl]-,
[2,2,2-trichlor-1,1-dimethyl-äthylester]-
[1-trichlormethyl-cyclopentylester]
6 IV 89

$C_{13}H_{21}NO$

Amin, [4-Benzyloxy-butyl]-dimethyl-
6 IV 2486

—, [1-Benzyloxymethyl-propyl]-
dimethyl- 6 IV 2486

—, Butyl-[β-phenoxy-isopropyl]-
6 IV 671

—, Butyl-[3-phenoxy-propyl]-
6 III 643 d

—, Diäthyl-[2-benzyloxy-äthyl]-
6 II 421 k, III 1539 d, IV 2483

—, Diäthyl-[β-phenoxy-isopropyl]-
6 IV 670

—, Diäthyl-[2-phenoxy-propyl]-
6 III 644 c

—, Diäthyl-[3-phenoxy-propyl]-
6 II 162 d, III 642 h, IV 676

—, Diäthyl-[2-*m*-tolyloxy-äthyl]-
6 III 1310 h

—, Diäthyl-[2-*o*-tolyloxy-äthyl]-
6 III 1258 g, IV 1967

—, Diäthyl-[2-*p*-tolyloxy-äthyl]-
6 III 1369 f, IV 2123

—, Dimethyl-[5-phenoxy-pentyl]-
6 I 92 d, III 644 i

—, Dimethyl-[2-(1-phenyl-propoxy)-
äthyl]- 6 IV 3186

—, Isobutyl-[3-phenoxy-propyl]-
6 III 643 f

Heptylamin, 7-Phenoxy- 6 174 c

Pentylamin, 2-Äthyl-5-phenoxy- 6 174 e

Propionitril, 3-*p*-Menth-1-en-8-yloxy-
6 III 251 i

—, 3-[1,3,3-Trimethyl-[2]norbornyloxy]-
6 III 291 d

$C_{13}H_{21}NOS$

Amin, Diäthyl-[2-(2-methoxy-phenyl-
mercapto)-äthyl]- 6 IV 5640

—, Diäthyl-[2-(3-methoxy-
phenylmercapto)-äthyl]-
6 III 4365 g

—, Diäthyl-[2-(4-methoxy-
phenylmercapto)-äthyl]- 6 IV 5818

—, Diäthyl-[2-(toluol-4-sulfinyl)-äthyl]-
6 III 1429 e

$C_{13}H_{21}NOS$ (Fortsetzung)

Propan-2-ol, 1-Diäthylamino-
   3-phenylmercapto- **6** III 1026 e,
   IV 1553

$C_{13}H_{21}NO_2$

Äthanol, 2-[Äthyl-(β-phenoxy-isopropyl)-
   amino]- **6** IV 671
—, 2-[Äthyl-(3-phenoxy-propyl)-
   amino]- **6** IV 677
—, 2-[Äthyl-(2-o-tolyloxy-äthyl)-
   amino]- **6** IV 1968
—, 2-[Äthyl-(2-p-tolyloxy-äthyl)-
   amino]- **6** IV 2123
—, 2-[β-(3,4-Dimethyl-phenoxy)-
   isopropylamino]- **6** IV 3105
—, 2-[2-(2-Isopropyl-phenoxy)-
   äthylamino]- **6** IV 3212
—, 2-{Methyl-[2-(1-phenyl-äthoxy)-
   äthyl]-amino}- **6** IV 3039
Amin, Diäthyl-[2-(2-methoxy-phenoxy)-
   äthyl]- **6** 781 b, I 387 g, III 4238 d,
   IV 5590
—, Diäthyl-[2-(3-methoxy-phenoxy)-
   äthyl]- **6** III 4327 f, IV 5679
—, Diäthyl-[2-(4-methoxy-phenoxy)-
   äthyl]- **6** II 844 g, III 4424 f,
   IV 5755
—, Diäthyl-[2-phenoxy-äthoxymethyl]-
   6 IV 574
—, Dimethyl-[2-(2-p-tolyloxy-äthoxy)-
   äthyl]- **6** IV 2104
—, Isopropyl-[β-(2-methoxy-phenoxy)-
   isopropyl]- **6** IV 5594
Carbamidsäure, Butyl-, [1-äthinyl-
   cyclohexylester] **6** IV 350
—, Diäthyl-, [1-äthinyl-cyclohexyl-
   ester] **6** IV 350
—, Diäthyl-, norborn-5-en-
   2-ylmethylester **6** IV 358
—, Isobutyl-, [1-äthinyl-cyclohexyl-
   ester] **6** IV 350
—, Isopropyl-, [1-prop-2-inyl-
   cyclohexylester] **6** IV 363
Essigsäure, Cyan-, menthylester
   6 35 c, I 23 k, II 44 e, IV 155
Pentan-2-ol, 5-Dimethylamino-1-phenoxy-
   6 III 646 e
Propan-2-ol, 1-Äthylamino-3-[2,4-dimethyl-
   phenoxy]- **6** IV 3132
—, 1-Äthylamino-3-[2,6-dimethyl-
   phenoxy]- **6** IV 3120
—, 1-Butylamino-3-phenoxy-
   6 IV 683

—, 1-Diäthylamino-3-phenoxy-
   6 I 92 i, IV 682
—, 1-Isopropylamino-3-o-tolyloxy-
   6 IV 1973
—, 1-Propylamino-3-o-tolyloxy-
   6 IV 1973
—, 1-Propylamino-3-p-tolyloxy-
   6 IV 2126

$C_{13}H_{21}NO_2S$

Amin, [2-Benzylmercapto-äthyl]-bis-
   [2-hydroxy-äthyl]- **6** IV 2719
—, Diäthyl-[2-(toluol-4-sulfonyl)-
   äthyl]- **6** III 1429 g
Essigsäure, Thiocyanato-, [4-*tert*-butyl-
   cyclohexylester] **6** III 127 d
—, Thiocyanato-, menthylester
   6 IV 158
Propionsäure, 2-Thiocyanato-,
   [3,3,5-trimethyl-cyclohexylester]
   6 III 116 f

$C_{13}H_{21}NO_2S_2$

Essigsäure, Bornyloxythiocarbonyl-
   mercapto-, amid **6** II 84 i, 87 f

$C_{13}H_{21}NO_3$

Äthanol, 2-{Äthyl-[2-(2-methoxy-phenoxy)-
   äthyl]-amino}- **6** IV 5591
—, 2-{Äthyl-[2-(4-methoxy-phenoxy)-
   äthyl]-amino}- **6** IV 5755
Amin, Bis-[2-hydroxy-äthyl]-[2-o-tolyloxy-
   äthyl]- **6** IV 1968
—, {2-[2-(2-Methoxy-phenoxy)-
   äthoxy]-äthyl}-dimethyl- **6** IV 5573
Propan-2-ol, 1-[2-Methoxy-phenoxy]-
   3-propylamino- **6** IV 5595

$C_{13}H_{21}NO_4$

Amin, Bis-[2-hydroxy-äthyl]-[2-(2-methoxy-
   phenoxy)-äthyl]- **6** IV 5591
Propan-1,2-diol, 3-[2-(2-Dimethylamino-
   äthoxy)-phenoxy]- **6** IV 5592
—, 3-[3-(2-Dimethylamino-äthoxy)-
   phenoxy]- **6** IV 5679
—, 3-[4-(2-Dimethylamino-äthoxy)-
   phenoxy]- **6** IV 5756

$C_{13}H_{21}NO_5$

Propan, 2-Acetoxy-3-äthoxy-1-cyclohex-
   1-enyl-1-nitro- **6** IV 5287

$C_{13}H_{21}NO_6$

Glutaminsäure, N-Cyclopentyloxycarbonyl-,
   5-äthylester **6** IV 12

$C_{13}H_{21}NS$

Amin, [2-Benzylmercapto-äthyl]-butyl-
   6 IV 2718

$C_{13}H_{21}NS$ (Fortsetzung)

Amin, [3-Benzylmercapto-propyl]-propyl- 6 IV 2721

–, Diäthyl-[2-benzylmercapto-äthyl]- 6 IV 2718

–, Diäthyl-[3-phenylmercapto-propyl]- 6 IV 1553

–, Diäthyl-[2-m-tolylmercapto-äthyl]- 6 II 366 d

–, Diäthyl-[2-o-tolylmercapto-äthyl]- 6 III 1282 g, IV 2026

–, Diäthyl-[2-p-tolylmercapto-äthyl]- 6 IV 2204

$[C_{13}H_{21}N_2O_4S]^+$

Ammonium, Diäthyl-methyl-[2-(4-nitro-benzolsulfonyl)-äthyl]- 6 IV 1714

$[C_{13}H_{21}N_2O_5]^+$

Ammonium, Bis-[2-hydroxy-äthyl]-methyl-[2-(4-nitro-phenoxy)-äthyl]- 6 IV 1308

$C_{13}H_{21}N_3O_2$

Acetamidrazon, N,N-Diäthyl-2-[2-methoxy-phenoxy]- 6 III 4236 c

$C_{13}H_{21}N_3O_3$

Propionsäure, 2-Semicarbazono-, [2,2,3-trimethyl-cyclopent-3-enylmethyl-ester] 6 51 h

$[C_{13}H_{21}OS]^+$

Sulfonium, Diäthyl-[β-hydroxy-4-methyl-phenäthyl]- 6 III 4643 c

–, Diäthyl-[2-hydroxy-1-methyl-2-phenyl-äthyl]- 6 III 4630 b

–, Diäthyl-[2-hydroxy-2-phenyl-propyl]- 6 III 4634 e

$C_{13}H_{21}O_2PS_2$

Dithiophosphorsäure-S-benzylester-O,O'-diisopropylester 6 III 1637 a, IV 2764

– S-benzylester-O,O'-dipropylester 6 IV 2764

– O,O'-diäthylester-S-[3-phenyl-propylester] 6 IV 3209

$[C_{13}H_{21}O_2S]^+$

Sulfonium, [2,5-Dimethyl-benzyl]-bis-[2-hydroxy-äthyl]- 6 III 1835 b

$[C_{13}H_{21}O_2S_2]^+$

Sulfonium, Dimethyl-{2-[2-(2-methyl-mercapto-äthoxy)-phenoxy]-äthyl}- 6 IV 5574

$C_{13}H_{21}O_3P$

Phosphorigsäure-benzylester-diisopropyl-ester 6 IV 2568

$C_{13}H_{21}O_3PS_2$

Dithiophosphorsäure-O,O'-diisopropylester-S-[4-methoxy-phenylester] 6 IV 5822

Thiophosphorsäure-O,O'-diäthylester-O''-[2-benzylmercapto-äthylester] 6 IV 2653

– O,O'-diäthylester-O''-[2-p-tolylmercapto-äthylester] 6 IV 2174

– O,O'-diäthylester-S-[2-p-tolylmercapto-äthylester] 6 IV 2175

$C_{13}H_{21}O_4P$

Phosphonsäure, [3-Phenoxy-propyl]-, diäthylester 6 IV 686

Phosphorsäure-diäthylester-[4-isopropyl-phenylester] 6 IV 3217

– dipropylester-m-tolylester 6 IV 2056

$C_{13}H_{21}O_4PS$

Phosphorsäure-diäthylester-[2-benzyl-mercapto-äthylester] 6 IV 2653

– diäthylester-[2-p-tolylmercapto-äthylester] 6 IV 2174

Thiophosphorsäure-O,O'-diäthylester-O''-[3-propoxy-phenylester] 6 IV 5682

– O,O'-diäthylester-O''-[4-propoxy-phenylester] 6 IV 5764

– O-[2-methoxy-phenylester]-O',O''-dipropylester 6 IV 5603

– O-[3-methoxy-phenylester]-O',O''-dipropylester 6 IV 5681

– O-[4-methoxy-phenylester]-O',O''-dipropylester 6 IV 5762

$C_{13}H_{22}Br_2O_2$

Bicyclo[3.3.1]nonan-1,3-diol, 7-[α,β-Dibrom-isopropyl]-9-methyl- 6 756 c

$C_{13}H_{22}Cl_3NO_3$

Carbamidsäure, [2,2,2-Trichlor-1-hydroxy-äthyl]-, menthylester 6 I 24 h

$C_{13}H_{22}Cl_3O_2PS_3$

Disulfidothiophosphorsäure-O,O'-dicyclohexylester-S-S-trichlormethyl-ester 6 IV 59

$[C_{13}H_{22}NO]^+$

Ammonium, [2-Benzyloxy-propyl]-trimethyl- 6 III 1540 b

–, Diäthyl-methyl-[2-phenoxy-äthyl]- 6 III 640 c

–, [2-(2,3-Dimethyl-phenoxy)-äthyl]-trimethyl- 6 IV 3097

–, [2-(2,4-Dimethyl-phenoxy)-äthyl]-trimethyl- 6 IV 3130

–, [2-(2,5-Dimethyl-phenoxy)-äthyl]-trimethyl- 6 IV 3167

[C₁₃H₂₂NO]⁺ (Fortsetzung)

Ammonium, [2-(2,6-Dimethyl-phenoxy)-
äthyl]-trimethyl- **6** IV 3119

—, [2-(3,4-Dimethyl-phenoxy)-äthyl]-
trimethyl- **6** IV 3104

—, [2-(3,5-Dimethyl-phenoxy)-äthyl]-
trimethyl- **6** IV 3148

—, Trimethyl-[4-phenoxy-butyl]-
6 I 92 c, II 162 j, III 644 f

—, Trimethyl-[2-(1-phenyl-äthoxy)-
äthyl]- **6** IV 3039

—, Trimethyl-[β-*m*-tolyloxy-isopropyl]-
6 IV 2054

—, Trimethyl-[β-*o*-tolyloxy-isopropyl]-
6 IV 1970

—, Trimethyl-[β-*p*-tolyloxy-isopropyl]-
6 IV 2124

—, Trimethyl-[2-*m*-tolyloxy-propyl]-
6 IV 2054

—, Trimethyl-[2-*o*-tolyloxy-propyl]-
6 IV 1971

—, Trimethyl-[2-*p*-tolyloxy-propyl]-
6 IV 2124

—, Trimethyl-[3-*p*-tolyloxy-propyl]-
6 IV 2125

[C₁₃H₂₂NO₂]⁺

Ammonium, Äthyl-[2-hydroxy-3-phenoxy-
propyl]-dimethyl- **6** I 92 h

—, [1-Hydroxymethyl-3-phenoxy-
propyl]-trimethyl- **6** II 163 f

—, [2-(2-Hydroxy-phenoxy)-äthyl]-
dimethyl-propyl- **6** IV 5590

—, [2-(3-Hydroxy-phenoxy)-äthyl]-
dimethyl-propyl- **6** IV 5679

—, [2-(4-Hydroxy-phenoxy)-äthyl]-
dimethyl-propyl- **6** IV 5754

—, [2-Hydroxy-3-*o*-tolyloxy-propyl]-
trimethyl- **6** IV 1973

—, [β-(2-Methoxy-phenoxy)-
isopropyl]-trimethyl- **6** IV 5593

—, Trimethyl-[2-(2-phenoxy-äthoxy)-
äthyl]- **6** IV 578

C₁₃H₂₂NO₂P

Phosphonsäure, Äthyl-, benzylester-
diäthylamid **6** IV 2571

[C₁₃H₂₂NO₃]⁺

Ammonium, Bis-[2-hydroxy-äthyl]-methyl-
[2-phenoxy-äthyl]- **6** IV 666

—, [2-Hydroxy-3-(2-methoxy-
phenoxy)-propyl]-trimethyl-
6 I 388 a

C₁₃H₂₂NO₃PS

Amidothiophosphorsäure, Butyl-,
O-äthylester-*O'*-[4-methoxy-phenylester]
6 IV 5763

—, Diäthyl-, *O*-äthylester-*O'*-
[2-methoxy-phenylester] **6** IV 5604

—, Diäthyl-, *O*-äthylester-*O'*-
[4-methoxy-phenylester] **6** IV 5763

C₁₃H₂₂NO₄P

Ammonium, [2-(Hydroxy-phenäthyloxy-
phosphoryloxy)-äthyl]-trimethyl-,
betain **6** IV 3078

[C₁₃H₂₂NS]⁺

Ammonium, [3-Benzylmercapto-propyl]-
trimethyl- **6** IV 2720

—, Triäthyl-[phenylmercapto-methyl]-
6 IV 1505

C₁₃H₂₂N₂O

Butandiyldiamin, *N*-[3-Phenoxy-propyl]-
6 II 162 g

C₁₃H₂₂N₂O₃

Allophansäure-[1,2,6,6-tetramethyl-
cyclohex-2-enylmethylester] **6** IV 297

— [2,4,4,5-tetramethyl-cyclohex-
1-enylmethylester] **6** IV 299

— [2,4,4,6-tetramethyl-cyclohex-
2-enylmethylester] **6** IV 299

— [2,5,6,6-tetramethyl-cyclohex-
1-enylmethylester] **6** IV 298

— [2,5,6,6-tetramethyl-cyclohex-
2-enylmethylester] **6** IV 298

— [1,2,2-trimethyl-6-methylen-
cyclohexylmethylester] **6** IV 297

— [2,2,3-trimethyl-6-methylen-
cyclohexylmethylester] **6** IV 298

— [2,4,4-trimethyl-6-methylen-
cyclohexylmethylester] **6** IV 299

— [3,4,5-trimethyl-2-methylen-
cyclohexylmethylester] **6** IV 300

Cyclohexan, 2-[2-Allophanoyloxy-äthyl]-
1,1-dimethyl-3-methylen- **6** IV 296

Cyclohexen, 3-[2-Allophanoyloxy-äthyl]-
3,4,4-trimethyl- **6** IV 295

—, 6-[2-Allophanoyloxy-äthyl]-
1,5,5-trimethyl- **6** IV 296

—, 1-[β-Allophanoyloxy-isopropyl]-
5,5-dimethyl- **6** IV 294

Cyclopentan, 1-[3-Allophanoyloxy-
1-methyl-propyliden]-2,2-dimethyl-
6 IV 300

Cyclopenten, 1-[3-Allophanoyloxy-
1-methyl-propyl]-5,5-dimethyl-
6 IV 300

C₁₃H₂₂OSi

Silan, Diisopropyl-methyl-phenoxy-
    6 IV 763

–, Methyl-phenoxy-dipropyl-
    6 IV 762

–, Triäthyl-benzyloxy- 6 IV 2588

–, Triäthyl-*m*-tolyloxy- 6 IV 2059

–, Triäthyl-*o*-tolyloxy- 6 IV 1981

–, Triäthyl-*p*-tolyloxy- 6 IV 2133

–, Trimethyl-[1-methyl-1-phenyl-
    propoxy]- 6 IV 3284

C₁₃H₂₂O₂

Acrylsäure-menthylester 6 II 43 o,
    III 145 f

Äthan, 1-Acetoxy-1-[6,6-dimethyl-norpinan-
    2-yl]- 6 III 330 c

–, 1-Acetoxy-2-[6,6-dimethyl-
    norpinan-2-yl]- 6 III 331 a

Bicyclo[3.3.1]nonan-1,3-diol, 7-Isopropenyl-
    9-methyl- 6 758 d

Bicyclo[2.2.2]octan, 2-[1-Acetoxy-äthyl]-
    3-methyl- 6 IV 313

Butan, 2-Acetoxy-2-[4-methyl-cyclohex-
    1-enyl]- 6 III 324 a

Cyclohexan, 2-[2-Acetoxy-äthyl]-
    1,1-dimethyl-3-methylen- 6 IV 296

–, 4-Acetoxymethyl-1,1,3-trimethyl-
    5-methylen- 6 IV 299

Cyclohexanol, 1-Äthoxyäthinyl-
    2,2,6-trimethyl- 6 IV 5536

–, 1-[3-Hydroxy-but-1-inyl]-
    2,2,6-trimethyl- 6 IV 5539

–, 1-[3-Hydroxy-3-methyl-pent-
    1-inyl]-2-methyl- 6 III 4175 d

Cyclohexen, 2-[1-Acetoxy-äthyl]-
    1,3,3-trimethyl- 6 I 55 g, IV 296

–, 6-[2-Acetoxy-äthyl]-1,5,5-trimethyl-
    6 IV 296

–, 4-[1-Acetoxy-propyl]-1,2-dimethyl-
    6 IV 294

Cyclohex-2-enol, 4-[3-Hydroxy-but-1-enyl]-
    3,5,5-trimethyl- 6 IV 5539

Essigsäure-[1-äthyl-3,3-dimethyl-
    [2]norbornylester] 6 IV 309

– [1-äthyl-7,7-dimethyl-
    [2]norbornylester] 6 IV 309

– [1-äthyl-hexahydro-indan-
    1-ylester] 6 IV 306

– bornan-3-ylmethylester 6 II 94 h

– bornylmethylester 6 III 333 d;
    vgl. IV 311 a

– [1-cyclohex-3-enyl-3-methyl-
    butylester] 6 IV 293

– [1-cyclohex-3-enyl-pentylester]
    6 IV 292

– [2-cyclopentyl-cyclohexylester]
    6 IV 301

– cycloundec-1-enylester 6 IV 292

– [4-isopropyl-1-vinyl-cyclohexyl≈
    ester] 6 IV 294

– [6-methyl-decahydro-
    [2]naphthylester] 6 IV 304

– [1,4,5,5-tetramethyl-
    [2]norbornylester] 6 III 331 d

– [1,4,6,7-tetramethyl-
    [2]norbornylester] 6 III 332 b

– [1,4,7,7-tetramethyl-
    [2]norbornylester] 6 I 56 e, III 334 c

Fluoren-4a,4b-diol, Decahydro-
    6 IV 5540

Hexansäure-[2-cyclopent-2-enyl-äthylester]
    6 III 216 j

Methacrylsäure-[3,3,5-trimethyl-cyclohexyl≈
    ester] 6 III 116 d

5,9-Methano-benzocycloocten-4a,11-diol,
    Decahydro- 6 IV 5541

Naphthalin-1,6-diol, 1-Äthyl-8a-methyl-
    1,2,3,4,6,7,8,8a-octahydro- 6 IV 5539

–, 8a-Methyl-1-vinyl-decahydro-
    6 IV 5539

–, 5,5,8a-Trimethyl-1,2,3,5,6,7,8,8a-
    octahydro- 6 IV 5540

Norbornan-2-ol, 2-[3-Hydroxy-propenyl]-
    1,7,7-trimethyl- 6 IV 5540

Norcaran, 3-Acetoxymethyl-4,7,7-trimethyl-
    6 IV 307

Pent-1-in-3-ol, 3-Äthyl-1-[1-hydroxy-
    cyclohexyl]- 6 III 4175 c

Propionsäure-bornylester 6 79 b, 82 i,
    II 85 h, III 303 d

– isobornylester 6 88 e, II 91 a,
    III 304 b

– [3-isopropenyl-1,2-dimethyl-
    cyclopentylester] 6 IV 263

– *p*-menth-1-en-8-ylester
    6 II 67 d

– *p*-menth-8-en-3-ylester
    6 II 70 d

– pinan-10-ylester 6 III 287 b

– [1,3,3-trimethyl-[2]norbornylester]
    6 II 78 c, 79 i; vgl. III 290 Anm.

C₁₃H₂₂O₂Si

Silan, Triäthyl-[2-methoxy-phenoxy]-
    6 IV 5607

–, Triäthyl-[3-methoxy-phenoxy]-
    6 IV 5683

$C_{13}H_{22}O_2Si$ (Fortsetzung)

Silan, Triäthyl-[4-methoxy-phenoxy]-
6 IV 5766

$C_{13}H_{22}O_3$

Brenztraubensäure-[2,3-dipropyl-
cyclopropylmethylester] 6 45 d

— menthylester 6 39 h, I 26 g,
II 48 e, III 162 c

Essigsäure, Decahydro[2]naphthyloxy-,
methylester 6 274 h

Hex-3-in-2,5-diol, 2-[1-Hydroxy-
cyclohexyl]-5-methyl- 6 IV 7322

Kohlensäure-dicyclohexylester 6 II 11 h,
III 29 c

Milchsäure-bornylester 6 85 b

Naphthalin-1,4-diol, 6-Äthoxy-5-methyl-
1,2,3,4,4a,5,8,8a-octahydro- 6 IV 7321

Propionsäure, 2-Isobornyloxy-
6 III 310 i

$C_{13}H_{22}O_4$

Bernsteinsäure-mono-[2-isopropyl-
cyclohexylester] 6 II 34 f

— mono-[4-isopropyl-cyclohexylester]
6 II 35 a

— mono-[2-propyl-cyclohexylester]
6 II 33 c

Cycloheptan, 1,2-Diacetoxy-1,2-dimethyl-
6 743 b

Cyclohexan, 3-Acetoxy-2-acetoxymethyl-
1,1-dimethyl- 6 IV 5246

—, 3-Acetoxy-4-acetoxymethyl-
1,1-dimethyl- 6 IV 5246

—, 5-Acetoxy-2-acetoxymethyl-
1,3-dimethyl- 6 743 g

—, 1,2-Bis-acetoxymethyl-3-methyl-
6 IV 5247

—, 1,2-Bis-acetoxymethyl-4-methyl-
6 IV 5247

—, 3,5-Diacetoxy-1,1,4-trimethyl-
6 III 4104 b

Cyclononan, 1,2-Diacetoxy- 6 IV 5242

Malonsäure-monomenthylester 6 II 44 c,
III 147 d

Oxalsäure-menthylester-methylester
6 III 146 f

$C_{13}H_{22}O_4Si$

Kieselsäure-triäthylester-o-tolylester
6 IV 1981

$C_{13}H_{22}O_5Si$

Kieselsäure-triäthylester-[2-methoxy-
phenylester] 6 III 4248 e

$C_{13}H_{22}SSi$

Silan, Trimethyl-[3-p-tolylmercapto-propyl]-
6 IV 2205

$C_{13}H_{22}S_3$

Trithiokohlensäure-dicyclohexylester
6 8 g

$C_{13}H_{23}BrO$

Norbornan-2-ol, 3-[3-Brom-propyl]-
1,7,7-trimethyl- 6 II 97 g

$C_{13}H_{23}BrO_2$

Propionsäure, 2-Brom-, menthylester
6 33 f, I 22 g, III 144 f

$C_{13}H_{23}Cl$

Apopinen-hydrochlorid, Butyl-
6 III 347 d

$C_{13}H_{23}ClO_2$

Propionsäure, 2-Chlor-, menthylester
6 I 22 e, III 144 e

—, 3-Chlor-, menthylester 6 I 22 f

$C_{13}H_{23}IO_2$

Propionsäure, 2-Jod-, menthylester
6 I 22 h

$C_{13}H_{23}NO$

Popionitril, 3-Menthyloxy- 6 III 160 d

$C_{13}H_{23}NOS$

Thiocarbamidsäure, Äthyl-, O-bornylester
6 II 87 c

—, Dimethyl-, O-bornylester
6 II 87 b

$C_{13}H_{23}NO_2S_2$

Dithiokohlensäure-S-carbamoylmethylester-
O-menthylester 6 II 46 l

$[C_{13}H_{23}NO_4P]^+$

Ammonium, [2-(Hydroxy-phenäthyloxy-
phosphoryloxy)-äthyl]-trimethyl-
6 IV 3078

$C_{13}H_{23}N_2O_2PS$

Diamidothiophosphorsäure, N,N-Diäthyl-
N',N'-dimethyl-, O-[2-methoxy-
phenylester] 6 IV 5604

$C_{13}H_{23}N_3O_3$

Propionsäure, 2-Semicarbazono-,
[2-(2-methyl-cyclohexyl)-äthylester]
6 II 35 h

—, 2-Semicarbazono-, [2-(3-methyl-
cyclohexyl)-äthylester] 6 II 36 d

—, 2-Semicarbazono-, [2-(4-methyl-
cyclohexyl)-äthylester] 6 II 36 h

—, 2-Semicarbazono-,
[2,3,3-trimethyl-cyclopentylmethylester]
6 23 i

$C_{13}H_{24}O$ (Fortsetzung)

Pentan-2-ol, 1-[2,2,3-Trimethyl-cyclopent-
3-enyl]- **6** III 345 e

Pentan-3-ol, 3-[1,4-Dimethyl-cyclohex-
3-enyl]- **6** IV 321

−, 3-Methyl-1-[2]norbornyl-
6 III 347 e

Propan-2-ol, 2-[4-Methyl-2-propyl-
cyclohex-3-enyl]- **6** IV 181

−, 2-[4-Methyl-2-propyl-cyclohex-
4-enyl]- **6** IV 181

$C_{13}H_{24}OS$

[2]Naphthol, 6-Propylmercapto-decahydro-
6 IV 5302

$C_{13}H_{24}OS_2$

Dithiokohlensäure-S-äthylester-
O-menthylester **6** 37 c, I 25 c

− S-äthylester-
O-[2,2,6,6-tetramethyl-cyclohexylester]
6 III 170 f

− S-äthylester-S′-[2,2,6,6-
tetramethyl-cyclohexylester] **6** III 171 b

$C_{13}H_{24}O_2$

Äthanol, 2-[3-Isopentyloxy-cyclohex-
1-enyl]- **6** II 757 f

−, 2-[5-Isopentyloxy-cyclohex-1-enyl]-
6 II 757 f

Azulen-1,4-diol, 7-Isopropyl-decahydro-
6 IV 5321

Bicyclohexyl-1-ol, 2′-Hydroxymethyl-
6 IV 5320

Butan-2-ol, 4-[2-Hydroxymethyl-
6,6-dimethyl-cyclohex-1-enyl]-
6 IV 5319

Buttersäure-[4-propyl-cyclohexylester]
6 III 108 c

Caran-4-ol, 3-Isopropoxy- **6** III 4144 e

−, 3-Propoxy- **6** III 4144 d

Cycloheptan-1,2-diol, 5-Cyclohexyl-
6 IV 5320

Cyclohexan, 1-[2-Acetoxy-äthyl]-
4-isopropyl- **6** IV 172

Cyclohexanol, 1-[Cyclohexyl-hydroxy-
methyl]- **6** IV 5320

−, 1-[3-Hydroxy-but-1-enyl]-
2,2,6-trimethyl- **6** IV 5320

−, 1-[1-Hydroxy-1,4-dimethyl-pent-
3-enyl]- **6** IV 5319

−, 2,2′-Methandiyl-bis- **6** IV 5320

−, 4,4′-Methandiyl-bis- **6** III 4154 b

Cyclohexen, 4,5-Bis-[α-hydroxy-isopropyl]-
1-methyl- **6** IV 5319

Cyclohex-2-enol, 1-[3-Hydroxy-butyl]-
2,6,6-trimethyl- **6** IV 5320

−, 3-[3-Hydroxy-butyl]-
2,4,4-trimethyl- **6** IV 5319

Cyclopentanol, 1,1′-Dimethyl-
2,2′-methandiyl-bis- **6** IV 5321

Essigsäure-[3-cyclohexyl-1,2-dimethyl-
propylester] **6** IV 170

− cycloundecylester **6** III 174 f

− [5,5-dimethyl-cyclononylester]
6 IV 169

− [6-isopropyl-2,3-dimethyl-
cyclohexylester] **6** I 32 f

− [5-isopropyl-2-methyl-cyclohexylmethyl≠
ester] **7** IV 98

Formaldehyd-[bis-cyclopentylmethyl-acetal]
6 III 57 b

− dicyclohexylacetal **6** I 6 d,
II 10 e, III 21 d, IV 31

Heptansäure-cyclohexylester **6** IV 38

Hexansäure-cyclohexylmethylester
6 III 77 e

Indan-1-ol, 3-[α-Hydroxy-isopropyl]-
1-methyl-hexahydro- **6** III 4154 d

Indan-4-ol, 1-[β-Hydroxy-isopropyl]-7a-
methyl-hexahydro- **6** IV 5324

Isobuttersäure-[4-propyl-cyclohexylester]
6 III 108 d

Naphthalin-1,6-diol, 1-Äthyl-8a-methyl-
decahydro- **6** IV 5321

Naphthalin-2,6-diol, 5,5,8a-Trimethyl-
decahydro- **6** IV 5323

Naphthalin-2,8a-diol, 2,5,5-Trimethyl-
octahydro- **6** IV 5323

[4a]Naphthol, 3-Hydroxymethyl-
5,5-dimethyl-octahydro- **6** IV 5323

Norbornan-2,3-diol, 1,2,3,4,7,7-Hexamethyl-
6 III 4155 b

Norbornan-2-ol, 2-[α-Hydroxy-isopropyl]-
1,7,7-trimethyl- **6** III 4155 a

−, 3-[α-Hydroxy-isopropyl]-
1,7,7-trimethyl- **6** II 761 a

−, 2-[3-Hydroxy-propyl]-
1,7,7-trimethyl- **6** IV 5324

−, 3-[3-Hydroxy-propyl]-
1,7,7-trimethyl- **6** II 760 i

Propionsäure-[4-tert-butyl-cyclohexylester]
6 IV 144

− [3-cyclohexyl-1-methyl-
propylester] **6** III 123 f

− menthylester **6** 33 e, I 22 d,
II 43 a, III 144 d, IV 154

− neomenthylester **6** II 50 e

$C_{13}H_{24}O_2$ (Fortsetzung)

Propionsäure-[1,2,2,3-tetramethyl-
cyclopentylmethylester] **6** II 54 f

Spiro[3.3]heptan, 2,6-Bis-[α-hydroxy-
isopropyl]- **6** III 4154 c

$C_{13}H_{24}O_3$

Butan, 3-Acetoxy-1-[2-methoxy-cyclohexyl]-
6 II 753 g

Essigsäure, Menthyloxy-, methylester
6 III 156 a

—, Methoxy-, menthylester
6 37 g, II 47 b, III 157 d

Hex-3-en-2,5-diol, 5-[1-Hydroxy-
cyclohexyl]-2-methyl- **6** IV 7320

Kohlensäure-äthylester-menthylester
6 III 153 a

Milchsäure-menthylester **6** 38 d

Naphthalin-1,7,8a-triol, 4,4,7-Trimethyl-
octahydro- **6** IV 7320

Propan-1,2-diol, 3-[2-Hydroxy-bornan-2-yl]-
6 I 535 e

Propionsäure, 2-Menthyloxy- **6** IV 159

Monoacetyl-Derivat $C_{13}H_{24}O_3$ aus
3-[4-Methyl-cyclohexyl]-butan-1,3-diol
6 IV 5263

$C_{13}H_{24}O_4$

Bicyclo[3.3.1]nonan-2,3,9-triol,
9-Hydroxymethyl-2,6,6-trimethyl-
6 IV 7678

Naphthalin-1,2,8,8a-tetraol,
2,5,5-Trimethyl-octahydro- **6** IV 7678

$C_{13}H_{24}O_7$

myo-Inosit, *O*-Acetyl-penta-*O*-methyl-
6 III 6924

$C_{13}H_{24}S$

Sulfid, Cyclohexyl-[1-methyl-cyclohexyl]-
6 IV 100

$C_{13}H_{25}AsO_2$

Arsonigsäure, Methyl-, dicyclohexylester
6 IV 59

$C_{13}H_{25}BrO$

Äther, [3-(2-Brom-äthyl)-cyclohexyl]-
isopentyl- **6** II 26 f

$C_{13}H_{25}ClO_3Si$

Silan, Äthoxy-chlor-cyclohexyloxy-
cyclopentyloxy- **6** IV 62

$C_{13}H_{25}NOS$

Thiocarbamidsäure, Dimethyl-,
O-menthylester **6** II 46 i

$C_{13}H_{25}NO_2$

β-Alanin-menthylester **6** IV 161

Carbamidsäure, Äthyl-, menthylester
6 IV 156

—, Äthyl-, neomenthylester
6 IV 156

Essigsäure, Cyclohexyloxy-, isopentylamid
6 IV 46

$C_{13}H_{25}NO_5S$

Äthansulfonsäure, 2-[Butyl-cyclohexyloxy-
carbonyl-amino]- **6** III 29 i

$C_{13}H_{25}N_3O_2$

Acetaldehyd, Menthyloxy-, semicarbazon
6 III 141 c

$C_{13}H_{25}O_3P$

Phosphorigsäure-dicyclohexylester-
methylester **6** IV 55

$[C_{13}H_{25}S]^+$

Sulfonium, Dicyclohexyl-methyl-
6 III 48 g

$C_{13}H_{26}N_2O$

Isoharnstoff, *O*-Cyclohexyl-
N,N'-diisopropyl- **6** IV 44

$C_{13}H_{26}O$

Äther, [3-Äthyl-cyclohexyl]-isopentyl-
6 II 26 e

—, Butyl-[3-cyclohexyl-propyl]-
6 III 109 f

—, Butyl-[4-propyl-cyclohexyl]-
6 III 107 d

—, Menthyl-propyl- **6** 31 d

Butan-1-ol, 1-[1,2,2,3-Tetramethyl-
cyclopentyl]- **6** II 57 f

Butan-2-ol, 4-[2,6-Dimethyl-cyclohexyl]-
2-methyl- **6** IV 181

—, 4-[2-Isopropyl-5-methyl-
cyclopentyl]- **6** IV 182

—, 4-[2,2,6-Trimethyl-cyclohexyl]-
6 I 34 f, III 186 e

Cycloheptanol, 1-[3-Methyl-pentyl]-
6 IV 179

Cyclohexanol, 1-Butyl-2-propyl-
6 III 186 a, IV 180

—, 2-Butyl-1,3,3-trimethyl- **6** IV 181

—, 4-Butyl-3,3,5-trimethyl- **6** IV 181

—, 1-[1,4-Dimethyl-pentyl]-
6 IV 180

—, 1-Heptyl- **6** III 185 c

—, 1-Hexyl-2-methyl- **6** IV 180

—, 3-Hexyl-5-methyl- **6** 47 i

—, 2-Isopropyl-5-methyl-1-propyl-
6 II 57 d

—, 5-Isopropyl-2-methyl-1-propyl-
6 IV 181

—, 6-Isopropyl-3-methyl-2-propyl-
6 I 34 c

—, 2,2,6-Triäthyl-6-methyl- **6** I 34 h

$C_{13}H_{26}O$ (Fortsetzung)

Cyclopentanol, 1-Butyl-2-isopropyl-5-methyl- **6** IV 182

—, 2-Octyl- **6** III 188 h

Cyclotridecanol **6** III 185 a, IV 179

Decan-4-ol, 4-Cyclopropyl- **6** II 58 a

Decan-5-ol, 5-Cyclopropyl- **6** II 58 b

Heptan-1-ol, 1-Cyclohexyl- **6** III 185 d

Heptan-3-ol, 1-Cyclohexyl- **6** IV 180

—, 7-Cyclohexyl- **6** III 185 e

Heptan-4-ol, 4-Cyclohexyl- **6** I 33 j

Hexan-3-ol, 1-Cyclohexyl-3-methyl- **6** III 185 f

—, 1-Cyclohexyl-5-methyl- **6** III 185 h

—, 6-Cyclohexyl-4-methyl- **6** III 185 g

Methanol, [4-Isohexyl-cyclohexyl]- **6** IV 180

Octan-1-ol, 1-Cyclopentyl- **6** III 188 g

Pentan-2-ol, 3-Cyclohexyl-2,3-dimethyl- **6** IV 180

Pentan-3-ol, 3-Cyclohexyl-2,4-dimethyl- **6** I 34 b

—, 3-Methyl-1-[2-methyl-cyclohexyl]- **6** IV 180

Propan-1-ol, 3-[4-Isopropyl-cyclohexyl]-2-methyl- **6** III 186 b

—, 2-[5-Isopropyl-2-methyl-cyclohexyl]- **6** II 57 e

—, 3-[2,2,3,6-Tetramethyl-cyclohexyl]- **6** III 188 f

Propan-2-ol, 2-[4-Methyl-2-propyl-cyclohexyl]- **6** IV 181

$C_{13}H_{26}OSi$

Silan, Triäthyl-[2-methyl-cyclohex-1-enyloxy]- **6** IV 202

—, Triäthyl-[3-methyl-cyclohex-1-enyloxy]- **6** IV 205

$C_{13}H_{26}O_2$

Aceton-[butyl-cyclohexyl-acetal] **6** IV 32

Äthan, 1-Cyclohexyloxy-2-isopentyloxy- **6** III 20 b

—, 1-Menthyloxy-1-methoxy- **6** IV 152

Äthanol, 2-[3-Isopentyloxy-cyclohexyl]- **6** II 751 f

Butan-2,3-diol, 1-[2,2,6-Trimethyl-cyclohexyl]- **6** IV 5270

Cyclohexan-1,2-diol, 1-Hexyl-2-methyl- **6** IV 5269

Cyclohexanol, 1-Äthyl-2-[3-hydroxy-pentyl]- **6** IV 5269

—, 3-[3-Hydroxy-butyl]-2,4,4-trimethyl- **6** III 4121 d, IV 5270

—, 4-[3-Hydroxy-butyl]-3,3,5-trimethyl- **6** III 4121 e, IV 5270

—, 1-[1-Hydroxy-1,4-dimethyl-pentyl]- **6** IV 5269

—, 1-[α-Hydroxy-isopropyl]-2-isopropyl-5-methyl- **6** II 757 e

Cyclotridecan-1,2-diol **6** IV 5269

Propan-2-ol, 1-[3-(α-Hydroxy-isopropyl)-2,2-dimethyl-cyclobutyl]-2-methyl- **6** IV 5270 d

—, 1-[4-(α-Hydroxy-isopropyl)-2,2-dimethyl-cyclobutyl]-2-methyl- **6** III 4122 b

$C_{13}H_{26}O_3$

Acetaldehyd, [2-Methyl-cyclohexyloxy]-, diäthylacetal **6** III 64 a

—, [3-Methyl-cyclohexyloxy]-, diäthylacetal **6** III 70 g

—, [4-Methyl-cyclohexyloxy]-, diäthylacetal **6** III 74 e

Cyclopentanol, 1,2-Bis-[2-hydroxy-äthyl]-5-isopropyl-2-methyl- **6** IV 7316

Cyclopentan-1,2,4-triol, 3,5-Di-sec-butyl- **6** III 6254 d

Propan-1,2-diol, 3-[1-Hydroxy-2-isopropyl-5-methyl-cyclohexyl]- **6** I 535 b

—, 2-[5-Hydroxy-2,2,3,3,5-pentamethyl-cyclopentyl]- **6** IV 7316

Propan-2-ol, 1,3-Diäthoxy-2-cyclohexyl- **6** III 6252 e

$C_{13}H_{26}S_2$

Cyclohexanthiol, 2-Heptylmercapto- **6** III 4075 b

$C_{13}H_{27}NO$

Amin, [2-Cyclooctylmethoxy-äthyl]-dimethyl- **6** IV 129

$C_{13}H_{27}NO_2$

Äthanol, 2-{[2-(2-Cyclohexyl-äthoxy)-äthyl]-methyl-amino}- **6** III 89 b

Amin, Diäthyl-[2-(2-methoxy-cyclohexyloxy)-äthyl]- **6** IV 5198

C₁₄

C₁₄Cl₁₀O₂S₂
1,2-Dithio-oxalsäure-S,S'-bis-pentachlor=
phenylester **6** IV 1645

C₁₄H₄Cl₈O₃
Essigsäure, [2,4,5-Trichlor-phenoxy]-,
pentachlorphenylester **6** IV 1034

C₁₄H₄Cl₁₀O
Äther, Bis-[2,3,4,5,6-pentachlor-benzyl]-
6 III 1559 h

C₁₄H₄Cl₁₀O₂
Äthan, 1,2-Bis-pentachlorphenoxy-
6 IV 1028

C₁₄H₄Cl₁₀S₃
Sulfid, Bis-[pentachlorphenylmercapto-
methyl]- **6** IV 1644

C₁₄H₅Cl₉O₂
Äthan, 1,1,1-Trichlor-2,2-bis-[3,5,6-trichlor-
2-hydroxy-phenyl]- **6** IV 6687

C₁₄H₅Cl₁₀O₃PS
Thiophosphorsäure-O-äthylester-O',O''-bis-
pentachlorphenylester **6** IV 1036

C₁₄H₆BrCl₅O₂
Stilben-4,4'-diol, α-Brom-3,5,3',5',α'-
pentachlor- **6** 1025 e

C₁₄H₆Br₂Cl₄O₂
Stilben-4,4'-diol, α,α'-Dibrom-3,5,3',5'-
tetrachlor- **6** 1025 i

C₁₄H₆Br₂Cl₆O₂
Bibenzyl-4,4'-diol, α,α'-Dibrom-
3,5,α,3',5',α'-hexachlor- **6** 1002 c

C₁₄H₆Br₄Cl₂O₂
Äthen, 1,1-Dichlor-2,2-bis-[3,5-dibrom-
4-hydroxy-phenyl]- **6** IV 6831

C₁₄H₆Br₆N₂O₆
Phenol, 2,3,5,2',3',5'-Hexabrom-
6,6'-dinitro-4,4'-äthyliden-di-
6 1008 d

C₁₄H₆Br₈O₂
Äthan, 1,2-Bis-[2,3,4,6-tetrabrom-phenoxy]-
6 II 196 g
Phenol, 2,3,5,6,2',3',5',6'-Octabrom-
4,4'-äthyliden-di- **6** 1007 h

C₁₄H₆Br₈O₂S
Sulfid, Bis-[2,3,5,6-tetrabrom-4-hydroxy-
benzyl]- **6** 901 l

C₁₄H₆Cl₂N₄O₁₀
Äthen, 1,1-Dichlor-2,2-bis-[4-hydroxy-
3,5-dinitro-phenyl]- **6** IV 6831

C₁₄H₆Cl₄O
[9]Anthrol, 2,3,6,7-Tetrachlor- **7** III 2368 c

Anthron, 2,3,6,7-Tetrachlor- **7** III 2368 c

C₁₄H₆Cl₄O₂
Phenol, 2,6,2',6'-Tetrachlor-4,4'-äthindiyl-
di- **6** 1031 g

C₁₄H₆Cl₄O₄
Anthracen-1,4,9,10-tetraol, 5,6,7,8-
Tetrachlor- **8** III 3708 a
Anthron, 1,2,3,4-Tetrachlor-
5,8,10-trihydroxy- **8** III 3708 a

C₁₄H₆Cl₆O₂
Äthen, 1,1-Dichlor-2,2-bis-[2,4-dichlor-
5-hydroxy-phenyl]- **6** IV 6828
—, 1,1-Dichlor-2,2-bis-[3,5-dichlor-
2-hydroxy-phenyl]- **6** IV 6827
Stilben-4,4'-diol, 3,5,α,3',5',α'-Hexachlor-
6 1024 f

C₁₄H₆Cl₆O₄
Essigsäure, Bis-[2,4,5-trichlor-phenoxy]-
6 IV 990
—, Bis-[2,4,6-trichlor-phenoxy]-
6 IV 1014

C₁₄H₆Cl₈O₂
Äthan, 1,2-Bis-[2,3,4,6-tetrachlor-phenoxy]-
6 IV 1022
—, 1-Pentachlorphenoxy-2-
[2,4,6-trichlor-phenoxy]- **6** IV 1028
Bibenzyl-4,4'-diol, 2,3,5,6,2',3',5',6'-
Octachlor- **6** IV 6680
—, 3,5,α,α,3',5',α',α'-Octachlor-
6 1001 b

C₁₄H₆Cl₁₀NO₂PS
Amidothiophosphorsäure, Äthyl-,
O,O'-bis-pentachlorphenylester
6 IV 1037

C₁₄H₆F₆N₂O₄S
Sulfid, Bis-[2-nitro-4-trifluormethyl-phenyl]-
6 IV 2214
—, Bis-[4-nitro-2-trifluormethyl-
phenyl]- **6** IV 2034

C₁₄H₆F₆N₂O₄S₂
Disulfid, Bis-[2-nitro-4-trifluormethyl-
phenyl]- **6** IV 2215
—, Bis-[4-nitro-2-trifluormethyl-
phenyl]- **6** IV 2034

C₁₄H₆F₆N₂O₄S₄
Disulfid, Bis-[2-nitro-4-trifluormethyl=
mercapto-phenyl]- **6** IV 5851

C₁₄H₆F₆N₂O₅
Äther, Bis-[2-nitro-4-trifluormethyl-phenyl]-
6 IV 2150
—, Bis-[4-nitro-2-trifluormethyl-
phenyl]- **6** IV 2012

$C_{14}H_6F_6N_2O_5S$

Sulfoxid, Bis-[2-nitro-4-trifluormethyl-
phenyl]- 6 IV 2214

$C_{14}H_6F_6N_2O_6S$

Sulfon, Bis-[2-nitro-4-trifluormethyl-
phenyl]- 6 IV 2214

−, Bis-[4-nitro-2-trifluormethyl-
phenyl]- 6 IV 2034

$C_{14}H_6F_6N_2O_8S_4$

Disulfid, Bis-[2-nitro-4-trifluormethansulfonyl-
phenyl]- 6 IV 5851

$C_{14}H_6F_6N_6O_2S$

Sulfon, Bis-[2-azido-4-trifluormethyl-
phenyl]- 6 IV 2216

$C_{14}H_6F_6N_6S$

Sulfid, Bis-[2-azido-4-trifluormethyl-
phenyl]- 6 IV 2216

$C_{14}H_6F_{16}O_2$

Benzol, 1,4-Bis-[βH-octafluor-isobutoxy]-
6 IV 5742 d

$C_{14}H_6N_2O_8S$

Phenanthro[9,10-d][1,3,2]dioxathiol-
2,2-dioxid, 6,9-Dinitro- 6 IV 6896

$C_{14}H_6N_4O_4S_2$

Biphenyl-4,4′-diyl-bis-thiocyanat,
2,3′-Dinitro- 6 I 488 e

−, 3,3′-Dinitro- 6 II 963 j

$C_{14}H_7BrCl_2O$

[9]Anthrol, 10-Brom-1,3-dichlor- 7 III 2369 d

−, 10-Brom-1,4-dichlor- 7 III 2370 a

−, 10-Brom-1,5-dichlor- 7 II 420 b

−, 10-Brom-1,8-dichlor- 7 III 2370 b

−, 10-Brom-2,3-dichlor- 7 III 2370 c

−, 10-Brom-2,4-dichlor- 7 III 2370 d

−, 10-Brom-4,5-dichlor- 7 III 2371 a

Anthron, 10-Brom-1,3-dichlor- 7 III 2369 d

−, 10-Brom-1,4-dichlor- 7 III 2370 a

−, 10-Brom-1,5-dichlor- 7 II 420 b

−, 10-Brom-1,8-dichlor- 7 III 2370 b

−, 10-Brom-2,3-dichlor- 7 III 2370 c

−, 10-Brom-2,4-dichlor- 7 III 2370 d

−, 10-Brom-4,5-dichlor- 7 III 2371 a

$C_{14}H_7BrCl_4O_2$

Stilben-4,4′-diol, α-Brom-3,5,3′,5′-
tetrachlor- 6 1025 c

$C_{14}H_7Br_2ClO$

[9]Phenanthrol, 2,7-Dibrom-10-chlor-
6 II 676 e

$C_{14}H_7Br_2Cl_5O_2$

Äthan, 2,2-Bis-[3-brom-5-chlor-2-hydroxy-
phenyl]-1,1,1-trichlor- 6 IV 6687

−, 2,2-Bis-[5-brom-3-chlor-2-hydroxy-
phenyl]-1,1,1-trichlor- 6 IV 6688

$C_{14}H_7Br_4Cl_3O_2$

Äthan, 1,1,1-Trichlor-2,2-bis-[3,5-dibrom-
4-hydroxy-phenyl]- 6 IV 6692

$C_{14}H_7ClO_3S$

Anthra[1,9-de][1,3,2]dioxathiin-2-oxid,
6-Chlor- 6 II 998 i

$C_{14}H_7Cl_2NO_3$

[9]Anthrol, 1,3-Dichlor-10-nitro-
7 III 2372 c

−, 1,4-Dichlor-10-nitro- 7 III 2372 d

−, 1,5-Dichlor-10-nitro- 7 II 420 d

−, 1,8-Dichlor-10-nitro- 7 III 2373 a

−, 2,3-Dichlor-10-nitro- 7 III 2373 b

−, 2,4-Dichlor-10-nitro- 7 III 2373 c

−, 4,5-Dichlor-10-nitro- 7 III 2373 d

Anthron, 1,3-Dichlor-10-nitro- 7 III 2372 c

−, 1,4-Dichlor-10-nitro- 7 III 2372 d

−, 1,5-Dichlor-10-nitro- 7 II 420 d

−, 1,8-Dichlor-10-nitro- 7 III 2373 a

−, 2,3-Dichlor-10-nitro- 7 III 2373 b

−, 2,4-Dichlor-10-nitro- 7 III 2373 c

−, 4,5-Dichlor-10-nitro- 7 III 2373 d

$C_{14}H_7Cl_3N_4O_{10}$

Äthan, 1,1,1-Trichlor-2,2-bis-[4-hydroxy-
3,5-dinitro-phenyl]- 6 1008 f, IV 6693

$C_{14}H_7Cl_3O$

[9]Anthrol, 1,5,10-Trichlor- 7 II 419 b

−, 4,5,10-Trichlor- 7 II 419 c

Anthron, 1,5,10-Trichlor- 7 II 419 b

−, 4,5,10-Trichlor- 7 II 419 c

[3]Phenanthrol, 1,4,9-Trichlor- 6 III 3559 d

−, 2,4,9-Trichlor- 6 IV 4936

$C_{14}H_7Cl_5O_2$

Äthen, 2-Chlor-1,1-bis-[2,4-dichlor-
5-hydroxy-phenyl]- 6 IV 6828

−, 2-Chlor-1,1-bis-[3,5-dichlor-
2-hydroxy-phenyl]- 6 IV 6827

Stilben-4,4′-diol, 3,5,α,3′,5′-Pentachlor-
6 1024 d

$C_{14}H_7Cl_5O_3$

Essigsäure, Pentachlorphenoxy-,
phenylester 6 IV 1033

Kohlensäure-benzylester-pentachlorphenyl≠
ester 6 437 f

$C_{14}H_7Cl_7O_2$

Äthan, 1-[2,4-Dichlor-phenoxy]-
2-pentachlorphenoxy- 6 IV 1028

−, 1-[2,3,4,6-Tetrachlor-phenoxy]-
2-[2,4,6-trichlor-phenoxy]- 6 IV 1022

−, 1,1,1-Trichlor-2,2-bis-[2,4-dichlor-
5-hydroxy-phenyl]- 6 IV 6689

−, 1,1,1-Trichlor-2,2-bis-[2,5-dichlor-
4-hydroxy-phenyl]- 6 IV 6691

C$_{14}$H$_7$Cl$_7$O$_2$ (Fortsetzung)

Äthan, 1,1,1-Trichlor-2,2-bis-[3,5-dichlor-
2-hydroxy-phenyl]- **6** III 5435 a

−, 1,1,1-Trichlor-2,2-bis-[3,5-dichlor-
4-hydroxy-phenyl]- **6** IV 6692

C$_{14}$H$_7$Cl$_{12}$O$_2$PS$_2$

Dithiophosphorsäure-*O,O'*-bis-[1,4,5,6,7,7-
hexachlor-norborn-5-en-2-ylester]
6 IV 345

C$_{14}$H$_7$F$_5$O

Äther, [2]Naphthyl-[pentafluor-cyclobut-
1-enyl]- **6** IV 4260

C$_{14}$H$_7$F$_7$O$_2$

Buttersäure, Heptafluor-, [2]naphthylester
6 IV 4268

C$_{14}$H$_7$NO$_6$S

Phenanthro[9,10-*d*][1,3,2]dioxathiol-
2,2-dioxid, 5-Nitro- **6** IV 6896

−, 6-Nitro- **6** IV 6896

−, 7-Nitro- **6** IV 6896

C$_{14}$H$_8$BrClO

[9]Anthrol, 10-Brom-1-chlor- **7** II 419 e

−, 10-Brom-2-chlor- **7** III 2369 a

−, 10-Brom-3-chlor- **7** III 2369 b

−, 10-Brom-4-chlor- **7** II 420 a,
III 2369 c

Anthron, 10-Brom-1-chlor- **7** II 419 e

−, 10-Brom-2-chlor- **7** III 2369 a

−, 10-Brom-3-chlor- **7** III 2369 b

−, 10-Brom-4-chlor- **7** II 420 a,
III 2369 c

Hypobromigsäure-[10-chlor-[9]phenanthryl≈
ester] **6** II 676 a

[9]Phenanthrol, 3-Brom-10-chlor- **6** I 341 b

−, 6-Brom-10-chlor- **6** I 341 b

C$_{14}$H$_8$BrO

[9]Phenanthryloxyl, 10-Brom- **6** III 3562 b

C$_{14}$H$_8$Br$_2$Cl$_4$O$_2$

Bibenzyl-4,4'-diol, α,α'-Dibrom-3,5,3',5'-
tetrachlor- **6** 1002 a

C$_{14}$H$_8$Br$_2$N$_2$O$_4$S$_2$

Äthen, 1,2-Dibrom-1,2-bis-[2-nitro-
phenylmercapto]- **6** I 155 f

C$_{14}$H$_8$Br$_2$O

[2]Anthrol, 1,10-Dibrom- **6** III 3553 e

[9]Phenanthrol, 2,10-Dibrom- **6** II 676 d

−, 3,10-Dibrom- **6** I 341 d

−, 6,10-Dibrom- **6** I 341 d

C$_{14}$H$_8$Br$_2$O$_2$

Anthracen-2,6-diol, 1,5-Dibrom-
6 III 5684 e

Phenanthren-9,10-diol, 2,7-Dibrom-
6 II 1004 d

C$_{14}$H$_8$Br$_2$O$_3$

Anthracen-1,9,10-triol, 2,4-Dibrom-
6 IV 7602

C$_{14}$H$_8$Br$_2$O$_4$

Anthracen-1,4,9,10-tetraol, 6,7-Dibrom-
8 III 3708 b

Anthron, 6,7-Dibrom-1,4,10-trihydroxy-
8 III 3708 b

C$_{14}$H$_8$Br$_4$N$_2$O$_6$

Bibenzyl-4,4'-diol, 2,5,2',5'-Tetrabrom-
3,3'-dinitro- **6** I 490 f

Phenol, 2,3,2',3'-Tetrabrom-6,6'-dinitro-
4,4'-äthyliden-di- **6** 1008 b

−, 3,6,3',6'-Tetrabrom-2,2'-dinitro-
4,4'-äthyliden-di- **6** 1008 b

C$_{14}$H$_8$Br$_4$O$_2$

Essigsäure, Brom-, [3,5,4'-tribrom-
biphenyl-4-ylester] **6** III 3337 g

Stilben-4,4'-diol, 3,5,3',5'-Tetrabrom-
6 1025 k

C$_{14}$H$_8$Br$_4$O$_3$

Acetylbromid, Brom-bis-[4-brom-phenoxy]-
6 II 186 b

C$_{14}$H$_8$Br$_4$O$_4$

Naphthalin, 2,3-Diacetoxy-
1,4,6,7-tetrabrom- **6** 984 d

C$_{14}$H$_8$Br$_6$O$_2$

Äthan, 1,2-Bis-[2,4,6-tribrom-phenoxy]-
6 II 194 e

Bibenzyl-4,4'-diol, 3,5,α,3',5',α'-Hexabrom-
6 1002 d

Phenol, 2,3,6,2',3',6'-Hexabrom-
4,4'-äthyliden-di- **6** 1007 f

C$_{14}$H$_8$Br$_6$O$_3$

Phenol, 2,3,6,2',3',6'-Hexabrom-
4,4'-methoxymethandiyl-di- **6** 1136 k

C$_{14}$H$_8$ClF$_3$O

Fluoren-3-ol, 6-Chlor-9-trifluormethyl-
6 IV 4869

C$_{14}$H$_8$ClNO$_3$

[9]Anthrol, 2-Chlor-10-nitro- **7** III 2371 d

−, 3-Chlor-10-nitro- **7** III 2372 a

−, 4-Chlor-10-nitro- **7** III 2372 b

Anthron, 1-Chlor-10-nitro- **7** III 2371 c

−, 2-Chlor-10-nitro- **7** III 2371 d

−, 3-Chlor-10-nitro- **7** III 2372 a

−, 4-Chlor-10-nitro- **7** III 2372 b

[9]Anthron, 1-Chlor-10-nitro- **7** III 2371 c

[9]Phenanthrol, 10-Chlor-2-nitro-
6 II 676 f

−, 10-Chlor-4-nitro- **6** II 676 g

−, 10-Chlor-5-nitro- **6** II 677 a

−, 10-Chlor-7-nitro- **6** II 677 c

$C_{14}H_8ClO$

[9]Phenanthryloxyl, 10-Chlor- **6** III 3562 a

$C_{14}H_8Cl_2F_3NO_3$

Äther, [2,4-Dichlor-3-trifluormethyl-
  phenyl]-[4-nitro-benzyl]- **6** IV 2612
−, [2,6-Dichlor-3-trifluormethyl-
  phenyl]-[4-nitro-benzyl]- **6** IV 2613

$C_{14}H_8Cl_2N_2O_6$

Äthen, 1,1-Dichlor-2,2-bis-[2-hydroxy-
  5-nitro-phenyl]- **6** III 5586 e
−, 1,1-Dichlor-2,2-bis-[4-hydroxy-
  3-nitro-phenyl]- **6** III 5590 f

$C_{14}H_8Cl_2O$

[2]Anthrol, 9,10-Dichlor- **6** IV 4930
[9]Anthrol, 1,3-Dichlor- **7** III 2365 b
−, 1,4-Dichlor- **7** I 257 d, II 417 e,
  III 2365 c
−, 1,5-Dichlor- **6** IV 4932,
  7 475 b, I 257 e, II 417 f, III 2365 d
−, 1,6-Dichlor- **7** II 418 a
−, 1,8-Dichlor- **7** I 257 f, II 418 b,
  III 2366 a
−, 2,3-Dichlor- **7** II 418 c,
  III 2366 b
−, 2,4-Dichlor- **7** III 2367 a
−, 2,5-Dichlor- **7** III 2367 b
−, 2,6-Dichlor- **7** II 418 d
−, 4,5-Dichlor- **7** II 418 e,
  III 2367 c
−, 4,10-Dichlor- **7** II 419 a
Anthron, 1,3-Dichlor- **7** III 2365 b
−, 1,4-Dichlor- **7** I 257 d, II 417 e,
  III 2365 e
−, 1,5-Dichlor- **6** IV 4932,
  7 475 b, I 257 e, II 417 f, III 2365 d
−, 1,6-Dichlor- **7** II 418 a
−, 1,8-Dichlor- **7** I 257 f, II 418 b,
  III 2366 a
−, 2,3-Dichlor- **7** II 418 c,
  III 2366 b
−, 2,4-Dichlor- **7** III 2367 a
−, 2,5-Dichlor- **7** III 2367 b
−, 2,6-Dichlor- **7** II 418 d
−, 4,5-Dichlor- **7** II 418 e,
  III 2367 c
−, 4,10-Dichlor- **7** II 419 a
[3]Phenanthrol, 2,4-Dichlor- **6** IV 4935
−, 2,9-Dichlor- **6** IV 4936
−, 4,9-Dichlor- **6** IV 4936

$C_{14}H_8Cl_2O_2$

Anthracen-9,10-diol, 1,8-Dichlor-
  8 III 1453 c

Anthron, 1,8-Dichlor-10-hydroxy-
  8 III 1453 c
−, 4,5-Dichlor-10-hydroxy-
  8 II 216 d, III 1454 a
Naphthalin-1,4-diol, 1,4-Diäthinyl-
  2,3-dichlor-1,4-dihydro- **6** IV 6889

$C_{14}H_8Cl_2O_2S_2$

1,2-Dithio-oxalsäure-S,S'-bis-[4-chlor-
  phenylester] **6** IV 1599

$C_{14}H_8Cl_2O_2S_4$

μ-Disulfido-1,2-dithio-dikohlensäure-
  O,O'-bis-[4-chlor-phenylester]
  6 IV 844

$C_{14}H_8Cl_2S$

Anthracen-2-thiol, 9,10-Dichlor-
  6 III 3553 g

$C_{14}H_8Cl_2S_4$

Anthracen, 9,10-Bis-chlordisulfanyl-
  6 III 5686 g

$C_{14}H_8Cl_4O_2$

Stilben-4,4'-diol, 3,5,3',5'-Tetrachlor-
  6 1024 b

$C_{14}H_8Cl_4O_2S$

Thioessigsäure, [2,4,5-Trichlor-phenoxy]-,
  S-[4-chlor-phenylester] **6** IV 1602

$C_{14}H_8Cl_4O_3$

Essigsäure, [2,4-Dichlor-phenoxy]-,
  [2,4-dichlor-phenylester] **6** III 707 i,
  IV 922
−, [2,6-Dichlor-phenoxy]-,
  [2,6-dichlor-phenylester] **6** III 714 i

$C_{14}H_8Cl_4O_4$

Essigsäure, Bis-[2,4-dichlor-phenoxy]-
  6 III 710 e, IV 934
Naphthalin, 2,7-Diacetoxy-
  1,3,6,8-tetrachlor- **6** 987 f

$C_{14}H_8Cl_4S_2$

Äthen, 1,2-Dichlor-1,2-bis-[4-chlor-
  phenylmercapto]- **6** IV 1597

$C_{14}H_8Cl_6OS$

Sulfoxid, Bis-[2,4,5-trichlor-benzyl]-
  6 IV 2789

$C_{14}H_8Cl_6O_2$

Äthan, 1,2-Bis-[2,4,5-trichlor-phenoxy]-
  6 IV 965
−, 1,2-Bis-[2,4,6-trichlor-phenoxy]-
  6 III 725 b, IV 1007
−, 1,1-Dichlor-2,2-bis-[2,4-dichlor-
  5-hydroxy-phenyl]- **6** IV 6689
−, 1,1-Dichlor-2,2-bis-[3,5-dichlor-
  2-hydroxy-phenyl]- **6** IV 6687
−, 1-[2,4-Dichlor-phenoxy]-2-[2,3,4,6-
  tetrachlor-phenoxy]- **6** IV 1021

$C_{14}H_8Cl_6O_2$ (Fortsetzung)
Äthan, 1-[2,4,5-Trichlor-phenoxy]-2-
  [2,4,6-trichlor-phenoxy]- **6** IV 1007
Bibenzyl-4,4'-diol, 3,5,α,3',5',α'-Hexachlor-
  6 1000 h
Phenol, 3,4,6,3',4',6'-Hexachlor-
  2,2'-äthyliden-di- **6** IV 6687
–, 3,4,6-Trichlor-2-[2,3,5-trichlor-
  6-methoxy-benzyl]- **6** IV 6660
$C_{14}H_8Cl_6O_2S$
Sulfon, Bis-[2,4,5-trichlor-benzyl]-
  6 IV 2789
–, [2,4,5-Trichlor-benzyl]-
  [2,3,5-trichlor-4-methyl-phenyl]-
  6 IV 2789
$C_{14}H_8Cl_6O_5$
Brenzcatechin, 4-Äthoxy-3,6-dichlor-
  5-[2,3,4,5-tetrachlor-6-hydroxy-
  phenoxy]- **6** 1157 b, I 570 h
$C_{14}H_8Cl_6S$
Sulfid, Bis-[2,4,5-trichlor-benzyl]-
  6 IV 2789
–, [2,4,5-Trichlor-benzyl]-
  [2,3,5-trichlor-4-methyl-phenyl]-
  6 IV 2788
$C_{14}H_8Cl_6S_2$
Äthan, 1,2-Bis-[2,4,5-trichlor-phenyl⸗
  mercapto]- **6** IV 1636
Biphenyl, 4,4'-Bis-trichlormethylmercapto-
  6 I 488 b
$C_{14}H_8Cl_6S_3$
Sulfid, Bis-[(2,4,5-trichlor-phenylmercapto)-
  methyl]- **6** IV 1637
$C_{14}H_8Cl_8NO_2PS$
Amidothiophosphorsäure, Äthyl-,
  O,O'-bis-[2,3,4,6-tetrachlor-phenylester]
  6 IV 1024
$C_{14}H_8F_4O$
Fluoren-3-ol, 6-Fluor-9-trifluormethyl-
  6 IV 4869
$C_{14}H_8F_6O$
Äther, Bis-[3-trifluormethyl-phenyl]-
  6 IV 2061
–, [2,4-Bis-trifluormethyl-phenyl]-
  phenyl- **6** III 1747 g, IV 3133
$C_{14}H_8N_2O_2S_3$
Phenol, 4,4'-Bis-thiocyanato-2,2'-sulfandiyl-
  di- **6** III 6299 b
$C_{14}H_8N_2O_4S_2$
Acetylen, Bis-[2-nitro-phenylmercapto]-
  6 I 155 c
$C_{14}H_8N_2O_5$
[1]Anthrol, 2,4-Dinitro- **6** IV 4929

$C_{14}H_8N_2O_6$
Phenanthren-9,10-diol, 2,7-Dinitro-
  6 1037 c
–, 4,5-Dinitro- **6** 1037 e
$C_{14}H_8N_2O_8$
Oxalsäure-bis-[2-nitro-phenylester]
  6 I 115 g
– bis-[3-nitro-phenylester] **6** 225 b
– bis-[4-nitro-phenylester] **6** 233 k
$C_{14}H_8N_2Se_4$
Diselenid, Bis-[3-selenocyanato-phenyl]-
  6 III 4374 b
–, Bis-[4-selenocyanato-phenyl]-
  6 III 4489 f
$C_{14}H_8N_4O_8S_2$
Äthen, 1,2-Bis-[2,4-dinitro-phenylmercapto]-
  19 IV 1598
–, 1,2-Bis-[2,4-dinitro-phenyl⸗
  mercapto]- **19** IV 1598
$C_{14}H_8O_3S$
Anthra[1,9-*de*][1,3,2]dioxathiin-2-oxid
  6 II 998 g
Anthra[1,2-*d*][1,3,2]dioxathiol-2-oxid
  6 II 998 d
Anthra[2,3-*d*][1,3,2]dioxathiol-2-oxid
  6 II 999 c
$C_{14}H_8O_4S$
Phenanthro[9,10-*d*][1,3,2]dioxathiol-
  2,2-dioxid **6** IV 6896
$C_{14}H_8S_2$
9,10-Epidisulfido-anthracen **6** IV 4933
$C_{14}H_9BrCl_2O_4$
Naphthalin, 1,4-Diacetoxy-5-brom-
  2,3-dichlor- **6** II 949 h
$C_{14}H_9BrO$
[2]Anthrol, 1-Brom- **6** III 3552 e
–, 9-Brom- **6** III 3553 b
[9]Anthrol, 2-Brom- **6** IV 4932
–, 3-Brom- **6** IV 4932
–, 4-Brom- **6** IV 4932
–, 10-Brom- **7** 475 d, I 258 a,
  II 419 d, III 2368 d
Anthron, 2-Brom- **6** IV 4932
–, 3-Brom- **6** IV 4932
–, 4-Brom- **6** IV 4932
–, 10-Brom- **7** 475 d, I 258 a,
  II 419 d, III 2368 d
[9]Phenanthrol, 3-Brom- **6** I 340 k
–, 6-Brom- **6** I 340 k
–, 10-Brom- **6** II 676 b, III 3562 b
$C_{14}H_9BrO_2$
Phenanthren-1,2-diol, 3-Brom- **6** III 5687 b
Phenanthren-3,4-diol, 2-Brom- **6** III 5690 d

C₁₄H₉BrO₂ (Fortsetzung)

Phenanthren-9,10-diol, 3-Brom-
6 I 506 b

C₁₄H₉BrO₄

Anthracen-1,4,9,10-tetraol, 2-Brom-
6 IV 7803

C₁₄H₉Br₂ClO₂

Essigsäure, Chlor-, [3,5-dibrom-biphenyl-
4-ylester] 6 III 3336 e

C₁₄H₉Br₂ClO₃

Essigsäure, [3,4'-Dibrom-5-chlor-biphenyl-
4-yloxy]- 6 III 3337 d

C₁₄H₉Br₂F₃O

Äthanol, 1,1-Bis-[4-brom-phenyl]-
2,2,2-trifluor- 6 IV 4723

C₁₄H₉Br₃O₂

Essigsäure, Brom-, [3,5-dibrom-biphenyl-
4-ylester] 6 III 3336 f

C₁₄H₉Br₃O₃

Essigsäure, [3,5,4'-Tribrom-biphenyl-
2-yloxy]- 6 III 3306 b
−, [3,5,4'-Tribrom-biphenyl-4-yloxy]-
6 III 3337 h

C₁₄H₉Br₃O₄

Naphthalin, 1,2-Diacetoxy-3,5,6-tribrom-
6 III 5242 b
−, 1,3-Diacetoxy-2,4,7-tribrom-
6 I 474 h, II 948 h, III 5258 c
−, 1,5-Diacetoxy-2,4,6-tribrom-
6 III 5272 e

C₁₄H₉ClF₃NO₃

Äther, [2-Chlor-5-trifluormethyl-phenyl]-
[4-nitro-benzyl]- 6 IV 2612
−, [4-Chlor-3-trifluormethyl-phenyl]-
[4-nitro-benzyl]- 6 IV 2612

C₁₄H₉ClO

[2]Anthrol, 9-Chlor- 6 IV 4929
[9]Anthrol, 1-Chlor- 7 I 257 b, II 416 c,
III 2363 e
−, 2-Chlor- 7 II 417 a, III 2364 a
−, 3-Chlor- 6 IV 4931, 7 I 257 c,
II 417 b, III 2364 b
−, 4-Chlor- 6 IV 4931, 7 II 417 c,
III 2364 c
−, 10-Chlor- 7 II 417 d, III 2364 d
Anthron, 1-Chlor- 7 I 257 b, II 416 c,
III 2363 e
−, 2-Chlor- 7 II 417 a, III 2364 a
−, 3-Chlor- 6 IV 4931, 7 I 257 c,
II 417 b, III 2364 b
−, 4-Chlor- 6 IV 4931, 7 II 417 c,
III 2364 c
−, 10-Chlor- 7 II 417 d, III 2364 d

[3]Phenanthrol, 4-Chlor- 6 IV 4935
−, 9-Chlor- 6 IV 4935
[9]Phenanthrol, 1-Chlor- 6 IV 4938
−, 10-Chlor- 6 707 e, I 340 j,
II 675 c, III 3561 e, IV 4938

C₁₄H₉ClO₂

Phenanthren-9,10-diol, 2-Chlor-
6 III 5692 f
−, 4-Chlor- 6 III 5693 a

C₁₄H₉ClO₄

Crotonsäure, 3-Chlor-2-[2]naphthyloxy-
4-oxo- 6 IV 4283
Furan-2-on, 4-Chlor-5-hydroxy-
3-[2]naphthyloxy-5H- 6 IV 4283

C₁₄H₉ClO₄S

Schwefelsäure-mono-[1-chlor-[9]anthrylester]
6 IV 4931
− mono-[4-chlor-[9]anthrylester]
6 III 3555 d, IV 4932

C₁₄H₉ClS₂

Disulfan, [9]Anthryl-chlor- 6 II 673 f,
III 3557 b, IV 4933

C₁₄H₉Cl₂F₃O

Äthanol, 1,1-Bis-[4-chlor-phenyl]-
2,2,2-trifluor- 6 IV 4719

C₁₄H₉Cl₂NO₃

[9]Anthrol, 1,8-Dichlor-10-nitro-
9,10-dihydro- 6 II 660 j
−, 4,5-Dichlor-10-nitro-9,10-dihydro-
6 II 660 j

C₁₄H₉Cl₂NO₅

Essigsäure, [2,4-Dichlor-phenoxy]-,
[4-nitro-phenylester] 6 IV 1304

C₁₄H₉Cl₃F₂O

Äthanol, 2-Chlor-1,1-bis-[4-chlor-phenyl]-
2,2-difluor- 6 IV 4720
−, 2,2,2-Trichlor-1,1-bis-[4-fluor-
phenyl]- 6 IV 4720

C₁₄H₉Cl₃N₂O₆

Äthan, 1,1,1-Trichlor-2,2-bis-[2-hydroxy-
5-nitro-phenyl]- 6 III 5435 d
−, 1,1,1-Trichlor-2,2-bis-[4-hydroxy-
3-nitro-phenyl]- 6 1007 j, III 5440 b

C₁₄H₉Cl₃N₃O₈P

Amin, [Bis-(2-nitro-phenoxy)-phosphoryl]-
trichloracetyl- 6 IV 1266
−, [Bis-(4-nitro-phenoxy)-phosphoryl]-
trichloracetyl- 6 IV 1332

C₁₄H₉Cl₃O₂

Essigsäure-[3,5,4'-trichlor-biphenyl-
4-ylester] 6 III 3333 h

$C_{14}H_9Cl_3O_2S$
Thioessigsäure, [2,4,5-Trichlor-phenoxy]-,
S-phenylester 6 IV 1539
$C_{14}H_9Cl_3O_3$
Essigsäure, [3,5,4'-Trichlor-biphenyl-
2-yloxy]- 6 III 3304 b
—, [2,4,5-Trichlor-phenoxy]-,
phenylester 6 III 720 e
—, [2,4,6-Trichlor-phenoxy]-,
phenylester 6 III 727 b
$C_{14}H_9Cl_3O_4$
Naphthalin, 1,4-Diacetoxy-2,3,5-trichlor-
6 II 949 e
$C_{14}H_9Cl_3O_4S$
Benzol, 1-Acetoxy-4-[2,4,5-trichlor-
benzolsulfonyl]- 6 IV 5815
$C_{14}H_9Cl_4FO$
Äthanol, 2,2-Dichlor-1,1-bis-[4-chlor-
phenyl]-2-fluor- 6 IV 4721
$C_{14}H_9Cl_4O_4P$
Phosphorsäure-bis-[4-chlor-phenylester]-
[2,2-dichlor-vinylester] 6 IV 870
$C_{14}H_9Cl_5NO_4P$
Amidophosphorsäure, Trichloracetyl-,
bis-[4-chlor-phenylester] 6 IV 871
$C_{14}H_9Cl_5O$
Äthanol, 2,2,2-Trichlor-1,1-bis-[4-chlor-
phenyl]- 6 IV 4722
$C_{14}H_9Cl_5O_2$
Äthan, 1-[2,4-Dichlor-phenoxy]-2-
[2,4,5-trichlor-phenoxy]- 6 IV 965
—, 1-[2,4-Dichlor-phenoxy]-2-
[2,4,6-trichlor-phenoxy]- 6 IV 1006
—, 1-[2,5-Dichlor-phenoxy]-2-
[2,4,6-trichlor-phenoxy]- 6 IV 1006
—, 1-[2,6-Dichlor-phenoxy]-2-
[2,4,6-trichlor-phenoxy]- 6 IV 1007
—, 1,1,1-Trichlor-2,2-bis-[5-chlor-
2-hydroxy-phenyl]- 6 IV 6686
Formaldehyd-[benzyl-pentachlorphenyl-
acetal] 6 III 1474 d
Phenol, 3,4,6-Trichlor-2-[3,5-dichlor-
2-methoxy-benzyl]- 6 IV 6659
$C_{14}H_9Cl_6O_3PS$
Thiophosphorsäure-O-äthylester-O',O''-bis-
[2,4,5-trichlor-phenylester] 6 IV 995
— O-äthylester-O',O''-bis-
[2,4,6-trichlor-phenylester] 6 IV 1017
$C_{14}H_9Cl_6O_4P$
Phosphorsäure-bis-[2,4,6-trichlor-3-methyl-
phenylester] 6 II 357 a
$C_{14}H_9FO$
[9]Anthrol, 4-Fluor- 6 IV 4931

Anthron, 4-Fluor- 6 IV 4931
$C_{14}H_9F_3N_2O_5$
Äthanol, 2,2,2-Trifluor-1,1-bis-[4-nitro-
phenyl]- 6 IV 4724
$C_{14}H_9F_3O_3$
Benzoesäure, 4-Hydroxy-, [4-trifluormethyl-
phenylester] 6 III 1373 f
$C_{14}H_9F_5O$
Äthanol, 2,2,2-Trifluor-1,1-bis-[4-fluor-
phenyl]- 6 IV 4717
$C_{14}H_9F_{14}O_4P$
Phosphorsäure-bis-[1H,1H-heptafluor-
butylester]-phenylester 6 IV 711
$C_{14}H_9NO_3$
[1]Anthrol, 2-Nitro- 6 IV 4928
[9]Anthrol, 10-Nitro- 7 476 b, I 258 c,
II 420 c, III 2371 b
Anthron, 10-Nitro- 7 476 b, I 258 c,
II 420 c, III 2371 b
[3]Phenanthrol, 9-Nitro- 6 III 3559 e,
IV 4936
$C_{14}H_9NO_4$
Phenanthren-9,10-diol, 2-Nitro-
6 1036 e
—, 3-Nitro- 6 1036 g
$C_{14}H_9N_3O_7$
Stilben-2-ol, 2',4',6'-Trinitro- 6 IV 4854
Stilben-3-ol, 2',4',6'-Trinitro- 6 II 657 f
Stilben-4-ol, 2',4',6'-Trinitro- 6 IV 4863
$C_{14}H_9N_3O_8$
Essigsäure-[3,5,4'-trinitro-biphenyl-
4-ylester] 6 III 3341 a
$C_{14}H_9N_5O_{11}$
Bibenzyl-α-ol, 2,4,2',4',5'-Pentanitro-
6 III 3393 d
$C_{14}H_{10}BrClO_2$
Essigsäure, Chlor-, [3-brom-biphenyl-
4-ylester] 6 III 3334 e
—, Chlor-, [4'-brom-biphenyl-
4-ylester] 6 III 3335 c
$C_{14}H_{10}BrClO_4$
Naphthalin, 1,2-Diacetoxy-5-brom-3-chlor-
6 II 945 d
$C_{14}H_{10}BrCl_3O$
Äthanol, 2-Brom-2-chlor-1,1-bis-[4-chlor-
phenyl]- 6 IV 4723
$C_{14}H_{10}Br_2ClNO_2$
Essigsäure, [3,4'-Dibrom-5-chlor-biphenyl-
4-yloxy]-, amid 6 III 3337 e
$C_{14}H_{10}Br_2Cl_2O_2$
Phenol, 2',6'-Dibrom-4-chlor-
6-chlormethyl-2,4'-methandiyl-di-
6 IV 6699

$C_{14}H_{10}Br_2F_2O$
Äthanol, 1,1-Bis-[4-brom-phenyl]-
2,2-difluor- **6** IV 4723
$C_{14}H_{10}Br_2N_2O_4S_2$
Äthan, 1,2-Dibrom-1,2-bis-[2-nitro-
phenylmercapto]- **6** I 155 d
—, 1,2-Dibrom-1,2-bis-[4-nitro-
phenylmercapto]- **6** I 159 k
$C_{14}H_{10}Br_2N_2O_6$
Phenol, 2,2'-Dibrom-6,6'-dinitro-
4,4'-äthyliden-di- **6** 1008 a
$C_{14}H_{10}Br_2O$
Fluoren-9-ol, 2,7-Dibrom-9-methyl-
6 II 661 g
Methanol, [2,7-Dibrom-fluoren-9-yl]-
6 III 3507 d
Stilben-4-ol, 3,5-Dibrom- **6** 693 k
$C_{14}H_{10}Br_2O_2$
Äthen, 1,2-Dibrom-1,2-diphenoxy- **6** IV 603
Essigsäure-[3,5-dibrom-biphenyl-2-ylester]
6 III 3305 h
— [3,5-dibrom-biphenyl-4-ylester]
6 III 3336 d
Essigsäure, Brom-, [3-brom-biphenyl-
4-ylester] **6** III 3334 f
—, Brom-, [4'-brom-biphenyl-
4-ylester] **6** III 3335 d
Stilben-2,2'-diol, 5,5'-Dibrom- **6** III 5575 b
$C_{14}H_{10}Br_2O_2S_2$
Essigsäure, Bis-[4-brom-phenylmercapto]-
6 IV 1655
$C_{14}H_{10}Br_2O_3$
Essigsäure, [3,5-Dibrom-biphenyl-2-yloxy]-
6 III 3305 i
—, [3,5-Dibrom-biphenyl-4-yloxy]-
6 III 3336 h
$C_{14}H_{10}Br_2O_4$
Essigsäure, Bis-[4-brom-phenoxy]- **6** 201 f
Naphthalin, 1,3-Diacetoxy-2,4-dibrom-
6 I 474 f, III 5258 a
—, 1,4-Diacetoxy-2,3-dibrom-
6 980 c
—, 1,5-Diacetoxy-2,4-dibrom-
6 III 5270 e
—, 1,5-Diacetoxy-2,6-dibrom-
6 III 5271 c
—, 1,5-Diacetoxy-4,8-dibrom-
6 III 5272 a
—, 2,3-Diacetoxy-1,4-dibrom-
6 983 h
—, 2,3-Diacetoxy-6,7-dibrom-
6 984 b

$C_{14}H_{10}Br_2O_6$
Naphthalin-1,4-diol, 5,8-Diacetoxy-
2,3-dibrom- **6** I 573 a
$C_{14}H_{10}Br_3ClO_2$
Phenol, 2,6-Dibrom-2'-brommethyl-
6'-chlor-4,4'-methandiyl-di- **6** IV 6699
—, 4,6-Dibrom-2'-brommethyl-
6'-chlor-2,4'-methandiyl-di-
6 IV 6699
$C_{14}H_{10}Br_3NO_2$
Essigsäure, [3,5,4'-Tribrom-biphenyl-
2-yloxy]-, amid **6** III 3306 c
—, [3,5,4'-Tribrom-biphenyl-4-yloxy]-,
amid **6** III 3337 i
$C_{14}H_{10}Br_4O$
Bibenzyl-4-ol, 3,5,α,α'-Tetrabrom-
6 683 h
$C_{14}H_{10}Br_4O_2$
Bibenzyl-4,4'-diol, 3,5,3',5'-Tetrabrom-
6 IV 6680
Biphenyl, 3,5,3',5'-Tetrabrom-
2,2'-dimethoxy- **6** III 5378 c
—, 3,5,3',5'-Tetrabrom-
4,4'-dimethoxy- **6** III 5396 c
Phenol, 2,6,2',6'-Tetrabrom-4,4'-äthyliden-
di- **6** 1007 d, III 5440 a
—, 4,6,2',6'-Tetrabrom-3'-methyl-
2,4'-methandiyl-di- **6** III 5442 d
$C_{14}H_{10}Br_4O_2S$
Sulfon, Bis-[4-dibrommethyl-phenyl]-
6 427 g
$C_{14}H_{10}Br_4O_2S_2$
Phenol, 3,6,3',6'-Tetrabrom-4,4'-dimethyl-
2,2'-disulfandiyl-di- **6** I 436 e
$C_{14}H_{10}Br_4O_3$
Phenol, 2,6,2',6'-Tetrabrom-
4,4'-methoxymethandiyl-di- **6** 1136 i
$C_{14}H_{10}Br_4O_4$
Bibenzyl-4,α,4',α'-tetraol, 3,5,3',5'-
Tetrabrom- **6** 1171 d
$C_{14}H_{10}Br_4O_4S$
Sulfon, Bis-[x,x-dibrom-4-hydroxy-
2-methyl-phenyl]- **6** IV 5873
—, [x,x-Dibrom-2-hydroxy-4-methyl-
phenyl]-[x,x-dibrom-4-hydroxy-2-methyl-
phenyl]- **6** IV 5874
$C_{14}H_{10}Br_4S_2$
Disulfid, Bis-[2,5-dibrom-4-methyl-phenyl]-
6 I 213 h
$C_{14}H_{10}ClF_3O$
Benzhydrol, 2-Chlor-3'-trifluormethyl-
6 IV 4734

$C_{14}H_{10}ClNO_4S$

Benzol, 1-Acetoxy-2-chlor-4-[4-nitro-
phenylmercapto]- 6 IV 5831

—, 4-Acetoxy-2-chlor-1-[4-nitro-
phenylmercapto]- 6 IV 5826

$C_{14}H_{10}ClNO_6S$

Benzol, 4-Acetoxy-2-chlor-1-[4-nitro-
benzolsulfonyl]- 6 IV 5826

$C_{14}H_{10}ClN_3O_6S$

Sulfid, [β-Chlor-4-nitro-phenäthyl]-
[2,4-dinitro-phenyl]- 6 IV 3096

$C_{14}H_{10}ClN_3O_7$

Äther, [4-Chlor-2-nitro-phenyl]-
[2,4-dimethyl-3,5-dinitro-phenyl]-
6 III 1751 b

$C_{14}H_{10}Cl_2F_2O$

Äthanol, 1,1-Bis-[4-chlor-phenyl]-
2,2-difluor- 6 IV 4719

$C_{14}H_{10}Cl_2I_2O_2$

Phenol, 4,4'-Dichlor-6,6'-dijod-
2,2'-äthyliden-di- 6 IV 6688

$C_{14}H_{10}Cl_2N_2O_4S$

Sulfid, Bis-[2-carbamoyloxy-5-chlor-
phenyl]- 6 III 4282 a

—, Bis-[2-chlor-5-nitro-benzyl]-
6 III 1649 h

—, [4,β-Dichlor-phenäthyl]-
[2,4-dinitro-phenyl]- 6 IV 3095

$C_{14}H_{10}Cl_2N_2O_4S_2$

Disulfid, Bis-[2-chlor-5-nitro-benzyl]-
6 III 1649 i

$C_{14}H_{10}Cl_2N_2O_4S_2Se_2$

Äthan, 1,2-Bis-[4-chlor-2-nitro-benzol=
selenenylmercapto]- 6 IV 1793

$C_{14}H_{10}Cl_2N_2O_4Se$

Selenid, Bis-[2-chlor-5-nitro-benzyl]-
6 III 1654 g

$C_{14}H_{10}Cl_2N_2O_4Se_2$

Diselenid, Bis-[2-chlor-4-nitro-benzyl]-
6 IV 2805

—, Bis-[2-chlor-5-nitro-benzyl]-
6 III 1655 a

$C_{14}H_{10}Cl_2N_2O_5Se$

Selenoxid, Bis-[2-chlor-5-nitro-benzyl]-
6 III 1655

$C_{14}H_{10}Cl_2N_2O_6$

Bibenzyl-2,2'-diol, 5,5'-Dichlor-3,3'-dinitro-
6 IV 6678

Phenol, 4,4'-Dichlor-6,6'-dinitro-
2,2'-äthyliden-di- 6 IV 6688

$C_{14}H_{10}Cl_2N_2O_6S$

Sulfid, Bis-[5-chlor-2-methoxy-3-nitro-
phenyl]- 6 IV 5650

—, Bis-[5-chlor-2-methoxy-4-nitro-
phenyl]- 6 IV 5650

$C_{14}H_{10}Cl_2N_2O_8S_3$

Sulfid, Bis-[4-chlormethansulfonyl-2-nitro-
phenyl]- 6 IV 5850

$C_{14}H_{10}Cl_2N_2S_2$

Dithiooxalodiimidsäure-bis-[4-chlor-
phenylester] 6 IV 1599

$C_{14}H_{10}Cl_2O$

Äther, Biphenyl-4-yl-[1,2-dichlor-vinyl]-
6 IV 4602

[9]Anthrol, 1,5-Dichlor-9,10-dihydro-
6 III 3504 f

Stilben-4-ol, 3,5-Dichlor- 6 IV 4860

$C_{14}H_{10}Cl_2OS_2$

Äthen, 1-[4-Chlor-benzolsulfinyl]-2-[4-chlor-
phenylmercapto]- 6 IV 1590

$C_{14}H_{10}Cl_2O_2$

Äthen, 1,1-Dichlor-2,2-bis-[4-hydroxy-
phenyl]- 6 IV 6830

Anthracen-9,10-diol, 1,4-Dichlor-
9,10-dihydro- 6 II 991 a

—, 1,5-Dichlor-9,10-dihydro-
6 II 991 b, III 5592 c, IV 6833

—, 2,6-Dichlor-1,4-dihydro-
6 III 5594 d

—, 2,7-Dichlor-1,4-dihydro-
6 III 5595 b

Anthrachinon, 2,6-Dichlor-1,4,4a,9a-
tetrahydro- 6 III 5594 e

—, 2,7-Dichlor-1,4,4a,9a-tetrahydro-
6 III 5595 c

Essigsäure-[3,4'-dichlor-biphenyl-4-ylester]
6 III 3333 e

— [3,5-dichlor-biphenyl-4-ylester]
6 III 3333 a

— [3,8-dichlor-1,2-dihydro-
cyclopent[a]inden-1-ylester] 6 IV 4622

— [3,8-dichlor-1,2-dihydro-
cyclopent[a]inden-2-ylester] 6 IV 4622

$C_{14}H_{10}Cl_2O_2S$

Sulfon, [2,4-Dichlor-styryl]-phenyl-
6 IV 3790

—, [3,4-Dichlor-styryl]-phenyl-
6 IV 3790

Thioessigsäure, [2,4-Dichlor-phenoxy]-,
S-phenylester 6 IV 1539

$C_{14}H_{10}Cl_2O_2S_2$

Acetylchlorid, Naphthalin-1,5-diyl=
dimercapto-bis- 6 III 5277 c

—, Naphthalin-1,8-diyldimercapto-bis-
6 IV 6563

$C_{14}H_{10}Cl_2O_2S_2$ (Fortsetzung)

Acetylchlorid, Naphthalin-2,6-diyl≠
dimercapto-bis- **6** IV 6568

Äthen, 1,2-Bis-[4-chlor-benzolsulfinyl]-
6 IV 1590

—, 1-[2-Chlor-benzolsulfonyl]-2-
[2-chlor-phenylmercapto]- **6** IV 1572

—, 1-[4-Chlor-benzolsulfonyl]-2-
[4-chlor-phenylmercapto]- **6** IV 1592

$C_{14}H_{10}Cl_2O_3$

Essigsäure, [4-Chlor-phenoxy]-, [4-chlor-
phenylester] **6** III 695 j

—, [3,5-Dichlor-biphenyl-2-yloxy]-
6 III 3302 g

—, [3,5-Dichlor-biphenyl-4-yloxy]-
6 III 3333 b

—, [2,4-Dichlor-phenoxy]-,
phenylester **6** III 706 m

$C_{14}H_{10}Cl_2O_4$

Äthen, 1,1-Dichlor-2,2-bis-[2,4-dihydroxy-
phenyl]- **6** I 577 h

Essigsäure, Bis-[2-chlor-phenoxy]-
6 III 679 f

—, Bis-[4-chlor-phenoxy]- **6** IV 858

Naphthalin, 1,5-Bis-chloracetoxy-
6 I 478 e

—, 1,3-Diacetoxy-2,4-dichlor-
6 979 a

—, 1,4-Diacetoxy-2,3-dichlor-
6 980 a, IV 6549

—, 1,5-Diacetoxy-2,4-dichlor-
6 III 5269 a

—, 1,5-Diacetoxy-4,8-dichlor-
6 II 951 c, III 5269 e

—, 2,3-Diacetoxy-1,4-dichlor-
6 983 f

—, 2,6-Diacetoxy-1,5-dichlor-
6 985 a

—, 2,7-Diacetoxy-1,8-dichlor-
6 987 d

$C_{14}H_{10}Cl_2O_4S_2$

Äthen, 1,2-Bis-[2-chlor-benzolsulfonyl]-
6 IV 1572

—, 1,2-Bis-[3-chlor-benzolsulfonyl]-
6 IV 1578

—, 1,2-Bis-[4-chlor-benzolsulfonyl]-
6 IV 1592

$C_{14}H_{10}Cl_2S$

Sulfid, [4-Chlor-phenyl]-[4-chlor-styryl]-
6 IV 3789

$C_{14}H_{10}Cl_2S_2$

Äthen, 1,2-Bis-[2-chlor-phenylmercapto]-
6 IV 1572

—, 1,2-Bis-[4-chlor-phenylmercapto]-
6 IV 1589

—, 1,2-Dichlor-1,2-bis-phenyl≠
mercapto- **6** III 1006 c

$C_{14}H_{10}Cl_3FO$

Äthanol, 2-Chlor-1,1-bis-[4-chlor-phenyl]-
2-fluor- **6** IV 4720

$C_{14}H_{10}Cl_3NO_2$

Essigsäure, [3,5,4′-Trichlor-biphenyl-
2-yloxy]-, amid **6** III 3304 c

$C_{14}H_{10}Cl_3NO_4$

Äthan, 1-[4-Nitro-phenoxy]-2-
[2,4,6-trichlor-phenoxy]- **6** IV 1290

$C_{14}H_{10}Cl_4NO_3P$

Amidophosphorsäure, Tetrachloräthyliden-,
diphenylester **6** IV 742

$C_{14}H_{10}Cl_4O$

Äthanol, 2,2-Dichlor-1,1-bis-[4-chlor-
phenyl]- **6** IV 4720

$C_{14}H_{10}Cl_4OS$

Sulfoxid, Bis-[2,4-dichlor-benzyl]-
6 IV 2783

$C_{14}H_{10}Cl_4O_2$

Äthan, 1,2-Bis-[2,4-dichlor-phenoxy]-
6 III 703 c, IV 890

—, 1,2-Bis-[2,5-dichlor-phenoxy]-
6 IV 942

—, 1,2-Bis-[2,6-dichlor-phenoxy]-
6 IV 949

—, 1-[2-Chlor-phenoxy]-2-
[2,4,6-trichlor-phenoxy]- **6** IV 1006

—, 1-[3-Chlor-phenoxy]-2-
[2,4,6-trichlor-phenoxy]- **6** IV 1006

—, 1-[4-Chlor-phenoxy]-2-
[2,4,6-trichlor-phenoxy]- **6** IV 1006

—, 1,1-Dichlor-2,2-bis-[5-chlor-
2-hydroxy-phenyl]- **6** IV 6686

—, 1-[2,4-Dichlor-phenoxy]-2-
[2,5-dichlor-phenoxy]- **6** IV 942

—, 1-[2,4-Dichlor-phenoxy]-2-
[2,6-dichlor-phenoxy]- **6** IV 949

Benzol, 1,2-Dimethoxy-4-[tetrachlorcyclo≠
pentadienyliden-methyl]- **6** IV 6655

Bibenzyl-2,2′-diol, 3,5,3′,5′-Tetrachlor-
6 III 5424 b

Bibenzyl-4,4′-diol, 3,5,3′,5′-Tetrachlor-
6 1000 d

Biphenyl, 2,4,2′,4′-Tetrachlor-6,6′-bis-
hydroxymethyl- **6** IV 6703

—, 2,6,2′,6′-Tetrachlor-4,4′-dimethoxy-
6 IV 6653

Phenol, 2,6,2′,6′-Tetrachlor-4,4′-äthyliden-
di- **6** IV 6691

$C_{14}H_{10}Cl_4O_2$ (Fortsetzung)

Phenol, 4,6,4',6'-Tetrachlor-2,2'-äthyliden-
di- **6** IV 6686

—, 2,3,5,6-Tetrachlor-4-[4-methyl-
benzyloxy]- **6** IV 5776

—, 3,4,6,4'-Tetrachlor-6'-methyl-
2,2'-methandiyl-di- **6** IV 6699

—, 4,6,4'-Trichlor-6'-chlormethyl-
2,2'-methandiyl-di- **6** IV 6699

$C_{14}H_{10}Cl_4O_2S$

Sulfon, Bis-[2,4-dichlor-benzyl]-
6 III 1641 e, IV 2783

—, [3-Chlor-4-methyl-phenyl]-
[2,4,5-trichlor-benzyl]- **6** IV 2788

$C_{14}H_{10}Cl_4O_2S_2$

Disulfid, Bis-[3,5-dichlor-2-methoxy-
phenyl]- **6** IV 5646

$C_{14}H_{10}Cl_4O_3$

Äther, Bis-[3,5-dichlor-2-hydroxy-benzyl]-
6 III 4540 d

—, Bis-[3,5-dichlor-4-hydroxy-benzyl]-
6 IV 5918

Phenol, 2,6,2',6'-Tetrachlor-
4,4'-methoxymethandiyl-di- **6** 1136 d

$C_{14}H_{10}Cl_4O_4$

Resorcin, 2,6-Dichlor-4-[2,4-dichlor-
3-hydroxy-5-methyl-phenoxy]-5-methyl-
6 III 6314 d

$C_{14}H_{10}Cl_4O_8$

Furan-2-carbonsäure, 4-Chlor-2-hydroxy-
3-methoxy-5-oxo-2,5-dihydro-,
[3,4,5-trichlor-2,6-dimethoxy-
phenylester] **6** III 6273 a

$C_{14}H_{10}Cl_4S$

Sulfid, Bis-[2,4-dichlor-benzyl]- **6** III 1641 d,
IV 2782

—, [3-Chlor-4-methyl-phenyl]-
[2,4,5-trichlor-benzyl]- **6** IV 2788

—, [2,6-Dichlor-benzyl]-[2,4-dichlor-
3-methyl-phenyl]- **6** IV 2784

$C_{14}H_{10}Cl_4S_2$

Äthan, 1,2-Bis-[2,5-dichlor-phenylmercapto]-
6 III 1043 f

Disulfid, Bis-[2,4-dichlor-benzyl]-
6 III 1641 i

—, Bis-[3,4-dichlor-benzyl]-
6 III 1642 b

$C_{14}H_{10}Cl_6NO_2PS$

Amidothiophosphorsäure, Dimethyl-,
O,O'-bis-[2,4,5-trichlor-phenylester]
6 IV 1000

$C_{14}H_{10}Cl_6O$

Äther, [1,4,5,6,7,7-Hexachlor-norborn-5-en-
2-ylmethyl]-phenyl- **6** IV 568

$C_{14}H_{10}F_3NO_4S$

Sulfon, Benzyl-[2-nitro-4-trifluormethyl-
phenyl]- **6** III 1582 e

$C_{14}H_{10}F_4O$

Äthanol, 2,2-Difluor-1,1-bis-[4-fluor-
phenyl]- **6** IV 4716

$C_{14}H_{10}I_4O_2$

Bibenzyl-4,4'-diol, 3,5,3',5'-Tetrajod-
6 IV 6680

$C_{14}H_{10}N_2O_2S_2Si$

Silan, Diisothiocyanato-diphenoxy-
6 IV 768

$C_{14}H_{10}N_2O_4$

Salpetrigsäure-[10-nitro-9,10-dihydro-
[9]anthrylester] **6** 698 e, IV 4867

$C_{14}H_{10}N_2O_4S$

Sulfid, [2,4-Dinitro-phenyl]-styryl-
6 IV 3785

$C_{14}H_{10}N_2O_4S_2$

Äthen, 1,2-Bis-[2-nitro-phenylmercapto]-
6 I 155 b

—, 1,2-Bis-[3-nitro-phenylmercapto]-
6 IV 1684

—, 1,2-Bis-[4-nitro-phenylmercapto]-
6 I 159 j, IV 1700

$C_{14}H_{10}N_2O_5$

Salpetersäure-[10-nitro-9,10-dihydro-
[9]anthrylester] **6** 698 f, IV 4867

Stilben-α,α'-diol, 4-Nitro-4'-nitroso-
6 I 499 e

Stilben-2-ol, 2',4'-Dinitro- **6** II 657 a,
III 3496 e, IV 4854

Stilben-3-ol, 2',4'-Dinitro- **6** II 657 e

Stilben-4-ol, 2',4'-Dinitro- **6** I 335 h,
II 658 j, III 3501 a, IV 4862

$C_{14}H_{10}N_2O_5S_2$

Äthen, 1-[4-Nitro-benzolsulfinyl]-2-[4-nitro-
phenylmercapto]- **6** IV 1701

$C_{14}H_{10}N_2O_6$

Ameisensäure-[3,5-dinitro-benzhydrylester]
6 IV 4680

Essigsäure-[3,4'-dinitro-biphenyl-4-ylester]
6 III 3340 d

— [3,5-dinitro-biphenyl-4-ylester]
6 III 3340 c

$C_{14}H_{10}N_2O_6S$

Benzol, 2-Acetoxy-4-nitro-1-[4-nitro-
phenylmercapto]- **6** III 4285 d

Sulfon, [2,4-Dinitro-phenyl]-styryl-
6 III 2392 c, IV 3786

$C_{14}H_{10}O_3$ (Fortsetzung)

Anthracen-1,5,9-triol **8** 330 d, I 646 f,
     II 371 h, III 2801 c
Anthracen-1,8,9-triol **6** IV 7602,
     8 332 b, I 647 b, II 373 f, III 2802 d
Anthracen-1,8,10-triol **6** IV 7602,
     8 III 2806 c
Anthracen-2,6,9-triol **8** 330 f, II 372 d,
     III 2803 d
Anthracen-2,7,10-triol **8** 331 d, II 373 e,
     III 2805 b
Anthracen-2,9,10-triol **6** IV 7603
Anthron, 1,2-Dihydroxy- **6** IV 7601,
     8 II 371 e, III 2798 a
—, 1,3-Dihydroxy- **8** III 2799 b
—, 1,4-Dihydroxy- **8** III 2799 c
—, 1,5-Dihydroxy- **8** 330 d, I 646 f,
     II 371 h, III 2801 c
—, 1,8-Dihydroxy- **6** IV 7602,
     8 332 b, I 647 b, II 373 f, III 2802 d
—, 2,6-Dihydroxy- **8** 330 f, II 372 d,
     III 2803 d
—, 3,4-Dihydroxy- **6** IV 7601,
     8 330 g, I 647 a, II 372 f, III 2804 a
—, 3,6-Dihydroxy- **8** 331 d, II 373 e,
     III 2805 b
—, 4,5-Dihydroxy- **6** IV 7602,
     8 III 2806 c
Phenanthren-3,4,5-triol **6** 1141 b

$C_{14}H_{10}O_3S_2$

Thioschwefelsäure-S-[9]anthrylester
     6 II 673 g

$C_{14}H_{10}O_4$

Anthracen-1,4-dion, 9,10-Dihydroxy-
     2,3-dihydro- **8** 431, I 705 f, II 478 d,
     III 3706 b
Anthracen-1,2,3,9-tetraol **6** IV 7802,
     8 430 f, II 476 j, III 3704 b
Anthracen-1,2,3,10-tetraol **8** III 3709 b
Anthracen-1,2,7,10-tetraol **6** IV 7802
Anthracen-1,4,9,10-tetraol **8** 431 a, I 705 f,
     II 478 d, III 3706
Anthrachinon, 5,8-Dihydroxy-1,4-dihydro-
     6 III 6757 d
Anthron, 1,2,3-Trihydroxy- **6** IV 7802,
     8 430 f, II 476 j, III 3704 b
—, 1,4,10-Trihydroxy- **8** 431 a,
     I 705 f, II 478 d, III 3706
—, 2,3,4-Trihydroxy- **8** III 3709 b
—, 3,4,6-Trihydroxy- **6** IV 7802
Oxalsäure-diphenylester **6** 155 d, I 87 k,
     II 156 h, III 605 c, IV 621

$C_{14}H_{10}O_4S$

Schwefelsäure-mono-[9]anthrylester
     6 III 3554 d, IV 4931

$C_{14}H_{10}O_5$

Anthracen-1,3,6,8,9-pentaol **8** III 4097 b
Anthracen-1,3,6,8,10-pentaol **8** III 4097 b
Anthron, 1,3,6,8-Tetrahydroxy-
     8 III 4097 b
—, 2,4,5,7-Tetrahydroxy- **8** III 4097 b
Fumarsäure, [2]Naphthyloxy- **6** 646 n

$C_{14}H_{10}O_6$

Anthracen-1,4,5,8,9,10-hexaol **8** 543 a,
     II 578 d, III 4252 d
Anthron, 1,4,5,8,10-Pentahydroxy-
     8 543 a, II 578 d, III 4252 d
Oxalsäure-bis-[4-hydroxy-phenylester]
     6 I 417 d

$C_{14}H_{10}O_8S_2$

Anthracen, 9,10-Bis-sulfooxy-
     6 II 1000 g, III 5685 d, IV 6893

$C_{14}H_{10}O_9S_2$

[2]Anthrol, 9,10-Bis-sulfooxy-
     6 II 1102 h

$C_{14}H_{10}S$

Anthracen-2-thiol **6** 703 d, II 669 g
Anthracen-9-thiol **6** IV 4933, **7** II 421 a
Anthracen-9-thion, 10*H*- **6** IV 4933,
     7 II 421 a
Phenanthren-2-thiol **6** IV 4934
Phenanthren-3-thiol **6** I 340 a
Phenanthren-9-thiol **6** III 3562 c,
     IV 4938
Sulfid, Phenyl-phenyläthinyl- **6** IV 4064

$C_{14}H_{11}AsO_6$

Essigsäure, [$2\lambda^5$-[2,2']Spirobi[benzo≠
     [1,3,2]dioxarsol]-2-yl]- **6** II 776 a

$C_{14}H_{11}BrN_2O_4S$

Sulfid, [β-Brom-phenäthyl]-[2,4-dinitro-
     phenyl]- **6** IV 3095

$C_{14}H_{11}BrN_2O_5$

Äther, [4-Brom-2-nitro-phenyl]-
     [2,4-dimethyl-5-nitro-phenyl]-
     6 III 1750 f

$C_{14}H_{11}BrO$

Äther, [9-Brom-fluoren-2-yl]-methyl-
     6 IV 4847
Fluoren-9-ol, 2-Brom-9-methyl-
     6 IV 4870
Phenol, 2-[2-Brom-1-phenyl-vinyl]-
     6 694 i, 695 a

$C_{14}H_{11}BrO_2$

Äthen, 1-Brom-1,2-diphenoxy- **6** IV 607

C₁₄H₁₁BrO₂ (Fortsetzung)

Ameisensäure-[3-brom-benzhydrylester]
6 IV 4676

Anthrachinon, 2-Brom-1,4,4a,9a-
tetrahydro- 6 III 5595 d

Essigsäure-[5-brom-acenaphthen-1-ylester]
6 IV 4623

— [6-brom-acenaphthen-1-ylester]
6 IV 4623

— [3-brom-biphenyl-4-ylester]
6 III 3334 d

— [4'-brom-biphenyl-4-ylester]
6 III 3335 b, IV 4610

— [5-brom-biphenyl-2-ylester]
6 III 3305 a

Essigsäure, Brom-, biphenyl-4-ylester
6 III 3327 b

Oct-7-en-2,4-diin-1,6-diol, 7-Brom-
8-phenyl- 6 IV 6821

C₁₄H₁₁BrO₂S

Essigsäure, [5-Brom-acenaphthen-
3-ylmercapto]- 6 III 3348 a

—, [6-Brom-acenaphthen-
3-ylmercapto]- 6 III 3348 a

C₁₄H₁₁BrO₂S₂

Äthen, 1-Benzolsulfonyl-1-brom-
2-phenylmercapto- 6 IV 1518

C₁₄H₁₁BrO₃

Essigsäure, [3-Brom-biphenyl-4-yloxy]-
6 III 3334 h

—, [5-Brom-biphenyl-2-yloxy]-
6 III 3305 b

—, [4-Brom-phenoxy]-, phenylester
6 201 b

—, Phenoxy-, [4-brom-phenylester]
6 201 d

C₁₄H₁₁BrO₄

Naphthalin, 1,2-Diacetoxy-3-brom-
6 III 5241 d

—, 1,2-Diacetoxy-6-brom-
6 III 5241 g

—, 1,5-Diacetoxy-4-brom-
6 II 951 e

C₁₄H₁₁Br₂ClO₃

Benzylalkohol, 3-Chlor-5-[3,5-dibrom-
2-hydroxy-benzyl]-2-hydroxy- 6 IV 7573

—, 3-Chlor-5-[3,5-dibrom-4-hydroxy-
benzyl]-2-hydroxy- 6 IV 7574

—, 5-Chlor-3-[3,5-dibrom-2-hydroxy-
benzyl]-2-hydroxy- 6 IV 7573

—, 5-Chlor-3-[3,5-dibrom-4-hydroxy-
benzyl]-2-hydroxy- 6 IV 7573

C₁₄H₁₁Br₂NO₂

Essigsäure, [3,5-Dibrom-biphenyl-4-yloxy]-,
amid 6 III 3336 i

C₁₄H₁₁Br₂NO₄

Biphenyl, 3,3'-Dibrom-4,4'-dimethoxy-
5-nitro- 6 III 5397 e

C₁₄H₁₁Br₃O

Äther, Äthyl-[3,5,4'-tribrom-biphenyl-4-yl]-
6 IV 4611

Phenol, 3-Benzyl-2,4,6-tribrom-5-methyl-
6 III 3402

C₁₄H₁₁Br₃O₂

Äthanol, 1-[4-Brom-phenyl]-1-[3,5-dibrom-
4-hydroxy-phenyl]- 6 1008 j

Bibenzyl-4,α-diol, 3,5,α'-Tribrom-
6 1002 g

Phenol, 4,6,2'-Tribrom-6'-methyl-
2,4'-methandiyl-di- 6 III 5443 a

C₁₄H₁₁ClF₂O

Äthanol, 2-Chlor-2,2-difluor-1,1-diphenyl-
6 IV 4718

C₁₄H₁₁ClI₂OS

Benzol, 1-[4-Chlormethyl-2,6-dijod-
phenylmercapto]-4-methoxy- 6 III 4453 c

C₁₄H₁₁ClI₂O₂

Benzol, 1-[4-Chlormethyl-2,6-dijod-
phenoxy]-4-methoxy- 6 IV 5728

C₁₄H₁₁ClN₂O₄S

Sulfid, [β-Chlor-phenäthyl]-[2,4-dinitro-
phenyl]- 6 III 1721 d, IV 3094

C₁₄H₁₁ClN₂O₅

Äther, [4-Chlor-2-nitro-phenyl]-
[2,4-dimethyl-5-nitro-phenyl]-
6 III 1750 e

C₁₄H₁₁ClN₂O₅S

Benzol, 4-[(4-Chlor-2-nitro-phenyl-
mercapto)-methyl]-1-methoxy-2-nitro-
6 IV 5923

Benzolsulfensäure, 2,4-Dinitro-, [2-chlor-
1-phenyl-äthylester] 6 IV 3047

C₁₄H₁₁ClN₂O₆S

Sulfon, [β-Chlor-phenäthyl]-[2,4-dinitro-
phenyl]- 6 IV 3094

C₁₄H₁₁ClN₂O₇S

Benzol, 4-[4-Chlor-2-nitro-benzolsulfonyl-
methyl]-1-methoxy-2-nitro- 6 IV 5924

C₁₄H₁₁ClO

Äther, [2-Chlor-fluoren-3-yl]-methyl-
6 IV 4850

—, [6-Chlor-fluoren-3-yl]-methyl-
6 III 3488 i

—, [7-Chlor-fluoren-3-yl]-methyl-
6 III 3489 a

$C_{14}H_{11}ClO$ (Fortsetzung)
Äther, [9-Chlor-fluoren-2-yl]-methyl-
  6 IV 4847
−, [2-Chlor-phenyl]-[1-phenyl-vinyl]-
  6 II 521 j
Stilben-4-ol, 4′-Chlor- 6 III 3499 c,
  IV 4860

$C_{14}H_{11}ClOS$
Acetylchlorid, Biphenyl-4-ylmercapto-
  6 IV 4617

$C_{14}H_{11}ClO_2$
Äthen, 1-Chlor-1,2-diphenoxy- 6 IV 607
Anthracen-9,10-diol, 1-Chlor-9,10-dihydro-
  6 IV 6833
Anthrachinon, 2-Chlor-1,4,4a,9a-
  tetrahydro- 6 III 5594 c
Crotonsäure, 3-Chlor-, [2]naphthylester
  6 644 j
Essigsäure-[2′-chlor-biphenyl-2-ylester]
  6 III 3301 g
− [3-chlor-biphenyl-4-ylester]
  6 III 3331 e
− [4′-chlor-biphenyl-2-ylester]
  6 III 3302 a
− [4′-chlor-biphenyl-4-ylester]
  6 III 3332 d
Essigsäure, Chlor-, biphenyl-2-ylester
  6 II 623 e
−, Chlor-, biphenyl-4-ylester
  6 III 3327 a

$C_{14}H_{11}ClO_2S$
Sulfon, [2-Chlor-styryl]-phenyl-
  6 IV 3788
−, [4-Chlor-styryl]-phenyl-
  6 IV 3789

$C_{14}H_{11}ClO_2S_2$
Äthen, 1-Benzolsulfonyl-1-chlor-
  2-phenylmercapto- 6 IV 1517
−, 1-[4-Chlor-benzolsulfonyl]-
  2-phenylmercapto- 6 IV 1591

$C_{14}H_{11}ClO_3$
Acetylchlorid, Diphenoxy- 6 II 161 d,
  III 634 d
Essigsäure, [4-Chlor-acenaphthen-5-yloxy]-
  6 IV 4626
−, [2′-Chlor-biphenyl-2-yloxy]-
  6 III 3301 h
−, [3-Chlor-biphenyl-2-yloxy]-
  6 III 3299 d
−, [3-Chlor-biphenyl-4-yloxy]-
  6 III 3331 f, IV 4608
−, [4-Chlor-biphenyl-2-yloxy]-
  6 III 3299 g

−, [4′-Chlor-biphenyl-2-yloxy]-
  6 III 3302 b
−, [5-Chlor-biphenyl-2-yloxy]-
  6 III 3301 b, IV 4589
−, [2-Chlor-phenoxy]-, phenylester
  6 III 678 g
−, [4-Chlor-phenoxy]-, phenylester
  6 III 695 d

$C_{14}H_{11}ClO_3S$
Naphthalin, 1-Acetoxy-2-acetylmercapto-
  4-chlor- 6 II 947 f
Phenol, 2-[2-(4-Chlor-benzolsulfonyl)-
  vinyl]- 6 II 916 b

$C_{14}H_{11}ClO_4$
Essigsäure, [2-Chlor-4-phenoxy-phenoxy]-
  6 III 4433 e
Kohlensäure-[4-chlor-phenylester]-
  [2-methoxy-phenylester] 6 776 i
Naphthalin, 1,4-Diacetoxy-2-chlor-
  6 IV 6548

$C_{14}H_{11}ClO_4S$
Benzol, 1-Acetoxy-2-benzolsulfonyl-4-chlor-
  6 III 4281 d
Resorcin, 4-[2-(4-Chlor-benzolsulfonyl)-
  vinyl]- 6 II 1092 b

$C_{14}H_{11}ClO_4S_2$
Äthen, 1,2-Bis-benzolsulfonyl-1-chlor-
  6 IV 1517
Essigsäure, [8-Chlor-naphthalin-
  1,6-diyldimercapto]-di- 6 II 952 h

$C_{14}H_{11}ClS$
Sulfid, [2-Chlor-1-phenyl-vinyl]-phenyl-
  6 IV 3782

$C_{14}H_{11}Cl_2FO$
Äthanol, 1,1-Bis-[4-chlor-phenyl]-2-fluor-
  6 IV 4718
−, 2,2-Dichlor-2-fluor-1,1-diphenyl-
  6 IV 4719

$C_{14}H_{11}Cl_2NO$
Butyronitril, 4-[3,4-Dichlor-[2]naphthyloxy]-
  6 IV 4299

$C_{14}H_{11}Cl_2NO_2$
Essigsäure, [3,5-Dichlor-biphenyl-2-yloxy]-,
  amid 6 III 3302 h
−, [3,5-Dichlor-biphenyl-4-yloxy]-,
  amid 6 III 3333 c

$C_{14}H_{11}Cl_2NO_2S$
Sulfid, [4-Chlor-2-nitro-phenyl]-[β-chlor-
  phenäthyl]- 6 III 1721 c

$C_{14}H_{11}Cl_2NO_3S$
Benzolsulfensäure, 2-Nitro-, [2,4-dichlor-
  3,5-dimethyl-phenylester] 6 III 1761 i

C₁₄H₁₁Cl₂O₃P

Phosphonsäure, Vinyl-, bis-[4-chlor-
phenylester] **6** IV 868

C₁₄H₁₁Cl₃NO₄P

Amidophosphorsäure, *N*-Trichloracetyl-,
diphenylester **6** IV 741

C₁₄H₁₁Cl₃O

Äthanol, 2-Chlor-1,1-bis-[4-chlor-phenyl]-
6 IV 4719

−, 2,2,2-Trichlor-1,1-diphenyl-
6 IV 4719

Äther, Äthyl-[3,4,5-trichlor-biphenyl-2-yl]-
6 III 3303 f

−, Äthyl-[3,5,6-trichlor-biphenyl-2-yl]-
6 III 3303 f

−, [4-Chlor-2-methyl-phenyl]-
[2,6-dichlor-benzyl]- **6** IV 2597

Anisol, 2-Chlor-4-[4,α-dichlor-benzyl]-
6 IV 4646

Phenol, 4-Chlor-2-[2,4-dichlor-benzyl]-
5-methyl- **6** IV 4735

−, 3,4,6-Trichlor-2-[2-methyl-benzyl]-
6 IV 4726

C₁₄H₁₁Cl₃OS

Methansulfensäure, Trichlor-, [4-benzyl-
phenylester] **6** IV 4643

C₁₄H₁₁Cl₃O₂

Äthan, 1-[2-Chlor-phenoxy]-2-[2,4-dichlor-
phenoxy]- **6** IV 890

−, 1-[3-Chlor-phenoxy]-2-[2,4-dichlor-
phenoxy]- **6** IV 890

−, 1-[4-Chlor-phenoxy]-2-[2,4-dichlor-
phenoxy]- **6** IV 890

−, 1-Phenoxy-2-[2,4,6-trichlor-
phenoxy]- **6** IV 1006

−, 1,1,1-Trichlor-2,2-bis-[4-hydroxy-
phenyl]- **6** 1006 i, I 491 f, II 971 b,
III 5436 c

Äthanol, 2,2,2-Trichlor-1-[4-phenoxy-
phenyl]- **6** IV 5932

Phenol, 2-Chlor-6-[2,6-dichlor-4-methyl-
phenoxy]-4-methyl- **6** III 4520 e

−, 4,6,4′-Trichlor-6′-methyl-
2,2′-methandiyl-di- **6** IV 6698

C₁₄H₁₁Cl₃O₂S

Sulfon, [2,4-Dimethyl-phenyl]-
[2,4,5-trichlor-phenyl]- **6** IV 3139

−, [2,5-Dimethyl-phenyl]-
[2,4,5-trichlor-phenyl]- **6** IV 3170

−, [3,4-Dimethyl-phenyl]-
[2,4,5-trichlor-phenyl]- **6** IV 3108

−, *o*-Tolyl-[2,4,5-trichlor-benzyl]-
6 IV 2788

−, *p*-Tolyl-[2,4,5-trichlor-benzyl]-
6 IV 2788

C₁₄H₁₁Cl₃O₃

Buttersäure, 2-[1,3,4-Trichlor-
[2]naphthyloxy]- **6** IV 4300

C₁₄H₁₁Cl₃O₄S

Äthanol, 2-[4-(2,4,5-Trichlor-benzolsulfonyl)-
phenoxy]- **6** IV 5805

C₁₄H₁₁Cl₃S

Sulfid, [4-Chlor-benzyl]-[2,4-dichlor-
3-methyl-phenyl]- **6** IV 2774

−, [4-Chlor-benzyl]-[2,4-dichlor-
5-methyl-phenyl]- **6** IV 2774

−, *o*-Tolyl-[2,4,5-trichlor-benzyl]-
6 IV 2788

−, *p*-Tolyl-[2,4,5-trichlor-benzyl]-
6 IV 2788

C₁₄H₁₁Cl₄O₃PS

Thiophosphorsäure-*O*-äthylester-*O′,O″*-bis-
[2,4-dichlor-phenylester] **6** IV 940

− *O*-äthylester-*O′,O″*-bis-
[2,6-dichlor-phenylester] **6** IV 952

C₁₄H₁₁FN₂O₅

Äther, Äthyl-[4′-fluor-3,2′-dinitro-biphenyl-
4-yl]- **6** III 3340 e

C₁₄H₁₁FN₂O₆

Biphenyl, 4′-Fluor-2,4-dimethoxy-
5,2′-dinitro- **6** III 5371 e

C₁₄H₁₁FO

Methanol, [2-Fluor-fluoren-9-yl]-
6 IV 4870

C₁₄H₁₁F₃O

Äthanol, 2,2,2-Trifluor-1,1-diphenyl-
6 III 3396 d, IV 4716

Äther, *m*-Tolyl-[3-trifluormethyl-phenyl]-
6 IV 2061

C₁₄H₁₁F₃O₂

Benzol, 1-Methoxy-4-[3-trifluormethyl-
phenoxy]- **6** IV 5727

C₁₄H₁₁IN₂O₅

Äther, [2-Jod-4-methyl-phenyl]-[4-methyl-
2,6-dinitro-phenyl]- **6** IV 2152

Bibenzyl-α-ol, α′-Jod-4,4′-dinitro-
6 III 3393 c

C₁₄H₁₁IN₂O₆

Benzol, 2-[2-Jod-4-methyl-phenoxy]-
5-methoxy-1,3-dinitro- **6** IV 5789

C₁₄H₁₁IO

Äther, [9-Jod-fluoren-2-yl]-methyl-
6 IV 4847

C₁₄H₁₁IO₂

Essigsäure-[2′-jod-biphenyl-2-ylester]
6 IV 4590

$C_{14}H_{11}IO_2$ (Fortsetzung)
Essigsäure-[4'-jod-biphenyl-4-ylester]
   6 III 3338 c
– [5-jod-biphenyl-2-ylester]
   6 III 3306 e
Essigsäure, Jod-, biphenyl-4-ylester
   6 III 3327 c
$C_{14}H_{11}IO_3$
Jodonium, [4-Carboxymethoxy-phenyl]-
   phenyl-, betain 6 IV 1078
$C_{14}H_{11}I_2NO_3S$
Benzol, 1-Äthoxy-4-[2,6-dijod-4-nitro-
   phenylmercapto]- 6 IV 5798
$C_{14}H_{11}I_2NO_4$
Benzol, 1-Äthoxy-4-[2,6-dijod-4-nitro-
   phenoxy]- 6 III 4400 a
$C_{14}H_{11}I_2NO_4S$
Benzol, 1-Äthoxy-4-[2,6-dijod-4-nitro-
   benzolsulfinyl]- 6 IV 5799
$C_{14}H_{11}I_2NO_5$
Benzol, 4-[2,6-Dijod-4-nitro-phenoxy]-
   1,2-dimethoxy- 6 IV 7340
$C_{14}H_{11}I_2NO_5S$
Benzol, 1-Äthoxy-4-[2,6-dijod-4-nitro-
   benzolsulfonyl]- 6 IV 5799
$C_{14}H_{11}I_3O$
Äther, Benzyl-[2,4,6-trijod-3-methyl-
   phenyl]- 6 434 d
–, Phenäthyl-[2,4,6-trijod-phenyl]-
   6 III 1707 b
$C_{14}H_{11}NO$
Acetonitril, Biphenyl-2-yloxy- 6 IV 4582
–, Biphenyl-4-yloxy- 6 IV 4604
Crotononitril, 4-[2]Naphthyloxy- 6 IV 4281
$C_{14}H_{11}NOS$
Benzylthiocyanat, 4-Phenoxy- 6 III 4553 a
$C_{14}H_{11}NOSe$
Biphenyl-4-ylselenocyanat, 4'-Methoxy-
   6 IV 6655
Phenylselenocyanat, 2-p-Tolyloxy-
   6 III 4291 h
$C_{14}H_{11}NO_2$
Acetonitril, Diphenoxy- 6 IV 659
–, [2-Phenoxy-phenoxy]- 6 III 4236 h
$C_{14}H_{11}NO_2S$
Sulfid, [4-Nitro-styryl]-phenyl- 6 IV 3792
$C_{14}H_{11}NO_3$
Äther, Methyl-[2-nitro-fluoren-3-yl]-
   6 IV 4850
–, Methyl-[3-nitro-fluoren-2-yl]-
   6 III 3488 b, IV 4847
–, Methyl-[7-nitro-fluoren-2-yl]-
   6 III 3488 d, IV 4847

–, [2-(2-Nitro-vinyl)-phenyl]-phenyl-
   6 IV 3773
–, [4-(2-Nitro-vinyl)-phenyl]-phenyl-
   6 III 2388 b
Stilben-2-ol, 4'-Nitro- 6 III 3495 g
Stilben-3-ol, 4'-Nitro- 6 II 657 d
Stilben-4-ol, 3'-Nitro- 6 II 658 c
–, 4'-Nitro- 6 I 335 f, II 658 d,
   IV 4860
$C_{14}H_{11}NO_3S_2$
Äthen, 1-Benzolsulfinyl-2-[4-nitro-
   phenylmercapto]- 6 IV 1700
–, 1-[4-Nitro-benzolsulfinyl]-
   2-phenylmercapto- 6 IV 1701
$C_{14}H_{11}NO_4$
Ameisensäure-[3-nitro-benzhydrylester]
   6 IV 4679
– [4-nitro-benzhydrylester]
   6 IV 4680
Essigsäure-[2'-nitro-biphenyl-2-ylester]
   6 III 3307 g
– [2-nitro-biphenyl-3-ylester]
   6 III 3317 a
– [2-nitro-biphenyl-4-ylester]
   6 IV 4612
– [2'-nitro-biphenyl-4-ylester]
   6 IV 4613
– [3-nitro-biphenyl-4-ylester]
   6 III 3339 b
– [4'-nitro-biphenyl-2-ylester]
   6 III 3308 c
– [4'-nitro-biphenyl-4-ylester]
   6 III 3339 c
$C_{14}H_{11}NO_4S$
Benzol, 1-Acetoxy-4-[2-nitro-phenyl≈
   mercapto]- 6 I 421 e
–, 1-Acetoxy-4-[3-nitro-phenyl≈
   mercapto]- 6 III 4461 d
–, 1-Acetoxy-4-[4-nitro-phenyl≈
   mercapto]- 6 I 421 f, III 4461 e
Sulfon, Methyl-[5-nitro-fluoren-2-yl]-
   6 IV 4849
–, Methyl-[7-nitro-fluoren-2-yl]-
   6 IV 4849
–, [2-Nitro-styryl]-phenyl-
   6 IV 3791
–, [3-Nitro-styryl]-phenyl-
   6 IV 3791
–, [4-Nitro-styryl]-phenyl-
   6 IV 3792
Thiokohlensäure-O-benzylester-O'-[2-nitro-
   phenylester] 6 IV 2467

$C_{14}H_{11}NO_4S$ (Fortsetzung)
Thiokohlensäure-O-benzylester-S-[2-nitro-
phenylester] **6** IV 2468
$C_{14}H_{11}NO_4S_2$
Äthen, 1-Benzolsulfonyl-2-[4-nitro-
phenylmercapto]- **6** IV 1700
−, 1-[4-Nitro-benzolsulfonyl]-
2-phenylmercapto- **6** IV 1703
Benzol, 1-Acetoxy-4-[2-nitro-phenyl-
disulfanyl]- **6** III 4466 a
$C_{14}H_{11}NO_5$
Benzol, 1-Acetoxy-4-nitro-2-phenoxy-
6 III 4268 e
Essigsäure, [2′-Nitro-biphenyl-4-yloxy]-
6 IV 4613
−, [4-Nitro-phenoxy]-, phenylester
6 IV 1303
Kohlensäure-benzylester-[2-nitro-
phenylester] **6** IV 2277
$C_{14}H_{11}NO_6$
Naphthalin, 1,2-Diacetoxy-3-nitro-
6 976 c
$C_{14}H_{11}NO_6S$
Benzol, 1-Acetoxy-4-[4-nitro-benzolsulfonyl]-
6 IV 5815
$C_{14}H_{11}NO_6S_2$
Äthen, 1-Benzolsulfonyl-2-[4-nitro-
benzolsulfonyl]- **6** IV 1703
$C_{14}H_{11}N_3O$
Äther, [9-Azido-fluoren-2-yl]-methyl-
6 IV 4848
$C_{14}H_{11}N_3O_3$
Acetylazid, Diphenoxy- **6** IV 660
$C_{14}H_{11}N_3O_6S$
Sulfid, [4-Äthyl-phenyl]-picryl-
6 I 235 e
$C_{14}H_{11}N_3O_7$
Äther, [2,4-Dimethyl-5-nitro-phenyl]-
[2,4-dinitro-phenyl]- **6** III 1750 g
−, [3,4-Dimethyl-2-nitro-phenyl]-
[2,4-dinitro-phenyl]- **6** III 1731 b
−, [2-Methyl-4,6-dinitro-phenyl]-
[4-nitro-benzyl]- **6** 451 g
−, [4-Methyl-2,6-dinitro-phenyl]-
[4-nitro-benzyl]- **6** 451 j
−, [1-Phenyl-äthyl]-picryl-
6 IV 3033
$C_{14}H_{11}N_3O_7S$
Phenol, 2,4-Dimethyl-5-picrylmercapto-
6 III 4596 a
$C_{14}H_{11}N_3O_8$
Äthan, 1-[2,4-Dinitro-phenoxy]-2-[2-nitro-
phenoxy]- **6** III 864 b

−, 1-Phenoxy-2-picryloxy-
6 IV 1460
Benzol, 1-Methoxy-4,5-dinitro-2-[4-nitro-
benzyloxy]- **6** III 4275 e
$C_{14}H_{11}N_3O_8S$
Benzol, 2,4-Dimethoxy-1-picrylmercapto-
6 I 543 k
$C_{14}H_{11}N_3S_2$
Azidodithiokohlensäure-benzhydrylester
6 IV 4685
$C_{14}H_{11}O_5P$
Benzo[1,3,2]dioxaphosphol, 2-[2-Acetoxy-
phenoxy]- **6** III 4244 b
$C_{14}H_{12}BrClO$
Äther, [2-Brom-äthyl]-[3-chlor-biphenyl-
2-yl]- **6** III 3298 b, IV 4586
−, [2-Brom-4-methyl-phenyl]-[2-chlor-
benzyl]- **6** III 1555 a, IV 2591
−, [2-Brom-4-methyl-phenyl]-[4-chlor-
benzyl]- **6** III 1557 b
−, [4-Brom-2-methyl-phenyl]-[2-chlor-
benzyl]- **6** III 1554 j, IV 2591
−, [4-Brom-2-methyl-phenyl]-[3-chlor-
benzyl]- **6** III 1555 h
−, [4-Brom-2-methyl-phenyl]-[4-chlor-
benzyl]- **6** III 1556 k
Bibenzyl-α-ol, α′-Brom-4-chlor-
6 IV 4704
−, α′-Brom-4′-chlor- **6** IV 4704
$C_{14}H_{12}BrClO_2$
Äthan-1,2-diol, 1-[4-Brom-phenyl]-1-
[4-chlor-phenyl]- **6** IV 6697
$C_{14}H_{12}BrFO$
Äther, [2-Brom-4-methyl-phenyl]-[3-fluor-
benzyl]- **6** III 1553 h
−, [4-Brom-2-methyl-phenyl]-[3-fluor-
benzyl]- **6** III 1553 g
$C_{14}H_{12}BrNO_2$
Essigsäure, [3-Brom-biphenyl-4-yloxy]-,
amid **6** III 3334 i
−, [5-Brom-biphenyl-2-yloxy]-, amid
6 III 3305 d
$C_{14}H_{12}BrNO_3$
Äther, Äthyl-[3-brom-5-nitro-biphenyl-
2-yl]- **6** IV 4592
−, Benzyl-[4-brom-2-methyl-6-nitro-
phenyl]- **6** 434 b
−, [2-Brom-5-methyl-phenyl]-
[4-methyl-2-nitro-phenyl]- **6** IV 2149
−, [2-Brom-4-methyl-phenyl]-[2-nitro-
benzyl]- **6** III 1564 h, IV 2609
−, [2-Brom-4-methyl-phenyl]-[3-nitro-
benzyl]- **6** III 1566 c

$C_{14}H_{12}BrNO_3$ (Fortsetzung)
Äther, [2-Brom-4-methyl-phenyl]-[4-nitro-
    benzyl]- **6** III 1568 g
—, [4-Brom-2-methyl-phenyl]-[2-nitro-
    benzyl]- **6** III 1564 g, IV 2609
—, [4-Brom-2-methyl-phenyl]-[3-nitro-
    benzyl]- **6** III 1566 b
—, [4-Brom-2-methyl-phenyl]-[4-nitro-
    benzyl]- **6** III 1568 e, IV 2612
—, [4-Brom-2-nitro-phenyl]-
    [2,4-dimethyl-phenyl]- **6** III 1745 d

$C_{14}H_{12}Br_2Cl_2O_2Se$
λ^4-Selan, Bis-[3-brom-4-methoxy-phenyl]-
    dichlor- **6** III 4488 c

$C_{14}H_{12}Br_2NO_5P$
Carbamidsäure, [Bis-(4-brom-phenoxy)-
    phosphoryl]-, methylester **6** IV 1054

$C_{14}H_{12}Br_2O$
Äthanol, 1,1-Bis-[4-brom-phenyl]-
    6 IV 4723
Äther, Äthyl-[3,4'-dibrom-biphenyl-4-yl]-
    6 IV 4610
—, Äthyl-[3,5-dibrom-biphenyl-4-yl]-
    6 IV 4610
—, Bis-[2-brom-benzyl]- **6** IV 2601
—, Bis-[4-brom-benzyl]- **6** 447 a
—, Bis-[2-brom-4-methyl-phenyl]-
    6 I 204 f, IV 2144
—, Bis-[4-brommethyl-phenyl]-
    6 IV 2145
—, Bis-[4-brom-2-methyl-phenyl]-
    6 I 176 f
—, Bis-[4-brom-3-methyl-phenyl]-
    6 I 190 e
—, [4-Brom-benzyl]-[2-brom-4-methyl-
    phenyl]- **6** III 1562 c
—, [4-Brom-benzyl]-[4-brom-2-methyl-
    phenyl]- **6** III 1562 b
—, [2-Brom-4-methyl-phenyl]-[2-brom-
    5-methyl-phenyl]- **6** IV 2144
—, [4-(1,2-Dibrom-äthyl)-phenyl]-
    phenyl- **6** III 1669 f
Bibenzyl-4-ol, α,α'-Dibrom- **6** 683 d
Biphenyl-2-ol, 3,5-Bis-brommethyl-
    6 II 641 e
Biphenyl-3-ol, 2,4-Dibrom-5,6-dimethyl-
    6 IV 4741
Phenol, 2-Benzyl-4,6-dibrom-3-methyl-
    6 III 3399 f
—, 4-Benzyl-2,6-dibrom-3-methyl-
    6 III 3399 b
—, 6-Benzyl-2,4-dibrom-3-methyl-
    6 III 3403 a

—, 2,4-Dibrom-6-[2-methyl-benzyl]-
    6 IV 4727
—, 2,4-Dibrom-6-[4-methyl-benzyl]-
    6 IV 4727

$C_{14}H_{12}Br_2O_2$
Äthan, 1,2-Bis-[2-brom-phenoxy]- **6** 197 e
—, 1,2-Bis-[4-brom-phenoxy]-
    6 III 745 c
—, 1,2-Dibrom-1,1-diphenoxy-
    6 III 599 e
—, 1,2-Dibrom-1,2-diphenoxy-
    6 IV 602
Bibenzyl-2,2'-diol, 5,5'-Dibrom-
    6 III 5424 c
Bibenzyl-4,4'-diol, α,α'-Dibrom-
    6 1001 d
Biphenyl, 4,4'-Dibrom-2,2'-bis-
    hydroxymethyl- **6** IV 6703
—, 3,3'-Dibrom-4,4'-dimethoxy-
    6 III 5396 a
—, 5,5'-Dibrom-2,2'-dimethoxy-
    6 III 5377 g
Biphenyl-2,2'-diol, 3,3'-Dibrom-
    5,5'-dimethyl- **6** IV 6705
Phenol, 2,6-Dibrom-4-[α-methoxy-benzyl]-
    6 999 a
—, 2',6'-Dibrom-4-methyl-
    2,4'-methandiyl-di- **6** 1009 f
—, 4,6-Dibrom-2'-methyl-
    2,4'-methandiyl-di- **6** III 5442 f
—, 4,6-Dibrom-3'-methyl-
    2,4'-methandiyl-di- **6** III 5442 c
—, 4,6-Dibrom-5'-methyl-
    2,2'-methandiyl-di- **6** III 5442 c

$C_{14}H_{12}Br_2O_2S$
Phenol, 2,2'-Dibrom-6,6'-dimethyl-
    4,4'-sulfandiyl-di- **6** III 4512 c
—, 4,4'-Dibrom-6,6'-dimethyl-
    2,2'-sulfandiyl-di- **6** III 4494 g
—, 6,6'-Dibrom-4,4'-dimethyl-
    2,2'-sulfandiyl-di- **6** III 4529 d
Sulfon, Bis-[4-brom-benzyl]- **6** 467 e,
    IV 2792
—, Bis-[4-brommethyl-phenyl]-
    6 427 e, III 1436 b
—, [4-(1,2-Dibrom-äthyl)-phenyl]-
    phenyl- **6** IV 3029

$C_{14}H_{12}Br_2O_2S_2$
Phenol, 2,2'-Dibrom-6,6'-dimethyl-
    4,4'-disulfandiyl-di- **6** I 431 d
—, 6,6'-Dibrom-4,4'-dimethyl-
    2,2'-disulfandiyl-di- **6** I 435 l

$C_{14}H_{12}Br_2O_2S_2Se$

Selan, Bis-[5-brom-4-hydroxy-toluol-
3-sulfenyl]- **6** III 4529 e

$C_{14}H_{12}Br_2O_2Se$

Selenid, Bis-[3-brom-4-methoxy-phenyl]-
6 III 4488 a

—, Bis-[5-brom-2-methoxy-phenyl]-
6 III 4292 a

$C_{14}H_{12}Br_2O_3$

Äther, Bis-[4-brom-phenoxymethyl]-
6 IV 1050

Buttersäure, 2-[1,6-Dibrom-[2]naphthyloxy]-
6 III 2998 g

$C_{14}H_{12}Br_2O_4$

Bibenzyl-2,α,2′,α′-tetraol, 5,5′-Dibrom-
6 III 6712 a

$C_{14}H_{12}Br_2O_4S$

Sulfon, Bis-[2-brom-4-methoxy-phenyl]-
6 864 g

—, Bis-[3-brom-4-methoxy-phenyl]-
6 864 g

$C_{14}H_{12}Br_2O_4S_2$

Äthan, 1,2-Bis-[4-brom-benzolsulfonyl]-
6 331 d, III 1050 c

$C_{14}H_{12}Br_2O_8$

Benzol, 1,2,3,5-Tetraacetoxy-4,6-dibrom-
6 IV 7687

$C_{14}H_{12}Br_2S$

Sulfid, Bis-[4-brom-benzyl]- **6** 467 d,
IV 2792

$C_{14}H_{12}Br_2S_2$

Äthan, 1,2-Bis-[4-brom-phenylmercapto]-
6 III 1050 b

Disulfid, Bis-[4-brom-benzyl]-
6 467 g, III 1645 g

—, Bis-[2-brommethyl-phenyl]-
6 IV 2032

—, Bis-[2-brom-4-methyl-phenyl]-
6 III 1435 g

—, Bis-[3-brom-4-methyl-phenyl]-
6 III 1435 e

—, Bis-[4-brom-3-methyl-phenyl]-
6 389 e

$C_{14}H_{12}Br_2Se$

Selenid, Bis-[4-brom-benzyl]- **6** III 1653 c

$C_{14}H_{12}Br_2Se_2$

Diselenid, Bis-[4-brom-benzyl]- **6** III 1653 d

$C_{14}H_{12}Br_4O_2Se$

$λ^4$-Selan, Bis-[3-brom-4-methoxy-phenyl]-
dibrom- **6** III 4488 d

$C_{14}H_{12}Br_4O_4$

Benzol, 2-Acetoxy-1-[1-acetoxymethyl-
2,2-dibrom-vinyl]-3,5-dibrom-4-methyl-
6 I 466 h

$C_{14}H_{12}Br_6O_4$

Butan, 2-Acetoxy-1-[4-acetoxy-3,5-dibrom-
phenyl]-1,1,3,3-tetrabrom- **6** I 450 f

—, 2-Acetoxy-2-[4-acetoxy-
2,3,5,6-tetrabrom-phenyl]-1,1-dibrom-
6 I 450 f

$C_{14}H_{12}ClIO_2$

Benzol, 1-[4-Chlormethyl-2-jod-phenoxy]-
4-methoxy- **6** IV 5728

$C_{14}H_{12}ClI_2O_3P$

Chlorophosphorsäure-bis-[4-jod-benzylester]
6 IV 2607

$C_{14}H_{12}ClNO$

Butyronitril, 4-[1-Chlor-[2]naphthyloxy]-
6 IV 4291

—, 4-[3-Chlor-[2]naphthyloxy]-
6 IV 4293

—, 4-[8-Chlor-[2]naphthyloxy]-
6 IV 4296

$C_{14}H_{12}ClNO_2$

Carbamidsäure-[4-benzyl-2-chlor-
phenylester] **6** IV 4644

Essigsäure, [3-Chlor-biphenyl-2-yloxy]-,
amid **6** III 3299 e

—, [3-Chlor-biphenyl-4-yloxy]-, amid
6 III 3332 a

—, [5-Chlor-biphenyl-2-yloxy]-, amid
6 III 3301 c

$C_{14}H_{12}ClNO_2S$

Sulfid, [4-Chlor-benzyl]-[4-methyl-3-nitro-
phenyl]- **6** IV 2774

—, [4-Chlor-2-nitro-phenyl]-[4-methyl-
benzyl]- **6** IV 3175

—, [1-(4-Chlor-phenyl)-2-nitro-äthyl]-
phenyl- **6** IV 3066 c

$C_{14}H_{12}ClNO_3$

Äther, Äthyl-[3-chlor-4′-nitro-biphenyl-
4-yl]- **6** IV 4615

—, [2-Chlor-benzyl]-[4-methyl-2-nitro-
phenyl]- **6** 444 f

—, [4-Chlor-benzyl]-[4-methyl-2-nitro-
phenyl]- **6** 445 b

—, [2-Chlor-3,4-dimethyl-phenyl]-
[2-nitro-phenyl]- **6** III 1729 c

—, [2-Chlor-4,5-dimethyl-phenyl]-
[2-nitro-phenyl]- **6** III 1729 e

—, [4-Chlor-2,5-dimethyl-phenyl]-
[2-nitro-phenyl]- **6** III 1774 a

$C_{14}H_{12}ClNO_3$ (Fortsetzung)
Äther, [4-Chlor-3,5-dimethyl-phenyl]-
[2-nitro-phenyl]- **6** III 1759 d
—, [4-Chlor-3,5-dimethyl-phenyl]-
[4-nitro-phenyl]- **6** IV 3152
—, [2-Chlor-4-methyl-phenyl]-[4-nitro-
benzyl]- **6** III 1568 f
—, [4-Chlor-2-methyl-phenyl]-[2-nitro-
benzyl]- **6** IV 2608
—, [4-Chlor-2-nitro-phenyl]-
[2,4-dimethyl-phenyl]- **6** III 1745 c

$C_{14}H_{12}ClNO_3S$
Benzol, 1-[4-Chlor-benzylmercapto]-
2-methoxy-4-nitro- **6** IV 5648
—, 2-Chlor-1-methoxy-4-[4-nitro-
benzylmercapto]- **6** IV 5830
—, 4-[(4-Chlor-phenylmercapto)-
methyl]-1-methoxy-2-nitro- **6** IV 5923
Benzolsulfensäure, 2-Nitro-, [4-chlor-
2,5-dimethyl-phenylester] **6** III 1774 b
—, 2-Nitro-, [4-chlor-3,5-dimethyl-
phenylester] **6** III 1760 c
Phenol, 2-Chlor-3,4-dimethyl-6-[2-nitro-
phenylmercapto]- **6** III 4586 c
—, 4-Chlor-3,5-dimethyl-2-[2-nitro-
phenylmercapto]- **6** III 4592 c
—, 4-Chlor-3,6-dimethyl-2-[2-nitro-
phenylmercapto]- **6** III 4601 b
—, 6-Chlor-3,4-dimethyl-2-[2-nitro-
phenylmercapto]- **6** III 4580 f,
IV 5948

$C_{14}H_{12}ClNO_4$
Benzol, 1-[3-Chlor-benzyloxy]-2-methoxy-
4-nitro- **6** II 791 h
—, 1-[4-Chlor-benzyloxy]-2-methoxy-
4-nitro- **6** II 791 i
—, 2-[3-Chlor-benzyloxy]-1-methoxy-
4-nitro- **6** II 792 d
—, 2-[4-Chlor-benzyloxy]-1-methoxy-
4-nitro- **6** II 792 e
Biphenyl, 4'-Chlor-2,5-dimethoxy-4-nitro-
6 III 5374 c

$C_{14}H_{12}ClNO_4S$
Phenol, 6-Chlor-3,4-dimethyl-2-[2-nitro-
benzolsulfinyl]- **6** IV 5948
Sulfon, [4-Chlor-2-nitro-phenyl]-[4-methyl-
benzyl]- **6** III 1783 a

$C_{14}H_{12}ClNO_5$
Essigsäure, [2-Chlor-4-nitro-[1]naphthyloxy]-,
äthylester **6** IV 4240

$C_{14}H_{12}ClNO_5S$
Benzol, 4-[4-Chlor-benzolsulfonylmethyl]-
1-methoxy-2-nitro- **6** IV 5924

—, 2-Chlor-1-methoxy-4-[4-nitro-
phenylmethansulfonyl]- **6** IV 5831
—, 1-[(4-Chlor-phenyl)-methansulfonyl]-
2-methoxy-4-nitro- **6** IV 5648
Phenol, 2-Chlor-3,4-dimethyl-6-[2-nitro-
benzolsulfonyl]- **6** III 4586 d
—, 4-Chlor-3,5-dimethyl-2-[2-nitro-
benzolsulfonyl]- **6** III 4592 d
—, 4-Chlor-3,6-dimethyl-2-[2-nitro-
benzolsulfonyl]- **6** III 4601 c
—, 6-Chlor-3,4-dimethyl-2-[2-nitro-
benzolsulfonyl]- **6** III 4581 a,
IV 5948

$C_{14}H_{12}ClN_2O_7P$
Chlorophosphorsäure-bis-[4-nitro-
benzylester] **6** IV 2629

$C_{14}H_{12}ClN_2O_7PS$
Thiophosphorsäure-O-[2-chlor-äthylester]-
O',O''-bis-[4-nitro-phenylester]
6 IV 1341

$C_{14}H_{12}ClN_2O_8P$
Phosphorsäure-[2-chlor-äthylester]-bis-
[4-nitro-phenylester] **6** IV 1330

$C_{14}H_{12}ClO_4P$
$2\lambda^5$-[2,2']Spirobi[benzol[1,3,2]dioxaphosphol],
2-Chlor-5,5'-dimethyl- **6** III 4519 h

$C_{14}H_{12}Cl_2NO_5P$
Carbamidsäure, [Bis-(2-chlor-phenoxy)-
phosphoryl]-, methylester **6** IV 807

$C_{14}H_{12}Cl_2N_4O_4S_2$
Äthan, 1,2-Bis-[4-chlor-2-nitro-benzol≠
sulfenylamino]- **6** III 1082 b

$C_{14}H_{12}Cl_2O$
Äthanol, 1,1-Bis-[4-chlor-phenyl]-
6 III 3396 f, IV 4718
—, 2,2-Bis-[4-chlor-phenyl]-
6 III 3398 b, IV 4726
—, 2-Chlor-1-[4-chlor-phenyl]-
1-phenyl- **6** IV 4718
—, 1-[2-Chlor-phenyl]-1-[4-chlor-
phenyl]- **6** IV 4718
—, 2,2-Dichlor-1,1-diphenyl-
6 III 3396 g
Äther, Bis-[2-chlor-benzyl]- **6** I 222 g
—, Bis-[3-chlor-benzyl]- **6** IV 2593
—, Bis-[4-chlor-benzyl]- **6** 445 c
—, Bis-[2-chlor-4-methyl-phenyl]- **6** I 203 l
—, Bis-[4-chlormethyl-phenyl]-
6 IV 2139
—, Bis-[4-chlor-2-methyl-phenyl]- **6** I 174 d
—, Bis-[4-chlor-3-methyl-phenyl]- **6** I 188 b
—, [2-Chlor-äthyl]-[3-chlor-biphenyl-
2-yl]- **6** III 3298 a

C₁₄H₁₂Cl₂O (Fortsetzung)

Äther, [4,4'-Dichlor-benzhydryl]-methyl-
6 III 3377 f

—, [4'-Dichlormethyl-biphenyl-4-yl]-
methyl- 6 IV 4692

—, [2,4-Dichlor-phenyl]-[4-methyl-
benzyl]- 6 III 1780 a

—, [2,5-Dichlor-phenyl]-[4-methyl-
benzyl]- 6 III 1780 b

Anisol, 2-Chlor-4-[α-chlor-benzyl]-
6 IV 4646

—, 4-[α,α-Dichlor-benzyl]- 6 677 a

Bibenzyl-α-ol, 4,4'-Dichlor- 6 III 3391 h

Phenol, 4-Chlor-2-[2-chlor-benzyl]-
5-methyl- 6 IV 4735

—, 4-Chlor-2-[4-chlor-benzyl]-
5-methyl- 6 IV 4735

—, 2,4-Dichlor-6-[1-phenyl-äthyl]-
6 IV 4710

—, 2,6-Dichlor-4-[1-phenyl-äthyl]-
6 IV 4712

C₁₄H₁₂Cl₂OS

Benzol, 2-Chlor-4-[4-chlor-benzylmercapto]-
1-methoxy- 6 IV 5830

Sulfoxid, Bis-[2-chlor-benzyl]- 6 IV 2767

—, Bis-[4-chlor-benzyl]- 6 III 1639 a

—, Bis-[4-chlor-2-methyl-phenyl]-
6 IV 2029

C₁₄H₁₂Cl₂O₂

Acetaldehyd-[bis-(4-chlor-phenyl)-acetal]
6 III 692 e

Äthan, 1,2-Bis-[2-chlor-phenoxy]-
6 184 d

—, 1,2-Bis-[3-chlor-phenoxy]-
6 IV 813

—, 1,2-Bis-[4-chlor-phenoxy]-
6 IV 827

—, 1,2-Dichlor-1,2-diphenoxy-
6 IV 602

—, 1-[2,4-Dichlor-phenoxy]-
2-phenoxy- 6 IV 889

Äthanol, 2-[3,5-Dichlor-biphenyl-2-yloxy]-
6 III 3302 e

3,8-Ätheno-cyclobuta[b]naphthalin-
4,7-dion, 1,2-Dichlor-1,2,2a,3,3a,7a,8,-
8a-octahydro- 6 III 5452 a

Anthrachinon, 2,6-Dichlor-1,4,4a,5,8,9a-
hexahydro- 6 III 5449 a

—, 2,7-Dichlor-1,4,4a,5,8,9a-
hexahydro- 6 III 5449 c

Benzol, 1-[2,6-Dichlor-4-methyl-phenoxy]-
4-methoxy- 6 IV 5728

Bibenzyl-α,α'-diol, 3,3'-Dichlor-
6 1006 b, I 491 a

—, 4,4'-Dichlor- 6 1006 c, I 491 b,
II 970 e

Bibenzyl-2,2'-diol, 5,5'-Dichlor-
6 IV 6677

Bibenzyl-4,4'-diol, α,α'-Dichlor-
6 1000 b

Biphenyl, 2,2'-Dichlor-6,6'-bis-
hydroxymethyl- 6 IV 6703

—, 2,3-Dichlor-5,6-dimethoxy-
6 IV 6641

—, 3,3'-Dichlor-4,4'-dimethoxy-
6 IV 6653

—, 4,2'-Dichlor-2,5-dimethoxy-
6 IV 6642

—, 4,4'-Dichlor-3,3'-dimethoxy-
6 II 962 a

—, 5,5'-Dichlor-2,2'-dimethoxy-
6 III 5377 d

Biphenyl-2,2'-diol, 3,3'-Dichlor-
5,5'-dimethyl- 6 IV 6705

Phenol, 4,4'-Dichlor-2,2'-äthyliden-di-
6 III 5434 d

C₁₄H₁₂Cl₂O₂S

Phenol, 4,4'-Dichlor-5,5'-dimethyl-
2,2'-sulfandiyl-di- 6 II 874 i, IV 5890

—, 4,4'-Dichlor-6,6'-dimethyl-
2,2'-sulfandiyl-di- 6 III 4494 f

Sulfid, Bis-[3-chlor-6-hydroxy-2-methyl-
phenyl]- 6 IV 5890

—, Bis-[5-chlor-2-methoxy-phenyl]-
6 I 397 a, IV 5645

Sulfon, Bis-[2-chlor-benzyl]- 6 IV 2768

—, Bis-[4-chlor-benzyl]- 6 III 1639 b

—, Bis-[2-chlor-5-methyl-phenyl]-
6 II 366 e

—, Bis-[3-chlor-5-methyl-phenyl]-
6 IV 2088

—, Bis-[4-chlor-2-methyl-phenyl]-
6 III 1283 c, IV 2029

—, [2,4-Dichlor-phenyl]-[2,4-dimethyl-
phenyl]- 6 III 1751 g

—, [2,5-Dichlor-phenyl]-[2,4-dimethyl-
phenyl]- 6 II 461 h

C₁₄H₁₂Cl₂O₂S₂

Disulfid, Bis-[5-chlor-2-methoxy-phenyl]-
6 II 798 e, IV 5645

Methanthiosulfonsäure, [4-Chlor-phenyl]-,
S-[4-chlor-benzylester] 6 467 a

C₁₄H₁₂Cl₂O₃

Benzylalkohol, 5-Chlor-3-[5-chlor-
2-hydroxy-benzyl]-2-hydroxy-
6 IV 7573

Buttersäure, 2-[1,3-Dichlor-[2]naphthyloxy]-
6 IV 4296

—, 2-[1,4-Dichlor-[2]naphthyloxy]-
6 IV 4297

—, 2-[3,4-Dichlor-[2]naphthyloxy]-
6 IV 4299

—, 4-[1,3-Dichlor-[2]naphthyloxy]-
6 IV 4296

—, 4-[3,4-Dichlor-[2]naphthyloxy]-
6 IV 4299

Essigsäure, [2,4-Dichlor-[1]naphthyloxy]-,
äthylester **6** III 2934 h

C₁₄H₁₂Cl₂O₃S

Benzol, 2-Chlor-4-[4-chlor-phenyl=
methansulfonyl]-1-methoxy-
6 IV 5831

Sulfoxid, Bis-[5-chlor-2-methoxy-phenyl]-
6 IV 5645

C₁₄H₁₂Cl₂O₄

Biphenyl-2,5-diol, 4,4'-Dichlor-
2',5'-dimethoxy- **6** III 6706 e

Biphenyl-2,4,2',4'-tetraol, 5,5'-Dichlor-
6,6'-dimethyl- **6** IV 7758

Naphthalin, 5,8-Diacetoxy-6,7-dichlor-
1,4-dihydro- **6** IV 6460

Resorcin, 4-[2,4-Dichlor-3-hydroxy-
5-methyl-phenoxy]-5-methyl- **6** IV 7373

C₁₄H₁₂Cl₂O₄S

Sulfon, Bis-[3-chlor-4-methoxy-phenyl]-
6 III 4467 h

C₁₄H₁₂Cl₂O₄S₂

Äthan, 1,2-Bis-[4-chlor-benzolsulfonyl]-
6 327 e

C₁₄H₁₂Cl₂O₄S₃

Methan, Benzolsulfonyl-[3,5-dichlor-
phenylmercapto]-methansulfonyl-
6 III 1045 a

C₁₄H₁₂Cl₂O₄S₄

Disulfid, Bis-[2-chlor-5-methansulfonyl-
phenyl]- **6** III 4369 b

C₁₄H₁₂Cl₂O₅S₂

Äther, Bis-[4-chlormethansulfonyl-phenyl]-
6 IV 5812

C₁₄H₁₂Cl₂O₆

Benzol, 1,4-Bis-allyloxycarbonyloxy-
2,3-dichlor- **6** III 4434 e

[1,1']Bicyclohexa-1,3-dienyl-5,5'-dion,
6,6'-Dichlor-2,2'-dihydroxy-
4,4'-dimethoxy- **6** IV 7933

Biphenyl-2,5,2',5'-tetraol, 6,6'-Dichlor-
4,4'-dimethoxy- **6** IV 7933

Dibenzofuran-2-on, 3,6-Dichlor-
5a,8-dihydroxy-3,7-dimethoxy-
5a,6-dihydro-3H- **6** IV 7933 f

C₁₄H₁₂Cl₂O₆S₃

Methan, Benzolsulfonyl-[3,5-dichlor-
benzolsulfonyl]-methansulfonyl-
6 III 1045 b

C₁₄H₁₂Cl₂O₈

Benzol, 1,2,4,5-Tetraacetoxy-3,6-dichlor-
6 1157 e

C₁₄H₁₂Cl₂S

Sulfid, Benzyl-[2,4-dichlor-3-methyl-
phenyl]- **6** IV 2648

—, Benzyl-[2,4-dichlor-5-methyl-
phenyl]- **6** IV 2649

—, Bis-[2-chlor-benzyl]- **6** III 1638 c

—, Bis-[4-chlor-benzyl]- **6** 466 c,
IV 2775

—, Bis-[3-chlor-5-methyl-phenyl]-
6 IV 2087

—, Bis-[4-chlor-2-methyl-phenyl]-
6 IV 2029

—, [4-Chlor-benzyl]-[4-chlor-2-methyl-
phenyl]- **6** IV 2774

—, [4-Chlor-benzyl]-[4-chlor-3-methyl-
phenyl]- **6** IV 2774

C₁₄H₁₂Cl₂S₂

Äthan, 1,2-Bis-[2-chlor-phenylmercapto]-
6 IV 1572

—, 1,2-Bis-[3-chlor-phenylmercapto]-
6 IV 1578

—, 1,2-Bis-[4-chlor-phenylmercapto]-
6 IV 1588

Biphenyl, 4,4'-Dichlor-3,3'-bis-
methylmercapto- **6** II 962 g

—, 5,5'-Dichlor-2,2'-bis-methyl=
mercapto- **6** II 961 d

Disulfid, Bis-[2-chlor-benzyl]- **6** III 1638 g

—, Bis-[4-chlor-benzyl]- **6** 466 f,
III 1641 b

—, Bis-[2-chlormethyl-phenyl]-
6 IV 2030

—, Bis-[3-chlor-4-methyl-phenyl]-
6 III 1435 a

—, Bis-[4-chlor-3-methyl-phenyl]-
6 III 1336 h

—, Bis-[5-chlor-2-methyl-phenyl]-
6 III 1283 a, IV 2029

C₁₄H₁₂Cl₂S₃

Sulfid, Bis-[(4-chlor-phenylmercapto)-
methyl]- **6** IV 1595

$C_{14}H_{12}I_2S_2$
Disulfid, Bis-[2-jod-5-methyl-phenyl]-
   6 II 367 a

$C_{14}H_{12}NO_2PS_2$
Dithiophosphorsäure-S-cyanmethylester-
   O,O'-diphenylester **6** IV 760

$C_{14}H_{12}N_2O_2S_2$
Biphenyl, 3,3'-Dimethyl-4,4'-bis-
   nitrosylmercapto- **6** II 974 i

$C_{14}H_{12}N_2O_3$
Butyronitril, 4-[6-Nitro-[2]naphthyloxy]-
   6 IV 4310

$C_{14}H_{12}N_2O_4$
Oxalodiimidsäure-bis-[2-hydroxy-
   phenylester] **6** III 4231 a

$C_{14}H_{12}N_2O_4S$
Sulfid, [4-Äthyl-phenyl]-[2,4-dinitro-
   phenyl]- **6** IV 3027
—, Bis-[2-methyl-6-nitro-phenyl]-
   6 II 343 d, III 1284 a
—, Bis-[3-methyl-4-nitro-phenyl]-
   6 III 1339 f
—, Bis-[4-methyl-2-nitro-phenyl]-
   6 II 401 e
—, Bis-[2-nitro-benzyl]- **6** 468 a,
   I 231 a, III 1646 f
—, Bis-[3-nitro-benzyl]- **6** 468 i
—, Bis-[4-nitro-benzyl]- **6** 469 e,
   I 231 f, II 441 h, IV 2799
—, [2,4-Dimethyl-phenyl]-[2,4-dinitro-
   phenyl]- **6** IV 3138
—, [2,5-Dimethyl-phenyl]-[2,4-dinitro-
   phenyl]- **6** IV 3170
—, [2,6-Dimethyl-phenyl]-[2,4-dinitro-
   phenyl]- **6** IV 3124
—, [3,4-Dimethyl-phenyl]-[2,4-dinitro-
   phenyl]- **6** IV 3108
—, [2,4-Dinitro-phenyl]-[2-methyl-
   benzyl]- **6** IV 3112
—, [2,4-Dinitro-phenyl]-phenäthyl-
   6 III 1717 b, IV 3084
—, [2,4-Dinitro-phenyl]-[1-phenyl-
   äthyl]- **6** III 1697 e
—, [3-Methyl-2,6-dinitro-phenyl]-
   p-tolyl- **6** IV 2173
—, [5-Methyl-2,4-dinitro-phenyl]-
   p-tolyl- **6** IV 2173
—, [4-Methyl-2-nitro-phenyl]-
   [5-methyl-2-nitro-phenyl]- **6** III 1438 d
—, [2-Nitro-1-(2-nitro-phenyl)-äthyl]-
   phenyl- **6** IV 3066 d
—, [2-Nitro-1-(4-nitro-phenyl)-äthyl]-
   phenyl- **6** IV 3066 e

$C_{14}H_{12}N_2O_4SSe_2$
Sulfan, Bis-[4-methyl-2-nitro-benzolselenenyl]-
   6 IV 2221
—, Bis-[4-nitro-toluol-3-selenenyl]-
   6 IV 2092 d

$C_{14}H_{12}N_2O_4S_2$
Äthan, 1,2-Bis-[2-nitro-phenylmercapto]-
   6 I 154 k, II 305 k
—, 1,2-Bis-[3-nitro-phenylmercapto]-
   6 IV 1683
—, 1,2-Bis-[4-nitro-phenylmercapto]-
   6 I 159 i, II 311 g
Biphenyl, 4,4'-Bis-methylmercapto-
   3,3'-dinitro- **6** III 5400 d
Disulfid, Bis-[2-methyl-4-nitro-phenyl]-
   6 III 1285 c
—, Bis-[2-methyl-5-nitro-phenyl]-
   6 III 1284 d, IV 2033
—, Bis-[2-methyl-6-nitro-phenyl]-
   6 II 343 f, III 1284 b, IV 2032
—, Bis-[3-methyl-4-nitro-phenyl]-
   6 III 1339 g
—, Bis-[4-methyl-2-nitro-phenyl]-
   6 I 214 g, II 401 g, III 1439 a,
   IV 2213
—, Bis-[4-methyl-3-nitro-phenyl]-
   6 IV 2212
—, Bis-[5-methyl-2-nitro-phenyl]-
   6 III 1338 b
—, Bis-[2-nitro-benzyl]- **6** 468 f,
   I 231 c
—, Bis-[3-nitro-benzyl]- **6** 469 c,
   III 1647 d
—, Bis-[4-nitro-benzyl]- **6** 469 j,
   I 232 d, II 442 b, IV 2802

$C_{14}H_{12}N_2O_4S_3$
Sulfid, Bis-[(4-nitro-phenylmercapto)-
   methyl]- **6** IV 1705

$C_{14}H_{12}N_2O_4S_4$
Äthan, 1,2-Bis-[2-nitro-phenyldisulfanyl]-
   6 IV 1673
Disulfid, Bis-[3-methylmercapto-4-nitro-
   phenyl]- **6** II 831 j
—, Bis-[4-methylmercapto-2-nitro-
   phenyl]- **6** IV 5850

$C_{14}H_{12}N_2O_4S_5$
Trisulfid, Bis-[4-methylmercapto-2-nitro-
   phenyl]- **6** IV 5851

$C_{14}H_{12}N_2O_4Se$
Selenid, Bis-[2-nitro-benzyl]- **6** III 1653 f
—, Bis-[3-nitro-benzyl]- **6** III 1654 c
—, Bis-[4-nitro-benzyl]- **6** III 1654 e

$C_{14}H_{12}N_2O_6$ (Fortsetzung)

Biphenyl, 2,2'-Dimethoxy-3,5'-dinitro-
6 III 5379 b

—, 2,2'-Dimethoxy-4,4'-dinitro-
6 III 5380 b

—, 2,2'-Dimethoxy-5,5'-dinitro-
6 990 c, I 485 a, III 5381 a

—, 2,2'-Dimethoxy-6,6'-dinitro-
6 III 5381 d, IV 6648

—, 4,4'-Dimethoxy-2,2'-dinitro-
6 III 5397 f

—, 4,4'-Dimethoxy-3,3'-dinitro-
6 III 5398 c

Biphenyl-4,4'-diol, 3,3'-Dimethyl-
5,5'-dinitro- 6 1010 h, I 492 g,
II 974 g

Biphenyl-2-ol, 2'-Äthoxy-5,5'-dinitro- 6 990 d

Hydrazin-N,N'-dicarbonsäure-bis-
[2-hydroxy-phenylester] 6 776 b

Toluol, 4-[2,4-Dinitro-phenoxy]-3-methoxy-
6 III 4517 f

$C_{14}H_{12}N_2O_6S$

Benzol, 1-Methoxy-4-[2-methoxy-
4,6-dinitro-phenylmercapto]-
6 IV 5809

Sulfid, Bis-[2-methoxy-4-nitro-phenyl]-
6 IV 5648

—, Bis-[3-methoxy-4-nitro-phenyl]-
6 II 828 a

—, Bis-[5-methoxy-2-nitro-phenyl]-
6 II 828 f

Sulfon, [4-Äthyl-3-nitro-phenyl]-[3-nitro-
phenyl]- 6 III 1671 d

—, Bis-[4-methyl-3-nitro-phenyl]-
6 II 401 c, III 1437 c

—, Bis-[2-nitro-benzyl]- 6 468 c

—, Bis-[4-nitro-benzyl]- 6 II 441 i,
III 1648 e

—, [2,4-Dimethyl-3,5-dinitro-phenyl]-
phenyl- 6 492 i

—, [2,4-Dinitro-benzyl]-p-tolyl-
6 III 1650 b

—, [2,4-Dinitro-phenyl]-phenäthyl-
6 III 1717 e

—, [2,4-Dinitro-phenyl]-[1-phenyl-
äthyl]- 6 III 1698 a

$C_{14}H_{12}N_2O_6S_2$

Äthan, 1,2-Bis-[2-nitro-benzolsulfinyl]-
6 I 154 l, III 1059 j

—, 1,2-Bis-[4-nitro-benzolsulfinyl]-
6 III 1073 d

Disulfid, Bis-[3-methoxy-4-nitro-phenyl]-
6 II 828 c

—, Bis-[4-methoxy-2-nitro-phenyl]-
6 III 4470 d, IV 5835

—, Bis-[5-methoxy-2-nitro-phenyl]-
6 II 829 b

Methanthiosulfonsäure, [2-Nitro-phenyl]-,
S-[2-nitro-benzylester] 6 I 231 d

Toluol-4-thiosulfonsäure, 3-Nitro-,
S-[4-methyl-2-nitro-phenylester]
6 I 214 h

$C_{14}H_{12}N_2O_6Se_2$

Diselenid, Bis-[2-methoxy-4-nitro-phenyl]-
6 IV 5657

—, Bis-[4-methoxy-2-nitro-phenyl]-
6 IV 5854

$C_{14}H_{12}N_2O_6Se_3$

Triselenid, Bis-[4-methoxy-2-nitro-phenyl]-
6 IV 5855

$C_{14}H_{12}N_2O_7$

Äther, Bis-[2-methoxy-5-nitro-phenyl]-
6 III 4268 c

—, Bis-[2-nitro-phenoxymethyl]-
6 IV 1256

—, Bis-[3-nitro-phenoxymethyl]-
6 IV 1273

—, Bis-[4-nitro-phenoxymethyl]-
6 IV 1296

—, [2-Methoxy-3,5-dinitro-phenyl]-
[2-methoxy-phenyl]- 6 791 g

—, [2-Methoxy-4,6-dinitro-phenyl]-
[2-methoxy-phenyl]- 6 791 g

$C_{14}H_{12}N_2O_7S$

Äthan, 1-[2,4-Dinitro-benzolsulfonyl]-
2-phenoxy- 6 IV 1752

Äthanol, 2-[2,4-Dinitro-benzolsulfonyl]-
1-phenyl- 6 IV 3094

Benzol, 5-Äthoxy-2-benzolsulfonyl-
1,3-dinitro- 6 IV 5837

—, 1-Methoxy-3,5-dinitro-2-[toluol-
4-sulfonyl]- 6 IV 5651

—, 5-Methoxy-1,3-dinitro-2-[toluol-
2-sulfonyl]- 6 IV 5838

—, 5-Methoxy-1,3-dinitro-2-[toluol-
3-sulfonyl]- 6 IV 5838

—, 5-Methoxy-1,3-dinitro-2-[toluol-
4-sulfonyl]- 6 IV 5838

$C_{14}H_{12}N_2O_8$

Bibenzyl-2,α,2',α'-tetraol, 4,4'-Dinitro-
6 IV 7753

—, 5,5'-Dinitro- 6 IV 7753

Bibenzyl-4,α,4',α'-tetraol, 3,3'-Dinitro-
6 IV 7755

$C_{14}H_{12}O_2$ (Fortsetzung)

Ameisensäure-benzhydrylester
6 680 a, III 3369 c, IV 4654

Anthracen-1,2-diol, 1,2-Dihydro-
6 III 5592 f, IV 6834

Anthracen-1,9-diol, 9,10-Dihydro-
6 III 5591 b

Anthracen-1,10-diol, 9,10-Dihydro-
6 III 5591 b

Anthracen-9,10-diol, 1,4-Dihydro-
6 II 992 b, III 5594 a

—, 9,10-Dihydro- 6 III 5591 e,
IV 6832

Anthrachinon, 1,4,4a,9a-Tetrahydro-
6 II 992 b, III 5594 b, IV 6834

[9]Anthrylhydroperoxid, 9,10-Dihydro-
6 IV 4866

Biphenylen, 1,8-Dimethoxy- 6 IV 6819

—, 2,7-Dimethoxy- 6 III 5574 a,
IV 6819

But-3-en-2-on, 4-[1]Naphthyloxy-
6 IV 4217

—, 4-[2]Naphthyloxy- 6 IV 4266

Crotonsäure-[1]naphthylester 6 IV 4218

—   [2]naphthylester 6 IV 4269

Cyclohexa-2,5-dien-1,4-diol, 1,4-Di-but-
3-en-1-inyl- 6 IV 6821

Essigsäure-acenaphthen-1-ylester
6 III 3346 e, IV 4623

—   biphenyl-2-ylester 6 672 e,
II 623 d, III 3290 e, IV 4582

—   biphenyl-3-ylester 6 III 3315 a

—   biphenyl-4-ylester 6 674 d,
III 3326 e

Fluoren-2-ol, 7-Methoxy- 6 IV 6819

Fluoren-9-ol, 2-Methoxy- 6 IV 6820

—, 3-Methoxy- 6 IV 6820

Fluoren-9-ylhydroperoxid, 9-Methyl-
6 IV 4869

Keten-diphenylacetal 6 III 586 i

Methacrylsäure-[2]naphthylester
6 IV 4269

Phenanthren-1,2-diol, 1,2-Dihydro-
6 IV 6836

Phenanthren-2,7-diol, 9,10-Dihydro-
6 III 5595 f

Phenanthren-3,4-diol, 3,4-Dihydro-
6 IV 6836

Phenanthren-9,10-diol, 9,10-Dihydro-
6 1027 f, II 992 f, III 5596 c,
IV 6834

Stilben-α,α'-diol 6 II 988 g, 8 III 1278

Stilben-2,2'-diol 6 1022 b, II 987 c,
III 5574 b, IV 6821

Stilben-3,5-diol 6 III 5577 e

Stilben-4,4'-diol 6 1022 h, III 5581 c

$C_{14}H_{12}O_2S$

Essigsäure, Acenaphthen-3-ylmercapto-
6 III 3347 f

—, Acenaphthen-5-ylmercapto-
6 III 3349 a

—, Biphenyl-4-ylmercapto- 6 674 l

Sulfon, Fluoren-2-yl-methyl- 6 IV 4848

—, Phenyl-styryl- 6 IV 3785

—, Phenyl-[4-vinyl-phenyl]-
6 IV 3780

Thiokohlensäure-O-phenylester-O'-
p-tolylester 6 IV 2119

$C_{14}H_{12}O_2S_2$

Äthen, 1-Benzolsulfonyl-2-phenylmercapto-
6 IV 1499

—, 1,2-Bis-benzolsulfinyl- 6 IV 1498

Essigsäure, Bis-phenylmercapto-
6 319 i, I 148 a, II 293 j, IV 1548

Methanthiosulfonsäure-S-fluoren-2-ylester
6 IV 4849

Naphthalin, 1,3-Bis-acetylmercapto-
6 IV 6544

—, 1,5-Bis-acetylmercapto-
6 II 952 c

—, 2,7-Bis-acetylmercapto- 6 987 i

$C_{14}H_{12}O_2Se$

Benzol, 1-Acetoxy-2-phenylselanyl-
6 III 4291 f

—, 1-Acetoxy-3-phenylselanyl-
6 III 4373 g

—, 1-Acetoxy-4-phenylselanyl-
6 III 4486 e

$C_{14}H_{12}O_3$

Acenaphthen-1-ol, 2-Acetoxy-
6 994 a, IV 6655

Acetessigsäure-[1]naphthylester 6 IV 4222

—   [2]naphthylester 6 IV 4283

Anthracen-1,4,9-triol, 9,10-Dihydro-
6 1138 i

Anthracen-1,5,9-triol, 9,10-Dihydro-
6 1139 b

Anthrachinon, 5-Hydroxy-1,4,4a,9a-
tetrahydro- 6 III 6554 c

Benzol, 1-Acetoxy-2-phenoxy- 6 774 f

But-3-ensäure, 4-[2]Naphthyloxy-
6 IV 4281

Crotonsäure, 4-[2]Naphthyloxy-
6 IV 4281

$C_{14}H_{12}O_3$ (Fortsetzung)

Essigsäure, Acenaphthen-5-yloxy-
   6 IV 4625

–, Biphenyl-2-yloxy- 6 III 3291 b

–, Biphenyl-4-yloxy- 6 III 3328 d

–, [2]Naphthyloxy-, vinylester
   6 IV 4275

–, Phenoxy-, phenylester
   6 163 a, I 90 c, III 614 g, IV 642

Kohlensäure-benzylester-phenylester
   6 437 e

– phenylester-p-tolylester 6 398 e

Stilben-3,5,4'-triol 6 III 6551 b, IV 7592

$C_{14}H_{12}O_3S$

[1,3,2]Dioxathiolan-2-oxid, 4,5-Diphenyl-
   6 III 5433 a

Essigsäure, [Acenaphthen-3-sulfinyl]-
   6 IV 4624

–, [Acenaphthen-5-sulfinyl]-
   6 IV 4626

–, [2-Phenoxy-phenylmercapto]-
   6 IV 5640

–, [4-Phenoxy-phenylmercapto]-
   6 III 4463 i

Methansulfonsäure-fluoren-2-ylester
   6 IV 4847

Naphthalin, 1-Acetoxy-4-acetylmercapto-
   6 I 476 g

–, 1-Acetoxy-5-acetylmercapto-
   6 I 479 c

–, 2-Acetoxy-1-acetylmercapto-
   6 IV 6542

–, 2-Acetoxy-6-acetylmercapto-
   6 I 481 f

Phenol, 2-[2-Benzolsulfonyl-vinyl]-
   6 II 916 a

–, 4-[2-Benzolsulfonyl-vinyl]-
   6 IV 6320

Thiokohlensäure-O-[4-methoxy-phenylester]-
   O'-phenylester 6 IV 5744

$C_{14}H_{12}O_3S_2$

Äthen, 1-Benzolsulfinyl-2-benzolsulfonyl-
   6 IV 1500

[1]Naphthol, 2,4-Bis-acetylmercapto-
   6 IV 7535

$C_{14}H_{12}O_4$

Acetessigsäure-[3-hydroxy-[2]naphthylester]
   6 IV 6565

Anthrachinon, 5,8-Dihydroxy-1,4,4a,9a-
   tetrahydro- 6 III 6757 d

Bernsteinsäure-mono-[1]naphthylester
   6 IV 4219

– mono-[2]naphthylester
   6 IV 4271

Cyclohexa-1,4-dien, 3,6-Diacetoxy-
   3,6-diäthinyl- 6 IV 6537

Essigsäure, Diphenoxy- 6 170 c, II 161 b,
   III 633 f, IV 659

–, [2-Phenoxy-phenoxy]- 6 III 4236 g

–, [3-Phenoxy-phenoxy]- 6 III 4324 f

–, [4-Phenoxy-phenoxy]- 6 III 4420 c

Kohlensäure-benzylester-[2-hydroxy-
   phenylester] 6 III 4232 c

– benzylester-[4-hydroxy-
   phenylester] 6 III 4417 e

– [2-methoxy-phenylester]-
   phenylester 6 776 h

Naphthalin, 1,2-Diacetoxy- 6 975 f,
   II 945 b, III 5241 b

–, 1,3-Diacetoxy- 6 978 f, IV 6543

–, 1,4-Diacetoxy- 6 979 g, I 475 b,
   II 949 c, III 5261 e, IV 6547

–, 1,5-Diacetoxy- 6 981 a, II 951 a,
   III 5267 e

–, 1,6-Diacetoxy- 6 981 f

–, 1,7-Diacetoxy- 6 981 i, III 5282 a

–, 1,8-Diacetoxy- 6 982 b, II 953 g,
   III 5284 a

–, 2,3-Diacetoxy- 6 IV 6565

–, 2,6-Diacetoxy- 6 984 h, III 5288 e

–, 2,7-Diacetoxy- 6 987 b, III 5292 b

Phenol, 4-[4-Acetoxy-phenoxy]-
   6 I 416 g

Stilben-2,4,3',5'-tetraol 6 III 6753 b,
   IV 7785

Stilben-3,4,3',5'-tetraol 6 IV 7787

$C_{14}H_{12}O_4S$

Benzol, 1-Acetoxy-2-benzolsulfonyl-
   6 III 4278 d

–, 1-Acetoxy-4-benzolsulfonyl-
   6 III 4461 f, IV 5814

Essigsäure, [Acenaphthen-3-sulfonyl]-
   6 IV 4624

Resorcin, 4-[2-Benzolsulfonyl-vinyl]-
   6 II 1092 a

$C_{14}H_{12}O_4S_2$

Äthen, 1,2-Bis-benzolsulfonyl- 6 IV 1500

Essigsäure, Naphthalin-1,3-diyldimercapto-
   di- 6 IV 6544

–, Naphthalin-1,4-diyldimercapto-di-
   6 IV 6553

–, Naphthalin-1,5-diyldimercapto-di-
   6 II 952 d, III 5276 g, IV 6557

–, Naphthalin-1,6-diyldimercapto-di-
   6 IV 6558

$C_{14}H_{12}O_4S_2$ (Fortsetzung)

Essigsäure, Naphthalin-1,7-diyldimercapto-
di- **6** IV 6560

—, Naphthalin-1,8-diyldimercapto-di-
6 IV 6563

—, Naphthalin-2,6-diyldimercapto-di-
6 II 955 h

—, Naphthalin-2,7-diyldimercapto-di-
6 IV 6572

$C_{14}H_{12}O_5$

Bernsteinsäure-mono-[4-hydroxy-
[1]naphthylester] **6** III 5262 a

Bernsteinsäure, [2]Naphthyloxy-
6 IV 4282

Kohlensäure-benzylester-[2,3-dihydroxy-
phenylester] **6** III 6270 b

Stilben-3,4,5,3′,5′-pentaol **6** IV 7905

$C_{14}H_{12}O_5S$

Essigsäure, [1-Carboxymethylmercapto-
[2]naphthyloxy]- **6** III 5251 d

—, [4-Carboxymethylmercapto-
[1]naphthyloxy]- **6** III 5264 c

—, [5-Carboxymethylmercapto-
[2]naphthyloxy]- **6** III 5281 d

—, Phenoxysulfonyl-, phenylester
6 III 653 e, IV 691

Phenol, 4-[4-Acetoxy-benzolsulfonyl]-
6 IV 5815

$C_{14}H_{12}O_6$

Essigsäure, Naphthalin-1,4-diyldioxy-di-
6 IV 6547

—, Naphthalin-1,5-diyldioxy-di-
6 IV 6556

—, Naphthalin-1,6-diyldioxy-di-
6 IV 6558

—, Naphthalin-1,7-diyldioxy-di-
6 IV 6559

—, Naphthalin-2,3-diyldioxy-di-
6 IV 6565

—, Naphthalin-2,7-diyldioxy-di-
6 IV 6570

Naphthalin-1,4-diol, 5,8-Diacetoxy-
6 I 573 b, II 1127 b, III 6700 e

[1,4]Naphthochinon, 2,3-Diacetoxy-
2,3-dihydro- **6** IV 7731

—, 5,8-Diacetoxy-2,3-dihydro-
6 II 1127 c

$C_{14}H_{12}O_6P_2$

Benzo[1,3,2]dioxaphosphol-2-oxid,
2,2′-Äthandiyl-bis- **6** III 4243 f

$C_{14}H_{12}O_6S_2$

Essigsäure, [Naphthalin-1,4-disulfinyl]-di-
6 IV 6554

—, [Naphthalin-1,5-disulfinyl]-di-
6 III 5277 e

—, [Naphthalin-1,8-disulfinyl]-di-
6 IV 6563

—, [Naphthalin-2,6-disulfinyl]-di-
6 IV 6568

$C_{14}H_{12}O_8S_2$

Essigsäure, [Naphthalin-1,3-disulfonyl]-di-
6 IV 6545

—, [Naphthalin-1,4-disulfonyl]-di-
6 IV 6554

—, [Naphthalin-1,5-disulfonyl]-di-
6 III 5278 f

—, [Naphthalin-1,6-disulfonyl]-di-
6 IV 6558

—, [Naphthalin-2,6-disulfonyl]-di-
6 IV 6569

—, [Naphthalin-2,7-disulfonyl]-di-
6 IV 6573

$C_{14}H_{12}S$

Sulfid, Fluoren-2-yl-methyl- **6** IV 4848

—, Phenyl-[1-phenyl-vinyl]- **6** 564 b

—, Phenyl-styryl- **6** IV 3785

—, Phenyl-[4-vinyl-phenyl]-
6 IV 3780

$C_{14}H_{12}S_2$

Äthen, 1,2-Bis-phenylmercapto-
6 III 1001 d, IV 1498

$C_{14}H_{13}BrO$

Äthanol, 2-[5-Brom-acenaphthen-1-yl]-
6 IV 4746

—, 2-Brom-1,1-diphenyl- **6** IV 4722

—, 1-[3-Brom-phenyl]-1-phenyl-
6 IV 4722

—, 1-[4-Brom-phenyl]-1-phenyl-
6 III 3397 a

Äther, Äthyl-[3-brom-biphenyl-4-yl]-
6 IV 4609

—, Äthyl-[4′-brom-biphenyl-4-yl]-
6 IV 4610

—, Äthyl-[5-brom-biphenyl-2-yl]-
6 IV 4590

—, Äthyl-[5-brom-biphenyl-3-yl]-
6 II 624 e

—, Benzyl-[4-brom-benzyl]-
6 IV 2602

—, Benzyl-[2-brom-4-methyl-phenyl]-
6 III 1466 c

—, Benzyl-[4-brom-2-methyl-phenyl]-
6 III 1465 d

—, Biphenyl-2-yl-[2-brom-äthyl]-
6 III 3285 a

C₁₄H₁₃BrO (Fortsetzung)

Äther, Biphenyl-3-yl-[2-brom-äthyl]-
  6 III 3313 c
—, Biphenyl-4-yl-[2-brom-äthyl]-
  6 III 3322 c
—, [2-Brom-benzyl]-*o*-tolyl-
  6 IV 2600
—, [2-Brom-benzyl]-*p*-tolyl-
  6 IV 2601
—, [3-Brom-benzyl]-*o*-tolyl-
  6 IV 2601
—, [3-Brom-benzyl]-*p*-tolyl-
  6 IV 2601
—, [4-Brom-benzyl]-*o*-tolyl-
  6 IV 2602
—, [4-Brom-benzyl]-*p*-tolyl-
  6 IV 2602
—, [2-Brommethyl-benzyl]-phenyl-
  6 II 457 f
—, [4-Brommethyl-benzyl]-phenyl-
  6 II 469 e
—, [4'-Brommethyl-biphenyl-4-yl]-
  methyl- 6 IV 4692
—, [2-Brom-4-methyl-phenyl]-*p*-tolyl-
  6 I 204 e
—, [4-Brom-2-methyl-phenyl]-*o*-tolyl-
  6 I 176 e
—, [4-Brom-3-methyl-phenyl]-*m*-tolyl-
  6 I 190 d
—, [4-Brom-phenyl]-[2-methyl-benzyl]-
  6 IV 3110
—, [4-Brom-phenyl]-[4-methyl-benzyl]-
  6 III 1780 c
Anisol, 2-Benzyl-4-brom- 6 III 3356 b
[1]Anthrol, 2-Brom-1,2,3,4-tetrahydro-
  6 IV 4744
[2]Anthrol, 1-Brom-1,2,3,4-tetrahydro-
  6 IV 4744
[9]Anthrol, 10-Brom-1,2,3,4-tetrahydro-
  6 II 642 e
Bibenzyl-α-ol, α'-Brom- 6 III 3392 a,
  IV 4704
Biphenyl-2-ol, 2'-Brom-6,6'-dimethyl-
  6 III 3406 e
[9]Phenanthrol, 10-Brom-1,2,3,4-tetrahydro-
  6 IV 4745
Phenol, 2-Benzyl-4-brom-6-methyl-
  6 III 3401 c, IV 4729
—, 2-Benzyl-6-brom-4-methyl-
  6 III 3402 c
—, 4-Benzyl-2-brom-6-methyl-
  6 III 3401 f, IV 4731

—, 2-[2-Brom-benzyl]-4-methyl-
  6 IV 4733
—, 2-[2-Brom-benzyl]-6-methyl-
  6 IV 4729
—, 2-[3-Brom-benzyl]-4-methyl-
  6 IV 4734
—, 2-[3-Brom-benzyl]-6-methyl-
  6 IV 4730
—, 2-[4-Brom-benzyl]-4-methyl-
  6 IV 4734
—, 2-[4-Brom-benzyl]-6-methyl-
  6 IV 4730
—, 4-[2-Brom-benzyl]-2-methyl-
  6 IV 4731
—, 4-[3-Brom-benzyl]-2-methyl-
  6 IV 4731
—, 4-[4-Brom-benzyl]-2-methyl-
  6 IV 4731

C₁₄H₁₃BrOS

Sulfoxid, Benzyl-[4-brom-benzyl]-
  6 III 1643 d
—, [4-Brom-benzyl]-*p*-tolyl-
  6 IV 2792

C₁₄H₁₃BrO₂

Acenaphthen-1,2-diol, 5-Brom-
  1,2-dimethyl- 6 III 5451 b
Acetaldehyd, Brom-, diphenylacetal
  6 III 586 g
Äthanol, 2-[3-Brom-biphenyl-4-yloxy]-
  6 III 3334 b
Benzhydrol, 3-Brom-4-methoxy-
  6 I 489 e
—, 4-Brom-4'-methoxy- 6 III 5419 e
Benzol, 1-Benzyloxy-4-brom-2-methoxy-
  6 IV 4256 c
—, 1-[2-Brom-äthoxy]-4-phenoxy-
  6 III 4399 g
Bibenzyl-2,4-diol, 4'-Brom- 6 II 966 i
—, 5-Brom- 6 II 966 h
Biphenyl-2,5-diol, 2'-Brom-4',5'-dimethyl-
  6 IV 6704
—, 2'-Brom-4',6'-dimethyl-
  6 IV 6701
But-2-en-1-ol, 2-Brom-4-[2]naphthyloxy-
  6 III 2980 d
—, 3-Brom-4-[2]naphthyloxy-
  6 III 2980 d
Buttersäure, 2-Brom-, [1]naphthylester
  6 608 k
—, 2-Brom-, [2]naphthylester
  6 644 e
Essigsäure-[1-äthyl-6-brom-[2]naphthylester]
  6 II 619 d

C$_{14}$H$_{13}$BrO$_2$ (Fortsetzung)

Essigsäure-[2-brom-3,4-dimethyl-
[1]naphthylester] **6** III 3042 i

Isobuttersäure, α-Brom-, [1]naphthylester
6 608 l

—, α-Brom-, [2]naphthylester
6 644 g

Phenol, 4-Benzyloxy-2-brom-5-methyl-
6 IV 5870

C$_{14}$H$_{13}$BrO$_2$S

Sulfon, Benzyl-[4-brom-benzyl]-
6 III 1643 e

—, [4-(1-Brom-äthyl)-phenyl]-phenyl-
6 IV 3029

—, [4-Brom-benzyl]-*p*-tolyl-
6 IV 2792

—, [2-Brom-5-methyl-phenyl]-*m*-tolyl-
6 II 366 h

—, [4-Brommethyl-phenyl]-*p*-tolyl-
6 IV 2211

—, [4-Brom-phenyl]-phenäthyl-
6 III 1717 d

C$_{14}$H$_{13}$BrO$_3$

Buttersäure, 2-[1-Brom-[2]naphthyloxy]-
6 III 2995 f

Naphthalin, 2-Acetoxy-6-brom-4-methoxy-
1-methyl- **6** II 957 g

C$_{14}$H$_{13}$BrO$_3$S

Benzol, 1-[4-Brommethyl-benzolsulfonyl]-
4-methoxy- **6** IV 5802

Kohlensäure-äthylester-[2-brom-
4-methylmercapto-[1]naphthylester]
6 I 477 g

C$_{14}$H$_{13}$BrO$_4$

Phenol, 2-[2-Brom-6-methoxy-phenoxy]-
6-methoxy- **6** III 6268 c

C$_{14}$H$_{13}$BrO$_4$S

Kohlensäure-äthylester-[4-brom-
5-methansulfinyl-[1]naphthylester]
6 I 480 a

Sulfon, [2-Brom-4-methoxy-phenyl]-
[4-methoxy-phenyl]- **6** 864 f

—, [3-Brom-4-methoxy-phenyl]-
[4-methoxy-phenyl]- **6** 864 f

C$_{14}$H$_{13}$BrS

Sulfid, Benzyl-[4-brom-benzyl]-
6 III 1643 c

—, [4-Brom-benzyl]-*p*-tolyl-
6 IV 2792

C$_{14}$H$_{13}$Br$_2$O$_3$P

Phosphonsäure-bis-[4-brom-benzylester]
6 IV 2603

C$_{14}$H$_{13}$Br$_2$O$_3$PS

Thiophosphorsäure-*O*-äthylester-*O'*,*O''*-bis-
[2-brom-phenylester] **6** IV 1042

— *O*-äthylester-*O'*,*O''*-bis-[4-brom-
phenylester] **6** IV 1055

C$_{14}$H$_{13}$Br$_2$O$_4$P

Phosphorsäure-bis-[4-brom-benzylester]
6 III 1562 h, IV 2604

— bis-[4-brom-2-methyl-phenylester]
6 IV 2006

— bis-[4-brom-3-methyl-phenylester]
6 IV 2073

C$_{14}$H$_{13}$Br$_3$O$_2$

Naphthalin, 1,5-Diäthoxy-2,4,6-tribrom-
6 III 5272 d

C$_{14}$H$_{13}$Br$_3$O$_3$S

Kohlensäure-äthylester-[4-brom-5-(dibrom-
methyl-λ^4-sulfanyl)-[1]naphthylester]
6 I 480 a

C$_{14}$H$_{13}$Br$_3$O$_4$

Benzol, 2-Acetoxy-1-[1-acetoxymethyl-
2-brom-vinyl]-3,5-dibrom-4-methyl-
6 I 466 a

C$_{14}$H$_{13}$Br$_3$O$_6$

Benzol, 1-Acetoxy-2,4-bis-acetoxymethyl-
3,5,6-tribrom- **6** 1118 e

—, 1-Acetoxy-3,4-bis-acetoxymethyl-
2,5,6-tribrom- **6** 1115 h

C$_{14}$H$_{13}$Br$_5$O$_4$

Benzol, 2-Acetoxy-5-[α-acetoxy-β,β,β',β'-
tetrabrom-isopropyl]-1-brom-3-methyl-
6 I 451 i

Butan, 2-Acetoxy-1-[4-acetoxy-3,5-dibrom-
phenyl]-1,1,3-tribrom- **6** I 450 e

—, 2-Acetoxy-2-[4-acetoxy-
2,3,5-tribrom-phenyl]-1,1-dibrom-
6 I 450 e

C$_{14}$H$_{13}$ClN$_2$O$_4$S

Sulfid, [3-Chlor-bicyclo[2.2.2]oct-5-en-2-yl]-
[2,4-dinitro-phenyl]- **6** IV 1746

C$_{14}$H$_{13}$ClO

Äthanol, 1-[4'-Chlor-biphenyl-4-yl]-
6 III 3405 e

—, 2-Chlor-1,1-diphenyl-
6 685 c, III 3396 e, IV 4718

—, 1-[3-Chlor-phenyl]-1-phenyl-
6 IV 4717

—, 1-[4-Chlor-phenyl]-1-phenyl-
6 IV 4717

Äther, Äthyl-[4'-chlor-biphenyl-4-yl]-
6 IV 4609

—, Benzyl-[2-chlor-benzyl]-
6 IV 2591

$C_{14}H_{13}ClOS$

Äthan, 1-[1-Chlor-vinylmercapto]-
2-[2]naphthyloxy- **6** III 2979 b

—, 1-[2-Chlor-vinylmercapto]-
2-[2]naphthyloxy- **6** III 2979 b

Benzol, 4-Benzylmercapto-2-chlor-
1-methoxy- **6** IV 5830

—, 1-[4-Chlor-benzylmercapto]-
4-methoxy- **6** IV 5803

—, 1-Chlor-2-methoxy-3-
p-tolylmercapto- **6** IV 5643

—, 2-Chlor-1-methoxy-4-
p-tolylmercapto- **6** IV 5829

—, 4-Chlor-1-methoxy-2-
o-tolylmercapto- **6** IV 5644

—, 1-[(4-Chlor-phenylmercapto)-
methyl]-4-methoxy- **6** IV 5921

$C_{14}H_{13}ClOS_2$

Benzol, 1-[(4-Chlor-phenylmercapto)-
methylmercapto]-4-methoxy-
6 IV 5812

$C_{14}H_{13}ClO_2$

Äthan, 1-Acetoxy-1-[4-chlor-[1]naphthyl]-
6 III 3035 f

Äthan-1,2-diol, 1-[4-Chlor-phenyl]-
1-phenyl- **6** IV 6696

Äthanol, 2-[3-Chlor-biphenyl-2-yloxy]-
6 III 3299 b

—, 2-[5-Chlor-biphenyl-2-yloxy]-
6 III 3300 c

Benzhydrol, 4-Chlor-4'-methoxy-
6 III 5419 d

—, 5-Chlor-2-methoxy- **6** III 5416 d

Benzol, 1-[3-Chlor-benzyloxy]-2-methoxy-
6 II 781 f

—, 1-[4-Chlor-benzyloxy]-2-methoxy-
6 II 781 g

—, 1-[4-Chlor-benzyloxy]-4-methoxy-
6 III 4402 d

—, 1-[4-Chlormethyl-phenoxy]-
4-methoxy- **6** IV 5728

Bibenzyl-2,4-diol, 5-Chlor- **6** II 966 g

Biphenyl, 4'-Chlor-2,5-dimethoxy-
6 III 5372 e

—, 4-Chlor-3,3'-dimethoxy-
6 II 961 i

Biphenyl-2,2'-diol, 3-Chlor-5,5'-dimethyl-
6 II 975 b

But-2-en-1-ol, 2-Chlor-4-[2]naphthyloxy-
6 III 2980 c

—, 3-Chlor-4-[2]naphthyloxy-
6 III 2980 c

Methan, [4-Chlor-phenoxy]-p-tolyloxy-
6 IV 2109

Phenol, 2-[4-Chlor-benzyl]-4-methoxy-
6 IV 6657

—, 3-[4-Chlor-benzyl]-4-methoxy-
6 IV 6657

Resorcin, 4-Chlor-6-[1-phenyl-äthyl]-
6 IV 6685

$C_{14}H_{13}ClO_2S$

Sulfon, [4-Äthyl-phenyl]-[4-chlor-phenyl]-
6 IV 3027

—, Benzyl-[2-chlor-benzyl]-
6 IV 2768

—, Benzyl-[4-chlor-benzyl]-
6 IV 2775

—, [4-Chlor-3-methyl-phenyl]-p-tolyl-
6 II 395 d

—, [β-Chlor-phenäthyl]-phenyl-
6 IV 3094

—, [4-Chlor-phenyl]-phenäthyl-
6 IV 3085

$C_{14}H_{13}ClO_3$

Äthanol, 2-[4-(4-Chlor-phenoxy)-phenoxy]-
6 IV 5730

Buttersäure, 2-[1-Chlor-[2]naphthyloxy]-
6 III 2991 h

—, 2-[3-Chlor-[2]naphthyloxy]-
6 IV 4293

—, 4-[1-Chlor-[2]naphthyloxy]-
6 IV 4291

—, 4-[3-Chlor-[2]naphthyloxy]-
6 IV 4293

—, 4-[8-Chlor-[2]naphthyloxy]-
6 IV 4295

Essigsäure, Chlor-, [2-[2]naphthyloxy-
äthylester] **6** III 2978 e

Kohlensäure-äthylester-[4-chlormethyl-
[1]naphthylester] **6** III 3022 d

Propionsäure, 2-[3-Chlor-[2]naphthyloxy]-,
methylester **6** IV 4293

$C_{14}H_{13}ClO_3S$

Benzol, 1-[4-Chlor-benzolsulfonylmethyl]-
4-methoxy- **6** IV 5921

—, 2-Chlor-1-methoxy-4-phenyl≠
methansulfonyl- **6** IV 5830

—, 1-Chlor-2-methoxy-3-[toluol-
4-sulfonyl]- **6** III 4279 e, IV 5643

—, 1-Chlor-3-methoxy-2-[toluol-
4-sulfonyl]- **6** III 4282 d

—, 2-Chlor-1-methoxy-4-[toluol-
4-sulfonyl]- **6** IV 5829

—, 2-Chlor-4-methoxy-1-[toluol-
4-sulfonyl]- **6** III 4466 c

$C_{14}H_{13}ClO_3S$ (Fortsetzung)

Benzol, 4-Chlor-1-methoxy-2-[toluol-
2-sulfonyl]- **6** IV 5644

—, 4-Chlor-1-methoxy-2-[toluol-
4-sulfonyl]- **6** IV 5644

—, 4-Chlor-2-methoxy-1-[toluol-
4-sulfonyl]- **6** III 4279 f

But-2-en-1-sulfonsäure, 3-Chlor-,
[2]naphthylester **6** IV 4285

Butyrylchlorid, 2-[Naphthalin-1-sulfonyl]-
6 624 i

—, 2-[Naphthalin-2-sulfonyl]-
6 662 m

Essigsäure, [4-Äthoxy-6-chlor-
[2]naphthylmercapto]- **6** III 5260 b

—, [7-Äthoxy-6-chlor-[2]naphthyl=
mercapto]- **6** III 5295 e

Isobutyrylchlorid, α-[Naphthalin-
1-sulfonyl]- **6** 624 l

—, α-[Naphthalin-2-sulfonyl]-
6 663 b

Phenol, 2-Chlor-5-methyl-4-[toluol-
4-sulfonyl]- **6** IV 5873

$C_{14}H_{13}ClO_4$

Naphthalin, 5,8-Diacetoxy-2-chlor-
1,4-dihydro- **6** IV 6460

—, 5,8-Diacetoxy-6-chlor-1,4-dihydro-
6 IV 6460

$C_{14}H_{13}ClO_4S$

Benzol, 1-[4-Chlor-benzolsulfonyl]-
2,4-dimethoxy- **6** III 6290 c

—, 4-[4-Chlor-benzolsulfonyl]-
1,2-dimethoxy- **6** IV 7358

$C_{14}H_{13}ClO_6$

Benzol, 2,4-Bis-allyloxycarbonyloxy-
1-chlor- **6** III 4335 b

$C_{14}H_{13}ClS$

Sulfid, Benzyl-[4-chlor-2-methyl-phenyl]-
6 IV 2648

—, Benzyl-[4-chlor-3-methyl-phenyl]-
6 IV 2648

—, Benzyl-[5-chlor-2-methyl-phenyl]-
6 IV 2648

—, [4-(α-Chlor-benzyl)-phenyl]-methyl-
6 IV 4648

—, [4-Chlor-benzyl]-*p*-tolyl-
6 IV 2774

—, [β-Chlor-phenäthyl]-phenyl-
6 IV 3094

—, [4-Chlor-phenyl]-[4-methyl-benzyl]-
6 IV 3175

—, [4-Chlor-phenyl]-phenäthyl-
6 IV 3084

$C_{14}H_{13}ClSe$

Selenid, Benzyl-[4-chlor-benzyl]-
6 III 1652 h

$C_{14}H_{13}Cl_2IO_2S$

Sulfon, [4-Dichlorjodanyl-phenyl]-
[2,5-dimethyl-phenyl]- **6** I 247 d

$C_{14}H_{13}Cl_2O_3P$

Phosphonsäure-bis-[4-chlor-benzylester]
6 IV 2596

$C_{14}H_{13}Cl_2O_3PS$

Thiophosphorsäure-*O*-äthylester-*O'*,*O''*-bis-
[2-chlor-phenylester] **6** IV 809

— *O*-äthylester-*O'*,*O''*-bis-[3-chlor-
phenylester] **6** IV 819

— *O*-äthylester-*O'*,*O''*-bis-[4-chlor-
phenylester] **6** IV 874

$C_{14}H_{13}Cl_2O_4P$

Phosphorsäure-bis-[4-chlor-benzylester]
6 IV 2596

— bis-[4-chlor-3-methyl-phenylester]
6 III 1318 g

$[C_{14}H_{13}Cl_2S_2]^+$

Sulfonium, [4-Chlor-2-(4-chlor-
phenylmercapto)-phenyl]-dimethyl-
6 IV 5655

—, [5-Chlor-2-methylmercapto-
phenyl]-[4-chlor-phenyl]-methyl-
6 IV 5655

$C_{14}H_{13}Cl_3O$

Äther, Norborn-5-en-2-ylmethyl-
[2,4,5-trichlor-phenyl]- **6** III 718 a

Cyclohexa-2,5-dienol, 4-Methyl-1-phenyl-
4-trichlormethyl- **6** II 621 b, IV 4364

Octa-1,5,7-trien-4-ol, 1,1,2-Trichlor-
8-phenyl- **6** IV 4362

$C_{14}H_{13}Cl_3O_6$

Benzol, 1,2-Diacetoxy-4-[1-acetoxy-
2,2,2-trichlor-äthyl]- **6** IV 7391

—, 2,4-Diacetoxy-1-[1-acetoxy-
2,2,2-trichlor-äthyl]- **6** III 6329 i

$C_{14}H_{13}Cl_5O$

Äther, Äthyl-[1,3,4,10,10-pentachlor-
1,4,4a,5,8,8a-hexahydro-1,4;5,8-
dimethano-naphthalin-2-yl]-
6 IV 4094

Phenol, 4-Chlor-2,6-bis-[3,3-dichlor-
2-methyl-allyl]- **6** IV 4105

$C_{14}H_{13}DO$

Bibenzyl-α-ol, α'-Deuterio- **6** IV 4701

$C_{14}H_{13}FO$

Äthanol, 1-[2'-Fluor-biphenyl-4-yl]-
6 III 3405 d

—, 2-Fluor-1,1-diphenyl- **6** IV 4715

C₁₄H₁₃FO (Fortsetzung)

Äthanol, 1-[2-Fluor-phenyl]-1-phenyl-
    6 III 3396 c

—, 1-[3-Fluor-phenyl]-1-phenyl-
    6 IV 4715

—, 1-[4-Fluor-phenyl]-1-phenyl-
    6 IV 4715

Äther, Äthyl-[4'-fluor-biphenyl-4-yl]-
    6 IV 4608

—, [2-Fluor-phenyl]-[4-methyl-benzyl]-
    6 III 1779 d

—, [4-Fluor-phenyl]-[4-methyl-benzyl]-
    6 III 1779 e

Benzhydrol, 4-Fluor-4'-methyl- **6** IV 4737

C₁₄H₁₃FOS

Benzhydrol, 4-Fluor-4'-methylmercapto-
    6 IV 6671

Benzol, 1-[4-Fluor-benzylmercapto]-
4-methoxy- **6** IV 5803

—, 1-[(4-Fluor-phenylmercapto)-
methyl]-4-methoxy- **6** IV 5921

Sulfoxid, [4-Fluor-benzyl]-*p*-tolyl-
    6 IV 2766

C₁₄H₁₃FO₂S

Benzol, 1-[4-Fluor-phenylmethansulfinyl]-
4-methoxy- **6** IV 5803

Sulfon, [4-Fluor-benzyl]-*p*-tolyl-
    6 IV 2766

—, [4-Fluor-phenyl]-[4-methyl-benzyl]-
    6 IV 3175

C₁₄H₁₃FO₃S

Benzol, 1-[4-Fluor-benzolsulfonylmethyl]-
4-methoxy- **6** IV 5921

—, 1-[4-Fluor-phenylmethansulfonyl]-
4-methoxy- **6** IV 5804

C₁₄H₁₃FS

Sulfid, Benzyl-[3-fluor-benzyl]- **6** III 1638 a

—, [4-Fluor-benzyl]-*p*-tolyl-
    6 IV 2765

—, [4-Fluor-phenyl]-[4-methyl-benzyl]-
    6 IV 3175

[C₁₄H₁₃HgO₂]⁺

Äthylquecksilber(1+), 2,2-Diphenoxy-
    6 IV 689

C₁₄H₁₃IO

Äther, Äthyl-[5-jod-biphenyl-2-yl]-
    6 IV 4590

—, [4'-Jodmethyl-biphenyl-4-yl]-
methyl- **6** IV 4693

Bibenzyl-α-ol, α'-Jod- **6** III 3392 e

Biphenyl-2-ol, 2'-Jod-6,6'-dimethyl-
    6 III 3406 f

C₁₄H₁₃IOS

Benzol, 1-[4-Jod-benzylmercapto]-
4-methoxy- **6** IV 5803

—, 1-[(4-Jod-phenylmercapto)-methyl]-
4-methoxy- **6** IV 5921

Sulfoxid, [4-Jod-benzyl]-*p*-tolyl-
    6 IV 2795

—, [4-Jod-phenyl]-[4-methyl-benzyl]-
    6 IV 3175

C₁₄H₁₃IO₂

Biphenyl, 4-Jod-3,3'-dimethoxy-
    6 IV 6650

C₁₄H₁₃IO₂S

Benzol, 1-[4-Jod-phenylmethansulfinyl]-
4-methoxy- **6** IV 5803

Sulfon, [2,5-Dimethyl-phenyl]-[4-jod-
phenyl]- **6** I 247 c

—, [4-Jod-benzyl]-*p*-tolyl- **6** IV 2795

—, [4-Jod-phenyl]-[4-methyl-benzyl]-
    6 IV 3175

C₁₄H₁₃IO₃

Benzylalkohol, 3-Jod-4-[4-methoxy-
phenoxy]- **6** IV 5918

C₁₄H₁₃IO₃S

Benzol, 1-[4-Jod-phenylmethansulfonyl]-
4-methoxy- **6** IV 5804

Sulfon, [2,5-Dimethyl-phenyl]-[4-jodosyl-
phenyl]- **6** I 247 d

C₁₄H₁₃IO₄S

Jodonium, Phenyl-[4-(2-sulfo-äthoxy)-
phenyl]-, betain **6** IV 1079

C₁₄H₁₃IS

Sulfid, [4-Jod-benzyl]-*p*-tolyl- **6** IV 2795

—, [4-Jod-phenyl]-[4-methyl-benzyl]-
    6 IV 3175

C₁₄H₁₃I₂O₃PS

Thiophosphorsäure-*O*-äthylester-*O'*,*O''*-bis-
[2-jod-phenylester] **6** IV 1073

— *O*-äthylester-*O'*,*O''*-bis-[4-jod-
phenylester] **6** IV 1079

C₁₄H₁₃I₂O₄P

Phosphorsäure-bis-[4-jod-benzylester]
    6 IV 2606

C₁₄H₁₃NO

Butyronitril, 4-[1]Naphthyloxy- **6** III 2931 g

—, 4-[2]Naphthyloxy- **6** IV 4279

C₁₄H₁₃NOS

Thiocarbamidsäure-*O*-benzhydrylester
    6 II 634 h

Thioessigsäure, Biphenyl-4-yloxy-, amid
    6 IV 4604

C₁₄H₁₃NO₂

$C_{14}H_{13}NO_2$

Butyronitril, 3-Hydroxy-4-[2]naphthyloxy-
  6 IV 4281
Carbamidsäure-[2-benzyl-phenylester]
  6 II 629 c
− [4-benzyl-phenylester] 6 I 325 b,
  II 630 d, III 3360 h
Essigsäure, Biphenyl-2-yloxy-, amid
  6 III 3291 e
−, Biphenyl-4-yloxy-, amid
  6 III 3328 e

C₁₄H₁₃NO₂S

$C_{14}H_{13}NO_2S$

Isobutyronitril, α-[Naphthalin-1-sulfonyl]-
  6 624 m
−, α-[Naphthalin-2-sulfonyl]-
  6 663 c
Sulfid, Äthyl-[4′-nitro-biphenyl-2-yl]-
  6 IV 4594
−, Benzyl-[4-methyl-3-nitro-phenyl]-
  6 IV 2649
−, Benzyl-[4-nitro-benzyl]-
  6 IV 2798
−, [4-Methyl-2-nitro-phenyl]-p-tolyl-
  6 III 1438 e
−, [4-Nitro-benzyl]-p-tolyl-
  6 IV 2798
−, [2-Nitro-1-phenyl-äthyl]-phenyl-
  6 IV 3065
Sulfoximid, N-Acetyl-S,S-diphenyl-
  6 IV 1491

C₁₄H₁₃NO₂SSe

$C_{14}H_{13}NO_2SSe$

Toluol-4-thioselenensäure, 3-Nitro-,
  p-tolylester 6 IV 2220 f

C₁₄H₁₃NO₂S₂

$C_{14}H_{13}NO_2S_2$

Äthan, 1-[4-Nitro-phenylmercapto]-
  2-phenylmercapto- 6 III 1073 a
Glycin, N-[1]Naphthylmethylmercaptothio≈
  carbonyl- 6 III 3026 d

C₁₄H₁₃NO₂Se₂

$C_{14}H_{13}NO_2Se_2$

Diselenid, Benzyl-[4-methyl-2-nitro-phenyl]-
  6 IV 2804
−, Benzyl-[5-methyl-2-nitro-phenyl]-
  6 IV 2804

C₁₄H₁₃NO₃

$C_{14}H_{13}NO_3$

Äthanol, 2-Nitro-1,1-diphenyl-
  6 685 d, II 640 a, III 3397 b
Äther, Äthyl-[2′-nitro-biphenyl-4-yl]-
  6 IV 4612
−, Äthyl-[3-nitro-biphenyl-4-yl]-
  6 IV 4612
−, Äthyl-[4′-nitro-biphenyl-4-yl]-
  6 IV 4614

−, Äthyl-[5-nitro-biphenyl-2-yl]-
  6 672 h, IV 4591
−, Benzyl-[2-methyl-3-nitro-phenyl]-
  6 III 1465 e, IV 2239
−, Benzyl-[2-methyl-5-nitro-phenyl]-
  6 III 1465 f
−, Benzyl-[2-methyl-6-nitro-phenyl]-
  6 434 a
−, Benzyl-[3-methyl-2-nitro-phenyl]-
  6 III 1465 h
−, Benzyl-[3-methyl-4-nitro-phenyl]-
  6 III 1465 i
−, Benzyl-[4-methyl-2-nitro-phenyl]-
  6 434 f, III 1466 d
−, Benzyl-[4-methyl-3-nitro-phenyl]-
  6 III 1466 e
−, [2,4-Dimethyl-phenyl]-[2-nitro-
  phenyl]- 6 III 1745 b
−, [2,5-Dimethyl-phenyl]-[2-nitro-
  phenyl]- 6 III 1772 d, IV 3165
−, [3,4-Dimethyl-phenyl]-[4-nitro-
  phenyl]- 6 IV 3101
−, [3,5-Dimethyl-phenyl]-[2-nitro-
  phenyl]- 6 III 1757 b
−, Methyl-[2′-methyl-6′-nitro-
  biphenyl-2-yl]- 6 IV 4690
−, [2-Methyl-4-nitro-phenyl]-o-tolyl-
  6 I 178 f
−, [3-Methyl-4-nitro-phenyl]-m-tolyl-
  6 I 192 a
−, [4-Methyl-2-nitro-phenyl]-p-tolyl-
  6 II 388 e
−, [4-Methyl-3-nitro-phenyl]-p-tolyl-
  6 II 387 g
−, [4-Nitro-benzyl]-m-tolyl-
  6 I 223 c
−, [4-Nitro-benzyl]-o-tolyl-
  6 I 223 b, II 425 k
−, [4-Nitro-benzyl]-p-tolyl-
  6 451 h, I 223 d, II 426 a
−, [2-Nitro-phenyl]-phenäthyl-
  6 II 450 d, IV 3070
−, [3-Nitro-phenyl]-phenäthyl-
  6 IV 3071
−, [4-Nitro-phenyl]-phenäthyl-
  6 III 1707 c, IV 3071
Benzhydrol, 2-Methyl-2′-nitro- 6 III 3400 a
Bibenzyl-α-ol, α′-Nitro- 6 IV 4704
Carbamidsäure-[4-p-tolyloxy-phenylester]
  6 III 4418 a
Carbamidsäure, Phenoxymethyl-,
  phenylester 6 IV 631

C₁₄H₁₃NO₄S (Fortsetzung)

Phenol, 3,4-Dimethyl-2-[2-nitro-benzolsulfinyl]-
6 IV 5948

Sulfon, Benzyl-[4-methyl-2-nitro-phenyl]-
6 III 1582 d

–, Benzyl-[4-methyl-3-nitro-phenyl]-
6 IV 2649

–, [2,4-Dimethyl-5-nitro-phenyl]-
phenyl- 6 IV 3140

–, [4-Methyl-benzyl]-[2-nitro-phenyl]-
6 III 1782 i

–, [4-Methyl-2-nitro-phenyl]-*p*-tolyl-
6 III 1438 f

–, [2-Nitro-benzyl]-*p*-tolyl-
6 II 439 d, III 1646 e

–, [3-Nitro-benzyl]-*p*-tolyl-
6 II 440 a, III 1647 c

–, [4-Nitro-benzyl]-*p*-tolyl-
6 II 441 g, III 1648 c, IV 2798

–, [2-Nitro-1-phenyl-äthyl]-phenyl-
6 IV 3065

C₁₄H₁₃NO₄S₂

Äthan, 1-Benzolsulfinyl-2-[4-nitro-
benzolsulfinyl]- 6 III 1073 b

C₁₄H₁₃NO₅

Äther, [2-Methoxy-4-nitro-phenyl]-
[2-methoxy-phenyl]- 6 IV 5628

–, [3-Methoxy-phenyl]-[2-methoxy-
6-nitro-phenyl]- 6 IV 5670

Benzol, 1,3-Dimethoxy-5-[4-nitro-phenoxy]-
6 IV 7365

–, 1,4-Dimethoxy-2-[2-nitro-phenoxy]-
6 III 6279 f

Buttersäure, 4-[6-Nitro-[2]naphthyloxy]-
6 IV 4309

Essigsäure, [1-Nitro-[2]naphthyloxy]-,
äthylester 6 654 f

–, [6-Nitro-[2]naphthyloxy]-,
äthylester 6 IV 4309

Propionsäure, 2-[1-Nitro-[2]naphthyloxy]-,
methylester 6 II 609 d

–, 2-[4-Nitro-[1]naphthyloxy]-,
methylester 6 II 585 j

C₁₄H₁₃NO₅S

Benzol, 1-Äthoxy-4-benzolsulfonyl-2-nitro-
6 III 4470 f

–, 1-Äthoxy-4-[4-nitro-benzolsulfonyl]-
6 IV 5799

–, 4-Benzolsulfonylmethyl-1-methoxy-
2-nitro- 6 IV 5923

–, 2-Methoxy-4-nitro-1-phenyl≠
methansulfonyl- 6 IV 5648

–, 4-Methoxy-2-nitro-1-[toluol-
4-sulfonyl]- 6 IV 5834

Phenol, 2,4-Dimethyl-6-[2-nitro-
benzolsulfonyl]- 6 III 4594 a

–, 3,4-Dimethyl-2-[2-nitro-
benzolsulfonyl]- 6 IV 5948

–, 3,5-Dimethyl-4-[2-nitro-
benzolsulfonyl]- 6 III 4590 e

–, 4,5-Dimethyl-2-[2-nitro-
benzolsulfonyl]- 6 IV 5952

–, 4-Methyl-2-[(2-nitro-phenyl)-
methansulfonyl]- 6 III 4526 b

C₁₄H₁₃NO₆

Hex-3-ensäure, 4-Methyl-2,5-dioxo-,
[4-nitro-benzylester] 6 IV 2624

C₁₄H₁₃NO₆S

Benzol, 2-Benzolsulfonyl-1,5-dimethoxy-
3-nitro- 6 IV 7352

–, 1,3-Dimethoxy-5-[4-nitro-
benzolsulfonyl]- 6 III 6311 d

–, 2,4-Dimethoxy-1-[4-nitro-
benzolsulfonyl]- 6 III 6290 d

Kohlensäure-äthylester-[4-methansulfinyl-
2-nitro-[1]naphthylester] 6 I 477 h

Sulfon, [4-Methoxy-3-nitro-phenyl]-
[4-methoxy-phenyl]- 6 III 4471 c

C₁₄H₁₃NO₆S₂

Äthan, 1-Benzolsulfonyl-2-[4-nitro-
benzolsulfonyl]- 6 III 1073 f

Disulfon, [2-Methyl-4-nitro-phenyl]-*p*-tolyl-
6 426 d

C₁₄H₁₃NO₈

Styrol, 3,4,5-Triacetoxy-β-nitro-
6 II 1091 e

C₁₄H₁₃NS

Butyronitril, 4-[2]Naphthylmercapto-
6 IV 4319

C₁₄H₁₃NS₂

Äthylthiocyanat, 2-[1]Naphthylmethyl≠
mercapto- 6 IV 4337

Dithiocarbamidsäure-[2-phenyl-benzylester]
6 II 636 i

[C₁₄H₁₃N₂O₄S₂]⁺

Sulfonium, Methyl-[2-methylmercapto-
5-nitro-phenyl]-[4-nitro-phenyl]-
6 IV 5656

C₁₄H₁₃N₂O₇P

Phosphonsäure-bis-[4-nitro-benzylester]
6 IV 2627

Phosphonsäure, Äthyl-, bis-[4-nitro-
phenylester] 6 IV 1324

Phosphorigsäure-äthylester-bis-[4-nitro-
phenylester] 6 IV 1317

C₁₄H₁₃N₂O₇PS

Thiophosphorsäure-O-äthylester-O',O''-bis-
[3-nitro-phenylester] **6** IV 1278

– O-äthylester-O',O''-bis-[4-nitro-
phenylester] **6** IV 1341

– S-äthylester-O,O'-bis-[4-nitro-
phenylester] **6** IV 1341

C₁₄H₁₃N₂O₈P

Phosphorsäure-äthylester-bis-[4-nitro-
phenylester] **6** 237 g, I 121 f,
IV 1330

–   bis-[4-nitro-benzylester]
6 III 1571 h, IV 2628

C₁₄H₁₃N₃O

Anisol, 4-[α-Azido-benzyl]-
6 IV 4648

C₁₄H₁₃N₃O₂

Biphenyl, 2'-Azido-2,5-dimethoxy-
6 IV 6644

C₁₄H₁₃N₃O₂S₂

Isothioharnstoff, S-Benzyl-N-[2-nitro-
benzolsulfenyl]- **6** IV 2696

C₁₄H₁₃N₃O₄S₂

Amin, Bis-[3-nitro-toluol-4-sulfenyl]-
6 I 215 g

[C₁₄H₁₃O₂Te]⁺

Telluronium, Carboxymethyl-diphenyl-
6 I 167 a

C₁₄H₁₃O₃P

Phosphonsäure, Vinyl-, diphenylester
6 IV 704

Phosphorigsäure-diphenylester-vinylester
6 IV 695

C₁₄H₁₃O₃PS

Thiophosphorsäure-O,O'-diphenylester-
O''-vinylester **6** IV 756

C₁₄H₁₃O₄P

[1,3,2]Dioxaphospholan-2-ol-2-oxid,
4,5-Diphenyl- **6** IV 6684

Phenol, 4-Methyl-2-[5-methyl-benzo≠
[1,3,2]dioxaphosphol-2-yloxy]-
6 IV 5880

–, 5-Methyl-2-[5-methyl-benzo≠
[1,3,2]dioxaphosphol-2-yloxy]-
6 IV 5880

C₁₄H₁₄BrClO₂

Naphthalin, 2-Brommethyl-8-chlor-
4,5-dimethoxy-1-methyl-
6 IV 6589

C₁₄H₁₄BrO₃PS

Thiophosphorsäure-O-[3-brom-biphenyl-
4-ylester]-O',O''-dimethylester
6 IV 4609

C₁₄H₁₄BrO₄P

Phosphorsäure-[2-brom-äthylester]-
diphenylester **6** IV 715

C₁₄H₁₄Br₂NO₃P

Amidophosphorsäure-bis-[4-brom-
benzylester] **6** IV 2605

C₁₄H₁₄Br₂OTe

$λ^4$-Tellan, Benzyl-dibrom-[4-methoxy-
phenyl]- **6** IV 5857

C₁₄H₁₄Br₂O₂

Naphthalin, 1,5-Diäthoxy-2,6-dibrom-
6 III 5271 a

C₁₄H₁₄Br₂O₂Se

$λ^4$-Selan, Dibrom-bis-[4-methoxy-phenyl]-
6 871 h, III 4483 a

C₁₄H₁₄Br₂O₂Si

Silan, Bis-[4-brom-phenoxy]-dimethyl-
6 IV 1057

C₁₄H₁₄Br₂O₂Te

$λ^4$-Tellan, Dibrom-bis-[2-methoxy-phenyl]-
6 II 801 h

–, Dibrom-bis-[3-methoxy-phenyl]-
6 I 413

–, Dibrom-bis-[4-methoxy-phenyl]-
6 I 424 b, II 857 c

C₁₄H₁₄Br₂O₃S

Kohlensäure-äthylester-[4-(dibrom-methyl-
$λ^4$-sulfanyl)-[1]naphthylester]
6 I 476 j

C₁₄H₁₄Br₂O₄

Naphthalin, 1,7-Diacetoxy-6,8-dibrom-
1,2,3,4-tetrahydro- **6** IV 6356

–, 5,7-Diacetoxy-6,8-dibrom-
1,2,3,4-tetrahydro- **6** IV 6353

C₁₄H₁₄Br₂O₄Se

$λ^4$-Selan, Bis-[3-brom-4-methoxy-phenyl]-
dihydroxy- **6** III 4488 b

C₁₄H₁₄Br₂O₇P₂

Diphosphorsäure-1,2-bis-[4-brom-
benzylester] **6** IV 2604

C₁₄H₁₄Br₂S

$λ^4$-Sulfan, Benzyl-dibrom-p-tolyl-
6 I 225 j

–, Dibenzyl-dibrom- **6** I 226 a,
III 1584 b

C₁₄H₁₄Br₂Se

$λ^4$-Selan, Dibenzyl-dibrom- **6** I 232 g

–, Dibrom-di-m-tolyl- **6** III 1341 a

–, Dibrom-di-o-tolyl- **6** 373 d,
III 1285 e

–, Dibrom-di-p-tolyl- **6** 427 j,
III 1442 a, IV 2219

C$_{14}$H$_{14}$Cl$_2$O$_2$Se

λ^4-Selan, Dichlor-bis-[4-methoxy-phenyl]-
6 871 h, III 4482 e

C$_{14}$H$_{14}$Cl$_2$O$_2$Si

Silan, Bis-[4-chlor-phenoxy]-dimethyl-
6 IV 879

C$_{14}$H$_{14}$Cl$_2$O$_2$Te

λ^4-Tellan, Dichlor-bis-[2-hydroxy-5-methyl-
phenyl]- 6 II 875 d

—, Dichlor-bis-[4-hydroxy-2-methyl-
phenyl]- 6 II 864 e, II 864 g

—, Dichlor-bis-[2-methoxy-phenyl]-
6 II 801 h, IV 5657

—, Dichlor-bis-[3-methoxy-phenyl]-
6 I 413, IV 5712

—, Dichlor-bis-[4-methoxy-phenyl]-
6 I 424 b, II 857 c, III 4490 e,
IV 5859

C$_{14}$H$_{14}$Cl$_2$O$_4$

Naphthalin, 5,8-Diacetoxy-6,7-dichlor-
1,2,3,4-tetrahydro- 6 IV 6354

C$_{14}$H$_{14}$Cl$_2$O$_4$S$_2$

Naphthalin, 1,5-Bis-[2-chlor-äthansulfonyl]-
6 IV 6556

C$_{14}$H$_{14}$Cl$_2$O$_6$

Oxalessigsäure, [2,4-Dichlor-phenoxy]-,
diäthylester 6 IV 935

C$_{14}$H$_{14}$Cl$_2$S

λ^4-Sulfan, Benzyl-dichlor-p-tolyl- 6 I 225 j

—, Dibenzyl-dichlor- 6 I 226 a

C$_{14}$H$_{14}$Cl$_2$S$_2$

Naphthalin, 1,5-Bis-[2-chlor-äthylmercapto]-
6 IV 6556

C$_{14}$H$_{14}$Cl$_2$Se

λ^4-Selan, Dibenzyl-dichlor- 6 I 232 g,
II 442 d

—, Dichlor-di-m-tolyl- 6 III 1340 g

—, Dichlor-di-o-tolyl- 6 373 d

—, Dichlor-di-p-tolyl- 6 427 j,
II 402 c, III 1441 f, IV 2218

—, Dichlor-m-tolyl-p-tolyl-
6 IV 2218

C$_{14}$H$_{14}$Cl$_2$Te

λ^4-Tellan, Dichlor-di-m-tolyl- 6 I 196 b,
IV 2093

—, Dichlor-di-o-tolyl- 6 I 183 a,
IV 2035

—, Dichlor-di-p-tolyl- 6 I 216 d,
III 1445 b, IV 2221

C$_{14}$H$_{14}$Cl$_4$O$_2$

Benzol, 1,2-Bis-allyloxymethyl-
3,4,5,6-tetrachlor- 6 IV 5955

—, 1,4-Bis-allyloxymethyl-
2,3,5,6-tetrachlor- 6 IV 5972

C$_{14}$H$_{14}$Cl$_4$O$_4$

Benzol, 1,4-Bis-[1-acetoxy-äthyl]-
2,3,5,6-tetrachlor- 6 IV 6025

—, 1,4-Bis-butyryloxy-
2,3,5,6-tetrachlor- 6 852 e

—, 1,5-Diacetoxy-2,4-bis-[2,2-dichlor-
äthyl]- 6 III 4679 c

C$_{14}$H$_{14}$Cl$_6$S

Sulfid, Äthyl-[5,6,7,8,9,9-hexachlor-
1,2,3,4,4a,5,8,8a-octahydro-1,4;5,8-
dimethano-naphthalin-2-yl]-
6 IV 3925

C$_{14}$H$_{14}$FO$_3$P

Fluorophosphorsäure-di-o-tolylester
6 IV 1979

— di-p-tolylester 6 IV 2130

C$_{14}$H$_{14}$F$_6$O

Äther, [2,4-Bis-trifluormethyl-phenyl]-
cyclohexyl- 6 IV 3133

[C$_{14}$H$_{14}$IO]$^+$

Jodonium, [2-Methoxy-5-methyl-phenyl]-
phenyl- 6 I 205 h

—, [5-Methoxy-2-methyl-phenyl]-
phenyl- 6 I 205 f

—, [4-Methoxy-phenyl]-o-tolyl-
6 IV 1076

[C$_{14}$H$_{14}$IO$_2$]$^+$

Jodonium, Bis-[2-methoxy-phenyl]-
6 III 769 b

—, Bis-[4-methoxy-phenyl]-
6 III 775 e, IV 1076

[C$_{14}$H$_{14}$IO$_4$S]$^+$

Jodonium, Phenyl-[4-(2-sulfo-äthoxy)-
phenyl]- 6 IV 1079

C$_{14}$H$_{14}$I$_2$OTe

λ^4-Tellan, Benzyl-dijod-[4-methoxy-phenyl]-
6 IV 5857

C$_{14}$H$_{14}$I$_2$O$_2$Se

λ^4-Selan, Dijod-bis-[4-methoxy-phenyl]-
6 IV 5852

C$_{14}$H$_{14}$I$_2$O$_2$Te

λ^4-Tellan, Dijod-bis-[2-methoxy-phenyl]-
6 II 802

—, Dijod-bis-[3-methoxy-phenyl]-
6 I 413

—, Dijod-bis-[4-methoxy-phenyl]-
6 I 424 b

C$_{14}$H$_{14}$I$_2$O$_7$P$_2$

Diphosphorsäure-1,2-bis-[4-jod-benzylester]
6 IV 2607

$C_{14}H_{14}I_2S$

λ^4-Sulfan, Benzyl-dijod-p-tolyl-
6 I 225 j

$C_{14}H_{14}I_2Se$

λ^4-Selan, Dibenzyl-dijod- 6 I 232 g

−, Dijod-di-p-tolyl- 6 IV 2219

$C_{14}H_{14}I_2Te$

λ^4-Tellan, Dijod-di-m-tolyl- 6 I 196 b

−, Dijod-di-o-tolyl- 6 I 183 a

−, Dijod-di-p-tolyl- 6 I 216 d

$C_{14}H_{14}I_4Se_2$

λ^4,λ^4-Diselan, 1,2-Dibenzyl-1,1,2,2-tetrajod-
6 I 233 d

$C_{14}H_{14}NO_3PS_2$

Dithiocarbamidsäure, Diphenoxyphosphoryl-,
methylester 6 IV 745

Dithiophosphorsäure-S-carbamoylmethyl-
ester-O,O'-diphenylester 6 IV 760

Thiocarbamidsäure, Diphenoxythiophosphoryl-,
O-methylester 6 IV 757

$C_{14}H_{14}NO_4PS$

Thiocarbamidsäure, Diphenoxyphosphoryl-,
O-methylester 6 IV 744

$C_{14}H_{14}NO_5P$

Carbamidsäure, Diphenoxyphosphoryl-,
methylester 6 IV 742

$C_{14}H_{14}NO_6P$

Phosphorsäure-benzylester-[4-nitro-
benzylester] 6 IV 2628

$C_{14}H_{14}N_2O$

Acetamidin, 2-Biphenyl-2-yloxy-
6 IV 4582

$C_{14}H_{14}N_2O_2$

Acetamidin, 2-[2-Phenoxy-phenoxy]-
6 III 4236 i

Diazen, Bis-benzyloxy- 6 439 d,
III 1547 e

$C_{14}H_{14}N_2O_2S_2$

Essigsäure, Naphthalin-1,5-diyldimercapto-
di-, diamid 6 III 5277 d

$C_{14}H_{14}N_2O_3$

Essigsäure, Diphenoxy-, hydrazid
6 IV 659

$C_{14}H_{14}N_2O_6Te$

λ^4-Tellan, Bis-nitryloxy-di-o-tolyl-
6 I 183 a

$C_{14}H_{14}N_2O_8Se$

λ^4-Selan, Dihydroxy-bis-[4-methoxy-
3-nitro-phenyl]- 6 III 4488 e

$C_{14}H_{14}N_2O_{10}$

Benzol, 1,2-Diacetoxy-4-[1-acetoxy-2-nitro-
äthyl]-5-nitro- 6 III 6332 e

$C_{14}H_{14}N_2O_{11}P_2$

Diphosphorsäure-1,2-bis-[4-nitro-
benzylester] 6 IV 2628

− 1,2-dimethylester-1,2-bis-[4-nitro-
phenylester] 6 IV 1334

$C_{14}H_{14}N_2S$

Isothioharnstoff, S-Benzhydryl-
6 III 3380 e, IV 4685

$C_{14}H_{14}N_3O_9PS$

Amin, Äthansulfonyl-[bis-(4-nitro-
phenoxy)-phosphoryl]- 6 IV 1332

$C_{14}H_{14}N_4O_4$

Aceton, [1-Nitro-[2]naphthyloxy]-,
semicarbazon 6 654 c

$C_{14}H_{14}O$

Acenaphthen-1-ol, 3-Äthyl- 6 III 3412 f

Äthanol, 1-Acenaphthen-3-yl- 6 III 3412 g,
IV 4746

−, 1-Acenaphthen-5-yl- 6 IV 4747

−, 2-Acenaphthen-1-yl- 6 IV 4746

−, 2-Acenaphthen-3-yl- 6 III 3413 a

−, 2-Acenaphthen-5-yl- 6 III 3413 b,
IV 4747

−, 1-Biphenyl-2-yl- 6 III 3404 e

−, 1-Biphenyl-3-yl- 6 III 3405 b

−, 1-Biphenyl-4-yl- 6 686 k,
III 3405 c, IV 4740

−, 1,1-Diphenyl- 6 685 b, I 330 a,
II 639 c, III 3395 b, IV 4713

−, 2,2-Diphenyl- 6 II 640 d,
III 3397 c, IV 4724

Äther, Acenaphthen-1-yl-äthyl-
6 III 3346 c

−, Äthyl-biphenyl-2-yl- 6 672 d,
III 3284 b, IV 4580

−, Äthyl-biphenyl-3-yl- 6 674 a,
III 3313 a

−, Äthyl-biphenyl-4-yl- 6 III 3322 a,
IV 4600

−, Äthyl-[1-[1]naphthyl-vinyl]-
6 675 d

−, [2-Äthyl-phenyl]-phenyl-
6 III 1665 c

−, [4-Äthyl-phenyl]-phenyl-
6 III 1665 c

−, [1-Allyl-[2]naphthyl]-methyl-
6 IV 4694

−, [2-Allyl-[1]naphthyl]-methyl-
6 IV 4695

−, Benzhydryl-methyl- 6 679 a,
II 632 a, III 3367 a, IV 4650

−, Benzyl-m-tolyl- 6 434 c, II 412 i,
III 1465 g

$C_{14}H_{14}O$ (Fortsetzung)

Äther, Benzyl-*o*-tolyl- **6** 433 m, II 412 h,
III 1465 c, IV 2239

—, Benzyl-*p*-tolyl- **6** 434 e, II 412 j,
III 1466 a, IV 2240

—, But-2-enyl-[1]naphthyl-
6 II 579 c

—, Cyclopropylmethyl-[2]naphthyl-
6 III 2975 b

—, Dibenzyl- **6** 434 h, I 220 c,
II 412 k, III 1466 f, IV 2240

—, Di-cyclohepta-2,4,6-trienyl-
6 IV 1939

—, [2,3-Dihydro-1*H*-cyclopenta=
[*a*]naphthalin-5-yl]-methyl- **6** IV 4695

—, [2,4-Dimethyl-phenyl]-phenyl-
6 III 1745 a, IV 3127

—, [3,4-Dimethyl-phenyl]-phenyl-
6 I 240 c, III 1728 b

—, Di-*m*-tolyl- **6** 377 k, I 186 f,
II 352 b, III 1303 c, IV 2043

—, Di-*o*-tolyl- **6** 353 l, I 171 e,
III 1250 e, IV 1947

—, Di-*p*-tolyl- **6** 394 j, I 200 k,
II 377 e, III 1360 b, IV 2103

—, [3-Isopropenyl-[2]naphthyl]-methyl-
6 IV 4695

—, Methallyl-[2]naphthyl- **6** III 2975 a

—, [3-Methyl-benzyl]-phenyl-
6 IV 3162

—, Methyl-[2-methyl-biphenyl-4-yl]-
6 III 3382 d

—, Methyl-[2'-methyl-biphenyl-4-yl]-
6 III 3382 f

—, Methyl-[3-methyl-biphenyl-4-yl]-
6 III 3383 e

—, Methyl-[3'-methyl-biphenyl-4-yl]-
6 III 3384 c, IV 4692

—, Methyl-[4'-methyl-biphenyl-4-yl]-
6 III 3384 e, IV 4692

—, Methyl-[5-methyl-biphenyl-2-yl]-
6 III 3384 a

—, Methyl-[2-[1]naphthyl-propenyl]-
6 III 3386 e

—, Methyl-[3-phenyl-benzyl]-
6 682 c

—, Methyl-[2-propenyl-[1]naphthyl]-
6 IV 4694

—, Methyl-[4-propenyl-[1]naphthyl]-
6 682 g, III 3384 f

—, Methyl-[6-propenyl-[2]naphthyl]-
6 III 3385 f, IV 4695

—, Phenäthyl-phenyl- **6** 479 b,
II 450 c, IV 3070

—, Phenyl-[1-phenyl-äthyl]-
6 IV 3033

—, *m*-Tolyl-*o*-tolyl- **6** III 1303 b

—, *m*-Tolyl-*p*-tolyl- **6** III 1360 a,
IV 2103

—, *o*-Tolyl-*p*-tolyl- **6** III 1359 e,
IV 2102

Anisol, 4-[1-Äthyliden-pent-4-en-2-inyl]-
6 IV 4628

—, 2-Benzyl- **6** I 324 l, II 629 a,
III 3349 d

—, 4-Benzyl- **6** 676 a, I 325 a,
II 630 a, III 3358 a, IV 4640

—, 4-[1-Cyclopentadienyliden-äthyl]-
6 IV 4694

[1]Anthrol, 1,2,3,4-Tetrahydro- **6** II 641 i

—, 5,6,7,8-Tetrahydro- **6** II 641 h

[2]Anthrol, 1,2,3,4-Tetrahydro- **6** II 641 j

[9]Anthrol, 1,2,3,4-Tetrahydro-
6 II 642 b, IV 4744

Benzhydrol, 2-Methyl- **6** I 330 c, II 640 f,
III 3399 g

—, 3-Methyl- **6** I 330 d, III 3402 d,
IV 4734

—, 4-Methyl- **6** 686 b, I 330 e,
II 641 c, III 3403 c, IV 4735

Benzylalkohol, 2-Benzyl- **6** III 3400 d,
IV 4728

—, 4-Benzyl- **6** IV 4738

—, 2-*o*-Tolyl- **6** IV 4741

Bibenzyl-α-ol **6** 683 j, I 329 d, II 637 f,
638 c, III 3390 a, IV 4701

Bibenzyl-2-ol **6** 682 i, II 637 b, III 3387 c,
IV 4697

Bibenzyl-4-ol **6** 683 b, I 329 a, III 3388 b

Biphenyl-2-ol, 2'-Äthyl- **6** III 3404 c

—, 5-Äthyl- **6** II 641 d, III 3404 g

—, 3,2'-Dimethyl- **6** III 3407 d

—, 4,4'-Dimethyl- **6** III 3409 h,
IV 4742

—, 5,2'-Dimethyl- **6** III 3407 i

—, 5,3'-Dimethyl- **6** III 3408 i

—, 5,4'-Dimethyl- **6** III 3409 e

Biphenyl-3-ol, 4-Äthyl- **6** IV 4739

—, 4'-Äthyl- **6** IV 4740

—, 6-Äthyl- **6** IV 4739

—, 4,5-Dimethyl- **6** IV 4741

—, 5,6-Dimethyl- **6** IV 4741

Biphenyl-4-ol, 2,2'-Dimethyl- **6** III 3406 a

—, 2,3'-Dimethyl- **6** III 3407 a

—, 2,4'-Dimethyl- **6** III 3408 c

C₁₄H₁₄O (Fortsetzung)

Biphenyl-4-ol, 3,2'-Dimethyl- **6** III 3407 f
—, 3,3'-Dimethyl- **6** III 3408 f
—, 3,4'-Dimethyl- **6** III 3409 b
—, 3',4'-Dimethyl- **6** IV 4741
But-2-en-1-ol, 1-[1]Naphthyl- **6** I 330 j,
    IV 4742
—, 1-[2]Naphthyl- **6** IV 4743
—, 4-[1]Naphthyl- **6** III 3410 a
But-3-en-1-ol, 1-[1]Naphthyl- **6** III 3410 b,
    IV 4743
But-3-en-2-ol, 1-[1]Naphthyl- **6** IV 4743
—, 4-[1]Naphthyl- **6** IV 4742
—, 4-[2]Naphthyl- **6** IV 4743
Cyclohepta[de]naphthalin-1-ol, 7,8,9,10-
    Tetrahydro- **6** IV 4745
Cyclopenta[a]naphthalin-1-ol, 1-Methyl-
    2,3-dihydro-1H- **6** IV 4745
Cyclopenta[a]naphthalin-3-ol, 3-Methyl-
    2,3-dihydro-1H- **6** IV 4745
Cyclopenta[a]naphthalin-7-ol, 6-Methyl-
    2,3-dihydro-1H- **6** III 3412 c
Cyclopenta[b]naphthalin-6-ol, 5-Methyl-
    2,3-dihydro-1H- **6** III 3412 c
Hepta-1,6-dien-4-in-3-ol, 3-Methyl-
    1-phenyl- **6** IV 4697
[1]Naphthol, 2-[1-Methyl-allyl]-
    6 II 641 f
Phenäthylalkohol, 2-Phenyl- **6** III 3404 f,
    IV 4739
—, 4-Phenyl- **6** III 3405 f, IV 4740
Phenalen-1-ol, 1-Methyl-2,3-dihydro-1H-
    6 III 3412 d
—, 2-Methyl-2,3-dihydro-1H-
    6 IV 4746
—, 3-Methyl-2,3-dihydro-1H-
    6 IV 4746
—, 4-Methyl-2,3-dihydro-1H-
    6 III 3412 e, IV 4745
—, 6-Methyl-2,3-dihydro-1H-
    6 IV 4745
[1]Phenanthrol, 1,2,3,4-Tetrahydro-
    6 III 3411 f, IV 4744
—, 5,6,7,8-Tetrahydro- **6** III 3410 c
[2]Phenanthrol, 5,6,7,8-Tetrahydro-
    6 III 3410 e
[4]Phenanthrol, 5,6,7,8-Tetrahydro-
    6 III 3411 e
[9]Phenanthrol, 1,2,3,4-Tetrahydro-
    6 II 642 f, III 3412 b, IV 4744
—, 5,6,7,8-Tetrahydro- **6** II 642 f
Phenol, 2-Benzyl-3-methyl- **6** III 3399 c

—, 2-Benzyl-4-methyl- **6** 686 c,
    II 641 b, III 3402 a, IV 4732
—, 2-Benzyl-5-methyl- **6** III 3402 e,
    IV 4734
—, 2-Benzyl-6-methyl- **6** II 640 g,
    III 3400 f, IV 4728
—, 3-Benzyl-4-methyl- **6** 686 c,
    IV 4732
—, 3-Benzyl-5-methyl- **6** III 3401 g
—, 4-Benzyl-2-methyl- **6** II 640 h,
    III 3401 d, IV 4730
—, 4-Benzyl-3-methyl- **6** 686 g,
    III 3398 e, IV 4726
—, 2-[1-Phenyl-äthyl]- **6** 684 e,
    III 3394 c, IV 4708
—, 4-[1-Phenyl-äthyl]- **6** 685 a,
    II 639 a, III 3394 e, IV 4711

C₁₄H₁₄OS

Äthan, 1-Phenoxy-2-phenylmercapto-
    6 IV 1492
Äthanol, 1-[4-Phenylmercapto-phenyl]-
    6 IV 5934
—, 1-Phenyl-2-phenylmercapto-
    6 IV 5944
Benzhydrol, 4-Methylmercapto-
    6 III 5419 f, IV 6670
Benzol, 1-Äthoxy-4-phenylmercapto-
    6 III 4452 e
—, 1-Benzylmercapto-4-methoxy-
    6 860 d, IV 5803
—, 1-Methoxy-4-[phenylmercapto-
    methyl]- **6** IV 5920
—, 1-Methoxy-2-o-tolylmercapto-
    6 IV 5636
—, 1-Methoxy-2-p-tolylmercapto-
    6 IV 5636
—, 1-Methoxy-4-o-tolylmercapto-
    6 IV 5801
—, 1-Methoxy-4-p-tolylmercapto-
    6 II 853 c
Bibenzyl-α-ol, α'-Mercapto- **6** IV 6684
Butan-2-on, 3-[1]Naphthylmercapto-
    6 III 2945 i
—, 3-[2]Naphthylmercapto-
    6 III 3011 e
Methanthiol, [4'-Methoxy-biphenyl-4-yl]-
    6 IV 6675
Phenol, 2-Äthyl-4-phenylmercapto-
    6 III 4558 c
—, 2-Benzylmercapto-4-methyl-
    6 I 434 c
—, 2,5-Dimethyl-4-phenylmercapto-
    6 IV 5969

$C_{14}H_{14}OS$ (Fortsetzung)

Sulfoxid, Benzyl-*p*-tolyl- **6** I 225 j,
  II 429 c

—, Dibenzyl- **6** 456 a, I 226 a,
  II 429 e, III 1584 a, IV 2651

—, Di-*m*-tolyl- **6** III 1334 a,
  IV 2082

—, Di-*o*-tolyl- **6** III 1280 j,
  IV 2019

—, Di-*p*-tolyl- **6** 419 b, II 395 f,
  III 1405 b, IV 2173

—, *m*-Tolyl-*o*-tolyl- **6** III 1333 h

—, *m*-Tolyl-*p*-tolyl- **6** III 1404 h

—, *o*-Tolyl-*p*-tolyl- **6** III 1404 e

Toluol, 2-Methoxy-3-phenylmercapto-
  6 IV 5863

—, 2-Methoxy-5-phenylmercapto-
  6 IV 5874

—, 3-Methoxy-4-phenylmercapto-
  6 IV 5889

$C_{14}H_{14}OS_2$

Äther, Bis-[4-methylmercapto-phenyl]-
  6 III 4458 a

$C_{14}H_{14}OSe$

Benzol, 1-Äthoxy-2-phenylselanyl-
  6 III 4290 i

—, 1-Äthoxy-3-phenylselanyl-
  6 III 4372 e

—, 1-Äthoxy-4-phenylselanyl-
  6 III 4481 c

—, 1-Methoxy-4-*m*-tolylselanyl-
  6 IV 5851

—, 1-Methoxy-4-*p*-tolylselanyl-
  6 IV 5852

Selenoxid, Dibenzyl- **6** I 232 g, III 1651 d

—, Di-*o*-tolyl- **6** 373 d

—, Di-*p*-tolyl- **6** 427 j, III 1441 e

—, *o*-Tolyl-*p*-tolyl- **6** III 1441 b

$C_{14}H_{14}OTe$

Benzol, 1-Benzyltellanyl-4-methoxy-
  6 IV 5857

Telluroxid, Di-*m*-tolyl- **6** I 196 b

—, Di-*o*-tolyl- **6** I 182 j

—, Di-*p*-tolyl- **6** I 216 d, III 1444 f

$C_{14}H_{14}O_2$

Acenaphthen, 3,6-Bis-hydroxymethyl-
  6 IV 6707

—, 5,6-Bis-hydroxymethyl-
  6 IV 6707

Acenaphthen-1,2-diol, 1,2-Dimethyl-
  6 II 975 f, III 5450 c, IV 6707

Acetaldehyd-diphenylacetal **6** 150 b,
  III 586 c, IV 599

Aceton, [1-Methyl-[2]naphthyloxy]-
  6 IV 4330

Äthan, 1,2-Diphenoxy- **6** 146 d, II 150 c,
  III 568 f, IV 573

—, 1-[2]Naphthyloxy-2-vinyloxy-
  6 IV 4261

Äthan-1,2-diol, 1,1-Diphenyl- **6** 1008 k,
  I 492 c, II 972 d, III 5441 a,
  IV 6695

Äthanol, 2-Biphenyl-2-yloxy- **6** III 3287 f,
  IV 4581

—, 2-Biphenyl-3-yloxy- **6** III 3314 e

—, 2-Biphenyl-4-yloxy- **6** III 3325 a

—, 1-[4-Hydroxy-phenyl]-1-phenyl-
  6 1008 h

—, 2-[2-Hydroxy-phenyl]-2-phenyl-
  6 IV 6694

—, 2-[4-Hydroxy-phenyl]-2-phenyl-
  6 IV 6694

—, 1-[4-Phenoxy-phenyl]- **6** III 4566 c,
  IV 5931

—, 2-Phenoxy-1-phenyl- **6** III 4575 c,
  IV 5940

Äthylhydroperoxid, 1,1-Diphenyl-
  6 III 3396 b, IV 4715

Anthracen-1,2-diol, 1,2,3,4-Tetrahydro-
  6 III 5448 b, IV 6706

Anthracen-1,4-diol, 5,6,7,8-Tetrahydro-
  6 III 5447 g

Anthracen-9,10-diol, 1,2,3,4-Tetrahydro-
  6 II 975 c

Anthrachinon, 1,4,4a,5,8,9a-Hexahydro-
  6 III 5448 h

Benzhydrol, 2-Hydroxymethyl- **6** IV 6698

—, 2-Methoxy- **6** III 5416 a,
  IV 6668

—, 3-Methoxy- **6** 998 i, III 5416 e

—, 4-Methoxy- **6** 998 k, I 489 b,
  II 965 e, III 5417 b, IV 6669

Benzol, 1-Äthoxy-2-phenoxy- **6** III 4217 d

—, 1-Benzyloxy-2-methoxy-
  6 II 781 e, III 4218 f, IV 5572

—, 1-Benzyloxy-3-methoxy-
  6 II 815 j, IV 5669

—, 1-Benzyloxy-4-methoxy-
  6 III 4402 c

—, 1,4-Bis-[3-methoxy-prop-1-inyl]-
  6 IV 6641

—, 1-Methoxy-2-*m*-tolyloxy-
  6 IV 5571

—, 1-Methoxy-2-*o*-tolyloxy-
  6 III 4218 b

C$_{14}$H$_{14}$O$_2$ (Fortsetzung)

Benzol, 1-Methoxy-2-*p*-tolyloxy-
 6 III 4218 d, IV 5572

—, 1-Methoxy-3-*m*-tolyloxy-
 6 IV 5668

—, 1-Methoxy-3-*o*-tolyloxy-
 6 III 4314 d, IV 5668

—, 1-Methoxy-3-*p*-tolyloxy-
 6 IV 5669

—, 1-Methoxy-4-*m*-tolyloxy-
 6 III 4401 b, IV 5727

—, 1-Methoxy-4-*o*-tolyloxy-
 6 III 4400 f, IV 5727

—, 1-Methoxy-4-*p*-tolyloxy-
 6 II 841 i, III 4401 e, IV 5727

Benzylalkohol, 2-Benzyloxy- 6 II 879 d

—, 3-Benzyloxy- 6 IV 5907

—, 4-Benzyloxy- 6 IV 5912

—, 2-[4-Hydroxy-benzyl]- 6 IV 6698

—, 2-[2-Hydroxy-5-methyl-phenyl]-
 6 IV 6704

—, 4-Methoxy-2-phenyl- 6 IV 6674

—, 4-[4-Methoxy-phenyl]- 6 IV 6675

—, 2-Phenoxymethyl- 6 II 888 g,
 IV 5954

—, 3-Phenoxymethyl- 6 IV 5966

—, 4-Phenoxymethyl- 6 II 891 h

Bibenzyl-α,α'-diol 6 1003 c, 1004 e,
 I 490 g, II 967 h, 969 c, 970 b,
 III 5429 d, IV 6682

Bibenzyl-2,α-diol 6 II 967 e

Bibenzyl-2,2'-diol 6 999 f, IV 6677

Bibenzyl-2,4-diol 6 II 966 f, III 5423 a

Bibenzyl-2,4'-diol 6 IV 6678

Bibenzyl-2,5-diol 6 III 5423 e

Bibenzyl-3,3'-diol 6 III 5426 b

Bibenzyl-3,4'-diol 6 III 5427 a

Bibenzyl-3,5-diol 6 III 5425 b

Bibenzyl-4,α-diol 6 IV 6681

Bibenzyl-4,4'-diol 6 999 j, III 5427 b,
 IV 6678

Biphenyl, 2,2'-Bis-hydroxymethyl-
 6 IV 6702

—, 4,4'-Bis-hydroxymethyl-
 6 IV 6705

—, 2,2'-Dimethoxy- 6 989 d, I 484 e,
 II 960 c, III 5375 b, IV 6645

—, 2,3-Dimethoxy- 6 IV 6641

—, 2,4-Dimethoxy- 6 III 5371 d,
 IV 6642

—, 2,4'-Dimethoxy- 6 III 5387 c

—, 2,5-Dimethoxy- 6 III 5371 g

—, 2,6-Dimethoxy- 6 IV 6645

—, 3,3'-Dimethoxy- 6 991 b, II 961 h,
 III 5388 e, IV 6650

—, 3,4-Dimethoxy- 6 III 5388 a

—, 4,4'-Dimethoxy- 6 991 e, I 486 a,
 II 962 i, III 5391 b, IV 6651

Biphenyl-2,2'-diol, 3,3'-Dimethyl-
 6 II 974 a, III 5445 e

—, 4,4'-Dimethyl- 6 III 5447 e

—, 5,5'-Dimethyl- 6 1010 l, I 492 i,
 II 974 j, III 5447 b, IV 6705

—, 6,6'-Dimethyl- 6 III 5445 a,
 IV 6702

Biphenyl-2,3-diol, 5,6-Dimethyl-
 6 IV 6701

Biphenyl-2,3'-diol, 5,6'-Dimethyl-
 6 II 973 f, III 5445 d

Biphenyl-2,4'-diol, 3,3'-Dimethyl-
 6 II 974 c

Biphenyl-3,3'-diol, 6,6'-Dimethyl-
 6 II 973 e, III 5444 b

Biphenyl-4,4'-diol, 2,2'-Dimethyl-
 6 1009 g, IV 6701

—, 3,3'-Dimethyl- 6 1009 h, I 492 e,
 II 974 e, III 5445 g, IV 6704

Biphenyl-2-ol, 4'-Äthoxy- 6 IV 6648

Biphenyl-3-ol, 2'-Methoxy-5-methyl-
 6 III 5421 b

—, 4'-Methoxy-5-methyl- 6 III 5421 d

Biphenyl-4-ol, 4'-Äthoxy- 6 III 5391 c

Brenzcatechin, 4-[1-Phenyl-äthyl]-
 6 IV 6689

Butan-2-on, 4-[2]Naphthyloxy- 6 IV 4266

Buttersäure-[1]naphthylester 6 III 2929 d,
 IV 4217

— [2]naphthylester 6 III 2983 b,
 IV 4268

Essigsäure-[1-äthyl-[2]naphthylester]
 6 II 619 b

— [3-äthyl-[2]naphthylester]
 6 III 3040 a

— [7,8-dihydro-benzocycloocten-
 7-ylester] 6 IV 4344

— [1,4-dimethyl-[2]naphthylester]
 6 669 e

— [3,4-dimethyl-[1]naphthylester]
 6 III 3042 g, IV 4350

— [4-methyl-[1]naphthylmethylester]
 6 IV 4352

— [1-[1]naphthyl-äthylester]
 6 I 321 b, III 3035 c

— [1-[2]naphthyl-äthylester]
 6 III 3041 f

$C_{14}H_{14}O_2$ (Fortsetzung)

Essigsäure-[2-[1]naphthyl-äthylester]
　6 668 e, III 3037 b, IV 4347

Formaldehyd-[benzyl-phenyl-acetal]
　6 II 414 g

Isobuttersäure-[1]naphthylester 6 III 2929 e

－ [2]naphthylester 6 644 f,
　III 2983 c, IV 4268

5,8-Methano-cyclopenta[b]naphthalin-
4,9-dion, 2,3,4a,5,8,8a-Hexahydro-1H-
　6 III 5451 c

Naphthalin, 1-Allyloxy-4-methoxy-
　6 IV 6546

－, 1-Allyloxy-5-methoxy- 6 III 5267 c

[1]Naphthol, 2-Allyl-4-methoxy-
　6 IV 6676

－, 2-Allyl-5-methoxy- 6 III 5422 d,
　IV 6676

[2]Naphthol, 1-Allyl-3-methoxy-
　6 IV 6676

Octa-5,7-dien-2-in-1,4-diol, 1-Phenyl-
　6 IV 6677

Phenäthylalkohol, β-Phenoxy- 6 III 4575 b

－, 4-Phenoxy- 6 III 4571 c

Phenalen-1-ol, 3-Methoxy-5,6-dihydro-4H-
　6 IV 6676

Phenanthren-1,2-diol, 1,2,3,4-Tetrahydro-
　6 IV 6707

Phenanthren-3,4-diol, 1,2,3,4-Tetrahydro-
　6 IV 6706

Phenol, 4,4'-Äthyliden-di- 6 1006 e,
　I 491 c, II 971 a, III 5435 g,
　IV 6690

－, 2-Benzyl-4-methoxy- 6 II 964 g,
　III 5404 g

－, 2-Benzyl-5-methoxy- 6 IV 6655

－, 2-Benzyl-6-methoxy- 6 II 963 k

－, 4-Benzyl-2-methoxy-
　6 995 b, III 5411 b, IV 6663

－, 2-Benzyloxymethyl- 6 IV 5898

－, 3-Benzyloxy-4-methyl- 6 IV 5864

－, 4-Benzyloxymethyl- 6 IV 5912

－, 4-Benzyloxy-2-methyl- 6 IV 5867

－, 4-Benzyloxy-3-methyl- 6 III 4500 e,
　IV 5867

－, 2,5-Dimethyl-3-phenoxy-
　6 III 4606 b

－, 4-[3,5-Dimethyl-phenoxy]-
　6 III 4403 a

－, 2-[4-Methoxy-benzyl]- 6 III 5409 f

－, 4-[4-Methoxy-benzyl]- 6 IV 6664

－, 2-Methyl-4,4'-methandiyl-di-
　6 1009 e

－, 3-Methyl-2,2'-methandiyl-di-
　6 IV 6698

－, 3'-Methyl-2,4'-methandiyl-di-
　6 IV 6698

－, 4-Methyl-2,2'-methandiyl-di-
　6 IV 6700

－, 4-Methyl-2,4'-methandiyl-di-
　6 II 972 h, IV 6700

－, 4-Methyl-3,4'-methandiyl-di-
　6 1009 d

－, 5-Methyl-2,2'-methandiyl-di-
　6 IV 6700

－, 5-Methyl-3,4'-methandiyl-di-
　6 IV 6699

－, 6-Methyl-2,2'-methandiyl-di-
　6 IV 6698

－, 2-Methyl-4-o-tolyloxy- 6 III 4500 a

－, 4-Methyl-2-p-tolyloxy-
　6 II 866 d

－, 4-Methyl-3-p-tolyloxy-
　6 II 860 b

－, 2-Phenäthyloxy- 6 II 781 k,
　III 4219 f

－, 3-Phenäthyloxy- 6 III 4315 c

－, 4-Phenäthyloxy- 6 III 4402 h

Propionsäure-[1]naphthylmethylester
　6 IV 4333

－ [2]naphthylmethylester
　6 IV 4340

Resorcin, 4-Benzyl-2-methyl- 6 III 5442 e

－, 4-[1-Phenyl-äthyl]- 6 III 5434 c

Toluol, 2-Methoxy-3-phenoxy- 6 IV 5862

－, 2-Methoxy-4-phenoxy-
　6 III 4496 c

－, 2-Methoxy-5-phenoxy-
　6 IV 5867

－, 3-Methoxy-2-phenoxy-
　6 IV 5862

－, 3-Methoxy-4-phenoxy-
　6 IV 5879

－, 3-Methoxy-5-phenoxy-
　6 III 4533 d, IV 5893

－, 4-Methoxy-3-phenoxy-
　6 III 4517 e, IV 5879

－, 5-Methoxy-2-phenoxy-
　6 IV 5867

$C_{14}H_{14}O_2S$

Benzol, 1,3-Dimethoxy-2-phenylmercapto-
　6 IV 7337

－, 2,4-Dimethoxy-1-phenylmercapto-
　6 IV 7351

Benzylalkohol, 2,2'-Sulfandiyl-di-
　6 II 881 d

C₁₄H₁₄O₂S (Fortsetzung)

Brenzcatechin, 4,5-Dimethyl-
3-phenylmercapto- **6** IV 7395

Buttersäure, 2-[1]Naphthylmercapto-
6 IV 4244

—, 2-[2]Naphthylmercapto-
6 IV 4319

—, 3-[2]Naphthylmercapto-
6 IV 4319

—, 4-[1]Naphthylmercapto-
6 IV 4244

—, 4-[2]Naphthylmercapto-
6 IV 4319

Essigsäure, [2]Naphthylmercapto-,
äthylester **6** III 3012 d

Hydrochinon, 2-Benzylmercapto-3-methyl-
6 1109 a

—, 2-Benzylmercapto-6-methyl-
6 1109 a

Isobuttersäure, α-[1]Naphthylmercapto-
6 IV 4244

—, β-[1]Naphthylmercapto-
6 IV 4245

—, α-[2]Naphthylmercapto-
6 IV 4319

—, β-[2]Naphthylmercapto-
6 IV 4319

Phenol, 2,2′-Dimethyl-4,4′-sulfandiyl-di-
6 IV 5875

—, 3,3′-Dimethyl-4,4′-sulfandiyl-di-
6 III 4505 f

—, 4,4′-Dimethyl-2,2′-sulfandiyl-di-
6 I 434 i, III 4526 e

—, 6,6′-Dimethyl-2,2′-sulfandiyl-di-
6 III 4494 a

—, 6,6′-Dimethyl-3,3′-sulfandiyl-di-
6 I 428 i

—, 2-Methoxy-4-[phenylmercapto-
methyl]- **6** IV 7385

—, 4-Methyl-2-phenylmethansulfinyl-
6 I 434 e

Propionsäure, 2-[1]Naphthylmethyl≠
mercapto- **6** IV 4338

—, 2-[2]Naphthylmethylmercapto-
6 IV 4342

—, 3-[2]Naphthylmethylmercapto-
6 IV 4342

Sulfid, Bis-[4-hydroxy-benzyl]- **6** IV 5921
—, Bis-[2-methoxy-phenyl]- **6** 794 c
—, Bis-[3-methoxy-phenyl]- **6** 834 a
—, Bis-[4-methoxy-phenyl]-
6 860 g, III 4458 b, IV 5810

—, [2-Methoxy-phenyl]-[3-methoxy-
phenyl]- **6** III 4364 f

—, [2-Methoxy-phenyl]-[4-methoxy-
phenyl]- **6** III 4455 b

—, [3-Methoxy-phenyl]-[4-methoxy-
phenyl]- **6** III 4455 e

Sulfon, [4-Äthyl-phenyl]-phenyl-
6 III 1670 f

—, Benzhydryl-methyl- **6** III 3378 i

—, Benzyl-o-tolyl- **6** 455 c

—, Benzyl-p-tolyl- **6** 455 d, III 1582 c,
IV 2649

—, Dibenzyl- **6** 456 b, I 226 b,
II 430 a, III 1585 a, IV 2651

—, [2,4-Dimethyl-phenyl]-phenyl-
6 III 1751 f, IV 3138

—, [2,5-Dimethyl-phenyl]-phenyl-
6 IV 3170

—, [2,6-Dimethyl-phenyl]-phenyl-
6 IV 3124

—, Di-m-tolyl- **6** II 366 b, IV 2082

—, Di-o-tolyl- **6** 371 e, II 342 h,
III 1280 k, IV 2020

—, Di-p-tolyl- **6** 419 c, I 209 b,
II 395 g, III 1405 c, IV 2174

—, [2-Methyl-benzyl]-phenyl-
6 IV 3112

—, [3-Methyl-benzyl]-phenyl-
6 IV 3164

—, [4-Methyl-benzyl]-phenyl-
6 IV 3175

—, Phenäthyl-phenyl- **6** 479 f,
II 453 d, III 1717 c, IV 3085

—, Phenyl-[1-phenyl-äthyl]-
6 478 i, II 448 g

—, m-Tolyl-o-tolyl- **6** III 1333 i

—, m-Tolyl-p-tolyl- **6** I 208 l,
III 1404 i

—, o-Tolyl-p-tolyl- **6** III 1404 f

C₁₄H₁₄O₂S₂

Äthan, 1-Benzolsulfonyl-2-phenylmercapto-
6 IV 1495

—, 1,2-Bis-benzolsulfinyl-
6 II 291 h, IV 1493

Benzylalkohol, 2,2′-Disulfandiyl-di-
6 II 881 f, IV 5905

—, 4,4′-Disulfandiyl-di- **6** IV 5920

Biphenyl, 4,4′-Bis-methansulfinyl-
6 I 487 a

Disulfid, Bis-[2-methoxy-phenyl]-
6 795 f, IV 5642

—, Bis-[3-methoxy-phenyl]-
6 IV 5704

$C_{14}H_{14}O_2S_2$ (Fortsetzung)

Disulfid, Bis-[4-methoxy-phenyl]-
　6 863 o, I 421 m, IV 5821

—, Disalicyl- 6 896 b, II 881 g

Methan, Benzolsulfonyl-*p*-tolylmercapto-
　6 III 1413 a

Methanthiosulfonsäure, Phenyl-,
　S-benzylester 6 446 a, I 230 a

Phenol, 2,2'-Äthandiyldimercapto-di-
　6 IV 5637

—, 4,4'-Äthandiyldimercapto-di-
　6 IV 5805

Toluol-2-thiosulfonsäure-*S-o*-tolylester
　6 372 i, I 181 m

Toluol-4-thiosulfonsäure-*S-p*-tolylester
　6 425 h, I 212 i, II 400 c

$C_{14}H_{14}O_2S_3Te_2$

Sulfan, Bis-[4-methoxy-benzolthiotellurinyl]-
　6 870 d, I 425 d

$C_{14}H_{14}O_2Se$

Phenol, 2,2'-Dimethyl-4,4'-selandiyl-di-
　6 II 863 g

—, 4,4'-Dimethyl-2,2'-selandiyl-di-
　6 II 874 k

Selenid, Bis-[2-methoxy-phenyl]-
　6 III 4291 d

—, Bis-[3-methoxy-phenyl]-
　6 III 4373 f

—, Bis-[4-methoxy-phenyl]-
　6 871 f, III 4482 c

—, [2,5-Dimethoxy-phenyl]-phenyl-
　6 III 6300 e

—, [2,6-Dimethoxy-phenyl]-phenyl-
　6 III 6275 f

—, [3,4-Dimethoxy-phenyl]-phenyl-
　6 III 6301 a

—, [2-Methoxy-phenyl]-[3-methoxy-
　phenyl]- 6 III 4373 d

—, [2-Methoxy-phenyl]-[4-methoxy-
　phenyl]- 6 III 4481 g

—, [3-Methoxy-phenyl]-[4-methoxy-
　phenyl]- 6 III 4482 a

$C_{14}H_{14}O_2Se_2$

Diselenid, Bis-[2-methoxy-phenyl]-
　6 III 4291 i, IV 5656

—, Bis-[3-methoxy-phenyl]-
　6 III 4373 h

—, Bis-[4-methoxy-phenyl]-
　6 III 4487 e

$C_{14}H_{14}O_2Te$

Phenol, 3,3'-Dimethyl-4,4'-tellandiyl-di-
　6 II 864 d

Tellurid, Bis-[2-methoxy-phenyl]-
　6 II 801 g

—, Bis-[3-methoxy-phenyl]- 6 I 412 i

—, Bis-[4-methoxy-phenyl]-
　6 I 423 k, II 857 b, III 4490 d,
　IV 5859

$C_{14}H_{14}O_2Te_2$

Ditellurid, Bis-[4-methoxy-phenyl]-
　6 I 425 b, II 857 f, III 4491 g

$C_{14}H_{14}O_3$

Äthanol, 1-[2',5'-Dihydroxy-biphenyl-4-yl]-
　6 IV 7575

—, 2-[4-Phenoxy-phenoxy]-
　6 III 4405 e

Äther, Bis-[4-hydroxy-benzyl]- 6 IV 5914

—, Bis-[2-methoxy-phenyl]-
　6 773 e, III 4223 b

—, Bis-[3-methoxy-phenyl]-
　6 II 816 h, III 4319 b, IV 5670

—, Bis-[4-methoxy-phenyl]-
　6 III 4408 d, IV 5734

—, Bis-phenoxymethyl- 6 IV 596

—, Disalicyl- 6 II 879 e, III 4539 b,
　IV 5899 a

—, [2-Methoxy-phenyl]-[3-methoxy-
　phenyl]- 6 II 816 g, III 4318 g, IV 5670

—, [2-Methoxy-phenyl]-[4-methoxy-
　phenyl]- 6 III 4407 i, IV 5734

—, [3-Methoxy-phenyl]-[4-methoxy-
　phenyl]- 6 II 843 e, III 4408 a, IV 5734

Benzhydrol, 2,4'-Dihydroxy-5-methyl-
　6 IV 7572

Benzhydrylhydroperoxid, 4-Methoxy-
　6 IV 6670

Benzol, 1,2-Dimethoxy-3-phenoxy-
　6 IV 7330

—, 1,2-Dimethoxy-4-phenoxy-
　6 III 6280 a, IV 7340

—, 1,3-Dimethoxy-2-phenoxy-
　6 IV 7331

—, 1,3-Dimethoxy-5-phenoxy-
　6 IV 7365

—, 1,4-Dimethoxy-2-phenoxy-
　6 IV 7340

Benzylalkohol, 2-Hydroxy-3-[4-hydroxy-
　benzyl]- 6 IV 7573

—, 2-Hydroxy-5-[4-hydroxy-benzyl]-
　6 IV 7573

—, 4-Hydroxy-3-[4-hydroxy-benzyl]-
　6 IV 7574

—, 2-Hydroxy-3-salicyl- 6 IV 7572

—, 2-Hydroxy-5-salicyl- 6 IV 7573

—, 4-Hydroxy-3-salicyl- 6 IV 7574

$C_{14}H_{14}O_3$ (Fortsetzung)

Benzylalkohol, 4-[4-Methoxy-phenoxy]-
  6 IV 5914
Bibenzyl-2,3,4-triol 6 III 6532 e
Bibenzyl-2,4,6-triol 6 II 1099 e, III 6533 b
Bibenzyl-3,5,4'-triol 6 IV 7569
Biphenyl-2-ol, 3,5-Bis-hydroxymethyl-
  6 II 1100 d
–, 2',3'-Dimethoxy- 6 III 6527 a
Biphenyl-3-ol, 2,2'-Dimethoxy- 6 III 6527 b
Biphenyl-4-ol, 3,5-Bis-hydroxymethyl-
  6 III 6536 a
–, 2',5'-Dimethoxy- 6 III 6528 e
–, 4'-Methoxymethoxy- 6 IV 6652
Buttersäure, 2-[1]Naphthyloxy-
  6 609 m, IV 4222
–, 2-[2]Naphthyloxy- 6 646 e,
  IV 4278
–, 4-[1]Naphthyloxy- 6 IV 4222
–, 4-[2]Naphthyloxy- 6 III 2987 b,
  IV 4279
Essigsäure-[1-[1]naphthyloxy-äthylester]
  6 IV 4217
– [1-[2]naphthyloxy-äthylester]
  6 IV 4265
Essigsäure, [1,7-Dimethyl-[2]naphthyloxy]-
  6 IV 4353
–, [1]Naphthyloxy-, äthylester
  6 609 h, III 2930 e, IV 4220
–, [2]Naphthyloxy-, äthylester
  6 645 h, IV 4274
Hydrochinon, 2-[4-Methoxy-benzyl]- 6 1135 d
Isobuttersäure, α-[1]Naphthyloxy- 6 610 c
–, α-[2]Naphthyloxy- 6 646 h
–, β-[2]Naphthyloxy- 6 IV 4279
Naphthalin, 1-Acetoxy-4-methoxy-
  2-methyl- 6 III 5302 e
–, 2-Acetoxy-1-methoxymethyl-
  6 IV 6578
–, 5-Acetoxy-2-methoxy-1-methyl-
  6 IV 6575
–, 1-Acetoxymethyl-4-methoxy-
  6 IV 6580
–, 1-Acetoxymethyl-6-methoxy-
  6 III 5299 c
Orthoameisensäure-methylester-diphenyl=
  ester 6 IV 610
Phenol, 3-Benzyloxy-5-methoxy-
  6 IV 7365
–, 2,4-Bis-[3-methoxy-prop-1-inyl]-
  6 IV 7562
–, 2',5'-Dimethyl-2,3'-oxy-di-
  6 III 4606 f

–, 2,5-Dimethyl-3,3'-oxy-di-
  6 III 4607 b
–, 2,5-Dimethyl-3,4'-oxy-di-
  6 III 4607 d
–, 4,4'-Dimethyl-2,2'-oxy-di-
  6 I 432 c, II 866 f, III 6595 c
–, 4,5-Dimethyl-2,2'-oxy-di-
  6 III 4585 a
–, 4,6-Dimethyl-2,2'-oxy-di-
  6 III 4591 f
–, 2-[2-Phenoxy-äthoxy]- 6 II 782 c
–, 4-[2-Phenoxy-äthoxy]- 6 II 842 a
Resorcin, 2,5-Dimethyl-4-phenoxy-
  6 III 6338 g
–, 5-Methyl-2-salicyl- 6 IV 7574
–, 5-Methyl-4-m-tolyloxy-
  6 III 6313 b
–, 5-Methyl-4-o-tolyloxy- 6 III 6312 f
–, 5-Methyl-4-p-tolyloxy- 6 III 6313 d
–, 5-Phenäthyloxy- 6 IV 7366

$C_{14}H_{14}O_3S$

Äthan, 1-Benzolsulfonyl-2-phenoxy-
  6 IV 1495
Äthanol, 1-[4-Benzolsulfonyl-phenyl]-
  6 IV 5934
–, 2-Benzolsulfonyl-1-phenyl-
  6 IV 5944
Benzhydrol, 4-Methansulfonyl- 6 IV 6671
Benzol, 1-Benzolsulfonylmethyl-3-methoxy-
  6 II 882 h
–, 1-Methoxy-2-[toluol-2-sulfonyl]-
  6 IV 5636
–, 1-Methoxy-2-[toluol-4-sulfonyl]-
  6 IV 5636
–, 1-Methoxy-4-[toluol-2-sulfonyl]-
  6 IV 5801
–, 1-Methoxy-4-[toluol-4-sulfonyl]-
  6 II 853 d, III 4453 d, IV 5802
Essigsäure, [4-Äthoxy-[1]naphthylmercapto]-
  6 III 5264 b
–, [4-Äthoxy-[2]naphthylmercapto]-
  6 III 5259 d
–, [6-Äthoxy-[2]naphthylmercapto]-
  6 III 5290 e
Kohlensäure-äthylester-[3-methylmercapto-
  [1]naphthylester] 6 III 5259 a
– äthylester-[4-methylmercapto-
  [1]naphthylester] 6 I 476 i
– äthylester-[5-methylmercapto-
  [1]naphthylester] 6 I 479 e
– äthylester-[5-methylmercapto-
  [2]naphthylester] 6 III 5281 a

$C_{14}H_{14}O_3S$ (Fortsetzung)

Kohlensäure-äthylester-[6-methylmercapto-
[2]naphthylester] **6** I 481 h, III 5290 b

– äthylester-[7-methylmercapto-
[2]naphthylester] **6** III 5294 f

– äthylester-[8-methylmercapto-
[2]naphthylester] **6** III 5283 a

Phenol, 2-[2-Benzolsulfonyl-äthyl]-
6 IV 5936

–, 2-Benzolsulfonyl-4,6-dimethyl-
6 IV 5962

–, 4-Benzolsulfonyl-2,5-dimethyl-
6 IV 5969

–, 5-Benzolsulfonyl-2,4-dimethyl-
6 IV 5963

–, 2,2'-Dimethyl-4,4'-sulfinyl-di-
6 IV 5876

–, 3,3'-Dimethyl-4,4'-sulfinyl-di-
6 IV 5872

–, 4,4'-Dimethyl-2,2'-sulfinyl-di-
6 I 434 j, III 4526 f

–, 4-Methyl-2-phenylmethansulfonyl-
6 I 434 g

–, 2-Methyl-4-[toluol-4-sulfonyl]-
6 III 4508 d, IV 5875

–, 2-Methyl-6-[toluol-4-sulfonyl]-
6 IV 5863

–, 3-Methyl-4-[toluol-2-sulfonyl]-
6 IV 5871

–, 3-Methyl-4-[toluol-4-sulfonyl]-
6 IV 5872

–, 4-Methyl-2-[toluol-2-sulfonyl]-
6 IV 5885

–, 4-Methyl-2-[toluol-4-sulfonyl]-
6 II 873 e, III 4526 a, IV 5885

–, 5-Methyl-2-[toluol-2-sulfonyl]-
6 IV 5889

–, 5-Methyl-2-[toluol-4-sulfonyl]-
6 IV 5889

Schwefligsäure-dibenzylester **6** I 221 k,
III 1547 c, IV 2562

– di-*m*-tolylester **6** I 187 h

– di-*o*-tolylester **6** I 172 m

– di-*p*-tolylester **6** I 202 j

Sulfoxid, Bis-[4-hydroxy-benzyl]-
6 IV 5922

–, Bis-[4-methoxy-phenyl]-
6 860 j, I 420 k, III 4458 c

Toluol, 2-Benzolsulfonyl-5-methoxy-
6 IV 5871

–, 3-Benzolsulfonyl-2-methoxy-
6 IV 5863

–, 3-Benzolsulfonyl-4-methoxy-
6 III 4525 f

–, 4-Benzolsulfonyl-2-methoxy-
6 IV 5865

–, 4-Benzolsulfonyl-3-methoxy-
6 IV 5889

–, 5-Benzolsulfonyl-2-methoxy-
6 III 4508 c, IV 5875

$C_{14}H_{14}O_3S_2$

Benzol, 1-[4-Methansulfonyl-phenyl≠
mercapto]-3-methoxy- **6** IV 5846

–, 1-[4-Methansulfonyl-phenyl≠
mercapto]-4-methoxy- **6** IV 5846

Sulfon, [2-Methoxy-phenyl]-
[2-methylmercapto-phenyl]-
6 I 397 j

Thiophenol, 2-[2-Äthoxy-benzolsulfonyl]-
6 I 397 i

$C_{14}H_{14}O_3Se$

Selenoxid, Bis-[4-methoxy-phenyl]-
6 IV 5852

$C_{14}H_{14}O_3Te$

Telluroxid, Bis-[2-methoxy-phenyl]-
6 II 801 h

–, Bis-[3-methoxy-phenyl]-
6 I 412 j

–, Bis-[4-methoxy-phenyl]-
6 I 424 b

$C_{14}H_{14}O_4$

Anthracen-1,4-dion, 9,10-Dihydroxy-
2,3,5,6,7,8-hexahydro- **6** III 6719 a

Anthracen-1,2,3,4-tetraol, 1,2,3,4-
Tetrahydro- **6** III 6719 f

Anthracen-1,4,9,10-tetraol, 5,6,7,8-
Tetrahydro- **6** III 6719 a

Benzhydrol, 2,4-Dihydroxy-4'-methoxy-
6 I 575 g, IV 7751

Benzol, 1,3-Bis-crotonoyloxy-
6 IV 5674

–, 1,4-Bis-crotonoyloxy- **6** IV 5743

–, 1,3-Bis-methacryloyloxy-
6 III 4321 e

–, 1,4-Bis-methacryloyloxy-
6 IV 5743

–, 1,2-Diacetoxy-4,5-divinyl-
6 III 5158 a

Bibenzyl-2,α,2',α'-tetraol **6** II 1129 i

Bibenzyl-2,4,3',5'-tetraol **6** III 6709 e,
IV 7751

Bibenzyl-3,4,3',4'-tetraol **6** III 6710 b

Bibenzyl-4,α,4',α'-tetraol **6** 1168 d,
III 6712 d

$C_{14}H_{14}O_4$ (Fortsetzung)

Biphenyl-2,2'-diol, 3,3'-Dimethoxy-
  6 IV 7742

−, 5,5'-Dimethoxy- 6 IV 7744

−, 6,6'-Dimethoxy- 6 IV 7744

Biphenyl-3,3'-diol, 2,2'-Dimethoxy-
  6 III 6704 c

Biphenyl-4,4'-diol, 2,2'-Dimethoxy-
  6 II 1128 a

−, 3,3'-Dimethoxy- 6 II 1128 i

Biphenyl-2,3,2',3'-tetraol, 5,5'-Dimethyl-
  6 III 6716 d

Biphenyl-2,4,2',4'-tetraol, 6,6'-Dimethyl-
  6 III 6715 e, IV 7758

Biphenyl-2,4,2',6'-tetraol, 6,4'-Dimethyl-
  6 IV 7758

Biphenyl-2,5,2',5'-tetraol, 3,3'-Dimethyl-
  6 II 1130 e, III 6717 b

−, 4,4'-Dimethyl- 6 II 1131 b,
  III 6717 b

Biphenyl-2,6,2',6'-tetraol, 4,4'-Dimethyl-
  6 IV 7759

Biphenyl-3,4,3',4'-tetraol, 5,5'-Dimethyl-
  6 II 1130 h

Brenzcatechin, 3-[2-Hydroxy-4-methyl-
  phenoxy]-5-methyl- 6 III 6321 f

But-2-in, 1,4-Diacetoxy-1-phenyl-
  6 IV 6457

Buttersäure, 4-[6-Hydroxy-[2]naphthyloxy]-
  6 IV 6567

Hydrochinon, 2,2'-Äthyliden-di-
  6 IV 7756

−, 2-Benzyloxy-6-methoxy- 6 IV 7685

Naphthalin, 1-Acetoxy-5,8-dimethoxy-
  6 III 6509 b

−, 4-Acetoxy-1,5-dimethoxy- 6 IV 7536

−, 1,2-Diacetoxy-1,2-dihydro-
  6 III 5159 c

−, 5,8-Diacetoxy-1,4-dihydro-
  6 II 933 c, III 5160 e

Phenol, 3,3'-Äthandiyldioxy-di-
  6 II 815 k, III 4316 f

−, 4,4'-Äthandiyldioxy-di-
  6 845 g, II 842 b

−, 3,3'-Äthylidendioxy-di-
  6 III 4319 d

−, 2,6-Bis-hydroxymethyl-4-phenoxy-
  6 III 6665 b

−, 3-Methoxy-2-[3-methoxy-phenoxy]-
  6 IV 7331

Propionsäure, 3-[6-Hydroxy-
  [2]naphthyloxy]-, methylester
  6 IV 6567

Resorcin, 4,4'-Äthyliden-di- 6 II 1130 b,
  III 6713 b, IV 7756

−, 5-[2-Phenoxy-äthoxy]- 6 IV 7366

$C_{14}H_{14}O_4S$

Benzol, 1-Benzolsulfonyl-2,4-dimethoxy-
  6 III 6290 b, IV 7351

−, 2-Benzolsulfonyl-1,3-dimethoxy-
  6 IV 7338

−, 4-Benzolsulfonyl-1,2-dimethoxy-
  6 III 6296 d

Benzylalkohol, 4,4'-Sulfonyl-di- 6 901 g

Brenzcatechin, 3-Benzolsulfonyl-
  4,5-dimethyl- 6 IV 7395

Buttersäure, 2-[Naphthalin-1-sulfonyl]-
  6 624 g

−, 2-[Naphthalin-2-sulfonyl]-
  6 662 k

Essigsäure, [4,6-Dimethoxy-[2]naphthyl≠
  mercapto]- 6 III 6508 a

−, [4,7-Dimethoxy-[2]naphthyl≠
  mercapto]- 6 III 6507 i

−, [Naphthalin-2-sulfonyl]-,
  äthylester 6 662 d

Isobuttersäure, α-[Naphthalin-1-sulfonyl]-
  6 624 j

−, α-[Naphthalin-2-sulfonyl]-
  6 662 n

Kohlensäure-äthylester-[4-methansulfinyl-
  [1]naphthylester] 6 I 476 j

−   äthylester-[6-methansulfinyl-
  [2]naphthylester] 6 I 481 i

Phenol, 2,2'-Dimethyl-4,4'-sulfonyl-di-
  6 891 g, I 438 d, II 863 a, III 4509 c,
  IV 5876

−, 3,3'-Dimethyl-4,4'-sulfonyl-di-
  6 III 4505 g, IV 5872

−, 4,2'-Dimethyl-2,4'-sulfonyl-di-
  6 III 4526 c

−, 4,4'-Dimethyl-2,2'-sulfonyl-di-
  6 891 k, I 438 j, III 4526 g,
  IV 5886

−, 5,3'-Dimethyl-2,4'-sulfonyl-di-
  6 III 4505 g

−, 5,5'-Dimethyl-2,2'-sulfonyl-di-
  6 I 438 h, II 874 h, III 4530 a,
  IV 5890

−, 6,2'-Dimethyl-2,4'-sulfonyl-di-
  6 IV 5875

Propionsäure, 3-[Naphthalin-2-sulfonyl]-,
  methylester 6 IV 4318

Resorcin, 4-[2,4-Dimethyl-benzolsulfonyl]-
  6 III 6290 e

Schwefelsäure-di-*m*-tolylester 6 III 1312 b

$C_{14}H_{14}O_4S$ (Fortsetzung)

Schwefelsäure-di-*p*-tolylester **6** III 1371 c

Sulfon, Bis-[2-methoxy-phenyl]-
  6 794 e, III 4278 c, IV 5638

—, Bis-[3-methoxy-phenyl]-
  6 III 4365 c

—, Bis-[4-methoxy-phenyl]-
  6 861 c, II 853 f, III 4458 d,
  IV 5810

—, [2-Methoxy-phenyl]-[3-methoxy-
  phenyl]- **6** III 4364 g

—, [2-Methoxy-phenyl]-[4-methoxy-
  phenyl]- **6** III 4455 c

—, [3-Methoxy-phenyl]-[4-methoxy-
  phenyl]- **6** III 4455 f

$C_{14}H_{14}O_4S_2$

Äthan, 1,1-Bis-benzolsulfonyl-
  6 305 k, III 1005 d

—, 1,2-Bis-benzolsulfonyl-
  6 302 c, II 291 k, III 997 e, IV 1495

Biphenyl, 4,4'-Bis-methansulfonyl-
  6 I 487 b

Disulfon, Di-*p*-tolyl- **6** 427 a, I 212 j,
  II 400 d, III 1432 c

Methan, Benzolsulfonyl-phenylmethansulfonyl-
  6 458 e

—, Benzolsulfonyl-[toluol-4-sulfonyl]-
  6 III 1413 g

Phenol, 2,2'-Dimethoxy-4,4'-disulfandiyl-di-
  6 IV 7359

$C_{14}H_{14}O_4S_2Se_2$

Diselenid, Bis-[2-methansulfonyl-phenyl]-
  6 IV 5657

$C_{14}H_{14}O_4S_3$

Benzol, 2,4-Bis-methansulfonyl-
  1-phenylmercapto- **6** III 6299 c

Methan, Bis-benzolsulfonyl-methyl=
  mercapto- **6** IV 1521

Sulfid, Bis-[4-methansulfonyl-phenyl]-
  6 III 4474 i

$C_{14}H_{14}O_4S_4$

Äthan, 1,2-Bis-benzolsulfonylmercapto-
  6 325 a, **11** 82 c

Disulfid, Bis-[2-methansulfonyl-phenyl]-
  6 IV 5654

—, Bis-[3-methansulfonyl-phenyl]-
  6 II 830 j

—, Bis-[4-methansulfonyl-phenyl]-
  6 III 4476 a, IV 5847

$C_{14}H_{14}O_4Se$

Selenon, Bis-[4-methoxy-phenyl]-
  6 IV 5853

$C_{14}H_{14}O_4Te_2$

Phenol, 6,6'-Dimethoxy-3,3'-ditellandiyl-di-
  6 II 1075 b

$C_{14}H_{14}O_5$

Benzol, 1-Acetoxy-4-[1-acetoxy-prop-
  2-inyl]-2-methoxy- **6** III 6486 b

Benzylalkohol, 3,5-Dihydroxy-4-
  [3-hydroxy-5-methyl-phenoxy]-
  19 IV 5257

Biphenyl-2,3,6,2',5'-pentaol, 4,4'-Dimethyl-
  6 IV 7900

Biphenyl-2,4,5,2',4'-pentaol, 6,6'-Dimethyl-
  6 IV 7900

Phloroglucid, *O*-Äthyl- **6** 1100; vgl.
  III 6901 a

$C_{14}H_{14}O_5S$

Kohlensäure-äthylester-[4-methansulfonyl-
  [1]naphthylester] **6** I 476 k

— äthylester-[5-methansulfonyl-
  [1]naphthylester] **6** I 479 f

— äthylester-[6-methansulfonyl-
  [2]naphthylester] **6** I 481 j

$C_{14}H_{14}O_5S_2$

Äther, Bis-[4-methansulfonyl-phenyl]-
  6 IV 5810

$C_{14}H_{14}O_6$

Benzol, 1,4-Bis-acetoacetyloxy- **6** IV 5754

—, 1,2-Bis-allyloxycarbonyloxy-
  6 III 4234 e

—, 1,3-Bis-allyloxycarbonyloxy-
  6 III 4322 f

—, 1,4-Bis-allyloxycarbonyloxy-
  6 III 4418 e

Biphenyl-2,3,5,2',3',5'-hexaol,
  4,4'-Dimethyl- **6** III 6956 f

Biphenyl-2,3,6,2',3',6'-hexaol,
  4,4'-Dimethyl- **6** III 6957 d

Biphenyl-2,5,2',5'-tetraol, 3,3'-Dimethoxy-
  6 IV 7932

—, 4,4'-Dimethoxy- **6** III 6952 g,
  IV 7933

Biphenyl-4,5,4',5'-tetraol, 2,2'-Dimethoxy-
  6 IV 7933

Fumarsäure, [4-Allyl-2-methoxy-phenoxy]-
  6 967 f

$C_{14}H_{14}O_6S$

Schwefelsäure-bis-[2-methoxy-phenylester]
  6 III 4240 h

$C_{14}H_{14}O_6S_2$

Äthan-1,1-disulfonsäure-diphenylester
  6 III 652 f

Benzol, 1,5-Diacetoxy-2,4-bis-acetyl=
  mercapto- **6** II 1121 j

$C_{14}H_{14}O_6S_3$

Benzol, 1-Benzolsulfonyl-2,4-bis-
methansulfonyl- **6** III 6299 d

Methan, Bis-benzolsulfonyl-methansulfonyl-
6 III 1009 a

Sulfon, Bis-[4-methansulfonyl-phenyl]-
6 III 4474 j

$C_{14}H_{14}O_7$

Biphenyl-2,3,6,2',5'-pentaol,
4,4'-Dimethoxy- **6** IV 7964

Biphenyl-2,4,6,2',5'-pentaol,
4',6'-Dimethoxy- **6** IV 7964

Phenol, 3,5-Bis-allyloxycarbonyloxy-
6 III 6307 a

$C_{14}H_{14}O_7S_2$

Äther, Bis-[4-hydroxymethansulfonyl-
phenyl]- **6** IV 5812

$C_{14}H_{14}O_7S_3$

Schwefligsäure-bis-[4-methansulfonyl-
phenylester] **6** IV 5821

$C_{14}H_{14}O_8$

Benzol, 1,4-Bis-äthoxyoxalyloxy-
6 IV 5743

–, 1,2,3,4-Tetraacetoxy-
6 1153 h, II 1118 b, III 6651 d

–, 1,2,3,5-Tetraacetoxy- **6** III 6654 d,
IV 7686

–, 1,2,4,5-Tetraacetoxy- **6** 1156 g,
I 570 f, II 1121 e, III 6656 i, IV 7689

Biphenyl-2,3,5,6,2',3',5',6'-octaol,
4,4'-Dimethyl- **6** III 7004 b

$C_{14}H_{14}O_8S_2$

Bibenzyl, 4,4'-Bis-sulfooxy- **6** IV 6680

$C_{14}H_{14}O_{10}S_2$

Äthan, 1,2-Diphenoxy-1,2-bis-sulfooxy-
6 IV 602

$C_{14}H_{14}O_{10}S_4$

Essigsäure, [3,6-Dihydroxy-benzen-
1,2,4,5-tetrayltetramercapto]-tetra-
6 III 6940 i

$C_{14}H_{14}O_{12}S_2$

Bernsteinsäure, [Benzol-1,3-disulfonyl]-di-
6 III 4368 e

$C_{14}H_{14}S$

Bibenzyl-α-thiol **6** II 638 b, IV 4706

Methanthiol, [4-Benzyl-phenyl]-
6 IV 4739

–, Phenyl-o-tolyl- **6** IV 4728

–, Phenyl-p-tolyl- **6** IV 4738

Sulfid, Äthyl-biphenyl-4-yl- **6** IV 4616

–, Benzhydryl-methyl- **6** III 3378 h,
IV 4681

–, Benzyl-p-tolyl- **6** I 225 i, II 429 b,
IV 2649

–, Dibenzyl- **6** 455 e, I 225 k,
II 429 d, III 1582 f, IV 2649

–, Di-cyclohepta-2,4,6-trienyl-
6 IV 1940

–, [2,4-Dimethyl-phenyl]-phenyl-
6 491 m

–, [2,5-Dimethyl-phenyl]-phenyl-
6 497 k

–, [2,6-Dimethyl-phenyl]-phenyl-
6 IV 3124

–, [3,4-Dimethyl-phenyl]-phenyl-
6 484 d

–, Di-m-tolyl- **6** 388 i, II 366 a,
IV 2082

–, Di-o-tolyl- **6** 371 d, II 342 g,
III 1280 i, IV 2019

–, Di-p-tolyl- **6** 419 a, I 209 a,
II 395 e, III 1405 a, IV 2173

–, [4-Methyl-benzyl]-phenyl-
6 IV 3175

–, Phenäthyl-phenyl- **6** II 453 c,
IV 3084

–, Phenyl-[1-phenyl-äthyl]-
6 II 448 f, IV 3063

–, m-Tolyl-o-tolyl- **6** 388 h,
IV 2082

–, m-Tolyl-p-tolyl- **6** 418 j,
III 1404 g, IV 2173

–, o-Tolyl-p-tolyl- **6** 418 i, IV 2172

$C_{14}H_{14}S_2$

Acetaldehyd-diphenyldithioacetal
6 305 e, III 1005 a, IV 1510

Äthan, 1,2-Bis-phenylmercapto-
6 301 b, II 291 d, III 994 i,
IV 1493

Bibenzyl-4,4'-dithiol **6** IV 6680

Biphenyl, 2,2'-Bis-methylmercapto-
6 II 961 b

–, 3,3'-Bis-methylmercapto-
6 II 962 e

–, 4,4'-Bis-methylmercapto-
6 993 d, I 486 i, II 963 h

Biphenyl-4,4'-dithiol, 3,3'-Dimethyl-
6 1010 k, II 974 h

Disulfid, Dibenzyl- **6** 465 e, I 229 h,
II 437 g, III 1635 g, IV 2760

–, Di-m-tolyl- **6** 389 c, IV 2085

–, Di-o-tolyl- **6** 372 h, II 342 k,
IV 2027

–, Di-p-tolyl- **6** 425 f, I 212 g,
II 400 b, III 1432 b, IV 2206

C₁₄H₁₄S₃
Sulfid, Bis-[4-methylmercapto-phenyl]-
  6 869 b, III 4474 h
−, Bis-[phenylmercapto-methyl]-
  6 IV 1506
Trisulfid, Dibenzyl- 6 230 b, III 1636 a,
  IV 2761
−, Di-*o*-tolyl- 6 372 k
−, Di-*p*-tolyl- 6 427 b, I 212 k,
  III 1433 a, IV 2207

C₁₄H₁₄S₄
Disulfid, Bis-[2-methylmercapto-phenyl]-
  6 IV 5654
Tetrasulfid, Dibenzyl- 6 I 230 c, II 438 a,
  IV 2762
−, Di-*o*-tolyl- 6 372 l
−, Di-*p*-tolyl- 6 427 c, I 212 l,
  IV 2207

C₁₄H₁₄S₅
Pentasulfid, Dibenzyl- 6 II 438 b,
  III 1636 b, IV 2762
−, Di-*o*-tolyl- 6 372 m

C₁₄H₁₄S₆
Hexasulfid, Dibenzyl- 6 III 1636 a,
  IV 2762

C₁₄H₁₄Se
Selenid, Benzyl-*p*-tolyl- 6 470 a
−, Dibenzyl- 6 470 b, I 232 f,
  III 1651 c, IV 2803
−, Di-*m*-tolyl- 6 II 367 j, III 1340 f
−, Di-*o*-tolyl- 6 373 c, I 182 h,
  II 343 i
−, Di-*p*-tolyl- 6 427 i, II 402 b,
  III 1441 d, IV 2218
−, *m*-Tolyl-*p*-tolyl- 6 IV 2218
−, *o*-Tolyl-*p*-tolyl- 6 III 1441 a

C₁₄H₁₄Se₂
Benzol, 1-Äthylselanyl-2-phenylselanyl-
  6 III 4292 c
−, 1-Methylselanyl-2-*o*-tolylselanyl-
  6 III 4292 d
−, 1-Methylselanyl-2-*p*-tolylselanyl-
  6 III 4292 e
Diselenid, Dibenzyl- 6 470 d, I 233 c,
  II 442 e, III 1652 e, IV 2804
−, Di-*m*-tolyl- 6 III 1341 d
−, Di-*o*-tolyl- 6 III 1285 g
−, Di-*p*-tolyl- 6 428 a, II 402 h,
  III 1443 a, IV 2219
Toluol, 2-Methylselanyl-3-phenylselanyl-
  6 III 4494 h
−, 4-Methylselanyl-3-phenylselanyl-
  6 III 4530 d

C₁₄H₁₄Te
Tellurid, Dibenzyl- 6 I 233 i
−, Di-*m*-tolyl- 6 I 196 a
−, Di-*o*-tolyl- 6 373 e, I 182 i
−, Di-*p*-tolyl- 6 428 b, I 216 c,
  III 1444 e, IV 2221

C₁₄H₁₄Te₂
Ditellurid, Di-*p*-tolyl- 6 IV 2221

C₁₄H₁₅BrO
Äther, Äthyl-[4-(2-brom-äthyl)-[1]naphthyl]-
  6 III 3033 c
−, [1-Brom-[2]naphthyl]-butyl-
  6 III 2995 b
−, [4-Brom-[1]naphthyl]-butyl-
  6 IV 4234
−, [6-Brom-[2]naphthyl]-butyl-
  6 IV 4303
[2]Naphthol, 1-Brom-6-*tert*-butyl-
  6 IV 4368
−, 1-Brom-7-*tert*-butyl- 6 IV 4368

C₁₄H₁₅BrO₂
Naphthalin, 1-Äthoxy-2-brom-8-methoxy-
  4-methyl- 6 IV 6576

C₁₄H₁₅BrO₃
Naphthalin, 2-Brom-1,6,7-trimethoxy-
  3-methyl- 6 IV 7541

C₁₄H₁₅BrO₆
Benzol, 1,3,5-Triacetoxy-2-brom-
  4,6-dimethyl- 6 1117 j

C₁₄H₁₅Br₃O₅
Benzol, 2-Acetoxy-5-[1-acetoxy-2-brom-
  propyl]-1,4-dibrom-3-methoxy-
  6 1122 i
−, 1-Acetoxy-3-acetoxymethyl-
  4-äthoxymethyl-2,5,6-tribrom-
  6 1115 g

C₁₄H₁₅ClN₂O₄S
Sulfid, [8-Chlor-cyclooct-4-enyl]-
  [2,4-dinitro-phenyl]- 6 IV 1745

C₁₄H₁₅ClN₂O₆
Essigsäure, Chlor-, [2-cyclohexyl-
  4,6-dinitro-phenylester] 6 III 2500 f

C₁₄H₁₅ClN₂O₆S
Sulfon, [6-Chlor-3,4-dimethyl-cyclohex-
  3-enyl]-[2,4-dinitro-phenyl]- 6 IV 1745

C₁₄H₁₅ClO
Äther, Äthyl-[2-chlor-1-[1]naphthyl-äthyl]-
  6 668 c
−, Butyl-[1-chlor-[2]naphthyl]-
  6 III 2991 a
−, [γ-Chlor-isobutyl]-[2]naphthyl-
  6 III 2973 f

$C_{14}H_{15}ClO$ (Fortsetzung)
Äther, [2-Chlor-phenyl]-norborn-5-en-
2-ylmethyl- **6** III 676 i
—, [6-(1-Chlor-propyl)-[2]naphthyl]-
methyl- **6** IV 4356
Methanol, [4-Chlor-phenyl]-norborn-5-en-
2-yl- **6** IV 4372
[2]Naphthol, 6-*tert*-Butyl-1-chlor-
6 IV 4367

$C_{14}H_{15}ClOS$
λ^4-Sulfan, Dibenzyl-chlor-hydroxy-
6 I 226 a

$C_{14}H_{15}ClO_2$
Äthan, 1-[2-Chlor-äthoxy]-2-
[2]naphthyloxy- **6** III 2977 c
Naphthalin, 2-Chlormethyl-1,4-dimethoxy-
3-methyl- **6** III 5317 e
Propan-2-ol, 1-Chlor-3-[4-methoxy-
[1]naphthyl]- **6** II 959 d

$C_{14}H_{15}ClO_2S$
Acetaldehyd, [2-Chlor-[1]naphthyl-
mercapto]-, dimethylacetal **6** IV 4246
—, [8-Chlor-[1]naphthylmercapto]-,
dimethylacetal **6** IV 4248
Sulfon, [3-Chlor-norborn-5-en-2-yl]-*p*-tolyl-
6 IV 2169

$C_{14}H_{15}ClO_3$
Methanol, [8-Chlor-4,5-dimethoxy-
1-methyl-[2]naphthyl]- **6** IV 7543

$C_{14}H_{15}ClO_4$
Naphthalin, 5,8-Diacetoxy-6-chlor-
1,2,3,4-tetrahydro- **6** IV 6354

$C_{14}H_{15}ClO_5$
Fumarsäure, [2-Chlor-phenoxy]-,
diäthylester **6** II 172 m
—, [4-Chlor-phenoxy]-, diäthylester
6 II 177 k

$C_{14}H_{15}ClO_6$
Benzol, 1,3,5-Triacetoxy-2-chlor-
4,6-dimethyl- **6** 1117 h

$C_{14}H_{15}ClS$
Sulfid, [3-Chlor-norborn-5-en-2-yl]-*p*-tolyl-
6 IV 2169

$C_{14}H_{15}Cl_2NO_3$
Valeriansäure, 2-Cyan-5-[2,4-dichlor-
phenoxy]-, äthylester **6** IV 933

$C_{14}H_{15}Cl_2N_2O_5PS$
Amidophosphorsäure, Dimethylsulfamoyl-,
bis-[2-chlor-phenylester] **6** IV 808
—, Dimethylsulfamoyl-, bis-[4-chlor-
phenylester] **6** IV 872

$C_{14}H_{15}Cl_2O_5P$
Phosphorsäure-diäthylester-[2,3-dichlor-
4-hydroxy-[1]naphthylester] **6** IV 6549

$C_{14}H_{15}Cl_3O$
Äther, [4-Chlor-2-cyclohexyl-phenyl]-
[1,2-dichlor-vinyl]- **6** IV 3902

$C_{14}H_{15}Cl_3O_2$
Essigsäure, Trichlor-, [2-phenyl-
cyclohexylester] **6** III 2512 b

$C_{14}H_{15}Cl_3O_4$
Benzol, 1-Chlor-2,4-bis-[α-chlor-
isobutyryloxy]- **6** IV 5684
—, 2-Chlor-1,4-bis-[α-chlor-
isobutyryloxy]- **6** IV 5769
Butan, 2,4-Diacetoxy-1,1,1-trichlor-
4-phenyl- **6** IV 6007
Propan, 2-Acetoxy-1-allyloxy-3-
[2,4,5-trichlor-phenoxy]- **6** III 719 a

$C_{14}H_{15}Cl_3O_5$
Essigsäure, [(2,4,5-Trichlor-phenoxy)-
acetoxy]-, butylester **6** IV 979

$C_{14}H_{15}Cl_5O_2$
Octansäure-pentachlorphenylester
6 IV 1032

$C_{14}H_{15}Cl_5O_5$
Äthan, 1-[2-Acetoxy-äthoxy]-2-
[2-pentachlorphenoxy-äthoxy]-
6 III 733 e, IV 1028

$C_{14}H_{15}FO$
Äther, [4-Fluor-butyl]-[2]naphthyl-
6 IV 4259

$C_{14}H_{15}NO$
Äthylamin, 2-Biphenyl-2-yloxy-
6 III 3291 i
Propionitril, 3-[1-Äthyl-1-phenyl-prop-
2-inyloxy]- **6** IV 4081
—, 3-[1-Methyl-1-*p*-tolyl-prop-
2-inyloxy]- **6** IV 4082
—, 3-[1-Phenäthyl-prop-2-inyloxy]-
6 IV 4080

$C_{14}H_{15}NOS$
Buttersäure, 4-[2]Naphthylmercapto-,
amid **6** IV 4319

$C_{14}H_{15}NOS_2$
Dithiocarbamidsäure, Dimethyl-,
[1-hydroxy-[2]naphthylmethylester]
6 IV 6584
—, Dimethyl-, [2-hydroxy-
[1]naphthylmethylester] **6** IV 6579

$C_{14}H_{15}NO_2$
Acetimidsäure, 2-[1]Naphthyloxy-,
äthylester **6** III 2931 b

$C_{14}H_{15}O_3P$
Phosphonsäure-dibenzylester **6** III 1548 b,
IV 2571
— di-*m*-tolylester **6** IV 2056
— di-*o*-tolylester **6** IV 1978
— di-*p*-tolylester **6** IV 2129
Phosphonsäure, Äthyl-, diphenylester
6 IV 704
Phosphorigsäure-äthylester-diphenylester
6 IV 694

$C_{14}H_{15}O_3PS$
Thiophosphorsäure-*O*-äthylester-
O',O''-diphenylester **6** IV 755
— *S*-äthylester-*O,O'*-diphenylester
6 IV 755

$C_{14}H_{15}O_4P$
Phosphorsäure-äthylester-diphenylester
6 179 a, IV 714
— dibenzylester **6** 439 g, II 422 f,
III 1549 f, IV 2574
— di-*m*-tolylester **6** III 1312 e
— di-*o*-tolylester **6** III 1261 d
— di-*p*-tolylester **6** III 1371 f,
IV 2130

$C_{14}H_{15}O_5P$
Phosphorsäure-mono-[3-phenäthyloxy-
phenylester] **6** III 4332 d

$C_{14}H_{15}O_6P$
Phosphorsäure-bis-[2-methoxy-phenylester]
6 782 c, I 388 h, III 4245 d,
IV 5603
— bis-[4-methoxy-phenylester]
6 IV 5761

$[C_{14}H_{15}S_2]^+$
Sulfonium, Dimethyl-[4-phenylmercapto-
phenyl]- **6** IV 5843

$[C_{14}H_{15}Te]^+$
Telluronium, Methyl-phenyl-*o*-tolyl-
6 II 344 b
—, Methyl-phenyl-*p*-tolyl-
6 I 216 b, II 403 d

$C_{14}H_{16}BrNO_3$
Valeriansäure, 5-[2-Brom-phenoxy]-2-cyan-,
äthylester **6** IV 1041
—, 5-[4-Brom-phenoxy]-2-cyan-,
äthylester **6** IV 1053

$C_{14}H_{16}Br_2O_2$
Essigsäure-[2,4-dibrom-6-cyclohexyl-
phenylester] **6** IV 3903

$C_{14}H_{16}Br_2O_4$
Benzol, 1-Acetoxy-2,5-dibrom-
4-isobutyryloxy-3,6-dimethyl-
6 917 g

—, 1,4-Bis-acetoxymethyl-2,5-dibrom-
3,6-dimethyl- **6** IV 6030
—, 1,2-Bis-[2-brom-butyryloxy]-
6 775 a
—, 1,3-Bis-[2-brom-butyryloxy]-
6 816 j
—, 1,4-Bis-[2-brom-butyryloxy]-
6 846 i
—, 1,2-Bis-[α-brom-isobutyryloxy]-
6 775 c
—, 1,3-Bis-[α-brom-isobutyryloxy]-
6 816 k
—, 1,4-Bis-[α-brom-isobutyryloxy]-
6 846 j
—, 1,4-Diacetoxy-2,5-dibrom-
3-isopropyl-6-methyl- **6** 946 f, III 4675 b

$C_{14}H_{16}Br_2O_5$
Benzol, 2-Acetoxy-5-[1-acetoxy-2-brom-
propyl]-1-brom-3-methoxy- **6** 1122 a
—, 1-Acetoxy-4-acetoxymethyl-
2,5-dibrom-3-methoxymethyl-6-methyl-
6 1125 f
—, 1,2-Diacetoxy-3,5-dibrom-
6-methoxy-4-propyl- **6** 1120 g
—, 1,3-Diacetoxy-4,6-dibrom-
2-methoxy-5-propyl- **6** 1120 g

$C_{14}H_{16}ClNO_3$
Valeriansäure, 5-[2-Chlor-phenoxy]-2-cyan-,
äthylester **6** IV 799
—, 5-[4-Chlor-phenoxy]-2-cyan-,
äthylester **6** IV 858

$C_{14}H_{16}ClNO_5$
Glutaminsäure, *N*-Benzyloxycarbonyl-,
5-chlorid-1-methylester **6** III 1517 a

$C_{14}H_{16}ClNO_6$
Threonin, *N*-Benzyloxycarbonyl-
O-chloracetyl- **6** IV 2389

$C_{14}H_{16}Cl_2N_2O_4$
Buttersäure, 3-[(2,4-Dichlor-phenoxyacetyl)-
hydrazono]-, äthylester **6** III 707 h

$C_{14}H_{16}Cl_2O$
Phenol, 2-[2-Dichlormethylen-cyclohexyl]-
4-methyl- **6** IV 4107

$C_{14}H_{16}Cl_2O_2$
Essigsäure, Dichlor-, [2-phenyl-
cyclohexylester] **6** III 2512 a

$C_{14}H_{16}Cl_2O_3$
Isobuttersäure, α-[4-Chlor-phenoxy]-,
[3-chlor-but-2-enylester] **6** IV 853

$C_{14}H_{16}Cl_2O_4$
Butyrylchlorid, 4,4'-*p*-Phenylendioxy-bis-
6 IV 5750

$C_{14}H_{16}Cl_2O_5$

Octandisäure, 2-[2,4-Dichlor-phenoxy]-
6 IV 933

$C_{14}H_{16}Cl_2O_6$

Benzol, 1,4-Diacetoxy-2,5-diäthoxy-
3,6-dichlor- 6 1157 d

Essigsäure, [2,5-Dichlor-p-phenylendioxy]-
di-, diäthylester 6 IV 5774

–, [4,5-Dichlor-o-phenylendioxy]-di-,
diäthylester 6 IV 5619

–, [4,6-Dichlor-m-phenylendioxy]-di-,
diäthylester 6 IV 5686

$C_{14}H_{16}Cl_2O_6S_2$

Benzol, 1,4-Bis-[3-chlor-but-2-en-
1-sulfonyloxy]- 6 IV 5761

$C_{14}H_{16}Cl_3NO_4$

Leucin, N-[(2,4,5-Trichlor-phenoxy)-acetyl]-
6 IV 982

$C_{14}H_{16}Cl_4O_2$

Äthan, 1,1,1-Trichlor-2-[4-chlor-phenyl]-
2-hexanoyloxy- 6 IV 3051

$C_{14}H_{16}Cl_4O_3$

Phenol, 4-[4-$tert$-Butoxy-but-2-enyloxy]-
2,3,5,6-tetrachlor- 6 IV 5777

–, 4-[1-$tert$-Butoxymethyl-allyloxy]-
2,3,5,6-tetrachlor- 6 IV 5777

$C_{14}H_{16}Cl_6O_5$

Propan, 1-o-Tolyloxy-2,3-bis-[2,2,2-trichlor-
1-hydroxy-äthoxy]- 6 IV 1954

$C_{14}H_{16}Cl_6S_4$

Benzol, 1,4-Dichlor-2,3,5,6-tetrakis-
[2-chlor-äthylmercapto]- 6 IV 7693

$C_{14}H_{16}F_2O$

Äther, $tert$-Butyl-[4,4-difluor-2-phenyl-
cyclobut-1-enyl]- 6 IV 4076

$C_{14}H_{16}INO_3$

Valeriansäure, 2-Cyan-5-[2-jod-phenoxy]-,
äthylester 6 IV 1072

$[C_{14}H_{16}NO_2]^+$

Ammonium, Trimethyl-[2]naphthyloxy≈
carbonyl- 6 I 314 a

$C_{14}H_{16}NO_2PS$

Amidothiophosphorsäure-O,O'-di-
m-tolylester 6 III 1313 a

– O,O'-di-p-tolylester 6 402 c, II 382 i

$C_{14}H_{16}NO_3P$

Amidophosphorsäure-dibenzylester
6 III 1551 a, IV 2582

– di-p-tolylester 6 402 a

Amidophosphorsäure, Äthyl-, diphenyl≈
ester 6 I 95 k

–, Dimethyl-, diphenylester 6 IV 740

$C_{14}H_{16}NO_4P$

Phosphorsäure-[2-amino-äthylester]-
diphenylester 6 IV 730

$C_{14}H_{16}NO_4PS$

Amidothiophosphorsäure-O,O'-bis-
[2-methoxy-phenylester] 6 IV 5604

– O,O'-bis-[4-methoxy-phenylester]
6 IV 5763

$C_{14}H_{16}NO_5P$

Amidophosphorsäure-bis-[4-methoxy-
phenylester] 6 IV 5762

$C_{14}H_{16}NO_5PS$

Amidophosphorsäure, Äthansulfonyl-,
diphenylester 6 IV 746

$C_{14}H_{16}N_2O$

Butyramidin, 4-[1]Naphthyloxy-
6 III 2931 h

$C_{14}H_{16}N_2O_2$

Butyronitril, 3,3'-m-Phenylendioxy-di-
6 II 817 n

–, 4,4'-p-Phenylendioxy-di-
6 IV 5750

Isobutyronitril, α,α'-p-Phenylendioxy-di-
6 IV 5751

$C_{14}H_{16}N_2O_2S_2$

Benzol, 1,4-Diäthoxy-2,5-bis-thiocyanatomethyl-
6 IV 7702

$C_{14}H_{16}N_2O_4S_2$

Hydrazin, N,N'-Bis-[benzolsulfonyl-
methyl]- 6 IV 1508

$C_{14}H_{16}N_2O_5$

Valeriansäure, 2-Cyan-5-[2-nitro-phenoxy]-,
äthylester 6 IV 1263

–, 2-Cyan-5-[3-nitro-phenoxy]-,
äthylester 6 IV 1275

–, 2-Cyan-5-[4-nitro-phenoxy]-,
äthylester 6 IV 1307

$C_{14}H_{16}N_2O_5S_2$

[1,2,5]Dithiazocin-4-carbonsäure,
7-Benzyloxycarbonylamino-6-oxo-
hexahydro- 4 IV 3169

$C_{14}H_{16}N_2O_6$

Äthan-1,2-diol, 1,2-Diamino-1,2-bis-
[2-hydroxy-phenoxy]- 6 III 4231 b

Essigsäure-[2-cyclohexyl-4,6-dinitro-
phenylester] 6 III 2500 e,
IV 3904

– [4-cyclohexyl-2,6-dinitro-
phenylester] 6 IV 3907

$C_{14}H_{16}N_2O_6S$

Cyclohexan, 1-Acetoxy-2-[2,4-dinitro-
phenylmercapto]- 6 IV 5205

$C_{14}H_{16}N_2O_7$
Glycin, N-[N-Benzyloxycarbonyl-
α-aspartyl]- **6** III 1515 a, IV 2397
—, N-[N-Benzyloxycarbonyl-
β-aspartyl]- **6** III 1515 d, IV 2398
Malonsäure, [(N-Benzyloxycarbonyl-
alanyl)-amino]- **6** III 1500 a

$C_{14}H_{16}N_2O_8$
Propan, 1,3-Diacetoxy-2-nitro-2-[4-nitro-
benzyl]- **6** IV 6011

$C_{14}H_{16}N_2O_8S_2$
Essigsäure, [4,6-Dinitro-m-phenylen=
dimercapto]-di-, diäthylester
6 IV 5711

$C_{14}H_{16}N_2O_{10}$
Benzol, 1,5-Bis-[2-acetoxy-äthoxy]-
2,4-dinitro- **6** III 4353 a

$C_{14}H_{16}N_2O_{10}S_2$
Essigsäure, [4,6-Dinitro-benzol-
1,3-disulfinyl]-di-, diäthylester
6 IV 5711

$C_{14}H_{16}N_2O_{12}S_2$
Essigsäure, [4,6-Dinitro-benzol-
1,3-disulfonyl]-di-, diäthylester
6 IV 5712

$C_{14}H_{16}N_2S_4$
Benzol, 1,4-Bis-[(2-thiocyanato-
äthylmercapto)-methyl]- **6** IV 5973

$C_{14}H_{16}N_3O_3P$
Amidophosphorsäure, Methylcarbamimidoyl-,
diphenylester **6** IV 743

$C_{14}H_{16}N_4O_6$
Threonin, O-Azidoacetyl-N-benzyloxy=
carbonyl- **6** IV 2389

$C_{14}H_{16}N_4O_8$
Glycin, N-[(2-Nitro-phenoxy)-acetyl]-
glycyl→glycyl→- **6** IV 1262

$C_{14}H_{16}N_4S_2$
Naphthalin, 1,4-Bis-[carbamimidoyl=
mercapto-methyl]- **6** III 5316 b
—, 2,7-Bis-[carbamimidoylmercapto-
methyl]- **6** IV 6593

$C_{14}H_{16}O$
Äthanol, 2-[2,5-Dimethyl-[1]naphthyl]-
6 IV 4370
—, 2-[3,4-Dimethyl-[1]naphthyl]-
6 III 3058 a
1,4-Ätheno-naphthalin-6-ol, 5,9-Dimethyl-
1,2,3,4-tetrahydro- **6** IV 4373
Äther, Äthyl-[4-äthyl-[1]naphthyl]-
6 III 3033 a
—, Äthyl-[4,8-dimethyl-azulen-6-yl]-
6 IV 4344

—, Äthyl-[1,4-dimethyl-[2]naphthyl]-
6 669 c
—, [2-Äthyl-8-methyl-azulen-4-yl]-
methyl- **6** III 3047 b
—, Äthyl-[4-methyl-[1]naphthylmethyl]-
6 IV 4352
—, [6-Äthyl-1-methyl-[2]naphthyl]-
methyl- **6** IV 4359
—, Äthyl-[1-[1]naphthyl-äthyl]-
6 III 3034 f
—, Äthyl-[1-[2]naphthyl-äthyl]-
6 IV 4349
—, Benzyl-[1,1-dimethyl-pent-4-en-
2-inyl]- **6** III 1460 c
—, Butyl-[1]naphthyl- **6** III 2924 d,
IV 4213
—, Butyl-[2]naphthyl- **6** III 2973 c,
IV 4258
—, sec-Butyl-[1]naphthyl- **6** III 2925 a,
IV 4213
—, sec-Butyl-[2]naphthyl- **6** III 2973 d
—, tert-Butyl-[1]naphthyl- **6** IV 4213
—, [1,1-Dimethyl-pent-4-en-2-inyl]-
p-tolyl- **6** III 1357 b
—, Isobutyl-[1]naphthyl- **6** III 2925 b
—, Isobutyl-[2]naphthyl-
6 641 e, III 2973 e
—, Isopropyl-[2-methyl-[1]naphthyl]-
6 III 3027 b
—, Isopropyl-[1]naphthylmethyl-
6 IV 4332
—, [2-Isopropyl-[1]naphthyl]-methyl-
6 III 3050 a
—, [3-Isopropyl-[2]naphthyl]-methyl-
6 IV 4357
—, [6-Isopropyl-[2]naphthyl]-methyl-
6 IV 4358
—, [7-Isopropyl-[1]naphthyl]-methyl-
6 III 3050 c
—, Methyl-[1-methyl-1-[1]naphthyl-
äthyl]- **6** III 3049 e
—, Methyl-[2-propyl-[1]naphthyl]-
6 III 3048 f
—, Methyl-[6-propyl-[2]naphthyl]-
6 III 3049 b
—, Methyl-[1,4,7-trimethyl-
[2]naphthyl]- **6** IV 4361
—, Methyl-[1,5,6-trimethyl-
[2]naphthyl]- **6** III 3051 c
—, Methyl-[1,7,8-trimethyl-
[2]naphthyl]- **6** III 3052 f
—, Methyl-[2,7,8-trimethyl-
[1]naphthyl]- **6** III 3052 e

$C_{14}H_{16}O$ (Fortsetzung)

Äther, Methyl-[3,4,6-trimethyl-[1]naphthyl]-
  6 III 3052 b, IV 4361

—, Methyl-[3,4,6-trimethyl-
  [2]naphthyl]- **6** III 3052 a

—, Methyl-[3,4,8-trimethyl-
  [2]naphthyl]- **6** III 3051 a

—, Methyl-[3,5,6-trimethyl-
  [1]naphthyl]- **6** III 3052 c

—, Methyl-[3,5,6-trimethyl-
  [2]naphthyl]- **6** III 3052 d

—, Methyl-[3,5,8-trimethyl-
  [2]naphthyl]- **6** IV 4362

—, Methyl-[4,5,8-trimethyl-
  [1]naphthyl]- **6** IV 4361

—, [1]Naphthylmethyl-propyl-
  6 IV 4332

—, Norborn-5-en-2-ylmethyl-phenyl-
  6 III 562 d

Anisol, 4-[1,1-Dimethyl-pent-4-en-2-inyl]-
  6 III 3046 g

—, 4-Norborn-2-en-2-yl- **6** IV 4362

Benzo[f]chromen, 3-Methyl-
  2,3,5,6-tetrahydro-1H- **6** III 5067 c

Butan-1-ol, 1-[1]Naphthyl- **6** IV 4365

—, 4-[1]Naphthyl- **6** III 3055 d,
  IV 4365

—, 4-[2]Naphthyl- **6** IV 4366

Butan-2-ol, 1-[1]Naphthyl- **6** IV 4365

—, 2-[1]Naphthyl- **6** III 3056 a,
  IV 4366

Cyclohexanol, 1-Phenyläthinyl-
  6 III 3054 d, IV 4363

—, 2-Phenyläthinyl- **6** IV 4364

Hept-6-en-3-in-2-ol, 2-Methyl-7-phenyl-
  6 IV 4362

Hept-6-en-4-in-3-ol, 2-Methyl-3-phenyl-
  6 IV 4362

1,4-Methano-fluoren-2-ol, 1,2,3,4,4a,9a-
  Hexahydro- **6** III 3058 b

1,4-Methano-fluoren-3-ol, 1,2,3,4,4a,9a-
  Hexahydro- **6** III 3058 b

Methanol, [4-Isopropyl-[1]naphthyl]-
  6 IV 4369

—, Norborn-5-en-2-yl-phenyl-
  6 IV 4371

—, [4-Propyl-[1]naphthyl]- **6** IV 4369

—, [4,6,8-Trimethyl-azulen-1-yl]-
  6 IV 4365

[1]Naphthol, 6-Äthyl-2,4-dimethyl-
  6 IV 4371

—, 6-Äthyl-3,4-dimethyl- **6** IV 4370

—, 7-Äthyl-2,4-dimethyl- **6** IV 4370

—, 2-Butyl- **6** III 3055 e

—, 2-tert-Butyl- **6** III 3056 d

—, 4-Butyl- **6** III 3054 f

—, 4-sec-Butyl- **6** III 3055 h

—, 4-tert-Butyl- **6** III 3056 c

—, 7-tert-Butyl- **6** III 3057 c

—, 2-Isobutyl- **6** IV 4367

[2]Naphthol, 6-Äthyl-1,4-dimethyl-
  6 IV 4371

—, 7-Äthyl-1,4-dimethyl- **6** II 621 c,
  IV 4371

—, 7-Äthyl-3,4-dimethyl- **6** IV 4370

—, 8-Äthyl-3,4-dimethyl- **6** IV 4370

—, 1-Butyl- **6** III 3054 e

—, 4-tert-Butyl- **6** III 3056 e

—, 6-Butyl- **6** III 3055 f, IV 4365

—, 6-tert-Butyl- **6** III 3056 e,
  IV 4367

—, 7-tert-Butyl- **6** III 3057 b

—, 1,6-Diäthyl- **6** IV 4370

—, 3-Isobutyl- **6** III 3056 b

—, 6-Isopropyl-4-methyl- **6** III 3057 e

—, 1-Methyl-6-propyl- **6** IV 4369

Phenol, 4-[1-Äthyl-1-methyl-pent-4-en-
  2-inyl]- **6** III 3053 c

—, 4-[1,1-Dimethyl-pent-4-en-2-inyl]-
  2-methyl- **6** III 3054 b

—, 4-[1,1-Dimethyl-pent-4-en-2-inyl]-
  3-methyl- **6** III 3053 e

—, 4-[1,1,4-Trimethyl-pent-4-en-
  2-inyl]- **6** IV 4362

Propan-1-ol, 3-[1-Methyl-[2]naphthyl]-
  6 IV 4368

Propan-2-ol, 2-[2-Methyl-azulen-5-yl]-
  6 IV 4364

—, 2-[2-Methyl-azulen-6-yl]-
  6 IV 4364

—, 1-[2-Methyl-[1]naphthyl]-
  6 IV 4368

—, 2-[4-Methyl-[1]naphthyl]-
  6 III 3057 d

$C_{14}H_{16}OS$

[2]Naphthol, 1-[Propylmercapto-methyl]-
  6 IV 6579

$C_{14}H_{16}O_2$

Acetaldehyd-[äthyl-[2]naphthyl-acetal]
  6 IV 4265

Äthan, 1-Äthoxy-2-[2]naphthyloxy-
  6 III 2977 b

3,8-Äthano-cyclobuta[b]naphthalin-4,7-diol,
  1,2,2a,3,8,8a-Hexahydro- **6** III 5325 b

C₁₄H₁₆O₂ (Fortsetzung)

3,8-Äthano-cyclobuta[b]naphthalin-
4,7-dion, 1,2,2a,3,3a,7a,8,8a-Octahydro-
6 IV 6600

Äthanol, 2-[4-Äthoxy-[1]naphthyl]-
6 III 5314 a

–, 2-[4-Methoxy-6-methyl-
[1]naphthyl]- 6 III 5322 a

–, 2-[5-Methoxy-8-methyl-
[1]naphthyl]- 6 IV 6596

–, 2-[6-Methoxy-8-methyl-
[1]naphthyl]- 6 IV 6596

–, 2-[8-Methoxy-5-methyl-
[1]naphthyl]- 6 IV 6595

–, 2-[2-[2]Naphthyl-äthoxy]-
6 IV 4349

Ameisensäure-[1-phenyl-[2]norbornylester]
6 III 2755 a

Anthracen-9,10-diol, 1,2,3,4,5,8-Hexahydro-
6 II 959 f

–, 1,4,4a,9,9a,10-Hexahydro-
6 IV 6599

Anthracen-1,4-dion, 4a,5,6,7,8,9,9a,10-
Octahydro- 6 IV 6599

Butan-2-ol, 4-[2-Hydroxy-[1]naphthyl]-
6 III 5322 e

But-3-in-1-ol, 1-Cyclopropyl-1-[4-methoxy-
phenyl]- 6 IV 6594

Cyclohexan-1,2-diol, 1-Phenyläthinyl-
6 IV 6597

Cyclopenta[b]naphthalin-5,8-dion,
1-Methyl-2,3,4,4a,8a,9-hexahydro-1H-
6 IV 6600

Essigsäure-[4-cyclohex-1-enyl-phenylester]
6 II 561 g

– [2,6-diallyl-phenylester]
6 IV 4088

– [2-phenyl-cyclohex-2-enylester]
6 IV 4090

– [3-phenyl-1-propyl-prop-
2-inylester] 6 III 2745 c

Hexa-4,5-diensäure-phenäthylester
6 III 1710 e

Hex-5-en-3-in-2-ol, 2-[4-Äthoxy-phenyl]-
6 IV 6585

Hex-4-insäure-phenäthylester 6 III 1710 d

Naphthalin, 1-Äthoxymethyl-2-methoxy-
6 III 5298 d

–, 1-Äthyl-4,5-dimethoxy-
6 IV 6586

–, 1-Äthyl-4,6-dimethoxy-
6 IV 6586

–, 4-Äthyl-1,6-dimethoxy-
6 IV 6587

–, 6-Äthyl-2,3-dimethoxy-
6 IV 6588

–, 1,5-Bis-[1-hydroxy-äthyl]-
6 IV 6598

–, 2,6-Bis-[2-hydroxy-äthyl]-
6 IV 6599

–, 1,4-Diäthoxy- 6 IV 6546

–, 1,5-Diäthoxy- 6 I 478 b

–, 1,6-Diäthoxy- 6 I 480 d

–, 1,7-Diäthoxy- 6 981 h

–, 2,3-Diäthoxy- 6 983 d

–, 2,6-Diäthoxy- 6 984 g

–, 2,7-Diäthoxy- 6 987 a

–, 1,4-Dimethoxy-2,6-dimethyl-
6 III 5318 c

–, 1,5-Dimethoxy-4,8-dimethyl-
6 IV 6590

–, 1,6-Dimethoxy-2,5-dimethyl-
6 IV 6590

–, 1,8-Dimethoxy-4,5-dimethyl-
6 IV 6591

–, 2,3-Dimethoxy-6,7-dimethyl-
6 I 483 g, III 5318 a, IV 6592

–, 2,5-Dimethoxy-1,8-dimethyl-
6 IV 6591

–, 2,6-Dimethoxy-1,5-dimethyl-
6 IV 6590

–, 2,7-Dimethoxy-1,8-dimethyl-
6 IV 6591

–, 2,8-Dimethoxy-1,5-dimethyl-
6 IV 6590

–, 6,7-Dimethoxy-1,3-dimethyl-
6 III 5316 a

Naphthalin-1,3-diol, 2-Butyl- 6 III 5323 a

Naphthalin-2,6-diol, 1,5-Diäthyl-
6 III 5323 f

[1]Naphthol, 1-Äthinyl-6-äthoxy-
1,2,3,4-tetrahydro- 6 III 5313 b

–, 4-Butoxy- 6 IV 6546

Phenanthren-1,4-diol, 4b,5,6,7,8,10-
Hexahydro- 6 III 5324 e, IV 6599

Phenanthren-1,4-dion, 4a,4b,5,6,7,8,10,10a-
Octahydro- 6 III 5325 a, IV 6600

Propan-1,2-diol, 2-Methyl-1-[1]naphthyl-
6 II 959 e

Propan-1-ol, 1-[4-Methoxy-[1]naphthyl]-
6 III 5320 a

–, 1-[6-Methoxy-[2]naphthyl]-
6 III 5321 a, IV 6595

Propan-2-ol, 1-Methoxy-2-[1]naphthyl-
6 III 5321 c

$C_{14}H_{16}O_2$ (Fortsetzung)

Propan-2-ol, 2-[2-Methoxy-[1]naphthyl]-
  6 IV 6595

Propylhydroperoxid, 1-Methyl-
  1-[1]naphthyl- 6 IV 4366

$C_{14}H_{16}O_2S$

Acetaldehyd, [1]Naphthylmercapto-,
  dimethylacetal 6 IV 4243

—, [2]Naphthylmercapto-, dimethyl≈
  acetal 6 IV 4315

Äthanthiol, 2-[2-[2]Naphthyloxy-äthoxy]-
  6 III 2978 c

Essigsäure, [2-Cyclohex-2-enyl-
  phenylmercapto]- 6 IV 4090

Sulfon, [2,6-Cyclo-norbornan-3-yl]-p-tolyl-
  6 IV 2169

—, Norborn-2-en-2-yl-p-tolyl-
  6 IV 2169

—, Norborn-5-en-2-yl-p-tolyl-
  6 IV 2169

$C_{14}H_{16}O_2S_2$

Naphthalin, 1,5-Bis-[2-hydroxy-
  äthylmercapto]- 6 IV 6557

$C_{14}H_{16}O_2Si$

Silan, Dimethyl-diphenoxy- 6 IV 764

$C_{14}H_{16}O_3$

Acetessigsäure-[1-methyl-1-phenyl-
  allylester] 6 IV 3840

Cyclopenta[a]naphthalin-6,9-dion,
  4-Methoxy-2,3,5,5a,9a,9b-hexahydro-
  1H- 6 IV 7543

Essigsäure, [2-Cyclohex-2-enyl-phenoxy]-
  6 III 2748 a

—, [1,2,6,7,8,8a-Hexahydro-
  acenaphthylen-3-yloxy]- 6 III 2748 e

—, Phenoxy-, [1-äthyl-1-methyl-prop-
  2-inylester] 6 IV 636

Hept-4-en-2-in-1,6-diol, 1-[4-Methoxy-
  phenyl]- 6 III 6516 e

Hexa-2,4-diensäure, 4-Phenoxy-, äthylester
  6 IV 655

Methanol, [4,5-Dimethoxy-1-methyl-
  [2]naphthyl]- 6 IV 7542

Naphthalin, 8-Acetoxy-5-methoxy-
  4-methyl-1,2-dihydro- 6 IV 6462

—, 1,2,3-Trimethoxy-5-methyl-
  6 III 6512 d

—, 1,2,3-Trimethoxy-8-methyl-
  6 III 6512 e

—, 1,2,4-Trimethoxy-3-methyl-
  6 III 6513 b

—, 1,2,8-Trimethoxy-6-methyl-
  6 IV 7539

—, 1,5,8-Trimethoxy-3-methyl-
  6 IV 7540

—, 1,6,7-Trimethoxy-3-methyl-
  6 IV 7540

[1]Naphthol, 2-Äthyl-5,8-dimethoxy-
  6 IV 7541

—, 7-Äthyl-5,8-dimethoxy- 6 III 6515 c

Pent-1-in, 5-Acetoxy-3-methoxy-1-phenyl-
  6 III 5161 f

Propan-1,2-diol, 1-[6-Methoxy-[2]naphthyl]-
  6 IV 7543

$C_{14}H_{16}O_3S$

Methansulfonsäure-[2-(5-methyl-
  [1]naphthyl)-äthylester] 6 IV 4359

Naphthalin, 5-Äthansulfonyl-4-methoxy-
  1-methyl- 6 III 5297 c

[1]Naphthol, 8-[2-Methyl-propan-
  2-sulfonyl]- 6 III 5286 f

$C_{14}H_{16}O_4$

Anthracen-1,5,9,10-tetraol, 1,4,4a,9,9a,10-
  Hexahydro- 6 IV 7737

Anthracen-1,8,9,10-tetraol, 1,4,4a,9,9a,10-
  Hexahydro- 6 IV 7738

But-1-en, 2,3-Diacetoxy-1-phenyl-
  6 III 5038 a

But-2-en, 1,2-Diacetoxy-1-phenyl-
  6 III 5038 a

Cyclohexa-2,5-dien-1,4-diol, 1,4-Bis-
  [3-methoxy-prop-1-inyl]- 6 IV 7735

Cyclohexan, 1,4-Diacetoxy-1,4-diäthinyl-
  6 IV 6352

Methanol, [6,7,8-Trimethoxy-[1]naphthyl]-
  6 IV 7734

Naphthalin, 1,5-Bis-[2-hydroxy-äthoxy]-
  6 IV 6555

—, 2,3-Bis-hydroxymethyl-
  1,8-dimethoxy- 6 IV 7736

—, 1,6-Bis-methoxymethoxy-
  6 IV 6558

—, 1,2-Diacetoxy-1,2,3,4-tetrahydro-
  6 II 927 a, III 5048 a, IV 6357

—, 2,3-Diacetoxy-1,2,3,4-tetrahydro-
  6 971 d, 972 a, IV 6359

—, 5,6-Diacetoxy-1,2,3,4-tetrahydro-
  6 III 5043 c

—, 5,7-Diacetoxy-1,2,3,4-tetrahydro-
  6 III 5043 g, IV 6352

—, 5,8-Diacetoxy-1,2,3,4-tetrahydro-
  6 II 926 c, III 5044 b, IV 6354

—, 6,7-Diacetoxy-1,2,3,4-tetrahydro-
  6 IV 6355

—, 1,4,5,8-Tetramethoxy-
  6 1126 f, II 1127 a

$C_{14}H_{16}O_4$ (Fortsetzung)

Propin, 3-Acetoxy-3-[4-äthoxy-3-methoxy-
phenyl]- **6** III 6486 a

Propionsäure, 2-Acetoxy-, [2-allyl-
phenylester] **6** IV 3809

—, 2-Methacryloyloxy-, benzylester
6 III 1534 e

$C_{14}H_{16}O_4S$

Butan-1-sulfonsäure, 4-[2]Naphthyloxy-
6 IV 4283

Butan-2-sulfonsäure, 4-[2]Naphthyloxy-
6 III 2987 e

Fumarsäure, Phenylmercapto-, diäthyl≠
ester **6** 319 f

Propan-2-ol, 2-[4-Hydroxy-5-methansulfonyl-
[1]naphthyl]- **6** IV 7543

$C_{14}H_{16}O_4S_2$

Benzol, 1-Acetoxy-2,3-bis-acetylmercapto-
4,5-dimethyl- **6** III 6335 c

$C_{14}H_{16}O_4Se$

λ^4-Selan, Dihydroxy-bis-[4-methoxy-
phenyl]- **6** 871 h, III 4482 d

$C_{14}H_{16}O_4Si$

Kieselsäure-dimethylester-diphenylester
6 IV 766

$C_{14}H_{16}O_5$

Benzol, 1-Acetoxy-4-[3-acetoxy-propenyl]-
2-methoxy- **6** IV 7477

—, 1,2-Diacetoxy-5-allyl-3-methoxy-
6 III 6444 f

Buttersäure, 2-Acetyl-3-oxo-4-phenoxy-,
äthylester **6** I 91 e

Fumarsäure, [2-Isopropyl-5-methyl-
phenoxy]- **6** 539 e

—, [5-Isopropyl-2-methyl-phenoxy]-
6 531 b

—, Phenoxy-, diäthylester **6** 169 i

Malonsäure, Acetyl-, äthylester-
benzylester **6** IV 2479

$C_{14}H_{16}O_5S$

Äthansulfonsäure, 2-[2-[2]Naphthyloxy-
äthoxy]- **6** III 2978 g

Oxalessigsäure, Phenylmercapto-,
diäthylester **6** III 1024 f

$C_{14}H_{16}O_6$

Benzol, 1,2-Diacetoxy-4-[2-acetoxy-äthyl]-
6 III 6333 d

—, 1,4-Diacetoxy-2-[1-acetoxy-äthyl]-
6 IV 7390

—, 1,3-Diacetoxy-5-acetoxymethyl-
2-methyl- **6** IV 7400

—, 1,2,3-Triacetoxy-5-äthyl-
6 III 6328 e

—, 1,3,5-Triacetoxy-2-äthyl-
6 1114 a

—, 1,2,3-Triacetoxy-4,5-dimethyl-
6 IV 7395

—, 1,2,4-Triacetoxy-3,5-dimethyl-
6 1115 j, III 6334 g

—, 1,2,5-Triacetoxy-3,4-dimethyl-
6 IV 7396

—, 1,3,4-Triacetoxy-2,5-dimethyl-
6 II 1086 a, III 6340 a, IV 7399

—, 1,3,5-Triacetoxy-2,4-dimethyl-
6 1117 e, I 553 d

[1,4]Naphthochinon, 5-Acetoxy-
2,3-dimethoxy-4a,5,8,8a-tetrahydro-
6 IV 7896

Oxalessigsäure, Phenoxy-, diäthylester
6 III 637 f

$C_{14}H_{16}O_6S_2$

Naphthalin, 2,6-Bis-[2-hydroxy-
äthansulfonyl]- **6** IV 6568

$C_{14}H_{16}O_7$

Benzol, 1,3,5-Triacetoxy-2-äthoxy-
6 1155 d

Malonsäure, [(3-Methoxy-phenoxy)-acetyl]-,
dimethylester **6** II 818 d

Pentan-1,2,2-tricarbonsäure, 5-Phenoxy-
6 III 632 d

Toluol, 2,3,5-Triacetoxy-4-methoxy-
6 III 6659 g

—, 2,3,6-Triacetoxy-4-methoxy-
6 III 6660 d

—, 2,3,6-Triacetoxy-5-methoxy-
6 III 6661 b

—, 2,4,5-Triacetoxy-6-methoxy-
6 III 6660 e

$C_{14}H_{16}O_7P_2$

Diphosphorsäure-1,2-dibenzylester
6 IV 2586

— 1,2-di-*m*-tolylester **6** II 354 j

— 1,2-di-*o*-tolylester **6** II 331 i

$C_{14}H_{16}O_8$

Benzol, 1,2,5-Triacetoxy-3,4-dimethoxy-
6 III 6882 d

—, 1,3,4-Triacetoxy-2,5-dimethoxy-
6 III 6882 e

$C_{14}H_{16}S$

2,6-Cyclo-norbornan, 3-*p*-Tolylmercapto-
6 IV 2153

Norborn-2-en, 5-*p*-Tolylmercapto-
6 IV 2153

Propan-2-thiol, 2-Methyl-1-[1]naphthyl-
6 IV 4367

C₁₄H₁₆S₂
Disulfid, *tert*-Butyl-[2]naphthyl-
6 III 3013 b

C₁₄H₁₆Se
Selenid, Butyl-[1]naphthyl- 6 II 590 i
—, Butyl-[2]naphthyl- 6 II 614 e

C₁₄H₁₇BrN₂O₃
Carbamidsäure, [4-(2-Brom-phenoxy)-
1-cyan-butyl]-, äthylester 6 IV 1042

C₁₄H₁₇BrN₂O₅
Glycin, *N*-[*N*-(4-Brom-benzyloxycarbonyl)-
glycyl]-, äthylester 6 IV 2602

C₁₄H₁₇BrO
Äther, [2-Brom-äthyl]-[2,6-diallyl-phenyl]-
6 III 2746 f
[9]Anthrol, 10-Brom-1,2,3,4,5,6,7,8-
octahydro- 6 II 563 e
[9]Phenanthrol, 10-Brom-1,2,3,4,5,6,7,8-
octahydro- 6 II 564 e

C₁₄H₁₇BrO₄
Benzol, 1-Acetoxy-2-acetoxymethyl-5-brom-
3,4,6-trimethyl- 6 948 e
—, 1,4-Diacetoxy-3-brom-5-isopropyl-
2-methyl- 6 946 d, III 4674 e

C₁₄H₁₇BrO₅
Benzol, 1-Acetoxy-4-[1-acetoxy-2-brom-
propyl]-2-methoxy- 6 III 6344 c
—, 2-Acetoxy-4-[1-acetoxy-2-brom-
propyl]-1-methoxy- 6 III 6344 b

C₁₄H₁₇Br₃O
Äther, [2-Brom-äthyl]-[2,4-dibrom-
6-cyclohexyl-phenyl]- 6 IV 3903

C₁₄H₁₇Br₃O₂
Heptansäure-[2,4-dibrom-6-brommethyl-
phenylester] 6 362 c

C₁₄H₁₇ClN₂O₃
Carbamidsäure, [4-(2-Chlor-phenoxy)-
1-cyan-butyl]-, äthylester 6 IV 804

C₁₄H₁₇ClN₂O₄S
Sulfid, [2-Chlor-cyclooctyl]-[2,4-dinitro-
phenyl]- 6 IV 1744

C₁₄H₁₇ClN₂O₆S
Octansäure, 5-Chlor-6-[2,4-dinitro-
phenylmercapto]- 6 IV 1762
—, 6-Chlor-5-[2,4-dinitro-
phenylmercapto]- 6 IV 1762

C₁₄H₁₇ClO
Äther, Benzyl-[1-chlormethyl-3-methyl-
penta-2,4-dienyl]- 6 IV 2234

C₁₄H₁₇ClO₂
Crotonsäure-[4-*tert*-butyl-2-chlor-
phenylester] 6 IV 3312

Essigsäure, Chlor-, [2-phenyl-cyclohexyl-
ester] 6 III 2511 f
Naphthalin, 4-Äthyl-8-chlor-5,6-dimethoxy-
1,2-dihydro- 6 III 5168 a

C₁₄H₁₇ClO₂S
Sulfon, [3-Chlor-[2]norbornyl]-*p*-tolyl-
6 IV 2168

C₁₄H₁₇ClO₃
Essigsäure, [4-Chlor-2-cyclohexyl-phenoxy]-
6 III 2498 c

C₁₄H₁₇ClO₄
Acetessigsäure, 2-Chlor-2-[2-phenoxy-
äthyl]-, äthylester 6 III 636 e
Benzol, 1-Acetoxy-4-acetoxymethyl-2-chlor-
3,5,6-trimethyl- 6 IV 6028
—, 1,4-Diacetoxy-3-chlor-5-isopropyl-
2-methyl- 6 945 e
—, 1,4-Diacetoxy-2-chlormethyl-
3,5,6-trimethyl- 6 III 4691 c

C₁₄H₁₇ClS
Sulfid, [3-Chlor-[2]norbornyl]-*p*-tolyl-
6 IV 2168

C₁₄H₁₇Cl₂NO₄
Isoleucin, *N*-[(2,4-Dichlor-phenoxy)-acetyl]-
6 IV 917
Leucin, *N*-[(2,4-Dichlor-phenoxy)-acetyl]-
6 IV 917

C₁₄H₁₇Cl₂NO₄S
Methionin, *N*-[2-(2,4-Dichlor-phenoxy)-
propionyl]- 6 IV 925

C₁₄H₁₇Cl₃O
Äthanol, 2,2,2-Trichlor-1-[4-cyclohexyl-
phenyl]- 6 III 2548 e
Phenol, 4-*tert*-Butyl-2-chlor-6-[3,3-dichlor-
2-methyl-allyl]- 6 IV 3944

C₁₄H₁₇Cl₃O₂
Essigsäure, Trichlor-, [4-äthinyl-
1,7,7-trimethyl-[2]norbornylester]
6 IV 3452
Hex-1-en, 6,6,6-Trichlor-3,5-dimethoxy-
1-phenyl- 6 IV 6366

C₁₄H₁₇Cl₃O₃
Essigsäure, [2,4,5-Trichlor-phenoxy]-,
hexylester 6 IV 975
Octansäure, 8-[2,4,5-Trichlor-phenoxy]-
6 IV 989

C₁₄H₁₇Cl₃O₄
Essigsäure, [2,4,5-Trichlor-phenoxy]-,
[2-butoxy-äthylester] 6 IV 976
—, [2,4,5-Trichlor-phenoxy]-,
[β-isopropoxy-isopropylester]
6 IV 977

$C_{14}H_{17}Cl_3O_5$
3,6-Dioxa-octan, 1-Acetoxy-8-
    [2,3,6-trichlor-phenoxy]- **6** IV 962
Essigsäure, [2,4,5-Trichlor-phenoxy]-,
    [2-(2-äthoxy-äthoxy)-äthylester]
    6 IV 977
Propionsäure, 2-[2,4,5-Trichlor-phenoxy]-,
    [2-(2-methoxy-äthoxy)-äthylester]
    6 IV 986

$C_{14}H_{17}Cl_6O_3P$
Phosphorigsäure-phenylester-bis-
    [2,2,2-trichlor-1,1-dimethyl-äthylester]
    6 IV 693

$C_{14}H_{17}F_{11}O_5$
Cyclohexan, 2,2-Difluor-1,3,4,5,6-
    pentamethoxy-1,3,5-tris-trifluormethyl-
    6 IV 7885

$C_{14}H_{17}IO_2$
Benzol, 1-[7-Jod-hept-6-inyloxy]-2-methoxy-
    6 IV 5570

$C_{14}H_{17}NO$
Acetonitril, [2-Cyclohexyl-phenoxy]-
    6 IV 3901
Amin, Dimethyl-[2-[1]naphthyloxy-äthyl]-
    6 III 2931 k
—, Dimethyl-[2-[2]naphthyloxy-äthyl]-
    6 II 602 m, IV 4283
Oct-2-ennitril, 3-Phenoxy- **6** 167 c

$C_{14}H_{17}NO_2$
Carbamidsäure, Diäthyl-, [1-phenyl-prop-
    2-inylester] **6** IV 4067
—, Isopropyl-, [1-phenyl-but-
    3-inylester] **6** IV 4071
Propionsäure, 3-[1-Äthyl-1-phenyl-prop-
    2-inyloxy]-, amid **6** IV 4081
—, 3-[1-Methyl-1-p-tolyl-prop-
    2-inyloxy]-, amid **6** IV 4082

$C_{14}H_{17}NO_2S$
Buttersäure, 4-Benzylmercapto-2-cyan-,
    äthylester **6** III 1618 e
Propionsäure, 3-Thiocyanato-, [3a,4,5,6,7,=
    7a-hexahydro-4,7-methano-inden-5(oder
    6)-ylester] **6** III 1946 c

$C_{14}H_{17}NO_3$
Äther, Äthyl-[4-nitro-5-phenyl-cyclohex-
    1-enyl]- **6** IV 4091
Anisol, 4-[3-Methyl-6-nitro-cyclohex-
    3-enyl]- **6** IV 4099
—, 4-[4-Methyl-6-nitro-cyclohex-
    3-enyl]- **6** IV 4099
—, 4-[3-Nitro-[2]norbornyl]-
    6 IV 4102

Buttersäure, 2-Cyan-2-methyl-4-phenoxy-,
    äthylester **6** III 628 a
—, 2-Cyan-4-p-tolyloxy-, äthylester
    6 IV 2122
Glycin, N-Acetyl-, [1,2,3,4-tetrahydro-
    [2]naphthylester] **6** III 2462 g
Valeriansäure, 2-Cyan-5-phenoxy-,
    äthylester **6** 168 f, III 627 f
—, 2-Cyan-2-[2-phenoxy-äthyl]-
    6 III 629 d

$C_{14}H_{17}NO_4$
Benzol, 1-Acetoxy-4-[2-nitro-cyclohexyl]-
    6 IV 3907
—, 1,2-Dimethoxy-3-[6-nitro-cyclohex-
    3-enyl]- **6** IV 6468
Buttersäure, 2-Cyan-4-[4-methoxy-
    phenoxy]-, äthylester **6** III 4423 d
Crotonsäure, 3-Amino-2-phenoxyacetyl-,
    äthylester **6** II 161 i
—, 3-[2-Phenoxy-acetylamino]-,
    äthylester **6** II 158 b

$C_{14}H_{17}NO_5$
Buttersäure, 3-Cyan-3-hydroxy-4-
    [3-methoxy-phenoxy]-, äthylester
    6 II 818 b
Essigsäure, [4-(2-Nitro-but-1-enyl)-
    phenoxy]-, äthylester **6** IV 3832
—, [4-Nitro-phenoxy]-, cyclohexyl=
    ester **6** IV 1303
—, [4-Nitro-phenoxy]-, [1,3-dimethyl-
    but-2-enylester] **6** IV 1303
Hexansäure, 6-Benzyloxycarbonylamino-
    2-oxo- **6** IV 2427
Mono-[4-nitro-benzoyl]-Derivat $C_{14}H_{17}NO_5$
    aus 2-Hydroxymethyl-cyclohexanol
    6 IV 5219

$C_{14}H_{17}NO_5P_2S$
Amin, Dimethoxyphosphoryl-diphenoxy=
    thiophosphoryl- **6** IV 758

$C_{14}H_{17}NO_6$
Adipinsäure, 2-Benzyloxycarbonylamino-
    6 III 1522 b
Asparaginsäure, N-Benzyloxycarbonyl-,
    1-äthylester **6** IV 2396
—, N-Benzyloxycarbonyl-, dimethyl=
    ester **6** III 1514 e
Benzol, 1,3-Bis-butyryloxy-2-nitro-
    6 IV 5690
—, 2,4-Bis-butyryloxy-1-nitro-
    6 IV 5692
Glutaminsäure, N-Benzyloxycarbonyl-,
    1-methylester **6** III 1516 b

$C_{14}H_{17}NO_6$ (Fortsetzung)

Glutaminsäure, N-Benzyloxycarbonyl-,
     5-methylester **6** IV 2402

Glutarsäure, 2-Benzyloxycarbonylamino-
     2-methyl- **6** IV 2423

$C_{14}H_{17}NO_6P_2$

Amin, Dimethoxyphosphoryl-diphenoxy⸗
     phosphoryl- **6** IV 747

$C_{14}H_{17}NO_7$

Adipinsäure, 2-Benzyloxycarbonylamino-
     3-hydroxy- **6** IV 2424

Benzol, 1-Acetoxy-4-[1-acetoxy-2-nitro-
     propyl]-2-methoxy- **6** III 6346 b

Malonsäure, Methyl-[2-nitro-phenoxy]-,
     diäthylester **6** 221 l

−, Methyl-[3-nitro-phenoxy]-,
     diäthylester **6** 226 a

−, Methyl-[4-nitro-phenoxy]-,
     diäthylester **6** 235 e, III 829 h

$C_{14}H_{17}NO_8$

Benzol, 1,4-Bis-[2-acetoxy-äthoxy]-2-nitro-
     6 III 4444 a

$C_{14}H_{17}N_2O_2PS$

Hydrazidothiophosphorsäure-O,O'-di-
     p-tolylester **6** I 203 g

$C_{14}H_{17}N_2O_2PSe$

Hydrazidoselenophosphorsäure-O,O'-di-
     o-tolylester **6** I 173 l

− O,O'-di-p-tolylester **6** I 203 j

$C_{14}H_{17}N_2O_3P$

Phosphorigsäure-bis-[1-cyan-1-methyl-
     äthylester]-phenylester **6** IV 700

$C_{14}H_{17}N_2O_4P$

Phosphorsäure-bis-[1-cyan-1-methyl-
     äthylester]-phenylester **6** IV 729

$C_{14}H_{17}N_2O_5PS$

Amidophosphorsäure, Dimethylsulfamoyl-,
     diphenylester **6** IV 746

$C_{14}H_{17}N_3O_4$

Essigsäure, Cyan-, [5-(4-nitro-phenoxy)-
     pentylamid] **6** IV 1310

$C_{14}H_{17}N_3O_5$

Carbamidsäure, [1-Cyan-4-(2-nitro-
     phenoxy)-butyl]-, äthylester
     6 IV 1264

−, [1-Cyan-4-(3-nitro-phenoxy)-butyl]-,
     äthylester **6** IV 1276

−, [1-Cyan-4-(4-nitro-phenoxy)-butyl]-,
     äthylester **6** IV 1315

$C_{14}H_{17}N_3O_6$

Asparaginsäure, N-[N-Benzyloxycarbonyl-
     glycyl]-, 4-amid **6** IV 2315

Glycin, N-[N^2-Benzyloxycarbonyl-
     asparaginyl]- **6** IV 2400

−, N-Benzyloxycarbonyl-glycyl→glycyl→-
     6 III 1488 d, IV 2293 e

$C_{14}H_{17}N_3O_7$

Glycin, N-{N-[(2-Nitro-phenoxy)-acetyl]-
     glycyl}-, äthylester **6** IV 1262

$C_{14}H_{17}N_3O_8S_2$

Cystin, N-[4-Nitro-benzyloxycarbonyl]-
     6 2619

$[C_{14}H_{17}OS]^+$

Sulfonium, Dimethyl-[2-[1]naphthyloxy-
     äthyl]- **6** IV 4215

−, Dimethyl-[2-[2]naphthyloxy-äthyl]-
     6 IV 4261

−, [2-Hydroxy-2-[2]naphthyl-äthyl]-
     dimethyl- **6** III 5315 g

$C_{14}H_{17}O_4P$

Phosphonsäure, [2-Phenoxy-vinyl]-,
     diallylester **6** IV 687

Phosphorsäure-diäthylester-[1]naphthylester
     6 611 a, IV 4226

−   diäthylester-[2]naphthylester
     6 647 h, IV 4286

$[C_{14}H_{17}S]^+$

Sulfonium, Diäthyl-[2]naphthyl-
     6 III 3008 c

$C_{14}H_{18}BrNO_5$

Valeriansäure, 2-Äthoxycarbonylamino-
     5-[2-brom-phenoxy]- **6** IV 1042

$C_{14}H_{18}Br_2O$

Phenetol, 2,4-Dibrom-6-cyclohexyl-
     6 IV 3903

−, 2,6-Dibrom-4-cyclohexyl-
     6 IV 3907

Phenol, 2,6-Bis-brommethyl-4-cyclohexyl-
     6 III 2550 a

−, 2,6-Dibrom-4-[1-propyl-
     cyclopentyl]- **6** III 2551 e

$C_{14}H_{18}Br_2O_2$

Benzol, 1-[1,2-Dibrom-cyclohexyl]-
     2,3-dimethoxy- **6** IV 6367

$C_{14}H_{18}Br_2O_3$

Aceton, [4,5-Dibrom-2-isopentyloxy-
     phenoxy]- **6** IV 5624

Propan-1,2-diol, 3-[1,3-Dibrom-
     5,6,7,8-tetrahydro-[2]naphthyloxy]-
     2-methyl- **6** IV 3857

$C_{14}H_{18}Br_2O_8$

Cyclohexan, 1,2,3,5-Tetraacetoxy-
     4,6-dibrom- **6** III 6645 c

−, 1,2,4,5-Tetraacetoxy-3,6-dibrom-
     6 III 6646 d

$C_{14}H_{18}ClNO_2$

Crotonamid, N-[β-(2-Chlor-phenoxy)-
isopropyl]-N-methyl- **6** IV 801 d
−, N-[β-(4-Chlor-phenoxy)-isopropyl]-
N-methyl- **6** IV 862 b

$C_{14}H_{18}ClNO_2S$

Butyronitril, 2-[4-Chlor-benzolsulfonyl]-
2-isopropyl-3-methyl- **6** 329 b
Valeronitril, 2-[4-Chlor-benzolsulfonyl]-
2-propyl- **6** 329 a

$C_{14}H_{18}ClNO_3$

Hexanoylchlorid, 6-Benzyloxycarbonyl≠
amino- **6** IV 2355
Leucylchlorid, N-Benzyloxycarbonyl-
6 III 1503 g

$C_{14}H_{18}ClNO_3S$

Penicillamin, S-Benzyl-N-chloracetyl-
6 III 1633 f

$C_{14}H_{18}ClNO_4$

Leucin, N-[4-Chlor-benzyloxycarbonyl]-
6 IV 2595
−, N-[(4-Chlor-phenoxy)-acetyl]-
6 IV 847

$C_{14}H_{18}ClNO_4S$

Methionin, N-[(4-Chlor-2-methyl-phenoxy)-
acetyl]- **6** IV 1995

$C_{14}H_{18}ClNO_5$

Valeriansäure, 2-Äthoxycarbonylamino-
5-[2-chlor-phenoxy]- **6** IV 804

$C_{14}H_{18}ClN_3O_5S$

Glycin, N-[N-(4-Chlor-2-nitro-benzolsulfenyl)-
leucyl]- **6** III 1081 f

$C_{14}H_{18}Cl_2O$

Phenol, 4-*tert*-Butyl-2-[3,3-dichlor-2-methyl-
allyl]- **6** IV 3944
−, 2-Chlor-3-chlormethyl-
6-cyclohexyl-4-methyl- **6** IV 3947

$C_{14}H_{18}Cl_2O_3$

Heptansäure, 7-[2,4-Dichlor-5-methyl-
phenoxy]- **6** IV 2070
−, 7-[2,5-Dichlor-4-methyl-phenoxy]-
6 IV 2141
−, 7-[4,5-Dichlor-2-methyl-phenoxy]-
6 IV 2004
Hexansäure, 2-[2,4-Dichlor-phenoxy]-,
äthylester **6** IV 929
Octansäure, 8-[2,4-Dichlor-phenoxy]-
6 III 710 b

$C_{14}H_{18}Cl_2O_4$

Essigsäure, [2,4-Dichlor-phenoxy]-,
[2-butoxy-äthylester] **6** IV 911

−, [2,4-Dichlor-phenoxy]-,
[β-isopropoxy-isopropylester]
6 IV 913

$C_{14}H_{18}Cl_2O_5$

Äthan, 1-[2-Acetoxy-äthoxy]-2-[2-
(2,3-dichlor-phenoxy)-äthoxy]- **6** IV 883
Essigsäure, [2,4-Dichlor-phenoxy]-,
[2-(2-äthoxy-äthoxy)-äthylester]
6 IV 912
Propionsäure, 2-[2,4-Dichlor-phenoxy]-,
[2-(2-methoxy-äthoxy)-äthylester]
6 IV 924

$C_{14}H_{18}Cl_2O_8$

Inosit-dichlorhydrin, Tetra-O-acetyl-
6 I 568 e

$C_{14}H_{18}Cl_3NO_3$

Essigsäure, [2,4,5-Trichlor-phenoxy]-,
[2-diäthylamino-äthylester]
6 III 720 g, IV 980

$C_{14}H_{18}Cl_4O_2$

Äthan, 1,1,1-Trichlor-2-[4-chlor-phenoxy]-
2-hexyloxy- **6** IV 836
Benzol, 1,2,3,4-Tetrachlor-5,6-bis-
propoxymethyl- **6** IV 5954
−, 1,2,4,5-Tetrachlor-3,6-diisobutoxy-
6 851 g
Butan, 2,2,3-Trichlor-1-[4-chlor-phenoxy]-
1-isobutoxy- **6** IV 836

$C_{14}H_{18}Cl_4O_4$

Äthan, 1-[2-(2-Chlor-äthoxy)-äthoxy]-2-
[2-(2,4,6-trichlor-phenoxy)-äthoxy]-
6 III 725 f

$C_{14}H_{18}Cl_9O_4P$

Phosphonsäure, [2,2,2-Trichlor-1-hydroxy-
äthyl]-, bis-[1-trichlormethyl-
cyclopentylester] **6** IV 89

$C_{14}H_{18}NO_8P$

Crotonsäure, 3-[Äthoxy-(4-nitro-phenoxy)-
phosphoryloxy]-, äthylester **6** IV 1332

$C_{14}H_{18}N_2O_2$

Hexan-2-on, 1-Diazo-3-[2-phenoxy-äthyl]-
6 III 595 a

$C_{14}H_{18}N_2O_2S_2$

Dithiocarbazidsäure, [1-Äthoxycarbonyl≠
methyl-äthyliden]-, benzylester
6 IV 2701

$C_{14}H_{18}N_2O_3S$

Thiopropionsäure, 2,2-Bis-acetylamino-,
S-p-tolylester **6** III 1427 h

$C_{14}H_{18}N_2O_4$

Alanin, N-[2-Benzyloxyimino-butyryl]-
6 IV 2565

$C_{14}H_{18}N_2O_4$ (Fortsetzung)
Crotonsäure, 3-Methyl-, {methyl-[2-
(4-nitro-phenoxy)-äthyl]-amid}
6 IV 1308
$C_{14}H_{18}N_2O_4S$
Alanin, N-[N-Phenylmercaptocarbonyl-
β-alanyl]-, methylester 6 IV 1530
—, N-[4-Phenylmercaptocarbonyl≈
amino-butyryl]- 6 IV 1531
—, N-[N-Phenylmercaptocarbonyl-
glycyl]-, äthylester 6 IV 1529
Glycin, N-[N-Benzylmercaptocarbonyl-
glycyl]-, äthylester 6 IV 2679
—, N-[N-Phenylmercaptocarbonyl-
alanyl]-, äthylester 6 IV 1529
$C_{14}H_{18}N_2O_4S_2$
Cystein, N-[N-Phenylmercaptocarbonyl-
glycyl]-, äthylester 6 III 1010 h
$C_{14}H_{18}N_2O_5$
Adipamidsäure, 2-Benzyloxycarbonyl≈
amino- 6 IV 2422
Alanin, N-[N-Benzyloxycarbonyl-alanyl]-
6 III 1498 k, IV 2327
—, N-[N-Benzyloxycarbonyl-β-alanyl]-
6 IV 2339
β-Alanin, N-[N-Benzyloxycarbonyl-alanyl]-
6 IV 2331
—, N-[N-Benzyloxycarbonyl-β-alanyl]-
6 III 1501 e, IV 2339
Buttersäure, 2-[(N-Benzyloxycarbonyl-
glycyl)-amino]- 6 IV 2303
—, 3-[N-Benzyloxycarbonyl-glycyloxy]-,
amid 6 IV 2289
Glutamin, N^2-Benzyloxycarbonyl-,
methylester 6 IV 2413
—, N^2-Benzyloxycarbonyl-N^5-methyl-
6 IV 2410
Glycin, N-[N-Benzyloxycarbonyl-alanyl]-,
methylester 6 IV 2323
—, N-[N-Benzyloxycarbonyl-glycyl]-,
äthylester 6 III 1488 a, IV 2292
Isobuttersäure, α-[(N-Benzyloxycarbonyl-
glycyl)-amino]- 6 III 1492 e
Isoglutamin, N^2-Benzyloxycarbonyl-,
methylester 6 IV 2406
—, N^2-Benzyloxycarbonyl-N^1-methyl-
6 III 1517 d
Phenetol, 2-Cyclohexyl-4,6-dinitro-
6 III 2500 b
—, 4-Cyclohexyl-2,6-dinitro-
6 III 2510 b
Phenol, 2-Cyclooctyl-4,6-dinitro-
6 IV 3945

$C_{14}H_{18}N_2O_5S$
Cystein, N-[N-Benzyloxycarbonyl-glycyl]-,
methylester 6 III 1493 h
Octan-2-on, 1-[2,4-Dinitro-phenylmercapto]-
6 IV 1759
$C_{14}H_{18}N_2O_6$
Alanin, N-[N-Benzyloxycarbonyl-seryl]-
6 III 1506 h, IV 2380
Glycin, N-[N-Benzyloxycarbonyl-seryl]-,
methylester 6 IV 2377
Isoleucin, N-[4-Nitro-benzyloxycarbonyl]-
6 IV 2618
Leucin, N-[4-Nitro-benzyloxycarbonyl]-
6 IV 2618
Serin, N-[N-Benzyloxycarbonyl-alanyl]-
6 IV 2332
—, N-[N-Benzyloxycarbonyl-β-alanyl]-
6 IV 2341
—, N-[N-Benzyloxycarbonyl-glycyl]-,
methylester 6 IV 2313
Threonin, N-[N-Benzyloxycarbonyl-glycyl]-
6 IV 2314
$C_{14}H_{18}N_2O_6S$
Asparaginsäure, N-[2-Nitro-benzolsulfenyl]-,
diäthylester 6 III 1064 h
Sulfon, [2-(1-Nitro-cyclohexyl)-äthyl]-
[4-nitro-phenyl]- 6 III 1070 b
$C_{14}H_{18}N_2O_6S_2$
Cystin, N-Benzyloxycarbonyl- 6 IV 2385
$C_{14}H_{18}N_2O_7$
Serin, N-[N-Benzyloxycarbonyl-seryl]-
6 III 1507 b
Valeriansäure, 2-Äthoxycarbonylamino-
5-[2-nitro-phenoxy]- 6 IV 1264
$C_{14}H_{18}N_4O_3$
Leucylazid, N-Benzyloxycarbonyl-
6 III 1505 i
$C_{14}H_{18}N_4O_4P_2$
[1,2,4,5,3,6]Tetrazadiphosphorin-3,6-dioxid,
3,6-Bis-p-tolyloxy-hexahydro- 6 II 382 c
$C_{14}H_{18}N_4O_5$
Glycin, N-Benzyloxycarbonyl-glycyl→glycyl→-,
amid 6 III 1489 a
Malonsäure, [(N-Benzyloxycarbonyl-
alanyl)-amino]-, diamid 6 III 1500 c
$C_{14}H_{18}N_4O_8$
Benzol, 1,4-Bis-[3-äthoxycarbonyl-
carbazoyloxy]- 6 III 4419 b
$C_{14}H_{18}N_4O_{10}$
Benzol, 1,4-Diisobutoxy-2,3,5,6-tetranitro-
6 I 419 e

$C_{14}H_{18}N_6O_8$
Arginin, N^ω-Nitro-N^α-[4-nitro-
    benzyloxycarbonyl]- **6** IV 2621

$C_{14}H_{18}O$
Äthanol, 1-Cyclohex-1-enyl-2-phenyl-
    6 III 2757 a
–, 2-[1,2,2a,3,4,5-Hexahydro-
    acenaphthylen-1-yl]- **6** II 564 f
–, 1-[6-Phenyl-cyclohex-3-enyl]-
    6 IV 4106
Äther, [5-Äthyl-4-methyl-7,8-dihydro-
    [1]naphthyl]-methyl- **6** IV 4101
–, Allyl-[2-allyl-4,6-dimethyl-phenyl]-
    6 II 546 d
–, Allyl-[4-allyl-2,6-dimethyl-phenyl]-
    6 IV 3882
–, Allyl-[4,7-dimethyl-indan-5-yl]-
    6 III 2483 g
–, Allyl-[2,4-dimethyl-6-propenyl-
    phenyl]- **6** II 546 a, IV 3882
–, [4-Cyclopent-1-enyläthinyl-
    cyclohex-3-enyl]-methyl- **6** III 2753 b
–, [1-Cyclopropyl-1-methyl-prop-
    2-inyl]-[4-methyl-hex-3-en-5-inyl]-
    6 IV 342
–, [2,3,6,7,8,9-Hexahydro-
    1H-cyclopenta[a]naphthalin-5-yl]-
    methyl- **6** IV 4102
–, [8-Isopropenyl-5,6,7,8-tetrahydro-
    [2]naphthyl]-methyl- **6** IV 4101
–, [3-Isopropyl-5,6-dihydro-
    [2]naphthyl]-methyl- **6** IV 4101
–, Methallyl-[2-methallyl-phenyl]-
    6 III 2444 d
–, [3-Methyl-but-2-enyl]-[4-propenyl-
    phenyl]- **6** III 2398 b
–, Methyl-[5-methyl-1,2,6,7,8,8a-
    hexahydro-acenaphthylen-4-yl]-
    6 III 2755 d
–, Methyl-[1-phenyl-[2]norbornyl]-
    6 III 2754 f
–, Methyl-[3,5,8-trimethyl-
    5,6-dihydro-[2]naphthyl]- **6** IV 4102
–, Methyl-[4,5,8-trimethyl-
    7,8-dihydro-[1]naphthyl]- **6** IV 4101
Anisol, 4-[2-Äthyl-3-methyl-buta-
    1,3-dienyl]- **6** IV 4097
–, 4-Cyclohept-1-enyl- **6** III 2750 a
–, 2-Cyclohex-1-enyl-4-methyl-
    6 III 2751 d
–, 4-Cyclohexylidenmethyl-
    6 III 2750 b
–, 2,6-Diallyl-4-methyl- **6** IV 4098

–, 4-[2-Methyl-cyclohex-1-enyl]-
    6 III 2750 e
–, 4-[3(oder 5)-Methyl-cyclohex-
    1-enyl]- **6** III 2751 e
–, 4-[4-Methyl-cyclohex-1-enyl]-
    6 III 2752 e
–, 4-[4-Methyl-cyclohex-2(oder
    3)-enyl]- **6** III 2753 a
–, 4-[6-Methyl-cyclohex-1-enyl]-
    6 III 2750 e
–, 4-[5-Methyl-hexa-2,4-dienyl]-
    6 IV 4096
[1]Anthrol, 1,2,3,4,5,6,7,8-Octahydro-
    6 591 f, II 563 a, III 2759 d
–, 5,6,7,8,8a,9,10,10a-Octahydro-
    6 III 2759 b
[2]Anthrol, 1,2,3,4,5,6,7,8-Octahydro-
    6 II 563 b
–, 5,6,7,8,8a,9,10,10a-Octahydro-
    6 III 2759 b
[9]Anthrol, 1,2,3,4,4a,9,9a,10-Octahydro-
    6 II 564 a, III 2759 c
–, 1,2,3,4,5,6,7,8-Octahydro-
    6 II 563 c, III 2760 a
Benz[a]azulen-6-ol, 4a,5,6,7,8,9,9a,10-
    Octahydro- **6** III 2758 g
Benz[a]azulen-10-ol, 4b,5,6,7,8,9,9a,10-
    Octahydro- **6** IV 4109
Benz[e]azulen-6-ol, 1,2,3,3a,4,5,6,10b-
    Octahydro- **6** III 2759 a
Benz[f]azulen-9-ol, 1,2,3,3a,4,9,10,10a-
    Octahydro- **6** III 2758 h, IV 4109
Cyclohepta[de]naphthalin-7-ol, 1,2,3,7,8,9,≠
    10,10a-Octahydro- **6** IV 4110
Cycloheptanol, 2-Benzyliden- **6** IV 4105
Cyclohept[f]inden-5-ol, 1,2,3,5,6,7,8,9-
    Octahydro- **6** IV 4108
Cyclohexanol, 1-Styryl- **6** IV 4106
Cyclohex-2-enol, 3,5-Dimethyl-1-phenyl-
    6 591 e, I 302 h
Hepta-1,6-dien-4-ol, 4-o-Tolyl- **6** III 2756 d
Hex-5-en-2-ol, 2-Phenyl-3-vinyl- **6** III 2756 c
Hex-1-in-3-ol, 3-Äthyl-1-phenyl- **6** 591 c
Indan-5-ol, 6-Allyl-4,7-dimethyl-
    6 III 2758 d
Methanol, Cyclohept-1-enyl-phenyl-
    6 IV 4105
–, [2]Norbornyl-phenyl- **6** II 562 j
Octa-3,5-dien-7-in-2-ol, 8-Cyclohex-1-enyl-
    6 III 2755 f
–, 8-Cyclopent-1-enyl-6-methyl-
    6 IV 4105

$C_{14}H_{18}O$ (Fortsetzung)

Octa-4,6-dien-1-in-3-ol, 1-Cyclohex-1-enyl-
　6 III 2756 a

—, 1-Cyclopent-1-enyl-3-methyl-
　6 IV 4105

Oct-2-in-1-ol, 1-Phenyl- 6 591 b, I 302 g

Oct-3-in-1-ol, 1-Phenyl- 6 III 2755 e

Oct-3-in-2-ol, 1-Phenyl- 6 IV 4104

Pentan-3-ol, 3-Inden-1-yl- 6 I 303 a

Pent-1-in-3-ol, 3,4,4-Trimethyl-1-phenyl-
　6 591 d

[1]Phenanthrol, 1,2,3,4,5,6,7,8-Octahydro-
　6 II 564 b, III 2761 c, IV 4109

[2]Phenanthrol, 1,2,3,4,5,6,7,8-Octahydro-
　6 III 2761 d, IV 4109

—, 4b,5,6,7,8,8a,9,10-Octahydro-
　6 III 2760 b

[9]Phenanthrol, 1,2,3,4,4a,9,10,10a-
　Octahydro- 6 III 2760 d, IV 4109

—, 1,2,3,4,5,6,7,8-Octahydro-
　6 II 564 c, III 2761 e

Phenetol, 4-Cyclohex-1-enyl- 6 III 2747 e

Phenol, 3-Äthyl-4-cyclohex-1-enyl-
　6 III 2757 b

—, 5-Äthyl-2-cyclohex-1-enyl-
　6 III 2757 b

—, 2,6-Dimethallyl- 6 III 2756 e

—, 2,4-Dimethyl-6-[2-methyl-penta-
　1,3-dienyl]- 6 II 562 f

—, 2,4-Dimethyl-6-[2-methyl-penta-
　1,4-dienyl]- 6 II 562 h, IV 4105

—, 2-Methyl-4-[2-methyl-cyclohex-
　1-enyl]- 6 III 2757 e

Propan-2-ol, 2-[4,7-Dimethyl-inden-1-yl]-
　6 IV 4108

Spiro[cyclohexan-1,1′-indan]-5′-ol
　6 III 2758 e

Spiro[cyclopentan-1,2′-naphthalin]-1′-ol,
　3′,4′-Dihydro-1′H- 6 IV 4108

$C_{14}H_{18}OS$

Buta-1,3-dien, 1-Butoxy-4-phenylmercapto-
　6 IV 1501

Hex-1-en-3-on, 5-Methyl-1-p-tolylmercapto-
　6 IV 2194

$C_{14}H_{18}OS_2$

Dithiokohlensäure-O-[cyclohexyl-phenyl-
　methylester] 6 III 2527 e

—　S-methylester-O-[2-phenyl-
　cyclohexylester] 6 IV 3910

$C_{14}H_{18}O_2$

Acrylsäure-[4-tert-pentyl-phenylester]
　6 IV 3385

Äthan, 1-Acetoxy-2-[1,2,3,4-tetrahydro-
　[1]naphthyl]- 6 III 2516 d

—, 1-Äthoxy-1-[1-methyl-1-phenyl-
　prop-2-inyloxy]- 6 IV 4073

—, 1-[2-But-2-enyl-phenoxy]-
　2-vinyloxy- 6 IV 3834

—, 1-[2-Methallyl-phenoxy]-
　2-vinyloxy- 6 IV 3843

Ameisensäure-[cyclohexyl-phenyl-
　methylester] 6 IV 3932

Anthracen-2,6-diol, 1,2,3,4,5,6,7,8-
　Octahydro- 6 IV 6476

Anthracen-9,10-diol, 1,2,3,4,5,6,7,8-
　Octahydro- 6 II 933 g, III 5174 e,
　IV 6476

[1]Anthrylhydroperoxid, 1,2,3,4,5,6,7,8-
　Octahydro- 6 III 2759 e

Benzocyclohepten, 2,3-Dimethoxy-
　7-methyl-6,7-dihydro-5H- 6 IV 6468

—, 2,3-Dimethoxy-9-methyl-
　6,7-dihydro-5H- 6 IV 6468

Benzol, 1-Acetoxy-2-[1-äthyl-propenyl]-
　4-methyl- 6 I 294 j

—, 2-Acetoxy-1-[1-äthyl-propenyl]-
　3-methyl- 6 I 294 h

—, 1-Äthoxy-4-allyl-2-allyloxy-
　6 IV 6338

—, 1-Äthyl-2,4-bis-allyloxy-
　6 III 4555 d

—, 1,4-Bis-[1-hydroxy-1-methyl-allyl]-
　6 IV 6474

—, 1,3-Bis-methallyloxy- 6 III 4313 d

—, 1-Cyclohex-1-enyl-2,3-dimethoxy-
　6 IV 6467

—, 2-Cyclohex-1-enyl-1,3-dimethoxy-
　6 IV 6467

—, 4-Cyclohex-1-enyl-1,2-dimethoxy-
　6 IV 6467

—, 1,4-Diallyl-2,5-dimethoxy-
　6 III 5167 f

—, 1-Hept-6-inyloxy-2-methoxy-
　6 IV 5570

But-1-en-1-on, 2-[4-tert-Butyl-phenoxy]-
　6 IV 3304

Buttersäure-[1,2,3,4-tetrahydro-
　[2]naphthylester] 6 III 2462 d

—　[5,6,7,8-tetrahydro-[1]naphthyl⊿
　ester] 6 III 2452 f

Crotonsäure-[4-tert-butyl-phenylester]
　6 IV 3306

—　[3a,4,5,6,7,7a-hexahydro-
　4,7-methano-inden-5(oder 6)-ylester]
　6 III 1942 c

C₁₄H₁₈O₂ (Fortsetzung)

Crotonsäure-[2-isopropyl-5-methyl-
   phenylester] **6** IV 3338

− [5-isopropyl-2-methyl-phenylester]
   6 IV 3332

Cyclopenta[*a*]naphthalin-5-ol, 7-Methoxy-
   2,3,3a,4,5,9b-hexahydro-1*H*-
   6 IV 6473

−, 7-Methoxy-2,3,6,7,8,9-hexahydro-
   1*H*- **6** III 5173 c

Cyclopentanol, 1,1′-Butadiindiyl-bis-
   6 III 5174 b

Cyclopent[*a*]inden, 4,7-Dimethoxy-
   1,2,3,3a,8,8a-hexahydro- **6** IV 6471

−, 5,6-Dimethoxy-1,2,3,3a,8,8a-
   hexahydro- **6** IV 6471

Cyclopent[*a*]inden-3,8-diol, 3,8-Dimethyl-
   1,2,3,3a,8,8a-hexahydro- **6** IV 6477

Essigsäure-[5-cyclohex-1-enyl-3-methyl-pent-
   2-en-4-inylester] **6** III 2487 a

− [4-cyclohexyl-phenylester]
   6 II 549 e, III 2507 d

− [2,2-dimethyl-3-phenyl-but-
   3-enylester] **6** 583 d

− [2,4-dimethyl-5,6,7,8-tetrahydro-
   [1]naphthylester] **6** IV 3920

− [5,6,7,8,9,10-hexahydro-
   benzocycloocten-5-ylester] **6** IV 3917

− [1-indan-2-yl-propylester]
   6 583 i

− [4-isopropyl-cinnamylester]
   6 III 2490 c

− [1,2,3,4,4a,5,8,8a-octahydro-
   1,4;5,8-dimethano-naphthalin-2-ylester]
   6 III 2523 a

− [2-phenyl-cyclohexylester]
   6 IV 3910

− [3-phenyl-cyclohexylester]
   6 II 548 c

Hept-3-in-2,5-diol, 2-Methyl-5-phenyl-
   6 IV 6474

Hexansäure-[4-vinyl-phenylester]
   6 IV 3777

Hex-2-ensäure-[3,4-dimethyl-phenylester]
   6 IV 3103

Hex-5-in-2,4-diol, 2,4-Dimethyl-6-phenyl-
   6 IV 6474

Hex-2-in-1-ol, 6-Äthoxy-1-phenyl-
   6 IV 6464

Inden, 3-Äthyl-4,5-dimethoxy-7-methyl-
   6 IV 6470

−, 7-Äthyl-4,5-dimethoxy-3-methyl-
   6 IV 6470

Isovaleriansäure-cinnamylester **6** II 527 i,
   IV 3802

Methacrylsäure-[4-butyl-phenylester]
   6 IV 3270

− [4-*sec*-butyl-phenylester]
   6 IV 3281

− [4-*tert*-butyl-phenylester]
   6 IV 3306

− [3a,4,5,6,7,7a-hexahydro-
   4,7-methano-inden-5(*oder* 6)-ylester]
   6 III 1942 d

− [4-isobutyl-phenylester]
   6 IV 3288

− [2-isopropyl-5-methyl-phenylester]
   6 IV 3338

Naphthalin-1,4-diol, 2-Äthyl-6,7-dimethyl-
   5,8-dihydro- **6** IV 6475

−, 2,3,6,7-Tetramethyl-5,8-dihydro-
   6 III 5174 c

Naphthalin-1,5-diol, 1,5-Diäthinyl-
   decahydro- **6** IV 6474

[1,4]Naphthochinon, 2-Äthyl-6,7-dimethyl-
   4a,5,8,8a-tetrahydro- **6** IV 6475

−, 2,3,6,7-Tetramethyl-4a,5,8,8a-
   tetrahydro- **6** III 5174 d, IV 6475

[2]Naphthol, 1-Allyl-3-methoxy-
   5,6,7,8-tetrahydro- **6** IV 6472

Penta-1,4-dien-3-ol, 1-Äthoxy-3-methyl-
   5-phenyl- **6** III 5165 c

Pent-4-en-1,2-diol, 2-Allyl-1-phenyl-
   6 IV 6474

Pent-1-in, 5-Äthoxy-3-methoxy-1-phenyl-
   6 III 5161 e

Pent-1-in-3-ol, 1-[4-Methoxy-phenyl]-
   4,4-dimethyl- **6** IV 6472

Peroxid, Cyclopent-2-enyl-[1-methyl-
   1-phenyl-äthyl]- **6** IV 3225

−, [1,2,3,4,9,9a-Hexahydro-fluoren-4a-
   yl]-methyl- **6** IV 4103

Phenanthren-2,5-diol, 4b,5,6,7,8,8a,9,10-
   Octahydro- **6** III 5175 d

Phenanthren-9,10-diol, 1,2,3,4,5,6,7,8-
   Octahydro- **6** III 5176 a, IV 6477

Phenol, 6-Äthoxy-2,3-diallyl- **6** IV 6465

−, 2-Methoxy-4-[2-methyl-cyclohex-
   1-enyl]- **6** III 5172 a

Resorcin, 4,6-Dimethallyl- **6** III 5173 d

Valeriansäure-cinnamylester **6** IV 3802

C₁₄H₁₈O₂S

Sulfon, [2]Norbornyl-*p*-tolyl- **6** IV 2168

C₁₄H₁₈O₂S₄

Benzol, 1,4-Bis-[äthoxythiocarbonyl⸗
   mercapto-methyl]- **6** IV 5973

C₁₄H₁₈O₃

Acrylsäure, 2-Äthyl-, [2-benzyloxy-
    äthylester] **6** III 1470 a
Benzocyclohepten, 1,2,3-Trimethoxy-
    6,7-dihydro-5*H*- **6** IV 7509
—, 2,3,4-Trimethoxy-6,7-dihydro-5*H*-
    6 IV 7509
Benzol, 1-Acetoxy-5-propenyl-2-propoxy-
    6 IV 6326
Cyclohexanol, 2-Acetoxy-1-phenyl-
    6 I 467 c, II 930 a, IV 6371
Essigsäure, [2-(1-Äthyl-but-2-enyl)-
    phenoxy]- **6** III 2488 a
—, [4-(1-Äthyl-but-2-enyl)-phenoxy]-
    6 III 2488 b
—, [2-Allyl-5-propyl-phenoxy]-
    6 III 2490 a
—, [2-Cyclohexyl-phenoxy]-
    6 III 2496 h
—, [4-Cyclohexyl-phenoxy]-
    6 III 2507 i
—, [2-Methyl-4-pent-2-enyl-phenoxy]-
    6 III 2489 e
—, Phenoxy-, cyclohexylester
    6 III 611 h
Hex-2-ensäure-[4-äthoxy-phenylester]
    6 III 4417 d
Lävulinsäure-[2,4-dimethyl-benzylester]
    6 IV 3251
Methanol, [2-(2-Hydroxy-4-methoxy-
    phenyl)-cyclohex-1-enyl]- **6** IV 7513
Naphthalin, 2-Äthoxy-5,8-dimethoxy-
    1,4-dihydro- **6** IV 7509
—, 3-Äthoxy-5,8-dimethoxy-
    1,2-dihydro- **6** IV 7508
—, 6,7,8-Trimethoxy-4-methyl-
    1,2-dihydro- **6** III 6487 c
Naphthalin-1,4-diol, 2-Äthoxy-
    6,7-dimethyl-5,8-dihydro- **6** IV 7512
—, 2-Methoxy-3,6,7-trimethyl-
    5,8-dihydro- **6** IV 7513
[1,4]Naphthochinon, 2-Äthoxy-
    6,7-dimethyl-4a,5,8,8a-tetrahydro-
    6 IV 7512
—, 6-Äthoxy-2,5-dimethyl-4a,5,8,8a-
    tetrahydro- **6** IV 7512
—, 7-Äthoxy-2,8-dimethyl-4a,5,8,8a-
    tetrahydro- **6** IV 7512
—, 2-Methoxy-3,6,7-trimethyl-
    4a,5,8,8a-tetrahydro- **6** IV 7513

C₁₄H₁₈O₃S

Hex-1-en-3-on, 5-Methyl-1-[toluol-
    4-sulfonyl]- **6** IV 2194

C₁₄H₁₈O₄

Acetessigsäure, 2-[2-Phenoxy-äthyl]-,
    äthylester **6** III 636 d
Acrylsäure, 2-Äthoxymethyl-3-methoxy-,
    benzylester **6** IV 2478
Adipinsäure-äthylester-phenylester
    6 IV 627
—   mono-[4-äthyl-phenylester]
    6 IV 3022
Äthan, 1-Phenyl-1,2-bis-propionyloxy-
    6 III 4576 f
Benzol, 1-Acetoxy-4-acetoxymethyl-
    2,3,5-trimethyl- **6** IV 6028
—, 2-Acetoxy-3-acetoxymethyl-
    1,4,5-trimethyl- **6** 947 i
—, 2-Acetoxy-4-acetoxymethyl-
    1,3,5-trimethyl- **6** IV 6028
—, 3-Acetoxy-2-acetoxymethyl-
    1,4,5-trimethyl- **6** IV 6030
—, 1-[2-Acetoxy-äthyl]-2-acetoxymethyl-
    4-methyl- **6** IV 6027
—, 1-Acetoxymethyl-2-[2-acetoxy-
    propyl]- **6** IV 6016
—, 1-Acetoxymethyl-2-allyl-
    3,4-dimethoxy- **6** IV 7479
—, 1,3-Bis-[1-acetoxy-äthyl]-
    6 III 4679 e
—, 1,3-Bis-[2-acetoxy-äthyl]-
    6 III 4680 a
—, 1,4-Bis-[1-acetoxy-äthyl]-
    6 IV 6025
—, 1,4-Bis-[2-acetoxy-äthyl]-
    6 III 4680 g
—, 1,2-Bis-acetoxymethyl-
    4,5-dimethyl- **6** III 4692 d
—, 1,4-Bis-acetoxymethyl-
    2,5-dimethyl- **6** III 4692 d
—, 1,2-Bis-butyryloxy- **6** II 784 d
—, 1,3-Bis-butyryloxy- **6** II 817 g,
    III 4321 a
—, 1,4-Bis-butyryloxy- **6** III 4415 h,
    IV 5742
—, 1,3-Bis-[2-vinyloxy-äthoxy]-
    6 IV 5670
—, 1,4-Diacetoxy-2-äthyl-3,5-dimethyl-
    6 III 4682 b
—, 1,4-Diacetoxy-3-äthyl-2,5-dimethyl-
    6 III 4681 g
—, 1,4-Diacetoxy-5-äthyl-2,3-dimethyl-
    6 III 4681 c
—, 1,2-Diacetoxy-4-*tert*-butyl-
    6 IV 6015

$C_{14}H_{18}O_4$ (Fortsetzung)

Benzol, 1,2-Diacetoxy-4,5-diäthyl-
  6 III 4678 c

—, 1,4-Diacetoxy-2-isopropyl-
  5-methyl- **6** II 901 d

—, 2,3-Diacetoxy-1-isopropyl-
  4-methyl- **6** IV 6019

—, 1,2-Diacetoxy-3,4,5,6-tetramethyl-
  6 III 4682 e

—, 1,4-Diacetoxy-2,3,5,6-tetramethyl-
  6 948 g, II 902 b, III 4688 g

Bernsteinsäure-mono-[4-butyl-phenylester]
  6 IV 3270

—   mono-[2-isopropyl-5-methyl-
  phenylester] **6** 537 n

Bernsteinsäure, Äthyl-, 4-[2,4-dimethyl-
  phenylester] **6** IV 3129

Butan, 1,2-Diacetoxy-1-phenyl-
  6 III 5038 a

—, 1,3-Diacetoxy-1-phenyl-
  6 943 c, III 4664 c

—, 1,3-Diacetoxy-3-phenyl-
  6 III 4666 g

—, 1,4-Diacetoxy-1-phenyl- **6** 943 e

—, 2,3-Diacetoxy-1-phenyl-
  6 III 5038 a

Essigsäure, [4-Allyl-2-methoxy-phenoxy]-,
  äthylester **6** 967 b

—, [2-(2-Hydroxy-cyclohexyl)-
  phenoxy]- **6** IV 6369

Glutarsäure-mono-[4-propyl-phenylester]
  6 IV 3181

Glutarsäure, 3,3-Dimethyl-, monobenzyl≈
  ester **6** IV 2273

Hexansäure, 6-Phenoxy-3-oxo-, äthylester
  6 III 636 b

Naphthalin, 1,6-Diacetoxy-1,2,3,5,6,7-
  hexahydro- **6** III 4693 a

—, 4a,8a-Diacetoxy-1,4,4a,5,8,8a-
  hexahydro- **6** IV 6032

Naphthalin-1,3-diol, 4-Acetoxy-2-äthyl-
  5,6,7,8-tetrahydro- **6** III 6450 a

Naphthalin-1,4-diol, 2-Acetoxy-3-äthyl-
  5,6,7,8-tetrahydro- **6** III 6449 e

Oxalsäure-äthylester-[2-isopropyl-5-methyl-
  phenylester] **6** 537 l

—   äthylester-[5-isopropyl-2-methyl-
  phenylester] **6** 530 a

Propan, 1,2-Diacetoxy-2-methyl-3-phenyl-
  6 III 4669 d

—, 1,3-Diacetoxy-2-methyl-1-phenyl-
  6 944 b, II 900 d

—, 1,3-Diacetoxy-2-methyl-2-phenyl-
  6 I 450 i

$C_{14}H_{18}O_4S$

Acetessigsäure, 2-[3-Äthoxy-phenyl≈
  mercapto]-, äthylester **6** 834 c

Adipinsäure, 2-Phenylmercapto-,
  dimethylester **6** III 1023 h

Bernsteinsäure, [Benzylmercapto-methyl]-,
  dimethylester **6** IV 2712

Malonsäure, [β-Benzylmercapto-isopropyl]-
  methyl- **6** III 1618 i

Propan, 1,2-Diacetoxy-3-p-tolylmercapto-
  6 III 1412 a

$C_{14}H_{18}O_4S_2$

Benzol, 2,4-Bis-äthoxycarbonylmercapto-
  1-äthyl- **6** I 441 i

—, 1,5-Bis-äthoxycarbonylmercapto-
  2,3-dimethyl- **6** III 4582 d

—, 1,5-Bis-äthoxycarbonylmercapto-
  2,4-dimethyl- **6** I 445 j

—, 1,4-Diacetoxy-2,5-bis-äthyl≈
  mercapto- **6** 1157 k

—, 2,5-Diacetoxy-1,3-bis-äthyl≈
  mercapto- **6** II 1120 g

Buta-1,3-dien, 2,4-Bis-äthansulfonyl-
  1-phenyl- **6** III 5157 b

$C_{14}H_{18}O_5$

Adipinsäure, 2-[2-Phenoxy-äthyl]-
  6 III 629 a

Benzol, 1-Acetoxy-4-[1-acetoxy-propyl]-
  2-methoxy- **6** IV 7401

—, 1,2-Diacetoxy-3-methoxy-5-propyl-
  6 1120 d

—, 1,3-Diacetoxy-2-methoxy-5-propyl-
  6 1120 d

—, 1,3-Diacetoxy-5-methoxy-
  2,4,6-trimethyl- **6** I 554 b

Bernsteinsäure-mono-[1-(4-methoxy-phenyl)-
  propylester] **6** III 4624 e

—   mono-[β-o-tolyloxy-isopropylester]
  6 IV 1950

Bernsteinsäure, Phenoxy-, diäthylester
  6 III 626 e, IV 656

Buttersäure, 3-Acetoxy-4-phenoxy-,
  äthylester **6** IV 656

Butyraldehyd, 2-Benzyloxy-3-[1-methoxy-
  2-oxo-äthoxy]- **6** IV 2257

Dikohlensäure-äthylester-[3,3,7-trimethyl-
  cyclohepta-1,4,6-trienylester]
  6 IV 3266

Glutarsäure, 2-Äthyl-3-phenoxymethyl-
  6 III 629 h

C₁₄H₁₈O₈ (Fortsetzung)

Cyclohexen, 3,4,5,6-Tetraacetoxy-
6 III 6649 b, IV 7676

Glucopyranuronsäure, O^1-[4-Äthoxy-
phenyl]- 6 848 h, 31 274 b

C₁₄H₁₈O₈S₂

Buttersäure, 2,2'-[Benzol-1,3-disulfonyl]-di-
6 836 f

Essigsäure, Benzol-1,3-disulfonyl-di-,
diäthylester 6 835 n

C₁₄H₁₈O₈S₄

Benzol, 1,3-Bis-[2-carboxymethylmercapto-
äthansulfonyl]- 6 IV 5707

C₁₄H₁₈S

Sulfid, [2]Norbornyl-*p*-tolyl- 6 IV 2168

C₁₄H₁₉BrClNO₂

Essigsäure, [4-Chlor-2-isopropyl-5-methyl-
phenoxy]-, [2-brom-äthylamid]
6 IV 3345

C₁₄H₁₉BrO

Äther, [2-Äthyl-4-brom-phenyl]-cyclohexyl-
6 IV 3014

–, [2-Brom-äthyl]-[2-cyclohexyl-
phenyl]- 6 III 2493 d

–, [2-Brom-äthyl]-[4-cyclohexyl-
phenyl]- 6 III 2503 c

Anisol, 2-[1-Brom-cyclohexyl]-4-methyl-
6 III 2531 c

–, 2-[2-Brom-cyclohexyl]-4-methyl-
6 III 2531 c

C₁₄H₁₉BrO₂

Buttersäure-[2-brom-4-*tert*-butyl-
phenylester] 6 IV 3314

Buttersäure, 2-Brom-, [2-isopropyl-
5-methyl-phenylester] 6 537 i

–, 2-Brom-, [5-isopropyl-2-methyl-
phenylester] 6 529 h

Essigsäure-[2-brommethyl-6-*tert*-butyl-
4-methyl-phenylester] 6 IV 3443

Isobuttersäure, α-Brom-, [2-isopropyl-
5-methyl-phenylester] 6 537 j

–, α-Brom-, [5-isopropyl-2-methyl-
phenylester] 6 529 i

Propionsäure, 3-Brom-, [1-*p*-tolyl-
butylester] 6 III 1974 e

C₁₄H₁₉BrO₃

Äthan, 1-Bromacetoxy-2-[4-*tert*-butyl-
phenoxy]- 6 IV 3298

Benzocyclohepten, 1-Brom-
2,3,4-trimethoxy-6,7,8,9-tetrahydro-5*H*-
6 IV 7482

Buttersäure, 2-[2-Brom-4-butyl-phenoxy]-
6 IV 3271

Propan-1,2-diol, 3-[3-Brom-1-methyl-
5,6,7,8-tetrahydro-[2]naphthyloxy]-
6 IV 3887

C₁₄H₁₉BrO₄

Äther, [3-Bromacetoxy-propyl]-[3-phenoxy-
propyl]- 6 IV 585

Buttersäure, 2-[2-Brom-4-butoxy-phenoxy]-
6 IV 5783

Monobrom-Derivat C₁₄H₁₉BrO₄ aus
1-[2,3-Dimethoxy-phenyl]-cyclohexan-
1,2-diol 6 IV 7720

C₁₄H₁₉Br₂N₃O₃

Aceton, [4,5-Dibrom-2-butoxy-phenoxy]-,
semicarbazon 6 IV 5624

C₁₄H₁₉ClN₂O₄S

Leucin, *N*-[4-Chlor-2-nitro-benzolsulfenyl]-,
äthylester 6 III 1081 e

Sulfid, [1-(1-Chlor-äthyl)-hexyl]-[2,4-dinitro-
phenyl]- 6 IV 1738

–, [2-Chlor-1-methyl-heptyl]-
[2,4-dinitro-phenyl]- 6 IV 1738

–, [2-Chlor-2-methyl-heptyl]-
[2,4-dinitro-phenyl]- 6 III 1092 e

C₁₄H₁₉ClO

Äther, [2-Chlor-äthyl]-[2-cyclohexyl-
phenyl]- 6 III 2493 c

–, [2-Chlor-äthyl]-[4-cyclohexyl-
phenyl]- 6 III 2503 b

–, [2-Chlor-äthyl]-[cyclopentyl-phenyl-
methyl]- 6 III 2513 d

–, [(2-Chlor-cyclohexyl)-phenyl-
methyl]-methyl- 6 III 2528 d

–, [3-Chlor-propyl]-[2,4-dimethyl-
6-propenyl-phenyl]- 6 IV 3882

Anisol, 4-[Chlor-cyclohexyl-methyl]-
6 I 296 d, IV 3930

[2]Naphthol, 2-Chlor-5,5,8,8-tetramethyl-
5,6,7,8-tetrahydro- 6 III 2557 c

Pent-1-en-4-in-3-ol, 1-Chlor-5-
[6,6-dimethyl-cyclohex-1-enyl]-3-methyl-
6 III 2543 b

Phenol, 2-Chlormethyl-6-cyclohexyl-
4-methyl- 6 III 2549 d

C₁₄H₁₉ClO₂

Aceton, 1-Chlor-3-[4-pentyl-phenoxy]-
6 III 1951 c

Äthan, 1-[4-*tert*-Butyl-2-chlor-phenoxy]-
2-vinyloxy- 6 III 1872 f

Äthanol, 2-[4-Chlor-2-cyclohexyl-phenoxy]-
6 III 2498 b

Benzol, 1-Chlor-5-cyclohexyl-
2,4-dimethoxy- 6 IV 6368

$C_{14}H_{19}NO_4$ (Fortsetzung)

Carbamidsäure, [2-Hydroxy-3-o-tolyloxy-propyl]-, allylester **6** IV 1975

Heptansäure, 3-Methyl-, [4-nitro-phenylester] **6** III 827 d

Hexansäure, 6-Benzyloxycarbonylamino- **6** IV 2354

Isobuttersäure, α-p-Tolyloxycarbonylamino-, äthylester **6** IV 2118

Isobutyronitril, α-[2,5-Diäthoxy-4-hydroxy-phenoxy]- **6** IV 7690

Isoleucin, N-Phenoxyacetyl- **6** IV 639

Leucin, N-Benzyloxycarbonyl- **6** III 1503 c, IV 2362

−, N-Phenoxyacetyl- **6** IV 639

−, N-p-Tolyloxycarbonyl- **6** IV 2118

Norleucin, N-Benzyloxycarbonyl- **6** IV 2353

Styrol, 3-Äthoxy-2-butoxy-β-nitro- **6** IV 6314

−, 3-Äthoxy-2-isobutoxy-β-nitro- **6** IV 6314

−, 2-Isopentyloxy-3-methoxy-β-nitro- **6** IV 6314

−, 3-Methoxy-β-nitro-2-pentyloxy- **6** IV 6314

Valeriansäure, 3-Benzyloxycarbonylamino-4-methyl- **6** IV 2361

Valin, N-Benzyloxycarbonyl-, methylester **6** III 1502 i, IV 2344

$C_{14}H_{19}NO_4S$

β-Alanin, N-[2-Benzylmercapto-äthyl]-N-carboxymethyl- **6** IV 2719

Isovaleriansäure, β-Benzylmercapto-α-nitro-, äthylester **6** III 1615 f

Methionin, N-Benzyloxycarbonyl-, methylester **6** IV 2391

Penicillamin, S-Benzyl-N-carboxymethyl- **6** III 1634 g

−, N-Benzyloxycarbonyl-S-methyl- **6** IV 2394

Thiokohlensäure-O-heptylester-O'-[2-nitro-phenylester] **6** IV 1260

− O-heptylester-S-[2-nitro-phenylester] **6** IV 1669

$C_{14}H_{19}NO_5$

Essigsäure, [4-Allyl-2-methoxy-phenoxy]-, [bis-hydroxymethyl-amid] **6** 967 e

−, [2-Methoxy-4-propenyl-phenoxy]-, [bis-hydroxymethyl-amid] **6** 959 c

Hexansäure, 2-Benzyloxycarbonylamino-6-hydroxy- **6** IV 2394

Kohlensäure-heptylester-[2-nitro-phenylester] **6** IV 1258

Styrol, 4-Butoxy-3,5-dimethoxy-β-nitro- **6** III 6440 a

−, 2,3,4-Triäthoxy-β-nitro- **6** III 6438 c

−, 2,4,6-Triäthoxy-β-nitro- **6** IV 7475

−, 3,4,5-Triäthoxy-β-nitro- **6** III 6439 d

Valeriansäure, 5-Äthoxycarbonylamino-2-phenoxy- **6** IV 686

−, 2-Benzyloxycarbonylamino-3-hydroxy-4-methyl- **6** IV 2395

−, 5-Benzyloxycarbonylamino-2-methoxy- **6** IV 2394

−, 5-Benzyloxycarbonylamino-3-methoxy- **6** IV 2394

$C_{14}H_{19}NO_5S$

Carbamidsäure, Benzolsulfonylacetyl-, isopentylester **6** 316 c

−, [(Toluol-4-sulfonyl)-acetyl]-, isobutylester **6** 423 d

Propionsäure, 2-Acetylamino-3-[toluol-4-sulfonyl]-, äthylester **6** IV 2205

$C_{14}H_{19}NO_6$

Propan, 1-Acetoxy-1-[4-äthoxy-3-methoxy-phenyl]-2-nitro- **6** III 6345 c

$C_{14}H_{19}NO_7$

2-Desoxy-galactose, 2-Benzyloxycarbonyl-amino- **6** IV 2284

2-Desoxy-glucose, 2-Benzyloxycarbonyl-amino- **6** IV 2283

Propan, 1-Acetoxy-2-nitro-1-[2,4,5-trimethoxy-phenyl]- **6** III 6668 a

$C_{14}H_{19}NS$

Amin, Dimethyl-[5-p-tolylmercapto-pent-2-inyl]- **6** III 1431 a

Heptannitril, 2-[Phenylmercapto-methyl]- **6** IV 1544

$C_{14}H_{19}N_2O_2P$

Phosphonsäure, [2-Cyan-allyl]-, diäthyl-amid-phenylester **6** IV 707

$C_{14}H_{19}N_2O_9P$

Glutaminsäure, N-[O-(Hydroxy-phenoxy-phosphoryl)-seryl]- **6** IV 734

$C_{14}H_{19}N_3O_2$

Aceton, [5,6,7,8-Tetrahydro-[2]naphthyloxy]-, semicarbazon **6** II 538 e

Valeriansäure, 5-[4-Äthyl-phenoxy]-2-cyan-, hydrazid **6** IV 3023

$C_{14}H_{19}N_3O_4$

Adipinsäure, 2-Benzyloxycarbonylamino-,
diamid **6** IV 2422

Alanin, *N*-[*N*-Benzyloxycarbonyl-alanyl]-,
amid **6** IV 2329

Glutarsäure, 2-Benzyloxycarbonylamino-
2-methyl-, diamid **6** IV 2423

—, 2-Benzyloxycarbonylamino-
4-methyl-, diamid **6** IV 2423

Glycin, Glycyl→alanyl→-, benzylester
6 IV 2493 a

$C_{14}H_{19}N_3O_5$

Adipinsäure, 2-Benzyloxycarbonylamino-,
6-hydrazid **6** IV 2422

Leucin, *N*-[4-Nitro-benzyloxycarbonyl]-,
amid **6** IV 2618

Ornithin, N^2-Benzyloxycarbonyl-
N^5-carbamoyl- **6** IV 2441

Serin, *N*-Benzyloxycarbonyl-
O-methylcarbamoyl-, methylamid
6 IV 2384

$C_{14}H_{19}N_3O_8$

Benzol, 1,4-Diisobutoxy-2,3,5-trinitro-
6 I 419 d

$C_{14}H_{19}N_5O_5$

Glycin, *N*-Benzyloxycarbonyl-glycyl→glycyl→-,
hydrazid **6** IV 2295 e

$C_{14}H_{19}N_5O_6$

Arginin, N^α-Benzyloxycarbonyl-N^ω-nitro-
6 III 1525 b, IV 2442

—, N^α-[4-Nitro-benzyloxycarbonyl]-
6 IV 2621

—, N^ω-[4-Nitro-benzyloxycarbonyl]-
6 IV 2616

$C_{14}H_{20}BrNO_2$

Essigsäure, [2-Isopropyl-5-methyl-phenoxy]-,
[2-brom-äthylamid] **6** IV 3339

—, [5-Isopropyl-2-methyl-phenoxy]-,
[2-brom-äthylamid] **6** IV 3333

$C_{14}H_{20}BrNO_3$

Kohlensäure-[3-brom-4-methyl-phenylester]-
[2-diäthylamino-äthylester] **6** III 1378 b

Phenol, 2-Brom-6-nitro-4-[1,1,3,3-
tetramethyl-butyl]- **6** III 2059 b

$C_{14}H_{20}BrNO_4$

Benzol, 1-Brom-4,5-dibutoxy-2-nitro-
6 III 4271 g

$C_{14}H_{20}Br_2O$

Phenol, 2,4-Dibrom-6-octyl- **6** III 2045 g

—, 2,6-Dibrom-4-[1,1,3,3-tetramethyl-
butyl]- **6** III 2058 c

$C_{14}H_{20}Br_2O_2$

Benzol, 1,2-Dibrom-4,5-dibutoxy-
6 III 4258 c

—, 1,4-Dibrom-2,5-dibutoxy-
6 III 4438 e

Phenol, 2,5-Dibrom-4-isopentyloxymethyl-
3,6-dimethyl- **6** 935 c

$C_{14}H_{20}ClNO$

Amin, Allyl-[2-chlor-äthyl]-[β-phenoxy-
isopropyl]- **6** IV 671

$C_{14}H_{20}ClNO_2$

Acetimidsäure, 2-[4-Chlor-2-isopropyl-
5-methyl-phenoxy]-, äthylester
6 IV 3345

Amin, [2-(2-Allyl-6-methoxy-phenoxy)-
äthyl]-[2-chlor-äthyl]- **6** III 5015 g

Isobuttersäure, α-[4-Chlor-phenoxy]-,
butylamid **6** IV 854

—, α-[4-Chlor-phenoxy]-, isobutyl≠
amid **6** IV 854

$C_{14}H_{20}ClNO_3$

Äther, [4-Chlor-3,5-dimethyl-2-nitro-
phenyl]-hexyl- **6** III 1766 a

Kohlensäure-[4-chlor-2-methyl-phenylester]-
[2-diäthylamino-äthylester] **6** III 1265 h

— [5-chlor-2-methyl-phenylester]-
[2-diäthylamino-äthylester] **6** III 1264 b

— [5-chlor-2-methyl-phenylester]-
[3-dimethylamino-1-methyl-propylester]
6 III 1264 c

— [2-chlor-phenylester]-
[3-dimethylamino-1,2-dimethyl-
propylester] **6** III 678 d

$C_{14}H_{20}ClNO_3S$

Pantamid, *N*-[2-(4-Chlor-phenylmercapto)-
äthyl]- **6** III 1039 g

$C_{14}H_{20}ClNO_4$

Äthan, 1-[2-Äthyl-butoxy]-2-[4-chlor-
2-nitro-phenoxy]- **6** III 836 d

Kohlensäure-[4-chlor-2-methoxy-
phenylester]-[2-diäthylamino-äthylester]
6 III 4251 f

$C_{14}H_{20}ClNO_5$

Äther, [2-Butoxy-äthyl]-[2-(2-chlor-4-nitro-
phenoxy)-äthyl]- **6** IV 1354

$C_{14}H_{20}ClNO_5S$

Pantamid, *N*-[2-(4-Chlor-benzolsulfonyl)-
äthyl]- **6** III 1040 a

$C_{14}H_{20}ClNO_6$

Benzol, 1,3-Bis-[2-äthoxy-äthoxy]-2-chlor-
5-nitro- **6** III 4349 d

3,6-Dioxa-octan, 1-Äthoxy-8-[4-chlor-
2-nitro-phenoxy]- **6** IV 1349

$C_{14}H_{20}ClN_3O_3$
Aceton, [4-Butoxy-2-chlor-phenoxy]-,
    semicarbazon **6** IV 5769

$C_{14}H_{20}ClN_3O_3S$
Isothioharnstoff, *S*-[5-*tert*-Butyl-2-(2-chlor-
    äthoxy)-3-nitro-benzyl]- **6** IV 6043

$C_{14}H_{20}ClO_3PS$
Thiophosphorsäure-*O*-[4-chlor-2-cyclohexyl-
    phenylester]-*O'*,*O''*-dimethylester
    6 IV 3902

$C_{14}H_{20}Cl_2N_2OS$
Isothioharnstoff, *S*-[5-*tert*-Butyl-3-chlor-
    2-(2-chlor-äthoxy)-benzyl]- **6** IV 6043

$C_{14}H_{20}Cl_2O$
Äther, [2-*tert*-Butyl-6-chlormethyl-4-methyl-
    phenyl]-[2-chlor-äthyl]- **6** IV 3443
—, [4-*tert*-Butyl-2-chlormethyl-phenyl]-
    [3-chlor-propyl]- **6** IV 3399
—, [4-*tert*-Butyl-2-chlor-phenyl]-
    [γ-chlor-isobutyl]- **6** III 1872 b
—, [2,4-Dichlor-phenyl]-octyl-
    6 IV 887
Phenol, 2,6-Dichlor-4-[1,1,3,3-tetramethyl-
    butyl]- **6** III 2057 e

$C_{14}H_{20}Cl_2O_2$
Äthan, 1-[4-*tert*-Butyl-2-chlor-phenoxy]-
    2-[2-chlor-äthoxy]- **6** III 1872 e
—, 1-[2-Chlor-äthoxy]-2-[4-chlor-
    2-isopropyl-5-methyl-phenoxy]-
    6 IV 3344
Benzol, 1,4-Bis-[γ-chlor-isobutoxy]-
    6 IV 5721
—, 1,4-Bis-chlormethyl-2,5-dipropoxy-
    6 IV 5969
Hexan-2-ol, 1-[2,6-Dichlor-phenoxy]-
    2,5-dimethyl- **6** IV 949

$C_{14}H_{20}Cl_2O_4$
Äthan, 1-[2-(2-Chlor-äthoxy)-äthoxy]-2-
    [2-(4-chlor-phenoxy)-äthoxy]-
    6 III 691 b
Benzol, 1,2,4,6-Tetraäthoxy-3,6-dichlor-
    6 IV 7691

$C_{14}H_{20}Cl_2O_4S_2$
Benzol, 1,4-Dichlor-2,5-bis-[2,2-dimethoxy-
    äthylmercapto]- **6** IV 5848

$C_{14}H_{20}Cl_2O_4S_4$
Benzol, 1,4-Dichlor-2,3,5,6-tetrakis-
    [2-hydroxy-äthylmercapto]- **6** IV 7693

$C_{14}H_{20}Cl_2S_4$
Benzol, 1,2,4,5-Tetrakis-äthylmercapto-
    3,6-dichlor- **6** IV 7693

$C_{14}H_{20}Cl_3NO$
Amin, Diäthyl-[4-(2,4,6-trichlor-phenoxy)-
    butyl]- **6** III 728 f
—, Dimethyl-[3,3,3-trichlor-2-
    (3-phenyl-propoxy)-propyl]- **6** IV 3202

$C_{14}H_{20}Cl_4O_8P_2$
Benzol, 1,2,4,5-Tetrachlor-3,6-bis-
    diäthoxyphosphoryloxy- **6** IV 5780

$C_{14}H_{20}FNO_3$
Essigsäure, [4-Fluor-phenoxy]-,
    [2-diäthylamino-äthylester] **6** IV 777

$C_{14}H_{20}INO_3$
Äther, [2-Jod-4-nitro-phenyl]-octyl-
    6 IV 1367

$C_{14}H_{20}I_2O_4$
Oxalsäure-bis-[2-jod-cyclohexylester]
    6 III 45 e

$C_{14}H_{20}I_3NO$
Amin, Diäthyl-[2-(2,4,6-trijod-3,5-dimethyl-
    phenoxy)-äthyl]- **6** III 1764 d
—, Diäthyl-[3-(2,4,6-trijod-phenoxy)-
    butyl]- **6** III 791 c

$[C_{14}H_{20}NO]^+$
Ammonium, [4-Benzyloxy-but-2-inyl]-
    trimethyl- **6** IV 2487

$[C_{14}H_{20}NO_2]^+$
Ammonium, [3-Benzyloxycarbonyl-allyl]-
    trimethyl- **6** IV 2526

$C_{14}H_{20}N_2O$
Acetamidin, 2-[2-Cyclohexyl-phenoxy]-
    6 IV 3901

$C_{14}H_{20}N_2O_2S$
Propionitril, 3-[5-(2-Thiocyanato-äthoxy)-
    [2]norbornylmethoxy]- **6** III 4132 d
—, 3-[6-(2-Thiocyanato-äthoxy)-
    [2]norbornylmethoxy]- **6** III 4132 d
Thioleucin, *N*-Glycyl-, *S*-phenylester
    6 IV 1557

$C_{14}H_{20}N_2O_2S_2$
Benzol, 1,4-Bis-isopropylcarbamoyl=
    mercapto- **6** IV 5847
Dithiocarbamidsäure, Dipropyl-,
    [4-nitro-benzylester] **6** 469 i

$C_{14}H_{20}N_2O_3$
Allophansäure-[1-(2,4-dimethyl-benzyl)-
    propylester] **6** III 2017 c
Buttersäure, 2-Benzyloxycarbonylamino-
    3,3-dimethyl-, amid **6** IV 2372
Glycin, *N*-Valyl-, benzylester **6** IV 2497
Hexansäure, 6-Benzyloxycarbonylamino-,
    amid **6** IV 2354
Leucin, *N*-Benzyloxycarbonyl-, amid
    6 III 1503 h

$C_{14}H_{20}N_2O_3$ (Fortsetzung)

Succinamidsäure, N-[2-Dimethylamino-
äthyl]-, phenylester **6** IV 625

$C_{14}H_{20}N_2O_3S$

Glycin, N-[S-Benzyl-penicillaminyl]-
6 IV 2757

Penicillamin, S-Benzyl-N-glycyl-
6 III 1634 i, IV 2758

$C_{14}H_{20}N_2O_4$

Allophansäure-[2-(4-tert-butyl-phenoxy)-
äthylester] **6** IV 3298

— [3-(3-phenyl-propoxy)-propylester]
6 III 1804 c

Benzol, 2,4-Bis-carbamoyloxy-1-hexyl-
6 IV 6048

Buttersäure, 2-Amino-4-benzyloxycarbonyl=
amino-, äthylester **6** IV 2434

Lysin, N^6-Benzyloxycarbonyl- **6** III 1526 g,
IV 2446

Ornithin, N^5-Benzyloxycarbonyl-,
methylester **6** III 1525 f, IV 2445

Propionamid, N-[5-(4-Nitro-phenoxy)-
pentyl]- **6** IV 1309

$C_{14}H_{20}N_2O_4S$

Leucin, N-[2-Nitro-benzolsulfenyl]-,
äthylester **6** III 1064 f

Sulfid, [2,4-Dinitro-phenyl]-[1-methyl-
heptyl]- **6** IV 1738

—, [2,4-Dinitro-phenyl]-octyl-
6 III 1092 c, IV 1738

$C_{14}H_{20}N_2O_5$

Anisol, 3-Äthyl-2,4-dinitro-6-tert-pentyl-
6 IV 3464

—, 6-tert-Butyl-3-isopropyl-2,4-dinitro-
6 IV 3466

Essigsäure, [2-Nitro-phenoxy]-,
[2-diäthylamino-äthylester] **6** IV 1261

—, [4-Nitro-phenoxy]-,
[2-diäthylamino-äthylester] **6** IV 1303

Hexansäure, 2-Amino-6-benzyloxycarbonyl=
amino-5-hydroxy- **6** IV 2460

Phenetol, 3-Äthyl-6-tert-butyl-2,4-dinitro-
6 IV 3434

Phenol, 2,4-Dinitro-6-octyl- **6** III 2045 h,
IV 3473

—, 2,6-Dinitro-4-octyl- **6** IV 3474

—, 2,6-Dinitro-4-[1,1,3,3-tetramethyl-
butyl]- **6** III 2059 c

$C_{14}H_{20}N_2O_5S$

Benzolsulfensäure, 2,4-Dinitro-, octylester
6 IV 1766

$C_{14}H_{20}N_2O_6$

Benzol, 1,2-Dibutoxy-4,5-dinitro-
6 III 4275 c

—, 1,4-Dibutoxy-2,3-dinitro-
6 IV 5788

—, 1,4-Dibutoxy-2,5-dinitro-
6 IV 5788

—, 1,5-Dibutoxy-2,4-dinitro-
6 IV 5697

—, 1,5-Diisobutoxy-2,4-dinitro-
6 IV 5697

Essigsäure, p-Phenylendioxy-di-,
bis-[2-hydroxy-äthylamid] **6** III 4420 g

$C_{14}H_{20}N_2O_6S$

Sulfon, [2,4-Dinitro-phenyl]-octyl-
6 III 1092 d

$C_{14}H_{20}N_2O_7$

Benzol, 1,2,3-Triäthoxy-4-äthyl-5,6-dinitro-
6 1114 c

—, 1,2,3-Triäthoxy-5-äthyl-4,6-dinitro-
6 1114 c

$C_{14}H_{20}N_2O_8S_2$

Benzol, 1,3-Bis-[2-methyl-1-nitro-propan-
2-sulfonyl]- **6** III 4367 a

$C_{14}H_{20}N_2S$

Isothioharnstoff, S-[7-Phenyl-hept-4-enyl]-
6 IV 3927

$C_{14}H_{20}N_2S_4$

Benzol, 1,4-Bis-[dimethylthiocarbamoyl=
mercapto-methyl]- **6** IV 5974

$C_{14}H_{20}N_4O_4$

Alanin, N-[N-Benzyloxycarbonyl-alanyl]-,
hydrazid **6** IV 2330

β-Alanin, N-[N-Benzyloxycarbonyl-
β-alanyl]-, hydrazid **6** IV 2340

Arginin, N^α-Benzyloxycarbonyl-
6 III 1525 a, IV 2442

—, N^ω-Benzyloxycarbonyl-
6 IV 2286

Buttersäure, 2-Acetylamino-4-benzyloxy=
carbonylamino-, hydrazid **6** IV 2434

$C_{14}H_{20}N_4O_5$

Alanin, N-[N-Benzyloxycarbonyl-seryl]-,
hydrazid **6** IV 2382

Serin, N-[N-Benzyloxycarbonyl-alanyl]-,
hydrazid **6** IV 2333

Threonin, N-[N-Benzyloxycarbonyl-glycyl]-,
hydrazid **6** IV 2315

$C_{14}H_{20}N_6O_5$

Arginin, N^α-Benzyloxycarbonyl-N^ω-nitro-,
amid **6** IV 2442

—, N^α-[4-Nitro-benzyloxycarbonyl]-,
amid **6** IV 2622

$C_{14}H_{20}O$

Äthanol, 2-[7-Äthyl-1,2,3,4-tetrahydro-
[1]naphthyl]- **6** IV 3950

—, 1-Cyclohexyl-1-phenyl-
6 585 a, III 2546 c, IV 3946

—, 1-Cyclohexyl-2-phenyl-
6 II 553 a, III 2546 a

—, 1-[4-Cyclohexyl-phenyl]-
6 III 2548 d

—, 2-Cyclohexyl-1-phenyl-
6 III 2545 c

—, 2-Cyclohexyl-2-phenyl-
6 IV 3946

—, 2-[1,2-Dimethyl-1,2,3,4-tetrahydro-
[1]naphthyl]- **6** IV 3950

—, 2-[1,4-Dimethyl-5,6,7,8-tetrahydro-
[2]naphthyl]- **6** III 2556 d

—, 2-[2,5-Dimethyl-1,2,3,4-tetrahydro-
[1]naphthyl]- **6** IV 3950

—, 2-[4,7-Dimethyl-1,2,3,4-tetrahydro-
[1]naphthyl]- **6** IV 3952

—, 2-[5,6-Dimethyl-1,2,3,4-tetrahydro-
[1]naphthyl]- **6** III 2556 e

—, 2-[6,7-Dimethyl-1,2,3,4-tetrahydro-
[1]naphthyl]- **6** IV 3952

—, 2-[4-Phenyl-cyclohexyl]-
6 III 2548 g

—, 1-[1,3,3-Trimethyl-indan-1-yl]-
7 IV 1093

Äther, Äthyl-[2-äthyl-1-phenyl-but-1-enyl]-
6 III 2488 d

—, Äthyl-[4-äthyl-5,6,7,8-tetrahydro-
[1]naphthyl]- **6** III 2515 c

—, [1-Äthyl-4-methyl-
5,6,7,8-tetrahydro-[2]naphthyl]-methyl-
6 III 2539 d

—, [4-Äthyl-1-methyl-
5,6,7,8-tetrahydro-[2]naphthyl]-methyl-
6 III 2539 b

—, Äthyl-[2-phenyl-cyclohexyl]-
6 III 2511 c

—, Äthyl-[3-phenyl-cyclohexyl]-
6 III 2512 e

—, Äthyl-[1,3,3-trimethyl-indan-1-yl]-
6 IV 3922

—, Allyl-[2-*tert*-butyl-4-methyl-
phenyl]- **6** III 1979 c

—, Allyl-[4-*tert*-butyl-2-methyl-
phenyl]- **6** III 1980 c

—, Allyl-[2,4-dimethyl-6-propyl-
phenyl]- **6** II 508 g, III 1988 e

—, Allyl-[2-isopropyl-4,5-dimethyl-
phenyl]- **6** IV 3407

—, Allyl-[4-*tert*-pentyl-phenyl]-
6 IV 3383

—, [2-Allyl-phenyl]-pentyl-
6 IV 3808

—, [1-Benzyl-1,3-dimethyl-but-2-enyl]-
methyl- **6** IV 3927

—, Benzyl-[3-methyl-cyclohexyl]-
6 II 410 l

—, Benzyl-[4-methyl-cyclohexyl]-
6 II 411 a

—, But-1-en-3-inyl-decahydro=
[2]naphthyl- **6** IV 268

—, But-2-enyl-[4-*sec*-butyl-phenyl]-
6 IV 3280

—, [1-Butyl-but-2-enyl]-phenyl-
6 III 559 e

—, Butyl-[2-methallyl-phenyl]-
6 IV 3842

—, Butyl-[1-methyl-3-phenyl-allyl]-
6 IV 3834

—, Butyl-[4-phenyl-but-2-enyl]-
6 IV 3837

—, Butyl-[5,6,7,8-tetrahydro-
[1]naphthyl]- **6** IV 3852

—, *tert*-Butyl-[1,2,3,4-tetrahydro-
[1]naphthyl]- **6** IV 3859

—, Cyclohexyl-[4-methyl-benzyl]-
6 IV 3172

—, Hept-2-enyl-*o*-tolyl- **6** III 1249 c

—, Hexyl-[2-vinyl-phenyl]-
6 IV 3772

—, Hexyl-[4-vinyl-phenyl]-
6 IV 3776

—, Isobutyl-[5,6,7,8-tetrahydro-
[2]naphthyl]- **6** III 2455 d

—, [4-Isohexyl-phenyl]-vinyl-
6 IV 3421

—, [2-Isopropyl-5-methyl-phenyl]-
methallyl- **6** III 1899 h

—, [8-Isopropyl-5,6,7,8-tetrahydro-
[2]naphthyl]-methyl- **6** IV 3938

—, Methyl-[4-phenyl-cyclohexylmethyl]-
6 III 2534 g

—, Methyl-[2-propyl-
5,6,7,8-tetrahydro-[1]naphthyl]-
6 III 2537 b

—, Methyl-[3-propyl-
5,6,7,8-tetrahydro-[2]naphthyl]-
6 III 2537 d

—, Methyl-[1,4,7-trimethyl-
5,6,7,8-tetrahydro-[2]naphthyl]-
6 IV 3940

C₁₄H₂₀O (Fortsetzung)

Äther, Methyl-[3,4,6-trimethyl-
  5,6,7,8-tetrahydro-[1]naphthyl]-
  6 IV 3939

—, Oct-6-enyl-phenyl- **6** 145 f

—, Oct-7-enyl-phenyl- **6** I 83 h

—, [1-Propyl-but-2-enyl]-o-tolyl-
  6 III 1249 d

Allylalkohol, 2-Pentyl-3-phenyl-
  6 III 2542 a

Anisol, 4-[1-Äthyl-but-2-enyl]-2-methyl-
  6 IV 3928

—, 2-Allyl-4-tert-butyl- **6** IV 3929

—, 2-Cyclohexyl-5-methyl-
  6 III 2533 a

—, 2-Hept-1-enyl- **6** 583 j

—, 4-Hept-1-enyl- **6** IV 3926

—, 4-[1-Methyl-cyclohexyl]-
  6 III 2528 f

—, 4-[4-Methyl-cyclohexyl]-
  6 III 2534 e

—, 4-[1-Propyl-but-1-enyl]-
  6 III 2524 d

—, 4-[1-Propyl-but-2-enyl]-
  6 IV 3928

Benzocyclodecen-2-ol, 5,6,7,8,9,10,11,12-
  Octahydro- **6** III 2552 b

Benzocyclohepten-7-ol, 5,5,6-Trimethyl-
  6,7,8,9-tetrahydro-5H- **6** III 2552 c

Butan-1-ol, 3-[5,6,7,8-Tetrahydro-
  [2]naphthyl]- **6** III 2554 e

—, 4-[5,6,7,8-Tetrahydro-[1]naphthyl]-
  6 III 2553 c

—, 4-[5,6,7,8-Tetrahydro-[2]naphthyl]-
  6 III 2554 a

Cycloheptanol, 1-Benzyl- **6** III 2544 a

Cyclohexanol, 1-Äthyl-2-phenyl-
  6 III 2548 b

—, 2-Äthyl-2-phenyl- **6** IV 3946

—, 4-Äthyl-2-phenyl- **6** III 2548 c

—, 1-Benzyl-2-methyl- **6** III 2547 a

—, 1-Benzyl-3-methyl- **6** I 297 i

—, 1-Benzyl-4-methyl- **6** 585 c,
  II 553 b, III 2547 f

—, 2-Benzyl-4-methyl- **6** III 2547 c

—, 2-Benzyl-5-methyl- **6** 585 b

—, 2-Benzyl-6-methyl- **6** III 2547 b

—, 1-[2,5-Dimethyl-phenyl]-
  6 IV 3947

—, 1-[2,6-Dimethyl-phenyl]-
  6 IV 3947

—, 1-[3,4-Dimethyl-phenyl]- **6** III 2549 c

—, 1-[3,5-Dimethyl-phenyl]-
  6 III 2550 b, IV 3948

—, 2-[2,5-Dimethyl-phenyl]-
  6 III 2548 h

—, 2,6-Dimethyl-1-phenyl-
  6 IV 3947

—, 2-Methyl-1-o-tolyl- **6** III 2549 a,
  IV 3947

—, 4-Methyl-1-m-tolyl- **6** III 2550 c

—, 4-Methyl-1-p-tolyl- **6** IV 3948

—, 1-Phenäthyl- **6** III 2544 e,
  IV 3946

—, 2-Phenäthyl- **6** III 2545 a,
  IV 3946

—, 3-Phenäthyl- **6** IV 3946

—, 1-[1-Phenyl-äthyl]- **6** IV 3946

Cyclohex-3-enol, 5-[2-Cyclohexyliden-
  äthyliden]- **6** III 2546 b

Cyclooctanol, 1-Phenyl- **6** IV 3945

Cyclopentanol, 2-Äthyl-5-methyl-1-phenyl-
  6 III 2552 a

—, 2-Isopropyl-2-phenyl- **6** IV 3948

—, 1-Methyl-2-phenäthyl- **6** III 2551 b

—, 1-[2-Methyl-phenäthyl]-
  6 III 2551 c

—, 2-Methyl-1-phenäthyl- **6** III 2551 a

—, 2-Methyl-2-phenäthyl- **6** III 2550 f

—, 1-[3-Phenyl-propyl]- **6** III 2550 d

—, 2-[2-Phenyl-propyl]- **6** IV 3948

Hept-1-en-4-ol, 4-p-Tolyl- **6** I 297 g

Hept-5-en-2-ol, 2-Methyl-1-phenyl-
  6 II 552 h

—, 6-Methyl-2-phenyl- **6** II 552 i

Hex-2-en-1-ol, 2-Äthyl-1-phenyl-
  6 IV 3943

Hex-3-en-2-ol, 3,4-Dimethyl-2-phenyl-
  6 III 2542 e

Hex-5-en-3-ol, 3-Äthyl-6-phenyl-
  6 IV 3943

—, 2-Methyl-3-p-tolyl- **6** I 297 h

Hex-1-in-3-ol, 3-Methyl-1-norborn-5-en-
  2-yl- **6** III 2558 e

Indan-1-ol, 2-Isopropyl-4,5-dimethyl-
  6 IV 3953

—, 2-Isopropyl-4,7-dimethyl-
  6 III 2558 a

—, 6-Isopropyl-1,4-dimethyl-
  6 III 2557 f

—, 7-Isopropyl-2,4-dimethyl-
  6 IV 3953

—, 1,3,3,5,7-Pentamethyl- **6** III 2558 c

Indan-5-ol, 2-Isopropyl-4,7-dimethyl-
  6 III 2558 b, IV 3953

$C_{14}H_{20}O$ (Fortsetzung)

Indan-5-ol, 3-Isopropyl-1,1-dimethyl-
6 III 2557 d

[6]Metacyclophan-12-ol, 8,9-Dimethyl-
6 IV 3954

Methanol, Cyclohexyl-*p*-tolyl- 6 III 2547 d

–, [2,3-Dimethyl-cyclopentyl]-phenyl-
6 IV 3948

–, [1-Isopropyl-1,2,3,6-tetrahydro-
azulen-6-yl]- 6 III 2552 d

–, [4-Methyl-cyclohexyl]-phenyl-
6 III 2547 g

[1]Naphthol, 1-Äthinyl-4,8a-dimethyl-
1,2,3,4,4a,5,8,8a-octahydro- 6 IV 3952

–, 3-Äthyl-2,5-dimethyl-
1,2,3,4-tetrahydro- 6 IV 3952

–, 5-Äthyl-3,4-dimethyl-
5,6,7,8-tetrahydro- 6 IV 3951

–, 6-Äthyl-2,4-dimethyl-
5,6,7,8-tetrahydro- 6 IV 3951

–, 6-Äthyl-3,4-dimethyl-
5,6,7,8-tetrahydro- 6 IV 3951

–, 7-Äthyl-2,4-dimethyl-
5,6,7,8-tetrahydro- 6 IV 3951

–, 8-Äthyl-3,4-dimethyl-
5,6,7,8-tetrahydro- 6 IV 3950

–, 1-But-3-en-1-inyl-decahydro-
6 IV 3949

–, 2-Butyl-5,6,7,8-tetrahydro-
6 III 2553 f

–, 4-Butyl-5,6,7,8-tetrahydro-
6 III 2552 e

–, 1-Isopropyl-2-methyl-
1,2,3,4-tetrahydro- 6 III 2555 b

–, 1-Isopropyl-7-methyl-
1,2,3,4-tetrahydro- 6 III 2556 b

–, 7-Isopropyl-1-methyl-
1,2,3,4-tetrahydro- 6 III 2556 a

–, 2-Methyl-1-propyl-
1,2,3,4-tetrahydro- 6 III 2555 a

–, 1,2,4,7-Tetramethyl-
1,2,3,4-tetrahydro- 6 IV 3952

–, 1,4,5,8-Tetramethyl-
1,2,3,4-tetrahydro- 6 IV 3953

[2]Naphthol, 7-Äthyl-1,4-dimethyl-
5,6,7,8-tetrahydro- 6 IV 3952

–, 7-Äthyl-3,4-dimethyl-
5,6,7,8-tetrahydro- 6 IV 3950

–, 2-But-3-en-1-inyl-decahydro-
6 III 2553 e, IV 3949

–, 1-Butyl-1,2,3,4-tetrahydro-
6 III 2553 d

–, 1,1,4,4-Tetramethyl-
1,2,3,4-tetrahydro- 6 IV 3952

–, 5,5,8,8-Tetramethyl-
5,6,7,8-tetrahydro- 6 III 2556 f

Norbornan-2-ol, 2-But-3-en-1-inyl-
1,7,7-trimethyl- 6 IV 3954

Octa-2,4,6-trien-1-ol, 1-Cyclohex-1-enyl-
6 IV 3942

Octa-3,5,7-trien-2-ol, 8-Cyclohex-1-enyl-
6 IV 3942

Pent-1-en-3-ol, 3,4,4-Trimethyl-2-phenyl-
6 III 2543 a

Phenäthylalkohol, 4-Cyclohexyl-
6 III 2548 f

Phenetol, 2-Cyclohexyl- 6 II 548 f,
III 2493 b, IV 3899

–, 3-Cyclohexyl- 6 III 2501 b

–, 4-Cyclohexyl- 6 II 549 b,
III 2503 a

–, 2-[3-Methyl-pent-1-enyl]-
6 582 l

Phenol, 2-Äthyl-6-cyclohexyl- 6 IV 3947

–, 4-[1-Äthyl-cyclohexyl]-
6 III 2548 a

–, 2-Allyl-4-*tert*-butyl-6-methyl-
6 III 2543 d

–, 2-Allyl-6-*tert*-butyl-4-methyl-
6 III 2543 e

–, 2-Allyl-4-*tert*-pentyl- 6 IV 3943

–, 2-Butyl-6-[1-methyl-allyl]-
6 IV 3943

–, 4-*sec*-Butyl-2-[1-methyl-allyl]-
6 IV 3944

–, 3-[2-Cyclohexyl-äthyl]-
6 III 2544 c

–, 2-Cyclohexyl-4,6-dimethyl-
6 IV 3948

–, 4-Cyclohexyl-2,6-dimethyl-
6 III 2549 e

–, 2-Cyclooctyl- 6 IV 3945

–, 4-Cyclooctyl- 6 IV 3945

–, 2,4-Dimethyl-6-[1-methyl-
cyclopentyl]- 6 IV 3949

–, 6-Isopropyl-2-methallyl-3-methyl-
6 III 2543 c

–, 4-Methyl-2-[1-methyl-cyclohexyl]-
6 IV 3947

–, 2-Methyl-6-[1-propyl-but-1-enyl]-
6 I 297 c

–, 4-Methyl-2-[1-propyl-but-1-enyl]-
6 I 297 e

–, 4-*tert*-Pentyl-2-propenyl-
6 IV 3943

C₁₄H₂₀O (Fortsetzung)

Phenol, 4-[1-Propyl-cyclopentyl]-
6 III 2551 d

—, 2,3,5-Trimethyl-4-[3-methyl-but-
2-enyl]- 6 III 2543 f

—, 2,3,5-Trimethyl-6-[3-methyl-but-
2-enyl]- 6 III 2543 f

Propan-1-ol, 1-Cyclobutyl-2-methyl-
1-phenyl- 6 IV 3949

—, 1-Cyclopentyl-3-phenyl-
6 III 2550 e

—, 2-[4-Cyclopentyl-phenyl]-
6 IV 3948

Propan-2-ol, 2-[3-Methyl-
5,6,7,8-tetrahydro-[2]naphthyl]-
6 III 2556 c

—, 2-[4-Methyl-1,2,3,4-tetrahydro-
[2]naphthyl]- 6 III 2555 c

—, 2-[8-Methyl-1,2,3,4-tetrahydro-
[2]naphthyl]- 6 III 2555 e

—, 2-[3-Phenyl-cyclopentyl]- 6 III 2551 f

C₁₄H₂₀OS

Butan-2-on, 3-[2-Butyl-phenylmercapto]-
6 III 1844 e

—, 3-[4-Butyl-phenylmercapto]-
6 III 1845 i

Cyclohexanol, 3-Benzylmercapto-3-methyl-
6 IV 5217

Octanthiosäure-S-phenylester 6 IV 1524

C₁₄H₂₀OS₂

But-3-en-2-ol, 4-Äthylmercapto-
3-benzylmercapto-2-methyl- 6 IV 2657

Octan-2-on, 1-Phenyldisulfanyl-
6 IV 1562

C₁₄H₂₀O₂

Äthan, 1-[4-Butyl-phenoxy]-2-vinyloxy-
6 IV 3270

—, 1-[4-tert-Butyl-phenoxy]-
2-vinyloxy- 6 III 1866 g, IV 3298

—, 1-[4-Isobutyl-phenoxy]-2-vinyloxy-
6 IV 3288

Äthan-1,2-diol, 1-Cyclohexyl-1-phenyl-
6 IV 6381

—, 1-Cyclohexyl-2-phenyl-
6 IV 6380

Äthanol, 1-[4-Cyclohexyloxy-phenyl]-
6 IV 5931

—, 2-[2-Cyclohexyl-phenoxy]-
6 III 2494 f

—, 2-[4-Cyclohexyl-phenoxy]-
6 III 2504 f, IV 3905

—, 2-[Cyclopentyl-phenyl-methoxy]-
6 III 2513 e

—, 2-[2-(α-Hydroxy-benzyl)-
cyclopentyl]- 6 IV 6382

—, 2-[2-Phenyl-cyclohexyloxy]-
6 III 2511 e

Benzocyclohepten-1,2-diol, 8-Äthyl-
5-methyl-6,7,8,9-tetrahydro-5H-
6 IV 6382

Benzol, 1-[1-Äthyl-but-1-enyl]-
3,5-dimethoxy- 6 III 4718 f

—, 1-[1-Äthyl-2-methyl-propenyl]-
3,5-dimethoxy- 6 III 5056 b

—, 4-Allyl-1-isobutoxy-2-methoxy-
6 964 d

—, 2-Allyloxy-4-isopropyl-3-methoxy-
1-methyl- 6 IV 6019

—, 1-Butoxy-2-methoxy-4-propenyl-
6 III 5001 c

—, 2-Butoxy-1-methoxy-4-propenyl-
6 IV 6326

—, 1-Cyclohexyl-2,4-dimethoxy-
6 III 5057 d, IV 6367

—, 2-Cyclohexyl-1,3-dimethoxy-
6 IV 6369

—, 1-Cyclopentylmethyl-
2,4-dimethoxy- 6 IV 6371

—, 1,3-Dimethoxy-5-[1-methyl-pent-
1-enyl]- 6 III 5055 a

—, 1,3-Dimethoxy-5-[1-propyl-
propenyl]- 6 III 4718 f

—, 1-[1,1-Dimethyl-but-2-enyl]-
3,5-dimethoxy- 6 III 5055 e

—, 1-[1,2-Dimethyl-but-1-enyl]-
3,5-dimethoxy- 6 III 5056 a

—, 1-Hex-2-enyl-2,4-dimethoxy-
6 III 5054 c

Benzylalkohol, 3-Cyclohexyl-2-hydroxy-
5-methyl- 6 III 5066 a

—, 5-Cyclohexyl-2-hydroxy-3-methyl-
6 III 5066 d

But-2-en-1-ol, 4-[4-tert-Butyl-phenoxy]-
6 IV 3302

But-3-en-1-ol, 2-[5-tert-Butyl-2-hydroxy-
phenyl]- 6 IV 6380

Buttersäure-[4-tert-butyl-phenylester]
6 IV 3305

— [4-isopropyl-benzylester]
6 II 500 h

— [2-isopropyl-5-methyl-phenylester]
6 II 499 d, III 1901 g

— [5-isopropyl-2-methyl-phenylester]
6 II 494 e, IV 3331

— [1-phenyl-butylester] 6 III 1847 d

$C_{14}H_{20}O_2$ (Fortsetzung)

Buttersäure, 2,2,3-Trimethyl-, benzylester
  6 IV 2266

Crotonsäure-pin-2-en-10-ylester 6 I 62 j

Cyclohexan-1,2-diol, 1-Benzyl-4-methyl-
  6 II 930 i

Cyclohexanol, 2-Äthyl-5-[4-hydroxy-
  phenyl]- 6 IV 6381

—, 2-[α-Hydroxy-benzyl]-5-methyl-
  6 973 b

—, 1-[α-Hydroxy-4-methyl-benzyl]-
  6 IV 6381

—, 1-[1-Hydroxy-1-phenyl-äthyl]-
  6 IV 6381

—, 4-[1-(4-Hydroxy-phenyl)-äthyl]-
  6 II 930 g

—, 2-[4-Methoxy-benzyl]- 6 IV 6376

—, 1-[2-Methoxy-5-methyl-phenyl]-
  6 III 5064 a

—, 2-Phenäthyloxy- 6 III 4064 g

2,6-Cyclo-norbornan, 7-[3-Acetoxy-allyl]-
  1,7-dimethyl- 6 553 c

Essigsäure-[1-äthinyl-decahydro-
  [1]naphthylester] 6 IV 3449

— [1-äthinyl-7a-methyl-hexahydro-
  indan-1-ylester] 6 IV 3451

— [2-äthinyl-1,7,7-trimethyl-
  [2]norbornylester] 6 IV 3451

— [1-äthyl-1-methyl-3-phenyl-
  propylester] 6 IV 3420

— [2-äthyl-6-methyl-4-propyl-
  phenylester] 6 III 2021 c

— [4-äthyl-2-methyl-6-propyl-
  phenylester] 6 III 2021 e

— [1-äthyl-2-phenyl-butylester]
  6 IV 3423

— [2-benzyl-3-methyl-butylester]
  6 552 e

— [4-butyl-2,6-dimethyl-phenylester]
  6 III 2017 e

— [decahydro-1,4;5,8-dimethano-
  naphthalin-2-ylester] 6 IV 3453 b

— [1,3-dimethyl-3-phenyl-butylester]
  6 IV 3423

— [1,1-dimethyl-3-p-tolyl-propylester]
  6 IV 3430

— [2-hexyl-phenylester] 6 IV 3415

— [2-methyl-1-phenyl-pentylester]
  6 I 271 h

— [4-methyl-1-phenyl-pentylester]
  6 552 a

— [2,3,4,5,6-pentamethyl-benzylester]
  6 553 b, IV 3448

— [1-phenäthyl-butylester]
  6 II 510 f

— [6-phenyl-hexylester] 6 I 271 e

— [5-p-tolyl-pentylester] 6 II 511 j

— [2,4,6-triäthyl-phenylester]
  6 II 512 d

Heptan-4-on, 3-Methyl-1-phenoxy-
  6 III 592 i

Heptansäure-benzylester 6 III 1480 e

— m-tolylester 6 III 1306 h,
  IV 2048

— p-tolylester 6 II 379 h

Hept-3-en-2,5-diol, 2-Methyl-5-phenyl-
  6 IV 6379

Hexansäure-[3-äthyl-phenylester]
  6 IV 3017

— [4-äthyl-phenylester] 6 III 1666 g

— [2,4-dimethyl-phenylester]
  6 IV 3128

— [2,5-dimethyl-phenylester]
  6 IV 3166

— [2,6-dimethyl-phenylester]
  6 IV 3117

— [3,4-dimethyl-phenylester]
  6 IV 3103

— [3,5-dimethyl-phenylester]
  6 IV 3145

Hexansäure, 2-Äthyl-, phenylester
  6 III 602 e, IV 618

—, 5-Methyl-, benzylester
  6 III 1480 f

Hex-5-en-3-ol, 1-[3-Methoxy-phenyl]-
  3-methyl- 6 III 5062 a

Hex-1-in, 6-Cyclohexyliden-3-formyloxy-
  3-methyl- 6 IV 3456

Indan, 1-Äthyl-5,6-dimethoxy-2-methyl-
  6 III 5061 a

—, 1-Äthyl-6,7-dimethoxy-4-methyl-
  6 IV 6374

—, 4-Äthyl-6,7-dimethoxy-1-methyl-
  6 IV 6373

Inden-1-ol, 1-Äthinyl-5-methoxy-3,7a-
  dimethyl-2,3,3a,4,7,7a-hexahydro-
  6 IV 6379 c

Isobuttersäure-[4-isopropyl-benzylester]
  6 II 500 i

Isovaleriansäure-[4-methyl-phenäthylester]
  6 III 1829 g

— [3-phenyl-propylester] 6 IV 3201

— [1-p-tolyl-äthylester] 6 III 1827 d

Methanol, Cyclohexyl-[4-methoxy-phenyl]-
  6 I 467 f, III 5063 e, IV 6376

$C_{14}H_{20}O_2$ (Fortsetzung)

Naphthalin-1,4-diol, 1,4-Diäthyl-
1,2,3,4-tetrahydro- **6** IV 6382

Naphthalin-2,3-diol, 5,5,8,8-Tetramethyl-
5,6,7,8-tetrahydro- **6** III 5068 b

[1]Naphthol, 1-Äthinyl-6-methoxy-8a-
methyl-1,2,3,4,4a,5,8,8a-octahydro-
6 IV 6379

—, 6-Isopropyl-7-methoxy-
1,2,3,4-tetrahydro- **6** IV 6378

—, 6-Methoxy-1,2,5-trimethyl-
1,2,3,4-tetrahydro- **6** III 5064 d

[2]Naphthol, 1-[3-Hydroxy-butyl]-
1,2,3,4-tetrahydro- **6** III 5067 c

—, 3-Methoxy-1-propyl-
5,6,7,8-tetrahydro- **6** IV 6378

[1]Naphthylhydroperoxid, 1,4-Diäthyl-
1,2,3,4-tetrahydro- **6** IV 3950

Octan-2-on, 8-Phenoxy- **6** IV 606

Octansäure-phenylester **6** 154 n, III 602 d,
IV 617

Pentan-3-ol, 3-[2-Phenoxy-cyclopropyl]-
6 IV 5241

Phenanthren-9,10-diol, 1,2,3,4,5,6,7,8,9,10-
Decahydro- **6** III 5068 d

Phenol, 2-Allyl-6-*tert*-butyl-4-methoxy-
6 IV 6375

—, 2-Methoxy-4-[1-methyl-cyclohexyl]-
6 IV 6377

Propan, 1-Formyloxy-3-[4-isopropyl-
phenyl]-2-methyl- **6** III 2037 a

Propan-1,2-diol, 3-[1-Phenyl-cyclopentyl]-
6 IV 6382

Propan-1-ol, 3-[2,4-Dimethyl-6-propenyl-
phenoxy]- **6** IV 3883

—, 2-[7-Methoxy-1,2,3,4-tetrahydro-
[1]naphthyl]- **6** IV 6378

Propan-2-ol, 2-[2,2-Dimethyl-3-phenoxy-
cyclopropyl]- **6** IV 5241

Propionsäure-[1-äthyl-2-phenyl-propylester]
6 IV 3376

— [1-äthyl-3-phenyl-propylester]
6 II 504 i

— [2-*tert*-butyl-5-methyl-phenylester]
6 IV 3401

— [1-methyl-2-phenyl-butylester]
6 IV 3382

— [4-*tert*-pentyl-phenylester]
6 IV 3384

Resorcin, 4-[2-Cyclohexyl-äthyl]-
6 II 930 f

Valeriansäure-[4-methyl-phenäthylester]
6 III 1829 f

— [1-methyl-2-phenyl-äthylester]
6 I 251 h, II 474 d

— [3-phenyl-propylester] **6** IV 3201

— [1-*p*-tolyl-äthylester] **6** III 1827 c

$C_{14}H_{20}O_2S$

Sulfon, Benzyl-[1-methyl-cyclohexyl]-
6 IV 2643

—, Benzyl-[2-methyl-cyclohexyl]-
6 IV 2643

$C_{14}H_{20}O_3$

Aceton, 1-Hydroxy-3-[4-pentyl-phenoxy]-
6 III 1951 d

Äthan, 1-Acetoxy-2-butoxy-1-phenyl-
6 III 4576 d

—, 2-Äthoxy-1-butyryloxy-1-phenyl-
6 III 4576 g

—, 1-[3-Phenyl-propoxy]-
2-propionyloxy- **6** III 1803 j

Benzocyclohepten, 1,2,3-Trimethoxy-
6,7,8,9-tetrahydro-5*H*- **6** IV 7482

—, 2,3,5-Trimethoxy-
6,7,8,9-tetrahydro-5*H*- **6** IV 7482

Benzocyclohepten-5-ol, 2,3-Dimethoxy-
7-methyl-6,7,8,9-tetrahydro-5*H*-
6 IV 7484

Benzol, 1-Äthoxy-2-äthoxymethoxy-
4-propenyl- **6** IV 6328

—, 2-Äthoxy-1-äthoxymethoxy-
4-propenyl- **6** IV 6329

—, 1-Äthoxy-4-[1-äthoxy-propenyl]-
2-methoxy- **6** 1131 a

—, 1-Äthoxymethyl-2-allyl-
3,4-dimethoxy- **6** IV 7479

—, 1-Äthoxy-2,3,5-trimethyl-
4-propionyloxy- **6** III 4648 d

—, 5-[1-Äthyl-propenyl]-
1,2,3-trimethoxy- **6** I 556 e, IV 7481

—, 1-Butoxy-4-butyryloxy-
6 IV 5742

—, 1-Butyryloxy-2-methoxy-4-propyl-
6 III 4616 d

—, 1-Heptanoyloxy-2-methoxy-
6 III 4230 a

—, 1-Isobutyryloxy-2-methoxy-
4-propyl- **6** III 4616 e

—, 1-Methoxymethoxy-4-propenyl-
2-propoxy- **6** IV 6329

—, 2-Methoxymethoxy-4-propenyl-
1-propoxy- **6** IV 6329

—, 1-Methoxy-4-propenyl-
2-propoxymethoxy- **6** IV 6328

—, 2-Methoxy-4-propenyl-
1-propoxymethoxy- **6** IV 6328

C₁₄H₂₀O₃ (Fortsetzung)

Buttersäure, 2-[4-*tert*-Butyl-phenoxy]-
6 IV 3307

—, 2-[2,4-Dimethyl-phenoxy]-,
äthylester 6 488 c

—, 2-[2,5-Dimethyl-phenoxy]-,
äthylester 6 495 o

—, 2-[3,4-Dimethyl-phenoxy]-,
äthylester 6 482 a

—, 2-[2-Isopropyl-5-methyl-phenoxy]-
6 538 k

—, 2-[5-Isopropyl-2-methyl-phenoxy]-
6 530 o

Cyclohexanol, 1-[2,3-Dimethoxy-phenyl]-
6 IV 7483

—, 1-[3,4-Dimethoxy-phenyl]-
6 IV 7483

—, 2-[2,3-Dimethoxy-phenyl]-
6 IV 7483

—, 1-[α-Hydroxy-4-methoxy-benzyl]-
6 IV 7485

Essigsäure, [2-(1-Äthyl-butyl)-phenoxy]-
6 III 1999 c

—, [2-Äthyl-5-butyl-phenoxy]-
6 IV 3432

—, [4-(1-Äthyl-butyl)-phenoxy]-
6 III 1999 f

—, [4-Äthyl-3-butyl-phenoxy]-
6 IV 3432

—, [4-(1-Äthyl-1-methyl-propyl)-
phenoxy]- 6 IV 3427

—, [2-Butyl-phenoxy]-, äthylester
6 IV 3268

—, [3,4-Diisopropyl-phenoxy]-
6 IV 3435

—, [2-(1,2-Dimethyl-propyl)-4-methyl-
phenoxy]- 6 IV 3431

—, [2,5-Dipropyl-phenoxy]-
6 III 2014 c

—, [3a,4,5,6,7,7a-Hexahydro-
4,7-methano-inden-5(*oder* 6)-yloxy]-,
äthylester 6 III 1944 d

—, [2-Hexyl-phenoxy]- 6 III 1993 c,
IV 3415

—, Isobutoxy-, phenäthylester
6 III 1712 b

—, Isopropoxy-, [3-phenyl-
propylester] 6 III 1805 e

—, [2-Isopropyl-5-methyl-phenoxy]-,
äthylester 6 538 f

—, [4-Isopropyl-3-methyl-phenoxy]-,
äthylester 6 IV 3327

—, [5-Isopropyl-2-methyl-phenoxy]-,
äthylester 6 530 j

—, [5-Methyl-2-(1-methyl-butyl)-
phenoxy]- 6 III 2007 a

—, [4-(3-Methyl-pentyl)-phenoxy]-
6 IV 3420

Hept-4-en-3-ol, 3-[2,4-Dihydroxy-phenyl]-
5-methyl- 6 III 6450 d

Hexan-3-ol, 1-Acetoxy-1-phenyl- 6 III 4715 h

Hexansäure, 2-Phenoxy-, äthylester
6 III 619 h, IV 649

—, 6-Phenoxy-, äthylester 6 III 619 j

Indan-1-ol, 4-Äthyl-6,7-dimethoxy-
1-methyl- 6 IV 7484

Isobuttersäure, α-Butoxy-, phenylester
6 III 618 c

—, α-[2,4-Dimethyl-phenoxy]-,
äthylester 6 488 e

—, α-[2,5-Dimethyl-phenoxy]-,
äthylester 6 495 q

—, α-[3,4-Dimethyl-phenoxy]-,
äthylester 6 482 c

—, α-Hydroxy-, [3a,4,5,6,7,7a-
hexahydro-4,7-methano-inden-5(*oder*
6)-ylester] 6 III 1946 f

—, α-[2-Isopropyl-5-methyl-phenoxy]-
6 538 n

—, α-[5-Isopropyl-2-methyl-phenoxy]-
6 530 r

Isovaleriansäure, α-*m*-Tolyloxy-, äthylester
6 380 n

—, α-*o*-Tolyloxy-, äthylester
6 357 j

—, α-*p*-Tolyloxy-, äthylester
6 400 a

Kohlensäure-heptylester-phenylester
6 158 d

Octansäure, 2-Phenoxy- 6 IV 651

—, 8-Phenoxy- 6 III 621 g

Pentan-3-ol, 3-[α-Acetoxy-benzyl]-
6 II 905 f

—, 1-Acetoxy-4-methyl-1-phenyl-
6 III 4718 c

Phenol, 5-Acetoxy-2-hexyl- 6 IV 6048

—, 2-Cyclohexyl-4,6-bis-hydroxymethyl-
6 III 6451 e

—, 4-Cyclohexyl-2,6-bis-hydroxymethyl-
6 III 6452 a

Propan, 1-Acetoxy-3-[3-phenyl-propoxy]-
6 III 1804 b

Propan-1,2-diol, 1-[2-Allyloxy-3,5-dimethyl-
phenyl]- 6 IV 7424

$C_{14}H_{20}O_5S_2$

Schwefligsäure-methylester-[2-(toluol-
4-sulfonyl)-cyclohexylester] **6** IV 5207

$C_{14}H_{20}O_6$

Cyclopenten, 3-Propionyloxy-4-
[2-propionyloxy-propionyloxy]-
6 III 4127 b

—, 4-Propionyloxy-3-[2-propionyloxy-
propionyloxy]- **6** III 4127 b

Glucose, O^6-Benzyl-O^3-methyl-
6 IV 2261

$C_{14}H_{20}O_8$

Cyclohexan, 1,3-Bis-äthoxyoxalyloxy-
6 III 4079 g

—, 1,2,3,4-Tetraacetoxy- **6** IV 7672

—, 1,2,3,5-Tetraacetoxy- **6** IV 7672

—, 1,2,4,5-Tetraacetoxy- **6** III 6646 b,
IV 7673

$C_{14}H_{20}O_9$

Quercit, Tetra-O-acetyl- **6** 1187 d

$C_{14}H_{20}O_{10}$

myo-Inosit, O^1,O^4,O^5,O^6-Tetraacetyl-
6 III 6928 c

$C_{14}H_{20}S$

Butan-1-thiol, 4-[5,6,7,8-Tetrahydro-
[2]naphthyl]- **6** III 2554 b

Sulfid, Äthyl-[1,2,3,4,4a,5,8,8a-octahydro-
1,4;5,8-dimethano-naphthalin-2-yl]-
6 IV 3924

—, Benzyl-[1-methyl-cyclohexyl]-
6 IV 2643

—, Benzyl-[1,1,3-trimethyl-but-2-enyl]-
6 IV 2643

—, Cycloheptylmethyl-phenyl-
6 IV 1485

$C_{14}H_{21}AsO_3$

Benzo[1,3,2]dioxarsol, 2-Octyloxy-
6 IV 5606

$C_{14}H_{21}BO_2S$

Benzo[1,3,2]dioxaborol, 2-Octylmercapto-
6 IV 5612

$C_{14}H_{21}BO_3$

Benzo[1,3,2]dioxaborol, 2-Octyloxy-
6 IV 5611

$C_{14}H_{21}BrN_2O_2$

Essigsäure, [2-Brom-phenoxy]-,
[2-diäthylamino-äthylamid] **6** IV 1040

$C_{14}H_{21}BrO$

Äther, [4-Brom-2-*sec*-butyl-phenyl]-
sec-butyl- **6** IV 3279

—, [8-Brom-octyl]-phenyl-
6 III 554 b

—, [4-Brom-phenyl]-[1-methyl-heptyl]-
6 III 743 g

Anisol, 4-[2-Brom-äthyl]-2-*tert*-butyl-
5-methyl- **6** III 2041 a

—, 3-[7-Brom-heptyl]- **6** III 2026 e

—, 4-[3-Brom-propyl]-2-isopropyl-
5-methyl- **6** III 2041 f

Octan-1-ol, 1-[4-Brom-phenyl]- **6** III 2046 e

Pentan-3-ol, 3-[3-(1-Brom-propyl)-phenyl]-
6 I 274 a

—, 3-[4-(1-Brom-propyl)-phenyl]- **6** I 274 b

Phenol, 2-Brom-4,6-di-*tert*-butyl-
6 III 2063 f, IV 3495

—, 4-Brom-2,6-di-*tert*-butyl-
6 III 2062 b, IV 3493

—, 2-Brom-4-octyl- **6** III 2046 c

—, 2-Brom-4-[1,1,3,3-tetramethyl-
butyl]- **6** III 2058 b

$C_{14}H_{21}BrO_2$

Benzol, 2-Brom-5-*tert*-butyl-1,3-bis-
methoxymethyl- **6** IV 6057

—, 4-Brom-1,2-dibutoxy- **6** III 4254 d

—, 1-[7-Brom-heptyloxy]-4-methoxy-
6 III 4391 c

Octan-4,5-diol, 4-[4-Brom-phenyl]-
6 IV 6068

Phenol, 2-[8-Brom-octyloxy]- **6** III 4212 a

—, 4-[8-Brom-octyloxy]- **6** III 4391 f

Resorcin, 4-[2-Äthyl-hexyl]-6-brom-
6 III 4736 b

$C_{14}H_{21}BrO_3$

Benzol, 1-Äthoxy-4-[1-äthoxy-2-brom-
propyl]-2-methoxy- **6** 1121 f

$C_{14}H_{21}Br_2NO_2$

Amin, Diäthyl-[2-(3,5-dibrom-2-methoxy-
benzyloxy)-äthyl]- **6** IV 5904

$C_{14}H_{21}ClN_2OS$

Isothioharnstoff, S-[5-*tert*-Butyl-2-(2-chlor-
äthoxy)-benzyl]- **6** IV 6042

$C_{14}H_{21}ClN_2O_2$

Carbamidsäure, [2-Diäthylamino-äthyl]-,
[2-chlor-6-methyl-phenylester]
6 IV 1986

$C_{14}H_{21}ClO$

Äther, [4-*tert*-Butyl-phenyl]-[4-chlor-butyl]-
6 IV 3297

—, [4-*tert*-Butyl-phenyl]-[γ-chlor-
isobutyl]- **6** III 1865 g

—, [2-Chlor-äthyl]-[2,6-diisopropyl-
phenyl]- **6** IV 3435

—, [2-Chlor-äthyl]-[1-(3,4-dimethyl-
phenyl)-butyl]- **6** III 2015 f

C$_{14}$H$_{21}$ClO (Fortsetzung)

Äther, [Chlor-*tert*-butyl]-[3a,4,5,6,7,7a-
hexahydro-4,7-methano-inden-5(*oder*
6)-yl]- **6** III 1926 a

—, Chlormethyl-[3-(4-isopropyl-
phenyl)-2-methyl-propyl]- **6** III 2036 h

—, [3-Chlor-1-phenyl-propyl]-
isopentyl- **6** II 472 a

Phenol, 2-[1-Äthyl-1-methyl-pentyl]-4-chlor-
6 III 2049 a

—, 2-Butyl-4-*tert*-butyl-6-chlor-
6 IV 3490

—, 2-Chlor-4-[1-methyl-heptyl]-
6 IV 3475

—, 4-Chlor-2-[1-methyl-heptyl]-
6 III 2046 h, IV 3475

—, 4-Chlor-2-octyl- **6** III 2045 f

—, 2-Chlor-4-[1,1,3,3-tetramethyl-
butyl]- **6** III 2057 c

—, 4-Chlor-2-[1,1,3,3-tetramethyl-
butyl]- **6** IV 3484

—, 2,4-Di-*tert*-butyl-6-chlor-
6 III 2063 c

—, 2,6-Di-*tert*-butyl-4-chlor-
6 III 2062 a, IV 3493

C$_{14}$H$_{21}$ClOS

Äthan, 1-[4-*tert*-Butyl-phenoxy]-2-[2-chlor-
äthylmercapto]- **6** IV 3299

C$_{14}$H$_{21}$ClO$_2$

Äthan, 1-[4-*sec*-Butyl-phenoxy]-2-[2-chlor-
äthoxy]- **6** III 1853 e

—, 1-[4-*tert*-Butyl-phenoxy]-2-[2-chlor-
äthoxy]- **6** III 1866 f

—, 1-[2-Chlor-äthoxy]-2-[3a,4,5,6,7,7a-
hexahydro-4,7-methano-inden-5(*oder*
6)-yloxy]- **6** III 1932 c

—, 1-[2-Chlor-äthoxy]-2-[2-isopropyl-
5-methyl-phenoxy]- **6** III 1900 b

—, 1-[2-Chlor-äthoxy]-2-[5-isopropyl-
2-methyl-phenoxy]- **6** III 1887 h

—, 1-Chlormethoxy-2-[4-*tert*-pentyl-
phenoxy]- **6** IV 3384

Benzol, 1-Äthoxy-3-chlormethyl-
2-isopentyloxy- **6** IV 5862

—, 1-[2-Butoxy-äthoxy]-4-chlormethyl-
2-methyl- **6** IV 3135

—, 4-Chlormethyl-1-[2-isobutoxy-
äthoxy]-2-methyl- **6** IV 3135

—, 1-Chlormethyl-4-[2-isopentyloxy-
äthoxy]- **6** IV 2139

—, 1,4-Diäthoxy-2-chlormethyl-
3,5,6-trimethyl- **6** III 4690 f

Cyclohex-2-en-1,4-dion, 5,6-Di-*tert*-butyl-
2-chlor- **6** IV 6071

Hydrochinon, 2,5-Di-*tert*-butyl-3-chlor-
6 III 4741 d

Phenol, 4-Butoxy-3-chlormethyl-
2,5,6-trimethyl- **6** III 4691 a

—, 2-Chlor-5-octyloxy- **6** III 4334 f

—, 4-Chlor-3-octyloxy- **6** III 4334 f

Propan-2-ol, 1-Chlor-3-[3a,4,5,6,7,7a-
hexahydro-4,7-methano-inden-5(*oder*
6)-yloxy]-2-methyl- **6** III 1938 a

—, 1-Chlor-3-[3-isopentyloxy-phenyl]-
6 IV 5980

—, 1-Chlor-3-[4-isopentyloxy-phenyl]-
6 IV 5981

—, 1-Chlor-3-[4-pentyl-phenoxy]-
6 III 1951 b

Resorcin, 4-[2-Äthyl-hexyl]-6-chlor-
6 III 4736 a

—, 4-Chlor-6-[1-methyl-heptyl]-
6 III 4735 f

—, 4-Chlor-6-octyl- **6** III 4734 c

—, 4-Chlor-6-[1,1,3,3-tetramethyl-
butyl]- **6** III 4738 a

C$_{14}$H$_{21}$ClO$_2$S$_4$

Trithioorthoessigsäure, Benzolsulfonyl-
chlor-, triäthylester **6** IV 1549

C$_{14}$H$_{21}$ClO$_3$

Benzol, 1-[2-Chlormethyl-butyl]-
2,4,5-trimethoxy- **6** III 6366 f

C$_{14}$H$_{21}$ClO$_4$

Propan-2-ol, 1-[4-Chlor-3,5-dimethyl-
phenoxy]-3-[2-hydroxy-propoxy]-
6 IV 3153

—, 1-[4-Chlor-3,5-dimethyl-phenoxy]-
3-[3-hydroxy-propoxy]- **6** IV 3153

—, 1-Chlor-3-[3-hydroxy-5-pentyloxy-
phenoxy]- **6** IV 7366

3,6,9-Trioxa-undecan, 1-Chlor-11-phenoxy-
6 III 570 a

C$_{14}$H$_{21}$ClO$_4$S

Schwefligsäure-[2-(4-*tert*-butyl-phenoxy)-
äthylester]-[2-chlor-äthylester]
6 IV 3299

— [2-chlor-äthylester]-[β-(2-isopropyl-
phenoxy)-isopropylester] **6** IV 3211

— [2-chlor-äthylester]-[β-(3-isopropyl-
phenoxy)-isopropylester] **6** IV 3214

C$_{14}$H$_{21}$ClO$_4$S$_2$

Benzol, 1-Chlor-2,4-bis-[2,2-dimethoxy-
äthylmercapto]- **6** IV 5708

C₁₄H₂₁ClS
Sulfid, [8-Chlor-octyl]-phenyl-
6 III 986 c
C₁₄H₂₁Cl₂NOS
Propan-2-ol, 1-Diäthylamino-3-[2,4-dichlor-
benzylmercapto]- 6 IV 2784
–, 1-Diäthylamino-3-[3,4-dichlor-
benzylmercapto]- 6 IV 2786
C₁₄H₂₁Cl₂NO₂
Amin, Diäthyl-[2-(3,5-dichlor-2-methoxy-
benzyloxy)-äthyl]- 6 IV 5901
C₁₄H₂₁Cl₂NS
Amin, Diäthyl-[3-(2,4-dichlor-benzyl≠
mercapto)-propyl]- 6 IV 2784
–, Diäthyl-[3-(3,4-dichlor-
benzylmercapto)-propyl]- 6 IV 2786
C₁₄H₂₁Cl₂OP
Phosphin, Dichlor-[4-(1,1,3,3-tetramethyl-
butyl)-phenoxy]- 6 IV 3487
C₁₄H₂₁Cl₂O₂P
Dichlorophosphorsäure-[4-butyl-
2-isopropyl-5-methyl-phenylester]
6 III 2065 b
– [4-(1,1,3,3-tetramethyl-butyl)-
phenylester] 6 III 2057 b, IV 3487
C₁₄H₂₁Cl₂O₃PS
Thiophosphorsäure-O,O′-dibutylester-
O″-[2,4-dichlor-phenylester] 6 IV 940
C₁₄H₂₁Cl₂O₄P
Phosphorsäure-[4-tert-butyl-phenylester]-bis-
[2-chlor-äthylester] 6 IV 3309
C₁₄H₂₁Cl₆O₃P
Phosphonsäure-bis-[1-trichlormethyl-
cyclohexylester] 6 IV 98
C₁₄H₂₁Cl₆O₄P
Phosphonsäure, [1-Hydroxy-äthyl]-,
bis-[1-trichlormethyl-cyclopentylester]
6 IV 89
C₁₄H₂₁FO
Äther, [2-Fluor-phenyl]-octyl- 6 IV 771
Phenetol, 4-Fluor-2-hexyl- 6 III 1993 e
C₁₄H₂₁FO₂
Hexan-1-ol, 1-[2-Äthoxy-5-fluor-phenyl]-
6 III 4715 b
[C₁₄H₂₁HgO₄]⁺
Äthylquecksilber(1+), 2-{2-[2-(2-Phenoxy-
äthoxy)-äthoxy]-äthoxy}- 6 III 570 c
C₁₄H₂₁IO
Äther, [8-Jod-octyl]-phenyl- 6 IV 561
–, [2-Jod-phenyl]-octyl- 6 IV 1071
Phenol, 2,6-Di-tert-butyl-4-jod-
6 IV 3493

–, 2-Jod-4-[1,1,3,3-tetramethyl-butyl]-
6 III 2058 d
C₁₄H₂₁IO₂
Benzol, 5-tert-Butyl-2-jod-1,3-bis-
methoxymethyl- 6 IV 6057
–, 1-[7-Jod-heptyloxy]-4-methoxy-
6 III 4391 d
C₁₄H₂₁NO
Amin, Diäthyl-cinnamyloxymethyl-
6 IV 3801
–, Diäthyl-[4-phenoxy-but-2-enyl]-
6 IV 681
–, Dimethyl-[2-(2-methyl-indan-
5-yloxy)-äthyl]- 6 IV 3866
–, Dimethyl-[2-(1,2,3,4-tetrahydro-
[1]naphthyloxy)-äthyl]- 6 IV 3860
–, Dimethyl-[2-(1,2,3,4-tetrahydro-
[2]naphthyloxy)-äthyl]- 6 IV 3863
–, [2-Indan-4-yloxy-propyl]-dimethyl-
6 IV 3828
–, [2-Indan-5-yloxy-propyl]-dimethyl-
6 IV 3830
–, [3-Indan-4-yloxy-propyl]-dimethyl-
6 IV 3828
–, [3-Indan-5-yloxy-propyl]-dimethyl-
6 IV 3830
Heptanal-[O-benzyl-oxim] 6 IV 2562
C₁₄H₂₁NOS
Thiocarbamidsäure, Isopropyl-,
O-[3a,4,5,6,7,7a-hexahydro-4,7-methano-
inden-5-ylester] 6 IV 3366
–, Isopropyl-, O-[3a,4,5,6,7,7a-
hexahydro-4,7-methano-inden-6-ylester]
6 IV 3366
C₁₄H₂₁NO₂
Acetimidsäure, 2-[2-Isopropyl-5-methyl-
phenoxy]-, äthylester 6 III 1902 g,
IV 3339
–, 2-[5-Isopropyl-2-methyl-phenoxy]-,
äthylester 6 III 1888 e
Äthanol, 2-[Allyl-(β-phenoxy-isopropyl)-
amino]- 6 IV 672
β-Alanin, N,N-Diäthyl-, benzylester
6 IV 2512
Amin, Äthyl-[2-(2-allyl-6-methoxy-
phenoxy)-äthyl]- 6 III 5015 f
–, [2-(2-Allyl-6-methoxy-phenoxy)-
äthyl]-dimethyl- 6 II 920 d
–, [2-(2-Methoxy-4-propenyl-
phenoxy)-äthyl]-dimethyl- 6 III 5010 b
Buttersäure, 2-[4-tert-Butyl-phenoxy]-,
amid 6 IV 3307

C₁₄H₂₁NO₂ (Fortsetzung)

Butyramid, *N*-[4-Phenoxy-butyl]-
6 IV 680

Carbamidsäure, Äthyl-, [4-*tert*-pentyl-
phenylester] 6 IV 3385

—, Dimethyl-, [4-*tert*-butyl-2-methyl-
phenylester] 6 IV 3399

—, Dimethyl-, [4-*tert*-pentyl-
phenylester] 6 IV 3385

—, Dipropyl-, *o*-tolylester 6 356 d

—, Dipropyl-, *p*-tolylester 6 398 h

Essigsäure, Phenäthyloxy-, isobutylamid
6 IV 3075

Glycin, *N,N*-Diäthyl-, phenäthylester
6 II 452 j, IV 3076

—, *N,N*-Dimethyl-, [2-methyl-
2-phenyl-propylester] 6 IV 3320

Indan-1-ol, 6-[2-Dimethylamino-äthoxy]-
2-methyl- 6 IV 6359

Octansäure, 8-Phenoxy-, amid 6 IV 651

Propan-2-ol, 1-Methylamino-3-[5,6,7,8-
tetrahydro-[2]naphthyloxy]- 6 IV 3856

Propionsäure, 3-Dimethylamino-
2,2-dimethyl-, benzylester 6 III 1542 e

C₁₄H₂₁NO₂S

Cystein, *S*-Benzyl-, butylester 6 III 1623 d

Isovaleriansäure, *β*-Amino-*α*-benzyl-
mercapto-, äthylester 6 IV 2758

Penicillamin, *S*-Benzyl-, äthylester
6 III 1632 c

Propionsäure, 2-Thiocyanato-, *p*-menth-
1-en-8-ylester 6 III 251 h

—, 3-Thiocyanato-, *p*-menth-1-en-
8-ylester 6 III 251 j

Sulfid, [4-Nitro-phenyl]-octyl- 6 III 1069 f

Valin, *N*-[2-Benzylmercapto-äthyl]-
6 III 1620 i

C₁₄H₂₁NO₂S₂

Methionin, *N*-[2-Benzylmercapto-äthyl]-
6 III 1621 f

Thiobuttersäure, 2-Benzolsulfonyl-
2-isopropyl-3-methyl-, amid 6 318 a

C₁₄H₂₁NO₃

Äthanol, 2-[2-(2-Allyl-6-methoxy-phenoxy)-
äthylamino]- 6 III 5016 h

Äther, [3a,4,5,6,7,7a-Hexahydro-
4,7-methano-inden-5(*oder* 6)-yl]-
[2-nitro-butyl]- 6 III 1925 d

—, [3a,4,5,6,7,7a-Hexahydro-
4,7-methano-inden-5(*oder* 6)-yl]-
[*β*-nitro-isobutyl]- 6 III 1925 g

—, [1-Methyl-heptyl]-[2-nitro-phenyl]-
6 IV 1251

—, [1-Methyl-heptyl]-[4-nitro-phenyl]-
6 IV 1286

—, [2-Nitro-phenyl]-octyl- 6 IV 1251

—, [4-Nitro-phenyl]-octyl-
6 III 820 c, IV 1286

β-Alanin, *N*-Methyl-*N*-[*β*-phenoxy-
isopropyl]-, methylester 6 IV 675

Amin, [2-(2-Methoxymethoxy-4-propenyl-
phenoxy)-äthyl]-methyl- 6 III 5010 e

Buttersäure, 4-Phenoxy-, [2-dimethyl-
amino-äthylester] 6 IV 646

Carbamidsäure, Diäthyl-, [3-äthoxy-
4-methyl-phenylester] 6 III 4496 d

—, Dipropyl-, [2-methoxy-
phenylester] 6 777 c

—, [7-Phenoxy-heptyl]- 6 174 d

Essigsäure, [2-Isopropyl-5-methyl-phenoxy]-,
[2-hydroxy-äthylamid] 6 III 1902 f

—, Phenoxy-, [2-diäthylamino-
äthylester] 6 IV 637

Glycin, *N,N*-Diäthyl-, [2-methoxy-
4-methyl-phenylester] 6 880 k

Homoserin, *N,N*-Dimethyl-*O*-phenyl-,
äthylester 6 II 163 g

Isobutyrimidsäure, *α*-[4-Hydroxy-
2,5-dimethyl-phenoxy]-, äthylester
6 IV 5968

Oxalamidsäure, Diäthyl-, [1-äthinyl-
cyclohexylester] 6 IV 349

Phenol, 2,4-Di-*tert*-butyl-6-nitro-
6 IV 3495

—, 2,6-Di-*tert*-butyl-4-nitro-
6 IV 3493

—, 2-Nitro-4-octyl- 6 IV 3474

—, 2-Nitro-4-[1,1,3,3-tetramethyl-
butyl]- 6 III 2058 e

C₁₄H₂₁NO₃S

Heptansäure, 2-Benzolsulfonylmethyl-,
amid 6 IV 1544

Hexansäure, 5-Methyl-2-[toluol-4-sulfonyl]-,
amid 6 III 1424 e

Pantamid, *N*-[2-Phenylmercapto-äthyl]-
6 III 1025 g

C₁₄H₂₁NO₄

Benzol, 1,2-Dibutoxy-4-nitro- 6 III 4265 h,
IV 5627

—, 1,4-Dibutoxy-2-nitro- 6 IV 5787

Brenzcatechin, 3,5-Di-*tert*-butyl-6-nitro-
6 IV 6074

Carbamidsäure-[*β*-isopropoxy-*β'*-*o*-tolyloxy-
isopropylester] 6 IV 1955

Carbamidsäure, [2,2-Diäthoxy-äthyl]-,
benzylester 6 III 1486 g

$C_{14}H_{21}NO_4$ (Fortsetzung)

Carbamidsäure, [1-(1,2-Dihydroxy-äthyl)-
butyl]-, benzylester **6** III 1486 d

—, [2,3-Dihydroxy-hexyl]-, benzyl≠
ester **6** III 1486 c

Glycin, N-[1-Prop-2-inyl-cyclohexyloxy≠
carbonyl]-, äthylester **6** IV 363

Kohlensäure-[2-diäthylamino-äthylester]-
[2-methoxy-phenylester] **6** 776 m, I 386 e

Resorcin, 4-Nitro-6-[1,1,3,3-tetramethyl-
butyl]- **6** III 4738 d

$C_{14}H_{21}NO_4S$

Norbornan, 2-Acetoxy-5-[2-(2-thiocyanato-
äthoxy)-äthoxy]- **6** III 4130 e

—, 2-Acetoxy-6-[2-(2-thiocyanato-
äthoxy)-äthoxy]- **6** III 4130 e

Pantamid, N-[2-Benzolsulfinyl-äthyl]-
6 III 1026 a

Sulfon, [4-Nitro-phenyl]-octyl- **6** III 1069 g

$C_{14}H_{21}NO_5$

Äther, [2-Butoxy-äthyl]-[2-(4-nitro-
phenoxy)-äthyl]- **6** IV 1290

Benzol, 1,4-Dimethoxy-2-nitro-3-propoxy-
5-propyl- **6** 1119 f

Butyraldehyd, 4-[4-Nitro-phenoxy]-,
diäthylacetal **6** IV 1297

Pentan, 1-[2-Methoxy-äthoxy]-5-[4-nitro-
phenoxy]- **6** IV 1293

$C_{14}H_{21}NO_5S$

Hexan-1-sulfonsäure, 6-Benzyloxycarbonyl≠
amino- **6** IV 2429

Pantamid, N-[2-Benzolsulfonyl-äthyl]-
6 III 1026 c

$C_{14}H_{21}NO_6$

3,6-Dioxa-octan, 1-Äthoxy-8-[2-nitro-
phenoxy]- **6** IV 1254

$C_{14}H_{21}N_3OS$

Pentan-2-on, 4-Benzylmercapto-4-methyl-,
semicarbazon **6** III 1597 b

$C_{14}H_{21}N_3O_2$

Aceton, [4-tert-Butyl-phenoxy]-,
semicarbazon **6** II 489 k

Heptan-2-on, 1-Phenoxy-, semicarbazon
6 III 592 e

Hexan-2-on, 5-Methyl-1-phenoxy-,
semicarbazon **6** III 592 g

Pentan-2-on, 4-Benzyloxy-4-methyl-,
semicarbazon **6** II 415 c

$C_{14}H_{21}N_3O_3$

Aceton, [4-Butoxy-phenoxy]-, semi≠
carbazon **6** III 4412 i

Hexansäure, 6-Benzyloxycarbonylamino-,
hydrazid **6** IV 2361

Leucin-[N'-benzyloxycarbonyl-hydrazid]
6 IV 2467

Leucin, N-Benzyloxycarbonyl-, hydrazid
6 III 1505 g, IV 2370

Lysin, N^6-Benzyloxycarbonyl-, amid
6 III 1527 c

$C_{14}H_{21}N_3O_3S$

Pentan-2-on, 4-Methyl-4-[toluol-4-sulfonyl]-,
semicarbazon **6** III 1418 g

$C_{14}H_{21}N_3O_4$

Alanin-[5-(4-nitro-phenoxy)-pentylamid]
6 IV 1311

Butan-2-on, 3-[3,5-Dimethoxy-2-methyl-
phenoxy]-, semicarbazon **6** III 620 e

Essigsäure, [4-Nitro-phenoxy]-,
[2-diäthylamino-äthylamid] **6** IV 1304

$C_{14}H_{21}N_3O_4S$

Amin, Diäthyl-[4-(2,4-dinitro-phenyl≠
mercapto)-butyl]- **6** IV 1764

$C_{14}H_{21}O_3PS$

Thiophosphorsäure-O-[2-cyclohexyl-
phenylester]-O',O''-dimethylester
6 IV 3901

— O-[4-cyclohexyl-phenylester]-
O',O''-dimethylester **6** IV 3906

$C_{14}H_{21}O_4P$

[1,3,2]Dioxaphosphorinan-2-oxid, 5-Äthyl-
2-phenoxy-4-propyl- **6** IV 724 b

Phosphonsäure, [2-Phenoxy-vinyl]-,
diisopropylester **6** IV 686

—, [2-Phenoxy-vinyl]-, dipropylester
6 IV 686

$C_{14}H_{21}O_4PS$

Thiophosphorsäure-O,O'-diäthylester-O''-
[4-allyl-2-methoxy-phenylester]
6 IV 6340

$C_{14}H_{21}O_6P$

Phosphonsäure, [2-Phenoxy-vinyl]-,
bis-[2-methoxy-äthylester] **6** IV 687

$C_{14}H_{22}BNO_2$

Amin, Benzo[1,3,2]dioxaborol-2-yl-dibutyl-
6 IV 5612

$C_{14}H_{22}BNO_7$

Diperoxoborsäure-O-O,O'-O'-di-
tert-butylester-O-[2-nitro-phenylester]
6 IV 1268

$C_{14}H_{22}BrNO$

Amin, [2-(4-Brom-2-isopropyl-5-methyl-
phenoxy)-äthyl]-dimethyl- **6** IV 3347

$C_{14}H_{22}BrNO_2$

Amin, Diäthyl-[2-(5-brom-2-methoxy-
benzyloxy)-äthyl]- **6** IV 5901

C₁₄H₂₂BrO₄PS
Thiophosphorsäure-O-[4-äthoxy-2-brom-
phenylester]-O',O''-dipropylester
6 IV 5783

C₁₄H₂₂ClNO
Amin, Äthyl-[2-(2-äthyl-phenoxy)-äthyl]-
[2-chlor-äthyl]- 6 IV 3012
—, Äthyl-[2-chlor-äthyl]-[2-
(3,4-dimethyl-phenoxy)-äthyl]-
6 IV 3105
—, [2-(4-Chlor-2-isopropyl-5-methyl-
phenoxy)-äthyl]-dimethyl- 6 IV 3346

C₁₄H₂₂ClNOS
Propan-2-ol, 1-[2-Chlor-benzylmercapto]-
3-diäthylamino- 6 IV 2768

C₁₄H₂₂ClNO₂
Äthan, 1-[4-Chlor-phenoxy]-2-
[2-diäthylamino-äthoxy]- 6 IV 827
Amin, Diäthyl-[2-(5-chlor-2-methoxy-
benzyloxy)-äthyl]- 6 IV 5900
Propan-2-ol, 1-[4-Chlor-phenoxy]-
3-diäthylamino-2-methyl- 6 IV 863
—, 1-[2-Chlor-phenoxy]-3-isopentyl-
amino- 6 IV 803
—, 1-[4-Chlor-phenoxy]-3-isopentyl-
amino- 6 IV 863
—, 1-[2-Chlor-phenoxy]-
3-pentylamino- 6 IV 803

C₁₄H₂₂ClNS
Amin, Diäthyl-[3-(2-chlor-benzylmercapto)-
propyl]- 6 IV 2768

C₁₄H₂₂ClO₄PS
Thiophosphorsäure-O-[4-äthoxy-2-chlor-
phenylester]-O',O''-dipropylester
6 IV 5771

[C₁₄H₂₂ClO₅S]⁺
Sulfonium, [3-Chlor-4-methoxy-benzyl]-bis-
[2,3-dihydroxy-propyl]- 6 III 4553 d

[C₁₄H₂₂Cl₂NO]⁺
Ammonium, Butyl-[2-(2,4-dichlor-
phenoxy)-äthyl]-dimethyl- 6 III 711 h
—, Triäthyl-[2-(2,4-dichlor-phenoxy)-
äthyl]- 6 III 711 f

C₁₄H₂₂Cl₃N₂OPS
Diamidothiophosphorsäure, N,N'-Dibutyl-,
O-[2,4,5-trichlor-phenylester]
6 IV 1003
—, Tetraäthyl-, O-[2,4,5-trichlor-
phenylester] 6 IV 1002

[C₁₄H₂₂NO]⁺
Ammonium, [2-Indan-4-yloxy-äthyl]-
trimethyl- 6 IV 3828

[C₁₄H₂₂NO₂]⁺
Ammonium, Diäthyl-benzyloxycarbonyl-
methyl-methyl- 6 IV 2489
—, Trimethyl-[(3-phenyl-propoxy-
carbonyl)-methyl]- 6 III 1805 g

C₁₄H₂₂NO₄P
Phosphinsäure, Dibutyl-, [2-nitro-
phenylester] 6 IV 1265
—, Dibutyl-, [3-nitro-phenylester]
6 IV 1277
—, Dibutyl-, [4-nitro-phenylester]
6 IV 1318
—, Di-sec-butyl-, [4-nitro-phenylester]
6 IV 1318
—, Diisobutyl-, [4-nitro-phenylester]
6 IV 1318

C₁₄H₂₂NO₅P
Phosphonsäure, Hexyl-, äthylester-[4-nitro-
phenylester] 6 IV 1323
—, Isohexyl-, äthylester-[4-nitro-
phenylester] 6 IV 1323
—, Pentyl-, isopropylester-[4-nitro-
phenylester] 6 IV 1323

C₁₄H₂₂NO₅PS
Thiophosphorsäure-O,O'-dibutylester-O''-
[4-nitro-phenylester] 6 IV 1340
— O,O'-diisobutylester-O''-[4-nitro-
phenylester] 6 IV 1340

C₁₄H₂₂NO₆P
Phosphorsäure-dibutylester-[4-nitro-
phenylester] 6 IV 1329
— di-sec-butylester-[4-nitro-
phenylester] 6 IV 1329
— diisobutylester-[4-nitro-
phenylester] 6 IV 1329

C₁₄H₂₂NO₈P
Phosphorsäure-bis-[2-äthoxy-äthylester]-
[4-nitro-phenylester] 6 IV 1331

C₁₄H₂₂N₂O
Acetamidin, N,N-Diäthyl-2-[3,5-dimethyl-
phenoxy]- 6 IV 3147
—, 2-[2-Isopropyl-5-methyl-phenoxy]-
N,N-dimethyl- 6 III 1903 b, IV 3339
—, 2-[5-Isopropyl-2-methyl-phenoxy]-
N,N-dimethyl- 6 III 1888 h

C₁₄H₂₂N₂O₂
Carbamidsäure, [2-Diäthylamino-äthyl]-,
benzylester 6 II 420 b
—, [3-Diäthylamino-propyl]-,
phenylester 6 III 609 d
Essigsäure, Phenoxy-, [2-diäthylamino-
äthylamid] 6 IV 640

$C_{14}H_{22}N_2O_2$ (Fortsetzung)
Glycin, N,N-Diäthyl-, [2-phenoxy-
äthylamid] **6** IV 668

$C_{14}H_{22}N_2O_2S$
Benzolsulfensäure, 4-Nitro-, dibutylamid
6 III 1078 c

$C_{14}H_{22}N_2O_3$
Allophansäure-[1,8a-dimethyl-1,2,3,4,4a,5,8,⥤
8a-octahydro-[1]naphthylester]
6 III 400 b

Cyclohexen, 2-[3-Allophanoyloxy-
propenyl]-1,3,3-trimethyl- **6** IV 402

—, 6-[3-Allophanoyloxy-propenyl]-
1,5,5-trimethyl- **6** IV 402

Harnstoff, N'-[β-Hydroxy-isopropyl]-
N-methyl-N-[β-phenoxy-isopropyl]-
6 IV 674

—, N-Isopropyl-N-[β-(2-methoxy-
phenoxy)-isopropyl]- **6** IV 5594

$C_{14}H_{22}N_2O_4S$
Hexan-1-sulfonsäure, 6-Benzyloxycarbonyl⥤
amino-, amid **6** IV 2429

$C_{14}H_{22}N_2S$
But-2-endiyldiamin, Tetra-N-methyl-
2-phenylmercapto- **6** IV 1553

$C_{14}H_{22}N_4O_3$
Lysin, N^6-Benzyloxycarbonyl-, hydrazid
6 IV 2447

$C_{14}H_{22}O$
Äthanol, 1-[4-*tert*-Butyl-2,6-dimethyl-
phenyl]- **6** IV 3498

—, 1-Cyclohex-1-enyl-2-cyclohexyl⥤
iden- **6** IV 3499

—, 1-[4-Hexyl-phenyl]- **6** IV 3489

—, 1-[2,4,5-Triäthyl-phenyl]- **6** 555 b
Äther, Äthyl-[1-(2,3,5,6-tetramethyl-
phenyl)-äthyl]- **6** IV 3447

—, Benzyl-[1,4-dimethyl-pentyl]-
6 IV 2232

—, Benzyl-heptyl- **6** III 1458 b

—, Bis-[1-cyclopent-1-enyl-äthyl]-
6 IV 209

—, Butyl-[4-*sec*-butyl-phenyl]-
6 IV 3280

—, Butyl-[4-*tert*-butyl-phenyl]-
6 III 1865 e

—, *sec*-Butyl-[4-*sec*-butyl-phenyl]-
6 III 1853 c

—, *tert*-Butyl-[4-*tert*-butyl-phenyl]-
6 III 1865 h, IV 3298

—, [4-*tert*-Butyl-2,6-dimethyl-benzyl]-
methyl- **6** IV 3470

—, Butyl-[3a,4,5,6,7,7a-hexahydro-
4,7-methano-inden-5(*oder* 6)-yl]-
6 III 1925 c

—, *sec*-Butyl-[3a,4,5,6,7,7a-hexahydro-
4,7-methano-inden-5(*oder* 6)-yl]-
6 III 1925 e

—, Butyl-[2-isopropyl-5-methyl-
phenyl]- **6** 536 f, III 1899 b

—, Butyl-[4-isopropyl-3-methyl-
phenyl]- **6** IV 3326

—, Butyl-[5-isopropyl-2-methyl-
phenyl]- **6** III 1887 d

—, [3-*tert*-Butyl-5-methyl-phenäthyl]-
methyl- **6** IV 3468

—, [2-*tert*-Butyl-5-methyl-phenyl]-
isopropyl- **6** IV 3401

—, [4-*tert*-Butyl-phenyl]-isobutyl-
6 524 f, III 1865 f

—, [1,3a-Dimethyl-3-vinyl-3a,4,5,6,7,⥤
7a-hexahydro-inden-6-yl]-methyl-
6 IV 3471

—, Di-[2]norbornyl- **6** III 218 e

—, Heptyl-*m*-tolyl- **6** 377 c,
III 1301 c

—, Heptyl-*o*-tolyl- **6** 353 c, III 1247 g

—, Heptyl-*p*-tolyl- **6** 393 g, III 1355 g

—, [3a,4,5,6,7,7a-Hexahydro-
4,7-methano-inden-5(*oder* 6)-yl]-
isobutyl- **6** III 1925 f

—, Isobutyl-[2-isopropyl-5-methyl-
phenyl]- **6** III 1899 c

—, Isopentyl-[4-propyl-phenyl]-
6 III 1789 b

—, Isopentyl-[2,4,5-trimethyl-phenyl]-
6 510 d

—, [8-Isopropyl-1,4,5,6,7,8-hexahydro-
[2]naphthyl]-methyl- **6** IV 3470

—, [3-(4-Isopropyl-phenyl)-2-methyl-
propyl]-methyl- **6** III 2036 c

—, [1-Methyl-heptyl]-phenyl-
6 III 554 c

—, [1-Methyl-2-phenyl-äthyl]-pentyl-
6 II 473 d

—, Octyl-phenyl- **6** 144 d, III 554 a,
IV 560

—, Pentyl-[3-phenyl-propyl]-
8 IV 464

—, Phenyl-[1,1,3,3-tetramethyl-butyl]-
6 III 554 d
Anisol, 2-[1-Äthyl-1-methyl-propyl]-
5-methyl- **6** IV 3463

—, 4-[1-Äthyl-pentyl]- **6** IV 3457

—, 5-Äthyl-2-*tert*-pentyl- **6** IV 3463

$C_{14}H_{22}O$ (Fortsetzung)

Pentan-1-ol, 5-Mesityl- **6** III 2065 e

—, 2-Phenyl-2-propyl- **6** IV 3480

Pentan-2-ol, 3-Äthyl-3-methyl-2-phenyl-
6 I 273 l

—, 2,4-Dimethyl-4-*p*-tolyl-
6 IV 3489

Pentan-3-ol, 1-[3-Äthyl-phenyl]-4-methyl-
6 III 2060 e

—, 3-[4-Äthyl-phenyl]-2-methyl-
6 IV 3489

—, 3-Benzyl-2,4-dimethyl-
6 I 273 k, IV 3483

—, 3-[2,4-Dimethyl-benzyl]-
6 III 2064 f

—, 1-[3,4-Dimethyl-phenyl]-4-methyl-
6 III 2064 e

—, 2,4-Dimethyl-3-*p*-tolyl-
6 IV 3489

—, 3,4-Dimethyl-1-*m*-tolyl-
6 III 2060 c

Phenäthylalkohol, 4-*tert*-Butyl-
2,6-dimethyl- **6** III 2066 a

—, 2,4,6-Triäthyl- **6** IV 3498

Phenetol, 5-Äthyl-2-*tert*-butyl- **6** IV 3434

—, 2,6-Diäthyl-3,5-dimethyl-
6 I 272 h

—, 2-[3-Methyl-pentyl]- **6** 551 h

Phenol, 2-Äthyl-6-*sec*-butyl-3,5-dimethyl-
6 IV 3497

—, 4-[1-Äthyl-1,2-dimethyl-butyl]-
6 III 2050 e

—, 4-[1-Äthyl-1,3-dimethyl-butyl]-
6 III 2050 f

—, 4-[2-Äthyl-1,1-dimethyl-butyl]-
6 III 2050 d

—, 2-Äthyl-5-[1-methyl-pentyl]-
6 III 2060 d

—, 4-[1-Äthyl-1-methyl-pentyl]-
6 III 2049 b, IV 3478

—, 4-[1-Äthyl-propyl]-2-isopropyl-
6 IV 3489

—, 4-[1-Äthyl-1,2,2-trimethyl-propyl]-
6 III 2059 e

—, 4-Butyl-2-*tert*-butyl- **6** IV 3490

—, 4-*sec*-Butyl-2-*tert*-butyl-
6 IV 3492

—, 2-*tert*-Butyl-4-isobutyl-
6 IV 3492

—, 2-Butyl-3-isopropyl-6-methyl-
6 IV 3496

—, 2-Butyl-6-isopropyl-3-methyl-
6 IV 3496

—, 2-*tert*-Butyl-4-isopropyl-5-methyl-
6 IV 3497

—, 4-Butyl-5-isopropyl-2-methyl-
6 II 515 g

—, 6-*tert*-Butyl-3-methyl-2-propyl-
6 IV 3497

—, 4-[1,1-Diäthyl-butyl]- **6** III 2050 b

—, 2,6-Diäthyl-4-isopropyl-3-methyl-
6 IV 3498

—, 4-[1,1-Diäthyl-2-methyl-propyl]-
6 III 2059 d

—, 2,4-Dibutyl- **6** IV 3490

—, 2,4-Di-*sec*-butyl- **6** III 2061 a,
IV 3491

—, 2,4-Di-*tert*-butyl- **6** III 2062 c,
IV 3493

—, 2,5-Di-*tert*-butyl- **6** III 2063 g,
IV 3495

—, 2,6-Di-*sec*-butyl- **6** IV 3490

—, 2,6-Di-*tert*-butyl- **6** III 2061 e,
IV 3492

—, 2,6-Diisobutyl- **6** III 2061 c,
IV 3492

—, 2,3-Diisopropyl-4,6-dimethyl-
6 III 2066 b

—, 2,6-Diisopropyl-3,5-dimethyl-
6 III 2066 c, IV 3498

—, 3,6-Diisopropyl-2,4-dimethyl-
6 III 2066 b

—, 4-[1,1-Dimethyl-hexyl]-
6 III 2048 c

—, 2,4-Dimethyl-6-[2-methyl-pentyl]-
6 II 515 f

—, 4-[1,1-Dimethyl-pentyl]-3-methyl-
6 III 2060 a

—, 2-Heptyl-5-methyl- **6** III 2059 g

—, 2-Heptyl-6-methyl- **6** IV 3488

—, 6-Isobutyl-2-isopropyl-3-methyl-
6 III 2065 c

—, 4-[1-Isopropyl-1,2-dimethyl-
propyl]- **6** III 2059 f

—, 4-[1-Isopropyl-1-methyl-butyl]-
6 III 2050 a

—, 2-[1-Methyl-heptyl]- **6** III 2046 g

—, 4-[1-Methyl-heptyl]- **6** 554 l,
III 2047 a, IV 3475

—, 4-[1-Methyl-1-propyl-butyl]-
6 III 2049 f

—, 2-Octyl- **6** III 2045 d, IV 3472

—, 3-Octyl- **6** IV 3473

—, 4-Octyl- **6** III 2046 a, IV 3473

—, 2-Pentyl-5-propyl- **6** III 2060 f

—, 4-*tert*-Pentyl-2-propyl- **6** IV 3489

$C_{14}H_{22}O$ (Fortsetzung)

Phenol, 2-[1,1,3,3-Tetramethyl-butyl]-
6 IV 3484

—, 4-[1,1,2,2-Tetramethyl-butyl]-
6 III 2059 e

—, 4-[1,1,2,3-Tetramethyl-butyl]-
6 III 2050 g

—, 4-[1,1,3,3-Tetramethyl-butyl]-
6 III 2051, IV 3484

—, 4-[1,1,2-Trimethyl-pentyl]-
6 III 2049 c

—, 4-[1,1,3-Trimethyl-pentyl]-
6 III 2049 d

—, 4-[1,1,4-Trimethyl-pentyl]-
6 III 2049 e, IV 3479

Propan-1-ol, 1-[4-tert-Butyl-phenyl]-
2-methyl- 6 IV 3492

—, 3-[5-Isopropyl-2-methyl-phenyl]-
2-methyl- 6 III 2065 d

—, 1-Mesityl-2,2-dimethyl-
6 IV 3497

—, 1-Pentamethylphenyl- 6 III 2066 d

Propan-2-ol, 2-Pentamethylphenyl-
6 III 2066 e, IV 3498

Spiro[cyclopentan-1,1'-naphthalin]-2'-ol,
3',4',5',6',7',8'-Hexahydro-2'H-
6 IV 3501

$C_{14}H_{22}OS$

Octan-1-ol, 8-Phenylmercapto- 6 III 1000 g

Phenol, 2,6-Di-tert-butyl-4-mercapto-
6 IV 6073

$C_{14}H_{22}OSe$

Selenoxid, Octyl-phenyl- 6 IV 1779

$C_{14}H_{22}OSi$

Silan, Diäthyl-methyl-[3-phenyl-
propenyloxy]- 6 IV 3820

—, Triäthyl-[1-phenyl-vinyloxy]-
6 IV 3782

$C_{14}H_{22}O_2$

Äthan, 1-Äthoxy-1-[4-tert-butyl-phenoxy]-
6 IV 3303

—, 1-Äthoxy-2-[3a,4,5,6,7,7a-
hexahydro-4,7-methano-inden-5(oder
6)-yloxy]- 6 III 1932 b

—, 1-Butoxy-1-[3,4-dimethyl-phenoxy]-
6 IV 3102

—, 1-Butoxy-2-[1-phenyl-äthoxy]-
6 IV 3034

—, 1-[6,6-Dimethyl-norpin-2-en-2-yl]-
2-propionyloxy- 6 III 396 c

—, 1-Isopentyloxy-2-o-tolyloxy-
6 IV 1948

—, 1-[3-Phenyl-propoxy]-2-propoxy-
6 III 1803 e

Äthanol, 2-[1-(3,4-Dimethyl-phenyl)-
butoxy]- 6 III 2015 g

Benzol, 1-[1-Äthyl-butyl]-3,5-dimethoxy-
6 III 4718 f

—, 1-[1-Äthyl-2-methyl-propyl]-
3,5-dimethoxy- 6 III 4721 g

—, 1,4-Bis-[1-hydroxy-äthyl]-
2,3,5,6-tetramethyl- 6 IV 6076

—, 1,4-Bis-[3-hydroxy-butyl]-
6 III 4739 d

—, 1,4-Bis-[4-hydroxy-butyl]-
6 IV 6070

—, 1,4-Bis-hydroxymethyl-
2,5-diisopropyl- 6 IV 6076

—, 1,4-Bis-[1-hydroxy-1-methyl-
propyl]- 6 IV 6070

—, 1,4-Bis-isopropoxymethyl-
6 III 4609 d

—, 1,4-Bis-propoxymethyl-
6 III 4609 c

—, 1,2-Dibutoxy- 6 III 4210 d, IV 5566

—, 1,3-Dibutoxy- 6 IV 5664

—, 1,4-Dibutoxy- 6 III 4389 b, IV 5721

—, 1,2-Diisobutoxy- 6 III 4210 f,
IV 5567

—, 1,3-Diisobutoxy- 6 IV 5665

—, 1,4-Diisobutoxy- 6 844 h, I 416 d

—, 1,5-Diisopropyl-2,4-dimethoxy-
6 II 906 e

—, 1,3-Dimethoxy-5-[1-methyl-pentyl]-
6 III 4716 c

—, 1,3-Dimethoxy-5-[2-methyl-pentyl]-
6 III 4716 e

—, 1,3-Dimethoxy-5-[3-methyl-pentyl]-
6 III 4716 h

—, 1-[1,1-Dimethyl-butyl]-
3,5-dimethoxy- 6 III 4721 a

—, 1-[1,2-Dimethyl-butyl]-
3,5-dimethoxy- 6 III 4721 c

—, 1,5-Dimethyl-2,4-dipropoxy-
6 913 b

—, 1-Hexyl-2,4-dimethoxy-
6 II 904 f, III 4713 a, IV 6048

—, 1-Hexyl-3,5-dimethoxy-
6 III 4714 f

—, 2-Hexyl-1,4-dimethoxy-
6 IV 6049

—, 4-Hexyl-1,2-dimethoxy-
6 III 4714 d, IV 6050

—, 1-Isohexyl-3,5-dimethoxy-
6 III 4718 a

$C_{14}H_{22}O_2$ (Fortsetzung)

Benzol, 2-Isohexyl-1,4-dimethoxy-
 6 III 4717 d

—, 1-Isopropyl-2-methoxy-5-
 [1-methoxy-äthyl]-4-methyl- **6** III 4726 d

Benzylalkohol, 4-Heptyloxy- **6** IV 5912

—, 2-[1-Hydroxy-1-isopropyl-2-methyl-
 propyl]- **6** 950 i

Brenzcatechin, 3,5-Di-*tert*-butyl-
 6 III 4740 d, IV 6073

—, 3-Octyl- **6** III 4734 a

—, 4-Octyl- **6** III 4735 b

—, 4-[1,1,3,3-Tetramethyl-butyl]-
 6 III 4738 f, IV 6068

Butan, 1-Benzyloxy-4-propoxy-
 6 IV 2244

—, 1,3-Diäthoxy-1-phenyl-
 6 IV 6006

Butan-1,3-diol, 2-Butyl-1-phenyl-
 6 III 4736 c

Butan-1-ol, 2-[5-*tert*-Butyl-2-hydroxy-
 phenyl]- **6** IV 6071

Butan-2-ol, 4-[4-Hydroxy-5-isopropyl-
 2-methyl-phenyl]- **6** III 4741 e

—, 1-Methoxy-2,3,3-trimethyl-
 1-phenyl- **6** IV 6063

But-1-en, 3-Formyloxy-1-[2,6,6-trimethyl-
 cyclohex-2-enyl]- **6** III 402 f

Buttersäure-pin-2-en-10-ylester **6** I 62 h

 — thuj-4(10)-en-3-ylester
 6 III 384 c

Crotonsäure-bornylester **6** 83 j

Cyclohexan, 2-Acetoxyvinyliden-
 1,1,3,3-tetramethyl- **6** IV 403

Cyclohexanol, 1,1′-Äthindiyl-bis-
 6 I 455 b, II 909 b, III 4741 h,
 IV 6076

Cyclohexen, 1-[3-Acetoxy-4-methyl-pent-
 4-enyl]- **6** IV 401

Cyclohex-2-en-1,4-dion, 5,6-Di-*tert*-butyl-
 6 IV 6071

Cyclopentanol, 1,1′-Buta-1,3-diendiyl-bis-
 6 III 4743 a

Essigsäure-[1-äthinyl-2-isopropyl-5-methyl-
 cyclohexylester] **6** II 106 g

 — [1-äthinyl-5-isopropyl-2-methyl-
 cyclohexylester] **6** III 398 e

 — [1-äthinyl-2,2,6,6-tetramethyl-
 cyclohexylester] **6** IV 403

 — [decahydro-1,4-methano-
 naphthalin-6-ylmethylester] **6** IV 406

 — [1-vinyl-decahydro-[1]naphthyl≠
 ester] **6** IV 404

Formaldehyd-[isopentyl-phenäthyl-acetal]
 6 IV 3072

Heptan-1-ol, 1-[3-Methoxy-phenyl]-
 6 IV 6060

—, 7-[3-Methoxy-phenyl]- **6** III 4730 a

Heptan-4-ol, 4-[2-Hydroxy-3-methyl-
 phenyl]- **6** I 454 d

—, 4-[2-Hydroxy-5-methyl-phenyl]-
 6 I 454 e

Hexan-1,2-diol, 2-Äthyl-1-phenyl-
 6 II 908 c

Hexan-2,5-diol, 2,5-Dimethyl-3-phenyl-
 6 III 4737 d

Hexan-1-ol, 6-[6-Hydroxy-2,3-dimethyl-
 phenyl]- **6** IV 6075

—, 3-[2-Phenoxy-äthyl]- **6** III 580 b

Hexan-2-ol, 6-[4-Methoxy-phenyl]-
 2-methyl- **6** IV 6061

Hexan-3-ol, 1-[4-Methoxy-phenyl]-
 5-methyl- **6** IV 6061

—, 4-[4-Methoxy-phenyl]-3-methyl-
 6 III 4731 c

—, 6-[4-Methoxy-phenyl]-2-methyl-
 6 IV 6061

Hex-1-en, 6-Cyclohexyliden-3-formyloxy-
 3-methyl- **6** IV 406

Hex-1-en-5-in, 1-Äthoxy-3-cyclohexyloxy-
 6 IV 28

Hydrochinon, 2,5-Di-*tert*-butyl-
 6 III 4741 a, IV 6074

—, 2,6-Di-*tert*-butyl- **6** IV 6071

—, 2-Octyl- **6** III 4734 d, IV 6067

—, 2,3,5,6-Tetraäthyl- **6** III 4741 g

—, 2-[1,1,3,3-Tetramethyl-butyl]-
 6 III 4738 e

Indan-1-ol, 1-Äthinyl-5-methoxy-3,7a-
 dimethyl-hexahydro- **6** IV 6066

Methacrylsäure-decahydro[2]naphthylester
 6 III 273 a

Methanol, Cyclohex-3-enyl-
 [1-hydroxymethyl-cyclohex-3-enyl]-
 6 IV 6077

[1]Naphthol, 1-Äthinyl-6-methoxy-8a-
 methyl-decahydro- **6** IV 6066

Norbornan-2-ol, 2-[3-Hydroxy-but-1-inyl]-
 1,7,7-trimethyl- **6** IV 6077

—, 2-[4-Hydroxy-but-2-inyl]-
 1,7,7-trimethyl- **6** IV 6077

Norpinan, 2-[2-Acryloyloxy-äthyl]-
 6,6-dimethyl- **6** IV 308

Octan-1,8-diol, 2-Phenyl- **6** IV 6068

Octan-4,5-diol, 4-Phenyl- **6** II 908 d

Octan-1-ol, 8-Phenoxy- **6** III 579 i

C₁₄H₂₂O₂ (Fortsetzung)

Pentan-1,2-diol, 2-Äthyl-4-methyl-1-phenyl-
6 II 908 f

—, 1-Phenyl-2-propyl- 6 II 908 e

Pentan-1,3-diol, 3-Äthyl-2-methyl-1-phenyl-
6 IV 6068

Pentan-1,5-diol, 3-Phenyl-3-propyl-
6 IV 6068

Pentan-2,3-diol, 3,4,4-Trimethyl-1-phenyl-
6 III 4737 c

Pentan-2-ol, 5-Äthoxy-3-methyl-2-phenyl-
6 IV 6052

—, 4-[2-Hydroxy-4-methyl-phenyl]-
2,4-dimethyl- 6 IV 6069

—, 4-[2-Hydroxy-5-methyl-phenyl]-
2,4-dimethyl- 6 IV 6069

—, 2,4,4-Trimethyl-1-phenoxy-
6 IV 586

Pentan-3-ol, 3-[α-Äthoxy-benzyl]-
6 III 4720 d

—, 3-[2-(2-Hydroxy-äthyl)-5-methyl-
phenyl]- 6 IV 6075

—, 3-[2-(1-Hydroxy-propyl)-phenyl]-
6 I 454 f

—, 3-[2-(2-Hydroxy-propyl)-phenyl]-
6 IV 6070

—, 3-[3-(1-Hydroxy-propyl)-phenyl]-
6 I 454 h

—, 3-[4-(1-Hydroxy-propyl)-phenyl]-
6 I 454 j

Peroxid, tert-Butyl-[1-methyl-1-phenyl-
propyl]- 6 IV 3284

Phenäthylalkohol, 5-tert-Butyl-4-methoxy-
2-methyl- 6 III 4732 d

—, 2-Hexyloxy- 6 IV 5935

—, 4-Hexyloxy- 6 IV 5937

Phenanthren-1,4-diol, 1,2,3,4,4a,4b,5,6,7,8,≠
10,10a-Dodecahydro- 6 IV 6077

—, 1,2,3,4,4a,5,6,7,8,9,10,10a-
Dodecahydro- 6 IV 6078

Phenol, 4-Butoxy-2,3,5,6-tetramethyl-
6 III 4683 d

—, 4-sec-Butoxy-2,3,5,6-tetramethyl-
6 III 4683 f

—, 2-Heptyl-4-methoxy- 6 IV 6059

—, 4-Isopentyloxy-2,3,6-trimethyl-
6 III 4646 a

—, 2-Isopentyl-5-propoxy-
6 III 4701 a

—, 4-Isopentyl-3-propoxy-
6 III 4701 a

—, 3-[1-Methyl-heptyloxy]-
6 IV 5665

—, 2-Octyloxy- 6 IV 5567

—, 3-Octyloxy- 6 III 4310 e,
IV 5665

—, 4-Octyloxy- 6 III 4391 e,
IV 5722

Propan, 1-Benzyloxy-3-butoxy-
6 III 1471 d

Propan-1,3-diol, 1-[4-Isopropyl-phenyl]-
2,2-dimethyl- 6 950 j

Propan-1-ol, 2-Äthoxy-1-[4-isopropyl-
phenyl]- 6 IV 6054

—, 3-Benzyloxy-2-methyl-2-propyl-
6 IV 2245

—, 1-[5-Isopropyl-4-methoxy-2-methyl-
phenyl]- 6 III 4733 b

—, 3-[5-Isopropyl-4-methoxy-2-methyl-
phenyl]- 6 III 4733 c

Propan-2-ol, 1-Äthoxy-2-[4-isopropyl-
phenyl]- 6 IV 6055

—, 1-[4-Isopropyl-phenyl]-3-methoxy-
2-methyl- 6 IV 6064

Propionsäure-[1-äthinyl-2,2,6-trimethyl-
cyclohexylester] 6 IV 395

Propylhydroperoxid, 1-[4-sec-Butyl-phenyl]-
1-methyl- 6 IV 3491

Resorcin, 4-Äthyl-2,6-dipropyl-
6 III 4741 f

—, 4-[2-Äthyl-hexyl]- 6 III 4735 i

—, 4-Äthyl-6-hexyl- 6 III 4739 b

—, 4-[1-Äthyl-1-methyl-pentyl]-
6 III 4737 b

—, 4,6-Dibutyl- 6 II 909 a

—, 4,6-Di-tert-butyl- 6 III 4740 e,
IV 6074

—, 5-[1,2-Dimethyl-hexyl]-
6 III 4736 d

—, 4-[1-Methyl-heptyl]- 6 III 4735 e

—, 5-[1-Methyl-heptyl]- 6 III 4735 g

—, 2-Octyl- 6 III 4735 a

—, 4-Octyl- 6 II 908 b, III 4734 b

—, 5-Octyl- 6 III 4735 c

—, 4-Pentyl-6-propyl- 6 III 4739 c

—, 5-[1-Propyl-pentyl]- 6 III 4736 f

—, 4-[1,1,3,3-Tetramethyl-butyl]-
6 III 4737 e

Toluol, 3-Äthoxy-2-isopentyloxy-
6 IV 5861

—, 3-Äthoxy-2-pentyloxy- 6 IV 5861

C₁₄H₂₂O₂S

Äthanol, 2-[2-(4-tert-Butyl-phenoxy)-
äthylmercapto]- 6 IV 3300

Sulfon, Heptyl-p-tolyl- 6 IV 2159

—, Octyl-phenyl- 6 III 986 d

$C_{14}H_{22}O_2S_2$

Hydrochinon, x,x-Bis-*tert*-butylmercapto-
　6 IV 7693

Propan-1-ol, 3,3-Bis-äthylmercapto-
　2-benzyloxy- 6 IV 2256

$C_{14}H_{22}O_2S_3$

Propan, 1,2-Bis-äthylmercapto-
　3-phenylmethansulfonyl- 6 III 1593 g

1,2,μ-Trithio-dikohlensäure-
　O,O'-dicyclohexylester 6 III 30 f

$C_{14}H_{22}O_2S_4$

μ-Disulfido-1,2-dithio-dikohlensäure-
　O,O'-dicyclohexylester 6 IV 45

Hydrochinon, 2,3,5,6-Tetrakis-äthyl-
　mercapto- 6 1199 c

$C_{14}H_{22}O_3$

Acetaldehyd, [2-Äthyl-phenoxy]-,
　diäthylacetal 6 471 c

—, [4-Äthyl-phenoxy]-, diäthylacetal
　6 472 g

—, [2,3-Dimethyl-phenoxy]-,
　diäthylacetal 6 480 e

—, [2,4-Dimethyl-phenoxy]-,
　diäthylacetal 6 487 f

—, [2,5-Dimethyl-phenoxy]-,
　diäthylacetal 6 495 d

—, [3,4-Dimethyl-phenoxy]-,
　diäthylacetal 6 481 d

—, [3,5-Dimethyl-phenoxy]-,
　diäthylacetal 6 493 d

—, Phenäthyloxy-, diäthylacetal
　6 III 1708 j

—, Phenoxy-, [äthyl-butyl-acetal]
　6 IV 603

—, Phenoxy-, [äthyl-*tert*-butyl-acetal]
　6 IV 603

—, [1-Phenyl-äthoxy]-, diäthylacetal
　6 III 1678 d

Acetessigsäure-bornylester 6 II 86 g

Äthanol, 2-[2-(1-But-3-en-1-inyl-
　cyclohexyloxy)-äthoxy]- 6 III 1842 d

—, 2-[2-(3a,4,5,6,7,7a-Hexahydro-
　4,7-methano-inden-5(*oder* 6)-yloxy)-
　äthoxy]- 6 III 1934 a

—, 2-[2-(4-Isobutyl-phenoxy)-äthoxy]-
　6 III 1859 b

Äther, [2-Benzyloxy-äthyl]-[2-propoxy-
　äthyl]- 6 IV 2241

Benzol, 2-[1-Äthoxy-äthyl]-4-äthoxymethyl-
　1-methoxy- 6 III 6354 d

—, 2,5-Dimethoxy-1-propoxy-
　3-propyl- 6 1119 c

—, 1,2,3-Triäthoxy-4-äthyl-
　6 1114 b

—, 1,2,3-Triäthoxy-5-äthyl-
　6 1114 b

—, 1,2,4-Triäthoxy-3-äthyl-
　6 1113 g

—, 1,2,4-Triäthoxy-5-äthyl-
　6 1113 g

—, 1,2,5-Triäthoxy-3-äthyl-
　6 1113 g

—, 1,3,5-Triäthoxy-2,4-dimethyl-
　6 1117 b

—, 1,2,3-Trimethoxy-5-pentyl-
　6 III 6365 e

Benzylalkohol, 3-Äthoxy-2-isopentyloxy-
　6 IV 7379

—, 2,5-Diäthoxy-3,4,6-trimethyl-
　6 III 6363 e

Butan-2-ol, 4-[2,5-Dihydroxy-
　3,4,6-trimethyl-phenyl]-2-methyl-
　6 III 6380 a

—, 3-[3,5-Dimethoxy-2,4-dimethyl-
　phenyl]- 6 III 6375 b

But-3-in-2-ol, 2,4-Bis-[1-hydroxy-
　cyclopentyl]- 6 IV 7430

Cyclohex-2-en-1,4-dion, 5,6-Di-*tert*-butyl-
　2-hydroxy- 6 IV 7429

Heptan-3,4-diol, 7-Benzyloxy- 6 III 1473 e

Heptan-1,2,4-triol, 4-*p*-Tolyl- 6 I 555 d

Hexan-1,2,4-triol, 5-Methyl-4-*p*-tolyl-
　6 I 555 e

Octan-1-ol, 1-[2,5-Dihydroxy-phenyl]-
　6 IV 7428

Pentan-1,2-diol, 2-Äthyl-1-[4-methoxy-
　phenyl]- 6 III 6377 a

Pentan-3-ol, 2-[3,5-Dimethoxy-phenyl]-
　2-methyl- 6 III 6374 a

Pentan-2,3,4-triol, 2,4-Dimethyl-3-*p*-tolyl-
　6 IV 7429

Phenol, 3,5-Dibutoxy- 6 IV 7363

—, 2,6-Dimethoxy-4-methyl-3-
　tert-pentyl- 6 III 6374 d

Propan-1,2-diol, 3-[2-Butoxy-phenyl]-
　2-methyl- 6 IV 7415

—, 3-[2-*tert*-Butyl-5-methyl-phenoxy]-
　6 IV 3401

—, 3-[2-(1,2-Dimethyl-propyl)-
　phenoxy]- 6 IV 3389

—, 3-[2-Isopropyl-5-methyl-phenoxy]-
　2-methyl- 6 IV 3337

—, 3-[2-(1-Methyl-butyl)-phenoxy]-
　6 IV 3374

C₁₄H₂₂O₃ (Fortsetzung)

Propan-1,2-diol, 3-[2-Pentyloxy-phenyl]-
  6 IV 7407
Propan-2-ol, 1-Äthoxy-2-äthoxymethyl-
  3-phenyl- **6** 1127 h, III 6361 a
—, 1-[3a,4,5,6,7,7a-Hexahydro-
  4,7-methano-inden-5(*oder* 6)-yloxy]-
  3-methoxy- **6** III 1939 a
—, 1-[β-Hydroxy-isobutoxy]-2-methyl-
  1-phenyl- **6** III 4669 c
Propionaldehyd, 3-Benzyloxy-, diäthyl≠
  acetal **6** III 1476 h
—, 2-*m*-Tolyloxy-, diäthylacetal
  6 378 k
—, 2-*o*-Tolyloxy-, diäthylacetal
  6 355 c
—, 2-*p*-Tolyloxy-, diäthylacetal
  6 396 j
—, 3-*m*-Tolyloxy-, diäthylacetal
  6 III 1305 c
—, 3-*o*-Tolyloxy-, diäthylacetal
  6 III 1253 f
—, 3-*p*-Tolyloxy-, diäthylacetal
  6 III 1363 e
Pyrogallol, 4,6-Di-*tert*-butyl-
  6 1129 e, IV 7429
—, 4-Octyl- **6** III 6379 b
—, 5-[1,1,3,3-Tetramethyl-butyl]-
  6 III 6379 d, IV 7429
Resorcin, 5-Octyloxy- **6** IV 7364

C₁₄H₂₂O₃S

15,17-Dioxa-16-thia-dispiro[5.2.5.3]≠
  heptadec-7-en-16-oxid
  6 III 4176 d
Heptan-1-ol, 1-[Toluol-4-sulfonyl]-
  6 IV 2187, **11** 12
5,9-Methano-benzocycloocten, 10-Methyl-
  4a,11-sulfinyldioxy-dodecahydro-
  6 IV 5544
[1]Naphthol, 4-Acetoxy-8-methyl-
  7-methylmercapto-1,2,3,4,4a,5,8,8a-
  octahydro- **6** IV 7322

C₁₄H₂₂O₄

Acetaldehyd, [2-Äthoxy-äthoxy]-,
  [äthyl-phenyl-acetal] **6** III 589 c
—, [4-Methoxy-benzyloxy]-,
  diäthylacetal **6** III 4549 c
Acetylen, Bis-[1-hydroperoxy-cyclohexyl]-
  6 IV 6077
Benzol, 1,2-Bis-[1-äthoxy-äthoxy]-
  6 IV 5580
—, 1,3-Bis-[1-äthoxy-äthoxy]-
  6 IV 5672

—, 1,3-Bis-[2-äthoxy-äthoxy]-
  6 III 4317 d
—, 1,4-Bis-[1-äthoxy-äthoxy]-
  6 IV 5739
—, 1,4-Bis-[2-äthoxy-äthoxy]-
  6 III 4406 b
—, 1,4-Bis-äthoxymethyl-
  2,5-dimethyl- **6** IV 7701
—, 1,4-Bis-[1-hydroperoxy-1-methyl-
  propyl]- **6** IV 6070
—, 1-*tert*-Butoxymethyl-
  2,3,4-trimethoxy- **6** IV 7694
—, 1,2,4,5-Tetraäthoxy- **6** 1156 d
—, 1,2,4,5-Tetrakis-methoxymethyl-
  6 III 6673 g
Bernsteinsäure-dicyclopentylester
  6 III 6 i
— monobornylester **6** 79 i, 83 l,
  85 m, II 84 f, III 306 d
— mono-decahydro[1]naphthylester
  6 III 266 a
— mono-decahydro[2]naphthylester
  6 II 74 c, 75 b, III 273 f
— mono-[4,4-dimethyl-bicyclo≠
  [3.2.1]oct-2-ylester] **6** III 280 c
— monoisobornylester **6** 90 f,
  II 90 e
— mono-[1,3,3-trimethyl-
  [2]norbornylester] **6** III 291 b
Bicyclo[2.1.1]hexan, 5-Acetoxy-2-
  [2-acetoxy-äthyl]-1,5-dimethyl-
  6 IV 5307
Bicyclo[3.3.1]nonan, 1,3-Diacetoxy-
  5-methyl- **6** 754 e
Bicyclo[2.2.2]octan, 2,3-Bis-acetoxymethyl-
  6 IV 5307
Bicyclopentyl, 1,1′-Diacetoxy- **6** IV 5296
Bornan, 2,3-Diacetoxy- **6** III 4148 d
—, 2,5-Diacetoxy- **6** II 760 c
Butan, 2-Äthoxymethoxy-3-phenoxymethoxy-
  6 III 585 c
Butan-1-ol, 2-[2,4,5-Trimethoxy-benzyl]-
  6 III 6673 h
Caran, 3,4-Diacetoxy- **6** IV 5303
Cyclohexen, 1,4-Bis-acetoxymethyl-4-äthyl-
  6 IV 5295
—, 4,4-Bis-acetoxymethyl-
  1,5-dimethyl- **6** III 4138 g
—, 4,5-Bis-acetoxymethyl-
  1,2-dimethyl- **6** IV 5295
—, 4,5-Bis-acetoxymethyl-
  3,6-dimethyl- **6** IV 5295

$C_{14}H_{22}O_4$ (Fortsetzung)

Fumarsäure-monomenthylester
6 I 24 a, III 150 b

Maleinsäure-monomenthylester
6 III 150 a

p-Menth-1-en, 3,6-Diacetoxy- 6 III 4135 a

—, 6,8-Diacetoxy- 6 752 c, IV 5292

—, 8,9-Diacetoxy- 6 IV 5293

p-Menth-2-en, 1,6-Diacetoxy- 6 III 4137 a

p-Menth-8-en, 3,4-Diacetoxy- 6 IV 5295

Monoperoxyorthoameisensäure-
O,O'-diäthylester-*O-O*-[1-methyl-
1-phenyl-äthylester] 6 IV 3225

Naphthalin, 1,4-Diacetoxy-decahydro-
6 IV 5297

—, 2,3-Diacetoxy-decahydro-
6 753 f, 754 b, IV 5300

—, 2,6-Diacetoxy-decahydro-
6 IV 5301

—, 4a,8a-Diacetoxy-decahydro-
6 II 759 d

Norbornan, 2-Acetoxy-1-acetoxymethyl-
3,3-dimethyl- 6 IV 5305

Orthoessigsäure, Phenoxy-, triäthylester
6 III 611 a

Oxalsäure-dicyclohexylester 6 I 6 k,
III 26 c

Pentan-1,5-diol, 2-Hydroxymethyl-3-
[2-methoxy-phenyl]-3-methyl-
6 IV 7708

Pentan-3-ol, 3-[3,4,5-Trimethoxy-phenyl]-
6 I 572 e, III 6674 c

Propan-1,2-diol, 3-[4-Isopropoxy-
2,6-dimethyl-phenoxy]- 6 IV 5957

Propan-1-ol, 3-Methoxy-2,2-bis-
methoxymethyl-1-phenyl- 6 IV 7708

Propan-2-ol, 1,3-Diäthoxy-2-[4-methoxy-
phenyl]- 6 III 6671 e

$C_{14}H_{22}O_4S$

Acetaldehyd, [3,4-Dimethoxy-phenyl≠
mercapto]-, diäthylacetal 6 IV 7358

$C_{14}H_{22}O_4S_2$

Benzol, 1,3-Bis-[butan-1-sulfonyl]-
6 835 c

—, 1,3-Bis-[2,2-dimethoxy-
äthylmercapto]- 6 IV 5707

—, 1,4-Bis-[2,2-dimethoxy-
äthylmercapto]- 6 IV 5846

—, 1,4-Bis-[2-(2-mercapto-äthoxy)-
äthoxy]- 6 IV 5730

$C_{14}H_{22}O_5$

Äther, [2-Äthoxymethoxy-äthyl]-
[2-phenoxymethoxy-äthyl]-
6 III 584 d

Essigsäure, Cyclopentyloxy-, anhydrid
6 III 7 d

Pinan-2-ol, 3,10-Diacetoxy- 6 III 6257 d

Propan-2-ol, 1-[2-(2-Hydroxy-äthoxy)-
äthoxy]-3-*o*-tolyloxy- 6 IV 1953

Propionsäure, 2-Lävulinoyloxy-,
cyclohexylester 6 IV 48

3,6,9-Trioxa-undecan-1-ol, 11-Phenoxy-
6 IV 573

$C_{14}H_{22}O_5P_2$

Benzo[1,3,2]dioxaphosphol, 2-Dibutoxy≠
phosphinooxy- 6 IV 5598

—, 2-Dibutoxyphosphoryl-
6 IV 5605

$C_{14}H_{22}O_5S$

Äthansulfonsäure, 2-[2-(4-*tert*-Butyl-
phenoxy)-äthoxy]- 6 III 1868 c

$C_{14}H_{22}O_6$

Äthan, 1,2-Diacetoxy-1-[1-acetoxy-
cyclohexyl]- 6 IV 7313

Hydrochinon, 2,3,5,6-Tetrakis-
methoxymethyl- 6 III 6941 a

μ-Peroxo-dikohlensäure-dicyclohexylester
6 III 29 d, IV 43

Weinsäure-monobornylester 6 II 85 l, 86 b,
III 311 c

$C_{14}H_{22}O_6S_2$

Benzol, 1,3-Bis-[2-äthoxy-äthansulfonyl]-
6 IV 5707

—, 1,4-Bis-[2-äthoxy-äthansulfonyl]-
6 IV 5846

$C_{14}H_{22}O_6S_3$

Propan, 1,2-Bis-äthansulfonyl-
3-phenylmethansulfonyl- 6 III 1593 h

$C_{14}H_{22}O_7$

arabino-Hexit, O^3-Benzyl-2-hydroxymethyl-
6 IV 2251

$C_{14}H_{22}O_8S_4$

Hydrochinon, 2,5-Bis-äthansulfinyl-3,6-bis-
äthansulfonyl- 6 IV 7929

$C_{14}H_{22}O_9$

myo-Inosit, Tri-*O*-acetyl-di-*O*-methyl-
6 I 589 d

$C_{14}H_{22}S$

Sulfid, [1-Methyl-heptyl]-phenyl-
6 III 986 e, IV 1474

—, Octyl-phenyl- 6 III 986 b,
IV 1474

$C_{14}H_{22}S_2$

Benzol, 1,2-Bis-butylmercapto- **6** IV 5652

—, 1,4-Bis-butylmercapto-
    6 IV 5841

Butan, 1,3-Bis-äthylmercapto-1-phenyl-
    6 IV 6007

$C_{14}H_{22}Se$

Selenid, Octyl-phenyl- **6** IV 1778

$C_{14}H_{23}BO$

Boran, Dibutyl-phenoxy- **6** IV 769

$C_{14}H_{23}BrO_2$

Buttersäure, 2-Brom-, bornylester
    6 83 b, IV 283

Isobuttersäure, α-Brom-, bornylester
    6 83 d

$C_{14}H_{23}BrO_3$

Acetessigsäure, 2-Brom-, menthylester **6** 40 d

Äthanol, 1-[1-Acetoxy-decahydro-
    [1]naphthyl]-2-brom- **6** IV 5316

$[C_{14}H_{23}ClNO]^+$

Ammonium, Butyl-[2-(2-chlor-phenoxy)-
    äthyl]-dimethyl- **6** IV 800

—, Butyl-[2-(4-chlor-phenoxy)-äthyl]-
    dimethyl- **6** IV 859

—, [1-(2-Chlor-benzyloxymethyl)-
    propyl]-trimethyl- **6** IV 2592

—, [1-(4-Chlor-benzyloxymethyl)-
    propyl]-trimethyl- **6** IV 2596

—, Triäthyl-[4-chlor-3-methyl-
    phenoxymethyl]- **6** IV 2065

—, Triäthyl-[2-(4-chlor-phenoxy)-
    äthyl]- **6** IV 859

$C_{14}H_{23}ClOSi$

Silan, Chlor-[2,6-diisopropyl-phenoxy]-
    dimethyl- **6** IV 3437

$C_{14}H_{23}ClO_2$

Cyclohexanol, 1-[4-Chlor-3-hydroxy-
    3-methyl-but-1-inyl]-2,2,6-trimethyl-
    6 III 4176 a

3,7-Methano-cyclobutacyclononen-3,6-diol,
    7-Chlor-1,1-dimethyl-decahydro-
    6 IV 5544

$C_{14}H_{23}ClO_5$

Bernsteinsäure-[2-(2-chlor-äthoxy)-
    äthylester]-cyclohexylester **6** III 27 b

$C_{14}H_{23}Cl_6O_3P$

Phosphorigsäure-butylester-[2,2,2-trichlor-
    1,1-dimethyl-äthylester]-[1-trichlormethyl-
    cyclopentylester] **6** IV 88

— cyclohexylester-bis-[2,2,2-trichlor-
    1,1-dimethyl-äthylester] **6** IV 54

— isobutylester-[2,2,2-trichlor-
    1,1-dimethyl-äthylester]-[1-trichlormethyl-
    cyclopentylester] **6** IV 88

— propylester-[2,2,2-trichlor-
    1,1-dimethyl-äthylester]-[1-trichlormethyl-
    cyclohexylester] **6** IV 97

$C_{14}H_{23}Cl_6O_4P$

Phosphonsäure, [1-Hydroxy-butyl]-,
    [2,2,2-trichlor-1,1-dimethyl-äthylester]-
    [1-trichlormethyl-cyclopentylester]
    6 IV 90

$C_{14}H_{23}NO$

Amin, Äthyl-[6-phenoxy-hexyl]-
    6 III 645 d

—, [4-Benzyloxy-pentyl]-dimethyl-
    6 IV 2487

—, Butyl-[4-phenoxy-butyl]-
    6 IV 679

—, Diäthyl-[3-benzyloxy-propyl]-
    6 IV 2486

—, Diäthyl-[2-(2,4-dimethyl-phenoxy)-
    äthyl]- **6** III 1746 h

—, Diäthyl-[2-(2,6-dimethyl-phenoxy)-
    äthyl]- **6** IV 3119

—, Diäthyl-[2-(3,5-dimethyl-phenoxy)-
    äthyl]- **6** III 1758 h

—, [2-(2,6-Diäthyl-phenoxy)-äthyl]-
    dimethyl- **6** IV 3352

—, Diäthyl-[4-phenoxy-butyl]-
    6 II 162 k, IV 679

—, Diäthyl-[2-(1-phenyl-äthoxy)-
    äthyl]- **6** III 1680 h

—, Diäthyl-[β-*m*-tolyloxy-isopropyl]-
    6 IV 2054

—, Diäthyl-[β-*o*-tolyloxy-isopropyl]-
    6 IV 1971

—, Diäthyl-[β-*p*-tolyloxy-isopropyl]-
    6 IV 2124

—, Diäthyl-[2-*m*-tolyloxy-propyl]-
    6 IV 2054

—, Diäthyl-[2-*o*-tolyloxy-propyl]-
    6 IV 1971

—, Diäthyl-[2-*p*-tolyloxy-propyl]-
    6 IV 2124

—, Dimethyl-[2-(2-methyl-1-phenyl-
    propoxy)-äthyl]- **6** IV 3290

—, Dimethyl-[2-(2-methyl-2-phenyl-
    propoxy)-äthyl]- **6** IV 3319

—, Dimethyl-[6-phenoxy-hexyl]-
    6 III 645 c

—, [3-(2,6-Dimethyl-phenoxy)-propyl]-
    propyl- **6** IV 3119

$C_{14}H_{23}NO$ (Fortsetzung)

Amin, Dimethyl-[2-(1-phenyl-butoxy)-
äthyl]- **6** IV 3272

—, [2-(2-Isopropyl-5-methyl-phenoxy)-
äthyl]-dimethyl- **6** III 1903 h,
IV 3341

—, [2-(5-Isopropyl-2-methyl-phenoxy)-
äthyl]-dimethyl- **6** III 1889 b

Butylamin, 2,2-Diäthyl-4-phenoxy-
6 IV 681

Pentylamin, 5-Phenoxy-2-propyl-
6 174 f

$C_{14}H_{23}NOS$

Äthanol, 2-[2-Diäthylamino-äthylmercapto]-
1-phenyl- **6** III 4578 g

Äthylamin, 2-[2-(4-*tert*-Butyl-phenoxy)-
äthylmercapto]- **6** IV 3300

Propan-2-ol, 1-Diäthylamino-3-
m-tolylmercapto- **6** IV 2085

—, 1-Diäthylamino-3-*o*-tolylmercapto-
6 IV 2026

—, 1-Diäthylamino-3-*p*-tolylmercapto-
6 III 1413 b, IV 2204

Thiocarbamidsäure, Allyl-, *O*-bornylester
6 I 49 c

$C_{14}H_{23}NO_2$

Äthanol, 2-{Äthyl-[2-(2-äthyl-phenoxy)-
äthyl]-amino}- **6** IV 3013

—, 2-{Äthyl-[2-(3,4-dimethyl-
phenoxy)-äthyl]-amino}- **6** IV 3105

—, 2-[2-Diäthylamino-äthoxy]-
1-phenyl- **6** III 4577 d

—, 2-[2-(2-Isopropyl-5-methyl-
phenoxy)-äthylamino]- **6** III 1904 g

—, 2-[β-(2-Isopropyl-phenoxy)-
isopropylamino]- **6** IV 3212

Amin, [2-(4-Äthoxy-phenoxy)-äthyl]-
diäthyl- **6** IV 5755

—, Diäthyl-[2-(2-methoxy-benzyloxy)-
äthyl]- **6** IV 5899

—, Diäthyl-[β-(2-methoxy-phenoxy)-
isopropyl]- **6** IV 5593

—, Diäthyl-[2-(2-methoxy-phenoxy)-
propyl]- **6** IV 5593

—, Diäthyl-[3-(2-methoxy-phenoxy)-
propyl]- **6** IV 5594

—, Diäthyl-[3-(4-methoxy-phenoxy)-
propyl]- **6** IV 5758

—, Diäthyl-[2-(2-phenoxy-äthoxy)-
äthyl]- **6** IV 578

—, Isopropyl-[β-(2-methoxy-phenoxy)-
isopropyl]-methyl- **6** IV 5594

—, [5-(2-Methoxy-phenoxy)-pentyl]-
dimethyl- **6** 781 c

Carbamidsäure, Diäthyl-, [1-prop-2-inyl-
cyclohexylester] **6** IV 363

Phenol, 4-[2-Dimethylamino-äthoxy]-
2-isopropyl-5-methyl- **6** IV 6021

—, 4-[2-Dimethylamino-äthoxy]-
5-isopropyl-2-methyl- **6** IV 6021

Propan-2-ol, 1-Butylamino-3-*o*-tolyloxy-
6 IV 1973

—, 1-Butylamino-3-*p*-tolyloxy-
6 IV 2126

—, 1-Diäthylamino-3-*o*-tolyloxy-
6 IV 1973

—, 1-Diäthylamino-3-*p*-tolyloxy-
6 IV 2126

—, 1-[2,6-Dimethyl-phenoxy]-
3-isopropylamino- **6** IV 3120

—, 1-[2,4-Dimethyl-phenoxy]-
3-propylamino- **6** IV 3132

—, 1-[2,6-Dimethyl-phenoxy]-
3-propylamino- **6** IV 3120

—, 1-Isobutylamino-3-*o*-tolyloxy-
6 IV 1974

—, 1-[2-(2-Isopropyl-phenoxy)-
äthylamino]- **6** IV 3212

$C_{14}H_{23}NO_2S$

Propionaldehyd, 2-Amino-3-benzyl=
mercapto-, diäthylacetal **6** IV 2721

$C_{14}H_{23}NO_3$

Propan-2-ol, 1-Butylamino-3-[2-methoxy-
phenoxy]- **6** IV 5595

—, 1-Butylamino-3-[4-methoxy-
phenoxy]- **6** IV 5760

—, 1-Diäthylamino-3-[2-methoxy-
phenoxy]- **6** IV 5595

—, 1-Isobutylamino-3-[2-methoxy-
phenoxy]- **6** IV 5595

$C_{14}H_{23}NO_3S$

Propan-2-ol, 1-Diäthylamino-3-[toluol-
4-sulfonyl]- **6** III 1431 c

$C_{14}H_{23}NO_4$

Propan-2-ol, 1-[Bis-(2-hydroxy-äthyl)-
amino]-3-*o*-tolyloxy- **6** IV 1974

$C_{14}H_{23}NS$

Amin, Diäthyl-[mesitylmercapto-methyl]-
6 IV 3262

—, Diäthyl-[3-*m*-tolylmercapto-
propyl]- **6** IV 2084

—, Diäthyl-[3-*o*-tolylmercapto-propyl]-
6 IV 2026

—, Diäthyl-[3-*p*-tolylmercapto-propyl]-
6 IV 2204

$[C_{14}H_{23}N_2O_3]^+$
Ammonium, Trimethyl-[5-(4-nitro-
phenoxy)-pentyl]- 6 IV 1309

$C_{14}H_{23}N_2O_3P$
Phosphorigsäure-bis-[1-cyan-1-methyl-
äthylester]-cyclohexylester 6 IV 56

$C_{14}H_{23}N_2O_4P$
Phosphorsäure-bis-[1-cyan-1-methyl-
äthylester]-cyclohexylester 6 IV 58

$C_{14}H_{23}N_3O_3$
Propionsäure, 2-Semicarbazono-,
bornylester 6 III 313 a

$[C_{14}H_{23}OS]^+$
Sulfonium, [3-Hydroxy-4-methyl-3-phenyl-
pentyl]-dimethyl- 6 IV 6052
−, [2-(2-Isopropyl-5-methyl-phenoxy)-
äthyl]-dimethyl- 6 IV 3336

$C_{14}H_{23}O_2PS_2$
Dithiophosphorsäure-O,O'-diisopropylester-
S-phenäthylester 6 IV 3092
− S-phenäthylester-O,O'-dipropyl=
ester 6 IV 3092
− S-[1-phenyl-äthylester]-
O,O'-dipropylester 6 IV 3092

$C_{14}H_{23}O_3P$
Phosphorigsäure-dibutylester-phenylester
6 III 655 d

$C_{14}H_{23}O_3PS_2$
Dithiophosphorsäure-O,O'-diisopropylester-
S-[2-phenoxy-äthylester] 6 IV 582
− S-[2-phenoxy-äthylester]-
O,O'-dipropylester 6 IV 582

$C_{14}H_{23}O_4P$
Phosphorsäure-[2-äthyl-hexylester]-
phenylester 6 IV 711
− diäthylester-[3-$tert$-butyl-
phenylester] 6 IV 3295
− dibutylester-phenylester
6 III 657 d, IV 710
− mono-[4-octyl-phenylester]
6 IV 3474

$C_{14}H_{23}O_4PS$
Thiophosphorsäure-O-[3-äthoxy-
phenylester]-O',O''-dipropylester
6 IV 5682
− O-[4-äthoxy-phenylester]-
O',O''-dipropylester 6 IV 5764
− O,O'-diäthylester-O''-[3-butoxy-
phenylester] 6 IV 5682
− O,O'-diäthylester-O''-[4-butoxy-
phenylester] 6 IV 5765

$C_{14}H_{23}O_5P$
Phosphorsäure-[4-äthoxy-2,5-dimethyl-
phenylester]-diäthylester 6 IV 5968
− [2-hydroxy-phenylester]-octylester
6 IV 5600

$C_{14}H_{23}O_7P$
Phosphorsäure-bis-[2-methoxy-äthylester]-
[2-phenoxy-äthylester] 6 III 575 a

$C_{14}H_{24}BrO_4P$
Phosphorsäure-diäthylester-[3-brom-
born-2-en-2-ylester] 6 IV 387 a

$C_{14}H_{24}Br_2O_2$
Äthan, 1,2-Dibrom-1,2-bis-[1-hydroxy-
cyclohexyl]- 6 III 4156 a

$C_{14}H_{24}ClNO_3$
Buttersäure, 3-Chlor-3-nitroso-,
menthylester 6 III 145 a

$C_{14}H_{24}Cl_2O_2$
Äthan, 1,2-Dichlor-1,2-bis-cyclohexyloxy-
6 IV 34

$[C_{14}H_{24}NO]^+$
Ammonium, [4-Benzyloxy-butyl]-trimethyl-
6 IV 2486
−, [1-Benzyloxymethyl-propyl]-
trimethyl- 6 IV 2486
−, Butyl-dimethyl-[2-phenoxy-äthyl]-
6 IV 664
−, [3-(2,6-Dimethyl-phenoxy)-propyl]-
trimethyl- 6 IV 3119
−, [2-Mesityloxy-äthyl]-trimethyl-
6 IV 3256
−, Triäthyl-[2-phenoxy-äthyl]-
6 III 640 d
−, Trimethyl-[5-phenoxy-pentyl]-
6 I 92 e

$[C_{14}H_{24}NO_2]^+$
Ammonium, Butyl-[2-(2-hydroxy-phenoxy)-
äthyl]-dimethyl- 6 IV 5590
−, Butyl-[2-(3-hydroxy-phenoxy)-
äthyl]-dimethyl- 6 IV 5679
−, Butyl-[2-(4-hydroxy-phenoxy)-
äthyl]-dimethyl- 6 IV 5754

$[C_{14}H_{24}NO_3]^+$
Ammonium, Äthyl-bis-[2-hydroxy-äthyl]-
[2-phenoxy-äthyl]- 6 IV 666
−, Bis-[2-hydroxy-äthyl]-methyl-[2-
o-tolyloxy-äthyl]- 6 IV 1969
−, {2-[2-(2-Methoxy-phenoxy)-
äthoxy]-äthyl}-trimethyl- 6 IV 5573

$[C_{14}H_{24}NO_4]^+$
Ammonium, Bis-[2-hydroxy-äthyl]-[2-
(2-methoxy-phenoxy)-äthyl]-methyl-
6 IV 5591

[$C_{14}H_{24}NO_4$]$^+$ (Fortsetzung)

Ammonium, {2-[2-(2,3-Dihydroxy-
propoxy)-phenoxy]-äthyl}-trimethyl-
  6 IV 5592

–, {2-[4-(2,3-Dihydroxy-propoxy)-
phenoxy]-äthyl}-trimethyl- **6** IV 5756

$C_{14}H_{24}N_2O$

Butan, 2-Amino-1-[1-phenoxymethyl-
propylamino]- **6** IV 679

Pentandiyldiamin, *N*-[3-Phenoxy-propyl]-
  6 III 643 l

Propan, 2-Amino-1-[1,1-dimethyl-
2-phenoxy-äthylamino]-2-methyl-
  6 IV 680

$C_{14}H_{24}N_2OS$

Benzol, 1-[2-Dimethylamino-äthoxy]-2-
[2-dimethylamino-äthylmercapto]-
  6 IV 5641

–, 1-[2-Dimethylamino-äthoxy]-4-
[2-dimethylamino-äthylmercapto]-
  6 IV 5819

$C_{14}H_{24}N_2O_2$

Benzol, 1,3-Bis-[4-amino-butoxy]-
  6 II 818 g

–, 1,4-Bis-[2-dimethylamino-äthoxy]-
  6 IV 5756

–, 1,4-Bis-[2-methylamino-propoxy]-
  6 IV 5758

$C_{14}H_{24}N_2O_3$

Äthan, 1-Allophanoyloxy-2-
[2,2,3-trimethyl-cycloheptyliden]-
  6 III 335 c

Allophansäure-[2,4,4,6,6-pentamethyl-
cyclohex-2-enylmethylester] **6** IV 316

Cyclohexen, 1-[2-Allophanoyloxy-
1,1-dimethyl-äthyl]-5,5-dimethyl-
  6 IV 314

–, 2-[3-Allophanoyloxy-propyl]-
1,3,3-trimethyl- **6** IV 314

–, 6-[3-Allophanoyloxy-propyl]-
1,5,5-trimethyl- **6** IV 315

$C_{14}H_{24}N_2O_5$

Glycin, *N*-[*N*-Cyclopentyloxycarbonyl-
isoleucyl]- **6** IV 11

–, *N*-[*N*-Cyclopentyloxycarbonyl-
norvalyl]-, methylester **6** IV 9

–, *N*-[*N*-Cyclopentyloxycarbonyl-
valyl]-, methylester **6** IV 10

$C_{14}H_{24}N_2O_6$

Serin, *N*-[*N*-Cyclopentyloxycarbonyl-valyl]-
  6 IV 10

$C_{14}H_{24}O$

Äthanol, 1-Cyclohexyl-2-cyclohexyliden-
  6 IV 414

Äther, Butyl-*p*-mentha-6,8-dien-2-yl-
  6 IV 375

–, Butyl-pin-2-en-10-yl- **6** IV 384

–, Dodecahydrofluoren-2-yl-methyl-
  6 IV 413

–, Isobutyl-pin-2-en-10-yl- **6** IV 384

–, Methyl-[1-methyl-3-
(2,6,6-trimethyl-cyclohex-2-enyl)-allyl]-
  6 III 402 d

–, Methyl-[2,6,6-trimethyl-
9-methylen-bicyclo[3.3.1]nonan-2-yl]-
  6 IV 411

[2]Anthrol, Tetradecahydro- **6** III 406 e

Bicyclohexyliden-2-ol, 2-Äthyl-
  6 III 405 b

Butan-2-ol, 2-Born-2-en-2-yl- **6** III 405 e

But-2-en-1-ol, 2-Methyl-4-[2,6,6-trimethyl-
cyclohex-1-enyl]- **6** III 404 b

But-3-en-2-ol, 2-Methyl-4-[2,6,6-trimethyl-
cyclohex-1-enyl]- **6** 103 e, III 404 a,
IV 414

–, 4-[2,5,6,6-Tetramethyl-cyclohex-
2-enyl]- **6** III 404 c, IV 414

–, 4-[2,2,3-Trimethyl-6-methylen-
cyclohexyl]- **6** III 404 c

3a,8-Cyclo-azulen-1-ol, 1,4,4,8-Tetramethyl-
decahydro- **6** IV 415

Cyclohexanol, 1-Äthyl-2-cyclohex-1-enyl-
  6 III 405 b

–, 1-[2-Cyclohex-1-enyl-äthyl]-
  6 III 405 a

–, 1-Hex-1-inyl-2,2-dimethyl-
  6 IV 413

Cyclohex-2-enol, 1-Allyl-5-isobutyl-
3-methyl- **6** I 66 a

Cyclopenta[*a*]naphthalin-4-ol, 4-Methyl-
dodecahydro- **6** III 409 a

Cycloprop[*e*]azulen-4-ol, 1,1,7-Trimethyl-
decahydro- **6** III 406 b,
IV 415

Cycloprop[*c*]inden-2-ol, 2,3a,7,7-Tetramethyl-
octahydro- **6** IV 415

Methanol, Dodecahydrocyclopenta≠
[*a*]naphthalin-3a-yl- **6** III 408 g

–, [2,8,8-Trimethyl-1,2,3,4,6,7,8,8a-
octahydro-[2]naphthyl]- **6** IV 414

[1]Naphthol, 7-Isopropyliden-4a-methyl-
decahydro- **6** II 107 h

[2]Naphthol, 2-Allyl-1-methyl-decahydro-
  6 III 405 d

C₁₄H₂₄O (Fortsetzung)

[2]Naphthol, 2-But-3-enyl-decahydro-
6 III 405 c

—, 5,5,8a-Trimethyl-1-methylen-
decahydro- 6 IV 414

15-Nor-longifolan-7-ol 6 IV 415

Pentan-3-ol, 1-[6,6-Dimethyl-norpin-2-en-
2-yl]- 6 IV 415

Pent-1-en-3-ol, 1-[2,6-Dimethyl-cyclohex-
3-enyl]-3-methyl- 6 IV 413

[2]Phenanthrol, Tetradecahydro-
6 III 407 a

[4a]Phenanthrol, Dodecahydro-
6 III 407 b

[8a]Phenanthrol, Dodecahydro-
6 III 407 b

[9]Phenanthrol, Tetradecahydro-
6 III 407 c

Spiro[cyclohexan-1,1′-indan]-3′-ol,
Hexahydro- 6 III 405 f

C₁₄H₂₄OSi

Silan, Äthyl-diisopropyl-phenoxy-
6 IV 763

—, Äthyl-phenoxy-dipropyl-
6 IV 762

C₁₄H₂₄O₂

Acrylsäure-[4-tert-pentyl-cyclohexylester]
6 III 177 c

Äthan, 1-Acetoxy-2-[2,2,3-trimethyl-
cycloheptyliden]- 6 III 335 b

—, 1-Butyryloxy-2-[2,3,3-trimethyl-
cyclopent-1-enyl]- 6 67 d

Anthracen-2,6-diol, Tetradecahydro-
6 IV 5542

Anthracen-9,10-diol, Tetradecahydro-
6 IV 5542

Buttersäure-bornylester 6 79 c, 83 a,
II 85 i, III 304 c

— isobornylester 6 88 f, II 90 c,
III 304 e

— [3-isopropenyl-1,2-dimethyl-
cyclopentylester] 6 IV 263

— p-menth-1-en-8-ylester
6 II 66 e, 67 e

— p-menth-8-en-3-ylester
6 II 70 e

— [2,6,6-trimethyl-cyclohex-
2-enylmethylester] 6 III 259 d

— [1,3,3-trimethyl-[2]norbornylester]
6 II 77 d, 78 d, 79 j;
vgl. III 290 Anm.

Crotonsäure-menthylester 6 34 e, I 23 h,
II 44 a, IV 155

Cyclobut[c]inden-5,8-diol, 2,2,4a-Trimethyl-
decahydro- 6 IV 5543

Cyclohexanol, 1,1′-Äthendiyl-bis-
6 III 4176 b

Cyclohexen, 4,5-Bis-hydroxymethyl-
1,6-dimethyl-3-[2-methyl-propenyl]-
6 IV 5541

—, 4,5-Bis-hydroxymethyl-1-[4-methyl-
pent-3-enyl]- 6 IV 5541

Dispiro[4.1.5.2]tetradecan-6,8-diol
6 III 4176 e

Essigsäure-bicyclohexyl-2-ylester
6 I 57 c

— cyclododec-1-enylester 6 IV 313

Hept-1-in-3-ol, 1-[1-Hydroxy-cyclohexyl]-
3-methyl- 6 III 4175 e

Indan-1-ol, 5-Methoxy-3,7a-dimethyl-
1-vinyl-hexahydro- 6 IV 5540

Isobuttersäure-bornylester 6 83 c, II 85 j

— isobornylester 6 88 g, 90 a

— [3-isopropenyl-1,2-dimethyl-
cyclopentylester] 6 IV 264

— p-menth-1-en-8-ylester
6 II 67 a

— [1,3,3-trimethyl-[2]norbornylester]
6 II 77 e

Isovaleriansäure-[1,7-dimethyl-
[2]norbornylester] 6 53 a

Methacrylsäure-[4-tert-butyl-cyclohexylester]
6 IV 144

— menthylester 6 34 f, IV 155

5,9-Methano-benzocycloocten-4a,11-diol,
10-Methyl-decahydro- 6 IV 5544

Phenanthren-1,4-diol, Tetradecahydro-
6 IV 5542

Phenanthren-2,10-diol, Tetradecahydro-
6 III 4177 b

Phenanthren-9,10-diol, Tetradecahydro-
6 III 4177 c

Propan, 1-Acetoxy-1-[6,6-dimethyl-
norpinan-2-yl]- 6 III 342 d

—, 2-Acetoxy-2-methyl-1-
[2,3,3-trimethyl-cyclopent-1-enyl]-
6 94 c

C₁₄H₂₄O₂SSi

Silan, Diäthoxy-[2-benzylmercapto-äthyl]-
methyl- 6 IV 2759

C₁₄H₂₄O₂S₂

Cyclohexanthiol, 2-[2-Acetoxy-cyclohexyl=
mercapto]- 6 III 4075 f

Essigsäure, Bis-cyclohexylmercapto-
6 IV 80

$[C_{14}H_{24}O_2S_2]^{2+}$
Benzol, 1,4-Bis-[2-dimethylsulfonio-äthoxy]-
     6 IV 5731

$C_{14}H_{24}O_2Si$
Silan, Triäthyl-[1-phenoxy-äthoxy]-
     6 IV 600

$C_{14}H_{24}O_3$
Acetessigsäure-menthylester 6 40 a, I 26 h,
     II 48 f
But-3-en-2-ol, 2,4-Bis-[1-hydroxy-
     cyclopentyl]- 6 IV 7323
Buttersäure, 2-Hydroxy-, bornylester
     6 85 d
−, 2-Oxo-, menthylester 6 IV 159
Essigsäure, Äthoxy-, bornylester 6 81 d
−, Äthoxy-, p-menth-1-en-8-ylester
     6 III 251 f
−, Cyclohexyloxy-, cyclohexylester
     6 IV 46
Isobuttersäure, α-Hydroxy-, bornylester
     6 III 311 a
Pentan-2-ol, 3-Acetoxy-5-cyclohex-1-enyl-
     2-methyl- 6 IV 5312
Propan-2-ol, 1-[5,6-Bis-hydroxymethyl-
     3,4-dimethyl-cyclohex-3-enyliden]-
     2-methyl- 6 IV 7323

$C_{14}H_{24}O_3SSi$
Silan, Triäthoxy-[2-phenylmercapto-äthyl]-
     6 IV 1560

$C_{14}H_{24}O_4$
Adamantan, 1,3,5,7-Tetrakis-hydroxymethyl-
     6 IV 7681
Bernsteinsäure-monoisomenthylester
     6 II 51 c
− mono-p-menthan-2-ylester
     6 28 c
− monomenthylester 6 35 e, I 23 l,
     28 f, 29 a, II 44 f, III 148 c
− mononeomenthylester
     6 I 29 e, II 50 f
Butan, 1,4-Diacetoxy-2-cyclohexyl-
     6 III 4107 d
Cyclobutan, 1-[1-Acetoxy-äthyl]-3-
     [2-acetoxy-äthyl]-2,2-dimethyl-
     6 IV 5262
Cyclodecan, 1,2-Diacetoxy- 6 IV 5249
−, 1,6-Diacetoxy- 6 III 4106 b,
     IV 5249
Cyclohexan, 1-Acetoxy-2-acetoxymethyl-
     1,5,5-trimethyl- 6 IV 5259
−, 5-Acetoxy-2-acetoxymethyl-
     1,1,3-trimethyl- 6 749 d

−, 1,4-Bis-acetoxymethyl-1-äthyl-
     6 IV 5258
−, 1,2-Bis-acetoxymethyl-
     4,5-dimethyl- 6 IV 5260
−, 2,3-Bis-acetoxymethyl-
     1,4-dimethyl- 6 IV 5260
−, 2,6-Diacetoxy-1,1,4,4-tetramethyl-
     6 III 4118 c
Cyclohexan-1,2,3-triol, 5-Hepta-1,3-dienyl-
     4-hydroxymethyl- 6 IV 7681
Cyclopentan, 3-Acetoxy-1-[α-acetoxy-
     isobutyl]-1-methyl- 6 II 756 b
p-Menthan, 1,2-Diacetoxy- 6 IV 5252
−, 1,8-Diacetoxy- 6 747 b, I 374 b,
     II 755 a, III 4115 b, IV 5256
−, 3,4-Diacetoxy- 6 745 b
−, 4,9-Diacetoxy- 6 IV 5257
Oxalsäure-äthylester-menthylester
     6 IV 155

$C_{14}H_{24}O_6$
Weinsäure-monomenthylester 6 39 c,
     II 47 k, 48 a

$C_{14}H_{24}O_6P_2S_2$
Benzol, 1,2-Bis-diäthoxythiophosphoryloxy-
     6 IV 5605
−, 1,3-Bis-diäthoxythiophosphoryloxy-
     6 IV 5682
−, 1,4-Bis-diäthoxythiophosphoryloxy-
     6 IV 5765

$C_{14}H_{24}O_8P_2$
Benzol, 1,2-Bis-diäthoxyphosphoryloxy-
     6 IV 5605
−, 1,3-Bis-diäthoxyphosphoryloxy-
     6 819 h, IV 5682
−, 1,4-Bis-diäthoxyphosphoryloxy-
     6 849 d, IV 5765

$C_{14}H_{25}BrO_2$
Buttersäure, 2-Brom-, menthylester
     6 I 22 j

$C_{14}H_{25}Cl$
Apopinen-hydrochlorid, Pentyl-
     6 III 352 f

$C_{14}H_{25}ClO_2$
Heptansäure-[2-chlor-cyclohexylmethylester]
     6 IV 109

$C_{14}H_{25}NO_2$
Crotonsäure, 3-Amino-, menthylester
     6 40 b
Glycin, N,N-Dimethyl-, bornylester
     6 IV 284

$C_{14}H_{25}NO_4$
Bernsteinsäure-cyclohexylester-
     [2-dimethylamino-äthylester] 6 IV 40

$C_{14}H_{25}NO_4$ (Fortsetzung)
Glycin, *N*-[Menthyloxy-acetyl]-
  6 III 156 g
$C_{14}H_{25}N_3O_3$
Propionsäure, 2-Semicarbazono-,
  [2,3-dipropyl-cyclopropylmethylester] **6** 45 e
$C_{14}H_{25}O_3P$
13,15-Dioxa-14-phospha-dispiro[5.0.5.3]≠
  pentadecan, 14-Äthoxy- **6** IV 5314
$C_{14}H_{25}O_3PS$
13,15-Dioxa-14-phospha-dispiro[5.0.5.3]≠
  pentadecan-14-sulfid, 14-Äthoxy-
  6 IV 5315 b
$C_{14}H_{25}O_{10}P_3$
Triphosphorsäure-1,1,3,3-tetraäthylester-
  2-phenylester **6** III 663 a
$C_{14}H_{26}Cl_2O_2Si$
Silan, Bis-[2-chlor-cyclohexyloxy]-dimethyl-
  6 IV 67
$C_{14}H_{26}FO_3P$
Fluorophosphorsäure-bis-[2-methyl-
  cyclohexylester] **6** III 65 j
$C_{14}H_{26}N_2O_2$
Carbazidsäure, Isopropyliden-, menthyl≠
  ester **6** III 153 f
$[C_{14}H_{26}N_2O_2]^{2+}$
Benzol, 1,4-Bis-trimethylammoniomethoxy-
  6 IV 5738
$C_{14}H_{26}N_2O_3$
Äthan, 1-Allophanoyloxy-2-
  [2,2,3-trimethyl-cycloheptyl]- **6** III 181 a
Cyclohexan, 3-[2-Allophanoyloxy-
  1,1-dimethyl-äthyl]-1,1-dimethyl-
  6 IV 178
—, 3-[β-Allophanoyloxy-isobutyl]-
  1,1-dimethyl- **6** IV 178
—, 2-[3-Allophanoyloxy-propyl]-
  1,1,3-trimethyl- **6** IV 178
Succinamidsäure, *N*-[2-Dimethylamino-
  äthyl]-, cyclohexylester **6** IV 40
$C_{14}H_{26}O$
Äthanol, 1-Bicyclohexyl-1-yl- **6** IV 327
—, 1,1-Dicyclohexyl- **6** II 98 i,
  IV 327
—, 1,2-Dicyclohexyl- **6** II 98 h,
  III 351 c
—, 1-[8,8-Dimethyl-decahydro-
  [2]naphthyl]- **6** IV 328
Äther, Äthyl-bicyclohexyl-2-yl-
  6 III 337 e
—, Äthyl-bicyclohexyl-4-yl-
  6 III 339 b

—, Butyl-decahydro[2]naphthyl-
  6 IV 268
—, Butyl-*p*-menth-1-en-8-yl-
  6 III 250 a
—, Isobutyl-*p*-menth-1-en-8-yl-
  6 III 250 b
Azulen-1-ol, 7-Äthyl-1,4-dimethyl-
  decahydro- **6** IV 328
Azulen-5-ol, 5-Äthyl-3,8-dimethyl-
  decahydro- **6** IV 328
Bicycloheptyl-2-ol **6** II 98 f
Bicyclohexyl-2-ol, 2-Äthyl- **6** II 98 j
—, 3,2'-Dimethyl- **6** I 58 d
Bicyclohexyl-4-ol, 3,2'-Dimethyl-
  6 IV 327
Butan-1-ol, 4-Decahydro[2]naphthyl-
  6 III 352 b
—, 3-Methyl-1-[2,5,6-trimethyl-
  cyclohex-3-enyl]- **6** III 350 b
Butan-2-ol, 1-*p*-Menthan-2-yliden-
  6 III 349 c
—, 1-*p*-Menthan-3-yliden-
  6 II 98 a
—, 2-Methyl-4-[2,6,6-trimethyl-
  cyclohex-2-enyl]- **6** IV 327
—, 3-Methyl-4-[2,6,6-trimethyl-
  cyclohex-2-enyl]- **6** III 349 d
—, 4-[2,5,6,6-Tetramethyl-cyclohex-
  2-enyl]- **6** III 350 c
—, 4-[2,2,3-Trimethyl-6-methylen-
  cyclohexyl]- **6** III 350 e
Cyclohexanol, 1-Butyl-2-isopropenyl-
  5-methyl- **6** II 98 d
—, 1-Butyl-2-isopropyliden-5-methyl-
  6 II 98 b
—, 3-[2-Cyclohexyl-äthyl]-
  6 III 351 b
—, 2-Cyclohexylmethyl-6-methyl-
  6 IV 327
Cyclopent-2-enol, 2-[1,5-Dimethyl-hexyl]-
  3-methyl- **6** III 350 f
Cyclotetradec-2-enol **6** IV 326
Hexan-2-ol, 1-[2,2,3-Trimethyl-cyclopent-
  3-enyl]- **6** III 350 g
Hexan-3-ol, 3-Methyl-1-[2]norbornyl-
  6 III 353 a
Indan-5-ol, 2-Isopropyl-4,7-dimethyl-
  hexahydro- **6** IV 329
Methanol, [2-Cyclohexylmethyl-cyclohexyl]-
  6 III 351 f
[1]Naphthol, 1-Äthyl-6,8a-dimethyl-
  decahydro- **6** IV 328
—, 1-Butyl-decahydro- **6** IV 328

$C_{14}H_{26}O$ (Fortsetzung)

[1]Naphthol, 1-Isopropyl-7-methyl-
  decahydro- **6** III 416 a

[2]Naphthol, 2-Butyl-decahydro-
  6 III 352 a

–, 1-Isobutyl-decahydro- **6** IV 328

–, 2,4,4,7-Tetramethyl-decahydro-
  6 III 352 e

Norbornan-2-ol, 2-Butyl-1,7,7-trimethyl-
  6 IV 329

–, 3,3-Diäthyl-1,7,7-trimethyl-
  6 I 58 f

–, 3-Isobutyl-1,7,7-trimethyl-
  6 95 i

Norpinan-3-ol, 6,6-Dimethyl-2-pentyl-
  6 III 352 f

Octan-2-ol, 1-Cyclohex-1-enyl- **6** IV 326

Pentan-2-ol, 4-Methyl-1-[2,2,3-trimethyl-
  cyclopent-3-enyl]- **6** III 351 a

Pentan-3-ol, 3-[1,3,4-Trimethyl-cyclohex-
  3-enyl]- **6** IV 327

–, 3-[2,3,3-Trimethyl-cyclopent-
  1-enylmethyl]- **6** 95 g

Propan-2-ol, 2-[1,4-Dimethyl-2-propyl-
  cyclohex-3-enyl]- **6** IV 185

–, 2-[1,4-Dimethyl-2-propyl-cyclohex-
  4-enyl]- **6** IV 185

Spiro[6.7]tetradecan-8-ol **6** II 98 k

$C_{14}H_{26}OS$

Cyclohexan, 1-Äthoxy-2-cyclohexyl‌
  mercapto- **6** III 4071 d

Octanthiosäure-*S*-cyclohexylester **6** IV 76

$C_{14}H_{26}OS_2$

Dithiokohlensäure-*S*-isopropylester-
  O-menthylester **6** III 154 f

– *S*-isopropylester-
  O-[2,2,6,6-tetramethyl-cyclohexylester]
  6 III 170 h

– *S*-isopropylester-*S'*-[2,2,6,6-
  tetramethyl-cyclohexylester] **6** III 171 d

– *S*-propylester-
  O-[2,2,6,6-tetramethyl-cyclohexylester]
  6 III 170 g

– *S*-propylester-*S'*-[2,2,6,6-
  tetramethyl-cyclohexylester] **6** III 171 c

$C_{14}H_{26}O_2$

Acetaldehyd-dicyclohexylacetal
  6 III 21 h, IV 31

Äthan-1,2-diol, 1,1-Dicyclohexyl-
  6 III 4157 b

–, 1,2-Dicyclohexyl- **6** III 4156 d

Äthanol, 2-Bicyclohexyl-2-yloxy-
  6 III 338 a

Benzocyclohepten-1,2-diol, 8-Äthyl-
  5-methyl-decahydro- **6** IV 5325

Bicycloheptyl-1,1'-diol **6** 756 d, II 761 b,
  III 4155 c

Bicyclohexyl, 1,1'-Bis-hydroxymethyl-
  6 IV 5325

Bicyclohexyl-1,1'-diol, 3,3'-Dimethyl-
  6 756 e

–, 4,4'-Dimethyl- **6** 756 f, III 4157 c

Bicyclo[2.2.2]octan, 1,4-Bis-[α-hydroxy-
  isopropyl]- **6** IV 5327

Butan, 3-Formyloxy-1-[2,2,6-trimethyl-
  cyclohexyl]- **6** III 188 a

Buttersäure-[4-*tert*-butyl-cyclohexylester]
  6 IV 144

– menthylester **6** 33 g, I 22 i,
  II 43 b, III 144 g

– [1,2,2,3-tetramethyl-cyclopentyl‌
  methylester] **6** II 54 g

Camphorosmol **6** II 761 e

Caran-4-ol, 3-Butoxy- **6** III 4145 a

Cyclohexanol, 1,1'-Äthandiyl-bis-
  6 III 4155 d, IV 5324

–, 2,2'-Äthandiyl-bis- **6** IV 5325

–, 4,4'-Äthandiyl-bis- **6** III 4156 b

–, 4,4'-Äthyliden-bis- **6** II 761 c,
  IV 5325

Cyclooctanol, 2-Cyclohexyloxy-
  6 IV 5227

Cyclopentanol, 1,1'-Butandiyl-bis-
  6 III 4157 d, IV 5325

Essigsäure-[2-äthyl-6-isopropyl-3-methyl-
  cyclohexylester] **6** I 33 g

– cyclododecylester **6** III 180 g

– [1-isopentyl-3-methyl-cyclohexyl‌
  ester] **6** I 33 d

– [2-isopentyl-4-methyl-cyclohexyl‌
  ester] **6** 47 g

Hexan-3,4-diol, 3,4-Dicyclobutyl-
  6 757 a

Hexansäure, 2-Äthyl-, cyclohexylester
  6 III 25 a

Indan-1-ol, 1-Äthyl-5-methoxy-3,7a-
  dimethyl-hexahydro- **6** IV 5324

Isobuttersäure-[4-*tert*-butyl-cyclohexylester]
  6 IV 144

– menthylester **6** 33 h, II 43 c

Isovaleriansäure-[2-propyl-cyclohexylester]
  6 II 33 b

– [4-propyl-cyclohexylester]
  6 III 108 e

p-Menth-1-en, 8-[1-Äthoxy-äthoxy]-
  6 III 250 f

$C_{14}H_{26}O_2$ (Fortsetzung)

Norbornan-2-ol, 2-[1-Hydroxy-1-methyl-
  propyl]-1,7,7-trimethyl- **6** III 4157 f
11-Nor-driman-3,9-diol **6** IV 5326
12-Nor-driman-8,11-diol **6** IV 5325
Octansäure-cyclohexylester **6** IV 38

$C_{14}H_{26}O_2S$

Cycloheptanol, 2,2′-Sulfandiyl-bis-
  6 III 4087 b
Sulfid, Bis-[1-hydroxymethyl-cyclohexyl]-
  6 III 4090 e
Sulfon, Bis-[2-methyl-cyclohexyl]-
  6 IV 102
—, Bis-[3-methyl-cyclohexyl]-
  6 13 d

$C_{14}H_{26}O_2S_2$

Cyclohexanol, 2,2′-Äthandiyldimercapto-
  bis- **6** IV 5204 h

$C_{14}H_{26}O_2Si$

13,15-Dioxa-14-sila-dispiro[5.0.5.3]≠
  pentadecan, 14,14-Dimethyl-
  6 IV 5315

$C_{14}H_{26}O_3$

Buttersäure, 2-Hydroxy-, menthylester
  6 38 f
—, 3-Hydroxy-, menthylester
  6 38 g
Cycloheptanol, 2,2′-Oxy-bis- **6** IV 5215
Cyclohexan-1,2-diol, 1-[2-(2-Hydroxy-
  cyclohexyl)-äthyl]- **6** III 6257 h
Essigsäure, Äthoxy-, menthylester
  6 37 h, I 26 b, II 47 c
Isobuttersäure, α-Hydroxy-, menthylester
  6 III 160 g
Propionsäure, 2-Menthyloxy-, methylester
  6 IV 159
—, 2-Methoxy-, menthylester
  6 I 26 e, III 160 b
—, 3-Methoxy-, menthylester
  6 III 160 e

$C_{14}H_{26}O_4$

Cyclohexan-1,2,3-triol, 5-Hept-1-enyl-
  4-hydroxymethyl- **6** IV 7679
Pentan-2-ol, 3-Acetoxy-5-[1-hydroxy-
  cyclohexyl]-2-methyl- **6** IV 7316

$C_{14}H_{26}O_4S_2$

Äthan, 1,1-Bis-cyclohexansulfonyl-
  6 IV 75
—, 1,2-Bis-cyclohexansulfonyl-
  6 IV 75
Cyclohexen, 4,5-Bis-[butan-1-sulfonyl]-
  6 IV 5277

$C_{14}H_{26}S$

Butan-1-thiol, 4-Decahydro[2]naphthyl-
  6 III 352 c
Sulfid, Bis-[2-methyl-cyclohexyl]-
  6 IV 102
—, Bis-[3-methyl-cyclohexyl]-
  6 II 22 i, III 73 a
—, Dicycloheptyl- **6** II 16 f

$C_{14}H_{26}S_2$

Äthan, 1,2-Bis-cyclohexylmercapto-
  6 IV 75

$C_{14}H_{26}S_3$

Cyclohexanthiol, 2-[2-Äthylmercapto-
  cyclohexylmercapto]- **6** III 4076 a

$C_{14}H_{27}ClO$

Äther, Chlormethyl-[1-methyl-3-
  (2,2,6-trimethyl-cyclohexyl)-propyl]-
  6 III 187 f

$C_{14}H_{27}NO$

Amin, [2-Bornyloxy-äthyl]-dimethyl-
  6 IV 284

$C_{14}H_{27}NO_2$

Glycin, N,N-Dimethyl-, menthylester
  6 III 163 c

$C_{14}H_{27}NO_3$

Essigsäure, Cyclohexyloxy-,
  [2-diäthylamino-äthylester] **6** IV 46
—, Menthyloxy-, [2-hydroxy-
  äthylamid] **6** III 156 f

$[C_{14}H_{27}O_2S]^+$

Sulfonium, Menthyloxycarbonylmethyl-
  dimethyl- **6** 37 i

$C_{14}H_{27}O_3P$

Phosphorigsäure-äthylester-dicyclohexyl≠
  ester **6** IV 55

$[C_{14}H_{28}NO]^+$

Ammonium, Triäthyl-[2-cyclohex-
  2-enyloxy-äthyl]- **6** IV 197

$C_{14}H_{28}N_2O_2$

Carbamidsäure, [2-Diäthylamino-äthyl]-,
  cyclohexylmethylester **6** II 24 g
—, [3-Diäthylamino-propyl]-,
  cyclohexylester **6** III 29 g, IV 44

$C_{14}H_{28}O$

Äther, Methyl-[1-methyl-3-(2,2,6-trimethyl-
  cyclohexyl)-propyl]- **6** III 187 a
Butan-2-ol, 4-[4-Isopropyl-cyclohexyl]-
  3-methyl- **6** IV 183
—, 3-Methyl-4-[2,2,6-trimethyl-
  cyclohexyl]- **6** III 190 d
—, 4-[2,2,3,6-Tetramethyl-cyclohexyl]-
  6 III 190 e

$C_{14}H_{28}O$ (Fortsetzung)

Cyclohexanol, 5-*tert*-Butyl-3-isopropyl-
2-methyl- **6** III 190 c

—, 2-Butyl-1,3,3,4-tetramethyl-
6 IV 185

—, 1,2-Dibutyl- **6** IV 183

—, 2,4-Di-*sec*-butyl- **6** IV 183

—, 2,4-Di-*tert*-butyl- **6** III 190 b

—, 2,6-Di-*tert*-butyl- **6** IV 183

—, 1-Heptyl-2-methyl- **6** IV 183

—, 1-Octyl- **6** III 189 c, IV 182

—, 2-Octyl- **7** IV 110

—, 4-Octyl- **6** IV 183

—, 4-[1,1,2,3-Tetramethyl-butyl]-
6 III 189 g

—, 4-[1,1,3,3-Tetramethyl-butyl]-
6 III 189 i

Cyclotetradecanol **6** III 189 a, IV 182

Cyclotridecanol, 1-Methyl- **6** IV 182

Heptan-1-ol, 2-Cyclohexylmethyl- **6** III 189 e

Methanol, [4-Isohexyl-2-methyl-cyclohexyl]-
6 IV 184

Octan-1-ol, 1-Cyclohexyl- **6** III 189 d

Pentan-3-ol, 1-[2,6-Dimethyl-cyclohexyl]-
3-methyl- **6** IV 184

Propan-2-ol, 2-[1,4-Dimethyl-2-propyl-
cyclohexyl]- **6** IV 185

—, 2-Methyl-1-[2,2,3,6-tetramethyl-
cyclohexyl]- **6** III 191 c

$C_{14}H_{28}O_2$

Butan-2-ol, 4-[4-(α-Hydroxy-isopropyl)-
2,2-dimethyl-cyclobutyl]-2-methyl-
6 III 4122 c

Cyclohexan, 1,2-Dibutoxy- **6** III 4063 g

—, 1,3-Diisobutoxy- **6** II 747 e,
III 4078 f

—, 1,4-Diisobutoxy- **6** II 749 c

Cyclohexan-1,2-diol, 3,5-Di-*sec*-butyl-
6 IV 5271

Cyclohexanol, 2-[2-Äthyl-hexyloxy]-
6 III 4064 a

—, 2-[2-Äthyl-1-hydroxy-hexyl]-
6 IV 5271

—, 3-[3-Hydroxy-3-methyl-butyl]-
2,4,4-trimethyl- **6** IV 5271

Cyclotetradecan-1,2-diol **6** IV 5270

p-Menthan, 1,8-Diäthoxy- **6** III 4115 a

$C_{14}H_{28}O_2Si$

Silan, Bis-cyclohexyloxy-dimethyl-
6 IV 60

$C_{14}H_{28}O_3S$

Schwefligsäure-butylester-menthylester
6 III 165 b

$C_{14}H_{28}O_4$

Cyclohexan-1,2,3-triol, 5-Heptyl-
4-hydroxymethyl- **6** III 6647 c

Cyclopentan-1,2-diol, 4-Heptyl-2,3-bis-
hydroxymethyl- **6** IV 7675

$C_{14}H_{28}O_4SSi_4$

Cyclotetrasiloxan, Heptamethyl-
[phenylmercapto-methyl]- **6** IV 1506

$C_{14}H_{29}NO$

Amin, [2-Menthyloxy-äthyl]-dimethyl-
6 IV 160

$C_{14}H_{29}NO_2$

Amin, [2-(2-Äthoxy-cyclohexyloxy)-äthyl]-
diäthyl- **6** IV 5199

$C_{14}H_{29}O_2P$

Phosphinsäure, Dibutyl-, cyclohexylester
6 IV 56

$C_{14}H_{29}O_2PS_2$

Dithiophosphorsäure-*O,O'*-dibutylester-
S-cyclohexylester **6** IV 82

$[C_{14}H_{30}NO]^+$

Ammonium, Triäthyl-[2-cyclohexyloxy-
äthyl]- **6** IV 51

$[C_{14}H_{30}NO_2]^+$

Ammonium, Triäthyl-[2-(2-hydroxy-
cyclohexyloxy)-äthyl]- **6** IV 5198

$[C_{14}H_{30}NS]^+$

Ammonium, Triäthyl-[2-cyclohexyl≠
mercapto-äthyl]- **6** IV 81